"十二五"中国环境学科发展报告

中国环境科学学会　主编

China Report on Advances in Environmental Science

化学工业出版社

·北京·

《"十二五"中国环境学科发展报告》包括综合报告和 24 个专题报告，基于我国学者"十二五"期间公开发表的学术文献，从环境要素（如水环境、大气环境、土壤环境等）、环境综合管理（如环境法学、环境经济学、环境规划学等）、环境基础学科（如环境化学、环境生物学、环境地学）等不同视角系统梳理和评述了环境学科研究进展，提出了学科发展中的问题和需求，并展望了学科未来 5～10 年的发展趋势。

《"十二五"中国环境学科发展报告》可为环境及相关领域科技工作者、科技管理者和高校师生等了解环境学科发展现状和趋势提供参考。

图书在版编目（CIP）数据

"十二五"中国环境学科发展报告/中国环境科学学会主编. —北京：化学工业出版社，2017.3
ISBN 978-7-122-29045-8

Ⅰ.①十…　Ⅱ.①中…　Ⅲ.①环境科学-研究报告-中国-2011-2015　Ⅳ.①X-12

中国版本图书馆 CIP 数据核字（2017）第 026989 号

责任编辑：宋湘玲　　　　　　　　　　　装帧设计：王晓宇
责任校对：宋　夏

出版发行：化学工业出版社（北京市东城区青年湖南街 13 号　邮政编码 100011）
印　　装：三河市航远印刷有限公司
787mm×1092mm　1/16　印张 56　字数 1369 千字　2017 年 5 月北京第 1 版第 1 次印刷

购书咨询：010-64518888（传真：010-64519686）　售后服务：010-64518899
网　　址：http://www.cip.com.cn
凡购买本书，如有缺损质量问题，本社销售中心负责调换。

定　　价：298.00 元

编制委员会名单

吕锡武	朱昌雄	朱法华	朱　源	乔寿锁	任　宁	刘大钧
刘世梁	刘　永	刘伟京	刘奇琛	刘国瑞	刘炜炜	刘研萍
刘砚华	刘　倩	刘倩倩	刘　越	刘静玲	关　睿	江文胜
江毓武	汤　洁	许伟城	许　华	阮　挺	孙　宁	孙西勃
孙笑非	孙　涛	严小东	严重玲	苏美蓉	苏洁琼	杜明普
李广贺	李玉国	李正炎	李正强	李发生	李红祥	李志远
李秀金	李国刚	李咏春	李　佳	李金惠	李适宇	李秋芬
李　飒	李　娜	李晓东	李　晔	李爱峰	李　悦	李淑君
李婕旦	李维新	李景广	李　淼	李　斌	李道季	杨　旭
杨　军	杨志峰	杨丽丽	杨林生	杨素娟	杨益春	肖海麟
吴吉春	吴光学	吴军良	吴忠标	吴振斌	吴悦颖	吴乾元
吴　琼	吴舜泽	邱小军	何连生	何梦林	余　刚	余　辉
谷庆宝	邹长新	辛宝平	闵庆文	汪群慧	宋　云	宋洪军
宋瑞金	张力小	张天祝	张巧娥	张西华	张　旭	张庆竹
张志刚	张　芳	张　妍	张国宁	张　昕	张　迪	张南南
张　凌	张涌新	张　乾	张淑贞	张寅平	张　慧	陆思华
陈小方	陈义珍	陈世宝	陈扬达	陈克安	陈建东	陈建民
邵　敏	邵　斌	武建勇	武俊梅	武雪芳	范绍佳	尚洪磊
岳玎利	周　丰	周巧红	周　全	周羽化	周　强	周颖君
於　方	郑丙辉	郑明辉	郑炳辉	郎印海	郎建垒	赵文星
赵由才	赵　多	赵秀勇	赵妤希	赵卓慧	赵勇胜	赵晓宏
郝春旭	胡华龙	胡林林	胡　敏	胡维平	胡　静	柳　欣
钟流举	段赟婷	姜文锦	姜　林	姜根山	姜　霞	宣　昊
姚建华	骆永明	秦昌波	袁彩凤	耿晓音	聂志强	莫金汉
贾永刚	贾后磊	柴立元	柴发合	柴西龙	晏乃强	钱　华
钱宏林	钱　昶	钱　新	徐　军	徐晓鑫	徐海云	徐琳瑜
高吉喜	高会旺	高丽荣	高坤山	高晶蕾	高　翔	高　强
郭　森	郭新彪	席海燕	涂　勇	黄小平	黄邦钦	黄旭光
黄良民	黄启飞	黄　俊	黄　晟	黄　婧	黄　薇	曹　爽
康晓风	阎振元	梁小明	梁　鹏	逯元堂	隋富生	彭本荣
彭剑飞	彭健新	葛芳杰	葛剑敏	葛察忠	董战峰	蒋进元
蒋洪强	韩永伟	韩佳慧	辜小安	程水源	程　龙	程永前
程晓斌	傅国伟	焦风雷	焦聪颖	储昭升	舒俭民	曾广庆
曾庆轩	曾维华	谢一淞	谢　刚	谢　旻	雷　宇	雷　坤
蔡　俊	翟国庆	熊善高	樊　赟	颜　文	薛丽坤	薛利红
璩爱玉						

报告编制人员

综合报告编制组（按姓氏笔画排序）

王少霞　王亚韡　王　睿　乔寿锁　刘世梁　刘　平　李广贺
吴光学　吴乾元　张　昕　张涌新　武俊梅　易　斌　郝春旭
胡华龙　胡洪营　胡　静　高　翔　高　强　黄　薇　董战峰
韩佳慧

专题报告编制组

《环境化学学科发展报告》

编写机构：中国环境科学学会环境化学分会

负　责　人：郑明辉

编写人员：王亚韡　张淑贞　高丽荣　刘国瑞　刘　倩　阮　挺　田　永
　　　　　郑明辉

《环境生物学学科发展报告》

编写机构：中国环境科学学会环境生物学分会

负　责　人：吴振斌

编写人员：武俊梅　周巧红　葛芳杰　田　云　王　媚　杜明普　程　龙
　　　　　吴振斌

《环境地学学科发展报告》

编写机构：中国环境科学学会环境地学分会

负　责　人：杨志峰

编写人员：杨志峰　刘静玲　刘世梁　徐琳瑜　张力小　孙　涛　田光进
　　　　　张　妍　苏美蓉

《环境遥感学科发展报告》

编写机构：中国环境科学学会环境信息系统与遥感专业委员会

负　责　人：李正强

编写人员：谢一淞　许　华　王树东　李正强

《环境医学与健康学科发展报告》

编写机构：中国环境科学学会环境医学与健康分会

负　责　人：郭新彪

编写人员：黄　婧　刘奇琛　郭新彪

《室内环境与健康学科发展报告》

编写机构：中国环境科学学会室内环境与健康分会

负　责　人：邓启红　张寅平

编写人员：田德祥　白郁华　杨　旭　宋瑞金　李玉国　莫金汉　赵卓慧
　　　　　钱　华　王新柯　李景广　邓启红　张寅平

《环境经济学学科发展报告》

编写机构：中国环境科学学会环境经济学分会

负　责　人：王金南　葛察忠

编写人员：董战峰　郝春旭　李红祥　周　全　严小东　田超阳　高晶蕾
　　　　　李婕旦　龙　凤　李　娜　吴　琼　段赟婷　王慧杰　刘倩倩
　　　　　叶芳凝　璩爱玉　王　婷　王金南　葛察忠

《环境规划学科发展报告》

编写机构：中国环境科学学会环境规划专业委员会

负　责　人：吴舜泽

编写人员：万　军　秦昌波　刘　永　蒋洪强　包存宽　阎振元　曾维华
　　　　　成　钢　逯元堂　周　丰　雷　宇　吴悦颖　王夏晖　於　方
　　　　　王　倩　姜文锦　张南南　苏洁琼　王晓辉　袁彩凤　赵　多
　　　　　汤　洁　谢　刚　曾广庆　熊善高　吴舜泽

《环境法学科发展报告》

编写机构：中国环境科学学会环境法学分会

负　责　人：王灿发

编写人员：胡　静　王社坤　杨素娟　王灿发

《水环境学科发展报告》

编写机构：中国环境科学学会水环境分会

负　责　人：郑丙辉　姜　霞

编写人员：王之晖　王书航　王圣瑞　王金枝　牛　远　牛　勇　卢少勇
　　　　　白　璐　吕锡武　朱昌雄　刘伟京　何连生　余　辉　郑丙辉
　　　　　胡维平　姜　霞　钱　昶　徐　军　席海燕　涂　勇　蒋进元
　　　　　程永前　储昭升　薛利红

《大气环境学科发展报告》

编写机构：中国环境科学学会大气环境分会

负　责　人：柴发合

编写人员：王体健　王新锋　冯银厂　朱法华　刘　越　吴忠标　张庆竹
　　　　　　陈义珍　陈建民　范绍佳　岳玎利　郎建垒　赵秀勇　赵妤希
　　　　　　胡　敏　钟流举　柴发合　曹　爽　彭剑飞　程水源　谢　旻
　　　　　　薛丽坤

《土壤与地下水环境学科发展报告》

编写机构：中国环境科学学会土壤与地下水环境专业委员会

负　责　人：李广贺　骆永明　张　芳

编写人员：李广贺　骆永明　张　芳　李　淼　吴吉春　张　旭　王红旗
　　　　　　赵勇胜　姜　林　王广才　李发生　宋　云　谷庆宝

《海洋环境学科发展报告》

编写机构：中国环境科学学会海洋环境保护专业委员会

负　责　人：于志刚　高会旺

编写人员：于志刚　马绍赛　马　剑　王宗灵　王　腾　王新红　刘炜炜
　　　　　　江文胜　江毓武　严重玲　李正炎　李适宇　李秋芬　李爱峰
　　　　　　李道季　宋洪军　张　凌　郑炳辉　郎印海　柳　欣　贾永刚
　　　　　　贾后磊　钱宏林　钱　新　高会旺　高坤山　黄小平　黄邦钦
　　　　　　黄旭光　黄良民　彭本荣　雷　坤　颜　文

《固体废物处理处置学科发展报告》

编写机构：中国环境科学学会固体废物分会

负　责　人：胡华龙

编写人员：于　淼　王　伟　王　琼　王　旺　申士富　刘研萍　孙　宁
　　　　　　孙笑非　李秀金　李金惠　李　晔　汪群慧　周　强　周颖君
　　　　　　张西华　胡华龙　赵由才　徐海云　聂志强　黄启飞　黄　晟

《环境物理学学科发展报告》

编写机构：中国环境科学学会环境物理学分会

负　责　人：杨　军

编写人员：李晓东　户文成　蔡　俊　隋富生　辜小安　葛剑敏　李志远
　　　　　　翟国庆　卢　力　陈克安　毛东兴　彭健新　邱小军　隋富生
　　　　　　邵　斌　姜根山　耿晓音　方庆川　程晓斌　杨　军　杨益春
　　　　　　冯　涛　李志远　张国宁　刘砚华　王　毅　焦风雷

《生态与自然保护学科发展报告》

编写机构：中国环境科学学会生态与自然保护分会

负责人：高吉喜

编写人员：高吉喜　李维新　丁　晖　王　智　武建勇　张　慧　邹长新
　　　　　丁程成

《持久性有机污染物防治领域发展报告》

编写机构：中国环境科学学会持久性有机污染物专业委员会

负责人：王　斌　余　刚

编写人员：赵文星　王　斌　黄　俊　邓述波　王玉珏　余　刚

《挥发性有机物污染防治学科发展报告》

编写机构：中国环境科学学会挥发性有机物污染防治专业委员会

负责人：邵　敏　叶代启

编写人员：邵　敏　叶代启　吴军良　史　伟　陆思华　王　鸣　李　悦
　　　　　徐晓鑫　许伟城　冯振涛　王邦芬　陈扬达　何梦林　梁小明
　　　　　孙西勃　王　旋　陈建东　陈小方　肖海麟　李淑君

《重金属污染防治领域发展报告》

编写机构：中国环境科学学会重金属污染防治专业委员会

负责人：曾庆轩

编写人员：柴立元　陈世宝　傅国伟　仇荣亮　孙　宁　田贺忠　王红梅
　　　　　辛宝平　晏乃强　杨林生　姚建华　李咏春　曾庆轩

《环境监测学科发展报告》

编写机构：中国环境科学学会环境监测专业委员会

负责人：李国刚

编写人员：王　光　康晓风　于　勇　李国刚　张　迪　焦聪颖

《环境影响评价学科发展报告》

编写机构：中国环境科学学会环境影响评价专业委员会

负责人：梁　鹏

编写人员：朱　源　赵晓宏　李　飒　柴西龙　关　睿　郭　森　冉丽君
　　　　　宣　昊　张　乾　刘大钧　李　佳　梁　鹏

《环境标准与基准学科发展报告》

编写机构：中国环境科学学会环境基准与标准专业委员会

负责人：武雪芳

编写人员：周羽化　胡林林　王宗爽　王海燕　张国宁　任　宁　武雪芳

《农业生态环境学科发展报告》

编写机构：中国环境科学学会生态农业专业委员会

负责人：舒俭民

编写人员：舒俭民　闵庆文　尚洪磊　冯朝阳　卜元卿　韩永伟

《核安全与辐射环境安全学科发展报告》

编写机构：中国环境科学学会核安全与辐射环境安全专业委员会

负责人：张志刚　张天祝

编写人员：李　斌　张巧娥　樊　赟　杨丽丽　张志刚　张天祝

近一百余年是人类知识爆炸的时代，科学技术知识以史无前例的速度增长，人类创造物质财富的能力获得了前所未有的提升。这一方面得益于科学技术各学科研究不断分化深入，新的领域不断涌现，物质生产上专业化程度和效能日益增强；另一方面，人们在对学科分化深入研究的同时，也逐渐通过多学科综合交叉研究，提升了对各类现象的系统性和整体性认知，产生的重大科学发现和技术突破不胜枚举。经验表明，不断研究总结学科自身演变规律、研究成果及发展趋势，理清学科发展脉络，不断了解和引入外部知识，做到知己知彼和多学科交流融合，是促进学科发展的重要途径。

环境学科是伴随着 20 世纪中叶以来，世界各国的重大环境污染事件以及全球和区域性生态危机不断爆发，在几代科技人员的努力下逐渐确立起来的。学科发展中蕴含着自然科学、社会科学和工程技术等多重背景，不论在学科知识体系上或是环境科研工作实际中，都体现了高度复杂交叉的特点。在我国，改革开放以来，经济社会快速但不节制、不全面地发展，导致资源危机、环境污染、生态退化等问题在短时间内集中显现出来。"十二五"以来，我国进入改革的攻坚期和深水区，社会经济发展进入"新常态"，实施绿色增长转型已成为各方共同而迫切的意愿。衍生自不同学科背景的理论和方法交汇于环境学科，努力探求解决我国环境问题的道路，但缺乏综合的、系统的、相互融合的研究，导致学科发展中存在碎片化现象，而这与环境保护所需的系统性和整体性思维存在矛盾。

为梳理和总结学科最新研究进展，提出学科发展趋势和发展策略，通过整合学术资源引导学科结构调整优化，推动完善学科布局，有效促进跨学科交流和融合发展，2003 年以来，中国环境科学学会多次组织编写了学科发展报告。包括与国家环保总局科技标准司共同编写的《中国环境科学与技术发展年报（2003）》，在中国科协学科发展研究项目支持下编写的《2006—2007 环境科学技术学科发展报告》、《2008—2009 环境科学技术学科发展报告》、《2011—2012 环境科学技术学科发展报告》和《2014—2015 环境科学技术学科发展报告（大气环境）》，以及学会自主编制的《"十一五"中国环境学科发展报告》和《中国环境学科发展报告（2012 年）》。

值"十三五"开局之年，我会再次举全学会之力，调动各方资源，组织编写了《"十二五"中国环境学科发展报告》。进一步梳理环境学科知识体系，总结"十二五"环境学科各专业领域进展，展望"十三五"发展趋势。这一研究报告包括环境学科发展综合报告和 24 个专题报告，约 100 余万字。报告以总结 5 年（2011—2015 年）来环境学科领域取得的主要研究进展为重点，在客观评价各专业领域发展现状、水平、取得的突破性成果的基础上，结合环境保护事业发展的重大需求，提出了环境学科未来 5～10 年的研究重点与发展方向。

　　科学技术是第一生产力，也是解决环境问题的利器。在深刻的环境危机面前，环境科学技术的研发担负着重要的历史使命，这支队伍也充满着朝气蓬勃的力量。作为团结和引导这支队伍的社会组织，中国环境科学学会及各分支机构应深入开展学科发展研究，持续推动学科健康发展。当前高度信息化的时代，为做好这项工作提供了更多的机遇和助力。我希望，学会能够通过坚持不懈的努力和多样实用的创新，将环境学科发展研究打造成为社会各界了解中国环境学科前沿动态的权威报告，成为环境科技工作者研究开发成果传播的重要平台，成为促进学科融合和创新的重要推手。我相信，这也是环境科技工作者共同的期盼，为此，以作序感谢"学科发展报告"的研究者及执笔人。报告中会有不足之处，也望读者指出，以利今后工作中改进。

王玉庆

2016 年 11 月

学科发展研究和报告编制是中国环境科学学会的一项长期和基础性工作。自 2003 年起我会已陆续开展多次学科发展报告编制工作，本次编写在延续传统工作的基础上，在组织机制和编写内容上也有所创新。

环境学科（领域）综合交叉，面向不同环境要素和环境问题，可分为水环境、大气环境、土壤环境、生态环境、噪声与辐射环境、固体废物等多个以科学研究和技术研发为基础的领域；与国家环境保护管理结合，有环境法学、环境监测学、环境规划学、环境经济学等服务于社会治理的领域；同时，环境科学技术不断借鉴化学、生物学、地学、物理学、医学等传统学科的理论、方法和工具来促进自身发展，并逐渐形成以认识和解决环境问题为主要导向的环境化学、环境生物学、环境地学、环境物理学、环境医学等基础学科。"十二五"期间，生态文明理念逐渐深入人心，国家和社会对环保方面投入显著增加，环境学科各个分支领域都取得了大量研究成果。

本书包括综合报告和 24 个专题报告，从以上基于环境要素的学科领域、环境保护管理相关学科领域以及环境基础学科等不同视角，对 2011—2015 年间取得的主要研究进展进行了梳理和评述。报告基于学术文献编写，文献来源于实施年度范围内公开发表的国内外该学科（或领域）的重点学术期刊文章，该学科（或领域）的重要国际、国内学术会议文章及专利等，力求遵循"严格引证"的原则。由于学术文献量较大，本次编写中部分报告还专门引入了文献计量分析工具进行文献定量化研究，为文献资料归纳整理起到了很好的辅助作用，以清晰地向读者呈现学科发展现状。

为保证本报告在同行中的认可程度，规范编制工作，我会成立了《环境学科发展报告》编制委员会，并通过广泛研讨形成了《中国环境学科发展报告编制指南》。全书编制历时两年，300 余位专家、学者参与了编写工作。在此，我会诚挚地向参与学科报告研究工作的专家、学者表示深深的谢意！同时，也向为本书出版付出辛勤劳动的工作人员表示感谢！

由于时间有限，疏漏与不妥之处在所难免，恳请广大读者批评指正。

编者
2016 年 11 月

综合报告

一、引言

近年来环境问题和环境保护成为我国社会的热点和焦点。一方面,空气、水和土壤等环境污染事件频发,直接威胁到公众健康和生命安全,引起了公众普遍的恐惧和不安,而其中感受最为强烈的大气灰霾问题,直接影响到社会正常运转。另一方面,近年来在内外因综合作用下中国经济增速放缓,改革开放三十多年来的发展模式面临挑战,而以可持续发展为核心理念的绿色发展模式、环境与发展综合决策机制,被认为是科学发展观指导下助推我国改革和社会经济持续发展的重要引擎。

2011年,国务院发布《国务院关于加强环境保护重点工作的意见》,提出"全面提高环境保护监督管理水平、着力解决影响科学发展和损害群众健康的突出环境问题、改革创新环境保护体制机制"等意见,形成"坚持在发展中保护,在保护中发展,积极探索环保新道路"的战略思想。2011年年底我国召开全国第七次环境保护大会、发布《国家环境保护"十二五"规划》,在思想共识、实践推进等方面均体现了加快转变发展方式、促进经济结构调整的改革路线。2012年,中共十八大将生态文明建设纳入中国特色社会主义事业"五位一体"的总体布局,将践行可持续发展的生态文明观提升到新的战略高度。2015年中共中央、国务院相继发布了《中共中央　国务院关于加快推进生态文明建设的意见》和《生态文明体制改革总体方案》,体现了党和国家推进生态文明建设的坚定意志。"十二五"期间,我国也相继颁布了《大气污染防治行动计划》(2013年9月)和《水污染防治行动计划》(2015年4月),对污染防治任务进行了系统部署。

与此同时,2011年全国人大常委会将《中华人民共和国环境保护法》(以下简称《环境保护法》)的修改工作纳入立法计划,经过两届全国人大常委会四次审议,2014年4月全国人大常委会通过了新修订的《环境保护法》,法律条款从47条增加到70条,环境保护和治理力度显著增加,被称为"史上最严环保法"。同时,新修订法对环境保护和经济社会发展的关系作出重大调整[1],将原有的"使环境保护工作同经济建设和社会发展相协调"修改为"使经济社会发展与环境保护相协调",改变了环境保护在二者关系中的次要地位,体现了新时期的国家精神;新修订法还专门确定了环境保护基本原则(保护优先、预防为主、综合治理、公众参与、损害担责),确立了《环境保护法》的基础性、综合性和统领性作用。2015年8月,全国人大常委会还表决通过了新修订的《大气污染防治法》,

紧密围绕"改善大气环境质量"这一核心目标，对 2000 年的《大气污染防治法》进行了大幅修改。此外，在推进环境司法专门化方面，2014 年 7 月，最高人民法院成立环境资源审判庭，同时颁布《关于全面加强环境资源审判工作为推进生态文明建设提供有力司法保障的意见》，要求高级人民法院设立环境资源专门审判机构，中级人民法院根据环境资源审判业务量合理设立审判机构。最高人民法院还针对环境资源审判发布了一系列司法解释和典型案例，指导地方环境资源审判。

生态环境的保护与改善客观上已成为关乎长远发展和国计民生的关键领域之一，当前环境保护在国家发展战略导向和法律制度建设等层面取得重大进展。环保部《中国环境状况公报》相关统计数据表明，"十二五"期间，我国主要污染物减排取得较好成果，但总体环境质量依然严峻。我国在环境科学研究、技术研发和环境管理等方面仍存在相当多的不足。同时，由于各类环境问题在我国短时间内集中综合显现，在借鉴国际成熟经验基础上，还需要结合我国国情进行本土化创新。因此，在"十三五"及未来相当长一段时间内，我国环境质量的改善尚需要多方面的共同努力，而在面临诸多问题和挑战的同时，我国环境学科的发展也获得了"难得"的历史机遇。

环境学科属于高度综合性的交叉学科，涉及自然科学、社会科学、工程技术等多重背景。在学科知识不断积累的同时，专业化程度越来越强，学科体系结构也愈发复杂化，而真正有效地防治环境问题需要各专业间的密切协调配合，十分注重理论及实践的整体性和系统性。为此，本报告从学术视角出发，系统回顾"十二五"期间我国环境学科的重要进展："环境学科基础理论和方法研究进展"，主要总结环境化学、环境生物学、环境地学、环境医学、环境经济学、环境法学等环境基础学科的研究进展；"环境科学与技术研究进展"，从水环境、大气环境、土壤与地下水环境、固体废物处理处置等重要领域回顾研究进展；"学科能力建设进展"主要梳理总结学术建制方面的重要进展；"学科发展趋势展望"，基于学科发展现状和需求，展望学科未来发展趋势。

二、环境学科基础理论和方法研究进展

（一）环境化学

环境化学是化学学科的重要分支和环境科学的重要组成部分，而学科交叉特性是环境化学的学科特色和创新发展的生长点。随着我国社会经济的快速发展和环境问题的日益复杂性，许多新出现的环境问题所导致的生态风险和人类健康的影响日益引起人们的关注，相应的环境化学的研究范围为解决各类问题的出现而得到不断发展和延伸。"十二五"以来，随着我国对环境领域研发投入的不断加大、国际环境公约的不断推进，我国环境化学领域在相应的污染物分析方法、环境行为及环境过程、风险评估以及人体健康方面实现了重要的突破和发展。这些研究所取得的突破性成果，为解决我国严峻的环境科学问题、保障我国国家环境安全、履行国际公约、促进可持续发展、制定相应的控制法规提供了重要的科学数据和技术支持。

过去五年中，在新型污染物的仪器分析方法、毒理机制与健康效应研究分析方法方面获得了一定的研究进展。利用高分辨色谱-质谱联用技术，结合先进功能材料与数据分析方法，建立了多种介质中痕量新型污染物分析新方法体系，为新型污染物的环境健康研究

提供了分析方法学上的重要支撑。基于 GC－ECNI－MS 技术，建立了多环境介质中短链氯化石蜡的分析方法[2~10]，为阐明其环境行为、健康效应等提供了技术支持。建立了多种环境及生物介质中六氯丁二烯的分析方法及样品前处理技术[11]，为六氯丁二烯的环境行为及生物转化研究提供了分析技术。建立了毒杀酚[12]、硅氧烷偶联剂[13]等一系列新型污染物的多环境介质分析方法，极大地满足了研究痕量新型污染物暴露对健康影响研究的需求；发展了 DNA 损伤产物的传感检测新方法[14]，为在分子层面研究毒理机制提供了重要的分析新技术。

在未知污染物的发现方面，我国研究人员开辟了发现新型污染物的新方向，针对发现未知新型污染物的方法学及相应的环境行为等方面开展了系统的原创性工作，取得了突破性的成果，并在环境介质中首次发现了包括四溴双酚 A 类及其衍生物、氟调聚醇类化合物、UV 稳定剂、SPA 抗氧化剂类化合物及季铵盐类化合物在内的 40 种具有潜在 POPs 特性的污染物[15~22]。相关工作发表后，引起了国内外同行的广泛关注，并引发了系列的后续研究。此部分研究对于加深对我国 POPs 污染现状的认识及对复合污染物对环境和健康影响的了解具有十分重要的现实意义。

我国加大了对持久性有机污染物（POPs）的分析方法、环境行为、毒理效应、控制及替代技术、风险评价等方面的研究深度和广度。为更好地实施履约工作，我国"十二五"期间不仅继续开发 POPs 的相应替代及控制技术，还制定了相应的法律法规。我国二噁英类物质的检测方法得到进一步提升，全国已建立 30 多家二噁英实验室。POPs 控制技术如二噁英和多氯萘的协同减排以及新 POPs 替代技术研究，为我国履约国家行动提供了重要的技术支持。而新型 POPs 的环境行为和毒理效应研究是过去五年国际环境科学领域的前沿课题，我国对新型 POPs 的认识和相关研究在国际上已经有了显著的进步。"十二五"期间，我国在新 POPs 的研究方面，无论从论文发表绝对数量上，还是占世界总量的比例上，都呈现稳步增加的趋势，而 PBDEs 和 PFOS 是我国新 POPs 的研究热点。目前阶段的主要研究是对新型 POPs 的分析方法、环境赋存水平的调查、环境过程的迁移转化以及毒理学效应的相关内容。

我国挥发性有机物（VOCs）基础理论研究取得了重要进展，VOCs 定义从以前单纯考察物理特性逐步迈向基于健康和环境效应的考察因素。VOCs 的研究从过去浓度研究已转向成分谱研究，典型排放源如机动车排放和溶剂使用源成分谱已初步建立并识别了主要排放源的特征 VOCs 组分[23,24]。VOCs 化学反应新机制有了新的发现，即大气中一些碳数较低的 VOCs 组分能够在气溶胶表面吸附，并可以通过非均相或液相反应生成挥发性极低的有机物，形成二次有机气溶胶（SOA）[25]。在挥发性有机物控制技术方面效果显著，在源头控制技术方面，含 VOCs 环保产品的改性技术取得了一定的进步，采用纳米材料新型改性技术使环保产品向多功能化方向发展[26,27]；过程控制技术上，最突出的进展是石化行业的泄露与修复技术兴起[28]；在末端控制技术方面，吸附法和燃烧法已经成为主流，其中，RCO 工艺催化剂在我国的研究已经接近或达到了国外先进水平。其他末端处理技术如冷凝、低温等离子体、光催化及生物处理的研究，也取得了相应的进步。

在重金属研究方面，2011 年 2 月 19 日，《重金属污染综合防治"十二五"规划》已获国务院通过，成为我国第一个"十二五"国家规划。重金属的迁移转化机理如汞的甲基化机理研究获得了突破性进展。采用汞同位素与氢同位素示踪技术，通过培育试验研究了天然环境水样中碘甲烷对无机汞的光化学甲基化机理。突破了经典甲基化机理认知方面的缺陷，发现了新的光化学甲基化途径[29]。重金属的污染防治方面，以生物技术为核心的重金属废水深度净化与回用技术、以纳米复合材料为核心的重金属废水深度处理与回用集成技术、高分子螯合剂在重金属废水处理中的应用、重金属污染土壤固化/稳定化修复技术都获得了重要研究成果并得到了应用。在重金属源解析的方法方面，发展了依据颗粒物中重金属元素的化学组分及形貌变化进行分辨以及通过建立一定的数学模型完成对污染源的定性识别和定量计算过程。

（二）环境生物学

环境生物学是研究生物与受人类干扰的环境之间相互作用规律及其机理的科学，人类社会的高速发展和科技的快速进步，一方面增加了环境问题的复杂性和迫切性，另一方面充分挖掘生物的巨大潜力，提高了解决环境问题的可能性。"十二五"期间，我国环境生物学科在环境毒理学基础理论和方法、生物监测技术、生物治理技术、生物修复技术、生物物质产品等方面取得了重要进展。

理论毒理学研究方法逐步实现了从结构毒理到功能毒理的转变，研究手段由病理研究发展到生化、生理、分子生物学研究，越来越精细。与现代计算机信息技术及分子生物学和化学融合形成的计算毒理学和预测毒理学，对预测化学物质的毒性有很大帮助，也可以对新产品的开发提供指导[30,31]。量子技术、量子哲学基础上的量子毒理学，可以通过波动能量信息判断器官、组织、细胞的病变及恢复情况[32]。基于功能基因组学的功能毒理学，有预防疾病的作用，检测到的损害早、损害小，可以评估低剂量长期暴露引起的慢性、亚慢性轻微中毒等健康效应，这些都是传统毒理学不能做到的[33~36]。纳米技术飞速发展以及纳米材料的广泛应用，纳米材料和纳米技术的生物环境安全性研究也引起人们的关注，目前主要是利用各种模式生物或低等生物来研究纳米材料的生态毒性并作出评价[37~39]。定量结构活性关系方法即借助经典的定量构效方法（quantitative structure-activity relationship，QSAR）评估和预测纳米材料生物毒性效应，被一些学者视为一种比较有前景的评估纳米材料安全性的新方法[40]。

环境生物监测方面，在传统检测项目的基础上增加了藻毒素、多环芳烃、POPs等污染物的监测，引入遥感卫星技术、新兴生物技术（如姊妹染色单体交换技术），综合运用多种生物标志物，构建实时在线生物预警技术[41]，从传统的水质监测转变成水生态环境质量的综合反映。PM$_{2.5}$可以富集并携带多种致癌和有毒物质，所以对人体健康的危害非常大。秀丽隐杆线虫突变体可作为PM$_{2.5}$的指示生物，进行有效的快速风险评价，质粒DNA评价法可以评价PM$_{2.5}$的危害[42]。

在生物治理方面，筛选了降解有机污染物和重金属的微生物[43~47]，研究了其降解特性；优化了针对河流、湖泊和农业面源的生态工程技术[48~54]；针对抗生素、抗性基因、个人护理品等新兴污染物，研究了SBR、堆肥、A/A/O、MBR等生物工艺的去除效果[55~62]。在生态修复方面，研究微生物、植物、低等动物及其组合对土壤或尾矿地区进行生态修复，筛选出特定的微生物或植物净化处理土壤或水体中的重金属，优化了人工湿地、生态护坡、生态基质改造等生态修复技术。针对滨海、近海水体，研究实施生态修复的科学方法和有效模式，加大对红树林、珊瑚礁、海草床等滨海湿地、典型河口和海湾生态系统以及重要渔业水域的环境保护和生态修复力度。在固体废弃物治理方面，城市垃圾填埋场，采用生物反应器技术，利用渗滤液回灌等手段，改善填埋场内部的生化反应环境，从而加快垃圾的降解速率、加速填埋场的稳定化进程。对抗生素、药品、个人护理品废弃物实行能源化技术，采用厌氧消化或堆肥处理回收沼气和制备沼肥，采用热解气化技术回收可燃气体和燃油等；对餐厨垃圾实行厌氧发酵制取甲烷、乳酸或乙醇回收利用；对市政污泥采取高效脱水和干化技术、厌氧消化处理技术、热解等物化处理技术；对农业废弃物如秸秆等实行生物发酵肥料化、培养食用菌的基料化、饲料化以及造纸、建材等原料化利用。

基于生物物质产品的环境安全性，"十二五"期间也研发了一系列生物表面活性剂[63,64]、絮凝剂[65~67]、吸附剂[68~72]、肥料[73~75]、农药[76~79]、可降解材料等，生物表面活性剂可加速去除环境中各种有机污染物和重金属，生物絮凝剂可安全高效地去除水体中不易降解的各种污染物，生物吸附剂可迅速吸附重金属等污染物，生物肥料和农药引领了生态农业发展方向，生物能源的发展有利于解决能源危机、保护环境以及带动相关产业的发展。

（三）环境地学

环境地学是以不同时空尺度下的人-地系统为对象，研究其结构和功能、调节和控制、利用和管理机理的科学。环境地学的发展与研究方法及应用技术进步紧密相关，数字技术与信息化极大促进了地学研究理论方法的发展。2013 年和 2014 年我国相继成功发射了高分一号和二号卫星，可进行多个尺度的遥感参数测量，提供更为丰富和精确的地理信息数据和产品。近年来，数字高程模型（DEM）和数字地形分析的相关理论与方法为传统的地理学研究提供了新的思路与重要的技术手段[80]，例如将过程研究获得的认识与过程建模紧密联系[81]，对流域水文进行动态模拟等。随着地理信息系统（GIS）成为地理学研究不可或缺的重要工具，国产中小型地理信息系统平台软件产品的技术水平也已经赶上国外同类软件。

全球尺度上，全球变化科学（地球系统科学）是新世纪的科学前沿，开展多学科的系统集成研究已成为趋势。20 世纪 80～90 年代，国际上先后成立了世界气候研究计划、国际地圈生物圈计划、国际生物多样性计划、国际全球环境变化人文因素计划，并于 2001 年在这四大计划基础上成立了地球科学联盟（ESSP），合作开展地球系统研究。国际上的分析回顾表明，这些研究计划仍存在集成性不够强、应用性不足、决策支撑性不够到位、可持续发展导向性不够清晰等问题。鉴于此，2012 年新启动的"未来地球"计划（ESSP相关计划宣告结束），为期 10 年（2013—2022），旨在整合和拓展现有全球变化研究计划，加强自然科学与社会科学的联系与融合，为全球、区域和各国应对全球环境变化提供必要的科学知识、技术方法和解决方案，推动全球和区域可持续发展[82]。国内方面，2010 年我国启动了全球变化国家重大科学研究计划，"十二五"专项规划确定了全球变化的事实、过程和机理研究，人类活动对全球变化的影响研究，气候变化的影响及适应研究，综合观测和数据集成研究，地球系统模式研究等五个研究方向，已资助了一批研究项目。与此同时，数据资料的质量和共享体系是系统集成研究的基础，近 10 年来我国取得了长足的发展，初步建立了科学数据共享体系，但与国际上发达国家相比，从立法、机制到科学数据的规范、标准、技术和服务等各方面，都还有很大差距[83]。

政府间气候变化专门委员会（IPCC）第五次评估报告于 2014 年发布，再一次指出全球气候变暖的事实毋庸置疑；全球气候变化是由自然影响因素和人为影响因素共同作用形成的，但对于 1950 年以来观测到的变化，人为因素极有可能是显著和主要的影响因素；控制全球升温的目标与控制温室气体排放的目标有关，但由此推断的长期排放目标和排放空间数值在科学上尚存在着很大的不确定性[84]。我国的秦大河院士连任了第一工作组（自然科学基础）的联合主席，40 余名中国学者参与了报告撰写。

土地利用变化（LUCC）通过与环境因子的相互作用，在局地、区域和全球尺度上对生态系统产生重要影响。研究者采用卫星遥感信息源及相关技术方法，对中国 20 世纪 80 年代末到 2010 年的 LUCC 数据进行了定期更新，并提出和发展了土地利用动态区划的方法，发现近 20 年来我国 LUCC 具有明显的时空差异，尽管气候变化对北方地区的耕地变化有一定的影响，但政策调控和经济驱动仍然是导致我国土地利用变化及其时空差异的主要原因[85]。目前对 LUCC 的生物地球物理作用研究主要采用数值模拟法，由于土地利用历史数据缺乏，模型假设和变量不同，使得关于土地利用变化引起的碳排放估计仍然存在很大的不确定性。

科学界对区域尺度的环境复合污染已逐渐形成共识。针对我国的区域大气复合污染，我国学者开展了源清单编制、污染成因机理和传输机制、污染物监测、污染预测预警、污染控制技术等多方面的研究。研究者构建开发的"大气复合污染区域调控与决策支持系统"，具备区域基本信息管理、区域污染状况评估、动态目标构建、协同控制方案设计、方案优化、各类方案分析评估等功能，为制定大气复合污染控制行动方案提供了科技支撑，在珠三角等重点区域的应用示范取得了良好效果，预期经过未来几年的升级和完善，可以实现业务化运行[86]。

流域尺度上的风险评价已成为国内外研究的热点，逐渐成为发达国家制定流域管理决策的科学基础和重要依据。国内流域水环境生态风险研究多为借鉴已有方法对水环境中污染物、重金属元素潜在的生态风险进行个案分析，没有从流域水环境整体角度出发考虑多风险源及其相互关系，尚缺乏全流域水环境生态风险的空间效应与传导机制研究。国内外对于流域灾害生态风险评价的研究主要集中在自然灾害尤其是洪涝、干旱、水土流失等风险源对较高层次的生态系统及其组分可能产生的风险，没有考虑人类活动及突发性事件的影响，且选取的评价指标较为繁杂，尚未形成统一的评价指标体系。目前，流域生态风险评价正逐步转向涉及多重受体和多重风险源的流域综合生态风险评价模式，并在一些流域开展了案例研究[87]。整体来看，流域综合生态风险评价在指标选择和评价方法上有一定的进展，但由于流域环境因素以及风险源与受体作用过程的复杂性和监测数据的不足，大多数评价只局限在定性或粗略分析上，缺乏过程-机制的深入研究[88]。

在城市尺度上，随着我国的城镇化进程，城镇的土地利用以及频繁的人类活动影响了城镇区域的局地天气与气候，并将对全球变化产生深远影响。在"十二五"时期，我国城镇扩展的景观变化与动态模拟方面取得了重要进展。原先的元胞自动机（CA）动态模型没有充分考虑人的行为和决策对土地利用动态的影响，而随着复杂性科学和人工智能的发展，多智能体模型（MAS）成为模拟土地利用动态的重要方法。我国学者利用 MAS 模型建立了城镇动态模型，有利于模拟城市未来的发展趋势，模拟城市规划的政策制定者和决策过程对城市扩展的影响，从而能对决策提供依据[89]。在城市扩展的生态风险评价方面，目前我国学者逐渐开始从不同学科角度建立起综合性评估模型，将污染源、居住环境、人群及生物健康以及城市热环境要素纳入到城市生态风险评价模型中，为系统化评估城市生态风险奠定了基础[90]。但目前的生态风险评估框架内容有限，尚需从城市的复合生态系统特征出发，建立涵盖城市生态功能、社会经济特征、生态环境特征、城市污染特征及多风险受体的城市生态风险管理方法体系。

改革开放以来，我国在交通、水利等方面的重大工程建设项目增加迅速，而这些重大工程的生态干扰具有短期的强烈性、长期的潜在性，生态效应具有间接性、协同性与累积性。近年来国际上道路生态学的研究发展迅速，在道路生态学影响、道路景观美学评价、道路景观规划设计等方面积累形成了较好的研究基础，研究开始向空间化、多时序、多尺度、综合性方向发展，逐渐形成 GIS、3D 技术、数学模型、空间统计等多科学的交叉。例如，国内学者以云南省为案例区，利用景观生态学的方法与理论对云南省道路建设的影响进行了较为深入的研究[91]。而定性描述、半定量的统计分析仍然是当前研究的主要手段，道路建设的生态影响时限、范围和强度，道路影响域、道路影响评价、评价指标和标准等关键问题尚未得到很好解决。

总体而言，当前全球环境压力不断增加，国际上对环境科学研究规划布局进一步优化调整，新的科学成果在环境问题的应对决策和行动中发挥了重要作用，我国逐渐成为了一支不可替代的重要力量，在环境地学领域取得了若干重要成果。而对于大型或长期的研究任务，我国在未来应更加注重研究基础能力的培育。

（四）环境医学

卫生部 2010 年发布的全国第三次居民死亡原因抽样调查（2004—2005）结果显示，慢性非传染性疾病已经成为我国城乡居民死因的主要疾病，其中脑血管疾病（22.45%）、恶性肿瘤（22.32%）、呼吸系统疾病（15.81%）、心脏病（14.82%）为我国前四位死亡原因，约占死亡总数的 75%。与环境、生活方式有关的肺癌、肝癌、结直肠癌、乳腺癌、膀胱癌死亡率及其构成呈明显的上升趋势，其中肺癌上升幅度最大，过去 30 年上升了465%，占全部恶性肿瘤死亡的 22.7%，已替代肝癌成为我国首位恶性肿瘤死亡原因。相关数据的分析研究表明，环境污染已经成为我国人群心肺系统和慢性疾病死亡率和发病率增加的重要危险因素之一，也是我国肺癌高发生率的一个可能原因。世界卫生组织（WHO）发布的《全球疾病负担 2010》报告评估，我国城乡地区大气 $PM_{2.5}$ 污染是继不良饮食习惯、高血压与吸烟之后，成为第四位致死危险因素，仅 2010 年就导致了逾 120 万人过早死亡和逾 2500 万健康生命年损失，并且高达 40% 的心脑血管疾病死亡和 20% 的肺癌死亡可归因于 $PM_{2.5}$ 污染[92]。2013 年，WHO 通过组织全球环境卫生学者进行评估，将大气污染定义为人类一类致癌物质[93]。全球范围内的环境污染问题现在已经成为阻碍各国经济发展和社会进步的主要危险因子，环境污染的健康危害也是我国近年公共卫生的关注热点。

环境医学研究内容多、涉及范围广，不同时期的研究重点也有所不同。环境医学主要包括环境污染（大气、水体、土壤）与健康、饮水卫生与健康、住宅及室内环境与健康、公共场所卫生、人居环境与健康、化学物品（家用、个人用品）与健康、环境质量评价和健康危险度评价、环境卫生监督与卫生管理、灾害卫生和全球环境变化与健康等。现代环境医学的本质是围绕环境污染物的毒理机制与健康危害等科学问题，研究污染物的主要来源和人群暴露途径；提出并建立人群长期暴露评估的方法，阐明大气细颗粒物污染与相关疾病的联系及其可能的影响机制。环境医学的目标是揭示环境因素对健康影响的发生、发展规律，为充分利用对人群健康有利的环境因素，消除和改善不利的环境因素，提出卫生要求和预防措施，并配合有关部门做好环境立法、卫生监督以及环境保护工作。环境医学的学科发展与流行病学、毒理学、临床医学、许多基础和社会学科的知识和研究方法发展有着密切的联系。

"十二五"期间，我国环境医学研究的基础理论和方法学都取得了一定发展，在气候变化与健康、环境污染与健康及其作用机制方面取得了一系列研究进展，但还远不能满足国家经济和社会发展管理以及公共健康防护需求。气候变化和环境污染可以通过多途径暴露，带来多方面、大范围、长期的、缓慢的直接和间接健康效应，已经证实会带来多方面人体健康危害。国内外密切关注的气候变化问题，与人群易感性以及人群经济、社会发展水平密切相关，继续提高经济条件和完善社会公共健康系统将有助于减少气候变化带来的多种健康影响。近年日益突出的环境污染问题，为城乡居民的健康防护工作带来了巨大挑战。室内外空气环境中的颗粒物（特别是 PM$_{2.5}$）和挥发性有机物能够对人体呼吸和心脑血管系统、神经系统、免疫系统、生殖发育系统等多方面造成不良影响，并且具有致癌性和遗传毒性；而颗粒上附着的微生物能够加重哮喘等过敏性疾病和呼吸道传染性疾病。饮用水和土壤中的重金属、内分泌污染物和持久性有机物的长期暴露，也具有致癌、代谢和遗传毒性等多方面的健康危害。"十二五"期间，国际环境医学领域在以下研究学中取得重要进展，也使我国环境医学研究得到了应用和发展。

（1）在暴露评价方面，目前，我国环境污染流行病学研究主要采用环境常规监测获得的浓度水平反映群体的平均暴露水平或个体的暴露水平，因而暴露评价工作尚处于初级阶段，暴露测量误差不可避免，给我国现有环境流行病学研究结果的解释带来较大的挑战。近年兴起的暴露组学将流行病学、环境毒理学、分析化学、营养学和微生物学结合在一起，采用高分辨率、高灵敏度和高通量全暴露测量技术（色谱、光谱测定法、光谱和传感器阵列技术等）和生物信息学技术表征个体和群体暴露水平和特征，迅速提高了环境污染的内外暴露测量能力。暴露组学主要研究方法包括测量病例组和对照组所暴露的空气、水、食物等中的目标污染物，建立暴露与病例状态的关联，进而评估人体对重要目标物的摄取及其新陈代谢等（估算剂量），确定环境污染暴露来源、对疾病发展过程的影响和敏感因素。目前环境暴露组学研究技术已经在我国大气、水、土壤污染的健康危害研究中得到广泛应用，在暴露模式、内暴露剂量等方面取得了一批我国人群环境暴露基础数据[94]。

（2）在健康效应与疾病方面，我国早期的环境流行病学研究均为生态学的研究设计，采用横断面研究、生态学比较等方法，在地区或群体层面初步回答了环境污染与人群死亡/患病率的相关性。定组（panel）研究的兴起，为环境污染的健康效应提供了更为系统的环境污染健康危害和机制研究成果。Panel 研究通过对同一组小样本受试者（一般为几十个到几百人）进行重复多次的暴露与健康效应测量，采用蛋白质组学、脂类组学、糖组学、转录组学、代谢物组学、加合物组学等研究技术，在个体水平建立环境污染急性暴露与一系列临床/亚临床/病理生理指标的关联。Panel 研究设计更加规范、严密，尽可能多地控制了潜在的混杂因素，因而论证大气污染与健康危害之间因果关系的力度也更强，对环境污染健康效应的估计更为准确，近年 Panel 研究得到了长足发展、重要研究成果不断涌[95]。队列研究是确证环境污染健康危害因果关联的最佳方法之一，也是制定环境空气质量标准和开展健康风险评估的核心依据之一。"十二五"期间，我国启动了一项针对环境危险因素的 50 万人大型队列研究（"环境与遗传因素及其交互作用对冠心病和缺血性脑卒中影响的超大型队列研究"项目），由于跟踪时间较短，具有环境危险因素管理意义的研究成果尚需时日。

（3）在干预研究方面，干预研究是指通过人为干预，改变暴露状态后，观察给予干预措施后实验组和对照人群的健康结局发生情况，从而判断干预措施效果的一种前瞻性研究方法，又称实验流行病学、流行病学实验等。由于干预研究能在较好控制混杂因素的情况下，针对性地研究某环境暴露因素，尤其是环境污染物的暴露水平降低后，对健康的影响，因而干预研究被认为是论证大气污染因果关联的最佳方法之一。目前，我国仅有针对北京奥运会期间大气污染控制措施健康效应的干预研究[96]和几项使用口罩或空气净化器对心肺功能影响的干预评估研究[97,98]，尚没有针对水和土壤污染开展的干预研究，针对加强公共健康防护的环境管理政策和干预措施研究亟待加强。

（4）在毒理学研究方面，目前国际和国内学者主要采用细胞或使动物暴露与浓缩污染物开展毒理学机制研究。与国际相关研究相比，我国目前尚缺乏基因缺陷动物模型的引进和建立，基因缺陷动物模型对于探索环境污染所致损伤的作用机制具有极其重要的作用，可以通过使用基因缺陷动物模型研究环境污染对高血压、糖尿病、慢性阻塞性肺部疾病等慢性疾病的影响和作用机制，为环境因素相关慢性疾病的防控提供新思路。

（5）在环境基因组与表观遗传学研究方面，基因易感性是影响环境暴露致病能力的重要因素，环境基因交互作用是环境医学的重要研究方向。随着全基因组学技术（全基因组关联分析、全基因组外显子测序和全基因组甲基化等）和蛋白质组学等的逐渐成熟和应用，有助于识别环境和遗传因素交互作用对肺癌、食管癌等人体肿瘤以及疾病发生影响的关键基因和蛋白[99,100]。近年环境暴露的表观遗传学研究表明，表观遗传学修饰通常发生在疾病的早期，在环境暴露介导的疾病发生、发展中的作用更为重要，能更全面地反映环境污染物与基因组的交互作用在疾病发生的作用。环境基因组学和表观遗传学研究对于实施高危人群预警和检测、早期发现及个体化防治提供重要的理论基础和手段，同时又为归因环境暴露疾病的有效预防措施和基因治疗提供新的管理思路、策略和方法。

现代环境医学是充分结合了环境科学、医学和社会科学的重要应用型研究领域，努力实现环境医学在引领我国环境和经济发展中重要的指导性作用，较早发现环境中威胁健康的高危因素，尽快建立和采取预防和管理措施，具有重要的公共卫生管理和公众健康促进意义。

（五）环境经济学

环境经济学是一门利用经济学的工具和方法调控环境行为的新兴的交叉性学科，在我国正处于发展壮大阶段，中国独特的制度条件和市场环境，为我国环境经济学学科建设提供了良好的天然条件。特别是"十二五"期间，我国经济正处于增速换挡、结构调整的关键阶段，实施绿色增长转型已成为各方共同意愿，污染物总量减排工作也取得积极进展，但是距离环境质量改善目标仍有较大差距。这是"十二五"时期我国环保工作的"新常态"，如何充分发挥环境经济政策在新时期该特定历史阶段的应用作用，建立灵活有效的、基于市场的环境经济政策机制受到国家和地方高度重视和大力推进，也切实取得了前所未有的进展，应该说目前我国基本建立了较为健全的环境经济政策体系，也很好地发挥了对环境保护工作的保驾护航作用。同时，丰富的环境经济政策实践也对我国环境经济学学科建设发展提出了重大需求，也进一步促进了环境经济学学科的快速发展。

在国家自然科学基金、国家社会科学重点基金、国家科技专项等的支持下，有关科研单位在环境经济学的理论方法与实证研究方面开展了大量研究，很好地为国家和地方环境经济政策制定、试点示范以及政策实施提供了技术方法支持。

据不完全统计，"十二五"期间国家自然科学基金项目共设置环境经济有关课题30项，社会科学基金共设置环境经济课题119项。这些课题包括环境与发展关系、生态补偿、环境税、环境与贸易、环境市场定价等方面。这些研究侧重于环境经济学在环境公共管理应用中的基础理论和方法学研究。其中，自然科学基金委重点项目支持了"推动经济发达地区产业转型升级的机制与政策研究"项目，对产业发展转型予以高度关注。社会科学基金重大项目中设置了"健全水资源有偿使用和生态补偿制度及实现机制研究""中国碳市场成熟度、市场机制完善及环境监管政策研究""生态价值补偿标准与环境会计方法研究""雾霾治理与经济发展方式转变机制研究"项目，对发展方式转型、碳市场、生态补偿等予以特别关注。这些课题的设置不仅为国家环境经济政策制定提供了基础理论方法依据，也进一步丰富了我国环境经济学研究基础理论和学科建设。其中，基金委课题主要分布在管理学部，其次是地学部，相对较少。社会科学基金资助的项目分布在理论经济学、应用经济学、管理学等领域，在一定程度上反映了环境经济学学科的交叉性特征。

在"十二五"国家水体污染控制与治理科技重大专项主题六环境战略与政策主题中，设置了水污染防治的经济政策及其综合示范研究项目，该项目下设流域水质生态补偿与经济责任机制示范研究、水污染物排污权有偿使用关键技术与示范研究等课题，就水污染防控的补偿、排污权有偿使用的理论、技术方法体系以及试点示范给予了高度重视，并通过在东江、太湖等地的试点示范研究，推进了这些水环境经济管理技术成果的应用转化。由中国科学院牵头、国家发改委能源所、香港中文大学等单位参与的国家973项目"气候变化经济学IAM模型与政策模拟平台研发"项目，设置了"气候变化下的中国社会经济人口变化"以及"气候变化经济学的基础科学问题"，分别就气候变化下的我国农业生产潜力布局、城市居民的碳消费谱以及气候经济学评估的一些关键模块与参数开展研究。

此外，国家财政预算资金项目通过年度财政资金预算单列科研项目支持的方式，开展了环境税费、环境投资、生态补偿、排污权有偿使用及交易、绿色信贷、环境污染责任险政策研究，环境保护部行业公益项目设置了重点环境经济政策研究等课题，这些研究侧重于科研基础理论和方法成果的应用，直接面向环境决策部门管理需求，更加注重成果的转化，许多成果直接为国家有关环境经济政策的制定提供了技术支撑。

"十二五"时期，我国环境经济学学科的基础理论进展主要集中在环境经济学基本理论以及环境与经济协调发展理论方面。其中，环境经济学基本理论研究主要集中在环境资源价值理论、环境公共物品理论、环境外部性理论、环境产权理论、环境税费"红利"理论方面；经济系统与环境系统发展关系理论主要集中在环境库兹涅茨曲线理论、经济发展与环境资源脱钩理论、绿色发展转型理论，以及中等收入环境资源陷阱理论等方面；环境经济学科的技术方法研究则集中在环境资源定价方法、环境费用及效益分析方法、测量经济系统实物量变化特征的物质流分析方法、整合环境要素的CGE分析方法、环境投入产出方法以及环境经济计量方法等方面。

环境资源价值理论一直以来都是我国环境经济研究人员关注的热点问题，"绿水青山就是金山银山"首要的就是要解决环境资源如何定价和价值实现问题。总体上来看，过去五年在该方面的理论进展并非很大，研究工作主要集中在环境资源架子评估方法学、生态系统价值分析，以及利用环境资源价值理论具体应用到一些特定类型的资源定价方面，大多数的研究集中在对旅游、森林、水资源、生物多样性资源的价值评估。其中，条件价值法由于可以在一定程度上反映利益相关方的利益诉求，受到了广泛关注[101,102]。环境资源价值的理论与有关方法仍在逐步完善，价值评估方法主要侧重于实物核算，由于核算方法的多样性，计算结果往往争议较大，甚至缺乏相互间的可比性，这也导致有关研究向环境管理转化还需要开展不少的探索工作。

环境公共物品理论以及外部性理论作为环境经济的两大理论支柱，始终受到高度关注，环境公共物品研究主要集中在环境公共物品的供给方式与分类管理等方面[103~105]；外部性内部化研究依然是环境外部性研究的主要热点[106~108]，然而在我国现在的经济态势下，如何更有效地实现环境外部性内部化仍面临很多挑战，需要从学科理论上给予更充分的解释与实证研究。资源产权、环境产权交易及其产权配置方式等环境资源产权制度也是过去五年来的学科理论研究热点，主要集中在降低交易成本情景下的环境资源产权配置以及环境资源产权的分配效应等层面[109~111]。针对环境税费能否实现"双重红利"基本上认为取决于制度设计的条件，合适的环境税费政策工具设计是可以实现所谓环境税费改革追求的"双重红利"的，实现环境税费"双重红利"的条件研究较为集中[112~114]。

近五年来随着经济增长与环境之间的矛盾愈演愈烈，对环境库兹涅茨曲线（EKC）现象的理论解释及方法学实证研究在国内开展较多，研究也在不断深入，无论是理论上还是在实证上都有突破，用EKC来检验经济增长与环境污染之间的关系得到大多数环境经济研究人员的认可[115~132]。EKC理论的研究主要集中在从结构效应、技术效应、国际贸易对环境的影响、环境需求效应以及政府作用等方面，关于EKC曲线形成背后的机理研究尚薄弱。对水、土地、能源等资源能源消耗与经济发展关系等方面的脱钩研究也开展了较多工作[133~146]，脱钩理论分析也应用到碳排放领域[147~150]，深化了资源能源效率以及碳效率与经济发展规律关系的研究成果，但是总体上作为舶来词的"脱钩理论"在国内研究数量还比较少，特别是高水平的研究成果稀缺，分析方法也还不成熟。在研究内容上，相对于"脱钩"水平与过程的研究，国内的环境经济研究人员更侧重针对不同条件变量对"脱钩"和"复钩"现象的影响进行定量解析；在驱动因子的选取上基本上都是经济产出参量。绿色发展转型的研究视角逐渐拓宽，表现出了广谱性，包括行业、区域、国家等不同的绿色转型视角。将绿色转型应用于城市建设领域是研究的热点[151~153]。"中等收入陷阱"在过去几年的进展主要集中在经济学领域，环境经济学领域则处于刚开始关注阶段[154~156]，关注度还远远不够。

环境资源定价方法的研究对象由原来更多地关注特定自然资源的定价逐渐向生态环境定价和价格形成机制扩展，方法学创新主要集中在对经典的资源定价方法进行分析和扩展改进，环境资源的长期价值性特征逐渐开始被考虑，特别是将期权理论引入到对环境资源的定价研究方面做了一些不错的研究工作[157~159]。环境费用效益分析由投资建设项目评价扩展到环境污染及生态破坏损失评估、污染综合治理方案优化、环境影响评价以及环境政策的经济评价等方面[160~166]，但是在评估方法学方面仍需要深入探讨。物质流方法还多为国际上理论方法的引进，尽管我国的环境经济研究人员在地区[167~181]、行业[182~197]和元素[198~200]物质流分析方面开展了大量研究，但是本土化创新工作较少。环境（Computable General Equilibrium CGE）研究集中在分析环境保护和资源利用方式变化对经济系统的影响方面[201~202]，特别是研究环境保护的具体措施和环境、资源税收以及资源价格变动对经济增长与经济主体福利的影响方面，在模型理论开发、参数估计等基础研究方面则还比较薄弱。环境投入产出方法的研究主要集中于投入产出表在资源环境方面的实证应用研究[203~205]以及环境投入产出扩展建模技术的应用研究[206];利用面板数据研究是环境经济计量研究的发展趋势[207~209]。

（六）环境法学

环境法学围绕"人类—环境—社会"关系，针对有关环境保护的法律制度进行综合研究，是逐渐从传统部门法学分离出来的一门新兴法学学科，同时也属于具有多元性学科特点的环境科学学科范畴[210]。近年来，我国环境法学研究一直以来存在的理论内核缺失、理论沉淀不足、研究追求时效性、研究碎片化、吸收其他学科研究成果时丧失法学视角等现象依然普遍，国内学者已逐渐对这些问题形成较为广泛的反思，部分领域的研究逐步深入，呈现良性互动发展的趋势。同时，随着新环保法的颁布实行，新法实施过程中针对具体社会问题的对策性研究、量化和实证研究有望得到积累。随着理论研究和回应社会现实需求的研究不断深入和相互促进，环境法学学科知识结构有望进一步优化。

"十二五"期间，在环境法理念研究方面，环境正义、生态文明成为研究的热点。研究从多个角度探讨环境正义，认为应直面当前环境问题，促进公民民主参与国家治理的良善性互动，构建环境公民身份理论，引导公民环境责任规范创新、推进公民社会发展和生态文明建构[211];通过对环境司法裁判文书进行定量分析的实证研究，认为环境不正义的情形客观存在，而身份、贫富、地域等元素是影响环境正义实现的主要因素[212];另有研究认为父权制在环境法治中隐性存在，国际环境保护对社会性别的关注经历了漫长的过程，一些国际法律文件开始规定女性在环境保护中的作用，我国环境法治结构优化需要改变不公正的社会性别关系[213];在区际环境正义上，提出由于地区之间和城乡之间的环境利益差异格局，应建立协商性、民主性、沟通性的回应型、反思性和程序性的法律规范理性范式[214]，应通过赋予西部生态产权，增加西部欠发达地区内生经济发展潜力[215]，应构建城乡一体的环境共同体[216]等观点。

随着生态文明理念的深入，相关的研究也逐步跟进。提出生态文明作为一种新型的文明形态，立法理念应有所更新，包括立法目的和立法模式上均需作出符合时代特色的更新，从而为生态文明建设提供法治保障[217];需要运用要素量化评估法和法律解释学的方法，评估生态文明的社会调节机制，进而提出完善生态文明法制建设的建议[218]。围绕生态文明的法制建设，认为我国环境立法体系，应以生态文明的基本理论与要求为指导，提出将"生态文明"与"公民环境权"写入宪法，制定科学的环境立法规划，加强地方环境立法[219];应当制定以环境保护基本法为龙头，以污染防治、资源保护、生态保护、资源和能源节约法为分支的完整体系，在所有立法中贯彻生态优先、不得恶化、生态民主、共同责任的基本原则，并分别从预防、管控、救济三个维度建立起完善的生态文明建设法律保障制度[220];同时，为使生态文明建设落到实处，必须完善我国的司法机制，完善中国的环境法院（法庭）体系、环境公诉制度及"私人检察官"制度，并使之良性运转[221]。

"十二五"期间，环境权理论依然是环境法学研究的热点问题，并逐步引向深入，研究围绕环境权的法律性质、司法救济、类型和利益基础等进行，尤其是在环境权是否可以诉讼等方面分歧较大。环境权理论的支持者从诸多角度论证了环境权的必要性和可行性，对环境权的含义进行剖析和补充，并试图通过新的方法和视角梳理和构建环境权理论体系[222~229]。然而，依然有不少学者对环境权理论的合理性或可行性进行了审慎考量，指出环境权在美国、日本等国家遭遇困局[230,231]，难以在实践中运用，环境权的理论构建始终难以达成共识、不能完备，认为更应直接关注环境利益，利用相关法律和非法律手段进行保护环境利益[232,233]。关于环境权的回顾性综述认为，三十年来我国环境权理论研究取得了很大进展，形成了最广义环境权说、广义环境权说和狭义环境权说等各种学术主张。但是，既往的研究仍然存在外文文献引证数量较少、跨部门法研究有待加强、环境权概念的泛化、"美日中心主义"倾向和实证研究欠缺等问题。今后的环境权研究应当着重从环境权的类型化、环境权的司法救济特别是环境权与其他基本权利的竞合与冲突、作为公权的环境权与作为私权的环境权及其相互关系、环境权的本土化研究这四个方面予以推进和深化[234]。

环境法的基本原则是环境法的核心范畴，对于指导环境法律体系的构建和具体法律制度的设计具有非常重要的指导意义。"十二五"期间，环境法学者对适合我国发展阶段的环境法基本原则的内涵进行了深入研究。研究指出我国环境法基本原则就法律解释、法律执行、立法技术而言，在未来仍有寻求新发展的必要和空间[235]。在公众参与方面，认为学界对环境领域内公众参与概念的理解普遍存在扩大化倾向，而对其权利本质有所忽略，环境信息公开、非政府组织的发展、环境公益诉讼及环境教育等相关法律制度方面的问题与完善对于环境领域内公众参与权的实现具有举足轻重的影响[236]。除了对既有环境法原则的内容和贯彻的制度进行完善研究之外，还涉及对原则体系的调整，如是否增加生态承载力控制、风险预防原则等的讨论。认为应在内容上增加以弱势形式规定的风险防范原则[237]，同时为防止模糊的字面意义导致该原则滥用，明确列举其适用范围非常必要，否则将不利于我国对外贸易的良性发展，应有限适用于生物多样性保护领域、转基因食品安全领域以及气候变化领域[238]；认为环境法应当把生态承载力控制作为一项基本原则，对环境问题的预防应当以生态承载力为依据，以对执法者在处理经济发展与环境保护的矛盾中所享有的过大的自由裁量权形成必要制约[239]。

我国学者围绕环境影响评价、"三同时"、环境行政许可、环境信息公开、环境应急管理等环境法基本制度的理论与实践问题进行了有益的探讨。分析总结环境保护法律制度实施困局的主要原因包括：①将经济增长指标作为干部政绩考评的主要指标、财政上的"分灶吃饭"体制；②缺少相应的立法，规定缺乏可操作性，规定不合理；③环保执法权威和能力不足，管理体制不合理，地方保护主义干扰；④司法机关对实施不积极；⑤公众参与明显不够，社会监督机制难以发挥应有的作用[240]。在秉承强烈的问题意识下，对于具体的环境法制度进行具有明确针对性和显著务实性的研究。在环境影响评价制度方面，环境影响报告书编制和审批各环节受到质疑[241]；战略环评立法有待完善[242]；公众参与制度的形式化、缺乏环境公益诉讼制度等，导致环境影响评价制度没有落到实处[243]。在"三同时"制度方面，对于违反行为实施行政处罚的法律适用显得十分混乱，建议将各单行环境污染防治法律中的相关条款所规制的行为，作为一个独立的违法行为分别执行并最终合并计算[244]。在环境信息公开制度方面，认为环境信息的定义过于简单，缺乏对环境信息所涉事项的具体列举，欠缺环境信息公开的例外规则[245]。在环境应急管理制度方面，认为应当适度放松对非政府组织参与环境应急的管制行为，强化非政府组织的环境应急参与程序，建立法治框架下的合作协商机制[246]；在政府环境责任方面，认为基层政府环境监管失范有政府监管失范和政府官员行为失范两种类型，折射出行政考核制度、财税体制以及权力监控体制问题[247]，目标考核制度在相当程度上损害了法治主义的特有目的和功能[248]。

"十二五"期间，环境法律责任的研究不再局限于责任构造本身，而是更多关注一些具体问题，主要着眼于环境保护的司法保障。对司法过程中的具体问题进行讨论，这些问题都是阻碍用司法手段保护环境面临的障碍，总体观点是加大制裁范围和力度，降低追究责任的门槛。通过对近千份环境案件裁判文书的分析发现中国环境司法救济中存在环境司法功能未得到充分发挥、良好的环境法律供给严重不足、法官的环境司法能力不敷使用、法院的审判机制运行不畅等问题[249]。关于环境民事责任，在环境侵权的"赔偿及救济""因果关系推定"以及"举证责任分担"三个方面有较为集中的研究，而对环境行政责任的研究甚少，对于环境刑事责任的研究，立足环境犯罪，提出了"危险犯"和"威胁犯"以及专门立法的构想[250,251]。

伴随有关法律和司法解释的持续推进，环境法学界对于环境公益诉讼和环境司法体制的探讨仍然倾注了较大的学术精力，主流观点是支持环境公益诉讼主体多元化[252~256]，探索和完善环境法庭审理环境案件的司法体制，认为环境司法专门化实践应通过审判机构的专门化、诉讼程序的特别化与审判人员的专业化等进行推进[257~259]。

"十二五"期间，我国完成了《环境保护法》的修订，环境法学者积极参与到环保法修改工作中，主张进行实质性大改，规范和激励政府行为，整合法律制度，采纳多元共治的法律机制。新法修订完成后，对新环保法的不足持续展开讨论，有学者认为新法没能从根本上转变经济发展之重心思想，环境保护法所应凸显和强调的"人与人、人与自然和谐共存、和谐共生"的基本理念没能得到充分的尊重和体现[260]；有学者认为新法的结构应围绕保障"良好生态环境"这一根本立法目的以及"实现环境法律关系"进行布局，以三类主体（环境权主体——自然人，环境义务主体——环境资源利用或破坏者，环境职责主体——政府）为对象分章予以规制[261]。

《环境保护法》以外，其他环境法律制度研究基本现状是：①在污染防治法律制度研究方面，大气污染[262~265]、土壤污染[266~270]和重金属[271~276]防治研究主要致力于制度体系构建；水污染防治集中在流域跨界污染问题[277~281]，多主张在地方政府之间、中央地方政府之间实行相互监督和制衡；而对于噪声污染防治法律制度的研究甚少。②在生态保护法律制度研究方面，生态保护的立法研究在国内迅速成为一个新的研究热点，其中以生态保护法的理论基础、生态文明建设、生态补偿、生态修复、湿地及生物多样性保护等立法研究为重点[282~299]，其中生态补偿是重点，研究主要集中在概念、原则、补偿方式等理论领域，而实务性研究相对薄弱。③在自然资源法律制度研究方面，自然资源权属制度仍然是关注的热点[300~322]，在自然资源权利结构基础上主张有多重主体、多种类型和内容，包括国家和个人权利（权力），应当合理配置多种权利（权力）关系，对个人自然资源权利进行适当限制。④在能源法律制度研究进展方面，法律制度和实践的研究重点是《能源法》《原子能法》的制定、新能源以及《可再生能源法》实施中的法律问题，认为有必要建立和完善能源立法体系、借鉴国外经验完善立法，并对单项能源立法如《原子能法》进行制度体系构建[323~330]。⑤在气候变化应对法律制度研究方面，随着气候变化国际谈判的深入，国内的气候变化立法、气候变化减缓与适应措施以及德班平台下我国应对气候变化法律应对等问题成为了我国环境法学者的研究热点[331~341]，普遍支持借鉴国际立法经验、结合国情进行气候变化应对立法，确认和巩固现有政策体系，引入碳排放权交易制度、气候环评制度、碳金融制度、碳税等制度。⑥在国际环境法律制度研究方面，在国际环境法的基本原则、实施机制、生物多样性保护、气候变化等领域取得了一定的研究进展，主张结合我国利益对共同但有区别原则进行理解，并关注该原则在气候变化领域的运用[342~357]。

总体而言，对比国内外的环境法学研究，国际上的环境法学研究上主要呈现将法学与政策研究紧密结合、定量研究与定性研究并重、注重问题导向性的研究方法、重视解决问题途径的多元化等发展趋势。排除社会科学本身极强的本土化要素的影响，我国的环境法研究基本上与国际主流趋势接轨，在应对全球气候变化、碳排放问题及新能源等问题上基本与国际同步，但也存在热点问题分布上的差异，在环境法基础理论上，我国学者倾向于讨论环境法的调整对象、环境权如何界定、环境法的基本原则等较为学理、形而上的问题，而国际上则倾向于将这些抽象概念问题具体化成个案问题来研究，以便于具体操作和实践。在方法论上我国与世界领先的学术水平存在的差距不容忽视，成熟且有效的定量研究方法还没有被我国环境法学界普遍接纳和运用。

三、环境科学与技术研究进展

（一）水环境

"十二五"期间，在水环境质量和水生态系统演替机制、水处理与水污染控制、污染水体治理与水生态恢复（修复）、水环境和水资源可持续管理等方面均取得了显著进展，水环境学科研究呈现出从"点"到"线"到"面"、从"单向作用"到"相互作用"转变的趋势，从区域和流域等更宽阔的视角探索水环境问题成因，从水环境、水生态和水资源相互作用角度，探讨三者协调控制、可持续管理的新理念、新模式、新系统和新技术，水环境综合调控理论体系、技术体系和管理体系日趋完善，为社会经济可持续发展提供了重要支撑。

1. 水环境治理理论向协同控制综合施策发展

水环境理论研究在宏观和微观两个层面均取得显著进展。宏观层面主要是从区域和流域角度研究水资源和水质联合调控和综合管理，以实现水资源可持续利用；微观层面主要探讨水环境演变规律及物理、化学和生物过程机制及其变化过程，揭示人类活动对水环境的影响机制。

在宏观层面，逐渐形成流域综合治理理念和理论体系。利用各种模型和数据分析方法等探讨环境承载力、流域补偿机制与方法、水生态功能划分与污染物削减技术体系、水环境安全评价技术体系等[358~360]。流域治理理念不仅仅是环境问题的解决，也包括与当地社会经济发展相结合，从城市综合发展角度探讨区域水环境治理问题。

水环境、水生态和水资源协同控制理念得到提升并在实践中逐步得到应用。流域水社会循环和自然循环及其耦合理论研究，为水资源可持续利用与演化控制提供了理论支持[361]。研究者[362]提出了"立足流域进行统筹规划和治理，建设湖泊绿色流域"的湖泊富营养化防治思路，和湖泊绿色流域构建的六大体系"产业结构调整控污减排、污染源工程治理与控制、低污染水处理与净化、清水产流机制修复、湖泊水体生境改善、流域系统管理与生态文明建设"。为解决我国面临的突出水环境问题，破解经济发展需求与水资源短缺、水环境污染和水生态破坏之间的矛盾，研究者提出了基于人工强化生态调控的区域水资源多阶多元闭环循环利用模式——区域水系统"介循环"模式（Water meta-cycle）[363]。该模式以再生水生态媒介多元利用为核心，具有闭环趋零、多阶多元、强化调控和复合高效等特点，可望成为区域水资源可持续管理、保障水环境安全的有效模式。

在微观层面，水体富营养化仍然是研究的重点和热点。"十二五"期间，在水体生态系统演替机制、水华成因机理与关键因子、富营养化与生态系统响应机制、生态风险评价、控制技术等方面均取得长足进展。例如，研究者揭示了微囊藻群体的形成和聚集对微囊藻水华形成的影响[364]；此外，通过国家水重大专项的实施，逐渐形成了我国不同区域湖泊等水体富营养化的控制理论体系。

2. 水污染防治技术向水质深度净化与资源能源化耦合发展

水污染防治理论与技术研究在污水处理与资源化利用技术、再生水处理与利用技术、面源污染控制技术、生态修复技术、黑臭水体治理技术及饮用水安全保障技术等方面取得重要突破。

污水脱氮除磷处理工艺仍为研究的重点和热点。污水排放一级 A 标准在一些情况下已不能满足水生态健康保障的需求，发达国家已开始研究 LOT（Limit of Technology）技术，主要指标总氮（TN）达到 3mg/L 以下，总磷（TP）达到 0.1mg/L 以下。我国在敏感水体流域或区域也开始考虑大幅提升 TN 和 TP 出水标准，对 TN 达到 8mg/L 和进一步达到 5mg/L 以下技术需求突显。针对低污染负荷废水脱氮除磷需要，短程硝化反硝化、厌氧氨氧化、好氧颗粒污泥以及各种组合技术研发取得重要进展[365,366]。基于可持续发展理念，温室气体排放等指标也被广泛研究和纳入污水处理厂运行评价体系[367]。

在污水资源化方面，理念革新和实践创新活跃。研究者[368]倡导污水处理"概念厂"的建设，以期"实现能量、水、营养物回收三位一体模式，带动污水处理向新方向发展"。有研究者[369]提出污水精炼概念，"转变现有基于污染物分解和去除的污水处理模式，通过精细化筛分和高效转化，实现污水资源（wastewater-resource，WWR）的安全、高效利用，支撑水循环系统的可持续发展"。现今，基于微藻的深度脱氮除磷和能源资源化、厌氧氨氧化等得到高度关注。

再生水处理与利用方面，国内外研究者提出了再生水安全高效利用理论，围绕污水再生处理、再生水输配储存、再生水利用等城市污水再生利用的主要环节和过程，开展再生水安全性评价研究，研发处理与输配安全保障技术、利用过程风险控制技术、水系统构建技术与规划方法，为保障再生水安全高效利用提供支持。在水质安全评价方面，针对用户吸入再生水的潜在风险，提出了再生水吸入毒性的方法，确定了再生水洗车、绿地灌溉的暴露剂量[370]。在再生水处理方面，针对再生水中存在的有害微生物以及有害化学物质的生物风险，提出了生物风险控制技术，有效控制了目标微生物和化学物质的潜在风险；针对微生物生长与水质劣化问题，开发出适用于再生水水质特征的可同化有机碳（AOC）评价方法，发现了混凝过滤、臭氧氧化等技术将导致再生水 AOC 升高，生物稳定性变差[371]。在再生水利用标准化方面，国内制定了《城镇再生水厂运行、维护及安全技术规程》等多项标准规程；国际标准化组织（ISO）成立了水回用技术委员会，开展水回用标准化工作，我国研究者针对北京、天津等大型城市集中式系统的安全性、可靠性和效率保障需求，开展 ISO《集中式水回用系统设计指南》《集中式水回用系统管理指南》和《再生水安全性评价指标与方法指南》的研制工作，将为城市污水再生利用系统优化和安全保障提供支持。

在面源污染控制和水生态修复方面，开始与城市洪涝灾害治理结合，并提出了海绵城市理念，全面控制城市降雨径流[372]。在技术方面主要采用源头削减、过程控制和末端治理相结合的思路。海绵城市是一种遵循顺应自然、与自然和谐共处的低影响发展模式，也是低影响设计或低影响开发的延续。湿地综合利用、河道岸坡生态护岸材料、水循环调控技术等技术研究不断深化。

在黑臭水体治理方面，国务院颁发的《水污染防治行动计划》提出了黑臭水体的控制目标。研究者提出黑臭水体治理应根据黑臭成因、污染程度和治理目标，按照"外源减排、内源控制、水质净化、补水活水、生态恢复"的技术路线[373]，因地制宜、科学地制订治理方案，以实现黑臭水体治理及水质长效保持。

3. 水环境管理目标向水生态文明建设方向发展

水环境管理主要通过管理技术、方法、政策、法规及相关机制和体制等，规范人类行为，协调经济社会发展同水环境保护之间的关系，限制人类损害水环境质量的活动，维护流域正常的水环境秩序和水环境安全，保障实现流域经济社会可持续发展。随着《水污染防治行动计划》（国发［2015］17号）和《生态文明体制改革总体方案》等指导性文件和政策的发布，水环境管理的目标向水生态文明建设转变。

"十二五"期间，在政策方面，深化研究了水环境管理战略和政策研究，为国家水安全格局构建和国家水污染防治行动计划提供支持。一是开展了水污染控制经济手段技术和决策支持技术，为国家"水污染防治行动计划"编制和"十三五"环境保护工作提供技术和人才队伍支撑。二是开展了若干流域规划模型关键技术，流域水污染防治规划决策支持平台基本搭建。三是水污染物排污权有偿使用政策框架基本建立，排污权有偿使用通用管理平台开始调试运行。

在管理方法方面，深化完善了流域水生态功能分区与监控预警技术，业务化运行取得新进展；初步构建了流域水生态系统管理和控制单元总量控制技术体系；形成了流域水污染治理和水环境"监控业务化运行"成套技术与管理示范，突破示范流域水环境监控技术体系与开展业务化运行的关键技术，完善流域水环境监控与综合管理技术体系和水污染治理技术体系，在流域尺度上开展综合技术示范，支撑示范流域水质明显改善。

（二）大气环境

"十二五"期间，我国大气环境科学技术取得了长足的发展。在现有污染源的排放特征、大气污染的成因机理、污染控制措施与效果等研究方向取得显著进展，为有效管控区域性污染提供了科学依据。大气污染毒理学和流行病学研究方法、理论和成果上均有显著的进步，研究成果对于我国优化环境管理和标准制定具有重要意义。大气环境监测技术取得重要突破，初步形成了满足常规监测业务需求的技术体系；先后研发的 $PM_{2.5}$、O_3、VOCs 等污染物监测技术和设备，基本满足了城市空气质量自动监测等需求。大气污染治理技术多项关键共性技术取得突破，初步形成了满足治理需求的技术体系，有效支撑了各重点行业大气污染物排放标准的制修订和实施，减少了主要大气污染物的排放。排放清单、立体观测和数值模拟等技术的进一步深入研究为大气复合污染控制战略的实施提供了强有力的技术支撑。

在大气污染的来源成因和传输规律方面，大气环境基础研究主要包括现有污染源的排放特征、大气污染的成因机理、大气污染与环境健康效应、污染控制措施与效果等，并对污染物控制减排的政策制定、环境-经济效应综合评价做出前瞻性预测，为更多污染物的更深层次控制提供指导性意见。近年来，我国研究者通过外场观测、实验室模拟和数值模型等方法对大气环境的物理过程、化学过程等进行了多角度多层次的研究。污染源清单是大气污染科学研究和管理决策均亟须的关键信息，但长期以来一直是我国大气污染领域的一个薄弱环节，针对我国社会经济快速变化的特点，构建了适宜我国的大气污染源清单编制技术方法，并广泛地应用于空气污染、气象、能源和控制决策等各方面，如以清华大学为主建立的中国多尺度排放清单模型（MEIC）[374~376]。深入研究了大气氧化过程尤其是大气氧化性，主要包括光化学烟雾、灰霾问题及酸沉降等多种污染研究；其中 HO_x 自由基的外场观测研究取得了丰硕的成果，针对 OH 自由基、HONO 的闭合研究提出了多种新的理论假设[377]；针对颗粒物的闭合研究，采用颗粒物光学性质的闭合实验方法[378]，基本掌握了大气能见度下降的关键因素，并成功实现了微米级颗粒物化学组分实测，发现了污染大气条件下新粒子生成的新特征[379]。臭氧及其前体物、$PM_{2.5}$、多环芳烃、多氯联苯等持久性有机物、汞等大气污染物的传输领域研究在一定程度上揭示了区域性污染的特征和成因[380~385]，为有效管控提供了科学依据。

在大气污染的健康效应方面，暴露评价是环境管理工作、健康风险评估和流行病学研究的基础。《中国人群暴露参数手册》的发布为我国开展进一步的大气污染暴露评价工作提供了第一手的基础数据[386]；土地利用回归模型和卫星遥感等先进暴露评价技术的逐步引入也为我国科研工作者实现高时空分辨率的大气污染模拟提供了新的发展方向[387]。毒理学以实验室研究为基础，探究大气污染健康危害的致病机制。近年来我国开展了大量的体外实验和体内实验，观察了大气污染物染毒后对机体及组织的损害作用，如在呼吸系统方面研究发现了 $PM_{2.5}$ 与几个相关炎症因子的关系，揭示了 $PM_{2.5}$ 造成肺部炎性反应的分子机制和免疫反应机制[388]。流行病学研究能直接回答空气污染暴露与人体健康的关系，能提供大气污染危害性的最直接科学依据。从研究方法来看，近年来，以时间序列和病例交叉研究为代表的固定群组追踪研究[389]、回顾性队列研究[390]和干预研究[391]在我国得到了进一步开展；从研究范围来看，从单个城市研究逐步发展到多个城市的协同研究，从而有效地避免了发表偏倚的问题，使得研究结果更具说服力。研究发现颗粒物是我国最主要的一种大气污染物，其来源、成分和粒径谱等特征复杂，对健康的影响存在差异[392~395]。

在大气环境监测技术方面，近年来我国已初步形成了满足常规监测业务需求的技术体系。常规环境监测技术不断改进，多项大气环境监测单项技术取得突破，如在气态污染物在线监测技术方面，建立了差分吸收光谱法 SO_2、NO_2 等气体在线监测标准，完善了标定技术体系[396]；在污染源在线监测领域，通过不断进行技术升级提高了现有污染源监测仪器性能，推动了现有技术向超低排放领域应用发展。发展了多平台的大气环境遥感监测技术，在地基遥感方面，地基激光雷达在硬件设备和算法上的改进提高了气溶胶成分的探测精度，进一步降低了探测盲区，并在沙尘暴、灰霾探测中得到了应用；在机载遥感方面，研发了机载激光雷达、机载差分吸收光谱仪和机载多角度偏振辐射计，已在天津、唐山地区进行了飞行试验；在星载遥感监测方面，研发了大气痕量气体差分吸收光谱仪、大气主要温室气体监测仪以及大气气溶胶多角度偏振探测仪，可实现航空平台上对污染气体、温室气体以及气溶胶颗粒物分布的遥感监测[397]。突破了多项大气环境应急监测技术，自主研发的傅里叶变换红外光谱扫描成像遥测系统可用于大气环境应急监测的定性和定量分析。

在重点污染源大气污染治理技术方面，工业源大气污染治理领域，在颗粒物治理技术方面，近年来主要在颗粒物凝并长大动力学机理研究、基于强化细颗粒脱除的静电/布袋增效技术研究，以及多场协同作用下颗粒物高效控制新技术开发等方面取得了重大进展[398~407]；硫氧化物治理技术方面，近年来主要在湿法烟气脱硫、半干法脱硫，以及污染物资源化利用等方面取得了重大进展，针对SO_3的排放控制研究逐步受到重视[408~428]；氮氧化物治理技术方面，近年来在高效低氮燃烧技术、烟气脱硝系统喷氨混合、流场优化以及SCR催化剂配方设计、催化剂再生处理等多项基础研究和关键技术上取得了重要进展[429~452]；汞等重金属治理技术方面，近年来我国以汞为代表的重金属污染物排放控制技术取得长足发展，在重金属吸附机理及吸附剂改性、Hg^0的强化氧化等基础研究方面取得突破，基于常规污染物控制设备的重金属协同控制技术已成功实现工程应用[453~469]；VOCs治理技术方面，近年来我国VOCs控制理论不断发展，VOCs控制正向从源头控制到末端治理的全工艺流程治理转变，以吸附技术、催化燃烧技术、生物技术、低温等离子体技术及组合技术为代表的VOCs控制技术得到进一步发展[470~486]。在移动源大气污染治理领域，近年来，移动源大气污染防治在控制传统CO和HC等单一污染物的基础上，进一步强化了对低温HC污染物的去除、对NO_x以及碳烟颗粒的协同控制，核心技术路线正逐步向适应我国油品和实际路况的高效机内净化以及后处理控制技术的精细化、集成化、系统化发展[487~508]；针对多种处理技术耦合的研究也已逐步开展；船舶、工程机械等非道路移动源污染排放控制技术领域则尚处于初级阶段。面源及室内空气污染净化技术领域，在面源大气污染控制技术方面，近年来我国主要在煤改气及天然气锅炉低氮燃烧、生物质炉灶利用、餐饮业油烟分解、路面扬尘净化、农畜业氨排放控制等方面取得了一定进展[509~514]；室内空气污染物净化技术方面，近年来我国主要在室内空气中的VOCs、超细颗粒物以及有毒有害微生物防治方面取得显著进展[515,516]。

在空气质量管理决策支撑技术方面，面对现阶段我国大气污染特征和现状，必须发展出一套综合排放控制规划方案，兼顾细颗粒、臭氧、酸沉降和温室气体排放等环境问题的解决，即大气复合污染控制理论。大气复合污染控制战略的实施需要强有力的技术支撑，包括排放清单技术、立体观测技术和数值模拟技术等。针对源解析和排放清单的建立，集成构建了动态源清单技术方法，实现了排放预测从行业到工艺技术的提升[517~524]，开发出了基于动态过程的高分辨率排放清单技术[525,526]。针对排放源清单评估与校验，建立了综合不确定性分析、卫星遥感、地面观测、模型模拟的排放清单多维校验技术[527~529]。针对大气污染预报预警与过程分析，开发了具有自主知识产权的多尺度高分辨率排放源模式，建立了在线排放清单计算和网格化处理技术平台[530~533]。针对大气环境规划技术方法与模式，基于CAM_x空气质量模型的颗粒物来源追踪技术（PSAT），研究建立了京津冀地区$PM_{2.5}$空间输送关系，为区域大气污染控制提供了重要决策支撑[534]。此外，我国在大气污染多维效应综合评估技术和大气污染控制成本效益分析技术方面也取得了长足的进步[535~544]。

典型成果的集成示范应用方面，近年来我国大气质量综合管理制度不断创新，出台新版《中华人民共和国大气污染防治法》；陆续颁布了一系列配套的法规标准，新修订的《环境空气质量标准》（GB 3095—2012）开始推行空气质量指数（AQI）；出台了一系列经济金融相关的政策法规，即将实施大气污染防治重点专项。区域联防联控协调机制和管理模式逐步建立，以京津冀地区为例，基于研究分析结果，以及奥运会空气质量保障行动提供的成功案例，京津冀等多个省市正逐步推进地区一体化，通过统一规划、统一治理、统一监管保障空气质量。此外，近年来几次重大空气质量保障行动的经验表明，由于燃煤电厂、工业锅炉、道路扬尘排放等污染源的有效控制，一次污染物排放明显下降，空气质量均有较明显的改善[545~549]。

"十二五"期间，我国大气环境科学技术研究进展较快，但由于起步较晚等原因，与世界先进国家仍存在较大差距，主要体现在：①在颗粒物灰霾成因、氮氧化物对大气复合污染贡献、臭氧及自由基化学等基础研究重点领域存在一定差距，尤其是关于详细反应机理的研究较少；②在大气污染暴露评价、毒理学研究的技术和方法上存在差距，大气污染流行病学研究数量较多但高质量研究较少；③在大气环境监测技术及设备研究方面仍然处于落后阶段，虽已突破一批关键技术，自主研发出一批具有国际竞争力的大气污染监测设备，但很多核心设备仍需进口；④在工业源大气污染物、面源及室内空气污染治理技术等方面取得不少突破，实现了部分相关技术的产业化应用，但仍存在很多薄弱环节，与国外先进技术存在一定差距，在机动车排放控制技术研发上取得长足发展，设计研发了具有国际先进水平的催化剂及其制备技术；⑤在排放清单研究领域已达到或接近国际先进水平，但在部分前沿研究方向上仍与发达国家存在差距，在大气污染防治规划研究方面已处于世界前列，而在大气污染控制成本效益分析技术研究方面还存在相当大的差距。

（三）土壤与地下水环境

"十二五"期间，随着土壤和地下水环境问题的日益凸显，预防土壤和地下水环境污染、改善环境质量、保障农产品和饮水质量安全、维护人居环境安全成为关注的重点。基于此，依托国家在土壤和地下水环境科技研发计划的支持，结合国家土壤和地下水污染防治规划的重大战略布局，基于对土壤和地下水环境学科发展的准确把握，我国在土壤和地下水环境学科的基础理论、技术装备、工程应用方面取得重要进展，进一步促进土壤及地下水环境学科发展。

国内外土壤污染防控与修复技术发展迅速，已经从传统热处理、化学淋洗等技术向多相提取、生物修复等新兴技术及其联合应用发展，形成了多设备、多技术、原位与异位修复相结合的集成技术模式；统筹考虑土壤和地下水污染风险，协同解决大型污染场地的修复问题，具有实施大型复合污染修复工程的综合能力与丰富经验。同时，土壤环境监管标准、法规与决策支持体系日趋完善。

在基础理论层面，逐步形成了区域土壤和地下水环境质量演变与时空分异、污染成因与生态过程、污染动力学与控制修复等重要理论创新。重点进展主要表现为：①重点揭示了土壤和地下水污染物来源，探讨物质界面传输机理与污染过程，定量分析了不同尺度污染输送的源-受体之间关系；②分析了宏观和微观界面物质迁移、转化机制，探讨土壤和地下水环境演化的物理、化学和生物学过程，确定土壤及地下水污染与污染物有效性之间的关系；③阐明土壤介质中不同类型化学物质对多种生物受体的急性、亚急性、慢性和蓄积性致毒作用，量化致癌、致畸、致突变效应，建立化学物质的生物毒性数据库，研发土壤和地下水毒性表征技术与方法[550~561]。

在技术与装备层面，通过技术、方法与设备研发，突破一批环境管理、污染控制与修复等关键技术和装备，在监测技术与风险评价、污染控制与修复、风险源识别与污染防控区划等关键技术、功能材料、成套装备等方面取得了重大突破。主要表现在：①现代土壤和地下水环境监测正向自动化、智能化、网络化方向发展。重点关注基于智能化技术的网络化传感器，体现采样技术、前处理技术与仪表技术并重，突出"天地一体化"监测，重视多技术综合应用的高技术先进仪器发展[562~574]；②发展能广泛应用、安全、低成本的土壤和地下水原位修复技术，重点研发了安全、土地能再开发利用、针对性强的工业场地快速物化工程修复技术与设备，重视控制与污染物扩散协同治理的工程修复技术，形成系列土壤及地下水污染修复技术规范[575~582]。

在环境监管层面，土壤和地下水环境管理技术标准和规范体系建设得到加强，土壤和地下水污染防治领域先后出台了系列相关政策、法规等规范性文件，在完善政策法规、建立管理体制、明确责任主体等方面取得了显著进展；发布了污染场地系列环保标准，为场地环境状况调查、风险评估、修复治理提供技术指导和支持；开发污染源解析和源阻断技术，建立多尺度的动态监控网络，构建分类、分级、分区的污染综合防控体系，形成融"监测-预警-防控"一体化的监管体系，推动环境信息管理与决策支持系统的建设与发展[583~587]。

总体上，"十二五"期间我国在土壤和地下水环境学科研究与发展取得了系列成果，但与国际发达国家在技术储备、风险管控等方面存在差距，理论体系、关键技术研发、成果转化与产业化等方面滞后明显。为此，结合对"十三五"国家环境科学发展战略、重点专项研究计划与国家重大规划，以及土壤和地下水环境科学总体进展系统分析认为，土壤与地下水环境学科发展重点将由传统的资源利用拓展到资源、环境、生态、社会等多要素良性循环和发展；传统的污染物分析与污染评价拓展到污染过程、效应及环境风险等多尺度、立体动态、全过程识别；由粗放单一的环境修复技术方法转变为绿色、环境友好、安全高效的技术、材料与装备开发和应用；由传统的单介质、单要素的监测预警向着高精度、多维度、多介质方向发展。建立我国土壤及地下水污染防治的基础理论、方法学及技术体系，进一步促进了土壤与地下水环境学科的快速发展。

（四）固体废物处理处置

固体废物利用与处置学科主要致力于固体废物的减量化、资源化和无害化，促进固体废物得到合理的利用与处置，确保环境安全。固体废物在贮存、转移、利用以及处置过程中，若管理不当会对大气、水和土壤环境带来污染问题，其污染具有隐蔽性、滞后性、持久性和不可逆性等特点，部分污染事件的后果严重。据不完全统计，2014年司法机关处理的1000余件环境污染刑事案件中，近半涉及固体废物违法行为。按照一般定义，固体废物可划分为危险废物、城市固体废物、工业固体废物、农业固体废物四大类。"十二五"期间，我国这四类固体废物的综合利用及处置技术领域开展了大量研究工作，取得了一批创新性的基础研究及产业化技术成果。但与发达国家相比，我国在固体废物综合利用及处置技术领域仍有一定的差距，现有的技术水平还不能满足安全合理利用、处置固体废物的迫切需求。

在危险废物方面，我国现行名录将危险废物分为49大类共400多种，包括重金属类危险废物、有机类危险废物和医疗废物等。一般通过预处理技术、资源化利用技术、处理处置技术等对此类废物进行综合处理处置。有机类和重金属类危险废物是目前国内外研究的重点，其中有机类危险废物的综合利用技术主要大力发展提纯回用技术，而重金属类的危险废物主要是开发建材利用技术。"十二五"期间，我国在铬渣解毒[588~590]和砷渣固化/稳定化[591~594]等预处理技术，铬渣炼铁技术[595]、抗生素菌渣能源化[596]、飞灰建材化利用、含汞废渣[597,598]、废催化剂稀贵金属提取[599~601]、废有机溶剂和废矿物油提纯技术等综合利用技术，医疗废物焚烧技术[602~613]、危险废物水泥窑协同处置技术[614~621]及危险废物安全填埋技术[622~630]等方面取得了较大进展。目前，以美国为代表的国外危险废物管理体系较完善的国家对危险废物的环境风险控制技术开展了大量和完善的研究工作，主要集中在危险废物豁免技术研究，相比之下，我国在建立危险废物豁免管理等分级分类环境管理技术体系上还需开展进一步的研究与实践。

工业固体废物包括矿业废物、粉煤灰和煤矸石等。"十二五"期间，我国工业固体废物综合利用技术发展较快，主要有色金属综合利用技术已达到或接近世界先进水平，但部分大型关键装备技术依然依赖进口，在资源利用和二次资源循环利用技术上差距较大；在典型大宗矿业废物清洁高效利用技术及装备、粉煤灰和煤矸石等工业固体废物高值化利用方面取得了较大进展。①在矿业固体废物处置利用领域，发达国家基本实现矿业固体废物的安全处理处置与环境风险全过程控制，主要矿产资源品位较高，清洁生产技术已经得到较大范围应用，矿业固体废物总体排放量低，已经形成建工建材利用为主的有效消纳方式，近期正逐步从减量化、低值化利用向高值化资源梯级提取与协同利用方式转变。针对各类金属和非金属尾矿，我国科研团队开展了多项资源化技术研发和环境管理技术体系研究项目[631~638]，具有较好的应用推广前景。②在粉煤灰利用研究领域，近些年来，国内外关于粉煤灰的利用研究呈现迅速递增趋势。研究范围涉及粉煤灰的诸多方面，主要表现在以下方面：首先是对于粉煤灰本身的深入认识，包括粉煤灰的化学成分，基本矿物相、元素迁移；其次是粉煤灰利用方式的探索，利用的领域不断拓宽，主要包括水泥原料、地质聚合物、超细粉煤灰、泡沫陶瓷以及硅铝提取等热点研究[639~650]；最后是关于粉煤灰不同利用方式的基本原理，粉煤灰利用过程中，基本物理化学变化规律的研究，包括质量传递、能量利用，为合理、高效利用粉煤灰提供重要理论支撑。③近40%的煤矸石产生于我国，随着社会的发展，煤矸石已成为我国积存量和年产量最大、占用堆积场地最多的一种工业废物。近几年来，国内外对煤矸石做了大量的研究并取得了一定的成就，我国研究团队开发了煤矸石硅铝碳资源化、合成氮氧化物复合材料、作为配料生产水泥、筑路、应用于工程塑料和橡胶等行业的新型高端纳米级补强剂等多项应用技术成果[651~664]。

在农业固体废物方面，主要针对秸秆、农产品加工废物、畜禽粪污等发展各类处理处置和综合利用技术。①在秸秆综合利用技术领域，可以将秸秆综合利用分为五个重点领域，即肥料化、饲料化、基料化、原料化和能源化利用，其中能源化利用一直是研究的重点和热点。a. 在肥料化利用方面，目前我国的秸秆还田率还不到50%，而欧美国家的秸秆还田率高达90%以上[665]，我国仍具有很大的发展空间，其中重点研究内容是培育研发适宜的高效腐熟菌剂来达到秸秆快速腐熟效果[666]，目前已在全国多个省份开展试验和推广工作。b. 在秸秆饲料化利用方面，主要集中于制作青贮饲料、氨化秸秆饲料、微贮秸秆饲料，形成商品化秸秆饲料储备和供应能力，为周边大牲畜养殖户（场）提供长期稳定的粗饲料供给[667~673]，通过物理、化学和生物方法处理提高秸秆的适口性和消化率，从而发展节粮型畜牧业，增加牛羊肉产量。c. 在秸秆基料化利用方面，利用秸秆作为原料来生产食用菌，将纤维素、半纤维素和木质素转化为菌体蛋白，以食用菌产业为纽带，链接种植和养殖业，实现农业废物资源高效循环利用[674~676]。d. 在秸秆原料化利用方面，近年来着重研究秸秆来替代木材用于造纸、生产板材、生产复合材料、制作工艺品、替代粮食生产木糖醇等，多种先进适用技术得到推广，资源再利用作用明显[677~681]。e. 在秸秆能源化利用方面，在"十二五"期间，一批秸秆能源化利用方式得到大力推崇，包括秸秆气化高温燃烧工业锅炉应用技术、生物质秸秆压块一体化提炼装备技术和生物质废物致密成型技术、农林废物热化学转化生态炭技术及其自动化成套设备、生物质气发电与热电联供技术及秸秆制炭、气、油规模化联产技术等先进技术。在各类能源化技术研发中，目前最受关注的是秸秆沼气生产技术、秸秆热解气化技术和秸秆产乙醇技术，而秸秆炭化技术发展迅速，是未来研究的热点和方向。②在农产品加工废物利用技术领域，针对传统的农业加工废物稻壳、玉米芯等的研究仍是重点，同时针对果蔬废物、甘蔗渣、马铃薯渣的研究，由于其高附加值和高利用率等特点，逐步成为热点[682~686]。一般的处理技术为成分分离提取技术、生物发酵技术和好氧堆肥技术，而其中生物发酵仍是国内外重点解决农产品加工废物的方式，研究相对丰富[687~693]。③在畜禽粪污处理技术领域，我国是世界上畜禽废物产出量最大的国家。在粪污综合利用方面，主要研究热点集中在粪污肥料化和饲料化，利用发酵处理研究远远多于其他处理方法，且集中于厌氧发酵研究，究其原因，与好氧发酵相比，厌氧发酵不仅可以节约能耗，而且可通过不同的手段使发酵产物更加多元化，如产氢发酵、产乙酸发酵、产沼气发酵等。与此同时，通过热解气化畜禽废物生产畜禽粪便炭用作土壤调节剂也成为研究热点[694~697]。

在城市固体废物方面，主要针对生活垃圾、餐厨垃圾、建筑废物、市政污泥、报废汽车、废机电产品、电子废物等开展综合利用、处置及管理技术研发和工业化运用，"十二五"期间取得了较大的进展。①在生活垃圾方面，填埋和焚烧作为主流处理处置技术，处于研究重点位置。近五年来，针对生活垃圾卫生填埋，在填埋场污染控制、生物反应器填埋场研究、存量垃圾治理、填埋场稳定性研究等方面取得了较多的成果[698~706]。受我国《"十二五"全国城镇生活垃圾无害化处理设施建设规划》等国家相关政策和规划的支持，焚烧占无害化处理规模比例上升较快，目前主要的研究包括烟气、渗滤液、飞灰等污染的控制，焚烧技术和设备自主研发，焚烧设施评价及管理研究等[707~714]。除焚烧和填埋技术外，针对其他生活垃圾处理技术相关的研究也大量进行。其中，热解气化处理技术的研究尤为突出[715~717]，热解气化可以有效地实现二噁英和重金属的减排，目前研究集中在生活垃圾的特性和分类。此外，农村生活垃圾的处理处置也受到了越来越多的关注。②在餐厨垃圾方面，我国厌氧发酵产甲烷技术处于进入工业化应用的阶段，而制取乙醇技术处于基础研究阶段，发酵制乳酸技术尚处于起步阶段。厌氧发酵产甲烷技术关注的问题包括降低沼气净化成本，提高沼气中甲烷含量以促进与天然气的联合使用，设计与规划餐厨垃圾沼气能源系统（建立分布式沼气生产，以避免餐厨垃圾长途运输的成本；设计集中大规模沼气发电电厂；由政府完善餐厨垃圾的收集管理制度等）。制取乙醇技术集中关注工艺条件优化、增加乙醇产量，如筛选耐高温酵母以提高发酵温度、提升发酵效率，在糖化处理后调节餐厨垃圾的 pH 确保最适宜啤酒酵母生长繁殖等[718~720]。发酵制乳酸技术在高效乳酸菌的选育、发酵方式选择以及发酵液中的乳酸提取与纯化等方面还需要大量的研究工作来丰富和充实[721,722]，以全面了解乳酸发酵工艺、开发高效资源化技术。③在建筑废物方面，建筑废物再生产业链的构建取得初步成效，市场化规模进一步扩大，但是再生产品仍然存在附加价值低、产品应用范围局限等问题。目前我国建筑废物再利用主要包括分拣利用和一般性回填的低级利用，用作建筑物或道路的基础材料的中级利用，以及将建筑废物还原成水泥、沥青、骨料等再利用的高级利用三种模式,其中高级利用主要为建立以"电解"处理建筑废物为主的再生加工厂,目前已形成一系列"高级利用"建筑废物处理技术,但仍存在建筑废物电解生产再生水泥和再生骨料处理过程中产生的废灰无法再利用、生产成本高须依靠政府法令强制执行等缺陷[723~729]。④在市政污泥方面,高效脱水和干化技术、厌氧消化处理技术、热解等物化处理技术、重金属污染控制与治理技术的发展是近年来的热点。尽管目前我国大部分污泥为高效脱水后填埋处置,但由于污泥蕴含了丰富的生物质能,科研领域对厌氧消化、焚烧、堆肥等能源化和资源化技术更感兴趣。近年来,有大量研究致力于提升市政污泥厌氧消化效率和稳定性,使用的手段包括对市政污泥进行预处理,或对厌氧消化处理工艺进行提升改进等[730~734]。而利用热解技术对市政污泥进行处理,不仅可以彻底地实现污泥的无害化处理,还能产生高热值气体、油类等产物[735~741]。同时,重金属污染及其控制始终是市政污泥处理处置中的一个重要问题。⑤在报废汽车、废机电产品及电子废物方面,研究主要集中于报废汽车拆解与综合利用技术、废塑料分选技术、废有色金属综合利用技术、废电路板综合利用技术、废锂离子电池处理处置关键技术、废 CRT 显示器处理处置关键技术、荧光粉资源化利用技术等。

四、 学科能力建设进展

(一) 专业与学位

2012 年教育部颁布了新修订的《普通高等学校本科专业目录》,与旧版 1998 年的专业目录相比,环境类专业发生了较大变化(如附件 1 所示)。新版专业目录合并了原来理学环境科学类专业和工学环境与安全类中的环境类专业,在工学学科门类中形成了环境科学与工程类专业类别。

作为综合性很强的交叉学科,在本科专业设置上,环境科学技术与农学、经济学、地理科学、海洋科学,以及其他工学类如能源动力类、土木类和农业工程类有着广泛的学科交集。在这些专业类中都有与环境科学技术直接相关的专业设置,并且在总体上体现出了环境与资源、能源的相关性。从 1998 年到 2012 年,这些专业在名称设置上也发生了变化,总体趋势是环境与资源、能源的交联更为广泛、更为清晰。环境科学与工程专业的教育教学已逐渐成熟稳定,并跨专业地构成了学科网络。

通过评估与认证促进教育质量的提高,是世界各国高等教育发展和质量建设的共同经验。教育部学位与研究生教育发展研究中心于 2004 年、2009 年、2012 年组织开展了三次学科评估,对具有研究生培养和学位授予资格的一级学科进行整体水平评估。环境科学与工程学科具有"博士一级"授权的高校从 2009 年的 35 所增加至 2012 年的 50 所。2012 年参评的高校中,环境科学与工程学科评分排名前十位的依次为清华大学、哈尔滨工业大学、同济大学、南京大学、北京大学、大连理工大学、浙江大学、北京师范大学、南开大学、天津大学。

工程教育专业认证作为保障高等工程教育质量的重要途径,近年来得到我国社会各界的重视。2012 年 4 月,教育部高等教育司决定批准成立工程教育专业认证环境类专业认证委员会,下设秘书处挂靠在中国环境科学学会。截至 2015 年年底,依据国际工程师资格互认的工程教育专业认证《华盛顿协议》相关规定和标准,共完成国内 27 所高校环境工程专业的认证工作，从课程体系、支持条件、管理制度等多方面进行改进与创新，为学生工程能力的全面提高奠定了基础。

（二）国家环境保护重点实验室

国家环境保护重点实验室（以下简称"重点实验室"）是国家环境保护科技创新体系的重要组成部分，是国家组织环境科学基础研究和应用基础研究、聚集和培养优秀科技人才、开展学术交流的重要基地。截至 2015 年 10 月，通过验收并命名的重点实验室有 22 个，批准建设的重点实验室有 17 个。其中 2011—2015 年间通过验收 8 个，批准建设 18 个，近五年间重点实验室发展迅速，名单详见附件 2。

（三）国家环境保护工程技术中心

国家环境保护工程技术中心（以下简称"工程技术中心"）是国家环境科技创新体系的组成部分，是国家组织重大环境科技成果工程化、产业化、聚集和培养科技创新人才、组织科技交流与合作的重要基地。截至 2015 年 10 月，通过验收并命名的工程技术中心有 19 个，批准建设的工程技术中心有 23 个。其中 2011—2015 年间通过验收 7 个，批准建设 17 个，近五年间工程技术中心发展迅速，名单详见附件 3。

（四）学术期刊

学术期刊是最重要的学术交流平台，根据中国科学技术信息研究所历年发布的《中国科技期刊引证报告（核心版）》[742~746]，附件 4 对比显示了 17 种期刊 2010—2014 年五年间相关期刊评价指标的变化情况。这 17 种期刊分别是《大气科学》《气候与环境研究》《生态学报》《地球科学与环境学报》《环境与健康杂志》《Journal of Environmental Sciences》（简写为"JES"）《环境工程学报》《环境化学》《环境科学》《环境科学学报》《环境科学研究》《环境科学与技术》《农业环境科学学报》《应用与环境生物学报》《中国环境监测》《中国环境科学》《自然资源学报》。其中 11 种期刊则属于环境科技类，另外的《大气科学》《气候与环境研究》属于大气科学类，《生态学报》属于生态学类，《地球科学与环境学报》属于地球科学类，《环境与健康杂志》属于环境医学类，《自然资源学报》属于资源科技类，这些期刊因其与环境学科的高度关联性也被纳入本文观测范围。

17 种核心期刊五年评价指标显示：①核心总被引频次、平均引文数总体上呈上升趋势，说明学科文献被使用程度和知识交流程度呈上升趋势；②核心影响因子各期刊差异较大，呈现波动状态，但五年总体较为稳定，《自然资源学报》的影响因子呈现上升趋势；③综合评分表现不一，《生态学报》《环境科学与技术》《应用与环境生物学报》《自然资源学报》呈现上升趋势，其他部分期刊较为稳定，但也有相当部分期刊评分下滑，表明在与其他学科的科技期刊同期发展中竞争力不足；④平均作者数总体呈上升趋势，说明学术合作程度在提升；⑤JES 作为英文期刊，海外论文比约为 1/3，而其他中文期刊总体上少发表海外论文，海外论文比在 5% 以下；⑥除少数期刊基金论文比上升或稳定外，大部分呈现下降趋势，在近几年科研投入增加的同时，基金论文比的下降或许表明更多的优质学术论文发表到国际期刊上，客观上造成了中文优质文献的流失；⑦引用半衰期和核心被引半衰期总体呈上升趋势，一方面可能说明学科知识在不断积淀，研究周期在加长，另一方面也可能表明期刊在跟随领域前沿研究的步伐上有所减缓，《中国环境科学》的核心被引半衰期呈明显下降趋势，说明其期刊近年发表文章受关注程度明显上升；⑧核心即年指标波动较大，总体呈现上升趋势，说明新发表期刊文献正在被更为快速地阅读和使用，《大气科学》《气候与环境研究》《环境科学研究》等部分年份的指标出现高值，可能与当时出现的学术热点事件有关，如政府间气候变化委员会（IPCC）在2012—2014年陆续发布的第五次气候变化评估报告引起学界广泛关注；⑨核心引用刊数总体呈上升趋势，文献被其他更多期刊引用表明环境学科与其他学科的交融程度在提升，环境学科研究成果受到更大范围的关注，跨领域、跨学科的研究在不断增加。

总体上，环境学科相关期刊发展较为稳定，随着我国和全球环境问题逐渐升温，相关成果受到了更多的关注，跨学科交流趋势增强，同时也应注意到，我国期刊在把握研究前沿、提升整体竞争力和国际影响力等方面仍面临不小的压力。

（五）科技奖励

环境保护科学技术奖是我国环境保护科研领域中的重要奖项，每年评定一次。经统计，2011—2015年间，环境保护科学技术奖共颁发308项，其中一等奖30项，二等奖120项，三等奖158项，奖项总数较"十一五"期间的227项有较大幅度的增长（增幅36％）。在获奖成果第一完成单位分布上，从"十一五"到"十二五"，科研院所占比从55.1％上升到61.4％，企业占比从26.0％降至23.7％，高校从18.9％降至14.9％，科研院所获奖数量占主体地位。

国家自然科学奖、国家技术发明奖、国家科学技术进步奖是国家最高科技奖励，每年评定一次。经统计，2011—2015年间，国家自然科学奖共颁发219项，国家技术发明奖共颁发263项，国家科学技术进步奖共颁发810项。环境保护相关领域共获得11项国家自然科学奖（占该奖项总数的5.0％），20项国家技术发明奖（占该奖项总数的7.6％），53项国家科学技术进步奖（占该奖项总数的6.5％），其中获奖项目主要分布在水污染防治技术研发、大气污染防治技术研发、废物处理与资源化利用技术研发、清洁生产技术研发、生态系统保护技术研发与管理研究、环境监测技术研发及体系建设、污染物环境行为和毒理研究、地球环境与气候变化研究、环保新材料开发等方面（详见附件4）。

总体上，环境科技领域近年来有一批优秀成果问世，涉及各主要子领域，呈现稳定发展态势。获奖项目中各类应用技术研发占较大比例，由于环境学科的问题导向性质，各种有效应对手段的开发利用为遏制环境恶化起到了重要作用；而基础研究获奖项目相对较少，未来的发展还需要长期和系统性的观测、分析和综合研究积累，为生态文明建设提供更多有力的科学依据。

五、学科发展趋势展望

系统观是环境科学研究的基本视角。面向复杂的环境系统，通过多要素整合、多时空尺度和多层次分析，以非线性动力学理论和方法研究全球性和区域性环境变化是环境科学发展的基本趋势。在系统观引领下，环境科学研究范围不断扩大，学科交叉程度不断增强，例如：①大气环境更加注重大气复合污染与天气和气候的相互作用，开展大气污染物的理化特性及其与天气气候系统的协同变化与相互影响研究；②水环境研究集成多种水环境要素开展全球、流域及区域系统研究水环境的整体行为、演化规律及其相互作用，重视水环境、水生态与区域及流域经济活动的关系；③面对土壤与地下水污染，采用系统工程理论将污染土壤和包气带的修复与污染含水层的修复视为整体，开展对修复系统的诊断和优化；④针对环境污染物，在地球系统框架下研究水、大气、土壤、生物等多界面之间的污染物传输特征及生物地球化学过程；⑤而全球气候变化研究则为环境科学不同子领域以及其他相关学科提供了共同的研究取向，形成了多学科交融的综合性研究平台。

具有时空完整性的数据观测和积累以及数据共享机制的建立，是开展系统性研究的重要前提，在我国亟待进一步发展。在全球和国家尺度上，有关地球环境资源变化的长期观测、监测与信息网络，如地球观测系统、全球气候观测系统、全球海洋观测系统、全球陆地观测系统等一系列全球性巨型观测系统以及众多地区性和国家性大型观测系统等将逐渐建立，我国应注重与国际大型观测计划相配合。另外，我国国内环境监测的业务化运行程度不高，尚未形成成熟的产业化运行机制，还不能对环境保护和环境管理决策形成长期的、整体的科技支撑作用，未来应注重国家监测网络的业务化运行机制的建立。同时，国内各部门和研究机构都意识到资料共享的重要性，但尚未实现部门之间的协调，应逐渐通过各类合作建立数据共享平台，使得拥有的资料得到更加科学合理的利用。

在研究对象上，环境科学正迅速向微观和宏观双向发展。在微观领域，注重污染物界面行为的微观机理研究，如研究大气颗粒物表面/界面的气-固-液多相反应机制，探明污染物在土壤颗粒界面的吸附、反应机制等；注重污染物对环境生物在分子、细胞、组织等微观世界的作用机理、作用方式、作用途径以及作用强度等内容的研究和探讨，研究污染物生物转化和毒性效应的分子机制与结构基础等。在宏观领域，人类所处的自然环境范围是一个不断扩大的领域范围，在经典生态学的物种、种群、群落研究的基础上，将更注重生态系统、景观与全球生态系统的研究，从更宏观水平上对各生物类群的生产力、能量流动与物质循环开展研究。同时，通过研究构建尺度扩展的方法学原理与模型，加强微观机理研究对宏观现象的阐释，架起微观和宏观之间的桥梁。

相应地，环境科学在微观和宏观领域的发展则越来越求诸各类分析、观测技术和方法的进步，并通过模型的构建来进行指导和预测，呈现实验与模型相互关联、相互验证、相互促进发展的趋势。

灵敏高效的仪器分析方法学及样品前处理技术以及快速准确的监测方法，可为多环境介质中污染物的污染特征、分布、迁移转化规律、演变趋势及生物有效性等研究提供重要的技术和方法支持。而我国在相关仪器设备研发、技术体系建立和发展、质量控制等方面起步较晚，自主性不足，依赖于仪器设备进口以及技术方法经验的引进，处于相对被动位置。特别是在新方法、新仪器发现新型污染物方面的研究方面亟待发展，以打破我国相关污染物在引起重大环境问题后被动地开展化学品管控的尴尬局面，实现主动预防为主，从事故后的被动管理向风险防控发展。另外，为揭示区域、流域及全球尺度的污染物扩散、复合演变与传输机理，还需建立基于地面监测站网络、移动监测设备、遥感（地基、空基和星基）等构建空天地一体化的环境观测体系。遥感设备和技术的发展可为水环境、大气环境和生态环境研究提供空间连续数据，监测网络则为相应研究提供时间连续数据，未来应重点关注各类数据的相互验证、协同和融合技术和方法的建立，形成技术方法的标准和规范，以综合平台方式提供数据产品。与地表以上的空间观测迅速发展相比，土壤和地下水研究则具有更大的困难。在土壤和地下水污染物循环、迁移和归宿研究方面，同位素标记和示踪、元素识别等技术方法的发展，在土壤环境界面过程研究方面，同步光谱显微镜和同步辐射等技术的发展，为深入认识土壤环境中复杂生物地球化学过程提供了可能。

环境理论计算和模型建立对阐述污染物界面过程有重要的指导意义，如定量结构-活性模型是应用最为广泛的评价有机污染物生物富集的模型方法，而目前有关有机污染物界面过程的理论计算研究的体系简单，多数理论计算缺乏实验数据的验证。在未来研究中注重实验结果与理论计算结果的相互关联，对深入认识存在结构差异的有机污染物的特异环境行为和生物效应将十分必要。另一方面，环境预报模型的发展将为多尺度的环境变化研究、污染物传输模拟研究、污染物源汇关系研究、污染事件的形成过程和机制研究等提供极大的便利条件，同时其基于各类统计模型、数学模型的定量化方式将为环境管理决策提供科学支撑，为环境污染应对策略的选择提供测试平台。以大气污染预报模型为例，基于大气物理化学过程构建的数值预报模型近年来发展迅速，具有更高的时空分辨率和适用性，但数值模型在物理化学过程模拟方面的优化仍需要通过与观测数据进行相互验证，尤其是与中尺度系统的三维结构和演变过程观测资料（目前观测资料相对缺乏）的对比研究，同时，当前我国污染物排放清单仍相对分散，亟须建立大范围和系统性的排放清单，为污染模拟提供准确全面的输入数据，在排放清单污染物组分（如 VOCs 的具体组分）方面尚需进一步细化和提高精确性，并充分考虑排放清单的动态变化。另外，数值模型在计算成本方面仍面临一定的局限性，随着计算技术和信息技术的不断发展，数值预报系统的计算效率将有望获得进一步提高。总体而言，随着应用需求的提升和应用领域的扩展，将在多源数据的综合集成应用、环境精细化预报及定向服务等方面对环境预报模型发展提出更高的要求。

人身安全和健康保障是人类的基本需要，认识并防控污染物对人体健康的危害始终是环境科学研究的基本价值取向。当前各类污染问题在我国以压缩方式同时集中显现，污染的来源与成因复杂，其毒性组分和致毒机制不清，不能照搬国外已有成果进行判断。①在环境毒理学方面，应加快先进分子生物学新技术的引入，如生物芯片、全基因组或表观基因组高通量测序，加强环境和遗传因素交互作用研究，对实施疾病的高危人群预警和检测、早期发现及个体化防治提供理论基础和手段；引入和建立基因缺陷动物模型研究，研究环境污染对高血压、糖尿病、慢性阻塞性肺部疾病等慢性疾病的影响和作用机制，为环境因素相关慢性疾病的防控提供新思路。②在环境暴露评价研究方面，开展基础性暴露调查和研究工作，应用当前国际上暴露评价的先进技术，如随机化人类暴露剂量模型、土地利用模型、卫星遥感反演技术、室内外穿透模拟技术等，为环境流行病学研究提供具有高时空分辨率的暴露数据。③在环境流行病学研究方面，开展针对复合污染和新型污染物的研究，从功能异常深入到蛋白组、代谢组、表观遗传和基因组等微结构的改变，从对心肺系统的影响到生殖发育、神经行为等多系统的影响，全面阐释环境污染对人体健康的危害；开展环境污染的前瞻性队列研究，为公共健康防护的环境管理法规、政策和干预措施提供科学依据。

随着对环境污染与人体健康损害关系认识的逐步深入，在关注以化学需氧量、二氧化硫、氮氧化物等为代表的常规污染物及其控制的同时，国内外越来越关注重金属、持久性有机污染物以及纳米材料等新型化学物质对人体健康的影响，关注环境污染导致的突发性和累积性健康风险。环境健康风险防范已成为国内外环境与健康领域的研究热点，需研究建立风险源识别方法以及能够反映多途径和多物质积累暴露的风险评价方法，并构建风险评估模型，形成环境健康风险评估、预警和应急体系。同时，风险防范尚需研究健全环境健康基准和标准体系：①从管理可操作性及管理成本的角度出发，建立优先控制有毒污染物名录，确定排放标准的管理边界，使得排放标准的制定更加有的放矢，同时应建立优先项目清单动态发展机制以及时反映管理需求的动态变化；②围绕富营养化、沉积物、土壤、生态、人群健康暴露，以及产业结构和布局等，识别重要的地方、区域、流域性环保重大差异性因素，开展地方、区域、流域性环保标准必要性和优先性研究，并逐一建立理论方法；③建立成本-效益分析模型与方法，充分说明排放标准的社会成本、产生的环境/经济/社会效益，满足标准绩效和后评估方面支撑需求；④围绕环保标准所需的基础数据进行信息化建设，在水、气、土、固废等各领域均建立与标准相关的基础数据和信息库。

室内、车内环境对健康的影响成为新的关注热点，环境健康关注领域呈现不断扩展趋势。室内空气污染、室内半挥发性有机污染物、室内过敏原等相关研究逐渐开展。并且伴随着互联网、智能化电子设备的快速发展，人们在日常生活方式和行为方面更多地融入了对环境健康的关注，如通过智能可穿戴设备 24 小时实时监测用户健康数据，实现健康管理，并通过大数据、云计算等技术开展长期大用户群数据分析和挖掘等，为环境健康提供大量新的研究角度。而智能化的家庭控制系统（智慧家庭）则应用于远程健康监护和健康智慧家庭、促进与健康有关的日常生活方式，在我国尚处于起步阶段，具有巨大发展空间。

不断高涨的环保需求也对环境污染控制与修复技术的发展提出了更高的要求。①面对多污染物复合污染的局面，需要进一步开发多污染物协同控制技术，例如在工业源大气污染治理技术方面，围绕细颗粒物、硫氧化物、氮氧化物、汞等重金属、挥发性有机物等污染物开展高效脱除与协同控制技术研究与开发；②材料科学的进步为环保技术进步带来了新思路，未来应注重环境友好和功能材料在污染控制中的应用，探索环境材料复杂界面微观过程及调控机制，建立环境材料的构-效关系及污染控制新技术原理，如在水污染控制技术方面，开发新型高效去除水中污染物的吸附剂、絮凝剂，发展氧化还原新材料，研究其催化氧化、电化学等高级氧化还原的化学过程，开发多功能和多目标的新型复合净水材料等；③环境保护的系统性思维要求建立针对污染排放的全过程控制体系，例如在面源水污染控制方面，探索面源污染"减源、增汇、截留、循环、全程控制"的生态治理技术原理；④污染减排并非污染控制的终点，尚需建立污染物无害化、资源化利用的整体链条，开展技术研发并突破产业化瓶颈，如在市政污泥处理方面，目前的深度脱水填埋处置无法将其蕴含的生物质能源再利用，而污泥焚烧、污泥制建筑材料、污泥燃料化（制燃油、沼气、氢气等）、污泥制取吸附剂等能源化和资源化利用技术在未来具有发展前景；⑤逐渐树立绿色可持续性的修复理念，充分考虑修复行为造成的所有环境影响，秉持绿色理念，从环境保护和人体健康的角度出发，选择最佳的修复技术和方案，使环境效益最大化。如在土壤与地下水修复方面，与发达国家积极倡导绿色可持续修复、原位修复技术应用比例已达到 50% 以上的现状相比，我国尚具有较大差距，未来的发展方向是以太阳能、风能等可再生能源驱动的电化学修复、利用自然植物资源的植物修复、土壤和地下水高效专性微生物资源的微生物修复、土壤中不同营养层食物网的动物修复、基于监测的综合土壤和地下水生态功能的自然修复等多种技术的耦合协同联用。

总体而言，伴随全球化和信息化趋势，我国环境科学研究紧密跟随国际学术前沿，在相关科研网络、研究平台和人才队伍建设上逐渐形成一定的规模，在区域特色主题研究上成果丰富，各类新技术和新方法在我国得到较为广泛的应用。但环境学科发展布局仍显得碎片化，且与我国各类学科发展中普遍存在的问题类似，我国环境科技竞争力水平有限，基础研究薄弱，表现在原创性成果不多、学术影响不大，方法、技术和手段上创新不足，观测和实验仪器的进口依赖性很大等方面[746]。面对我国目前环境形势和科技发展水平，我国环境科学研究与技术开发的主要发展方向包括：①在环境污染物的多介质界面过程、通量与暴露风险等方面取得突破，为解决我国各类环境污染问题提供理论、方法和技术，为环境履约、跨境污染等环境外交问题提供科学依据；②围绕重大区域、流域的生态、环境及核设施安全问题，面向质量改善、风险防范和人体健康保护目标，建立起与质量改善、风险防范相适应的管理技术体系；③以满足下一代环境标准要求、资源循环利用、环境生态修复等为核心，解决制约我国环境产业升级发展的共性关键技术、装备、材料瓶颈，为环境质量改善提供产业支持。

可持续发展理念、生态文明理念蕴含着深厚的人文思想和对人类社会发展的整体思考。伦理学、社会学、法学、经济学等各学科的思想、理论和方法与环境保护、环境科技形成跨学科交叉与融合发展的趋势，呈现综合性的大学科局面。例如，以环境经济学学科发展为代表，其研究对象正逐渐扩大，由过去的主要关注污染防控，逐步将生态系统安全、应对气候变化、环境风险、绿色发展转型、社会经济系统与生态系统的耦合调控等也纳入学科范围。然而学科融合发展过程中，各学科在研究范式、概念的内涵和外延、实践领域范围等各方面都具有差异性，如何在吸收其他学科知识时不至于丧失本学科立场、实现理论提升和实践突破，则是各学科需要面对的重大问题。以环境法学界为代表，对此开展了深刻的反思，指出环境法学表象繁荣的背后隐藏着专业性不强的危机，存在法律道德主义色彩浓厚、与科学规律界限不明、主体性缺失、孤立立法、与传统法的关系失当等现象，并指出在相当一部分环境法学研究成果中，外部引证只是游离于论文主题之外的时髦点缀，只是一些其他学科的新名词与环境法学研究对象的简单叠加……因此，真正实现跨学科研究和共同发展，尚需要在系统梳理本学科学术脉络、对本学科的核心任务和研究范围作出准确定位的基础上，通过充分和严谨的交流，逐渐形成具有共同话语的学术共同体。

参 考 文 献

[1] 信春鹰. 中华人民共和国环境保护法释义. 北京：法律出版社，2014.

[2] Chen MY, Luo XJ, Zhang XL, He MJ, Chen SJ, Mai BX. Chlorinated paraffins in sediments from the Pearl River Delta South China：spatial and temporal distributions and implication for processes. Environ. Sci. Technol.，2011，45：9936-9943.

[3] Wang T, Wang YW, Jiang GB. On the Environmental Health Effects and Socio-Economic Considerations of the Potential Listing of Short-Chain Chlorinated Paraffins into the Stockholm Convention on Persistent Organic Pollutants. Environ. Sci. Technol, 2013.，47：11924-11925.

[4] Zeng LX, Chen R, Zhao ZS, Wang T, Gao Y, Li A, Wang YW, Jiang GB, Sun LG. Spatial Distributions and Deposition Chronology of Short Chain Chlorinated Paraffins in Marine Sediments across the Chinese Bohai and Yellow Seas. Environ. Sci. Technol.，2013，47：11449-11456.

[5] Zeng LX, Li HJ, Wang T, Gao Y, Xiao K, Du YG, Wang YW, Jiang GB. Behavior fate and mass loading of short chain chlorinated paraffins in an advanced municipal sewage treatment plant. Environ. Sci. Technol.，2013，47：732-740.

[6] Zhao ZS, Li HJ, Wang YW, Li GL, Cao YL, Zeng LX, Lan J, Wang T, Jiang GB. Source and migration of short-chain chlorinated paraffins in the coastal east China Sea using Multiproxies of marine organic geochemistry.

Environ. Sci. Technol., 2013, 47: 5013-5022.

［7］ Zeng LX, Zhao ZS, Li HJ, Wang T, Liu Q, Xiao K, Du YG, Wang YW, Jiang GB. Distribution of Short Chain Chlorinated Paraffins in Marine Sediments of the East China Sea: Influencing Factors Transport and Implications. Environ. Sci. Technol., 2012, 46: 9898-9906.

［8］ Yuan B, Wang T, Zhu NL, Zhang KG, Zeng LX, Fu JJ, Wang YW, Jiang GB. Short Chain Chlorinated Paraffins in Mollusks from Coastal Waters in the Chinese Bohai Sea. Environ. Sci. Technol., 2012, 46: 6489-6496.

［9］ Zeng LX, Wang T, Han WY, Yuan B, Liu Q, Wang YW, Jiang GB. Spatial and Vertical Distribution of short chain chlorinated paraffins in soils from wastewater irrigated farmlands Environ. Sci. Technol., 2011, 45: 2100-2106.

［10］ Zeng LX, Wang T, Wang P, Liu Q, Han SL, Yuan B, Zhu NL, Wang YW, Jiang GB. Distribution and trophic transfer of short-chain chlorinated paraffins in an aquatic ecosystem receiving effluents from a sewage treatment plant. Environ. Sci. Technol., 2011, 45: 5529-5535.

［11］ Zhang HY, Wang YW, Sun C, Yu M, Gao Y, Wang T, Liu JY, Jiang GB. Levels and distributions of hexachlorobutadiene and three chlorobenzenes in biosolids from wastewater treatment plants and in soils within and surrounding a chemical plant in China. Environ. Sci. Technol., 2014, 48: 1525-1531.

［12］ Gao Y, Fu JJ, Cao HM, Wang YW, Zhang AQ, Liang Y, Wang T, Zhao CY, Jiang GB. Differential Accumulation and Elimination Behavior of Perfluoroalkyl Acid Isomers in Occupational Workers in a Manufactory in China. Environ. Sci. Technol., 2015, In Press.

［13］ 朱帅, 高丽荣, 郑明辉, 刘卉闵, 张兵, 刘立丹, 王毅文. 不同氯代毒杀芬的全二维气相色谱分离分析方法研究. 分析测试学报, 20143, 3: 301-306.

［14］ Wu YP, Zhang BT, Guo LH. Label-Free and Selective Photoelectrochemical Detection of Chemical DNA Methylation Damage Using DNA Repair Enzymes. Anal. Chem., 2013, 85: 6908-6914.

［15］ Qu GB, Shi JB, Wang T, Fu JJ, Li ZN, Wang P, Ruan T, Jiang GB. Identification of Tetrabromobisphenol A Diallyl Ether as an Emerging Neurotoxicant in Environmental Samples by Bioassay-Directed Fractionation and HPLC-APCI-MS/MS. Enviro. Sci. Technol., 2011, 45: 5009-5016.

［16］ Qu GB, Liu AF, Wang T, Zhang CL, Fu JJ, Yu M, Sun JT, Zhu NL, Li ZN, Wei GH, Du YG, Shi JB, Liu SJ. Jiang GB. Identification ofTetrabromobisphenol A Allyl Ether and Tetrabromobisphenol A 2, 3-Dibromopropyl Ether in the Ambient Environment near a Manufacturing Site and in Mollusks at a Coastal Region. Environ. Sci. Technol., 2013, 47: 4760-4767.

［17］ Song SJ, Ruan T, Wang T, Liu RZ, Jiang GB. Distribution and Preliminary Exposure Assessment of Bisphenol AF (BPAF) in Various Environmental Matrices around a Manufacturing Plant in China. Enviro. Sci. Technol., 2013, 46: 13136-13143.

［18］ Tian Y, Liu AF, Qu GB, Liu CX, Chen J, Handberg E, Shi JB, Chen HW, Jiang GB. Silver ion post-column derivatization electrospray ionization mass spectrometry for determination of tetrabromobisphenol A derivatives in water samples. RSC. Adv., 2015, 5: 17474-17481.

［19］ Tian Y, Chen J, Ouyang YZ, Qu G B, Liu AF, Wang XM, Liu CX, Shi JB, Chen HW, Jiang GB. Reactive extractive electrospray ionization tandem mass spectrometry for sensitive detection oftetrabromobisphenol A derivatives. Anal. Chim. Acta., 2014, 814: 49-54

［20］ Ruan T, Szostek B, Folsom PW, Wolstenholme BW, Liu RZ, Liu JY, Jiang GB, Wang N, Bucks RC, Robert C. Aerobic soil biotransformation of 6:2 fluorotelomer Iodide. Environ. Sci. Technol., 2013, 47: 11504-11511.

［21］ Ruan T, Sulecki LM, Wolstenholme BW, Jiang GB, Wang N, Buck RC. 6:2 fluorotelomer iodide in vitro metabolism by rat liver microsomes: comparison with [12-C-14] 6:2 fluorotelomer alcohol. Chemosphere., 2014, 112: 34-41.

［22］ Ruan T, Song SJ, Wang T, Liu RZ, Lin YF, Jiang GB. Identification and Composition of Emerging Quaternary Ammonium Compounds in Municipal Sewage Sludge in China. Environ. Sci. Technol., 2014, 48: 4289-4297.

［23］ Liu, Y, M. Shao, L. Fu, S. Lu, L. Zeng and D. Tang. Source profiles of volatile organic compounds (VOCs) measured in China: Part I. Atmospheric Environment, 2008, 42 (25): 6247-6260.

[24] Yuan, B, M. Shao, S. Lu and B. Wang. Source profiles of volatile organic compounds associated with solvent use in Beijing, China. Atmospheric Environment, 2010, 44 (15): 1919-1926.

[25] Guo, S, et al. Primary Sources and Secondary Formation of Organic Aerosols in Beijing, China. Environmental Science & Technology, 2012. 46 (18): 9846-9853.

[26] Hu S T, Kong X H, Yang H, et al. Anticorrosive films prepared by incorporating permanganate modified carbon nanotubes into water-borne polyurethane polymer. Advanced Materials Research, 2011, 189: 1157-1162.

[27] 倪士宝, 王政, 聂王焰, 等. 丙烯酸酯/纳米 SiO_2 复合细乳液的制备与表征. 材料工程, 2012, (9): 66-69.

[28] 邹斌, 丁德武, 朱胜杰. 石化企业泄漏检测与维修技术研究现状及进展. 安全、健康和环境, 2014, 14 (4): 1-5.

[29] Yin. Y, Li. Y, Tai C, et al. Fumigant methyl iodide can methylate inorganic mercury species in natural waters. Nature Commun., 2014, 5: 4633.

[30] 王星. 大数据分析: 方法与应用 [M]. 北京: 清华大学出版社, 2013.

[31] 朱永亮, 叶祖光. 计算毒理学与中药毒性预测的研究进展 [J]. 中国新药杂志, 2011, 20 (24): 2424-2429.

[32] 姜允申, 周建伟. 未来的毒理学——量子毒理学 [J]. 中华劳动卫生职业病杂志, 2014, 32 (11): 10-12.

[33] 李宏. 环境基因组学与毒理基因组学研究进展 [J]. 生物信息学, 2011, 4 (4): 269-274.

[34] 周晓冰, 汪巨峰, 李波. 毒理基因组学在生物标志物研究中的应用 [J]. 药物评价研究, 2012, 35 (2): 81-85.

[35] 潘东升, 范玉明, 李波. 毒理基因组学在预测肝、肾毒性中的应用现状及研究进展 [J]. 中国生物制品学杂志, 2012, 25 (3): 383-385.

[36] 姜允申. 毒理学领域的新思维: 功能基因组学在毒理学中的应用 [J]. 生态毒理学报, 2013, 8 (4): 634-635.

[37] 李国新, 赵超. 纳米材料在环境中的应用及生物毒性研究进展 [J]. 四川环境, 2013, 32 (2): 102-109.

[38] 孙先超, 薛永来, 杜道林. 纳米材料的生态毒性及其研究方法 [J]. 广东农业科学, 2012, (6): 141-145.

[39] 张浩, 黄新杰, 刘秀玉, 等. 纳米材料安全性的研究进展及其评价体系 [J]. 过程工程学报, 2013, 13 (5): 893-900.

[40] 张阳, 朱琳, 王璐璐. Nano-QSAR: 纳米毒理学领域的新方法 [J]. 生态毒理学报, 2013, 8 (4): 487-493.

[41] 陈修报, 苏彦平, 刘洪波, 等. 移植 "标准化" 背角无齿蚌监测五里湖重金属污染 [J]. 中国环境科学, 2014, 34 (1): 225-231.

[42] 王云彪, 侯晓丽, 武海涛, 等. $PM_{2.5}$ 对秀丽隐杆线虫的毒性效应 [J]. 城市环境与城市生态, 2013, 25 (6): 10-13.

[43] 信艳娟, 吴佩春, 曹旭鹏, 等. 大连湾原油降解菌的分离和多样性分析 [J]. 微生物学通报, 2013, 40 (6): 979-987.

[44] 周庆, 陈杏娟, 郭俊, 等. 零价铁对脱色希瓦氏菌 S12 偶氮还原的促进作用 [J]. 环境科学, 2013, 34 (7): 2855-2861.

[45] 曹明乐, 姜兴林, 张海波, 等. 一株产腈水解酶的泛菌及其催化特征 [J]. 应用与环境生物学报, 2013, 19 (2): 346-350.

[46] 谢维, 吴涓, 李玉成, 等. 一株微囊藻毒素降解菌的筛选及鉴定 [J]. 生物学杂志, 2013, 29 (6): 35-38.

[47] 苏新华, 潘洁茹, 蒋捷, 等. 苏云金芽孢杆菌治理镍污染的方法的建立 [J]. 激光生物学报, 2011, 20 (5): 699-702.

[48] 肖蕾, 贺锋, 梁雪, 等. 添加固体碳源对垂直流人工湿地污水处理效果的影响 [J]. 湖泊科学, 2012, 24 (6): 843-848.

[49] 陶敏, 贺锋, 徐洪, 等. 氧调控下人工湿地微生物群落结构变化研究 [J]. 农业环境科学学报, 2012, 31 (6): 1195-1202.

[50] 邓泓, 杜憬, 蔚枝沁. 淀山湖入湖水质净化的生态工程实践研究 [J]. 环境科学与技术, 2011, 34 (7): 138-142.

[51] 孔令为, 贺锋, 夏世斌, 等. 钱塘江引水降氮示范工程的构建和运行研究 [J]. 环境污染与防治, 2014, 36 (11): 60-66.

[52] 刘娅琴, 刘福兴, 宋祥甫, 等. 农村污染河道生态修复中浮游植物的群落特征 [J]. 农业环境科学学报, 2015, 34 (1): 162-169.

[53] 吴建勇, 温文科, 吴海. 可调式沉水植物网床净化河道中水质的效果——以苏州市贡湖金墅港断头浜为例 [J].

湿地科学，2014，12（6）：777-783.

[54] 付菊英，高懋芳，王晓燕. 生态工程技术在农业非点源污染控制中的应用 [J]. 环境科学与技术，2014，37（5）：169-175.

[55] 涂保华，储云，陈兆林，等. 城市污水处理中抗生素类污染物的去除研究 [J]. 中国给水排水，2014，30（23）：81-84.

[56] 韦蓓，黄福义，苏建强. 堆肥对污泥中四环素类抗生素及抗性基因的影响 [J]. 环境工程学报，2014，8（12）：5431-5438.

[57] 文汉卿，史俊，寻昊，等. 抗生素抗性基因在水环境中的分布、传播扩散与去除研究进展 [J]. 应用生态学报，2015，26（2）：625-635.

[58] 凌德，李婷，张世熔，等. 外源土霉素和磺胺二甲嘧啶对土壤活性有机碳含量的影响 [J]. 农业环境科学学报，2015，34（2）：297-302.

[59] 卢晓霞，陈超琪，张姝，等. 厌氧条件下 2,2′,4,4′-四溴联苯醚的微生物降解 [J]. 环境科学，2012，33（3）：1000-1007.

[60] 王凤花，宋鑫，曹建峰，等. 污水处理厂进出水及其受纳水体中典型 PPCPs 的污染特征 [J]. 中国环境监测，2014，30（4）：112-117.

[61] 柯润辉，蒋愉林，黄清辉，等. 上海某城市污水处理厂污水中药物类个人护理用品（PPCPs）的调查研究 [J]. 生态毒理学报，2014，9（6）：1146-1155.

[62] 吴春英. 膜-生物反应器（MBR）和序批式生物反应器（SBR）去除城市污水中典型药品和个人护理品的对比 [J]. 环境化学，2013，32（9）：1674-1679.

[63] 晁阳，袁兴中，曾光明，等. 生物表面活性剂在城市污泥静态强制通风好氧堆肥中的作用 [J]. 环境工程学报，2012，6（4）：1331-1336.

[64] 赵国文，张丽萍，白利涛. 生物表面活性剂及其应用 [J]. 日用化学工业，2010，40（4）：293-295.

[65] 韩省，黄晨野，刘超，等. 生物絮凝剂的研究进展及展望 [J]. 山东食品发酵，2011，（3）：32-35.

[66] 王会，周燕. 生物絮凝剂 F-12 处理染料废水的研究 [J]. 广东化工，2011，38（2）：139-140.

[67] 邢洁，杨基先，庞长泷，等. 生物絮凝剂产生菌的鉴定及对 EE2 的去除效能 [J]. 中国给水排水，2013，29（11）：11-14.

[68] 吕华. 生物吸附剂及其在重金属废水处理中的应用进展 [J]. 资源节约与环保，2015，（1）：50-51.

[69] 陆筑凤，李加友. 生物吸附剂对含铜废水的吸附性能研究 [J]. 中国酿造，2014，33（11）：127-130.

[70] 邹继颖，刘辉. 生物吸附剂对重金属 Cr（Ⅵ）吸附性能的研究 [J]. 环境工程，2014，32（2）：64-67.

[71] 聂小琴，董发勤，刘明学，等. 生物吸附剂梧桐树叶对铀的吸附行为研究 [J]. 光谱学与光谱分析，2013，33（5）：1290-1294.

[72] 尚宇，周健，黄艳. 生物吸附剂及其在重金属废水处理中的应用进展 [J]. 河北化工，2011，34（11）：35-37.

[73] 黄锡志，庞英华，朱徐燕，等. 生物肥料在番茄、南瓜栽培上的应用研究 [J]. 上海蔬菜，2013，（1）：62-63.

[74] 周青，陈新红，叶玉秀，等. 生物肥料培肥水稻秧床对土壤酶活性的影响 [J]. 中国农学通报，2011，27（7）：26-29.

[75] 周泽宇，罗凯世. 我国生物肥料应用现状与发展建议 [J]. 中国农技推广，2014，30（5）：42-43，46.

[76] 王可. 我国生物农药研究现状及发展前景 [J]. 广东化工，2012，39（6）：88-88.

[77] 邱德文. 生物农药研究进展与未来展望 [J]. 植物保护，2013，39（5）：81-89.

[78] 石爱丽，邢占民，张铃，等. 4 种生物农药对白菜菜青虫的田间防效评价 [J]. 河北农业科学，2014，18（3）：31-34.

[79] 王萍，秦玉川，朱栋，等. 生物农药对韭菜迟眼蕈蚊的毒杀作用及田间药效 [J]. 中国植保导刊，2011，31（5）：40-42.

[80] 汤国安. 我国数字高程模型与数字地形分析研究进展 [J]. 地理学报，2014，69（9）：1305-1325.

[81] 宋晓猛，张建云，占车生，刘九夫. 基于 DEM 的数字流域特征提取研究进展. 地理科学进展，2013，32（1）：31-39.

[82] 辛源，王守荣. "未来地球"科学计划与可持续发展. 中国软科学，2015，（1）：20-27.

[83] 吴国雄，林海，邹晓蕾，等. 全球气候变化研究与科学数据. 地球科学进展，2014，25（1）：15-22.

[84] 沈永平，王国亚. IPCC第一工作组第五次评估报告对全球气候变化认知的最新科学要点 [J]. 冰川冻土，2013，35（5）：1068-1076.

[85] 刘纪远，匡文慧，张增祥，等. 20世纪80年代末以来中国土地利用变化的基本特征与空间格局. 地理学报，2014，69（1）：3-14.

[86] 胡炳清，柴发合，赵德刚，赵金民. 大气复合污染区域调控与决策支持系统研究. 环境保护，2015，5：43-47.

[87] 许妍，高俊峰，郭建科. 太湖流域生态风险评价. 生态学报，2013，33（9）：2896-2906.

[88] 许妍，高俊峰，赵家虎，等. 流域生态风险评价研究进展. 生态学报，2012，32（1）：284-292.

[89] 周淑丽，陶海燕，卓莉. 基于矢量的城市扩张多智能体模拟——以广州市番禺区为例. 地理科学进展，2014，33（2）：202-210.

[90] Xu Linyu，Li Zhaoxue，Song Huimin，Yin Hao. Land-Use Planning for Urban Sprawl Based on the CLUE-S Model：A Case Study of Guangzhou，China. Entropy 2013，15：3490-3506.

[91] Liu，S L，Dong Y H，Deng L，Liu Q，Zhao H D，and Dong S K. Forest fragmentation and landscape connectivity change associated with road network extension and city expansion：A case study in theLancang River Valley. Ecological Indicators，2014，36：160-168.

[92] Lim SS，Vos T，Flaxman AD，et al. A comparative risk assessment of burden of disease and injury attributable to 67 risk factors and risk factor clusters in 21 regions，1990-2010：a systematic analysis for the Global Burden of Disease Study 2010. Lancet，2012，380：2224-60.

[93] Collaborators GBDRF，Forouzanfar MH，Alexander L，et al. Global，regional，and national comparative risk assessment of 79 behavioural，environmental and occupational，and metabolic risks or clusters of risks in 188 countries，1990—2013：a systematic analysis for the Global Burden of Disease Study 2013. Lancet，2015.

[94] 白志鹏，陈莉，韩斌. 暴露组学的概念与应用 [J]. 环境与健康杂志，2015，（1）.

[95] Wu S，Deng F，Wei H，et al. Chemical constituents of ambient particulate air pollution and biomarkers of inflammation，coagulation and homocysteine in healthy adults：a prospective panel study [J]. Particle and Fibre Toxicology，2012，9：49.

[96] Rich DQ，Kipen HM，Huang W，et al. Association Between Changes in Air Pollution Levels During the Beijing Olympics and Biomarkers of Inflammation and Thrombosis in Healthy Young Adults. Jama-J Am Med Assoc，2012，307：2068-2078.

[97] Chen R，Zhao A，Chen H，et al. Cardiopulmonary benefits of reducing indoor particles of outdoor origin：a randomized，double-blind crossover trial of air purifiers. Journal of the American College of Cardiology，2015，65：2279-87.

[98] Langrish JP，Li X，Wang SF，et al. Reducing Personal Exposure to Particulate Air Pollution Improves Cardiovascular Health in Patients with Coronary Heart Disease. Environ Health Persp，2012，120：367-372.

[99] 谭聪，金永堂. 常见空气污染的表观遗传效应研究进展 [J]. 浙江大学学报：医学版，2011，40（4）：451-457.

[100] 王立东，宋昕. 环境和遗传因素交互作用对食管癌发生的影响 [J]. 郑州大学学报：医学版，2011，46（1）：1-4.

[101] 黄丽君，赵翠薇. 基于支付意愿和受偿意愿比较分析的贵阳市森林资源非市场价值评价 [J]. 生态学杂志，2011，30（2）：327-334.

[102] 李东. 生态系统服务价值评估的研究综述 [J]. 北京林业大学学报：社会科学版，2011，10（1）：59-64.

[103] 李敦瑞. FDI对代际环境公共物品供给的影响及原因——以污染产业转移为视角 [J]. 经济与管理，2012，26（10）：10-14.

[104] 董小林，马瑾，王静，等. 基于自然与社会属性的环境公共物品分类 [J]. 长安大学学报：社会科学版，2012，（2）：64-67.

[105] 贾蒙恩. 我国海洋环境公共物品市场化供给研究 [D]. 青岛：中国海洋大学，2014.

[106] 苏子铭. 浅析环境污染外部性的内部化及其解决方式 [J]. 中国市场，2011，（52）：149-150.

[107] 陈林. 我国机场环境外部成本计量及内部化研究 [J]. 北京交通大学学报：社会科学版，2012，（1）：12-17.

[108] 江汇，赵景柱，赵晓丽，等. 中国火电行业环境外部性定量化分析 [J]. 中国电力，2013，（7）：126-132.

[109] 温军，史耀波. 构建完善的环境产权交易市场研究——以西部地区为例 [J]. 学术界，2011，（8）：201-208.

[110] 唐克勇，杨怀宇，杨正勇. 环境产权视角下的生态补偿机制研究 [J]. 环境污染与防治，2011，(12)：87-92.

[111] 谢芝玲. 环境产权制度及其收入分配效应探析 [J]. 海峡科学，2013，(5)：20-22.

[112] 罗小兰. 欧洲环境税双重红利改革及启示 [J]. 商业时代，2011，(5)：116-117.

[113] 曹建新，黄尔妮. 基于"双重红利"理论的我国环境税改革探讨 [J]. 商业会计，2012，(19)：12-14.

[114] 王晓培. 环境税双重红利视角下我国环境税制的改革 [J]. 中南财经政法大学研究生学报，2014，(2)：23-27.

[115] 牛海鹏，朱松，尹训国，等. 经济结构、经济发展与污染物排放之间关系的实证研究 [J]. 中国软科学，2012，(4)：160-166.

[116] 田超杰. 技术进步对经济增长与碳排放脱钩关系的实证研究——以河南省为例 [J]. 科技进步与对策，2013，(14)：29-31.

[117] 高静，黄繁华. 贸易视角下经济增长和环境质量的内在机理研究——基于中国 30 个省市环境库兹涅茨曲线的面板数据分析 [J]. 上海财经大学学报，2011，(5)：66-74.

[118] 祝志杰. 基于趋势分析的环境质量与经济发展互动关系研究 [J]. 东北财经大学学报，2012，(1)：69-72.

[119] 孙韬，包景岭，贺克斌. 环境库兹涅茨曲线理论与国家环境法律间关系的研究 [J]. 中国人口·资源与环境，2011，(S1)：79-81.

[120] 冯兰刚，张敏，周雪. 环境库兹涅茨理论发展与思考 [J]. 电子科技大学学报：社科版，2011，(3)：62-65.

[121] 高宏霞，杨林，付海东. 中国各省经济增长与环境污染关系的研究与预测——基于环境库兹涅茨曲线的实证分析 [J]. 经济学动态，2012，(1)：52-57.

[122] 颜廷武，田云，张俊飚，等. 中国农业碳排放拐点变动及时空分异研究 [J]. 中国人口·资源与环境，2014，(11)：1-8.

[123] 何小钢，张耀辉. 中国工业碳排放影响因素与 CKC 重组效应——基于 STIRPAT 模型的分行业动态面板数据实证研究 [J]. 中国工业经济，2012，(1)：26-35.

[124] 张娟. 经济增长与工业污染：基于中国城市面板数据的实证研究 [J]. 贵州财经学院学报，2012，(04)：32-36.

[125] 罗岚，邓玲. 我国各省环境库兹涅茨曲线地区分布研究 [J]. 统计与决策，2012，(10)：99-101.

[126] 吴玉鸣，田斌. 省域环境库兹涅茨曲线的扩展及其决定因素——空间计量经济学模型实证 [J]. 地理研究，2012，(04)：627-640.

[127] 陈德湖，张津. 中国碳排放的环境库兹涅茨曲线分析——基于空间面板模型的实证研究 [J]. 统计与信息论坛，2012，(5)：48-53.

[128] 韩君. 中国区域环境库兹涅茨曲线的稳定性检验——基于省际面板数据 [J]. 统计与信息论坛，2012，(8)：56-62.

[129] 高静. 中国 SO_2 与 CO_2 排放路径与环境治理研究——基于 30 个省市环境库兹涅茨曲线面板数据分析 [J]. 现代财经：天津财经大学学报，2012，(8)：120-129.

[130] 刘华军，闫庆悦，孙曰瑶. 中国二氧化碳排放的环境库兹涅茨曲线——基于时间序列与面板数据的经验估计 [J]. 中国科技论坛，2011，(4)：108-113.

[131] 周茜. 中国区域经济增长对环境质量的影响——基于东、中、西部地区环境库兹涅茨曲线的实证研究 [J]. 统计与信息论坛，2011，(10)：45-51.

[132] 李飞，庄宇. 西北地区环境库兹涅茨曲线实证研究 [J]. 环境保护科学，2012，(2)：64-68.

[133] 刘航，赵景峰，吴航. 中国环境污染密集型产业脱钩的异质性及产业转型 [J]. 中国人口·资源与环境，2012，(4)：150-155.

[134] 郭承龙，张智光. 污染物排放量增长与经济增长脱钩状态评价研究 [J]. 地域研究与开发，2013，(3)：94-98.

[135] 郭卫华，周永章，阚兴龙. 1990—2012 年广东省废水排放特征及其驱动因素——基于 STIRPAT 模型和脱钩指数的研究 [J]. 灌溉排水学报，2015，(2)：7-10+24.

[136] 马军，陈雪梅. 内蒙古经济增长与能源消耗的脱钩分析 [J]. 前沿，2013，(1)：108-110.

[137] 周凯. 能源消费与经济增长关联关系的实证研究 [D]. 重庆：重庆大学，2013.

[138] 杜左龙，陈闻君. 基于脱钩指数新疆经济增长与能源消费的关联分析 [J]. 新疆农垦经济，2014，(11)：55-58.

[139] 王鲲鹏，何丹. 山西省经济增长与能源消耗动态分析——基于脱钩理论 [J]. 现代商贸工业，2014，(4)：9-11.

[140] 车亮亮，韩雪，赵良仕，等. 中国煤炭利用效率评价及与经济增长脱钩分析 [J]. 中国人口·资源与环境，2015，(3)：104-110.

[141] 关雪凌，周敏. 城镇化进程中经济增长与能源消费的脱钩分析 [J]. 经济问题探索，2015，(4)：88-93.

[142] 汪奎，邵东国，顾文权，等. 中国用水量与经济增长的脱钩分析 [J]. 灌溉排水学报，2011，(3)：34-38.

[143] 吴丹. 中国经济发展与水资源利用脱钩态势评价与展望 [J]. 自然资源学报，2014，(1)：46-54.

[144] 陈英，张文斌，谢保鹏. 基于脱钩分析方法的耕地占用与经济发展的关系研究——以武威市为例 [J]. 干旱区地理，2014，(6)：1272-1280.

[145] 聂艳，彭雅婷，于婧，等. 武汉市耕地占用与经济增长脱钩研究 [J]. 华中农业大学学报. 社会科学版，2015，(2)：104-109.

[146] 姬卿伟，李跃. 干旱区城市经济增长与水资源消耗脱钩分析及其驱动分解——以乌鲁木齐市为例 [J]. 新疆农垦经济，2015，(1)：63-67.

[147] 彭佳雯，黄贤金，钟太洋，等. 中国经济增长与能源碳排放的脱钩研究 [J]. 资源科学，2011，(4)：626-633.

[148] 支全明. 基于脱钩理论的碳减排分析 [D]. 北京：中共中央党校，2012.

[149] 张成，蔡万焕，于同申. 区域经济增长与碳生产率——基于收敛及脱钩指数的分析 [J]. 中国工业经济，2013，(5)：18-30.

[150] 熊曦，刘晓玲，周平. 湖南经济增长与碳排放的脱钩关系动态比较研究——基于湖南省"十一五"以来的情况 [J]. 中国能源，2015，(1)：26-30.

[151] 沈瑾. 资源型工业城市转型发展的规划策略研究——基于唐山的理论与实践 [D]. 天津：天津大学，2011.

[152] 徐雪，罗勇. 中国城市的绿色转型与繁荣 [J]. 经济与管理研究，2012，(9)：118-121.

[153] 黄羿，杨蕾，王小兴，等. 城市绿色发展评价指标体系研究——以广州市为例 [J]. 科技管理研究，2012，(17)：55-59.

[154] 陈彩娟. 形成"中等收入陷阱"的经济、社会、环境因素分析 [J]. 未来与发展，2014，(5)：54-58.

[155] 张培丽. 迈过"中等收入陷阱"的水资源支撑 [C]. 全国高校社会主义经济理论与实践研讨会第 25 次年会，2011：16.

[156] 戴星翼. 中等收入陷阱与资源环境约束 [J]. 毛泽东邓小平理论研究，2015，(1)：10-14.

[157] 阮利民，曹国华，谢忠. 矿产资源限制性开发补偿测算的实物期权分析 [J]. 管理世界，2011，(10)：184-185.

[158] 赵旭. 农地征收补偿标准研究——基于可持续发展及模糊实物期权双重视角 [J]. 西华大学学报. 哲学社会科学版，2012，(05)：69-75.

[159] 彭秀丽，李宗利，刘凌霄. 基于实物期权法的矿区生态补偿额核算研究——以湖南花垣锰矿区为例 [J]. 吉首大学学报. 社会科学版，2014，(2)：93-98.

[160] 张胜寒，张彩庆，胡文培. 电厂湿法烟气脱硫系统费用效益分析 [J]. 华东电力，2011，(02)：195-197.

[161] 杨杉杉. 宜兴市农业面源污染防治措施的费用效益分析 [D]. 南京：南京农业大学，2011.

[162] 冯文芳，张丽，王伟，等. 天津市文明生态村生活垃圾处理方案优选 [J]. 环境工程学报，2012，(3)：1025-1029.

[163] 王蕾. 水污染控制费用效益函数构建及应用 [D]. 沈阳：辽宁大学，2014.

[164] 李素芸. 环境影响经济评价中费用效益分析法应用讨论 [J]. 财会月刊，2011，(30)：53-54.

[165] 李红祥，王金南，葛察忠. 中国"十一五"期间污染减排费用-效益分析 [J]. 环境科学学报，2013，(8)：2270-2276.

[166] 汤孟飞. 环境绩效审计应用方法研究 [J]. 财会研究，2011，(7)：75-77.

[167] 丁平刚，田良，陈彬. 海南省环境经济系统的物质流特征与演变 [J]. 中国人口·资源与环境，2011，(08)：66-71.

[168] 汤乐，姚建，彭艳. 基于物质流的四川省生态经济特征分析 [J]. 环境污染与防治，2014，(01)：102-108.

[169] 谢雄军，何红渠. 不同时间序列滞后条件下的区域物质流效果分析：以甘肃省为例 [J]. 湘潭大学学报. 哲学社会科学版，2014，(01)：43-46.

[170] 李刚，王蓉，马海锋，等. 江苏省物质流核算及其统计指标分析 [J]. 统计与决策，2011，(6)：99-102.

[171] 唐华. 基于物质流分析法对江西省生态效率的评价 [J]. 绿色科技，2014，(7)：23-25.

[172] 黄晓芬，诸大建. 上海市经济-环境系统的物质输入分析 [J]. 中国人口·资源与环境，2007，(3)：96-99.

[173] 贾向丹，刘超. 基于物质流分析的可持续发展研究——以辽宁省为例 [J]. 金融教学与研究，2013，(3)：69-71.

[174] 吴开亚，刘晓薇，张浩. 基于物质流分析方法的安徽省环境载荷及其减量化研究 [J]. 资源科学，2011，(04)：

789-795.

[175] 郭培坤，王远. 福建省经济系统物质流分析研究 [J]. 四川环境，2010，（05）：87-92.

[176] 耿殿明，刘佳翔. 基于物质流分析的区域循环经济发展动态研究——以山东省为例 [J]. 华东经济管理，2012，（6）：51-54.

[177] 鲍智弥. 大连市环境-经济系统的物质流分析 [D]. 大连：大连理工大学，2010.

[178] 沈丽娜，马俊杰. 西安市生态环境建设中的物质流分析 [J]. 水土保持学报，2015，（1）：292-296.

[179] 高雪松，邓良基，张世熔，等. 成都市环境经济系统的物质流分析 [J]. 生态经济：学术版，2010，（2）：18-23.

[180] 石璐璐，赵敏娟. 基于物质流分析的陕西省环境全要素生产率研究 [J]. 湖北农业科学，2012，（24）：5836-5840.

[181] 李春丽，许新乐，成春春，等. 西宁经济技术开发区物质流集成与分析 [J]. 青海大学学报. 自然科学版，2011，（6）：80-84.

[182] 智静，傅泽强，陈燕. 宁东能源（煤）化工基地物质流分析 [J]. 干旱区资源与环境，2012，（9）：137-142.

[183] 李兴庭. 基于物质流的造纸生态工业园评价研究 [D]. 西安：陕西科技大学，2014.

[184] 朱瑶. 中国农业物质流的空间分布特征研究 [D]. 南京：南京财经大学，2012.

[185] 黄宁宁. 中国汽车行业钢铁动态物质流代谢研究 [D]. 北京：清华大学，2012.

[186] 王洪才，时章明，陈通，等. 水口山炼铅法生产企业物质流与能量流耦合模型的研究 [J]. 有色金属（冶炼部分），2011，（10）：9-12.

[187] 李金平，戴铁军. 基于情景分析的钢铁工业物质流与价值流协调性研究 [J]. 环境与可持续发展，2014，（3）：48-51.

[188] 李凯. 煤炭产业物质流核算的指标体系构建研究 [J]. 再生资源与循环经济，2013，（11）：5-9.

[189] 王仁祺，戴铁军. 包装废弃物物质流分析框架及指标的建立 [J]. 包装工程，2013，（11）：16-22.

[190] 朱兵，江迪，陈定江，等. 基于物质流分析的中国水泥及水泥基材料行业资源消耗研究 [J]. 清华大学学报. 自然科学版，2014，（7）：839-845.

[191] 张健，陈瀛，何琼，等. 基于循环经济的流程工业企业物质流建模与仿真 [J]. 中国人口·资源与环境，2014，（7）：165-174.

[192] 李春丽，马子敬，祁卫玺，等. 铝电解生产过程物质流和能量流分析 [J]. 有色金属（冶炼部分），2014，（2）：21-24.

[193] 杨婧，温勇，幸毅明. 电镀行业镍物质流模型的建立及减排对策 [J]. 材料保护，2013，（1）：13-15.

[194] 丁平刚，田良. 水泥企业物质流分析 [J]. 环境与可持续发展，2011，（02）：36-39.

[195] 幸毅明，王炜，彭香琴，等. 基于物质流分析的废塑料再生固废减排研究 [J]. 环境污染与防治，2013，（12）：100-105.

[196] 周继程，赵军，张春霞，等. 炼铁系统物质流与能量流分析 [J]. 中国冶金，2012，（3）：42-47.

[197] 吴复忠，蔡九菊，张琦，等. 炼铁系统的物质流和能量流的（火用）分析 [C]. 2006全国能源与热工学术年会，2006：5.

[198] 燕凌羽. 中国铁资源物质流和价值流综合分析 [D]. 北京：中国地质大学，2013.

[199] 楚春礼，马宁，邵超峰，等. 中国铝元素物质流投入产出模型构建与分析 [J]. 环境科学研究，2011，（9）：1059-1066.

[200] 党春阁，周长波，吴昊，等. 重金属元素物质流分析方法及案例分析 [J]. 环境工程技术学报，2014，（4）：341-345.

[201] 刘亦文，胡宗义. 能源技术变动对中国经济和能源环境的影响——基于一个动态可计算一般均衡模型的分析 [J]. 中国软科学，2014，（4）：43-57.

[202] 鲍勤，汤铃，杨烈勋，等. 能源节约型技术进步下碳关税对中国经济与环境的影响——基于动态递归可计算一般均衡模型 [J]. 系统科学与数学，2011，（2）：175-186.

[203] 党玉婷. 中美贸易的内涵污染实证研究——基于投入产出技术矩阵的测算 [J]. 中国工业经济，2013，（12）：18-30.

[204] 谭志雄，张阳阳. 财政分权与环境污染关系实证研究 [J]. 中国人口·资源与环境，2015，（4）：110-117.

[205] 张珍花，戴丽亚. 中国产业能源消耗效率变化的实证分析——基于投入产出方法 [J]. 生态经济，2012，（7）：

91-93.

[206] 田立新，刘雅婷. 基于产业结构优化的节能减排离散动态演化模型 [J]. 数学的实践与认识，2014，（19）：10-22.

[207] 袁正，马红. 环境拐点与环境治理因素：跨国截面数据的考察 [J]. 中国软科学，2011，（4）：184-192.

[208] 吴殿廷，吴昊，姜晔. 碳排放强度及其变化——基于截面数据定量分析的初步推断 [J]. 地理研究，2011，（4）：579-589.

[209] 王昌海，崔丽娟，毛旭锋. 湿地退化的人为影响因素分析——基于时间序列数据和截面数据的实证分析 [J]. 自然资源学报，2012，（10）：1677-1687.

[210] 王社坤. 环境法学. 北京：北京大学出版社，2015：12.

[211] 秦鹏. 环境公民身份：形成逻辑、理论意蕴与法治价值 [J]. 法学评论，2012（3）：78-88.

[212] 熊晓青，张忠民. 影响环境正义实现之因素研究——以环境司法裁判文书为视角 [J]. 中国地质大学学报. 社会科学版，2012，（6）：40-48.

[213] 王欢欢. 环境法治的社会性别主流化研究——从环境法的自主性谈起 [J]. 武汉大学学报：哲学社会科学版，2012，（4）：67-72.

[214] 董正爱. 社会转型发展中生态秩序的法律构造 [J]. 法学评论，2012，（5）：79-86.

[215] 徐大伟，李斌. 基于生态禀赋权的东西部协调发展新思路 [J]. 贵州社会科学，2014，（5）.

[216] 雷俊. 城乡环境正义：问题，原因及解决路径 [J]. 理论探索，2015，（2）.

[217] 郭少青，张梓太. 更新立法理念，为生态文明提供法治保障 [J]. 环境保护，2013，（8）：48-50.

[218] 郑少华，齐萌. 生态文明社会调节机制：立法评估与制度重塑 [J]. 法律科学（西北政法大学学报），2012，（1）：84-94.

[219] 刘爱军. 生态文明理念下的环境立法架构 [J]. 法学论坛，2014，（6）：53-57.

[220] 王灿发. 论生态文明建设法律保障体系的构建 [J]. 中国法学，2014，（3）.

[221] 郑少华. 生态文明建设的司法机制论 [J]. 法学论坛，2013，（2）：21-28.

[222] 钱大军. 环境法应当以权利为本位——以义务本位论对权利本位论的批评为讨论对象 [J]. 法制与社会发展，2014，（5）：151-160.

[223] 竺效，丁霖. 国家环境管理权与公民环境权关系均衡论 [J]. 江汉论坛，2014，（3）：51-55.

[224] 王社坤. 环境利用权研究 [M]. 北京：中国环境出版社，2013.

[225] 侯怀霞. 私法上的环境权及其救济问题研究 [M]. 上海：复旦大学出版社，2011.

[226] 陈海嵩. 论程序性环境权 [J]. 华东政法大学学报，2015（1）：103-112.

[227] 王小钢. 以环境公共利益为保护目标的环境权利理论——从"环境损害"到"对环境本身的损害" [J]. 法制与社会发展，2011，（2）：54-63.

[228] 史玉成. 环境利益、环境权利与环境权力的分层建构——基于法益分析方法的思考 [J]. 法商研究，2013，（5）：47-57.

[229] 蔡守秋. 从环境权到国家环境保护义务和环境公益诉讼 [J]. 现代法学，2013，（6）：3-21.

[230] 王曦，谢海波. 论环境权法定化在美国的冷遇及其原因 [J]. 上海交通大学学报. 哲学社会科学版：2014（4）：22-33.

[231] 徐祥民，宋宁而. 日本环境权说的困境及其原因 [J]. 法学论坛，2014，（4）：86-101.

[232] 杜健勋. 从权利到利益：一个环境法基本概念的法律框架 [J]. 上海交通大学学报. 哲学社会科学版，2012（4）：39-47.

[233] 彭运朋. 环境权辨伪 [J]. 中国地质大学学报. 社会科学版，2011，（3）：49-55.

[234] 吴卫星. 我国环境权理论研究三十年之回顾、反思与前瞻 [J]. 法学评论，2014，（5）：180-188.

[235] 竺效. 论中国环境法基本原则的立法发展与再发展 [J]. 华东政法大学学报，2014，（3）：4-16.

[236] 黄云. 我国环境领域公众参与之法律探析 [J]. 政治与法律，2011，（10）：98-107.

[237] 张梓太，王岚. 论风险社会语境下的环境法预防原则 [J]. 社会科学，2012，（6）：103-107.

[238] 李艳芳，金铭. 风险预防原则在我国环境法领域的有限适用研究 [J]. 河北法学，2015，（1）：43-52.

[239] 冯嘉. 负载有度：论环境法的生态承载力控制原则 [J]. 中国人口·资源与环境，2013，（8）：146-153.

[240] 汪劲. 环保法治三十年：我们成功了吗？中国环保法治蓝皮书 [M]. 北京：北京大学出版社，2011.

[241] 童健，等. 我国环境影响评价制度若干问题的探讨 [J]. 中南林业科技大学学报，2011，(7)：195-200.

[242] 王社坤. 我国战略环评立法的问题与出路——基于中美比较的分析 [J]. 中国地质大学学报：社会科学版，2012，(3)：45-52.

[243] 杨兴. 提高环境影响评价制度法律实效的构想——基于长江三峡环评等典型案例的分析 [J]. 东南大学学报：社会科学版，2013，(10)：107-111.

[244] 朱谦. 困境与出路：环境法的"三同时"条款如何适用？——基于环保部近年来实施行政处罚案件的思考 [J]. 法治研究，2014，(11)：46-54.

[245] 陈海嵩. 论环境信息公开的范围 [J]. 河北法学，2011，(11)：112-115.

[246] 肖磊，李建国. 非政府组织参与环境应急管理：现实问题与制度完善 [J]. 法学杂志，2011，(2)：124-126.

[247] 晋海. 我国基层政府环境监管失范的体制根源与对策要点 [J]. 法学评论，2012，(3)：89-94.

[248] 夏雨. 多元行政任务下的目标考核制——以当前环境治理为反思样本 [J]. 当代法学，2011，(5)：58-64.

[249] 吕忠梅，张忠民，熊晓青. 中国环境司法现状调查——以千份环境裁判文书为样本 [J]. 法学，2011，(4)：82-93.

[250] 陈开琦，向孟毅. 我国污染环境犯罪中法益保护前置化问题探讨——以过失"威胁犯"的引入为视角 [J]. 云南师范大学学报：哲学社会科学版，2013，(4)：85-103.

[251] 蒋兰香. 新南威尔士州《环境犯罪与惩治法》的立法特色及启示 [J]. 中国地质大学学报：社会科学版，2013，(1)：50-56，139.

[252] 杨朝霞. 论环保机关提起环境民事公益诉讼的正当性——以环境权理论为基础的证立 [J]. 法学评论，2011，(2)：105-114.

[253] 蔡彦敏. 中国环境民事公益诉讼的检察担当 [J]. 中外法学，2011，(1)：161-175.

[254] 张锋. 环保社会组织环境公益诉讼起诉资格的"扬"与"抑" [J]. 中国人口·资源与环境，2015，(3)：169-176.

[255] 颜运秋，于彦. 我国环境民事公益诉讼制度的亮点、不足及完善——以 2014 年 12 月最高人民法院通过的"两解释"为分析重点 [J]. 湘潭大学学报：哲学社会科学版，2015，(3)：37-43.

[256] 沈寿文. 环境公益诉讼行政机关原告资格之反思——基于宪法原理的分析 [J]. 当代法学，2013，(2)：21-28.

[257] 王树义. 论生态文明建设与环境司法改革 [J]. 中国法学，2014，(3)：54-71.

[258] 张宝. 环境司法专门化的建构路径 [J]. 郑州大学学报：哲学社会科学版，2014，(6)：50-54.

[259] 周训芳. 生态环境保护司法体制改革构想 [J]. 法学杂志，2015 (5)：25-35.

[260] 高利红，周勇飞. 环境法的精神之维——兼评我国新《环境保护法》之立法目的 [J]. 郑州大学学报：哲学社会科学版，2015，(1)：54-57.

[261] 邹雄，刘清生. 论我国《环境保护法》的结构布局——兼评新《环境保护法》 [J]. 福州大学学报：哲学社会科学版，2014，(6)：46-52.

[262] 周珂，张卉聪. 我国大气污染应急管理法律制度的完善 [J]. 环境保护，2013，(22)：21-23.

[263] 常纪文.《大气污染防治法》(修订草案) 修改建议. [J]. 环境保护，2015，(Z1)：37-39.

[264] 高桂林，姚银银. 大气污染联防联治中的立法协调机制研究 [J]. 法学杂志，2014，(8)：26-35.

[265] 晋海. 低碳城市建设与《大气污染防治法》的修订 [J]. 江淮论坛，2012，(4)：17-22.

[266] 罗丽. 日本环境环境保护立法研究 [J]. 上海大学学报：社会科学版，2013，(2)：96-108.

[267] 胡静. 关于我国《土壤环境保护法》的立法构想 [J]. 上海大学学报：社会科学版，2011，(6)：81-93.

[268] 宋才发，向叶生. 我国耕地土壤污染防治的法律问题探讨 [J]. 中央民族大学学报：哲学社会科学版，2014，(6)：28-32.

[269] 朱静. 美、日土壤污染防治法律度对中国土壤立法的启示 [J]. 环境科学与管理，2011，(1). 21-26.

[270] 李挚萍. 环境修复的司法裁量 [J]. 中国地质大学学报：社会科学版，2014，(4)：20-27.

[271] 马忠法.《关于汞的水俣公约》与中国汞污染防治法律制度的完善 [J]. 复旦学报：社科版，2015，(2)：157-164.

[272] 付融冰，卜岩枫，徐珍. 美国的重金属污染防治制度探讨 [J]. 环境污染与防治，2014，(5)：94-101.

[273] 张璐. 重金属污染治理的产业化及其制度构建 [J]. 江西社会科学，2013，(5)：161-166.

[274] 刘士国. 关于设立环境污染损害国家补偿基金的建议——以重金属污染损害为中心的思考 [J]. 政法论丛，

2015，（2）：111-118.

[275] 周珂，林潇潇，曾媛媛. 我国重金属污染风险防范制度的完善 [J]. 环境保护，2012，（18）：19-21.

[276] 罗吉. 我国重金属污染防治立法现状及改进对策 [J]. 环境保护，2012，（18）：22-24.

[277] 吕忠梅，张忠民. 以分级分区为核心构建重点流域水污染防治新模式 [J]. 环境保护，2013，（15）：33-35.

[278] 张千帆. 流域环境保护中的中央地方关系 [J]. 中州学刊，2011，（6）：94-97.

[279] 徐祥民，朱雯. 流域水污染防治应当设置制衡机制 [J]. 中州学刊，2011，（6）：98-101.

[280] 杜群，陈真亮. 论流域生态补偿"共同但有差别的责任"——基于水质目标的法律分析 [J]. 中国地质大学学报：社会科学版，2014，（1）：9-16.

[281] 秦天宝. 论我国水资源保护法律的完善 [J]. 环境保护，2014，（4）：31-35.

[282] 刘国. 生态法基本范畴论纲. 甘肃政法学院学报. 2011，（05）：47-53.

[283] 陈德敏，董正爱. 主体利益调整与流域生态补偿机制——省际协调的决策模式与法规范基础 [J]. 西安交通大学学报：社会科学版，2012，（3）：42-50.

[284] 王江，黄锡生. 我国生态环境恢复立法析要 [J]. 法律科学：西北政法大学学报. 2011（3）：193-200.

[285] 梅宏. 生态文明理念与我国土地法制建设 [J]. 法学论坛，2013，（2）：37-45.

[286] 马波. 论环境法上的生态安全观 [J]. 法学评论，2013，（3）：83-89.

[287] 焦艳鹏. 生态文明视野下生态法益的刑事法律保护 [J]. 法学评论，2013，（3）：90-97.

[288] 汪劲. 论生态补偿的概念——以《生态补偿条例》草案的立法解释为背景 [J]. 中国地质大学学报：社会科学版. 2014，（1）：1-8.

[289] 史玉成. 生态补偿制度建设与立法供给——以生态利益保护与平衡为视角 [J]. 法学评论（双月刊），2013，（4）：115-123.

[290] 邓禾，韩卫平. 法学利益谱系中生态利益的识别与定位 [J]. 法学评论（双月刊）. 2013，（5）：109-115.

[291] 黄锡生，任洪涛. 生态利益有效保护的法律制度探析 [J]. 中央民族大学学报：哲学社会科学版. 2014，（2）：11-16.

[292] 才惠莲. 论生态补偿法律关系的特点 [J]. 中国地质大学学报：社会科学版，2013，（3）：57-61.

[293] 何雪梅. 生态利益补偿的法制保障 [J]. 社会科学研究. 2014，（1）：91-95.

[294] 常丽霞. 西北生态脆弱区森林生态补偿法律机制实证研究 [J]. 西南民族大学学报：人文社会科学版，2014，（6）：97-102.

[295] 李志文，马金星. 我国海域物权生态化新探——理念、实践和进路 [J]. 武汉大学学报：哲学社会科学版，2013，（2）：72-76.

[296] 樊清华. 论生态安全下的海洋湿地保护立法——以海南海草立法保护为例 [J]. 江西社会科学，2014，（3）：148-152.

[297] 梅宏. 湿地保护诉求中的《环境保护法》修订与适用 [J]. 华东政法大学学报，2014，（3）：42-50.

[298] 蔡守秋，张百灵. 论我国滨海湿地综合性法律调整机制的构建 [J]. 长江流域资源与环境，2011，（5）：585-591.

[299] 李凤宁. 我国海洋保护区制度的实施与完善：以海洋生物多样性保护为中心 [J]. 法学杂志，2013，（3）：75-84.

[300] 邓君韬，陈家宏. 自然资源立法体系完善探析——基于资源中心主义立场 [J]. 西南民族大学学报：人文社会科学版，2011，（8）：99-102.

[301] 黄锡生，峥嵘. 论资源社会性理念及其立法实现 [J]. 法学评论，2011，（3）：87-93.

[302] 姜渊. 对自然资源法调整对象的思考 [J]. 湖北社会科学，2013，（8）：148-150.

[303] 马俊驹. 借鉴大陆法系传统法律框架构建自然资源法律制度 [J]. 法学研究，2013，（4）：69-71.

[304] 徐祥民. 自然资源国家所有权之国家所有制说 [J]. 法学研究，2013，（4）：35-47.

[305] 吴卫星. 论自然资源公共信托原则及其启示 [J]. 南京社会科学，2013，（8）：111-115.

[306] 王社坤. 自然资源利用权利的类型重构 [J]. 中国地质大学学报：社会科学版，2014，（2）：41-49.

[307] 邱本. 自然资源环境法哲学阐释 [J]. 法制与社会发展，2014，（3）：100-117.

[308] 陈德敏，王华兵.《矿产资源法》的修改：以增强政府公共服务性为导向 [J]. 重庆大学学报：社会科学版，2012，（1）：99-103.

[309] 郗伟明. 当代社会化语境下矿业权法律属性考辨 [J]. 法学家，2012，（4）：89-102.

[310] 刘卫先. 对我国矿业权的反思和重构 [J]. 中州学刊，2012，（2）：63-69.

[311] 李晓燕，段晓光. 矿产资源立法：存在的问题、根源及其完善——以公、私法分立为视角 [J]. 理论探索，2013，（4）：121-124.

[312] 郑维炜. 中国矿业权流转制度的反思与重构 [J]. 当代法学，2013，（3）：43-48.

[313] 周训芳. 生态文明、国土绿化与相关立法 [J]. 江西社会科学，2012，（7）：139-152.

[314] 杜国明. 《森林法》基本概念重构 [J]. 河北法学，2012，（8）：82-87.

[315] 高利红，刘先辉. "森林资源"概念的法律冲突及其解决方案 [J]. 江西社会科学，2012，（7）：153-159.

[316] 宦盛奎. 森林法立法理念的法理分析 [J]. 政法论坛，2015，（3）：94-100.

[317] 王勇. 论国家管辖范围内遗传资源的法律属性 [J]. 政治与法律，2011，（1）：101-107.

[318] 张海燕. 遗传资源权权利主体的分析——基于遗传资源权复合式权利主体的构想 [J]. 政治与法律，2011，（2）：91-98.

[319] 钭晓东. 遗传资源新型战略高地争夺中的"生物剽窃"及其法律规制 [J]. 法学杂志，2014，（5）：71-83.

[320] 刘卫先. 对我国水权的反思与重构 [J]. 中国地质大学学报：社会科学版. 2014，（2）：75-84.

[321] 曹可亮，金霞. 水资源所有权配置理论与立法比较法研究 [J]. 法学杂志. 2013，（1）：108-115.

[322] 彭文华. 破坏野生动物资源犯罪疑难问题研究 [J]. 法商研究. 2015，（3）：130-140.

[323] 杨解君. 当代中国能源立法面临的问题与瓶颈及其破解 [J]. 南京社会科学，2013，（12）：92-99.

[324] 于文轩. 石油天然气法研究 [M]. 北京：中国政法大学出版社，2014.

[325] 肖国兴. 可再生能源发展的法律路径 [J]. 中州学刊，2012，（5）：79-85.

[326] 曹明德，赵鑫鑫. 从金砖国家国际合作的视角看气候变化时代的中国能源法 [J]. 重庆大学学报：社会科学版，2012，（1）：104-111.

[327] 孙增芹，刘芳. 完善我国可再生能源法律制度几点建议 [J]. 干旱区资源与环境，2011，（9）：39-43.

[328] 彭峰. 我国原子能立法之思考 [J]. 上海大学学报：社会科学版，2011，（6）：69-83.

[329] 赵保庆. 新能源投资促进的法律政策体系研究——美国的经验及其对中国的启示 [J]. 经济管理，2013，（12）：162-171.

[330] 曾少军，杨来，曾凯超. 中国页岩气开发现状、问题及对策 [J]. 中国人口·资源与环境，2013，（3）：33-38.

[331] 李艳芳，穆治霖. 关于设立气候资源国家所有权的探讨 [J]. 政治与法律，2013，（1）：102-108.

[332] 刘明明. 论我国气候变化立法的制度架构 [J]. 江西社会科学，2012，（9）：144-150.

[333] 龚微. 气候变化国际法与我国气候变化立法模式 [J]. 湘潭大学学报：哲学社会科学版，2013，（5）：42-46.

[334] 徐以祥. 我国温室气体减排立法的制度建构 [J]. 企业经济，2012，（8）：5-9.

[335] 宋锡祥，高大力. 论英国《气候变化法》及其对我国的启示 [J]. 上海大学学报：社会科学版，2011，（2）：87-98.

[336] 常纪文. 《中华人民共和国气候变化应对法》有关公众参与条文的建议稿 [J]. 法学杂志，2015，（2）：11-18.

[337] 张梓太，沈灏. 全球因气候变化的司法诉讼研究——以美国为例 [J]. 江苏社会科学，2015，（1）：147-156.

[338] 李挚萍. 碳交易市场的监管机制研究 [J]. 江苏大学学报：社会科学版，2012，（1）：56-62.

[339] 曹明德，崔金星. 我国碳交易法律促导机制研究 [J]. 江淮论坛，2012，（2）：110-116.

[340] 邓海峰. 碳税实施的法律保障机制研究 [J]. 环球法律评论，2014，（4）：104-117.

[341] 彭峰. 碳捕捉与封存技术（CCS）利用监管法律问题研究 [J]. 政治与法律，2011，（11）：18-26.

[342] 李艳芳，曹炜. 打破僵局：对"共同但有区别的责任原则"的重释 [J]. 中国人民大学学报，2013，（2）：91-101.

[343] 李威. 责任转型与软法回归：《哥本哈根协议》与气候变化的国际法治理 [J]. 太平洋学报，2011，（1）：33-42.

[344] 王春婕. 论共同但有区别责任原则：基于立法与阐释双重视角 [J]. 山东社会科学，2013，（12）：94-98.

[345] 朱鹏飞. 国际环境条约程序制度的发展及其引发的新问题——以遵守控制程序的勃兴为视角 [J]. 江西社会科学. 2011，（11）：195-198.

[346] 何志鹏，高晨. 跨界环境损害的事前救济：国际司法实践研究 [J]. 国际法研究，2014，（2）：64-81.

[347] 周长玲. 风险预防原则下生物技术专利保护的再思考 [J]. 政法论坛，2012，（2）：188-191.

[348] 秦天宝. 生物多样性保护国际法的产生与发展 [J]. 江淮论坛，2011，（3）：103-108.

[349] 胡加祥，刘婷. 论转基因生物的国际环境法规制 [J]. 东北大学学报：社会科学版，2015，（3）：300-305.

[350] 郭冬梅. 《气候变化框架公约》履行的环境法解释与方案选择 [J]. 现代法学，2012，（3）：154-163.

[351] 龚宇. 气候变化损害的国家责任：虚幻或现实 [J]. 现代法学，2012，(4)：151-162.

[352] 文同爱，周磊. 论发达国家的国际气候环境保护责任 [J]. 时代法学，2014，(1)：88-95.

[353] 张桂红，蒋佳妮. 论气候有益技术转让的国际法律协调制度的构建——兼论中国的利益和应对 [J]. 上海财经大学学报，2015，(1)：88-96.

[354] 于宏源. 试析全球气候变化谈判格局的新变化 [J]. 现代国际关系，2012，(6)：9-14.

[355] 姚莹. 德班平台气候谈判中我国面临的减排挑战 [J]. 法学，2014，(9)：86-96.

[356] 边永民. 跨界河流利用中的不造成重大损害原则的新发展——以印巴基申甘加水电工程案为例 [J]. 暨南学报：哲学社会科学版，2014，(5)：26-33.

[357] 唐尧. 北极核污染治理的国际法分析与思考 [J]. 中国海洋大学学报：社会科学版，2015，(1)：7-16

[358] 高方述. 典型湖泊水环境承载力与调控方案研究——以洪泽湖西部湖滨为例 [D]. 南京：南京师范大学博士学位论文，2014.

[359] 胡开明，逄勇，王华，等. 大型浅水湖泊水环境容量计算研究 [J]. 水力发电学报，2011，30 (4)：135-141.

[360] 周刚，雷坤，富国，毛光君. 河流水环境容量计算方法研究 [J]. 水利学报，2014，45 (2)：227-234.

[361] 陈吉宁，曾思育，杜鹏飞，等. 城市二元水循环系统演化与安全高效用水机制 [M]. 北京：科学出版社，2014.

[362] 金相灿，胡小贞，储昭升，等. "绿色流域建设"的湖泊富营养化防治思路及其在洱海的应用 [J]. 环境科学研究，2011，24 (11)：1203-1208.

[363] 胡洪营，石磊，许春华，等. 区域水资源介循环利用模式：概念·结构·特征 [J]. 环境科学研究，2015，28 (6)：839-847.

[364] 许慧萍，杨桂军，周健，等. 氮、磷浓度对太湖水华微囊藻 (*Microcystis flos-aquae*) 群体生长的影响 [J]. 湖泊科学，2014，26 (2)：213-220.

[365] 吴蕾，彭永臻，王淑莹，等. 好氧聚磷颗粒污泥的培养与丝状菌膨胀控制 [J]. 北京工业大学学报，2011，37 (7)：1058-1066.

[366] 张树军，马斌，甘一萍，等. 城市污水厌氧氨氧化生物脱氮技术研究 [C]. 中国水利学会 2014 学术年会论文集. 南京：河海大学出版社，2014：1170-1177.

[367] 李波，吴光学，胡洪营，等. 昆明市污水处理厂运行综合评价 [J]. 环境工程学报，2014，8 (10)：4175-4182.

[368] 曲久辉，王凯军，王洪臣，等. 建设面向未来的中国污水处理概念厂 [N]. 中国环境报，2014-1-7 (010).

[369] 胡洪营，吴光学，吴乾元，等. 面向污水资源极尽利用的污水精炼技术与模式探讨 [J]. 环境技术工程学报，2015，5 (1)：1-6.

[370] 吴乾元，李永艳，胡洪营，等. 再生水在洗车利用中的暴露剂量研究 [J]. 环境科学学报，2013，33 (3)：844-849.

[371] Zhao X，Huang H，Hu HY，et al. Increase of microbial growth potential in municipal secondary effluent by coagulation [J]. Chemosphere，2014，109：14-19.

[372] 仇保兴. 海绵城市 (LID) 内涵、途径与展望 [J]. 给水排水，2015，41 (3)：1-7.

[373] 胡洪营，孙艳，席劲瑛，等. 城市黑臭水体治理与水质长效改善保持技术分析 [J]. 环境保护，2015，13：24-26.

[374] Zhao，Y，Qiu，L P，Xu，R Y，et al. Advantages of a city-scale emission inventory for urban air quality research and policy：the case of Nanjing，a typical industrial city in the Yangtze River Delta，China. Atmospheric Chemistry and Physics，2015，15 (21)：12623-12644.

[375] Wang，M，Shao，M，Chen，W，et al. Trends of non-methane hydrocarbons (NMHC) emissions in Beijing during 2002-2013. Atmospheric Chemistry and Physics，2015，15 (3)：1489-1502.

[376] Wang，L T，Wei，Z，Yang，J，Zhang，Y，et al. The 2013 severe haze over southern Hebei，China：model evaluation，source apportionment，and policy implications. Atmospheric Chemistry and Physics 2014，14 (6)：3151-3173.

[377] Lu，K D，et al. Observation and modelling of OH and HO_2 concentrations in the Pearl River Delta 2006：a missing OH source in a VOC rich atmosphere. Atmos. Chem. Phys，2012，12：1541-1569.

[378] Liang M C，Seager S，Parkinson C D，et al. On the insignificance of photochemical hydrocarbon aerosols in the atmospheres of close-in extrasolar giant planets [J]. The Astrophysical Journal Letters，2004，605 (1)：L61.

[379] Lim，Y B. and Ziemann P J，Effects of Molecular Structure on Aerosol Yields from OH Radical-Initiated Reactions of Linear，Branched，and Cyclic Alkanes in the Presence of NO_x. Environmental Science & Technology，2009. 43（7）：2328-2334.

[380] ChiPeng，Chen Weiping，et al. Polycyclic aromatic hydrocarbons in urban soils of Beijing：Status，sources，distribution and potential risk. Environmental Pollution，2011，159：802-808.

[381] Wang Xiaoping，Gong Ping，et al. Passive Air Sampling of Organochlorine Pesticides，Polychlorinated Biphenyls，and Polybrominated Diphenyl Ethers Across the Tibetan Plateau. Environ. Sci. Technol，2010，44：2988-2993.

[382] Liu Wenjie，Chen Dazhou，et al. Transport of Semivolatile Organic Compounds to the Tibetan Plateau：Spatial and Temporal Variation in Air Concentrations in Mountainous Western Sichuan，China. Environ. Sci. Technol，2010，44：1559-1565.

[383] Ci Zhijia，Zhang Xiaoshan，et al. Atmospheric gaseous elemental mercury（GEM）over a coastal/rural site downwind of East China：Temporal variation and long-range transport. Atmospheric Environment，2011，45：2480-2487.

[384] Yang F，Tan J，et al. Characteristics of $PM_{2.5}$ speciation in representative megacities and across China. Atmos. Chem. Phys. 11：5207-5219.

[385] Du Huanhuan，Kong Lingdong，et al. Insights into summertime haze pollution events over Shanghai based on online water-soluble ionic composition of aerosols. Atmospheric Environment，2011，45：5131-5137.

[386] 环境保护部. 中国人群暴露参数手册（成人卷）. 北京：中国环境出版社，2013.

[387] Meng X，Chen L，Cai J，et al. A land use regression model for estimating the NO_2 concentration in shanghai，China. Environmental research，2015，137：308-315.

[388] Wang G，Zhao J，Jiang R，Song W. Rat lung response to ozone and fine particulate matter（$PM_{2.5}$）exposures. Environmental toxicology，2015，30：343-56.

[389] Chen R，Zhao Z，Sun Q，et al. Size-fractionated Particulate Air Pollution and Circulating Biomarkers of Inflammation，Coagulation，and Vasoconstriction in a Panel of Young Adults. Epidemiology，2015，26：328-336.

[390] Cao J，Yang C，Li J，et al. Association between long-term exposure to outdoor air pollution and mortality in China：A cohort study. J Hazard Mater，2011，186：1594-1600.

[391] Chen R，Zhao A，Chen H，et al. Cardiopulmonary benefits of reducing indoor particles of outdoor origin：a randomized，double-blind crossover trial of air purifiers. Journal of the American College of Cardiology，2015，65：2279-87.

[392] Meng X，Chen L，Cai J，et al. A land use regression model for estimating the NO_2 concentration in shanghai，China. Environmental research，2015，137：308-315.

[393] Cao J，Xu H，Xu Q，et al. Fine Particulate Matter Constituents and Cardiopulmonary Mortality in a Heavily Polluted Chinese City. Environ Health Persp，2012，120：373-378.

[394] Wu S，Deng F，Wei H，et al. Chemical constituents of ambient particulate air pollution and biomarkers of inflammation，coagulation and homocysteine in healthy adults：A prospective panel study. PartFibre Toxicol，2012，9.

[395] Wu S，Deng F，Wei H，et al. Association of cardiopulmonary health effects with source-appointed ambient fine particulate in Beijing，China：a combined analysis from the Healthy Volunteer Natural Relocation（HVNR）study. EnvironSci Technol，2014，48：3438-48.

[396] 秦敏，谢品华，李昂，等. 差分吸收光谱系统与传统点式仪器对大气中 SO_2、NO_2 以及 O_3 的对比观测研究. 2005 全国光学与光电子学学术研讨会，2005.

[397] 李相贤，徐亮，高闽光，等. 分析温室气体及 CO_2 碳同位素比值的傅里叶变换红外光谱仪 [J]. 光学精密工程，2014，22（9）：2359-2368.

[398] CHANG Q，ZHENG C，GAO X，et al. Systematic Approach to Optimization of Submicron Particle Agglomeration Using Ionic-Wind-Assisted Pre-charge [J]. Aerosol and Air Quality Research，in press.

[399] 张光学，刘建忠，王洁，等. 声波团聚中尾流效应的理论研究 [J]. 高校化学工程学报，2013，(02)：199-204.

[400] 颜金培，陈立奇，杨林军. 燃煤细颗粒在过饱和氛围下声波团聚脱除的实验研究 [J]. 化工学报，2014，(08)：3243-3249.

[401] 刘勇，赵汶，刘瑞，等. 化学团聚促进电除尘脱除 $PM_{2.5}$ 的实验研究 [J]. 化工学报，2014，(09)：3609-3616.

[402] 洪亮，王礼鹏，祁慧，等. 细颗粒物团聚性能实验研究 [J]. 热力发电，2014，(09)：124-128.

[403] 凡凤仙，张明俊. 蒸汽相变凝结对 $PM_{2.5}$ 粒径分布的影响 [J]. 煤炭学报，2013，(04)：694-699.

[404] 王翔，宋蔷，姚强. 脱硫塔内单液滴捕集颗粒物的数值模拟 [J]. 工程热物理学报，2014，(09)：1889-1893.

[405] 姚伟. 基于粉尘比电阻值分析的静电除尘器运行优化系统设计 [D]. 杭州：浙江大学，2011.

[406] XU X，GAO X，YAN P，et al. Particle migration and collection in a high-temperature electrostatic precipitator [J]. Separation and Purification Technology，2015：184-191.

[407] XIAO G，WANG X，YANG G，et al. An experimental investigation of electrostatic precipitation in a wire-cylinder configuration at high temperatures [J]. Powder Technology，2015：166-177.

[408] 王惠挺. 钙基湿法烟气脱硫增效关键技术研究 [D]. 杭州：浙江大学，2013.

[409] 陈余土. 湿法脱硫添加剂促进石灰石溶解以及强化 SO_2 吸收的实验研究 [D]. 杭州：浙江大学，2013.

[410] 缪明烽. 湿法脱硫中石灰石溶解特性的模型及实验研究 [J]. 环境工程学报，2011 (01)：179-183.

[411] 王宏霞. 烟气脱硫石膏中杂质离子对其结构与性能的影响 [D]. 北京：中国建筑材料科学研究总院，2012.

[412] 邬成贤，郑成航，张军，等. 脱硫浆液中组分扩散及 SO_2 溶解的分子动力学研究 [J]. 环境科学学报，2014，(11)：2904-2910.

[413] 邬成贤. 湿法烟气脱硫中传质吸收强化的分子动力学研究 [D]. 杭州：浙江大学，2014.

[414] SUI J C，SONG J，FAN J G，et al. Modelling and experimental study of mass transfer characteristics of SO2 in sieve tray WFGDabsorber [J]. Journal of the Energy Institute，2012，(3)：176-181.

[415] GAO H L，LI C T，ZENG G M，et al. Flue gas desulphurization based on limestone-gypsum with a novel wet-type PCF device [J]. Separation and Purification Technology，2011，(3)：253-260.

[416] WANG Z T. Experimental Investigation on Wet Flue Gas Desulfurization with Electrostatically-Assisted Twin-FluidAtomization [J]. Environmental Engineering and Management Journal，2013，(9)：1861-1867.

[417] ZHENG C H，XU C R，GAO X，et al. Simultaneous Absorption of NOx and SO2 in Oxidant-Enhanced LimestoneSlurry [J]. Environmental Progress & Sustainable Energy，2014，(4)：1171-1179.

[418] ZHENG C H，XU C R，ZHANG Y X，et al. Nitrogen oxide absorption and nitrite/nitrate formation in limestone slurry for WFGD system [J]. Applied Energy，2014：187-194.

[419] ZHAO Y，GUO T X，CHEN Z Y. Experimental Study on Simultaneous Desulfurization and Denitrification from Flue Gas with CompositeAbsorbent [J]. Environmental Progress & Sustainable Energy，2011，(2)：216-220.

[420] 许昌日. 燃煤烟气 NO_x/SO_2 一体化强化吸收试验研究 [D]. 杭州：浙江大学，2014.

[421] LI Y R，QI H Y，WANG J. SO2 capture and attrition characteristics of a CaO/bio-based sorbent [J]. Fuel，2012，(1)：258-263.

[422] 孟月. 循环流化床脱硫增效技术的研究 [D]. 保定：华北电力大学，2014.

[423] 李锦时，朱卫兵，周金哲，等. 喷雾干燥半干法烟气脱硫效率主要影响因素的实验研究 [J]. 化工学报，2014，(02)：724-730.

[424] 高鹏飞. 粉-粒喷动床内颗粒流动特性的 PIV 实验及数值模拟 [D]. 西安：西北大学，2013.

[425] 王长江. 喷动床反应器内循环特性试验研究 [D]. 哈尔滨：哈尔滨工业大学，2012.

[426] CHANG J C，DONG Y，WANG Z Q，et al. Removal of sulfuric acid aerosol in a wet electrostatic precipitator with singleterylene or polypropylene collection electrodes [J]. Journal of Aerosol Science，2011，(8)：544-554.

[427] QI L Q，YUAN Y T. Influence of SO3 in flue gas on electrostaticprecipitability of high-alumina coal fly ash from a power plant in China [J]. Powder Technology，2013：163-167.

[428] 张悠. 烟气中 SO_3 测试技术及其应用研究 [D]. 杭州：浙江大学，2013.

[429] 肖琨，张建文，乌晓江. 空气分级低氮燃烧改造技术对锅炉汽温特性影响研究. 中国动力工程学会锅炉专业委员会 2012 年学术研讨会论文集，2012.

[430] 朱懿灏. 空气分级低 NO_x 燃烧技术在电厂的工程应用 [D]. 北京：清华大学，2013.

[431] 王雪彩，孙树翁，李明. 600MW 墙式对冲锅炉低氮燃烧技术改造的数值模拟 [J]. 中国电机工程学报，2015，(7)：1689-1696.

[432] 张长乐，盛赵宝，宗青松. 水泥窑分级燃烧脱硝技术优化效果分析 [C]. 2013 中国水泥技术年会暨第十五届全国水泥技术交流大会论文，2013：109-114.

[433] 杨梅. 循环流化床烟气 SNCR 脱硝机理和实验研究 [D]. 上海：上海交通大学，2014.

[434] 李穹. SNCR 脱硝特性的模拟与优化 [J]. 化工学报，2013 (5)：1789-1796.

[435] 秦亚男. SNCR-SCR 耦合脱硝中还原剂的分布特性研究 [D]. 杭州：浙江大学，2015.

[436] ZHAO D，TANG L，SHAO X，et al. Successful Design and Application of SNCR Parallel to Combustion Modification，QI H，ZHAO B，editor，Cleaner Combustion and Sustainable World：Springer Berlin Heidelberg，2013：299-304.

[437] 高翔，骆仲泱，岑可法. 燃煤烟气 SCR 脱硝技术装备的喷氨混合装置：中国专利，CN 201586480 U [P/OL].

[438] 高翔，骆仲泱，岑可法. 一种用于 SCR 烟气脱硝装置的 V 型喷氨混合系统：中国专利，CN 202778237 U [P/OL].

[439] DU X S，GAO X，HU W S，et al. Catalyst Design Based on DFT Calculations：Metal Oxide Catalysts for Gas Phase NOReduction [J]. Journal of Physical Chemistry C，2014，(25)：13617-13622.

[440] 杜学森. 钛基 SCR 脱硝催化剂中毒失活及抗中毒机理的实验和分子模拟研究 [D]. 杭州：浙江大学，2014.

[441] DU X S，GAO X，FU Y C，et al. The co-effect of Sb and Nb on the SCR performance of the V_2O_5/TiO_2 catalyst [J]. Journal of Colloid and Interface Science，2012：406-412.

[442] GAO S，WANG P L，CHEN X B，et al. Enhanced alkali resistance of CeO_2/SO_4^{2-}-ZrO_2 catalyst in selective catalytic reduction of NO_x byammonia [J]. Catalysis Communications，2014：223-226.

[443] 俞晋频. 改性 SCR 催化剂汞氧化试验研究 [D]. 杭州：浙江大学，2015.

[444] DU X S，GAO X，CUI L W，et al. Experimental and theoretical studies on the influence of water vapor on the performance of aCe-Cu-Ti oxide SCR catalyst [J]. Applied Surface Science，2013：370-376.

[445] DU X S，GAO X，CUI L W，et al. Investigation of the effect of Cu addition on the SO_2- resistance of aCe-Ti oxide catalyst for selective catalytic reduction of NO with NH_3 [J]. Fuel，2012，(1)：49-55.

[446] CHEN L，WENG D，SI Z C，et al. Synergistic effect between ceria and tungsten oxide on WO_3-CeO_2-TiO_2 catalysts for NH_3-SCR reaction [J]. Progress in Natural Science-Materials International，2012，(4)：265-272.

[447] QU R Y，GAO X，CEN K F，et al. Relationship between structure and performance of a novel cerium-niobium binary oxide catalyst for selective catalytic reduction of NO with NH_3 [J]. Applied Catalysis B-Environmental，2013：290-297.

[448] CHANG H Z，CHEN X Y，LI J H，et al. Improvement of Activity and SO_2 Tolerance of Sn-Modified MnO_x-CeO_2 Catalysts for NH_3-SCR at Low Temperatures [J]. Environmental Science & Technology，2013，(10)：5294-5301.

[449] PENG Y，LI J H，SI W Z，et al. Deactivation and regeneration of a commercial SCR catalyst：Comparison with alkali metals and arsenic [J]. Applied Catalysis B-Environmental，2015：195-202.

[450] SHANG X S，HU G R，HE C，et al. Regeneration of full-scale commercial honeycomb monolith catalyst (V_2O_5-WO_3/TiO_2) used in coal-fired power plant [J]. Journal of Industrial and Engineering Chemistry，2012，(1)：513-519.

[451] 崔力文，宋浩，吴卫红，等. 电站失活 SCR 催化剂再生试验研究 [J]. 能源工程，2012：43-47.

[452] YANG B，SHEN Y，SHEN S，et al. Regeneration of the deactivated TiO_2-ZrO_2-CeO_2/ATS catalyst for NH_3-SCR of NO_x in glassfurnace [J]. Journal of Rare Earths，2013，(2)：130-136.

[453] 游淑淋，周劲松，侯文慧，等. 锰改性活性焦脱除合成气中单质汞的影响因素 [J]. 燃料化学学报，2014：1324-1331.

[454] MA J，LI C，ZHAO L，et al. Study on removal of elemental mercury from simulated flue gas over activated coke treated by acid [J]. Applied Surface Science，2015：292-300.

[455] ZHANG A，ZHANG Z，LU H，et al. Effect of Promotion with Ru Addition on the Activity and SO_2 Resistance of MnO_x-TiO_2 Adsorbent for HgO Removal [J]. Industrial & Engineering Chemistry Research，2015：

2930-2939.

[456] XIANG W, LIU J, CHANG M, et al. The adsorption mechanism of elemental mercury on CuO (110) surface [J]. Chemical Engineering Journal, 2012, (34): 91-96.

[457] XU W, WANG H, ZHU T, et al. Mercury removal from coal combustion flue gas by modified fly ash [J]. Journal of Environmental Sciences, 2013, (2): 393-398.

[458] ZHANG A, ZHENG W, SONG J, et al. Cobalt manganese oxides modifiedtitania catalysts for oxidation of elemental mercury at low flue gas temperature [J]. Chemical Engineering Journal, 2014, (2): 29-38.

[459] XU W, WANG H, XUAN Z, et al. CuO/TiO$_2$ catalysts for gas-phase HgO catalytic oxidation [J]. Chemical Engineering Journal, 2014, (5): 380-385.

[460] WANG P, SU S, XIANG J, et al. Catalytic oxidation of HgO by CuO-MnO$_2$-Fe$_2$O$_3$/γ-Al$_2$O$_3$ catalyst [J]. Chemical Engineering Journal, 2013: 68-75.

[461] ZHOU C, SUN L, XIANG J, et al. The experimental and mechanism study of novel heterogeneous Fenton-like reactions using Fe$_3$-xTixO$_4$ catalysts for HgO absorption [J]. Proceedings of the Combustion Institute, 2014: 2875-2882.

[462] ZHOU C, SUN L, ZHANG A, et al. Fe$_3$-xCuxO$_4$ as highly active heterogeneous Fenton-like catalysts toward elemental mercury removal [J]. Chemosphere, 2015: 16-24.

[463] ZHAO Y, XUE F, MA T. Experimental study on HgO removal bydiperiodatocuprate (III) coordination ion solution [J]. Fuel Processing Technology, 2013: 468-473.

[464] YI Z, XUE F, ZHAO X, et al. Experimental study on elemental mercury removal bydiperiodatonickelate (IV) solution [J]. Journal of Hazardous Materials, 2013, (18): 383-388.

[465] YUAN Y, ZHAO Y, LI H, et al. Electrospun metal oxide-TiO$_2$ nanofibers for elemental mercury removal from flue gas [J]. Journal of Hazardous Materials, 2012, (5): 427-435.

[466] ZHUANG Z K, YANG Z M, ZHOU S Y, et al. Synergisticphotocatalytic oxidation and adsorption of elemental mercury by carbon modified titanium dioxide nanotubes under visible light LED irradiation [J]. Chemical Engineering Journal, 2014, (7): 16-23.

[467] CHEN W, MA Y, YAN N, et al. The co-benefit of elemental mercury oxidation and slip ammonia abatement with SCR-Plus catalysts [J]. Fuel, 2014, (5): 263-269.

[468] YAN N, CHEN W, CHEN J, et al. Significance of RuO$_2$ Modified SCR Catalyst for Elemental Mercury Oxidation in Coal-fired Flue Gas [J]. Environmental Science & Technology, 2011, (13): 5725-5730.

[469] 吴其荣, 杜云贵, 聂华, 等. 燃煤电厂汞的控制及脱除 [J]. 热力发电, 2012: 8-11.

[470] 朱亮, 高少华, 丁德武, 等. LDAR 技术在化工装置泄漏损失评估中的应用 [J]. 工业安全与环保, 2014, (08): 31-34.

[471] 张芝兰, 张峰, 石翔, 等. 生产过程无组织排放速率的估算与削减措施 [J]. 广州化工, 2013, (15): 164-166.

[472] 曹磊, 李燚佩, 冯晶, 等. 2014 版水性涂料环境标志标准解读 [J]. 中国涂料, 2014, (07): 1-4.

[473] YU W, DENG L, YUAN P, et al. Preparation of hierarchically porous diatomite/MFI-type zeolite composites and their performance for benzene adsorption: The effects ofdesilication [J]. Chemical Engineering Journal, 2015: 450-458.

[474] REN H-P, SONG Y-H, HAO Q-Q, et al. Highly Active and Stable Ni-SiO$_2$ Prepared by a Complex-Decomposition Method for Pressurized Carbon Dioxide Reforming ofMethane [J]. Industrial & Engineering Chemistry Research, 2014, (49): 19077-19086.

[475] YANG P, SHI Z, TAO F, et al. Synergistic performance betweenoxidizability and acidity/texture properties for 1, 2-dichloroethane oxidation over (Ce, Cr)$_x$O$_2$/zeolite catalysts [J]. Chemical Engineering Science, 2015: 340-347.

[476] 黄维秋, 石莉, 胡志伦, 等. 冷凝和吸附集成技术回收有机废气 [J]. 化学工程, 2012, (06): 13-17.

[477] LUO Y, WANG K, CHEN Q, et al. Preparation and characterization ofelectrospun La$_1$-xCe$_x$CoO$_δ$: Application to catalytic oxidation of benzene [J]. Journal of Hazardous Materials, 2015: 17-22.

[478] SHI Z, HUANG Q, YANG P, et al. The catalytic performance of Ti-PILC supported CrO$_x$-CeO$_2$ catalysts for

n-butylamine oxidation [J]. Journal of Porous Materials，2015，(3)：739-747.

[479] CHEN L，XIAO L，YANG Y，et al. Shenwu Integration Technology for Energy Conservation and Emissions Reduction // JIANG X，JOYCE M，XIA D，editor，12th International Conference on Combustion & Energy Utilisation，2015：193-196.

[480] EYSSLER A，KLEYMENOV E，KUPFERSCHMID A，et al. Improvement of Catalytic Activity of $LaFe_{0.95}Pd_{0.05}O_3$ for Methane Oxidation under TransientConditions [J]. Journal of Physical Chemistry C，2011，(4)：1231-1239.

[481] LI G，WAN S，AN T. Efficient bio-deodorization of aniline vapor in abiotrickling filter：Metabolic mineralization and bacterial community analysis [J]. Chemosphere，2012，(3)：253-258.

[482] 徐百龙. 双液相生物反应器处理二甲苯模拟废气 [D]. 杭州：浙江大学，2014.

[483] 於建明. 真空紫外—生物协同净化二氯甲烷废气的机理研究 [D]. 杭州：浙江工业大学，2013.

[484] ZHU X，GAO X，ZHENG C，et al. Plasma-catalytic removal of a low concentration of acetone in humid conditions [J]. Rsc Advances，2014，(71)：37796-37805.

[485] ZHU X，GAO X，YU X，et al. Catalyst screening for acetone removal in a single-stage plasma-catalysis system [J]. Catalysis Today，2015.

[486] ZHU X，GAO X，QIN R，et al. Plasma-catalytic removal of formaldehyde over Cu-Ce catalysts in a dielectric barrier discharge reactor [J]. Applied Catalysis B：Environmental，2015：293-300.

[487] MA Y X，WANG D F，SUN R，et al. The Emission Characteristics of the Emulsified Fuel and its Mechanism Research of Reducing Diesel Engine NO_x Formation；proceedings of the Advanced Materials Research，F，2012 [C]. Trans Tech Publ.

[488] ZHANG Q，CHEN G，ZHENG Z，et al. Combustion and emissions of 2，5-dimethylfuran addition on a diesel engine with low temperature combustion [J]. Fuel，2013：730-735.

[489] 解方喜，于泽洋，刘思楠，等. 喷射压力对燃油喷雾和油气混合特性的影响 [J]. 吉林大学学报：工学版，2013，(6)：1504-1509.

[490] 韩林沛，员杰，杨俊伟，等. GDI 发动机膨胀缸辅助热机起动方式 [J]. 内燃机学报，2012，(006)：525-530.

[491] 王锐，苏岩，韩林沛，等. 基于起动电流判断 GDI 首次循环着火特性的测试系统开发 [J]. 内燃机与配件，2013，(4)：1-3.

[492] WEI S，WANG F，LENG X，et al. Numerical analysis on the effect of swirl ratios on swirl chamber combustion system of DI diesel engines [J]. Energy Conversion and Management，2013：184-190.

[493] 魏胜利，王忠，毛功平，等. 不同喷孔夹角的直喷柴油机涡流室燃烧系统性能分析 [J]. 农业机械学报，2012，(11)：15-20.

[494] HE Z，SHAO Z，WANG Q，et al. Experimental study ofcavitating flow inside vertical multi-hole nozzles with different length-diameter ratios using diesel and biodiesel [J]. Experimental Thermal and Fluid Science，2015：252-262.

[495] ZHANG S，ZHANG X，WANG H，et al. Study on Air Flow Characteristics in Cylinders of a Four-Valve Engine with Different Lifts of Valves [J]. Open Mechanical Engineering Journal，2014：185-189.

[496] YAN Y，MING P-J，DUAN W-Y. Unstructured finite volume method for water impact on a rigid body [J]. Journal of Hydrodynamics，Ser. B，2014，(4)：538-548.

[497] TIAN J，LIU Z，HAN Y，et al. Numerical Investigation of In-Cylinder Stratification with Different CO_2 Introduction Strategies in Diesel Engines [R]. SAE Technical Paper，2014.

[498] 沈照杰，刘忠长，田径，等. 高压共轨柴油机瞬变过程试验与模拟分析 [J]. 内燃机学报，2013，(5)：407-413.

[499] 张龙平，刘忠长，田径，等. 车用柴油机瞬态工况试验及性能评价方法 [J]. 哈尔滨工程大学学报，2014，(4)：463-468.

[500] 毕玉华，刘伟，申立中，等. 不同海拔下 EGR 对含氧燃料柴油机性能影响的试验研究 [J]. 内燃机工程，(2)：150-156.

[501] 曹圆媛，仲兆平，张波，等. 尿素溶液热解制取氨气特性研究 [J]. 环境工程，2014，(7)：91-95.

[502] 赵彦光. 柴油机 SCR 技术尿素喷雾热分解及氨存储特性的试验研究 [D]. 北京：清华大学，2012.

[503] 唐韬，赵彦光，华伦，等. 柴油机 SCR 系统尿素水溶液喷雾分解的试验研究 [J]. 内燃机工程，2015，(1)：1-5.

[504] 邓志鹏. 选择性催化还原法降低船舶柴油机氮氧化物排放的实验研究 [D]. 北京：北京工业大学，2013.

[505] BIN F，SONG C，LV G，et al. Characterization of the NO-soot combustion process over La0. 8Ce0. 2Mn0. 7Bi0. 3O3 catalyst [J]. Proceedings of the Combustion Institute，2015，(2)：2241-2248.

[506] BIN F，WEI X，LI B，et al. Self-sustained combustion of carbon monoxide promoted by the Cu-Ce/ZSM-5 catalyst in $CO/O_2/N_2$ atmosphere [J]. Applied Catalysis B：Environmental，2015：282-288.

[507] 吴少华，宋崇林，宾峰，等. 铋取代对 $LaMnO_3$ 催化剂的结构和催化碳烟燃烧性能的影响 [J]. 燃烧科学与技术，2014，(2)：152-157.

[508] 雷利利，蔡忆昔，王攀，等. NTP 技术对柴油机颗粒物组分及热重特性的影响 [J]. 内燃机学报，2013，(02)：144-147.

[509] PENG X H，Xu S S，ZHONG Y W. Integration design of high-effective stove-cooking utensil based on the research of enhanced heat transfer [J]. Advanced Materials Research，2012：328-331.

[510] TAN W Y，Xu Y，WANG S Y. Design and performance test of multi-function stove for biomassfuel [J]. Transactions of the Chinese Society of Agricultural Engineering，2013：10-16.

[511] LIN B，LIAW S L. Simultaneous removal of volatile organic compounds from cooking oil fumes by using gas-phaseozonation over Fe (OH)$_3$ nanoparticles [J]. Journal of Environmental Chemical Engineering，2015，(3)：1530-1538.

[512] 高翔，郑成航，骆仲泱，等. 一种气态污染物一体化净化装置：中国，20614944. 9 [P]. 2014-05-28.

[513] 徐潜，陈立民. 液膜抑尘方法：中国，10053552. 8 [P]. 2013-12-04.

[514] ZHENG W C，LI B M，CAO W，et al. Application of neutral electrolyzed water spray for reducing dust levels in a layer breeding house [J]. Journal of the Air & Waste Management Association，2012，(11)：1329-1344.

[515] ZHAO D Z，LI X S，SHI C，et al. Low-concentration formaldehyde removal from air using a cycled storage-discharge (CSD) plasma catalytic process [J]. Chemical Engineering Science，2011，(17)：3922-3929.

[516] 梁文俊，马琳，李坚. 低温等离子体-催化联合技术去除甲苯的实验研究 [J]. 北京工业大学学报，2014 (2)：315-320.

[517] Zhao Y，Wang S X，Nielsen C，et al. Establishment of a database of emission factors for atmospheric pollutants from Chinese coal-fired power plants [J]. Atmospheric Environment，2010，44 (12)：1515-1523.

[518] Zhao B，Wang S X，Liu H，et al. NO_x emissions in China：historical trends and future perspectives [J]. Atmospheric Chemistry and Physics，2013，13 (19)：9869-9897.

[519] Lei Y，Zhang Q，He K B，et al. Primary anthropogenic aerosol emission trends for China，1990—2005 [J]. Atmospheric Chemistry and Physics，2011，11 (3)：931-954.

[520] Zhou Y，Wu Y，Yang L，et al. The impact of transportation control measures on emission reductions during the 2008 OlympicGames in Beijing，China [J]. Atmospheric Environment，2010，44 (3)：285-293

[521] Huang X，Song Y，Li M M，et al. A high-resolution ammonia emission inventory in China [J]. Global Biogeochem Cycles，2012，26.

[522] Fu X，Wang S X，Ran L，et al. Estimating NH_3 emissions from agricultural fertilizer application in China using the bi-directional CMAQ model coupled to an agro-ecosystem model [J]. Atmospheric Chemistry and Physics，2015，15：6637-6649.

[523] 贺克斌，霍红，王岐东，等. 道路机动车排放模型技术方法与应用 [M]. 北京：科学出版社，2014.

[524] Wang S X，Zhao B，Cai S Y，et al. Emission trends and mitigation options for air pollutants in East Asia [J]. Atmospheric Chemistry and Physics，2014，14 (13)：6571-6603.

[525] 郑君瑜，王水胜，黄志炯，等. 区域高分辨率大气排放源清单建立的技术方法与应用 [M]. 北京：科学出版社，2013.

[526] Li M，Zhang Q，Streets D G，et al. Mapping Asian anthropogenic emissions of non-methane volatile organic compounds to multiple chemical mechanisms [J]. Atmospheric Chemistry and Physics，2014，14 (11)：5617-5638.

[527] Wang S X, Xing J, Chatani S, et al. Verification of anthropogenic emissions of China by satellite and ground observations [J]. Atmospheric Environment, 2011, 45 (35): 6347-6358.

[528] Zheng J Y, Yin S S, Kang D W, et al. Development and uncertainty analysis of a high-resolution NH$_3$ emissions inventory and its implications with precipitation over the Pearl River Delta region, China [J]. Atmospheric Chemistry and Physics, 2012, 12 (15): 7041-7058.

[529] Wang S W, Zhang Q, Streets D G, et al. Growth in NO$_x$ emissions from power plants in China: bottom-up estimates and satellite observations [J]. Atmospheric Chemistry and Physics, 2012, 12 (10): 4429-4447.

[530] Zhao B, Wang S X, Dong X Y, et al. Environmental effects of the recent emission changes in China: implications for particulate matter pollution and soil acidification [J]. Environ ResLett, 2013, 8 (2): 10.

[531] Zhao B, Wang S X, Wang J D, et al. Impact of national NO$_x$ and SO$_2$ control policies on particulate matter pollution in China [J]. Atmospheric Environment, 2013, 77: 453-463.

[532] Wang L T, Wei Z, Yang J, et al. The 2013 severe haze over southern Hebei, China: model evaluation, source apportionment, and policy implications [J]. Atmospheric Chemistry and Physics, 2014, 14 (6): 3151-3173.

[533] Zhang Y. Online-coupled meteorology and chemistry models: history, current status, andoutlook [J]. Atmospheric Chemistry and Physics, 2008, 8 (11): 2895-2932.

[534] 薛文博, 付飞, 王金南等. 中国 PM$_{2.5}$ 跨区域传输特征数值模拟研究 [J]. 中国环境科学, 2014, 34 (6): 1361-1368.

[535] Zhao B, Wang S X, Xing J, et al. Assessing the nonlinear response of fine particles to precursor emissions: development and application of an extended response surface modeling technique v1.0 [J], Geoscientific Model Development, 2015, 8 (1): 115-128

[536] 汪俊, 赵斌, 王书肖, 郝吉明. 中国电力行业多污染物控制成本与效果分析 [J]. 环境科学研究, 2014, 27 (11): 1316-1324.

[537] Sun J, Schreifels J, Wang J, et al. Cost estimate of multi-pollutant abatement from the power sector in the Yangtze River Delta region of China [J]. Energy Policy, 2014, 69: 478-488.

[538] 杨毅, 朱云, 等. 空气污染与健康效益评估工具 BenMAP CE 研发 [J]. 环境科学学报, 2013, 33 (9): 2395-2401

[539] Murray C J L, Ezzati M, Flaxman A D, et al. GBD 2010: design, definitions, and metrics [J]. The Lancet 2012, 380 (9859), 2063-2066.

[540] Lim S S, Vos T, Flaxman A D, et al. A comparative risk assessment of burden of disease and injury attributable to 67 risk factors and risk factor clusters in 21 regions, 1990—2010: a systematic analysis for the Global Burden of Disease Study 2010 [J]. The Lancet, 2012, 380 (9859): 2224-2260.

[541] Chen Z, Wang J N, Ma G X, et al. China tackles the health effects of airpollution [J]. The Lancet, 2013, 382 (9909): 1959-1960.

[542] Cheng Z, Jiang J, Fajardo O, et al. Characteristics and health impacts of particulate matter pollution in China (2001—2011) [J]. Atmospheric Environment, 2013, 65: 186-194.

[543] Voorhees A S, Wang J D, Wang C C, et al. Public health benefits of reducing air pollution in Shanghai: A proof-of-concept methodology with application toBenMAP [J]. Science of The Total Environment, 2014, 485-486: 396-405.

[544] 徐晓程, 陈仁杰, 阚海东, 等. 我国大气污染相关统计生命价值的 meta 分析 [J]. 中国卫生资源, 2013, (1): 64-67.

[545] Wang S, Zhao M, Xing J, et al. Quantifying the Air Pollutants Emission Reduction during the 2008 Olympic Games inBeijing [J]. Environmental Science & Technology, 2010, 44 (7): 2490-2496.

[546] Liu H, Wang X M, Zhang J P, et al. Emission controls and changes in air quality in Guangzhou during the Asian Games [J]. Atmospheric Environment, 2013, 76: 81-93.

[547] 刘建国, 谢品华, 王跃思, 等. APEC 前后京津冀区域灰霾观测及控制措施评估 [J]. 中国科学院院刊, 2015, 30 (3): 368-377.

[548] 王红丽, 陈长虹, 黄海英, 等. 世博会期间上海市大气挥发性有机物排放强度及污染来源研究 [J]. 环境科学,

2012，33（12）：4151-4158.

[549] Yao Z L，Zhang Y Z，Shen X B，et al. Impacts of temporary traffic control measures on vehicular emissions during the Asian Games in Guangzhou，China ［J］. Journal of the Air & Waste Management Association，2013，63（1）：11-19.

[550] 王芳丽，宋宁宁，赵玉杰，张长波，沈跃，刘仲齐. 聚丙烯酸钠为结合相的梯度扩散薄膜技术预测甘蔗田土壤中镉的生物有效性 ［J］. 环境科学，2012，33（10）：3562-3568.

[551] Joekar-Niasar V，Hassanizadeh S M. Analysis of Fundamentals of Two-Phase Flow in Porous Media Using Dynamic Pore-Network Models：A Review ［J］. Critical Reviews in Environmental Science and Technology，2012，42（18）：1895-1976.

[552] Haritash A K，Kaushik C P. Biodegradation aspects of Polycyclic Aromatic Hydrocarbons（PAHs）：A review ［J］. J. Hazard. Mater.，2009，169（1-3）：1-15.

[553] Dong C，Beis K，Nesper J，Brunkan-LaMontagne A L，Clarke B R，Whitfield C，Naismith J H. Wza the translocon for E. coli capsular polysaccharides defines a new class of membrane protein ［J］. Nature，2006，444（7116）：226-229.

[554] Hua F，Wang H，Zhao Y，Yang Y. Pseudosolubilized n-alkanes analysis and optimization of biosurfactants production by Pseudomonas sp. DG17. Environ Sci Pollut R，2015，22（9）：6660-6669.

[555] Li Y，Wang H，Hua F，Su M，Zhao Y. Trans-membrane transport of fluoranthene by Rhodococcus sp. BAP-1 and optimization of uptake process ［J］. Bioresour. Technol.，2014，155：213-219.

[556] Guo H，Wen D，Liu Z，Jia Y，Guo Q. A review of high arsenic groundwater in Mainland and Taiwan，China：Distribution，characteristics and geochemical processes ［J］. Appl. Geochem.，2014，41：196-217.

[557] Guo H，Liu Z，Ding S，Hao C，Xiu W，Hou W. Arsenate reduction and mobilization in the presence of indigenous aerobic bacteria obtained from high arsenic aquifers of the Hetao basin，Inner Mongolia ［J］. Environ. Pollut.，2015，203：50-59.

[558] 韩双宝. 银川平原高砷地下水时空分布特征与形成机理 ［D］. 北京：中国地质大学，2013.

[559] Guo Q，Guo H，Yang Y，Han S，Zhang F. Hydrogeochemical contrasts between low and high arsenic groundwater and its implications for arsenic mobilization in shallow aquifers of the northern Yinchuan Basin，P. R. China ［J］. Journal of Hydrology，2014，518：464-476.

[560] Guo Q，Guo H. Geochemistry of high arsenic groundwaters in the Yinchuan basin，P. R. China ［J］. Procedia Earth and Planetary Science，2013，7：321-324.

[561] 谢云峰，曹云者，杜晓明，徐竹，柳晓娟，陈同斌，李发生，杜平. 土壤污染调查加密布点优化方法构建及验证 ［J］. 环境科学学报，2015：1-11.

[562] 王海见，杨苏才，李佳斌，宋云，权腾，王东. 利用 MIP 快速确定某苯系物污染场地污染范围 ［J］. 环境科学与技术，2014，37（2）：96-100.

[563] 杨苏才，王东，王海见，宋云，权腾，李佳斌，李梓涵，魏文侠，李培中，郝润琴. 利用半透膜介质探测系统确定某加油站污染范围 ［J］. 地球科学-中国地质大学学报，2013，38（2）：893-903.

[564] 姜林，钟茂生，姚珏君，夏天翔，蔡月华. 挥发性有机物污染土壤样品采样方法比较 ［J］. 中国环境监测，2014，30（1）：109-114.

[565] van der Meer J R，Belkin S. Where microbiology meets microengineering：design and applications of reporter bacteria ［J］. Nat Rev Micro，2010，8（7）：511-522.

[566] Jiang B，Song Y，Zhang D，Huang W E，Zhang X，Li G. The influence of carbon sources on the expression of the recA gene and genotoxicity detection by an Acinetobacter bioreporter. Environmental Science：Processes & Impacts，2015，17（4）：835-843.

[567] Jiang B，Zhu D，Song Y，Zhang D，Liu Z，Zhang X，Huang W，Li G. Use of a whole-cell bioreporter，Acinetobacter baylyi，to estimate the genotoxicity and bioavailability of chromium（Ⅵ）-contaminated soils ［J］. Biotechnol. Lett，2015，37（2）：343-348.

[568] Kuncova G，Pazlarova J，Hlavata A，Ripp S，Sayler G S. Bioluminescent bioreporter Pseudomonas putida TVA8 as a detector of water pollution. Operational conditions and selectivity of free cells sensor ［J］. Ecological

Indicators，2011，11（3）：882-887.

[569] Zhang D，He Y，Wang Y，Wang H，Wu L，Aries E，Huang W E. Whole-cell bacterial bioreporter for actively searching and sensing of alkanes and oil spills [J]. Microbial Biotechnology，2012，5（1）：87-97.

[570] 宋晓威，徐建，张孝飞，赵欣，林玉锁. 废弃农药厂污染场地浅层地下水生态毒性诊断研究 [J]. 农业环境科学学报，2011，30（1）：42-48.

[571] Song Y，Li G，Thornton S F，Thompson I P，Banwart S A，Lerner D N，Huang W E. Optimization of bacterial whole cell bioreporters for toxicity assay of environmental samples [J]. Environ. Sci. Technol.，2009，43（20）：7931-7938.

[572] 罗毅. 环境监测能力建设与仪器支撑 [J]. 中国环境监测，2012，2.

[573] 陈梦舫，骆永明，宋静，李春平，吴春发，罗飞，韦婧. 污染场地土壤通用评估基准建立的理论和常用模型 [J]. 环境监测管理与技术，2011，23（3）：19-25.

[574] 骆永明，李广贺，李发生，林玉锁，涂晨，等. 中国土壤环境管理支撑技术体系研究 [J]. 北京：科学出版社，2015.

[575] 廖志强，朱杰，罗启仕，刘小宁，张长波，林匡飞. 污染土壤中苯系物的热解吸 [J]. 环境化学，2013，32（4）：646-650.

[576] 郝汉舟，陈同斌，靳孟贵，雷梅，刘成武，祖文普，黄莉敏. 重金属污染土壤稳定/固化修复技术研究进展 [J]. 应用生态学报，2011，22（3）：816-824.

[577] 聂小琴，刘建国，曾宪委，苏肇基. 六氯苯污染土壤的固化稳定化 [J]. 清华大学学报：自然科学版，2013，53（1）：84-89.

[578] 申坤. 多环芳烃污染土壤固化稳定化修复研究 [D]. 北京：轻工业环境保护研究所，2011.

[579] 李婷婷，刘贵权，刘菲，陈家玮. 铁矿物催化氧化技术在水处理中的应用 [J]. 地质通报，2012，31（8）：1352-1358.

[580] 生贺，于锦秋，刘登峰，董军. 乳化植物油强化地下水中 Cr（Ⅵ）的生物地球化学还原研究 [J]. 中国环境科学，2015，36（6）：1693-1699.

[581] 李书鹏，刘鹏，杜晓明，杜郁. 采用零价铁-缓释碳修复氯代烃污染地下水的中试研究 [J]. 环境工程，2013，31（4）：53-58.

[582] 于勇，翟远征，郭永丽，王金生，滕彦国. 基于不确定性的地下水污染风险评价研究进展 [J]. 水文地质工程地质，2013，40（1）：115-123.

[583] Ma Y，Li M，Wu M，Li Z，Liu X. Occurrences and regional distributions of 20 antibiotics in water bodies during groundwater recharge [J]. Sci. Total Environ.，2015，518-519：498-506.

[584] Li Z，Xiang X，Li M，Ma Y，Wang J，Liu X. Occurrence and risk assessment of pharmaceuticals and personal care products and endocrine disrupting chemicals in reclaimed water and receiving groundwater in China [J]. Ecotoxicology and Environmental Safety，2015，119：74-80.

[585] Li Z，Li M，Liu X，Ma Y，Wu M. Identification of priority organic compounds in groundwater recharge of China [J]. Sci. Total Environ.，2014，493：481-486.

[586] 李广贺，赵勇胜，何江涛，张旭，金爱芳，白利平. 地下水污染风险源识别与防控区划技术 [M]. 北京：中国环境出版社，2015.

[587] 杨成良，杨红彩. 铬渣回转窑干法解毒技术 [J]. 中国建材科技，2014，2：124-127.

[588] 李理，等. 生物质热解油气化制备合成气的研究 [J]. 可再生能源，2007，25：40-43.

[589] 陈果，王鑫. 浅析我国铬渣解毒技术的研究 [J]. 科技与企业，2015，6：255-256.

[590] 赵金艳，王金生，郑骥. 含砷废渣的处理处置技术现状 [J]. 资源再生，2011：58-59.

[591] 肖愉，吴竞宇. 硫化砷渣的固化/稳定化处理 [J]. 环境科技，2014（6）：46-48.

[592] 朱宏伟. 矿渣基胶凝材料固化硫砷渣的研究 [J]. 硅酸盐通报，2014（4）：172-177.

[593] 阮福辉，欧阳作梁，杜冬云. 利用累托石固化含砷石灰铁盐渣的研究 [J]. 化学与生物工程，2012，29：71-74.

[594] 王宏军，马海. 铬渣在酒钢烧结生产中的应用实践 [J]. 甘肃冶金，2014.

[595] 李再兴，等. 抗生素菌渣处理处置技术进展 [J]. 环境工程，2012，30：72-75.

[596] 龙红艳. 再生汞冶炼行业典型企业汞污染源解析研究 [J]. 湘潭：湘潭大学，2013.

[597] 曾华星，胡奔流，张银玲. 再生汞冶炼工艺及产污节点分析 [J]. 有色冶金设计与研究，2013：20-22.

[598] 董海刚，等. 铵盐焙烧-酸浸法从石油重整废催化剂中富集回收铂的研究 [J]. 贵金属，2014，35：23-27.

[599] 刘文，等. 从失效 Pt-V/C 催化剂中回收铂的新工艺 [J]. 贵金属，2014，(1)：6.

[600] 吴喜龙，等. 从失效醋酸乙烯催化剂中回收金和钯 [J]. 有色金属（冶炼部分），2014，(9)：11.

[601] 孙宁，等. 我国医疗废物焚烧处置污染控制案例研究 [J]. 环境与可持续发展，2011：37-41.

[602] 王晓坤，王昭. 医疗废物焚烧技术及其效果 [J]. 解放军预防医学杂志，2012，30：191-193.

[603] 邓茂青. 医疗垃圾焚烧炉的选型研究 [J]. 环境科学与管理，2014，39：74-76.

[604] 魏姗姗. 医疗废物的低温热解研究 [D]. 天津：天津大学，2012.

[605] 张璐. 利用热等离子体熔融处理模拟医疗废物的实验研究 [D]. 杭州：浙江大学，2012.

[606] 张怀强. 医疗废物焚烧组分特性分析 [J]. 能源工程，2013：52-54.

[607] 严密. 医疗废物焚烧过程二噁英生成抑制和焚烧炉环境影响研究 [D]. 杭州：浙江大学，2012.

[608] 林志东. 医疗废物焚烧烟气中酸性气体来源及形成机理 [J]. 能源与节能，2014：93-96.

[609] 卢青. 医疗废物回转窑焚烧线中二噁英的生成 [J]. 环境工程学报，2013，(7)：743-746.

[610] 彭晓春，吴彦瑜，谢莉. 广东省医疗废物焚烧厂周围土壤多环芳烃特性 [J]. 中国环境科学，2013，(S1)：110-114.

[611] 杨杰，等. 医疗废物焚烧炉运行前后 5 年周边土壤重金属对比分析研究 [J]. 环境科学学报，2014，(2)：139-144.

[612] 黄文，等. 医疗废物焚烧炉周边环境介质中二噁英的浓度、同系物分布与来源分析 [J]. 环境科学，2013，34：3238-3243.

[613] 郑元格，等. 固体废物焚烧飞灰水泥窑协同处置的试验研究 [J]. 浙江大学学报：理学版，2011，38：562-569.

[614] 杨玉飞，等. 间歇浸取对废物水泥窑共处置产品中 Cr 和 As 释放的影响 [J]. 环境工程学报，2011，(5)：419-424.

[615] 丛璟，等. 水泥窑协同处置过程低温段铅和镉的吸附/冷凝动力学研究 [J]. 环境工程，2015，(4)：22.

[616] 刘娜，等. 水泥窑共处置低品质包装废物的生命周期评价 [J]. 环境科学研究，2012，25：724-730.

[617] 蔡木林，李扬，闫大海. 水泥窑协同处置 DDT 废物的工厂试验研究 [J]. 环境工程技术学报，2013，(3)：437-442.

[618] 崔敬轩，等. 水泥窑共处置过程中砷挥发特性及动力学研究 [J]. 中国环境科学，2014：1498-1504.

[619] 夏建萍，葛巍，徐娇霞. 新型干法水泥窑处置固体废物的技术与优势 [J]. 环境与发展，2014，(3)：26.

[620] 范兴广，等. 水泥窑共处置废物过程中重金属的流向分布 [J]. 环境工程学报，2014 (11)：57.

[621] 黎红宇. 含重金属水处理污泥的固化和浸出毒性研究 [J]. 环境，2011：16-18.

[622] 何小松，等. 危险废物填埋优先控制污染物类别的识别与鉴定 [J]. 环境工程技术学报，2012，(2)：433-440.

[623] 李金惠，王芳. 废 LCD 显示器背光源模组拆解过程中汞的释放特征 [J]. 清华大学学报：自然科学版，2013，(4)：21.

[624] 黄启飞，等. 典型危险废物污染控制关键环节识别研究 [J]. 环境工程技术学报，2013，(3)：6-9.

[625] 杨玉飞，等. 电镀污泥填埋豁免量限值研究—以重庆市为例 [J]. 环境工程技术学报，2013，(3)：28-32.

[626] 孙绍锋，等. 危险废物高温熔渣玻璃化技术在填埋减量中的应用 [J]. 环境与可持续发展，2013，38：50-53.

[627] 周建国，等. 城市生活垃圾焚烧飞灰中重金属的固化/稳定化处理 [J]. 天津城建大学学报，2015，21：109-113.

[628] 徐亚，等. 填埋场渗漏风险评估的三级 PRA 模型及案例研究 [J]. 环境科学研究，2014，(4)：16.

[629] 徐亚，等. 基于 Landsim 的填埋场长期渗漏的污染风险评价 [J]. 中国环境科学，2014：1355-1360.

[630] 北京矿冶研究总院. 尾矿资源综合利用技术研究（建材、陶瓷）报告 [R]. 北京：北京矿冶研究总院，2013.

[631] 北京矿冶研究总院. 福建马坑尾矿资源综合利用技术研究 [R]. 北京：北京矿冶研究总院，2008.

[632] 北京矿冶研究总院. 金东矿业公司铅锌尾矿资源综合利用技术研究 [R]. 北京：北京矿冶研究总院，2009.

[633] 王金忠，赵颖华，刘永健. 水泥熟料形成及其节能效果分析 [J]. 辽宁建材，2001，(1)：38-39.

[634] 吴振清，等. 利用铅锌尾矿代粘土和铁粉配料生产水泥熟料的研究 [J]. 新世纪水泥导报，2006，(3)：31-32.

[635] 王海. 利用高岭土尾矿和白云石制备玻璃陶瓷. 中国陶瓷工业，2005，12 (5)：28-30.

[636] 仉小猛等. SiC/FexSiy 复合材料抗氧化性能研究. 硅酸盐通报，2011，30 (1)：1-5.

[637] 北京矿冶研究总院. 磷及磷化工废弃物资源化利用关键技术研究 [R]. 北京：北京矿冶研究总院等，2010.

[638] 张金山，刘烨，王林敏. 我国粉煤灰综合利用现状 [J]. 西部探矿工程，2008，9：215-217.

[639] 张金山，彭艳荣，李志军. 粉煤灰提取氧化铝工艺方法研究 [J]. 粉煤灰综合利用，2012，1：52-54.

[640] 张金山，等. 利用硅钙渣、脱硫石膏、粉煤灰等固体废弃物生产硅酸钙板的试验研究 [J]. 新型建筑材料，2014，1：54-57.

[641] 孙俊民，等. 粉煤灰提铝废渣制备硅钙板的工业实验研究 [J]. 新型建筑材料，2013，11：53-55.

[642] 张金山，等. 硅钙渣、脱硫石膏和粉煤灰对加气混凝土性能影响试验研究 [J]. 粉煤灰综合利用，2013，1：40-42.

[643] 许春香，等. 铝硅合金晶粒细化剂 Al-Ti-C-P 的研制 [J]. 铸造技术，2007，3：363-366.

[644] 曹钊，等. 高炉矿渣-粉煤灰-脱硫石膏-水泥制备硅酸钙板的协同水化机理 [J]. 硅酸盐通报，2015，1：298-302.

[645] 贺志荣，王芳，周敬恩. Ni 含量和热处理对 Ti-Ni 形状记忆合金相变和形变行为的影响 [J]. 金属热处理，2006，9：17-21.

[646] 蔡继峰，等. Ti-Ni 基形状记忆合金及其应用研究进展 [J]. 金属热处理，2009，5：64-69.

[647] 王启，等. 退火温度和应力-应变循环对 Ti-Ni-Cr 形状记忆合金超弹性的影响 [J]. 金属学报，2010，7：800-804.

[648] 王启，贺志荣，刘艳. Ni 含量和固溶时效处理对 Ti-Ni 形状记忆合金多阶段相变的影响（英文）[J]. 稀有金属材料与工程，2011，3：395-398.

[649] 侯克怡，等. 褐煤提质废水污染特征分析 [J]. 科学技术与工程，2014，24：308-311.

[650] 程芳琴，等. 煤矸石中氧化铝溶出的实验研究 [J]. 环境工程学报，2007，11：99-103.

[651] 崔莉，等. 煅烧温度和添加剂对提高煤矸石中氧化铝溶出率的实验研究 [J]. 环境工程学报，2009，3：539-543.

[652] 杨喜，等. 煤矸石中的铝、铁在高浓度盐酸中的浸出行为 [J]. 环境工程学报，2014，8：3403-3408.

[653] 燕可洲，等. 潞安矿区煤矸石用于氧化铝提取的研究 [J]. 煤炭转化，2014，4：85-90.

[654] 张圆圆，杨凤玲，程芳琴. 煤矸石中高岭石的脱羟基特点及动力学研究 [J]. 煤炭转化，2015，3：78-81.

[655] 崔莉，等. 煤矸石盐酸浸溶出铝铁的动力学研究 [J]. 中国化学工程学报（英文版），2015，3：590-596.

[656] 段晓芳，等. 氧化铝对煤矸石提铝废渣制备水玻璃的影响 [J]. 环境工程学报，2015，5：2399-2404.

[657] Qiu G，et al. Utilization of coal gangue and copper tailings as clay for cement clinker calcinations [J]. Journal of Wuhan University of Technology-Mater. Sci. Ed.，2011：1205-1210.

[658] 裘国华，等. 煤矸石代替黏土生产水泥可行性分析. 浙江大学学报：工学版，2010，44：1003-1008.

[659] Qiu G，et al. The Physical and Chemical Properties of Fly Ash from Coal Gasification and Study on its Recycling Utilization. 2010 International Conference on Digital Manufacturing & Automation，2010：738-741.

[660] 裘国华，等. 煤矸石代黏土煅烧水泥熟料配方优化试验研究. 浙江大学学报：工学版，2010，44：315-319.

[661] Zeng W，et al. Recycling Coal Gangue as Raw Material for Portland Cement Production in Dry Rotary Kiln. 2010 International Conference on Digital Manufacturing & Automation，2010：141-144.

[662] 施正伦，等. 石煤灰渣酸浸提钒后残渣作水泥混合材试验研究 [J]. 环境科学学报，2011，31：395-400.

[663] 李宗耀. 寒冷地区综合利用煤矸石筑路技术研究 [D]. 西安：长安大学，2008.

[664] 潘剑玲，等. 秸秆还田对土壤有机质和氮素有效性影响及机制研究进展 [J]. 中国生态农业学报，2013，5：526-535.

[665] 湖南泰谷生物科技股份有限公司. 高效微生物秸秆腐熟剂技术 [J]. 中国环保产业，2014，(8)：71-72.

[666] 张砀生. 农作物秸秆青贮要点与方法 [J]. 养殖技术顾问，2008，(11)：30-31.

[667] 石磊，赵由才，柴晓利. 我国农作物秸秆的综合利用技术进展 [J]. 中国沼气，2005，(2)：11-14＋19.

[668] 刘畅. 利用秸秆制作氨化饲料及饲养实践 [J]. 中国资源综合利用，2010，(5)：29-31.

[669] 张健，等. 微贮稻草饲喂育肥肉牛试验 [J]. 草业与畜牧，2015，(1)：38-40.

[670] 程银华，等. 玉米秸秆揉丝微贮与传统青贮饲料发酵过程中 pH 和微生物的变化 [J]. 西北农林科技大学学报：自然科学版，2014，(5)：17-21.

[671] 任磊，吴淑妍. 不同饲料配方对架子牛育肥效果的影响 [J]. 养殖技术顾问，2014，(5)：35.

[672] 王毅. 育肥肉牛用玉米秸秆型颗粒饲料的研究 [D]. 兰州：甘肃农业大学，2014.

[673] 于海龙，等. 基于食用菌的固体有机废弃物利用现状及展望 [J]. 中国农学通报，2014，30 (14)：305-309.

[674] 《再生资源综合利用先进适用技术目录（第二批）》（续二）. 再生资源与循环经济，2014，7 (4)：7-8.

[675] 胡清秀，张瑞颖. 菌业循环模式促进农业废弃物资源的高效利用 [J]. 中国农业资源与区划，2013，6：113-119.

[676] 《再生资源综合利用先进适用技术目录（第一批）》公告（续四）. 再生资源与循环经济，2012，5（6）：44-45.

[677] 《再生资源综合利用先进适用技术目录（第二批）》（续完）. 再生资源与循环经济，2014，7（5）：4-5.

[678] 山东泉林纸业有限责任公司. 秸秆清洁制浆及其废液资源化利用技术 [J]. 中国环保产业，2014（9）：71.

[679] 李洪峰. 泉林纸业秸秆清洁制浆及其废液资源化综合利用被列入我国首批工业循环经济重大示范工程 [J]. 纸和造纸，2012，（5）：82.

[680] 山东泉林纸业 "秸秆清洁制浆及其废液肥料资源化利用技术" 获 2012 年度国家技术发明奖二等奖. 纸和造纸，2013，（3）：84.

[681] 李涛. 苹果渣中果胶提取工艺研究 [J]. 天津农业科学，2015，21（1）：18-21＋25.

[682] 冯银霞. 微波萃取菠萝皮中果胶工艺研究 [J]. 农业工程技术·农产品加工业，2015，（1）30-34.

[683] 邓璀，等. 酶-化学法提取石磨小麦麸皮不溶性膳食纤维工艺研究 [J]. 河南工业大学学报：自然科学版，2015，（2）：17-20＋26.

[684] 范玲，等. 微波-超声波辅助提取小麦麸皮中酚基木聚糖的研究 [J]. 河南工业大学学报：自然科学版，2014，（6）：29-33.

[685] 黄科林. 非常规绿色介质制备甘蔗渣纤维素高附加值材料的研究 [D]. 北京：北京工业大学，2013.

[686] 姚子鹏，吴非. 乳酸菌发酵黄浆水富集 GABA 的研究 [J]. 食品科技，2013，（4）：7-10.

[687] 励飞. 利用淀粉废水和木薯酒糟发酵制备饲料酵母的工艺研究 [D]. 武汉：武汉工业学院，2011.

[688] 吴学凤，等. 发酵法制备小麦麸皮膳食纤维 [J]. 食品科学，2012，（17）：169-173.

[689] 余海立，雷生姣，黄超. 酶法降解与微生物发酵结合处理柑橘皮渣生产高蛋白饲料 [J]. 广东农业科学，2015，（5）：74-78.

[690] 《中国农村科技》编辑部. 山东开创 "三农" 发展新模式新农村能源站变废为宝 [J]. 中国农村科技，2015，（1）：72-75.

[691] 杨鹏，等. 果蔬废弃物处理技术研究进展 [J]. 农学学报，2012，（2）：26-30.

[692] 杜鹏祥，等. 我国蔬菜废弃物资源化高效利用潜力分析 [J]. 中国蔬菜，2015，（7）：15-20.

[693] 吴景贵，等. 循环农业中畜禽粪便的资源化利用现状及展望 [J]. 吉林农业大学学报，2011，（3）：237-242＋259.

[694] 袁金华，徐仁扣. 生物质炭的性质及其对土壤环境功能影响的研究进展 [J]. 生态环境学报，2011，20（4）：779-785.

[695] 匡崇婷. 生物质炭对红壤水稻土有机碳分解和重金属形态的影响 [D]. 南京：南京农业大学，2011.

[696] 张伟明，孟军，王嘉宇. 生物炭对水稻根系形态与生理特性及产量的影响 [J]. 作物学报，2013，39（8）：1445-1451.

[697] 韩冰. 生活垃圾填埋场非甲烷有机物无组织释放特征与机制研究 [D]. 北京：清华大学，2013.

[698] 李颖. 生活垃圾填埋场渗滤液中多溴联苯醚污染特性研究 [D]. 北京：清华大学，2014.

[699] 段振菡. 典型生活垃圾填埋场作业面恶臭物质释放特征及源解析 [D]. 北京：清华大学，2015.

[700] 刘建国，等. 生活垃圾生物反应器填埋与资源能源回收技术研究与工程示范 [J]. 建设科技，2014，3：78-79.

[701] 李睿. 填埋垃圾原位好氧加速稳定化技术研究 [D]. 北京：清华大学，2013.

[702] 范晓平，等. 我国存量垃圾治理技术综述 [J]. 环境卫生工程，2015，23（1）：14-17.

[703] 刘建国等. 卫生填埋场结构稳定性问题分析 [J]. 重庆环境科学，2001，23（1）：62-66.

[704] 王耀商. 垃圾填埋场堆体沉降计算研究及程序开发与应用 [D]. 杭州：浙江大学，2010.

[705] Fang Rong, et al. Analysis of Stability and Control in Landfill Sites Expansion [J]. Procedia Engineering，2011，24：667-671.

[706] 郭娟. 垃圾焚烧发电厂烟气系统优化研究 [D]. 北京：清华大学，2014.

[707] 方熙娟. SNCR-SCR 脱硝技术在 500 t/d 垃圾焚烧炉的应用研究 [D]. 北京：清华大学，2015.

[708] 郭若军. 镇江市生活垃圾焚烧发电厂 HCl 减排技术应用研究 [D]. 北京：清华大学，2013.

[709] 彭勇. 垃圾焚烧厂渗滤液处理工艺参数优化与综合效能评价研究 [D]. 北京：清华大学，2015.

[710] 尹可清. 焚烧飞灰中 UPOPs 低温脱氯反应途径研究 [D]. 北京：清华大学，2014.

[711] 林昌梅. 适用 GB 16889—2008 的垃圾焚烧厂飞灰处理成本分析 [J]. 环境卫生工程，2010，18（6）：50-53.

[712] 韩娟. 基于 LCA 的垃圾焚烧厂烟气处理技术评价 [D]. 北京：清华大学，2013.

[713] 叶君. 城市生活垃圾焚烧发电的投资决策分析 [D]. 北京：清华大学，2014.

[714] 王欢，等. 生活垃圾主要组分在回转窑内不同热解阶段的传热特性 [J]. 化工学报，2014，65（12）：4716-4725.

[715] 陈国艳，等. 城市生活垃圾典型组分的热解特性研究 [J]. 工业炉，2012，34（6）：39-45.

[716] 潘春鹏. 生活垃圾固定床热解气化的实验研究 [D]. 杭州：浙江大学，2012.

[717] Ma H Z，et al. Feasibility of converting lactic acid to ethanol in food waste fermentation by immobilized lactate oxidase [J]. Applied Energy，2014，129：89-93.

[718] Yan S B，et al. Ethanol production from concentrated food wastehydrolysates with yeast cells immobilized on corn stalk [J]. Applied Microbiology and Biotechnology，2012，94（3）：829-838.

[719] 奚立民，等. 双菌共发酵餐厨垃圾生产燃料乙醇的新方法 [J]. 可再生能源. 2011，（05）：84-88.

[720] 刘建国，等. 餐厨垃圾乳酸发酵过程中的微生物多样性分析 [J]. 环境科学，2012，（9）：3236-3240.

[721] Li X，et al. Efficient production of optically pure l-lactic acid from food waste at ambient temperature by regulating key enzyme activity [J]. Water Research，2015，70：148-157.

[722] 杨卫国，等. 建筑垃圾综合利用研究 [J]. 施工技术，2011，40（354）：100-102.

[723] Tam V W. Economic comparison of concrete recycling：A case study approach [J]. Resources，Conservation and Recycling，2008，52（5）：821-828.

[724] Chen X，Geng Y，Fujita T. An overview of municipal solid waste management in China [J]. Waste Management，2010，30（4）：716-724.

[725] 谢田. 重金属建筑废物污染特征及其在环境中的迁移转化研究 [D]. 上海：同济大学，2015.

[726] 李海南，等. 粉煤灰对硅酸盐水泥-铝酸盐水泥-硬石膏体系性能的影响 [J]. 砖瓦，2014，8：15-17.

[727] 缪正坤，等. 建筑垃圾作骨料生产保温砌块的研究 [J]. 新型建筑材料，2010，26-29.

[728] 赵焕起. 建筑垃圾再生骨料干粉砂浆的制备和性能研究 [D]. 济南：济南大学，2014.

[729] 郝晓地，等. 剩余污泥预处理技术概览 [J]. 环境科学学报，2011，31（1）：1-12.

[730] Liu X，et al. Effect of thermal pretreatment on the physical and chemical properties of municipal biomass waste [J]. Waste Management，2012，32（2）：249-255.

[731] Zhou Y，et al. Effect of thermal hydrolysis pre-treatment on anaerobic digestion of municipalbiowaste：A pilot scale study in China [J]. Journal of Bioscience and Bioengineering，2013，116（1）：101-105.

[732] 胡凯. 污泥预处理-厌氧消化工艺性能及预处理过程中有机物变化 [D]. 哈尔滨：哈尔滨工业大学，2011.

[733] 于淑玉. 内源酶生物预处理强化污泥厌氧消化效能的研究 [D]. 哈尔滨：哈尔滨工业大学，2014.

[734] 武伟男. 污水污泥热解技术研究进展 [J]. 环境保护与循环经济，2009，12：50-53.

[735] 方琳. 微波能作用下污泥脱水和高温热解的效能与机制 [D]. 哈尔滨：哈尔滨工业大学，2007.

[736] 张军. 微波热解污水污泥过程中氮转化途径及调控策略 [D]. 哈尔滨：哈尔滨工业大学，2014.

[737] 刘秀如. 城市污水污泥热解实验研究 [D]. 北京：中国科学院工程热物理研究所，2011.

[738] 刘亮. 污泥混煤燃烧热解特性及其灰渣熔融性实验研究 [D]. 长沙：中南大学，2011.

[739] 张强. 生物质与煤共气化过程中磷元素的迁移与影响 [D]. 上海：华东理工大学，2012.

[740] 常凤民. 城市污泥与煤混合热解特性及中试热解设备研究 [D]. 北京：中国矿业大学，2013.

[741] 中国科学技术信息研究所. 2011 年版中国科技期刊引证报告（核心版）. 北京：科学技术文献出版社，2011.

[742] 中国科学技术信息研究所. 2012 年版中国科技期刊引证报告（核心版）. 北京：科学技术文献出版社，2012.

[743] 中国科学技术信息研究所. 2013 年版中国科技期刊引证报告（核心版）. 北京：科学技术文献出版社，2013.

[744] 中国科学技术信息研究所. 2014 年版中国科技期刊引证报告（核心版）. 北京：科学技术文献出版社，2014.

[745] 中国科学技术信息研究所. 2015 年版中国科技期刊引证报告（核心版）. 北京：科学技术文献出版社，2015.

[746] 国家自然科学基金委员会. 未来 10 年中学科发展战略：资源与环境科学. 北京：科学出版社，2012.

第一篇　环境化学学科发展报告

编写机构：中国环境科学学会环境化学分会
负 责 人：郑明辉
编写人员：王亚韡　张淑贞　高丽荣　刘国瑞　刘　倩　阮　挺　田　永
　　　　　郑明辉

摘要

　　环境化学是研究化学物质在环境中的迁移、转化、降解规律，以及化学物质在环境中的作用的学科，是环境科学中的重要分支学科之一。近年来我国在环境化学五大分支学科环境分析化学、环境污染化学、污染生态化学、污染控制化学和理论环境化学等均得以快速发展。尤其是环境分析化学成为快速发展的学科，在环境样品前处理技术、仪器分析技术、新型污染物的环境分析方法学，以及发现新型污染物都得到了极大发展，整体上已与世界先进水平保持同步，且已迈入从全面跟踪到部分引领方向发展的新阶段。本文从我国近几年有关环境分析化学方面的部分最新研究进展入手，系统综述了目前所关注的重要新型有机污染物短链氯化石蜡、六氯丁二烯、全氟化合物、毒杀芬在不同环境介质中的分析方法。对纳米材料在环境分析中的应用以及新型质谱电离技术电喷雾萃取电离、实时直接分析电离技术等在不同环境污染物的分析中的应用进行了总结。同时对利用不同分析技术手段在发现新型污染物如全氟碘烷、溴代阻燃剂衍生物等方面的研究、新型持久性有机污染物多氯萘的新源解析、新型有机污染物的环境界面化学等方面也给予了综述。

一、引言

　　环境化学是研究化学物质在环境中的迁移、转化、降解规律，以及化学物质在环境中的作用的学科，是环境科学中的重要分支学科之一。环境化学在与其他学科交叉融合的过程中，逐渐形成了环境分析化学、环境污染化学、污染生态化学、污染控制化学和理论环境化学五大基本学科分支。环境分析化学就是研究环境中污染物的种类、成分，以及如何对环境中的化学污染物进行定性分析和定量分析的一个学科，是环境化学发展的重要基础。环境污染化学是主要研究环境污染物在地球大气圈、水圈、土壤-岩石圈和生物圈中的来源、扩散、分布、循环、形态、反应、归宿等各个环节迁移转化的基本规律。污染生态化学主要研究化学污染物在生态系统（包括有机体和人群等）中的形成、转化过程、污染生态化学-河流污染作用机制及其生态效应（生物效应）与生态毒理效应等内容。污染控制化学是利用化学技术控制污染物排放的手段。理论环境化学是开展以计算模拟和构效关系为核心的环境化学问题分子机制研究，致力于发展面向机制探索的化学污染物环境行为与生物效应的计算毒理与定量构效方法，揭示决定其致毒形态和毒性效应的分子结构基础，诠释效应产生的微观化学机制，并进行实验证据数据挖掘和计算模型在有毒化学品风险评价中的应用基础研究。随着化学污染物种类的急剧增多及学科的长足发展，环境化学研究对象从重金属、常规污染物到持久性有毒污染物、新型污染物以及体内代谢物与生物大分子结合的各种形态等不断扩大。近年来，研究方向在以下几个方面取得了长足进展：化学污染物的识别，污染物分析新原理、新方法和新技术，污染物的多介质环境化学行为及微观机理，区域环境质量演变过程与机制，纳米等新材料在分析技术及污染控制中的应用及其安全性评估等。这些研究成果为完善我国环境化学科学技术发展体系，识别我国环境中的重要的新型 POPs，以及我国源头减排 POPs 及履行国际公约提供了重要的技术支持。本报告将主要对我国"十二五"期间有关有机环境分析化学方面的一些进展作一总结，同时也对环境界面过程以及污染控制化学方面的部分最新成果做简要综述。

二、有机环境分析化学研究进展

化学污染物研究与控制离不开样品分析。一个完整的分析过程包括样品采集、样品前处理、分析测定、数据处理等。环境样品基体复杂，被测污染物浓度低。因此，测定前进行有效的样品前处理极为重要，其目的是去除复杂基质和富集被测物质，样品采集和前处理是环境分析化学发展的制约因素。目前，新型样品采集和前处理研究活跃，新原理、新技术、新应用不断出现，许多技术已经或正在取代传统技术，或与传统技术形成互补。近年环境样品采集技术发展的重点是研究可提供时空分辨性、生物有效性等信息的简单、快速、环境友好的采样技术，以及可提供污染物及其浓度的实时或接近实时信息的采样和检测一体化技术；环境样品前处理技术发展的趋势则是快速高效、安全可靠、微型化、环境友好的处理技术的研究。

（一）多环境介质痕量新型有机污染物分析方法

持久性有机污染物（persistent organic pollutants，POPs）的研究近年来受到广泛关注。斯德哥尔摩公约首批控制的 POPs 有 12 种物质。经过 10 年的努力，这 12 种经典 POPs 的生产和环境排放已得到初步控制。自 2009 年起又有 11 种 POPs 被正式列入公约。同时，短链氯化石蜡、多氯萘、五氯苯酚及其盐类和酯类、六氯丁二烯、十溴二苯醚和三氯杀螨醇，也根据 POPs 公约附件 E 的要求编制了相应的风险简介报告，近期有可能被增列入斯德哥尔摩公约。此外，溴代二噁英、溴氯混合二噁英、得克隆（DP，$C_{18}H_{12}Cl_{12}$）、十溴二苯乙烷、卤代多环芳烃也被发现具有 POPs 的潜在属性，已引起国际学术界的重视。斯德哥尔摩公约新增列或拟增列及国际学术界高度关注的 POPs 通常统称为新型 POPs。新型 POPs（除非故意产生 POPs 外）具有以下共性特征：①绝大多数为目前大量生产和应用的化工产品，在我国生产量大，并尚未有效对其生产和环境排放加以控制；②污染正在发生，环境介质中的存量较高，对污染的源和汇及污染迁移特征仍缺乏认知；③有关生态风险、健康风险和毒理的基础数据尚在收集和补充之中，对新型 POPs 还缺乏全面的科学评估。

鉴于新型POPs的巨大累积产量，我国涉及新型POPs所引起的环境污染和健康风险问题可能要比其他国家更为严重，尤其在我国东部经济发达区域。由于目前我国环境中新型POPs污染基本上还处于"家底不清"的状况，这给国家新型POPs污染控制管理和国际履约工作带来很多困难。近年来我国环境工作者在新型POPs的分析方法学、环境行为、生态毒理以及环境风险方面进行了卓有成效的研究，并积累了一定的关键数据和研究基础。特别是新型污染物分析方法学的开发，极大地满足了研究痕量新型POPs暴露对健康影响的需求。

近些年，我国环境科学工作者利用高分辨色谱-质谱联用技术，结合先进功能材料与数据分析方法，建立了多种介质中痕量新型污染物的分析新方法体系，为新型污染物的环境健康研究提供了分析方法学上的重要支撑。基于GC-ECNI-MS技术，建立了多环境介质中短链氯化石蜡（SCCPs）的分析方法，为阐明SCCPs的环境行为、健康效应等提供了技术支持。建立了多种环境及生物介质中的分析方法及样品前处理技术，为六氯丁二烯的环境行为及生物转化研究提供了分析技术。建立了毒杀酚、硅氧烷偶联剂等一系列新型污染物的多环境介质分析方法。

1. SCCPs的分析方法学及环境行为研究

氯化石蜡（CPs），即多氯代烷烃（PCAs），是石蜡烷烃氯化所得到的产品。按照碳链的长度，可以分为短链氯化石蜡（碳链长度为10～13，SCCPs）、中链氯化石蜡（碳链长度为14～17，MCCPs）以及长链氯化石蜡（碳链长度为18～30，LCCPs）。在我国，氯化石蜡生产始于20世纪50年代末。目前，国内氯化石蜡生产厂家超过100家，估计总产量约为60万吨/年，已成为世界上第一大氯化石蜡的生产国和出口国。企业主要集中于江苏、浙江、山东、广东、上海、河南、辽宁等地。研究表明SCCPs对比于其他两种CPs产品，具有相对较大的毒性、较长的持久性和较大的生物富集能力，已于2007年被纳入《关于持久性有机污染物的斯德哥尔摩公约》的POPs候选名单[1]。

由于氯原子的位置、氯化比例、碳原子的不同手性使得正构烷烃在氯化过程中产生各种同系物、位置异构体、对映及非对映异构体。已知SCCPs混合物中包含了大约超过10000种以上的单体，因此使用标准的分析方法进行逐个分离、识别和测定几乎是不可能的。目前国际上大多数实验室主要以商业化的工业产品混合物为标准，然而释放到环境中的SCCPs大多经过了选择性的环境迁移和生物代谢转化，其组成与商业混合物可能存在较大的差异。其次，选择的标准品的氯化度不同，对质谱响应因子也不一致，从而对定量的结果将产生较大的偏差。此外，毒杀芬、有机氯农药、多氯联苯、氯丹等其他多氯化合物及自身的干扰也是阻碍SCCPs分析方法发展的重要因素。以上原因导致在测定SCCPs时，样品前处理及仪器分析定量技术存在很大的难度。

在我国，对SCCPs的分析方法、环境行为、生态毒理研究尚处于起步阶段。2008年之前还没有任何有关我国环境介质中SCCPs的数据报道或生态毒性评价。2009年王等人在《环境化学》杂志撰写相关文章，提出了在我国开展SCCPs相关研究的紧迫性和重要性[1]。在随后数年内，我国已有将近十家研究小组或单位开展了相应的分析方法[2]、环境行为、迁移转化等研究工作，并取得了一定的研究进展。

全二维气相色谱（GC×GC）是把分离机理不同而又相互独立的两根色谱柱通过调制器串接，经第一根色谱柱分离后的每一个馏分通过调制器聚焦以脉冲方式进入较短的内径较小的第二根色谱柱进行进一步的分离。每一个组分经过两次分离后使得由于峰的重叠引起的干扰降低，从而显著提高结构相似化合物的分离度。GC×GC 定量与一维色谱定量相比有以下几个优点：①GC×GC 由色谱峰重叠引起的干扰更小，更容易对各组分定量；②组分通过 GC×GC 第 2 柱的速度很快，相同量的某一组分在 1DGC 中需要几秒钟通过检测器，而在 GC×GC 中该组分被分割成几块碎片，每一碎片通过检测器的时间仅为 100ms左右，因此 GC×GC 的峰形更尖锐，灵敏度也更高；③真正的基线分离，有利于准确的积分；④调制器作用使信噪比大大提高。全二维气相色谱近年来被广泛应用于复杂环境污染物的分析，为环境样品中短链氯化石蜡的分析提供了一个新的思路。

Gao 等人利用非极性的 DM-1 和中等极性的 BPX-50 色谱柱组合，可对短链氯化石蜡的同类物实现较好的正交分离（图1）[3]。

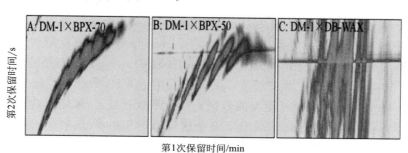

图 1　$C_{10} \sim C_{13}$ 工业混合标准品（55%Cl）在不同色谱柱组合方式下的 GC×GC-μECD 色谱图

工业氯化石蜡不仅成分复杂，所含同类物数量众多，并且氯化石蜡同类物的含量未知。本研究对色谱柱的组合方式进行了选择和优化，同时也对调制周期、载气流速和进样模式等影响全二维气相色谱分离分析的各项参数进行优化。在优化色谱条件下对工业氯化石蜡进行分离分析，得到了不同碳链长度和不同氯取代的工业氯化石蜡混合标准品的二维谱图。从图中可以看出不同碳链的短链氯化石蜡同类物呈现不同的分布特点，对具有相同碳链长度的短链氯化石蜡混合标准品，不同氯代的同类物呈瓦片平行分布，且分离效果较好，SCCP 的单体按照不同的氯取代数实现了基线分离；对于包含 $C_{10} \sim C_{13}$ 不同碳链长度和不同氯取代数目的 SCCP 同类物，相对于一维气相色谱无法实现不同碳链长度氯代氯化石蜡的分离，全二维气相色谱在实现族分离方面发挥了巨大优势，能够对不同碳链长度不同氯取代个数的同类物实现分离，其分离规律是具有相同碳数和氯原子数的单体具有相同的二维出峰位置。例如，$C_{10}Cl_7$、$C_{11}Cl_6$、$C_{12}Cl_5$ 和 $C_{13}Cl_4$ 分布在同一个族中，这为工业氯化石蜡的成分分析提供了一定的理论依据。同时，分离程度的提高也表明该方法为复杂环境基质中短链氯化石蜡的分析提供了一种新的思路。

利用上述方法对实际鱼体样品进行了分析。由于短链氯化石蜡的同类物数量众多，达上万种，传统的气相色谱分析样品时，只能得到一个大的对应大量共馏出物的宽驼峰，而利用全二维气相色谱分析时，样品中分离出的色谱峰达 1500 多种。与一维气相色谱相比，分离能力和峰容量明显增加。短链氯化石蜡的同类物按照碳链长度和氯取代数目的不同实现族状分离。与此同时，全二维气相色谱方法也实现了 SCCPs 与一些物化性质相似的污染物的色谱分离，最大限度地降低了来自这些污染物的干扰，使得其定性定量结果更为准确。

Ma 等人对于渤海地区沉积物及双壳类软体动物的研究表明，SCCPs 的生物-底泥浓缩因子在 1.08～1.61 之间，其主要来自于 CP-42 和 CP-52 产品的使用[4]。而 Gao 等人对于辽河流域底泥、土壤中 SCCPs 的研究发现，CPs 的大量生产和使用是造成该地区 SCCPs 浓度较高的主要原因[5]。Wang 等人对我国珠三角地区大气和土壤中的 SCCPs 迁移行为进行了深入调查，表明 SCCPs 存在着随大气迁移的城市分馏效应[6]。而 Chen 同样在该地区底泥中 SCCPs 的研究表明，珠三角地区高度发达的工业经济除了带来严重的 PBDEs、PCBs、重金属等环境问题，同样带来了 SCCPs 污染问题[7]。

Wang 等人从 2009 年开展 SCCPs 的分析方法、环境行为以及迁移转化等研究以来，已经取得了一系列的研究成果，并连续在 Environ. Sci. Technol. 上发表了 8 篇相关学术论文[8～15]。他们利用电子捕获负化学源质谱技术，结合 H、C、Cl 天然同位素丰度基础上的理论化学计算，通过优化样品前处理步骤，改进了短链氯化石蜡的分析方法，实现了对这类环境中最复杂的卤系污染物更为准确的定量，并利用所建立的方法，深入分析了我国 CPs 产品中 SCCPs 的赋存情况，发现 CPs 产品 SCCPs 的含量高度依赖于原料石蜡的成分，短链石蜡油所生产的 CPs 产品具有较高含量的 SCCPs，而长链石蜡油氯化得到的 CPs 产品中基本不含 SCCPs。以上研究结果，为评估我国 SCCPs 的产量、社会经济效益评估以及环境 SCCPs 的源解析提供了重要的数据支持。系统开展了 SCCPs 在污水处理、污水处理厂出水及下游水体排放、污水灌溉等整个过程中 SCCPs 的富集、迁移转化以及代谢过程，并取得了以下研究成果：通过质量平衡计算表明，超过 70% 的 SCCPs 在污水处理过程中被活性污泥所吸附[10]。源解析表明污水处理厂的出水是受纳水体中 SCCPs 的主要源，并且其可以在相应的食物链中被富集和放大[15]。污水灌溉是污灌区农田土壤中 SCCPs 的主要源，其在土壤中的迁移行为受总有机碳的主导[14]。以上研究揭示了这类新型污染物在污水处理厂污水和活性污泥处置过程中所带来的潜在环境影响。

2. 土壤中六氯丁二烯的分析方法学

六氯丁二烯（hexachlorobutadiene，HCBD）是一种脂肪族卤代烃，可用作化学品生产的中间体，橡胶及其他聚合物的溶剂，回收含氯气体或从气体中清除挥发性有机成分的"清洗剂"，变压器油或热传导液，杀菌剂和葡萄栽培中使用的熏剂等。因其具有持久性、高毒性、生物蓄积性和潜在长距离迁移能力，HCBD 于 2011 年被提议为 POPs 候选物质，至 2014 年已相继通过了公约附件 D、E、F 的审核，可能作为新型 POPs 被列入《关于持久性有机污染物的斯德哥尔摩公约》的受控名单中。我国该物质的有意和（或）无意生产和排放情况仍不清楚，作为公约缔约国将面临来自国际社会的巨大压力。

Zhang 等人通过加速溶剂萃取法提取、硅胶和弗洛里硅土复合柱净化、气相质谱联用分离检测土壤和污泥中六氯丁二烯、1,2,4-三氯苯、1,2,4,5-四氯苯及六氯苯的分析方法。方法检出限、回收率以及重复性均满足分析测定的要求。采用该方法分析了我国 24 个城市 37 个污水处理厂污泥和江苏一化工企业周边 17 个土壤样品中 HCBD 含量。污泥中 HCBD 浓度在 0.03～74.3ng/g 干重范围内，中值为 0.30ng/g 干重，低于所测氯苯物质水平。污泥中 HCBD 含量与污水处理厂的处理能力以及样品有机碳总量无关。相比我国其他地区，东部沿海城市污泥中 HCBD 浓度较高。对于土壤样品，HCBD 浓度在厂内土壤中较高，随与工厂距离的增加呈迅速降低的趋势。六氯丁二烯作为氯化物生产时的副产物被无意识生产和释放，这可能是所研究区域环境中 HCBD 的主要来源。进一步风险评估结果表明厂内土壤生物和工人通过土壤途径暴露 HCBD 的生态及健康风险较低[16]。

3. 多介质中全氟化合物直链/支链异构体的识别研究

全氟化合物（per-and polyfluoroalkyl substances，PFASs）具有优良的热稳定性、化学稳定性、高表面活性及疏水疏油性能，是一类具有重要应用价值的含氟有机化合物，其中 PFOS 和 PFOA 的应用最为广泛。PFASs 的生产方式包括电解法（electro-chemical fluorination，ECF）和调聚法（telomerization），ECF 方法生产的 PFASs 会产生直链/支链 PFASs 异构体，调聚法生产的 PFASs 主要是直链 PFASs。由于直链/支链 PFASs 异构体物理化学性质有所不同，它们的生物累积性、生物毒性及环境行为等方面可能存在差异，且环境中 PFASs 异构体的组成可以作为进行 PFASs 源解析的重要手段。但目前关于直链/支链 PFASs 异构体的研究仍然相对较少。GC-MS 及 LC-MS/MS 都是分离直链/支链 PFASs 异构体的有效分析方法，已经在环境样品的分析中得到应用。GC-MS 的方法对 PFASs 异构体可以实现很好的基线分离，但是需要衍生，且由于全氟磺酸类化合物（PFSAs）和全氟羧酸类化合物（PFCAs）需要的衍生方法有所不同，不能同时进行 PFSAs 和 PFCAs 的分析。LC-MS/MS 的方法目前不能实现 PFASs 异构体之间的完全基线分离，但是较为简便，且不同 PFASs 异构体可以在一次分离中完成，适合大规模的环境样品分析。不同介质的样品由于基质不同，同样的提取和净化方法并不适用，对不同基质选择不同的提取和净化方法可取得良好的分析结果。Gao 等人利用同位素稀释技术，血清、尿液样品采取振荡提取（提取溶剂选取 MTBE）结合固相萃取（HLB 小柱），灰尘/空气悬浮颗粒物提取方法同血清、尿样样品，而提取溶剂选取甲醇，食物样品选取甲醇作为提取溶剂，振荡提取后 WAX 小柱净化分离。通过以上的样品前处理，不同单体及异构体的回收率在 61%～130% 之间，符合环境分析的要求[17]。

利用以上方法对全氟化合物职业工人 PFASs 的暴露途径及消除速率进行了研究。通过采集全氟化工厂职业工人的血清、尿样，以及工厂产品、室内灰尘、空气悬浮颗粒物、饮水、食物样品，研究直链/支链 PFOS、PFOA 和 PFHxS 在职业工人体内的富集、摄入以及消除。工人血清中 PFOS、PFOA 和 PFHxS 的平均浓度分别为 2554ng/mL、1090ng/mL 和 1763ng/mL，其中，直链的比例分别为 63.3%、91.1% 和 92.7%。且 PFAAs 浓度及异构体比例存在时间、车间及性别差异，PFOS 浓度与 n-PFOS 比例显著负相关。职业工人对于 PFASs 异构体的摄入途径主要为室内灰尘和空气悬浮颗粒物。直链 PFAAs 的消除速率低于支链异构体。PFASs 异构体与人血清白蛋白（HSA）结合能力的计算表明，直链异构体比支链异构体有更强的作用力。结果表明，PFAAs 异构体在人体内的富集特征可能由 PFASs 异构体与 HSA 结合能力、肾消除及其他消除途径共同决定[17]。

4. GC×GC-μECD 分离分析不同氯代毒杀芬的新方法

朱帅等人利用配有微电子捕获检测器的全二维气相色谱（GC×GC-μECD）建立了一种分离分析不同氯代毒杀芬的新方法[18]。通过实验优化选择，采用 DB-1MS（30m×0.25mm×0.25μm）＋BPX-50（2m×0.10mm×0.1μm）的色谱柱系统对工业毒杀芬进行分离分析，在所获得的全二维色谱图上不同氯代毒杀芬成瓦片状分布，分离效果良好。在优化的色谱条件下，定量分析时采用基质曲线外标法，曲线在 $10～500μg/L$ 浓度范围内，根据浓度与峰体积的关系，计算得到线性相关系数的平方（r^2）均大于 0.99，以 3 倍的信噪比（$S/N=3$）确定不同氯代毒杀芬的检出限为 $0.2～0.6μg/L$，以 $10μg/L$ 的标液重复进样 7 次得到不同氯代毒杀芬的相对标准偏差（RSD）均小于 20%，利用空白土壤进行基质加标实验，获得不同氯代毒杀芬的回收率在 65%～105%。在优化的色谱条件下，测定工业毒杀芬，实验结果表明七氯代毒杀芬、八氯代毒杀芬和九氯代毒杀芬含量较高，分别占工业毒杀芬质量分数的 20%、38%、27%，并且，本方法在 2h 内分离出的化合物高达 900 多种，相比于之前的研究，分离出的毒杀芬同类物的数目大大增加。此外，还建立了同位素稀释/全二维气相色谱-质谱（ID/GC×GC－MS）联用法检测土壤中指示性毒杀芬的分析方法。对影响色谱分析的各种因素如升温速率、初始温度、进样方式等进行了优化，在优化好的色谱条件下，基质加标校正曲线在 50～1000μg/L 浓度范围内，各毒杀芬同类物单体的线性相关系数的平方（r^2）均大于 0.99。P26、P50、P62 仪器的检出限（$S/N=3$）分别为 0.6pg/g、0.4pg/g 和 1.0pg/g，基质加标毒杀芬同类物的回收率为 60%～113%，相对标准偏差（RSD）均小于 20%。利用本方法对毒杀芬污染的土壤样品进行测定，结果表明该方法适合测定土壤样品中指示性毒杀芬 P26、P50、P62 的分析（图 2）。

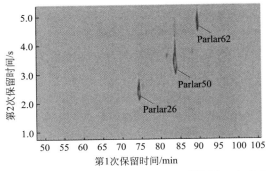 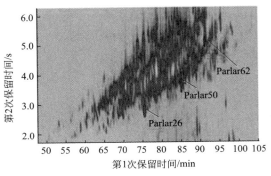

图 2   毒杀芬的二维气相色谱图

5. 纳米材料在环境分析中的应用

对污染物的准确识别和定量分析是开展其环境健康研究和污染控制的基础。到目前为止，环境介质中污染物的分析方法开发仍然是一件富有挑战的工作，这主要体现在以下几个方面：①在常规污染物尚未得到完全有效控制的同时，新的污染物不断被发现，传统的方法已不能满足新污染物的分析需求。而且许多新型污染物具有多种同系物或同分异构体，这也加大了分析方法开发的难度，如多溴联苯醚（PBDEs）具有 209 种同系物，而短链氯化石蜡（SCCPs）更是具有上千种同系物或同分异构体；②污染物在环境中普遍浓度极低（一般为 μg/L 到 ng/L 级），对分析方法的灵敏度要求很高；③环境样品都是组分极其复杂的混合介质，分析其中的特定痕量物质要求方法必须具有很高的特异性，才能有效排除基质干扰。鉴于这些原因，分析方法仍是环境科学研究中的瓶颈问题。纳米材料是指一个或多个维度尺寸在 1～100nm 的材料。近 20 年来，纳米材料在不同领域都掀起了研究热潮。在分析化学领域，纳米材料的广泛应用极大地促进了分析技术向更灵敏、更快速、更高通量、更微型化的方向发展，为解决现有分析化学的难题提供了强有力的工具。

Liu 等人在过去 5 年建立了基于石墨烯材料的痕量污染物分析方法体系。开发了基于石墨烯的固相萃取法，阐明了石墨烯对不同污染物的吸附机理；建立了基于功能化石墨烯吸附材料和多种萃取分析技术的新型污染物分析方法体系；建立了基于石墨烯基质的高通量小分子污染物质谱分析方法。这些工作近 5 年来在 Angew. Chem. Int. Ed.、Chem. Commun. 等著名化学期刊发表 SCI 论文 11 篇（IF>5 的 7 篇）[19～29]，单篇他引超过 120 次的 2 篇。连续应邀在 TrAC 杂志上撰写了两篇相关综述论文[20,21]。其中 1 篇连续四个季度均入选了杂志 Top 25 Hottest Articles，证明这一系列工作得到了国内外同行的广泛关注。目前关于石墨烯在环境分析中的应用国内外已有大量的文献报道和研究综述，都认为该实验室的工作对这个研究方向起到了引领性的作用。如 J. Chromatogr. A 杂志主编新加坡 H. K. Lee 教授在 TrAC 杂志上发表综述评价"Liu 等人首次将石墨烯粉末应用于 SPE 吸附填料……展现了石墨烯对芳香类化合物杰出的萃取能力"[30]。这些工作为环境健康研究及克服现有环境分析中的瓶颈问题提供了新技术。

纳米材料已成为一类新型的环境污染物，但目前关于纳米材料的环境行为及生物效应的研究进展非常缓慢，一个重要原因就是目前尚缺乏复杂介质中纳米材料的分析方法。针对这一现状，Chao 和 Liu 等人基于 TX-114 浊点萃取技术建立了抗菌产品和环境水样中纳米银和银离子的分离测定方法[31]；发展了 LC-ICP-MS 联用快速分离测定纳米银和银离子的新方法[32]；这些方法被 Chemical & Engineering News 杂志以专题新闻的形式报道。Liu 和 Jiang 等人开发了复杂介质中纳米材料的鉴定与表征新方法，通过将毛细管电泳与电感耦合等离子体质谱在线联用（CE-ICP-MS），可在单次检测中完成纳米材料的种类鉴定、尺寸分布表征和相关离子检测，并可应用于消费品及环境介质中纳米材料的快速筛查。论文发表于著名化学期刊 Angew. Chem. Int. Ed. 被选为 VIP paper[33]（该期刊论文仅少于 5% 可获选）。论文发表后，Chemistry Views 杂志以 "Getting the Measure of Nanoparticles" 为题配发评论文章，认为这一工作为鉴定和表征混合纳米粒子提供了一种准确的新方法，并可应用于纳米毒理学等研究领域。

Liu 等人构建了用于痕量污染物测定和反应过程监控的表面增强拉曼光谱（SERS）检测方法，制备了金纳孔膜 SERS 基底用于目标分子的单分子检测[34]；构建了基于 Au@Pt 超细纳米线的原位实时拉曼技术，证明了硝基硫酚不经过偶氮中间体直接被还原为氨基硫酚[35]；将 SERS 技术与 TLC 结合，发展了基于 TLC 与 SERS 联用的化学反应监控新方法，有助于发现反应副产物等未知化合物[36]。Chemical & Engineering News 杂志以专题新闻的形式对这些工作进行了报道。

6. 毒理机制与健康效应研究分析方法

对污染物的毒理与健康效应研究迫切需要能在分子层面研究毒理机制的分析新技术。Wu 和 Guo 等人发展了 DNA 损伤产物的传感检测新方法，利用特异性的化学标签和核酸修复酶，实现了对 DNA 氧化损伤标志物 8-oxodGuo 和 DNA 化学甲基化产物 metAde 的定量检测[37]。Chem. Soc. Rev. 杂志发表综述文章认为"利用完整 DNA 和受损 DNA 二者之间嵌入能力的差异实现对 DNA 损伤的检测是一个特别有吸引力的策略"[38]。

Liu 和 Wang 等人研制了毛细管电泳-单分子荧光偏振成像在线串联装置，可在单分子水平实现对 DNA 的运动分析。在此基础上，以毛细管等速电泳模式，发展出一种新颖的 DNA 单分子聚焦方法，实现了对极低浓度下随机分布的、难以检测的单分子成像，可检测出 4×10^{-17} mol/L DNA 分子。在这项工作中，创造性地利用单分子成像技术测定电场强度的分布，提供了一种全新的非均一电场研究方法，这对发展基于电泳分离的高灵敏 DNA 修饰与损伤分析技术具有重要意义[39]。

Yin 和 Wang 等人建立了一种碳酸氢铵增强灵敏度的 LC-ESI-MS/MS 分析方法，可显著提高多种核苷和修饰核苷的检测，如 5-甲基胞嘧啶、5-羟甲基嘧啶、5-醛基胞嘧啶、丙烯醛-dG 和-dC 加合物及其异构体等[40,41]。以此方法为基础，筛选出超过 20 种的生物活性分子，它们可显著影响或改变人细胞 DNA 的甲基化水平和模式。另外，基于这种高灵敏、准确的 LC-MS 分析方法，该实验室为国内多家科研单位的 iPSC 和干细胞研究提供服务或开展合作研究（包括中科院上海生命研究院、北京基因所、动物所、生物物理所、北京生命科学研究所、华大基因等），说明核苷分析方法已产生一定的社会效益和影响。

过去 5 年全国范围内在环境健康研究的新分析方法平台建设方面开展了系统性、原创性的工作并有了较大的发展，成果涵盖未知污染物的筛查鉴定、多种介质中痕量污染物的准确定量分析、污染物毒理与健康效应分析等多个环节，为新型污染物的环境毒理与健康效应研究提供了重要的分析技术支持，并且产生了一定的社会效益和影响。

（二）新型质谱电离技术及其在环境分析中的研究进展

常规电离方式均在真空或负压条件下制备带电粒子。但是，真空和负压并不是电离的必要条件。事实上，MALDI、ESI、APCI 等电离方式，均可以在常压下进行待测组分的电离。2004 年 Cooks 等发展建立的电喷雾解析电离（desorption electrospray ionization，DESI）技术[42]和 2005 年 Cody 等发明的实时直接分析（direct analysis in real time，DART）电离技术[43]突破了经典电离方式有关真空和负压的束缚，在常压下实现了待测组分的快速、灵敏、直接电离，极大地推动了常压电离技术的发展。基于此，Cooks 教授等提出了常压电离技术（ambient ionization）的概念，此后数年内，多种新型的常压电离技术逐渐被发展和应用[44,45]。其中包括电喷雾萃取电离（EESI）、介质阻挡放电电离（DBDI）、大气压化学解析电离（DAPCI）、大气压光解析电离（DAPPI）、低温等离子体电离（LTP）、大气压固体分析探针（ASAP）、大气压下超声喷雾电离（EASI）、电喷雾辅助激光解析离子化（ELDI）、激光刻蚀电喷雾离子化（LDESI）、基质辅助激光解吸附电喷雾离子化（MALDESI）、电流动聚焦解析电离（DEFFI）、流动大气压余晖电离（FAPA）、解吸电晕束电离（DCBI）等，接近 30 种常压电离方式[46]。本文简要介绍 DESI、DART 和 EESI 三种发展较为迅速的常压电离方式的原理和最近几年的相关应用。

电喷雾解析电离（DESI）在常压下，通过电喷雾产生带电液滴，在载气的推动下使带电液滴与样品表面发生碰撞，带电液滴含有的溶剂与样品表面的待测组分发生萃取、溶解、反应等过程，带电液滴的动能使液滴在样品表面发生溅射，从而形成溶解有待测组分的更小体积的带电液滴，然后这些小液滴发生去溶和库仑爆破过程使待测组分电离，最后进入质谱进行检测[47]。由于 DESI 利用电喷雾同时实现待测组分的解析和电离过程，因此，其电离效率主要与电喷雾的电压、气体流速、喷雾口径大小，电喷雾溶剂物理化学性质，电喷雾、待测样品表面以及质谱口三者之间的角度、距离，以及样品表面本身性质等相关。

目前，DESI 主要用于高通量的药物检测[48]、痕量组分成像和分析、动植物组织样品分析和成像等。近期，有关 DESI 的研究热点主要为生物组织样品的质谱成像和直接分析、寻找癌症指示物、活体分析、原位分析，以及代谢组学、脂类组学等相关研究和应用。此外，减少共存离子对待测组分的抑制作用，改进 DESI 装置和稳定性，提高 DESI 质谱成像的分辨率和灵敏度，加强未知组分的鉴定和分析，完善 DESI 质谱成像软件的设计和应用也是 DESI 技术需要解决的关键问题和研究的方向。

由于 DESI 技术基于表面解析技术进行电离，其电离效率与解析效率密切相关，待测样品基体对解析和电离产生较大影响。因此，DESI 更适于直接进行环境样品中待测组分的定性分析和半定量分析。Cooks 教授首次报道 DESI 技术的论文中，DESI 被直接用于检测金属、聚合物、植物以及毛皮表面的爆炸物、药物、多肽和蛋白质等。Abreu 和 Lin 等分别以甲醇水溶液作为电喷雾解析试剂可直接进行植物叶子、饲料等固体环境样品表面的砷元素形态分析，可实现砷元素的原位形态分析[49,50]。直接利用纳电喷雾解析电离技术（Nano-DESI）与高分辨质谱联用，可以实现空气溶胶颗粒物的分析[51]，通过分别利用乙腈与水、乙腈与甲苯作为电喷雾解析溶液，能够实现电喷雾质谱分析无法分析的弱极性有机硫化物组分信息[52]。

在进行定量分析时，DESI-MS 需要同位素内标校正，提高方法的准确度，同时利用适当的样品预处理技术改善 DESI 分析性能，实现环境水样品中痕量组分的定性定量分析[53]。Deng 等利用二甲基十八烷基 [3-（三甲氧基硅基）丙基] 氯化铵表面修饰的木质牙签，进行固相微萃取（SPME），与 DESI-MS 联用实现血液、牛奶和环境水样中全氟化合物的分析[54]，对环境水样中 8 种全氟化合物的检出限达到 $0.06\sim0.59\text{ng/L}$。Mulligan 等分别对比了直接利用滤纸蘸取、膜固相萃取和液液萃取方法进行 DESI-MS 分析三次甲基三硝基胺、三硝基甲苯、环四亚甲基四硝胺、三硝基苯、莠去津、甲草胺、乙草胺等物质的性能，结果表明利用膜固相萃取和液液萃取能够有效提高 DESI-MS 的灵敏度，可以实现地下水样品中痕量爆炸物和农药的分析[55]。Bianchi 等利用石墨化炭黑（GCB）固相萃取微柱进行土壤提取液中爆炸物成分萃取，然后利用 DESI-MS 可以实现土壤中超痕量爆炸物组分的分析[56]。此外，利用加热辅助解析的方法，DESI-MS 可以用于检测水中有机小分子[57]、化妆品类污染物[58]以及药品和个人护理品的分析[59]。

实时直接分析电离技术（DART）是通过在放电针和多孔电极之间施加高电压以辉光放电的方式激发 He 或 N_2，产生亚稳态的 He 或 N_2，紧接着亚稳态的分子与空气中的水分子反应形成水合氢离子（H_3O^+）与水分子簇阳离子 $[H^+(H_2O)n]$，然后与待测组分反应，发生质子转移，从而将待测组分电离的新技术。张佳玲等[60]、冯鲍盛等[61]、Gross 等[62]和 Song 等[63]先后对于实时直接质谱分析技术的原理和应用进行了详细客观的综述。电离机理包括彭宁离子化（Penning ionization）、质子转移（proton transfer）以及电荷交换（charge exchange）等过程。DART 与 APCI 有类似的电离机理，因此其适用待测组分范围与 APCI 类似，适合小分子有机化合物的分析，对于极性和较小极性的有机小分子均具有较好的电离效果。总体上，DART 具有高通量、快速实时原位分析、极低溶剂消耗等独特优点，因此，DART 电离源自发明以来很快被商业化并被广泛应用。针对 DART 离子化机理探讨[64]、仪器联用技术[65]、食品安全分析[66]、环境监测以及生物医药分析[67]等领域的综述论文和研究论文也相继发表。

DART 技术与 DESI 类似，同样对样品表面进行解析，实现样品表面组分的电离和质谱分析。因此，DART 更适于进行痕量组分的定性和半定量分析。直接利用 DART 可实现磷酸三甲酯（TMP）的快速质谱分析[68]，对于 TMP 的定量限达到 50ng/L，样品分析回收率控制在 $88\%\sim108\%$，能够快速实现工业废水中 TMP 的分析。此外，DART 可直接进行吸烟者衣服、皮肤残留尼古丁分析[69]，药物中钯元素半定量检测[70]，废水中磷酸三甲酯的分析[71]，一甲基砷硼氢化钠还原产生的甲基砷（Ⅲ）聚合物的分析[72]，Si、Si_3N_4、玻璃、Al_2O_3、Au 表面有机单分子膜的直接分析[73]等。

利用碳纳米管在毛细管内形成的整体柱对水样和果汁进行的固相微萃取，然后利用 DART-MS 可实现湖水和果汁中三嗪类灭草剂的准确分析[74]。利用有机金属的框架固相萃取剂 [MIL-101(Cr)] 对多种除草剂进行萃取，然后利用 DART-MS 技术可有效分析检测环境水样中痕量除草剂组分[75]。此外，利用聚二甲硅氧烷包裹的搅拌棒对环境水样中痕量紫外吸收剂进行固相萃取，然后利用 DART-MS 分析，可以实现环境水样中二苯酮-3、对二甲基氨基苯甲酸戊酯、对叔丁基甲氧基二苯甲酰甲烷、甲基水杨醇、水杨酸-2-乙基己基酯、2-氰基-3,3-二苯基丙烯酸-2-乙基己酯、4-甲基苄亚基樟脑的准确分析[76]。利用棉棒做固相萃取，将棉棒与土样在自制的容器中进行振荡混合，直接将棉棒进行 DART-MS 分析，半定量分析土样中的阿司匹林、二苯胺、五氯苯酚。该方法可作为这些组分的高通量分析方法[77]。

2006 年，Chen 等首次报道了电喷雾萃取电离（extractive electrospray ionization，EESI）质谱的研究工作[78]。EESI 由一个 ESI 装置和一个中性的样品喷雾装置组成。EESI 首先通过电喷雾产生初级带电试剂液滴，作为离子源的初级能荷载体；与此同时，利用样品喷雾装置将待测样品雾化；在载气的推动下样品雾滴与电喷雾产生的初级带电液滴在飞行过程中发生碰撞、萃取、电荷转移等过程，从而形成含有待测组分的带电液滴；之后，与 ESI 电离过程类似，经过溶剂挥发和库仑爆炸等过程，最终实现待测组分的电离[79]。在 EESI 基础上，Chen 等开发利用中性解析（neutral desorption，ND）技术，实现了复杂样品的中性解析电喷雾萃取电离（ND-EESI）[80,81]。利用中性气体（如氮气、氩气、空气等）对样品进行吹扫，使附着在固体表面、液体内、黏稠状样品中的待测组分解析出来，并引入到 EESI 的样品通道，进行直接电离和质谱分析。ND 技术不仅适于 EESI-MS，而且适于其他常压电离装置，扩大了直接质谱分析应用范围，可实现待测样品的远程、实时、在线质谱检测。

EESI 电离过程中，样品通过中性喷雾后与电喷雾产生的带电液滴发生碰撞、萃取、电离，样品不直接与高电压接触，并且经过喷雾后才与电喷雾带电液滴进行碰撞、萃取，这使得 EESI 成为比 ESI 更软的电离方式，同时更耐受基体干扰。同时，EESI 可结合利用中性解析技术（ND），进行固体、黏性样品表面和内部的挥发组分的分析。因此，EESI 电离技术相对于 DESI 和 DART 来说更适于环境样品直接质谱分析。现在，EESI-MS 已被广泛应用于食品安全、药物检测、环境分析、活体原位分析、代谢组学分析、蛋白组学分析等领域[82~86]。

直接利用 EESI-MS 可进行环境水样（井水、湖水、河水）中铀酰的分析[87]，检出限达到 2.33pg/L，线性范围在 $10^{-1} \sim 10^3$ng/L，相对标准偏差控制在 6.9%~8.1%。EESI-MS 可进行空气中放射性碘（$^{129}I_2$）的分析，通过利用 I^- 溶液络合 $^{129}I_2$，形成 I_3^-，然后利用 EESI-MS 进行分析[88]，对于空气中的 $^{129}I_2$ 检出限达到 4.5pptv，分析线性范围在 0.01~1000ppbv，相对标准偏差在 4.0%~13.1%，分析实际空气样品加标回收率在 82.6%~110.5%。通过 Pb^{2+} 和乙二胺四乙酸（EDTA）络合形成 EDTA-Pb 络合物，利用 EESI-MS 检测形成的 EDTA-Pb 络合物，可实现环境水样中痕量铅的分析[89]。此外，EESI 同样适用于运动场地空气中游离甲苯-2,4-二异氰酸酯的分析[90]。利用不同极性和性质的溶剂作为电喷雾萃取剂，EESI-MS 可以进行尿液中多环芳烃代谢产物一羟基芘（1-OHP）的分析，对于 1-OHP 检出限达到 0.75μmol/L，相对标准偏差在 2.6%~9.7%，适于进行多环芳烃在人体中的代谢分析和评价[91]。

与 ND 技术联用，EESI-MS 可用于蜂蜜中氯霉素的分析[92]。与热解析技术联用，EESI-MS 可实现基因毒性物质（对甲苯磺酸甲酯）质谱分析[93]，EESI 通过热解析酰化反应联用可进行尿液中肌氨酸酐的质谱分析[94]，与超声喷雾联用，EESI-MS 可实现金属离子的质谱分析。此外，在 EESI 基础上开发的恒流电喷雾萃取解析技术可实现不适于 ESI 体系分析的待测组分分析，这一技术可作为正相色谱与质谱的接口，用于手性芳香胺以及细胞脂质分析。此外，2013 年张华等建立的内部 EESI（iEESI）分析方法，直接将毛细管插入待测组分内部，通过对毛细管内试剂施加高电压，实现了样品内部组分的萃取与电离。这一技术进一步推动了 EESI 的发展，可方便地用于食物、动植物组织样品的直接质谱分析[95]。

此外，利用 EESI 可进行待测组分电离过程的操控，改善待测组分的电离效率。对于分子极性小、受热易分解的待测组分，常规电离方式包括 EI、CI、APCI 和 ESI 无法实现有效电离的组分，可在 EESI 的电喷雾溶液中加入反应试剂，使待测组分和电喷雾试剂发生碰撞、萃取、反应，最终实现待测组分的电离。Tian 等利用 Ag^+ 反应 EESI-MS 实现了环境水样中四种四溴双酚 A 衍生物的分析，对于四溴双酚 A 双烯丙醚（TBBPA-BAE）、四溴双酚 A 双（2-羟乙基）醚（TBBPA-BHEE）、四溴双酚 A 双缩水甘油醚（TBBPA-BGE）和四溴双酚 S 双烯丙醚（TBBPS-BAE）的检出限达到 $0.050\sim4.6\mu g/L$，线性范围上限达到 $1000\mu g/L$（$R^2\geqslant0.9919$），四种衍生物多次测定的相对标准偏差均小于 7.8%（$n=9$）[96]。

质谱分析是环境分析中最常用和最重要的分析手段，已经成为痕量环境污染物定性定量分析不可代替的重要分析工具。近年来，新型质谱技术的发展为质谱在环境分析中的应用提供了新的发展空间，有利于进一步拓展质谱在环境分析中的应用范围，有利于提高质谱在环境分析中的工作效率，对于阐明新型污染物的环境行为具有重要意义。

（三）大气采样技术的研究进展

1. 大气中全氟碘烷类化合物的主动采样技术

近年来国内许多研究部门在大尺度范围内开展挥发性大气污染物监测，采用被动式采样技术[97~99]，大气被动式采样装置具有结构简单、操作方便、造价低廉、无需动力和特别维护等特点。但是，在实际应用过程中被动采样器仍然存在着明显不足：①被动采样器对于流量缺乏准确度量[100]。②采集时间较长，部分不稳定的挥发性有机物可能发生解析，从而影响测定的结果。尽管使用稳定同位素标记可以估算损失率[101]，但存在一定误差。③被动采样器适合于长时间的采样，所得数据只能表征一段时间内污染物的平均浓度，对于污染物的瞬时浓度则无能为力。

含氟添加剂因为同时具有疏水和疏油的"双疏"特性而被广泛应用于表面活性剂、润滑剂、抛光剂、农药助剂以及乙烯基聚合材料等工业领域[102,103]。伴随着氟化工产品的广泛使用，近十几年以来，以全氟磺酸类化合物和全氟羧酸类化合物为代表的全氟化合物污染物（perfluoroalkyl substances，PFASs）已被证实广泛存在于各种环境介质[104,105]和极地等偏远地区的动物[106,107]及人体[108,109]中。PFASs 在全球环境检测结果中显示出来的长距离迁移能力始终是环境科学领域研究的一个热点问题，因而可挥发性全氟前驱体化合物所带来的潜在环境影响同样值得关注。

全氟碘烷类化合物（polyfluorinated iodine alkanes，PFIs）为一类由偶数碳原子（通常为 $C_4\sim C_{12}$）构成的中性直链疏水性化合物，其中碳骨架原子多被氟原子取代，分子末端通常被 $1\sim2$ 个碘原子取代。根据取代位点和数目的不同，大体上可分为全氟单碘烷（perfluorinated iodine alkanes，FIAs，主要包括 PFHxI、PFOI、PFDeI、PFDoI 等）、全氟调聚碘烷（polyfluorinated telomere iodides，FTIs，主要包括 PFHxHI、PFOHI、PFDeHI、PFDoHI 等）和全氟双碘烷类化合物（diiodofluoroalkanes，FDIAs，主要包括 PFBuDiI，PFHxDiI，PFODiI 等）共三类。全氟碘烷类化合物通常由五氟化碘和氟化乙烯通过调聚反应生成，是氟工业中调聚氟化法（telomer fluorination process）生产各类氟化产品的中间体和产品，常用于生产全氟醇、全氟烯烃、全氟烷烃丙烯酸酯单体等重要的工业产品[110,111]。

　　吸附/热脱附（adsorption/thermal desorption，TD）方法通常被认为是针对饱和蒸气压大于 13.332Pa 的大气污染物吸附和痕量分析的有效手段[112~115]。与基于溶剂萃取方式的前处理方法相比，热脱附方法无需复杂的前处理流程，能够避免前处理过程中的质量损失，并能通过耗尽式进样的方式大大提高检测方法的灵敏度。基于"热脱附-冷阱吸附-再解析"步骤，能够很好地实现对样品中待测物的解吸附（图 3）。

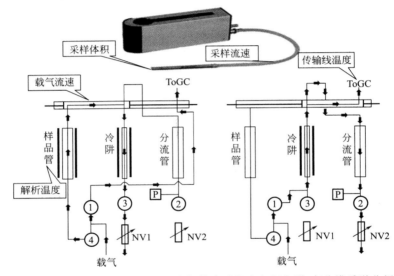

图 3　复合吸附材料热脱附管主动大气样本采集和气相色谱-高分辨质谱分析流程

　　Ruan 等人的研究结果发现，不同类型的全氟碘烷类化合物在吸附剂中的吸附能力有着明显的不同。对于全氟单碘烷类化合物和全氟双碘烷类化合物而言，Tenax TA/Carbograph 1TD 复合吸附剂对高挥发性的低分子量同系物如 PFHxI 等具有较好的吸附效果，而高分子量的 PFDoI 等同系物易发生解析；然而全氟调聚碘烷类化合物则完全相反，Tenax TA/Carbograph 1TD 复合吸附剂对低挥发性的高分子量同系物如 PFDeHI 等具有较好的吸附效果，而低分子量的 PFHxHI 等则易发生解析过程。优化的采样速率为200mL/min，待测物可得到非常好回收率。解析气流速为 25mL/min 时，可得到较好的待测物回收率（88.4%～108%）。通过对热脱附解析温度的分析，发现热脱附温度能够影响到全氟碘烷类化合物的热稳定性和热解析效率。结果显示，280℃条件下解析 8min 能够使吸附于 Tenax TA/Carbograph 1TD 复合材料上的全氟碘烷类化合物达到完全解析（残留量＜1%）。将上述方法运用于实际大气样品中全氟碘烷类化合物的分析，首次在实际环境介质检测出两种全氟单碘烷类化合物（PFHxI 和 PFOI）和三种全氟调聚碘烷类化合物（PFOHI、PFDeHI 和 PFDoHI）。平行样品中各分析物的浓度差别被认为主要来自于大气介质中的浓度梯度和实际样品采集量与计算值的误差。该检测方法能够为针对全氟碘烷类化合物的后续环境行为，如全氟碘烷类化合物的时空分布特点、长距离迁移能力、大气氧化和转化机制等研究提供有效的技术支持[116,117]。

2. 新型被动采样材料的制备

目前大气中二噁英类采集主要有 PUF 和 XAD-2 树脂两种被动采样方法。其中利用 PUF 采样方法简便，但容量比较小，只能采集 3 个月，二噁英类在空气中含量较低，有时难以满足检测的需求[118~120]。而 XAD-2 树脂采样容量较大，但结构复杂、制作与运输成本昂贵、操作烦琐，限制了其使用。高丽荣等人采用浸渍法和物理填充法制备新型的大吸附容量，且便于携带和操作的 XAD-2/XAD-4 树脂和聚氨酯泡沫材料的复合材料[121]。

PUF 是一种常用采样材料，本研究所使用 PUF 直径 14cm，厚度 1.35cm，表面积 365cm^2，质量 4.40g，体积 207cm^3，密度 0.0213g/cm^3。XAD 树脂是 20 世纪发展起来的一种新型有机高聚物，具有极大的比表面积因而具有较强的吸附性能。

材料制备之前 PUF 及 XAD-2 均经过提取净化除去有机污染物。对于 XAD，用索氏提取器提取 18h。将预处理过的 XAD-2 树脂研磨至粒径约为 0.75μm，取 10.88g，配制成 1700mL 悬浊液，经超声处理使 XAD-2 在溶剂中均匀分配；将配制好的悬浊液在磁力搅拌器上搅拌，待搅拌均匀后，用镊子夹住 PUF 于烧杯中浸渍，使 XAD-2 在两面上分布均匀（图 4）。浸渍完成后于通风橱中自然风干，用铝箔包裹后保存于聚乙烯密封袋中。

图 4　XAD-2 浸渍 PUF 被动采样材料（XIP）的制备

为了评价浸渍效果，对 PUF 及 XIP 使用扫描电子显微镜（scanning electron microscope）对其进行了形貌分析。在 50 倍率下，可以明显看出在 XAD-2 浸渍的 PUF 上均匀黏附了细小的 XAD-2 粉末，如图 5 所示。

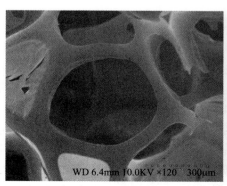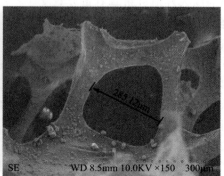

图 5　PUF 及 XIP 的扫描电子显微镜照片

制得的材料，可有效用于大气样品的被动采样，相对于传统 PUF 被动采样器，大大增加了采样器的样品采集容量。

（四）新型污染物的发现

新型有机污染物的研究是目前环境科学研究的热点和关键问题之一，同时也是世界各国争夺环境谈判话语权的战略重地。建立环境介质中具有 POPs 特性未知污染物的筛选方法以及典型未知污染物的环境识别，对于加深我国 POPs 污染现状的认识及复合污染物对环境和健康影响的了解具有十分重要的现实意义。Ruan 和 Jiang 等从 2008 年开始，开辟了发现新型污染物的新方向。在过去五年中，他们针对发现未知新型污染物的方法学及相应的环境行为等方面开展了系统的原创性工作，取得了突破性的成果，共在环境介质中首次发现了包括四溴双酚 A 类及其衍生物、氟调聚醇类化合物、UV 稳定剂、SPA 抗氧化剂类化合物及季铵盐类化合物在内的 40 种具有潜在 POPs 特性的污染物。相关工作发表后，引起了国内外同行的广泛关注，并引发了系列的后续研究。

1. 双酚 A 类及其衍生物的环境发现

四溴双酚 A（TBBPA）及其衍生物是全球应用最为广泛的溴代阻燃剂。TBBPA 及衍生物和副产物在生产、使用、处理和回收过程中均可能进入环境。而这些污染物之间相互促进产生了更为严重的危害，或者使污染物互相排除减轻了对环境的污染。Qu 等基于成组毒理学分析仪，建立了神经毒性效应引导的复合污染物毒性筛查新方法。通过实际环境样品分析，在活性组分中鉴定了一种潜在的新型污染物——四溴双酚 A 二丙烯基醚（TBBPA DAE），并证明了 TBBPA DAE 是样品中主要的神经毒性效应污染物。研究表明这对于其环境风险研究具有重要意义。而建立的基于效应引导的毒性筛查新方法在神经毒性效应污染物的分析与识别方面具有广泛的应用前景。利用高分辨 orbitrap 质谱分别建立了适于环境水样、软体动物的高效高灵敏分析方法，证实工厂排放是该类副产物的主要污染来源。而该类副产物（TBBPA-MGE、TBBPA-MHEE、TBBPA-MAE、TBBPA-MBAE、TBBPA-MDBPE 和 TBBPS-MAE）具有潜在的生物富集能力[122~124]。

Tian 等利用电喷雾萃取电离技术（EESI），提高了 TBBPA 衍生物的电离效率，改善了质谱分析灵敏度。此外，研究发现 Ag^+ 柱后衍生技术，可使 TBBPA 衍生物和副产物在线形成 $[M+Ag] NO_3$ 络合物，通过 ESI 可实现 TBBPA 衍生物和副产物的质谱分析。该方法弥补了 TBBPA-BAE、TBBPA-BGE 和 TBBPA-BHEE 质谱分析方法的不足，对于该类污染物的深入环境分析具有重要意义[125,126]。

2. 全氟碘烷类新型污染物的发现

全氟类化合物已经受到国际社会的广泛关注。但全氟烷基污染物多采用液相色谱-质谱法进行分析，而忽略了挥发性类似物的存在。而这些化合物往往在参与全氟类化合物的全球迁移行为中起到重要作用。Ruan 等开发了基于热脱附-气相色谱-高分辨质谱联用分析方法，从大气样本中发现了三种全氟单碘烷和四种全氟调聚碘烷同系物。该工作首次实现了热脱附-高分辨质谱接口的试制和环境污染物的定量分析用途，并得到了国际同行的认可。相关研究结果发表在 Environ. Sci. Technol. 和 J. Chromatogr. A 杂志上。日本国立环境研究所的 Fushimi 教授评价[127]："热脱附-高分辨质谱联用技术是对环境污染物分析的一种新颖的痕量分析手段。"美国环境保护署 S. D. Richardson 教授在美国分析化学杂志双年度的 Emerging Mass Spectrometry 专题综述[128]中单独设立章节进行转述评价：

"全氟碘烷在环境介质中的存在和分配是令人关注的研究……其赋存和来源值得进一步研究。"美国纽约州立大学的 Kannan 教授也在综述[129]中对全氟碘烷类化合物的发现及可能引起的环境转化和生态风险进行了评述和展望。基于土壤微生物好氧封闭暴露和对照体系，利用高分辨色谱-质谱联用技术对未知代谢中间体进行鉴别。结果显示，6：2 FTI 发生转化生成了 6：2 FTOH、6：2 FTCA、5：2 ketone 等代谢中间体及 PFPeA，PFHxA，5：3 acid 等 6 种代谢终产物。首次发现了高比例的全氟庚烷的生成，揭示了一种新的基于"单个碳骨架消除"的全氟类化合物的环境降解机理，全氟调聚羧酸类代谢终产物可能是一类新型的环境污染物。此结果为解释全氟类化合物的间接传播途径和全球迁移机理提供数据支持[130,131]。相关研究发表后立即引起了国际同行的关注。美国堪萨斯州立大学的 Aakeroy 教授在 Chem. Commun. 文章中指出："全氟碘烷确认是一类具有生物富集能力的持久性有机污染物，因而具有潜在的环境和健康危害"[132]。

3. 活性污泥中未知污染物的发现

污水处理厂活性污泥中富集的有机物往往被认为具有持久性、生物蓄积性和生态毒性。对于活性污泥中未知污染物的鉴别，将对评估普通居民有机污染物的环境暴露水平提供重要数据。

苯并三唑类化合物（BZT-UV）是一类在化工产业中应用十分广泛的化合物，但现有数据表明其存在潜在的环境风险。目前针对苯并三唑类污染物的非衍生气相色谱方法无法完成大分子低挥发同系物的分析。有人开发了大气压电离机制的液相色谱-质谱法，首次在活性污泥中鉴别出 UV-234、UV-329 和 UV-350 三种新型 BZT-UV 同系物的存在。Ruan 等利用多种定量结构-性质关系模型进行计算和预测，表明各目标化合物和一级代谢产物均具有较长的环境半衰期和较大的迁移范围，说明该类化合物具有一定的环境持久性和长距离迁移能力[133]。西班牙 Universidad de Las Palmas de Gran Canaria 大学的 S. Monetsdeoca-Esponda 教授在综述文章[134]中认为："Ruan 等开发和运用了基于液相色谱-质谱的不同分析方法，实现了对污泥样本中 12 种苯并三唑类污染物的分析。"

持久性疏水烷基取代季铵盐是一类广泛应用于洗涤剂、织物柔顺剂、防静电剂、消毒剂和防腐材料等领域的阳离子表面活性剂。研究结果显示其具有典型的抗生素活性。因此，对于未知持久性疏水烷基取代季铵盐种类的发现和环境赋存含量的精确定量分析具有重要的环境学意义。基于高分辨质谱质量缺陷技术，Ruan 和 Jiang 等在全国范围污泥样本中发现了 DADMAC-14：18、DADMAC-18：20、DADMAC-16：18 和 DADMAC-18：20四种疏水烷基取代季铵盐（Mixed DADMAC），以及两种新型单疏水烷基取代季铵盐ATMAC-20 和 ATMAC-22 的广泛存在[135]。

以上研究成果使我国在新型有机污染物研究水平有了显著提升，部分工作具有引领作用。所得的研究成果为我国履行国际公约行动提供了重要科学数据和技术支持，实现了我国履约从被动应付到主动防范的转变。

三、 污染控制化学——削减控制多氯萘的新源识别研究进展

多氯萘（PCNs）属于新型持久性有机污染物（POPs），具有和二噁英相似的结构，表现出和二噁英相似的毒性作用机制[136]，一些典型工业周边环境介质和人体血浆等样品

中 PCNs 的毒性当量水平比二噁英还要高[137,138]，其对环境和人类健康的潜在风险不容忽视。因此，对 PCNs 污染来源的识别和排放特征研究已经引起了环境科学领域的广泛关注。并且，PCNs 已于 2015 年 5 月第七次斯德哥尔摩公约缔约方大会批准列入 POPs 新增受控名单，识别 PCNs 的潜在排放源并阐明其排放特征对控制 PCNs 的排放具有重要意义。

PCNs 的污染来源主要包括：作为工业化学品的批量生产、化学品中的杂质和典型工业热过程中的非故意生成和排放[139]。早期对 PCNs 非故意产生和排放源的认识主要限于垃圾焚烧，对其他工业热过程中 PCNs 的研究则非常缺乏。Liu 等[140~146]结合我国的工业发展现状，采集了典型工业生产过程中排放的废气和废渣等样品，应用同位素稀释-高分辨气相色谱/高分辨质谱（HRGC/HRMS）方法对 PCNs 进行了定性和定量分析，首次识别了炼焦、铸铁、铁矿石烧结、镀锌钢、电弧炉炼钢等 PCNs 排放新源，阐明了典型工业过程中 PCNs 的排放特征，提出炼焦等工业过程中 PCNs 的排放因子，为估算 PCNs 的排放量提供了数据支持。Ba 等[147]对我国再生有色金属（包括铜、铝、锌和铅）冶炼过程中 PCNs 的排放特征进行了现场研究，提出了不同有色金属冶炼过程中 PCNs 的排放特征，为识别环境中 PCNs 的污染来源提供了指纹谱图。Nie 等[148,149]对我国原生有色金属冶炼（包括镁冶炼和原生铜冶炼）过程中 PCNs 等 POPs 的排放特征和排放水平也进行了现场调查研究，为建立 PCNs 排放清单提供了基础数据。目前国际上对 PCNs 主要生成机理的认识尚不统一，Jiang 等[150]以再生铜冶炼为典型排放源，以实际再生铜冶炼过程中产生的飞灰为基质，开展了实验室模拟研究，通过元素表征、同类物分析和特征比对、活性氯检测等技术阐明了飞灰作用下 PCNs 的异质生成的主要途径，提出逐级氯化是再生铜冶炼过程中 PCNs 产生的重要机理之一，为深入认识 PCNs 的生成机理和控制提供了重要参考。

指示性同类物的识别研究对通过指示性同类物的监测来实现低成本高效率地评估多种同类物的总排放具有重要意义。然而，目前国内外尚没有通过系统的现场排放监测和统计分析来识别 PCNs 指示性同类物的研究。Liu 等[151]采集了我国典型工业生产过程排放的 122 个烟道气样品，这些烟道气样品覆盖我国 10 多类污染源的 60 多个工业企业，利用所建立的同位素稀释 HRGC/HRMS 方法分析了 122 个烟道气样品中的 70 多种同类物，并对 122 个烟道气样品的 PCNs 数据进行了统计分析，并提出 CN37/33/34、CN52/60 和 CN66/67 等单体可作为典型工业 PCNs 排放的指示性同类物，对节约 PCNs 监测和减排成效评估的经济成本具有一定的意义，也为履行国际 POPs 公约提供了技术参考。

斯德哥尔摩公约新 POPs 审查委员会已分别在第 8 次和第 9 次新 POPs 审查大会上通过了关于 PCNs 的《多氯萘的风险特征报告》（Risk Profile on Chlorinated Naphthalenes）和《多氯萘的风险管理和评估报告》（Risk Management Evaluation on Chlorinated Naphthalenes）。上述对 PCNs 新源识别、排放特征和生成机理的研究也为斯德哥尔摩公约新 POPs 审查委员会编制 PCNs 的风险特征报告和风险管理评估报告提供了重要技术支撑。

四、新型有机物的环境界面化学研究

环境多介质界面行为决定污染物的迁移转化、归宿及生物效应，是认识污染物环境过程和生物及生态效应的重要基础，是环境化学研究的前沿领域。污染物进入环境后将发生一系列多介质的物理/化学/生物界面过程。由于真实环境介质具有高度异质性，污染物的环境界面行为不同于一般的化学过程，是多界面与多过程的耦合作用。有机污染物化学结构复杂，可以不同的赋存状态如不同形态、同系物、异构体甚至手性对映体共存于环境中，并在同一介质或不同介质间发生交互作用和转化，生物过程对有机污染物存在更为显著的结构差异性与选择性。因此，污染物结构差异性对其环境多介质界面行为和生物吸收、累积与代谢过程起着关键作用。从结构差异性入手研究典型有机污染物环境界面过程和生物吸收与累积，是阐述有机污染物环境过程和生物效应微观机制的关键，也是污染物环境过程研究面临的重要挑战。此外，随着社会经济的发展，越来越多种类的有机污染物质进入环境，给生态系统和人类健康带来危害。从结构差异性阐述典型有机污染物的环境过程，可以为认识新型有机污染的环境行为与效应提供一定的理论基础。

有机污染物化学结构特性决定其在环境中的赋存状态和多介质界面过程。有机污染物种类繁多、性质各异，其环境行为极为复杂。亲脂性强的有机污染物主要以分配作用与土壤或沉积物中的有机质结合，这一结论首先由 Chiou 等[152] 在 Science 上报道，并被之后很多研究所证实。随着研究的深入，人们发现一些含有卤素、酚羟基等官能团的极性有机污染物与非极性有机污染物相比界面过程存在显著差异，如等温吸附曲线呈现明显的非线性，分配作用不能完全解释这些极性有机污染物的环境界面行为[153]。极性有机污染物官能团的种类和数量决定其在环境界面过程的特性，如二氯苯与二氯酚在土壤中的吸附都呈明显的非线性，且二氯酚的吸附非线性大于二氯苯，说明卤素和酚羟基等官能团与土壤有机质中某些位点间存在特异性作用，且这种特异性作用受官能团性质的影响。与亲脂性有机污染物相比，离子型或可离子化有机污染物界面过程更加复杂。可离子化有机污染物的赋存形态受环境 pH 值影响，在不同环境条件下可能成为中性（或兼性）、阴离子或阳离子形态。离子型有机污染物可通过静电和电子授受作用以及离子交换和表面络合等作用与土壤或沉积物表面结合[154]，其界面过程同时受环境介质 pH 和表面官能团的强烈影响[155~157]。基于亲脂性有机污染物的传统界面过程理论无法拓展到离子型或可离子化有机污染物，环境界面理论需要有所突破。有机污染物大多由化合物结构既具一定相似性又存在差异的系列化合物组成，化合物结构的差异性决定其在环境中赋存状态及迁移行为的复杂性[158]。可以推断化学结构对有机污染物环境界面过程起着关键作用，但目前尚缺乏对结构差异性如何影响有机污染物界面过程的深入研究，特别是从污染物与环境介质之间分子作用的角度阐述相关的分子机制。

对任何一个科学问题的认识都依赖于相关研究技术的发展与支持。先进谱学和原位表征技术的发展为在分子水平揭示复杂环境介质中污染物的多介质界面微观机制创造了条件。近年来国际上已开始一些尝试研究，如 Yoon 等[159] 和 Heymann 等[160] 利用同步辐射近边吸收精细结构谱学（NEXAFS）和扫描透射 X 射线显微技术（STXM）分析了黑炭表面官能团的组成与微区分布；Lehmann 等[161] 应用同步辐射傅里叶变换红外光谱（SR-FTIR）研究了土壤微团聚体表面有机碳官能团的分布；Muller 等[162] 应用傅里叶变换离子回旋共振质谱（FT-ICR-MS）表征了参与环境界面反应的官能团与分子组成。除了应用原位分析技术表征复杂环境介质的微观性质和反应位点，也有研究尝试应用先进分析技术直接表征有机污染物的赋存状态和在环境介质与生物体中的结合位点。如 Obst 等[163] 应用 STXM 和 NEXAFS 研究了 PCB-166 和菲在黑炭中的分布；Dokken 和 Davis[164] 利用

SR-FTIR 表征了二硝基甲苯在植物根中的微区分布。但是分子水平原位表征技术在环境界面过程研究中的应用还很有限。首先,目前研究所针对的环境介质还是以含碳丰富的黑碳为主,针对真实环境介质如土壤或土壤组分的研究几乎没有报道。其次,由于环境介质的复杂性和有机污染物在环境中的痕量分布,应用任何单一分析技术都难于全面阐述污染物的界面过程。如何联合应用多种先进分析技术,从界面性质表征和污染物赋存状态、分布特征及与环境界面特征官能团之间的分子作用入手,全面准确地阐述有机污染物界面过程的分子机制仍面临巨大挑战。

理论计算和模型建立对阐述污染物界面过程有重要的指导意义,但关于有机污染物界面过程的理论计算研究目前还非常有限。Ning 等[165]运用密度泛函(DFT)和分子动力学(DM)计算模拟,证明了 PBDEs 与石墨烯之间靠苯环与石墨烯碳环之间的 π-π 作用,其作用力不仅与 Br 原子数有关,还与 Br 取代位置及苯环的空间构型有关。Zou 等[166]运用 DFT 研究了几种多环芳烃(PAHs)在单壁碳纳米管(SWCNTs)上的吸附,结果表明疏水作用、π-π 作用是 PAHs 在 SWCNTs 上吸附的主要作用力,且硝基、羟基和氨基等取代基能增强 PAHs 与 SWCNTs 之间的 π-π 叠加作用。Kubicki 等[167]应用 DM 模拟研究同样证明 PAHs 与石墨片层之间主要是 π-π 作用,它们之间的作用力与 PAH 分子量、苯环数及构型有关。薛倩倩等[168]利用 DFT 研究了 PFOS 在 TiO_2 上的吸附,证明 PFOS 可通过化学吸附与 TiO_2 表面共用 O 原子生成 Ti—O—S 化学键及氢键吸附两种方式形成表面络合物。理论计算对阐述不同结构有机污染物的生物界面过程及构效关系具有十分重要的意义,其中定量结构-活性模型(QSAR)是应用最为广泛的评价有机污染物生物富集的模型方法。例如,Bordás 等[169]通过 QSAR 计算定量描述了 34 种 PCDDs、PCDFs 和 PCBs 的分子结构与其生物富集因子(BCF)的相关性;分子对接模拟有助于研究有机污染物与植物蛋白(酶)的作用活性位点及结合自由能,提升对污染物生物界面过程微观机制的认识。但是,目前有关有机污染物界面过程的理论计算研究的体系简单,作用介质局限于简单材料而非环境介质。更为关键的是多数理论计算缺乏实验数据的验证。环境界面化学的实验结果与理论计算结果的相互关联,对深入认识存在结构差异的有机污染物的特异环境行为和生物效应十分必要。

五、结论

随着我国社会经济的高速发展,环境污染物经各种途径的排放不断上升,污染状况呈现恶化趋势,因排放量、暴露剂量的增加而造成的健康问题日趋严重,对不同规模和尺度的区域生态系统构成了严重危害。随着样品前处理及分析仪器的不断改进,许多新型污染物也不断地在环境介质中被发现。而随着新的科学问题不断地被发现,许多污染物的生态风险标准需要重新被认定,而相应的化学品的安全评估体系也要重新调整。由于新型污染物种类繁多、理化性质复杂多样、涉及多重环境影响因素,因此开发相应的新型污染物的灵敏高效的仪器分析方法学及样品前处理技术,以及快速准确的监测方法就成为整个研究的基础,同时也可为有关多环境介质中新型污染物的污染特征、分布、迁移转化规律、演变趋势及生物有效性等研究提供重要的技术支持。继续加强新型有机污染物在不同环境介质中的样品前处理技术及仪器分析方法研究,特别是新方法、新仪器在发现新型污染物方面的研究,将有助于打破我国相关污染物在引起重大环境问题后被动地开展化学品管控的尴尬局面，实现主动预防为主，在尚未引起生态环境不良影响之前识别新型有机污染物，从事故后的被动管理向风险防控发展。

参 考 文 献

[1] 王亚韡，傅健捷，江桂斌. 短链氯化石蜡及其环境污染现状与毒性效应研究. 环境化学，2009，28：1-9.

[2] Chen LG，Huang YM，Hang S，Feng Y B，Jiang G，Tang CM，Ye ZX，Zhang W，Liu M，Zhang SK. Sample pretreatment optimization for the analysis of short chlorinated paraffins in soil with gas chromatography-electron capture negative ion-mass spectrometry. J Chromatogr A，2013，1274：36-43.

[3] Xia D，Gao LR，Zhu S，Zheng MH. Separation and screening of short-chain chlorinated paraffins in environmental samples using comprehensive two-dimensional gas chromatography with micro electron capture detection. Anal. Bioanal. Chem.，2014，406：7561-7570.

[4] Ma XD，Chen C，Zhang HJ，Gao Y，Wang Z，Yao ZW，Chen J P，Chen JW. Congener-specific distribution and bioaccumulation of short-chain chlorinated paraffins in sediments and biovalves of the Bohai Sea，China. Marin. Pollut. Bull.，2014，79：299-304.

[5] Gao Y，Zhang HJ，Su F，Tian YZ，Chen JP. Environmental occurrence and distribution of short chain chlorinated paraffins in sediments and soils from the Liaohe River Basin PR China. Environ. Sci. Technol.，2012，46：3771-3778.

[6] Wang Y，Li J，Cheng Z N，Li Q L，Pan X H，Zhang R J，Liu D，Luo C L，Liu X，Katsoyiannis A，Zhang G. Short- and medium-chain chlorinated paraffins in air and soil of subtropical terrestrial environment in the Pearl River Delta South China：distribution composition atmospheric deposition fluxes and environmental fate. Environ. Sci. Technol.，2013 47：2679-2687.

[7] Chen MY，Luo XJ，Zhang XL，He MJ，Chen SJ，Mai BX. Chlorinated paraffins in sediments from the Pearl River Delta South China：spatial and temporal distributions and implication for processes. Environ. Sci. Technol.，2011，45：9936-9943.

[8] WangT，Wang YW，Jiang GB. On the Environmental Health Effects and Socio-Economic Considerations of the Potential Listing of Short-Chain Chlorinated Paraffins into the Stockholm Convention on Persistent Organic Pollutants. Environ. Sci. Technol.，2013，47：11924-11925.

[9] ZengLX，Chen R，Zhao ZS，Wang T，Gao Y，Li A，Wang YW，Jiang GB，Sun LG. Spatial Distributions and Deposition Chronology of Short Chain Chlorinated Paraffins in Marine Sediments across the Chinese Bohai and Yellow Seas. Environ. Sci. Technol.，2013，47：11449-11456.

[10] ZengLX，Li HJ，Wang T，Gao Y，Xiao K，Du YG，Wang YW，Jiang GB. Behavior fate and mass loading of short chain chlorinated paraffins in an advanced municipal sewage treatment plant. Environ. Sci. Technol.，2013，47：732-740.

[11] ZhaoZS，Li HJ，Wang YW，Li GL，Cao YL，Zeng LX，Lan J，Wang T，Jiang GB. Source and migration of short-chain chlorinated paraffins in the coastal east China Sea using Multiproxies of marine organic geochemistry. Environ. Sci. Technol.，2013，47：5013-5022.

[12] ZengLX，Zhao ZS，Li HJ，Wang T，Liu Q，Xiao K，Du YG，Wang YW，Jiang GB. Distribution of Short Chain Chlorinated Paraffins in Marine Sediments of the East China Sea：Influencing Factors Transport and Implications. Environ. Sci. Technol.，2012，46：9898-9906.

[13] YuanB，Wang T，Zhu NL，Zhang KG，Zeng LX，Fu JJ，Wang YW，Jiang GB. Short Chain Chlorinated Paraffins in Mollusks from Coastal Waters in the Chinese Bohai Sea. Environ. Sci. Technol.，2012，46：6489-6496.

[14] ZengLX，Wang T，Han WY，Yuan B，Liu Q，Wang YW，Jiang GB. Spatial and Vertical Distribution of short chain chlorinated paraffins in soils from wastewater irrigated farmlands. Environ. Sci. Technol.，2011，45：2100-2106.

[15] ZengLX，Wang T，Wang P，Liu Q，Han SL，Yuan B，Zhu NL，Wang YW，Jiang GB. Distribution and trophic transfer of short-chain chlorinated paraffins in an aquatic ecosystem receiving effluents from a sewage treatment

plant. Environ. Sci. Technol., 2011, 45: 5529-5535.

[16] ZhangHY, Wang YW, Sun C, Yu M, Gao Y, Wang T, Liu JY, Jiang GB. Levels and distributions of hexachlorobutadiene and three chlorobenzenes in biosolids from wastewater treatment plants and in soils within and surrounding a chemical plant in China. Environ. Sci. Technol., 2014, 48: 1525-1531.

[17] Gao Y, Fu JJ, Cao HM, Wang YW, Zhang AQ, Liang Y, Wang T, Zhao CY, Jiang GB. Differential Accumulation and Elimination Behavior of Perfluoroalkyl Acid Isomers in Occupational Workers in a Manufactory in China. Environ. Sci. Technol., 2015, In Press.

[18] 朱帅, 高丽荣, 郑明辉, 刘卉闵, 张兵, 刘立丹, 王毅文. 不同氯代毒杀芬的全二维气相色谱分离分析方法研究. 分析测试学报, 2014, 3: 301-306.

[19] Liu Q, Shi JB, Sun JT, Wang T, Zeng LX, Jiang GB. Graphene and graphene oxide sheets supported on silica as versatile and high-performance adsorbents for solid-phase extraction. Angew. Chem. Int. Ed., 2011, 50: 5913-5917.

[20] LiuQ, Zhou QF, Jiang GB. Nanomaterials for analysis and monitoring of emerging organic pollutants. TRAC-Trend Anal. Chem., 2014, 58: 10-22.

[21] LiuQ, Shi JB, Jiang GB. Application of graphene in analytical sample preparation. TRAC-Trend Anal. Chem., 2012, 37: 1-11.

[22] WangJ, Cheng MT, Zhang Z, Guo LQ, Liu Q, Jiang GB. An antibody-graphene oxide nanoribbon conjugate as a surface enhanced laser desorption/ionization probe with high sensitivity and selectivity. Chem. Commun., 2015, 51: 4619-4622.

[23] LiuQ, Cheng MT, Wang J, Jiang GB. Graphene oxide nanoribbons: Improved synthesis and application in MALDI mass spectrometry. Chem-EUR. J., 2015, 21: 5594-5599.

[24] LiuQ, Cheng MT, Jiang GB. Mildly oxidized graphene: Facile synthesis characterization and its application as matrix in MALDI mass spectrometry. Chem-EUR. J., 2013, 19: 5561-5565.

[25] LiuQ, Shi JB, Cheng MT, Li GL, Cao D, Jiang GB. Preparation of graphene-encapsulated magnetic microspheres for protein/peptide enrichment and MALDI-TOF MS analysis. Chem. Commun., 2012, 48: 1874-1876.

[26] Liu Q, Cheng MT, Long YM, Yu M, Wang T, Jiang GB. Graphenized pencil lead fiber: Facile preparation and application in solid-phase microextraction. Chromatogr A., 2014, 1325: 1-7.

[27] Liu Q, Shi JB, Wang T, Guo F, Liu LH, Jiang GB. Hemimicelles/admicelles supported on magnetic graphene sheets for enhanced magnetic solid-phase extraction. J. Chromatogr A., 2012, 1257: 1-8.

[28] Liu Q, Shi JB, Sun JT, Wang T, Zeng LX, Zhu NL, Jiang GB. Graphene-assisted matrix solid-phase dispersion for extraction of polybrominated diphenyl ethers and their methoxylated and hydroxylated analogs from environmental samples Anal. Chim. Acta., 2011, 708: 61-68.

[29] Liu Q, Shi JB, Zeng LX, Wang T, Cai YQ, Jinag GB. Evaluation of graphene as an advantageous adsorbent for solid-phase extraction with chlorophenols as model analytes. J. Chromatogr A., 2011, 1218: 197-204.

[30] Huang ZZ, Lee HK. Materials-based approaches to minimizing solvent usage in analytical sample preparation. TRAC-Trend. Anal. Chem., 2012, 39: 228-244.

[31] Chao JB, Liu JF, Yu SJ, Feng YD, Tan ZQ, Liu R, Yin YG. Speciation analysis of silver nanoparticles and silver ions in antibacterial products and environmental waters via cloud point extraction-based separation. Anal. Chem., 2011, 83: 6875-6882.

[32] Zhou XX, Liu R, Liu JF. Rapid Chromatographic Separation of Dissoluble Ag (I) and Silver-Containing Nanoparticles of 1—100 Nanometer in Antibacterial Products and Environmental Waters. Environ. Sci. Technol., 2014, 48: 14516-14524.

[33] Liu LH, He B, Liu Q, Yun ZJ, Yan XT, Long YM, Jiang GB. Identification and accurate size characterization of nanoparticles in complex media Angew. Chem. Int. Ed., 2014, 53: 14476-14479.

[34] Liu R, Liu JF, Zhou XX, Sun MT, Jiang GB. Fabrication of Au nanoporous film by self-organization of networked ultrathin nanowires and its application as SERS substrates for single-molecule detection. Anal. Chem., 2011, 83: 9131-9137.

［35］ LiuR，Liu JF，Zhang ZM，Zhang LQ，Sun JF，Sun MT，Jiang GB. Submonolayer-Pt-Coated Ultrathin Au Nanowires and Their Self-Organized Nanoporous Film：SERS and Catalysis Active Substrates for Operando SERS Monitoring of Catalytic Reactions. J. Phys. Chem. Lett.，2014，5：969-975.

［36］ Zhang ZM，Liu JF，Liu R，Sun JF，Wei GH. Thin layer chromatography coupled with surface enhanced Raman scattering as a facile method for on-site quantitative monitoring of chemical reactions. Anal. Chem.，2014，86：7286-7292.

［37］ WuYP，Zhang BT，Guo LH. Label-Free and Selective Photoelectrochemical Detection of Chemical DNA Methylation Damage Using DNA Repair Enzymes. Anal. Chem.，2013，85：6908-6914.

［38］ ZhaoWW，Xu JJ. Hongyuan Chen Photoelectrochemical bioanalysis：the state of the art. Chem. Soc. Rev.，2015，44：729-741.

［39］ LiuSQ，Zhao BL，Zhang DP，Li CP，Wang HL. Imaging of non-uniform motion of single DNA molecules reveals the kinetics of varying-field isotachophoresis. J. Am. Chem. Soc.，2013，135：4644-4647.

［40］ YinRC，Liu SQ，Zhao C，Lu ML，Tang MS，Wang HL. An ammonium bicarbonate-enhanced stable isotope dilution UHPLC-MS/MS method for sensitive and accurate quantification of acrolein-DNA adducts in human leukocytes. Anal. Chem.，2013，85：3190-3197.

［41］ YinRC，Mo JZ，Lu ML，Wang HL. Detection of Human Urinary 5-Hydroxymethylcytosine by Stable Isotope Dilution HPLC-MS/MS Analysis. Anal. Chem.，2015，87：1846-1852.

［42］ Takats Z，Wiseman JM，Gologan B，Cooks RG. Mass spectrometry sampling under ambient conditions with desorption electrospray ionization. Science.，2004，306：471-473.

［43］ Cody RB，Laramee JA，Durst HD. Versatile new ion source for the analysis of materials in open air under ambient conditions. Anal. Chem.，2005，77：2297-2302.

［44］ Cooks RG，Ouyang Z，Takats Z，Wiseman JM. Ambient mass spectrom. Sci.，2006，311：1566-1570.

［45］ Ouyang Z，Zhang X. Ambient mass spectrometry. Analyst.，2010，135：659-660.

［46］ Harris GA，Galhena AS，Fernandez FM. Ambient sampling/ionization mass spectrometry：applications and current trends. Anal. Chem.，2011，83：4508-4538.

［47］ Costa AB，Cooks RG. Simulated splashes：Elucidating the mechanism of desorption electrospray ionization mass spectrometry. Chem. Phys. Lett.，2008，464：1-8.

［48］ Chen HW，Talaty NN，Takats Z，Cooks RG. Desorption electrospray ionization mass spectrometry for high-throughput analysis of pharmaceutical samples in the ambient environment. Anal. Chem. 2005，77：6915-6927.

［49］ De Abreu LB，Augusti R，Schmidt L，Dressler VL，Flores EMD，Nascentes CC. Desorption electrospray ionization mass spectrometry（DESI-MS）applied to the speciation of arsenic compounds from fern leaves. Anal. Bioanal. Chem.，2013，405：7643-7651.

［50］ Lin ZQ，Zhao MX，Zhang SC，Yang CD，Zhang XR. In situ arsenic speciation on solid surfaces by desorption electrospray ionization tandem mass spectrometry. Analyst.，2010，135：1268-1275.

［51］ O'Brien RE，Laskin A，Laskin J，Liu S，Weber R，Russell LM，Goldstein AH. Molecular characterization of organic aerosol using nanospray desorption/electrospray ionization mass spectrometry：CalNex 2010 field study. Atmos. Environ.，2013，68：265-272.

［52］ Tao S，Lu X，Levac N，Bateman AP，Nguyen TB，Bones DL，Nizkorodov SA，Laskin J，Laskin A，Yang X. Molecular Characterization of Organosulfates in Organic Aerosols from Shanghai and Los Angeles Urban Areas by Nanospray-Desorption Electrospray Ionization High-Resolution Mass Spectrometry. Environ. Sci. Technol.，2014，48：10993-11001.

［53］ Deng JW，Yang YY，Wang XW，Luan TG. Strategies for coupling solid-phase microextraction with mass spectrometry. TRAC-Trend. Anal. Chem.，2014，55：55-67.

［54］ Deng JW，Yang YY，Fang L，Lin L，Zhou HY，Luan TG. Coupling solid-phase microextraction with ambient mass spectrometry using surface coated wooden-tip probe for rapid analysis of ultra trace perfluorinated compounds in complex samples. Anal. Chem.，2014，86：11159-11166.

［55］ Mulligan CC，MacMillan DK，Noll RJ，Cooks RG. Fast analysis of high-energy compounds and agricultural chemicals in water with desorption electrospray ionization mass spectrometry. Rapid Commun. Mass. Sp., 2007, 21: 3729-3736.

[56] Bianchi F, Gregori A, Braun G, Crescenzi C, Careri M. Micro-solid-phase extraction coupled to desorption electrospray ionization-high-resolution mass spectrometry for the analysis of explosives in soil. Anal. Bioanal. Chem., 2015, 407: 931-938.

[57] Dwivedi P, Gazda DB, Keelor JD, Limero TF, Wallace WT, Macatangay AV, Fernandez FM. Electro-thermal vaporization direct analysis in real time-mass spectrometry for water contaminant analysis during space missions. Anal. Chem., 2013, 85: 9898-9906.

[58] Nizzia JL, O'Leary AE, Ton AT, Mulligan CC. Screening of cosmetic ingredients from authentic formulations and environmental samples with desorption electrospray ionization mass spectrometry. Anal. Methods., 2013, 5: 394-401.

[59] Campbell I, Ton A, Mulligan C. Direct Detection of Pharmaceuticals and Personal Care Products from Aqueous Samples with Thermally-Assisted Desorption Electrospray Ionization Mass Spectrometry. J. Am. Soc. Mass Spectrom., 2011, 22: 1285-1293.

[60] Zhang J, Huo F, Zhou Z, Bai Y, Liu H. The Principles and Applications of An Ambient Ionization Method-Direct Analysis in Real Time (DART). Prog. Chem., 2012, 24: 101-109.

[61] Feng B, Bai Y, Liu H. New techniques of direct analysis in real time-mass spectrometry and their applications. Sci. Sin. Chim., 2014, 44: 784-788.

[62] Gross JH. Direct analysis in real time-a critical review on DART-MS. Anal. Bioanal. Chem., 2014, 406: 63-80.

[63] Song LG, Dykstra AB, Yao HF, Bartmess JE. Ionization Mechanism of Negative Ion-Direct Analysis in Real Time: A Comparative Study with Negative Ion-Atmospheric Pressure Photoionization. J. Am. Soc. Mass. Spectrom., 2009, 20: 42-50.

[64] Awad H, Khamis MM, El-Aneed A. Mass spectrometry review of the basics: ionization. Appl. Spectrosc. Rev., 2015, 50: 158-175.

[65] Morlock GE, Chernetsova ES. Coupling of planar chromatography with Direct Analysis in Real Time mass spectrometry. Cen. Eur. J. Chem., 2012, 10: 703-710.

[66] Farre M, Barcelo D. Analysis of emerging contaminants in food. TRAC-Trend Anal. Chem., 2013, 43: 240-253.

[67] Lesiak AD, Shepard JRE. Recent advances in forensic drug ana-lysis by DART-MS. Bioanalysis., 2014, 6: 819-842.

[68] Wang X, Liu J, Liu CC, Zhang J, Shao B, Liu L, Zhang N. Rapid quantification of highly polar trimethyl phosphate in wastewater via direct analysis in real-time mass spectrometry. J. Chromatogr. A., 2014, 1333: 134-137.

[69] Kuki A, Nagy L, Nagy T, Zsuga M, Keki S. Detection of nicotine as an indicator of tobacco smoke by direct analysis in real time (DART) tandem mass spectrometry. Atmos. Environ., 2015, 100: 74-77.

[70] Zhang QF, Bethke J, Patek M. Detection of trace palladium by direct analysis in real time mass spectrometry (DART-MS). Int. J. Mass Spectrom., 2014, 374: 39-43.

[71] Wang XW, Liu JF, Liu CC, Zhang J, Shao B, Liu LP, Zhang NN. Rapid quantification of highly polar trimethyl phosphate in wastewater via direct analysis in real-time mass spectrometry. J. Chromatogr. A., 2014, 1333: 134-137.

[72] Pagliano E, Onor M, McCooeye M, D'Ulivo A, Sturgeon RE, Mester Z. Application of direct analysis in real time to a multiphase chemical system: Identification of polymeric arsanes generated by reduction of monomethylarsenate with sodium tetrahydroborate. Int. J. Mass Spectrom., 2014, 371: 42-46.

[73] Manova RK, Joshi S, Debrassi A, Bhairamadgi NS, Roeven E, Gagnon J, Tahir MN, Claassen FW, Scheres LMW, Wennekes T, Schroen K, van Beek TA, Zuilhof H, Nielen MWF. Ambient surface analysis of organic monolayers using direct analysis in real time orbitrap mass spectrometry. Anal. Chem., 2014, 86: 2403-2411.

[74] Wang X, Li XJ, Li Z, Zhang YD, Bai Y, Liu HW. Online coupling of in-tube solid-phase microextraction with direct analysis in real time mass spectrometry for rapid determination of triazine herbicides in water using carbon-nanotubes-incorporated polymer monolith. Anal. Chem., 2014, 86: 4739-4747.

[75] Li XJ, Xing JW, Chang CL, Wang X, Bai Y, Yan XP, Liu HW. Solid-phase extraction with the metal-organic framework MIL-101 (Cr) combined with direct analysis in real time mass spectrometry for the fast analysis of triazine herbicides. J. Sep. Sci., 2014, 37: 1489-1495.

[76] Haunschmidt M, Klampfl CW, Buchberger W, Hertsens R. Determination of organic UV filters in water by stir bar sorptive extraction and direct analysis in real-time mass spectrometry. Anal. Bioanal. Chem., 2010, 397: 269-275.

[77] Grange AH. Semi-quantitative analysis of contaminants in soils by direct analysis in real time (DART) mass spectrometry. Rapid Commun. Mass. Sp., 2013, 27: 305-318.

[78] Chen HW, Venter A, Cooks RG. Extractive electrospray ionization for direct analysis of undiluted urine milk and other complex mixtures without sample preparation. Chem. Commun., 2006, 19: 2042-2044.

[79] Jia B, Zhang X, Ding J, Yang S, Chen H. Principle and applications of extractive electrospray ionization mass spectrometry. Chin. Sci. Bull., 2012, 57: 1918-1927.

[80] Chen H, Wortmann A, Zenobi R. Neutral desorption sampling coupled to extractive electrospray ionization mass spectrometry for rapid differentiation of bilosamples by metabolomic fingerprinting. J. Mass Spectrom., 2007, 42: 1123-1135.

[81] Chen H, Yang S, Wortmann A, Zenobi R. Neutral desorption sampling of living objects for rapid analysis by extractive electrospray ionization mass spectrometry. Angew. Chem. Int. Ed., 2007, 46: 7591-7594.

[82] Chen H, Zenobi R. Neutral desorption sampling of biological surfaces for rapid chemical characterization by extractive electrospray ionization mass spectrometry. Nat. Protoc., 2008, 3: 1467-1475.

[83] Gu H, Xu N, Chen H. Direct analysis of biological samples using extractive electrospray ionization mass spectrometry (EESI-MS). Anal. Bioanal. Chem., 2012, 403: 2145-2153.

[84] Zhang X, Wang N, Zhou Y, Liu Y, Zhang J, Chen H. Extractive electrospray ionization mass spectrometry for direct characterization of cosmetic products. Anal. Methods., 2013, 5: 311-315.

[85] Wang H, Zhao H, Qu Y, Zhang X, Chen H. Applications of new mass spectrometry techniques in analyzing forensic evidence. Sci. Sin. Chim., 2014, 44: 719-723.

[86] Chen HW, Hu B, Zhang X. Fundamental Principles and Practical Applications of Ambient Ionization Mass Spectrometry for Direct Analysis of Complex Samples. Chin. J. Anal. Chem., 2010, 38: 1069-1088.

[87] Luo M, Hu B, Zhang X, Peng D, Chen H, Zhang L, Huan Y. Extractive electrospray ionization mass spectrometry for sensitive detection of uranyl species in natural water samples. Anal. Chem., 2010, 82: 282-289.

[88] Wu Z, Zhou Y, Xu N, Tao L, Chen H. Extractive electrospray ionization mass spectrometry for sensitive detection of gaseous radioactive iodine-129. J. Anal. Atom Spectrom., 2013, 28: 697-701.

[89] Liu C, Zhang X, Xiao S, Jia B, Cui S, Shi J, Xu N, Xie X, Gu H, Chen H. Detection of trace levels of lead in aqueous liquids using extractive electrospray ionization tandem mass spectrometry. Talanta., 2012, 98: 79-85.

[90] Li JQ, Zhou YF, Ding JH, Yang SP, Cheng HW. Rapid Detection of Toluene-2 4-diisocyanate in Various Sports Fields Using Extractive Electrospray Ionization Mass Spectrometry. Chin. J. Anal. Chem., 2008, 36: 1300-1304.

[91] Li X, Chen HW, Fu JM, Sheng GY, Yu ZQ. Detection of 1-Hydroxypyrene by Extractive Electrospray Ionization Mass Spectrometry. Chin. J. Anal. Chem., 2012, 40: 768-772.

[92] Huang XY, Fang XW, Zhang X, Dai XM, Guo XL, Chen HW, Luo LP. Direct detection of chloramphenicol in honey by neutral desorption-extractive electrospray ionization mass spectrometry. Anal. Bioanal. Chem., 2014, 406: 7705-7714.

[93] Devenport NA, Sealey LC, Alruways FH, Weston DJ, Reynolds JC, Creaser CS. Direct detection of a sulfonate ester genotoxic impurity by atmospheric-pressure thermal desorption-extractive electrospray-mass spectrometry. Anal. Chem., 2013, 85: 6224-6227.

[94] Devenport NA, Blenkhorn DJ, Weston DJ, Reynolds JC, Creaser CS. Direct determination of urinary creatinine by reactive-thermal desorption-extractive electrospray-ion mobility-tandem mass spectrometry. Anal. Chem., 2014, 86: 357-361.

[95] Zhang H, Zhu L, Luo L, Wang N, Chingin K, Guo X, Chen H. Direct Assessment of Phytochemicals Inherent in Plant Tissues Using Extractive Electrospray Ionization Mass Spectrometry. J. Agr. Food Chem., 2013, 61:

10691-10698.

[96] Tian Y，Chen J，Ouyang YZ，Qu GB，Liu AF，Wang XM，Liu CX，Shi JB，Chen H W，Jiang GB. Reactive extractive electrospray ionization tandem mass spectrometry for sensitive detection of tetrabromobisphenol A derivatives. Anal. Chim. Acta.，2014，814：49-54.

[97] Harner T. Shoeib M. Diamond M. Stern G，Rosenberg. Using passive air samplers to assess urban-rural trends for persistent organic pollutants Polychlorinated biphenyls and organochlorine pesticides. Environ. Sci. Technol.，2004，38：4474-4483.

[98] Pozo K，Harner T，Shoeib M，Urrutia R，Barra R，Parra，O，Focardi，S. Passive-sampler derived air concentrations of persistent organic pollutants on a north-south transect in Chile. Environ. Sci. Technol.，2004，38：6529-6537.

[99] Shoeib M，Harner T. Characterization and comparison of three passive air samplers for persistent organic pollutants. Environ. Sci. Technol.，2002，36：4142-4151.

[100] Wania F，Shen L，Lei YD，Teixeira C，Muir DCG. Development and calibration of a resin-based passive sampling system for monitoring persistent organic pollutants in the atmosphere. Environ. Sci. Technol.，2003，37：1352-1359.

[101] Ockenden W，Corrigan B. HowsamM et al Further developments in the use of semipermeable membrane devices as passive air samplers：application to PCBs. Environ. Sci. Technol，2001，35：4536-4543.

[102] Kissa E. Fluorinated Surfactants and Repellants. Marcel Dekker. New York 2nd 2001.

[103] Prevedouros K，Cousins IT，Buck RC，Korzeniowski，SH. Sources Fate and Transport of Perfluorocarboxylates. Environ. Sci. Technol. m2005，40：32-44.

[104] UNEP SC-4/17：Listing of perfluorooctane sulfonic acid its salts and perfluorooctane sulfonyl fluoride COP-4. Stockholm Convention on Persistent Organic Pollutants. UNEP. 2009.

[105] OECD Hazard Assessment of Perfluorooctane Sulfonate（PFOS）and its Salts ENV/JM/RD（2002）17/FINAL Organization for Economic Co-operation and Development Pairs. 2002.

[106] Kannan K，Corsolini S，Falandysz J，Oehme G，Focaidi S，Giesy JP. Perfluorooctanesulfonate and Related Fluorinated Hydrocarbons in Marine Mammals Fishes and Birds from Coasts of the Baltic and the Mediterranean Seas. Environ. Sci. Technol.，2002，36：3210-3216.

[107] Tomy GT，Budakowski W，Halldorson T，Helm PA，Stern GA，Friesen K，Pepper K，Tittlemier SA，Fisk AT. Fluorinated Organic Compounds in an Eastern Arctic Marine Food Web. Environ. Sci. Technol.，2004，38：6475-6481.

[108] Kannan K，Corsolini S，Falandysz J，Fillmann G，Kumar KS，Loganathan BG，Mohd MA，Olivero J，Van Wouwe N，Yang JH，Aldoust KM. Perfluorooctanesulfonate and Related Fluorochemicals in Human Blood from Several Countries. Environ. Sci. Technol.，2004，38：4489-4495.

[109] Young C J，Hurley MD，Wallington TJ，Mabury SA. Atmospheric Chemistry of 4：2 Fluorotelomer Iodide（n-$C_4F_9CH_2CH_2I$）：Kinetics and Products of Photolysis and Reaction with OH Radicals and Cl Atoms. J. Phys. Chem. A.，2008，112：13542-13548.

[110] U S EPA Method5041A：Analysis For Desorption of Sorbent Cartridges From Volatile Organic Sampling Train（VOST）US Environmental Protection Agency Washington DC. 1996.

[111] Pankow JF，Luo W，Isabelle LM，Bender DA，Baker RJ. Determination of a Wide Range of Volatile Organic Compounds in Ambient Air Using Multisorbent Adsorption/Thermal Desorption and Gas Chromatography/Mass Spectrometry. Anal. Chem.，1998，70：5213-5221.

[112] Waterman D，Horsfield B，Leistner F，Hall K，Smith S. Quantification of Polycyclic Aromatic Hydrocarbons in the NIST Standard Reference Material（SRM1649A）Urban Dust Using Thermal Desorption GC/MS. Anal. Chem.，2000，72：3563-3567.

[113] Sigman ME，Ma CY，Ilgner RH. Performance Evaluation of an In-Injection Port Thermal Desorption/Gas Chromatographic/Negative Ion Chemical Ionization Mass Spectrometric Method for Trace Explosive Vapor Analysis. Anal. Chem.，2001，73：792-798.

[114] Cooke KM，Simmonds PG，Nickless G，Makepeace APW. Use of Capillary Gas Chromatography with Negative Ion-Chemical Ionization Mass Spectrometry for the Determination of Perfluorocarbon Tracers in the Atmosphere. Anal. Chem.，2001，73：4295-4300.

[115] U S EPA. Compendium Method TO-1：Method for The Determination of Volatile Organic Compounds in Ambient Air Using Tenax® Adsorption and Gas Chromatography/Mass Spectrometry. U S Environmental Protection Agency. Washington DC. 1984.

[116] RuanT，Wang YW，Wang T，Zhang QH，Ding L，Liu JY，Wang C，Qu GB，Jiang GB. Presence and partitioning behavior of polyfluorinated iodine alkanes in environmental matrices around a fluorochemical manufacturing plant：another possible source for perfluorinated carboxylic acids? Environ. Sci. Technol. 2010，44：5755-5761.

[117] RuanT，Wang YW，Zhang QH，Ding L，Wang P，Qu GB，Wang C，Wang T，Jiang GB. Trace determination of airborne polyfluorinated iodine alkanes using multisorbent thermal desorption/gas chromatography/high resolution mass spectrometry. J Chromatogr. A，2010，1217：4439-4447.

[118] Ren ZY，Zhang B，Lu P，Li C，Gao LR，Zheng MH. Characteristics of air pollution by polychlorinated dibenzo-p-dioxins and dibenzofurans in the typical industrial areas of Tangshan City China. J. Environ. Sci.，2011，23：228-235.

[119] Kim SK，Park JE. Comparison of two different passive air samplers（PUF-PAS versus SIP-PAS）to determine time-integrated average air concentration of volatile hydrophobic organic pollutants. Ocean Sci. J.，2014，49：137-150.

[120] Armstrong JL，Fenske RA，Yost MG，Tchong-French M，Yu JB. Comparison of polyurethane foam and XAD-2 sampling matrices to measure airborne organophosphorus pesticides and their oxygen analogs in an agricultural community. Chemosphere，2013，92：451-457.

[121] 高丽荣，王璞，田海珍，郑明辉，张兵，刘立丹，李成发明专利名称：一种用于采集大气中持久性有机污染物的吸附材料 申请号：201210160706. 5

[122] QuGB，Shi JB，Wang T，Fu JJ，Li ZN，Wang P，Ruan T，Jiang GB. Identification of Tetrabromobisphenol A Diallyl Ether as an Emerging Neurotoxicant in Environmental Samples by Bioassay-Directed Fractionation and HPLC-APCI-MS/MS. Enviro. Sci. Technol，2011，45：5009-5016.

[123] Qu GB，Liu AF，Wang T，Zhang CL，Fu JJ，Yu M，Sun JT，Zhu NL，Li ZN，Wei GH，Du YG，Shi JB，Liu SJ，Jiang GB. Identification of Tetrabromobisphenol A Allyl Ether and Tetrabromobisphenol A 2 3-Dibromopropyl Ether in the Ambient Environment near a Manufacturing Site and in Mollusks at a Coastal Region. Environ. Sci. Technol.，2013，47：4760-4767.

[124] SongSJ，Ruan T，Wang T，Liu RZ，Jiang GB. Distribution and Preliminary Exposure Assessment of Bisphenol AF（BPAF）in Various Environmental Matrices around a Manufacturing Plant in China. Enviro. Sci. Technol.，2013，46：13136-13143.

[125] Tian Y，Liu AF，Qu GB，Liu CX，Chen J，Handberg E，Shi JB，Chen HW，Jiang GB. Silver ion post-column derivatization electrospray ionization mass spectrometry for determination of tetrabromobisphenol A derivatives in water samples. RSC. Adv.，2015，5：17474-17481.

[126] Tian Y，Chen J，Ouyang YZ，Qu G B，Liu AF，Wang XM，Liu CX，Shi JB，Chen HW，Jiang GB. Reactive extractive electrospray ionization tandem mass spectrometry for sensitive detection of tetrabromobisphenol A derivatives. Anal. Chim. Acta.，2014，814：49-54.

[127] Fushimi A，Hashimoto S，Leda T，Ochiai N，Takazawa Y，Fujitani Y，Tanabe K. Thermal desorption-comprehensive two-dimensional gas chromatography coupled with tandem mass spectrometry for determination of trace polycyclic aromatic hydrocarbons and their derivatives. J. Chromatogr. A.，2012，1252：164-170.

[128] Susan D. Richardson Environmental Mass Spectrometry：Emerging Contaminants and Current Issues. Anal. Chem.，2012，84：747-778.

[129] Kannan K. Perfluoroalkyl and Polyfluoroalkyl Substances：Current and Future Perspectives. Environ. Chem.，2011，8：333-338.

[130] Ruan T，Szostek B，Folsom PW，Wolstenholme BW，Liu RZ，Liu JY，Jiang GB，Wang N，Bucks RC，Robert C. Aerobic soil biotransformation of 6：2 fluorotelomer Iodide. Environ. Sci. Technol.，2013，47：

11504-11511.

[131] Ruan T，Sulecki LM，Wolstenholme BW，Jiang GB，Wang N，Buck RC. 6：2 fluorotelomer iodide in vitro metabolism by rat liver microsomes：comparison with [^{12}-C-14] 6：2 fluorotelomer alcohol. Chemosphere.，2014，112：34-41.

[132] Christer BA，Tharanga KW，Joshua B，John D. Stabilizing volatile liquid chemicals using co-crystallization. Chem. Comm.，2015，51：2425-2428.

[133] RuanT，Liu RZ，Fu Q，Wang T，Wang YW，Song SJ，Wang P，Teng M，Jiang GB. Concentrations and Composition Profiles of Benzotriazole UV Stabilizers in Municipal Sewage Sludge in China. Environ. Sci. Technol.，2012，46：2071-2079.

[134] Montesdeoca-Esponda S，Vega-Morales T，Sosa-Ferrera Z，Santana-Rodriguez J. Extraction and Determination Methodologies for Benzotriazole UV Stabilizers in Personal-Care Products in Environmental and Biological Samples. TRAC Trend. Anal. Chem.，2013，51：23-32.

[135] RuanT，Song SJ，Wang T，Liu RZ，Lin YF，Jiang GB. Identification and Composition of Emerging Quaternary Ammonium Compounds in Municipal Sewage Sludge in China. Environ. Sci. Technol.，2014，48：4289-4297.

[136] Blankenship AL，Kannan K，Villalobos SA，Villeneuve DL，Falandysz J，Imagawa T，Jakobsson E，Giesy JP. Relative potencies of individual polychlorinated naphthalenes and halowax mixtures to induce Ah receptor-mediated responses. Environ. Sci. Technol.，2000，34：3153-3158.

[137] Kannan K，Kober JL，Kang YS，Masunaga S，Nakanishi J，Ostaszewski A，Giesy，JP. Polychlorinated naphthalenes biphenyls dibenzo-p-dioxins and dibenzofurans as well as polycyclic aromatic hydrocarbons and alkylphenols in sediment from the Detroit and Rouge Rivers Michigan USA. Environ. Toxicol. Chem.，2001，20：1878-1889.

[138] Park H，Kang JH，Baek SY，Chang YS. Relative importance of polychlorinated naphthalenes compared to dioxins and polychlorinated biphenyls in human serum from Korea：Contribution to TEQs and potential sources. Environ. Pollut.，2010，158：1420-1427.

[139] Liu GR，Cai ZW，Zheng MH. Sources of unintentionally produced polychlorinated naphthalenes. Chemosphere，2014，94：1-12.

[140] Liu GR，Zheng MH，Du B，Nie ZQ，Zhang B，Hu J，Xiao K. Identification and characterization of the atmospheric emission of polychlorinated naphthalenes from electric arc furnaces. Enviro. Sci. Pollut. Res.，2012，19：3645-3650.

[141] LiuGR，Zheng MH，Du B，Nie ZQ，Zhang B，Liu W，Li C，Hu J. Atmospheric emission of polychlorinated naphthalenes from iron ore sintering processes. Chemosphere，2012，89：467-472.

[142] LiuGR，Zheng MH，Lv P，Liu W，Wang C，Zhang B，Xiao K. Estimation and Characterization of Polychlorinated Naphthalene Emission from Coking Industries. Environ. Sci. Technol.，2010，44：8156-8161.

[143] Liu GR，Liu WB，Cai ZW，Zheng MH. Concentrations profiles and emission factors of unintentionally produced persistent organic pollutants in fly ash from coking processes. J Hazard Mater.，2013，261：421-426.

[144] Liu GR，Zheng MH. Perspective on the Inclusion of Polychlorinated Naphthalenes as a Candidate POP in Annex C of the Stockholm Convention. Environ. Sci. Technol.，2013，47：8093-8094.

[145] Liu GR，Zheng MH，Lv P，Liu WB，Wang CZ，Zhang B，Xiao K. Estimation and characterization of polychlorinated naphthalene emission from coking industries. Environ. Sci. Technol.，2010 44：8156-8161.

[146] Liu GR，Lv P，Jiang XX，Nie ZQ，Zheng MH. Identifying Iron Foundries as a New Source of Unintentional Polychlorinated Naphthalenes and Characterizing Their Emission Profiles. Environ. Sci. Technol.，2014，48：13165-13172.

[147] Ba T，Zheng MH，Zhang B，Liu WB，Su GJ，Liu GR，Xiao K. Estimation and congener-specific characterization of polychlorinated naphthalene emissions from secondary nonferrous metallurgical facilities in China. Environ. Sci. Technol.，2010，44：2441-2446.

[148] Nie ZQ，Liu GR，Liu WB，Zhang B，Zheng MH. Characterization and quantification of unintentional POP emissions from primary and secondary copper metallurgical processes in China. Atmos. Environ.，2012，57：109-115.

［149］ Nie ZQ，Zheng MH，Liu WB，Zhang B，Liu GR，Su GJ，Lv P，Xiao K. Estimation and characterization of PCDD/Fs dl-PCBs PCNs HxCBz and PeCBz emissions from magnesium metallurgy facilities in China. Chemosphere，2011，85：1707-1712.

［150］ Jiang XX，Liu GR，Wang M，Zheng MH. Fly ash-mediated formation of polychlorinated naphthalenes during secondary copper smelting and mechanistic aspects. Chemosphere，2015，119：1091-1098.

［151］ Liu GR，Cai ZW，Zheng MH，Jiang XX，Nie ZQ，Wang M. Identification of indicator congeners and evaluation of emission pattern of polychlorinated naphthalenes in industrial stack gas emissions by statistical analyses. Chemosphere，2015，118：194-200.

［152］ Chiou CT，Peters LJ，Freed VH. A physical concept of soil-water equilibria for nonionic organic compounds. Science，1979，206：831-832.

［153］ Chiou CT，Kile DE，Rutherford DW. Sorption of selected organic compounds from water to a peat soil and its humic-acid and humin fractions：Potential sources of the sorption nonlinearity. Environ. Sci. Technol.，2000，34：1254-1258.

［154］ Tolls J. Sorption of veterinary pharmaceuticals in soils：A review. Environ. Sci. Technol.，2001，35：3397-3406.

［155］ Fang QL，Chen BL，Lin YJ，Guan YT. Aromatic and hydrophobic surfaces of wood-derived biochar enhance perchlorate adsorption via hydrogen bonding to oxygen-containing organic groups. Environ. Sci. Technol.，2014，48：279-288.

［156］ Zheng H，Wang ZY，Zhao J，Herbert S，Xing BS. Sorption of antibiotic sulfamethoxazole varies with biochars produced at different temperatures Environ. Pollut.，2013，181：60-67.

［157］ Ni JZ，Pignatello JJ，Xing BS. Adsorption of aromatic carboxylate ions to black carbon（biochar）is accompanied by proton exchange with water. Environ. Sci. Technol.，2011，45：9240-9248.

［158］ Teixido M，Pignatello JJ，Beltran JL，Granados M，Peccia J. Speciation of the ionizable antibiotic sulfamethazine on black carbon（Biochar）. Environ. Sci. Technol. 2011，45：10020-10027.

［159］ Yoon TH，Benzerara K，Ahn S，Luthy RG，Tyliszczak T，Brown GE. Nanometer-scale chemical heterogeneities of black carbon materials and their impacts on PCB sorption properties：Soft X-ray spectromicroscopy study. Environ. Sci. Technol.，2006，40：5923-5929.

［160］ Heymann K，Lehmann J，Solomon D，Schmidt MWI，Regier TC. K-edge near edge X-ray absorption fine structure（NEXAFS）spectroscopy for characterizing functional group chemistry of black carbon. Org. Geochem.，2011，42：1055-1064.

［161］ Lehmann J，Kingyangi J，Solomon D. Organic matter stabilization in soil microaggregates：implications from spatial heterogeneity of organiccarbon contents and carbon forms. Biogeochem.，2007，85：45-57.

［162］ Muller CW，Weber PK，Kilburn MR，Hoeschen C，Kleber M，Pett-Ridge J. Advances in the analysis of biogeochemical interfaces：NanoSIMS to investigate soil microenvironments. Adv. Agron.，2013，121：1-49.

［163］ Obst M，Grathwohl P，Kappler A，Eibl O，Peranio N，Gocht T. Quantitative high-resolution mapping of phenanthrene sorption to black carbon particles. Environ. Sci. Technol.，2011，45：7314-7322.

［164］ Dokken KM，Davis LC. Infrared monitoring of dinitrotoluenes in sunflower and maize roots. J. Environ. Qual.，2011，40：719-730.

［165］ Ning D，Chen XF，Lawrence WCM. Interactions between polybrominated diphenyl ethers and graphene surface：a DFT and MD investigation. Environ. Sci；Nano Lett.，2014，1：55-63.

［166］ Zou MY，Zhang JD，Chen JW，Li XH. Simulating adsorption of organic pollutants on finite（80）single-walled carbon nanotubes in water. Environ. Sci. Technol.，2012，46：8887-8894.

［167］ Kubicki JD. Molecular simulations of benzene and PAH interactions with soot. Environ. Sci. Technol.，2006，40：2298-2303.

［168］ 薛倩倩，何广智，夏树伟，潘纲. PFOS 在锐钛型 TiO_2 表面吸附行为的理论研究. 高等学校化学学报.，2013，34：1673-1678.

［169］ Bordás B，Bélai I，Kômíves T. Modeling the BCF of persistent organic pollutants. Acta. Phytopathologica Et Entomol Hung.，2012，47：327-330.

第二篇 环境生物学学科发展报告

编写机构：中国环境科学学会环境生物学分会
负责人：吴振斌
编写人员：武俊梅　周巧红　葛芳杰　田　云　王　媚　杜明普　程　龙
　　　　　吴振斌

摘要

"十二五"期间（2011—2015 年），我国环境生物学科在环境毒理学基础理论和方法、生物监测技术、生物治理技术、生物修复技术、生物物质产品等方面取得了重要进展。近年来为适应新产品开发和快速安全性评价的需求，提出了发现毒理学、循证毒理学、量子毒理学和功能毒理学，发展了海洋青鳉鱼胚胎作为模式生物，Nano-QSAR 作为研究方法。研究了纳米材料对人、动物、高等植物、微生物和水生生物等的毒性效应，初步研讨了 $PM_{2.5}$ 的毒性效应。

在生物监测、治理和修复技术，以及生物物质产品方面成果显著。环境生物监测开始注重富营养化的次级代谢产物如藻毒素、多类型的 PAHs、POPs 等，其目的从理化监测的辅助措施转变成水生态环境质量的综合反映；引入遥感卫星技术、新兴生物技术（如姊妹染色单体交换技术），综合运用多种生物标志物，构建实时在线生物预警技术。基于民众广泛关注 $PM_{2.5}$ 引起的雾霾，探索了其生物监测方法。筛选了降解有机污染物和重金属的微生物，研究了其降解特性；优化了针对河流、湖泊和农业面源的生态工程技术；针对抗生素、抗性基因、个人护理品等新兴污染物，研究了 SBR、堆肥、A/A/O、MBR 等生物工艺的去除效果。优化了城市河流湖泊污染水体和农村污水水体生态修复技术。针对土壤的重金属和有机污染，研究了植物、微生物、生物联合修复技术。基于生物物质产品的环境安全性，研发了一系列生物表面活性剂、絮凝剂、吸附剂、肥料、农药、能源等，生物表面活性剂可加速去除环境中各种有机污染物和重金属，生物絮凝剂可安全高效地去除水体中不易降解的各种污染物，生物吸附剂可迅速吸附重金属等污染物，生物肥料和农药引领了生态农业发展方向，生物能源的发展有利于解决能源危机、保护环境以及带动相关产业的发展。

依托"十二五"水专项，分湖泊、河流、城市水环境、饮用水、流域监控、战略与政策 6 个主题，紧密围绕"三河、三湖、松花江、三峡库区、东江、洱海"等 10 个重点流域开展专项研究和工程示范，在问题解析、污染治理和生态修复等水环境整治技术和监测预警、规划调控等综合管理技术方面取得了较好的成果。2011—2015 年，环境生物学科相关成果获得国家科技奖励 11 项，环保部科技奖 19 项。国际重大研究计划主要涉及生态系统、生物多样性和生态通量等，对于 PM$_{2.5}$、POPs 和生物能源等热点问题，我国需要大力开展 PM$_{2.5}$ 的生物成分分析、生物监测、生物修复；开展新型有机污染物的毒理效应和致毒机制、生物监测、生物吸附和生物降解等方面的研究；开展生物能源植物的筛选、生态系统生物能源潜力研究、生物能源植物种植对环境的影响、木质纤维类原料和微藻的产业化研究。环境生物学将在生态毒理学、环境污染的生物净化、环境生物技术和保护生态学等方面分别朝向微观、宏观和可持续发展方向发展。

一、引言

1. 环境生物学发展背景

环境生物学是研究生物与受人类干扰的环境之间相互作用的规律及其机理的科学，是环境科学的一个分支学科[1]。环境生物学的启蒙、形成以及发展与世界环境问题的产生和出现密切相关，一般认为，环境生物学源于 19 世纪中叶工业革命后，部分较发达国家因排放污水引起河流和湖泊污染，有些生物学家开始研究水污染对水生生物的影响，随后又开展了水污染的生物监测和污水生物处理的研究，1902 年 Kolkwitz 和 Marsson 就提出了污水生物系统[2]；20 世纪 50～60 年代，由于工农业发展迅速，环境污染更加严重，发生了环境污染事件。人们更加注意研究水污染的生物监测和城市生活污水及工业废水的生物处理等问题。在环境污染问题面前，许多生态学家着力于研究污染物在生态系统的迁移、转化和归宿规律，污染生态学应运而生。到了 70 年代，生物学各分支学科运用各自的理论和方法对有毒污染物进行毒性效应和毒性机理的研究，形成了生态毒理学。自 80 年代以来，全球气候变暖、生物多样性锐减、生态系统退化等新的环境问题不断产生，人们越来越深刻认识到如要解决各种环境问题，就要在理解基本的生态学原理方面取得进展，即对生态系统结构、功能和弹性的理解。

1992 年，美国国家环保局（EPA）提出了环境保护生态学研究战略，确定了六个新的方向：环境监测与评价（危险鉴别）、生态暴露评价、生态效应（剂量-效应关系）、生态风险特征、生态系统的恢复与管理和风险资料报道。这六个新方向在很大程度上说明了环境生物学的发展方向，即环境生物学向宏观和微观两极深入发展的趋势。在宏观研究领域，主要研究对象从生物个体、种群、群落转移到生态系统和景观水平上。过去根据室内单一污染物对单种生物的影响难以客观评价污染物的整体生态效应和生态风险，因此迫切需要建立和发展在生态系统水平上评价生态效应的方法和预测模型。在微观研究领域，采用分子生物学、细胞生物学、遗传学、生理学等生物学分支学科的理论、方法和技术研究污染物及代谢产物与生物大分子、细胞的相互作用以及与生物遗传和生理代谢的关系，揭示其作用机理，从而对个体、种群或生态系统水平上的影响作出预报。

2. 学科研究对象、内容和基本理论方法

环境生物学研究的环境对象是指人工干预造成的异常环境，研究内容也是随环境问题的不断出现而增加，并与环境保护直接相关的。从生态系统的角度来看，人类面临挑战的许多环境问题，实质上是生态学问题，人类社会要预测并缓解人类活动所造成的各种后果，那么对各种复杂问题的生态学认识就显得更为重要。因此，从理论上研究人类干预引

起的异常环境与生物的相互作用关系理所当然是生态学和环境生物学的共同研究范畴。

环境生物学主要研究环境污染引起的生物效应和生态效应及其机理，生物对环境污染的适应及其抗性机理，利用生物对环境进行检测和评价的原理和方法；生物或生态系统对污染的控制与净化的原理与应用；自然保护生物学和恢复生态学及生物修复技术。

环境生物学主要利用生态学和毒理学的理论方法来解决环境生物学问题。毫无疑问，环境生物学是以生态学的基本原理作为其理论基础的，但是，与生态学相比，环境生物学的特殊性在于其研究的重点是生物与受人为干扰的环境之间相互作用的规律及其机理。因此，在环境生物学研究中，其环境是以人类作为主体的环境，而经典生态学中所涉及的环境是以生物为主体的环境，两者环境的范畴不同。而毒理学是研究外来化合物对生物体毒性作用的一门科学。所谓外来化合物，是指所研究的生物体在正常情况下不产生的化合物，即使在生物体内存在，也是非生物途径和生物途径非生理量进入生物体的外来化合物。因此，毒理学是研究生物与环境相互作用的桥梁。而环境生物学主要的研究任务之一就是研究自然环境中大气、水体和土壤中的污染物及其在环境中的转化产物对生物及人体产生的有害效应、致毒作用途径及作用机理。

3. 学科定位、目的和作用

环境生物学涉及环境科学、生物学、生态学、医学、生理学等众多学科领域。环境本身就是一个多因素构成的复合体，影响因素各种各样，这就决定了环境生物学本身具有各种学科综合交叉的显著特征。另外，作为环境科学和生物学以及其他学科的一门新兴的边缘性学科，环境生物学正是围绕环境和生物这两个基本研究对象实体，应用其他相关学科的理论和原理展开研究。

环境生物学的目的和作用主要有以下几个方面。

（1）阐明环境污染的生物学或生态学效应 探索在分子到生态系统各级生物水平上环境污染的效应及其作用机理，研究并发展环境质量的生物学监测与评价的方法，这是认识环境问题的过程，可为进行有效的环境管理、解决环境问题提供科学依据。

（2）探索生物对环境污染的净化机理，提高生物对污染净化的效率 在自然环境中，由于环境具有一定的环境容量，污染物一般会因物理、化学和生物的作用，逐步得到净化。但目前环境污染状况日益严重，仅仅依靠天然自净能力已无法及时地或充分地净化环境中的污染物。因此，环境生物学就要研究如何利用生物技术和生态学方法进一步提高生物对污染的净化能力。

（3）探讨自然保护生物学和恢复生态学的原理与方法 了解在人类利用和改造自然的过程中，对自然资源更新能力的影响或危害程度，探索合理利用自然资源的途径。

4. 学科发展需求和问题

随着对环境问题复杂性和解决环境问题的迫切性的认识，对环境生物学研究内容和成果的实际应用也提出了更高的要求。环境生物学目前的发展趋势是进一步认识环境问题的实质，提高解决环境问题、有效控制环境污染的能力；同时，在由污染控制和治理转向污染防治、污染最小化方面，充分利用生物的巨大能力，配合其他技术途径，对传统的工业生产工艺进行改造，以"清洁生产"逐步取代当前占主要地位的"末端治理"。例如，在一些反应过程中采用高效、无污染的生物酶制剂代替化学催化剂，提高反应效率，减少副产品对环境的压力等。环境生物学充分运用生态学原理和生物技术，在环境质量的监测和评价、环境污染治理和自然资源的合理利用等方面等进行了卓有成效的研究。

二、学科基础理论和方法研究进展

（一）环境毒理学新理论和新方法

环境毒理学是一门既年轻又古老的学科，它扎根于古老的毒理学，随着环境问题的突出逐渐发展起来。它主要研究环境污染物，特别是外源性环境污染物对生物有机体，尤其是人体的影响及其作用机制。环境毒理学运用毒理学的基本原理，又借助环境科学、生命科学和预防医学的发展。同时它也是为数不多的一门既是基础科学又可直接应用的学科。作为应用学科，环境毒理学一方面直接参与医药、农药和日用化工产品的研究与开发，在产品创新中起着不可替代的作用；另一方面，环境毒理学致力于识别、评价和控制化合物对人类及其生态环境的潜在危害，在制定标准、法规和法律方面正在发挥着日益重要的作用，在可持续发展中有着不可替代的重要角色和作用[3]。

毒理学可分为理论毒理学与实验毒理学。然而动物保护已列入议事日程，不再允许大量使用动物做毒理方面的实验，同时由于工农业生产的迅速发展，化学物质剧增，迄今登记在册的化学物质已超过2600万种，每年还新增2000多种，因此传统的毒性鉴定已远远不能满足时代的要求，针对各种化学物质的细致的毒理学研究更是难以实现。因此毒理学必须在理论层面实现突破，缩短研究时间，减少研究经费及人力、物力的消耗，同时可使化学物质得到更安全的应用。

理论毒理学将从医学角度全面了解人的本质，如生物属性、社会属性、思维属性相统一的生命观。紧随毒理学方法论的发展：以前，以发病率、死亡率为终点观察指标，也由中毒逐步上升到亚健康、健康、长寿，研究方法逐步实现了从结构毒理到功能毒理的转变，研究手段由病理研究发展到生化、生理、分子生物学研究，越来越精细[4]。

事实上，理论毒理学也有不同分支，如毒理学史、毒理学的哲学、生物信息学和计算毒理学等。比如毒理学家把毒理学与现代计算机信息技术及分子生物学和化学融合形成计算毒理学和预测毒理学，这对预测化学物质的毒性有很大帮助，也对以后开发新产品有指导意义[5,6]。近年来为适应新产品开发和快速安全性评价的需求，又提出了发现毒理学和循证毒理学。这些理论的提出对开展今后的工作均有指导意义。

量子毒理学即是应用量子物理学的理论与方法研究毒理学。量子毒理学是建立在量子技术、量子哲学基础上的毒理学新学科。量子毒理学是在量子医学的基础上发展起来的，不同的细胞、组织和器官由不同的分子组成，它们有不同的固有的波动能量信息，以此来判断器官、组织、细胞的病变及恢复情况。通过量子共振检测仪，测定生物体在外来因素影响下，其微弱磁场波动能量状态，即共振与非共振状况，来确定疾病与损伤。然后继续利用量子共振设备，输入对应的共振频率来矫正混乱病体的生物磁场，以达到治疗的目的[7]。

功能基因组学又称后基因组学，它利用结构基因所提供的信息和产物，发展和应用新的实验手段，在基因组或系统水平上全面分析基因的功能。通过功能基因组学研究，发现基因功能，并对突变基因进行检测。对于一个新的化合物，只要将它的基因表达变化谱与已知毒性化合物的谱图库进行再聚类，就可以预测该化合物具有哪一方面的毒性[8]。绝大多数环境物质都以混合物形式存在，因此人类经常同时接触多种化学物，不同化学物之间可能产生协同、相加或拮抗等交互作用[9]。进入食物链的化学毒物多以低浓度、超低浓度为主，以长期低浓度接触，慢性、亚慢性轻微中毒多见，而急性中毒少见。用传统毒理学方法很难评估这类低剂量长期暴露引起的健康效应。因此，需要开展功能毒理学的研究。在毒理学领域，对外源化学物质与生物体相互作用后，通过对生物体全基因组表达的变化分析，以及利用生物信息学的方法对化学物毒性自用靶点和关键信号通路进行全面定性分析，可以筛选出更多的生物效应标志物，解释毒物致病机理，探讨毒物对机体各种组织、细胞、分子的作用及损害机制，阐明毒物分子结构与其毒理作用之间的关系。一些高通量的实验技术如 mRNA 表达和蛋白质表达技术的应用，促进了功能毒理学的发展，微阵列的应用可探索毒性损伤过程中不同阶段的特征性基因表达信号，有助于对毒作用机制的认识[10]。

研究发现功能基因发生异常的人，在适当的环境，包括外环境、饮食和生活方式的作用下，就会出现机体功能的异常，最终导致疾病。因此，功能基因组学的分析结果具有个性化和发现疾病前兆的特点。之后，可以通过特色防护、补充处方营养和相应的食物，以及促进机体排出毒素等措施，维护人体健康。由此，也诞生出功能医学。功能医学是功能毒理学的基础，功能基因组学检测是功能医学的基础之一。目前，已经可以检测人体 180多种不同的功能基因，这对早期发现机体功能变化大有帮助，因功能基因的变化往往发生在疾病出现之前，同时也对找到致病的根本原因有帮助。比如，肾毒性生物标志物、肝毒性生物标志物、心血管毒性标志物等的应用，对于疾病的诊断、风险评价以及治疗效果评价具有很高的应用价值[11,12]。

功能毒理学与传统毒理学最大的区别是，前者主要评价器官的功能。与传统毒理学注重急、慢性中毒和三致作用（致癌、致畸、致突变）不同，它主要具有预防疾病的作用。同时，功能毒理学的检测不具侵袭性，但它全面、系统。因此，它表现的损害早，损害小。通过筛查个体的粪便、尿液、唾液、血液和毛发，就可以评估人体六大功能，并且可以对器官功能进行评估。但功能毒理学研究在国内外尚处于起步阶段[13]。

污染物毒性的生物评价是生态毒理学研究的一种重要手段。目前已有多种广泛使用的模式生物，如四膜虫、秀丽隐杆线虫、黑腹果蝇、斑马鱼和非洲爪蟾等。物种的敏感性差异是影响毒性评价的重要因素，污染物的毒性评价需要从不同的营养水平（即初级生产者、初级消费者和捕食者）中选择合适的生物来进行研究，以确保评价的全面性。在水生态毒理学的研究中，常选择藻类（如绿藻和小球藻等）、枝角类（如大型溞和隆线溞等）和鱼类（如斑马鱼和日本青鳉鱼等）作为实验生物。由于海洋青鳉鱼胚胎温度适应范围较广，方便构建温度敏感性的突变种；同时盐度适应范围较宽，各物种可分别适应不同的盐度环境；另外可充分利用同属近缘物种进行比较生物学研究，其基因组分析大大促进了比较生物学的研究。因此，海洋青鳉鱼胚胎也已被国际生命科学学会健康和环境科学研究所（HESI）认定为毒理学研究的重要工具[14]。

随着纳米材料在日常消费品中使用量的不断增加，典型纳米材料在环境中的行为和生物效应已得到广泛研究。这种针对纳米材料安全性而开展的研究已迅速发展形成一个新的学科——纳米毒理学，这是一门研究纳米尺度下物质的理化性质以及新出现的纳米特性对生命体系所产生的生物学效应，尤其是毒理学效应的新兴学科。作为毒理学新的研究对象，纳米材料种类繁多、结构和性质独特，不断深入的研究工作对纳米毒理学的研究方法提出了更高的要求。过去的 10 年间，在纳米材料等新型研究对象的安全性评价过程中，传统的毒性实验测试方法仍然是主导模式，而且很少根据测试物的特性做出适当的修改。然而仅依靠耗时费力的传统毒性实验研究不能对纳米材料的安全性等级进行较为快速的筛选评价，也不能充分解决纳米材料的效应机制问题。因此，需要构建一套快速、高通量的纳米毒性评价体系或预测模型方法，使其可以作为传统毒理学实验方法的补充，共同解释纳米材料的行为和生物效应。近年来，定量结构活性关系方法被一些学者视为一种比较有前景的评估纳米材料安全性的新方法，即借助经典定量结构活性关系（QSAR）方法评估和预测纳米材料生物毒性效应。作为一种统计模拟方法，QSAR 是 21 世纪毒理学研究模式转变过程当中的关键研究领域之一，因此，Nano-QSAR 的研究可以看作是纳米毒理学研究模式趋于多样化的标志之一，也是纳米毒理学实验研究数据增长到一定阶段的必然选择。它将与传统毒理学实验方法相辅相成，共同解释纳米材料的毒性机理、评价纳米材料的环境风险，并为新材料的设计和改进提供依据[15]。

（二）新兴污染物的生物效应

1. 纳米材料的生物效应

目前，纳米技术飞速发展，导致纳米材料大量生产并广泛应用，公众接触纳米材料的机会大大增加。据统计，截至 2011 年 3 月，全球有明确标注的纳米产品已达 1317 种。这意味着将有更多的纳米材料进入环境中，但其生物毒性具有潜在风险，因此专家呼吁加强纳米材料和纳米技术的生物环境安全性研究[16]。因此纳米毒理学作为生态毒理学的新分支，主要研究方向是对工程纳米结构和纳米器件的安全性评价。

纳米材料根据化学组成一般分为：①碳纳米材料，包括单壁纳米碳管（SWC-NTs）、多壁纳米碳管（MWCNTs）、富勒烯（C60）、炭黑等；②金属及氧化物纳米材料，包括氧化物纳米材料（如纳米 ZnO、TiO_2、SiO_2 等）、零价纳米金属材料（如纳米铁、银、金等）和纳米金属盐类（如纳米硅酸盐、陶瓷等）；③量子点，如 Cd/Se、Cd/Te 等；④纳米聚合物，如聚苯乙烯等。纳米产品中用得最多的纳米材料是纳米银（313 种），其次是纳米碳（91 种），接下来依次是纳米钛（包括氧化钛，59 种）、纳米硅（43 种）、纳米锌（包括氧化锌，31 种）和纳米金（28 种）[17]。

目前，纳米材料的生态毒性研究已经在多种物种中开展，如人体细胞、细菌、真菌、藻类、无脊椎动物和脊椎动物等。其中，大部分的生态毒性研究着重于甲壳类动物（33%）、细菌（27%）、藻类（14%）和鱼类（13%），还有少量研究纤毛虫类、酵母类和线虫类。目前对于高等植物的生态毒理研究相对比较缺乏[18]。

（1）纳米材料对人的毒性研究　纳米技术的广泛研究与纳米材料的大量生产都是人为活动。在实验室、生产与加工场所、产品使用过程、含纳米材料废物的回收和处置场所，研究者、生产人员常常暴露于各种纳米材料之下。纳米材料进入人体的途径包括呼吸道、消化道和皮肤[19]。纳米材料由于体积较小，因此很容易随着空气流动扩散到大气中，经呼吸道进入人体。吸入的纳米颗粒通过扩散运动，主要在气管支气管和肺泡区沉积，在肺泡区被转运至血液和淋巴系统，进而到达靶器官，如骨髓、淋巴结、肝脏、脾脏、肾脏和心脏，从而对机体造成伤害。实验表明纳米 SiO_2 可降低人神经母细胞瘤 SH-SY5Y 细胞的活力，诱导细胞凋亡，增加细胞中活性氧（ROS）水平，可干扰细胞周期进程，对 SH-SY5Y 细胞的增殖具有抑制作用[20]。体外实验结果表明，纳米 SiO_2 可诱导人的支气管上皮细胞的活性氧产生和细胞凋亡增加，从而对细胞产生毒性作用[21]。也可能经消化道吸收，小尺寸、具有较高的脂溶性及表面带正电的纳米颗粒可较容易地跨越胃肠道黏膜，进入黏膜下层组织，经淋巴和血液循环转运并损伤人体。体外实验结果表明，纳米 SiO_2 可诱导人脐静脉血管内皮细胞活性氧的产生和细胞凋亡的增加，从而对细胞产生毒性作用[22]。而进入皮肤的纳米材料以广泛使用的 TiO_2 纳米材料为主，完整的表皮能阻止纳米颗粒渗透，但在皮肤弯曲和破损部位，纳米颗粒经皮肤迁移的可能性大大增加。如果纳米颗粒进入真皮，会被淋巴吸收，也可能被巨噬细胞摄取，产生后续反应。实验结果表明在人皮肤表皮细胞暴露于纳米 SiO_2 颗粒的过程中，DNA 甲基转移酶的表达存在差异，基因组 DNA 甲基化水平的逐渐降低与 DNA 甲基转移酶不断下降有关。考虑到 DNA 甲基转移酶在细胞水平的改变，甲基化的调控机制可能是纳米 SiO_2 导致人皮肤表皮细胞损伤的早期事件[23]。尽管呼吸、皮肤和消化道是三种不同的途径，但由于粒径较小等原因，哪种途径接触到的纳米颗粒都可经由淋巴进入血液循环系统，并最后经由血液循环系统到达机体内各大脏器，使其在生物体的各系统之间迁移，并最后引起全身性的生物效应。纳米颗粒能渗透到膜细胞中，并沿神经细胞突触、血管和淋巴血管传播，同时纳米颗粒选择性地积累在不同的细胞和一定的细胞结构中。说明通过不同途径接触到的纳米颗粒有可能最终进入血液循环系统而与机体发生反应，对机体功能产生同样或类似的机体应激反应。

（2）纳米材料对动物的毒性研究 研究结果表明，纳米硫化镉会导致小鼠睾丸组织受损，精子质量下降，对小鼠产生一定的生殖毒性，而且能够透过血睾屏障，在睾丸组织中蓄积，导致睾丸组织损伤[24]；较高剂量（$\geqslant 20mg/kg$）的纳米 Fe_3O_4 颗粒材料会引起小鼠肺细胞的氧化损伤[25]；一定浓度的单壁碳纳米管（SWCNTs）可以导致小鼠脑组织发生病变，产生一定的神经毒性[26]。在溶液实验浓度（100mg/L）条件下，纳米 ZnO 对蚯蚓产生一定程度的毒性；DNA 损伤可作为检测环境中纳米污染物对蚯蚓胁迫程度较为灵敏的指标[27]。

（3）纳米材料对高等植物的毒性研究 纳米材料对植物的毒性作用因材料、物种的不同，其毒性效应也各有差异，而氧化胁迫可能是纳米材料抑制植物生长的重要途径之一。在水培条件下，25nm Fe_3O_4 NPs 能对多年生黑麦草和灰籽南瓜诱导氧化胁迫，超氧化物歧化酶和过氧化氢酶活性显著增加，膜脂过氧化增加，但没有发现两种植物吸收 25nm Fe_3O_4 NPs 的现象[28]。研究表明土壤中纳米 ZnO 对丛枝菌根具有一定毒性，而接种丛枝菌根真菌能够减轻其毒性，对宿主植物起到保护作用[29]；氧化锌纳米颗粒较 Zn^{2+} 更易促进绿豆芽的生长[30]；40mg/L 的阿拉伯树胶包裹的银纳米颗粒（AgNPs）能够完全抑制多花黑麦草根毛的形成，引起根系皮层细胞的空泡化和崩解，破坏表皮和根冠[31]。

（4）纳米材料对微生物的毒性研究 纳米材料对微生物的毒性主要表现在抑制生长、抑制细胞壁形成或使其产生细胞形态学损伤，进而对微生物群落产生影响等。结果表明，纳米氧化锌能够抑制大肠杆菌的细胞生长；纳米氧化锌浓度越高，对大肠杆菌的抑制作用越大[32]。结果表明，零价纳米铁能够破坏细胞完整性，造成细胞损伤；抑制大肠杆菌的细胞生长，缩短大肠杆菌的对数期，延长稳定期；零价纳米铁浓度越高，大肠杆菌的稳定期越长[33]。

（5）纳米材料对水生生物毒性研究 有研究显示，纳米 SiO_2 可以使斑马鱼幼鱼产生神经和发育毒性[34]。在铜的安全浓度范围内，纳米 TiO_2 能显著增加铜离子对大型溞的毒性。纳米尺度颗粒物会严重影响细胞、亚细胞和蛋白质的生理活性，甚至会造成细胞的死亡[35]。纳米 SiO_2 胁迫对四尾栅藻、普通小球藻和羊角月牙藻的生长均有一定抑制作用，在同一时间段内具有剂量效应并使 3 种绿藻的毒性效应表现在蛋白质减少、丙二醛（MDA）升高、抗氧化性降低[36]。纳米尺寸和暴露浓度可影响纳米 SiO_2 对秀丽隐杆线虫的运动、生殖和发育等多系统功能[37]。TiO_2 纳米颗粒对金鱼组织乳酸脱氢酶有毒性作用，一方面纳米颗粒会使乳酸脱氢酶酶带数减少，另一方面纳米颗粒会进入细胞使细胞膜的通透性改变，从而影响细胞中乳酸脱氢酶的活性[38]。

纳米材料的广泛应用给人们生活带来诸多方便的同时也带来了诸多挑战。在研究领域，经过近 10 年的研究，科学家们对纳米材料的生物毒性效应研究已有一定的积累，对其致毒机理的讨论也达成了一些共识。但是由于实验条件、选材、手段等差异，获得的结论亦不尽相同，因而建立一套相对完整、科学的毒性试验标准方法格外重要。此外，在关注纳米材料的高剂量急性效应（即通常的实验室研究）的同时，更需要关注纳米材料在生产使用环节（长期低剂量暴露）对生物体的毒性效应及在生物体内的归趋和遗传性等[39]。在应用过程中，要加强研究纳米材料生产过程、使用过程及废弃处置过程中纳米材料的排放特征，加快制定典型纳米材料的行业标准、排放标准等，促进纳米科技的持续健康发展。从总体上看，当前对纳米材料环境行为的了解还非常贫乏，急需深化环境和生物样品中纳米材料的快速准确测定与表征方法，推进对纳米材料在水体、土壤、大气等环境介质中的化学转化、生物降解、溶解、表面钝化等转化与归趋行为，以及环境中纳米材料的生物可利用性及随食物链的迁移积累等多方面的科学研究[40]。在信息交流上，国内外的科学家可研究并建立能鉴别其潜在危害、可用于预防的数据库。大部分纳米材料的毒性与剂量密切相关，且随着纳米材料表面结构的改变而改变。必须充分利用全世界的科技资源，建立一个包含纳米材料毒性和物理化学特性的数据库，指导和优化纳米材料的设计和应用，提供消除负面效应的方法，从而按照科学方法对纳米材料的安全性进行评价，并在纳米材料的正负面效应之间寻找平衡[19]。

2. PM$_{2.5}$的生物效应

大气环境毒理学是研究大气污染物对人体、人群以及与人体健康相关生物的损害效应及其规律的一门科学。大气细颗粒物、超细颗粒物、大气环境致癌物、硫氧化物（SO_x）、臭氧及其他化学污染物包括各种新型应用化学品的毒性作用规律及其机制的研究，将继续是本领域研究的热点。在毒性作用机制的研究中，分子生物学新技术的应用将继续受到重视。例如，探索环境污染物低水平、长期和慢性暴露对健康影响的研究技术，探索大气环境纳米颗粒物的采集与分析技术等。总之，大气环境毒理学将迎来它快速发展的新时代，在环境保护事业中将发挥越来越大的作用[41]。

大气污染物是由单相或二相颗粒物和气态污染物组成的混合物，目前把人群健康效应特异地归因于某种污染物还有难度。大气颗粒物来源多、地区特性强，季节性差异大，是大气中化学组成最复杂、危害最大的污染物之一。从我国历年的环境公告来看，颗粒物一直是影响城市空气质量首要污染物，主要来源包括燃煤源、机动车尾气、土壤风沙尘、建筑尘、冶炼尘、城市扬尘和二次颗粒物等。机动车尾气和燃煤等污染源排放颗粒物化学成分复杂，被认为具有相对较大的健康危害[42]。

PM$_{2.5}$作为空气污染中一类主要污染物，其对人体健康所产生的危害效应也备受关注，尤其是在运动状态下。机体运动时所需能量主要来源于糖代谢，大强度运动过程能促进葡萄糖的转运，而机体正常组织会把葡萄糖代谢为乳酸，以供机体能量需要，这必须依赖糖代谢限速酶的高度表达。但是限速酶本身受多种变构剂的影响，从而加速或减弱糖代谢的过程。当空气中 $PM_{2.5}$ 超过了人体所能适应或正常的生理范围后，就会对机体的健康产生不良的效应。

$PM_{2.5}$ 能够通过呼吸等途径进入人体，并沉积在呼吸道甚至肺泡中。又因 $PM_{2.5}$ 可以富集、携带多种致癌和有毒物质，对人体健康的危害非常大。大气颗粒物对人体健康的影响机制被广泛接受的观点是氧化性损伤假说，即颗粒物表面生物可利用的过渡金属离子会产生自由基，这些自由基是颗粒物产生氧化性损伤的主要原因。有研究表明，氧化性损伤是形成组织和器官纤维化的重要原因，和吸烟引起的肺病如慢性阻塞性肺病，特别是肺气肿的原因一致。

质粒 DNA 评价法是一种定量测量活性氧对质粒 DNA 氧化性损伤能力的体外方法，其基本原理是颗粒物表面携带的自由基会对超螺旋 DNA 产生氧化性损伤，最初引起超螺旋 DNA 松弛，进一步使 DNA 线化。这种损伤引起不同形态 DNA 在电泳仪中的运动速度不同，使这些 DNA 从琼脂糖凝胶中分离开来。使用灵敏的显像测密术测量线状和松弛状（被破坏）的 DNA 占总 DNA 的比例，可以定量评价颗粒物对质粒 DNA 造成的损伤。

例如，基于 2012 年 1～12 月采集的乌鲁木齐大气 $PM_{2.5}$ 样品，使用质粒 DNA 评价法研究了不同季节 $PM_{2.5}$ 的氧化能力，并进行氧化性毒性与相应气象因素和质量浓度之间的相关性研究。结果表明，乌鲁木齐大气 $PM_{2.5}$ 的质量浓度具有冬季最高、春季和秋季次之、夏季最低的季节性变化特征；$PM_{2.5}$ 全样和水溶部分氧化能力的季节差异较大，对质粒 DNA 的氧化性损伤具有冬季最大、春季和夏季之次、秋季最低的季节特征。绝大部分 $PM_{2.5}$ 样品全样对质粒造成的破坏达到 30% 时所需要的颗粒物剂量（TD30）均小于水溶部分样，表明全样的毒性大于相应的水溶部分样。全样 TD30 值与平均温度显著正相关，表明寒冷的天气/季节可能造成 $PM_{2.5}$ 的高毒性[43]。

三、环境领域应用研究进展

（一）生物监测技术

环境监测主要有理化检测和生物监测两种手段。理化检测可以实时精确地了解污染物的时空分布状况，确定污染程度及其变化趋势，为污染限制预警及制定标准提供详细的数据支持。但理化检测无法全面反映污染的环境影响，不能全面反映污染物对生物体的综合效应，而环境生物监测能够弥补这一缺点。综合运用多种生物标志物，研发新的可用监测技术，是未来环境生物监测的趋势之一。开展与理化污染物同步的环境生物监测，及时掌握污染状况才能做到尽早采取治理措施保护环境。中国各流域污染物监控主要是富营养化的 N、P 元素监控和石油类污染监控，伴随微污染物的兴起，环境生物监测开始注重富营养化的次级代谢产物如藻毒素、多类型的多环芳烃（PAHs）、持久性有机污染物（POPs）等。国家在"十二五"重大专项中也积极开展了针对"流域水生态环境质量监测与评价"的研究；开展了针对"水体有毒污染物健康效应""化学品毒性评价方法""重金属健康风险评价生物监测指标"等相关课题的研究，其研究成果为建立综合有效的流域水生态环境质量的监测和评价体系，开展保障水安全的生物监测评价工作提供了有力的技术支持和决策支撑。只有有效的监测手段才有利于污染物的治理及控制。在水环境监测的同时，大气监测也逐渐成为热点，目前，我国对空气微生物进行的研究大多集中在调查方面，还未形成有效的研究体系，有许多方面的问题还有待研究者进一步研究。

1. 水环境生物监测

"十二五"期间，水环境监测技术有了一定创新。对于水域的监测主要基于原位观测技术，遥感卫星技术解决了原位观测技术不能在大面积范围内体现水体水质特征等缺点。研究者通过卫星遥感影像和同步的实测水质参数，采用经验反演模型对丹江口水库叶绿素 a 浓度、总磷浓度和水体透明度进行了定量反演研究，得出丹江口水库各区域的污染状况[44]。新兴的生物技术也开始在环境监测领域被广泛应用，研究发现姊妹染色单体交换技术（SCE）应用于水环境毒理学检测是一种行之有效的方法。

综合运用多种生物标志物，研发新的可用监测技术，是未来环境生物监测的趋势之一。环境重金属的监控不再只依赖理化监测，由于重金属不能被生物降解，却能在食物链的生物放大作用下，成倍地富集，水环境中重金属的生物监测也引起了研究者的广泛关注。许爱清等[45]筛选出一株抗镉丝状真菌 KGM01，在一定浓度镉离子的诱导下能产生水溶性红色素，为利用红色素显示方法将 KGM01 作为镉污染的生物监测菌奠定了基础。对于重金属污染，水体底栖动物由于营底栖生活、分布广泛、对污染物的高富集性和低代谢性、体内积累污染物含量与水体中污染物的平均含量呈简单相关等特点，被证明是监测持久性污染物的理想指示生物。端正花等[46]采用室内水体直接暴露和微宇宙模拟暴露，研究表明中国圆田螺壳长增长率可以作为 Cd^{2+} 慢性污染胁迫的有效生物标志，得出其可以作为淡水环境镉污染生物监测有效补充的结论。王飞祥等[47]发现在直流电场中，随电场强度增大和处理时间延长，隆线溞的趋光性由正变负。发现适当的直流电场处理隆线溞后，能显著降低水溞趋光指数检测重金属毒物的下限，扩大检测范围，提高监测灵敏度。

水环境监测方法理论也有了新突破。宋超等[48]利用功效分析手段评估了监测过程中需要的最佳样本量，为进一步的生物监测解决了样本量带来的统计问题。张潋波等[49]探索性地尝试在国内利用溪流水生昆虫生物性状途径及功能多样性指数来反映人类活动所造成的土地利用变化对当地溪流生态的影响，研究表明人类活动引起的土地利用变化导致溪流水质和栖境质量下降，引起群落的变异和对生物性状组成的筛选，最终导致水生昆虫群落功能多样性改变，认为生物性状及功能多样性监测是未来评价生态健康的潜在指标。水环境监测从传统的理化指标开始向更能反映环境生态效应的生物指标过渡。我国河流的水质生物评价当中正逐步引入硅藻及硅藻指数，已有研究表明生物硅藻指数（SPI）和特殊污染敏感指数（BDI）能很好地评价法国河流监测数据，而硅藻在世界范围内普遍分布，适于进一步推广。洪佳等[50]利用硅藻 SPI 和 BDI 指数评价了金华江流域水质，与理化评价结果相吻合，但提出需进一步研究在国内其他流域的适用性。李钟群等[51]以白沙溪为示范区，比较了硅藻生物指数评价与我国现阶段河流水质理化评价结果的异同性，同时对白沙溪进行水生态评估，研究发现特定污染敏感指数和硅藻生物指数均与电导率、总磷、氨氮、氯化物之间呈显著负相关，此外硅藻生物指数还与高锰酸盐指数、总氮、亚硝酸盐氮和可溶性磷酸盐之间呈显著负相关，该研究结果对开展我国河流水质生物监测具有一定的借鉴意义，但其在我国的适用性还需要开展进一步的研究。

对于突发性水污染，建立一种实时的风险监测评估系统十分必要。与传统的以个体鱼和单一行为反应为监测对象的方式相比，利用鱼群体行为变化在线预警水质能够获得更加全面、有效的信息，是预警水质突变的可靠手段。黄毅等[52]通过模拟氯氰菊酯和溴氰菊酯这两种典型污染物质突发性联合胁迫下，研究了斑马鱼群体的行为响应，利用速度、高度、平均距离、分散度、不同区域停留时间等指标全面及时地获得鱼群受污染物影响的行为变化特征，认为利用斑马鱼群体是作为水质预警的可靠指标。倪芳等[53]通过监测斑马鱼的毒性行为响应反映出五氯苯酚（PCP）污染状况，他们认为鱼类行为学研究在高浓度突发性水源污染的实时监测方面具有一定的应用前景。张苒等[54]利用在线生物预警技术，采用发光菌抑制和鱼类行为改变的生物预警技术均能够有效判别突发性污染事件。陈修报等[55]首次研究了移植"标准化"背角无齿蚌进行水环境中重金属的主动监测，发现移殖"标准化"背角无齿蚌能够有效反映出不同水环境中重金属含量的时空动态特征，表明利用其进行重金属污染的主动监测和早期预警是可行的。

2. 大气环境生物监测

植物叶片能敏感感受到外界环境变化，许多学者研究利用植物监测大气污染状况。陈志凡等[56]基于生物监测法，以北京城区为研究区域，采集了不同功能区和交通水平下的20个采样点的油松松针，采用 ICP-AES 测定了松针中的 Pb、Cd、Cu、Zn、S 和 Ca 的含量，对北京城区空气质量空间分布特征及潜在生态风险进行了分析，发现松针中 Pb 与 S 的含量高于植物生长的正常范围，对植物生长和人类健康构成了潜在威胁，而 Cd、Cu 和 Zn 的污染未呈现潜在生态风险。王磊等[57]研究了 6 种行道树叶重金属积累情况，认为交通污染是多种金属元素粒子的共同作用结果，应该选择对重金属元素吸滞综合能力强的树种，如垂榆、小叶丁香、紫丁香等，为城市防污绿化树种的选择、生物监测提供了参考价值。李琦等[58]研究表明，在崂山广泛分布的毛尖紫萼藓对重金属 Pb、Cu、Cd 的积累能力均表现为最强，是一种很好的空气污染监测植物。这与毛尖紫萼藓分枝多、单位重量表面积大、与空气有更多的接触面积有关。长叶鳞叶藓、大灰藓和深绿绢藓在崂山分布较多，在地面形成的覆盖层较厚，吸收空气污染物也较多，可作为指示植物。东亚小金发藓和波叶仙鹤藓对 Pb 和 Cd 等有害污染物的积累能力较差，不适合作为空气污染指示植物，为评价青岛市空气重金属污染提供了一个有效的生物监测方法。与植物监测方法相比，藓袋法因具有背景浓度明确、不受根吸收干扰，并适用于较大范围地区的监测以及长时间监测，近几年在国内开始受到关注。高嵩等[59]利用藓袋法对深圳市 17 个监测点的大气重金属富集含量进行聚类分析发现，污染较为严重的地区均为工业区和交通密集区，污染相对较轻的监测点都离工业及交通污染源相对较远。

基于 $PM_{2.5}$ 引起的雾霾受到民众广泛的关注，研究者也探索了 $PM_{2.5}$ 的生物监测方法。王云彪等[60]研究发现 $PM_{2.5}$ 的毒性效应具有遗传特征，可影响子代幼体的发育。秀丽隐杆线虫突变体可作为 $PM_{2.5}$ 的指示生物，对 $PM_{2.5}$ 进行有效的快速风险评价。他们的研究对大气污染区的环境风险预警与人体健康评价研究提供了理论视角和实践可能。

（二）生物治理技术

1. 微生物治理技术

微生物在环境污染控制中占据了重要地位。科学家们将这些微小生命体的功能进行了深度研发，包括利用微生物降解有机污染物和重金属等。信艳娟等[61]通过富集培养的方法，从大连湾原油污染海域分离到 50 株降解菌，同时，获得了 4 株海洋专性解烃菌，并进一步研究它们的降解特性，为海洋石油污染的生物治理提供新资源。周庆等[62]以脱色希瓦菌 S12 为实验菌株，研究了零价铁（ZVI）存在条件下微生物的厌氧偶氮还原特性及其最佳反应条件。结果表明，ZVI 可显著促进菌株 S12 的厌氧偶氮还原速率，与毫米级和纳米级 ZVI 颗粒相比，微米级 ZVI 颗粒具有更强的促进作用，该研究结果将为利用 ZVI 协同促进偶氮染料的生物治理效果提供科学参数。曹明乐等[63]采用 Berthelot 法高通量筛选与高压液相精细筛选获得一株底物广泛性良好的产腈水解酶菌株 Pantoea sp. 发现鉴定为泛菌 Pantoea sp. 1~2 的菌株具有较好的底物广泛性，能够氧化脂肪族腈类、羟基脂肪腈类和芳香腈类，该菌株在环境腈类污染治理等领域具有潜在的工业应用开发前景。谢维等[64]筛选出一株降解菌株 M6 对 MC-LR（水体中藻毒素-LR）具有较强的降解能力，第 3 天时降解率可达到 45.0%。苏新华等[65]研究了紫云金芽孢杆菌菌体重悬法治理 Ni 污染，发现比直接吸附法更具应用前景，最大富集量可达 32.29mg/g。

微生物治理技术在处理环境污染物方面具有速度快、消耗低、效率高、成本低、反应条件温和以及无二次污染等显著优点，已是环境保护中应用最广的、最为重要的单项技术，其在水污染控制、大气污染治理、有毒有害物质的降解、清洁可再生能源的开发、废物资源化、环境监测、污染环境的修复和污染严重的工业企业的清洁生产等环境保护的各个方面，发挥着极为重要的作用。目前，学者们应用高速发展的分子生物学技术，针对难降解有机物和重金属，开展了广泛的研究，但是大部分研究仍处于实验室阶段，离规模化应用尚有一段距离。

2. 生态工程技术

近几年，科学家也引进了一些生态工程技术理论。如蔡丽平等[66]通过对福建长汀强度水土流失区中不同生物治理模式的群落调查、物种多样性和土壤理化性质测定，采用灰色关联分析方法进行不同治理模式恢复效果评价，结果表明乔灌草混交模式、经济林封育模式改良土壤肥力的作用显著，植被物种多样性高，治理恢复效果好，是南方强度水土流失区值得推广的治理模式。丁涛等[67]采集分析了杭州市河道底泥重金属的含量，引入地累积指数法对各深度底泥中的重金属进行累积性评估，并利用提出的临界累积深度方法来确定合理的环保疏浚深度。肖蕾[68]发现在人工湿地下层添加碳源可以达到同步脱氮除磷的效果；在复合垂直流人工湿地中，曝气可使革兰阴性细菌成为基质微生物群落的优势种群，群落具有更高的活性和专一性，提高了污染物的去除效果[69]。

近几年，研究者们也开展了大量面源污染控制的生态工程实践，并取得显著成效。如邓泓等[70]运用生物治理与工程措施相结合的手段，在淀山湖大朱库港实施了净化入湖水质的生态工程试验，通过选择漂浮植物和挺水植物为主的水生植物恢复手段，结合消浪、人工浮床、填土围堰等工程技术措施，使示范区植物生境条件得到改善，在此基础上恢复水生植物群落并达到净化入湖水质的目的，生境条件改善后，漂浮（浮床）植物和挺水植物得到迅速恢复，同时试验区的水质明显改善。孔令为等[71]针对杭州西湖钱塘江引水低碳高氮的特点，提出以改性水草塘-复合垂直流人工湿地（IVCW）相耦合的生物-生态工艺进行引水处理，对该引水降氮示范工程的构建和运行效果进行了跟踪研究。结果表明，整个稳定运行期间，耦合工艺对化学需氧量（COD）、总氮（TN）、硝酸盐氮、总磷（TP）的平均去除率分别为 52.27%、52.49%、53.69%、52.79%，系统出水满足《地表水环境质量标准》（GB 3838—2002）Ⅳ标准；该生态处理技术中改性水草塘和 IVCW 单元作为耦合工艺的两个重要组成部分，在脱氮、除磷方面优势互补，从而共同保证出水水质的稳定。刘娅琴等[72]以沸石和生态浮床构建丁形潜坝，结合曝气及边坡湿地等措施在太湖北部实施生态修复工程。结果表明生态修复工程对水体 N、P 等营养元素的有效去除是工程修复水体生态系统的物质基础，生态修复改变了浮游植物的群落结构及演替方向，有效抑制了浮游植物的过度繁殖，且生态修复过程中浮游植物的生物多样性维持在相对较高的水平（Shannon-Wiener 指数平均值为 2.32），且并未出现太湖流域普遍发生的蓝藻水华。吴建勇等[73]应用可调式沉水植物网床对富营养化河流水体进行修复，从水质净化效果来看，修复前河道表面长满浮萍，淤泥发黑，随着网床种植沉水植物的引入，到 2011 年 6 月，修复区的水质已净化到了优，且水体清澈见底。1 年后，氮、磷的去除率达 71.8% 和 95.65%，水体保持清澈见底的状态，并没有反弹现象。

针对农业非点源污染，付菊英等[74]对我国目前常用的控制农业非点源污染的生态工程技术，主要包括人工湿地、植被过滤带与缓冲带、多水塘系统，以及沟渠等措施的效果进行对比，发现人工湿地系统去污能力强，但是占地面积大，而沟渠系统多用于农业生产中，去污效果也很好，具有很好的发展前景。最后提出多种措施耦合系统的生态工程技术将是非点源污染控制的一大发展趋势。

3. 新兴污染物的生物治理

新兴污染物是指目前确定已经存在，但尚无相关法律法规规定或规定不完善的污染物质，危害生活和生态环境的所有在生产建设或者其他活动中产生的污染物。目前研究者关注较多的新兴污染物有药物和个人护理品（PPCPs）、饮用水消毒副产物（DBPs）、内分泌干扰物（EDCs）、人造纳米材料和溴化阻燃剂等。如何有效监测并治理这些污染物成为环境科学领域的热点之一。

（1）抗生素、抗性基因　涂保华等[75]以常州市某城市污水处理厂中克拉霉素、磺胺甲噁唑、土霉素和头孢他啶为研究对象，研究了 SBR 工艺对抗生素类污染物的去除效果，研究发现，城市污水处理系统对克拉霉素、磺胺甲噁唑、土霉素和头孢他啶的去除率分别为 91%、20%、96% 和 74%。韦蓓等[76]对污泥堆肥过程中四环素类抗生素（四环素、土霉素和金霉素）和四环素类抗性基因［tet（A）、tet（C）、tet（M）、tet（O）和 tet（X）］的动态变化进行了定量研究。结果表明，四环素、土霉素和金霉素的浓度经堆肥处理后分别减少 85.6%、91.4% 和 85.3%。但堆肥处理对污泥中四环素类抗性基因的削减效果有限。文汉卿等[77]针对抗生素抗性基因，综述了抗性基因在水体环境中的来源与污染情况；分析了抗性基因在环境中的传播途径与生态风险，并重点讨论了污泥消化、人工湿地、消毒以及深度处理等不同水处理工艺对抗生素抗性基因的去除效果，指出不同去除技术的改进方向。凌德等[78]对不同浓度土霉素（OTC）和磺胺二甲嘧啶（SMZ）进行了研究，发现当浓度分别达 100～200mg/kg 和 50～100mg/kg 时，直至培养末期土壤仍处于轻度污染，而当 OTC 和 SMZ 处理浓度分别低于 50mg/kg 和 10mg/kg 时，土壤污染程度较低，能够进行自我修复。卢晓霞等[79]研究了水环境中普遍存在的生物毒性很高的新兴污染物多溴联苯醚中 2,2',4,4'-四溴联苯醚（BDE-47）的厌氧微生物降解情况，发现两组含脱卤球菌的培养液（6M6B 和 T2）均能明显降解 BDE-47，但高浓度的 BDE-47 在一定程度上会抑制降解菌的活性。

（2）个人护理品　王凤花等[80]利用固相萃取（SPE）-高效液相色谱（HPLC）法测定了乙酰氨基酚在泰安市污水处理厂进出水和地表水体中的含量。结果表明，乙酰氨基酚在污水处理厂进水中均被检出，质量浓度为 0.9～238μg/L，表明生活污水为污水处理厂该药物活性成分的来源，出水中质量浓度为 ND（未检出）～8.3μg/L，去除率较高，其中生物降解是主要的降解机制。柯润辉等[81]调查了上海某大型污水处理厂的水样，结果显示该厂污水中有咖啡因、布洛芬、酮洛芬、双氯酚酸、氧氟沙星、睾酮、诺龙、磺胺吡啶、磺胺甲噁唑、甲砜霉素、氟甲砜霉素、氯贝酸、磺胺二甲基嘧啶、磺胺间甲氧嘧啶、氯霉素和诺龙等药物被检出和定量，研究发现磺胺二甲基嘧啶、磺胺间甲氧嘧啶、氯霉素和诺龙4种药物经生化反应池（A/A/O）和二沉池处理之后未检出。以 A/A/O 为核心技术的污水处理工艺对咖啡因、氯霉素、甲砜霉素和诺龙等药物的处理效率较好（85%～99%），但对大部分药物处理效果并不显著。吴春英[82]采用模拟生活污水，在相同的运行条件下，对比研究了膜生物反应器（MBR）与序批式活性污泥法（SBR）对 10 种典型药品和个人护理品（PPCPs）的去除效果，发现 MBR 在出水的安全性和稳定性上存在着一定的优势，对某城市污水处理厂采用 A2/O-MBR 组合工艺去除几种典型药品及个人护理品（PPCPs）的效果进行了长期检测。结果表明，部分目标物的进水浓度呈现一定的季节性变化规律，对大部分目标物的去除效果相对稳定，其中对咖啡因、硫氰酸盐和避蚊胺的去除率达到 80% 以上，而舒必利、卡马西平和双氯酚酸等物质在工艺中几乎不能被去除。

随着对环境的关注日益增强，需要加强环境管理和控制技术开发。开展城市污水和自然水体及土壤中典型污染物的分布调查和迁移转化规律研究，加强污染物生态毒性效应分析，特别是对本土物种的危害效应，识别高风险污染物母体或其降解产物，判断其引起环境风险的主要环节和途径，进而指导开发新型的控制技术。改进污水处理技术和工艺，在提高污染物降解率的同时，避免在污水处理过程中生成危害性更高的降解产物进入环境。加强风险源识别，实施严格的生命周期管理，最大限度地降低各种途径的排放。充分合理地利用生态工程技术及微生物治理技术，不但保护了环境，更创造了许多社会价值。

（三）生物修复技术

1. 水体生态修复技术

污染水体的生物修复技术是利用特定生物（特别是微生物）对水体中污染物的吸收、转化或降解，达到减缓或最终消除水体污染、恢复水体生态功能的生物措施。它是新近发展起来的一项清洁环境的低投资、高效益、便于应用、发展潜力巨大的新兴技术。污染水体生态修复的方法主要有水体曝气、投加微生物、种植水生植物、养殖水生动物、湿地技术等[83]。

水体生物修复对多种类型的污染水体治理中发挥着极大作用。对于河流湖泊污染，主要有微生物和植物修复法；废水污染的生物修复主要有对重金属离子的修复和对有机污染物的修复；水体底泥污染的生物修复可以运用水生植物和微生物共同组成的生态修复系统及种植水生植物的根茎控制底泥中营养物的释放。目前，已有数量可观的水体生物修复研究实例报道。

（1）城市河流湖泊污染水体生态修复　中国科学院水生生物研究所在西湖湖西和小南湖水域内进行生态基基底改良、着生藻异常增殖控制、高等维管束植物初级生产力重建、沉水植物斑块镶嵌格局优化以及抗牧食生境营造的水体污染修复和生境修复的试点实践。林燕春等[84]在对广州市河涌水环境原位治理生物修复中，采用河道曝气增氧、投放微生物菌剂、底泥生物修复和设置生物巢系统等综合措施，实现河涌不黑不臭，COD、BOD_5 降低 50%～70%，氨氮降低 60%～90%，硫化物降低 70%～90%，透明度提高，溶解氧（DO）浓度在 1.5mg/L 以上，主要水质指标达到《地表水环境质量标准》（GB 3838—2002）的 Ⅳ 类水质标准和《城镇污水处理厂污染物排放标准》（GB 18918—2002），控制和消除河涌外源和内源污染，净化了河涌水质。郭伟杰等[85]研究了合肥市南淝河美人蕉生态护坡对河道的水质改善作用，河水经流过生态护坡后 TSS、TN、NH_4^+-N、TP 和 COD 的平均去除率分别为 76.4%、45.6%、57.5%、40.1% 和 29.0%，美人蕉护坡微生物的数量显著多于无植物坡岸，微生物总数分别为 3.17×10^7 cfu/g 和 0.830×10^7 cfu/g。由此可见，植物护坡兼具净化和生态景观效应。李京辉等[86]选用 Bpa-1017、Eama-11 和 Bcato-Zyme 1011 这 3 种复合生物制剂对山西汾河公园景区水体进行了治理与修复的研究，结果显示藻细胞密度总体控制在 (6.83×10^7) ~ (7.96×10^7) 个/L，明显低于治理前，有效抑制了蓝藻的生长，且有害蓝藻出现频率较低，水华得到有效控制，水体水质和透明度得到改善，水体生态环境得到修复。

（2）农村污水水体生态修复　随着中国农村经济的快速发展，水资源消耗急剧增多，污染物排放不断加重，农村水体污染问题日益凸显。当前，根据农村生活污水组合处理技术的作用机理，大致可将它们分为 3 大类：生物技术、生态技术、生物-生态技术[87]。周俊等[88]采用缺氧-厌氧-好氧（A2/O）处理工艺进行了处理农村污水的研究，并通过改造，将缺氧槽置于厌氧槽的前端，并增加了微电解铁屑床和复合生物材料，研发出了改进型的合并净化槽。实验结果表明，在 HRT 为 8h、系统回流体积比为 75% 时，3 月份对 COD、TN、TP 的平均去除率分别为 93%、80%、94%，而 8 月份则分别为 94%、76%、91%。针对华北农村地区生活污水碳氮较低，吴迪等[89]采用自流式厌氧-3 级好氧-缺氧生物膜工艺，利用投加的生物球提高厌氧段的硝化能力；同时，在 3 级好氧缺氧生物膜段，通过跌水充氧实现硝化和反硝化除磷在同一反应器内进行，从而有效地解决了碳源供给能力的问题，该工艺对农村生活污水中 COD、NH_4-N、TN、TP 的去除率分别为 73.7%、90.7%、59.6%、69.7%。其后，对 3 级好氧-缺氧生物膜技术进行改进，新工艺增设了回流泵（回流体积比 2：1），且提高了厌氧段悬浮填料装填率，改进后出水 TN 的去除能力有较大提高，达到 63.9%[90]。张洪玲等[91]采用多级土壤渗滤系统处理太湖流域农村生活污水，COD、NH_4-N、TN、TP 和 SS 的去除率分别为 70%、83%、59%、76% 和 94%。王学华等[92]以生态塘为预处理，人工湿地作为后续处理，对太湖三山岛农村生活污水中 NH_4-N、TN、TP 的去除率高达 95%~99%、95%~98%、92%~98%，且减少进水中 SS 含量，有效地缓解湿地系统堵塞。

（3）其他类型污染水体生态修复　海洋污染尤其是海洋有机污染是当今世界沿海国家普遍关心的环境问题之一，对于海洋污染，微生物是降解石油污染的主要治理方法，主要有加入高效降解菌、使用分散剂、使用氮磷营养盐等修复措施，目前，生物修复正朝着构建特定且快速降解污染物的工程菌方向发展，并且已分离到了具有多种降解功能的超级微生物[93]。张贤明[94]总结了利用投菌法、改进生物反应器，以及开发针对重金属污染的电动力学修复技术等强化修复技术治理润滑油环境污染。

污染水体的修复是一个牵涉到污染治理、环境生态和水利水文等多学科的系统工程，必须从水体的功能定位、污染整治的目标和水体生态系统平衡的建立等多方面入手，以维护水体的良性循环和可持续发展，取得良好的环境效益和社会效益。总体来说，生物处理技术主要是指通过微生物在好氧-厌氧条件下去除污染物质的技术，该技术占地面积小，污泥产量低，具有良好的耐冲击负荷能力，可处理水量和水质波动性较大的污水。目前广泛应用于农村生活污水的生物组合技术，主要是由 A（厌氧）和 O（好氧）组合而成的不同工艺。

生态处理技术则是利用土壤-植物（动物）-微生物复合生态系统，通过物理、化学、生物作用对污水中的资源加以利用，对污水中的污染物进行降解和净化的工艺。相对于生物处理技术，生态处理技术一般建设管理费用低、节能耗，具有一定的景观效果，更加注重生态服务价值。

生物-生态组合技术是生物和生态处理工艺的结合，相较于生物组合技术和生态组合技术，生物-生态组合技术需综合考虑农村地区的经济条件，南北方地域气候差异，以及用地条件、运行管理、污泥产量和实际工程案例等因素，处理效果更为理想，但系统构建和经济成本也相对高。

2. 土壤生物修复技术

现代农业的发展改变了自然界的原有状况，为追求高产而大量使用的化肥、农药导致土壤有机物污染日趋严重[95]。此外，工业生产、石油开采、交通运输、畜禽养殖及居民生活等也产生了大量有机污染物，使土壤有机物污染进一步加剧，土壤有机物污染的修复日益迫切。土壤污染修复是指通过物理的、化学的和生物的方法，吸收、降解、转移和转化土壤中的污染物，使污染物浓度降低到可以接受的水平，或将有毒有害的污染物转化为无害物质的过程[96]。同物理修复和化学修复方法相比，生物修复具有可基本保持土壤理化性质、污染物降解彻底、处理费用较低和应用广泛、不易产生二次污染、适应于大面积土壤污染的修复等特点。生物修复由于具有低耗、高效、环境安全及纯生态过程等显著优点，成为土壤环境修复最活跃研究领域。

根据土壤受污染的类型，可以将污染土壤的生物修复分为无机污染（如重金属等）土壤和有机污染（如农药、石油、抗生素等）土壤。其中，有机污染土壤的生物修复是目前污染修复研究的热点领域。有机污染土壤生物修复分为微生物修复、植物修复和动物修复3种，并以微生物修复及植物修复的研究和应用最为广泛。狭义的土壤污染生物修复特指微生物修复，即通过微生物将土壤有机污染物作为碳源和能源，将其分解为 CO_2 和 H_2O 或其他无害物质的过程。

（1）植物修复技术　植物修复是指通过利用植物忍耐或超量吸收积累某种或某些化学元素的特性，或利用植物及其根际微生物将污染物降解转化为无毒物质的功能，利用植物在生长过程中对环境中的某些污染物的吸收、降解、过滤和固定等特性来净化环境污染的技术。能利用植物修复的污染物有重金属、农药、石油和持久性有机污染物、炸药、放射性核素等。有学者研究了苯并 [a] 芘（B [a] P）和重金属-B [a] P 对观赏植物灯心草生长的影响及后者对芘和重金属的吸收，积累和降解性能[97]，结果表明，低浓度芘（≤10mg/kg）条件下，灯心草生物量的增长速度比对照组增加了 $10.0\%\sim49.7\%$，且植物体内芘的积累量与土壤中芘含量显著正相关，土壤中 Cd、Cu 和 Pb 的存在阻碍了植物的生长和其对芘的吸收，但在重金属-芘混合土质中，植物对 Cd 仍表现较强的吸收能力，而对 Cu 和 Pb 的吸收很弱。植物在芘的吸收过程中起主要贡献，在芘和芘-重金属土壤中分别占到了 $79.2\%\sim92.4\%$ 和 $78.2\%\sim92.9\%$，由此得出，在芘或芘-Cd 复合污染土壤中，可以采用灯心草进行植物重金属修复。植物修复还包括络合诱导强化修复、不同植物套作联合修复、修复后植物处理处置的成套技术[98]以及纳米-植物联合修复技术。纳米-植物联合修复技术是一种将纳米技术和植物修复联合起来用于修复污染土壤的技术，高园园和周启星[99]研究选择模拟电子垃圾污染土壤（Pb-PCBs），利用对 Pb 具有较好修复效果的凤仙花作为供试植物，并将 3 种纳米铁（纳米零价铁、蛭石负载纳米铁和活性炭负载纳米铁）应用于该修复中，考察凤仙花对该复合污染土壤中 Pb 的积累效果，结果表明，浓度为 1000mg/kg（Pb）＋250μg/kg（PCB）且添加 10mmol 活性炭负载型纳米零价铁时，凤仙花根部对 Pb 的积累量减少了 24.4％，而对于蛭石负载纳米零价铁和纳米零价铁而言，则有一定程度的提高，由此得出纳米-植物联合修复技术是一种很有潜力的修复 Pb-PCBs 复合污染土壤的技术。

（2）微生物修复技术　微生物修复技术是指利用天然存在的或所培养的功能微生物（主要有土著微生物、外来微生物和基因工程菌），在人为优化的适宜条件下，促进微生物代谢功能，从而达到降低有毒污染物活性或将其降解成无毒物质而达到修复受污染环境的技术。通常一种微生物能降解多种有机污染物，如假单胞杆菌可降解 DDT、艾氏剂、毒杀酚和敌敌畏等。此外，微生物可通过改变土壤的理化性质而降低有机污染物的有效性，从而间接起到修复污染土壤的目的。在我国，已构建了有机污染物高效降解菌筛选技术、微生物修复剂制备技术和有机污染物残留微生物降解田间应用技术。芳香烃降解菌是石油污染土壤修复的主要生物资源。陈志丹等[100]采用芘平板升华法对克拉玛依原油污染土壤样品进行驯化培养，分离得到一株芘降解菌 B2，经 16SrDNA 基因序列比对及系统发育进化分析得出该菌株为假单胞菌属，采用正交设计方法优化菌株 B2 对高分子量多环芳烃芘的降解条件，并构建多元非线性模型预测菌株 B2 对芘的最佳降解条件，结果表明，在接种量 OD_{660nm} 为 0.60、降解温度为 40℃、降解时间为 6.0 天时，预测菌株 B2 对芘的降解最大达到 38.214mg/L，实际测得最大降解量为 37.906mg/L，预测准确率为 99.19％。在石油污染修复过程中，石油烃的疏水性会限制微生物对石油的降解，但一些微生物的细胞代谢物即生物表面活性剂，它是微生物在一定条件下代谢分泌产生的，具有一定表面活性，可以促进油的乳化，提高油的分散程度，增大菌株和油珠的接触机会，促进对石油烃的吸收和降解。花莉等[101]从实验室分离得到了 7 株产表面活性剂的石油降解菌株并进行了分子鉴定，研究了它们的生长与表面活性剂物质分泌状况的关系和其对石油的降解能力，发现菌 3 居植物柔武氏菌和菌 5 蜡状芽孢杆菌降解性能较好；通过响应曲面法优化蜡状芽孢杆菌的降解条件，得出其最佳降解条件为：pH 为 5.02，油质量浓度为 3g/L，接种量为 1199.98μl，盐度为 0.5g/L 时，在此条件下，菌株对石油的降解率为 66.94％。

（3）生物联合修复技术——微生物-动物-植物联合修复技术　结合使用两种或两种以上修复方法，形成联合修复技术，不仅能提高单一土壤污染的修复速度和效果，还能克服单项技术的不足，实现对多种污染物形成的土壤复合/混合污染的修复，已成为研究土壤污染修复技术的重要内容。微生物（如细菌、真菌）-植物、动物（如蚯蚓）-植物、动物（如线虫）-微生物联合修复是土壤生物修复技术研究的新内容[102]。Zhou 等[103]研究了捕食细菌类线虫和受污染土壤中原有微生物共同作用下对土壤中扑草净降解和土壤中微生物活性的影响。结果表明，受污染土壤中原有微生物可降解 59.6％～67.9％的扑草净，而线虫的存在对其降解率提高了 8.36％～10.69％。在培养初期，线虫增殖迅速，且加快了受扑草净污染土壤中微生物的增长，增强了其活性。

中国在重金属污染土壤、有机污染土壤清洁技术等方面已经进行了许多颇有成效的研究和探索，但与欧美等发达国家相比，研究相对滞后。目前土壤生物修复技术由于受到如共存的有毒物质对生物降解作用的抑制、电子受体（营养物）释放的物理性障碍、物理因子（如低温）引起的低反应速率、污染物的生物不可利用性、污染物被转化成有毒的代谢产物、污染物分布的不均一性、缺乏具有降解污染物生物化学能力的微生物等因素的制约，修复完的土壤很多指标还不能达到相关的指标要求。但生物修复技术具有广阔的应用前景，如果将其同物理和化学处理方法相结合，相信能更好、更有效地修复污染土壤[104]。

3. 地下水生物修复技术

随着工业化生产的快速发展，由此带来的工业废水、石油泄漏、农药化肥的超量施用等，使得地下水的污染日趋严重，有关这方面的问题也受到越来越多的关注。目前，科研人员已开发出多种地下水修复技术，如抽出处理法、水力法、物理法、化学法及生物修复法等。其中，生物修复法具有物理法、化学法和其他方法无可比拟的优点，突出表现在生物修复法可以现场进行、环境影响小和最大限度地降低污染物浓度等，是一种绿色生态方法[105]。所谓生物修复技术，是指利用天然存在的或特别培养的生物（植物、微生物和原生动物）在可调控环境条件下将有毒污染物转化为无毒物质的处理技术。目前，地下水生物修复技术主要有泥炭生物屏障法、生物注射法、植物修复法、有机黏土法和生物反应器法等。

泥炭，又称为草炭或泥煤，具有螯合结构，可以与其他离子或基团发生快速的络合反应及离子交换作用，从而将污染物从水中转移到固相中达到去除水中污染物的目的。泥炭生物屏障法处理污染地下水有很大的优越性，但天然泥炭较易得到，但却不便应用。这主要是由于天然泥炭亲水性强、化学稳定性差、较容易收缩与膨胀、吸附能力很差，故应对其进行适当改性以改善其化学性能。高洪岩[106]对比了单独加入零价铁、单纯加入活性炭和零价铁-活性炭联用对硝酸盐氮的去除作用，结果表明：联用方式活性炭的加入可以以微电解的形式以及自身的吸附性提高硝酸盐的去除率，减少氨氮的生成，试验最佳的铁炭质量比为 $1:2$。

生物注射法亦称空气注射法，是在传统气提技术的基础上加以改进提升的新技术。与传统的抽提法相比，生物注射法在通气的同时予以抽提，使得全部地下水尤其是岩层中的污染物得到有效去除，而且生物注射法为污染地下水中的微生物体提供了充足的氧气，增加了地下水中溶解氧浓度，从而促进生物降解。金黄梅等[107]通过研究发现借助密度差的驱动作用能较好地实现水气的相流在多孔介质中的均匀分布，顺利进行曝气原位生物修复，去除地下水石油污染，经过 25 天运行，装置出水 COD 平均去除率均达 95％以上，油浓度去除率达 80％。

植物修复法具有投资少、工艺流程简单、植物根部可以渗透到一般技术难以达到的位置、污染物泄漏少且能使土壤得到改良等优点，但植物修复法难以去除根部以下更深层的污染物并且污染物的毒性可能影响植物的生长，修复过程比较缓慢。

生物反应器法流程复杂，且影响因素较多，目前研究最多的有生物膜反应器法和序批式反应器法，部分生物反应器法处理水质较差，需要高温和补充有机物，微生物生长和浓度维持困难。葛丽萍[108]采用金属氧化物复合滤料-钢渣基复合滤料和矿渣基复合滤料为滤料，以曝气生物滤池（BAF）为依托，探讨了滤料的离子释放特性对有机物、氨氮去除效果的影响，实验结果表明，其对于 COD 和氨氮均具有较好的效果。季芳芳[109]进行了以竹炭为填料的两级曝气生物滤池和后置反硝化曝气生物滤池处理生活污水的试验研究，系统对 COD、氨氮、SS、TN、TP 的去除效果分别达到 87.32％、76.39％、90.32％、43.19％和 23.06％。

杨悦锁等[110]以某石油污染场地地下水为研究对象，进行了地下水中分离微生物菌株及其降解特征的实验研究。结果表明：放线菌降解效果最好，细菌和真菌次之；两两组合降解效果好于单菌，表明存在协同作用；不同菌株混合降解率较低，表明具有拮抗作用。通过动力学实验得出对 TPH 的降解符合一级反应动力学方程及其降解速度和降解半衰期，微生物活性实验表明：活菌总数和脱氢酶活性与降解率呈正相关变化，并运用生理生化及分子生物学方法鉴定得出了具体的菌种。通过曝气的方式也能向受污染地下水提供电子受体，刺激地下水中污染物的降解。孟庆玲和马桂科[111]研究表明：空气曝气 15 天后，地下水中的苯和二甲苯的去除率分别为 75.6% 和 71.3%。然而这种空气曝气的方式成本高，且曝气停止后，残留在土壤介质中的污染物会被释放出来。而后张永祥和梁建奎[112]对释氧材料进行改进，添加了膨润土、磷酸二氢钾和硫酸铵等物质，结果表明改进后的释氧材料释氧速率缓慢，可使地下水中溶解氧的浓度长时间保持在 5mg/L。

（四）生物物质产品

1. 生物表面活性剂

生物表面活性剂是一类由微生物合成的、结构不同的表面活性分子，微生物在一定条件下培养时，在其代谢过程中分泌产生的一些具有一定表/界面活性，集亲水基和疏水基结构于一分子内部的两亲化合物。与化学合成的表面活性剂相比，生物表面活性剂有更多的优点，如更低的毒性，更高的生物降解性，更好的环境相容性，更高的起泡性，在极端温度、pH、盐浓度下的更好的选择性和专一性。也由于这些优点，使生物表面活性剂在工业上广泛应用，并有可能替代化学合成的表面活性剂。生物表面活性剂主要分为糖脂类、脂多肽和脂蛋白类、磷脂和脂肪酸类、聚合表面活性剂类和微粒表面活性剂类五大类，在石油、食品、环境和农业等方面用途十分广泛，在环境方面，主要是用于水质净化和重金属等污染物的去除。

Song 等[113]采用生物滴滤法净化苯乙烯的过程中添加表面活性剂 Tritonon X-100，研究表明在苯乙烯的平均有机负荷率分别为 65.3g/（cm³·h）、100.9g/（cm³·h）、201.7g/（m³·h）时，添加 Tritonon X-100 能使去除率从 87%、70%、50% 提高到 96%、92%、82%，同时整个运行过程中生物量维持稳定。由此可见，将化学表面活性剂用于疏水性 VOCs 的生物净化过程并提高其降解效率是可行的。晁阳等[114]采用静态强制通风好氧堆肥模式对城市剩余污泥进行堆肥降解，并研究了生物表面活性剂鼠李糖脂对堆肥过程的作用。结果表明，堆肥过程中，添加了质量分数为 0.015% 鼠李糖脂溶液，堆制处理组比空白组的堆体升温快、高温期持续时间长、堆体的含水率高，鼠李糖脂的添加，使实验组的微生物数量高于空白组，种子发芽指数（GI）在堆肥结束时分别为 53.70% 和 50.80%，说明鼠李糖脂促进了堆肥的腐熟且生物表面活性剂的介入促进了堆肥中木质纤维素的初步降解。

利用生物表面活性剂加速去除环境中各种污染物和重金属，具有良好的环境兼容性，从而有望把生物表面活性剂在环境工程中的应用扩展到更广阔的领域，但其产量低、成本高，在价格上无法与化学合成表面活性剂相抗衡，推广应用受到限制，需要加强寻求廉价原料，改进生产工艺，降低生产成本并加强微生物的重复利用，加强菌种的遗传学研究，通过基因工程诱变育种和构建基因工程高产菌，获得更有针对性的高效生物表面活性剂，发展快速检测高产菌株并评价其潜力的方法[115]。

2. 生物絮凝剂

絮凝剂又称沉降剂，是一类可使溶液中不易沉降的固体悬浮颗粒凝集、沉淀的物质。

生物絮凝剂是由微生物在生长过程中产生的代谢产物，可以使水体中不易降解的固体悬浮颗粒、菌体细胞及胶体粒子等凝集、沉淀的特殊高分子聚合物，易于分离，沉降效率高，可降解，其降解产物对环境无毒无害，不会产生二次污染，是一种高效安全的絮凝剂[116]。按照来源不同，生物絮凝剂主要可分为 3 类：①直接利用微生物细胞的絮凝剂，如某些细菌、放线菌、真菌和酵母；②利用微生物细胞壁提取物的絮凝剂；③利用微生物细胞代谢产物的絮凝剂。生物絮凝剂（MBF）具有安全高效、无二次污染、用途广泛、脱色效果独特、投放量相对少的特点，作为水处理剂的研究和应用都有着极好的发展前景。

王会和周燕[117]从活性污泥中筛选得到一株生物絮凝剂产生菌，利用玉米淀粉废水作为培养基用该菌生产生物絮凝剂，所产絮凝剂命名为 F-12，将 F-12 用于染料废水脱色，研究了 F-12 加入量、助凝剂、pH、搅拌时间及静置时间等条件对脱色效果的影响。试验结果表明，F-12 对染料废水有良好的处理效果，且获得了其最优脱色条件，在此条件下，F-12 对氧化铁红废水的脱色率达到 95.02％。邢洁等[118]从活性污泥中筛选出一株高效生物絮凝剂产生菌 J1，经鉴定该菌为克雷伯菌。菌株 J1 的生物絮凝剂产率为 2.15g/L，絮凝率为 90.83％。利用产絮菌 J1 发酵产生的生物絮凝剂 MFX 去除水中的 17α-乙炔雌二醇（EE2），在絮凝剂投加量为 8mL、助凝剂投加量为 1mL、初始 pH 值为 5、反应时间为 1h 的最优条件下，对 EE2 的去除率可达 90％，pH 值对生物絮凝剂去除 EE2 的影响最大，其次为助凝剂投加量、絮凝时间和絮凝剂投加量。

然而，尽管微生物絮凝剂独特的优越性已经显示了其广阔的应用前景，但到目前为止，微生物絮凝剂在实际生产中尚未得到推广应用。生产成本过高，活体絮凝剂保存困难、絮凝剂处理功能单一等成为妨碍其推广的主要原因。

3. 生物吸附剂

近年来，重金属污染严重，其对生态环境的危害引起了社会各界的广泛关注。不同类型的企业所排废水的重金属含量、种类有所不同。对不同的重金属离子的吸附方法也都各不相同。目前常用的废水处理技术主要有物理沉淀法、化学萃取法、氧化还原法、生物吸附法等。相比于前几种处理方法，生物吸附法具有效率高、成本低、价格低廉、吸附迅速、废弃物便于储存与分离等特点[119]。与传统的金属离子处理方法相比，生物吸附法具有以下优点：①污染小，而且吸附效果十分显著；②不易受环境（pH 值和温度）的影响；③金属能够被回收利用；④吸附剂能得以再生，可循环使用。

陆筑凤等[120]利用水稻秸秆发酵后碱液浸提酸沉淀的方法制备生物质吸附剂，对该吸附剂的性质和含铜废水的吸附性能展开了研究，得出结论，该吸附剂适合处理低浓度含铜废水（铜离子浓度低于 100mg/L，吸附去除率高于 80％），当吸附剂用量 1.5g/L、pH5.0 时，对 20mg/L Cu^{2+} 的去除率达到最大值 96.45％。邹继颖等[121]利用锯末和花生壳制备出对重金属离子具有较好吸附性能的生物吸附剂。研究了此种生物吸附剂对废水中 Cr^{6+} 的吸附性能。聂小琴等[122]以梧桐树叶粉末为吸附剂，通过静态吸附实验，研究了梧桐树叶对铀的吸附行为及其可能存在的机制。

但是虽然生物吸附法是从废水中脱除重金属的有效方法，但其工业化的步伐却一直很缓慢，其中吸附机理的研究还不透彻。因此，需要在探究吸附机理、建立更好的吸附过程进行模型模拟、生物吸附剂的再生和用真正的工业废水试验及固定的生物量等方面进行进一步研究[123]。总之，生物吸附技术发展时间短暂，水平尚不成熟，还没有成为处理废水的主要方法。

4. 生物肥料

生物肥料又被称为生物菌肥、菌剂、接种剂，是指用特定微生物菌种培养生产具有活性的微生物抑制剂。它是一种辅助肥料，它本身并不含植物所需营养元素，而是通过菌肥中微生物的生命活动，改善作物的营养条件、参与养分的转化、分泌激素刺激作物根系发育、抑制有害微生物的活动来发挥其增产的效能。目前微生物肥料可分两大类：一是狭义的微生物肥料，指通过其中所含微生物的生命活动来增加植物营养元素的供应量，从而改善植物的营养状况来提高产量，其代表品种是根瘤菌肥；另一类是广义的微生物肥料，指通过其中微生物的生命活动，提高植物营养元素的供应量，产生植物生长激素，促进植物对营养元素的吸收利用或拮抗某些病原微生物的致病作用，减轻农作物病虫害而使产量增加。

已有许多学者对生物肥料进行应用研究。黄锡志等[124]通过生物肥料在番茄、南瓜上的应用，为生物肥料对蔬菜生长发育的影响和使用方法提供参考依据。周青等[125]以应用生物肥料培肥水稻育秧苗床，研究培肥方式对不同土壤酶活性的影响，结果表明采用生物肥料快速培肥有利于提高土壤酶活性、促进养分转化、提高土壤供肥力，但其培肥效果受盐分的影响。

总之，使用微生物肥料具有低投入、高产出、高质量、高效益、无污染且生产微生物肥料来源充足，制作技术简单，容易推广等优点，非常符合生态农业发展方向。我国生物肥料行业经过多年发展，虽然形成了一定规模，但由于农业发展水平和生物肥料自身特点，导致市场认可度仍然较低，生物肥料行业科技基础薄弱，发展支撑不足，距离现代农业的发展要求还有较大差距[126]。

5. 生物农药

生物农药是指利用生物活体或其代谢产物对害虫、病菌、杂草、线虫、鼠类等有害生物进行防治的一类农药制剂，或者是通过仿生合成的具有特异作用的农药制剂[127]。我国生物农药类型包括微生物农药、农用抗生素、植物源农药、生物化学农药和天敌昆虫农药等类型。目前大量研究及应用的微生物杀虫剂主要有真菌类、病毒类和细菌类[128]。

为明确不同生物农药对白菜菜青虫的田间防治效果，石爱丽等[129]以白菜品种太原二青为试材，研究了菜颗·苏云金杆菌可湿性粉剂1000倍液、苜核·苏云金杆菌悬浮剂750倍液、0.5%印楝素乳油750倍液、0.3%苦参碱水剂500倍液4种生物农药对菜青虫的田间防治效果以及对大白菜商品产量和种植收益的影响。结果表明：施用生物农药持效期长、防治效果好，施用苜核·苏云金杆菌悬浮剂750倍液对菜青虫的防治效果最好，施药后第15天防效为90.11%，白菜被害指数仅0.21%，商品率达100%，商品产量（177262.5kg/hm²）和扣除施药成本后的收入（48858.5元/hm²）均最高，较施用化学农药产量增加14.47%、收入提高13.75%。王萍等[130]采用室内毒力测定与田间试验相结合的方法，研究了1.5%天然除虫菊素EW、0.6%氧苦·内酯AS、1.8%阿维菌素EC及竹醋液4种生物农药对韭菜迟眼蕈蚊（韭蛆）的防治效果，试验表明，4种生物农药对韭菜迟眼蕈蚊均有毒杀作用，初步表明前三者可用于韭菜迟眼蕈蚊的田间防治。

我国生物农药的应用具有良好的基础，在水稻、小麦、棉花、玉米、果树、蔬菜等作物病虫害的综合防治中发挥了重要作用。但是随着农药工业的快速发展，以及各级政府对综合防治特别是生物防治政策支持力度的减弱，当前，人们越来越重视保护环境、生态和谐和可持续发展，提出了"公共植保，绿色植保"的理念，生物农药面临着新的发展机遇。

6. 生物能源

生物能源作为可再生能源,有望减少能源需求中对石油的依赖程度。加快生物质能源发展,缓解资源与环境的压力,是当前亟待解决的重大问题,节能减排更是中国作为负责任大国应该承担的国际责任。"十二五"期间,我国生物能源学者从分子微观到生态系统宏观尺度研究了生物能源植物的筛选。徐蕾等[131]进行了海南省非粮生物柴油能源植物的化学组分的测定,筛选出非粮生物柴油能源植物共计 30 科、47 属、59 种(含 2 变种),调查了其资源特点、资源量和分布情况,并对其发展潜力、保护和利用提出了建议。邹剑秋等[132]研究了 A_3 型和 A_1 型细胞质能源用甜高粱生物产量、茎秆含糖锤度和出汁率,结果表明 A_3 型细胞质杂交种完全可以在能源用甜高粱生产中应用,为解决 A_1 型细胞质杂交种所存在的倒伏、分期收获、鸟害等问题开辟新的途径。张树振等[133]通过对产草量、细胞壁成分(纤维素、半纤维素和木质素)质量分数、株高、分枝树和叶茎比等生物学性状进行分析,评价了不同紫花苜蓿栽培品种生物能源性状,提出甘农 3 号、黄羊镇、和阗、WL903、三得利、大郁山、平凉和意大利作为进一步开展生物质能源性状选育的优良种质材料。史琰等[134]以杭州西湖风景名胜区为案例,分析园林管理所获得的可用生物量及其生产生物能源的潜力。张全国等[135]利用王草、象草、柳枝稷、紫花苜蓿这 4 种常见能源草的纤维素酶酶解液作为产氢底物,对其光合生物制氢性能进行了实验研究。宁阳阳和邢福武[136]对 74 份(9 属 47 种)樟树油脂植物样品的含油率、脂肪酸甲酯组成、碘值及其油酸甲酯的理化性质进行了分析,初步筛选出 19 份(5 属 18 种)具有开发利用价值的樟树非粮生物柴油能源植物。村上达哉等[137]通过缺失光合作用突变体的构建,在异养高氮条件下实现了生物量及细胞内油脂含量的同步提高,为进一步提高微藻生产生物柴油的产量提供了新的研究平台。李星霖等[138]通过对沪、苏、皖三地非粮生物柴油能源植物的调查及种子含油量的测定,初步了解了沪、苏、皖现有非粮生物柴油能源植物的资源特点和分布状况,并对其开发潜力提出了对应的建议。王银柱等[139]针对黄土高原面积广袤,进行能源植物种植具有巨大潜质,但是水分是限制能源植物产量的主要因子,研究了不同水分梯度下能源植物芒草和柳枝稷生物量分配规律。

随着化石燃料资源的减少和全球环境问题的加剧,全球生物质能源的生产增长迅速,生物质能源植物种植面积不断增长。全球生物质能源植物的大面积种植对生物多样性造成了严重影响,不但直接或间接侵占了大片自然或半自然生态系统,造成生物原生栖息地的退化和消失,而且还易造成生态系统单一并改变生态系统结构与功能,加剧面源污染,引起外来种入侵,甚至增加了转基因生物安全风险[140]。从防患于未然的角度,对我国的生物质能源植物种植业发展提出了相应的建议:在生物多样性敏感地区的种植规划和项目应进行生物多样性影响评价,应尽可能使用当地物种并进行合理的配置,尽可能减少大规模单一物种的种植模式,注意原有生境的完整性和生态廊道的维持;同时,需要政府部门加大科学研究支持力度并做好监测工作,以实现我国生物质能源植物种植业和生物多样性保护的双赢[141]。

四、重大科学研究项目进展

1. "十二五" 水专项

"十二五"水专项分为湖泊、河流、城市水环境、饮用水、流域水污染防治监控预警、战略与政策六大主题,各主题按地域分为几个项目,各项目再细分课题,目前共计立项147个课题,其中与环境生物学有关的课题集中在前面4大主题。

湖泊主题按太湖、滇池、巢湖、三峡水库及洱海分为5个项目共33个课题。河流主题按松花江、辽河、海河、淮河、南水北调及东江分为6个项目共34个课题。对这些湖泊、河流的治理均立足于流域层面上,以流域-控制区-控制单元三级分区体系为框架,综合运用工程、技术、生态的方法开展实施。金相灿[142]提出以"湖泊绿色流域建设"和"六大体系构建"为主要内容的湖泊富营养化防治思路,指出立足于流域层面,通过"污染源系统控制-清水产流机制修复-湖泊水体生境修复-流域系统管理与生态文明建设"的思路开展治理工作,围绕以下六大体系的构建开展:①流域产业结构调整控污减排体系;②流域污染源工程治理与控制体系;③低污染水处理与净化体系;④清水产流机制修复体系;⑤湖泊水体生境改善体系;⑥流域管理与生态文明建设体系。陈乾坤等[143]通过对环境基底改造、水质生物强化、水生植物恢复和景观构建等的集成与优化,形成低污染水生态净化组合技术。叶春等[144]对太湖竺山湾缓冲带内3种重要的缓冲系统开展生态建设,修复湖泊缓冲带的缓冲、隔离、拦截、净化功能,有效控制湖泊的面源污染。

城市水环境主题共36个课题,主要针对城市地表径流面源污染、城区水体及工业污染源的治理、污水处理厂优化及污泥处理。汪诚文等[145]针对传统印染、化工、食品发酵等行业清洁生产和水污染治理存在的问题,研发了以复合酶清洁印染技术、清浊分流自控技术及印染废水分质回用技术为核心的棉针织印染企业水污染减排及废水回用集成技术等4种主要集成工艺技术。周玲玲等[146]利用厌氧共发酵工艺处理城市污泥及有机废弃物,通过收集沼气用来发电、沼渣用于生物制肥来实现废弃物中的生物质能源回收并资源化。

饮用水主题共15个课题,与环境生物学相关的主要集中在南水北调和太湖流域饮用水课题。刘文君教授带领的团队针对南水北调受水区北京和郑州两个重要城市供水系统中存在的问题,从水源、水厂、配水管网等方面进行系统研究,基于微生物核糖体RNA的分析方法,建立了饮用水中微生物群落和活体细菌的分子识别技术、多水源切换的饮用水净水技术以及多水源切换管网黄水预测、预防与控制技术等,为饮用水安全保障提供技术支持[147]。

2. "十二五" 期间国家科学技术进步奖

"十二五"期间(统计年份为2011—2014)获得国家科学技术进步奖的项目共有671项,其中环境生物学方面的获奖项目有5项。

项目"海水池塘高效清洁养殖技术研究与应用"(董双林、田相利、王芳等,2012年二等奖)系统地创建、优化了海水池塘对虾、刺参、牙鲆和梭子蟹等海水池塘主养动物"最佳搭配"的17个综合养殖模式和9个对虾高效清洁养殖模式,如对虾-青蛤-江蓠(龙须菜)按照1:1.3:8.3的结构养殖,对虾的产量提高近两成,还会额外收获青蛤和江蓠[148~151]。团队创建的无公害水质调控技术和生态防病技术,实现了经济效益和环境效益双赢,为促进海水池塘养殖增长方式的转变和可持续发展提供了养殖模式和关键技术支持。据介绍,本项目成果已在山东、江苏、辽宁、浙江部分地区规模化应用,近三年技术应用面积累计5.77万平方百米,新增产值24亿元。

项目"低C/N比城市污水连续流脱氮除磷工艺与过程控制技术及应用"(彭永臻、霍明昕、王淑莹等,2012年二等奖)首次将反硝化过程引入厌氧发酵过程,构建"水解酸化-产氢产乙酸-反硝化"的新型生化反应链,首次集成污泥内碳源的开发并耦合反硝化,开发了污泥内碳源原位利用新方法[152]；该技术突破了3项脱氮除磷新技术在连续流工艺中应用的瓶颈，基于在线过程控制技术，首次在连续流A/O工艺中实现了稳定的短程脱氮，在处理C/N比低于3.5的污水中，短程硝化率高达90%，出水总氮小于10mg/L[153]。此外，将新型脱氮除磷技术与常规连续流工艺进行优化整合，整体提升了氮磷去除能力，开发并集成了4个低C/N比城市污水连续流脱氮除磷改良工艺及过程控制技术，为低C/N比城市污水连续流工艺达标处理提供了技术保障，在珠江、辽河和黄河流域等地40余项城市污水处理工程中得到应用，近3年使上述污水处理厂节省基建投资近4.6亿元，节约运行费用约1.21亿元。该项目共获得28项授权的发明专利，其中包括2项国外专利，发表论文100余篇（SCI收录50余篇），出版2本专著。

项目"湖泊底泥污染控制理论技术与应用"（吴丰昌、王沛芳、范成新等，2013年二等奖）以底泥污染过程认知-底泥原位治理/环保疏浚-基底重建-生态修复-水质改善为主线，开展了长期、系统和综合对比研究，深入阐述了有机质、氮磷和铁锰等在湖泊水生态系统的生物地球化学过程和效应，率先开展了湖泊近代沉积物Pu同位素和年代学研究[154]，发展完善了我国湖泊沉积物/水物质循环理论和污染底泥控制技术体系，提出我国不同类型湖泊底泥污染综合治理和水质改善技术模式，并在多个湖泊示范工程中得到应用。项目相关核心成果已获国家授权发明专利10项，发表论文300余篇（SCI收录118篇，EI收录65篇），相关成果为国家和地方湖泊环境保护管理标准、法规和政策提供重要科技支撑。

项目"干旱内陆河流域生态恢复的水调控机理、关键技术及应用"（冯起、邓铭江、海米提·依米提等，2014年二等奖）针对内陆河流域上游水源涵养功能下降、中游用水矛盾突出、下游生态恶化等典型的环境退化问题，开展研究，寻求流域水-生态问题的解决方案。本项目成果阐明了我国干旱内陆河流域水循环与水量转化规律[155]；拓展了我国内陆河流域山区水文、绿洲生态水文、荒漠生态水文研究领域，精确量化了不同生态系统的生态需水量[156]；首次对干旱内陆河流域土壤-植被-大气系统水热传输和陆面过程进行系统观测，建立了土壤-植被-大气模拟模型[157]。项目提出的绿洲防护体系与管理模式、生态恢复措施等成果被列为相关领域的最新研究进展和我国内陆河流域生态建设的成功范式，成果在甘肃、内蒙古、新疆、陕西、宁夏等地大面积推广和应用，累计经济效益34.2亿元。

同济大学环境科学与工程学院徐祖信教授主持完成的"农村污水生态处理技术体系与集成示范"项目（徐祖信、李怀正、张辰等，2014年二等奖），自2003年起便针对上海及江南水乡农村环境特性开展了农村污水处理技术研究，成功研发出了人工湿地除磷脱氮技术[158~160]、基于轮休措施的人工湿地防堵塞技术[161]、生态曝气稳定塘技术[162]以及污泥和水葫芦生态处理技术[163]，集成了三套污水处理优化组合工艺，并实现了规模化推广应用。

3. "十二五" 期间国家技术发明奖

"十二五"期间（统计年份为2011—2014）获得国家技术发明奖的项目共有213项，其中环境生物学方面的获奖项目有5项。

项目"基于微生物特异性的重金属废水深度净化新工艺"（柴立元、罗胜联、王辉等，2011年二等奖）开发出替代传统中和沉淀法的重金属冶炼废水生物制剂深度净化新方法[164]，该项目突破了高浓度重金属冶炼废水生物制剂直接深度处理与回用关键技术，实现生物制剂中试生产线 3000t/年产能，所开发的深度处理重金属的生物制剂无二次污染。高浓度重金属废水经水生物制剂处理后，出水汞、镉、砷、铜、铅、锌等重金属达到《生活饮用水水源水质标准》（CJ 3020—93），Ca^{2+} 浓度低于 100mg/L，废水回用率大于 95%，废水中金属回收率 99% 以上。该技术的应用，可以大量减少排放到环境中的重金属，对改善地表水和地下水水质、保障流域生态环境和食物链安全起着重大的作用。

项目"厌氧-微藻联合资源化处理高浓度有机废水新工艺"（张亚雷、赵建夫、席北斗等，2013 年二等奖）主要针对 COD 浓度大于 2000mg/L 的高浓度有机废水，包括 100% 的畜禽粪污水和 70% 的工业有机废水，首次提出"厌氧-微藻联合资源化处理高浓度有机废水新工艺"，发明了"高效厌氧发酵＋微藻富集净化＋动态膜深度处理"三步法资源化处理新工艺，解决了国内外典型四步法高浓度有机废水处理存在的资源利用低、二次污染严重等问题，实现了高浓度有机废水处理从单纯污染处理到资源循环利用的变革。发明高效外循环厌氧反应器[165]，解决传统厌氧反应器泥水分离易恶化、系统抗冲击能力和稳定性差的技术瓶颈。发明厌氧发酵液微藻藻种富集筛选新方法，发明高效污水耐受性微藻光生物反应器，解决了厌氧发酵液微藻培养的菌藻共生、有机污染制约因素，实现了污水微藻培养对传统好氧处理的有效替代[166]，发明了动态膜生物反应器深度处理水资源回用工艺[167,168]，实现了微藻培养出水高效深度处理水资源回用，可减缓我国水资源紧张趋势。项目授权中国发明专利 26 项、美国发明专利 1 项，发表学术论文 122 篇，其中 SCI 收录 86 篇，出版专著 4 部。通过产学研合作，在上海、浙江、山东、江西等省市的近 20 处高浓度工业有机废水和 200 多处养殖场粪污水处理项目中得到推广应用。

项目"高效微生物及其固定化脱氮技术"（倪晋仁、叶正芳、籍国东等，2013 年二等奖）发明了异养硝化-好氧反硝化一步法脱氮技术，突破了微生物脱氮功能和微环境的双重制约瓶颈，能够在单一好氧环境下同步完成除碳脱氮；筛选出了比传统生物脱氮效率高 2～3 倍的"异养硝化-好氧反硝化"脱氮功能菌，并自行设计合成了聚氨酯基大孔、网状、互惯型高分子载体，将脱氮功能菌固定化，解决了微生物失活和脱氮菌流失的技术难题[169]；研制了新型固定化微生物-高效曝气生物滤池，为脱氮微生物创造了厌氧-兼氧-好氧集成的耦合环境，大大促进了同步硝化反硝化，生物负载量达到 30g/L，氨氮耐受浓度比 A/O 工艺提高了 5 倍，通过对高效脱氮微生物的固定化，可使垃圾渗滤液、TNT 红水、黄姜加工废水等高含氮难降解有机废水中氨氮去除率达到 99%[170]。同时基于宏观和微观原电池原理，制备了 4 种廉价多介质滤料；基于砖墙式嵌套装填的多介质滤料及高效脱氮微生物，发明了能改善高效脱氮微生物生存、代谢和繁殖微环境的多介质固定化生物滤池；基于多介质滤料的优化配置，提出了以多介质快速生物滤池、多介质人工湿地和多介质地下渗滤为核心的多介质固定化生物-生态协同脱氮技术模式，促进了硝化反硝化菌群协同富集，实现了农村生活污水低成本深度脱氮[171]。该项目获得核心发明专利共 20 项，其高效脱氮微生物产品及其固定化技术与设备大大简化了传统工艺的反应条件，在不增加占地、基建、设备和能耗的前提下，实现城镇污水处理厂 1 级 A 的出水标准，使污水处理厂提标改造成本减少 50% 以上，目前建成含氮有机废水高效脱氮工程 28 座，并推广农村生活污水低成本深度脱氮设施 1453 套，近三年累计直接经济效益 1.57 亿元。

项目"污染物微生物净化增强技术新方法及应用"（任洪强、郑俊、孙珮石等，2013 年二等奖）通过微生物发酵技术让生物体内产生具有催化功能的特殊蛋白质，这些蛋白质作为催化剂能够有效地让有机污染物转化、降解、净化[172]。例如，在研究污水高效除磷脱氮技术时，运用一种新型微生物，在污水中可以分解出一种酸——PHA，它可以运走水中的磷，从而达到除磷的目的。此外，任洪强教授培养的微生物还可以降解新型污染物。据介绍，这项技术在解决富含毒害化合物的有机废水、低浓度废气净化和氮磷提标排放等方面发挥了重要的作用，在实际应用中每天可以处理有机废水（气）约 20 万吨，每年减排氮磷和 COD 共约 180 万吨，近三年增收节支 3.6 亿元。目前，该项目核心技术在100 多个有机污染物治理工程中得到成功应用。

项目"有机废物生物强化腐殖化及腐殖酸高效提取循环利用技术"（席北斗、岳东北、于家伊等，2014 年二等奖）首次提出了有机废物限制矿化、高效定向腐殖化的新思路，创新了规模聚集下的有机废物有机质高效利用的新模式，解决了传统堆肥三大技术难题：腐殖化效率低、产品质量差和二次污染控制难，改变了传统有机肥不需要标准化、无法进入国家主流通路的弊端，实现了把一切可利用的废物变成肥料返还给土壤，从而维持土壤肥力长久不衰[173,174]。该技术曾于 2013 年获得国家知识产权局和世界知识产权组织联合授予的中国专利金奖，并已在国家餐厨废弃物资源化利用试点城市中建设了 14 个处理厂。如今，北京嘉博文生物科技有限公司把该成果创新应用，为成都蒲江国家级有机农业县健康土壤培育提供技术输出服务，在钱塘江水源地浙江衢州依托循环农业，打造衢州生态高端农业；在南水北调中线水源地十堰郧阳培育健康土壤，守土护水，确保北京居民用水安全。

4. "十二五" 期间国家自然科学技术奖

"十二五"期间（统计年份为 2011—2014）国家自然科学技术奖获奖项目一共有 177 项，其中环境生物学方向 1 项，为"废水处理系统中微生物聚集体的形成过程、作用机制及调控原理"，获 2014 年国家自然科学技术奖二等奖，主要完成人为中国科技大学的俞汉青、盛国平教授和香港大学的李晓岩教授。该项成果阐明了废水生物处理反应器中微生物颗粒即好氧颗粒污泥的形成机制，揭示了微生物颗粒的表面特性、内部结构和生物学特征，阐明了污染物在其中的转化规律，创建了描述微生物颗粒形成、特性及作用的数学模型[175,176]，实现了微生物颗粒及厌氧产氢反应器的微观解析[177]，发展了利用微生物颗粒处理有机废水的基础理论，为废水高效生物处理提供了重要的理论和技术，推动了环境保护学科的发展。

5. "十二五" 期间环境保护科学技术奖

"十二五"期间（统计年份 2011—2014）获得环境保护科学技术奖的项目共有 247 项，其中环境生物学方向有 19 项，按内容大致分为 3 类，具体见表 1。

表1 "十二五"期间环境保护科学技术奖环境生物学方向获奖项目（2011—2014）

分类	项目名称	第一完成人	第一完成单位	奖项
人工湿地、生态修复技术类	人工湿地污水处理技术研究与应用	王世和	东南大学	2012 年二等奖
	城市景观水体生态修复技术示范研究	潘涛	北京市环境保护科学研究院	2012 年三等奖
	水生态系统修复与水质净化关键技术研发和工程应用	吴振斌	中国科学院水生生物研究所	2014 年二等奖
	人工湿地净化污染河水的技术研发与应用	张建	山东大学	2014 年二等奖

续表

分类	项目名称	第一完成人	第一完成单位	奖项
微生物处理污染物工艺类	污水反硝化除磷与一体化处理新技术	周少奇	华南理工大学	2011年一等奖
	畜禽粪便无公害资源化自主创新技术系统集成研究及其利用	刘克锋	北京农学院	2011年二等奖
	有机污染场地土壤修复技术与综合治理	林玉锁	环境保护部南京环境科学研究所	2012年二等奖
	基于极端环境微生物的生物活性及降解特性的技术应用示范	李捍东	中国环境科学研究院	2012年二等奖
	果园生产性废弃物有机利用及生态调控	姚允聪	北京农学院	2012年三等奖
	基于水平流复氧与生物膜联合的景观水直接净化技术	年跃刚	中国环境科学研究院	2013年二等奖
	淡水池塘养殖污染生态工程化控制技术研究与应用	刘兴国	中国水产科学研究院渔业机械仪器研究所	2013年三等奖
	臭氧-曝气生物滤池水处理工艺应用于工业废水深度处理回用	汪晓军	华南理工大学	2013年三等奖
	高效混凝剂制备及耦合生物法污水处理及回用技术	李风亭	同济大学	2014年二等奖
	RPIR快速生化污水处理技术	陈福明	深圳清华大学研究院	2014年三等奖
生物相关设备仪器类	农业有机废弃物高效生物发酵资源化技术集成与装备	席北斗	中国环境科学研究院	2011年一等奖
	低能耗垃圾渗滤液处理系统集成技术及装备	赵凤秋	北京洁绿科技发展有限公司	2011年二等奖
	反应器式生物传感器BOD快速测定新方法及仪器研制	王建龙	清华大学	2013年二等奖
	微生物除臭技术与设备	李建军	广东省微生物研究所	2013年三等奖
	种养殖废物高效生物制气关键技术设备研究及集中供气应用	李秀金	北京化工大学	2014年三等奖

注：引自环保部环保科技奖网站。

人工湿地、生态修复技术类项目以"水生态系统修复与水质净化关键技术研发和工程应用"为例简要介绍。该项目是由中国科学院水生生物研究所吴振斌研究员及其团队研发，获得2014年环境保护科学技术奖二等奖。该项目提出了以沉水植物为主的水生维管束植物重建技术的梯级式水体修复模式[178]；筛选出多种高效抑藻沉水植物，如苦草、马来眼子菜、狐尾藻等，分离鉴定出十多种高效活性抑藻化感物质[179,180]，明确了水生植物化感作用对水华藻细胞的关键作用靶点和途径，如影响藻细胞光合作用电子传递链[181]或者对藻细胞造成氧化损伤等[182]；系统解析了水生态系统中微生物区系分布特征，降解污染物生化过程及规律，并揭示浮游动植物对水体修复过程的生态响应，深入阐明了生态工程中由微生物驱动的净化机理以及几种特殊环境微生物的遗传功能特性[183,184]。该成果已在浙江、海南、广西等多个省、市、自治区的受污染水体生态修复工程中成功应用。

微生物处理污染物工艺类项目以华南理工大学的汪晓军教授及其团队的"臭氧-曝气生物滤池水处理工艺应用于工业废水深度处理回用"为例。该项目研发的臭氧-曝气生物滤池水处理工艺[185]，其主要目的是解决工业废水经二级生化处理后难生物降解有机物的去除问题，其原理是将高效的臭氧氧化预处理和经济的曝气生物滤池进行结合，首先利用臭氧的强氧化作用对废水进行预处理，破坏废水中的发色基团和有机大分子物质的官能团，将大分子有机物降解成小分子有机物，将不可生物降解的有机物氧化成可生物降解的有机物，从而改善废水的可生化性，然后再利用曝气生物滤池的生物氧化、生物絮凝和过滤截留作用进一步去除废水中残余的有机物、悬浮物、氮、磷等物质。一体式臭氧-曝气生物滤池工艺[186]，在国内外尚未见报道，是工业废水深度处理和回用领域及化学氧化-BAF组合工艺上的重大创新和突破，不能用于高浓度废水的直接处理，适用于将难生物降解的COD从低于200mg/L处理到达标排放或者回用，高浓度废水需要根据情况进行预处理后，在常规生化不能再进一步处理的情况下，采用该工艺才具有经济性的优势。当进水COD 80～150mg/L、SS 40～100mg/L、色度40～200倍的条件下，出水水质能够达到国家中水回用要求。该成果已成功应用于纺织印染废水、皮革废水、烟草废水、造纸废水、港口洗罐废水等工业废水的深度处理及回用中，取得了良好的经济效益、社会效益和环境效益。

生物相关设备仪器类项目以北京化工大学李秀金教授研发的"种养殖废物高效生物制气关键技术设备研究及集中供气应用"为例。李秀金教授提出了五种管理方式与技术路线：智能化收运系统——通过物联网、GPS及GIS等技术手段解决餐厨垃圾收运问题；干法厌氧发酵[187]——不会产生沼液，消化效率高、容积产气率高，可解决沼液排放的二次污染问题；多原料混合厌氧发酵[188]——将多种物料混合，可以最优化调整发酵原料的C/N比和养分组成，有利于发酵进行；专用装备研制[189]——开发专门适用于餐厨垃圾物料特性的滚筒式生物反应器，集收运、预处理、发酵、搅拌等于一体的处理设备；高值利用——将沼气进行提纯后，制备高品质生物天然气等高值产品。李秀金教授及其团队研制出的滚筒式生物反应器，可使种养殖废物中的有机物成分得到有效利用，实现近80%的资源利用率。

五、国内外研究进展比较

1. 国际重大环境问题研究进展

（1）国际生态系统研究计划　国际生态系统研究计划与全球可持续发展相结合，推动了区域和全球可持续发展相关生态系统科学知识的发现和应用。多尺度、多平台集成的生态系统观测研究网络有力地支撑了上述计划的实施，进而服务于管理决策，促进可持续发展目标的实现。全球生态系统相关研究计划的发展显示：面对复杂因素驱动的生态系统变化，生态系统研究需要发展多学科交叉、国际合作的研究平台，需要从单纯的生态系统过程机理的研究转向与全球可持续发展相结合。当前，国际生态系统观测研究网络的观测尺度从站点走向流域和区域，关注的对象从生态系统扩展到地表系统，逐渐将自然生态要素与社会经济相结合，深化了联网观测和联网研究；在观测手段上实现了地面观测和遥感多尺度观测的有机结合，日益注重数据共享和集成，促进了科学知识的产生。今后生态观测网络研究需要扩展观测和研究的时空尺度，深化和规范单要素联网观测和研究，有机结合地面观测和遥感观测，强化生物多样性相关监测与研究，发展耦合自然和社会经济的综合研究，拓展国内外合作研究，融入全球尺度的观测研究网络[190]。

（2）国际生物多样性研究计划　生物多样性方面最具影响力的国际计划是生物多样性计划（DIVERSITAS），该计划由联合国教科文组织（UNESCO）、环境问题科学委员会（SCOPE）和国际生物科学联合会（IUBS）于1991年建立，包括生物编目与计划、生物发现、生态服务、保护与可持续利用4个方面的内容。DIVERSITAS还推动了其他重要计划，如全球生物多样性观测网络（GEO-BON）、全球森林生物多样性监测网络（CTFS）的建立，为全球生物多样性研究提供了很好的数据平台。生物多样性研究的另一个重要方面是生物多样性信息学，与之相关的国际计划有全球生物物种名录（catalogue of life，CoL）、全球生物多样性信息网络（global biodiversity information facility，GBIF）、生命百科全书（encyclopedia of life，EOL）和生物多样性图书馆（biodiversity heritage library，BHL）。CoL、GBIF、EOL和BHL各有不同的侧重点，分别侧重于生物物种编目、地理分布、性状统计和经典分类学文献数字化[191]。

（3）FLUXNET观测研究计划　涡度相关技术的应用和区域性通量网的建设是生态系统碳水和能量观测的一次重大技术革命，1998年国际通量观测研究网络（FLUXNET）成立后，各区域观测研究网络先后加入，使得全球尺度的陆地生态通量观测研究网络的涵盖区域不断扩展。目前，FLUXNET正在启动名为"生物圈气息研究计划（study on the 'breathing' of the biosphere）"的第二次全球通量数据库建设工作，构建一个新的全球通量数据库，包含来自超过400个站点2000个站点年的痕量气体与气象观测数据，以及同期的卫星遥感、气象观测和地面调查与测定数据。该计划将以生物圈为研究对象，主要研究Terra卫星的反演数据产品的验证、生物地球化学模型优化、不同时间（小时-天-年-年际）尺度生物圈碳水交换过程的刻画、不同空间（细胞-气孔-叶片-冠层-景观-区域）尺度的生物圈碳水交换过程刻画等内容；进而绘制全球碳水通量时空分布图，预测全球变化条件下生物圈的响应[192]。

2. 国内外热点环境问题研究进展比较分析

（1）$PM_{2.5}$污染的环境生物学研究进展　国外$PM_{2.5}$研究工作开展较早，20世纪八九十年代，则从流行病学的角度揭示了长期或者短时间暴露于污染的大气环境对人体健康产生的影响，但其毒理学机理迄今尚未确立，尚未能揭示上述影响是由颗粒物的哪些主要成分或特性（粒径、化学组成、质量、数量或表面积）或何种病理生理学机理所致[193]。中国在大气颗粒物研究方面起步较晚，前期的工作主要是分析$PM_{2.5}$与气象条件的关系，目前监测资料缺乏，与欧美等发达国家差距较大，所开展的研究都是局部的和试探性的，集中在北京、广州等少数大城市，严重缺乏系统性和连续性。所做的研究工作也主要集中在资料的统计分析、影响因素分析等。随着大气污染问题日益严重，$PM_{2.5}$的研究工作越来越受到重视。国内研究者逐渐开始开展$PM_{2.5}$颗粒物中生物成分分析[194,195]、生物监测[60]研究，建议种植针叶树对$PM_{2.5}$进行生物治理。陈雯等[194]分析了杭州市区夏秋两季5个代表性区域里的空气$PM_{2.5}$中的微生物数量和种类，结果表明夏秋两季空气$PM_{2.5}$细菌和霉菌数量商业区最多，β溶血细菌交通枢纽区最多。分离到10属细菌，优势菌为芽孢杆菌属；分离到12属霉菌，优势菌为曲霉属。仅从商业区样本中扩增到分枝杆菌属16SrRNA的保守区基因片段。结论为商业区空气细颗粒物微生物污染最严重，其次分别是交通枢纽区、居民区、高校教学区和风景区。廖旭等[195]研究厦门2012年冬季$PM_{2.5}$颗粒物中细菌和真核微型生物的群落组成，并分析其潜在的来源环境。结果表明$PM_{2.5}$颗粒物中细菌和真核微型生物群落多样性较高，其中2%的细菌16SrRNA基因和42%的真核微型生物 18SrRNA 基因序列与已知序列的相似度低于 97％。分类分析表明，*Bacteroidetes*、*Actinobacteria*、*Firmicutes* 和 *Proteobacteria* 是 $PM_{2.5}$ 颗粒物细菌的主要类群，其相对丰度分别为 2.91％、10.68％、41.75％ 和 44.66％；*Stramenopiles*、*Alveolata*、*Metazoa*、*Fungi* 和 *Viridiplantae* 是 $PM_{2.5}$ 颗粒物真核微型生物的主要类群，其相对丰度分别为 5％、7％、15％、20％ 和 39％。然而，尚有 14％ 的真核微型生物 18SrRNA 基因序列未能分类到已知门类，说明气溶胶真核微型生物方面的研究尚存在较大空白。环境来源分析表明，厦门虽然属于典型海滨城市，但其空气微生物的重要环境源可能为淡水，其次是土壤、水体沉积物、污水系统和动物粪便等。而季节性气团输送可能是厦门冬季气溶胶微生物多来源于淡水的原因之一。

（2）持久性有机污染物的环境生物学研究进展　POPs 污染控制已成为我国迫切需要解决的重大环境问题，2012 年，环保部通过《全国主要行业持久性有机污染物污染防治"十二五"规划》。该规划要求进一步完善政策，强化监管，构建持久性有机污染物污染防治长效机制。随着全球履约行动的深入以及国内 POPs 污染防治对科学技术支撑的需求，我国 POPs 研究领域在 POPs 毒理效应和致毒机制、生物监测、生物吸附和生物降解等方面进步显著。曲莹等[196]综述了 POPs 对藻类生态毒理研究进展。武焕阳和丁诗华[197]对硫丹的环境行为效应、硫丹对水生生物的毒性及几种致毒机制进行了综述。陈寒生等[198]综述了对环境样品中多氯联苯的酶联免疫法、生物传感器法、荧光免疫 PCR 法等生物监测方法。王传飞等[199]介绍了植被对 POPs 富集的研究进展，综述了地衣、苔藓和草地作为被动采样器监测大气 POPs 时空分布的研究。丁洁[200]研究了白腐真菌对多环芳烃的生物吸附与生物降解及修复作用。奚泽民[201]研究了植物残体对水中多环芳烃的生物吸附性能及构-效关系。

（3）生物能源的环境生物学研究进展　生物能源作为可再生能源的一个重要子类，具有可替代性、能大规模开发等特征，发展生物能源产业还有利于解决能源危机、保护环境以及带动相关产业的发展。近年来在欧美国家和地区出现了一批基于热化学平台、糖平台和羧酸盐平台的新型液、气生物燃料企业。其原料和技术路线与先前第一代生物燃油乃至第二代纤维素乙醇所采用的水解-发酵或酯交换工艺完全不同。突出的特点是使用木质纤维类原料，因而能将原来不能充分利用的木质素及半纤维素所含的能量（约占总能的四成）也转化入最终的生物合成油/气之中，从而为大规模利用林木类废弃/剩余物、能源林/灌木和木变油/气提供了前所未有的机遇。当前这些技术绝大部分已通过中试和示范规模的验证，经济可行性较强，正处于大规模产业化的前夜。用它们制取的多种先进生物燃料还有两个非常大的优点，即均属于所谓的"直接使用"类燃料，能以任何比例与常规汽、柴油掺混，或完全单独用于现有的发动机（不用改装发动机），亦无需像乙醇那样须有专用的储运设施，且均有 70％～90％ 的 CO_2 减排效果。我国在此领域也出现了好的苗头，2013 年 1 月，武汉阳光凯迪新能源集团公司用生物热化学技术生产出生物汽、柴油，年产 1×10^4 t 的半工业化生产线投产；内蒙古金骄集团自行开发出糖基甲酯/异构二甲醚类生物柴油；在迎接全球生物能源第二波浪潮的激烈竞争中也能够占有一席之地[202]。微藻被公认为是最具发展潜力的第三代生物能源原料，在碳元素循环和能量品位提升中有着举足轻重的地位。近年来中国政府已投入亿元左右用于支持微藻生物能源技术开发，2011 年 11 月，在《十二五生物技术发展规划》中明确指出"研究开发微藻生物固碳核心关键技术，建立年固定 CO_2 总量超过万吨的工业化示范系统，率先在国际上首次实现微藻固碳的产业化"。中国也在生物航油领域进行了积极探索,已于 2011 年 10 月由中国国航、中国石油、波音公司和霍尼韦尔 UOP 公司、普惠公司等各方共同合作完成了麻风树生物航油的首次试飞;2012 年 2 月末中石化向中国民用航空局正式提交了以餐饮废油为主要原料的生物航油适航审定申请,并获得受理;目前新奥集团正在为准备我国微藻生物航油首航,与空客、中石化等单位开展密切合作。目前,我国在高产油藻种的选育与改造、高效微藻光反应器、高密度培养、高效加工等技术研究方面有了显著进步,微藻固碳与生物能源技术研究水平基本与国际同步,部分领域研究思路和进展甚至领先,但所做工作主要集中在上游,对工艺的研发还基本处于实验室阶段,为数不多的拥有中试系统的企业也和国际微藻行业一样面临"高成本"与"难量产"的产业化瓶颈。要实现微藻生物能源商业化生产,必须以"高光效""低成本"为核心,以微藻代谢机理为基础,深入问题本质,在藻种技术、养殖技术、采收与提油技术的低成本、产业化放大等方面取得重大突破[203]。

六、学科发展趋势展望

随着对环境问题复杂性和解决环境问题迫切性的认识,对环境生物学研究内容和成果的实际应用也提出了更高的要求。环境生物学目前的发展趋势是进一步认识环境问题的实质,提高解决环境问题、有效控制环境污染的能力;同时,在由污染控制和治理转向污染防治、污染最小化方面,充分利用生物的巨大能力,配合其他技术途径,对传统的工业生产工艺进行改造,以"清洁生产"逐步取代当前占主要地位的"末端治理"。例如,在一些反应过程中采用高效、无污染的生物酶制剂代替化学催化剂,提高反应效率,减少副产品对环境的压力等。环境生物学充分运用生态学原理和生物技术,在环境质量的监测和评价、环境污染治理和自然资源的合理利用等方面进行了卓有成效的研究,许多成果已经运用在环境保护的实践和工程措施中。目前环境生物学重点发展方向主要表现在以下几个方面。

① 向微观领域深层次方向发展。包括污染物对环境生物在分子、细胞、组织等微观世界的作用机理、作用方式、作用途径以及作用强度等内容的研究和探讨。借助相关学科技术的进步,在更微观层次上展开研究,对于整个环境系统的良性发展具有非常重大的现实意义。因为生物体受到污染物污染作用的时候,最开始受到影响的就是生物体的生物分子和细胞,在这方面认识水平的提高,对于人类控制预防污染以及治理修复污染将会带来极大的便利条件,使得人们有目的地开展相关的工作实践活动。

② 向更宏观的领域发展。人类所处的自然环境范围是一个不断扩大的领域范围,现今人类活动领域已经涉及一定的太空空间,所以这些不断扩充领域内的自然因素对生物的影响作用必定也不断受到人类的关注。人类必须借助相关的技术手段,开展这方面的工作,使得包括人类在内的生物免受环境未知因素的影响和损伤,同时也为生物与环境的和谐共处准备必要条件和理论基础。

③ 对人类社会可持续发展的战略意义。环境生物学是研究异常环境条件与生物之间关系的科学。人类作为地球生态环境系统当中重要的有机成员之一,其进行的任何活动,结果最终会通过生态系统中其他成员反馈到人类自身。随着科技的日益发展,人类改变自然的作用一天天增强,活动范围逐渐扩大,而其与环境之间的冲突也越发明显,人口膨胀、环境污染、温室效应、臭氧层破坏等严重影响人类社会持续发展的现象日益突出。人

类社会"可持续发展""良性发展"观念已经深入人心，可持续发展的核心内容就是科学合理地协调好人类与自然环境之间的需要关系，为了处理好这一重要的极具战略意义的课题，人类必须对环境生物学展开全面、深入的研究工作。

具体各分支学科目前发展的趋势主要表现在以下几个方面。

① 生态毒理学研究。生态毒理学是研究环境压力对生态系统内种群和群落的生态学和毒理学效应，以及物质或因素的迁移途径和与环境相互作用的规律。生态毒理学是边缘学科，是由化学、生态学和毒理学等学科交叉而发展起来的。20世纪70年代化学品毒性生物测试得到快速发展，建立了单种生物个体、种群的急性和慢性毒性试验标准方法。80年代发展了快速的7天网纹水蚤和黑头呆鱼的慢性试验标准方法，运用发光菌对污染进行快速测定的Microtox等方法更是将对污染的生物监测推向了标准化和商品化。70年代后期发展的群落效应研究，应用微宇宙、中宇宙和受控生态系统，研究化学品在环境中的迁移、转化、降解和归宿。目前又发展了分子生态毒理学或生物标志物的研究，其特点是采用现代分子生物学技术研究污染物及代谢产物与细胞内大分子，包括蛋白质、核酸、酶的相互作用，找出作用的靶位或靶分子，并揭示其作用机理，从而对在个体、种群或生态系统水平上的影响作出预报。因为无论环境污染对生态系统将会产生什么影响，其最初必然是从环境因素对生物细胞内大分子的作用开始的。其主要研究内容有：用生物体有关酶的活性作为机体功能和器官操作的标志；研究污染物对生物体内解毒系统基因的活化，引进RNA、蛋白质及酶活性的增加，以反映特定环境因子的早期作用。现在已出版许多专著，使污染物效应的研究已深入到生物遗传物质DNA的损伤、修复，建立了快速测定污染对生态系统影响的方法。在污染生态风险评价方面，美国20世纪90年代后，改变了污染物终端控制的策略，加强了面源污染及其生态效应、控制研究。并根据化学品的行为模型、毒性毒理学模型和地理信息系统，对区域生态系统的承载能力、污染负荷恢复能力及修复生态系统的恢复情况进行综合定量评价和预测。生态毒理学研究的另一个趋势是在污染单因素研究的基础上，加强对污染综合效应和多组分复合污染的环境效应及其机理的研究。对种群和群落水平的研究给予充分的重视，并全面开展污染在生态系统水平乃至全球生态影响的研究。总之，环境生物学正向宏观和微观两极方向深入发展。在宏观领域主要研究对象已由个体、种群和群落转移到生态系统和景观生态；由过去根据室内单一污染物对单物种的影响，向在生态系统水平上评价生态效应的方法和模型发展，以客观地评价污染的整体效应和生态风险。在微观研究领域，则采用分子生物学、细胞学、遗传学、生理学等生物学方法与技术，研究污染物及其代谢产物与生物大分子及细胞的作用，以及与生物遗传和代谢的关系，揭示其作用机理，从而对个体、种群或群落、生态系统水平上的影响作出预报。

② 环境污染的生物净化。环境污染的净化方法有物理、化学和生物学方法，其中生物学方法是最重要的，也是最常用的污染处理方法。这是由于生物处理的相对彻底性，即无二次污染或二次污染较少，且运行费用较低。目前废水生物处理技术发展趋势主要表现在如下几个方面：发展各种对水量、水质和毒物等冲击负荷耐受能力强的工艺，提高出水水质的稳定性；开发各种具有高生物相浓度、高传质速度的反应器，以及高负荷长期保持下的运转方式；将好氧与厌氧过程在同一反应器中进行，提高生物处理去除污染物的广谱性，明显改进生物去除难降解物质和氮、磷营养物质的能力；与物理和化学方法结合，使生物处理的适用性极大提高，改善生物处理的微生态系统，寻求高效专性菌及其适应生长

环境，如复合菌制剂、有效菌技术、固定化微生物技术等；研究开发能有效去除高浓度有机废水、生物群基础降解物质、氮磷营养物质等的新工艺和新方法。

③ 环境生物技术的发展。经典的生物技术是指利用生物有机体或其组成部分发展新产品或新工艺的一种技术体系，而环境生物技术则是指应用于认识和解决环境问题过程的生物技术，主要涉及环境质量的监测、评价、控制以及废弃物处理过程中的生物学方法和技术的发展与应用。

a. 环境质量的生物监测与评价技术的发展。在环境中低浓度污染和沉积物中污染物的研究方面，除继续应用指示种、耐污种、敏感种以外，还利用各种形态、生理、生化、遗传的异常改变和群落多样性指数，建立各种生物监测手段，其中生物传感器技术应用具有广阔的前途。因为对环境质量的有效监测需要在线连续进行，而传感器技术应用具有广阔的前途。因为对环境质量的有效监测需要在线反应灵敏，尤其是敏感生物的行为、生理生化指标以及早发现污染，起到污染环境的早期警报作用。而生物传感器就是将生物学、化学和物理学融为一体的一种新装置，可以根据生物的酶、亚细胞器以及细胞或组织对污染的反应，并将其转换为电信号，通过放大系统显示，再用计算机系统处理检测信号，实现测量自动化。这种生物传感器可以对水质的 BOD 进行快速简便的测试；对环境诱变剂量的筛选可以取代耗资昂贵的艾姆斯试验；对大气中无机化合物的检测更具有特异性。目前，生物传感器的应用已向着高性能化、微型化、智能化和专业化方向发展。

b. 污染净化和受损环境修复的生物技术。随着人类的生活要求和工农业生产迅速发展，大量人工合成物质的结构是原来环境中所没有的，难以被天然微生物迅速降解转化。这就需要通过改变生物的遗传特性，使生物能够适应，并以这些污染物作为营养物质，同时将其分解转化。为进一步提高微生物降解污染物的能力，在阐明降解基因存在的基础上，基因工程或细胞工程可以为这种遗传特性的改变提供途径。在微生物细胞中，产生降解人工合成物的酶的遗传特性是由微生物细胞中的质粒所控制，这类质粒称为降解性质粒。到目前为止，从自然界分离的菌株中发现的天然降解性质料，包括降解石油组分及其衍生物、农药、多氯联苯一类工业污染和抗有金属离子的质粒，共 4 大类 30 多种，其中降解的 BHC 质粒是我国科学家于 1982 年首次发现的。运用质粒转移、分子育种、基因重组和细胞工程等技术，组建有特殊功能的基因工程菌，结合酶学工程和发酵工程等，为环境污染的生物治理工程技术的发展创造了条件。自 20 世纪 50 年代开始研究和发展的生态工程，如污水稳定塘处理、土地处理、固体废弃物处理技术和方法在环境污染处理方面起到很重要的作用。近来人们更加重视土地、湿地、湖泊、河流的生态修复与重建工作。这方面的研究主要在于对环境污染具抗性的生物种类的筛选和培养，如对能富集金属元素的植物在矿区土地复垦中的应用研究等。

④ 保护生态学。保护生态学包括自然保护生物学和恢复生态学。自然保护生物学主要研究珍稀濒危物种及其栖息地保护、生物多样性（遗传多样性、物种多样性和生态系统多样性）的保护、自然保护技术和措施以及自然保护区的建立，其中心任务是保护、增殖和合理利用自然资源；恢复生态学主要研究生态系统的退化机制、物种进入和生长及群落聚集过程的限制因素、群落结构和过程与生态系统的功能特征（如生产力、养分循环或污染物的降解和释放）之间的耦合关系等，制订退化生态系统的恢复方案，其目的和任务是发展新技术、新技能以恢复和发展退化了的生态系统。

七、结论

"十二五"期间（2011—2015 年），我国环境生物学科取得了重要进展。主要包括以下几方面。

（1）在环境生物学基础理论和方法方面　提出了发现毒理学、循证毒理学、量子毒理学和功能毒理学，发展了海洋青鳉鱼胚胎作为模式生物，Nano-QSAR 作为研究方法。研究了纳米材料对人、动物、高等植物、微生物和水生生物等的毒性效应，初步研讨了 $PM_{2.5}$ 的毒性效应。

（2）在环境生物监测方面　开始注重富营养化的次级代谢产物如藻毒素、多类型的多环芳烃 PAHs、POPs 等，其目的从理化监测的辅助措施转变成水生态环境质量的综合反映；引入遥感卫星技术、新兴生物技术（如姊妹染色单体交换技术），综合运用多种生物标志物，构建实时在线生物预警技术。基于民众广泛关注 $PM_{2.5}$ 引起的雾霾，探索了其生物监测方法。

（3）在环境生物治理方面　筛选了降解有机污染物和重金属的微生物，研究了其降解特性；优化了针对河流、湖泊和农业面源的生态工程技术；针对抗生素、抗性基因、个人护理品等新兴污染物，研究了 SBR、堆肥、A/A/O、MBR 等生物工艺的去除效果。

（4）在环境生物修复方面　优化了城市河流湖泊污染水体和农村污水水体生态修复技术，针对土壤的重金属和有机污染，研究了植物、微生物、生物联合修复技术。

（5）在生物物质产品方面　研发了一系列生物表面活性剂、絮凝剂、吸附剂、肥料、农药等，生物表面活性剂可加速去除环境中各种有机污染物和重金属，生物絮凝剂可安全高效地去除水体中不易降解的各种污染物，生物吸附剂可迅速吸附重金属等污染物，生物肥料和农药引领了生态农业发展方向，生物能源的发展有利于解决能源危机、保护环境以及带动相关产业的发展。

依托"十二五"水专项，在问题解析、污染治理和生态修复等水环境整治技术和监测预警、规划调控等综合管理技术方面取得了较好的成果。2011—2015 年，获得国家科技奖励 11 项，环保部科技奖 19 项。国际重大研究计划主要涉及全球生态系统、生物多样性和生态通量等，对于 $PM_{2.5}$、POPs 和生物能源等热点问题，我国需要大力开展 $PM_{2.5}$ 的生物成分分析、生物监测、生物修复；开展新型有机污染物的毒理效应和致毒机制、生物监测、生物吸附和生物降解等方面的研究；开展生物能源植物的筛选、生态系统生物能源潜力研究、生物能源植物种植对环境的影响、木质纤维类原料和微藻的产业化研究。环境生物学将在生态毒理学、环境污染的生物净化、环境生物技术和保护生态学等方面分别朝向微观、宏观和可持续发展方向发展。

参 考 文 献

[1] 孔繁翔. 环境生物学 [M]. 北京：高等教育出版社，2000.

[2] 环境科学编辑委员会. 中国大百科全书：环境科学 [M]. 北京：中国大百科全书出版社，1983.

[3] 董芳，李芳芳，祁晓霞，等. 环境毒理学研究进展 [J]. 生态毒理学报，2011，6（1）：9-17.

[4] 姜允申. 理论毒理学研究进展 [J]. 生态毒理学报，2014，9（6）：1239-1242.

[5] 王星. 大数据分析：方法与应用 [M]. 北京：清华大学出版社，2013.

[6] 朱永亮，叶祖光. 计算毒理学与中药毒性预测的研究进展 [J]. 中国新药杂志，2011，20（24）：2424-2429.

[7] 姜允申，周建伟. 未来的毒理学——量子毒理学 [J]. 中华劳动卫生职业病杂志，2014，32（11）：10-12.

[8] 陆韻，侯凌燕，胡洪营，等. 毒理基因组学研究进展 [J]. 生态环境学报，2010，19（9）：2232-2239.

[9] 周莉芳，夏昭林. 基因组学时代的毒理学研究展望 [J]. 工业卫生与职业病，2010，36（1）：60-63.

[10] 李宏. 环境基因组学与毒理基因组学研究进展 [J]. 生物信息学，2011，4（4）：269-274.

[11] 周晓冰，汪巨峰，李波. 毒理基因组学在生物标志物研究中的应用 [J]. 药物评价研究，2012，35（2）：81-85.

[12] 潘东升，范玉明，李波. 毒理基因组学在预测肝、肾毒性中的应用现状及研究进展 [J]. 中国生物制品学杂志，2012，25（3）：383-385.

[13] 姜允申. 毒理学领域的新思维：功能基因组学在毒理学中的应用 [J]. 生态毒理学报，2013，8（4）：634-635.

[14] 伍辛泷，黄乾生，方超，等. 新兴海洋生态毒理学模式生物——海洋青鳉鱼（Oryzias melastigma）[J]. 生态毒理学报，2012，7（4）：345-353.

[15] 张阳，朱琳，王璐璐. Nano-QSAR：纳米毒理学领域的新方法 [J]. 生态毒理学报，2013，8（4）：487-493.

[16] 中国科学院国家自然科学基金委员会. 未来十年中国学科发展战略——纳米科学 [M]. 北京：科学出版社，2012.

[17] 李国新，赵超. 纳米材料在环境中的应用及生物毒性研究进展 [J]. 四川环境，2013，32（2）：102-109.

[18] 孙先超，薛永来，杜道林. 纳米材料的生态毒性及其研究方法 [J]. 广东农业科学，2012，（6）：141-145.

[19] 张浩，黄新杰，刘秀玉，等. 纳米材料安全性的研究进展及其评价体系 [J]. 过程工程学报，2013，13（5）：893-900.

[20] 杨艳艳，金明华，李艳博，等. 纳米 SiO_2 对人神经母细胞瘤 SH-SY5Y 细胞的凋亡诱导作用及其机制 [J]. 吉林大学学报：医学版，2015，41（2）：249-254.

[21] 赵光强，黄云超，李光剑，等. 纳米二氧化硅在人支气管上皮细胞内的亚细胞分布和遗传毒性 [J]. 中国肿瘤杂志，2013，16（3）：117-124.

[22] 李艳博，周维，于永波，等. 纳米二氧化硅颗粒对血管内皮细胞的毒性及其氧化损伤作用 [J]. 吉林大学学报：医学版，2014，40（3）：476-481.

[23] 龚春梅，杨淋清，陶功华，等. 短期暴露于纳米 SiO_2 对 HaCaT 细胞基因组 DNA 总体甲基化水平的影响 [J]. 毒理学杂志，2012，26（2）：83-87.

[24] 周庆红，姜淑卿，刘英华，等. 纳米硫化镉与常规硫化镉对雄性小鼠的生殖毒性 [J]. 环境与健康杂志，2014，31（4）：299-301.

[25] 马萍，杜娟，罗清，等. 纳米 Fe_3O_4 对小鼠肺细胞的氧化损伤 [J]. 生态毒理学报，2012，7（1）.44-48.

[26] 钟柏华，付超，刘旭东，等. 单壁碳纳米管致昆明小鼠脑组织的氧化损伤 [J]. 环境科学学报，2014，34（2）：507-513.

[27] 胡长伟，崔益斌，李丁生，等. 纳米 ZnO 与 TiO_2 对赤子爱胜蚓（Eisenia foetida）的毒性效应 [J]. 生态毒理学报，2011，6（2）：200-206.

[28] Wang Huanhua, Kou Xiaoming, Pei Zhiguo, et al. Physiological effects of magnetite（Fe_3O_4）nanoparticles on perennial ryegrass（Lolium perenne L.）and pumpkin（Cucurbita mixta）plants [J]. Nanotoxicology, 2011, 5（1）：30-42.

[29] 王卫中，王发园，李帅，等. 丛枝菌根影响纳米 ZnO 对玉米的生物效应 [J]. 环境科学，2014，35（8）：3135-3141.

[30] 王振红，罗专溪，颜昌宙，等. 纳米氧化锌对绿豆芽生长的影响 [J]. 农业环境科学学报，2011，30（4）：619-624.

[31] Yin Liyan, Cheng Yingwen, Espinasse Benjamin, et al. More than the ions：The effects of silver nanoparticles on Lolium multiflorum [J]. Environmental Science & Technology, 2011, 45（6）：2360-2367.

[32] 葛钼，肖琳. 氧化锌纳米颗粒对大肠杆菌的毒性效应及机制 [J]. 安徽农业科学，2013，41（9）：3919-3922.

[33] 王学，李勇超，李铁龙，等. 零价纳米铁对大肠杆菌的毒性效应 [J]. 生态毒理学报，2012，7（1）：49-56.

[34] Xue Jiyang, Li Xiang, Sun Mingzhu, et al. An assessment of the impact of SiO_2 nanoparticles of different sizes on the rest/wake behavior and the developmental profile of zebra fish larvae [J]. Small, 2013, 9（18）：3161-3168.

[35] Fan Wenhong, Cui Minming, Liu Hong. Nano-TiO_2 enhancesthe toxicity of copper in natural water to Daphnia magna [J]. Environmental Pollution, 2011, 159（3）：729-734.

[36] 张秀娟，雷静静，冯佳，等. 纳米氧化硅对 3 种绿藻的毒性效应 [J]. 环境科学与技术，2014，37（9）：10-14.

[37] 孔璐，张婷，王大勇，等. 纳米二氧化硅对秀丽线虫的毒性作用研究 [J]. 生态毒理学报，2011，6（6）：655-660.

[38] 戈洋，汪静，曲冰，等. TiO$_2$ 纳米颗粒对金鱼乳酸脱氢酶表达的影响 [J]. 大连海洋大学学报，2014，29（3）：287-289.

[39] 陈安伟，曾光明，陈桂秋，等. 金属纳米材料的生物毒性效应研究进展 [J]. 环境化学，2014，33（4）：568-575.

[40] 王海涛，孟沛. 纳米材料的生态环境暴露与生态环境效应研究及其控制体制 [J]. 化工新型材料，2014，42（11）：227-231.

[41] 李君灵，孟紫强. 我国大气环境毒理学研究新进展 [J]. 生态毒理学报，2012，7（2）：133-139.

[42] 游燕，白志鹏. 大气颗粒物暴露与健康效应研究进展 [J]. 生态毒理学报，2012，7（2）：123-132.

[43] 苏都尔·克热木拉，胡颖，迪丽努尔·塔力甫，等. 乌鲁木齐大气 PM$_{2.5}$ 对质粒 DNA 的损伤研究 [J]. 中国环境科学，2014，34（3）：786-792.

[44] 吴川，张玉龙，张克荣，等. 丹江口水库水质的遥感监测 [J]. 南水北调与水利科技，2013，11（6）：75-80.

[45] 许爱清，宋旱文，蓝淑莉，等. 镉诱导抗镉茎点霉产生水溶性红色素 [J]. 环境科学与技术，2014，37（7）：61-65.

[46] 端正花，李莹莹，陈静，等. 中国圆田螺壳在镉污染中的指示作用 [J]. 农业环境科学学报，2014，33（11）：2131-2135.

[47] 王飞祥，袁玲，黄建国. 直流电场处理后隆线溞趋光性对 Cr^{6+} 和 Hg^{2+} 的响应 [J]. 环境科学，2013，34（6）：2350-2354.

[48] 宋超，钟立强，裴丽萍，等. 3 个湖泊中黄颡鱼（*Pelteobagrus fulvidraco*）体内 CYPIA1 和 GST 的比较及其功效分析 [J]. 农业环境科学学报，2013，32（10）：2072-2076.

[49] 张潋波，刘东晓，刘朔孺，等. 钱塘江中游水生昆虫群落功能多样性对土地利用变化的响应 [J]. 应用生态学报，2013，24（10）：2947-2954.

[50] 洪佳，王振钟，王丽丽，等. 金华江流域利用硅藻生物学特性监测水质研究 [J]. 长江流域资源与环境，2014，23（9）：1283-1288.

[51] 李钟群，袁刚，郝晓伟，等. 浙江金华江支流白沙溪水质硅藻生物监测方法 [J]. 湖泊科学，2012，24（3）：436-442.

[52] 黄毅，张金松，韩小波，等. 斑马鱼群体行为变化用于水质在线预警的研究 [J]. 环境科学学报，2014，34（2）：398-403.

[53] 倪芳，周斯芸，张瑛，等. 不同浓度的五氯酚对斑马鱼运动行为的影响 [J]. 生态毒理学报，2013，8（5）：763-771.

[54] 张茜，黎如昊，刘芸，等. 在线生物毒性监测技术预警水质有毒物质污染与因果关系分析的案例研究 [J]. 生态毒理学报，2014，9（6）：1232-1238.

[55] 陈修报，苏彦平，刘洪波，等. 移殖"标准化"背角无齿蚌监测五里湖重金属污染 [J]. 中国环境科学，2014，34（1）：225-231.

[56] 陈志凡，赵烨，乔捷娟，等. 基于生物监测法的北京空气质量空间分布特征 [J]. 环境科学研究，2012，25（6）：633-638.

[57] 王磊，刘静，谷利伟，等. 六种城市行道树叶表皮重金属元素含量及形态结构的研究 [J]. 电子显微学报，2014，33（2）：172-179.

[58] 李琦，籍霞，王恩辉，等. 苔藓植物对青岛市大气重金属污染的生物监测作用 [J]. 植物学报，2014，49（5）：569-577.

[59] 高嵩，廖文波，张力. 藓袋法对深圳市痕量大气重金属污染物的监测 [J]. 广西植物，2014，34（2）：212-219.

[60] 王云彪，侯晓丽，武海涛，等. PM$_{2.5}$ 对秀丽隐杆线虫的毒性效应 [J]. 城市环境与城市生态，2013，25（6）：10-13.

[61] 信艳娟，吴佩春，曹旭鹏，等. 大连湾原油降解菌的分离和多样性分析 [J]. 微生物学通报，2013，40（6）：979-987.

[62] 周庆，陈杏娟，郭俊，等. 零价铁对脱色希瓦氏菌 S12 偶氮还原的促进作用 [J]. 环境科学，2013，34（7）：

2855-2861.

[63] 曹明乐，姜兴林，张海波，等. 一株产腈水解酶的泛菌及其催化特征 [J]. 应用与环境生物学报，2013，19（2）：346-350.

[64] 谢维，吴涓，李玉成，等. 一株微囊藻毒素降解菌的筛选及鉴定 [J]. 生物学杂志，2013，29（6）：35-38.

[65] 苏新华，潘洁茹，蒋捷，等. 苏云金芽孢杆菌治理镍污染的方法的建立 [J]. 激光生物学报，2011，20（5）：699-702.

[66] 蔡丽平，刘明新，侯晓龙，等. 长汀强度水土流失区不同治理模式恢复效果的灰色关联分析 [J]. 中国农学通报，2014，30（1）：85-92.

[67] 丁涛，田英杰，刘进宝，等. 杭州市河道底泥重金属污染评价与环保疏浚深度研究 [J]. 环境科学学报，2015，35（3）：911-917.

[68] 肖蕾，贺锋，梁雪，等. 添加固体碳源对垂直流人工湿地污水处理效果的影响 [J]. 湖泊科学，2012，24（6）：843-848.

[69] 陶敏，贺锋，徐洪，等. 氧调控下人工湿地微生物群落结构变化研究 [J]. 农业环境科学学报，2012，31（6）：1195-1202.

[70] 邓泓，杜憬，蔚枝沁. 淀山湖入湖水质净化的生态工程实践研究 [J]. 环境科学与技术，2011，34（7）：138-142.

[71] 孔令为，贺锋，夏世斌，等. 钱塘江引水降氮示范工程的构建和运行研究 [J]. 环境污染与防治，2014，36（11）：60-66.

[72] 刘娅琴，刘福兴，宋祥甫，等. 农村污染河道生态修复中浮游植物的群落特征 [J]. 农业环境科学学报，2015，34（1）：162-169.

[73] 吴建勇，温文科，吴海. 可调式沉水植物网床净化河道中水质的效果——以苏州市贡湖金墅港断头浜为例 [J]. 湿地科学，2014，12（6）：777-783.

[74] 付菊英，高懋芳，王晓燕. 生态工程技术在农业非点源污染控制中的应用 [J]. 环境科学与技术，2014，37（5）：169-175.

[75] 涂保华，储云，陈兆林，等. 城市污水处理中抗生素类污染物的去除研究 [J]. 中国给水排水，2014，30（23）：81-84.

[76] 韦蓓，黄福义，苏建强. 堆肥对污泥中四环素类抗生素及抗性基因的影响 [J]. 环境工程学报，2014，8（12）：5431-5438.

[77] 文汉卿，史俊，寻昊，等. 抗生素抗性基因在水环境中的分布、传播扩散与去除研究进展 [J]. 应用生态学报，2015，26（2）：625-635.

[78] 凌德，李婷，张世熔，等. 外源土霉素和磺胺二甲嘧啶对土壤活性有机碳含量的影响 [J]. 农业环境科学学报，2015，34（2）：297-302.

[79] 卢晓霞，陈超琪，张姝，等. 厌氧条件下 2,2'',4,4''-四溴联苯醚的微生物降解 [J]. 环境科学，2012，33（3）：1000-1007.

[80] 王凤花，宋鑫，曹建峰，等. 污水处理厂进出水及其受纳水体中典型 PPCPs 的污染特征 [J]. 中国环境监测，2014，30（4）：112-117.

[81] 柯润辉，蒋愉林，黄清辉，等. 上海某城市污水处理厂污水中药物类个人护理用品（PPCPs）的调查研究 [J]. 生态毒理学报，2014，9（6）：1146-1155.

[82] 吴春英. 膜-生物反应器（MBR）和序批式生物反应器（SBR）去除城市污水中典型药品和个人护理品的对比 [J]. 环境化学，2013，32（9）：1674-1679.

[83] 王家玲，李鹏顺，黄正. 环境微生物学 [M]. 第2版. 北京：高等教育出版社，2004.

[84] 林燕春，刘彦光，刘建勋，等. 广州市河涌水环境原位治理生物修复技术 [J]. 生物技术世界，2012，（4）：39-42.

[85] 郭伟杰，成水平，李柱，等. 美人蕉生态护坡对径流污染净化作用的初步研究 [J]. 环境科学与技术，2013，36（5）：23-27.

[86] 李京辉，周彤，梁文艳，等. 复合生物修复技术治理山西汾河水华污染水体的研究 [J]. 中国水利，2014，（17）：31-33.

[87] 马琳，贺锋. 我国农村生活污水组合处理技术研究进展 [J]. 水处理技术，2014，40（10）：1-5.

[88] 周俊，刘国华，黄五星，等. 改进型合并净化槽对生活污水的去污性能研究 [J]. 水处理技术，2012，38（12）：103-107.

[89] 吴迪，赵秋，高贤彪，等. 厌氧-3 级好氧/缺氧生物膜工艺处理农村生活污水 [J]. 中国给水排水，2010，26（7）：9-11，15.

[90] 吴迪，高贤彪，李玉华，等. 一体化生物膜技术处理滨海农村污水 [J]. 环境工程学报，2012，6（8）：2539-2543.

[91] 张洪玲，邹俊，陈昕. 多级土壤渗滤系统处理太湖流域农村生活污水的工程研究 [J]. 安徽农业科学，2011，39（9）：5178-5180.

[92] 王学华，苏祥，沈耀良. 人工湿地组合工艺处理太湖三山岛农村生活污水研究 [J]. 环境科技，2012，25（1）：38-41.

[93] 张连水，齐树亭，张青松，等. 基于水体污染生物修复技术现状 [J]. 河北渔业，2015，（1）：54-56.

[94] 张贤明，周亮，吴云，等. 润滑油污染环境生物修复技术研究进展 [J]. 安全与环境学报，2014，14（2）：163-166.

[95] 周际海，袁颖红，朱志保，等. 土壤有机污染物生物修复技术研究进展 [J]. 生态环境学报，2015，24（2）：343-351.

[96] 李方敏，柳红霞. Fenton 氧化法修复石油污染土壤的研究进展 [J]. 环境化学，2012，31（11）：1759-1766.

[97] Sun Yuebing, Zhou Qixing, Xu Yingming, et al. Phytoremediation for co-contaminated soils of benzo [a] pyrene (B [a] P) and heavy metals using ornamental plant Tagetes patula [J]. Journal of hazardous materials, 2011, 186（2）：2075-2082.

[98] 骆永明. 中国主要土壤环境问题及对策 [M]. 南京：河海大学出版社，2008.

[99] 高园园，周启星. Pb-PCBs 胁迫下三种纳米铁对凤仙花积累 Pb 的影响及其机理分析 [J]. 应用基础与工程科学学报，2014，22（6）：1049-1059.

[100] 陈志丹，晁群芳，杨滨银，等. 一株芘降解菌 B2 的降解条件优化及降解基因 [J]. 环境工程学报，2012，6（10）：3795-3800.

[101] 花莉，洛晶晶，彭香玉，等. 产表面活性剂降解石油菌株产物性质及降解性能研究 [J]. 生态环境学报，2013，22（12）：1945-1950.

[102] Zhang Zhenhua, Rengel Zed, Chang He, et al. Phytoremediation potential of Juncus subsecundus in soils contaminated with cadmium and polynuclear aromatic hydrocarbons（PAHs）[J]. Geoderma, 2012, 175-176：1-8.

[103] Zhou Jihai, Li Xuechao, Jiang Ying, et al. Combined effects of bacterial-feeding nematodes and prometryne on the soil microbial activity [J]. Journal of Hazardous Materials, 2011, 192（3）：1243-1249.

[104] 冯玲玲. 土壤污染的生物修复 [J]. 污染防治技术，2012，25（3）：25-28.

[105] 张飒，刘芳，苏敏，等. 地下水污染生物修复技术研究进展 [J]. 水科学与工程技术，2012，（2）：29-31.

[106] 高洪岩. 零价铁 PRB 修复硝酸盐污染地下水试验研究 [D]. 北京：中国地质大学，2014.

[107] 金黄梅，高博，王博. 油污染地下水原位生物修复试验研究 [J]. 环境科学导刊，2010，29（1）：53-56.

[108] 葛丽萍. 金属氧化物复合滤料曝气生物滤池处理生活污水实验研究 [D]. 济南：济南大学，2013.

[109] 季芳芳. 后置反硝化曝气生物滤池处理生活污水试验研究 [D]. 武汉：武汉科技大学，2012.

[110] 杨悦锁，雷玉德，杜新强，等. 当地下水邂逅 DNA 石油类有机污染及其生物降解 [J]. 吉林大学学报：地球科学版，2012，42（5）：1434-1445.

[111] 孟庆玲，马桂科，张力文，等. 地下水石油污染的原位空气曝气修复技术 [J]. 中南大学学报：自然科学版，2012，43（5）：2010-2015.

[112] 张永祥，梁建奎，王然，等. 地下水 PRB 原位生物修复中一种释氧材料的改进技术及效果分析 [J]. 环境工程学报，2012，6（11）：3910-3914.

[113] Song Tiantian, Yang Chunping, Zeng Guangming, et al. Effect of surfactant on styrene removal from waste gas streams in biotrickling filters [J]. Journal of Chemical Technology and Biotechnology, 2012, 87（6）：785-790.

[114] 晁阳，袁兴中，曾光明，等. 生物表面活性剂在城市污泥静态强制通风好氧堆肥中的作用 [J]. 环境工程学报，2012，6（4）：1331-1336.

[115] 赵国文，张丽萍，白利涛. 生物表面活性剂及其应用 [J]. 日用化学工业，2010，40（4）：293-295.

[116] 韩省，黄晨野，刘超，等. 生物絮凝的研究进展及展望 [J]. 山东食品发酵，2011，（3）：32-35.

[117] 王会，周燕. 生物絮凝剂 F-12 处理染料废水的研究 [J]. 广东化工，2011，38（2）：139-140.

[118] 邢洁，杨基先，庞长泷，等. 生物絮凝剂产生菌的鉴定及对 EE2 的去除效能 [J]. 中国给水排水，2013，29（11）：11-14.

[119] 吕华. 生物吸附剂及其在重金属废水处理中的应用进展 [J]. 资源节约与环保，2015，（1）：50-51.

[120] 陆筑凤，李加友. 生物吸附剂对含铜废水的吸附性能研究 [J]. 中国酿造，2014，33（11）：127-130.

[121] 邹继颖，刘辉. 生物吸附剂对重金属 Cr（Ⅵ）吸附性能的研究 [J]. 环境工程，2014，32（2）：64-67.

[122] 聂小琴，董发勤，刘明学，等. 生物吸附剂梧桐树叶对铀的吸附行为研究 [J]. 光谱学与光谱分析，2013，33（5）：1290-1294.

[123] 尚宇，周健，黄艳. 生物吸附剂及其在重金属废水处理中的应用进展 [J]. 河北化工，2011，34（11）：35-37.

[124] 黄锡志，庞英华，朱徐燕，等. 生物肥料在番茄、南瓜栽培上的应用研究 [J]. 上海蔬菜，2013，（1）：62-63.

[125] 周青，陈新红，叶玉秀，等. 生物肥料培肥水稻秧床对土壤酶活性的影响 [J]. 中国农学通报，2011，27（7）：26-29.

[126] 周泽宇，罗凯世. 我国生物肥料应用现状与发展建议 [J]. 中国农技推广，2014，30（5）：42-43，46.

[127] 王可. 我国生物农药研究现状及发展前景 [J]. 广东化工，2012，39（6）：88-88.

[128] 邱德文. 生物农药研究进展与未来展望 [J]. 植物保护，2013，39（5）：81-89.

[129] 石爱丽，邢占民，张铃，等. 4 种生物农药对白菜菜青虫的田间防效评价 [J]. 河北农业科学，2014，18（3）：31-34.

[130] 王萍，秦玉川，朱栋，等. 生物农药对韭菜迟眼蕈蚊的毒杀作用及田间药效 [J]. 中国植保导刊，2011，31（5）：40-42.

[131] 徐蕾，要文倩，纪红兵，等. 海南省非粮生物柴油能源植物的调查、化学组分的测定及筛选研究 [J]. 植物科学学报，2011，29（1）：99-108.

[132] 邹剑秋，王艳秋，张志鹏，等. A3 型细胞质能源用甜高粱生物产量、茎秆含糖锤度和出汁率研究 [J]. 中国农业大学学报，2011，16（2）：8-13.

[133] 张树振，金樑，黄利春，等. 不同紫花苜蓿栽培品种生物能源性状评价 [J]. 兰州大学学报：自然科学版，2012，48（4）：72-79.

[134] 史琰，郑楠，唐宇力，等. 杭州西湖风景名胜区园林废弃物生产生物能源潜力 [J]. 生态学杂志，2012，31（11）：2859-2864.

[135] 张全国，张丙学，蒋丹萍，等. 能源草酶解光合生物制氢实验研究 [J]. 农业机械学报，2014，45（12）：224-228，261.

[136] 宁阳阳，邢福武. 中国樟树非粮生物柴油能源植物资源的初步评价与筛选 [J]. 植物科学学报，2014，32（3）：279-288.

[137] 村上达哉，卢悦，戴俊彪，等. 光合自养缺陷型小球藻的筛选及生物能源应用 [J]. 中国科学：生命科学，2014，44（10）：1043-1050.

[138] 李星霖，刘巧霞，程志全，等. 沪苏皖主要非粮生物柴油能源植物资源的调查与含油量分析 [J]. 华东师范大学学报：自然科学版，2015，（1）：212-223.

[139] 王银柱，王冬，刘玉，等. 不同水分梯度下能源作物芒草和柳枝稷生物量分配规律 [J]. 草业科学，2015，32（2）：236-240.

[140] 胡理乐，李俊生，罗建武，等. 生物质能源植物种植对生物多样性的影响 [J]. 生物多样性，2014，22（2）：231-241.

[141] 张凤春，李培，曲来叶. 中国生物质能源植物种植现状及生物多样性保护 [J]. 气候变化研究进展，2012，8（3）：220-227.

[142] 金相灿，胡小贞，储昭升，等. "绿色流域建设"的湖泊富营养化防治思路及其在洱海的应用 [J]. 环境科学研究，2011，24（11）：1203-1209.

[143] 陈乾坤，孙一宁，杨柳燕，等. 低污染水生态净化组合技术应用 [J]. 环境科学研究，2014，27（7）：719-725.

[144] 叶春，李春华，邓婷婷. 湖泊缓冲带功能、建设与管理 [J]. 环境科学研究，2013，26（12）：1283-1289.

[145] 汪诚文，张鸿涛，周律，等. 工业园区清洁生产与污染源控制技术研究与工程示范 [J]. 给水排水，2012，38（10）：9-13.

[146] 周玲玲，戴晓虎，陈功，等. 城市有机质废弃物的生物质能源回收技术与工程案例 [J]. 中国给水排水，2012，28（2）：21-24.

[147] 顾军农，李玉仙，王敏，等. 南水北调受水区城市饮用水安全保障共性技术研究与示范 [J]. 给水排水，2013，39（9）：13-17.

[148] 李德尚，董双林. 对虾与鱼、贝类封闭式综合养殖的实验研究 [J]. 海洋与湖沼，2002，33（1）：90-96.

[149] 黄国强，李德尚，董双林. 一种新型对虾多池循环水综合养殖模式 [J]. 海洋科学，2001，25（4）：48-49.

[150] 张振东，王芳，董双林，等. 草鱼、鲢鱼和凡纳滨对虾多元化养殖系统结构优化的研究 [J]. 中国海洋大学学报：自然科学版，2011，41（7/8）：60-66.

[151] 冯翠梅，田相利，董双林，等. 两种虾、贝、藻综合养殖模式的初步比较 [J]. 中国海洋大学学报：自然科学版，2007，37（1）：69-74.

[152] Gao Yongqing, Peng Yongzhen, Zhang Jingyu et al. Using excess sludge as carbon source for enhanced nitrogen removal and sludge reduction with hydrolysis technology [J]. Water Science and Technology，2010，62（7）：1536-1543.

[153] Zhang Shujun, Peng Yongzhen, Wang Shuying et al. Organic matter and concentrated nitrogen removal by shortcut nitrification anddenitrification from mature municipal landfill leachate [J]. Journal of Environmental Sciences-China，2007，19（6）：647-651.

[154] 万国江，吴丰昌，Zheng J.，等. (239+240) Pu 作为湖泊沉积物计年时标：以云南程海为例 [J]. 环境科学学报，2011，31（5）：979-986.

[155] 翟禄新，冯起，张永明，等. 石羊河流域武威盆地水循环要素变化趋势分析 [J]. 资源科学，2008，30（10）：1463-1470.

[156] 司建华，冯起，席海洋等. 黑河下游额济纳绿洲生态需水关键期及需水量 [J]. 中国沙漠，2013，33（2）：560-567.

[157] 冯起，张艳武，司建华，等. 土壤-植被-大气模式中水分和能量传输研究进展 [J]. 中国沙漠，2009，29（1）：143-150.

[158] 杜晓丽，徐祖信，孙长虹，等. 基于延迟往复流的强化复氧人工湿地脱氮效果初探 [J]. 水处理技术，2014，40（8）：56-58，63.

[159] 徐祖信，谢海林，叶建锋，等. 模拟煤灰渣垂直潜流人工湿地的除磷性能分析 [J]. 环境污染与防治，2007，29（4）：241-243.

[160] 叶建锋，徐祖信，李怀正，等. 模拟钢渣垂直潜流人工湿地的除磷性能分析 [J]. 中国给水排水，2006，22（9）：62-64，68.

[161] 李怀正，叶建锋，徐祖信. 轮休措施对堵塞型垂直潜流人工湿地的影响 [J]. 环境科学学报，2008，28（8）：1555-1560.

[162] 李怀正，姚淑君，徐祖信，等. 曝气稳定塘处理农村生活污水曝气控制条件研究 [J]. 环境科学，2012，33（10）：3484-3488.

[163] 徐祖信，高月霞，王晟. 水葫芦资源化处置与综合利用研究评述 [J]. 长江流域资源与环境，2008，17（2）：201-205.

[164] 王庆伟，蒋国民，柴立元，等. 重金属废水生物制剂深度处理与回用新技术 [A]. 中国有色金属学会，有色金属矿山环保高层论坛会议论文集 [C]. 2013.

[165] 周雪飞，张亚雷，张选军，等. 新型外循环厌氧反应器污泥沉降的数值模拟 [J]. 化工学报，2009，60（3）：738-743.

[166] Zhang Chunmin, Zhang Yalei, Zhuang Baolu, et al. Strategic enhancement of algal biomass, nutrient uptake and lipid through statistical optimization of nutrient supplementation in coupling Scenedesmus obliquus-likemicroalgae cultivation and municipal wastewater treatment [J]. Bioresource Technology，2014，171：71-79.

[167] 张海，张亚雷，周雪飞，等. 动态膜生物反应器运行及泥饼特性研究 [J]. 水处理技术，2013，39（2）：69-73.

[168] Chu Huaqiang, Zhang Yalei, Zhou Xuefei, et al. Dynamic membrane bioreactor for wastewater treatment：

Operation, critical flux, and dynamic membrane structure [J]. Journal of Membrane Science, 2014, 450: 265-271.

[169] 叶正芳, 倪晋仁, 李彦锋, 等. 污水高效处理和资源化的固定化微生物技术研究 [J]. 应用基础与工程科学学报, 2002, 10 (4): 332-337.

[170] 温丽丽, 倪晋仁, 叶正芳, 等. 固定化微生物法去除模拟渗滤液中氨氮的研究 [J]. 环境工程学报, 2011, 5 (9): 2060-2065.

[171] Cheng Jia, Zhu Xiuping, Ni Jinren et al. Palm oil mill effluent treatment using a two-stage microbial fuel cells system integrated with immobilized biological aerated filters [J]. Bioresource Technology, 2010, 101 (8): 2729-2734.

[172] Xiao Naidong, Chen Yinguang, Ren Hongqiang. Altering protein conformation to improve fermentative hydrogen production from protein wastewater [J]. Water Research, 2013, 47 (15): 5700-5707.

[173] 任春晓, 席北斗, 赵越, 等. 有机生活垃圾不同微生物接种工艺堆肥腐熟度评价 [J]. 环境科学研究, 2012, 25 (2): 226-231.

[174] 席北斗, 孟伟, 刘鸿亮, 等. 三阶段控温堆肥过程中接种复合微生物菌群的变化规律研究 [J]. 环境科学, 2003, 24 (2): 152-155.

[175] 刘绍根, 梅子鲲, 俞汉青, 等. 处理城市污水的好氧颗粒污泥培养及形成过程 [J]. 环境科学研究, 2010, 23 (7): 917-923.

[176] 刘绍根, 梅子鲲, 俞汉青, 等. 城市污水水培养好氧颗粒污泥及其降解特性 [J]. 中国给水排水, 2011, 27 (15): 95-98.

[177] 刘丽, 任婷婷, 俞汉青, 等. 高强度好氧颗粒污泥的培养及特性研究 [J]. 中国环境科学, 2008, 28 (4): 360-364.

[178] 郑煜铭, 俞汉青. 用厌氧产氢反应器出水培养好氧颗粒污泥的研究 [J]. 中国给水排水, 2007, 23 (1): 30-33.

[179] 贺锋, 吴振斌. 水生植物在污水处理和水质改善中的应用 [J]. 植物学通报, 2003, 20 (6): 641-647.

[180] Zhang Shenghua, Hu Chenyan, Wu Zhenbin, et al. The antialgal activities of fractions and compounds isolated from Potamogeton Malaianus [J]. Conference on Environmental Pollution and Public Health. 2010, 1-2: 786-789.

[181] 高云霓, 刘碧云, 葛芳杰, 等. 三种水鳖科沉水植物释放的脂肪酸类化感物质的分离与鉴定 [J]. 水生生物学报, 2011, 35 (1): 170-174.

[182] Zhu Junying, Liu Biyun, Wang Jing, et al. Study on the mechanism of allelopathic influence on cyanobacteria and chlorophytes by submerged macrophyte (Myriophyllum spicatum) and its secretion [J]. Aquatic Toxicology, 2010, 98: 196-203.

[183] Wang Jing, Zhu Junying, Liu Shaoping, et al. Generation of reactive oxygen species in cyanobacteria and green algae induced by allelochemicals of submerged macrophytes [J]. Chemosphere, 2011, 85: 977-982.

[184] Zhou Qiaohong, He Feng, Wang Yafen, et al. Characteristics of fatty acid methyl esters (FAMEs) and enzymatic activities in sediments of two eutrophic lakes [J]. Fresenius Environmental Bulletin, 2009, 18 (7): 1262-1269.

[185] Cai Linlin, Zhou Qiaohong, He Feng, et al. Investigation of microbial community structure with culture-dependent and independent PCR-DGGE methods in western westlake of Hangzhou, China [J]. Fresenius Environmental Bulletin, 2012, 21 (6): 1357-1364.

[186] 丛丛, 汪晓军. 臭氧-曝气生物滤池处理港口化学品洗舱废水 [J]. 环境科学与技术, 2009, 32 (10): 141-144.

[187] 葛启龙, 汪晓军, 田兆龙, 等. 一体化臭氧-曝气生物滤池处理酸性玫瑰红印染模拟废水 [J]. 环境工程学报, 2012, 6 (8): 2551-2554.

[188] 张望, 李秀金, 庞云芝, 等. 稻草中温干式厌氧发酵产甲烷的中试研究 [J]. 农业环境科学学报, 2008, 27 (5): 2075-2079.

[189] 熊杰, 袁海荣, 王奎升. 餐厨垃圾两相厌氧消化特性试验研究 [J]. 环境科学与技术, 2012, 35 (3): 25-29.

[190] 马蔷, 王奎升, 李秀金, 等. 用于城市生活垃圾好氧堆肥的滚筒式生物反应器研制 [J]. 环境工程, 2013, 31 (3): 110-112, 138.

［191］傅伯杰，刘宇. 国际生态系统观测研究计划及启示 ［J］. 地理科学进展，2014，33（7）：893-902.

［192］孙鸿烈，陈宜瑜，于贵瑞，等. 国际重大研究计划与中国生态系统研究展望-中国生态大讲堂百期学术演讲暨2014年春季研讨会评述 ［J］. 地理科学进展，2014，33（7）：865-873.

［193］宁红兵，陈媛媛，张鹏. PM$_{2.5}$污染的研究进展及防治对策 ［J］. 广东化工，2015，42（5）：49-50.

［194］陈雯，黄淑洁，戴思思，王紫琳，胡洪，杨珺. 杭州市区夏秋季空气 PM$_{2.5}$微生物分布特点的初步研究 ［J］. 中国卫生检验杂志，2013，23（10）：2361-2364.

［195］廖旭，胡安谊，杨晓永，等. 厦门冬季 PM$_{2.5}$颗粒物中细菌和真核微型生物群落组成及其来源分析 ［J］. 生态环境学报，2013，22（8）：1395-1400.

［196］曲莹，周海龙，董方，等. 持久性有机污染物对藻类生态毒理研究进展 ［J］. 海洋科学，2012，36（4）：132-136.

［197］武焕阳，丁诗华. 硫丹的环境行为及水生态毒理效应研究进展 ［J］. 生态毒理学报，2015，10（2）：113-122.

［198］陈寒生，庄惠生，杨光昕. 环境样品中多氯联苯的生物检测方法研究进展 ［J］. 环境化学，2011，30（5）：953-957.

［199］王传飞，王小萍，龚平，等 植被富集持久性有机污染物研究进展 ［J］. 地理科学进展，2013，32（10）：1555-1566.

［200］丁洁. 白腐真菌对多环芳烃的生物吸附与生物降解及其修复作用 ［D］. 浙江大学硕士学位论文，2012.

［201］奚泽民. 植物残体对水中多环芳烃的生物吸附性能及构-效关系 ［D］. 杭州：浙江大学，2013.

［202］程序，石元春. 木质原料制取先进生物燃料正处在大规模产业化的前夜——迎接生物能源第二波浪潮 ［J］. 中国工程科学，2015，17（1）：11-18.

［203］王琳，朱振旗，徐春保，等. 微藻固碳与生物能源技术发展分析 ［J］. 中国农业大学学报，2012，17（6）：247-252.

第三篇　环境地学学科发展报告

编写机构：中国环境科学学会环境地学分会
负 责 人：杨志峰
编写人员：杨志峰　刘静玲　刘世梁　徐琳瑜　张力小　孙　涛　田光进
　　　　　张　妍　苏美蓉

摘要

　　环境地学是为了适应生态学、地理学和环境科学在发展过程中出现的交叉局面而应运产生的。但环境地学有自己独立的范畴和领域。环境地学是以不同时空尺度下的人-地系统为对象，研究其结构和功能、调节和控制、利用和管理机理的科学。现代环境地学研究内容更强调人类活动对地球环境与气候的影响和反馈，以及人与自然关系的协调机制。2010—2015 年，环境地学学科发展不断出现新的热点，如中国城市大气污染 $PM_{2.5}$ 及雾霾的环境风险、土壤重金属污染及修复和流域水环境复合污染加剧等大尺度复合环境问题成为热点，凸显出环境规划与污染防控急需要大尺度时空的环境地学科学理论进行指导。就环境地学的研究内容、发展动态、研究方法与技术发展状况进行了总结，针对宏观尺度下复合环境问题，阐述了不同空间尺度的学科前沿问题，如全球环境变化、区域环境复合污染、流域环境风险、城市生态系统模拟和人类活动对环境的影响，探讨了环境地学亟待解决的科学问题及学科发展展望。总览近五年全球应对环境问题的科学进展与科学行动，世界各国环境压力总体不断增大，重视程度也持续增加，主要国家加强了环境科学领域的战略规划和科技布局的优化调整，科学问题进一步聚焦，研究手段得到进一步改善，高新技术在分析测试、监测、计算机模拟中得到了日益广泛的应用，为环境地学发展提供强有力的技术支撑。同时，新的科学成果在环境问题的应对决策和行动中发挥了重要作用。我国在环境科学领域也取得了若干重要成果，并在全球应对行动中发挥了不可替代的作用。环境地学工作在地学工作中的重要性越来越明显。21 世纪是环境的世纪。在人口、资源、环境三大问题中，环境问题不仅受到世界各国的关注，而且在我国今后经济高速发展过程中将更突出。它将成为制约我国经济建设的首要因素。环境的恶化将给经济建设成果带来极大的负效应，而且将会严重危及我们的生存环境和世代人民的健康。因此环境地学工作需要有一个与整个国情相适应的大发展。

一、引言

许多学科的内容都涉及其本身的环境研究，但明确地把自己的外部条件——环境作为研究对象的科学主要是生态学、地理学和环境科学。生态学一开始研究生物与环境的关系，从个体生态学逐步发展为群落生态学，进而发展到人类生态学。后者着重研究人类个体对环境的各种反应，也研究人类的生产和消费活动所引起的环境污染问题及对生物和人类的影响。地理学一向以作为人类生存和生活条件的地球表层作为自己的研究对象，并称之为地理环境。环境科学是由于出现了环境污染和资源破坏等问题才逐渐引起人们的注意，在很多学科的边缘间进行新的综合而发展起来的。

由于地球表层既是生物定居的环境，又是人类赖以生存和生活的地理环境，它们又都遭受了人类的污染和破坏。因此，在生态学、地理学和环境科学的发展过程中出现了交叉的局面。环境地学正是为了适应这种交叉性局面而应运产生的。但环境地学有自己独立的范畴和领域。环境地学是以不同时空尺度下的人-地系统为对象，研究其结构和功能、调节和控制、利用和管理机理的科学。现代环境地学研究内容更强调人类活动对地球环境与气候的影响和反馈，以及人与自然关系的协调机制。

随着人类生产力的发展、人口的增加、化石燃料的大量使用、土地开发、矿产资源的利用、改造自然的工程活动的加剧以及城市的迅速发展，对人类生存环境的影响越来越大。地球上地质灾害的频繁发生，每年要夺去25万人的生命，并造成近400亿美元的损失。干旱气候及土地的不适当利用，使全球荒漠化速度加快。随着工业和城市的发展，人类生存的厚约10公里的大气层也发生了严重的问题。2013年我国中东部地区均出现大范围的霾天气，超过了以往五十年来的任何一年。

环境地学同地理学和地质学在研究对象方面有共同性，但前者尤侧重人类活动对地理环境的影响。主要包括以下几个主体的研究内容。

环境地球化学是环境科学与地球化学间新兴起（直到20世纪70年代才发展起来的）的一门边缘学科。它研究环境中天然和人为释放的化学物质的迁移转化规律及其与环境质量、人体健康的关系等。

污染气象学是现代气象学一个分支，也是环境地学的一个重要组成部分，是研究大气运动和大气中污染物相互作用的学科。它主要研究近地层大气运动引起的污染物扩散、输送、迁移和转化过程，以及大气污染对天气和气象变化的影响。

环境土壤学是环境科学与土壤学的交叉学科。它主要研究人类活动引起的土壤环境质量变化，以及这种变化对人体健康、社会经济、生态系统结构和功能的影响，探索调节、控制和改善土壤环境质量的途径和方法。主要研究人类活动引起的土壤环境质量变化以及这种变化对人体健康、社会经济、生态系统结构和功能的影响，探索调节、控制和改善土壤环境质量的途径和方法。

流域生态学是环境地学的研究前沿，以流域为研究单元，应用等级嵌块动态（hierarchial patch dynamics）理论，研究流域内高地、沿岸带、水体间的信息、能量、物质变动规律。有学者将生态系统中的几个互相联系的基本部分（即数据采集与处理，信息分析、解释，建模与预测，专家系统与优化管理系统）所组成的有机整体称为生态信息系统，将有关这一研究的学科定义为信息生态学，并认为它是生态系统理论与系统生态学的新发展。

城市生态学的研究也是环境地学的重要方面，研究内容主要包括城市居民变动及其空间分布特征，城市物质和能量代谢功能及其与城市环境质量之间的关系（城市物流、能流及经济特征），城市自然系统的变化对城市环境的影响，城市生态的管理方法和有关的交通、供水、废物处理等，城市自然生态的指标及其合理容量等。可见，城市生态学不仅仅是研究城市生态系统中的各种关系，而是为将城市建设成为一个有益于人类生活的生态系统而寻求良策。

全球变化科学与环境科学的交叉，使得环境地学有了更为广阔的时空尺度，全球变化是研究地球系统整体行为的一门科学。它把地球的各个层圈（如大气圈、水圈、岩石圈和生物圈）作为一个整体，研究地球系统过去、现在和未来的变化规律及控制这些变化的原因和机制，从而建立全球变化预测的科学基础，并为地球系统的管理提供科学依据。全球变化科学的产生和发展是人类为解决一系列全球性环境问题的需要，也是科学技术向深度和广度发展的必然结果。

目前，环境地学的发展向更深更广发展，主要的学科前沿与发展趋势包括如下。

① 地球各层圈相互作用系统的研究。大气圈从不同方向直接影响人类的生活和生存，它包括冷暖、干湿和质量的变化。在过去几十年，对冷暖、干湿的变化，主要是从大气物理学本身，以及天体影响等方面去研究。近年来发现它同固体地球的运动也有密切的关系。如青藏高原抬升对大气环流的影响[1]；大气质量对人类活动、生物生存的影响[2]；地球内部气体向大气中的释放，以及地壳表层风化作用对大气某些成分的吸收机制的研究[3]，都是现代环境地学的前沿问题。

② 大陆水圈演化。水作为载体在水圈与岩石圈之间、水圈与大气圈之间、水圈与生物圈之间传输物质和能量，是连接圈层间的纽带，中国大陆水圈是地球水圈的重要组成部分，其研究是世界大陆水圈演化研究的关键。我国固有的地质构造、自然地理特点，形成了中国大陆水圈由西部高原到东部滨海一个完整的补给、径流、排泄循环体系。由于青藏高原的阶段性隆升[4]，使我国大陆水圈的演化在地球上有其特殊的意义。

③ 生态环境地学。生态环境地质是研究以人类为主体的生物与地质环境间关系的科学。把地质环境作为生态系统的组成部分，也是对人类生存环境进行研究的科学。我国在近十年来也作了不少有关地质环境与生态系统相关的研究工作。例如，对我国陆地表生带的地质、地球化学环境与人类健康和医学有关的生态地质环境的相关研究，农业优质高产与生态地质环境的相关研究等[5]。

针对多尺度下复合环境问题，本报告阐述了不同空间尺度的学科前沿问题，首先是针对研究方法与高新应用技术进展的阐述，包括野外调查与定位观测研究法、实验分析与实验模拟研究法、数理统计与 GIS 在环境地学中的应用。进一步对不同环境地学学科的研究进展进行了分析，主要针对以下几个部分：第一部分是全球尺度环境变化与环境问题，主要包括全球变化下的环境污染、全球变化与碳循环、全球变化下水生态问题；全球变化下大气环境问题。第二部分是区域尺度环境地学问题，主要包括区域环境变化与环境复合污染、区域土地利用变化与生态效应。第三部分是流域尺度环境风险，主要包括流域地学问题与水环境变化、流域环境变化与湿地退化、流域生态风险研究。第四部分是城市生态系统模拟，包括城市扩展对景观格局的影响、城市生态系统物流与能流、城市扩展的生态风险与模拟。第五部分是人类活动对环境的影响，主要包括人类活动对土壤圈的影响、人类活动对水圈的影响、大型工程对环境的影响。最后是发展趋势展望，主要包括地学理论与环境问题的耦合、环境地学的跨学科研究与环境地学对环境决策的研究趋势。本报告通过以上分析，探讨了环境地学亟待解决的科学问题及学科发展展望。

二、研究方法和高新应用技术进展

（一）野外调查与定位观测研究法

当前的环境地学研究以定量观测与监测为基础，所使用的测量技术有了显著的发展（表1）。特别是"十二五"期间，随着遥感卫星的发展（高分1号和2号等的发射），可在多个尺度上测量更多的参数，获取更多的综合数据，以便将测量结果与地方、区域、大陆和全球水平的空间尺度关联起来。并且将过程研究获得的认识与过程建模紧密联系。如宋晓猛等（2013）[6]针对当前基于 DEM（digital elevation model，数字高程模型）提取河网与流域特征的诸多问题，阐述了 DEM 数据提取流域水系特征的原理，回顾了数字水系模型与流域特征提取方法，评述了洼地和平地的处理方法及水流方向确定方法的研究进展，介绍了当前基于不同 DEM 数据类型的提取方法研究，探讨了 DEM 尺度和分辨率对提取流域特征的影响，总结了平缓区域数字水系和河网提取的研究进展；田野等（2015）[7]以北京官厅水库为研究对象，通过野外和实验室测量数据建立水质参数遥感反演的生物光学模型，对夏季官厅水库的非色素颗粒物浓度、叶绿素 a 浓度和有色可溶性有机物（CDOM）浓度进行了反演。

表1　环境地学研究的测量技术举例

问题	技术	研究举例	案例参考文献
地点特征和位置	电子距离测量（EDM）	构建数字高程模型（DEM）	黄琪等（2011）[8]
	数码相机、数字地图	海岸地形变化	吴承强等（2011）[9]
	地下渗透雷达	沉积物变化	沈洪艳等（2014）[10]
	空载雷达和无线电回声	基部冰状况、冰盖湖泊水量	沈吉（2012）[11]
过程测量遥测	数字自动测定	水质监测、混浊度监测	田野等（2015）[7]
空间监测	声学多普勒速度计	河流的 3D 速率	杨宏伟等（2012）[12]
示踪	磁技术	海滩沉积源	刘月等（2015）[13]
	磁共振成像	土壤渗透物、土壤污染物运移	胡舸等（2010）[14]
	^{18}O、重氢	水位曲线分割	李士进等（2015）[15]
实验室分析技术	自动分析	进行更多数量和类型的采样，分析更多的特征	
	电子扫描显微镜	指示搬运状况的沉积物颗粒特征	何梦颖（2014）[16]
模拟：地点测量	侵蚀测量	不同土地利用覆被的评价	吴文婕等（2012）[17]
^{137}Cs 和 ^{210}Pb 测年	沉积累进测年	土壤侵蚀速率、洪积平原沉积作用	葛佳杰等（2011）[18]
沉积分析	多重分拣器	小样本，如风成样本	杨立辉等（2014）[19]
模拟	普通线性模拟	冰川进退、滑坡敏感性	谭龙等（2014）[20]

环境变化研究从时间维度认识自然地理环境，测年技术和获取各种环境变化代用信息的实验分析技术的快速发展是环境演变研究的技术支撑。地貌景观演化的研究技术有三个主要趋势：自然信息测年方法；借助不断改进的实验室和沉积物分析技术，增强对地貌形成过程的认识；GIS、数字化高程数据和分形数学的应用。

全球环境的研究是解决全球尺度上有关环境地学方面的科学问题。全球环境的发展有赖于研究技术的极大发展，这些技术的进步大大扩展了环境地学研究的时空尺度。主要包括全球数据库、3S集成、地统计学和地理计算等，以及学科间联系和实时分析（real-time analysis）。尺度耦合的方法受到极大重视，包括尺度上联（升尺度，upscaling）和尺度下联（降尺度，downscaling）。

（二）环境地学自动监测站技术

环境地学的自动监测站技术发展进展迅速，环境监测是人们认识环境、评价环境、掌握环境质量的重要手段，是制定和执行环境法规、标准，进行环境决策的依据，是实现环境管理科学化的基础，是环境地学工作的重要组成部分。环境自动监测按其监测的对象，可分为大气自动监测、水质自动监测、噪声自动监测等。环境自动监测技术从技术结构上包括了自动控制技术、传感器技术、模拟与数字信号转换技术、信息编码与传输、数据库管理、信息平台发布六个部分。

（1）大气受环境保护行业管理分类的影响，大气自动监测可分为：①大气环境质量自动监测。目前监测的项目有二氧化硫、一氧化碳、二氧化碳、氮氧化物、臭氧、碳氢化合物、飘尘、气象指标、硫化氢、氨、氯化氢等。②大气污染源自动监测：目前监测的项目除了包括上述指标外，还有剩余氧量、流速、动静压、有机废气、湿度等。③汽车尾气污染自动监测：目前监测的项目有一氧化碳、氮氧化物、碳氢化合物、黑度等。

（2）水质在线自动监测技术，是加强水资源保护、对区域河流的水质管理、入河污染物的达标排放控制、突发水污染事故的预警预报等实现现代化的重要手段，是实现水质的实时连续监测和远程控制、快速获取水质信息比较先进的一门科学技术。

（3）噪声及其他自动监测，包括可用于功能区噪声的监测和交通噪声的监测。监测的项目有等效声级、电磁波辐射、放射性、振动、热污染自动监测等。

一般来说，应用现代自动控制技术、现代分析手段、先进的通信手段和计算机软件技术，对环境监测某些指标，从样品采集、处理、分析到数据传输与报告汇总全过程实现自动化的系统，称为自动监测系统；应用自动监测系统对需要测定的对象实时连续监测，称为自动监测。环境自动监测技术涵盖了实现整个自动监测过程的技术整体，包括自动控制技术、传感器技术、模拟与数字信号转换技术、信息编码与传输、数据库管理、信息平台发布等。自动监测站技术实用性好，时效性强，拓展性高，自动化无人值守连续工作，并可消除人为误差，可以为环境地学研究和管理提供急需的技术支持。如杨建青等（2013）[21]在系统收集整理欧美等主要国家地下水监测管理的有关论文和成果基础上，结合多年从事地下水工作的实践与心得体会，根据我国地下水监测与管理的实际情况，就我国与欧美等主要国家在地下水监测网布设、监测技术方法、监测数据处理和信息成果应用、地下水法规管理等方面的做法进行系统对比和分析，以期寻找差距、借鉴经验，并对如何提高和促进我国地下水监测与管理工作进行了展望。

（三）数理统计与 GIS 在环境地学中的应用

地理信息系统（GIS）是在计算机软硬件支持下，对具有空间位置和拓扑关系的空间数据及其相关属性进行输入、存储、查询、运算、分析和表达的综合性技术系统。它的基本特性为：所有的相关信息均按特定的坐标系统进行严格的坐标定位，对空间数据和属性数据进行统一存储和管理，将多源的空间数据和统计数据进行分级分类、规范化和标准化，并进行标准化编码，使其适应计算机输入输出的要求，便于进行社会经济和自然资源、环境要素之间的对比和相关分析。具有图形与数据双向查询检索的基本功能。GIS 是为解决资源与环境等全球性问题而发展起来的技术。20 世纪 60 年代中期，加拿大开始研究建立世界上第一个地理信息系统（CGIS），随后又出现了美国哈佛大学的 SYMAP 和 GRID 等系统。我国 GIS 起步于 20 世纪 70 年代初期，但发展非常迅猛，在卫星遥感和信息技术的支撑下，为国家环境管理与公共政策制定提供大尺度空间环境信息。

目前，国产中小型地理信息系统平台软件产品的技术水平已经赶上国外同类软件。它们已经完成了组件化的体系结构改造，实现了空间数据、属性数据一体化存储与管理，建立了初步的分布式网络计算模式，形成了初步的元数据支持机制，完整地实现了平台软件的支持功能。我国涌现出来的优秀基础软件平台有：武汉中地信息工程有限公司开发的大型工具型 GIS 软件 MapGIS，MapGIS 是一个面向服务分布式超大型 GIS 软件，它充分展现了国际最新第四代 GIS 技术，如焦兴东等（2010）[22]根据区域地质灾害的空间属性特征和同期常规气象资料，讨论了气象与地质灾害之间的内在联系，建立了汛期地质灾害气象预警判据，并且基于 MapGIS 技术开发出河南省汛期地质灾害气象预警系统；北京超图公司开发的 SuperMap，该软件是在科技部 "863" 课题和中国科学院知识创新工程的支持下，形成的完全自主知识产权的大型地理信息系统平台，SuperMap 软件已经在环境地学研究中获得应用。随着技术的发展，GIS 发展的趋势是：数据标准化、系统集成化、平台网络化。

三、环境地学学科研究进展

（一）全球尺度环境变化与环境问题

1. 全球变化下的环境污染

全球环境变化的核心问题是人类面临的日趋严重的资源、环境和发展问题。针对上述问题，国际上成立了地球系统科学联盟（ESSP），由四大全球环境变化科学计划构成，即：世界气候研究计划（WCRP）、国际地圈生物圈计划（IGBP）、国际全球变化人文因素计划（IHDP）、生物多样性计划（DIVERSITAS）。所以，全球环境变化科学是大科学，被喻为 "可与 19 世纪的进化论和 20 世纪的板块理论并称的地球科学第三次革命"。

全球变化科学（global change science）的目标在于描述和理解人类赖以生存的地球环境系统的运转机制、变化规律以及人类活动对地球环境的影响，从而提高对未来环境变化及其对人类社会发展影响的预测和评估能力，为全球环境问题的宏观决策提供科学依据。这一科学领域是与地球系统中三大相互作用过程：地球系统各组成部分（大气、海洋、陆地和生物圈等）之间的相互作用，物理、化学和生物过程的相互作用，以及人类与地球环境之间的相互作用，有着密切联系的基础学科，同时又是对人类社会可持续发展的科学投资。

我国《国家中长期科学和技术发展规划纲要（2006—2020年）》提出，把发展能源、水资源和环境保护技术放在优先位置，下决心解决制约经济社会发展的重大瓶颈问题；加强基础科学和前沿技术研究，特别是交叉学科的研究。该"纲要"提出的"科学前沿问题"和"面向国家重大战略需求的基础研究"中，与环境地学有关的有：地球系统过程与资源、环境和灾害效应，人类活动对地球系统的影响机制，全球变化与区域响应。

国家自然科学基金"十二五"规划第九章重点领域（十四）科学部优先发展领域——地球科学部中指出全球环境变化与地球圈层相互作用的核心科学问题有：亚洲季风-干旱环境系统的变化特点与趋势；区域水系（含冰冻圈）循环及其对气候变化的影响与响应；海平面与海陆过渡带变化的动力学机制及趋势；生态系统对气候变化的适应过程、机制和预测；全球变暖的自然和人类因素以及地球系统管理；地球系统模拟的关键技术及科学问题。

20多年来，数以万计的科学家投入了这一领域的研究，并取得了重大进展。这些进展主要包括：对地球系统进行了空前的多学科交叉研究，取得了大量高质量的科学数据，发现了一些新的现象，如海洋中的高营养盐低生产力区和铁在初级生产力中的重要作用等[23]；提出了地球系统中的几个关键性问题，如全球碳循环、水循环、食物系统等，将全球变化研究推进到集成研究阶段[24]；对地球系统的碳循环有了深入认识，初步找到了所谓丢失的"碳汇"；热带海洋观测系统（GOOS）的建立，特别是在太平洋赤道地区建立了比较完整的 El Nino 监测系统，同时建立了可以提前半年至一年预报 El Nino 发生的数值模式；过去全球变化研究（PAGES）在认识气候的自然变率、工业化前的全球大气成分、全球温室气体的自然变化及其与气候的关系、陆地生态系统对过去气候变化的响应、过去气候系统的突发性变化方面做出了重要贡献[25]。

城市化带来了显著的环境变化，出现了耕地资源流失、水资源稀缺、能源压力、城市环境污染严重以及城市区域生态占用扩大等资源与生态环境问题[26]。国内学者在从水资源与水环境[27]、土壤资源[28]、大气环境、生物多样性分析城市化生态问题的同时，采用定性与定量研究方法分析生态环境问题的成因，普遍认为工业化、城市化过程是我国城市问题产生的重要原因之一，城市社会经济发展给生态环境带来压力与副作用，并可能威胁城市生态安全[29,30]。国外许多研究者的研究表明这些是城市对全球环境变化负面影响脆弱性的关键因素，并且认为在危机和灾害中城市是非常脆弱的：突然的供应短缺、沉重的环境负担或者大的灾难能很快使大量人员处于严重的难关或非常时刻之中，并使社会弱势群体的情况更加恶化[31]。

2. 全球变化与碳循环

由于人类活动所诱发的温室效应（green house effect），使大气温度朝着更高的趋势变化。人类生产、生活活动排放的温室气体，尤其是 CO_2、CH_4、CFCs 和 N_2O 首先使地球表面变暖，在过去42万年中是史无前例的。部分温室气体是由于矿石燃料燃烧所引起的，它们是工业革命以来几个世纪累积所造成的。联合国政府间气候变化专门委员会（IPCC）的评估报告指出：全球气候系统变暖的事实是毋庸置疑的，自1950年以来，气候系统观测到的许多变化是过去几十年甚至近千年以来史无前例的。全球几乎所有地区都经历了升温过程，变暖体现在地球表面气温和海洋温度的上升、海平面的上升、格陵兰和南极冰盖消融和冰川退缩、极端气候事件频率的增加等方面。全球地表持续升温，1880—2012 年全球平均温度已升高 0.85℃；过去的 30 年，每 10 年地表温度的增暖幅度高于 1850 年以来的任何时期。在北半球，1893—2012 年可能是最近 1400 年来气温最高的。同时已观察到昼夜较寒冷的天数正在减少，而昼夜较温暖的天数则在增加，并且在北美及欧洲出现更频繁或是更剧烈的降水事件。已经观察到大部分陆地上的冷昼和冷夜呈偏暖和（或）偏少，而热昼和热夜呈偏暖和（或）更加频繁；同时，暖期/热浪在大部分陆地上发生的频率和（或）持续期也在增加，在欧洲、亚洲及澳洲等地区热浪发生的频率正在增加；陆地上越来越多的地区出现强降水频率、强度和（或）降水量增加。

在今后一段时期内，以下领域仍将是研究的重点[32]：①碳源与碳汇之间的碳交换条件和影响因素，加强研究在外部条件变化的情况下，碳源与碳汇之间的传输方向和通量的变化。②新的源汇发现及其强度研究，加强对人类活动的深入揭示和全球碳循环与新构造运动关系的研究。③陆地生态系统对全球碳循环的响应情况的研究有待进一步深入，尤其需加强土地利用与覆盖变化对陆地表层碳库和碳通量的影响及其反馈的研究。④在全球增温的情况下，对海洋环流和海洋生物地球化学过程的气候反馈、陆地生态系统和陆地水文系统的气候反馈的研究。⑤人为汇的研究与固碳技术的开发。⑥人类生活饮食习惯、人口状况等的变化对全球碳循环的影响及其反馈研究。⑦进一步明确碳循环研究中源汇作用的尺度问题，加强对大陆和海洋中碳循环的全球尺度和长时间跨度的研究。

"十二五"期间，我国在人类活动与区域碳循环方面已开展了许多工作。中国区域和特定类型生态系统的碳循环的观测、关键过程、模型、增汇技术和减排方案等尚有诸多的未知量和不确定性，尤其缺乏把海、陆、气作为一个系统的综合和集成研究。为此，需要深入揭示我国区域和特定生态系统的碳循环机理，确定温室气体源汇强度，同时加强国际合作研究以开展海、陆、气相互耦合的碳过程综合研究，并为国家的碳减排行动提供有效的理论和技术支持。

3. 全球变化下水生态问题

全球变化下水生态系统研究主要分为淡水生态系统研究和海洋生态系统研究两大类，近几十年来，淡水生态系统研究主要是围绕淡水水域的生产力和水体富营养化两个主题，并取得了丰硕的研究成果。淡水生态系统包括河流和湖泊等内陆水体。与陆地生态系统相比，其更具有封闭性，自我反馈能力较弱，稳定性较低，显得特别脆弱。而淡水资源又是人类赖以以生存的最为重要的资源之一，由于工业废水排放造成的江湖污染、由于不合理的渔业开发造成的水体富营养化等，都不同程度地破坏了淡水生态系统的功能，这些问题引起了科学家们对淡水生态系统的关注。胡珊珊等（2012）[33]采用气候弹性系数和水文模拟方法，研究了气候变化和人类活动对白洋淀上游水源区径流量的影响。结果表明：年径流下降趋势显著，下降速率为 1.7mm/a，且径流在 1980 年前后发生了突变；气候变化对唐河上游流域径流减少的贡献率为 38%～40%，人类活动对径流的减少起主导作用，为60%～62%。为维持白洋淀的生态功能，必须保证一定的最小生态需水量，开展湿地生态用水调度与监管。董磊华等[34]针对气候变化和人类活动（土地利用/覆盖变化）两个驱动因素，分别综述了气候变化、人类活动和两者综合对水文影响的研究进展；介绍了未来的气候情景和人类活动情景；阐述了区分气候变化和人类活动对水文要素过去和未来影响的研究方法，并总结了方法中常用的分布式水文模型。提出当前研究中存在气候和人类活动情景重复交叉、缺乏两者对水文极值事件的影响研究等问题。张永勇等（2012）[35]利用水循环模型、统计检测、对比分析等手段对三江源区水循环过程进行了分析，模拟和检测了1958—2005 年黄河源区出口唐乃亥站、长江源区直门达站、澜沧江源区昌都站汛期、非汛期和年径流过程的变化趋势。在此基础上。检测 CSIRO 和 NCAR 两种气候模式 A1B 和 B1 排放情景下未来 2010—2039 年源区出口断面的径流演变趋势。对比分析了气候变化的影响。研究表明过去 48 年三江源区出口唐乃亥站年径流和非汛期径流过程呈显著减少趋势。而直门达站和昌都站径流过程变化趋势并不显著。这将导致对黄河中下游地区的水资源补给显著减少，加剧黄河流域水资源短缺。在气候变化背景下，未来 30 年黄河源区径流量与现状相比有所减少，尤其是在非汛期，将持续加剧黄河中下游流域水资源短缺的现象，长江源区径流量将呈增加趋势，而且远远高于现状流量，尤其是在汛期，长江中下游地区防洪形势严峻。而澜沧江源区未来 30 年径流量均高于现状流量，但汛期和年径流变化并不显著，而非汛期径流变化存在不确定性，CSIRO 模式 B1 情景显著减小，而 NCAR 模式 B1 情景显著增加。气候变化对长江源区径流影响最显著，黄河源区其次，而澜沧江源区最小。

世界范围的生态环境问题越来越突出，严重威胁着人类社会的可持续发展，保障水生态安全已经成为迫切的社会需求。从由城市化、土壤侵蚀等所引起的区域生态环境问题和生态恢复等方面进行了区域水生态安全问题的探讨。城市化对全球生态系统的结构、功能产生了深远的影响，导致了诸多环境问题的产生。监测和识别城市化格局和驱动力对于理解城市化的生态后果、帮助城市规划和管理十分重要。李铖（2012）[36] 从 3 个等级尺度（县级市、地级市、区域）对长江三角洲中部地区城市化时空格局与驱动因子进行了研究，定量分析出不同等级尺度上城市化的时空格局特征，从等级视角来验证扩散-聚合的城市增长假说，并识别出不同等级尺度上城市化的主要驱动因子。土壤侵蚀在山区和丘陵地区是非常重要生态环境问题。刘俏（2014）[37] 选择浙江省永康市杨溪水源地经济林（柿子林）坡地为研究区，在所选研究区布设了 7 个径流小区，并分别设置了沉砂池收集含沙径流水样，定期（每月一次）采集试验径流小区中的含沙水样，对水样泥沙含量以及养分物质的浓度进行了室内测试分析和数据处理。由于高强度的人类活动和自然环境的共同作用使得全球范围内生态环境不断恶化，引发生物多样性丧失，生态系统结构、功能退化等一系列生态问题，随着全球变化，这些生态问题将进一步恶化。因此，生态恢复方面的实践工作和理论研究得到了越来越多的生态学工作者的关注。张鸿龄等（2012）[38] 从矿山废弃地生态修复与重建内涵的发展开始，着重分析了矿山废弃地生态修复与重建过程中的基质改良（包括表土覆盖、物理改良、化学改良、生物改良和废弃物人工基质改良技术）与植被重建（植被自然演替模式、植被种类选择和植被修复作用），并对今后矿山废弃地生态修复的发展趋势进行了探讨。

4. 人类活动与大气气溶胶研究

IGBP 的大气研究计划把气溶胶作为重要的研究方向之一。目前，对气溶胶物理、化学和辐射特性以及影响气溶胶特性变化的重要物理、化学机制还缺乏广泛深入的理解。也正因为如此，2013 年 IPCC-AR5 仍然将气溶胶辐射强迫列为当前气候模拟和气候预测中一个极不确定性因素。我国西北地区气候干旱，地表植被稀疏，加之人类活动影响的强化作用，使得该地区成为中国乃至东亚地区主要的沙尘气溶胶源地。随着我国社会经济的迅速发展，人为排放的气溶胶同样数量巨大且呈迅速增加的趋势。郑小波等[39] 根据人口、地理、气候和经济等特点把中国（不包括港、澳、台地区）分为东、西两部分。用 2000—

2010 年 MODIS 大气气溶胶光学厚度（AOD）资料，分析气溶胶分布的地理学和气候学特征后发现，胡焕庸线还可被视为中国气溶胶地理学的分界线，在其两侧气溶胶的性质和浓度都有明显差别。在人口稠密和海拔较低的东部，由人类活动产生的气溶胶为主，年平均 AOD 约为 0.45；在西部，自然过程释放的气溶胶主导的 AOD 约为 0.25。近 10 年来东部 AOD 的年际间变化呈现增加趋势，西部 AOD 出现微弱减少的趋势。东部人为气溶胶年际间变化受亚洲季风影响。西部自然气溶胶年际间变化主要受沙漠地区沙尘气溶胶排放源的影响，沙尘天气过程主要控制其气溶胶的释放。

（二）区域尺度环境地学问题

1. 区域环境变化与环境复合污染

胡炳清等（2015）[40]研究认为区域性和复合性是环境污染的基本特征。研究以人为干扰为主要影响因素的污染过程、以对生态系统安全和人体健康为主要风险的发生机制、以流域系统为对象的污染综合控制和生态修复、以环境与经济协调为目标的发展模式，是当今生态环境研究领域的重大课题。基于环境污染问题的综合性和复杂性，国内外不断推出了一系列重大研究计划，在流域或区域层次上深入探讨各种环境要素间的交互作用规律及复合污染效应，环境污染所导致的生态与健康风险成为研究热点，以保障流域或区域生态环境安全为核心的集成技术创新和应用成为解决污染问题的重要支撑。

区域环境复合污染包括常见的大气复合污染、水复合污染、土壤复合污染等。如硫氧化物、氮氧化物、碳氢化合物、氧化剂、一氧化碳、颗粒物等大气污染物，以二氧化硫为主的各种污染物分别对人体、动植物、材料、建筑物等产生危害（即产生环境效应和生态效应）；同时污染物以各种化学状态存在或相互作用，而造成对环境与生态的综合影响（如光化学烟雾），使大气污染更为复杂而加重其危害程度。水环境和土壤复合污染多指不同种类污染物同时存在于水体中，使其治理难度加大。

当前由于环境污染的复杂性，区域环境复合污染研究逐渐成为研究热点，对于环境问题的研究已逐步从侧重于关注单一污染物的污染问题转向区域环境的复合污染研究。胡炳清等[40]以基于方案的 DSS 框架与设计技术为指导，构建并研发了大气复合污染区域调控与决策支持系统，该系统具备区域基本信息管理、区域污染状况评估、动态目标构建、协同控制方案设计、方案优化、各类方案分析评估等功能，并在珠三角进行了示范性应用，对解决我国区域大气复合污染问题、改善环境空气质量具有很强的科技支撑作用。张桂芹等（2012）[41]采用济南市蓝翔技校、泉城广场、建筑大学和跑马岭 4 个点位 SO_2、NO_2、PM_{10}、$PM_{2.5}$、PM_1 和 O_3 等的监测数据，研究了济南市灰霾期大气污染物的污染特征。朱彤等（2011）[42]分析了大气中灰霾形成的化学过程。刘泽常等（2010）[43]研究了可吸入颗粒的变化规律。吴对林等（2012）[44]结合东莞市实际，经过优化布点、功能定位、总体架构设计、设备选型、子站设计建造、信息管理平台开发等过程，开发建设了多功能、集成化和自动化的大气自动监测网络，并开展了创新、探索性研究。

环境中的化学污染物是一种混合物。Zhang 等（2014）[45]研究认为，由于相互作用化学污染物潜在的生态毒理作用可能要比单一化学品复杂得多。目前大多数国家现行的水质监测控制，仍主要针对目标化合物的浓度或主要水质参数。而仅对环境立法中规定的化合物进行分析，一方面会忽略对未指定化合物的风险评价，同时理化分析不能检测到水体中所有危险物质及其相互作用的产物，也不能获得水体中所有污染物的信息，另一方面忽略了污染物与生物有效性的相互关系，将导致高估或低估真正的生态危险。因此 Zhai 等（2014）[46]对环境问题的关注已从单一污染物的研究转向复合污染的形成机理与防治研究，从点源污染控制转向区域环境控制与治理。

复合污染的生态毒理研究的核心在于生物效应，包括分子、细胞、个体、种群和群落水平上研究生物对污染胁迫的响应及其反馈。常用研究方法除常规的实验室毒理研究、野外调查、试验和定点、定位的研究和监测外，还采用生物传感器、建立实验室规模的模式生态系统（微宇宙）、室外围隔或笼养生物等进行毒性测试，如 Zhang 等（2013）[47]建立了生态系统的数学模型，Yang 等（2013）[48]对湿地生态系统建立了管理模型等。为了更全面了解污染物的毒性效应和人为干扰对生态系统的影响。研究方法也不断发展：从单一污染物到复合污染物，从短期急性毒性效应到长期的慢性毒性效应，从简单的室内模拟到室外的原位实验，从单一物种到多物种以及生态系统，从单一水平到多水平，但仍存在一些问题，如单一物种毒性并不足以外推来估测群落水平的效果，采用群落水平调查受到缺少简单、规模化方法的限制，因此，Xu 等（2013）[49]的研究逐渐采用多营养级的物种组合，Tian 等（2014）[50]采用食物网模型模拟，Tian 等（2011a，2011b）[51,52]采用生物膜等方法。此外，基因组学、蛋白质组学和代谢组学等新兴技术领域的方法也不断被应用。如 Saeedi 等（2012）[53]通过基因组学和毒理学的结合，可以了解在污染物长期或短期暴露下对生物基因表达的改变，获得其遗传毒性的数据。在技术方面如时间温度梯度电泳、流式细胞仪、高效液相色谱法等方法的应用也促进了生态毒理的研究。

2. 区域土地利用变化与生态效应

随着全球变化研究的深入，人们越来越认识到以人类活动为主导的土地利用/土地覆盖变化（LUCC）通过与环境因子的相互作用，在局地、区域和全球尺度上对生态系统产生重要影响。一方面通过影响大气、土壤、水文、生物等要素对自然地理环境产生深刻影响，另一方面影响生态系统的物质循环与能量流动、景观结构和生态服务价值变化，在不同尺度和水平上使生态系统的结构、过程和功能发生变化，直接影响生态系统水热平衡、碳调节过程、能量平衡及其服务功能。土地利用变化产生的生态效应又会反馈回土地利用的驱动力，促使原有的土地利用方式和结构发生转变（图 1）。

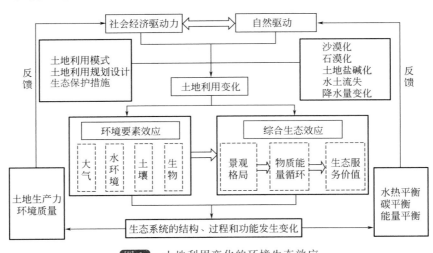

图 1　土地利用变化的环境生态效应

LUCC 是人类活动影响气候系统的两种主要活动之一，它不仅是生物地球物理过程，还是生物地球化学过程。对 LUCC 的生物地球物理作用的研究主要采用数值模拟法。早期研究多采用大气环流模式，用强迫-响应方法进行敏感性试验。随着陆面过程参数化方案的发展，全球耦合气候模式、中等复杂程度地球系统模式和区域气候模式不断得到发展。LUCC 对气候的生物地球化学变化作用主要体现在对碳循环的影响，研究以模型模拟为主。由于土地利用历史数据缺乏、模型假设和变量不同，使得关于土地利用变化引起的碳排放估计仍然存在很大的不确定性。Wang 等（2014）[54]采用驱动簿记法碳循环模型分别估计 20 世纪 80 年代全球和热带地区土地利用变化引起的碳排放量，但忽略了大气中的 CO_2 以及气候和陆地碳动态过程之间相互反馈机制，估计结果明显偏高；Tian 等（2015）[55]等利用卫星遥感技术进行森林砍伐区域的碳排放影响研究，估算值偏低。针对这种不确定性，为了使不同研究之间有可比性，Pincetl[56]等（2012）提出在土地利用变化引起的碳通量估算中，要全面考虑森林砍伐过程中以及砍伐后陆地覆盖的动态过程，几十年至百年时间尺度的历史土地利用变化，准确估计森林砍伐清除的碳的最终去处及其量值，如燃烧、长时间后木材加工品的氧化等。土地利用对水循环的影响表现为水量空间分布的变化。由于不同的土地利用类型对降水的截留、阻挡、蒸腾及下渗作用不同，土地利用变化不仅导致地表或地下水水量的变化，而且会改变区域水循环的形式。早期主要采用实验流域法，该法有利于揭示植被-土壤-大气相互作用的机理，但试验周期较长，通常在小流域进行，较大尺度流域操作难度大，研究结果难以推广。长时间尺度的效应研究可以采用特征变量时间序列法，选择较长时段上反映土地利用变化水文效应的特征参数（如径流系数、年径流变差系数、径流年内分配不均匀系数、蒸散发等），尽量剔除其他因素的作用，从特征参数的演化趋势评估土地利用变化的水文效应。虽然该法操作简单，物理意义明确，但是仅适用于地面起伏小、空间差异不大的区域。定量解释、模拟和预测土地利用变化对水循环各环节的影响主要用水文模型法。现代水文模型早期是针对某个水文环节（如产流、汇流等）进行模拟。近年来出现多种土地利用变化水文生态效应的综合研究方法，如水文模型与统计学方法相结合的方法、模型耦合法、模型对比法和组件式模型库系统，可弥补上述几种方法的不足，较好地模拟 LUCC 的水文效应，但操作相对比较复杂，推广难度较大。土地利用变化是土壤质量管理和维护的主要影响因素，主要通过改变地表植被，影响植物凋落物和土壤微生物的活动并改变土壤管理措施，引起养分（碳、氮、磷等）在土壤系统的再分配，从而影响土壤质量。当前，土地利用方式对土壤质量及其生态环境功能的影响成为地球表层系统界面过程及环境效应研究热点。国际上多采用多变量指标克立格法（MVIK）和土壤质量动力学方法。国内学者主要采取对不同土地利用类型和不同时间段的土壤进行监测、取样与模拟，从时空转换角度分析土地利用变化对土壤质量指数的影响。如陈朝等（2011）[57]研究了土地利用变化影响下的土壤有机碳储量及其动态变化规律，有助于加深理解全球气候变化与土地利用变化之间的关系。

（三）流域尺度环境风险

1. 流域地学问题与水环境变化

流域尺度是水环境管理和研究的最佳尺度，从流域尺度综观水环境风险，就是人类活动干扰对流域水环境产生的一系列破坏。流域水环境风险是指在流域尺度上，综合考虑水质、水量和水生态三个方面，描述和评估环境污染、人为活动或自然灾害等引起的水环境变化对流域生态系统及其组分产生不利作用的可能性和大小的过程。

目前，流域尺度上的风险评价已成为国内外研究的热点，逐渐成为发达国家制定流域管理决策的科学基础和重要依据。流域水环境风险评价的目的是为流域水资源可持续发展和水环境安全管理提供依据。与单一地点的风险评价相比，流域风险评价涉及的风险源以及评价受体等都具有空间异质性，即存在空间分异现象，这就使其更具复杂性。

由于风险的复杂性和监测数据不足，大多数评价只局限于定性分析，在大尺度上的定量化研究基本还处在探讨阶段。由于流域水环境问题的不确定性，应用风险量化、风险评价及风险管理技术，对水质、水量和水生态的有效管理具有重要的指导意义。有待对流域水环境评价理论和模型进行深入研究，并在实践中不断创新和完善。

针对现行流域管理制度存在对环境风险的科学评估不足，对环境风险的安全预警不足，对环境风险的综合决策性不强等问题，流域环境风险管理所需要的科学支撑继续开展研究和探索，以解决中国所面临的流域环境管理急需解决的问题。

由于近几年突发性污染事件频发，我国在对突发性环境风险管理的研究中取得了一定的成果。郭英华等（2013）[58]从风险管理的角度综述了国内外突发性污染事件研究进展，提出应对包括突发性水污染在内的突发性环境污染事件进行风险管理，制定有针对性的风险管理体系和有组织的风险管理设想。

流域环境风险评价方面，水质模型的优化提高了评价的准确性。杨乐等（2013）[59]根据秦淮河水情水质特点，结合 QUAL2K 水质综合评价模型，选取 DO、NH_3-N、COD 作为模拟因子，在汛期与非汛期，分别对南河莲花闸及象房村泵站是否开闸引水两种工况进行模拟和参数率定，构建秦淮河水质优化管理模型。

在我国，关于水环境生态风险评价还处于起步阶段，从理论到技术都还要进行广泛和深入的研究。目前已开展的一些研究一般是基于生态风险评价的理论和框架，针对具体的污染物从水生态毒理的角度进行研究，大多还仅处于理论方法的探讨阶段。杨志峰[60]等以流域生态系统与水资源关系为核心内容，建立了生态环境需水阈值理论，提出了生态环境需水标准的确定方法、分区分类以及水质水量联合评价技术，构建了综合考虑水量、水质及生态环境需水等要素的流域综合管理模式，该成果获得国家科学技术进步二等奖。Xu 等（2014）[61]采用鸟类作为风险受体，对美国新泽西州 Lower Hackensack 河河口 Cr 矿开采区的生态风险进行了评价。刘静玲等（2015）[62]研究了滦河流域中重金属与多环芳烃时空分布并进行了健康风险评价，为可持续管理提供了更多选择。

国家创新研究群体科学基金项目《流域水环境、水生态与综合管理》（2003）研究中，学术带头人杨志峰教授提出研究群体长期以"流域"为研究对象，以"水"为核心问题，瞄准国家中长期科技发展规划重点领域和国际重大科技前沿热点问题，致力于解决我国流域生态系统健康保障基础理论研究的瓶颈问题，开展了一系列基础理论、方法和技术的研究与探索，形成了流域水环境效应、流域水生态过程和流域生态安全调控三个稳定的研究方向。研究成果指导了《第二次全国水资源综合规划》，为首次将生态需水纳入水资源核算体系提供了技术支撑，获得国务院正式批复；应用于南水北调工程总体规划，促进了生态整治工程的落实。其成果已应用于我国七大江河流域，为海河、松花江、辽河、长江等流域水生态保护和恢复、黄河不断流并维持其健康提供了技术支撑。

陈秋颖等（2014）[63]强调流域水环境生态风险评估对于水资源管理具有重要意义。如何有效地进行环境管理和系统恢复，如海河流域需要全面了解各种应激相关因子影响整个流域的相对重要性。张璐璐等（2013）[64]对白洋淀表层沉积物重金属含量和底栖动物群落的时空分布特征进行了分析，探讨了重金属分布对底栖动物群落结构特征的影响，采用Hakanson潜在生态风险指数法综合评价了白洋淀沉积物中重金属污染状况和潜在风险程度。

2. 流域环境变化与湿地退化

湿地退化是自然生态系统退化的重要组成部分，其主要是由于自然环境的变化，或人类对湿地自然资源过度地以及不合理地利用而造成的湿地生态系统结构破坏、功能衰退、生物多样性减少、生物生产力下降以及湿地生产潜力衰退、湿地资源逐渐丧失等一系列生态环境恶化的现象。湿地退化是一个复杂的过程，它不仅包括湿地生物群落的退化、土壤的退化、水域的退化，还包括湿地环境各个要素在内的整个生境的退化。退化湿地的研究及其恢复和重建是当前湿地研究中的热点，如何评价湿地的退化程度以及判定湿地的恢复程度，是恢复实践上必须要解决的问题。通过湿地退化评价可以为湿地恢复与重建提供决策依据。

十二五期间，湿地退化机制研究多集中在黄淮海流域、东北平原与高原湿地上，不同学者对三江平原挠力河流域、松嫩平原、向海湿地、嫩江中下游湿地和若尔盖高原湿地退化机制和驱动力机制进行了分析。湿地退化评价是应用相关的生态学和数学等方法对湿地生态系统的退化程度进行科学评价，是对湿地生态环境现状、湿地环境资源和生态破坏程度、湿地污染程度甚至湿地周边地区的经济发展水平、人口素质等方面的综合评价，是研究人类不合理经济活动造成整个湿地生态系统质量下降程度的定量描述。湿地退化评价在湿地恢复生态学研究中占有重要的地位，是开展退化湿地恢复与管理的基础性工作。

湿地植被动态对科学制定湿地恢复和管理措施极为重要，其监测手段主要有卫星遥感和野外实地定点定时调查。卫星遥感技术可为植被监测提供及时、最新、相对准确的信息，其最新发展趋势是将高光谱和多光谱遥感技术用于湿地植被监测。此外，在海洋赤潮监测中应用较多的星载海洋彩色传感器在将来也可能被广泛用于湿地植被监测。但遥感技术缺陷之一就是分辨率较低，需要在空间分辨率和光谱分辨率之间做出权衡并选择适当的植被光谱信息提取处理技术。因此可以采用彩色红外航拍技术进行湿地植被监测，该方法具有更精确的分辨率，能更详细地监测植被变化，兼具野外实地调查和遥感卫星影像的优点，但在数据分析上具有费时、花费高的缺点，因此与遥感技术的结合使用可能是未来湿地植被监测的主要发展方向。

3. 流域生态风险研究

流域生态风险评价是流域生态环境保护与管理的重要研究内容，与一般的区域生态风险评价相比，具有其独特的流域特征。

流域生态风险评价是以自然地貌分异与水文过程形成的生态空间格局为评价区域，评价自然灾害、人为干扰等风险源对流域内生态系统及其组分造成不利影响的可能性及其危害程度的复杂的动态变化过程，是由生态风险源危险度指数、生态环境脆弱度指数及风险受体潜在损失度指数构成的时间和空间上的连续函数，用于描述和评价风险源强度、生态环境特征以及风险源对风险受体的危害等信息，具有很大的模糊性、不确定性和相对性。流域生态风险研究的关键是从整体的角度，考察流域内部上下游之间、主支流之间、源汇流之间等不同水系、水体流经区域的水、土、植被及生物多样性、人类活动等要素的相互作用与联系及其生态波及效应。

直至 20 世纪 90 年代末至 21 世纪初期，科学家们开始构建适于流域尺度的研究范式，并尝试开展流域生态风险评价，主要包括流域水环境生态风险评价、流域灾害生态风险评价及流域综合生态风险评价。①流域水环境生态风险评价：关于流域水环境生态风险的研究多是从水生态毒理角度，针对不同水体中单一或多种污染物质，利用成熟的生态风险评价理论和框架模型进行研究。一般采用 Hakanson 的潜在生态风险指数法，利用所选指标与生态风险之间的相关性对流域生态风险进行评价和预测。指标选取多沿用已有的指标体系或采取相似指标替代。国内研究多为借鉴已有方法对水环境中污染物、重金属元素潜在的生态风险进行个案分析。如张倩等[65]使用污染源普查数据和土地利用数据，同时考虑距离对污染物入河过程的影响，来估算水环境控制单元内的污染物入河量。大辽河水环境控制单元营口段是以城区污染为主的城市水环境控制单元，以大辽河水环境控制单元营口段为例估算控制单元内污染物入河量，并进行分析。结果表明使用污染源普查数据和土地利用数据，在根据距离考虑入河系数的情况下能够较准确地估算出污染物入河量，可以为后期进行水环境容量核定工作提供基础数据，同时为城市规划管理者提供制定减排政策的依据。可见，现有水环境生态风险评价研究成果多是关于水质风险评价或水生态风险评价，没有从流域水环境整体角度出发考虑多风险源及其相互关系，尚缺乏全流域水环境生态风险的空间效应与传导机制研究。② 流域灾害生态风险评价：国内外对于流域灾害生态风险评价的研究主要集中在自然灾害尤其是洪涝、干旱、水土流失等风险源对较高层次的生态系统及其组分可能产生的风险，而对生态系统内部因素与人为因素引起的风险研究较少。许妍等（2013）[66]从复合生态系统入手，深入分析流域内各生态系统要素之间的相互作用与影响机制，综合考虑多风险源、多风险受体和生态终点共存情况下的风险大小，从风险源危险度、生境脆弱度及受体损失度三方面构建了流域生态风险评价技术体系，并选取太湖流域为实证区域，对太湖流域 2000 年、2008 年两个时期生态风险的时空演化特征进行评价与分析。该类评价多为针对某一自然灾害对生态系统的损害，没有考虑人类活动及突发性事件的影响，且选取的评价指标较为繁杂，尚未形成统一的评价指标体系。③流域综合生态风险评价：目前，流域生态风险评价正逐步转向涉及多重受体和多重风险源的流域综合生态风险评价模式，并在一些流域开展了案例研究。如许妍等（2012）[67]对我国的流域生态风险评价进行了综述，在已有研究基础上，对流域生态风险评价进行了概念界定与特征分析，并按照风险源、生态受体、生态终点的分类标准对流域生态风险评价进行了类型划分，简要评述了流域生态风险评价的相关研究主题，并尝试构建反映流域时空尺度变化规律的生态风险评价概念模型。整体来看，流域综合生态风险评价在指标选择和评价方法上有一定的进展，但由于流域环境因素以及风险源与受体作用过程的复杂性和监测数据的不足，大多数评价只局限在定性或粗略分析上，缺乏过程-机制的深入研究。

由于水环境风险的复杂性和不确定性，如何合理评价流域水环境风险引起了众多国内外学者的关注。国际上，部分研究关注了流域水环境风险宏观评估框架和体系的建立和健全。其中如近些年的 HACCP、QMRA、WSP 等水环境风险评估系统的提出具有代表性。另一部分研究则针对水环境风险，采用指标体系、生命周期分析、多指标阈值对比等方法，分析了多污染因子、环境因素（如气候变化）等对水环境风险的作用过程和影响，并探讨了水环境污染的效应和影响，如对饮用水源、人体健康和生态系统的影响等。此外，也有研究采用暴露实验、毒理分析、统计分析等在微观层面分析和评估特征污染物（如医药残留物、PAH、病原微生物等）。我国的城市水环境风险评价主要是对国际研究成果的引进和借鉴。例如，在宏观评价框架方面，Feng 等[68]（2008）根据 WHO 的评价框架，采用系统动力学建立了义乌市水环境风险评价体系。Xu 等[68]人（2013）则在流域水风险评估框架下，评估了流域内多个城市的水环境风险。在水环境影响和效应评估方面，部分研究引入了美国等发达国家的评价模型和标准，分析了城市新兴污染物（如内分泌干扰物、雌激素、抗生素等）的人体健康风险和生态风险。但总体而言，尚未有研究系统探讨基于景观格局的水环境污染风险。

（四）城市生态系统模拟

1. 城市扩展的景观变化与动态模拟

我国城镇化过程对全球变化产生深远影响，而不同区域对全球变化的影响是不同的。随着我国城镇化的快速发展，人口将更多地转向城镇，从而导致人居环境改变。城镇化在给经济带来发展的同时，城镇的土地利用以及频繁的人类活动也影响城镇区域的局地天气与气候。一方面城镇化改变了下垫面，另一方面是城镇化增加了人类碳排放。随着我国城镇化的快速扩展，将引起土地覆盖的变化。尤其是随着城镇化的不断发展，我国人口将更多地转向城镇。中国城镇化的快速发展导致交通拥堵、大气污染、水资源危机、住房价格畸高等"城市病"，这在北京、上海、广州等大都市区越来越突出。

随着我国新型城镇化的提出，我国城镇将进一步扩展。快速的城镇化发展对生态环境造成了重大影响，城市景观组分出现更多的破碎化。城市斑块的规模分布也出现急剧变化，揭示了政策调整和经济发展对我国城镇景观时空模式造成的影响。城镇化表现为集聚-分散-集聚-分散的动态过程。

在"十二五"时期，我国城镇扩展的景观变化与动态模拟方面取得了重要进展。城市景观动态变化既受到自然因素的影响，又受到社会经济因素的影响。城市景观动态模型包括非空间模型和空间模型。在非空间模型方面，如利用社会经济数据和土地利用数据建立线性关系。在空间模型方面，元胞自动机 CA（cellular automata）和 CLUE-S 模型在土地利用动态模型方面应用较为广泛，如全泉等（2011）[69]的研究。CA 模型以单元空间为基础，利用 GIS 的栅格数据功能，建立土地利用动态转换规则，从而模拟土地利用动态过程，并利用已有的转换规则和参数预测未来土地利用变化趋势。以 CA 模型为框架，层次分析法、主成分分析、人工神经网络、多准则判断等各种方法被用于土地利用动态模拟中。同时，分形和分维等理论方法也大量应用在土地利用动态过程中。CLUE-S 模型将空间相关分析应用到土地利用动态模型中，成为土地利用动态模拟的重要工具。

在原先的 CA 动态模型中，没有充分考虑人的行为和决策对土地利用动态的影响。而随着复杂性科学和人工智能的发展，MAS（multi-agent system）或 ABM（agent-based model）成为模拟土地利用动态的重要方法。在城市动态模拟中，建立基于个体决策的模型能够更好地模拟复杂行为和复杂现实，可以模拟复杂行为与人类-土地利用相互作用的过程。在土地利用动态模拟中，Agent 可以代表农户、开发商，也可以代表能决策的政府机构等。Agent 的行为可能是寻求经济利益的最大化，也可以是寻求社会效益的最大化，既可以是建立自然保护区，也可以优先满足居民的住房需要，从而涉及各种土地利用政策。在利用 MAS 模拟个体行为中，由于这些决策者所起的作用不同，需要进行分类。

在我国"十二五"期间，利用多智能体模型和 CA 模型建立了城镇动态模型，模拟城市规划的政策制定者和决策过程对城市扩展的影响。周淑丽等（2014）[70]运用自下而上的多智能体建模方法构建城市扩张模型，研究城市扩张的基本特征和规律，对新型城镇化建设具有重要的理论和现实意义。通过模拟当地政府、房地产开发商、居民和农民等决策行为和模式，从而模拟多智能体的行为模式。基本情境、快速扩展模式和绿地保护模式三种不同的被用来模拟和比较不同的决策模式对城市未来发展的影响。多智能体模型有利于模拟城市未来的发展趋势，从而能对决策提供依据。

随着城市动态模型的发展，区域尺度的城市增长动态模型得到发展。利用人工神经网络（ANN）模型与元胞自动机（CA）模型构建适合不同情境的区域尺度城市增长动态模型。随着模型的发展，区域动态模型能更好地解决区域问题。同时城市扩展对 NPP 的影响、对全球变化的影响、碳循环的影响等都有一些研究。城市动态模型与环境模型相结合，从而研究城市景观动态对热岛、大气污染等的影响。

2. 城市代谢模拟

自 1965 年 Wolman 提出城市代谢概念以来，经过了 50 年的发展，城市代谢模拟研究经历了模拟模型构建、模拟方法深化、应用尺度拓展等方面的演变（Zhang，2013[71]），已成为服务于城市可持续发展决策的有效手段[65]。

（1）城市代谢模型发展　Wolman 于 1965 年利用 I-O 黑箱模型开展了虚构的美国城市代谢定量研究，之后相当长的时间里，一些学者集中于物质流、能量流分析方法的研究与应用。直到 20 世纪 90 年代，城市代谢模型有了一定的发展，包括持续城市的循环代谢模型、考虑社会目标的代谢活力模型等，但模型仍集中于城市的输入与输出，以及输出到输入的循环。到了 21 世纪，城市代谢模型有了更大的发展，体现在循环代谢模型的进一步应用[65]，以及网络模型的构建与发展，如城市水代谢、能量代谢[72]、综合代谢网络模型。在静态模型基础上，一些学者也开发了 Toronto 大都市区子过程动态模拟预测模型及城市水服务动态代谢模型。城市代谢模型的发展经历了从线性到循环，再到网络的研究模式转变，但在规划应用中还存在着实际困难，需采取"自下而上"与"自上而下"相结合方式开展精细化城市模型研究，促进模型与规划实践（上结合政策目标设置参数，下结合具体方案给出模拟结果）的结合。

（2）城市代谢模拟方法　打破黑箱，从城市系统内部的生产、消费和循环等代谢环节入手进行定量分析，可以深入剖析系统生态演变过程、影响机制和内在作用机理。Liu 等[73]（2013）的回顾表明，计算机技术与生态动力学模型的结合被广泛应用于城市物质、能量代谢流动模拟研究。还有一些学者开展了对代谢过程影响机制的模拟研究，主要引入因素分解方法研究城市能源-碳代谢过程，剖析影响因素对代谢过程的驱动方向、大小和规律[74,75]。在内在作用机制模拟方面，大多采用网络分析方法模拟代谢系统的结构和功能，目前其应用更多地集中在自然生态系统的研究中，对社会经济系统的研究较少，如北京总体代谢[76]、四个直辖市水代谢、四个直辖市能量代谢及奥地利碳代谢[69]等方面。模拟中代谢主体的细化与拆分，需要借助于投入产出分析方法。大多城市代谢研究借鉴投入产出表中部门划分方式，界定代谢主体，并基于投入产出分析中城市代谢部门间价值流传递，估算其物质流、能量流和信息流，并在此基础上构建网络模型，开展结构-过程-功能定量模拟研究。20 世纪 70 年代投入产出法就已经广泛应用于计算价值流传递过程中体现的资源流，如水、能量和自然资源，但问题是根据其分配原则只能获得最终消费品的体现生态要素量，无法获得中间产品的体现生态要素量[77]。目前，将投入产出分析方法引入城市代谢的应用区域有苏州[78]、北京等。在此基础上，一些学者结合系统生态学思想和经济投入产出模型，提出一种以体现生态要素的流动为出发点，通过投入产出技术建立体现生态要素平衡方程，最终实现对任意商品流（无论是最终消费品还是中间产品）的体现生态要素量分配，为部门生态要素分布结构研究提供有效的方法[79]。

（3）城市代谢多尺度研究　城市代谢研究对象——城市的开放性、差异性特征，决定了城市代谢研究横跨不同的空间尺度，包括低分辨率的全球、国家、城市，以及高分辨率社区与家庭。城市代谢研究必须检测物质与能量利用的位置（城市）及它镶嵌的层阶（区域、国家、全球）的未来可持续性。从 19 世纪中叶世界代谢到 1991 年人类圈代谢，再到国家尺度研究更为适合的社会代谢，均为城市代谢研究提供了不同尺度的背景场。但是城市代谢上推尺度研究大多将城市均质化处理，使用粗糙的或高聚合的数据（如自上而下方法），没有考虑城市内部的差异性［例如，中心区居住和（或）服务功能，以及郊区的居住和（或）产业功能］，很少将物质、能量流与具体地点、活动或人类相关联，导致了城市代谢下推尺度研究比较缺乏。理解谁正使用什么流在哪做什么（以及废物产生的伴随物）需要增加到城市代谢分析中，开展社区与家庭尺度代谢研究。

3. 城市扩展的生态风险评价与管理

随着城市化进程的加快，城市作为生态问题突出的区域，其生态风险管理日益重要。城市扩展中人口的过度密集、高强度工业活动和交通压力等导致城市生态环境、生态过程与功能发生变化，并引起局地、区域和全球环境的胁迫效应，以及自然生态系统响应机制的改变，成为当前国际社会和学术界关注的热点问题（陈利顶等，2013）。城市大气、土壤、水体环境都受到不同程度的破坏，进而引发城市生态系统的失衡乃至崩溃。目前大多研究分别从城市生态风险源或风险受体的角度，针对系统的局部环境介质入手进行研究。例如，城市土壤重金属污染造成的生态风险问题研究，或者湖库底泥等污染物质分析为基础的生态风险研究，以及湿地生态系统的风险研究等。除了污染物带来的城市各个环境媒介的生态系统破坏之外，土地利用的巨大改变也对城市生态系统的健康造成很大破坏，威胁着城市生态安全，因而土地利用变化引起的城市生态风险也受到诸多关注（Islam 等 ., 2015）。大量研究从重金属（Zhai 等 ., 2014）和有机毒物（Saeedi 等 ., 2012；Wang 等 ., 2011[80]）的致毒机理及效应角度进行城市生态风险研究。也有许多学者从生态学角度研究生物恢复力及敏感度，从而判断风险大小及生态风险的破坏程度（Yang 等 ., 2010[81]）。

基于上述基础性研究，目前逐渐开始关注从不同学科角度建立起综合性评估模型，如徐琳瑜等将污染源、居住环境、人群及生物健康[82~84]乃至城市热环境要素[85]纳入到城市生态风险评价模型中，先后建立了城市生态风险评价的信息扩散法、Ⅳ级多介质逸度模拟模型等，为系统化评估城市生态风险奠定一定基础。然而城市作为复合生态系统的社会经济属性在大量生态风险研究中研究得较少，缺乏从经济学角度考虑城市快速发展带来经济效益的同时，对于城市生态系统造成破坏所引发的社会经济损失风险。因而，面向我国新型城镇化建设需求，结合主体功能区划与生态红线要求，未来针对城市扩展的生态风险研究将更关注城市的社会经济属性，并需要深入研究其对环境介质本身和风险受体的作用及影响，从而形成基于社会经济的多环境介质生态风险评估体系。

城市生态风险管理则是从整体角度考虑政治、经济、社会和法律等多种因素，在生态风险识别和评价的基础上，根据不同的风险源和风险等级，生态风险管理者针对风险未发生时的预防、风险来临前的预警、风险来临时的应对和风险过后的恢复与重建 4 个方面所采取的规避风险、减轻风险、抑制风险和转移风险的防范措施和管理对策。目前美国在生态风险管理方面主要通过邀请相关党派人员参与风险管理决策，以期形成法案。相较而言，荷兰、澳大利亚、加拿大等国关于生态风险管理还涉及监测数据反馈、利益相关者的参与以及必要的费效分析等。目前针对城市生态风险管理的研究较少，已有生态风险管理研究主要集中在部分种群、局部生态系统等层面[86]。在"十一五"和"十二五"时期，我国城市生态风险研究多关注事故类环境风险，重点开发污染事故应急技术，这也是城市生态风险管理研究的基础。在新型城镇化阶段，需要提升研究城市生态风险管理方法，以实现城镇化与生态风险防控的同步。同时，城市生态风险管理方法与基础的污染事故应急技术等相比又有其独特的技术方法需求，目前国内外相关研究还不成熟，尤其是缺乏针对人居环境改善方面的风险管理模式。因此在"十三五"期间，在现有城市生态风险防范相关基础技术方法研究成果的基础上，结合城市复合生态系统人与自然耦合机制、城市与区域的生态关联与协同发展机制、生态社区建设与城市生态综合管理机制等相关研究内容，城市生态风险管理更要关注预测方法、预警机制、管理方法与调控对策的综合研究。

综上，目前比较成熟的生态风险评估框架还并未将城市生态功能、社会经济结构、多压力因子、多受体的生态系统特征融合到城市生态风险评估体系中。而城市生态风险管理复杂且研究较少，尚无法满足城市生态风险管理有效性，需要从城市的复合生态系统特征出发，建立涵盖城市生态功能、社会经济特征、生态环境特征、城市污染特征及多风险受体的城市生态风险管理方法体系。

（五）人类活动对环境的影响

1. 人类活动对土壤圈的影响

土壤环境修复指使遭受污染的土壤恢复正常功能的技术措施，其主要过程是利用物理、化学、生物的方法转移、吸收、降解和转化土壤中的污染物，使其浓度降低到可以接受的水平，或将有毒有害的污染物转化为无害的物质。土壤环境修复的基本原理主要包括：改变污染物在土壤中的存在形态或同土壤的结合方式以降低其在环境中的可迁移性和生物可利用性；降低土壤中有害物质的浓度。

目前，土壤重金属污染治理和修复主要从两方面着手：第一，活化作用增加重金属的溶解性和迁移性，去除重金属；第二，钝化作用改变重金属在土壤中的存在形态，降低重金属的迁移性和生物有效性。

近年来，随着工业化进程的不断加快，矿产资源的不合理开采及其冶炼排放、长期对土壤进行污水灌溉和污泥施用、人为活动引起的大气沉降、化肥和农药的施用等原因，造成了土壤污染严重。2012年3月份出台的《"十二五"规划纲要》将节能环保列为七大战略性新兴产业之首。其中，土壤修复是在环保产业的重点发展之列并明确提出要强化土壤污染防治监督管理。

综述总览方面，黄益宗等[87]综述了近年来国内外有关重金属污染土壤修复技术的研究进展，包括物理/化学修复技术、生物修复技术和农业生态修复技术等，对每种技术的基本修复原理、技术特点和应用范围进行了讨论。同时，对国内外典型的重金属污染土壤修复工程实践进行了介绍。

在具体理论和技术方法研究方面，呼红霞、赵烨等[92]采用田间调查采样与可控盆栽试验的方法，研究了我国大面积种植的非食源性经济作物——陆地棉在土壤复合污染条件下对重金属镉（Cd）的耐受与富集特征。黄蔼霞等[93]以赤泥作为原位固定剂探讨不同赤泥用量对重金属污染红壤的固定修复效果。并用毒性淋出试验 TCLP 法对其生态风险进行评价。钱林波等[94]总结了固定化微生物技术的修复原理、微生物固定化载体的选择、高效降解菌的筛选、固定化方法及影响因素等方面，并提出今后的发展方向，为我国开展固定化微生物技术修复有机污染土壤的研究提供参考。贺庭、赵烨等[95]在国内外研究文献的基础上，总结了木本、草本植物在重金属土壤污染修复方面的已有研究，并结合生态位理论，分析了木本-草本联合修复在土壤重金属污染治理中的可行性，提出了木本-草本联合修复尚需解决的科学问题。Cao 等[96]首次将零价铁/EDTA/空气的芬顿系统用于土壤修复。修复过程后，在土壤中 DDTs 显著退化，EDTA 同时降低，从而避免了土壤修复中的二次污染风险。Pedron 等[97]将生物活性污染物剥离（BCS）定义为通过使用植物的方法来消除污染土壤的重金属的生物可利用量。周启星等对污染土壤修复基准的内涵进行了简要的概述；在此基础上，以美国、加拿大、荷兰和丹麦这 4 个国家的研究进展为例，详细阐述了它们对污染土壤修复基准值推导和确立的原则与方法。最后，归纳了国外污染土壤修复基准值推导和确立的总体方法，并且对我国污染土壤修复基准的研究进行了展望。

呼红霞、赵烨等[91]在复合污染背景下陆地棉对土壤镉的耐受和富集特征研究中指出陆地棉在土壤复合污染条件下对重金属镉（Cd）的耐受与富集特征。贺庭、赵烨等[94]综合认为与传统的工程、物化修复相比，植物修复具有自身的优势。但是，每种修复方法都有各自的优缺点和适应条件，必须根据被修复土壤的环境现状，采取多种方法相组合，在保证土壤环境和经济效益的前提下，实现重金属污染土壤的合理修复。

国家重点基础研究计划（973 计划）项目《围填海活动对大江大河三角洲滨海湿地影响机理与生态修复》（2013—2017）研究中，项目首席科学家崔保山等认为随着全球变化的日渐凸显，大江大河三角洲的滨海湿地，已受到来自围填海等高强度人类活动和气候变化的双重胁迫，直接关系到社会经济发展的立足之本。本项目面向国家三方面重大需求：①围填海工程规划和实施的重大需求；②滨海湿地生态修复实践的重大需求；③我国生态补偿机制建立的重大需求。

国家科学支撑计划课题《高寒草地生物多样性综合保护与持续利用技术》（2012—2014）研究中，课题主要参与人员董世魁、刘世梁、李晓文、石建斌等特别做出了对高寒草地生境质量变化监测与退化生境修复研究。

2. 人类活动对水圈的影响

人类活动对水圈如流域、湿地、河流等生态系统具有决定性影响，已经成为国内外热点研究问题之一。人类活动导致大气温室气体和气溶胶含量上升，全球气候变化加剧，导致流域极端水文过程时空格局改变。另一方面，人类活动引起的土地退化将影响流域水资源时空分布和水循环过程，削弱流域防洪抗旱能力；水利工程的修建将增大流域储水状况，有效应对流域旱涝事件，但同时存在加剧流域水文的变化，如极端旱涝事件的风险。

国内外水资源评价方法与实践均是基于"实测-还原"的一元静态模式，即通过实测水文要素后，再把实测水文系列中隐含的人类活动影响扣除，"还原"到流域水资源的天然"本底"状态。但是，随着人类活动日益加剧，还原比例越来越大，受资料条件等客观因素的限制和选取还原参数时人为主观随意性的影响，应用还原法难以获取"天然"和"人工"二元驱动力作用下的水资源量"真值"。同时，现行水资源评价方法还存在以下问题：以地表水和地下水构成的径流性水资源为评价口径，评价口径不全面，难以反映水资源的多元有效性（如生态植被对土壤水的有效利用等）；以分离评价为基本模式，如地表水评价与地下水评价相分离、水资源量评价与开发利用评价相分离，难以适应水资源综合规划需求；采取分区集总式的评价方法，在描述水资源的空间变异特征和指导开发利用方面存在一定的局限。因此，传统水资源评价方法和评价手段亟待改进。目前对于人类活动对水圈的影响中，分布式流域水文模型、陆面地表过程模型和传统水资源评价等研究受到重视。如秦长海等[88]以水资源价值内涵分析为基础，对水资源定价理论与实践进行了研究，提出水资源供给价格应包括水资源费、供给成本和水环境补偿税；水资源需求价格通过产业用水经济价值确定；供给价格和需求价格共同作用决定水资源市场价格；在非市场化体系中通过影子价格评价水资源价值；依据水价构成及平衡关系，确定了水资源费的定量评价方法；利用投入产出分析技术构建简化的 CGE 模型，结合多种评价方法对水资源影子价格、水经济价值、水资源费、供给成本和水环境补偿税分别进行了定量评价，为水价形成机制提供了理论基础，为水资源定价标准提供了方法和实践支撑。

人为气候变化对流域旱涝事件影响机理已开展了较多研究并取得趋于一致的结论。一般来说，温室气体和气溶胶等大量排放改变了近地表层大气成分，影响其水热平衡状态，导致气温升高、降水增加等气候变异加剧，造成流域极端水文过程时空格局的改变，加剧流域旱涝事件的发生。翟建青等（2009）[89]采用 ECHAMS/MPI-OM 气候模式对不同温室气体排放情景下中国未来旱涝格局模拟的结果为，全国干旱面积在高排放情景下有缓慢增加趋势，而在中、低排放情景下有减少趋势。辛国君[90]采用零维能量平衡模型分析，结果表明人类活动导致气溶胶含量升高，引起大气温度升高、地表感热输送和蒸发潜热减少、全球对流活动减弱，直接导致全球干旱。

土地利用变化对流域旱涝事件的影响可以得出一般结论：土地利用变化受人类活动干扰加强时，即天然森林转变为农田、城镇用地等耕地和居住地，在一定程度上引起流域蒸散发量增加、基流减少而丰水期径流增大，径流变异性和不规则程度增加，导致流域旱涝事件发生频率和强度增加，甚至引起旱涝急转。但由于研究流域地形地貌、气候背景、水文特性等不同，土地利用变化对流域旱涝事件的影响尚存在一定的争议。Bultot 等对比利时 Houille 河流域模拟发现，河道径流极值及洪峰流量在丰水年均不受土地利用变化的影响；较之湿润年份，河道径流量在降水量偏低的年份中对土地利用反应更为敏感。这是由于该流域地处海洋湿润气候区，湿润年份中土壤含水量已达饱和，河道径流量比较稳定，因此河道径流量与土地利用变化无关。王根绪等对马营河流域的相关研究结果表明，流域上游林草地大规模转为耕地后，由于干旱区土壤蓄水和蒸散发能力强以及耕地对降水的拦蓄作用，导致年均径流量和最大洪峰流量均显著减小。

3. 大型工程对环境的影响

重大工程建设项目对我国经济与社会发展具有支撑作用。改革开放以来，我国基础建设投资以年均约 20% 的速率增长，特别是在水利、交通、能源等方面的重大工程建设项目增加迅速（中国统计年鉴，2014）。近 30 年以来，我国公路总长度增加了接近 1 倍，近 15 年来，高速公路长度增加了 10 倍，至 2030 年，国家公路网规划将投资 4.7 万亿元，总规模将进一步加大（交通部，2014）；水利开发工程也是日新月异，特别是梯级水电开发建设，2020 年，全国水电总装机容量将从目前的 2.9 亿千瓦增加到 4.2 亿千瓦（水利部，2014）。公路与水利等重大工程建设对于区域发展具有促进作用的同时，所带来的生态影响空前巨大并将逐步体现，尤其是建设投资向我国西部倾斜，势必导致对我国西部自然生态环境的干扰进一步增加。

重大工程（主要是公路、水利工程建设）的生态干扰具有短期的强烈性、长期的潜在性，生态效应具有间接性、协同性与累积性，如水电站建设也会促进区域公路交通路线的改变或发展。在流域尺度上，重大工程建设导致陆地与河流生态系统产生极大的改变，不仅导致地形破碎、河流形态变化、土地利用改变和植被退化，更为重要的是影响到流域内生物扩散、河流生态等过程，造成栖息地破碎化、物种丧失、水系网络被阻隔等，此方面的定量化研究仍相对缺乏（范俊韬等，2009；易雨君，2008；Liu et al.，2014）。与城市及其居民点扩展的影响模式不同，由于重大工程干扰体本身的点状与线形特征，这些潜在生态效应往往比直接的生态破坏更为严重（时鹏等，2015）。科学的识别、定量评价工程建设对流域生态系统的影响并降低生态风险，一直是科学家、环境规划评价及管理部门所关注的问题。

人类工程经济活动诱发的环境地质问题。目前大量的工程技术活动对地质环境的影响程度越来越显著。由于人为工程技术活动多集中于人口聚集、经济建设活跃的地区，因此对这些地区带来的环境影响更为严重。例如，在山区或山前平原的斜坡地带，修建铁路、公路、水利工程，工业与民用建筑，常常由于缺乏环境意识，人为造成坡体稳定破坏，形成崩塌、滑坡以及在暴雨季节导致泥石流等灾害。如云南东川至昆明公路因修公路及水渠使山体破坏，泥石流不断发生，我国铁路史上最严重的滑坡灾害——铁西滑坡就是由于对山体频繁采石造成的。我国山区面积占 2/3，在山区铁路修建中，隧道工程占相当大的比例。由于铁路隧洞建于地下，人的工程活动改变了地质环境，从而引发不同程度的环境问题，如洞内塌方引起的地面变形，造成山体滑坡等。矿山是人类作用最强烈的地区。我国已有数十处大型矿区，如恩口、水口山、凡口、平顶山、铜绿山等矿区强烈的地面塌陷都十分典型[91]。矿山开采过程中排出尾矿、废渣，不合理的堆弃造成环境污染。采矿的废弃物堆积区也是地质灾害严重、生态环境恶化的地区。石油天然气的开采往往也造成严重的环境地质问题，如导致地面变形、诱发地震、岩溶塌陷等。地下水的强烈开采常是造成地面沉降的直接原因，一些大城市如上海、天津、常州等，由于过量开采地下水导致大面积地面沉降早已为人所知。

"十二五"期间，在景观与流域尺度上开展重大工程干扰的研究逐步展开，景观尺度上的研究对于辨识潜在生态风险，提供保护策略等具有重要意义[92]。景观生态学空间异质性原理、"格局-过程-尺度"范式、干扰理论、"源-汇"景观理论及连接度模型等与重大工程生态效应研究密切相关。在目前自然栖息地破碎化与部分生境消失不可避免的背景下，从格局与过程相互作用的角度探求重大工程影响的机理和空间模式，研究生态网络的连接性，对景观中一些控制生态过程的关键局部、点和空间的整合，构建流域生态网络，可以以少量的生态廊道构建、栖息地保护等保障流域生态安全；或者多尺度研究干扰对景观格局与过程的影响，确定流域自然生态过程的一系列阈限和安全层次，提出维护与控制生态过程的关键性时空量序格局，以维持生态系统结构和过程的完整性、实现对区域生态环境问题有效控制和持续改善的区域性空间格局。此方面研究是当前景观生态学应用领域研究的热点和重点之一。

"十二五"期间，生态网络研究与保护生物多样性和生态环境密切相关，建立基于生态网络的保护技术与途径是战略性生态空间保护的基本出发点与途径。目前景观生态网络的研究在城市生态学中已经很受重视。道路生态学的研究发展迅速，在道路生态学影响、道路景观美学评价、道路景观规划设计等方面具有较好的积累。2003年，美国景观生态学之父，哈佛大学教授Forman联合来自交通部门、生态环保相关部门共14位科学家出版了专著《道路生态学：科学与解答》[93]。

这是全球范围内首次对分散的道路生态学研究进行的系统化和详尽总结，并且试图上升到理论高度。该书由李太安等翻译为中文于2008年出版。2012年，刘世梁[94]出版的研究专著《道路景观生态学研究》，系统全面地论述了道路生态学的基础理论、研究方法，并以云南省为案例区[95,96]，利用景观生态学的方法与理论对云南省道路建设的影响进行了较为深入的研究[97]，并涉及对关键生态过程、生物过程的论述[98,99]。

近年来，国际社会多次召开道路生态学的学术会议，如"国际生态学与运输大会"始终把道路景观生态学研究作为重要议题。国际期刊"Transportation Research Part D-Transport and Environment"，生态方面的研究日益增加。

因此，道路生态学汇聚了相关研究领域，形成了引人瞩目的学科，也开辟了工程学的研究前沿。道路生态学的相关理论框架和概念也随着国内外对道路的生态效应研究而深入，国内外学者在道路生态效应、路域生态影响、研究方法和范式等方面上取得了一些共识[100]。主要有如下几个方面：以传统生态学为基础道路对陆域生态系统与理化环境的影响；以景观生态学为基础道路对陆域景观格局与过程的影响；道路景观生态评价与管理。

从目前的研究来看，道路生态学的核心和优势领域仍然有待于填补，仍存在许多尚未解决的问题。道路生态学研究范围非常广阔，从新建城市边缘道路到森林道路、横穿脆弱土地的乡村道路、密集开发的山区、生态敏感区域的道路等。这些区域道路生态学的研究都是非常重要的。就研究深度而言，定性描述、半定量的统计分析仍然是当前研究的主要手段，道路建设的生态影响时限、范围和强度，道路影响域、道路影响评价、评价指标、标准等关键问题一直没有得到很好的解决。从研究方法上，简单的道路生态、环境污染影响、人类干扰的单一景观研究逐渐减少，而研究开始向空间化、多时序、多尺度、综合性方向发展，GIS结合、3D技术、数学模型、空间统计等多科学的交叉成为目前道路景观生态学研究的主要特征。

四、学科发展趋势展望

环境地学工作在地学工作中的重要性愈来愈明显。21世纪是环境的世纪，在人口、资源、环境三大问题中，环境问题不仅受到世界各国的关注，而且在我国今后经济高速发展过程中将更突出，它将成为制约我国经济建设的首要因素。环境的恶化将给经济建设成果带来极大的负效应，而且将会严重危及我们的生存环境和世代人民的健康。因此环境地学工作需要有一个与整个国情相适应的大发展。

（一）地学理论与环境问题的耦合

随着地理科学的不断发展，地理科学出现了很多的分支，现阶段，地理科学的综合研究即新学科体系的构建，即地球表层学的构建是十分紧迫的问题。对于一个区域进行建设和治理，要对该区域内各个方面的因素进行考虑，包括该区域的自然、人文、社会、经济、技术等多种因素。现代地理科学体系研究的重点就是将地理科学发展过程中出现的分支进行综合和结合，形成一套完整的具有地理科学基本理论体系，将自然科学和社会科学联系到一起，充分发挥地理科学的桥梁作用。

传统的地理科学研究方法是对地理学科的基本资料进行整理分析总结归纳出具有代表性的一般规律。这样的研究方法不能做到学科研究的深入，在一定程度上阻碍了地理科学的发展。比如在对地球表层的研究上，地球表层是一个较为复杂的系统，其与很多学科存在着联系，也涉及很多的自然科学因素，同时也包含着很多的社会科学内容，在该方面的研究如果采用了传统的定性分析，需要对大量的材料进行总结分析，工作量很大，通过这样的方法也很难总结出内在的规律，这样落后的研究分析方法在很大程度上影响了地理学科的理论思维实践及其在生产实践中的应用。传统的研究方法已经不能满足现代地理科学发展的需求，应该将定性分析研究的层次提高到定量分析的层次，使用综合集成法对地理科学进行研究分析。该技术是思维科学的一项较为成功的应用，其从定性分析的基础上将专家群体、先进的信息技术和计算机技术相结合，同时将基本的理论同人的实践经验相结合，从而更好地发挥地理信息系统的优势和长处。

在地理学理论中，系统论的观点受到广泛重视，地理系统内部包括众多的子系统，不论什么级别的地理系统，都具有的相同性质和原理，此即地理系统性原理。地理系统性原理主要包括以下几个方面。第一，地理系统的整体性。地理系统的整体性是指该系统内部各要素之间通过物质流、能量流和信息流相互发生联系，某种要素的变化会引起其他要素乃至整个系统变化的性质。地理系统包括水体、大气、土壤、生物四个圈层。这四个圈层相互联系、相互制约，缺少任何圈层都不能构成一个完整的地理系统。同时，任一圈层发生变化，都会影响其他圈层的改变，从而导致整个系统的变化。例如，水质发生变化，必然影响土壤环境质量，继而影响生物的生存环境和生物量，同时水和大气之间发生物质交换，对大气环境质量产生不利影响。第二，地理系统的多样性。地理系统的多样性首先表现为物质组成的多样性，环境系统由生物和非生物组成，生物又有植物、动物、微生物等不同类型；非生物的物质又有各种天然物质（大气、水体、土壤和岩石等）和人工合成物质等。其次表现为环境系统结构多样性，例如，环境系统中有高山、河谷、平原等不同的地貌结构，也有森林、草原、荒漠等不同的生物结构，还有城市、乡村、郊区等不同的人居结构。再次表现为环境系统功能的多样性，由于系统结构决定功能，所以环境系统结构的多样性必然伴随着功能的多样性。第三，地理系统的开放性。人类不停地从地理环境系统中取得有用的物质和能量，同时又将人类生产和生活过程中的废弃物质和多余能量不停地向环境排放，故地理与环境系统是人类生存与发展的原料库，同时也是人类生产和生活的废物排放库。例如，人类从环境系统的河流等水体获得水资源，经过净化后，通过城市的配水系统供给居民的生活和工业用水等；人类生产和生活排放的废（污）水又通过城市的排水系统进入河流。再如，人类在利用环境系统中的煤炭资源作为人类生活和生产的能量来源，在煤炭燃烧过程中，不断向环境系统排放废气和固体废弃物。第四，地理系统的动态性。地理系统的动态性是指地理系统状态随着时间不断变化的性质。地理系统的变化是绝对的，不变是相对的。地理系统的变化多种多样，有周期性变化也有随机性变化，有非线性变化也有线性变化，有渐进型变化也有突变型变化。例如，在某地区的工业化过程中，最初工业化水平低，人类活动向环境系统排放的废水较少，且主要是生活污水，水环境质量较好；随着工业化进程的加快，工业废水排放量增加，生活污水量增加，水环境质量开始出现恶化。当排放的废（污）水量在某个临界值之内的时候，地理与环境系统的变化是渐变（量变）过程，水环境质量不会发生明显下降；一旦废（污）水量达到临界值以后，水环境质量就会急剧恶化，发生突变（质变）。环境系统性原理的整体性、多样性、开放性和动态性是相互联系的，从不同方面刻画了环境系统特征。一般来说，多样性明显的地理系统，由于系统内部各要素之间，以及系统与环境之间的物质、能量和信息联系广泛，抗干扰能力强大，所以系统就表现出明显的整体性和开放性，而其动态性则不明显。在对地理科学研究对象的内涵和外延进行辨析的基础上，地理科学的研究对象应为狭义环境问题（人为引起的任何不利于人类生存和发展的自然环境结构和状态变化）所涉及的各自然要素（大气、水体、土壤、生物等）彼此相互联系、相互制约而构成的环境系统。

环境科学的基本原理包括环境系统性原理、环境容量原理、人类与环境共生原理与熵原理；将环境科学体系划分为环境哲学、环境基础理论、环境技术理论与环境工程四个基本层次，指出综合环境学、环境哲学以及环境科学与相关学科的交叉研究是未来的重点研究领域。在城市生态环境研究中，地理学特别是城市地理学的发展对城市生态环境的研究提供了广阔的空间。一方面，分形等后现代数学理论为地理研究提供了有效的定量描述手段；另一方面，细胞自动机等仿生科学理论为地理探索提供了模拟实验工具。

（二）环境地学的跨学科研究

20世纪中期以来全世界由于人口的剧增和经济的迅速发展，以及自然资源的无序开发利用、工业化程度的提高、人口密集的城市不断扩大，给人类生存环境带来很大变化。人们逐渐认识到发生于地球表部的环境和生态系统的全球性重大变化，正在直接影响到人类生存和社会发展。意识到环境问题是全球性问题，人类和社会经济的进一步发展必须与环境相协调。因此环境科学正成为当前世界上最为关注的一项新的学科。它是多学科交叉的综合性科学，其目的是要正确认识发生在地球表部的重大环境变化及其未来的趋势。因此，在国际科学界的积极推动下，在各国间协调组织下，共同实施了一系列的环境科学研究工作。例如，国际地圈-生物圈计划，即"全球变化"研究，联合国教科文组织（UNSECO）与环境计划署（UNEP）合作实施的"保护作为环境组分的岩石圈"计划，以及"地质学与环境"计划；联合国通过的"国际减灾十年"计划等，国际地质对比计划（IGCP）也提出"地学为人类服务"的目标，强调环境地学的重要性。在这些计划的实施中取得了大量有关环境问题的研究成果，国际上环境科学研究正进入新的发展阶段。过去的十年，更加强了地球系统整体行为的研究，更加强调关注社会问题，加强地球环境对人类活动的影响及社会经济对全球变化的适应性研究。社会如何认识、抗御和适应多重相互作用压力的级联效应被作为21世纪所面临的新问题之一。未来的全球变化研究必须为人类社会的可持续发展做出贡献。重视区域对全球变化贡献的研究。全球问题与区域问题的结合更加明确，强调全球环境变化的问题应主要通过区域研究来解决，区域性研究必须体现全球性问题。当前国际上环境地学发展的特点概括起来有以下几个方面。

1. 以复杂系统、非线性动力学理论和方法研究全球性环境变化

不仅是研究现代的，而且研究过去地质历史时期（主要是晚更新世以来，尤其是全新世时期的古环境变迁），同时对今后21世纪内全球变化趋势进行预测。全球性变化的主要研究内容是全球性气候（包括古气候）、全球性海平面变化、全球物质和能量循环等，并且对这些全球性变化给人类生存环境和社会发展带来的影响及后果进行预测。

影响环境变化的因素有自然因素与人为因素。这些因素的变化在许多情况下是无序的，是一个非线性问题。这方面的研究，在国际上已成为热点问题。要了解和掌握这些因

素变化，就要通过长期连续地对环境各要素进行监测，取得必要的资料，从而来认识它。因此，国际上非常重视建立不同级别的（即全球性的、国家级的、地区性的）长期的环境监测网站。收集环境变化记录资料，作为全球环境变化研究的科学依据。这种以研究环境和生态系统为目的的不同级别的长期监测网站的建立已成为国际性趋势。例如，美国的长期生态研究网络、亚洲-太平洋地区的全球变化网络、中国生态系统研究网络、欧洲全球变化研究网络等。

2. 从不同时空尺度来研究环境变化

地球系统中的大气、水文、陆地部分都是在不同的空间尺度上演化和变化的，从空间尺度上来看，大尺度的环境研究有全球性变化、各层圈间的相互作用，如海洋-大气之间、海-陆之间、大气与陆地之间，人-地之间的相互作用。这方面的研究重点是研究层圈间界面上的物质传输，能量转换的化学和物理的通量和过程。国际上全球变化研究计划中有十个大的核心项目，组织各个国家协作研究。不久前又拟定了一项过去全球变化南北半球对比研究项目。国际上全球能量与水循环试验项目中的大陆尺度能量与水循环国际计划项目的科学目标就是研究并预测全球和区域水文过程及水资源变化，以及其对环境变迁的响应能力。国际水文科学近年来开始进行的大尺度水文模型的建立等，都是大空间尺度的研究。近些年来，水文学的发展，也正在由流域尺度向全球尺度发展。国际水文科学活动愈来愈重视由于全球变化引起的环境变迁和水文学及水资源的影响，重视大陆尺度水量与能量平衡的时空变化。中尺度的环境研究，是地区性或地带性问题。如生态脆弱地区，干旱半干旱地带、海岸带、大河流域、盆地、三角洲等不同气候区，自然灾害多发区等。地区尺度的研究内容如气候与陆地生态系统的耦合，对陆地生态系统变化的影响；全球变化对地区农业与粮食保障的影响等。总之以研究地区性特点的环境和对经济发展的影响为主要方向。小尺度空间的环境研究，多为环境问题比较集中的地点，如城市、工矿区、重大地质灾害发生地区、经济发展较快的地区，以及有不同的突出环境问题如地面沉降、塌陷、滑坡、泥石流地区。这些地方的环境问题多以人为因素为主，研究环境变化中动力的、化学的过程，人的工程技术活动影响程度，以及防治措施。

由于空间尺度不同及发生过程和机理的复杂性，环境变化的时间效应不同，有时是周期性的，有的可能是突发性的。周期性环境变化有时是长周期性的，有的是短周期性的。例如，第四纪时期内古气候冷暖、干湿的交替变化，周期长的可达80万年、40万年，而短的周期变化只有万年、千年、百年或更短。短周期环境变化的研究更有实用意义。因此，目前在环境变化的时间效应研究上，高分辨率时段的研究不论在理论上还是在方法上都已成为重要课题。因此在了解和掌握环境变化的过程和预测其变化趋势上，其时间效应是十分重要的。例如，1816—1830年在全球各地出现过一段气候急剧突变的时期，其原因是1815年在印度尼西亚的Tambora火山爆发，这是人类记录到的最大一次火山爆发。其结果导致美洲大陆出现夏冷，欧洲大陆出现冷温夏季，我国海南岛出现严冬天气，安徽六月雨雪等全球性气候异常，就连在祁连山也有气候异常，反映在树木年轮指数曲线上。有些地方长期积累的化学物质对环境的污染，可能在几十年或百年之后爆发出大范围地区的环境突然恶化问题。

3. 新技术在环境研究中的应用发展速度很快

因为现代环境科学研究的问题，多是当代各有关学科的前缘科学问题，特别是多学科相交叉的边缘科学，许多问题都在探索前进。因此在环境科学研究中，从宏观到微观应用了大量现代新技术和方法，例如，卫星通讯技术和高速信息传输技术、生物工程技术、高精度的分析测试技术和方法、高分辨率的年代学测年技术，以及最近的环境磁学的形成和发展等都标志着环境科学在研究方法和手段上的这一特点。

（三）环境地学对环境决策的研究趋势

随着地理信息系统、计算机技术、智能控制技术的发展以及环境信息管理系统的普及，环境决策支持系统的研究和应用成为目前的研究热点之一；环境决策支持系统能为环境决策者提供更好的计算机辅助决策支持手段，对环境规划、管理和保护的科学化和现代化，环境事件的应急快速处理以及提高专家在环境保护决策中的作用都具有十分重要的意义。环境决策支持系统是包括环境规划子系统、环境评价子系统、突发事故应急处理子系统、环境预警子系统、生态环境子系统等子系统在内的一个涉及多个学科的复杂大系统，针对环境决策支持系统的基础理论和实现方法以及各子系统的有关关键技术展开研究，主要包括环境决策支持系统的实现框架、重点污染企业选址算法、环境评价方法以及应急最优路径选择算法等研究，并通过在环境决策支持仿真系统中的编程实现，验证算法和技术的有效性和可行性，以期能提高环境决策支持系统的决策效果，促进环境决策支持系统的发展，更好地为环境事业服务。

环境决策支持系统的研究是决策支持系统应用最早的领域之一，是决策支持理论引入环境规划、管理和决策的产物，从决策支持系统理论提出以来，国内外在水环境和水资源规划和管理、环境影响评价、大气环境管理、环境应急系统、固体废物管理、旅游规划以及在研究环境与经济的协调发展的宏观环境决策方面都进行了大量的研究工作。

五、结论

总览近五年全球应对环境问题的科学进展与科学行动，世界各国环境压力总体不断增大，重视程度也持续增加，主要国家加强了环境科学领域的战略规划和科技布局的优化调整，科学问题进一步聚焦，研究手段得到进一步改善，新的科学成果在环境问题的应对决策和行动中发挥了重要作用。我国在环境科学领域也取得了若干重要成果，并在全球应对行动中发挥了不可替代的作用。建议我国环境科学领域继续加强以下工作。

1. 继续加大环境问题的研发投入，破解环境污染治理难题

我国 30 多年的经济快速增长，留下了严重的环境问题。建议从环境问题的科学机理研究与环境问题治理手段和对策的开发两个方面同时加大科技投入，实现摸清环境问题现状、认清环境影响机理、找准环境治理方法、推动环境质量改善的目的。

2. 积极应对气候变化，协调环境、能源和水文

气候变化及其应对行动与我国经济社会各方面均有千丝万缕的联系和影响，也正因其复杂性，难以以单一手段解决。建议以环境与发展的全局观审视气候变化问题，将气候问题、环境问题、能源问题、水问题和发展问题纳入统一框架中进行科学布局，抓住经济增长转型的重要时期，破解气候变化与发展难题。

3. 结合可持续发展主题，布局环境问题研究

未来地球计划作为全新的全球环境变化科学组织框架，将围绕"动态行星、全球可持续发展、可持续性转型"三大主题组织科学研究，我国已作为国家成员启动相关工作，但科学研究工作尚待进一步推进。建议围绕水、能源、食物、健康、低碳转型、区域发展、环境变化适应、自然资源保护等布局一批重要研究选题，并鼓励面向解决方案、科学支持决策的研究工作，实现科学研究范式的全面转变。利用未来地球计划推出整合全球变化研究计划之际，梳理我国原有全球变化计划的组织框架，并将其中活跃的且可与未来地球计划相对接的组织/团队作为项目/工作组吸收到未来地球框架中来，并结合未来地球计划学科交叉、面向可持续发展解决方案的特点，新设计和征集新的科学工作组。

参 考 文 献

［1］田红瑛. 青藏高原及其邻近地区上空平流层-对流层物质交换的研究. 兰州：兰州大学，2013.

［2］付高平. 成都市微细颗粒物（$PM_{2.5}$）形成机理及对人类健康危害研究. 成都：西南交通大学，2014.

［3］林培松. 湿热山地土壤有机碳积累与化学风化过程的碳汇效应. 广州：中山大学，2014.

［4］刘晓东，等. 青藏高原隆升对亚洲季风——干旱环境演化的影响. 科学通报，2013，58（28-29）：2906-2919.

［5］张宏飞. 山东烟台地区土壤地球化学环境与优质苹果生产的适应性评价. 武汉：中国地质大学，2013.

［6］宋晓猛，张建云，占车生，刘九夫. 基于 DEM 的数字流域特征提取研究进展. 地理科学进展，2013，32（1）：31-39.

［7］田野，郭子祺，乔彦超，雷霞，谢飞. 基于遥感的官厅水库水质监测研究. 生态学报，2015，35（7）：2217-2226.

［8］黄琪，刘友兆，班春峰，郑华伟. 基于数字高程模型和数学规划的土地平整工程设计优化. 农业工程学报，2011，27（11）：313-318.

［9］吴承强，蔡锋，吴建政，赵广涛. 泉州湾海岸带地形地貌特征及控制因素. 海洋地质与第四纪地质，2011，31（4）：75-81.

［10］沈洪艳，张绵绵，倪兆奎，王圣瑞. 鄱阳湖沉积物可转化态氮分布特征及其对江湖关系变化的响应. 环境科学，2015，36（1）：87-93.

［11］沈吉. 末次盛冰期以来中国湖泊时空演变及驱动机制研究综述：来自湖泊沉积的证据. 科学通报，2012，57（34）：3228-3242.

［12］杨宏伟，高光. 太湖流域不同类型区河流水体磷形态分布及矿化速率. 土壤学报，2012，49（4）：758-763.

［13］刘月，程岩，高建华，张春鹏，刘敬伟，张亮. 近百年鸭绿江口常量元素沉积记录对物源变化的响应. 海洋地质与第四纪地质，2015，35（4）：39-48.

［14］胡舸，王维. 土壤污染物运移轨迹模拟研究. 环境化学，2010，4：33-39.

［15］李士进，占迪，高祥涛，柏屏. 基于图像分析的纸质水位资料数字化技术研究. 水利信息化，2015，5：198-205.

［16］何梦颖. 长江河流沉积物矿物学、地球化学和碎屑锆石年代学物源示踪研究. 南京：南京大学，2014.

［17］吴文婕，石培基，胡巍. 基于土地利用/覆被变化的绿洲城市土地生态风险综合评价——以甘州区为例. 干旱区研究，2012，1：554-560.

［18］葛佳杰，顾尚义，吴攀，谢良胜. 贵州威宁麻窝山地区近五万年来土壤侵蚀速率研究. 地球与环境，2011，2：33-40.

［19］杨立辉，叶玮，郑祥民，苏优. 河漫滩相沉积与风成沉积粒度判别函数的建立及在红土中应用. 地理研究，2014，10：567-573.

［20］谭龙，陈冠，王思源，孟兴民. 逻辑回归与支持向量机模型在滑坡敏感性评价中的应用. 工程地质学报，2014，1：39-50.

［21］杨建青，章树安，陈喜，杨艳燕，章雨乾. 国内外地下水监测技术与管理比较研究. 水文，2013，33（3）：18-24.

［22］焦兴东，罗勇平，孙忠强. 基于 Mapgis 技术的地质灾害气象预警系统研究. 中国安全科学生产技术，2010，6（4）：103-108.

［23］Gao，P，Li，Z，Gibson，M，Gao，H. Ecological risk assessment of nonylphenol in coastal waters of China based on species sensitivity distribution model. Chemosphere，2014，104：113-119.

［24］Zhang，Y，Zhang，J Y，Yang，Z F，Li S S. Regional differences in the factors that influence China energy-related carbon emissions，and potential mitigation strategies. Energy Policy，2011，39（12），7712-7718.

[25] Yang Z F, Zhang Y, Li S S, Liu H, Zheng H M, Zhang J Y, Su M R, Liu G Y. Characterizing urban metabolic systems with an ecological hierarchy method, Beijing, China. Landscape Urban Plan, 2014, 121, 19-23.

[26] 李双成, 赵志强, 王仰麟. 中国城市化过程及其资源与生态环境效应机制. 地理科学进展, 2009, 28 (1): 63-70.

[27] 杨凯, 袁雯, 赵军, 等. 感潮河网地区水系结构特征及城市化响应. 地理学报, 2004, 59 (4): 557-564.

[28] 张甘霖, 朱永官, 傅伯杰. 城市土壤质量演变及其生态环境效应. 生态学报, 2003, 23 (3): 539-546.

[29] 姚成胜, 朱鹤健, 吕晞, 等. 土地利用变化的社会经济驱动因子对福建生态系统服务价值的影响. 自然资源学报, 2009, 24 (2): 225-233

[30] 金贤锋, 董锁成, 周长进, 等. 中国城市的生态环境问题. 城市问题, 2009, 9: 5-10.

[31] Hamza M, Zetter R. Structural adjustment, urban systemsand disaster vulnerability in developing countries. Cities, 1998, 15 (4): 291-299.

[32] 曲建升, 孙成权, 张志强, 高峰. 全球变化科学中的碳循环研究进展与趋向. 地球科学进展, 2003, 18 (6): 980-987.

[33] 胡珊珊, 郑红星, 刘昌明, 等. 气候变化和人类活动对白洋淀上游水源区径流的影响. 地理学报, 2012, 67 (1): 62-70.

[34] 董磊华, 熊立华, 于坤霞, 等. 气候变化与人类活动对水文影响的研究进展. 水科学进展, 2012, 2 (2): 286-293.

[35] 张永勇, 张士锋, 翟晓燕, 等. 三江源区径流演变及其对气候变化的响应. 地理学报, 2012, 67 (1): 71-82.

[36] 李铖. 长江三角洲城市化格局、驱动力及可持续性的研究: 多尺度等级途径. 上海: 华东师范大学, 2012.

[37] 刘俏. 红壤丘陵区经济林坡地侵蚀产沙与养分流失特征研究. 杭州: 浙江大学, 2014.

[38] 张鸿龄, 孙丽娜, 孙铁珩, 陈丽芳. 矿山废弃地生态修复过程中基质改良与植被重建研究进展. 生态学杂志, 2012, 31 (2): 460-467.

[39] 郑小波, 罗宇翔, 赵天良, 陈娟, 康为民. 中国气溶胶分布的地理学和气候学特征, 2012, 32 (3): 265-272.

[40] 胡炳清, 柴发合, 赵德刚, 赵金民. 大气复合污染区域调控与决策支持系统研究. 环境保护, 2015, 5: 43-47.

[41] 张桂芹, 焦红云, 齐鸣, 张帆, 许夏. 济南市灰霾期大气复合污染特征分析. 山东建筑大学学报, 2012, 27 (1): 84-87.

[42] 朱彤, 尚静, 赵德峰. 大气复合污染及灰霾形成中非均相化学过程的作用. 中国科学: 化学, 2011, 40 (12): 1731-1740.

[43] 刘泽常, 刘玉堂, 侯鲁健, 等. 济南市可吸入颗粒物时空变化规律研究. 山东建筑大学学报, 2010, 25 (1): 66-69.

[44] 吴对林, 李美敏, 刘永定, 胡荣光. 东莞市大气复合污染自动监测网络应用研究. 地方环保, 2012, 7: 57-61.

[45] Zhang Y, Zheng H M, Fath B D, Liu H, Yang Z F, Liu G Y, Su M R. Ecological network analysis of an urban metabolic system based on input-output tables: Model development and case study for Beijing. Sci. Total Environ., 2014, 408 (20), 4702-4711.

[46] Zhai Y, Liu X, Chen H, Xu B, Zhu L, Li C, Zeng G. Source identification and potential ecological risk assessment of heavy metals in $PM_{2.5}$ from Changsha. Science of the Total Environment, 2014, 493, 109-115.

[47] Zhang Y. Urban metabolism: A review of research methodologies. Environ. Pollut., 2013, 178: 463-473.

[48] Yang Z, Qin Y, Yang W. Assessing and classifying plant-related ecological risk under water management scenarios in China's Yellow River Delta Wetlands. Journal of Environmental Management, 2013, 130: 276-287.

[49] Xu L Y, Xie X D, Li S. Correlation analysis of the urban heat island effect and the spatial and temporal distribution of atmospheric particulates using TM images in Beijing. Environmental Pollution, 2013, 178: 102-114.

[50] Tian G J, Qiao Z. Modeling urban expansion policy scenarios using an agent-based approach for Guangzhou metropolitan region of China. Ecology and Society, 2014, 19 (3): 52.

[51] Tian G J, Jiang J, Yang Z F, Zhang Y Q. The urban growth, size distribution and spatio-temporal dynamic pattern of the Yangtze River Delta megalopolitan region, China. Ecological Modelling, 2011a, 222 (3): 865-878.

[52] Tian G J, Ouyang Y, Quan Q, Wu J G. Simulating spatiotemporal dynamics of urbanization with multi-agent systems-A case study of the Phoenix metropolitan region, USA. Ecological Modelling, 2011b, 222 (5): 1129-1138.

［53］ Saeedi M，Li L Y，Salmanzadeh M. Heavy metals and polycyclic aromatic hydrocarbons：Pollution and ecological risk assessment in street dust of Tehran. Journal of Hazardous Materials，2012：227-228.

［54］ Wang J-Z，Chen T-H，Zhu C-Z，Peng S-C. Trace organic pollutants in sediments from Huaihe River，China：Evaluation of sources and ecological risk. Journal of Hydrology，2014，512：463-469.

［55］ Tian G J，Wu J G. Comparing urbanization patterns in Guangzhou of China and Phoenix of the USA：the influences of roads and rivers. Ecological Indicators，2015，52：23-30.

［56］ Pincetl S，Bunje P，Holmes T. An expanded urban metabolism method：towards a systems approach for assessing the urban energy processes and causes. Landscape Urban Plan.，2012，107（3）：193-202.

［57］ 陈朝，吕昌河，范兰，武红. 土地利用变化对土壤有机碳的影响研究进展. 生态学报，2011，31（18）：5358-5371.

［58］ 郭英华，朱英. 美国突发性水污染事故应急处理机制对我国的启示. 水利经济，2013，31（1）：43-47.

［59］ 杨乐，钱钧，吴玉柏，金秋. 基于QUAL2K模型的秦淮河水质优化方案. 水资源保护，2013，29（3）：51-55.

［60］ 杨志峰，支援，尹心安. 虚拟水研究进展. 水利水电科技进展，2015，35（5）：181-190.

［61］ Xu，L Y，Shu X. Aggregate human health risk assessment from dust of daily life in the urban environment. Risk Analysis.，2014，34（4）：670-682.

［62］ 刘静玲，包坤，李毅，郎思思. 滦河流域水库对河流表层沉积物粒度空间分布影响的研究.，2015，34（5）：955-963.

［63］ 陈秋颖，刘静玲，何建宗. 从海河流域研究案例浅议珠江流域水环境管理. 沈阳师范大学学报：自然科学版，2014，32（1）：54-59.

［64］ 张璐璐，刘静玲，James PL，李毅. 白洋淀底栖动物群落特征与重金属潜在生态风险的相关性研究. 农业环境科学学报，2013，32（3）：612-621.

［65］ 张倩，苏保林，罗运祥，杨武志. 城市水环境控制单元污染物入河量估算方法. 环境科学学报，2013，33（3）：877-884.

［66］ 许妍，高俊峰，郭建科. 太湖流域生态风险评价. 生态学报，2013，33（9）2896-2906.

［67］ 许妍，高俊峰，赵家虎，陈炳锋. 流域生态风险评价研究进展. 生态学报，2012，32（1）：284-292.

［68］ Xu L Y，Liu G Y. The study of a method of regional environmental risk assessment. Journal of Environmental Management. 2013，90（11），3290-3296.

［69］ 全泉，田光进，沙默泉. 基于多智能体与元胞自动机的上海城市扩展动态模拟. 生态学报，2011，31（10）：2875-2887.

［70］ 周淑丽，陶海燕，卓莉. 基于矢量的城市扩张多智能体模拟--以广州市番禺区为例. 地理科学进展，2014，33（2）：202-210.

［71］ Zhang Y. Urban metabolism：A review of research methodologies. Environmental Pollution，2013，178：463-473.

［72］ Zhang Y，Yang Z F，Fath B D. Ecological network analysis of an urban water metabolic system：Model development，and a case study for Beijing. Science of the Total Environment，2010，408（20）：4702-4711.

［73］ Liu G Y，Yang Z F，CHEN B，Ulgiati S. Analysis of the scientific collaboration patterns in the emergy accounting field：A review of the Co-authorship Network Structure. Journal of Environmental Accounting and Management. 2013，1（1）：1-13.

［74］ Liu G Y，Yang Z F，CHEN B. A dynamic low-carbon scenario analysis in case of Chongqing city. Procedia Environmental Sciences. 2012，13：1189-1203.

［75］ Zhang Y＊，Zhang J Y，Yang Z F，Li S S. Regional differences in the factors that influence China's energy-related carbon emissions，and potential mitigation strategies. Energy Policy，2011，39（12）：7712-7718.

［76］ Zhifeng Yang，Xi Han，LinyuXu＊，Bing Yu，An Accounting Model for Watershed Ecological Compensation to Address Water Management Conflicts，Journal of Environmental Accounting and Management，2013，1（3）：229-247

［77］ Chen B，Chen G Q." Resource analysis of the Chinese Society 1980-2002 based on exergy-Part 2：Renewable Energy Sources and Forest"，Energy Policy，2007，35，2051-2064.

［78］ Zhang Y.＊，Zhang J. Y.，Yang Z. F.，Li J. Analysis of the distribution and evolution of energy supply and demand centers of gravity in China. Energy Policy，2012，49：695-706.

[79] Zhang Y. *，Liu H.，Fath B. D. Synergism analysis of an urban metabolic system：Model development and a case study for Beijing，China. Ecological Modelling. 2014，272，188-197.

[80] Wang J，Su M R*，Chen B，Chen S Q，Liang C. A comparative study of Beijing and three global cities：A perspective on urban livability. Frontiers of Earth Science，2011，5（3）：323-329.

[81] Yang Z F，Su M R，Zhang B，Zhang Y，Hu T L. Limiting factor analysis and regulation for urban ecosystems——A case study of Ningbo，China. Communications in Nonlinear Science and Numerical Simulation，2010，15（9）：2701-2709.

[82] Linyu Xu，Guiyou Liu. The Study of a Method of Regional Environmental Risk Assessment，Journal of Environmental Management，2009，90（11）：3290-3296.

[83] Jin Zhang，Linyu Xu，Bing Yu，Xiaojin Li. Environmentally feasible potential for hydropower development regarding environmental constraints. Energy Policy. 2014，73，552-562.

[84] Linyu Xu，Xin Shu. Aggregate human health risk assessment from dust of daily life in the urban environment of Beijing. Risk Analysis，2014，34（4）：670-682.

[85] Linyu Xu，Zhaoxue Li，Huimin Song，Hao Yin. Land-Use Planning for Urban Sprawl Based on the CLUE-S Model：A Case Study of Guangzhou，China，Entropy，2013，15：3490-3506.

[86] Zhifeng Yang，Xi Han，LinyuXu，Bing Yu. An Accounting Model for Watershed Ecological Compensation to Address Water Management Conflicts，Journal of Environmental Accounting and Management，2013，1（3）：229-247.

[87] 黄益宗，郝晓伟，雷鸣，铁柏清. 重金属污染土壤修复技术及其修复实践. 农业环境科学学报，2013，32（3）：409-417.

[88] 秦长海，甘泓，张小娟，贾玲. 水资源定价方法与实践研究Ⅱ：海河流域水价探析. 水利学报，2012，43（4）：429-436.

[89] 翟建青，曾小凡，苏布达，姜彤. 基于 ECHAM5 模式预估 2050 年前中国旱涝格局趋势. 气候变化研究进展，2009，5（4）：220-225.

[90] 辛国君. 用零维能量平衡气候模型分析大气气溶胶的气候效应. 北京大学学报（自然科学版），1999，35（3）：375-382.

[91] 杨利芳. 山西经坊煤矿采空塌陷形成机理及防治对策研究. 中国煤炭地质，2013：25（2）：52-59.

[92] Liu G Y，Yang Z F，Chen B，Ulgiati S. Emergy-based dynamic mechanisms of urban development，resource consumption and environmental impacts. Ecol. Model.，2014，252（16），1-13.

[93] Forman，R T T，Sperling D，Bissonette J H，Clevenger A P，Cutshall C D，Dale V H，Fahrig L，France R，Goldman C R，Heanue K，Jones J A，Swanson F J，Turrentine T，Winter T C. 2003. Road ecology：Science and Solutions. Washington. Island Press，Washington，DC.

[94] 刘世梁. 道路景观生态学研究. 北京：北京师范大学出版社，2012.

[95] 刘世梁，崔保山，杨志峰，董世魁. 道路网络对澜沧江流域典型区土地利用变化的驱动分析. 环境科学学报，2006，26（1）：162-167.

[96] Liu S L，Deng L，Chen L D，Li J R，Dong S K，Zhao H D. Landscape network approach to assess ecological impacts of road projects on biological conservation. Chinese Geographical Science，2014，24（1）：5-14.

[97] Liu S L，Dong Y H，Deng L，Liu Q，Zhao H D，Dong S K. Forest fragmentation and landscape connectivity change associated with road network extension and city expansion：A case study in the Lancang River Valley. Ecological Indicators，2014，36：160-168.

[98] 刘世梁，温敏霞，崔保山，杨敏. 基于网络特征的道路生态干扰——以澜沧江流域为例. 生态学报，2008，28（4）：1672-1680.

[99] 刘世梁，温敏霞，崔保山，富伟，杨敏. 道路影响域的界定及其空间分异规律——以纵向岭谷区为例. 地理科学进展，2008，27（5）：122-128.

[100] Hawbaker，T J，Radeloff V C，Hmmer R B，Clayton M K. Road density and landscape pattern in relation to housing density，land ownership，land cover，and soils. Landscape Ecology，2004，20：609-625.

第四篇　环境遥感学科发展报告

编写机构：中国环境科学学会环境信息系统与遥感专业委员会

负责人：李正强

编写人员：谢一凇　许　华　王树东　李正强

摘要

在我国环境监测保护方面，遥感技术虽然已经取得了一定的进展，但仍然面临很多问题和挑战，与国外的差距不仅体现在技术方面，更表现在环保领域的应用能力和业务化程度，因此，提升遥感技术在环境保护中的应用水平和支撑作用已势在必行。本报告概述了近年来环境遥感学科的发展态势和发展水平，在此基础上归纳了学科发展目标。报告从基础研究出发，从遥感环境监测机理、遥感探测技术和综合探测平台等方面介绍了 2011—2015 年环境遥感学科在大气环境、水环境、生态环境监测和保护领域的进展情况。关注环境遥感应用方面的主要研究进展，介绍了环境遥感技术在雾霾/污染气体遥感监测、水体/水质污染遥感监测、多类型/多尺度生态环境遥感监测等重点和热点研究领域的应用能力和应用成果。最后，结合国家社会重大需求，报告总结了环境遥感技术在大气环境、水环境、生态环境等重点领域的发展需求，在充分考虑学科发展特点的基础上，提出了环境遥感学科在基础能力建设和研究开发等方面的发展展望。

一、引言

随着中国经济社会发展进入新常态，环境保护出现了一些新的阶段性特征和变化。环境问题越来越体现出明显的集中性、结构性、复杂性，环境保护与环境治理工作的开展，必须建立在对环境污染来源、形成与发展机制、后果和影响范围的科学判断和评估的基础上。

传统的环境监测方法需要耗费大量的人力物力，尤其对于多要素监测的需求，难度和成本更是成倍增加，难以有效普及和推广。遥感技术作为近几十年逐渐发展起来的新兴研究领域，以其覆盖区域广、时空分辨率高、探测效率高等优势，通过多尺度、多角度、多时相的实时监测能力，综合运用多光谱、高光谱、微波和偏振等观测手段，可以对大气、水、土壤等各圈层环境及综合环境进行有效监测，提供环境监管和保护所需的多种环境要素的科学信息，在环境保护和资源探查等领域得到广泛应用，发挥重要价值。

卫星遥感（星基遥感）可以提供区域甚至全球尺度的影像和各类环境专题影像，为大范围的环境污染（如大气雾霾污染、海面溢油污染）探测和综合监管提供实时的数据支撑；航空遥感（空基遥感）可以对小范围的环境破坏事件（如河流和湖泊污染、森林砍伐、点/面/固定/移动源排放）做出迅速响应，利用飞机/气球/无人机等飞行平台搭载遥感设备，开展有针对性的监测和评估工作；地基遥感具有精度高、可靠性强的特点，可为卫星遥感和航空遥感产品提供验证数据，高密度的地基遥感组网观测也可作为环境监测的有效数据来源。

近年来，我国遥感探测能力有了显著提升，探测技术手段多样化、影像时空分辨率进一步提高、数据信息挖掘程度拓宽加深、环境应用平台逐步建立，为环境遥感学科的迅速发展奠定了良好的基础。然而必须认识到，我国环境遥感学科发展程度与国际先进水平（美国、欧洲、日本等国家）相比还存在一定差距，在传感器/平台的综合探测能力、环境信息反演的准确性、遥感产品在环境领域的应用与业务化等方面仍然面临很多问题和挑战。因此，深入开展遥感环境监测机制研究，综合新型观测手段扩大遥感可探测信息的范围/类型，提高环境参量遥感反演的精度/有效性，建立和健全"星基-空基-地基"的综合遥感产品体系及其环境应用平台，促进遥感技术/产品在环境领域的产业化和市场化，是本领域学科发展遵循的重要策略，更是进一步提升我国环境监管能力的有力举措。

二、环境遥感学科发展概述

近几十年来，结合 GIS、GPS 等技术的协同发展，遥感技术已经成为推动环境保护、资源利用不可或缺的有效手段。遥感以其大范围、全天时/全天候、瞬间成像的观测能力，可提供目标（大气、水、植被土壤等）的全光谱范围覆盖的多波段信息，多角度和偏振等观测方式的发展提供了更加丰富的特征信息。卫星遥感、航空遥感、地基遥感互相补充，已逐渐成为环境监测领域的低成本高效益的监测工具，具有良好的发展前景。

在大气环境监测方面，遥感技术主要可用于气溶胶（沙尘暴、雾霾等大气污染事件）、污染气体（臭氧、SO_2、NO_x、CO、VOCs 等）、温室气体（CO_2、CH_4 等）的监测，以及城市热岛效应的探测；在水环境监测方面，遥感技术用于分析水中物质（叶绿素等）光谱特征、确定水边线、水体温度以及反演水体悬浮泥沙、叶绿素含量等，基于定量或定性的遥感数据分析，最终确定水体的综合水质指数，反映水质情况，并且可以针对水体污染事件（水华、浒苔爆发、溢油污染等）进行监测与预警；在生态环境监测方面，遥感技术主要应用于植被资源调查、植物生态健康状况解译、土地类型分类和利用情况，以及土壤污染监测等方面。

近年来，遥感技术作为环境监测和保护的重要手段，在相关领域的学科发展趋势上呈现出显著的特点：研究目标从监测局地污染源、污染事件逐步向环境全天时遥感综合监测发展，从重点城市、地区环境监测向区域和全球尺度的环境监测发展；研究思路从遥感监测环境变化向机制、污染溯源、污染与人类健康和社会经济的关联性等更深层次的研究方向发展；观测技术从单一的遥感监测向多观测手段结合、多学科交叉的综合技术创新发展，从重点提升卫星遥感监测能力向推动"星-空-地一体化"环境监测系统综合优化发展的方向转变；环境遥感技术从环境事件的事后应急处理向事前预警预报、事中实时监测与事后应急响应并重发展；数据处理和成果展示方面从平面图表/数据的传统模式向多尺度、多平台的三维动态环境综合监测与新型显示系统的方向发展。

环境遥感学科的发展目标是提升创新能力与支撑作用，具体包括以下几方面。

1. 提高信息获取和分析能力

环境监测和环境保护领域的研究能够得以顺利进行和发展，充足的数据来源和精准的信息分析是必不可少的前提。遥感技术的出现与发展，因其具有视域广、及时、连续的特点，应用于环保领域，使得大范围数据连续获取能力得到了长足进步。而针对遥感数据的分析处理，则是直接对环保应用行业进行有效监测和评价的必需工具。环境遥感学科的发展，从科学研究层面上来看，一方面提升信息获取能力，有助于全球高精度、高信噪比的环境基础数据和地理数据的积累，为跨地区、跨国界和跨领域的广泛应用构建坚实的数据基础；另一方面改进分析方法，提高信息分析效率和分析结果的可靠性，不仅为环保领域应用提供关键技术支撑，还可以为遥感探测技术的发展和革新提出新的指标和要求。

2. 提高环境监测能力

开展环境遥感科学研究是为了环境监测与环境保护方面的应用。遥感技术具有快速高效、可持续、运行成本低等特点，环境遥感学科的发展，从应用与成果转化的层面来看，不但可以大幅改善目前我国环保领域行业较为显著的监测不力的现状，还可有所拓展，进一步完善各类环保监测管理体系。

我国已有卫星（如环境、气象、海洋、资源等系列）具有一定的环境要素观测能力，而且有长足的进步空间，在大气、水、生态环境等方面的研究有极大的发展潜力。针对我国现有的地面监测网络和技术不能全面、连续、动态地监测环境质量状况并及时进行污染预报这一现状，大力发展"星-空-地一体化"综合遥感探测与信息反演技术，实现我国污染物全覆盖自主探测，并提高应急监测技术水平，能够正确、及时、全面地监测重大环境事件。在此基础上构建完善的环境质量立体监测体系，从而进一步提高环境监测的整体性与系统性。

3. 提升应对全球气候变化和环境压力的能力

目前我国面临着严峻的"环境外交""气候外交""能源外交"格局，在全球环境污染、气候变化、能源利用等全球性综合问题上，还需要进一步扩大话语权。环境遥感学科的快速发展，从政策与规划层面来看，可以有效提升我国在全球变化研究的竞争力，帮助我国在自主应对气候变化的行动中取得主动权，有利于我国经济社会的可持续发展。

利用数学模型、遥感、地理信息系统和全球定位系统等综合技术手段，对当今全球气候变化和环境压力进行分析研究，揭示全球性和区域性污染形成和变化产生的机制，提出我国区域性污染控制的思路和着力点，全面提高环境保护和环境管理业务的处理能力，为我国环境污染的宏观控制和改善策略的制定提供了科学支撑，也为我国在国际上与环境相关的一系列经济、社会、外交政策的制定提供科学依据和技术支撑。

三、环境遥感学科发展现状

（一）遥感技术基础研究进展评述

1. 遥感环境监测机理进展

（1）大气遥感研究进展　传统利用光谱强度的卫星观测对地表信息更敏感，对于陆地上空的亮地表区域（沙漠、城市），大气遥感反演方法失效或反演精度达不到应用的要求，无法得到可靠的大气光学特性。而偏振观测和反演技术的发展为这一问题提供了解决之道。它在强度的基础上新增了偏振度和偏振方向的探测量，弥补了传统遥感方法的不足。另外在海洋上空，尤其在非一类水体区域（在海洋水色遥感中通常将水体分为两类：一类水体的光学性质变化主要由浮游植物及其附属物决定；二类水体的光学性质变化不仅受浮游植物及其附属物的影响，而且也受其他物质如外生的粒子和外生的有色可溶有机物等的影响）和太阳耀斑区域，传统的强度反演方法是失效的，而偏振方法可以从偏振度出发，反演出该区域的气溶胶光学特性和气溶胶的粒径分布特征。在气溶胶的反演和云相态的识别等方面，与光谱反演算法相比，偏振方法有很多的优势，如偏振测量无需准确的辐射量就可以达到相对较高的精度和可同时获得偏振测量和辐射测量数据等。郭红等[1]从卫星遥感、航空遥感、地基遥感等方面出发，对近年来大气气溶胶偏振遥感相关领域的研究进展进行了较为系统和全面的总结。

卫星探测信号中包括整层大气的辐射信息与地表信号经过与大气相互作用之后的信息，因此卫星遥感反演陆地上空气溶胶光学厚度（aerosol optical depth，AOD）的难点之一在于如何去除地表信号的影响。由于大气散射辐射具有强偏振特性，而大多数地表反射辐射偏振特性较弱且其时空变化不明显，因此利用偏振信息可以有效地将大气和地表的贡献区分开[2,3]。Deuze等[4]以单峰谱分布模型比较670nm和865nm的多角度偏振信息与模拟值之间的差异，获得865nm处18.5km×18.5km分辨率的AOD和Angstrom指数反演结果，研究发现反演的AOD结果偏低而Angstrom指数结果偏高。Hasekamp等[5]以双峰谱分布模型分析了同时反演地表参数和气溶胶参数的能力，指出如果没有气溶胶特性的预先估计，利用单角度的辐射强度信息无法获得气溶胶特性；而通过单角度观测同时利用多角度偏振和强度信息，或多个角度利用偏振信息、多个角度利用强度信息的方法，可以使AOD的反演误差减少5～20倍；同时利用多角度偏振和强度信息可以使反演误差进一步减少2～3倍。

以上基于POLDER/PARASOL（polarization and directionality of the earth's reflectances/polarization & anisotropy of reflectances for atmospheric sciences coupled with observations from a lidar）的AOD反演算法都是基于气溶胶模型已知的假设。Dubovik等[6]发展了一种非基于查找表的气溶胶多参数统计优化反演算法，将前向模型和数值反演分开，考虑不同拟合数据有不同精度，寻找到理论模型和实际所有数据的最佳拟合，即应用统计优化估计，通过最小化所有测量值和理论模拟值来确定经过平滑的最优解。该方法反演的结果包括AOD、体积谱分布、复折射指数、单次散射反照率、粒子形状和地表反射率等。应用AERONET（aerosol robotic network）观测网的地基遥感观测对该算法反演结果进行验证，证明了该算法反演精度的可靠性。然而，算法涉及参数较多，计算较慢，实现业务运行比较困难。

在我国也有许多学者致力于基于偏振卫星遥感的陆地上空AOD反演算法的研究。阎邦华[7]最早提出了一种利用偏振信息同时反演地表、气溶胶参数的算法。Han等[8]对累加倍加矢量辐射传输模式进行改进，研究了气溶胶反演正问题模式系统。段民征等[9,10]提出联合利用多通道、多角度偏振辐射和标量辐射实现同时反演陆地上空AOD和地表反射率的算法，建立了半参数化数值表以提高查找表的计算效率。Cheng等[11]开展了气溶胶模型、粒子形状、AOD对表观反射率和偏振反射率的敏感性研究，提出一种同时获取气溶胶模型、气溶胶粒子形状和 AOD 的反演算法。之后，Cheng 等[12]发展了反演气溶胶总消光和利用细粒子比例来反演细粒子消光的算法，并与 AERONET 产品进行了对比验证，结果表明，北京和香河地区总 AOD 反演结果与 AERONET 产品的相关性系数分别为 0.8025 和 0.9291，细粒子 AOD 反演结果与 AERONET 产品的相关性系数分别为 0.5607 和 0.6360。Wang 等[13]基于 DDV（dark dense vegetation，暗浓密植被）方法反演气溶胶总光学厚度，并通过对 AERONET 产品的粗、细粒子比例进行分析反演得到了细粒子 AOD 和谱分布。Xie 等[14]基于东北亚的 AERONET 数据的聚类分析结果，提出了一种同时反演气溶胶类型和 AOD 的算法。王家成等[15]利用 AERONET 的谱分布和复折射指数数据，计算不同粒径范围的气溶胶光学厚度，并与对应的 POLDER 反演结果进行拟合，以确定对偏振遥感敏感的气溶胶粒径范围，结果表明，偏振遥感并非对所有粒径的小模式气溶胶粒子都敏感，在 865nm 波段，其敏感的气溶胶粒子上限半径为 $0.3\mu m$ 左右。陈澄等[16]基于气溶胶观测网 AERONET 的典型气溶胶观测，提出了一种基于动态气溶胶模型的 AOD 反演算法，针对华北地区 2012 年的 PARASOL 卫星观测数据，应用该算法反演 AOD，并与地面观测站点进行对比验证，结果显示通过气溶胶模型选取与反演结果的迭代约束，在 865nm 反演的 AOD 与地基观测的相关程度较高，与 PARASOL 的气溶胶产品相比，在一定程度上提高了反演结果的精度。

水体在近红外波段具有较强的吸收特性，海洋在近红外通道可以近似看作黑体，因此利用近红外波段的强度和偏振信息可以反演海洋上空 AOD。Mishchenko 和 Travis[17,18]研究指出利用多角度偏振信息反演可以同时得到海洋上空 AOD、气溶胶粒子有效半径和复折射指数，而同时利用多角度强度信息和偏振信息能够有效提高反演海洋上空 AOD 的反演精度。陈伟等[19]通过矢量辐射传输模型模拟了 TOA（top of atmosphere，大气层顶）反射率和偏振反射率与海洋下垫面性质、观测方位角、AOD 之间的敏感性，结果表明，海洋气溶胶的多角度偏振观测可以很好地反映气溶胶的光学性质，因此利用多角度偏振遥感信息可以反演获得海洋气溶胶的特性。Deuze 等[20]基于 12 种气溶胶对数谱分布模型建立查找表，利用 670nm 和 865nm 波段的偏振信息，反演得到海洋上空 AOD 和 Angstrom 指数，并讨论了利用偏振反射率反演气溶胶复折射指数的方法。实际大气中的气溶胶粒子一般具有多种形态，可以模拟为球形和非球形粒子的混合体，因此许多研究在反演过程中考虑了粒子形状的影响。例如，Herman 等[21]改进了 POLDER-1 数据海洋上空的气溶胶反演算法，基于 Volten 等[22]提出的模型考虑了粗模态气溶胶中球形粒子和非球形粒子的影响，反演得到了海洋上空细粒子 AOD、球形粗粒子 AOD 和非球形粗粒子 AOD。

以上都是针对晴朗无云的观测条件发展的气溶胶参数反演算法，云与气溶胶之间的相互影响会导致气溶胶的辐射特性更为复杂，因此针对有云情况下的气溶胶参数反演算法还较少。Waquet 等[23]在分析 A-Train 卫星观测系统得到的云顶高度和气溶胶高度的基础上，假设气溶胶谱分布和复折射指数已知，利用云反射造成的气溶胶偏振辐亮度的变化，发展了一种反演云顶 AOD 的算法，将反演结果与无云区域的 AOD、OMI（ozone monitoring instrument）气溶胶指数和 MODIS（moderate-resolution imaging spectroradiometer）的 AOD 产品等参数进行对比，验证了该算法的可靠性。为了研究水云上空非球形粗粒子的气溶胶特性，Waquet 等[24]基于非球形粗粒子偏振信息较弱但能够明显降低水云"虹"效应的特性，发展了水云上空生物质燃烧型和矿物沙尘型气溶胶参数及水云参数的协同反演算法，结果表明，该算法可以同时反演得到较精确的 AOD、细粒子半径、Angstrom 指数、球形粒子比例和云参数。

（2）水环境遥感监测机理和方法进展

① 水体光学特性和生物光学模型。水体有两类基本光学特性，即固有光学特性（inherent optical properties，IOPs）和表观光学特性（apparent optical properties，AOPs）。固有光学特性与介质物理性质相关，如吸收系数 $a(\lambda)$、散射系数 $b(\lambda)$ 或后向散射系数 $bp(\lambda)$ 和消光系数 $c(\lambda)$ 是常见的水体及成分的固有光学参数。水体固有光学特性有地域性特点，不同区域的光学特性既有相似，也有差异。表观光学特性，如遥感反射率 Rrs 等，除了与水体成分的固有性质有关外，还与外部光场条件相关。

近年来，许多学者一直围绕水体光学特性开展研究。Szeto 等[25]基于 SeaWiFS（sea-viewing wide field-of-view sensor，宽视场水色扫描仪）卫星反演结果比较分析太平洋、大西洋、印度洋、南大洋的光学特性，研究分析发现四个大洋的光学特性主要受到浮游植物种群结构和生物地球化学过程区域性影响，其中有机碎屑、浮游植物细胞尺寸以及色素含量是引起水体光学特性差异的重要原因。Vantrepotte 等[26]利用英、法两国近海 211 个观测站点数据研究了近岸海域的水体光学特性，通过聚类分析总结出四种典型水体，其中两种是受有机质和矿物质的相对混合比例影响的水体，一种是受矿物质成分主要影响的水体，另一种是同时受 CDOM（可溶解有机质）和浮游植物影响的水体。表光光学特性和固有光学特性之间的联系可用生物光学模型描述。这种模型是一种简单的参数化模型，被广泛应用于水质参数反演算法中。早些年，Morel 和 Gordon 等[27,28]基于二向流近似提出了生物光学模型的最简单数学关系。1998 年，Lee 等[29]又提出了适用于二类水体的生物光学模型。针对极端浑浊的水体，王胜强等[30]又在二类水体的生物光学模型上进一步研究，探讨 Lee 模型的适用性。半经验-半解析生物光学模型能够将卫星遥感反射率转换成为水体各种成分的吸收系数和后向散射系数。每天的 MODIS/AQUA 和 MERIS 卫星遥感数据都能提供全球水体固有光学特性产品，为研究全球生物地球化学过程（如碳交换、浮游植物多样性变化、对气候扰动的响应等）提供关键数据支撑。随着水色遥感卫星增多，数据资料和处理算法的一致性要求也越来越重要，亟须发展能适用于多颗卫星数据处理的水体生物光学模型的通用框架和软件。在国际海色协调小组（International Ocean Colour Coordinating Group，IOCCG）的带领下，NASA 的 OBPG（Ocean Biology Processing Group）的科学家 Werdell 等[31]基于前人发展的各种固有光学特性计算方法，总结了通用框架，并利用现场测量数据开展验证和敏感性分析，通用框架使用了依赖温度和盐度的水体吸收系数 $a_w(\lambda)$ 和水体后向散射系数 $b_{bw}(\lambda)$，多种数学反演方法和多种 $R_{rs}(\lambda)$-IOP 关系模型等，以此建立了一个集成软件环境，提供各种海洋水色半分析算法模块，软件环境具有开放性和拓展性，可为未来的半分析算法模型提供集成接口。

② 水体大气校正方法。卫星接收到的总能量中，唯一能反映水环境信息的只有来自水面的离水辐射率，仅占到总能量的 $5\%\sim15\%$，因此通过大气校正去掉来自大气的噪声和太阳反射噪声是水环境遥感的关键技术。一类水体（开阔大洋水体）的大气校正方法较为成熟，而二类水体的大气校正方法研究是当前的热点和难点。对于陆域和近海水域，水体光学特性复杂，不仅受到浮游植物影响，而且还受到悬浮物泥沙、黄色物质等水体成分的影响，因此，水体近红外波段离水辐亮度一般都大于 0，开阔大洋水体的大气较正算法的前提假设已经不成立。

针对二类水体的大气校正，学者们近年来开展了许多相关研究工作。针对二类水体的浑浊特点，Wang 等[32,33]发展了一种基于 MODIS 的短波红外水体大气校正方法，选择 1240nm 和 2130nm 代替 Gordon 算法的 748nm 和 869nm 开展水体大气校正。Wang[34]在中国东海近岸高浑浊水域应用该算法，取得了良好效果。然而，对于一些更加浑浊的二类水体，如我国典型内陆湖泊地区（太湖）等，该算法仍有不适用的情况，在这些高浑浊的水体区域，1240nm 波段的水体离水反射率大多数情况也不为零。因此，Wang 等[35]又发展了一种新的短波红外的迭代大气校正方法。首先使用 1240nm 和 2130nm 进行整个湖区的大气校正，每个像元的离水反射率和气溶胶模型（AE 指数）初步确定，然后以湖区中心区域（1240nm 的离水反射率基本为零）确定的气溶胶模型（AE 指数），只使用 2130nm 的数据进行整个湖区的大气校正。Wang 等[36]对短波红外水体大气校正方法继续改进，考虑使用 1640nm 代替 1240nm 波段，从而实现在高极端浑浊水体中进行水体大气校正，有效提高极端浑浊水体的蓝波段离水反射率的反演精度。除此之外，学者们[37,38]还针对环境卫星 CCD 相机和 Landsat TM/ETM＋等宽波段载荷，研究二类水体的大气校正方法。

③ 可溶解有机质浓度反演。可溶解有机质（CDOM，也称为黄色物质）普遍存在于水动力环境复杂的河流口或近岸海域。黄色物质在生物地球化学循环过程中有重要影响。Morel and Gentili[39]发展了基于遥感反射率比值法获取 CDOM 浓度的方法。在开阔大洋水域，经常使用 412nm/443nm 或 490nm/555nm 波段组合，而在近岸海域中，则会选择可溶解有机质吸收性更强的 400nm 波段。后来，反演算法利用的波段越来越多，精度也随之提高。Matsuoka 等[40]利用 MODIS 的 6 个波段数据反演了南部 Beaufort 海的可溶解有机质含量。可溶解有机质的吸热效应比较显著，对研究北极海域的可溶解有机质有特殊意义。他们的研究还发现北极地区的可溶解有机质吸收占总吸收的比例要高于低纬度地区，所产生的热吸收效应很可能是北极海冰减少的重要原因之一。可溶解有机质与碳循环密切相关，研究发现溶解性有机碳（DOC）与可溶解有机质的吸收有高度相关性（$R^2 =$ 0.97）。因此，MODIS 卫星遥感数据产品能估算出水中溶解性有机碳的含量。可溶解有机质也与水体盐度有联系，Bai 等[41]测量了可溶解有机质吸收系数和水体盐度之间的关系，并提出了一种适用于中国东海区域的基于可溶解有机质吸收系数反演水体盐度的新方法。实验表明，73.6％的数据获得的绝对盐度误差在±1ng/L 左右，87.1％的数据获取的绝对盐度误差在±1.5ng/L。基于此模型，利用 2008—2010 年的卫星数据首次提取生成了中国东部海域的卫星遥感盐度产品。

④ 悬浮颗粒物浓度反演。悬浮颗粒物是自然水体中对光散射有影响的主要成分，包括浮游植物、微生物分解或次级生产力产生的有机碎屑和矿物悬浮固体，如铝硅酸盐黏土和土壤颗粒等。由于不同类型的悬浮颗粒光散射特性可能相同，光学遥感技术通常不能区分悬浮颗粒物的类型。但浮游植物细胞颗粒含有叶绿素，可以利用遥感技术进行识别，因此光学遥感产品通常是叶绿素浓度而不是细胞个数或细胞体积浓度。总悬浮颗粒物浓度（TSS）和浊度是光学遥感的主要参数，它们取决于一系列复杂因素，包括粒子的数量、大小、形状和表面性质等。实验室浊度仪和浊度计能够测量水体光散射，可直接与光学遥感获取的遥感反射率相关联，因此发展具有悬浮颗粒物浓度模型是可行的。Astoreca 等[42]研究了欧洲北海南部海洋成分、浓度和悬浮物粒子大小与水体光学性质之间的关系，发现了三个不同海域，有机颗粒和无机颗粒物的浓度差异较大，并且在北海中部的区域发现了悬浮物粒径分布呈现双峰分布，7μm 对应于浮游植物颗粒峰值。Doxaran[43]研究了加

拿大麦肯齐河羽区域的悬浮颗粒物浓度反演模型，利用 MODIS 数据估算出的颗粒物浓度季节和年际变化特征，结果表明悬浮颗粒物浓度可很好地监测河口的水动力特征。

⑤ 叶绿素浓度反演。叶绿素浓度反演模型可分为三类：OC 算法（绿/蓝波段）、红/近红波段算法和经验算法。对于光学特性复杂的二类水体，叶绿素浓度反演既是研究热点，也是研究难点。内陆水体区域的叶绿素浓度反演模型通常利用叶绿素在红波段 670nm 的吸收谷和 700～710nm 的反射峰，两个波段反射率比值能够与叶绿素浓度建立较好的相关关系[44]。反演模型能适用于浓度范围很大（例如，0.1～350μg/L）的复杂水体。在欧洲 MERIS 和 Sentinel-2/3 卫星载荷上，都设计了适合叶绿素浓度反演的细窄红边波段（670～710nm）。Olmanson[45] 利用高光谱航空遥感成功监测了美国密西西比河，研究获取的叶绿素浓度与 705/670nm 的反射率比值关系的相关性达到了 0.75～0.93。Le 等[46] 基于水体反射率特性的差异对水体进行分类，然后针对不同类型的水体采用不同的反演模型，反演结果表明对水体进行区分会提高叶绿素反演精度。Le 等[47] 研究了在可溶解有机质含量较高水域反演叶绿素浓度的方法，研究结果表明，波段比值方法能够适应于富含 CDOM 的江河口水域。Odermatt[48] 对近年来研究叶绿素浓度反演模型及传感器和浓度使用范围进行了总结，如图 1 所示。

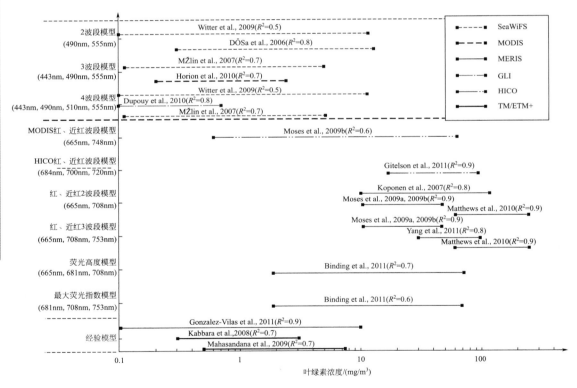

图1 2006—2011 年国际关于卫星叶绿素反演算法总结

（3）植被冠层参量遥感研究进展　植被冠层包括植被生物物理参数如叶面积指数（LAI）、吸收性光合有效辐射分量（fPAR）等，结构参数如冠层郁闭度、冠层直径、冠层高度等，以及决定植被光谱特征的生物化学参数如叶绿素、水、氮等，是区域乃至全球生态环境变化的重要指标，也是生态模型、碳循环、生物多样性等研究领域中的重要特征参量，并且随着全球变化研究的深入、全球范围和大区域尺度的森林碳循环模型的建立，植被冠层参量常常作为重要的输入因子而成为模型中不可缺少的组成部分。因此，植被冠层参量反演对大气-陆地-海洋各圈层中碳含量及其相互转化的循环过程评价具有重要意义，是研究全球变化机理、制定可持续发展战略的重要依据。

植被冠层参数的模拟研究是在辐射传输模型取得重大进展的情况下发展起来的，因稳定性、重复测量的可靠性以及全球覆盖率等因素，利用遥感技术定量反演冠层理化及结构等参数广泛应用于地表和大气过程研究中，并且从不同遥感数据（从光学遥感到雷达遥感、从多光谱遥感到高光谱遥感，从低空间分辨率到高空间分辨率遥感数据）和不同尺度上（从局地到区域到国家再到全球范围）定量反演冠层参数的相关模型得到不断改进和升华。冠层参数遥感定量反演模型大致可以分为三种方法，即统计模型、物理模型，以及统计模型和物理模型相结合的混合方法[49]。

统计模型又称经验模型，是植被理化参数遥感反演中最广泛采用的模型。统计模型大多基于光谱反射率、植被指数等参数建立，即以光谱反射率、植被指数、导数光谱、特征光谱位置变量作为自变量，冠层参数作为因变量，建立预测模型。最常用于 LAI 定量反演的植被指数包括归一化植被指数（NDVI）、比值植被指数（RVI）和垂直植被指数（PVI）等。许多研究还结合其他因素发展新的植被指数与 LAI 的定量相关关系，如大气阻抗植被指数（ARVI）、土壤调节植被指数（SAVI）和通用土壤植被指数（GESAVI）等。随着高光谱遥感技术的发展，研究发现高光谱反射率数据在植被冠层参数定量反演中更为有效，通过高光谱遥感数据构建植被指数反演冠层参量逐渐受到重视。例如，梁亮等[50]利用小麦冠层光谱的导数值，采用差值、比值以及归一化方法构建 12 种高光谱指数实现小麦冠层氮含量的估计。统计模型比较简单，但模型结果多样，且易受植被类型、光照条件、观察位置、冠层结构的影响，对土壤背景等非植被因素比较敏感，因而模型的普适性较差。另外，植被饱和也是统计模型的一大障碍。赖格英等[51]以 Landsat ETM 卫星影像为数据源，通过图像融合的方法获得高分辨率的多光谱数据，在实测优势植被叶面积指数和光合有效辐射的基础上，利用植被指数经验公式法反演流域的叶面积指数，根据 Beer-Lambert 定律，建立了流域优势植被冠层消光系数的反演模型，并反演了流域植被冠层 LAI 和消光系数的空间分布，为植物生长模式的修正提供输入数据基础。艾金泉等[52]以实测冠层高光谱反射率和叶片光合色素含量为数据源，分析色素含量与原始光谱反射率、一阶导数光谱反射率、22 种已有的光谱指数和 14 种新构建的植被指数的相关性，利用直线回归、指数回归、对数回归以及乘幂回归方法，系统比较了多种植被指数在估算叶片光合色素的表现，为湿地植物生化参量反演提供参考。

物理模型反演建立在辐射传输模型基础上，通过研究光与地表作用的物理过程来预测地表二向反射分布函数。物理模型主要有冠层辐射传输模型、几何光学模型和计算器模拟模型三类。目前，有很多学者对这几类模型做了大量研究，如刘佳[53]详细介绍了 BRDF 模型（bidirectional reflectance distribution function，双向反射分布函数）的算法机制，对比讨论模型的优缺点，确定了模型选择规则。车大为等[54]分析了不同的 BRDF 模型的应用范围和局限性。很多研究在模拟反射率的精度差异上没有给予定量分析，导致不同模型估算的结果存在较大偏差。如于颖等[55]使用 3 种冠层 BRDF 模型模拟不同郁闭度样地在红外、近红外不同冠层角度下的场景反射率，分别说明了各模型的核心原理及其适用性，并对其进行了定量对比分析。Deng 等[56]分别基于 SPOT-VGT（vegetation，植被传感器）

数据采用几何光学模型 4-SCALE 和基于 Landsat TM（thematic mapper，专题制图仪）数据采用植被冠层反射率模型 GEOSAIL 估算了植被叶面积指数，两种模型在估算植被叶面积指数时精度误差在 $50\%\sim85\%$。因此，研究不同 BRDF 模型的适用性和局限性对提高 BRDF 模型反演森林冠层参数的精度是十分必要的。张远等[57]将实测的水稻结构参数作为输入变量，尝试开发了微波冠层散射的改进模型来模拟水稻冠层后向散射系数，结合遗传算法优化工具，从星载微波雷达遥感 ALOS/PALSAR（advanced land observing satellite/the phased array type l-band synthetic aperture radar）数据反演水稻的结构参数，进而对水稻生物量进行了空间制图，结果显示利用微波遥感机理模型反演水稻结构参数和估算生物量具有可行性。马红章等[58]基于玉米冠层结构参数实测数据和 Matrix-Doubling 模型构建了玉米出苗期至抽穗期的冠层多波段、双极化微波辐射特性模拟数据库，通过对模拟数据的回归分析得到了玉米冠层在各波段的微波发射率及其与透过率之间的经验关系，结合土壤发射率模型构建了玉米冠层覆盖地表的微波辐射亮温参数化计算模型，并基于该参数化模型，利用玉米样地微波亮温观测试验数据进行了 LAI 的反演。结果表明，LAI 反演值与实测值的相关系数 $r>0.9$，说明多波段被动微波遥感数据在植被冠层 LAI 反演方面具有较大的应用潜力。

混合模型是利用物理模型和统计模型共同进行反演的方法。在反演过程中，物理模型通过调整关键变量的值以产生模拟结果，构建模拟结果与关键变量的数据库，再用统计模型（如神经网络、混合像元分解、植被指数法等）映射植被冠层反射率与不同地物变量的关系，从而得到混合反演模型。目前使用混合模型定量反演植被冠层参数得到了广泛的关注。杨贵军等[59]基于多角度遥感 CHRIS（compact high resolution imaging spectrometer，便携式高分辨率成像光谱仪）数据，采用冠层-叶片辐射传输模型 PROSAIL 和神经网络方法反演春小麦的 LAI，结果表明 LAI 反演精度随观测角度的增加而提高，但观测角度超过三个角度后，LAI 反演精度降低，主要是因为多角度遥感数据带来了较大的不确定性，影响了神经网络建模。杨曦光等[60]基于高光谱 Hyperion 数据，采用几何光学模型 4-SCALE 和统计模型分布反演影像像元叶片水平的叶绿素含量，模型既考虑了参数的不确定性，又考虑了复杂的冠层结构、森林背景等参数对反射率的影响，混合反演的结果精度比较准确。Haboudane[61]通过叶片尺度与冠层尺度的耦合辐射传输模型 PROSPECT SAIL 模拟了大量数据，从中提炼出玉米冠层叶绿素含量的统计方程，这种方法对于反演其他作物的叶绿素含量或其他参数有借鉴意义。阿布都瓦斯提·吾拉木等[62]利用叶片辐射传输模型 PROSPECT、植被冠层辐射传输模型 SAILH 和地气辐射传输模型 6S，进一步探索近红外、短波红外反射光谱特征，从光谱特征空间的角度，分析地物在近红外-短波红外空间的分布规律，建立监测植被冠层水分含量的新方法——短波红外垂直失水指数，通过实地观测数据和叶片、冠层辐射传输模型验证，结果表明垂直失水指数和实地观测的植被冠层水分含量具有较高的相关性，证明了该指数在反演植被冠层水分含量方面的应用潜力。杨曦光等[63]使用高光谱数据估算叶片与冠层尺度的森林氮含量，他们首先采用基于高斯误差函数的 BP 神经网络建立叶片尺度氮含量的遥感估算模型；其次根据几何光学模型原理，将 Hyperion 影像的冠层光谱转换到叶片尺度并反演叶片尺度的氮含量；最后，利用森林结构参数 LAI 得到研究区域冠层尺度氮含量。程晓娟等[64]利用 PROSAIL 辐射传输模型分析了由不同水分敏感波段构建的各种典型归一化差值水分指数与一种经过增强型植被指数（EVI）修正的植被水分指数对植被冠层水分及 LAI 的饱和响应特征，利用田间实验光谱和水分数据，开展作物水分含量的建模和验证分析，结果显示将 EVI 引入后形成的新水分指数能够有效提高冬小麦水分含量估算精度，这是因为 EVI 中含有可见光波段信息，构建的新指数因融合可见光、近红外和短波红外更多波段的光谱信息，对估算冬小麦冠层含水量可能具有更好的优势。

2. 遥感探测技术进展

（1）激光雷达探测大气技术进展　传统的卫星遥感探测大气 CO_2 技术主要采用被动遥感方式，利用高光谱分辨率的传感器探测大气 CO_2 对太阳辐射的响应，以定量获取整层大气的 CO_2 含量。被动遥感探测 CO_2 存在一定的局限性：采用热红外波段进行探测的方案，由于其仅对对流层中层以上的 CO_2 敏感，所以无法直接观测近地面的 CO_2 含量；而使用短波红外波段进行探测，云和气溶胶的多次散射的影响限制 CO_2 反演精度的进一步提高，并且应用该波段无法进行夜间观测[65]。基于激光雷达技术的主动遥感方案能够较好地解决以上问题，并且可以获取 CO_2 的垂直廓线。

激光雷达（lidar）是一种主动式的现代光学遥感设备，是传统的无线电或微波雷达（radar）向光学频段的延伸。激光的许多特殊性能几乎都可以在大气探测中得到充分的利用。例如，它的高亮度、高准直度和短脉冲特性，使激光雷达具有很高的探测灵敏度和时空分辨率；激光的高单色性和激光波长的可调谐能力，使激光雷达能够探测各种大气组分。特别是激光波长很短的特点，使激光束可以与大气中的微小粒子乃至原子、分子直接相互作用而达到探测目的。

美国航天局和欧洲空间局都在进行新一代星载 CO_2 激光吸收光谱主动遥感技术研究。NASA 的星载主动激光探测计划 ASCENDS（active sensing of CO_2 emissions over nights，days，and seasons）计划于 2013—2016 年发射载荷，探测波段使用 CO_2 的 $1.57\mu m$ 吸收波段，以及 O_2 的 765 nm 的吸收波段同步进行观测，并且于 2008—2011 年进行了 5 次机载激光雷达飞行试验，在飞机平台高度上 CO_2 的反演精度可以达到 0.3ppm❶。欧洲空间局的 A-SCOPE（advanced space carbon and climate observation of planet earth）计划在 2015 年发射卫星，采用 $1.57\mu m$ 和 $2.05\mu m$ 的 CO_2 吸收波段探测大气层 CO_2，但没有计划进行同步干空气柱浓度的探测。

中国科学院安徽光学精密机械研究所自行研制了用于测量低对流层大气 CO_2 时空分布的 Raman 激光雷达系统 ARL[66]，该系统选用 355nm 的紫外通道激光光源，利用光子计数卡双通道采集大气中 N_2 和 CO_2 与激光相互作用产生的 Raman 后向散射信号实现 CO_2 混合比分布的探测。于海利等[67]设计了 ARL 激光雷达系统与 Li-7500 型 H_2O/CO_2 分析仪的对比标定实验，并通过反演获得大气 CO_2 水平和垂直方向上的时空分布廓线。标定实验结果表明，激光雷达具有很高的探测灵敏度与准确性，通过线性拟合水平方向标定误差小于 0.2%，垂直方向小于 1.4%。

中国科学院上海技术物理研究所研制了一套接收硬目标回波的差分吸收激光雷达系统，用于全天候监测大气 CO_2 的浓度变化。该激光雷达采用 10kHz 和 12kHz 正弦波分别对处在 CO_2 吸收峰内和吸收峰外的波长进行强度调制，利用单频监测技术提取回波信号。刘豪等[68]提出了一种利用激光扫频推算系统精度的方法，为该系统的自定标问题提供了解决方案。他们基于多天的观测实验，说明该激光雷达探测系统运行稳定可靠，可满足长

---

❶　ppm＝10^{-6}

期监测大气 CO_2 浓度的需要。

在卫星遥感探测大气 CO_2 技术的发展方面，陈良富等[65] 进行了较全面的总结。2011 年美国国家极轨业务环境卫星预备项目 Suomi NPP 发射升空，搭载在该卫星平台上的高光谱红外探测仪（CrIS）具有 1305 个光谱通道，是大气红外垂直遥感器（AIRS）的延续，为天气和气候应用提供更精确和详细的大气温度与湿度观测资料。2012 年 9 月，极地极轨气象卫星系列 Metop 的第二颗卫星 Metop-B 发射成功，搭载了超光谱大气探测仪（IASI）和先进微波探测器（AMSU），与 Metop-A 联合，提供更多的气象观测资料。与欧美先进星载观测技术相比，中国目前还缺少有效的红外星载高光谱温室气体探测仪器。风云三号系列卫星上搭载了自行研制的垂直探测红外分光计（IRAS），该传感器设置了 CO_2 观测通道，但光谱范围及分辨率存在不足。戴铁等[69] 探讨了 IRAS 探测大气 CO_2 浓度的可行性，最高可分辨的大气 CO_2 浓度变化仅为 10ppm，低于美国、日本等卫星传感器的水平（美国 OCO-2 探测精度预计为 1～2ppm，日本 GOSAT 探测精度为 3～4ppm）。

OCO（orbiting carbon observatory）源于美国国家航空航天局地球科学研究室的地球系统科学探测计划（earth system science partnership，ESSP）。OCO 卫星上搭载的有效观测载荷是 3 个通道的高分辨率光栅光谱仪[70,71]，中心波长分别是 $0.76\mu m$、$1.61\mu m$ 及 $2.06\mu m$。短波近红外通道观测受大气中云、气溶胶等散射影响严重。OCO 设计通过卫星的密集观测来减少影响误差，对于天底观测，每个探测元对应地面上 3 km² 大小的区域，这与 GOSAT（global greenhouse gas observation by satellite）约 85km² 观测点的大小相比具有很大的优势。但遗憾的是 OCO 于 2009 年发射失败，之后美国又启动了 OCO-2，并于 2014 年 7 月成功发射，成为近极地运行轨道下午列车 A-Train 的"火车头"。OCO-2 从太空测定全球大气的二氧化碳，具有较高的测量精度、高分辨率和高覆盖度，满足在区域尺度上描述碳源和汇的需要。

中国当前也在积极开展短波红外碳卫星研制工作。中国科学院长春光学机械与物理研究所在光栅分光技术领域的研究技术基础，以及中国科学院安徽光学精密机械研究所在空间外差光谱技术（SHS）方面开展的先期研究工作等，为中国短波红外星载 CO_2 监测工作提供了技术支持。中国全球二氧化碳监测科学实验卫星（碳卫星，TanSat）计划于 2016 年发射，搭载了超高光谱大气 CO_2 光栅光谱仪和云与气溶胶偏振成像仪。其中 CO_2 光栅光谱仪具有 3 个光谱通道：CO_2 弱吸收带通道（$1.594～1.62\mu m$）、CO_2 强吸收带通道（$2.042～2.082\mu m$）和 O_2-A 吸收带通道（$0.758～0.775\mu m$）。刘毅等[72] 发展了碳卫星的 CO_2 反演算法，利用 GOSAT 卫星实测光谱数据对算法进行了反演实验，并使用不同纬度 TCCON（total carbon column observing network）地面观测对反演结果进行验证，结果表明 X_{CO_2}（干洁空气柱 CO_2 平均混合比）的反演值与中纬度 TCCON 观测值误差较小，90% 的反演误差小于 4 ppm（1%），并且反演结果也表现出南、北半球碳浓度的季节变化特征。

（2）水环境遥感探测技术进展

① 静止卫星的水色遥感技术。发展静止轨道卫星观测水色的一个重要原因是水环境参数是随太阳辐射照射产生昼夜变化波动的信号，这种变化周期会直接影响水体中发生的光学和生物地球化学过程。极轨卫星由于每日至多重访一次，因此对水环境快速变化监测仍有所不足。静止卫星水色遥感在监测内陆水域或近岸海域的水环境变化具有重要意义。早期 MSG（meteosat second generation）卫星搭载的 SEVIRI 证明了静止轨道观测水色的

技术能力。2010年，韩国静止卫星COMS（communication，ocean，and meteorological satellite）搭载的GOCI（geostationary ocean color imager）传感器成功发射是水色遥感的一个重要里程碑，GOCI所获得的高空间、高时间分辨率遥感影像和水色产品结果令人鼓舞。

根据国际海洋水色专家组（IOCCG）报告，2011—2020年间，多个国家的对地观测机构都已经开展或计划发射静止卫星开展水色遥感观测，如美国的GEO-CAPE计划（geostationary coastal and air pollution events mission）、欧空局的Geo-Oculus计划、韩国的GOCI-Ⅱ计划（geostationary ocean color imager Ⅱ mission）、中国的FY-2/4计划等。IOCCG预测，未来静止同步卫星既能支持业务化监测应用，也可以支持科学调查。轨道可以选择完全同步轨道（星下点在赤道）和倾斜同步轨道，空间分辨率（星下点）一般设计在100~500m范围。除了配置经典水色通道外，传感器还需要设置SWIR通道，提高在浑浊水体的大气校正能力。高信噪比是典型水色传感器的必要条件。对于需要黄昏-黎明时间窗口观测水体的静止轨道卫星而言，辐射性能尤其重要。在静止卫星的辐射定标方面，卫星需要搭载星上定标装置，具有对月观测功能，以准确掌握水色传感器衰减情况。此外，水色传感器的线性偏振度应低于1%，L1B级数据处理算法也需要更为精确的杂散光去除模型。IOCCG还建议，静止水色卫星观测网络是一个切实可行的努力方向，并且在2025年可见曙光。未来静止卫星发展计划需协调一致，确保任务之间的兼容性。这种兼容性既可以是仪器本身的（降低研制成本），也可以是数据处理算法的（增加数据集的兼容性），甚至可以具有重叠共同观测区（便于交叉定标和验证）。现在的地球同步气象卫星（如GOES系列、MSG和MTG、MTSAT）网络就是卫星坐标位置协调后就具备覆盖全球观测的典范。

② 高光谱水色遥感技术。水色遥感反演精度依赖于遥感观测的光谱信息量。高光谱分辨率传感器不仅提高了水色遥感的反演能力，还提高了遥感监测应用范围，在光学特征复杂、空间结构变化大的近岸海域或陆域水体高光谱技术将发挥重要作用。

高光谱技术也是水色遥感的一个热点。2000年，美国NASA发射了第一个高光谱传感器Hyperion，有220个连续波段。欧洲太空局2001年发射了一个可编程的传感器CHRIS，具有63个波段。2009年，美国海军实验室发射了高光谱成像仪HICO（hyperspectral imager for the coastal）。HICO是一个原型传感器，只能观测特定实验区域，不具备全球观测能力，其优势就是具有最优化的信噪比设计，适用于光学特征更复杂的近岸水域。Ryan等[73]研发了一种光谱形状算法（ARPH，adaptive reflectance peak height），成功应用于HICO并监测了美国加州Monterey Bay的近岸海域。欧洲太空局尖兵系列的Sentinel-3将搭载高光谱设备OLCI（ocean land color instrument）。

美国NASA的HyspIRI具有水体高光谱分辨率监测能力，可应用于全球近岸海域生态系统监测，观测浮游植物的分布、结构特征以及它们的作用机制。2013年秋季，美国用ER-2型高空飞机对其高光谱红外成像仪（HyspIRI，hyperspectral infrared imager）项目进行了飞行试验。结果表明，在400~800nm区域，HyspIRI比传统的载荷更容易捕捉到生物光学差异导致的离水反射率细微的光谱特征。比如在710~750nm，这个区域为精确反演高叶绿素浓度提供重要信息。除了能够提高传统产品的反演精度（叶绿素a浓度、固有光学特性等）外，还可以反演浮游植物成分（pigment composition）的新产品。在1.0~2.5μm区域，能够显著提高浑浊水体的大气校正效果，改善地表反射率的反演精度。

HyspIRI 在 $0.38\sim2.5\mu m$ 之间有 213 个波段和 8 个通道热红外成像仪（TIR，$4\mu m$ 处的一个中波红外通道和 $7.5\sim12\mu m$ 的 7 个热红外通道），星下点的分辨率为 60m，重访周期分别为 19 天和 5 天，采取 4°向西倾斜观测。

（3）无人机遥感监测技术进展 无人机是一种机上无人驾驶的航空器，无人机遥感是利用先进的无人驾驶飞行器技术、遥感传感器技术、遥测遥控技术、通信技术、定位定姿技术（position and orientation system，POS）、GPS 差分定位技术和遥感应用技术，具有自动化、智能化、专业化快速获取国土、资源、环境等空间遥感信息，并进行实时处理、建模和分析的先进新型航空遥感技术方案[74]。无人机遥感技术有其他遥感技术不可替代的优点，既能克服有人航空遥感受制于长航时、大机动、恶劣气象条件、危险环境等的影响，又能弥补卫星因天气和时间无法获取目标区域遥感信息的空缺，提供多角度、高分辨率影像，还能避免地面遥感工作范围小、视野狭窄、工作量大的缺陷。随着计算机、通信技术的迅速发展和各种重量轻、体积小、探测精度高的数字化新型传感器不断面世，以及无人机的性能不断提高，使无人机遥感系统具有结构简单、成本低、风险小、灵活机动、实时性强等独特优点，逐步成为卫星遥感、有人机航空遥感和地面遥感的有效补充手段[75~77]。21 世纪以来，面对自然灾害、环境保护等各种问题，以及海岸监视、城市规划、资源勘查、气象观测、林业普查等需求，无人机遥感技术已经成为世界各国争相研究的热点。

在气象监测与预报方面，无人气象飞机可装载温湿压、红外、化学探测、积冰探测、合成孔径雷达等遥感设备对温度、湿度、气压、风速、风向和电场等气象参数进行测量，如美国、澳大利亚、法国、中国等相继研制了 Perseus 和 Theseus、Aerosonde、FOC 和 Chacal、TF-1 等无人机气象遥感系统。

在国土资源环境调查与城市管理方面，无人机遥感系统的主要应用包括：国土事业部门利用无人机装载小型高分辨率数码相机开展土地资源调查，制作区域土地利用类型遥感图，提供农村集体土地所有权确权测量依据；林业和药业部门利用无人机遥感系统进行中药资源、林业资源分布等的抽样调查、分类与资源总量估算等，其结果具有统计学的可靠性[78,79]；城市规划管理与建设部门利用无人机遥感系统拍摄低空大比例尺图像和实时画面，通过地物分类进行异常提取，解译出违法乱建、废弃物乱堆乱放、道路拥堵和规划执行现状等信息，用于城市执法调查、处理与效果评估；环保部门使用无人机遥感系统携带大面阵数码相机、化学物质探测仪、水色遥感器等，对高危湖泊、河道、海岸和涉污工厂集中区进行追踪调查观测，借助系统搭载的多光谱成像仪生成多光谱图像，直观全面地监测地表水环境质量状况，提供水质富营养化、水华、水体透明度、悬浮物、排污口污染状况等信息的专题图，从而达到对水质特征污染物监视性监测的目的[80]，完成环境监测与执法取证工作。

在海事信息化建设与管理方面，引入安装 GPS 和轻小型的稳定平台，搭载相机和光电红外系统、小型合成孔径雷达，利用低空无人机遥感系统的机动灵活、多任务作业等优势完善现有监管体系，与已有监测系统组合，形成全方位、全天候的海-空-天立体监测，实现海事监管水域的多维可视化，为近海常规巡航与目标搜索、应急现场监控与信息传递、船舶事故探查与污染监视提供新的技术手段。

在灾害预报与监测评估方面，无人机遥感灾害监测能很好地弥补卫星遥感、航空遥感等对地观测精度、时效和频度上的不足，是一种快速部署、零伤亡的灾情获取技术手段。

例如，我国汶川地震灾害之后，利用无人机遥感系统迅速抵达灾区进行航拍，通过对大量现势遥感影像的快速处理与对比分析，短时间内获得灾区灾情的初步评价结果，为减灾救灾科学决策与指挥提供更加客观、及时、全面、具体的灾情信息[81~83]；日本减灾组织使用 RPH1 和 YAMAHA 无人机携带高精度数码相机和雷达扫描仪对正在喷发的火山进行调查，抵达人们难以进入的地区快速获取现场实况，评估灾情；日本环境省利用 YAMAHA 无人机加载核生化传感器进行核污染监测，对不同地理环境与埋藏深度的辐射源强度的反应能力进行量化研究，为核电站及其他核设施的管理提供基础数据；当火灾现场环境风险过大时，消防员无法靠近现场，可以利用无人机在最短时间内最大限度地接近灾情现场，提供最直接、最真实的第一手资料，为制定快速有效的救火方案提供依据[84]。

在国家海洋权益保障方面，国家海洋局实施了"国家海域动态监视监测管理系统"的研究与建设，以无人机遥感系统作为一种新型遥感监测手段，其获取的遥感影像分辨率高达 0.1m，远高于卫星遥感影像，其续航能力最大可达 16h 以上，且可满足多频次、高精度的监视需求，同时可以保证人员安全和效费平衡问题，将成为国家海域动态监视、监测管理系统的重要技术手段和信息来源。

3. 天地一体化综合探测平台进展

地理国情监测对象具有区域性、多维结构、时序变化等复杂特征，而且强调地理国情信息获取的时效性和全面性，因此，在很大程度上，对地观测能力的强弱决定了地理国情监测的强弱[85]。卫星遥感是对地观测的重要组成部分，也是国际对地观测技术竞争的关键点之一，当前呈现出"三全"（全天候、全天时、全球观测）、"三高"（高空间分辨率、高光谱分辨率、高时间分辨率）、"三多"（多平台、多传感器、多角度）的发展趋势[85]。由于遥感对地观测具有快速、覆盖范围广、周期性等特点，成为最重要的地理国情监测数据获取手段。

然而，即使现有的卫星系统组成卫星星座可以缩短重访周期，但如果不与低空和地面传感器相互配合，也无法发现地理国情事件中相互关联的各种整体因素的精细内容，对快速变化的现象，只能观测到事件，而不能有效地分析事件成因，跟踪事件过程，进行真实性检验和预测变化趋势[85]。由于传感器缺乏科学布局，传感器信息模型不统一，空天地传感器之间耦合困难，无法满足地理国情的综合性、快速应急响应的需求，因此，需要通过有效地组织和整合观测资源，形成立体交叉的、相互协作的、可扩展的、灵性的网络化空天地一体化对地观测传感网系统，从而构造地理事件、传感器和观测模型相互关联的地理国情监测体系[85]。

空天地一体化观测网络是对地观测领域的科学前沿，一体化的全球对地观测集成系统（GEOSS）于 2003 年，由美国、中国和欧盟等 50 多个国家发起，经 3 次部长级峰会，讨论通过了 GEOSS 十年行动计划，到 2010 年有 81 个国家和 58 个国际组织参加，旨在建立一个分布式的一体化全球对地观测的多系统集成系统，形成空天地传感器一体化组网，联合应对社会可持续发展的重大问题[86]。地球空间环境探测是研究空间目标、大气、电磁环境的探测与分析的新方法，为建立我国空间环境监测技术体系奠定基础，主要研究内容包括大气和电离层环境探测与数值建模，高频雷达海洋环境监测，空间目标探测、定位与识别技术，无线电探测系统与信息获取，近地空间环境监测数据融合、模式与预报，以及全球动力环境变化监测技术与演变趋势分析等[86]。当前我国航天事业正处于快速发展时期，已初步建成较为完善的对地观测体系。高分二号卫星成功发射，标志着我国遥感卫星进入亚米级时代；风云三号、海洋二号、资源三号卫星达到国际同类卫星先进水平。遥感应用已在经济建设和社会发展中发挥重要作用。我国将加快实施高分辨率对地观测系统重大专项，加快推进国家空间基础设施建设，建设并完善空天地一体化遥感应用服务体系，使之成为服务于经济社会发展的战略性新兴产业[86]。

以大气环境监测为例，介绍空天地一体化综合探测平台的概念和发展。空天地一体化大气环境监测系统是集卫星监测、航空监测以及地面站点监测于一体，通过数据平台进行融合分析，获得更加准确数据支持的大气环境质量监测系统。它能够发挥各监测手段的优势，形成立体观测网络，完善大气环境监测物联网体系，服务于大气环境监测综合决策。

地面站点监测是大气环境质量监测应用最普遍的方式之一，在地面建立监测站点，配备相应设备进行的大气环境质量监测，是一种传统监测手段，监测结果比较精确，并且受天气情况和大气条件的影响较小。但地基站点建设成本较高，各城市建设站点数量有限，监测点数据只能代表一定覆盖区域的大气情况。虽然地面监测站点可以测算出其所在位置比较准确的数据，但通过数学模型最终得出的整体监测结果与实际情况可能存在误差。卫星遥感技术的优势在于可以实现大范围监测，但除静止卫星外，难以实现对同一区域的长时间连续监测。航空监测主要是利用航空飞机搭载监测仪器在近地面飞行获取大气环境质量数据，虽然监测面积较小，但胜在分辨率较高，并且工作方式更为灵活便捷，可以用于应急响应或其他卫星无法采集数据和地面监测数据不足的情况下的大气环境监测。将卫星、航空飞机和地面监测有机结合起来，可以充分发挥其互补作用，获得更加准确和全面的大气环境立体信息。

目前，空天地一体化大气环境监测系统建设仍处于起步阶段，主要面临两个挑战[87]：一是数据融合，即同化反演所需要的为决策提供支持的信息，来自卫星、航空、地面遥感三种数据源的数据缺乏统一的融合标准，在多源信息综合应用中难以真正建立"一体化"的数据处理和服务系统；二是数据共享，即卫星遥感、地面站点以及航空获取的监测数据目前还难以在一个平台上实现跨部门、跨领域的共享和集成。

（二）环境遥感应用研究进展评述

1. 大气环境遥感监测应用

（1）雾霾遥感监测　气溶胶对环境和全球气候变化方面都有重要的影响，在我国，悬浮颗粒物已经成为许多城市的主要污染物。随着我国人口的迅猛增长和经济的飞速发展，以煤炭为主的能源消耗大幅攀升，机动车保有量急剧增加，城市气溶胶污染问题日趋严重，尤其是最近几年 $PM_{2.5}$ 已成为我国各大中型城市的首要污染物，其带来的直接和间接危害已严重影响人们的生存环境。因此对我国及城市区域尺度的气溶胶总量和光学、微物理特性的准确了解和系统的科学认识，不仅是当今国际全球变化研究的前沿和焦点命题，也是我国在区域空气质量监测控制和气候变化研究等方面需要解决的关键科学问题。

北京地区 2013 年 1 月发生了严重的雾霾污染事件，多个污染过程持续时间长达 1 个月，引发了广泛关注。李正强等[88]结合本次严重污染，介绍了太阳-天空辐射计、激光雷达、多波段 CCD 相机等遥感监测手段，分析了地-空基、主动-被动等遥感方法获得的雾霾气溶胶特性遥感结果，讨论了不同遥感监测手段的特点及联合使用，结果表明，主动遥感手段在严重污染、夜间等情况下具有观测优势，而被动遥感信息含量大，具有获得气溶胶复杂特性参数的能力，地面遥感点、垂直分布线监测数据与卫星遥感的面观测数据相结合，可以初步实现灰霾的主、被动遥感立体监测。谢一淞等[89]利用地基遥感技术获取了整个雾霾期间气溶胶的光学和微物理参数，并分析了雾霾过程中气溶胶特性的变化过程及可能的影响因素，研究指出粒子消光能力增强、细粒子比例增加及粒子吸湿增长是雾霾气溶胶的显著特征。王玲等[90]基于地基遥感获取的气溶胶微物理特性资料，对雾霾气溶胶中的黑炭、吸收性有机碳、矿物沙尘、硫酸铵和水分五种成分进行了定量反演研究，分析了雾霾过程中各成分含量的变化趋势并利用采样观测对黑炭成分的反演结果进行了验证，结果显示雾霾天气下气溶胶中的水分含量有显著增长。张莹等[91]利用 AERONET 对雾霾污染的观测资料，通过气溶胶光学厚度 AOD、细粒子比例及地面监测的 $PM_{2.5}$ 质量浓度数据建立气溶胶细模态光学厚度与 $PM_{2.5}$ 的线性回归关系，结果表明利用该方法能够有效估算雾霾期间 $PM_{2.5}$ 的含量，雾霾期间以 $PM_{2.5}$ 为代表的细模态颗粒物成为气溶胶消光的主体。张婉春等[92]利用 CE370-C 型微脉冲激光雷达观测了雾霾期间的大气边界层高度，基于激光雷达距离校正回波信号，使用梯度法处理了严重雾霾天和轻度雾霾天的大气边界层观测数据，发现在雾霾天气时大气边界层高度显著降低，严重污染时的大气边界层高度低于 500m，日平均高度约 424m，且与 $PM_{2.5}$ 浓度呈现明显的负相关性。Zhang 等[93]利用地基观测资料研究了雾霾天气下气溶胶的体积谱分布和水吸收特征，指出气溶胶中的亚微米细模态浓度在雾霾过程中有明显增长，并且细颗粒物有显著的增大特征，其中水溶性气溶胶的增加也反映了气溶胶水吸收的变化特点以及稳定大气条件下颗粒物的积聚效应。

除了上述地基遥感监测雾霾的研究，也有相当一部分研究利用卫星遥感技术监测雾霾。张玉环等[94]利用 HJ-1 卫星高空间分辨率、较高时间分辨率和宽覆盖等特点，在假设短时间内地表反射率稳定的基础上，用 HJ-1 CCD 影像蓝绿两个波段数据反演雾霾过程的气溶胶光学厚度，卫星反演结果清晰地显示了 2013 年 1 月北京严重雾霾的空间分布和发展过程，证明了高分辨率卫星遥感在雾霾监测中的可行性及优势。李正强等[95]以中分辨率成像光谱仪（MODIS）为例，建立了卫星遥感参数和空气污染指标之间的联系，提出了基于卫星遥感的气溶胶光学厚度数据获得雾霾指数和雾霾污染时空气质量指数等级的方法和相关的监测系统设计，并结合华北地区的监测结果，得出卫星遥感可以较好地反映雾霾污染程度的变化，有助于发现可能的传输通道，获得宏观的雾霾空间分布状况等结论。Lin 等[96]提出了基于卫星遥感观测的 $PM_{2.5}$ 估计方法，通过建立 AOD 观测与 $PM_{2.5}$ 之间的关系获得 $PM_{2.5}$ 含量，该方法考虑了吸湿增长、颗粒物质量消光效率和谱分布特征等气溶胶因素对 AOD-$PM_{2.5}$ 关系的影响，并通过地面同步测量数据验证了该方法的有效性。Zhang 等[97]为避免 AOD 与 $PM_{2.5}$ 经验关系中的诸多限制，建立了多参数遥感模型来反演近地面 $PM_{2.5}$ 干物质的浓度，该模型中用到了 MODIS 的 AOD 和细粒子比（FMF）产品，通过再分析资料获得的边界层高度（PBLH）和相对湿度（RH），逐步建立由 AOD 到 $PM_{2.5}$ 的物理关系，与地面在位测量对比验证了该模型较好的应用能力，并讨论了误差来源与未来的改善措施。

（2）污染气体遥感监测　常规的污染气体遥感监测包括氮氧化物（NO_x）、二氧化硫（SO_2）、一氧化碳（CO）、臭氧（O_3）、挥发性有机化合物（VOCs）等，这类气体主要分布于对流层当中，与人为排放密切相关，并且参与大气光化学反应较为活跃，是近地面细颗粒物的重要前体物，对空气质量及人体健康影响显著，其气体浓度含量被视为衡量大气污染强弱的重要指标，因此成为环境科学领域，尤其是环境遥感学科所关注的重点研究问题。

辛名威等[98]利用荷兰皇家气象研究所（KNMI）提供的 OMI 传感器的 NO_2 浓度数据，应用 ENVI4.5、ArcGIS10.0 等遥感与地理信息平台，开展 2005—2012 年河北省上空对流层 NO_2 垂直柱浓度的时空分布特征及其影响因素的研究，给出了河北省 NO_2 的年际、月际、季节变化特征以及各地市的空间变化特征，并分析了导致上述变化的自然因素和人为因素，指出河北省的气候特点和日益增长的机动车数量对河北省对流层 NO_2 垂直柱浓度时空分布及持续增加贡献最大。

Zhang 等[99]基于 SCIAMACHY（scanning imaging absorption spectrometer for atmospheric chartography）传感器的 SO_2 产品，研究了中国地区 2004—2009 年的 SO_2 时空分布特征，结果显示，中国东部地区 SO_2 呈现下降趋势，是由于 2007 年为保证北京奥运会的空气质量实行较强的排放管控措施，而西部地区则是持续增长，反映了人为活动的影响。赵军等[100]利用 2005—2008 年的 OMI 卫星观测数据对甘肃兰州及附近地区大气边界层 SO_2 空间分布、季节变化和冬季年际变化进行了分析，结果显示研究区内 SO_2 量值呈离散面状分布，兰州-白银、金昌是两个明显的高值区；冬季 SO_2 量值明显高于其他季节，年际变化波动比较明显。近年来发展起来的紫外相机系统是测量火山喷发烟羽中 SO_2 含量的新型传感器，这种地基传感器具有较高的采样频率（1Hz）和二维制图能力，能够为 SO_2 排放速率计算提供额外的环境信息，是对传统的光谱类反演方法（差分吸收光谱方法，DOAS）[101]较好的补充。Smekens 等[102]利用该相机系统对美国亚利桑那州的一个燃煤发电厂排放的 SO_2 进行了监测，结果显示，与美国环保局（EPA）公布的排放数据偏差在 $10\% \sim 20\%$，该研究首次对 SO_2 紫外相机获得的 SO_2 排放速率进行了验证，并证明了该监测仪器的有效性。

尉鹏等[103]利用 2010 年 9 月大气红外探测器（atmospheric infrared sounder，AIRS）的 CO 柱密度数据及地面 CO 小时浓度监测资料进行对比分析，结果表明，两者具有时间同步特征，相关系数为 0.63（显著性水平 95%），AIRS 观测数据反映了地面 CO 的污染。他们通过 2004—2010 年 CO 柱密度数据，研究了中国 CO 的时空分布特征，平均 CO 柱密度由重至轻依次为华北地区、长三角地区、华中地区、珠三角地区、东北地区、四川省及新疆维吾尔自治区，各区域在 3 月和 4 月达到 CO 污染峰值，且 7 年的 CO 柱密度较稳定。CO 的空间分布具有显著汇聚带的特征，结合气象资料发现，反气旋系统中部及后部覆盖的均压场是形成显著汇聚带系统的主要背景场。孙玉涛等[104]利用卫星遥感数据提取了苏门答腊 2004 年 12 月和 2005 年 3 月两次 8 级以上地震前后震中及其附近 CO 和 O_3 总量随时间变化的信息，并讨论了 CO、O_3 气体异常与两次大地震之间的关系。AIRS 高光谱遥感数据信息提取结果表明，CO 总量和 O_3 总量分别在 2004 年 12 月 26 日 Ms（面波震级）8.9 地震前约 4 个月和 8 个月出现了异常，在异常时段 CO 总量的标准偏差增大；CO 总量与 O_3 总量均在 2005 年 3 月 28 日 Ms 8.6 地震前约 2 个月出现异常；两次大地震前后遥感信息异常与地震活动对应较好，可归因为孕震应力场作用下地下气体的逸散及其与大气气体组分发生的化学反应。

（3）温室气体遥感监测　联合国政府间气候变化专门委员会第五次气候变化评估指出，人类活动极可能导致了 20 世纪 50 年代以来的大部分（50% 以上）全球地表平均气温升高。而人们对陆地和海洋生态系统的固碳机制和空间分布，以及气候变化对大气、陆地和海洋中碳循环反馈效应的理解还很有限，导致气候变化的预测存在较大的不确定性。要解决这些问题，掌握大气中 CO_2、CH_4 等温室气体的浓度及其空间分布和随时间的变化状况至关重要。

麦博儒等[105]利用 2003—2009 年 SCIAMACHY 观测资料分析了广东地区大气 CO_2 的时空分布特征，研究显示广东地区对流层 CO_2 柱浓度最高值出现在春季，最低值出现在夏季，浓度年均值和年增长率均大于全球和我国同期的观测结果；粤东、粤西、粤北和珠三角地区的浓度均为春、冬季显著高于夏、秋季，相同季节内各区域之间的差异不显著。张淼等[106]利用 TCCON 观测网提供的北半球 7 个地面观测站的 X_{CO_2} 数据，对 3 种卫星反演的 X_{CO_2} 产品进行了验证，包括 SCIAMACHY 产品、NIES-GOSAT 产品和 ACOS-GOSAT 产品，结果表明，卫星 CO_2 遥感反演产品与地基遥感资料具有较为一致的季节性周期变化，一年中月平均浓度的最高值均出现在 4 月和 5 月，最低值均出现在 8 月和 9 月；该研究还给出了三种卫星产品的精度，其中两种 GOSAT 产品精度大体相当，略高于 SCIAMACHY 的 CO_2 产品精度。赵引弟等[107]利用 2003—2009 年 SCIAMACHY-WFM-DOAS 的 CO_2 柱浓度数据进行我国 CO_2 柱浓度时空分布的研究，结果显示年平均 CO_2 柱浓度的区域性差异显著，最大值位于青海西北部，最小值位于西藏境内；2003—2009 年各年 CO_2 柱浓度呈逐年增长趋势；从月、季均值来看，我国 CO_2 柱浓度呈现出春季高、秋季低的变化趋势。秦林等[108]采用 AIRS 仪器遥感观察获得的 2003—2010 年 CO_2 产品 L3 数据的月平均结果，分析了三峡库区 CO_2 浓度的时空变化特征，结果表明 2003—2010 年三峡库区周边区域 CO_2 浓度有明显的季节变化和逐年增加的趋势，8 年平均增加量与全国大气 CO_2 浓度增加量一致，不同地区的 CO_2 浓度分布和变化规律无明显的差异。

张兴赢等[109]利用美国 Aqua 卫星的 AIRS 遥感资料，分析了 2003—2008 年中国地区对流层中高层大气甲烷的时空分布特征，研究发现受近地层自然排放与人为活动的共同影响，甲烷在对流层垂直分布上呈现随着高度的增加甲烷浓度下降的趋势；甲烷在我国东部和北部地区具有明显的双峰季节变化特征，最高值出现在夏季，次高值出现在冬季，而在南部和西部地区的甲烷高值只出现在自然源排放强烈的夏季；中国地区的对流层中高层的甲烷与北半球的几个主要地区变化趋势一致，均在 2007 年之前保持相对稳定，在 2007 年后有一个明显的增长，但是中国的增长速度较其他地区更为显著，其中 2006—2008 年期间的增长速率与我国近地面观测结果相近。韩英[110]利用 SCIAMACHY 的 CH_4 垂直柱浓度产品，结合自然、社会经济数据等，对中国 2003—2005 年 CH_4 垂直柱浓度的分布规律及其成因进行了详细的探索，包括 CH_4 的空间分布特征、年际和季节变化特征以及不同土地覆盖类型的特征，并对造成中国区域大气 CH_4 时空分布格局的原因进行了具体分析，包括降雨量、植被覆盖、温度等自然因素和工业排放、城市垃圾、化石燃料燃烧等人为因素。

2. 水环境遥感监测应用

随着环保应用需求不断提升和遥感技术发展，水环境遥感监测已经成为遥感应用研究的热点之一。2011—2014 年期间，我国连续举办了四届（第 11～14 届）全国二类水体水色遥感会议，会议研究大气校正及辐射定标、水体表观及固有光学特性、水色遥感分析方法、水质参数估算算法、卫星影像数据应用五个领域，研讨该领域的最新研究进展以及发展趋势，为二类水体水色遥感领域的专家们提供了难得的科研交流平台和契机，也为促进国内二类水体水色遥感研究领域的深入发展提供了重要的推动力。近几年，水环境遥感领域陆续推出《太湖水体光学特性及水色遥感》[111]《环境一号卫星数据的水环境遥感应用》[112]、《内陆水体高光谱遥感》[113]、《湖泊水环境遥感》[114]等专著，促进了水环境遥感学科的发展。

在国家水体污染控制与治理科技重大专项、国家自然科学基金支持下，环保行业部门联合大专院校和科研院所开展了一系列研究工作，取得了丰富成果。

（1）水环境遥感应用基础性技术研究　2011—2014年，国家自然科学基金委员会先后布设的多项关于水色遥感的科研项目，在水环境遥感应用基础研究取得成果，如表1所示。

表1　2011—2014年国家自然科学基金项目中水色遥感相关项目

项目名称	类别	结题年份	研究进展与成果
基于水-气一体化机理模型的湖泊水质参数遥感监测方法研究：以滇池水体为例	面上	2011	开发了针对MERIS卫星数据的大气纠正算法，并提出了三种基于不同驱动数据的水质参数反演法，分别是增强型三波段模型、半分析模型优化和查找表算法及松弛矩阵反演算法
湖泊水体光学特性及遥感监测机理研究	青年	2011	以太湖为研究区，通过野外光学实验和室内单组分实验，研究了湖泊水体光学特性和遥感机理。研究了水体表观光学特性与固有光学量之间的关系，建立了湖泊水色遥感的半分析模型。利用实测高光谱数据和多光谱影像，分别反演了水体组分浓度
浅水湖泊水生植被区叶绿素a遥感定量反演模型研究	青年	2011	以大型浅水湖泊-太湖为试验区，提取了2001—2009年近10年的太湖水生植被空间分布情况，建立了剔除水生植被区影响的叶绿素a反演模型，有效提高了太湖整体叶绿素a的遥感反演精度
富营养化湖泊蓝藻暴发前的藻蓝素遥感定量探测机理	面上	2011	以不同藻类含量配比水体为试验对象，确定蓝藻的指示性光谱特征及其变化规律，提出伴有不同含量绿藻和硅藻情况下蓝藻指示性光谱特征的提取方法
动力河口悬浮物的固有光学特性及河口二类水正/反演过程机理	面上	2011	掌握水面、水下光场两者辐射传递的信息机理，建立基于辐射传输方程的适用于河口二类水体的分析或半分析的正/反演关系模型，改进当前卫星产品不适合于河口二类水体的反演算法
海冰光学特性的研究	面上	2011	设计了海冰高光谱辐射测量系统，获得了辽东湾海冰的反照率。建立了海冰光场分布模型
海洋生物光学变化的对数稳定分布模型及其应用	面上	2011	通过理论与实证分析等手段，研究全球海洋生物光学变化的对数稳定分布模型，分析在对数稳定分布条件下海洋水色遥感资料的时空平均算法
典型有害赤潮生消过程中水体光谱变化行为研究	面上	2011	通过模拟光谱与实测光谱的对比，可确定赤潮水体实测光谱的"荧光峰"并非真正理论意义的荧光峰，该峰由吸收、后向散射以及叶绿素荧光共同控制，而通常所说的"荧光峰红移"实由吸收和后向散射作用导致，与叶绿素荧光无关
海洋水色偏振遥感研究	面上	2012	利用海洋-大气耦合矢量辐射传输数值模拟和卫星遥感数据分析的方法，研究海洋水色偏振遥感的机理和方法。本项研究为我国研制新型水色偏振遥感器打下了理论基础
光学浅水遥感水底反射效应研究	青年	2012	选择典型的光学浅水区，基于野外观测及室内外可控实验获取了典型水体底质类型反射光谱数据，并利用水体光学Monte Carlo模拟定量分析了不同的水底类型以及水草型水底不同的植被覆盖度对水面遥感反射率的影响与水体光场垂直结构的影响
浮游植物粒级结构的生物光学指针及遥感反演初探	青年	2012	基于南海北部海区实测数据，研究了浮游植物粒级结构变化与生物光学参数之间的关系，提取了叶绿素a浓度、浮游植物吸收系数及其光谱斜率等多个有效的生物光学指针，基于分粒级过滤的叶绿素a浓度和浮游植物吸收光谱建立了各粒级浮游植物生物量的定量反演模型

项目名称	类别	结题年份	研究进展与成果
面向湖泊水色遥感的多源数据融合与生成研究	面上	2012	利用太湖、巢湖、滇池、三峡库区 2006—2011 年的 11 次野外实验数据,研究了内陆水体光学特性差异性及其共性特征,针对内陆浑浊水体大气校正的难点,提出了对高光谱数据建立神经网络大气校正模型的方法,以及对多光谱数据,利用同步 MODIS 数据辅助提取气溶胶参数,并改进 Gordon 大气校正方法的技术方法,提高了大气校正精度
基于水下辐射传输模拟的中国近岸水体固有光学特性 IOPs 反演	青年	2012	在现场测量水体固有光学特性 IOPs 的基础上,研究对中国黄东海区大面积水体固有光学特性进行深入分析,建立具有较高可用性的 IOPs 光谱模型和 IOPs 参数遥感反演模型,是国内首次获得针对中国近海大面积浑浊水体的固有光学模型
河口水体悬浮颗粒固有光学性质的时空变异特征及其机理研究	面上	2012	以我国著名强潮型河口杭州湾及其邻近水域为研究区,对河口水体 IOPs 的时空变异特征和控制机理进行了研究
基于生物光学模型和高光谱遥感的悬浮泥沙浓度反演方法研究——以鄱阳湖光学深水区为例	面上	2012	以鄱阳湖光学深水区为例,首次较为详细和深入地研究了水体固有光学特性,基于实测高光谱数据建立了悬浮泥沙浓度反演生物光学模型,基于 MODIS 影像建立了总悬浮颗粒物(主要为悬浮泥沙)浓度(半)经验反演模型
基于模拟和实测数据的内陆水体光场二向性分布规律研究	青年	2012	以太湖和三峡水库为主要研究区,基于模拟和实测数据分析了内陆水体光场二向性分布规律,在此基础上构建了内陆水体光场二向性因子与其主要影响因素之间的关系查找表
基于光谱识别和元胞自动机的水华亚像元级遥感定位研究	青年	2013	元胞自动机本身在亚像元定位中是适用的,对混合像元分解精度较高的数据,最终定位的 Kappa' 系数可以达到 80% 以上。说明本研究中元胞自动机模型在方法上是切实可行的,而决定模型精度的关键在如何提高水华混合像元分解的精度
卫星遥感十多年来黄海的水色和浮游植物生长对沙尘输入的响应研究	青年	2013	利用多年沙尘和藻华频数、多元卫星遥感的沙尘气溶胶和水色(包括叶绿素 a 浓度、海温、光合有效辐射等)资料,以及我们在重大基金 SOLAS 项目中构建的海洋初级生产力反演模式估算的初级生产力,定量地研究十多年来黄海的水色和浮游植物生长对沙尘输入的响应情况,并了解此响应的可能机制
面向水质参数反演的太湖水体单位固有光学量先验知识研究	青年	2013	本研究从水体反射率出发对水体进行分类,可以基于图像自身进行反演,不需要额外的数据作支撑,更利于业务化操作。采用非监督分类方法对不同类型的水体进行分类,并进而分析各类别的代表性
基于辐射传输模拟与准分析机理模型的水体二向性反射校正模型研究	面上	2013	基于辐射传输模拟技术和准分析算法的水体二向性反射校正模型充分考虑了水体向上辐亮度的各向异性,把离水辐亮度或遥感反射率纠正到太阳入射天顶角和观测天顶角为 0°(或某一特定角度)的方向,减弱了角度效应的影响
湖泊富营养化的偏振高光谱遥感监测机理研究	面上	2013	对偏振光谱仪进行了改造和定标研究,保证了仪器测量能力和测量精度。机理性研究方面,发现了一些偏振波段在湖泊复杂水体中对环境较强的抗干扰能力,这些结果与近期国外文献如以色列 Amit 的模拟结果,即关于偏振光在水体中传输时具有较强抗干扰能力的结论相一致
内陆水体多角度高光谱图像大气校正研究	青年	2013	系统总结了国内外关于二类遥感图像水体大气校正算法。改进 6SV1 程序,实现水色大气辐射传输计算。在分析逐次散射算法(SOS)原理基础上,改进 6SV1 源代码中多次散射计算过程,能够计算任意方向的上行和下行天空光辐亮度。建立气溶胶多次散射的波段模型。提出了耦合水体大气辐射传输和退耦合的多角度高光谱大气校正两种大气校正思路

（2）国家水环境遥感技术体系研究与示范　在国家水体污染控制与治理科技重大专项资助下，开展了水环境遥感技术体系与示范研究。主要针对地面水环境监测存在的问题，结合现代化环境监测技术体系发展需求，利用现有多分辨率、多光谱、高光谱遥感数据源及环境一号小卫星数据源，选择重点流域开展实用的水环境遥感监测技术方法研究，建立现代水环境遥感监测技术体系。主要包括以下几点。

① 国家水环境遥感监测网络体系架构与运行保障机制研究。研究水环境遥感监测发展与政策框架，天地一体化的国家水环境遥感监测网络体系建设整体框架，研究建立国家水环境遥感监测网络运行保障机制。

② 水环境遥感数据处理与同化等共性关键技术研究。面向水环境遥感的卫星遥感数据的辐射校正研究、二类水体水色遥感大气校正研究、面向水环境遥感监测的多源遥感数据同化处理以及水环境基本参数遥感反演真实性检验研究。

③ 水环境遥感动态监测技术研究。面向环保部门水环境保护工作的需要，针对水环境遥感业务化运行的需要，研究建立叶绿素a、悬浮物、透明度、水温等主要水质指标的遥感定量反演模型；研究如何综合利用多时相的遥感反演信息、地面监测数据、背景数据等，进行水环境指标变化信息提取，对其变化趋势进行模拟，以求实现水质指标预测；研究水体环境的综合评价技术；面向环保部门面源污染监测的需要，利用遥感和GIS技术进行非点源污染监测技术的研究。

④ 国家水环境遥感应用指标体系和技术标准与规范研究。通过对国家水环境监测和保护工作的需求分析和相关课题的技术研究，力求建立一套适合我国国情的国家水环境遥感应用指标体系和技术标准与规范，实现水环境遥感有指标体系可参照，进行业务化生产有技术规范可遵循，完成开发软件有技术标准可查。

⑤ 水环境遥感监测业务应用平台构建。面向水环境遥感业务化监测、评价和管理的需要，研究水环境遥感监测数据库与模型库构建技术，研究水环境遥感监测应用模式和体系构架；结合环境与灾害监测和预报小卫星的特点，基于3S集成技术，开发建立面向内陆水体水质遥感监测的多尺度、多数据源的流域水环境质量连续动态监测软件系统，为环保监测业务部门开展业务化的内陆水体水质遥感监测提供实用软件平台。

⑥ 典型流域水环境遥感监测技术应用示范。以太湖等流域为示范区，研究流域环境质量及时空演变规律，验证环境遥感监测软件及监测与评价方法的实用效果。利用环境遥感监测软件对多源、多时相、多空间分辨率、多光谱分辨率的遥感数据进行处理，研究流域环境遥感可测指标、技术体系，集成建立环境质量遥感综合评价方法和技术体系，对示范区环境质量给予及时、准确、客观的评价。

（3）高分辨率卫星的水环境遥感监测应用　高分重大专项布设"高分水环境遥感监测示范关键技术研究项目"对高分一号卫星水环境遥感关键技术进行攻关研究，为业务化应用奠定基础。高分辨率对地观测系统瞄准了国际遥感技术发展最高水平，其高空间分辨率、高光谱分辨率、高时间分辨率、宽观测频段等特点决定了它在我国水环境保护领域将发挥巨大的作用。2013年4月我国高分辨率对地观测系统科技重大专项的首发星高分一号卫星发射成功。高分一号卫星解决了河流、饮用水水源地等水体较小的水环境遥感监测问题。遥感监测将由内陆水体大型湖泊的水环境监测向流域、河流发展，同时将时间监测频率由年度监测向季度发展。高分一号的应用优势之一在于高空间分辨率使得通过卫星遥感影像可识别出水环境中的河流特征；应用优势之二在于高时间重复频率能够大幅提高我国高分辨率卫星遥感数据的获取能力，尤其是对于阴雨天气较多，很难获得无云的光学卫星数据的中国南方地区；应用优势之三在于其宽覆盖的特点，可以同步获取多省、市、县的卫星遥感影像，有利于数据获取和水环境遥感分析与评估。高分一号卫星在轨测试期间，环境保护部主要开展水环境的遥感监测与评价应用示范，并通过与地面同步测量数据、其他卫星遥感监测结果数据的比对分析，评判高分一号卫星数据在水环境保护领域的应用能力，具体检验卫星数据是否能够满足反演水环境质量状况主要指标（水华、叶绿素 a、悬浮物、透明度等）的要求。

3. 生态环境遥感监测应用

（1）不同类型的生态系统监测　从遥感信息识别的角度，欧阳志云等[115]依据类别内生态系统特征的相似性，并考虑了气候、地形等因素将生态系统分为森林生态系统、灌丛生态系统、草地生态系统、湿地生态系统、农田生态系统、城镇生态系统、荒漠生态系统、冰川/积雪和裸地。结合近几年生态环境监测应用的热点问题，将生态系统分为湿地、城市、草地、林地、荒漠、农田、矿区等几个部分。

① 湿地监测。湿地包括人工湿地（如渔业养殖、水稻田等）和自然湿地（天然形成的河流、湖泊等）。湿地遥感分类是大尺度地表覆盖遥感分类中的难点之一。Gong 等[116]应用覆盖中国全境的 Landsat TM 5 等中等分辨率的卫星数据完成了 1990 年前后和 2000 年前后的卫星数据，采用目视解译为主的方法完成了不同湿地类型 10 年变化监测。研究结果显示内陆湿地减少 19%，滨海湿地减少 16%，而除水稻田以外的人工湿地增加了 55%；大部分丧失的天然湿地被转化为农牧用地，新的人工湿地以渔业养殖和水库为主；在新疆、西藏和青海的新增湿地可能由于气候变暖造成冰川积雪融化所致。这些研究为进一步提高湿地分类精度、湿地管理和恢复等提供了理论方法和数据基础。

在国家自然科学基金创新群体、科技部全球气候变化重大计划和中科院碳收支先导专项等项目的资助下，我国学者通过遥感判译与野外考察，全面评估了蒙古高原湖泊在过去 30 年间的变化[117]。研究发现，蒙古高原的湖泊在过去 30 年间呈快速消退趋势，且我国内蒙古自治区与蒙古国的湖泊消退程度及成因明显不同。研究者们首先对蒙古高原所有面积大于 1 平方公里的湖泊进行了监测，伴随着湖泊数量的减少，湖泊面积也显著减少，特别是内蒙古自治区，湖泊总面积由 1987 年前后的 4160 平方公里缩小到 2010 年的 2901 平方公里，面积缩小高达 30.3%。其次，该研究针对蒙古高原所有面积大于 10 平方公里的湖泊进行了年际变化的时序检测，并详细探讨了湖泊变化的成因。结果发现，虽然我国内蒙古自治区和蒙古国经历着同样的气候暖干化，但内蒙古地区高强度的人为干扰导致其湖泊面积快速萎缩，而蒙古国湖泊面积仅轻微下降。降水变化解释了蒙古国湖泊面积变化的 70%，而在内蒙古自治区，煤炭开采耗水解释了湖泊面积变化的 66.5%，而降雨变化仅能解释 20% 的变化。进一步的分析还表明，在内蒙古草原区，湖泊锐减的原因 64.6% 是来自煤炭开采耗水，而在其农牧交错区，灌溉耗水是湖泊减少的主要因素，解释了近 80% 的面积变化。

目前人工和自然湿地监测多采用人工和自动解译相结合的方法，如何结合湿地的时间和空间分布特征，应用不同时空尺度遥感监测的方法，识别人工和自然湿地的类型或将提供一条有效途径。

② 城市扩展监测。由于城市地物的复杂性，城市扩展遥感监测一直为遥感监测的难点和热点。张增祥等[118~120]系统地开展了中国 60 个城市自 20 世纪 70 年代至 2013 年的

扩展过程及其土地利用影响监测与分析。他们系统地研究了中国城市扩展遥感监测及其时空特点，归纳了中国城市扩展的总体特点，比较了不同类型、不同规模和不同地域城市扩展的时空差异，分析了城市扩展对区域土地利用，特别是对耕地的影响。在此基础上，研究了20世纪70年代至2013年中国城市扩展过程，系统研究了我国直辖市、省会（首府）和部分其他城市等60个城市从20世纪70年代至2013年的扩展过程，揭示了60个城市建成区用地规模、扩展速度、空间形态及其扩展的主要土地来源等个体扩展特点。

土地利用一直是遥感研究的热点问题，城市由于下垫面类型的复杂性，使得信息提取存在诸多不确定性，结合先进的信息提取模型方法和多传感器联合应用是不透水下垫面、林地、草地、水体、园地等精确提取的发展趋势。

③ 矿区生态系统监测。煤炭开采和城镇化改变了原有下垫面的生态系统格局、过程和功能，由于我国煤炭主要分布在中西部的干旱和半干旱地区，煤炭开采尤其是浅埋深区域的煤炭开采加剧了生态系统的脆弱性。目前，矿区生态系统遥感监测主要集中在矿区生产设施（主井、副井等）、生活设施、公共设施、绿地、农田等土地利用方面，并在此基础上构建生态系统空间化的评估指标，进行综合评估。

在科技部公益性行业科研专项（201211050）土地资源调查评价专项项目的支持下，李保杰[121]以徐州贾汪矿区为例，研究了近30年来矿区的景观格局变化与生态效应，研究结果表明1983—2003年间，耕地、水域受煤炭资源开采等活动的影响，斑块趋于破碎化、连通性降低，而建设用地在城市化发展的驱动下，变得更为复杂；2003—2013年间，耕地、水域和建设用地呈高连通性、斑块规则化的趋势。结合政策因素、自然环境因素、社会经济因素、空间约束因素和矿产开采因素等，对贾汪矿区2013年土地利用空间分布格局进行模拟与验证。最后，结合遥感数据得到的土地利用变化信息得到矿区生态系统服务价值和景观格局变化特征，并得出矿区生态风险评估的方法。张寅玲[122]以平朔露天矿区为例，系统地研究了露天矿区遥感监测及土地复垦区生态效应评价，并以1987年、1996年、2001年、2005年、2010年和2013年的遥感影像为数据源，在遥感和GIS技术的支持下，系统分析了1987—2013年间的土地扰动类型、植被覆盖、地表温度以及土壤湿度在开采过程中的空间分布情况和动态变化过程，并基于获取的遥感信息，选取适当指标，对已复垦区域进行遥感生态效应评价。

由于我国矿区生态系统大多分布在中西部的干旱半干旱地区，地下开采导致地下含水层遭到破坏，加之地表不科学的人为开发利用，很多矿区生态系统的脆弱性日益明显，部分出现生态系统服务功能明显下降，生态环境质量明显恶化的趋势。如何针对矿区生态系统的特征，建立科学有效的监测和评估方法至关重要。

④ 农田生态系统监测。相关的研究主要集中在天-空-地一体化（卫星、飞机、无人机、地面测量等）反演LAI、ET、地上生物量、水分含量等生物物理要素，以及农业种植引起的生态环境变化监测和评估等方面。

生物物理要素的反演研究主要集中在作物冠层几何结构、叶片生化组分及内部组织结构等方面，相关的模型与方法主要根据冠层光谱反射特征、生长规律、物候特征进行综合反演，采用的主要是经验统计关系法和基于物理过程的辐射传输模型反演方法等[123]。同时，数据获取的平台更加多样化，更加强调天空地一体化监测，如采用卫星、飞机、无人机、地面数据采集等协同观测与数据分析。

除将上述参数反演作为重点内容外，人们更加关注耕地资源与其他土地利用类型之间在长时间序列中如何相互转化，农作物的种植结构和种植方法将对区域生态环境产生哪些影响，针对这些影响，如何更深层次地考虑水土资源优化配置。因此需要借助遥感技术及时、动态地获取下垫面信息。刘文超等[124]应用中高分辨率卫星遥感数据，经人机交互目视解译和实地验证，以陕北地区耕地开垦和生态保护与建设工程等的影响为例，研究了对耕地资源的空间分布格局产生的影响，结合中分辨率、长时间序列卫星遥感数据估算陕北地区农田净初级生产力，分析耕地变化对农田生产力的影响，研究结果表明，20年来陕北地区耕地资源总面积净减少42.56%，净初级生产力下降了41.90%。姚延娟等[125]研究了农田等空间格局对饮用水源地非点源风险的影响，并得出水源地非点源风险程度主要和水源地与城市距离、当地相关部门对水源地重视程度、配套的管理措施及历史状况等因素相关的结论。除此之外，从遥感信息提取覆膜信息和反演地表温度及作物残茬覆盖度等也取得了较好的效果[126,127]。

考虑到作物大多呈规则的宽中和相对均一的纹理特征，而且环境要素相对比较容易控制，所以很多理论和模型研究都以农田为研究对象。至于农田本身产生的生态环境问题，如针对不同区域固碳、水土流失、水环境非点源污染等方面的研究还需要进一步深化。

⑤ 森林生态系统监测。国家的林业政策经历了大规模砍伐、良种补偿、天然林保护工程以及后来陆续建立的自然保护区，改变了原始天然林、次生林、人工林的空间格局，因此林地的动态对生态环境的影响成为遥感领域研究的热点问题。遥感相关领域学者在对不同林地的LAI、总初级生产力/净初级生产力（GPP/NPP）、盖度等生态环境要素反演的同时，近些年开展了森林垂直结构参数遥感提取，天然林、人工林等林地种类的识别，多平台多传感器进行信息提取等。

森林的垂直成层直接影响养料、水分等的分布，进而影响森林的演替过程[128,129]，因此森林垂直结构信息的提取成为生态环境和遥感领域研究的热点，LAD（某一冠层高度处，单位体积内参与光合作用的叶子单面面积总和）[130,131]和CHP（canopy height profile）是描述森林垂直结构特征的参数，遥感获取森林结构参数的主要手段包括野外实测和地基雷达定点观测数据及利用机载InSAR或LiDAR小区域观测数据[132]。地基雷达和机载雷达能够获取一定范围的森林群落高度廓线，但是，由于人力成本较高，并且所探测的范围有限，亟须更多的数据产品支撑相关应用的发展[133]。

除了森林参数遥感提取外，新型传感器平台也应用到林业信息提取上。2014年8～9月，遥感科学国家重点实验室在大兴安岭林区对六旋翼无人机森林调查系统开展野外实验，该系统以300m的航高、10m/s的航速飞行，可实现单架次对8000m×500m区域内森林垂直结构的自动测量，大幅提高了森林调查工作的效率，并且通过与高分辨率星载光学遥感图像的配准，可有效抑制定位误差。

此外，森林种类的识别，尤其是热带、亚热带复杂下垫面林地信息提取等方面也开展了系列研究。例如，王树东等[134]对海南岛天然林、橡胶林和纸浆林等从数据获取的时间、林地种类在遥感影像上的表征、下垫面的特征、敏感模型等方面开展了探索；王雪军[135]应用多源遥感数据，以鞍山市为例采用PPS抽样调查技术多级遥感监测方法，研究了森林资源动态变化特征。

林地是重要的具有释氧固碳、调节气候等作用，多生态和人文建设对其都有重要影响，然而林地开发和建设经历了几个阶段的演变，带来了服务功能和生态质量的变化，如何客观监测和评估林地将变得很重要。

⑥ 稀疏林地、草地和荒漠生态系统监测。在我国的中西部地区，稀疏林地、荒漠生态系统和草地生态系统的遥感监测研究往往相互关联在一起的。以前相关的研究更多地集中在稀疏林地、草地盖度、LAI、生物量及动态变化等信息的遥感反演等方面，随着研究和应用的深入，更多从生态学和遥感相结合的角度，开展了稀疏林地、草地覆盖与荒漠化的关系或植被恢复对荒漠化的影响，或者研究三者与气候、人类干扰相互作用等方面。

钱育蓉等[136]以新疆阜康荒漠区为例，通过植被指数特征和时空过程分析研究天山北坡典型荒漠区草地植被覆盖变化，采用 1990 年、1999 年和 2008 年同时相的 TM/ETM＋遥感影像，研究了阜康市典型荒漠草地、农田等地物近 20 年间的变化特征，结果表明，植被覆盖面积从大到小依次为高山草甸、农田、温性草甸、平原荒漠、山前荒漠；近 20 年间农区面积大量占用平原荒漠草地和山前荒漠；高山冰盖消融随即转变成为高山草甸类型的趋势明显，也印证了近 20 年来全球变暖的观点。白元等[137]结合实地调查，应用缓冲区梯度分析方法，对现有稀疏林地水平分布结构进行分析，并将塔里木河干流荒漠河岸林面积自上而下 5 个河段的林地面积进行统计分析，结果表明北岸河岸林面积较南岸明显多，南岸受沙漠化威胁，河岸林退化严重，水资源时空分配不均匀是造成荒漠河岸林分布特征的重要原因；荒漠河岸林多沿河道地形分布，随与河道距离的增加呈波动下降趋势，近河床区林地分布较集中，波动幅度小，在远离河床区林地易于退化；塔里木河干流总体林地率不高，林地分布不均匀，荒漠河岸林形成以河道为中心的带状分布。谢芮和吴秀芹[138]研究了内蒙古草地放牧强度，以内蒙古草地为研究区，应用 MODIS-NDVI 数据对放牧强度进行估测。结果表明：内蒙古各草地类型的放牧强度都呈现自西向东逐渐减少的趋势，放牧强度表现为草甸草原＜典型草原＜荒漠草原。利用遥感影像得到的放牧强度估测结果，可以为科学放牧和草场管理提供支撑。除此之外，有学者[139,140]系统地研究了科尔沁沙地草原沙化时空变化特征，应用 2001—2010 年长时间序列的遥感数据监测了青藏高原草地生长状况，并在此基础上进行了驱动力分析，明确了人与自然共同作用下产生的生态环境问题。

稀疏林地、草地和荒漠生态系统往往分布在干旱半干旱区，受气候和人为干扰明显，在极端干旱和生态脆弱区亟须科学的监测和对人类影响的评估。

（2）不同时空尺度的生态环境监测 下垫面的特征和动态变化充分体现在区域尺度和全球尺度上，表现出不同的时间序列特征，以往的研究大都集中在流域、行政区等景观或区域尺度的生态环境监测，而面向全球尺度的监测则明显不足。目前，全球化的气候、生态及相互作用已经成为研究的热点。

科技部国家遥感中心 2014 年 6 月 4 日在北京正式对外发布《全球生态环境遥感监测 2013 年度报告》，报告包括"陆地植被生长状况""大型陆表水域面积时空分布""大宗粮油作物生产形势""城乡建设用地分布状况"4 个主题分报告。在 2012 年度陆地植被和水域面积监测成果的基础上，进一步分析全球植被生长变化对全球变化和重大事件的响应，并加强对于全球水循环和供水安全更为重要的大型水域的面积变化动态监测。2013 年版报告新增加了大宗粮油作物生产形势和城乡建设用地分布状况报告，大宗粮油作物生产，既关系全球粮食安全，又与农业生态环境保护紧密相关，而全球城乡建设用地变化更是影响近几十年全球生态环境变化，乃至全球经济社会发展最重要的因素之一。2013 年度报告中相关数据集产品的构建，除使用了 MODIS、AVHRR、TM 等国外卫星观测数据外，还进一步加大了风云气象卫星、中巴地球资源卫星、环境减灾卫星等国产卫星观测数据的应用，支持了 2013 年度报告工作的顺利开展。

中国科学院数字地球重点实验室团队研究了植被动态、物候与气候的关系，并取得了系列成果，具体如下：利用 GIMSS AVHRR NDVI 数据，计算了 1982—2006 年欧亚大陆的植被返青期、生长盛期、枯萎期、生长季长度等物候参数。通过时序分析，计算了最近 25 年的物候变化趋势，结果显示，全球尺度大部分区域的植被返青期呈现提前趋势，但俄罗斯远东区域植被返青期呈现推迟趋势；全球尺度的植被枯黄期呈现推迟趋势；高纬度区域植被峰值期呈现推迟趋势，而中低纬度植被峰值期呈现提前趋势；全球尺度的植被生长季长度都表现了延长趋势。通过定量分析不同区域、不同植被类型的植被物候变化与温度变化的关系，获得了物候参数对气候变化相应强度等科学数据，发现中高纬度植被物候对全球变暖更为敏感，每升高 1℃，返青期提前 1.66～3.88 天，峰值期提前 0.53～2.86天，枯黄期推迟 0.45～3.97 天，生长季延长 0.43～8.78 天。

（3）重大工程或生态环境敏感区综合监测与评估　气候、降水、耕地等自然资源空间分布不均，加之全球化和地壳运动的影响，导致地震、干旱、洪涝、风暴潮、冰雪冻害等灾害频发，人口与社会经济区域化差异明显，部分区域的资源环境承载力下降明显。为了支持和协调区域社会经济发展，国家实施了"三峡工程""青藏铁路""南水北调"等一批重大工程，同时也实施了三北防护林、天然林保护、退耕还林等自然生态系统保护工程。除此之外，国际上的合作如"一路一带"沿线的区域开发与建设也得到有效开展，因此，针对人与自然共同作用下的敏感与脆弱性区域综合监测与评估十分重要。

① 三峡库区监测。三峡工程涉及工程建设、移民搬迁、生态环境保护等多个方面，在自然和人为因素的共同作用下，改变了原有土地利用和生态系统格局，迫切需要进行生态系统监测和生态系统服务功能与生态环境质量评估。

相关的研究集中在土地利用/覆盖变化、植被变化、水土安全、生态服务价值评价、生态系统健康与生态规划五个方面[141]。

为揭示三峡工程建设前期和后期库区土地利用/覆盖变化、农田变化、植被变化等，不同的学者用长时间序列的遥感数据研究了三峡建设的不同时期土地利用变化、情况[141~143]（曹银贵等，2007；邵怀勇等，2008；滕明君等，2014）。研究结果表明，农田种植由建设前扩大的趋势到建设后比例下降，而林地、水体和建设用地则相反，呈增加趋势。

关于生态系统评估主要集中在生态系统结构变化引起的生态系统服务功能、生态系统安全、脆弱性等方面，但研究的尺度主要集中在区县或小流域生态系统上。例如，田耀武等[144]研究了秭归县生态系统服务功能的价值问题；冯永丽等[145]研究了重庆区域土壤侵蚀时空特征；王丽婧等[146]应用景观生态学的理论与方法研究了三峡库区生态敏感性；周永娟等[147]研究了三峡库区水面对生态环境脆弱性的影响和农田的空间分布格局与驱动力。

目前，三峡工程生态环境遥感监测与评估方面多集中于小流域或区域，因此相关的研究也大多针对某一环境问题在某一时间点或时段前后的对比分析，因此缺乏全区域、综合、动态的监测评估。

② 全国生态十年遥感调查。为了全面掌握我国十年来的生态环境变化，科学评估生态系统格局动态带来的生态环境质量、生态系统服务功能等演变过程，揭示内在的驱动力，环境保护部与中国科学院合作实施"全国生态环境十年变化调查评估"。

根据项目的设计，以遥感数据为主，辅以地面调查和长期生态系统监测与专题研究成果，调查评估时段为 2000—2010 年（2000 年为基准年，2010 年为现状年）。从全国、典型区域和省域 3 个空间尺度，开展生态系统格局、质量、服务功能、生态问题及其变化的调查评估，基本摸清全国生态系统状况与变化趋势，进一步明确生态环境问题，揭示变化的原因与驱动因素。

通过实地调查与核查野外样点、样方，收集整理生态系统长期定位站观测数据，得到了全国 2000 年、2005 年和 2010 年 3 个年份的生态系统类型与分布，以及植被覆盖度、叶面积指数、净初级生产力、生物量、地表蒸散发、地表温度 6 类生态评估参数；通过规范化质量控制流程，使生态系统分类精度达 86% 以上；根据 30m 空间分辨率卫星遥感数据的可识别性与生态系统类型的特征，建立了全国生态系统分类体系，包括 8 个 Ⅰ 级生态系统类型、22 个 Ⅱ 级生态系统类型和 42 个 Ⅲ 级生态系统类型；按照全国生态系统类型分布特征，将全国分为东北、华北、华东、华南、华中、西南、西北、新疆 8 个工作区，采用面向对象的自动分类技术，获取 Ⅲ 级生态系统分类数据。

四、学科发展总结与展望

（一）重点需求分析

1. 空气质量遥感监测需求

（1）悬浮颗粒物有效监测　气溶胶对环境和全球气候变化方面都有重要的影响，在我国，悬浮颗粒物已经成为许多城市的主要污染物。因此对我国及城市区域尺度的气溶胶总量和光学、微物理特性的准确了解和系统的科学认识，不仅是当今国际全球变化研究的前沿和焦点命题，也是我国在区域空气质量监测控制和气候变化研究等方面需要解决的关键科学问题。《中国环境宏观战略研究》丛书解释道，中国是世界上颗粒物排放污染最严重的国家之一，开展 $PM_{2.5}/PM_{10}$ 的高精度监测具有重要意义。

目前还不能直接通过遥感技术进行颗粒物的反演，可以直接获取的仅仅是气溶胶光学厚度，所以需开展近地面颗粒浓度的遥感反演技术，需要建立地基颗粒物浓度观测网络，尤其是增加 $PM_{2.5}$ 的地基观测，研究气溶胶光学厚度与地面监测的 $PM_{10}/PM_{2.5}$ 颗粒物浓度的关系模型。解决地面资料与卫星数据时间、空间的匹配问题，发展高空间分辨率的卫星遥感技术，满足城市级尺度的颗粒物监测需求。

（2）污染气体和温室气体源汇探测　污染气体排放源的探测对于空气质量监测至关重要，从源头上严格控制，才能有效改善我国城乡空气污染情况。目前我国环境监测方面 NO_2、SO_2、CO 等污染气体的常规监测主要基于地面台站，相对于广大的城乡区域，地面环境质量监测台站数量太少，且分布不均匀，难以全面、准确地反映环境污染的空间分布和运移规律，致使区域性环境质量的表达出现大量空白，而且对于点状的排放源，难以实施有效监测。卫星遥感技术应用到这一领域，可以有效地解决这一问题。然而卫星遥感指标与地面台站监测指标不尽相同，遥感指标还没有以现有环境监测标准进入到各种业务中去；卫星遥感监测与地面台站观测的时空尺度不一致，没有有效实现两者之间的时空尺度转换。这些都对卫星探测反演技术的发展和指标评价体系的构建提出了更高的要求。

目前由于我国经济的持续快速发展和能源结构存在一定的不合理性，面临着很严峻的温室效应问题，尤其是在碳排放控制等方面承受国际环境的巨大压力。为了实现减排目标，兑现减排承诺，就要求我们必须能够全面了解我国 CO_2、CH_4 等温室气体的排放情况，掌握源汇分布情况。利用卫星探测技术快速、实时、覆盖范围广的特点，可实现温室气体的高精度探测和高效观测分析，以及碳排放的有效监测，为政府制定节能减排政策、量化减排目标、落实减排措施提供依据，并进一步提升应对全球气候变化问题的能力。

2. 水体遥感与水环境污染监测需求

要解决好中国水污染防治和水生态环境保护问题，环境监测是基础：一方面，需要全面、客观地把握污染状况；另一方面，污染治理的效果需要经过长期系统的监测才能作出客观评价。因此，水环境监测一直是中国环境保护的基础性工作。通过天地一体化观测，实现信息的综合应用，能够大大改善对水环境状况的把握能力，减少管理与决策的盲目性。国家水环境监测的需求包括：水体的富营养化与水华监测、饮用水源地监测、流域水生态环境监测、污染源监测、流域非点源污染监测、突发化学品水污染事故响应、热污染监测和赤潮、溢油监测。针对国家"优先保护饮用水源地，加快城市污水处理，加强工业废水治理，以流域治理为重点，全面推进水污染防治"的要求，当前水环境遥感监测最主要的需求包括以下几方面。

流域水污染防治方面，利用遥感技术监测淮河、海河、辽河、松花江、三峡水库库区及上游、黄河小浪底水库库区及上游、南水北调水源地及沿线、太湖、滇池、巢湖，以及渤海等重点海域和河口地区水质环境，包括海洋溢油、蓝藻、赤潮、热异常、固体悬浮物、黄色物质、重污染水团、叶绿素等。

饮水安全保障方面，利用遥感技术协助划定饮用水源保护区，开展重点饮用水源地环境状况遥感调查；开展重点水源地水土保持、水源涵养、面源污染遥感监测；对水源保护区上游水污染严重的化工、造纸、印染等大型企业进行遥感监控。

工业废水治理方面，以沿江、沿河的化工企业为重点，利用遥感技术调查有毒有害物质的工业污染源及工业污水排放口。我国制定的水环境污染治理规划对水环境遥感提出了新需求。利用遥感监测技术，建立适合我国实际情况的高时效的水环境遥感监测网络，实现准确、客观、动态、简便、快速的水环境状况评价和变化趋势分析，从而为环境管理和决策提供有力的技术支持。

3. 生态环境遥感监测、评价与模拟

（1）复杂下垫面信息反演　针对遥感辐射传输机理与建模、多源遥感协同反演与真实性检验、遥感在陆面过程模型应用等重大科学问题研究，需要多传感器、多尺度数据的支撑。如遥感科学国家重点实验室依托国家 973、国家自然科学基金等项目以我国的黑河流域中游区和河北怀来遥感综合试验站为研究区，综合使用卫星、遥感飞机和地面观测等立体观测技术。其中的传感器包括搭载雷达、热红外遥感器，微波遥感飞机搭载 C 波段雷达、P 波段雷达及 L 波段雷达，验证了多传感器同时作业的全波段遥感综合观测能力，同时需要能够融合多源遥感观测的流域尺度陆面数据同化系统，发展尺度转换方法，实现对地表生态和水文变量的主被动遥感协同反演。

此外，不同林地、冰川、积雪、冻土、城市等复杂下垫面生化参数如 LAI、反照率、LAD、CHP 等一直是研究的热点和难点，不同的传感器具有不同的优势，结合区域下垫面特征，进行多传感器信息提取为生态环境监测提供支撑。如基于全极化 SAR 数据的积雪分类方法、基于 SAR 干涉失相干冰川边界提取方法。

（2）标准化的陆面特征参数产品与真实性检验　针对目前区域及全球变化研究与地球

系统模型研发中，缺乏长时间序列、高时空分辨率和高质量的不同时空尺度产品的现状，亟须陆表特征参量产品，支持全球变化研究与新一代地球系统模型的研发。在国家863计划重点项目"全球陆表特征参量产品生成与应用研究"的支持下，基于总量达580TB的卫星遥感数据以及多种再分析数据，系统发展了5种陆表特征参量（叶面积指数、陆表反照率、发射率、下行短波辐射和下行光合有效辐射）的遥感反演方法，生产了相应长时间序列的、高质量、高精度卫星产品。针对目前全球地表覆盖遥感制图空间分辨率过低的问题，在国家863计划地球观测与导航技术领域"全球地表覆盖遥感制图与关键技术研究"重点项目的支持下，开展全球地表覆盖数据产品遥感制图和更新关键技术的研究，并取得了较好的效果。

改变传统的单纯研究，系列产品服务是未来的发展趋势，因此除需要产品之间交叉验证，同时也需要应用地面建立的不同区域的场、站、网进行真实性检验，如可以提供给用户全球和区域叶面积指数（LAI）遥感产品生成与不确定性评价，地区Landsat、IKONOS等不同分辨率卫星数据反演的LAI比较研究等服务。

区域和全球长时间序列的生态环境监测需要标准化的数据产品支撑，然而国际上虽然有MODIS、GLASS等系列数据产品的发布，在一定程度上提供了产品服务，同时有力促进了产品的研发力度，但是由于下垫面特征的复杂性和数据获取的时效、便利需求，需要提供高时间、空间分辨率的光谱数据产品，各种数据产品可以交叉应用。

（3）探测平台和新型传感器需求　面向未来遥感对地观测需求，根据不同场景的观测需求或对不同生态环境要素的需求，有针对性地获取所需的光谱数据，同时减少"多余"数据获取、传输、下载、处理等过程带来的不必要负担，达到所需即所得的目的。同时，针对在轨的国内外卫星也需要系统协调，协同完成不同的时间、空间和光谱分辨率的数据获取，实现面向应用的综合观测。

此外，面向未来的减灾防灾需求和生态环境应急需求，需要机动灵活的观测。无人机遥感系统具有低空飞行、成本低廉、机动灵活、能快速响应拍摄任务等优点，使其在生态环境监测领域具有较大应用优势，其飞行姿态控制、载荷、数据快速处理等关键技术日益成熟，将在生态环境领域发挥更大的作用。

无人机、社区遥感、卫星智能观测等是未来的发展趋势，但是面向具体的环境应用在海量的数据快速处理、数据传输、感兴趣区或目标的识别（如灾后生境监测等）、定量提取算法等还需要进一步发展。

（4）综合监测与评估平台　根据环境遥感监测业务，需要研究开发生态环境综合监测与评估平台，并能进行业务化运行，该系统要能够进行遥感数据的基础处理，提供监测与评估功能，而且根据生态环境需要生成生态环境数据产品，满足对数据处理和遥感应用的效率、精度和自动化能力的更高要求。

目前，环境保护部建立的环境应用系统，涉及了大量关键技术的应用，旨在通过实现高复杂度大型遥感系统集成技术、生态环境监测指标反演软件，卫星数据快速批处理技术的运用，进行业务化运转。

面向未来的系统化需求，监测应用系统需要能够根据不同区域、不同的下垫面类型监测应用的成熟算法和时间序列的分析与评估方法，能够快速、有效地进行区域生态环境监测和评估。

（5）综合模拟平台　区域和全球尺度下涉及生态环境的很多问题，如气候如何与植被相互作用、生态系统蒸散发与生态恢复的关系、不同的种植结构和农业布局对水环境的影响等，都有其主导因子，综合模拟和预测在这些因子的驱动下可能产生的生态环境过程十分重要。

因此，在区域和全球的尺度上，生态环境系统的格局、过程和功能的解析需要时空谱的大数据提供宽视野、长周期的模拟平台，该平台能够集成多源、多尺度遥感数据、GIS数据及其他空间和非空间数据，结合典型下垫面长时间序列水热通量观测网络、遥感综合试验场、环境与健康生态观测站、大气监测站等和高性能计算与处理平台，发展多尺度遥感观测数据与地表过程模型的同化理论和技术体系，建立地表辐射与能量平衡、水循环、碳氮循环遥感和人类活动影响的综合模拟平台，使之具有全球和区域尺度的水蒸发量、雪覆盖、陆地表面温度和海面温度等因子的变化过程模拟。最后，可以结合相应的生态环境过程模型模拟和预测未来或不同情景下的生态环境。

（二）基础能力建设方面的发展展望

1. 加强遥感基础、机理研究，拓展原创性研究的深度和广度

对于我国环境卫星遥感领域存在的创新性研究不足，研究内容重点不突出的问题，需从基础研究入手，加强遥感监测机理特征的挖掘，在此基础上融入辐射传输、大气理化特性、水体光学理论等学科知识，探索新技术新方法，对已有反演方法要有针对性地改进，提高反演效率和反演精度。另外注重应用研究，借鉴国外先进技术，发展适合于我国国情的应用模型和反演方法，并构建相应的指标评价体系，提升卫星遥感在环保领域的应用效果，完善应用体系。

在大气环境遥感方面，重点发展气溶胶光学、物理和化学特性的遥感反演机理，研究雾霾的形成和转化机制，探索基于遥感监测技术获得近地面层颗粒物含量和性质的热点问题等；发展 NO_x、SO_2、O_3、CO、$VOCs$（可挥发性有机物）等环境有毒有害气体成分的遥感监测和反演技术，结合地基 DOAS 及星载高光谱观测技术实现环境污染气体的连续、高精度和大范围观测；加强与大气科学等其他学科的交叉研究，结合大气成分与环境的交互作用，推动区域空气污染的特征、成因和演变规律研究，为大气环境预测和预警等提供基础工具。

在水环境遥感方面，针对遥感应用，发展高精度辐射定标和交叉定标技术，发展符合水环境遥感监测载荷的高精度大气校正方法，提高水环境辐射信息产品的反演精度；发展星地协同的水质参数反演技术，研究重点区域的水质参数（叶绿素、悬浮物、黄色物质、透明度、水温、水华、总磷、总氮）与光谱特征之间的联系，构建稳定可靠的水质参数反演模型，形成星地协同的水质参数定量反演模型；推动水环境多数据源的协同反演技术的发展，基于水气变介质系统的辐射传输模型，研究大气、水环境多参数的协同反演新技术、新方法；发展水环境遥感产品的真实性检验技术，建立水环境的表观、固有光学量的数据库，研究光谱、角度、时间等因素下尺度转换规律。

在生态环境遥感方面，发展典型区域生态环境参数的遥感反演技术，包括土壤重金属污染、典型生态区域生物多样性调查、城市固废废物监测等遥感参数反演技术，解决生态环境保护及监管等关键问题；推动生态环境敏感参数星地协同反演技术的发展，重点发展生态环境敏感参数的反演技术，制定星地协同反演技术规范，解决敏感参数同化技术；大力发展生态系统环境变化遥感评价模型与方法，构建分级评价标准，重点发展生态系统定

量/半定量化评价模型与方法；推动生态环境遥感监测与评价体系建设，满足自然保护区遥感监测、流域环境遥感监测、典型区域遥感监测、功能区遥感监测等典型生态系统的评价评级。

2. 推动遥感新型探测手段和综合探测平台发展，提升数据获取能力

2008 年环境一号小卫星成功发射以来，其大范围、全天候、全天时、动态的灾害和环境监测能力凸显了遥感技术的优势，有效弥补了地面常规监测费用高、监测站点分散、缺乏时空连续性、难以全面、及时反映环境质量状况及其发展趋势的不足。2013 年 4 月我国高分辨率对地观测系统科技重大专项的首发星高分一号卫星发射成功，标志着环境遥感业务在环境一号卫星应用的基础上大幅提高环境监管定量化和精细化水平，为建立天地一体化的环境保护技术支撑体系奠定了坚实的基础，为完善环境污染与生态变化以及灾害监测、预警、评估、应急救助指挥体系提供了良好的平台。积极开展天-空-地一体化遥感立体监测技术，发展航空和航天高光谱、热红外、全谱段、雷达数据获取手段，继续提升地基遥感数据获取能力，开展地面场站网建设，更好地对环境进行遥感监测和验证与评价。

重点针对应亟须解决的星-地协同反演问题，研究遥感卫星数据与同步地面测量数据尺度转换方法，建立尺度转换模型；发展环境遥感参数与产品的同化技术，研究多源数据协同反演特别是卫星遥感数据与地基站点监测数据协同处理技术，从地面调查数据与卫星遥感监测数据内在关联机理出发，研究尺度效应、时空尺度转化、融合关键技术，将天基和地基数据同化到统一格网单元中，实现我国大气、水和生态环境的全方位立体监测。

3. 促进针对环境监测应用的遥感探测技术发展

针对应用推广相对缺乏和研究成果转化不足的问题，未来几年，环境遥感学科的发展要紧密结合我国环境保护和管理的应用需求，开展稳定的业务化应用与服务示范，以满足环境保护遥感动态监测业务需求，进一步深化研究，提高应用研究层次。以环境保护遥感动态监测信息服务为导向，紧密结合环境保护工作实际和重大环境问题，将建立面向环境应用的处理、信息产品生产与服务技术标准和规范，解决多源遥感数据的环境遥感参数定量反演关键技术。生产时间序列环境应用产品，发展环境遥感监测与评价方法，构建环境遥感应用技术体系，建立面向环境保护领域的卫星数据应用技术流程和系统构架，制定环境应用标准信息产品体系，研发环境遥感动态监测系统和支撑数据库，形成环境示范系统支撑平台，为建立我国天-空-地一体化环境监测业务化运行系统提供技术基础，全面提升环境遥感应用的能力和水平，推动环境监管科技支撑体系建设，并为环保政策制定提供科学依据，为我国应对全球气候变化和国内外环境压力提供科技支撑。

（三）研究开发发展展望

1. 加强针对我国国情的环境遥感监测研究

我国幅员辽阔，地形复杂，气候、水、矿产等自然资源空间分布不均，地形地貌、地理位置等空间差异明显，尤其是新中国成立以来经历了涉及人口、经济开发、环境保护等政策探索和波动，加速形成了目前的环境格局与特征。如华北地区的大气、水环境和生态环境问题，海南岛的经济开发与生态保护问题，三江源的植被退化与恢复问题，黄土高原的土壤侵蚀问题，内蒙古、新疆等西北持续沙漠化问题，山西等煤炭生产基地的地下水和地表生态恶化与治理问题，以及国家实施的重大工程产生的环境问题等。这些环境问题的解决需要从空间上揭示过程和格局。

遥感参数反演和相关的生态环境模型的构建逐步深入，相关的成熟算法和系列产品在环境领域也得到有效应用，遥感监测的业务化是趋势，但同时也存在研究与环境应用脱节的情况，即一方面遥感技术与方法飞速发展，另一方面存在着大量亟待解决的环境问题。因此进一步结合遥感技术时空动态优势和环境过程分析的需求，结合中国的不同区域、不同下垫面的特征，针对上述关键的环境问题，改进或深入研究相关的技术与方法，更加有针对性地揭示影响或产生上述环境问题的主导和关键因子，提出有针对性的方法，真正使遥感在区域环境问题的解决上得到有效应用。

除此之外，我国提出的"一路一带""亚投行"等跨国家和地区的倡议或战略，也需要环保先行，需要借助遥感时空观测优势，针对相关的工程和合作可能产生的资源环境问题进行客观评估。

2. 提高环境遥感监测对环境保护与治理的支撑能力

对一些流域、区域、国家及全球尺度上的一些关系国家环境的重大问题，需要能够针对区域或全球下垫面特征的时间序列的多时空尺度产品，并在此基础上能够进行环境过程模拟分析，为应对未来环境问题提供支撑。

目前，我国遥感技术与方法还很难应对不同时空尺度上系列、标准化的环境监测问题，如区域大气污染格局、跨区域水环境动态监测、农牧交错带的荒漠化、全球气候变化与生态系统的相互作用等，即缺乏完善的针对流域、区域等尺度的系列遥感产品，因此，需要构建业务化的运行系统，突破海量的数据管理、数据发布、模型优选、高速运算等瓶颈，能够实时动态地提供流域、区域、国家、全球等遥感产品，为解决不同尺度的环境问题提供支撑。

对一些涉及国家中长期战略、国际化或未来环境安全的重大环境问题，除需要建立业务化的系统外，还需要建立能够模拟海洋、水平面、大气环流与气候、水资源、生态系统格局、水环境等模拟平台，来预测未来或不同情景下所产生的环境问题。

3. 完善遥感监测环境质量评价与预警体系

不同的气候条件、不同的区域和不同下垫面特征所产生的环境问题差异不同，如海南岛更加关注人为开发与保护的关系，黄土高原除关注气候变化对水资源与生态恢复的影响外，还要考虑人为的影响。因此，从遥感环境质量评价和预警的角度，相应的评估方法和指标应该有所差别。

从遥感监测的角度，我国目前还没有标准的环境质量评价和预警体系，因此对于生态补偿、环境评估等存在坚实的依据。在生态中国建设的大背景下，我们不但要针对区域下垫面的特征，进行关键生态环境要素的反演，还要有针对性地结合环境过程的规律和特点，根据存在或暴露的关键问题建立和完善环境诊断的指标体系。同时，指标体系的建设应该便于将遥感数据和相关的环境过程模型耦合，以保持指标体系的客观性、动态性和科学性。

对一些灾害等应急评估与预警的需求，如地震导致的珍稀动植物生存环境破坏评估、灾后饮用水环境破坏情况预警、极端天气造成的空气污染等，需要结合评估与预警的时效性要求和传感器的类型特点，建立和完善环境评估与预警体系。

五、结论

随着全球环境问题的日益突出，遥感技术在环境保护中的应用受到了国际社会越来越多的重视。目前卫星遥感技术在区域性和全球性环境监测方面应用得较好，在点源精细探测和污染成分分析等方面，航空和地基遥感则是较为有效的监测手段。在轨运行的和正在计划发展的国内外卫星传感器为环境监测所能提供数据的空间、光谱和时间分辨率不断提高，以及多尺度、多平台综合探测技术的发展，遥感数据获取的能力正走向实时化和精确化，遥感技术在环境监测和保护中的应用正在向定量化和业务化快速开展。

我国环境遥感领域的科技水平取得了长足进展，获得了一批重要成果，可以弥补传统地面环境监测不足。然而，同科技发达国家相比，我国尚有较大差距，主要表现在：①本领域发展对环境保护热点问题的科技支撑能力相对不足。利用遥感技术对城市群大气污染来源和成因的探索与分析、对水污染情况的综合监测评价与预警、对资源开发区生态监测指标和生态影响评价等方面的研究，仍需进一步发展和深入；②本领域的基础信息获取能力与共享程度相对薄弱，遥感传感器设备的研发技术有待加强，需要在现有基础上大力提高环境监测领域的数据获取能力；③本领域的基础研究与综合应用能力尚不足以完全解决复杂、潜在和新型环境问题，对于遥感机制的探究、污染物质反演模型的构建、环境指标评价体系的架构，以及综合利用多平台遥感探测技术实现天地一体化环境监测等方面，有待进一步加强；④研究成果的转化程度较低，业务化运行程度不高，尚未形成成熟的遥感环保产业，还不能对环境保护和环境管理决策形成长期的、整体的科技支撑作用，需要持续加强应用推广能力。

综合国内外环境遥感学科发展情况，通过以应用需求为牵引、加强遥感基础理论研究和遥感探测关键技术发展等共识，可望不断提高数据获取能力和分析能力，提升环境遥感学科领域学科发展实力与科技创新能力，为环境保护提供科技支撑。

参 考 文 献

[1] 郭红，顾行发，谢东海，余涛，孟庆岩. 大气气溶胶偏振遥感研究进展. 光谱学与光谱分析，2014：1873-1880.

[2] Herman，M，Deuze，J L，Devaux，C，Goloub，P，Breon，F M，Tanre，D. Remote sensing of aerosols over land surfaces including polarization measurements and application to polder measurements. J Geophys Res-Atmos 1997，102：17039-17049.

[3] 吴太夏，张立福，岑奕，黄长平，赵恒谦，孙雪剑. 偏振遥感的中性点大气纠正方法研究. 遥感学报 2013，241-247+235-240.

[4] Deuze，J L，Breon，F M，Devaux，C，Goloub，P，Herman，M，Lafrance，B，Maignan，F，Marchand，A，Nadal，F，Perry，G，et al. Remote sensing of aerosols over land surfaces from polder-adeos-1 polarized measurements. J Geophys Res-Atmos 2001，106：4913-4926.

[5] Hasekamp，O P，Landgraf，J. Retrieval of aerosol properties over land surfaces：Capabilities of multiple-viewing-angle intensity and polarization measurements. Appl Optics，2007，46：3332-3344.

[6] Dubovik，O，Herman，M，Holdak，A，Lapyonok，T，Tanre，D，Deuze，J L，Ducos，F，Sinyuk，A，Lopatin，A. Statistically optimized inversion algorithm for enhanced retrieval of aerosol properties from spectral multi-angle polarimetric satellite observations. Atmos Meas Tech 2011，4：975-1018.

[7] 阎邦华. 地气系统中太阳辐射的偏振特性及其在遥感反演中的应用研究. 北京：中国科学院研究生院，1997.

[8] Han，Z-g，Lu，D-r. Retrieval of atmospheric aerosol over mid-latitute grassland with polder data. Advances in Space Research 2002，29：1759-1764.

[9] 段民征；郭霞. 辐射传输中的一个伪极限问题及其数学物理原理. 物理学报，2009，1353-1357.

[10] 段民征，吕达仁. A polarized radiative transfer model based on successive order of scattering. Advances in Atmospheric Sciences，2010，891-900.

[11] Cheng，T H，Gu，X F，Yu，T，Tian，G L. The reflection and polarization properties of non-spherical aerosol

particles. Journal of Quantitative Spectroscopy and Radiative Transfer，2010，111：895-906.

［12］Cheng，T，Gu，X，Xie，D，Li，Z，Yu，T，Chen，H. Aerosol optical depth and fine-mode fraction retrieval over east asia using multi-angular total and polarized remote sensing. Atmos Meas Tech，2012，5：501-516.

［13］Wang，Z，Chen，L，Li，Q，Li，S，Jiang，Z，Wang，Z. Retrieval of aerosol size distribution from multi-angle polarized measurements assisted by intensity measurements over east china. Remote Sensing of Environment，2012，124：679-688.

［14］Xie，D，Cheng，T，Zhang，W，Yu，J，Li，X，Gong，H. Aerosol type over east asian retrieval using total and polarized remote sensing. Journal of Quantitative Spectroscopy and Radiative Transfer，2013，129：15-30.

［15］王家成. 现行 polder 陆地气溶胶偏振反演算法对粒子尺度的敏感性分析. 地球信息科学学报，2014，16，790-796.

［16］陈澄、李正强、侯伟真、李东辉、张玉环. 动态气溶胶模型的 parasol 多角度偏振卫星气溶胶光学厚度反演算法. 遥感学报，2015，25-33.

［17］Mishchenko，M I，Travis，L D. Satellite retrieval of aerosol properties over the ocean using polarization as well as intensity of reflected sunlight. J Geophys Res-Atmos，1997，102：16989-17013.

［18］Mishchenko，M I，Travis，L D. Satellite retrieval of aerosol properties over the ocean using measurements of reflected sunlight：Effect of instrumental errors and aerosol absorption. J Geophys Res-Atmos，1997，102：13543-13553.

［19］陈伟，晏磊，杨尚强. 海洋气溶胶多角度偏振辐射特性研究. 光谱学与光谱分析，2013，600-607.

［20］Deuze，J L，Goloub，P，Herman，M，Marchand，A，Perry，G，Susana，S，Tanre，D. Estimate of the aerosol properties over the ocean with polder. J Geophys Res-Atmos，2000，105：15329-15346.

［21］Herman，M，Deuze，J L，Marchand，A，Roger，B，Lallart，P. Aerosol remote sensing from polder/adeos over the ocean：Improved retrieval using a nonspherical particle model. J Geophys Res-Atmos，2005，110.

［22］Volten，H，Munoz，O，Rol，E，Haan，J F，Vassen，W，Hovenier，J W，Muinonen，K，Nousiainen，T. Scattering matrices of mineral aerosol particles at 441.6 nm and 632.8 nm. J Geophys Res-Atmos，2001，106：17375-17401.

［23］Waquet，F，Riedi，J，Labonnote，L C，Goloub，P，Cairns，B，Deuze，J L，Tanre，D. Aerosol remote sensing over clouds using a-train observations. J Atmos Sci，2009，66：2468-2480.

［24］Waquet，F，Cornet，C，Deuze，J L，Dubovik，O，Ducos，F，Goloub，P，Herman，M，Lapyonok，T，Labonnote，L C，Riedi，J，et al. Retrieval of aerosol microphysical and optical properties above liquid clouds from polder/parasol polarization measurements. Atmos Meas Tech，2013，6：991-1016.

［25］Szeto，M，Werdell，P，Moore，T，Campbell，J. Are the world's oceans optically different? Journal of Geophysical Research：Oceans（1978-2012），2011，116.

［26］Vantrepotte，V，Loisel，H，Dessailly，D，Mériaux，X. Optical classification of contrasted coastal waters. Remote Sensing of Environment，2012，123，306-323.

［27］Morel，A. In-water and remote measurements of ocean color. Boundary-Layer Meteorology，1980，18：177-201.

［28］Gordon，H，BROWN，J，BROWN，O，EVANS，R，SMITH，R. A semianalytic radiance model of ocean color. Journal of Geophysical Research，1988，93：10909-10924.

［29］Lee，Z，Carder，K L，Steward，R，Peacock，T，Davis，C，Patch，J. An empirical algorithm for light absorption by ocean water based on color. Journal of Geophysical Research：Oceans（1978-2012），1998，103，27967-27978.

［30］王胜强、陈晋、杨伟、梁涵玮、朱晶晶. Lee 生物光学模型在不同水体组分特性下的适用性. 湖泊科学，2011，23，217-222.

［31］Werdell，P J，Franz，B A，Bailey，S W，Feldman，G C，Boss，E，Brando，V E，Dowell，M，Hirata，T，Lavender，S J，Lee，Z，et al. Generalized ocean color inversion model for retrieving marine inherent optical properties. Appl Optics，2013，52，2019-2037.

［32］Wang，M，Shi，W. Estimation of ocean contribution at the modis near-infrared wavelengths along the east coast of the us：Two case studies. Geophysical research letters，2005，32.

［33］ Wang，M，Shi，W. The nir-swir combined atmospheric correction approach for modis ocean color data processing. Optics Express，2007，15：15722-15733.

［34］ Wang，M. Effects of ocean surface reflectance variation with solar elevation on normalized water-leaving radiance. Appl Optics，2006，45：4122-4128.

［35］ Wang，M，Shi，W，Tang，J. Water property monitoring and assessment for china's inland lake taihu from modis-aqua measurements. Remote Sensing of Environment，2011，115：841-854.

［36］ Wang，M，Son，S，Zhang，Y，Shi，W. Remote sensing of water optical property for china's inland lake taihu using the swir atmospheric correction with 1640 and 2130 nm bands. IEEE Journal of Selected Topics in Applied Earth Observations and Remote Sensing，2013，6：2505-2516.

［37］ Chen，J，Fu，J，Zhang，M. An atmospheric correction algorithm for landsat/tm imagery basing on inverse distance spatial interpolation algorithm：A case study in taihu lake. IEEE Journal of Selected Topics in Applied Earth Observations and Remote Sensing，2011，4：882-889.

［38］ 许华，顾行发，李正强，李莉，陈兴峰. 基于辐射传输模型的环境一号卫星 CCD 相机的水体大气校正方法研究. 光谱与光谱学分析，2011，31（10）：2798-2803.

［39］ Morel，A，Gentili，B. A simple band ratio technique to quantify the colored dissolved and detrital organic material from ocean color remotely sensed data. Remote Sensing of Environment，2009，113：998-1011.

［40］ Matsuoka，A，Hooker，S B，Bricaud，A，Gentili，B，Babin，M. Estimating absorption coefficients of colored dissolved organic matter（cdom）using a semi-analytical algorithm for southern beaufort sea waters：Application to deriving concentrations of dissolved organic carbon from space. Biogeosciences，2013，10：917-927.

［41］ Bai，Y，Pan，D，Cai，W J，He，X，Wang，D，Tao，B，Zhu，Q. Remote sensing of salinity from satellite-derived cdom in the changjiang river dominated east china sea. Journal of Geophysical Research：Oceans，2013，118：227-243.

［42］ Astoreca，R，Doxaran，D，Ruddick，K，Rousseau，V，Lancelot，C. Influence of suspended particle concentration，composition and size on the variability of inherent optical properties of the southern north sea. Continental shelf research，2012，35：117-128.

［43］ Doxaran，D，Ehn，J，Bélanger，S，Matsuoka，A，Hooker，S，Babin，M. Optical characterisation of suspended particles in the mackenzie river plume（canadian arctic ocean）and implications for ocean colour remote sensing. Biogeosciences，2012，9：3213-3229.

［44］ Chen，J，Zhang，M，Cui，T，Wen，Z. A review of some important technical problems in respect of satellite remote sensing of chlorophyll-a concentration in coastal waters. IEEE Journal of Selected Topics in Applied Earth Observations and Remote Sensing，2013，6：2275-2289.

［45］ Olmanson，L G，Brezonik，P L，Bauer，M E. Airborne hyperspectral remote sensing to assess spatial distribution of water quality characteristics in large rivers：The mississippi river and its tributaries in minnesota. Remote Sensing of Environment，2013，130：254-265.

［46］ Le，C，Li，Y，Zha，Y，Sun，D，Huang，C，Zhang，H. Remote estimation of chlorophyll a in optically complex waters based on optical classification. Remote Sensing of Environment，2011，115：725-737.

［47］ Le，C，Hu，C，Cannizzaro，J，English，D，Muller-Karger，F，Lee，Z. Evaluation of chlorophyll-a remote sensing algorithms for an optically complex estuary. Remote Sensing of Environment，2013，129，75-89.

［48］ Odermatt，D，Gitelson，A，Brando，V E，Schaepman，M. Review of constituent retrieval in optically deep and complex waters from satellite imagery. Remote Sensing of Environment，2012，118：116-126.

［49］ 谷成燕. 基于 prosail 辐射传输模型的毛竹林冠层参数遥感定量反演. 临安：浙江农林大学，2013.

［50］ 梁亮，杨敏华，邓凯东，张连蓬，林卉，刘志霄. 一种估测小麦冠层氮含量的新高光谱指数. 生态学报，2011，6594-6605.

［51］ 赖格英，曾祥贵，刘影，张玲玲，易发钊，潘瑞鑫，盛盈盈. 基于 etm 和图像融合的优势植被冠层叶面积指数和消光系数的遥感反演. 遥感技术与应用，2013，697-706.

［52］ 艾金泉，陈文惠，陈丽娟，张永贺，周毅军，郭肖川，褚武道. 冠层水平互花米草叶片光合色素含量的高光谱遥感估算模型. 生态学报，2015.

［53］刘佳. Brdf 模型对遥感定量反演的影响研究. 哈尔滨：东北林业大学，2008.

［54］车大为，陈圣波，吕乐婷，金晟业，杨培玉. 多角度遥感中 brdf 模型研究的现状与展望. 吉林大学学报：地球科学版，2008，229-231.

［55］于颖，范文义，杨曦光. 三种植被冠层二向反射分布函数模型的比较. 植物生态学报，2012，55-62.

［56］Deng，F，Chen，M，Plummer，S，Chen，M，Pisek，J. Algorithm for global leaf area index retrieval using satellite imagery. Geoscience and Remote Sensing，IEEE Transactions on 2006，44：2219-2229.

［57］张远，张中浩，苏世亮，吴嘉平. 基于微波冠层散射模型的水稻生物量遥感估算. 农业工程学报，2011，100-105.

［58］马红章，刘素美，朱晓波，孙根云，孙林，柳钦火. 基于被动微波遥感技术的玉米冠层叶面积指数反演. 国土资源遥感，2013，66-71.

［59］杨贵军，赵春江，邢著荣，黄文江，王纪华. 基于 proba/chris 遥感数据和 prosail 模型的春小麦 lai 反演. 农业工程学报，2011，88-94.

［60］杨曦光，范文义，于颖. 基于 hyperion 数据的森林叶绿素含量反演. 东北林业大学学报，2010，123-124＋135.

［61］Haboudane，D，Miller，J R，Tremblay，N，Zarco-Tejada，P J，Dextraze，L. Integrated narrow-band vegetation indices for prediction of crop chlorophyll content for application to precision agriculture. Remote sensing of environment，2002，81：416-426.

［62］阿布都瓦斯提·吾拉木，李召良，秦其明，童庆禧，王纪华，阿里木江·卡斯木，朱琳. 全覆盖植被冠层水分遥感监测的一种方法：短波红外垂直失水指数. 中国科学（D 辑：地球科学），2007，957-965.

［63］杨曦光，于颖，黄海军，范文义. 森林冠层氮含量遥感估算. 红外与毫米波学报，2012，536-543.

［64］程晓娟，杨贵军，徐新刚，陈天恩，李振海，冯海宽，王冬. 新植被水分指数的冬小麦冠层水分遥感估算. 光谱学与光谱分析，2014，3391-3396.

［65］陈良富，张莹，邹铭敏，徐谦，李令军，李小英，陶金花. 大气 CO_2 浓度卫星遥感进展. 遥感学报，2015，1-11.

［66］于海利，胡顺星，吴晓庆，曹开法，孟祥谦，苑克娥，黄见，邵石生，徐之海. 拉曼激光雷达探测低对流层大气二氧化碳分布. 光学学报，2012，21-26.

［67］于海利，胡顺星，苑克娥，吴晓庆，曹开法，孟祥谦，黄见，邵石生，徐之海. 合肥上空大气二氧化碳 raman 激光雷达探测研究. 光子学报，2012，812-817.

［68］刘豪，舒嵘，洪光烈，郑龙，葛烨，胡以华. 连续波差分吸收激光雷达测量大气 CO_2. 物理学报，2014，209-214.

［69］戴铁，石广玉，漆成莉，徐娜，张兴赢，杨溯. 风云三号气象卫星红外分光计探测大气 CO_2 浓度的通道敏感性分析. 气候与环境研究，2011，577-585.

［70］Crisp，D，Atlas，R M，Breon，F M，Brown，L R，Burrows，J P，Ciais，P，Connor，B J，Doney，S C，Fung，I Y，Jacob，D J，et al. The orbiting carbon observatory（oco）mission. Advances in Space Research，2004，34：700-709.

［71］Crisp，D，Miller，C E，DeCola，P L. Nasa orbiting carbon observatory：Measuring the column averaged carbon dioxide mole fraction from space. J Appl Remote Sens，2008，2.

［72］刘毅，杨东旭，蔡兆男. 中国碳卫星大气 CO_2 反演方法：Gosat 数据初步应用. 科学通报，2013，996-999.

［73］Ryan，J P，Davis，C O，Tufillaro，N B，Kudela，R M，Gao，B-C. Application of the hyperspectral imager for the coastal ocean to phytoplankton ecology studies in monterey bay，ca，USA. Remote Sensing，2014，6：1007-1025.

［74］李德仁，李明. 无人机遥感系统的研究进展与应用前景. 武汉大学学报：信息科学版，2014，505-513＋540.

［75］Xiang，H，Tian，L. Development of a low-cost agricultural remote sensing system based on an autonomous unmanned aerial vehicle（uav）. Biosystems Engineering，2011，108：174-190.

［76］Khan，A，Schaefer，D，Tao，L，Miller，D J，Sun，K，Zondlo，M A，Harrison，W A，Roscoe，B，Lary，D J. Low power greenhouse gas sensors for unmanned aerial vehicles. Remote Sensing，2012，4：1355-1368.

［77］Kelcey，J，Lucieer，A. Sensor correction of a 6-band multispectral imaging sensor for uav remote sensing. Remote Sensing，2012，4：1462-1493.

［78］Jaakkola，A，Hyyppä，J，Kukko，A，Yu，X，Kaartinen，H，Lehtomäki，M，Lin，Y. A low-cost multisensoral mobile mapping system and its feasibility for tree measurements. ISPRS journal of Photogrammetry and Remote Sensing，2010，65：514-522.

[79] 李德仁，王长委，胡月明，刘曙光. 遥感技术估算森林生物量的研究进展. 武汉大学学报：信息科学版，2012，631-635.

[80] 朱京海，徐光，刘家斌. 无人机遥感系统在环境保护领域的应用研究. 环境保护与循环经济，2011，45-48.

[81] 臧克，孙永华，李京，闫志壮，宫辉力，李小娟，赵文吉. 微型无人机遥感系统在汶川地震中的应用. 自然灾害学报，2010，162-166.

[82] 雷添杰，李长春，何孝莹. 无人机航空遥感系统在灾害应急救援中的应用. 自然灾害学报，2011，178-183.

[83] 李云，徐伟，吴玮. 灾害监测无人机技术应用与研究. 灾害学，2011，138-143.

[84] Maza，I，Caballero，F，Capitán，J，Martínez-de-Dios，J，Ollero，A. Experimental results in multi-uav coordination for disaster management and civil security applications. Journal of intelligent & robotic systems，2011，61：563-585.

[85] 李德仁，眭海刚，单杰. 论地理国情监测的技术支撑. 武汉大学学报：信息科学版，2012，505-512＋502.

[86] 李德仁. 论空天地一体化对地观测网络. 地球信息科学学报，2012，419-425.

[87] 负天一. 天空地一体化：大气环境监测发展新方向——专访中科宇图资源环境科学研究院院长刘锐. 中国战略新兴产业，2014，88-90.

[88] 李正强，许华，张莹，张玉环，陈澄，李东辉，李莉，侯伟真，吕阳，顾行发. 北京区域 2013 严重灰霾污染的主被动遥感监测. 遥感学报，2013，919-928.

[89] 谢一淞，李东辉，李凯涛，张龙，陈澄，许华，李正强. 基于地基遥感的灰霾气溶胶光学及微物理特性观测. 遥感学报，2013，970-980.

[90] 王玲，李正强，马䶮，李莉，魏鹏. 利用太阳-天空辐射计遥感观测反演北京冬季灰霾气溶胶成分含量. 遥感学报，2013，944-958.

[91] 张莹，李正强. 利用细模态气溶胶光学厚度估计 $PM_{2.5}$. 遥感学报，2013，929-943.

[92] 张婉春，张莹，吕阳，李凯涛，李正强. 利用激光雷达探测灰霾天气大气边界层高度. 遥感学报，2013，981-992.

[93] Zhang，Y，Li，Z Q，Cuesta，J，Li，D G，Wei，P，Xie，Y S，Li，L. Aerosol column size distribution and water uptake observed during a major haze outbreak over beijing on january 2013. Aerosol Air Qual Res，2015，15：945-957.

[94] 张玉环，李正强，侯伟真，许华. 利用 hj-1 ccd 高分辨率传感器反演灰霾气溶胶光学厚度. 遥感学报，2013，959-969.

[95] 李正强，许华，张莹，李莉，李东辉，侯伟真，吕阳，顾行发，陈兴峰，陈澄. 基于卫星数据的灰霾污染遥感监测方法及系统设计. 中国环境监测，2014，159-165.

[96] Lin，C Q，Li，Y，Yuan，Z B，Lau，A K H，Li，C C，Fung，J C H. Using satellite remote sensing data to estimate the high-resolution distribution of ground-level $PM_{2.5}$. Remote Sensing of Environment，2015，156：117-128.

[97] Zhang，Y，Li，Z Q. Remote sensing of atmospheric fine particulate matter（$PM_{2.5}$）mass concentration near the ground from satellite observation. Remote Sensing of Environment，2015，160：252-262.

[98] 辛名威，袁金国，马晶晶. 基于 omi 卫星数据的河北省对流层 NO_2 垂直柱浓度时空变化研究. 湖北农业科学，2014，2290-2295.

[99] Zhang，X Y，Van Geffen，J，Liao，H，Zhang，P，Lou，S J. Spatiotemporal variations of tropospheric SO_2 over china by sciamachy observations during 2004-2009. Atmos Environ，2012，60：238-246.

[100] 赵军，张斌才，樊洁平，师银芳. 基于 omi 数据的兰州及附近地区大气边界层 SO_2 量值变化初步分析. 遥感技术与应用. 2011，808-813.

[101] Kern，C，Werner，C，Elias，T，Sutton，A J，Lubcke，P. Applying uv cameras for SO_2 detection to distant or optically thick volcanic plumes. Journal of Volcanology and Geothermal Research，2013，262：80-89.

[102] Smekens，J-F，Burton，M R，Clarke，A B. Validation of the SO_2 camera for high temporal and spatial resolution monitoring of SO_2 emissions. Journal of Volcanology and Geothermal Research，2015，300：37-47.

[103] 尉鹏，任阵海，陈良富，陶金花，王文杰，程水源，高庆先，王瑞斌，解淑艳，谭杰. 中国 CO 时空分布的遥感诊断分析. 环境工程技术学报，2011，197-204.

[104] 孙玉涛，崔月菊，刘永梅，杜建国，张炜斌，张冠亚. 苏门答腊 2004、2005 年两次大地震前后 CO 和 O_3 遥感信息. 遥感信息，2014，47-53.

[105] 麦博儒，邓雪娇，安兴琴，刘显通，李菲，刘霞. 基于卫星遥感的广东地区对流层二氧化碳时空变化特征. 中国环境科学，2014，1098-1106.

[106] 张森，张兴赢，刘瑞霞. 卫星高光谱大气 CO_2 遥感反演精度地基验证研究. 气候变化研究进展，2014，427-432.

[107] 赵引弟. 中国主要温室气体卫星柱浓度与人为排放估计值比较研究. 上海：华东师范大学，2014.

[108] 秦林，张可言，朱乾华，杨季冬，王鼎益，白文广，张兴赢，张鹏，陈刚才，杨复沫，等. Airs 遥感观察三峡库区二氧化碳浓度变化特征. 中国科技信息，2013，34-35.

[109] 张兴赢，白文广，张鹏，王维和. 卫星遥感中国对流层中高层大气甲烷的时空分布特征. 科学通报，2011，2804-2811.

[110] 韩英. 基于卫星遥感数据分析中国区域大气 CH_4 垂直柱浓度时空特征. 南京：南京大学，2011.

[111] 李云梅. 太湖水体光学特性及水色遥感. 北京：科学出版社，2010.

[112] 吴传庆. 环境一号卫星数据的水环境遥感应用. 北京：中国环境出版有限责任公司，2014：232.

[113] 张兵，李俊生，王桥，申茜. 内陆水体高光谱遥感. 北京：科学出版社，2012.

[114] 马荣华，段洪涛，唐军武，陈兆波. 湖泊水环境遥感. 南京：科学出版社，2010.

[115] 欧阳志云，张路，吴炳方，李晓松，徐卫华，肖燚，郑华. 基于遥感技术的全国生态系统分类体系. 生态学报，2015，219-226.

[116] Gong, P, Niu, Z, Cheng, X, Zhao, K, Zhou, D, Guo, J, Liang, L, Wang, X, Li, D, Huang, H. China's wetland change（1990—2000）determined by remote sensing. Science China Earth Sciences，2010，53，1036-1042.

[117] Tao, S, Fang, J, Zhao, X, Zhao, S, Shen, H, Hu, H, Tang, Z, Wang, Z, Guo, Q. Rapid loss of lakes on the mongolian plateau. Proceedings of the National Academy of Sciences，2015，112：2281-2286.

[118] 张增祥. 中国土地覆盖遥感监测. 北京：星球地图出版社，2010.

[119] 张增祥. 中国土地利用遥感监测图集. 北京：星球地图出版社，2012.

[120] 张增祥. 中国城市扩展遥感监测图集. 北京：星球地图出版社，2013.

[121] 李保杰. 矿区土地景观格局演变及其生态效应研究. 徐州：中国矿业大学，2014.

[122] 张寅玲. 露天矿区感监测及土地复垦区生态效应评价——以平朔露天矿区为例. 北京：中国地质大学，2014.

[123] 赵英时. 遥感应用分析原理与方法. 北京：科学出版社，2013.

[124] 刘文超，颜长珍，秦元伟，闫慧敏，刘纪远. 近 20a 陕北地区耕地变化及其对农田生产力的影响. 自然资源学报，2013，1373-1382.

[125] 姚延娟，王雪蕾，吴传庆，高彦华，吴迪，殷守敬，唐菊俐. 饮用水源地非点源风险遥感提取及定量评估. 环境科学研究，2013，1349-1355.

[126] 沙先丽. 地膜农田遥感信息提取及覆膜地表温度反演. 杭州：浙江大学，2012.

[127] 张淼，李强子，蒙继华，吴炳方. 作物残茬覆盖度遥感监测研究进展. 光谱学与光谱分析，2011，3200-3205.

[128] De Wasseige, C, Defourny, P. Retrieval of tropical forest structure characteristics from bi-directional reflectance of spot images. Remote Sensing of Environment，2002，83：362-375.

[129] Treuhaft, R N, Chapman, B D, Dos Santos, J R, Gonçalves, F G, Dutra, L V, Graça, P, Drake, J B. Vegetation profiles in tropical forests from multibaseline interferometric synthetic aperture radar，field，and lidar measurements. Journal of Geophysical Research：Atmospheres（1984—2012），2009，114.

[130] 何祺胜，陈尔学，曹春香，刘清旺，庞勇. 基于 lidar 数据的森林参数反演方法研究. 地球科学进展，2009，748-755.

[131] 谭炳香，李增元，陈尔学，庞勇，武红敢. 高光谱遥感森林信息提取研究进展. 林业科学研究，2008，105-111.

[132] 赵静，李静，柳钦火. 森林垂直结构参数遥感反演综述. 遥感学报. 2013，697-716.

[133] Hosoi, F, Omasa, K. Estimating vertical plant area density profile and growth parameters of a wheat canopy at different growth stages using three-dimensional portable lidar imaging. ISPRS Journal of Photogrammetry and

Remote Sensing，2009，64：151-158.

[134] 王树东，张立福，陈小平，欧阳志云. 基于 landsattm 的热带精细地物信息提取的模型与方法——以海南岛为例. 生态学报，2012，7036-7044.

[135] 王雪军. 基于多源数据源的森林资源年度动态监测研究. 北京：北京林业大学，2013.

[136] 钱育蓉，杨峰，于炯，贾振红，李建龙，帕力旦·吐尔逊. 新疆阜康荒漠植被指数特征和时空过程分析. 草业学报，2013，25-32.

[137] 白元，徐海量，刘新华，凌红波. 塔里木河干流荒漠河岸林的空间分布与生态保护. 自然资源学报，2013，776-785.

[138] 谢芮，吴秀芹. 内蒙古草地放牧强度遥感估测. 北京大学学报：自然科学版，2014，919-924.

[139] 李金亚. 科尔沁沙地草原沙化时空变化特征遥感监测及驱动力分析. 北京：中国农业科学院，2014.

[140] 冯琦胜，高新华，黄晓东，于惠，梁天刚. 2001—2010 年青藏高原草地生长状况遥感动态监测. 兰州大学学报：自然科学版，2011，75-81＋90.

[141] 滕明君，曾立雄，肖文发，周志翔，黄志霖，王鹏程，佃袁勇. 长江三峡库区生态环境变化遥感研究进展. 应用生态学报，2014，3683-3693.

[142] 曹银贵，王静，刘正军，程烨，刘爱霞，许宁. 三峡库区近 30 年土地利用时空变化特征分析. 测绘科学，2007，167-170＋210.

[143] 邵怀勇，仙巍，杨武年，周万村. 三峡库区近 50 年间土地利用/覆被变化. 应用生态学报，2008，453-458.

[144] 田耀武，黄志霖，肖文发. 基于 annagnps 模型的三峡库区秭归县生态服务价值. 中国环境科学，2011，31：2071-2075.

[145] 冯永丽，李阳兵，程晓丽，赵岩洁. 重庆市主城区不同地质条件下土壤侵蚀时空分异特征. 水土保持学报，2011，30-34.

[146] 王丽婧，席春燕，付青，苏一兵. 基于景观格局的三峡库区生态脆弱性评价. 环境科学研究，2010，1268-1273.

[147] 周永娟，仇江啸，王姣，王效科，吴庆标. 三峡库区消落带生态环境脆弱性评价. 生态学报，2010，30：6726-6733.

第五篇　环境医学与健康学科发展报告

编写机构：中国环境科学学会环境医学与健康分会
负 责 人：郭新彪
编写人员：黄　婧　刘奇琛　郭新彪

摘要

　　全球范围内的环境污染问题现在已经成为阻碍各国经济发展和社会进步的主要危险因子，其对健康的危害作用也受到全球各界媒体和公众的普遍关注。2011—2015 年，环境医学与健康学科在气候变化与健康、大气 $PM_{2.5}$ 污染与健康、饮用水污染与健康、土壤污染与健康及其作用机制等方面取得了诸多进展。气候变化对人体健康的影响是多途径、多方面、大范围、长期、缓慢的效应，包括直接影响和间接影响两方面。其最终效应同时受到人群易感性以及人群经济、社会发展水平的影响，较好的经济条件和完善的社会公共健康系统将极大减少气候变化导致的各种健康影响。大气污染问题成为近几年来环境医学与健康学科关注的焦点，大量研究显示颗粒物尤其是 $PM_{2.5}$ 可对人体呼吸系统、心血管系统、神经系统、免疫系统、生殖发育系统等多方面产生不良影响，并且还具有致癌性和遗传毒性。水污染问题一直是公共卫生领域的研究重点，近年来学者对我国饮用水重金属、内分泌污染物进行了健康风险调查和评价，对饮用水中氯化消毒副产物的生物毒性进行了大量研究，它们的健康不容忽视。在土壤污染与健康方面，我国学者对土壤重金属、农药和持久性有机物污染进行调查和健康风险评估，相关研究逐渐引起关注。环境医学与健康学科除了与流行病学和毒理学联系紧密外，也与临床医学和许多基础学科有着密切的交流。除此之外，社会学科的知识和方法也在环境医学与健康的学科中有着广泛的应用。

一、引言

　　环境是影响人类健康和发展的重要决定因素，但是全球范围内的环境污染问题已成为阻碍各国经济发展和社会进步的主要危险因子，其对健康的危害作用也受到全球各界媒体和公众的普遍关注。我国改革开放后的三十多年来，伴随着经济腾飞和社会文明的极度提高，环境问题也变得尤为突出，特别是细颗粒物的健康危害尤其受人重视。

　　环境污染物可通过大气、土壤、水和食物等多种介质进入身体产生危害，其作用对象是整个人群，包括老、弱、病、幼，甚至胎儿，一般生活环境中的环境污染物浓度水平很低，但人群长期生活在这样的环境中，暴露累积剂量大，会出现慢性中毒。环境中的污染物种类很多，可同时进入人体，产生联合作用。环境污染物的联合作用可表现为相加作用、协同作用、拮抗作用或独立作用。此外，污染物在环境中可通过生物学或理化作用发生转、增毒、降解或富集，从而改变原有的形状、浓度和毒性，产生不同的危害作用[1]。

频繁的环境污染事故严重地威胁着公众的身心健康和生命安全，大量的流行病学调查和毒理学实验证实，环境污染可导致急性中毒和慢性危害，也可导致公害病的发生，而且还具有致癌、致畸、致突变等远期效应，危及身体健康、生殖发育和生存发展[1]。

环境医学与健康的主要研究对象是人类及其周围的环境。环境指围绕人类的空间以及各种因素、介质，从我们身边的生活环境到宇宙环境。人与环境之间存在着相互作用，环境因素可以对人体健康产生作用，同时人体可以对环境因素的作用做出反应。作为生态系统的一部分，人类与环境之间不断进行着物质、能量和信息的交换，两者之间保持着动态平衡。

环境医学与健康的研究内容很多，范围也很广，并且随着时代的不同其研究的侧重点也有所不同，概括起来有以下几个方面：①大气、水体、土壤与健康；②饮水卫生与健康；③住宅及室内环境与健康；④公共场所卫生；⑤人居环境与健康；⑥家用化学物品、个人用品与健康；⑦环境质量评价和健康危险度评价；⑧环境卫生监督与卫生管理；⑨灾害卫生；⑩全球环境变化与健康。

环境医学与健康学科是环境科学的重要分支之一，也是公共卫生和预防医学的重要组成部分。环境医学与健康学研究环境中的物理、化学、生物、社会以及心理社会因素与人体健康，包括生活质量的关系，揭示环境因素对健康影响的发生、发展规律，为充分利用对人群健康有利的环境因素，消除和改善不利的环境因素提出卫生要求和预防措施，并配合有关部门做好环境立法、卫生监督以及环境保护工作。

近年来，我国学者在相关研究中结合应用流行病学研究和毒理学研究方法，并引入模型评价、基因芯片、蛋白组学、核酸测序等新技术和方法，为污染物的疾病负担评估、健康风险评价、健康影响机制等方面提供了重要的科学依据。

2011—2015 年，环境医学与健康学科在气候变化与健康、大气 $PM_{2.5}$ 污染与健康、饮用水污染与健康、土壤污染与健康及其作用机制等方面取得了诸多进展。本学科发展报告从各方面对上述内容进行介绍。

二、环境医学与健康研究方法学进展

（一）暴露评价

1. 暴露评价方法

暴露评价是环境健康风险评价和流行病学研究中的重要组成部分。暴露评价是确定或者估计暴露量大小、暴露持续时间、暴露频率以及暴露途径的方法。暴露评价的方法可分为直接法和间接法。

（1）直接法　直接法又可以分为个体监测和生物监测。

①个体监测　个体监测是测量个体在一段时间内所接触污染物浓度的大小，便携式的个体暴露仪器可以较精准地测量个体暴露水平。个体暴露水平监测可以不需要考虑研究

对象的其他环境影响因素，而且对于移动性较大的人群研究，个体监测具有较大的优势。但是个体暴露水平的监测仪器测定花费高，不适合于大规模的人群流行病学研究，随机抽样监测的不确定性也较大，因此我国并未广泛使用。

② 生物监测　生物监测法又称为生物标志物法，是直接监测生物介质中污染物内暴露的方法，也被认为是进行环境暴露水平评价的有效方法。通过对血液、尿液、指甲、皮肤、母乳等样本的取样监测，来反映污染物通过多种途径进入人体的总暴露剂量。生物监测考虑了人体与环境因素的相互作用，提高了暴露评价的精确度，也可以反映暴露早期的生理生化改变。但是生物样本的采集涉及研究对象的身体权，执行难度较大，并且生物标志物是一个综合性的指标，它是各种环境因素通过各种途径进入人体并与人体相互作用的综合性结果，特异性较差。此外，生物监测由于其测定困难、花费大、灵敏指标不够高等缺点使其推广受到限制。

（2）间接法　间接法通过测量个体所在环境的污染物的浓度，结合调查对象的暴露频率和暴露时间以及时间活动模型来估算调查对象的实际暴露浓度，以评估研究对象的暴露风险。

2. 暴露参数

暴露参数是用来描述人体经呼吸道、消化道和皮肤暴露于环境污染物的行为和特征的参数[1]。暴露参数是人体暴露和健康风险评价的关键性参数，其正确性是决定健康风险评价准确性和科学性的重要指标。人体暴露于环境介质主要是通过呼吸道、消化道、皮肤这三种途径进入人体。因此，根据不同的暴露途径，可分为经过呼吸道的暴露参数、经过消化道的暴露参数、经过皮肤的暴露参数以及每种途径都要用到的基本参数。根据环境健康风险评价的要求，可以选择不同类型的参数[2]。欧盟、美国、日本、韩国均发布了适用于本国人群的暴露参数手册，但是我国目前尚未发布一份标准或者暴露参数手册，由于人种、居住环境、生活习惯等方面存在差异，引用他国的暴露参数会对健康风险评价的准确性造成影响，出现较大的误差。当务之急是组织和开展全国大范围的暴露参数的调查，结合现有的资料和结果，逐步建立起一套适合中国国情的、多民族的环境污染暴露手册，为环境风险评价提供依据。

3. 暴露评价的发展方向

近年来，随着科技的进步和新型技术、方法的不断涌现，暴露评价的技术和手段也在不断进步。多种环境污染物的联合暴露效应以及暴露指标的特异性一直都是暴露评价的难点。今后暴露评价将向以下四个方面发展：①暴露定量的准确性。进一步研究基于个体的暴露测量技术、个体有效性暴露生物标志物评价技术和新方法，开发对多途径和多种化合物联合暴露的评价模型和方法以及多种暴露验证方法，不断提高暴露评价定量的准确性。②暴露评价时间范围的推广。应用暴露再现评估方法、先进的模拟方法和新型的数理统计模型和方法等，实现对历史暴露的定量估计和对未来暴露的有效预测。③暴露评价空间范围的扩大化。应用地理信息系统（GIS）和空间分析等方法，扩大暴露评价的地域尺度，实现基于群体的定量暴露评价，以为宏观决策服务。④暴露评价应用领域的拓宽。人体暴露评价除用于环境健康风险评价和流行病学研究外，将逐渐在有毒有害化学品的安全性评价、突发性环境污染事故和自然灾害应急过程中发挥更为有效的作用[3]。

（二）毒理学研究

环境毒理学是研究环境污染物，特别是化学污染物对生物有机体，尤其是对人体的影响及其作用机理的科学。在探讨环境与健康的关系时，人们常常需要了解环境污染物在人体内的吸收、分布、转化和排泄特征，污染物毒作用的大小，阈剂量，剂量效应关系，污染物的靶器官和靶组织，污染物毒作用的基本特征和机理，污染物的特殊毒作用如致突变、致癌和致畸性，环境污染物对健康影响的早期指标和生物标记物，环境化学物质的安全性评价方法等。

毒理学是研究外源因素（化学、物理和生物因素）对生物系统的损害作用、生物学机制、安全性评价以及危险度评价的科学。目前，毒理学的研究对象以外源性化学物为主，其研究内容包括以下几个方面。

（1）外源性化学物的毒代动力学特征，包括它们在机体内的吸收、分布、转化和排泄。

（2）外源性化学物的毒作用机制及特征。

（3）外源性化学物的一般毒性评价方法，包括急性、亚急性、亚慢性、蓄积性和慢性毒性。

（4）外源性化学物的特殊毒性评价方法，包括致突变性、致癌性、发育及生殖毒性等。

（5）外源性化学物对人体健康产生影响的暴露标志物、易感标志物和效应标志物。

（6）外源性化学物的安全性评价以及机体暴露后的健康危险度评价。

外源性化学物对机体的毒性效应，随剂量的增加表现不同，从轻微的生理生化改变到中毒甚至死亡。外源性化学物的毒性作用可分为一般毒性作用与特殊毒性作用。一般毒性作用主要包括急性毒性作用、亚慢性毒性作用和慢性毒性作用。特殊毒性作用则主要指致癌作用、致突变作用、生殖和发育毒性和内分泌干扰作用等。观察和评价上述毒性作用的方法称为毒性试验。

一般毒性试验多为以实验动物为模型的体内试验，可分为急性毒性试验、亚慢性毒性试验和慢性毒性试验。外源性化学物的特殊毒性评价方法，包括致突变试验、致癌试验、发育及生殖毒性试验以及内分泌干扰作用筛查试验。

（三）流行病学研究

环境流行病学是应用传统的流行病学方法，结合环境与人群健康关系的特点，研究环境因素与人群健康的宏观关系。与一般流行病学相比，环境流行病学在内容和方法上都有其自身的特点。环境流行病学是研究某个或某几个环境因素对人群健康产生的影响，因而首先要对该环境因素是否具有产生该疾病或健康效应的可能性进行探讨。环境因素对人群健康的影响不仅反映为疾病，而是一个健康效应谱。因此，环境流行病学不仅研究疾病的分布规律，而且更经常地研究疾病前的状态，包括生理和生化功能的改变、疾病的前期等各种健康状况。环境流行病学的最终目的是改善环境，保护人群健康。环境流行病学特别注意发现、控制和消除病因，研究暴露效应关系和暴露反应关系，这是制定环境卫生标准和环境质量标准的根据，也是制定卫生政策、法规和条例的重要依据。

环境流行病学研究方法一般按研究设计可分为描述流行病学方法、分析流行病学方法和实验流行病学方法三大类。

1. 描述流行病学方法

描述流行病学，又称为描述性研究，是指利用常规监测记录或通过专门调查获得的数据资料，按照不同地区、不同时间以及不同人群特征分组，描述人群中疾病或健康状态或暴露因素的分布情况。在此基础上分析获得疾病三间分布的特征，提出病因假说和线索。描述流行病学的研究特征主要是对疾病的分布和频率进行描述，特别是根据人群样本中所获数据来推断和评估总体的参数。在流行病学工作中对任何因果关系的确定都是始于描述性研究。描述流行病学主要包括历史常规资料的分析、现况研究、生态学研究和随访研究等。

2. 分析流行病学方法

与描述流行病学不同，分析流行病学最重要的特征是在研究开始前的设计中就设立了可供对比的两个或 n 个组（或时间段），用于检验危险因素的假设或用来筛选危险因素，分析流行病学主要包括病例对照研究和队列研究。

3. 实验流行病学方法

以医院、社区、工厂、学校等为现场，将人群随机分成实验组与对照组，将研究者所控制的措施给予实验组之后，随访并比较两组的结果以判断干预措施效果的研究方法，称为实验流行病学或干预性研究。实验流行病学研究一般可分为现场实验（如评价某疫苗效果的实验研究）、社区干预实验和临床实验（如比较手术效果的实验）。

与描述性研究相比，实验流行病学的明显优点是能够检验病因假设。与分析性研究相比，虽然两者都能用来检验病因假设，但实验性研究的检验能力比分析性研究要强得多，主要是因为它通过随机分组、双盲和使用安慰剂等方法，有效控制了偏倚和混杂。

三、环境问题的健康效应研究进展

（一）气候变化与健康

全球气候变化对人体健康影响是多方面的——少数是正面的（如冬季温度的升高将会减少冬季死亡人数，而热带地区进一步气温升高可能会减少疾病传播媒介繁殖数量，从而减少虫媒疾病的传播等），大多数是负面的。气候变化对人体健康的影响是多途径、多方面的，包括直接影响和间接影响两方面；其最终效应同时受到人群易感性以及人群经济、社会发展水平的影响，较好的经济条件和完善的社会公共健康系统将极大地减少气候变化对人体健康导致的各种影响。

气候对人类健康的影响是大范围的、长期的、缓慢的效应。当前研究表明：几十年内，源于可观察到的气候变化导致人群健康状态变化的证据尚且有限。识别气候变化导致健康影响的一个难点是大多数影响健康的因素都是多方面的，其社会经济背景和环境背景都在变化，因而要证明气候变化导致的健康效应依旧有很多问题。但是，气候对人体健康的影响需要人们更加密切的关注。

1. 气候变化对我国人群健康的直接影响

气候变化对人体的直接健康影响包括：极端气候（洪水、干旱、热浪、寒潮等）的暴露频率增加、区域性空气污染和花粉等含量和毒性的增加对人体健康产生的直接影响。

温度日较差是可以反映气温稳定性、全球气候变化和城市化的重要气象因素指标。Zan Ding[4]搜集了中国西南的高原城市玉溪2007—2013年的死亡数据，运用时间序列分析方法去分析温度日较差对每天死亡率的影响。结果显示，温度日较差与死亡呈非线性关系，温度日较差与非意外死亡人数、心血管和心肺血管死亡人数呈"J"形，与呼吸系统死亡人数呈"U"形。在温度日较差开始达到大约 16℃ 时，死亡人数开始一直增加。温度日较差增高可增加非意外死亡风险，RR（risk ratio，相对危险度）值分别为 1.03（0.95～1.11）（无滞后）和 1.33（0.94～1.89）（滞后 0～21 天）。温度日较差的波动在年龄小于 75 岁的男性中的健康效应更明显。

Antonio Gasparrini[5] 研究发现在中国 11.0%（9.29%～12.47%）的死亡需要归因于不适的温度，高于所纳入研究的 13 个国家和地区的平均水平 7.71%（7.43%～7.91%）。

W Ma[6] 从我国不同的气温带抽取 66 个社区，运用分布滞后非线性模型评估 2006—2011 年期间温度与死亡之间的关系。研究发现，温度与死亡之间的关系呈现"U"形，揭示高温和低温都会导致死亡的增加。极端低温的 RR 值是 1.61（1.48～1.74），极端高温的 RR 值是 1.21（1.10～1.34），并且我国不同地区温度与死亡的关系有差异。在所调查的 66 个社区中，5%（2.9%～7.2%）的非正常死亡与热浪有关，其中北方地区有 6%（1%～11.3%）的非正常死亡与热浪有关，而东方和南方分别只有 5.2%（0.4%～10.2%）和 4.5%（1.4%～7.6%）。热浪导致的死亡效应在城市和人口密集的社区更明显，并且一些个体特征也会对热浪导致死亡的结局产生修饰作用[7]。

尽管最近我国出现的几次热浪都导致了灾害性的健康结局，但是定量描述夏天极端高温和与热相关性疾病关系的研究却很有限，其中 L Bai[8] 搜集了 2011—2013 年在中国宁波发生的 3862 例与热相关的病例，运用分布滞后非线性模型，以期寻找极端高温和与热相关性疾病的关系。结果显示，在控制了相对湿度的作用后，最高气温，而不是热指数，是夏天热相关性疾病是否发生的良好预测指标。最高气温与热相关性疾病存在正相关，在滞后效应的作用下更为明显。男性比女性、患有各种类型疾病的个体比正常人对热浪的健康效应更明显。此外，所有不同年龄组的个体都是热浪的易感人群。而在西藏地区的调查发现，热效应会即刻显现，而冷效应则会持续一段时间。温度对心血管死亡率的影响明显大于全死因死亡率的影响，并且会增加非住院病人的死亡率[9]。

2. 气候变化对我国人群健康的间接影响

气候变化对人体健康的间接影响是指来源于气候变化导致的其他生态系统和社会系统的变化导致的人体健康危害，如当地粮食产量减少和营养不良的出现、感染性疾病的发生、平流层臭氧消耗导致的紫外线相关疾病发生，以及人群迁徙和经济衰退导致的各种健康损伤等。主要包括：营养相关性疾病、虫媒性疾病、介水传染病、皮肤癌及白内障、社会与经济受损导致的精神系统损伤等。

一般来讲，根据传播模式，传染性疾病可分为两类：直接的人与人传播（直接接触或者飞沫传播）和非直接的人与人传播（通过生物媒介如蚊子、蜱等或者非生物的媒介如土壤或水等）。气候变化对传染病的影响表现在多个方面，包括传染性疾病的媒介物与感染性寄生虫流行范围和活动能力改变、经水和食物传播的病原体生态状况改变等。

研究表明，76% 的传染媒介生物或病原体受气候影响，有 40% 的传染病在全球变暖条件下被传播得更快[10]。Gale[11] 等预测气候变化将增加传染病侵入欧洲的风险；Khasnis 等[12] 预测伴随气候变暖，一些虫媒性传染病将殃及世界 40%～50% 的人口健康。

气候变化延长了钉螺、血吸虫生长发育季节，导致我国钉螺和血吸虫病流行病流行区向北迁移扩散，并在 2050 年有明显的扩大[13]。南水北调工程也可能使钉螺和血吸虫病向北迁移扩散[14]。杨坤等[15] 采用 PRECIS（providing regional climates for impacts studies）

气候模型模拟了中国血吸虫病的传播范围和强度的变化，研究结果表明，相对 2005 年时段（1991—2005 年），2050 年和 2070 年时段 A2（中高）、B2（中低）情景下血吸虫病分布范围的北界线出现北移，在中国东部尤其是江苏和安徽省境内北移明显。2050 年时段，A2、B2 情景下的血吸虫病潜在北界线分布相似。长江、洞庭湖及鄱阳湖周围的血吸虫传播指数明显上升，以洞庭湖周围与湖北省内的长江沿线区域上升更加明显。2070 年时段，A2 情景下血吸虫病潜在北界线的北移趋势明显大于 B2 情景，进入到山东省境内。血吸虫传播指数进一步增加，A2 情景增加的幅度明显大于 B2 情景。刘体亚等[16]利用邳州疟疾发病资料及同期气象资料，通过相关分析和多元逐步回归分析发现，月平均最低温度和湿度成为影响疟疾发病的主要气候因素。郑学礼等[17,18]指出气温是影响登革热传播的重要因素，当气温升高时，病毒在蚊虫体内的潜伏期缩短，蚊虫叮咬人群的频率加快，传播登革热病毒的蚊虫分布区域也可能扩大。登革热病毒在蚊体内繁殖复制的适宜温度在 20℃ 以上，低于 16℃ 时不繁殖，登革热流行也随即终止。刘自远等[19]采用灰色关联分析法对开江县乙脑发病率与气象因素分析发现，乙脑发病率与 7～8 月平均气温和 7～8 月平均日照时间呈显著正相关，流行季节气温越高则相应的乙脑发病率愈高。Zhang[20] 等发现济南市细菌性痢疾的流行与最高气温、最低气温、降雨量、相对湿度以及气压相关，其中最高气温每上升 1℃，菌痢发病数将增加超过 10%；安庆玉等[21]发现气象因素影响大连市肠道传染病发病的时间分布规律，表现为随着气温的升高、日照时数的减少和风速的下降，大连市细菌性痢疾的发病高峰日前移。

近些年来，手足口病的高发已经成为公共卫生系统传染病控制的重大挑战。Junni Wei[22]选取了山西省大同、太原、运城、长治四个城市，运用相关分析和 SARIMA 模型（季节性差分自回归滑动平均模型）探寻手足口病的发病率与气候变化的关系。结果发现，手足口病的发病具有季节性的变化趋势，温度对手足口病的发病具有重要的影响，SARIMA 模型指出最高气温、最低气温、平均气温升高 1℃ 均会导致四座城市手足口病发病数的增加。温度的滞后效应也在太原、长治和运城发现。手足口病的病例数与太原、长治、运城一周前的平均气温和最低气温呈正相关，与运城两周前的最高气温也呈正相关。

3. 气候变化相关疾病负担评估

平均气温的升高将造成呼吸系统疾病、心脑血管疾病、传染性疾病和营养不良类疾病等各类疾病发病率的升高，造成疾病负担的增加。因此，开展气候变化对人群疾病负担的影响研究尤为重要。目前国内外气候变化疾病负担的评价方法是通过计算基准年的 DALY（disability adjusted of life years，伤残调整寿命年）值，应用 CRA 模型（comparative risk assessment，风险评估模型）来计算归因分值（PAF）、总的疾病负担与归因分值的乘积等一系列步骤，最终得出归因于气候变化的疾病负担[23]。

（二）大气 $PM_{2.5}$ 污染与健康

随着我国工业化、城镇化的深入推进，能源资源消耗持续增加，近年来我国所面临的大气污染问题日益严重。而大气污染所造成的疾病负担、不同大气污染物组分特别是细颗粒物（$PM_{2.5}$）与不同健康结局之间的关联也成为国内环境卫生领域的研究热点。2012 年新修订的《环境空气质量标准》中纳入 $PM_{2.5}$ 指标，全国 $PM_{2.5}$ 监测工作逐步开展：2012 年在京津冀、长三角、珠三角等重点区域以及直辖市和省会城市开展 $PM_{2.5}$ 的监测；2013 年在 113 个环境保护重点城市和国家环境保护模范城市开展监测；2015 年全面覆盖所有地级以上城市。这一检测体系的建立也为环境卫生学研究的开展提供了大量数据。

1. 大气PM$_{2.5}$对我国人群健康的影响

大量研究显示颗粒物尤其是空气动力学直径≤2.5μm的PM$_{2.5}$可对人体呼吸系统、心血管系统、神经系统、免疫系统、生殖发育系统等多方面产生不良影响，并且还具有致癌性和遗传毒性。

（1）细颗粒物对呼吸系统疾病的影响　我国研究者对大气颗粒物暴露与呼吸系统疾病发病率之间的关系进行了分析，结果显示颗粒物短期和长期暴露均与呼吸系统疾病入院数和患病率增加之间呈显著正关联。

在我国香港开展的一项回顾性生态学研究（2000—2004年）显示，短期暴露于PM$_{2.5}$与COPD患者（chronic obstructive pulmonary diseases，慢性阻塞性肺病患者）急性加重入院数升高有关，RR为1.014（95% CI：1.007～1.022）[24]。在我国台湾开展的一项病例交叉设计方法，收集了台北市2006—2010年间每日COPD患者的急诊入院数数据，并与研究期间PM$_{2.5}$的浓度进行关联分析发现，高浓度水平的PM$_{2.5}$可导致COPD患者急诊入院数显著增加[25]。

从21纪初期，我国研究者就已经开始进行大气颗粒物污染与人群呼吸系统疾病死亡率间的关系研究，截至目前已经有较多的研究报道[26~30]。尤其是近期开展的一些大规模流行病学研究及Meta分析（荟萃分析）研究，为颗粒物污染对我国人群呼吸系统疾病死亡率的影响提供了较为充分的研究证据[31,32]。

我国研究者近期采用Meta-analysis的方法综合分析了我国不同城市（包括北京、香港、天津、上海、苏州、杭州、武汉、西安、重庆、鞍山、沈阳、太原以及珠江三角洲城市）33项时间序列研究和病例交叉研究中有关PM$_{10}$和PM$_{2.5}$短期暴露对呼吸系统疾病死亡率的影响，对上述研究进行综合评价的结果显示，PM$_{10}$浓度升高10μg/m³，所有年龄人群呼吸系统疾病死亡率上升0.32%（95% CI：0.23%～0.40%）；PM$_{2.5}$浓度升高10μg/m³，所有年龄人群呼吸系统疾病死亡率上升0.51%（95% CI：0.30%～0.73%）[32]。

有关颗粒物对呼吸系统炎症发生的研究结果显示，颗粒物可导致肺部的炎性损伤和炎性因子水平增加。对儿童PM$_{2.5}$和BC暴露浓度与其呼出气一氧化氮（exhaled nitric oxide，eNO）水平变化的关系研究显示，PM$_{2.5}$和BC浓度每升高一个四分位间距，eNO水平分别增加16.6%（95% CI：14.1%～19.2%）和18.7%（95% CI：15.0%～22.5%），由于eNO是反映气道炎症水平的无创新指标，因此该研究结果提示颗粒物的暴露可升高儿童气道炎症水平[33]。

（2）细颗粒物对心血管疾病的影响　大量研究表明，细颗粒物是导致不良心血管健康效应的重要空气污染物之一。细颗粒物的长期或短期暴露可引起人群心血管系统疾病的急诊人数和入院数增加以及死亡率升高，相应的心血管系统疾病主要包括心肌缺血、心肌梗死、心律失常、动脉粥样硬化等。

在我国北京、上海、广州、西安等城市的研究均显示细颗粒物的短期暴露与人群心血管系统疾病死亡率之间存在显著正关联。如在广州市2007—2008年期间的研究显示，PM$_{2.5}$两天的滑动平均值升高10μg/m³，居民心血管系统疾病死亡率增加1.22%（95% CI：0.63%～1.68%）[34]；在西安市2004—2008年期间的研究显示，PM$_{2.5}$日均浓度每增加一个四分位数间距，在滞后1天时，心血管系统疾病死亡率增加3.1%（95% CI：

$1.6\%\sim4.6\%)^{[35]}$。

此外，我国研究者近期采用 Meta-analysis 的方法对我国不同城市 33 项时间序列研究和病例交叉研究中有关 PM_{10} 和 $PM_{2.5}$ 短期暴露对心血管系统疾病死亡率影响的结果进行综合分析，显示 PM_{10} 浓度增加 $10\mu g/m^3$，所有年龄人群心血管系统疾病死亡率上升 0.43%（95% CI：$0.37\%\sim0.49\%$）；$PM_{2.5}$ 浓度增加 $10\mu g/m^3$，所有年龄人群心血管系统疾病死亡率上升 0.44%（95% CI：$0.33\%\sim0.54\%$）[32]。

鉴于大气颗粒物尤其是 $PM_{2.5}$ 对人群心血管系统健康的潜在危害性，近年来关注大气颗粒物对心血管系统影响的研究日渐增多。除了针对细颗粒物对人群心血管系统疾病发病率和死亡率影响的流行病学研究外，还有一些研究选择能够反映心血管系统健康状态的生物标志进行测定，通过分析细颗粒物对各种生物标志水平的影响，来探讨细颗粒物对心血管系统的不良效应及其作用机制/途径。目前细颗粒物对心血管系统产生影响的主要机制包括：对系统性炎症水平的影响和氧化损伤；对凝血功能的影响；对血管功能的影响以及对心脏自主神经功能的影响。

（3）细颗粒物对免疫系统的影响　流行病学研究显示，大气颗粒物暴露可对人体的免疫系统产生不良影响。在大气颗粒物污染严重的地区，儿童体内唾液溶菌酶含量和分泌性 IgA 含量均呈现显著降低状态，由于唾液溶菌酶和分泌性 IgA 是构成机体非特异性免疫功能的因素之一，研究结果表明大气颗粒物暴露可导致机体非特异性免疫功能受损[36,37]。此外，大气颗粒物暴露还会对人体血液中的多种免疫指标产生影响。有研究通过对上海市外勤交通警察及社区居民对大气 $PM_{2.5}$ 的暴露情况及血液免疫学指标进行测量，探讨大气 $PM_{2.5}$ 暴露对人体免疫系统的影响，结果显示交通警察对大气 $PM_{2.5}$ 的暴露水平 [（115.4 ± 46.2）$\mu g/m^3$] 显著高于社区居民 [（74.9 ± 40.1）$\mu g/m^3$]，交警血液中的淋巴细胞比例和免疫球蛋白 IgM 显著低于社区居民，提示大气 $PM_{2.5}$ 暴露可对人体免疫功能产生影响[38]。交警对大气 $PM_{2.5}$ 的个体暴露水平与其血液中免疫指标的变化水平存在显著的统计学关联[39]。上述研究说明长期暴露于高浓度大气 $PM_{2.5}$ 可导致血液中某些免疫指标发生变化，影响免疫系统健康。

（4）细颗粒物对生殖系统的影响　颗粒物对生殖系统的影响主要表现为不良妊娠结局（早产、流产、死胎、低出生体重等）、妊娠期暴露滞后效应（胚胎和胎儿发育迟缓、发育异常等）、影响生育能力（生殖细胞数量减少、功能降低、不孕不育等），以及妊娠并发症[40]。我国目前关于大气颗粒物对生殖发育影响的流行病学研究还较少，主要的研究结果集中于大气颗粒物暴露与不良妊娠结局以及生殖功能变化的关系研究。

一项基于世界卫生组织（World Health Organization，WHO）对全球孕产妇和围产期保健调查数据的研究，结合 $PM_{2.5}$ 的遥感观测数据，对 22 个国家 $PM_{2.5}$ 暴露与不良妊娠结局间的关联进行了评估。其中对我国评估的结果显示，$PM_{2.5}$ 暴露与早产和低出生体重呈显著关联，$PM_{2.5}$ 浓度 $\geqslant36.5\mu g/m^3$ 与 $PM_{2.5}<12.5\mu g/m^3$ 相比，早产和低出生体重的 OR 值（odds ratio，比值比）分别为 2.54（95% CI：$1.42\sim4.55$）和 1.99（95% CI：$1.06\sim3.72$）[41]。

2. 大气 $PM_{2.5}$ 化学组分与健康效应的关系

细颗粒物的健康影响与其化学组分是密切相关的，不同化学组分的细颗粒物所引起健康危害的类型和能力有所不同，探讨细颗粒物中不同化学组分对人群健康的影响已经成为当前研究的热点和难点。目前我国研究者在此研究领域已取得了一定的研究进展，获得了细颗粒物中不同组分对人群健康影响的基础研究数据[35,42~46]。

在北京进行的健康人群心血管生物指标及肺功能指标对 $PM_{2.5}$ 污染水平及化学组分改变的早期和持续反应研究中,研究者观察到郊区大气 $PM_{2.5}$ 污染水平高于城区,与郊区 $PM_{2.5}$ 中二次污染成分 SO_4^{2-} 和 NO_3^- 含量显著高于城区有关,但是城区 $PM_{2.5}$ 中来源于机动车尾气的碳质含量显著高于郊区。$PM_{2.5}$ 的化学组分与心肺系统指标间的关联分析结果显示,对血压水平有重要影响的组分包括 OC、EC、Ni、Zn、Mg、Pb、As、Cl^- 和 F^- 等,其中以碳质组分的影响最最为明显;对心血管生物指标有重要影响的化学组分包括 Zn、Co、Mn、Al、NO_3^-、Cl^-、OC 等,其中以过渡金属的效应最为稳定;对肺功能有重要影响的化学组分包括 Cu、Cd、As 和 Sn。上述在大气 $PM_{2.5}$ 健康效应中起关键作用的化学成分主要来源于二次硝酸盐/硫酸盐、扬尘、燃煤排放、二次有机颗粒物、交通排放、冶金排放等(见图1)[42]。

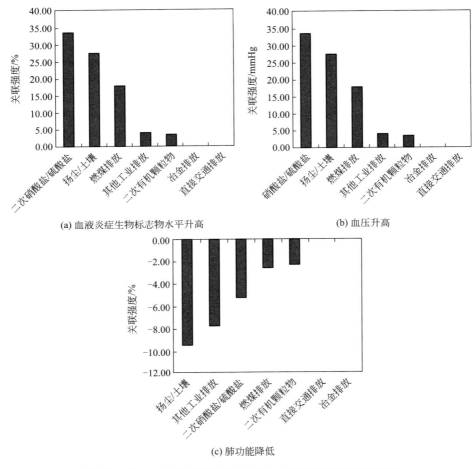

(a) 血液炎症生物标志物水平升高

(b) 血压升高

(c) 肺功能降低

图 1 北京市大气不同来源的 $PM_{2.5}$ 与健康指标的关联强度
(改自 Wu S,2014)

在西安开展的一项研究首次研究了西安 $PM_{2.5}$ 的化学组成与全病因死亡率以及心肺系统疾病死亡率间的关系。该研究采用广义线性泊松模型分析了西安市 2004—2008 年逐日 $PM_{2.5}$ 中的多种化学组分(2004—2008 年的 OC、EC 和 10 种水溶性离子以及 2006—2008

年的 15 种无机元素）对日死亡率变化的影响。结果显示 $PM_{2.5}$ 中 OC、EC、NH_4^+、NO_3^-、Cl^-、Cl 和 Ni 对全病因死亡率、心血管系统疾病和呼吸系统疾病的死亡率均有显著影响。NO_3^- 与全死因死亡率和心血管系统疾病死亡率之间的关系强于 $PM_{2.5}$ 的质量浓度与两种死亡率之间的关系，说明化石燃料排放的化学组分对人体健康有重大影响[35]。

体内和体外实验同样显示 $PM_{2.5}$ 中的不同组分作用有所差异。探讨 $PM_{2.5}$ 中不同组分的细胞毒性研究显示奥运会期间 $PM_{2.5}$ 所致细胞毒性较奥运会前有所降低，与 $PM_{2.5}$ 中碳质及金属组分的浓度降低有一定关联[47,48]；动物实验研究则显示金属 Ni 在 $PM_{2.5}$ 对大鼠心血管系统的影响中起着重要作用，可导致血管功能损伤、炎症、氧化应激反应、心脏自主神经调节功能紊乱等不良心血管系统反应[49]。

3. 大气 $PM_{2.5}$ 污染相关疾病负担评估

2013 年 1 月北京多次发生严重的雾霾污染，有研究者对在此期间雾霾污染所造成的人群健康损害进行了评估。结果表明短期高浓度 $PM_{2.5}$ 污染对人群健康风险较高，造成早逝 201 例，呼吸系统疾病住院 1056 例，心血管疾病住院 545 例，儿科门诊 7094 例，内科门诊 16881 例，急性支气管炎 10132 例，哮喘 7643 例。相关健康经济损失高达 4.89 亿元（95%CI：2.04～7.49），其中早逝与急性支气管炎、哮喘三者占总损失的 90%[50]。

有研究者分析了 $PM_{2.5}$ 对包括北京在内的 4 个典型城市所造成的超额死亡人数，发现北京、西安、广州、上海 4 个城市 $PM_{2.5}$ 对非意外死亡的相对危险度分别为 1.0027（95%CI：1.0010～1.0044）、1.0020（95%CI：1.0007～1.0033）、1.0056（95%CI：1.0022～1.0091）和 1.0036（95%CI：1.0011～1.0061）。2010 年北京、上海、广州、西安因 $PM_{2.5}$ 污染造成早死人数分别为 2349 人、2980 人、1715 人、726 人，共计 7770 人，分别占当年总死亡人数的 1.9%、1.6%、2.2% 和 1.6%[51]。

大气质量的改善不仅能使人群死亡和疾病的发生数量下降，还会对人群的期望寿命增加产生积极影响。有研究者收集了我国 2013 年 74 个环保重点城市 $PM_{2.5}$ 浓度，采用 GBD2010 年提供的 $PM_{2.5}$ 与四种主要疾病（冠心病、中风、慢性阻塞性肺疾病、肺癌）死亡率的暴露-反应关系系数，构建 74 个城市的城区居民寿命表，评估 $PM_{2.5}$ 造成的期望寿命损失和不同 $PM_{2.5}$ 控制目标对居民期望寿命的影响。结果显示，2013 年我国 74 个城市的 $PM_{2.5}$ 污染可使居民期望寿命减少 1.48 岁；如果 $PM_{2.5}$ 年均水平降低 10%、25%，可分别使期望寿命增加 0.05 岁和 0.15 岁；若进一步降低至国家空气质量二级标准、国家空气质量一级标准和世界卫生组织的空气质量指导水平，可使期望寿命分别增加 0.42 岁、1.04 岁和 1.26 岁[52]。

虽然我国在大气污染的疾病负担评估中已经取得了上述进展，但是由于我国 $PM_{2.5}$ 监测体系建立较晚，基于全国性 $PM_{2.5}$ 监测、源解析、典型区域成分特征等的疾病负担分析还需要进一步研究。

（三）饮用水污染与健康

水污染问题一直是公共卫生领域的研究重点。2015 年 4 月出台的《水污染防治行动计划》要求全面控制污染物排放，切实加强水环境管理。这一计划的出台也将进一步推动相关研究的开展，为具体水质控制指标的制定提供科学依据。

1. 饮用水重金属污染对健康的影响

重金属作为自然环境中普遍存在的一类难降解、高稳定、可累积的污染物，可以通过工农业生产和生活废水的排放进入水体，对水体环境和水生植物产生严重危害，并可通过饮水或食物链等途径直接或间接地影响到他人的健康。曾彩明等[53]对南方某河流型饮用水源地水中重金属含量进行调查研究，并应用美国环保局推荐的健康风险评价模型对其进行健康风险评价。结果表明，该饮用水源地水中重金属类污染物健康风险值相对较低，其中重金属类致癌污染物的健康风险均值大小顺序为 Cr＞As＞Cd，其值分别为 $8.19×10^{-6}$/年、$2.11×10^{-6}$/年、$1.59×10^{-7}$/年，Cr、As 的风险值高于瑞典、荷兰、英国推荐的最大可接受水平（$1×10^{-6}$/年），而低于国际辐射防护委员会（ICRP）与美国环保局的健康风险可接受水平（$5×10^{-6}$/年和 $1×10^{-4}$/年），成为该饮用水源地的主要致癌污染因子。重金属类非致癌污染物的健康风险均值大小顺序为 Cu＞Ni＞Zn，其值分别为 $1.95×10^{-10}$/年、$1.19×10^{-10}$/年、$5.73×10^{-12}$/年，均远远低于致癌污染物的健康风险值。

2. 饮用水中氯化消毒副产物对健康的影响

近五年来，针对氯化消毒饮用水中有机提取物的毒性作用进行了大量研究。桂晓玲等[54]提取水样有机污染物对 SD 大鼠经口灌胃亚慢性染毒 12 周，运用荧光分光光度法和活性比色法分别测定 CYP1A2（细胞色素 1A2）与 CYP2E1（细胞色素 2E1）酶活性，用 Western Blot 法检测 CYP1A2、CYP2E1 的蛋白质表达水平。结果显示该地较高剂量的饮用水有机提取物可上调 CYP1A2 及 CYP2E1 的蛋白质表达，从而诱导 CYP1A2 和 CYP2E1 酶活性的增强。此可能为饮用水有机提取物肝脏毒性的重要机制之一。杨光红等[55]将人肝细胞株（L-02）细胞暴露于氯化消毒饮用水有机提取物培养基 48h 后，测定细胞中半胱氨酸蛋白酶 3（caspase-3）、聚腺苷二磷酸核糖聚合酶 1（PARP-1）、B 细胞淋巴瘤 2（Bcl-2）与 B 细胞淋巴瘤 2 相关 x 基因（Bax）mRNA 及蛋白的表达水平。研究表明较高剂量的氯化消毒饮用水有机提取物暴露可上调 L-02 肝细胞中 caspase-3 与 Bax 基因，下调 Bcl-2 及 PARP-1 基因，促进细胞凋亡的发生。

3. 饮用水中内分泌干扰物对健康的影响

环境内分泌干扰物是一类存在于环境中的能够干扰生物体内源激素的合成、释放、转运、结合、作用以及清除，从而影响生物体内环境稳定的外源性物质。它能产生类似内激素的作用，干扰机体内分泌系统，引起人类等多种生物的神经系统失调、内分泌紊乱、免疫能力下降和生殖失常，影响生物的生存和繁衍。20 世纪 90 年代以来，内分泌干扰物的内分泌干扰效应及对人类的危害引起了学术界和有关国际组织的极大关注，饮水中的内分泌干扰物的污染迅速成为我国研究的新热点。

目前，我国七大水系以及华北、东南沿海地区的部分饮用水水源地都不同程度地受到了阿特拉津等为主的有机氯农药污染，南方内分泌干扰物以多氯联苯（PCBs）、双酚（A）、邻苯二甲酸酯类、壬基苯酚等有机化工原料检出率最高[56]。

Liu 等[57]选择全国范围内多个饮用水厂调查六种邻苯二甲酸盐的健康风险。结果发现六种邻苯二甲酸盐浓度均为超过国家饮用水质量标准限值。健康风险评价结果表明长期暴露于邻苯二甲酸盐该浓度并不会增加居民致癌或非致癌风险，其中邻苯二甲酸异辛酯是主要的风险来源。

（四）土壤污染与健康

土壤是人类环境的主要因素之一，在生态系统物质交换和物质循环中处于中心环节。

受到污染的土壤，其物理、化学、生物学性质均会发生改变，如土壤板结、肥力降低等。进入土壤的污染物除了被土壤吸附和降解外，还可以通过挥发进入空气引起空气污染，通过淋溶和水土流失进入水体引起水体污染，或者被作物根系吸收，通过生态累积效应，经过食物链进入人体，从而影响人类的健康。

1. 土壤重金属污染对健康的影响

2014 年环保部审议并通过了《土壤污染防治行动计划》，而该计划也有望在 2015 年正式出台。土壤污染防治工作一般以重金属污染防治为重点。土壤中重金属污染不仅可对植物生长造成不良影响，还可通过食物链对人群健康产生危害。于佳等[58]评价了哈尔滨市区主要交通干道土壤中铂、钯、铑三种与汽车尾气净化装置相关的重金属污染现状，结果显示铂、钯、铑三种金属在哈尔滨市区干道土壤存在一定的污染，其污染水平与交通量呈正相关。张丽娥等[59]调查了广西大厂矿区下游农村土壤重金属污染并评估了其对儿童的健康风险。土壤中重金属的总非致癌风险、总致癌风险和总健康风险分别为 8.35×10^{-8}/年、2.09×10^{-6}/年和 2.17×10^{-6}/年。非致癌风险和致癌风险均主要来自于 As，相应的风险贡献率分别为 73.0% 和 85.7%；经手-口直接摄入是研究区儿童土壤暴露风险最主要的途径。

2. 土壤农药污染对健康的影响

人类从 20 世纪 40 年代起开始大量使用农药，每年挽回大约农业总产量 15% 的损失，农药的使用在使农业显著增产的同时也带来了危害。由于长期、大量地使用农药，农药残留问题严重，对生态环境和人体健康都造成了危害。

有机磷农药是广谱杀虫剂，它可残留在蔬菜、水果、茶叶、谷物等农作物上，食用后可能发生肌肉震颤、痉挛、血压升高、心跳加快等症状，甚至昏迷死亡[60]。有机氯农药是高残留农药，通过食物进入人体，主要蓄积于脂肪组织中，因其积蓄在人体脂肪中，故急性中毒性低，症状轻，一般为乏力、恶心、眩晕、失眠，慢性中毒可造成人的肝、肾和神经系统损伤，动物实验证明其具有致突变和致畸作用[61]。氨基甲酸酯类农药是应用很广的新型杀虫剂与除草剂，其毒性与有机磷相似，毒性轻，恢复快。拟除虫菊酯类农药中毒表现症状为神经系统症状和皮肤刺激症状。

王力敏等[62]以长江三角洲某农业活动区为目标研究区域，分别采集研究区 0~20cm、20~40cm、40~60cm 深度土壤样与浅层地下水样，分析该区有机氯农药六六六（HCHs）与滴滴涕（DDTs）在不同深度土壤至潜水含水层中的残留分布特征，并应用美国 RBCA 模型对研究区 HCHs 和 DDTs 进行健康风险评价。结果表明：在表层、第二层、第三层 3 个土层中 β-HCH 与 DDE 最大检出水平分别为 50.28μg/kg 与 60.35μg/kg，30.25μg/kg 与 30.29μg/kg，3.54μg/kg 与 7.63μg/kg，检出率分别为 76.5% 与 69.8%、75.2% 与 65.2%、40.3% 与 30.5%，而该区浅层地下水中农药残留未检出。基于 RBCA 健康风险评价模型计算该农业活动区中 HCHs 和 DDTs 累加致癌风险值为 4.7×10^{-5}，致癌风险较小；HCHs 和 DDTs 的平均浓度值和最大浓度值对应的非致癌健康风险均未超出美国国家环境保护局（US EPA）安全阈值 1.0，风险较低。此外，Huan Guo 等[63]研究发现，孕期暴露于有机氯杀虫剂，母亲血液和新生儿脐带血中都检测到其残留，并且会导致新生儿体重降低，但是还需大样本量进行进一步验证。

3. 土壤持久性有机污染物对健康的影响

环境中的持久性有机污染物（简称 POPs），是一组具有毒性、持久性、易于在生物体内富集和进行长距离迁移和沉积、对源头附近或远处的环境和人体产生损害的有机化合物。根据 2001 年 5 月签署的《斯德哥尔摩持久性有机污染物（POPs）公约》，持久性有机污染物可分为三大类 12 种化学物质，包括杀虫剂、杀菌剂以及化学品的副产物。而土壤的持久性有机物污染主要为农药和杀虫剂等。作为一种有毒物质，持久性有机污染物具有半挥发性、低水溶性、高脂溶性和生物累积性。持久性有机污染物可通过多种途径进入人体，由于其高毒性和难降解性受到了我国学者的极大关注。

Shen[64]通过对惠州市 48 个地点的 17 种常见蔬菜的持久性有机污染物检测发现，叶类蔬菜中多环芳烃和邻苯二甲双酯类的含量多于果实蔬菜，而有机氯农药和多氯联苯正好相反。运用目标风险系数值（THQ）去评估 27 种持久性有机污染物对人体健康的潜在影响，结果显示，持久性有机污染物对女性的健康危害更大，有机氯农药是主要的污染物，而主要的危害来源是蔬菜。虽然单一污染物的目标风险系数值很低，但是 27 种污染物的总目标风险系数值在某些地区已经超过 1，需要给予足够的重视。

四、环境医学与健康科学研究展望

（一）多学科交叉与新技术的应用

环境医学与健康学科除了与流行病学和毒理学联系紧密外，也与临床医学和许多基础学科有着密切的交流。除此之外，社会学科的知识和方法在环境医学与健康学科中有着广泛的应用。

环境科学和社会科学两个学科领域的相互借鉴、相互补充，达到互相促进的效果，这样使得所得结论可以经得起很严格的实践以及实验的检验。要在环境医学领域运用好社会科学的方法，必须完成两大任务：①实现环境医学在宏观方向的发展，考证可能病因，对环境中威胁健康的高危因素做到早发现，更早地实施预防措施，具体途径是，从能量角度看价值，从物理学角度定义价值，并实现对于价值的统一计算；②建立社会科学与价值理论广泛而深入的联系。价值理论在环境医学方面有所成就，也就可以将价值理论延伸到医学科学各个领域[65]。

随着社会的进步、科技的发展，许多新兴技术也都应用在环境医学与健康领域。

表面增强拉曼光谱（SERS）技术作为一种单分子水平的检测技术在众多领域都有广泛的应用。SERS 技术的高灵敏性、可实时检测等特点，在环境领域有着巨大的应用前景，并且越来越多地应用于环境污染物的监测。SERS 技术在痕量环境污染物检测领域存在巨大的应用潜力。但是，实际环境的特殊性与复杂性对 SERS 实验条件要求较高，极大地限制了 SERS 技术在环境污染物原位检测领域的应用。高精度便携式拉曼仪的出现使得环境污染物原位 SERS 检测成为可能。将便携式拉曼仪与快速分析分离技术相结合，能够提高 SERS 技术的选择性，拓展 SERS 技术在环境领域的应用[66]。

自 1970 年使用微波炉装置成功处理核废料以来，微波技术已迅速扩展到了环境领域。微波在环境化学中应用涉及的领域主要包括废气处理、固废处理、废水处理和环境监测等。此外，微波在环境领域还包括了微波除污、污油回收和放射性废料陶化等方面的研究与应用。作为环境工程中的应用是近年来新兴的研究科学，微波辐射技术由于其具有快速高效、操作简单、节能降耗、处理过程中不会产生 2 次污染物等优点，使其在环境处理领域中越来越受到人们的关注和重视。由于其理论研究尚停留在实验事实的积累上，微波的发展受到一定制约。但是，相信随着科学技术的进步，微波技术必将会在环境工程领域尤其在水污染治理中得到更广泛的应用[67]。

（二）组学的应用以及暴露组学研究的开展

组学通常指生物学中对各类研究对象（一般为生物分子）的集合所进行的系统性研究，而这些研究对象的集合被称为组。暴露组学关注个体中所有暴露的测量，以及这些暴露如何与疾病建立联系。暴露组学是关于暴露组的科学，它依赖于其他学科的发展（如基因组学、蛋白质组学、脂类组学、糖组学、转录组学、代谢物组学、加合物组学等）。这些学科的共同点是：①利用生物标志物确定暴露、暴露的影响、疾病的发展过程和敏感因素；②新技术的应用产生海量数据；③利用数据挖掘技术发现暴露、暴露影响、其他因素（如基因）与疾病之间的统计学关系[68]。

Rapport对暴露组学的定义为：研究暴露组以及暴露组对人类疾病过程影响的学科，他提出了两种通用的方法用于描述暴露组学。①自下而上的方法：测量病例组和对照组所有空气、水、食物等中的目标物→检验暴露与病例状态相关性→评估人体对重要目标物的摄取及其新陈代谢等（估算剂量）。②自上而下的方法：测量病例组合对照组血液中的所有待测物质→检验暴露与病例状态相关性→识别重要的因子和确定暴露源[69]。

暴露组学将流行病学、环境毒理学、分析化学、营养学和微生物学结合在一起，由于暴露组学应用多种分析技术（色谱、光谱测定法、光谱和传感器阵列技术）和生物信息学来表征个体的暴露组，它通过开发新技术来满足高分辨率、高灵敏度和高通量全暴露组关联研究及后续研究的要求。此外，暴露组学研究需要收集大量数据，需要多方协作，需要大量经费支持及尖端的技术平台，新技术的不断出现大大提高了测量能力并可进行多终点的同步测量[68]。

（三）环境因素与遗传因素交互作用的探讨

基因易感性是影响环境因子致病能力的重要因素，对环境基因交互作用的研究是环境基因组学的重要研究内容，也将是环境卫生学科重要的研究方向。将已有的研究成果应用于疾病预防与控制工作也将是环境卫生学科重要的应用前景之一[70]。

空气污染与多种疾病有关。近年来，越来越多的研究表明，表观遗传学修饰通常发生在疾病的早期，并且与遗传学变化相比，表观遗传学修饰在疾病发生、发展中的作用更为重要。因此，对空气污染表观遗传效应的研究，能更全面地反映空气污染物与基因组的交互作用在疾病发生中的作用。同时，为减少高危人群空气污染的暴露及其引发的有害效应，空气污染的表观遗传学生物标志鉴定是采取及时有效预防措施的有力保证。此外，遗传学研究不能完全解释环境暴露相关疾病的发生。表观遗传学修饰能够介导环境暴露对基因表达的影响，遗传相关疾病的发病风险也与其有关，因而表观遗传学能够进一步阐明环境有关疾病的发生、发展机制[71]。

司徒明镜等[72]应用双生子设计的定量遗传分析方法探讨遗传因素与环境因素对于儿童亲社会行为的影响。结果显示遗传因素和环境因素对儿童的亲社会行为均有影响，年龄和性别与儿童亲社会行为的遗传度相关，影响儿童亲社会行为的环境因素包括家庭功能和教养环境。

随着全基因组学技术（全基因组关联分析、全基因组外显子测序和全基因组甲基化等）和蛋白质组学等的逐渐成熟和应用，将发现更多环境和遗传因素交互作用对食管癌和其他人体肿瘤以及疾病发生影响的新的关键基因和蛋白。这些分子标志将对实施疾病的高危人群预警和检测、早期发现及个体化防治提供重要的理论基础和手段，同时又为肿瘤的一级预防和基因治疗提供新的思路、策略和方法。这一切都将为成功实施疾病的个体化防治打下坚实的基础[73]。

五、结论

"十二五"期间，我国在环境医学与健康领域取得了巨大的进展：①温度日较差增高可增加非意外死亡风险，RR（risk ratio，相对危险度）值分别为 1.03（0.95～1.11）（无滞后）和 1.33（0.94～1.89）（滞后 0～21 天）。温度日较差的波动在年龄小于 75 岁的男性中的健康效应更明显。在中国 11.0%（9.29%～12.47%）的死亡需要归因于不适的温度，高于所纳入研究的 13 个国家和地区的平均水平 7.71%（7.43%～7.91%）。76% 的传染媒介生物或病原体受气候影响，有 40% 的传染病在全球变暖条件下被传播得更快。②大量研究显示颗粒物尤其是空气动力学直径 $\leqslant 2.5\mu m$ 的 $PM_{2.5}$ 可对人体呼吸系统、心血管系统、神经系统、免疫系统、生殖发育系统等多方面产生不良影响，并且还具有致癌性和遗传毒性，但还是缺乏大的队列去验证 $PM_{2.5}$ 对人体其他器官和系统的影响。细颗粒物的健康影响与其化学组分是密切相关的，不同化学组分的细颗粒物所引起健康危害的类型和能力有所不同。大气质量的改善不仅能使人群死亡和疾病的发生数量下降，还会对人群的期望寿命增加产生积极影响。③部分地区饮用水中重金属、氯化消毒副产物、内分泌干扰物含量依然偏高，其对健康的影响不容忽视。④交通干道土壤存在一定的重金属污染，其污染水平与交通量呈正比。此外，蔬菜中农药以及持久性污染物的残留依然较多。⑤社会科学的知识和方法、表面增强拉曼光谱技术以及微波技术等新兴技术开始在环境医学与健康领域广泛应用。暴露组学以及全基因组学技术的应用与发展大大提高了测量能力并可进行多终点的同步测量。

参 考 文 献

[1] 郭新彪. 环境健康学基础 [M]. 北京：高等教育出版社，2011.

[2] USEPA. Exposure factors handbook [S]. EPA/600/R-090/052F. Washington DC：USEPA，2011.

[3] 段小丽，张楷，钱岩等. 人体暴露评价的发展和最新动态 [C]. 中国毒理学会管理毒理学专业委员会学术研讨会暨换届大会会议论文集，2009.

[4] Ding，Z，et al. Impact of diurnal temperature range onmortality in a high plateau area in southwest China：A time series analysis. Sci Total Environ，2015.

[5] Antonio Gasparrini，Yuming Guo，Masahiro Hashizume，et al. Mortality risk attributable to high and low ambient temperature：a multicountry observational study. Lancet，2015.

[6] Ma W. The temperature-mortality relationship in China：An analysis from 66 Chinese communities [J]. Environmental Research，2014，137c：72-77.

[7] Ma W，Zeng W，Zhou M，et al. The short-term effect of heat waves on mortality and its modifiers in China：An analysis from 66 communities. [J]. Environment International，2015，75c：103-109.

[8] Bai L，Ding G，Gu S，et al. The effects of summer temperature and heat waves on heat-related illness in a coastal city of China，2011-2013 [J]. Environmental Research，2014，132：212-219.

［9］ Bai L. Temperature and mortality on the roof of the world：a time-series analysis in three Tibetan counties，China ［J］. Science of the Total Environment，2014，485-486（3）：41-48.

［10］ 刘东生．气候过程和气候变化．北京：科学出版社，2004.

［11］ Gale P，Brouwer A，Ramnial V，et al. Assessing the impact of climate change on vector-borne viruses in the EU through the elicitation of expert opinion ［J］. Epidemiology & Infection，2010，138（2）：214-225.

［12］ Khasnis AA，Nettleman MD. Global warming and infectious disease ［J］. Archives of Medical Research，2005，36（6）：689-696.

［13］ Zhou X N. Prediction of the Impact of Climate Warming on Transmission of Schistosomiasis in China ［J］. Chinese Journal of Parasitology & Parasitic Diseases，2004，22（5）.

［14］ 李兆芹，滕卫平，俞善贤等. 适合钉螺、血吸虫生长发育的气候条件变化 ［J］. 气候变化研究进展，2007，3（2）：106-110.

［15］ 杨坤，潘婕，杨国静等. 不同气候变化情景下中国血吸虫病传播的范围与强度预估 ［J］. 气候变化研究进展，2010，06（4）：248-253.

［16］ 刘体亚，石敏，刘林等. 疟疾与气候因素关系的分析 ［J］. 中华全科医学，2011，9（4）：604-605.

［17］ 郑学礼，罗雷. 埃及伊蚊对重要黄病毒易感性研究概况（一）［J］. 寄生虫与医学昆虫学报，2010，17（1）：47-54.

［18］ 郑学礼. 全球气候变化与自然疫源性、虫媒传染病 ［J］. 中国病原生物学杂志，2011，（5）：384-387.

［19］ 刘自远，杜安桂. 气象因素与乙型脑炎发病率的相关及灰色关联分析 ［J］. 中国卫生统计，2008，21：70-71.

［20］ Zhang Y，Bi P，Je. H. Weather and the transmission of bacillary dysentery in Jinan，northern China：a time-series analysis. ［J］. Public Health Reports，2008，123（1）：61-66.

［21］ 安庆玉，吴隽，王晓立等. 气象因素变化与大连市肠道传染病发病时间分布关系的研究 ［J］. 中国预防医学杂志，2012，（4）.

［22］ Wei J. The effect of meteorological variables on the transmission of hand，foot and mouth disease in four major cities ofshanxi province，china：a time series data analysis（2009-2013）［J］. Plos Negl Trop Dis，2015，9.

［23］ 王金娜，姜宝法. 气候变化相关疾病负担的评估方法 ［J］. 环境与健康杂志，2012，29（3）：280-283.

［24］ Ko FW，Tam W，Wong TW，et al. Temporal relationship between air pollutants and hospital admissions for chronic obstructive pulmonary disease in Hong Kong ［J］. Thorax，2007，62（9）：780-785.

［25］ Tsai SS，Chang CC，Yang CY. Fine particulate air pollution and hospital admissions for chronic obstructive pulmonary disease：a case-crossover study in Taipei ［J］. International Journal of EnvironmentalResearchand Public Health，2013，10（11）：6015-6026.

［26］ 常桂秋，潘小川，谢学琴等. 北京市大气污染与城区居民死亡率关系的时间序列分析 ［J］. 卫生研究，2003，32（6）：565-568.

［27］ Chen R，Pan G，Kan H，et al. Ambient air pollution and daily mortality in Anshan，China：a time-stratified case-crossover analysis ［J］. Science of the Total Environment，2010（a），408（24）：6086-6091.

［28］ Ma Y，Chen R，Pan G，et al. Fine particulate air pollution and daily mortality in Shenyang，China ［J］. Science of the Total Environment，2011，409（13）：2473-2477.

［29］ 刘迎春，龚洁，杨念念等. 武汉市大气污染与居民呼吸系统疾病死亡关系的病例交叉研究 ［J］. 环境与健康杂志，2012，29（3）：241-244.

［30］ Li P，Xin J，Wang J，et al. The acute effects of fine particles on respiratory mortality and morbidity in Beijing，2004-2009 ［J］. Environmental ScienceandPollution Research，2013，20（9）：6433-6444.

［31］ Chen R，Kan H，Chen B，et al. Association of particulate air pollution with daily mortality：the China Air Pollution and Health Effects Study ［J］. American Journal of Epidemiology，2012，175（11）：1173-1181.

［32］ Shang Y，Sun Z，Cao J，et al. Systematic review of Chinese studies of short-term exposure to air pollution and daily mortality ［J］. Environmental International，2013（a），54：100-101.

［33］ Lin W，Huang W，Zhu T，et al. Acute respiratory inflammation in children and black carbon in ambient air before and during the 2008 Beijing Olympics ［J］. Environment Health Perspectives，2011，119（10）：1507-1512.

［34］ Yang C，Peng X，Huang W，etal. A time-stratified case-crossover study of fine particulate matter air pollution and mortality in Guangzhou，China [J]. International Archives of Occupational and Environmental Health，2012，85 (5)：579-585.

[35] Cao J，Xu H，Xu Q，et al. Fine particulate matter constituents and cardiopulmonary mortality in a heavily polluted Chinese city [J]. Environmental Health Perspectives，2012b，120 (3)：373-378.

[36] 孙文娟，席淑华，叶丽杰等. 大气污染对儿童非特异性免疫功能影响研究 [J]. 环境与健康杂志，2002，19 (1)：46-47.

[37] 郭丽丽，张志红，董洁，等. 太原市不同交通路口尾气污染对学龄儿童免疫功能的影响 [J]. 卫生研究，2009，38 (5)：579-581.

[38] 高知义，李朋昆，赵金镯，等. 大气细颗粒物暴露对人体免疫指标的影响 [J]. 卫生研究，2010，39 (1)：50-52.

[39] Zhao J，Gao Z，Tian Z，et al. The biological effects of individual-level $PM_{2.5}$ exposure on systemic immunity and inflammatory response in traffic police [J]. Occupational and Environmental Medicine，2013，70 (6)：426-431.

[40] 贾晓峰，郭新彪. 大气污染与生殖发育关系研究的文献剂量分析 [J]. 中华预防医学杂志，2014，48 (6)：1-6.

[41] Fleischer NL，Merialdi M，van Donkelaar A，et al. Outdoor air pollution，preterm birth，and low birth weight：analysis of the world health organization global survey on maternal and perinatal health [J]. Environmental Health Perspectives，2014，122 (4)：425-430.

[42] Wu S，Deng F，Wei H，Huang J，Wang X，Hao Y，Zheng C，Qin Y，Lv H，Shima M，Guo X. Association of cardiopulmonary health effects with source-appointed ambient fine particulate in Beijing，China：a combined analysis from the Healthy Volunteer Natural Relocation (HVNR) study [J]. Environment Science & Technology，2014 (a)，48 (6)：3438-3448.

[43] Wu S，Deng F，Hao Y，et al. Chemical constituents of fine particulate air pollution and pulmonary function in healthy adults：the Healthy Volunteer Natural Relocation study [J]. Journal of Hazardous Materials，2013 (a)，260：183-191.

[44] Pun VC，Yu IT，Qiu H，et al. Short-term associations of cause-specific emergency hospitalizations and particulate matter chemical components in Hong Kong [J]. American Journal of Epidemiology，2014，179 (9)：1086-1095.

[45] Wu S，Deng F，Wei H，et al. Chemical constituents of ambient particulate air pollution and biomarkers of inflammation，coagulation and homocysteine in healthy adults：a prospective panel study [J]. Particle andFibre Toxicology，2012，9：49.

[46] Wu S，Deng F，Huang J，et al. Blood pressure changes and chemical constituents of particulate air pollution：results from the healthy volunteer natural relocation (HVNR) study [J]. Environmental Health Perspectives，2013 (b)，121 (1)：66-72.

[47] 魏红英，邓芙蓉，郭新彪. 北京奥运大气污染控制措施对大气细颗粒物金属组分及其细胞毒性的影响 [J]. 环境与健康杂志，2011，28 (10)：847-850.

[48] Shang Y，Zhu T，Lenz AG，et al. Reduced in vitro toxicity of fine particulate matter collected during the 2008 Summer Olympic Games in Beijing：the roles of chemical and biological components [J]. Toxicology In Vitro，2013 (b)，27 (7)：2084-2093.

[49] Ying Z，Xu X，Chen M，etal. A synergistic vascular effect of airborne particulate matter and nickel in a mouse model [J]. Toxicological Sciences，2013，135 (1)：72-80.

[50] 谢元博，陈娟，李巍. 雾霾重污染期间北京居民对高浓度$PM_{2.5}$持续暴露的健康风险及其损害价值评估 [J]. 环境科学，2014，35 (1)：1-8.

[51] 李国星，潘小川. 我国四个典型城市空气污染所致超额死亡评估 [J]. 中华医学杂志，2013，93 (34)：2703-2706.

[52] 陈仁杰，陈秉衡，阚海东. 大气细颗粒物控制对我国城市居民期望寿命的影响 [J]. 中国环境科学，2014，(10)：2701-2705.

[53] 曾彩明，黄兔彦，谭晓辉等. 南方某河流型饮用水源地重金属健康风险评估 [J]. 中国环境监测，2014，30 (4)：27-31.

[54] 桂晓玲，岑延利，杨光红等. 氯化消毒饮用水有机提取物对大鼠肝脏芳香烃受体和相关基因表达的影响 [J]. 环境与健康杂志，2014，(10)：924-927.

［55］杨光红，桂晓玲，岑延利等. 氯化消毒饮用水有机提取物对 L-02 肝细胞凋亡相关基因及蛋白表达的影响［J］. 环境与健康杂志，2014，（10）：920-923.

［56］张琴，包丽颖，刘伟江等. 我国饮用水水源内分泌干扰物的污染现状分析［J］. 环境科学与技术，2011，34（2）：91-96.

［57］Liu X，Shi J，Bo T，et al. Occurrence and risk assessment of selected phthalates in drinking water from waterworks in China［J］. EnvironSci Pollut Res Int，2015［Epub ahead of print］.

［58］于佳，赵晶，史力田等. 哈尔滨市区主要交通干道土壤中铂钯铑污染现状调查［J］. 环境与健康杂志，2014，（10）：932-933.

［59］张丽娥，莫招育，覃健等. 广西大厂矿区下游农村土壤重金属污染及儿童健康风险评估［J］. 环境与健康杂志，2014，（06）：512-516.

［60］姚新民，周志俊. 长期接触低剂量有机磷农药对人体健康影响的研究进展［J］. 环境与职业医学，2008，25（4）：409-411.

［61］李成橙，金银龙. 母源性有机氯农药暴露对子代健康影响的研究进展［J］. 卫生研究，2011，40（2）：260-262.

［62］王力敏，姜永海，张进保等. 某典型农业活动区土壤与地下水有机氯农药污染健康风险评价［J］. 环境科学学报，2013，33（7）：2004-2011.

［63］Guo H，Jin Y，Cheng Y，et al. Prenatal exposure to organochlorine pesticides and infant birth weight in China.［J］. Chemosphere，2014，110：1-7.

［64］Shen L，Xia B，Dai X. Residues of persistent organic pollutants in frequently-consumed vegetables and assessment of human health risk based on consumption of vegetables in Huizhou，South China［J］. Chemosphere，2013，93（10）：2254-2263.

［65］王焱. 社会科学方法在环境医学研究中的应用分析［J］. 医学信息，2013，（27）：49.

［66］刘文婧，杜晶晶，景传勇. 表面增强拉曼光谱技术应用于环境污染物检测的研究进展［J］. 环境化学，2014，33（2）：217-228.

［67］张艳花，苏箐，李德永等. 微波技术在环境污染物治理中的应用［J］. 化工时刊，2011，25（4）：39-43.

［68］白志鹏，陈莉，韩斌. 暴露组学的概念与应用［J］. 环境与健康杂志，2015，（1）.

［69］Rappaport SM. Discovering environmental causes of disease.［J］. Journal of Epidemiology & Community Health，2012，66（2）：99-102.

［70］陈连生，孙宏. 我国环境与健康研究的现状及发展趋势［J］. 环境与健康杂志，2010（05）：454-456.

［71］谭聪，金永堂. 常见空气污染的表观遗传效应研究进展［J］. 浙江大学学报：医学版，2011，40（4）：451-457.

［72］司徒明镜，张毅，李涛等. 遗传因素和环境因素对儿童亲社会行为影响的双生子研究［J］. 中华医学遗传学杂志，2010，27（3）：324-328.

［73］王立东，宋昕. 环境和遗传因素交互作用对食管癌发生的影响［J］. 郑州大学学报：医学版，2011，46（1）：1-4.

第六篇 室内环境与健康学科发展报告

编写机构：中国环境科学学会室内环境与健康分会
负 责 人：邓启红　张寅平
编写人员：田德祥　白郁华　杨　旭　宋瑞金　李玉国　莫金汉　赵卓慧
　　　　　钱　华　王新柯　李景广　邓启红　张寅平

摘要

　　由于室内空气污染具有低浓度、长期暴露的特点，其健康危害通常是慢性、长期的，不易引起居民的重视。但是近年来，随着我国室内空气污染导致的健康危害与相关疾病显著增长，室内环境对居民健康的影响成为广泛关注的焦点。本报告系统总结了我国室内挥发性有机污染物、半挥发性有机污染物、颗粒物和生物污染的现状、特点及其健康危害，重点介绍了"十二五"期间该学科在室内环境与儿童健康、流行性传染性疾病传播、家具污染物散发、车内与机舱内空气质量以及室内空气污染防治等方面取得的重要研究进展，分析了目前研究存在的问题，指出了我国室内环境与健康领域未来的发展方向，总结并展望了国际室内环境与健康领域研究进展与发展趋势，为发展我国可持续室内环境提供参考。

一、引言

　　近年来中国室内空气质量急剧下降引起社会广泛关注，因此本文聚焦室内空气污染相关问题。研究室内环境与健康的目的是厘清室内空气污染与健康的关系、分析其产生原因、提出科学的解决方法与技术、营造"健康与舒适"的可持续室内环境。现代人超过90％的时间在室内度过，室内长时间低浓度空气污染暴露对人体健康、舒适和工作及学习效率有重要影响。室内空气污染首先能够损害人体呼吸系统，引发病态建筑综合征（sick building syndrome，SBS）、建筑有关疾病（building related illness，BRI）及多种化学污染物过敏症（multiple chemical sensitivity，MCS)[1~5]。此外，室内空气质量低劣还会引发哮喘甚至癌症[4,5]。

　　我国室内环境空气污染非常严重。室内空气污染源主要由两部分组成。一部分是室外污染物通过建筑通风和渗透进入室内。我国城市环境大气污染十分严重，特别是大气颗粒物（如PM_{10}、$PM_{2.5}$）浓度远高于世界平均水平。室外污染物通过新风或渗透作用进入室内后影响室内空气质量。另一部分，室内装修造成的空气污染日益严峻。我国城市化近年来十分迅速，大量居民进入新建建筑并进行室内环境装修，建筑及其装饰装修材料释放出甲醛、苯等挥发性有机化合物（volatile organic compounds，VOCs）导致室内环境进一步恶化。

室内空气污染导致的健康危害与疾病显著增长。我国 2009 年城市死亡率最高的 10 种疾病如图 1 所示，其中与空气污染相关的疾病有 7 个[6]。图 2 显示了近几十年在城市癌症死亡率中居首位的肺癌、乳腺癌、心脏病死亡率和出生缺陷率的变化情况[6]。最近一项研究调查了我国 31 个城市的 71000 名受试者，发现室外空气污染与肺癌和心肺死亡率相关[7]。实际上，室外空气污染大多也是进入室内后被人们吸入体内，造成健康危害。图 2 也显示了中国乳腺癌死亡率的增长情况。美国医药研究所[8]最近发表的研究结果认为：双酚 A、壬基酚以及常见室内污染物[9]与乳腺癌相关。除了双酚 A 和壬基酚，我国城市室内环境中大量存在的一些半挥发性有机化合物（semi-volatile organic compounds，SVOCs），如塑料产品中添加的增塑剂、室内材料和物品中添加的阻燃剂等，也会作为内分泌干扰物（endocrine disruptors）对人的健康造成危害[10,11]。图 2 嵌图表明城市心脏病死亡率从 2003 年的 90 人/10 万人增加到 2009 年的 130 人/10 万人。Brook 等[12]的研究表

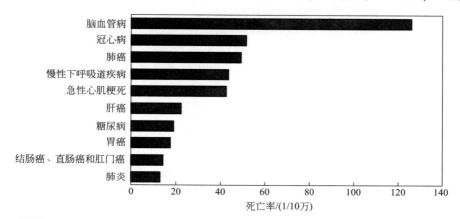

图 1　我国城市死亡率最高的 10 种疾病（实心柱表示和空气污染相关的疾病）[6]

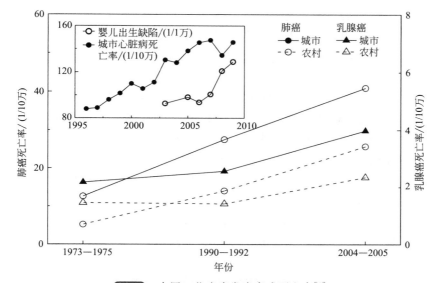

图 2　中国一些疾病发病率或死亡率[6]

肺癌死亡率含吸烟原因，去除吸烟因素[7]，2004—2005 年肺癌死亡率为每 10 万人 16.5（城市）和 8.2（农村）

明，空气中的颗粒物与此增长有关。1990—2000 年间，我国城市 14 岁以下儿童的哮喘发病率增加逾 50%，达到 2.0%[13]。2008 年同年龄段的横断面调查显示，北京、重庆和广州的哮喘发病率分别为 3.2%、7.5% 和 2.1%。这一增长被认为和大气污染有关[14]。室内环境中经常使用的增塑剂、阻燃剂和杀虫剂也被认为和哮喘发病率具有相关性[15]。

本报告关注我国室内空气质量的热点问题，重点介绍我国室内环境与健康领域在基础理论研究、室内空气污染防治技术发展及控制管理体系建设方面取得的进展，分析了目前研究存在的问题，指出了我国室内环境与健康领域未来的发展方向，囊括国际室内环境与健康领域研究进展与发展趋势，为发展我国可持续室内环境提供参考。

二、我国室内环境与健康的基础理论研究进展

（一）室内空气主要污染物及其特征

室内空气污染物主要包括挥发性有机污染物、半挥发性有机污染物、颗粒物和生物污染。受室内环境特征影响，室内空气污染具有累积性、长期性及多样性的特征[16]。

挥发性有机污染物（VOCs）通常指沸点为 $50 \sim 260℃$，室温下饱和蒸气压超过 133.5Pa 的有机化合物，其主要成分为烃类、卤代烃及低沸点的多环香烃等。油漆、家具、地板、壁纸、塑料等释放 VOCs。VOCs 具有毒性、刺激性和致癌作用，特别是苯、甲苯及甲醛对人体健康会造成很大的伤害。近年来，我国城市新建和翻新住宅数量急速增加，装修后室内部分 VOCs 浓度明显升高。刘晓途等[17]通过调研 1990 年以来我国城市住宅室内空气污染的研究资料，分析发现：我国城市居民住宅室内普遍呈现以甲醛、苯、二甲苯等污染物为主的装修型污染，其中甲醛是首要污染物；新装修住宅室内空气中各种污染物均呈现较高的浓度水平，除甲醛外，其他挥发性有机物随着竣工时间的推移而快速下降。

半挥发性有机污染物（SVOCs）是指沸点在 $240 \sim 260℃$ 到 $380 \sim 400℃$ 的一类有机物，主要包括：苯二甲酸酯类、多环芳烃类、多氯联苯类、多溴联苯醚（PBDEs）等。室内 SVOCs 来源广泛，包括某些日常用品，如卫生杀虫剂、吸烟、熏香燃烧、烹饪等，以及为了改善材料的某些性能添加到材料中的各种助剂（增塑剂和阻燃剂等）。SVOCs 具有蒸气压低、吸附性强、释放速率慢、在室内存在时间长、存在多种形态、暴露途径多样的特点。我国针对室内 SVOCs 污染和控制问题的研究起步较晚，有关室内 SVOCs 污染现状及人体暴露水平等方面的资料还相当缺乏。孙鑫等[18]分析评价了杭州市家庭室内空气中 PBDEs 的污染现状及特征，室内空气中气相 PBDEs 浓度是颗粒相的 1.49 倍，高层建筑中的 PBDEs 浓度与低层建筑差别不大，均处于较低水平。王夫美等[19]采用气相色谱-质谱定量分析，研究邻苯二甲酸酯（PAEs）污染变化特征和暴露风险。结果表明：冬夏两季，室内降尘样品均以邻苯二甲酸二（2-乙基）己酯（DEHP）浓度最大；PAEs 浓度季节变化差异显著，夏季降尘样品中 PAEs 浓度高于冬季；暴露评价显示儿童和成人的夏季邻苯二甲酸酯总暴露量均大于冬季，经口暴露水平大于皮肤，平均儿童的暴露水平是成人的 10 倍左右。

颗粒物是指悬浮在空气中微小的固体颗粒与液滴混合物。颗粒物的物理化学性质及生物学健康效应均与其粒径大小密切相关，如可吸入颗粒物 PM_{10}（$dp \leqslant 10\mu m$）、细颗粒物

$PM_{2.5}$（$dp \leqslant 2.5 \mu m$）、超细或纳米颗粒物 $PM_{0.1}$（$dp \leqslant 0.1 \mu m$）。颗粒物粒径越小，其比表面积越大，吸附的化学组分越多，而且进入人体呼吸系统部分就越深，对人体健康危害越大。室内颗粒物浓度变化具有"短暂（brief）、间歇性（intermittent）、剧烈（highly variable）"等特征。从文献报道的世界各地不同类型居民建筑室内的颗粒物日平均浓度来看，室内颗粒物污染相当严重，许多甚至都超出了相应的国家环境空气质量标准，并具有以下特点：发展中国家＞发达国家，医院或教室＞居民住宅＞办公室，吸烟室内＞非吸烟室内，农村＞城市[20]。Cheng 等[21]通过观测台中市私立疗养院室内外的 $PM_{2.5}$ 浓度，分析室内颗粒物来源，结果表明室外颗粒物浓度和室内源对疗养院室内 $PM_{2.5}$ 的贡献分别占 40.9％和 63.4％。Cao 等[22]分析西安秦陵兵马俑博物馆内空气中颗粒物浓度，发现室内 $PM_{2.5}$ 浓度冬季高于夏季，悬浮在博物馆内的酸性颗粒物和沉降的酸性颗粒物均会对兵马俑造成腐蚀性危害。

室内生物污染主要包括细菌、真菌、花粉、病毒和生物体有机成分等。在这些生物污染因子中有一些细菌和病毒是人类呼吸道传染病的病原体，有些真菌（包括真菌孢子）、花粉和生物体有机成分则能够引起人的过敏反应。室内生物污染对人类的健康有着很大危害，能引起各种疾病，如各种呼吸道传染病、哮喘、建筑物综合征等。方治国等[23]研究北京市室内家庭空气微生物粒径及分布特征，结果表明：室内空气细菌和真菌粒径分布特征不随家庭环境、季节特征、儿童性别、房屋结构的变化而变化，但空气细菌和真菌的粒径分布特征不同；室内空气细菌的中值直径明显大于空气真菌。

（二）室内污染物健康影响毒理学研究

近年来，室内污染物的毒理学效应得到广泛关注，我国针对室内常见污染物甲醛、邻苯二甲酸酯以及颗粒物与纳米材料开展了大量研究。

1. 甲醛毒理学研究

甲醛是我国室内空气中的首要污染物，建筑和装饰材料是室内甲醛污染的主要来源。甲醛的毒性作用种类繁多，机制不清。近年来，国内外学者针对甲醛暴露所致遗传毒性效应以及甲醛诱导白血病及哮喘的致病机理开展了大量研究，主要集中在遗传毒性、致白血病作用、致哮喘病作用三方面。

动物实验及流行病学研究表明甲醛具有遗传毒性，能够对细胞在基因水平、DNA 水平及染色体水平造成损伤，是具有人类三致效应（致突变性、致癌性、致畸性）的重要危险因素。李慧等[24]用半定量 RT-PCR 方法检测不同浓度甲醛对小鼠染毒后骨髓组织细胞中 c-myc、MDM2 和 p53 基因表达的变化，结果表明，吸入性甲醛的毒性能进入动物骨髓组织，并能引起骨髓组织基因表达发生改变。申梦童等[25]研究不同浓度甲醛和乙苯单独及联合染毒对小鼠脑组织 DNA 的损伤作用，结果表明单独及联合染毒组小鼠脑细胞彗星拖尾率、尾部 DNA 含量和尾矩均高于阴性对照组（$P < 0.05$），且两者对 DNA 的损伤存在一定的剂量-反应关系。白雪等[26]通过微核试验和彗星试验发现甲醛染毒可引起小鼠骨髓细胞微核率增高，表明甲醛对小鼠骨髓细胞染色体有损伤效应，可以在有丝分裂过程中使骨髓细胞染色体断裂，具有致癌风险，且剂量越高染色体损伤越严重。

甲醛暴露是否能够增加白血病发生风险是近年来国内外环境与健康领域关注的热点。Ye 等[27]对小鼠进行气态甲醛连续染毒后，发现骨髓细胞 DNA-蛋白质交联系数显著升高。柯玉洁等[28]发现骨髓染毒可以导致小鼠骨髓细胞 DNA 损伤，暗示甲醛诱导白血病具有高度的可能性。Gao 等[29]对小鼠连续 72h 染毒后，发现染毒组与对照组随机扩增多态性DNA（RAPD）图谱存在明显差异，扩增条带变化时数随甲醛浓度升高而增多，基因组模板稳定性（GTS）下降，反映了不同浓度甲醛对实验动物骨髓组织细胞的分裂、分化具有显著影响。徐英博等[30]的实验结果表明甲醛暴露导致小鼠骨髓组织和淋巴组织中相关转录因子表达异常，增加白血病的患病风险。上述研究为甲醛致白血病的研究提供了有力证据，然而由于甲醛及其衍生成分在血液中的转移机制复杂，且甲醛在骨髓中对微环境组分的作用机制尚不明朗，因此对于甲醛能否导致白血病及其致病机制仍存在很大争议，有待进一步研究。

最新流行病学研究甲醛暴露和哮喘之间的内在关系，但它们之间的因果关系仍存在争议。Liu 等[31]以小白鼠为甲醛诱导哮喘的动物实验模型，从肺部组织切片可以清晰发现组织病理变化［图 3（a）］。实验采用的动物模型虽然只能诱导肺部气道的炎症反应，但若甲醛暴露和过敏源致敏结合则引起哮喘反应。刘凯华等[32]实验发现吸入气态甲醛导致小鼠出现肺纤维化损伤、肺泡壁增厚、毛细血管破裂、肺泡腔内出现血细胞、小鼠体重不断下降等现象；随着甲醛浓度的增高，肺组织病变越严重，小鼠死亡率也相对越高。表明甲醛吸入会引起小鼠体重减轻和肺组织纤维化，且具有一定的剂量-反应关系。虽然小白鼠是化学物质诱导职业性哮喘的最好的动物模型，但因物种间免疫反应的差异不能忽略，所以这些结论不能直接外推到人类。

2. 邻苯二甲酸酯毒性研究

邻苯二甲酸酯（phthalates）是典型的具有雌激素功能的内分泌干扰物，其作为增塑剂是人类使用量最大的一组环境内分泌干扰物，也是持久性有机污染物（POPs）的重要组成成分之一。研究表明，邻苯二甲酸酯可诱发人类过敏症和哮喘，影响神经组织导致学习与记忆能力下降，并对各器官造成氧化损伤。流行病学研究表明，邻苯二甲酸酯是导致哮喘及其他过敏症的因素之一，以邻苯二甲酸二（2-乙基）己酯（diethylhexyl phthalate，DEHP）为主要成分的邻苯二甲酸酯与哮喘发生具有剂量相关性。Yang 等[33]研究 DEHP 诱导型哮喘，发现 DEHP 暴露则可显著改变卵清蛋白（OVA）致敏大鼠气管结构，随着 DEHP 浓度升高，气管腔严重狭窄，平滑肌面积增多，出现气道重塑［图 3］。Kim 等[34]研究了 DEHP 暴露对学龄儿童智力的影响，结果表明尿液中 DEHP 代谢物含量和智商之间成反比关系，与注意缺陷多动障碍症（ADHD）呈正相关关系。刘锋明等[35]通过 Morris 水迷宫实验研究邻苯二甲酸丁基苄酯（BBP）暴露对小鼠脑组织的氧化损伤和对小鼠学习与记忆能力的影响，结果表明：BBP 染毒组小鼠的学习和记忆能力显著下降；随着 BBP 染毒浓度的

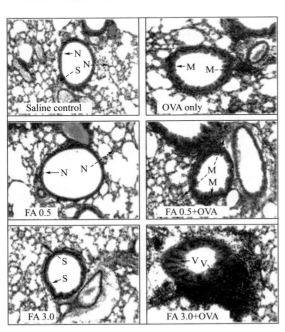

图 3 室内空气污染物对老鼠肺部影响：吸入甲醛对小白鼠肺部影响的病理组织学切片

升高，小鼠脑、肝、肾组织中的氧自由基（ROS）水平、丙二醛（MDA）含量逐渐上升，还原型谷胱甘肽（GSH）含量逐渐降低，即对其脑、肝、肾组织产生氧化损伤。陆杰等[36]研究邻苯二甲酸二异壬酯（DINP）对小鼠肝细胞的氧化损伤，结果表明：随着DINP染毒剂量升高，肝组织的 ROS、MDA、8-羟基脱氧鸟苷（8-OHdG）含量和 DPC系数逐渐上升，GSH 含量逐渐降低，各指标呈剂量-效应关系；对小鼠肝组织形态的光镜观察结果表明，随着染毒剂量的加大，小鼠肝细胞的病理损伤越严重。

3. 颗粒物与纳米材料毒性研究

纳米毒理学证明超细颗粒物可以被吸入并沉积在呼吸系统、心血管系统、消化系统及神经系统，进而影响人体健康。现有研究主要针对纳米颗粒物的细胞氧化损伤作用以及致哮喘作用。

单壁纳米材料作为一种典型的纳米材料因其独特的理化性质正在受到广泛关注。Cheng 等[37]研究了纳米单壁碳管（SWCNTs）对细胞活性的影响，观察到 SWCNTs 进入细胞，并通过在细胞内的积累造成细胞功能异常。用浓度为 $100\mu g/ml$ 的 SWCNTs 暴露12h 或 20h 后，可发现细胞核膜肿胀、线粒体损伤等现象。低浓度 SWCNTs 暴露除了造成 GSH 水平下降、线粒体膜电位降低以外，不对细胞产生明显毒性。钟柏华等[38]研究SWCNTs 对小鼠脑组织的氧化损伤作用，结果表明：腹腔注入 SWCNTs 后，小鼠的情绪受到影响，具有抑郁症的特征；小鼠脑部组织的 ROS 和 MDA 水平升高，GSH 水平降低，炎症因子白介素-1β（IL-1β）的水平升高；随着染毒浓度的升高，脑海马锥体细胞的空泡化程度愈加明显，着色不均，锥体细胞顶状树突逐渐消失，细胞排列松散，尼氏小体消失。由此可知，一定浓度的 SWCNTs 可以导致小鼠脑组织发生病变，产生一定的神经毒性。

现有研究表明环境颗粒物的暴露，尤其是超细颗粒物的暴露可以引起肺功能的损伤及恶化肺病患者的病情。然而，纳米颗粒物对过敏性哮喘的恶化作用及其机制还鲜有研究。Han 等[39]探讨了纳米二氧化硅（nano-SiO₂）对大鼠肺功能的影响，发现注射乙酰甲胆碱后，大鼠 Ri 和 Re 指标显著升高［图3］，并发现 nano-SiO₂ 颗粒可以在有无 OVA 免疫的情况下导致 IL-4 的升高，加速了 Th1/Th2 细胞因子平衡的打破并加重 OVA 诱导的哮喘症状，如气道高反应性和气道重塑。

（三）我国室内环境敏感人群健康调查

室内环境敏感人群主要包括儿童，老年人，慢性疾病患者，因药物治疗、肥胖及压力引起的免疫能力下降人群[40]。儿童对环境污染相对敏感，儿童特殊的暴露模式使其面临更大的风险，因此本节着重对室内环境与儿童健康的研究进行总结。

1. 儿童哮喘与过敏性疾病

哮喘和过敏性疾病的高发病率趋势受到人们的广泛关注，很多国际知名组织进行了全球范围的调查研究[41]。国际儿童哮喘及过敏性疾病研究组织（International Study of Asthma and Allergies in Childhood，ISAAC）自 1992 以来对 56 个国家儿童的哮喘及过敏性疾病患病情况进行了三次调查结果显示，三种过敏症状的总体平均患病率在 10 年间（从 20 世纪 90 年代初到 20 世纪末）呈现上升趋势：13～14 岁年龄组从 1.1% 上升至1.2%，6～7 岁年龄组从 0.8% 上升至 1.0%；同时儿童哮喘及过敏性疾病的患病率存在着地区差异，中国儿童哮喘患病率较西方国家低[42]。近十年来，发达国家的哮喘与过敏性疾病发病率趋于稳定甚至呈下降趋势，而发展中国家某发病率则迅速增加。基因与环境是导致哮喘与过敏性疾病的主要因素[43]，由于遗传基因在短期内不会发生改变，因此环境因素的改变可能是导致近十年来儿童哮喘与过敏性疾病发病率迅速增加的主要原因。近年来，随着我国经济与城市化迅速发展，城市环境大气污染物日趋严重，大气污染物（如 $PM_{2.5}$、NO_2、NO_x、CO 等）能够导致哮喘与过敏性疾病症状加重与恶化[44]。

我国儿童哮喘协作组曾于 1990 年和 2000 年对全国 27 个省市的 0～14 岁年龄段儿童的哮喘患病情况进行系统的整群抽样调查。调查结果显示全国儿童平均哮喘患病率 1990 年为 0.91%（0.09%～2.60%），2000 年升至 1.54%（0.52%～3.34%）。对比全国不同地区的哮喘患病率发现，北方地区（华北、东北和西北）哮喘现患患病率（0.99%）低于南方地区（包括中南和西南，1.54%），而华东地区的哮喘现患患病率为最高（2.37%）[45]。

2. 我国室内环境与儿童健康研究

近年流行病学研究表明，大气环境污染是加重哮喘等过敏性疾病的主要因素，但能否导致哮喘等过敏性疾病尚不明确。然而，由于人们一生中绝大部分时间都是在室内度过，因此室内污染物的长期暴露对人们尤其是儿童等敏感人群的影响十分严重。为了系统研究室内环境对儿童哮喘及过敏性疾病的影响，2010 年我国科研机构发起儿童家庭环境与儿童健康 CCHH（China，Children，Homes，Health）调研，经过多次会议讨论确定来自国内 10 个城市的高校参与，并与国际室内环境和儿童哮喘研究的专家和高校院所紧密合作。CCHH 研究主要采用环境流行病学的调查方法与手段，对住宅室内环境与儿童的健康状况进行现状研究，并在此基础上评估疾病/症状的发生和可能引起相应疾病/症状发生的环境暴露因素之间的联系。项目研究分两个阶段（现状研究与病例对照研究）进行：第一阶段确定了中国室内环境与儿童健康项目的调查问卷并进行调查，获得全国主要城市住宅室内环境特点及儿童哮喘及过敏性疾病的患病分布情况；第二阶段基于第一阶段的初步分析，明确影响儿童健康的主要环境因素，采用入室测试、采样分析等手段进一步确定影响儿童健康的住宅室内环境危险因素，系统地分析和评价住宅室内环境对儿童健康的作用。

第一阶段对 10 个代表城市随机选取的幼儿园或小学的 48 219 名 1～8 岁儿童进行了问卷调查，表 1 总结了各城市的研究方向[46]。结果表明在调查城市中确诊哮喘患病率为 1.7%～9.8%（平均为 6.8%），相比于 1990 年的 0.91% 和 2000 年的 1.54% 有大幅增长。分析显示：患病率和室外大气颗粒物 PM_{10} 浓度无显著相关性，而与人均 GDP 为指标的社会经济条件存在相关性。

表 1 CCHH 各城市着眼于疾病和暴露的研究方向

城市	研究方向	主要成果
北京[47]	母乳喂养对哮喘和过敏的可能保护作用	纯母乳喂养 6 个月以上显示对儿童哮喘和过敏性疾病具有保护作用
上海[48,49]	宠物暴露风险、环境烟草吸烟暴露风险	早期饲养有毛宠物是儿童哮喘和过敏症的危险因素，部分上海市民对有毛宠物的饲养具有规避意识 与父亲吸烟相比，母亲吸烟可能是学龄前儿童呼吸道健康更显著的危险性因素

续表

城市	研究方向	主要成果
武汉[50,51]	与哮喘、鼻炎及湿疹有关的家庭环境风险因素	武汉地区儿童哮喘、过敏性鼻炎与湿疹症状的患病率与室内环境因素(不良生活方式和家庭潮湿问题)显著相关
南京[52]	肺炎的家庭环境风险因素	室内环境因素如潮湿、通风不良、天然气燃料、新家具、地板以及墙面材料与肺炎有显著的相关性
乌鲁木齐[53]	肺炎、哮鸣及鼻炎症状的家庭环境风险因素	室内发霉或潮湿、室内吸烟和含挥发性有机化学物的室内装修装饰材料等,是儿童过敏性疾病和肺炎的危险因素
太原[54]	产前新家具及室内装修暴露与哮鸣、鼻炎、湿疹的关系	出生前居住地添置新家具和室内发霉或潮湿是太原市学龄前儿童哮喘和相关过敏性疾病及症状的独立危险因素
长沙[55]	环境空气污染与儿童过敏性疾病的关系	儿童长期暴露于高浓度大气污染可能是导致儿童哮喘等过敏性疾病的重要原因
重庆[56,57]	潮湿与哮喘/过敏的关系、病态建筑综合征的患病率及风险因素	在重庆地区,住宅室内潮湿问题与儿童哮喘及过敏性疾病的相关性显著存在。病态建筑综合征与住宅环境相关:危险因素包括潮湿问题、蟑螂、老鼠、蚊子/苍蝇及使用熏香;保护性因素包括每天清洁儿童的卧室和经常晾晒被褥
西安[58]	家庭环境及生活方式与儿童呼吸健康的关系	公寓建筑室内环境(潮湿、装修、墙面材料)及不良的生活方式是儿童呼吸健康的危险因素

2011年我国10个主要城市儿童哮喘发病率分布调查结果表明我国城市儿童哮喘发病率为6.8%(1.7%~9.8%),存在一定的地域差异性,且最近10年我国儿童哮喘患病率的增长明显快于1990—2000年,增长速度最快的4个城市依次为乌鲁木齐、武汉、北京和上海,这主要与不同城市的大气污染水平、室内污染状况、集中供暖、气候特征、饮食习惯等因素有关。乌鲁木齐由于其城市室外大气污染物浓度高、室内冬季集中供暖通风条件差、冬季温度较低等原因,导致其儿童哮喘发病率增速较快。但是现今对不同区域儿童哮喘的发病原因及其主要影响因素尚无定论,因此需要进一步全面深入的分析与研究[59]。

3. 我国室内环境要素对儿童哮喘等过敏性疾病影响

研究表明通风不足会导致室内污染物无法及时排除,增加室内二氧化碳、细菌、过敏原浓度和不良气味的感知,这些都可能对儿童健康产生负面影响。CCHH研究显示,住宅室内通风不良是"曾经"和"最近12个月患过敏性湿疹"及"严重湿疹"的共同风险因子,并且通风不良易引起的潮湿和不良气味是肺炎的危险因素,而高通风量则可以降低儿童患有呼吸道感染疾病的风险[50]。

建筑潮湿是哮喘、鼻炎、湿疹等过敏性疾病爆发的显著性危险因素。作为有代表性的室内潮湿表征之一,"霉点"的发生与医生诊断的鼻炎之间的相关性最为显著,孩子出生时,居室发霉或室内潮湿及冬季窗户凝水等居室特征几乎与所有儿童的哮喘、鼻炎及湿疹的既往症状和过去12个月的症状呈显著性正相关,尤其是重庆地区[56]。

相关研究表明,近3个月内儿童房间中的刺激性气味与肺炎有显著的相关性。儿童被动吸烟,尤其是母亲吸烟,不利于儿童的健康成长,研究表明当前家庭成员中存在吸烟现象及儿童出生时父母吸烟与儿童的喘息症状（过去 12 个月或过去任何时候）均显著正相关，父母均吸烟的情况下儿童呼吸道症状的患病率一般高于父母都不吸烟儿童，特别是喘息和哮吼的患病率显著增高[49]。

相对水泥/瓷砖/石头地板而言，强化木地板是病态建筑综合征（SBS）的危险因素，强化木地板是住宅中化学物质的污染源，装修和新家具均是 SBS 症状的危险因素。SBS 是一类非特异性的不舒服的症状，包括多项皮肤过敏和呼吸道敏感或不适的症状。另外，实木或强化木地板与儿童肺炎的患病率升高有显著正相关性，提示其有可能是影响儿童呼吸系统健康的不良因素[52]。

室内的墙壁表面装饰材料，对室内环境有显著的影响。CCHH 在乌鲁木齐的室内环境与儿童健康的研究中指出，墙壁使用木质材料、墙纸或油漆等（约占 80.7%）的家庭较为普遍，与儿童过去 12 个月内的过敏性鼻炎症状有正相关性。住宅使用此类地板或墙壁材料，其室内环境容易受到有机化合物包括甲醛、VOCs 及 SVOCs 等的空气污染，从而给人体健康带来不良影响[53]。

污染物早期暴露影响更大。由于胎儿与新生儿肺部等器官尚未发育完全，对污染物暴露更为敏感，因此早期污染物暴露对儿童肺部等呼吸系统与器官的发育和成熟具有严重的影响，能够显著增加儿童哮喘等过敏症的早期患病风险。特别是根据"巴克假说（Barker hypothesis）"，出生前与出生后的早期阶段环境污染物暴露能够影响胎儿与新生儿的发育可塑性，导致基因程序改变，从而使儿童敏感性增强，容易诱发哮喘等过敏性疾病[60]，因此出生前与出生后早期阶段的污染物暴露对于儿童哮喘的发生与发展具有十分重要的决定性影响。目前此方面研究尚且十分缺乏，仅有少数发达国家的研究结果表明交通排放污染物的早期暴露是导致儿童今后患哮喘的关键性影响因素。中国污染源混合、污染物浓度高、儿童哮喘发病率增长速度快，深入全面的研究对于儿童哮喘的早期预防与有效控制具有十分重要的意义。

表 2 为四个时期，即孕前、孕期、第一年、近期（最近一年）室内新家具、装修暴露对 3～6 岁儿童哮喘、鼻炎、耳炎、肺炎的发病率风险，结果表明：孕期室内装修和第一年新家具暴露与以后儿童哮喘的发病率显著相关，比值比（odd ratios，ORs）（95% CI）分别为 2.16（1.25～3.73）和 1.55（1.00～2.42）；现在室内新家具暴露与鼻炎显著相关 [OR（95% CI）=1.50：（1.07～2.09）]；孕前和现在室内装修以及现在新家具暴露与肺炎显著相关 [ORs（95% CI）= 1.31（1.04～1.64）、1.24（1.04～1.48）、1.28（1.03～1.59）]；然而此研究没有发现室内新家具与装修污染物暴露对耳炎的显著性影响。其中，早期（孕期＋第一年）室内污染物暴露对以后儿童哮喘发病率的增加具有显著影响。近期研究发现污染物的早期暴露比晚期暴露影响更大，这主要是由于胎儿/婴儿在早期阶段靶器官与体内系统在发育成长期十分敏感，更容易受到污染物等环境因素的影响，即"早期模型"理论[61]。因此，室内污染物的早期暴露是导致中国城市儿童哮喘发病率迅速增加的重要原因之一。近期研究结果还表明（表3），出生前（孕前一年＋孕期）室内新家具暴露与儿童曾经喘息、现在喘息、过敏性鼻炎、湿疹均具有显著相关性[54]，其风险值 ORs（95% CI）依次为 1.23（1.03～1.48）、1.24（1.00～1.54）、1.26（1.06～1.51）、1.42（1.01～1.99）。此外，室内霉菌/潮湿和冬季窗户凝结/水汽等环境风险因素的早期（孕期）与近期暴露能够显著增加儿童喘息、夜晚干咳、鼻炎症状、近期湿疹等症状的发生风险，OR 值变化范围为 1.28（1.04～1.58）～1.92（1.50～2.45）。

表2 室内不同时期新家具和装修暴露对儿童哮喘、鼻炎、耳炎、肺炎的发病风险

项目	哮喘与过敏症疾病累积发病率,OR(95% CI)			
	哮喘	鼻炎	耳炎	肺炎
孕前暴露				
新家具	0.71(0.47~1.06)	1.19(0.83~1.69)	1.33(0.96~1.85)	1.09(0.90~1.32)
装修	0.68(0.40~1.15)	1.38(0.91~2.08)	1.07(0.71~1.62)	1.31(1.04~1.64)*
孕期暴露				
新家具	1.01(0.63~1.62)	0.66(0.39~1.11)	1.26(0.84~1.89)	1.09(0.86~1.39)
装修	2.16(1.25~3.73)**	0.68(0.33~1.42)	1.28(0.72~2.29)	1.08(0.76~1.54)
第一年暴露				
新家具	1.55(1.00~2.42)*	1.30(0.83~2.03)	0.95(0.61~1.50)	1.04(0.81~1.34)
装修	1.56(0.72~3.38)	1.44(0.68~3.04)	1.06(0.48~2.34)	0.90(0.57~1.43)
近期暴露(最近一年)				
新家具	1.12(0.79~1.58)	1.50(1.07~2.09)*	1.10(0.81~1.50)	1.24(1.04~1.48)*
装修	1.43(0.96~2.13)	1.27(0.85~1.91)	1.22(0.84~1.76)	1.28(1.03~1.59)*

注：OR 值调整儿童性别、年龄、母乳喂养、父母遗传、室内环境吸烟（ETS）、宠物；室内 无新家具或装修作为参照组；$*P \leqslant 0.05$，$**P \leqslant 0.01$。

表3 室内不同时期新家具和装修暴露对儿童哮喘、鼻炎、耳炎、肺炎的发病风险

项目	最近 12 个月哮喘与过敏症症状发病率,OR(95% CI)			
	喘息	夜晚干咳	鼻炎症状	湿疹
孕期暴露				
霉菌与潮湿污点	1.39(1.09~1.79)**	1.49(1.15~1.93)**	1.46(1.18~1.80)***	1.47(1.08~2.00)*
冬季窗户凝结或水汽	1.45(1.19~1.77)***	1.28(1.04~1.58)*	1.59(1.35~1.87)***	1.49(1.15~1.93)**
现在暴露				
霉菌与潮湿污点	1.51(1.14~2.00)**	1.73(1.30~2.31)***	1.92(1.50~2.45)***	1.15(0.79~1.69)
冬季窗户凝结或水汽	1.42(1.11~1.83)**	1.66(1.28~2.15)***	1.57(1.29~1.91)***	1.63(1.17~2.27)**

注：OR 值调整儿童性别、年龄、母乳喂养、父母遗传、室内环境吸烟（ETS）、宠物；室内 无新家具或装修作为参照组；$*P \leqslant 0.05$，$**P \leqslant 0.01$，$***P \leqslant 0.001$。

（四）室内传染病传播

1. 传染病传播机理研究

传染病的传播途径分为以下几类[62]：直接接触传播、飞沫传播、空气/水/土壤/食物/虫媒传播。呼吸道传染病是传染病中的一种，是指病原体由呼吸道侵入易感者机体，在呼吸道内寄生和繁殖，且可由呼吸道排出的传染病。呼吸道传染病的传播途径包括接触传播、飞沫传播及空气传播。

2003 年 SARS 及 2010 年的 H1N1 流感及最近韩国中东呼吸综合征（MERS）的爆发，引发了人们对空气传染病的关注。关于空气传播机理，国外和国内学者进行了大量的研究，发现空气传播疾病是以携带病菌的飞沫蒸发后残余的飞沫核为媒介进行传播的，当病源病人呼吸、打喷嚏、咳嗽、唱歌、讲话时，会喷出带病原体的飞沫，这些飞沫在很短的

时间内会蒸发，留下直径 $5\mu m$ 以下的飞沫核，并附着飞沫中的致病微生物。图4、图5为哈佛大学20世纪30年代研究重新绘制的距地面2m处释放的飞沫最终命运的图片。图中显示比 $140\mu m$ 大的飞沫则在3s内落到地面，比 $140\mu m$ 小的飞沫会在3s内完全蒸发形成飞沫核。这些飞沫核能够悬浮在空气中，如果附着在飞沫核上的微生物没有死亡，那么被易感人群吸入后会致病。我国香港大学李玉国教授研究发现飞沫的沉降速度与气流状况有关，通常 $100\mu m$ 以上的飞沫在数秒钟内沉落于地面或物品表面上，直径小于 $100\mu m$ 的飞沫则蒸发形成飞沫核。近年来还有许多学者对空气传播的机理进行了深入研究，如 Hang 等[65]对人走路对飞沫传播的影响进行了研究，研究表明医务人员的行走对飞沫传播有一定影响，但其影响远小于机械通风系统，同时研究发现在房间天花板设置排风系统比在楼板平面位置设置排风系统对飞沫控制的效果更好；Wang 等[66]对病房隔离室进行的研究表明人员在病房隔离室内走路速度的增加可减少悬浮飞沫的总数量；Qian 等[67]对自然通风进行的研究表明自然通风能降低呼吸道传染病的感染，自然通风可用在某些医院控制传染病传播。另外，Zhang 等[68]对火车车厢等特殊场合空气传播疾病进行了研究，Wei 等[69]对人呼吸活动排出飞沫的机理进行了研究。传染病颗粒沉积在物体表面，手接触这些污染表面则存在呼吸道感染的风险。近年来有少量文献针对表面接触传播传染病进行研究，如 Sze-To 等[70]的研究表明表面接触传播的感染风险与室内建筑表面材料性质、通风系统和人的行为有关，相比增加房间通风量，减少人的表面接触更能降低传染病的感染风险。但是关于表面接触还存在大量问题需要进一步研究明确，如一次接触可以传播多少病原体，病原体通过接触能够在多大范围内传播，如何用数学方法进行描述等。

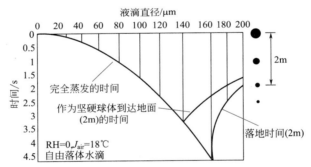

图4　飞沫在空气中蒸发及沉降特性（文献 [63]
改自哈佛大学 Wells 教授 1934 年文献 [64]）

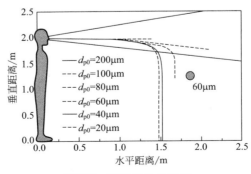

图5　飞沫运动轨迹图

2. 重大传染病传播研究案例

重大传染病疫情等突发性公共卫生事件在全球范围内时有发生，极大地威胁人民的生命安全和社会的稳定进步。2003 年"严重极性呼吸综合征"（severe acute respiratory syndrome，SARS）蔓延至 34 个国家和地区，造成 900 多人死亡。中国香港淘大花园是 2003 年 SARS 流行期间最大的一起社区大爆发，共 321 人感染，42 人死亡。我国香港大学李玉国教授对淘大花园 SARS 传播进行了模拟研究（图 6），结果表明被感染者的分布与天井中的空气流动、建筑各单元间的气流流动及各栋建筑间的风向强烈相关，证明 SARS 病毒极有可能是通过空气传播的[71]。随后，在对中国香港威尔士亲王医院病房 SARS 爆发的研究中进一步验证了 SARS 空气传播的可能性及空调通风系统对控制医院感染的重要作用。SARS 空气传播及通风控制已得到世界卫生组织（WHO）与中国卫生部公布的《传染性非典型肺炎（SARS）诊疗方案》的采用。基于对 SARS 爆发的研究，开展了对传染病爆发事故的调查与研究，如沈红萍等[72]采用问卷调查和计算流体力学模拟等方法调查某高校女生宿舍流感爆发，结果发现午睡时间、作息习惯和洗漱时间等因素对流感的分布不存在显著差异，流感传播与气流密切相关。

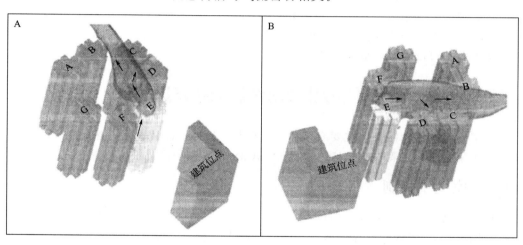

图 6　中国香港淘大花园 SARS 病毒空气传播过程模拟
（E 座为 SARS 散发源，在东北风作用下，SARS 病毒向 D 座和 C 座扩散）

3. 传染病传播控制

机械通风在医院隔离病房等地方的传染病控制方面已得到广泛应用，近年来的研究表明自然通风和个性化送风等方式在传染病控制方面也能取得较好效果：Qian 等[67]研究发现自然通风能够在医院病房提供较高的通风效率，Shen 等[73]的研究表明个性化通风与置换通风结合相比个性化通风与混合通风结合具有更高的通风效率，但过高的个性化通风风速反而会影响通风效果，从而使得人体暴露风险增大。

紫外光线杀菌（ultraviolet germicidal irradiation，UVGI）是利用紫外线照射杀死或去除有机微生物的一种方法，其采用的紫外线波长一般是 200～320nm[74]。紫外光线杀菌技术主要分为在采暖通风空调管道内安装和直接在室内通风空调房间安装两种方式。安装在室内上层空间的紫外光线杀菌系统（upper-room UVGI system）作为典型的应用方式，目前已被美国疾病控制中心推荐作为一种有效阻止肺结核病毒在封闭房间传播的方法[75]。影响紫外光杀菌效率的主要参数包括紫外光线的强度及细菌暴露时间，紫外光线强度是紫外杀菌系统中一个可控的重要参数，目前计算紫外光线强度的方法主要有实验测量和数学方法预测两种。在采用数学预测方法预测紫外光线强度方面，Wu 等[76]近期根据角系数法，开发了一个能预测室内上层空间紫外光线装置紫外光强度的数学模型，该模型将装置内反射紫外光的弧形面简化假设为一个虚拟光源面，假设虚拟光源面发出的紫外光平行穿过格栅照射到室内上层空间，由于该数学模型考虑了装置复杂的结构和格栅的滤光效果，因此该模型能有效预测紫外光线强度的空间分布。在紫外光线杀菌模拟方面，漂移通量模型（drift-flux model）常用于室内生物气溶胶或颗粒的分布模拟，在加入半经验颗粒沉降模型后，漂移通量模型能准确分析室内空气中细菌的分布[77]，Yang 等[78]在漂移通量模型基础上，将紫外线杀菌效果加入模型，并通过全尺度的室内实验验证该模型描述 UVGI 系统杀菌效果的准确性，改进后的漂移通量模型可用于分析室内上层紫外光线杀菌系统的杀菌效率。

除通风和紫外光线杀菌外，室内生物污染控制方法应用较多的是空气过滤（HEPA）和等离子体消毒（Plasma）等方式。由于呼吸道疾病大多数都是通过大粒径的飞沫途径传播，研究表明呼吸道传染者佩戴外科医用口罩可防止体内病毒或细菌散播至外界，而与之密切接触的健康人群佩戴 N95 口罩可防止自身感染[79]。另外，病毒病菌等致病物通过人呼吸、打喷嚏或者排泄物等排出体外时会沉降到人体、地板等表面，表面清洁（包括房屋清洁、洗手等）可以大幅降低交叉感染概率。

三、我国室内空气污染防治技术研究进展

室内空气污染的控制方法主要有三类：源控制、通风、净化。近年来，针对我国室内主要空气污染物（包括颗粒物、VOCs 及 SVOCs）的控制与净化技术开展了大量研究。

（一）室内源控制

源控制是降低室内颗粒物污染最有效的方式。吸烟与烹饪是室内颗粒物最主要的污染源[20]。研究表明，吸烟能够显著增加室内颗粒物浓度水平[80]，禁烟是降低室内颗粒物污染的有效措施；灶具燃烧效率低以及固体燃料的广泛使用是导致室内颗粒物浓度高的主要原因，采用燃烧效率高、排放率低的灶具与燃料是降低烹饪烟雾对室内颗粒物浓度影响最有效的方式与手段。近年中国加大公共场所禁烟力度，有助于改善室内空气污染，推广清洁煤燃烧利用能够显著降低固体燃料燃烧过程中的颗粒物散发，新型灶具的开发使用改善了烹饪过程中的室内空气污染。

（二）通风

通风对室内颗粒物浓度有重要影响，我国学者分别针对有无室内污染源情况开展了大量研究。Xie 等[81]分析表明无室内源情况下，增大换气次数能够迅速降低室内颗粒物浓度，当换气次数超过某一阈值时室内颗粒物浓度下降速度减慢，逐渐接近室外浓度。谢伟等[82]研究通风换气次数对颗粒物室内外浓度比（I/O）的影响，发现无室内源情况下，随着房间通风换气次数增加，I/O 逐渐升高，即室内颗粒物浓度水平逐渐接近室外浓度水平。因此在室外污染较重时，通风将会加重室内空气污染。Long 等[83]研究发现房间通风换气次数较大时（如夏季门窗开启），室内颗粒物浓度紧随室外浓度变化，且室内浓度水

平基本与室外持平（$I/O \approx 1$）；房间通风换气次数较小时（如冬季门窗紧闭），室内颗粒物浓度对室外浓度变化的响应缓慢，存在明显的时间延迟与滞后效应，且室内浓度水平显著低于室外（$I/O < 1$）。He 等[84]研究室内源对颗粒物浓度水平与变化规律的影响，结果表明：通风较小时，室内颗粒物浓度衰减很慢，颗粒物长时间驻留堆积而导致室内颗粒物浓度升高；通风较大时，室内颗粒物浓度衰减十分迅速，浓度较低。因此，加强通风是降低室内源对室内颗粒物浓度影响的重要手段。施珊珊等[85]比较不同通风形式下住宅内细颗粒物质量浓度及室内暴露量，结果表明：过渡季和冬季时，对于密闭性较好的住宅，采用自然通风并开启室内空气净化器与采用机械通风均能得到较低的细颗粒物室内暴露量；夏季时，采用自然通风的住宅，无论是否开启室内净化器，细颗粒物室内暴露量基本相同，且采用机械通风的住宅细颗粒物室内暴露量较低。

（三）净化过滤

现有室内空气净化技术包括过滤净化法、吸附法、低温等离子净化法、催化氧化法、臭氧消毒法及紫外线消毒法。过滤净化法是降低室内颗粒物浓度比较有效的方式与技术，特别是高性能过滤材料（HEPA）或静电过滤能够显著提高颗粒物沉降率。吸附材料广泛用于净化 VOCs 等室内气体污染物，Xu 等[86]提出了一种预测吸附材料无量纲洁净空气体积的实验方法，能够有效比较不同吸附材料净化性能。光催化法在室温下可以分解甲醛，对于净化室内空气具有良好应用前景。丁慧贤等[87]提出非平衡等离子体与高效催化剂结合去除室内甲醛技术。张长斌等[88]提出将负载型贵金属催化剂用于室温催化氧化甲醛，建立了成型催化剂和甲醛净化组件的制备生产工艺，研发了新型空气净化器和通风管道内应用的净化机。臭氧作为消毒剂对空气中的细菌等微生物具有很强的杀灭效果；邢协森等[89]利用低浓度臭氧净化室内空气中甲醛，验证了臭氧消毒法净化空气的有效性。紫外线消毒法利用辐射光穿透微生物的细胞膜和细胞核，破坏 DNA 的分子键，使其失去复制能力或活性，达到杀菌目的，目前在空气净化领域主要用于表面杀菌。

清华大学张寅平教授系统总结与比较了常用室内空气净技术的优缺点（表4），主要结论如下。①捕获型空气净化技术：过滤和吸附分别能有效去除微粒污染（颗粒物和部分微生物）和化学污染。但长期使用的过滤器将可能产生异味，而吸附材料所吸附的化学污染物（如 VOCs 等）能与空气中的微量臭氧反应生成少量颗粒物污染。为了保证良好的净化性能，使用这两种技术的空气净化产品均需定期更换或清洗。②破坏型空气净化技术：光催化、等离子体、臭氧氧化等，其净化过程本质上是化学反应或离子化反应，常伴随副产物产生。目前，此类技术研究大部分在实验室中进行，而实际应用环境中的净化性能数据较少。

表4 常用室内空气净化技术比较[90]

净化技术	适用空气污染物	优点	缺点	发展趋势
过滤	颗粒物	能有效去除颗粒物，特别是粒径大于 $0.1\mu m$ 的颗粒物	长期使用的过滤器可能会产生异味，导致可感知污染物（sensory pollution）；无证据表明过滤器能去除气体污染物（如 VOCs 等），但当过滤器与吸附技术相结合时，能去除部分气体污染物	可与静电除尘技术相结合，既提高效率，也降低运行阻力

净化技术	适用空气污染物	优点	缺点	发展趋势
催化技术	有机、无机等气体污染物以及微生物	能去除大部分室内污染物(如醛类、芳香烃、异味、微生物等)	能产生有害的副产物(如甲醛、乙醛等);使用过程中,催化剂的活性会逐渐降低,导致净化性能降低	可与其他净化技术相结合,如与吸附相结合,既减低有害污染物,又增强性能
等离子体	有机、无机等气体污染物以及微生物	能同时去除气相污染物、微生物甚至颗粒物	可能产生臭氧、氮氧化物和其他有害副产物;运行电压高;耗能较其他净化技术大	可与过滤器相结合,既提高效率,也降低运行阻力;与催化技术相结合,可降低其产生的臭氧量
臭氧氧化	有机、无机等气体污染物以及微生物	能降低异味污染;与某些催化净化技术复合应用时,能增强其净化性能	臭氧自身对人体健康有影响,而且臭氧能与室内污染物反应并产生二次气溶胶等有害污染物	可与催化技术结合,去除多余的臭氧
吸附	有机、无机等气体污染物	无有害副产物;有效去除气相污染物	长期使用后需进行再生处理;与空气中的微量臭氧反应,并产生二次污染	需发展间断式再生系统,以保证系统的可持续运行
紫外杀菌	微生物	有效杀灭或抑制空气中的微生物(如病毒、细菌、真菌等)	可能产生臭氧等副产物	—

　　室内空气污染物对人体健康具有重要影响,而大量实验结果表明:使用空气净化设备有助于降低室内某一种或某些空气污染物的浓度水平,但目前尚缺少足够的室内空气净化器对人体健康影响的临床医学数据。Myatt 等[91]研究表明使用空气净化器可减少哮喘发病率。但更多的研究结果显示:净化设备能否有效降低过敏等症状依然不明确,在临床医学上也缺乏强有力的数据支持空气净化器能降低室内污染物对健康的不良影响[92]。美国医学研究所(Institute of Medicine,IOM)的研究表明[93]:去除颗粒物污染的空气净化设备在某些情况下有助于减少过敏或哮喘症状,但空气净化设备对减轻这些症状并不是一贯高效的。尽管如此,临床医生依然推荐哮喘或过敏症患者使用高效过滤器[92]。

四、我国室内空气污染控制管理体系建设进展

(一)室内空气质量评价与标准

　　目前我国采用的室内空气质量的评价方法主要有计算流体力学(CFD)技术、灰色系统理论,以及主观评价和客观评价相结合的综合评价方法。另外,国内一些学者还采用绿色建筑材料指数法、环境暴露评价法和动态模式法对室内空气质量进行评价[94]。

　　在室内空气质量(IAQ)标准方面,中国已初步建立起一套关于室内空气标准体系,该体系涵盖了建筑物生命周期中的建筑规划设计、施工验收和运行管理 3 个不同阶段,同时包括了建筑和建筑内所使用的材料、构件和设备等相关产品的标准,涉及室内化学污染、新风量、生物污染和颗粒物污染等指标。表 5 总结了我国颁布的室内空气质量相关标准[95]。相比欧美发达国家 IAQ 评价标准,我国 IAQ 评价标准具有自身的特点:①我国 IAQ 标准的研究起步较晚但发展较快;②我国近期颁布的 IAQ 标准不仅包括燃煤引起的代表性污染物,还包括从建筑装饰材料中挥发的室内污染物,而且包括气味等主观指标;

③国外 IAQ 标准都包含在建筑节能标准中，而我国与节能相关的标准仅包括少量 IAQ 指标；④美国 IAQ 标准将石棉和杀虫剂也作为评价指标，而我国则没有；⑤在 2000 年我国颁布的许多 IAQ 标准中包含氨气评价指标，而发达国家却没有。然而，我国室内空气标准体系建设中由于构架基础不明确，导致标准建设在协调性方面出现诸多需要商榷的地方，比如卫生标准和验收标准之间的协调性问题，室内空气质量标准 GB/T 18883—2002 在挥发性有机物指标选择时选取了苯、甲苯、二甲苯和总挥发性有机化合物（TVOC），而民用建筑工程室内环境污染控制规范 GB 50325—2001 只选取了苯和 TVOC，同时在指标限值方面也存在相互矛盾的现象[96]。近年来我国室外环境大气质量标准 GB 3095—2012 已更新修改，我国室内空气质量标准需要进一步修订和完善。

表5 室内空气质量（IAQ）的评价标准

相关标准	主要内容
七种室内空气污染物的推荐卫生标准	从 1995 到 1999 年卫生部颁布的室内甲醛、细菌总数、CO_2、可吸入颗粒（PM_{10}）、NO_2、SO_2、苯并（α）比的推荐卫生标准
民用建筑工程室内环境污染控制规范（GB 50325—2001）	根据使用功能和个人暴露时间，民用建筑划分为两组，分别确定其控制要求，建立包括辐射性氡、甲醛、氨、苯、TVOC 在内的五种化合物的限值
室内空气质量标准（GB/T 18883—2002）	应用于民用建筑和办公建筑，规定了有关化学、物理、生物、放射性的 19 种控制指标
产品环境标签中的有害化合物的限值标准	对于水基油漆，规定了 VOCs 的限值和包含重金属、甲醛的其他化合物的总限值；规定了黏合剂中苯的限值；规定了甲醛的挥发率
上海市地方标准《健康型建筑内墙材料》（DB31/T 15—1998）	规定 TVOC≤30mg/L，生物毒性指标为 10，重金属指标为≤90g/kg，渗透性大于 200g/m^2，且不能引起皮肤刺激
北京有关内墙涂料的安全、健康和质量的评估规则	规定了甲苯基二异氰酸乙酯≤0.1mg/m^3，游离甲醛≤0.5mg/m^3，镉≤0.005%，铅≤0.014%，VOC≤30g/L，甲苯或二甲苯≤2mg/m^3；规定了指标的测试方法
人造板中甲醛的卫生标准	规定了家具中人造板的卫生要求和测试方法。根据人造板中甲醛的挥发量规定了三个等级
室内涂料的卫生标准	应用于各种室内水基和油基涂料；禁止高毒性涂料的使用；任何导致人体畸形和突变的材料不能用于制作室内涂料；TVOC、苯、甲苯、二甲苯、游离甲醛、重金属、游离 TDI 在标准中都做了规定
室内空气品质卫生标准	规定了物理、化学、生物方面的控制指标以及通风、净化的卫生要求
10 种室内装饰材料中的有害化合物限值的国家强制性标准 GB 6566—2001，GB 18580—2001～GB 18588—2001	制定了室内装饰材料中的有害化合物限值的国家强制性标准，包括人造板及其制品、溶剂型木器涂料、黏合剂、墙纸、聚氯乙烯卷材地板、地毯、地毯衬垫及黏合剂、内墙涂料、木质家具、混凝土外加剂、建筑材料等

（二）建材与家具污染散发控制与标识

1. 我国建材与家具行业及污染现状

我国已成为世界上最大的家具生产国和出口国。室内装饰装修材料和家具等释放 VOCs 已成为我国室内空气污染的主要来源[97]。陆日贵等[98]对南宁 73 户装修住宅室内空气污染监测结果表明：室内甲苯超标率为 9.6%，氨超标率为 56.2%，甲醛超标率达 47.9%；黄燕娣等[99]对搬入家具前后室内空气中的 VOCs 进行了测试，结果表明：搬入家具前室内空气中 TVOC 浓度范围在 0.23～0.41mg/m^3，而搬入家具后 TVOC 浓度显著增加（范围则在 1.47～3.08mg/m^3），超出了国家标准限值；姜传佳等[100]对北京某家具城内室内空气进行检测，TVOC 浓度均值为 2.76mg/m³，超出标准 3.6 倍，超出甲醛的污染程度（超标 2.7 倍）。

2. 家具 VOCs 释放标识体系

目前，欧美发达国家已构建了系列家具 VOCs 释放标识体系，并在室内污染控制方面取得了显著成效，而我国 VOCs 释放标识体系尚未完整建立。针对国外标识体系中目标 VOCs 种类过多、测试时间过长、阈值过严等，国内已开展了相关研究。姚远[101]调研了市场上常见的人造板家具的生产工艺并选择了 8 件家具，采用环境舱法对家具散发的 VOCs 种类进行了测试，结果显示甲醛、甲苯、苯、二甲苯、蒎烯、乙苯、苯甲醛和环己酮为家具散发的主要污染物；Xiong 等[102]提出了 C-history 方法，从而可将测试时间由国外的 7～28 天缩短到 3 天以内；刘巍巍等[103]在北京地区开展了调研，通过对北京地区 1500 户家庭进行调研获得了家具承载率，并据此制定了家具散发速率阈值；为指导 C-history方法（测试时间仅需 3 天）在家具标识中应用，刘巍巍[104]通过模型计算得到了密闭舱性能指标（包括背景浓度、漏气率、壁面吸附性、空气混合度和气流速度）对 C-history 方法测试家具 VOCs 散发关键参数（包括初始可散发浓度、扩散系数和分配系数）的影响，据此提出了密闭舱性能指标要求，并提出了空气混合度指标测试方法和漏气率指标改进措施，同时提出了环境舱实验检测结果准确性判别方法——标准散发样品方法，探索了影响家具 VOCs 散发标识认证类型的因素：产品风险水平、政策可行性、产业及市场现状（包括生产企业现状、消费者现状和经销商现状），以此几个因素作为指标，并综合考虑各指标权重，采用多属性决策模型评估了家具 VOCs 散发标识强制性认证和自愿性认证的得分，据此得出我国家具 VOCs 散发标识应开展强制性认证，同时基于已有的家具 VOCs 散发标识关键技术及认证政策研究分析，提出了我国家具 VOCs 散发标识认证实施方案。

3. 家具有害物质限量标准

自《室内装饰装修材料木家具中有害物质限量》（GB 18584—2001）建立以后，我国才开始逐步建立和完善家具中有害物质限量标准体系。GB 18584—2001 首次提出了木家具中甲醛释放限量和漆膜中重金属限量要求，但该标准试验需要对家具所有用材按比例取样，对样品具有较大的破坏性，试验方法还不够科学和完善，同时该标准未制定挥发性有机物等有害物质的技术要求和试验方法。由于起步较晚，家具中有害物质检测方法标准多是参考别的产品或材料标准来制定的，缺乏家具自有有害物质检测方法标准体系。因此，全国家具标准化中心提出了对《室内装饰装修材料木家具中有害物质限量》（GB 18584—2001）进行修订，同时提出了《家具中挥发性有机化合物的测定》《家具中挥发性有机化合物检测用气候舱》标准的制订计划，并于 2011 年 8 月同时发布了以上三项标准的征求意见稿。

相比《室内装饰装修材料木家具中有害物质限量》（GB 18584—2001），最新修订的《室内装饰装修材料木家具中有害物质限量》（征求意见稿）修改了木家具中甲醛释放量的限量要求及试验方法，增加了苯、甲苯、二甲苯、TVOC 的限量要求及试验方法，同时修订了可迁移元素的试验方法，修订版中木家具中甲醛释放量和 VOC 散发量应符合表 6。《家具中挥发性有机化合物的测定》（征询意见稿）提出测试家具释放出挥发性有机化合物中甲醛、苯系物和总挥发性有机化合物含量的具体测试方法；《家具中挥发性有机化合物检测用气候舱》（征询意见稿）则对家具中挥发性有机化合物检测用气候舱的主要技术参数、技术要求、试验方法、检验规则和保证、运输、贮存进行了详细的规定。

表6　《室内装饰装修材料木家具中有害物质限量》（标准征询意见稿）家具有害物质限量值

有害物质	甲醛	VOC			
		苯	甲苯	二甲苯	TVOC
限量值/（mg/m³）	≤0.10	≤0.11	≤0.20	≤0.20	≤0.60

表7　常用空气净化器性能评价指标

评价指标	定义	描述
产品自身性能评价		
一次通过效率（ε）	$\varepsilon = \dfrac{C_{in} - C_{out}}{C_{in}}$	反映空气通过净化器后，降低某一种空气污染物浓度的相对比例
洁净空气量（CADR）	$CADR = G\varepsilon$	反映空气净化器去除某一种空气污染物后，所能提供的不含该空气污染物的空气量
净化效能（η）	$\eta = \dfrac{CADR}{W}$	反映空气净化器单位功耗所产生的洁净空气量
实际应用中的效果评价		
洁净有效度（ε_{eff}）	$\varepsilon_{eff} = \dfrac{C_{ref} - C_{ctrl}}{C_{ref}}$	反映空气净化器对房间污染物浓度降低的贡献，处于0和1之间，当有效度等于1时表示空气净化器把室内污染物浓度降低为0，达到理想性能；当有效度等于0时表示采用空气净化器对室内污染状况没有任何改善

注：其中 C_{in} 表示空气净化器进口处污染物平均浓度，C_{out} 表示出口处平均浓度；G 表示空气净化器的风量，m³/h；W 表示净化器运行时所消耗的功率，W；C_{ref} 表示没使用空气净化器时，室内污染物浓度；C_{ctrl} 表示使用空气净化器后，室内污染物浓度。

（三）室内空气净化器性能评价方法与标准

我国自20世纪90年代末开始逐步提出了一系列室内空气净化标准，主要包括：《一般通风用空气过滤器性能试验方法》（JG/T 22—1999）、《空气净化器》（GB/T 18801—2002）、《室内空气净化产品净化效果测定方法》（QB/T 2761—2006）、《空气净化功能墙面涂覆材料净化性能》（JC/T 1074—2008），以及《空气净化器污染物净化性能检验方法》（JG/T 294—2010）。其中《空气净化器》国家标准第一版于2002年发布，第二版于2008年发布，针对空气净化器产业发展和消费需求的新变化，国家标准委于2012年再次启动了《空气净化器》（GB/T 18801）国家标准的修订工作，并于2014年就《空气净化器》（征求意见稿）向社会公开征求意见。

在我国第一个空气净化器标准（GB/T 18801—2002）中使用了一次通过效率来进行空气净化性能评价，而在其修订版（GB/T 18801—2008）中则删除了该指标，并提出了一个新的指标：净化效能，借此对空气净化器进行了净化效能分级（共分4级：A～D，A级为最高）。净化效能反映了空气净化器单位功耗所产生的洁净空气量。相同洁净空气量下，净化效能越小，表示净化器的功耗越大，也就是实现同样的效果，但所付出的代价越大。而在2014年《空气净化器》（征求意见稿）中则采用洁净空气量（CADR）和累计净化量（CCM）对空气净化器进行评价，其中洁净空气量指空气净化器在额定状态和规定的测试条件下，提供洁净空气量的能力，也就是针对目标污染物（颗粒物和气态污染物）的净化能力；累计净化量指空气净化器连续工作过程中，洁净空气量衰减至初始值的一半时，累计去除的目标污染物的总量。在净化效能方面，2014 版改为 2 级，即分为节能级和合格级。表 7 列出了上述标准中使用的几种空气净化器性能评级指标的计算方法。

2014 年《空气净化器》（征求意见稿）还增补了以下内容：①进一步规范了产品标注方法以便于消费者选购。新版标准拟以"洁净空气量"（CADR）作为产品标注的核心指标，增加了易于消费者选购的"适用面积""使用寿命"等参数说明或推导算法，还规范了产品标志标注中应说明的其他信息，如产品使用、滤材更换（清洗）、日常维护等。②进一步提高了空气净化器的噪声、能效等级等指标。③进一步完善了空气净化器去除各类目标污染物净化能力的实验方法，包括针对颗粒物、甲醛的累计净化量的测试方法（即空气净化器净化寿命实验）；针对甲醛的净化能力测试和重复性评价（以尽可能客观公允地评价出产品去除甲醛的真实能力)[105]。常用空气净化器性能评价指标见表 7。

（四）车内空气污染检测、评价与控制

随着我国汽车保有量快速增长，车内空气污染问题成为继中国装饰装修和家具污染、室内环境中 $PM_{2.5}$ 污染之后第三大危害人体健康的室内环境污染问题。车内空气污染来源广泛，污染物种类繁多，而我国目前针对车内空气污染的研究尚处于起步阶段。付铁强等[106]选取了 14 种型号的汽油乘用车进行车内污染物测试，检测出汽车内 VOCs 类物质共 130 多种，其中苯、甲苯、对二甲苯、邻二甲苯等污染物质的检出率和浓度较高。邹钱秀等[107]选取了 8 种类型共 93 辆新车，对其内部环境的醛酮类物质的浓度水平进行测定，表明大部分新车内都存在不同程度的醛酮类物质污染，总醛酮质量浓度为 $0.09\sim0.31mg/m^3$，平均质量浓度 $0.16mg/m^3$，其中甲醛为最高组分，其次为丙酮、正丁醛、乙醛，平均质量浓度分别为 $0.08mg/m^3$、$0.04mg/m^3$、$0.02mg/m^3$、$0.0003mg/m^3$。8 类新车有 7 类都存在一定程度的甲醛超标，超标率为 21%～50%，只有豪华车不超标。

车内空气污染主要是车体材料释放有害物质。解决车内空气污染必须采取源头治理，其主要的措施包括：使用符合标准的车辆内饰材料；在整车组装过程中，改善工艺流程适当延长污染物的散发时间以有利于整车车内空气质量的提高；更新制造与组装工艺，以冷加工替代热加工，以卡扣链接替代胶黏合；同时实现总装线整车 VOCs 现场快速监测等。

鉴于我国车内空气污染的严重性，亟须开发一套完整有效的车内空气污染检测、评价与控制技术。国家环境保护部组织有关科研机构和企业对车内空气污染采集大批量数据分析后，于 2008 年 3 月 1 日正式制定实施国家环境保护行业标准《车内挥发性有机物和醛酮类物质采样测定方法》（HJ/T 400—2007）和《车内空气污染物浓度限值及测量方法》。通过大量整车测试数据后，《乘用车内空气质量评价指南》（GB/T 27630—2011）并于2012 年 3 月 1 日正式实施。上述标准的实施，为解决我国车内空气污染的测定与评价问题提供依据，该标准明确规定了车内空气中苯、甲苯、二甲苯、乙苯、苯乙烯、甲醛、乙醛和丙烯醛共 8 种有机物的浓度要求，采用该标准对车内空气质量进行评价时必须采用《车内挥发性有机物和醛酮类物质采样测定方法》（HJ/T 400—2007）对受试车辆进行检测，两者密不可分。然而，《乘用车内空气质量评价指南》（GB/T 27630—2011）只是一部推荐性标准，目前环保部门正准备对《乘用车内空气质量评价指南》进行修订，预计近期将出台乘用车内空气质量的强制性标准。

（五）机舱内空气污染来源解析

随着科技和经济的不断发展，搭乘飞机出行的乘客越来越多，机舱内空气污染的短期

暴露对人体健康有重要影响，因此机舱内空气质量越来越受到人们的关注。大型客机座舱空气质量是国际热点研究问题，提高座舱内空气质量最有效的手段是源控制。以美国普渡大学教授、我国天津大学长江学者讲座教授陈清焰牵头组织的 973 项目《大型客机座舱内空气环境控制的关键科学问题研究》针对座舱内各种主要污染物的散发源及其动态特性开展基础研究，给出了飞机座舱内主要污染物清单及座舱污染源解析方法，在飞机座舱中人体产生污染物的理论和方法方面取得了突破。

表 8　飞机座舱 VOCs 主要目标污染物清单

污染物	座舱空气浓度/($\mu g/m^3$)			候机厅浓度/($\mu g/m^3$)		
	中值	最小值	最大值	中值	最小值	最大值
苯	5.0	<LOD	77.9	11.7	<LOD	80.5
甲苯	16.2	<LOD	209.3	23.4	5.1	179.8
乙苯	3.5	<LOD	45.1	9.7	<LOD	38.6
间二甲苯/对二甲苯	3.0	<LOD	70.7	8.1	1.4	47.2
邻二甲苯	5.0	<LOD	62.9	8.7	2.6	42.9
萘	1.1	<LOD	23.9	6.5	<LOD	33.6
四氯乙烯	2.8	<LOD	303.9	<LOD	<LOD	3.6
2-乙基己醇	4.7	<LOD	30.3	6.5	<LOD	19.4
二甲基甲酰胺	<LOD	<LOD	7.3	<LOD	<LOD	1.3
1,4-二氯苯	<LOD	<LOD	228.3	<LOD	<LOD	22.3
1,3-二氯苯	<LOD	<LOD	12.8	<LOD	<LOD	11.9
1,2-二氯苯	<LOD	<LOD	10.0	1.8	<LOD	13.5
壬醛	12.1	<LOD	70.9	8.7	<LOD	17.5
丙酮	8.2	<LOD	384.4	2.1	<LOD	54.4
异戊二烯	<LOD	<LOD	9.8	<LOD	<LOD	2.7
柠檬烯	15.1	<LOD	1048.2	8.4	<LOD	56.3
癸醛	14.8	<LOD	62.2	11.7	<LOD	23.5
甲基庚烯酮	<LOD	<LOD	23.2	<LOD	<LOD	4.0
异丁烯醛	<LOD	<LOD	3.9	<LOD	<LOD	1.2
十二烷	3.1	<LOD	30.0	3.0	<LOD	12.1
辛烷	<LOD	<LOD	8.2	1.9	<LOD	3.3
十一（碳）烷	2.4	<LOD	60.3	2.8	<LOD	9.7
壬烷	<LOD	<LOD	11.7	2.5	<LOD	4.3
庚烷	<LOD	<LOD	7.5	1.8	<LOD	7.5
癸烷	<LOD	<LOD	43.7	1.7	<LOD	10.7
苯（甲）醛	6.1	<LOD	106.2	7.7	<LOD	37.5
苯乙烯	<LOD	<LOD	42.4	3.7	<LOD	30.1
苯并噻唑	<LOD	<LOD	18.7	<LOD	<LOD	2.7
乙酸乙酯	1.1	<LOD	44.0	3.5	<LOD	18.9

注：<LOD 表示低于检测限。

确定座舱内污染物类型及来源有助于针对性地选择污染控制方案。Guan 等[108,109]通过对不同机型、不同航线大量飞机座舱内污染物的实际测试和分析，给出了飞机座舱主要污染物及其浓度变化范围，综合考虑污染物的检出率、对人体健康影响、各种标志物特性等因素，总结并给出了飞机座舱 VOCs 主要目标污染物清单（表 8）。为了更好地确定座舱内污染物的主要来源，Wang 等[110]提出了一种新的基于散发参数的和基于因子分析的座舱 VOCs 污染源解析方法。该方法通过对飞机客舱 VOCs 测试数据进行降维处理，提炼影响 VOCs 浓度变化的关键因素，将这些关键因素归纳为可能的污染源并给出各自的贡献率。Li 等[111]通过对飞机座舱颗粒物浓度实测研究，给出了座舱颗粒物舱内（人体、材料等）和舱外（发动机引气）源总体特征的定量分析（图 7）。发现颗粒物粒径越小，引气的贡献越大，尤其对于粒径小于 $1\mu m$ 的粒子，机舱内相当于汇。对于大于 $2.0\mu m$ 的粒子，解析计算得到的客舱内折合到每人的颗粒物等效散发率与独立试验测试得到的数据具有较好的一致性；而对于小于 $1.0\mu m$ 的颗粒物，对引气进行过滤是减少座舱内浓度的主要手段。对于高密度的飞机座舱，人体是重要的污染来源之一，其中呼吸散发和人体表面的化学反应是污染物散发的两种重要途径[112]。孙筱等[113]对 111 人次的呼出气体进行采样，发现平均每个呼吸样本的 VOCs 种类是 50.5 种，但其中只被检出一次的 VOCs 占 42.5%。在检出率最高的 20 种物质中，有 10 种在目标 VOCs 清单中。Gao 等[114]和 Rai 等[115,116]实验发现臭氧和人体表面油脂反应可以生成以羰基化合物为主的 VOCs 和超细颗粒物，超细颗粒物的生成随着臭氧浓度增加，VOCs 的生成量随着臭氧浓度及湿度的增加而增加。

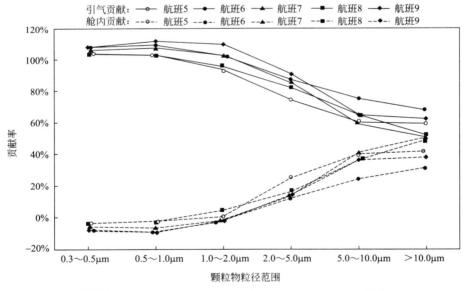

图 7 引气和舱内对呼吸区不同粒径区间颗粒物的贡献率

当飞机座舱颗粒源发生释放时，通过源辨识可以获知颗粒污染源释放的位置与强度，以采取适当的污染控制手段。污染源辨识是以有限的污染物检测信息为已知条件，通过逆向推理方式由果及因、追本溯源，其核心是反问题建模。Zhang 等[117,118]通过求解基于时间逆向的准稳态方程以及基于流场逆向的逆拉格朗日方程，并考虑粒子的重力沉降作用，反向确定出单个颗粒污染源的位置；采用基于吉洪诺夫正则化理论的逐时源强辨识模型，引入"源强-浓度"矩阵表示源强与浓度响应之间的因果关系，将因果关系矩阵求逆，并应用正则化方法改善逆矩阵的病态特性，成功辨识出了单个污染源的逐时释放率。为实现对污染源的位置与逐时释放率的共同辨识，Zhang 等[119]提出"正反交错、一反一正"计算模型，模型只需提供两个不同监测位置处的逐时浓度为已知条件。所谓"一反一正"模型，即在逐时源强辨识的基础上运用贝叶斯条件概率模型来对污染源的位置进行精确辨识；"反模型"用来确定逐时释放率，而"正模型"通过浓度匹配来量化污染源在某个位置上的存在概率。Wei 等[120]进一步提出了能够同时辨识出多个同步释放的污染源的个数、位置及逐时释放率的计算模型，逆向辨识结果与实际释放过程高度吻合。

目前我国民用飞机客舱空气质量标准缺乏一套完整的空气质量标准体系，仅有《公共交通工具卫生标准》（GB 9673—1996）[121]中涉及客舱环境卫生标准的限值要求，且由于标准是 1996 年制定颁布的，有些参数限值已经与国际标准限值不相适应，需要通过实验室检测数据积累，制定出适合我国飞机座舱环境标准的限值要求[122]。另外，对于客舱空气质量检测方法与评价，我国标准尚未有明确规定，其检测方法仅参考《公共场所卫生标准检验方法》（GB/T 18204—2000）[123]，对于客舱检测或采样点位置、检测或采样点数量、检测时机、监测频率、飞行状态、飞机客座率等尚未进一步说明，需要在客舱环境检测标准方法中进一步明确。

五、国际室内环境与健康领域研究进展和发展趋势

（一）全球疾病负担与室内环境污染

《2004 年世界卫生报告》显示，全球范围内约 24％的疾病负担（健康寿命年损失）和 23％的死亡（早逝）可归因于环境因素[124]。世界卫生组织对疾病负担的评估显示：2010 年全球疾病负担的前五位首要风险因素分别为高血压、吸烟（包含吸二手烟）、固体燃料燃烧导致室内空气污染、水果摄入量不足及饮酒，其中固体燃料燃烧排名第三，每年造成全球 340 多万人过早死亡及超过 10808 万健康生命年的损失，相比 2000 年（排名第九，每年造成全球 160 多万人过早死亡及超过 3853 万健康生命年的损失）显著升高；室外颗粒物污染导致的全球疾病负担过去十年间由第十六位上升至第九位（图 8）[125,126]。可知

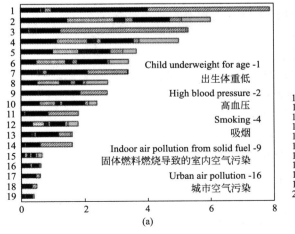
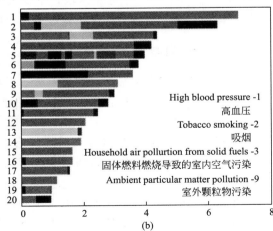

图 8　2002 年（a）及 2010 年（b）全球疾病负担风险因素排名
（a）与（b）中不同颜色分别代表不同地区及不同疾病类型

室内空气污染对人体健康的危害呈上升趋势，且室内空气污染对人体健康的危害远高于室外环境污染的影响。

由于社会经济文化水平差异，发达国家与发展中国家在室内空气污染来源、所造成的疾病负担及其发展趋势方面存在较大差异[126,127]。Ezzatl 等[127]对比了造成发达国家与发展中国家疾病负担的十大主要风险因素，结果表明：固体燃料燃烧在发展中国家风险因素中排名第四，主要引起传染病与寄生虫病、慢性呼吸道疾病，导致全球 3.6% 疾病负担；而发达国家的首要风险因素是吸烟，主要引起心血管疾病、癌症等慢性非传染性疾病，全球超过 12% 的疾病负担与其相关，发达国家的主要疾病负担已经由传染性疾病转向慢性非传染性疾病。世界卫生组织（WHO）报告[128]显示，2004 年发达国家吸烟致死人数为 150 万，占总死亡人数的 17.9%，严重影响了发达国家居民的身体健康与生活质量。发展中国家疾病负担严重，固体燃料燃烧是主要风险因子，致死人数由 2000 年的将近 200 万上升至 2010 年的超过 320 万[126,127]。可知控制室内空气污染对于降低全球疾病负担具有重要意义。

（二）室内新型化学污染

近年来半挥发性有机污染物（SVOCs）对人体健康的影响成为社会关注热点。流行病学和毒理学研究结果表明，半挥发性有机物对人体健康有严重负面影响，邻苯二甲酸酯（PAEs）、多溴联苯醚（PBDEs）、多环芳烃（PAHs）等对人体的内分泌系统、生殖系统、呼吸系统等有较大损害，有些 SVOCs 甚至有致癌效应[8]。何兴舟教授研究发现了室内苯并（α）芘浓度的增高和肺癌发病率明显升高存在显著相关性[9]。人群流行病学研究成果表明邻苯二甲酸酯会导致一系列严重健康危害，包括使儿童产生过敏症状，增加哮喘和支气管阻塞的风险；造成内分泌失调和女童乳房发育早熟；影响男性生殖系统的发育甚至造成生殖系统畸形；引起成年男性肺功能和甲状腺功能减退以及代谢功能紊乱。由于 SVOCs 对人体生殖和遗传系统有负面影响，SVOCs 污染不仅危害当代，还会影响到后代。近年来人们逐渐意识到室内 SVOCs 的危害性，目前我国研究者在源散发特性、平衡分配和室内 SVOCs 浓度测试等方面开展了一些工作，但是总的来说国际上尤其是我国室内 SVOCs 的研究还处于起步阶段，不少关键科学问题（包括 SVOCs 的散发机理、传输分配、体内传输、暴露及健康风险评价、室内 SVOCs 的控制等）还有待深入系统研究。

（三）早期暴露

环境污染物的早期暴露（孕期＋第一年）对儿童哮喘等过敏性疾病的发生与发展具有重要影响。早期暴露包括：①间接暴露，即室外污染物（如 PM_{10}、SO_2、NO_2）与室内污染物（如室内新家具产生的甲醛、VOCs、SVOCs）在孕期与第一年的早期暴露能够通过母体间接暴露，对胎儿器官和系统的形成与生长产生危害，可能导致胎儿早产、低体重、畸形、肺部功能损伤，增加胎儿今后的致病率与死亡率[10]；②直接暴露，出生后早期（第一年）污染物的直接暴露能够通过新生儿自身的呼吸、饮食等方式直接进入体内，由于儿童在早期肺部等器官和呼吸系统功能尚未发育完全，对环境污染物暴露十分敏感，容易受到污染物毒性物质的侵害，从而对其免疫系统、呼吸系统、大脑发育产生影响，导致儿童在后期患哮喘等过敏性疾病的风险显著增加。根据"巴克假说（Barker hypothesis）"，出生前与出生后的早期阶段环境污染物暴露能够影响胎儿与新生儿的发育可塑性,导致基因程序改变,从而使儿童敏感性增强,容易诱发哮喘等过敏性疾病[11],因此出生前与出生后早期阶段的污染物暴露对于儿童哮喘的发生与发展具有决定性作用。但是目前此方面研究尚且十分缺乏,仅有少数发达国家研究结果表明交通排放污染物的早期暴露是导致儿童今后患哮喘的关键性影响因素[12]。在中国,由于污染源混合、污染物浓度高、儿童哮喘发病率增长速度快,深入全面的研究对于儿童哮喘的早期预防与有效控制具有十分重要的意义。

(四)室内过敏原

室内过敏原包括尘螨、宠物皮毛、蟑螂及霉菌。尘螨是诱发哮喘的重要变应原,相关研究证实生活在高密度尘螨居室的儿童,其尘螨过敏性哮喘的发病率是生活在低密度尘螨居室儿童的7～32倍,前者哮喘的发作次数也明显多于后者。新西兰对哮喘儿童进行了13年的追踪调查,证实了尘螨作为一种独立的危险致敏因素严重影响着哮喘的发病率。宠物的皮毛含有许多导致哮喘的过敏物质,人们长期与之接触,往往可导致过敏性哮喘。上海地区开展的一项横断面群组调查结果显示早期饲养有毛宠物是儿童哮喘和过敏症的危险因素[13]。室内蟑螂越来越多,研究显示蟑螂过敏原与哮喘存在密切联系,城市中儿童暴露于蟑螂过敏原中时哮喘发病率最高[14]。针对太原市学龄前儿童的研究显示,室内发霉的迹象或室内潮湿几乎与所有儿童的哮喘和过敏性疾病的症状呈现正相关[54]。目前,国内对于室内过敏原研究还处于起步阶段,过敏性疾病的发病机理还不十分清楚,相关研究仍需深入系统地进行。

(五)室内环境质量与居民健康在线监测与远程控制

在室内环境在线监测方面,2013年中国工程院等多部门合作开发适用于室内环境污染监测控制的物联网系统,该系统可以通过无线传输系统全天候监控室内环境污染情况,实现远程监控,还可以通过计算机、手机客户端进行查询及自行监控室内和车内环境质量,并可与空气净化器、新风交换机配套使用,实现了室内环境污染净化治理的智能化。

近年兴起的智能可穿戴设备可实现居民健康在线监测与远程控制。智能可穿戴设备是可穿戴于人体身上的智能设备,这些设备融合多媒体、无线通信、微传感、柔性屏幕、GPS定位系统和生物识别等技术,通过结合大数据平台,随时随地对于人体有关的一切信息进行收集分析,实现人与物随时随地地信息交流[129]。目前,已发布的智能可穿戴设备主要有:①Google Glass,其构成主要包括内置GPS、动作传感器、摄像头等,可以指路、好友互动、拍照和拍摄视频,并与Google其他服务紧密集成,为用户提供相关的数据信息;②Nike＋和i WatchNike,Nike＋是一系列可穿戴设备和应用,主要为用户提供运动记录和数据分享等功能,产品包括:Nike＋Sport Watch、Nike＋Running、Nike＋Sport Band等;③i Watch能实现简单数据通信和中转;④小米智能鞋是由小米公司推出,该智能鞋能与小米手机连接在一起,不仅可以测算路线,还可以测算出跑步时的心率等数据;⑤Heapsylon小米智能鞋可以测量跑步者的步数、步距、速度等[130,131]。可穿戴设备24h实时不断监测用户健康数据,其短期目标是实现健康管理,帮助用户进行科学运动和养成良好的习惯,而长远目标则是应用到生活的各个方面,因此由大数据、云计算等领先的技术对设备采集的数据进行分析、挖掘整合形成一系列服务才是可穿戴设备未来的发展趋势,目前国际主流的健康大数据云服务平台及支持系统如表9所示。

表 9　国际主流健康大数据云服务平台[131]

平台名称	平台简介	支持平台
Google Fit	用来收集可穿戴设备、健康追踪器以及健康类应用产品的数据,和Google 云端服务紧密结合,允许这些数据被其他开发者调用	安卓、ios
Apple Health Kit	存储用户的健康数据和病例等,可与其他健康和健身系统相链接,有助于监控健康状况,还可与医疗机构和医生及时联系	ios、Nike+
Microsoft Health	微软健康云服务,支持个人健康和健身数据的存储,并通过智能引擎将这些数据转化为更有用的信息。可以安全地与医院共享数据	ios、安卓、Windows Phone、Jawbone
Sansung Digital Health	能对智能机和可穿戴设备采集到的用户数据进行处理和分析并给出相应的指导建议。数据将被保存在云端,可供用户随时查阅	安卓、TIZEN

(六) 智慧家庭

智慧家庭 (smart home) 作为智能化的家庭控制系统,它将网络通讯技术、计算机网络系统和自动化控制系统融为一体,通过语音识别、互联网、电话、无线遥控或者触摸屏来控制家用设备,智慧家庭中的设备之间也可以互相通讯,在没有用户指挥的情况下,也能够根据不同的状态实现互动运行,从而使住户能够更好地得到家庭生活体验[132]。智慧家庭在人体健康方面的应用主要包括:远程健康监护和健康智慧家庭、促进与健康有关的日常生活方式和行为。

在远程健康监护和健康智慧家庭领域方面:加拿大卡尔顿大学将传感器技术与家庭自动化技术相结合,设计出面向老人群体的智慧家庭系统[133];Jakkulal 在美国华盛顿州立大学构建的智慧家庭环境下,探讨了如何通过监测居民关键生理数据 (如血压和脉搏) 实现健康监护[134];国内工业界也已涌现出很多优秀的远程健康监护系统,如东南大学基于物联网技术的智能健康监护系统[135]、中国希盟科技有限公司的实时智能健康监护系统和中国新元素公司的病人随访专家系统等;苏颖等[136]以老年人健康个性需求为导向,建立老年人健康需求评估体系并对相关服务进行评测。促进与健康有关的日常生活方式和行为领域方面:吕萍[137]探讨了如何利用觉察上下文,即情景计算技术来实现健康智慧家庭,论证了利用情景实现健康智慧家庭的可行性;Xia 等[138]设计并实现了一个与生活方式有关的通用疾病健康检查和预测系统,从个体表现症状、生活方式和遗传性三个方面利用模糊理论推理监护对象是否健康,并对其未来身体状况做出预测;Cao 等[139]利用行为信息学理论对行为建模,并对行为影响、行为模式和行为交互网络等进行了深入研究,建立了完整的行为处理模型。

在产业应用方面,智慧家庭已从深不可测的高端开始走进普通家庭,其巨大的市场潜力吸引了欧美各大企业纷纷加入其中。我国智慧家庭技术发展起步较晚,面临产业规模较小、推广较慢等问题,而相关技术标准不统一是制约产业发展壮大的主要"瓶颈"。因此需要统筹开展智慧家庭标准的统一化工作,研究制定统一的智慧家庭服务标准、控制标准、网络标准,并上升为强制标准[140]。

参 考 文 献

[1] Lim F-L, Hashim Z, Said SM, Than LT-L, Hashim JH, Norbäck D. Sick building syndrome (SBS) among office workers in a Malaysian university——Associations with atopy, fractional exhaled nitric oxide (FeNO) and the office environment. Science of The Total Environment, 2015, 536: 353-361.

[2] Crook B，Burton NC. Indoor moulds，sick building syndrome and building related illness. Fungal Biology Reviews，2010，24（3）：106-113.

[3] García-Sierra R，Álvarez-Moleiro M. Evaluation of suffering in individuals with multiple chemical sensitivity. Clínica y Salud，2014，25（2）：95-103.

[4] Deng Q，Lu C，Ou CY，et al. Effects of early life exposure to outdoor air pollution and indoor renovation on childhood asthma in China. Building and Environment，2015，93（1）：84-91.

[5] Zhou B，Zhao B. Population inhalation exposure to polycyclic aromatic hydrocarbons and associated lung cancer risk in Beijing region：Contributions of indoor and outdoor sources and exposures. Atmospheric Environment，2012，62：472-480.

[6] Zhang Y，Mo J，Weschler CJ. Reducing health risks from indoor exposures in rapidly developing urban China. Environmental Health Perspectives，2013，121（7）：751-755.

[7] Cao J，Yang C，Li J，et al. Association between long-term exposure to outdoor air pollution and mortality in China：a cohort study. Journal of Hazardous Materials，2011，186（2）：1594-1600.

[8] Hertz-Picciotto I. Breast cancer and the environment：a life course approach. National Acad. Press，2012.

[9] Rudel RA，Camann DE，Spengler JD，Korn LR，Brody JG. Phthalates，alkylphenols，pesticides，polybrominated diphenyl ethers，and other endocrine-disrupting compounds in indoor air and dust. Environmental Science & Technology，2003，37（20）：4543-4553.

[10] Guo Y，Kannan K. Comparative assessment of human exposure to phthalate esters from house dust in China and the United States. Environmental Science & Technology，2011，45（8）：3788-3794.

[11] Wang L，Zhao B，Liu C，Lin H，Yang X，Zhang Y. Indoor SVOC pollution in China：a review. Chinese Science Bulletin，2010，55（15）：1469-1478.

[12] Brook RD，Rajagopalan S，Pope CA，et al. Particulate matter air pollution and cardiovascular disease an update to the scientific statement from the American Heart Association. Circulation，2010，121（21）：2331-2378.

[13] 陈肖智，马煜，康小会，等. 2000 年与 1990 年儿童支气管哮喘患病率的调查比较. 中华结核和呼吸杂志，2004，27（2）：112-116.

[14] Watts J. Doctors blame air pollution for China's asthma increases. The Lancet，2006，368（9537）：719-720.

[15] Bornehag C，Nanberg E. Phthalate exposure and asthma in children. International Journal of Andrology，2010，33（2）：333-345.

[16] 徐晓琴，刘文君. 浅议室内环境空气污染现状及防治对策. 甘肃科技，2014，30（7）：48-49.

[17] 刘晓途，闫美霖，段恒轶，等. 我国城市住宅室内空气挥发性有机物污染特征. 环境科学研究，2012，25（10）：435-438.

[18] 孙鑫，陈颖，王云华，等. 杭州市家庭室内空气中 PBDEs 的污染现状与特征. 环境科学学报，2013，33（2）：364-369.

[19] 王夫美，陈丽，焦姣，等. 住宅室内降尘中邻苯二甲酸酯污染特征及暴露评价. 中国环境科学，2012，32（5）：780-786.

[20] 张寅平，中国环境科学学会，室内环境与健康分会. 中国室内环境与健康研究进展报告，2012. 北京：中国建筑工业出版社. 2012.

[21] Cheng TJ，Chang CY，Tsou PN，Wu MJ，Feng YS. The determinants of mass concentration of indoor particulate matter in a nursing home. Applied Mechanics and Materials，2011：Trans Tech Publ，2011：3026-3030.

[22] Cao JJ，Li H，Chow JC，et al. Chemical composition of indoor and outdoor atmospheric particles at Emperor Qin's terra-cotta museum，Xi'an，China. Aerosol and Air Quality Resarch，2011，11（1）：70-79.

[23] 方治国，孙平，欧阳志云，等. 北京市居家空气微生物粒径及分布特征研究. 环境科学，2013.

[24] 李慧，张玉超，柯玉洁，等. 甲醛对原癌基因 c-myc，MDM2 及抑癌基因 p53 的影响. 中国环境科学，2013，（8）：1483-1486.

[25] 申梦童，原福胜. 甲醛和乙苯联合染毒对小鼠脑组织 DNA 的损伤. 环境与职业医学，2013，8：020.

[26] 白雪，原福胜，张婷，等. 甲醛和二甲苯联合染毒对小鼠骨髓细胞遗传毒性研究. 环境与健康杂志，2012，29（1）：51-54.

[27] Ye X，Ji Z，Wei C，et al. Inhaled formaldehyde induces DNA-protein crosslinks and oxidative stress in bone marrow and other distant organs of exposed mice. Environmental and Molecular Mutagenesis，2013，54（9）：705-718.

[28] 柯玉洁，秦晓丹，李兰，等. 甲醛对小鼠骨髓组织的毒性作用. 中国环境科学，2012，32（6）：1129-1133.

[29] Gao NN，Cheng WW，Deng YJ，Ding SM. DNA Damage Induced by Gaseous Formaldehyde on Marrow Cells of Mice Tested by RAPD Assay. Bioinformatics and Biomedical Engineering（iCBBE），2010 4th International Conference on；2010：IEEE；2010. p. 1-4.

[30] 徐英博，杨燕柳，李菡苔，等. 甲醛对小鼠造血调控相关转录因子在 mRNA 水平表达的影响. 环境科学学报，2014，34（5）：1331-1338.

[31] Liu D，Zheng Y，Li B，et al. Adjuvant effects of gaseous formaldehyde on the hyper-responsiveness and inflammation in a mouse asthma model immunized by ovalbumin. Journal of Immunotoxicology，2011，8（4）：305-314.

[32] 刘凯华，郝晓宁，吴丹丹，等. 气态甲醛吸入对小鼠肺组织毒性损伤的研究. 渭南师范学院学报：综合版，2013，28（12）：126-129.

[33] Yang G，Qiao Y，Li B，et al. Adjuvant effect of di-（2-ethylhexyl）phthalate on asthma-like pathological changes in ovalbumin-immunised rats. Food and Agricultural Immunology，2008，19（4）：351-362.

[34] Kim BN，Cho SC，Kim Y，et al. Phthalates exposure and attention-deficit/hyperactivity disorder in school-age children. Biological Psychiatry，2009，66（10）：958-963.

[35] 刘锋明，刘旭东，闵安娜，等. 邻苯二甲酸丁基苄酯对小鼠学习和记忆能力的影响. 中国环境科学，2013，（6）：1106-1112.

[36] 陆杰，代园园，罗慧，等. 邻苯二甲酸二异壬酯致小鼠肝组织氧化损伤的研究. 中国环境科学，2015，（1）：285-290.

[37] Cheng WW，Lin ZQ，Wei BF，et al. Single-walled carbon nanotube induction of rat aortic endothelial cell apoptosis：reactive oxygen species are involved in the mitochondrial pathway. The International Journal of Biochemistry & Cell Biology，2011，43（4）：564-572.

[38] 钟柏华，付超，刘旭东，等. 单壁碳纳米管致昆明小鼠脑组织的氧化损伤. 环境科学学报，2014，34（2）：507-513.

[39] Han B，Guo J，Abrahaley T，et al. Adverse effect of nano-silicon dioxide on lung function of rats with or without ovalbumin immunization. PloS one，2011，6（2）：e17236.

[40] Indoor Air Quality & Sensitive Population Groups. http：//greenguardorg/Libraries/GG_Documents/Reformat_IAQ_and_Sensitive_Populations_FINAL_2sflbashx.

[41] Anandan C，Nurmatov U，Van Schayck O，Sheikh A. Is the prevalence of asthma declining? Systematic review of epidemiological studies. Allergy，2010，65（2）：152-167.

[42] Asher MI，Montefort S，Björkstén B，et al. Worldwide time trends in the prevalence of symptoms of asthma，allergic rhinoconjunctivitis，and eczema in childhood：ISAAC Phases One and Three repeat multicountry cross-sectional surveys. The Lancet，2006，368（9537）：733-743.

[43] McLeish S，Turner S. Gene-environment interactions in asthma. Archives of Disease in Childhood，2007，92（11）：1032-1035.

[44] Samoli E，Nastos P，Paliatsos A，Katsouyanni K，Priftis K. Acute effects of air pollution on pediatric asthma exacerbation：evidence of association and effect modification. Environmental Research，2011，111（3）：418-424.

[45] 陈育智. 中国城区儿童哮喘患病率调查. 中华儿科杂志，2003，41（2）：123-123.

[46] Sundell J，Li B，Zhang Y. China，children，homes，health（CCHH）. Chin Sci Bull，2013，58：4179-4181.

[47] Qu F，Weschler LB，Sundell J，Zhang Y. Increasing prevalence of asthma and allergy in Beijing pre-school children：Is exclusive breastfeeding for more than 6 months protective? Chinese Science Bulletin，2013，58（34）：4190-4202.

[48] Huang C，Hu Y，Liu W，Zou Z，Sundell J. Pet-keeping and its impact on asthma and allergies among preschool children in Shanghai，China. Chinese Science Bulletin，2013，58（34）：4203-4210.

［49］ Liu W，Huang C，Hu Y，Zou Z，Sundell J. Associations between indoor environmental smoke and respiratory symptoms among preschool children in Shanghai，China. Chinese Science Bulletin，2013，58（34）：4211-4216.

［50］ Zhang M，Wu Y，Yuan Y，et al. Effects of home environment and lifestyles on prevalence of atopic eczema among children in Wuhan area of China. Chinese Science Bulletin，2013，58（34）：4217-4222.

［51］ 张铭，武阳，袁烨，等. 家庭环境和生活方式对武汉地区儿童过敏性湿疹患病率的影响. 科学通报，2013，58（25）：2542-2547.

［52］ Zheng X，Qian H，Zhao Y，et al. Home risk factors for childhood pneumonia in Nanjing，China. Chinese Science Bulletin，2013，58（34）：4230-4236.

［53］ Wang T，Zhao Z，Yao H，et al. Housing characteristics and indoor environment in relation to children's asthma，allergic diseases and pneumonia in Urumqi，China. Chinese Science Bulletin，2013，58（34）：4237-4244.

［54］ Zhao Z，Zhang X，Liu R，et al. Prenatal and early life home environment exposure in relation to preschool children's asthma，allergic rhinitis and eczema in Taiyuan，China. Chinese Science Bulletin，2013，58（34）：4245-4251.

［55］ Lu C，Deng Q，Ou C，Liu W，Sundell J. Effects of ambient air pollution on allergic rhinitis among preschool children in Changsha，China. Chinese Science Bulletin，2013，58（34）：4252-4258.

［56］ Wang H，Li B，Yang Q，et al. Dampness in dwellings and its associations with asthma and allergies among children in Chongqing：A cross-sectional study. Chinese Science Bulletin，2013，58（34）：4259-4266.

［57］ Wang J，Li BZ，Yang Q，et al. Sick building syndrome among parents of preschool children in relation to home environment in Chongqing，China. Chinese Science Bulletin，2013，58（34）：4267-4276.

［58］ Li A，Sun Y，Liu Z，Xu X，Sun H，Sundell J. The influence of home environmental factors and life style on children's respiratory health in Xi'an. Chinese Science Bulletin，2014，59（17）：2024-2030.

［59］ Zhang Y，Li B，Huang C，et al. Ten cities cross-sectional questionnaire survey of children asthma and other allergies in China. Chinese Science Bulletin，2013，58（34）：4182-4189.

［60］ Barker DJP，Robinson RJ. Fetal and infant origins of adult disease：British Medical Journal London，1992.

［61］ Mortimer K，Neugebauer R，Lurmann F，Alcorn S，Balmes J，Tager I. Air pollution and pulmonary function in asthmatic children：effects of prenatal and lifetime exposures. Epidemiology，2008，19（4）：550-557.

［62］ 程明亮，陈永平. 传染病学. 北京：科学出版社，2008.

［63］ Xie X，Li Y，Chwang ATY，Ho PL，Seto WH. How far droplets can move in indoor environments- revisiting the Wells evaporation-falling curve. Indoor Air，2007，17（3）：211-225.

［64］ Wells WF. On air-borne infection：study II. Droplets and droplet nuclei. American Journal of Epidemiology，1934，20（3）：611-618.

［65］ Hang J，Li Y，Jin R. The influence of human walking on the flow and airborne transmission in a six-bed isolation room：Tracer gas simulation. Building and Environment，2014，77：119-134.

［66］ Wang J，Chow T-T. Numerical investigation of influence of human walking on dispersion and deposition of expiratory droplets in airborne infection isolation room. Building and Environment，2011，46（10）：1993-2002.

［67］ Qian H，Li Y，Seto W，Ching P，Ching W，Sun H. Natural ventilation for reducing airborne infection in hospitals. Building and Environment，2010，45（3）：559-565.

［68］ Zhang L，Li Y. Dispersion of coughed droplets in a fully-occupied high-speed rail cabin. Building and Environment，2012，47：58-66.

［69］ Wei J，Li Y. Enhanced spread of expiratory droplets by turbulence in a cough jet. Building and Environment，2015；93：86-96.

［70］ Sze-To GN，Yang Y，Kwan JK，Yu SC，Chao CY. Effects of Surface Material，Ventilation，and Human Behavior on Indirect Contact Transmission Risk of Respiratory Infection. Risk Analysis，2014，34（5）：818-830.

［71］ Yu IT，Li Y，Wong TW，et al. Evidence of airborne transmission of the severe acute respiratory syndrome virus. New England Journal of Medicine，2004，350（17）：1731-1739.

［72］ 沈红萍，钱华，张小松. 气流对某次高校集体宿舍流感爆发的影响. 中南大学学报：自然科学版，2012，43.1：50-55.

[73] Shen C，Gao N，Wang T. CFD study on the transmission of indoor pollutants under personalized ventilation. Building and Environment，2013，63：69-78.

[74] Kowalski W. Ultraviolet germicidal irradiation handbook：UVGI for air and surface disinfection. Springer Science & Business Media，2010.

[75] Jensen PA，Lambert LA，Iademarco MF，Ridzon R. Guidelines for preventing the transmission of Mycobacterium tuberculosis in health-care settings，2005：US Department of Health and Human Services，Public Health Service，Centers for Disease Control and Prevention，2005.

[76] Wu C，Yang Y，Wong S，Lai A. A new mathematical model for irradiance field prediction of upper-room ultraviolet germicidal systems. Journal of Hazardous Materials，2011，189（1）：173-185.

[77] Zhao B，Li X，Zhang Z. Numerical study of particle deposition in two differently ventilated rooms. Indoor and Built Environment，2004，13（6）：443-451.

[78] Yang Y，Chan WY，Wu C，Kong R，Lai A. Minimizing the exposure of airborne pathogens by upper-room ultraviolet germicidal irradiation：an experimental and numerical study. Journal of The Royal Society Interface，2012，9（77）：3184-3195.

[79] 石海鸥，王力红，张京利，等. 口罩的合理选择与应用. 中华医院感染学杂志，2004，14（3）：358-360.

[80] Liu R，Jiang Y，Li Q，Hammond S. Assessing exposure to secondhand smoke in restaurants and bars 2 years after the smoking regulations in Beijing，China. Indoor Air，2014，24（4）：339-349.

[81] Xie H，Zhao S，Cao GQ. An indoor air aerosol model for outdoor contaminant transmission into occupied rooms. 2014.

[82] 谢伟，樊越胜，李博文，等. 通风对室内外颗粒物浓度关系的影响分析. 洁净与空调技术，2013，（4）：19-21.

[83] Long CM，Suh HH，Catalano PJ，Koutrakis P. Using time-and size-resolved particulate data to quantify indoor penetration and deposition behavior. Environmental Science & Technology，2001，35（10）：2089-2099.

[84] He C，Morawska L，Hitchins J，Gilbert D. Contribution from indoor sources to particle number and mass concentrations in residential houses. Atmospheric Environment，2004，38（21）：3405-3415.

[85] 施珊珊，纪文静，赵彬. 不同通风形式下住宅内细颗粒物质量浓度及室内暴露量的模拟及比较. 暖通空调，2013，（12）：34-38.

[86] Xu Q，Zhang Y，Mo J，Li X. How to select adsorption material for removing gas phase indoor air pollutants：A new parameter and approach. Indoor and Built Environment，2013，22（1）：30-38.

[87] 丁慧贤，杨学峰. 大气压下等离子体与催化协同低温脱除气相中甲醛研究. 大连：大连理工大学，2008.

[88] 张长斌，贺泓，王莲，等. 负载型贵金属催化剂用于室温催化氧化甲醛和室内空气净化. 科学通报，2009.

[89] 邢协森，唐明德，易义珍，等. 低浓度臭氧对室内空气中部分污染物的影响. 中国公共卫生，1997，13（3）：182.

[90] Zhang Y，Mo J，Li Y，et al. Can commonly-used fan-driven air cleaning technologies improve indoor air quality? A literature review. Atmospheric Environment，2011，45（26）：4329-4343.

[91] Myatt TA，Minegishi T，Allen JG，MacIntosh DL. Control of asthma triggers in indoor air with air cleaners：a modeling analysis. Environ Health，2008，7（43）：b54.

[92] EPA US. Residential air cleaners（Second Edition）. Washington，DC：U. S. Environmental Protection Agency，2009.

[93] Asthma IoMCotAo，Air I. Clearing the air：asthma and indoor air exposures. National Academy Press，2000.

[94] 崔涛，陈淑琴. 室内空气品质评价方法和标准的研究进展. 制冷与空调（四川），2005，19（2）：63-67.

[95] Wang Z，Bai Z，Yu H，Zhang J，Zhu T. Regulatory standards related to building energy conservation and indoor-air-quality during rapid urbanization in China. Energy and Buildings，2004，36（12）：1299-1308.

[96] 李景广. 我国室内空气质量标准体系建设的思考. 建筑科学，2010，4：5-5.

[97] 邓启红，钱华，赵卓慧，等. 中国室内环境与健康研究进展报告，2013—2014：北京：中国建筑工业出版社，2014.

[98] 陆日贵，陈清德，黄丽. 南宁市装修居室内空气污染的调查及防治措施. 职业与健康，2013，15：041.

[99] 黄燕娣，赵寿堂，胡玢. 室内人造板材制品释放挥发性有机化合物研究. 环境监测管理与技术，2007，19（1）：

38-40.

[100] 姜传佳，李申岫，张彭义，等. 北京市某家具城室内空气污染水平与特征. 环境科学，2010，31（12）：2860-2865.

[101] 姚远. 家具化学污染物释放标识若干关键问题研究. 北京：清华大学出版社，2011.

[102] Xiong J，Yao Y，Zhang Y. C-history method：rapid measurement of the initial emittable concentration，diffusion and partition coefficients for formaldehyde and VOCs in building materials. Environmental Science & Technology，2011，45（8）：3584-3590.

[103] 刘巍巍，张寅平，姚远. 家具 VOCs 标识目标污染物种类及其阈值确定研究. 建筑科学，2012，2.

[104] 刘巍巍. 家具 VOC 散发标识中的若干关键问题研究. 北京：清华大学出版社，2012.

[105] 朱焰，赵爽. GB/T 18801《空气净化器》修订的基本思想. 家电科技，2015，（1）.

[106] 付铁强，陆红雨，张仲荣，等. 车内污染物组分检测研究. 汽车工程，2011，（12）：1097-1101.

[107] 邹钱秀，张卫东，赵琦，等. 不同类型新车内醛酮类化合物的污染研究. 中国环境监测，2012，28（2）：97-100.

[108] Guan J，Gao K，Wang C，Yang XD，Lin CH，Lu CY，Gao P. Measurements of volatile organic compounds in aircraft cabins. Part Ⅰ：methodology and detected VOC species in 107 commercial flights. Building and Environment，2014，72：154-161.

[109] Guan J，Wang C，Gao K，Yang XD，Lin CH，Lu CY. Measurements of volatile organic compounds in aircraft cabins. Part Ⅱ：target list，concentration levels and possible influencing factors. Building and Environment，2014，75：170-175.

[110] Wang C，Yang XD，Guan J，Li Z，Gao K. Source apportionment of volatile organic compounds（VOCs）in aircraft cabins. Building and Environment，2014，81：1-6.

[111] Li Z，Guan J，Yang XD，Lin CH. Source apportionment of airborne particles in commercial aircraft cabin environment：Contributions from outside and inside of cabin. Atmospheric Environment，2014，89：119-128.

[112] Wang CY，Waring MS. Secondary organic aerosol formation initiated from reactions between ozone and surface-sorbed squalene. Atmospheric Environment，2014，84：222-229.

[113] 孙筱，杨旭东，章沁. 呼吸散发挥发性有机化合物的实验研究. 暖通空调，2013，12：23-28.

[114] Gao K，Xie JR，Yang XD. Estimation of the contribution of human skin and ozone reaction to volatile organic compounds（VOC）concentration in aircraft cabins. Building and Environment，2015，94：12-20.

[115] Rai AC，Guo B，Lin CH，Zhang JS，Pei JJ，Chen QY. Ozone reaction with clothing and its initiated particle generation in an environmental chamber. Atmospheric Environment，2013，77：885-892.

[116] Rai AC，Lin CH，Chen QY. Numerical modeling of particle generation from ozone reactions with human-worn clothing in indoor environments. Atmospheric Environment，2015，102：145-155.

[117] Zhang TF，Li HZ，Wang SG. Inversely tracking indoor airborne particles to locate their release sources. Atmospheric Environment，2012，55：328-338.

[118] Zhang，TF，Yin S，Wang SG. An inverse method based on CFD to quantify the temporal release rate of a continuously released pollutant source. Atmospheric Environment，2013，77：62-77.

[119] Zhang TF，Zhou，HB，Wang SG. Inverse identification of the release location，temporal rates and sensor alarming time of an airborne pollutant source. Indoor Air，2015，25：415-427.

[120] Wei Y，Zhang TF，Wang SG. Inverse identification of multiple pollutant sources. Proceedings of 13th International Building Performance Simulation Association Conference（Building Simulation 2015），ID：3116，pp. 1-6，Hyderabad，India.

[121] 国家技术监督局. GB 9673—1996 公共交通工具卫生标准. 北京：中国标准出版社，1997.

[122] 邱兵，白国银，李丽丽，朱东山，祁妍敏，周毓瑾. 民用飞机客舱空气质量标准限值及检测方法的比较. 环境卫生学杂志，2013，3（6）：515-518.

[123] 中华人民共和国卫生部. GB/T 18204—2000 公共场所卫生标准检验方法. 北京：中国标准出版社，2000.

[124] Prüss-Üstün A，Corvalán C. Preventing disease through healthy environments：World Health Organization Geneva，2006.

［125］Lim SS，Vos T，Flaxman AD，Danaei G.，Shibuya K，Adair-Rohani H，et al. A comparative risk assessment of burden of disease and injury attributable to 67 risk factors and risk factor clusters in 21 regions，1990—2010：a systematic analysis for the Global Burden of Disease Study 2010. The lancet，2013，380（9859）：2224-2260.

［126］Lopez AD，Mathers CD，Ezzati M，Jamison DT，Murray CJ. Global and regional burden of disease and risk factors，2001：systematic analysis of population health data. The Lancet，2006，367（9524）：1747-1757.

［127］Ezzati M，Lopez AD，Rodgers A，Vander Hoorn S，Murray CJ. Selected major risk factors and global and regional burden of disease. The Lancet，2002，360（9343）：1347-1360.

［128］Organization WH. Global health risks：mortality and burden of disease attributable to selected major risks：World Health Organization，2009.

［129］陈根. 可穿戴设备：移动互联网新浪潮. 北京：机械工业出版社，2014.

［130］刘思言. 可穿戴智能设备引领未来终端市场诸多关键技术仍待突破. 世界电信，2013，（12）：38-42.

［131］谢俊祥，张琳. 智能可穿戴设备及其应用. 中国医疗器械信息，2015，3：004.

［132］时小磊. 基于智慧家庭 Smart Home 可配置资源的多模态人机交互的研究与实现. 沈阳：东北大学出版社，2012.

［133］Arcelus A，Jones MH，Goubran R，Knoefel F. Integration of smart home technologies in a health monitoring system for the elderly. Advanced Information Networking and Applications Workshops，2007，AINAW'07 21st International Conference on；2007：IEEE；2007. p. 820-825.

［134］Jakkula VR，Cook DJ，Jain G. Prediction models for a smart home based health care system. Advanced Information Networking and Applications Workshops，2007，AINAW'07 21st International Conference on；2007：IEEE；2007. p. 761-765.

［135］黄永生. 智能实时健康监护系统 2012. http：//www. autoid-china. com. cn/2012/0214/2355. html ［EB/OL］

［136］苏颖，汪晓东. 智慧家庭健康使能技术及其评估方法初探. 江苏经贸职业技术学院学报，2013，4：011.

［137］吕萍，钟亮. 基于觉察上下文计算的健康智能家庭研究. 计算机工程与设计，2009，（21）：4972-4976.

［138］Yu X，Wang S. A Health Check and Prediction System for Lifestyle-Related Disease Prevention. Innovative Computing，Information and Control，2006 ICICIC'06 First International Conference on；2006：IEEE；2006. p. 321-324.

［139］Cao L，Yu PS. Behavior Informatics：An Informatics Perspective for Behavior Studies. IEEE Computer Society，2009，10：6-11.

［140］运营商构智慧家庭联盟推动行业标准统一. 中国公共安全，2014，17（24）.

第七篇 环境经济学学科发展报告

编写机构：中国环境科学学会环境经济学分会
负 责 人：王金南　　葛察忠
编写人员：董战峰　郝春旭　李红祥　周　全　严小东　田超阳　高晶蕾
　　　　　李婕旦　龙　凤　李　娜　吴　琼　段赟婷　王慧杰　刘倩倩
　　　　　叶芳凝　璩爱玉　王　婷　王金南　葛察忠

摘要

　　"十二五"时期是我国环境保护工作的攻坚期，也是经济转型发展探索的关键期，创新利用市场经济手段，建立环境保护长效机制，深入推进生态文明制度建设，形成环境保护优化经济增长的新格局越来越受到国家的重视，这为我国的环境经济学学科发展提供了前所未有的丰富实践条件，直接推动了环境经济学学科的快速发展，无论是环境经济学的基础理论研究，还是技术方法研究，以及研究成果的应用转化等均取得了积极进展。

　　环境经济学基本理论的研究主要集中在环境资源价值理论、环境公共物品理论、环境外部性理论、环境产权理论、环境税费"红利"理论、经济系统与环境系统发展关系理论等方面。环境经济科学技术方法研究集中在环境资源定价方法、环境费用及效益分析方法、测量经济系统实物量变化特征的物质流分析方法、整合环境要素的 CGE 分析方法、环境投入产出方法以及环境经济计量方法等。

　　环境资源定价方法的研究对象由原来的特定自然资源逐渐向生态环境更广的范围扩展，主要集中在对经典的资源定价方法进行分析和扩展改进，以及考虑环境资源的长期价值性特征，将期权理论引入到对环境资源的定价研究。环境费用效益分析由投资建设项目评价扩展到环境污染及生态破坏损失评估、污染综合治理方案优化、环境影响评价以及环境政策的经济评价等方面，但是在环境政策评估等方面的方法学仍需要深入探讨。物质流分析作为循环经济的基础理论方法，尽管在地区、行业和元素物质流分析方面开展了大量研究。研究还多为国际上理论方法的引进。环境 CGE 研究集中在分析环境保护和资源利用方式变化对经济系统的影响方面，特别是研究环境保护的具体措施和环境、资源税收以及资源价格变动对经济增长与经济主体福利的影响，模型理论开发、参数估计等基础研究还比较薄弱。投入产出模型与方法的研究主要集中于投入产出表在资源环境方面的实证应用研究以及环境投入产出扩展建模技术的应用研究。利用面板数据研究是环境经济计量研究的发展趋势。

环境经济学研究得到了国家财政预算资金的大力资助，也得到了国家自然科学基金、国家社会科学重点基金、国家重大科技专项等的大力支持。据不完全统计，"十二五"期间国家自然科学基金项目共设置环境经济有关课题 30 项，社会科学基金共设置环境经济课题 119 项。环境保护部环境规划院以及南京大学等有关科研单位在环境经济学应用实证研究方面开展了大量研究，很好地为国家和地方环境经济政策制定、试点示范以及政策实施提供了技术方法支持，在国际上产生了较大的学术影响，促进了中国环境经济政策研究成果的国际化展示。

从学科发展趋势看，呈现出以下特征：环境与经济系统运行规律研究越来越深入，学科研究对象和范围不断扩大，定量化的研究工具越来越受到重视，学科发展能力建设不断得到强化，需要推进形成有相对竞争优势的科研团队，研究水平的国际影响力在不断加强等。

一、引言

环境经济学主要研究的是利用经济学的工具和方法调控环境行为的学科。"十二五"时期，我国环境问题形势依然严峻，环境质量改善以及环境健康保障的压力不断加大，重视环境经济学研究，深化环境经济政策改革创新，充分发挥市场力量，建立环境保护的长效机制受到国家高度重视。在这种背景下，中国的环境经济政策实践以及有关理论方法创新正在快速发展，环境经济学科建设也取得了很大突破。在国家级科研项目，如国家 973 项目、国家水体污染重大科技专项、国家自然科学基金、国家社会科学基金等分别对环境经济政策的理论方法与试点示范实证应用研究分别给予了重视，不仅关注环境经济学学科的基础性理论和方法研究，也治理与推进环境经济政策的管理技术试点与示范，服务于政府部门环境管理工作。

在环境经济学学科基本理论问题，如环境资源价值理论、环境外部性理论以及环境产权理论等，以及环境资源定价方法、环境 CGE 分析方法、环境经济计量方法等环境经济学技术方法研究等均有了不同程度的进展。许多研究成果对国家环境经济决策发挥了重要作用。政府部门出台了不少环境投融资、环境税费、生态补偿等方面的政策，环境经济政策实践也进一步促进了环境经济学学科的发展。

本学科报告分为五部分，第一部分为引言，介绍环境经济学发展的总体形势；第二部分为环境经济学学科基础理论和方法研究进展，包括环境资源价值理论、环境外部性理论以及环境产权理论、环境库兹涅茨曲线等经济与环境发展关系理论等环境经济学基本理论的研究进展，以及环境资源定价方法、环境 CGE 分析方法、环境经济计量方法等环境经济学技术方法研究进展；第三部分为环境经济学成果应用进展，主要是环境经济学学科研究成果在管理决策中的应用情况；第四部分为环境经济学学科发展趋势展望；最后部分为"十二五"时期环境经济学学科发展的总体判断和结论。

二、环境经济学学科基础理论和方法研究进展

（一）基本理论问题研究进展

1. 环境资源价值理论

近年来，对环境资源价值的评估是研究环境资源问题的重要研究领域。生态文明下的

环境资源环境价值理论是以人地和谐为前提，以资源环境对自然生态系统、社会生态系统具有使用价值为立论基础，通过寻求发展与保护的价值平衡实现经济、社会、生态协调可持续发展的理论。

环境资源价值评估方法的研究一直以来都是学者关注的热点问题。许丽忠、钟满秀等[1]以价值区间模型、信息经济学和心理学等理论作为完善条件价值法有效性后续问题的理论支撑，基于47个环境与资源项目条件价值评估的预测有效性实验分析（Meta分析），结果证明了后续确定性问题的应用有助于提高条件价值（contingent valuation，CV）的有效性。熊岭[2]采取适当方法确认城市开放空间社会经济价值，从主观满意度出发，利用福利效用最大化原理，采用条件价值评估法（contingent valuation method，CVM），建立假象的市场评估人们对资源的支付意愿或受偿意愿而获得其偏好，从而估算其经济价值的大小。戴小廷、杨建州[3]综合运用林业经济学、生态经济学、资源与环境经济学等多学科的基本原理，以复杂系统的综合集成研究方法为原则，采取规范分析与实证分析相结合的方法，在国内外森林环境资源价值评估理论与方法研究成果的基础上，通过系统化的研究，初步形成了一套较为完整的基于边际机会成本的森林环境资源定价的理论与方法体系。阮氏春香、温作民[4]归纳了CVM范围效应有关理论，并通过实际案例来验证CVM评估环境资源非使用价值时范围效应是否存在。乔晓楠、崔琳等[5]在梳理自然资源内涵与属性的基础上，对自然资源资产、负债、所有者权益的概念进行界定，从当期与跨期两个维度探讨其平衡关系，兼顾存量与流量的变化给出自然资源资产负债表的基本结构，并提供由实物表向价值表转化过程中所需的环境价值评估理论与方法。

利用环境资源价值理论分析生态系统价值成为学者新的关注点。黄丽君等[6]采用条件价值法，调查了贵阳市居民保护森林资源过程中的参与意愿、支付意愿和受偿意愿，并对支付意愿和受偿意愿的主要社会经济因子进行统计分析，构建贵阳居民基本情况与支付意愿和受偿意愿之间的评价模型，并对贵阳市森林资源的非市场价值进行评估。李东[7]通过对生态系统服务价值评估的综述，指出多尺度综合研究与动态参与式评估、物产价值与非物质性服务价值的分离研究、对边际价值的调查与模拟研究、与生态补偿等相关领域的结合研究、非物质性服务价值的市场化研究等是生态系统服务价值评估研究的深化方向。

利用环境资源价值理论研究某一特定类型的资源价值具有创新性。艾静文[8]比较深入地探讨了旅游环境资源价值的形成、发展过程，以及核算旅游环境资源价值的理论、方法及其应用。崔和瑞等[9]对秸秆发电的环境影响进行了评价。刘倩等[10]从自然、经济、社会和水环境4个方面定性分析其对水资源经济价值的影响，并就这些因素所覆盖的主要量化指标实证分析了我国31个省、市、自治区水资源的经济价值。阮氏春香[11]以越南巴为国家公园森林生态旅游资源非使用价值评估作为研究背景，探讨CVM在越南应用的可行性和有效性。王胜男[12]介绍了目前国内外对生物多样性价值的研究进展，对生物多样性的价值以及评估方法进行分类，通过实证案例进行方法检验，为资源合理保护、开发、利用提供一定的理论依据。国常宁、杨建州等[13]以森林生物多样性价值评估为例，给出更为精确和具体的计算方法，从而为开展森林环境资源价值核算提供理论支持。崔玲[14]根据森林资源核算目的和要求构建了森林资源分类系统，将森林资源价值核算的范围确定为林木资源价值核算、林地资源价值核算和森林环境资源价值核算，并对其核算方法进行了分析和探讨。

综上，环境资源价值理论的相关研究引起了广泛关注，其理论与实践方法正在日益完善，但是环境资源相关研究工作有待于开展。价值理论相关研究尚处于起步和发展阶段，有待在指标体系的构建和配套机制的完善上加强研究和规范。从指标体系构建来看，绝大多数指标体系缺乏实际的可操作性，核算方法方面侧重于实物核算，核算方法多种多样，计算结果难以统一，缺乏相互间的可比性。

2. 环境公共物品理论

环境是典型的公共物品，环境公共物品理论是环境经济的理论支柱之一。所谓环境公共物品，是指在消费上具有非排他性与非竞争性的环境物品与服务。

环境公共物品供给方式与分类受到关注。李敦瑞[15]界定代际环境公共物品的理论内涵，分析其自身独特的供给机制，剖析 FDI 对代际环境公共物品供给的影响及原因。董小林、马瑾等[16]基于公共物品的特征和环境的属性分类，论述了环境公共物品分类的意义和作用，提出了基于属性的环境公共物品分类方法，把环境公共物品分为自然属性的环境公共物品和社会属性的环境公共物品，并对这两类环境公共物品的组成进行了分析。贾蒙恩[17]依据公共物品理论对海洋环境进行分析，分析了海洋环境公共物品的分类和特征，界定了海洋环境公共物品供给可以采取市场化方式的范围。

基于环境公共物品理论研究农村生态环境成为近年来的研究热点。张玉启等[18]认为农业生态环境也属于公共物品的范畴，农业面源污染是在农业生产中对这种公共物品的不合理使用，进而导致农业生产所依附的大气环境、水环境、土壤环境的恶化。刘召等[19]基于公共物品理论视角提出农村生态环境问题由风险走向危机，在农村社会治理众多的行动主体中，政府公共物品供给的职能"缺位"是农村生态环境恶化的根本原因。郑开元等[20]基于公共物品理论深入分析当前农村水环境治理中存在的治理主体缺失、治理资金投入不足、环保意识薄弱、二元化的环境治理政策等问题，指出市场失灵和政府缺陷是导致农村水环境治理不足最重要的原因。

生态补偿与气候变化成为环境公共物品理论实践研究的新领域。朱超[21]认为气候变化是气候环境的公共物品属性和人类活动外部性综合作用的产物，从外部性与公共产品理论角度分析了中美气候合作与分歧。熊璐璐[22]以公共物品理论为基本立足点，根据现行的公益林补偿制度研究，结合其他相关基础理论、公益林理论、利益相关者理论及市场经济理论，提出现行公益林补偿中存在的问题并提出针对性的对策建议。

3. 环境外部性理论

外部性亦称外部成本、外部效应。外部性的概念是剑桥学派两位奠基者亨利·西季威克和阿尔弗雷德·马歇尔率先提出的。在经济学中，这个概念虽然出现较晚，但却十分重要。

外部性内部化研究依然是环境外部性研究的主要热点。苏子铭[23]从福利经济学角度出发，将效率和可持续发展相结合，围绕环境污染外部性的内部化的两种手段的特点和效果进行归纳和比较，讨论了如何合理而有效地将多种工具结合起来，通过政府和市场的力量进行对环境污染的控制和治理。陈林[24]根据外部成本内部化的经济理论，针对我国航空运输业的发展现状可实施机场噪声收费和排放权交易制度，将我国航空运输业环境外部成本内部化。江汇等[25]对 1998—2010 年中国火电行业发电过程中产生的烟尘、SO_2、NO_x 及 CO_2 等污染物的排放量进行了计算，并分别依据 ExternE 模型、UWM 模型与"自上而下"方法计算得到了 1998—2010 年中国火电行业发展的总环境外部成本。

以外部化理论角度尝试对多领域进行研究。汤吉军[26]运用产业组织理论分析环境污染所带来的福利影响，与传统经济理论形成鲜明的对照，为治理环境污染提供新的解决思路。王晓亮等[27]分析了企业利益相关者界定和分类方法在生态环境问题上的局限，从环境外部性视角出发，总结了生态环境利益相关者关联的特征，在此基础上提出将主体在产生、承担和消除环境外部性过程中的影响作为标准来界定和划分利益相关者。陶萍等[28]通过对环境项目的正外部性问题及外部性对资源配置效率的影响进行较为深入的分析，并阐述排污收费对污水和垃圾处理设施项目投融资的重要影响；从宏观和微观视角研究环境项目融资的外部约束机制，将外部约束机制从功能上设计为激励与规制两大制度体系，进而构建宏观外部机制及相应的配套制度机制。

外部性与法的结合成为环境外部性理论研究新的热点。张百灵[29]以"正外部性内部化"角度，围绕增加环境公共物品供给、促进环境利益的维护和实现，探讨我国环境法在法律理念、法律价值、法律体系、法律原则和法律制度方面的创新，从宏观、中观、微观三个层次对环境法的未来发展进行展望。刘小朋[30]采用了经济学中的外部性理论，从而导出环境的外部特性，根据形成的原因，结合现有的经济法、环境法的相关理论并参考国外的相关制度，对我国的环境法律等制度的完善改进提出一些建议。刘翠英等[31]以跨区域水利工程的外部性为切入点，拟对我国跨行政区域的环境问题处理所面临的困难进行分析，并提出相应的法律法规解决对策。

4. 环境产权理论

环境产权就是拥有和使用环境资源以及享有良好环境质量的权利。"十二五"规划纲要中提出了具体的政策，如"实行生产者责任延伸制度""逐步建立碳排放交易市场""加快建立生态补偿机制"和"实行污染者付费制度"等。

资源生态产权、环境产权交易、生态补偿机制、产权分配方式等是近五年的研究热点。杨海龙等[32]结合国内外资源与生态环境产权制度研究进展，深入探讨国内资源与生态环境产权制度研究中在产权界定制度、产权配置制度、产权交易制度和产权保护制度四个方面存在的问题，指出现阶段的资源与生态环境产权制度理论研究工作需加强对产权制度理论与实际的结合，并对未来"十三五"中资源与生态环境产权制度领域内容进行了展望。王洁等[33]比较了发达国家的环境产权交易在市场规模、交易主体的多样化程度、交易平台建设以及配套制度的完善程度等。温军、史耀波[34]提出我国未来的环境产权机制的完善应当以降低交易成本为导向，逐步完善基础信息、市场体系和配套制度等的建设。唐克勇等[35]通过对环境产权和生态补偿的融合性研究，探讨建立和完善中国生态补偿机制，建立完善的法律支持体系，建立多元化、开放式的生态补偿资金融资渠道，严格规范生态补偿的实施标准和流程，在实践中检验和推动环境产权制度和生态补偿机制的不断完善和发展。谢芝玲[36]集中探讨环境产权制度的收入分配效应，在环境产权交易领域需要对交易价格成本构成进行核算，充分考虑环境治理和生态恢复成本，才能相对有效地对利益进行合理分配，并提出旨在有助于调整收入分配的环境产权制度建设。

5. 环境税费"红利"理论

环境税费"双重红利"是指环境税的开征不仅能够有效抑制污染，改善生态环境质量，达到保护环境的目标，而且可以利用其税收收入降低现存税制对资本、劳动产生的扭曲作用，从而有利于社会就业、经济持续增长等，即实现"绿色红利"和"蓝色红利"。根据环境税双重红利理论的发展，形成了三种阐释：一是"弱式双重红利论"，指通过环境税收入减少原有的扭曲性税收，从而减少税收的额外负担；二是"强式双重红利论"，即通过环境税实现环境收益和现行税收制度效率的改进，以提高福利水平；三是"就业双重红利论"，指与改革之前相比，环境税改革在提高环境质量的同时促进了就业。

目前学者对环境税费能否实现"双重红利"的研究较为集中。杨志勇[37]认为"双重红利"的理论与宏观税负之间关系密切，其原因在于：环境税除了解决保护环境的问题，也应能筹措收入以缓解或弥补经济中其他税种征收所带来的福利损失，从而降低其他税种税负，优化宏观税负结构，提高整体税制效率，进而改善社会福利。胡绍雨[38]利用回归模型验证了环境税对我国环境质量的改善具有明显的效应，但环境税的就业效应在我国并不显著。陆旸[39]通过模拟测算得出，我国在目前的条件下通过"中性"绿色税收政策来实现"双重红利"仍然十分困难，难以实现就业的"双重红利"。原因在于中国的经济发展长期依赖于高碳行业，这与经济结构早已向第三产业转变的发达国家存在巨大差异，部分发达国家能够通过征收碳税以及减少低碳行业所得税的制度安排实现减排与就业的"双重红利"。梁伟等[40]基于地方税视角，将环境税税收全部归入地方财政收入，利用CGE模型对环境税"双重红利"假说进行检验，结果显示：科学合理的税率、税收返还方式以及环境税对其他扭曲性税种的部分替代可以促进"双重红利"目标的实现，也即在减少二氧化碳排放、改善环境质量的同时实现就业增加或GDP增长。不过，以上方案会在一定程度上削弱环境税的减排效果。杨鹏[41]通过回归模型分析的方法得出我国环境税双重红利效应难以实现。主要是因为我国的劳动力这一生产要素所占税负比重与西方国家相比偏低，税收对劳动力的扭曲程度不足，环境税改革的就业红利难以显现。

环境税费要实现"双重红利"条件的研究近年来受到关注。罗小兰[42]通过对国外环境税双重红利改革的研究发现，我国具有取得环境税双重红利的可能性，但目前却面临着税制结构不合理、税收绿化程度低等不利因素。因此对未来我国环境税的设计提出四条建议：一是逐步将现有的排污费改为污染税，以污染的排放浓度和数量为税基，同时根据环境治理的边际成本设定税率；二是环境税改革应遵循将税负从对劳动和资本的征收转移到对资源和污染的征收的基本思路；三是在保持现行税负水平不变的前提下，逐步开征诸如噪声税、垃圾税等新的环境税种；四是在上述基础上对现有税制进行调整，逐步提高整体税制的绿化程度。曹建新等[43]从税收弹性、替代弹性的角度出发分析"双重红利"理论对我国的适用性，提出我国建设环境税制不能以增加税收财政收入为目的，而是为了纠正市场失误、保护环境、实现可持续发展。环境税征收实现"双重红利"应该采取以下措施：一是配套相关政策，缓解未来企业在支付环保资金上的压力；二是确定税基；三是从整体上建立环境税体系，不仅仅单纯开征一个新税种，而要考虑是否给企业带来税负压力和重复征税。王晓培[44]通过对环境税双重红利争议文献的梳理得出环境税双重红利的实现需要具备两个前提条件：一是社会总体税收负担不能增加，即环境税产生的收入要由其他税种、税率的减少来平衡；二是税负在劳动力和其他经济部门之间的转移和再分配。

（二）经济与环境发展关系理论研究进展

1. 环境库兹涅茨曲线

环境库兹涅茨曲线（Environmental Kuznets Curve，EKC）理论自1991年被提出以来，一直是关于经济与环境关系研究的热点。近五年来随着经济增长与环境之间的矛盾愈演愈烈，对EKC现象的理论解释及实证研究在国内不断深入。

EKC现象的理论解释受到研究者的重视，从经济结构、技术进步、国际贸易、环境需求和国家政策等方面进行了探讨。牛海鹏等[45]从经济结构的改变解释 EKC 现象，认为环境破坏和经济发展呈现倒"U"形曲线关系：在经济起飞阶段，第二产业比例加重，工业化和城市化带来严重的生态环境问题；当主要经济活动从高能耗高污染的工业转向低污染高产出的服务业、信息业时，生产对资源环境的压力就降低。田超杰[46]从技术效应的角度解释 EKC 现象：科技进步提高了能源和资源的利用效率，在相同的产出下，资源的损耗和产生的污染都少了。因此，科技进步是环境库兹涅茨曲线出现拐点的不可或缺的一个必要条件，解决环境问题的手段之一是促使技术进步的创新研发。高静等[47]从国际贸易对环境的影响角度解释 EKC 现象：国际上的贸易和直接投资造成了"环境倾销"的局面，即高收入国家消费的高污染产品在低收入国家生产，从而使发达国家环境质量得到好转，但其代价是发展中国家的环境恶化程度加深。这种发达国家将高污染、高能耗及资源型行业转移到发展中国家，使发达国家环境质量好转而发展中国家环境质量更进一步遭到破坏。祝志杰[48]从环境需求的角度解释 KC 现象：伴随着社会进步和经济发展，人类对环境的认识不断深入，环境需求与社会经济发展之间呈现出互动关系。随着国民收入提高、产业结构变化，人们的消费结构也随之变化，人们自发产生对"优美环境"的需求，因此人们会主动采取环境友好措施，并从个人消费角度自发做出环境好友的选择，从而逐步减缓乃至消除环境污染。孙韬等[49]从政府作用的角度解释 EKC 现象：环境改善的重要条件是政府的支持，尤其是以环境法律的形式支持。在研究 EKC 的理论过程中，突破点应当从消费者转变到政府立法的角度，这样才能在研究中给发展中国家的环境保护带来启发。此外，部分学者分别从多角度研究探讨 EKC 现象。冯兰刚等[50]从同质性假设是否科学、是否应考虑生态系统阈值及环境影响因素的复杂关系等进行再思考后重新界定了 EKC 理论的假设，基于数学推理重新解释了 EKC 的运行机理，即规模效应、结构效应、技术效应、国际贸易、环境需求效应、市场机制、政府作用七种效应，各效应相互交织、错综复杂，造就了类型不一的经济与环境关系曲线。高宏霞等[51]从规模效应、结构效应、技术效应三个方面分析了 EKC 形成的内在机理，并针对 EKC 形成的内在机制就如何保证环境污染逆转趋势的出现做了分析研究。

利用面板数据分析全国、区域以及各省的环境库兹涅茨曲线受到持续关注。根据所研究的区域，实证研究主要遵循以下四种思路。

（1）全国　颜廷武等[52]以农业碳排放强度作为碳排放指标、以农业经济强度作为经济增长指标，对中国农业碳排放进行 EKC 检验，在此基础上对农业碳排放拐点变动及时空分异进行实证分析。结果表明：长期来看，中国农业碳排放强度与农业经济强度之间存在"倒 N 形"EKC 关系且存在双拐点。何小钢等[53]利用动态面板数据实证研究了工业碳排放的影响因素，并详细考察了中国工业 CO_2 库兹涅茨曲线（CKC）的类型及成因。主要结论是中国工业 CKC 呈"N 形"走势，而非传统的"倒 U 形"。张娟[54]采用 2003—2009年我国地级以上城市的经济指标（人均 GDP）和环境指标（工业废水排放量、工业二氧化硫排放量、工业烟尘排放量）的面板数据，对我国经济增长与这三类工业污染指标之间的关系进行了实证研究，结果显示，从全国范围来看，经济增长与环境污染之间基本符合 EKC 的倒 U 形关系。

（2）各省比较　高宏霞等[51]、罗岚等[55]、吴玉鸣等[56]对中国 31 个省、市、自治区进行了研究；陈德湖等[57]、韩君[58]、高静[59]基于中国 30 个省、市、自治区的面板数据进行了研究；刘华军等[60]进行基于中国 27 个省区面板数据的研究。从众多学者的研究结果来看，大多数的省份发现了倒 U 形曲线的存在，但也有部分发现正 U 形、倒 N 形或线性等。

（3）东部、中部和西部的比较研究　周茜[61]运用 1991—2009 年省际面板数据，通过因子分析法，分析中国东部、中部、西部地区环境库兹涅茨曲线，结果表明：东部、中部和西部地区经济增长与环境污染之间呈"N 形"态势发展，同时由于东部、中部和西部的经济增长不均衡，各个部分到达转折拐点的时间也就不同，东部＞中部＞西部。李飞等[62]通过选取 1995—2009 年间我国西北 5 省的环境质量与经济数据，构建人均 GDP 污染排放量模型，对西北 5 省经济增长与环境污染之间的协调发展问题进行研究；结果表明：西北 5 省的环境曲线不符合 EKC 特征。韩君[58]选择面板模型估计、检验中国 30 个省、市、自治区环境库兹涅茨曲线的稳定性，研究结果表明：环境库兹涅茨曲线的稳定性与经济发展水平较高的地区相关性较强，与经济发展水平较低的地区相关性较弱。

（4）单个省或市　许多学者以单个省或所属市为研究区域，对 EKC 的假说进行了验证。我国学者先后用浙江、陕西、北京、辽宁、嘉兴市、四川、河南、甘肃、宁夏、山西、黑龙江、山东、营口市等省、市级数据做了验证。从研究文献中可以发现，对发达地区省市的研究多于中西部省市，但各个省市的实证结论都较为混乱，U 形、N 形、倒 N 形、线性等关系均在研究中被发现。

综上，经济增长与环境污染之间关系的研究无论是在理论上还是在实证上都有了一些突破，用 EKC 来检验经济增长与环境污染之间的关系得到大多数学者的认可。一是我国近五年对于 EKC 形成理论的研究，主要是从结构效应、技术效应、国际贸易对环境的影响、环境需求效应以及政府作用等角度来论证，关于 EKC 曲线形成背后的作用机制探索尚薄弱，经济增长与生态环境的互相作用机制还不清晰，今后应深入研究环境变化与经济的互相作用机制，从更加科学的角度指导人类社会的发展。二是采用 EKC 曲线来研究经济增长与环境污染之间的关系是理论与实践结合的一种体现。采用 EKC 曲线研究经济增长与环境污染之间的关系不仅可以得出每一种污染物与经济增长之间的具体关系形式，还可以对未来的关系走势进行一定的预测，并为环境污染治理提供一种思考和借鉴。目前大部分学者在采用 EKC 曲线研究经济增长与环境污染之间的关系时所选的模型都主要集中在二次曲线模型和三次曲线模型，对对数、指数等模型的考虑较少；在选择研究区域时，对东部和中部省份的研究较多，对西部地区的研究相对较少；在环境指标的选取上，国内学者基本上选择工业三废或者三废中的某个指标，经济指标有些学者只考虑人均 GDP，对于存量指标的研究较少。

2. 脱钩理论

脱钩概念最初用于研究农业政策与贸易和市场均衡之间相互关系[63]，后来被世界银行引入到资源环境领域。脱钩理论成为学术界研究经济发展与资源环境协调状况的新热点。近十年来，国内外学者开展了对污染物排放与经济、资源能源消耗与经济、水和土地资源利用与经济等方面的脱钩研究。

污染物排放与经济发展领域脱钩研究不断深化。陆钟武等[64]从资源消耗及废物排放与经济增长的定量关系表达式——IGT 方程（$I_n = G_n \times T_n$）和 IeGTX 方程（$I_e = G \times T \times X$）出发，分别导出了资源脱钩指数和排放脱钩指数，绘制出了脱钩曲线图，以中、美两国 2000—2007 年间的能源消耗和 SO_2 排放为例，阐述了脱钩曲线图的使用方法。张蕾等[65]分析发现长江三角洲 2000 年以来废水排放脱钩状况有较大改善，但废气、固体废物减排形势严峻，规模效应增加了环境污染排放，三次产业结构变化对污染排放具备一定抑制作用，但作用方向不甚明确，而工业结构变化对环境污染影响明显，技术效应全面推动了污染减排。刘航等[66]研究了我国工业废水、废气和固体废物的环境密集型产业的脱钩情况及其内在机制。郭承龙等[67]论述污染物排放量增长与经济增长的脱钩本质之一就是污染物排放减量化直至去污化，实现生态与经济的共生。选择废水、化学需氧量、氨氮、二氧化硫和烟尘作为污染物指标，GDP、工业增加值和消费支出作为经济指标，进行脱钩分析，结果表明：1998—2010 年，污染物排放量与经济增长脱钩状态总体上处于增长弱脱钩和强正脱钩，但是部分污染物排放量脱钩状态出现短暂的恶化情形。郭卫华等[68]采用脱钩指数分析了 GDP 与废水排放总量之间的关系，结果表明，人口数量是广东省废水排放总量变化的主要影响因素；人口数量、人均 GDP 和 COD 排放强度每变化 1%，广东省废水排放总量相应变化 0.6481%、0.1691%、0.0994%。

部分学者从能源消费总量与经济增长关系的视角展开"脱钩"研究。马军[69]利用 Tapio 脱钩模型，对内蒙古 1996—2010 年的经济增长与能源消耗进行脱钩分析，结果表明内蒙古经济增长与能源消耗大部分表现为弱脱钩，经济增长对能源的依赖性较大，能源消费增长快于经济增长。周凯[70]对世界经济增长与能源消费的现状进行分析，发现发展中国家经济和能源发展不协调，能源消费的进一步提高依赖于经济发展的大环境，随着经济进一步发展，能源对经济增长的限制会越来越大。发达国家和发展中国家的经济增长对三种化石能源消费量都具有正向影响效应，发达国家的正向影响效应均大于发展中国家。杜左龙等[71]利用脱钩指数分别从能源消费总量、能源消费结构和三次产业能耗三个方面分析新疆经济增长与能源消费的脱钩关系，结果表明 2003—2011 年新疆经济增长与能源消费总量呈复钩状态，经济增长对能源消费有较高的依赖性，新疆应该从提高能源利用效率、控制能源消费总量、调整能源消费结构和调整产业结构等几个方面来实现节能减排。王鲲鹏等[72]发现山西省经济增长与能源消耗未实现真正意义上的脱钩，仍存在较为密切的关系，存在"复钩"的可能。车亮亮等[73]分别用煤炭消费和煤炭利用效率的 GDP 弹性系数来分析我国及各地区煤炭消费、煤炭利用效率与经济增长的脱钩关系，研究表明：国家在控制能源消费总量上取得一定成效，但限于当前产业结构现状、技术和管理水平，煤炭资源利用效率提升有限；我国大部分地区的煤炭消费、煤炭利用效率与经济增长已由绝对挂钩转变为绝对脱钩状态，并且地区间脱钩程度的差距呈现逐渐缩小的趋势。关雪凌等[74]利用脱钩模型，对中国 1980—2012 年间城镇经济及产业与能源消费间的脱钩状态进行计算，发现总体上呈现"弱脱钩"状态，提出了调整城镇产业结构、提高城镇用能效率和建立城镇居民健康消费模式三个建议，以促进中国城镇化进程中经济增长与能源消费实现"强脱钩"。

脱钩分析也被应用到水和土地资源领域。汪奎等[75]对我国 1997—2008 年用水量与经济增长进行了脱钩分析，结果表明，我国农业用水量同第一产业 GDP 为强脱钩关系，其他均处于不稳定的弱脱钩状态，说明农业用水量的变化对改变我国用水量与经济增长关系的变化有重要作用。吴丹[76]根据水资源消耗利用变化趋势，采用 Logistic 模型，对我国水资源需求利用的自然发展趋势进行预测，结果表明，未来 10 年，我国用水总量增长速度将加速减慢，预期至 2020 年左右，我国经济发展与水资源利用有望保持绝对脱钩的发展态势，用水总量预计将进入缓慢下降期。陈英等[77]（2014）采用 1998—2012 年的相关统计数据对武威市耕地占用与经济发展的关系进行了实证研究，结果表明耕地保护政策落实、产业结构调整、产业集聚等是促进脱钩的主要原因,与武威市的实际情况相吻合。聂艳等[78]运用IPAT方程脱钩计算法和变化量综合分析法定量评价了近10年来武汉市域和区域耕地占用与经济增长的脱钩时空演变特征,结果表明武汉市域尺度2003—2012年耕地占用与经济增长呈"扩张性复钩-强脱钩"的周期性变化;武汉市各区尺度2007—2012年扩张性复钩区由中心城区向远城区转移;影响建设占用耕地的因素包括耕地资源的自然条件差异、区位经济优势差异和政策导向。姬卿伟等[79]基于Tapio脱钩弹性对乌鲁木齐2005—2012年经济增长和水资源消耗进行脱钩分析,并在IPAT方程基础上通过完全分解模型对水资源消耗进行因素分解,剖析脱钩关系的驱动贡献,结果表明2006—2012年乌鲁木齐经历了强脱钩-扩张性负脱钩-弱脱钩-强脱钩,不同年份人口效应、规模效应和强度效应贡献率有差异,但强脱钩和弱脱钩状态时强度效应都呈反向贡献,利用技术手段增强强度效应可减少水资源消耗从而促进脱钩。

碳排放与经济发展的脱钩分析持续加强。彭佳雯等[80]通过构建经济与能源碳排放脱钩分析模型对中国经济增长和能源碳排放之间的关系进行了脱钩研究,探讨两者之间的脱钩关系和程度,分析两者脱钩发展的时间和空间演变趋势,指出未来脱钩发展方向为在进一步推广节能技术、推动产业升级的基础上,着力加强发展碳减排技术,同时逐步改善能源结构。支全明[81]介绍了OECD和Tapio关于脱钩指标的论述并构造脱钩模型,计算出不同对象的脱钩指标,结果表明:我国经济增长与碳排放之间总体上处于弱脱钩状态。二、三产业脱钩指标呈现脱钩趋势,第一产业碳排放少,脱钩不明显。张成等[82]以中国1995—2011年29个省、市、自治区的面板数据为样本,考察了人均GDP和碳生产率的趋同效应和脱钩状态,结果表明各省、市、自治区实现人均GDP的不断增长,但碳生产率的增长速度相对滞后,说明碳生产率在向着一个相对较低的各自稳态水平趋近,要特别注意Tapio脱钩指数中处于扩张绝对脱钩的省份和追赶脱钩指数中位衰退相对脱钩的省份,谨防他们在发展模式上的进一步恶化。熊曦等[83]运用脱钩理论分析湖南经济增长与碳排放动态脱钩变化,结果表明湖南经济增长与碳排放之间存在由弱脱钩到强脱钩的转变,说明湖南在经济增长的过程中,较好地控制了碳排放量,增长质量较同类区域明显要好。

综上,近几年,国内学者加大了对脱钩理论的研究,既有理论上的介绍和比较,又不断拓宽研究范围,将脱钩理论分别应用在污染排放、能源资源和CO_2减排等领域,得到了有意义的结果。但是脱钩理论在国内总数还比较少,分析方法还不成熟。在研究内容上,相对于"脱钩"水平与过程的研究,国内学者更偏重针对不同条件变量对"脱钩"和"复钩"现象的影响进行定量分解分析;在驱动因子的选取上基本上都是经济产出。下一步应完善方法、多元化环境压力变量和驱动因子的选取,加强脱钩政策的分析和微观层次的脱钩分析,实现脱钩分析服务于相关规划领域的重要意义。

3. 绿色发展转型理论

面对国际金融危机、全球气候变暖、资源生态环境压力,各国政府都在积极探索可持续的经济发展方式,绿色经济、低碳经济、可持续发展等,逐渐成为国际共识和国家战略。实行绿色转型,推进传统的、资源依赖的"黑色"发展模式向理想的、创新驱动的"绿色"发展模式转变,是实现经济发展与生态环境保护双赢的良好策略。自绿色经济概念被引入以后,中国学者就我国实施绿色发展的理论及实践展开了广泛的研究。

在理论方面,绿色发展转型的研究视角逐渐拓宽。如今中国学者在绿色发展转型的视角选择上表现出了广谱性:一是行业绿色转型视角。韩晶、杨学军、孙凌宇、蓝庆新、彭晓静等[84~87]都对工业绿色转型理论进行了阐述；赵文博[88]、杨万平[89]分析了能源绿色转型问题；梁浩、梁俊强等[90]则专注于绿色建筑的研究。二是基于国家制度、政府政策相关方向，李宁宁[91]指出了中国绿色经济的制度困境并提出了制度创新思路；刘福森[92]从哲学角度提出，生态文明建设应以生态价值观作为价值论基础，以生态意识的启蒙作为文化基础，以责任与公平作为"制度建设"的基本原则；李晓西等[93]认为，制约绿色发展的主要是体制问题，政府应发挥积极作用，实行绿色财政、绿色信贷、绿色金融等政策措施，促进绿色转型。三是全局性的对策性思考。中科院是国内对绿色经济发展转型研究的引领者，2011的年度报告主题是"实现绿色的经济转型"，报告认为，我国的绿色发展仍然面临技术创新、制度安排、基础设施、市场培育、系统整合与商业运作五大障碍。应从三个层面实现绿色经济转型：一是着力解决绿色领域本身的实际问题；二是大力发展绿色产业和绿色经济；三是积极推进整个经济系统的绿色化进程，并建议国家制定"绿色发展基本法"。胡鞍钢[94]则提出了通过增长与不可再生资源要素脱钩、提高资源生产率等举措创新绿色发展之道。

在实践方面，将绿色转型应用于城市建设仍为学者关注热点。绿色转型理论在城市建设上的实践应用较多。传统城市发展模式导致物质规模扩张与自然资本消耗之间的矛盾日益突出，因此城市化的新阶段呼唤城市的绿色转型，绿色转型理论及其评价方法在城市层面的时间研究相对较多。沈瑾[95]基于唐山的实证分析，对资源型工业城市绿色转型发展的规划策略进行了研究；徐雪等[96]指出应建立城市绿色转型的长效机制，要把经济增长、社会进步和资源环境保护作为城市发展的三大目标，通过思想创新、体制创新和技术创新构建资源社会可持续发展方式，在绿色发展中实现经济效益、社会效益和环境效益的统一；黄羿等[97]以广州市为例，从宏观城市建设、中观产业发展和围观技术创新三个层次出发，全面系统地构建了城市绿色发展评价指标体系，并通过熵权法确定指标权重系数，综合评价了广州市绿色发展的现状。

4. 中等收入陷阱理论

"中等收入陷阱"是指当一个国家的人均收入达到中等水平后，由于不能顺利实现经济发展方式的转变，导致经济增长动力不足，最终出现经济停滞的一种状态。

生态环境承载着经济可持续发展能力。当一国或地区进入中等收入发展阶段，经济从以农耕为主向以工业为主转变时，环境污染问题就会不断呈现。而随着工业化的深入推进，资源的开发利用强度会增大，资源消耗速度会加快，有可能超过资源再生产能力，产生的废弃物数量也会大幅度增加，环境污染程度不断加深，环境质量水平大大下降，制约经济发展的影响会更加突出，进而形成"资源环境陷阱"。而当一国或地区进入高收入发展阶段后，公众对环境保护的自觉性又不断提高，政府对环境整治的投入和力度不断加大，科学技术的进步也为污染物减排和环境治理提供有力保障。

"中等收入陷阱"出现的原因和如何跨越"中等收入陷阱"是学者们研究关注的主要方向，过去几年的进展主要集中在经济学领域，现环境经济学开始关注但是关注度远远不够。陈彩娟[98]针对在中等收入发展阶段会出现"中等收入陷阱"的原因这一问题，从经济、社会、环境等领域探寻诱因，发现资源消耗量大、空气质量恶化、环境破坏严重是"中等收入陷阱"引起环境加速恶化的表现。张培丽[99]从我国中长期经济快速增长对水资源的需求出发，分析我国中长期经济快速增长的水资源压力，提出构建迈过"中等收入陷阱"的水资源支持体系。戴星翼[100]认为陷入"中等收入陷阱"的许多国家，其实并未停止发展的步伐，只是其经济增长的速度较为缓慢，称为"经济增长缓坡"也许更为合理。要警惕"较高的增长速度有利于一个国家跨越中等收入阶段，从而避免陷入陷阱的风险"的观点。这种观点的危险性在于会将全社会的目光聚焦于增长速度，并推动人们急功近利，继续以 GDP 至上的眼光看待社会经济发展，继而会带来严重的资源环境压力。以人力资本和技术进步为发展的重要资源可能是跨越发展峡谷的最好途径。

（三）环境经济学技术方法研究进展

1. 环境资源定价方法

环境资源价值评估方法的研究是资源与环境经济学的一个热点领域，多年来国内专家学者从不同的价值与价格理论出发进行了有益的探讨，提出了不少定价方法。目前，自然资源的定价方法主要包括：影子价格模型、边际机会成本模型、一般均衡模型、市场估价模型、李金昌模型等。近五年关于环境资源定价方法的文献相对集中，主要是针对水资源、森林资源、生态系统服务功能、排污权等的定价研究。

水资源定价多集中在对各种成本定价模型的研究。王谢勇等[101]提出了由资源水价、工程水价、环境水价、边际使用成本四部分组成的水价完全成本，并利用模糊数学、边际机会成本等理论构建了水价动态完全成本定价模型。郭鹏等[102]通过将算法与水资源价格上限理论相结合，构建了基于 DHGF 算法的水资源定价模型，并以西安市水资源为例对该模型进行实例检验。刘晓君等[103]采用阶梯定价的方法对再生水的价格制定进行研究，建立了基于再生水用户需水量、输水距离等因素的复合阶梯定价模型。

森林资源定价方法研究不断推新。郑东婷[104]建立了关于森林资源利用的边际生产成本和边际使用成本的定价模型。国常宁等[13]结合森林环境资源特点，明确其边际机会成本的具体构成，拓宽了三大成本的估算角度。戴小廷等[3]分别基于边际机会成本和条件价值法（CVM），对福建省武夷山国家自然保护区的森林环境资源价值进行了研究。宋晓梅等[105]基于实物期权理论及我国相关林业政策，在考虑碳成本和收益的基础上，对森林资源进行了定价。王文军等[106]从生产者角度出发，运用边际机会成本法对森林游憩价值测算进行了研究。

生态系统服务功能定价方法研究得到发展。郭雅儒等[107]对河北小五台山国家级自然保护区的森林生态系统服务功能价值进行了评估。阮利民等[108]基于实物期权初步探索了矿产资源限制性开发补偿的机会成本计算问题。赵旭等[109]建立模糊二叉树模型计算农地征收的补偿标准，得出考虑期权价值在内的农地征收补偿标准是现行农地征收补偿标准的 7.29 倍的结论。陈作舟等运用市场价值法、机会成本法、影子价格法等，对山东省 2001 年和 2005 年农田防护林生态服务功能价值进行了核算。彭秀丽等[111]运用实物期权二叉树模型对湖南花垣县生态补偿额度中发展机会成本的年补偿额进行了核算。

排污权价值的定价方法研究起步。张琨[112]在对国际碳交易价格特征及影响因素分析的基础上，提出影子价格确定森林碳汇价格的方法。许民利等[113]提出政府行为在排污权定价方面的作用。姚恩全等[114]在核算 COD 处理成本时考虑了机会成本，以此为基础对重置成本法进行了改进，并应用于沈阳市 COD 排污权的价格制定。张培等[115]提出了一种初始排污权阶梯式定价方法，并在恢复成本法定价的基础上将该方法应用于河南省化学需氧量有偿使用价格的制定。李焕承等[116]初步构建以恢复成本法、层次分析法与绩效评估法为一体的化学需氧量排污权有偿使用定价方法，并对深圳市排污权有偿使用价格进行研究。

"十二五"时期环境资源定价方法研究得到国内学者的重视，研究领域不断深化，研究对象由原来的特定自然资源逐渐向生态环境更广的范围扩展，并且随着排污权交易的开展，也逐渐开始排污权定价的研究。总的来看，水资源定价、森林资源定价以及生态系统服务定价的研究较多，排污权价值的定价研究相对来说起步较晚、研究较少，但是随着我国排污权有偿使用与交易政策实践的推进，排污权定价的问题正在逐渐成为研究热点。总体上该方面的研究可以归纳为两个方面，即对经典的资源定价方法进行分析和改进以及通过自建模型对排污权定价进行研究，但多数研究停留在理论探讨阶段，对于该方面问题的研究尚需进一步扩展。从定价方法来看，环境资源价值的长期性开始被考虑，已有许多学者采用期权方法对环境资源进行定价的研究。

2. 环境费用-效益分析方法

环境费用-效益分析方法又被称为环境成本-效益方法，是环境经济分析的基本方法。环境费用-效益分析逐步在我国环境保护领域得到广泛应用。由投资建设项目评价扩展到环境污染及生态破坏损失评估、污染综合治理方案优化、环境影响评价以及环境政策的经济评价等方面。

环境污染及生态破坏损失评估是环境费用-效益分析最广泛的领域。霍书浩等[117]应用费用效益评价技术，估算了四川盆地及盆周山地区域内大气污染对林业、农业的直接经济损失和生态经济损失。尽管这些研究没有着重于费用-效益的分析，但是体现了费用-效益方面的思想。

费用-效益分析在污染综合治理方案优化方面得到广泛应用。采用费用-效益分析方法筛选出费用最低、效益最高的方案是费用-效益分析方法的重要应用之一。张胜寒等[118]采用费用-效益法对电厂湿法脱硫系统进行了评估。杨杉杉[119]尝试分析同一环境背景条件下，多种污染控制措施在污染防治中产生的环境效益和经济效益，并对其进行了经济分析与优选。冯文芳[120]采用费用-效益分析法和层次分析法，对填埋、堆肥和焚烧处理方案分别进行费用-效益分析。金婷[121]应用费用-效益分析方法，提出了发电企业环保工程费用-效益的计算模型。王蕾[122]建立了辽河上游水污染控制投资费用函数与运行费用函数，估算了辽河上游水污染控制项目的费用，并进行了费用-效益评估。

费用-效益分析在环境影响评价中的应用日趋广泛。2003年，《环境影响评价法》在我国开始正式施行。费用-效益分析方法在环境影响经济分析中开始受到重视。如李素芸[123]对应用费用-效益分析法进行环境影响经济评价时，如何选取相关评价指标、确定相关计算参数以及制定各评价指标的决策规则进行了讨论。

费用-效益分析逐步扩展到对发展计划和重大政策的评价。欧美等一些发达国家已经将采用费用-效益分析法进行环境政策评估纳入立法范畴[124]。我国也逐步开始采用费用-效益分析方法来开展环境政策评估。王猛等[125]认为人类的任何社会经济活动，包括政策和开发项目都会对环境及自然资源配置造成影响，提出了费用-效益分析方法可以用于评价环境质量的费用和效益。李红祥等[126]采用费用-效益分析方法对COD、SO_2的减排费用和减排效益进行了计算。由于对政策的效益评估还存在一些方法或者数据上的障碍，所以目前政策的成本效益分析还有待进一步发展。

费用-效益分析在环境绩效审计中日益受到重视。陈波、汤孟飞、杨宏伟等探求了将环境费用-效益分析方法应用于环境绩效审计，并讨论了费用-效益指标设计，选择部分案例作了试点研究[127~129]。

目前，费用-效益分析已经广泛用于生态环境损失评估、污染治理方案优化比选、环境影响评价、环境审计以及环境政策绩效评估领域。随着环境管理的日益精细化，对环境项目、环境政策实施绩效评价越来越重要。环境费用-效益分析方法作为一种定量研究环境项目和政策实施效果的方法将越来越凸显其重要性。

3. 物质流分析方法

物质流分析起源于社会代谢论，又被称为社会代谢分析。有关物质流的最早研究可以追溯到 1969 年。我国的物质流研究是在 2000 年以后才逐渐发展起来的，进入"十二五"后更是进入了快速发展阶段，在地区物质流分析、行业及企业物质流分析以及元素物质流分析等物质流分析方面开展了多项研究。

在物质流的研究综述方面，康雨[130]介绍了物质流分析框架、生态效率评价、环境压力方程等方法。余亚东等[131]系统回顾了经济系统物质流分析的发展历史，介绍了其核算框架和指标体系。徐鹤等[132]回顾了国外物质流分析研究的起源和发展，并评述了其主流研究方法。程欢等[133]阐述了物质流分析的基本原理和国际经验，综述了国内外基于可持续发展的物质流分析相关研究进展。钟琴道等[134]根据研究对象将物质流分析划分为整体物质流分析和元素流分析。王岩[135]在把握物质流分析方法发展脉络的基础上，给出物质流分析的理论基础和分析框架。

（1）地区物质流分析　高昂等[135]借助物质流分析原理和循环经济理论，引入时间维度，界定"物质流时滞"概念，建立了中短期时间尺度下的循环经济物质流单循环模型。丁平刚等[137]运用物质流分析（MFA）和 IPAT 分析方法，对海南省环境经济系统 1990—2008 年间的物质输入与输出进行了研究。汤乐等[138]利用物质流（MFA）理论结合生态效率模型方法分析了 2001—2010 年四川省经济系统的物质流动情况、资源效率变化及环境效率变化。谢雄军等[139]利用甘肃省近 15 年的物质代谢数据进行了物质流分析。李刚等[140]使用物质流核算方法，对江苏省环境经济系统的物质输入和输出进行了初步估算。唐华[141]采用生态效率理论、物质流分析方法、物质流账户三大理论，全面分析了江西省2004—2012 年不同层面的生态效率。黄晓芬等[142]利用物质流的理论和方法，依据欧盟导则，分析了 1990—2003 年间上海市经济系统的物质总需求、物质消耗强度和物质生产力等主要指标，并且同国家物质流账户以及国外的城市进行了比较。贾向丹等[143]基于物质流法对辽宁省可持续发展进行了实证分析。吴开亚等[144]采用物质流分析方法构建了表征环境压力总量的环境载荷指标，对 1990—2007 年安徽省环境载荷变化趋势及其减量化状态进行了定量分析。郭培坤等[145]运用物质流分析（MFA）方法，对福建省经济系统在1990—2008 年间的物质输入与输出进行系统分析，探讨了福建省经济发展与环境压力的关系。耿殿明等[146]运用物质流分析（MFA）方法，对山东省生态经济系统 1996—2010期间的物质输入与输出进行系统分析，揭示了山东省经济发展与环境压力的关系。

对于城市层面开展的物质流研究，借鉴国内外物质流分析的研究成果，结合我国城市物质代谢特点，建立了城市物质流分析的框架及指标体系。鲍智弥[147]首次以大连市为对象开展物质流分析的实证研究，对其 2001—2007 年间的历年物质流全景、物质输入/输出规模和结构，以及强度指标、效率指标、依存度指标进行了分析。沈丽娜等[148]对西安2001—2010 年的物质流动进行了初步分析。高雪松等[149]利用物质流分析方法，对2000—2007 年成都市环境经济系统中物质输入与输出进行了分析。石璐璐等[150]运用物质流分析方法得到了陕西省陕北、关中、陕南 3 个地区的投入变量和产出变量，将自然资源投入、劳动力、资本作为投入变量，以 GDP 和污染物作为产出变量，分别测算并对比了不考虑环境影响和考虑环境影响情形下的环境全要素生产率。

对于工业园区层面开展的物质流研究，李春丽等[151]以地处青藏高原的西宁经济技术开发区为例，研究产业的物质流耦合关系。智静等[152]以宁东能源（煤）化工基地为案例，构建能源（煤）化工基地物质流分析框架，并深入分析了基地内不同行业物质代谢规模、效率以及污染结构。李兴庭等[153]总结了富阳造纸生态工业园发展过程中的成果以及未来发展所面临的制约因素。

（2）行业及企业物质流分析　朱瑶[154]建立了中国农业 30 个省 1990—2008 年的农业物质流输入指标、输出指标以及主要的衍生指标账户，利用 Arcgis 和 GeoDa 等空间计量软件，对 30 个省、市、自治区各指标的空间相关性进行了分析并利用空间计量模型建立了环境库兹涅茨曲线。黄宁宁[155]结合系统动力学方法及相关经验模型对中国汽车行业钢铁物质流代谢进行了研究。王洪才等[156]基于系统科学理论和方法，建立了钢铁工业物质流与价值流动态耦合模型，对其物质流和价值流耦合状况进行研究。李金平等[157]基于情景分析理论和方法，建立了钢铁工业物质流与价值流协调度模型，对未来一段时期钢铁工业的协调发展状况进行了研究。李凯[158]通过针对循环经济发展较为成熟的煤炭产业进行物质流核算的指标体系构建，找到一些建立物质流核算体系的思路，并提出了具体政策建议。王仁祺等[159]详细论述了传统物质流分析框架和指标用于包装废弃物的物质代谢存在的不足，并对改进传统物质流分析框架和指标使其适用于包装废弃物物质代谢分析的可行性进行了分析。朱兵等[160]以中国水泥及水泥基材料行业为研究对象，运用物质流分析方法，对该行业生产和使用中涉及的资源进行整体分析。

张健等[161]将物质流分析方法与 Petri 网方法结合起来，给出一种从物质流分析模型到 Petri 网模型逐步形式化的建模方法，基于该方法实现某盐湖化工企业生产系统的物质流建模。李春丽等[162]以青海省黄河鑫业有限公司电解铝生产为例，对其进行物质流和能量流的计算，通过计算数据的量化分析，提出了资源利用和能源利用的关键环节。杨婧等[163]根据电镀企业重金属的物质流向，建立了镍物质流模型，分析了影响重金属减排效果的主要因素与机理。丁平刚等[164]选取海南省某水泥企业为研究对象，从企业层次对整个熟料和水泥生产过程中的物质输入与输出进行核算，并结合水泥工业清洁生产标准部分指标对计算结果进行评定。幸毅明等[165]以广东省清远市塑料造粒企业为案例，基于物质流理念分析构建了废塑料造粒固废代谢拓扑结构图，详细解析了废塑料造粒企业的固废流向。

王洪才等[156]结合水口山（SKS）炼铅法生产工艺，在对其生产工序的物质流和能量流定性分析的基础上，建立两者之间的耦合模型。周继程等[166]从炼铁系统物质流和能量流的角度出发，分析了炼铁系统（包括烧结和高炉）的资源和能源消耗情况，并以唐钢南区炼铁系统为例，计算了其炼铁系统由含碳能源引起的 CO_2 排放量。吴复忠等[167]应用物质流分析方法，建立了烧结工序的物质流和能量流火用分析模型。

（3）元素物质流分析　燕凌羽[168]基于存量与流量模型，从全生命周期的角度定量地刻画出中国国家度上的铁物质流图景，核算了 1991—2011 年我国铁的全生命周期流量规模及其结构变化情况，并绘制出了 2011 年中国铁流图。楚春礼等[169]在构建全国铝物质流投入产出模型的基础上，对 2001 年、2004 年、2005 年和 2007 年全国铝损失的来源进行了解析。党春阁等[170]以砷元素为研究对象，通过2家涉砷企业的案例，分析生产过程中砷元素的分布、贮存与走向。万文玉[171]对再生铅的脱硫预处理结合短窑熔炼工艺进行全面的数据调研，并对各个工序的铅物质流进行了核算，明确了铅在各种物料中的分配量，并整理成物质流平衡图。

总的来说，我国对物质流的研究还不成熟，研究范围比较狭隘，各领域内所获得的研究成果也比较少，同样在各方向和领域的应用和实践也很少，理论上的发展也不多，成果多表现为对国外的研究结果利用国内数据进行验证。理论和实践的阻碍，使微观层次的循环经济研究的进一步发展应用受到局限。

4. 环境 CGE 分析方法

大部分采用CGE的研究集中在分析环境保护和资源利用方式变化对经济系统的影响方面，特别是研究环境保护的具体措施和环境、资源税收以及资源价格变动对经济增长与经济主体福利的影响。其中，环境问题的研究对象集中在温室气体、地区性空气污染物，如二氧化硫、粉尘及酸雨等；资源性问题的研究则以土地和水资源为重点。

对CGE模型本身的研究并不多。刘学之、郑燕燕等[172]回顾CGE发展历程，梳理现有研究成果，从全球温室气体减排研究、碳税、能源税政策分析、可耗竭能源价格波动的经济效应评价及多边气候政策分析等多方面对环境CGE模型的应用研究进行了分析和阐述，进而总结CGE模型现有研究存在的局限性与挑战。

构建CGE模型研究能源需求与效率、环境政策对经济发展与产业结构的影响。CGE模型是一个基于新古典微观理论且内在一致的宏观经济模型。方国华等[173]结合江苏省水资源利用和水环境保护实际，单列水资源管理部门和污水处理部门，设计并编制水资源-水环境-经济一体化社会核算矩阵，以该矩阵为数据基础，构建了2007年江苏省水资源和水环境CGE模型，模拟分析了供水价格的变动对居民消费、政府消费、资本形成、存货变动、进出口、省际调出、省际调入和国民生产总值的变化影响。李创[174]回顾了环境CGE模型的发展历程并对其进行了分类，并从碳减排政策、污染调控政策、节能政策、水资源问题、贸易自由化政策等方面对环境CGE的应用现状进行了介绍；还对环境CGE的研究局限进行了总结，并对其未来发展方向进行了展望。田银华、向国成等[175]，运用CGE模型，紧紧围绕产业结构调整升级与环境保护、污染减排协调发展的主题展开，结合宏观经济与行业发展的预测分析，设置环境账户与行业间分解关系，建立产业-环境CGE模型，并对行业调整的情景与政策组合进行模拟分析与优化选择，从而构建我国产业结构调整污染减排的政策体系与支撑体系。刘亦文和胡宗义[176]通过投资报酬率的高低影响投资者的投资意愿，进而影响产业的资本存量的累计建模历年，借助动态CGE模型仿真分析三种场景下能源技术变动对我国宏观经济变量、产业资本收益率、产业发展及节能减排的影响，得到一段时间内各经济变量变化的大致路径。

运用环境CGE方法开展环境与资源相关税收制度影响研究。鲍勤等[177]将动态递归的可计算一般均衡方法应用于碳关税征收影响的研究，建立了测算美国征收碳关税对中国经济与环境影响的动态递归可计算一般均衡模型。刘小敏等[178]针对我国碳减排目标，估测了我国2020年碳排放量目标执行难易程度。陈雯等[179]通过构建湖南省水污染税征收的CGE模型，模拟征收水污染税对污染物减排、产业结构、宏观经济等方面的影响。徐晓亮等[180]通过构建资源环境CGE模型，从资源环境以及社会福利等方面进行模拟分析，研究资源价值补偿的影响。根据社会经济发展水平将我国分为不同区域，构建动态多区域

CGE 模型，并以石油资源为例研究差异化税率设置的影响[181]。李元龙[182]基于我国 1993—2009 年的工业排放数据，探究我国减排历史特征和减排驱动因素特征，构建具有中国经济和劳动力特征的能源环境 CGE 模型，模拟分析技术层面的能源效率政策和宏观层面的能源税和碳税政策对中国的经济影响变化，并着重研究上述两个层面的政策作用在增长、就业和减排方面的影响效应，以及影响效应的长期和短期差异。吴瑞雪[183]以天然气为研究对象，以控制资源合理开发为目的，在充分考虑我国资源税制现状与问题、借鉴国际经验的基础上，运用 2010 年投入产出延长表及近十年间的相关数据构建和求解税收 CGE 模型，以资源税率为外生冲击变量模拟不同税率下经济和环境的影响变化，得出天然气资源税改革的最优资源税率为 13%。冯金、柳潇雄[184]针对 $PM_{2.5}$ 污染来源，建立环境政策 CGE 模型，立足能源-经济-环境相互影响的理论基础，模拟各项调控政策所产生的综合成效，从最终的模拟评估结果来看，征收能源税对北京市 $PM_{2.5}$ 污染的控制效果较为明显。

构建环境 CGE 模型分析不同环境管理目标对经济系统的影响。秦长海等[185]分别从水价改革的影响方式、黄河流域微观-宏观相结合的水模型、投入产出分析技术下的水资源影子价格多个视角分析了水价问题。庞军等[186]通过设计绿色贸易转型的快速转型、中速转型和慢速转型三种具体方案，运用"能源-经济-环境"CGE 模型，对 2010—2020 年期间中国对外贸易引致的进出口虚拟碳排放量、进出口虚拟 SO_2 排放量、进出口虚拟 COD 排放量模拟计算的基础上，考察了不同转型方案对经济产生的影响及减排效果。秦昌波等[187]基于污染减排目标，利用 CGE 方法，构建了环境经济一般均衡分析系统，对基于减排目标的绿色转型成本效益进行分析[187]。

国内 CGE 模型在环境领域研究环境税对宏观经济的影响、碳税或者能源税对节能减排的影响，对制定环境政策提供了一定的帮助，但是对于其他环境问题的研究较少，且在模型理论开发、参数估计等基础研究相当薄弱。

5. 环境投入产出模型与方法

在环境经济学领域，投入产出模型与方法的研究主要集中于两大块：一是投入产出表在资源环境方面的实证应用研究；二是环境投入产出扩展建模技术的应用研究。"十二五"以来，环境投入产出表的研究可归为以下几个方面。

在产业与污染物之间，投入产出方法细化并出现复合其他方法的特点 运用环境经济投入产出表分析污染物来源、污染排放量及环境污染与经济结构的关系。黄东梅等[188]借助投入产出方法对全国 38 个工业行业的直接、间接和总污染负荷状况进行核算与排序；王文治等[189]基于环境投入产出表研究了制造业中外商直接投资对进入行业的直接排污效应和间接排污效应。谭志雄等[190]利用投入产出法发现，扩大出口会加速环境污染排放，而增加进口有利于减少环境污染排放。贺胜兵等[191]以环境经济投入产出模型为主要分析工具，测算了 2008—2012 年污染减排倒逼中国产业结构调整的效应。栾维新等[192]利用投入产出方法研究了河北钢铁产业对其他工业部门的波及效应，依据历年统计资料和相关文献分析了河北省主要耗能产业的能源消耗和污染物排放水平，模拟分析了缩减河北钢铁产业规模带来的节能减排效果。罗集广[193]通过投入产出表的 DPG 因素分析法，对我国 1987—2012 年的产业结构与水污染物质 COD 排放进行关联分析。田立新等[194]运用动态投入产出分析法，对中国 2000—2008 年数据进行分析，结合演化理论，提出能源消耗演化目标和污染排放演化目标，建立节能减排下的离散动态演化模型，深入探讨节能减排策略和优化产业结构方法。原毅军等[195]基于环境投入产出模型研究了污染减排对产业结构调整的倒逼传导机制。庞军等[196]利用投入产出分析方法,计算了我国2002—2007年出口贸易中隐含的SO_2、COD和氨氮排放量,然后利用对数平均Divisia分解法(logarithmic mean divisia index-LMDI)方法将影响上述排放量变化的因素分解为规模效应、结构效应和技术效应。党玉婷[197]利用中美两国的投入产出表,通过测算2001—2010年中美18个制造行业进出口贸易的内涵污染及污染结构、中美贸易内涵污染平衡(balance of embodied emission in trade,BEET)和贸易污染条件(pollution terms of trade,PTT)。

能源消耗与碳排放计算上,基于贸易、竞争和排放转移等热点问题增多。张珍花等[198]运用投入产出模型对中国三次产业的能源消耗效率进行分析;赵厚川等[199]编制四川省的实物价值型能源投入产出表,并分析四川天然气能耗强度;朱勤等[200]建立居民消费品载能碳排放测算的投入产出模型,基于可比价投入产出序列表,对中国居民消费品载能碳排放进行实证分析;高金田等[201]采用环境投入产出模型测算了我国进出口隐含碳排放量。高静等[202]在非竞争型投入产出模型下测算了1997—2010年中国18个制造行业以及三大产业即农业、工业和服务业的出口含碳强度和进口含碳强度。赵忠秀等[203]依据最新可获得的投入产出表数据,考虑加工贸易,利用改进的结构分解模型(structure decomposition analysis,SDA)研究了我国温室气体排放的影响因素。张海燕[204]构建中国投入产出占用表,测算1995—2009年间中国单位产出要素结构、能源消耗与碳排放三项指标,进而深入产业层面对比出口商品与国内消费商品在三方面的差异。肖雁飞等[205]根据投入产出原理并结合中国2002年、2007年区域间投入产出表基本数据,对中国八大区域间以出口和消费为导向的产业转移规模、流向和行业进行定量测评,并与2007年中国分区域分行业碳排放系数结合,以考察区域产业转移带来的"碳排放转移"和"碳泄漏"效应,并进一步探讨产业转移对区域碳排放的影响问题。许源等[206]通过构建非竞争型投入产出模型精确地评估了1995—2005年中国国际贸易隐含的CO_2。宋爽等[207]基于非竞争型投入产出模型测算了2002—2010年最终消费、资本形成和出口对CO_2排放的拉动规模,使用SDA方法对CO_2排放增量进行影响因素分解。

在制定和调整环境管理规划中的应用进一步强化。通过投入产出基本原理研究资源环境与经济的综合平衡关系,将资源环境指标纳入国民经济核算体系,为政府的宏观决策和产业结构调整方面提供依据,如雷明、廖明球等人的研究[208,209]。张伟等[210]采用资源环境投入产出模型,定量化模拟了在现有产业技术条件下国家《大气污染防治行动计划》实施对社会经济和资源环境的潜在影响。张伟等[211]在2007年国家42部门投入产出表基础上,编制了环境-经济投入产出表,并构建了环保投入对宏观经济的影响分析模型,将环保运行费和环保投资作为研究对象,测算其对宏观经济各指标各行业的经济影响,并分解到省级层面。此外,一些学者根据实际研究问题,重点探讨了环境投入产出模型的优化与改进,如张亚雄研制了中国区域间投入产出模型等[212]。

数据包络分析方法的应用也有所发展。在环境投入产出扩展建模方面,应用较为广泛的是数据包络分析方法。该方法最初由Charnes、Cooper和Rhodes在1978年提出,通过数学规划模型评价一系列多输入、多输出决策单元的相对效率。之后众多学者将工业环境排放和资源消耗引入到评价模型中,利用数据包络分析(data envelopment analysis,DEA)方法进行经济-环境效率评价。在实际应用研究中,DEA方法得到不断扩展与改进,包括运用投入法、倒数法、转换向量法、双曲线法、方向距离函数法等,以解决经典

DEA 模型的局限性。卞亦文[213]引入非合作博弈思想，提出了基于两阶段非合作博弈的环境效率评价的 DEA 方法，并以中国各地区的工业系统为例进行了实证研究；佟连军等[214]应用 DEA 和随机前沿分析（stochastic frontier analysis，SFA）测算了辽宁沿海经济带的工业环境效率和产出弹性；刘睿劼等[215]采用支付意愿-数据包络分析（willingness to pay- data envelopment analysis，WTP-DEA）方法，利用中国工业的基础经济与环境数据，对中国工业进行了经济-环境效率测算，揭示其总体情况和发展趋势；郑立群[216]探讨了在分配总量固定的条件下，利用投入导向的零和博弈 DEA（zero-sum-gains DEA，ZSG-DEA）模型进行中国各省区碳减排责任分摊的研究等。

6. 环境经济计量方法

环境经济计量方法在环境经济学研究中具有重要的地位，通过对环境横截面数据（cross-section data）或面板数据（panel data）进行统计量化分析，得到资源、环境、能源、经济社会等数据之间的内在相关性及时间演化性，在确保数据序列间逻辑一致性和正确性的同时，探寻经济发展中资源利用、环境污染等问题，从而为环境管理与规划、产业结构调整等提供决策支持信息。具体来说，环境经济计量方法的作用主要体现在：一是验证环境经济理论或模型能否解释以往的环境经济数据；二是检验环境经济学理论和假说的正确性；三是预测未来环境经济的发展趋势，并提供政策建议。

目前我国比较典型、常用的环境经济模型为环境库兹涅茨曲线，主要利用该模型对资源、能源、环境以及社会经济之间的相互关系进行实证研究。按照数据类型，可将环境经济计量模型分为截面数据模型、时间序列模型及面板数据模型。

在环境方面关于截面数据模型的研究较少。袁正、马红[217]利用跨国截面数据考察环境库兹涅茨曲线来证明我国的环境质量是否已经出现拐点，结果显示，我国人均国民收入与环境拐点还相距甚远；吴殿廷等[218]以世界 112 个独立经济体截面数据为依据，利用统计分析和计量经济学方法建立了环境经济优选模型，分析了经济社会发展与碳排放强度的关系；王昌海等[219]利用了全国大尺度统计数据包括时间序列数据以及截面数据重点分析影响湿地社会经济发展的人为影响因素，结果发现中国湿地退化的人为因素主要受到城市发展、农村生产及全国基础设施以及资源禀赋的影响。

基于时间序列模型的研究对象较广，研究方式逐渐与面板数据模型相结合。近五年来，我国学者利用时间序列数据在中国各省都开展了环境库兹涅茨曲线分析，研究方法主要由单独时间序列模型转为时间序列与面板数据模型相结合的方法。如高宏霞等[51]利用 2000—2010 年的数据对中国各省经济增长与环境污染关系（EKC）的转折点进行了预测，从规模效应、结构效应、技术效应三个方面分析了 EKC 形成的内在机理；陈强强等[220]、张莉敏[211]分别对甘肃省、四川省开展了环境库兹涅茨曲线分析；陈晓峰[222]采用长三角地区 1985—2009 年间的样本数据，借助 OLS 模型及 Granger 因果检验法对外商直接投资（FDI）与环境污染之间的关系进行了实证分析；程曦等[223]分别对太湖水质、长江水质与经济发展之间的关系进行了实证分析；李红艳等[224]借助 1990—2010 年的统计数据，运用 Eview 软件，对西安市的经济增长与环境三大指标（工业废气、废水、固体废物）之间的关系进行拟合，对其关系是否符合环境库兹涅茨曲线进行验证，并采用因素分析法，对影响环境质量的因子进行分析；陈汉林等[225]选取 1999—2010 年的人均 GDP、1999—2010 年三大产业的产值、近十年治理废气的投资费用分别作为规模效应、结构效应、消除效应的自变量数据，选取 1999—2010 年湖北省二氧化碳排放量作为二氧化碳排放量的因变量数据，分别用一次回归模型来进行分析。

面板数据模型研究逐渐增多，研究角度趋于多样化。近年来，基于面板数据的环境库兹涅茨曲线研究逐渐涌现出来，分别从污染物、产业结构、贸易等多视角进行研究分析。例如，李磊等[226]基于2000—2010年中国31个省份的工业废水排放总量、工业废气排放总量、工业固体废物排放总量三类指标，适当添加人均可支配收入解释变量，利用面板数据的联立方程个体固定效应模型分析了城镇和农村恩格尔系数分别与污染物排放量之间的环境库兹涅茨曲线（EKC）的双向反馈作用关系，结果表明，工业三废的排放与城镇、农村恩格尔系数之间的关系未必都符合环境库兹涅茨曲线；刘玉萍等[227]利用1992—2008年中国省级面板数据，以四种工业污染物、两类环境质量衡量指标为因变量，对影响污染物排放的各因素进行实证研究，结果发现，各污染物的排放均符合环境库兹涅茨曲线假设，环境库兹涅茨曲线的形状已经污染拐点的位置与污染物、模型以及环境质量衡量指标的选择有关；刘华军等[60]利用时间序列数据和省际面板数据，选取排放总量、人均排放量、排放强度作为二氧化碳排放指标对中国二氧化碳排放的环境库兹涅茨曲线进行了经验估计；梁云等[228]利用中国1998—2010的省际面板数据进行实证研究，将产业升级的结构效应从经济总量中分离出来，考查产业升级对EKC峰值和位置的影响；高静[47]利用中国30个省、市、自治区15年的面板数据检验中国是否存在倒U形的EKC曲线，并且在考虑贸易与投资的基础上，得出的结论为东部地区存在倒U形的EKC，西部地区存在正U形的EKC，中部地区不存在EKC。

从研究数据模型来看，过去研究多集中于时间序列研究，现在模型研究开始转向全国或省际面板数据模型，由于面板数据分析是利用二维空间（时间和空间）反映数据的变化规律，具有减少回归变量之间的多重共线性、控制个体的异质性、更高的估计效率等优点，因此，利用面板数据的研究已经成为国内实证研究的主流。

三、环境经济学成果应用进展

（一）主要科技成果应用

1. 环境投融资研究成果应用

"十二五"以来，环境保护部环境规划院以及财政部财科所、环境保护部环境经济与政策研究中心、中央财经大学、北京大学等单位在环保投融资方法及实证研究方面开展了不少工作，包括投融资需求、环境保护专项资金使用绩效、专项资金监管使用、环保对外投资政策的环境影响、环境保护基金、环保电价、环境污染第三方治理、环境债券、绿色信贷、绿色保险等，不少研究为国家环境投融资政策的制定和实施起到了技术支持，有力促进了国家环保工作的顺利开展。特别是环境保护部环境规划院、环境经济与政策研究中心开展的一些实证应用研究，为环境保护部的有关决策制定和政策设计及实施提供了很好的技术支持。

环境保护部环境规划院完成了《"十一五"中国环境保护投资分析报告》，分析了"十一五"环保投资需求、环保投融资政策、环保投资需求与实际投资对比、重点工程项目投资、环保投资效益等，为国家"十二五"环保投资工作的推进提供了重要技术支撑。完成了环保公益项目《环境保护投资核算体系优化与绩效评价体系建立研究》，建立了要素-领域-属性-活动-设施五级科目体系，以及相应的统计报表、数据采集、投资核算、质量控制、绩效评价、审计分析等。开展清洁水基金、环境保护基金研究，完成大气行动计划的投融资需求及影响研究，完成环保电价改革研究，深化金融机构和社会资本环保投融资研究，开展环境污染第三方治理研究。除此之外，环境保护部环境规划院还积极协助环境保护部环境规划与财务司开展环境保护专项资金项目的审查以及项目的绩效评价，有力推进了国家环保专项资金项目的实施。环境保护部环境规划院还开展了环境债券、环境污染责任险政策的研究，为环保部推进有关政策试点提供了技术支持。环境保护部环境经济与政策研究中心在钢铁等行业推进绿色信贷试点研究，在河北开展了绿色信贷政策执行评价试点研究，开发了绿色信贷数据库系统，为国家绿色信贷政策试点工作提供了支持。不少研究成果得到了应用，具体包括以下几方面。

（1）环境财政资金使用绩效不断提高　2013年在整合国家各项大气污染治理资金基础上，形成专项大气污染防治资金，将原湖泊生态保护专项资金和"三江三湖"及松花江流域水污染防治专项资金整合成为"江河湖泊专项资金"，同时全国及各地逐步将"以奖代补""竞争性分配"作为专项资金使用的主要方式。稳步推进绿色采购，先后发布了多期节能产品政府采购清单、环境标志产品政府采购清单。2014年12月，商务部、环境保护部、工业和信息化部联合发布《企业绿色采购指南（试行）》，指导企业实施绿色采购。环保电价等补贴政策不断推进，国家发展和改革委员会先后出台了脱硫电价、脱硝电价和除尘电价等一系列环保电价政策。目前脱硫电价加价标准为每千瓦时1.5分钱，脱硝电价为1分钱，除尘电价为0.2分钱。环保电价调动了燃煤电厂安装环保设施的积极性，为减少大气污染物排放发挥了重要作用。截至2014年3月份，全国脱硫机组装机达7.5亿千瓦，脱硝机组和采用新除尘技术机组的装机容量已分别达到4.3亿千瓦和8700万千瓦。2014年3月28日，国家发展改革委员会、环境保护部共同颁布《燃煤发电机组环保电价及环保设施运行监管办法》，加强对环保电价政策的实施监管。

（2）绿色信贷政策不断完善　2011年6月，环保部、中国钢铁工业协会和银监会联合出台了《中国钢铁行业绿色信贷指南》，这也是首次由中国政府发布制定的考虑行业特征的绿色信贷政策文件。2012年12月，中国银监会发布了《绿色信贷指引》，从宏观监管层对银行机构实施绿色信贷进行了规范和引导。2013年12月，环境保护部、发展和改革委员会、人民银行、银监会四部委联合发布了《企业环境信用评价办法（试行）》，指导各地开展企业环境信用评价。2014年5月和6月，银监会相继发布了《绿色信贷统计制度》以及《绿色信贷实施情况关键评价指标》，明确了12类节能环保项目和服务的绿色信贷统计范畴，并对其形成的年节能减排能力进行统计，将包括标准煤、二氧化碳减排当量、节水等7项指标考核评价结果作为银行业金融机构准入、工作人员履职评价和业务发展的重要依据。监管部门数据显示，我国绿色信贷项目主要集中在绿色经济、低碳经济、循环经济三大领域。截至2014年上半年，21家主要银行机构绿色信贷余额已达5.7万亿元，其绿色信贷所贷款项目预计实现年节约标准煤1.9亿吨，节水4.3亿吨，减排二氧化碳4.6亿吨、二氧化硫537.8万吨、氮氧化物131.4万吨、氨氮31.1万吨，减少化学需氧量295.8万吨❶。

（3）政府与社会资本合作（PPP）、环境污染第三方治理成为政策热点　党的十八届

---

❶　http：//politics. people. com. cn/n/2015/0203/c70731-26497346. html

三中全会《中共中央关于全面深化改革若干重大问题的决定》提出，在自然垄断行业，"实行以政企分开、政资分开、特许经营、政府监管为主要内容的改革，根据不同行业特点实行网运分开、放开竞争性业务，推进公共资源配置市场化"。2014年以来国务院、财政部、发展和改革委员会及相关部门积极响应，已经启动推广PPP模式的相关研究，密集制定并印发文件，包括《关于推广运用政府和社会资本合作模式有关问题的通知》《关于创新重点领域投融资机制鼓励社会投资的指导意见》《关于政府和社会资本合作示范项目实施有关问题的通知》《关于开展政府和社会资本合作的指导意见》《政府和社会资本合作模式操作指南（试行）》，2015年又最新发布了《关于推进水污染防治领域政府和社会资本合作的实施意见》，积极营造有利于PPP模式推广的政策和体制环境，积极、正面地推动了PPP项目的实际落地。此外，环境污染第三方治理模式受到高度重视，2014年全国两会上，全国工商联环境商会提交《关于推行环境污染第三方治理的建议》的提案，2014年11月26日，国务院发布《关于创新重点领域投融资机制鼓励社会投资的指导意见》，再次明确提出推动环境污染治理市场化，大力推行第三方治理。2015年1月14日国务院办公厅印发《关于推行环境污染第三方治理的意见》，环境污染第三方治理进入快车道。

（4）环保债券成为实践的新领域　2011年，国务院下发的《关于加强环境保护重点工作的意见》（国发〔2011〕35号）首次提出支持符合条件的企业发行债券用于环境保护项目。2012年，国务院办公厅印发《国家环境保护"十二五"规划重点工作部门分工方案的通知》（国办函〔2012〕147号），要求人民银行、环保部、财政部、银监会、证监会、民政部6部委联合推进环境金融产品创新，完善市场化融资机制。鼓励符合条件的地方融资平台公司以直接、间接的融资方式拓宽环境保护投融资渠道；支持符合条件的环保企业发行债券或改制上市，鼓励符合条件的环保上市公司实施再融资。为深入贯彻落实国务院的精神，环境保护部政策法规司委托环境规划院起草了《关于推进企业发行债券用于环境保护项目的建议》，支持地方融资平台及环保企业发行债券用于环境保护项目。

2. 环境价值评估研究成果应用

（1）重启绿色GDP2.0核算体系研究　为定量反映中国经济发展的资源环境代价，以环境保护部环境规划院为代表的技术组已经完成了2004年到2012年期间共9年的中国环境经济核算研究报告，但从2007年开始，绿色GDP核算报告再未公开发布。中国环境经济核算内容基本遵循联合国发布的SEEA体系，2012年最新研究成果表明："十一五"期间中国环境退化成本上升89.6%，直接物质投入上升55%，2010年环境退化和生态破坏成本合计15513.8亿元，约占当年GDP的3.5%。2012年十八大报告进一步提出加强生态文明制度建设，明确提出要把资源消耗、环境损害、生态效益纳入经济社会发展评价体系，建立体现生态文明要求的目标体系、考核办法、奖惩机制。因此，为加快推进生态文明建设，有效推动新《环保法》的落实，2015年3月环境保护部召开建立绿色GDP2.0核算体系专题会，重新启动绿色GDP研究工作。

（2）推动生态系统与自然资源核算研究　当前以生态系统服务功能和自然资源价值为核心的生态价值研究已成为热点领域。2012年青海省启动青海省生态系统服务功能监测与价值评估，完成《青海省生态系统服务功能监测与价值评估工作方案》《青海省生态系统服务功能监测与价值评估技术方案》《青海省森林、草原、荒漠、湿地生态系统服务功能价值评估分报告》《三江源区、青海湖流域、祁连山等重点生态功能区生态系统服务价值评估分报告》等研究，为青海省生态立省战略的深入实施提供科学依据。此外，各个生态系统价值核算研究也逐步开展，2014 年中国森林资源核算研究成果由国家林业局和国家统计局联合公布，核算结果显示，第八次森林资源清查期间，全国森林生态系统每年提供的主要生态服务的总价值为 12.68 万亿元，同时，广西、贵州、云南等省份也开展了省市级层面的森林生态系统服务功能及价值评估，对有效呈现地方森林生态系统的全面价值具有重要意义。另外，湿地生态系统、草原生态系统以及流域生态价值核算研究也在积极探索中。

（3）开展自然资源资产负债表编制　十八届三中全会提出，加强生态文明制度建设，用制度保护环境；探索编制自然资源和环境资产负债表，对领导干部实行自然资源资产和环境离任审计。2013 年《关于印发国家生态文明先行示范区建设方案（试行）的通知》（发改环资〔2013〕2420 号）发布，要求各地开始申报国家生态文明先行示范区，未来成为示范区的地区，将率先探索编制自然资源资产负债表，实行领导干部自然资源资产和资源环境离任审计，2014 年 3 月福建省成为党的十八大以来，国务院确定的全国第一个生态文明先行示范区。2015 年 5 月中国社会科学院工业经济研究所举办了首届"自然资产负债表编制的理论与方法"学术研讨会，并发布了其试编的《自然资源资产负债表》（IIE-NRBS），在提出自然资源资产负债表框架结构的基础上，试编了 2002 年、2007 年、2012年三年的实物量表和价值量表。截至 2014 年 11 月，包括福建、广州、江西、内蒙古在内10 个省区开展了下辖市县的自然资产负债表编制工作，同时探索领导干部自然资源资产离任审计试点。目前，首个地级市《三亚市自然资源资产负债表》已经完成编制工作，据计算三亚市自然资源的价值约为 2000 余亿元，为该市 2014 年 GDP 的 5 倍以上。

（4）完善环境污染损害鉴定评估　2012 年召开的第七次全国环境保护大会上，李克强总理提出要"积极开展环境污染损害鉴定评估"。2011 年 5 月 25 日，环境保护部下发了《关于开展环境污染损害鉴定评估工作的若干意见》，在《环境污染损害鉴定评估工作试点工作方案》中，组织河北、江苏、山东、河南、湖南、重庆、昆明五省二市的环境保护厅（局）全面启动了试点工作。七个试点单位都已经成立相应的环境污染损害鉴定评估机构，其中江苏、昆明与重庆三地试点单位已经获得司法鉴定资质，在国家与试点省市层面初步形成了环境污染损害鉴定评估工作实战能力。同时，为配合环境污染损害鉴定评估工作开展，出台了《环境污染损害数额计算推荐方法》（第 I 版），2014 年对《环境污染损害数额计算推荐方法（第 I 版）》进行了修订，编制完成了《环境损害鉴定评估推荐方法（第 II 版）》。2012 年，环保部规划院完成了《环境污染损害鉴定评估技术指南—总纲（初稿）》和《环境污染损害鉴定评估人与鉴定评估机构标准化建设指南（草稿）》的编写，为开展环境污染损害鉴定评估工作提供了规范性依据。2013 年 1 月 22 日年《突发环境事件污染损害评估工作暂行办法（征求意见稿）》正式发布，2014 年 12 月 31 日为规范和指导突发环境事件应急处置阶段环境损害评估工作，环保部印发了关于《突发环境事件应急处置阶段环境损害评估推荐方法》的通知。

3. 环境税费研究成果应用

（1）环境税收实践进展　环境税作为环境经济政策的重要内容，其主要目的是用经济手段调控企业环境行为，使企业为排污造成的环境污染损害承担相应成本。目前，我国还未建立真正意义上的环境税制，但随着新形势的发展，国内各界也开始关注环境税收政策，尤其是"十二五"期间，实践层面取得了较大进展。

① 环境保护税法立法取得重大进展。2011 年，全国人民代表大会通过的《国民经济和社会发展第十二个五年规划纲要》、国务院发布的《关于印发"十二五"节能减排综合性工作方案的通知》明确要积极推进环境税费改革，选择防治任务重、技术标准成熟的税目开征环境保护税，《国务院关于加强环境保护重点工作的意见》也明确指出，要积极推进环境税费改革，研究开征环境保护税，逐步扩大征收范围。在此基础上，2012 年财政部和环保部、国家税务总局着手研究起草环境保护税法的草案。环境保护部环境规划院积极配合环境保护部和财政部推进国家环境税改革，开展了环境税税制方案、环境税计税依据核定、环境税征管模式和能力建设以及配套措施等研究。环境规划院王金研究员成功申报国家社科基金重点项目"中国环境税收政策设计与效应研究"。开展环境税实施和效果影响预测研究，完成污染排放税 CGE 模型和碳税影响 CGE 模型构建。并通过系统的理论探究、实践进展评估、税制方案设计、效应分析、环境税实施的路线图和配套支撑体系等关键问题研究，构建适合中国的、较为完备的中国环境税收体系，发挥税收手段在节能减排以及生态文明社会建设中的作用，研究成果对于我国环境税政策制定和环境税立法具有重要的参考价值。财政部会同环境保护部、国家税务总局积极推进环境保护税立法工作，已形成环境保护税法（草案稿）并报送国务院审议。

② 资源税改革取得积极进展。2011 年 9 月 30 日，国务院出台《关于修改〈中华人民共和国资源税暂行条例〉的决定》，明确资源税的应纳税额计征方式；10 月 28 日，国务院出台《资源税暂行条例实施细则》（修）；11 月 28 日，国家税务总局下发《关于发布修订后的〈资源税若干问题的规定〉的公告》，进一步明确和规范修订的资源税暂行条例及其实施细则后新旧税制衔接的具体征税规定等。这意味着我国酝酿数载的、以资源税税额从量计征改为从价计征为核心内容的资源税改革开始从试点地向全国全面推开，其改革意义表现在进一步完善了资源产品价格形成机制。而且，由于资源税是地方税，这样有利于资源输出大省在资源开采中获得更多财政收入，提升了这些地方政府对因资源开采破坏环境的补偿投入能力。2014 年 9 月 29 日，国务院总理李克强主持召开国务院常务会议，决定实施煤炭资源税改革，推进清费立税、减轻企业负担。按照国务院部署，从 2014 年 12 月 1 日起，在全国将煤炭资源税由从量计征改为从价计征，税率幅度为 2%～10%，税率由省级政府在规定幅度内确定。从价计征能直接反映市场，促进资源的合理开采，并适当体现环境成本。同时，自 2014 年 12 月 1 日起，根据财政部、税务总局的要求，对衰竭期煤矿开采的煤炭减征 30% 的资源税，对充填开采置换出来的煤炭减征 50% 的资源税，以鼓励煤炭企业提高资源回采率，保护矿区环境，同时帮助部分困难煤炭企业减负。《关于调整原油、天然气资源税有关政策的通知》（财税［2014］73 号）将资源税适用税率由 5% 提高至 6%。

③ 消费、贸易等税收政策"绿色化"取得新突破。在绿色消费方面，社会绿色消费得到大力倡导。第一，在消费税方面，2015 年 1 月财政部和国家税务总局发布《关于对电池、涂料征收消费税的通知》（财税［2015］16 号），标志"绿色税制"改革取得突破性进展，这是落实三中全会关于"将高污染产品纳入消费税征收范围"改革部署的重大举措。国家税务总局和财政部于 2014 年 11 月 28 日和 12 月 12 日两次对成品油消费税税率进行调整。2014 年 11 月 29 日财政部和国家税务总局在《关于调整成品油消费税的通知》（财税［2014］94 号）中提出：将汽油、石脑油、溶剂油和润滑油的消费税单位税额在现行单位税额基础上提高 0.12 元/升，将柴油、航空煤油和燃料油的消费税单位税额在现行

单位税额基础上提高 0.14 元/升。2014 年 12 月 12 日，财政部、国家税务总局联合发布《关于进一步提高成品油消费税的通知》（财税［2014］106 号），自 2014 年 12 月 13 日起，将汽油、石脑油、溶剂油和润滑油的消费税单位税额由 1.12 元/升提高到 1.4 元/升；将柴油、航空煤油和燃料油的消费税单位税额由 0.94 元/升提高到 1.1 元/升。此次提高成品油消费税后形成的新增收入，纳入一般公共预算统筹安排，主要用于增加治理环境污染、应对气候变化的财政资金，提高人民健康水平，改善人民生活环境，促进节约能源，鼓励新能源汽车发展。第二，在车船税方面，2012 年 3 月 6 日，财政部、国家税务总局、工业和信息化部联合发布《关于节约能源、使用新能源车船车船税政策的通知》（财税［2012］19 号），对节约能源的车船，减半征收车船税；对使用新能源的车船，免征车船税。第三，在车辆购置税方面，2014 年 8 月 1 日，财政部、国家税务总局、工业和信息化部下发《关于免征新能源汽车车辆购置税的公告》，自 2014 年 9 月 1 日至 2017 年 12 月 31 日，对购置的新能源汽车免征车辆购置税。第四，在其他税收优惠政策方面，2015 年 1 月 5 日，财政部、国家税务总局联合下发《关于公共基础设施项目和环境保护、节能节水项目企业所得税优惠政策问题的通知》，就企业从事符合《公共基础设施项目企业所得税优惠目录》，企业所得税"三免三减半"的所得税优惠予以规定。

（2）环境收费实践进展　我国对环境收费的探索始于 20 世纪 70 年代末，经过 30 多年的发展，环境收费政策已逐渐成为促进污染防治、加强环境保护的重要环境经济政策，目前的环境收费政策主要有排污收费、矿产资源补偿费、生活垃圾收费等。其中，我国排污收费政策的实施，为提高地方环境监管能力、筹集污染治理资金起到了较好的作用，同时也提高了企业和公众的环境保护意识，是我国环境收费体系中最重要的内容，近十年，不论是理论和实践都取得了积极进展。

①排污收费政策进行重大改革。环境规划院环境政策部一直积极配合环保部环境监察局和发展和改革委员会开展排污收费政策改革。一是开展企业污染排放及缴纳排污费情况的研究，梳理中国排污收费制度。调研企业污染排放及缴纳排污费情况，具体包括：江苏省排污收费情况、常州市排污收费情况、江苏省排污权有偿使用和交易情况、实践及实施效果等。二是积极配合环境监察局开展排污费征收核定。对排污费制度进行了分析和总结，对排污费征管效率进行分析，对排污费征收核定工作的人员组成、核定方法、技术设备的支持以及经费来源进行了调查分析，并针对环境税开征需求，科学合理规划环境税核定工作的队伍和能力建设，为环境税的顺利开征提供有力支持。

②"十二五"期间，深化排污收费政策改革是宏观政策发展趋势。2013 年 8 月 16 日，国家发展与改革委员会《关于加大工作力度确保实现 2013 年节能减排目标任务的通知》中提到"实行差别化排污收费政策，提高污水、废气中主要污染物和重金属污染物排污费标准"。2013 年 11 月 12 日发布的《中共中央关于全面深化改革若干重大问题的决定》提出要"加快资源税改革，推动环境保护费改税"。2014 年 9 月 1 日，国家发展与改革委员会、财政部和环境保护部联合印发《关于调整排污费征收标准等有关问题的通知》（发改价格［2014］2008 号），要求各省（区、市）结合实际，调整污水、废气主要污染物排污费征收标准，提高收缴率，实行差别化排污收费政策，利用经济手段、价格杠杆作用，建立有效的约束和激励机制，促使企业主动治污减排，保护生态环境。

③"十二五"期间，地方自主创新不断完善排污收费制度。一是提高收费标准、实行差别化收费是地方排污费改革的方向。广东、北京等地积极推进实施排污收费标准与征收

范围的改革以深入发挥该政策在控污减排中的效用。二是江苏、陕西等多个地区试点征收扬尘排污费。随着城镇化加速，建筑工地的扬尘是空气污染的重大诱因，江苏、河南郑州、陕西等地在逐步探索扬尘排污费。三是排污收费征收信息化、征管规范化不断强化。典型的是湖北省，湖北省下发了《关于推行湖北省排污费征收全程信息化管理的通知》，指出各级环境保护部门应建立领导负责、环境监察机构牵头、污染源监控中心、环境信息中心等配合的排污费征收全程信息化管理工作机制，统筹组织、共同推进排污费征收信息化管理工作。

④ 污水处理费改革进一步促进水污染防治。2014 年 12 月 31 日，财政部、国家发展和改革委员会、住房城乡建设部以财税［2014］151 号印发的《污水处理费征收使用管理办法》（以下简称《办法》）《污水处理费征收使用管理办法》中将污泥处置成本纳入污水处理费的规定，全面体现了污水造成的环境损害。首部全国性污水处理费征收标准出台，即《关于制定和调整污水处理收费标准等有关问题的通知》（发改价格［2015］119 号）要求污水处理费收费标准要补偿污水处理和污泥处置设施的运营成本并合理盈利，首次明确收费标准利好行业发展，进一步促进水污染防治，改善水环境质量。

⑤ 取消一些资源产品的收费基金。国家在煤炭资源税改革的同时，也实施了正税清费的相关举措，中央全面清理取消了涉及煤油气的收费基金，并规定自 2014 年 12 月 1 日起，在全国范围统一将煤炭、原油、天然气矿产资源补偿费费率降为零。2014 年《关于全面清理涉及煤炭原油天然气收费基金有关问题的通知》（财税［2014］74 号）中，规定各省、自治区、直辖市要对本地区出台的涉及煤炭、原油、天然气的收费基金项目进行全面清理。凡违反行政事业性收费和政府性基金审批管理规定，越权出台的收费基金项目要一律取消。

4. 环境产权研究成果应用

环境产权研究成果应用的主要领域是排污权有偿使用与交易和碳排放交易政策。"十二五"期间，主要污染物交易及碳排放交易试点工作有序推进，国家和地方均有重要文件出台。

国家层面出台专门指导性文件，排污权有偿使用和交易顶层设计取得重大突破。2014年 8 月 25 日，国务院办公厅印发了《国务院办公厅关于进一步推进排污权有偿使用和交易试点工作的指导意见》（以下简称《指导意见》），明确提出了排污权有偿使用和交易的总体要求和目标，即到 2017 年，试点地区排污权有偿使用和交易制度基本建立，试点工作基本完成。《指导意见》还就落实污染物总量控制制度、核定排污权、实行排污权有偿取得、规范排污权出让方式与管理等方面提出了具体要求，并对交易行为、交易范围、交易市场、交易管理以及试点地区的组织领导和服务保障作出了明确规定。《指导意见》对于指导和帮助地方理清思路、明确方向、规范程序具有重要意义，为全国推行排污权有偿使用和交易奠定了良好基础。

地方层面，排污权有偿使用和交易试点不断深化，一些地区已初现成效。2007 年开始，财政部、环保部、发展和改革委员会先后批复了江苏、浙江、天津、湖北、湖南等 11个地方开展试点。各试点省市区政府和有关部门，共出台了 18 个法规规定、73 个政策性文件，对排污权的核定、有偿使用及交易价格设计、初始分配方式方法、有偿取得和出让方式、交易规则和交易管理规定等作出了具体规定。到 2013 年年底，11 个试点省份排污权有偿使用和交易金额累计约 40 亿。其中，有偿使用资金 20 亿元左右，交易金额约 20

亿元。各地收取的有偿使用费按照规定统筹用于污染防治、治污工程、减排设施的建设。另外，一些地方也在自发探索排污权交易，并就排污权交易政策与相关政策联动做了一些尝试。全国范围内，包括上海、山东、贵州、辽宁等20余个省、市均试行或试点了排污权有偿使用和排污交易。不少试点地区排污权交易量稳步增加。陕西省自2010年6月开展排污权交易以来，累计成交49宗，总成交金额5.9亿元；山西省截至2014年年末，累计交易930宗，总成交金额5.59亿元；江苏省累计缴纳排污权有偿使用费5.51亿元、排污权交易成交2.24亿元；内蒙古自治区实现总成交金额8455万元；河北省累计交易1563宗，总成交金额1.69亿元；湖北省2013年以来累计交易6批次，总成交金额1546.8万元；河南省累计交易1614宗，成交总金额1.4亿元；湖南省累计交易471宗，总成交金额7252.3万元；浙江省排污权有偿使用累计交易12310宗、总成交金额18.23亿元，排污权交易累计4366宗，总交易金额8.52亿元。

碳排放权交易试点全面铺开，交易市场逐步建立。2014年12月，发展和改革委员会发布《碳排放权交易管理暂行办法》（以下简称《办法》），推进构建全国碳市场管理和制度架构，对碳排放权交易的组织管理、配额管理、交易原则、核查与配额清缴、监督管理、法律责任等作出了明确规定。截至2014年年底，共有七省、市开展碳排放权交易试点，交易量呈增加趋势。深圳、上海、北京、广东和天津碳市场已运行超过一个完整自然年度，湖北和重庆也运行近半年时间，七个试点碳市场共成交1700万吨（17009694t），成交金额6.05亿元人民币，平均成交价格35.56元/t。七个试点碳市场的成交均价初期各个试点碳市场的价格差异较大，之后有逐渐趋同的趋势，到2014年12月底时集中于20～55元/t的区间。价格最低的试点市场是天津、湖北和广东，价格区间为20～25元/t；上海配额价格在30～35元/t之间；深圳较高为30～45元/t；北京最高，达50～55元/t。重庆开始日以均价31元/t成交15万吨。深圳、广东和天津碳市场历史价格波动范围较大，上海、湖北和北京碳市场历史价格波动范围相对较小。截至2014年12月31日，七试点碳市场累计成交量和累计成交额中湖北碳市场的累计成交量（820万吨）和成交额（1.94亿元）最大，分别占全国的48%和32%，重庆最小（15万吨和446万元），都只占全国的1%。其他五个试点碳市场的累计成交量大致在一两百万吨的水平，累计成交额超过1亿元的有湖北、深圳和北京三个碳市场。

5. 生态环境补偿研究成果应用

2011—2015年，生态补偿政策研究成果应用是国家和地方政策关注的重要方向，国家和地方政府均出台了大量的政策文件用以指导生态补偿政策在全国的推行。"十二五"期间，中央共出台了9项生态补偿政策，地方则有46项生态补偿政策出台，政策数量整体上呈现出逐年增加的趋势，表明对生态补偿政策越来越重视。生态补偿政策研究成果应用涵盖森林、草原、流域、海洋、湿地、矿产资源开发、重点生态功能区以及大气等领域。

草原生态补偿范围不断扩大，13个省实行草原生态保护补偿奖励。从2011年起，国家在内蒙古、新疆等8个主要草原牧区省（区）和新疆生产建设兵团，全面建立草原生态保护补助奖励机制。2012年、2013年和2014年，国家在13省（区）实施草原生态保护补助奖励政策。2014年6月，财政部会同农业部对补偿标准作出了修订，并要求对相关省区2013年草原生态保护补助奖励机制的实施情况进行综合性绩效评价。青海省草原补助奖励政策实施后共落实禁牧面积2.45亿亩、草畜平衡面积2.29亿亩、牧草良种补贴630

万亩、生产资料综合补贴17.2万户、核减超载牲畜570万羊单位。2014年，青海省率先在全国建立草原生态保护补助奖励机制绩效考核办法。2011年新疆维吾尔自治区启动实施草原生态保护补助奖励机制，2011—2013年，全区累计发放草原补助奖励资金57亿元，牧民每户平均享受补助奖励资金6800元。截至2014年7月，内蒙古自治区财政已拨付2014年草原生态补助奖励资金41.84亿元，共落实草原补偿面积10.1亿亩。黑龙江省实施的草原生态保护补助奖励政策，主要包括草原禁牧补贴、牧户生产资料综合补贴、人工草地牧草良种补贴和绩效考核奖励四项内容，2012年和2013年全省草原生态保护补贴资金2.8亿元，2013年下达省绩效考核奖励资金1.6亿元。

森林生态效益补偿制度不断完善，补偿标准不断提高。中央财政于2004年正式建立了森林生态效益补偿制度，国有、集体和个人的国家级公益林补偿标准均为每年每亩5元。2010年，中央财政将属于集体和个人所有的国家级公益林补偿标准提高到每年每亩10元。2013年，进一步将补偿标准提高到每年每亩15元。2001—2014年，中央财政共安排森林生态效益补偿801亿元，其中2014年安排149亿元，纳入补偿的国家级公益林面积为13.9亿亩。1999年起，广东在全国率先开始实施生态公益林效益补偿制度，设立专项资金，补偿标准由2003年的12.12元/人提高到2012年的31.67元/人。2013年内蒙古全区共纳入中央财政森林生态效益补偿的国家级公益林面积15485.16万亩。2013年重庆市进一步完善森林生态效益补偿机制，全市各级财政投入森林生态效益补偿基金5.9亿元。2013年，福建省财政厅下达生态保护财力转移支付资金7.18亿元，补助额比2012年增加2.23亿元。新增加省级以上生态公益林补偿金2.14亿元，全年省级以上生态公益林补偿金已达7.3亿元。从2013年起省级以上公益林补偿标准提高5元/亩·年，2014年省级以上生态公益林的补偿标准提高到17元/亩。2014年，湖南省财政厅、林业厅颁布实施《湖南省森林生态效益补偿基金管理办法》。

矿产资源治理与补偿进一步推进。2000—2013年，中央财政安排矿山地质环境治理专项资金269.97亿元，实施矿山地质环境治理项目1934个，中央投入带动地方财政和企业投入资金达460亿元。2013年3月，财政部、国土资源部联合发布了《矿山地质环境恢复治理专项资金管理办法》，专项资金用于矿山地质环境恢复治理工程支出及其他相关支出。地方层面，为进一步规范矿产资源补偿费征收管理工作，2014年10月，福建省财政厅与国土资源厅发布《关于规范矿产资源补偿费征收管理工作的通知》，要求严格按规定的标准和计算方式征收矿补费；开采回采率系数的确定要严格按规定计算；矿产品计征销售收入应按采矿权人开采，或采、选、加工后矿产品用于销售而向购买者收取的全部价款和价外费用计算。2014年12月，广东省国土资源厅、广东省财政厅、广东省发展和改革委员会《关于矿山地质环境治理恢复保证金的管理办法》，规定采矿权申请人申请办理开采登记，领取采矿许可证前，应与保证金缴存地区的县级以上国土资源部门签订《矿山地质环境治理恢复合同书》，并在签订合同之日起3个月内按规定缴存首期保证金或一次性缴清保证金。

国家重点功能区转移支付持续增加。自2008年财政部出台《国家重点生态功能区转移支付（试点）办法》以来，中央财政开始设立国家重点生态功能区转移支付资金，加大对青海三江源保护区、南水北调中线水源地等国家重点生态功能区的转移支付力度，转移支付范围不断扩大，转移支付资金不断增加。2012年，转移支付实施范围已扩大到466个县（市、区）。2013年，国家重点生态功能区转移支付预算达到423亿元，范围达到县

（市、区）。2014 年中央下拨 480 亿元用于国家重点功能区转移支付，中央财政又将河北环京津生态屏障、西藏珠穆朗玛峰等区域内的 20 个县纳入国家重点生态功能区转移支付范围，享受转移支付的县（市）已达 512 个。截至 2013 年年底，西藏六年间共落实国家财政资金 35.11 亿元，用于重点生态功能区转移支付。2013 年度新疆维吾尔自治区重点生态功能区转移支付资金达 26.99 亿元，并对《新疆维吾尔自治区重点生态功能区转移支付暂行办法》进行了修订补充完善；2014 年，转移支付资金 28.6 亿元。2013 年 12 月 5 日，福建省印发《福建省生态保护财力转移支付办法》，将补助资金分为生态保护补助资金和生态保护激励资金两部分，各占 50％权重。2014 年，青海省环保厅与财政厅制定了《2014 年青海省国家重点生态功能区县域生态环境质量监测、评价与考核工作实施方案》，规定各县市将开展转移支付资金绩效评价及重点生态功能区监测与评价专项补助经费绩效评价工作。

流域生态补偿试点范围扩大，跨省补偿进展缓慢。全国范围内流域生态补偿实践探索持续推进，截止到 2013 年年底，全国约有 17 个省份推行了流域生态补偿活动。补偿以省内自发试点为主，同时也有跨省流域生态补偿探索。跨省流域生态补偿以新安江流域最为典型，2011 年试点启动，中央财政和浙、皖两省每年投入 5 亿元水环境补偿金用于流域生态补偿试点。补偿效果比较显著，2012 年的补偿指数是 0.833，2013 年的是 0.828，水质改善显著。2012 年起，陕西和甘肃两省间开始在渭河流域自发开展跨省流域生态补偿试点，补偿成效显著，2012 年，甘肃出境水质达标，陕西省补偿上游的天水和定西两市各300 万元。但是目前跨省流域生态补偿进展仍然比较缓慢。在省域内开展流域生态补偿活动较多，2013 年上半年，陕西省环保部门共开出渭河流域水污染"生态罚单"1.4 亿元，渭河干流沿线的宝鸡、西安等多地受到了污染物排放不能达标的"生态处罚"。河北省在省内七大流域开展生态补偿。2013 年，山西省财政厅与省环保厅对省环保厅考核的水质断面不达标的市（县）扣缴生态补偿金。辽宁省进一步建立了全省跨市地表水饮用水源生态补偿机制和国家级自然保护区生态补偿机制，对大伙房水源、观音阁水库、汤河水库等7 个跨市供水水源给予生态补偿。2014 年湖南湘江流域生态补偿试点、福建汀江流域生态补偿试点取得一定进展。福建省印发出台《福建省重点流域生态补偿办法》，提出对闽江、九龙江、敖江三个流域实行生态补偿办法。

海洋生态补偿进展缓慢，以地方探索为主。2013 年 4 月，国家海洋局公布的《国家海洋事业发展"十二五"规划》。指出将研究建立海洋生态补偿机制，选择典型海域开展海洋生态补偿试点。2010 年 6 月山东省海洋与渔业厅颁布《山东省海洋生态损害赔偿费和损失补偿费管理暂行办法》；2014 年 6 月，山东省海洋与渔业厅、山东省财政厅发布《关于编报 2014 年省级海域使用金及海洋生态损失补偿费支出项目总体实施方案的通知》，征收的补偿费用主要用于综合整治修复、自然景观整治修复、空间资源整理和海洋工程废弃物清理等。2007 年，浙江舟山市启动海洋生态补偿试点，截至 2013 年 7 月底，全市实施海洋生态补偿的海洋工程项目 201 个，协议补偿金额 10453 万元，平均每年有 1600 余万元。2013 年 12 月 18 日，浙江省海洋与渔业局关于公开征求《浙江省海洋生态损害赔偿和损失补偿管理暂行办法》（草案），主要针对对于造成直接经济损失额在 1000 万元以上的；珍贵、濒危水生野生生物生存环境遭到严重污染；造成渔业生态功能部分丧失；其他应当由省海洋与渔业局提出赔偿要求的重大污染事故等征收补偿费。河北省自 2013 年 2 月 1 日起实施《河北省海洋环境保护管理规定》，明确提出要建立海洋生态环境损害补偿、渔业资源损害赔偿制度。2013 年，福建制定了《福建省海洋生态补偿赔偿管理办法》《福建省入海污染物溯源追究管理办法》等。

湿地生态补偿探索加快，部分地区开始实行补偿。为保护湿地，2010 年，财政部建立了中央财政湿地保护补助专项资金；2011 年 10 月，中央印发了《中央财政湿地保护补助资金管理暂行办法》。2014 年中央财政支持启动了退耕还湿、湿地生态效益补偿试点和湿地保护奖励等工作，中央财政安排林业补助资金湿地相关支出 15.94 亿元，支持湿地保护与恢复，启动退耕还湿、湿地生态效益补偿试点和湿地保护奖励等工作。2014 年 7 月，财政部会同国家林业局进一步明确了省级财政部门、林业主管部门和承担试点任务县级人民政府及实施单位的责任，提出了加强财政资金管理的要求。2013 年 3 月，苏州市进一步出台了《关于调整完善生态补偿政策的意见》，当年全市市级湿地生态补偿资金预计达 7380 万元，较 2012 年的 4800 万元提高了 54%。2009 年起，黑龙江省每年安排 200 万元经费作为扎龙湿地补水专项资金，同时要求齐齐哈尔和大庆两市各配套 100 万元共计 400 万元。江西省九江市为保护鄱阳湖湿地，于 2011 年研究提出了《九江鄱阳湖区域湿地补偿试点方案》，湿地补偿标准为国家级湿地 90 元/亩、省级 80 元/亩、一般湿地 70 元/亩，用途为直补给农民及项目建设资金等。2013 年，南京市出台《关于建立和完善农业生态补偿机制的意见》，首次把湿地生态补偿列入补偿范围。2013 年 10 月 16 日，武汉市政府发出《关于印发武汉市湿地自然保护区生态补偿暂行办法的通知》，自 2014 年起，市、区财政每年出资 1000 万元，用于全市 5 个湿地自然保护区 28223hm^2 湿地生态补偿。

6. 环境与贸易研究成果应用

主要是围绕环境相关的贸易摩擦公案、加入各类自贸组织对中国环境方面的影响以及战略和对策建议进行研究。相关的理论、方法支撑研究还远远满足不了我国环境与贸易工作开展的需要。

围绕具体环境与贸易公案的研究，其一是针对中国的稀土出口配额的研究。刘倩倩等[229]回顾了国内影响最大的"中国原材料出口限制"案的仲裁过程，研究分析了我国的抗辩理由和世贸仲裁依据，暴露出我国国内环境和贸易政策之间的严重脱节，为环境与贸易政策协调性敲响了警钟。吴玉萍等[230]就美国对我国清洁能源 301 调查案具体问题推断环境与贸易问题将是中美双方持久的战略性问题，并将长期困扰着中美双方在全球的经贸利益格局，建议从国家战略高度统筹谋划，制定长效的应对机制和策略。

针对中国在国际贸易组织应采取的环境策略问题：贺银花[231]分析了关税及贸易总协定（GATT）、WTO 框架对环境与贸易协调方面的原则性规定和操作层面的案例裁处的依据模糊的特性，对我国未来的应对策略提出了整体性的、多层面、多角度的建议；张帅梁[232]在补贴、碳税等方面提出初步构想；吕凌燕等[233]就碳税问题提出了专项探讨，从税收理论、法律依据到国际、国内政策建议。未来在这些方面还需要开展大量细致的研究工作，落实到具体举措。

环境和自由贸易的研究成果有：李丽平等[234]对加入 WTO 对中国环境的影响及对策进行了研究，选取因子、运用投入产出等模型从 WTO 规则和入世后贸易变化两方面进行定量评估，认为加入世贸组织对我国环境产生了比较大的影响，"出口隐含污染物"量呈先升后降趋势，世贸组织规则有利于提高我国的环境管理水平，加强环境监管和绿化贸易政策可以缓解环境压力。吴高明[235]运用博弈论，分析发展中国家和发达国家两个博弈主体，仅从理论和推理上分析得出结论——只要两个贸易主体在贸易和环境领域全面合作，两者均可从贸易和环境中获得收益。该类研究还需要考虑，实力不同的多个实际主体间博弈情况将会更加复杂，是否能达到合作共赢并不确定。

7. 循环经济研究成果应用

发展循环经济是实现资源节约、环境保护、经济增长有机统一的经济发展模式，可从源头和生产过程解决我国可持续发展面临的资源环境约束，是建设生态文明的必由之路，也是适应经济发展新常态的必然要求。国家高度重视循环经济的发展，先后发布了《循环经济发展专项资金管理暂行办法》《循环经济发展战略及近期行动计划》《国家鼓励的循环经济技术、工艺和设备名录（第一批）》《关于推进园区循环化改造的意见》《关于深化再制造试点工作的通知》《2015年循环经济推进计划》等政策，有力地促进了循环经济的发展。2015年3月，国家统计局首次发布了2005—2013年循环经济发展指数，以2005年为基期计算，2013年我国循环经济发展指数达到137.6，平均每年提高4个点，循环经济发展成效明显。

（二）重大科技成果应用

在国家自然科学基金、国家社会科学重点基金、国家科技专项等的支持下，有关科研单位在环境经济学的理论方法与实证研究方面开展了大量研究，很好地为国家和地方环境经济政策制定、试点示范以及政策实施提供了技术方法支持。

据不完全统计，"十二五"期间国家自然科学基金项目共设置环境经济有关课题30项，社会科学基金共设置环境经济课题119项。这些课题包括环境与发展关系、生态补偿、环境税、环境与贸易、环境市场定价等方面。这些研究侧重于环境经济学在环境公共管理应用中的基础理论和方法学研究。其中，自然科学基金委重点项目支持了"推动经济发达地区产业转型升级的机制与政策研究"项目，对产业发展转型予以高度关注。社会科学基金重大项目中设置了"健全水资源有偿使用和生态补偿制度及实现机制研究""中国碳市场成熟度、市场机制完善及环境监管政策研究""生态价值补偿标准与环境会计方法研究""雾霾治理与经济发展方式转变机制研究"项目，对发展方式转型、碳市场、生态补偿等予以特别关注。这些课题的设置不仅为国家环境经济政策制定提供了基础理论方法依据，也进一步丰富了我国环境经济学研究基础理论和学科建设。其中，基金委课题主要分布在管理学部，其次是地学部，相对较少。社会科学基金资助的项目分布在理论经济学、应用经济学、管理学等领域，在一定程度上反映了环境经济学学科的交叉性特征。

在"十二五"国家水体污染控制与治理科技重大专项主题六——环境战略与政策主题中，设置了水污染防治的经济政策及其综合示范研究项目，该项目下设流域水质生态补偿与经济责任机制示范研究、水污染物排污权有偿使用关键技术与示范研究等课题，就水污染防控的补偿、排污权有偿使用的理论、技术方法体系以及试点示范给予了高度重视，并通过在东江、太湖等地的试点示范研究，推进了这些水环境经济管理技术成果的应用转化。由中国科学院牵头、国家发展和改革委员会能源所、香港中文大学等单位参与的国家973项目"气候变化经济学IAM模型与政策模拟平台研发"项目，设置了"气候变化下的中国社会经济人口变化"以及"气候变化经济学的基础科学问题"，分别就气候变化下的我国农业生产潜力布局、城市居民的碳消费谱以及气候经济学评估的一些关键模块与参数开展研究。

此外，国家财政预算资金项目通过年度财政资金预算单列科研项目支持的方式，开展了环境税费、环境投资、生态补偿、排污权有偿使用及交易、绿色信贷、环境污染责任险政策研究，环境保护部行业公益项目设置了重点环境经济政策研究等课题，这些研究侧重于科研基础理论和方法成果的应用，直接面向环境决策部门管理需求，更加注重成果的转化，许多成果直接为国家有关环境经济政策的制定提供了技术支撑。

四、学科发展趋势展望

"十二五"时期环境经济学学科发展的新趋势主要呈现以下特征。

（1）研究环境与经济系统运行规律仍是学科发展的主要目的　环境经济学科的主要功能仍是解决传统经济学中未能解决的人类社会经济体系与环境系统协调发展的理论、方法与政策工具问题，学科发展的主要的目的仍是研究环境系统与经济系统的内在运行规律，进而去调控经济行为，改善环境与经济的关系，实现环境目标与经济目标。这是这一学科的本质属性所在，所不同的是随着环境保护实践的变化，其内涵、广度、深度、复杂性等在发生变化。"十二五"时期环境经济学在环境经济系统的发展规律和调控规律方面的研究不断深化，在以后该方面研究必将继续深化。

（2）学科研究对象和范围不断扩大　研究对象是学科特征的充分体现，也是环境经济学学科研究的核心问题，环境经济学学科的研究对象逐渐扩大，由过去的主要关注污染防控，越来越更多地考虑生态系统安全、应对气候变化、环境风险、绿色发展转型、社会经济系统与生态系统的耦合调控等。随着环境保护工作的推进，环境经济政策调控范围逐步扩大，这是环境经济学学科研究范围扩大的实践源泉。

（3）越来越重视运用定量化的研究工具　相对过去较多的是对环境经济现象的表层性和经验型研究，将会更多地关注定量研究，运用环境经济计量模型，构建环境经济机理模型，将 CGE、投入产出法、支付意愿评估法等引入到环境经济学研究中等，更加深刻地揭示环境经济系统的定量规律。

（4）学科发展能力建设不断强化　环境经济学学科能力建设一直在不断提升。从"十二五"进展来看，一是设置在中国环境科学学会下的环境经济学分会得以发展迅速，目前的第三届委员会架构有主任委员 1 名、副主任委员 13 名。主任委员由环境保护部环境规划院副院长王金南研究员担任，副主任委员由中国人民大学环境学院院长马中教授、北京大学环境学院副院长张世秋教授等国内环境经济学研究知名专家学者担任。委员会共计有委员 150 余名，通过举办学术年会、专题论坛、环境经济信息网络等促进了环境经济学研究人员的沟通、交流；二是环境经济学科人才培养稳步推进，据不完全统计，目前全国设有环境经济博士点的单位约有 30 个，硕士点约有 80 个，这为环境经济专业的研究生培养提供了很好的能力建设基础，也为我国环境经济政策研究和政策制定与实施输出了大量的专门性人才，但是全国仍基本上没有环境经济学本科生专业。今后的环境经济学学科发展将要继续强化环境经济学学术团体的作用，发挥研究智力资源的汇集交流作用，要继续加强学位点建设，能跟上全国环境保护工作形势的需要，目前来看这一差距非常大。

（5）有相对竞争优势的科研团队逐步形成　"十二五"时期国内主要以环境经济学、环境经济政策为研究重点的较有影响力的研究院所（中心或室）至少有 40 个，比较知名的是环保部环境规划院、南京大学环境学院、北京大学环境与经济研究所等，各单位研究各有特色。环保部环境规划院在实证研究领域开展的生态补偿、环境税费、环保对外投资的环境影响等研究，为有关政府部门的政策制定和试点提供了有力的技术支持；南京大学环境学院等单位在我国环境经济政策的作用机理和作用效果，评估资源环境管理经济手段和政策对改善环境质量、提高社会福利的效果等领域开展了大量规范性技术方法研究。随着环境经济管理政策实践的需要，以后将会有越来越多的环境经济研究科研团队，逐步形成各有特色、具有相对竞争优势的发展格局。

（6）研究水平的国际影响力会越来越加大　"十二五"期间总体上我国环境经济学的研究水平呈上升趋势，这从环境经济学领域发展论文的数量和水平可见一斑，国内环境经济学研究人员越来越重视研究成果的国际化表达，以及与国际同行的交流沟通，许多研究成果也在国际上产生了较大的影响，如陈竺、王金南等[236]在《柳叶刀》发表的中国的大气污染健康影响的论文引起了国际同行的广泛关注。随着我国环境经济研究人员国际化水平意识的增强，以及国际交流能力的提升，将来我国的环境经济学研究水平必将在国际上产生更大影响。

五、结论

"十二五"时期环境经济学学科发展形势良好，在环境经济学基础理论、技术方法研究，以及研究成果应用方面均取得了很大的进展。"十二五"时期污染减排压力不断加大，经济转型亟须加快推进，市场经济的不断健全完善等对环保工作思路和方式提出了越来越多的挑战，政府和学界对如何创新环境保护手段建立长效机制表现出前所未有的重视，也使得环境经济政策改革不断深化，环境经济政策在环境保护工作中的地位不断提升，功能作用不断增强，这些均有力促进了环境经济学科的发展，而环境经济研究的深化和水平的提高，环境经济学科的发展，也为环境经济政策实践提供了强有力的技术支撑。应该说，"十二五"时期是我国环境经济学学科发展有史以来最快的五年。展望将来，我国环境保护工作正在发生深刻转型，从关注节能减排向环境质量导向转变，绿色化转型发展模式越来越受到高度重视，做好环境风险防控、维护环境健康以及生态系统健康，积极应对气候变化等也逐渐成为重点工作，这对环境经济学学科发展既是历史机遇，同时更是前所未有的挑战。环境经济学学科建设要切实履行我国环境保护事业赋予的历史责任，不仅需要国家高度重视，加大财政投入扶持，增设有关项目课题设置，更需要环境经济研究人员敢于担当历史责任，立足我国独特的研究土壤，扎扎实实做好环境经济学研究，推动学科发展建设，充分发挥智力支撑，为我国的环境经济政策长效机制建设贡献力量。

参 考 文 献

[1] 许丽忠，钟满秀，韩智霞，等. 环境资源价值 CV 评估的后续确定性问题有效性分析 [C]. 发挥资源科技优势保障西部创新发展——中国自然资源学会 2011 年学术年会，2011：10.

[2] 熊岭. 基于 CVM 的武汉市公共开放空间非使用价值评估研究 [D]. 武汉：华中科技大学，2013.

[3] 戴小廷，杨建州. 基于边际机会成本的森林环境资源定价研究 [J]. 中南林业科技大学学报，2013，（5）：65-72.

[4] 阮氏春香，温作民. 条件价值评估法在森林生态旅游非使用价值评估中范围效应的研究 [J]. 南京林业大学学报：自然科学版，2013，（1）：122-126.

[5] 乔晓楠，崔琳，何一清. 自然资源资产负债表研究：理论基础与编制思路 [J]. 中共杭州市委党校学报，2015，（2）：73-83.

[6] 黄丽君，赵翠薇. 基于支付意愿和受偿意愿比较分析的贵阳市森林资源非市场价值评价 [J]. 生态学杂志，2011，

30（2）：327-334.

[7] 李东. 生态系统服务价值评估的研究综述 [J]. 北京林业大学学报：社会科学版，2011，10（1）：59-64.

[8] 艾静文. 旅游环境资源价值核算研究 [D]. 兰州：西北师范大学，2011.

[9] 崔和瑞，马涛，艾宁. 秸秆发电的环境价值分析 [J]. 经济研究导刊，2011，（11）：32-33.

[10] 刘倩，王京芳，陈琳. 水资源经济价值影响因素的分析 [J]. 环境保护科学，2011，37（1）：45-48.

[11] 阮氏春香. 森林生态旅游非使用价值的CVM有效性研究 [D]. 南京：南京林业大学，2011.

[12] 王胜男. 基于支付意愿的生物多样性非使用价值评估 [D]. 南京：南京信息工程大学，2011.

[13] 国常宁，杨建州，冯祥锦. 基于边际机会成本的森林环境资源价值评估研究——以森林生物多样性为例 [J]. 生态经济，2013，（5）：61-65.

[14] 崔玲. 森林资源价值核算方法浅析 [J]. 国土与自然资源研究，2015，（1）：34-36.

[15] 李敦瑞. FDI对代际环境公共物品供给的影响及原因——以污染产业转移为视角 [J]. 经济与管理，2012，26（10）：10-14.

[16] 董小林，马瑾，王静，等. 基于自然与社会属性的环境公共物品分类 [J]. 长安大学学报：社会科学版，2012，（2）：64-67.

[17] 贾蒙恩. 我国海洋环境公共物品市场化供给研究 [D]. 青岛：中国海洋大学，2014.

[18] 张玉启，李彤，郑钦玉，等. 论三峡库区农业面源污染控制的生态补偿措施 [J]. 西南师范大学学报：自然科学版，2011，（4）：230-234.

[19] 刘召，羊许益. 农村生态环境危机及其治理——基于公共物品理论的视角 [J]. 农村经济，2011，（3）：104-108.

[20] 郑开元，李雪松. 基于公共物品理论的农村水环境治理机制研究 [J]. 生态经济，2012，（3）：162-165.

[21] 朱超. 公共产品、外部性与气候变化 [D]. 上海：华东师范大学，2011.

[22] 熊璐璐. 基于公共产品理论的公益林分类补偿研究 [D]. 北京：中国林业科学研究院，2012.

[23] 苏子铭. 浅析环境污染外部性的内部化及其解决方式 [J]. 中国市场，2011，（52）：149-150.

[24] 陈林. 我国机场环境外部成本计量及内部化研究 [J]. 北京交通大学学报：社会科学版，2012，（1）：12-17.

[25] 江汇，赵景柱，赵晓丽，等. 中国火电行业环境外部性定量化分析 [J]. 中国电力，2013，（7）：126-132.

[26] 汤吉军. 市场结构与环境污染外部性治理 [J]. 中国人口. 资源与环境，2011，（3）：1-4.

[27] 王晓亮，杨裕钦，曾春媛. 生态环境利益相关者的界定与分类——基于环境外部性视角 [J]. 环境科学导刊，2013，（3）：11-15.

[28] 陶萍，齐中英. 基于外部性特征的环境项目融资约束机制研究 [J]. 土木工程学报，2012，（S2）：249-252.

[29] 张百灵. 环境公益诉讼的理论解读 [C]. 生态文明与林业法治——2010全国环境资源法学研讨会（年会），2010：5.

[30] 刘小朋. 环境外部性与环境法律规制研究 [J]. 法制与社会，2015，（03）：274-275.

[31] 刘翠英，黄娴. 关于跨行政区环境治理的法律思考——以跨区域水利工程的外部性为切入点 [J]. 攀枝花学院学报，2014，（02）：11-15.

[32] 杨海龙，崔文全. 资源与生态环境产权制度研究现状及"十三五"展望研究 [J]. 环境科学与管理，2013，（11）：30-34.

[33] 王洁，刘平养. 国内外环境产权的交易成本比较分析 [J]. 中国环保产业，2014，（1）：34-37.

[34] 温军，史耀波. 构建完善的环境产权交易市场研究——以西部地区为例 [J]. 学术界，2011，（8）：201-208.

[35] 唐克勇，杨怀宇，杨正勇. 环境产权视角下的生态补偿机制研究 [J]. 环境污染与防治，2011，（12）：87-92.

[36] 谢芝玲. 环境产权制度及其收入分配效应探析 [J]. 海峡科学，2013，（5）：20-22.

[37] 杨志勇，何代欣. 公共政策视角下的环境税 [J]. 税务研究，2011，（7）：29-32.

[38] 胡绍雨. 环境税"双重红利"分析 [J]. 生态经济，2011，（6）：44-47.

[39] 陆旸. 中国的绿色政策与就业：存在双重红利吗？[J]. 经济研究，2011，（7）：42-54.

[40] 梁伟，张慧颖，姜巍. 环境税"双重红利"假说的再检验——基于地方税视角的分析 [J]. 财贸研究，2013，（4）：110-117.

[41] 杨鹏. 环境税双重红利效应的实证研究 [D]. 昆明：云南财经大学，2013.

[42] 罗小兰. 欧洲环境税双重红利改革及启示 [J]. 商业时代，2011，（5）：116-117.

[43] 曹建新，黄尔妮. 基于"双重红利"理论的我国环境税改革探讨 [J]. 商业会计，2012，（19）：12-14.

[44] 王晓培. 环境税双重红利视角下我国环境税制的改革 [J]. 中南财经政法大学研究生学报，2014，(2)：23-27.

[45] 牛海鹏，朱松，尹训国，等. 经济结构、经济发展与污染物排放之间关系的实证研究 [J]. 中国软科学，2012，(4)：160-166.

[46] 田超杰. 技术进步对经济增长与碳排放脱钩关系的实证研究——以河南省为例 [J]. 科技进步与对策，2013，(14)：29-31.

[47] 高静，黄繁华. 贸易视角下经济增长和环境质量的内在机理研究——基于中国 30 个省市环境库兹涅茨曲线的面板数据分析 [J]. 上海财经大学学报，2011，(5)：66-74.

[48] 祝志杰. 基于趋势分析的环境质量与经济发展互动关系研究 [J]. 东北财经大学学报，2012，(1)：69-72.

[49] 孙锚，包景岭，贺克斌. 环境库兹涅茨曲线理论与国家环境法律间关系的研究 [J]. 中国人口·资源与环境，2011，(S1)：79-81.

[50] 冯兰刚，张敏，周雪. 环境库兹涅茨理论发展与思考 [J]. 电子科技大学学报：社科版，2011，(3)：62-65.

[51] 高宏霞，杨林，付海东. 中国各省经济增长与环境污染关系的研究与预测——基于环境库兹涅茨曲线的实证分析 [J]. 经济学动态，2012，(1)：52-57.

[52] 颜廷武，田云，张俊飚，等. 中国农业碳排放拐点变动及时空分异研究 [J]. 中国人口·资源与环境，2014，(11)：1-8.

[53] 何小钢，张耀辉. 中国工业碳排放影响因素与CKC重组效应——基于 STIRPAT 模型的分行业动态面板数据实证研究 [J]. 中国工业经济，2012，(1)：26-35.

[54] 张娟. 经济增长与工业污染：基于中国城市面板数据的实证研究 [J]. 贵州财经学院学报，2012，(04)：32-36.

[55] 罗岚，邓玲. 我国各省环境库兹涅茨曲线地区分布研究 [J]. 统计与决策，2012，(10)：99-101.

[56] 吴玉鸣，田斌. 省域环境库兹涅茨曲线的扩展及其决定因素——空间计量经济学模型实证 [J]. 地理研究，2012，(04)：627-640.

[57] 陈德湖，张津. 中国碳排放的环境库兹涅茨曲线分析——基于空间面板模型的实证研究 [J]. 统计与信息论坛，2012，(5)：48-53.

[58] 韩君. 中国区域环境库兹涅茨曲线的稳定性检验——基于省际面板数据 [J]. 统计与信息论坛，2012，(8)：56-62.

[59] 高静. 中国 SO_2 与 CO_2 排放路径与环境治理研究——基于 30 个省市环境库兹涅茨曲线面板数据分析 [J]. 现代财经（天津财经大学学报），2012，(8)：120-129.

[60] 刘华军，闫庆悦，孙曰瑶. 中国二氧化碳排放的环境库兹涅茨曲线——基于时间序列与面板数据的经验估计 [J]. 中国科技论坛，2011，(4)：108-113.

[61] 周茜. 中国区域经济增长对环境质量的影响——基于东、中、西部地区环境库兹涅茨曲线的实证研究 [J]. 统计与信息论坛，2011，(10)：45-51.

[62] 李飞，庄宇. 西北地区环境库兹涅茨曲线实证研究 [J]. 环境保护科学，2012，(2)：64-68.

[63] OECD. Decoupling：A Conceptual Overview [M]. Paris：OECD，2000.

[64] 陆钟武，王鹤鸣，岳强. 脱钩指数的理论研究及脱钩曲线图和国家级实例 [C]. 2010 全国能源与热工学术年会，2010：9.

[65] 张蕾，陈雯，陈晓，等. 长江三角洲地区环境污染与经济增长的脱钩时空分析 [J]. 中国人口·资源与环境，2011，(S1)：275-279.

[66] 刘航，赵景峰，吴航. 中国环境污染密集型产业脱钩的异质性及产业转型 [J]. 中国人口·资源与环境，2012，(4)：150-155.

[67] 郭承龙，张智光. 污染物排放量增长与经济增长脱钩状态评价研究 [J]. 地域研究与开发，2013，(3)：94-98.

[68] 郭卫华，周永章，阚兴龙. 1990—2012 年广东省废水排放特征及其驱动因素——基于 STIRPAT 模型和脱钩指数的研究 [J]. 灌溉排水学报，2015，(2)：7-10+24.

[69] 马军，陈雪梅. 内蒙古经济增长与能源消耗的脱钩分析 [J]. 前沿，2013，(1)：108-110.

[70] 周凯. 能源消费与经济增长关联关系的实证研究 [D]. 重庆：重庆大学，2013.

[71] 杜左龙，陈闻君. 基于脱钩指数新疆经济增长与能源消费的关联分析 [J]. 新疆农垦经济，2014，(11)：55-58.

[72] 王鲲鹏，何丹. 山西省经济增长与能源消耗动态分析——基于脱钩理论 [J]. 现代商贸工业，2014，(4)：9-11.

[73] 车亮亮，韩雪，赵良仕，等. 中国煤炭利用效率评价及与经济增长脱钩分析 [J]. 中国人口·资源与环境，2015，

　　（3）：104-110.

［74］关雪凌，周敏. 城镇化进程中经济增长与能源消费的脱钩分析［J］. 经济问题探索，2015，（4）：88-93.

［75］汪奎，邵东国，顾文权，等. 中国用水量与经济增长的脱钩分析［J］. 灌溉排水学报，2011，（3）：34-38.

［76］吴丹. 中国经济发展与水资源利用脱钩态势评价与展望［J］. 自然资源学报，2014，（1）：46-54.

［77］陈英，张文斌，谢保鹏. 基于脱钩分析方法的耕地占用与经济发展的关系研究——以武威市为例［J］. 干旱区地理，2014，（6）：1272-1280.

［78］聂艳，彭雅婷，于婧，等. 武汉市耕地占用与经济增长脱钩研究［J］. 华中农业大学学报：社会科学版，2015，（2）：104-109.

［79］姬卿伟，李跃. 干旱区城市经济增长与水资源消耗脱钩分析及其驱动分解——以乌鲁木齐市为例［J］. 新疆农垦经济，2015，（1）：63-67.

［80］彭佳雯，黄贤金，钟太洋，等. 中国经济增长与能源碳排放的脱钩研究［J］. 资源科学，2011，（4）：626-633.

［81］支全明. 基于脱钩理论的碳减排分析［D］. 北京：中共中央党校，2012.

［82］张成，蔡万焕，于同申. 区域经济增长与碳生产率——基于收敛及脱钩指数的分析［J］. 中国工业经济，2013，（5）：18-30.

［83］熊曦，刘晓玲，周平. 湖南经济增长与碳排放的脱钩关系动态比较研究——基于湖南省"十一五"以来的情况［J］. 中国能源，2015，（1）：26-30.

［84］韩晶. 中国工业绿色转型的障碍与发展战略研究［J］. 福建论坛：人文社会科学版，2011，（8）：11-14.

［85］杨学军. 技术创新与中国工业绿色转型：理论、测算与实证分析［D］. 长沙：湖南大学，2014.

［86］孙凌宇. 资源型企业绿色转型成长研究［D］. 长沙：中南大学，2012.

［87］彭晓静. 工业绿色转型升级面临的挑战及对策分析——以河北为例［J］. 环渤海经济瞭望，2013，（11）：22-24.

［88］赵文博. 新能源推动绿色循环经济发展［J］. 经济，2011，（8）：80-82.

［89］杨万平. 能源消费与污染排放双重约束下的中国绿色经济增长［J］. 当代经济科学，2011，（2）：91-98.

［90］梁俊强，梁浩，张峰，等. 发展绿色建筑产业引领绿色经济发展［J］. 建设科技，2012，（17）：20-26.

［91］李宁宁. 中国绿色经济的制度困境与制度创新［J］. 现代经济探讨，2011，（11）：19-22.

［92］刘福森. 生态文明建设中的几个基本理论问题［N］. 2013：1-15.

［93］李晓西，胡必亮. 中国：绿色经济与可持续发展［M］. 北京：人民出版社，2012.

［94］胡鞍钢. 中国：创新绿色发展［J］. 马克思主义与现实，2013，（2）：75.

［95］沈瑾. 资源型工业城市转型发展的规划策略研究基于唐山的理论与实践［D］. 天津：天津大学，2011.

［96］徐雪，罗勇. 中国城市的绿色转型与繁荣［J］. 经济与管理研究，2012，（9）：118-121.

［97］黄羿，杨蕾，王小兴，等. 城市绿色发展评价指标体系研究——以广州市为例［J］. 科技管理研究，2012，（17）：55-59.

［98］陈彩娟. 形成"中等收入陷阱"的经济、社会、环境因素分析［J］. 未来与发展，2014，（5）：54-58.

［99］张培丽. 迈过"中等收入陷阱"的水资源支撑［C］. 全国高校社会主义经济理论与实践研讨会第25次年会，2011：16.

［100］戴星翼. 中等收入陷阱与资源环境约束［J］. 毛泽东邓小平理论研究，2015，（1）：10-14.

［101］王谢勇，谭欣欣，陈易. 构建水价完全成本定价模型的研究［J］. 水电能源科学，2011，（5）：109-112.

［102］郭鹏，王敏，王莉芳. 基于DHGF算法的水资源定价模型研究［J］. 环境保护科学，2012，（1）：45-49.

［103］刘晓君，韩思茹，罗西. 基于成本加成的再生水阶梯定价方法研究［J］. 水资源与水工程学报，2014，（6）：29-33.

［104］郑冬婷. 一种森林资源定价建模方法的研究［J］. 知识经济，2010，（7）：9-10.

［105］宋晓梅，田海龙，秦涛. 基于实物期权理论的考虑碳成本与收益的森林与林地资源定价研究［J］. 生态经济：学术版，2014，（1）：97-101.

［106］王文军，胡晓曦，赵咪. 基于生产者视角的森林游憩价值测算［J］. 统计与决策，2015，（3）：14-17.

［107］郭雅儒，王振鹏，陈桂萍，等. 河北省小五台山国家级自然保护区森林生态系统服务功能价值评估［J］. 河北林果研究，2011，（2）：129-132.

［108］阮利民，曹国华，谢忠. 矿产资源限制性开发补偿测算的实物期权分析［J］. 管理世界，2011，（10）：184-185.

［109］赵旭. 农地征收补偿标准研究——基于可持续发展及模糊实物期权双重视角［J］. 西华大学学报：哲学社会科学

版，2012，（05）：69-75.

[110] 陈作州，张宇清，吴斌，等. 山东省农田防护林生态系统服务功能价值核算 [J]. 生态学杂志，2012，（01）：59-65.

[111] 彭秀丽，李宗利，刘凌霄. 基于实物期权法的矿区生态补偿额核算研究——以湖南花垣锰矿区为例 [J]. 吉首大学学报：社会科学版，2014，（2）：93-98.

[112] 张琨. 基于国际碳交易的森林碳汇市场价格探讨 [D]. 哈尔滨：东北林业大学，2011.

[113] 许民利，陈宇. 排污权定价研究综述 [J]. 湖南财政经济学院学报，2011，（1）：22-25.

[114] 姚恩全，饶逸飞，李作奎. 基于重置成本法的排污权定价测算研究——以沈阳市 COD 排放为例 [J]. 辽宁师范大学学报. 自然科学版，2012，（4）：557-562.

[115] 张培，章显，于鲁冀. 排污权有偿使用阶梯式定价研究——以化学需氧量排放为例 [J]. 生态经济，2012，（8）：60-62.

[116] 李焕承，王越，车秀珍. 深圳市化学需氧量排污权有偿使用价格初步研究 [J]. 生态经济，2013，（08）：168-171.

[117] 霍书浩，丁桑岚. 大气污染对林业影响的经济损失分析 [J]. 广州化工，2011，（12）：122-124.

[118] 张胜寒，张彩庆，胡文培. 电厂湿法烟气脱硫系统费用效益分析 [J]. 华东电力，2011，（02）：195-197.

[119] 杨杉杉. 宜兴市农业面源污染防治措施的费用效益分析 [D]. 南京：南京农业大学，2011.

[120] 冯文芳，张丽，王伟，等. 天津市文明生态村生活垃圾处理方案优选 [J]. 环境工程学报，2012，（3）：1025-1029.

[121] 金婷. 发电企业环保工程费用效益分析 [J]. 连云港师范高等专科学校学报，2012，（4）：86-91.

[122] 王蕾. 水污染控制费用效益函数构建及应用 [D]. 沈阳：辽宁大学，2014.

[123] 李素芸. 环境影响经济评价中费用效益分析法应用讨论 [J]. 财会月刊，2011，（30）：53-54.

[124] Griffiths，C，et al. US Environmental Protection Agency Valuation of Surface Water Quality Improvements [J]. Review of Environmental Economics and Policy，2012，6（1）：130-146.

[125] 王猛，李鹏. 环境价值与费用效益评估浅议 [J]. 科技传播，2011，（3）：63-64.

[126] 李红祥，王金南，葛察忠. 中国"十一五"期间污染减排费用-效益分析 [J]. 环境科学学报，2013，（8）：2270-2276.

[127] 陈波，刘丽君. 浅探资源环境绩效审计的模式和方法——以云南省审计实践为例 [J]. 财会月刊，2011，（27）：74-77.

[128] 汤孟飞. 环境绩效审计应用方法研究 [J]. 财会研究，2011，（7）：75-77.

[129] 杨宏伟，张敏. 费用效益分析法在环境审计中的应用研究 [J]. 辽宁行政学院学报，2011，（6）：92-93.

[130] 康雨. 我国物质流研究方法综述 [J]. 沿海企业与科技，2011，（7）：7-9.

[131] 余亚东，陈定江，胡山鹰，等. 经济系统物质流分析研究述评 [J]. 生态学报，2015，（22）.

[132] 徐鹤，李君，王絮絮. 国外物质流分析研究进展 [J]. 再生资源与循环经济，2010，（2）：29-34.

[133] 程欢，彭晓春，陈志良，等. 基于可持续发展的物质流分析研究进展 [J]. 环境科学与管理，2011，（10）：142-146.

[134] 钟琴道，李艳萍，乔琦. 物质流分析研究综述 [J]. 安徽农业科学，2013，（17）：7395-7398.

[135] 王岩. 物质流分析的核算方法研究 [J]. 东北财经大学学报，2014，（1）：9-14.

[136] 高昂，张道宏. 基于时间维度的循环经济物质流特征研究 [J]. 中国人口·资源与环境，2010，（9）：13-17.

[137] 丁平刚，田良，陈彬. 海南省环境经济系统的物质流特征与演变 [J]. 中国人口·资源与环境，2011，（08）：66-71.

[138] 汤乐，姚建，彭艳. 基于物质流的四川省生态经济特征分析 [J]. 环境污染与防治，2014，（01）：102-108.

[139] 谢雄军，何红渠. 不同时间序列滞后条件下的区域物质流效果分析：以甘肃省为例 [J]. 湘潭大学学报：哲学社会科学版，2014，（01）：43-46.

[140] 李刚，王蓉，马海锋，等. 江苏省物质流核算及其统计指标分析 [J]. 统计与决策，2011，（6）：99-102.

[141] 唐华. 基于物质流分析法对江西省生态效率的评价 [J]. 绿色科技，2014，（7）：23-25.

[142] 黄晓芬，诸大建. 上海市经济-环境系统的物质输入分析 [J]. 中国人口·资源与环境，2007，（3）：96-99.

[143] 贾向丹，刘超. 基于物质流分析的可持续发展研究——以辽宁省为例 [J]. 金融教学与研究，2013，（3）：69-71.

[144] 吴开亚，刘晓薇，张浩. 基于物质流分析方法的安徽省环境载荷及其减量化研究 [J]. 资源科学，2011，(04)：789-795.

[145] 郭培坤，王远. 福建省经济系统物质流分析研究 [J]. 四川环境，2010，(05)：87-92.

[146] 耿殿明，刘佳翔. 基于物质流分析的区域循环经济发展动态研究——以山东省为例 [J]. 华东经济管理，2012，(6)：51-54.

[147] 鲍智弥. 大连市环境-经济系统的物质流分析 [D]. 大连：大连理工大学，2010.

[148] 沈丽娜，马俊杰. 西安市生态环境建设中的物质流分析 [J]. 水土保持学报，2015，(1)：292-296.

[149] 高雪松，邓良基，张世熔，等. 成都市环境经济系统的物质流分析 [J]. 生态经济：学术版，2010，(2)：18-23.

[150] 石璐璐，赵敏娟. 基于物质流分析的陕西省环境全要素生产率研究 [J]. 湖北农业科学，2012，(24)：5836-5840.

[151] 李春丽，许新乐，成春春，等. 西宁经济技术开发区物质流集成与分析 [J]. 青海大学学报：自然科学版，2011，(6)：80-84.

[152] 智静，傅泽强，陈燕. 宁东能源（煤）化工基地物质流分析 [J]. 干旱区资源与环境，2012，(9)：137-142.

[153] 李兴庭. 基于物质流的造纸生态工业园评价研究 [D]. 西安：陕西科技大学，2014.

[154] 朱瑶. 中国农业物质流的空间分布特征研究 [D]. 南京：南京财经大学，2012.

[155] 黄宁宁. 中国汽车行业钢铁动态物质流代谢研究 [D]. 北京：清华大学，2012.

[156] 王洪才，时章明，陈通，等. 水口山炼铅法生产企业物质流与能量流耦合模型的研究 [J]. 有色金属（冶炼部分），2011，(10)：9-12.

[157] 李金平，戴铁军. 基于情景分析的钢铁工业物质流与价值流协调性研究 [J]. 环境与可持续发展，2014，(3)：48-51.

[158] 李凯. 煤炭产业物质流核算的指标体系构建研究 [J]. 再生资源与循环经济，2013，(11)：5-9.

[159] 王仁祺，戴铁军. 包装废弃物质流分析框架及指标的建立 [J]. 包装工程，2013，(11)：16-22.

[160] 朱兵，江迪，陈定江，等. 基于物质流分析的中国水泥及水泥基材料行业资源消耗研究 [J]. 清华大学学报：自然科学版，2014，(7)：839-845.

[161] 张健，陈瀛，何琼，等. 基于循环经济的流程工业企业物质流建模与仿真 [J]. 中国人口·资源与环境，2014，(7)：165-174.

[162] 李春丽，马子敬，祁卫玺，等. 铝电解生产过程物质流和能量流分析 [J]. 有色金属（冶炼部分），2014，(2)：21-24.

[163] 杨婧，温勇，幸毅明. 电镀行业镍物质流模型的建立及减排对策 [J]. 材料保护，2013，(1)：13-15.

[164] 丁平刚，田良. 水泥企业物质流分析 [J]. 环境与可持续发展，2011，(02)：36-39.

[165] 幸毅明，王炜，彭香琴，等. 基于物质流分析的废塑料再生固废减排研究 [J]. 环境污染与防治，2013，(12)：100-105.

[166] 周继程，赵军，张春霞，等. 炼铁系统物质流与能量流分析 [J]. 中国冶金，2012，(3)：42-47.

[167] 吴复忠，蔡九菊，张琦，等. 炼铁系统的物质流和能量流的（火用）分析 [C]. 2006 全国能源与热工学术年会，2006：5.

[168] 燕凌羽. 中国铁资源物质流和价值流综合分析 [D]. 北京：中国地质大学，2013.

[169] 楚春礼，马宁，邵超峰，等. 中国铝元素物质流投入产出模型构建与分析 [J]. 环境科学研究，2011，(9)：1059-1066.

[170] 党春阁，周长波，吴昊，等. 重金属元素物质流分析方法及案例分析 [J]. 环境工程技术学报，2014，(4)：341-345.

[171] 万文玉. 再生铅冶炼过程铅物质流核算及污染负荷分析 [J]. 有色金属（冶炼部分），2014，(8)：66-69.

[172] 刘学之，郑燕燕，翁慧. 环境 CGE 模型的研究现状及未来展望 [J]. 工业技术经济，2014，(3)：90-96.

[173] 方国华，司新毅，谈为雄. 供水价格对江苏省经济影响的 CGE 模型分析 [J]. 水利经济，2013，(1)：7-9.

[174] 李创. 环境政策 CGE 模型研究综述 [J]. 工业技术经济，2012，(11)：148-153.

[175] 田银华，向国成，彭文斌. 基于 CGE 模型的产业结构调整污染减排效应和政策研究论纲 [J]. 湖南科技大学学报：社会科学版，2013，(3)：109-112.

[176] 刘亦文，胡宗义. 能源技术变动对中国经济和能源环境的影响——基于一个动态可计算一般均衡模型的分析

[J]. 中国软科学，2014，（4）：43-57.

[177] 鲍勤，汤铃，杨烈勋，等. 能源节约型技术进步下碳关税对中国经济与环境的影响——基于动态递归可计算一般均衡模型 [J]. 系统科学与数学，2011，（2）：175-186.

[178] 刘小敏，付加锋. 基于 CGE 模型的 2020 年中国碳排放强度目标分析 [J]. 资源科学，2011，（4）：634-639.

[179] 陈雯，肖皓，祝树金，等. 湖南水污染税的税制设计及征收效应的一般均衡分析 [J]. 财经理论与实践，2012，（1）：73-77.

[180] 徐晓亮，吴凤平. 引入资源价值补偿机制的资源税改革研究 [J]. 中国人口·资源与环境，2011，（7）：107-112.

[181] 徐晓亮. 资源税改革能调整区域差异和节能减排吗？——动态多区域 CGE 模型的分析 [J]. 经济科学，2012，（5）：45-54.

[182] 李元龙. 能源环境政策的增长、就业和减排效应：基于 CGE 模型的研究 [D]. 杭州：浙江大学，2011.

[183] 吴瑞雪. 基于 CGE 模型的天然气资源税改革研究 [D]. 北京：中国地质大学，2014.

[184] 冯金，柳潇雄. 基于能源-经济-环境 CGE 模型的北京市 PM $_{2.5}$ 污染调控治理政策模拟和评估 [J]. 中外能源，2014，（7）：95-99.

[185] 秦长海，甘泓，张小娟，等. 水资源定价方法与实践研究Ⅱ：海河流域水价探析 [J]. 水利学报，2012，（4）：429-436.

[186] 庞军，胡涛，郭红燕，等. "十二五"我国绿色贸易转型方案研究 [J]. 环境与可持续发展，2011，（3）：25-30.

[187] 秦昌波，王金南，葛察忠. 基于污染减排目标的中国绿色转型成本效益模拟分析 [M]. 北京：环境保护部环境规划院，2012.

[188] 黄东梅，张齐生，周培国. 基于投入产出的区域主导产业污染负荷核算 [J]. 南京林业大学学报：自然科学版，2011，（5）：107-111.

[189] 王文治，陆建明. 外商直接投资与中国制造业的污染排放：基于行业投入-产出的分析 [J]. 世界经济研究，2011，（8）：55-62.

[190] 谭志雄，张阳阳. 财政分权与环境污染关系实证研究 [J]. 中国人口·资源与环境，2015，（4）：110-117.

[191] 贺胜兵，谭倩，周华蓉. 污染减排倒逼产业结构调整的效应测算——基于投入产出的视角 [J]. 统计与信息论坛，2015，（2）：15-23.

[192] 栾维新，片峰，杜利楠，等. 河北钢铁产业调整的波及效应及节能减排研究 [J]. 中国人口·资源与环境，2014，（12）：96-102.

[193] 罗集广. 基于 DPG 法的我国产业结构与水污染排放的关联分析 [J]. 湘潭大学学报：哲学社会科学版，2014，（4）：59-63.

[194] 田立新，刘雅婷. 基于产业结构优化的节能减排离散动态演化模型 [J]. 数学的实践与认识，2014，（19）：10-22.

[195] 原毅军，贾媛媛. 技术进步、产业结构变动与污染减排——基于环境投入产出模型的研究 [J]. 工业技术经济，2014，（2）：41-49.

[196] 庞军，石媛昌，胡涛，等. 我国出口贸易隐含污染排放变化的结构分解分析 [J]. 中国环境科学，2013，（12）：2274-2285.

[197] 党玉婷. 中美贸易的内涵污染实证研究——基于投入产出技术矩阵的测算 [J]. 中国工业经济，2013，（12）：18-30.

[198] 张珍花，戴丽亚. 中国产业能源消耗效率变化的实证分析——基于投入产出方法 [J]. 生态经济，2012，（7）：91-93.

[199] 赵厚川，李德山，刘志杰. 基于能源投入产出表分析四川天然气能耗强度 [J]. 中外企业家，2011，（18）：72-73.

[200] 朱勤，彭希哲，吴开亚. 基于投入产出模型的居民消费品载能碳排放测算与分析 [J]. 自然资源学报，2012，（12）：2018-2029.

[201] 高金田，董博，许冬兰. 基于隐含碳测算的我国进出口贸易结构优化研究 [J]. 山东大学学报：哲学社会科学版，2011，（5）：18-25.

[202] 高静，刘国光. 地缘结构、能源消费偏向与中国出口碳排放的测算 [J]. 统计与决策，2015，（4）：123-128.

[203] 赵忠秀，裴建锁，闫云凤. 贸易增长、国际生产分割与 CO_2 排放核算：产业产品 [J]. 中国管理科学，2014，

(12): 11-17.
[204] 张海燕. 基于投入产出占用模型的中国开放收益测度 [J]. 财贸经济, 2014, (5): 93-104.
[205] 肖雁飞, 万子捷, 刘红光. 我国区域产业转移中“碳排放转移”及“碳泄漏”实证研究——基于 2002 年、2007 年区域间投入产出模型的分析 [J]. 财经研究, 2014, (2): 75-84.
[206] 许源, 顾海英, 李南. 中国国际贸易隐含的 CO_2 评估——基于非竞争型投入产出模型 [J]. 上海交通大学学报, 2013, (10): 1643-1648.
[207] 宋爽, 樊秀峰. 最终需求模式演变、产业结构变迁与 CO_2 排放——基于投入产出模型和 SDA 方法的分析 [J]. 山西财经大学学报, 2013, (9): 73-83.
[208] 雷明, 赵欣娜. 可持续发展下的绿色投入产出核算应用分析——基于中国 2007 绿色投入产出表 [J]. 经济科学, 2011, (4): 16-27.
[209] 廖明球, 岳洋. 绿色 GDP 投入产出表的实证分析: 以北京市为例 [J]. 统计与决策, 2012, (21): 12-16.
[210] 张伟, 王金南, 蒋洪强, 等.《大气污染防治行动计划》实施对经济与环境的潜在影响 [J]. 环境科学研究, 2015, (1): 1-7.
[211] 张伟, 蒋洪强, 王金南, 等. “十一五”时期环保投入的宏观经济影响 [J]. 中国人口·资源与环境, 2015, (1): 9-16.
[212] 张亚雄, 刘宇, 李继峰. 中国区域间投入产出模型研制方法研究 [J]. 统计研究, 2012, (5): 3-9.
[213] 卞亦文. 非合作博弈两阶段生产系统的环境效率评价 [J]. 管理科学学报, 2012, (7): 11-19.
[214] 佟连军, 宋亚楠, 韩瑞玲, 等. 辽宁沿海经济带工业环境效率分析 [J]. 地理科学, 2012, (3): 294-300.
[215] 刘睿劼, 张智慧. 基于 WTP-DEA 方法的中国工业经济-环境效率评价 [J]. 中国人口·资源与环境, 2012, (2): 125-129.
[216] 郑立群. 中国各省区碳减排责任分摊——基于零和收益 DEA 模型的研究 [J]. 资源科学, 2012, (11): 2087-2096.
[217] 袁正, 马红. 环境拐点与环境治理因素: 跨国截面数据的考察 [J]. 中国软科学, 2011, (4): 184-192.
[218] 吴殿廷, 吴昊, 姜晔. 碳排放强度及其变化——基于截面数据定量分析的初步推断 [J]. 地理研究, 2011, (4): 579-589.
[219] 王昌海, 崔丽娟, 毛旭锋. 湿地退化的人为影响因素分析——基于时间序列数据和截面数据的实证分析 [J]. 自然资源学报, 2012, (10): 1677-1687.
[220] 陈强强, 窦学诚. 甘肃省环境库兹涅茨曲线估计及其驱动因子分析 [J]. 干旱区地理, 2011, (5): 866-873.
[221] 张莉敏, 张超锋. 四川省经济增长与环境污染水平的计量分析 [J]. 农村经济与科技, 2012, (9): 104-105.
[222] 陈晓峰. FDI、经济增长与环境污染关系的实证研究——来自长三角地区 1985—2009 年的数据 [J]. 华东经济管理, 2011, (3): 45-50.
[223] 程曦. 太湖水质变化与经济发展关系研究——基于环境库兹涅茨曲线 (EKC) 方法 [J]. 环境与可持续发展, 2012, (5): 73-77.
[224] 李红艳, 李晶, 张东海, 等. 西安市环境库兹涅茨曲线分析 [J]. 干旱区研究, 2013, (3): 556-562.
[225] 陈汉林, 刘莉. 湖北省经济增长对碳排放量影响的环境库兹涅茨曲线分析 [J]. 湖北社会科学, 2013, (2): 52-57.
[226] 李磊, 谢小璐. 工业污染与恩格尔系数的库兹涅茨分析——基于面板数据的联立方程模型 [J]. 地域研究与开发, 2014, (5): 115-120.
[227] 刘玉萍, 郭郡郡, 李维莉. 污染治理的规模收益与环境库兹涅茨曲线的出现——来自中国的实证检验 [J]. 石河子大学学报: 哲学社会科学版, 2014, (5): 66-71.
[228] 梁云, 郑亚琴. 产业升级对环境库兹涅茨曲线的影响——基于中国省际面板数据的实证研究 [J]. 经济问题探索, 2014, (6): 74-79.
[229] 刘倩倩, 葛察忠, 秦昌波. 加强我国环境与贸易政策的协调性——WTO 中国原材料案仲裁结果的启示 [J]. 环境与可持续发展, 2013, (3): 40-43.
[230] 吴玉萍, 王新, 王可. 美对我清洁能源政策 301 调查案的启示 [J]. 环境经济, 2011, (6): 60-62.
[231] 贺银花. GATT/WTO 框架下协调环境与贸易关系的困境及对策 [J]. 湖北警官学院学报, 2014, (3): 109-113.

[232] 张帅梁. WTO 框架下自由贸易与环境保护的博弈及中国的对策 [J]. 中州学刊，2011，（3）：98-100.

[233] 吕凌燕，车英. WTO 体制下我国环境关税制度的构建 [J]. 武汉大学学报：哲学社会科学版，2012，（6）：26-31.

[234] 李丽平，毛显强，刘峥延，等. 加入 WTO 对中国环境的影响及对策初步研究 [J]. 中国人口·资源与环境，2014，（S2）：118-122.

[235] 吴高明，吴高升，熊吉峰，等. 环境与贸易：国际贸易主体间的博弈与融合 [J]. 商业时代，2011，（11）：48-50.

[236] Chen Z，Wang J-N，Ma G-X，et al. China tackles the health effects of air pollution [J]. The Lancet，2013，382（9909）：1959-1960.

第八篇 环境规划学科发展报告

编写机构：中国环境科学学会环境规划专业委员会

负 责 人：吴舜泽

编写人员：万　军　秦昌波　刘　永　蒋洪强　包存宽　阎振元　曾维华
　　　　　成　钢　逯元堂　周　丰　雷　宇　吴悦颖　王夏晖　於　方
　　　　　王　倩　姜文锦　张南南　苏洁琼　王晓辉　袁彩凤　赵　多
　　　　　汤　洁　谢　刚　曾广庆　熊善高　吴舜泽

摘要

"十二五"时期，环境规划学科发展建设处于加速上升期，学科各领域都取得了长足进展。五年间，环境规划发展呈现以下特征。

（1）生态文明作为"五位一体"战略之一，使得环境规划学科的基础理论研究得到进一步拓展和深化　随着生态文明理论体系的不断深化以及美丽中国愿景的提出，结合环境保护重点工作，环境规划理论进一步丰富、完善，如在"美丽杭州"的战略研究中提出自然系统、经济系统、社会系统三个系统稳定共生、良性循环，使得环境规划理论体系进一步深化，同时在自然美、环境美、人居美、产业美、人文美、生活美六大体系及其具体领域扬长补短，为环境规划理论增添了人文主义色彩。

（2）环境规划在不同尺度上的研究进一步发展，各领域"国家-省-市-县"的规划体系取得成效　国家宏观层面环境规划体系更为完善，相互补充，形成网络状结构，明确了环境保护重点方面的工作路线。以青藏高原、重点区域大气、重点流域等为重点规划对象以及空间优化的环境功能区划等规划的编制和研究取得了突破，加强了环境规划在中观层面的指导性。城市环境总体规划在理论体系、核心任务、关键技术、制度创新与试点实践、管理制度等方面均取得了突破进展。

（3）环境规划的"编制-实施-评估-反馈"基本建立，环境规划实施全过程控制体系进一步完善　"十一五"期间，从国家到地方，在各层次均有针对性地建立了环境规划实施的评估考核机制，尤其是《国家环境保护"十一五"规划中期评估报告》通过国务院常务会议审议，促进了规划的实施，提高了规划的科学性与可操作性。

（4）环境功能区划、生态红线、城市环境总体规划的探索，突破环境规划的空间引导与落地控制瓶颈　"十一五"期间，以环境空间优化区域发展空间的概念越来越受到重视；生态功能区划、环境功能区划不断发展，分区管理政策开始出台。

（5）空气质量模型、水质模型在不同尺度规划的应用，将规划技术方法应用范围和领域进一步拓展　在大气、水及其他重点领域规划研究技术和方法上，多方考证，统筹规划，不断出现新的研究思路与方法，在应用的过程中不断发展。在环保信息技术方面，数据库技术、模型模拟技术、可视化技术等计算机技术的出现拓展了环境规划技术方法应用的广度和深度。

（6）规划成果逐渐从理论研究向实际应用转换，更加注重成果应用的创新性和可操作性　环境规划成果在管理上的应用主要在于规划实施、监督考核以及规划技术方法与管理工作相结合等，一系列国家、省（市）"十二五"规划的出台，直接与日常管理工作相结合。

（7）环境规划研究支撑能力建设进展加速推进　33 家省、市环境规划机构从业人员总数六百余人。目前，拥有环境规划研究方向的硕士授权单位 136 个。同时，国内学者在国际上发表文献的数量及质量均有较大提高。

环境规划学科发展也面临一些突出问题：①环境规划整体性、系统性、连续性理论体系有待进一步深化；②环境规划学科与规划学、环境学的学科结合有待进一步加强；③空间层面的宏观、中观和微观环境规划体系支撑与互补有待进一步提高。

对于环境规划学科发展，未来应突出以下重点：①加强生态文明理论指下的环境规划研究；②加强社会经济发展紧密结合的环境影响、环境效应、环境经济形势分析、定量评估预测等技术方法的研究；③加强环境规划的空间性研究，强化区域和空间的结合，加强环境规划空间控制、分区分类、污染减排与环境质量改善机理效益等技术方法的研究；④加强环境质量改善、治污减排、生态保护、环境风险控制、环境安全管理、环境基本公共服务等领域的研究。

一、引言

环境规划是人类为了使环境与经济社会协调发展，对自身活动和环境所做的时间和空间的合理安排。环境规划学科是环境科学的重要分支学科之一，也是环境科学与规划学、系统学、经济学、社会学、统计学、数学及计算机科学等多种学科相结合的交叉性、边缘性学科，具有较强的应用性、指导性及实践性。环境规划作为环境保护管理领域的基本制度之一，作为环境管理的有效手段，是政府履行宏观调控、经济调控和公共服务的重要依据。

"十二五"时期是我国全面小康建设的关键时期，也是需要环境保护规划着力解决重大问题的关键时期。我国的工业化进程、城市化形态、社会氛围、治理结构、政府职能、资源能源消费、区域差异等都发生明显的转变甚至出现转折，新的环境问题也不断涌现，区域发展不平衡、不协调、不可持续问题依然突出，环境保护面临着破解诸多深层次矛盾和问题的困难和挑战。为应对新时期环境保护面临的机遇和挑战，"十二五"以来，广大科研工作者、环境保护管理部门、社会团体、企业和一线环保工作者进行了大量的探索实践，环境保护规划研究取得丰富的成果。

"十二五"以来，随着国家环境保护总体规划和各专项规划的出台、生态文明理论体系的不断深化以及美丽中国愿景的提出，我国环境规划学科的研究和实践取得了长足发展，呈现了一些新的发展态势和特点，区域、城市层面的规划理论突破空间尺度，"生态红线"理论在规划实践中进一步丰富，"美丽中国"理论内涵在环境规划中落地深化，对推动环境保护工作起到了全局性、战略性的指导作用。

二、环境规划思想理论与制度、模式进展

（一）环境规划思想与理论进展

"十二五"以来，在环境规划学理论基础研究方面，除了继续将可持续发展理论、生态学理论、环境承载力理论和生态产业理论、复合生态系统理论、循环经济理论、环境容量与环境承载力理论、循环经济与产业生态学理论、人地系统理论、空间结构理论等作为环境规划的理论基础外，随着生态文明理论体系的不断深化以及美丽中国的提出，结合环境保护重点工作，环境规划理论进一步丰富、完善。

1. 区域、城市层面的规划理论突破空间尺度

以环境功能区划《青藏高原区域生态建设与环境保护规划》《重点区域大气污染防治"十二五"规划》等规划为代表的"十二五"专项规划，结合区域性、复合性环境污染的污染特征，将规划措施分区分类落地。在城市层面，环境规划的重大理论创新是以宜昌等城市环境总体规划为代表，初步建立起城市环境总体规划理论体系，探索形成以提升城市环境功能为目标、以生态红线为抓手的环境总体规划核心框架，以资源环境承载力为基础，将"生态红线""风险防线""资源底线""排放上限"和"质量基线"等核心内容落实到具体空间单元。环境保护部环境规划院吴舜泽等[1]认为环境规划必须突破环境空间规划管控技术方法，以空间规划技术突破支撑环境总体规划制度改进，从污染防治规划逐步提升为环境保护规划、环保规划，真正成为能与城市、土地、经济社会规划并行乃至前置的总体性、基础性规划，明确城市环保规划的空间控制性分异要求，才能真正为优化城市空间结构、优化产业结构提供"过硬"的决策参考。

2. 环境底线思维得到强化

我国当前处于严重的生态环境危机阶段，目前最紧要的是对国家重点生态环境功能区、生态环境敏感区和脆弱区实行抢救性的红线保护，对影响公众健康和社会稳定的环境质量和环境风险划出红线，对影响国家经济可持续发展的资源消耗和效率划定红线。新《环境保护法》体现了环境底线思维，第二十九条将生态保护红线首次写进法律之中[2]。《中共中央国务院关于加快推进生态文明建设的意见》明确了资源环境的底线思维，提出要严守资源环境生态红线，设定并严守资源消耗上限、环境质量底线、生态保护红线，将各类开发活动限制在资源环境承载能力之内。

3. "多规合一"成为环境规划重点探索领域

我国规划类型众多，相互关系复杂。当前国民经济与社会发展规划、主体功能区规划、土地利用规划、城乡规划、环境保护规划是我国在社会经济发展、资源有效配置及保护等方面起主导作用的几种规划类型。但受价值取向、部门利益、专业限制、沟通不畅等因素的影响，规划内容表述不一、指标数据彼此矛盾、规划管理"分割"等规划"打架"问题时有发生。《国家新型城镇化规划（2014—2020年）》中强调，推动有条件地区的经济社会发展总体规划、城市规划、土地利用规划等"多规合一"。目前全国已有多地开展了"多规合一"的实践探索。环境保护部环境规划院万军等[3]提出城市层面"多规合一"

的内涵与途径，城市是自然环境和社会经济发展的重要单元，也是新型城镇化建设的重要平台，同时也是解决环境问题的重要单元，环境总体规划与城市总体规划、土地利用总体规划"三规合一"或者"多规融合"不是只编一个规划，而是在目标、空间、制度等方面有机衔接。一是规划体系的对应衔接，城市总体规划是总规-控规-详规三阶段规划体系，土地利用总体规划是国家、省、市、县、乡镇五级规划体系，城市环境总体规划是总规、重点区、区县三个层级，城市层面上的总规是空间衔接的重点环节。二是目标协调，环境健康与生态安全的底线目标、中长期的质量目标、环境资源的上限目标其他规划需要尊重。三是空间衔接，即环境规划的生态保护红线与城市规划的"四区七线"、土规"三界四区"、城市基本生态控制线等衔接；环境功能分区与城市分区功能、土地利用功能分区的衔接。四是制度配套，即空间管控制度配套衔接，空间分区与管控的协商协调机制。五是技术衔接，即空间的信息公开、数据共享、基准数据统一和共同研究制定的技术规范等。

4. "生态红线"理论在规划实践中进一步丰富

2011 年，《国务院关于加强环境保护重点工作的意见》（国发［2011］35 号）和《国家环境保护"十二五"规划》（国发［2011］42 号）提出"在重要生态功能区、陆地和海洋生态环境敏感区、脆弱区等区域划定生态红线"。环境保护部环境规划院在已有的工作基础上，应用于福州、宜昌等城市环境总体规划实践中，构建了以"多要素（领域）、重过程、多分区、全覆盖、含管理"为主要特征的生态红线体系，并研究水、大气、生态不同要素关键技术方法与路线，并对城市生态红线落地过程中与管理制度的衔接进行了研究，形成了较为完整的、具有操作意义的城市层面"生态红线"理论体系框架。

5. "美丽中国"理论内涵在环境规划中落地深化

2012 年党的"十八大"把生态文明建设纳入"五位一体"总体布局，提出建立美丽中国的美好愿景。环境保护作为生态文明建设的主战场，环境规划作为实现美丽中国的具体手段，从城市层面开始进行了一系列的理论探讨和战略研究，以环境规划战略为载体的一系列实践探索，尤其在"美丽杭州"的战略研究中提出自然系统（自然生态、环境要素）、经济系统（产业发展、城乡建设）、社会系统（社会文化、社会生活）三个系统稳定共生、良性循环，使得环境规划理论体系进一步深化，同时在自然美、环境美、人居美、产业美、人文美、生活美六大体系及其具体领域扬长补短，为环境规划理论增添了人文主义色彩。

6. 环境资源有价思想得到明确

党的十八届三中全会进一步明确了资源有偿使用制度，《中共中央关于全面深化改革若干重大问题的决定》提出实行资源有偿使用制度和生态补偿制度，加快自然资源及其产品价格改革，全面反映市场供求、资源稀缺程度、生态环境损害成本和修复效益。赵亮等[4]在 2014 年对环境资源有价理论进行了阐述。长期以来环境资源常被视作免费资源而被无偿使用，随着环境保护意识的加强和环境保护理论的不断拓展，环境资源有价理论已越来越多地受到管理层面的重视。《山西省环境保护"十二五"规划》中提出了"深入推进排污权的有偿使用和交易""建立健全生态补偿机制"，将煤炭开采生态环境综合补偿机制经验推广到非煤采矿业；建立自然保护区保护生态补偿机制，完善流域生态补偿标准，在大气、噪声领域逐步建立污染损害赔偿制度等。

7. 基于生态文明的环境规划理论架构初步建立

复旦大学包存宽[5]2014 年提出：以环境与生态学理论为基础，遵循生态文明元理论（生态文明理念、科学发展观和可持续发展理念），借鉴城市规划理论中"规划的理论"（theories of planning）和"规划中的理论"（theories in planning），共同构成基于生态文明的环境规划理论体系，并指出"尊重自然、顺应自然、保护自然"的生态文明理念应作为环境规划的价值取向和编制实施等行为的规范，体现在环境规划的目标建立、方案设计与优化的依据和准则上（图 1）。

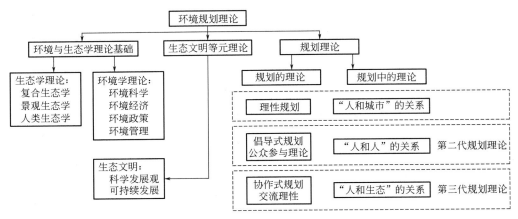

图 1　基于生态文明的环境规划理论体系（包存宽，2014）

8. 环境承载力内涵进一步拓展

刘仁志等提出了对环境承载力理论的新认识，强调环境承载力除了资源供给能力和环境纳污能力以外，还包括生态服务能力。新定义比传统定义更丰富、明确，更具针对性和可操作性，从资源、环境、生态和社会四个维度解释了承载含义、超载标志与超载后果等基本问题。作为环境规划的基础理论之一，环境承载力理论的创新对环境规划的实践具有重要指导意义。

9. 气候变化逐步纳入环境规划框架体系

气候变化是国际环境保护领域重点关注议题。南京大学杨潇等认为我国在环境规划中应同时考虑"减缓"和"适应"行为以应对气候变化，并权衡两者优先次序，采用以适应为主的"单效"方案，将自然承载力、生产系统、社会人居环境三个层次和自然生态系统、水资源、灾害与风险、低碳经济、敏感部门、城市化环境效应、海岸带七个相关主要问题作为环境规划中应对气候变化的重点领域。

（二）环境规划制度与模式进展

"十二五"时期是我国全面建成小康社会的关键时期，而环境保护作为推动转型发展的重要切入点面临着严峻挑战。国际上，环境履约、国际贸易、气候变化等全球治理焦点问题突出，导致世界格局发生变化。国内，大部分地区工业化由中期向中后期转变，工业化、城镇化的快速发展，致使能源资源消耗继续增加，治污减排的压力持续增大，不仅要消化增量，还要削减存量；尽管常规环境污染因子恶化势头有所遏制，但重金属、持久性有机污染物、土壤污染、危险废物和化学品污染问题日益凸显；突发环境事件呈高发势头，防范环境风险的压力继续加大（中国环境报，"十二五"环保工作总体思路和基本要求）。污染物介质从大气和水为主向大气、水和土壤三种污染介质共存转变，污染物来源由单纯的工业点源污染向工业点源和农村、生活面源污染并存转变，污染物类型从常规污染物向常规污染和新型污染物的复合型转变，污染范围从以城市和局部地区为主向涵盖区域、流域和全球尺度转变，我国面临的环境形势异常严峻[6]。

在此形势下，我国提出"十二五"要以科学发展为主题，以加快转变经济发展方式为主线，把加快建设资源节约型、环境友好型社会作为重要着力点，加大环境保护力度，提高生态文明水平[7]。2012年党的十八大专章论述建设生态文明[5]，提出了"生态文明建设放在突出地位，融入经济建设、政治建设、文化建设、社会建设各方面和全过程"五位一体的总体布局。推进生态文明建设，促进人与自然和谐，必须加强环境保护。在总量减排方面，"十二五"进一步深化了总量减排工作，增加了控制指标，注重经济结构调整引导控制，淘汰落后产能，实施严格的环境准入与清洁生产，将控制污染物新增量过快增长作为首要任务，建立等量淘汰和减量淘汰机制，利用污染减排倒逼经济结构战略性调整和发展方式转变[8]。但王金南等[9]则认为污染减排难以与环境质量改善同步，在考核总量控制任务完成状况时，还应考虑环境质量的改善情况，逐步推行污染物总量控制和环境质量改善并重的指标体系，因此指出"十二五"应实施总量控制约束性、质量改善指导性模式，不宜以单一的环境质量考核代替排放总量控制考核，也不宜对环境质量目标提出过于乐观的要求。

在污染减排的同时，"十二五"关注关系民生的突出环境问题，加大空气污染治理和水环境治理[10]，国务院先后发布了《大气污染防治行动计划》《水污染防治行动计划》，各地实施力度很大。并着力加强土壤环境保护制度建设，推进重点地区污染场地和土壤修复[11]。在环境管理政策与机制方面，"十二五"提出结合全国主体功能区划，编制国家环境功能区划，在重点生态功能区、陆地和海洋生态环境敏感区、脆弱区等区域划定"生态红线"，实行分类指导、分区管理[12]；强调了要充分发挥市场机制、增强科技和产业支撑，落实环境目标责任制、完善综合决策机制等政策措施，落实燃煤电厂烟气脱硫、脱硝电价政策，对污水处理、污泥无害化处理、垃圾处理设施等企业实行政策优惠，健全排污权有偿取得和使用制度，发展排污权交易市场，建立企业环境行为信用评价制度、银行绿色评级制度，推进环境金融产品创新，完善市场化融资机制，并建立流域、重点生态功能区等生态补偿机制[13]。

在环境风险方面，2013年"四维一体"的国家环境风险防控与管理框架[14]被首次提出，针对我国处于工业化中后期，环境污染事故高发的特殊阶段，明确提出要加强重金属、持久性有机污染物、核与辐射、危险废物、危险化学品等重点领域的环境风险防范，完善环境风险防范的基本制度。在基本公共服务方面，首次提出了完善环境保护基本公共服务体系的战略任务[15]，针对当前环境基本公共服务供给不足、分布不均衡的现状，应推动农村环境综合整治，让广大农民共享环境保护和经济发展的成果。为了使上述问题真正做到有法可依，新《环境保护法》的第十三条规定："国务院环境保护主管部门会同有关部门，根据国民经济和社会发展规划编制国家环境保护规划，报国务院批准并公布实施"，环境规划的法律地位得到了明显提升，国家环境保护规划的决策权威性得以体现，标志着环境保护规划正式成为全面指导环境保护工作的纲领性制度和顶层设计。同时新环保法提出了要建立健全资源环境承载能力监测预警制度，环保目标责任制和考核评价制度，划定生态保护红线制度，生态保护补偿制度，环境与健康监测、调查与风险评估制度，污染物排放总量控制制度，排污许可管理制度，信息公开和公众参与制度等，将上述环境管理制度上升为法律规范的行政、经济、技术措施和手段，可以作为环境规划的有力制度保障。在新法环境管理制度的保障下，环境规划应贯彻落实一系列相关法律法规，并根据相关管理制度完善环境规划体系、合作结构和运行机制等[16]。

综上，环境保护理念应逐步从末端治理向循环经济转变、从总量控制向容量控制转变、由单一控制手段向综合控制手段转变、从点源控制向加强农业面源污染防治转变，同时中国需要依靠质量控制、总量控制和风险控制的手段，实现水生态健康和人体健康的水环境管理目标[17]。

三、环境评估、预测与模拟技术进展

针对"十一五"期间出现的总量减排与质量改善不对应的问题，"十二五"期间提出了实施总量控制约束性、质量改善指导性的模式，实现排放总量与环境质量改善挂钩，因此对相应的模型与技术也产生了新的需求。"十二五"期间，环境评估、预测与模拟技术有了明显的进展和突破。总体上，应用的模型更为多元化，评估和预测的方法更为完善、更有针对性；主体和对象也趋于多样化，研究由单一要素和单一尺度逐步转向多要素多尺度的耦合；分析和模拟的过程和结果由确定性转向不确定性。

（一）环境评估理论、 方法与技术进展

环境评估技术和方法主要包括污染源评价、环境质量和生态评价、风险评价、优化模型等方面。

环境评估的核心问题是通过采用科学的方法定量评估环境的优劣，为环境规划和环境污染的综合防治提供科学依据。《国家环境保护"十二五"规划》提出，"十二五"期间，要切实解决影响科学发展和损害群众健康的突出环境问题，加强体制机制创新和能力建设，深化主要污染物总量减排，努力改善环境质量，防范环境风险，提出了开展针对不同类型污染物的人体健康和生态风险评价、预测和预警技术研究的要求。因此"十二五"期间，除了污染源评价以及地表水[18,19]、地下水[20,21]、大气[22,23]、生态[24]、土壤[25]等环境质量和生态评价等传统研究领域，环境与健康领域的风险评价逐渐成为新的热点，如考虑城市绿化覆盖率等指数的人居环境质量评价[26,27]、考虑挥发性有机物等非常规污染物对人体影响的健康风险评价[28]、污染物的累积健康风险评价[29]、化学泄露等突发性事件对环境和健康的风险评价[30]。

污染源评价方面，"十二五"期间，随着以城市环境总体规划、环境功能区划、生态红线等为代表的空间规划编制实施，评估技术方法的应用更加侧重空间落地与产业的引导。结合计算机技术与数值模拟技术，构建精细化的环境评估网格化模型，识别环境敏感区、脆弱区和重要区并将评估结果落实到地块。环境保护部环境规划院在已有的工作基础上，应用于福州、宜昌、威海、广州等城市环境总体规划实践中，研究采用 MM5 耦合 CALMET 模式，对宜昌大气环境系统进行模拟解析，从空气污染气候学的角度，评估区域内独立于排放源的空气资源禀赋分布[31]；模拟宜昌市域范围高时空分辨率（1km×1km 网格）A 值空间分布，作为宜昌空气资源禀赋评估的依据，划分空气资源等级，并与地理信息系统相结合，强化空气资源分区管控政策的空间落地，以期为城市中长期发展过

程中产业布局与分级调控提供技术依据。

关于环境质量和生态评价，"十二五"期间开展了"流域水生态环境质量监测与评价研究"专项研究，针对目前水质监测指标和评价方法的现状，综合考虑水生态系统完整性，重点研究水生生态监测与评价关键技术，建立相应的监测和评价技术规范，并进行相应的业务化应用示范，将成果应用于辽河流域水环境质量监测和评价中，对监测断面水质状况进行了实地调查，采用最差因子判别等方法对水质状况进行了评价，对于推动重点流域开展水生态环境监测与评价业务化工作起到十分重要的作用。

《国家环境保护"十二五"规划》已经将防范环境风险列为"十二五"期间国家环境保护的主要任务之一。环境风险管理是管理的最高阶段，特点是强调风险防范、事先评估和预防决策，而环境风险评估是风险管理的关键技术和基础。2011年，环境保护部印发《国家环境保护"十二五"科技发展规划》，将防范环境风险作为四大战略任务。2013年，发布《化学品环境风险防控"十二五"规划》，提出到2015年基本建立化学品环境风险管理制度体系，大幅提升化学品环境风险管理能力，显著提高重点防控行业、重点防控企业和重点防控化学品环境风险防控水平。"十二五"期间开展了"三峡库区及上游流域水环境风险评估与预警技术研究"，形成了三峡库区及上游流域的突发性风险、累积型风险评价与预警模型技术、水环境风险的监控预警成套整装集成技术与业务化运行的系统平台，为三峡水库水环境管理平台和风险管理机制转变提供科技支撑。

优化模型是指在一定约束条件下，寻求目标最优的决策方法，它可以将经济、人口、环境等不同系统进行耦合，在综合系统分析的基础上寻求最优的方案，为决策提供有效的依据。"十二五"期间，在环境保护决策的制定、工程措施的设计、资源的分配中发挥着非常重要的作用。在城市层面，有环境容量约束等条件下的产业结构优化[32,33]、土地利用结构优化[34]、能源结构优化[35]、发电技术扩容方案优化[36]、人口空间配置优化[37]；流域层面的规划包括流域水污染物污染减排优化[38]、污染治理措施空间优化配置[39]、水环境总量分配[40]等；另外，还有应用于污水处理工艺的优化设计[41,42]、人工湿地设计优化[43]、生活垃圾处理模式优化[44]等工程规划；传感器布置[45]等环境监测优化；危险品运输[46]等路线优化。大部分模型仍然是单目标、确定性的，有的研究考虑了不同的决策目标，采用了多目标优化的方法[47]，在部分环境规划的研究中，环境系统的不确定性被给予了充分的重视，模型的参数以模糊[48]、区间等不确定性形式表达，得到在不同风险水平下的优化方案。针对环境规划与调控决策中由于不确定性和复杂性所产生的技术难点，北京大学团队在前期开发的风险显性区间数优化模型（REILP）基础上，以方案在不确定性环境下的稳健性作为决策的重要评价准则，将模型参数、决策认知等不同来源的不确定性纳入决策体系中，实现了决策全过程风险传递的分析和评价，从而构建了环境规划的"不确定性→风险→响应耦合→决策评估→决策调控"框架，构建了环境规划的不确定性风险优化调控模型体系[49]。该模型体系包括：①"目标-约束-可靠度-风险"权衡模型（ICCP、ROMO、RESLP、RRELP）；②不确定性"响应-调控"耦合技术：非线性区间映射算法（NIMS）、贝叶斯网络随机规划模型（BNSLP）；③深度不确定性的鲁棒性决策方法（RDDU）和不确定性最优适应性管理方法（GAO）。研究结果证明，该方法体系在确保精度的前提下，计算效率比目前国际上主流算法提高20％以上，解决了环境规划中环境系统非线性、决策精度与决策模型计算代价的矛盾，科学和应用价值显著。

环境规划评估方法不断完善、评估主体更加多元化。环境规划能否切实发挥重要功能，与其规划评估有着密不可分的关系。就环境保护规划整体生命周期而言，通过环境保护规划编制阶段、实施期间和实施后绩效评估，并据此来调整规划的方向、目标和实施方案，是环境保护规划体系能够良好运行的重要保障。"十二五"以来，规划评估越来越重视规划实施过程与结果的绩效评估，评估技术方法更加侧重于定量评估，如国家环境保护"十二五"规划实施情况的年度调度、中期评估与终期考核。第三方评估的引入使评估主体更趋多元化。为保证环境规划评估结果的客观公正，从评估主体的角度来说，需引入第三方评估，从根本上抑制环境规划评估结果的失真。规划评估结果与行政问责机制相结合。通过环境规划执行行政问责机制对环境规划评估结果的规范性约束，才能使环境规划的评估结果在后续环境规划执行和建设过程中得到落实，从而真正发挥环境规划评估的作用。如《大气污染防治行动计划实施情况考核办法（试行）》，终期考核实施质量改善绩效"一票否决"，将结果交中组部，作为考核干部的重要依据。

（二）环境预测与模拟技术进展

环境预测是科学制定环境规划和决策的重要环节，通过环境预测正确判断未来经济、社会、环境的发展趋势，可以识别未来环境面临的压力，特别是污染物排放量以及不同控制情景的环境质量变化趋势。环境规划预测主要包括经济社会发展预测、资源能源预测、污染物产生排放量预测、污染物排放对环境质量影响预测、污染治理投资预测等内容，是一个有机整体。在环境预测的过程中，如下的技术方法起到了关键的规划支持作用：一般数学分析预测方法、基于机理性的水环境质量预测模拟方法和大气环境质量模拟方法，以及在实际环境规划预测中常用到的环境经济综合预测模型方法。"十二五"期间，随着环境规划体系的拓展以及对定量环境规划决策支撑的需求，数学分析的预测方法向理论更深的层面发展，机理性模型预测方法虽然复杂但更加全面客观，其应用变得越来越广泛，同时数学分析方法与机理性模型相结合的方法研究创新逐渐增多[2]。

就一般数学分析预测方法来说，可以将预测方法分为定性预测与定量预测两类，常用的定性预测方法有德尔菲法、情景分析法、推断预测法、交叉影响分析预测法等，定性预测的缺点在于实际应用中会受到一定主观因素的影响。"十二五"期间，在进行预测分析时，定性预测被不断淡化，而定量预测则被较多地采用，定量预测方法如回归分析法、马尔科夫链、灰色预测法、时间序列分析、神经网络预测法、模糊理论、投影寻踪法等被广泛应用于一个或几个环境指标的预测分析[50]，随着对精度要求的提高，环境预测领域新的分析、预测方法不断涌现，统计预测方法比如混沌理论应用在水质不确定性预测中[51]、支撑向量机（support vector machine，SVM）等机器学习方法应用在 NO_x 排放量预测[52]、$PM_{2.5}$ 浓度预测[53]、水质预测[54]中，在小样本、不确定性、非线性预测方面均得到了不错的效果。同时，小波分析理论和神经网络[55]、组合灰色模型[56]等多种理论、模型的综合应用也被引入到一个或几个污染物产排量、质量的特征分析和趋势预测模拟中，多种模型的应用可以较好地结合几种模型的优点进行预测，是种行之有效的方法。

污染物产排量预测的实践中，需要综合考虑经济社会、资源能源、政策约束等众多相关因素的限制，"十二五"期间，随着人们对环境过程客观认知程度的不断深化，传统的系统动力学仿真法和投入产出法等方法在区域水环境[57]、大气环境[58]、固体废物[59]、生态[60]、经济-能源-环境[61,62]、政策影响评价[63]等领域不断延伸与广泛应用，同时，环境经济综合预测模型方法在"十二五"环境规划的产排量预测中不断完善，实际预测中采用得较多。国家环境保护规划"十二五"前期预测研究、山东省和四川省环境保护规划"十二五"前期预测研究均是采用了环境经济综合预测模型方法，该方法通过全面系统地描述经济社会、资源能源、环境污染等特征，利用历年统计数据获得关键技术参数，充分考虑环境规划目标与不确定性问题，建立多情景方案，预测出资源能源消耗量和主要污染物排放量。环境经济综合预测模型方法充分考虑了未来可能发生的态势及经济-资源能源-环境之间的相互影响，相对于模型预测等传统方法更加客观、公正与系统，被越来越多地用于国家、地方规划中经济发展、资源能源消耗、环境污染物产排放形势的预判中。

就机理性的环境质量预测模型与方法而言，空气质量模拟技术发展迅速，相比其他环境要素的数学模拟技术最为成熟，已成为模拟臭氧、颗粒物、能见度、酸雨甚至气候变化等各种复杂空气质量问题及研究区域复合型大气污染控制理论的核心手段之一。在"十二五"期间，典型的空气质量模式 CALPUFF 等法规化城市尺度模型应用较多，CMAQ 等科研性区域尺度模型也逐渐应用于区域空气质量预测与影响模拟中[64~66]，如《重点区域大气污染防治"十二五"规划》便是利用了 CMAQ 模型，基于污染物普查数据，并结合已有的调查或研究成果，评价城市间主要污染因子相互传输关系，分析重点控制单元对环境质量造成的影响。空气质量模型在北京奥运会、上海世博会、广州亚运会等重大会议空气质量保障及我国"十二五"重点区域大气污染联防联控等工作中发挥着不可替代的作用。"十二五"期间，水质模型应用日益成熟，空间维数、水质模拟组分逐渐增多，能对非生命物质如有机污染指标、泥沙、重金属、油类、悬浮颗粒物、有机有毒物质进行模拟，模型不仅在一些小尺度的河流水系中广泛应用，也逐渐向大中尺度流域层面应用发展。在"十二五"期间，典型的机理性水环境质量模型 SWAT[67]、EFDC[68]、Qual2E/2K[69]等应用较多，基于空间统计的 SPARROW 模型[70]等也逐渐应用于我国水环境质量模拟中。

环境规划领域涉及更多的环境、社会、经济等因素的空间分布信息和时间演变信息，信息管理技术和可视化技术得到广泛应用。随着信息技术的发展，基于 GIS 的空间统计分析技术、三维可视化技术、大数据挖掘等现代技术进一步延伸，广泛应用到环境预测与模拟过程和结果的展示中，提高了环境预测与模拟的客观性与应用性，尤其是"十二五"期间大数据的挖掘与分析在环境规划中的应用创新[71]，促使数据科学、可计算科学等定量研究快速发展，未来开放数据的应用、公众行为研究、定量城市研究等在环境规划中可充分考虑，从而进一步完善环境规划体系，助推环境治理。环境规划软件系统与平台如国家中长期环境经济综合模拟系统、山西省环境经济预测模拟系统平台、流域水污染防治规划决策支持系统、流域水环境保护综合管理平台、国家大气污染物减排与空气质量改善相应模拟平台等系统平台的开发与应用使规划预测与模拟决策更加方便和准确。

四、环境空间规划理论、技术与实践

（一）环境功能区划

环境功能区划根据区域环境功能的空间差异划分不同类型的环境功能区，提出不同区域环境管理目标和对策，实施差异化的环境管理政策，将为我国形成科学化、差异化和精细化的环境管理体系提供基础平台。"十二五"期间结合环境保护分区管理国际趋势和国内需求，综合现有的各类环境功能区划基础，研究确定国家环境功能区划体系、技术方法和编制规范，环境保护部环境规划院研究编制了国家和地方环境功能区划方案，明确分区环境管理目标，建立了配套管理政策体系，为环境规划、环境影响评价、环境管理提供基础平台，促进建立以环境功能区划为基础的环境管理体系，成为维护国家环境安全、引导国民经济健康持续发展的基本空间依据与基础制度保障。

1. 提出了环境功能的定义、评价体系、评价方法和划定方案

将环境功能定义为环境各要素及其组成系统为人类生存、生活和生产所提供必要环境服务的总称，基于环境的健康保障属性，一方面保障与人体直接接触的各环境要素的健康，另一方面保障自然系统的安全和生态调节功能的稳定发挥，突破了分别以水环境、大气环境、土壤环境、生态等单要素环境功能的概念内涵。从保障自然生态安全、维护人群环境健康、区域环境支撑能力等方面建立区域环境功能评价指标体系，研究提出以多要素数据综合、不同尺度数据叠加的空间融合技术为支撑的环境功能区划技术方法，提出环境功能区划方案。以县级行政单位为评价单元对全国环境功能进行了综合评估，结合区域自然环境、社会经济特征和区域间相互关系，根据区域环境功能类型的突出体现形式，把全国陆地范围分为五类环境功能类型区，其中以保障自然生态安全为主的环境功能区占国土面积的53.2%，包括自然生态保留区和生态功能保育区，以维护人群健康为主的环境功能区占国土面积的46.8%，包括食物环境安全保障区、聚居环境维护区和资源开发环境引导区，并明确了各环境功能类型区的管控导则及实施保障措施等。组织第一批浙江等3省（区）、第二批湖南等10省（区）开展环境功能区划试点，研究提出环境功能区划技术指南，可为地方生态环境保护规划的分区管控提供技术支撑。2014年10月"浙江省环境功能区划"通过了试点验收，2014年11月浙江省人民政府办公厅发布了《关于全面编制实施环境功能区划加强生态环境空间管制的若干意见》，全面开展市县环境功能区划编制；其余省级环境功能区划试点工作也在有序推进。同时，环境功能区划的相关成果也在宜昌市、乌鲁木齐市、福州市城市环境总体规划编制中得到了运用实践。

2. 建立了"国家-地方"环境功能区划体系和管控导则

全国环境功能区划以战略引导为主，是各专项环境区划编制和实施的基础依据；地方环境功能区划以落实细化为主，明确区域内水、大气、土壤、生态等环境要素的管控措施。为维护各类型区的环境功能目标，提出基于环境功能区划的环境要素管理导则，明确各环境功能类型区水环境、大气环境、土壤环境、生态的管理目标和对策，建立了"分区管理、分类指导"的环境管理体系。为即将出台的全国环境功能区划纲要制定奠定了基础，对促进自然资源有序开发和产业合理布局，实现环境保护与经济社会的协调发展具有重要意义。

3. 构建了基于环境功能区划的环境红线管理体系框架

以人群健康风险、自然生态风险为主要评判因子，根据基于区划的环境管理体系中关于环境质量要求、环境管理要求、产业准入环境要求的框架设计，结合环境红线管理体系中关于环境质量、污染排放和生态破坏限制、环境风险预警和环境友好导向等管理措施，可为落实环境功能区划提供有力抓手，将是建立"最严格环境保护制度"的重要手段和途径。2014年，西藏自治区生态环境功能区规启动，将进行西藏自治区生态环境现状评价，系统识别区域生态环境现状特征及演变趋势，辨识区域主要生态环境特征和问题的空间差异性，梳理西藏自治区现有生态环境空间管控政策，构建环境空间分区管控框架。在环境

功能评价结果的基础上与西藏自治区主体功能区规划、生态功能区划和其他部门相关规划区划进行衔接，划分出西藏自治区环境功能区划方案。

4. 搭建了面向全国环境功能区划管理的信息系统

依托 GIS 技术、数据库技术、网络技术，提高环境功能区划专题信息的展示能力和数据管理能力，以实现全国环境功能区划成果的管理、展示、服务发布与应用。可为实现环境功能区划成果的可视化展现、管理以及发布提供平台，对建立以环境功能区划为基础的"分类指导、分区管理"的环境管理体系提供有力的技术支持。

（二）环境总体规划

1. 经历了"探索-实践-提升总结"三阶段发展

探索阶段：1996 年以来，广州、大连、成都、太仓等城市开展了环境总体规划的研究编制工作，广州市编制发布了《广州市环境保护总体规划（1996—2010）》，大连市编制发布了《大连市环境保护总体规划（2008—2020 年）》，廓清了开展环境总体规划重要性的认识。

实践阶段：2011 年，国务院印发国家环境保护"十二五"规划，要求"开展城市环境总体规划编制试点。"2012 年，环保部印发《关于开展城市环境总体规划编制试点工作的通知》（环办函［2012］1088 号），首批 12 个城市开始试点。2013 年，环保部印发《关于继续开展城市环境总体规划编制试点工作的通知》（环办函［2013］670 号），第二批 12 个城市开始试点。2015 年，第三批 6 个城市开始试点。

提升总结阶段：在开展环境总体规划的 30 个城市中，截至 2015 年 7 月，宜昌市环境总体规划通过了人大审议颁布实施；威海、平潭综合试验区、厦门通过了专家论证；福州、大连、广州、贵阳、乌鲁木齐、海口、泰州、成都、南京、沈阳经济开发区等规划大纲通过了专家论证；北海、伊春、烟台、铜陵、嘉兴、鞍山、本溪、铁岭、长治、三沙、石河子等在开展前期研究。通过前期试点城市环境总体规划工作的开展，进一步认清了环境总体规划的核心内涵，即环境总体规划编制应该注重四个方面：一是应突出重点，有所为有所不为。环境总体规划不是面面俱到，而是重在从环境系统本身出发，建立环境空间管控体系，明确生态红线和环境资源开发阈值，为城镇建设和经济发展布局、结构调整提供依据，重点解决前端引导和调控的问题。而总量减排、污染治理、噪声管理等常规性内容，由五年规划或污染防治转型规划解决。二是牢牢把握环境空间管控这一最核心的特征。环境总体规划只有实现环境保护要求的空间落地，才能同城市建设、经济发展、资源开发等空间性规划建立多规融合的对话平台。同时，环境总体规划从要素型、任务型规划向空间性、引导性规划转变，不仅仅是规划任务制图，而是要将环境系统本身的结构、过程和功能要求，通过空间平台整合分析，形成环境空间管控方案。三是持续创新技术方法，完善环境总规技术体系。城市环境总体规划作为一项新生事物，在相关理论基础、技术方法等领域均存在一系列需进一步完善之处。但同时，规划是决策科学，需要在规划中合理把握尺度，将理想严谨的科学情景，转变成为现实城市中符合科学精神、更切实可行的引导性、控制性要求。四是推进政策集成创新，保障好规划的应用性。城市环境总体规划是服务于城市人民政府综合决策、环境保护基础管理及城市规划项目建设的一项规划，这对规划的应用性提出了较高的要求。环境总体规划所涉及的环境的空间管控、环境底线、资源能源约束等理念，要落实到科学合理可行的规划条文，还有大量的政策缺陷，规划政策制定过程需要与国家各类法定规章制度，区域、流域及各市县相关要求做好衔接，将总量控制、环境准入、污染防治、环境经济政策等联动配合，并创新配套政策，从空间和政策两方面落实管控要求。

2. 拓展深化了传统环境保护规划制度

长期以来我国城市环保规划以污染防治为主，城市环保规划滞后于我国城镇化发展，体现为：时限短、范畴窄、约束弱、引导少。此外，城市环保规划法律效力制约了其发挥总体性、基础性作用，城市环保规划法律效力难以保障规划的权威性和严肃性，难以从根本上建立与区域环境相协调的城市环境保护基础框架，这就是我国目前城市环保规划与管理的最大"空洞"。环境总体规划是城市人民政府以当地资源环境承载力为基础，以自然规律为准则，以可持续发展为目标，统筹优化城市经济社会发展空间布局，确保实现经济繁荣、生态良好、人民幸福所作出的战略部署。经过近几年的实践探索，环境总体规划借鉴城市规划、土地规划经验，总结多年来生态与环境保护规划在空间、区域、功能等方面的技术实践，突破成套技术瓶颈，改变了传统环保规划停留在污染防治层面的局面，补齐和拓展了城镇化进程中环保规划制度短板。

3. 突破了环境规划空间引导与落地管控瓶颈

在环境总规的实践中，实现了对区域发展进行科学引导和合理约束，突破了环境规划空间引导与落地管控瓶颈。《宜昌市环境总体规划》探索了从污染防治型规划向功能提升型规划转变，从任务指标型规划向空间管控型规划转变，从末端治理型规划向前端引导型规划转变，从分散"碎片化"的规划向系统综合平台型规划转变。通过系统构建了基于水、大气环境系统重要性、敏感性、脆弱性评价的分级管理的生态保护红线体系。综合利用 RS（遥感）和 GIS 手段，采用了 30m 分辨率遥感数据按照有关规范评价识别生态功能红线，结合城市各类保护区域分布，构建能衔接、能落地的生态功能红线。30m 数字高程模型也在宜昌规划中首次应用。通过这一模型详细解析全域水系，划分 2572 个子流域，逐一开展水环境重要性、敏感性、脆弱性评价和水资源、水环境容量、水质分析，污染源落地，评价识别水环境质量红线区，实现了水环境精细化管理落地。系统运用中尺度大气模型、划分 2362 个 3km 网格详细模拟区域空气流场特征、评价识别大气环境质量红线等前沿技术方法，开展高时空分辨率（基于 3km 网格、逐小时的时间频率）的气象场模拟和大气环境影响模拟，为空间管控与精细化管理提供了技术保证，突破了环境规划空间引导与落地管控瓶颈。

4. 创新了关键成套技术

环境总体规划要求遵循自然生态和环境系统运行规律以优化城市发展空间格局，依据环境功能区划体系以分类维护环境质量健康，遵循环境资源承载力以优化产业发展和人口集聚，构建环境基本公共服务体系以确保公平效率共存。这些任务的根本立足点分别对应于安全、质量、总量、公平，即明确城镇化、工业化历程中"格局红线""风险红线""资源底线""排放上限"和"质量基线"。通过宜昌、威海、广州、福州、大连等城市环境总体规划的试点实践，环境总体规划关键成套技术逐渐得到创新，主要表现为五个方面：①从长周期和大尺度入手分析环境演变特征，找准城市环境定位和环境发展目标，由被动规划变主动规划。概括为"长周期、大尺度、多城市、多要素、多情景"。例如，在《宜昌城市环境总体规划》中，从中国长江流域、中西部地区过渡带、鄂西生态屏障等多个尺度依据全国的、区域的、流域的上位规划，考虑宜昌市相关规划，结合宜昌市本底自然资源条件、环境特征及宜昌市城市定位的演变历程，将宜昌城市功能定位为：a. 宜昌是维持长江全流域水生态和水环境功能的重要节点区；b. 宜昌是秦巴山地向江汉平原过渡带复杂生态环境的典型代表，环境敏感性强，也是三峡库区及鄂西地区生态环境安全的重要保障区；c. 宜昌是保存我国珍稀物种基因库、维护物种丰度的重要地区，对维护国家物种安全具有重要作用。②以空间结构、过程和功能特性为出发点，以空间管制为主要手段，确定"格局红线"和"风险红线"，保障城市可持续发展基底格局不受破坏，由要素领域型规划变空间型规划。《福州市环境总体规划》提出了基于从要素和领域的生态红线体系，包括生态环境红线、大气环境红线、水环境红线、近岸海域环境红线、环境风险红线五种类型。福州规划在生态红线的基础上加入风险红线以丰富空间控制体系，较好地衔接了环境区划体系，并增加水、大气、近岸海域要素功能作为出发点入手深化空间控制领域，较好地实现了技术垂直移植。③依据环境功能的空间分异特征，建立客观反映环境使用功能和价值的环境功能区划体系，划定"质量基线"，由技术改良规划变价值提升规划。在福州规划中，根据国家环境功能区划大纲，建立自然生态保留区、生态功能调节区、食物环境安全保障区、宜居环境维护区四个环境功能类型区，以及 9 个环境功能亚类区组成的环境功能区划体系，执行相应的环境管理要求。以环境功能区划为基本单元，提出环境分区管理目标与对策决策方向和导向。大气方面，在实施空间差异化管理的基础上，针对重点区域、重点大气环境问题，制订城市空气质量限期达标计划，提出维护大气环境质量健康的方案措施。水方面，考虑流域特征，结合区域具体情况，分流域提出包括水资源保护开发、产业结构与布局调整、污水排放、防洪体系建设、湿地保护等保障水环境质量安全的任务措施。④遵循资源环境承载力优化产业发展和人口集聚，明确"资源底线"和"排放上限"，由专项规划变综合决策规划。在《宜昌市环境总体规划》《威海市环境总体规划》《广州市环境总体规划》《福州市环境总体规划》中，以土地资源和水资源为重点对象开展资源底线分析，以水环境和大气环境容量格局为重点对象开展排放上限分析。其中，土地资源底线分析重点为控制生态用地开发强度，落脚于人口聚集指引；水资源底线分析与水环境容量格局分析相结合，水和大气环境容量排放上限分析落脚点为经济产业指引。基于环境承载力的产业调控，考虑环境容量的空间差异，引导城市建设和重大产业布局向环境相对不敏感、资源环境承载力较强的区域发展，优化城市建设和产业布局；以保障环境质量为基准，制定分阶段的环境容量使用程度控制指标，作为优化产业结构的基本依据，结合未来主要行业发展趋势及污染物排放和能源、资源消耗压力，制定污染减排的中长期路线图，制定基于环境承载力的产业结构调整指引，优化产业结构。⑤公平和效率并重，构建城市层面环境基本公共服务体系保障人民环境权，由物本型规划变人本型规划。在《宜昌市环境总体规划》《威海市环境总体规划》《平潭实验区环境总体规划》中，根据国家城镇化健康发展、政府职能转变等方面的要求，拓展了环境基本公共服务的内涵，最突出的是将基本环境质量纳入基本公共服务范畴。环境基本公共服务范围包括：保障人体健康的基本环境质量，覆盖市域的环境监测、监管、应急、信息能力体系，必要的环境基础设施，面向全体市民、企业、社会团体的环境信息等，以及环境服务网络体系等。拟定了提升公共服务水平的重点：将安全的饮用水、基本的环境设施和环境监管能力作为近期环境基本公共服务的重点内容，由政府主导加强环境基本公共服务体系建设，城乡一体化的供给，促进环境基本公共服务均等化。提出了分阶段推进环境公共服务的设想。

（三）生态保护红线

1. 确定了国家生态保护红线体系

生态保护红线是指依法在重点生态功能区、生态环境敏感区和脆弱区等区域划定的严格管控边界，是国家和区域生态安全的底线。2014 年环保部印发了《国家生态保护红线——生态功能红线划定技术指南（试行）》，成为中国首个生态保护红线划定的纲领性技术指导文件，形成了以自然生态系统的完整性、生态系统服务功能的一致性和生态空间的连续性为核心，在对区域生态环境现状评估和生态环境敏感性评估的基础上，分析区域生态系统的结构和功能，重点开展生态系统服务功能重要性评价，提出生态红线分类体系的划分方法。2015 年 4 月 30 日，环境保护部在《国家生态保护红线——生态功能红线划定技术指南（试行）》（环发［2014］10 号）基础上，经过一年的试点试用、地方和专家反馈、技术论证，形成《生态保护红线划定技术指南》。国家宏观层面上的生态保护红线，主要是确定生态功能的重要区、敏感区和脆弱区以及禁止开发区域，主要管控对策是实施差异化的环境管理政策，实施生态补偿。识别分析大气环境辐合辐散区域，为能源、钢铁等废气排放量大的产业聚集提供空间依据。

2. 明确了省级生态保护红线定位

省域层面的生态保护红线在落实国家生态保护红线方案的基础上，重点体现对各地级城市划定生态保护红线的指导与控制，确定各地市生态保护红线的面积与比例指标。目前，全国范围内江苏、天津、湖北等地已完成生态保护红线的划定工作。内蒙古、江西、湖北和广西被环境保护部列为生态保护红线划定试点省份。其中江苏是较早进行生态保护红线划定的省份，在生态保护红线体系中，江苏省已划分了包括自然保护区、森林公园、风景名胜区、地质公园、饮用水源保护区、洪水调蓄区、重要水源涵养区、重要渔业水域、重要湿地、清水通道维护区、生态公益林、特殊生态产业区等在内的 569 个重要生态功能保护区，总面积共 23431.65 平方公里，占全省国土面积的 22.91%。2013 年审议并通过了《江苏省生态红线区域保护规划》，生态红线区面积占全省国土面积比例达到 20%以上。该规划是根据江苏省自然地理特征和生态保护需求，结合全省和各地区专项规划，按照"保护优先、合理布局、控管结合、分级保护、相对稳定"的原则划定[12]，明确了区域划分和分级分类管控措施，形成满足生产、生活和生态空间基本需求，符合江苏实际的生态红线区域空间分布格局。生态红线的划定确保了重要生态功能区域以及主要物种得到有效保护[72]，为提升生态文明建设水平，实现区域可持续发展奠定坚实的生态基础。2014 年，在西藏环境功能区划方案的基础上，根据各环境功能区内生态环境重要性、敏感性、脆弱性评价和资源承载能力评价，划分西藏生态保护红线体系，包括生态功能保障基线、环境质量安全底线和自然资源利用上线。从环境要素管理、分区管理协调机制等方面，针对各环境功能区研究相应的分区管控导则；基于西藏生态保护红线方案，设定最严格的环境保护措施，制定西藏生态保护红线管控对策。

3. 建立了城市生态保护红线划定模式

目前，较多城市已经完成和正在进行生态保护红线的划定工作，如宜昌市、威海市、福州市和广州市等，在城市层级生态保护红线划定技术与落地上形成了独特的城市生态保护红线体系，归纳起来，可分为两种。

（1）按照"识-评-落-合"的技术流程，划定城市生态保护红线　宜昌市划定的生态保护红线是首个通过市人大审议批复实施的城市。它利用 RS 和 GIS 技术，采用"识-评-落-合"的技术流程，提出了一套城市生态保护红线体系与划分方法。首先根据国家主体功能区规划、国家重要生态功能区保护规划纲要、全国生态功能区划、全国脆弱区保护规划等重要规划，识别城市所在区域具有的国家重要生态区、敏感生态区和脆弱生态区，确定区域范围，明确主导服务功能，建立清单。其次，参照《国家生态保护红线——生态功能红线划定技术指南（试行）》中的技术方法，按照保护性质不改变、生态功能不降低、空间面积不减少等要求，利用 RS 和 GIS 手段，对全市域开展生态系统重要性、敏感性和脆弱性评价。通过评价，全面识别在涵养水源、保持水土、防风固沙、洪水调蓄、生物多样性保护等方面具有重要作用的地域空间，易于受外界干扰的敏感空间，自身稳定性较差易于发生生态退化且不易恢复的脆弱空间。第三，结合市域内法定生态保护区域、禁止开发区域范围，建立保护区域清单，与前两个阶段评价的结果进行衔接与落地。第四，对城市土地利用、城市建设、重要资源开发规划进行评价与衔接，将生态功能红线区和生态功能黄线区空间落地。建立差异化的管控政策制度，实施分级管控。最后，划定 291 个生态保护红线区管控清单。

（2）衔接山、水、林、田、海等各类生态系统，划定城市生态保护红线　威海市生态保护红线是该类生态保护红线划定技术的典型案例。该生态保护红线划分思路强调 4 个方面。

① 强调空间落地，要求覆盖全市域。威海市生态保护红线分陆域与海洋两个部分，空间上要求覆盖整个威海市域，以利于管理的空间单元为基本单位，划定生态保护空间。全域划定生态保护红线区、黄线区与绿线区，一是空间上分区落实生态保护措施，二是衔接城市规划部门"四区管制"与国土部门"三界四区"空间管制要求。

② 强调多要素，要求覆盖生态、水环境系统。威海市生态保护红线包括生态环境、水环境要素。在城市尺度，生态系统安全涉及水、生态等各个要素，与"社会-经济-自然"复合生态系统各个要素密切相关。不合理资源开发、项目建设、人口布局、城市建设以及突发环境事故不仅影响到城市生态环境安全，而且影响到城市水环境系统的健康安全。城市层面上的生态保护红线体系应包括生态、水环境系统等环境领域，从空间管控角度考虑技术上也是可行的。

③ 强调系统性，分要素综合管理。实施森林、草地、湿地、山体、河流、海洋等生态系统综合管理。威海市处于山东半岛丘陵地带，具有丰富的自然生态资源，从维护生态系统完整性与生态机能的正常运转角度考虑，生态保护红线划定应涵盖森林、草地、湿地、山体、河流、海洋等生态类型，制定综合管理措施。

④ 强调分区管理，实施分级管控。从空间管理角度考虑，威海市生态保护红线应实施分级管控。从环境管理需求上讲，不同分级管控区域的划定是环境管理精细化的需求与体现，分级、分区管理有利于提高环境管理的效率。

其生态保护红线划分技术流程为：首先，开展环境系统分级评价。依据生态功能划定的相关技术规范性文件及相关技术方法、模型，在城市尺度进行生态环境、水环境重要性评价及敏感性、脆弱性等评价，明确生态保护目标与重点，在空间上识别生态、水等环境要素需保护的核心区域。其次，进行重要生态系统识别。依据城市生态系统与自然环境特征，维护生态系统连通性和景观安全，识别森林、草地、湿地、山体、河流、海洋等生态系统中需要保护的区域。第三，对禁止开发区域和保护区域识别。与国土、城市规划、园林、林业等部门划定的禁止开发区域与保护区进行衔接，梳理城市法定自然保护区、风景名胜区、森林公园、地质公园、饮用水源保护区等保护区空间分布，将禁止开发区与保护区纳入生态保护红线。第四，进行空间叠加与融合。基于地理信息系统空间分析，叠加土壤保持、水源涵养、生物多样性中重要地区，水土流失、河湖滨带中的极敏感地区，海陆交错带中的极脆弱地区，重要生态系统中需保护的地区，禁止开发区与保护区，对空间边界进行融合，得出适宜管理的空间单元。最后，根据生态保护用地分类。依据生成的空间单元与生态类型，生成生态保护清单，初步确定威海市生态保护清单保护以下14种类型。a. 自然保护区；b. 风景名胜区；c. 森林公园；d. 地质公园；e. 重要湿地；f. 饮用水源保护区；g. 重要沿海滩涂；h. 重要洪水调蓄区；i. 重要水源涵养区；j. 生态公益林；k. 重要生态防护林；l. 重要海洋渔业区；m. 保护岛屿；n. 生态绿地。

（四）环境空间管控体系关键技术

"十二五"期间，受计算机技术和信息技术发展的影响，各种软件在环境空间管控规划领域的应用开始普及，环境空间管控规划从比较注重定性分析向定性和定量相综合的方向发展，尤其是增强了规划定量的科学性。主要体现在生态环境空间分析理论研究和管控理论两大方面，其中分析理论主要包括生态敏感性、脆弱性分析，环境要素的空间适宜度分析，生态环境数据网格分析技术等；空间管控理论主要包括生态功能红线、环境质量红线、风险管控红线和城市环境空间管控手段等方面。

1. "水-气-生态" 三类要素为主的空间管控体系

随着环境功能分区、城市环境总体规划、生态保护红线等规划制度的不断创新与发展，传统污染防治任务性规划已逐步转向以环境空间管控为主的空间布局和以格局性为主的规划。其中，以"水-气-生态"三类要素为主要管控对象的环境空间管控体系逐步形成。例如，在宜昌环境总体规划试点中创新性地提出了适应城市环境总体规划需要的水环境空间管控划分方法，具体为：以集水区管理解析水环境系统格局，依据30m分辨率的数字高程模型（DEM）将宜昌全境以集水线为界划分为2545个子流域作为红线划分的基本单元保持水路一体相对独立，在地理信息系统（GIS）中将各单元与16个城镇饮用水源地、117个乡镇饮用水源、286个地表水环境功能区、95个乡镇和57个主要工业园区及水质超标区综合分析，辨别出集中式饮用水源保护区重要的水环境功能区珍稀鱼类，以及水生生物栖息地、水污染物汇集区等水环境系统维护关键区域，进行水环境空间管控。

从实践和理论相结合的角度出发，结合福州、宜昌、平潭实验区等城市环境总体规划编制实践，环保部环境规划院提出了大气环境红线的技术框架，将大气环境红线划分为源头布局敏感区、污染易聚集区及敏感的环境受体三类，并创新性地建立了大气环境红线划定技术方法，确定了评价单元划分、重要性评价、敏感性评价、脆弱性评价和环境红线划定5个步骤[73]，初步构建了适用于城市环境总体规划的空间规划技术体系[74,75]。

在宜昌市环境总体规划的生态环境空间管控上，则综合利用RS（遥感）和GIS手段，采用了30m分辨率遥感数据，按照有关规范评价识别生态功能红线，结合城市各类保护区域分布，建立生态环境空间管控范围。

2. 分级分区管控模式

不同区域生态环境状况具有异质性，因此，环境空间管控应该分层级进行划分管理，避免"一刀切"现象，实施差异化管理。以城市环境总体规划、城市生态保护红线等为代表的环境空间规划制度，已逐渐建立分级分区管控模式。2005年，由广东省人民代表大会审议批复颁布实施的《珠江三角洲环境保护规划纲要（2004—2020年）》，提出了"红线调控、绿线提升、蓝线建设"的三线调控的总体战略，首次提出了生态红线的概念，将区域划分为严格保护区、限制性开发区和引导性开发区，将自然保护区的核心区、重点水源涵养区、海岸带、水土流失极敏感区、原生生态系统、生态公益林等区域约5058平方公里、占总面积12.13％的区域划定为严格保护区，实施红线管控禁止开发。深圳市出台了《深圳市基本生态控制线管理规定》，将一级水源保护区、风景名胜区、自然保护区、集中成片的基本农田保护区、森林、郊野公园、生态廊道，以及陡坡地、高地、水体湿地等生态脆弱地区，划入城市生态控制线范围内，禁止在基本生态控制线范围内进行建设。2011年，在长春、吉林联合都市区环境战略研究中，基于大气流场模拟和敏感目标识别，将长春市西南地区和北部地区划分为大气环境一级敏感区，建议禁止新（改、扩）建废气排放项目。2012年，福州、广州、宜昌等试点城市进一步探索覆盖生态、水、大气环境系统的生态保护红线。基于生态系统敏感性、重要性和脆弱性评估并结合禁止开发区分布，划定生态功能红线。基于高精度大气环境模型对公里网格的大气环境系统功能重要性、过程脆弱性和源头敏感性评估，识别敏感区、重要区、脆弱区，划定大气环境质量红线；基于水环境系统解析与控制单元，识别水系统的功能重要性、过程脆弱性和水生态敏感性，划定水环境质量红线。基于水、土地等资源承载力评估以及水、大气环境容量测算，确定承载率限值，划定环境资源利用红线。利用RS/GIS工具和大气、水环境模拟模型，建立环境系统的重要性、敏感性和脆弱性网格化空间数据层，对于其中高度重要、敏感和脆弱的区域，列入红线范围进行严格管控。《福州市环境总体规划》创造性地研究提出了分类分级的生态红线技术体系，根据管控要求，分为红线区（禁止区）、黄线区（限制区）、蓝线区（警戒区）和绿线区（引导区）四个级别。

3. 环保规划参与"多规融合"

环境空间规划如生态保护红线、城市环境总体规划等具有基础性、战略性、先导性和综合性的特点，可以作为城市层面空间规划体系的重要内容，参与多规融合，共同建立和完善城市空间规划体系。宜昌环境总体规划在制定过程中充分体现了"多规衔接、多规融合"的理念。与国家主体功能区规划、全国生态功能区规划、全国生态脆弱区规划、湖北省主体功能区规划、湖北省城镇体系规划、宜昌市城市总体规划、宜昌市土地利用总体规划、宜昌市矿产资源开发规划等进行了充分衔接，尤其在生态保护红线落地方面，与各类规划的功能定位、空间布局、落地管控、管理制度等进行了系统衔接，确保规划协同实施。主要表现在三个方面：一是规划体系的衔接，城市层面应该是各类总体规划有机衔接融合最重要的平台；二是各类规划的功能定位与空间管控要衔接，宜昌规划确定的生态环境红线为城市总体规划、土地利用总体规划，划分禁止建设区、限制建设区，明确功能区定位提供依据；三是规划数据平台衔接。建设环境总体规划实施管理信息平台，技术层面上与其他规划在基础数据底图、分区分类技术标准、空间数据库加以规范整合，搭建多规融合的技术平台，将规划要求落实到市域国土空间上。

（五）"多规融合"与"多规合一"

1. 生态环境推动"1.0版"到"2.0版"

2014年8月，国家发展和改革委员会、国土部、环保部和住房和城乡建设部联合发文《关于开展市县"多规合一"试点工作的通知》，决定在全国28个城市开展市县"多规合一"试点工作，旨在推动国民经济和社会发展规划、城乡规划、土地利用规划、生态环境保护规划等多个规划的相互融合。

（1）"多规合一"1.0版　2003年10月，国家发展和改革委员会正式启动江苏苏州市、福建安溪县、广西钦州市、四川宜宾市、浙江宁波市、辽宁庄河市六个规划体制改革试点，将国民经济和社会发展规划、城市总体规划、土地利用规划这三类规划落实到一个共同的空间规划平台上，期望通过制度完善，把地方的总体发展规划和其他专项规划通过一个制度衔接起来，实现规范化、制度化、程序化的规划协调和管理机制。这种规划的协调属于"三规合一"，目前被称为"多规合一"的1.0版本。"三规合一"试点以来，出现了一些问题，如环境承载能力和生态环境保护要求没有作为基础性的约束因素，技术规范及基础数据不统一，部门间信息沟通协调机制有待加强，公众参与不够充分，规划环境影响评价在一些地方流于形式等。因此，"三规合一"难以阻止地方政府盲目发展的冲动，导致了空间无序开发、生态环境恶化等问题，如生态空间不断被挤压、区域整体生态容量降低、区域雾霾和流域水污染加重。

（2）"多规合一"2.0版　基于上述情况，2014年，国家发展和改革委员会联合环境保护部门等提出"四规合一"的试点方案，积极推进市县规划改革创新，探索完善市县空间规划体系，坚定不移地实施主体功能区制度，落实生态空间用途管制，严格实行耕地用途管制，建立相关规划衔接协调机制，为推动经济社会发展规划、城乡规划、土地利用规划、生态环境保护规划"多规融合"和"多规合一"，形成一个市县一本规划、一张蓝图奠定基础。这套"四规合一"的方案被称为生态文明下"多规合一"的2.0版本。"多规合一"的2.0版本和1.0版本相比，有一个重大突破，即突出生态环境的基础制约和保障作用，建立用地规模控制线、城市增长边界、产业区块控制线和生态控制线，开展生产、生活空间的分区管制和生态空间的用途管制，形成一张蓝图，优化和科学管控、统筹空间资源，促进发展的高质量和可持续性。从发展进程来看，从一规到多规，再到多规联合和多规整合，再到多规融合即合一，体现了一规各表、多规各表、多规一表、一张蓝图的螺旋式发展历程，并取得不断发展。如浙江省开化县探索建立统一衔接的系统，广西贺州市坚持"一张图"方针，浙江省嘉兴市确定了"一三四七"路线图。

2. 确定了多规五级层面融合

环境总体规划与城市总体规划、土地利用总体规划"三规合一"或者"多规融合"不是只编一个规划，而是在目标、空间、制度等方面有机衔接。具体来说是五个层面：一是规划体系的对应衔接，城市总体规划是总规-控规-详规三阶段规划体系，土地利用总体规划是国家、省、市、县、乡镇五级规划体系，城市环境总体规划是总规、重点区、区县三个层级，城市层面上的总规是空间衔接的重点环节；二是目标协调，环境健康与生态安全的底线目标，中长期的质量目标、环境资源的上限目标其他规划需要尊重；三是空间衔接，如环境规划的生态保护红线与城市规划的"四区七线"、土地规划的"三界四区"、城市基本生态控制线等衔接；环境功能分区与城市分区功能、土地利用功能分区的衔接；四是制度配套，如空间管控制度配套衔接、空间分区与管控的协商协调机制；五是技术衔接，如空间的信息公开、数据共享，基准数据统一和共同研究制定的技术规范等。

"多规合一"的成果是体现"融合"，既不是只形成一个规划，也不是形成各自继续扩张的局面。最终应是基于国土空间和环境承载能力等约束性因素形成一张总图，再根据总图形成许多领域的分图。

五、环境政策与工程规划进展

（一）环境管理政策进展

作为环境战略〔PPP，环境政策（policy）、计划（plan）与规划（program）〕的三大要素之一，环境政策是基于某些环境保护目的，而做出的对相关群体（包括地方政府、企业与公众）的行为做出的规定，通常是以法律、法规、制度、规则、规范与标准等形式体现。作为环境管理的工具与手段，环境政策可以通过调整、控制、引导人类社会各个主体规范自己的环境行为，以达到环境管理目标。

表1为环境政策分类表，其作用对象包括各级政府、企业与公众；按管制方式，可分为行政管制型、市场引导型与鼓励自愿型三类；按要素，也可分为水环境政策、大气环境政策与固体废弃物管理政策等。

表 1　环境政策分类

类型＼对象	政府	企业	公众
行政管制型	法律法规与强制标准	法律法规与强制标准	法律法规
市场引导型	环境经济政策	环境经济政策	环境经济政策
鼓励自愿型	政府环境绩效评估、环境保护模范城市等	ISO14000、环境报告、环境审计与非强制型标准等	公众参与、绿色社区等

表2为"十二五"期间中国主要环境管理政策进展统计表。"十二五"期间，我国环境管理政策的最大突破属于新环保法的制定、颁布与实施。环境保护法修订案于2014年4月24日经第十二届全国人民代表大会常委会第八次会议表决通过，并于2015年1月1日正式施行，此举为深受环境问题困扰的我国环境规划与管理会工作提供了最有力的环保法律后盾，有助于扭转伴随其经济快速发展而生的生态环境恶化趋势。

表 2　"十二五"期间中国环境政策进展统计

内容类型	发布部门	名称/内容	作用对象
综合类	全国人民代表大会常委会	中华人民共和国环境保护法	政府、企业与公众
行政管制型	最高人民法院	关于审理环境民事公益诉讼案件适用法律若干问题的解释	政府、企业与公众
	国务院办公厅	关于公开国务院各部门行政审批事项等相关工作的通知	政府部门
	环保部	环境监察执法证件管理办法	政府部门
	环境保护部联合发展和改革委员会、公安部、财政部、交通运输部、商务部五部门	2014年黄标车及老旧车淘汰工作实施方案	政府、企业与公众
市场引导型	国家发展和改革委员会、财政部和环境保护部	关于调整排污费征收标准等有关问题的通知	企业
	财政部起草	环境保护税法（待审中）	企业

续表

内容类型	发布部门	名称/内容	作用对象
鼓励自愿型	环境保护部会同国家发展和改革委员会、中国人民银行、银监会	企业环境信用评价办法	企业
	商务部、环境保护部、工业和信息化部	企业绿色采购指南	政府、企业
环境标准	环境保护部	水、气、噪声与固体废弃物等行业污染控制标准	企业与监测部门
导则与指南	环境保护部	生态系统观测与环境监测评价导则与技术规范,以及污染治理导则与技术规范	企业与环境咨询机构

1. 行政管制型环境政策进展

新环保法颁布实施之后,最高人民法院又发布《最高人民法院关于审理环境民事公益诉讼案件适用法律若干问题的解释》,充分体现新环保法立法宗旨是"解释文件"最终目的,提高了其可操作性,减少诉讼费用,降低司法门槛,将对环境犯罪起到极大震慑作用。"解释文件"将极大推动我国新环保法的落实,环保执法将谱写新篇章。

在大气污染控制方面,为落实《大气污染防治行动计划》,强化机动车污染防治,确保完成《政府工作报告》提出的 2014 年淘汰黄标车及老旧车 600 万辆的任务,环境保护部联合发展和改革委员会、公安部、财政部、交通运输部、商务部五部门编制印发了《2014 年黄标车及老旧车淘汰工作实施方案》。

为规范行政审批事项,减轻企业负担,根据《国务院办公厅关于公开国务院各部门行政审批事项等相关工作的通知》(国办发〔2014〕5 号)要求,为深入推进行政审批制度改革,向社会公开我部目前保留的行政审批事项清单,接受社会监督。环境保护行政审批事项中"上市公司环境保护核查"等为企业增加负担的不合理行政审批事项被去掉,仅保留建设项目环境影响评价与建设项目竣工环境保护验收等有法律法规依据的审批事项。

2. 市场引导型的环境经济政策进展

针对目前我国排污收费制度存在的问题,国家发展和改革委员会、财政部和环境保护部联合印发了《关于调整排污费征收标准等有关问题的通知》,要求各省(区、市)结合实际,调整污水、废气主要污染物排污费征收标准,提高收缴率,实行差别化排污收费政策,利用经济手段、价格杠杆作用,建立有效的约束和激励机制,促使企业主动治污减排,保护生态环境。

为了控制企业环境风险,通过保险机制,合理分散环境风险,让环境得到改善,使受害人得到及时补偿;新环保法第 52 条规定"国家鼓励投保环境污染责任保险",环境污染责任保险针对的主要对象是拥有较高环境污染风险的企业。环保部将继续会同中国保监会推进环境责任保险,其主要工作有以下几项:一是要鉴别、筛选高风险的企业,拿出相应名单;二是逐步完善风险企业环境风险评估的规范、方法、指标;三是推动地方环保部门、保监机构、保险公司、保险中介公司携手推进环境责任保险。

另外,按照国家"十二五"规划纲要和国务院立法工作计划要求,财政部起草了《环境保护税法》(送审稿),目前正在有关部门审核会签,争取尽快向国务院报送。环保部考虑将几项开征环保税条件比较成熟的污染物(如二氧化硫、化学需氧量)从排污收费改为收税。未来还要争取将含汞、含铅等高污染产品和氮氧化物等污染物纳入环保税征收范围，使"大环保税"逐步整合资源环境方面的消费税和现有的排污收费，逐步实现税制"绿色化"。在"费改税"的原始方案基础之上，环保部已经制定了一份高污染产品名录，目前在争取将这些产品纳入征税范围，纳税对象初定为企业。

3. 鼓励自愿型环境政策进展

"十二五"期间发布的鼓励自愿型环境政策包括环境保护部会同国家发改委员会、中国人民银行、银监会为指导各地开展企业环境信用评价，督促企业履行环保法定义务和社会责任，约束和惩戒企业环境失信行为，联合发布了《企业环境信用评价办法（试行）》；以及为进一步推进资源节约型和环境友好型社会建设，引导和促进企业积极履行环境保护责任，建立绿色供应链，实现绿色、低碳和循环发展，商务部、环境保护部、工业和信息化部关于印发《企业绿色采购指南（试行）》；与环保部发布的木塑制品、微机、空调与轻型汽车等环境标志产品技术要求等。

4. 污染控制行业环境标准

污染控制行业环境标准属于行政管制类环境管理政策，大多是强制型。"十二五"期间，在水环境保护标准方面，先后修订了毛纺、合成氨、制革与电池等行业工业废水排放标准，以及近岸海域水质自动监测及其点位布设等技术规范。

在大气环境保护标准方面，结合当前环境空气污染的新特点，修订了环境空气质量标准，以及锅炉、水泥工业、电子玻璃工业、砖瓦工业等行业大气污染物排放标准与移动源污染物排放限制及测量办法；颁布了新的环境空气质量指数技术规定与挥发性有机物、硝基苯类化合物等环境空气污染物的采样、检测与测定方法与技术导则，以及车用柴油、汽油有害物质控制标准。

在环境噪声排放标准方面，修订了建筑施工厂界环境噪声排放标准和环境噪声检测技术规范与环境噪声检测点位编码规则，以及新的声环境功能区划技术规范等。

在固体废弃物污染控制标准方面，颁布了新的生活垃圾焚烧、水泥窑协同处置固体废弃物等污染控制标准，以及一些固体废弃物中污染物的测定方法。

5. 环境技术导则与规范

环境技术导则与规范属于行政管制类或者鼓励资源型类环境管理政策，除了部分环境影响评价与竣工验收技术导则外，大多为非强制指导型环境政策。"十二五"期间，在生态系统保护与建设方面，颁布了生态环境状况评价技术规范，出台了一系列观测技术导则，以及外来物种环境风险评估技术导则与区域生物多样性评价标准等。

在环境影响评价导则方面，修订或新出台了尾矿库环境风险评估导则、规划环境影响评价技术导则总纲与建设项目环境影响评估导则，以及钢铁建设项目、煤炭采选工程与制药等行业环境影响评价技术导则，生态影响与地下水影响等要素环境影响评价技术导则。纺织染整与煤炭采选等行业建设项目竣工环境保护验收技术规范。

"十二五"期间，还颁布了矿山生态环境保护与恢复治理技术规范（试行）、环境质量报告书编写技术规范、环境监测质量管理技术导则与企业环境报告书编制导则等规范或导则，进一步规范了相关环境污染管制及报告编制工作。

最后，自 2010 年起，先后出台燃煤火电企业、印染企业、合成氨企业与城市污水处理厂等环境守法导则，规范重污染企业环境守法行为。

（二）环境规划实施政策进展

规划的有效实施是保证规划目标实现的基础，因此，规划实施本身在某种程度上比规划编制更为重要。"十二五"期间，为了解决环境规划实施不力以及监督考核等环节的缺失等问题，逐步建立并完善了环境保护市场化融资机制、环境目标责任制以及规划的评估考核机制等政策措施，有效推进了环保规划的顺利实施。

环保投资是落实环境保护任务的重要保障。"十二五"期间我国的环保投融资政策不断丰富，逐步构建了以中央和地方财政为主、社会资本和民间资本参与的多元化、多渠道的环境保护投融资机制。在政府层面，为保障各级环保部门实施目标所需的人力、财力、物力、技术等，明确提出了把环境保护列入各级财政年度预算并逐步增加投入、适时增加同级环保能力建设经费安排、建立大气污染防治专项资金等多项环境保护的投入政策；为了发挥各级财政资金的引导作用，完善了"以奖促防""以奖促治""以奖代补"等环保资金的使用机制。在企业层面，在"谁污染、谁治理"的基础上，创新提出了"污染者付费、治污者受益"的机制，全面推行排污权交易、环境污染第三方治理等，打造市场化的污染治理模式。同时积极引入民间资本参与环保投资，推行环境公用设施建设-运营-移交（BOT）、转让-运营-移交（TOT）、政府与社会资本合作（PPP）的融资运作方式，这些环境保护投融资政策创新和完善，进一步扩大了环保投资领域和投资规模，为环境规划的实施提供了有力保障。

环境保护目标责任制是我国环境体制中的一项重大举措。"十二五"期间，为厘清规划实施过程中各种纵向（中央-地方-基层）与横向（多部门、多主体等）关系，国务院办公厅印发了《国家环境保护"十二五"规划重点工作部门分工方案》（国办函〔2012〕147号），首次将环保规划重点工作分解落实到有关部门、单位，建立了各部门各负其责的部门协作和联动机制，共同推进规划实施。根据"十二五"环保工作任务，国务院和相关省、市政府分别签订了主要污染物削减、大气污染防治、重金属污染防治、农村环境综合整治、江河湖泊生态环境保护专项等目标责任书，明确了各地环境质量改善目标和重点工作任务，进一步落实了地方政府环境保护责任，为实现环境质量改善目标提供了坚实保障。此外，在重点流域水污染防治方面，江苏、浙江等省探索实施了由各级党政主要负责人担任"河长"，负责辖区内河流的污染治理的河长制，有效调动地方政府履行环境监管职责。

"十二五"时期，国家全面加强环保规划编制、调度、评估、考核全过程管理，开展环保规划管理的系统化、规范化和制度化建设，在"十一五"时期环境规划"中期评估-终期考核"机制的基础上，建立了《国家环境保护"十二五"规划》的"年度调度-中期评估-终期考核"机制，通过系统梳理环保规划年度目标、重点任务、政策措施等执行情况，及时发现实施过程中出现的各种问题并提出调整方案，实现对规划实施情况的全面跟踪、监督检查。在大气污染防治行动计划、重点流域水污染防治、重金属污染防治等环境保护的重点领域，全面实施规划的年度考核机制，并将考核指标纳入地方政府党政干部的考核指标体系之中，按照评估考核结果实施有力的奖惩办法，保证环境规划评估与考核的合法性和权威性。

以大气污染防治为例，为保障《大气污染防治行动计划》（以下简称《大气十条》）的顺利实施，国务院办公厅印发《大气污染防治行动计划重点工作部门分工方案》（国办函〔2013〕118号），进一步将工作重点细化分解到工业和信息化部、发展和改革委员会、住房和城乡建设部、环保部等34个部门，与31个省（区、市）签订大气污染防治目标责任书，严格落实大气污染防治工作责任。此外，组建了全国大气污染防治部际协调小组，及时向各有关地区和部门了解《大气十条》的贯彻落实情况，有效推进区域大气污染防治协作。为配合《大气十条》的实施，国家设立了大气污染防治专项资金，2013—2014 年两年期间共安排 150 亿，以"以奖代补"的方式用于大气污染治理，并加大了中央基本建设投资、主要污染物减排专项资金和环保专项资金等对重点区域大气污染防治的支持力度，实施了火电脱硫、脱硝、除尘电价补贴等政策，全力保障重点任务与工程的落实。制定了《大气污染防治行动计划实施情况考核办法（试行）》（国办发〔2014〕21 号），开展年度考核和终期考核，将考核结果作为对各地区领导班子和领导干部综合考核评价的重要依据，对未通过终期考核的地区，除暂停该地区所有新增大气污染物排放建设项目（民生项目与节能减排项目除外）的环境影响评价文件审批外，加大问责力度，必要时由国务院领导同志约谈省（区、市）人民政府主要负责人，取消环保专项资金申请等措施。

（三）环境工程规划进展

环境工程是推进环境规划实施的重要保障和落脚点，从技术可行性、解决突出环境问题迫切需求、社会经济的承受能力等角度开展规划项目的筛选工作，是环境保护规划编制的重要内容。

《国家环境保护"十一五"规划》中，紧扣总量减排主题，研究制定了与污染减排密切相关的城市污水处理工程、城市垃圾处理工程、重点流域水污染防治工程、燃煤电厂及钢铁行业烧结机烟气脱硫工程、环境监管能力建设工程等 10 大工程，为大幅削减污染物排放总量、改善生态环境质量发挥了不可替代的作用。但是整体来看，"十一五"期间工程的设定采用了地方上报、国家审核的方式，治污工程项目设立的针对性、可达性、科学性和有效性研究不够，造成规划项目实施进展不平衡，也未能形成治污合力，规划工程的治污效益没有得到完全体现。

"十二五"期间，环境工程项目的确定，一是全面强化工程与规划目标、任务的响应关系，以工程推进规划的实施；二是更加注重环境污染治理的系统性，力争通过实施工程在进一步改善环境质量的同时，切实提升环境治理能力和水平；三是注重工程项目的示范作用，以带动污染治理和生态保护工作的全面展开；四是注重工程项目的可操作性，从技术、资金来源等多方面分析项目可行性，保障规划项目的落实。

在此基础上，"十二五"期间围绕总量控制、质量改善、风险防控和环境保护基本公共服务体系建设等重点，统筹提出了主要污染物减排、改善民生环境保障、农村环保惠民、生态环境保护、重点领域环境风险防范、核与辐射安全保障、环境基础设施公共服务、环境监管能力基础保障及人才队伍建设 8 项重大工程。

其中，在总量控制方面，系统设立了电力行业脱硫脱硝、钢铁烧结机脱硫脱硝、其他非电力重点行业脱硫、水泥行业与工业锅炉脱硝等大气污染物减排工程，以及城镇生活污水处理设施及配套管网、污泥处理处置、工业水污染防治、畜禽养殖污染防治等水污染物减排工程。

大气污染防治方面，为进一步改善环境质量，规划了 VOCs 整治、清洁能源替代、车用气柴油提标、加快淘汰黄标车和老旧车、加强集中供热、面源污染综合整治、煤炭清洁利用及区域大气复合污染防治科技专项等工程，水污染防治筹划了城市黑臭水体治理、良好水体生态保护、城市饮用水水源地环境保护、地下水污染防治与修复、农业面源污染防治和地下水超采控制、海岸带整治与生态修复、部分流域小流域综合治理等；土壤污染防治设计开展全国土壤污染状况详查和质量等级划分、工业污染场地和土壤污染治理与修复、耕地土壤区域保护等。

生态环境保护方面，从环保部门的自身职能出发，设计了全国自然保护区规范化建设与监控体系构建、水源涵养功能区保护、土壤修复、生物多样性保护重大工程、国家海岸带与海洋生物多样性保护等生态修复与环境保护工程。"十二五"期间，国家更加重视农村环境问题并提出发展农村环境污染治理，结合农村的生活、生产现状，布设了农村小型环境基础设施建设、农村集中连片环境整治、农村饮用水安全保护和农业源治理工程等农村环境综合整治工程。

为了系统推进重点领域环境风险防范，在"十一五"铬渣处理工程的基础上，"十二五"设置了包括重金属污染防治、持久性有机污染物和危险化学品污染防治、危险废物和医疗废物无害化处置、重点化工园区有毒有害气体环境风险预警体系建设、化学品生产和使用调查与防控体系建设等工程。

环境监管能力方面，在"十一五"环境监管标准化建设的基础上，规划了环境监测、监察、预警、应急和评估能力建设，污染源在线自动监控设施建设与运行，人才、宣教、信息、科技和基础调查等工程建设。

"十二五"将提升社会公众的环保意识作为环保的重点工作之一，在环保宣传教育方面规划了全民环境教育、环境科普、环境规划、环境建设、环境文化、环境公园展示与体验基地建设等环境保护的社会行动体系建设工程。

六、环境规划评估与管理进展

（一）环境规划评估考核理论、方法与技术进展

环境规划评估与考核是及时掌握规划实施进展、督促各方实施规划以及保障规划顺利实施的重要手段和措施。从环保规划的整个生命周期来看，按照评估时点可以将环保规划评估大致分为 3 类或 3 个阶段：规划的可达性分析评估、规划实施中期评估和规划实施后评估（考核等）[76]。规划的评估与考核，是紧密联系同时有所差异的两项工作。科学的规划评估是规划考核的数据基础，主要目标在于掌握规划实施的进展与成效，分析归纳总结规划实施的经验与问题，以促进规划的编制与实施。合理的规划考核促进了规划评估技术的全面发展，其目标在于分析比较规划目标任务承担组织或个人实施规划的成绩与差距（需要规划评估工作作为基础），以达到落实规划实施责任、提高规划执行效果的目的。通过环境规划开展三个阶段的评估考核，并据此来调整该规划的方向、目标和实施方案，督促规划实施各方执行规划要求，是环境保护规划包括编制、实施、评估、监督、考核与后评估这一整套体系能够良好运行的重要一环，可为规划实施和环境保护工作推进提供决策参考，为地方政府环境保护责任落实情况提供具体明确的阶段性量化评判，为相关部门推进环境保护阶段性重点工作提供重要参考，为未来环境保护规划和决策安排提供基础依据[77]。

目前，国内外环境规划评估考核技术主要有四大类，分别是评估对象解构与系统化技术、评估考核指标体系构建技术、评估考核定量与定性技术和评估考核综合分析技术[78]。评估对象解构与系统化技术是对评估对象规划目标、任务工程、政策措施等进行逻辑严谨的解读，形成内部逻辑关系严密、外部关系清晰的评估模块[79~82]；评估考核指标体系构建技术是评估指标建立与筛选，从而形成评估考核指标体系，主要体现指标的筛选与优

化[83]；评估考核定量与定性技术是对评估对象的具体分析，实际工作中建议采用定性与定量相结合的技术方法，如模糊综合评判模型、集对分析法等[84~86]；评估考核综合分析技术是运用系统科学的思想，建立在评估考核技术方法选择、评估对象解构与系统化、指标体系构建基础上，开展经济社会环境系统综合分析，运用集成评估技术和总体研判技术[87]，分析影响规划实施的外部和内部因素，结合工作导向与评估考核目的，对评估对象做出全局性、整体性评价。四类技术的汇总分析详见表3。

表3　环境规划评估考核技术汇总

技术名称	技术目标	使用的主要方法
评估对象解构与系统化技术	厘清规划文本纵向层级与横向列举之间的时间、空间及其逻辑关系，形成逻辑关系严密的独立评估模块	评估对象解析方法：文本形式分析法、规划内容分析法；语义逻辑整合方法：层次分析方法（AHP）、逻辑框架法（LFA）、PSR模型构建
评估考核指标体系构建技术	进行指标关系分析，替换、删减或合并评估指标，形成评估考核指标体系	专家法、层次分析法、相关性、代表性、区分度、主成分分析等计量统计方法
评估考核定量与定性技术	规划实施的具体评估	定性技术：分级分档技术、对比分析、公众参与评估法；定量技术：指标对比分析、投入产出分析等；
评估考核综合分析技术	结合工作导向与评估考核目的，对评估对象作出全局性、整体性的评价	集成评估技术总体研判技术

我国环境规划评估中关于定性评估方法仍局限在红绿灯、专家主观分档等较为初级的技术方法领域，评估考核技术方法的更新升级直接决定了未来评估工作的技术含量与技术水平[82,85]。因此，应加强环境规划评估技术的相关研究，明确不同规划评估考核的技术适用性。可引入环境绩效评估方法开展规划考核[83]，包括指标选取，常用的有3E评价法、标杆管理法、平衡记分卡法、PSR（压力-状态-相应）模型等；数据处理，包括数据标准化、权重赋值等[82,88]；综合评估，包括数据包络法和雷达图法等。对于产业发展相关环境保护规划可采用系统动力学、计量经济学等环境经济预测分析方法[89]，加强宏观上预测污染物排放总量和环境目标协调性，为环境规划后续调整提供基础支撑信息，以增强实现环境保护规划总量和环境指标达标的能力。

（二）典型规划评估考核实践进展

1. 国家环境保护"十二五"规划评估考核进展

国发［2011］42号印发《国家环境保护"十二五"规划》（以下简称《规划》）以来，随着国家环境保护"十二五"规划实施工作的启动，规划的评估考核工作也随之开展。2012年开始研究探讨规划年度调度与中期评估、终期考核的衔接技术，合理框定《规划》年度调度内容，并开始收集、整理和储备相关具体技术工具，2013年7月完成规划上一年度的调度报告。

2013年，在配合国家发展和改革委员会《国民经济和社会发展"十二五"纲要》中期评估工作的基础上，开展了《规划》中期评估框架研究，就具体定量定性评估技术开展了相关分析研究，制订了规划中期评估工作方案，结合《规划》要求，进行了规划文本语义分析细化工作，形成了评估条目并进行了细致的指标化工作，形成了6类191个评估指标并就数据来源、数据格式、评估方法和相关情况进行了详尽的解释说明。

2014年，环境保护部与国家发展和改革委员会依据中期评估研究成果，向各省、区、市下发了《关于开展〈国家环境保护"十二五"规划〉中期评估工作的通知》（环办 [2014] 5 号），通过文本对比分析、图件分析、数据挖掘等技术方法开展了《规划》实施情况的中期评估分析研究工作，形成了《〈国家环境保护"十二五"规划〉中期评估研究报告》（技术总报告）。

2. 重点区域（流域）环境保护规划评估考核进展

为加快实施重点流域水污染防治各专项规划，落实水污染防治责任，切实改善水环境质量，根据《国务院关于落实科学发展观加强环境保护的规定》（国发 [2005] 39 号）及有关规定，2009 年 5 月，环保部会同发展和改革委员会、监察部、财政部等部门制定了《重点流域水污染防治专项规划实施情况考核暂行办法》（简称《办法》）。《办法》规定，重点流域水污染防治专项规划的考核内容包括水质指标和项目指标两项。水质指标，即流域考核断面水质综合达标率，按照单因子评价法，对考核断面采用每月的人工监测值或自动监测值进行评价，达到规划目标的监测次数占年度监测总次数的百分比。2014 年、2015 年单个断面达标率分别不低于 70％和 80％，即视为该断面达标。项目指标，即水污染防治项目完成率，包括各专项规划确定的工业污染治理、城镇污水和垃圾处理设施建设、重点区域污染防治、流域综合整治等项目。

考核工作采用百分制计分，其中水质指标 70 分，计分公式为：

$$S_q = \sum_{i=1}^{D} G_{断面i} \times \frac{70}{D}$$

式中，S_q 为水质指标得分；D 为考核断面总数；$G_{断面i}$ 为第 i 个考核断面水质断面达标率。若第 i 个考核断面的达标率大于或等于当年度的达标率要求，则取 100％。

项目指标计分 30 分。在考核中，2012—2015 年考核项目总数依次为规划项目总数的 50％、60％、70％和 80％。已完成项目、调试项目、在建项目、前期项目、未启动项目分值系数分别为 1、0.75、0.5、0.25 和 0。项目得分为上述 5 类项目得分之和。考核结果分为好（80 分以上）、较好（70 分以上，80 分以下）、一般（60 分以上，70 分以下）、差（60 分以下）四档。

截至 2012 年年底，"十二五"重点流域水污染防治规划共安排项目 6844 个，已完成（含调试）项目 1840 个，占项目总数的 26.9％；在建 1461 个，占 21.3％；前期准备 1449个，占 21.2％；未启动 2094 个，占 30.6％。长江中下游、海河、淮河、黄河中下游、松花江、辽河、巢湖、三峡库区及其上游、滇池的水污染防治项目完成率分别为 41.3％、36.6％、34.8％、23％、22％、21.3％、15％、8.4％、6.9％。实际考核断面 415 个，其中达标断面 324 个，占断面总数的 78.1％，未达标断面 91 个，占断面总数的 21.9％。

3. 污染防治"十二五"各专项规划实施评估考核进展

（1）环境监测与监管能力建设规划评估考核进展　环境监管是环境管理的重要组成部分，是实现环境目标的重要保障，为加强环境监测与监管能力建设，2008 年国家发展和改革委员会、财政部联合审批并印发环保系统第一个能力建设五年规划《关于印发国家环境监管能力建设"十一五"规划的通知》（发改投资 639 号），2009 年和 2011 年环境保护部分别开展了规划实施的中期和终期评估工作。为持续提升环境监管能力，实现"十二五"环境保护规划目标，2013 年环境保护部、国家发展和改革委员会、财政部联合印发《国家环境监管能力建设"十二五"规划》（环发 [2013] 61 号），提出了环境监管能力建设"十二五"的规划目标、四项主要任务、三大重点工程和四项保障措施。环境保护部在

2014 年组织编制了规划评估方案、评估大纲和评估调查表，于 2015 年全面开展规划的实施评估工作。

2011 年，国家发展和改革委员会编制印发了《国家环境监测"十二五"规划》（环发〔2011〕112 号），随着"十二五"环境监测在环境管理中技术支撑地位更加突出，为科学评估规划实施情况、全面了解环境监测事业发展现状，2014 年环境保护部编制了规划评估方案、评估大纲和评估调查表对各省（区、市）"十二五"前 4 年规划实施情况进行了评估。评估遵循的主要原则包括：①重点与实效统筹兼顾。以《国家环境监测"十二五"规划》要求和实施情况为重点，同时兼顾监测事业发展整体情况，全面分析截至 2014 年年底规划内及规划外项目开展情况。②定量与定性技术结合。对于规划中能够量化的目标、主要任务、重点项目、资金投入等，进行定量评估；对于规划中涉及定性要求的指标，开展定性评价。③自查与抽查方式并行。评估以各地自查为主，环境保护部对重点地区、重大项目开展抽查，并将抽查结果与自查结果进行比对，确保数据和结果真实有效。结合自评报告、重点抽查、现场调研、专家咨询等，对《国家环境监测"十二五"规划》实施情况进行综合分析和评估，重点总结了"十二五"发展成效，深入分析存在的主要问题，同时提出"十三五"及未来一段时期环境监测发展建议，形成《国家环境监测"十二五"发展评估报告》，提交 2015 年全国监测工作现场会讨论。考核结果表明《国家环境监测"十二五"规划》总体进展良好，投资超额完成、主要任务全面开展、重点工程全面实施、主要目标基本实现，环境监测事业在空气质量新标准监测、预警预报、颗粒物源解析、企业自行监测信息公开等方面取得重大突破，为污染总量减排、环境质量管理、污染风险防范等环境管理决策提供了重要技术支撑。

（2）重金属污染防治专项考核进展情况　为加强重金属污染综合防治工作，控制重金属污染物排放，根据《国务院关于重金属污染综合防治"十二五"规划的批复》（国函〔2011〕13 号）的要求，2012 年 7 月 5 日环保部印发《重金属污染综合防治"十二五"规划实施考核办法》及《重点重金属污染物排放量指标考核细则》（环发〔2012〕81 号文）。考核办法规定对各省（区、市）人民政府实施国务院批复的《重金属污染综合防治"十二五"规划》情况进行年度考核、中期评估和全面考核。

各省（区、市）人民政府负责统筹《重金属污染综合防治"十二五"规划》实施的总体要求，制定重金属污染综合防治年度实施方案，确定年度实施目标。环保部结合年度实施方案和自查报告，采用现场核查和重点抽查相结合的方式进行考核，考核内容包括排放量、环境质量、重点项目、环境管理、风险防范五个方面，采用定量打分的方式进行，考核结果分为优秀、良好、合格和不合格四档，分值在 90 分以上（含 90 分）为优秀，70～90 分（含 70 分）为良好，60～70（含 60 分）为合格，60 分以下为不合格。自 2012 年起，每年对上一年度各省（区、市）《重金属污染综合防治"十二五"规划》实施情况进行了年度检查和考核。考核结果为不合格的省（区、市）人民政府在 30 天内向国务院作出书面报告，提出限期整改措施，同时环保部暂停该地区涉及重点重金属污染物排放的建设项目环评审批。

2014 年对各省（区、市）2011 年度、2012 年度和 2013 年度三年规划实施情况进行了中期评估。《重金属污染综合防治"十二五"规划》中期实施情况评估采用逻辑框架法，遵循"三大体系建立（重金属污染防治体系、事故应急体系和环境与健康风险评估体系）-排放量、环境质量与环境风险-重点项目与工作成果-主要任务与政策保障"的逻辑框架，即"三大体系建立"为目标层次，"排放量、环境质量与环境风险"为目的层次，"重点项目与工作成果"为产出与结果，"主要任务与政策保障"为投入与措施。评估结果显示《重金属污染综合防治"十二五"规划》实施3年来，重金属污染物排放量得到较好控制，重金属环境质量总体稳定，部分重点区域生态环境质量趋向改善，重金属环境风险防范水平明显提高，突发性重金属污染事件高发态势得到基本遏制。

4. 大气污染防治行动计划实施评估考核进展

为严格落实大气污染防治工作责任，强化监督管理，加快改善空气质量，2013年9月，国务院发布了《关于印发大气污染防治行动计划的通知》（国发〔2013〕37号）（以下称《通知》）。根据《通知》要求，环保部会同发展和改革委员会、工业和信息化部等有关部门编制了《大气污染防治行动计划实施情况考核办法（试行）》（以下称《考核办法》）（国办发〔2014〕21号），并于2014年5月27日由国务院办公厅印发。作为《大气污染防治行动计划》的重要配套政策性文件，《考核办法》明确了责任主体与考核对象，确立了以空气质量改善为核心的评估考核思路，标志着最严格大气环境管理责任与考核制度的正式确立。为明确和细化《考核办法》各项指标的定义、考核要求和计分方法，加快落实考核工作，2014年7月，按照《考核办法》要求，环保部等6部委联合编制并公布了《大气污染防治行动计划实施情况考核办法（试行）实施细则》（环发〔2014〕107号）。

大气污染防治行动计划的考核以空气质量改善为核心，采取空气质量改善绩效与大气综合整治工作两大类。空气质量改善绩效指标选取各地区细颗粒物（$PM_{2.5}$）或可吸入颗粒（PM_{10}）年均浓度下降比例、重污染天数下降幅度等指标。相比于环保领域既有的考核制度，大气污染防治行动计划考核的特色和亮点主要体现在以下方面：首先，在考核指标设置上首次提出空气质量改善目标完成情况考核指标，同时大气污染防治重点任务完成情况考核指标覆盖面广，涉及大气污染防治源头、过程和末端的方方面面。其次，考核方式在传统综合打分的基础上，切实强化空气质量改善的刚性约束作用，终期考核实施质量改善绩效"一票否决"。第三，考核手段由重突击检查、轻日常监管，向强化日常监管、突击检查与日常监管相结合转变，将日常综合督查结果作为考核的重要依据。第四，考核工作充分体现分区指导原则。对大气污染严重的京津冀及周边、长三角、珠三角区域（以下简称重点区域）实施空气质量改善目标完成情况、大气污染防治重点任务完成情况双考核；对其他地区实施空气质量改善目标完成情况单一考核，对大气污染防治重点任务完成情况进行评估。

大气污染防治行动计划实施评估考核采取年度考核与终期考核相结合的方式。自2014年起，每年对各省（区、市）年度实施情况进行评估考核，其中2013年重点评估各地区大气污染防治重点工作的部署情况，2018年对整体实施情况进行全面评估考核。截至2015年4月，环保部等6部委已对全国大部分省（区、市）完成2014年度考核，考核结果尚未最终形成。

七、重点领域环境规划研究与技术新进展

（一）大气环境规划理论、技术与实践进展

1. 大气环境规划数量增加

随着《大气污染防治行动计划》（大气十条）的全面实施，全国各地为了实现大气十

条设定的目标，逐渐在省和城市尺度上，以大气环境规划为先导，制定并实施有针对性的大气污染防治措施。规划的形式不一而足，包括具体针对大气十条的目标制订的行动方案。如河北省的《河北省大气污染深入治理三年（2015—2017）行动方案》[90]；以空气质量达标为核心目标的城市空气质量达标规划，如上海、武汉、深圳等城市的城市空气质量达标规划为代表[91]；以及在源解析基础上的污染防治措施，以安阳、乌海等城市为代表。省和城市专项大气环境规划的数量较以前有了明显增加，显示出大气环境规划这一决策工具在我国大气环境质量管理方面体现出越来越重要的作用。

2. 规划涉及的大气污染物种类增加

在以往的规划中，主要关注的大气污染物都是尘和二氧化硫、氮氧化物等致酸气体。其中烟尘、粉尘、扬尘等造成的污染由于影响的范围较小，往往在城市区域内进行控制，而二氧化硫、氮氧化物等污染物引起的区域环境问题，更需要跨城市、省区甚至国家进行统筹规划和共同防治。随着人们认识到细颗粒物（$PM_{2.5}$）能进行远距离传输，并深入人体呼吸系统，影响人体健康，一次颗粒物及二次颗粒物的气态前体物也开始被纳入到大气污染防治规划的范围内[90,92,93]。其中对于颗粒物，在对烟尘、粉尘和扬尘提出控制要求的同时，在规划中更重视了对于其中粒径较小的 $PM_{2.5}$ 的分析；对于气体，在以往的二氧化硫和氮氧化物的基础上增加了对挥发性有机物的控制分析。

3. 对大气复合污染的关注逐渐加深

最初的大气污染控制规划大多针对单一的大气污染问题。随着对大气物理化学过程了解的进一步深入，逐渐认识到整个大气系统的复杂性。由于大多数的大气污染物都会对不同的大气污染现象有所贡献，我们很难把不同的大气污染现象割裂开来，分别考虑其控制对策，而需要在同一个系统中进行一个整体的考虑。基于这一思想，第三代空气质量模型在目前的规划中成为了主流的技术工具，这反映在目前的国家和城市规划[90,92,93]，以及相关研究中[94,95]，基本上都把第三代空气质量模型（CMAQ 和 CAMx 等）用于来源分析和环境空气质量目标的可达性分析。与之对应的，在基于这些模型工作进行的大气污染防治规划中，往往都把细颗粒物污染、臭氧污染等问题同时纳入考虑范围，试图在解决二氧化硫等传统污染问题的同时，解决 $PM_{2.5}$ 和臭氧等复合污染问题。

（二）水环境规划理论、技术与实践进展

我国流域水污染防治规划编制一直在探索建立科学、合理、可操作的技术方法体系。从"九五"开始形成了"质量-总量-项目-投资"四位一体的污染防治技术思路框架，逐步建立了以控制单元为主的，流域、区域相结合的控制模式，形成目标责任与考核体系、跨界管理和饮用水源等重要水域优先保护等技术管理理念，经过多年的实践，上述规划理论方法逐步得到完善。

1. 四位一体的治污总体思路

"九五"以来"质量-总量-项目-投资"四位一体的治污技术思路贯穿了重点流域水污染防治规划。

（1）质量　重点流域饮用水水源地、跨界水质、重要城镇污染控制的监测断面与水质目标不断强化，设置的国控断面密度远大于非重点流域，最典型的是太湖流域，在 3.69 万平方公里的流域范围内集中了 89 个河流国控断面和 21 个湖泊国控点。重点流域考核断面数量由"十一五"的 156 个增加到"十二五"的 432 个，强化这些断面的属地责任

考核[96~99]。

（2）总量　坚持实施流域排污总量控制，总量控制目标与控制方案逐步细化，由"十一五"的流域分省的总量控制向流域分控制单元的总量控制的精细化转变。以淮河流域为例，2010年流域COD和氨氮排放量比2005年削减15.2％和18.6％，2015年比2010年削减12.58％和13.21％，并将2015年流域和省的总量控制目标分解到57个控制单元，流域-控制单元总量控制强有力地推动了水质改善[100]。

（3）项目-投资　流域治污项目建设是落实规划目标和任务的重要保障，项目类型包括城镇污水处理及配套设施建设（配套管网、提标改造、污泥处理处置）、工业污染治理（结构调整、清洁生产、深度治理等）、畜禽养殖污染防治、区域综合治理（截污导流、小流域整治等）、水源地污染防治（非点源治理、打井工程等）、生态治理（湖滨带生态恢复、湿地工程建设等）及流域监管能力建设等方面。规划项目及其相应的考核、奖励等机制，充分调动了地方政府治污的积极性，流域治污水平显著提高，流域水污染防控能力显著增强。

2. 分级保护的流域水质目标

全面改善流域水环境的物理、化学和生态状态，达到较好的水环境功能需要经历很长的时期。重点保护高功能用水、改善严重污染水域、逐步恢复流域总体水质功能，是四个五年流域治理规划得出的重要经验。

重点保护高功能用水，核心是饮用水源保护。在淮河流域"九五"期间带有理想化水质目标的历史阶段，流域水体变清目标中就包含了饮用水水源地保护的基本要求。松花江流域水污染防治"十一五"规划中，保护大中城市集中式饮用水水源地是2010年的主要目标，加强饮用水水源地环境监管、让人民喝上干净的水是流域规划的首要任务，25个湖库型集中式饮用水水源地和10个河流型集中式饮用水水源地是流域优先保护水域。南水北调东线输水沿线、南水北调中线水源地、三峡库区水质保护都是按照国家战略性饮用水源的高功能目标采取严格的措施强化保护。《重点流域水污染防治规划（2011—2015年）》提出"到2015年，城镇集中式地表水饮用水水源地水质稳定达到功能要求"。

改善严重污染水域，体现了水质改善与总量减排的结合。四个五年流域规划以来，流域水污染减排的重点是工业废水和城镇污水，反映到流域水污染防治规划中是城镇纳污水域的水质改善。国家重点流域"十一五"期间化学需氧量需削减约12％，高于全国平均10％的削减水平；与2006年相比，重点流域2010年国控断面劣Ⅴ类断面比例下降了16.9个百分点[101,102]。

逐步恢复流域总体水质功能，是流域水污染治理的长期任务。1998年太湖流域点源污染治理采取"零点"行动，主要入湖河道COD浓度年均值比1997年下降26.7％，太湖湖体COD浓度年均值比1997年下降了21.2％[103]。到2007年，太湖流域湖体和主要入湖河流的COD浓度达到了Ⅳ类，但仍然爆发了大规模的蓝藻水华。这充分表明主要污染物削减并不代表水质的全面改善，"还太湖一盆清水"绝非易事，必须充分认识太湖流域及其他流域水环境综合治理的复杂性、艰巨性和长期性。琵琶湖等国外治理经验表明，美国、欧盟、日本等发达国家从大规模治污到环境质量明显改善的时间跨度约为二三十年左右[104~106]。

3. 分区控制的流域管理模式

流域分区管理保护是国内外流域治理的普遍经验，我国重点流域水污染防治也大致遵循了这一规律。

淮河流域"九五"水污染防治规划明确提出了规划区、控制区、控制单元的分区管理模式，将全流域按照水资源分布、污染负荷特征和水污染问题，划分为七大控制区、34个控制单元和100个控制子单元，筛选32个重点控制子单元，建立了控制单元分区管理的雏形。

《南水北调东线工程治污规划》按南水北调东线线路、用水区域和影响区域的水环境保护要求，将东线调水工程治污规划区域划分为输水干线区、山东天津用水区和河南安徽水质改善区三个规划区，再根据流域界限与行政区划相结合原则将规划区划为8个控制区，以河流水系为单元细化成53个控制单元，以控制单元作为规划治污方案、进行水质输入相应分析的基本单元，分别实施清水廊道、水质保障、水质改善三大工程。

《三峡库区及其上游水污染防治规划》按照对水库水环境影响程度划分了库区、影响区、上游区三个控制区，分区域制定2003年、2005年、2006年、2009年和2010年不同时段的治理目标和配套政策，有序推进流域水污染治理，取得了资金优化配置、政策示范推进、工程分步实施的良好成效。

《重点流域水污染防治规划（2011—2015年）》（国函〔2012〕32号）进一步深化流域-控制区-控制单元的三级分区体系，以县级行政区为基本单位，依据行政区界及排污去向，按照行政区-水体-断面之间的对应关系，划分控制单元，建立了流域-控制区-控制单元三级分区管理体系，将8个重点流域划分为37个控制区、315个控制单元，筛选出118个重点控制单元（其余197个为一般控制单元），并将118个单元分为水质维护型、水质改善型和风险防范型3种类型，制订水污染防治综合治理方案，实施分类指导。

4. 逐步完善的指标考核体系

与规划编制和实施同步发展的规划考核也在不断探索完善中。规划实施情况考核首先产生于"十五"期间淮河流域。2005年，原国家环保总局印发了《淮河流域水污染防治工作目标责任书执行情况评估办法（试行）》和《淮河流域水污染防治工作目标责任书评估指标解释（试行）》，并于2006年1月开始对淮河流域水污染防治工作进行年度评估，大大促进了规划的落实。

重点流域水污染防治"十一五"规划中明确提出"实施规划年度评估制度，并于2010年进行期终评估与考核"，规划实施考核工作进入制度化阶段。2008年，环境保护部制定了《重点流域水污染防治规划（2006—2010）执行情况评估暂行办法》和《重点流域水污染防治规划（2006—2010年）执行情况评估暂行办法指标解释》，重点对COD（或高锰酸盐指数）和氨氮进行考核，标志着规划实施评估与考核体系的全面建立。"十二五"期间，2012年环境保护部发布《重点流域水污染防治专项规划实施考核指标解释》（环办函〔2012〕1202号），按单因子评价方法考核断面的21项指标（总氮、水温、粪大肠菌群除外），分年度对规划的控制断面进行了目标完成情况的考核，对考核不达标的控制单元实施区域限批[98]。总体看来，我国"十二五"期间流域水环境规划实现了几大转变：从体制机制上实现了由行政区管理到上下游协调、各部门协作的模式转变；实现了由一致性管理到"分区、分类、分级、分期"差异性管理的理念转变；从以污染治理为主，向污染治理与预防结合的过渡；从单纯注重排放总量减排，向总量减排与环境质量改善相结合转变；由以往的单纯追求水质保护，向整体流域的水生态治理和风险防范的转变。

（三）土壤环境规划理论、技术与实践进展

1. 土壤环境规划理论

土壤环境规划目前尚处于起步阶段，尚未形成完整的理论体系，主要是借鉴环境容量与承载力、持续发展与人地系统、复合生态系统、空间结构理论等，为土壤环境规划提供理论基础和方法支持[5,107,108]。

土壤环境规划应充分体现"人地和谐"，以保障土壤资源的永续利用。"人-地"关系是人类活动与土壤环境相互作用形成的开放的复杂系统，需要从"经济-社会-自然"复合生态系统的结构、特性、规模与发展速度的角度协调与环境的关系，提出相应的协调因子，反馈给土壤生态系统，不断提高土壤环境承载力。

2. 土壤环境规划技术

国外从最开始治理污染土壤的"对症疗法"，逐步认识到土壤环境规划的重要性[109]。日本重视对土壤污染进行事先预防，《农业用地土壤污染防治法》规定了农田土壤污染对策计划、农业用地土壤污染对策地区的指定和《土壤污染对策法》规定的土壤污染状况调查制度、区域指定制度[110]。在实践中，将保护人体健康或生活环境放在第一位，因此规划控制的重点是有毒有害物质或严重影响人体健康的汞、镉、铬、铅、多氯联苯等，同时借助立法手段确保土壤环境规划的顺利实施[111,112]。美国的环境保护规划一般都以区域性的环境规划为主[113]，其原则是保护人类健康和降低生态环境影响，广泛采用模拟预测方法，模拟大气、水、土壤环境质量，注重污染土壤的治理和土地再开发利用规划[114]。澳大利亚在相关环境立法中规定了土地利用规划，比较选取环境保护最优规划方案，防止土壤污染[115]。同时，十分注重政府职能作用的发挥，联邦政府与州政府之间通过协商和合作方式来保障土地环境规划的实施。综合分析国外土壤环境规划经验，提出我国土壤环境规划技术和方法。

（1）土壤污染成因分析方法 编制土壤污染防治规划，需要评估区域内土壤环境质量状况、土壤元素背景值、土壤负载容量、土地利用方式等，分析区域内土壤污染物排放情况、污染物在土壤环境系统中的反应行为、土壤环境质量对农产品质量与人体健康影响，以及预测土壤污染态势等，明确土壤污染成因[116,117]。

（2）规划目标设定方法 从保障农产品质量安全和人体健康、维护生态环境安全等角度出发[118]，根据社会经济发展实情，从土壤生态功能、生产功能、质量改善等方面确定土壤环境规划目标。具体指标的提出需要综合考虑土壤环境质量现状，选择具有代表性的因子，并与决策管理部门协商的基础上确定。

（3）规划方案优先方法 运用数学规划法如线性规划法、非线性规划法和动态规划法等方法，结合土壤环境目标，并在与土壤环境系统有关要素约束和技术约束的条件下，提出为达到此目标拟采取的控制措施，寻求土壤环境保护最优的规划方案。运用投入-产出等经济模型，通过对每个方案进行模拟及费用-效益分析和比较，从中选取最满意的方案供决策部门采纳。

3. 土壤环境规划实践进展

土壤环境保护相对于大气、水等，受到关注的时间较短。因此，土壤环境保护规划编制与实施的起步时间较晚。2010年，环境保护部、发展和改革委员会、国土资源部联合组织编制了《土壤环境保护"十二五"规划》，该项研究成果最终以《国务院办公厅关于

印发近期土壤环境保护和综合治理工作安排的通知》（国办发［2013］7号）形式印发，是国内第一个土壤环境规划领域以国务院名义印发的正式文件，是我国土壤环境规划实践的开端。2013年，环境保护部印发了《土壤环境保护和综合治理方案编制指南》（环办［2013］54号），用于指导各地编制本地区的土壤环境保护和综合治理工作方案。宁夏等省份编制了省级土壤环境中长期规划。浙江台州、湖北黄石、湖南常德、广东韶关、广西河池、贵州铜仁等地编制了地市级土壤污染综合治理示范区建设方案。

（四）环境风险规划理论、技术与实践进展

1. 环境风险管控规划理论

环境风险防控规划可被认为是为防范环境风险、降低环境风险事件危害、促进环境与经济、社会协调发展，对包括风险源、受体以及暴露途径等在内的环境风险系统所做的时空安排。环境风险防控规划是环境规划体系的一部分，就技术方法而言，环境风险防控规划应符合一般环境规划的技术方法体系的要求，即包括评价方法、预测方法以及决策分析方法等。同时，由于环境风险本身具有复合性、潜在性、不确定性等特征，并且该领域长期的研究过程中形成了一套比较独立的技术方法体系，因此，环境风险防控规划技术方法具有综合性、系统性、模糊性以及动态性等特点。环境风险防控规划与一般环境规划技术方法的关系如图2所示。

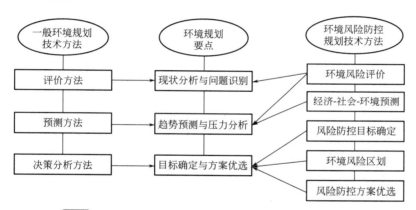

图 2 环境规划与环境风险防控规划技术方法对应关系

2. 基于环境风险管控的规划技术方法

（1）环境风险评价方法

① 环境事故风险评价方法：事故风险评价的主要步骤包括风险识别、源项分析、风险计算、风险表征等。源项分析是事故风险评价的基础环节，包括风险源识别、事故类型确定、事故原因及频率分析等内容，常用分析方法包括初步危险分析法、故障树分析法、事件树分析法等。对于有毒有害物质在大气、水环境中的扩散，通常采用多烟团模式或分段烟羽模式、重气体扩散模式等进行计算。不确定性分析是事故风险评价中不可忽视的内容，可以利用传递函数法、数值模拟法、置信区间法和二间矩法这四种定量分析方法探讨环境风险的不确定性，减少不确定性的途径包括多目标规划法、非参数回归法、回归分析法和专家意见法等方法。另外，蒙特卡洛分析、模糊数学、灰色系统以及随机过程等方法也被用于事故风险评价当中。

② 健康风险评价方法：目前国内外常用的健康风险评价方法通常是基于美国 EPA 的"四步法"，即危害鉴别、剂量-效应关系评价、暴露评价和风险表征。暴露评价是健康风险评价至关重要的步骤，也是评价人类对危险化学物质当前或潜在暴露程度的重要工具，为了提高暴露评价的质量和水平，回归分析技术、源解析（主成分分析）技术、蒙特卡洛分析、贝叶斯统计等分析技术得到越来越多的应用。我国的暴露参数研究滞后，还没有提出相应的标准或推荐参数，研究中主要是引用国外的一些资料，但由于我国地域辽阔，各地经济社会发展水平差异较大，直接引用国外参数会对评价结果的合理性、有效性造成直接影响[119]。近几年，地表水、土壤、地下水以及大气环境中重金属、POPs、PAHs 等污染物健康风险评价在一些典型区域得到广泛应用，国外污染场地的健康风险评价方法的本土化也取得了积极的进展。将传统的健康风险评价方法与流行病学、临床医学有机结合探讨环境污染的健康影响是目前健康风险评价的热点和难点[120]。

③ 生态风险评价方法：生态风险评价"三步法"，即问题形成、分析和风险表征。许多研究[121,122]在"三步法"的基础上，对生态风险评价的方法进行了改进，提出环境生态风险评价的程序包括源分析、受体评价、暴露评价、危害评价和风险表征 5 部分。以熵值法和暴露-反应法为主的物理方法，以概率风险分析、模糊数学、灰色系统理论、马尔可夫预测和机理模型为主的数学方法，以及人工神经网络模型和蒙特-卡罗模型等模拟方法常用于单风险源、单受体的生态风险评价当中。一些研究人员对基于多风险源、多受体的指标体系区域生态风险评价方法进行了研究[121]，构建了包括综合风险概率、生态脆弱度（易损度）两大类指标的区域生态风险评价指标体系，其中，综合风险源概率中的风险权重通过构建暴露系数来实现，生态脆弱度指标则包括生态环境质量指数和社会经济系统脆弱度指数。

④ 区域环境风险综合评价方法：区域环境风险具有复杂性、多样性的特点。根据区域自然环境及社会环境的结构、功能及特点，考虑风险源、风险受体、控制机制的共同作用，运用环境风险源及环境敏感受体的危险性和脆弱性评估方法、风险源和环境敏感受体等级划分方法、区域综合环境风险评估方法及重点污染源对环境敏感受体影响模拟等方法进行区域环境风险综合评价。在此基础上，针对区域内可能诱发跨界环境污染事件或造成重大环境影响的事件，通过"风险源识别、源项分析、概率评估、后果估算"进行典型事件的环境风险量化评估，量化事件的影响范围和后果，可以为区域突发环境事件应急预案的编制提供支持。

（2）环境风险预测方法　环境风险预测是指根据过去和现在已掌握的有关环境风险的信息，运用一定的技术方法，对包括风险源、风险受体以及控制机制等在内的风险系统未来一定时期内的状况和趋势进行分析和判断。现有的环境风险评价体系中已包含环境风险预测的内容和方法，但就规划而言，环境风险预测仍然是目前研究的薄弱环节，相关研究成果较少。

目前，在环境风险评价中环境风险预测方法的研究主要集中在累积性环境污染[119]和突发性环境事故[121,123]的环境风险，前者主要是预测长期暴露于污染物中人体的危害（致癌、非致癌）以及其他生态系统的危害（功能、结构损伤），后者主要是预测某一环境污染事故（如有毒有害物质泄漏）在一定的气象、地理条件下对周边环境敏感受体的急性危害程度。

现有环境风险评价中的环境风险预测，一般以采用风险源、风险受体相对固定的情景进行预测，未来一定时期内环境风险的演变状况受污染物排放、环境中污染物浓度以及经济社会发展布局等因素的影响。污染物排放、环境质量可以通过常规的环境预测方法进行预测。常规的环境预测内容一般包括社会发展预测、经济发展预测、环境质量与污染预测等。环境预测方法包括定性方法（如专家调查法、历史回顾等）和定量方法（外推法、回归分析法、环境系统数学模型等）。

环境风险预测除了要关心污染物排放、环境质量等的变化外，更注重环境风险源和受体的时空格局变化。经济社会发展布局则需要充分考虑区域的社会经济发展、土地利用等其他规划内容。

（3）环境风险决策分析方法

① 目标确定：综合考虑经济、社会、环境因素，将可接受环境风险水平作为（风险标准）环境风险管理的目标。将风险接受水平的理论方法研究转化为风险管理中的标准已在各发达国家广泛应用，许多国家在长时期调查统计的基础上给出了本国公民接受的最大风险标准。我国尚没有规定的最大可接受风险标准，一些研究者针对我国社会经济发展水平对我国最大可接受风险水平进行了探索，毕军等[124]以美国作为参照体，给出了恩格尔系数与社会发展阶段、MARL 的对应关系表，并以 2001 年的恩格尔系数为基准，提出我国城市的 MARL 大致为 10^{-5}。黄蕾[125]以心理范式法为理论基础，从公众对风险的感知因子入手，建立了以风险感知因子估算 MARL 的基本模型，并开展了风险接受水平在风险管理中的应用研究。

② 风险区划：环境风险区划是一种重要的区域环境风险管理手段，主要是通过区域环境风险相对大小的排序，揭示区域内及区域之间环境风险分布的相似性和差异性，从而确定环境风险管理的优先管理顺序，实现环境风险分区管理。近年来，许多研究者在区域环境风险评价的基础上对环境风险区划的方法进行了研究[123,126]。一些学者采用多指标综合评价法[123]，从风险源危险性、控制机制有效性和受体易损性几个方面构建环境风险指标体系，最后基于区域风险综合指数的分级进行分区。

随着 GIS 空间技术的发展，基于环境风险区划的环境风险制图成为环境风险管理迅速崛起的一个新领域，国际上已开始对其给予更多关注[127]，但是到目前为止，我国管理部门和科研界还未对环境风险地图的开发和应用引起足够重视，相关研究成果较少。

③ 方案优选：经过系统评价、分析以后，决策者通常会面临多个应对方案。环境风险比较分析是确定风险事件管理优先顺序，支持环境风险管理决策，实现区域环境风险管理目标的主要手段，是否确定、如何确定以及所确定优先顺序的合理性将影响区域环境风险管理策略的制定及其有效性。经过几十年的研究与应用，国际上形成了大量的环境风险比较方法，主要有风险-风险分析、风险-效益（效用）以及风险-费用分析，其中，风险-风险分析主要用于对风险进行排序，风险-效益主要用于确定风险活动水平或风险-效益（效用）分析的优先顺序，风险-费用分析主要用于确定风险控制措施的优先顺序。在实际应用中，许多学者建立了简单易行的评分和排序体系。

3. 基于环境风险管控的规划实践进展

近年来，环境保护部环境规划院探索将环境风险评估、区划等理论、方法应用于规划实践，研究编制了《广西河池生态环保型有色金属产业示范基地规划》《广西河池市重金属污染综合防治规划》《临武县重金属污染综合防治规划》《永兴县重金属污染风险防控规划》《陶家河流域重金属污染调查、风险评估和控制修复方案》《沿海地区陆源溢油环境应急能力建设规划方案》等规划、方案，通过开展环境风险评估、区划，为污染防治、风险防控、污染控制修复以及能力建设目标设定、主要任务及重点工程设计提供了决策依据，提高了规划的科学性和针对性。

（五）生态环境规划理论、 技术与实践进展

2014 年，国家发展和改革委员会等 12 个部门联合制定了《全国生态保护与建设规划（2013—2020 年）》，环保部出台了《全国生态保护"十二五"规划》，传统的自然生态和景观生态保护规划内容不断深化。但更重要的是，随着生态安全理论和格局-功能-结构理论的深化，生态评价和规划逐步成为我国国土空间优化配置的基础。2011 年，我国颁布实施《全国主体功能区规划（2011—2020 年）》，明确提出构建"两屏三带"的生态安全格局，实施禁止开发或限制开发，保护重点生态功能区等要求。在此基础上，自 2011 年开始，生态保护红线划定工作启动，在国家、区域、城市等相关规划中，生态保护红线的划定成为生态规划的重要内容。环保部出台了《国家生态功能基线划定技术指南》，并在江苏、内蒙古、江西、湖北、广西等五省区开展了划定试点。2014 年，江苏和天津市颁布实施了生态保护红线规划（或方案），林业、农业等部门开展了森林、草原、湿地、荒漠等不同类型的生态保护红线划定。在城市层面，环保部开展的城市环境总体规划试点，将生态保护红线划定作为环境总体规划空间体系重要的内容，广东省明确要求各地市划定基本生态控制线。

生态规划的理论与实践相互促进、相互发展。理论指导实践，实践反过来推动理论突破。目前，我国的生态规划不仅仅是一般意义景观的保护与规划，而是建立在安全格局和复合生态系统理论上，对区域各项生态关系的布局与安排，核心目的是调整人类与自然生态系统的关系，从而达到维护区域生态系统平衡，实现区域生态系统和谐、高效、持续。在此基础上，生态规划不仅关注自然资源的利用和消耗对区域民众生存状态的影响，而且关注生态系统的功能、结构等内在机理与变化及其对区域发展的影响或制约。因此，生态规划应该是一种关系协调性规划，生态规划应与当前既有的规划体系融合，强调将生态理念渗透到各个部门、各规划之中，尤其是将生态理念"楔入"区域、城市规划，置于区域和城市规划的前端，给规划提供"生态化"的指导。

在生态规划技术方面，3S 技术（RS、GPS 和 GIS）和信息技术的不断发展为生态规划提供了来源更广、更可靠、更准确的数据和方法。生态适宜性评价、生态敏感性评价、生态安全评价、生态功能评价、生态风险评价等生态规划的基础性评价方法在数据、方法、参数、模型、结果等方面均进步明显，为生态规划的制定和编制奠定了较好的技术基础。

八、环境规划专业学科发展情况

据初步统计，"十二五"期间，全国共新增环境规划研究方向的博士生授权点 8 个，其中 2011 年新增 4 个，分别是北京科技大学、中国农业大学、长安大学和南昌大学；2012 年新增 2 个，分别是北京化工大学和大连海事大学；2014 年新增 2 个，分别是西南科技大学和中国矿业大学（北京）。新增硕士生授权点 2 个，2014 年新增 1 个，为贵州大学；2015 年新增 2 个，为河北工程大学。目前全国拥有环境规划研究方向的硕士授权单位

136个，研究的主要方向是环境规划与管理。

根据对中国国内环境规划学科的硕士、博士论文发表情况进行分析，中国环境规划学科研究方向硕士和博士总量保持增长态势。环境规划研究方向的硕士论文2011—2015年的发表量为2366篇，博士论文发表量为224篇。环境规划专业的硕士论文发表量在5年间为38篇；博士论文发表量为25篇。在5年时间内，国内学者发表的环境规划中文文献数量达到2442篇。

九、环境规划科学技术发展趋势及展望

（一）环境规划学科的主要问题

中国环境规划40年来取得了一批理论成果和一些成功的经验，但也存在一些问题。

（1）环境规划整体性、系统性、连续性理论体系有待进一步深化　环境规划研究偏重功能性，即规划编制中用得上的方法、技术手段研究得多，甚至大多聚集在具体技术手段、新技术方法（如空间分析技术、信息技术、数理模型）应用等方面。环境规划理论的整体性、系统性、连续性研究少，"碎片化"的环境规划研究成果和实践性经验总结多，尤其是环境规划的"规范性"理论研究缺乏。

（2）环境规划学科与规划学、环境学的学科结合有待进一步加强　当前环境规划中的理论是基于系统理论、优化理论，以物质性环境要素（如水、气、声、自然生态、固体废物等）及其污染防治为主。观尺度上与社会经济的协调、与产业部门的衔接不够紧密，规划区域特征的研究不够，政策机制的成本效益定量分析有待加强，未能起到统筹环境学科发展的龙头性、引导性地位与作用。

（3）空间层面的宏观、中观和微观环境规划体系支撑与互补有待进一步提高　城市环境总体规划理念的提出虽然使得空间和尺度的结合逐渐上升到一个比较重要的高度，然而仍处于起步阶段。

（二）环境规划学科发展的基本趋势

根据国内外环境规划学研究现状和我国环境规划学科建设需求，预计今后5～10年环境规划学科发展将呈现以下发展趋势。

（1）环境规划学科基础性、导向性作用将进一步加强　环境规划学科经过近些年的发展，其理论发展不断强化，对经济发展规划、环境保护规划的基础性、指导性作用进一步加强，体现在环境规划学的学科体系建设不断完善，微观要素层、中观空间层、宏观战略层三个层级的环境规划理论研究及应用。未来5～10年，环境保护规划对区域规划、城市规划、产业规划、土地规划等的基础性作用将进一步凸显。

（2）强化环境空间和红线约束研究与实践　目前我国环境问题产生的根源在于开发强度过大，开发格局未充分考虑生态环境和资源承载，导致结构性、布局性、格局性污染严重。同样，我国目前的环境规划缺乏前置性、先导性的管控、规制和指引措施，使得环境保护工作往往处于末端、被动局面。当前空间管控与底线思维已经成为环境规划的趋势，未来环境规划将强调空间，解决格局性问题，以生态环境系统的空间格局优化区域发展格局，建立底线思维，对重要、敏感的区域实施严格保护，强化环境红线的约束。

（3）加强与其他规划的融合研究　综合来看，主体功能区规划、土地利用总体规划、城乡规划、环境保护规划等方面的目标都是合理利用土地、科学进行区域空间规划、提高土地利用率、创造良好的生存空间及环境，实现可持续发展。环境规划理论和实践层面应加强与其他规划的融合力度，环境规划涉及水、气、生态等方方面面，往往需要多部门、跨地区合作，在明确各部门的权责前提下，通过建立部门协作机制来加强部门之间的纵向协调，从而使环境规划在规模、结构、布局等方面实现与其他规划的相互衔接、相互融合。环境规划需严格控制刚性与弹性、独立与交叉的内容，有针对性地进行区域生态建设政策的制定和合理的环境管治，为区域发展战略方案的制订提供环境图底和专项技术支持。当前，应在城市环境总体规划试点基础上，建立与主体功能区规划、土地利用总体规划、城乡规划相融合的环境总体规划制度。

（4）加强规划技术与方法创新　高精度大气污染物排放清单的建立，流域-控制区-控制单元分区防控的实施，以及其他分区管理-分级控制-分类防治的规划思路和相关技术的出现与应用，在推动环境管理向精细化、信息化、智能化转型方面发挥着重要作用。环境规划学科将加强与社会经济发展紧密结合的环境影响、环境效应、环境经济形势分析、定量评估预测等技术方法的研究。加强环境规划空间管控、分区分类、环境红线约束、污染减排与环境质量改善机理、效益等技术方法的研究。加强环境健康与风险、环境安全、基本公共服务等领域的研究，特别是要加强环境与健康的管理指标和体系研究，为建立环境健康和风险导向的环境规划制度提供基础和依据。

（三）环境规划学科未来发展重点领域

基于上述分析研究，提出环境规划学科未来5个发展重点领域。

（1）加强生态文明理论指下的环境规划研究　党的十八大将生态文明纳入中国特色社会主义事业五位一体总体布局，清晰地表明了未来我国环境保护选择的走向，而且进一步强化了我国环境保护的重要战略地位，展现了新时期内我国环保领域研究工作的新方向，环境规划在理念上应充分体现、全面响应生态文明建设要求，加强基础理论与技术方法体系的研究，构建环境规划理论方法与技术体系。

（2）加强与社会经济发展紧密结合的环境影响、环境效应、环境经济形势分析、定量评估预测等技术方法的研究　主要侧重于战略层面研究，充分协调环境、社会、经济之间的矛盾，从战略规划视角研究环境总体规划。定量评估的研究方法如非线性规划模型、系统动力学、面板数据等方法的应用还相对薄弱，一些新的软件开发技术在分区分类控制中有待更新，新的方法论仍是未来研究的重点。

（3）加强环境规划的空间性研究　强化区域和空间的结合，加强环境规划空间控制、分区分类、污染减排与环境质量改善机理效益等技术方法的研究。

（4）加强环境质量改善、治污减排、生态保护、环境风险控制、环境安全管理、环境基本公共服务等领域的研究。

参 考 文 献

[1] 吴舜泽，万军，于雷，等．突破环境空间规划成套技术瓶颈，将环境强制性要求实质性落地，从源头解决格局性环境问题［R］．环境保护部环境规划院重要决策参考，2013，9（9）．

[2] 王金南，刘年磊，蒋洪强．新《环境保护法》下的环境规划制度创新．环境保护，2014，42（13）：10-13.

[3] 万军，吴舜泽，于雷. 用环境空间规划制度促进新型城镇化健康发展. 环境保护，2014，42（07）：24-26.

[4] 赵亮，任虹，李建敏. 环境规划中环境资源有价理论的政策研究和实践. 环境科学与管理，2014，（04）：17-21.

[5] 包存宽，王金南. 基于生态文明的环境规划理论架构. 复旦学报：自然科学版，2014，（3）：425-434.

[6] 中华人民共和国中央人民政府. http：//www. gov. cn/gzdt/2010-12/23/content_1771534. htm.

[7] 中国网，第十七届中央委员会第五次全体会议公报. http：//www. china. com. cn/policy/zhuanti/wzqh/2010-10/18/content_21149460. htm.

[8] 孙红继. 论将强制性清洁生产审核作为"十二五"总量减排的主要手段. 北方环境，2011，（6）：15-16.

[9] 王金南，田仁生，吴舜泽，等. "十二五"时期污染物排放总量控制路线图分析. 中国人口资源与环境，2010，20（8）：70-74.

[10] 王金南，宁森，孙亚梅，等. 改善区域空气质量努力建设蓝天中国——重点区域大气污染防治"十二五"规划目标、任务与创新. 环境保护，2013，41（5）：18-21.

[11] 李飞. 污染场地土壤环境管理与修复对策研究[D]. 北京：中国地质大学，2011.

[12] 燕守广，林乃峰，沈渭寿. 江苏省生态红线区域划分与保护. 生态与农村环境学报，2014，30（3）：294-299.

[13] 李现华，白妙馨. 落实《国家环境保护"十二五"规划》过程中存在的问题及建议. 环境与发展，2013，（10）：1-3.

[14] 王金南，曹国志，曹东，等. 国家环境风险防控与管理体系框架构建. 中国环境科学，2013，1：186-191.

[15] 国家环境保护"十二五"规划. 北京：中国环境科学出版社，2012.

[16] 北京论坛（2013）学术简报. 中国与世界环境保护四十年：回顾、展望与创新（二）http：//www. beijingforum. org/html/Home/report/13110015-1. htm.

[17] 王金南，蒋洪强，等. 环境规划学. 北京：中国环境出版社，2014.

[18] 康晓风，林兰钰，李茜. 地表水环境质量评价方法实证及适用性分析. 中国环境监测，2014，（06）：102-107.

[19] 周刚. 平面二维水环境模拟代码WESC2D. 中国湖北武汉：2014.

[20] 刘海风，邓斌，杨小双. 淮河流域洪汝河段浅层地下水质量评价方法浅析. 地下水，2012，（01）：20-22.

[21] 李恩宏，刘洋，潘俊. 沈抚新城地下水环境模拟分析. 黑龙江科技信息，2013，（04）：292.

[22] 石建屏，李新. API法在城市大气环境质量评价中的应用. 北方环境，2012，（01）：109-113.

[23] 普丽. 曲靖市大气环境质量浓度模拟及环境容量核算[D]. 昆明：昆明理工大学，2014.

[24] 张华，王慧捷，李莉，等. 基于退耕还草背景的科尔沁沙地生态环境质量评价. 干旱区资源与环境，2011，（01）：53-58.

[25] 崔靖，曹鹏，李晓瑾. 模糊综合评价法在土壤环境质量评价中的应用. 合成材料老化与应用，2014，（06）：47-50.

[26] 李帅，魏虹，倪细炉，等. 基于层次分析法和熵权法的宁夏城市人居环境质量评价. 应用生态学报，2014，（09）：2700-2708.

[27] 杨志平. 江苏沿海城市人居环境质量评价——以盐城市为例. 盐城师范学院学报. 人文社会科学版，2013，（06）：15-18.

[28] 张青新，马成. 辽宁省典型城市空气中挥发性有机物健康风险评价. 环境保护与循环经济，2012，（06）：42-45.

[29] 向明灯，李良忠，玉琳，等. 化学混合物的累积健康风险评价. 中国四川成都：20146.

[30] 李君.《火电厂脱硝装置的环境风险评价》——液氨泄漏事故对大气环境的影响预测. 中国湖北武汉：201423.

[31] 张南南，万军，苑魁魁，等. 空气资源评估方法及其在城市环境总体规划中的应用. 环境科学学报，2014，34（6）：1572-1578.

[32] 王莉. 四川省环境规制、创新能力与产业结构优化的空间关系研究[D]. 成都：西南财经大学，2014.

[33] 赵持源. 基于水环境经济综合指数的渭南市产业布局优化研究[D]. 西安：陕西科技大学，2013.

[34] 张程程. 基于生态保护的三峡库区土地利用结构优化研究[D]. 重庆：西南大学，2013.

[35] 赵胤慧. 北京环境减排目标下能源替代分析与优化模型研究[D]. 保定：华北电力大学，2014.

[36] 周肖楠. 基于不确定性的区域电力-环境系统优化模型研究[D]. 保定：华北电力大学，2014.

[37] 孙伟. 大都市区人口空间配置优化方法研究——以无锡市区为例. 长江流域资源与环境，2014，（01）：10-17.

[38] 温静雅. 基于总量控制的区间模糊-PSO流域水污染物减排优化模型研究[D]. 保定：华北电力大学，2014.

[39] 吴辉，刘永波，朱阿兴，等. 流域最佳管理措施空间配置优化研究进展. 地理科学进展，2013，（04）：570-579.

[40] 王玫，李文杰，叶珍. 牡丹江西阁至柴河大桥江段水环境总量及其分配优化方案研究. 环境科学与管理，2013，(07)：40-44.

[41] 孙丰霞. 污水处理系统中磺胺嘧啶和磺胺甲噁唑的优化处理研究 [D]. 济南：山东农业大学，2014.

[42] 马祥. 用均匀设计和响应面法优化絮凝处理废水中重金属的研究 [D]. 湘潭：湘潭大学，2013.

[43] 李慧峰. 空港经济区水平潜流人工湿地设计优化研究 [D]. 天津：天津大学，2012.

[44] 张黎. 基于城乡生活垃圾统筹处理的转运模式优化研究 [D]. 武汉：华中科技大学，2011.

[45] 李奇志，陈国平，房凯. 环境振动试验传感器布置优化方法研究. 振动与冲击，2013，(08)：158-161.

[46] 夏秋，钱瑜，刘萌斐. 基于环境风险评价的危险品道路运输优化选线——以张家港市为例. 中国环境科学，2014，(01)：266-272.

[47] 杨娟. 煤炭矿区节能减排多目标优化决策研究 [D]. 北京：中国地质大学，2014.

[48] 常照其. 基于模糊综合评价和排队论—区间两阶段模型的燃煤电厂节能优化研究 [D]. 保定：华北电力大学，2014.

[49] Dong FF，Liu Y，Qian L，Sheng H，Yang YH，Guo HC，Zhao L. Interactive Decision Procedure for Watershed Nutrient Load Reduction：An Integrated Chance-Constrained Programming Model with Risk-Cost Tradeoff. Environmental Modelling & Software，2014，61：166-173.

[50] 张静，李旭祥，许先意，等. 大气环境数据分析预测方法对比研究. 中国环境监测，2010，26 (6)：66-69，84.

[51] 宋华兵，张新政. 混沌在水质不确定性预测中的应用. 数学的实践与认识，2011，41 (03)：94-99.

[52] 赵毅，周建国，梁怀涛. 基于灰色支持向量机组合模型的我国火电 NO_x 排放量预测. 环境科学研究，2011，24 (05)：489-496.

[53] 李龙，马磊，贺建峰，等. 基于特征向量的最小二乘支持向量机 $PM_{2.5}$ 浓度预测模型. 计算机应用，2014，34 (8)：2212-2216

[54] 袁从贵. 最小二乘支持向量回归及其水质预测中的应用研究 [D]. 广州：广东工业大学，2012.

[55] 祝媛，黄胜. 基于小波和BP神经网络的大气污染物混沌预测. 绵阳：西南科技大学学报，2013，28 (03)：24-27，39.

[56] 张峰，殷秀清，董会忠. 组合灰色预测模型应用于山东省碳排放预测. 环境工程，2015，(2)：147-152.

[57] 贾佳，梁亦欣，于鲁冀，等. 基于SD的流域环境经济协调发展模拟分析. 2014，37 (08)：198-204.

[58] 陈彬，鞠丽萍，戴婧. 重庆市温室气体排放系统动力学研究. 中国人口·资源与环境，2012，22 (04)：72-79.

[59] 左剑民，贺文智，李光明，等. 基于系统动力学的上海市废旧彩电产生量预测. 环境科学与技术，2014，37 (120)：210-212，272.

[60] 翟羽佳，王丽婧，郑丙辉，等. 基于系统仿真模拟的三峡库区生态承载力分区动态评价. 环境科学研究，2015，28 (04)：559-567.

[61] 王留锁. 系统动力学模型在环境规划预测中的应用——以辽宁省为例. 中国人口·资源与环境，2012，22 (11)：281-286.

[62] 杜娟. 基于系统动力学方法的成都市能源-环境-经济 3E 系统的建模与仿真 [D]. 成都：成都理工大学，2014.

[63] 张伟，王金南，蒋洪强，等. 《大气污染防治行动计划》实施对经济与环境的潜在影响. 环境科学研究，2015，28 (01)：1-7.

[64] 李世广，蒋厦，佟洪金，等. 基于空气质量模型 CMAQ 的成渝经济区（四川）$PM_{2.5}$ 浓度数值模拟研究. 四川环境，2013，32 (S)：109-113.

[65] 陈彬彬，林长城，杨凯，等. 基于 CMAQ 模式产品的福州市空气质量预报系统. 中国环境科学，2012，32 (10)：1744-1752.

[66] 陈焕盛，吴其重，王自发，等. 华北火电厂脱硫对奥运期间区域空气质量的影响. 环境科学学报，2014，34 (03)：598-605.

[67] 方玉杰. 基于 SWAT 模型的赣江流域水环境模拟及总量控制研究 [D]. 南昌：南昌大学，2015.

[68] 江春波，张明武，杨晓蕾. 华北衡水湖湿地的水质评价. 清华大学学报：自然科学版，2010，50 (06)：848-851.

[69] 唐伟. 基于 QUAL2K 模型的水质模拟研究——以武进港小流域为例 [D]. 南京：南京大学，2011.

[70] 陈瑜，刘光逊，赵越，等. 仿真流域的总氮模拟——SPARROW 模型应用方法研究. 水资源与水工程学报，2012，23 (04)：98-106.

[71] Yu Zheng, Furui Liu, Hsun-Ping Hsie. U-Air: when urban air qualityinference meets big data. KDD, 2013.

[72] 燕守广, 沈渭寿, 江峰琴. 江苏省重要生态功能保护区的分类及建立方法. 生态与农村环境学报, 2007, 23 (1): 16-18.

[73] 薛文博, 付飞, 雷宇, 等. 中国 $PM_{2.5}$ 跨区域传输特征数值模拟研究. 中国环境科学, 2014, 34 (6): 1361-1368

[74] 万军, 于雷, 张培培, 等. 城市生态保护红线划定方法与实践. 环境保护科学, 2015, (1): 6-11.

[75] 吕红迪, 万军, 王成新, 等. 城市生态红线体系构建及其与管理制度衔接的研究. 环境科学与管理, 2014, 39 (1): 5-11.

[76] 於方, 董战峰, 过孝民, 等. 中国环境保护规划评估制度建设的主要问题分析. 环境污染与防治, 2009, 31 (10): 92.

[77] 王金南, 吴舜泽, 曹东, 等. 环境安全管理: 评估与预警. 北京: 科学出版社, 2007.

[78] 吴舜泽, 周劲松, 万军, 王倩, 等. 国家环境保护规划实施评估与考核关键技术. 北京: 化学工业出版社, 2014.

[79] JIANG CQ, LI HH. Study on post-evaluation of engineering supervision based on logical framework approach. Journal of Hefei University of Technology: Natural Science, 2008, 31 (2): 248-252.

[80] McDonald Steve, Turner Tari. Building capacity for evidence generation, synthesis and implementation to improve the care of mothers and babies in South East Asia: methods and design of the SEA-ORCHID Project using a logical framework approach. BMC Medical Research Methodology, 2010, 10 (1): 61.

[81] 陈玉献, 董泽琴. 基于逻辑框架法的环境规划后评估研究——以某省"十一五"环境规划为例. 安徽农业科学, 2011, 39 (15): 9140-9143.

[82] 吴舜泽, 周劲松, 李云生, 等. 国家环境保护"十一五"规划中期评估技术方法. 北京: 中国环境科学出版社, 2011.

[83] 曹东, 宋存义, 曹颖, 等. 国外开展环境绩效评估的情况及对我国的启示. 价值工程, 2008, (10): 7-9

[84] 郭垚, 陈雯. 区域规划评估理论与方法研究进展. 地理科学进展, 2012, 31 (6): 772-773.

[85] 孙瑞林, 罗枫. 湖北省环境保护"十一五"规划中期评估. 环境科学导刊, 2011, 30 (3): 20.

[86] 贺涛, 王钉, 郑耿涛. 3种环境保护规划实施的评估方法优劣分析. 安徽农业科学, 2013, 41 (22): 9401-9403

[87] Parisa Ghaemi, Jennifer Swift, Chona Sister, etc. Design and implementation of a web-based platform to support interactive environmental planning. Computers, Environment and Urban Systems, 2009, 33 (6): 482-484.

[88] Talen E. After the plans: Methods to evaluate the implementation success of plans. Journal of Planning Education and Research, 1996, 16 (1): 79-91.

[89] 周劲松, 吴舜泽, 万军. 国家环境保护规划考核框架与技术探讨研究. 环境科学与管理, 2013, 38 (11): 15-19.

[90] 河北省人民政府. 河北省出台大气污染深入治理三年行动方案. http://www.hebei.gov.cn/hebei/11937442/10757006/10757119/12744910/index.html

[91] 李曙东. 上海研究空气质量达标规划. 中国环境报, 2013-06-03.

[92] 国务院. 国务院关于印发大气污染防治行动计划的通知 国发 [2013] 37 号. http://www.gov.cn/zwgk/2013-09/12/content_2486773.htm

[93] 环境保护部等. 关于印发《京津冀及周边地区落实大气污染防治行动计划实施细则》的通知. http://www.zhb.gov.cn/gkml/hbb/bwj/201309/t20130918_260414.htm

[94] 薛文博, 付飞, 王金南, 等. 基于全国城市 $PM_{2.5}$ 达标约束的大气环境容量模拟. 中国环境科学, 2014 (a), 34 (10): 2490-2496.

[95] 薛文博, 汪艺梅, 王金南. 大气环境红线划定技术研究. 环境与可持续发展, 2014, (03): 13-15.

[96] 国务院. 淮河、海河、辽河、松花江、太湖、巢湖、滇池、黄河中上游、三峡库区及其上游等重点流域"十一五"规划. 2008

[97] 环境保护部. 重点流域水污染防治规划 (2011-2015 年) [环发 [2012] 58 号].

[98] 环境保护部. 重点流域水污染防治专项规划实施情况考核指标解释 [环办函 [2012] 1202 号].

[99] 环境保护部. 重点流域水污染防治专项规划实施情况考核指标解释 [环办函 [2010] 124 号].

[100] 中国环境监测总站. 中国环境统计数据 (2005 年和 2010 年) [内部资料].

[101] 中国环境统计数据库 (2010 年和 2015 年), 中国环境监测总站.

[102] 中国环境监测总站. 中国环境状况公报 (2006 年和 2010 年). 北京: 中国环境出版社.

［103］国家环境保护总局. "三河三湖"水污染防治"十五"计划汇编（中英文版）. 北京：化学工业出版社，2004.

［104］中日水污染物总量控制研究课题组. 中日水污染物总量控制研究. 北京：中国环境科学出版社，2013.

［105］E·莫斯特. 国际合作治理莱茵河水质的历程与经验. 水利水电快报，2012，33（4）：6-11.

［106］宋永会，沈海滨. 莱茵河流域综合管理成功经验的启示. 世界环境，2012，4：25-27.

［107］王如松. 复合生态系统理论与可持续发展模式示范研究. 中国科技奖励，2008，（4）：21-21.

［108］姚荣江，杨劲松，杨奇勇，等. 禹城地区土壤铅含量空间分布的指示克里格估值. 生态环境学报，2011，20（12）：1912-1918.

［109］Healey P. The institutional challenge for sustainable urban regeneration. Cities，1995，12（4）：221-230.

［110］李志涛，王夏晖，陆军，等. 土壤环境红线划定技术方法研究. 环境与可持续发展，2014，39（3）：19-21.

［111］徐建玲，陈冲，马宏军. 日本环境规划的理念与系统框架. 中国环境科学学会环境规划专业委员会2008年学术年会，2008.

［112］罗丽. 日本土壤环境保护立法研究. 上海大学学报：社会科学版，2013，30（2）：96-108.

［113］洪鸿加，彭晓春. 国内外环境规划的研究进展. 中国环境科学学会2010年学术年会，2010.

［114］杨士华，李汝德. 美国的环境规划与管理. 农业环境与发展，1990，（3）：1-5.

［115］疏友斌. 关于澳大利亚城市规划与环境保护的思考. 工程与建设，2006，20（3）：210-211.

［116］颜小品，张祯祯，刘永，等. 中国环境规划技术方法使用现状评估与分析. 环境污染与防治，2013，35（4）：104-106.

［117］Qiu Z T，Wu Y，Zheng C. Soil Pollution Research Based on Factor Analysis Method. Applied Mechanics & Materials，2015，744-746.

［118］张菲菲，王倩，张南南. 美国EPA战略规划经验借鉴研究. 环境科学与管理，2013，11：20-25.

［119］段小丽，王宗爽，李琴，等. 基于参数实测的水中重金属暴露的健康风险研究. 环境科学，2011，32（5）：1329-1339.

［120］Zhen-Xing Wang，Jian-qun Chen，Li-yuan Chai，et al. Environmental impact and site-specific human health risks of chromium in the vicinity of a ferro-alloy manufactory，China. Journal of Hazardous Materials，2011，（190）：980-985.

［121］杨娟，蔡永立，龚云丽，等. 区域生态风险评价指标体系及实证应用研究. 上海农业学报，2013，29（1）：71-75.

［122］蒙吉军，赵春红. 区域生态风险评价指标体系. 应用生态学报，2009，20（4）：983-990.

［123］薛鹏丽，曾维华. 上海市突发环境污染事故风险区划. 中国环境科学，2011，31（10）：1743-1750.

［124］毕军，杨洁，李其亮. 区域环境风险分析和管理. 北京：中国环境科学出版社，2006：14-15.

［125］黄蕾. 最大可接受风险水平评估模型构建及其实证研究［D］. 南京：南京大学，2010.

［126］李明光，张娅兰，喻怀义，等. 区域环境风险管理规划探讨——以广州市黄浦区为例. 广州环境科学，2009，24（1）：35-39.

［127］贺桂珍，吕永龙. 风险地图——环境风险管理的有效新工具. 生态毒理学报，2012，7（1）：1-9.

第九篇 环境法学科发展报告

编写机构：中国环境科学学会环境法学分会
负 责 人：王灿发
编写人员：胡　静　王社坤　杨素娟　王灿发

摘要

　　2011—2015 年，我国环境法学者取得了比较丰硕的理论研究成果。学者们从环境伦理、公平和新兴的生态文明等角度完善环境法基础理论；围绕环境权的法律性质、司法救济、类型和利益基础等展开的争论逐步引向深入；除研究对既有环境法原则内容和贯彻制度的完善之外，还涵盖对原则体系的调整，如对是否增加生态承载力控制、风险预防原则等的讨论；对于具体的环境法制度的完善直接切入政府对企业进行环境管理过程中各自的义务或职责；对环境法律责任的研究致力于对司法过程中的具体问题进行讨论，总体观点是加大制裁范围和力度，降低追究责任的门槛；对于环境公益诉讼和环境司法体制的探讨仍然倾注了较大的学术精力，比较主流的观点支持环境公益诉讼主体多元化以及对环境法庭审理环境案件的司法体制的探索和完善。

　　主张对环保法进行实质性大改，规范和激励政府行为，整合法律制度，采纳多元共治的法律机制，也对新环保法的立法目的的缺失进行探讨；污染防治法律制度研究集中于大气、土壤污染和重金属防治，重点置于制度体系构建；水污染防治研究集中在流域跨界污染问题，主张运用政府间权力监督和制衡；生态保护的立法研究中生态补偿是重点，集中在概念、原则、补偿方式等理论领域，对湿地保护主张运用行政指导、公众参与、经济激励等多种法律手段；自然资源法律制度研究中自然资源权属制度是热点，学者在自然资源权利结构基础上主张有多重主体、多种类型和内容，包括国家和个人权利（权力），应当合理配置多种权利（权力）关系；能源法律方面，学者认为有必要建立和完善能源立法体系、借鉴国外经验完善立法，并对单项能源立法如《原子能法》进行制度体系构建；气候变化立法方面，学者普遍支持借鉴国际立法经验，结合国情进行气候变化应对立法，确认和巩固现有政策体系，引入碳排放权交易制度、气候环评制度、碳金融制度、碳税等制度；在国际环境法的基本原则、实施机制、生物多样性保护、气候变化等领域取得了一定的进展，学者支持结合我国利益对共同但有区别原则进行理解，并关注该原则在气候变化领域的运用。

　　国外气候变化和新能源成为研究热点，学者也强调公众参与对于环境公共治理的重要性。国际上环境法的主流发展趋势如下：①将法学与政策研究紧密结合；②定量研究与定性研究并重；③问题导向性的研究方法，重视解决问题途径的多元化。

我国眼下环境法学发展存在的问题主要是：具体制度完善研究说理不足；研究追求时效性，理论积淀不足；对其他学科研究的吸收存在丧失法学视角的现象。将来的研究可望呈现如下特点：对策性研究持续增多；基础理论研究将在局部得到加强；学科体系化程度提升，学科知识结构进一步优化。

一、引言

环境法学是我国法学体系中的新兴学科，是以环境法的理论与实践及其发展规律为研究对象的法学学科。环境法学研究的主要目的是通过对环境法演变与形成的历史考察，研究环境法的内容和本质，探讨人类在经济、社会发展过程中因环境利用行为导致既定社会关系发生改变而出现的一系列新的法律问题及其对策措施，归纳和总结有关环境保护的法律思想和学说，确立和阐明环境法基本原则以及环境保护法律制度的构建原理和方法。

我国环境法学创建于 20 世纪 70 年代末，它与中国环境保护事业的开展和环境立法的发展密切相关。伴随我国环境立法的不断完善和法学界对环境法学教学研究的不断重视，从 1984 年开始环境法学课程纳入教育部颁发的综合大学法学院校法律专业的教学计划。1997 年在对我国法学学科进行重新分类和调整的基础上，教育部将环境法学和自然资源法学两个法学新兴学科合并整合为"环境与资源保护法学"作为法学二级学科。2007 年教育部高校法学学科教学指导委员会决定新增《环境与资源保护法学》为法学核心课程。

2011—2015 年，我国环境法学者取得了丰硕的理论研究成果。从成果质量要求考虑，本报告依据的成果主要是专著和 CSSCI 期刊论文。从内容上看，2011—2015 年我国环境法学界立足于环境立法、执法和司法实践需求，积极回应重大环境事件，既有对环境法理念、环境公益诉讼、环境权等传统环境法学基础理论的研究，也有对生态文明、气候变化、《环境保护法》修改、重金属污染防治等环境保护热点事件和前沿问题的关注，呈现出全方位、广视角、多元化、重实践的研究特点。

二、环境法学基础理论研究进展

（一）环境法理念研究进展

2011—2015 年环境法学者围绕环境伦理、环境正义、生态文明等问题，对环境法理念进行了积极的探索。该部分研究主要从环境伦理、公平和新兴的生态文明等不同角度致力于环境法基础理论的完善。

1. 环境伦理

学者对环境保护伦理、部门法的生态化等问题进行了探索。陈德敏、孙玉中[1]在批判了人类中心主义和非人类中心主义的基础上，提出可以通过环境治理主权让渡、创设科学民主化环境治理机制等手段弥补不足之处的可持续发展环境伦理，在全球环境治理中的伦理处于基础性地位。

2. 代际公平

学者围绕代际公平理论产生了争鸣。徐祥民、刘卫先对代际公平理论的正当性与合理性进行了批判。他们认为[2]，代际理论犯了将集合概念的人类偷换为类概念的人类的逻辑错误，将"代际公平说"作为一种法律理念或者一种法律理论工具，是不可取的。代际公平理论的支持者如郭武、郭少青则认为[3]"代际公平"理念具有塑造具备人文关怀、开放沟通品格的环境法律思维方式的理念价值，并且具有建立立体、多维度的法律利益衡平机制的实践功能。

3. 环境正义

环境正义问题也成为研究热点。梁剑琴认为[4]，环境正义的法律表达应以人际正义为限，法律表达环境正义的性质指向的是环境正义的分配原则，环境正义法律表达的关键是环境利益的识别与衡平，法律表达环境正义的方式则是权利义务。而熊晓青、张忠民[5]则通过对环境司法裁判文书进行定量分析的方法，认为应当正视环境不正义的情形客观存在，并且在实现环境正义的过程中应当重视身份、贫富、地域等元素。秦鹏认为[6]，环境问题催生了环境公民身份理论的生成；环境公民身份强调权利和义务的相互依赖性，体现了民主参与国家治理的良善性互动；为环境法设定公民环境责任的规范创新提供理论向导，推动公民社会发展和生态文明建构。王欢欢认为[7]，需要全面评估现有环境法治结构中的性别盲点，积极转化国家环境法中的"社会性别条款"，建立环境法治中社会性别主流化的长效机制。

在因经济发展不平衡导致的区际环境正义上，董正爱认为[8]，地区之间和城乡之间的环境利益差异格局和环境利益博弈，必然要求建立协商性、民主性、沟通性的回应型、反思性和程序性的法律规范理性范式。徐大伟、李斌认为[9]，应通过赋予西部生态产权，增加西部欠发达地区内生经济发展潜力，统一协调生态保护与产业转移、经济发展之间的矛盾。雷俊认为[10]，城市在强制性权力、制度性权力、结构性权力和生产性权力相对于农村的优势地位阻碍城乡环境正义的实现，必须构建城乡一体的环境共同体，从而推动城乡环境正义的实现。

4. 生态文明

钭晓东、黄秀蓉认为[11]，环境法理论体系主要由"生态文明理论、环境立法目的及调整对象理论、环境正义与环境利益分析理论、环境权理论、环境责任理论、环境司法理论"六个支架性理论构成。张百灵认为[12]应该改变对外部性理论的单向度应用，以正外部性理论指导环境法的"正向构建"，使环境法的功能从"利益限制"进化为"利益增进"，在"损害担责""受益补偿"的基础上增设"养护受益""恢复受偿"原则，创设利益增进型法律规范。黄锡生、史玉成认为[13]，环境法存在法律体系不够协调与周延、部分法律规范互相割裂和冲突等问题。建立内在协调统一、和谐自治的环境法律体系，需要从根本上改造现行环境基本法，整合、理顺法律体系内部各单行法的关系，完善相关立法。

随着生态文明理念的深入，尤其是党的十八大把生态文明建设纳入中国特色社会主义事业五位一体总布局，相关的理论研究也逐步跟进。郑少华等认为[14]，需要运用要素量化评估法和法律解释学的方法，评估生态文明的社会调节机制，进而提出完善生态文明法制建设的建议。江必新[15]将生态文明的现实紧张梳理为四个向度的社会矛盾：空间维度——有限与无度的面向；时间维度——最大化与永续性的面向；主体维度——不同利益体的面向；行为间性维度——自由与限制的面向。徐忠麟[16]认为生态法治文明的理论基点应在立足于生态人的基础上，兼顾人的复合性，价值取向是人与自然以及人与人的和谐，围绕生态确立一系列基本范畴，在制度体系上加强对生态利益的保障与衡平。郭少青、张梓太认为[17]，生态文明作为一种新型的文明形态，立法理念应有所更新，包括立法目的和立法模式上均需作出符合时代特色的更新，从而为生态文明建设提供积极的、正面的、有效的法治保障。

围绕生态文明的法制建设，王灿发认为[18]应当制定以《生态文明建设基本法》或《环境保护基本法》为龙头，以污染防治、资源保护、生态保护、资源和能源节约法为分支的完整体系，在所有立法中贯彻生态优先、不得恶化、生态民主、共同责任的基本原则，并分别从预防、管控、救济三个维度建立起完善的生态文明建设法律保障制度。吕忠梅认为[19]应当建立环境与发展综合决策的环境法机制。王树义认为[20]作为生态文明建设主战场的环境保护领域，环境司法改革应当重点解决三个方面的问题：树立现代环境司法理念；实行环境司法专门化；实践环境公益诉讼。孙佑海认为[21]，法治是成熟定型的制度形式，法治的规范性、民主性、稳定性和权威性，使其在推进生态文明建设中具有突出地位和作用。必须进一步提高法治意识，提高领导干部运用法治思维和法治方式的能力，加强科学立法、严格执法、公正司法和全民守法。毕军[22]把环境治理模式作为生态文明建设的核心，认为从政府行为模式的改进、多元化的激励与约束机制等政策手段的运用来改革环境治理模式。郑少华认为[23]，生态文明建设落到实处，必须健全与完善我国的司法机制，使司法机制在生态文明建设中居于中心地位。通过健全和完善中国的环境法院（法庭）体系、环境公诉制度及"私人检察官"制度，并使之良性运转。刘爱军认为[24]，我国环境立法体系，应以生态文明的基本理论与要求为指导，提出将"生态文明"与"公民环境权"写入宪法，制定科学的环境立法规划，加强地方环境立法，只有立法、执法与司法通力配合，才能实现生态文明理念下国家法治建设的生态化转向。

5. 其他

汪再祥认为[25]，生态系统健康可以作为环境立法的目的，有利于将社会经济与传统的生态/环境价值融合在一起。方印认为[26]，环境法的基本目标、逻辑基础、基本定位、价值追求四个认识上的分歧在相当程度上影响着环境法的未来发展方向或路径。

柯坚认为[27]，应当以生态实践理性为指导分析环境与资源开发、利用和保护社会集体行动的内在依据，揭示环境与资源保护法律秩序的正当性、合理性基础。环境法学研究应当从环境与资源开发、利用和保护的社会实践活动出发，通过民主的对话、沟通与协商进行生态实践理性的社会构建，并最终推动和促进"生态善"的社会实现。周珂、腾延娟[28]认为环境协商民主机制在环境法治中能够并应该发挥"造法"功能，为环境法的理念、原则和制度创新提供合法性基础，是建立环境治理主体良性互动网络治理机制的最佳途径。

（二）环境权利理论研究进展

2011—2015 年，环境权理论依然是环境法学研究的热点问题，并逐步引向深入。该部分研究围绕环境权的法律性质、司法救济、类型和利益基础等进行，尤其是在环境权是否可以诉讼等方面分歧较大。

吴卫星认为[29]，三十年来我国环境权理论研究取得了很大进展，形成了最广义环境权说、广义环境权说和狭义环境权说等各种学术主张。但是，既往的研究仍然存在外文文献引证数量较少、跨部门法研究有待加强、环境权概念的泛化、"美日中心主义"倾向和实证研究欠缺等问题。今后的环境权研究应当着重从环境权的类型化、环境权的司法救济特别是环境权与其他基本权利的竞合与冲突、作为公权的环境权与作为私权的环境权及其相互关系以及环境权的本土化研究这四个方面予以推进和深化。

环境权理论的支持者从诸多角度论证了环境权的必要性和可行性。钱大军认为[30]，环境法的义务本位理论对权利本位理论存在误解，而且其自身也可能无法实现环境保护的预期目的，环境法应当以权利为本位。

竺效等认为[31]，国家环境管理权与公民环境权是一对矛盾，两者对立统一，有主次之分。两者的主次地位随条件的不同而相互转化。在其主次矛盾关系中，存在一个平衡点，使两者的关系处于均衡状态，进而使两者在环境保护中的作用得到共同发挥。现阶段，国家环境管理权居于主导地位，但环境管理的重心逐渐向公民环境权偏移，在平衡点的不断调整下两者将达到新的均衡。

王社坤认为[32]，环境权理论需要方法论的重构，即人类中心主义的扬弃、整体主义和个体主义的结合、环境多重价值的认知、体系化方法的引入。环境权是在现有的人身、财产等传统权利类型之外，基于保护环境和其他权利的需求而产生的新型权利。环境权的主体只能是生物意义上的自然人。环境权的客体就是良好环境。环境权包括对良好环境的享受权、排除干预权与环境改善请求权。

侯怀霞认为[33]，环境权应当区分人权法上的环境权、宪法上的环境权与私法上的环境权三个层面，私法上的环境权又应当从一般环境权与具体环境权两个层面进行研究：一般环境权是一个开放性、发展中的权利，具体环境权则包括实体性权利和程序性权利两大类。

陈海嵩认为[34]，程序性环境权自身缺乏独立的规范效力，不宜成为宪法上独立的基本权利，其宪法规范基础应从宪法民主原则和知情权、程序基本权、诉讼权等已有人权中加以确立。在"主观权利"层面上，宪法环境权具有防御权功能和受益权功能；在"客观法"层面上，宪法环境权具有制度性保障功能、程序保障功能和第三人效力。在规范模式上，宪法环境权并非主体对客体加以绝对支配的权利，而是主体在良好环境中生活的权利；在规范属性上，宪法环境权表现为一种兼具规则和原则性质的"规则-原则模型"，在规范构造上，宪法环境权包括权利主体、权利相对人、权利客体三方面的基本要素。

王小钢认为[35]，以环境公共利益为保护目标的环境权利理论，可以为环境权利的独立存在提供正当理由，既可以区分公法上的环境权利和现有的各种人权，也可以区分私法上的环境权利和现有的环境人格权、环境相邻权、环境侵权。

史玉成认为[36]，借助法益分析方法，可以为衡平不同类型的环境利益、合理配置环境权利与环境权力提供新的视角。环境法的消极保护法益即应受环境法保护的环境利益可以界分为资源利益和生态利益；环境法的积极保护法益即环境权利与环境权力可以界分为实体生态性环境权利、资源性环境权利、程序性环境权利以及作为公权力的环境权力。

蔡守秋认为[37]，环境权是维护公众环境利益的法律基础和依据；损害作为公众共用物的环境，就是侵犯公众的环境利益和环境权。环境公益诉讼是因侵犯环境权而引起的诉讼，是为保护作为公众共用物的环境而提起诉讼。

然而，依然有不少学者对环境权理论的合理性或可行性进行了审慎考量。王曦等认为[38]，环境权法定化在美国遭到冷遇的原因主要有：美国政治过程中不存在从宪法和法律上创设环境权的基本结构缺陷、在宪法上确立环境权有违法院的基本职责、环境权入宪提案在功能和"目标关系"上得到国会赞同的概率极低、环境权法定化未被社会广泛接受、环境权在司法中无法公平适用。

徐祥民等认为[39]，日本环境权说遭遇困局的原因在于：美国教授萨克斯并没有向日本学界传授环境权的真"经"，他的演讲没有回答什么是环境权，而只是介绍了美国的环境公民诉讼制度，讨论了其产生的合理性；日本学界所"发扬"的环境权以私权环境权为代表，而这种挂环境标签的权利与日本的环境观不相容。

杜健勋认为[40]，环境权的背后其实是环境利益，与其诉诸环境权的无共识和不完备，不如直接以环境利益为重点，进行研究取向的转型和法律制度的构造。

彭运朋认为[41]，环境权是一个有着良好动机的伪命题，环境权所要保护的合理环境利益可以经由非法律手段和现有法律手段获得保护。环境法的价值不在于直接保护环境利益，而在于调整在环境利益方面发生重叠的权利，也即在相关主体的权利范围发生重合、权利行使发生冲突时对权利范围和行权规则进行调整，重新确定权利的行使范围，以此达到对背后的环境利益进行衡平的目的。

（三）环境法基本原则研究进展

环境法的基本原则是环境法的核心范畴，对于指导环境法律体系的构建和具体法律制度的设计具有非常重要的指导意义。2011—2015 年，环境法学者对适合我国发展阶段的环境法基本原则的内涵进行了深入研究。该部分除了对既有环境法原则的内容和贯彻的制度进行完善研究之外，还涉及对原则体系的调整，如是否增加生态承载力控制、风险预防原则等的讨论。

柯坚认为[42]，环境法原则具有共通性、差异性和规范性。环境法原则在多层次环境法中的共通以及在多元法律文化背景下的共享，反映了环境法律价值、观念和法律秩序的互动关系和趋同化发展；环境法原则的界定、内容、创立方式、法律规范性及其适用等方面，存在着理论和实践上的差异性；环境法原则的规范性建构有助于发挥环境法原则指导环境立法，并实现其引导环境司法解释、弥补环境法律规则不足的司法实践功能。

王灿发、傅学良认为[43]，在我国由粗放型发展向科学发展的战略转换的时代背景下，环境法基本原则应由协调发展原则转变为环境优先原则；应由预防为主、防治结合原则转变为风险防范原则；应由达标合法原则转变为不得恶化原则。

李挚萍、叶媛博认为[44]，我国环境法基本原则是学者在参考和借鉴国际环境法基本原则的基础上，结合我国环境保护立法归纳概括得出的，存在表述不一致、内容不确定、无法充分体现环境法价值理念等缺陷，应明确我国环境法基本原则，在《环境保护法》中逐条确立协调发展原则、系统化管理原则、预防原则与风险预防原则、污染者负担原则以及环境公平原则。

竺效认为[45]，对新《环境保护法》所确立的"保护优先""预防为主、综合治理""公众参与"和"损害担责"四项环境法基本原则进行准确解读，需结合对该条立法过程和新法总则相关条款进行分析。得出其是学理上的"（环境）风险防范""预防（环境）损害""公众参与（环境保护）"及发展了的"污染者付费"原则之立法表述，并指出我国环境法基本原则就法律解释、法律执行、立法技术而言，在未来仍有寻求新发展的必要和空间。

张梓太、王岚认为[46]，在风险社会背景下，预防为主原则面临着在范畴上缺乏风险防范、在实践中成效甚微、重治理轻预防三个困境，应当对其进行重构和拓展，即在思想理念上将预防原则贯穿于立法、司法、执法和守法的全过程中，从治理污染向预防污染转变，从治理风险向预防风险转变；在表述上将预防为主原则向预防原则转变；在内容上增加以弱势形式规定的风险防范原则。

李艳芳、金铭认为[47]，从国内外立法看，风险预防原则一般适用于对人体健康和环境可能造成严重或不可逆转的损害威胁领域。为防止模糊的字面意义导致该原则滥用，明确列举其适用范围非常必要。虽然风险预防原则在国际环境法上的完善有利于环境保护，但将风险预防原则作为我国环境法的一项基本原则，将不利于我国对外贸易的良性发展，对处于发展中国家的我国会带来消极影响。因此，风险预防原则在我国环境保护领域应当有限适用，具体包括生物多样性保护领域、转基因食品安全领域以及气候变化领域。

竺效认为[48]，将公众参与原则作为我国环境法的基本原则是环境法治发展的必然要求，并且有可行的技术方案。具体而言，《环境保护法》总则在规定立法目的、环境的定义和适用范围之后，应紧邻其后编排宣示我国环境保护基本国策和基本原则的条款群。

黄云认为[49]，学界对环境领域内公众参与概念的理解普遍存在扩大化倾向，而对其权利本质有所忽略；环境领域公众参与权具有宪政内涵，环境权不应被视为其理论和实践基础；目前环境领域公众参与权的法律制度不健全；环境信息公开、非政府组织的发展、环境公益诉讼及环境教育等相关法律制度方面的问题与完善对于环境领域内公众参与权的实现具有举足轻重的影响。

朱谦认为[50]，应当通过环境利益代表人制度和大力培育非政府环保组织来引导实现公众环境利益诉求表达的组织化，确立公众参与环境行政决策的信息公开制度，提高公众参与环境行政决策的有效性。

冯嘉认为[51]，环境法应当把生态承载力控制作为一项基本原则，对环境问题的预防应当以生态承载力为依据，确保排污量不超过环境容量，保证开发、利用自然资源不能超过生态环境一定时期内的承载能力。这是对执法者在处理经济发展与环境保护的矛盾中所享有的过大的自由裁量权的必要制约。

薄晓波认为[52]，虽然可持续发展是我国环境法的一项基本原则，但环境法的实施情况表明可持续发展并没有对法律制度的构建和实施起到应有的作用。可持续发展是对经济社会未来发展蓝图的构想，但不能从权利义务配置的角度为人们提供可资借鉴和遵循的实现目标的基本方法与途径，因而不能对环境法律制度的构建和实施起到应有的作用。可持续发展不是法律原则，而是环境法律的立法目的，这有助于环境法学构建能够实现可持续发展目标的法律原则体系。

（四）环境法基本制度研究进展

2011—2015 年，围绕环境保护实践中的热点、难点问题，环境法学者对环境影响评价、"三同时"、环境行政许可、环境信息公开、环境应急管理、政府环境责任、环境法制度实施等环境法基本制度的理论与实践问题进行了有益的探讨。该部分内容秉承强烈的问题意识，对于具体的环境法制度进行具有明确针对性和显著务实性的研究，直接切入政府对企业进行环境管理过程中各自的义务或职责，致力于更有效和更合理的义务或责任设计。

1. 环境影响评价制度

童健等认为[53]，我国环境影响报告书编制存在环境影响评价机构分布不合理、环境影响评价人员业务水平参差不齐、环境现状调查不准确、环境现状监测存在不足、公众参与未能真正体现以及建设项目规模、环境影响等基本信息失真等方面的问题。环境影响报告书审批存在审批权限的划分不合理、审批中评价标准不明确、评审专家的中立性及评价意见的客观性与公正性受到质疑。

王社坤认为[54]，我国应当部分借鉴美国的相关规定对战略环境影响评价立法进行完善：在战略环境影响评价对象方面应当通过名录的方式进一步明确需要评价的规划的具体范围，并考虑将政策纳入评价范围；在战略评价的主体方面，应扩大行政监督范围，大力发展公众监督，并增加相关部门对战略环境影响评价的支持义务；在战略环境影响评价程序方面，应将战略环境影响评价程序有机融入战略决策程序之中，根据环境影响大小确定评价范围，并增加有关替代方案的规定。

杨兴认为[55]，由于我国国家环境政策的不稳定，公众参与制度还处于形式化阶段，缺乏环境公益诉讼制度等，导致环境影响评价制度没有落到实处。因此，应当从立法、执法、司法三个角度完善环境影响评价制度的落实，首先完善环境影响评价立法，把规划、政策等纳入环境影响评价范围，将环境影响评价程序制度化，实现行政主导；其次强化环境影响评价制度执法，引入公众参与，实现执法信息公开；最后构建环境影响评价制度的司法审查机制，转变我国环境立法的根本出发点，变"监管者监管之法"为"监管者之法"。

黄晓慧认为[56]，我国在移植西方环境影响评价制度时存在异化。我国《环境影响评价法》没有替代方案的要求，项目的启动以经济利益为第一考量，可以通过补办手续的规定则完全丧失了环境影响评价的基本功能。另外，环境公益诉讼的缺失使得公权力没有得到足够的监督和制约，因此，应该建立公益诉讼制度这一最为有效的公众参与模式。

杨振发提及[57]，孟加拉环境影响评价制度对外来投资的影响，为当前中国对外投资提供了法律指导。

2. "三同时"制度

朱谦认为[58]，在环境执法实践中，违反"三同时"制度的行为比较常见，而对其实施行政处罚的法律适用则显得十分混乱。对于违反"三同时"制度的行为，在实施行政处罚时，应该将各个单行环境污染防治法律中的相关条款所规制的行为，作为一个独立的违法行为，根据建设项目需要配套的环保设施的种类，分别适用各单行环境污染防治法律的规范进行处罚，并最终合并计算依各单行环境法律处罚的罚款数额，而《建设项目环境保护管理条例》第 28 条可以作为单行环境法律难以适用时的补充规范。

刘贤春认为[59]，由于我国环境影响评价先天不足、违法成本低、执法偏软和监管缺位等原因，导致我国"三同时"制度没有得到很好地执行。此次新环保法的出台，给"三同时"制度带来了新的希望，应该利用好相关责任条款，如按日计罚、限产停产、拘留等。

3. 排污许可制度

姜敏认为[60]，环境行政许可具有风险品性、科技依赖、利益权衡、代际平衡、国际关联五个特征，环境行政许可制度建构，除了须遵循行政许可的一般立法原则外，还须遵循预防、谨慎行事、合理开发利用、污染者负担、科技促进、公众参与、协同合作、国家环境资源主权与不损害国外环境等环境法基本原则。王清军认为[61]，初始分配应当被纳入排污权交易制度一体化规范，建立统分结合、权责分明的排污权初始分配体制，根据数量、属性以及污染贡献确定分配接受主体并细化准入、退出机制，以及建立一种分配方式为主，多种分配方式并存的分配规则结构体系。

4. 排污费

任丽璇认为[62]，排污费属于准目的税，只有实行费改税，才能实现排污费形式与实质上的统一。袁向华[63]，在比较排污费和排污税的异同之后，提出应适当调整排污收费标准、扩大征收范围、健全管理体制、加大内部稽查力度等完善建议。

5. 环境信息公开制度

王灿发认为[64]，我国环境信息公开立法及面临着传统管理理念与信息公开法律要求的不相适应、行政机关信息公开的能力与公众和 NGO 信息公开的需求不相适应、立法的模糊性增加环境信息公开的困难、个人对信息公开申请权的滥用等方面的挑战。陈海嵩认为[65]，一方面环境信息的定义过于简单，缺乏对环境信息所涉事项的具体列举；另一方面环境信息公开例外规则欠缺。朱谦认为[66]，在环境突发事件中，应当以政府发布的突发环境事件信息为依据，保持公司与政府披露信息的同步阶段性、上市公司信息披露真实性和衡量的相对性。上市公司对因自身原因而引发的谣传应当负有澄清的义务。

6. 环境应急管理制度

肖磊、李建国认为[67]，应当适度放松对非政府组织参与环境应急的管制行为，强化非政府组织的环境应急参与程序，建立法治框架下的合作协商机制。楚道文认为[68]，应当借鉴《水污染防治法》，确立预防原则在大气环境应急管理中的首要地位，加强和改善政府主导的大气环境应急管理模式，保障企业、公众在大气环境应急管理中的权利，建立大气环境应急管理区域合作机制。

7. 政府环境责任

晋海认为[69]，基层政府环境监管失范有政府监管失范和政府官员行为失范两种类型，前者表现为部分基层政府充任污染企业的"保护伞"，后者主要表现在基层政府部分官员的权力寻租和官僚作风两种形式。折射出行政考核制度、财税体制以及权力监控体制问题。夏雨认为[70]，目标考核制度在相当程度上损害了法治主义的特有目的和功能，可能导致衡量懈怠、衡量过度、破坏整体行政等瑕疵，在连续性的行政过程中难以长期维系。张雷认为[71]，政府环境责任体系主要由立法责任、司法责任、行政责任和国际合作责任四个方面组成。政府环境责任的履行需要制定完善的环境基本法、建立科学的环境法律规制体系、建立完善的环境责任问责机制。

8. 环境保护法律制度实施

汪劲等认为[72]，中国的环保法律并没有发挥出应有的作用。造成这种现象的原因主要有五个：第一，将经济增长指标作为领导干部政绩考评的主要指标、财政上的"分灶吃饭"体制；第二，缺少相应的立法，规定缺乏可操作性，规定不合理；第三，环保执法权威和能力不足，管理体制不合理，地方保护主义干扰；第四，司法机关对制度实施不积极；第五，公众参与明显不够，社会监督机制难以发挥应有的作用。

（五）环境法律责任研究进展

2011—2015 年，环境法学者对环境法律责任的研究，不再局限于责任构造本身，更多关注一些具体问题。本部分研究主要着眼于环境保护的司法保障。对司法过程中的具体问题进行讨论，这些问题都是阻碍用司法手段保护环境面临的障碍，总体观点是加大制裁范围和力度，降低追究责任的门槛。

吕忠梅等认为[73]，通过对近千份环境案件裁判文书的分析发现中国环境司法救济中存在环境司法功能未得到充分发挥、良好的环境法律供给严重不足、法官的环境司法能力不敷使用、法院的审判机制运行不畅等问题。

钭晓东认为[74]，生态文明演进和社会形态变化要求环境法律责任必须突破"禁锢于'复仇与报应'、局限于'事后追责'、拘泥于'损害赔偿'"的传统思维惯性，实现"从复仇到报应到该当"的责任根据演进、环境权益的"恢复、赔偿或补偿"的责任内容复合、社会连带的责任方式填补，最终夯实与彰显环境法律责任机制的社会功能。

1. 环境民事责任

关于环境民事责任的研究，学界主要集中在环境侵权的"赔偿及救济""因果关系推定"以及"举证责任分担"三个方面。

（1）赔偿及救济　吕忠梅、张宝认为[75]，应当将生态破坏致人损害的情形纳入到环境侵权；以环境侵害为核心制定《环境侵害救济法》。刘超也认为[76]，环境权利具有公权私权复合性，环境侵权救济机制体系应当秉持公益保护为重点，贯彻权利救济与实现的社会化，应当制定专门的《环境侵权救济法》。陈太清认为[77]，我国目前尚无法律将环境损害作为一种单独的损害类型加以规定，也缺乏专门的损害救济途径。环境损害救济宜采用行政罚款为主导的公法路径，并辅之以必要的行政公益诉讼。陈红梅认为[78]，应当对环境侵权中的纯粹经济损失给予有限度的赔偿，应完善环境责任保险和损害赔偿基金制度，在确定纯粹经济损失的边界时采取谨慎态度。童光法认为[79]，通过环境权或生态权理论的建构或者通过"纯经济损失"的法律解释方法将纯环境损害纳入传统私法救济路径并非可行，应当借鉴欧盟环境责任指令，制定我国环境责任法，规定列入目录的企业、行业、场地、设施、装置等的所有者、经营者、持有者或占有者对其运营所致的生态环境损害承担无过错责任，其他情形则承担过错责任。钟桂荣认为[80]，在对环境侵权损害进行救济时应该运用利益衡平原则，明确界定排除侵害的成立要件、丰富排除侵害的具体形式，合理安排所保护的权利体系层次等。

（2）因果关系推定和举证责任分担　王社坤认为[81]，因果关系推定与举证责任倒置属于不同类型的法律规范，两者在法律效力上存在差异，《侵权责任法》第66条规定的是举证责任倒置而非因果关系推定。施珝认为[82]，环境侵权因果关系推定的适用需要在受害人证明基础事实，且"损害结果发生的盖然性增加"的前提下才能适用。张宝认为[83]，应将《侵权责任法》第66条视为对法官降低受害者说服责任的提示性规定，受害人除证明排污事实和损害事实外，尚需证明传播事实、暴露事实以及科学层面的致害可能性，才能推定因果关系成立。胡学军认为[84]，环境侵权中的因果关系应界定为逻辑上属部分因果关系，在法学上属相当因果关系。翟艳认为[85]，针对不同类型重金属污染案件适用不同因果关系推定理论。

张新宝等[86]提出了环境侵权责任的综合适用。在现有的制度构架下，通过法律解释特别是对连带责任、雇员责任、企业控股股东的"直索责任"等的扩张解释，以及严格适用与综合适用各种侵权责任方式，正确处理环境侵权责任与相关行政法律责任及刑事法律责任之间的关系，能够实现环境侵权责任的强化，达到救济受害人、制裁和遏制环境侵权行为的法律效果。竺效认为[87]，新《环境保护法》宣告我国环境污染责任保险立法新阶段的开始，当务之急应尽快研究制定《环境污染责任保险法》，并在《大气污染防治法》等环境单行法修改中适时规定强制投保条款。

2. 环境行政责任

这一阶段，学界对环境行政责任的研究甚少，只有极少数学者对环境行政处罚做了探讨。杨帆等认为[88]，现行罚款存在数额低、标准不统一、执法人员自由裁量权大等问题。吴凯认为[89]，新《环境保护法》对于"按日计罚"的规定及其引发的后续连锁立法动向将会造成中国大陆地区环境行政处罚体系事实上的重心迁移，环境行政裁量基准体系构建的重要性得以凸显与加强。

3. 环境刑事责任

赵彩凤等认为[90]，应当在刑事法律中对企业进行"新生态人"人性假设，将企业环境社会责任转化成一种环境刑法内部改造的动力。汪维才认为[91]，污染环境罪的主观方面包括故意和过失，不能适用严格责任；因果关系可引入因果关系推定原则加以认定，但其适用应受到限制；从应然意义上讲，应将本罪由结果犯改为危险犯。张福德、朱伯玉认为[92]，环境刑法法益首先是生命、健康或重大的财产等直接法益，其次是自然生态系统或其要素间接法益。我国较少地去制裁对间接法益的侵害行为，应适当地向生态结果犯过渡，增加环境行为犯、环境举动犯、环境危险犯。

对于环境刑事责任的研究，学者们立足环境犯罪，提出了"危险犯"和"威胁犯"，以及专门立法的构想。

曾粤兴等认为[93]，应当设立环境犯罪危险犯，污染环境罪之危险犯应当规定为具体危险犯，主观上兼具故意和过失。陈开琦等[94]提出了过失"威胁犯"的概念，建议"污染环境罪"设立危险犯。

蒋兰香[95]认为我国应借鉴澳大利亚新南威尔士州的《环境犯罪与惩治法》，制定专门的《环境犯罪惩治法》。

（六）环境公益诉讼和环境司法体制研究进展

2011—2015 年，伴随有关法律和司法解释的持续推进，环境法学界对于环境公益诉讼和环境司法体制的探讨仍然倾注了较大的学术精力。该部分比较主流的观点支持环境公益诉讼主体多元化以及对环境法庭审理环境案件的司法体制的探索和完善。

1. 环境公益诉讼

杨朝霞认为[96]，我国的环境公益诉讼实际上包括公益性环境权诉讼、自然资源所有权诉讼和环境权信托诉讼三大类型。至于起诉顺位的设置，应依实体权利依据的不同而作相应安排：以自然资源所有权为基础，环保机关为第一顺位，检察机关为第二顺位，公民和环保组织为第三顺位；以环境权为基础，公民和环保组织为第一顺位，环保机关为第二顺位，检察机关为第三顺位。

蔡彦敏认为[97]，检察机关可以提起环境民事公益诉讼，其作为公益诉讼的原告与法律监督者的双重身份并不矛盾，不会改变民事诉讼中当事人诉讼权利平等之基本原则；在提起环境民事公益诉讼前，检察机关应先建议行政机关依法履行职责，如行政机关没有履行，检察机关再行启动诉讼程序，以原告身份提起环境民事公益诉讼。

张锋认为[98]，要充分发挥环保社会组织环境公益诉讼起诉资格的作用，就要遵循

"欲扬先抑"的路径，采取诉前通知、司法（预）审查等细节制度对其积极层面的"抑"予以加强，并就消极层面的"抑"的各种表现形式予以改善，克服抑制条件，促进抑制条件向正向激励条件的转化。

颜运秋等认为[99]，我国环境民事公益诉讼制度存在原告资格过于苛刻、受案范围过于狭窄、管辖规则与激励机制半推半就等不足。有必要进一步明确"法律规定的机关"的范围，赋予公民个人环境民事公益诉讼建议权与起诉权，正确处理环境公益诉讼与环境行政执法、环境行政公益诉讼及其他民事诉讼的衔接关系，落实巡回法庭管辖规定，确立私人原告胜诉奖励制度等。

沈寿文认为[100]，在宪法上的两大基本法律关系主体（政府与公民）的预设框架之下，不同类型的诉讼案件应遵循不同的诉讼规则和程序。如果无视原被告双方特定的主体资格与条件限制，势必导致诉讼法律关系的混乱。赋予环境行政机关环境民事公益诉讼原告的主体资格，本质上是将原来的行政法律关系硬性扭转为民事法律关系，有违宪法的一般原理和制度框架。

2. 环境司法体制

与环境公益诉讼的热度不减相适应，学界对于环境司法的研究开始逐步升温。郑少华认为[101]，欲使生态文明建设落到实处，就必须使司法机制在生态文明建设中居于中心地位。而健全与完善我国的司法机制，必须健全与完善中国的环境法院（法庭）体系，形成环境案件指导制度；健全与完善中国的环境公诉制度；健全与完善中国的"私人检察官"制度，使个人与组织充当"私人检察官"，能够提起环境公益诉讼，并使之良性运转。

王树义认为[102]，环境司法改革应当重点解决三个方面的问题：树立现代环境司法理念，充分发挥司法保护环境的作用；实行环境司法专门化，为环境纠纷解决提供积极的司法服务；实践环境公益诉讼，用司法保护社会环境公共利益。

张宝认为[103]，当前，我国环境司法专门化实践正如火如荼，但也饱受争议。这些争论不同程度上忽略了环境司法专门化的功能和内涵，即通过审判机构的专门化，诉讼程序的特别化与审判人员的专业化，以应对环境侵害的交互性、扩散性与不确定性对环境诉讼的影响。条件成熟时应制定《环境诉讼特别程序法》。

周训芳认为[104]，我国生态环境保护司法体制在过去已形成了"刑事为主、民事为辅、行政短腿"的内部格局，其改革的基本走向为生态环境保护司法专门化。基于地方改革成果判断，我国生态环境保护司法的内部体制将定格为"三审合一"模式。将已归队的林业审判机构改造为生态环境保护审判机构，能够推动整个生态环境保护司法体制的完善。相应的，将森林公安改造为脱离行业控制的生态环境警察，专司生态环境保护刑事案件侦查之责，能够支撑生态环境保护司法外部体制的下游体制。

三、环境法律制度研究进展

（一）环保法修改和评论

2011 年全国人民代表大会·环境与资源保护委员会启动了《环境保护法》的修改程序，2014 年 4 月 24 日全国人民代表大会常务委员会通过了新修订的《环境保护法》，环境法学者对环保法的修改、新环保法的完善及配套措施进行了富有见地的研究。在环保法修改方面，都主张进行实质性大改，规范和激励政府行为，整合法律制度，采纳多元共治的法律机制；对于新环保法的立法目的的缺失进行探讨。

1. 环保法的修改

王灿发、傅学良认为[105]，《环境保护法》修改的指导思想应当坚持"宏观转向"与"微观重点突破"相结合；修改的模式应当以基本法为目标，向政策法和理念法倾斜；修改的重点内容主要是对原有立法目的和原则进行调整和转变，对政府环境保护责任、公众环境权益保护、环境法律责任、环境纠纷处理等进行重点突破。高利红、宁伟也认为[106]，从立法体系性看《环境保护法》应修改为基本法。

蔡守秋认为[107]，修改后的环保法应该是具有生态法特征的综合性法律，应规定环境法的基本理念、基本原则，公民的基本环境权利和保护环境的义务，环境公益诉讼，政府责任，基本的环境法律制度和重要的环境法律措施，以及政策环境影响评价。

汪劲认为[108]，《环境保护法》修改应秉承"有效修改"而非"有限修改"，涉及主要课题包括：协调修法思路和立法模式，解决《环境保护法》自身问题，衔接其他环保单项法律法规与有关基本法律，完善公众参与途径，明确政府官员环保责任，突破环保行政外部制约，强化环保监管，完善基本法律制度，解决"违法成本低"，运用司法手段。

吕忠梅认为[109]，应以生态文明理念为核心修改环保法，回应政府职能转变新改革，明确环境保护法的基本定位与调整范围，完善政府环境与发展综合决策制度、环境权利和义务制度、环境监管制度、生态环境保护制度、防治污染和其他公害制度、法律责任制度以及环境救济程序制度。

王曦认为[110]，《环境保护法》是一部以规范和制约政府环保履职为主的法律，其修订应当以法律规范政府有关环境的行政决策、约束有关环境的政府行为、杜绝行政懈怠或乱作为、从源头上预防环境问题的产生为目标。

巩固认为[111]，主导《环境保护法》修改的"基本法论"是法律体系化思维的产物，在单行法体系基本齐备而法律实施效果不佳的现实面前，政府激励才是《环境保护法》的核心价值和独特功能之所在。

竺效认为[112]，在修改《环境保护法》时，应对该法首条有关"促进社会主义现代化建设的发展"的措辞进行与时俱进地完善，应对一些条款进行修改和完善。

柯坚认为[113]，在环境法治时空的时间维度，政府和社会对于环境问题空前的关注催生了环境时刻，并为《环境保护法》的修订提供了良好的政治基础和社会前提。在环境法治时空的空间维度，《环境保护法》的修订必须秉持开放性的立法理念与整合性的立法思路，合理地创制、拓展和展开我国环境法治空间，推动我国环境法扩展到多元的、包容的环境公共治理法律机制。

2. 对新环保法的评论

在2014年4月《环境保护法》修订案审议通过后，邹雄、刘清生认为[114]，其结构令人困惑，应围绕保障"良好生态环境"这一根本立法目的以及"实现环境法律关系"进行布局，以三类主体（环境权主体——自然人，环境义务主体——环境资源利用或破坏者，环境职责主体——政府）为对象分章予以规制，再加上总则和法律责任两章。

高利红、周勇飞认为[115]，新法没能从根本上转变经济发展之重心思想，环境保护法所应凸显和强调的"人与人、人与自然和谐共存、和谐共生"的基本理念没能得到充分的尊重和体现，应在立法目的中加入"实现人与自然和谐共生"的表述。

王彬辉认为[116]，为配合新环保法、实现积极有效的公众参与，可借鉴加拿大的实践经验：吸纳公众主动参与，提高公众参与的可信度以实现公众有效参与，保护公众对环境违法行为的举报权，实行"民行刑三位一体"的环境公益诉讼以确保公众对损害环境公共利益行为享有的司法救济权的实现。

（二）污染防治法律制度研究进展

本部分对于噪声污染防治法律制度的研究甚少，大气、土壤污染和重金属防治研究主要致力于制度体系构建；水污染防治集中在流域跨界污染问题，多主张在地方政府之间、中央地方政府之间实行相互监督和制衡。

1. 大气污染防治法律制度

伴随着《大气污染防治法》修改提上日程，大气污染防治法律制度成为了学界的研究热点。周珂等认为[117]，应从应急预案和信息公开机制、应急管理机构及其权限与职责等方面加以完善。常纪文认为[118]，应加强特色性制度建设，规定机动车定型审核的源头监管、区域空气评价和信息共享制度、区域排放上限与核查制度，总量控制制度、排放许可证管理、产业政策、排污收费标准、排污权交易制度、应急制度，要体现与水污染相关制度及政策的区别。高桂林等认为[119]，应当建立和完善区域生态补偿机制、信息公开机制及备案审查机制。晋海认为[120]，应以框架法模式制定《低碳城市建设法》或者《应对气候变化法》或者在单行法模式下设计低碳城市建设相关制度，在修订《大气污染防治法》时应增设有关温室气体排放控制的相关制度。

2. 水污染防治法律制度

学界对水污染防治法律制度的研究主要围绕区域水污染治理展开。吕忠梅等认为[121]，基于水的流动性，应当以分级分区为核心构建重点流域水污染防治新模式。张千帆认为[122]，必须重视流域环境保护中央与地方关系调节，中央有义务规定流域统一的环保标准及其地方实施义务，并通过司法诉讼等机制让地方义务落到实处；流域环境保护首先要依靠地方选举制度的力量，让地方行政执法直接对当地选民负责，从源头上遏制企业的污染行为；中央应通过行政和司法监督纠正流域环境污染的外部效应，迫使地方政府对其管辖范围内的环境执法负责。徐祥民、朱雯认为[123]，应利用流域内各主体相互监督的动力设置制衡机制，防止出现环境"掠食"者和"搭便车者"。杜群等认为[124]，我国当前应当强化流域跨界交接断面水质目标为共同环境行政责任，构建以"流域环境协议"为自愿遵守机制的流域生态补偿制度。秦天宝认为[125]，应当健全公众制度、流域规划制度、水质标准制等法律制度。

3. 土壤污染防治法律制度

随着我国土壤污染防治法的起草，学界对该问题的研究主要集中在域外经验的考察和借鉴。罗丽[126]介绍了日本和德国土壤环境保护立法的发展、体系、特点和对我国的启示，主张采取独立的环境保护立法模式，加强配套立法，应明确规定土壤环境保护规划制度、土壤环境质量标准制度、土壤环境质量调查制度、土壤污染管制区制度、土壤污染监测与应急预警制度、土壤污染治理修复制度、土壤环境保护补偿、土壤环境保护法律责任制度等基本制度。胡静认为[127]，《土壤环境保护法》应当侧重污染治理，兼顾预防，预防重心是农业造成的农用地污染，并授权环保部制定管制的污染物名录，目录不含放射性物质。应当规定土壤环境保护规划、调查、标准制度，土壤污染管制区制度，土壤环境质量检测报告制度。政府应该指导和引导农民应对农用地污染。农用地以外的土壤污染的责任方应承担清理和整治责任，否则由政府负责。清理、整治目标应当考虑包括土地未来用途在内的多种因素。宋才发等认为[128]，我国必须建立专门的耕地土壤污染防治的法律和公众参与机制，同时建立相关的配套保障制度，构建完整的相关法律体系。朱静等认为[129]，应当制定《土壤污染防治法》，完善土壤环境标准体系，建立土壤污染防治基金、土壤污染防治的管理、土壤污染预防和预警等相关配套体制或制度。李挚萍认为[130]，法院近年环境修复司法判例对于环境修复救济措施的探索具有积极意义，但法院决定依据缺乏、标准不一，责任方式、修复目标和方案缺乏指引，有必要完善修复立法、标准、程序和协调机制。

4. 重金属污染防治法律制度

随着重金属污染事件频发，对其研究升温。马忠法[131]通过对《关于汞的水俣公约》的介绍，认为我国应当专门制定汞污染防治的规章、技术政策或标准等。付融冰等[132]介绍了美国处理固体废弃物中各种重金属的含量标准制度、含重金属危险固体废弃物申报登记与检测制度、信息强制披露制度以及强制循环利用制度。张璐[133]提出了重金属污染产业化治理的市场准入制度。刘士国[134]以重金属污染损害为中心，提出了设立环境污染损害国家补偿基金的建议。周珂等认为[135]，在尚未对重金属污染防治进行专门规制前，需要重视环境影响评价制度、环境标准、产品生命周期、突发环境应对等对重金属物质、重金属污染具有较强针对性的一般污染防治制度，并考虑重金属污染的特殊性，在实施操作方法上进行有针对性的细化、调整。罗吉认为[136]，应当完善重金属污染防治的法律法规体系，明确政府重金属污染防治的责任，加强监督管理，强化企业重金属污染防治的责任，加强全程综合防治，建立和完善重金属污染环境的治理和修复，完善公众参与，引导个人消费，健全重金属污染健康危害监测与诊疗体系。

5. 放射性污染防治法律制度

赵小波[137]以日本2011年颁布的《放射性物质污染应对特别措施法》为核心，对日本放射性污染废弃物监测制度、"污染废弃物对策区域"指定制度、"污染清除特别区域"指定制度、污染状况重点调查区域指定制度、受污染土壤的保管制度等做了介绍。汪劲[138]呼吁加快制定《核安全法》，合理定位《核安全法》在核能法律体系中地位，《核安全法》应当保障核安全独立监管。

6. 农村环境污染防治法律制度

肖萍认为[139]，解决农村环境污染问题，需要在宪法层面赋予公民环境权，并建立以《环境保护法》为基本法、以特殊环境领域单行法为支撑的农村环境法律体系，实现农村环境治理模式的转轨和治理手段的创新，建立完善的、法定化的农村环境责任制度，使农村环境治理成为有法可依、有实体力量支撑的良性制度体系。

（三）生态保护法律制度研究进展

2011—2015年，生态保护的立法研究在国内迅速成为一个新的研究热点，其中以生态保护法的理论基础、生态文明建设、生态补偿、生态修复、湿地及生物多样性保护等立法研究为重点。生态补偿是重点，研究主要集中在概念、原则、补偿方式等理论领域，实务性研究相对薄弱；对湿地保护主张运用行政指导、公众参与、经济激励等多种法律手段。

刘国认为[140]，生态法包括主体——客体、目的——手段、有用——有限、自由——限制、利己——利他五对基本范畴。

陈德敏、董正爱认为[141]，流域生态补偿不仅要从决策模式上纠偏，更要切实解决法律规范的结构性问题，用回应性的、负责任的法律规范对社会环境中的各种变化做出积极应对。

王江、黄锡生认为[142]，我国生态环境恢复法的立法理念应当从人类中心主义向生态中心主义转变，遵循生态环境优先原则、共同但有区别的责任原则、破坏者恢复责任原则和公众参与原则。

梅宏认为[143]，生态文明理念指引下的土地法制建设，应当以生态利益的法律保护为核心，通过确立生态保护法律责任、实施生态系统管理，综合预防和救济生态损害，建立、完善土地利用的调查与规划制度、土地利用的控制制度、土地权利保护制度，构建我国的土地保护法律制度体系。

马波认为[144]，生态安全与环境法治都必须嵌入我国的生态文明建设之中，两者密不可分。在环境法中确立生态安全，生态安全的确立与发展，将推动环境法的哲学思考、生态化变革和制度回应。

焦艳鹏认为[145]，生态文明建设过程中，应建立以人的生态利益保护为主、其他主体生态利益保护为辅的生态法益协同保护机制。人的生态利益应被法律优先保护，这既是对人类文明发展阶段性的承认，也是法治保护资源有限条件下的必然选择。

关于生态补偿的概念，汪劲认为[146]，应当指在综合考虑生态保护成本、发展机会成本和生态服务价值的基础上，采用行政、市场等方式，由生态保护受益者或生态损害加害者通过向生态保护者或因生态损害而受损者以支付金钱、物质或提供其他非物质利益等方式，弥补其成本支出以及其他相关损失的行为。史玉成认为[147]，生态补偿是指为恢复与保护生态系统的生态服务功能，保障公众的生态利益，由生态受益者及环境资源开发利用者向特定的生态功能区、生态利益的重大贡献者以及开发利用环境资源过程中的生态利益受损者，按照法定的程序和标准进行的合理补偿。

邓禾、韩卫平认为[148]，生态利益是指生态系统对人类非物质性需求的满足，主要包括安全生存的利益、享受清洁空气的利益、享受优美景观的利益、获取知识的利益等。黄锡生、任洪涛认为[149]，生态利益是全体社会成员在生态环境中获取的维持生存和发展的各种益处，由经济价值和生态功能两种利益形态构成。

才惠莲认为[150]，生态补偿法律关系主体具有多元化、复杂化的特点，补偿主体不必然是实施主体、接受主体不必然是受偿主体、受偿主体不必然是申诉主体，国家不是唯一的补偿主体、受偿主体或监督主体。生态补偿法律关系的客体是利益，利益的表现形态既包括作为国家、社会组织和自然人的"人"，还可以是生态环境。

何雪梅认为[151]，生态利益补偿是指为保护生态环境、实现生态公平，保障可持续地利用生态系统服务，运用法律、行政、经济等多种手段协调各生态利益相关者之间的经济和生态利益关系，抑制消极的生态破坏行为，激励积极的生态保护行为的制度安排。

常丽霞认为[152]，应在生态环境基本法中明确规定生态补偿的基本制度，适时出台《森林生态效益补偿法》和《森林生态效益补偿基金管理办法》。

李志文、马金星认为[153]，海域物权生态化是以生态化理念指导海域物权人对海域的占有、使用、收益与处分，平衡海域物权的经济效益与生态效益，在海域物权人依据海域物权利用海域时，尚需承担环境保护的义务。

樊清华认为[154]，需要改变立法指导思想，树立生态安全下的衡平性立法理念，制定并完善相关立法，规范管理体制明确协调管理部门，鼓励公民社会参与环境保护，保护海南海洋湿地。

梅宏认为[155]，《环境保护法》应当从湿地保护的立法诉求中获得启示，检视本法的适用范围、立法理念、制度构成以及法律调整机制，从我国环境保护领域基础法的层面向湿地保护提供法律支持。

蔡守秋、张百灵认为[156]，应该通过发展滨海湿地区域的环保产业、建立生态补偿制度、完善公众参与环境影响评价的途径、构建滨海湿地的社区共管模式，综合运用行政指导、经济激励、公众参与等各种法律手段完善我国滨海湿地的保护管理。

李凤宁认为[157]，应推进建设南海海洋保护区，在专属经济区内构建更多的海洋保护区。在功能上，应借鉴美国国家海洋和大气管理局（NOAA）的分类标准，区分生物资源与非生物资源。在治理模式上，推进政府与社会公众的管理分享。

（四）自然资源法律制度研究进展

2011—2015 年，在自然资源法律制度研究方面，自然资源权属制度仍然是关注的热点。学者在自然资源权利结构基础上主张有多重主体、多种类型和内容，包括国家和个人权利（权力），应当合理配置多种权利（权力）关系，对个人自然资源权利进行适当限制。

邓君韬、陈家宏认为[158]，资源中心主义应当成为自然资源立法的基本价值取向。黄锡生、峥嵘认为[159]，资源社会性理念具有对资源物权和公权力的限制功能，并探讨把资源社会性理念引入宪法、行政法、民商法、经济法和环境资源法。姜渊认为[160]，自然资源法的调整对象应该是自然资源实现经济价值时的社会关系与自然资源实现生态价值时的自然关系。

马俊驹认为[161]，自然资源作为国家所有权的客体，具有双重属性。它既有财产属性，又有资源属性。徐祥民认为[162]，自然资源国家所有权具有主体的唯一性和权利的专有性、不可变更性和价值优先性等特点，宪法上的自然资源国家所有权的实质是国家权力，是管理权，而非自由财产权。吴卫星认为[163]，公共信托是一种三方法律关系的制度构造，公众是公共自然资源的委托人与受益人，国家则是受托人。国家作为公共自然资源的所有权人，所行使的不是私法上的所有权，而是公法上的所有权，由此形成的法律关系受公法调整。我国国有自然资源应当在国家公产与国家私产的二元区分基础上，分别适用不同的法律规则。

王社坤认为[164]，以类型思维的方法基于利用方式将自然资源利用权利的类型划分为资源载体使用权和资源产品取得权。邱本认为[165]，自然资源环境法的权利统称为自然资源环境权，它具体包括自然权利、动物权利、资源权、环境权，是一类新兴（型）权利。

陈德敏、王华兵认为[166]，《矿产资源法》的修改应体现政府职能由单纯的以行政管理为主导向公共服务的转变。郜伟明认为[167]，矿业权作为一种公私兼备的经济权利，不仅包括探矿权、采矿权等私权，还包括规划权、信息权等公共规制权力。刘卫先认为[168]，矿业权应当是矿产资源勘探开采活动而形成的一系列权利义务，其中公权力和私权力同时存在，公权力存在于矿产资源的生态价值管理和国家安全等公共利益领域，私权力存在于矿产资源的经济价值领域。李晓燕、段晓光认为[169]，应分离矿产资源物权制度与矿业行政管理制度,实行国有自然资源的分类调整,以矿产资源立法"物权化"为目标。郑维炜认为[170],应以《物权法》矿业权规则为基石,建立以矿业权为核心的矿产资源市场流转机制。

周训芳认为[171],《森林法》的修改应将森林经营法律制度作为基本法律制度,林权管理制度包括旨在进行林权登记的确权、维护生态公益的限权和确保实现合理补偿的平权。杜国明认为[172],应对林地、林木、森林、森林资源四个概念进行重构,避免关系混乱,《森林法》更名为《林地林木法》。高利红、刘先辉认为[173],应将森林资源作为《森林法》的核心概念,将森林资源界定为"指森林、林木、林地以及其他各种生物相互作用、相互依存的动态复合体"。宦盛奎认为[174],修改森林法的着力点在把集体林权制度改革的成果以法律的形式确定下来,确立林农享有的林地承包经营权和林木所有权,完善林业生产经营方式。

王勇认为[175],国家对于遗传资源既有所有权和管辖权的主权权利,又有管理、保护和可持续利用等方面的国家责任,应制定专门的关于遗传资源的国内立法。张海燕认为[176],遗传资源权带有浓厚公权色彩的私权,其权利追求的价值是利益分享。遗传资源的所有人是国家,权利支配人是社区共有人。钭晓东认为[177],必须从全过程,尤其是源头对生物剽窃加以强化规制,并引入到TRIPs协议中,推进来源披露与事先知情同意制度,借助共同商定条件等路径,推进遗传资源的可持续保护与知识产权惠益的公平分享。

刘卫先认为[178],水权体系应当包括国家拥有水资源生态价值的管理职权、国家拥有水资源经济价值开发利用的垄断权和社会公众拥有针对水资源的环境利益与基本生存权。曹可亮、金霞认为[179],应赋予农村集体经济组织水资源所有权主体资格,并明确界定水资源国家所有权和集体所有权的客体范围。

彭文华认为[180],破坏重大野生动物资源安全行为侵犯的法益可以包含公共安全,并对野生动物的界定提出自己的见解。

(五)能源法律制度研究进展

2011年至今,能源法律制度和实践的研究重点是《能源法》《原子能法》的制定、新能源以及《可再生能源法》实施中的法律问题。学者认为有必要建立和完善能源立法体系、借鉴国外经验完善立法,并对单项能源立法如《原子能法》进行制度体系构建。

杨解君认为[181],能源立法存在着立改任务艰巨、观念未能与时俱进、内容行政化和政策化色彩深厚、体系冲突或不相衔接等问题,在电力立法、煤炭立法、石油天然气立法、节能立法和可再生能源立法等具体领域存在着诸多滞后、矛盾或可操作性不强等欠缺,而且还面临着一系列深层次的难题:能源与经济、环境的关系,法律与政策的关系,改革与法律的关系,市场、企业与政府的关系等。对于这些问题与难题,能源立法应从理念、目标、技术、体系和制度、改革与回应等多方面综合应对,一并解决。

于文轩认为[182],我国现行石油天然气法规存在基本法依据不足、综合性立法缺位和专门立法不健全等问题。建议通过制定或者修订相应,形成一个各层法律效力位阶的立法构成的完整的石油天然气法规体系;结合中国实际情况,采取上中下游分别立法的立法模式;完善法规体系内容,在综合性立法层面、上中下游管理层面、产业支持层面分别制定具体的法律法规,与环境保护相关法律制度深度衔接,提高制度效力和实际可操作性。

肖国兴认为[183],围绕财政支持制度构建的《可再生能源法》所能带来的制度激励是有限的，需要从设计国家创新体系、产业投资结构、竞争结构、治理结构与拆除垄断壁垒，特别是培养多元投资权利主体能力等基础制度入手，全面推进能源领域市场化转型，这是中国可再生能源发展的根本路径。

曹明德等认为[184]，为应对气候变化，中国能源法律制度需要从探索可再生能源技术转让机制、强化国际核安全合作、加强与政府内其他部门间的主动合作来进一步完善。

孙增芹等认为[185]，2009 年我国修改的可再生能源法存在许多不足之处，如总量目标未以立法形式明确、并网技术标准缺乏、分类电价制度与费用补偿制度的立法前瞻性不足等。

彭峰认为[186]，我国《原子能法》的具体内容应当包括基本概念，立法目的，基本原则，行政管理体制，铀资源的勘察，保障、开采，核材料管制，核设施管理，放射性物资管理、运输和乏核燃料的存储和处置，核事故应急制度，核技术研发的推动，进出口管制，损害赔偿，法律责任等，重点是理顺核能监管体制和建构核污染责任保险制度。

赵保庆认为[187]，我国可借鉴美国的经验，从提升我国新能源投资法律和政策措施的法律层级、综合设计促进新能源投资激励和约束措施、充分发挥市场在促进新能源投资中的决定性作用三个方面完善我国新能源投资法律和政策措施体系的基本思路。

曾少军、杨来、曾凯超[188]，建议相关部门从加速资源调查、提高勘探水平、依靠科技攻关和国际合作突破核心技术、健全页岩气开发的相关制度五个方面进行努力，推动页岩气开发的快速健康发展。

（六）气候变化应对法律制度研究进展

随着气候变化国际谈判的深入，国内的气候变化立法、气候变化减缓与适应措施以及德班平台下我国应对气候变化法律应对等问题成为了我国环境法学者的研究热点。学者普遍支持借鉴国际立法经验，结合国情进行气候变化应对立法，确认和巩固现有政策体系，引入碳排放权交易制度、气候环评制度、碳金融制度、碳税等制度。

李艳芳、穆治霖认为[189]，气候资源不属于《宪法》第 9 条规定的自然资源，通过设立所有权方式确定气候资源归属不具有科学性与合法性的基础。通过强化和完善现有的国土规划、土地审批、环境影响评价等行政管理手段，完全能够实现国家对气候资源开发利用的有效管理和引导。

刘明明认为[190]，气候变化法应当属于促进型立法，要综合运用"命令-控制"型管制制度和基于市场的管制制度，前者包括温室气体排放标准和能效标准，后者宜采用基线和信用型交易和碳税相结合的方式。

龚微认为[191]，应根据气候变化的特点，吸收国际立法的先进经脸，包含国际社会已经普遍认同的理念和制度，结合我国国情，采用引导性的专门法加强制性的行政条例的模式推进气候变化立法。

徐以祥认为[192]，应对气候变化立法一方面要确认和巩固现有政策体系中的规划和计划、目标责任制、地方低碳发展促进制度等一系列政策措施，以推动政策的长期化；另一方面需要通过立法引入碳排放权交易制度、气候环评制度、碳金融制度等一系列新的制度，通过法律的力量推动政策的创新发展。

宋锡祥、高大力认为[193]，应借鉴英国《气候变化法》，加快制定《应对气候变化法》，专门设立能源和气候变化委员会，制定温室气体减排中短期计划，构建排放贸易体系，为气候变化提供充足的资金保障，修订、完善与应对气候变化相关的能源方面的法律法规。

常纪文认为[194]，制定《中华人民共和国气候变化应对法》已经成为社会各界的共识。公众参与气候变化应对应明确公众参与的方式、环节、程序，规定公众参与的保障措施。

张梓太等认为[195]，气候司法的全球化也在不断加快，我国应重视司法诉讼在推进气候变化议题中的积极作用。

李挚萍认为[196]，碳交易市场是一种特殊的新兴市场，兼具有环保市场、能源市场和金融市场的特点，因而有必要对其进行严格的监管，监管的主体应当包括经济管理、环保、能源和金融管理等部门，监管制度应包括碳交易信息披露制度、防止市场滥用行为、碳排放额核定制度等。

曹明德等认为[197]，发挥法律在碳交易市场创建、交易规则形成、市场规模扩张、交易平台构建、交易形式创新等方面的制度优势，是当前我国碳交易市场化进程的基本途径。

邓海峰认为[198]，我国保障碳税的施行需整合碳税与排污收费制度，调整现有环境税收的税率；需与碳排放交易制度衔接使达标排放企业享受碳税减免；需构建碳税征收动态平衡管理体系和综合性数据库系统；并设计与国际贸易规则相契合的碳关税制度。

彭峰认为[199]，碳捕捉与封存技术监管横向权限的分配方面，环境保护行政管理机构应为主管部门，享有管辖权，能源、交通等部门参与管理；纵向权限的分配方面，纵向的行政监管权限的分配主要是指管理权限收归中央集中管理或地方管理，现阶段比较适合中央统一集中管理的模式。监管制度设计应包括环境影响评价或环境风险评价制度、封存场地选择管理制度、核准制度、监测制度、安全制度、责任制度、事故应急处理制度等。

（七）国际环境法律制度研究进展

2011—2015年，我国环境法学者在国际环境法的基本原则、实施机制、生物多样性保护、气候变化等领域取得了一定的进展。学者主张结合我国利益对共同但有区别原则进行理解，并关注该原则在气候变化领域的运用。

1. 基本原则

李艳芳等认为[200]，共同但有区别的责任原则不是一个连贯、统一和清晰的原则。我国在气候变化责任上需要特别强调作为法律原则的共同但有区别的责任原则，发展宽容与包容的伦理准则，并且在策略选择上随时根据我国的根本利益要求和国际关系格局的变化作出相应的调整。

李威认为[201]，未来气候变化的全球治理仍将围绕"共同但有区别责任"的适用而展开，并向"区别而又共同责任"的目标转型；《哥本哈根协议》经由"人类共同关切事项"认同了"共同责任"的内涵，通过实质性公平原则，明确了"区别责任"的要旨，随着《哥本哈根协议》的落实和发展，国际社会将认同《哥本哈根协议》表现出来的"软法"特性，弥合各方分歧。

王春婕认为[202]，共同但有区别的责任原则经历了"孕育——确立——发展"的嬗变过程，但碎片式的立法样态及各国阐释上的重大差异成为此原则实施中的一个内在困境。统一性示范规则的建构及功能性方法的引入，将有助于完善共同但有区别责任原则的内涵要素并消除各国阐释上的持续性摩擦。

2. 实施机制

朱鹏飞认为[203]，以争端解决制度保障国际环境条约实施的传统机制存在缺乏针对性、实际效果差、强制力弱三个问题，且与条约的遵守控制程序可能发生冲突，主张争端解决程序将遵守控制程序的处理结果视为"当事国间关系的有关国际法规则"。

何志鹏等认为[204]，国际环境法更倾向于跨界环境损害预防制度的构筑。国际司法机构对跨界环境损害实际发生前的救济正在或已经形成一些较为稳定的制度，包括实体性的环境影响评价制度和程序性的临时措施制度。

3. 生物多样性保护制度

周长玲认为[205]，对生物技术进行专利保护时应当采取慎重的态度，应当在风险预防原则的指导下对其决定是否予以保护，这不仅可以维护生物安全，也可以作为限制外国生物技术专利的合法、有效手段。

秦天宝认为[206]，现代生物多样性保护国际法的发展经历利用价值保护、内在价值保护和生态系统保护三个发展阶段，其发展趋势是：发展中国家参与生物多样性领域国际立法与实施的作用加强；非国家主体在生物多样性保护国际法上的地位得到确认和提高；生物多样性保护国际法的实施机制建立和健全；生物多样性保护国际法中的责任和赔偿问题获得突破发展。

胡加祥等[207]从转基因生物规制的早期国际立法入手，通过分析转基因生物国际法规制的新发展，提出了转基因生物的规制与政府所选择的决策理论密切相关的观点，并结合我国的实际发展情况进一步提出了我国在转基因生物政策制定上应采取的学习-行动原则。

4. 大气与气候变化法律制度

郭冬梅认为[208]，《京都议定书》缺乏必要的惩罚和激励机制，只对少数发达国家有一定的约束力，而且只是"软约束"。国际环境条约的履行机制应以"震慑型"方案为主。各国应就此问题达成政治共识，并进一步建立和强化新的全球治理框架。

龚宇认为[209]，追究气候变化损害的国家责任在目前尚不具备充分的现实可行性。但来自国家责任的潜在压力至少有助于敦促各国积极改善温室气体排放政策，并就气候变化损害的救济尽快制订切实有效的全球性解决方案。

文同爱等认为[210]，制度上的完善设计和广大发展中国家的团结协作，是实现发达国家国际气候环境保护责任的必然选择。

张桂红等认为[211]，中国应当在国际社会提出气候有益技术转让国际法律协调制度的构想，并改善国内技术立法和知识产权立法，以便为中国发展气候有益技术提供良好的国际和国内环境。

于宏源认为[212]，"德班增强行动平台"下的谈判由"双轨"合并为"一轨"，弱化了"共同但有区别责任"原则，突出强调发展中大国的减排责任。

姚莹认为[213]，在国际谈判中，我国应以"共同但有区别责任"原则为基石，以"减缓""适应""资金""技术"为支柱，借助德班平台争取主动，调整原有缺乏灵活的谈判策略；在国内减排方面，应通过"命令控制型"和"市场引导型"两种模式来落实体现气候正义的减排法律规制。

5. 跨界河流环境保护法律制度

边永民认为[214]，跨界河流的上游国家在利用跨界河流时，负有不对下游国家造成重大损害的义务。2013 年国际常设仲裁法院裁决的印度和巴基斯坦间的基申甘加水电工程案对这一原则的内涵进行了重要的阐释。上游国家不对下游国家造成重大损害的义务在时间上不是永存的，在范围上不限于环境损害。

6. 国际危险物质及活动管理制度

唐尧认为[215]，北极放射性核污染治理问题日渐突出。国际军控条约没有考虑到国际环境法的基本原则，国家责任也存在不当免除。未来治理路径一方面要注重不同法域间的协调并明确有关各方的国家责任，另一方面基于核污染议题所具有的双重属性，软法还应继续发挥主导作用，并最终形成稳定且有约束力的治理法律机制。

四、国内外研究进展比较

（一）国外研究进展

气候变化和新能源成为研究热点，学者强调公众参与对于环境公共治理的重要性。

在国际环境法方面，应对气候变化被广泛讨论，而成为热点。Christer Karlsson 等[216]认为，应对全球气候变化挑战，世界需要有效的领导力。在《联合国气候变化框架公约》（UNFCCC）框架下的 COP-14 参与者中，欧洲被认为是最重要的但不是唯一的领导者。美国及 G77 国家因缺乏追随者而让中国成为第二重要的领导者候选。Neil Adger 等[217]认为未来应对气候变化需要在物理、生物及经济上进行风险分析以支持决策，而对于文化及社会影响的风险预测却被忽视，该文认为岛屿国家独特的文化存在着潜在风险，应当在气候变化的应对中予以充分重视。Jessica Ayers[218]认为风险的全球化和损害的本地化是气候变化问题的困窘之处，所以了解本地潜在损害的背景对于决策制定至关重要。该文以孟加拉国和 National Adaptation Programmes of Action（NAPAs）为案例研究，认为以现存的本地机构组织为起始点，能更好地为全球气候变化决策制定提供支撑。Robyn Eckersley[219]认为，全球应对气候变化的缓慢进展对于协商方式的转型提出了要求。该文认为应当从大多边主义的模式（Large-n Multilateralism）转变成更加顺畅的小多边主义模式（Inclusive Minilateralism）。该文提倡由主要的排放国之间优先签订协议，并对如何建立小多边气候委员会，以及如何在 UNFCCC 框架下运转提供了理论支撑。Anja Bauer 等[220]认为，10 个经济合作与发展组织（OECD）国家在应对气候变化问题时，需面对四个主要困难：①如何更好地横向整合政策；②如何纵向解决管辖权问题；③如何整合相关信息及技术；④如何将非国家参与者纳入决策制定中。并限定在软政策和自愿协同等途径上，并对机构组织的创新提出了建议。

在环境法基础理论方面，呈现出不少对于传统热点问题的新解读。例如，Kristof 等[221]对于罗马尼亚 Danube 三角洲研究中，利用了福柯话语分析工具，对于权力与知识互动关系影响下的公众参与进行了解读；并认为环境治理中的潜在公民参与可以在政策形成过程中被加强。Arthur[222]认为社会科学自 20 世纪 90 年代以来产生了"环境化改革"，这种改革的核心诉求即环境考量和利益的"组织机构化"（Institutionalized）。该文将俄罗斯作为案例研究，在俄罗斯的"环境化改革"正在不断腐化、退化的背景下，认为"去组织机构化"是 1991—2005 年期间俄罗斯的主要特征，而不是"环境变革"，并且该文对该概念予以了界定评估，提供了经验研究的支持。在美国六个大都市区进行了调研研究，Yonn[223] 认为在美国气候行动市长协议的框架下，核心大都市城市群能够为气候问题提供更多的法律及政策支撑，承担更多制度创立的责任，而同时乡村地区却更多地在享受法律政策的"搭便车"。这种地理上对于法律政策的影响不容忽视。

在能源法方面，新能源成为过去五年炙手可热的话题，其中以美国、德国对电力汽车方面的研究为代表。Christophe Guille 等[224] 提出了 Vehicle-to-Grid（V2G）模式，并阐述了其可行性构想。Benjamin[225] 则认为混合动力及电动汽车的主要阻碍并不是电池等科学技术，而是诸如文化价值、商业实践和政治利益等"社会技术障碍"，而这些困难却比科学技术更难克服。Toby 等[226] 认为 Feed-in-tariff（FITs）制度是对新能源发展最有效的政策工具，并在文中阐述了其优缺点。Manuel 等[227] 认为德国新能源的快速发展离不开 20 年前的可再生能源法（EEG）的积极推动。Max Wei 等[228] 认为相较于石化能源，每单位的新能源能为美国提供更多的工作岗位。加州伯克利大学的 Nan Zhou 等[229] 对中国能源效率进行了宏观的评估。Shobhakar[230] 认为占 18％人口却占用了 40％能源和碳排放的中国 35 大城市，面对着能源和污染的双重危机，而应对政策却收效甚微。Abudl[231] 的研究成果表明，中国的碳排放量主要决定因素在于收入和能源消耗，而贸易量并没有对其产生决定性影响。同时，在传统能源方面，能源消耗与社会经济发展、收入、贸易的关系[233] 和能源安全新指数[234] 也成为研究热点。

（二）国内外研究进展比较

从对上文的文献简述中可以看出，国际上环境法的主流发展趋势如下：①将法学与政策研究紧密结合；②定量研究与定性研究并重；③问题导向性的研究方法，重视解决问题途径的多元化。能呈现出如此特征，与环境法作为社会科学较强的应用性不无关系，并且与环境法学科的较短学术史和较快的发展速度亦有关联。作为现代意义环境法的发源国，美国的实用主义对于环境法的发展产生了深远的影响。强调功能性、可预测性以及可操作性的实用主义法学，天生青睐和社会学、经济学等其他社会科学的交叉，使得其研究方法不再拘泥于法学的传统方法论——法解释学之中。这种影响都可以在碳排放交易、野生动物所有权私有化、生态服务付费等具体制度创新中得以寻到。

排除社会科学本身极强的本土化要素的影响（亦是本文未枚举普通法文献的缘由），从某种角度来说，我国的环境法研究基本上是与国际主流趋势接轨的。特别是应对全球气候变化、碳排放问题及新能源等问题上，都能看到中国学术界对于全球热点问题上，实现了与国际学术圈的同步。但也存在热点问题分布上的差异，例如：在环境法基础理论上，我国学者倾向于讨论环境法的调整对象、环境权如何界定、环境法的基本原则等较为学理、形而上的问题。而国际上则倾向于将这些抽象概念问题具体化成个案问题来研究，以便于具体操作和实践。同时，更应清楚看到在方法论上我们与世界领先学术水平的差距。例如，成熟且有效的定量研究方法并没有在我国环境法学界被普遍接纳运用。值得注意的是，从整体上看，虽然国内环境法研究也有着强烈的问题导向性研究的特征，但在研究方法上依旧以立法思维为纲领，以解释学为工具在发展。这与以美国为代表的问题导向性的研究思路相较而言，更容易被束缚在自身学科的框架内。在解决问题的时候，各学科学者往往需要首先考虑如何在经典的学科理论体系内消化新出现的问题。先如何"界定问题"，往往被认为是"解决问题"的前提。学者们会做大量的文意解释的工作，这也是国内学界的一大特点。

最后，国际学术界对于我国在应对全球气候变化中产生的作用，以及我国在全球能源消耗格局中的地位等问题上产生了浓厚兴趣，并有着相当的学者群和文献数量在该领域不断发展积累。

五、环境法学学科发展的问题与展望

（一）环境法学发展存在的问题

1. 具体制度完善研究说理不足

受重大环境事件频发的影响，环境法学研究的重心偏向了具体制度设计、具体制度构建、具体环境问题分析与解决。由于环境法以解决各种各样环境问题为目的，研究向具体制度完善和建构倾斜应该十分正常，不过不少建议或对策往往出现如下问题：第一，"断言"（建议）过多，支撑建议的论证部分较为薄弱，"大胆假设"有余，"小心求证"不足；第二，说理；第三，有些论证偏好采用大而化之的宏大叙事方式，直接从环境问题本身跨越法律的专业性径直通向对策建议，对于细节关注不足，失之武断。

这些问题背后反映的是法律专业性品质的某种缺乏，环境法并不直接解决环境问题，而是通过配置法律权利义务来间接解决环境问题。所以，需要将环境问题转变成法律议题，再运用法律的逻辑设计对策。显然，环境法学表象繁荣的背后隐藏着专业性不强的危机，环境法理论中作为言说基础和前提预设的"法"与作为现代法治基础的"法"存在较大差异，具体表现为法律道德主义色彩浓厚、与科学规律界限不明、主体性缺失、孤立立法、与传统法的关系失当等方面，要想获得理论提升和实践突破，环境法学必须对自己的核心任务和研究范围作出准确定位，牢牢把握法的本质特征，加强本土化研究，尊重现行法，采取现实主义思维，实现向法学的回归[235]。

如何将环境科学、环境经济学等相关学科的方法真正融入到环境法学理论体系，统领环境法学研究学术脉络，形成有共同话语的学术共同体，是摆在环境法学研究者面前的现实挑战。

2. 研究追求时效性，理论积淀不足

2011—2015年，环境法学研究中的政策性倾向较为明显，热衷于炒作新概念的现象较为突出。某些新概念在政治或者社会层面具有积极意义，是否具备足够的法律内涵，或者值得过多进行法学上的专业讨论，不是没有疑问。政策的时效性较强，缺少足够的理论内涵。而学术研究重在对现实进行批判反思，确立稳定独立的研究风范，不能依附于官方政策。否则，就使得原有的概念还未研究透彻，新的概念又闪亮登场，从而使得学术话语和学术进路难以保持研究的系统性和连续性。

具体表现为学术研究的课题飘忽不定，缺乏对具有持久生命力的环境法课题的系统深入的研究，诸多的环境法课题都被触及过，但都浅尝辄止，没有深挖下去，既有的学术繁荣不是靠学术内涵和品质的提升实现的，而是靠外延的扩张和命题的频繁转换来表现的，由此导致环境法理论的体系化程度不高，环境法学在法学共同体中话语权的缺失。

令人欣慰的是，2011—2015年环境法学研究中自说自话的现象有所改观，在代际公

平理论、环境公益诉讼等研究领域，良性互动的学术讨论和争鸣已经开始出现。

3. 对其他学科研究的吸收存在丧失法学视角的现象

环境法学理论要成长为一个成熟的理论体系，必然需要从其他学科吸收养分。但是现有的大部分环境法研究成果往往只局限于环境法学理论研究内部，导致研究无法深入。

尽管通过对环境法学论文引证的分析表明，环境法学论文远高于法学论文平均外部引证率，环境法学在保持了法学正统之余，也在某种程度上通过引入外部知识对传统法学进行着"革命"。但不可讳言的是，相当一部分环境法学研究成果中，外部引证只是游离于论文主题之外的时髦点缀，只是一些其他学科的新名词与环境法学研究对象的简单叠加[236]。通常说环境法是一个交叉学科，需要借鉴其他学科的发展成果，每个学科都有自己的观察视角，视角不同，对客体的认识就不同。"了解和重视其他与法律有关的学科，对法学家的工作方式和结果是重要的。但是，研究主体内部发生的多个认识领域知识的结合却不应导致这些认识领域本身的合并。"（德国耶林内克语）。

（二）环境法学研究展望

1. 对策性研究持续增多

随着国内、国际环境立法的日趋完善，未来一段时期内环境法学研究的重点将转向环境法的实施问题。新环保法配套细则研究、土壤污染防治法制定、大气污染防治法和水污染防治法修改、气候变化、农村环境保护等重点、热点环境事件的应对对策研究将成为研究重点。而且在我国行政机关简政放权背景下，如何整合现有环境法律制度、合理配置企业环境保护法律义务也将成为研究重点。环境法律制度体系初步形成可能导致研究重心向实施机制转移。

同时，随着其他学科对环境问题的关注和国家对环境相关研究的重视，跨学科的对话、交流和互相借鉴是学科发展的动力。可以预见，我国环境法学研究将有更多其他学科学者加入进来，为环境法学带来新思维、新成果。

2. 基础理论研究将在局部得到加强

基础理论研究的突破和创新，离不开具体法律制度全面、系统的研究积淀。环境质量的改善维持、环境风险的防范化解、生态利益的增进保护、公众参与的现实拓展，促使环境法调整机制的深层变革，进而影响环境法基础理论的研究。法律生态化方法和传统法学方法的碰撞组合，会催生独有的生态法律研究范式。在批判性研究的基础上，加强构建性研究，做到有破有立。

3. 学科体系化程度提升，学科知识结构进一步优化

环境法学的学科知识结构将更趋完善，由环境法总论和环境法分论组成。前者由环境问题现象论、环境法本体论、环境法认识论、环境法运行论、环境法关联论组成。后者将继续沿着回应社会现实需求的路径扩展，具体包括污染防治法、生态保护法、自然资源法、能源与气候变化法和国际环境法五大分支领域。

参 考 文 献

[1] 陈德敏，孙玉中. 传统环境伦理批判与构建 [J]. 求索，2013，（7）.

[2] 徐祥民，刘卫先. 虚妄的代际公平：以对人类概念的辨析为基础驳"代际公平说" [J]. 法学评论，2012，（2）：75-82.

[3] 郭武，郭少青. 并非虚妄的代际公平——对环境法上"代际公平说"的再思考 [J]. 法学评论，2012，(4)：70-77.

[4] 梁剑琴. 环境正义的法律表达 [M]. 北京：科学出版社，2011.

[5] 熊晓青，张忠民. 影响环境正义实现之因素研究——以环境司法裁判文书为视角 [J]. 中国地质大学学报：社会科学版，2012，(6)：40-48.

[6] 秦鹏. 环境公民身份：形成逻辑、理论意蕴与法治价值 [J]. 法学评论，2012，(3)：78-88.

[7] 王欢欢. 环境法治的社会性别主流化研究——从环境法的自主性谈起 [J]. 武汉大学学报：哲学社会科学版，2012，(4)：67-72.

[8] 董正爱. 社会转型发展中生态秩序的法律构造 [J]. 法学评论. 2012，(5)：79-86.

[9] 徐大伟，李斌. 基于生态禀赋权的东西部协调发展新思路 [J]. 贵州社会科学，2014，(5).

[10] 雷俊. 城乡环境正义：问题，原因及解决路径 [J]. 理论探索，2015，(2).

[11] 钭晓东，黄秀蓉，"论中国特色社会主义环境法学理论体系"[J]. 法制与社会发展，2014，(6).

[12] 张百灵. 外部性理论的环境法应用：前提、反思与展望 [J]. 华中科技大学学报，2015，(2).

[13] 黄锡生，史玉成. 中国环境法律体系的架构与完善 [J]. 当代法学，2014，(1)：120-128.

[14] 郑少华，齐萌. 生态文明社会调节机制：立法评估与制度重塑 [J]. 法律科学：西北政法大学学报，2012，(1)：84-94.

[15] 江必新. 生态法治元论 [J]. 现代法学，2013，(5).

[16] 徐忠麟. 生态文明与法治文明的融合：前提、基础和范式 [J]. 法学评论，2013，(6).

[17] 郭少青，张梓太. 更新立法理念，为生态文明提供法治保障 [J]. 环境保护，2013，(8)：48-50.

[18] 王灿发. 论生态文明建设法律保障体系的构建 [J]. 中国法学，2014，(3).

[19] 吕忠梅. 论生态文明建设的综合决策法律机制 [J]. 中国法学，2014，(3).

[20] 王树义. 论生态文明建设与环境司法改革 [J]. 中国法学，2014，(3).

[21] 孙佑海. 生态文明建设需要法治的推进 [J]. 中国地质大学学报：社会科学版，2013，(1)：11-14.

[22] 毕军. 环境治理模式：生态文明建设的核心 [J]. 南京社会科学，2014，(4).

[23] 郑少华. 生态文明建设的司法机制论 [J]. 法学论坛，2013，(2)：21-28.

[24] 刘爱军. 生态文明理念下的环境立法架构 [J]. 法学论坛，2014，(6)：53-57.

[25] 汪再祥. 生态平衡是值得维护的吗？——新生态学兴起背景下对环境立法目的的反思 [J]. 中国地质大学学报：社会科学版，2011，(5)：19-24.

[26] 方印. 环境法认识论上的四个"风向标"[J]. 河北法学，2012，(2)：81-90.

[27] 柯坚. 环境法的生态实践理性原理 [M]. 北京：中国社会科学出版社，2012.

[28] 周珂，腾延娟. 论协商民主机制在中国环境法治中的应用 [J]. 浙江大学学报，2014，(11).

[29] 吴卫星. 我国环境权理论研究三十年之回顾、反思与前瞻 [J]. 法学评论，2014，(5)：180-188.

[30] 钱大军. 环境法应当以权利为本位——以义务本位论对权利本位论的批评为讨论对象 [J]. 法制与社会发展，2014，(5)：151-160.

[31] 竺效，丁霖. 国家环境管理权与公民环境权关系均衡论 [J]. 江汉论坛，2014，(3)：51-55.

[32] 王社坤. 环境利用权研究 [M]. 北京：中国环境出版社，2013.

[33] 侯怀霞. 私法上的环境权及其救济问题研究 [M]. 上海：复旦大学出版社，2011.

[34] 陈海嵩. 论程序性环境权 [J]. 华东政法大学学报，2015，(1)：103-112.

[35] 王小钢. 以环境公共利益为保护目标的环境权利理论——从"环境损害"到"对环境本身的损害"[J]. 法制与社会发展，2011，(2)：54-63.

[36] 史玉成. 环境利益、环境权利与环境权力的分层建构——基于法益分析方法的思考 [J]. 法商研究，2013，(5)：47-57.

[37] 蔡守秋. 从环境权到国家环境保护义务和环境公益诉讼 [J]. 现代法学，2013，(6)：3-21.

[38] 王曦，谢海波. 论环境权法定化在美国的冷遇及其原因 [J]. 上海交通大学学报：哲学社会科学版，2014，(4)：22-33.

[39] 徐祥民，宋宁而. 日本环境权说的困境及其原因 [J]. 法学论坛，2014，(4)：86-101.

[40] 杜健勋. 从权利到利益：一个环境法基本概念的法律框架 [J]. 上海交通大学学报：哲学社会科学版，2012，(4)：39-47.

[41] 彭运朋. 环境权辨伪 [J]. 中国地质大学学报：社会科学版，2011，(3)：49-55.

[42] 柯坚. 环境法原则之思考——比较法视角下的共通性、差异性及其规范性建构 [J]. 中山大学学报：社会科学版，2011，(3)：163-170.

[43] 王灿发，傅学良. 论我国环境保护法的修改 [J]. 中国地质大学学报：社会科学版，2011，(3)：29-35.

[44] 李挚萍，叶嫒博. 我国环境基本法中基本原则的立法探析 [J]. 政法论丛，2013，(10)：56-64.

[45] 竺效. 论中国环境法基本原则的立法发展与再发展 [J]. 华东政法大学学报，2014，(3)：4-16.

[46] 张梓太，王岚. 论风险社会语境下的环境法预防原则 [J]. 社会科学，2012，(6)：103-107.

[47] 李艳芳，金铭. 风险预防原则在我国环境法领域的有限适用研究 [J]. 河北法学，2015，(1)：43-52.

[48] 竺效. 论公众参与基本原则入环境基本法 [J]. 法学，2012，(12)：127-133.

[49] 黄云. 我国环境领域公众参与之法律探析 [J]. 政治与法律，2011，(10)：98-107.

[50] 朱谦. 公众环境行政参与的现实困境及其出路 [J]. 上海交通大学学报：哲学社会科学版，2012，(1)：34-41.

[51] 冯嘉. 负载有度：论环境法的生态承载力控制原则 [J]. 中国人口·资源与环境，2013，(8)：146-153.

[52] 薄晓波. 可持续发展的法律定位再思考——法律原则识别标准探析 [J]. 甘肃政法学院学报，2014，(3)：19-31.

[53] 童健等. 我国环境影响评价制度若干问题的探讨 [J]. 中南林业科技大学学报，2011，(7)：195-200.

[54] 王社坤. 我国战略环评立法的问题与出路——基于中美比较的分析 [J]. 中国地质大学学报：社会科学版，2012，(3)：45-52.

[55] 杨兴. 提高环境影响评价制度法律实效的构想——基于长江三峡环评等典型案例的分析 [J]. 东南大学学报：社会科学版，2013，(10)：107-111.

[56] 黄晓慧. 论环境影响评价制度的移植异化——以粤港两个案例的比较为视角 [J]. 广东社会科学，2014，(3)：250-256.

[57] 杨振发. 孟加拉环境影响评价制度及对外来投资的影响 [J]. 生态经济：学术版，2014，(1)：371-386.

[58] 朱谦. 困境与出路：环境法的"三同时"条款如何适用？——基于环保部近年来实施行政处罚案件的思考 [J]. 法治研究，2014，(11)：46-54.

[59] 刘贤春. 用新环保法条款约束企业"三同时" [J]. 环境教育，2014，(9)：43.

[60] 姜敏. 环境法基本原则与环境行政许可制度建构 [J]. 中国政法大学学报，2011，(4)：132-142.

[61] 王清军. 我国排污权初始分配的问题与对策 [J]. 法学评论，2012，(1)：67-74.

[62] 任丽璇. 排污费的法律性质之辩 [J]. 中南林业科技大学学报：社会科学版，2015，(2)：84-88.

[63] 袁向华. 排污费与排污税的比较研究 [J]. 中国人口·资源与环境，2012，(5)：40-43.

[64] 王灿发. 我国环境信息公开立法及面临的挑战 [J]. 环境保护，2011，(11)：22-23.

[65] 陈海嵩. 论环境信息公开的范围 [J]. 河北法学，2011，(11)：112-115.

[66] 朱谦. 上市公司突发环境事件信息披露的真实性探讨——以紫金矿业环境污染事件为例 [J]. 法学评论，2012，(6)：93-100.

[67] 肖磊，李建国. 非政府组织参与环境应急管理：现实问题与制度完善 [J]. 法学杂志，2011，(2)：124-126.

[68] 楚道文. 如何完善我国大气环境应急管理法律制度——以《奥运空气质量保障措施》的长效制度构建为分析样本 [J]. 法学杂志，2011，(9)：24-27.

[69] 晋海. 我国基层政府环境监管失范的体制根源与对策要点 [J]. 法学评论，2012，(3)：89-94.

[70] 夏雨. 多元行政任务下的目标考核制——以当前环境治理为反思样本 [J]. 当代法学，2011，(5)：58-64.

[71] 张雷. 政府环境责任问题研究 [M]. 北京：知识产权出版社，2012.

[72] 汪劲主编. 环保法治三十年：我们成功了吗？中国环保法治蓝皮书 [M]. 北京：北京大学出版社，2011.

[73] 吕忠梅，张忠民，熊晓青. 中国环境司法现状调查——以千份环境裁判文书为样本 [J]. 法学，2011，(4)：82-93.

[74] 钭晓东. 论环境法律责任机制的重整 [J]. 法学评论，2012，(1)：75-82.

[75] 吕忠梅，张宝. 环境问题的侵权法应对及其限度——以《侵权责任法》第65条为视角 [J]. 中南民族大学学报：人文社会科学版，2011，(2)：106-112.

[76] 刘超. 问题与逻辑：环境侵权救济机制的实证研究 [M]. 北京：法律出版社，2012.

[77] 陈太清. 行政罚款与环境损害救济——基于环境法律保障乏力的反思. 行政法学研究，2012，3，54-60.

[78] 陈红梅. 论环境侵权中纯粹经济损失的赔偿与控制. 华东政法大学学报. 2012，2，12-19.

[79] 童光法. 环境侵害的归责原则 [J]. 东方法学, 2015, 03: 27-38.

[80] 钟桂荣. 浅论环境侵权救济中的排除危害责任——兼谈利益衡平原则的运用 [J]. 福建论坛: 人文社会科学版, 2013, (12): 190-194.

[81] 王社坤. 环境侵权因果关系举证责任分配研究——兼论《侵权责任法》第66条的理解与适用 [J]. 河北法学, 2011, (2): 2-9.

[82] 施珵. 环境侵权诉讼中因果关系推定的适用 [J]. 法律适用, 2015, (3): 83-90.

[83] 张宝. 环境侵权诉讼中受害人举证义务研究——对《侵权责任法》第66条的解释 [J]. 政治与法律, 2015, (2): 129-137.

[84] 胡学军. 环境侵权中的因果关系及其证明问题评析 [J]. 中国法学, 2013, (5): 163-177.

[85] 翟艳. 重金属污染侵权诉讼因果关系推定研究 [J]. 法学杂志, 2014, (5): 124-131.

[86] 张新宝, 庄超. 扩张与强化: 环境侵权责任的综合适用 [J]. 中国社会科学, 2014, (3): 125-141; 207.

[87] 竺效. 论环境污染责任保险法律体系的构建 [J]. 法学评论, 2015, (1): 160-166.

[88] 杨帆, 李传珍. 罚款在我国环境行政处罚中的运用及绩效分析 [J]. 法学杂志, 2014, (8): 44-53.

[89] 吴凯. 我国环境行政体系的重心迁移与价值调适——以《环境保护法》修订案第五十九条"按日计罚"制度为中心 [J]. 南京工业大学学报: 社会科学版, 2014, (4): 41-50.

[90] 高清, 赵彩凤. 环境污染犯罪中企业责任问题思考——以"新生态人"为视角 [J]. 法学杂志, 2011, (9): 12-15.

[91] 汪维才. 污染环境罪主客观要件问题研究——以《中华人民共和国刑法修正案, (八)》为视角 [J]. 法学杂志, 2011, (8): 71-74.

[92] 张福德, 朱伯玉. 环境伦理视野中的环境刑法法益 [J]. 南京社会科学, 2011, (1): 97-103.

[93] 曾粤兴, 周兆进. 污染环境罪危险犯研究 [J]. 中国人民公安大学学报: 社会科学版, 2015, (2): 71-78.

[94] 陈开琦, 向孟毅. 我国污染环境犯罪中法益保护前置化问题探讨——以过失"威胁犯"的引入为视角 [J]. 云南师范大学学报: 哲学社会科学版, 2013, (4): 85-103.

[95] 蒋兰香. 新南威尔士州《环境犯罪与惩治法》的立法特色及启示 [J]. 中国地质大学学报: 社会科学版, 2013, (1): 50-56; 139.

[96] 杨朝霞. 论环保机关提起环境民事公益诉讼的正当性——以环境权理论为基础的证立 [J]. 法学评论, 2011, (2): 105-114.

[97] 蔡彦敏. 中国环境民事公益诉讼的检察担当 [J]. 中外法学, 2011, (1): 161-175.

[98] 张锋. 环保社会组织环境公益诉讼起诉资格的"扬"与"抑" [J]. 中国人口·资源与环境, 2015, (3): 169-176.

[99] 颜运秋, 于彦. 我国环境民事公益诉讼制度的亮点、不足及完善——以2014年12月最高人民法院通过的"两解释"为分析重点 [J]. 湘潭大学学报: 哲学社会科学版, 2015, (3): 37-43.

[100] 沈寿文. 环境公益诉讼行政机关原告资格之反思——基于宪法原理的分析 [J]. 当代法学, 2013, (2): 21-28.

[101] 郑少华. 生态文明建设的司法机制论 [J]. 法学论坛, 2013, (2): 21-28.

[102] 王树义. 论生态文明建设与环境司法改革 [J]. 中国法学, 2014, (3): 54-71.

[103] 张宝. 环境司法专门化的建构路径 [J]. 郑州大学学报: 哲学社会科学版, 2014, (6): 50-54.

[104] 周训芳. 生态环境保护司法体制改革构想 [J]. 法学杂志, 2015, (5): 25-35.

[105] 王灿发, 傅学良. 论我国环境保护法的修改 [J]. 中国地质大学学报: 社会科学版, 2011, (3): 29-35.

[106] 高利红, 宁伟. 从立体体系看《环境保护法》的修改 [J]. 郑州大学学报: 哲学社会科学版, 2013, (7)

[107] 蔡守秋. 论修改《环境保护法》的几个问题 [J]. 政法论丛, 2013, (8): 3-18.

[108] 汪劲. 《环保法》修改从"有限"实现"有效"必须解决的十大课题 [J]. 环境保护, 2011, (11): 34-37.

[109] 吕忠梅. 关于修改《环境保护法》的意见和建议 [J]. 郑州大学学报: 哲学社会科学版, 2013, (7): 39-42.

[110] 王曦. 《环保法》修订应为环保事业主体的有效互动奠定法律基础 [J]. 环境保护, 2011, (11): 38-40.

[111] 巩固. 政府激励视角下的《环境保护法》修改 [J]. 法学, 2013, (1).

[112] 竺效. 论生态文明建设与《环境保护法》之立法目的完善 [J]. 法学论坛, 2013, (2): 29-36.

[113] 柯坚. 我国《环境保护法》修订的法治时空观 [J]. 华东政法学报 2014, (3).

[114] 邹雄, 刘清生. 论我国《环境保护法》的结构布局——兼评新《环境保护法》 [J]. 福州大学学报: 哲学社会科学版, 2014, (6): 46-52.

[115] 高利红，周勇飞. 环境法的精神之维——兼评我国新《环境保护法》之立法目的 [J]. 郑州大学学报：哲学社会科学版，2015，(1)：54-57.

[116] 王彬辉. 新《环境保护法》"公众参与"条款有效实施的路径选择——以加拿大经验为借鉴 [J]. 法商研究，2014，(4)：153-160.

[117] 周珂，张卉聪. 我国大气污染应急管理法律制度的完善 [J]. 环境保护，2013，(22)：21-23.

[118] 常纪文.《大气污染防治法》，(修订草案) 修改建议 [J]. 环境保护，2015，(Z1)：37-39.

[119] 高桂林，姚银银. 大气污染联防联治中的立法协调机制研究 [J]. 法学杂志，2014，(8)：26-35.

[120] 晋海. 低碳城市建设与《大气污染防治法》的修订 [J]. 江淮论坛，2012，(4)：17-22.

[121] 吕忠梅，张忠民. 以分级分区为核心构建重点流域水污染防治新模式 [J]. 环境保护，2013，(15)：33-35.

[122] 张千帆. 流域环境保护中的中央地方关系 [J]. 中州学刊，2011，(6)：94-97.

[123] 徐祥民，朱雯. 流域水污染防治应当设置制衡机制 [J]. 中州学刊，2011，(6)：98-101.

[124] 杜群，陈真亮. 论流域生态补偿"共同但有差别的责任"——基于水质目标的法律分析 [J]. 中国地质大学学报：社会科学版，2014，(1)：9-16.

[125] 秦天宝. 论我国水资源保护法律的完善 [J]. 环境保护，2014，(4)：31-35.

[126] 罗丽. 日本环境环境保护立法研究 [J]. 上海大学学报：社会科学版，2013，(2)：96-108.

[127] 胡静. 关于我国《土壤环境保护法》的立法构想 [J]. 上海大学学报：社会科学版，2011，(6)：81-93.

[128] 宋才发，向叶生. 我国耕地土壤污染防治的法律问题探讨 [J]. 中央民族大学学报：哲学社会科学版，2014，(6)：28-32.

[129] 朱静. 美、日土壤污染防治法律度对中国土壤立法的启示 [J]. 环境科学与管理，2011，(1). 21-26.

[130] 李挚萍. 环境修复的司法裁量 [J]. 中国地质大学学报：社会科学版，2014，(4) 20-27.

[131] 马忠法.《关于汞的水俣公约》与中国汞污染防治法律制度的完善 [J]. 复旦大学学报：社会科学版，2015，(2)：157-164.

[132] 付融冰，卜岩枫，徐珍. 美国的重金属污染防治制度探讨 [J]. 环境污染与防治，2014，(5)：94-101.

[133] 张璐. 重金属污染治理的产业化及其制度构建 [J]. 江西社会科学，2013，(5)：161-166.

[134] 刘士国. 关于设立环境污染损害国家补偿基金的建议——以重金属污染损害为中心的思考 [J]. 政法论丛，2015，(2)：111-118.

[135] 周珂，林潇潇，曾媛媛. 我国重金属污染风险防范制度的完善 [J]. 环境保护，2012，(18)：19-21.

[136] 罗吉. 我国重金属污染防治立法现状及改进对策 [J]. 环境保护，2012，(18)：22-24.

[137] 赵小波. 日本灾后放射性废弃物处置法律制度研究——以《放射性物质污染应对特别措施法》为核心 [J]. 上海政法学院学报：法治论丛，2015，(1)：73-82.

[138] 汪劲，耿玉江. 核能快速发展背景下加速《核安全法》制定的思考与建议 [J]. 环境保护，2015，(7)：25-29.

[139] 肖萍. 论我国农村环境污染的治理及立法完善 [J]. 江西社会科学，2011，(6)：214-219.

[140] 刘国. 生态法基本范畴论纲 [J]. 甘肃政法学院学报，2011，(05)：47-53.

[141] 陈德敏，董正爱. 主体利益调整与流域生态补偿机制——省际协调的决策模式与法规范基础 [J]. 西安交通大学学报：社会科学版，2012，(3)：42-50.

[142] 王江，黄锡生. 我国生态环境恢复立法析要 [J]. 法律科学：西北政法大学学报，2011，(3)：193-200.

[143] 梅宏. 生态文明理念与我国土地法制建设 [J]. 法学论坛，2013，(2)：37-45.

[144] 马波. 论环境法上的生态安全观 [J]. 法学评论，2013，(3)：83-89.

[145] 焦艳鹏. 生态文明视野下生态法益的刑事法律保护 [J]. 法学评论，2013，(3)：90-97.

[146] 汪劲. 论生态补偿的概念——以《生态补偿条例》草案的立法解释为背景 [J]. 中国地质大学学报：社会科学版，2014，(1)：1-8.

[147] 史玉成. 生态补偿制度建设与立法供给——以生态利益保护与衡平为视角 [J]. 法学评论，(双月刊)，2013，(4)：115-123.

[148] 邓禾，韩卫平. 法学利益谱系中生态利益的识别与定位 [J]. 法学评论，(双月刊)，2013，(5)：109-115.

[149] 黄锡生，任洪涛. 生态利益有效保护的法律制度探析 [J]. 中央民族大学学报：哲学社会科学版，2014，(2)：11-16.

[150] 才惠莲. 论生态补偿法律关系的特点 [J]. 中国地质大学学报：社会科学版，2013，(3)：57-61.

[151] 何雪梅. 生态利益补偿的法制保障 [J]. 社会科学研究. 2014，(1)：91-95.

[152] 常丽霞. 西北生态脆弱区森林生态补偿法律机制实证研究 [J]. 西南民族大学学报：人文社会科学版，2014，(6)：97-102.

[153] 李志文，马金星. 我国海域物权生态化新探——理念、实践和进路 [J]. 武汉大学学报：哲学社会科学版，2013，(2)：72-76.

[154] 樊清华. 论生态安全下的海洋湿地保护立法——以海南海草立法保护为例 [J]. 江西社会科学，2014，(3)：148-152.

[155] 梅宏. 湿地保护诉求中的《环境保护法》修订与适用 [J]. 华东政法大学学报，2014，(3)：42-50.

[156] 蔡守秋，张百灵. 论我国滨海湿地综合性法律调整机制的构建 [J]. 长江流域资源与环境，2011，(5)：585-591.

[157] 李凤宁. 我国海洋保护区制度的实施与完善：以海洋生物多样性保护为中心 [J]. 法学杂志，2013，(3)：75-84.

[158] 邓君韬，陈家宏. 自然资源立法体系完善探析——基于资源中心主义立场 [J]. 西南民族大学学报：人文社会科学版，2011，(8)：99-102.

[159] 黄锡生，峥嵘. 论资源社会性理念及其立法实现 [J]. 法学评论，2011，(3)：87-93.

[160] 姜渊. 对自然资源法调整对象的思考 [J]. 湖北社会科学，2013，(8)：148-150.

[161] 马俊驹. 借鉴大陆法系传统法律框架构建自然资源法律制度 [J]. 法学研究，2013，(4)：69-71.

[162] 徐祥民. 自然资源国家所有权之国家所有制说 [J]. 法学研究，2013，(4)：35-47.

[163] 吴卫星. 论自然资源公共信托原则及其启示 [J]. 南京社会科学，2013，(8)：111-115.

[164] 王社坤. 自然资源利用权利的类型重构 [J]. 中国地质大学学报：社会科学版，2014，(2)：41-49.

[165] 邱本. 自然资源环境法哲学阐释 [J]. 法制与社会发展，2014，(3)：100-117.

[166] 陈德敏，王华兵.《矿产资源法》的修改：以增强政府公共服务性为导向 [J]. 重庆大学学报：社会科学版，2012，(1)：99-103.

[167] 郗伟明. 当代社会化语境下矿业权法律属性考辨 [J]. 法学家，2012，(4)：89-102.

[168] 刘卫先. 对我国矿业权的反思和重构 [J]. 中州学刊，2012，(2)：63-69.

[169] 李晓燕，段晓光. 矿产资源立法：存在的问题、根源及其完善——以公、私法分立为视角 [J]. 理论探索，2013，(4)：121-124.

[170] 郑维炜. 中国矿业权流转制度的反思与重构 [J]. 当代法学，2013，(3)：43-48.

[171] 周训芳. 生态文明、国土绿化与相关立法 [J]. 江西社会科学，2012，(7)：139-152.

[172] 杜国明.《森林法》基本概念重构 [J]. 河北法学，2012，(8)：82-87.

[173] 高利红，刘先辉. "森林资源"概念的法律冲突及其解决方案 [J]. 江西社会科学，2012，(7)：153-159.

[174] 宦盛奎. 森林法立法理念的法理分析 [J]. 政法论坛，2015，(3)：94-100.

[175] 王勇. 论国家管辖范围内遗传资源的法律属性 [J]. 政治与法律，2011，(1)：101-107.

[176] 张海燕. 遗传资源权权利主体的分析——基于遗传资源权复合式权利主体的构想 [J]. 政治与法律，2011，(2)：91-98.

[177] 钭晓东. 遗传资源新型战略高地争夺中的"生物剽窃"及其法律规制 [J]. 法学杂志，2014，(5)：71-83.

[178] 刘卫先. 对我国水权的反思与重构 [J]. 中国地质大学学报：社会科学版. 2014，(2)：75-84.

[179] 曹可亮，金霞. 水资源所有权配置理论与立法比较法研究 [J]. 法学杂志. 2013，(1)：108-115.

[180] 彭文华. 破坏野生动物资源犯罪疑难问题研究 [J]. 法商研究. 2015，(3)：130-140.

[181] 杨解君. 当代中国能源立法面临的问题与瓶颈及其破解 [J]. 南京社会科学，2013，(12)：92-99.

[182] 于文轩. 石油天然气法研究 [M]. 北京：中国政法大学出版社，2014.

[183] 肖国兴. 可再生能源发展的法律路径 [J]. 中州学刊，2012，(5)：79-85.

[184] 曹明德，赵鑫鑫. 从金砖国家国际合作的视角看气候变化时代的中国能源法 [J]. 重庆大学学报：社会科学版，2012，(1)：104-111.

[185] 孙增芹，刘芳. 完善我国可再生能源法律制度几点建议 [J]. 干旱区资源与环境，2011，(9)：39-43.

[186] 彭峰. 我国原子能立法之思考 [J]. 上海大学学报：社会科学版，2011，(6)：69-83.

[187] 赵保庆. 新能源投资促进的法律政策体系研究——美国的经验及其对中国的启示 [J]. 经济管理，2013，(12)：162-171.

[188] 曾少军，杨来，曾凯超. 中国页岩气开发现状、问题及对策 [J]. 中国人口·资源与环境，2013，(3)：33-38.

［189］李艳芳，穆治霖. 关于设立气候资源国家所有权的探讨［J］. 政治与法律，2013，（1）：102-108.

［190］刘明明. 论我国气候变化立法的制度架构［J］. 江西社会科学，2012，（9）：144-150.

［191］龚微. 气候变化国际法与我国气候变化立法模式［J］. 湘潭大学学报：哲学社会科学版，2013，（5）：42-46.

［192］徐以祥. 我国温室气体减排立法的制度建构［J］. 企业经济，2012，（8）：5-9.

［193］宋锡祥，高大力. 论英国《气候变化法》及其对我国的启示［J］. 上海大学学报：社会科学版，2011，（2）：87-98.

［194］常纪文.《中华人民共和国气候变化应对法》有关公众参与条文的建议稿［J］. 法学杂志，2015，（2）：11-18.

［195］张梓太，沈灏. 全球因气候变化的司法诉讼研究——以美国为例［J］. 江苏社会科学，2015，（1）：147-156.

［196］李挚萍. 碳交易市场的监管机制研究［J］. 江苏大学学报：社会科学版，2012，（1）：56-62.

［197］曹明德，崔金星. 我国碳交易法律促导机制研究［J］. 江淮论坛，2012，（2）：110-116.

［198］邓海峰. 碳税实施的法律保障机制研究［J］. 环球法律评论，2014，（4）：104-117.

［199］彭峰. 碳捕捉与封存技术，（CCS）利用监管法律问题研究［J］. 政治与法律，2011，（11）：18-26.

［200］李艳芳，曹炜. 打破僵局：对"共同但有区别的责任原则"的重释［J］. 中国人民大学学报，2013，（2）：91-101.

［201］李威. 责任转型与软法回归：《哥本哈根协议》与气候变化的国际法治理［J］. 太平洋学报，2011，（1）：33-42.

［202］王春婕. 论共同但有区别责任原则：基于立法与阐释双重视角［J］. 山东社会科学，2013，（12）：94-98.

［203］朱鹏飞. 国际环境条约程序制度的发展及其引发的新问题——以遵守控制程序的勃兴为视角［J］. 江西社会科学. 2011，（11）：195-198.

［204］何志鹏，高晨旭. 跨界环境损害的事前救济：国际司法实践研究［J］. 国际法研究，2014，（2）：64-81.

［205］周长玲. 风险预防原则下生物技术专利保护的再思考［J］. 政法论坛，2012，（2）：188-191.

［206］秦天宝. 生物多样性保护国际法的产生与发展［J］. 江淮论坛，2011，（3）：103-108.

［207］胡加祥，刘婷. 论转基因生物的国际环境法规制［J］. 东北大学学报：社会科学版. 2015，（3）：300-305.

［208］郭冬梅.《气候变化框架公约》履行的环境法解释与方案选择［J］. 现代法学，2012，（3）：154-163.

［209］龚宇. 气候变化损害的国家责任：虚幻或现实［J］. 现代法学，2012，（4）：151-162.

［210］文同爱，周磊. 论发达国家的国际气候环境保护责任［J］. 时代法学，2014，（1）：88-95.

［211］张桂红，蒋佳妮. 论气候有益技术转让的国际法律协调制度的构建——兼论中国的利益和应对［J］. 上海财经大学学报，2015，（1）：88-96.

［212］于宏源. 试析全球气候变化谈判格局的新变化［J］. 现代国际关系，2012，（6）：9-14.

［213］姚莹. 德班平台气候谈判中我国面临的减排挑战［J］. 法学，2014，（9）：86-96.

［214］边永民. 跨界河流利用中的不造成重大损害原则的新发展——以印巴基申甘加水电工程案为例［J］. 暨南大学学报：哲学社会科学版，2014，（5）：26-33.

［215］唐尧. 北极核污染治理的国际法分析与思考［J］. 中国海洋大学学报：社会科学版，2015，（1）：7-16

［216］Karlsson，Christer，et al. Looking for leaders：Perceptions of climate change leadership among climate change negotiation participants. Global Environmental Politics 11. 1，（2011）：89-107.

［217］Adger，W. Neil，et al. This must be the place：underrepresentation of identity and meaning in climate change decision-making. Global Environmental Politics 11. 2，（2011）：1-25.

［218］Ayers，Jessica. Resolving the adaptation paradox：Exploring the potential for deliberative adaptation policy-making in Bangladesh. Global Environmental Politics 11. 1，（2011）：62-88.

［219］Eckersley，Robyn. Moving forward in the climate negotiations：multilateralism or minilateralism? Global environmental politics 12. 2，（2012）：24-42.

［220］Bauer，Anja，Judith Feichtinger，Reinhard Steurer. The governance of climate change adaptation in 10 OECD countries：challenges and approaches. Journal of Environmental Policy & Planning 14. 3，（2012）：279-304.

［221］Van Assche，Kristof，et al. Delineating locals：Transformations of knowledge/power and the governance of the Danube Delta. Journal of environmental policy & planning 13. 1，（2011）：1-21.

［222］Mol，Arthur PJ. Environmental deinstitutionalization in Russia. Journal of Environmental Policy & Planning 11. 3，（2009）：223-241.

［223］Dierwechter，Yonn. Metropolitan geographies of US climate action：cities，suburbs，and the local divide in global responsibilities. Journal of Environmental Policy & Planning 12. 1，（2010）：59-82.

[224] Guille，Christophe，George Gross. A conceptual framework for the vehicle-to-grid，（V2G）implementation. Energy policy 37. 11，（2009）：4379-4390.

[225] Sovacool，Benjamin K.，Richard F. Hirsh. Beyond batteries：An examination of the benefits and barriers to plug-in hybrid electric vehicles，（PHEVs）and a vehicle-to-grid，（V2G）transition. Energy Policy 37. 3，（2009）：1095-1103.

[226] Couture，Toby，Yves Gagnon. An analysis of feed-in tariff remuneration models：Implications for renewable energy investment. Energy policy 38. 2，（2010）：955-965.

[227] Frondel，Manuel，et al. Economic impacts from the promotion of renewable energy technologies：The German experience. Energy Policy 38. 8，（2010）：4048-4056.

[228] Wei，Max，Shana Patadia，Daniel M. Kammen. Putting renewables and energy efficiency to work：How many jobs can the clean energy industry generate in the US?. Energy policy 38. 2，（2010）：919-931.

[229] Zhou，Nan，Mark D. Levine，Lynn Price. Overview of current energy-efficiency policies in China. Energy policy 38. 11，（2010）：6439-6452

[230] Dhakal，Shobhakar. Urban energy use and carbon emissions from cities in China and policy implications. Energy Policy 37. 11，（2009）：4208-4219.

[231] Jalil，Abdul，Syed F. Mahmud. Environment Kuznets curve for CO_2 emissions：a cointegration analysis for China. Energy Policy 37. 12，（2009）：5167-5172.

[232] Ozturk，Ilhan. A literature survey on energy – growth nexus. Energy policy 38. 1，（2010）：340-349.

[233] Odhiambo，Nicholas M. Energy consumption and economic growth nexus in Tanzania：an ARDL bounds testing approach. Energy Policy 37. 2，（2009）：617-622.

[234] Kruyt，Bert，et al. Indicators for energy security. Energy Policy 37. 6，（2009）：2166-2181.

[235] 巩固. 环境法律观检讨 [J]. 法学研究，2011，（6）：66-85.

[236] 王社坤. 环境法学研究影响性因素实证分析——基于 CSSCI 法学核心期刊环境法学论文引证的调查 [J]. 法学评论，2011，（1）：61-68.

第十篇　水环境学科发展报告

编写机构：中国环境科学学会水环境分会
负责人：郑丙辉、姜霞
编写人员：王之晖　王书航　王圣瑞　王金枝　牛　远　牛　勇　卢少勇
　　　　　白　璐　吕锡武　朱昌雄　刘伟京　何连生　余　辉　郑丙辉
　　　　　胡维平　姜　霞　钱　昶　徐　军　席海燕　涂　勇　蒋进元
　　　　　程永前　储昭升　薛利红

一、引言

（一）水环境学科的主要研究内容和目的

水环境学科通过探索水环境的自然发展及其在人类活动影响下的演变规律，寻求经济社会发展与水环境及水资源间系统协调的较优模式，并不断将新的认识用于指导人类经济社会活动，协调水环境保护与经济发展间关系，保障水环境可持续承载和水资源的可持续利用，支撑社会经济可持续发展。水环境学科需要从区域和流域系统的角度，综合考虑水环境的自然、社会和工程特性及其相互影响。目前水环境学科研究主要包括水环境基础理论研究、水环境经济学、水环境安全、水污染治理理论及技术和水环境标准等内容。

就研究内容而言，可以粗略概括为三大部分：一是水环境基础理论研究，即从理论层面探讨水环境演变规律及其复杂的物理、化学、生物等过程与机制，通过连续监测、物理化学分析、物理模型及数值模拟等技术手段研究其变化过程，揭示水环境对人类活动的响应关系，探明水环境改善和人工调控的技术途径。二是水污染防治工程技术研究，重点研究水污染控制技术原理及工艺，包括污水处理与资源化利用技术、面源污染控制技术[1]、生态修复技术及饮用水安全保障技术等。三是水污染防治管理技术及政策体制研究，包括技术、经济、政策法规等各种管理技术、方法、政策、法规及相关机制和体制等，以此规范人类行为，协调经济社会发展同水环境保护之间的关系，限制人类损害水环境质量的活动，维护流域正常的水环境秩序和水环境安全，保障实现流域经济社会可持续发展。

（二）国际水环境学科研究进展

发达国家在经历了发展经济-破坏环境-经济再发展-修复重建健康水生态系统的曲折发

展历程之后,目前已经将水环境保护的重点从基础研究和技术研发转向国家政策和立法等方面,但仍然十分重视水环境保护的理论、技术、规划、机制及政策等方面的深入研究。近年来,国际水环境科学研究在基础理论方面呈现多学科交叉发展的趋势,可持续发展理论贯穿了水环境保护与经济社会发展间关系研究;与此同时,水文学、水动力学、水化学、环境水力学、水利工程学等传统科学与生态学、经济学等学科交叉发展;在研究方法方面,多种环境要素整合研究,全球、流域及区域系统不同层面的系统研究是近年来国际水环境科学在方法方面的新趋势。与水环境有关的水文、水动力、水化学、环境工程等专业理论与方法日趋成熟,分析技术在实际中得到广泛应用;水环境研究逐渐发展成将各专业技术有机集成,形成水环境综合分析技术系统,在技术应用中突出水环境与区域及流域经济活动间关系的剖析。与此同时,地理信息系统(GIS)、遥感(RS)、数字高程模型(DEM)等高新技术的发展,在水环境领域中不断得到应用,极大地提高了信息丰度和分析效率,提高了研究成果的决策支持能力。在全球和国家尺度上,有关地球环境资源变化的长期观测、监测与信息网络,如地球观测系统(EOS)、全球气候观测系统(GCOS)、全球海洋观测系统(GOOS)、全球陆地观测系统(GTOS)、全球数字地震台网等一系列全球性巨型观测系统以及众多地区性和国家性大型观测系统逐渐建立。

由于水体的流动与循环,水环境系统在不同时空尺度下进行能量、物质及生物体间的循环交换,并交互影响,水环境科学研究从系统角度和时空多尺度出发,研究水生态系统与水环境间的整体行为、演化规律及其相互作用过程与机制。研究向宏观与微观两极发展也是近年来国际水环境科学的新趋势。遥感技术、计算机技术及信息技术等科学技术的飞速发展,将促进水环境科学在物理、化学与生物学等基本过程及相互作用研究的深入发展,且分子生态学等新兴学科分支在微观机理研究方面也将得到进一步加强。与此同时,将水、土资源结合,从更宏观角度研究人类与水环境间的关系已经成为水环境学科的未来发展新趋势。

(三)学科发展背景和前沿

水环境学科最初是一门关于水污染与水资源保护的环境科学技术分支学科,按照受纳对象可以分为湖泊环境科学、河流环境科学、地下水环境科学和城市水环境科学等内容,涵盖了地理学、地质学、气象气候学、物理学、化学、生物学和生态学等多门学科。近几十年来,在我国水环境质量持续下降的严峻形势下,在新的发展时期,为制定切实有效的水环境保护对策,水环境质量与流域经济发展间的关系已经成为我国水环境学科的重点研究内容之一。针对我国的实际水环境状况,当前水环境科学研究应在以下方面有所突破。

1. 水环境基础理论研究前沿

(1)水环境污染及灾害发生机理与水环境系统演变规律研究 受人类活动影响的水污染形成机制,以及目前尚未探明的一些水环境灾害,如"水华"、毒性机理等。将水环境演变的物理、化学及生物学过程建立耦合关系,在流域尺度研究水环境演变过程及驱动机制。

(2)流域尺度的可持续发展模式研究 水环境系统是以流域尺度为基本单元,可持续发展在协调水环境保护和经济系统间关系时,必须从流域整体出发,恢复和逐步改善流域水生态环境系统的生机,必须探究与水环境保护目标相适应的流域经济社会发展模式与机制。

（3）水环境生态承载力研究　水生态环境承载力的研究重点要逐渐转向定量化分析方法和建立评价模式等方面。其中的难点之一是承载力指标体系的筛选及归一化。度量具有自然及社会双重属性的水环境系统承载经济压力的能力，需要从社会、环境、经济等不同方面的指标综合反映，指标的有效获取也依赖于各系统的大量相关信息。

（4）水生态环境价值研究　分析水生态系统与经济系统间的关系，使得生态及环境价值化研究成为当前水环境经济领域的前沿课题。现代水环境保护需要从价值观角度，计量水生态及环境的功能价值及保护效益，进而指导保护和管理的决策。在目前水环境持续恶化的严峻形势下，为制定切实有效的水环境保护对策，迫切需要开展水环境及其与社会经济发展关系的系统研究，描述并分析水生态系统与经济系统的关系。水环境的价值化研究，集中在水环境价值的内涵、类型及量化指标和方法等方面。

2. 水污染防治工程技术研究前沿

随着常规处理技术的不断完善，目前研究的重点逐渐转向微污染水处理、难降解物质处理等方面。前沿研究内容包括低污染负荷废水脱氮除磷技术、藻毒素去除分子调控降解技术、非点源污染控制技术、重点污染行业难降解有机工业废水污染防治高新技术、危险废物处理处置集成技术、特种废物及废废水回收利用技术等方面。此外，脱氮除磷污水处理工艺仍是今后的发展重点[2]。高效率、低投入、低运行成本、成熟可靠的污水处理工艺研究是今后的一个重点方向[2]。

江河湖库等典型水域的水生态修复技术。退化水环境进行修复是一个漫长的过程，需要各种修复措施的综合利用，包括控制污染源、调节水体循环、物理修复及生物化学修复等。重点方向包括针对较大范围的水生态修复技术，如湿地综合利用、河道岸坡生态护岸材料、水循环调控技术，从改善区域水环境的角度，研究实用有效的大尺度水环境生态修复技术。从整个水生态系统出发，根据水环境具体情况，着力于探索多种修复技术的组合设计将是未来研究的重点。

此外，水生生物群落修复仍需进一步研究。水生生物是河流生态修复成功与否的重要标志，水量、水质、河流形态及河岸带的修复都是为了给水生生物提供良好且可持续的生存环境。只有生物有稳定的群落结构及食物链循环，生态系统才能达到新的平衡。然而水生生物修复技术包括生物多样性、群落结构及食物链的恢复等研究仍相对较少，仅在湿地、生物塘、人工浮岛、生物沉床及生态护岸修复技术的研究中提到生物的去污及配置问题。因此，水生生物修复技术，尤其是生物群落及食物链的修复技术，还需进一步的研究。面源控制技术也是下一步需要重点突破的技术，包括系统控制与区域治理结合、技术研发与工程示范结合、面源污染控制与管理结合，以及建立国家农业面源污染监测评价与预警体系等。

3. 水环境污染防治管理技术和体系建设研究前沿

流域可持续管理是恢复水生态环境健康活力、发挥其功能价值的关键，也是当前水环境管理技术和体系建设研究的重点。管理战略调整应从目前的单要素分散管理转向以生态系统为对象的综合及精细化管理。在流域范围内，发展以数值模型为核心的水环境系统综合模拟技术。进一步建立不同层次的水环境安全指标及保护标准，从实际应用需求角度，量化水环境保护目标及标准。在水环境行为研究和价值研究的基础上，通过建立相关的水环境标准体系和技术导则等，规范对水环境质量和工程技术应用效果等的评价，以保证水环境质量的改善效果。

流域风险评估与预警方面，加强流域环境与健康监测、调查和评估体系研究。在水环境信息平台建设、重大水域实时监测网络建设的基础上，依托水环境系统综合模拟技术，建立重要水域水环境污染预警预报及应急系统。预报突发污染事故的水环境后果，提供应急分析技术平台，研究应急处理技术预案，最大限度地降低突发水环境事故灾害风险，提高重要水域的水安全保障能力。流域智能管理技术及体系研究，包括城市环境与污水智能化管理技术、小流域水环境综合治理智能化管理技术体系等。跨区域（省）水环境管理研究，包括跨区域（省）水资源生态补偿方法与机制研究、流域跨界污染事故纠纷处置机制与补偿政策等。

（四）"十二五"期间我国水环境学科研究进展

"十二五"以来，我国水环境学科研究围绕构建流域水污染治理技术体系和流域水环境管理技术体系；研究成果支撑太湖、辽河等重点流域水环境质量改善和饮用水安全保障，提升科技创新能力和产业化能力，取得的进展概述如下。

1. 基础研究不断深化，科学揭示重点水环境问题

全面开展了水体富营养化机理、不同介质污染物迁移转化规律、水环境质量演变、湖泊沉积物/水界面物质循环理论等基础研究。通过探索水环境自然发展及在人类活动影响下的演变规律，寻求经济社会发展与资源、环境系统的协调模式，建立了绿色流域建设理论和基于水环境承载力的协调流域经济发展模式。

2. 关键技术不断突破，全面提升支撑决策能力

攻克了一批水污染控制与治理关键技术，进一步完善了流域水污染治理技术体系。重点突破了面源污染控制、有毒有害污染物控制、水体生态修复和饮用水净化关键技术。突破的关键技术有水中 As（Ⅲ）和 As（Ⅴ）一步法去除术及应用、水生态系统修复与水质净化关键技术研发和工程应用、高效混凝剂制备及耦合生物法污水处理及回用技术、人工湿地净化污染河水的技术研发与应用、军事装备废水处理及资源回收技术研究与应用、水环境修复技术体系设计与实践研究、功能化多孔纳米吸附材料及其在水处理中应用的研究、基于水平流复氧与生物膜联合的景观水直接净化技术、黑臭水体治理技术研究及工程应用、平原河网区面源污染控制前置库技术研究及应用、硫酸和制药行业典型难处理废水的处理与综合利用、高浊度矿井水井下高效过滤系统、高浓度氨氮废水资源化处理技术及工程示范、污水中磷的资源化回收工艺技术、人工湿地污水处理技术研究与应用等。

全面开展了石化冶金等重污染和高耗水行业的全过程控制技术、低温高效脱氮和物化-生态耦合除磷的低污染水生态净化技术、流域及水体生态修复关键技术，如河网区种植业总氮削减与高效拦截技术，基于固相碳源强化生物脱氮的多类型生态工程技术等，为流域水污染治理和水生态修复提供良好保障。

3. 水环境污染防治管理技术和体系建设初见成效

一批水环境污染防治管理技术取得突破，如湖库生态安全保障体系建设关键技术及应用、流域水环境基准技术方法体系、华南典型流域水环境风险控制技术体系研究及其应用、流域水环境突发事件应急处置技术体系研究及其应用。

继续深化水环境管理战略和政策研究，为国家水安全格局构建和国家水污染防治行动计划提供支持。一是开展了水污染控制经济手段技术和决策支持技术，为国家"水污染防治行动计划"编制和"十三五"环境保护工作提供技术和人才队伍支撑。二是开展了若干

流域规划模型关键技术，流域水污染防治规划决策支持平台基本搭建。三是水污染物排污权有偿使用政策框架基本建立，排污权有偿使用通用管理平台开始调试运行。

流域水生态功能分区与监控预警技术继续深化完善，业务化运行取得新进展。系统开展了流域水生态功能分区、流域控制单元削减、水生态监测、风险评估预警、水污染防治技术评估等技术研究，初步构建了流域水生态系统管理和控制单元总量控制技术体系。形成了流域水污染治理和水环境"监控业务化运行"成套技术与管理示范，突破示范流域水环境监控技术体系与开展业务化运行的关键技术，完善流域水环境监控与综合管理技术体系和水污染治理技术体系，在流域尺度上开展综合技术示范，支撑示范流域水质明显改善。

二、水环境问题和成因理论研究进展

（一）现状与新兴水环境问题研究进展

1. 湖泊、水库的现状与新兴水环境问题研究进展

随着经济社会发展，我国对湖泊、水库保护和修复的步伐远远滞后于开发和利用，使湖泊面积不断萎缩，库区容量减少，入湖库污染负荷不断增加，湖库水体富营养化程度日益加重，湖库生态环境日益脆弱。目前我国湖泊、水库的主要环境问题如下。

（1）水质恶化，新兴污染物不容忽视　水质污染主要源于湖库周围的城市与村镇生活、工业、种植业（农药、化肥、除草剂的不当使用）和养殖业、大气沉降等。而目前许多湖泊成为工业废水、农业径流与生活污水的承泄区，污染物排放严重超过了水体自净能力，导致水质恶化。其次，跨区域跨流域调水使江河原水的中污染物发生二次迁移，对流域水环境质量产生污染风险[3]。此外，泥沙中含有大量营养物，也造成湖库水质恶化。据2014年中国环境状况公报，水质为优良、轻度污染、中度污染和重度污染的国控重点湖泊（水库）比例分别为63.9%、23.0%、4.9%和8.2%。主要污染指标为总磷、化学需氧量和高锰酸盐指数。

以太湖为例，随着太湖流域经济社会的快速发展，流域工业（太湖等流域的工业密集、门类多，污染风险高）、生活污水排放量持续增长，而污水处理相对滞后；加上农业面源污染及航运、养殖等产生的污染，流域水污染问题日益突出。同时，太湖流域平原河网，河道比降小，水体流动缓慢，水体自净能力弱、纳污能力小，水环境承载能力不足[4]。土壤侵蚀造成的营养物迁移是太湖流域水环境质量下降的主要原因之一[5]，而农田土壤磷素的流失加速导致太湖地区水体环境污染负荷加重[6]。

湖库水质恶化除了受氮和磷等污染物的影响之外，还受 POPs 等新兴污染物［多环芳烃（PAHs）、有机氯农药（OCPs）、全氟辛烷磺酸盐（PFOS）、多氯联苯（PCBs）、多溴联苯醚（PBDEs）、多氯代二苯并二噁英/呋喃（PCDD/Fs）和重金属］的影响。目前以太湖、巢湖、洪泽湖及白洋淀等湖泊中的各类化学品的研究较集中[5~11]，如太湖有机化学品的数量高达 74 种，重金属锌（Zn）、铜（Cu）、铅（Pb）、镍（Ni）、Cd、铬（Cr）、Hg和 As 的污染较重[7]。该类物质对水生态系统与人体健康造成的潜在风险增大。

（2）湖泊污染严重，富营养化加剧　湖泊富营养化会导致沉水植物消亡、蓝藻水华频发、微生物生物量与生产力增加、生物多样性下降、营养盐循环与利用效率加快等，是我

国湖库面临的主要生态环境问题之一。截至 2014 年，据中国环境状况公报统计，61 个重点湖泊（水库）中，贫营养的 10 个，占 16.4％，中营养的 36 个，占 59.0％，富营养的 15 个，占 24.6％（图 1）。总体形势不容乐观。

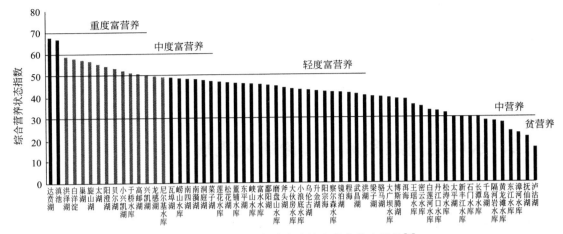

图 1　2014 年重点湖泊水库综合营养状态指数[8]

　　浅水型湖泊在高温缺氧状态下，受严重污染的底泥发生厌氧反应，发生"湖泛"现象，其严重影响水质并造成生物多样性水平降低。改性当地土壤湖泊综合修复技术对湖泛水体的感官和水质起明显应急改善效果[9]。另外，经过对巢湖的系列综合治理后，巢湖水体质量呈明显好转趋势，"十一五"期间湖体富营养化程度由中度营养化转变为轻度。至 2013 年，巢湖流域水体呈现轻度污染状况。东、西半湖水质均得到明显改善，巢湖入湖河流也得到不同程度改善[10]。

　　虽然综合修复治理技术的应用能够使湖泊水体营养化程度得到改善，但全国湖泊、水库营养化水平形势依然严峻。

　　（3）泥沙淤积问题凸显，蓄调排洪能力下降　湖库上游的人类活动和自然变化，如农业活动引起的土壤表面侵蚀、森林破坏、原为牧场的农耕地荒废后出现的土壤侵蚀等，使河流挟带大量泥沙注入湖库，导致水位持续下降、集水面积和蓄水量渐减，严重影响湖库正常的生态功能和经济效益。

　　以洞庭湖为例，因长年泥沙淤积，人类大量围湖造田及水土流失使洞庭湖面积逐年减少，致使湖口水位抬高，造成湖区调蓄功能下降，洪涝灾害频发，在 1525～1873 年间，汉寿发生 46 次涝灾；1874～1949 年间，发生 26 次涝灾；1950～1970 年间，发生 24 次涝灾[11]。湖南省遥感中心对洞庭湖盆面积的统计显示：南洞庭湖面积 0.1734×10^8 m^3/a，淤积速率 19.11mm/a；东洞庭湖年均泥沙淤积量 0.1216×10^8 m^3/a，淤积速率9.143mm/a；目平湖面积 0.0392×10^8 m^3/a，淤积速率 12.146mm/a。泥沙聚集使洞庭湖湖盆底端与外围坑田结构出现落差沉降，同时使汛期洪水位与外围坑田落差增加，增大了洞庭湖区防洪难度[12]。

　　（4）水生态功能严重退化　湖泊是世界上生物多样性最丰富的地区之一，但因强烈人类活动，包括围垦、修建大量水工建筑、滥捕滥捞、放牧、割草、过度养殖、威胁性新物种的引进等，不仅导致一些湖库环境恶化，严重制约资源潜力和功能发挥，且也使生物多样性遭严重损害，破坏了湖库生态系统平衡，湖泊水生态功能严重退化。

以洱海为例，调查研究显示，洱海流域湖泊整体处于富营养状态，健康状态较差；根据洱海浮游生物历史数据可见近 20 年来洱海生态系统健康状态呈逐渐恶化之势，1997 年最差[13]。此外，洱海原产鱼类 17 种，人为引入 13 个外来鱼种后，严重影响到土著鱼的生长繁殖，洱海特有的鱼种已有 5 种陷入濒危状态[14]。

（5）湖库环境问题日趋复杂，湖库综合管理急需加强　湖泊管理权的分割导致不同行政区域间、部门之间管理行为不协调，这些不协调的管理行为制约了跨区域湖泊管理目标的实现，应完善管理政策，即建立综合管理体制和创新湖泊管理机制等措施[15]。湖泊法律法规体系与发达国家存在一定的差距，体系的完整性和系统性有待加强；湖泊管理中的公众参与不足。转变湖泊管理思路，即从条块分割、"多龙管湖"的管理向流域综合管理转变，从水质管理向湖泊生态系统管理转变。湖泊的开发利用必须全面规划，统一管理，合理利用，综合整治，协调发展，以实现社会效益、生态环境效益和经济效益的统一，应成立湖泊管理决策机构，协调解决防洪安全、水资源配置、水资源保护、水污染防治、湖面（含湖中岛屿）和岸线统一管理等重大问题[16]。

2. 河流的现状与新兴水环境问题研究进展

截至 2011 年年底，我国流域面积 $50km^2$ 及以上的河流有 4.5 万条，总长度 $150.85km^2$。流域面积 $100km^2$ 及以上的河流 2.29 万条。人多水少、水资源时空分布不均是基本国情，我国人均水资源量只有 $2100m^3$，仅为世界人均的 28%。我国北方地区，水资源非常短缺，黄河、淮河、海河三个流域人均水资源量分别仅为全国平均水平的30.1%、21.6% 和 12.9%。水资源短缺、用水浪费，以及气候因素，加剧了一些河道的断流，河道生态退化。例如，海河开发利用率已经超过 100%[17]，相当于 1 年所有的水资源都用一遍，还要再采地下水，引黄河水。黄河、西辽河等流域的开发利用率超过 70%，也远超国际公认的 40% 的安全线。从总体上看，我国当前和今后一个时期流域水污染防治仍面临严重挑战。

（1）污染加重趋势得到遏制，新兴化学品污染值得关注　河流沿岸的工业废水、生活污水直（间）接进入江河等自然水体，伴随化肥农药的不断增加及乡村养殖业迅猛发展，非点源污染物对水体污染的贡献日增，水体富营养化问题得不到根本解决。其次，淡水网箱养殖鱼与围网养鱼作为开发利用河道等大中型水域发展渔业生产的主要方式，亦会带来严重污染。另外，底泥中有机物在一定水动力条件下的再悬浮现象以及其在细菌作用下，发生好氧、厌氧分解，释放的异臭物质均会对水质造成污染。

据 2014 年中国环境状况公报统计，大流域水质达标率仅为 2/3，局部水质堪忧。2014 年，全国地表水总体为轻度污染，部分城市河段污染较重。长江、黄河、珠江、松花江、淮河、海河、辽河、浙闽片河流、西北诸河和西南诸河十大流域的国控断面中，Ⅰ～Ⅲ类、Ⅳ～Ⅴ类和劣Ⅴ类水质断面比例分别为 71.2%、19.8% 和 9.0%。主要污染指标为化学需氧量、高锰酸盐指数和五日生化需氧量。

据 2014 年中国环境状况公报统计，2001～2014 年，长江、黄河、珠江、松花江、淮河、海河、辽河七大流域和浙闽片河流、西北诸河的总体水质明显好转，Ⅰ～Ⅲ类水质断面上升 32.7%，劣Ⅴ类水质断面比例下降 21.2%。目前，水质污染加剧趋势的有效遏制离不开我国水污染控制工作的开展与相关法律法治制度的完善。

就水质指标而言，由重点关注河流氨氮和 COD，转向逐渐关注总氮和总磷对受纳湖库水质的影响；且逐渐关注有毒有害化学品污染。辽河水系检出新兴有毒有害、难降解、特征污染物，其中特征污染物共 7 类 60 种，其中多环芳烃、取代苯类、酚类和有机氯农药为主要特征污染物，并且多支流存在潜在的重金属生态风险[18]。

（2）河道系统形态多样性降低，生态健康受到威胁 河流是指用于防洪、排涝、引清、蓄水、排水及航运的天然或人工水道。多年来，河流整治工程一直注重提升河道防洪能力，而淡化了河流的资源功能和生态功能，使我国多数河流形态结构发生了较大变化，主要表现在：①许多城市盲目填河，将明渠变成暗渠，河上筑马路或搞建筑和"美化"工程，使河流水面面积减少；②河道渠道化和裁弯取直工程降低了天然河流的蜿蜒性，河床材料变为硬质化的不透水性材料，减少了地下水的补充；③岸边的水生植物如芦苇、沉水植物等被清除，两栖类动物的生态廊道被切断，河流水生态环境遭到破坏；④水利工程的建设造成河流形态表现出不连续性，影响江湖与河湖关系，阻断鱼类的洄游通道。河道形态结构的变化、河道系统形态多样性的降低，使得河道系统生态环境异质性降低，生物多样性降低，引起水体自净化能力的下降。

以辽河为例，辽河流域出现水生态条件恶化、河湖萎缩、湿地退化、地表地下水体污染、灌区次生盐渍化、河床淤积及地下水大面积超采等严重的水生态环境问题。对比 20 世纪 70 年代的数据，东辽河与辽河干流鱼类物种丰度锐减，由资料记录的 99 种降至 2010 年调查发现的 29 种。其中，鱼类群落结构简单化、渔业资源小型化现象严重，而养殖导致的外来物种入侵比例明显增加。氨氮、COD 等污染指标对水生生物群落组成产生限制作用，敏感物种分布范围狭窄，而耐污型藻类、大型底栖动物等水生生物分布广泛。辽河流域 70% 以上河段处于亚健康，水生态系统健康状况总体较差[19]。辽河流域清河与汛河两条支流 11 个水生态功能三级区中，水生态健康等级 1 个、亚健康等级 6 个、一般健康等级 3 个、较差健康等级 1 个，水生态系统总体健康状态从其上游河流源头至下游入辽河干流汇入口呈逐渐恶化的空间分布特征，且与流域人类活动强度密切相关[20]。

（3）水土流失、泥沙淤积，旱涝灾害频繁 近期以来，我国各流域洪灾最显著的特征主要有：普遍出现流量小、水位高、危害重、损失大的现象，并呈逐年加重的趋势。河流上游植被的破坏以及不合理开发，导致中上游水土流失严重，泥沙中所携氮、磷也是造成江河非点源污染的主要原因之一。大量泥沙淤积在下游河床中，使河床不断抬高，还会带来严重防洪问题。

辽河为典型多泥沙河流，年淤积量高达 400 万立方米，为游荡型河道。因主河道摆动频繁，外加支流携泥沙汇入，中下游河道淤积，河床不断抬高[21]。同时，因河床淤高，过水断面变小，河道过水能力已由 600～800m³/s 降至 200～300m³/s，且河槽摆动，险工险情加重，严重威胁两岸防洪安全。因上游植被减少，地表径流加快，洪峰加高，呈"峰高量小"之势，植被削峰作用减弱，旱涝加剧。如 19 世纪辽河流域旱灾发生概率仅为 0.3 次/10a，20 世纪增至 1.5 次/10a，最多的达 3 次/10a（20 世纪 60 年代）[22]。

（4）航运污染、断流等河流问题日益突出 船民生活污染物排放、发动机燃油泄漏、装卸和船载货物的散落及船舶航行扰动水体引起底泥再悬浮，这些因素均加剧了水质污染。特别是装卸和转运垃圾、粪便时，运输物的散落或倾弃对水质的污染极严重。除了对水质的直接污染之外，航运还会影响流域景观，其散落障碍物影响河道的泄洪能力，造成洪涝灾害的发生[23]。

在少雨干旱区域或流域，中游拦截蓄水及下游用水量的增加等往往导致河流下游出现断流，河流下游和尾闾逐渐枯竭，天然林区衰退，草场退化沙化，影响河流流域内社会与经济的可持续发展。以辽河为例，辽河流域断流指数对"较好"的隶属度最高，达0.5309，河道断流造成动植物生存空间物质流、能量流的中断，使生态遭到破坏[24]。

（5）水资源供需矛盾尖锐，水资源短缺　因人口过多，且人口分布与环境、资源分布不相适应，导致流域管理中出现水资源紧缺、供水不足、地下水超采、地面下沉、洪涝灾害频发、水土流失、河道淤积等系列环境问题。

以辽河流域为例，近9年水资源总量均值减少了约20%，不但工农业用水不断增加，生态用水更紧缺，生物生存所需最小流量得不到满足，势必引起河道内生物生存空间的拥挤[28]。辽河流域水资源的利用率高，地表水利用程度已达81.2%，其中中下游达85%，远高于松花江流域（哈尔滨以上为29.9%），促进了流域社会、经济发展，但随工农业生产对水的需求增加，水资源供需矛盾加剧，全流域缺水 $25 \times 10^8 m^3/a$，因缺水减少工业产值 82×10^8 元/a，其中中下游就达 64×10^8 元/a[25]。显然，水资源短缺已成为制约区域经济进一步发展的重要因素。

针对河流水环境问题，应合理开发利用水资源，协调好流域内社会经济发展与水资源开发利用的关系，监督、限制水资源的不合理开发利用及污染行为；同时加大水环境污染治理力度，对大型水利开发项目实行监控，确保河流水生态环境正常的生命功能。

3. 饮用水源地的现状与新兴水环境问题研究进展

饮用水是人类赖以生存和发展的、不可替代的自然资源。近年来，我国饮用水水源环境污染事故频发，加强饮用水源安全保障工作十分紧迫。尽管我国在饮用水水源地的保护方面投入很大，取得了一定的成绩，但影响饮用水水源安全的各类隐患依然存在，威胁饮用水水源安全的突发事件仍时有发生，需要持续关注、深入研究并提出科学解决途径。

（1）湖库型饮用水水源地水质恶化成因复杂，理论与实践尚需深入研究　以湖泊为饮用水水源地的地区通过适当修建湿地系统，有效净化了水源地水质，尽管湿地对流域氮、磷输出具有显著的截留效果，但也存在一定的差异性，有些湿地系统对氮具较强的截留效果，氮浓度自上游至下游降低明显，而对磷的截留效果不明显；且湿地系统对氮、磷的截留去除存在显著的季节效应，在春季和冬季总氮（TN）与流域湿地面积百分比呈明显的负相关[26]。氮、磷在水源地范围内的迁移运输过程较为复杂，受到湿地面积、位置、密度、生态系统结构等因素及流域空间尺度、地形坡度、采样时间间隔及其他土地利用类型等因素的多重影响，然而相关理论与实践研究存在一定局限性，有待深入研究。此外，一些湖库周边存在相当多的村镇，村镇管道未雨污分流，未经有效处理直排湖库，污染湖库水源地水质。生活垃圾的随意丢弃、土壤或水田内农药和化肥的大量残留也对水源地水质构成不同程度的威胁。面源污染的增加也是湖库水源地水质污染的重要因素，如随着近年来湖库内水产养殖业的日趋增多，水产养殖的无序发展威胁水源地水质。

以东太湖为例，其水源地的水质主要受两方面影响：一来自外部，包括上游来水量减少和来水水质恶化、面源污染等；二来自本区水域的底泥释放等。夏季，湖区水位较高，在东南风作用下，不易形成大风浪，难将湖区底泥卷起；冬季水位较低，在偏北风作用下，太湖风浪较大，易将太湖底泥卷起，造成浑浊度偏高，同时，底泥中有机质造成COD升高，影响水源地供水水质。如对东太湖吴江市第一水厂取水口研究表明，通过对台风、蓝藻等各影响因子的探究与甄别，湖区污染底泥再悬浮和营养物释放是水源地水质恶化的重要原因[27]。

（2）河流型饮用水源地水源水质恶化严重，有机型污染突出　以河流作为饮用水水源的区域（流域），其两岸和上游地区相当多的化工企业污染以及较多的乡镇农业面源污染严重威胁水源水质。此外，在饮用水水源保护区内仍有一定量的违章建筑和建设项目，饮用水水源地一、二级保护区内及上游存在工业企业、码头、有毒有害化学品仓库、排污口、围网养殖，且企业违法排污现象在一些地方还较突出，出现雨期河水水色异常变化及水中特征性污染物浓度异常升高现象。上游城市、乡镇排污口邻近下游城市的取水口，河段船只通航等均对河流水源地水质存在威胁。

以辽河为例，2009年，仍有69.2%的干流断面和65.8%的支流超Ⅴ类水质标准，氨氮为首要污染因子。废水及污染物排放总量远超地表水环境容量是河流水质污染严重的主要原因，其中化学需氧量排放量超容量2.3倍，氨氮排放入河量超容量4倍以上[28]。

（3）城镇集中式饮用水水源地农业面源污染日益严重　因乡镇集中式饮用水水源地多分布于乡村林地或耕地之间，很易受农业面源污染影响。随着农村化肥、农药用量增加，再加上我国现有耕种方式落后，有些地方管理措施不力，有机肥使用推广阻力大，农业面源污染日益严重，现已成为影响乡镇饮用水水源水质安全的主要因素。

（4）城镇集中式饮用水水源地污染防治投入不足，生活污染日益加剧　除了珠三角、长三角发达地区的一些乡镇外，我国大部分地区的乡镇还未建成污水处理设施，生活污水（包括粪便）直排附近江河或小溪，加上生活垃圾任意丢弃、堆放，垃圾渗滤液也渗入河流，致使乡镇饮用水水源地水质变差。

（5）城镇集中式饮用水水源地产业转移步伐加快，工业污染风险不断加大　当前，在新一轮国际国内产业转移中，其转移方向主要为由经济发达地区向欠发达的乡镇山区转移，转移的产业类型多为资源密集、产能落后产业。很多产业转移接收地都提出了园区式、污染低、用地省、效益好的新型工业化道路，并据本地环境承载力制定了严格的产业转入标准。但在实际执行中，因当地发展经济的愿望强烈，尤其在招商引资不理想的情况下，当地政府不管引资项目有无污染，来者不拒，根本不按规划的主导产业和环境影响评价批复要求引进项目。

（6）城镇集中式饮用水水源地典型污染源问题也日益突出　典型污染源主要包括地下油罐、垃圾填埋场和矿山开发等。因乡镇饮用水源地多处于相对偏远地区，更易受典型污染源影响。据调查，乡镇采矿和冶金工业的尾矿、炉渣乱堆乱放在小河沟旁，造成河道淤积、水体受污染问题十分突出[29]。使用落后工艺技术的乡镇企业对自然资源的掠夺式利用，工业生产过程中时有泄漏事故，都对周围环境污染严重，直接或间接地影响了饮用水源的水质。

4. 城镇水体（城市、乡镇内湖、内河等景观水体）的现状与新兴水环境问题研究进展

随着工业化和城市化进程的不断发展及城市人口不断增长，河流周边土地由农田转变为工业开发区，沿河两岸居民小区和工厂越来越多，排入河中的污染物量逐年增加。城镇水体环境问题逐渐凸显，城镇水体环境污染具总量大、分布面广、污染分散性强的特点。

我国城镇水体环境污染在地域上由东往西、由沿海到内陆，由郊区到中心区域呈现出：污染物种类从复杂到单一，污染强度从重到轻。据统计，我国城镇水体环境有90%以上均受不同程度的污染，城镇河段中有78%不宜作饮用水源[30]。

（1）城市内河　黑臭河流主要为城市内河，其人类活动密集，污染防治压力非常大。我国的城市内河存在如下问题。

①　硬化、裁弯取直、甚至消失现象严重　在城市迅速扩张下，部分城市内河被人为填埋、改道、硬化，甚至切断，形成"窄河""水泥河"或"断头河"，这些城市内河变迁带来了城市环岛效应加剧、排洪泄洪能力下降、景观破坏、河道污染严重甚至黑臭等系列环境问题，城市环岛效应加剧。此外，城市建设占用大量的内河空间，部分直接占用内河河道，部分变河道周边绿地为建设用地，导致内河水域面积骤减，加剧了城市热岛效应。

②　泄洪排洪能力下降　城市内河河道被侵占，沟塘被填埋，大量农田菜地变成了高楼和道路，使得天然的蓄排体系被破坏，土地被硬化而不透水，城市滞水空间缩小，降雨径流系数增大，汇流时间缩短，大大增加暴雨产涝量。建设占用天然河道，天然边坡改为直墙，缩窄河面宽度，过水能力大幅下降；另外，排水管道布设不合理，相当多的河段淤积，雨水管受顶托不能排水，造成暴雨洪水排水受阻，引起城区积水，增加了城市洪水风险，内涝变频。

③　河道污染严重，有毒有害污染凸显　在内河整治中，河岸、河底基本采取混凝土、砌石等材料，人为割断了水、陆生物的联系，水边生物多样性的环境无法形成，河道失去自净能力，导致水质的进一步恶化。富含氨氮和营养盐的生活污水的大量排入直接导致水体及受纳水体的富营养化。随风和水进入内河的各种垃圾如不及时清理，将沉在河底而腐烂，其中营养物的降解不仅消耗水体中大量的氧气，还会产生如氨气、硫化氢等的附属污染物，加重河流中水体和底质污染。此外，部分河道由于被填埋，形成断头河，破坏了河水的流动性，最终形成臭水沟。

北京温榆河干支流水质现状为劣Ⅴ类，总氮、总磷和氨氮超标较重，平均超标倍数分别为7.84倍、7.99倍和5.77倍，温榆河及其支流清河、坝河、通惠河抗生素污染较重，特别是喹诺酮类；水体中污染情况：喹诺酮＞大环内酯＞四环素[31]。

④　影响城市容貌整洁　城市内河普遍存在河道萎缩淤积、河水受污染、季节性缺水、部分功能退化等问题。城市内河因污染重，水环境恶化，丧失城市内河原有功能，造成城市景观环境低下，严重影响城市生态系统安全，影响城市内河沿岸居民的身心健康。沿内河道路上的树叶、垃圾、砂石也会被风吹入、被水冲入内河，这些垃圾如清理不及时，会影响内河整体景观。

（2）城市湖泊

①　湖泊萎缩、消失　土地是城市中最稀缺的资源，大部分城市湖泊长期处于被城市建设用地逐步蚕食的困境。以武汉市为例，20世纪90年代以来的开发热，使武汉市城区35个湖泊被填占3.14km²，有8个湖已消失。改革开放以来逐步加速的工业化、城市化和市场机制广泛推行，使武汉市城市湖泊水域面积缩小[32]。

②　水污染严重　环保部发布的中国环境状况公告显示，城市湖泊水质状况只有北京的昆明湖水质达Ⅲ类，其他如济南大明湖、武汉东湖、杭州西湖等水质均为劣Ⅴ类。

北京市六个城市湖泊（前海、青年湖、昆明湖、紫竹院湖、陶然亭湖、红领巾湖）水体及表层沉积物中的氮营养盐污染负荷总体较重。有一半湖泊的水体TN含量超过地表水（湖、库）Ⅴ类标准，前海、青年湖、紫竹院湖、陶然亭湖4个湖泊表层沉积物磷释放诱发富营养化的风险处于高度风险范围[33]。

③　湖滨带景观遭破坏　城市湖泊被人为围填、污染，破坏了原有的自然景观。某些小型湖泊，护岸被破坏，湖水黑臭，湖面漂浮着垃圾，恶劣环境和不堪景象影响居民身体和心理健康。

④ 生物栖息地缩小，生物多样性降低　淡水流失，湖泊面积缩小，湖泊间已不再相连，各湖水生生态系统逐渐封闭和退化，大量生物死亡，物种多样性程度显著降低。

（二）水环境学科基础问题研究进展

1. 基础性问题研究进展

水环境基础性问题的改善关系到水环境整体质量改善的效果，"十二五"以来，我国在水环境承载力、湖泊富营养化、蓝藻水华等水环境基础性问题方面开展了较深入的研究，获得了较多研究成果，并在某些领域有了探索性和突破性的进展。

（1）水环境承载力研究进展　水环境承载力（water environmental carrying capacity，WECC）是承载力（carrying capacity）概念与水环境领域的结合，体现了水环境与人类社会经济发展。水环境承载力并没有十分明确的定义，但其核心概念都包含水环境的纳污能力，侧重于保证水环境的持续使用和功能的完整性，认为水环境承载力是水环境自身的特性，并与科技水平、发展时期和地域空间有关，其内涵主要包括以下方面内容：①在一定生活水平与生活质量限定下，水环境应具有的相应环境功能；②水环境容纳污染物所应具有的环境容量；③具有一定的可利用水资源量；④可支撑社会经济的可持续发展规模；⑤水环境承载力对社会经济发展水平具有支撑作用，人口、经济发展规模对水环境承载力具有阻碍作用。综上所述，水环境承载力可大致定义为：在某一时空尺度内，水环境满足自身生态功能的完整性和可持续承载某区域社会经济可持续发展的前提下，水环境所能承受的最大压力。

在基于水环境容量的污染物排放总量模型中尝试引入信息熵的概念进行分析。以对洪泽湖的研究为例，平水年 COD 和氨氮的允许水环境容量和剩余水环境容量要明显小于丰水年；无论是平水年还是丰水年，在进行 COD 和氨氮水环境容量计算时，不考虑混合区水环境容量计算均会导致计算结果偏小。计算结果显示，工业废水处理率在总量分配中起到较大的作用，第二、第三产业比重和城市生活污水处理率 3 个指标在污染物总量分配中起到的作用相对较小[34]。

针对大型浅水湖泊受风场影响显著的特点，提出了考虑风向风速联合频率订正及污染带控制的水环境容量计算的新方法。以太湖为例，建立了二维非稳态水量水质数学模型，结合该区域的水文特征和实测的数据，对流场和浓度场进行了模拟和对比，并计算了太湖的水环境容量。采用二维非稳态水量水质数学模型得到的太湖流场、浓度场计算值与实测值均相差不大，太湖水环境容量 COD 为 132727t/a，总磷为 545t/a，总氮为 7700t/a。该方法运用风向风速联合频率综合体现了风场对太湖湖流的形成及流态的作用以及对水环境容量的影响[35]。

为了给河流污染物容量总量控制提供技术支持，提出了动态水文条件下基于 WESC2D（two dimensional water environment simulation code）模型水质模拟和粒子群算法中 RPSM（repulsive particle swarm method）非线性优化的河流水环境容量计算方法。以赣江下游化学需氧量和氨氮水质因子为例，计算表明赣江下游化学需氧量水环境容量为 71233.4t/a，氨氮水环境容量为 2361.8t/a。该方法直接以水质目标空间约束控制断面允许平均期浓度及超标重现期为条件计算水环境容量，相对于以稳态设计水文条件间接控制风险进行模拟计算的方法，更有利于控制容量计算的风险，同时，因不受库朗数（Courant number）限制的 WESC2D 模型与无需试算的非线性规划方法有机结合，灵活易用，可以显著提高容量计算的效率[36]。

考虑受污染地下水对地表水容量的影响，在地下水连续补给下忽略弥散的一维稳态水质模型解析解的基础上，提出了地下水连续补给下河流水环境容量的计算方法。同时，推导出了水环境容量与地下水污染物浓度、补给强度的关系式以及临界地下水污染物浓度计算公式。付丽等[37]的一项研究认为：临界地下水污染物浓度是判断地下水补给对河流水环境容量影响的关键参数，地下水污染物浓度小于临界浓度时，地下水补给起到了"扩容"的作用，反之，则"占用"了传统水环境容量，随着补给强度的加大，这种作用更加明显；地下水污染物浓度和水环境容量呈线性、负相关关系；补给强度对水环境容量的影响性质和程度随着地下水浓度的变化而变化。这项研究通过案例检验了公式的实用性和正确性。

（2）水体富营养化研究进展　一般理解的"水体富营养化"是指在人类活动影响下，氮、磷等营养物质大量进入水体，导致藻类及其他浮游生物迅速繁殖，水体溶解氧量下降，水质恶化，鱼类及其他生物大量死亡的现象，是引起水质恶化的主要原因之一。在我国，许多大型湖泊都已经处于富营养或重度富营养状态，除此之外，一些河流的部分河段也出现了富营养化现象。据 2014 年中国环境状况公报显示，现在全国 423 条主要河流、62 座重点湖泊（水库）的 968 个国控地表水监测断面（点位）中，满足 I 类水质的占 3.4%，满足 II 类水质的仅占 30.4%，III 类水质的占 29.3%，IV 类水质的占 20.9%，V 类水质的占 6.8%，劣 V 类的占 9.2%；主要的污染指标是化学需氧量（COD）、总氮和总磷。而我国环境保护部发布的 2012 年重点流域水环境质量状况统计也显示，2012 年七大水系中，长江和珠江水质良好，淮河为轻度污染，黄河、松花江和辽河为中度污染，海河为重度污染，主要污染指标为氨氮、总磷、高锰酸盐指数、COD 和 BOD_5；其中海河劣 V 类水质达过 40.4%，为重度污染。水体富营养化已成为我国一个较为突出的环境问题。

流域人口和经济活动是湖泊富营养化的重要影响因素。倪兆奎等[38]选取滇池、洱海和抚仙湖 3 个云贵高原不同营养水平的湖泊，通过对其不同发展阶段的植物群落结构、水质类别、营养水平及流域人口和经济活动等进行研究，发现流域人口和经济的每一次飞跃，均会导致湖泊水质类别和营养水平明显升高。此外，不同类型湖泊的发展过程存在明显的差异性，不仅受控于营养盐的输入，同时也受到湖泊自身特点的影响。滇池是浅水湖泊，其富营养过程与长江中下游浅水湖泊的富营养发生过程基本一致；洱海是中水深湖泊，其水位变化直接影响了沉水植物的存活，沉水植物的退化和消失与湖泊水质的下降和营养状态的上升关系密切；抚仙湖是深水湖泊，由于水深和基质的影响，大型水生植物很难生长，湖泊水质的下降与藻类数量的增长呈现正相关。

人为因素对流域环境的干扰破坏远大于自然因素，水体本身特性也能显著增强或减弱外部因素的作用。从湖泊、自然气候和人类活动 3 个方面测度富营养化的反应方向和作用强度，通过计量对比分析发现，大多数情况下地质、自然地理因素只对湖泊水质形成局部的潜在影响。没有受到人为干扰的流域，当其补给系数比较小而其他因素也相同时，水体营养状态的差别与流域土壤自身营养盐含量有关；而通过建设用地占流域面积比表征的人类活动强度指标的测度，人类活动强度对湖泊营养状态呈显著正影响，而反映自然生态系统类型的土地利用方式——草地、林地起负影响。林地生态系统具有水源涵养功能，有助于清水产流机制的恢复，草地在流域内多属于氮磷营养盐亏损生态系统，林地、草地生态系统在一定程度会对水土流失和营养盐入湖负荷起削减作用[39]。

流域上游浅水湖泊中湖流等水动力条件比下游大型浅水湖泊差，不利于磷酸盐释放，营养盐长期滞留于沉积物中，为富营养化暴发埋下隐患。对流域上游浅水湖泊富营养化发生的原因及主导机制的研究发现，流域上游浅水湖泊具有污染源少且单一的特点，较之深水湖泊水深浅（一般<10m），难形成热分层，对外界温度变化响应灵敏。流域上游的浅水湖泊内源磷释放主要受沉积物的氧化还原条件和温度影响，同时总磷（TP）外源输入控制存在很强滞后性（TP浓度的降低可滞后10～15年），因此必须重视对内源释放的了解，才能有效控制其富营养化的发生[40]。

水动力条件是影响水体富营养化状态和进程的主要自然因素之一，水体富营养化受各个水动力因子的作用并不是孤立存在、简单叠加的关系，它们之间相互联系、相互影响。由于水体边界条件不同，湖泊水库和河渠的水动力条件下藻类生长规律存在明显差异。在河渠中，水流的流速直接决定了流态（层流、过渡流、湍流），流速是这类水体发生富营养化的决定性水动力因子；而在营养盐相对充足、水流缓慢及适宜的气候条件下，湖泊、水库等水体的流量输入促进了营养物的稀释与混合，水流的流量大小对营造水体富营养化的外部环境、改变藻类的生物量具有至关重要的作用。不论湖泊水库还是河渠，均存在流场变化所造成的扰动。在河渠中，水流的主体从上游向下游单向流动，藻类在水域中按照主流方向迁移，并在空间上扩散沉降，故在低扰动下水动力对藻类的聚集作用和对其生长的促进作用不容易表现出来。对于湖泊而言，水动力条件主要由湖水表面的风扰动而产生，水体流动结构主要是以平面和立面环流的形式存在，湖泊的水动力条件不同于河渠，流速对藻类生长影响的规律不完全适用于湖库，水体扰动对富营养化影响更显著。对于不同的水体类型，发生富营养化的机理和关键水动力因子不同，需要结合水体特点研究水动力因子的作用机制[41]。

沉水植物能有效地降低富营养水体中的营养盐浓度，其对水体营养盐浓度的影响通过多种途径实现，底泥在营养盐的归趋中起着重要的作用。任文君等[42]研究了沉水植物篦齿眼子菜、马来眼子菜、金鱼藻和黑藻在白洋淀富营养化环境下对水体磷、氮及有机物的净化效果，发现以上沉水植物生长体系对CODcr、总磷、总氮都有良好的去除效果。沉水植物生长体系对CODcr的降解有所反复，但整体呈现下降趋势。不同沉水植物生长体系总磷、总氮含量随时间降解的拟合方程表明，水体总磷、总氮浓度随时间的变化呈负指数形式衰减。而徐秀玲等[43]研究了菖蒲、香蒲、鸢尾生长状况及对3种不同富营养化水体中氮和磷的去除效果。结果表明，这3种植物对不同浓度的富营养化水体中的氮、磷的去除率不同，但均能显著改善富营养化水体的水质。

植物-微生物联合修复已被用于废水的养分去除研究中，无论是在低富营养化水体还是高富营养化水体，与单纯的植物修复体系相比，植物-微生物联合修复富营养化水体的效果更好。植物-微生物联合能有效修复富营养化程度较高的水体。以奚姝[44]的研究为例，植物-微生物联合体系对总氮（TN）、氮氧化物（NO_x-N）、氨氮（NH_4^+-N）、总磷（TP）、COD_{Mn}的净化效率最高可分别达到93.3%、94.4%、100%、74.4%和52.0%。同一种植物的不同处理时间、不同植物的处理以及植物与微生物联合处理对净化水质的效果截然不同，在筛选植物和微生物进行富营养化水体修复时，应该根据处理时间，和植物与微生物联合后的作用效果来选取和培养。

（3）蓝藻水华研究进展　蓝藻水华是在富营养化水体中蓝藻大量增殖，水体中叶绿素a浓度超过10mg/m³或藻细胞超过$1.5×10^7$个/L，并在水面形成一层蓝绿色或有恶臭浮沫的现象。我国报道的发生水华的蓝藻共 26 种，其中微囊藻属 10 种，鱼腥藻属（Anabaena）12 种，拟鱼腥藻属（Anabaenopsis）、束丝藻属（Aphanizomenon）、浮丝藻属（Planktothrix）和拟浮丝藻属（Planktothricoides）各 1 种。蓝藻水华通过产生毒素、死亡分解时使水体缺氧和破坏正常的食物网威胁到饮用水安全、公众健康和景观，会造成严重的经济损失和社会问题。我国是世界上蓝藻水华发生最为严重、分布最为广泛的国家之一，太湖、巢湖和滇池是蓝藻水华发生最为严重的湖泊。

大量微囊藻群体的形成和聚集是微囊藻水华形成的重要条件，而氮、磷浓度是影响微囊藻群体生长的重要因素之一。研究发现，当 TN≤10 mg/L、TP≤0.5 mg/L 时，氮、磷营养盐浓度增加有利于水华微囊藻群体增大；当 TN＞10 mg/L、TP＞0.5mg/L 以后，氮、磷营养盐浓度增加抑制水华微囊藻群体增长，不利于水华微囊藻群体增大。高浓度的氮、磷营养盐可能抑制了微囊藻细胞胞外多糖的分泌，最终制约了微囊藻群体的形成[45]。

陈建良等[46]对洱海水质和浮游植物进行了调查，发现浮游植物数量与叶绿素 a 的变化趋势基本一致，从 7 月份开始藻细胞密度由 7.63×10^6 个/L 上升为 2.08×10^7 个/L，7～10 月一直维持在较高水平，为水华暴发的高峰期，11 月份开始降低。水华种类为微囊藻属（Microcystis）的一些种，微囊藻在 6～10 月份占绝对优势，最高可达 93.13％，总磷（TP）对微囊藻的影响比较大。洱海浮游植物群落由 2006 年的鱼腥藻和微囊藻交替大量生长形成水华转变为微囊藻占绝对优势的蓝藻水华。

人们也开展了对水华形成、持续和消亡阶段对沉积物微生物群落结构影响的研究。以巢湖为例，发现非水华区沉积物微生物的种类、Shannon-Wiener 指数、Simpson 指数随时间变化较小，微生物相似度较高，温度可能是影响非水华区微生物群落结构波动的主要因子；而在水华区，沉积物微生物的种类、Shannon-Wiener 指数在水华形成期和消亡期较低，在水华持续期较高，而 Simpson 指数则呈相反趋势，微生物相似度相对较低，表明水华形成、持续和消亡过程对微生物群落结构、优势种有不同影响，温度和水华导致的水体性质变化可能是沉积物微生物变化的主要因子[47]。

控制水华的关键在于抑制藻类的生长繁殖，传统的抑藻方法主要有物理法、化学法和生物法三类，但该类方法都存在操作难、费用高、生态危害大等缺点。利用植物化感物质控制藻类，因其具有选择性、无二次污染、环境友好等特点，有望成为具有应用价值的安全性生物抑藻技术。化感物质主要来源于植物的次生代谢产物，主要包括酚类、萜类、生物碱等，具有分子量小、结构简单等特点。目前，国内外已发现几十种水生植物具有化感抑藻作用，且抑藻植物的范围已从水生植物扩展到陆生植物。胡晓佳等[48]提取加拿大一枝黄花（Solidago canadensis L.）的抑藻活性物质，结果表明三种提取物对铜绿微囊藻均具有较强的抑制作用。董昆明等[49]将广玉兰（Magnolia grandiflora）叶片提取物对铜绿微囊藻的抑藻活性物质进行分离纯化和结构鉴定，结果发现，正丁醇提取物中含有大量的抑藻活性物质，主要为小分子的醇类、酮类和酯类。郭沛涌等[50]发现柳树（Salix babylonica）叶能够释放抑藻活性物质影响四尾栅藻（Scenedesmus quadricauda）的生长。

利用溶藻细菌作为有害藻类治理的研究已得到国内外学者的广泛关注。汪辉等[51]从山东胶州湾分离得到一株海洋溶藻菌 JZ-1，研究表明其对中肋骨条藻有很好的溶解效果，它能够破坏藻细胞膜内物质的结构和细胞膜的完整性，使细胞膜内物质流出导致藻细胞死亡，同时菌株 JZ-1 通过分泌代谢物对中肋骨条藻产生溶解作用，属于间接溶藻，且当菌株 JZ-1 由对数生长期向稳定期过渡时，其代谢物的溶藻率达到最大。李超等[52]从滇池富营养化水体中分离得到一株溶藻细菌解淀粉芽孢杆菌 DC1，对水华鱼腥藻具有高效抑藻效果，且菌体浓度越大，对水华鱼腥藻的去除效果影响越明显。

水华作为一种灾难性现象，也存在将其资源化利用的可能性，而这方面的研究也已经开展，如微囊藻水华可作为重金属吸附剂有效地运用于重金属污水处理。研究显示，在较低的重金属浓度（$20.00\mu g/ml$）下，微囊藻能够以最高去除率去除 Cu^{2+}、Cd^{2+} 和 Ni^{2+}；但从单位微囊藻生物量吸附重金属量来看，金属离子初始浓度越高，吸附重金属的总量越高；在相同金属浓度下，微囊藻水华对三种金属的吸附效率为 $Cd^{2+}>Cu^{2+}>Ni^{2+}$。微囊藻吸附 Cu^{2+} 的最适 pH 为 5.0，Cd^{2+} 和 Ni^{2+} 均为 6.0。而微囊藻裂解释放的可溶性物质对重金属吸附影响不大[53]。

2. 污染防治创新思路研究进展

（1）纳米材料用于污染防治　碳纳米材料自 20 世纪 90 年代被发现以来，因其独特的物理化学性质，很快就成为了全世界科学研究的热点内容。进入 21 世纪之后，碳纳米材料的生产工艺得到了快速发展，大规模工业化生产和应用成为可能，也在 2000 年代中后期开始被尝试应用于环境污染治理。碳纳米材料是由非常小的碳原子结构单元构成，具有极大的比表面积和丰富的孔结构，主要包括碳纳米管、富勒烯和石墨烯等不同类型。碳纳米材料不仅能处理铅、镉和铬等重金属及氟离子等非金属无机化学毒物，还能有效地去除水中的有机化学毒物如苯胺、酚类和三卤甲烷等。经过氧化处理后的碳纳米材料表面含有大量的含氧功能团，增加了其亲水性和离子交换能力，这些特点成为碳纳米材料吸附去除污染物的基础。碳纳米材料，也包括其他类型的金属及复合纳米材料的应用成为了污染防治的一类新思路。

固体碳纳米材料若在环境中存在，可以通过吸附来降低一些亲水性有机污染物在环境中的迁移性。王莉淋[54]的研究发现碳纳米胶体材料也能通过吸附作用来增强疏水性有机污染物在土壤和地下水等多孔环境介质中的迁移能力，从而改变这些有机污染物在环境中的命运和归宿。不同理化性质的碳纳米胶体材料对疏水性有机物的协助运输能力会有巨大差异，天然环境下形成的碳纳米胶体的有污染机物协助运输能力比想象中要强许多。李晓娜[55]通过碳纳米管吸附/电增强吸附全氟辛酸铵（PFOA）、全氟辛烷磺酰基化合物（PFOS）、全氟辛烷磺酰胺（PFOSA）、二氯苯氧乙酸（2，4-D）和对硝基苯酚（4-NP）等不同结构污染物的研究发现，碳纳米管含氧量、污染物结构性质和溶液环境因素对吸附效果有显著影响，电增强吸附能有效提高水溶解度较高的亲水性化合物的吸附效果，这不仅为水中污染物的有效控制提供了一个低能耗和环境友好的新方法，也促进了碳纳米管在水污染控制领域的实际应用和发展。

卞为林等[56]研究了水介质中 C60 纳米晶体颗粒（nC60）对 Cu^{2+} 的吸附性能及其影响因素。发现 C60 纳米晶体颗粒能够吸附环境污染物重金属铜，C60 纳米晶体颗粒对重金属铜的吸附主要为其表面负电荷的静电吸附，吸附容量会随 pH 值由 4 增加到 5 时而增大，但继续增大到 6 时由于铜离子形态的变化，吸附容量减小；当 nC60 的浓度增大或存放的时间愈长，其聚集程度愈大，会使表面有效吸附位点有所减少，影响吸附效果。

磁性四氧化三铁/碳纳米管这种功能化的新型复合材料综合了两种原材料的优点，并且其表现出的超顺磁性很容易通过外加磁场而从水溶液中分离出来，在放射性废水处理中的前景令人期待。代明珠等[57]采用热分解法制备了功能性的四氧化三铁/碳纳米管复合材料。他们通过实验探究了复合材料与硫酸铜的反应过程，发现随着反应时间的延长，溶液的颜色越淡，也即溶液中的铜离子越来越少；碳纳米管复合材料在中性溶液中的吸附性能最好；复合材料对金属离子的吸附率随溶液中原始金属离子浓度的增加而增加。

宗恩敏等[58]用水热法合成了氧化锆/碳纳米管复合材料，研究了其吸附磷的影响因子。结果表明氧化锆纳米粒子均匀地吸附在碳纳米管表面，粒径随负载量的增加而增大，碳纳米管经修饰后，比表面积和总孔容都显著下降，表明氧化锆不仅分布在碳纳米管外表面，还广泛存在于内表面中。氧化锆/碳纳米管复合材料在负载量不同的情况下，平衡吸附量大于中孔氧化锆，对磷具有良好的去除效果。因为共存阴离子（F^-、NO^- 和 SO_4^{2-}）加剧了对活性吸附位点的竞争，对磷具有竞争吸附作用，酸性和弱离子强度的吸附条件更有利于磷的去除。

郝从芳等[59]检测了经纳米银作用后铜绿微囊藻基因组的降解情况和叶绿素 a 合成基因 $chlL$ 的表达量的变化。发现经纳米银作用后的铜绿微囊藻的基因组电泳图显示相对严重的断裂现象，丙二醛含量明显增多，叶绿素合成基因 $chlL$ 的表达量也显著下降。意味着纳米银可以损坏铜绿微囊藻的细胞膜与基因组，进而影响基因表达，使叶绿素合成相关的 $chlL$ 基因表达量显著下降，抑制铜绿微囊藻的繁殖，甚至致其死亡。铜绿微囊藻是水华中的优势种，这项研究可以为预防水华的发生提供一定的理论支持。

在作为新型水体污染防治途径的同时，纳米材料也可能在个体和细胞水平上对生物体产生诸多负面效应。纳米材料的环境风险也逐渐引起了重视，然而由于纳米毒理学数据的缺失且不同实验结果之间缺少可比性，当前纳米材料环境风险体系的构建尚处于萌芽阶段。纳米材料环境排放的最大威胁来自于人们使用纳米相关产品后随废水的排放，大多数纳米材料污染物可在水体中沉积，并可通过食物链在鱼类等水生生物体内富集，对水生生物构成威胁。李妍等[60]发现较低浓度的纳米银（10～30nm）即可对水生生物产生毒性作用。如研究表明，低浓度（0.005～0.1mg/L）的纳米银可导致斑马鱼的孵化提早，高浓度（>0.1mg/L）的纳米银会抑制斑马鱼的存活，存活率仅为 1%。而碳纳米颗粒能穿过细胞壁和细胞膜进入细胞，到达生命体的任何部位，并对生物体产生毒性损伤[61]。王利凤等[62]发现，<2 g/L 的纳米碳化钨悬液对斑马鱼胚胎的正常发育和成活没有任何影响，在 3 g/L 的极高浓度下，纳米碳化钨处理 24～96 h 可导致 31% 的幼鱼出现各种发育畸形及 33% 的幼鱼死亡。

各类纳米材料不同的理化特征可能产生不一样的毒性作用，但决定毒性的关键因素到底是其粒径尺寸大小、材料组分还是表面修饰物等至今尚无准确定论。氧化损伤、金属离子释放等是研究较多的机制，而从基因芯片、表观遗传修饰等分子水平对毒性机制进行研究的报道很少，可能是未来的研究方向，其是否可以作为毒性评价指标尚有待进一步深入探讨，且环境因素等也可对纳米材料的毒性作用产生影响。纳米材料对水生生物的毒性机制及风险评价仍任重而道远。

（2）光催化降解污染物　当前水体污染物除了传统的氮、磷、重金属和化学毒物外，各类药物和抗生素等物质的含量也在逐渐增加，这类污染物通常难以使用传统的手段去除，将其在水中直接分解成无危害或低危害的物质就成为了比较合理的处理方式。作为一种效率比较高、消耗小、见效较快的污染物分解模式，光催化降解正在污染物处理领域受到越来越多的重视。

邵田等[63]采用聚乙烯醇调控的水热法合成了对 PFOA 有高光催化活性的纳米针状

Ga_2O_3。在普通紫外光照射下（$\lambda = 254nm$），纳米针状 Ga_2O_3 光催化降解纯水中 PFOA 的反应半衰期为 18.2min，PFOA 的一级反应降解动力学常数为 $2.28h^{-1}$，分别为商品 Ga_2O_3 和 TiO_2 作为催化剂时的 7.5 倍和 16.8 倍。此外，当纳米针状 Ga_2O_3 与真空紫外光（$\lambda = 185nm$）结合时，不仅可以更高效地降解纯水中的 PFOA（反应速率常数 $4.03h^{-1}$），而且能有效消除废水中共存有机物的影响，从而高效分解废水中的 PFOA（反应速率常数 $3.51\ h^{-1}$），且此方法的能耗远远低于文献报道的其他方法的能耗值。

胡学香等[64]以四环素为研究对象，进行了四环素在东江实际水体中不同天气条件下的光降解研究，实验发现在水中溶解性有机物、温度等条件相同或相近的条件下，在晴朗天气下四环素的半衰期为 5.87min，短于多云天气的半衰期 10.98min 和阴天的半衰期 19.09min。在室外实际太阳光照下，四环素类化合物光降解反应速率与太阳光强成正比例关系。晴朗无云天气下，四环素类化合物降解半衰期在春冬季较长，夏季较短；四环素在东江实际水体中表观光降解速率很快，在冬季晴天天气下，其平均半衰期仅为 8.2min。该研究认为在同以太阳光为光源的条件下，晴天时的太阳光光强高于多云天气和阴天时，故而在多云天气和阴天时四环素光降解的半衰期会增长，光降解速率降低。

黄春年[65]以磺胺二甲嘧啶为目标对象，对其在紫外灯、高压汞灯、氙灯和太阳光四种不同光源下的光降解进行了研究。研究表明，磺胺二甲嘧啶的光解符合一级动力学规律，但光解速率表现为紫外灯＞高压汞灯＞氙灯＞太阳光。研究认为出现这种现象与磺胺二甲嘧啶的吸收波长有关。磺胺二甲嘧啶的最大吸收波长和次吸收波长分别在 240nm 和 259nm 左右，这与紫外灯所发波长接近，而抵达地球太阳光的最短波长为 286.3nm，故而在太阳光下降解率较低。

何占伟[66]以 500W 氙灯为光源进行了硝酸盐对环丙沙星光降解影响的研究。结果表明，在 0～0.25mmol/L 硝酸盐的浓度范围之内，环丙沙星的光降解效率随硝酸盐浓度的增加而增加，反应 60min 时 0.25mmol/L 的硝酸盐对光降解的促进率可达 86.58%。据分析研究认为是由于硝酸根离子的最大吸收波长为 200nm 和 310nm，所以在模拟自然光的条件下硝酸根能够吸收光子，产生羟基自由基和亚硝基等活性物质，从而促进光降解。

吴彦霖等[67]研究了 185nm 紫外光对薄液层中对叔辛基酚（4-OP）的作用规律，考察了初始浓度、液层厚度、光强等因素对 4-OP 降解效果的影响。结果表明，用该方法降解水中 4-OP，在 4-OP 初始浓度 10mg/L、液层厚度为 2mm、光照距离为 10cm、光照 45min 后，去除率可达到 95% 以上，其降解过程符合表观一级反应动力学特征。

于春艳等[68]以 300W 汞灯模拟太阳光光源，在滤去波长小于 290nm 光的 Pyrex 试管中，考察了淡水和海水中不同浓度的硝酸根离子（NO_3^-）对除草剂 2,4-二氯苯氧乙酸（2,4-D）光解动力学的影响，并利用电子顺磁共振技术研究了 2,4-D 光解过程中羟基自由基（·OH）的作用。结果表明，淡水和海水中 2,4-D 的光解反应均符合一级动力学方程，2,4-D 的光解速率随水中 NO_3^- 浓度的增高而加快。相同实验条件下，当 NO_3^- 初始浓度小于 31mg/L 时，海水环境中 2,4-D 的光解速率常数略高于淡水环境。

张倩等[69]以紫外灯作为光源，考察了水中泰乐菌素（TYL）的光降解特性及影响因素。结果表明，初始浓度为 10mg/L 的 TYL 水溶液的 6h 后光降解效率在 50% 左右。碱性条件有助于 TYL 的光解，酸性和中性条件下 TYL 光解情况相似；溶液的初始浓度、NO_3^- 浓度和腐殖酸浓度的增大均可抑制 TYL 的光解。研究认为直接光降解可能是水体中泰乐菌素光降解的主要途径。

三、水环境污染防治工程技术研究进展

（一）污水处理与资源化利用理论与技术

城市污水处理重点仍集中在脱氮除磷工艺开发，提高处理效率、降低能耗。工业废水处理技术发展集中于难降解有机物、重金属、高含盐等废水的处理。随着水资源的匮乏，污水再生利用也成为水资源化的重点，其中新兴污染物的控制与再生水安全利用和控制技术也是发展的重要对象。水产养殖污染控制也是水环境治理逐步关注的内容。

1. 污水脱氮除磷理论与技术

城市污水处理厂氮磷是水体富营养化的重要来源，"十二五"节能减排约束性指标增加了氨氮，重点流域提高了 TN、TP 的排放标准。在标准提高、原水碳源不足的情况下，反硝化除磷、同步硝化反硝化、短程硝化反硝化、厌氧氨氧化脱氮除磷新理论有了新突破，在工艺技术开发方面就如何降低脱氮除磷工艺的运行费用、提高去除率及工艺系统的稳定性成为研究重点，并开展了一系列研究。具体研究如下。

（1）污水生物脱氮除磷新理论　吴蕾等[70,71]耦合好氧颗粒污泥技术与短程硝化技术，提出了短程硝化颗粒污泥在 SBR 中的快速培养方法，同时成功地培养出以 Nitrospira 为优势菌的亚硝酸盐氧化颗粒污泥，开发出以颗粒污泥为介质的低能耗反硝化脱氮除磷双污泥新工艺，实现了氮磷的高效同步去除。张刚等[72]发现了一种厌氧同时脱氮除磷的新现象，在厌氧条件下能够同时去除磷酸盐和氨氮。张树军等[73]提出短程硝化/Anammox 生物脱氮新工艺，通过生物强化策略实现城市污水稳定短程硝化，在 Anammox 反应器中实现污水高效脱氮，在进水溶解性 COD 为 44mg/L 的条件下，TN 去除率可达 88%。

催化铁技术在脱氮除磷处理中的应用研究尚处于起步阶段[74~76]，通过向零价铁中引入其他阴极惰性金属（如铜），与铁形成原电池，加速阳极铁的腐蚀，从而实现对污染物的强化处理，其中零价铁的反应是整个体系的基础，目前已开展了催化铁强化低碳废水生物反硝化过程、强化 CAST 生物脱氮除磷的研究[77~79]。近年来纳米铁作为一种具有极强还原活性和吸附能力的新型材料被引入到生物处理系统，通过改变微生物活性、微生物多样性及群落结构协同强化脱氮除磷效果[80]。磁分离技术与活性污泥法结合，通过在活性污泥污水处理工艺中投加磁粉（主要是 Fe_3O_4）和少量混凝剂，使活性污泥絮体吸附结合到磁粉表面，使絮体结构变得更加密实，提高反应池内生物量、污泥沉降性以及污染物去除效果，磁种通过磁鼓分离器回收循环使用。相对于传统活性污泥法，磁活性污泥法减小了生物反应器占地面积、提高了处理负荷、改善了脱氮除磷效果、有效控制丝状菌污泥膨胀、降低剩余污泥产量[81]。

（2）基于新理论的脱氮除磷工艺技术优化　在污水处理工艺优化方面，采用优化曝气方式，尤其是采用低溶解氧模式，强化同步硝化和反硝化除磷功能，可提高脱氮除磷效率[82,83]；采用多点进水与多级 AO 相结合，优化进水中碳源的合理利用，同时强化不同阶段 AO 过程中同步硝化反硝化等功能，实现强化脱氮除磷的目的[84,85]；采用脉冲进水缺氧好氧交替运行 SBR 工艺处理低碳氮比污水，通过短程硝化强化同步脱氮除磷效果[86]。针对污水低碳特征，开展活性污泥或初沉污泥水解酸化产生内碳源，以强化污水脱氮除磷效率。天然沸石进行改性、复合处理后具有同步脱氮除磷的功能[87]。优化外源碳源利用，引入固体反硝化碳源，促进反硝化脱氮，同时作为生物膜生长的载体强化脱氮。引入厌氧氨氧化等理论，开展污泥旁路系统中污水强化脱氮技术研究[88]。将两段缺氧生物处理技术和膜过滤技术有机结合，强化污水脱氮除磷的作用[89]。

（3）基于工艺组合的脱氮除磷技术发展　采用组合传统 A^2/O 和硫黄填料柱强化脱氮除磷效果，用硫作为电子供体来强化反硝化脱氮效率[90]。彭永臻等[91] A^2/O-BAF 联合工艺处理低碳比污水，限制好氧段硝化，让硝化主要发生在 BAF 来消除好氧段污泥回流对厌氧段功能的影响。A^2/O-MBR 工艺在北小河、广州市京溪、无锡梅村、无锡城北等城市污水处理厂升级改造强化脱氮除磷工程中得到规模化应用[92]。将活性污泥、生物膜、厌氧处理工艺、膜分离技术进行科学组合，形成具有同步脱氮除磷功能的复合工艺，有效提高脱氮除磷效率，仍然是污水脱氮除磷领域研究和技术开发的重点[93,94]。

2. 重金属污染控制技术

我国重金属污染形势严峻，2011～2015 年期间发生紫金矿业铜酸水渗漏、山东蓬莱油田漏油、云南曲靖铬渣非法倾倒、广西龙江镉污染等多起重金属污染事件。2011 年环保部《重金属污染综合防治"十二五"规划》列出内蒙古、江苏、浙江等 14 个"重点区域"，要求对重点区域五类重金属，即铅、汞、铬、镉和类金属砷等污染物排放实行总量控制，使得重金属污染控制技术的应用在环境领域持续发展，并取得一系列进展。

（1）沉淀法　沉淀法主要通过投加化学药剂，使重金属污染物形成沉淀，从而从废水中分离出来，以达到去除重金属的目的，包括中和沉淀、硫化物沉淀、铁氧体沉淀法，该类方法工艺简单、管理方便，应用较为成熟，但是需要大量化学药剂，可能存在二次污染，因此药剂的合适选取，尤其是絮凝剂是近年研究的重点，分为以下几类。

① 无机絮凝剂　主要为铁系和铝系物质，如聚合氧化铝[95]等，铁系和铝系絮凝剂目前应用广泛、工艺成熟，但用量大、可能对设备形成腐蚀的特点，限制了该类絮凝剂的应用。

② 合成有机高分子絮凝剂　如聚丙烯酰胺（PAM）、聚乙烯亚胺、磺化聚乙烯苯、聚乙烯醚等[96]，在我国，合成有机高分子絮凝剂占絮凝剂总量的 85% 左右，目前应用较多的主要是 PAM 及其衍生物，在中性或碱性条件阴离子型 PAM 用于去除重金属盐类及其水合氧化物，但是该类絮凝剂在聚合过程中其聚合单体丙烯酰胺具有毒性，所以单体残留是一个问题，目前科研工作者正努力开发新型的合成有机高分子絮凝剂，选用低毒或无毒的单体聚合而成。

③ 天然有机高分子絮凝剂　主要为淀粉衍生物和多糖改性絮凝剂，林梅莹等[97]通过乳液聚合法制备淀粉与甲基丙烯酸缩水甘油酯接枝共聚物后进行改性，得到具有螯合效果的氨基改性淀粉，研究氨基改性淀粉对模拟废水单一重金属离子的去除效果和实际电镀废水中的应用效果，结果表明氨基改性淀粉对单一重金属离子螯合沉淀效果明显，对实际废水中复合重金属离子去除率接近 100%，且具有良好的再生性及循环性，经济高效环保。

④ 复合絮凝剂　将两种或两种以上的絮凝剂经过改性或在特定条件下进行一系列化学反应后和诚信的絮凝剂即为复合絮凝剂，目前主要有无机高分子复合絮凝剂、有机复合絮凝剂和无机-有机复合絮凝剂[98]，其中目前的研究和应用重点是无机-有机复合絮凝剂，尹大伟等[99]用 PAC-CTS 复合絮凝剂处理初始浓度为 60mg/L 含 Pb^{2+} 和 Cu^{2+} 的合成废水，均显示出良好的去除效果，PAC-CTS 可发挥无机-有机絮凝剂的协同作用，使絮凝效果提高，投加量降低。复合絮凝剂在一定程度上改善了絮凝性能，但是其复合因素、复合

机理、有效成分的配比和筛选、制备工艺流程的设计和处理重金属废水的可行性等方面尚需进一步探索。

（2）吸附法　吸附剂由于分子中存在各种活性集团，通过与吸附的重金属形成离子键及（或）配位键，达到从水体中去除金属离子的目的。重金属污染物的吸附处理包括物理吸附、化学吸附及生物吸附，目前研究多关注于低成本高效率吸附剂的开发利用，如离子交换树脂[100]、新型聚合物-无机复合微凝胶[101]、改性沸石[102]、改性壳聚糖[103]、膨润土或高岭土、纳米零价铁粉及活性炭制备的陶粒[104]等物理化学材料以及长蒴黄麻脱粉末[105]、硅藻壳吸附剂[106]、巯基改性玉米秸秆粉[107]和微生物、藻类[108]等生物吸附剂。

姜立萍[101]以丰富的天然黏土和工业废弃物为交联剂，以含羧基的丙烯酸和（或）含酰胺基的丙烯酰胺为共聚功能单体，通过改性、交联，获得具有离子交换与螯合吸附双重功能的复合微凝胶微珠，用于处理 Pb^{2+} 和 Cu^{2+} 污染水体，结果表明该微凝胶微珠具有良好的选择吸附性，在一定条件下完全解吸，重复利用性极佳，同时具有成本低廉、化学稳定性好、机械强度高的特点，对工业化重金属吸附应用提供一定的参考价值。生物吸附方面，除部分植物改性材料外，实验室研究多集中于微生物吸附剂的培养和应用，主要包括细菌、霉菌、酵母菌、藻类和有机物等吸附剂，其来源广泛，可取自于实验室规模培养、发酵工业的废弃微生物，还可取自于自然的水体环境，或用活性污泥等作为生物吸附剂，这些微生物既有高度吸附专一性的特点，又有吸附广泛性的特点。但是，目前对生物吸附机理的研究尚不透彻，研究多处于实验室阶段。

相对而言，生物吸附剂成本低、无二次污染、选择吸附性能强，但是容易受季节、培养周期的贮存稳定性的影响，目前为止尚未真正实现工业化。

（3）膜分离法　膜分离技术操作简单、占地面积小，去除废水中重金属离子的同时还可实现富集回收、资源利用，因此在处理重金属废水方面有一定优势。一般而言，根据分离的粒子半径大小，膜分离可分为反渗透、超滤、纳滤、微滤。膜分离法作为一种重要的重金属污染控制技术，广泛应用于铜、镍等电镀废水的处理及金属回收[109]，同时还发展了双膜法电镀废水回收、薄膜工艺处理含锌废水[110]等技术处理电镀废水。另外，膜分离法与其他工艺相结合分离重金属也是一个发展方向，目前主要有胶束强化超滤、聚合物强化超滤[111]、超滤-反渗透联用[112]等工艺。张连凯等运用超滤（UF）-反渗透（RO）联用工艺处理印制电路板（PCB）废水，运行 3 个月后发现，对 PCB 酸洗产生的金属废水在调节至适宜 pH 后直接采用 UF-RO 膜分离工艺处理是可行的，对 Cu^{2+} 的去除率高达 98.9%，同时进行的膜污染实验表明 UF 膜污染较轻，而 RO 膜易受到污染，需采用有效措施控制膜污染，提高膜使用寿命。RO 技术在分离、浓缩金属离子、回收金属的同时回用水，实行节能减排方面体现了一定的优越性。然而，膜组件昂贵、膜污染、使用寿命有限造成膜通透性下降等问题依旧是制约膜分离法工业化应用的主要问题。

（4）生物化学及电化学组合工艺　生物法主要通过生物代谢活动处理废水中的重金属，一般包括生物吸附法和生物絮凝沉淀法。电化学法使用外加电压电解废水去除水中的重金属，机理包括电解凝聚、电解气浮及电解氧化还原作用，目前已成功应用于铜铁冶炼厂重金属废水[113]及电镀废水的处理[114]。但是通常实际污水中污染物组分复杂，除重金属外还含有其他污染物，单一工艺往往很难满足处理要求，故工艺的组合应用已得到越来越多的研究，如化学沉淀-絮凝-植物修复技术[115]、化学还原-重金属捕集-气浮过滤工艺[116]、电沉积-混凝沉淀工艺[117]、化学氧化-曝气生物滤池工艺[118]、中和-硫化-混凝工艺[119]、微波-化学法[120]、电解-絮凝耦合技术[121]等在处理含多种污染物的废水方面具有良好的应用效果，多种工艺联合应用将是未来的一个研究方向。

3. 脱盐理论与技术

脱盐就是从含盐类污水中除盐的过程，主要去除可溶性的阴阳离子，也即将离子与水分离的过程。传统的废水生物处理方法对盐类的去除效率较低，因此脱盐技术主要采用物理与化学处理方法，如蒸发法、多效蒸发、膜过滤方法（反渗透、电渗析等）、吸附方法（电容吸附法）以及微生物除盐方法。在过去几年中，反渗透（RO）、正渗透（FO）、电渗析和微生物除盐有较大的发展。

（1）反渗透技术　目前应用最广的复合膜大多是在多孔支撑膜表面采用界面聚合法制得的致密超薄分离层，因为这种膜的分离层和支撑层都易于控制，而且在高脱盐情况下，也能保持较高的透水率。相关研究主要包括膜材料的开发、膜工艺运行参数优化与膜污染再生利用。反渗透粒径为 $0.0001\mu m$ 水溶液中的不可溶解物、胶体物质、微生物、有机物和可溶解物都不能通过反渗透膜，现阶段反渗透膜的脱盐率可达到99%。膜受污染后采用化学清洗和水力清洗相结合的方法可使膜的透水量恢复97.5%[122]。微滤与反渗透结合双膜法脱盐率维持在85.1%以上，回收率控制在 $65\%\sim70\%$，先碱洗后酸洗有利于反渗透膜通量的恢复，膜通量可恢复到新膜渗透通量的95%[123]。

产水通量和脱盐率是反渗透法制脱盐水工艺的两个主要的指标，其影响因素包括原水水质和装置的运行参数。原水水质指标包括浓度、温度以及酸碱度等，运行参数包括给水的流量和压力、总的回收率等因素[124]。

反渗透技术应用于预除盐处理取得较好的效果，能够使离子交换树脂的负荷减轻90%以上，树脂的再生剂用量也可减少90%。

（2）正向渗透膜分离技术　正向渗透膜分离技术（FO）在海水淡化、污水处理、食品加工、医药等领域得到了应用，特别是"压力延缓渗透（PRO）海水发电"是一项具有前景的清洁再生能源开发技术。但是国内目前对正向渗透膜分离技术关注得很少，相关研究和论文也不多。人们已经开始利用正向渗透膜分离技术进行海水淡化、工业废水处理、垃圾渗透液处理等研究；食品工业在实验室利用正向渗透膜分离来浓缩饮料；紧急救援时的生命支持系统利用正向渗透膜分离技术制取淡水。近来随着材料科学的发展，正向渗透技术已经应用于人体的药物控制释放。

正渗透过程的主要优点是在低压力或无外加压力的情况下进行的，与外加压力驱动的膜过程相比，它有较小的膜污染。这是因为，正渗透过程所使用的膜组件很简单，并且可以很容易地解决膜的支撑问题，正渗透过程的唯一压力是来自膜组件中的流体阻力。此外，在食品和医药加工中，正渗透过程不需要料液高的压力和温度，这也就避免了破坏料液中的成分。在医疗应用中，正渗透能够缓慢准确地进行药物释放，这也就避免了由于药物的溶解性和渗透性的低下，造成的口服药物利用率低的问题。

正渗透膜过程中，所使用的膜组件，在实验室中主要是平板或管状膜。在大规模的应用中，模块设计成板式框架结构装入平板膜。在正渗透的研究或是应用开发时，都要考虑每种膜装置的优缺点。无论是平板型结构、卷式螺旋结构、管状结构和袋状结构，都要考虑连续操作和间歇操作的不同。在正渗透过程中，膜渗透侧的浓溶液是渗透过程推动力的根源。在选择汲取液时，主要标准就是它要比料液有更高的渗透压。此外，浓差极化现象会严重影响水通量。

（3）电渗析技术 与其他分离过程相比，电渗析是以电能为推动力的粒子迁移过程，其耗电量一般与水中的电解质含量成正比，因此，能耗很少；电渗析技术操作简便，易于实现自动化；电渗析不消耗其他药品，脱盐浓度范围适应性大，设备紧凑耐用，预处理简单，且水的利用率高。但是电渗析技术对离解度小的盐类和不离解的物质难以除去，在运行过程中易发生浓差极化而产生结垢，且与反渗透相比，脱盐率较低。

现阶段，对双极膜的研究和应用趋于成熟。在饮用水及纯水的制备、食品工业和化学工业及其他领域中有了广泛的应用[125]；同时为提高电渗析处理效率，组合工艺也有了一定发展，如扩散渗析-电渗析[126]、混凝-电渗析[127]等方法。

（4）微生物脱盐技术 现有的脱盐及海水淡化技术在应用过程中均需要较高的能耗，而且在脱盐过程中还会有一定量的浓水产生，存在二次污染的风险。近年来，微生物脱盐技术取得了一定的进展，在微生物脱盐概念的基础上，发展了堆叠式微生物脱盐反应器[128]，以及将微生物脱盐过程与产氢结合，在辅助电压的作用下实现脱盐过程并回收氢气能源[129]。脱盐产生浓盐水的处理处置一直是较难解决的问题，通过将产电微生物与传统电渗析过程耦合，可使得在电场力的作用下阴阳离子分别向酸室和碱室（阴极室）移动，阴离子在到达酸室后与 H^+ 结合形成酸溶液；阳离子在碱室内与 O_2 在阴极催化剂的作用下得电子形成的 OH^- 结合产生碱溶液，形成微生物脱盐产酸产碱过程[130]。对于海水淡化，可通过微生物脱盐产酸产碱技术实现阶梯回收海水中的各种阴阳离子，电子转化效率在 90% 以上，远高于传统的电渗析过程，将 NaCl 转化为 NaOH 和 HCl 分别回收，这样有望实现海水的全面资源化，而回收后的酸碱等物质可抵消大部分脱盐的费用，使得脱盐过程在较低的成本下运行。微生物脱盐技术为未来海水淡化工艺提供了新的思路。

4. 新兴污染物风险评价及去除技术

新兴污染物包括持久性有机污染物（POPs）、环境内分泌干扰物（EDCs）、药品和个人护理品（PPCPs）等[131]，大多数新兴污染物未受法规规范。持久性、生物累积性、长距离传输和生物毒性是 POPs 的主要环境特点，研究表明[132~134]，虽然 POPs 不溶于水，但极易被脂肪组织吸收而放大到原始值的 7 万倍；EDCs 一般都难溶于水，不易生物降解，容易在动物脂肪中累积，可以通过食物链在动物体内不断放大，又因为其疏水性，分子量比较大，容易被土壤、大气和水中的颗粒物吸附，具有挥发性的 EDCs 还可以在大气中不断迁移，造成远程污染[135~138]；大多数 PPCPs 是水溶性的，有的 PPCPs 还带有酸性或者碱性的官能团[139]，虽然 PPCPs 的半衰期不是很长，但是由于个人和畜牧业大量而频繁地使用，导致 PPCPs 形成假性持续性现象[140]。

（1）新兴污染物风险评价

① POPs 环境风险评价 在国家 973 项目子课题"POPs 生态风险评价模式和预警方法体系"的支持下，研究人员首次提出并建立了 3 个等级的区域生态风险评价综合模式，通过各子模型的耦合集成建立一套基于多介质环境模型和食物网累积模型的多营养级生物组成的生态系统的概率风险评价模式[141]。在模式中，建立了基于食物网模型的生态系统中多各营养级生物体内暴露估算方法，并发展了基于食物网模型的生态风险评价方法，揭示各营养层生物富集和生物放大对生态风险的贡献[142]；并且以淮河、海河、渤海湾等重点水体环境为例，进行了应用评价[143,144]。

② EDCs 环境风险评价 EDCs 生态风险评价可采用化学污染物引起生态损害的概率进行评价，它是环境中化学污染物的预测环境浓度（predicted entwinement concentration,

PEC）与通过实验室研究获得的预测无效应浓度（predicted non-eliect concentration，PNEC）的比值，如其比值远小于 1，则可认为生态风险较小；如比值≥1，则可认为是不可接受的生态风险。目前，由于种属之间的差异、实际接触环境、剂量水平等不确定因素的存在，以及 EDCs 作用机制的复杂、种类的繁多[145]。很多研究结果只能揭示 EDCs 对人类生殖系统的不良影响甚至肿瘤的发生可能会有影响。

③ PPCPs 环境风险评价　　PPCPs 环境风险评价多采用雌二醇当量、风险商等方法。如 Zhao 等[146,147]运用简单的风险商法对我国珠江河流中 PPCPs 进行了风险评价，Wang 等[148]运用风险商法对我国黄河、海河和辽河中 PPCPs 进行了风险评价。

生态风险评价结果依赖预测无效应浓度（PNEC）的计算方法、采用的物种毒性数据测试所包括的物种类别以及是否包括敏感物种和本土相关物种毒性数据等因素[148]。因此，在开展 PPCPs 毒理学实验研究的同时，综合运用多种模型手段，如定量结构活性相关（QSAR）、种间相关估算（ICE）等毒性外推方法获得更多代表性物种毒性数据，建立稳健的物种敏感性分布模型，获取可靠的 PNEC[149]。

（2）新兴污染物去除技术

① 生物处理技术　　生物法包括好氧生物处理、厌氧生物处理以及厌氧＋好氧组合处理工艺。常用于废水处理的好氧生物处理法包括：普通活性污泥法、生物接触氧化法、生物流化床法、氧化沟法、深井曝气法以及 SBR 等。好氧生物处理具有消耗氧气、污泥产量高的特点，因此，好氧生物处理法具有有机物的去除率较高、出水质量较好的特点。有人研究[150]开发了一种新型环流式好氧生化池处理抗生素废水，结果发现：此工艺可承受的进水浓度高，有机物去除效果好。

常用于废水处理的厌氧生物处理法包括：上流式厌氧污泥床（UASB）、厌氧复合床（UBF）、厌氧折流板反应器（ABR）、厌氧滤池（AF）、厌氧膨胀颗粒污泥床反应器（EGSB）和内循环式反应器（IC）等。厌氧生物处理法具有以下优点：有机物负荷高；污泥产率低、易于脱水；营养物质需要量少，不需曝气；可以产生沼气，回收能源；对水温的适宜范围广；活性厌氧污泥保存时间长等。但是厌氧生物处理的出水质量较差，通常需要后续处理以使废水达标排放[151]。

厌氧＋好氧处理方法及其与其他方法的组合处理工艺在改善废水的可生化性、耐冲击性、降低投资成本、改善处理效果等方面明显优于单独处理，使其成为抗生素废水的主要处理方法。姜友蕾等研究[152]采用 UASB-絮凝-SBR 组合工艺处理高含量头孢类抗生素废水，结果表明处理出水可以达到 GB 21903—2008 中的抗生素类废水排放要求。

② 高级氧化和吸附降解技术　　高级氧化技术是利用具有极强活性的自由基（如·OH）与废水中新型污染物发生氧化反应，并使新型污染物降解为小分子有机物或者直接降解为 H_2O 和 CO_2 的新型氧化技术。根据氧化剂和催化剂的不同，高级氧化技术可以分为：Fenton 法和类 Fenton 法、光化学氧化法和光催化氧化法、臭氧氧化法、湿式氧化法和湿式催化氧化法、电化学氧化法、超临界水氧化法及超临界水催化氧化法等。

Fenton 法是通过以铁盐作为催化剂，与 H_2O_2 快速反应生成羟基自由基（HO·）的工艺过程，它可以无选择地与有机污染物发生反应对其降解[153]。类 Fenton 法是将紫外光（UV）、氧气等引入 Fenton 法中，可增强 Fenton 试剂的氧化能力，同时节约 H_2O_2 的用量，其反应机理与 Fenton 法极相似，故称为类 Fenton 法[154]。铁碳微电解-Fenton 氧化预处理头孢菌素废水 COD 去除率达 65％左右，提高了废水的可生化性[155]。

臭氧氧化法是利用臭氧的强氧化性与有机物进行氧化反应来达到去除有机物的目标，具有氧化能力强、反应时间短、设备简单、无二次污染等优点，在医药、化工、造纸等领域均有广泛的应用前景。李韵捷等[156]研究采用臭氧氧化法处理苯胺黑药模拟废水，COD去除率达60%左右。

吸附法是指利用多孔性固体吸附废水中某种或几种污染物，以回收或去除污染物，从而使废水得到净化的方法。吸附法具有材料便宜易得、成本低、去除效果好等特点。活性炭吸附处理PPCPs主要基于将液相中的PPCPs摄取到固相活性炭中。在水处理过程中活性炭对PPCPs有很好的去除效果，尤其能改善饮用水的口感和味道。

③ 多重屏障控制组合工艺 活性炭-超滤复合工艺利用活性炭对有机物的吸附作用、活性炭表面微生物对有机物的降解作用，以及超滤对颗粒物和微生物的截留作用，有效保证了饮用水的化学和生物安全性[157]。且活性炭工艺还可以在一定程度上改变水中有机物的成分组成，而缓解或降低超滤膜的污染倾向。因此，该复合工艺在解决中国南方地区的现有水质问题方面，具有一定的技术优势。

任何一种水处理技术单独应用都不可避免地存在局限性，无法达到全面提高对水中不同污染物数量或种类上的有效去除[158]，所以在实际应用中采用不同的饮用水深度处理单元联用工艺，达到"多级屏障"的目的。刘宇[159]通过中试试验研究，对高级氧化、生物活性炭和膜滤组合工艺进行优化，发现高级氧化、生物活性炭和膜滤的优化组合显著提高了对有机物的去除效能。高级氧化和生物活性炭组合工艺在去除有机物效能上优于生物活性炭和膜滤的组合工艺。三级屏障联合作用时对于水中本底存在的TrOCs去除优势明显，可以明显降低常规工艺出水中不同类别污染物的数量和浓度水平，提供优质、稳定的饮用水。

5. 再生水安全高效利用理论与技术

再生水作为一种新兴的水源，帮助人们解决水资源短缺的问题。但关键的技术问题是如何保障再生水的水质安全。近年间，国内外研究者在再生水安全保障与风险控制理论、安全性评价方法、风险控制技术、再生水管网水治理劣化控制技术和再生水系统构建技术和规划方法方面，开展了一系列研究，为再生水的安全高效利用提供支撑。

（1）再生水安全保障与风险控制理论 污水再生利用的途径主要有地下水回灌；农业、林业、牧业用水；工业用水，包括冷却、洗涤、锅炉用水等；城市非饮用水，包括冲厕、城市绿化、街道清扫、消防、车辆冲洗、建筑施工等；景观环境用水等。根据不同的用途，对再生水的水质标准有不同的要求，面临的水质风险也有差别。2012年以前，已有学者提出了较为完整的再生水安全保障与风险控制体系[160]，该体系梳理和识别了再生水从原水控制、生产、输送和利用几个阶段中需要构建的几个体系。2013年以后，又有学者从原水控制、生产、输送、利用和管理几个阶段考虑，筛选并构建再生水安全保障风险评价指标体系，结合加权评价指标与层次分析法（AHP），建立两步模糊综合评价模型，并将该模型应用于深圳莲塘的再生水利用项目，取得了较好的效果[161]。李岩等[162]以健康风险、经济风险和生态环境风险三个因素为准则层，选取12个相关评价指标作为评价再生水资源利用风险的指标确定评价标准，并以重庆市、四川省、贵州省和云南省为例，采用投影寻踪法对其再生水利用风险进行评价。

还有很多学者特别针对单一用途的再生水，开展风险评价和控制理论的研究，包括再生水回灌地下水环境的安全风险评价[163]、再生水补给河流水质风险评价体系[164]、再生水灌溉的水质安全风险评价[165]等。

（2）再生水安全性评价方法 很多研究表明，遵循现有水质标准的传统的污水处理厂并不能完全去除微量的有毒化学污染物，尤其是新兴污染物，包括个人护理品、制药化学品、激素及其他工业化学品等[166,167]，Robert Loos等[168]对欧盟90家污水处理厂出水展开调查，从156种目标污染物中检测出了125种污染物质，尽管这些污染物质的含量都很低，但是很多污染物质都具有毒性，尤其是经过复杂的混合作用以后。而这多种多样的有毒化学污染物将残留在再生水中。另外，在污水处理厂，虽然可以去除一些毒害污染物，但同时还会产生新的有毒化学污染物进入再生水[169]。目前已有的再生水遗传毒性、内分泌干扰性、大型潘慢性毒性、毒理基因组测试方法以及抗生素抗性菌、抗性基因、内毒素活性等测定方法，大多数适用于已明确化学品种类、性质的情况下，却不适用于样品含有未知化学品，且多种化学品可能具有协同或拮抗作用的情况。为了方便、快捷地评价再生水的安全，建立了基于三种生物测试组合的测定评价方法，可测量样品中毒害物质的杀伤力、遗传毒性和内分泌干扰作用，三种生物测试方法为发光细菌发光的抑制测试、SOS/UMU测试和人类雌激素受体重组酵母测定，根据测试结果，综合评价再生水的安全等级[170]。

（3）再生水生物风险控制技术 再生水中存在的微量有毒物质以及病原微生物对生态环境，尤其是水生生物会产生毒害风险[171~173]。在污水再生利用过程中，部分病原菌在污水处理和消毒剂作用下，可以进入具有活性但是不能够被培养的状态（viable but non-culturable，VBNC）。由于目前的病原微生物的浓度测定方法主要基于培养法，培养法却对VBNC无效，学者们对VBNC的检测和风险评价方法进行了研究。林怡雯等[174]建立了基于逆转录活性的活性菌检测方法，对北京市的两个再生水系统中的活性病原菌进行监测，发现再生水厂出水中含有大量的VBNC病原菌。超滤膜对不同细菌的可培养菌和活性菌均有较好的去除效果，而消毒工艺对细菌的去除效果具有选择性，且会导致大部分细菌进入VBNC状态。该研究还对再生水用于市政杂用的微生物健康风险进行评估，分析了VBNC病原菌的潜在健康风险。提出采用膜工艺去除病原菌、控制再生水贮存时间和管网的余氯浓度，监控TOC、典型病原菌等再生水病原微生物的控制策略。

再生水消毒工艺可导致再生水毒性升高，从而带来水生物风险，不同的消毒方式面临的生态和健康风险研究也是需要研究的重点[173]。余芬芳等[172]发现城市污水处理厂出水经氯胺、二氧化氯、次氯酸钠、臭氧和紫外等几种消毒处理后均使斑马鱼胚胎出现了卵黄囊异常、色素沉积减少、孵出延缓和卷尾等毒理反应；不同消毒方式的再生水暴露引起斑马鱼胚胎最终死亡率增加的趋势是：二氧化氯＜紫外＜紫外＋次氯酸钠＝二沉池出水（不消毒）＜氯胺＝紫外＋氯胺＜臭氧＜次氯酸钠；不同消毒方式产生的消毒副产物对斑马鱼胚胎的毒性影响及生态风险顺序依次是：次氯酸钠＞氯胺＞紫外＋氯胺＞紫外＋次氯酸钠＞紫外＞二氧化氯；化学消毒剂与紫外线结合消毒可降低再生水消毒的生态风险。

（4）再生水管网水质劣化控制技术 再生水在管网输送过程中的水质劣化现象使人们特别关注了管网末端再生水的水质。美国国家环保局也发布了文件，强调了管网输送水质恶化引起的潜在健康风险，对再生水水质安全产生重要影响。再生水在管网输送过程中微生物复活是水质劣化的一个重要因素。影响微生物复活的因素有很多，包括余氯、温度、碳浓度（包括总有机碳、溶解性有机碳、可吸收有机碳等）。再生水管网生物膜是输送管网中普遍存在的微生物形态，生物膜可为病原菌提供栖息场所和营养物质，为VBNC病原菌复活提供良好的物理和营养环境[171]。不同管网中生物膜的群落结构显著不同，生物膜中的空隙和通道可以用来输送营养物质。生物膜会随着管网内切应力的增大而脱落，影响着管网内生物群落结构。管网内较大菌胶团的菌落具有复杂的群落结构，这将影响管网内输送的再生水水质，形成二次污染。再生水输送管材可释放出某些微生物生长所需的营养，如可被微生物利用的铁离子和磷酸盐等。某些管材还能释放出对微生物生长不利的物质，如铜离子，能缓解生物膜和病原菌的生长。铁管中的微生物量和微生物种类往往超过PVC 管，铜管中嗜肺军团菌比不锈钢管和 PEX 管中少。

使用铸铁管道输送再生水，管网的内部腐蚀面可以积聚形成丘状，称为"结节"。这些结节阻碍了水流量，为微生物提供生长空间，并汇集有毒金属[174]。当受到扰动时，结节可能使水变色并释放有毒金属。根据普遍认同的模型，腐蚀结节包含一个四层结构：表面层、硬壳层、多孔芯层和腐蚀表面。学者们研究了铸铁管用于输送再生水时形成结节的形态和物理化学特点、结节内部的细菌群落，以及具有一定功能的细菌群落在结节形成过程中可能起的作用[174~178]。通过对铸铁管结节形成机制的研究，为再生水管网维护和防止水质劣化提供依据。

（5）再生水利用过程的风险控制技术　再生水回用可能引起的安全问题主要有：人体健康和生态安全的影响，对地表水、地下水的污染，对水生生物的毒害和导致水体富营养化，对土壤的污染和土壤结构、微生物群落结构的影响。若再生水回用于锅炉补给水和工业冷却水时，还可能出现设备的腐蚀、结垢以及管道中生物生长等问题。再生水利用途径优化与暴露控制技术也是再生水安全利用重点关注的。再生水作为农业灌溉用水，对土壤健康条件、农作物质量、地下水水质均可能产生风险。宝哲等[179]对再生水灌溉的适应性进行了综合评价，根据再生水处理工艺，提出再生水适宜灌溉的作物分类，以及合适的灌溉方式与灌溉时机。Weiping Chen[180]基于对北京 7 个再生水灌溉的公园的土壤情况评估，认为再生水灌溉改善了土壤的养分状况，增加了有机质、总氮和速效磷的含量，且没有土壤盐渍化，基本没有重金属积累，有轻微的土壤碱化。Chen-Chen Wang 等[181]研究了再生水用于景观灌溉，三卤甲烷对灌溉工人及公众产生的健康风险，提出风险控制措施。叶文等[182]构建了农田生态健康评价指标体系，提出化学指标的监控对防控再生水灌溉可能带来的生态污染风险比物理指标和生物指标更为重要。

（6）再生水系统构建技术与规划方法　在水污染和水资源短缺的压力下，我国很多城市开始规划再生水系统，从水量保障、污水水源分离、收集、输送、处理模式、再生水贮存、输配、利用等方面展开规划设计研究。通过深圳市再生水利用规划、昆明空港经济区再生水工程规划以及西安高新区再生水利用工程规划的实践，在再生水项目建设模式、再生水供水对象的确定、再生水水质标准的确定、再生水供水模式的选择，再生水与雨水联合供水方案，再生水利用区域划分，管网布置形式，规划实施的管理要求等方面进行了研究[180~185]。

6. 畜禽养殖废水处理技术

（1）畜禽养殖废水污染源头控制技术　近年来，我国畜禽业发展迅猛，大批规模化畜禽养殖场相继建成。在满足城乡居民对肉食品需要的同时，也造成粪尿过度集中，冲洗水大量增加，且畜禽废水水量波动大，含渣量、有机物和氮磷浓度高。据原国家环境保护总局对全国 23 个省（区）、市规模化畜禽养殖业污染状况调查表明，畜禽粪便产生量为工业固体废弃物产生量的 2.4 倍，畜禽粪便化学需氧量（COD）远远超过我国工业废水和生活污水 COD 排放量之和。畜禽养殖污染已成为继工业污染、生活污染之后的第三大污染源，成为我国农业面源污染的主要原因之一。

① 粪尿中有机物的含量减控技术　动物摄入饲料时，各种营养成分并不能完全被吸收，吸收不了的物质将随粪便排出体外。因此，应采取科学的饲料配方，改变饲料的成分，减少饲料中有机物的含量，在满足畜禽生产效率和产量的同时，最大限度地降低畜禽粪便中氮、磷的排放，减少畜禽粪便对生态环境的污染。例如，在饲料中加入酶制剂如植物酸酶、微生物制剂，就可以有效提高磷的消化率，降低动物粪便中磷的含量，产生的氮、磷比更适合作物和植物的需要[186]。

② 清洁的干清粪技术　目前，我国规模化养殖场采用的清粪工艺主要有水冲粪、水泡粪和干清粪工艺。水冲粪工艺可保持猪舍内环境清洁，有利于动物健康；劳动强度小，劳动效率高，在劳动力缺乏且较昂贵的欧美国家多采用该工艺，其缺点是耗水量大，污水中污染物浓度高。水泡粪工艺虽较水冲粪工艺节省用水，但由于粪便长时间停留，厌氧发酵下产生大量的有害气体，危及动物和人体健康，粪水混合物的污染物浓度更高，后续处理也更加困难。干清粪工艺产生的污水量少，且其中的污染物含量低，易于净化处理，是目前应用比较理想的清粪工艺[187]。

③ 微生物发酵床养殖技术　生物发酵床技术是最早起源于日本、韩国，随后在中国大面积推广的畜禽养殖模式，也被叫做原位生物发酵床技术（deep-litter-system，insitu decomposition of mature，或 the microbial fermentation bed），如图 2 所示。其优点在于：畜禽在发酵床中运动，增加其运动量，提高了其生长性能；畜禽口服益生菌，优化肠道微生物的菌群结构，提高了畜禽免疫力及饲料利用率；避免每天对饲养场地进行清理，减少废水产生，降低臭气浓度，不会对环境造成影响；使用后的垫料中含有丰富的营养物质，有机质含量较高，可用于生产有机肥，进而实现废弃物的资源化利用。

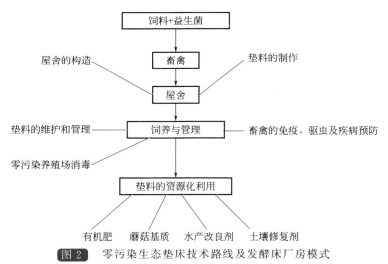

图 2　零污染生态垫床技术路线及发酵床厂房模式

国内外对于原位发酵床技术应用在养猪模式中的研究较多并且比较成熟，研究者分别对原位发酵床养殖猪只的生长性能与传统养猪模式的猪只进行比较研究，发现在幼猪被饲养到第 22 周时，发酵床中的猪只利用更多的时间站立、运动以及在垫料中翻拱；在饲养第 9 周时发酵床中的猪只的唾液皮质醇浓度较高，但是在第 17、第 22 周则与传统模式饲养猪只的唾液皮质醇浓度相同，说明幼猪在饲养初期对发酵床环境产生了一定的应激反应，到第 17 周就已适应[188]。另一研究则通过实验验证了原位发酵床养猪可以减少猪只取食距离，进而提高猪只的取食量、取食次数以及体重[189]。因此，发酵床提供了更适于猪只运动、生长的环境，同时更方便猪只的喂养和管理。另有研究发现，分别利用水泥地面和原位发酵床技术饲养相同的猪只，来源于猪只的 NH_3 释放量分别达到 8.82g/d 和 2.16g/d，饲养第二个周期与第一个周期的 NH_3 释放量相比分别提高了 4.9 倍和 1.1 倍。在整个实验过程中的平均臭气浓度分别为 105.4OU 和 67.5OU。因此，原位发酵床对于降低养殖过程中氨气和臭气的浓度具有一定的作用[190]。随后，该技术逐渐应用于鸡、鸭、牛等其他畜禽养殖中，其研究方面也基本集中在原位发酵床技术养殖较传统养殖模式在饲养管理、畜禽生长性能、废弃物资源化利用、环保等方面的优势以及对发酵床垫料配置、床体设计方面的优化[191,192]。同时，一些研究均表明，生物发酵床使用后的垫料含有丰富的氮、磷、钾和有机质等养分，为有机肥的制作提供了可能。通过测定我国山东、吉林的 5 个养猪场发酵床垫料成分，研究人员发现垫料中富含氮、磷、钾、有机质等营养元素，但是盐分含量偏高、肠道寄生虫卵严重超标，具有安全隐患，所以施用前还需要对其做无害化处[193]。

（2）畜禽养殖废水末端处理技术

① 还田处理技术 畜禽粪便污水还田作肥料为传统而经济有效的处置方法，可使畜禽粪尿不排往外界环境，达到污染物零排放，既可有效处置污染物，又能将其中有用的营养成分循环于土壤-植物生态系统中，家庭分散户养畜禽粪便污水处理均采用该法。该模式适用于远离城市、土地宽广且有足够农田消纳粪便污水的经济落后地区，特别是种植常年需施肥作物的地区，要求养殖场规模较小。还田模式主要优点：一是污染物零排放，最大限度地实现资源化，可减少化肥施用量，提高土壤肥力；二是投资省、不耗能、无须专人管理、运转费用低等。其存在的主要问题：一是需要大量土地利用粪便污水，每万头猪场至少需 $7hm^2$ 土地消纳粪便污水，故其受条件所限而适应性弱[194]；二是雨季及非用肥季节必须考虑粪便污水或沼液的出路；三是存在着传播畜禽疾病和人畜共患病的危险；四是不合理的施用方式或连续过量施用会导致硝酸盐、磷及重金属沉积，成为地表水和地下水污染源之一；五是恶臭以及降解过程所产生的氨、硫化氢等有害气体释放对大气环境构成污染威胁。我国上海地区在治理畜禽养殖污染过程中，经过近 10 年的达标治理实践，又回到还田利用的综合处理模式中。我国一般采用厌氧消化后再还田利用，可避免有机物浓度过高而引起的作物烂根和烧苗，同时经过厌氧发酵可回收能源 CH_4，减少温室气体排放，且能杀灭部分寄生虫卵和病原微生物。

② 自然处理技术 自然处理模式主要采用氧化塘、土地处理系统或人工湿地等自然处理系统对养殖场粪便污水进行处理，适用于距城市较远、气温较高且土地宽广有滩涂、荒地、林地或低洼地可作污水自然处理系统、经济欠发达的地区，要求养殖场规模中等。自然处理模式主要优点：一是投资较省，能耗少，运行管理费用低；二是污泥量少，不需要复杂的污泥处理系统；三是地下式厌氧处理系统厌氧部分建于地下，基本无臭味；四是便于管理，对周围环境影响小且无噪声；五是可回收能源 CH_4。其主要缺点：一是土地占用量较大；二是处理效果易受季节温度变化的影响；三是建于地下的厌氧系统出泥困难，且维修不便；四是有污染地下水的可能[195]。该模式在美国、澳大利亚和东南亚一些国家应用较多，且国外一般未经厌氧处理而直接进入氧化塘处理畜禽粪便污水，往往采用多级厌氧塘、兼性塘、好氧塘与水生植物塘，污水停留时间长（水力停留时间长达 600 天），

占地面积大，多数情况下氧化塘只作为人工湿地的预处理单元。欧洲及美国较多采用人工湿地处理畜禽养殖废水，美国自然资源保护服务组织（NRCS）编制了养殖废水处理指南，建议人工湿地生化需氧量（BOD_5）负荷为73kg/（hm^2·d），水力停留时间至少12天。墨西哥湾项目（GMP）调查收集了68处共135个中试和生产规模的湿地处理系统约1300个运行数据，并建立了养殖废水湿地处理数据库，发现污染物平均去除效率生化需氧量（BOD5）为65%，总悬浮物53%，氨氮48%，总氮42%，总磷42%[196]。人工湿地存在的主要问题是堵塞，而引起堵塞的主要原因是悬浮物，微生物生长的影响却很小。避免堵塞的方法主要有加强预处理、交替进水和湿地床轮替休息，近年还发展了"潮汐流"以及反粒级（上大下小）等避免堵塞[197]。我国南方地区如江西、福建和广东等省也多应用自然处理模式，但大多采用厌氧预处理后再进入氧化塘进行处理，厌氧处理系统分地上式和地下式，氧化塘为多级塘串联；根据调查养殖废水要经过相当于养殖场面积大小的多级塘处理后，才能勉强达到GB18596—2001的排放标准。我国在人工湿地处理养殖废水方面进行的一些实验研究和工程应用，主要着眼于植物筛选和处理效果的考察，而在氧化塘以及人工湿地处理养殖废水设计中，一般参照氧化塘或人工湿地处理其他污水的资料作为设计依据或者随意设计，但针对畜禽养殖废水，其氧化塘、人工湿地究竟需要多大面积，出水才能达到标准，季节温度变化对自然处理系统效果的影响等方面尚缺乏深入研究和规范可依[198]。

③ 好氧生物处理技术　好氧处理的基本原理是利用微生物在好氧条件下分解有机物，同时合成自身细胞（活性污泥）。在好氧处理中，可生物降解的有机物最终可被完全氧化为简单的无机物、H_2O、CO_2、NO、SO_4^{2-}等。对于养殖场废水的好氧处理，早期主要采用活性污泥法、接触氧化法、生物转盘、氧化沟、膜生物法（MBR）等工艺，这些工艺对猪场废水的脱氮效能较差。采用间歇曝气的运行方式处理猪场废水，如间歇式排水延时曝气（IDEA）、循环式活性污泥系统（CASS）、间歇式循环延时曝气活性污泥法（ICEAS）等工艺，有机物以及氮、磷去除效果较好。具有间歇曝气特点的序批式反应器SBR工艺在处理养殖场废水中得到广泛应用。它把污水处理构筑物从空间系列转化为时间系列，在同一构筑物内进行进水、反应、沉淀、排水、闲置等周期。但单独使用SBR工艺的极少，多是采用SBR与其他方式结合处理。SBR具有流程简单、运行灵活、自动化程度高、污泥浓度高、反应期存在浓度梯度、能加快反应速度、抑制污泥丝状膨胀等优点。何连生等[199]利用SBR法去除集约化猪场废水高浓度的氨、氮和磷，废水初始氨、氮浓度为1682mg/L和PO_4^{3-}-185mg/L时，氨、氮的去除率达到了94.3%，P的去除率达到96.5%。在8h周期中，NH_3-N浓度对于总氮的去除是限制因子，限制浓度为500mg/L，在不低于18℃时，温度可以不作为SBR法处理的限制因素加以考虑。

④ 厌氧生物处理技术　厌氧发酵技术主要是利用厌氧微生物以粪料中的糖和氨基酸为养料生长繁殖的特性，进行沼气发酵。粪料含水量较低的以乳酸发酵为主，粪料含水量高的则以沼气发酵为主。其优点是无需通气和翻堆，耗能少，费用低。厌氧生物处理可大量除去可溶性有机物，去除率可达70%～85%，而且可杀死传染性病菌，有利于防疫。利用厌氧发酵技术，能够减少臭味和降解有机污染物，同时回收储存在有机物中的能量作为能源。主要工艺有完全混合式厌氧反应器（CSTR）、厌氧接触法（ACP）、厌氧滤池（AF）、厌氧序批式反应器（ASBR）、厌氧复合反应器（UBF）、斜流式隧道厌氧污泥滤床（LATS）、上流式厌氧污泥床（UASB）、内循环厌氧反应器（IC）、厌氧折流板反应器

（ABR）、推流式厌氧滤器（PAFR）、混合-推流厌氧消化器等。谢勇丽等[200]利用 UASB 反应器处理畜禽场废水，COD 的去除率达到 85％以上，同时，对 TN 和 TP 也有一定的去除作用，且反应器工作较稳定，具有较强的抗冲击负荷能力[200]。

7. 水产养殖污染控制技术

水产养殖是人为控制下繁殖、培育和收获水生动植物的生产活动。随着世界人口的增长和科学技术的发展，渔业资源从一度被称为"不可枯竭"的资源变为日益稀缺的资源。中国的水产品产量居世界首位，是世界上唯一的水产养殖产量超过捕捞产量的国家，养殖产量自 20 世纪 80 年代中后期进入快速增长期，并且一直带动世界水产养殖的增长，在 20 世纪 90 年代初期我国水产养殖总量超过世界其他国家的总和。而由于目前水产养殖过程中存在残饵和某些化学药物累积、水产养殖业总体规划无序、放养密度不合理、排泄物超过环境承受力、养殖废水未经净化任意排放等问题，导致自身水体及邻近水体的污染相当大。目前，防治水产养殖对环境影响的对策主要包括：选育高品质苗种；减少药物使用量；提高水产品抗药能力；优化饲料营养组成及投喂方式；合理规划，优化养殖模式；实施健康养殖工程；利用生物和理化调节技术改善养殖水质。水产养殖废水净化技术主要包括物理净化技术、化学净化技术、生物修复技术。

（1）物理净化技术　物理处理技术是目前研究较多、应用较广的工厂化水产养殖废水处理技术。常规物理处理技术主要包括过滤、中和、吸附、沉淀、曝气等处理方法，是废水处理工艺的重要组成部分，主要去除海水养殖废水中的悬浮物（TSS）和部分化学耗氧量（COD）、BOD，但对可溶性有机物、无机物及总氮、总磷等的去除效果不佳。处理后出水的污染物粒径一般小于 $50\mu m$。对于工厂化养殖废水的外排和循环利用处理、机械过滤和泡沫分离技术处理效果较好[201]。

（2）化学净化技术　在水产养殖废水处理中，目前应用的化学方法主要有紫外照射消毒技术、电化学技术、臭氧氧化技术、化学絮凝技术等。紫外照射消毒技术，紫外消毒（UV）广泛用于水产养殖系统中，可破坏残留的臭氧和杀死病菌，且具有低成本和不产生任何毒性残留的优点。在水产养殖废水处理中，电化学技术研究并不多见，Lin 等研究了电极材料、电流密度、电导率等因素对氨氮去除效果的影响，结果表明电化学技术能够有效去除水体中的氨氮。关于臭氧氧化处理技术，由于臭氧所具有的极强的氧化能力，被应用于水产养殖系统的消毒和改善水质中，刘永等利用催化反应设备和臭氧发生器对一个封闭循环式冷水鱼养殖系统中废水处理进行研究，结果表明，在 Bf 的催化作用下臭氧可有效氧化降解该水体中的氨氮，降解效率可达 50.11％，比臭氧直接氧化法高 24.31％。关于化学絮凝技术，主要原理是向水体中投加化学药物，使水中污染物被氧化成无害物质被去除，或与之发生反应并产生沉淀，然后通过吸附、浮选去除，达到净化水体的目的。

（3）生物修复技术　生物修复技术是近些年净化水产养殖废水技术的研究重点，主要包括以下几点。

① 活性污泥法　活性污泥法处理系统是污水生物处理技术的主要技术之一，在传统的活性污泥法上发展成氧化沟、间歇式活性污泥法和 AB 法处理工艺等。

② 生物膜法　生物膜法主要有生物滤池、生物转盘、生物接触氧化设备和生物流化床等。这些技术因为其微生物的多样化，在水产养殖废水的封闭循环使用中得到广泛利用。黄晓婷[202]等研究了在滤速 14m/h、进水 COD_{Mn} 16.06～25.76mg/L、氨氮为 0.204～0.984mg/L 时的活性炭的吸附效果，结果表明，对氨氮几乎没有去除作用，但对

CODMn的去除率高达52.3%，而在滤速14m/h、水温23.3～30.3℃、pH为7.35～8.06、DO为6.0～8.1mg/L、氨氮0.204～0.984nig/L、亚硝酸盐氮0.090～1.003mg/L、CODMn13.44～26.80mg/L的条件下，生物活性炭对氨氮、亚硝酸盐氮和CODMn的平均去除率分别达到85.5%、90.1%和43.8%，经生物活性炭处理后，出水氨氮和亚硝酸盐氮浓度均达到了花鳗养殖对水质的要求，达标率分别为100%和97.6%，可以循环回用。

③ 自然生物处理法 用自然生物处理水产养殖水体主要有湿地、稳定塘和土地处理系统等，其优点是处理含氮和磷的水体，能达到较好处理效果。

④ 微生物制剂法 微生物制剂又称益生菌、利生菌、益生素，它是根据微生物生存繁殖的原理，对动物体及其生活环境中正常的有益微生物菌种或菌株经过鉴别、选种、大量培养、干燥等一系列加工手段制成后，重新介入其体内或环境中形成优势菌群以发挥作用的活菌制剂。姚秀清[203]等以自行富集培养的硝化细菌为研究对象，分别考察了其对模拟养殖水体和人工湖水中氨氮、亚硝酸氮的降解效果，结果表明投加硝化细菌20ml后，亚硝酸氮浓度降至0.0408mg/L，降解率为97.2%。硝化细菌投加量对亚硝酸氮的降解有一定的影响，当投菌量为0.0067g干菌/L时，模拟养殖水体和人工湖水中积累的亚硝酸氮的浓度略有上升，但升幅较小，最终都能维持在0.1mg/L以下，属于安全浓度。

⑤ 藻类净化法 在光照条件下，藻类开始生长，为了自身生长的需要，藻类消耗水中的氮和磷，同时以CO_2作为碳源。和异养菌相比，藻类并不依赖于有机碳源。藻类的另一个优点是产生氧气，出水溶解氧浓度很高，使水体质量大大提高，所以部分藻类具有净化废水的效果。徐运清等[204]研究高效藻类塘中藻类、曝气和底泥对小城镇养殖废水净化效能的影响，结果表明高效藻类塘对还原性物质、N和P的去除率分别达到88.3%、69.2%和59.7%，而普通塘对其去除率分别仅有48.0%、43.4%和22.8%。

⑥ 菌藻净化技术 固定化藻菌（Algae-bacteria Immobilized，ABI）是指将特定藻类与微生物细菌按一定比例混匀，利用凝胶剂作包埋载体、交联剂作固定剂将藻菌固定在一定的空间内，形成一个藻菌协同共生固定化系统。包埋法是目前应用最广泛的藻类固定化方法[205]。邹万生等[206]研究了固定化EM藻菌（CEMI）、固定化活性污泥藻菌（CAMI）、固定化EM-活性污泥协联藻菌（CEAMI）对珍珠蚌养殖废水中氮、磷的去除效果，结果表明，在设计条件下CEAMI、CAMI和CEMI的去N最高值分别为91.16%、88.07%、80.45%，去P最高值分别为84.67%、76.28%、77.81%。

⑦ 大型藻类和底栖动物生物净化技术 在大型海藻与鱼类共养的水体中，通过控制海藻的生物量，可有效地降低营养物的浓度，维持水体中的溶氧量，降低鱼类发生窒息和水质恶化的危险性，从而保证养殖活动安全有序。作为水体生态系统的一个重要组成部分，底栖软体动物，如河蚌、牡蛎、螺蛳等，可有效降低水体中富营养物质的含量，明显改善水质，在理论和应用上都有着重要的意义。郑辉[207]通过大型海藻龙须菜和扇贝混养对养殖废水净化的试验表明，最佳贝藻混养条件为龙须菜养殖密度为200g/m^3，扇贝为40个/m^3，即扇贝和龙须菜按1:1（贝肉湿质量:藻类湿质量）放养。养殖废水中PO_4^{3-}-P、NH_4^+-N、NO_3^--N、NO_2^--N和COD的去除率分别达到了95.1%、91.5%、85.3%、84.4%和77.7%，出水浓度分别为0.45 mg/L、4.79mg/L、0.82mg/L、0.42mg/L和80mg/L。

⑧ 人工湿地处理技术 利用人工湿地处理水产养殖废水，具有比较高的净化能力和实用价值。陈龙等[49]建立了4级波流式人工湿地，研究风车草和美人蕉植物床人工湿地

处理养殖废水的效果，结果表明，对 SS、COD_{Cr}、氨氮、TN 和 TP 的去除率分别达到了 76％、77％、78％、77％和 72％，美人蕉生物量和氮含量都要高于风车草，植物组织中氮分布为叶＞根＞莲。

⑨ 组合处理技术在水产养殖废水处理中的应用 江云[205]建立了生物接触氧化＋滴滤处理技术，研究结果表明，同一组合填料密度下，随着 HRT 的减少，生物接触氧化装置对 COD_{Mn}、TP 去除率逐渐下降，对 TN 去除率逐渐升高，装置中发生氨化反应，其对 TN 去除的主要机理是传统的硝化-反硝化反应；随着水力负荷的增加，滴滤装置对有机物、氨氮、TP 的去除率逐渐下降，对 TN 的去除率呈现升高趋势。

（二）面源污染控制理论与技术

1. 农村面源污染控制技术

（1）中国农村生活污水处理技术 中国农村生活污水处理技术主要是基于市政污水处理技术基础之上的改进和集成，部分集镇集中式污水处理设施兼顾湿地景观、生态环境保护等功能。农村生活污水处理设施采用的技术工艺，受经济条件、人口规模、居住集约度、地形条件等因素的影响差异较大，经济较为落后、集聚度较低的农村，较多采用化粪池、庭院小型人工湿地、沼气净化池、土地快速渗滤法等运行费用较低、管理便捷的技术工艺；经济较为发达、聚集度较高、城市近郊的农村，较多采用大中型人工湿地、生物接触氧化法、活性污泥法、膜生物处理法、稳定塘法等技术工艺，建设有生活污水处理站（厂）。各类技术工艺的基本原理、分类、适用条件如图 3 所示。

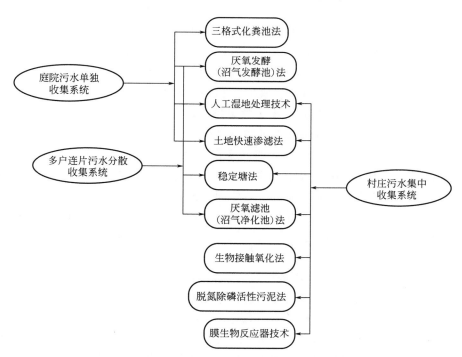

图 3 农村生活污水处理单元选择

① 人工湿地处理技术 污水中的有机物主要依靠人工湿地床基内的物理和生物学的综合过程去除。不溶性有机物被过滤截留、水解、生物摄取和氧化分解，溶解有机物直接

被水解、生物摄取和氧化分解。

一般情况下，人工湿地的脱氮途径主要有 3 种：植物和其他生物的吸收作用，微生物的氨化、硝化和反硝化作用，以及氨气的挥发作用。其中，硝化/反硝化是最主要的氮去除方式，占湿地氮去除总量的 $60\%\sim86\%$。其次是通过植物吸收和积淀物的积累去除，污水的 pH 值较低时，氨气的挥发作用可以忽略。磷的去除主要通过植物吸收、土壤和填料吸附及微生物固定和沉降实现。污水有机物的去除是由于植物的吸收利用、基质的吸附及微生物的氧化利用综合作用的结果。其中，微生物的氧化利用占主导作用，包括好氧呼吸、无氧呼吸和发酵。研究表明，在进水浓度较低的情况下，一般对污水中 BOD_5 的去除率在 $85\%\sim95\%$ 之间，COD 去除率可达 80% 以上，处理污水中 BOD_5 的浓度在 10mg/L 左右，SS 浓度低于 20mg/L，对总氮的去除率可达到 60%，对总磷的去除率可达到 90% 以上[208]。

② 沼气净化池处理技术　生活污水净化沼气池是分散处理生活污水的新型构筑物，适用于近期无力修建污水处理厂的城镇，或城镇污水管网以外的单位、办公楼、居民点、旅游景点、住宅、宾馆、学校和公共厕所等。研究表明，冬季地下水温能保持在 $5\sim9℃$ 以上的地区，或在池上建日光温室升温可达此温度的地区，均可使用该净化池来处理生活污水和粪便。义乌市完成 274 个村的生活污水沼气治理工程，年可处理生活污水 1107 万吨，COD_{Cr} 去除率在 84% 以上，年削减量为 3450t；BOD_5 去除率在 90% 以上，年削减量 1381t；SS 去除率在 80% 以上，年削减量 5732t；氨氮年可减排 525t；受益人口达 30.3 万人，占全市农村人口的 59%[209]。

③ 化粪池处理技术　化粪池指的是将生活污水分格沉淀，以及对污泥进行厌氧消化，去除生活污水中悬浮性有机物的小型处理构筑物，属于初级的过渡性生活处理构筑物。它是处理粪便并加以过滤沉淀的设备。化粪池污水处理技术用于存放从污水管连续流入的固体有机物，直到由于厌氧微生物的作用而分解为止[210]。研究发现改良型化粪池/地下土壤渗滤污水处理系统对 BOD_5、COD、氨氮、TP 和 SS 的平均去除率分别为 95%、93%、80%、89% 和 98%，工艺运行稳定，出水效果显著，操作简单，维护成本低，具有一定的景观效果和经济价值，且建设规模和选址较为灵活[211]。

④ 土地法处理技术　土地法污水处理技术是一种以土壤作为介质的净化污水的方法，将一、二级处理出水用于农田、牧场或林木灌溉，或将原污水经土壤渗滤后回注于地下水等处理技术的总称。四川龙泉驿区通过土地处理工艺解决当地的农村污水问题，该工艺的处理工艺具有流程简单、运行成本低、处理效果稳定等优势，在西南农村地区适合利用地势条件实现微动力或无动力运行，系统能耗非常低，特别适合作为农村地区污水处理工艺[212]。

⑤ 稳定塘法处理技术　稳定塘是经过人工适当修整的土地，设围堤和防渗层的污水池塘，主要依靠自然生物净化功能使污水得到净化的一种污水生物处理技术。稳定塘是一种利用天然净化能力的生物处理构筑物的总称，也叫氧化塘或者生物塘。稳定塘净化主要依靠塘中形成的藻菌共生体，藻类在阳光照射下进行光合作用，固定二氧化碳，摄取氮、磷等营养物和有机质，同时释放氧，水中微生物氧化降解有机质。稳定塘中有机物主要通过微生物降解、有机物吸附、有机颗粒的沉降和截滤作用去除，稳定塘对 BOD_5 的去除率最高可达 90%。TN 去除主要通过硝化/反硝化作用、水生植物吸收、NH_3 挥发这三个过程，这三个过程随着温度、pH 等环境因子的变化，分别起主导作用，但变化机理尚不明

确[213]。磷的去除涉及底泥对四氧化磷离子的吸附/解吸、有机磷氨化、磷的扩散、水生植物吸收等多种机制的共同作用，研究认为水生植物及底泥类型对磷去除过程影响较大，但对系统中磷的主导去除机制为生物吸收还是化学沉降存在分歧[214]。

（2）中国农村生活垃圾处理技术　　生活垃圾收运处理技术较多沿用市政垃圾处理技术模式，呈现"老旧陈"与所谓"高精尖"并存的特点。未建有垃圾收运处理系统的农村，生活垃圾大多倾倒于农田、道路两侧，或就地掩埋。建有垃圾收运和处理处置设施的农村，受村庄布局、人口规模、交通运输条件、垃圾中转和处理设施位置等的影响，呈现两类模式：一类是"村收集、镇转运、县处理"的城乡一体化运管模式，另一类是基于户分类基础上的就地资源化利用技术模式。城市近郊和治污设施服务范围内村庄一般采用城乡一体化运管模式，依托自然村和中心村设置户用垃圾桶、公共垃圾桶、垃圾收集池等垃圾收集系统，依托乡镇建设垃圾转运站、购置垃圾转运车辆，依托县生活垃圾填埋场处理处置。山区或远郊农村地区一般采用就地资源化利用技术模式，基于垃圾分类方式，有机垃圾采用堆肥处理技术工艺、生物质气化技术工艺等实现资源化利用，可回收垃圾通过收运系统实现回收利用，其余不可回收垃圾进行转运填埋处理。我国农村生活垃圾的实际情况较为复杂，垃圾收集、清运和管理模式各不相同，因此处理技术也差异较大。现阶段，我国农村地区较为广泛使用的是垃圾堆肥处理技术、垃圾焚烧技术、卫生填埋技术等。

① 堆肥处理技术　　堆肥化指在有控制的条件下，微生物对固体和半固体有机废物进行好氧的中温或高温分解，并产生稳定腐殖质的过程。堆肥化制得的产品称为堆肥。根据微生物生长的环境可以将堆肥化分为好氧堆肥化和厌氧堆肥化两种。通常所说的堆肥化一般指好氧堆肥化，这是因为厌氧微生物对有机物分解速度缓慢，处理效率低，容易产生恶臭，其工艺条件也比较难控制。农村生活垃圾中有机组分（厨余、瓜果皮、植物残体等）含量高，可采用堆肥法进行处理。

② 焚烧处理技术　　垃圾焚烧是将生活垃圾进行高温热化学处理的技术，也是将垃圾实施热能利用资源化的一种形式。垃圾焚烧可减少垃圾的最终处置量，达到减量化；所产生的热量可用于供热或发电，达到资源化；垃圾中的病毒、细菌被彻底消灭，恶臭气体被高温分解，达到无害化。生活垃圾焚烧技术可作为农村生活垃圾处理手段，为处理日益增多的农村生活垃圾，目前，主要采用立式固定炉床无动力炉窑焚烧技术，该技术是利用小型垃圾焚烧炉对分类处理后的农村生活垃圾进行无害化处理处置的方法，但这种小型生活垃圾焚烧炉建设过于简单，建设地点多设在村庄外围的农田边，排放的污染物对附近的农作物或生态环境会产生一定的影响[215]。

③ 卫生填埋技术　　垃圾填埋就是在陆地上选择天然场所或人工改造出的适合场所，把生活垃圾用土层覆盖起来的技术。垃圾卫生填埋技术作为生活垃圾的最终处置方法，具有成本低廉、适用范围广、效果显著和处置彻底等优点。对于经济基础差、土地资源丰富的农村，在适当的水文地质条件下，垃圾填埋技术是较好的适合我国农村特点的处置方法。

（3）中国农田污染控制技术

① 化肥减量化技术　　我国是世界上化肥施用量最多的国家，肥料的平均利用率只有30%左右，大多数养分随径流、渗漏和挥发等途径损失掉了，不仅浪费了资源，而且加剧了水体富营养化。因此，根据不同地区的实际情况研究减量施肥技术具有重大的意义，具体可以分为以下几个方面。

a. 氮肥运筹优化技术。在施氮量相等的情况下，合理调整基、追肥的分配比例，如太湖流域的稻田土壤，基于目前常规施肥量，将基肥施用量削减20%，可有效地协调当地的经济效益和环境效益。Qiao 等的研究证实，在太湖地区水稻产区通过两年连续试验，消减50%的施氮量（相对于常规施氮量）并未显著影响水稻产量。何传龙等在巢湖地区根据蔬菜地养分供应能力和甘蓝的营养特性，运用减量平衡施肥技术，使肥料施用量减少30%，N、P、K 肥利用率分别提高27.3%、23.4%和23.5%，N、P 淋失量分别减少90.0%、78.4%。但是此类研究一般局限于较短时间，对于长期减量施肥对作物产量有何影响，尚需进一步探明[216]。

b. 种植制度优化技术。比如稻麦轮作制中引入豆科绿肥，既可降低旱季的施氮量，又可补充稻季的氮素。在太湖地区进行的水稻-紫云英轮作试验结果表明，冬季将小麦改为紫云英，稻季不施用化学氮肥，水稻产量可达到农户常规产量的95%左右，如果补充农户施氮量的30%，则可获得与农户正常产量相当的产量，或略有增产。王静等[216]在滇池流域蔬菜产地的调查表明，合理的轮作模式可减少蔬菜地 N、P 的盈余量。

c. 缓控释等新型肥料技术。缓控释肥料中养分的释放与作物养分需求比较吻合，养分的释放供应量前期不过多，后期不缺乏，具有"削峰填谷"的效果，可以大大降低向环境排放的风险。田琳琳等[217]在太湖流域大田蔬菜地的试验结果表明，在蔬菜生产中，"低量控释肥＋低量化肥"是兼具经济效益和环境效益的施肥模式。但是目前缓控释肥费用相对普通化肥较高，限制了其广泛使用。

② 农药减量化与残留控制技术　在化学农药减量施用方面，当前主要发展趋势是由化学农药防治逐渐转向非化学防治技术或低污染的化学防治技术。近年来，江苏省多家单位联合开展水稻化学农药污染控制技术研究，针对水稻螟虫、灰飞虱、条纹叶枯病与纹枯病等重大病虫害，研究开发了多项无公害关键技术，在水稻核心示范区减少了30%农药用量。卢仲良等[218]选用高效低毒的三唑磷、丙溴磷、井冈霉素、噻嗪酮、毒死蜱等药剂进行施药，增产6.97%。在农药残留生物降解方面，国内外做了很多研究工作，包括细菌、真菌、放线菌等各种降解农药的微生物菌株相继被分离和鉴定，用于降解有机磷、有机氯和三嗪类除草剂、氨基甲酸酯类、拟除虫菊酯类等多种农药。近年来伴随着基因工程和分子生物学的发展，构建高效工程菌是当前研究的热点，将高效降解农药酶的基因构建到载体上，经转化获得工程菌，以期提高具降解作用的特定蛋白或酶的表达水平，从而提高降解活性[219]。但是目前的研究仍然存在不足，大多数研究以实验室研究为主，降解机理研究不够深入，中间产物难以检测，技术零散、集成度低、配套性差和展示度低等仍然是目前我国集约化农田农药减量化与残留控制需求中的突出问题。

③ 农田退水污染湿地工程治理技术　湿地生态系统已是世界许多国家认可的控制农业面源污染的有效工具。我国学者对人工湿地技术进行了广泛的研究。针对河套灌区农田退水污染问题，研究发现天然湿地和人工湿地都具有明显的净化污水的能力。人工湿地由潜流型表面流湿地组成的情况下，入水污染物含量适宜时，污水经整个人工湿地作用后总氮、氨氮、总磷的消减率分别为92%、96%和98%，并且潜流型湿地对污染物的去除效果优于表面流湿地[220]。

④ 滨岸缓冲带控制技术　滨岸缓冲带（riparian buffer zone）是插在面源污染和受纳水体之间，在管理上与农田分割的地带，主要通过土壤-植被系统和湿地处理系统的方式，削减注入水体的面源污染负荷。它不仅能有效防止过量施用的化肥流入和渗入水系，还能

分解、吸收渗出和流出的有机肥料，分解和阻滞农药、除草剂的污染，防止水土流失和河道堵塞。滨岸缓冲带适用于农田面源污染的控制。杨林章等[221]结合太湖地区实际情况提出了生态拦截型沟渠系统，它主要由工程部分和植物部分组成，能减缓流速，促进流水携带颗粒物质的沉淀，有利于构建植物对沟壁、水体和沟底中逸出养分的立体式吸收和拦截，从而实现对农田排出养分的控制。沟渠系统对农田径流中 TN、TP 的去除效果分别达到 48.1％和 40.2％[222]。

⑤ 人工多水塘处理技术　在农田生态系统中增加一些水塘，可以有效地削减农田排水中的氮、磷等营养物质。利用多水塘系统控制农田面源污染的主要生态方法是修建暴雨滞留池，利用天然低洼地进行筑坝或人工开挖而成，水塘的体积、水深、水力负荷要适中，在我国长江中下游流域存在许多天然或人工水塘，这些水塘间歇性地与河流进行水、养分的交换，同时降低流速，使悬浮物得到沉降，增加水流与生物膜的接触时间，水塘对农田面源污染物的滞留和净化能力很强。研究发现，浅水水塘对径流和氮、磷的年滞留率均超过 80％。尹澄清研究组发现作为陆地/源头水交错带的人工水塘系统具有很强的截留农田径流和非点源污染物的生态功能。在 7132km² 的安徽巢湖边一实验小流域内有 150 个水塘，其面积为总面积的 41.86％。通过监测发现，在 1988 年 1～9 月，总体的截留率达 95％以上。因此，修建人工水塘控制农田面源污染是一种非常有效的方法，而且多水塘系统还能防洪、防旱、防涝，修筑简单，经费节省，从我国目前的国情出发应该大力修建多水塘系统。

2. 城市面源污染控制

在我国城市化快速发展的今天，城市面源污染已经逐渐成为不可忽视的一个问题，发达国家的经验告诉我们，必须对城市面源污染予以重视，避免走发达国家"先污染、后治理"的老路，才能真正走上可持续发展的道路。对于城市面源污染的控制，除了采取技术性、工程性的措施外，还需要法规和政策支持、广大民众的积极参与，即技术工程对策与非工程对策并举。

（1）源头控制技术

源头控制是关键，可大大减少过程控制和末端控制的压力，降低后续处理的成本。源头分散控制，就是在各污染源发生地采取措施将污染物截留下来，避免污染物在降雨径流的输送过程中进行溶解和扩散。该控制措施可降低水流的流动速度，延长水流时间，对降雨径流进行拦截、消纳、渗透，减轻后续处理系统的污染处理负荷和负荷波动，对入河的面源污染负荷起到了一定的削减作用。城市河流周边地区绿地、道路、岸坡等不同源头的降雨径流的控制技术措施主要包括下凹式绿地、透水铺装、缓冲带、生态护岸等。在技术措施选用时，可依据当地的实际情况，单独使用或几种技术配合使用。

① 设置下凹式绿地　通常绿地与周围地面的标高相同，甚至略高，通过改造，使绿地高程平均低于周围地面 10cm 左右，保证周围硬质地面的雨水径流能自流入绿地。绿地下层的天然土壤改造成渗透系数大的透水材料，由表层到底层依次为表层土、砂层、碎石、可渗透的底土层，增大土壤的存储空间。在绿地的低洼处适当建设渗透管沟、入渗槽、入渗井等入渗设施，以增加土壤入渗能力。根据天津市实际情况，依据实验测定及理论计算，若天津市绿地下凹 100mm，则当绿地率为 30％时，对于较大降水量依然能保证 70％的入渗降雨量[223]。

② 设置透水铺装　河流两侧、承担荷载较小的人行步道和江滨路路面，可以采取在

路基土上面铺设透水垫层、透水表层砖的方法进行渗透铺装，以减少径流量。对于局部不能采用透水铺装的地面，可铺设坡度不小于0.5%的路面，倾向周围的绿地或透水路面。对于车流量较大的路段，可适当降低路两侧的地面标高，在路两侧修建部分小型引水沟渠，对路面上的雨水由中间向两侧分流，使地表径流流入距离最近的下凹式绿地。仅以南京的停车场为例，假设现在南京的停车场路面全部为创痛的沥青路面，若将其改为草皮砖和草坪格铺装作为路面铺装装置，则其雨水径流中重金属铜、锌和机油的平均浓度将分别能从16kg、49kg和354kg分别降至4kg、12kg和89kg[224]。

③ 设置缓冲带　植物缓冲带应能起到削减径流流速的作用，从而能增加水流与草带的接触时间。在设计时，应考虑当地的具体径流情况和路面情况选择合适的植物，且坡度不宜大于5%，长度应不低于20m。由于稀释、反硝化作用，植被缓冲带对硝酸盐和泥沙有稳定的去除能力。Mankin等对草-灌木植被缓冲带系统（RBSs）的研究表明，RBSs系统对径流的消减率可达77%，对泥沙去除率大于99%，对总氮总磷去除率在85%以上，结构性缓冲带表现出一定的优势[225]。缓冲带的运行效能一般受植被类型、土壤类型、建设规模和地形特点等因素的影响。

④ 设置生态护岸　传统河岸防护丁-程的抗冲刷、抗侵蚀能力较弱。暴雨径流形成后，在移动过程中携带着土壤和堤岸上的污染物、沉积物，沿岸坡一泻而下或以地表漫流的形式，毫无阻拦地进入受纳水体。通过固土护岸、增大土壤的渗透系数、重建和恢复水陆生态系统，尽可能地减少水土流失，提高岸坡抗冲刷、抗侵蚀能力，对降雨径流进行拦阻。侵蚀不严重的位置，宜采用液压喷播植草护坡方式，利用植物舒展而发达的根系稳固堤岸。对于水量相比较大的位置，南北岸均用采用网格生态护坡[226]。

（2）绿色屋顶技术

绿色屋顶对径流的消减主要是通过对降雨吸附作用持留和滞留雨水，延缓径流产生时间，消减了洪峰流量和总径流产生量。一般来说，土壤层厚度、降雨量、降雨强度、绿色屋顶坡度、气温、前期干旱条件等都会对绿色屋顶的径流截留能力产生影响，加之各地的具体环境背景差异，不同环境背景下的研究结果很难进行相互比较[227]。

如果雨水水质优于绿色屋顶出水，则绿色屋顶为污染物释放源。硝酸盐属于溶解性污染物，其来源主要有雨水中含有的硝酸盐、土壤介质中硝酸盐的淋溶析出以及绿色屋顶系统内的硝化作用，由于绿色屋顶系统中不具备传统的反硝化脱氮要求的反应条件，硝酸盐的去除主要依靠植物吸收，这可能是硝酸盐控制效果不稳定的原因之一。总磷的去除主要依靠植物吸收和绿色屋顶系统的物理截留。有研究显示绿色屋顶径流中的总磷大多数为磷酸盐[228]，而也有学者发现溶解性磷酸盐比总磷浓度小得多[229]，这可能与土壤淋溶作用和绿色屋顶过滤系统的运行情况有关。绿色屋顶径流水质是多种因素综合作用的结果，如天然降雨雨水水质、构建材料的理化性质、植物吸收和微生物转化等，深入解析各种影响因子对径流水质的影响程度，探索各个影响因子之间的交互作用，通过精细测试分解各类污染物的组分构成。

（三）流域生态修复理论与技术

1. 内源污染控制技术

在水生生态系统中，湖泊底泥是营养物、重金属、持久性有机污染物的"汇"和"源"。在外源得到有效控制的情况下，生物或物理因子等的作用促使沉积物中的污染物向水体释放，从而导致水体在相当长的时期内维持富营养化或水质恶化等不良状态。典型的内源污染物质包括持久性有机物（PCBs、PAHs等）、总氮、总磷、重金属等。控制沉积物内源污染释放是受污染水体水环境修复的必要措施之一。内源污染控制技术可分为物理控制技术、化学控制技术和生物控制技术。物理修复技术主要包括调水引水、物理覆盖、环保疏浚工程等技术措施；化学修复技术主要包括淋洗法、底泥固化法、玻璃化法、臭氧氧化法、电动修复法等；生物修复技术主要包括微生物修复、植物修复、动物修复以及综合生物修复。按处理位置的不同，又分为原位处理技术和异位处理技术。

（1）物理修复技术

① 底泥曝气技术 曝气技术作为应急的操作或者短期的控制方法，较广泛地应用到小型湖泊和水库的底泥磷控制中，通过曝气操作不仅可在一定程度上对沉积物中溶解态活性磷进行控制，同时还可有效减少水体中的氨态氮并削减蓝藻的优势地位，且速度较快的再次曝气会为底栖生物生长繁殖提供更大的生境环境。近年来，底泥曝气技术研究进展主要集中在曝气机的选择以及不同曝气方式对底泥污染控制的影响。凌芬等[229]以城市污染河道沉积物和上覆水为研究对象，结果表明底泥曝气在一定条件下可以较水曝气更有效地消减城市污染河道的氮源，底泥曝气可以削弱城市河道内源氨氮潜在的扩散量。许宽等[230]通过不同曝气方式对城市重污染河道水体黑臭底泥的影响表明，底泥曝气对底泥黑臭现象的改善作用明显优于上覆水曝气。底泥曝气使得致黑物质 FeS 去除率达 95% 以上，是水曝气的 1.8 倍。杨长明[231]等采用泥-水界面精准布氧系统研究了微孔曝气对安徽省合肥市南淝河城市重污染河段底泥重金属形态分布以及释放规律的影响，表明泥-水界面微孔曝气处理显著改变了表层底泥重金属形态分布特征，显著降低了酸提取态重金属质量分数，而残渣态重金属的质量分数比例均出现不同程度增加。

② 物理覆盖技术 覆盖技术是指通过向水体中投入无污染物质，在污染底泥上方形成覆盖层，阻止污染物质释放，同时覆盖材料对于底泥释放的污染物质具有吸附、降解等作用。常用的覆盖物质包括无污染底泥、土工布、砾石、沙土、方解石、天然沸石、改性沸石、凹凸棒土等。近年来覆盖技术研究进展主要包括覆盖材料比选、污染物控制效果、覆盖厚度优化。喻阳华等[232]以脱碱赤泥为主料，粉煤灰、黏土和碳酸钙为辅料，采用烧结法制作了不同配比的底泥覆盖材料，结果表明赤泥 38.9%、黏土 14.4%、粉煤灰 38.9%、碳酸钙 7.8% 的比例最适于深谷型湖泊底泥污染原位控制。李静等[233]研究发现黄沙覆盖对河流底泥的磷释放均有较强的控制作用，黄沙的控制效率在 62.50%～93.24% 之间。亢增军等[234]在覆盖厚度为 2cm、温度为 18～22℃ 的条件下，自制陶粒的抑制效果最好，天然沸石次之，建筑废料最差。

③ 底泥环保疏浚技术 底泥疏浚技术是最主要的异位处理技术，其利用专用疏浚设备清除受污染沉积物，并将其输运至堆场进行安全处置。底泥疏浚能有效减少内源污染负荷，对于内源污染释放具有一定的改善效果。但疏浚过程易加剧细颗粒沉积物悬浮扩散，并对底栖生物产生不利影响。疏浚工程成本高，疏浚安全处置过程可能引起二次污染。近年来，底泥疏浚技术研究进展主要包括污染底泥原状精确勘测技术、污染底泥防扩散疏挖技术、污染底泥输送技术、疏浚底泥快速脱水技术、污染河湖适用关键装备以及疏浚底泥处置与资源化技术等。

（2）化学修复技术

化学修复的核心主要为原位钝化技术，利用加入对污染物具有钝化作用的人工或自然物质，也就是所谓的钝化剂，经沉淀、吸附等理化作用，降低水体中的磷浓度，同时将底泥中污染物惰性化，在污染底泥的表层形成隔离层，增加底泥对磷的束缚能力，减少底泥中污染物向上覆水体的释放，从而达到净化底泥与水体的作用。目前常用的钝化剂包括铝盐、铁盐、钙盐、部分天然或改性黏土矿物、矿和固体废物等。近年间原位钝化技术发展主要集中在钝化剂的比选、钝化效果方面。李佳等[235]采用镧改性沸石对太湖底泥进行原位改良，增强了底泥对磷的固定能力，减少太湖底泥磷的释放。李静等[236]选择无锡市城郊河道长广溪不同污染类型河段开展底泥原位钝化实验表明，锁磷剂对底泥磷释放的控制效率在81.25%～100%之间，能有效将底泥磷释放控制到较低水平。杨孟娟等[237]通过试验方法考察了2种不同底泥改良剂（铝和锆改性沸石）对太湖底泥-水系统中可溶解性磷酸盐的固定作用，研究表明铝改性沸石所吸附的磷主要以NaOH-rP（NaOH提取态磷）形态存在，锆改性沸石所吸附的磷主要以NaOH-rP和Res-P（残渣态磷）形态存在。

（3）生物控制技术

生物修复技术是指通过向水体中投加光合细菌等微生物，投加药剂以强化功能微生物生长环境，以及种植水生植物等方法抑制底泥中污染物的释放。

① 微生物修复技术 沉积物磷原位微生物修复技术是利用天然的或经驯化的微生物通过氧化、还原和水解等作用将沉积物中各形态磷转化、分解，从而降低沉积物中磷含量。采用天然、人工驯化、固定化微生物和转基因工程菌能够有效去除或转化沉积物磷。但在实际应用中，外加的微生物或其他物质易受温度、pH、溶解氧、水力条件及土著微生物等多种因素的强烈影响，可能影响微生物作用，难以达到预期的效果。近年来底泥微生物修复技术研究进展主要包括投加硝酸钙等药剂改变微生物群落、微生物修复底泥污染物的控制效果，以及微生物修复菌种筛选。强化微生物修复技术研究方面，模拟实验结果表明投加土著微生物菌剂与曝气增氧联用能显著提高底泥生物降解性并控制底泥氮磷释放，使用间歇曝气协同生物促生剂处理能降低运行成本[238]。投加生物促生剂（BE）底泥微生物FDA活性和Shannon指数分别提高了36.4%和5.1%，进而表明投加生物促生剂有助于氮磷元素的固定以及河道自净能力的提高，增强其对外来氮磷污染的耐冲击能力[239]。涂诲灵等[240]通过6周的底泥投加反硝化细菌修复实验，证明当投加量为0.5g/m³时，底泥修复效果最好，并且投放反硝化菌剂结合碳纤维生态草固定化的处理效果明显优于单独投加菌剂。

② 植物修复技术 沉积物污染植物修复技术主要是通过水生植物或植物根系区微生物的营养吸收和分解代谢作用以减少沉积物中污染物含量或转化沉积物中污染物的形态。水生植物不仅可以通过自身消耗将沉积物和水体中N、P等营养元素输出湖泊，促进湖泊营养输出；且在水生植物种植密度较高的情况下，还可改变湖水流场，影响上覆水与沉积物间物质交换平衡。再力花可以有效提高底泥中十溴联苯醚（BDE-209）的去除率，历经390天，去除率可达到27%[241]。种植苦草可显著提高沉积物致密程度，降低底泥含水率，有效改善表层底泥流动状态，且在段头浜、河湾、人工湿地景观等处不影响防汛等功能，对减少河道底泥冲刷迁移和抑制黑臭物质悬浮具有积极的生态学意义。不同沉水植物研究表明，光叶眼子菜吸收氮的能力略高于金鱼藻，而其对磷的吸收能力低于金鱼藻[242]。

（4）组合性修复技术

处理污染底泥时，物理修复方法总体显得高效、快捷、积极，化学修复方法较为成熟，生物修复方法价格低廉，对环境本身影响较小。近年来，相关部门需要因地制宜地综合采用合适的方法处理底泥污染问题，组合性修复技术因其可以发挥各项修复技术的长处而逐渐受到研究人员的重视。底泥覆盖与沉水植物重建联合技术有助于提高底泥污染的控制效果。模拟实验结果表明沙土覆盖层上种菹草处理组的氮磷释放速率显著低于未种植处理组，覆盖层厚度与控制氮磷污染物释放正相关[243]。改性土壤絮凝除藻和沙土覆盖处理引起水-沉积物界面的氧化还原电位和溶解氧显著提高，磷酸盐和氨氮通量显著降低，并且苦草种子生长良好。原位钝化技术与环保疏浚联合技术，一方面可以减少疏浚相关的二次污染，另一方面可以使疏浚效果的时效性增加。底泥环保疏浚和生态重建联合技术要求在河湖疏浚深度确定时，应结合疏浚区域现状地形、底高程、现状水深及疏浚前后的变化确定并塑造丰富多样的水下地形，为水生态系统发挥生态净化等功能提供良好的外部生境[245]。

2. 生态修复技术

（1）湖荡湿地生态修复技术

根据湿地构成和生态系统特征，湿地生态修复技术主要包括生境修复技术、生物恢复技术、生态系统结构与功能修复技术[246,247]。其中生境修复技术旨在通过实施各类技术措施，提高生境的异质性和稳定性。生境修复技术包括基底修复、水文条件修复、水环境质量改善和土壤修复技术等。湖荡是江苏等地对于小水体的称呼，如太湖流域的几百个湖荡的面积目前占太湖水面面积的 50% 左右。

① 湿地基底修复技术　是通过工程措施，改善或维护基底稳定性，稳定湿地面积，并改造湿地地形、地貌的技术，包括湿地基底改造、湿地及上游水土流失控制、清淤、微地形营造等技术。

② 湿地水文条件修复技术　常通过筑坝、修建引水渠等水利工程实现，具体包括以下几种。

a. 沟渠、道路、堤坝修建技术：开挖/填充沟渠；修建桥梁等代替道路；修建四周或内部的堤坝。

b. 湿地水文恢复或改变技术：尽量减少导致湿地水文情势改变或水量减少的活动。主要措施包括：去除堤坝或其他控水设施；开挖/填充沟渠；去除路堤；建设导流堰。

c. 引水技术：挖沟引水；从其他地方泵水；安装管道引水。

d. 水位调控技术：增设具自动或手动闸门的排水渠、拦河坝、溢流堰。

③ 湿地水环境质量改善技术　包括污水处理技术、水体富营养化控制技术等。

若需修复的湖荡湿地的水有污染增加现象，应监测上游补水或相邻地区的废水排放，以及其他管道、沟渠、工农业排放区，非法堆放垃圾场等；若有潜在污染源，应及时清除；尽量减少陆域部分暴雨径流污染，增加下渗量，如安装暴雨收集装置、增设下凹式绿地，实施暴雨集中管理方式等；用植被缓冲区减少来自其他相邻或上游地区的污染物和沉积物；选择适宜植物，修建水池或其他结构来优化水流，充分利用自然来减缓污染；唤起公众意识，减少污染物、化肥的排放等。

针对富营养化水体，可依存在问题和水体功能需求而用不同措施控制水体富营养化，如将入湖河水尽量自流引至岸上用生态法（如人工湿地、塘、前置库）处理；优化入水点，或采取推流措施，改善死水区的循环条件；恢复水生植物，放养控藻型生物（如鲢鳙鱼），必要时，可加入石灰脱氮，投加高价的金属盐类沉淀水体中的磷，以疏浚、覆盖、钝化、氧化方式控制沉积物污染,以覆盖或化学药剂方式控藻等[248]。

④ 湿地土壤修复技术 包括土壤污染控制、土壤肥力恢复技术等。对于受工业、生活垃圾等污染的土壤,可通过去除污染土层、覆盖清洁表土、采取生物或化学措施等修复湿地土壤。对土壤退化或缺乏有机质或其他土壤成分,可用已被破坏的湿地土壤覆盖,或有目的地引入适宜在该湿地上生长的植物进行生物修复。对于因地表水或地下水水位下降、有机物质分解、土壤侵蚀产生的土壤退化,可用洪水泛滥产生的自然沉积或生物措施减少土壤侵蚀。若湿地土壤的高程太小,可移入合适的沉积物或土壤,若土壤高程太大,可挖掘到要求的高度。

⑤ 湿地生物恢复技术 主要包括物种选培、物种栽植、物种保护、种群动态调控、种群行为控制、群落结构优化配置与组建、群落演替控制与恢复等技术。

⑥ 生态系统结构恢复技术 其主要恢复内容有:a. 生态系统的形态结构恢复,即恢复良性的生态系统健康群落;b. 生态系统功能结构恢复,即恢复系统内的生物成分之间通过食物网或食物链构成的网络结构或营养位级。

(2) 水源涵养林生态修复技术

水源涵养林是具特殊意义的水土防护林种之一,泛指河川、水库、湖泊的上游集水区内大面积原有林和人工林水源涵养林,为旨在保护水资源而用于调节水量、控制土壤侵蚀和改善水质的有效植被类型[249,250]。水源涵养林建设应按分类经营的原则要求,统一规划,突出重点,合理布局,分步建设。其建设措施或森林经营活动应利于增强水源涵养林的水源涵养和环境保护功能,维护生物多样性,提高森林的生态与社会效益[251]。水源涵养林造林要因地制宜,优选本地种,人工造林与封山育林(草)相结合,乔、灌、草相结合,多树种、多层次相结合营造混交林,增加生物多样性和水源涵养功能[252]。其经营管理应遵照自然规律,按3个建设与保护等级(特殊、重点和一般)确定经营管理制度、优化森林结构和安排经营管护活动,促进森林生态系统的稳定性和森林群落的正向演替[253]。

① 封山育林技术 是以当地自然环境为前提,以植被演替、生物多样性、森林更新、森林可持续等理论为基础,通过人工辅助措施,促进植被恢复和发展为森林、灌丛或草本植被的育林方法[253,254],是十分重要的水源涵养林营造技术[255],适于具天然下种或萌蘖能力的宜林地、无立木林地、疏林地、灌木林地、采伐迹地,以及郁闭度<0.5的低质、低效有林地,特别适用于山坡陡峭、水土流失严重的山区[256]。按封育目的,考虑当地自然和社会经济条件,从实际出发因地制宜,可采取不同封育形式,常分三种。a. 全封:适于重要性等级为1~2级的水源涵养林,主要是江河上游、水库集水区、水土流失严重地区及植被恢复较困难的封育区;b. 轮封:适于重要性等级为2~3级的水源涵养林,主要是非生态脆弱区的封育区;c. 半封:适于重要性等级为3~4级的水源涵养林,主要是生长良好、林木覆盖度较大的封育区[257]。封山育林有广泛的适应性,符合森林更新和演替规律,摆脱了人为对植被的继续干扰和破坏,将荒山、疏林、灌丛置于自然演替环境中,让它按自然规律发展,从而达到恢复植被的目的,封山育林将形成具自然保护性质的森林生态系统。

② 人工造林(改造)技术 适于大多数立地的造林,重点要考虑树种选择、营造模式等问题[258]。

a. 树种选择:应充分考虑当地气候、土壤等条件[259],以优良乡土阔叶树种为主要树种，乔木树种要求树体高大、冠幅宽大、根系发达、枯枝落叶丰富且易于分解，灌木则选择粗生、冠浓、根系发达的种类；同时，选择水分利用率高、抗逆性强（耐旱、耐瘠薄、抗风、抗病虫害等）的树种。

b. 营造模式：水源涵养林的营造宜用混交造林模式[260]，优选深根与浅根系树种混交、阴性与阳性树种混交、乔灌混交、针叶与阔叶树种混交等类型。

在树种配置上，以乡土阔叶树种为主，多树种造林。坚持乔灌结合、高矮结合，尽量少用或不用针叶树种。在混交方式上，可用带状、块状、株间混交模式。

③ 直播造林技术　指将林木种子直接播种在造林地进行造林的方法，其适于交通条件差的远山、深山、灌溉很难或无法实施灌溉、难以实施植苗造林的干旱瘠薄的山地[261,262]，推荐树种有橡子、栾树、银杏、棕榈、柏树、油桐、松树等，对一些种粒小、生长慢、品种要经嫁接苗造林、要大苗造林的树种不适合直播造林。直播造林幼苗期要砍割附近遮蔽灌草，以利苗木出林，有条件的要对幼树培土培蔸、适当追肥、封禁牛羊[263]。

④ 飞播造林技术　用飞机装载林草种子飞行宜播地上空，准确地沿一定航线按一定航高，把种子均匀撒播在宜林荒山荒沙上，用林草种子天然更新的植物学特性，在适宜温度和适时降水等条件下，促进种子生根、发芽、成苗，经封禁及抚育管护，达到成林成材或防沙治沙、防治水土流失的目的[264]。飞播造林虽具播种速度快、成本低、效果好等优点，但与人工造林比，又受诸多自然因素限制。所以，飞播应用时要注意选择适宜的造林地和树种，造林地要连片集中，植被覆盖度要高，土壤水分供应较充足[265]。

⑤ 水源涵养林病虫害防治措施

a. 先需坚持培育健康森林、丰富森林生物多样性、提高森林生态系统的稳定性及抵御病虫害的能力，实现森林生态系统的可持续发展。

b. 加强病虫害预测预报和植物检疫工作，防止外来有害生物入侵。

c. 加强生物防治技术研发与应用，开展林业有害生物危险性评价研究，提高森林管理者的科技水平[266]。

⑥ 开展人工造林促进天然更新，提高水源涵养林生态功能　针对天然更新效果不理想的树种，可通过人工促进天然更新，提高水源涵养林生态功能[267,268]。如影响祁连山林区青海云杉和祁连圆柏更新的主要原因是种子能不能入土，故可按先易后难、循序渐进、稳步推进的原则，人为地在造林地段上按相同地段生长的森林类型和组成结构营造相应的生态林。

⑦ 科学经营，提高森林质量　坚持以科学发展观为指导，以森林可持续经营理论为依据，提高水源涵养林质量和稳定性。需按德国近自然林业思想[269]，适度经营调整林分结构和乔木林郁闭度，清理林内病腐木，促进林下天然更新，改善水源涵养林环境，稳步提高质量；实现水源涵养林的生态、经济和社会效益有机结合[270]。

⑧ 落实生态效益补偿　先据"谁受益、谁补偿"原则，从水源林受益地区收取水源林经营及生态效益补偿金，对水源林经营管理进行补助。再有计划地试行轮牧制，在林缘地带划出一定范围进行育林、造林，待林木达一定生长期再在林内定期轮牧，逐步实现以林养牧或以牧养林，林牧结合共同发展[270]。

（3）城市水生态修复技术

我国城市水体富营养化状况日益严重，城市公园、河道、湖泊水体黑臭、蓝藻频发，生态系统受不同程度破坏，严重影响了城市生态环境和人居环境质量，因此，城市水生态环境治理非常必要。目前国内外常用的城市水生态修复技术主要有物理、化学和生物-生态修复等技术[248,271~273]。

① 物理修复技术　主要采取修建水工建筑物、机械除藻、底泥疏浚、微地形营造、引水冲淤、调水稀释、深水曝气等措施，来改善受污染水体水文条件、底泥环境条件等。

② 化学修复技术　主要是向受污染的水体中投入化学改良剂，通过药剂与污染物发生化学反应生成对环境无污染的中性物质来达到去除水体中污染物、修复水体生态环境的目的，如化学除藻、沉淀和钝化等。

③ 生物-生态修复技术　是利用水体中的植物、微生物和水生动物的吸收、降解、转化功能，降低水体中的污染物浓度，来实现水环境净化与水生态恢复的目的。生物修复技术可为单一的或多种植物-动物-微生物共同构成的生态系统进行水体生态修复，如人工浮岛、人工湿地、稳定塘、生物操纵控藻、网箱养草等技术，还有渗流式生物床、曝气与生物膜联合净化、生物滤沟、生物栅修复、生态混凝土等技术。

（四）饮用水安全保障技术

1. 水源地调水引流技术

调水引流为水资源管理的重要手段，主要是将水量充沛区域的水体通过河、渠、管、闸、泵等输送缺水地区，以解决缺乏地区水资源缺乏问题。随着社会经济的发展，一方面工农业生产及居民生活用水量不断攀升，另一方面大量的污染物被排放到各类水体造成水体质量下降，难以满足各类用水质量要求。为改善受污染物水体质量，调水引流被用作改善受污染水体的重要技术。其原理为用大量含污染物较低浓度的水体冲刷污染物浓度较高的水体，使得目标水体污染物如氮、磷等浓度降低，同时降低水体中藻类生物量[274]。最早通过水资源调度改善水质的工作始于日本，1964年，东京为改善隅田川的水质，从利根川和荒川引入 $16.6 m^3/s$ 的清洁水进行冲污，水质明显改善，随后，日本继续开展河流间的调水引流，先后净化了中川、新町川、和歌川等 10 余条河流[275]。调水引流在华盛顿格林湖和莫斯湖[276~282]、路易斯安那庞特垂恩湖[283,284]、荷兰崴蓬威湖[285,286]等水质改善中得到成功应用。自 20 世纪 80 年代中期以来，调水引流改善湖泊水质技术在我国得到应用，并相继建设了配套的水利。杭州市初期直接调引钱塘江水改善西湖水质[287]，上海引调上游清洁水体改善苏州河水质[288]，长三角沿江市镇直接调引长江水改善城镇河道水质，取得良好的环境效益[289,290]。

初期调水引流的目的是利用优质水体置换和使受到污染的水体得到稀释，实施的前提条件是优质无污染的水源地。和目标水域一样，调水水源也在不断受到污染，水质下降，影响调水引流效果。为提高调水引流效果，人们在调水引流的沿程中置入了水净化工程，对源水进行处理，降低进入受水域水体的氮、磷等污染物浓度。杭州在调水通道中增加絮凝沉降净水处理，在去除泥沙的同时也去除了氮、磷，维持了调水引流改善西湖水质效果[291]。南京玄武湖调水引流，利用原有自来水厂的处理设施，去除长江源水泥沙及氮、磷等物质。这些调水引流完全基于稀释扩散理论，调入水量相对于目标水域的容量较大，结果导致一旦停止调水引流，目标水域水质会快速恶化。2000 年水利部太湖流域管理局实施的引江济太调水引流试验，开创了超大规模目标水域调水引流工作[292~295]。由于太湖湖面及体积大，调水引流在短时间内很难对湖泊水体进行有效的置换，之前以来的稀释扩散机制在引江济太调水中难以发挥主导作用[292]。另外，引水水源长江源水氮、磷污染物浓度高于太湖出湖水体，这导致学术界和管理层对引江济太调水引流存在"引差水，排好水"与稀释和冲刷作为引清调水改善水环境的共识理论相悖的争论。然而多年实践显示引江济太在改善太湖水环境质量、保障流域供水安全方面起到了显著作用[292~299]，这说明太湖调水引流的作用虽是以水治水，增大水量和稀释高含藻类水，但是更重要的则体现在调水引流改变了湖泊流态、水位、河水出入湖格局和水体滞留时间，进而改变了河道、湖泊物理、生物、化学过程，从而改善河湖水生态提高了湖泊水质[292,295,300]。我国"十二五"期间在调水引流技术方面不但加强了调水引流改善水质、水生态效果研究，还重点聚焦了调水引流线路、水体入湖位置、出湖位置、适宜水量、临界流速和入湖水质保障技术等研究[301,302]，开展淀山湖、太湖、巢湖、滇池等饮用水源地调水引流改善水源地水质和水生态研究[298,301,303,304]，以通过调水引流一方面推动湖泊水体流动，提高水体的自净能力，并按一定的线路流动，促使湖泊内优质水体流向水源地，提高水源地水质安全；另一方面促使湖泊维持适宜水位，特别在夏天保持湖泊相对高的水位，增加湖泊容纳水量，以摊薄底泥污染物释放通量，降低底泥释放对水体氮磷浓度的影响，利用水体的巨大热容量降低湖泊水温，营造不利于湖泊藻类生长的温度环境，降低湖泊水体单位体积光能，进而降低湖泊藻类生物量。"十二五"期间还进行了调水引流改善河流水源地水质，抑制藻类生长研究[304~306]，重点聚焦闸泵调度及支撑工程构建、河流流量、流速和水位，促进河道河网水体的有序流动。此外，针对水库型和河流型水源地容易滋生藻类诱发水体富营养化和水华问题，开展了水体停留时间调控技术研发[307]，许可等[307]提出了调节上游水利水电工程上游流量来抑制库湾水体富营养化和控制藻类生长的技术。

2. 水源地生态保育技术

生态保育包含"保护"与"复育"这两个内涵。因生态系统具有自组织和强大的再平衡缓冲能力，对水源地水质具有良好的改善、维持及保护作用。与其他功能水域一样，随着社会经济发展水源地也直接或间接地遭受了不同程度的水污染，出现水质和生态系统退化，并影响水源地供水功能。为保障水源地供水安全，我国围绕水源地生态保育开展大量技术研发工作，内容涉及水源地外来污染物的阻截、内源污染控制、生境改善、生物操纵和水生植物生物量与生态系统结构调控等方面。

在水源地外来污染物阻截方面，贾东民等[308]研发了仿水生植物的人工介质净化拦截入库污染物技术、水专项太湖富营养化控制项目太湖水源地水质保护技术及工程示范与东太湖沼泽化防治研究课题围绕平原水网区浅水湖泊集中式饮用水水源地开发了避免扰动湖底沉积物的气幕挡藻和湖泊水域保护区的沉浮式软围隔技术、可控下游最高水位的单向流水力阻截陆域保护区区外污染物技术、悬浮推流阻截污染物导流引清技术。这些技术以水力阻截、水力引导、物理吸附为手段进行水源保护区区外污染物拦截，降低水源保护区污染负荷，从而使水源地取水口水质得到改善。其中水域保护区沉浮式围隔技术克服了因传统围隔缺乏上下调节功能而导致的进入受保护水域的藻类不断累积，在湖泊水面气象条件发生变化后出现保护水域区内藻类含量高于保护区外的缺陷。

在水源地藻类生长控制方面：基于"下行效应"，在放养食鱼性鱼类或直接捕（毒）杀浮游动物食性鱼类，以此壮大浮游动物种群，借浮游动物抑制藻类传统生物操纵的基础上，开发了通过放养鲢、鳙、鲂直接滤食藻类的方法控制藻类的非传统生物操纵技术[309~312]，该技术在千岛湖[313]、陈行水库[314]、傀儡湖[315]、四明湖水库[316,317]、密云水库[308]（贾东民等，2014）、于桥水库下级供水调蓄水库[318]、太湖等得到了运用。尽管非经典生物操纵技术在控制蓝藻水华方面取得了一些令人满意的效果，但是因摄食活动减少了微型浮游植物的采食压力和营养竞争对象，加之小型浮游植物的繁殖能力较强，会使微型浮游植物加速增长，水体浮游植物的总生物量因此增加，制定合理的鲢、鳙鱼放养时间和放养量非常重要。在投放浮游动物控制藻类技术研发方面，张喜勤等[319]对溞净化富营养化水体进行了研究，发现草食性水溞能去除富营养化湖水中的总氮、总磷、化学需氧量、生化需氧量等污染物；庞燕等[320]进行了捕食性微小动物抑制铜绿微囊藻和孟氏浮游蓝丝藻生长的研究，发现僧帽触口虫对孟氏浮游蓝丝藻具有明显的控制作用，点滴虫可有效控制铜绿微囊藻生长，联合应用僧帽触口虫和点滴虫对蓝藻水华控制具有更显著的作用；马剑敏等[321]研究大型溞与水草对小球藻的控制效果，大型溞控藻效果优于金鱼藻，两者联用在氮浓度介于 $3.15\sim23.92$ mg/L、磷浓度介于 $0.07\sim0.64$ mg/L 时具有较好控藻的效果；然而值得注意是杨桂军等[322]发现角突网纹溞可导致太湖水华微囊藻群体体积变大，难以起到抑制蓝藻水华作用，另外高文宝等[323]发现大型溞控制栅藻的效果与水体盐度密切相关，较大盐度对大型溞的摄食产生抑制作用。在溶藻细菌抑制藻类技术研发方面，李超等[324]分离得到了解淀粉芽孢杆菌溶藻细菌，它对水华鱼腥藻有高效抑藻效果；邱雪婷等[325]和马宏瑞等[326]分离出了芽孢杆菌属的 N25 和 Z5 溶藻菌。在化感物质控藻技术研究方面，郑春艳等[327]发现亚油酸、水杨酸和对羟基苯甲酸在可除藻的浓度范围内对多刺裸腹蚤（Moina macrocopa）的毒性和环境的不良影响较小。在淡水贝控制技术研究方面，徐海军等[328]、刘旭博等[329]开展了淡水贝类消除藻类效果的研究。此外，在水源地控藻方面，还开发了仿鳃式藻类打捞技术和基于藻类上浮藻水分离水华藻类打捞技术，前者在巢湖等湖泊得到应用，但是该控制技术只在水体中具有高浓度藻类时才有效果，对于一般或较低浓度的水体，其运行投入产出效益较低。

在水源地内污染控制方面："十二五"期间开发的可应用技术包括污染底泥生态疏浚技术以及水生植残体收割打捞控制植物残体降解污染水源地水质的管理技术。前一技术在太湖、巢湖、滇池、漏湖、长荡湖等水源地得到了较广泛的应用，后一技术在太湖胥口水源地、东太湖水源地、金墅湾水源地得到应用。

在生境改善和水生植物生物量调控方面：太湖水源地水质保护技术及工程示范与东太湖沼泽化防治研究课题基于水源保护区内污染特征，开发了连续可调式沉水植物种植网床生态修复技术、多功能生态悬床净化水质技术、大型水体养殖基地水生植被恢复技术、养殖迹地/目标水域水生植被修复与生态保育等技术。养殖迹地/目标水域水生植被修复与生态保育技术在东太湖的应用加速了水源地水生植物修复，水生植物群落生物多样性和植被覆盖显著提高，水质得到了一定的改善。针对富营养化水源地部分水生植物疯长抑制沉水植物生长，降低植被稳定性和净化水体能力，开发了不同种类和结构水生植物生物量调控技术[330,331]，该技术在 2013—2015 年苏州吴中区太湖近岸水域及水源地水草生物量调控中得到应用，增加水源地氮、磷输出，不但较好地维持了太湖东部吴中区水源地的水质，还降低了吴中区水源地富营养化程度[332]。因水位抬升会增加水深，降低沉水植物可捕获水下光强，而水位下降会减小水深，增加沉水植物能捕获的水下光强，调控水位促进沉水植物恢复和控制过量生物量技术和进行基底改造，局部抬升或降低基底使沉水植物获取水下光场处于适宜强度的技术逐步受到重视，相关研发工作正在推进之中。

水源地生态保育涉及物理、生物、化学等多个过程，影响要素众多，单一技术应用的效果往往不够显著，需将不同技术联合或组合起来使用。马剑敏等[332]运用生物操纵、生境改善等多种技术组合重建了武汉月湖植被。昆山傀儡湖水源地生态保育采用生物操纵、生态修复、外源污染物拦截、生态疏浚等多种技术手段，保持了水源地的安全供水[315]。鉴于傀儡湖的试验，目前苏州市对阳澄湖水源地也采取了生境改善、生态修复、生物操纵、生态疏浚等多种生态保育技术组合实施阳澄湖生态优化提升，可望在确保相关傀儡湖安全供水的同时，也向苏州工业园区安全供水。

3. 饮用水厂水质净化技术

饮用水厂出厂水质决定着居民家庭及各重要用水单位水龙头流出的水质，直接关系到居民身体健康，一直以来受到各国的高度重视。随着社会经济的快速发展，尤其是有机化工、石油化工、医药、农药及除草剂等生产的迅速增长，有机化合物的产量和种类不断增加，排放至各类水源地的污染物数量和总量逐年增加，有机污染物、铅汞等重金属含量地表水体超标现象普遍存在[333]。以湖泊为水源地的入厂进水中不但存在藻颗粒、氨氮等严重超标风险，而且还有与农药、抗生素和重金属等复合的污染风险，而以河流为水源地的水厂进水在存在氨氮、人工合成有机污染物、重金属等超标的同时，还存在因自然和人为因素导致的突发有毒有害污染风险。未能在水源地被消减去除这些污染物，会通过水厂取水管道进入饮用水厂，如未在饮用水厂得到有效去除，将对居民身体健康造成不良影响。另外，随着检测和分析技术的进步，人们对水中污染物危害健康的认识不断深入，加上居民生活水平提高对饮用水质量要求的提升，各国纷纷修订原来的饮用水水质标准，重视农药、人工合成有机物、砷和铅等重金属、消毒剂与消毒副产物、藻类和微生物的健康风险，对于饮用水厂来说，普遍面临原水水质恶化和出厂水水质标准提高的双重压力。在此压力下饮用水厂净水技术得到不断进步。

饮用水厂净水工艺经过 100 多年发展，于 19 世纪末 20 世纪初逐步形成"混凝-沉淀-过滤-氯消毒"常规处理工艺。20 世纪末我国针对其不能有效去除水中微量有机污染物，消毒的氯与水中某些天然有机成分反应生成三卤甲烷（THMS）和其他卤代副产物等致癌物或诱变剂，对人体健康构成潜在威胁，开展了常规处理工艺强化处理技术研究，开发了包括强化混凝、强化沉降、强化过滤等工艺和技术。在强化混凝方面，进行了无机或有机絮凝药剂性能的改善，优化混凝搅拌强度、优化反应时间、确定最佳絮凝 pH 条件，开展了强化颗粒碰撞、吸附和絮凝设备的研制与改进；在强化沉淀方面，优化斜板间距、沉淀区流态、排泥，开发了代替斜板的斜管沉淀、拦截式沉淀技术等；在强化过滤方面，进行滤料、滤剂、生物过滤膜氧化技术开发，开展滤池结构优化，增加了水的可过滤性，强化普通滤池的生物作用[334]。在常规强化技术工艺基础上，开发了使用臭氧氧化和活性炭吸附技术，可有效去除和控制水中的有机污染物和氯化消毒副产物，提高了水的化学安全性，但是不能有效解决水源中氨氮含量高的问题，对病原微生物的去除能力也有限。

"十一五"期间随着我国地表水源地富营养化藻类水华问题凸显，原水水质下降及突发污染事故出现，在饮用水厂水质净化技术研发方面，在强化传统工艺基础上，开发了微汽包上浮分离藻水、添加黄土强化混凝、臭氧前氧化处理、臭氧后氧化处理、粉末活性炭吸附、颗粒活性炭吸附技术，姚智文等[335]提出了"原水→预臭氧接触池→混凝沉淀→砂滤池→主臭氧接触池→生物活性炭池→加氯→出厂→用户"工艺流程；左金龙[333]通过对国内外不同文献调研分析，提出了典型有机污染物、典型无机污染物、典型生物污染物以及生产过程副产物的单元处理技术方案，提供了微污染水、富营养化湖泊水库水、低温低浊水、病原生物污染水 4 种典型原水的处理工艺流程，以及相应的常规集成强化技术、全流程集成技术、膜技术集成技术，针对活性炭吸附工艺的缺陷，提出开发以 GAC 为主要载体的新型类脂复合吸附材料，对水中微量 POPs 进行富集吸附。

李大鹏和曲久辉[336]在分析总结基于微界面过程的水质净化技术提出高效絮凝剂-絮凝，均相或非均相催化剂作用造成的高效催化臭氧氧化降解污染物技术、净水新材料-膜材料及膜技术是未来几十年水质净化技术发展重要方向。"十二五"期间，因膜生产技术进步和成本的下降，以及臭氧＋生物活性炭工艺运行中存在生物泄漏的风险，炭池生物膜脱落导致出水浊度升高现象频出，以膜处理为核心的饮用水水厂膜净水技术工艺（饮用水厂净水第三代净水工艺）得到了应用，相应的净水技术包括微滤（MF）、超滤（UF）、纳滤（NF）和反渗透（RO）等膜分离技术[337]。膜净水技术是以具有选择性分离功能的膜为分离介质，以膜两侧的压力差为驱动力，实现原液中不同组分的分离、纯化及浓缩的过程，从而达到净化水质的目的。超滤因可将水中的胶体微粒、不溶性的铁和锰以及细菌、病毒、贾第虫等微生物去除的同时，保留了人体必需的微量元素，既确保水质安全，又保证水质健康，在国内净水厂中应用得越来越广泛，既可以替代传统处理工艺中的滤池使用，也可以作为深度处理工艺使用[338~344]。围绕超滤净水技术在饮用水厂的应用，开展了大量研究，徐扬等[345]认为浸没式膜超滤系统在旧水厂改造中更具优势；饶磊[346]进行了不同絮凝沉淀、超滤膜处理、炭吸附、消毒、污泥处理技术和工艺方案的对比，提出了南水北调中线工程的配套工程郭公庄水厂预臭氧接触池＋机械混合井-机械澄清池-主臭氧接触池＋下流活性炭吸附池-超滤膜车间＋次氯酸钠＋紫外线联合消毒工艺-清水池-管网流程；田兆东[347]为提高活性炭的使用寿命和污染物的去除效果，研制了更能充分发挥其微生物载体作用的粉末活性炭与浸没式膜的组合工艺；范小江等[348]将饮用水源受到污染时饮用水厂总的净水处理工艺流程划分为传统处理工艺、深度处理工艺和超滤膜过滤三个部分，提出采用耐氧化的平板陶瓷膜，将沉淀、污泥浓缩、臭氧氧化、膜过滤与反洗水回收集成为一个复合单元，取代传统工艺的沉淀池，采用生物活性炭取代传统的砂滤池，缩短工艺流程，实现在现有水厂构筑物基础上由传统工艺向深度处理工艺的升级，并降低膜污染，指出了超滤的未来组合方向；贾恒松[337]通过对我国市政饮水厂超滤膜应用效果分析，提出在原水受到低程度有机物污染和突发污染时可采用以高锰酸钾-混凝沉淀-粉末活性炭-砂滤-超滤为核心的工艺，当原水污染程度较高，可在常规处理工艺的基础上增加臭氧活性炭-超滤联用技术。

另外，研究者开展了消除饮用水厂生物危害水质技术研发，王珊等[349]开展了饮用水处理系统中摇蚊幼虫的污染防治技术研发，提出在沉淀池和砂滤池之间、滤池出水堰位置加装拦网，清洗拦网上的幼虫，在摇蚊活动频繁时期在夜间安装发光灭蚊灯，在傍晚用 5％的次氯酸钠喷洒池壁方案，并在广州市某自来水厂开展生产实践，获得了良好的效果；戚圣琦等[350]通过臭氧微气泡曝气和微孔曝气的比较，提出了臭氧微气泡曝气灭活细菌、脱色去除农药、去除苯系物、分解污泥等技术；姚宏等[351]提出"预臭氧氧化＋明矾聚合物絮凝沉淀＋臭氧氧化＋过滤＋加氯消毒"深度处理去除抗生素工艺。

虽然膜处理代表着未来饮用水厂净水工艺发展方向，但是技术存在着超滤膜的制造成本高、膜寿命偏低、运行成本中折旧费较高、需要消耗能量、膜易遭到污染和堵塞等问题，4～6 个月必须进行化学清洗，需要消耗化学试剂，而且操作不方便，与常规工艺相比，物理清洗和化学清洗频率较高。频繁的物理清洗对水泵、风机、阀门都有极高的要求，且增加水厂能耗；频繁的化学清洗会缩短膜的使用寿命，膜破损检测困难。此外，膜过滤性能受处理水的酸碱度和温度影响，对水中的中、小分子有机物，特别是微量有机污染物的去除效果较差，需与其他工艺组合应用。发展节能高效，尽可能少用化学药剂的组合超滤工艺的水质净化技术是今后解决水资源短缺、水质污染问题的重要技术方向。

四、水环境污染防治预警管理技术和体系建设进展

（一）水环境基准体系

1. 水环境基准体系研究进展

水环境质量基准简称水质基准，是制定水质标准的重要依据[352]。水环境基准是流域水质目标管理的基础和根本[353]。

基于我国严峻的水环境污染形势，"十一五"启动了系统的水质基准研究，目前取得了重要研究进展：①基本建立我国水环境基准技术框架体系。建立了特征污染物筛选、水生生物基准、水生态学基准、营养物基准、沉积物基准等技术方法，出版了《中国水环境质量基准绿皮书》。②初步建立我国水环境基准研究平台。提出了"3门6科"我国最少毒性数据需求原则及"4门10种"受试水生生物名单，突破"生物效应比""水效应比"等水质基准关键技术，筛选驯养了麦穗鱼、中国青鳉等我国本土基准研究受试生物，初步具备了研制本土水环境基准的能力和平台。③结合我国水环境特征及辽河流域区域特征，研究提出氨氮、重金属等重点污染物的国家、流域及区域（清河、太子河、辽河口等）水环境基准阈值，探索了水环境基准向标准转化的技术方法，支持了我国地表水水质标准（GB 3838—2002）的修订，基于基准阈值制定的流域区域下 MOLS 方案为辽河流域的水质目标管理示范提供了技术支持[353]。

相对发达国家来说，我国的水质基准研究工作基础相对薄弱，缺乏具有可操作性的水质基准方法学，现行环境质量标准主要是参照国外水质基准与标准研究成果而制定，科学依据不充分，容易对整个生态系统的保护产生潜在的"过保护"或"欠保护"现象[353,354]。由于我国生态系统特征差异性显著、生态与健康效应复杂及人群暴露条件的差异，直接采用国外数据不能客观反映我国水环境质量的真实情况，因此要根据我国人群暴露特点制定出能真实反映我国水环境质量的基准限值[355]。

首先，在水质基准的研究方法中，污染物毒性数据是水质基准研究的关键。在污染物毒性数据的获取方面，我国目前基本是参考国外的数据库以及文献数据资料来获得基准所需要的毒性数据。其中，美国环保局建立的 ECOTOX 数据库（http：//cfpub. epa. gov/ecotox/）、国际农药行动联盟建立的 PAN 农药数据库（http：//www. pesticideinfo.org/）是较为常用的数据库。而我国目前仍旧没有建立自己的毒性数据库平台。在毒性测试方法方面，我国目前也只有大型蚤、斑马鱼等急性毒性测试标准方法[356,357]，缺乏其他物种的标准测试方法和慢性毒性测试方法，因此也只能参照其他国家的标准测试方法进行数据筛选。水质基准的方法学正在不断地补充和完善。如吴丰昌等[358]以湖泊为例，系统地总结了水质基准的理论和方法学；同时，根据中国生物区系特征，对几种典型有机污染物以及重金属的水生生物基准进行了推导[359~362]，在国内较早地开展了水质基准系统的研究工作，并且形成了较为系统的理论和方法学体系。中国环境科学研究院于 2010 年发布了我国第一部水质基准的方法学专著《水质基准的理论与方法学导论》[363]，随后进一

步发布了《水质基准的理论与方法学及其案例研究》，系统介绍了我国镉、无机汞、锌、铬、硝基苯、苯、四溴双酚 A 这 7 种污染物的水生态基准案例研究结果。其次，在污染物水质基准的研究方面，借鉴国外的研究方法，部分学者也陆续开展了有机物和无机物的水质基准研究工作。最初关于污染物水质基准研究基本上都是参考美国的标准技术文件展开的，如丙烯腈、硫氰酸钠和乙腈以及氯酚类污染物基准[364~366]。随着基准研究的不断深入，一些学者开始借鉴其他国家的研究方法，采用国际上普遍认可的 SSD 方法对污染物展开系列研究，进而推导出污染物的水质基准值[367]。另外，沉积物质量基准是水质基准的重要组成部分，近年来也开始陆续开展研究，如祝凌燕等[368,369]基于相平衡分配法，初步探讨了天津某水体 4 种重金属和 2 种有机氯农药的沉积物质量基准。这些基准案例的研究对我国水质基准的发展起到了积极的推动作用。通过与美国的相应污染物水质基准比较，发现两国基准值在数值上存在一定差异，这种差异性，主要是由两国生物区系存在差异引起的[370]。

2. 水体富营养化基准与标准研究进展

营养物基准是水质基准的一部分。营养物基准的概念是基于营养物在湖泊中产生生态效应危及了水体的功能或用途而提出的，因此营养物基准是指对湖泊产生的生态效应不危及其水体功能或用途的营养物浓度或水平，可以体现受到人类开发活动影响程度最小的地表水体富营养化情况[371]。

基于水专项课题"我国湖泊营养物基准和富营养化控制标准研究"的研究成果，席北斗等[371,372]、杨柳燕等[373]、许其功等[374]、邓祥征等[375]出版了《湖泊营养物基准和富营养化控制标准》系列丛书。依据湖泊生态系统区域差异性以及入湖营养物负荷和富营养化效应的分异规律，建立了适合我国国情的湖泊营养物生态分区理论、营养物基准制定方法学，在我国湖泊富营养化分区控制、分类指导以及基准和标准的科学确定等理论方面取得了一定的进展。主要包括以下几个方面：①系统开展全国湖泊区域差异性调查，阐明我国湖泊富营养化区域分异规律，包括富营养化水平的空间分异规律、富营养化驱动因子的空间分异规律、景观生态学格局的空间分异规律、水生生态系统的空间分异规律等方面。首次系统提出我国湖泊营养物生态分区原理和技术方法，为我国湖泊营养物生态分区、基准以及富营养化标准的制定提供科学依据。②首次在阐明营养物基准原因变量和反应变量关系的基础上，辨识并优选基准候选变量，建立不同分区营养物基准指标体系，综合运用统计学、古湖沼学、模型推断和实验分析等方法，确立湖泊参照状态，合理确定营养物基准值并进行适宜性和毒理学评价，填补我国湖泊营养物基准制定方法学上的空白。③首次系统研究基于湖泊营养物基准制定富营养化控制标准的关键科学问题，统筹营养物基准、湖泊功能、分区管理单元的环境管理目标和流域社会经济特点，结合"反降级政策"，科学构建不同分区湖泊富营养化控制标准及其分级技术体系。④建立基于不同分区湖泊营养物容量和富营养化控制标准可行性的社会、经济与技术耦合系统，为不同分区湖泊提供适宜的分类技术指导和国家营养物削减方案。

营养物基准的制定过程中确定指标变量是非常关键的一步，湖泊营养物基准指标变量是可用于衡量水质、评价或预测水体的营养状态或富营养化程度的变量，它是构成建立区域和湖泊营养物基准的基础[376,377]。霍守亮等[378]分析了美国湖泊水库营养物基准指标采用的历程与计划，并结合我国湖泊特征和营养效应的区域差异性，确定将总磷、总氮、透明度、叶绿素 a 作为基本候选变量，在其基础上，不同的区域应再考虑其他指标（如矿化度、温度、溶解氧、电导率等)。

营养盐水生态分区是营养盐基准和富营养化控制标准制定的基础,是对水体富营养化进行综合评估、预防、控制和管理的科学基础和重要手段。张德禄等[379]通过对生态分区、水生态分区概念内涵的辨析,生态分区划分依据的探讨,以及营养盐生态效应在空间表征、驱动因子、响应模式上的分异分析,剖析了基于营养盐的湖泊水生态分区概念内涵,提出了中国湖泊实行"分区、分类、分级"的三级划分框架;指出以气候带、地形地貌、流域水系等地带相似性为分区的依据,以区域内地形地貌、土壤营养吸附量、土地利用格局、湖盆形态、水文特点等方面的差异为主要分类指标,以营养盐浓度、初级生产者生物量、单位营养盐浓度下的初级生产者生物量、初级生产者优势种群类型等为分级指标的划分依据;以发生学、等级性、相似性、分异性、完整性、综合性等为分区原则,初步构建了湖泊水生态分区的指标体系,为中国基于营养盐的湖泊水生态分区做了基础性的准备工作。刁晓君等[380]在五大湖泊生态分区的基础上,对不同生态分区的100个湖泊总氮、总磷、氮磷比与叶绿素 a 的关系进行了分析,进而提出了不同生态分区的湖泊营养盐控制目标。从 TN、TP 对五大生态分区湖泊 Chl-a 浓度的影响看,TP 是东北和华北湖区湖泊藻类生长的限制性营养盐,而 TN 和 TP 同时是中东部、云贵和蒙新湖区湖泊藻类生长的限制性营养盐。氮磷控制策略方面,华北湖区的湖泊应以优先控磷为主;东北湖区 TN/TP<10 的湖泊应采取氮磷联合控制,其他湖泊应以控磷为主;中东部、云贵、蒙新湖区的湖泊均应氮磷联合控制。揣小明[381]以我国新疆、内蒙古、黑龙江、吉林、辽宁、江苏和云南 7 个省份的 28 个代表湖泊为研究对象,在进行大量历史资料调查的基础上,采用野外调研、原位试验和室内试验相结合的方法,同时运用概率统计、方差分析、相关性分析、线性回归、归纳推理以及构建数学模型等多种数学方法,研究我国若干湖泊生态系统状况[包括营养水平的演化趋势、藻型富营养化/草型富营养化、自然富营养化与人为富营养化、总磷(TP)与叶绿素 a(Chl-a)现存量线性关系的区域化特征以及湖泊生态系统 TP 与生物量之间的质量结构模型]及其分类方法,并进一步提出若干湖泊 TP 的基准及其相应的控制标准。

建立生态分区内各类型湖泊营养物的参照状态是营养物基准制定过程中最为核心的内容之一。陈奇等[382]在系统分析和评价国外确定湖泊营养物参照状态的若干种方法,包括参照湖泊法、湖泊群体分布法、三分法、回归分析等几种统计学方法以及模型推断和古湖沼学重建方法后,根据总磷、总氮、叶绿素 a 和塞氏透明度四项指标的历史监测数据,应用若干统计学方法建立了巢湖的营养物基准参照状态。

(二)生态区划理论

1. 水生态功能区划理论研究

生态区划始于 19 世纪,由于对自然调查不够充分及认识的局限性,早期的区划多采用单一指标(如气候、地貌、植被类型等)。在生态系统概念提出后,人们逐渐意识到生物与环境关系密切,对自然资源的研究和管理也应该综合考虑生态系统各组分间的相互关系,区划方法逐渐向多参数指标体系转变。当然,由于研究对象及目标的不同,陆地、淡水、海洋的生态区划方案间有很大差异[383]。其中,水生态区划最早由美国环保署(USEPA)于 20 世纪 70 年代提出,EPA 认为:水环境管理不仅要关注污染控制问题,还要重视水生态系统结构与功能的保护,需要构建能够反映水生态系统空间特征差异的管理单元体系[384]。随后，Omernik[385]提出了首个基于地表地貌、土壤、植被和土地利用4个区域性特征指标的三级生态区方案，将美国大陆分成15个Ⅰ级区、52个Ⅱ级区和84个Ⅲ级区。目前，美国的水生态区划尺度进一步细化，区划体系已发展到5级，并制定了各个生态区的生物基准和水质管理目标[386]。

水生态功能分区是以生态学理论为指导，在流域尺度上开展的区划工作。具体而言，这是一项通过识别流域水生态系统格局与功能的空间异质性特征，辨析水-陆生态系统的耦合关系，而将流域划分成若干个相对独立、完整单元的工作。该工作为制定污染物控制、水质管理、生态健康、生态承载力基准及标准提供了基本单元；通过对不同分区单元实行"分区、分级、分类、分期"的管理模式，可以确保整个流域的生态健康及水生态功能的正常发挥，从而实现流域水质安全及水生态完整性的管理目标[386]。水生态功能分区是基于对流域水生态系统的区域差异的研究，流域内不同类型区域生物区系、群落结构和水体理化环境异同的比较，以及流域水生态系统的空间格局和尺度效应的分析而提出的一种分区方法。它阐明了水生环境系统在区域和地带等不同尺度上的空间分异特征，并揭示出水生态系统空间分布规律。其目的是研究水生态系统生态功能，揭示流域水生态系统的时空差异与演变趋势，并注重景观中的生态功能过程及其与格局作用机制的地域差异[387]。

水生态功能区，一方面要反映水生态系统及其生境的空间分布特征，确定要保护的关键物种、濒危物种和重要生境；另一方面要反映水生态系统功能空间分布特征，明确流域水生态功能要求，确定生态安全目标，从而便于管理目标的制订和管理方案的实施。水生态功能区划分是指为保护流域水生态系统完整性，根据环境要素、水生态系统特征及其生态服务功能在不同地域的差异性和相似性，将流域及其水体划分为不同空间单元的过程，目的是为流域水生态系统管理、保护与修复提供依据[388]。水生态功能区划主要是依据区域生态环境敏感性、生态服务功能重要性以及生态环境特征的相似性和差异性而进行的地理空间分区[389]。现行分区方法是将定性分区和定量分区相结合来进行分区划界，一级区划界的划分是依据区内气候特征的相似性与地貌单元的完整性，二级区划界的划分应注意区内生态系统类型与过程的完整性，以及生态服务功能类型的一致性，三级区划界的划分同样应注意生态服务功能的重要性、生态环境敏感性等的一致性。李艳梅等[390]提出水生态功能分区，不单是以自然要素或自然系统的"地带性分异"为基础，更是以生态系统的等级结构和尺度原则为基础，用生态系统的完整性来评价测量人类活动对生态系统的影响，将水生态功能区划的科学基础落在"基于生态系统的管理"之平台上。其一级区划的基本原则是依据流域水生态系统空间尺度效应与驱动因子分析而提出的，并且根据不同地质、地貌与气候带的组合提出一级分区指标体系和区划方法；其二级区划的基本原则是依据流域水生态景观格局与驱动因子分析而提出的，并基于河流物理栖息地环境因子和流域水生态功能提出二级分区指标体系与区划方法。从而揭示出流域水生态系统在地文要素和河道栖息地环境影响下的成因、演变趋势和区域分异规律。

流域水生态功能三级区划分的目的是反映水生态功能二级区内水生态系统功能差异，识别区划单元的主导水生态功能类型，为制订水生态保护目标提供支撑。其划分方法为：①确定划分流域的水生态功能备选类型；②选取典型的功能评价指标；③采用定量和半定量评价、功能等级划分、空间叠加、分区校验等方法，完成流域水生态功能三级区划分[391]。

　　张远等[392]采用自下而上的方法，建立了流域水生态功能三级区划分技术方法。功能一级区和二级区的划分原则：一级区的划分原则是气候地势主导，主要依据是流域生境类型及其空间分异规律，同时保持子流域边界完整性，驱动因子包括气候、地形地貌、地质、植被等；二级区的划分原则是在一级区的基础上进一步反映水文、地貌、植被和土壤等自然环境要素对流域水生态功能的影响和支持作用。一级区和二级区主要采用"自上而下"的区划方法，表现为自上而下顺序划分的演绎，在大范围中高层次的分区上客观把握和体现地域分异的总体规律。流域水生态功能三级区划分遵循"自下而上"的基本划分思路。基于河流湖泊生境、水生生物等指标，开展水生态系统功能评价，将具有同样类型河流湖泊生境以及水生态系统功能的单元合并成分区单元，以体现水生态系统功能类型的空间差异，形成流域水生态功能区。水生态功能三级区划分的原则是：①以水生态功能为中心，选取功能评价指标和评价方法；②兼顾水生态系统的自然生态功能和社会服务功能；③保持子流域完整性；④同一功能区可以同时具有2种或2种以上的功能类型；⑤与已有的水功能区划和主体功能区划相协调。

　　水生态功能区划通过实地调查河流与湖泊对其流域的生态环境要素现状与历史变化趋势的响应，基于流域分析，界定流域各子流域的边界与级别；基于流域水生态过程分析，评估流域水生态健康问题，识别流域水生态过程的驱动因子；基于流域水生态服务功能分析，辨析并明确流域水生态自然系统与人类社会的需求功能。其次，根据水生态过程和水生态服务功能分析，定位并综合评价流域水生态功能，提出流域水生态功能区划的指标体系。再次，结合流域分析，界定流域水生态功能区划边界；根据分区标准整合分异，由地理信息系统实现区划。最后，经示范案例反馈与适应性调整，提出流域水生态功能区划的生态系统管理目标，以期恢复流域持续性水生态健康，并在分区单元内达到人类社会综合效益的最大化与可持续发展[390]。

2. 水生态功能区划理论的实际应用现状

　　生态系统服务功能维系和支持了地球的生命系统与环境动态平衡[393]。然而，随着人口的急剧增长、资源的过度消耗和生态环境的持续恶化，人类活动已经使全球生态系统遭到空前的冲击与破坏，生态系统服务功能及其对人类福祉正在迅速衰退，甚至威胁到人类可持续发展的生态基础[394]。近年来，由于水资源利用和污染物排放强度的增大，水生态环境污染已经成为我国最主要的环境问题之一[395]。

　　水生态功能分区是进行流域现代水资源管理的必然要求，是面向水质目标管理污染控制单元划分的基础。高永年等[396]在发生学原则、区内相似性原则以及共轭性原则等相关原则的指导下，采用因素分析法对太湖流域一级水生态功能区进行划分，通过对流域DEM和气候、土壤等相关分区指标的比较分析，认为地形是太湖流域一级水生态功能分区的主导指标，分区结果主要包括西部丘陵水生态区和东部平原水生态区，并对两个一级水生态功能区的特征进行了阐述。

　　张博[397]为了在大尺度上体现辽河流域水生态空间格局分异的自然属性，依据国内外水环境生态分区的经验与方法，通过对辽河流域水热比、径流深、数字高程（DEM）、多年归一化植被指数（NDVI）、水文地质等自然因素与河流水环境因子及水生生物指标进行典型相关分析（CCA），筛选DEM、径流深、水文地质、NDVI指数作为辽河流域一级水生态功能分区的主要因子，并建立一级水生态功能分区指标体系与分区技术方法。结果表明，辽河流域可分为4个一级水生态功能区，主要包括西辽河上游少水型水生态区、西辽河中下游缺水型水生态区、辽河平原少水型水生态区、辽河浑太上游丰水型水生态区，且基于历史数据与野外水生态调查的鱼类聚类分析结果能较好地验证辽河流域一级水生态功能分区结果。

王玲玲等[398]通过对比三峡库区已有的生态功能分区依据及指标体系特点，提出了已有分区指标体系的不足之处，即尚未充分考虑水生要素。在三峡库区流域自然要素及水生态特征分析的基础上，建立了三峡库区流域水生态分区体系，明确了各级分区的主要内容与分区依据，提出了各级分区的特征指标，从而建立了流域水生态分区的指标与方法体系。结果表明，三峡库区流域包括 2 级水生态区。该研究在 GIS 技术支持下，采用多指标叠加分析和专家判断方法，将三峡库区流域划分为 6 个一级区，对不同分区的水生态系统特征及其所面临的生态环境问题进行了总结，为基于水生态区的环境管理提供了技术支撑。

高喆等以滇池流域为例，立足于滇池流域水生态系统存在的问题，确定了流域一、二级水生态功能区的主导功能；以水文完整性为基础，分别针对一、二级分区划分子流域单元；以生态功能区划的生态系统服务功能、尺度效应、地域分异规律等相关理论为基础，识别影响滇池流域水生态功能的关键因子，构建滇池流域一、二级水生态功能区的指标体系；对多指标进行空间叠加聚类，并根据滇池流域的水量水质特征对分区边界进行微调，将滇池流域划分为 5 个一级区和 10 个二级区；同时采用着生藻、水丝蚓的生物密度对分区结果进行合理性评价；在此基础上，对水生态功能分区存在的问题进行探讨。

3. 其他区划理论

水功能区划是根据水资源的自然条件、功能要求、开发利用状况和社会经济发展需要，将水域按其主导功能划分为不同区域并确定其质量标准，以满足水资源合理开发和有效保护的需求，为科学管理提供依据。按照这样的要求，水功能区划目前分为两级区划11分区。两级区划即一级区划和二级区划，一级区划是水资源的基本分区，分为保护区、缓冲区、开发利用区和保留区四区；二级区划是为协调用水部门之间的关系，在一级区划的基础上，将开发利用区再划分为饮用水源区、工业用水区、农业用水区、渔业用水区、景观娱乐用水区、过渡区和排污控制区七个二级分区[399]。它们两者的区别主要在于水资源的利用形式和服务对象不同。但是水功能区划还有其值得进一步探讨的地方，比如考虑对象仅针对水体，尤其是水资源和水质，对水体自然、生态特征关注不够；另外，水环境容量在水功能区划中未得到充分考虑。

水环境功能区划是根据水污染防治与标准等相关法律法规、水域环境容量和社会经济发展需要以及污染物排放总量控制的要求，而划定的水域分类管理功能区。水环境功能区划以满足水环境容量、社会发展需为目标，目的是控制污染、保障水质。传统划分为 5类水质和 8类功能区，包括自然保护区、饮用水源地保护区、工业用水区、农业用水区、渔业用水区、景观娱乐用水区、过渡区和混合区。但是现行水环境功能区划依然存在一些问题：①仅仅关注水体区段现状使用功能，然而水生态系统完整性考虑不足；②以行政区为基础划分，而流域整体层面上的统一与协调尚显不足；③侧重于水质目标控制，对容量总量控制的考虑需进一步加强[400]。

生态区划是应用生态学原理与方法，揭示各自然区域的相似性和差异性规律，是为区域资源的可持续开发利用和环境保护而进行的整合和分异，从而划分出生态环境区域单元[401]。生态区域是综合性的功能性区划，现行方法将其划分为功能区划和特征区划两部分。功能区划注重景观中的生态功能过程及其与格局作用机制的地域差异，针对地理环境复杂、生态环境问题多样、区域经济和社会发展极不均衡的现状，确定不同生态地域和生态系统的主导功能，并以此为基础，指导自然资源与环境的管理，因地制宜地制定产业发展方向，引导区域中经济-社会-生态的可持续协调发展。作为一个有用的工具，生态区可以在景观尺度的空间结构上，识别物种和生态系统的分布。相比行政边界，生态区具有生物属性，能够更好地用生态保护规划的方法将一个省（州）细分为若干个亚单元，从而为生态功能区划提供坚实的生态学基础[385]。

生态地理区划是根据生态地理的相似性与差异性对地表进行区域划分，主要反映自然界温度、水分、生物、土壤等自然要素的空间格局及其与资源、环境的匹配[402]。与一般意义上的自然地理分区不同，水生态分区是水环境功能区划的基础，有助于功能区划中水体生态特征的识别、生态功能的确定，并可通过对水体资源功能和生态功能的协调来制定适宜的河流保护目标[403]。水生态分区过程更多的是考虑自然因素和河流生态系统类型之间的因果关系，力图通过不同尺度下的地形、气候、水文以及地貌类型等要素来反映水生态系统的基本特征，包括生产力水平、物种的组成等。

水生态功能分区与水功能区划、水环境功能区划、生态区划以及生态地理区划都是水环境管理的重要单元，但分区依据和目标各不相同。而水生态功能分区作为一种新的管理单元，不但可以为合理有效和可持续地利用流域水生态资源、遏制和消除流域水污染、推动水产品质量安全法的有效实施提供保障，而且为维护水生态系统生物多样性、实现流域水生态健康这一终极目标奠定基础[390]。

（三）水生态承载力

1. 水生态承载力最新研究进展

随着水生态系统问题的日益复杂化，以及流域水生态系统综合管理的需求，加之水量和水质问题并存、水生生物数量和多样性大幅度减少、水生态系统退化等现实，迫使人们需要从更高的角度去认识水生态系统相对于人类的承载力能力。显然，过去的水资源承载力、水环境承载力等概念已经不能完全适应现实的需求。水生态承载力概念就是在这样的背景下被提出的。水生态承载力既能够体现当前水生态问题，又能将经济社会发展与水生态系统相联系，并作为经济社会发展的重要依据，成为关注的热点[404]。

承载力一词出自生态学，最早也只应用于生态学领域。1921年，帕克和伯吉斯提出承载力的概念：某一特定环境条件下（主要指生存空间、营养物质、阳光等生态因子的组合），某种个体存在数量的最高极限[405]。最初的承载力概念源于著名的逻辑斯蒂曲线，其含义是在任何生态系统中，由于某些特定环境因子的限制，生物种群数量的增长曲线将呈现"S形"。Odum[406]将承载力概念和逻辑斯蒂 K 值联系起来，并以此给出了承载力的数学定义。经过八十多年的发展，尤其是在这期间环境生态问题日益严重，承载力的概念也被引入到生态学与资源学、环境科学与生态经济学的交叉学科中，随着与人类生产生活息息相关的环境问题的产生，承载力的概念也发生了很大的变化，并由于关注的对象不同而产生了资源承载力、环境承载力等概念。

高吉喜将生态承载力的概念定义为：生态系统的自我维持、自我调节能力、资源与环境的供容能力及其可维育的社会经济活动强度和具有一定生活水平的人口数量。并指出对于某一区域的生态承载力而言，其基础条件是资源承载力，约束条件是环境承载力，而支持条件是生态弹性力[405]。

目前关于水生态承载力并无统一的概念和完善的理论体系。李靖等人在对新疆叶尔羌河流域研究后将水生态承载力定义为：在一定历史阶段，某一流域的水生态系统在满足自身健康发展的前提下，在一定的环境背景条件下所能持续支撑人类社会经济发展规模的阈值。生态承载力是基于流域水资源综合管理发展而来的概念，和之前的承载力概念相比，它更关注于流域承载状况，通过分析与流域水资源密切相关的要素，力图提示水资源变化的过程，以及在保证水生态系统健康发展下，解决水资源与社会经济发展之间的矛盾。

杨俊峰等[407]提出流域水生态承载力概念：流域水生态系统对人类发展的支持和承受能力，表征以水循环为主线的人类社会与水生态系统耦合作用的一种系统状态；在特定情境或约束条件下，其大小可以用承载一定条件下的人口数量或经济规模来衡量；流域水生态承载力是动态变化的，导致其变化的主要原因是人类的干扰行为；流域水生态承载力是有限度的，当人类活动超越承载力极限时，若不及时强化保护性行为，将会对水生态系统造成严重破坏。

王西琴等[408]提出水生态承载力是指在维持水生态系统健康状况下所能承载的人类活动阈值，从狭义角度理解，水生态健康状况可用水量和水质同时满足一定标准来表征。基于此，水生态承载力可以理解为水资源和水环境的复合承载力。该概念的提出克服了水资源承载力和水环境承载力研究的不足，提升了对区域水资源开发、水环境保护与区域经济发展之间关系的认识水平，可更好地为协调水生态系统健康与社会经济发展提供科学依据。

水生态承载力系统涉及水资源、水环境、人口、经济等子系统，并且各子系统之间相互联系、相互影响。水生态承载力指标体系应综合反映水量与水质两个方面的指标，以区别于水资源承载力和水环境承载力指标[408]。

根据水生态承载力的内涵，水生态承载力可以从广义和狭义两个层次去定义。广义的水生态承载力是指在维持水生态系统自身及其支持系统健康的前提下，基于一定的生态保护和承载目标，自然水生态系统所能支撑的人类活动的阈值。狭义的水生态承载力是指在保证一定的生态需水、栖息地环境和水功能（生态）区水质目标的前提下，基于一定的用水方式和排水方式，区域水资源量（包括调入水量）和水环境所能承载的最大人口数量和经济规模。

狭义和广义概念区别的实质在于水生态承载力的发展局限性，由于目前尚未建立人类活动与水生态系统的响应关系，因此，在现有技术水平下很难按照广义的概念去建立水生态承载力评估指标体系。而基于狭义的概念，可以使得水生态承载力概念具有可操作性和实际内涵。考虑到现有技术水平的限制，特别是实际的可操作性和应用性。依据水生态承载力的狭义概念，我国现阶段的水生态承载力概念可定义为：水生态承载力是在满足自然生态系统对水资源需求及其满足一定环境容量的前提下，能够支撑的最大人口数量和经济规模，其实质是同时满足水资源承载力与水环境承载力的复合承载力，即在现阶段，水生态承载力的内涵可以理解为同时满足水量和水质前提下能够承载的人口数量和经济规模。水生态承载力是一个具有生态和经济社会双重属性的自然科学与社会科学综合概念。水生态系统的自然属性决定了生态承载力具有生态学意义上的极限性，即存在最大可承载规模；经济社会系统的社会属性决定了存在最优的承载规模，即人类可通过自身的管理实现一定生态目标下的最大承载规模。因此，在认识水生态承载力存在极限的同时，通过对水生态系统和经济社会系统的人为干预，可实现承载力的最优化，使经济社会与水生态系统协调健康发展[405]。

水生态承载力具有以下特点。

① 动态性　即阶段性，是指水生态承载力同社会发展阶段直接相关联。水资源和水环境系统及其所承载的社会经济系统都是相对稳定的系统，即水生态承载力的主体和客体都处在不断的动态变化之中。客体的运动使得其对主体的需求不断变化，加上主体本身质和量的不断变化，导致其支持能力也相应发生改变。动态性是水资源承载力的一个根本特性。

② 区域性　即空间差异性。不同区域的水量、水质和水生态条件等在空间分布上有很大的差异；人类社会经济活动的发展水平、规模方向以及水功能及保护标准等也有明显的地域差异。因此，不同水域的水生态承载力是不同的，水生态承载力只有相对于某一区域才有实际意义。人类活动应依据承载力空间差异合理布局，以最大限度地实现水生态系统与经济社会发展的协调。

③ 可调控性　由于水生态承载力的主体和客体都处在不断的动态变化之中。水生态承载力主体的不断发展变化必然影响到水生态系统客体本身，导致其支持能力也相应发生改变，并对生态承载力主体形成制约。不同发展阶段，对生态系统的要求不同，如水生态保护目标的高低随着时间的变化而呈现出动态性，使得其对主体的要求不断变化。对水生态承载力系统进行有效调控的基础是水生态系统具有的缓冲弹性力；水资源开发利用技术（海水的淡化、污水处理回用等）、污水处理技术和管理技术（用水结构的调整、区域外调水等）的发展和不断创新，为可调控性的实现提供了可能。

④ 有限性　即相对极限性，是指在某一具体的历史发展阶段，水生态承载力具有有界的特性，即存在可能的最大承载上限。其主要决定于承载力的生态属性。人类虽可以通过调控提高水生态承载力，但是，水生态系统的恢复能力是有限度的。在这个限度内，水生态承载力能够自我调节，若超过了这个限度，水生态系统的结构就会遭到破坏，某些功能就会丧失，承载能力就会下降，甚至可能造成崩溃。水生态承载力涉及"生态-经济-社会"这一复杂巨系统，各子系统及子系统内部各要素之间呈现非线性的反馈关系，同时由于人类认识自然能力的极限性，水生态承载力的指标和量化值也具有一定的有限性。

⑤ 模糊性　水生态承载力涉及的各子系统及子系统内部各要素之间呈现非线性的反馈关系，同时由于人类认识自然能力的极限性，水生态承载力的指标和量化值也具有一定的模糊性[405]。

流域水生态承载力是水资源承载力、水环境承载力以及生态承载力的有机结合，它综合体现了水体的资源属性和环境价值，同时也从水生态角度测度了自然生态系统对人类社会经济的承载能力。从理论上，流域水生态承载力属于典型的交叉学科研究，涉及承载力理论、可持续发展、流域生态学理论以及人口论、区域科学、地理学等多个方面。从应用上，水资源供需、生态系统弹性力和环境容量成为了流域水生态承载力的主体内涵，同时也是判断水生态系统健康的信号指示灯。一旦水资源的供需平衡无法满足，生态系统受到了其自身无法代谢平衡的破坏或者环境污染物的排放超过了一定的容限，水生态系统的健康状况就会亮起红灯，流域发展处于水生态超载状况。从表现上，流域水生态承载力研究的出发点和归宿点均是保证自然资源环境和人口社会经济发展的平衡。综上所述，其内涵包括三个方面：a. 基于水的资源属性的供需平衡分析；b. 基于水体纳污能力的环境容量分析；c. 基于流域生态系统稳定性的生态弹性力分析。这三个方面有所交叉又各有侧重，但是最终的目的是为了实现承载力的主体自然资源环境与客体人口社会经济科技的和谐发展[409]。

目前尚没有特别针对水生态承载力的研究方法。但是由于水生态承载力和生态承载力联系紧密，应用在生态承载力研究的方法是可以用来研究水生态承载力的，而且指标的选取和量化更为方便。国内外主要的生态承载力研究方法有以下几种。

① 自然植被净第一性生产力测算法　植被净第一性生产力是植物自身生物学特性与外界环境因子相互作用的结果，是评价生态系统结构与功能特征和生物圈的人口承载力的重要指标[410]。它能反映某一自然体系的恢复能力。对于某一特定的生态区域内，第一性生产者的生产能力是在一个中心位置上下波动，并且这个生产能力也是可以测定的。将测定值同时与背景数据进行比较，偏离中心位置的某一数值可以视为生态承载力的阈值。由于各种调控因子的侧重及对净第一性生产力调控机理的解释不同，世界上产生了许多第一性生产力模型，主要分为三类：气候统计模型、过程模型和光能利用率模型。我国的研究起步较晚，一般多采用气候模型。但是第一性生产力测算法仅仅考虑了自然-社会经济复合系统的自然要素，而没有考虑社会经济科学技术的发展与进步等对承载力的影响，所以它的研究并不全面。

② 系统动力学法。系统动力学是美国麻省理工学院 Jay. W. Forrester 教授于 1956 年创立的。突出的优点在于能处理高阶次、非线性、多重反馈、复杂时变的系统问题。对问题进行定性分析时，系统动力学方法强调系统、动态和反馈，并把三者有机结合起来，同时强调系统的结构决定系统的功能。在进行生态承载力研究时，系统动力学法能较为容易地得到不同方案下的生态承载力，较真实地模拟区域资源和社会经济、环境协调发展状况，模拟出区域承载力的变化趋势。该方法的不足在于模型容易受建模者对系统行为认识的影响，其中的参变量不好把握，可能导致出现不合理的结论。

③ 生态承载力综合评价方法　高吉喜[405]提出：生态承载力可以理解为承载媒体对承载对象的支持能力。如果要确定某个生态系统的承载情况，必须先知道承载力媒体的客观承载能力大小、被承载对象的压力大小，然后才可以了解该生态系统是否超载或低载。该方法分为三个等级评价。一级评价将生态系统弹性度作为评价准则，二级评价以资源和环境条件作为评价准则，三级评价以承载压力度作为评价准则。此法曾应用于我国黑河流域可持续发展研究中。

④ 背景分析法　背景分析法就是在历史长度下，将世界范围内的经济发展、水资源利用、生产力水平、生活水平及生态环境演化情景以及其相应的自然背景和社会背景，同研究区域的实际情况作对比，得到该区域可能的承载能力。背景分析法的另一种形式是趋势分析，包括自相关分析和互相关分析。自相关分析将支撑因子的历史支撑水平序列，如耕地逐年单产水平、单位水资源产出（称为水生产效率）等，按时间序列相关分析，得到评价断面的该因子支撑能力。互相关分析考虑了支撑因子与其他因子的关系，如水生产效率与经济发展水平关系，通常以人均 GDP 与其相关。常用的数学工具为指数平滑、回归分析、Logistic 曲线、灰色模型、增长率外延等，近些年还开始使用神经网络进行分析。背景分析法只采用一个和几个承载因子分析，因子之间相互独立，简单易行。但其分析多局限于静态的历史背景，割裂了资源、社会、环境之间的相互作用与联系，对土地生产能力一类简单承载能力的估计是可以接受的，该方法对某些因子的潜力估计、趋势预测等，

也可以借鉴到更为复杂的承载能力研究中,如环境承载能力、水资源承载能力、人口容量问题等。

⑤ 多目标模型最优化方法 水生态承载力分析涉及自然条件和社会系统的方方面面,是一个典型多目标复合系统问题,采用分解-协调的系统分析思路,将特定地区的水资源、人类社会经济系统划分成若干个子系统,并采用数学模型对其进行刻画,各子系统模型之间通过多目标核心模型的协调关联变量相连接。若事先确定需要达到的优化和约束条件,结合模型模拟和决策变量在不同水平年上的预测结果,就可解出同时满足多个目标整体最优的发展方案,其所对应的人口或社会经济发展规模即为这一城市或地区的水环境承载力。但是多目标最优化方法求解技术存在一定难度,难以全面考虑系统的影响因素,且该法无论在优化目标的选定还是水-生态-社会经济内涵联系的刻画上都存在一定难度。

因为水生态承载力基本概念的尚不明确性,使得在认识上存在着抽象与具体、承载主体和客体的不统一,加上各研究方法或多或少存在缺陷,在水生态承载力的研究过程中出现了一些问题。

① 水生态承载力的概念与内涵仍不足够清楚 从目前来看,水生态承载力还没有形成一个完整的理论体系。指标的选取和量化也不完善,这样使得其定义对实践的指导作用很小。在今后的研究中,水生态承载力的概念和内涵的界定依然是最基础重要的。另外,承载媒体在研究中较容易确定,但承载能力却不那么容易。它随着人类技术水平的提高和社会经济条件的改善而处于动态平衡中,而指标体系是基于对系统的认识程度而建立,因此,认真分析水生承载力系统的结构要素是很有必要的。

② 评价指标体系的完善 影响水生态承载力的因素很多,指标选取和量化过程的成功决定了指标体系的好坏。目前来看,水生态承载力评价体系并不完善,评价标准主观化。评价的结果以可承载性好坏的程度来表达,但很难反映到现实中的具体值和工作量,以及反映到调控手段上。在今后的研究中,如何完善评价指标体系也是急待解决的问题。

③ 研究方法的改进 虽然世界上已有多种生态承载力的研究方法,但由于生态系统乃是一个具有生命的庞大复合系统,影响因素众多,对各因素的认识以及各因素之间的相互影响还很有限,再加上各种方法都是从某一个侧重点来描述,使得这些方法都不可避免地具有局限性。今后的发展中,应加强动态模拟研究,以及新方法新技术的应用。充分利用现代先进技术,将地面水文观测与空中遥感信息相结合,获得最新资料,多种方法综合集成,在水生态承载力研究中取得进展。

④ 水生态承载力的研究是一个大系统多目标决策问题,研究领域宽广,涵盖了从"水-生态-经济-社会"多学科基础问题到可持续发展问题,既有水文循环和水量平衡等宏观领域问题,也有植被耗水生态需水等微观问题。因此,一方面要加强不同学科之间的交叉研究,另一方面要开展多层次的整体-部分研究,以取得全面、系统、具体的研究进展。

2. 水生态承载力应用情况

刘子刚等[411]初步界定了水生态足迹和水生态承载力的内涵,将水生态足迹分为水产品生态足迹、水资源生态足迹与水污染生态足迹,并建立了水生态足迹模型。其中,采用了 Wackemagel 的水产品生态足迹模型;水资源生态足迹采用了基于水资源消耗量的计算模型;采用零维模型计算污染稀释净化需水量,构建水污染生态足迹模型。最后,以扣除60%生态需水为前提建立了水生态承载力计算模型。以浙江省湖州市为例,模型计算了湖州市 2000—2007 年水生态足迹和水生态承载力,结果显示,湖州市 2000—2007 年水生态承载力超过水生态足迹，呈现生态盈余，但是水生态承载力波动较大，水生态足迹在不断增大；由于水产品的消费量逐年增大，水产品生态足迹在水生态足迹中所占比例也相应增大。

张家瑞[412]基以浙江省湖州市为研究对象，运用情景分析和多目标优化方法，提出了水生态承载力多情景多目标优化模型，采用模糊数学规划方法求解模型；为克服模型参数的不确定性，采用情景分析法设计了零方案、规划方案、污染控制低方案、污染控制中方案、污染控制高方案5个情景方案；对各情景方案进行了多目标优化，获得了湖州市2015年各情景方案下水生态承载力指标结果，采用遗传投影寻踪的方法优选出污染控制高方案为最优方案，并对最优方案进行可行性分析，认为该方案是可行的。最优方案结果表明，2015年湖州市可承载的人口为261.8万人，可承载的GDP达到2012.3亿元，最大水环境容量利用率为94.4%，水资源开发利用率为39.4%。根据最优方案，要提高2015年湖州市水生态承载力必须对人口规模、GDP增长速度、产业结构、水资源利用效率、污染治理和生态系统需水等关键指标进行有效调控，该方案可为提高湖州市未来水生态承载力提供定量化决策依据。

王丽婧等[413]研究提出了基于环境承载力和约束性资源承载力综合判断的生态承载力综合分析思路。参照该思路，对三峡库区生态承载力进行了研究，将基于水环境容量的环境承载力与资源承载力进行比较，认为三峡库区生态承载力的人口规模参照区间为1530.6万～1590.7万人。三峡库区生态承载力趋势分析表明，1999—2011年三峡库区的资源承载力一直呈超载状态，土地资源承载力和经济资源承载力的变化特征在一定程度上反映出库区资源消耗型的粗放经营模式。

翁异静等[414]以赣江流域水生态承载力为研究对象，基于承载力理论和复合生态系统理论，在对水生态承载力概念进行梳理和对赣江流域水生态承载力系统特征进行实地调查和理论分析的基础上，分析了人口、经济、生态三个子系统间非线性、因果性和多重反馈性的协同作用机理，构建了双层互动的赣江流域水生态承载力系统概念模型和主导结构模型。以系统动力学方法为技术手段，建立了赣江流域水生态承载力系统动力学模型，检验发现该SD模型具有较好的科学性和鲁棒性。以2000年作为系统仿真初始点，仿真结果表明，到2016年赣江流域水生态承载力达到上限，此时可承载流域人口规模为2566万人，承载流域经济规模为11034亿元。显然，赣江流域水生态承载力现状不容乐观，需对该系统进行有效干预，才能实现流域人口、经济和水生态的可持续发展。

官冬杰等[415]通过因子分析法筛选出一套相对完整的反映喀斯特地区水资源生态承载力动态变化趋势的评价指标体系，用熵权法对指标进行赋权，并通过构建灰色关联模型对贵州省毕节市2005—2010年的水资源生态承载力的状况作了客观的评价。结果表明：2005—2010年，毕节市水资源生态承载力相对较好，与最佳水平状况的关联度都保持在0.85以上，2007年的水资源生态承载力相对水平达到最高，此后水资源生态承载力便开始逐年下降，人口和经济发展是水资源生态承载力的两大压力因素。

胡晋飞等[416]选取晋西北右玉县17个指标建立评价指标体系，运用主成分分析法确定3个主成分，对右玉县水生态承载力进行评价研究，并计算出2003—2011年水生态承载力的综合得分。结果表明，影响右玉县水生态承载力的因子主要包括人口、社会经济发展状况及水资源的开发利用水平。右玉县2003—2007年水生态承载力存在明显的波动；2008—2011年水生态承载力总体呈现增长态势，虽然人口和经济规模不断扩大，但总用水量相比于前 5 年明显减小，说明随着社会经济和科学技术的发展，水资源开发利用率大大增加。随着人口和经济规模的不断扩大，对水资源的需求量也急剧增加，同时在经济发展过程中会产生大量污水，对水生态承载力产生了很大的影响。但经济发展、科技创新的出现使得水资源的开发利用率大大增加，污水处理及回用能力也得到增强，这些发展和进步将会在一定程度上提高研究区的水生态承载力。

（四）控制单元总量控制与日最大污染物负荷（TMDL）

我国流域水质管理技术研究可以追溯 20 世纪 70 年代。多年来我国相继开展了有关水环境容量、水功能区划、水质数学模型、流域水污染防治综合规划以及排污许可证管理制度等的研究，将总量控制技术与水污染防治规划相结合，逐步形成了以污染物目标总量控制技术为主，容量总量控制和行业总量控制为辅的水质管理技术体系，为我国水环境管理基本制度的建立奠定了基础。在"九五"和"十五"期间，污染物排放总量控制的理论和应用技术不断得到深化与拓展，确定了"九五"期间污染物排放总量控制指标，标志着我国污染控制由浓度控制进入总量控制阶段，基于该技术体系，我国分别制定了"三河三湖"、南水北调、三峡库区、渤海等区域的水污染防治规划。实践证明，该项措施对于我国水污染物排放控制和缓解水质急剧恶化的趋势发挥了积极有效的作用[417]。但是，由于实施的技术基础是一种基于目标总量控制的水质管理方法，没有在真正意义上将水质目标与污染物控制紧密联系起来，因此难以满足我国未来水环境管理的需求。因此，流域水环境管理是目前我国环境管理面临的难题之一，也是制约社会经济与环境协调发展的重要因素之一。

近年来，随着水环境问题的日益突出，中国环境管理部门及其他相关部门对水环境管理的力度不断加大，管理的科学性不断提高。进入"十五"以后，我国总量控制的思路和做法作了进一步的调整，针对水污染的控制，将国家、流域的宏观目标总量控制管理与基于控制单元水质目标的容量总量控制管理相结合。

在该发展阶段，美国环保局 1972 年提出 TMDL 计划，对我国流域污染综合整治方面提供了重要的借鉴。但 TMDL 计划在我国流域污染综合整治方面尚处初期研究阶段[418~423]。其中，孟伟等[424]基于 TMDL 计划提出了一套较为系统的总量控制策略和技术方法体系，最具代表性。该体系结合我国水环境管理需求，在具体实践中初步形成了一套系统的总量控制策略和技术方法体系（图 4）。该技术体系包括流域水环境生态功能分区、流域水环境质量基准与标准体系建立、控制单元划分、水环境污染负荷计算与分配、水环境监管技术等。

（五）水环境监测、 预警及应急管理

水环境监测是水资源管理必不可少的组成部分，且在水污染控制和防治、制定水环境标准等方面发挥着重要作用。1973 年 8 月全国第一次环境保护大会标志着我国环境保护事业的开始，至今水环境监测工作历经了 40 多年的发展。截至 2012 年，我国的水环境监测网已经建成，国家地表水环境监测网由 423 条河流和 62 座湖泊（水库）的 972 个断面（点位）组成，饮用水源地水环境监测网涵盖 113 个环保重点城市的 389 个集中式饮用水源地，近岸海域环境监测网由全国近岸海域的 301 个监测点位组成，并建立以流域为主和以污染源为主的两类水质自动监测系统等，进一步增强对水环境水质的监控能力，同时提

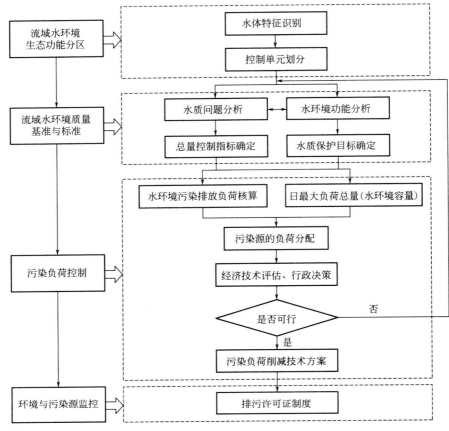

图 4　总量控制技术体系框架

高对水体污染事故的预警和应急能力[425]。

由于我国水环境系统且全面的监测体系起步较晚，因此基于监测网络的水环境预警及应急管理能力发展受到制约。在水环境污染预警能力薄弱的前提下，应急管理通常是以突发性污染事故采取的现场快速监测及应急污染控制措施为主[426]。由于污染物迁移转化过程的复杂性，外界环境因子的不可控性以及预测方法的精确程度都制约着水环境预警技术的发展。但环境预警具有先觉性、预见性的超前功能，具有对演化趋势、方向、速度、后果的警觉作用，流域水环境风险预警系统可为流域水环境风险管理提供直接信息，从而为水环境风险管理提供技术支持，是我国流域水环境管理现代化建设不可缺失的重要组成部分。目前，我国在辽河流域[427]、海河流域[428]、太湖流域[429]等都开展了水质监测预警的初步研究，并且初步构架了适应相应研究区域的预警体系及在线监测体系。

水环境监测、预警及应急管理是流域水环境污染控制的主要组成部分。截至 2015 年，我国在水环境监测方面主要研究重心为监测的时效性，如无线传感器技术[430]、数据视频监测系统[431]、遥感监测技术[432]以及无人机[433]在水环境监测中的应用等；在水环境预警方面主要围绕湖库、河网以及流域不同空间尺度的水环境预警技术体系的研究[425,434]，不同预测数学模型在预警过程中的不确定性[435,436]等相关领域展开；在水环境应急管理研究中则以水污染事故的应急模拟研究、水环境安全应急体系研究为侧重点[425,437]。

（六）饮用水风险管理

近年来，国家极其重视饮用水源地的保护工作。2007 年国务院审议通过了《全国城市饮用水源安全保障规划（2006—2020）》，环境保护部会同有关部门编制了《全国城市饮用水水源地环境保护规划（2008—2020）》《全国地下水污染防治规划》，用于指导饮用水源保护工作。这些文件的颁布充分体现了保护饮用水源是国家公共卫生安全体系的重要组成部分，饮用水源安全与人民身体健康和社会稳定息息相关。保障饮用水安全，关键在饮用水源地的保护。针对饮用水水源地保护的迫切性，颜世杰等[438]分析了我国饮用水水源地存在的问题，从水质基准、水源地污染机理以及水源地保护措施三个方面，论述了饮用水水源地研究的进展动态，并提出我国水源地保护研究展望。刘欣[439]深入分析了朝阳市饮用水水质现状特征，总结出朝阳市饮用水水源污染主要特征表现为受地质结构性因素影响较大，保护区内农田、畜禽养殖使水源面临农业面源长期累积效应威胁。针对朝阳市实际情况，提出饮用水污染防治对策及建议。

目前，我国饮用水源地污染事件频发，水体中污染物通过多种暴露途径威胁到饮用人群的身体健康[440]。近几年我国研究者在饮用水源水质评价时，不同于以往仅基于水质标准开展水源地水质达标与否的评判，逐渐采用了一些健康风险的评价方法，为我国开展饮用水源水质健康风险评价奠定了基础[441,442]。韩梅等[443]基于假设评价指标达到《地表水环境质量标准》规定的Ⅲ类水标准限值时，对人体造成的健康风险为"最大可接收风险"的前提，构建了地表饮用水源地水质健康风险综合指数计算方法。

饮用水源中有机有毒污染物可通过食物链直接或间接进入人体，影响人体健康。酚酸酯类（phthalic acid esters，PAEs）就是其中一类。在一些有大量施用增塑剂（朔化剂）的产业（如家具、塑料制造业）的水源集水区水源 PAEs 含量偏高，可能会造成一定的健康风险[444]。国内外关于 PAEs 环境风险评估主要针对美国环境保护署（USEPA）提出的3 种优先控制污染物，即邻苯二甲酸正丁酯（DBP）、邻苯二甲酸二辛酯（DOP）和邻苯二甲酸二乙酯（DEP）。王若师等[445]评估了东江流域典型乡镇饮用水水源地 DOP 的环境风险，贺涛等[446]以珠江流域湖库型水源集水区为研究对象，检测并评估了该区 3 种PAEs 类污染物 DBP、DOP、DEP 对人群的健康风险，并提出相应的管理措施，为系统控制水源地水质污染提供科学依据和理论基础。饮用水水源地的水华事件已成为威胁饮用水水源安全和暴露人体健康的环境污染问题，合理评价水华具有的人体健康风险，是开展饮用水源地水华应急管理的基础。罗锦洪[447]通过研究发现饮用水源地受水华污染时，水体中主要污染物为微囊藻毒素（MCs）和水体中藻细胞及其胞外分泌物在氯化过程中产生的三卤甲烷、卤乙酸等消毒副产物（DBPs），确定了 MCs 和 DBPs 的急性暴露安全阈值（浓度）。同时界定了 3 个不同的水华健康风险级别：当水体中 Chl-a 浓度低于 $80\mu g/L$ 时，为无风险级；介于 $80\sim120\mu g/L$ 时，为低风险级；高于 $120\mu g/L$ 时，为高风险级。

针对饮用水水质问题，在先进制水技术管网输配水质保障等方面也开展了相应的研究。例如，周美芝[448]在沉淀法的基础上，建立了碳酸钙沉淀-密度梯度离心钝化检测贾第鞭毛虫和隐孢子虫的方法。通过对开放式河网自来水厂的原水贾第鞭毛虫和隐孢子虫的检测及其风险评估，发现常规处理和深度处理后出厂水中的隐孢子虫的风险值远低于美国所接受的最高风险限值。针对干旱半干旱地区农村饮用水工程特点，伏苓[449]将饮用水处理系统分为原水和家用储水设施水质处理两部分，根据水源水质条件采用不同的处理工艺，同时从管网布置、输水管道和配水管网三个方面研究了管网系统的安全性。为了解河北省石家庄市农村地区集中式供水的水质卫生状况及其健康风险水平，郭占景等[450]采集该农村地区 10 个县的 245 个行政村的地下水出厂水水样，检测其砷、镉、铬、铅、汞、氟化物、硝酸盐等 16 项指标，采用美国环保局推荐的健康风险评价模型对饮用水中的 8 个指标经饮水途径所引起的健康风险作出初步评价，得出石家庄市农村部分县饮用水中铬可能存在一定的健康风险的结论。

为了应对我国饮用水源地突发事故环境风险管理工作中存在的技术匮乏、可操作性差等问题[451]，马越等[452]提出了一套基于饮用水源地共性特征的饮用水源地突发事故环境风险分级方法，分析环境风险影响因素，并利用标准值和数学模型筛选风险源、评估风险源潜在危害，最终综合事故发生概率，根据风险源数量和风险水平确定饮用水源地突发事故环境风险级别。本方法能够适用于不同的饮用水源地，并可为相关环境监管部门进一步管理饮用水源地提供相应依据。

近年来，国家非常重视饮用水安全保障工作的开展，采取了一系列保障城市饮用水安全的工程和管理措施，解决了部分饮用水安全问题。同时，国家也制定了水资源保护的相关法律法规，对在水资源开发、利用、保护过程中形成的社会关系进行调整，从一定程度上发挥了保障城市饮用水安全的作用。许建玲[453]通过对现有饮用水安全监管、法律和政策的具体分析，在保留原有优势的基础上，理清了涉水事务中各级政府、不同部门、供水企业和消费者之间的关系，构建了水质监督、风险评估、应急响应、责任追溯、信息共享等机制，形成了一套以监管为主体、以法律为依据、以政策为支撑的新型饮用水安全管理体系，为保障我国城市供水安全提供了理论基础和实践依据。庞子渊[454]从环境法视角出发，运用经济分析、系统分析、比较分析、实证分析等多种研究方法，结合与饮用水相关的学科理论分析论证了城市饮用水安全保障法律制度构建的理论基础，并在此基础上，针对我国现行法律制度存在的缺陷，提出完善我国城市饮用水安全保障法律制度的整体思路和具体构想。在城市饮用水水源地保护领域主要是对已有饮用水水源地保护区制度、取水许可制度、排污许可及排污收费制度等提出一些完善建议；在供水安全保障领域主要是提出构建尚未建立的城市饮用水供水安全保障制度的创新构想。

（七）水环境管理政策、法规

2015 年 4 月国务院印发《水污染防治行动计划》（水十条），该计划提出到 2020 年，全国水环境质量得到阶段性改善，污染严重水体较大幅度减少，饮用水安全保障水平持续提升，地下水超采得到严格控制，地下水污染加剧趋势得到初步遏制，近岸海域环境质量稳中趋好，京津冀、长三角、珠三角等区域水生态环境状况有所好转。《水污染防治行动计划》从全面控制污染物排放、推动经济结构转型升级、着力节约保护水资源、强化科技支撑、充分发挥市场机制作用、严格环境执法监管、切实加强水环境管理、全力保障水生态环境安全、明确和落实各方责任、强化公众参与和社会监督十个方面开展防治行动。

"十二五"期间，环境保护部联合国家发展和改革委员会、国土资源部、住房和城乡建设部、水利部和原卫生部等部门印发了多部环境保护规划。例如，2012 年环境保护部会同国家发展和改革委员会、财政部和水利部四部门联合印发了《重点流域水污染防治规划（2011—2015 年）》（环发［2012］58 号）；2011 年 9 月环境保护部会同国家发展和改革委员会、财政部、住房和城乡建设部和水利部五部门联合印发了《长江中下游流域水污染防治规划（2011—2015 年）》（环发［2011］100 号）；2014 年 9 月环保部、国家发改委、财政部联合印发《水质较好湖泊生态环境保护总体规划（2013—2020 年）》（环发［2014］138 号）；2010 年 6 月环境保护部会同国家发展和改革委员会、住房和城乡建设部、水利部和原卫生部五部门联合印发了《全国城市饮用水水源地环境保护规划（2008—2020 年）》（环发［2010］63 号）；2011 年 10 月环境保护部印发《全国地下水污染防治规划（2011—2020 年）》（环发［2011］128 号）；2013 年 4 月环境保护部、国土资源部、水利部和住房城乡建设部联合印发《华北平原地下水污染防治工作方案》（环发［2013］49 号）。

　　2014 年 5 月环境保护部办公厅印发了江河湖泊生态环境保护相关技术指南，包括湖泊生态环境保护实施方案编制指南、湖泊生态安全调查与评估技术指南、农田面源污染防治技术指南、畜禽养殖业污染治理工程技术指南、湖滨带生态修复工程技术指南、湖泊流域入湖河流河道生态修复技术指南和湖泊河流环保疏浚工程技术指南。2011 年环境保护部印发了《集中式地表饮用水水源地环境应急管理工作指南（试行）》（环办［2011］93 号），并组织召开会议对饮用水水源应急管理作出具体部署。

五、水环境治理与保护典型案例

（一）水污染治理典型案例

1. 点源污染治理案例（造纸企业）

　　近年来，由于国家出台的新的《制浆造纸工业水污染物排放标准》（GB 3544—2008），对于太湖流域废纸造纸企业排放水提出了更高的要求，其排放废水必须达到特别排放限值。同时由于无锡荣成纸业对节水工作重视，吨纸排水量计划将降低到 6t 左右，因此造成废水污染浓度高，处理难度大。江苏省环科院刘伟京研究员团队根据无锡荣成纸业的实际需求，开发了废纸造纸在线节水技术和废纸造纸废水高效组合处理技术。无锡荣成纸业通过采用在线节水技术对生产线进行改造及采用高效组合处理技术对废水处理站进行提标改造，最终实现削减 COD570t/a。

　　（1）示范工程简介　　无锡荣成纸业原排水量为 13000～15000m³/d。建有处理能力为 15000m³/d 的全好氧污水处理厂，经过好氧处理后最终出水 COD 在 100mg/L 左右。其处理工艺及主要构筑物流程如图 5 所示。

　　（2）在线节水技术及其应用

　　在对造纸企业用水现状调查的基础上，通过以优化生产、清污分流、一水多用为原则，提高废纸造纸企业废水的利用率。具体节水措施及节水效果见表 1。通过这些措施可以减少吨纸耗水量 9t 水/t 纸，再加上企业即将建设 4 号纸机，纸机间水量调整余地进一步扩大，将现有企业吨纸耗水量从 2008 年的平均 15t 降低到 6t 完全可行。

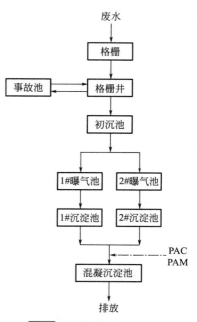

图 5　无锡荣成纸业原污水处理站流程图

表1　企业节水措施及效果汇总表

节水措施	节水水量/(t 水/t 纸)
管道改置	1
协调各纸机运作时间	4
提高湿损利用率	0.6
损纸斜筛的设置	0.4
白水处理回收	1.5
处理后废水作为淀粉炮制稀释水	0.5
喷淋水改用处理后废水	1
合计	9

（3）高效组合处理技术及应用

该技术主要是针对以废纸为原料生产高档瓦楞纸和箱板纸的大型造纸企业开发的。这类大型造纸企业由于产品对用水水质要求较高，很难做到趋零排放，因此只能通过在生产过程中大力节水，提高水在生产过程中的复用率，降低吨纸的排水量。但是吨纸排水量降低后会使排放水中的 COD 升高，同时难降解物质增多，处理难度加大，目前还没有可靠的技术将能将其处理达到国家新的《制浆造纸工业水污染物排放标准》（GB 3544—2008）表 3 中制浆和造纸联合生产企业的标准。因此开发出厌氧＋好氧＋氧化组合工艺进行处理。厌氧采用 IC 反应器，IC 反应器具有较高的容积负荷，处理效率快，投资省，占地小，抗冲击负荷能力强，非常适合于处理废纸造纸废水。采用 IC 反应器可以削减造纸废水中大部分的污染负荷。好氧采用 A/O 工艺，A/O 工艺具有较好的稳定性，可以有效去除造纸废水中的有机污染物。经 A/O 工艺处理后的废水主要以难降解的可溶性有机物为主，这些物质很难用生化和物化的方法去除，因此采用强氧化工艺。氧化采用 Fenton 氧化塔，通过投加 H_2O_2 和 $FeSO_4$ 产生羟基自由基氧化废水中的有机物，从而将废水中的 COD 稳定控制在 60mg/L 以下。

无锡荣成纸业示范工程包括两部分（图 6），即厌氧反应系统和 Fenton 氧化系统。厌氧反应系统包括一座 $\phi 12.5m \times 24.5m$ 的 IC 反应器，并配套一座 $4000m^3$ 调节池和一座 $2000m^3$ 预酸化池；Fenton 氧化系统包括两座 Fenton 氧化塔（一座中间水池，一座中和脱气池）、硫酸亚铁加药系统、双氧水加药系统、氢氧化钠和硫酸加药系统。

目前这两部分都已经完成，示范工程排水稳定达到《制浆造纸工业水污染物排放标准》（GB 3544—2008）中表 3 特别限值标准。

（4）示范工程的经济性

按照原计划无锡荣成纸业需在现有 1.5 万立方米/d 废水处理站的基础上再新增一座 1.8 万立方米/d 全好氧废水处理站，采用"气浮＋二段好氧＋混凝沉淀"工艺。从表 2 中可以看出，采用示范工程工艺流程（厌氧＋好氧＋Fenton 氧化工艺）比原计划工艺（全好氧工艺）节省投资 455.13 万元。

表2　全好氧工艺与示范工程投资比较　　　　　　　　　　　单位：万元

类型	全好氧工艺	厌氧＋好氧＋Fenton 氧化工艺	示范工程节约费用
土建投资	1839.72	1242	597.72

续表

类型	全好氧工艺	厌氧＋好氧＋Fenton 氧化工艺	示范工程节约费用
设备投资	3129.41	3272	−142.59
总投资	4969.13	4514	455.13

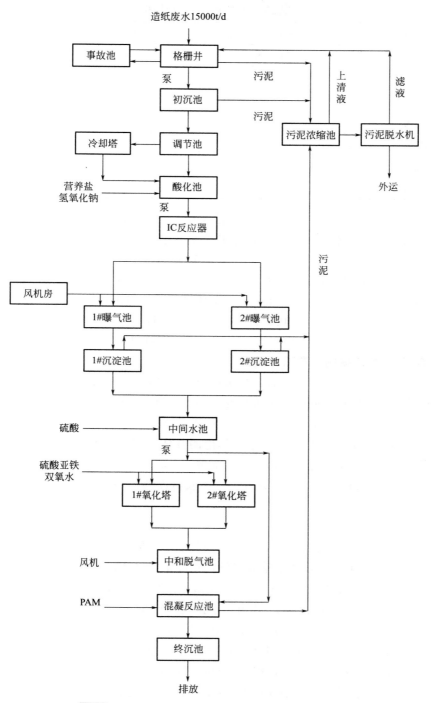

图 6 无锡荣成纸业废水处理站改造后工艺流程图

目前无锡荣成纸业排污费为 0.9 元/kgCOD，取水费用为 0.35 元/m³。表 3 所示节水经济效益，通过生产段节水，排水量在 1.5 万立方米/d，示范工程（厌氧＋好氧＋Fenton 氧化工艺）比原计划排水 2.5 万立方米/d 采用全好氧工艺节省运行费用 5602.5 元/d，经济效益明显。

表 3 节水前后经济性比较 单位：元

项　　目	全好氧工艺	厌氧＋好氧＋Fenton 氧化工艺	节约费用
排放水量	2.5 万立方米/d	1.5 万立方米/d	—
排污收费	25000×0.06×0.9=1350	15000×0.06×0.9=810	540
取水收费	25000×0.35=8750	15000×0.35=5250	3500
处理费用	25000×2.5=62500	15000×5.0=75000	−12500
沼气回收收益	—	13125×0.5=6562.5	6562.5
颗粒污泥销售收益	—	750×10=7500	7500
示范工程节约费用			5602.5

无锡荣成纸业原排水量 15000m³/d，目前增加一台纸机后，根据原环评增加水量 6500m³/d，通过纸机节水工程和增加 IC 反应器处理装置，排水量仍为 15000m³/d 并依然达到江苏省太湖流域标准，可削减 COD=195.5t/a。Fenton 氧化塔工程完工后达到国家《制浆造纸工业水污染物排放标准》（GB 3544—2008）中表 3 制浆和造纸联合生产企业的标准，可再削减 COD=180t/a。未来无锡荣成纸业建成 4 号纸机，吨纸排水量达到 6t，排水量将仍控制在 15000m³/d，再减少排水量 6500m³/d，到时将又削减 COD=195.5t/a。整个示范工程全面完工将削减 COD=570t/a，减少 COD 排放量 60%。

2. 面源污染治理案例（农田种植业）

在点源污染逐步得到控制后，农村面源污染问题日益突出，已成为目前水环境污染控制的重点和难点。中国科学院南京土壤研究所杨林章研究员团队在多年研究的基础上，总结提炼了农村面源污染治理的"4R"理论及其技术体系[455~459]，并结合"十一五"水专项，在直湖港小流域龙延村进行了"4R"理论的具体工程设计和应用。通过"4R"技术的集成与区域联控，整个示范区的污染负荷削减了 47.5%，示范区河流主要水质指标提高了 1-2 个等级[460]，村庄环境有了明显改善，为农村面源污染的控制提供了一个成功案例和模板。

（1）示范区概况

示范区位于太湖流域直湖港下游的龙延村村域（北纬 31°31′，东经 120°06′），面积约 2.0km²。该地区属于典型的亚热带季风气候，年降水量约 1048mm，主要集中在 6~8 月的夏季。示范区土地利用类型主要有稻田、设施菜地以及水蜜桃园。农田面积为 1270 亩（1 亩=667m²），其中稻田面积约 1160 亩，水蜜桃园约 37 亩，设施蔬菜约 73 亩。稻田主要是稻麦轮作，年施氮量在 450~510N kg/hm² 之间。设施菜地主要种植番茄、莴苣、芹菜等，每年种植蔬菜 3 季，年施氮量在 1000~1500kg/hm² 之间。水蜜桃园年施氮量高达 1200~1400kg/hm²。据估算，该区域每年农田总氮排放量约 5.9t。

示范区覆盖了后沙滩村，共有 75 户人家计 210 人，生活污水未经任何处理直接排放入周边的支浜朱家浜和后沙滩浜；据估算该村生活污水年排放量约 5500t，总氮排放量约

0.242t，氨氮约 0.15t，总磷约 0.016t。此外，示范区覆盖池塘养殖水面近 200 亩，分布在龙延河北侧，主要养殖鱼类、河蟹和甲鱼。各养殖池塘氮、磷污染较严重，TN 排污通量分别为 25.19kg/（亩·a）（鱼塘）、32.38kg/（亩·a）（鱼苗塘）、13.94kg/（亩·a）（蟹塘）、8.06kg/（亩·a）（蟹苗塘）和 6.75kg/（亩·a）（甲鱼塘）。

示范区内河道水质长期处于劣Ⅴ类（GB 3838—2002），氨氮年均在 1～3.89mg/L，TP 为 0.16～0.27mg/L，COD_{Mn} 在 7.30～13.8mg/L，透明度不到半米。

（2）"4R" 技术的应用及工程设计

根据示范区的地形水系特征以及农业生产现状，通过污染源解析，在区域联控策略的指导下，进行了示范区面源污染控制的系统设计及 "4R" 技术体系的综合应用。其中源头减量技术（Reduce）[456]采用的有稻田有机无机配施技术、新型缓控释肥技术和轮作制度调整技术（稻麦轮作改为稻-紫云英轮作或冬季休耕）基于氮肥-产量报酬曲线的设施菜地化肥减量技术、桃园专用缓控释肥深施技术以及农村分散式生活污水的塔式蚯蚓生物滤池处理技术。过程阻断与拦截技术（Retain）[457]主要采用了生态拦截沟渠技术、设施菜地夏季揭棚期的填闲作物原位阻控技术、桃园生草拦截技术以及农田径流排水和富营养化河水的兼氧-好氧湿地塘净化技术、生态丁型潜坝拦截净化技术等。养分的循环利用技术（Reuse）[458]包括了旱地径流排水中养分的稻田再利用技术、稻田无肥拦截带技术、湿地净化技术以及陆域水产的循环水养殖技术。河道水质的生态修复技术（Restore）[459]主要应用了置入式生态滤床、组合式生态浮床技术、底泥污染控释技术、河滩湿地恢复技术及岸带植被恢复技术等。各技术在示范区的空间布局如图 7 所示，各种技术之间相互衔接，各示范工程在空间互联。

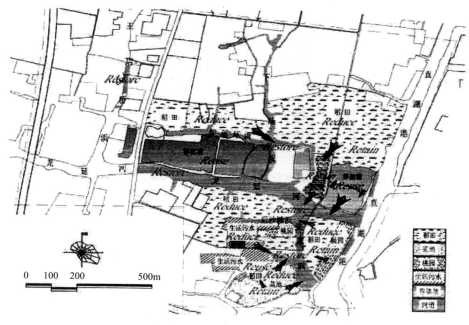

图 7　示范区技术应用及工程布局图

（3）工程运行效果分析

① 源头减量化效果　示范工程运行后的监测数据表明，稻季各种技术可减少化肥氮

用量 60～117kg/hm²，减施比例为 22%～43%，减少径流总氮排放量 1.4～4.94kg/hm²，减排比例在 8.8%～31% 之间，水稻产量为农户对照的 95%～107%，总产量与对照无显著差异（图8）。麦季种植紫云英或休耕，不施肥，牺牲了一季小麦产量，可减少总氮排放 15～16kg/hm²，氮的减排率分别为 50% 和 53%。麦季其他化肥减量技术的化肥氮减施量在 60～80kg/hm² 之间，减施比例为 25%～33%，总氮减排量为 7.77～11.92kg/hm²，减排率 26%～39%，但产量比农户对照略有下降，减产 4%～11%。

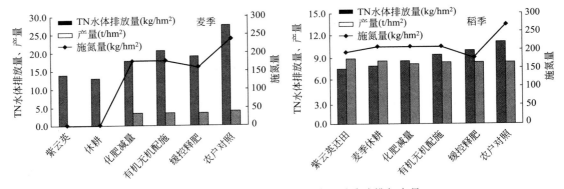

图8　"4R"技术示范工程麦季、稻季减排与产量

菜地采用化肥减量技术后，氮肥用量可比常规农户减少 40%，TN 排放量减少 42%～52.3%，产量增加 15.1%～39%（表4）。水蜜桃园采用专用缓控释肥深施技术后，氮肥用量比农户对照减少了 201.75kg/hm²，占 27.3%，总氮排放量减少了 28.67kg/hm²，减排率 30.6%，总磷排放量减少 3.14kg/hm²，减排 44.4%，水蜜桃增产 11.9%，增效 1.2万元/hm²。

表4　设施菜地的氮肥减量效果

蔬菜品种	氮肥减施量/(kg/hm²)	减施比例/%	TN减排量/(kg/hm²)	减排比例/%	增产/(t/hm²)	增产比例/%
番茄	160	40	29.7	42	10.8	15.1
莴苣	208	40	85.2	52.3	23.8	39
芹菜	256	40	93.1	46.2	24.2	27.8

生活污水经过塔式蚯蚓生物滤池处理后，排放标准可达一级 B 以上。示范区每年减少 TN 排放 64.19kg、氨氮排放 65.29kg、TP 排放 5.99kg。污染减排率分别为 26.5%、59.1% 和 52.1%。

②过程阻断与拦截效果　生态拦截沟渠的监测数据（2010 年 6～11 月）表明，生态沟渠对菜地、稻田径流排水中总氮的平均拦截率分别为 57.3% 和 37.4%（图9）。湿地对 TN 的拦截率为 65.8%。

③养分资源再利用效果　菜地排水经稻田循环再利用后，排水浓度进一步降低，总氮由原来的平均 6.74mg/L 降低到 3.08mg/L。而稻田无肥拦截带对稻田排水总氮的拦截率平均为 46.6%，出水浓度在 0.81～2.41mg/L 之间，平均为 1.33mg/L（图10）。

稻田湿地的低污染水净化工程运行效果表明，稻田湿地在水稻旺盛生长期可日处理环境中低污染水达 160～200m³/hm²，对污水中 N、P 的去除率可达 75%～81% 和 82%～

96％，整个稻季可吸收利用环境中 TN 96～103kg/hm²、TP 8.1kg/hm²。经过稻田湿地的净化，排水浓度基本稳定在 2mg/L 以下。水稻仅在前期施氮 120kg/hm²，即可获得与农户正常施肥时的产量（7.9t/hm²），从而实现了生产与环境的双赢。

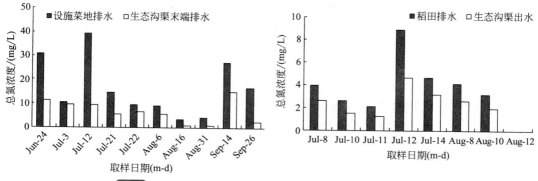

图 9　生态沟渠对设施菜地、稻田排水中总氮的拦截效果

陆域水产养殖污染控制示范工程的监测数据表明，鱼塘养殖污水经蟹塘异位湿地处理后水质总体达到国家地表水Ⅲ类标准，总氮由 3.14mg/L 下降到 1.16mg/L，削减率65％，对总磷、氨氮、COD_{Mn} 和叶绿素的削减率分别为 75％、55％、58％和 60％（图 11）。

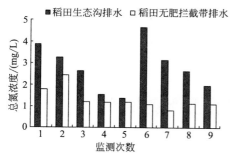

图 10　稻田无肥拦截带对生态沟渠排水的净化效果

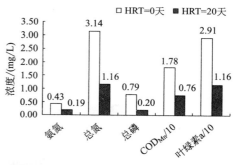

图 11　养殖鱼塘污水的异位湿地处理效果

④ 水体（环境）生态修复效果　示范区河道水质均得到了明显好转，污染物浓度明显下降。朱家浜、后沙滩浜、淀溪环浜及下场浜为全河道修复，四条河道修复后水质可达Ⅳ～Ⅴ类水标准，尤其是朱家浜，氨氮的去除率高达 79.2％，COD_{Mn} 的去除率为 55.1％，水体透明度提高了 35cm（表 5）。

表 5　河道生态修复后水质状况及去除率（2010 年 6 月～2010 年 12 月平均）

河道名称	NH₃-N		TP		COD_{Mn}		透明度/cm	
	修复后浓度/(mg/L)	平均去除率/％	修复后浓度/(mg/L)	平均去除率/％	修复后浓度/(mg/L)	平均去除率/％	修复后	平均提高
朱家浜	0.81	79.2	0.17	29.2	6.20	55.1	80	35
后沙滩浜	1.74	22.8	0.17	24.1	6.00	23.1	65	30
淀溪环浜	0.56	44.0	0.14	12.5	5.50	24.7	70	20
下场浜	0.76	46.9	0.15	16.7	5.90	35.2	60	15
王店桥浜	2.11	22.1	0.27	—	10.4	9.60	55	30
龙延河（龙延村段）	2.17	25.7	0.28	—	7.80	24.3	30	—

⑤ 区域环境整体改善效果 示范区在示范工程运行前，每年农田排入水体的总氮量约5325kg（水泥沟渠的拦截率按10%计），生活污水（前沙滩村）排入到水体的总氮量为232 kg，养殖鱼塘排入到水体的总氮量为4797kg，陆域总氮入河污染负荷为每年10364kg。经过源头减量技术、生态拦截技术以及养分循环利用技术的集成应用后，示范区TN入河量削减为5436.8kg，削减率达47.5%。加上河道水质改善和生境修复技术的应用，示范区内河道水质均有了较大的改观，次级支浜朱家浜水质提升了1~2个等级，TN由6.34~8.83mg/L降至1.13~3.78mg/L，平均降幅达70.2%，水体透明度增加（图12），植物种类和植被覆盖度大大增加，结构趋于合理，河流的生态状况有效改善，附近居民又开始在河里淘米洗菜了。

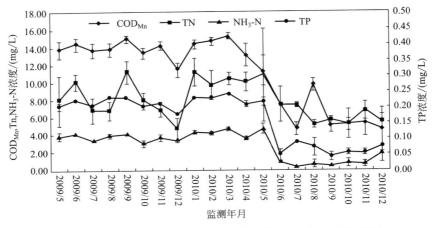

图12 朱家浜水质改善效果（示范工程2010年4月起运行）

（4）"4R"理论与技术与农村面源治理

"4R"理论与技术是现阶段治理农村面源污染的有效手段，"4R"理论是面源污染治理不留死角的一种创新思想，适用于任何地区的农村面源污染控制；而"4R"技术体系是一个开放的技术体系，可以不断扩展更新。在"4R"理论技术的支撑下，通过污染区域联控，不但可以有效防止面源污染的发生、发展和产生，而且还能够有效地系统地控制农业面源污染物质，提升小水体的水质，减少面源污染对主要河流及湖泊水体的污染。值得注意的是，农村面源污染控制是一项公益性事业，治理理论技术的推广应用需要配套的政策法规支持，如激励、惩罚和生态补偿措施等，鼓励农民采用低投、少排、环境友好的种植方式、施肥方法与管理模式，鼓励村镇实施环境友好的污染物管理机制。

3. 农村生活污水治理案例

（1）功能强化型生化处理-阶式生物生态氧化塘村落污水组合处理技术

① 示范区概况 示范区位于横山桥镇芙蓉社区。芙蓉社区为原芙蓉镇镇区，撤镇后转为社区。社区已建成雨污合流管网，收集社区及周边村庄1300多户居民的生活污水，目前污水未经处理直接排入周边水体。根据太湖治理的要求，该社区生活污水必须经处理后达标排放。对社区生活用水量及污水收集情况调查表明，日均生活污水量达到400m³/d以上，高峰流量可达到480m³/d。

② 技术简介及工程设计 本技术采用功能强化型的生物处理单元去除有机物及部分氮磷，出水进入功能强化型阶式生物生态氧化塘，在微生物及植物的作用下有效削减氮、

磷等污染物。组合处理技术融合了生物处理和生态处理技术：a. 生物处理单元采用改良型
A2/O 一体化活性污泥工艺或改进型氧化沟工艺。改良型 A2/O 工艺耦合同步硝化反硝化
与反硝化除磷技术，氮的去除通过同步硝化反硝化与反硝化除磷过程实现，取消了混合液
回流，磷通过反硝化除磷过程去除，实现了"一碳两用"，并有效降低了污水处理的能耗；
改进型氧化沟工艺流程短，沟内分为厌氧区、缺氧区和好氧区，实现同步硝化反硝化、反
硝化除磷和好氧聚磷。b. 生态处理单元则基于软围隔导流、生态护岸、人工介质、立体
生态浮岛等多种技术优化组合，构建兼氧塘、好氧塘、水生植物塘等功能明确的阶式功能
强化型生物生态氧化塘，通过各级功能互补，实现较高负荷下氮、磷的深度去除，可对生
化尾水进行深度处理。工艺流程图如图 13 所示。

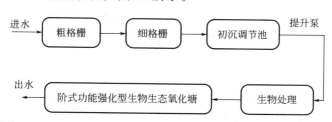

图 13 "功能强化型生化处理-阶式生物生态氧化塘"组合工艺流程图

原水通过格栅进入初沉调节池，调节水质水量并去除部分 SS，完成预处理的调节池
出水经泵提升进入氧化沟进行生物处理。在氧化沟内，污水与回流污泥充分混合，利用氧
化沟的低负荷特性，保证有机物得到良好去除，由于氧化沟特有的推流特性，溶解氧沿廊
道递减，形成好氧-缺氧特点实现生物脱氮及部分生物除磷，出水进入二沉池进行泥水分离。

二沉池出水的深度处理则由阶式生态塘完成，首先经过塘系统进口的稳流过滤区，而
后依此次流经兼氧区、好氧区和水生植物区，实现氮磷和有机物的持续去除，确保全年出
水优于一级 B 标准（GB 18918—2002），除冬季外，出水水质可达到一级 A 标准。

二沉池污泥部分回流，保证氧化沟内活性污泥浓度，剩余污泥与初沉池污泥进入污泥
浓缩池，有效减小污泥体积，方便后续处理处置。浓缩池上清液回流至初沉调节池与原污
水一起进入生化系统。

③ 工程运行效果分析　污水经处理后出水水质执行国家《城镇污水处理厂污染物排
放标准》（GB18918—2002）一级 B 标准，并保证每年至少 8 个月达到一级 A 标准，直接
运行成本 0.464 元/m³ 水。

（2）小型分散式农村生活污水生物生态组合技术

农村生活污水处理设施在保证处理效率的同时，需具备"低成本、易管理"的特点才
能真正得到推广应用。研发农村生活污水处理适宜技术与装备，已成为农村生活污水治理
的关键。实践证明，在我国经济发达地区人口密度大，土地资源匮乏，各地经济及管理水
平差别较大，单独运用生物或生态技术无法满足农村生活污水处理的需求。课题组本着
"因地制宜、高技术、低投资与运行成本、资源化利用"的可持续发展原则，创新性地率
先提出了生物生态组合工艺以及构建污染净化型农村生活污水处理的理念。

①"大深径比厌氧-缺氧-跌水充氧-人工湿地"组合工艺　示范区位于周铁镇沙塘港
村。污水来源于沙塘村港口大桥以南，共计约 80 户，人口约 250 人，设计污水流量 30t/d。
示范区的农村生活污水主要是洗涤、沐浴和部分卫生洁具排水，其特征是有机合成洗涤剂
以及细菌、病毒、寄生虫卵等。农村生活污水的排放为不均匀排放，瞬时变化较大，日变

化系数一般在 3.0～5.0 之间。同时农村生活污水还具有早、中、晚不同时段相对集中排放等特点。

"大深径比厌氧-缺氧-跌水充氧-人工湿地"组合工艺技术融合了生物处理和生态处理技术，各单元分工明确：厌氧段"大深径比高效厌氧反应器"有效降低有机负荷，减轻跌水曝气工序的负担；缺氧段中来自厌氧段的消化液及好氧段的回流液进行混合，充分利用消化液的有机物，实现反硝化，既节省碳源又节省后期充氧量，同时其中的有机物进一步进行降解，保证了厌氧污水臭味的去除；好氧段采用低能耗的"跌水充氧生物接触氧化"完成剩余有机物的分解氧化；后续生态单元种植有经济价值的水生蔬菜，实现水中氮、磷的资源化利用。此外，厌氧段在去除有机物的同时，可高效反应产甲烷，提供资源化利用的可能。在生态处理单元，筛选空心菜、莴苣、水芹等经济性作物替代常规的芦苇、香蒲等传统湿地植物，可实现污水中氮、磷的资源化利用，产生一定的经济效益，为工艺的推广和运用奠定坚实的基础。此工艺流程简单，各单元分工明确，无复杂回流装置，易于操作控制。在实际工程上，土建成本低廉，施工方便，管理简单，无需特殊材料，能够满足广大农村地区分散式污水处理的需求。

示范工程进出水指标如表 6 所示，工艺流程如图 14 所示。

表 6 厌氧-缺氧-跌水接触氧化-人工湿地组合工艺示范工程进出水指标

项 目	COD	TN	TP	NH_4^--N
进水/(mg/L)	300	25	5	20
预期出水/(mg/L)	40	9	1	5

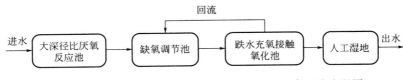

图 14 厌氧-缺氧-跌水接触氧化-人工湿地组合工艺流程图

生活污水首先在大深径比厌氧反应器内进行水解发酵，污水中的大部分复杂有机物被降解成小分子有机物，生成 VFA；控制厌氧消化的时间，使之进一步产出沼气。此厌氧阶段的目的为降解有机物，在产生沼气的同时，降低后续接触氧化池的负荷。

调节池用于调节水量，起缓冲作用。在调节池内，来自厌氧段的出水及好氧段的回流液在此处混合，反应器充分利用厌氧出水中较高含量的有机物和好氧反应器内较高含量的硝态氮，进行反硝化，既节省碳源又降低后阶段接触氧化的需充氧量，同时其中的有机物得到进一步的降解，保证污水臭味的去除。

跌水充氧接触氧化池内安装填料，利用填料上附着生长的微生物膜，进行污染物的降解。跌水池主要用于降解有机物，同时进行氮的硝化过程。跌水接触氧化池为一低能耗单元，由于采用曝气采用自然跌水形式，所以结构简单、无需复杂管路。

采用人工湿地强化脱氮除磷，进一步满足生活污水的深度处理要求，利用植物根系上附着微生物的生理作用和植物生长对氮、磷元素的摄取作用来去除氮、磷等营养物质，在实现出水达标排放的同时获得一定的经济产出，使土地利用最优化。

如图 15 所示，稳定运行期间，COD 进水变化范围较大，在 212.5～336.2mg/L 之间波动，平均进水浓度为 286.3mg/L；出水浓度比较稳定，平均出水为 39.3mg/L；COD 平均去除率为 86.2%。进水浓度的变化对出水影响很小，说明组合工艺对有机物有很好的降解效果，在稳定运行过程中保证了较低的出水 COD 值，同时具有较好的抗冲击负荷能力。出水 COD 值基本满足《城镇污水处理厂污染物排放标准》（GB 18918—2002）中 COD 项目的一级 A 标准。

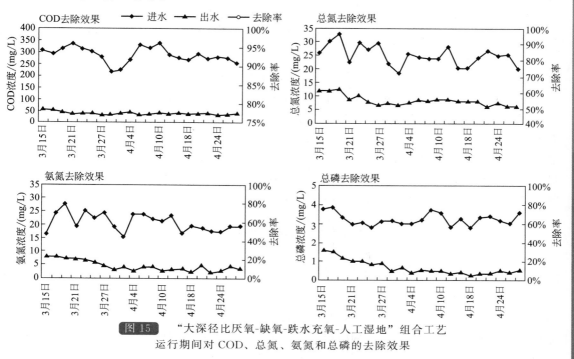

图 15　"大深径比厌氧-缺氧-跌水充氧-人工湿地"组合工艺
运行期间对 COD、总氮、氨氮和总磷的去除效果

总氮进水在 18.64～32.76mg/L 范围内变化，平均进水浓度为 25.03mg/L；前期由于气温较低且水芹尚未长好，因此出水总氮浓度相对较高；后期气温回升，水芹生长旺盛，出水浓度开始降低并稳定，此时平均出水浓度为 8.77mg/L；整个运行期间总氮平均去除率为 64.76%，效果良好，且变化幅度不大，具有良好的抗冲击负荷能力。出水总氮满足《城镇污水处理厂污染物排放标准》（GB 18918—2002）中总氮项目的一级 A 标准。

氨氮进水范围为 15.4～29.1mg/L，平均进水浓度为 20.72mg/L；湿地运行前期气温较低，导致跌水接触氧化池及湿地的硝化作用较弱，而后期随着气温的回升氨氮浓度开始逐步下降，整个过程出水氨氮平均为 4.41mg/L；整个运行期间氨氮平均去除率为 78.5%，效果良好。出水氨氮基本满足《城镇污水处理厂污染物排放标准》（GB 18918—2002）中氨氮项目的一级 A 标准。

总磷进水浓度变化不大，变化范围为 2.77～4.74mg/L，平均进水浓度为 3.22mg/L；启动初期，平均出水浓度为 1.14mg/L，去除率 65.55%；使用石膏作为基质，稳定后平均出水降至 0.44mg/L，去除率 86.33%。湿地对磷的去除较好，出水总磷基本满足《城镇污水处理厂污染物排放标准》（GB 18918—2002）中总磷项目的一级 A 标准。

本工艺每年处理示范区生活污水 1.10 万吨，以排水达一级 B 标准计算，每年削减 COD 2847kg、TN 175.2kg（其中氨氮 164.3kg）、TP 43.8kg，实现污染物削减率 COD 86.7%、TN 64.0%、TP 80%，有效控制了沙塘港村生活污水对周围水环境产生的影响，同时处理工艺以其园林化的外观美化了村内环境。经济效益方面，本工艺工程设施建设费为 6670 元/t，运行费仅为 1 台水泵的电耗，约 0.18 元/t 污水，属于低能耗污水处理设施。此外在气候条件允许时，水生蔬菜型人工湿地每年轮种空心菜和水芹菜，每年空心菜产量约 4000 斤/亩、水芹菜 1000 斤/亩，空心菜和水芹的价格以 0.7 元/斤、0.9 元/斤计，可产生收益不低于 3700 元/亩。

②"脱氮池-脉冲多层复合滤料生物滤池（脉冲生物滤汁）-潜流式人工湿地"组合工艺 示范工程位于江苏省宜兴市原大浦镇河溇南村，服务人口 50 人。处理设施进水为生活污水，各户化粪池出水及其他污水经 DN150 UPVC 管收集后进入处理设施，初期雨水直接进入生态处理系统。设计规模 5.0m³/d，实际处理量约 3.5～5.0m³/d，每天运行 12～18h。工程占地面积 20m²（不含主要用于处理初期雨水的生态塘）。

"脱氮池-脉冲多层复合滤料生物滤池-潜流式人工湿地"组合工艺融合了生物处理和生态处理技术的优点，无需曝气，自然通风供氧，水力负荷高，占地面积小，耐冲击负荷，适用于相对集中、水量较大的农村生活污水处理。试验研究表明，脱氮池＋脉冲生物滤池可以有效完成有机物降解、硝化和反硝化脱氮效果，结合人工湿地处理系统能进一步去除氮、磷等污染物，最终 TN、TP 平均去除率可达到 95% 以上。工艺流程如图 16 所示。

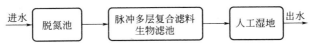

<u>图 16</u>　脱氮池-脉冲生物滤池-人工湿地组合工艺流程图

该组合工艺由厌氧池（脱氮池）、脉冲生物滤池和潜流人工湿地三个处理单元组成。污水经过厌氧池（脱氮池）降低有机物浓度后，由泵提升至脉冲滤池，与滤料上的微生物充分接触，进一步降解有机物，同时可自然充氧，滤池出水部分回流至脱氮池进行反硝化处理，提高氮的去除率，其余流入人工湿地或生态净化塘进行后续处理，去除氮磷。本工艺中水泵及生物滤池布水均可实现自动控制。有排水落差的村庄可利用自然地形落差进入滤池，减少水泵提升。

本示范工程运行维护单位为东南大学。运行维护人员共 1 人，兼管。该工程正常运行时平均进、出水水质如表 7 所示。

<u>表 7</u>　脱氮池-脉冲生物滤池-人工湿地组合工艺示范工程进出水水质

项　目	pH	COD	SS	TN	TP
进水/(mg/L)	6～8.5	300	150	60	5
出水/(mg/L)	6.5～7.5	30	30	3	0.2

如图 17 所示，在 8～11 月间，进水 COD 有着较大的波动，从不到 100mg/L 到 600mg/L 以上；除极个别点外，出水基本稳定在 50mg/L 以下。COD 去除率在 70%～100% 之间，平均去除率高达 91%。组合工艺对有机物有着很好的降解效果，在稳定运行过程中保持了良好的 COD 去除效果。

进水氨氮从 0～150mg/L 之间变化中，出水氨氮始终接近于 0；生活污水中的 NH_4^+-N 在经过组合工艺的处理后已被或接近于完全去除，去除率达到 95% 以上，去除效果很少有明显的下降波动，且基本上不会受到进水浓度的明显影响，说明组合工艺具有高效而稳定的硝化作用，其极高的去除效果主要源于脉冲生物滤池良好的硝化功能。

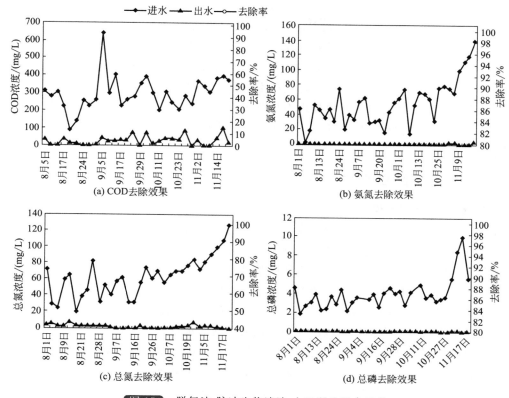

图 17　脱氮池-脉冲生物滤池-人工湿地组合工艺
运行期间对 COD、总氮、氨氮和总磷的去除效果

　　总氮进水浓度主要分布在 40～100mg/L 之间，起初负荷较低的情况下常得不到理想的去除率，主要原因在于尽管脉冲多层复合滤料生物滤池出水中含有较高的硝氮，但在前置脱氮池和人工湿地中得不到有效的反硝化脱氮作用。因此对前置脱氮池进行了适当的改造，确实保持脱氮池内反硝化脱氮所要求的缺氧环境，9 月后在湿地系统内种植植物后构造交替变化的缺好氧环境，同时促进湿地系统内稳定的生物量的形成。此后，TN 的去除效果有了一定提高，出水浓度一般低于 5mg/L，平均去除率在 95% 以上，且在后期高负荷下保持稳定的出水效果，远低于《城镇污水处理厂污染物排放标准》（GB 18918—2002）中一级标准的 A 标准。

　　总磷进水在 1.8～10 mg/L 之间较大的范围内变化，出水保持在 0.5 mg/L 以下并相当稳定；在脉冲生物滤池单体对总磷无法取得良好效果的情况下，组合工艺很好地解决了这一问题并达到了极高的去除率，平均去除率在 95% 以上，出水浓度远低于《城镇污水处理厂污染物排放标准》（GB 18918—2002）中一级标准的 A 标准。

　　本工艺每年处理示范区生活污水 1825t，以排水达一级 B 标准计算，每年削减 COD 492.8kg、TN 104kg、TP 8.8kg，实现了村内污水的有效收集处理，脉冲生物滤池外建简易房，冬季可以起到一定的保温效果。经济效益方面，本工艺工程设施建设费为 967.5 元/t（待确定），运行费虽为一台水泵的电耗，但由于水量偏小，吨水能耗约为 0.23 元。该工艺人工湿地面积仅为 10m² ，可作为绿化用地，改善附近居民居住环境。

　　③ 农村生活污水处理设施与水环境改善　　本着"因地制宜、高技术、低建设与运行

成本、低维护、资源化利用"的目标，生物处理方法与生态处理方法相结合，科学设计生物单元处理有机污染物、生态单元资源化利用氮磷的功能分工，实现了生物单元易于管理、生态单元优先建成污染净化型农业并创造经济效益的目标，形成兼顾农村生活污水处理以及水资源、营养盐综合利用、农村村落生态环境综合整治和景观化需求的可选方案，为我国农村生活污水处理设施的建设提供技术依据。值得注意的是，农村水环境的保护涉及各方各面，仅靠生活污水的有效处理不足以实现农村水环境的明显改善，需要从面源污染治理、固体废弃物管理、居民环保意识培养、政府监管等多方面共同努力，方能还农村"碧水蓝天"。

（二）水环境修复典型案例

1. 湿地生态修复案例

临沂市武河湿地位于临沂市中心南部，面积为 1333 hm²。湿地原为 1958 年建成的邳苍分洪道的一部分，上游通过江风口分洪闸与沂河相连。自 1974 年分洪以来，再未启动分洪闸分洪。陷泥河和南涑河是临沂市的两条排污河道，临沂市的城市污水经过陷泥河上游的兰山区污水处理厂和南涑河上游的罗庄区污水处理厂处理后，进入武河湿地，是湿地的全部水源。陷泥河和南涑河流经平原地区，流程短，汇水面积小，再加上经综合治理后，两河全线实现浆砌石护坡，故两河输入武河湿地的水量较稳定，季节变化不明显。经一年运行可知，仅在主汛期出现短时间强降雨情况下，湿地水量才有较大变化。湿地周边有 28 个行政村，4.6 万人口。为进一步提升临沂市水环境质量，改善下游水质，市政府投资 1.03 亿元建设武河湿地，于 2009 年 11 月 26 日开工，2010 年 2 月 26 日竣工，3 月投入运行。

湿地设计污水平均处理能力为 $30\times10^4 \text{m}^3/\text{d}$，水在湿地内停留时间为 7 天。监测结果表明，武河湿地对 COD、$NH_3\text{-}N$、BOD_5、SS 和 TP 有较高去除率，分别为 84.8%、98.7%、81.6%、88.9% 和 95.1%。

2. 城市景观内河生态修复

镇江古运河滨水堤岸生态修复示范工程位于镇江市古运河京口闸处的东菜市街侧河岸与中华路侧河岸，长约 50m，总面积约 450m²。滨水堤岸原坡面为浆砌石护坡，主要有两个较统一的坡度，一为毗邻路面且与路面垂直的垂直面，二为与垂直面相连向河流水面延伸的约 50°斜坡。整个滨水堤岸的生态修复按如下方式进行：按堤岸边坡形态的不同，将整个堤岸边坡分为垂直面、斜面岸坡和消落带 3 个部分进行生态修复。垂直面种植基用三峡大学专利技术——植被混凝土（干粉土、腐殖质、水泥、植被混凝土添加剂、保水剂及长效肥的混合）护坡绿化技术进行草种喷播；之后，在垂直面上扦插藤本植物。对堤岸斜面，在不破坏堤岸岸坡稳定前提下，先在原浆砌石坡面上间断性地打孔直至基底土壤层，以保证土壤与种植基间的水分、营养交换。因坡度较陡，仍用植被混凝土作为斜面种植基；草种喷播完成后，考虑到物种多样性、景观及对水中污染物削减能力等因素，再在坡体中央带按一定形状栽植小灌木。对堤岸消落带，考虑到抗冲刷性及水浪可能带走种植基等因素，一次性铺砌多孔生态混凝土构件，再在此构件预留的孔洞中填充种植基（为干粉土、腐殖质、保水剂及长效肥的混合），再栽湿生植物。

镇江古运河滨水堤岸进行生态修复后，其小环境空间结构得到改善，与原始浆砌石堤岸相比，修复后堤岸的环境湿度显著增加、地表温度日较差缩小。进行生态修复后的堤岸坡面对大气净化作用主要表现在植被能分解、吸收、固定大气中的有害、有毒气体，如能把有毒硝酸盐转化为有用盐类，将二氧化碳转化为氧气。生态修复后的堤岸，对下雨时由路面汇入的污水有一定拦截消纳作用。根据在三峡大学内进行的试验，一块经植被混凝土护坡绿化技术修复的坡面（纯草本植物），当污水经过后，溶解氧上升 78%，以 Cr 为代表的重金属元素、挥发酚类化合物、总氮、总磷和 COD 分别降低了 87%、32%、22%、20% 和 13%。

（三）水环境综合防治典型案例

太湖是我国第三大淡水湖，湖泊面积 $2238km^2$，流域面积 $36500km^2$。太湖流域是我国经济最发达、人口密度最大、大中型城市最密集的地区之一。在流域经济社会快速发展过程中，资源环境压力显著增大，特别是水资源水环境已不堪重负，迫切需要加快产业结构调整和经济转型升级步伐，让有限的水资源得到有效配置，水环境污染势头得到有效遏制，水环境质量得以改善，以支撑流域的社会经济发展。

到 2013 年年底，国家"十一五"水专项湖泊主题"太湖富营养化控制与治理技术及工程示范"项目共研发了 65 项关键技术，开展了七大类 57 项示范工程与技术示范。成果有力支撑了地方治理太湖，2011/2012 年太湖湖体综合营养状态指数为 58.5/56.5，富营养状态由"十五"末的中度富营养转变为轻度富营养。通过卫星遥感监测发现蓝藻水华现象 82 次，与 2010 年相比，蓝藻水华形势总体有所好转，最大发生面积和平均发生面积分别下降 35.3% 和 27.7%，大面积蓝藻发生次数亦有所下降。

专项技术与治理太湖工程密切结合，取得了显著的效果：2012 年与 2008 年相比，项目两大综合示范区——梅梁湾与苕溪的水质明显好转；环湖 15 条重点河流总体由中度污染转向轻度污染，全部消除劣 V 类，氨氮、总磷等入湖总量分别下降了 31% 和 23%；全湖平均营养状态指数由中度改善至轻度，蓝藻发生频次、面积和藻类密度均呈下降趋势，太湖水质逐渐好转。

六、结论与展望

（一）水环境学科进展总结

"十二五"期间，我国水环境科学发展迅速，在水环境科学基础理论研究、水污染防治工程技术研究和水污染防治管理技术及政策体制研究方面取得了较大的进展。本文详细介绍了"十二五"期间我国水环境问题和成因理论研究进展；从污水处理与资源化利用、面源污染控制、流域生态修复和饮用水安全保障理论和技术层面详细介绍了水环境污染防治工程技术研究进展；从水环境基准体系、生态区划、水生态承载力、控制单元总量控制与日最大污染物负荷、水环境监测预警及应急管理、饮用水风险管理和水环境管理政策、法规等方面介绍了水环境污染防治预警管理技术和体系建设进展；同时介绍了点源、面源水污染治理、水环境修复和水环境综合防治典型案例。以期为"十三五"水环境科学的发展提供参考信息，并不断将新的认识用于指导人类经济社会活动，更好地协调水环境保护与经济发展间的关系，保障水环境可持续承载和水资源的可持续利用，支撑社会经济可持续发展。

（二）水环境学科研究内容发展趋势

1. 未来我国水环境学科研究的重点内容及涉及的主要问题

在湖泊、水库、河流、饮用水源地、城镇水体方面，未来的发展具有如下特点。

① 更突出宏观和微观相结合。

② 对非常规污染物的关注强度和广度都会增加，对于由非常规污染物引起的环境污染事故的应急处理处置能力将加强。

③ 更突出湖泊、水库、河流、饮用水源地、城镇水体等流域的水环境质量改善方面，更突出各流域的特色，而且示范与工程应用的规模更大。

④ 突出重点污染物、重点行业和重点区域，注重发挥市场机制的决定性作用、科技的支撑作用和法规标准的引领作用，加快推进水环境质量改善。

⑤ 突出数据共享平台的建设。

⑥ 实施生态红线，实施严格的水资源管理制度，划定水资源开发利用、用水效率、水功能区限制纳污"三条红线"。

2. 对管理、技术和理论的需求

在自然资源用途管制、水节约集约使用、生态保护红线、资源环境承载能力监测预警机制、资源有偿使用、生态补偿、环保市场、社会资本投入、环境信息公开、社会监督等方面对水环境学科有新的需求。

水环境学科在管理、技术与理论等方面呈现以下发展趋势。

（1）管理方面

① 方法——多种水环境要素整合分析，全球、流域及区域系统研究　由于水的流动与循环，水环境系统在不同时空尺度下进行能量和物质的交换，现代水环境学科研究必须基于系统整体思维、时空多尺度、多介质，研究水环境的整体行为、演化规律及其相互作用。

当前我国环境管理理念已由污染控制向风险管理的重要战略转折，由化学指标控制向生态健康管理方向转变。从以前仅仅关注水质，转变为同时关注水质和水生态。从以前的常规污染物的日常监测为主，到目前的应急监测能力不断加强，从非常规污染物的监测/调查由个别水体（湖、河）单一介质（水/沉积物/生物）的数种污染物到数十个水体（湖、河）多个介质（水、沉积物、生物）的监测/调查转变。

② 层次——研究向宏观与微观两极发展　遥感、计算机、平台等手段的飞速发展将促进水环境内在物理、化学、生物基本过程及其相互作用的研究与数据积累，分子生态学等新兴学科分支在微观机理研究方面也将得到加强。同时，将水、土资源结合，从更宏观角度研究人类所处生态系统成为水环境学科未来的发展趋势；在经典生态学的物种、种群、群落研究的基础上，现代生态学也更注重生态系统、景观与全球生态系的研究，从更宏观水平上对各生物类群的生产力、能量流动与物质循环开展研究。

③ 研究基础——越来越依赖于长期连续观测资料的积累与分析　未来水环境重大研究计划将更加注重与大型观测计划相配合。在全球和国家尺度上，有关地球环境资源变化的长期观测、监测与信息网络，如地球观测系统（EOS）、全球气候观测系统（GCOS）、全球海洋观测系统（GOOS）、全球陆地观测系统（GTOS）、全球数字地震台网等一系列全球性巨型观测系统以及众多地区性和国家性大型观测系统等将逐渐建立。

　　湖泊、河流的野外科学研究站点的建设，如太湖、鄱阳湖、洞庭湖、抚仙湖等的观测研究站，持续积累相关数据，为科学决策提供依据。

　　④ 跨界补偿机制的深入探索与逐步推广应用　如跨国补偿、跨省（新安江模式，涉及安徽与浙江的补偿；潘大水库涉及天津和河北的补偿问题）补偿、跨市以及跨县的补偿。

　　对管理的需求：a. 生态修复工程的长效机制总结；b. 全民参与、宣教，需要10～20年的时间，现在开始，从幼儿园的教材开始，从电视宣传开始、网络宣传、机场、火车站、公路等的宣传开始。c. 目前GDP不考核或者不在第一位考核的县的运行机制的总结，成功经验的总结以及推广应用。d. 我国环保垂直管理可行性研究、针对现在的环保厅局长为高危职业，权责严重失衡的现状。

　　（2）技术——多种技术有机集成、高新技术应用　与水环境有关的水文、水动力、有机化学、高分子化学、微生物学、统计学、环境工程等专业理论与方法日趋成熟，分析技术在实际中得到广泛应用，进一步积累经验与产出成果。水环境研究逐渐发展成将各专业技术有机集成，形成水生态与水环境综合分析技术系统，在技术应用中重视水环境、水生态与区域及流域经济活动的关系。同时，GIS、RS、DEM等高新技术的发展，在水环境领域中不断得到应用，极大地提高了信息丰度和分析效率，提高了研究成果的决策支持能力。

　　对技术的需求：a. 面源污染防治技术成效的实时跟踪与效能反馈。b. 人工湿地的规模化应用，低耗的控源与生态修复技术的大规模应用。③黑臭水体的修复，清洁水体的保护。④有毒有害化学品的生产、排放以及在水环境中的赋存、迁移转化规律及其控制。⑤全国多类型跨流域的生态补偿机制的形成。⑥资源化的大力推广：指标落实到各个县，包括中水回用、秸秆利用、其他工业农业废弃物的利用。⑦湖滨带缓冲带的水土流失防治、岸坡稳定性、能量流。生物三场的变化。⑧地表水和地下水的对接、大循环的研究。⑨相当部分硬化河堤的软化处理，为恢复自然生态奠定基础。

　　（3）理论——多学科交叉发展　可持续发展理论成为研究水环境保护与经济发展关系的基础。与此同时，环境科学与工程学科将和水文学、水动力学、有机化学、微生物学、水力学、水利工程学、经济学、统计学等传统学科深入交叉发展。

　　对理论的需求：①不同流域的组合拳，将流域分类，提出污染防治、富营养化控制的技术体系和思路；②生态修复工程的长效机制总结；③全流域水污染防治、水生态修复成效的评估及成套理论的产出。

（三）水环境学科理论研究发展趋势

　　水乃生命之源，水资源危机已成为人类面临的最大挑战。随着工业的进步、经济的发展和生活水平的提高，人们对水的需求量与日俱增，水资源短缺是21世纪经济可持续发展的主要瓶颈。面对有限的水资源，污水再利用是解决这一难题的重要途径。微藻（micropalgae）是指那些需要借助显微镜等工具辨别的微型藻类的总称，对污水具有很强的清洁能力，能够高效清除污水中的氮和磷，在水环境修复中微藻具有广阔的发展前景。孙传范等[461]阐述了微藻修复水环境污染的优势、特点和现状，综述了微藻修复受污染水环境的机理，处理氮磷有机物、重金属污水和水厂污泥的研究进展，并提出在寻找兼顾污水处理效果及其附加经济价值平衡点以及对优质藻种的筛选及改良研究方面有待于进一步的研究和探索。孙奎利[462]在对国内外城市雨水利用研究的基础上，基于"微循环理念"提出构建统一的"雨水生态系统"的设计思路，这一系统综合了雨水基础设施的排水功能、雨水回用设施的雨水利用功能、地下水补充的生态修复功能等，是融合了环境、生态、可持续发展的雨水回用策略。

当今世界科学发展日新月异，各种工业蓬勃发展，随之而来的是电镀、制革等工业所带来的重金属、有机污染物等严重环境污染问题。针对沉积物所特有的重金属向水体释放引起的二次污染问题，应重点对沉积物重金属的环境行为展开深入研究，如人类活动影响下我国重要湖泊重金属在沉积物中的形态组成及其影响因素、重金属在沉积物-水界面的迁移转化、富集过程及其机理、沉积物重金属的污染评价以及质量基准等[463,464]。冯新斌等[465]系统论述了当前国际学术界针对大气汞来源和迁移转化规律、水生生态系统汞的生物地球化学循环演化、微生物与汞相互作用、人体汞暴露的危害和汞同位素环境地球化学等方面获得的最新进展，提出了当前开展汞在环境中的生物地球化学研究中存在着缺乏全球尺度对汞迁移转化规律的认识、微生物与汞在环境中的相互作用关系以及长期低剂量汞暴露健康风险评价等薄弱环节。随着纳米材料的广泛应用，排放到环境中的纳米材料越来越多，且多数纳米材料可进入水体并通过食物链在水生生物体内累积，进而对水生生物产生毒性作用[466]。纳米材料按组分的不同主要有纳米金属氧化物、纳米金属粒子、碳纳米材料、量子点、有机聚合物等，不同纳米材料尺寸大小、材料成分、表面修饰材料等理化特征的差异对水生生物的毒性大小及机制各有不同[467]。陶核等[468]归纳了各种纳米材料对水生生物模型（如鱼类、贝类、水蚤、藻类等）的纳米毒性作用及可能的致毒机制，表明各类纳米材料不同的理化特征可能产生不一样的毒性作用，但决定毒性的关键因素到底是其粒径尺寸大小、材料组分还是表面修饰物等至今尚无准确定论。氧化损伤、金属离子释放等是研究较多的机制，而从基因芯片、表观遗传修饰等分子水平对毒性机制进行研究的报道很少，可能是未来的研究方向，其是否可以作为毒性评价指标尚有待进一步深入探讨，且环境因素等也可对纳米材料的毒性作用产生影响。纳米材料对水生生物的毒性机制及风险评价仍任重而道远。锑被美国环境保护署和欧盟列为优先控制污染物，其毒性和对人类潜在的致癌性成为人们关注的热点。刘飞等[469]综述了沉积物-水体系中不同形态锑迁移转化的过程及规律，分析了氧化还原作用、络合作用和吸附-解吸作用对不同形态锑迁移转化的影响，提出锑在水生环境中的生物地球化学行为尚不清楚，还应加强氧化还原作用对水环境系统中锑的迁移转化影响研究。另外，在研究方法和手段上，应注重新技术的开发与应用，如近年来广泛使用的同位素示踪定年技术、高分辨率沉积物采样技术以及多学科交叉综合研究等[464]。孙博思等[470]对近年来水环境中重金属的监测方法进行了综述，介绍了原子吸收光谱法、电感耦合等离子体法、原子荧光光谱法、溶出伏安法、生物酶抑制法、免疫分析法和生物化学传感器法等，并对各自优点进行了比较，提出开发具有自主知识产权的小型高灵敏度分析设备对水中重金属进行监测具有重要意义。

目前，我国湖泊中水体富营养化问题日益严重，水生植物特别是沉水植物衰退和消失普遍发生，水生植物的恢复重现已经成为我国湖泊富营养化治理的关键。水生植物在生理上极端依赖于水环境，对水质的变化十分敏感，其生长和分布受多项环境因子的调控。探讨环境因子对沉水植物生长发育的影响，可为水环境生态修复提供依据。高丽楠[471]论述了光照、温度、无机碳、富营养化和泥沙型水体对水生植物生长的影响，提出应在以下方面进一步探讨：其一，相关环境要素对水生植物光合作用影响机理尚需深入定量化研究。

例如，目前关于光补偿深度的研究结果基本是一个定量值，而不同类型的水生植物光学特性有所区别，同一水生植物在不同生长阶段对光的需求也有所不同，光补偿深度应是一个动态概念；营养盐、底质、悬浮物、水流、温度等显著影响因子对水生植物生长的影响，也应考虑不同植物类型与生长阶段，同时水生植物对各项因子的适宜值还需进一步定量研究。其二，考虑到多项因子的内在联系与相互作用，所开展的综合性研究较少。环境系统中影响水生植物生长的每个因子并不是孤立、单独存在的，某项因子总与其他因子相互联系、相互制约。在今后研究中，应尽量考虑到多重因子对水生植物的综合作用，才能更科学地反映水生植物生长过程与环境要素之间的相互关系。综合多重环境要素进行研究，应成为今后研究的重要方向。其三，室内实验较多，野外实验较少，如何将实验结果有效地指导野外实践的相关研究不足。室内环境条件相对简单、可控，与野外环境相差较大，通过开展野外实验可以得到更符合实际的研究成果。

近几十年来，我国对环境严重污染的湖泊如太湖、滇池、巢湖等进行了全力抢救性治理，取得了一定的成效。但更多的水质良好的湖泊由于没有得到重视而出现环境退化问题。李克强副总理在第七次全国环保大会上讲话中指出："江河湖泊一旦污染，治理成本巨大，甚至不可逆转，要优先保护水质良好和生态脆弱的湖泊和河流。"为了避免众多湖泊再走"先污染、后治理"的老路，2011年国家财政部和环境保护部联合开展了水质良好湖泊生态环境保护工作，按照突出重点、择优保护、一湖一策、绩效管理的原则，完成湖泊生态环境保护任务[472]。"国家良好湖泊生态保护"专项工程将可能带动环境保护和社会经济的可持续大发展。

参 考 文 献

[1] 刘欢，骆灵喜，林明，等. 中国污水处理技术的现状及发展 [J]. 中国环境科学学会学术年会论文集，2014.
[2] 杨林章，冯彦房，施卫明，等. 我国农业面源污染治理技术研究进展 [J]. 中国生态农业学报，2013，21 (1)：96-101.
[3] 宋兰兰，麻林，刘凌. 太湖流域典型调水试验水质污染风险研究 [J]. 中国农村水利水电，2013，(7)：20-23.
[4] 陈红，戴晶晶. 水利工程有序引排改善太湖流域水环境作用初步研究 [J]. 水利规划与设计，2011，(4)：8-11.
[5] 董敦义，张彪，张灿强，杨艳刚，潘春霞，王斌. 太湖流域安吉县林地养分流失评估 [J]. 资源科学，2011，33 (8)：1608-1612.
[6] 汪玉，赵旭，王磊，程谊，王慎强. 太湖流域稻麦轮作农田磷素累积现状及其环境风险与控制对策 [J]. 农业环境科学学报，2014，33 (5)：829-835.
[7] 王晓蓉，孟文娜，顾雪元，罗军. POPs在太湖水体生物体内的分布特征及健康风险研究 [J]. 持久性有机污染物论坛2011暨第六届持久性有机污染物全国学术研究会论文集，2011：338-339.
[8] 2014中国环境状况公报，http：//www. zhb. gov. cn/gkml/hbb/qt/201506/t20150604＿302855. htm)
[9] 代立春，潘纲，李梁，李宏，毕磊，尚媛媛，王丽静，王丹，张洪刚，李巧霞，古小治，钟继承. 改性当地土壤技术修复富营养化水体的综合效果研究：Ⅲ. 模拟湖泛水体的应急治理效果 [J]. 湖泊科学，2013，25 (3)：342-346.
[10] 孟平，马涛. 巢湖水污染现状、原因及生态治理法探讨 [J]. 资源节约与环保，2015，(1)：171-173.
[11] 汪玉，张静，黄华. 西洞庭湖湿地的生态环境保护对策 [J]. 学园，2015，(2)：179-180.
[12] 邱蓓. 洞庭湖区环境破坏现状与生态修复对策研究 [D]. 南京：南京林业大学，2014.
[13] 张红叶，蔡庆华，唐涛，汪兴中，杨顺益，孔令惠. 洱海流域湖泊生态系统健康综合评价与比较 [J]. 中国环境科学，2012，32 (4)：715-720.
[14] 唐丽. 生物入侵与生物多样性保护 [J]. 吉首大学学报：自然科学版，2005，26 (3).
[15] 姜琦，席海燕，焦立新，倪兆奎. 我国湖泊管理的思考 [J]. 环境工程技术学报，2012，2 (1)：44-50.

[16] 郭文芳.《太湖流域管理条例》立法背景及主要内容 [J]. 中国水利, 2011, (21): 5-6.

[17] 张正斌, 徐萍. 中国水资源和粮食安全问题探讨 [J]. 中国生态农业学报, 2008, 16 (5): 1305-1310.

[18] 布吉红, 陈辉辉, 许宜平, 查金苗, 王子健. 辽河表层沉积物重金属生态风险与综合毒性表征 [J]. 生态毒理学报, 2014, 9 (1): 24-34.

[19] 孟伟. 辽河流域水污染治理和水环境管理技术体系构建——国家重大水专项在辽河流域的探索与实践 [J]. 中国工程科学, 2013, 15 (3): 4-10.

[20] 李法云, 吕纯剑, 魏冉, 王金龙, 褚阔. 辽河典型支流水生态功能三级区水生态系统健康评价 [J]. 科技导报, 2014, 32 (1): 70-77.

[21] 冯新伟, 林齐, 段亮, 宋永会. 辽河保护区河道防洪能力提升工程研究 [J]. 环境工程技术学报, 2013, 3 (6): 493-497.

[22] 魏宪云. 辽河流域水资源对策研究 [J]. 西部资源, 2015, (1): 165-166.

[23] 刘晓玲, 段亮, 宋永会, 刘雅萍. 辽河保护区河道清障技术研究 [J]. 环境工程技术学报, 2013, 3 (6): 486-492.

[24] 郭维东, 王丽, 高宇, 赖倩, 张智勇, 徐星星, 李杨. 辽河中下游水文生态完整性模糊综合评价 [J]. 长江科学院院报, 2013, 30 (5): 13-16.

[25] 魏宪云. 辽河流域水资源对策研究 [J]. 西部资源, 2015, (1): 165-166.

[26] 李兆富, 刘红玉, 李恒鹏. 天目湖流域湿地对氮磷输出影响研究 [J]. 环境科学, 2012, 33 (11): 3753-3759.

[27] 胡静. 东太湖湖区水源地水环境影响机制探究 [J]. 资源节约与环保, 2014, (4): 167-170.

[28] 周丹卉. 2015 辽河流域水环境现状与污染特征分析 [J]. 现代农业科技, 2015, (06): 208-208.

[29] 郭梅, 周丽旋. 乡镇集中式饮用水水源地环境安全分析及保障对策 [J]. 水资源保护, 2010, 26 (4): 76-79.

[30] 张海霞, 王栎雯, 严博, 等. 小城镇污水处理工艺选择与建设发展 [J]. 轻工科技, 2012, (3): 98-99.

[31] 郑凡东, 孟庆义, 王培京, 等. 北京市温榆河水环境现状及治理对策研究 [J]. 北京水务, 2007, (5): 5-8.

[32] 潘剑, 麻君丽. 城市湖泊的生存危机及保护对策 [J]. 北方环境, 2011, (5): 115-115.

[33] 卢少勇, 王佩, 王殿武, 陈建军. 北京六湖泊表层底泥磷吸附容量及潜在释放风险 [J]. 中国环境科学, 2011, 31 (11): 1836-1841.

[34] 高方述. 典型湖泊水环境承载力与调控方案研究-以洪泽湖西部湖滨为例 [D]. 南京: 南京师范大学博士学位论文, 2014.

[35] 胡开明, 逄勇, 王华, 范丽丽. 大型浅水湖泊水环境容量计算研究 [J]. 水力发电学报, 2011, 30 (4): 135-141.

[36] 周刚, 雷坤, 富国, 毛光君. 河流水环境容量计算方法研究 [J]. 水利学报, 2014, 45 (2): 227-234.

[37] 付丽, 陈鸿汉, 王东, 刘伟江. 基于地下水补给的河流水环境容量计算方法研究 [J]. 环境科学与技术, 2011, 34 (12): 124-129.

[38] 倪兆奎, 王圣瑞, 金相灿, 等. 云贵高原典型湖泊富营养化演变过程及特征研究 [J]. 环境科学学报, 2011, 31 (12): 2681-2689.

[39] 吴锋, 战金艳, 邓祥征. 中国湖泊富营养化影响因素研究——基于中国 22 个湖泊实证分析 [J]. 生态环境学报, 2012, 21 (1): 94-100.

[40] 李颖, 曹文志, 张玉珍, 等. 九龙江流域上游浅水湖泊富营养化机制 [J]. 中国环境科学, 2012, 32 (5): 906-911.

[41] 梁培瑜, 王烜, 马芳兵. 水动力条件对水体富营养化的影响 [J]. 中国环境科学, 2013, 25 (4): 455-462.

[42] 任文君, 田在锋, 宁国辉, 等. 4 种沉水植物对白洋淀富营养化水体净化效果的研究 [J]. 生态环境学报, 2011, 20 (2): 345-352.

[43] 徐秀玲, 陆欣欣, 雷先德, 等. 不同水生植物对富营养化水体中氮磷去除效果的比较 [J]. 上海交通大学学报, 2012, 30 (1): 8-14.

[44] 奚姝. 河道富营养原位生态修复工程技术研究 [D]. 杭州: 浙江大学硕士学位论文, 2012.

[45] 许慧萍, 杨桂军, 周健, 等. 氮、磷浓度对太湖水华微囊藻 (*Microcystis flos-aquae*) 群体生长的影响 [J]. 湖泊科学, 2014, 26 (2): 213-220.

[46] 陈建良, 胡明明, 周怀东, 等. 洱海蓝藻水华暴发期浮游植物群落变化及影响因素 [J]. 水生生物学报, 2015, 39 (1): 24-28.

[47] 刁晓君，李一葳，王曙光. 水华生消过程对巢湖沉积物微生物群落结构的影响 [J]. 环境科学，2015，36（1）：107-113.

[48] 胡晓佳，魏月姑，孙小红，等. 加拿大一枝黄花提取物对铜绿微囊藻的抑制作用 [J]. 环境科学与技术，2012，35（1）：55-58.

[49] 董昆明，周晓见，靳翠丽，等. 广玉兰叶片化感物质的抑藻活性及 GC-MS 分析 [J]. 安徽农业科学，2011，39（29）：18128-18130，18134.

[50] 郭沛涌，李庆华，苏东娇，等. 柳树叶浸提液对四尾栅藻生长特性及光合效率的影响 [J]. 激光生物学报，2011，20（4）：455-461.

[51] 汪辉，刘玲，牛丹丹，等. 一株海洋细菌对中肋骨条藻的溶解效应及其溶藻特性 [J]. 中国环境科学，2011，31（6）：971-977.

[52] 李超，吴为中，吴伟龙，等. 解淀粉芽孢杆菌对鱼腥藻的抑藻效果分析与机理初探 [J]. 环境科学学报，2011，31（8）：1602-1608.

[53] 吴文娟，李建宏，刘畅，等. 微囊藻水华的资源化利用：吸附重金属离子 Cu^{2+}、Cd^{2+} 和 Ni^{2+} 的实验研究 [J]. 湖泊科学，2014，26（3）：417-422.

[54] 王莉淋. 典型碳纳米材料对有机污染物环境行为的影响 [D]. 天津：南开大学博士学位论文，2012.

[55] 李晓娜. 碳纳米管吸附/电增强吸附典型环境污染物的研究 [D]. 大连：大连理工大学博士学位论文，2012.

[56] 卞为林，张慧敏，张波，何义亮. 水介质中 C60 纳米晶体颗粒对 Cu^{2+} 的吸附特性 [J]. 净水技术，2013，32（3）：23-27，32.

[57] 代明珠，李俊，康斌. 四氧化三铁/碳纳米管复合材料的制备及对放射性废水中铜离子的吸附 [J]. 材料导报：研究篇，2013，27（5）：83.

[58] 宗恩敏，魏丹，等. 磷在氧化锆-碳纳米管复合材料上的吸附研究 [J]. 无机化学学报，2013，29（5）：965.

[59] 郝从芳，金新，沈志凯，等. 纳米银抑制铜绿微囊藻的机理研究 [J]. 生物技术，2015，25（1）：61-65.

[60] 李妍，王玉，刘芬芳，等. 纳米银对斑马鱼胚胎及发育毒理学效应研究 [C] //第六届全国环境化学大会暨环境科学仪器与分析仪器展览会摘要集，2011.

[61] 闫晓萍，黄绚，杨坤. 碳纳米材料的生物毒性效应研究及展望 [J]. 环境污染与防治，2011，33（5）：87-94.

[62] 王利凤，郭凤华，杨卓. 纳米碳化钨对斑马鱼胚胎发育的影响 [J]. 中国环境科学，2012，32（7）：1280-1283.

[63] 邵田，张彭义，李振民，金玲. 纳米针状氧化镓光催化降解纯水和废水中全氟辛酸 [J]. 催化学报，2013，34（8）：1551-1559.

[64] 胡学香，陈勇，聂玉伦，等. 水中四环素类化合物在不同光源下的光降解 [J]. 环境工程学报，2012，6（8）：2465-2469.

[65] 黄春年. 磺胺二甲嘧啶在水溶液中的光化学降解研究 [D]. 合肥：安徽农业大学硕士学位论文，2011.

[66] 何占伟. 环丙沙星在水溶液中的光化学降解研究 [D]. 新乡：河南师范大学硕士学位论文，2011

[67] 吴彦霖，余焱，袁海霞，董文博. 水溶液中对叔辛基酚的紫外光降解研究 [J]. 中国环境科学，2010，30（10）：1333-1337.

[68] 于春艳，王华，刘萱，等. 硝酸根对水中 2,4-D 光解的影响 [J]. 海洋环境科学，2014，33（3）：395-398.

[69] 张倩，杨琛，莫德清，等. 水溶液性质对泰乐菌素光降解的影响 [J]. 农业环境科学学报，2014，33（12）：2444-2449.

[70] 吴蕾. 双污泥系统颗粒污泥的培养及脱氮除磷性能 [D]. 北京：北京工业大学，2012.

[71] 吴蕾，彭永臻，王淑莹，等. 好氧聚磷颗粒污泥的培养与丝状菌膨胀控制 [J]. 北京工业大学学报. 2011，37，（7）：1058-1066.

[72] 张刚，贾晓珊，陈环宇，等. 一众厌氧同时脱氮除磷的新现象 [J]. 环境科学学报，2012，32（3）：555-567.

[73] 张树军，马斌，甘一萍，等. 城市污水厌氧氨氧化生物脱氮技术研究 [J]. 中国水利学会 2014 学术年会论文集，1170-1177.

[74] 刘忻，马鲁铭. 催化铁技术在脱氮除磷中的应用进展 [J]. 工业水处理，2011，31（3）：1-4.

[75] 范永平，王申，王延丙. 钢渣中磁性矿物的赋存特性对分选效果的影响研究 [J]. 环境工程：2012，30（2）：82-84.

[76] 谢晶晶，陈天虎，谢巧勤，等. 一种磁性生物载体及其制备方法 [P]. 专利号：201110134950. X. 2011-05-24.

[77] 王梦月，马鲁铭. 催化铁强化低碳废水生物反硝化过程的探讨 [J]. 环境科学，2014，35（7）：2633-2638.

[78] 周鹏飞，陈滨，许立群，等. 催化铁内电解＋CAST 工艺耦合处理城市污水脱氮除磷效果研究 [J]. 四川环境，2011，30（5）：8-11.

[79] 周鹏飞，喻一萍，马鲁铭. 催化铁内电解强化 CAST 工艺生物脱氮除磷的研究 [J]. 水处理技术，2011，37（11）：96-99.

[80] 吴东雷，沈燕红，丁阿强. 一种利用零价纳米铁强化生物脱氮除磷的方法 [P]. 专利号：ZL201210469244.5. 2012-12-20.

[81] 王昌稳，李军，陈瑜，等. 磁活性污泥法在污水处理中的应用 [J]. 净水技术，2011，30（3）：47-50.

[82] 夏岚，朱书全，刘艳臣，等. 不同工况条件对 Carrousel 氧化沟脱氮除磷影响研究 [J]. 环境工程学报，2012，6（1）：73-76.

[83] 郭海燕，郭祯，柳志刚，等. 不同曝气强度下 SBMBBR 和 SBR 脱氮除磷性能对比研究 [J]. 环境科学学报，2012，32（3）：568-576.

[84] 王淑莹，曹旭，霍明昕，等. 两种分段进水工艺脱氮除磷性能对比 [J]. 北京工业大学学报，2012，32（3）：568-576.

[85] 谷成国. 分段进水多级 AO 同步脱氮除磷工艺及应用 [J]. 环境保护与循环经济，2015：45-46，72.

[86] 刘文龙，彭轶，苗圆圆，等. 脉冲 SBR 工艺短程脱氮的实现及对除磷的强化 [J]. 中国环境科学，2014，34（12）：3062-3069.

[87] 江乐勇，林海，宋乾武，等. 复合沸石脱氮除磷性能研究 [J]. 工业安全与环保，2011，37（2）：7-9.

[88] 张树军，韩晓宇，张亮，等. 污泥发酵同步消化液旁侧脱氮 [J]. 中国环境科学，2011，31（11）：19-24.

[89] 王盈盈，于海琴，赵刚，等. 倒置 A2/O-MBR 工艺处理低碳氮污水脱氮除磷效果研究 [J]. 水处理技术，2013，39（6）：77-80.

[90] 林静，慕志波，杨琦，等. A2/O＋硫磺填料柱组合工艺脱氮除磷的效果 [J]. 环境工程学报，2012，6（6）：1780-1784.

[91] 彭永臻，王建华，陈永志. A2/O-BAF 联合工艺处理低碳氮比生活污水 [J]. 北京工业大学学报，2012，38（4）：590-595.

[92] 徐荣乐，樊耀波，张晴，等. A2/O-MBR 研究与应用进展 [J]. 膜科学与技术，2013，33（6）：111-118.

[93] 吴鹏，计小明，沈耀良. ABR/MBR 复合反应器处理城市污水的启动研究 [J]. 中国给水排水，2012，28（11）：18-21.

[94] 冯翠杰，王淑梅，陈少华. 复合生物膜-活性污泥反应器同步脱氮除磷 [J]. 环境工程学报，2012，6（9）：3106-3114.

[95] 王宇恒. 重金属废水沉淀研究 [D]. 成都：西华大学，2014.

[96] 杜凤龄，徐敏，王刚，等. 絮凝剂处理重金属废水的研究进展 [J]. 工业水处理，2014，34（12）：12-16.

[97] 林梅莹，尚小琴，李淑妍，等. 氨基改性淀粉重金属废水处理剂的制备及应用 [J]. 化工进展，2011，30（4）：854-856.

[98] 刘志远，李昱辰，王鹤立，等. 复合絮凝剂的研究进展及应用 [J]. 工业水处理，2011，31（5）：5-8.

[99] 尹大伟，刘玉婷，苗东琳. 复合絮凝剂 PAC-CTS 的制备及其絮凝性能研究 [J]. 化工新型材料，2011，39（8）：94-95.

[100] 吴秋原，刘福强，侯鹏，等. 不同类型阴离子交换树脂对 Cr（Ⅵ）的吸附性能研究 [J]. 离子交换与吸附，2013，28（6）：532-540.

[101] 姜立萍. 新型聚合物——无机复合微凝胶及其对重金属离子的选择性吸附性能研究 [D]. 兰州：兰州大学，2014.

[102] 王泽红，陶士杰，于福家，等. 天然沸石的改性及其吸附 Pb^{2+}，Cu^{2+} 的研究 [J]. 东北大学学报：自然科学版，2012，33（11）：1637-1640.

[103] 林芳，陈正升. 壳聚糖/埃洛石复合吸附剂的制备与吸附性能 [J]. 广州化工，2015，3：044.

[104] 刘阳生，袁丽，吕晓蕾. 用于重金属废水处理的陶粒、制备方法及其用途 [P]. 北京：CN102718544A，2012-10-10.

[105] 龚友才，陈基权，粟建光，戴志刚. 用于重金属废水处理的生物质吸附剂及重金属废水处理方法 [P]. 湖南：

CN102247814A，2011-11-23．

[106] 王兆凯，张江涛，秦捷，何智慧．一种用于重金属废水处理的吸附剂及重金属废水处理方法［P］．广东：CN103831081A，2014-06-04．

[107] 高宝云，邱涛，李荣华，等．巯基改性玉米秸秆粉对水体重金属离子的吸附性能初探［J］．西北农林科技大学学报：自然科学版，2012，40（3）：185-190．

[108] 马腾腾，王金扣，肖琳，等．重金属生物吸附法的研究进展［J］．江西化工，2014，4：005．

[109] 杨富国．超滤技术处理含镍电镀废水的效果［J］．材料保护，2011，44（1）：77-77．

[110] 吴健，刘超．膜分离技术在电镀废水处理及金属回收中的应用及研究［J］．第四届全国膜分离技术在冶金工业中应用研讨会论文集，2014．

[111] 黄臣勇，柴续斌，黄游，等．膜分离技术在有色金属工业的应用前景分析［J］．有色金属加工，2013，（1）：10-12．

[112] 张连凯，张尊举，张一婷，等．膜分离技术处理印制电路板重金属废水应用研究［J］．水处理技术，2011，37（7）：127-129．

[113] 方芳，张一凡，刘静．论电化学法在重金属废水处理中的实际应用［J］．化工管理，2014，（26）．

[114] 王海东．电化学处理电镀废水研究［D］．天津：河北工业大学，2012．

[115] 戎玲，蔡震峰．一种化学沉淀-絮凝-植物修复法处理重金属废水的方法［P］．江苏：CN104086054A，2014-10-08．

[116] 马彦峰，魏春飞，单连斌．化学还原＋重金属捕集＋气浮过滤工艺处理重金属废水［J］．环境保护科学，2014，04：1-5．

[117] 许文杰．电沉积法和混凝沉淀法组合工艺回收处理含镉废水的研究［D］．衡阳：南华大学，2014．

[118] 郭训文．化学氧化—曝气生物滤池组合工艺处理含氰电镀废水的研究［D］．广州：华南理工大学，2013．

[119] 宋博宇．尾矿砂浆中和-硫化-混凝工艺处理某有色金属采选企业生产废水的研究［D］．长春：吉林大学，2013．

[120] 成应向，王强强，钟振宇，等．微波-化学法处理高浓度重金属废水［J］．环境化学，2012，30（12）：2099-2105．

[121] 杨津津，徐晓军，王刚，等．微电解-絮凝耦合技术处理含重金属铅锌冶炼废水［J］．中国有色金属学报，2012，7：2125-2132．

[122] 郭健，邓超冰，冼萍，等．"微滤＋反渗透"工艺在处理垃圾渗透滤液中的应用研究［J］．环境科学与技术，2011，5：170-174．

[123] Shaffer DL，Yip NY，Gilron J，et al. Seawater desalination for agriculture by integrated forward and reverse osmosis：Impact product water quality for potentially less energy. J. Membr. Sci.，2012，415：1-8．

[124] 宋代彬，童刚，杨久宜．反渗透技术在大型合成氨装置水处理中的应用［J］．工业水处理，2007，（8）：87-89．

[125] 郑淑英．双极膜电渗析的理论研究进展与应用．化学工程与装备，2011，31（5）：43-46．

[126] 邱瑞芳，程芳琴，王菁．混凝-电渗析耦合法治理汾河污染的实验研究［J］．长春理工大学学报：自然科学版，2011，2：161-164．

[127] Chen X，Xia X，Liang P，et al. Stacked microbial desalination cells to enhance water desalination efficiency. Environmental Science and Technology，2011，45（6）：2465-2470．

[128] Luo HP，Jenkins P，Ren ZY. Concurrent desalination and hydrogen generation using microbial electrolysis and desalination cells. Environmental Science and Technology，2011，45（1）：340-344．

[129] Chen S，Liu G，Zhang R，et al. Development of the microbial electrolysis desalination and chemical-production cell for desalination as well as acid and alkali productions. Environmental Science and Technology，2012a，46：2467-2472．

[130] Chen S，Liu G，Zhang R，et al. Improved performance of the microbial electrolysis desalination and chemical-production cell using the stack structure. Bioresource Technology，2012b，116：507-11．

[131] Richardson SD. Water analysis：emerging contaminants and current issues［J］．Anal Chem，2009，（12）：46-55．

[132] Penny backer M，Mc Randie P W. Guide to which fish are safe to eat. Http：//www. gristmagazine. com，2004-02-24．

[133] Zhang G，Parker A，House A，et al. Sedimentary records of DDT and HCH in the Pear River Delta，South

China [J]. Environmental Science Technology, 2003, 36: 3671-3677.

[134] Withgott J. Amphibian Decline: ubiquitous herbicide emasculatesfrogs [J]. Science, 2002, 296: 447-448.

[135] 王杉霖, 张剑波. 中国环境内分泌干扰物的污染现状分析 [J]. 环境污染与防治, 2005, 27 (3): 228-231.

[136] 江桂斌. 持久性有毒污染物的环境化学行为与毒性效应 [J]. 毒理学杂志, 2005, 19 (3): 179-180.

[137] 刘学慧, 孙增荣. 环境内分泌干扰物生殖毒性研究进展 [J]. 医科大学学报, 2004, (10): 43-45.

[138] 施安国. 环境中内分泌干扰物污染对人类的危害 [J]. 中国预防医学杂志, 2003, 4 (4): 306-309.

[139] SNYDER SA, WESTERHOFFP, YOON Y, et al. Pharmaceuticals, personal care products, and endocrine disruptors in water: Implications for the water industry. Environment [J]. Engineering Science, 2003, 20 (5): 449-469.

[140] TERNES TA, MEISENHEIMER M, MCDOWELL D. Removal of pharmaceuticals during drinking water treatment [J]. Environmental Science & Technology, 2002, 36: 3855-3863.

[141] Wang B, Huang J, Deng S B, et al. Addressing the environmental risk of persistent organic pollutants in China [J]. Front Environ Sci Engin, 2012, 6: 2-16.

[142] Wang B, Yu G, Huang J, et al. Probabilistic ecological Risk Assessment of DDTs in the Bohai Bay based on a Food Web Bioaccumulation Model [J]. Sci Total Environ, 2011, 409: 495-502.

[143] Wang B, Yu G, Huang J, et al. Probabilistic ecological risk assessment of OCPs, PCBs and DLCs in the Haihe River, China [J]. The Scientific World Journal, 2010, 10: 1307-1317.

[144] Wang B, Yu G, Huang J, et al. Tiered aquatic ecological risk assessment of organochlorine pesticides and their mixture in Jiangsu reach of Huaihe River, China [J]. Environ Monit Assess, 2009, 157: 29-42.

[145] 吴德生. 环境内分泌干扰物与人类健康专题研究中的几个问题 [J]. 环境与职业医学, 2002, 19 (6): 341-343.

[146] Zhao J L, Ying G G, Liu Y S, et al. Occurrence and a screening-level risk assessment of human pharmaceuticals in the Pearl Riversystem, South China [J]. Environ Toxicol Chem, 2010, 29: 1377-1384.

[147] Zhao J L, Ying G G, Liu Y S, et al. Occurrence and risks of triclosan and triclocarban in the Pearl River system, South China: From source to the receiving environment [J]. J Hazard Mater, 2010, 179: 215-222.

[148] Wang B, Yu G, Huang J, et al. Tiered aquatic ecological risk assessment of organochlorine pesticides and their mixture in Jiangsu reach of Huaihe River, China [J]. Environ Monit Assess, 2009, 157: 29-42.

[149] Wang B, Yu G, Huang J, et al. Development of species sensitivity distributions and estimation of HC_5 of organochlorine pesticides with five statistical approaches [J]. Ecotoxicology, 2008, 17: 716-724.

[150] 王勇军, 陈平, 周崇辉, 等. 环流式好氧生化池处理抗生素废水的应用研究 [J]. 中国给水排水, 2012, 28 (21): 132-134.

[151] 张玮玮, 弓爱君, 邱丽娜, 等. 废水中抗生素降解和去除方法的研究进展 [J]. 中国抗生素, 2013, 38 (6): 401-409.

[152] 姜友蕾, 姜栋, 宋雅建等. UASB-絮凝-SBR 处理高含量头孢类抗生素废水 [J]. 水处理技术, 2012, 38 (10): 65-69.

[153] 刘静, 王杰, 孙金诚, 等. Fenton 及改进 Fenton 氧化处理难降解有机废水的研究进展 [J]. 水处理技术, 2015, 41 (2): 6-11.

[154] 王光凯, 史强, 孟祥顺, 等. 阳极氧化联合电-Fenton 氧化深度处理垃圾渗滤液 [J]. 环境工程学报, 2014, 8 (12): 5377-5382.

[155] 郭俊, 胡晓东, 石云峰, 等. 铁碳微电解-Fenton 氧化预处理头孢菌素废水应用性研究 [J]. 水处理技术, 2015, 41 (2): 113-117.

[156] 李韵捷, 梁嘉林, 孙水裕. 臭氧氧化降解苯胺黑药模拟废水 [J]. 环境工程学报, 2015, 9 (3): 1161-1165.

[157] 王斌, 邓述波, 黄俊, 余刚等. 我国新兴污染物环境风险评价与控制研究进展. 环境科学, 2015, 32: 1129-1136.

[158] [200] Schwarzenbach R P, Escher B I, Fenner K, et al. The challenge of micropollutants in aquatic systems [J]. Science, 2006, 313 (5790): 1072-1077.

[159] 刘宇, 高级氧化-生物活性炭-膜滤优化组合除有机物中试研究 [D]. 哈尔滨: 哈尔滨工业大学, 2014.

[160] 胡洪营, 吴乾元, 黄晶晶, 等. 城市污水再生利用安全保障体系与技术需求分析 [J]. 中国建设信息水工业市

场，2010，8：8-12.

[161] Zhiyong Zhou, Xiaoju Zhang, Wenyi Dong, et al. Fuzzy comprehensive evaluation for safety guarantee system of reclaimed water quality [J]. Procedia Environmental Sciences，2013，18（5）：227-235.

[162] 李岩，谢春燕，吴达科，汪照. 投影寻踪法在再生水利用风险评价中的应用 [J]. 水电能源科学，2015，33（3）：138-140.

[163] 杨昱，廉新颖，马志飞，等. 再生水回灌地下水环境安全风险评价技术方法研究 [J]. 生态环境学报，2014，23（11）：1806-1813.

[164] 刘东君，邹志红. 再生水补给河流水质风险评价体系研究 [J]. 数学的实践与认识，2013，43（9）：101-107.

[165] 叶文，王会肖，高军，等. 再生水灌溉农田生态系统健康风险评价 [J]. 北京师范大学学报：自然科学版，2013，49（2）：221-226.

[166] Michael I, Rizzo L, McArdell C S, Manaia C M, Merlin C, Schwartz T, et al. Urban wastewater treatment plants as hotspots for the release of antibiotics in the environment: a review. Water Res，2013，47（3）：957-995.

[167] Zhang J, Zhang Y B, Liu W, Quan X, Chen S, Zhao H M, et al. Evaluation of removal efficiency for acute toxicity and genotoxicity on zebra fish in anoxic-oxic process from selected municipal wastewater treatment plants. Chemosphere，2013，90（11）：2662-2666.

[168] Robert Loos, Raquel Carvalho, Diana C. Antonio. EU-wide monitoring survey on emerging polar organic contaminants in wastewater treatment plant effluents. Water Research，2013，47（17）：6775-6787.

[169] Zhang J, Zhang Y B, Liu W, et al. Evaluation of removal efficiency for acute toxicity and genotoxicity on zebrafish in anoxic-oxic process from selected municipal wastewater treatment plants. Chemosphere，2013，90（11）：2662-2666.

[170] Jianying Xu, Chuntao Zhao, Dongbin Wei, Yuguo Du. A toxicity-based method for evaluating safety of reclaimed water for environmental reuses. Journal of environmental sciences，2014，26：1961-1969.

[171] 林怡雯. 再生水系统中 VBNC 病原菌复活特性与风险的研究. 北京：清华大学工学硕士学位论文，2013.

[172] 余芬芳，唐天乐，白娟娟，等. 基于斑马鱼胚胎毒性效应的城市再生水消毒方式比较及生态风险评价. 全国给水排水技术信息网 42 届技术交流会论文集，2014：43-47

[173] 于彩虹，周珂，刘芸，等. 城镇污水处理厂进出水对日本青鳉早期阶段亚慢性毒性效应 [J]. 生态毒理学报，2014，9（1）：56-62.

[174] Chen L, Jia R, Li L. Bacterial community of iron tubercles from a drinking water distribution system and its occurrence in stagnant tap water. Environ. Sci. Process，2013，15（7）：1332-1340.

[175] Sun H, Shi B, Bai Y, Wang D. Bacterial community of biofilms developed under different water supply conditions in a distribution system. Sci. Total Environ，2014，472：99-107.

[176] Sun H, Shi B, Bai Y, Darren L, Bai Y, Wang D. Formation and release behavior of iron corrosion products under the influence of bacterial communities in a simulated water distribution system. Environ. Sci. Process. Impacts，2014b，16（3）：576-585.

[177] Jin J, Wu G, He K, Chen J, Xu G, Guan Y. Effect of ions on carbon steel corrosion in cooling systems with reclaimed wastewater as the alternative makeup water. Desalin. Water Treat，2013.

[178] Jin J, Wu G, Zhang Z, Guan Y. Effect of extracellular polymeric substances on corrosion of cast iron in the reclaimed wastewater. Bioresour. Technol，2014，165：162-165.

[179] 宝哲，刘洪禄，吴文勇，等. 再生水灌溉对植物影响风险研究. 北京水务，2013，（3）：28-31.

[180] Weiping Chen, Sidan Lu, Neng Pan, Yanchun Wangb, Laosheng Wu. Impact of reclaimed water irrigation on soil health in urban green areas. Chemosphere，2015，119：654-661.

[181] Chen-Chen Wanga, Zhi-Guang Niua, Ying Zhang. Health risk assessment of inhalation exposure of irrigation workersand the public to trihalomethanes from reclaimed water in landscapeirrigation in Tianjin, North China. Journal of Hazardous Materials，2013，262：179-188.

[182] 叶文，王会肖，高军，等. 再生水灌溉农田生态系统健康风险评价. 北京师范大学学报：自然科学版，2013，49（2）：221-226.

[183] 丁年，胡爱兵，任心欣，等. 深圳市再生水利用规划若干问题的探讨. 中国给水排水，2014，30（12）：30-33.

[184] 黄志心. 昆明空港经济区再生水工程专项规划若干问题探讨. 给水排水，2013，39（3）：44-48.

[185] 朱文涛. 西安高新区再生水利用工程规划与体会. 给水排水工程，2013，31（5）：105-107.

[186] 许永江. 饲料酶制剂提高断奶仔猪生产性能的试验 [J]. 畜禽业，2013，（10）：29-30.

[187] 张庆东，耿如林，戴晔. 规模化猪场清粪工艺比选分析 [J]. 2013，40（2）：232-235.

[188] Morrison R S，Johnston L J and Hilbrands A M. The behaviour，welfare，growth performance and meat quality of pigs housed in a deep-litter，large group housing system compared to a conventional confinement system. Appl. Anim. Behav. Sci.，2007a，103：12-24.

[189] Morrison R S，Johnston L J and Hilbrands A M. A note on the effects of two versus one feeder locations on the feeding behaviour and growth performance of pigs in a deep-litter，large group housing system. Appl. Anim. Behav. Sci.，2007b，107，157-161.

[190] Wang K Y，Wei B，Zhu S M，Ye Z Y. Ammonia and odour emitted from deep litter and fully slatted floor systems for growing-finishing pigs. Biosyst. Eng.，2011，109：203-210.

[191] Westerath H S，Laister S，Winckler C. Knierim U. Exploration as an indicator of good welfare in beef bulls：An attempt to develop a test for on-farm assessment. Appl. Anim. Behav. Sci.，2009，116：126-133.

[192] Krishna D，Ramarao S V，Prakash B，Preetham V C. Growth Performance and Survivability of Rajasree Birds under Deep Litter and Scavenging Systems. Int. J. Poult. Sci.，2012，11：621-623.

[193] 胡海燕，于勇，张玉静，徐晶，和孙建光. 发酵床养猪废弃垫料的资源化利用评价. 植物营养与肥料学报，2013，19：261-267.

[194] 侯亚辉，李科. 畜禽养殖废水处理技术 [J]. 河南农业，2012，（11）：54-55.

[195] 何占飞，荀方飞，付永胜. 混合工艺处理猪场养殖废水研究 [J]. 广东农业科学，2011，38（9）：171-172.

[196] Robert L，Knight，Victor W E，PayneJr. B，et al. Constructed wet lands for livestock waste water management [J]. Ecological Engineering，2000，15（1-2）：41-55.

[197] Zhao Y Q，Sun G，Allen S J. Anti-sized reed bed system for animal wastewater treatment：A comparative study [J]. Water Research，2004，38（12）：2907-2917.

[198] 高春芳，刘超翔，王振，黄栩，刘琳，朱葛夫，廖杰. 人工湿地组合生态工艺对规模化猪场养殖废水的净化效果研究 [J]. 生态环境学报，2011，20（1）：154-159.

[199] 何连生，朱迎波，席北斗，刘鸿亮. 集约化猪场废水 SBR 法脱氮除磷的研究 [J]. 中国环境科学，2004，24（2）：224-228.

[200] 谢勇丽，赵永生. UAFSB 的启动及其对畜禽废水处理的试验研究 [J]. 科技信息，2012，（24）：138-139.

[201] 郑辉. 水产养殖废水处理技术的研究进展及发展趋势 [J]. 河北渔业，2011，4.

[202] 黄晓婷，陈兵，刘伟，等. 生物活性炭深度处理循环水产养殖废水研究 [J]. 水处理技术，2011，37（6）：82-85.

[203] 姚秀清，张全，王庆庆. 硝化细菌对养殖水体处理技术的研究 [J]. 化学与生物工程，2011，28（1）：79-81.

[204] 徐运清，胡超. 高效藻类塘对小城镇养殖废水净化效能的影响 [J]. 安徽农业科学，2011，39（3）：1683-1684.

[205] 江云. 水产养殖废水生物净化技术研究 [D]. 扬州：扬州大学，2013.

[206] 邹万生，刘良国，张景来，等. 固定化菌藻对去除珍珠蚌养殖废水氮磷的效果分析 [J]. 农业环境科学学报，2011，30（4）：720-725.

[207] 郑辉. 贝藻混养协同净化水产养殖废水技术研究 [D]. 石家庄：河北科技大学，2014.

[208] 于君宝，侯小凯，韩广轩，管博，郑垒. 多介质人工湿地对生活污水中氮和磷的去除效率研究 [J]. 湿地科学，2013，11（2）：233-239.

[209] 方炳南，朱飞虹，金成舟. 生活污水净化沼气池的改进与应用 [J]. 中国沼气，2011，29（6）：40-46.

[210] 黄炜杰，胡晓东，萧灿强. 化粪池组合工艺在南方农村生活污水处理中的应用 [J]. 华南地震，2014，（S1）：139-142.

[211] 李旭宁，刘欢，林明，杨小毛，赵必贵. 污水土地处理新技术在西南农村的应用与管理 [J]. 中国环保产业，2013，（4）：31-34.

[212] 张巍，许静，李晓东，晁雷，曾华，赵晓光，安乐. 稳定塘处理污水的机理研究及应用研究进展 [J]. 生态环境

学报，2014，23（8）：1396-1401.

[213] Martins C L，Fernandes H，Costa R H. Landfill leachate treatment as measured by nitrogen transformations in stabilization ponds [J]. Bioresource Technology，2013，147：562-568.

[214] 刘劲松，刘维屏，潘荷芳，冯元群，巩宏平. 农村简易垃圾焚烧炉周边土壤二噁英分布研究 [J]. 浙江大学学报：工学版，2010，44（3）：601-605.

[215] Qiao J，Yang L Z，Yan T M，et al. Nitrogen fertilizer reduction in rice production for two consecutive years in the Taihu Lake area [J]. Agriculture，Ecosystems & Environment，2012，146（1）：103-112.

[216] 田琳琳，庄舜尧，杨浩. 不同施肥模式对芋艿产量及菜地土壤中氮素迁移累积的影响 [J]. 生态环境学报，2011，20（12）：1853-1859.

[217] 王静，张维理，郑毅. 滇池流域环境友好作物轮作模式的选择 [J]. 云南农业大学学报，2006，21（5）：663-669.

[218] 卢仲良，孔学梅，袁文龙. 农药减量增产技术在水稻病虫害防治上的应用研究 [J]. 现代农业科技，2012，（15）：89-93.

[219] 刘建利. 农药残留生物降解的研究 [J]. 长江蔬菜，2008，（5）：67-70.

[220] 贾红梅. 河套地区湿地水质净化的研究 [D]. 呼和浩特：内蒙古农业大学，2012.

[221] 李伟，王建国，王岩，牟艳军，薄录吉，杨林章. 用于防控菜地排水中氮磷污染的缓冲带技术初探 [J]. 土壤，2011，43（4）：565-569.

[222] 国平，邵兆凤，周建芝. 天津市建设下凹绿地的雨水蓄渗效果分析 [J]. 水土保持通报，2012，（6）：120-122.

[223] 夏远芬，万玉秋，王伟. 城市地面停车场透水铺装使用分析——以南京市为例 [J]. 环境科学与管理，2006，31（5）：17-20.

[224] Mankin K R，Ngaudu D M，Barden C J. Grass-shrub riparian buffer removal of sediment，phosphorus，and nitrogen from simulated runoff [J]. Journal of the American Water Resources Association，2007，43（05）：1108-1117.

[225] 宋玲玲，程亮，孙宁. 胶州三里河城市水系综合整治措施 [J]. 水利规划与设，2015，（08）：20-23.

[226] Hilten R N，Lawrence T M，Tollner E W. Modeling stormwater runoff from green roofs with HYDRUS-1D [J]. Journal of Hydrology，2008，358：288-293.

[227] Berndtsson J C，Emilsson T，Bengtsson L. The influence of extensive vegetated roofs on runoff quality [J]. Science of the Total Environment，2006，355（1-3）：48-63.

[228] Teemusk A，Mander ü. Rainwater runoff quantity andquality performance from a greenroof：The effects of short-term events [J]. Ecological Engineering，2007，30：271-277.

[229] 凌芬. 曝气对城市污染河道氮素形态迁移转化的影响 [D]. 南京：南京师范大学，2012.

[230] 许宽. 曝气与生物修复对城市污染河道黑臭底泥的影响 [D]. 南京：南京师范大学，2013.

[231] 杨长明，荆亚超，张芬，沈烁. 泥-水界面微孔曝气对底泥重金属释放潜力的影响 [J]. 同济大学学报：自然科学版，2015，1：102-107.

[232] 喻阳华，陈程，吴永贵，喻理飞. 垂直扰动对深谷型湖泊红枫湖底泥覆盖的效果 [J]. 贵州农业科学，2014，11：232-236.

[233] 李静，朱广伟，张晓松，许海，杨桂军，朱梦圆. 锁磷剂及覆盖技术对长广溪不同污染类型河段底泥磷释放的控制效果 [J]. 环境化学，2015，2：358-366.

[234] 亢增军，袁林江，孔海霞. 3种覆盖材料对底泥磷释放的抑制及影响因素研究. 安全与环境学报，2014，14（3）：202-205.

[235] 李佳，詹艳慧，林建伟，等. 镧改性沸石对太湖底泥-水系统中磷的固定作用. 中国环境科学，2014，34（1）：161-169.

[236] 李静，朱广伟，张晓松，许海，杨桂军，朱梦圆. 锁磷剂及覆盖技术对长广溪不同污染类型河段底泥磷释放的控制效果 [J]. 环境化学，2015，2：358-366.

[237] 杨孟娟，林建伟，詹艳慧，等. 铝和锆改性沸石对太湖底泥-水系统中溶解性磷酸盐的固定作用 [J]. 环境科学研究，2014，27（11）：1351-1359.

[238] 刘成. 生物促生剂联合微生物菌剂修复城市黑臭河道底泥实验研究 [D]. 桂林：广西大学，2012.

[239] 刘晓伟，谢丹平，李开明，周伟坚，王海军. 投加生物促生剂对底泥微生物群落及氮磷的影响 [J]. 中国环境科学，2013，S1：87-92.

[240] 涂讳灵. 反硝化菌剂对黑臭河道底泥的修复效果及条件优化研究 [D]. 桂林：广西大学，2014

[241] 杨雷峰，尹华，叶锦韶，等. 再力花对河涌底泥中多溴联苯醚的去除 [J]. 农业环境科学学报，2015，34（1）：130-136.

[242] 张雅. 沉水植物对底泥修复效果研究——以山东省微山县小沙河为例 [D]. 北京：北京林业大学，2013.

[243] 雷晓玲，巫正兴，冉兵，等. 原位钝化技术及其在环保疏浚中的应用 [J]. 环境科学与技术，2014，37（3）：200-204.

[244] 孙一香，庄瑶，王中生，邓自发，姚志刚，曹福荣，王剑，安树青. 芦苇对疏浚后基底环境的光合生理及生长响应 [J]. 南京林业大学学报：自然科学版，2010，6：71-76.

[245] 胡伟. 基于生态保护及后续生态修复的新型环保疏浚关键问题研究 [J]. 安徽农业科学，2012，27：13536-13537。

[246] 林炳挑. 湿地保护与湿地生态恢复技术 [J]. 资源与环境科学，2010.

[247] 包洪福. 扎龙湿地生态退化分析及修复措施研究 [D]. 哈尔滨：东北林业大学硕士学位论文，2010.

[248] 邵菲菲. 湖泊的富营养化及其生态修复技术. 辽宁化工，2011，40（12）：1244-1246.

[249] 黄丹，惠晓萍，韩玉洁，等. 不同强度间伐对奉贤区水源涵养林及其林下植物多样性的影响 [J]. 上海交通大学学报：农业科学版，2013，30（6）：41-46.

[250] Yuan Z K，Kuang J J. Analysis of degradation and its genesis of natural wetland in the Dongting Lake area [J]. Yangtze River，2009，40（14）：32-34.

[251] 赵洋毅. 缙云山水源涵养林结构对生态功能调控机制研究 [D]. 北京：北京林业大学，2011.

[252] GB/T 18337. 3. 国生态公益林建设技术规程国家标. 2001.

[253] 祁玉德，刘建泉，孙建忠. 东大河林区封山育林现状及发展对策 [J]. 现代农业科技，2012，（2）：224-225.

[254] 成林. 浅析封山育林特点及提高效果的措施 [J]. 现代园艺，2013，（24）：198-199.

[255] 李延涛，冯艳红，陈李根. 浅谈实施封山育林工程的重要意义及具体措施 [J]. 现代园艺，2011（11X）：128-128.

[256] 张勇. 浅谈封山育林及具体措施 [J]. 黑龙江科技信息，2012，3（211）：41.

[257] 姜娟. 封山育林技术措施的探究 [J]. 科技致富向导，2011，（14）：378-378.

[258] 刘敏，邱治军，周光益，等. 广东省水源涵养林营造的原则与技术要求 [J]. 广东林业科技，2006，22（3）：109-112.

[259] 杨霞. 论我国人工造林更新特点存在问题及对策 [J]. 民营科技，2013，（10）：239-239.

[260] 邵宝堂. 强化人工造林更新效果的有益探索 [J]. 黑龙江科技信息，2013，（6）：215-215.

[261] 肖丽萍. 浅谈山地直播造林技术在退耕还林中的应用 [J]. 农技服务，2014，31（3）：98-98.

[262] 刘庆贵，刘庆禄. 山地直播造林技术 [J]. 林业勘查设计，2013，（1）：47-48.

[263] 兰红艳，陈宁，景金娟. 渭北旱塬地区山地人工直播造林技术初探 [J]. 陕西林业科技，2013，（6）：93-94.

[264] 周健娃. 提高飞播造林技术措施研究 [J]. 安徽农学通报，2014，20（6）：102-103.

[265] 韩中华. 国内外提高飞播造林成效的措施 [J]. 北京农业，2013，（30）：95.

[266] 袁密薄，李树杰. 论原始森林红松病虫害防治 [J]. 农民致富之友，2015，（10）：111.

[267] 潘世忠. 我国人工造林更新技术的意义及发展前景 [J]. 民营科技，2013，（11）：232-232.

[268] 杨彬彬，王猛. 我国人工造林更新技术的意义及发展前景 [J]. 科技创新与应用，2015，（10）：287-287.

[269] Hatzfeldt H. 生态林业理论与实践 [M]. 北京：中国林业出版社，1997：161-162.

[270] 朱丽，康建军，赵明，等. 祁连山水源涵养林经营现状分析及可持续发展对策 [J]. 农学学报，2014，4（7）：41-44.

[271] 郭伟，王昱，王昊. 城市水污染现状和国内外水生态修复方法研究现状 [J]. 水科学与工程技术，2010，2：57-59.

[272] 谷勇峰，李梅，陈淑芬. 城市河道生态修复技术研究进展 [J]. 环境科学与管理，2013，38（4）：25-29.

[273] 李兴平. 城市景观水体的生态修复技术研究 [J]. 四川环境，2015，34（1）：133-137.

[274] Vollenweider R A. Possibilities and limits of elementary models concerning the budget of substances in lakes.

Archiv für Hydrobiologie，1969，66：1-36.

[275] 汤建中，宋韬，江心英，等. 城市河流污染治理的国际经验. 世界地理研究，1998，7（2）：114-119.

[276] Oglesby R T. Effects of controlled nutrient dilution of a eutrophic lake. Water Res.，1968，2（1）：106-108.

[277] Oglesby R T. Effects of controlled nutrient dilution on the eutrophication of a lake. In：Eutrophication：Causes，Consequences，and Correctives. National Academy of Science，Washington，D. C，1969：483-493.

[278] Welch E B，Buckley J A，Bush R M. Dilution as an algal bloom control. J. Water Pollut. Control Fed.，1972，44：2245-2265.

[279] Welch E B，Patmont C R. Lake restoration by dilution：Moses Lake，Washington. Water Res.，1980，14：1317-1325.

[280] Welch E B. The dilution/flushing technique in lake restoration. Water Resour. Bul.，1981，17：558-564.

[281] Welch E B，Weiher E R. Improvement in Moses Lake quality from dilution and sewage diversion. Lake Reservoir Manage.，1987，3：58-65.

[282] Welch E B，Barbiero R P，Bouchard D，Jones CA. Lake trophic state change and constant algal composition following dilution and diversion. J. Ecol. Eng.，1992，1：173-197.

[283] Mccallum B E. A real extent of fresh water from an experimental release of Mississippi River Water into Lake Pontchartrain，Louisiana，May 1994. The 9th 1995 Conference on Coastal Zone，Tampa FL，USA：363-364.

[284] Lane R R，Day J W，Kemp Jr G P，Demcheck D K. The 1994 experimental opening of the Bonnet Carre Spillway to divert Mississippi River water into Lake Pontchartrain，Louisiana. Ecol. Eng.，2001，17：411-422.

[285] Hosper H，Meyer M L. Control of phosphorus loading and flushing as restoration methods for Lake Veluwe. The Netherlands. Aquat. Ecol.，1986，20：183-194.

[286] Jagtman E，Van der Molen D T，Vermij S. The influence of flushing on nutrient dynamics，composition and densities of algae and transparency in Veluwemeer，The Netherlands. Hydrobiologia，1992，233（1-3）：187-196.

[287] 俞建军. 引水对西湖水质改善作用的回顾. 水资源保护，1998，（2）：50-55.

[288] 卢士强，林卫青，徐祖信，等. 苏州河环境整治二期工程水质影响数值模拟. 长江流域资源与环境，2006，15（2）：228-231.

[289] 阮仁良. 平原河网地区水资源调度改善水质的机理和实践研究——以上海市水资源引清调度为例. 上海：华东师范大学博士学位论文，2003.

[290] 王超，卫臻，张磊，等. 平原河网区调水改善水环境实验研究. 河海大学学报：自然科学版，2005，33（2）：136-138.

[291] 裴洪平，郑晓君. 引水后杭州西湖主要水质参数的因子分析. 生物数学学报，2005，20（1）：86- 90.

[292] Hu W，Zhai S，Zhu Z，Han H. Impacts of the Yangtze River water transfer on the restoration of Lake Taihu. Ecol. Eng.，2008，34：30-49.

[293] 翟淑华，张红举，胡维平. 引江济太调水效果评估. 中国水利，2008，1.

[294] Hu L M，Hu W P，Zhai S H，Wu H Y. Effects on water quality following water transfer in Lake Taihu，China. Eco. Eng.，2010，36：471-481.

[295] Zhai Shuijing，Hu Weiping，Zhu Zecong. Assessments of environmental and ecological impacts of water transfers on Gonghu Bay from Yangtze River to Lake Taihu，China. Ecological Engineering，2010，36：406-420.

[296] 水利部太湖流域管理局，江苏省水利厅，江苏省环境保护厅. 引江济太应急调水改善太湖水源地质效果分析. 中国水利，2007，17：1-2.

[297] 周小平，翟淑华，袁粒. 2007～2008 年引江济太调水对太湖水质改善效果分析. 水资源保护，2010，26：40-48.

[298] 姜宇，蔡晓钰. 引江济太对太湖水源地水质改善效果分析. 江苏水利，2011，（2）：36-37

[299] 展永兴，季轶华，沈利. 调水引流在太湖水环境综合治理中的作用分析. 中国水利，2010，4.

[300] Han T，Zhang H J，Hu W P，Deng J C，Li Q Q，Zhu J G. Research on self-purification capacity of Lake Taihu. Environ Sci Pollut Res，（in Press），2015.

[301] 陈红，韩青，周宏伟. 淀山湖水污染状况分析与综合治理对策研究. 水资源保护，2011，27（6）：40.

[302] 朱勇. 调水引流工程改善太湖流域水环境效果研究——以新孟河延伸拓浚工程为例. 人民珠江，2014，4：

37-40.

[303] 张利民，钱江，汪琦. 江苏省太湖应急防控形势及对策体系研究. 环境监测管理与技术，2011，23（2）：1-7.

[304] 高雅. 水体富营养化和水华的控制技术研究现状. 科技创新导报，2011，31：1-3.

[305] 陈红，戴晶晶. 水利工程有序引排改善太湖流域水环境作用初步研究. 水利规划与设计，2011，4.

[306] 胡晓文. 杭嘉湖地区引排水工程改善水环境效果分析. 杭州：浙江大学硕士水位论文，2010.

[307] 许可，周建中，顾然等. 基于日调节过程的三峡水库生态调度研究. 人民长江，2011，41（10）：56-58.

[308] 贾东民，王景仕，王成刚. 密云水库水华防治工作实践与思考. 北京水务，2014，（5）：19-22.

[309] 闫玉华，钟成华，邓春光. 非经典生物操纵修复富营养化的研究进展. 安徽农业科学，2007，35（12）：3459-3460.

[310] 朱联东，李兆华，李中强，熊欣，张晓娟，杨芳，赵泉. 富营养化湖泊生态恢复关键技术，水科学与工程技术，2009，（5）：1-3.

[311] 高雅. 水体富营养化和水华的控制技术研究现状，科技创新导报，2009，31.

[312] 王红强，李宝宏，张东令，孙斌，李剑沣. 藻类的生物控制技术研究进展. 安全与环境工程，2013，20（5）：38-41.

[313] 陈来生，洪荣华，何光喜，任丽萍. 运用非经典生物操纵技术治理水华. 渔业现代化，2006，（3）：45-46.

[314] 王绍祥，申一尘，屈云芳，等. 上海陈行水库浮游藻类分布规律及控制措施. 中国给水排水，2010，26（12）：8-11.

[315] 过龙根，邓永良，陶敏，张静，范云龙，姜开荣. 基于湖泊水源地保护的渔业发展模式探讨：以昆山傀儡湖为例. 水生生物学报，2011，35（4）：693-697.

[316] 余文公，梁国钱，赵翔，吕雪蓉. 四明湖水库生物操纵防止水华探讨. 中国原水论坛专辑[C]，2010.

[317] 万莉. 四明湖水库浮游生物群落结构及其动态. 宁波：宁波大学硕士学位论文，2014.

[318] 郑君，龚淑艳，王晓红，刘婷婷. 生物操纵法对调蓄水库藻类的控制. 供水技术，2014，8（5）：5-7.

[319] 张喜勤，徐锐贤，许金玉，石岩，王才. 水溞净化富营养化湖水试验研究. 水资源保护，1998，（4）：32-36.

[320] 庞燕，金相灿，储昭升，等. 几种捕食性微小动物对铜绿微囊藻及孟氏浮游蓝丝藻生长的抑制作用. 环境科学学报，2008，28（1）：56-61.

[321] 马剑敏，靳萍，王程丽，等. 模拟自然水体中藻-溞-草间的相互作用研究. 环境科学学报，2013，33（2）：528-534.

[322] 杨桂军，秦伯强，高光，等. 角突网纹溞在太湖微囊藻群体形成中的作用. 湖泊科学，2009，21（4）：495-501.

[323] 高文宝，朱琳，孙红文，等. 大型溞对栅藻摄食行为及影响因素的研究. 农业环境科学学报，2006，5（4）：1041-1044.

[324] 李超，吴为中，吴伟龙，等. 解淀粉芽孢杆菌对鱼腥藻的抑藻效果分析与机理初探. 环境科学学报，2011，31（8）：1602-1608.

[325] 邱雪婷，钱雨婷，周韧，等. 溶藻菌N25的筛选及溶藻效果观察. 上海交通大学学报：医学版，2011，31（10）：1375-1379.

[326] 马宏瑞，章欣，王晓蓉，等. 芽孢杆菌Z5溶铜绿微囊藻特性研究. 中国环境科学，2011，31（5）：828-833.

[327] 郑春艳，张哲，胡威，等. 三种化感物质对水华混合藻类以及多刺裸腹蚤的毒性作用. 中国环境科学，2010，30（5）：710-715.

[328] 徐海军，凌去非，杨彩根，等. 3种淡水贝类对藻类消除作用的初步研究. 水生态学杂志，2010，3（1）：72-73.

[329] 刘旭博，李柯，周德勇，等. 三角帆蚌对蓝藻的滤食作用及其对沉水植物生长的影响. 水生态学杂志，2011，32（2）：17-24.

[330] Xu W W，Hu W P，Deng J C，Zhu J G，Li Q Q. Effects of harvest management of Trapa bispinosa on an aquatic macrophyte community and water quality in a eutrophic lake. Ecological Engineering，2014（64）：120-129.

[331] Xu W W，Hu W P，Deng J C，Zhu J G，Li Q Q. How do water depth and harvest intensity affect the growth and reproduction of Elodea nuttallii（Planch.）St. John?. Journal of Plant Ecology（in press），2015.

[332] 马剑敏，成水平，贺锋，左进城，赵强，张征，吴娟，吴振斌. 武汉月湖水生植被重建的实践与启示. 水生生物学报，2009，33（2）：222-230.

[333] 左金龙. 饮用水处理技术现状评价及技术集成研究. 哈尔滨：哈尔滨工业大学博士论文，2010.

［334］戚雷强，阮久丽. 饮用水厂普通快滤池改造为 V 型滤池的可行性探讨. 供水技术，2013，7（5）.

［335］姚智文，丁晓伟，李为兵，李德生，于连群，王占生. 南方某水厂净水工艺运行效果. 水处理技术，2008，34（12）：85-88.

［336］李大鹏，曲久辉. 饮用水质安全保障的研究与技术发展趋势：基于微界面过程的水质净化技术，环境工程学报，2010，4（9）：1921-1925.

［337］贾恒松. 超滤膜技术在市政净水厂中的应用，西南给排水，2014，36（4）.

［338］李圭白，田家宇，齐鲁. 第三代城市饮用水净化工艺及超滤零污染通量. 给水排水，2010，36（8）：11-15.

［339］顾宇人，曹林春，陈春圣，等. 超滤膜法短流程工艺在南通芦泾水厂提标改造工程中的应用. 给水排水，2010，36（11）：9-15.

［340］笪跃武，殷之雄，李廷英，等. 超滤技术在无锡中桥水厂深度处理工程中的应用. 中国给水排水，2012，28（8）：79-83.

［341］赵晖，王如华. 臭氧活性炭与膜过滤联用技术在清泰水厂工艺升级改造中的应用. 净水技术，2012，31（4）：7-12.

［342］鲁彬，冯霞. 深圳市沙头角水厂升级改造工艺设计. 给水排水，2013，39（6）：32-36.

［343］王勤. 红雁池水厂扩建工程处理工艺选择与设计. 净水技术，2011，30（5）：155-159.

［344］徐叶琴，谭奇峰，李冬平，等. 肇庆高新区水厂超滤膜法升级提标改造示范工程. 供水技术，2012，6（5）：44-47.

［345］徐扬，刘永康，陈克诚，等. 浸没式超滤膜在自来水厂中的大规模应用——北京市第九水厂应急改造工程. 城镇供水，2011，（增刊）：6-11.

［346］饶磊. 浅谈郭公庄水厂的工艺选择，城镇供水，2012，（4）：41-44.

［347］田兆东. 双膜法与常规过滤工艺在双水源给水厂中的应用. 市政技术，2013，31（3）：102-105.

［348］范小江，张锡辉，苏子杰，白志强，瞿志晶. 超滤技术在我国饮用水厂中的应用进展. 中国给水排水，2013，29（22）：64-70.

［349］王珊，张克峰，李梅，刘麒，孔祥瑞. 饮用水处理系统中摇蚊幼虫的污染及防治技术研究. 供水技术，2013，7（1）：22-26.

［350］戚圣琦，王小，周英豪，杨宏伟. 基于微米气泡的臭氧氧化效果. 净水技术，2015，34（1）：18-21.

［351］姚宏，王辉，苏佳亮，孙佩哲，黄京华. 某饮用水处理厂中 5 种抗生素的去除. 环境工程学报，2013，7（3）：801-809.

［352］张瑞卿，吴丰昌，李会仙，等. 中外水质基准发展趋势和存在的问题［J］. 生态学杂志，2010，　（10）：2049-2056.

［353］孟伟. 水环境基准与流域水质目标管理［J］. 中国毒理学会第六届全国毒理学大会论文摘要，2013.

［354］冯承莲，吴丰昌，赵晓丽，等. 水质基准研究与进展［J］. 中国科学：地球科学，2012，42（5）：646-656.

［355］朋玲龙，王先良，王菲菲，等. 国外水质健康基准的研究进展及其对我国基准制订的启示［J］. 环境与健康杂志，2014，31（3）：276-279.

［356］国家环境保护总局. GB/13267-91. 水质：物质对淡水鱼（斑马鱼）急性毒性测定方法. 北京：中国标准出版社，1991.

［357］国家环境保护总局. GB/13266-91. 水质：物质对蚤类（大型蚤）急性毒性测定方法. 北京：中国标准出版社，1991.

［358］吴丰昌，孟伟，宋永会，等. 中国湖泊水环境基准的研究进展. 环境科学学报，2008，28：2385-2393.

［359］吴丰昌，孟伟，曹宇静，等. 镉的淡水水生生物水质基准研究. 环境科学研究，2011，24：172-184.

［360］吴丰昌，孟伟，张瑞卿，等. 保护淡水水生生物硝基苯水质基准研究. 环境科学研究，2011，24：1-10.

［361］吴丰昌，冯承莲，曹宇静，等. 锌对淡水生物的毒性特征与水质基准的研究. 生态毒理学报，2011，6：367-382.

［362］吴丰昌，冯承莲，曹宇静，等. 我国铜的淡水生物水质基准研究. 生态毒理学报，2011，6：617-628.

［363］中国环境科学研究院. 水质基准的理论与方法学导论［M］. 北京：科学出版社，2010：1-15.

［364］张彤，金洪钧. 丙烯腈水生态基准研究. 环境科学学报，1997，17：75-81.

［365］张彤，金洪钧. 硫氰酸钠的水生态基准研究. 应用生态学报，1997，8：99-103.

[366] 张彤，金洪钧. 乙腈的水生态基准. 水生生物学报，1997，21：226-233.

[367] Jin X，Zha J，Xu Y，et al. Derivation of aquatic predicted no-effect concentration（PNEC）for 2，4-dichlorophenol：Comparing native species data with non-native species data. Chemosphere，2011，84：1506-1511.

[368] 祝凌燕，邓保乐，刘楠楠，等. 应用相平衡分配法建立污染物的沉积物质量基准. 环境科学研究，2009a，22：762-767.

[369] 祝凌燕，刘楠楠，邓保乐. 基于相平衡分配法的水体沉积物中有机污染物质量基准的研究进展. 应用生态学报，2009b，20：2574-2580.

[370] 苏海磊，吴丰昌，李会仙，等. 太湖生物区系研究及与北美五大湖的比较. 环境科学研究，2011，24：1346-1354.

[371] 席北斗，等. 水体营养物基准理论与方法学导论. 北京：科学出版社，2013a.

[372] 席北斗，等. 湖泊富营养物标准方法学及案例研究. 北京：科学出版社，2013b.

[373] 杨柳燕，等. 中国湖泊水生态系统区域差异性. 北京：科学出版社，2013.

[374] 许其功，等. 中国湖泊富营养化及其区域差异. 北京：科学出版社，2013.

[375] 邓祥征，等. 湖泊营养物氮磷削减达标管理. 北京：科学出版社，2012.

[376] Walker J L，Younos T，Zipper C E. Nutrients in Lakes and Reservoirs-a Literature Review for Use in Nutrient Criteria Development［R］. Blacksburg：Virginia Water Resources Research Center，2007.

[377] 欧阳洋，胡翔，张继芳，等. 制定湖泊营养物基准的技术方法研究进展［J］. 环境科学与技术，2011，34（6G）：131-135.

[378] 霍守亮，陈奇，席北斗，等. 湖泊营养物基准的候选变量和指标［J］. 生态环境学报，2010，19（6）：1445-1451.

[379] 张德禄，刘永定，胡春香. 基于营养盐的中国湖泊生态分区框架与指标体系初探［J］. 湖泊科学，2011，23（6）：821-827.

[380] 刁晓君，席北斗，何连生，等. 基于生态分区的我国湖泊营养盐控制目标研究［J］. 环境科学，2013，34（5）：1687-1694.

[381] 揣小明. 我国湖泊富营养化和营养物棒基准与控制标准研究［D］. 博士论文，2011.

[382] 陈奇，霍守亮，席北斗，等. 湖泊营养物参照状态建立方法研究［J］. 生态环境学报，2010，19（3）：544-549.

[383] Olson D M，Dinerstein E，Wikramanayake E D，Burgess N D，Powell G V N，Underwood E C，D'Amico J A，Itoua I，Strand H E，Morrison J C. Terrestrial ecoregions of the world：A new map of life on earth［J］. BioScience，2001，51（11）：933-938.

[384] Karr J，Dudley D. Ecological perspective on water quality goals［J］. Environmental Management，1981，5（1）：55-68.

[385] Omernik J M，Bailey R G. Distinguishing between watersheds and ecoregions［J］. 1997：935-949.

[386] 唐涛，蔡庆华. 水生态功能分区研究中的基本问题［J］. 生态学报，2010，（22）：6255-6263.

[387] 何萍，王家骥，苏德毕力格，等. 海河流域生态功区域划分研究［J］. 海河水利，2002，（2）：8-11.

[388] 孟伟，张远，张楠，等. 流域水生态功能区概念、特点与实施策略［J］. 环境科学研究，2013，26（5）：465-471.

[389] 燕乃玲，虞孝感. 基于流域的我国生态功能区划方法研究［J］. 湖泊科学，2004，16（12）：144.

[390] 李艳梅，曾文炉，周启星. 水生态功能分区的研究进展［J］. 应用生态学报，2009，20（12）：3101-3108.

[391] 万峻，张远，孔维静，等. 流域水生态功能Ⅲ级区划分技术［J］. 环境科学研究，2013，26（5）：480-486.

[392] 张远，徐宗学，安树青，等. 流域水生态功能评价与分区技术研究［J］. 中国科技成果，2014，9：41-42.

[393] 欧阳志云，王如松. 生态系统服务功能，生态价值与可持续发展［J］. 世界科技研究与发展，2000，22（5）：45-50.

[394] Li W H，et al. Ecosystem services evaluation：Theory，method and application. Beijing：Renmin University of China Press，2008.

[395] 孟伟，张远，郑丙辉. 水生态区划方法及其在中国的应用前景［J］. 水科学进展，2007，18（2）：293-300.

[396] 高永年，高俊峰. 太湖流域水生态功能分区［J］. 地理研究，2010，（1）：111-117.

[397] 张博. 辽河流域水生态功能一、二级分区研究 [D]. 沈阳：辽宁大学，2011.

[398] 王玲玲，张斌，李扬，等. 三峡库区水生态分区初探 [J]. 环境科学与技术，2013，36（5）：193-196.

[399] 石秋池. 关于水功能区划 [J]. 水资源保护，2002，（3）：58-59.

[400] 周丰，刘永，黄凯，等. 流域水环境功能区划及其关键问题 [J]. 水科学进展，2007，18（2）：216-222.

[401] 刘国华，傅伯杰. 生态区划的原则及其特征 [J]. 环境科学进展，1998，6（6）：67-72.

[402] 郑度. 中国生态地理区域系统研究 [M]. 北京：商务印书馆，2008.

[403] 孟伟，张远，郑丙辉. 生态系统健康理论在流域水环境管理中应用研究的意义，难点和关键技术 [J]. 环境科学学报，2007，27（6）：906-910.

[404] 王西琴，高伟，何芬，等. 水生态承载力概念与内涵探讨 [J]. Journal of China Institute of Water Resources and Hydropower Research，2011，9（1）.

[405] 高吉喜. 可持续发展理论探索——生态承载力理论、方法与应用 [M]. 北京：中国环境出版社，2001.

[406] Odum E P. Fundamentals of Ecology [M]. Philadelphia，W. B. Saunders，1953.

[407] 杨俊峰，乔飞，韩雪梅，等. 流域水生态承载力评价指标体系研究 [C]. 中国环境科学学会 2013 年学术年会，2013.

[408] 王西琴，高伟，张家瑞. 区域水生态承载力多目标优化方法与例证 [J]. 环境科学研究，2015，28（9）：1487-1494.

[409] 曾晨，刘艳芳，张万顺，等. 流域水生态承载力研究的起源和发展 [J]. 长江流域资源与环境，2011，20（2）：203-210.

[410] 高鹭，张宏业. 生态承载力的国内外研究进展 [J]. 中国人口·资源与环境，2007，17（2）：19-26.

[411] 刘子刚，郑瑜. 基于生态足迹法的区域水生态承载力研究——以浙江省湖州市为例 [J]. 资源科学，2011，33（6）：1083-1088.

[412] 张家瑞. 水生态承载力研究——以浙江省湖州市为例 [D]. 北京：中国石油大学，2012.

[413] 王丽婧，李虹，郑丙辉，等. 三峡库区生态承载力探讨 [J]. 环境科学与技术，2014，37（11）：169-179.

[414] 翁异静，邓群钊. 赣江流域水生态承载力系统仿真研究 [C]. 中国系统工程学会第十八届学术年会，2014.

[415] 官冬杰，苏印，左太安，等. 贵州省毕节市水资源生态承载力动态变化评价 [J]. 重庆交通大学学报：自然科学版，201，345（02）：77-84.

[416] 胡晋飞，杨永刚，秦作栋，等. 基于主成分分析的晋西北水生态承载力评价 [J]. 山西农业科学，2015，43（8）：1021-1026.

[417] 孟伟. 我国水环境保护回顾及展望；proceedings of the 北京论坛（2013）文明的和谐与共同繁荣——回顾与展望，中国北京，F，2013 [C].

[418] 倪晓. TMDL 计划在流域水污染物总量控制中的应用 [J]. 绿色科技，2012，10：122-5.

[419] 牛丽冬，王晓燕. 基于 TMDL 的 WARMF 模型在水污染控制管理中的应用 [J]. 水资源保护，2012，（2）：20-4.

[420] 陶亚，赵喜亮，栗苏文，等. 基于 TMDL 的深圳湾流域污染负荷分配 [J]. 安全与环境学报，2013，（2）：46-51.

[421] 徐宗学，徐华山，吴晓猛. 流域 TMDL 计划中的关键技术 [J]. 水利水电科技进展，2014，（1）：8-13.

[422] 颜润润，晁建颖，崔云霞. 基于最大日负荷量的流域污染控制措施——以太湖新孟河流域为例 [J]. 人民长江，2012，（17）：70-3＋82.

[423] 张万顺，唐紫晗，王艳茹，等. 太湖流域典型区域污染物总量分配技术研究 [J]. 中国水利水电科学研究院学报，2011，（1）：59-65.

[424] 孟伟，王海燕，王业耀. 流域水质目标管理技术研究（Ⅳ）——控制单元的水污染物排放限值与削减技术评估 [J]. 环境科学研究，2008，（2）：1-9.

[425] 张领国. 南四湖水环境安全应急体系及关键技术研究. 济南：山东建筑大学，2014.

[426] 李素伟. 浅谈我国环境监测现状及发展方向 [J]. 中小企业管理与科技，2015，（12）.

[427] 谭立波，许东. 辽河流域水环境预警研究 [J]. 中国农学通报，2014，35：154-157.

[428] 张宝，刘静玲，陈秋颖，李永丽，林超，曹寅白. 基于韦伯-费希纳定律的海河流域水库水环境预警评价 [J]. 环境科学学报，2010，2：268-274.

[429] 李维新，张永春，张海平，刘庄，张龙江，蔡金傍，庄巍，章永鹏. 太湖流域水环境风险预警系统构建 [J]. 生态与农村环境学报，2010，S1：4-8.

[430] 吴烈国. 基于无线传感器网络的水环境监测系统研究 [D]. 合肥：中国科学技术大学，2014.

[431] 蒋鹏. 基于无线传感器网络的湿地水环境远程实时监测系统关键技术研究 [J]. 传感技术学报，2007，1：183-186.

[432] 陈文召，李光明，徐竟成，仇雁翎. 水环境遥感监测技术的应用研究进展 [J]. 中国环境监测，2008，3：6-11.

[433] 孟庆志. 无人机在水环境监测中的航迹规划研究 [D]. 杭州：浙江大学，2012.

[434] 王丹. 河网水环境预警技术体系研究 [D]. 杭州：浙江大学，2011.

[435] 刘昕. 区域水安全评价模型及应用研究 [D]. 西安：西北农林科技大学，2011.

[436] 祝慧娜. 基于不确定性理论的河流环境风险模型及其预警指标体系 [D]. 长沙：湖南大学，2012.

[437] 陶亚. 复杂条件下突发水污染事故应急模拟研究 [D]. 北京：中央民族大学，2013.

[438] 颜世杰，梅亚东，张文杰. 我国饮用水水源地保护存在的主要问题及其研究展望 [J]. 江西水利科技，2011，37（2）：79-82.

[439] 刘欣. 朝阳市饮用水污染防治管理研究 [D]. 大连：大连理工大学硕士学位论文，2013.

[440] 张波，王桥，李顺，等. 基于系统动力学模型的松花江水污染事故水质模拟 [J]. 中国环境科学，2007，27（6）：811-815.

[441] 李祥平，齐剑英，陈永享. 广州市主要饮用水源中重金属健康风险的初步评价 [J]. 环境科学学报，2011，31（3）：547-553.

[442] 王恒，方自力，李云祯，等. 峨眉河饮用水源地环境健康风险评价 [J]. 水资源与水工程学报，2013，24（6）：163-166.

[443] 韩梅，付青，陈燕卿. 城市地表饮用水源地水质健康风险综合指数评价方法研究 [C]. 中国环境科学学会学术年会论文集，2012：312-317.

[444] 高旭，余仲勋，郭劲松，等. 臭氧-生物活性炭工艺对饮用水中邻苯二甲酸酯类的去除中式研究 [J]. 环境工程学报，2011，5（8）：1773-1778.

[445] 王若师，张娴，许秋瑾，等. 东江流域典型乡镇饮用水源地有机污染物健康风险评价 [J]. 环境科学学报，2012，32（11）：2874-2883.

[446] 贺涛，许诉成，魏东洋，等. 珠江流域湖库型水源集水区酞酸酯（PAEs）类污染物环境健康风险评估 [J]. 生态与农村环境学报，2014，30（6）：699-705.

[447] 罗锦洪. 饮用水源地水华人体健康风险评价 [D]. 上海：华东师范大学博士学位论文，2012.

[448] 周美芝. 饮用水源水中"两虫"检测方法及其健康风险评价研究 [D]. 杭州：浙江工业大学硕士学位论文，2013.

[449] 伏苓. 干旱半干旱地区农村饮用水安全保障体系与工程措施研究 [D]. 西安：长安大学博士学位论文，2012.

[450] 郭占景，范尉尉，陈凤格，等. 河北省某市农村地区集中式供水水质及健康风险分析 [J]. 环境与职业医学，2014，31（12）：953-956.

[451] 候俊，王超，兰林，等. 我国饮用水水源地保护法规体系现状及建议 [J]. 水资源保护，2009，25（1）：79-85.

[452] 马越，彭剑峰，宋永会，等. 饮用水源地突发事故环境风险分级方法研究 [J]. 环境科学学报，2012，32（5）：1211-1218.

[453] 许建玲. 我国饮用水安全管理体系问题及对策研究 [D]. 哈尔滨：哈尔滨工业大学硕士学位论文，2012.

[454] 庞子渊. 我国城市饮用水安全保障法律制度研究 [D]. 重庆：重庆大学博士学位论文，2014.

[455] 杨林章，施卫明，薛利红，王慎强，宋祥甫，常志州. 农村面源污染治理的"4R"理论与工程实践——总体思路与"4R"治理技术. 农业环境科学学报，2013，32：1-8.

[456] 薛利红，杨林章，施卫明，王慎强. 农村面源污染治理的"4R"理论与工程实践——源头减量技术. 农业环境科学学报，2013，32：881-888.

[457] 施卫明，薛利红，王建国，刘福兴，宋祥甫，杨林章. 农村面源源污染治理的"4R"理论与工程实践——生态拦截技术. 农业环境科学学报，2013，32：1697-1704.

[458] 常志州，黄红英，靳红梅，马艳，叶小梅，薛利红，杨林章. 农村面源源污染治理的"4R"理论与工程实践——氮磷养分循环利用技术. 农业环境科学学报，2013，32：1697-1704.

［459］刘福兴，薛利红，杨林章. 农村面源源污染治理的"4R"理论与工程实践——水环境生态修复技术. 农业环境科学学报，2013，32：2105-2111.

［460］杨林章，薛利红，施卫明，刘福兴，宋祥甫，王慎强，张饮江. 农村面源污染治理的"4R"理论与工程实践——案例分析. 农业环境科学学报，2013，32：2309-2315.

［461］孙传范. 微藻水环境修复及研究进展［J］. 中国农业科技导报，2011，13（3）：92-96.

［462］孙奎利，苗展堂. 城市雨水利用的研究进展及发展趋势浅析［J］. 天津：天津美术学院学报，2014：91-93.

［463］张楠，韦朝阳，杨林生. 淡水湖泊生态系统中砷的赋存与转化行为研究进展［J］. 生态学报，2013，33（2）：337-347.

［464］刘庆，谢文军，游俊娥，等. 湿地沉积物重金属环境化学行为研究进展［J］. 土壤，2013，45（1）：8-16.

［465］冯新斌，陈久斌，付学吾，等. 汞的环境地球化学研究进展［J］. 矿物岩石地球化学通报，2013，32（5）：503-530.

［466］李晶，胡霞林，陈启晴，等. 纳米材料对水生生物的生态毒理效应研究进展［J］. 环境化学，2011，30（12）：1993-2002.

［467］王震宇，赵建，李娜，等. 人工纳米颗粒对水生生物的毒性效应及其机制研究进展［J］. 环境科学，2010，31（6）：1409-1418.

［468］陶核，兰志仙，吴南翔. 纳米材料对水生生物毒性效应及其机制的研究进展［J］. 环境与职业医学，2014，31（8）：634-638.

［469］刘飞，邓道贵，朱鹏飞，等. 水环境中不同形态锑的迁移转化及影响因素研究进展［J］. 安全与环境学报，2014，14（2）：219-224.

［470］孙博思，赵丽娇，任婷，等. 水环境中重金属监测方法研究进展［J］. 环境科学与技术，2012，35（7）：157-174.

［471］高丽楠. 水生植物光合作用影响因子研究进展［J］. 成都大学学报. 自然科学版，2013，32（1）：1-8.

［472］尹澄清，郑丙辉，石效卷. 中国良好湖泊的生态环境保护. 中国海洋湖沼学会第十次全国会员代表大会暨学会研讨会论文集，2012.

［473］闫亚男，张列宇，席北斗，侯明，夏训峰，熊瑛. 改良化粪池/地下土壤渗滤系统处理农村生活污水［J］. 中国给水排水，2011，27（10）：69-72.

第十一篇　大气环境学科发展报告

编写机构：中国环境科学学会大气环境分会
负 责 人：柴发合
编写人员：王体健　王新锋　冯银厂　朱法华　刘　越　吴忠标　张庆竹
　　　　　陈义珍　陈建民　范绍佳　岳玎利　郎建垒　赵秀勇　赵妤希
　　　　　胡　敏　钟流举　柴发合　曹　爽　彭剑飞　程水源　谢　旻
　　　　　薛丽坤

摘要

近年来，国内外在基础理论研究、科研仪器的开发与应用、研究平台与网络的建设、模型的开发与改进、环保理念和管理体系转变等方面均有一定进展。

"十二五"期间，大气物理和大气环境化学领域的基础研究进展迅速，在城市边界层探测和区域雾霾形成机制等方面取得了一系列重要的研究结果，进一步丰富了大气环境学科的理论体系，为应对我国大气污染问题提供了科学支撑。

在大气环境监测方面，PM$_{2.5}$质量浓度自动监测已成为我国环境监测部门的常态化业务工作，VOC等在线监测技术日趋完善，并受到越来越多的重视。大气颗粒物来源解析研究不仅为颗粒物污染防治指明方向，也为防治措施有效性评估提供了有力支撑。

大气污染控制理论与技术得到长足发展，针对我国大气复合污染现状提出了一系列协同控制与管理方法，同时修订了《环境空气质量标准》及一系列行业排放标准。京津冀、长三角与珠三角重点区域的大气污染防治工作逐步建立协作长效机制，联防联控已成为区域大气污染防治的重要方向。

在可以预见的将来，大气环境学科将会得到更快更大的发展，在我国的大气污染防治中也将发挥更为重要的作用。

一、引言

"十二五"期间，我国大气污染防治工作取得了一定进展。新版《环境空气质量标准》的发布与实施，在促进环境空气质量改善、完善环境空气质量评价体系的同时，对我国环境保护工作提出了更高的要求。从基础理论和技术的研究到成果应用，从工程减排到结构减排和管理减排，从局地治理到区域联防联控，在保持经济持续增长的同时，通过科技创新和科技进步促进大气环境保护的跨越式发展，实现节能减排，改善大气环境质量，已成为我国大气环境学科工作者面临的巨大挑战。

针对"十二五"期间大气环境学科关注的问题和发展历程，本报告主要从大气环境学科基础理论研究进展、大气环境科学研究技术与方法进展、大气环境管理科技支撑研究进展、大气污染防治技术和集成应用、国内外研究进展比较和大气环境学科发展展望等方面进行了阐述。

二、大气环境学科基础理论研究进展

（一）大气物理

大气物理以大气边界层物理、云雾物理和大气辐射为主要研究内容。外场观测试验和模式模拟是研究大气物理过程的主要手段。大气边界层是大气科学和环境科学都关注的重要气层，其动力和热力结构直接关系到污染物的输送和扩散，因此大气边界层物理（湍流和扩散）的研究非常重要，也直接推动了大气环境研究的发展。近年来，大气物理研究在原有的基础上有了更长足的发展。通过开展大量的外场综合观测试验并结合先进的模拟技术，揭示了边界层结构的演变特征，厘清了其对大气污染物输送、扩散以及来源解析等方面的影响，同时提高了城市气象场及空气质量预报的精度。

"十二五"期间，伴随着探测手段和探测设备的改进和发展，非均匀复杂下垫面下多尺度和特殊天气形势下的边界层研究得到开展，大量观测揭示了我国不同下垫面环境和不同天气条件下边界层结构的演变特征和湍流特性。通过铁塔、汽艇、雷达、飞机和卫星遥感等手段，我国城市（北京）、半干旱草原（吉林通榆、锡林浩特）、山地（青藏高原）、海洋等各典型地表下垫面均开展了有针对性的综合观测试验，获得了区别于传统水平均匀下垫面边界层特征的观测资料，揭示了高原、沙漠、河流、海洋、城市等区域在雷电、晴空、大风、沙尘、高低温等不同气候条件下大气边界层在热动力、辐射、生态、沉降、光学谱线等方面的特征[1~12]（表1）。

表 1　非均匀复杂下垫面下多尺度和特殊天气形势的边界层特征观测研究

云/下垫面类型	观测手段及设备	科学发现
层积云夹卷层	飞机观测	夹卷层内湍流强度从逆温层底部向上逐渐减弱，风切变产生的湍流促使夹卷层厚度明显增加[9]
混合层与夹卷层	室内水槽实验	在混合层，混合比较均匀，小尺度结构占主导地位。夹卷层的平均峰值波长与对流 Richardson 数存在一定的关系，这种关系受下垫面类型以及对流状况的双重影响[10]
高原下垫面	地面观测	喜马拉雅山区特殊的局地环流系统是强烈的太阳辐射在复杂下垫面上形成的热动力复合环流[2]
半干旱区下垫面	地面观测	地表实际蒸散在年尺度上取决于年总降雨量。在生长季的日总量最大值在退化草地下垫面为 $2.0\sim4.5mm/d$，在农田下垫面为 $1.5\sim5.5mm/d$[3]
干旱区下垫面	野外观测	西北干旱区风切变使对流边界层增长加强，对夹卷层中的湍流动能切变产生项影响较大[12]
城市下垫面	气象塔观测	城市复杂下垫面特征主要影响风速的水平分量方差，对风速垂直分量方差影响不大[8]

云/下垫面类型	观测手段及设备	科学发现
沙尘暴过境	气象塔观测	不同高度向下的湍流动量输送、向上的湍流热量输送和湍流动能明显加强[4]
台风过境	铁塔观测	台风中心经过前后3h,近地层通量以向下输送的中尺度通量为主,湍流通量的贡献相对于中尺度通量较小,也是向下输送的;而在其他时段,近地层通量主要以向上输送的湍流通量为主[5,6]。
暴雪过境	铁塔观测	暴雪前,风向转变,水平和垂直风速明显增大,湍流通量输送较活跃,湍流动能和强度有显著峰值出现。降雪结束后湍流动能再次增大后缓慢减弱[7]
大雾期间	基地观测	大雾期间湍流运动很微弱,大气处于稳定状态,湍流能谱高频段满足$-2/3$率而中低频率部分比较杂乱[11]

"十二五"期间,数学模型在大气物理研究方面也得到了更广泛的应用。后向轨迹模型用于分析污染气团来向,成为不同地区污染源输送类型分析中不可或缺的重要工具[13~15]。大涡模拟技术应用于GRAPES(global and regional assimilation and prediction system)和WRF(weather research and forecasting)等中尺度气象模式中,并被证明能够更好地实现千米及以下高分辨率边界层湍流特征的数值模拟[16,17]。带有城市冠层方案的WRF等中尺度模型能够较为全面地分析下垫面变化、城市热岛效应等城市化进程给边界层带来的影响[18~20]。大量的实践工作证明数值模式的应用对大气环境物理的发展具有非常重要的贡献,它们也将在未来的研究工作中扮演着非常重要的角色。

城市边界层的研究是近些年的热点。随着城市向高空发展,城市边界层更加复杂,城市冠层的输送、建筑物阻力和尾流湍流、多重反射、粗糙度的确定以及空调和汽车的热源效应的影响等,都是大气物理研究的难点。"十二五"期间,通过分析2008年奥运期间北京城市气象塔的涡动相关资料,发现了CO_2通量在量值上明显小于过去同期的值[21],证实奥运期间所采取的车辆限行等政策取得了较显著的效果。通过研究城市冠层动力和热力非均匀性的影响,发现了粗糙子层和惯性子层的湍流特性存在系统偏差,需要用不同的参数化方案分开描述[22]。通过分析城市地区湍流观测结果,揭示了湍流谱包含建筑物扰动贡献,湍流具有各向异性,而且与自然下垫面上的观测结果相比,湍流生成率和耗散率明显增强[23];城市冠层之上的湍流动能和湍涡尺度总体大于冠层之内,冠层之上水泥砖石等构成的下垫面和冠层内草坪下垫面湍流通量交换特征有所差异[24]。当前,城市边界层数学模型更多地考虑了城市冠层动力和热力非均匀性的影响,耦合了城市冠层模式的中尺度大气模式成为城市群区域大气边界层结构精细化模拟的有力工具[25]。模拟结果显示,考虑城市下垫面非均匀分布与均匀下垫面模拟结果相比,地表的感热和潜热有比较明显的变化,并且对降水也产生了影响。

(二) 大气环境化学

近几年,我国区域性雾霾污染频发,引起了全社会的广泛关注,雾霾的成因及大气复合污染的关键化学过程成为大气环境化学领域亟待解决的科学难题。在科技部、环保部、国家自然科学基金委等部委和地方政府各类项目的支持下,越来越多的机构和学者参与到大气环境化学相关研究当中,针对严重大气污染事件的形成机制和主要大气污染物的形成转化等科学问题,采用外场观测、实验室模拟和数值模拟等手段,开展了大量的测量实验、数值分析和理论探索,取得了一系列重要成果。

受雾霾污染问题驱动,学者针对雾霾的形成机理进行了全面研究,尤其对2013年1

月华北和华东地区出现的严重雾霾事件进行了系统分析，基本弄清了我国区域性雾霾污染的覆盖范围、演变规律和成因，并评估了其健康危害及经济损失。

（1）2013年1月我国区域性雾霾污染的覆盖面积极大，其中1月14日的霾污染面积超过100万平方公里，影响我国东北、华北、华中和四川盆地的大部分地区[26,27]。

（2）气象条件异常是2013年年初严重雾霾形成的直接原因，而高强度的人为排放和一次气态污染物向二次颗粒物的快速转化是其形成的根本原因，持续的静风条件有利于污染物的大量积累，而微弱的南风又带来暖湿气团，促进二次气溶胶的快速生成[28,29]。

（3）雾霾污染期间，硫酸盐、硝酸盐、铵盐和二次有机气溶胶是$PM_{2.5}$的主要化学成分，二次成分贡献了$PM_{2.5}$的30%～77%、有机气溶胶的44%～71%，二次气溶胶的大量生成导致出现严重的雾霾污染[30,31]。

（4）颗粒物成核与增长对霾污染的形成起重要作用，通过成核产生了大量纳米级颗粒物，而纳米粒子的不断增长又形成大量亚微米颗粒物，导致大气细颗粒物浓度逐渐升高，从而出现严重的霾污染[32]；其中气态前体物在颗粒物表面的非均相转化是颗粒物增长和二次颗粒物形成的重要途径，而这一途径在区域化学传输模式中往往被忽略[33]。

（5）2013年1月我国大面积雾霾污染期间$PM_{2.5}$浓度极高，产生了严重的人体健康危害和巨大的经济损失，其中1月10～31日京津冀地区因$PM_{2.5}$短期暴露导致超额死亡2725人[34,35]，1月的雾霾事件造成全国交通和健康的直接经济损失约230亿元[36]。

此外，围绕大气复合污染问题的核心化学过程开展了深入研究，取得了若干重要的新的研究成果。

① 针对RO_x自由基的来源和化学转化机制进行了深入研究，初步证实激光诱导荧光技术（LIF）测量HO_2自由基存在干扰，探讨了此干扰对于之前发现的OH自由基未知再生机制的影响，发现未知机制的反应形式可能更为简单（即$HO_2 + X = OH$）；发现含氧挥发性有机物（OVOCs）、亚硝酸气（HONO）和臭氧（O_3）等污染物的光解是主要城市或工业地区（如北京和珠三角）白天RO_x自由基的主要初级来源，而O_3和NO_3对活性烯烃的氧化是夜间的主要初级来源[37]。

② 对日间HONO的未知来源进行了深入探讨，在各种典型大气环境中均发现了显著的日间HONO浓度，并基于观测或模拟对可能的未知来源进行了推测，如NO_2水解的光增强反应、土壤排放、吸附态硝酸光解、夜间土壤吸附的HONO在日间经酸置换释放、HO_2（H_2O）与NO_2反应等[38~40]；发现NO_2在陆地、海洋和气溶胶表面的水解速率可能存在较大差异，初步探讨了该水解过程对不同大气环境中HONO的影响[41]。

③ 在夜间化学方面，基于化学离子化质谱技术，首次在我国（香港和华北平原）实现了对N_2O_5及其水解产物$ClNO_2$的原位在线测量[42]，在香港高山站点观测到了迄今为止世界最高的N_2O_5和$ClNO_2$浓度（分钟值高达约$6.3\mu g/L$和～$4.7\mu g/L$），初步揭示了我国高颗粒物大气环境中N_2O_5水解较快的特征及其对大气光化学过程的重要影响[43]。

④ 在二次气溶胶形成方面，发现我国若干地区细颗粒物中硝酸盐的比重持续升高，在部分地区甚至超过了硫酸盐，N_2O_5在酸性颗粒物表面的水解反应是夜间硝酸盐形成的重要途径[44]；发现氮氧化物在硫酸盐以及二次有机气溶胶（SOA）生成过程中扮演着重要角色[28]；基于AMS的测量结果，初步建立了SOA标准质谱图，对其形成和老化过程进行了解析[45]；利用实验室模拟或化学模式，探讨了异戊二烯、萜烯、芳香烃、乙二醛等多种VOCs经OH、O_3和NO_3氧化形成SOA的化学过程[46]。

⑤ 在颗粒物成核与增长研究方面取得了重要进展，首次实现大气气溶胶成核过程的直接观测；首次基于野外观测发现沙尘颗粒物表面的非均相光化学过程可以促进颗粒物的生成与增长[47]。

⑥ 基于实验室模拟，测定了 SO_2、NO_2 及不同 VOCs 在各种人造和真实大气颗粒物表面非均相转化的摄取系数，探讨了其与温度、湿度及气溶胶化学组成的关系[48]，为后续模式研究提供了必要的数据支持。

总体上，"十二五"期间大气环境化学领域的基础研究进展迅速，在区域雾霾形成机制和关键大气化学过程等方面取得了一系列重要的研究结果，进一步丰富了大气环境化学的理论体系，为应对我国大气污染问题提供了科学支撑，同时提升了我国大气环境化学研究在国际上的影响力。未来几年，国家进一步增加大气环境研究的支持，即将启动的国家重点研发计划"大气污染防治"重点专项，继续聚焦雾霾和光化学污染，其形成机理及健康影响将是大气环境化学领域的重要研究方向。

（三）大气环境污染及其健康效应

1. 大气环境污染的主要特征

传统煤烟型污染有所下降，但下降幅度较为缓慢；氮氧化物污染继续上升，但上升幅度减缓；以臭氧和大气细颗粒物（$PM_{2.5}$）为主要特征的二次污染依然严峻，区域性、复合型污染有所加重，农业秸秆生物质燃烧重污染事件频发，进一步加重了大气环境污染。

（1）总体污染形势依然严重　火电烟气脱硫的大规模实施和能源结构调整，煤烟型污染逐渐削弱，2014 年电力大气污染物排放量大幅下降。经中电联初步统计分析，电力烟尘、二氧化硫、氮氧化物排放量预计分别降至 98 万吨、620 万吨、620 万吨左右，分别比 2013 年下降约 31.0%、20.5%、25.7%。2014 年 9 月，被称为"史上最严"的中国《火电厂大气污染物排放标准》执行，火电厂排放有望得到进一步缓解。由机动车排放产生的 NO_x、颗粒物污染增加迅速，截至 2014 年底，我国机动车保有量达 2.64 亿辆，比 2012 年年底的 2.40 亿辆增加 4400 万辆，远高于之前每年的平均增幅。

（2）臭氧和细颗粒物等二次污染仍然严峻　大气氮氧化物、挥发性有机物（VOCs）和一氧化碳等光化学前体物浓度不断攀升，而 VOCs 尚未有国家行业分类排放标准。光化学烟雾污染和高浓度臭氧频繁出现在珠江三角洲地区、长江三角洲地区等区域，臭氧污染仍可能加重。

我国多个城市对 $PM_{2.5}$ 细颗粒物污染实施了公布，对公众了解污染状况起到积极作用，但调控措施非常缺乏，$PM_{2.5}$ 污染可能进一步加剧。在多个城市公布 $PM_{2.5}$ 监测数据以来，许多城市 $PM_{2.5}$ 日均浓度远远超过 WHO 推荐的空气质量标准，大气细颗粒物污染在河北、京津、长三角地区表现尤为突出，关中地区、成渝地区大气 $PM_{2.5}$ 有加重的趋势。大气复合污染引起二次细颗粒物大量增加，是我国当前雾霾事件频发和大气能见度下降的根本原因，依然是许多城市的共同忧患。

（3）黑碳污染备受关注　来自石油、煤、生物质的不完全燃烧、机动车与轮船排放与二次形成的黑碳，是 $PM_{2.5}$ 质量最大、危害最大的污染物之一。近年来，黑碳污染受到密切关注，而人们对其组成、结构、反应活性等知之甚少。我国农业秸秆燃烧依然严重，加重了粮食收获季节秸秆燃烧造成的城市和区域污染，模拟研究我国主要农业秸秆燃烧释放到大气及颗粒物组分上的多环芳烃多达 $1.09Gg$[49]。

2. 大气健康效应

大气与健康逐渐成为我国研究前沿和热点问题。我国大气与人体健康研究领域起步较晚，在近年来取得了可喜的进展，对促进环境保护和居民健康起了积极作用。大气颗粒物中微生物、细菌等研究应经开展起来，发现了北京雾霾下 $PM_{2.5}$、PM_{10} 中还有丰富的微生物、细菌，并检测出了 dsDNA 病毒[50]。对 2012 年 3 月—2013 年 2 月北京 $PM_{2.5}$ 样品分析发现含有的内毒素（endotoxin），其几何平均达 $0.65EU/m^3$[51]。

在大气污染与流行病学方面的研究取得进展。对上海医院就诊率的大量数据分析发现，$PM_{2.5}$ 达到一定污染程度每增加大约 $34.5\mu g/m^3$，每天的就诊率增加 0.57%，与颗粒物中有机碳（OC）、元素碳（EC）具有明显的正相关性[52]。以北京、上海、广州、西安这四个重点城市为研究案例，提出若四个城市 $PM_{2.5}$ 浓度不能改善，在 2012 年四城市因 $PM_{2.5}$ 污染造成的早死人数将高达 8572 人，经济损失高达 68.2 亿元[53]。针对我国环境与健康的迫切需求，有必要以环境化学物与人体交互作用为核心，围绕我国环境化学物健康危害特征和作用机制这一关键，加强相关基础研究，如采用先进的环境化学分析仪器，对环境化学物进行详细物理、化学表征的基础上，开展流行病学和毒理学研究，获得环境化学物物理化学特征及其健康影响的深入认识。

（四）大气污染控制理论

通过国家 863 计划项目《重点城市群大气复合污染综合防治技术与集成示范》的研究，主要在大气复合污染控制理论方面取得了进展和突破。

1. 大气复合污染临界水平和控制目标区划技术理论

城市群地区大气酸沉降临界负荷的确定与量化技术、酸沉降临界负荷确定酸性化合物目标负荷的方法与量化技术、基于酸沉降临界负荷的区域酸沉降控制目标的优化分配方法、应用动态模型模拟酸沉降控制长期战略目标和动态目标方法，以及城市群大气 O_3 控制目标的方法与量化技术和大气 $PM_{2.5}$ 控制目标的方法与量化技术等技术和理论取得发展。

2. 大气复合污染物的排放总量核算和分配技术方法

以区域大气复合污染环境容量为基础，并实现总体控制成本最小的区域大气污染物排放控制总量核算和分配技术方法与模型取得突破：①充分考虑区域复合污染的多来源、多因子、多过程、多效应等特点，可以同时考虑多种一次污染和二次污染因子对于前体污染物排放的约束，突破了以往方法同时仅考虑一种污染因子的限制；②控制技术措施可以考虑对多种污染物的治理或去除效果，突破了以往方法中一种措施仅针对一种污染物的限制；③采用"差距闭合法"并通过软边界技术建立环境质量的约束条件，有效保证了方案的合理性和可行性，解决了以往方法中的绝对环境目标和硬约束条件所存在的问题。

3. 大气复合污染前体物源排放协同控制技术

基于大气复合污染各物种之间复杂的反应关系，形成了多污染物同时控制的系统优化技术体系，大气复合污染前体物源排放协同控制技术得到发展和应用。

4. 大气污染控制区域协调管理机制理论

传统的环境管理体制是属地管理的机制，区域大气复合污染跨越了城市的行政边界，因此，创立了新型的污染控制管理机制-区域尺度大气污染控制联防联控。基于利益相关者分析框架体系，现行环境管理体制中的地方利益、部门利益与公众缺位是当前区域大气环境管理面临的主要障碍，提出了"三位一体"的区域环境管理体系，即区域内各城市之间的协商管理、行政管理部门的整合管理和公众参与的公共管理，构建了"科学-决策-执行"的管理体制：①科学机构根据区域监测、动态污染源和模拟技术提出区域大气污染削减目标和分配方案；②决策机构在科学工具的基础上确定减排方案；③各城市作为执行机构提出实施方案并落实；④科学机构通过后评估技术审核实施方案的执行情况，并提出新的区域大气污染防治控制规划。

三、大气环境科学研究技术与方法进展

（一）监测技术

1. PM$_{2.5}$在线监测

随着《环境空气质量标准》（GB 3095—2012）的颁布与实施，PM$_{2.5}$质量浓度自动监测已成为我国环境监测部门的常态化业务工作。根据"新一代国家环境空气质量监测网传输与信息及网络化质控系统建设项目"中我国环境空气质量监测子站联网的情况来看，目前全国PM$_{2.5}$质量浓度自动测量主要采用两种方法，分别是β射线法（包括β射线法和光浊度法联用）和微量振荡天平法，对全国地级以上城市约980套PM$_{2.5}$监测仪器进行初步统计，两种方法的使用比例大约分别为92%和8%，此外，也有少量监测单位和科研机构使用光散射法。结合空气质量评价与控制需求，针对PM$_{2.5}$自动监测受气温和相对湿度影响较大的特点，我国参考美国EPA对PM$_{2.5}$自动监测仪器的认证方法，以手工监测方法为标准方法，于2012—2013年在北京、上海、重庆、广东、济南地区等不同地域，对国内外不同厂家、不同原理的PM$_{2.5}$自动监测仪进行适用性测试，提出了我国PM$_{2.5}$质量浓度自动监测仪器推荐测量原理及具体名录和监测技术规范，要求微量震荡天平法必须配置膜补偿装置、β射线法必须配置动态加热装置，指引监测工作逐步规范化和标准化，提高全国各地PM$_{2.5}$监测数据的可靠性与可比性。为提高微量震荡天平法在线监测PM$_{2.5}$质量浓度的准确性，尤其是该方法在高温高湿环境中的测量准确性，我国还自主研发了基于微量震荡天平法的大气PM$_{2.5}$质量浓度准恒重称量装置与改善微量震荡天平法除湿性能的冷凝湿度控制器和气溶胶连续在线除湿装置等设备，并开展了实验性应用，性能改善显著。

PM$_{2.5}$的理化特性是研究其演变规律和污染成因的关键因素。PM$_{2.5}$物理属性除质量浓度外，需要对其数浓度进行在线观测。我国自主研制生产的颗粒物粒径分析仪和大气细粒子谱分析仪可以分别测量$0.5\sim20\mu m$和小至5nm的细颗粒物数谱分布。颗粒物的吸湿性对颗粒物消光效应和成为云凝结核的活性具有重要影响。$20\sim450nm$颗粒物的吸湿行为可以采用双差分电迁移颗粒物吸湿性分析仪（humidity tandem differential mobility analyzer，HTDMA）进行测量；国内部分高校和研究院所，如复旦大学和中国科学院地球环境研究所，已自主搭建颗粒物吸湿性测量系统，但主要用于实验室模拟研究。此外，双差分电迁移颗粒物挥发性分析仪（volatility tandem differential mobility analyzer，VTDMA）也已经研制并在实验室模拟中应用起来。在线监测PM$_{2.5}$化学成分主要可以分为集团（bulk）组分测量和单颗粒（single particle）成分测量。前者的代表性设备有气体-气溶胶在线收集-离子色谱分析仪（gas and aerosol collector- ion chromatography，GAC-IC）、碳质气溶胶在线分析仪和七波段黑碳气溶胶分析仪，分别可测量 Cl^-、NO_3^-、

SO_4^{2-}、NH_4^+、Na^+、K^+、Ca^{2+}、Mg^{2+} 和元素碳、有机碳及黑碳等组分的逐时变化规律，这些仪器已经逐渐在我国大气超级监测站中实现了业务化运行。单颗粒飞行时间质谱仪是我国可实现 200nm 以上单颗粒理化特性综合在线监测的先进设备，同步检测单颗粒气溶胶化学成分（包括离子、有机物、元素碳和多种金属元素）及其粒径分布，是开展动态源解析的有利工具；这类仪器不仅在大气超级监测站中业务化运行，其车载设备在我国城市大气污染尤其是细颗粒物污染来源解析中发挥了重要作用。但是，我国尚缺乏能够实现纳米级（小至几个纳米）颗粒物化学组成的监测仪器，对深入研究强氧化性条件下气态污染物通过核化形成超细颗粒物的机制存在一定的技术局限性。

2. 大气颗粒物离线称量与检测

大气颗粒物离线称量与检测消耗的人力物力较多，为克服相关困难，我国逐步从国外引进了大气颗粒物自动称量装置，不仅节约了人力，还提高了系统的稳定性和数据的精度。此外，为克服大气重金属样品液体进样前处理繁琐、适用于固体进样的电感耦合等离子体-原子发射光谱仪使用成本高等问题，浙江大学设计了一种简便的固体粉末直接进样装置，利用微波等离子体矩-原子发射光谱法技术，建立了一种新的检测方法和仪器——微米级大气颗粒物有害重金属元素直接检测装置，为大气颗粒物中重金属元素分析提供了一种新的便捷的技术工具。

3. 挥发性有机物在线监测

低温预浓缩和气相色谱-质谱联用技术日趋完善，成为我国大气挥发性有机物分析的主要方法。在线分析技术由于其具有不需人工前处理、快速等优点，越来越受到人们的青睐。我国研制的挥发性有机物在线监测系统在对样品进行低温预浓缩后，在线采用气相色谱-氢离子火焰检测器-质谱联用技术进行物种检测，可以定量分析烷烃、烯烃、苯系物、卤代烃、醛酮类等大气挥发性有机物，最高时间分辨率达到了 1h，相关设备已从研究与中试阶段走向了商品化和产业化，逐步成为我国新建大气超级监测站的重要仪器配置。此外，挥发性有机物在线污染源识别质谱系统已经投入产业化。该仪器融合了膜富集、光电离、飞行时间质谱分析、高速数据采集以及高频高压电源等多个关键性技术，可实现挥发性有机物定时定量检测及其源识别，将在我国挥发性有机化合物来源识别与臭氧控制中发挥重要作用。

4. 大气氧化性关键物种在线监测

大气氧化性强是造成我国大气复合污染和区域性灰霾的重要原因之一，大气氧化性相关物种的监测越来越受到重视，但由于其中大量物种浓度较低、大气寿命较短，测量难度很高，目前主要开展研究性监测。HNO_3 和 HNO_2 除可采用气体-气溶胶在线收集-离子色谱分析仪进行监测外，离子迁移-化学离子化质谱（ion drift-chemical ionic mass spectrometer，ID-CIMS）和蛇形套管采样 HNO_2 测量系统近年来也逐渐被我国研发、搭建和投入应用。过氧酰基硝酸酯类（PANs）在线监测设备已开始在国内多个空气质量监测站点中长期运行使用，成为探讨光化学烟雾成因的重要辅助手段。激光诱导荧光法监测 OH 自由基和 RO_x 自由基设备已通过国际合作的方式在我国本土化搭建和应用起来。此外，我国自主研发了在线大气过氧化物测量仪，采用在线螺旋吸收管采集，柱后衍生荧光法分析，实现了对大气过氧化物全天候自动连续采样和分析。

（二）探测技术

近年来，我国大气环境问题逐渐引起全民的广泛关注，人们对环境质量的要求不断提升。随着环境探测的急切需求以及科学技术的不断进步，我国大气环境监测技术迅速发展，新的仪器设备、计算机控制等手段在大气环境监测中得到了广泛应用。大气环境监测从单一的依靠传感器进行分析，发展到化学监测、物理监测、遥感卫星监测等技术手段。监测范围从一个点发展到一个区域，大气环境监测的气体种类也日益增多，一个以大气环境分析为基础、以物理测定为主导、以遥感卫星监测为补充的大气环境监测技术体系逐步形成。

2011—2014年，我国大气环境探测广泛应用风廓线雷达[54~56]、激光雷达[57~59]、太阳光度计[60,61]、基线测风[62~64]、GPS探空[65,66]、飞机[67,68]等多种探测手段进行边界层气象、气溶胶粒子和其他大气污染物的监测，并开展各种卫星资料反演技术研究[69~71]，发展了天地一体化的立体监测技术。此外，还发展了大气环境硫同位素示踪技术[72,73]、气体稳定同位素比质谱技术[74]、质子转移反应质谱在线测量技术[75,76]、在线大气汞分析技术[77]，探讨了一些研究区域大气污染影响的新方法[78]。

风廓线雷达是利用大气湍流对电磁波的散射作用对大气风场等物理量进行探测的一种遥感设备。作为新一代大气遥感探测系统，美国、日本等国家已将风廓线仪组网并应用于气象业务中。近年来，我国部分城市和地区也逐步组建起风廓线雷达探测网络[79,80]。激光雷达对大气污染监测具有传统的取样和接触式测量难以具备的优点，它可以对大范围的大气污染进行连续、实时、快速的遥感监测。如拉曼激光雷达可探测边界层中水汽含量的时空分布；差分吸收激光雷达可探测大气边界层中污染气体含量的时空分布；多普勒激光雷达可探测大气边界层内风场的时空分布；Mie散射激光雷达可连续探测大气边界层中气溶胶粒子的光学特性以及气溶胶粒子和大气边界层高度的时空分布。相比于遥感探测，基线测风、GPS探空以及飞机巡航观测等直接探测手段具有更高的探测精度。然而这类直接探测过程比较费时费力，无法实现在线监测，因此多用于单点、某一时间段内的采样与监测，以为大气污染调查、研究提供准确的数据。

针对城市及城市群大气环境问题，我国较全面的探测实验有：2001—2003年在北京开展的北京空气污染观测试验（BECAPEX），2004年开展的北京城市边界层观测试验（BUBLEX），2004年、2006年和2008年在珠三角开展的珠江三角洲区域空气质量加强观测试验（PRIDE-PRD），2005年和2006年开展的南京市城市边界层观测等。2011年6~7月和2012年3月，在京津唐地区开展了2次天地一体化气溶胶多参数综合观测实验，进行地面与航空的同步测量，结合卫星观测数据，系统地观察和研究气溶胶发生、变化、清除和传输的过程。2012年11月，全国首个大气超级监测站在广东鹤山启用，监测仪器包括颗粒物粒径分布仪、激光雷达、可旋转颗粒物粒径分布采样器等，对大气颗粒物的化学组成、气溶胶散射系数等重要非常规污染参数进行分析，可监测的指标达200余项，能更准确地检测到大气污染程度。

2011年7月，在北京举办的"城市气象观测与模拟国际研讨会"，交流和研讨了城市陆面与边界层过程、城市化对天气气候影响及城市气象观测等方面的成果。2012年11月，国家自然科学基金委在合肥召开第十届大气边界层研究战略研讨会，主题为"大气边界层探测技术及观测实验进展"，重点交流了"大气边界层的数学物理基础""大气边界层物理探测技术的前沿""大气边界层观测试验研究进展""大气边界层物理参数化过程研究对探测技术的需求"和"我国大气边界层主要探测技术的研发和应用"，讨论了在高原、沙漠、河流、海洋、城市等多种地表环境下，雷电、晴空、大风、沙尘、高低温等不同气候条件下，大气边界层在热动力、辐射、生态、沉降、光学谱线等方面呈现的不同特征，以及发展的主被动、卫星遥感等各类观测技术手段。

2012年3月，我国研制的"高精度光纤大气光学湍流强度与结构测量系统"通过验收，在国际上率先研制了光纤大气光学湍流传感器，实现了局域微弱大气折射率起伏的直接测量和大气光学湍流空间结构的分布式探测。该仪器的研制成功，为湍流研究提供了先进的测量技术手段。

2012年10月，我国研制的"UAT-2型超声风速温度仪和湍流专用局域网测量系统"通过了专家鉴定。"UAT-2型超声风速温度仪和湍流专用局域网测量系统"是国内唯一、整体水平已达到国际先进水平，并在实时、同步组网观测、垂直度实时高频测量和广义可靠性等方面国际领先的系统，可满足国内外需求，改变大量进口国外超声风速仪的现状。

2012年12月，卫星载荷大气成分探测系统通过了评审。大气成分探测系统包括"大气主要温室气体监测仪""大气痕量气体差分吸收光谱仪"和"大气气溶胶多角度偏振探测仪"三个载荷，利用主被动相结合的光学遥感探测技术，随着卫星在轨飞行实时获取并记录飞行路径上一定范围内的 CO_2、O_3 浓度，大气污染气体（SO_2、NO_2、O_3 等）浓度，大气气溶胶光学性质和微物理性质等信息。

（三）源解析技术

大气颗粒物来源解析研究不但为颗粒物污染防治指明方向，也能为防治措施有效性评估提供有力支撑。"十二五"期间，大气颗粒物来源解析研究工作取得重要发展。2013年我国发布了第一个《大气颗粒物来源解析技术指南》（试行），2014年又发布了《环境空气颗粒物源解析监测技术方法指南》（试行），为全国源解析工作提供了科学指导和工作依据。2014年环保部、中国科学院和中国工程院联合指导并论证了京津冀、长三角和珠三角等重点区域9个重点城市的源解析工作，相关结论为区域及城市制订污染防治方案提供了重要科学依据。

颗粒物源解析技术主要方法包括污染源清单法、空气质量模型法、受体模型法。其中受体模型法应用广泛，采样、源成分谱构建、模型等技术趋于成熟。采样方面，已自主研发了各类颗粒物排放源采样技术，如再悬浮采样器、稀释通道采样器等，这些采样技术能够模拟颗粒物从源进入到空气中的过程，并且能够获得与环境空气中颗粒物粒径相匹配的颗粒物源样品，提高了颗粒物源样品的真实性。源成分谱方面，组分分析手段不断完善；并且经过多年积累，我国已拥有了一定数量的颗粒物源样品及成分谱，比如国家环境保护城市空气颗粒物污染防治重点实验室建设的大气颗粒物样品库，拥有3000余个包括土壤尘、扬尘、建筑类尘、机动车尘、燃煤尘、生物质燃烧尘、冶金类尘等的 PM_{10} 和 $PM_{2.5}$ 源与受体样品及相应的化学成分谱数据库。模型方面，自主研发了复合模型技术等一系列来源解析技术，研发具有独立知识产权并开放使用的模型软件，并在我国多个城市的颗粒物来源解析研究工作中得到了应用；其他源解析技术如 PMF、CMB-MM 等也得到广泛应用。

针对我国大气污染出现的细颗粒污染加重、二次颗粒物比例增加、区域污染特征日益突出、重污染过程频发、源类精细化解析不足等方面问题，一些新型的颗粒物来源解析技术得到了发展，比如为解决二次粒子源解析、区域源解析、精细化源解析等问题，开展了利用时间或空间、化学成分和粒径有机结合的三维源解析技术研究，利用受体模型和后轨迹分析相结合的来向源解析技术研究，利用排放源清单、受体模型和空气质量模型相结合的综合源解析技术研究等。同时基于在线颗粒物化学组分监测手段、单颗粒飞行质谱手段等，针对污染过程的颗粒物来源的快速源解析研究也在重污染应急和重大活动空气质量保障等方面发挥了作用。为提高颗粒物源解析的准确性和精细化，综合利用多种手段和方法，将成为源解析技术的重要发展方向。

（四）模拟技术

1. 物理模拟技术

"十二五"期间大气环境物理模拟技术发展主要集中在新型物理模拟实验室的建设和研究应用领域的拓展两个方面。

新型实验室建设方面，更加注重非常规大气污染形成机理的研究能力，例如，美国爱荷华州立大学新建了阵性风环境风洞实验室，其特点在于开展非定压、非定常状态的阵性风环境影响实验。国电环境保护研究院对国家环境保护大气物理模拟与污染控制重点实验室所属的原双实验段环境风洞实验室进行了升级改造，预计2015年年底改造完成，改造后整个风洞实验室共包括3个试验段：①截面 3.5m×2.2m 试验段，风速 0～6.5m/s 连续可调；②截面 2.5m×2m 阵性风试验段，风速 0.3～50m/s 连续可调；③截面 4m×3m 回流式试验段，风速 0.1～30m/s 连续可调。可进一步提升该实验室在不同气象、下垫面条件下大气污染物扩散模拟的研究能力，增建的阵性风风洞试验段可开展在不同风速阵性风扰动下的起尘实验研究，探讨我国沙尘暴的形成机理。中国科学院新疆生态与地理研究所于 2011 年 5 月建造完成了新疆首个野外移动环境风洞，该实验室可以更好地在野外不同环境现场开展风沙地貌的形成与演变、沙物质的运移规律和风沙干扰下的植物生理、生态等研究。

在研究应用领域拓展方面，国外主要集中在火电厂"烟塔合一"排烟方式的优化方面，其中，德国相关科研人员开展了火电厂"烟塔合一"排烟方式冷却塔塔形结构、方位布置与节能环保以及风压分布之间关系的环境风洞试验。我国科学家研究领域的拓展主要集中在环境物理模拟与数值模拟的结合应用和重气泄露引起的环境风险实验两个方面。近年来，国电环境保护研究院开展了我国火电厂建设项目"烟塔合一"排烟方式对区域环境空气影响的环境风洞实验研究，并结合数值模型 AUSTAL2000 的模拟结果进行建设项目综合环境影响评估工作。田利伟[81]等采用三维 CFD（computational fluid dynamics，计算流体动力学）数值仿真模拟和大型环境风洞试验相结合的方法和手段，对城市交通隧道洞口污染物排放进行了研究。通过开展 CFD 数值仿真，对风洞试验结果和 CFD 模拟结果两者进行相互对比分析，使研究结果更加可靠，更准确地揭示不同工况下的污染物扩散及空间衰减规律。杜文静[82]等进行了高原山区城市重气泄露扩散环境风洞实验，实验结果表明，重气浓度主要集中于近地层，测点的重气浓度随风速增大先增大后减小，存在一个危险风速，通过曲线拟合所得危险风速值与风洞实验所得危险风速值相近，在该风速下，重气浓度达到最大，且黏滞系数也最大，黏滞系数越大越不利于重气的扩散。

物理模拟技术理论发展已经比较完善和成熟，进一步提高实验仪器、设备精度，建设功能更全面的物理模拟实验室，拓展其研究应用领域是今后大气环境物理模拟发展的重点。我国东部地区灰霾天气污染严重，针对细颗粒物物理模拟的理论、技术方法研究是今后我国该研究领域的一个重要方向。

2. 数值模拟技术

数值模拟是研究大气环境的重要手段。近年来，大气环境数值模拟技术发展迅速，各种空气质量模型已被广泛应用于环境影响评价、重大科学研究及环境管理与决策领域，已成为模拟臭氧、颗粒物、能见度、酸雨甚至气候变化等各种复杂空气质量问题及研究区域复合型大气污染控制理论的重要手段之一，在南京亚青会、青奥会等重大活动空气质量保障及我国"十二五"主要大气污染物总量控制、重点区域大气污染联防联控规划中发挥了不可替代的作用。

当前国际上典型的空气质量模式主要包括 ISC3、AERMOD、ADMS、CALPUFF 等法规化中小尺度模型，CAM_X、CMAQ、WRF-CHEM 和 GEOS-CHEM 等综合研究性模型。ADMS、AREMOD、CALPUFF 模型多用于环境影响评价和城市尺度一次污染物的模拟，也是目前我国环境影响评价领域的法规化模型。而区域尺度模型 CMAQ、CAM_X、WRF-CHEM 已经在我国重点城市群区域大气复合污染形成机理研究中得到了广泛应用[82~84]，全球模式 GEOS-CHEM 也被应用研究更大范围的颗粒物、重金属（Hg）的污染问题[85,86]。

大气环境数值模拟技术的发展趋势主要要求模式能够比较全面细致地描述大气物理、化学和生物等非线性过程，综合考虑不同物种之间的相互影响与转化，同时进行多尺度、多种污染过程的模拟。国内科学家发展的适用于中国地区的大气环境模式，在模拟性能上取得了长足的进步。表2列举了近年来自主研发的4种数值模式，这些模式的完善和发展能够为未来多模式的集合预报提供良好的基础。

表 2　"十二五"期间国内自主研发的主要数值模式及应用

模式名称	开发单位	应用领域	先进性及优势	应用实例与参考文献
NAQPMS	中科院大气物理研究所	多尺度污染问题的研究，主要用于城市/区域空气质量预测预报	基于 Mie 散射理论气溶胶-光学性质模块，研制了气象-化学双向耦合器，建立了与中尺度气象模式 WRF 的双向耦合；考虑气溶胶辐射反馈，在云模块中增加了在线源追踪技术。对 NO_2 的模型性能出色[91]	研究了污染严重区域大气氧化能力的变化[87,88]；更好地模拟了细颗粒物浓度[89]，更加准确地定量了硫酸盐、硝酸盐和铵盐的湿沉降量以及追溯这些物质的前体物排放[90]
GEATM	中科院大气物理研究所	对大气中多种化学物质的分布状况、输送态势进行数值模拟	采用地形追随等 σ 坐标能很好地反映地形对大气化学物质输送的影响；发展了适用于全球尺度的起沙机制，合理反映了起沙过程的季节特征	模拟了全球二氧化硫、硫酸盐、黑碳和沙尘的浓度分布[92]
GRAPES-CUACE/DUST	中国气象研究科学院	中国沙尘天气预报	采用了正定保型性能良好的半隐式-半拉格朗日输送方案，质量守恒性能良好；加入沙尘长波辐射参数化方案，提高了模型对气溶胶辐射效应的模拟能力；加入了三维变量同化（3DV）和气溶胶辐射反馈方案（RAD），大大提高了模型对沙尘浓度、温度、气压、风速的模拟精度	分析研究了沙尘天气以及起沙和沉降过程[93~95]
RegAEMS	南京大学	主要用于区域大气污染物浓度的预报	建立污染物转化率的数据库，直接为欧拉模式调用，并对液相化学和湿清除过程进行了参数化处理，使得模式既考虑了大气化学过程的非线性，又具有较高的计算效率	应用于长三角地区城市空气质量和雾霾的预报[96,97]，中国地区大气汞化物浓度和干沉降通量的时空分布特征的模拟研究[98,99]

大气环境数值模拟技术的另一个发展趋势是将区域和全球气候模式与大气化学模式耦合，全面和深入地认识大气污染与气候、季风的相互作用。如表3所示，"十二五"期间国内在空气污染与气候变化耦合模式的研究中也取得了一定的进展。

表3　"十二五"期间国内气候-化学耦合模式发展及其应用

耦合模式	应用实例与参考文献
RegCCMS〔包括区域气候模式（RegCM3）和对流层大气化学模式（TACM）两个部分〕	能够很好地模拟东亚地区特别是中国地区人为和自然排放气溶胶的时空分布特征，利用其可以很好地评估气溶胶的直接和间接气候效应。通过对模式系统的完善（如区域边界的优化），其能够被用来研究东亚季风气候与气溶胶的相互作用[100,101]
尺度全球大气环流模式（BCC_AGCM）与气溶胶模式（CAM）	对东亚地区气溶胶及其气候效应具有一定的模拟能力，应用其模拟发现东亚地区人为排放的气溶胶在一定程度上造成了东亚夏季风的减弱[102]，东亚夏季风的减弱又反过来引起气溶胶的积聚[103]
RIEMS-Chem（在线区域气候化学耦合模式系统）	描述了人为和自然气溶胶在大气中经历的主要物理、化学过程及其与大气辐射和动力之间的相互反馈作用，该系统在研究东亚区域气溶胶的时空演变以及对大气辐射和气候系统的影响方面表现出色[104,105]，可用于研究区域气溶胶的时空演变以及对大气辐射和气候系统的影响[106]
大气环流模式 CCSM3 驱动 WRF-CHEM	应用其比较分析了未来气候变化和人为排放增加的背景下华南地区 O_3 的变化[107]

此外，"十二五"期间综合型空气质量预报模式在各级业务部门得到更加有效的应用。NAQPMS、RegAEMS在我国多个城市空气质量集合数值预报系统中发挥了重要作用[96,108]，特别是在2013年亚青会和2014年青奥会的空气质量保障工作中，RegAEMS起到了重要的技术支撑作用。NAQPMS在京津冀空气质量预报平台得到很好的应用。通过完善并加入查表法模块，CALGRID成为了大气复合污染区域调控决策支持平台的核心模块，在我国典型城市群区域（特别是珠三角地区）大气复合污染联防联控中发挥了重要作用[109]。

四、大气环境管理科技支撑研究进展

1. 环境空气质量标准

环境质量基准是指环境中的污染物对人或其他生物等特定对象不产生不良或有害影响的最大剂量（无作用剂量）或浓度。环境质量标准制（修）订必须以环境基准为基础，环境基准改变，应相应地考虑环境质量标准是否需要调整。

1997年以来，我国的《环境空气质量标准》（GB 3095—1996）制定时主要参考的美国 PM、O_3、NO_2 和 Pb 环境空气质量基准文件，同时也参考国际上的环境空气质量基准研究成果，尤其是世界卫生组织（WHO）发布的空气质量准则（AQG）。在 WHO 及美国等组织和国家在大范围修订污染物环境空气质量基准的情况下，我国需要考虑《环境空气质量标准》（GB 3095—1996）的科学性问题。

《环境空气质量标准》首次发布于1982年。1996年第一次修订，2000年第二次修订，2012年为第三次修订。《环境空气质量标准》（GB 3095—2012）规定了环境空气功能区分类、标准分级、污染物项目、平均时间及浓度限值、监测方法、数据统计的有效性规定及实施与监督等内容，主要包括以下四个方面的改进。

（1）改进环境空气功能区分类和标准分级管理方案，将三类区（特定工业区）并入二类区（城镇规划中确定的居住区、商业交通居民混合区、文化区、一般工业区和农村地区）。

（2）首次设置 $PM_{2.5}$ 平均浓度限值和臭氧 8h 平均浓度限值，并收紧 PM_{10}、二氧化氮、铅和苯并［α］芘等污染物的浓度限值；在环境空气质量标准中制定推荐污染物浓度限值，有利于地方环境空气质量标准制定或修订。

（3）针对我国环境空气质量监测数据管理的实际情况，制定了符合中国环境空气质量管理实际需求的监测数据统计有效性规定（国际上通常为 75％），将有效数据要求由 50％～75％ 提高至 75％～90％。

（4）改进环境空气质量标准的实施方式，按照分期、分区的要求实施。具体来说，2012 年，京津冀、长三角、珠三角等重点区域以及直辖市和省会城市；2013 年，113 个环境保护重点城市和国家环保模范城市；2015 年，所有地级以上城市；2016 年 1 月 1 日，全国实施新标准。

新版《环境空气质量标准》的发布实施将进一步促进我国环境空气质量的改善、完善我国环境空气质量评价体系，也将对我国环境管理思想和理念带来深刻的影响。一方面，新标准是环境保护以人为本、保护人体健康的重要体现，对于环境空气质量标准逐步与国际接轨、提高环境空气质量评价工作的科学水平、正确指引公众健康出行、消除或缓解公众感观与监测评价结果不完全一致的现象、提升我国政府的公信力和国际形象具有重要意义；另一方面，解决 $PM_{2.5}$、臭氧等问题必须实现从控制局地污染向区域联防联控、从控制一次污染物向控制二次污染物、从单独控制个别污染物向多污染物协同控制、从主要控制工业行业向城市规划、公共交通、建筑、生态保护等众多领域控制转变，这些转变都将对我国环保工作提出更高的要求。

更重要的是，《环境空气质量标准》作为《中华人民共和国大气污染防治法》的延伸，不仅仅作为评价环境空气质量的标准，而且在大气环境管理上明确了其为国家和地方各级政府环境空气质量改善的目标。

2. 大气环境规划

大气环境规划是区域大气复合污染防治的重要内容。"十二五"以来主要从以下几方面开展了相关研究。

（1）经济能源结构及调整对大气污染的影响研究　针对当前的经济能源结构及国家相应的调整政策，开展了环境影响评估研究。探究了各产业的生产-排污关系，评估了重点行业对大气污染物的浓度贡献；针对《大气污染防治行动计划》及其他相关措施（如 APEC 空气质量保障方案），开展了相应的污染物排放变化与空气质量改善效果评估研究。

（2）区域 $PM_{2.5}$ 传输规律研究　综合利用环境观测技术与数值模拟技术，对典型区域 $PM_{2.5}$ 及其组分（硫酸盐、硝酸盐、铵盐、一次 $PM_{2.5}$ 等）的区域传输规律进行了研究，定量确定了区域间的 $PM_{2.5}$ 同化率，为区域大气污染联防联控提供了重要科技支撑。

（3）大气 $PM_{2.5}$ 来源解析研究　$PM_{2.5}$ 来源解析方法主要包括受体模型与源体模型两大类，国外已有较成熟的方法，包括 CMB、PMF、CAMx 等。国内的研究包括方法的本地化应用与已有解析方法的耦合两方面。解析方法耦合研究方面，南开大学针对解析中混合源存在的问题，提出了 PMF-CMB 相耦合的解析方法；北京工业大学针对受体模型无法解析得到详细的二次粒子来源，源体模型的解析结果不确定性较大的问题，提出了一种受体模型-数值模拟-源清单分配相结合的高空间分辨率 $PM_{2.5}$ 来源解析新方法，可较准确地解析得到区县分辨率的 $PM_{2.5}$ 一次组分与二次组分的来源。另一方面，随着大气 $PM_{2.5}$ 组分在线监测技术的发展，我国的研究人员开始开展颗粒物实时源解析技术的研究。

$PM_{2.5}$来源解析研究已经得到了实际应用，形成了《大气颗粒物来源解析技术指南（试行）》（环保部于2013年8月发布），用于指导各地大气$PM_{2.5}$来源解析工作的开展。

（4）敏感源筛选与污染源优先控制分级技术研究　不同排放源由于气象条件、排放高度、位置不同，排放相同质量的污染物对区域空气质量的贡献差别可达数倍。敏感源是指排放相同质量的污染物对区域空气质量影响较大的污染源。北京工业大学首次提出了该概念，并研究建立了基于MM5/WRF-CAMx-PSAT的敏感源筛选识别技术。在此基础上，综合考虑污染源排放负荷、污染源单位VOCs排放臭氧生成潜势等因素，研究提出了大气污染源优先控制分级技术。

目前，该技术已经在北京及周边省区的大气污染控制中得到了实际应用，并形成了《大气污染源优先控制分级技术指南（试行）》（环保部已于2014年8月发布），用于指导各地大气污染源优先控制分级工作的开展。敏感源筛选与污染源优先控制分级技术的研究和提出，可为推动我国的污染物控制由管理减排、结构减排向优化减排与效率减排推进提供科技支撑，对空气质量的快速有效改善具有重要意义。

五、大气污染防治技术和集成应用

（一）重点行业的大气污染治理技术

虽然"十一五"期间我国在大气污染控制方面已经取得了显著的成果，但是我国大气环境污染依然比较严重，减排形势依然严峻。传统的煤烟型污染尚未得到完全有效控制，光化学烟雾、灰霾天气、酸沉降等多种问题频发，复合型污染日益突出，环境问题趋于复杂化。我国政府出台的《国家环境保护"十二五"规划》中已明确规定了"十二五"期间主要大气污染物的减排目标：二氧化硫减排8%，氮氧化物减排10%。2013年2月环保部发布47城市六大行业执行污染物排放限值公告；2013年9月，国务院发布《大气污染防治行动计划》，这些均给现有大气污染控制技术的开发和创新提出了新的挑战，但同时也带来了机遇。此外，全球变暖和室内空气污染也受到了国内外的关注，成为控制技术开发的热点。本章将对火电燃煤锅炉/其他重点行业工业锅炉（炉窑）除尘、脱硫、脱硝以及脱汞、机动车污染控制、室内空气净化和温室气体减排等各项技术进行了回顾和评述，探讨了其未来研究方向，并对后续研究作了简要的讨论。

1. 火电燃煤烟气控制技术

电力行业是我国大气污染物的排放大户，烟尘、SO_2、NO_x和汞的排放量都居全国各行业前列。针对我国严峻的大气污染形势，新的《火电厂大气污染物排放标准》（GB 13223—2011）再次大幅度提高了对燃煤发电厂烟尘、SO_2和NO_x等排放限值的规定，并首次提出了对重金属汞排放限值低于$0.03mg/m^3$的要求，2014年5月，三部委共同印发《能源行业加强大气污染防治工作方案》，提出在试验示范基础上推广燃煤大气污染物超低排放技术，这在很大程度上推进了燃煤烟气净化技术的发展。

（1）燃煤烟气细颗粒物的治理　目前，我国火电厂的除尘装置仍以电除尘器为主，还有一定量的袋式除尘器和较少量的电袋复合除尘器[110]。由于新烟尘排放标准的实施，普通电除尘器很难满足烟气出口排尘量低于$30mg/m^3$的新标准，尤其对$PM_{2.5}$的排放控制不佳。近年来，国内外学者对除尘新技术进行了大量的理论研究和实验论证，如旋转电极式电除尘技术、高频高压电源技术、低低温电除尘技术、电-袋复合式除尘技术、湿式电除尘技术等，许多技术已获得突破性进展并初步开始应用，但仍需完善和改进[111]。旋转电极式电除尘器技术在日本已经成熟，被中国环保产业协会确定为"十二五"期间重点开发和推广的电除尘新技术之一。浙江菲达环保近些年专注旋转电极式电除尘器，成功攻克了设备的可靠性、零部件的使用寿命、选型设计的准确性等多项技术难点，并对阳极板同步传动方式、转刷组件结构等进行了创新设计，提高了设备的可靠性[112]。高频高压电源作为一项新的应用技术，国内外已有较多的应用报道。国内新近研发成功的高频多重高压脉冲电源集直流供电、间歇供电和脉冲供电的特点于一身，可有效收集高比电阻粉尘和抑制反电晕，并可提高微细粉尘的收集和脱硫、脱硝的效率，是新一代的电除尘器供电电源[113]。旋转电极式电除尘器和高频电源现已拥有电力部门较多的应用业绩，并显示出高效的除尘效果[114]。2010年国内开始逐步加大对低低温电除尘技术的研发，已有600MW机组投运业绩[115]。低低温电除尘技术除尘效率高，SO_3去除率可达90％以上，在所有除尘设备中SO_3去除率最高，当采用低温省煤器时还具有节能效果。该技术可作为环保型燃煤电厂的首选除尘工艺，也可与其他成熟技术优化组合，应用前景广阔。2010年起在贵州燃高硫煤地区多台机组改造表明，电袋复合式除尘器能满足烟尘新标，合理选择新型过滤材料（PTFE基布＋无纺层PTFE与PPS混纺系列），可提高布袋使用寿命[116]。湿式电除尘技术是治理$PM_{2.5}$的有效利器，在国家科技部"863计划课题"资助下，环保企业联合高等院校，成立了湿式电除尘课题攻关小组，针对湿式电除尘大型化需解决的关键技术问题进行重点攻关，成果可喜，使该技术从实验研究成功走向了实际应用，在国内燃煤电厂迅速发展，但仍需努力解决其带来的废水量大、腐蚀严重、材料选择困难等问题[117]。另外，利用湿法烟气脱硫装置提高除尘效率，国外有湿法脱硫设备除尘效率达到70％～80％的工程业绩，不设置湿式电除尘（雾）器，国内还需进一步试点研究。

（2）火电厂烟气脱硫技术　　新的《火电厂大气污染物排放标准》对SO_2的排放限值为$100mg/m^3$，这对燃用中、高硫煤的火电机组的烟气脱硫技术是一项重大挑战。石灰石-石膏法依然是最主要的脱硫技术。其次，海水脱硫技术在沿海地区电厂、电石渣-石膏法在火电规模的自备电厂也逐渐得到一定的应用，而循环流化床烟气脱硫技术也为一些发电厂所采纳，但随着新排放标准的出台，其应用将受到较大的限制[118]。

新标准的颁布正推动现有火电机组脱硫技术的升级改造，双塔、吸收塔扩容、吸收塔构件优化等脱硫增效改造技术得到了进一步发展和工业化应用[119]。双塔双循环技术采用了两塔串联运行的思路，新增一座吸收塔，采用逆流喷淋空塔设计方案，增设循环泵和喷淋层，并预留一层喷淋层的安装位置；新增一套强制氧化空气系统，石膏脱水、石灰石粉储存制浆等系统相应进行升级改造。双塔双循环技术可以较大提高SO_2脱除能力，但对两个吸收塔控制要求较高，适用于场地充裕、含硫量增加幅度中等的中、高硫煤增容改造项目。广西合山发电厂1、2号机组$2\times330MW$机组脱硫装置，永福电厂4号320MW机组脱硫装置增容改造都采用了该技术方案，脱硫效率提高显著。吸收塔扩容，本着"充分利旧"的原则，在原有吸收塔的基础上进行改造，增高或者拓宽吸收塔的直径，增加吸收塔浆液池的容积，扩大石膏脱水能力。该方案充分利用了原有设施，投资小；设备占地面积小，推脱硫效率提升较大。中、低硫煤湿法烟气脱硫装置增容改造优先推荐采用该方案。近年来，凸凹面多孔板环、持液筛盘等吸收塔构件优化，能有效防止烟气局部流速过高和过低带来的吸收不利影响，提高喷淋浆液利用率。

国内一些学者也提出了很多新的烟气脱硫技术，如新型高效气相脱硫技术、磁流化床技术应用于烟气脱硫的新理念以及电晕放电的烟气脱硫工艺等[120]。山东大学化学与化工学院开发的新型高效气相脱硫技术，脱硫率达 95%～99%，脱硫后 SO_2 排放浓度低于 50 mg/Nm^3。该项技术利用一系列化学反应得到一类高效固体脱硫剂。在 500～900℃无其他催化剂的条件下，利用风力输送系统将脱硫剂直接喷入高温烟道中，运行成本可降低至 2 元/kg 以下，脱硫产物收集后可以作为农用肥料[121]。磁流化床作为新型流态化设备，由于磁场作用于铁磁颗粒，可以容易实现床层的散式流化[122]；刘金平等[123]对微小磁流化床内纳米颗粒流动特性进行数值模拟研究，发现微小流化床引入磁场，可以强化传递与反应过程，使得微小磁流化床反应器在气固催化反应和非催化反应方面有广泛的应用。低温等离子体技术在常温常压下放电能产生大量的高能电子和自由基，对二氧化硫等具有脱除效率高、反应速度快、无选择性等优点，是当今环保领域的研究热点。樊磊等[124]提出将电晕放电等离子体与液相催化相结合的脱硫方法，进一步减少了等离子体脱硫的能耗，提高了脱除效率，降低净化成本。另外，我国自主研发的双极膜法烟气脱硫技术在哈尔滨市哈投热电厂试运行取得成功，此举打破了双极膜技术长期被国外企业垄断的局面[125]。

大幅提升现有烟气脱硫技术的稳定性，开发高效可靠、副产物可资源化利用等脱硫关键新技术、新工艺，是今后火电厂烟气脱硫技术发展的重点。

（3）火电厂脱硝技术 环境保护部门已明确提出将 NO_x 纳入"十二五"总量控制指标。目前，我国火电脱硝技术研究主要集中在燃烧中和燃烧后 NO_x 控制技术上。

国内对低 NO_x 燃烧技术研究较为成熟，已有绝大多数的火电机组应用该技术[126]。等离子低氮燃烧技术[127]，是在煤粉锅炉等离子体点火及稳燃技术基础上发展起来的一种全新概念的低氮燃烧技术。煤粉锅炉等离子体点火及稳燃技术利用温度很高的等离子体在燃烧器内直接点燃煤粉，可以节约大量的锅炉启动用油。采用该技术的等离子体煤粉燃烧器在实现煤粉内燃的同时，与现在主流的空气整体分级燃烧、燃料分级燃烧等低氮燃烧技术相结合，可以在不降低锅炉效率的前提下，大幅度降低氮氧化物的排放。此外，新研发的以化学链燃烧技术和 O_2/CO_2 燃烧技术为主的无氮燃烧技术，基本根除了 NO_x 的生成，对解决 NO_x 环境污染问题是一个重大突破[128]。化学链燃烧是通过燃料与空气不直接接触的无火焰化学反应来释放能量，根除了 NO_x 的产生，直接通过冷凝的方式捕集回收 CO_2，不需要消耗额外的能量。但是，由于燃烧过程复杂，目前还仅停留于研究阶段，并无有应用的文献报道。O_2/CO_2 燃烧技术，其原理为利用空气分离技术获取纯氧，并混入循环烟气，替代助燃空气。其与高温空气燃烧技术（HTAC）相结合，有可能实现化石能源的"零排放"，是尚处于起步阶段的一项新技术。北京大学、华中科技大学都对这项技术开展了一系列研究[129,130]。

随着 NO_x 排放新标准的执行，烟气脱硝将成为主流 NO_x 控制技术。目前国内电力行业所采用的工艺技术主要是 SCR（约占 96%），而 SNCR 脱硝效率低，不能达到排放要求，需与 SCR 或其他技术联用[131]。循环流化床锅炉（CFB 锅炉）优化燃烧与 SNCR 联合高效脱硝关键技术已经在一批 300MW 级循环流化床锅炉机组上得到应用，于 2013 年 8 月顺利通过科技成果鉴定，具有较高推广价值[132]。

催化剂是 SCR 系统中最关键的部分，一直是研究的热点，许多体系已得到广泛的应用。在应用中存在的主要问题就是催化剂的中毒问题。烟气中的碱金属、砷、催化剂的烧结、催化剂孔的堵塞、催化剂的腐蚀以及水蒸气的凝结和硫酸盐、硫铵盐的沉积等原因，都能使催化剂活性降低或中毒。系统地研究脱硝催化剂的各种失活机理，有针对性地对催化剂进行优化设计，改善催化剂抗中毒性能，以便更好地实现工业化应用，是目前研究的重点[133]。近些年，国内已涌现出一批很有实力的脱硝工程公司，建成多条催化剂生产线，自主产权的催化剂配方也已实现了产业化应用，打破了技术和工艺都属上乘的进口催化剂占领了国内市场的局面[134]。

另外，加大对失效催化剂的再生力度，成为降低燃煤电厂脱硝运行费用的重要突破口。同时脱硝催化剂再生具有显著的社会效益和环保效益。重庆某公司在原生产工厂建成一个年再生能力 $6000m^3$ 的车间，另一公司已在生产厂区建立年产 $600m^3$ 的小型再生线[135]。

（4）燃煤电厂汞污染控制技术　汞是燃煤电厂继烟尘、SO_2、NO_x 后要严加控制的污染物之一。"十二五"期间的重点工作即为有选择地进行汞减排技术试点和示范工程（如三河电厂脱汞项目）。随着环保标准的不断提高，燃烧后烟气脱汞将是燃煤电厂汞污染控制的主要方式[136]。

利用现有的脱硫、脱硝、除尘等烟气净化系统，燃煤电厂可以实现一定的协同脱汞效果。我国火电机组，特别是 2003 年以后建成的机组，完全具备了兼有除尘、脱硫、脱硝的装置，因此，对于不是特高汞的燃煤机组，均可以在实施除尘、脱硫、脱硝的同时实现脱汞达标。这是目前我国火电机组脱汞技术的首选，也符合我国烟气控制国策。湿法脱硫（WFGD）设施是目前脱汞最有效的净化设备[137]。但如果希望获得较高的脱汞效率，还需采用专用的脱汞技术如氧化脱汞技术和吸附脱汞技术。我国燃煤电厂普遍采用以氧化协同脱汞技术为主，吸附脱汞技术为辅的汞污染控制技术路线。

吸附脱汞技术，是对现有吸附剂进行改进，开发具有脱汞性能的脱汞吸附剂，目前研究较多的吸附剂有改性活性炭（高温载硫活性炭）、飞灰、钙剂吸附剂、高分子化合物壳聚糖、特定的贵金属（如金和钛），以及改性无机矿物（Ce-Mn/Ti-pillared-clay）吸附剂等[138,139]。吸附脱汞从技术层面上而言可行性很高，但需考虑吸附后 HgO 的处理、转化，以确保吸附后的汞不再解吸和蒸发，以及吸附剂的回收、再生等，因此，对于添加吸附剂进行烟道气脱汞，就目前我国的现实情况建议不宜轻易采用，但这是烟道气脱汞技术的一个发展方向，特别是对于在采用除尘脱硫脱硝后仍不能满足标准要求的燃用特高汞煤电厂而言，却是必然的选择。

氧化脱汞技术是通过在煤、烟气、脱硝催化剂中加入氧化性添加剂、催化剂等措施，促使汞的氧化，从而提高脱汞效率，尤其适用于装有湿法烟气脱硫系统的电厂。目前新的研究主要集中在光催化氧化、氧化剂氧化技术、脱硫浆液中二价汞稳定剂的开发，以提高WFGD的脱汞效率[140,141]。SCR脱硝工艺也能加强汞的氧化而增加后续烟气脱硫（FGD）对汞的去除率，已陆续有脱硝脱汞催化剂研发的报道，如 $MnO_x\text{-}CeO_2/\gamma\text{-}Al_2O_3$ 等[142]。在现有的静电除尘器中添加氧化剂，利用弱电离场-卤硫化物协同氧化也能去除燃煤烟气中的零价汞[143]。

基于华能集团清洁能源技术研究院自主开发的氧化协同脱汞技术，我国首套全流量烟气汞污染控制系统在华能北京热电厂 4 号 220MW 级燃煤机组上建成，汞污染控制效果能够满足全球最为严格的美国汞污染控制标准。该项目研究成果首次在国内进行工程应用，总体达到国际先进水平。

（5）多种污染物联合去除技术　在当前我国能源资源和节能减排的双重约束下，开发及应用烟气脱硫、脱硝、除尘和脱汞联合/协同控制技术，是推进我国火电行业大气污染物深度减排，实现其可持续发展的一条重要出路[144]。国内针对湿法高效脱硫及硝汞协同控制、电子束法同时脱硫脱硝、脉冲电晕放电协同脱除多种污染物和半干法协同脱除多种污染物等技术研究都取得一定的进展。浙江大学与浙江天蓝环保公司、上海交通大学等合作申请的"863"项目，针对燃煤工业锅炉烟气特点，基于目前现有的钙基湿法、循环流化床半干法以及活性焦干法脱硫技术，开发出了具有自主知识产权的烟气多污染物联合脱除技术及设备[145]。2014年5月，浙江省能源集团（浙能集团）采用"多种污染物高效协同脱除集成技术"，在国内率先实现火电厂超低排放，开启了燃煤发电机组清洁化生产的新局面。此外，还有几种新的联合去除方法，如"烟气治理岛"模式[144]、三段炭层吸附床联合脱除烟气污染物[146]及臭氧氧化结合碱液吸收脱除多种污染物[147]等。

2. 重点行业工业废气净化与资源化技术

在我国完整独立的工业体系中，各个行业基本都存在排放大气污染物的可能，但不同行业排污特性各异。钢铁、水泥、有色金属、石化和化工行业中常需使用锅炉/炉窑，是重点排污行业。"十一五"期间，我国围绕上述行业的排污特性，积极探索和开发适合其排放特征的治理技术，已经初见成效，但仍存在大量低效率、高污染的落后产能，尚未加装除尘、脱硫脱硝设施的锅炉、窑炉占据相当比例。"十二五"期间，为了配合减排需要，各行业的新国标也逐步出台并实施，排放限值日趋严厉。继煤电之后，燃煤工业锅炉将成为大气污染治理的主战场，工业废气净化和资源化技术面临新的挑战和机遇。

（1）工业锅炉/炉窑除尘技术　目前，在我国的工业锅炉/炉窑中，应用最广泛的除尘技术为电除尘和布袋除尘技术[148,149]。但面对减排新形势，已有的除尘设备面临巨大挑战。

近几年，除了对电除尘进行技术革新外，布袋除尘技术发展迅速，主要体现在主机、滤料、自动控制的质量和技术水平普遍提高，耐高温、耐腐蚀特种纤维和复合滤料的研究、开发、生产等方面取得突破，高端纤维的国产化带动了国产高端滤料的发展。如特殊滤料所需PPS、PTFE、聚酰亚胺和芳纶国产纤维的开发，满足钢厂、水泥厂和垃圾焚烧烟气净化的复杂工况对滤料的要求；超细（亚微米级）纤维的研发，提升了对$PM_{2.5}$的控制效果；脱酸加除尘的复合式袋式除尘器的研发和应用，满足了干法脱酸除尘工艺的需求[149]。

另外，成都某企业研发出耐高温、抗热震、耐腐蚀的膜过滤材料和膜分离技术，并成功应用在我国铁合金生产中[150]。实现了高温烟气过滤净化，有效解决了$PM_{2.5}$中脱砷、脱汞、脱镉等技术难题。

（2）工业锅炉/炉窑脱硫技术　在工业锅炉/炉窑脱硫方面，目前主要应用的烟气脱硫技术包括石灰石-石膏湿法、氨-硫铵法和烟气循环流化床法等，其中石灰石-石膏湿法仍是主要采用的脱硫方法[118]。

在新技术方面，如内外双循环流化床烟气脱硫技术、有机胺吸收脱硫技术和离子液体吸收脱硫技术等技术得到了进一步的研发和应用[151,152]。

另外，针对不同行业也开发了一些更适合的脱硫技术。新型催化法脱硫技术在有色冶炼烟气和制酸装置尾气的治理中得到了广泛的应用。该技术采用自主研发的低温非钒系催化剂，利用碳基材料作为载体，通过先吸附再催化转化的方式，将烟气中的SO_2转化成硫酸，达到脱硫的目的。不同于传统的制酸转化工序，新型催化法技术的催化转化在60℃左右的温度下即可使SO_2达到95%以上的转化率。我国自行研发的第二代催化剂目前已经完成中试，正在进行工业化试生产[153]。值得关注的是硫化钠硫黄湿法脱硫技术，目前已经在烧结烟气脱硫中完成工业性试验[154]。

（3）工业锅炉/炉窑脱硝技术　SCR、SNCR、SNCR-SCR 技术仍然是国内目前主要的烟气脱硝技术。SNCR 技术仍然以引进国外技术为主，但一些研发能力强的单位已形成具有自主知识产权的技术，正开始推广应用[155]。随着"十二五"规划的出台，设计灵活的 SNCR-SCR 混合脱硝技术得到更大的发展。SNCR-SCR 混合法结合 SNCR 法投资低、SCR 脱硝效率高的优点，但并不是两种方法简单的组合，而是将两种方法的优点结合起来，将它们的负面影响降到最低程度[156]。低温（60～180℃）NH_3-SCR 技术是将 SCR 装置安装在除尘脱硫装置之后，烟气排放之前。开发具有良好低温活性的催化剂成为其推广应用的关键，目前报道最多的是 Mn、Ce 基金属氧化物催化剂、分子筛催化剂和碳基催化剂[157]。在烟气脱硝新技术方面，还有微生物脱硝法、低温氧化吸收法、微波脱硝法、液膜法、脉冲电晕法等[158]。

（4）工业锅炉/炉窑脱汞技术　对于重点行业的汞污染控制来说，情况比较复杂，如工业锅炉可以采用类比于火电厂的脱汞技术，但针对有色金属等汞排放浓度高的行业，需要对尾气进行一定的回收处理后，再进行排放控制[159]。

脱汞技术在重点行业的应用更应突显经济性。我国重点行业烟气脱硫技术普及率较高，其中湿法脱硫技术占据主导地位；为降低除汞成本，充分利用湿法脱硫技术进行同步吸收除汞的综合控制技术，以及液相中汞二次释放的抑制及其固化技术，是我国燃煤汞污染防治技术的发展方向之一[160]。

（5）工业锅炉/炉窑同时脱硫脱硝脱汞技术　目前，国内外烟气多种污染物联合脱除技术研发主要集中在联合脱硫脱硝脱汞方面，有些还处在研发阶段，有些已取得了一定研究成果，并在部分领域建设了示范工程。比如活性炭吸附-催化一体化控制技术、臭氧氧化化学联合吸收技术、电子束法脱硫脱硝技术和氮肥增益烟气多污染物协同控制技术等（"863"科技攻关项目)[161]。

（6）工业挥发性有机污染物（VOCs）治理技术　随着经济的迅猛发展，VOCs 的排放量也日益加剧，由此引起的二次污染使得城市和人口密集区域的空气污染越来越严重，治理和改善势在必行。可以预见，继除尘、脱硫和脱硝后，我国 VOCs 治理技术及产业将进入一个快速发展的时期。但 VOCs 排放不同于二氧化硫和氮氧化物，其排放源分散，广泛存在于石化、汽车喷涂、印刷等领域，给 VOCs 控制技术带来挑战。VOCs 的治理技术可以分为回收技术和销毁技术两大类[162,163]。回收技术主要包括吸附技术、吸收技术、冷凝技术及膜分离技术等，销毁技术主要包括热力焚烧、催化燃烧、生物氧化、低温等离子体破坏和光催化氧化技术等。其中，吸收、吸附技术、催化燃烧技术和热力焚烧技术等传统有机废气治理技术是目前应用最为广泛的 VOCs 治理技术。此外，光催化氧化技术、水基吸收＋低温等离子体、低温等离子体-催化协同降解挥发性有机物技术等一些新技术的开发为行业技术发展注入了新的方向和活力[162]。近年来，国内一些重污染工业园区的 VOCs 治理试点工作已经进行，但绝大多数城市和地区还未引起足够的重视。

3. 机动车污染控制技术

近年来，我国机动车污染问题日益突出。2013 年年底全国机动车保有量达到 2.32 亿辆，机动车氮氧化物、颗粒物、一氧化碳、碳氢化合物排放量持续增加，机动车尾气排放已成为我国大气污染的主要来源之一，是造成灰霾、光化学烟雾污染的重要原因。因此有关部门正进一步加大工作力度，不断完善新生产机动车、在用机动车的排污监管，全力削减机动车的污染物排放量[164]。

从技术范畴上看，控制机动车排放可从尾气后处理系统（载体、催化剂、衬垫、封装、尿素喷射系统）、发动机管理系统（喷油器、传感器、电磁阀、电机等）、燃油蒸发系统（碳罐）、曲轴箱通风系统（PVC）、涡轮增压系统（涡轮增压器，增压中冷器）、废气再循环系统（EGR、EGR 中冷器）等方面同时着手[165]。我国在"十二五"期间已通过973、863 计划及自然科学基金等渠道对机动车排放控制技术的研究进行资助，成果显著。在燃油品质控制方面，开发出了节油宝系列燃油净化器。这是一种具有汽车清净剂国际标准技术功效，能克服内燃机制造极限，改善燃烧而节油减排的燃油添加剂产品[166]。在尾气处理方面，进行了满足国Ⅳ排放标准的机动车污染控制技术集成与产品示范，打破了国外净化器在我国市场的垄断；开发了具有自主知识产权的催化剂银/氧化铝和还原剂乙醇组合体系，催化转换器在柴油发动机台架试验中显示出良好效果，能够满足欧Ⅲ标准[167]；研发的怠速工况下氧化型催化转换器辅助 DPF 再生技术，有效提高了燃油经济性，降低再生过程中的污染物排放[168]；研制出的多种尾气净化用高性能纳米复合材料，应用组合技术开发成功的 FD 净化器能满足欧Ⅳ、欧Ⅴ等超低排放的要求等[169]。"十二五""863"重大项目"先进稀土材料制备及应用技术"研发的先进稀土材料催化剂符合国Ⅴ排放要求，2015 年年底有望投产。

目前，对机动车尾气催化剂的研究已经从传统的三效催化剂（Pt、Rh、Pd）逐渐转向全 Pd 催化剂、非贵金属催化剂（尖晶石型和钙钛矿型）、稀土三效催化剂等[170]。同时，一些学者对传统催化剂载体（金属、堇青石、蜂窝陶瓷）以及新材料催化剂载体如纤维多孔陶瓷、导电型 SiC 多孔陶瓷材料、多孔金属间化合物、等离子控制反应合成 TiB_2-TiC-NiAl 多孔膜等的应用也进行了研究[171~173]。

同时，"长安中度混合动力轿车产业化技术攻关"及"长安全新结构小型纯电动车研发"等项目的实施，大力推动了中国新能源汽车产业的发展，在一定程度上缓解了能源紧张环境污染的问题。

4. 室内空气净化技术

由于室内空气污染的危害性及普遍性，有专家认为，继"煤烟型污染"和"汽车尾气污染"之后，人类已经进入以"室内空气污染"为标志的第三污染时代[174]。对室内空气净化技术的研究成为当前一项重要而紧迫的任务。

传统的室内污染控制主要围绕吸附技术和过滤技术来设计。近年来，研究者投入大量精力研究开发新的室内污染控制技术，这其中尤以光催化氧化技术、膜分离技术和低温等离子体技术最具应用前景。

（1）可吸入固体颗粒的净化　颗粒物是影响室内空气质量的主要污染物，而室内与健康密切相关的可吸入颗粒物以细颗粒 $PM_{2.5}$ 为主。空气净化器主要采用过滤技术或静电除尘技术来消除室内的颗粒物污染。目前采用过滤技术的产品占到整个市场的 80%[175]。在过滤技术中，根据功能的不同可以分为集尘滤网、去甲醛滤网、活性炭滤网以及 HEPA 滤网等[176]。静电除尘技术并没有大规模发展的根本原因在于对臭氧浓度的控制，当室内臭氧浓度达到一定比例时，将对人体健康带来危害。

（2）挥发性有机化合物及有害气体的净化　目前主要通过吸附、催化氧化、低温等离子和光催化等方法来降低室内有害气体的含量[177]。但单纯利用一种技术，都很难达到理想的效果。吸附技术中的吸附剂都具有一定饱和度，更换成本较高；催化氧化技术能耗较大；低温等离子净化技术难以控制臭氧释放、相对湿度和温度的控制等问题；光催化法降解速度较慢，会产生有害的中间产物，也会有二次污染的出现。因此，复合技术是必然的趋势。代表性的有活性炭吸附-纳米 TiO_2 复合光催化、新型多级低温等离子体-催化剂（Ag/Co_3O_4、$Ag/HZSM$-5、MnO_2-CuO）联用技术[178,179]。另外，水洗空气法，在空气净化方面做了一个全新的探索，开辟了一条新的道路[180]。

（3）微生物的净化　净化微生物主要应用气体熏蒸、臭氧氧化、紫外线照射等方法。空气中的细菌和病毒往往吸附在颗粒漂浮物上，目前大多数空调系统都装有空气过滤组件，可以净化室内微生物。新技术中高中效空气过滤、高强度风管紫外线辐照和室内空气动态离子杀菌组合空气卫生工程技术显示出优良的空气除菌效果[181]。

（4）关键设备研究　近年来我国在室内空气净化设备的开发方面取得了重大进展，具有代表性的就是由中国科学院生态环境研究中心研发的"室温催化氧化甲醛和催化杀菌技术及其室内空气净化设备"。目前，空气净化器技术已从解决室内环境中的化学性污染逐渐向提高室内空气品质方向发展，如能释放负离子的复合型空气净化器、智能室内空气净化系统等[182,183]。另外随着私家车普及，针对车用空气净化器的研究有很大进展[184,185]。

室内 $PM_{2.5}$ 和 VOCs 等复合型污染治理技术，烹饪污染排放控制及其治理技术，地下停车场、公路隧道等（半封闭空间）特殊场所的空气净化技术，是今后发展的重要方向。

5. 温室气体减排

全球气候变化问题已经成为影响世界经济秩序、政治格局和国际关系的一个重要因素，以及决定世界能源前景的关键。在导致气候变化的各种温室气体中，CO_2 的贡献率占50％以上。

CO_2 捕集、利用与封存技术（CCUS 技术），是一项新兴的、具有较大潜力减排 CO_2 的技术，被认为是应对全球气候变化、控制温室气体排放的重要技术之一[186,187]。"十二五"期间，我国在 CCUS 技术示范与应用推广上取得了可喜的成果。

（1）CO_2 的捕集分离　在 CCUS 技术中，CO_2 捕集的相关研究占80％，捕集 CO_2 的方法主要有燃烧前捕集、燃烧后捕集、富氧燃烧捕集和化学链燃烧捕集[188]。

燃烧前 CO_2 捕集适用于新型的燃煤电厂。2012 年，我国首座 250MW 整体煤气化联合循环（IGCC）示范电站投入运行，并进行基于 IGCC 的 CO_2 捕集、利用与封存研发和示范，取得技术突破，为大规模应用奠定了基础[189]。

燃烧后捕集、富氧燃烧捕集和化学链燃烧捕集适用于传统的燃煤电厂。燃烧后捕集分离是研究的热点，目前捕集 CO_2 的分离方法主要有吸收分离法、膜分离法、吸附分离法、低温蒸馏法以及新发展的化学循环燃烧法、电化学法、水合物法、生物回收分离法等[190]。

CO_2 溶剂吸收分离法最为成熟，电厂常用的吸收剂为一乙醇胺。近几年，在许多电厂已成功大规模运行乙醇胺吸收工艺捕集分离 CO_2。中石化大规模燃煤电厂烟气 CO_2 捕集与封存（CCS）项目，开发出拥有自主知识产权的新型高效低能耗的胺基溶剂，较传统 CO_2 捕集方法的能耗大幅下降，有效解决了燃煤电厂烟气 CO_2 捕集过程中再生能耗高等关键技术难题。新型吸收剂有氨水、离子液体、混合胺等[191]。

CO_2 吸附法因工艺简单、对设备腐蚀性小、吸附剂回收再生能耗低，而受到青睐，开发选择性好、耐热性高、吸附力强的 CO_2 固体吸附剂成为 CO_2 捕集的关键。目前 CO_2 的吸附剂主要有多孔材料吸附剂（包括炭质吸附剂、金属有机骨架、沸石分子筛和介孔材料等）、氢钛酸纳米管、金属氧化物和水滑石类混合物吸附剂、盐类吸附剂（包括锂盐和钛酸钡等）和胺类等有机吸附剂[192~194]。

（2）CO_2 封存与利用　目前，对 CO_2 规模化回收利用技术的开发和应用已经在全球范围内展开，主要分为 CO_2 的捕集与封存（CCS）技术和 CO_2 的捕集与利用（CCU）技术[195]。

在 CCS 研究方面，大型油气田及煤层气开发重大专项的两个项目"CO_2 驱油与埋存关键技术"和"松辽盆地 CO_2 驱油与埋存技术示范工程"，于 2011 年全面启动，发展了含 CO_2 火山岩气藏安全高效开发和驱油技术，为建成国内首个、世界第二个工业规模的 CO_2 驱油和埋存试验基地提供了技术支撑。某企业"30 万吨煤制油工程高浓度二氧化碳捕集与地质封存技术开发及示范"项目，于 2011 年建成并开始运行，二氧化碳注入速率已完全满足 10 万吨/年的设计要求。

另外，我国在 CO_2 资源化利用技术方面也取得了较好的进展[196]。用 CO_2 生产传统化工产品，如尿素、碳酸氢铵等技术成熟，但生产新型化工产品的合成技术还有待进一步发展，主要问题是能耗和成本高。国家 863 计划项目"二氧化碳-油藻-生物柴油关键技术研究"的顺利完成，可有效利用油藻的光合作用吸收二氧化碳来制备生产生物柴油。2011 年年底，中国石化利用中科院与中石化合作开发的微藻生物柴油技术，在石家庄炼化厂建设了我国首个以炼厂 CO_2 废气为碳源的"微藻养殖示范装置"，于 2012 年投入运行。目前，微藻制油的瓶颈主要是如何大规模获得微藻生物质和大幅度降低生产成本[197]。国内中国石化与四川大学合作开发了 CO_2 矿化磷石膏（$CaSO_4 \cdot 2H_2O$）技术，采用石膏氨水悬浮液直接吸收 CO_2 尾气制硫铵，已建设 CO_2 直接矿化磷石膏联产硫基复合肥中试装置[198]。

此外，采用光催化、电催化或光电催化，实现高效率及高选择性催化还原 CO_2 为当前 CO_2 资源化研究热点，而开发催化效率高、选择性好的催化剂一直是该类研究的难点与重点[199~201]。除上述研究外，国内还有研究者采用细菌法、等离子堆反应器等生物化学和物理多种手段来还原 CO_2，但是尚都处在初步探索阶段[202]。

（3）生态系统温室气体减排　利用植物生态系统固定 CO_2，促进温室气体减排是一种绿色、温和、有效的减排方式。2012 验收的"十一五"国家科技支撑计划"主要农林生态系统固碳减排技术研究与示范"项目，初步创建了林地、草地、农田、湿地和农林复合等生态系统温室气体减排和增汇的技术支撑体系，形成了中国农田生态系统提高固碳量、减少温室气体减排的技术方案。"十二五"期间，通过国家科技支撑计划实施了"东北森林碳增汇关键技术研究与示范""农业生态系统固碳减排与温室气体检测技术开发"等项目，继续生态系统温室气体减排研究。

研发常规污染物与 CO_2 的协同减排技术、CO_2 资源化利用技术等，并围绕发电、钢铁、水泥、化工等重点行业开展 CO_2 捕集、利用与封存技术的综合集成与示范，是我国温室气体减排关键技术发展的重要方向。

（二）重点城市与区域的大气污染防治

1. 京津冀

（1）科研支撑　"十二五"期间，在国家环保部、中科院、科技部及京津冀各级地市研究经费的支持下，环保科研部门围绕京津冀地区大气复合污染防治，在区域排放表征、区域污染特征诊断识别、高浓度污染预测预警、大气颗粒物源解析、区域敏感源筛选与优先控制分级等共性技术方面取得了突破；面对新空气质量标准颁布后的挑战，开展了城市空气质量达标及改善方案研究；针对京津冀地区复合污染典型前体物排放源控制技术进行研制、开发、评估和示范；在空气质量管理技术等方面进行了深入细致的研究，为城市空气质量达标对策及规划、管理体系建设、区域联防联控机制等提供科学依据。以科研项目为依托，以科研数据为基础，全面支撑国务院《大气污染防治行动计划》的实施，为京津冀地区一系列污染防治方案的制订和规划的实施提供了有力的科技支撑。

（2）京津冀大气污染联防联控机制建立　京津冀及周边地区存在重工业较多、结构性污染突出等问题，已经成为全国大气污染最严重的区域。党中央、国务院高度重视京津冀及周边地区大气污染防治工作。2010年，国务院出台了《关于推进大气污染联防联控工作改善区域空气质量的指导意见》，联防联控已成为区域大气污染防治的重要方向。为贯彻国家先后颁布实施的《重点区域大气污染防治"十二五"规划》和《大气污染防治行动计划》（"大气国十条"），京津冀及周边区域内省级人民政府和国务院有关部门建立并启动了京津冀及周边地区大气污染防治协作机制，研究推进联防联控工作，协调解决区域内突出重大环境问题，同时就"大气国十条"各地贯彻落实情况、大气污染防治工作措施和制订空气重污染应急方案等问题进行协调与部署，丰富区域协作内容，逐步建立协作长效机制，进一步深化区域联防联控工作；相互借鉴吸收各地的好经验、好做法，加强在信息共享、措施联动等方面的沟通；强化中央单位与地方以及各地方之间的互动。在新机制下，按照"责任共担、信息共享、协商统筹、联防联控"的工作原则，京津冀及周边地区（山西、山东、内蒙古）和环境保护部等国家部委制定了一系列工作制度，加强区域大气污染防治协作力度。包括信息共享制度、空气污染预报预警制度、联动应急响应制度、环评会商机制和联合执法机制。

在京津冀及周边地区大气污染防治协作机制建立的基础上，为进一步推动京津冀区域大气污染治理，2014年9月，京津冀及周边地区大气污染防治专家委员会正式成立，专家委员会由成因与转化规律、遥感与大气监测、污染防治技术、能源与环境经济等研究方向的专家组成，主要任务是确定区域大气污染防治研究方向；指导编制区域大气污染防治规划，组织开展区域大气污染成因溯源、传输转化、来源解析等基础性研究；筛选推荐先进适用的、工程化的大气污染治理技术；提出大气污染治理的指导性建议等，为区域大气污染治理提供科技支撑。由于各地区经济水平、发展方式以及大气污染来源等存在较大差异，该专家委员会的成立，有助于在摸清地区差异的基础上，编制更合理的防治规划，推动区域大气复合污染治理。

（3）京津冀地区大气污染治理举措　为贯彻落实国家《大气污染防治计划》，2013年9月，环保部正式发布了《京津冀及周边地区落实大气污染防治行动计划实施细则》，进一步对京津冀及周边地区的大气污染防治任务，从污染物协同减排、统筹交通管理、调整产业结构、控制煤炭消费总量、健全监测预警应和应急体系、强化监督考核等方面提出了具体要求，包括淘汰落后产能、深化面源污染治理、控制城市机动车保有量、提升燃油品质、加强机动车环保管理、清洁能源替代、严格产业准入等25项具体细则。京津冀各省市在此框架下均已出台明确的大气污染防治路线图，北京、天津、河北分别出台了《北京市2013—2017年清洁空气行动计划》《天津市清新空气行动方案》《河北省大气污染防治行动计划实施方案》。在加大大气污染治理力度的同时，针对可能发生的空气重污染，京津冀地区相继出台了空气重污染应急预案，预案中明确了空气重污染预警分级原则及相应的应急措施，以减缓污染程度，保护公众健康。2014年北京主办亚太经济合作组织（APEC）会议，在空气质量预报预警、区域污染动态调控、科学会商综合决策等坚实的科学技术支撑下，北京市和周边地区组织实施了固定源、移动源和无组织源的综合控制行动，开展了区域大气污染联防联控，并采取了严格的大气污染控制监管措施，在华北大气重污染频发的冬季实现了"APEC蓝"。这是继2008年奥运之后，区域协同减排促进空气质量有效改善的又一典型案例。

（4）京津冀地区"十二五"期间污染状况变化　"十二五"期间，京津冀地区加快优化调整产业和能源结构，大力推进治污工程建设，部分地区主要污染物二氧化硫、氮氧化物排放总量显著下降，排放强度降低。2013年北京地区二氧化硫排放总量为8.7万吨，氮氧化物排放总量为16.63万吨，与2010年相比分别降低了16.6%、15.9%；2013年天津地区二氧化硫排放总量为8.7万吨，与2010年相比降低了7.8%；然而河北地区由于重污染型工业企业较多，排放总量较大，与2010年相比，2013年排放总量未明显下降。

"十二五"以来北京地区空气质量逐年改善，空气中主要污染物浓度全面下降。北京2013年二氧化硫（SO_2）、二氧化氮（NO_2）和可吸入颗粒物（PM_{10}）年均浓度分别为$26.5\mu g/m^3$、$56\mu g/m^3$和$108\mu g/m^3$，比2010年分别下降了17.2%、1.8%和10.7%。然而，天津、河北地区2013年二氧化硫（SO_2）、二氧化氮（NO_2）和可吸入颗粒物（PM_{10}）年均浓度与2010年相比均有不同程度增加。如果按照新的空气质量标准进行评价，2014年与2013年相比，京津冀区域13个地级及以上城市的平均达标天数比例由37.5%上升为42.8%，$PM_{2.5}$平均浓度由$106\mu g/m^3$降为$93\mu g/m^3$，空气质量有一定程度的改善，但京津冀区域的污染物浓度与超标天数仍大大高于长三角和珠三角。不可否认，京津冀地区目前仍是我国受空气污染严重的地区，尤其从2011年至2014年数次发生的严重灰霾污染事件，为该地区以牺牲环境为代价的经济发展模式敲响了警钟。

2. 长三角

（1）能源消耗巨大　长江三角洲（简称长三角），包括江浙沪两省一市，是全球第六大城市群，同时也是我国经济活动量最大、能源消费最为集中、大气污染物排放密度最高、大气复合污染最突出的区域之一。在长三角地区像上海、苏南和浙江北部几个地方每年每平方公里的煤炭消耗量大概都是1万吨。

（2）大气污染物排放量　研究结果显示，长三角两省一市全年SO_2、NO_x、PM_{10}、$PM_{2.5}$、VOCs和NH_3等排放量分别达到205万吨、300万吨、416万吨、199万吨、489万吨、86万吨，SO_2和NO_x分别占全国排放总量的8%和17%，VOCs排放量占全国排放总量的21%，是京津冀和珠三角地区的2.0倍以上。

（3）环境空气质量状况　高强度的能源消耗和高密集的集中排放，使得长三角呈现严峻的大气复合污染。根据全国153个环境空气质量监测自动站133万组监测数据的统计分析，长三角地区大气中SO_2、NO_2和PM_{10}年均浓度分别为（33 ± 48）$\mu g/m^3$、（43 ± 32）$\mu g/m^3$和（93 ± 114）$\mu g/m^3$，其中PM_{10}和NO_2的年均浓度明显高于京津冀和珠三角；而长三角地区因全年多雨，SO_2的年均浓度略低于京津冀，但是酸雨频率却明显高于京津冀。根据国家环保部的总体部署，长三角两省一市分别于2012年6月前后公布了$PM_{2.5}$的监测数据。尽管到目前为止还没有完整的年均数据，但是长三角地区大气$PM_{2.5}$监测试点城市给出的结果显示，试点城市大气$PM_{2.5}$的年均浓度基本保持在$50\mu g/m^3$以上。卫星观测资料显示，长三角区域近地面大气O_3浓度自2005年以来一直保持增加趋势。大气复合污染的全年变化呈现秋冬春灰霾、夏季臭氧的交替污染态势。

（4）科研为污染防控提供了强大的技术支撑　为了改善当前城市和区域大气复合污染

状况，近年来江浙沪两省一市在国家和地方政府的支持下，围绕气溶胶的污染特征、化学组成特点、关键消光组分、气溶胶污染来源解析以及污染防治对策等污染防控的核心问题，先后组织开展了长三角地区大气灰霾特征与控制途径研究、大气灰霾污染形成机制及基于中尺度化学模式的灰霾预报技术研究、复合型大气污染预测预报及决策支持平台研究、典型霾污染主要污染源控制与相关监管对策、大气有机气溶胶化学组分来源及控制对策、大气污染监控预警及应急关键技术应用性研究、主要大气污染物总量减排管理技术体系研究、典型黑碳气溶胶排放特征及控制对策研究、长三角区域大气污染防治"十二五"规划等重大研究。

这些研究初步解释了长三角区域大气复合污染的基本特征，细颗粒物（PM$_{2.5}$）和臭氧关键前体物及其来源，同时为环境管理部门制订各省市环境空气质量达标管理提供了深厚的科研基础。"十二五"期间，江浙沪两省一市将深入贯彻"国务院关于重点区域大气污染防治'十二五'规划的批复"，以解决二氧化硫、氮氧化物、细颗粒物（PM$_{2.5}$）等污染问题为重点，严格控制主要污染物排放总量，实施多污染物协同控制，强化多污染源综合管理，着力推进区域大气污染联防联控，切实改善环境空气质量。

（5）建设能力得到大幅度提升　2011—2014 年期间，长三角环境空气质量监测能力得到大幅度提升，江浙沪两省一市先后配备了一批 PM$_{2.5}$、水溶性离子组分、碳质气溶胶、BC、O$_3$、VOCs、激光雷达等在线监测设备以及大气污染超级观测站，并实时公布 SO$_2$、NO$_2$、CO、PM$_{10}$、PM$_{2.5}$、O$_3$1h、O$_3$8h 监测数据，为城市和区域大气污染防控提供了重要的数据支撑。

（6）"十二五"期间大气污染防控目标与工作重点　"十二五"期间，江浙沪两省一市的环境空气质量目标为：二氧化硫（SO$_2$）年均浓度下降的比例为 11%～12%，二氧化氮（NO$_2$）年均浓度下降的比例为 9%～10%，可吸入颗粒物（PM$_{10}$）年均浓度下降的比例为 10%～14%，细颗粒物（PM$_{2.5}$）年均浓度下降的比例为 5%～7%。

根据"十二五"规划要求，江浙沪两省一市将在加强能源清洁利用的基础上，推进煤炭消费总量控制；在进一步深化二氧化硫污染治理的同时，开展氮氧化物总量控制；强化工业烟粉尘治理，实施多污染协同控制；开展重点行业挥发性有机物的治理，完善挥发性有机物的防治体系；强化机动车污染防治，有效控制移动源排放；加强扬尘控制、秸秆焚烧环境监管、推进油烟污染治理；建立区域大气污染联防联控工作机制、联合执法监管机制、大气污染预警应急机制；完善挥发性有机物等排污收费政策，实施重点行业的环保核查，推进城市环境空气质量达标管理；建设统一的区域空气质量监测网络，加强重点污染源监控。

3. 珠三角

（1）区域空气质量监测与发布　2005 年，广东省与香港特区政府联合建立了我国第一个具有区域代表性并与国际先进水平接轨的粤港珠三角区域空气质量监测网络，实时监控珠三角地区大气 SO$_2$、NO$_x$、O$_3$、CO、PM$_{10}$ 和 PM$_{2.5}$ 的污染状况与长期变化趋势；2014 年该网络将监测范围扩展至澳门特区，形成了粤港澳区域空气质量监测网络，并向社会实时发布粤港澳珠三角区域空气质量监测与评价结果。2011 年，科技部在珠三角地区完成了 863 重大项目"重点城市群大气复合污染综合防治技术与集成示范"研究，在珠三角建立了我国第一个区域大气复合污染立体监测网络，研发出独树一帜的区域空气质量监测在线网络化质控技术；2012 年 2 月，国家发布实施新修订的《环境空气质量标准》

（GB 3095—2012），环保部和中国环境监测总站将珠三角地区研发的区域空气质量监测、实时发布和质量保证（QA）/质量控制（QC）等关键技术上升为国家顶层设计，并在全国推广应用，根据空气质量"新标准"的要求，重构并形成了新一代国家环境空气质量监测网络，构建了全国城市空气质量实时发布平台。截至 2014 年年底，在全国 338 个地级以上城市实现了环境空气质量实时监测与发布，建立了在线网络化质控业务机制，力图进一步提高监测数据的时效性、开放性、可比性、可靠性与可信性，为我国实施大气污染防治行动计划和持续改善空气质量提供了数据平台（图 1 和图 2）。

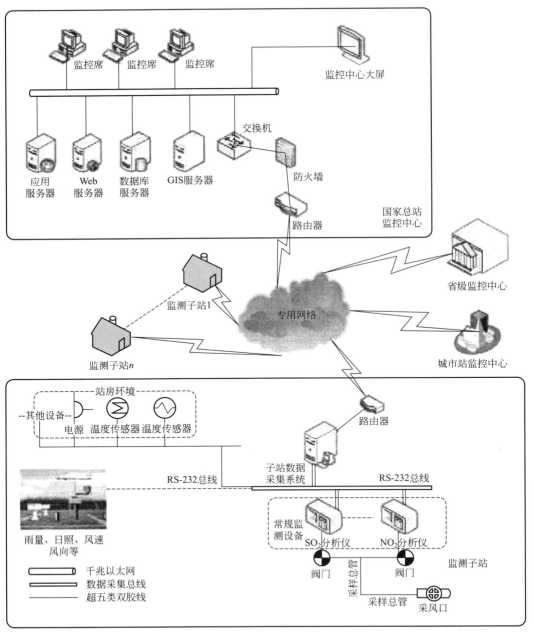

图 1　国家环境空气质量监测网络的逻辑结构

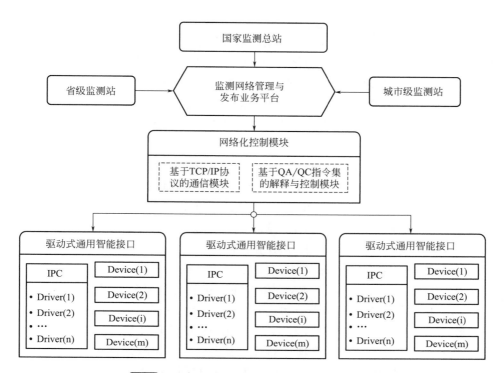

图2　国家环境空气质量监测网络的总体架构

（2）区域空气质量精细化管理　在科技部863重大项目"重点城市群大气复合污染综合防治技术与集成示范"的支持下，"十二五"期间，珠三角地区创建了继美国南加州、欧盟之后全球第三个区域大气污染联防联控技术示范区，形成了一套以空气质量改善目标为驱动，由区域空气质量监测网络与评价发布、高时空分辨率大气排放源清单、区域空气质量模拟与成效评估、大气环境科学研究作为基础支撑，由区域空气污染问题识别、空气污染成因与来源诊断、主要大气污染物减排目标确定、区域大气污染控制方案制订、大气污染防治计划评估作为主要工作内容的区域空气质量精细化管理技术框架（图3）。该技术框架支持了珠三角实施我国第一个区域清洁空气行动计划（2010—2012年）及其滚动评

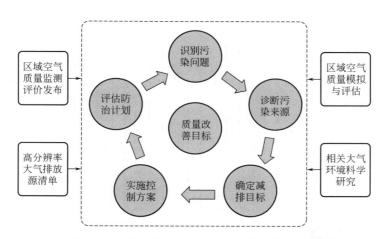

图3　珠三角区域空气质量精细化管理的技术框架

估、粤港珠江三角洲空气质素管理计划（2002—2010 年、2011—2020 年）和广东省贯彻落实国家大气污染防治行动计划等大气污染防治政策措施的制定及其动态成效评估工作。

为支持和落实区域空气质量精细化管理，珠三角地区在国家科技支撑项目和环保公益项目的资助下，设计了区域 $PM_{2.5}$ 和 O_3 二次污染成分监测网，广州和深圳市完成了大气 $PM_{2.5}$ 来源解析研究，珠海、佛山、东莞等城市以及广东省环境监测中心分别开展了城市级和区域尺度的 $PM_{2.5}$ 源解析工作，相关研究成果将作为区域空气质量精细化管理的重要科学依据。

（3）区域大气多污染物协同控制　2002 年 4 月，在粤港空气质素研究项目的支持下，广东省与香港特区政府签署了《关于改善珠江三角洲空气质素的联合声明》，启动实施了珠三角空气质素管理计划（1997—2002 年），该计划以 1997 年为基准，要求到 2010 年年底，区域内 SO_2、NO_x、PM_{10} 和 VOCs 排放总量要分别削减 40％、20％、55％ 和 55％。2011—2012 年，粤港双方成立联合科研小组，对"管理计划"进行了终期评估，并研究制订了新一轮空气质素管理计划（2011—2020 年），该计划以 2010 年为基础，要求到 2015 年年底，区域内 SO_2、NO_x、PM_{10} 和 VOCs 排放总量要分别削减 25％（港方）和 16％（粤方）、10％（港方）和 18％（粤方）、10％（港方）和 10％（粤方）、5％（港方）和 10％（粤方）。2015 年，粤港双方对 2011—2015 年的管理计划进行中期预评估，着手研究制定 2016—2020 年空气质素管理计划及主要大气污染物减排目标，并对空气质量改善进行预测评估。在粤港联席会议制度下，粤港政府将区域空气质素管理列为核心内容（图 4），并进行重点监察，所制定的珠三角区域空气质素管理计划，与国家大气污染防治行动计划实现了相互衔接，在共同推进 SO_2 和 NO_x 排放总量控制的同时，更加强调和关注 VOCs 与 PM_{10} 排放总量的区域协同控制，力图逐步降低区域大气氧化性，遏制 O_3 污染态势，降低大气 $PM_{2.5}$ 浓度水平并尽快实现区域 $PM_{2.5}$ 年均浓度达标。

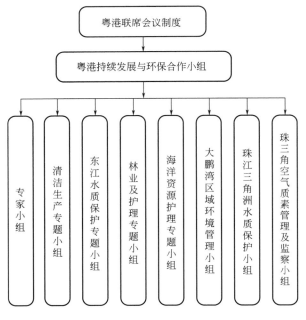

图 4　粤港珠江三角洲区域大气多污染物协同控制机制

（4）区域空气质量改善成效　从 2002 年开始，广东省与港澳地区加强合作，构建区域尺度空气质量监测网络，建立和完善区域空气素管理机制，坚持区域大气多污染物协同控制的理念与战略，持续削减区域内 SO_2、NO_x、PM_{10} 和 VOCs 排放总量，使得区域内主要大气污染物浓度呈现逐步下降的良好态势。根据监测结果，2006 年以来，珠三角区域 $PM_{2.5}$ 浓度年均值大约以每年 $1.3\mu g/m^3$ 的速度下降（图 5），2014 年区域 $PM_{2.5}$ 浓度年均值为 $42\mu g/m^3$，距离国家标准限值（$35\mu g/m^3$），差距缩小为 $7\mu g/m^3$；2014 年区域内已有深圳、珠海和惠州三个城市 $PM_{2.5}$ 浓度年均值达标；2015 年上半年珠三角地区 $PM_{2.5}$ 平均浓度为 $35\mu g/m^3$，与国家标准中 $PM_{2.5}$ 年标准限值持平。珠三角地区大气 $PM_{2.5}$ 污染在全国重点区域中处于相对较低水平，初步验证了珠三角地区大气污染联防联控理念、措施、机制与科技支撑的针对性与有效性。

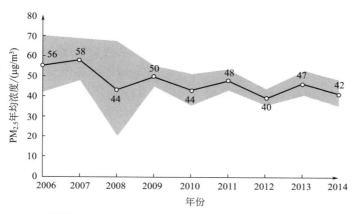

图 5　珠三角 $PM_{2.5}$ 区域浓度年均值的长期趋势

六、国内外研究进展比较

1. 基础理论研究进展比较

2011 年至今，国外在大气环境学科研究的多个领域中都取得了很多重要的研究成果。

在大气自由基化学领域，国外研究者通过准确测定 OH、HO_2、CH_2OO 等大气关键自由基物种的浓度，在 OH 自由基的非传统再生机制、HO_2 自由基的非均相摄取、Criegee 自由基反应机制[203,204]等自由基反应机制方面都取得了突破性的进展；同时，对 OH 自由基的重要来源——HONO 的生成机制进行深入探索[205]，并发现土壤排放可能是全球 HONO 的重要来源[206]。国内的研究也在深入认识 OH 自由基的非传统再生机制和 HONO 来源等方面都做出了一定贡献。

在新粒子和二次气溶胶生成领域，国外科学家成功测定到了 $1\sim3nm$ 新粒子的化学组成[207]，并从烟雾箱实验、外场观测和量子化学计算等角度证明了有机酸、有机胺等有机物是新粒子生成中的关键物种[208~210]，揭示了极低挥发性有机物在新粒子和二次有机气溶胶生成过程中的重要作用[211]；通过外场观测和烟雾箱实验，进一步完善了 VOCs 生成二次有机气溶胶的机制[212,213]，揭示了二次气溶胶演变规律[214]。在此领域国内研究也取得了重要成果，提出了新粒子和二次颗粒物生成对重度大气雾霾形成的关键作用[215,216]。

此外，与国内研究主要关注大气污染成因不同，国外研究更多地关注气候变化和对人体健康的影响。例如，对大气健康效应的研究，已经从简单的病理学研究深入到其对基因的影响[217]。气候变化领域的研究中，在空气污染对热带气旋以及季风的影响、气溶胶直接辐射的估算、颗粒物成云过程与机制等方面都有新的突破和进展。例如，有研究揭示人类活动引起的大气中黑碳和硫酸盐浓度的上升是导致阿拉伯海域热带气旋近几年盛行的根本原因[218]，黑碳浓度上升和臭氧层破坏的联合效应能够很好地解释北半球热带地区的扩张[219]，而一些实验室研究让我们对能够形成冰核的气溶胶类型也有了更深入的认识[220,221]。

2. 研究方法和技术进展比较

近年来，国内外在科研仪器的开发与应用，研究平台与网络的建设，以及模型的开发与改进等方面都有一定的进展。

在科研仪器的开发与应用方面，国际上涌现出许多先进的科研仪器，包括激光诱导荧光仪（LIF）、长光程光吸收谱仪（LOPAP）、光腔衰荡光谱技术（CRDS）、化学离子化质谱（CIMS）、气溶胶质谱（AMS）等，其中以 AMS 的广泛应用和 CIMS 相关仪器的研发最具有代表性。AMS 在近年来广泛应用于气溶胶化学组成的测定，为世界各地大气颗粒物源解析工作及研究二次颗粒物形成机制提供了重要的手段。以 CIMS 为基础的科研仪器可以直接测定大气中的低挥发性物种（如气态硫酸）、自由基（如 OH、NO_3 自由基）、纳米颗粒物的化学组成，尤其在促进对新粒子生成机制的认识方面起到关键作用[209]，而更加先进的化学离子化常压质谱（CI-APi-TOF）更可测定到气态大分子的有机物，从而为揭示二次有机颗粒物生成机制提供了至关重要的物种浓度信息[211]。我国科学家在科研仪器开发方面也取得了骄人的成果，代表性的仪器如单颗粒气溶胶质谱（SPAMS）、气体-气溶胶在线监测仪（GAC）、在线挥发性有机物分析仪（Online-VOC）及 ECOC 分析仪等。

在研究平台与网络建设方面，超级站、飞机航测、飞艇航测、船舶平台、卫星繁衍遥感综合技术等在国际大气环境科学研究过程中也都得到了进一步的应用。例如，利用飞艇研究确认了 HONO 的气相反应来源[214]；基于芬兰的 Hyytiälä 等超级站平台成就了很多重要的研究[211,222]；由美国国家海洋和大气管理局（NOAA）发起的 CalNex、WACS 等项目都在大型船舶上建立了大气观测平台。国际上对于大气环境科学研究已经拥有的多个大型监测网络，其中欧洲最新建立的欧洲大气气溶胶研究超级站网络（EUSAAR）为空气质量、污染物长距离传输和气候变化等方面的政策制定提供了重要支持；全球环境与安全监测系统项目（GEMS）的欧洲"哨兵-1A"环境监测卫星也成功发射，它将通过对温室气体（GHG）和大气污染物排放的长期监测，建立全球大气排放数据库。我国近几年来也出现了一些硬件实力雄厚的超级站，在船舶走航、飞机航测等方面也有一定进展，但与国外相比仍有一定的差距。

空气质量模型的功能在近几年处于不断完善中，空气质量模型的应用拓展主要包括模型输入化学机理的不断更新，加入新的模块，拓展模型的功能，开始考虑气象化学模块的相互耦合作用。例如，美国 EPA 主流空气质量模型 CMAQ 的 5.0 版本与 4.7 版本相比加入了闪电排放模块以及二次有机气溶胶 VBS 参数化模块。

3. 环保理念和管理体系比较

在环境管理层面，当前我国大气污染呈现出压缩型、复合型、区域性污染的特征，基于污染形势的变化，环境管理制度和管理手段也需要进行相应的转变。总结国外大气环境管理经验并与国内比较，存在以下特征。

（1）国外环境管理十分重视市场手段，国内仍以行政命令型为主。譬如美国，在OTC 计划和 NO_x SIP Call 计划中都引入了排放许可证交易制度，即 NO_x 预算交易计划（NO_x budget trading program，NBP）。在机动车控制方面，也多以调整油价、停车费等手段开展。我国则采取严格的总量减排政策，通过行政命令手段将减排约束性指标分配给省市，另外在机动车控制方面也以限行措施最为有效。

（2）相比国外基于成本-效益分析的污染控制而言，我国的污染控制策略具有高成本特征。一方面是严格的总量减排制度下，往往采取不计成本的控制手段。另一方面，单个一次污染物减排量指标下，忽略协同效应可能使控制方案选择缺乏费用有效性。欧盟的大气污染控制则非常重视控制方案的成本-效益分析，采用 RAINS 等综合评估模型选择成本节约的控制方案。另外，排污权交易等市场手段也使排放源能够灵活自主地选择达标措施，促进了以低成本方式实现减排目标。

（3）国外大气环境管理十分重视区域联合控制。譬如欧盟一直很重视跨界大气污染问题，通过制定公约和指令，在成员国执行统一的环境政策、法规和标准，在区域环境保护问题上以一个声音说话，推动了欧盟范围内环境保护的发展。国内区域性大气污染日益凸显，在区域协商管理与合作方面也有一定的尝试，但需要进一步将区域合作由临时性、运动性向长效性转变。

（4）国外环境管理基于人体和生态健康，国内目前尚在环境质量管理阶段。

七、大气环境学科发展展望

（一）大气环境学科发展趋势

1. 大气复合污染关键化学过程的基础研究

大气复合污染来自于多种污染源排放的气态和颗粒态一次污染物，以及经系列物理、化学过程形成的二次细颗粒物和臭氧等二次污染物。中国大气污染成因复杂，当前复合污染形成机理的重要科学前沿主要包括：多组分、多因素下的二次细颗粒物形成机制研究；局地和区域尺度上大气自由基行为和归趋研究；大气颗粒物表面/界面的气-固-液多相反应机制研究；高分辨率、精细化的污染来源解析研究等。

2. 大气复合污染与天气气候的相互作用研究

大气物理过程直接影响着污染的积累、输送和地-气交换。而大气污染物也通过成云和辐射效应等影响天气气候。目前该领域的重要前沿科学问题主要包括：大气污染物的理化特性及其与天气气候系统的协同变化与相互影响；雾霾重污染过程大气污染与大气边界层的双向反馈作用机制；未来不同排放情景的气候变化定量预估。

3. 大气污染的毒理效应与健康危害研究

我国大气与人体健康研究领域起步较晚，当前又要面对发达国家百年经历的不同工业发展阶段的大气污染问题在我国以压缩方式同时集中显现的局面，污染的来源与成因更为复杂，其毒性组分和致毒机制不清，不能照搬国外研究的模式与结果解析。我国环境化学物质的健康危害特征和作用机制，对环境化学物进行详细物理、化学表征基础上的流行病学和毒理学研究，以及人群长期暴露的评估方法等是当前大气污染的毒理效应与健康危害研究的前沿方向。

（二）大气环保技术发展前景

1. 空气污染监测技术

包括适应我国大气污染特征的细颗粒物污染源监测技术、细颗粒物浓度及组分在线监测质控体系；区域空气质量立体监测网络布局、优化与质控；污染源成分谱构建技术，各类污染源排放清单编制与验证技术、动态更新机制和共享平台。

2. 空气污染评估技术

包括大气污染物-天气双向耦合模式；重污染来源快速解析及应急措施评估优化技术；颗粒物来源解析技术；气象条件对空气质量影响的定量评估技术；区域联防联控的长效运行机制与管理体系。

3. 空气污染控制与治理技术

包括污染源最佳实用控制技术筛选、评估、集成及工程示范；烟气排放细颗粒物高效控制技术；多种污染物协同联合去除技术；机动车污染控制技术；室内 $PM_{2.5}$ 和 VOCs 等复合型污染治理技术；温室气体 CO_2 的协同减排技术、CO_2 资源化利用技术，CO_2 捕集、利用与封存技术的综合集成与示范。

八、结论

"十二五"期间，在大气重污染频发，社会各界高度关注的背景下，我国大气环境学科得到了前所未有的重视，在大气污染防治、大气环境基础理论研究、技术研发与应用等方面均取得了显著的成就。

2012 年新版《环境空气质量标准》（GB 3095—2012）的颁布和实施，2013 年国务院《大气污染防治行动计划》和环保部《京津冀及周边地区落实大气污染防治行动计划实施细则》的发布无疑标志着我国大气污染防治工作进入了一个全新的时代。$PM_{2.5}$ 首次作为控制指标，其标准限值与世界接轨，从单污染因子控制向多污染物协同控制、污染源排放控制向着重大气环境质量控制转变，应对重污染天气，突出重点区域污染控制，加强联防联控应对区域性污染，强化源头控制，多部门联合控制等均体现了我国大气污染防治工作正在发生实质性的转变。

为实现科学治污，"十二五"期间我国组织开展了大量的大气环境领域的科学研究，2013 年，环保部启动面向大气环境管理需求的《清洁空气研究计划》，按照国务院领导要求，科技部和环保部启动以指导和推进全国大气污染防治科技创新、培育和发展节能环保战略性新兴产业、支撑大气环境质量改善为目标的《蓝天科技工程》计划，中国科学院以大气环境基础研究为主的"大气灰霾追因与控制"先导研究计划等。这些研究工作的实施和推进，为我国大气污染防治工作提供了坚实的科技支撑。

按照国务院第 39 次常务会议的要求，2013 年环保部会同中国科学院、中国工程院成立联合专家组，指导推进全国的大气颗粒物来源解析工作，并对重点城市颗粒物来源解析结果进行联合论证。这是我国第一次大规模有组织地开展颗粒物源解析工作，这项工作的开展不但统一了社会对大气颗粒物污染来源的认识，更为城市大气污染防治指明了方向。

　　解决我国大气污染问题还需要比较长的时间，在大气环境科学领域还有很多需要持续开展研究的问题，基础研究中如大气复合型污染的机制、大气污染相互传输和影响的机制、大气环境容量等；面向管理的应用研究如大气污染预报预警技术、排放源清单技术、大气颗粒物源解析技术、控制措施的环境效益评估技术等；治理技术和设备方面如各类污染源的治理技术、环境监测技术、相关仪器和设备研发等；管理技术如各类排放源的排放标准、排污权交易方法、大气环境质量监测数据的有效性评价及环境质量评价方法等。因此，"十二五"期间大气环境学科各方面均取得了巨大成就，但面对目前巨大的社会需求，在可以预见的将来，大气环境学科将会得到更快更大的发展，在我国的大气污染防治中也将发挥更为重要的作用。

参 考 文 献

[1] 刘辉志，冯健武，王雷，等.大气边界层物理研究进展 [J].大气科学，2013，37（2）：467-476.

[2] Zhou L B，Zou H，Ma S P，et al. Vertical air mass exchange driven by the local circulation on the northern slope of Mount Everest [J]. Advance in Atmospheric Science，2011，28（1）：217-222.

[3] Liu H Z，Feng J W. Seasonal and interannual variations of evapotranspiration and energy exchange over different land surfaces in a semi-arid area of China [J]. Journal of Applied Meteorology and Climatology，2012，51（10）：1875-1888.

[4] 李晓岚，张宏升. 2010 年春季北京地区强沙尘暴过程的微气象学特征 [J].气候与环境研究，2012，17（4）：400-408.

[5] 彭珍，宋丽莉，胡非，等.台风"珍珠"登陆期间动量通量的多尺度分析 [J].热带气象学报，2012，28（1）：61-67.

[6] 张容敛，张秀芝，杨校生，等.台风莫拉克（0908）影响期间近地层风特性 [J].应用气象学报，2012，23（2）：184-194.

[7] 王林，覃军，陈正洪.一次暴雪过程前后近地层物理量场特征分析 [J].大气科学学报，2011，34（3）：305-311.

[8] 黄鹤，李英华，韩素芹，等.天津城市边界层湍流统计特征 [J].高原气象，2011，30（6）：1481-1487.

[9] 代成颖.大气边界层顶部夹卷层特征及边界层高度研究 [D].中国科学院大气物理研究所博士学位论文，2012：129.

[10] 卢超，袁仁民，罗涛，吴徐平，孙鉴泞.模拟的对流边界层光学湍流的特征尺度分析 [J].光学学报，2012，32（2）：1-7.

[11] 谢旻，王明，彭珍，等.南京一次大雾过程边界层特征分析.环境科学与技术，2014，37（12）：47-51.

[12] 黄倩，王蓉，田文寿，等.风切变对边界层对流影响的大涡模拟研究.气象学报，2014，72（1）：100-115.

[13] 刘子锐，王跃思，刘全，刘鲁宁，张德强.鼎湖山秋季大气细粒子及其二次无机组分的污染特征及来源 [J].环境科学.2011，（11）：3160-3166.

[14] 李丹，卞建春，范秋君.东亚一次典型切断低压引起的平流层空气深入侵过程的分析 [J].中国科学：地球科学，2014，44（10）：2315-2327.

[15] Fu，H B，Shang G F，Lin J，et al. Fractional iron solubility of aerosol particles enhanced by biomass burning and ship emission in Shanghai，East China. Science of The Total Environment，2014，481（15）：377-391.

[16] 江川，沈学顺.基于大涡模拟评估 GRAPES 模式对对流边界层的模拟性能.气象学报，2013，5：879-890.

[17] 殷雷，孙鉴泞，刘罡.地表非均匀加热影响对流边界层湍流特征的大涡模拟研究 [J].南京大学学报：自然科学，2011，47（6）：643-656.

[18] Liao，J，Wang，T，Wang，X，Xie，M，et al. Impacts of different urban canopy schemes in WRF/Chem on regional climate and air quality in Yangtze River Delta，China. Atmospheric Research，2014，145：226-243.

[19] 张璐，杨修群，汤剑平，等.夏季长三角城市群热岛效应及其对大气边界层结构影响的数值模拟 [J].气象科学，2011，31（4）：431-440.

［20］ 张弛，束炯. 土地利用类型变化对城市大气边界层特征影响的数值模拟［J］. 华东师范大学学报：自然科学版，2011，4：83-93.

［21］ Song T，Wang Y S. Carbon dioxide fluxes from an urban area in Beijing［J］. Atmospheric Research，2012，106：139-149.

［22］ 邹钧，孙鉴泞，刘罡. 城市近地层湍流特征分析［J］. 气象科学，2011，31（4）：525-533.

［23］ 王国羽，孙鉴泞. 城市粗糙子层湍流能谱特征分析. 南京大学学报：自然科学版，2014，50（6）：820-828.

［24］ 陈继伟，左洪超，马凯明. 城市冠层上下大气湍流特征分析. 高原气象，2014，33（4）：967-976.

［25］ 刘树华，刘振鑫，郑辉，等. 多尺度大气边界层与陆面物理过程模式的研究进展. 中国科学，2013，43（10）：1332-1355.

［26］ Wang X，Chen J，Sun J，Li W，Yang L，Wen L，Wang W，Wang X，Collett Jr J L，Shi Y，Zhang Q，Hu J，Yao L，Zhu Y，Sui X，Sun X，Mellouki A. Severe haze episodes and seriously polluted fog water in Ji'nan，China ［J］. Science of the Total Environment，2014，493（0）：133-137.

［27］ Wang H，Tan S-C，Wang Y，Jiang C，Shi G-Y，Zhang M-X，Che H-Z. A multisource observation study of the severe prolonged regional haze episode over Eastern China in January 2013［J］. Atmospheric Environment，2014，89：807-815.

［28］ Wang Y，Yao L，Wang L，Liu Z，Ji D，Tang G，Zhang J，Sun Y，Hu B，Xin J. Mechanism for the formation of the January 2013 heavy haze pollution episode over central and eastern China［J］. Science China Earth Sciences，2014，57（1）：14-25.

［29］ Zhang R H，Li Q，Zhang R N. Meteorological conditions for the persistent severe fog and haze event over eastern China in January 2013［J］. Science China Earth Sciences，2014，57（1）：26-35.

［30］ Huang R-J，Zhang Y，Bozzetti C，Ho K-F，Cao J-J，Han Y，Daellenbach K R，Slowik J G，Platt S M，Canonaco F，Zotter P，Wolf R，Pieber S M，Bruns E A，Crippa M，Ciarelli G，Piazzalunga A，Schwikowski M，Abbaszade G，Schnelle-Kreis J，Zimmermann R，An Z，Szidat S，Baltensperger U，Haddad I E，Prevot A S H. High secondary aerosol contribution to particulate pollution during haze events in China［J］. Nature，2014，14（9）：218-222.

［31］ Zheng G J，Duan F K，Su H，Ma Y L，Cheng Y，Zheng B，Zhang Q，Huang T，Kimoto T，Chang D，Pöschl U，Cheng Y F，He K B. Exploring the severe winter haze in Beijing：the impact of synoptic weather，regional transport and heterogeneous reactions［J］. Atmos Chem Phys，2015，15（6）：2969-2983.

［32］ Guo S，Hu M，Zamora M. L，Peng J，Shang D，Zheng J，Du Z，Wu Z，Shao M，Zeng L，Molina M. J，Zhang R. Elucidating severe urban haze formation in China［J］. Proceedings of the National Academy of Sciences，2014，111（49）：17373-17378.

［33］ Zheng B，Zhang Q，Zhang Y，He K B，Wang K，Zheng G J，Duan F K，Ma Y L，Kimoto T. Heterogeneous chemistry：a mechanism missing in current models to explain secondary inorganic aerosol formation during the January 2013 haze episode in North China［J］. Atmos Chem Phys，2015，15（4）：2031-2049.

［34］ 张衍燊，马国霞，於方，曹东. 2013 年 1 月灰霾污染事件期间京津冀地区 $PM_{2.5}$ 污染的人体健康损害评估［J］. 中华医学杂志，2013，93（034）：2707-2710.

［35］ 李湉湉，杜艳君，莫杨，薛文博，徐东群，王金南. 我国四城市 2013 年 1 月雾霾天气事件中 $PM_{2.5}$ 与人群健康风险评估［J］. 中华医学杂志，2013，93（034）：2699-2702.

［36］ 穆泉，张世秋. 2013 年 1 月中国大面积雾霾事件直接社会经济损失评估［J］. 中国环境科学，2013，33（11）：2087-2094.

［37］ Lu K D，Rohrer F，Holland F，Fuchs H，Bohn B，Brauers T，Chang C. C，Häseler R，Hu M，Kita K，Kondo Y，Li X，Lou S R，Nehr S，Shao M，Zeng L M，Wahner A，Zhang Y H，Hofzumahaus A. Observation and modelling of OH and HO2 concentrations in the Pearl River Delta 2006：a missing OH source in a VOC rich atmosphere ［J］. Atmospheric Chemistry and Physics，2012，12（3）：1541-1569.

［38］ Su H，Cheng Y，Oswald R，Behrendt T，Trebs I，Meixner F X，Andreae M O，Cheng P，Zhang Y，Pöschl U. Soil Nitrite as a Source of Atmospheric HONO and OH Radicals［J］. Science，2011，333（6049）：1616-1618.

［39］ Oswald R，Behrendt T，Ermel M，Wu D，Su H，Cheng Y，Breuninger C，Moravek A，Mougin E，Delon C，

Loubet B，Pommerening-Röser A，Sörgel M，Pöschl U，Hoffmann T，Andreae M O，Meixner F X，Trebs I. HONO Emissions from Soil Bacteria as a Major Source of Atmospheric Reactive Nitrogen [J]. Science，2013，341 (6151)：1233-1235.

[40] VandenBoer T C，Young C J，Talukdar R K，Markovic M Z，Brown S S，Roberts J M，Murphy J G. Nocturnal loss and daytime source of nitrous acid through reactive uptake and displacement [J]. Nature Geosci，2015，8 (1)：55-60.

[41] Zha Q，Xue L，Tao W，Zheng X，Yeung C，Louie P K，Luk C W. Large conversion rates of NO2 to HNO2 observed in air masses from the South China Sea：Evidence of strong production at sea surface? [J]. Geophysical Research Letters，2014，41 (21)：7710-7715.

[42] Tham Y，Yan C，Xue L，Zha Q，Wang X，Wang T. Presence of high nitryl chloride in Asian coastal environment and its impact on atmospheric photochemistry [J]. Chinese Science Bulletin，2014，59 (4)：356-359.

[43] Wang T，Tham Y J，Xue L，Li Q. Zha Q，Wang Z，Poon S C，Dubé W P，Brown S S，Louie P K，Luk C W，Blake D R，Tsui W. High levels of nitryl chloride in the planetary boundary layer：A case study at a 1 mountain site in Hong Kong [J]. In preparation.

[44] Wen L，Chen J，Yang L，Wang X，Xu C，Sui X，Yao L，Zhu Y，Zhang J，Zhu T，Wang W. Enhanced formation of fine particulate nitrate at a rural site on the North China Plain in summer：the important roles of ammonia and ozone [J]. Atmospheric Environment，2015，101 (2015)：294-302.

[45] Huang M，Liu X，Hu C，Guo X，Gu X，Zhao W，Wang Z，fang L，Zhang W. Aerosol laser time-of-flight mass spectrometer for the on-line measurement of secondary organic aerosol in smog chamber [J]. Measurement，2014，55：394-401.

[46] Fry J L，Kiendler-Scharr A，Rollins A W，Brauers T，Brown S. S，Dorn H P，Dubé W P，Fuchs H，Mensah A，Rohrer F，Tillmann R，Wahner A，Wooldridge P J，Cohen R. C. SOA from limonene：role of NO3 in its generation and degradation [J]. Atmospheric Chemistry and Physics，2011，11 (8)：3879-3894.

[47] Nie W，Ding A，Wang T，Kerminen V M，George C，Xue L，Wang W，Zhang Q，Petaja T，Qi X，Gao X，Wang X，Yang X，Fu C，Kulmala M. Polluted dust promotes new particle formation and growth [J]. Scientific Reports，2014，4：6634.

[48] Liu Y，Han C，Ma J，Bao X，He H. Influence of relative humidity on heterogeneous kinetics of NO2 on kaolin and hematite [J]. Physical Chemistry Chemical Physics，2015，17：19424-19431.

[49] Zhang，HF，Hu，DW，Chen，JM，Ye，XN，Wang，SX，Hao，JM，Wang，L，Zhang，RY，An，ZS. Particle size distribution and polycyclic aromatic hydrocarbons emissions from agricultural crop residue burning，Environ. Sci. Technol，2011，45，5477-5482.

[50] Chen Cao，Wenjun Jiang，Buying Wang，Jianhuo Fang，Jidong Lang，Geng Tian，Jingkun Jiang，and Ting F. Zhu. Inhalable Microorganisms in Beijing's PM2.5 and PM10 Pollutants during a Severe Smog Event. Environ. Sci. Technol，2014，48，10406- 10414.

[51] Tianjia Guan，Maosheng Yao，Junxia Wang，Yanhua Fang，Songhe Hu，Yan Wang，Anindita Dutta，Junnan Yang，Yusheng Wu，Min Hu，Tong Zhu. Airborne endotoxin in fine particulate matter in Beijing. Atmos. Environ.，2014，97：35-42.

[52] Qiao，Liping，Cai，Jing，Wang，Hongli，Wang，Weibing，Zhou，Min，Lou，Shengrong，Chen，Renjie，Dai，Haixia，Chen，Changhong，Kan，Haidong. PM2.5 Constituents and Hospital Emergency-Room Visits in Shanghai，China. Environ. Sci. Technol.，2014，48，10406-10414.

[53] 潘小川，李国星，周婷. 危险的呼吸——PM2.5的健康危害和经济损失评估研究. 北京：中国环境出版社，2012.

[54] 王敏仲，魏文寿，何清，等. 边界层风廓线雷达资料在沙尘天气分析中的应用 [J]. 中国沙漠，2011，31 (2)：352-256.

[55] 汪学渊，任雍，李栋. 闽北地区边界层移动风廓线雷达对比试验评估 [J]. 气象与环境科学，2014，37 (3)：108-113.

[56] 王天义，朱克云，张杰，等. 风廓线雷达与多普勒天气雷达风矢产品对比及相关分析 [J]. 气象科技，2014，42

（2）：231-239.

[57] 宋嘉尧，张文煜，张宇，等．基于微脉冲激光雷达观测资料的半干旱区沙尘天气消光效应分析［J］．干旱气象，2013，31（4）：672-676.

[58] 周碧，张镭，隋兵，等．利用激光雷达探测兰州地区气溶胶的垂直分布［J］．高原气象，2014，33（6）：1545-1550.

[59] 姜杰，郑有飞，刘建军，等．南京上空大气边界层的激光雷达观测研究［J］．环境科学与技术，2014，37（1）：22-27.

[60] 徐梦春，徐青山，边健，等．基于太阳光度计测量确定分层大气消光系数［J］．光学学报，2014，34（12）：1201002.

[61] 李礼，余家燕，杨灿，等．CE-318太阳光度计在大气环境监测中的应用［J］．环境科学与管理，2012，37（2）：107-110.

[62] 吴蒙，范绍佳，吴兑．台风过程珠江三角洲边界层特征及其对空气质量的影响［J］．中国环境科学，2013，33（9）：1569-1576.

[63] 吴蒙，吴兑，范绍佳，等．珠江三角洲城市群大气污染与边界层特征研究进展［J］．气象科技进展，2014，4（1）：22-28.

[64] Wu M，Wu D，Fan Q，et al. Observational Studies of the Meteorological Characteristics Associated with Poor Air Quality Over the Pearl River Delta in China［J］. Atmospheric Chemistry and Physics，2013，13（21）：10755-10766.

[65] 赵美，黄文杰，李永，等．探空高度与雷达高度的比较研究［J］．气象科技，2012，40（6）：906-909.

[66] Li Y，Deng J，Mu C，et al. Vertical Distribution of CO_2 in the Atmospheric Boundary Layer：Characteristics and Impact of Meteorological Variables［J］. Atmospheric Environment，2014，91：110-117.

[67] 张瑜，银燕，石立新，等．华北地区典型污染天大气气溶胶飞机探测个例分析［J］．高原气象，2012，31（5）：1432-1438.

[68] 孙玉稳，孙霞，银燕，等．华北平原中西部地区秋季10月气溶胶观测研究［J］．高原气象，2013，32（5）：1308-1320.

[69] Tao M，Chen L，Wang Z，et al. A Study of Urban Pollution and Haze Clouds Over Northern China During the Dusty Season Based on Satellite and Surface Observations［J］. Atmospheric Environment，2014，82：183-192.

[70] Wang Z，Chen L，Tao J，et al. An Empirical Method of RH Correction for Satellite Estimation of Ground-level PM Concentrations［J］. Atmospheric Environment，2014，95：71-81.

[71] Tao M，Chen L，Su L，et al. Satellite Observation of Regional Haze Pollution Over the North China Plain［J］. J Geophys Res-Atmos，2012，117.

[72] 吴起鑫，韩贵琳．三峡库首秭归地区大气降水硫同位素组成及示踪研究［J］．环境科学，2012，33（7）：2145-2150.

[73] 张苗云，王世杰，马国强，等．大气环境的硫同位素组成及示踪研究［J］．中国科学：地球科学，2011，41（2）：216-224.

[74] 刘立新，周凌晞，夏玲君，等．气体稳定同位素比质谱法分析本底大气 CO_2 的 $\delta(13)C$ 和 $\delta(18)O$［J］．环境科学学报，2012，32（6）：1299-1305.

[75] 詹雪芳，段忆翔．质子转移反应质谱用于痕量挥发性有机化合物的在线分析［J］．分析化学，2011，39（10）：1611-1618.

[76] 刘芮伶，黄晓锋，何凌燕，等．质子转移反应质谱在线测量大气挥发性有机物及来源研究——以深圳夏季为例［J］．环境科学学报，2012，32（10）：2540-2547.

[77] 陈枳君，曾立民．在线大气汞分析仪渗透管标定方法研究［J］．环境科学学报，2011，31（6）：1192-1197.

[78] 杨柳林，王雪梅，陈巧俊．区域间大气污染物相互影响研究的新方法探讨［J］．环境科学学报，2012，32（3）：528-536.

[79] 毛夏，江崟，庄洪波，等．深圳城市气象综合探测系统简介［J］．气象科技进展，2013，3（6）：13-18.

[80] 吴志根，徐同，丁若洋，等．上海组网边界层风廓线雷达与宝山二次雷达测风数据比较分析［J］．气象，2013，39（3）：370-376.

[81] 田利伟. 城市交通隧道洞口污染物扩散的控制策略研究. 建筑热能通风空调，2001，30（2）：28-32.

[82] 杜文静，张朝能，宁平等. 高原山地城市重气泄漏扩散的示踪实验研究. 环境工程学报，2013，7（3）：1101-1105.

[83] Xue W，Wang J，Niu H，et al. Assessment of air quality improvement effect under the National Total Emission Control Program during the Twelfth National Five-Year Plan in China [J]. Atmospheric Environment，2013，68（2）：74-81.

[84] Liao J B，Wang T J，Jiang Z Q，et al. WRF/Chem modeling of the impacts of urban expansion on regionalclimate and air pollutants in Yangtze River Delta，China. Atmospheric Environment，2015，16：204-214.

[85] Wang L，Wang S，Zhang L，et al. Source apportionment of atmospheric mercury pollution in China using the GEOS-Chem model. [J]. Environmental Pollution，2014，190（7）：166-175.

[86] Lin J，Xin J，Che H，et al. Clear-sky aerosol optical depth over East China estimated from visibility measurements and chemical transport modeling [J]. Atmospheric Environment，2014，95（1）：258-267.

[87] 王自发，谢付莹，王喜全，等. 嵌套网格空气质量预报模式系统的发展与应用 [J]. 大气科学，2006，30（5）：778-790.

[88] Li J，Wang Z，Wang X，et al. Impacts of aerosols on summertime tropospheric photolysis frequencies and photochemistry over Central Eastern China [J]. Atmospheric Environment，2011，45（10）：1817-1829.

[89] 王哲，王自发，李杰等. 气象-化学双向耦合模式（WRF-NAQPMS）研制及其在京津冀秋季重霾模拟中的应用 [J]. 气候与环境研究，2014，19（2）：153-163.

[90] Ge B Z，Wang Z F，Xu X B，et al. Wet deposition of acidifying substances in different regions of China and the rest of East Asia：Modeling with updated NAQPMS [J]. Environmental Pollution，2014，187（8）：10-21.

[91] Wu Q，Wang Z，Chen H，et al. An evaluation of air quality modeling over the Pearl River Delta during November 2006 [J]. Meteorology and Atmospheric Physics，2012，116（3-4）：113-132.

[92] 罗淦，王自发. 全球环境大气输送模式（GEATM）的建立及其验证 [J]. 大气科学，2006，30（3）：504-518.

[93] 王宏，龚山陵，张红亮，等. 新一代沙尘天气预报系统 GRAPES-CUACE/Dust：模式建立、检验和数值模拟 [J]. 科学通报，2009，54（24）：3878-3891.

[94] Wang H，Niu T. Sensitivity studies of aerosol data assimilation and direct radiative feedbacks in modeling dust aerosols [J]. Atmospheric Environment，2013，64（1）：208-218.

[95] Wang H，Shi G，Zhu J，et al. Case study of longwave contribution to dust radiative effects over East Asia [J]. 中国科学通报：英文版，2013，58（30）：3673-3681.

[96] Wang T，Jiang F，Deng J，et al. Urban air quality and regional haze weather forecast for Yangtze River Delta region [J]. Atmospheric Environment，2012，58（15）：70-83.

[97] 谢旻，王体健，江飞，李树，蔡彦枫，庄炳亮. 区域空气质量模拟中查表法的应用研究 [J]. 环境科学，2012，5：1409-1417

[98] 王体健，朱佳雷，王婷婷. 中国地区大气汞的数值模拟研究 [J]. 生态毒理学报，2014，9（5）.

[99] 朱佳雷，王体健，王婷婷等. 中国地区大气汞沉降速度研究 [J]. 生态毒理学报，2014，9（5）.

[100] Zhuang B L，Li S，Wang T J，et al. Direct radiative forcing and climate effects of anthropogenic aerosols with different mixing states over China [J]. Atmospheric Environment，2013，79（11）：349-361.

[101] Zhuang B，Liu Q，Wang T，et al. Investigation on semi-direct and indirect climate effects of fossil fuel black carbon aerosol over China [J]. Theoretical and Applied Climatology，2013，114（3-4）：651-672.

[102] Zhang Hua，Wang Zhili，Wang Zaizhi，et al. Simulation of direct radiative forcing of aerosols and their effects on East Asian climate using an interactive AGCM-aerosol coupled system [J]. Climate Dynamics，2012，38（7-8）：1675-1693.

[103] Zhu J，Liao H，Li J. Increases in aerosol concentrations over eastern China due to the decadal-scale weakening of the East Asian summer monsoon [J]. Geophysical Research Letters，2012，39（9）.

[104] Li J，Han Z，Xie Z. Model analysis of long-term trends of aerosol burdens and direct radiative forcings over East Asia [J]. Tellus B，2013，65.

[105] Li J，Han Z，Zhang R. Influence of aerosol hygroscopic growth parameterization on aerosol optical depth and

direct radiative forcing over East Asia [J]. Atmospheric Research，2014，140（7）：14-27.

[106] Han Z，Li J，Xia X，et al. Investigation of direct radiative effects of aerosols in dust storm season over East Asia with an online coupled regional climate-chemistry-aerosol model [J]. Atmospheric Environment，2012，54：688-699.

[107] Liu Q，Lam K S，Jiang F，et al. A numerical study of the impact of climate and emission changes on surface ozone over South China in autumn time in 2000—2050. Atmospheric Environment，2013，76：227-237.

[108] 王茜，伏晴艳，王自发等. 集合数值预报系统在上海市空气质量预测预报中的应用研究 [J]. 环境监控与预警，2010，02（4）：1-6.

[109] Xie M，Zhu K G，Wang T J，et al. Application of photochemical indicators to evaluate ozone nonlinear chemistry and pollution control countermeasure in China [J]. Atmospheric Environment，2014，99，466-473.

[110] 陈冬林，吴康，曾稀. 燃煤锅炉烟气除尘技术的现状及进展 [J]. 环境工程，2014，9：70-73.

[111] 陈晓雷. 火电厂 $PM_{2.5}$ 治理技术探讨 [J]. 中国环保产业，2012，7：26-29.

[112] 赵金达，张嵩，张岩. 旋转电极式电除尘器在大型火电 1000MW 机组上的应用 [J]. 电站系统工程，2014，3：71-73.

[113] 大连泰格尔电子科技有限公司. 一种高频多重高压脉冲的生成方法、高频多重高压脉冲电源及电除尘器. 中国，201410203526 [P]. 2014-05-14.

[114] 赵永水. 燃煤电厂 $PM_{2.5}$ 微细颗粒物控制新技术-旋转电极式电除尘性能特点及安装技术 [J]. 能源环境保护，2012，4：1-4.

[115] 中国环境保护产业协会电除尘委员会. 新标准下我国燃煤电站烟气除尘技术发展趋势 [J]. 中国环保产业，2012，9：38-42.

[116] 刘后启，刘启元，张晓梅. 电-袋组合式除尘技术应用评述 [J]. 中国环保产业，2012，10：27-30.

[117] 李奎中，莫建松. 火电厂电除尘器应用现状及新技术探讨 [J]. 环境工程技术学报，2013，3：231-239.

[118] 中国环境保护产业协会脱硫脱硝委员会. 我国脱硫脱硝行业 2013 年发展综述 [J]. 中国环保产业，2014，9.

[119] 任安娟，张修平，刘红娟，孙敏振，孔宪文. 湿法脱硫增效改造的技术探讨 [J]. 科技创新导报，2014，2：41.

[120] 周丽. 烟气脱硫工艺进展综述 [J]. 石油化工安全环保技术，2012，4：55-58.

[121] 张欢. 气相脱硫技术获新突破 [N]. 中国化工报，2014，8：15.

[122] 张琦，归柯庭，姚桂焕，王芳. 外加磁场对循环流化床烟气脱硫过程的影响 [J]. 动力工程，2008，6：940-944.

[123] 刘金平. 微小磁流化床内纳米颗粒流动特性的数值模拟研究 [D]. 青岛：青岛科技大学，2014.

[124] 樊磊. 电晕放电协同液相催化脱除烟气 SO_2 的研究 [D]. 杭州：浙江工商大学，2011.

[125] 北极星节能环保网 2014 年烟气脱硫新技术的应用 [J]. 浙江电力，2015，1：65-66.

[126] 朱法华，刘大钧，王圣. 火电 NO_x 排放及控制对策审视 [J]. 环境保护，2009，21：40-41.

[127] 苏靖程. 等离子低氮燃烧技术特点及其应用分析 [J]. 科技创新与应用，2014，33：36.

[128] 汪琦，方云进. 烟气脱硝技术研究进展和应用展望 [J]. 化学世界，2012，08：501-507.

[129] 马兆康. 工业燃烧设备低 NO_x 燃烧技术分析 [J]. 区域供热，2015，3：9-13.

[130] Li P，Wang F，Tu Y，Mei Z，Zhang J，Zheng Y，Liu H，Liu Z，Mi J，Zheng C. Moderate or Intense Low-Oxygen Dilution Oxy-combustion Characteristics of Light Oil and Pulverized Coal in a Pilot-Scale [J]. Energy and Fuels，2014，28（2）：1524-1535.

[131] 姚立英，张东国，王伟，白文娟，王红宇. 燃煤工业锅炉氮氧化物污染防治技术路线 [J]. 北方环境，2012，4：79-82.

[132] 韩应，高洪培，王海涛，李力，王润喜，宋晓刚. SNCR 烟气脱硝技术在 330MW 级 CFB 锅炉的应用 [J]. 洁净煤技术，2013，19（6）：85-88.

[133] Chen X，Wang H，Wu Z，Liu Y，Weng X，Novel $H_2 Ti_{12} O_{25}$-Confined CeO_2 Catalyst with Remarkable Resistance to Alkali Poisoning Based on the Shell Protection Effect [J]. Journal of Physical Chemistry C，2011，35：17479-17484.

[134] 苑志伟，刘志坚. 烟气脱硝 SCR 催化剂的生产及应用进展 [J]. 当代石油化工，2013，3：18-21.

[135] 陈刚. 脱硝催化剂再生市场前景及工艺技术浅析 [J]. 山东化工，2014，12：183-184.

[136] 王圣，刘红志，陈辉. 国内外燃煤电厂汞排放控制技术比较分析 [J]. 中国环保产业，2012，07：42-46.

[137] 张胜军，许明海，王莉，骆倩，范海燕，高燕，韦彦斐，郦颖. 燃煤锅炉脱汞技术研究进展 [J]. 环境污染与防治，2014，7：74-79.

[138] 韩粉女，钟秦. 燃煤烟气脱汞技术的研究进展 [J]. 化工进展，2011，04：878-885.

[139] He C，Shen B，Chen J，Cai J. Adsorption and Oxidation of Elemental Mercury over Ce-MNO$_x$/Ti-PILCs [J]. Environ. Sci. Technol.，2014，48（14）：7891-7898.

[140] 史亚微，白中华，姜军清，张向洲，杨文辉，赵玉冰，穆静静. 中国烟气脱汞技术研究现状及发展趋势 [J]. 洁净煤技术，2014，2：104-108.

[141] Liu Y，Wang Q，Mei R，Wang H，Weng X，Wu Z. Mercury Re-Emission in Flue Gas Multipollutants Simultaneous Absorption System [J]. Environ. Sci. Technol.，2014，48（23）：14025-14030.

[142] 王鹏鹰，苏胜，向军，曹蕾，尤默，胡松，孙路石，张良平. 低温 SCR 催化剂脱硝脱汞实验研究 [J]. 燃烧科学与技术，2014，5：423-427.

[143] 刘飞，ESP 弱电离场——卤硫化物协同氧化燃煤烟气中零价汞的研究 [D]. 上海：上海交通大学，2011.

[144] 郭俊，马果骏，阎冬，王建春，吴雪萍. 论燃煤烟气多污染物协同治理新模式——兼谈龙净环保"烟气治理岛"模式 [J]. 电力科技与环保，2012，03：13-16.

[145] Sun C，Zhao N，Zhuang Z，Wang H，Liu Y，Weng X，Wu Z. Mechanisms and reaction pathways for simultaneous oxidation of NO$_x$ and SO$_2$ by ozone determined by in situ IR measurements [J]. Journal of Hazardous Materials，2014，274：376-383.

[146] 王翠莘，徐承浩，袁婉丽，刘娜. 三段炭层吸附床联合脱除烟气污染物的实验研究 [J]. 青岛大学学报：工程技术版，2012，2：85-89.

[147] 张相，朱燕群，王智化，张莉莉，周俊虎，岑可法. 臭氧氧化多种污染物协同脱除及副产物提纯的试验研究 [J]. 工程热物理学报，2012，07：1259-1262.

[148] 中国环境保护产业协会电除尘委员会. 我国电除尘行业 2013 年发展综述 [J]. 中国环保产业，2014，11.

[149] 中国环境保护产业协会袋式除尘委员会. 我国袋式除尘行业 2013 年发展综述 [J]. 中国环保产业，2014，09：16-25.

[150] 王小玲，魏旭东. 膜分离技术使冶炼烟气更干净 [J]. 化工管理，2014，31：70.

[151] 赵媛媛. 新型有机胺脱硫剂的合成及应用研 [D]. 济南：山东师范大学，2013.

[152] 汪家铭. 离子液循环吸收脱硫技术及其应用前景 [J]. 硫磷设计与粉体工程，2012，3：43-46.

[153] 余永，李新，李艳松，尹华强. 新型催化法脱硫技术在有色冶炼和硫酸行业应用进展 [J]. 硫酸工业，2014，6：30-33.

[154] 刘晨. 烧结烟气脱硫实现达标的技术途径 [J]. 世界金属导报，2015，1.

[155] 郭志新，禇伟波，赖木贵. 中小型工业锅炉脱硝技术的研究 [J]. 洁净煤技术，2012，6：88-90.

[156] 李建军. SNCR-SCR 混合法脱硝工艺探讨 [J]. 科技创新与应用，2015，3：83.

[157] Liu Y，Yao W，Cao X，Weng X，Wang Y，Wang H，Wu Z. Supercritical water syntheses of CexTiO$_2$ nano-catalysts with a strong metal-support interaction for selective catalytic reduction of NO with NH$_3$ [J]. Applied Catalysis B：Environmental，2014，160-161：684-691.

[158] 顾卫荣，周明吉，马薇，燃煤烟气脱硝技术的研究进展 [J]. 化工进展，2012，2084-2092.

[159] 汪洋，沈煜晖，陶爱平. 工业化烟气脱汞技术应用现状 [J]. 华电技术，2011，05：58-62＋80.

[160] Wang Q，Liu Y，Yang Z，Wang H，Weng X，Wang Y，Wu Z. Study of mercury re-emission in a simulated WFGD solution containing thiocyanate and sulfide ions [J]. Fuel，2014，15：588-594.

[161] 邢芳芳，姜琪，张亚志，冀伟江. 钢铁工业烧结烟气多污染物协同控制技术分析 [J]. 环境工程，2014，4.

[162] 胡睿. 挥发性有机污染物（VOCs）治理进展及发展前沿思考 [J]. 环境与可持续发展，2014，1：19-21.

[163] 林宇耀. 吸收法处理医药化工行业 VOCs 实验研究 [D]. 杭州：浙江大学 2014.

[164] 中华人民共和国环境保护部. 关于加强机动车污染防治工作推进大 PM2.5 治理进程的指导意见.

[165] 中国环境保护产业协会机动车污染控制防治技术专业委员会. 2013 年我国机动车污染防治行业发展报告 [J]. 中国环保产业，2014，04：4-11.

[166] 节油宝系列燃油净化器 [J]. 创新时代，2011，（8）：86.

[167] 鄢勇. 银氧化铝催化乙醇选择性还原 NO$_x$ 构效关系研究 [D]. 北京：中国科学院研究生院，2012.

[168] 张德满，汪正清，马士虎，李伟，鲍晓峰，李凯．急速工况下氧化型催化转换器辅助 DPF 再生方法 [J]．农业机械学报，2013，3：24-27．

[169] 肖益鸿，蔡国辉，郑勇，魏笑峰，魏可镁．满足超低排放要求的 FD 净化器研制 [J]．厦门大学学报：自然科学版，2011，50：24-25．

[170] 陈默，曹端林，李永祥，王建龙．车用三效催化剂的研究进展 [J]．化工中间体，2011，08（5）：1-4．

[171] 王炜，吴晓东，翁端，黄妃慧，潘吉庆．机动车尾气净化用董青石蜂窝陶瓷研究中的若干问题 [J]．科技导报，2011，29（31）：70-74．

[172] 夏建国，王少洪，侯朝霞．多孔陶瓷在汽车尾气处理中的研究进展 [J]．兵器材料科学与工程，2012，35（4）：93-97．

[173] 马丽．反应合成多孔 $TiC-TiB_2$ 及 $TiC-TiB_2-NiAl$ 复合材料的研究 [D]．济南：山东科技大学，2013．

[174] 曹媛媛，郭婷，耿春梅，等．室内空气污染新状况及污染控制技术 [J]．环境科学与技术，2013，36：229-231．

[175] 赵秋玥．空气净化器净化技术：两大流派，各有利弊 [J]．电器，2015，3：26-27．

[176] 李文明，付大友，夏开飞，等．室内空气净化器结构部件选材比较 [J]．广州化工，2011，39（7）：36-38．

[177] 陈培珍，刘俊劭，江慧华．吸附法降低室内甲醛的研究 [J]．武夷学院学报，2012，31（2）：33-36

[178] 王韶昱．光催化技术在室内空气净化器中的应用研究 [D]．杭州：浙江大学，2013．

[179] 范红玉，李小松，刘艳霞，等．循环的存储-放电等离子体催化新过程脱除室内空气中甲苯 [J]．化工学报，2011，62（7）：1922-1926

[180] 杨晓平，空气净化技术现状及其发展趋势刍议 [J]．价值工程，2015，3：272．

[181] 徐火炬．高中效空气过滤、高强度紫外线和动态离子杀菌组合空气卫生工程新技术在手术中的应用 [J]．洁净与空调技术，2012，3：77-93．

[182] 柏智勇．带消毒杀菌和空气负离子的空气净化器：中国，CN201120437015.6 [P]．2012-7-25．

[183] 姚佳，张自嘉，朱莉，智能室内空气净化系统设计 [J]．电子器件，2015，1：204-208．

[184] 漳州金龙客车有限公司．一种安装于客车的空气净化器：中国，CN201110092078.7 [P]．2012-10-17．

[185] 太仓东能环保设备有限公司．一种车载便携式太阳能空气净化器 [P]．中国，CN20 1210251861.8 [P]．2012-10-10．

[186] 程一步，孟宪玲，二氧化碳捕集、利用和封存技术应用现状及发展方向 [J]．石油石化节能与减排，2014，5：30-35．

[187] 谢和平，谢凌志，王昱飞，朱家骅，梁斌，鞠杨．全球二氧化碳减排不应是 CCS，应是 CCU [J]．四川大学学报．工程科学版，2012，4：1-5．

[188] 肖远牮，刘光全，尹生清．二氧化碳捕集技术及机理研究进展 [J]．化工中间体，2012，10：1-5．

[189] 张曦，李胜，金红光，林汝谋，高林．捕集二氧化碳的整体煤气化联合循环（IGCC）电厂示范案例研究 [J]．燃气轮机技术，2011，4：1-8．

[190] 程明珠，刘忠生．二氧化碳减排技术和发展趋势 [J]．当代化工，2011，8：824-826．

[191] Ren S，Hou Y，Wu W，Tian S，Liu W．CO_2 capture from flue gas at high temperatures by new ionic liquids with high capacity．RSC Advances，2012，2（6）：2504-2507．

[192] Fracaroli A M，Furukawa H，Suzuki M，Dodd M，Okajima S，Gandara F，Reimer J A，Yaghi O M．Metal-Organic Frameworks with Precisely Designed Interior for Carbon Dioxide Capture in the Presence of Water [J]．J．Am．Chem．Soc．，2014，136（25）：8863-8866．

[193] Cai H，Bao F，Gao J，Chen T，Wang S，Ma R．Preparation and characterization of novel carbon dioxide adsorbents based on polyethylenimine-modified Halloysite nanotubes [J]．Environmental Technology，2015，10：1273-1280．

[194] Cabello C P，Rumori P，Palomino G T．Carbon dioxide adsorption on MIL-100（M）（M＝Cr，V，Sc）metal-organic frameworks：IR spectroscopic and thermodynamic studies [J]．Microporous and Mesoporous Materials，2014，190：234-239．

[195] 科学技术部社会发展科技司，中国 21 世纪议程管理中心．中国碳捕集、利用与封存技术发展路线图研究 [M]．北京：科学出版社，2012：26-30．

[196] 谢和平，刘虹，吴刚．中国未来二氧化碳减排技术应向 CCU 方向发展 [J]．中国能源，2012，34：15-19．

［197］　宁进军．用于工业烟道气二氧化碳固定的油藻育种研究［D］．长沙：中南大学，2012.

［198］　汪家铭．利用 CO_2 矿化磷石膏固废联产硫基复合肥［J］．化工矿物与加工，2012.

［199］　周天辰，何川，张亚男，赵国华．CO_2 的光电催化还原［J］．化学进展，2012，10：1897-1905.

［200］　Sastre F，Puga A V，Liu L．Complete Photocatalytic Reduction of CO_2 to Methane by H_2 under Solar Light Irradiation［J］．J. Am. Chem. Soc.，2014，136（19）：6798-6801.

［201］　Li Z，Zhou Y，Zhang J，Tu W，Liu Q，Yu T，Zou Z．Hexagonal Nanoplate-Textured Micro- Octahedron Zn_2 SnO_4：Combined Effects toward Enhanced Efficiencies of Dye-Sensitized Solar Cell and Photoreduction of CO_2 into Hydrocarbon Fuels［J］．Crystal Growth & Design，2012. 12（3）：1476-1481.

［202］　周军成，尹燕华，郑邯勇，徐月，周旭，龚俊松．利用非平衡等离子体方法将 CO_2 还原成 CO 的研究［J］．高电压技术，2012，05：1065-1069.

［203］　Liu F，Beames J M，Petit A S，et al．Infrared-driven unimolecular reaction of CH_3CHOO Criegee intermediates to OH radical products［J］．Science，2014，345（6204）：1596-1598.

［204］　Welz，O，Savee J D，Osborn，D L，Vasu，S S，Percival，C J，Shallcross，D E，Taatjes，C A，Direct Kinetic Measurements of Criegee Intermediate（CH_2OO）Formed by Reaction of CH_2I with O-2［J］．Science，2012，335（6065）：204-207.

［205］　Li X，Rohrer F，Hofzumahaus A，et al．Missing gas-phase source of HONO inferred from zeppelin measurements in the troposphere［J］．Science，2014，344（6181）：292-296.

［206］　Oswald R，Behrendt T，Ermel M，et al．HONO emissions from soil bacteria as a major source of atmospheric reactive nitrogen［J］．Science，2013，341（6151）：1233-1235.

［207］　Kulmala M，Kontkanen J，Junninen H，et al．Direct observations of atmospheric aerosol nucleation［J］．Science，2013，339（6122）：943-946.

［208］　Zhang R，Getting to the critical nucleus of aerosol formation［J］．Science，2010，328（5984）：1366-1367.

［209］　Almeida，J，Schobesberger，S，et al．Molecular understanding of sulphuric acid-amine particle nucleation in the atmosphere［J］．Nature，2013，502（7471）：359-363.

［210］　Riccobono，F；Schobesberger，S，et al．Oxidation Products of Biogenic Emissions Contribute to Nucleation of Atmospheric Particles［J］．Science，2014，344，（6185）：717-721.

［211］　Ehn M，Thornton J A，et al．A large source of low-volatility secondary organic aerosol．Nature，2014，506（7489）：476-479.

［212］　Rollins A W，Browne E C，et al．Evidence for NOx Control over Nighttime SOA Formation．Science，2012，337（6099）：1210-1212.

［213］　Pohlker C，Wiedemann K T，et al．Biogenic Potassium Salt Particles as Seeds for Secondary Organic Aerosol in the Amazon．Science，2012，337（6098）：1075-1078.

［214］　Kroll J H，Donahue N M，et al．Carbon oxidation state as a metric for describing the chemistry of atmospheric organic aerosol．Nature Chemisty，2011，3（2）：133-139.

［215］　Guo S，Hu M，et al．Elucidating severe urban haze formation in China［J］．Proceedings of the National Academy of the Sciences，2014，111（49）：17373-17378.

［216］　Huang R J，Zhang Y，et al．High secondary aerosol contribution to particulate pollution during haze events in China［J］．Nature，2014，514：218-222.

［217］　MacIntyre E A，Brauer M，Melén E，et al．GSTP1 and TNF gene variants and associations between air pollution and incident childhood asthma：the traffic，asthma and genetics（TAG）study［J］．Environmental health perspectives，2014，122（4）：418.

［218］　Evan A T，Kossin J P，Ramanathan V．Arabian Sea tropical cyclones intensified by emissions of black carbon and other aerosols［J］．Nature，2011，479（7371）：94-97.

［219］　Allen R J，Sherwood S C，Norris J R，et al．Recent Northern Hemisphere tropical expansion primarily driven by black carbon and tropospheric ozone［J］．Nature，2012，485（7398）：350-354.

［220］　Moore E B，Molinero V．Structural transformation in supercooled water controls the crystallization rate of ice［J］．Nature，2011，479（7374）：506-U226.

［221］ Atkinson J D，Murray B J，et al. The importance of feldspar for ice nucleation by mineral dust in mixed-phase clouds ［J］. Nature，2013，498（7454）：355-358.

［222］ Cappa C D，Onasch T B，et al. Radiative Absorption Enhancements Due to the Mixing State of Atmospheric Black Carbon ［J］. Science，2012，337（6098）：1078-1081.

第十二篇 土壤与地下水环境学科发展报告

编写机构：中国环境科学学会土壤与地下水环境专业委员会
负责人：李广贺　骆永明　张　芳
编写人员：李广贺　骆永明　张　芳　李　淼　吴吉春　张　旭　王红旗
　　　　　赵勇胜　姜　林　王广才　李发生　宋　云　谷庆宝

摘要

　　"十二五"期间，依托国家在土壤和地下水环境科技研发计划的支持，结合国家土壤和地下水污染防治规划的重大战略布局，基于对土壤和地下水环境学科发展的准确把握，我国在土壤和地下水环境学科的基础理论、技术装备、工程应用方面取得重要进展，进一步促进了土壤及地下水环境学科发展。理论层面上，逐步形成了区域土壤和地下水环境质量演变与时空分异、污染成因与生态过程、污染动力学与控制修复等重要理论创新；在技术与装备层面上，通过技术、方法与设备研发，突破一批环境管理、污染控制与修复等关键技术和装备，在监测技术与风险评价、污染控制与修复、风险源识别与污染防控区划等关键技术、功能材料、成套装备等方面取得了重大突破；环境管理层面上，显著提升了我国土壤和地下水环境管理与综合治理能力与水平。结合对"十三五"国家环境科学发展战略、重点专项研究计划与国家重大规划，以及土壤和地下水环境科学总体进展系统分析，进一步阐述了土壤和地下水环境学科的重大理论与科技需求，在战略层面分析了我国土壤与地下水环境学科的发展方向，提出了土壤和地下水环境科学与技术发展趋势。

一、引言

　　土壤和地下水是构成生态系统的基本环境要素，是人类赖以生存的物质基础，也是经济社会发展不可或缺的重要资源[1]。由于多年来国家经济发展方式粗放、产业结构不尽合理，导致我国土壤及地下水环境污染问题突出，污染范围持续扩大、污染程度不断加剧，"镉大米""毒地开发""突发事故"等事件频发，严重危及我国粮食安全、人居安全、饮水安全、生态文明建设和社会经济的可持续发展。因此，开展土壤及地下水污染防治的科技创新，提升污染防治科技支撑能力，有效支撑《水污染防治行动计划》《全国地下水污染防治规划（2011—2020）》和即将出台的《土壤污染防治行动计划》等一系列行动计划顺利实施。

土壤和地下水环境学科涵盖环境科学的两大介质，属于环境科学、土壤学、地球化学、地质学、生物学、材料学、环境工程学等多学科交叉与融合的学科。随着土壤和地下水环境问题的日益凸显，预防土壤和地下水环境污染、改善环境质量、保障农产品和饮水质量安全、维护人居环境安全成为关注的重点。国际上土壤污染防控与修复技术发展迅速，已经从传统热处理、化学淋洗等技术向多相提取、生物修复等新兴技术及其联合应用发展，形成了多设备、多技术、原位与异位修复相结合的集成技术模式；统筹考虑土壤和地下水污染风险，协同解决大型污染场地的修复问题，具有实施大型复合污染修复工程的综合能力与丰富经验。同时，土壤环境监管标准、法规与决策支持体系日趋完善。

基于此，土壤与地下水环境学科的研究重点由传统的资源利用拓展到资源、环境、生态、社会等多要素良性循环和发展，由传统的污染物分析与污染评价拓展到污染过程、效应及环境风险等多尺度、立体动态、全过程识别，由粗放单一的环境修复技术方法转变为绿色、环境友好、安全高效的技术、材料与装备开发和应用，由传统的单介质、单要素的监测预警向着高精度、多维度、多介质方向发展。

总体上，我国在土壤和地下水环境学科研究与发展方面取得了一系列成果，但仍与国际发达国家在技术储备、风险管控等方面存在一定差距，在理论体系、关键技术研发、成果转化与产业化等方面均存在较大差距，具体体现在缺乏科学规范的监测与评估方法、成熟实用的单元修复技术和设备材料、高效经济的组合工艺和协同修复技术系统，以及工程化应用经验。因此，大力发展土壤及地下水环境科学与技术符合国家环境保护中长期发展的战略需求。

本报告后面分别对土壤与地下水环境的学科研究体系进展、基础理论重要方向研究进展、污染防治技术与应用进展、管理支撑技术研究进展进行了梳理和总结，并对国内外土壤与地下水环境理论研究和技术与应用研究进展进行了比较分析。在此基础上，还对我国未来土壤与地下水学科发展趋势进行了分析和预测，最后为全文主要结论和建议。

二、土壤与地下水环境学科研究体系进展概述

依据我国土壤及地下水环境保护重大需求与环境学科发展态势，土壤及地下水环境学科理论与技术研究体系进展主要体现在以下几方面。

（1）基础理论层面　更加重视污染特征解析与污染形成机制识别，污染物赋存与污染过程的精细刻画，污染输移界面过程与污染过程的微观分析。

（2）功能材料层面　基于污染物分离、转化等功能材料设计与研发，突出修复功能材料与污染物作用机理的研究，建立系列过程可控、无二次污染的绿色材料体系。

（3）技术与装备层面　更加关注污染削减与控制技术研发，注重风险防控与安全利用技术突破，突出复杂环境条件下协同与耦合技术体系研发，完善修复材料、技术和装备的创新平台建设。

（4）环境监管层面　开发污染源解析和源阻断技术，建立多尺度的动态监控网络，构建分类、分级、分区的污染综合防控体系，形成融"监测-预警-防控"一体化的监管体系，推动环境信息管理与决策支持系统的建设与发展。

基于土壤和地下水环境学科研究重点的演化，重要研究领域体现在以下几方面。

（1）重点揭示土壤和地下水污染物来源，探讨物质界面传输机理与污染过程，定量分

析了不同尺度污染输送的源-受体之间的关系。

（2）分析宏观和微观界面物质迁移、转化机制，探讨土壤和地下水环境演化的物理、化学和生物学过程，确定土壤及地下水污染与污染物有效性之间的关系。

（3）阐明土壤介质中不同类型的化学物质对多种生物受体的急性、亚急性、慢性和蓄积性致毒作用，量化致癌、致畸、致突变效应，建立化学物质的生物毒性数据库，研发土壤和地下水毒性表征技术与方法。

（4）现代土壤和地下水环境监测正向自动化、智能化、网络化方向发展。重点关注基于智能化技术的网络化传感器，体现采样技术、前处理技术与仪表技术并重，突出"天地一体化"监测，重视多技术综合应用的高技术先进仪器发展。

（5）发展能广泛应用、安全、低成本的土壤和地下水原位修复技术，重点研发安全、土地能再开发利用、针对性强的工业场地快速物化工程修复技术与设备，重视控制水土流失与污染物扩散的矿区植物稳定化与生态工程修复技术研究，形成污染土壤修复技术规范，建立土壤及地下水污染防治的基础理论、方法学及技术体系。

三、土壤与地下水环境学科基础理论重要方向研究进展

1. 初步建立污染特征与形成机制的理论体系

针对土壤及地下水中污染物来源、分布、污染特征及形成机理等科学问题，开展了大量的调查和评估研究，建立了土壤及地下水系统有机污染物和重金属污染源数据库，解析了污染物来源，定量分析了不同尺度污染输送的源-受体之间的关系，建立了基于界面行为调控的土壤及含水层污染物有效性调控技术，形成了土壤及地下水污染防治的基础理论、方法学及技术体系，为污染土壤环境质量标准制定及修复技术设计奠定了理论与方法基础。

围绕土壤-植物和土壤-水界面污染迁移转化机制，特别是微观尺度上污染物迁移和转化的分子机制、多介质中污染物传输迁移、多尺度预测模型等领域开展了系统的研究，为污染土壤及诱发的含水层污染的风险评估框架体系和模型构建以及环境基准的确定提供了理论支撑。土壤-溶液界面的重金属平衡分配模型、动力学释放模型，以及基于这些理论模型研发的道南膜技术（DMT）、薄膜扩散梯度技术（DGT）等，在预测土壤重金属的生物有效性和生态风险防控方面发挥了重要的作用[2]。

2. 污染动力学基础理论与运动过程解析

有机物污染是近年来继农药和重金属污染之后的地下水污染研究中的热点。与此相应，有关地下水中胶体、纳米颗粒、碳氢化合物、微生物的运移特征和运移规律研究也成为污染地下水动力学领域中的研究热点，包括饱和多孔介质中运移和滞留特性、释放和堵塞，复合组分共同运移规律等。此外，有关地下水污染随机理论的研究也是近些年的研究热点，在数据融合、随机模拟方法、不确定性分析等方面取得了研究进展。

随着地下环境中污染物构成的多样性和复杂性，污染物输移过程的多相性日益凸显，利用多相流模型刻画地下环境中的污染物迁移与转化，成为重要的研究内容和创新性研究成果。经过多年的研究与开发，不断完善形成有机物不混溶流动的多相流模型，反映了各相间毛细压力随饱和度的变化；建立了刻画相间传输和分配的多相流模型[3]。目前这些模型只是用简化的方法来描述水相和气相之间的物质传输，具有巨大的研究空间。

3. 石油烃类物质微生物降解的跨膜运输

石油烃类降解微生物通过生物转化过程，将高疏水性石油烃类物质分解成结构相对简单的代谢产物[4]。针对微生物降解石油烃类物质跨膜运输的微观过程和基础理论，开展石油烃类物质在微生物细胞中的迁移转化过程、微生物细胞膜蛋白在石油烃类污染物质跨膜运输过程中所起的作用及运输方式、微生物对多环芳烃跨膜运输过程的关键环节和控速步骤等方面的研究，取得了重要研究进展。

在细胞水平上提出微生物对石油烃类吸附、摄取、跨膜运输的理论。通过同位素示踪技术结合发现石油烃在微生物细胞膜内、膜周及膜外的分配规律，揭示了微生物对石油烃吸附、摄取及跨膜运输的机制，建立了跨膜运输和生物降解的动力学模型，对石油烃的微生物运输和降解过程进行识别，最终确定石油烃类物质微生物降解的关键限制性因子[5]。

研究以 ^{14}C-荧蒽为目标污染物，定量分析了不同情况下 ^{14}C-荧蒽在红球菌 BAP-1 细胞膜、膜周以及膜外的分配情况。结果表明，在 ATP 抑制剂存在时对红球菌 BAP-1 摄取 C-荧蒽的量产生了显著的影响，在添加抑制剂的反应组中，红球菌 BAP-1 膜结合 ^{14}C-荧蒽的含量始终低于膜外 ^{14}C-荧蒽的含量，并且呈现明显的下降趋势，表明红球菌对 ^{14}C-荧蒽的跨膜运输过程是需要能量的主动运输过程。同时，将同位素示踪技术与响应曲面法以及米氏方程相结合，以摄取速率 V_{max} 作为因变量，利用 Box-Behnken 实验设计结合响应曲面法对各影响因素进行优化，进一步利用 2^5 附加中心点的全因子（接触时间、温度、pH、盐度和接菌量）析因实验设计结合响应曲面法对实验条件进行优化。当接触时间为 6 天，反应温度为 24℃，pH 为 9.0，盐度为 1%，接菌量为 2% 时，红球菌 BAP-1 对 ^{14}C-荧蒽的降解率最高，可达 63%[6,7]。

4. 富砷地下水形成机制的研究进展

原生高砷地下水是一个世界性的环境地质问题，含水层中砷的分布、迁移转化规律和水化学特征是当今环境科学领域的研究热点之一[8]。微生物对沉积物中砷的释放、迁移和转化起着重要的作用。微生物不仅能够加速物质循环和能量流动，而且能影响砷的氧化还原状态和迁移转化特征。从内蒙古河套盆地高砷含水层中的沉积物中分离出了两株耐砷好氧菌株 B（*Bacillus* sp.）和 P（*Pseudomonas* sp.），以及一株厌氧耐砷菌株 C（*Clostridium* sp.）。这些菌株可以在高砷环境中生长，在砷的迁移转化过程中扮演着重要的角色，将沉积物中不易迁移的 As（V）还原为易迁移流动的 As（III），使砷进入地下水中，从而促进沉积物中砷的释放[9]。这些生物地球化学作用影响着地下水系统中砷的转化和运移，对地下水中砷的富集起着促进作用。

富含有机碳的还原环境与封闭、径流迟缓水文地质条件的耦合，是形成高砷地下水的重要条件。银川地区的研究发现，浅层地下水中 As 浓度动态变化大，HCO_3^- 和 Fe 含量与 As 含量具有相似的动态特征。高砷地下水水化学特征表明，As 更易富集于碱性还原环境中，低 ORP、高 pH、高 HCO_3^- 有助于 As 释放进入地下水中[10]。富含有机碳的还原环境，沉积物中可释放 As 含量高，易形成高砷地下水；平原快速断陷形成含有机质的古地理环境，平原北部地下水封闭、径流迟缓的水文地质条件有助于地下水砷的富集[11,12]。

四、土壤与地下水污染防治技术与应用进展

（一）监测技术体系与风险评价研究进展

1. 土壤样品采集的布点方法

土壤采样调查是获取土壤污染物空间分布信息最重要的手段，土壤污染调查包括土壤样点布设、样品采集、污染物含量分析等环节。实际工作中，通常认为污染物分析方法的准确性是影响污染物调查准确性最主要的因素，而忽略了土壤采样布点方案的重要性。鉴于传统调查布点方法对土壤污染物平均含量的估计精度较高，但对污染区范围的估计精度不能满足修复治理需求的问题，为了准确估计土壤污染区面积及其空间位置，开展土壤污染详查样点优化方法研究工作，建立了基于地统计学的土壤污染调查布点方法[13]。

传统的场地调查从现场工作到实验室检测结果取得通常需要数周时间，而一旦分析结果不能满足场地调查需求，则所有程序需重复进行，导致调查费用高、时间长以及调查结果不确定性大等一系列问题。基于此，开展了半透膜介质探测系统（MIP）和光离子检测器（PID）等现场快速检测技术在场地调查中的应用研究，现场快速检测技术可加快场地污染区域的识别，减少采样的不确定性[14,15]。

针对焦化、农药和化工等高风险污染场地环境调查，形成了区分污染源、污染扩散区和非污染区，从污染识别、初步采样和详细采样多阶段循环的采样布点程序。建立了基于污染物理化性质（阳离子交换容量、pH、有机碳含量、水土分配系数、溶解度和亨利系数等）、场地水文地质条件和污染物迁移转化，结合传统的判断布点、随机布点和系统布点的土壤和地下水采样布点方法，并根据地层土壤质地变化对污染扩散和积累的影响，提出了变层采样布点方法。系统研究了 X 射线荧光光谱分析（XRF）、火焰离子检测器（FID）、PID 等快速检测技术在场地调查和布点的应用，并与传统技术和标准检测方法进行了相关性分析，现场快速检测技术加快了场地污染区域的识别，减少了采样布点的不确定性。

针对土壤气监测技术的应用，建立了土壤气监测井布设、建设及土壤气检测技术方法。根据地质探头取得的电导率和采集的挥发性物质在 FID、PID 上的数据，实时获取地层分布和污染分布。利用探地雷达和高密度电阻技术，探测地层污染的空间分布，实现地层污染的三维展示。甲醇或去离子水封闭的土壤挥发性有机物（VOCs）采样、慢速洗井和慢速采样等技术，明显地减少了采样操作过程的 VOCs 损失[16]。

2. 环境监测现代技术与方法

土壤和地下水环境监测技术与设备已从单项监测技术与设备转变为多项检测技术集成与设备研发，在多参数测定的各种监测技术和仪器设备研发方面取得重要研究进展，广泛应用于土壤及地下水环境监测之中。美国环保局（USEPA）创立的环境技术认证（ETV）计划和相关的大型国际计划，推动了监测新技术与设备的研发和应用，加快了环境新技术进入市场的速度；近年来，尽管我国土壤环境监测技术与设备研发水平有所提高，但是自主研发的土壤环境监测技术与设备几乎处于空白状态，原位监测和在线监测技术设备尚未开展系统研究，土壤环境长期定位监测网络体系尚未形成。因此，加快我国土壤环境监测技术与装备研究势在必行。

（1）全细胞生物传感器研发与应用进展　生物传感器广泛用于环境监测已有很长的历

史。从广义角度理解，生物传感器指通过能够对某种底物作出响应的生物学组件，提供可以被测量的信号的系统。基于细胞的生物传感器，又称为全细胞生物传感器（whole-cell biosensor，WCB），由一个独立完整的细胞构成传感部件。由于使用活细胞传感，因此待测物的生物可利用度被纳入考量。由于其价格低廉，维护容易，灵敏度高，且不涉及动物伦理问题，而受到广泛的关注[17,18]。

钴、铜、镍、锌和铁等金属元素是细胞生长和代谢所必需的微量元素，细胞对这类金属有特定的吸收通道，但当这些核心微量元素在细胞内的含量较高，以至于对细胞产生毒性作用时，细胞会通过调控吸收通道或启动向胞外转运重金属的输出通道控制胞内金属浓度，对于 Pb、Cd、Hg 和 As 等非代谢必需的具有明显毒性的重金属元素，在含量很低时，细胞即会通过输出通道避免细胞受到损伤[19]。

通过融合调控基因和报道基因，研究者针对多种重金属构建了大量的 WCB 细胞，并开展了大量的应用研究。Kuncova 等研究者构建了在染色体上融合 tod：：luxCDABE 基因的恶臭假单胞菌，在甲苯以及相似结构的污染物诱导下发光增强，在地下水温度条件下（15℃）可以对低至 1.325mg/L 浓度的甲苯作出快速响应[20]。为了构建被烷烃诱导的 WCB，研究者将土壤不动杆菌的调控烷烃代谢的 alkM 基因与发光基因融合。该 WCB 可以在接触 0.5 h 后，对 $C_7 \sim C_{36}$ 的直链烷烃作出相应，检测限最低可达 0.1 mg/L。研究者探索性地将该 WCB 对石油污染土壤进行半定量分析[21]。

（2）污染土壤生态毒性快速表征方法　目前国内场地污染调查通常以化学测试为主，难以直观和全面地反映各种有毒有害物质对周边环境或生物的综合影响。因此，有必要对污染场地污染介质进行生物毒性诊断研究，得出并确定以生物毒性试验结果为依据而表现出的污染场地不同区域各污染介质的综合毒性效应，初步诊断污染场地的生物毒性，为进一步开展污染场地的危险识别与风险评价提供必要的数据支持[22]。

基于生物统计学及生物地理学研究方法，构建以 Biolog 微平板技术、PCR-DGGE 技术及功能基因芯片技术为主的油田土壤微生物群落结构与功能基因分析方法体系。其中通过设计具有杂交特异性的寡核苷酸片段，将传统的功能基因芯片单通道杂交改进为双通道杂交，构建双通道数据标准化方法，功能基因芯片改进后的双通道杂交，提高了基因芯片应用于环境微生物检测时的准确度和可比性。

为了利用微生物对污染场地的生态毒性进行快速敏感和高特异的表征，针对石化污染场地中的敏感微生物种属的基因芯片识别、适用于广谱宿主的融合基因超声转化技术、启动基因筛选、基因融合等一系列关键过程中的难点与技术空白进行攻关，建立了污染场地生态毒性的微生物生物传感表征技术体系。通过上述技术体系构建了用于表征多环芳烃污染地下水系统遗传毒性的生物传感细胞，其对丝裂霉素 C 和苯并［α］芘的检测灵敏度分别为 1μg/L 和 0.05μg/L，细胞可高灵敏度地检出未经前处理的石化污染地下水样品和石油开采污染土壤的遗传毒性，用于以 PAHs 污染为主的地下水系统的遗传毒性评价具有可行性和可靠性[18]。

在不动杆菌中首次实现了人类 P450 酶系的异源表达，进一步提高了传感细胞的灵敏度，并且提高了微生物传感细胞毒性表征与人体健康风险的相关性，为环境监测、风险评价和场地修复等研究和工程领域中遗传毒性表征提供了重要的技术支持，解决了化学检测技术无法识别的污染场地调查难题[23]。

（3）新型污染物分析技术进展　在国外进行新型污染物调查的同时，开展了大量新型污染物分析测试方法研究，初步建立了部分新型污染物的分析检测方法。针对新兴污染物的类型、在环境中赋存状态以及性质等的差异，研究者常采用不同的分析测定方法。分离提取方法包括 SPE（固相萃取）、MIPs（分子印迹聚合物）等。定性、等量检测方法：LC、GC、UPLC、GC×GC、HILIC、TOF/LC 等色谱技术和傅里叶变换质谱、轨道阱质谱等检测器通常联用[24]。

针对新的污染物候选表（CCL）和未监管污染物的监测规定（UCMR）中的物质，美国环保署（USEPA）新规定了饮用水中的四种类型物质的分析方法，Method 539（激素，采用 SPE-LC/ESI-MS/MS 方法）、538（农药、喹啉、其他有机污染物，采用 DAI-LC/MS/MS 方法）、524.3（可清除的有机化合物，采用毛细管 GC/MS 方法）、1615（肠道病毒和诺如病毒，PCR）。R-Loos 等采用自动在线固相萃取技术对样品进行前处理，并采用 RP-LC 与 ESI-MS/MS 连用技术可以实现对大部分新型污染物的检测。一些非常规的物质，如针对某些农药的降解产物具有极性特点，研究者开发了无需前处理而直接用 UPLC-ESI-MS/MS 进行分析测定的技术。

3. 污染场地环境风险评估技术与软件研发

20 世纪 80 年代以来，欧美等发达国家在土壤及场地污染暴露评估模型、暴露参数取值、受体-危害效应关系等方面开展了大量研究。美国确定了典型土地利用方式下的主要暴露途径，建立了主要暴露途径的评估模型；英国对暴露模型参数的取值进行了统计学研究；荷兰就污染土壤的生态风险评估方法进行了系统研究。上述研究形成一系列土壤环境风险评价方法与技术软件，包括 RBCA、CLEA 和 RISC 等风险评价模型，为建立污染土壤人体健康和生态风险评估方法，制定土壤环境质量基准与标准奠定了理论、方法和技术基础。

基于国际上广泛应用的污染场地环境风险评价的 RBCA、CLEA 和 RISC 等风险评价模型，通过重新组合与优化，以美国、英国、荷兰风险评估技术导则为基准，结合典型土地利用类型，陈梦舫等[25]建立了各类土地利用类型的暴露概念模式和多介质污染物迁移分析模型，形成约 300 种污染物物化与毒理参数数据库和有关参数估算方法。

针对场地类型及相关暴露参数，制定土壤与地下水筛选值，以及总体筛选值的计算方法。编制的风险评价软件包括：污染物理化性质数据库、敏感受体暴露参数数据库、污染场地水文地质参数数据库、风险评估计算方法、可视化风险评估计算技术方法的程序设计、风险评估软件可视化界面。

（二）污染控制与修复关键技术及应用进展

当前，土壤修复技术正朝着六大方向发展，即向绿色与环境友好的生物修复、多目标的联合修复、原位修复、基于环境功能修复材料的修复、基于设备化的快速场地修复、土壤修复决策支持系统及修复后评估等技术方向发展。我国土壤环境污染态势严峻，需要发展能广泛应用、安全、低成本的原位农田生物修复技术和物化稳定技术，发展安全、土地能再开发利用、针对性强的工业场地快速物化工程修复技术与设备。加快土壤及场地环境污染控制、修复技术与设备体系的研发是土壤环境修复市场化和产业化发展的迫切需求，是提升我国土壤污染治理能力和国际土壤修复市场竞争力的关键所在[26]。

1. 污染土壤控制修复技术体系研究进展

在修复技术上，从以异位修复为主向依据场地特征的原位与异位修复相结合发展；从单一的修复技术发展到多技术联合的修复技术、综合集成的工程修复技术；从服务于重金属、有机物等单种污染物的修复技术向多种污染物复合污染土壤的组合式修复技术过渡。在修复决策上，从基于污染物总量控制的修复目标向基于风险管理的污染控制发展；从单种污染介质的修复模式发展到土壤、地下水等多介质的综合集成修复。

土壤污染的治理与修复技术主要有三大类，分别是污染物的破坏或改变技术、环境介质中污染物的提取或分离技术以及污染物的固定化技术。这三类技术既可独立使用，也可联合使用以提高土壤修复效率。第一类技术：通过热力学、生物和化学处理方法改变污染物的化学结构，可应用于污染土壤的原位或异位处理；第二类技术：包括稳定化、固定化以及安全填埋或地下连续墙等污染物固化技术；第三类技术：将污染物从环境介质中提取和分离出来，包括热解吸、土壤淋洗、溶剂萃取、土壤气相抽提等多种土壤处理技术和相分离、碳吸附、吹脱、离子交换及其联用等多种地下水处理技术。

2. 土壤热处理技术研究进展

采用土壤热处理技术去除土壤中有机污染物受到了国内外的广泛关注。热处理技术可分为低温热脱附技术（100~350℃）、高温热脱附技术（350~600℃）和热分解技术（600~1000℃）。土壤热脱附技术因具有高去除率、速度快等优势，而成为常见的有机污染物修复通用技术。热脱附技术可用在广泛意义上的挥发性有机物和挥发性重金属（如Hg）、半挥发性有机物（SVOCs）、农药，甚至高沸点氯代化合物 PCBs、二噁英和呋喃类污染土壤或地下含水介质的治理与修复[27]。针对热脱附技术的研发，节能降耗、提高脱附效率、组合模块化成为关注的重点。近年来通过提高真空度来提高脱附效率，降低所需的能耗和相应的修复成本成为研究重点。与常压相比，在负压 0.08MPa 条件下，土壤中二环~三环多环芳烃、四环多环芳烃和五环以上的多环芳烃的热脱附常数分别提高了 1.6倍、3.1 倍和 4.6 倍，表明真空度的增加能够显著促进高分子量多环芳烃的脱附效率。因此，在设定的残留量限制条件下，提高真空度可以有效减少脱附时间，从而降低能耗。

3. 固化稳定化技术与材料研究进展

分子键合技术（molecular bonding system）是将分子键合剂与重金属污染土壤（或污泥）混合，通过化学反应，把重金属转化为自然界中稳定存在的化合物，实现无害化。该技术可通过原位修复、异位修复和在线修复 3 种模式实施。重金属的浸出削减率高于90%；单位污染物处理成本在 60~1000 元/m³。土壤聚合物（geopolymer）是一种新型的无机聚合物，其分子链由 Si、O、Al 等以共价键连接而成，是具有网络结构的类沸石，对重金属有较强的固定作用。土壤聚合物有望成为新的处置含重金属离子废弃物的固化稳定化体系[28]。

针对六氯苯污染土壤以及农药、化工等重污染场地毒性有机物的控制与治理，通过在去离子水、硫酸/硝酸混合溶液（pH = 3.20 ± 0.05）和醋酸缓冲溶液（pH = 4.93 ±0.05）3 种浸提剂情景下的静态浸出试验、长期浸出试验和固化体微观形貌观察等，发现水泥对污染土壤中的六氯苯有很好的固化稳定化效果；长期浸出过程主要经历了快速溶出、缓慢的扩散迁移和相对稳定三个阶段，由于六氯苯的相对稳定性和低水溶性，长期浸出试验在 20 天后基本进入稳定期[29]。

通过有机膨润土的制备，评价了有机膨润土对于菲、芘和苯并芘等多环芳烃的吸附性能。结果表明，有机膨润土对苯并芘的吸附去除率达 99% 以上。另外，有机膨润土对蒽、菲、芘和苯并芘的等温吸附曲线呈线性，相关系数达到 0.8749 以上。发现有机膨润土吸附多环芳烃不存在竞争吸附；甲苯使有机膨润土的平衡吸附量下降，产生了负面影响[30]。

生物黑炭可以替代活性炭用于石油污染土壤的固化稳定化。与 400 ℃ 热解的生物黑炭（BC400）相比，600℃ 热解的生物黑炭（BC600）具有更加类似活性炭（AC）的性能。AC、BC 对石油污染土壤均有较好的稳定化效果，随着稳定化剂添加量的增加，稳定化效果增强。水泥添加量是影响石油污染土壤固化稳定化效果的重要因素。当水泥添加量增大到 50%，以 2% 的 AC 或 BC600 作为稳定化剂，均能有效固化稳定化石油污染土壤，处理后的固化产物满足可接受浸出浓度限值的要求，无侧限抗压强度达到卫生填埋和建筑回填土强度标准。

4. 原位化学氧化技术与材料研究进展

近年来，在传统芬顿试剂基础上，利用含水层铁矿物的类芬顿氧化系统以及多氧化剂系统备受关注，这些氧化系统弥补了传统芬顿体系使用 pH 低和易分解的不足，大大扩展了原位化学氧化（ISCO）技术的使用范围。天然氧化还原材料的开发与应用成为修复材料学科的重要研究领域。天然铁矿石如菱铁矿含有二价铁，并以固体存在，使得其与过氧化氢的反应（类芬顿反应）放慢，放出的热量较少[31]。然而，类芬顿反应去除污染物的效能尽管不如芬顿，近年研究提出的过硫酸钠与类芬顿反应试剂组合，可以增强去除污染物的能力。

针对污染含水层原位修复天然催化材料的研究取得重要进展。地下含水层所赋存的三种不同价态的含铁矿石（菱铁矿、磁铁矿、赤铁矿）分别具有催化过氧化氢，催化过氧化氢和过硫酸钠双氧化剂的能力，所组成的 S-Fenton-like、M-Fenton-like、H-Fenton-like、$S-H_2O_2-S_2O_8^{2-}$、$M-H_2O_2-S_2O_8^{2-}$ 和 $H-H_2O_2-S_2O_8^{2-}$ 系统，对于氯代有机污染物的去除具有较好效果。作用机理表现在溶解的二价铁和固体的二价铁活性点位催化过氧化氢和过硫酸钠，产生具有极强氧化性的自由基：羟基自由基和硫酸根自由基，对三氯乙烯（TCE）进行氧化脱氯，使其最终矿化成 CO_2、Cl^- 和水。当有微生物存在时，$S-H_2O_2-S_2O_8^{2-}$ 系统去除三氯乙烯等氯代烃的效果仍然显著。

5. 生物修复技术与材料研究进展

针对地下水原位生物降解修复技术实施过程中，高效稳定、长期有效的碳源常是制约该技术有效实施的关键，研发了乳化油原位强化生物降解修复材料，该材料稳定性良好、流动性良好、颗粒小、利于注入、不易堵塞；碳源释放缓慢、持续时间长，可为微生物提供能量和营养物质；无毒无害、环境友好；适用目标污染物种类多，可用于氯代烃类、硝基苯类、硝酸盐氮、六价铬等重金属、高氯酸盐类、六价铀等地下水污染的原位修复[32,33]。针对乳化油研发了移动式药剂制备-原位注入一体化系统，该设备将乳化油制备设备、注入设备耦合成一体化装备，可以快速实现原位药剂制备及注入工作。该设备引入高剪切乳化设备作为乳化油的现场制备设备，整套的乳化-注入设备可实现与多种端口的连接，全过程自动化控制，并且具有友好的人机对话操作界面。

五、土壤与地下水环境管理支撑技术研究进展

（一）环境安全与风险评估技术进展

1. 地下水环境风险监管技术进展

环境风险表征与量化评估是环境管理的重要支撑点，尤其是作为饮用水的地下水环境

风险识别人们尤为关注。"十二五"期间，围绕地下水污染与环境风险评价开展系列研究，明确了地下水污染风险的构成要素、评价的关键要素，以及评价程序与方法。地下水污染风险评价主要考虑地下水固有脆弱性、地下水特殊脆弱性及地下水的价值三个方面，筛选出在其中起主要作用的影响因素，建立地下水环境风险评价指标体系，并在此基础上对风险等级与风险重要性等级进行划分。建立了由风险识别、源项分析、风险计算、后果评价、风险管理等关键节点构成的地下水污染风险管理程序。基于 IRIS 毒性评价参数，明确污染物与人体健康风险之间的定量关系，通过对暴露估算所涉及的暴露量、接触频率、暴露频率、暴露期、体重和暴露平均时间的识别，确认了地下水健康风险评价的方法。

进一步明确地下水环境风险评价过程的不确定性的基本构成，开发系列不确定性的分析方法。环境风险评价涉及污染物自然存在或不能削减的不确定性，即系统本身的不确定性；存在认识的不确定性，即人们建立的模型（包括概念模型和评价模型）本身与自然实际情况之间存在偏差；存在参数的不确定性，即不管采用任何方法或手段，获得的评价模型参数与真实值之间都会存在偏差[34]。目前国内外的主要解决办法为 Monte Carlo 法和可靠性方法。基于 Monte Carlo 技术，利用多介质环境风险评价模型模拟结果，构建环境风险评价中不确定性的参数赋值、影响因素灵敏性分析、影响不确定性组分构成等识别方法体系，识别了不同参数体系对结果不确定性产生的影响。正确理解地下水系统中存在的各种不确定性，并合理处理，使地下水污染风险评价结果更切合实际。

2. 地下水回灌环境安全风险评估

目前，由于北方地区特别是华北平原地下水超采严重，地下水回灌是有效补充水资源的一种方式。其中再生水是一种潜在的回灌水源，但目前再生水的处理工艺难以去除其中所有的污染物，尤其是难降解污染物（POPs 类）、新型污染物（PPCPs、PFCs）等[35]，赋存在污水处理厂排放的尾水中，通过入渗方式等进入地下水，造成地下水污染。由于污染物种类较多，难以对地下水中全部污染物进行监测，因此，风险控制污染物的选择与识别显得尤为重要。基于此，研究基于效应评估和综合评分的主观赋权和客观赋权耦合方法，建立再生水补给地下水风险控制污染物识别和评估方法。

基于我国不同地理区域（北部、东部、南部、中部、西北和西南部），每个区域选取17 个典型城市选择回灌场地，研究和评价回灌风险，建立了河道下渗、地表回灌、井灌等不同回灌方式的场地适宜性评价方法，解析了不同回灌途径的风险特征，识别了风险物质迁移转化和风险传输的关键环节和影响因素。针对间接回灌和井灌两种方式，提出了以再生水为水源补给地下水风险控制污染物识别指标体系，其中包含存在水平、暴露潜力、毒性评价和健康风险四个指标。采用组合赋权法为赋权方法，并通过效应评估和综合评分法，提出了基于再生水与地下水关联性分析的再生水补给地下水风险控制污染物识别和评估方法。其中效应评估是对污染物进行综合评分，确定可能的风险排序之前，首先对污染物进行预筛选，筛选出具有"潜在风险"的污染物，排除低风险的物质。综合评分是对初步筛选出的污染物的潜在风险进行分析，评估相对风险的大小，确定再生水中予以重点关注的风险控制污染物。利用建立的风险评估方法对文献检索及全国调研数据进行风险分析，排查出再生水回灌地下水风险因子及其风险等级，并建立了风险因子数据库，数据库涵盖 13 大类 286 种物质[35~37]。

（二）风险源识别与防控区划技术进展

通过地下水污染风险源识别与防控区划技术研究，解析地下水污染源结构，揭示污染物构成与输移过程，分析地下水污染风险源的构成要素，探索地下水污染风险源识别方法；通过地下水污染防控区划构成要素分析，结合地下水使用功能、地下水价值等属性，形成地下水污染防控区划的技术体系；基于 GIS 平台，通过不同性质界面的叠加与耦合，建立污染防控区划模型和不确定性分析方法，形成地下水污染风险源识别与污染防控区划技术指导性文件，为制定有效的地下水污染防控措施和决策提供技术与方法。

1. 地下水污染风险源识别研究进展

在地下水污染源识别与分级方法方面，基于地下水污染源的多样性和复杂性、污染物的毒理学理论，结合不同尺度区域环境要素调查，建立了具有污染源分类和评价功能的地下水污染源分类分级方法。结合不同尺度区域地下水污染源与环境要素分析，建立具有尺度特征的污染源评价体系。在区域尺度上构建了涵盖污染源种类、污染物产生量、污染物释放可能性及污染距离 4 个指标的污染源评价体系；在城市尺度上构建了涵盖污染物性质（毒性、迁移性和降解性）和排放量（或污染源的负荷）2 个指标的污染源评价体系；在地下水源地尺度上构建了涵盖污染物级别、处置方式、污染物相对负荷及污染物负荷的持续情况 4 个指标的污染源评价体系[38,39]。

在地下水污染风险源的识别与分级模型方面，基于源-路径分析，通过解析地下水污染源的结构，结合污染物输移过程的评价和分析，构建了涵盖地下水污染源及地下水易污性 2 个因素的风险源分级模型。针对不同尺度区域，分别采用构建了矩阵法、多因素叠加模型、加权模型进行地下水污染风险源评价。

2. 土壤及地下水污染风险评估

随着信息技术的发展，基于 Monte Carlo 模拟的风险评估方法日益完善，逐渐摆脱基于实际监测数据的风险评估模式。同时，发达国家对土壤及地下水的风险评估正从单一个体的生态/环境/健康风险评估，向区域性、系统性的多维风险评估发展，为实际复杂环境条件下的风险管控提供了技术支撑。

基于我国土壤及地下水环境质量风险管理的迫切需求，在借鉴国外方法的基础上，初步形成了一系列评估方法和软件。在区域尺度上，利用历史上多次调查数据，开展了全国尺度的土壤分类、分级研究，形成了我国土壤环境区划技术体系，为我国土壤环境的风险管控提供了技术支撑。

3. 地下水污染防控区划指标体系构建

在地下水污染防控区划指标体系构建方面，基于国内外文献调研，在充分了解和把握地下水污染防控区划技术的研究进展，全面识别进一步研究空间的基础上，构建了适合我国的地下水污染防控区划的技术框架。

针对区域经济发展带，构建了涵盖污染源潜在危害程度、地下水易污性、地下水污染状况 4 大类 16 项评价指标体系；城市地区构建了涵盖地下水价值（水量、水质）、地下水水源保护、污染源危害性等级、地下水易污性 4 大类 17 项地下水污染防控区划的评价指标体系；针对集中水源地研究区构建了涵盖地下水污染风险源、地下水水质及水源地保护等级的划分 3 个部分的地下水污染防控区划指标体系。

在地下水污染防控区划技术与方法方面，按照地下水污染的严重性和紧迫程度，将地下水污染防控区划分为 4 级，分别为一般防护区、重点防护区、一般控制区、重点控制区。其中重点控制区地下水保护的紧迫性最强，一般防护区的紧迫性最低[38]。

（三）环境管理技术标准与规范建设

近几年，随着国家对土壤和地下水污染的重视，土壤和地下水环境管理技术标准和规范体系建设得到加强，土壤污染防治领域先后出台了一系列相关政策、法规等规范性文件，包括：《场地环境调查技术导则》（HJ 25.1—2014）、《场地环境监测技术导则》（HJ 25.2—2014）、《污染场地风险评估技术导则》（HJ 25.3—2014）、《污染场地土壤修复技术导则》（HJ 25.4—2014）、《污染场地术语》（HJ 682—2014），以及环境保护部办公厅发布实施的《地下水污染防治区划分工作指南》（试行）、《地下水污染健康风险评估工作指南》（试行）、《地下水污染修复（防控）工作指南》（试行）等，在完善政策法规、建立管理体制、明确责任主体等方面取得了可喜的进展。

同时，随着国内外污染土壤防治领域的技术进步、经验积累和市场需求，在环保部等部委的高度重视和具体指导下，我国土壤污染防治领域的技术标准体系建设也已初具雏形。环保部发布了污染场地系列环保标准，旨在为各地开展场地环境状况调查、风险评估、修复治理提供技术指导和支持，为推进土壤和地下水污染防治法律法规体系建设提供基础支撑。

六、国内外研究进展比较

1. 国内外理论研究进展比较

国际上针对土壤和地下水环境问题，开展了系列的科学理论研究，取得重要研究进展。

（1）针对土壤及地下水中污染物来源、分布、污染特征及形成机理等问题，国际上开展了大量的调查和评估研究，建立了土壤及地下水中有机污染物和重金属污染源数据库，解析了土壤及地下水中污染物来源，定量分析了不同尺度污染输送的源-受体之间的关系，确定了土壤及地下水污染与污染物有效性之间的关系，初步形成了土壤及地下水污染防治的基础理论、方法学及技术体系，为污染土壤及地下水环境质量制定及修复技术的设计等奠定了理论基础。

（2）在微观尺度上污染物迁移和转化的分子机制、多介质中污染物传输迁移的多尺度机理与相应的预测模型等方面开展了系统的研究，为污染土壤和地下水的风险评价框架体系和相应的模型构建，以及基准的确定提供了强大的理论支撑。

（3）系统开展了水体、土壤介质中不同类型化学物质对多种生物受体的急性、亚急性、慢性和蓄积性致毒作用以及致癌、致畸、致突变效应，建立了化学物质的生物毒性数据库。

与欧、美、日等发达国家相比，我国针对土壤及地下水污染成因、微界面过程和机制、污染物空间分布格局、污染关键驱动因子等方面开展系列研究，在复合界面污染物输移与相互作用机制、化学污染物赋存形态、生物累积与毒性效应评估、复合污染生态效应等理论与方法方面取得重要的研究进展和成果。

总体上，在土壤和地下水环境学科的理论研究方面，尤其是土壤及地下水污染成因、污染过程与效应、污染毒理学表征、污染物毒理数据库建设等方面存在显著差异，存在方法不够统一、数据缺少可比性，毒理数据缺乏等问题，需要进一步研究与完善。

2. 技术研究与应用进展比较

土壤与地下水污染防治技术与应用研究构成土壤与地下水环境学科的重要内容，技术、材料与装备研发与创新形成学科研究的重点方向。

欧、美、日等发达国家的土壤及地下水污染防治研究始于 20 世纪 70 年代，已建立完善的土壤及地下水污染防控理论和评估体系，研发了污染采样、监测、模拟与评估、控制与修复等关键技术及装备，并规模化应用于工程实践；已制订系列的行动指南、技术导则与工程规范，形成了完备的监管体系、政策法规、技术集成和材料装备产业化体系。

土壤和地下水污染治理技术已从单一的物理、化学、生物修复技术向多技术联合、集成的工程修复技术发展；从固定式设备向移动式设备发展；从服务于重金属、农药或石油、持久性有机化合物单一污染向多种污染物复合或混合污染情景发展，从应用于单一小面积厂址场地向特大复杂污染场地发展，从针对单一环境介质向包含大气、水体、土壤多环境介质同时治理、综合治理发展，从适用于肥力破坏性物化修复技术向肥力维持性绿色修复技术发展[40]。

与国际先进水平相比，我国在土壤及地下水污染防治的基础理论、核心技术、材料装备和管理决策等方面还处于明显滞后状态，基础研究原创性不足，技术与装备实用性不强，风险管控科技支撑薄弱，缺乏区域尺度的整体、系统的土壤及地下水污染防治设计与部署，研发我国具有独立自主知识产权的技术与装备，全面提升我国土壤及地下水污染防治的整体科技水平。

七、学科发展趋势展望

（一）学科基础理论研究趋势

1. 基础研究新方法、 新技术发展趋势

国际上土壤地下水环境科学的快速发展，依赖于基础理论学科新方法和新技术的应用。同位素标记和示踪、元素识别与生物地球化学等技术方法在土壤和地下水污染物循环、迁移和归宿研究方面发挥重要作用；同步光谱显微镜和同步辐射等技术成为研究土壤环境界面过程的重要手段，深入探讨微米和亚微米空间的化学特征、颗粒物质，表征亚微米尺度下微生物群落信息、黏土矿物和有机质的相互作用机制，揭示土壤物理、化学、生物界面交互作用等，为深入认识土壤环境中复杂生物地球化学过程提供了可能。在污染物生物毒性方面，借助 X 射线吸收精细结构（XAFS）技术，深入研究了不同矿物形态重金属在模拟人体胃液及肠液中的释放来解析污染物的毒理。

在土壤和地下水微生物方面，微生物高通量测序技术（第二代测序技术）的快速发展对于微生物群落结构研究提供了技术方法支撑。目前，对土壤微生物多样性和结构的检测方面，第二代测序技术已被广泛使用。第三代测序技术脱离了 PCR 的扩增，采用单分子测序作为主要的理论依据，受到了很大的关注。此外，宏基因组技术作为微生物研究领域的前沿技术，在微生物多样性检测方面发挥重要作用。

2. 污染地下水动力学的发展趋势

近年来，污染地下水动力学的重点体现在地下复杂界面及污染物迁移转化过程的数学表达。具体表现在：含水介质非均质性对有机污染物运移行为的影响；突出非饱和带、低

渗透地层污染物赋存状态与迁移转化特征的研究，构建具有刻画复合界面污染物传输的污染概念模型与数学模型，准确分析复杂介质中污染物时空分布与输移趋势；研究多相同时运移条件下，相间的相互影响和作用，加强理论创新性研究和定量化分析。因此，全面提升地下环境介质中污染物赋存的识别水平与准确性。

3. 修复过程机理识别与分析

在修复过程中的物理、化学和生物作用过程，以及修复实施后这些过程的变化情况还有待于进一步研究，包括有机污染物生物降解的详细过程和中间产物、化学氧化和还原修复中药剂传输效率和作用过程、微生物活动和地球化学过程的相互作用等。

在生物修复方面，亚细胞水平微生物体内污染物质代谢研究成为热点。近年来，多国研究人员开始尝试使用纳米二次离子质谱技术结合稳定同位素标记技术，通过对^{13}C和^{15}N等稳定同位素标记技术对底物培养基进行标记并追踪在亚细胞水平上纳米级微距内含量的变化[41]。

纳米二次离子质谱技术是目前应用于生物样品的最先进的动态谱检测技术。通过对样品进行适当的前处理，并实现亚细胞水平上检测单菌体条件下元素分配规律，并准确成像[42]。基于软件分析成像，从半定量、定量角度分析不同元素在菌体内部的分布变化情况，分析特定化合物进入微生物体内后的转运、代谢信息，为有机或无机污染物质从微生物表面转运到微生物体内的过程以及代谢途径的确定提供更为可靠的技术支持[43]。

固化稳定废物成分的主要机理是废物和胶结剂间的化学键力、胶结剂对废物的物理包容及胶结剂水合产物对废物的吸附作用。然而，确切的包容机理和对固化体在不同化学环境中的长期行为的认识具有较大差距，特别是包容机理认识不完整。当包容体破裂后，危险成分重新进入环境可能造成不可预见的影响。更好地了解这些基本原理和过程能够进一步提升污染场地修复的效果和效率。

（二）污染防治技术与装备发展趋势

1. 土壤环境监测技术与设备发展趋势

土壤和地下水环境监测新技术与新方法的突破与进步，将进一步推动学科的发展与进步。尤其是3S技术、同位素示踪与标记、现代分子生物学、生物地球化学、同步光谱显微镜和同步辐射等现代技术与方法，将为土壤和地下水环境时空变化监测提供支撑。

在监测技术与装备研发方面，加强土壤环境中持久性有机污染物的监测，重点研发实验室大型仪器、配套前处理设备等，主要包括开发持久性有机污染物、农药残留、新兴污染物等新型分析方法，制定方法标准；加强土壤和地下水环境中重金属的监测，不断加强对野外及实验室重金属监测技术的研究和仪器设备研发，特别是便携式重金属监测仪、ICP、ICP-MS等先进监测仪器，强化重金属监测能力；土壤和地下水环境监测设备向自动化、智能化、网络化方向发展，实现多技术交叉应用[24]。

2. 环境友好、高效协同的修复技术

绿色、安全、环境友好的土壤和地下水生物修复技术具有技术和经济上的双重优势。随着我国修复市场的逐步完善，在场地土壤和地下水中原有化学物质的基础上添加绿色可降解生物促进剂，以太阳能、风能等可再生能源驱动的电化学修复、利用自然植物资源的植物修复、土壤和地下水高效专性微生物资源的微生物修复、土壤中不同营养层食物网的动物修复、基于监测的综合土壤和地下水生态功能的自然修复等，或多种技术的耦合协同

联用，将是 21 世纪土壤和地下水环境修复科学技术研发的主要方向。

同时，利用现代技术强化技术优势，如从常规作物中筛选合适的修复品种，发展适用于不同土壤类型和条件的根际生态修复，或应用生物工程技术如基因工程、酶工程、细胞工程等发展土壤和地下水生物修复技术，提高治理速率与效率，都具有广阔的应用前景。

3. 修复材料和重大装备研发趋势

土壤和地下水修复技术的应用在很大程度上依赖于修复设备和监测设备的支撑，设备化的修复技术是修复走向市场化和产业化的基础。植物修复后的植物资源化利用、微生物修复的菌剂制备、有机污染土壤的热脱附或蒸气浸提、重金属污染土壤的淋洗或固化-稳定化、修复过程及修复后环境监测等都需要设备。尤其是对城市工业遗留的污染场地，因其特殊位置和土地再开发利用的要求，需要快速、高效的物化修复技术与设备。因此，开发满足场地污染土壤和地下水修复要求的专业、专有工程设备必然成为一种趋势。同时，一些新的物理和化学方法与技术在土壤和地下水环境修复领域的渗透与应用将会加快修复设备化的发展，将带动新的修复设备研制。

近年来，国外修复设备的发展趋于集约化和模块化，大量的离场式模块设备被研发和应用，各模块可根据污染场地规模、土壤特性、污染物成分及浓度的不同进行调整和优化组合。装备集约化与模块化极大地降低了设备安装时间、占地面积和能量消耗，提高了修复效率。此外，由于异位修复向原位修复技术的发展，原位修复设备的研发与规模化应用市场正不断扩大，针对深层污染土壤和地下水修复的重大装备具有广阔的应用前景。

黏土矿物改性技术、催化剂催化技术、纳米材料与技术已经渗透到土壤环境领域，并应用于污染土壤环境修复。但是，目标土壤和地下水修复的环境功能材料的研制及其应用技术还刚刚起步，对这些物质在土壤中的分配、反应、行为、归趋及生态毒理等尚缺乏了解，对其环境安全性和生态健康风险还难以进行科学评估。基于环境功能修复材料的土壤和地下水修复技术的应用条件、长期效果、生态影响和环境风险尚有待回答。

4. 低渗或大面积污染羽流的控制与修复

一般污染场地地下水污染羽的长度为 $200\sim300m$，其污染物浓度一般小于 $100mg/L$。个别含水层的渗透性能较好的污染场地，污染羽的长度可达几千米，在地面以下很深的位置[44]。大面积污染羽的修复具有巨大挑战性，控制和修复费用巨大。

低渗透地层污染修复在技术与工程上非常困难，通常通过间歇注入、长期循环等方式改善低渗透地层中反应药剂的传输，或通过注入表面活性剂等改善反应药剂与低渗透地层中污染物的接触，或者采用电化学动力技术以电场驱动污染物或修复剂的迁移。总体上，污染物趋向于"滞留"在低渗透的地层介质中，并可以长期"反向扩散"，构成二次污染源。反应药剂通过对流传输进入低渗透地层较难，致使低渗透地层的修复非常困难。低渗透地层污染的修复往往需要采用多种修复技术进行组合，修复序列可以提升修复效果和效率。此外，非均质各向异性的裂隙含水层的污染修复技术开发成为关注的热点。

5. 绿色可持续性的修复理念与应用

绿色可持续性修复最早是由美国发起的，是一种近年来逐渐发展的修复理念。绿色可持续性的一个核心概念就是"三重底线"的方法，即只有环境、社会和经济影响得到平衡的修复，才是可持续修复[45]。2008 年美国 EPA 将绿色修复定义为全面考虑修复行为造成的各种环境影响，从而减少修复的环境足迹，使环境效益最大化的修复行为，包括 6 个核心要素：修复系统的能源消耗、废气排放、需水量和对水资源的影响、对土地和生态系统的影响、修复中的材料消耗和产生的废物、长期的管理行为[46]。美国 EPA 一直积极倡导"绿色修复"理念，制订了降低污染场地修复环境影响的绿色修复计划，并于 2010 年提出了超级基金绿色修复战略，设定了绿色修复战略目标和主要任务，包括研发技术导则和制定相关政策法规，制定污染场地风险管理全过程绿色化转变策略，开展绿色修复技术示范工程和评估技术研究等[47,48]。

发达国家开展绿色可持续修复评估研究和实践的主要方法有修复技术筛选矩阵[49]、多标准分析评价法（MCA）[50,51]、成本效益分析法（CBA）[52]、环境效益净值分析法（NEBA）[53]、生命周期评估法（LCA）[54,55]，以及开发一些定量和半定量评估软件或系统以在场地修复过程中融入可持续性理念[56]。虽然大多数人认为绿色可持续修复评价指标应包括环境、社会、经济三方面，但目前还没有国际公认的指标体系。与发达国家积极倡导绿色可持续修复、原位修复技术应用比例已达到 50％以上的现状相比，我国具有较大差距[48,57,58]，亟须推进我国绿色可持续修复的发展。

（三）环境污染监管技术体系

在地下水污染场地修复的设计和运行中，不同的组成部分应该作为一个系统来考虑，而不应该是各自独立的部分，因为各组成部分具有联系和影响。因此，可以采用系统工程的理论，如把污染土壤和包气带的修复与污染含水层的修复视为一个整体，确定修复系统的目标，明确各种约束条件。由于尺度问题和地下环境的多变性，修复系统性能的评估非常困难。因此，需要开展对修复系统的诊断和优化方面的研究。

污染场地的修复技术发展非常迅速，各种修复技术通过实践应用得到了不断地完善。目前虽然已有很多成功的污染场地修复工程实践，但地下水污染场地的修复也面临着挑战，在污染修复过程中有很多问题还有待于进一步的研究解决。地下环境污染存在着非确定性，很难准确地确定污染物在地下环境中的分布和预测其变化，对于污染场地修复以及监管带来了很大的困难，场地在进行修复决策时，仍然存在着许多不确定性。

因此，对污染场地现状更好地了解，对修复效果的准确预测可以使将来污染场地修复决策更快、更容易。模型方法对于污染场地管理中的决策制定十分重要，它可以为修复技术的选择提供依据，模型的科学构建对于管理决策至关重要。因此，需要进一步研究模型的科学基础、复杂的作用过程等；在模型和管理决策中研究定量化分析不确定性的方法和手段，改进测试和数据分析使非确定性最小化，改进场地概念模型以提升预测和决策中的置信水平。

八、结论及建议

综上，"十二五"期间，我国土壤和地下水环境学科发展受到高度重视，在理论和技术方面取得显著进展，为保障我国环境安全、生态安全和人居环境健康发挥了重要的科技支撑作用。然而，与国际上发达国家相比，在基础理论创新、技术储备、风险管控体系等方面存在一定差距，土壤及地下水环境学科发展仍显得缓慢，学科发展布局仍显得碎片化。因此，土壤及地下水环境学科在未来的发展过程中，结合国家科技计划的实施，需要进一步突出系统性、全面的学科发展布局，更加强调学科基础理论，共性关键技术、材料装备等方向的系统性、链条式设计与突破，加大环境信息管理与管理决策支持系统的科技创新力度，建立学科研发与污染防治的科技创新平台，形成多学科交叉的科技创新团队与创新性人才培养基地，显著提升我国土壤及地下水环境学科的发展水平，进一步强化我国土壤及地下水污染防治的综合研发能力。

参 考 文 献

[1] 李干杰. 中国正面临土壤环境保护重大挑战. 中国报道；2015.

[2] 王芳丽，宋宁宁，赵玉杰，张长波，沈跃，刘仲齐. 聚丙烯酸钠为结合相的梯度扩散薄膜技术预测甘蔗田土壤中镉的生物有效性. 环境科学，2012，33（10）：3562-3568.

[3] Joekar-Niasar V，Hassanizadeh S M. Analysis of Fundamentals of Two-Phase Flow in Porous Media Using Dynamic Pore-Network Models：A Review. Critical Reviews in Environmental Science and Technology，2012，42（18）：1895-1976.

[4] Haritash A K，Kaushik C P. Biodegradation aspects of Polycyclic Aromatic Hydrocarbons（PAHs）：A review. J. Hazard. Mater.，2009，169（1-3）：1-15.

[5] Dong C，Beis K，Nesper J，Brunkan-LaMontagne A L，Clarke B R，Whitfield C，Naismith J H. Wza the translocon for E. coli capsular polysaccharides defines a new class of membrane protein. Nature，2006，444（7116）：226-229.

[6] Hua F，Wang H，Zhao Y，Yang Y. Pseudosolubilized n-alkanes analysis and optimization of biosurfactants production by Pseudomonas sp. DG17. Environ Sci Pollut R，2015，22（9）：6660-6669.

[7] Li Y，Wang H，Hua F，Su M，Zhao Y. Trans-membrane transport of fluoranthene by Rhodococcus sp. BAP-1 and optimization of uptake process. Bioresour. Technol.，2014，155：213-219.

[8] Guo H，Wen D，Liu Z，Jia Y，Guo Q. A review of high arsenic groundwater in Mainland and Taiwan，China：Distribution，characteristics and geochemical processes. Appl. Geochem.，2014，41：196-217.

[9] Guo H，Liu Z，Ding S，Hao C，Xiu W，Hou W. Arsenate reduction and mobilization in the presence of indigenous aerobic bacteria obtained from high arsenic aquifers of the Hetao basin，Inner Mongolia. Environ. Pollut.，2015，203：50-59.

[10] 韩双宝. 银川平原高砷地下水时空分布特征与形成机理［D］. 北京：中国地质大学，2013.

[11] Guo Q，Guo H，Yang Y，Han S，Zhang F. Hydrogeochemical contrasts between low and high arsenic groundwater and its implications for arsenic mobilization in shallow aquifers of the northern Yinchuan Basin，P. R. China. Journal of Hydrology，2014，518，Part C：464-476.

[12] Guo Q，Guo H. Geochemistry of high arsenic groundwaters in the Yinchuan basin，P. R. China. Procedia Earth and Planetary Science，2013，7：321-324.

[13] 谢云峰，曹云者，杜晓明，徐竹，柳晓娟，陈同斌，李发生，杜平. 土壤污染调查加密布点优化方法构建及验证. 环境科学学报，2015：1-11.

[14] 王海见，杨苏才，李佳斌，宋云，权腾，王东. 利用 MIP 快速确定某苯系物污染场地污染范围. 环境科学与技术，2014，37（2）：96-100.

[15] 杨苏才，王东，王海见，宋云，权腾，李佳斌，李梓涵，魏文侠，李培中，郝润琴. 利用半透膜介质探测系统确定某加油站污染范围. 地球科学-中国地质大学学报，2013，38（2）：893-903.

[16] 姜林，钟茂生，姚珏君，夏天翔，蔡月华. 挥发性有机物污染土壤样品采样方法比较. 中国环境监测，2014，30（1）：109-114.

[17] Van der Meer J R，Belkin S. Where microbiology meets microengineering：design and applications of reporter bacteria. Nat Rev Micro，2010，8（7）：511-522.

[18] Jiang B，Song Y，Zhang D，Huang W E，Zhang X，Li G. The influence of carbon sources on the expression of the recA gene and genotoxicity detection by an Acinetobacter bioreporter. Environmental Science：Processes & Impacts，2015，17（4）：835-843.

[19] Jiang B，Zhu D，Song Y，Zhang D，Liu Z，Zhang X，Huang W，Li G. Use of a whole-cell bioreporter，Acinetobacter baylyi，to estimate the genotoxicity and bioavailability of chromium（Ⅵ）-contaminated soils.

Biotechnol. Lett，2015，37（2）：343-348.

[20] Kuncova G，Pazlarova J，Hlavata A，Ripp S，Sayler G S. Bioluminescent bioreporter Pseudomonas putida TVA8 as a detector of water pollution. Operational conditions and selectivity of free cells sensor. Ecological Indicators，2011，11（3）：882-887.

[21] Zhang D，He Y，Wang Y，Wang H，Wu L，Aries E，Huang W E. Whole-cell bacterial bioreporter for actively searching and sensing of alkanes and oil spills. Microbial Biotechnology，2012，5（1）：87-97.

[22] 宋晓威，徐建，张孝飞，赵欣，林玉锁. 废弃农药厂污染场地浅层地下水生态毒性诊断研究. 农业环境科学学报，2011，30（1）：42-48.

[23] Song Y，Li G，Thornton S F，Thompson I P，Banwart S A，Lerner D N，Huang W E. Optimization of bacterial whole cell bioreporters for toxicity assay of environmental samples. Environ. Sci. Technol.，2009，43（20）：7931-7938.

[24] 罗毅. 环境监测能力建设与仪器支撑. 中国环境监测，2012，2.

[25] 陈梦舫，骆永明，宋静，李春平，吴春发，罗飞，韦婧. 污染场地土壤通用评估基准建立的理论和常用模型. 环境监测管理与技术，2011，23（3）：19-25.

[26] 骆永明，李广贺，李发生，林玉锁，涂晨，等. 中国土壤环境管理支撑技术体系研究. 北京：科学出版社，2015.

[27] 廖志强，朱杰，罗启仕，刘小宁，张长波，林匡飞. 污染土壤中苯系物的热解吸. 环境化学，2013，32（4）：646-650.

[28] 郝汉舟，陈同斌，靳孟贵，雷梅，刘成武，祖文普，黄莉敏. 重金属污染土壤稳定/固化修复技术研究进展. 应用生态学报，2011，22（3）：816-824.

[29] 聂小琴，刘建国，曾宪委，苏肇基. 六氯苯污染土壤的固化稳定化. 清华大学学报：自然科学版，2013，53（1）：84-89.

[30] 申坤. 多环芳烃污染土壤固化稳定化修复研究［D］. 北京：轻工业环境保护研究所，2011.

[31] 李婷婷，刘贵权，刘菲，陈家玮. 铁矿物催化氧化技术在水处理中的应用. 地质通报，2012，31（8）：1352-1358.

[32] 生贺，于锦秋，刘登峰，董军. 乳化植物油强化地下水中 Cr（Ⅵ）的生物地球化学还原研究. 中国环境科学，2015，36（6）：1693-1699.

[33] 李书鹏，刘鹏，杜晓明，杜郁. 采用零价铁-缓释碳修复氯代烃污染地下水的中试研究. 环境工程，2013，31（4）：53-58.

[34] 于勇，翟远征，郭永丽，王金生，滕彦国. 基于不确定性的地下水污染风险评价研究进展. 水文地质工程地质，2013，40（1）：115-123.

[35] Ma Y，Li M，Wu M，Li Z，Liu X. Occurrences and regional distributions of 20 antibiotics in water bodies during groundwater recharge. Sci. Total Environ.，2015，518-519：498-506.

[36] Li Z，Xiang X，Li M，Ma Y，Wang J，Liu X. Occurrence and risk assessment of pharmaceuticals and personal care products and endocrine disrupting chemicals in reclaimed water and receiving groundwater in China. Ecotoxicology and Environmental Safety，2015，119：74-80.

[37] Li Z，Li M，Liu X，Ma Y，Wu M. Identification of priority organic compounds in groundwater recharge of China. Sci. Total Environ.，2014，493：481-486.

[38] 李广贺，赵勇胜，何江涛，张旭，金爱芳，白利平. 地下水污染风险源识别与防控区划技术. 北京：中国环境出版社，2015.

[39] 金爱芳，张旭，李广贺. 地下水源地污染源危害性评价方法研究. 中国环境科学，2012，32（6）：1075-1079.

[40] 赵其国，滕应. 国际土壤科学研究的新进展. 土壤，2013，45（1）：1-7.

[41] Römer W，Wu T-D，Duchambon P，Amessou M，Carrez D，Johannes L，Guerquin-Kern J-L. Sub-cellular localisation of a 15N-labelled peptide vector using NanoSIMS imaging. Appl. Surf. Sci.，2006，252（19）：6925-6930.

[42] Musat N，Foster R，Vagner T，Adam B，Kuypers M M M. Detecting metabolic activities in single cells，with emphasis on nanoSIMS. FEMS Microbiology Reviews，2012，36（2）：486-511.

[43] Clode P L，Stern R A，Marshall A T. Subcellular imaging of isotopically labeled carbon compounds in a biological

sample by ion microprobe (NanoSIMS). Microsc. Res. Tech.，2007，70（3）：220-229.

［44］Stroo H F，Ward C H. In Situ Remediation of Chlorinated Solvent Plumes. Springer 2010.

［45］U. S. Sustainable Remediation Forum. Sustainable remediation white paper-Integrating sustainable principles，practices，and metrics into remediation projects. Remediation Journal，2009，19（3）：5-114.

［46］U. S. EPA. Green Remediation：Incorporating Sustainable Environmental Practices into Remediation of Contaminated Sites. 2008.

［47］U. S. EPA. Superfund Green Remediation Strategy. 2010.

［48］张红振，於方，曹东，王金南，张天柱，骆永明. 发达国家污染场地修复技术评估实践及其对中国的启示. 环境污染与防治，2012，34（2）：105-111.

［49］Illinois EPA. Greener cleanups：how to maximize the environmental benefits of site remediation. 2012.

［50］李青青，罗启仕，郑伟，李小平. 土壤修复技术的可持续性评价——以原位稳定/固化技术和异位填埋技术为例. 土壤，2009，41（2）：308-314.

［51］Critto A，Cantarella L，Carlon C，Giove S，Petruzzelli G，Marcomini A. Decision support-oriented selection of remediation technologies to rehabilitate contaminated sites. Integrated Environmental Assessment and Management，2006，2（3）：273-285.

［52］Onwubuya K，Cundy A，Puschenreiter M，Kumpiene J，Bone B，Greaves J，Teasdale P，Mench M，Tlustos P，Mikhalovsky S，Waite S，Friesl-Hanl W，Marschner B，Müller I. Developing decision support tools for the selection of "gentle" remediation approaches. Sci. Total Environ.，2009，407（24）：6132-6142.

［53］Efroymson R A，Nicolette J P，Suter G W. A framework for net environmental benefit analysis for remediation or restoration of contaminated sites. Environmental Management，2004，34（3）：315-331.

［54］冯嫣，吕永龙，王铁宇，贺桂珍，耿静. 基于 LCA 的 POPs 控制技术系统评估方法研究. 环境工程学报，2010，4（3）：709-716.

［55］Zhang Y，Singh S，Bakshi B R. Accounting for ecosystem services in life cycle assessment，part Ⅰ：A critical review. Environ. Sci. Technol.，2010，44（7）：2232-2242.

［56］蒋栋，路迈西，李发生，周友亚，谷庆宝. 决策支持系统在污染场地管理中的应用. 环境科学与技术，2011，34（3）：170-174.

［57］谢剑，李发生. 中国污染场地修复与再开发. 环境保护，2012，（Z1）：15-24.

［58］骆永明. 污染土壤修复技术研究现状与趋势. 化学进展，2009，21（2/3）：558-565.

第十三篇　海洋环境学科发展报告

编写机构：中国环境科学学会海洋环境保护专业委员会
负责人：于志刚　高会旺
编写人员：于志刚　马绍赛　马　剑　王宗灵　王　腾　王新红　刘炜炜
　　　　　江文胜　江毓武　严重玲　李正炎　李适宇　李秋芬　李爱峰
　　　　　李道季　宋洪军　张　凌　郑炳辉　郎印海　柳　欣　贾永刚
　　　　　贾后磊　钱宏林　钱　新　高会旺　高坤山　黄小平　黄邦钦
　　　　　黄旭光　黄良民　彭本荣　雷　坤　颜　文

摘要

　　"十二五"期间，中国经济高速稳步发展，海洋经济加速发展，我国制定了一系列区域开发战略，包括"一带一路""京津冀协同发展""长江经济带"等。继"十一五"批复的多个与海洋经济相关的国家战略之后，《山东半岛蓝色经济区发展规划》《海峡西岸经济区发展规划》《浙江海洋经济发展示范区规划》等多个区域发展国家战略又相继启动，以海洋资源为依托，将逐渐形成以地域分工为基础、以海洋产业为支撑的经济增长极。

　　与此同时，海洋环境问题依然突出。除了传统的海洋环境问题，如富营养化、赤潮、重金属污染等，一些新的海洋环境问题有加剧恶化的趋势，如绿潮频发、水母旺发、海洋酸化、海洋低氧区扩大、有毒有机污染、放射性核素污染、围填海对近海环境的影响等。尤其是这些海洋环境与生态问题往往出现在同一海域，在不同季节或在同一季节相互叠加，对河口、海湾及近海区域产生多重压力，加剧了这些海域的生态破坏。

　　围绕着解决这些海洋环境与生态问题，我国的海洋环境科学与技术取得了明显进展。我国全面开展了近海及其邻近海域的环境监测、海洋环境要素预报等；在深入认识主要环境问题、生态灾害的基础上，基于生态系统的海洋环境管理逐步推进，形成了一些法规和制度；开展了全球变化和人为活动影响下的海洋环境变化与生态系统演变的研究，关注了极地海洋环境以及深海大洋环境的调查工作。然而，与发达国家相比，我国海洋环境科学与技术的发展水平仍存在明显差距。例如，海洋环境监测的覆盖范围、自动化监测能力明显不足，还没有形成系统的观测网络，海洋环境监测技术和预报技术远远落后于美国、欧洲等发达国家，资料管理和共享水平较低，对海洋环境长期变化机制的认知能力严重不足，对影响海洋环境变化的关键过程（如中尺度过程、物理-化学-生物耦合过程等）尚缺乏系统深入的理解。这些不足恰恰是"十三五"期间我国海洋环境科学与技术发展中应当予以重点考虑的问题。

一、引言

我国是海洋大国，领海面积 38 万平方千米，主张管辖海域面积 300 万平方千米，大陆岸线18000km，岛屿岸线14000km。我国有超过 70% 的大城市和近 50% 的人口集中在东部及南部沿海地区。长江、黄河、珠江 3 条世界级的入海大河，三大流域约占陆域国土面积的 1/3，聚居着全国一半以上的人口，入海淡水、泥沙及其中含有的各类物质将陆地人类活动的影响带入海洋。在复杂的自然变化背景下，伴随着城市化的稳步推进和流域工农业的快速发展，海洋生态环境正遭受巨大的压力。

近年来，海岸带的不合理开发利用使得近海湿地资源遭到极大破坏，滨海湿地、红树林和珊瑚礁面积较 60 年前丧失 50% 以上。自然岸线保有率持续下降，由 20 年前的 90% 以上下降到目前的 40% 左右。与此同时，近岸海域生态系统结构和功能显著退化，生物多样性下降，渔业资源严重衰退。入海污染物明显增加，河口及其邻近海域环境急剧恶化的趋势仍没有得到有效遏制，局部海域重金属或石油类污染严重。近岸海域富营养化面积不断扩大，有毒有害赤潮发生率升高。2007 年以来，黄海南部海域连年发生绿潮（浒苔），北戴河海域爆发褐潮，这些都是我国海域不曾有过的现象。目前，近岸海域水体、沉积物和海洋生物体中有机氯农药、多氯联苯类等持久性有机污染物以及铊、铍、锑等剧毒类重金属时有检出，野生鱼类、腹足类等海洋生物发生了高比例的性畸变现象，潜在的生态风险和人体健康风险不容忽视。同时，全球海平面上升，风暴潮、台风等极端气候与天气事件频发，沿海低地和三角洲城市安全风险增加。

当前，国家把打造区域经济带作为增强内需、拉动经济的重要举措和推动发展的战略支撑，特别是"一带一路""京津冀协同发展""长江经济带"等区域发展战略的实施，更需要高度重视区域海洋经济的可持续发展和海洋生态环境的保护。正在实施的《水污染防治行动计划》对海洋环境保护提出了新的要求。我国海洋生态环境保护工作正在不断深入，近岸海域污染控制区域正逐步从海岸带向陆域腹地延伸，从侧重传统污染物控制拓展至新型污染物风险防范，从重点关注海域水质改善向兼顾生态系统健康转变。在海洋经济发展势头迅猛、海岸带开发利用强度日益增大的背景下，保障近岸海域生态系统安全，促进海洋资源可持续利用，支撑区域海洋环境管理，是我国建设生态文明、建设海洋强国的重大需求。

本报告重点梳理了我国海洋环境学科在"十二五"期间所开展的主要研究工作和取得的研究成果，结合发达国家在该领域的研究前沿和热点问题，展望了我国海洋环境学科未来的发展趋势。本报告主要包括以下四个方面的内容。

一是分析了我国当前存在的主要海洋环境问题，总结了我国河口、海湾及近海海域环境与生态科学的研究进展。主要涉及陆海相互作用、海气界面和海水沉积物界面等海洋界面过程研究；有毒有机污染、重金属污染、石油污染、热污染与放射性核素污染的时空分布，围填海等人类活动对近海环境的影响；赤潮、绿潮、水母旺发、海洋生态系统与气候变化等引起的近海生态系统演变与生态灾害；深远海矿产资源的勘探利用与环境影响、深海海底生物资源及生境调查与生态保护、极地环境保护等。

二是总结分析了我国海洋环境技术的研究进展。主要包括海洋环境遥感与自动监测技术、海洋水质监测技术、生态环境监测技术、底质环境监测技术等海洋环境监测技术；滨海湿地修复技术、近岸水体生态修复技术、海洋生态健康评估技术等海洋生态修复与评估技术；海洋动力环境预报技术、海洋水质预测技术等海洋环境预报技术。

三是介绍了我国海洋环境管理体系建设相关进展。涉及海域使用规划、海洋保护区建设、海洋生态文明建设等海洋环境保护规划；海洋管理制度建设和管理手段创新等海洋环境管理问题。

四是简要分析了国际海洋环境的热点问题和研究进展。如海洋酸化、低氧（缺氧）区、生物多样性、分子生物学、痕量元素分析、微小塑料颗粒污染等，并与国内相关研究进展相比较。在此基础上，分析了我国海洋环境学科的发展方向和总体趋势。

二、我国主要海洋环境问题及其研究进展

（一）海洋界面过程与环境效应

海洋生物地球化学过程很大程度上受控于界面附近的物质交换过程，包括物理、化学与生物学过程。与物质交换有关的界面主要包括海陆界面、海气界面及海水沉积物界面三大类[1]。人类活动产生的污染物可以通过界面附近的物质交换进入海洋，从而影响海洋环境与生态系统。

1. 陆海相互作用

陆海相互作用是一个宽泛的研究领域，研究范围可以从河流的源头一直到陆架边缘海区，代表了海洋科学基础研究的一个重要方面，且与社会经济的可持续发展密切相关。

河流入海是陆海相互作用的重要方面。中国沿岸入海河流径流总量占全国外流河（直接或间接流入海洋的河流）总径流量的76.2%。河流入海不仅为近岸海域输送了淡水、泥沙、营养盐和矿物质，同时也排放了大量放射性物质、病原体废物、含热废水、农药残留、生长调节剂等多种污染物质。陆地向海洋的物质输送，约90%以上是随河流入海而完成的。污染物在河口经历着絮凝/溶解、吸附解吸、生物吸收/有机质降解和沉淀/再活化等过程[1,2]。陆海相互作用，除了河流输运，其他途径还包括：海域内排污口、污染物沙滩渗入、岸滩堆放及处理固体废物或者储存有毒有害物质流失等可将陆源污染物带入近岸海域。近几年的《海洋环境质量公报》显示，陆源污染物均占海洋污染物总量的80%[3,4]，这些污染物已对海洋环境产生了重大影响。

陆源污染物进入海洋后，可以通过多种途径影响海洋环境。传统的陆源污染物主要分为三大类：有机物、营养物和金属盐类。有机物和营养物主要来源于生活污水，而金属盐类主要来源于工业污水[2]。营养物主要是氮和磷，一定数量的氮和磷是维持一个水体生态平衡的必需物质，但是过多的营养物将会导致赤潮、海藻暴发增长及海水含氧量降低。金属盐类在水中不易分解，常常发生形态间的相互转化、分散和富集等过程。

随着药物、个人护理品、食物添加剂、雌激素等的大量使用，多种"新型有机污染物"（如抗生素、环境内分泌干扰物等）被排放进入近海环境中。这类污染物的生物活性较高，在环境中广泛存在，某些化合物还呈现持久性、高生态风险等特点。比如，黄河口海水和淡水的抗生素含量分别为<0.23~50.4ng/L和<0.24~663ng/L[5]；珠江口抗生

素的含量为＜2.26μg/L[6]；所选 42 种新型有机污染物中，长江口附近水体中的检出率高达 70%[7]。另外，最近发现塑料微粒已经是长江口水体中普遍存在的一种新型污染物[8]。目前，我国附近海域不仅受到传统污染物的影响，大量新型污染物也逐渐出现，这在以往陆海相互作用研究中很少受到重视。鉴于这些污染物对生态和人体健康的危害具有不可预测性，因此各级海洋管理和技术部门应逐步加强对中国近海环境中的新型污染物的监测、管理和预测力度，有效削减污染物的入海通量，降低污染物对海洋生态环境的破坏。

除了水质，我国最近也加强了海洋垃圾等固体废物的研究。国家海洋局 2014 年的监测结果显示，海洋垃圾密度较高的区域主要分布在滨海旅游休闲娱乐区、农渔业区、港口航运区及邻近海域。在旅游休闲娱乐区，海洋垃圾多为塑料袋、塑料瓶等；在农渔业区，塑料类、聚苯乙烯泡沫类等生产生活垃圾数量较多[7]。虽然海洋垃圾对我国海洋生态系统危害日益凸显，但针对海洋垃圾的防治与管理较为薄弱，因此海洋垃圾的排放从根本上难以得到有效控制。

2. 海气界面过程

大气-海水界面（简称海气界面）是海-气之间物质和能量交换的主要场所。海气界面的相关研究包括：气-液界面的物质分配系数、传递速率和通量等[1]。界面物质交换即包括大气物质向海洋的沉降，也包括海洋物质向大气的传输。这些物质包括：由火山喷发而产生的气体与颗粒态物质；由陆地表面的风化过程所产生，并被风及降水所携带的矿物质和有机质；由于人为活动而产生的污染物，它可以是在海洋局部地域产生的，也可以是陆源污染物质的长距离输送[1]；海洋表面的波浪破碎与蒸发作用产生的气体和海洋气溶胶等。

在人类活动和全球变化的共同影响下，大气污染物的数量和种类（如温室气体、沙尘气溶胶、营养物质、有机污染物）不断增多。大气物质浓度的增加不仅直接影响空气质量、交通运输等，对全球和区域气候变化也产生了极大的影响，而且越来越多的大气物质沉降到海洋中，进而影响上层海洋的生物地球化学过程[2]。多年来，海洋作为大气 CO_2 的调节器，在控制全球因矿物燃料的使用而导致的 CO_2 浓度升高方面，发挥了至关重要的作用[9]。研究表明，人类活动每年向大气排放的 CO_2 有 30%～50% 被海洋吸收[10]，从而减缓了全球大气 CO_2 浓度上升的趋势。海洋吸收大气 CO_2、缓解全球气候变暖的同时，也出现了酸化趋势。目前海洋酸化问题已引起广大学者的高度关注，海洋酸化导致海水化学组分变化的同时，还可能会改变海洋生态系统，甚至影响全球气候的变化[11]。

当前，我国关于海气界面 CO_2 交换的研究主要集中于中国边缘海区[12,13]。2013 年，国家海洋局发布的《海洋环境质量公报》[3]中，单列章节描述了渤海、黄海、东海和南海北部海域海气界面 CO_2 交换通量的调查结果。结果表明，渤海夏、冬季从大气中吸收 CO_2，春、秋季向大气释放 CO_2，全年表现为对大气 CO_2 的吸收/释放接近平衡。黄海春、秋、冬季从大气吸收 CO_2，夏季向大气释放 CO_2，全年表现为大气 CO_2 的汇。东海春、夏、冬季从大气显著吸收 CO_2，秋季吸收强度趋于减弱，冬季水温较低、春季初级生产力水平整体较高、夏季长江冲淡水影响海域的生物吸收显著等，导致东海海域全年内均作为 CO_2 的汇。但南海北部海域在夏季向大气中释放 CO_2。

大气物质沉降通过为海洋提供外源性氮、磷和铁等微量营养元素，能够显著影响海洋氮、碳循环过程，并因此产生气候效应。一方面促进海洋初级生产和生物固氮，增强海洋吸收二氧化碳的能力；另一方面影响海洋氮、碳循环路径，增加海洋生物源气溶胶排放量，间接影响气候变化[14]。

由于大气污染物排放的持续增加与沙尘事件的频繁发生，我国陆架海及其邻近西北太平洋碳、氮循环过程受到大气物质沉降的显著影响，成为大气物质沉降及其气候影响研究的代表性海域。每年通过大气物质沉降到我国东部近海的溶解无机氮与无机磷分别达到 1.4×10^{10} mol 及 3×10^8 mol，分别约占入海总量的 58% 和 75%[15,16]。另外，在东海和黄海，营养盐（包括无机氮、磷）的大气沉降通量夏季以湿沉降为主，冬季的干沉降较高[17]。受春季亚洲沙尘暴频发的影响，大气沉降进入中国近海的营养盐会表现出季节性特征及峰值。研究发现，黄海的湿沉降量与有害藻华的暴发频率存在正相关性[18]，降水所携带的营养盐可引起表层海水的暂时富营养化，从而促使浮游植物大量繁殖[19]。

源于中国西北部和蒙古境内的沙尘在向西北太平洋的长距离传输中，途经我国东部人口密集的城市区域，将与人为排放的大气污染物发生混合以及化学反应。这种与人为污染混合的沙尘气溶胶在我国近海的沉降可能会严重影响海洋生态系统[20]。至今，我国关于海气界面物质通量的研究还远远不够，沉降通量的估算还有很大的不确定性，这主要是因为：长期以来，沉降研究主要集中在部分城市和地区，对于海洋大气沉降研究较少，导致缺乏长期、多点的实地观测数据；由于样品数量有限，而且样品采集存在采样方法的差异，也导致界面沉降通量的计算不够精确[20]。因此，未来研究首先需要在近海区域建立大气沉降的监测网，对物质沉降进行长期连续采样分析，以了解大气中各污染物的时空变化特征。结合分子生物学和实验生态学等手段理解大气沉降影响下的海洋初级生产过程的变化，利用同位素示踪等技术研究海气界面物质交换对海洋环境的影响是未来研究的重点方向。

3. 海水沉积物界面

海洋中 90% 以上的有机质埋藏于陆架边缘海沉积物中[21]。海水沉积物界面发生的物理和化学反应，如吸附和解吸、迁移和转化、扩散和埋藏以及生物扰动等是调节水相与沉积相之间物质交换的重要过程，对理解海洋中的氮、磷循环以及沉积环境评价具有重要意义[1]。经由河流输入、大气沉降到海洋中的陆源物质以及海洋生物碎屑等，最终都要埋藏到海水沉积物中。而沉积物中有机质的分解与早期化学成岩反应往往使得沉积物间隙水中营养盐、有机质等的浓度高于上覆水体，它们又通过扩散过程和底栖生物扰动，不断地迁移到上覆水体中重新参与物质循环[22]。海水沉积物界面可分为两种类型，即沉积物颗粒-海水微界面和沉积物-海水交界处具有一定厚度的宏观界面。

海水沉积物界面不像陆海界面和海气界面那样直观，特别是受到观测技术的限制，现场观测比较困难。由于底层沉积物所提供的信息反映的是一个相对较长的沉积学过程和生物地球化学过程，因此仍有很多值得人们深入研究的方面。海水沉积物界面研究的主要内容包括：界面物质的物理化学性质，主要研究沉积颗粒物表面的电行为、交换、吸附化学物质的机理等；海水沉积物界面间物质转移，主要研究界面间物质的转移通量；海水沉积物界面环境，主要研究界面沉积物氧化还原环境；界面间物质产生与转移的机制，由于界面附近化学物质的分布特征不同，产生与转移机理也就不同；沉积物-间隙水-海水体系中的早期成岩作用；海底沉积环境成因研究等[22]。

海水沉积物界面之间的物质交换过程比较复杂，典型的物质交换过程包括：水动力条件改变所引起的泥沙沉降与再悬浮，底栖生物与细菌活动引起的物质降解，沉积物氧化-还原条件改变引起的有机物与无机物的分解-还原和向上覆水体中的扩散等[1]。物质在海水沉积物界面附近的交换通量很大程度上与其所处的沉积环境有关：在快速堆积的陆架及近岸地带，物质在海水沉积物界面的交换受到抑制，相反，在相对稳定的沉积环境中，物质在海水沉积物界面的交换是显著的，而且对局部地区的生态环境有特别重要的影响。特别是在与污染物结合的沉积物类型，底栖生态群落的种类与丰度等会受到界面附近的物质类型的控制[1,22]。

底栖生物是底栖环境状况有效可靠的指示类群。底栖生物生活在水体的底部，它们的栖息环境相对稳定、对环境变化反应敏感，可以较为客观地反映其生活环境的水质和底质状况，已被广泛用于海洋环境污染的监测和评价。当沉积环境发生改变时，底栖生物会做出相应调整以适应新的环境，因此底栖生物分布特征与污染源在时间和空间上均存在明显关系[23]。一般认为，在未污染的沉积环境中，生物种类多样性、个体数量分布均匀；当水体和沉积物受到污染时，底栖生物的敏感种类消失，耐污种个体大量繁殖，但多样性下降。虽然中国河口近岸沉积物中某些污染物的含量低于工业发达的欧洲和北美地区[24]，但我国沉积物污染对底栖生态环境的影响研究发现，个别地区污染物含量较高，且污染越重的区域，其生物多样性越低。海水沉积界面中污染物的潜在生态危害指数值与底栖生物的生物量呈显著负相关关系，而与栖息密度呈一定的正相关关系，表明污染越重的区域，底栖生物的栖息密度越大，而生物量越小[25,26]。研究发现，黄河口海区重金属含量较高的站位倾向于聚集生物量较大的底栖生物；渤海湾沉积物重金属含量与底栖生物群落结构也呈现相关性；莱州湾沉积物中的 Zn 与底栖生物丰度具有显著的相关关系[27]。

海水沉积物界面的物质交换过程不仅对海洋底栖生态环境产生影响，还可以引发海底滑坡等自然灾害。当海底沉积物中的天然气水合物发生分解时，由于固态物质转变成液体或游离的气体，导致沉积环境受到破坏。特别是当海底沉积物界面天然气水合物快速分解时，沉积物界面释放出来的天然气可能会超出气体饱和度，以致发生液化，引发海底滑坡[28]。另外，由于大陆斜坡的连续沉积使得天然气水合物的埋藏深度不断增加，受地温梯度的影响也会诱发沉积环境的破坏[29]。我国南海北部存在丰富的深水油气和天然气水合物资源，海底沉积物界面之间的物质交换可能会导致海底底层不稳定，存在着大规模海底滑坡的风险。

（二）近海主要环境污染物及其污染过程和机制

1. 有机污染物

近年来，在近岸海水、沉积物和生物样品中普遍检出不同种类的有毒有机污染物（如石油烃、多氯联苯、有机氯农药、多环芳烃、有机磷农药等）。这类物质虽然在海水中含量甚微，但由于其具有高度的生物蓄积性，能够在海洋生物体内高度富集而具有致癌、致畸、致突变等效应。在长时间、低剂量暴露条件下，它们即可对生态环境和人体健康造成严重影响。这些化合物不仅能够破坏和改变遗传物质，影响海洋生物的繁殖能力，还可能通过抑制某些物种的繁殖改变生物的种群组成，导致海洋生态系统的结构和功能发生变化。

有机氯农药（OCPs）是一类对环境具有严重威胁的有毒有机化合物，被世界多国列入优先控制污染物黑名单。海洋中引起水体污染的有机氯农药主要包括 DDT、DDD、艾氏剂、六六六（HCH）等持久性农药。目前关于 OCPs 的研究主要集中于淡水（河流、湖泊），关于近岸海水、沉积物中 OCPs 研究目前报道相对较少。Zhang 等[30]研究了中国近海兴化湾河流和海洋沉积物中OCPs的浓度，发现湾内和湾外OCPs浓度分别为1.84～80.46ng/g和1.87～23.43ng/g，湾内高于湾外，这主要与近岸污染较为严重有关，OCPs的年际变化表明，陆源的持续输入导致OCPs浓度不断升高。Yao等[31]研究发现，胶州湾OCPs含量为4.165～136.8ng/L，在我国近海处于较高的水平。Lin等[32]采集了中国黄海、东海和南海的海水样品，分析了OCPs浓度，发现DDT、HCH和氯丹在所有海水样品中均有检出，且不同区域OCPs浓度变化范围很小，这种现象主要是由于水团的混合使得水体较为均匀。一般来说，海水中α-HCH、γ-HCH、p,p'-DDE、p,p'-DDT和o,p'-DDT浓度远高于反式氯丹（TC）和顺式氯丹（CC）。就HCH和DDT浓度而言，HCH浓度处于中等水平，而DDT则处于较高水平。不同海域OCP的年际变化研究表明，α-HCH在过去的二十多年来浓度基本保持不变，γ-HCH和DDT浓度显著增高，DDT升高了60～220倍。Lin等[32]利用比值法判定了黄海、东海、南海水样中OCPs的来源，研究表明虽然OCPs已被禁用多年，但农药非法使用和环境残留仍然是我国近岸海域OCPs的主要来源。此外，研究表明海水中的OCPs可通过蒸发、海气交换等过程进入大气，这也可能是大气OCPs的主要来源。

多环芳烃（PAHs）是一类含有两个或多个芳香环的有机化合物，许多PAHs具有致癌作用，美国环境保护署已将16种PAHs规定为优先控制污染物。目前针对我国近岸沿海水体和沉积物中PAHs的含量、分布等已有学者开展了深入细致的研究[33~36,39,40]。PAHs在我国近岸沉积物和海水中均普遍检出，沉积物中浓度范围为7.13～16201ng/g，其中长江口、高雄港、珠江口（九龙河口）浓度较高，且总体呈现近岸经济发展程度越高，污染水平越严重的趋势。海水中PAHs研究相对较少，其中东海含量较高（412～1032ng/L），其他海域含量相对较低。PAHs在沉积物中的分布与很多因素相关，沉积物中高有机碳含量和黏土颗粒会导致PAHs的高含量[33]。Huang等[34]研究发现，PAHs含量与沉积物有机碳含量（TOC）呈正相关，而与沉积物粒径呈负相关。不同深度沉积物柱状样品中，PAHs含量也存在差异，表层沉积物浓度高于底层沉积物，且与人口、经济发展状况密切相关，表明人类活动对PAHs含量具有显著影响[35,36]。水生生物体的不同组织器官中PAHs含量也存在差异，一般情况下鱼内脏和鳃中的含量高于肌肉，且以低分子量的PAHs为主，表明鱼类主要是通过鳃-水交换而累积PAHs[37]。Rojo-Nieto[38]测量污染水体中鱼类不同组织的PAHs含量，将PAHs作为生物标志物用于指示沉积物和海水的污染程度。鉴于我国近岸PAHs普遍检出，且有些区域浓度很高，因此开展PAHs的来源解析研究十分必要。Chen等[39]运用分子比值法和FA-NNC定量解析了日照近岸沉积物中PAHs的来源，发现柴油发动机（27.22%）、交通源（25.03%）、燃煤发电厂（14.77%）和居民燃煤（14.03%）是PAHs的主要污染来源，且PAHs的来源与研究区域的能源消费结构密切相关。Xue等[33]运用CMB模型对日照近岸沉积物中PAHs的来源进行定量解析，发现PAHs主要来源于石油泄漏（9.25%）、柴油发动机（15.05%）和燃煤（75.70%）。上述两项研究在来源判定上具有一致性，但在不同来源贡献率上存在一定差异，这可能是不同模型或采样的时空差异性决定的。Yang等[40]利用PMF模型对泉州湾沉积物中PAHs来源进行了定量解析。

壬基酚（NP）是一种典型的内分泌干扰物，具有雌激素活性和致癌性，能够影响多种生物的生长、发育、繁殖等生理功能，可促进乳腺癌细胞增殖。由于NP对人类和海洋生物具有潜在危害，美国环境保护署规定，在咸水环境中NP不应高于1.7μg/L[41]。有学者对中国近岸海域水体和沉积物中 NP 进行了研究，刘文萍等[42]发现北黄海辽宁近岸水环境中壬基酚的浓度为 15.13～762.7ng/L，处于中等污染水平，且整体呈现近岸高于远海，高值区多出现在河流入海口或港口附近，这表明人类活动和水体输运是海水中壬基酚的主要来源和影响其分布的主要因素。邵亮等[43]分析测定渤海表层沉积物中壬基酚的浓度为 3.16～13.6ng/g，高值区出现在渤海湾近岸，其次为辽东半岛近岸和莱州湾近岸，且沉积物中壬基酚的含量分布主要受陆源输入、环流体系和沉积环境等因素的影响。为了评估壬基酚的生态风险，Gao 等[44]通过物种敏感度分布法建立了海洋环境中壬基酚的质量基准，在此基础上计算我国近海水环境中壬基酚的风险熵介于 0.01～2.71 之间。

2. 重金属污染

重金属通常被认为是不可降解的污染物，人类的日常生活和工业生产活动被公认为是造成重金属污染的主要原因。在海洋环境中，三种重金属，即铅、汞和镉最为引人关注[45]，其主要污染来源有大气沉降、陆地径流和近海直接排污三个方面。我国近岸海域环境呈现出越来越高的重金属污染水平，工业排放、煤燃烧以及电子废弃物是重金属污染的主要来源[46]。重金属污染较为严重的区域主要有工业发达的河口区域，诸如珠江河口和辽东湾等，而且沉积物中的含量普遍高于水体；特定的地理条件，如近海水交换较弱的环境条件会使重金属污染加重。生物监测数据表明，大部分海产品中的重金属含量没有超过规定的安全标准，但海洋双壳类生物中重金属的含量呈现出上升趋势，一些海洋鱼类受到了 Hg 含量不断升高所导致的不利影响，说明我国近海海域的重金属污染程度在不断加剧[46]。

海洋沉积物作为污染物的汇，其重金属含量明显高于上覆水体，且较为稳定。沉积物中的重金属含量既包含了区域海洋环境重金属的背景信息，也记录了人为活动的影响。对于沉积物中重金属的来源，相关性分析是常用的统计方法，一般采用 Al 等作为参照元素，重金属与 Al 的相关性较好可认为属于自然沉积[47]，未受到人为污染。主成分分析（PCA）也被广泛用于沉积物中重金属来源的分析，以判断自然因素和人为因素对重金属污染状况的贡献[48~50]。其他方法，如富集因子法（EF）和聚类分析法（CA）也常常被用于重金属的污染源分析[51~53]，但还未能做到定量区分重金属的来源。此外，多环芳烃除极少量来源于自然本底，绝大部分来自人为活动造成的污染，而元素 Ti 是陆壳岩石土壤及其风化产物的主要成分，常被用来反映陆源的背景值[54]。重金属污染影响经济发展的风险评价以及受污染海产品对人类健康影响的风险评估等工作还需进一步开展，这对重金属环境政策的制定以及加强人们的环保意识都有重要意义。

3. 石油污染

石油中含有 2000 多种毒性大且疑有"三致"效应的有机物质，海洋石油污染已成为全球普遍关注的热点问题之一。近几十年来，由于海洋石油资源的开采和船舶运输，海上溢油事故频繁发生，导致溢油量呈现明显增长的趋势，逐渐成为海洋石油污染的主要贡献者。溢油事故主要来源于船舶运输（77.7%）和海上石油开采（18.4%）[55]。近年来国内外发生的溢油事故对海洋环境所造成的损失触目惊心[56]，对海洋生态的破坏程度难以估量。

石油污染的危害是显而易见的，油膜覆盖于海面首先会影响海气交换，消耗海水中的溶解氧，影响海洋植物的光合作用。石油烃对海洋浮游植物光合作用过程具有抑制作用，主要由石油中的多环芳烃等污染物对浮游植物体内疏水性类囊体膜的损伤所致[57]。研究发现，高浓度石油烃能够抑制浮游植物的种群增长，低浓度石油烃却可以促进浮游植物的生长，且不同的海洋浮游植物对石油烃的响应存在差异[58]。随着石油污染的增长趋势，石油中芳烃类成分的毒性效应成为研究热点，低分子量的萘、菲、蒽、荧蒽、芘已受到更多的关注[59,60]。关于石油烃对海洋生物的胁迫机理，目前研究表明石油烃的影响主要是产生自由基引起脂质过氧化和抗氧化系统损伤[61]。

4. 热污染与核素污染

海洋热污染是指大量工业生产所产生的热废水、冷却水等不断排入海洋，使海水温度升高，影响水质，危害水生生物生长的一种污染现象。通常认为超过海区正常水温4℃以上的热废水常年注入即可产生热污染。海洋热污染主要源自电力行业，以煤、石油等为燃料的热电厂，由于现有蒸汽汽轮机热效率较低，只有1/3的热量转变为电能，其余热量则随大气或冷却水排出。

近年来中国沿海热电站建设发展迅速，对我国近海生态环境产生了显著影响。Li等[62]研究了热电厂排放废水对湛江湾藻类群落结构的影响，发现热污染能够显著改变近岸优势生物种群，且生物多样性随采样点与热源距离的增加而增加。热污染海域的物种丰度、微生物细胞数量和叶绿素a明显低于周围对照海域。

核能作为一种新能源被运用于电力生产和核动力航母、潜艇等，自世界上第一座核电站建成以来核泄漏事件不曾停止，这些核泄漏事故使得放射性核素进入环境，造成了严重的生态危害。2013年《中国海洋环境状况公报》[3]显示，我国海域海水中放射性水平和海洋大气γ辐射空气吸收剂量率的监测结果未见异常。辽宁红沿河、江苏田湾、浙江秦山、福建宁德和广东大亚湾核电站邻近海域海水、沉积物和海洋生物中放射性核素含量处于我国海洋环境放射性本底范围之内，未见外源性的增加。在建的山东海阳核电站、广东台山核电站、广东阳江核电站、广西防城港核电站和海南昌江核电站邻近海域的放射性背景监测数据未见异常。可见，核素污染不是当前我国近海的主要环境问题，但需要树立风险管理意识，防患于未然。目前我国海洋核事故的威胁主要有：近岸（或滨海）核电/核设施发生核事故；相邻国家和地区的滨海核设施发生核事故泄漏，流入海洋造成我国近海、近岸海域的跨界输入的外源性核污染；海域海上移动核设施（如核潜艇）、涉核航天器等造成的海洋核污染[63]。未来相关的研究方向包括：海洋日常和核应急污染监测技术；海洋放射性污染生态风险评价技术；海洋放射性的科学管理及制度建设等。

（三）近海海洋生态系统演变与生态灾害

1. 海洋生态系统演变特征

在全球气候变化和高强度人类活动影响的背景下，海洋生态系统正发生着结构与功能的演变。从长期的历史角度看，当前海洋生态系统演变的速度很快，而在陆海相互作用活跃且受人为活动影响较大的近海生态系统尤为突出。近海生态系统发生了明显的变化，如河口海湾水质富营养化问题严重，营养盐结构失衡；海洋生物的种群组成与分布格局发生了显著改变；经济鱼类朝小型化、早熟化方向演化，生态系统的产出功能大大降低[64]。

大量研究表明，近几十年来我国近海海洋生态系统发生了明显的改变。长江口水域浮游植物生物量自20世纪80年代以来有明显升高的趋势，表现为浮游植物细胞丰度和叶绿素a浓度不断增加；浮游植物群落结构发生改变，表现为硅藻物种数下降而甲藻物种数上升，甲藻种类已经成为主要的赤潮种；浮游植物物种数降低，生物量的高值常由单一物种贡献，导致长江口水域浮游植物群落多样性降低[65]。胶州湾浮游动物生物量呈现明显上升的趋势，生物量和丰度的季节变化特征已由 20 世纪 90 年代的夏季最高转变为 2000 年之后的春季最高、夏季次之的特征；种类组成上显示胶质类浮游动物在种类和数量上升高，水母和被囊类的生物量升高至 20 年前的 5 倍以上，而桡足类、毛颚类等浮游动物类群的变化在长期看来呈现波动状态[66]。莱州湾底栖生物群落的种类组成和群落结构也发生了改变，大型种类生物量降低，而个体较小的紫壳阿文蛤和小亮樱蛤在某些年度取代凸壳弧蛤成为优势种，高丰度和低生物量的现状表明莱州湾底栖生物种类出现了小型化的趋势[67]。近海渔业生物资源目前已严重衰退，小黄鱼、带鱼等种群出现性成熟年龄提前和个体小型化等现象。沿海持续的开发活动引起产卵场、育幼场碎片化或功能消失，使得渔业资源的补充和可持续性严重受损[68]。

海洋生态系统演变导致其提供的服务功能下降，乃至出现海洋生态系统的退化现象，诸如赤潮频发、绿潮暴发、水母旺发等海洋生态灾害不断发生。21 世纪以来，我国的赤潮灾害明显增多，2001—2009 年，赤潮发生次数和累计面积均为 20 世纪 90 年代的 3 倍以上，从多年的趋势上看，赤潮的发生呈现从局部海域向全部近岸海域扩展的趋势。2000 年以来，中国近海分布的大型水母的生物量明显上升，严重影响了我国东海、黄海正常的海洋渔业生产，并对整个海洋生态系统的结构与功能产生了极为不利的影响。2007 年始，黄海海域连续多年出现大规模的浒苔绿潮，对水产养殖、滨海旅游、海上交通运输等产生严重影响，造成了巨大的经济损失和环境破坏。

2. 赤潮

赤潮（red tide）一般是指某些海洋微藻、原生动物或细菌在水体中过度繁殖或聚集而导致海水变色的一种有害的生态异常现象，也称为"有害藻华"。自 20 世纪 70 年代起至 21 世纪初，我国近海赤潮发生的次数和面积均呈显著的上升态势，严重时赤潮的暴发面积达上万平方公里。另外，诱发赤潮的原因种也呈现有毒化、小型化的演化趋势[69]。据估算，我国每年因赤潮造成的经济损失高达 10 亿元以上。其中部分有毒赤潮产生毒素，沿食物链传递和富集，危害消费者健康，危及人类的生命安全。调查表明[69]，我国沿海普遍存在麻痹性贝毒和腹泻性贝毒的污染，并曾导致几百人中毒、数十人死亡的贝毒事件。

据 2014 年《中国海洋环境状况公报》[4]报道，我国全海域共发现赤潮 56 次，累计面积 7290 km²。东海发现赤潮次数最多，为 27 次；渤海赤潮累计面积最大，为 4078 km²。2014 年赤潮次数和累计面积均较 2013 年有所增加，与近 5 年平均值基本持平。引发赤潮的优势藻类共 13 种，其中东海原甲藻（*Prorocentrum donghaiense*）作为第一优势种引发的赤潮次数最多，为 23 次；其次是夜光藻（*Noctiluca scintillans*），引发赤潮次数为 9 次；米氏凯伦藻（*Karenia mikimotoi*）和红色赤潮藻（*Akashiwo sanguinea*）各 4 次，赤潮异弯藻（*Heterosigma akashiwo*）和多纹膝沟藻（*Gonyaulax polygramma*）各 3 次，以及其他发生次数较少的种类。

东海原甲藻是我国东海近 15 年来最为引人注目的高生物量赤潮原因种，此种在我国大部分海域均有分布，但引发大规模赤潮现象基本发生在长江口以南、福建北部以北的浙江近海，成为每年重复循环出现的有害赤潮，其发生机理与这一海区独特的地理与水文环境密切相关[70]。尽管东海原甲藻是无毒种类，但调查和实验研究的证据充分表明该种类对海洋生态系统危害极大，主要表现在东海原甲藻藻体重要营养成分缺失，造成海洋食物链中次级生产者（浮游动物）如中华哲水蚤产卵率显著降低而死亡率明显升高等。米氏凯伦藻是我国海域重要的有害藻华原因种之一，广泛分布于我国各海区，自 1998 年以来，在我国海区发生过 90 余次藻华事件，曾导致鱼类和贝类大量死亡。米氏凯伦藻种群动力学及大规模赤潮的发生可能与异常气候事件有关，但确切的机制尚不清楚[70]。而塔玛亚历山大藻是我国海区典型的麻痹性贝毒（PSP）产毒种，基于 5.8S rDNA 及 ITS 序列、LSU rDNA D1-D2 系统发育树研究，表明我国东海和南海塔玛亚历山大藻复合种属于温带亚洲型（group Ⅳ），渤海塔玛亚历山大藻复合种属于北美型（group Ⅰ）[70]。

自 2009 年起渤海秦皇岛沿岸海域连续多年暴发由抑食金球藻（*Aureococcus anophagefferens*）引发的褐潮，导致养殖贝类大量滞长甚至死亡。初步研究发现，褐潮的形成机制非常复杂，与浮游动物的种类与数量、光照强度、营养盐种类与浓度，以及水体交换速率等多因素复杂的相互作用密切相关。其中，浮游动物摄食压力的降低是促进褐潮暴发的一个重要因素[71]。

在过去的半个世纪，尤其近二十年来，我国海区的赤潮原因种发生了向小型化与有害化方向的演变趋势，这与多种人类活动（富营养化、压舱水排放、水产养殖、过度捕捞等）以及气候变化密切相关，仍有诸多的关键科学问题有待解决，中国赤潮科学家必须紧紧跟踪甚至引领国际前沿，针对国家海洋环境的重大需求作出持续不断的努力[70]。

3. 绿潮

绿潮（green tide）是指大型绿藻在海水中漂浮生长、快速繁殖的一种现象，通常发生在中纬度海区，严重危害近海水质环境。绿潮的主要生物种类有石莼属（*Ulva*），包括浒苔属（*Enteromorpha*）、刚毛藻属（*Cladophora*）、硬毛藻属（*Chaetomorpha*）等大型海藻。绿潮形成后不仅遮蔽阳光，影响底栖海藻的生长，也会与其他藻类和浮游植物产生竞争，从而影响海洋生态系统的结构与功能。另外，绿潮在消亡阶段经腐烂分解消耗海水中的氧气，直接影响渔业生产、沿海旅游等产业的发展[72]。

我国黄海 2007 年至今连续多年发生了大规模的绿潮。有研究表明[72]，黄海绿潮起源于其南部浅滩筏式养殖区，回收筏架时，梗绳上定生的绿藻被人为清理遗弃于浅滩，其中的浒苔涨潮时被浮起，成为漂浮绿藻的早期来源。漂浮绿藻出现后，逐渐北移，物种组成趋于单一化，生物量快速增加，在山东半岛南岸海域形成规模性绿潮。浒苔的强漂浮能力和快速增长率是其形成绿潮的内因，黄海南部的丰富营养盐、适宜温度和季风为浒苔生长和漂浮运移提供了适宜的环境条件。

4. 水母旺发

水母数量的异常增多不仅对海洋生态系统的结构与功能产生重要影响，也对海洋渔业资源造成严重破坏。水母在海洋生态系统中位于食物链的较高营养级，捕食鱼类的卵和幼体等小型生物，可导致海洋生态系统的结构和功能发生根本性的改变[73]。

目前有关水母旺发的成因主要包括[73]：①渔业资源的减少，降低了水母被捕食和食物竞争的压力；②海水低氧区环境的扩大影响其他生物的生存，但水母具有耐受这种恶劣环境的能力；③全球气候变化引起海水温度的升高，适于水母的生存。

我国近海暴发的水母是一些经济价值极低或者目前根本不具备利用价值的沙海蜇（*Nemopilema nomurai*）、海月水母（*Aurelia* spp.）和霞水母（*Cyanea* spp.）等。水母的分布与风、海流、锋面和水团等的关系非常密切。沙海蜇和霞水母的主要发源地位于长江口及其邻近海域，渤海、黄海和东海是海月水母旺发的主要海区[73]。胶州湾的长期调查资料显示，小型水母的生物量明显增加，且对生物多样性、生态系统的结构与功能等均产生严重影响[73]。

5. 海洋生态系统与气候变化

气候变化导致的海水温度、盐度和环流的变动以及海平面的持续上升等会影响海洋的物理过程、化学过程和生物过程，以至影响海洋生态系统健康。例如，CO_2 的增加导致海水酸化会影响部分海洋生物的钙化过程，溶解氧浓度降低导致的低氧区范围扩大对海洋生物造成消极影响，海平面上升影响海洋生物的栖息环境。

气候变化对海洋生物的影响是显著的，不同物种对气候变化的敏感性有所不同，生物多样性高的生态系统应对气候变化干扰能力相对较强。海水温度上升会导致浮游生物的时空分布发生改变，一些暖水种向两极扩布，或者在海区中出现的时间提前，也会导致浮游动物个体大小的变化。降雨、沿岸径流和海水盐度的改变，导致沿岸水中浮游植物群落结构和生产力发生改变。海水表层温盐的变化导致水体层化加剧，浮游植物生物量因在上层水体累积容易发生赤潮。此外，气候变化对红树林和珊瑚礁生态系统的影响也是全方位的，已经引起了国内外的重视[74]。

反之，海洋生态系统对气候变化具有重要的反馈作用。海洋拥有巨大的热容量，对气温变化起着缓冲作用，海洋内部的环流可以重新分配整个地球系统的能量而影响气候。海洋作为全球最大的碳库，物理泵对 CO_2 的溶解与生物泵对 CO_2 的吸收，对于减缓大气 CO_2 浓度上升和全球变暖具有十分重要的意义。

（四）深远海资源勘探中的环境保护问题

近年来，我国对深远海资源环境的勘察与研究极其重视，先后实施了若干重大研究计划，设立了多家深海、大洋极地研究与管理机构，建设了一批勘察研究平台和设备，开展了一系列深远海和极地的勘探、考察和研究。"蛟龙号"研制成功和大洋科考船、深海取样保真设备等投入使用，有力地推进了我国深远海资源开发与深海环境学科的发展，深海（主要指水深大于 500 m 海区）研究出现了前所未有的热潮和崭新局面。

1. 深海油气与天然气水合物资源的勘探利用与环境影响

（1）勘探研究现状　深海油气资源丰富，因此深海油气勘探已成为当今世界油气勘探开发的热点。我国南海北部珠江口盆地、琼东南盆地、台西南盆地等，以及南海南部 13 个新生代沉积盆地均部分或全部位于深水区，且它们均属准被动大陆边缘盆地。近年来，我国在珠江口的白云北坡——番禺低隆起上，获得了天然气勘探的重大突破，发现了 PY30-1、34-1 及 35-1 和 LH19-5 等气田及含气构造，探明了近千亿立方米的天然气储量。尤其近年来，中海油通过对外合作，在珠江口盆地白云深水区先后钻探了 6 个构造目标，发现了 3 个重大天然气气田，展示了深水区巨大的油气资源潜力。

天然气水合物因其巨大的能源潜力和环境效应，20 世纪 80 年代末以来，许多发达国家都将其列入国家重点发展战略，并投入巨大的人力和物力开展天然气水合物的识别方法、成藏机理、勘探和开采利用技术以及环境效应等研究。特别是美国、日本、加拿大、德国、印度五国合作，首先对加拿大马更些冻土区 Mallik 5L-38 井的天然气水合物进行了试验性开发并获得成功[75]。截至 2005 年，许多国家均开展了天然气水合物勘探的基础理论和开发利用研究，并发现天然气水合物主要赋存区 120 多处，其中 1/4 直接见到了天然气水合物矿层或水合物样品[76,77]。

（2）环境影响　深水油气开发利用过程中的主要环境威胁是海底溢油和碳排放。2010年墨西哥湾"深水地平线"半潜式钻井平台爆炸起火，大量原油从海底油井持续喷出，成为美国历史上最严重的环境灾难。近年来，为了减少深水油气开发对海洋环境的影响，各油气公司及相关服务公司采取了众多措施，包括提升装备环保能力、开发新型钻井液与钻屑处理技术、创新石油泄漏监测与处置方法等。同时，随着气候变化问题的日益突出，采取相关措施以减少油气开发作业过程中的能耗和碳排放也成为一项必然要求。

海底天然气水合物开发过程中的主要环境问题是：温室气体排放、海底滑坡及对海洋生态环境的破坏。甲烷是一种重要的温室气体，能够引起全球气候变暖，其温室效应比CO_2大21倍[78]。在开采过程中，压力和温度的微小变化都可能引起天然气水合物的分解，并向大气释放甲烷气体，从而加剧全球变暖，并可能诱发极地永久冻土带之下或海底的天然气水合物自动分解，进一步加剧大气的温室效应。

众所周知，地震、火山喷发、风暴波和沉积物快速堆积等会引起海底滑坡。然而，近年来的研究发现，海底天然气水合物分解而导致斜坡稳定性降低也是海底滑坡产生的重要原因[79]。海洋中的天然气水合物通常以固态胶结物形式赋存于岩石孔隙中，其分解不仅会导致海底岩石强度降低，也会释放岩石孔隙空间，从而引起岩石中孔隙流体增加，岩石内摩擦力降低。在地震波、风暴波或人为扰动下，孔隙流体压力将急剧增加，岩石强度下降，从而导致海底天然气水合物稳定带内的岩层中出现破裂面而引起海底滑坡或泥石流。

此外，在海洋油气开采过程中排放大量甲烷气体也会破坏海洋生态平衡。甲烷气体在海水中发生的一系列化学反应会导致海水中O_2含量下降，从而引起一些好氧生物群落萎缩，改变海洋生态系统结构；另一方面也会导致海水中CO_2含量增加，从而引起海洋酸化，影响海洋造礁生物的生存。

2. 深海固体金属矿产资源的勘探利用与环境影响

（1）勘探研究现状　深海固体金属矿产主要包括铁锰结核矿、富钴结壳矿和海底多金属硫化物矿等。已有研究发现，多金属结核在太平洋、大西洋、印度洋的许多海区均有分布，其中太平洋分布广、储量大，分为东北太平洋海盆、中太平洋海盆、南太平洋和东南太平洋海盆。其中，位于东北太平洋海盆内克拉里昂断裂带和克里帕顿断裂之间的区域（简称CC区）是经济价值最高的多金属结核区域。多金属结核资源非常丰富，远景储量约为3万亿吨。

"蛟龙号"已完成突破7000m的海上试验，表明我国已具备载人到达全球99.8％以上的深海进行资源勘探等作业的能力，可以深入海底对目标进行更精细的探测。2013年，"蛟龙号"载人潜水器共完成21次下潜和38个站位的调查，使我国对海底生物分布和矿产资源等有了新的认识。在大洋第35航次科考中，我国首次开展了载人深潜探测，获得了西南印度洋脊的热液流体特征，确认在西南印度洋脊东段存在低温热液区。

2014年4月，我国与国际海底管理局正式签订国际海底富钴结壳矿区勘探合同，这是我国申请到的第三块具有专属勘探开发权的矿区。这些矿区的申请和获准，为各种深海装备的自主研发和应用提供了广阔的空间。

（2）环境影响　随着深海多金属结核勘查和开发活动的增多，其引起的环境问题也日益受到人们的关注。美国、德国、俄罗斯、日本等国家和一些国际财团都相继开展了深海采矿相关的环境影响研究[80]。

至今，人们对深海生态系统的了解还十分有限，并缺乏深海采矿环境影响的实际监测和评估资料，尚不能对深海大尺度采矿的环境风险作出确切评价。为了明确深海采矿的潜在环境影响程度，尚需进行更多的相关基础研究，并密切关注大规模商业开采活动的现场监测和环境影响评估。

3. 深海海底生物资源及生境调查与生态保护

深海特殊的生境蕴含着丰富的生物资源。国际海洋生物普查计划 2009 年宣布，深海生物记录已达到了17650种，其多样性和广泛性令人吃惊。近几年，我国各类国家级重大项目陆续启动，这些计划都将深海生物资源调查作为重要组成部分。"蛟龙号"载人深潜器的试验成功，更是将我国在深海生物调查技术能力、深海生物勘探与资源潜力评估方面的研究水平推向了新的高度。在此背景下，近年来针对深海海底不同生境开展的生物资源调查取得了可喜进展。

热液区作为典型的深海海底生境，栖息着丰富的生物类群。据统计，深海热液区已发现 500 多种新的海洋动物物种，其中 80% 的物种是热液区特有物种[81]。近几年，我国也对热液区生物多样性及环境适应性开展了调查。通过对西南太平洋、印度洋及东太平洋海隆深海热液区底栖生物群落研究，发现小型底栖动物多样性较高，其中主要以线虫为优势类群，桡足类等次之[82~84]；调查还获得了多种罕见底栖生物种类，包括 2 种海蜘蛛和 1种刺铠虾新种、5 种铠甲虾新纪录种以及嗜热深海偏顶蛤新纪录种[85~87]。对小型底栖动物与环境因子的关系分析表明，影响其丰度、生物量的主要环境因子包括底层水 pH 值、沉积物粉沙黏土含量和有机质含量[84]。为了在热液区极端环境下生存，各类生物通过不同策略获取环境适应性。王淑芳等[88]对太平洋热液烟囱样品进行研究，发现在这个甲烷富集的热液喷口周围含有丰富的甲烷产生菌，它们可利用二氧化碳产生甲烷来获得能量，以适应热液口的高温无氧环境。这些化能合成菌与无脊椎动物之间的共生关系成就了热液区物种的多样性以及巨大的生物量。张晓波等[89]在南大西洋热液区的热液盲虾的鳃样本中获得了附生微生物，这些类群可能参与盲虾体内碳素、氮素等物质的代谢和循环，为盲虾适应极端环境提供了营养。

深海沉积物也是一个巨大的生物资源库，是海洋微生物的主要栖息地。通过近几年的积累，我国学者在深海微生物资源多样性分析、活性物质筛选等方面取得了重要进展。研究发现，无论是细菌、古菌还是真菌，在深海沉积物中均表现出丰富的多样性，并且存在着大量未知种类及潜在新分类单元[90~92]。不同海区沉积物的细菌组成不同，如李昭[93]发现南太平洋环流区的深海沉积物分布有 229 株细菌，其中放线菌占了近一半；徐炜等[94]对来自东太平洋、南大西洋和西南印度洋的沉积物样品进行真菌的分离培养，共获得 175 株真菌，其中曲霉属为优势属。许多深海微生物的代谢产物具有生物活性，曲佳等[95]从南海沉积物中分离出的耐盐真菌中发现多数菌株具有产酶活性，其中产纤维素酶菌株最多。近年来先后从深海放线菌中分离出多种次级代谢产物，包括具有很强的抗菌和细胞毒性的联噻唑环肽类化合物和具有抗疟原虫活性的生物碱[96~98]。

尽管我国深海生物研究已取得了丰硕的成果，但与发达国家还存在较大差距，比如对海山区环境和生物多样性的研究仍然不足[99]，缺少对重点海底区域如热液、冷泉口生物群落精细、长期的研究。随着"蛟龙号"试验的成功，困扰我国深海研究的技术瓶颈已被打破。目前，"蛟龙号"已多次参加并顺利完成多个深海考察任务，2013 年在南海冷泉区采集到贻贝、毛瓷蟹、冷水珊瑚、罕见海参、海绵等深海生物；2014 年在西太平洋海山区取得生物样品 116 个；2015 年在印度洋热液区完成首个科学应用下潜，采集到 300 多只螺、49只贻贝以及茗荷、多毛类等罕见生物。我国的深海科学研究进入了直观认知和精细调查阶段。

目前，深海探索和开发已为深海生态系统造成了一定影响，深海生物多样性也面临着多方面的威胁。科学的认识是保护深海生态系统的前提，在全面了解深海生物多样性、认识深海生物与生境关系的基础上，合理开发和利用深海生物资源，加强深海底生物多样性和基因资源的管理，已成为当前我国深海海洋环境保护的首要任务。

4. 极地资源环境考察与保护

南北两极左右着全球的冷暖过程，与全球气候变化相互影响，并且具有重要的地理位置、丰富的能源和资源储备，因此极地考察与研究从国家层面上来说，在环境、经济、军事和科技上均具有极为重要的战略意义，世界各国在两极广泛开展科学考察与研究工作。

从1984年至今，中国极地科学考察已经走过了30多年，在南极陆续建立了长城站、中山站、昆仑站和泰山站，在北极建立了黄河站。到2014年，我国共组织30次南极科学考察、6次北冰洋科学考察、10个年度的黄河站考察。2010年，我国科学家首次抵达北极点开展科学考察，实现了我国北极考察的历史性突破。2014年成功建立了我国第4个南极考察站——泰山站，为更深入地研究南极大陆气候、冰川变化等有重要意义。

中国在极地进行了广泛的大气科学、地质科学、生物科学、海洋科学等科学考察，使我国成为世界上为数不多能够实施两极科学考察的国家之一。"十二五"期间重点实施南北极环境综合考察与评估，系统开展生态环境本底调查，以全面了解全球气候变化对南极陆地生态系统的影响。近年来，中国的南极和北极考察获得大量调查资料和样品，在极地海洋环境特性及变化、极地生态系统及资源特性、极地对全球和我国气候变化影响、南极深冰芯钻探等研究方面取得明显进展。2013年1月23日，中国在南极昆仑站成功钻取一支长达3.83 m的冰芯，标志着中国在极地深冰芯钻探上已实现零的突破。

中国利用冰穹A深冰芯开展100万年时间尺度内的全球变化研究，针对古气候研究的前沿问题，如中新世的气候转型、气候突变等进行攻关研究。相关研究表明，全新世企鹅数量的改变可反映南极生物圈历史时期各生物种群的变化、食物链的时空关系及其对企鹅繁殖的影响，对追溯南极大陆生态、气候、环境演变及其与全球变化的关系具有重要科学意义；生物质燃烧产生气溶胶对南北极大气中汞和可溶性有机碳的含量有重要影响；北半球比南半球二次有机气溶胶含量高一个数量级，而这反映了大陆来源的影响。南极地区企鹅的活动显著增加土壤中的磷化氢，在陆地生态系统和南极海洋气候区磷酸盐的循环中起重要作用。这些成果为研究两极以至全球生态环境变化和物质循环等提供了重要依据。

与南极考察相比，我国北极考察起步较晚，但起点具有国际水平。黄河站的建立，标志着我国完成了南北两极考察站的初步战略布局。6次北极科学考察期间，我国科学家在亚北极的白令海和鄂霍茨克海、北冰洋、北大西洋的格陵兰海、挪威海及冰岛周边海获取大批极其宝贵的数据和样品，获得许多具有重要科学价值的成果，为今后研究北极生态环境、气候变异及其对我国气候的影响机理提供第一手资料。

中国广泛参与国际极地事务，开展极地领域国际合作，国际地位与影响力不断提升。中国目前是管理南极事务三个重要国际组织（南极条约协商国、南极研究科学委员会、国家南极局局长理事会）的成员国，是国际北极科学委员会的成员国，是新奥尔松科学管理委员会的正式会员，并于2013年成为北极理事会正式观察员国。2012年，我国首次与北极国家（冰岛）签订北极合作政府间协议，为推动双边北极务实合作打下坚实的基础。

今后，中国将有重点地持续深入开展南北极科学考察与研究，包括研究南极地区关键过程与全球变化的关联，预测未来环境变化；深入研究北极环境变化及其对经济和社会可持续发展的影响等，并开展与之相适应的能力建设。

三、我国海洋环境技术进展

近年来，国家相继提出了"发展海洋产业""优化海洋产业结构"等战略部署。以海洋环境技术为依托的海洋环境监测在海洋环境保护工作中的重要作用日益凸显。"十二五"以来，我国海洋环境技术水平快速发展，一批实时在线监测技术得到了推广应用。

（一）遥感与自动监测技术

海洋遥感是利用传感器对海洋进行远距离非接触观测，以获取海洋景观和海洋要素的图像或数据资料的技术。2002 年，我国发射了第 1 颗海洋卫星 HY-1A，该卫星上安装了水色水温扫描仪和海岸带成像仪。"十二五"期间，我国陆续开展了一系列相关工作，李伟强等[100]针对海洋遥感的机载与岸基实验，提出了一种新的全球导航卫星系统（global navigation satellite system，GNSS）-R 信号接收处理系统结构及信号处理方法。韩英等[101]利用仿真方法研究了 GNSS-R 接收天线俯仰角、卫星轨道长半轴和轨道倾角对镜像反射点数量的影响，对 4 颗和 6 颗卫星组成的星座时空分辨率进行了仿真计算，分别获取了星座的时间分辨率。宋平舰等[102]提出基于网络服务资源框架（web services resource framework，WSRF）分布式海洋遥感数据集成与共享机制，并搭建了一个部门级的应用平台。卢红丽等[103]以星载微波遥感的辐射传输方程为基础，利用土壤湿度海洋盐度卫星的 L1C 级亮温数据，通过与辐射传输模型模拟的亮温进行对比，评估及验证亮温的数据质量，建立了海洋盐度反演算法。陈启东等[104]针对海洋遥感中 WorldView-2 影像大气校正的问题，改进了传统的暗目标校正方法，以清深海水和岛屿纯浓密植被为暗目标，对西沙群岛岛礁区域进行应用示范，实现了各波段的大气校正。聂玮芳等[105]基于海面纹理特征，利用 Borda 算法进行了航空遥感图像中油膜和非油膜的识别研究。付东洋等[106]在经典的行程编码压缩算法基础上，根据海洋遥感数据取值范围以及空间上相邻则其值更易趋同的特点，提出了矩阵重构优化行程编码算法，并结合哈夫曼编码算法，实现了海洋遥感数据的高效压缩。罗秉琨等[107]利用多源卫星观测资料，分析了 2012 年 8 月双台风"布拉万""天秤"过境前后的 Ekman 抽吸、海表温度、叶绿素浓度及降水的时空变化特征，并探讨了影响其变化的主要因子。江彬彬等[108]采用静止轨道海洋水色卫星数据实现对杭州湾及其邻近海域高浓度悬浮泥沙含量的快速反演，研究表明 QUAC（quick atmosphere correction）是一种适用于高浊度水体且快速简便的大气校正方法。

1. 海洋水质监测技术

海洋水质监测技术是海洋科学的重要组成部分，"十二五"期间，我国在海洋水质环境监测方面开展了一系列的工作，并取得了显著的进步。李飞飞等[109]研制了一种基于无线遥控的移动式快速水质监测系统（微型遥控船），通过手持式智能无线遥控终端控制，能快速完成水质的移动监测。牟华等[110]结合国内外海洋水质监测系统的研究成果，建立了海域水环境监测系统，该系统增强了对近海海域生态系统的监测和预测预警能力。牟华[111]研究并设计一种基于通用分组无线服务技术（general packet radio service，GPRS）

和北斗定位系统的近海海洋水质自动化监测系统，对监测到的海水表面的温度、盐度、pH、氨氮和溶解氧数据进行整理分析，可初步实现对选定海域水质的自动监测。陈嵩等[112]采用基于不完整数据样本的模糊 C 聚类均值算法对海水水质监测数据进行聚类分析，该算法在不完整数据样本的聚类分析中具有优良特性。林志杰[113]根据 2006—2010年泉州市近岸海域水质监测数据结果，对该海域的水质现状进行评价，并采用秩相关系数法对水质变化趋势进行分析，提出相应的防治对策和措施。何志强等[114]指出，浙江近岸海域已投放 9 套海上自动监测浮标，形成了监测网络，可对浙江省近岸海域进行实时、连续的在线监测，其中投放台州大陈海域的生态浮标成功预测了 2013 年 5 月赤潮的暴发。杜雅杰等[115]采用数值模拟的方法实现监测数据的时空同步，并对 2011 年 7 月 18 日上、下午象山港内活性磷酸盐监测数据进行了同步化计算。王欣等[116]研制了新型多参数水质在线监测仪，可以同时监测水体的水温、pH、溶解氧、电导率、浊度 5 项指标，与标准溶液的数据比对分析表明，仪器测量的误差和稳定性达到了要求。李炳南等[117]将多源监测数据（浮标、走航和遥感数据等）引入海水水质评价中，并结合地理信息系统（geographic information system，GIS）技术建立了基于 Arc GIS Engine、SQL Server 数据库的海水水质空间评价系统，实现了多源监测数据的输入与管理、水质环境信息的选择与查询、海水水质空间评价以及综合评价结果制图输出与发布的功能。

我国海洋水质监测技术已经取得了一系列成果，现代化、信息化、系统化的水质监测体系日益提上议事日程。提高水质监测技术的现代化、标准化以及管理制度化已经成为我国水质监测技术发展的目标，也将逐步建立起实验室、移动监测和自动监测相结合的立体化监测模式，可望全面解决我国可持续发展过程中所面临的水质监测问题[118]。

2. 生态环境监测技术

生态监测是一门综合技术，包括生境、生物、经济和社会等多学科交叉的监测技术。生态监测是利用多种技术，测定和分析生态系统各层次对自然变化或人为活动的反应或反馈的综合表征，可用于判断和评价这些干扰对环境产生的影响、危害及其变化规律[119]。"十二五"期间，为推进海洋生态环境监测事业的全面深入发展，我国已经开展了一些有益的探索。李忠强等[120]主要研究了利用传输网络集成、数据集成等集成技术将分布在不同地点的各监测系统，建立传输网络和数据集成系统，集成多手段的海洋环境监测技术，构建海洋立体监测网络，实现各种生态环境监测系统的数据自动传输，并通过数据集成软件实现传输数据的自动入库和各系统运行状况监控，提高了海洋监测、海洋环境监测数据的管理能力。李元超等[121]采用水质监测和水下成像技术集成的原位监测系统，对西沙群岛珊瑚礁生态系统进行了连续监测，并实现了实时在线传输，突破了传统的珊瑚礁生态系统监测的局限性。于灏等[122]以搭载于"向阳红 08"船的海洋生态环境监测技术，开展了船载海洋生态环境监测系统集成平台的研究，基本实现了水样自动采集与分配、监测仪器远程监控，以及数据实时传输与处理等主要功能。

虽然我国在海洋生态环境监测方面取得了一些技术积累，但仍存在一些不足。国家和地方海洋环境监测与评价技术体系尚不健全，卫星/航空遥感、在线监测等高新技术手段的应用尚不普及，难以满足海洋环境管理部门和科学研究对长时间、高频率、动态信息产品的需求。

3. 底质环境监测技术

海床基观测系统在我国的海洋底质环境监测中应用广泛。该观测系统指的是放置在海底的一种监测系统，通过多种仪器对海底周围的海洋参数进行探测，同时还能够利用声学仪器对海洋要素的剖面参数进行测量[123]。作为海底观测平台的主要形式，海床基观测系统具有原位、长期连续、不受海况和恶劣天气影响、多要素同步观测的技术优势。当前，许多国家都建立了长期的水下观测站，以全面系统分析海洋环境变化趋势。

我国自"九五"期间开始研究海床基观测系统，并建立了悬浮泥沙的自动监测系统。"十五"期间研制的海床基观测系统主要针对近海动力要素监测，能够提供潮汐、风速、波浪等参数，同时还能在水下进行长期监测。"十一五"期间，底质环境监测技术向成熟化、复杂化的方向发展。"十二五"期间，齐尔麦等[124]研制了适用于在浅海（水深 100 m 以内）工作的海床基海洋环境自动监测系统，该系统结合水声通讯与卫星通讯技术，实现了水下监测数据的实时传输，水下集成平台的设计上采取了防拖网、防泥沙等安全性和环境适应性措施。于凯本等[125]针对现有声学多普勒流速剖面仪（acoustic doppler current profilers，ADCP）海床基不能避免渔业拖网破坏的缺陷，对海床基的结构、功能进行了全新设计，成功研制了新型抗拖网 ADCP 海床基，通过在海底布放搭载 ADCP 的海床基，实现海底到海面海流的连续测量。贾永刚等[126,127]研发出一套能够同步自动观测记录海底边界层特征参数的电阻率探杆，实现了垂向方向上沉积物状态、海床面位置和海水泥沙浓度的同步观测。在此基础上，又进一步研发出海底边界层环境多要素三脚架综合观测系统，实现对海底水动力、海水泥沙浓度、海床界面位置、海底沉积物状态的同步自动观测。

总体上看，近几年我国水下监测平台技术发展较快，但与国际先进水平相比仍有较大差距。海床基平台的设计研制是一个系统工程，需考虑平台的功能、适布放海域的环境特点、安全保障、布放回收、性价比等诸多方面[128]。研究适应于不同海域环境和作业条件的海床基平台，加强平台供电通信保障功能，拓展平台监测功能，提高平台应用的稳定性和可靠性，标准化海床基系统布放回收作业模式，是我国海床基观测平台结构设计和调查应用的发展方向。随着海床基平台的广泛应用，预计可大幅提高国内海洋环境监测的时空覆盖度和数据的质量，可为我国海洋环境保护、海洋灾害预警预报提供技术手段。

（二）海洋生态修复与评估技术

生态修复的概念早在 20 世纪 30 年代就由美国人提出，其理论体系于 20 世纪 70 年代中期至 80 年代在欧美发达国家逐步建立，1988 年国际生态恢复学会（SERI）成立，标志着生态恢复学学科形成，其后 20 年得到了迅速的发展。然而，前期生态修复研究与应用主要涉及森林、农田、草原、河流、湖泊以及废弃矿地等[129]。海洋生态修复的研究起步较晚，但近年来，由于海洋环境污染、海洋过度开发和全球变化等因素引起海洋生态系统退化的趋势日益严重，海洋生态系统的修复受到各沿海国家的广泛关注，我国已将海洋生态修复提升到国家发展战略高度加以重视。在《国家中长期科学和技术发展规划纲要（2006—2020 年）》中，明确提出要"加强海洋生态与环境保护技术研究，发展近海海域生态与环境保护、修复技术"。《国家海洋事业发展"十二五"规划》也指出："要加大海洋生态保护和修复力度，建设海岸带蓝色生态屏障，恢复海洋生态功能，提高海洋生态承载力。"与此同时，海洋生态修复成为"十二五"最热点的研究领域之一，针对降低海洋污染负荷、恢复海洋生态系统健康等主要方面开展了一系列卓有成效的研究工作，取得了一些重要的科研成果，包括滨海湿地修复技术、近岸水体（海湾）生态修复技术、海洋生态健康评估技术等，为推动我国海洋经济增长方式的转变奠定了技术基础。这些成果不仅具有一定的创新性，也在某种程度上代表着目前相关研究的国际先进水平。

1. 滨海湿地修复技术及其修复效果评估技术

滨海湿地与人类活动关系十分密切，在净化环境、防灾减灾、调节气候、保护生物多样性等方面发挥重要作用。但滨海湿地生态系统相对脆弱，却接纳了地球上已有的几乎所有类别的污染物。一方面对当地的生物产生直接的毒害作用，或通过生物富集和食物链传递对高营养层次的动物和人类构成危害；另一方面也导致营养物质和能量过剩，干扰了海洋生态系统的正常物流、能流过程。国内外大量的研究和实践表明，湿地的水污染治理与生态修复，除了流域污染控制、截污、清淤、改善水文条件和物理自净能力等工程措施外，生物修复技术等生态治理手段必不可少。

滨海湿地环境中的污染物主要是重金属、营养盐和有机有毒污染物，传统的工程治理措施需要耗费大量的人力物力，还会破坏湿地的自然景观。而利用具有特殊净污功能的植物进行湿地原位修复不仅简单易行、成本低廉，还能提升湿地环境的景观效果。刘亚云等[130]研究证明，滨海红树林湿地中的红树植物秋茄（*Kandelia candel*）对两种多氯联苯（PCB47、PCB155）均有较强的累积作用。黄河口滨海湿地是新生湿地系统，由于受河海相互作用的影响，生态系统具有敏感性和脆弱性，近年来随着人为开发活动强度的加大，区域环境问题更加突出[131]。高云芳等[132]研究发现，湿地系统中的几种盐沼植物，如芦苇、互花米草、香蒲等，可以富集、转移湿地中的重金属和营养盐。山东莱州湾滨海湿地原生植物碱蓬有良好的耐盐性和对 Cu、Zn、Cd、Pb 等重金属的耐受性，且能承受其双重胁迫，是滨海与河口湿地植物修复的最佳材料之一。吴海天[133]提出了"耐盐修复植物选育"和"耐海水柔性浮床"等技术，开发出高效能、低成本的耐海水生态浮床，不但对富营养化、有机污染和重金属污染有良好的修复能力，还对稳定水质、提高生物多样性具有重要的促进作用。

滨海红树林湿地恢复遇到的难题之一是其成活率低，而成活率又与栽培技术密切相关。彭逸生等[134]提出了种植红树林的 4 种方法，认为胚轴插植法是今后的主流造林方法。他们还以红树林种植-养殖耦合系统中的红树林生长适应性和水环境质量为研究对象，综合评价了滨海湿地的恢复效果，分析了耦合系统的推广前景[135]。李娜等[136]认为国内外关于滨海红树林湿地修复的研究都停留在植被恢复的水平上，今后的研究重点应该以生态系统功能恢复为目标，开展滨海红树林生态系统结构和功能的保护和恢复研究。

2. 近岸水体生态修复及其修复效果评估技术

近岸水体是联系陆地和海洋的纽带水域，是人类活动影响最集中的区域。因其高生产力和生物多样性，是全球生态系统中最有价值的区域。近 20 年来，由于近岸水域环境污染的不断加剧，以及渔业资源的持续高强度开发，使近海富营养化不断加剧，氮、磷等营养盐浓度严重超标，近海生态系统和生物资源遭到严重破坏，水域生态荒漠化现象日益突出。赤潮、水母、绿潮等生态灾害频发，珍稀水生动植物资源急剧衰退，水生生物多样性受到严重威胁，养殖病害问题突出，典型海湾生态系统多数呈亚健康状态。近岸水体和海湾生境修复和生物资源修复成为区域社会经济发展及生态建设的迫切需要。

国家海洋局海洋生态环境保护的研究方向和任务涵盖了海洋生态保护与建设的业务需求。近年来，重点调查和评估了辽东湾、荣成湾和象山港等海域的主要陆源污染物种类及其分布、重要生物资源及其数量分布，开展了生境和资源修复效果评价技术研究。针对不同海湾的生境特点,确定了相应的生物修复工具种和工程手段,构建了芦苇-根系微生物、贝-藻-鱼多元养殖、海藻(草)床、人工鱼(藻)礁、人工牡蛎床等多种生境修复模式和技术体系。优化了沙蚕、刺参、鼠尾藻等经济生物苗种规模化繁育技术,构建了沙蚕、刺参、鼠尾藻等经济生物资源修复技术体系,为海湾生物资源修复提供了技术支撑。

2013年,国家海洋局继续立项支持了典型海湾受损生境修复与示范,针对海洋环境保护和海洋生物资源可持续利用的需要,以典型半封闭海湾——辽东湾、荣成湾、象山港和东山湾为研究海区,聚焦受损生境修复关键设施与技术、效果监测装备与技术、效果评价技术的研发,构建盐生植物、海草(藻)床和人工鱼礁、复合污染及集约化养殖修复生态工程区的修复动态模型,集成示范典型海湾受损生境修复生态工程和效果评价技术,实现生态修复设施和技术的标准化、系列化和产业化,建立典型海湾受损生境修复技术集成示范基地,示范和推广面积7万亩,经济效益提高15%以上。

3. 海洋生态健康评估技术

生态系统健康与否已经成为生态系统管理的重要依据。目前,应用较为广泛的海洋生态健康评估方法包括:指示物种法、指标体系法、营养级分析法和生态过程速率法,其中前两种方法最为常用[137]。

郑耀辉等[138]在分析、评述指示物种法、结构功能指标法、生态系统健康风险评估法、生态脆弱性和稳定性评价等方法的基础上,以压力-状态-响应模型为主线,构建了红树林湿地生态系统健康评价技术体系。安乐生等[139]选择现代黄河三角洲(陆域部分)作为典型研究区,建立了评价概念模型,通过分析、比较和筛选,构建了适宜的评价指标体系,实现分区评价及评价结果的优化整合,并探讨了黄河三角洲滨海湿地健康的时空分布规律。

为了评估海水养殖生态系统所承受的环境压力、系统的状态和发展趋势,傅明珠等[140]以海湾养殖生态系统为代表,根据系统性、动态性、生态-社会-经济相结合的原则,构建了基于指标体系法和层次分析法的海水养殖生态系统健康综合评价方法,为养殖海域生态系统健康评估和适应性管理提供了科学工具,并应用此方法对桑沟湾这一养殖生态系统的健康进行了综合评价,认为桑沟湾养殖生态系统健康勉强达到较高水平,控制养殖密度和规模等措施是改善桑沟湾生态系统健康的必要途径。

近年来,我国虽然在海洋生态修复的理论研究方面取得了大量成果,并积累了许多实践经验,但对生态修复的长期生态效应并未引起足够的重视,如转基因工程菌和转基因植物的生态安全问题、外来物种的生物入侵问题、生物强化物质的二次污染问题等。同时,还缺少相应的行业标准,尚无法对相关产品和技术进行规范。

(三)海洋环境预报技术

1. 海洋动力环境预报技术

海水的流动性是使得海洋环境问题具有独特性的主要原因。就目前来看,海洋动力环境预报技术框架已经基本建立,有相当多的工作主要是利用这一框架对具体问题进行研究,但其中仍然存在许多理论或者方法上的不足,在"十二五"期间,我国研究人员做了大量尝试进行改进,取得了一定成果。

(1)灾害性动力环境预报技术　海洋动力环境的一个重要方面是灾害性动力环境,包括风暴潮、海浪和海啸等,这些是继潮汐之后开展预报的几个要素,目前已经进入到业务化阶段,"十二五"期间主要是在预报方法上细化完善。

叶荣辉等[141]在珠江口区域建立了风暴潮预报系统,区域范围为整个珠江三角洲河网及其邻近海域,采用二维水动力模型,考虑了洪水、天文潮、风暴潮等的相互作用,开边界是通过嵌套南中国海潮汐风暴潮耦合模型得到的。并利用 WebServices、WebGIS 等信息技术,将数值模型运算及结果的后处理进行集成,建立了 B/S 架构的珠江三角洲洪潮实时预报系统,并成功应用于"黑格比"(200814号)等台风风暴潮的过程预报。

精细化预报是近年来的发展趋势,刘秋兴等[142]建立了一个中国沿海地区的精细化台风风暴潮数值模型,该模型在中国沿海地区的分辨率达到 300 m 左右。通过对 2012 年和 2013 年灾害性台风风暴潮过程进行的数值检验,发现其计算精度和计算效率均能够满足业务化运行的要求。而且使用世界 5 家主要台风预报机构给出的 24 h 台风预报作为输入进行对比,结果发现,使用中国气象局台风登陆前 24 h 预报获得的结果最优。

目前,国际上台风路径 24 h 预报平均误差约为 120 km,不同的风暴潮模式均有误差,集合预报则是消除台风预报不确定性的方法之一。王培涛等[143]在两套业务化台风风暴潮模型(分别为结构网格下的有限差分算法和非结构网格下的有限元算法)的基础上,构建了基于多模型的台风风暴潮集合预报系统。结果显示采用这种"非同族"模型进行的集合预报,在很大程度上降低了误差相似遗传的可能性,试报结果表明该方法对风暴潮增、减水预报效果高于单一模型的集合预报。

另外,数据同化技术也是提高预报精度的重要方法,李毅能等[144]基于普林斯顿海洋模型(princeton ocean model,POM)及四维变分数据同化(4DVAR)系统开展了近岸风暴潮个例的同化试验和模拟。试验结果表明,同化后的水位结果明显优于同化前的结果,而且同化对预报的影响主要在预报前期。刘猛猛和吕咸青[145]借助伴随同化方法,对具有空间结构的风拖曳系数做了反演研究。同化实验结果表明,采用具有空间分布的风应力拖曳系数得到的模拟结果,明显优于将其取为常数或依照经验公式得到的模拟结果,表明采用具有空间分布的风应力拖曳系数,可以有效减小模拟水位与实测水位之间的误差,提高风暴潮的数值模拟精度。

在海浪预报方面,由于模式发展得较为成熟,近年来的发展主要是在不同海域开展的应用。冯芒等[146]采用四重嵌套网格,在我国台湾海峡及其近岸区域分别建立了海浪数值模式 Wave Watch Ⅲ 和 SWAN(simulating waves nearshore)嵌套以及 SWAN 自嵌套的两套海浪预报系统。通过对一次台风过程 3 天和 7 天的海浪预报实验,对两套预报方案作了检验。结果表明,方案一的 3 天和 7 天的预报误差分别为 14.78% 和 19.53%,方案二分别为 10.38% 和 15.85%。

(2)三维温盐流的预报技术　除了风暴潮、海浪等灾害性海洋环境预报之外,海洋的温度、盐度和流场的预报也得以稳步推进。马继瑞等[147]针对我国三维温盐流数值模拟的进展做了一个综述,他们围绕所使用的海洋模式和数据同化方法、在中尺度数值预报和再分析中的应用,以及所需支撑条件三方面,简述了当前的有关进展和问题。指出发展能够分辨中尺度甚至次中尺度涡的高分辨率海洋三维温盐流数值模拟是未来的方向,与之相匹配的高性能计算平台是必要保障。

朱学明和刘桂梅[148]基于 ROMS 模式,对东中国海的潮汐、潮流进行了数值模拟,模拟结果与 91 个沿岸验潮站的实测结果相比有较好的一致性,分析显示该模式能够很好地刻画东中国海的潮波系统,并基于该结果估算出太平洋传入东海的 4 个主要分潮潮能通量分别为 118.341GW、19.525GW、5.630GW、3.871GW，其中一半以上的潮能耗散在南黄海，30%～40%的潮能耗散在东海，其次是北黄海，而渤海最小。

闫长香等[149]则从实际应用出发开发了一个能快速估计三维海洋温盐流场的分析系统。这种系统以海洋数值模式多年积分的气候态结果作为背景场，通过多变量的集合最优插值同化方法，利用现场观测和遥感卫星高度计及海表温度观测先对背景场进行偏差订正，以订正的背景场产生当前或瞬时的背景场，结合实时或近期观测，通过集合最优插值方法得到三维海洋状态的估计。这种分析系统尽管没有从动力学方程出发，但其优点是无需耗费时间去积分海洋数值模式，可以以较少的计算代价快速获得当前的海洋状态，便于某些应急事件的应用或不具备大型计算资源的地方使用。

蔡夕方等[150]建立了北印度洋风浪流数值预报系统，他们以 5°S 以北印度洋海域为目标区域，该系统是基于区域大气模式 WRF、海浪模式 SWAN 和海流模式 ROMS 而建立的。这一系统具有运行稳定、针对性强和产品定制灵活等特点，为海洋环境预报、舰艇航行保障、军事行动准备等提供准确及时的常规和定制风浪流数值预报产品。

2. 海洋水质预测技术

（1）富营养化和赤潮　在海洋水质预测研究方面，比较多的工作集中在富营养化和近海赤潮方面，在方法上有基于现场观测数据，采用统计学方法，建立统计学模型，从营养盐浓度出发进行赤潮预测，也有应用三维水动力-水质模型对海洋物理、化学过程进行综合模拟分析的案例。

张恒和李适宇[151]对 RCA（row and column of aesop）三维水质模型进行改进，加入泥沙模块及悬沙遮光发挥对藻类生长的限制作用，并模拟了底泥中的生化过程，较好地解决了营养盐底通量及底泥耗氧率的动态变化对水质影响的模拟问题。他们应用改进的 RCA 水质模型，对珠江口的营养盐、浮游植物及溶解氧进行模拟研究，结果显示，改进的 RCA 水质模型较好地再现了洪季珠江口营养盐、浮游植物和溶解氧在水平及垂向上的空间分布。三维水质模型的应用，较好地阐释了在物理和生化过程的共同作用下珠江口缺氧现象的动态变化特征。

江兴龙和宋立荣[152]在对东海泉州湾赤潮监控区开展赤潮常规监测的基础上，以各站位 23 项水质指标为自变量，相应赤潮藻类优势种的细胞密度为因变量，进行多元逐步回归分析，建立了各站位优势种中肋骨条藻（Skeletonema costatum）、太平洋海链藻（Thalassiosira pacifica）、微小原甲藻（Prorocentrum minimum）等的多参量回归方程。结果表明，所有回归方程的复相关系数都较高，可作为相应赤潮优势种细胞密度预报方程，对泉州湾的赤潮预报提供了良好的指导作用。

徐海龙等[153]利用时间序列分析方法，以 1977—2012 年中国海赤潮的年发生频率及 2001—2012 年赤潮的月发生频率数据资料为基础，建立赤潮事件的年和月发生频率时间序列。赤潮的年发生频率与时间的分段回归拟合效果较好，月频率的季节性最大值在 5 月（约 18.22 次），随机波动的大小随时间序列逐步增加，波动峰值主要出现在 5～7 月。利用 Holt 指数平滑法和 Holt-Winter 指数平滑法分别对赤潮事件的年发生频率和月发生频率进行预测。结果表明，2013—2020 年赤潮的年发生频率呈年平均增加 1 次的缓慢趋势上升，2013—2016 年间 5～7 月份为赤潮高发期，峰值出现在 5 月，基本稳定在 25 次左右。

张颖和高倩倩[154]以长江口南汇嘴近海海域连续采集的观测数据为基础，采用极限学习机回归方法建立海水 Chl-a 浓度预测模型，通过与广义回归神经网络、支持向量机回归两种模型的预测效果进行对比，表明极限学习机回归预测模型具有较好的预测精度、预测效率和泛化能力，能够实现针对研究水域环境下 Chl-a 浓度的有效预测。

（2）其他水质要素预报

① 热污染。有学者运用三维数学模型开展了电厂热污染的研究，如赵瀛[155]以象山港国华宁海电厂为例，采用 FVCOM 三维水动力模型，对电厂附近海域水温分布进行分析，得到温排水分布特征，同一位置表层温升普遍高于底层，表层温排水扩散总面积大于底层。在此基础上，估算了夏季象山港电厂附件海域的影响体积，结合海上围隔实验结果，估算了夏季象山港电厂温排水造成琼氏圆筛藻生物量的损失量，为管理部门对电厂温排水管理和控制以及生态补偿研究提供了依据。

常小军[156]在水动力模型的基础上，开发了温排水三维对流扩散模型，并以青岛电厂的温排水为例，对温排水引起的胶州湾海域的三维温升场进行了模拟。结果表明，在合理考虑了海气热通量后，温度场的计算值和实测值较为一致，为评估温排水的环境和生物效应提供了基础。

② 核污染。日本福岛核泄漏事故发生后，研究人员运用三维数学模型开展了大范围核污染的研究。如何晏春[157]等使用全球版本的迈阿密等密度海洋环流模式，对 2011 年 3 月日本福岛核电站泄漏进行了数值模拟。结果表明，不同核废料排放情景及在不同大气背景下，示踪物总体的传输扩散路径（包括表层以及次表层）、传输速率以及垂直扩展的范围没有显著的差异。集合平均数值模拟的结果显示：在两种排放情景下，日本福岛核泄漏的传输路径受北太平洋副热带涡旋洋流系统主导，其传输路径首先主要向东，到达东太平洋后，再向南向西扩散至西太平洋，可能在 10～15 年影响到我国东部沿海海域，且海洋次表层的传输信号比表层信号早 5 年左右。

针对放射性物质的研究还有赵昌[158]等基于普林斯顿海洋模式（POM）建立了一个准全球海洋的放射性物质输运和扩散数值模式，通过数值模拟手段评估了历史核试验释放的放射性物质 ^{137}Cs 对中国近海海洋环境的影响，通过比较模拟结果与观测资料，表明该放射性物质模式能够较好地模拟出 ^{137}Cs 在中国近海及其邻近海域的分布情况和随时间演变的特征。模拟结果表明，中国近海水体中 ^{137}Cs 浓度在 20 世纪 50 年代中期达到最大，其中吕宋海峡海域 ^{137}Cs 浓度最高，达 80.99 Bq/m^3。对 2011 年 3 月份日本福岛核事故前中国近海 ^{137}Cs 浓度分布状况的分析表明，2011 年整个中国近海 ^{137}Cs 浓度介于 1.0～1.6 Bq/m^3，且其浓度垂向分布较均匀，相对封闭的南海浓度略高于其他海域。

③ 石油污染。溢油应急预报对溢油事故现场处理具有重要指导意义。国内外已开展大量溢油数值预报技术研究，但由于各类误差的引入（尤其是风和流数值预报误差的引入）以及模型本身的不完善等各种原因导致溢油数值预报无法满足日益提高的溢油预报精度需求。随着现场观测技术和监测水平的提高，如何充分利用实时观测数据提高业务化溢油应急预报精度，并满足应急预报迅速快捷的要求，成为目前业务化溢油应急预报的首要问题。国家海洋环境预报中心于 2008 年实现了渤海溢油业务化预报系统的建立和业务化应用。李燕[159]等针对当前渤海溢油业务化应急预报中存在的现实问题，利用已有渤海海上 5 个石油平台从 2010 年 1 月至 2011 年 2 月的风场观测数据，初步开展最优插值方法同化技术在渤海溢油应急预报系统风场订正中的应用研究，采用交错订正方法，确定了同化技术中相关尺度因子的选取，从而实现在这 5 个观测站地理分布情况下的参数最优化，之

后在理想实验和实际案例的应用中，该同化方法明显提高了渤海溢油预报精度。

综上所述，近年来综合现场观测、雷达观测或卫星遥感结果，运用统计学、模糊数学、三维水动力-水质模型等方法，针对富营养化和赤潮、热污染、核污染、石油污染等开展了预测研究，为海洋环境水质管理提供了良好的基础。但是从已发表的成果看，针对有毒有机物，基于污染物输移过程及海洋生态效应而开展的预测研究成果尚少。

四、我国海洋环境管理体系建设进展

经过 40 多年的发展，我国海洋环境管理体制已逐步建立，对提升海洋环境治理水平、改善海洋环境质量起到了重要的作用。伴随着海洋开发力度日益增强，海洋环境健康状况已成为海洋经济可持续发展的重要制约因素。与现阶段我国面临的海洋环境挑战和沿海社会经济发展的需求相比，我国海洋环境管理体制建设尚不能适应新形势和满足新需求，需要通过自身的改革为海洋环境治理水平提升和海洋环境质量改善奠定基础。

（一）海洋环境保护规划

海洋环境保护规划是国家或沿海地方政府在一定时期内对于海洋环境保护目标和措施所做出的安排[160]。我国对海洋环境保护规划研究始于 20 世纪 80 年代，近年来，为促进海洋可持续发展，我国正在积极探索符合国情、海情的海洋环境保护新道路。

1. 海洋环境保护规划

以促进海洋经济与环境保护协调发展为目标，国家编制了一系列海洋开发和保护规划。2012 年，《海洋事业发展规划（2011—2015）》《海洋主体功能区规划》《海洋功能区划（2011—2020）》《全国海岛保护规划》均已获得批准[160]。《渤海环境保护总体规划》《中国生物多样性保护战略与行动计划——划定海洋与海岸生物多样性保护优先区域》《沿海省份"十二五"碧海行动计划编制纲要》《"十二五"近岸海域污染防治规划》等规划已经实施。这些海洋规划表明国家对海洋环境保护的重视，预示着海洋环境保护规划制度在海洋环境保护中的重要作用，同时也充分发挥了规划对海洋经济的政策引领作用。

2006 年，天津市批准实施了《天津市海洋环境保护规划》，这是我国第一个省级海洋环境保护规划。该规划的主要目的是协调开发与保护的关系，采取积极措施实现天津市海洋经济的发展以及海洋环境的有效保护。这一规划作为其他沿海省市的范例，对制定地方海洋环境保护规划起到了示范作用[160]。其后，许多省市都相继制定了海洋环境保护规划，如辽宁省、福建省、广东省、威海市等，标志着我国海洋环境保护规划工作的不断发展和推进。

2. 海洋保护区建设

海洋保护区建设是保障海洋生态健康、促进海洋生态保护、推动人与自然和谐发展的一种重要方式。为促进我国海洋经济和生态的和谐发展，以及建设海洋强国的需求，海洋保护区建设得到前所未有的重视。

（1）海洋保护区网络体系建设　截至 2013 年，国家海洋局管理的各类国家级海洋保护区共计 70 处，面积达 7.24 万平方公里，占管辖海域面积 2.4%，包括国家级海洋自然保护区 14 处，国家级海洋特别保护区 56 处，海岛的海洋保护区 28 个。保护对象主要包括红树林、珊瑚礁、海草床、柽柳林、海岛、河口、海湾等典型海洋生态系统、珍稀濒危海洋生物物种及珍贵海洋自然遗迹等[161]。另外，2014 年又新批建国家级海洋保护区 14 个，新增保护区面积 1548.55 km²，将典型河口湿地、海湾、海岛等生态系统、重要物种以及自然景观纳入保护范围[162]。目前，已初步形成海洋保护区网络体系，涵盖了中国海洋主要的典型生态类型。

（2）海洋生态保护国际合作　　山口国家红树林生态自然保护区、盐城沿海滩涂珍禽国家级自然保护区等已加入联合国教科文组织"人与生物圈计划"世界生物圈保护区网络，并与多个国家开展海洋保护区国际合作，组织实施全球环境基金援助的"黄海大海洋生态系""中国南部沿海生物多样性管理""东亚环境保护项目——渤海海洋环境保护伙伴关系建设"等项目，提升了我国海洋生态管护能力。

（3）海洋保护区监控系统　　至 2015 年，我国已开展了 51 个国家级海洋保护区生态状况监测工作[162]，并已初步建立了保护区监控系统，为保护海洋生态环境发挥了重要的作用。然而，海洋保护区监控系统缺少统一规划和技术协调，尚没有实现网络的信息资源共享，面向保护区监管的综合应用系统集成平台无法形成，难以满足保护区生态环境管理的需求。目前，国家正推进海洋保护区生态监控体系建设，也将逐步实现全国联网，从而提高我国海洋保护区管理水平。

（4）海洋保护区规范化建设与管理　　针对我国海域生态特点与保护需求，按海洋保护区规范化体系建设要求，"十三五"期间拟筛选合适区域新建 15 个海洋自然保护区和 33 个海洋特别保护区。其中，黄渤海新建 6 个海洋自然保护区、14 个海洋特别保护区，东海新建 1 个海洋自然保护区、16 个海洋特别保护区，南海新建 8 个海洋自然保护区、3 个海洋特别保护区。筛选新建 32 个海洋公园，其中黄渤海区新建 8 个，东海区新建 8 个，南海区新建 16 个[161]。

通过定期评估海洋保护区的实施效果，逐步完善 200 多个各级海洋保护区的基础建设和标准体系，逐步建立国家级与省级海洋保护区综合管理平台。

（二）海洋环境管理

1. 管理制度与法规建设

海洋环境保护工作高度依赖于科学技术的发展，我国海洋环境管理制度也处于持续的变革中[163]。

（1）海洋环境法律制度　　《中华人民共和国海洋环境保护法》是我国行使海洋环境保护管理最主要的法律依据，于 1982 年出台，经 1999 年修订，国家于 2013 年对该法进行了再次修订，从法律层面对新形势下的海洋环境保护工作进行了顶层设计，并界定各涉海部门和行业的职责、权利和义务，为推动地方海洋环境保护立法和相应的法规体系建设提供法律依据[164]。

（2）海洋生态文明制度　　国家大力推进海洋生态文明建设，把海洋生态文明建设融入海洋事业发展的各方面和全过程。在深入调研的基础上，系统研究海洋生态文明理论框架、发展模式及中长期战略，提出"十三五"海洋生态文明建设的总体目标和路线图，出台了《关于建立海洋生态环境质量通报制度的意见》《海洋生态损害国家损失索赔办法》《国家级海洋保护区规范化建设与管理指南》等多项管理制度。2014 年，国家全面推进海洋生态环境保护工作，形成了 3 个体系（海洋生态保护与建设体系、海洋监测评价体系、海洋生态环境行政监管体系）、6 项制度（海洋生态红线制度、海洋工程区域限批制度、海洋资源环境承载力监测预警制度、陆海统筹的生态保护修复机制、陆海统筹的区域污染防治联动机制和海洋生态赔偿补偿制度)、10 项工作和 3 项保障的工作格局[162]。这些为进一步推进海洋生态文明制度体系建设奠定良好基础。

（3）海洋生态红线制度　海洋生态红线制度是指为维护海洋生态健康与生态安全，将重要海洋生态功能区、生态敏感区和生态脆弱区划定为重点管控区域并实施严格分类管控的管理制度[165]。从海洋区域的自然属性和社会经济价值出发，确定不同区域适宜的开发利用方向，并划定海洋生态红线区实施严格的管控制度，实现区域综合开发和空间资源优化利用。其目的是促进红线管控海域能充分发挥经济、社会和生态环境的综合效益，既合理开发自然资源价值，又满足生态环境的保护需求，实现社会-经济-生态复合系统的可持续发展。2013 年，山东率先划定渤海海洋生态红线后，2014 年，辽宁、河北、天津先后划定了本省市的渤海海洋生态红线区，表明渤海海洋生态红线划定工作全面完成。在系统总结渤海海洋生态红线划定经验的基础上，我国将积极推进黄海、东海、南海海洋生态红线划定相关工作[162]。

（4）海洋资源环境承载力监测预警制度　资源环境承载力不仅表征自然资源环境的数量、质量，而且能反映社会需求总量[166]。在开展资源环境承载力监测和研究的基础上，确定海域资源环境承载力阈值，可望有效提高资源利用效率和生态保护能力。目前，我国已建立了全国近岸海域环境监测网络，开展了近岸海域环境质量监测、入海河流及直排海污染源污染物入海量监测、近岸海域应急监测等工作。从 2000 年开始编写并发布了《中国海洋环境质量公报》。然而，针对海洋资源环境承载力的动态跟踪能力不足，对其进行系统准确评估的水平还有待提高。

（5）陆海统筹保护机制　建立陆海统筹的生态系统保护修复和污染防治区域联动机制，是党的十八届三中全会的明确要求。打破陆海界限，把海洋环境保护与陆源污染防治协同考虑，是从根本上消除环境污染和遏制生态破坏的前提。只有建立跨地区、跨部门、跨领域联防联控机制，才能解决近岸海域生态退化和污染加重等环境问题[167]。

（6）海洋生态赔偿补偿制度　海洋生态补偿研究起步较晚[168,169]。针对具体海区和海洋自然保护区的生态补偿，一些学者做了有益的探索[170,171]。同时，国家在海洋生态赔偿补偿标准和办法方面开展了相关研究。2011 年颁布实施的国家标准《海洋生态资本评估技术导则》（GB/T 28058—2011）是我国海洋标准体系的重要标准之一。该标准是当前国家正在推动海洋生态补偿政策所急需的技术手段之一。该标准为相关管理和技术部门深入认识海洋生态资本对于社会经济发展的重要贡献，规范海洋生态资本评估技术方法，从而实现海洋生态资源的有偿使用、产权经营、优化配置，促进海洋经济的可持续发展具有重要意义[172]。2014 年 10 月国家海洋局印发《海洋生态损害国家损失索赔办法》，该办法有利于有序实施海洋生态损害国家损失索赔工作，加强海洋生态环境保护。这些都为海洋生态赔偿补偿制度建设提供了技术支撑和政策支持。

（7）围填海总量控制制度　围填海已成为利用海域资源、缓解土地供需矛盾、拓展发展空间的重要途径。但近年来，一些沿海地区围填海活动存在规模增长过快、海域资源利用粗放、局部海域生态环境破坏严重、管理机制不健全、监管能力薄弱等突出问题。2011 年，《围填海计划管理办法》的出台，对加强我国围填海的调控与监管，建立健全围填海管理的长效机制，提高围填海管理的科学水平具有重要意义。2014 年，按照适度从紧、集约利用、保护生态、陆海统筹的原则，全国共安排围填海计划指标14782.7hm²[173]。

2. 管理手段创新

传统的海洋环境管理手段，主要是指法律政策、行政手段和经济手段等，其运行方式也相对比较单一。现代海洋环境管理手段的基本趋势是，越来越多地利用市场机制，加强激励与引导，积极引进私营企业管理中较为成功的方法、技术和经验，其管理运行方式也向着柔性、互动的方向发展[174]。

（1）信息化手段　当前，海洋环境形势不容乐观，而公众对海洋环境质量的期待上升到了前所未有的高度，仅靠行政手段控制污染物排放总量、改善海洋环境质量、防范环境风险，难度大且进展慢。随着信息系统、物联网、云计算等技术的迅速发展，创新信息化海洋环境管理手段，成为未来趋势。

目前，海洋环境管理需要处理的数据及信息量大幅增加，迫切要求加强信息化建设，实现环境管理数据的高效获取、海量存储、快速处理等，从而提升环境管理效率。针对海洋环境脆弱、海洋生态系统敏感区域，以及海洋灾害高发的区域，建立监测、预警、应急和信息化网络，对海洋环境进行全天候、全方位、立体化的监测，对多源数据加以整合和综合分析，可为环境保护乃至经济建设提供更加科学的决策支持。

（2）无人机遥感技术　近年来，全球定位系统、地理信息系统和遥感技术（3S技术），尤其是无人机遥感技术在海岛海岸带的应用逐渐推广，利用无人机开展海岛海岸带区域遥感调查[175]，获取了大量的无人机遥感图像资料，并成功应用无人机遥感技术开展了海岸带沙滩修复效果评估、岸线潮滩侵蚀监测、海岛植被调查与生态修复评估、海岛地质灾害监测、海岸警戒潮位核定中的海堤三维监测以及海监海岛执法与岸线巡查等方面的应用研究[176]。南海分局利用无人机遥感技术开展了近岸海域遥感监测、海岛调查和防灾减灾等工作。无人机遥感技术的应用，大大提高了海洋环境管理水平和效率，也为海洋环境保护工作决策提供重要技术支持。

（3）区域综合管理手段　目前，国家和省级层面实施了许多海洋与海岸带综合管理项目，对海洋环境与区域经济的协调发展起到了积极作用，但仅有少数将流域和与流域相连的海域进行综合考虑。海洋管理与流域管理不能很好地衔接，缺少流域-海洋综合管理战略规划。同时，我国的海洋环境保护与沿海区域发展综合决策缺乏实质性的融合，海洋环境管理与经济发展之间还缺少科学的协调机制[177,178]。创新海洋环境管理模式，不断完善基于生态文明目标下海洋环境污染治理的法律体系，建立区域性海洋环境保护体制。

（4）国际合作机制　加强海洋环境保护方面的国际合作，积极引进发达国家在海洋环境监测、海洋资源开发、海洋事故预警、海洋质量检测等方面的先进技术；加强与先进国家的交流，借鉴其海洋环境管理的先进理念，学习他们对海洋管理类和海洋技术类人才的培养模式；扩大与国际性或地区性大型海洋企业、海洋组织的合作，提高自身在海洋环境保护中的创新能力。

五、国外研究进展分析

（一）新型持久性有机污染

持久性有机污染物（POPs）是一大类对海洋环境产生潜在毒性的物质，目前越来越关注POPs在全球环境中的分布以及对生物的影响。POPs可通过大气长距离传输，具有

"全球蒸馏"及"蚱蜢跳"效应，在人类活动极少的北极地区、高山雪原、大洋环境均发现 POPs 的存在，说明全球的海洋环境已受到 POPs 的污染，几乎找不到一块净土。目前，在世界各国的人体和生物体内均检测到二噁英、阿尔德林、氯丹等持久性有机污染物。

对生态系统和人体健康有毒性作用的并不仅仅是 POPs 公约所列的 12 种化学物质，一些新的 POPs 引起了广泛关注，如电子垃圾（e-waste）、阻燃剂多溴联苯醚（PBDEs）、全氟辛酸铵（PFOS）等在生物体内的累积及其毒理研究已成为目前研究的热点。随着全球变暖，还会有越来越多的 POPs 释放到环境中，如气温升高会使沉积在冰川中的 POPs 融解出来，洪灾也会将深埋在土壤和水下的 POPs 释放出来。

PBDEs 在海洋中的主要归宿是海洋沉积物和海洋生物。对海洋沉积物柱样和生物样品中 PBDEs 含量的分析显示，除少数海域的 PBDEs 含量从 20 世纪 90 年代后期趋于稳定或者逐渐降低外，多数海洋环境中的 PBDEs 水平一直持续增加。北半球的 PBDEs 残留量高于南半球，但世界各地的海洋都在不同程度上受到了 PBDEs 的污染。欧洲南部近岸海域受 PBDEs 的污染最严重，其污染程度从南向北逐渐减轻，北极附近海域所受污染最轻。在北美洲，近岸海域生物样品中 PBDEs 含量高于开阔大洋。在亚洲，中国东海所受 PBDEs 污染的程度远高于亚洲其他海区。

全氟辛烷磺酰基化合物（PFOS）和全氟辛酸（PFOA）是重要的全氟化表面活性剂，具有疏水疏油的特性，广泛应用于工业用品和消费产品。PFOS 和 PFOA 这两类物质被认为是持久性有机污染物，在生物体具有蓄积性，且半衰期长。研究表明，它们在野生动物和人的血清、肝脏、肌肉和卵等组织器官中普遍存在。有关 PFOS 和 PFOA 在生物体内暴露水平的研究，关注较多的是在肝脏、血液、血浆、血清、肾、脾、卵、鲸脂、肌肉、子宫和脑等器官中的积累，并分析了污染物浓度与年龄、性别和种间的关系。关于这类物质在海洋环境中分布特征的研究还不多。

（二）海洋酸化

2003 年，英国著名杂志《自然》上发表的论文首次提出了"海洋酸化"（OA）一词，随后海洋酸化问题引起了广泛关注。2012 年 3 月，美国《科学》杂志上发表报告称，受温室气体增加的影响，地球正经历过去 3 亿年来速度最快的海洋酸化，众多海洋生物将面临生存威胁。海洋酸化是海洋不断吸收人类活动释放的 CO_2 引起的海水化学环境的变化，关于海洋酸化的研究已越来越成为海洋环境科学研究的热点问题之一。研究表明，工业革命以来过量的 CO_2 排放已将海水表层 pH 值降低了 0.1，这意味着海水的酸度已经提高了 30%。预计到 2100 年，海水表层 pH 值将下降到 7.8，海水酸性将比 1800 年高 150%。然而，不同海域或不同纬度的水体，由于物理化学环境特征不同，受海洋酸化影响或威胁的程度也不相同。因此，该重大环境变化，在不同海域，与其他环境因子耦合，会产生不同的生态效应[179]；影响海洋生态系统的服务与产出，使关键生理生态过程发生明显变化，改变生物固碳量，降低钙化生物的钙化量，干扰浮游动物和鱼类的生理代谢，加重污染物的生物毒理效应，影响海产品质量。这必将对海洋生物及海水养殖业带来严重的后果，并削弱海洋对全球变化的调控功能[180]。我国是水产大国，近海水域生物多样性丰富。为此，亟须研究海洋酸化对我国海洋生物及其生产力的影响，探讨其资源环境效应及适应性管理对策[181]。

（三）海洋低氧区

海水中的溶解氧是海洋生态系统结构和功能得以维持的关键环境因子。低氧区（hypoxia zone）通常被定义为溶解氧含量低于 2mg/L 的区域，也被称为死亡区（dead zone）。至今，全球报道的低氧区已经超过 400 个，总面积在 100 万平方公里以上，其中波罗的海低氧区面积最大，达到 8.4 万平方公里。此外，各个低氧区还普遍存在分布面积继续扩大、低氧程度持续加剧的趋势。低氧问题不仅会加大海洋生物的生存压力，从而导致其种类和数量下降，同时还会影响全球的碳氮循环并对整个海洋生态系统产生深远影响，此外还可能增加甲烷、氧化亚氮等温室气体的排放，从而加剧全球变暖效应。因此低氧区已成为近年来海洋环境科学领域的热点问题之一。

国际上，低氧区研究比较深入的海域包括墨西哥湾北部、切萨皮克湾、波罗的海和黑海等。不同海域低氧区形成的机制和过程存在差异，按照其发生时间可以分为永久性低氧区和季节性低氧区两种类型，永久性低氧区主要发生在大陆架、大型海湾以及内海，季节性低氧区通常出现在河口附近。按受自然过程和人类活动影响的程度，低氧区可划分为三种类型：自然过程主导的低氧区（如印度洋北部低氧区）、自然过程与人类活动共同主导的低氧区（如美国加利福尼亚海岸外低氧区）和人类活动主导的低氧区（如波罗的海低氧区）[182]。

影响水体溶解氧分布的主要过程有海气交换、水体混合、初级生产以及有机物矿化等。但是，不同的河口区因水文特征、生物区系、水动力条件等因素的不同，这几个过程的相对重要性也存在差异。例如，波罗的海低氧区形成的主导因素是沿岸营养盐输入导致的有机物矿化：营养盐输入诱发浮游植物爆发性繁殖，浮游植物残体沉降到水体底层后，发生分解并消耗大量溶解氧，从而加剧了低氧状态[183]。墨西哥湾河口低氧区的形成，取决于水体层化趋势和有机质矿化两个因素，其中水体层化又受水深、淡水径流量、潮汐能等因素的影响[184]。日本濑户内海低氧区形成，主要原因则是底部存在水流慢、交换弱的冷水丘[182]。虽然各个低氧区形成的环境差别巨大，但具有共同的特点：水体层化阻止了表底层的水体交换；底层有机物质分解消耗了水体中的溶解氧。因此，关于低氧区的研究需要多学科的交叉，从不同的角度理解低氧区形成的原因和过程。

此外，低氧区的形成和加剧也受到了全球和区域气候变化的影响[185]。气候变化导致海水升温，从而引起氧气溶解度的降低和海洋生物呼吸耗氧速率的增加；全球变暖还通过影响水循环而间接作用于低氧区的形成和演化。例如，冰川融化导致海平面上升，海水升温引起蒸发量增加及水汽运输增强，以及全球江河淡水径流量的增加又会促使更多的营养物质向海洋的输送。

受世界人口持续增加和全球气候变化进一步加剧等因素的影响，未来数十年中，海洋低氧现象预计将愈加严重。因此，"十二五"期间国内外对低氧区的研究将会继续保持高度关注。为了更深入地认识低氧区的形成机制，当前迫切需要开展低氧区及其周边海域的现场连续自动观测，以获得流场、盐度、温度、生源要素和溶解氧等环境因素的时空变化。在现场观测的基础上还可以开展相关试验研究，如可以通过现场试验确定径流携带的营养物质在河口区的沉降速率和分解速率等。此外，建立与三维水动力模型耦合的海洋生态数值模型，从而更全面地掌握低氧区形成及变化的原因，可为相关环境管理提供低氧区控制及治理措施建议。

（四）微小塑料颗粒污染分析

塑料制品在物理化学风化、不完全降解之后，会变成细小的颗粒，最终进入水环境长期稳定存在[186,187]。由于细小的塑料颗粒具有极大的比表面积，可以吸附大量的有机物、重金属等污染物。塑料颗粒表面还会附着生长细菌、藻类，更加剧了污染物的吸附。大多数重金属具有较高的颗粒活性，进入水环境后，倾向于与颗粒物结合。在自然水体中即使溶解态金属浓度不高，颗粒物上仍可能有较高浓度的重金属。塑料颗粒的存在可能会将重金属污染物预先富集，再被滤食性生物摄食吸收，从而可能会极大地促进重金属在生物中的累积，进而造成毒性效应。而且重金属污染物可以通过食物链进行传递，进而将重金属负面影响扩展到整个生态系统。塑料颗粒可以从海水中吸附有机污染物。有机污染物从而可以借此在洋流作用下被输送到遥远的区域。但这种颗粒态塑料的海流输送相对于大气输送和溶解态塑料的海流输送要小得多，Zarfl 和 Matthies[188]通过模型估算得出塑料颗粒对于多氯联苯（PCBs）、多溴联苯醚（PBDEs）和全氟辛酸（PFOA）的输送贡献比大气输送和溶解态输送小 4～6 个数量级。

（五）海洋生态系统演变

从基因到生态系统水平上，海洋生态系统均发生了一定的变化。以全球变暖为例，在过去的 30 年内大气中温室气体的浓度不断升高，这使得地球表面的大气温度每 10 年就升高 $0.2℃$[189]，海洋表层平均温度自 20 世纪以来也上升了 $0.89℃$[190]，而且这样的变化还在加剧。海洋表层水体温度的上升，加剧了垂直分层现象，进而限制了水体的局部混合，导致真光层内营养盐的可利用性和海洋初级生产力降低。上述过程使太平洋和大西洋寡营养盐海区的面积在 1998—2006 期间增加了 15%，达到 $66×10^5 \ km^2$[191]。而自 20 世纪 80 年代早期以来，全球海洋的初级生产力至少减少了 6%，其中有近 70% 的减少发生在高纬度地区[192]。温度的上升除了通过改变营养盐和海洋环流等环境因子外，其本身对生物过程还有根本性的影响，因为温度决定着分子动能的大小，而分子动能则影响着生物酶活性、分子扩散和膜界面物质传输等最基本的生物过程速率[193]。这些因素的改变进而能影响从细胞到生物群落，如生物新陈代谢速率、生活史、种群生长和群落结构等。动物的新陈代谢受温度的控制，因此响应的生态过程（摄食、交配、孵化）将会随着温度的升高而发生改变。例如，呼吸作用随温度的变化比光合作用更加敏感[194]。因此，与初级生产力相比，依赖热量生产的消费者因为温度上升受到的影响更为严重。比如，在中型生态模拟试验中，当温度从 21℃ 上升到 27℃，消费者对初级生产力的控制加强，食物网中各营养级生物量都增加，植物和动物的比例也发生改变[195]。也有研究表明，温度的升高会使浮游植物个体变小，改变浮游生态系统的结构和功能，进一步降低了海洋对 CO_2 的吸收能力[196]。另外，冷血动物的体温随着环境温度的变化而变化，其生长速率也会随温度的升高而呈现指数级增长，这些都会使它们的生态属性发生一系列重大改变，如幼虫分布、种群联通、局部适应和物种形成等[197]。综合来看，全球变暖会导致海洋生物世代时间的降低，从而造成幼虫和其食物之间的耦合关系发生改变，即"物候失配"[198,199]。

政府间气候变化专门委员会（Intergovernmental Panel on Climate Change，IPCC）在 2014 年通过的综合性报告指出全球温度的快速上升极有可能（95%）是人为活动导致的后果，同时 1/3 的额外 CO_2 被海洋吸收，导致海水酸化[200]。另外，报告还强调了海平面上升等其他的严峻事态，在过去一个世纪里，全球的海平面已经上升了 19 cm，这主要是由于冰层融化和海水升温膨胀而致；在 1993—2010 年间，海平面上升的速度是 1901—2010 年间的 2 倍[201]。现在，全球 66％地区的海平面将比 1986—2005 年间高出 0.29～0.82m，比 2007 年的预期范围（0.18～0.59m）高[201]。

不管是温度和海平面的上升，还是 pH 值和氧气浓度下降，以及包括光照条件（包括紫外线）的改变、营养盐浓度和结构变化、环境污染物的增加等在内的各种影响因素都会对海洋生态系统造成显著影响，而且它们的作用相互叠加交错。因此，在当前全球气候变化和人类活动影响下，从全球到区域尺度的各种海洋生态系统都面临多重压力胁迫。这些环境因子的变化毫无疑问会对物种的时空分布造成显著影响，甚至导致旧物种的灭绝和新物种的出现。过去的气候变化已使物种分布和丰度等发生改变，如一些物种灭绝、有害生物危害强度和频率增加，某些生物入侵范围扩大、生态系统结构与功能改变等[202]。

评价生态系统演变过程，需要考虑环境因子胁迫对生物的潜在影响，包括基因表达、细胞和整个有机体的生理学特征等。从生态学理论的角度讲，物种的耐受力同时反映了其生理特征、环境因子、种间竞争和分布[203]。与陆地生态系统不同，海洋生态系统在物理-化学-生物因子之间具有高度耦合和快速响应的特征。海洋生态系统的演变主要表现在栖息地环境的简单化、外来物种和疾病、海洋某些阈值变化、生态新组合和食物网结构的改变等[193]，而这一切的发生可能是非常迅速和不可逆转的。

（六）海洋生态灾害（有害藻华、绿潮、水母）

近几十年，有害藻华（HAB）的发生频率、地理范围和灾害影响呈一种增长趋势，已经上升成为重大的海洋环境问题，并已成为世界性的生态灾害。有害藻华引起的生态灾害已遍布全球[204]。日本、加拿大、法国、挪威、瑞典和美国都设立了全国性的国家 HAB 研究规划，欧洲各国联合建立了欧洲的赤潮研究规划（EIJROHAB），各国际海洋科学组织，如联合国教科文组织的政府间海洋委员会（IOC）、国际海洋学研究委员会（SCOR）、国际海洋考察理事会（ICES）、亚太经济合作组织（APEC）和北太平洋海洋科学组织（PICES）都纷纷组成了专门的有害藻华研究组织或计划（GEOHAB，2011）。目前 HAB 研究的发展趋势主要包括：HAB 的发生机制及统计学模型[205]、藻毒素的分类和致毒机制[206]、HAB 监测的遥感技术[207]、HAB 的预报机制[208]、HAB 防治技术[209]。

除了 HAB 外，绿潮也是一种海洋生态灾害。欧洲、亚洲、美洲和澳大利亚等沿岸都曾报道了绿潮的发生[210～217]。研究发现，石莼属绿潮在法国、意大利、阿根廷、美国、巴西、印度和日本等均有发生，而浒苔属绿潮主要发生在葡萄牙、芬兰、美国和中国。浒苔属、石莼属的系统分类及其暴发机理是目前国际研究的热点之一[216]。

另外，近年来，在世界各地的许多海湾和海区都发生了水母数量剧增甚至暴发的事件[217～219]。国际海洋生物普查计划（census of marine life，CoML）在近年来的研究报告中也指出，胶质化的水母在全球范围内呈现数量增长的趋势，在许多海域已经泛滥。由水母暴发引起的沿海工业、海洋旅游和海洋渔业事件均呈暴发式增长，除了水母暴发的机制和生态效应外，微型浮游生物与水母暴发的交互作用也是新的研究热点[220]。水母暴发可通过直接摄食[221～223]或者营养级联效应[224]对不同的营养级和微食物环产生影响。另外，水母数量的增加也改变了碳循环的模式。水母大量暴发也可能会加速海洋表面的有机碳沉降到海底，从而缓解大气中 CO_2 浓度持续增加的趋势[225]。另外，Condon 等[226]（2011）

研究发现水母暴发释放的溶解有机物能改变浮游细菌的群落结构，偏向于细菌呼吸的细菌大幅度增长，加速了海区碳的释放速率，降低了整个生态系统的生长效率。

六、发展趋势展望

（一）海洋环境学科发展趋势

国家自然科学基金委员会和国家科技部积极推进海洋环境科学研究，作为国家重点基础研究发展计划（973项目）的姊妹计划，2010年，国家科技部启动了全球变化研究国家重大科学研究计划，目的是形成我国在全球变化研究领域的优势与特色，为我国社会经济发展的宏观决策提供科学依据，为我国开展环境外交和谈判提供强有力的理论支持和政策咨询建议。海洋环境变化研究作为其重要方面，已立项的几个项目重点围绕我国近海及其邻近大洋有关的海洋环流动力学、海气相互作用与气候变化、海洋界面过程及其环境效应、海洋环境演变的过程与机制、海洋生态灾害的发生机理、海洋生态修复等多个方面开展研究。这些项目更加强调了中尺度过程，以及多学科交叉的研究。以国家自然科学基金重大研究计划"全球变化及其区域响应"为例，该研究计划于2013年完成了评估。计划实施10年来，围绕研究领域中的核心科学问题和优先方向开展研究，取得了一系列具有重要影响力的学术成果，提高了我国在全球变化和地球系统科学领域的研究水平。该计划以若干全球变化的敏感区域为对象，以碳氮物质循环、水循环和季风环境演化为核心，研究海-陆-气相互作用及人类活动对区域环境变化的影响。"海洋环境的变异及其对全球变化的响应"作为其中的5个核心科学问题之一，重点关注了我国近海的环境变化及其驱动机制。

总体上看，我国海洋环境学科的发展水平取得了明显进展，但与发达国家相比还有很大的差距。一方面是对海洋环境问题的系统认知能力尚显不足，另一方面则是缺乏对海洋可持续发展的总体科学规划。同时，海洋环境资料的共享水平较低，虽然海洋环境相关部门和研究机构都意识到资料共享的重要性，但仍然没有实现部门之间的协调，已经拥有的资料得不到科学合理的利用。

关于海洋环境科学的发展，未来的重点领域包括：陆海相互作用、海气相互作用以及近海与大洋相互作用的有关问题，通过立体化海洋观测和海洋系统模式，研究陆海、海气、近海与大洋物质和能量交换的机制和过程，以及产生的气候和环境效应；海洋生态环境保护有关的基础和应用基础科学问题，重点从多学科交叉的视角关注海洋的碳氮循环、海洋酸化、海洋低氧区、荒漠化和生态灾害；海洋环境变化对气候变化和人类活动的响应及其应对，特别是应对海平面变化、北冰洋冰融、近岸栖息地丧失和湿地破坏、过度捕捞等问题；海洋环境变化与经济社会发展的关系。

（二）海洋环境技术发展前景

海洋环境技术研究主要包括海洋环境的监测与预报、环境保护与生态修复等方面。

1. 海洋环境监测技术

除了国家海洋局海洋公益性行业科研专项，863计划海洋技术领域设立了海洋油气资源开发、海洋环境监测、深海探测与作业和海洋生物资源开发利用等主题，重点推动了海洋环境的监测和开发能力，取得了如"蛟龙号"7000 m载人深潜器、"海马"4500 m级深海作业系统以及深海滑翔机等一系列重要进展，并制定了《海洋仪器设备研制质量管理规范》（试行）和《规范化海上试验管理办法》（试行）等，标志着我国海洋观测仪器研发能力的进一步提升。但用于海洋环境业务化监测以及科学研究的仪器设备仍主要依赖进口，以船舶观测为主获取的观测资料的时空同步性不足，卫星遥感虽能一定程度上能够弥补这种不足，但遥感信息的准确性有待提高。另外，我国海洋环境观测方面还存在着水下观测能力不足、离岸观测数据明显不足等问题。自主研发和集成创新海洋环境监测系统相结合，仍将是今后一段时间我国海洋环境监测技术发展的主要途径。

2. 海洋环境预报技术

我国的海洋环境预报技术有了长足的发展，海洋环境业务预报系统的产品已包括海浪、海流、风场、海温、海冰、台风、风暴潮等主要物理要素。此外，若干海洋预报专项服务系统已相继出台，如海上搜救漂移预测系统、溢油/赤潮/绿潮漂移预测系统、大洋科考预报保障服务系统等。在海洋要素的预报精度和时效等方面也取得了明显的进步，但与发达国家相比，我国的海洋环境预报水平还有很大的差距，主要表现为：自主研发的海洋环境预报系统较为缺乏，预报模式引进与消化吸收的业务化支撑不够，海洋数值预报系统的业务化运行水平有待提高；国产自主卫星数据对预报系统所需的大面海洋观测数据的支持薄弱；预报要素仍有待于拓展，精细化预报水平严重不足。未来我国海洋环境观测、预报发展的重点，主要包括：多源数据的综合应用、新型观测技术与装备的业务化、自主研发海洋环境预报系统、海洋环境精细化预报、海洋预报的定向服务等方面[227]。

3. 海洋环境保护与生态修复技术

2015年，国务院发布了《水污染防治行动计划》，其中强调"加强近岸海域环境保护"和"保护海洋生态"。除了重点整治大河河口和典型海湾污染问题、强化沿海地级及以上城市实施总氮排放总量控制等措施外，特别指出加大红树林、珊瑚礁、海草床等滨海湿地、河口和海湾典型生态系统，以及产卵场、索饵场、越冬场、洄游通道等重要渔业水域的保护力度，严格围填海管理和监督，开展海洋生态补偿及赔偿等研究，实施海洋生态修复，将自然海岸线保护纳入沿海地方政府政绩考核。《水污染防治行动计划》的科学实施将是今后一个时期我国环境保护与生态修复的重点任务，与此密切相关的海洋环境综合管理和修复技术研究则是其中的一个重要方面。

七、结论

过去5年来，中国经济高速稳步发展，海洋经济加速发展，与此同时，海洋环境问题依然突出。在此背景下，我国的海洋环境科学与技术取得了明显进展。我国全面开展了近海及其邻近海域的环境监测、海洋环境要素预报、海洋环境变化研究等，关注了极地海洋环境以及深海大洋环境的调查和研究；比较深入地认识了我国近海存在的主要环境问题；基于生态系统的海洋环境管理逐步推进，形成了一些法规和制度。然而，与发达国家相比，我国海洋环境科学与技术的发展水平仍存在明显差距。例如，海洋环境监测的覆盖范围、自动化监测能力明显不足，除了国家海洋环境管理部门所拥有的岸边观测站及有限的断面观测以外，一些环境敏感区和生态脆弱区仍没有覆盖，尚未形成系统的观测网络，海洋环境监测技术远远落后于美国、欧洲等发达国家，资料管理和共享水平较低。我国仍缺乏具有自主知识产权的海洋环境预报模式，对海洋环境长期变化机制的认知能力不足，对影响海洋环境变化的关键过程（如中尺度过程、物理-化学-生物耦合过程等）尚缺乏系统深入的理解。

"十三五"将是我国海洋环境科学与技术发展的黄金时代。海洋强国战略全面实施，21世纪海上丝绸之路建设稳步推进，建设"和平之海、合作之海、和谐之海"之"中国海洋观"的提出得到积极响应，这些都必将极大地促进我国海洋环境科学与技术的快速发展。今后一个时期，我国海洋环境科学与技术发展需要重点关注以下几个方面：着眼于积极保护海洋生态环境，系统开展海洋环境变化的关键过程研究，深入理解海洋环境问题的形成机理，从科学技术和综合管理等方面，积极应对海域污染、海洋酸化、生态安全等突出问题；加强海洋监测、观测仪器与设备的研发，创新发展海洋环境监测技术，提升对我国河口、海湾、近海和专属经济区的监测、监视能力；提高海洋资料的管理和共享水平，进一步推进海洋环境预报技术的发展；研究实施生态修复的科学方法和有效模式，加大对红树林、珊瑚礁、海草床等滨海湿地、典型河口和海湾生态系统以及重要渔业水域的环境保护和生态修复力度。

参 考 文 献

[1] 苏纪兰，秦蕴珊. 当代海洋科学学科前沿 [M]. 北京：学苑出版社，2000.

[2] 中国海洋可持续发展的生态环境问题与政策研究课题组. 中国海洋可持续发展的生态环境问题与政策研究 [R]. 北京：中国环境出版社，2013.

[3] 国家海洋局. 2013 年中国海洋环境状况公报 [EB]. 2013.

[4] 国家海洋局. 2014 年中国海洋环境状况公报 [EB]. 2014.

[5] Zhang R，Tang J，Li J，et al. Occurrence and risks of antibiotics in the coastal aquatic environment of the Yellow Sea，North China [J]. Sci Total Environ，2013，450：197-204.

[6] Yang J，Ying G，Zhao J，et al. Spatial and seasonal distribution of selected antibiotics in surface waters of the Pearl Rivers，China [J]. J Environ Sci Heal B，2011，46：272-280.

[7] Yan C，Yang Y，Nie M，et al. Selected emerging organic contaminants in Yangtze Estuary water：The importance of colloids [J]. J Hazard Mater，2015，283：14-23.

[8] Zhao S，Zhu L，Wang T，et al. Suspended microplastics in the surface water of the Yangtze EstuarySystem，China：First observations on occurrence，distribution [J]. Mar Pollut Bull，2014，86：562-568.

[9] 张正斌. 海洋化学 [M]. 青岛：中国海洋大学出版社，2004.

[10] Siegenthaler U，Sarmlento J L. Atmospheric carbon dioxide andthe ocean [J]. Nature，1993，365：119-125.

[11] Iglesias-Rodriguez MD. Phytoplankton calcification in a high-CO_2 world [J]. Science，2008，320：336-340.

[12] 胡敦欣，杨作升. 东海海洋通量关键过程 [M]. 北京：海洋出版社，2001.

[13] 张龙军. 东海海-气界面 CO_2 通量研究 [D]. 青岛：中国海洋大学，2003.

[14] 高会旺，姚小红，郭志刚，等. 大气沉降对海洋初级生产过程与氮循环的影响研究进展 [J]. 地球科学进展，2014，29（12）：1325-1332.

[15] Zhang J，Liu M. Observation on nutrient elements and sulphate in atmospheric wet deposition over the northwest Pacificcoastal oceans Yellow Sea [J]. Mar Chem，1994，47：173-189.

[16] Zhang J，Cen S，Yu Z. Factors influencing changes in rain water composition from urban versus remote regions of theYellow Sea [J]. J Geophys Res，1999，104：1631-1644.

[17] Zhang G，Zhang J，Liu S. Characterization of nutrients in the atmospheric wet and dry deposition observed at the two monitoring sites over Yellow Sea and East China Sea [J]. J Atmos Chem，2007，57：41-57.

[18] Zou L，Chen H，Zhang J. Experimental examination of theeffects of atmospheric wet deposition on primary production in the Yellow Sea [J]. J Exp Mar Bio Ecol，2000，249：111-121.

[19] Zhang J. Atmospheric wet deposition of nutrient elements：Correlation with harmful biological blooms in northwest Pacific Coastal Zones [J]. Ambio, 1994, 23 (8)：173-189.

[20] 陈莹, 庄国顺, 郭志刚. 近海营养盐和微量元素的大气沉降 [J]. 地球科学进展, 2010, 25 (7)：682-690.

[21] 朱茂旭, 史小宁, 杨桂朋, 等. 海洋沉积物中有机质早期成岩矿化路径及其相对贡献 [J]. 地球科学进展, 2011, 26 (4)：355-364.

[22] 宋金明. 中国近海沉积物-海水界面化学 [M]. 北京：海洋出版社, 1997.

[23] Pearson T H, Rosenberg R. Macrobenthic succession in relation to organic enrichment and pollution of the marine environment [J]. Oceanogr Mar Biol Ann Rev, 1978, 16：229-311.

[24] Zhang J, Liu C L. Riverinecomposition and estuarine geochemistry of particulate metals in China-weathering features, anthropogenic impact and chemical fluxes [J]. Estuar Coast Shelfs, 2002, 54 (6)：1051-1070.

[25] 孙元敏, 陈彬, 黄海萍, 等. 中国南亚热带海岛海域沉积重金属污染及潜在生态危害 [J]. 中国环境科学, 2011, 31 (1)：123-130.

[26] 杜永芬, 徐奎栋, 类彦立, 等. 青岛湾小型底栖生物周年数量分布与沉积环境 [J]. 生态学报, 2011, 31 (2)：431-440.

[27] 吴斌. 基于重金属与底栖生物群落的耦合关系的近海洋沉积物环境质量综合评价体系构建 [D]. 北京：中国科学院大学, 2014.

[28] 宋海斌. 天然气水合物体系动态演化研究 Ⅱ：海底滑坡 [J]. 地球物理学进展, 2003, 18 (3)：503-511.

[29] 吴时国, 陈珊珊, 王志君, 等. 大陆边缘深水区海底滑坡及其不稳定性风险评估 [J]. 现代地质, 2008, 22 (3)：430-437.

[30] Zhang J, Qi S, Xing X, et al. Organochlorine pesticides (OCPs) in soils and sediments, southeast China：A case study in Xinghua Bay [J]. Mar Pollut Bull, 2011, 62 (6)：1270-1275.

[31] Yao T, He C, Zhang P, et al. Distribution and Sources of polychlorinated biphenyls (PCBs) and organochlorine pesticides (OCPs) in surface waters of Jinzhou Bay in China [J]. Procedia Environ Sci, 2013, 18：317-322.

[32] Lin T, Li J, Xu Y, et al. Organochlorine pesticides in seawater and the surrounding atmosphere of the marginal seas of China：spatial distribution, sources and air-water exchange [J]. Sci Total Environ, 2012, 435：244-252.

[33] Xue L, Lang Y, Liu A, et al. Application of CMB model for source apportionment of polycyclic aromatic hydrocarbons (PAHs) in coastal surface sediments from Rizhao offshore area, China [J]. Environ Monit Assess, 2010, 163 (1-4)：57-65.

[34] Huang W, Wang Z, Yan W. Distribution and sources of polycyclic aromatic hydrocarbons (PAHs) in sediments from Zhanjiang Bay and Leizhou Bay, South China [J]. Mar Pollut Bull, 2012, 64 (9)：1962-1969.

[35] Li P, Xue R, Wang Y, et al. Influence of anthropogenic activities on PAHs in sediments in a significant gulf of low-latitude developing regions, the Beibu Gulf, South China Sea：Distribution, sources, inventory and probability risk [J]. Mar Pollut Bull, 2015, 90 (1-2)：218-226.

[36] Yan W, Chi J, Wang Z, et al. Spatial and temporal distribution of polycyclic aromatic hydrocarbons (PAHs) in sediments from Daya Bay, South China [J]. Environ Pollut, 2009, 157 (6)：1823-1830.

[37] Bandowe BAM, Bigalke M, Boamah L, et al. Polycyclic aromatic compounds (PAHs and oxygenated PAHs) and trace metals in fish species from Ghana (West Africa)：Bioaccumulation and health risk assessment [J]. EnvironInt, 2014, 65：135-146.

[38] Rojo-Nieto E, Oliva M, Sales D, et al. Feral finfish, and their relationships with sediments and seawater, as a tool for risk assessment of PAHs in chronically polluted environments [J]. SciTotal Environ, 2014, 470-471：1030-1039.

[39] Chen H, Teng Y, Wang J. Source apportionment of polycyclic aromatic hydrocarbons (PAHs) in surface sediments of the Rizhao coastal area (China) using diagnostic ratios and factor analysis with nonnegative constraints [J]. Sci Total Environ, 2012, 414：293-300.

[40] Yang D, Qi S, Zhang Y, et al. Levels, sources and potential risks of polycyclic aromatic hydrocarbons (PAHs) in multimedia environment along the Jinjiang River mainstream to Quanzhou Bay, China [J]. Mar Pollut Bull, 2013, 76 (1-2)：298-306.

［41］ Brooke L，Thursby G. Ambient aquatic life water quality criteria for nonylphenol ［R］. Washington DC，USA：Report for the United States EPA，Office of Water，Office of Science and Technology，2005.

［42］ 刘文萍，石晓勇，王晓波，等. 北黄海辽宁近岸水环境中壬基酚污染状况调查及生态风险评估 ［J］. 海洋环境科学，2009，28（6）：664-667.

［43］ 邵亮，边海燕，李正炎. 夏季渤海表层沉积物中壬基酚和双酚 A 的分布特征与潜在生态风险 ［J］. 海洋环境科学，2011，30（2）：158-161.

［44］ Gao P.，Li Z.，Gibson M.，et al. Ecological risk assessment of nonylphenol in coastal waters of China based on species sensitivity distribution model ［J］. Chemosphere，2014，104：113-119.

［45］ Schreiber EA，Burger J. Biology of marine birds ［M］. Boca Raton，Florida：CRC Press，2001：722.

［46］ Pan K，Wang W. Trace metal contamination in estuarine and coastal environments in China ［J］. Sci Total Environ，2012，421：3-16.

［47］ 刘恩峰，沈吉，朱育新，等. 太湖表层沉积物重金属元素的来源分析 ［J］. 湖泊科学，2004，16（2）：113-119.

［48］ Singh KP，Malik A，Sinha S，et al. Estimation of source of heavy metal contamination in sediments of Gomti River（India）using principal component analysis ［J］. Water，Air，and Soil Pollution，2005，166（1）：321-341.

［49］ Huang L，Pu X，Pan J，et al. Heavy metal pollution status in surface sediments of Swan Lake lagoon and Rongcheng Bay in the northern Yellow Sea ［J］. Chemosphere，2013，93（9）：1957-1964.

［50］ 李玉，冯志华，李谷祺，等. 连云港近岸海域沉积物中重金属污染来源及生态评价 ［J］. 海洋与湖沼，2010，41（6）：829-833.

［51］ Tang W，Shan B，Zhang H，et al. Heavy metal sources and associated risk in response to agricultural intensification in the estuarine sediments of Chaohu Lake Valley，East China ［J］. J Hazard Mater，2010，176：945-951.

［52］ 胡宁静，石学法，刘季花，等. 莱州湾表层沉积物中重金属分布特征和环境影响 ［J］. 海洋科学进展，2011，29（1）：63-72.

［53］ Navas A，Machín J. Spatial distribution of heavy metals and arsenic in soils of Aragón（northeast Spain）：controlling factors and environmental implications ［J］. Appl Geochem，2002，17（8）：961-973.

［54］ Taylor SR，Mclennan SM. The continental crust：Its composition and evolution ［M］. London：Blackwell，1985.

［55］ 孙培艳，高振会，崔文林，等. 油指纹鉴别技术发展及应用 ［M］. 北京：海洋出版社，2007：3-5.

［56］ 李静，宫向红，乔丹，等. 石油污染对海洋贝类食品安全性影响研究进展 ［J］. 中国渔业质量与标准，2015，5（1）：35-41.

［57］ Jiang Z，Huang Y，Xu X，et al. Advance in the toxic effects of petroleum water accommodated fraction on marine plankton ［J］. Acta Ecologica Sinica，2010，30（1）：8-15.

［58］ 陈刚，肖慧，唐学玺. 3 种海洋赤潮微藻蛋白质和核酸合成动态对芘胁迫的响应 ［J］. 海洋环境科学，2008，27（4）：320-322.

［59］ Echeveste P，Agustí S，Dachs J. Cell size dependent toxicity thresholds of polycyclic aromatic hydrocarbons to natural and cultured phytoplankton populations ［J］. EnvironPollut，2010，158（1）：299-307.

［60］ Rimet F，Ector L，Dohet A，et al. Impacts of fluoranthene on diatom assemblages and frustule morphology in indoor microcosms ［J］. Vie et milieu，2004，54（2-3）：145-156.

［61］ Tintos A，Gesto M，Míguez JM，et al. Naphthalene treatment alters liver intermediary metabolism and levels of steroid hormones in plasma of rainbow trout（*Oncorhynchus mykiss*）［J］. Ecotox Environ Safe，2007，66（2）：139-147.

［62］ Li XY，Li B，Sun XL. Effects of a coastal power plant thermal discharge on phytoplankton community structure in Zhanjiang Bay，China ［J］. Mar Pollut Bull，2014，81（1）：210-217.

［63］ 谢骏箭，周鹏，蔡建东，等. 我国海洋核事故应急监测与环境评价所面临的问题及对策 ［J］. 海洋环境科学，2015，34（4）：622-629.

［64］ 孙松，苏纪兰，唐启升. 全球变化下动荡的中国近海生态系统 ［N］. 科学时报，2010-03-11（A3）.

［65］ 俞志明，沈志良，陈亚瞿，等. 长江口水域富营养化 ［M］. 北京：科学出版社，2011.

［66］ 孙松，李超伦，张光涛，等. 胶州湾浮游动物群落长期变化 ［J］. 海洋与湖沼，2011，42（5）：625-631.

[67] 周红，华尔，张志南. 秋季莱州湾及邻近海域大型底栖动物群落结构的研究 [J]. 中国海洋大学学报，2010，40 （8）：80-87.

[68] 金显仕，窦硕增，单秀娟，等. 我国近海渔业资源可持续产出基础研究的热点问题 [J]. 渔业科学进展，2015，36 （1）：124-131.

[69] 周名江，朱明远. "我国近海有害赤潮发生的生态学、海洋学机制及预测防治"研究进展 [J]. 地球科学进展，2006，21 （7）：673-679.

[70] Lu D, Qi Y, Gu H, et al. Causative species of harmful algal blooms in Chinese coastal waters [J]. Algological Studies, 2014, 145: 145-168.

[71] 陈杨航，梁君荣，陈长平，等. 褐潮——一种新型生态系统破坏性藻华 [J]. 生态学杂志，2015，34 （1）：274-281.

[72] 刘桂梅，李海，王辉，等. 我国海洋绿潮生态动力学研究进展 [J]. 地球科学进展，2010，25 （2）：147-153.

[73] 孙松. 对黄、东海水母暴发机理的新认知 [J]. 海洋与湖沼，2012，43 （3）：406-410.

[74] 韦兴平，石峰，樊景凤，等. 气候变化对海洋生物及生态系统的影响 [J]. 海洋科学进展，2011，29 （2）：241-252.

[75] 祝有海. 加拿大马更些冻土区天然气水合物试生产进展与展望 [J]. 地球科学进展，2006，21 （5）：513-520.

[76] Milkov A V. Global estimates of hydrate-bound gas in marine sediments: how much is really out there? [J]. Earth-Sci Rev, 2004, 66 （3）: 183-197.

[77] Milkov A V. Molecular and stable isotope compositions of natural gas hydrates: A revised global dataset and basic interpretations in the context of geological settings [J]. Org Geochem, 2005, 36 （5）: 681-702.

[78] 张金川，张杰天. 天然气水合物的资源与环境意义 [J]. 中国能源，2001，（11）：28-30.

[79] 戚学贵，陈则韶. 天然气水合物研究进展 [J]. 自然杂志，2001，23 （2）：79-82.

[80] 王春生，周怀阳，倪建宇. 深海采矿环境影响研究：进展、问题与展望 [J]. 东海海洋，2003，1 （1）：6-64.

[81] Dando P, Juniper K. Management and conservation of hydrothermal vent ecosystems. Report from an InterRidge Workshop [J]. InterRidge News, 2000, 18: 35.

[82] 黄丁勇. 西南太平洋劳盆地与西南印度洋中脊深海热液区底栖动物初探 [D]. 厦门：国家海洋局第三海洋研究所，2010.

[83] 王建佳. 印度洋与东太平洋海隆深海热液区底栖动物初探 [D]. 厦门：国家海洋局第三海洋研究所，2012.

[84] 刘晓收，许嫚，张敬怀，等. 南海北部深海小型底栖动物丰度和生物量 [J]. 热带海洋学报，2014，33 （2）：52-59.

[85] 王建佳，林荣澄，黄丁勇，等. 东太平洋海隆热液区嗜热深海偏顶蛤（*Bathymodiolus thermophilus*）的形态和分布特征 [J]. 海洋通报，2013，32 （3）：308-315.

[86] 黄丁勇，林荣澄，牛文涛，等. 西南印度洋深海热液区铠甲虾初探 [J]. 海洋通报，2011，30 （1）：88-93.

[87] Liu X, Lin R, Huang D. A new species of deep-sea squat lobster of the genus Munida Leach, 1820 （Crustacea: Decapoda: Anomura: Munididae）from a hydrothermal field in the southwestern Indian Ocean [J]. Zootaxa, 2013, 3734 （3）: 380-384.

[88] 王淑芳，陈月，钱媛媛. 深海热液喷口金属硫化物中甲烷菌的多样性研究 [J]. 海洋科学，2012，36 （6）：31-38.

[89] 张晓波，曾湘，董纯明，等. 南大西洋热液区盲虾虾鳃可培养附生菌多样性分析 [J]. 应用海洋学学报，2013，32 （1）：73-78.

[90] 周中文，崔喜艳，邵宗泽. 南沙深海沉积物中石油降解菌的分离鉴定和多样性分析 [J]. 应用海洋学学报，2014，33 （3）：299-305.

[91] Wu Y, Cao Y, Wang C, et al. Microbial community structure and nitrogenase gene diversity of sediment from a deep-sea hydrothermal vent field on the Southwest Indian Ridge [J]. Acta Oceanologica Sinica, 2014, 33 （10）: 94-104.

[92] 张玉便，张改云. 南大西洋深海沉积物中可培养放线菌的多样性 [J]. 应用海洋学学报，2014，33 （4）：508-515.

[93] 李昭. 南太平洋环流区深海可培养细菌的多样性研究以及两株海洋新菌的分类鉴定 [D]. 青岛：中国海洋大学，2013.

[94] 徐炜，李广伟，黄翔玲，等. 三大洋深海沉积物样品可培养真菌多样性研究 [J]. 应用海洋学学报，2015，34

（1）：103-110.

[95] 曲佳，刘开辉，丁小维，等. 南海局部海洋沉积物中真菌多样性及产酶活性 [J]. 微生物学报，2014，54（5）：552-562.

[96] 唐桂岭，黄洪波，王博，等. 南海深海链霉菌 *Streptomyces* sp. SCSIO5604 次级代谢产物 lyngbyatoxin A 的研究 [J]. 天然产物研究与开发，2014，26（11）：1767-1770.

[97] 张云，周潇，宋永相，等. 南海深海链霉菌 *Streptomyces albiflaviniger* SCSIO ZJ28 中 Elaiophylin 的分离鉴定 [J]. 天然产物研究与开发，2013，25（2）：185-189.

[98] 吴正超，郑六眷，陈耀龙，等. 海洋源放线菌 *Streptomyces* sp. SCSIO 10428 中吩嗪生物碱类抗生素的分离鉴定 [J]. 中国海洋药物，2014，33（1）：45-52.

[99] 张均龙，徐奎栋. 海山生物多样性研究进展与展望 [J]. 地球科学进展，2013，28（11）：1209-1216.

[100] 李伟强，杨东凯，李明里，等. 面向遥感的 GNSS 反射信号接收处理系统及实验 [J]. 武汉大学学报：信息科学版，2011，36（10）：1204-1208.

[101] 韩英，符养. 利用卫星星座对 GNSS-R 海洋遥感时空特性进行研究 [J]. 武汉大学学报：信息科学版，2011，36（02）：208-211.

[102] 宋平舰，崔宾阁，刘荣杰，等. 基于 WSRF 的海洋遥感数据集成与共享机制设计与实现 [J]. 海洋通报，2013，32（02）：195-199.

[103] 卢红丽，王振占，殷晓斌. 利用 SMOS 卫星数据反演海洋盐度方法研究 [J]. 遥感技术与应用，2014，29（03）：401-409.

[104] 陈启东，邓孺孺，陈蕾，等. 西沙群岛岛礁区域 WorldView-2 影像大气校正 [J]. 热带海洋学报，2014，33（03）：88-94.

[105] 聂玮芳，章夏芬. 海洋遥感图像中基于纹理的海面油膜识别 [J]. 科学技术与工程，2014，14（12）：37-41.

[106] 付东洋，丁又专，侯骏雄，等. 海洋遥感数据的矩阵重构优化行程——哈夫曼编码无损压缩 [J]. 海洋技术学报，2014（05）：52-58.

[107] 罗秉琨，李洁，赵朝方. 双台风及其对海洋环境影响的遥感分析 [J]. 遥感信息，2014（05）：106-113.

[108] 江彬彬，张霄宇，黄大松，等. 基于 GOCI 的近岸高浓度悬浮泥沙遥感反演——以杭州湾及邻近海域为例 [J]. 浙江大学学报：理学版，2015，42（02），220-227.

[109] 李飞飞. 遥控式移动水质监测系统 [D]. 杭州：浙江大学，2011.

[110] 牟华，刘军礼，周晓晨. 海域水环境监测系统开发 [J]. 物流工程与管理，2012，34（12）：108-109.

[111] 牟华. 近海海域水质自动化监测系统研究 [D]. 青岛：中国海洋大学，2013.

[112] 陈嵩，张钢. 基于模糊聚类的海水水质监测技术研究 [J]. 海洋通报，2013，32（05）：535-539.

[113] 林志杰. 泉州市近岸海域水质状况调查和评价 [J]. 海峡科学，2014，（07）：27-28.

[114] 阮华杰，马骏，何志强. 生态浮标预测赤潮暴发的分析 [J]. 声学与电子工程，2014，（02）：44-46.

[115] 杜雅杰，姚炎明，焦建格. 基于数值模拟的海洋水质监测数据同步化研究 [J]. 科技通报，2015，31（03）：258-262.

[116] 王欣，周丽华，曹放，等. 一种新型多参数水质在线监测仪的研制 [J]. 铀矿冶，2015，34（01）：56-60.

[117] 李炳南，杨建洪，蒋雪中，等. 基于多源数据的海水水质空间评价系统设计 [J]. 海洋环境科学，2015，34（01）：113-119.

[118] 吴朝霞，王强，宋盼盼. 水质监测技术的应用解决方案 [J]. 资源节约与环保，2015，（02）：115-159.

[119] 金明淑. 浅谈我国环境监测中的生态监测问题 [J]. 资源节约与环保，2014，（02）：144.

[120] 李忠强，王传旭，卜志国，等. 海洋环境监测技术集成研究 [J]. 科技信息，2011，（07）：455-456.

[121] 李元超，于洋，王道儒，等. 原位监测技术在西沙群岛珊瑚礁生态系统中的应用 [J]. 海洋开发与管理，2015，32（02）：63-65.

[122] 于灏，吕海良，关一，等. 船载海洋生态环境监测系统集成平台设计研究 [J]. 船舶工程，2013，35（03）：108-111.

[123] 杜斌. 海洋环境监测技术发展探究 [C]. 河北省环境科学学会六届三次常务理事会暨贯彻落实清洁生产促进法提升清洁生产审核能力和质量研讨会论文集，2012.

[124] 齐尔麦，张毅，常延年. 海床基海洋环境自动监测系统的研究 [J]. 海洋技术学报，2011，30（02）：84-87.

[125] 于凯本，刘忠臣，魏泽勋，等. 浅水区抗拖网 ADCP 海床基的研制 [J]. 海洋技术学报，2012，3（01）：41-44.

[126] Jia Y，Li H，Meng X，et al. Deposition-Monitoring Technology in an Estuarial Environment Using an Electrical-Resistivity Method [J]. J Coastal Res，2012，28（4）：860-867.

[127] Liu X，Jia Y，Zheng J，et al. Field and laboratory resistivity monitoring of sediment consolidation in China's Yellow River estuary [J]. Eng Geol，2013，164：77-85.

[128] 胡展铭，史文奇，陈伟斌，等. 海底观测平台——海床基结构设计研究进展 [J]. 海洋技术学报，2014，33（06）：123-130.

[129] 姜欢欢，温国义，周艳荣，等. 我国海洋生态修复现状、存在的问题及展望 [J]. 海洋开发与管理，2013，30（1）：35-38.

[130] 刘亚云，孙红斌，陈桂珠，等. 红树植物秋茄对 PCBs 污染沉积物的修复 [J]. 生态学报，2009，29（11）：6002-6009.

[131] 窦勇，唐学玺，王悠. 滨海湿地生态修复研究进展 [J]. 海洋环境科学，2012，31（4）：616-620.

[132] 高云芳，李秀启，董贯仓，等. 黄河口几种盐沼植物对滨海湿地净化作用的研究 [J]. 安徽农业科学，2010，38（34）：19499-19501.

[133] 吴海天. 生态浮床技术：湿地水污染治理与生态修复的福音 [J]. 中国科技纵横，2011，（23）：70-71.

[134] 彭逸生，周炎武，陈桂珠. 红树林湿地恢复研究进展 [J]. 生态学报，2008，28（2）：786-797.

[135] 徐华林，彭逸生，葛仙梅，等. 基于红树林种植的滨海湿地恢复效果研究 [J]. 湿地科学与管理，2012，8（3）：36-40.

[136] 李娜，陈丕茂，乔培培，等. 滨海红树林湿地海洋生态效应及修复技术研究进展 [J]. 广东农业科学，2013，40（20）：157-160，167.

[137] 蒲新明，傅明珠，王宗灵，等. 海水养殖生态系统健康综合评价：方法与模式 [J]. 生态学报，2012，32（19）：6210-6222.

[138] 郑耀辉，王树功，陈桂珠. 滨海红树林湿地生态系统健康的诊断方法和评价指标 [J]. 生态学杂志，2010，29（1）：111-116.

[139] 安乐生，刘贯群，叶思源，等. 黄河三角洲滨海湿地健康条件评价 [J]. 吉林大学学报：自然科学版，2011，41（4）：1157-1165.

[140] 傅明珠，蒲新明，王宗灵，等. 桑沟湾养殖生态系统健康综合评价 [J]. 生态学报，2013，33（1）：238-248.

[141] 叶荣辉，钱燕，孔俊，等. 珠江三角洲洪潮实时预报关键技术 [J]. 武汉大学学报：信息科学版，2014，39（7）：782-787.

[142] 刘秋兴，董剑希，于福江，等. 覆盖中国沿海地区的精细化台风风暴潮模型的研究及适用 [J]. 海洋学报，2014，36（11）：30-37.

[143] 王培涛，于福江，刘秋兴，等. 台风风暴潮异模式集合数值预报技术研究及应用 [J]. 海洋学报，2013，35（3）：56-64.

[144] 李毅能，彭世球，舒业强，等. 四维变分资料同化在风暴潮模拟中的平流作用分析 [J]. 热带海洋学报，2011，30（5）：19-26.

[145] 刘猛猛，吕咸青. 风暴潮数值模拟中风应力拖曳系数的伴随法反演研究 [J]. 海洋与湖沼，2011，42（1）：9-19.

[146] 冯芒，张文静，李岩，等. 台湾海峡及近岸区域精细化海浪数值预报系统 [J]. 海洋预报，2013，30（2）：42-48.

[147] 马继瑞，韩桂军，李威，等. 海洋三维温盐流数值模拟研究的有关进展和问题 [J]. 海洋学报，2014，36（1）：1-6.

[148] 朱学明，刘桂梅. 渤海、黄海、东海潮流、潮能通量与耗散的数值模拟研究 [J]. 海洋与湖沼，2012，43（3）：669-677.

[149] 闫长香，谢基平，朱江. 一个快速海洋三维温盐流分析系统及在亚丁湾临近海域的应用 [J]. 气候与环境研究，2011，16（4）：419-428.

[150] 蔡夕方，张志远，楼伟，等. 北印度洋风浪流数值预报系统：Ⅰ-设计与实现 [J]. 海洋预报，2015，32（2）：7-13.

[151] 张恒，李适宇. 基于改进的 RCA 水质模型对珠江口夏季缺氧及初级生产力的数值模拟研究 [J]. 热带海洋学报，

2010，29（1）：20-31.

[152] 江兴龙，宋立荣. 泉州湾赤潮藻类优势种细胞密度回归方程研究［J］. 海洋与湖沼，2010，41（3）：341-347.

[153] 徐海龙，谷德贤，张文亮，等. 基于时间序列的海洋赤潮灾害特征分析［J］. 海洋通报，2014，33（4）：469-474.

[154] 张颖，高倩倩. 基于极限学习机回归的海水 Chl-a 浓度预测方法［J］. 海洋环境科学，2015，34（1）：107-112.

[155] 赵瀛. 基于水动力条件下象山港电厂温排水热污染对浮游植物影响研究［D］. 上海：上海海洋大学，2012.

[156] 常小军. 胶州湾温排水数值模拟［D］. 青岛：中国海洋大学，2011.

[157] 何晏春，郜永祺，王会军，等. 2011 年 3 月日本福岛核电站核泄漏在海洋中的传输［J］. 海洋学报，2012，34（4）：12-19.

[158] 赵昌，乔方利，王关锁，等. 历次核试验进入海洋的^{137}Cs 对中国近海影响的模拟研究［J］. 海洋学报，2015，37（3）：15-23.

[159] 李燕，朱江，王辉，等. 同化技术在渤海溢油应急预报系统中的应用［J］. 海洋学报，2014，36（3）：113-119.

[160] 王超. 我国海洋环境保护规划制度完善研究［D］. 青岛：中国海洋大学，2012.

[161] 国家海洋局. 全国海洋生态保护与建设规划（2015—2020）［EB］. 2014.

[162] 国家海洋局. 2014 年海洋环境质量公报［EB］. 2015.

[163] 张宝霞. 国际海洋环境法律制度与中国——以国际合作和建构国内法律制度为例［D］. 青岛：中国海洋大学，2008.

[164] 杨伦庆. 关于修订我国海洋环境保护法的若干思考［J］. 海洋信息，2015，（1）：21-24.

[165] 国家海洋局. 全国海洋生态红线划定工作方案［EB］. 2014.

[166] 袁国华，郑娟尔，贾立斌，等. 资源环境承载力评价监测与预警思路设计［J］. 中国国土资源经济，2014，27（4）：20-24.

[167] 姚瑞华，赵越，杨文杰. 建立陆海统筹保护机制促进江河湖海生态改善［J］. 宏观经济管理，2015，（4）：51-53.

[168] 韩秋影，黄小平，施平. 生态补偿在海洋生态资源管理中的应用［J］. 生态学杂志，2007，26（1）：126-130.

[169] 贾欣，王淼. 海洋生态补偿机制的构建［J］. 中国渔业经济，2010，28（1）：16-22.

[170] 丘君，刘容子，赵景柱，等. 渤海区域生态补偿机制的研究［J］. 中国人口·资源与环境，2008，18（2）：60-64.

[171] 李京海，李娜. 填海造地生态补偿制度建立初探［J］. 海洋开发与管理，2015，（5）：97-102.

[172] 海洋生态资本评估技术导则（GB/T 28058—2011）.

[173] 国家海洋局. 2014 年海域使用管理公报［EB］. 2015.

[174] 王琪，刘芳. 海洋环境管理：从管理到治理的变革［J］. 中国海洋大学学报：社会科学版，2006，（4）：1-5.

[175] 邓才龙，刘焱雄，田梓文，等. 无人机遥感在海岛海岸带监测中的应用研究［J］. 海岸工程，2014，33（4）：41-48.

[176] 杨燕明，陈本清，文洪涛，等. 四旋翼无人机遥感技术在海岛海岸带中的应用实践［C］. 中国海洋学会学术年会海洋装备与海洋开发保障技术发展研讨会论文集，2013.

[177] 刘炜宝. 生态文明目标下海洋环境污染治理对策研究［D］. 青岛：中国海洋大学，2014.

[178] 马凤媛. 我国海洋强国战略视角下的海洋环境保护问题研究［D］. 青岛：中国海洋大学，2014.

[179] Riebesell U，Gattuso J P. Lessons learned from ocean acidification research［J］. Nat Clim Change，2015，5（1）：12-14.

[180] Broadgate W，Riebesell U，Armstrong C，et al. Ocean Acidification Summary for Policymakers［C］. Third Symposium on the Ocean in a High-CO$_2$ World，2013.

[181] 唐启升，陈镇东，余克服，等. 海洋酸化及其与海洋生物及生态系统的关系［J］. 科学通报，2013，58（14）：1307-1314.

[182] 刘海霞. 长江口夏季低氧区形成及加剧的成因分析［D］. 上海：华东师范大学，2011.

[183] Caballero-Alfonso A M，Carstensen J，Conley D J. Biogeochemical and environmental drivers of coastal hypoxia［J］. J Marine Syst，2015，141：190-199.

[184] McCarthy M J，Carini S A，Liu Z，Ostrom N E，Gardner W S. Oxygen consumption in the water column and sediments of the northern Gulf of Mexico hypoxic zone［J］. Estuar Coast Shelf S，2013，123：46-53.

[185] Bendtsen J，Hansen J L S. Effects of global warming on hypoxia in the Baltic Sea-North Sea transition zone [J]. Ecol Model，2013，264：17-26.

[186] 赵淑江，王海雁，刘健. 微塑料污染对海洋环境的影响 [J]. 海洋科学，2009，33（3）：84-86.

[187] Andrady A L. Microplastics in the marine environment [J]. Mar Pollut Bull，2011，62（8）：1596-1605.

[188] Zarfl C，Matthies M. Are marine plastic particles transport vectors for organic pollutants to the Arctic? [J]. Mar Pollut Bull，2010，60（10）：1810-1814.

[189] Hansen J，Sato M，Ruedy R，et al. Global temperature change [J]. P NatlAcadSci，2006，103（39）：14288-14293.

[190] Pachauri R K，Allen M R，Barros V R，et al. Climate Change 2014：Synthesis Report//Contribution of Working Groups Ⅰ，Ⅱ and Ⅲ to the Fifth Assessment Report of the Intergovernmental Panel on Climate Change [R]. 2014.

[191] Polovina J J，Howell E A，Abecassis M. Ocean's least productive waters are expanding [J]. Geophys Res Lett，2008，35（3）：L03618.

[192] Gregg W W，Conkright M E，Ginoux P，et al. Ocean primary production and climate：Global decadal changes [J]. Geophys Res Lett，2003，30（15）.

[193] Hoegh-Guldberg O，Bruno J F. The Impact of Climate Change on the World's Marine Ecosystems [J]. Science，2010，328（5985）：1523-1528.

[194] Lopez-Urrutia A，San Martin E，Harris R P，et al. Scaling the metabolic balance of the oceans [J]. P Natl AcadSci USA，2006，103（23）：8739-8744.

[195] O'Connor M I，Piehler M F，Leech D M，et al. Warming and Resource Availability Shift Food Web Structure and Metabolism [J]. PLoS Biol，2009，7（8）：e1000178..

[196] Moran X A G，Lopez-Urrutia A，Calvo-Diaz A，et al. Increasing importance of small phytoplankton in a warmer ocean [J]. Global Change Biol，2010，16（3）：1137-1144.

[197] O'Connor M I，Bruno J F，Gaines S D，et al. Temperature control of larval dispersal and the implications for marine ecology，evolution，and conservation [J]. P Natl AcadSci USA，2007，104（4）：1266-1271.

[198] Siddon E C，Kristiansen T，Mueter F J，et al. Spatial Match-Mismatch between Juvenile Fish and Prey Provides a Mechanism for Recruitment Variability across Contrasting Climate Conditions in the Eastern Bering Sea [J]. Plos One，2013，8（12）.

[199] de Morais E G F，Picanço M C，Lopes-Mattos K L B，et al. Diclidophlebia smithi（Hemiptera：Psyllidae），a potential biocontrol agent for Miconia calvescens in the Pacific：Population dynamics，climate-match，host-specificity，host-damage and natural enemies [J]. Biol Control，2013，66（1）：33-40.

[200] Durant J M，Hjermann D O，Ottersen G，et al. Climate and the match or mismatch between predator requirements and resource availability [J]. Climate Res，2007，33（3）：271-283.

[201] Stenseth N C，Mysterud A. Climate，changing phenology，and other life history and traits：Nonlinearity and match-mismatch to the environment [J]. P Natl AcadSci USA，2002，99（21）：13379-13381.

[202] 吴建国，吕佳佳，艾丽. 气候变化对生物多样性的影响：脆弱性和适应 [J]. 生态环境学报，2009，18（2）：693-703.

[203] 韦兴平，石峰，樊景凤，等. 气候变化对海洋生物及生态系统的影响 [J]. 海洋科学进展，2011，29（2）：241-252.

[204] Anderson D M，Pitcher G C，Estrada M. The comparative "systems" approach to HAB research [J]. Oceanography，2005，18（2）：148-157.

[205] Berdalet E，McManus M A，Ross O N，et al. Understanding harmful algae in stratified systems：Review of progress and future directions [J]. Deep Sea Res Pt II，2014，101：4-20.

[206] Stephanie M，Vera T，Nathan M，et al. Impacts of climate variability and future climate change on harmful algal blooms and human health [J]. Environmental Health，2008，7（2）：S4.

[207] Stumpf R P，Tomlinson M C. Remote Sensing of Harmful Algal Blooms//Remote sensing of coastal aquatic environments [M]. Berlin：Springer Netherlands，2005：277-296.

［208］ Anderson D M，Cembella A D，Hallegraeff G M. Progress in understanding harmful algal blooms：paradigm shifts and new technologies for research，monitoring，and management ［J］. Annu Rev of Mar Sci，2012，4：143-176.

［209］ Sengco M R，Anderson D M. Controlling harmful algal blooms through clay flocculation ［J］. J Eukaryot Microbiol，2004，51（2）：169-172.

［210］ Blomster J，Bäck S，Fewer D P，et al. Novel morphology in Enteromorpha（Ulvophyceae）forming green tides ［J］. Am J Bot，2002，89（11）：1756-1763.

［211］ Taylor，R. The green tide threat in the UK——a brief overview with particular reference to Langstone Harbour，south coast of England and the Ythan Estuary，east coast of Scotland ［J］. Bot J Scotl，2009，51（2）：195-203.

［212］ Kim K Y，Choi T S，Kim J H，et al. Physiological ecology and seasonality of *Ulva pertusa* on a temperate rocky shore ［J］. Phycologia，2004，43（4）：483-492.

［213］ Palomo L，Clavero V，Izquierdo J J，et al. Influence of macrophytes on sediment phosphorus accumulation in a eutrophic estuary（Palmones River，Southern Spain）［J］. Aquat Bot，2004，80（2）：103-113.

［214］ Yabe T，Ishii Y，Amano Y，et al. Green tide formed by free-floating *Ulva* spp. at Yatsu tidal flat，Japan ［J］. Limnology，2009，10（3）：239-245.

［215］ García-Robledo E，Corzo A，Papaspyrou S，et al. Photosynthetic activity and community shifts of microphytobenthos covered by green macroalgae ［J］. Env Microbio Rep，2012，4（3）：316-325.

［216］ Ye N，Zhang X，Mao Y，et al. 'Green tides' are overwhelming the coastline of our blue planet：taking the world's largest example ［J］. Ecol Res，2011，26（3）：477-485.

［217］ Purcell J E. Climate effects on formation of jellyfish and ctenophore blooms：a review ［J］. J Mar Biol Assoc UK，2005，85（03）：461-476.

［218］ Purcell J E，Uye S，Lo W T. Anthropogenic causes of jellyfish blooms and their direct consequences for humans：a review ［J］. Mar Ecol Prog Ser，2007，350：153.

［219］ Kawahara M，Uye S，Ohtsu K，et al. Unusual population explosion of the giant jellyfish *Nemopilema nomurai*（Scyphozoa：Rhizostomeae）in East Asian waters ［J］. Mar Ecol Prog Ser，2006，307：161-173.

［220］ Richardson A J，Bakun A，Hays G C，et al. The jellyfish joyride：causes，consequences and management responses to a more gelatinous future ［J］. Trends Ecol Evol，2009，24（6）：312-322.

［221］ Lo W T，Chen I L. Population succession and feeding of scyphomedusae，*Aurelia aurita*，in a eutrophic tropical lagoon in Taiwan ［J］. Estuar Coast Mar Sci，2008，76（2）：227-238.

［222］ Stoecker D K，Egloff D A. Predation by *Acartia tonsa* Dana on planktonic ciliates and rotifers ［J］. J Exp Mar Biol Ecol，1987，110（1）：53-68.

［223］ Stoecker D K，Michaels A E，Davis L H. Grazing by the jellyfish，*Aurelia aurita*，on microzooplankton ［J］. J Plankton Res，1987，9（5）：901-915.

［224］ Turk V，Lucic D，Flander-Putrle V，et al. Feeding of *Aurelia* sp.（Scyphozoa）and links to the microbial food web ［J］. Mar Ecol，2008，29（4）：495-505.

［225］ Lebrato M，Jones D O B. Expanding the oceanic carbon cycle-jellyfish biomass in the biological pump ［J］. Biochem e-volution，2011，33：35-39.

［226］ Condon R H，Steinberg D K，del Giorgio P A，et al. Jellyfish blooms result in a major microbial respiratory sink of carbon in marine systems ［J］. Proc Nat Acad Sci，2011，108（25）：10225-10230.

［227］ 张杰，曹丛华，郭敬天，等. 海洋环境观测预报技术需求与"十三五"发展重点——以北海区为例 ［J］. 海洋技术学报，2014，33（1）：1-5.

第十四篇　固体废物处理处置学科发展报告

编写机构：中国环境科学学会固体废物分会

负 责 人：胡华龙

编写人员：于　淼　王　伟　王　琼　王　旺　申士富　刘研萍　孙　宁
　　　　　孙笑非　李秀金　李金惠　李　晔　汪群慧　周　强　周颖君
　　　　　张西华　胡华龙　赵由才　徐海云　聂志强　黄启飞　黄　晟

摘要

　　本报告介绍了我国"十二五"期间在危险废物、工业固体废物、农业固体废物和城市固体废物中利用及处置的基础研究、产业技术研发及管理的进展情况，并采用文献计量法对上述固体废物的国内外资源化利用及处置技术进行了对比分析。同时，本报告结合我国固体废物资源化利用及处置领域的国家战略和技术需求，在系统总结分析"十二五"期间相关技术及管理研发进展的基础上，对固体废物资源化利用及处置领域的发展趋势进行了展望，进而提出了"十三五"期间相关领域的研发重点。

一、引言

　　近年来，中国固体废物产生量持续增加。据统计，"十二五"期间中国工业固体废物产生量每年以约 10% 的速度增长，2013 年达到约 32.8 亿吨[1]。随着我国经济社会的快速发展，固体废物尤其是危险废物污染问题越来越突出，数量激增，风险增高，隐患加大，形势严峻，已成为危害人体健康，影响生态环境安全、社会和谐稳定的重要因素。"十二五"期间连续出现重大环境污染事故，例如，2010 年紫金矿业污染、2012 年广西镉污染、2014 年湖南创元铝业大修渣污染等。据不完全统计，2014 年司法机关处理的 1000 余件环境污染刑事案件中，近半涉及固体废物违法行为，我国固体废物尤其是危险废物的污染防治仍面临巨大压力，形势严峻。固体废物在贮存、转移、利用以及处置过程中，若管理不当会对大气、水和土壤环境带来污染问题，其污染具有隐蔽性、滞后性、持久性和不可逆性等特点，部分污染事件的后果严重。在大气、水体污染治理和总量减排过程中，也产生了大量粉尘、污泥等危险废物，如利用处置不当，将对大气、水体和土壤环境造成二次污染。固体废物污染防治与改善大气、水体和土壤环境质量紧密相关，其污染控制直接关系到"大气十条""水十条"以及"土十条"的顺利实施。因此，在加强大气、水体和土壤污染防治的同时，必须统筹考虑固体废物无害化利用与处置。

固体废物利用与处置学科主要致力于固体废物的减量化、资源化和无害化，促进固体废物得到合理的利用与处置，确保环境安全。"十二五"期间，我国针对固体废物污染防治实施了《废弃电器电子产品回收处理管理条例》《"十二五"全国城镇生活垃圾无害化处理设施建设规划》《"十二五"全国城镇污水处理及再生利用设施建设规划》《大宗工业固体废物综合利用"十二五"规划》《"十二五"农作物秸秆综合利用实施方案》和《"十二五"危险废物污染防治规划》，有效促进了相关固体废物的利用与处置，减少固体废物对环境的威胁。

固体废物种类繁多，不同种类的固体废物的利用与处置技术存在很大差别。本报告综合考虑固体废物来源和危害特性将固体废物分为危险废物和医疗废物、城市固体废物、工业固体废物、农业固体废物4类，其中城市固体废物又包含生活垃圾、市政污泥、建筑废物、电子废物和废机电产品等。不同种类的固体废物利用与处置现状不同，生活垃圾主要以焚烧和填埋为主，2013年生活垃圾的焚烧率为26.88％，填埋率为60.86％；市政污泥主要以无害化处置为主，根据《"十二五"全国城镇污水处理及再生利用设施建设规划》，到2015年，预计直辖市、省会城市和计划单列市的污泥无害化处理处置率应达到80％，其他设市城市应达到70％，县城及重点镇应达到30％；建筑废物资源化率不足5％，大部分不做任何处理直接运往建筑废物堆场堆放或运往生活垃圾填埋场；电子废物和废机电产品在被破碎分选后，提取其中有价值的材料，但拆解分类和分选技术不先进、缺乏成套处理设施和深度资源化技术；工业固体废物以资源化利用为主，但利用水平较低，同时大量难以处置的工业固体废物大量堆存严重威胁周边环境；危险废物利用与处置方式为资源化利用、焚烧或填埋，但因焚烧、填埋处置能力不足，环境风险高；农业固体废物主要被用作饲料、肥料和燃料使用，但仍有30％未被利用。我国固体废物利用与处置研究起步晚，尤其是固体废物利用技术水平不高，今后我国固体废物利用与处置的热点主要集中在固体废物利用、高效安全的处置等方面。

本报告将从危险废物和医疗废物、工业固体废物、农业固体废物、城市固体废物四个方面，介绍"十二五"期间我国在固体废物资源化利用及处置领域的基础研究、产业化技术及管理技术研发进展。在此基础上对该领域的发展趋势及"十三五"期间亟须解决的问题进行分析。

二、固体废物利用与处置技术研发进展

固体废物资源化利用与无害化处置研究的目的是为实现可持续的固体废物管理目标提供技术支撑，并通过持续的理论创新和技术发展起到引导固体废物管理实践向可持续化方向发展的作用。为达到这一目的，固体废物资源化利用与无害化处置研究的范围包含：固体废物特性鉴别方法；固体废物可利用特性识别方法；固体废物物理分离、化学与生物转化过程及其产物的资源化利用原理与方法；固体废物通过物理隔离和分离、化学与生物转化，以减轻其环境危害特性和隔断其污染途径的原理与方法；固体废物处理（贮存、运输、分离、转化）过程及其衍生物排放与利用过程的环境安全性评价与控制方法；固体废物资源化利用与无害化处置技术过程的环境与生态效应评价方法等。

（一）危险废物

我国现行名录将危险废物分为 49 大类共 400 多种，包括重金属类危险废物、有机类危险废物和医疗废物等。由于危险废物是一类特殊的废物，具有毒性、易燃性、爆炸性、腐蚀性、化学反应性或传染性，不但污染空气、水源和土壤，而且可以通过各种渠道破坏生态环境和危害人类健康。危险废物治理包括利用和安全处置两个方面，其目的都是使其减量化、无害化和资源化。一般通过预处理技术、资源化利用技术、处理处置技术等对此类废物进行综合处理处置。"十二五"期间，在铬渣解毒和砷渣固化/稳定化等预处理技术、铬渣炼铁技术、抗生素菌渣能源化、飞灰建材化利用、含汞废渣、废催化剂稀贵金属提取[2]、废有机溶剂和废矿物油提纯技术等综合利用技术，医疗废物焚烧技术、危险废物水泥窑协同处置技术及危险废物安全填埋技术等方面取得了较大进展。

（1）预处理技术

① 铬渣解毒技术：铬渣的固化/稳定化技术主要通过添加还原剂将六价铬还原成三价铬后固定在废渣中。常用的还原剂有硫酸亚铁、亚硫酸钠、硫化钠、多硫化钙及一些微生物药剂。硫酸亚铁成本便宜，应用较多。截至目前，这些还原剂的效果均不能对六价铬还原彻底，控制不好易存在返黄现象，即未被还原的六价铬再次释放出来。杨成良等[3]针对实际回转窑干法解毒工艺运行存在的主要问题，提出了形成窑头还原气氛、控制燃烧煤、还原煤的粒度、挥发分和水分、优化解毒后铬渣的冷却方式等，使回转窑干法解毒工艺热耗降低 45％以上，解毒质量全部符合国家标准要求。李理等[4]根据含铬废渣的污染特性，利用核桃壳和紫茎泽兰秸秆作为还原剂，在 600～800℃温度范围内对铬渣进行干法解毒实验，实验结果表明，紫茎泽兰秸秆和核桃壳对铬渣均有较好的解毒效果且在相同条件下紫茎泽兰秸秆的解毒效果优于核桃壳。国内很多企业把铬渣作为原料加以利用，如利用铬渣制造微晶玻璃、或替代氟化钙作为矿化剂烧制水泥熟料等[5]。

② 飞灰中二噁英解毒技术：飞灰二噁英的降解技术种类多样，包括物理、化学、物理化学和生物方法，其中物理方法有活性炭吸附法、高温熔融法、低温热处理和光解法；化学方法有臭氧分解法、氯碘化物处理法、湿空气氧化法、碱化学分解法、机械化学法；物理化学法有超临界水与热液降解、等离子体法和机械化学法；生物方法有生物降解法。目前研究较多的方法主要有活性炭吸附法、高温熔融法、光降解法、生物降解法和低温热处理法。"十二五"期间，彭政等[6]比较研究了医疗废物焚烧飞灰在温度 200～450℃，流动氮气和静态空气气氛中二噁英气固相行为变化。在流动氮气条件下，固相二噁英随温度升高逐渐增加，350℃下飞灰二噁英浓度升至最高，毒性当量浓度和总浓度分别增加了46.0％和 26.0％，随后随着温度升高，二噁英含量逐渐降低，450℃条件下浓度减少至最低，分别减少了 86.8％和 80.5％。在静态空气下，固相二噁英随温度至 250℃条件下，飞灰二噁英浓度升至最高，毒性当量浓度和总浓度分别增加了 20.7％和 28.7％，随着温度进一步升高，二噁英含量逐渐降低，450℃条件下浓度减至最低，分别减少了 99.5％和99.5％。气相只有少量二噁英产生，仅占总产生量的 0.11％～2.16％。该实验研究飞灰的最佳热处置条件为：静态空气条件下，450℃处置 1h，分解反应在 PCDDs 与 PCDFs 的降解过程中起到主要作用，而脱氯与脱附仅为次要作用。纪莎莎等[7]以医疗垃圾焚烧炉布袋除尘器前管道内飞灰（BG）及布袋除尘器后飞灰（AG）为对象，研究不同温度及时间段下其在管式炉中的热脱附特性。结果表明，在低温氮气气氛下，热脱附作用较为明显，2

种飞灰中的二噁英都有了不同程度的脱除，其中布袋前飞灰中二噁英的脱除率为 82.9%～99.9% 之间，毒性当量脱除率为 77.3%～99.8%；布袋后飞灰中二噁英的脱除率为 66.8%～99.8% 之间，毒性当量脱除率为 43.5%～99.6%。检测收集到的实验尾气中发现了二噁英的存在，且在 300～350℃ 这个温度段生成量最多，同时生成的有毒二噁英同系物中以 OCDD 为主。通过比较发现，当温度为 400℃，加热时间为 45min 时 2 种飞灰中的二噁英脱除效率最高。鉴于惰性气氛下的热脱附对处理飞灰中的二噁英具有较好的作用，可将其大规模应用于实际工程中。目前的研究主要集中在氮气气氛和空气气氛中进行，其他气氛下热处理飞灰二噁英的基础研究有待进行[8]。

③ 砷渣解毒技术：目前，国内外对含砷废渣的处理主要采用固化处理和资源化利用[9]。"十二五"期间，众多研究者就含砷废渣固化/稳定化的条件进行了进一步的优化，对含砷废渣的处置具有指导意义。肖愉等[10]为解决硫化砷渣对环境的污染，采用单因素分析法，研究了飞灰、三氧化二铁、PFS、磷酸钠、硫酸亚铁和水泥对硫化砷渣的固化稳定化效果。研究结果表明，当飞灰加入量为硫化砷渣质量的 9 倍、水泥的加入量为硫化砷渣质量的 4 倍、三氧化二铁加入量为硫化砷渣质量的 20%、磷酸钠加入量为硫化砷渣质量的 10% 时，对处理后的样品使用 HJ/T 299—2007《固体废物　浸出毒性浸出方法　硫酸硝酸法》浸出，浸出液中砷的质量浓度与浸取液的 pH 值符合危险废物填埋污染控制标准。朱宏伟等[11]从硫化砷渣的性质入手，利用力学性能较好的矿渣低温陶瓷胶凝材料对硫化砷渣进行稳定化/固化处理，并对矿渣低温陶瓷胶凝材料固化体系进行优化，得到固化硫化砷渣的较优方案，降低了砷渣固化成本。阮福辉等[12]采用水泥、累托石、粉煤灰、黄砂等为固化材料，对处理硫酸生产废水时产生的含砷石灰铁盐渣进行了固化处理。实验结果表明，砷渣固化的最佳物料配比为：w（砷渣）= 45%，w（水泥）= 35%，w（累托石）= 10%，w（粉煤灰）= 5%，w（黄砂）= 5%。同时，还研究了砷渣与累托石预先陈化对砷浸出率的影响，发现累托石对砷有吸附作用，且随陈化时间的延长，吸附量增加，导致砷的浸出浓度降低。当砷渣和累托石预先陈化 2h 时，固化后砷的浸出浓度低于 GB 5085.3—2007《危险废物鉴别标准　浸出毒性鉴别》国家限定值要求。晁波阳等[13]对汞污染场地污染土壤进行固化稳定化处理，并对固化条件进行优化，设计了水泥固化稳定化处理汞污染土壤的工程实例，固化稳定化后的土壤达到安全填埋标准且处理费用较低。陆青萍[14]通过对有机药剂与无机药剂的筛选，利用 X 射线衍射（XRD）和扫描电镜（SEM）对铬渣和药剂稳定化处理后的物相组成进行表征，探讨了各种药剂对铬渣稳定化的影响效果，结果表明，无机药剂 Na_2S 对铬渣的稳定效果最好，Na_2S 添加量为铬渣量的 2% 时，稳定化比率开始趋于稳定，稳定化比率在 77.6%～87.4% 之间；有机药剂中 NTA 稳定效果最好，NTA 添加量为铬渣量的 2% 时，稳定化比率开始趋于稳定，稳定化比率在 88.3%～90.9% 之间。资源化产品风险控制方面，杨子良等以我国某地 2 种含砷废物（污泥和废渣）为研究对象，用 EA NEN 7371 实验方法分析其不同资源化产品（烧制砖、免烧砖和含砷水泥等）中 As 的有效量浸出特性，从环境风险的角度探讨了含砷废物资源化利用的可行性。结果表明含砷污泥不宜进行烧砖处置；而含砷废渣可根据含砷量，在控制掺加比例的条件下与水泥熟料协同处置生产混合水泥或作为原材料生产免烧砖。

（2）资源化利用技术

① 铬渣炼铁技术：铬渣可以用于生产免烧砖等混凝土骨料或铺路。根据《铬渣污染治理环境保护技术规范》（HJ/T 301—2007）的要求，铬渣需要解毒达到该标准要求后才

可用于生产免烧砖等混凝土骨料或铺路。王宏军等[15]在酒钢烧结中将铬渣作为一种烧结辅料在生产中资源化利用，经过烧结机高温焙烧后，将其中的 Cr^{6+} 还原为 Cr^{3+}，从而达到无害化处理的目的。该实践过程中，酒钢烧结机完成了河西地区化工厂历史堆存 10 万吨铬渣的还原解毒，在资源化利用铬渣的同时带来了较高的社会效益。

② 抗生素菌渣能源化技术：目前我国已成为世界最大的抗生素原料药生产与出口大国。依据 2008 年修订后的《国家危险废物名录》，抗生素菌渣属于化学药品原料药生产过程中的培养基废物，须按危险废物进行管理[16]。抗生素菌渣干基中有机质含量达到 90% 左右，可以作为生物质能源进行资源化利用，如采用厌氧消化技术生产沼气和制备沼肥，采用热解气化技术提取可燃气体和燃油等。"十二五"期间，抗生素菌渣能源化技术均取得了一定的进展，并取得了较好的成果。上海敏慎环保科技有限公司采用高效厌氧技术，将抗生素菌渣大部分转化为沼气，采用热电联产的方式实现菌渣的资源化。华北制药集团环境保护研究所利用热碱解及分离处理和厌氧消化处理头孢菌素菌渣，可完全消除头孢菌素菌渣中的药物残留，解决了单一头孢菌素菌渣厌氧发酵难以高效持续的问题，产生的沼气可作为清洁燃料利用。河南工业大学采用逆流机械搅拌有效破碎菌丝团，然后利用螺旋霉素无害化处理菌剂对大环内酯类抗生素菌渣进行无害化处理，将处理过的抗生素菌渣作为植物肥料添加剂。四川千业环保产业发展有限公司将红霉素菌渣与红霉素生产废水混合进行厌氧反应，使菌渣中的红霉素残留降至 10mg/kg 以下，然后加入辅料混合搅拌、造粒、烘干即制得有机肥。

③ 飞灰建材化利用技术：目前，生活垃圾焚烧飞灰建材化技术主要有生产免烧砖、烧结砖、烧胀陶粒和水泥等。中国环境科学研究院等研究团队对以上几种生活垃圾焚烧飞灰建材化技术进行了可行性评估研究。研究结果表明：生产免烧砖，直接利用存在环境风险，需配加飞灰二噁英降解预处理系统；生产烧结砖（直接利用、配加飞灰二噁英降解预处理系统、配加布袋除尘器和活性炭吸附装置）会产生一定的环境风险，不推荐使用；生产烧胀陶粒，直接利用和配加飞灰二噁英降解预处理系统均存在一定的环境风险，配加布袋除尘器和活性炭吸附装置则能减少环境风险；生产水泥配料系统，直接投加和旁路通风时配料系统投加均会产生一定的环境风险。

④ 含汞废渣资源化利用技术：随着我国原生态汞资源越来越少，环保制度日趋严格，由于汞的广泛使用产生的大量含汞废物，促使含汞废物的资源化利用，并从中提炼汞实现汞的再生，逐步成为我国精炼汞的重要途径[17]。目前我国再生汞冶炼工艺以火法冶炼为主，生产工序基本包括了预处理系统、蒸馏炉系统、冷凝及净化系统。预处理基本采用石灰乳进行化学预处理，效果较好，且有利于提高汞的回收率。蒸馏是整个再生汞生产过程的关键工序，蒸馏炉炼汞的主要优点是产品灵活，"三废"产生量小，工作环境较好，汞提取简单。冷凝及净化系统是将含汞蒸气通过管道送入冷凝系统回收粗汞，经加工提纯后得到商品汞。"十二五"期间，曾华星等[18]调查了国内 5 家具有代表性的再生汞企业冶炼工艺情况及各冶炼工艺流程中产污节点分布，综合分析了国内普遍采用的炉型和再生汞冶炼工艺各工序产污节点情况，并对各炉型进行了对比分析，结果表明，国内再生汞企业采用的冶炼炉型主要为燃气蒸馏炉、电热蒸馏炉和燃煤蒸馏炉 3 种，其中采用燃气节能蒸馏炉的企业规模占整个再生汞行业的 85%。通过对 3 种冶炼炉工艺产污节点的分析，对国内再生汞企业冶炼工艺中各工序污染物产生情况有了基本的了解，燃气蒸馏炉相对燃煤和电热蒸馏炉在蒸馏效率和污染控制等方面均有较大优势。实践证明，再生汞冶炼企业生产废

水均可实现零排放，主要污染类别为废气与固体废物，企业在日常生产中，应加强含汞废气的监测与治理，对含汞固体废物经鉴别后妥善处置。

⑤ 废催化剂稀贵金属提取技术：催化剂在石油、化工、医药行业中有着非常重要的作用，但是常在使用一段时间后，因丧失活性而被新鲜催化剂所取代，因此，全球每年都会产生大量的废催化剂，多年来，废催化剂一直未能得到合理的资源化利用，有些直接填埋或堆弃，不仅造成二次资源浪费，而且污染生态环境和危害人类健康。随着矿产资源的日益短缺，从废催化剂中提取有价金属并加以利用，可以实现资源的循环利用，具有重要的社会意义。"十二五"期间，研究者们对从废催化剂中提取稀贵金属的工艺技术进行了进一步的深入研究，董海刚等[19]采用铵盐焙烧-酸浸法进行了从石油重整废催化剂中富集提取铂的研究。结果表明，在适合条件下，铂的富集倍数达到 274 倍以上，焙烧产物的物相主要以硫酸铝铵形式存在，焙烧产物通过稀酸浸出，实现铂的富集。刘文等[20]对失效 Pt-V/C 催化剂中铂的提取进行了研究，得出优化的工艺条件，实现铂的有效沉淀分离。经精炼可以获得纯度为 99.95％的海绵铂，铂的回收率大于 99.5％。吴喜龙等[21]研究了 HCl/Cl_2 体系溶解预处理后的失效醋酸乙烯催化剂，以海绵钯为还原剂从含金、钯的盐酸溶液中还原金，得到的海绵金用稀硝酸煮洗除去过量钯粉，还原母液用硫化钠沉钯后精炼。提纯得到金、钯的产品纯度大于 99.95％，回收率大于 99.8％。

⑥ 废有机溶剂和废矿物油提纯技术：目前，我国废矿物油的再生主要采用蒸馏和裂解催化等主流工艺，同时也存在"硫酸-白土法"进行非法再生的作坊式生产。"十二五"期间，由汪群慧教授承担的环保公益项目"废有机溶剂和废矿物油综合利用和安全处置环境风险评估研究"，取得了重要进展。项目针对废有机溶剂和废矿物油产生工艺的行业特征，明确了废有机溶剂和废矿物油的污染特性、特征污染物以及未来变化趋势：我国废矿物油产生总量大、范围大、分布广，且废矿物油的产生类型及特征存在明显的城市间差异，同时与具体的产生工艺直接相关，整体资源化利用水平较低，需要明确各类废矿物油的产生污染特征，有针对性地加强环境管理；废矿物油中的特征污染物为重金属、苯系物和多环芳烃，其含量高低与废矿物油的类型和工作环境直接相关。废矿物油在贮存、运输和填埋处置等管理环节中，环境风险主要来源于运输环节的泄露以及泄露后发生火灾等情况，需要强化相关管理。废矿物油倾倒丢弃、非法再生、工业窑炉和民用锅炉掺烧等不当处置与再生利用均存在较大的人体健康风险。并针对废有机溶剂和废矿物油管理过程各个环节的环境风险，提出控制对策，如针对废矿物油环境管理完善相关法规及标准规范，同时加大环境执法力度，结合各类废矿物油的产生特点，对其产生源实施有效控制，同时利用经济与行政手段规范废矿物油的再利用市场等，为建立我国废有机溶剂和废矿物油无害化管理体系提供技术支撑。

（3）处理处置技术

① 医疗废物焚烧：孙宁等[22]认为国内医疗废物处置运行实践表明，热解气化技术是适合我国国情的焚烧最佳可行技术。实际工程中，根据废物的进料以及排渣的是否连续性，热解气化技术分为连续式和间歇式两种，这两种技术在国内都有较广泛的应用。热解焚烧技术在具体的设备形式上，主要有单一炉床热解炉、阶梯炉床热解炉和活动炉床（回转窑）热解炉三种类型。工程应用实践中证明，炉底布置炉床的热解炉是最佳可行的设备形式。

王晓坤等[23]提出热解气化焚烧炉结构是多样化的，仅从燃烧方式可分为 3 种：a. 炉排燃烧方式，包括固定炉排和可移动炉排；b.床燃烧方式，包括固定定床、回转炉；c.流化床燃烧方式。邓茂青[24]通过综合比较机械炉床水墙式焚烧炉、回转窑焚烧炉、控气式焚烧炉、流化床式焚烧炉等几种医疗垃圾焚烧炉，综合评定了各种焚烧炉的处理能力及优缺点。魏姗姗[25]在医疗废物典型组分（塑料、橡胶、生物质类）的热解研究综述的基础上，对医疗废物典型组分的低温热解进行了实验研究，并对医疗废物低温热解炉的设计研制进行了描述，对热解实验当中的热解尾气进行了分析与测定。张璐[26]开展了利用热等离子体熔融模拟医疗废物的实验研究。利用实验室自行研制的双阳极直流热等离子体来熔融玻璃化医疗废物，实验研究了熔融处理过程中的重金属迁移特性，对熔渣的物理化学特性和重金属浸出特性进行了分析，并研究了添加剂CaO对熔渣某些特性的影响。

张怀强[27]开展了医疗废物组分特性与焚烧二噁英控制技术的研究。对医疗废物的原始组分、工业分析、元素分析、氯含量进行了分析，得出医疗废物含氯塑料及灰分影响焚烧二噁英的生成量。严密[28]开展了医疗废物焚烧过程二噁英生成抑制和焚烧炉环境影响研究。尿素和硫酸铵加入飞灰或和废物混合焚烧均使二噁英的生成量出现了显著的降低。林志东[29]开展了医疗废物焚烧烟气中酸性气体如氯化氢、氟化氢、硫氧化物、氮氧化物、一氧化碳等的来源、形成机理和环境危害研究。卢青[30]针对一条处理能力为72 t/d的回转窑医疗废物焚烧线开展了实际规模的医疗废物焚烧线不同部位二噁英发生量及其相态的研究，采样点选取焚烧设备的锅炉进出口、布袋除尘器入口等部位进行取样测试，主要目的在于研究焚烧线各工段面处烟气中二噁英的含量，分析二噁英再次合成的区域和条件，从而为从工艺参数调整抑制二噁英生成提供依据，同时也为后续净化系统的运行参数选择提供基础。孙宁等[22]对江西南昌医疗废物集中焚烧处置设施二噁英控制最佳可行技术示范改造的主要技术内容进行了分析，提出未来一段时间医疗废物集中处置设施污染控制管理趋势，以及技术升级改造的主要方向和技术重点。

彭晓春等[31]在进行医疗废物焚烧厂周围土壤多环芳烃特性研究时，以广东省某医疗垃圾焚烧厂为研究对象，通过采集分析处理厂及周边土壤和植物样品中的16种多环芳烃含量，了解焚烧厂多环芳烃分布特征、来源、污染程度。杨杰等[32]为研究医疗废物焚烧炉对周边土壤中重金属含量的影响，对某典型焚烧厂周围土壤进行了运行前和运行5年（2007—2012年）后重金属含量的采样分析研究。

黄文等[33]采用高分辨气相色谱/高分辨质谱仪（HRGC/HRMS）测定了我国西北某医疗废物焚烧炉排放烟气及周边环境空气、土壤和植物样品中2,3,7,8-PCDD/Fs含量和组成，并对周边环境中二噁英来源进行了初步解析。

环境保护部环境保护对外合作中心和联合国工业发展组织（UNIDO）共同开发并实施了"中国医疗废物环境可持续管理项目"（以下简称"项目"）。该项目针对医疗废物产生、分类、包装、收运、处理和处置等全生命周期，全面促进最佳可行技术和最佳环境实践（BAT/BEP）的示范和推广，推进医疗废物减量化和无害化进程，提升管理和技术能力，最大限度地避免和减少医疗废物处置过程中产生的二噁英等有毒物质，以及其他具有全球危害性污染物的产生和排放，保护全球环境和人体健康。

②危险废物水泥窑协同处置技术：水泥窑协同处置技术不仅使固体废物焚烧飞灰达到了无害化处理的目的，更具有广阔的资源化利用前景。郑元格等[34]采用实验室模拟试验，对应用水泥窑协同处置技术实现固体废物焚烧飞灰的无害化处理与资源化利用的可行性进行了研究。结果表明，通过水洗预处理可稳定有效去除飞灰中质量分数为90%以上的

氯离子，消除了焚烧飞灰中氯质量分数过高对水泥窑的损害，使其可作为水泥生料的替代原料用于水泥生产。杨玉飞等[35]研究间歇浸取对废物水泥窑协同处置产品中 Cr 和 As 释放的影响，结果表明，浸取方式对浸取液 pH 有较大影响，间歇碳化保存处理浸取液的 pH 在 9.5～10.4 范围内，低于连续浸泡处理浸取液 pH（10.3～11.0），而间歇自然保存处理则与连续浸泡处理相近；pH 对混凝土中 Cr 和 As 的浸出影响较大，Cr 的浸出量在低 pH 或高 pH 条件下较大，并且在 pH 为 5 时最低（约为 5μg/L）。低 pH 条件下 As 的浸出量较大，且随 pH 升高而降低，并在 pH 为 5 时浸出量达到最小值，此后浸出量随 pH 的升高而增加，在 pH 为 9 时浸出量达到最大（3067μg/L）；间歇浸取处理 Cr 和 As 的释放量均小于连续浸取，但间歇浸取过程的碳酸化作用抑制了混凝土中 Cr 的释放而促进了 As 的释放。丛璟等[36]研究了水泥窑协同处置过程中水泥生料对重金属（As、Pb、Cd）的吸附冷凝特性以及炼铁高炉协同处置过程中炉料对重金属（As、Pb、Cd）的吸附冷凝特性。由试验得到的各重金属元素不同化学形态的吸附冷凝动力学方程，可计算出含有此种重金属元素的危险废物在协同处置过程中设定温度、设定时间下的吸附冷凝率，为判断相关危险废物是否适合水泥窑共处置和炼铁高炉共处置，以及确定废物投加量和重金属排放量提供参考，最终为评价水泥窑和炼铁高炉协同处置过程中重金属引起的环境风险提供依据。刘娜等[37]以生命周期评价（LCA）方法为研究手段，对低品质包装废物水泥窑协同处置技术的环境影响进行评价，结果表明，在水泥熟料生产的全生命周期过程中，对环境影响所占比重最大的是生产阶段，协同处置低品质包装废物可以使环境影响潜值降低 10.65%（由 263 Pt 降至 235 Pt），主要表现在无机物对人体的损害和酸化/富营养化方面；从全生命周期来看，协同处置低品质包装废物使环境影响潜值降低了 8.68%（由 334 Pt 降至 305 Pt），主要表现在无机物对人体的损害和酸化/富营养化方面的降低，两者的环境影响潜值分别降低了 11.00% 和 15.70%。蔡木林等[38]对水泥窑协同处置 DDT 废物技术进行了工厂规模的试验研究，结果发现在 DDT 废物投加速率控制在 1.0 t/h 以下时，DDT 的焚毁去除率达 99.9999962% 以上，烟气中二噁英浓度的平均排放值远低于标准限值（0.1ng I-TEQ/Nm³）要求。此外，水泥窑协同处置 DDT 废物对烟气排放和熟料产品质量未造成不利影响。崔敬轩等[39]研究了水泥窑协同处置过程中砷在等温条件下随时间的挥发特性和可能的化学反应，结果发现，不同化学形态的砷挥发规律不尽相同，砷酸钠在水泥生产涉及的温度区间基本不挥发；硫化亚砷在水泥窑协同处置的过程中，砷的挥发率随时间逐渐增大，25min 以后基本不再挥发，低于 1000℃ 时，砷的挥发率随温度的升高而增大，但高于 1000℃ 时，挥发率随温度的增大而减小。夏建萍等[40]对新型干法水泥窑处置固体废物技术的国内外现状进行了综述，探讨了该方法在技术上的可行性。范兴广等[41]探索了水泥窑协同处置危险废物过程中重金属流向分布规律，通过在 900℃、1000℃、1100℃、1200℃、1300℃ 和 1450℃ 温度条件下，将添加 Cr、As 和 Pb 化学试剂的生料分别进行煅烧，模拟重金属在水泥窑内不同温度带的煅烧过程，结果表明，6 个温度条件下，Cr 主要分布在熟料中并且呈现不规则变化；在 900℃ 和 1450℃ 条件下，烟气中的 Cr 分布量最大，所占比例为 0.24wt.%。6 个温度条件下 As 主要分布在熟料中并且 1000～1450℃ 条件下稳定在 81%～83% 之间；在 900℃ 条件下，As 在熟料中的残留率最大，所占比例为 97% wt.%；在 1450℃ 条件下，As 在尾气中的分布达到最大值，所占比例为 0.0023% wt.%。6 个温度条件下，Pb 在熟料中的残留率随着温度升高而逐渐减少，挥发颗粒物中的含量呈现相反的趋势；尾气中 Pb 的含量随着温度的升高逐渐增加。丛璟等[36]对铅、镉两种重金属的氯化物（$PbCl_2$、$CdCl_2$）开展了吸附/冷凝实验研究，结果表明在水泥窑协同处置的低温段水泥生料对重金属铅、镉的吸附冷凝作用主要以冷凝为主。进入吸附冷凝炉的重金属可以分为三部分，第一部分冷凝在管壁上，该部分 Pb 含量占进炉总铅的 60% 左右，Cd 占进炉总镉的 60%；第二部分吸附/冷凝在生料上，该部分 Pb 含量占总铅的比例低于 30%，Cd 为 20%～30%；第三部分随烟气释放到空气中，该部分 Pb 比例低于 20%，Cd 占 10% 左右。

③ 危险废物安全性填埋技术：在重金属类危险废物安全填埋方面，近年来的研究重点主要集中在重金属的固化机理及存在形体、浸出毒性、防渗等方面。黎红宇[42]针对电镀厂和皮革厂含重金属的水处理污泥，用不同比例的水泥、粉煤灰进行固化稳定处理，结果表明，皮革厂水处理污泥的浸出毒性较低，但进入生活垃圾填埋场后将严重影响生活垃圾填埋场的正常运转和管理；电镀厂的污水处理污泥，铜和镍的浸出毒性超过危险废物允许进入填埋区的控制限值，必须进行固化处理。电镀厂污泥与皮革厂污泥混合固化，浸出毒性明显降低，各项指标均大大低于国家危险废物允许进入填埋区的控制限值，可直接进行填埋。何小松等[43]收集了 36 个典型危险废物处理处置中心的资料，采用综合评分法筛选出填埋场的优先控制危险废物类别，并对其中的污染物进行了源解析，结果表明危险废物填埋优先控制重金属为 Cr、Zn、Cu、Cd、Ni、Hg、Ba、Pb，类重金属为 As，有机物为石油类，无机盐类为 F^- 和无机 CN^-。李金惠等[44]研究了废 LCD 显示器背光源模组拆解过程中汞的释放特征，结果表明对单根 BCCFL 而言，其中所含的 0.4～0.6mg 汞在使用过程中会有 1/3 左右由于与玻璃等发生反应进入玻璃中而不再以易检测到的形式存在，剩余的 2/3 留在灯管内，一旦发生灯管损坏，则会造成其中 2/3 的汞通过蒸气形式扩散进入大气中，剩下的 1/3 的汞以固体或者液体状态随碎玻璃等进入危险废物处理设施中。对于废 LCD 液晶电视拆解行业而言，每年有超过 1 t 汞通过不同途径进入环境中，其中约 200kg 的汞以蒸气形式进入大气环境中，影响人们的生活和生产安全。黄启飞等[45]调查分析了电镀污泥危险废物的环境管理现状，结果发现危险废物贮存环节环境管理不规范现象普遍，由于包装、贮存方式和防渗设施的不规范，导致地下水和地表水污染（降雨对危险废物的淋滤），或造成大气污染（由于危险废物中有机污染物的挥发）；贮存环节可能造成的污染及对人体健康的危害应重点关注，其次是处理处置和综合利用环节的填埋处置。暴露途径主要是通过淋滤污染地下水、有机物扩散污染大气两种方式。杨玉飞等[46]以重庆市 15 家电镀企业产生的电镀污泥为例，计算该市电镀污泥进入生活垃圾填埋场豁免量限值。孙绍锋等[47]分析了危险废物高温熔渣玻璃化技术工艺、高温熔渣玻璃化的影响因素。周建国等[48]对目前常用的固化/稳定化垃圾焚烧飞灰中有毒重金属的方法进行综述，并提出开发飞灰资源化利用新技术为未来的研究重点方向。在危险废物填埋场风险控制方面，徐亚等[49]在对填埋场渗滤液渗漏的环境风险进行系统分析的基础上，基于层次化风险评价，构建了填埋场渗漏风险评估的三级 PRA 模型，其中第 1 级概率风险评价模型（PRA）用于评价填埋场渗漏风险，第 2 级 PRA 用于评价地下水污染风险，第 3 级 PRA 用于评价人体健康风险为定量研究不确定性因素对风险评价结果的影响，采用 Monte Carlo 方法研究三级 PRA 模型中参数的不确定性；采用事故树方法研究防渗层破损事故的不确定性。应用三级 PRA 模型评价了西南地区某危险废物填埋场渗滤液渗漏的环境风险，通过与实测数据和 EPACMTP 模型的比较，验证了该模型模拟结果的准确性。徐亚等[50]在分析 Landsim 模型的基本理论及其填埋场防渗系统、导排系统长期性能变化的表征方式

基础上，提出了填埋场长期渗漏风险的表征方式。通过 Landsim 和 HELP 模型的耦合，弥补了 Landsim 模型中堆体入渗计算过于简单的缺陷。运用耦合的 Landsim-HELP 模型评价了西南地区某危险废物填埋场长期渗漏的地下水污染风险。

（二）工业固体废物

工业固体废物包括矿业废物、粉煤灰和煤矸石等，"十二五"期间，在典型大宗矿业废物清洁高效利用技术及装备、粉煤灰和煤矸石等工业固废高值化利用方面取得了较大进展。

在工业固体废物利用与处置领域，发达国家基本实现工业固废的安全处理与环境风险全过程控制，主要矿产资源品位较高，清洁生产技术已经得到较大范围应用，工业固废总体排放量低，已经形成建工建材利用为主的有效消纳方式，近期正逐步从减量化、低值化利用向高值化资源梯级提取与协同利用方式转变。例如，含多金属工业固废排放量巨大，常规建材建工利用无法实现大规模经济消纳，高价值金属组分低温/加压等强化浸出，选择性分离及协同提取利用。例如，粉煤灰原来用于做建材，现在高铝粉煤灰可以制备氧化铝、活性炭、硅酸钙等产品。

从论文方面来看，世界固废资源化利用技术方向主要国家在尾矿利用方面的 SCI 论文数最大。尾矿利用方面，美国、德国、日本的发文量及篇均被引次数较高，表明其研究水平较高，而国内研究水平相对较低。煤基固废方面，中国、美国、印度有大量的研究，但篇均被引次数以西班牙、澳大利亚最多。钙基固废方面，以美国发文量和篇均被引次数最多，表明美国在该方面的研究水平较高，中国在这方面的研究相对薄弱。冶金渣方面的 SCI 文献中国发文量最多，而篇均引用次数不高，美国在这方面进行了深入的研究。因此，可以看出，在固废资源化利用技术方面，国内开展了大量的研究，但是研究水平普遍不高，与世界发达国家相比还有一定的差距。

"十二五"期间，我国工业固体废物综合利用技术发展较快，主要有色金属综合利用技术已达到或接近世界先进水平，部分技术和装备已处于世界领先水平，但整体水平上，与国际先进水平仍有一定差距，先进技术与落后产能并存，自主创新能力不足，部分大型关键装备技术依然依赖进口，在资源利用和二次资源循环利用技术上差距较大。

1. 矿业废物

（1）"十二五"科技支撑计划重点项目"优势非金属矿产资源高效综合利用技术研究与示范"主要对我国优势非金属矿产资源如钾长石、煤系高岭土、耐火铝矾土、镁橄榄石、膨润土、硅藻土及玄武岩和工业废渣高效综合利用关键技术及产业化进行了深入研究和创新。为解决我国大量钢渣和其他废渣协同利用过程中钢渣易磨性差、胶凝活性低和安定性差的瓶颈问题，研究形成能够显著提高金属有价成分回收率的钢渣性能早期干预技术和钢渣低能耗磁选处理技术、钢渣与其他废渣共掺胶凝体系高效活化技术、大掺量多层次胶凝材料体系和混凝土设计关键技术，开发"生产废料排放评估系统"环境评价应用软件，研究工作对钢渣低能耗处理和综合利用具有重要的技术支撑。所形成的共性关键技术在建成年产万吨低碳胶凝材料等生产线上实现示范，为我国钢渣等二次非金属资源高效低能耗利用和低碳胶凝材料产业发展提供重要技术支撑。

（2）"十二五"环保公益重点项目"典型大宗工业固体废物环境管理技术体系研究"对 37 家典型企业开展大宗工业固体废物（铜尾矿、铅锌尾矿、赤泥、锰渣、磷石膏）环境管理现状调研的基础上，对我国五种大宗工业固体废物产生行业、典型地区进行了研究，完成了五种典型大宗工业固体废物的产生、利用、贮存、处置以及环境管理现状分析报告；构建了我国五种典型大宗工业固体废物污染防治技术清单和废物堆存场地生态恢复技术评价指标体系，提出了典型大宗工业固体废物贮存（堆放）数据库框架；完成了《铜尾矿污染防治最佳可行技术指南》（初稿）等 5 项技术指南，编制了《铜尾矿污染预防与控制最佳环境管理实践》等 5 项技术文件。项目研究成果可为我国大宗工业固体废物环境管理提供技术支持。

（3）由北京科技大学、福建省新创化建科技有限公司等单位共同完成的"尾矿和废石在混凝土中的应用技术"项目从全产业链综合利用尾矿和废石的角度，对尾矿和废石在混凝土中的应用技术进行了多方面的系统研发和产业化推进，取得如下创新性成果：①在对磁铁石英岩型铁尾矿和废石进行系统工艺矿物学研究的基础上，充分利用其固有特征，因地制宜研发成功全湿法生产高质量建设用砂和混凝土粗骨料的技术，并得到大规模应用。②研发成功 100％采用磁铁石英岩型铁矿的尾矿和废石作为骨料配制 C30～C80 预拌泵送混凝土技术，并得到大规模应用。③研发成功 100％采用磁铁石英岩型铁矿的尾矿和废石作为骨料生产混凝土预制件技术，生产出高端产品。利用尾矿废石作为骨料在铁路轨枕、管桩等产品中得到大量工程应用。④研制成功尾矿微粉生产技术，并建立起年产 60 万吨的铅锌尾矿微粉生产线，实现批量生产。

该项技术成果具有很好的推广应用前景，总体技术达到了国际领先水平。下一步将加快完善相关标准化体系的建设，进一步加大推广应用力度。

（4）国家"十二五"863 计划项目"典型尾矿资源清洁高效利用技术及装备研究与示范"，项目研发团队已开发出抗压强度达到 120MPa，具有优异的耐久性，尾矿掺量达到 70％，总固废用量达到 90％的尾矿高强结构材料，其预期服役寿命是现有普通混凝土的5～10 倍。可解决北京市在超交通负荷大型桥梁、轨道交通工程、南水北调等重大工程方面所急需的服役寿命超过 500 年的超高强混凝土的难题。

通过开展该项目，可开发尾矿的高值利用技术，突破尾矿综合利用技术瓶颈，建立矿业集中地区循环经济产业链，发展以尾矿资源为依托的新兴产业，解决尾矿所引发的环境问题和安全隐患，对资源环境技术的提升有重大意义。

（5）由北京矿冶研究总院牵头负责的"十二五"科技支撑计划重点项目"废弃矿区尾矿处理与循环利用与示范（2011BAB03B00）"的课题就是针对我国矿产资源富集和开发特点，开展废弃矿区尾矿处理与循环利用技术的研究，主要目标为实现尾矿无害化、稳定化安全处置，研究内容包括协同利用采矿尾矿、废石技术，冶炼废渣等有色矿业废物的新型胶凝材料制备技术，尾矿重金属钝化技术及水泥生料配方，铅锌尾矿煅烧水泥的生产工艺等。研发出大型矿产基地尾矿资源化循环利用新技术，取得的技术成果有：①污染型尾矿库高效复垦技术。筛选出铅锌尾矿库生态修复优良植物物种 10 种，即黑麦草、香根、五节芒、高羊茅、商陆、小飞蓬、野艾蒿、地枇杷、盐肤木，胡枝子。提出了铅锌尾矿库高效生态恢复模式 2 个，即草本＋固化稳定剂和灌木＋草本＋固化稳定剂；并在湖南省郴州市资兴东江湖库区永兴棚尾矿库完成 1 hm² 示范基地建设，示范工程实施 1 年后，统计出永兴棚铅锌尾矿库复垦工程中植被成活率为 88％，保存率为 72％，植被覆盖率 85％。②研发出了尾矿及有色冶炼废渣协同制备环保型胶凝材料，经第三方检测，证实材料各项指标均达到了 32.5 级复合硅酸盐水泥标准。其 28 天抗压强度可达 33.0 MPa。③铅锌尾矿制备水泥工艺技术，运用研究成果在湖南金磊南方水泥有限公司建立铅锌尾矿煅烧水泥示范生产线 1 条。将铅锌尾矿作为水泥生料配料，实现了铅锌尾矿制水泥的生料中铅锌尾矿掺量＞15％，熟料中的重金属浸出毒性远低于国标中规定的限值，符合无害化生产要求。

（6）北京矿冶研究总院[51]利用中条山尾矿掺加量在 40％，制备出合格的陶瓷墙地砖和建筑外保温墙体材料；中条山尾矿还可以代替黏土做烧结砖的主要原材料，掺加量可达70％；＋0.15mm 的粗粒级尾矿砂可以做细脊料应用在混凝土中。对马坑铁尾矿的研究表明[52]，马坑铁尾矿可以综合利用其中的钼、石榴子石，综合利用后的尾矿可以作为原材料应用在水泥、烧结砖中，粗粒尾矿砂可以代替建筑砂应用在混凝土中。对福建金东矿业公司铅锌尾矿综合利用的研究表明[53]，可以先综合利用其中的硫铁矿，最终尾矿可以应用在水泥生料配料、水泥混合材和烧结砖中，实现尾矿的无害化利用。

（7）王金忠等[54]利用本溪歪头山铁尾矿代替部分黏土，掺入适量的增塑剂，烧制出普通黏土砖，而且可以通过控制铁尾矿的掺加量，制成不同强度等级的尾矿砖，为该铁尾矿综合利用开辟了一条新途径；吴振清等[55]对湖南桥口铅锌矿尾矿的研究表明，该尾矿含有较高的氧化铁成分，可以代替黏土和铁粉配料生产水泥熟料，且生产的水泥性能符合国家质量标准；王海[56]采用高岭土尾矿和白云石制备玻璃陶瓷，仉小猛等[57]利用稀土尾矿合成 Ca-A-Si 陶瓷，张淑会利用铁尾矿制备 $SiC-Y_3Al_5O_{12}$ 复相陶瓷。

（8）贵州瓮福集团采用工艺建成年处理 80 万吨磷尾矿的示范工程，首次将磷渣应用于加气混凝土中，成功开发了磷渣加气混凝土制备技术[58]。还对磷化工产生的工业废渣——磷石膏和黄磷炉渣进行综合利用研究，在此基础上开发和建设了 1 亿块/年新型磷石膏砖工业化生产装置，成功地实现了该成果的应用转化。

2. 粉煤灰和煤矸石

中国标准化研究院联合北京大学、北京建筑材料科学研究总院有限公司开展了"工业固废综合利用检测标准体系及检测标准研究"项目，针对当前我国大宗工业固废综合利用的检测标准体系不完善，部分重要工艺过程缺乏检测技术标准等问题，从固废类型、工艺过程和检测指标等多个维度入手，构建了粉煤灰、煤矸石、尾矿、冶炼渣、工业副产石膏、赤泥 6 类典型工业固废综合利用过程中物理性质、化学性质、工艺参数、产品质量、环境影响等方面较完善的检测标准体系，建立煤矸石资源化利用产品国家检测标准 4 项[59~61]。以煤矸石为主要研究对象，提出了煤矸石等大宗工业固废取样、预处理、化学组成、重金属检测、放射性检测等方法，提出了气态污染物、颗粒物、浸出毒性等环境影响检测技术，以及氮氧化物耐火材料、活性粉末混凝土等高值化产品性能检测技术及其标准，为大宗工业固废综合利用提供了科学可靠的检测方法。

中国标准化研究院联合中国科学院过程工程研究所、北京大学承担的"工业固废资源化产品风险监测与生态设计技术及工具"项目重点研究了重金属等毒害物质的迁移，毒害物质沿产业链转移的生命周期监控体系，开展固体废物中铅、汞、铬、镉、砷等重金属元素的快速检测技术研究，形成一套适用面广的"准定量"快速检测技术和装置[62,63]。以煤矸石、粉煤灰、赤泥、钢渣等典型工业固废综合利用生产生态建材为切入点，开展建材产品的生态设计技术研究，通过对其毒害物质的检测和控制，形成基于煤矸石、粉煤灰、赤泥、钢渣等典型工业固废制备生态建材产品的环境风险控制方案。建立一套涵盖源头减量、过程清洁、末端控制的资源化产品生态设计评价技术指标体系，开发了工业固废资源化产品生态化设计辅助工具，进一步提高工业固废资源化技术水平和产品的生态化水平。

由内蒙古鄂尔多斯电力冶金股份有限公司、内蒙古大唐国际再生资源开发有限公司联合多家院校开展的"硅铁烟尘与高铝粉煤灰硅钙资源协同利用关键技术及示范研究"项目，以煤电行业高铝粉煤灰、硅铁合金产业烟气粉尘为对象，针对高铝粉煤灰、硅铁尘泥提取有价组分后的高碱性硅钙渣资源化利用的迫切问题，开发硅钙渣碱激发胶凝调控技术。以全过程的能耗控制和过程经济效益最大化、废物资源化大宗消纳为目标导向，建立了硅铁烟尘和高铝粉煤灰等多产业间硅钙资源的协同利用技术与工程示范，有望推动我国多产业间固体废物协同利用技术的发展[64~70]。

陕西理工大学在"矿渣基复合板材、涂料及热浸镀合金的开发"项目中开发出了粉煤灰-环氧树脂保温装饰板材、蜂窝孔状结构复合材料以及粉煤灰保温基材及装饰涂层一体板等以粉煤灰为主要填料的树脂基复合建筑装饰材料[71~74]。其中，粉煤灰-环氧树脂保温装饰板材具有良好的隔热性、防水性、阻燃性，具有多孔轻质、强度高、韧性好等优点，可用于内墙装饰、墙体隔音保温层等领域；蜂窝孔状结构复合材料具有隔热性好、防水性好、多孔轻质、易着色、生产成本低等特点，可应用于建筑物的墙体隔音保温层等领域；粉煤灰保温基材及装饰涂层一体板冲击韧性较好，导热率小于 0.05 W/（m·K），阻燃性可达到 A 级，装饰涂层可调节为多种色彩，是理想的建筑物内部节能环保装饰材料。

北京大学和长春国传能源科技开发有限公司联合研发的"褐煤提质废物制备高端节能环保材料关键技术与示范"项目，利用褐煤提质废弃物粉煤灰制备纤维复合外墙，建立了10 万立方米纤维复合外墙保温材料示范线及 5 万米^3 多孔外墙保温材料的示范线[75]。

中国科学院过程工程研究所及多所高校联合承担的"煤矸石硅铝碳资源化高值利用技术"项目，针对煤矸石综合利用产品附加值低、能耗和污染排放量大的问题，以煤矸石的大量消纳为导向，以煤矸石中硅、铝、碳等元素的高值高效利用为目标，形成由煤矸石制备铝系絮凝剂和白炭黑并联产高端环保建材的低能耗、低成本制备成套新技术[76~82]。突破开发煤矸石节能焙烧、铝硅深度分离制备系列高值化铝硅产品关键技术与装备，形成煤矸石规模化高值化利用的多联产工程化成套技术。建成年处理 2 万吨煤矸石综合利用示范工程，示范线安全、经济、稳定运行3~6 个月以上，全流程"三废"排放达标。

浙江大学联合兆山新星集团有限公司、北京科技大学完成的"煤矸石资源化关键技术研究"项目利用煤矸石代黏土配料在新型干法回转窑上生产水泥，利用煤矸石合成氮氧化物复合材料[83~88]。其中突破了煤矸石代黏土配料在新型干法回转窑上资源化大规模工业化高效应用的系列关键技术，包括：①煤矸石等原料均化、储存、配料系统的技术改造；②预分解器的结构改造；③煤粉燃烧器结构及运行风煤比的技术调整；④原料配料技术方案的调整确定；⑤烧成系统技术运行参数的优化等。

北京科技大学、北京大学利用煤矸石生产高性能氮氧化物复合材料，实现了工业示范，其关键技术包括：①解决了材料化学设计与工艺参数的优化技术；②解决了不同煤矸石原料生产氮氧化物的可行性；③解决了煤矸石生产氮氧化物产品时的炉内气体分布、压力制度、流场分布等技术关键；④解决了多种介质协同还原-氮化方法合成高性能氮氧化物复合材料的工艺技术。

吉林省交通科学研究所完成的"寒冷地区综合利用煤矸石筑路技术的研究"，提出煤矸石材料路用的分级原则，以塑性指数反映煤矸石材料的矿物成分、水稳定性及膨胀性，作为煤矸石分级的首要指标。采用了煤矸石活性概念，借鉴水泥胶砂试验设计了活性试验方法，给出了评价指标[89]。通过系列试验总结出煤矸石材料的路用分级标准，并对东北寒冷地区各地煤矸石的路用等级做出了具体划分。在东北寒冷地区铺筑了煤矸石路基和基层试验段，得到了寒冷地区煤矸石路基内部温度变化规律以及路基沉降规律，提出煤矸石基层规格料的加工工艺，通过室内试验研究与实体工程相结合，编制了《寒冷地区煤矸石在公路工程中应用设计与施工技术指南》。

清华大学承担的"煤系高岭岩制备超细炭黑质填料技术开发"项目，利用长兴粉体及新材料工程中心的工业性生产设备进行粉碎或分级制备出 10 种不同粒度的粉体，其中 6 种煤系高岭岩样品、4 种粉煤灰样品[90]。通过对粉体理化性能进行了系列表征及应用性能试验，得到不同粉体拉伸强度随着填充质量的变化关系，扯断伸长率随着粒径的变化关系。实验结果表明这些粉体可取代炭黑作为补强或半补强炭黑。

中国地质大学承担的"低耗能高温非金属矿物聚合材料技术研究与示范"项目针对我国高品位铝矾土矿产资源面临消耗殆尽，大量煤矸石和粉煤灰固体废物排放堆积地表以及我国工业窑炉用炉衬材料急需更新换代的现状，提出以低杂质生矾土、低杂质煤矸石、红柱石、蓝晶石、菱镁矿生矿粉等非金属矿和低铁高铝粉煤灰等工业废物为原料合成了轻质骨料，并采用合成的轻质骨料和粉料添加适量胶凝剂和外加剂，制备了浇注型和喷涂型轻质耐高温胶凝材料[91~94]。

枣庄市三兴高新材料有限公司负责的"补强阻隔双重性能纳米高岭土产业化开发"项目以煤系高岭土（高岭土质煤矸石）为原料，从材料制备、技术路线、工艺设备、应用、质量控制等多方面统筹考虑，开发出应用于工程塑料、橡胶、轮胎等行业的新型高端纳米级补强剂，实现阻隔和补强双重性能纳米级高岭土材料产业化，打破了国外产品的垄断格局，填补了国内空白，降低了我国橡胶、轮胎制品生产成本，提高国际竞争力[95~101]。实施所在地区（枣庄市）已被国家列为资源枯竭型城市，该研究的建设开发，在一定程度上。帮助缓解当地因煤炭开采造成的资源和环境的压力，提高资源利用效率，治理环境污染，保护生态平衡，优化地区产业结构，促进地区可持续发展。

苏州中材非金属矿工业设计研究院有限公司联合中国矿业大学（北京）等单位，在"高性能非金属矿物填料先进加工技术及装备研究"项目中针对高性能非金属矿物填料共性关键制备技术及关键大型节能装备进行研究[102~111]。主要研究装备技术包括：干法超细粉碎新技术研究及大型对撞式超细粉磨分级设备、湿法超细磨剥先进技术及具有高效节能特点的大型湿法超细磨剥设备、高效节能煅烧纯化技术及大型高温节能直焰煅烧纯化窑、粉体表面改性技术及大型连续粉体表面改性设备以及具有显著节能、高效、降低投资额特点的高性能非金属矿物填料先进加工工艺及装备集成。项目以固体废物煤矸石加工成高性能矿物填料为实例，建设了 5 万吨/年高性能煅烧高岭土填料示范生产线，为我国高效、低耗、大规模生产高性能非金属矿物填料、满足相关行业对高性能非金属矿物填料不断增长的需求提供坚实的关键技术及装备支撑，促进我国非金属矿加工行业节能、降耗，提高行业经济效益，提升加工技术水平，也为高效开发固体废物煤矸石，实现其资源化、材料化提供技术和大型装备支撑。

在粉煤灰煤矸石复杂物相调控与污染协同控制机理研究方面，北京大学、北京科技大学等单位基于多元多相热力学数据库，结合粉煤灰煤矸石物相组成-结构特征-转化规律关系，研究了煤矸石和粉煤灰等复杂硅铝酸盐体系物相结构调控制备资源化产品的方法和机制。根据此理论，演化出了煤矸石制备氮氧化物材料核心技术及关键设备、高铝粉煤灰物相结构重构制备陶瓷材料核心技术等。

在亚熔盐粉煤灰多资源协同提取与高值利用多联产技术方面，中国科学院过程工程研究所等单位通过多学科交叉和多种高新技术的集成，拓展和建立了具有自主知识产权的亚熔盐法低温处理粉煤灰提取二氧化硅和氧化铝的新工艺以及终渣生产环保新型材料等技术。拓展亚熔盐清洁冶金技术，研发粉煤灰硅铝温和分离-镓锗深度提取-产品高值利用等核心技术，形成能源-有色-环保-太阳能循环经济新产业链。

在典型高铝粉煤灰梯级利用制备技术方面，研究了以酸法和碱法为核心的高铝粉煤灰资源化利用技术，自主研制开发了高铝粉煤灰提取氧化铝和冶炼铝硅系列合金的工艺技术路线。同时，研发预脱硅核心技术改进应用到粉煤灰非晶态氧化硅的提取和转化，研发出新型硅酸盐矿物填料用于生产高填料文化用纸，形成了系列的粉煤灰梯级利用技术。

在粉煤灰超细化及高掺量水泥技术与装备方面，研发了多种粉煤灰超细化技术，如工业化规模轮辊磨的设计、开发与装备制造技术，并发展了与之配套的细粉分选装置。

在粉煤灰/煤矸石循环经济-低碳经济集约式发展模式方面，基于工业生态学原理，研究粉煤灰和煤矸石循环与物质代谢的内涵和本质，提出了粉煤灰煤矸石集约化综合利用框架体系，发展了面向过程工业的循环经济理论方法。初步构建典型粉煤灰综合利用循环经济技术集成方法与优化设计服务平台，形成粉煤灰工业园区循环经济发展模式示范。

在煤矸石/污泥等多种含碳废物协同处置新工艺研究方面，基于煤矸石含碳等特点，形成了低热值煤矸石循环流化床发电技术，并形成了多种含碳废物与煤矸石共掺燃烧系列技术包。

在粉煤灰改性高值化技术研究方面，针对粉煤灰的特性，利用粉煤灰的多孔性高比表面积嫁接有机胺合成固态胺 CO_2 吸附材料；通过改良粉煤灰表面合成污水处理材料，处理煤化工污水和城市污水；开发高效率、低能耗的提取方法，从粉煤灰中提取铝金属等高附加值产品与副产品。

（三）农业固体废物

1. 秸秆综合利用技术

我国含有丰富的秸秆资源，年理论资源量为 8 亿多吨，可收集资源量约为 7 亿吨。2010 年，秸秆综合利用率达到 70.6%，利用量约 5 亿吨。国务院在《关于加快推进农作物秸秆综合利用的意见》（国办发［2008］105 号）提出"到 2015 年秸秆综合利用率超过 80%"的目标任务。为了实现这一目标，在"十二五"期间，相关部门发布了《秸秆综合利用技术目录（2014）》和《再生资源综合利用先进适用目录技术目录（第二批，2014）》，秸秆综合利用技术被广泛应用，按秸秆用途分类，可以将秸秆综合利用分为五个重点领域，分别为肥料化利用、饲料化利用、基料化利用、原料化利用和能源化利用。

（1）秸秆肥料化利用　近年来地方政府积极推广秸秆还田，包括秸秆粉碎翻压还田、秸秆覆盖还田和秸秆混埋还田等直接还田方式，以及过腹还田和对沤还田的间接还田方式；开展了还田技术对土壤养分、微生物活动和对农作物产量的影响研究，研究合理的还田方式来促进良好的经济效益，避免一些负面影响。目前我国的秸秆还田率还不到 50%，而欧美国家的秸秆还田率高达 90% 以上[112]，我国仍具有很大的发展空间。其中，重点研究"新型微生物可溶性秸秆腐熟剂研发技术"，研究适宜的高效腐熟菌剂来达到秸秆快速腐熟效果，已在全国 18 个省份进行了试验和推广工作，技术使用性好，被中国环境保护产业协会评为 2012 年国家重点环境保护实用技术。该技术原理是利用可溶性秸秆腐熟剂处理秸秆的生物处理技术，腐熟剂中含有大量活性菌以加速分解秸秆，使营养成分更好地被农作物吸收利用，该技术以秸秆生物发酵替代部分化肥，以拮抗菌代替部分农药[113]。长期秸秆还田以及和化肥联用的研究表明[114]，长期化肥（氮、磷肥）和秸秆结合施用的方式提高了土壤肥力、增加了土壤碳固持；仅秸秆还田提高了作物产量、微生物量、氮和 NO_3^--N 含量，但降低了固定态铵含量并导致了土壤钾消耗。秸秆还田可提高土壤的水分利用率和蓄水能力，促进作物的光合作用使其增产。研究高、中、低 3 个不同秸秆还田量处理的玉米籽粒产量较对照分别提高了 58.3％、36.7％和 5.4％，玉米水分利用效率提高38.5％、31％和 0.9％[115]。不同的秸秆还田措施可以更好地改良土壤结构、提高作物产量。粉碎并氨化秸秆施入土壤后，能显著降低耕层（0～15cm）土壤的体积质量，增加土壤孔隙度，能显著提高冬小麦有效穗数；粉碎并氨化秸秆与无机土壤改良剂（硫酸钙）混合施用措施提高冬小麦产量效果最为显著，2 个生长季秸秆覆盖还田分别增产 11.12％和17.84％，翻压还田分别增产 7.39％和 16.58％[116]。另外，秸秆生物反应堆技术也是一项肥料化利用技术，能够充分利用秸秆资源，有效改善大棚生产的微生态环境，改善农产品品质和提高农产品产量，形成了相应的技术规范。

（2）秸秆饲料化利用　种植或订单采购青贮玉米，有偿收集秸秆，大规模制作全株青贮饲料、氨化秸秆饲料、微贮秸秆饲料，形成商品化秸秆饲料储备和供应能力，为周边大牲畜养殖户（场）提供长期稳定的粗饲料供给。青贮是指在厌氧的条件下，利用微生物的发酵作用，对作青绿作物秸秆等制成的饲料的一种既经济简便又可靠的长期保存方法[117]；微贮是对青贮技术的改进，通过添加微生物发酵菌剂及辅料，以提高青贮的消化率及饲料的适口性和营养[118]；氨化饲料主要是利用氨液或尿素、碳铵的水溶液对秸秆等废物进行氨化处理，改善原料的适口性和营养价值[119]。微贮后的稻草用来喂养公牛，和用普通稻草喂养相比，公牛增重提高了 3.5％，并增加了稻草的适口性[120]。对玉米秸秆进行揉丝微贮，在第六天 pH 下降到 4 以下并稳定在 3.8 左右，整体低于传统青贮，且能有效增加乳酸菌的数量，降低酵母菌的数量，并大大减少霉菌数，提高了青贮质量[121]。用三种不同的饲料配方对架子牛育肥效果进行观察，发现精料＋氨化饲料的增重效果最佳，平均每日增重 2.10 kg，其次是精料＋酒糟，每日增重 1.91kg，精料＋玉米秸秆饲喂的效果最差，平均每日增重为 1.82 kg[122]。对玉米秸秆进行直接颗粒化加工以及玉米秸秆与精饲料混合制粒的饲料均能提高肉牛肥育的利用效率；并对肉品嫩度的改善有积极促进作用[123]。通过上述物理、化学和生物方法处理提高秸秆的适口性和消化率，从而发展节粮型畜牧业，增加牛、羊肉产量。饲料化的成本低廉，但要解决秸秆的存运问题，青贮是一种比较好的秸秆储存方式及处理手段，而通过添加微贮剂可以达到更好的青贮效果和适口性；氨化法成本低且可以和青贮法合用，或是和精饲料合用起到优化效果；颗粒化则能较好地提高饲喂效率，但对秸秆的营养物质没有明显提升。

（3）秸秆基料化利用　食用真菌可以分解基质中的纤维素、半纤维素和木质素，通过分解吸收组合成自身的菌体蛋白，可以利用秸秆作为原料来生产食用菌，食用菌栽培有效地将农业废物转化为人类食用菌的蛋白质类营养物质。农作物秸秆和畜禽粪便是草腐菌生产的主要原材料，以生产双孢蘑菇生产为例：国内双孢蘑菇生产主要以稻草秸秆和牛粪为原料，其中干稻草和干牛粪的投料比约为 1∶1，一般每平方米投料总量为 25～30kg 干料，目前国内双孢蘑菇平均产量为 10～15kg/m²，其生物转化率在 50％～60％，其中子实体的蛋白质含量在 35％～38％。2011 年中国双孢蘑菇产量达到了 246 万吨，按照其生物转化率为50%计算，1年内仅双孢蘑菇生产即可处理秸秆350万吨，并且可以为人类提供优质食用菌蛋白约8.6万吨（以鲜双孢蘑菇中蛋白质含量3.5%计），其相当于瘦肉47.7万吨（以瘦肉中蛋白质含量18%计）[124]。在高效转化利用畜禽粪和秸秆生产食用菌及有机肥技术基础上形成"三废"零排放环保型产业，将秸秆和畜禽粪混合，经过发酵、分解、腐熟制成对双孢蘑菇菌丝独具选择性的优质培养料，以培养优质双孢蘑菇；蘑菇采收后的培养料富含有机质及氮、磷、钾等养分，可进一步加工成优质的有机肥料[125]。实用菌生产产生的大量菌渣可以进一步用作肥料、堆肥原料、饲料添加剂或二次栽培食用菌原料，也可以用作沼料来生产沼气，在环境治理方面作为生态环境修复材料，效果良好。以食用菌产业为纽带，链接种植和养殖业，实现农业废物资源高效循环利用，形成"作物-食用菌""作物-食用菌-畜禽""农作物-食用菌-蚯蚓-作物""工农业副产品-昆虫养殖-食用菌-农作物"和"农作物-食用菌-沼气-有机肥料"等多种循环模式，在农业循环经济中实现原料和能量循环[126]。

（4）秸秆原料化利用　秸秆纤维是一种天然纤维素纤维，生物降解性好，近年来着重研究秸秆来替代木材作用于造纸、生产板材、生产复合材料、制作工艺品、替代粮食生产木糖醇等，多种先进适用技术得到推广，应用前景广阔，资源再利用作用明显。全物理法提取秸秆纤维生产新型建材技术，利用全物理法通过对原材料（农作物秸秆）的清洗、蒸煮、搓丝、压榨、精磨和烘干等工艺，分离出秸秆纤维，利用分离出的秸秆纤维生产屋面、外墙外保温、防水、阻燃装饰等保温新型建材[127]。发酵草禾烃酿造重烃制备轻质燃料油的方法，以生物秸秆等农林剩余物为原料，通过加入双氢转移因子发酵脱氧，将植物内的草禾烃（一种烷基纤维素）与重烃类（如橡胶粉、沥青等）在生物化学酶的催化下反应，制备生物柴油，年利用植物枝叶、农副产品秸秆等10万吨，对改善生态环境、减少污染物排放将起到积极作用[128]。植物秸秆全组分综合利用技术，采用全新蒸煮技术，将植物秸秆中的纤维素、木质素、半纤维素分离，实现综合提取利用，将得到的纤维素加入纤维素酶得到植物纤维和纤维素乙醇，而木质素通过液化处理获得苯酚原料替代品，半纤维素通过液化处理可得到木糖或者糠醛产品[129]；秸秆清洁制浆及其废液资源化利用技术，是由山东泉林纸业有限责任公司开发适用于制浆造纸、有机肥、秸秆资源化利用的一项技术，包括置换蒸煮技术、"高硬度制浆-机械疏解-氧脱木素"技术、木素有机肥创制技术和新式备料技术，将农作物秸秆制浆用于造纸、废液经资源化处理后生产木素有机肥，实现了农作物的资源利用，避免了秸秆焚烧造成的环境污染，废液的循环使用降低了中段水的污染负荷，此外，利用废液制造有机肥，不含有毒有害物质，为农业生产提供了高效有机肥，并解决了制浆黑液的治理难题，环境效益显著，依托该技术，山东泉林纸业有限公司"秸秆清洁制浆及其废液资源化综合利用循环经济技术示范工程"被国家工业和信息化部确定为我国首批23个工业循环经济重大示范工程之一，该技术也荣获2012年度国家技术发明奖二等奖[130~132]。

（5）秸秆能源化利用　秸秆作为一种重要的生物质能，2t秸秆能源化利用热值可替代1t标准煤，推广秸秆能源化利用，可有效减少一次能源消耗。秸秆能源化利用是研究实现秸秆高效率和高价值利用的主要方式，是研究的热点和重点。在"十二五"期间，秸秆能源化利用主要包括秸秆固化成型、秸秆炭化、秸秆沼气生产、秸秆纤维素乙醇生产、秸秆热解气化和秸秆直燃发电等方面。建设秸秆致密成型燃料生产厂，配套高效低排放生物质炉具，实现秸秆清洁能源入户。建设投料棚、致密成型车间、成品库等土建工程，以及秸秆粉碎机、成型机组及配套设备、生物质炉具等设备工程。以自然村或农村社区为建设单元,建设秸秆沼气工程,配套建设输气管网等设施,实现秸秆沼气直供农户,提供生活用能。建设秸秆裂解气化集中供气工程,为农户提供生活用能。建设秸秆炭化工程,生物碳用作优质燃料、土壤改良剂、重金属钝化剂、生物有机肥料及工业原料。加快生物质发电/供热示范建设,完成现有生物质电厂供热改造。表1为秸秆能源化利用先进技术分类。

表 1　秸秆能源化利用先进技术分类[133]

编号	技术名称	技术内容	技术特征及先进适用技术
1	秸秆固化、成型技术	在一定条件下,利用木质素充当黏合剂,将松散细碎的、具有一定粒度的秸秆挤压成型地致密、形状规则的棒状、块状或粒状燃料的过程	秸秆固化成型燃料热值与中质烟煤大体相当,具有点火容易、燃烧高效、烟气污染易于控制、低碳、便于贮运等优点,可为农村居民提供炊事、取暖用能,也可以作为农产品加工业等产业的供热燃料,还可作为工业锅炉、居民小区取暖锅炉和电厂的燃料
2	秸秆炭化、技术	秸秆经晒干或烘干、粉碎后,在制炭设备中,在隔氧或少量通氧的条件下,经过干燥、干馏(热解)、冷却等工序,将秸秆进行高温、亚高温分解,生成炭、木焦油、木醋液和燃气等产品,故又称为"炭气油"联产技术	秸秆机制炭具有杂质少、易燃烧、热值高等特点,可作为高品质的清洁燃料,也可进一步加工生产活性炭。生物炭呈碱性,很好地保留了细胞分室结构,官能团丰富,可制为土壤改良剂或炭基肥料,在酸性土壤和黏重土壤改良、提高化学肥料利用效率、扩充农田碳库方面具有突出效果
3	秸秆沼气生产技术	在严格的厌氧环境和一定的温度、水分、酸碱度等条件下,秸秆经过沼气细菌的厌氧发酵产生沼气的技术。按照使用的规模和形式分为户用秸秆沼气工程和规模化秸秆沼气工程两大类	秸秆沼气是高品位的清洁能源,可用于居民供气,也可为工业锅炉和居民小区锅炉提供燃气。沼气净化提纯成生物天然气,可作为车用燃气或并入城镇天然气管网。目前有不少沼气站在建或已建,但运营率较低,需要进一步改进技术工艺,并做好沼液沼渣的处理问题
4	秸秆纤维素乙醇生产技术	秸秆降解液化是秸秆纤维素乙醇生产的主要工艺过程,以秸秆等纤维素为原料,经过原料预处理、酸水解或酶水解、微生物发酵、乙醇提浓等工艺,最终生成燃料乙醇。秸秆纤维素乙醇生产技术的关键工艺包括原料预处理、水解、发酵和废水处理	秸秆纤维素乙醇生产可直接替代工业乙醇生产所消耗的大量粮食,对国家粮食安全具有重大的战略意义。在中国存在与粮争地的问题,还不能大规模开发种玉米的乙醇生产,且生产乙醇的预处理成本高,目前较难大规模应用
5	秸秆热解气化技术	秸秆热解气化技术是利用气化装置,以氧气(空气、富氧或纯氧)、水蒸气或氢气等作为气化剂,在高温条件下,通过热化学反应,将秸秆部分转化为可燃气的过程。可燃气体主要包括 CO、H_2 和 CH_4	秸秆热解气化产出的气体产品经过净化后,可用于村镇集中供气,也可为工业锅炉和居民小区锅炉提供燃气。热解气化的投资及运营费用较高,且耗能大,并需注意控制温度和进氧量
6	秸秆直燃发电技术	秸秆直燃发电技术主要是以秸秆为燃料,直接燃烧发电。其原理是把秸秆送入特定蒸汽锅炉中,生产蒸汽,驱动蒸汽轮机,带动发电机发电	秸秆直燃发电技术的优势是秸秆消纳量大、环境较为友好。但是秸秆的热值低,结构松散,可固化成型后作为固态燃料投加,或加入其他燃料

在"十二五"期间,一批秸秆能源化利用方式得到大力推崇,工业和信息化部整理罗列了一些秸秆资源能源化利用先进适用技术,以应用于生产,向企业进行了技术推广,包括:秸秆气化高温燃烧工业锅炉应用技术、生物质秸秆压块一体化提炼装备技术和生物质废物致密成型技术[134]、农林废物热化学转化生态炭技术及其自动化成套设备[135]、生物质气发电与热电联供技术及秸秆制炭、气、油规模化联产技术[128]等先进技术。推广秸秆资源能源化利用先进适用技术,对提高秸秆资源能源化利用技术水平,对秸秆资源能源化利用产业具有推进作用。

农作物秸秆废物产量巨大，具有很鲜明的时节性，且密度小存运不便，建立秸秆收储运体系，根据当地种植制度、秸秆利用现状和收集运输半径，因地制宜建设秸秆收集储运站，解决制约秸秆综合利用收储运瓶颈问题。除此之外，需建立更多秸秆综合利用科技支撑工程。依托骨干企业、研究院所和大学等，开展创新平台建设，开展应用研究和系统集成，促进科技成果的产业化，引进消化吸收适合中国国情的国外先进装备和技术，推进先进生物质能综合利用产业化示范。加快建立秸秆综合利用相关产品的行业标准、产品标准、质量检测标准体系，规范生产和应用。

加强秸秆的综合利用是重中之重，尤其秸秆的能源化利用具有较好前景，应研发先进技术并推广应用，真正做到将其变废为宝。接下来的工作着重于秸秆综合利用试点示范建设，大力推广用量大、技术含量和附加值高的秸秆综合利用技术，实施一批重点工程。

2. 农产品加工废物利用技术

农业加工废物是来自农产品加工过程中的废物，包括粮食加工的废物麸皮、豆粕以及酒糟，果蔬加工废物果皮渣、果壳、烂菜叶等。一般处理技术为成分分离提取技术、生物发酵技术和好氧堆肥技术。

在"十二五"期间，超声波浸提法在苹果渣[136]、菠萝皮[137]等提取果胶方面均有了显著提高；邓璀等[138]、范玲等[139]分别用酶-化学法和微波-超声波分离提取了麸皮中的不溶性膳食纤维和酚基木聚糖；超临界流体法方面，黄科林[140]使用近临界水/CO_2非常规介质将蔗渣纤维素制备出高纯度微晶纤维素并以制备的微晶纤维素为原料，在新型绿色溶剂离子液体中一步清洁制备高附加值的纤维素有机酯，同时实现离子液体溶剂的循环利用。整个工艺过程高效、清洁，真正实现了从甘蔗渣纤维素到微晶纤维素再到纤维素酯的全过程绿色转化。

生物发酵技术包括：深层液态发酵、固态发酵和沼气发酵。"十二五"期间，姚子鹏等[141]利用 Lactobacillus bulgaricus1.0205 发酵豆制品加工后的淀粉废水生产 γ-氨基丁酸，并对条件进行优化，对发酵过程进行动态分析。励飞[142]对利用淀粉废水和木薯酒糟发酵制备饲料酵母的工艺进行了研究，酵母数量由初始 $1.12×10^7$/ml 增长达到最大值 $2.26×10^8$/ml，此时还原糖浓度由 28.99g/L 下降至 6.30 g/L，并且趋于平衡，还原糖利用率为 79.95%。固态发酵方面，吴学凤等[143]研究发现通过微生物发酵降解、转化和利用小麦麸皮中的纤维素、蛋白质和淀粉等，可以制备高品质膳食纤维（DF），其中混菌发酵效果优于单一菌种发酵效果，可溶性膳食纤维（SDF）含量达到了 11.74%，提高了 86.94%，所得产品持水力及溶胀性分别为 9.34g/g 和 12.46mL/g，符合高品质膳食纤维指标要求。余海立等[144]以柑橘皮渣为原料，通过超微粉碎技术进行前处理，采用双酶法降解纤维素与微生物发酵法生产高蛋白饲料。沼气发酵是利用液体废物中的高浓度有机物作为基质，在厌氧条件下进行降解，将其转化为具有可燃性的生物气体的发酵技术。"十二五"期间，沼气工程发展迅猛，果蔬加工废物成为沼气发酵的又一重要原料。青岛天人环境股份有限公司建立的即墨移风新农村综合能源站就是一例[145]。该能源站位于山东省青岛市即墨移风店镇上泊村，周边有即墨市高科技农产品示范区，该示范区内建有上千蔬菜大棚，农业生物质资源丰富。综合能源站制沼原料为蔬菜加工废物、人畜粪便、秸秆、有机生活垃圾等有机废物，约 30t/d。沼气能源站厌氧发酵规模总计 $1600m^3$。湖北省联乐集团生产酒精后的木薯渣成为了沼气发酵的原料，"十二五"期间，联乐集团酒精厂的沼气发酵工程日产沼气 4.5 万立方米，是目前湖北省规模最大的沼气工程。

好氧堆肥原料丰富，2012 年 8 月 22 日国家知识产权局公开一件由云南省烟草公司昆明市公司和云南瑞升烟草技术（集团）有限公司共同申请的发明专利：以鲜烟叶的加工废物为主要原料的好氧堆肥法。由堆肥产生的有机肥料，既可以直接投放农田施用，有效地协调大量施用化肥造成的土壤沙化、板结、肥力下降的难题，也可以进一步深加工，制备有机、无机复合肥，缓解耕地缺磷少钾和氮源不足的矛盾，是节能高效的制肥工艺，具有广阔的应用前景。杨鹏等[146]研究果蔬加工废物发现相对于厌氧发酵，好氧堆肥对设备和操作管理的要求有一定程度的降低，与粪便进行混合堆肥明显改善了堆肥品质。杜鹏祥等[147]也发现高温好氧堆肥是最适宜于解决我国蔬菜废物引起的资源浪费和污染问题。果壳、玉米芯、木薯渣等都是"十二五"期间的研究重点。

通过将各种新的技术应用于农产品加工废物的生态循环利用中，实现了资源的综合、高效利用，变废为宝，形成了无污染、零废弃的循环经济模式，获得较高的经济效益、社会效益和生态效益。

3. 畜禽粪污处理技术

我国每年产生畜禽废物 26 亿吨，是世界上畜禽废物产出量最大的国家。国务院颁布的《畜禽规模养殖污染防治条例》（国务院令第 643 号）中明确规定：国家鼓励和支持采取粪肥还田、制取沼气、制造有机肥等方法，对畜禽养殖废物进行综合利用。

我国畜禽废物利用主要有肥料化利用、饲料化利用、基料化利用和能源化利用四个方面。

（1）畜禽废物肥料化利用 畜禽废物肥料化利用有着非常悠久的历史。伴随集约化养殖场的迅猛发展，化肥的大量使用，才使畜禽粪便未能得到有效利用。畜禽废物中畜禽粪便含有大量有机质，以及氮、磷、钾等营养元素，是一种优质的有机肥，畜禽废物肥料化利用的主要方法有堆肥法、快速烘干法、微波法、膨化法、充氧动态发酵法等。畜禽粪便经过良好的堆肥，具有改善土壤结构、提高土壤功能、增加土壤有机质、促进作物生长和增产的效用。

堆肥化处理畜禽粪便技术常用的方法有好氧发酵、厌氧发酵、快速干燥等方法，克服了传统堆肥化处理时间长的缺点。将畜禽粪便集中发酵，达到除臭、灭菌的目的，然后进行干燥、冷却、粉碎至一定的细度，单独造粒制成商品有机肥，或再配入一定量的氮、磷、钾肥，经搅拌或拌和，进挤压造粒机造粒，陈化冷却后即得有机无机复混肥。

（2）畜禽废物饲料化利用 畜禽粪便用作饲料，是畜禽粪便综合利用的重要途径。畜禽粪便含有大量的营养成分，如粗蛋白质、脂肪、钙、磷、维生素 B_{12} 等；但同时又是一种有害物的潜在来源，有害物质包括病原微生物、化学物质、杀虫剂、有毒金属、药物和激素等。所以，畜禽粪便需经过无害化处理后才可用作饲料。主要的处理方法有微波法、高温干燥法、化学法（用福尔马林、乙烯、氢氧化钠）等，将畜禽粪便经过高温高压、热化、灭菌、脱臭等过程制成饲料添加剂。

干燥法是处理鸡粪常用的方法。干燥法处理粪便的效率最高，而且设备简单，投资小，粪便经干燥后可制成高蛋白饲料。这种方法既除臭又能彻底杀灭虫卵，达到卫生防疫和生产商品饲料的要求。干燥法中自然干燥成本较低，节省能源，但缺点是效率低，湿营养成分损失较为严重，而且对环境的污染较为严重。人工干燥可以达到消毒、杀灭细菌、消除臭味的效果，但是养分损失较大，成本较高。

分解法是利用优良品种的蝇、蚯蚓和蜗牛等低等动物分解畜禽废物，达到既提供动物蛋白质又能处理畜禽废物的目的。这种方法比较经济实用，生态效益显著。畜禽废物通过青贮、干燥法和分解法等方法加工处理，提高了其利用价值和贮藏性，可充分利用畜禽废物中的营养物质。此法比较经济、生态效益显著。

（3）畜禽废物基料化利用 畜禽粪便辅以秸秆等农业废物作为基料生产食用菌也是一个重要利用方式。中国是食用菌生产消费大国，食用菌产业的发展空间和潜力巨大。食用菌适于生长在植物残体及其他有机废物上，不仅能使废料化害为利、变废为宝，而且还能建立一个多层次的生态农业系统。它作为主要的链接者，既能循环利用农业废物和净化环境，又能作为产业链推动生态农业的发展[148]。生产食用菌的菌棒可与其他畜禽粪便混合发酵产生沼气，也可堆制成有机肥。

（4）畜禽废物能源化利用 目前，国内外的畜禽废物能源化利用途径最主要的就是沼气处理法。沼气法处理畜禽粪便的原理是利用受控制的厌氧细菌的分解作用，将有机物（碳水化合物、蛋白质和脂肪）经过厌氧消化作用转化为沼气。我国2010年产生的畜禽粪便达22.35亿吨，产沼气潜力为1072.75亿米^3。"十二五"期间，我国集约化、规模化畜禽养殖场发展迅速，而集约化养殖场大多是水冲式清除畜禽粪便的，粪便含水量高。对这种高浓度的有机废水，采用厌氧消化法具有低成本、低能耗、占地少、负荷高等优点，是一种有效处理粪便和资源化利用的技术。

与此同时，通过热解气化畜禽废物生产畜禽粪便炭用作土壤调节剂成为了"十二五"期间的热点研究。热解是处理固体废物较好的工艺之一，原料的适应性强。通过热解可以将生物质组分转变为气体、生物油和炭。针对畜禽废物进行低温慢速热裂解，可制取活性炭产品[149]。畜禽粪便中含有丰富的农作物所必需的氮、磷、钾等养分，因而其制备的生物质炭养分含量高于木屑制备的生物质炭[150]。这些生物质炭浓缩了非挥发的矿物质，如P、K等，因而畜禽粪便炭可以作为替代肥料使用，还可以作为土壤改良剂使用，适当使用可以提高作物的产量。区匡婷[151]分析了添加生物质炭对土壤微生物生物量的影响，结果显示，生物质炭的加入显著增加了土壤微生物的含量。张伟明[152]研究结果表明，土壤中施入生物炭能增加水稻生育前期根系的主根长、根体积和根鲜重，提高水稻根系总吸收面积和活跃吸收面积。未来关于畜禽粪便炭的相关研究应进一步深入到畜禽粪便炭与土壤的相互作用机制，例如，施用后对土壤微生物群落、功能类群、营养要素、温室气体排放、重金属吸附等生物地球化学循环的影响机制等。畜禽废物能源化利用技术见表2。

表2 畜禽废物能源化利用技术

编号	技术名称	技术内容	技术特征及先进适用技术
1	禽畜粪便资源化处理设备及技术	利用集约化养殖场排放的粪水，经简单杂质分离，使用能自体培养的含有光合菌PTB、嗜热性消化细菌的GE菌剂，将粪水在好氧环境中快速高温发酵，12~24h内除臭并杀死有害微生物、寄生虫，生产出高效有机液肥。该液肥可结合滴灌、喷灌及灌水代替化肥，广泛应用于农作物、蔬菜及林木、花卉养殖	粪水浓度：生物需氧量（COD）>35000mg/L，化学需氧量（BOD）>20000mg/L，TS>3%，pH<8。产品检验指标：悬浮固体微粒（SS）：去除率5%；BOD：去除率70%左右；COD：去除率60%左右；大肠杆菌：去除率100%；pH>8.5~9.5。耗电量：220~420kW·h/日；年耗水量：微量。总投资3600万元；经济效益800万元/年；投资回收期4年。 2008年应用于生产，年利用有机废物6万吨，已向16家企业推广。初步解决了传统设备处理不彻底、处理时间长等问题，该液肥具有微生物肥料和有机肥料的双重优点。设备系统具有投资少、占地小、工艺先进、操作简便、易于控制等优点

编号	技术名称	技术内容	技术特征及先进适用技术
2	高效转化利用畜禽粪和秸秆生产食用菌和有机肥技术	该技术可将秸秆和畜禽粪混合,经过发酵、分解、腐熟制成对双孢蘑菇菌丝独具选择性的优质培养料,以培养优质双孢蘑菇。蘑菇采收后的培养料富含有机质及氮、磷、钾等养分,可进一步加工成优质的有机肥料。 主要指标:每生产 1t 鲜品双孢蘑菇,耗电约 600kW·h,标煤约 0.4t,柴油约 20L,水约 3t(不含循环水)。总投资 8200 万元,经济效益 2000 万元/年,投资回收期 4 年	2012 年应用于生产,已向 1 家企业进行了技术推广。年利用秸秆 6 万吨,畜禽粪 10 万吨。高效转化利用畜禽粪、秸秆生产食用菌和有机肥技术为"三废"零排放环保型产业。该项技术拥有发明专利,在国内外均处于先进水平,推广前景较好

（四）城市固体废物

城市固体废物包括生活垃圾、餐厨垃圾、建筑废物、市政污泥、报废汽车、废机电产品、电子废物以及进口可作为原料的固体废物等。"十二五"期间,在上述固体废物综合利用、处置及管理技术领域取得较大的进展,涌现了一大批基础研究及工业化应用技术成果,详述如下。

1. 生活垃圾

（1）生活垃圾卫生填埋技术研究进展　近 5 年来,针对生活垃圾卫生填埋,在填埋场污染控制、生物反应器填埋场研究、存量垃圾治理、填埋场稳定性研究等方面取得了较多的成果。

清华大学等许多研究机构针对填埋场的各类污染及其控制方法展开了一系列的研究。韩冰[153]针对我国生活垃圾填埋产生的一类污染物——非甲烷有机物,开展了释放和迁移转化规律的研究,为其排放总量的评估和削减提供了理论依据。李颖[154]分析了填埋场渗滤液中多溴联苯醚的污染特性及污染现状,并通过源头估算和室内模拟,探讨了渗滤液性质对其浓度、存在形态和浸出的影响,研究成果为生活垃圾填埋场的有机污染物的风险管理提供了理论基础和技术支撑。段振菌[155]针对生活垃圾填埋场作业面的恶臭污染,研究了恶臭物质的释放特征、时间变化和产生来源,结果可为填埋场恶臭污染控制工程提供借鉴。

生物反应器填埋场采用生物反应器技术,利用渗滤液回灌等手段,改善填埋场内部的生化反应环境,从而加快垃圾的降解速率、加速填埋场的稳定化进程。该技术近 20 年来得到发展,国内近 5 年来也对此展开了一系列的研究。刘建国等[156]对生活垃圾生物反应器填埋与资源能源化技术进行了研究,并建立了示范工程。李睿[157]利用自主开发的双参数反馈气-水联合调控系统平台,研究分析了含水率、氧浓度及垃圾初始特性对生物反应过程的影响,筛选出生物反应器填埋场垃圾稳定化进程的表征指标。

由于经济水平低、环保要求不高,我国曾建设了大量的非正规生活垃圾堆放点和不达标生活垃圾处理设施,存在大量存量生活垃圾。根据《"十二五"全国城镇生活垃圾无害化处理设施建设规划》,"十二五"期间,预计实施存量治理项目 1882 个。其中,不达标生活垃圾处理设施改造项目 503 个,卫生填埋场封场项目 802 个,非正规生活垃圾堆放点治理项目 577 个。因此,"十二五"期间,存量垃圾的治理工作也成为研究热点。范晓平等[158]总结了目前存量垃圾治理的主流技术,并通过技术经济性比较,认为原地封场治理应为主要的治理手段；在特殊情况下，可采用原地筛分处置和原地好样处置。

由于垃圾填埋场中填埋体成分复杂，填埋产生的渗滤液和填埋气会产生渗透压力和孔隙压力，导致填埋场结构稳定性的研究十分复杂，需要持续性的投入[159]。王耀商[160]提出了分层综合沉降计算算法，编制了填埋场沉降和容量分析的三维软件，并将其用于上海老港填埋场等工程的稳定性分析，结果表明该方法可以很好地计算填埋场内部沉降，从而指导填埋场内部的管线设计等。R. Fang等[161]在国内某填埋场扩容工程的基础上，对生活垃圾填埋场扩容时的稳定性进行了分析，提出原有垃圾强度和渗滤液水位的控制是稳定性控制中的关键因素。

（2）生活垃圾焚烧处理技术研究进展　我国《"十二五"全国城镇生活垃圾无害化处理设施建设规划》中，鼓励在经济发达地区优先采用焚烧处理技术，焚烧处理设施规模增加21.75万吨/日，焚烧占无害化处理规模的比例从20％提升至35％。大量焚烧设施的建设，离不开焚烧处理技术的深入发展。主要的研究方向包括：烟气、渗滤液、飞灰等污染的控制，焚烧技术和设备自主研发，焚烧设施评价及管理研究等。

《生活垃圾焚烧污染控制标准》（GB 18485—2014，代替GB 18485—2001）[162]修订后，特别对生活垃圾焚烧烟气中污染物的排放控制提出了更高的要求。因此，针对烟气系统的研究也大量展开。郭娟[163]针对光大环保能源（常州）有限公司的烟气处理系统进行了优化，增加了SNCR脱硝和干法脱酸工艺，形成了"半干法＋干法"的组合工艺，排放的烟气可达到欧盟2000标准要求。方熙娟[164]设计采用SNCR＋SCR联合脱硝技术，对南京市江南垃圾焚烧发电厂一期项目烟气进行处理。实际运营结果表明，氮氧化物的排放低于$80mg/Nm^3$，远低于国家相关标准（$250mg/Nm^3$）。脱硝单位处理成本约为11元/t，技术经济可行。郭若军[165]采用"半干法＋干法"组合工艺去除焚烧烟气中的HCl，优化后的HCl可减排60％，并可节约石灰等耗材费用约94万元/年，为生活垃圾焚烧烟气中HCl的控制提供了技术选择。

渗滤液处理也是焚烧厂污染控制的重要环节之一。彭勇[166]分析多个垃圾焚烧设施的渗滤液水质及水量，给出了渗滤液处理工程设计规模的确定方法，提出和优化了"预处理＋复合式厌氧反应器（UBF）＋序批式简写活性污泥法（SBR）＋膜处理"的工艺组合，并在镇江垃圾焚烧发电厂进行了应用，为其他焚烧设施渗滤液处理技术方案的制订提供了借鉴。

在现行工艺条件下，焚烧过程中产生的二噁英90％以上富集于焚烧飞灰中[167]。因此，飞灰处理受到人们的关注。林昌梅[168]分析比较了飞灰处理中常用的水泥固化法、熔融固化法和螯合剂稳定化方法，认为螯合剂稳定化处理飞灰不仅可以达到相关标准要求，处理费用也较低，是较为经济实用的处理方法。尹可清[167]以六氯苯（HCB）为模型污染物，采用低温热处理脱氯技术，研究了焚烧飞灰中副产物类POPs（UPOPs，包括二噁英、多氯联苯和六氯苯）脱氯的主要反应途径和产物的最终归趋，为该技术在飞灰处理中的应用提供了理论基础。

除焚烧处理技术的发展外，随着大量焚烧设施的建设，焚烧设施的综合评价和管理技术也得到了提升。韩娟[169]采用生命周期评价（life cycle assessment，LCA）方法，对三种烟气处理工艺进行了环境影响分析和综合评价，发现一次能源消耗是烟气处理工艺方案的主要环境影响类型，并最终计算得出"半干法＋干法"工艺方案环境影响最小。叶君[170]采用模糊综合评价法，从经济、技术、环境和社会四个方面选择了十二个评价因子，建立了评价模型，可对生活垃圾焚烧发电设施进行综合效益分析，为相关投资决策分析提供了方法。

（3）生活垃圾其他处理技术研究进展　除焚烧和填埋技术外，针对其他生活垃圾处理技术相关的研究也大量进行。其中，热解气化处理技术的研究尤为突出。

王欢等[171]采用外热式回转窑，研究了不同升温速率和转速下生活垃圾中的主要组分热解过程中的传热特性。结果表明，升温速率增加到（32 ± 2）℃/min 时，各种物料在热解段的表观传热系数均有增大，热解总时间缩短。该结果可为回转窑热解反应器的设计提供参考。

陈国艳等[172]采用固定床电加热炉，对生活垃圾典型组分在恒温条件下进行了热解特性研究。结果表明，不同垃圾组分热解气的成分及其析出高峰时间有所不同。纸张、树枝及厨余热解气性质相近；而塑料、橡胶等热解气体成分含量波动较大。在 750℃时，5min 后热解气大部分释放完毕。

潘春鹏[173]利用小型固定床气化实验装置，进行了连续性的生活垃圾空气气化和水蒸气气化实验。同时，采用 CaO 作为催化剂，以减少热解气化过程中焦油的产生。结果表明，水蒸气气氛下热解气的氢气含量和热值高于空气气氛。CaO 对纸类和木竹类生活垃圾有明显的催化效果，对塑胶类生活垃圾则没有明显的影响。

2. 餐厨垃圾

（1）餐厨垃圾厌氧发酵产甲烷技术研究进展　张笑等[174]提出一种新的餐厨垃圾甲烷发酵生物预处理方式——乙醇预发酵，利用乙醇预发酵以缓解干式厌氧发酵中出现的酸化问题，通过实验证明其对提高沼气产量有明显的促进作用。

王权等[175]研究了餐厨垃圾 NaCl 含量对其厌氧消化水解阶段产酸的影响。其研究结果表明，NaCl 对厌氧发酵液中 VFA 浓度影响显著，随 NaCl 含量提高挥发性脂肪酸（VFA）浓度呈下降趋势，当 NaCl 含量达到 12.0g/L 时，VFA 浓度在发酵开始后的第 114 小时达到最大值 4.14g/L，仅为未添加 NaCl 对照条件下的 10.1%。

郭燕锋等[176]考察了在不同有机负荷下常温厌氧发酵产甲烷的特性，研究表明，当有机负荷率控制在 $3.89\sim6.49$ kg/（$m^3\cdot$ d）之间，池容产气率可稳定在 $2.5\sim4.5$ L/（L·d），原料挥发性固体产甲烷率为 $300.59\sim488.52$ L/kg，平均甲烷体积分数为 $54.05\%\sim56.04\%$，挥发性固体物去除率为 $55.12\%\sim89.58\%$，具有良好的产气效果。

张波等[177,178]研究了 pH 对餐厨废物两相厌氧消化水解和酸化过程的影响，结果表明，控制 pH 为 7.0 时，餐厨废物具有更高的水解和酸化率。

任连海等[179]将餐厨垃圾在 100℃下进行了热处理，之后将其在含固率 20%、接种率 25%的条件下进行高温 55℃厌氧发酵，发现热处理后，餐厨垃圾的理化性质发生显著变化，累计产气量、总固体（TS）和挥发性固体（VS）的去除率均增大。

餐厨垃圾厌氧发酵的基础研究还存在广阔的发展空间，其中反应器方面，可以从开发结构简单、操作方便的反应器；寻找最佳反应器运行条件、优化工艺、减少前期投入，缩短回收期等角度进行探索。同时在发酵菌种研究领域可以将厌氧微生物优势菌种经提取、筛选获得优势菌种后，在基因工程水平上对优势菌种进行分析特殊功能基因后改造，使得沼气的产率和甲烷的浓度得以提高。

在工业化应用的角度上，考虑到沼气净化成本应改进餐厨垃圾厌氧消化的经济性能，并且提高沼气中甲烷含量以促进与天然气的联合使用。此外，也应重视餐厨垃圾沼气能源系统设计与规划方面，如建立分布式沼气生产，以避免餐厨垃圾长途运输的成本；设计集中大规模沼气发电厂；由政府完善餐厨垃圾的收集管理制度等。

（2）餐厨垃圾制取乙醇技术研究进展　H. Z. Ma[180]等提出利用乳酸菌对餐厨垃圾的抑菌保存可以在餐厨垃圾制取乙醇时代替灭菌过程，从而降低了能耗。乳酸菌在抑菌保存时会分解餐厨垃圾产生乳酸，通过研究乳酸氧化酶可以将产生的乳酸转化为丙酮酸，然后进行乙醇发酵。使用固定化酶催化5h可以将70%乳酸转换成丙酮酸，而且酶的添加使乙醇产量提高了20%以上。

S. B. Yan[181]等将全细胞酿酒酵母固定化于玉米秸秆，利用餐厨垃圾水解产物制取乙醇。同时为了提高细胞固定化效率，并使用纤维素酶将载体水解进行生物改性。其在固定化细胞反应器连续发酵条件下，当水力停留时间（HRT）达到3.1h时，可得到最大乙醇浓度84.85 g/L，乙醇最高产率0.43μg/g（还原糖），而在水力停留时间为1.55h时，可得到最大乙醇体积产率43.54g/（L·h）。

奚立民等[182]利用筛选出一株同时具有淀粉酶和纤维素酶活性的新霉菌，将其命名为TZY1。TZY1与酿酒酵母进行餐厨垃圾共发酵，在没有外加任何酶类的条件下，发酵后大部分的淀粉及纤维素被利用，发酵乙醇产率与糖化发酵结果大致相等。发酵后经检测，淀粉的利用率在88%以上，纤维素的利用率在84%左右，较之同步糖化发酵，该方法可以部分避免由于酶失活而使乙醇产率降低的问题，并且不需外加糖化酶类，节约了成本。

目前餐厨垃圾发酵制取乙醇的研究尚处在基础研究方面，如在优化工艺条件上，可以筛选耐高温酵母以提高发酵温度，增大发酵速率，缩短发酵时间；在糖化处理后调节餐厨垃圾的pH，确保最适宜啤酒酵母生长繁殖等。通过这些以期得到更高产量的乙醇，从而达到经济、高产的目的。

（3）餐厨垃圾发酵制乳酸技术研究进展　刘建国等[183]采用PCR-DGGE等分析手段，研究了餐厨垃圾乳酸发酵过程中微生物种群的动态变化。结果表明，餐厨垃圾不灭菌而接种的开放式发酵体系中微生物的多样性高于灭菌后接种的非开放式发酵体系，且乳酸产量也是前者高于后者。说明发酵过程中微生物的多样性和乳酸产量有很大的相关性。通过部分条带测序发现，餐厨垃圾开放式发酵体系中除含有接种用的嗜淀粉乳杆菌，还含有很多土著乳酸菌，这些土著菌的存在是促进乳酸发酵的重要因素。

X. Li[184]等在室温下通过控制关键酶的活性实现餐厨垃圾产生光学纯度较高的L-乳酸。导致乳酸产量和纯度低的主要原因有：a. 水解和产L-乳酸过程中较低的酶活；b. 其他酶的加入导致了D-乳酸、乙酸和丙酸的产生。该研究通过补充污泥和间歇式加碱来控制关键酶活性进行餐厨垃圾发酵。结果发现，不仅L-乳酸的光学纯度提高了，产量也提高了2.89倍。机理研究表明，与餐厨垃圾水解相关的关键酶活性以及乳酸产量均得到提高，挥发性脂肪酸相关的关键酶活性和D-乳酸产量均降低或者受到抑制。最后，通过中试连续试验验证了该方法的可行性。

餐厨垃圾发酵制取乳酸的工作还处于刚开展阶段，在高效乳酸菌的选育、发酵方式选择以及发酵液中的乳酸提取与纯化等方面还需要大量的研究工作来丰富和充实，因此全面了解乳酸发酵工艺很有必要，这有助于开发出高效的餐厨垃圾资源化产乳酸技术。

3. 建筑废物

目前我国建筑废物再利用主要包括分拣利用和一般性回填的低级利用，用作建筑物或道路的基础材料的中级利用，以及将建筑废物还原成水泥、沥青，骨料等再利用的高级利用三种模式[185]，其中高级利用主要为建立以"电解"处理建筑废物为主的再生加工厂，规定施工过程中的渣土、混凝土块、沥青混凝土块等建筑废物，必须送往"再生资源化设施"进行处理，目前已形成一系列"高级利用"建筑废物处理技术，但仍有以下缺陷：一是将建筑废物电解生产再生水泥和再生骨料，其处理过程中产生的废灰无法再利用；二是生产成本高，须依靠政府法令强制执行[186]。

大力推行建筑废物资源化是可持续发展战略的必然要求和主流趋势，是解决建筑废物问题最为有效可行的途径。为提高城市建筑垃圾资源化利用率以及提升资源化产物的附加值，需大力发展城市建筑垃圾源头分类与筛分技术，实现装备的国产化及工程示范。在源头实现不同资源化利用方向建筑垃圾的筛分以及清洁建筑垃圾与受污染建筑垃圾的分类收集。同时，应以 3R 为原则，将建筑废物中可再生利用的成分再利用于建设中，使建筑废物变为"绿色产品"，并形成一条"洁净生产"，确保建筑业的可持续发展[187]。

（1）建筑废物分类及管理　赵由才团队[188]通过室内模拟实验研究受污染建筑废物进入环境后污染物的特点与迁移转化规律，为建筑垃圾分类管理提供依据，提出"将受污染建筑与一般建筑废物分类管理，受污染建筑处理后再处置或再利用"。同时，对《建筑废物处理技术规范》进行了修订，《再生砂粉应用技术规程》由上海德滨环保科技有限公司合作编写，于 2013 年上半年被纳入上海市地方标准（节能减排类）制定项目计划，2014年 4 月完成，并已应用于都江堰百万吨级建筑垃圾资源化项目、苏州市建筑材料再生资源利用中心工程、南通市区建筑垃圾资源化利用特许经营项目，以及上饶市建筑垃圾资源化处置项目。

（2）建筑废物污染物的迁移转化及其控制技术　国外发达国家近年来通过建立完善的建筑废物管理法律法规，以及高质建筑材料的使用、建筑废物的源头精细化分类和减量化措施，有效预防和控制了建筑废物的污染。而"十二五"期间，我国对污染性建筑废物的污染控制研究正式起步，2010—2013 期间，还未有污染型建筑废物相关科研工作，在实践上基本上是参照一般建筑废物处置技术方法进行处置和利用，2013 年环保部公益性科研专项"建筑废物处置和资源化污染控制技术研究"，首次研究污染建筑废物的处理处置技术，将极大推动我国建筑废物的源头减量和无害化处置技术及产业的发展。

赵由才课题组以全国范围内不同工业行业受污染建筑废物为研究对象，系统开展了其处理处置技术研究，研究表明，化工、电镀、钢铁厂建筑废物重金属污染严重，在环境中化工、农药企业部分工段存在一定有机污染。污染物可深入建筑废物表面 0～4cm，在酸雨等条件下会对环境造成潜在的污染风险。项目组已经通过便携式 X 射线荧光分析仪的使用，实现了重金属的原位鉴定，同时，发明了一种微波原位去除有机污染车间装置和方法，该发明方法是使用微波发生器向涂有微波吸附涂层的受污染建筑表面发射特定功率的微波，微波吸附涂层在微波作用下急剧升温，对受污染建筑加热，使其中残留的有机污染物在高温条件下挥发分解。空气净化机内放置活性炭纤维过滤网，吸附去除挥发到空气中的有机污染物及其分解产物。人员在监控室内控制系统电源的开关。设备运行时，人员无需在现场，不会对操作人员健康造成危害，此发明目前正在申请专利。此外，还提出了重要的污染物源头削减技术，并提出了一系列消除和控制污染物的方法，包括风力分选分离去除污染物、重金属的浸出、草甘膦洗脱重金属（主要流程见图 1）、石油污染废物的干洗、电解法等，实现了以废治废。

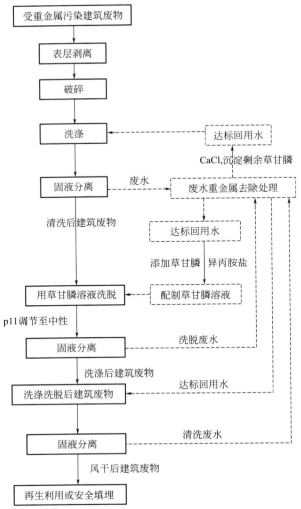

图 1　草甘膦洗脱重金属建筑废物工艺流程示意图

此外，还深入开展了污染物无害化处置研究，包括提出更低毒、高效、原位的污染物固化、去除技术，建立工业企业建筑废物"初勘、取样、鉴别、有害无害组分分离、区别化运输与利用"的管理与技术方法，并提出了可以有效防止污染物侵蚀建筑废物表面的工业墙面、地面用料建议。

（3）建筑废物再生品生产技术及工艺　　"邯郸市'三年大变样'拆迁建筑废物再生骨料对再生混凝土性能的影响研究"课题，在建筑废物再生骨料的抗压强度、抗拉强度、抗折强度、弹性模量、钢筋黏结性能等方面进行了对比试验，指出利用建筑废物可再生骨料替代天然骨料可以配制中等强度混凝土。试验结果表明：强度并非总是随再生骨料掺量的增加而降低，当再生粗骨料掺量为 30% 时最佳。

李海南等[189]研究了不同掺量的粉煤灰对硅酸盐水泥-铝酸盐水泥-硬石膏三元复合体系力学性能的影响。试验结果表明，随着粉煤灰掺量的增加，该三元体系浆体的抗压、抗折强度均减小，但减小的程度不一致，与养护龄期有关。随着养护龄期的延长，砂浆抗压、抗折强度降低幅度减小。这可能是由于在浆体水化后期，粉煤灰的火山灰起了一定的作用。

缪正坤等[190]认为利用建筑废物可作骨料生产保温砌块。采用正交试验方法对建筑废物生产保温砌块的配合比进行试验研究,确定建筑废物保温砌块的最佳配合比,利用有限元分析软件 Ansys 对砌块孔型进行优化,并试生产了以建筑废物、陶粒、粉煤灰、水泥、XPS 板为原材料的复合保温砌块,并对砌块的力学性能和墙体热 T 性能进行了测试。结果表明,建筑废物复合保温砌块强度达到 MU3.5 以上,砌块墙体传热阻达到 1.63(m^2 · K)/W 以上,满足江苏寒冷地区居住建筑外墙传热阻限值的要求。并利用废混凝土、陶粒为粗骨料,复合硅酸盐水泥并掺加粉煤灰、高效减水剂制成的轻质自保温砌块的新型墙体材料,具有轻质、造价低、高耐久性、高耐火性、保温隔热等特点,可有效改善墙体保温性能,满足寒冷地区节能标准的要求。

杨卫国等[185]详细介绍了建筑废物再利用的国内外研究现状,以及邯郸市建筑废物再利用的研究情况,深入探讨了由建筑废物制作的轻质混凝土浇筑保温墙体的施工流程及效果检验,并对研究成果进行了分析。将建筑废物通过技术处理加工,直接用于施工现场建筑构件的施工制作,缩短了建筑废物利用的周期,并创造了良好的经济效益和社会效益。他们提到韩国及我国的一些城市已开始利用建筑废物中的废砖瓦、解体混凝土等作为混凝土骨料、轻骨料生产混凝土普通砖等建筑材料。

赵焕起[191]研究了建筑废物再生骨料干混砂浆力学性能,他们通过研究保水剂与减水剂对再生骨料干混砂浆的性能影响发现,干混砂浆的保水率随着保水剂羧甲基纤维素掺量的增大而逐渐增大,当掺量达到 0.2% 时,保水率可达 97.30%,但保水剂对其力学性能有负面影响,最终确定较佳保水剂掺量为 $0.1\%\sim0.15\%$;萘系高效减水剂,可明显降低再生骨料干混砂浆的用水量,干混砂浆的力学性能随减水剂掺量的增多呈总体增大的趋势,在灰砂比为 $1:3.5$、保水剂掺量为 0.15%、减水剂掺加量为 1.6% 时,干混砂浆试样的 28 天抗折强度可达 7.46 MPa,28 天抗压强度可达 30.41MPa。

总体来看,建筑废物再生产业链的构建取得初步成效,市场化规模进一步扩大,但是再生产品仍然存在附加价值低、产品应用范围局限等问题。

4. 市政污泥

在市政污泥处理处置领域,高效脱水和干化技术、厌氧消化处理技术、热解等物化处理技术、重金属污染控制与治理技术的发展是近年来的热点。

(1) 市政污泥高效脱水和干化技术　污泥的细胞质和胶体结构使其脱水困难,进行焚烧、填埋处理时,存在处理效率低、能耗高、二次污染大等问题[192]。因此,开发高效的脱水技术和干化技术,是突破市政污泥处理处置技术瓶颈的关键。

蒥锐等[193]和邓舟等[194]提出了水热干化技术,建立了污泥水热干化示范工程并稳定运行了 1 年以上。该技术通过水蒸气加热污泥,在一定温度和压力条件下,破坏污泥的细胞和胶体结构,可有效改善污泥的脱水性能。结果表明,处理温度可在 $145\sim180$℃ 范围内,处理时间以 $30\sim60$min 为宜。在 180℃ 条件下水热处理 30min 后,单位固体颗粒的束缚水含量由原来的 3.6g/g 降低至 0.75g/g;市政污泥可通过板框式压滤机直接脱水至 37% 左右,减容率超过 70%。

蒋建国等[195]利用实验室模拟系统,采用锯末和秸秆作为调理剂,对脱水污泥进行生物干化处理。结果表明,调理剂、物料配比和通风方式对生物堆体干化效果有重要影响。采用秸秆作为调理剂、物料初始含水率低于 65%、间歇通风方式下,生物干化条件最佳,物料的平均含水率可下降 8%。

R. Han 等[196]和韩融[197]采用两段式生物-物理干化技术，利用基于生物自产热的短期超高温，结合高强度通风，实现低有机质消耗下的污泥干化过程。在污泥/辅料比为（1.5～2）∶1的条件下，经3～4天短期超高温（＞65℃）处理后，强化通风，4天内污泥含水率可降至30％以下。

王伟云[198]基于间接干燥机理及热压力脱水干燥机理，开发了12t/d的转鼓式压膜污泥干燥示范设备，并进行了连续性运行试验，结果表明污泥含水率可从80％左右下降至60％以下，具有良好的脱水效率。

郭敏辉[199]和于洁[200]采用化学调理的方式，对市政污泥进行处理，并联合热水解强化污泥脱水效果。研究从6组调理剂中筛选出2组效果较优的调理剂，分别为$FeCl_3$＋CaO（30.0mg/g＋150.0mg/g DS）和$FeSO_4 \cdot 7H_2O$＋$Na_2S_2O_8$＋$CaCl_2$（62.5mg/g＋50.0mg/g＋100.0mg/g DS），其药剂成本分别为180.0元/t和338.0元/t DS。中试时，经两种药剂调理的活性污泥板框压滤滤饼含固率分别提高了13.80％和9.38％。将活性污泥经在80℃、212.0mg/g DS $CaCl_2$条件下处理1.0h后，滤饼含固率能够达到37.7％。

（2）市政污泥厌氧消化处理技术　污泥厌氧消化是污水处理厂处理污泥的传统方式，但由于污泥的成分复杂，厌氧消化效率受到限制，实际运行过程中难以到达预期的效果。因此，近年来，有大量研究致力于提升市政污泥厌氧消化效率和稳定性，使用的手段包括对市政污泥进行预处理[201]，或对厌氧消化处理工艺进行提升改进等。

X. Liu 等[202]采用水热技术对市政污泥进行预处理，发现甲烷产量提高了34.8％；同时产甲烷速率提高了1倍。Y. Zhou 等[203]在水热处理的基础上，将市政污泥与餐厨垃圾、果蔬垃圾等进行混合处理，发现在1.5 kg VS/（$m^3 \cdot d$）和3 kg VS/（$m^3 \cdot d$）负荷下，水热处理使得混合垃圾的厌氧消化速率分别提高了134％和57％；同时，水热处理还使得沼渣脱水性能得到提高，沼渣用板框脱水后泥饼含水率从80％左右下降至约60％。

胡凯[204]考察了超声、超声＋碱联合、冻融三种预处理方式对厌氧消化的影响。结果表明，在5％～10％的消化投配率下，超声处理后产气量提高了20.3％～57.9％；冻融初沉污泥及冻融剩余污泥累计产气量分别较原泥提高了56.2％和27.5％。同时，证明相同污泥破解程度下，超声预处理能耗只有冻融预处理能耗的1/3，为优选的污泥预处理技术。

于淑玉[205]在污泥中加入水解酶进行预处理，以提高污泥的厌氧可生化性、缩短消化时间。研究从污泥中筛选得到了4株高效产酶菌株，可产生多种淀粉酶和蛋白酶，用于污泥胞外聚合物和细胞溶出物的水解。采用复配内源酶，在37℃下预处理7h后，厌氧消化产气量最高可提高24.3％。

（3）市政污泥热解处理技术　采用热解技术对市政污泥进行处理，不仅可以彻底实现污泥的无害化处理，还能产生高热值气体、油类等产物，是近年来污泥处理处置的研究热点之一[206]。

方琳[207]和张军[208]采用微波促进污泥的高温热解作用。研究发现，采用微波高温热解，污泥的有机质转化率可较传统热解过程增加10％以上。同时，微波高温热解污泥时，重金属的固定效果优于传统高温热解，Cd、Pb、Zn、Cu的浸出浓度降低了80％以上。同时，微波非热效应可以促进H_2的生成。

刘秀如[209]针对流化床污泥热解技术进行了实验及理论研究，通过搭建完整的鼓泡流化床热解实验台，获得了流化床污泥低温和高温热解产物特性数据，研究结果为污泥热解技术的推广和发展提供了参考。

刘亮[210]、张强[211]、常风民[212]等考虑污泥热解的能量自给不足等问题，采用煤与市政污泥混合进行热解处理，分析了污泥与煤混合热解时的协同作用机制，并研究了挥发性产物的催化裂解机理。

5. 报废汽车、废机电产品

（1）报废汽车拆解与综合利用技术　报废汽车的拆解工艺主要分为分步拆解和整车破碎两种。以零部件再制造为主要目的时，采用分步拆解；以废旧材料资源化利用为主要目的时，采用整车破碎。按照国家规定标准报废的汽车，大量零部件的再制造价值高，我国的汽车拆解厂主要采用分步拆解工艺。报废汽车零部件的可拆解性设计是提高报废汽车拆解效率的有效方式，J. Tian等[213]提出了一种汽车可拆解性设计方案，即减少汽车仪表板上不相容聚合物的使用数量，并说明了在汽车仪表板上使用单一材料的重要性。

目前，对于废轮胎的再利用主要有：轮胎翻新、生产胶粉、生产再生胶、热裂解和热能利用等。其中，我国主要以生产再生胶为主。常用的橡胶脱硫再生技术有物理脱硫、化学脱硫和生物脱硫等。Y. Li等[214]采用氧化亚铁硫杆菌对胎面胶进行微生物脱硫，结果发现轮胎表面的部分交联键断裂，形成了硫氧化物基团。河北瑞威科技有限公司和河北科技大学联合研发了一种常温常压废橡胶连续再生还原新技术，该技术成功突破了动态脱硫罐和常压塑化法的高温（高于200℃）再生工艺，整个工艺过程实现了常温（低于100℃）、常压操作，并且采用自创新型还原助剂和双螺杆固相剪切法，再生过程实现了连续化[215]。

（2）废塑料分选技术　废旧塑料混合物的有效分选是决定其后续再利用效果的关键步骤，分选技术可分为干法和湿法两种，通常认为，湿法比干法更易获得较高的分选精度。光选、电选、风力分选、密度分选、浮选等在废旧塑料分选方面均得到了不同程度的应用，其中浮选法表现出了独特优势[216]。由于很多塑料具有相似的密度和表面疏水性，为了更好地进行分选，国内外学者采用不同的润湿剂或物理改性方法对废塑料表面进行预处理，改善浮选效果。H. Wang等[217]采用单宁酸（LS）和木质素磺酸盐（TA）作为润湿剂，研发了一种溶气浮选方法及装置分选ABS和PS。结果表明，最佳反应条件为：TA浓度25mg/L，LS浓度5mg/L，预处理15min，浮选15min，ABS和PS的回收率分别为97.45%和89.38%，纯度分别为90.12%和97.24%。C. Wang等[218]首次采用氨气预处理结合泡沫浮选法分离PC和ABS，研究发现，氨气处理后PC表面亲水性提高，不同尺寸的PC和ABS粒子都能被有效分离，其纯度均可超过95.31%和95.35%，回收率为99.72%和99.23%。将ABS和PS浸泡在水中煮沸一段时间，也能提高ABS表面亲水性，泡沫浮选结果显示，ABS和PS的纯度均可超过99.78%和95.80%，回收率为95.81%和99.82%[219]。

（3）废有色金属综合利用技术　近年来，我国废有色金属综合利用研发和技术水平明显提高。J. Ruan等[220]对涡流分选技术分选电子废物中的有色金属展开了深入研究，并成功研发了废墨盒和废冷藏柜综合利用生产线，其中，废墨盒综合利用生产线上的钢铁、色粉、铝和塑料的回收率分别可以达到98.4%、95%、97.5%和98.8%[221,222]。周勇[223]也开发了一种环保型工业可编程序控制器控制的废旧有色金属资源化电磁分选专机设备。何静等[224]发明了一种废杂铜火法连续精炼直接生产高纯无氧铜的方法，该方法以废杂铜为原料，通过加热熔化、氧化精炼、还原精炼和精炼剂精炼等步骤，最终可获得含铜量≥99.95％、含氧量＜0.003％的高纯无氧铜；将其拔丝后，所得铜丝电导率在100％IACS以上。张深根等[225]开发了一套以废铝易拉罐为原料，经过破碎、磁选除铁、脱漆、熔炼、成分调整、过滤、铸造工序得到用于生产易拉罐的铝合金的技术。该技术通过低氧分压热脱漆、液下熔炼、在线成分分析和调整、变质处理、过滤铸造，实现了废铝易拉罐无污染保级循环再利用。

6. 电子废物

（1）废电路板综合利用技术　在拆解技术方面，何毅等[226]设计了一种带有通过式连续加热炉的自动拆卸设备，利用带有的夹具传送装置和自动入料装置实现自动入料、自动拆卸、自动出料。张明星等[227]采用工业余热与脉动喷吹法，设计并建立了实验室WPCBs上电子元器件自动拆卸系统，成功实现了电子元器件的低成本、高效率拆卸。向东等[228]确定了不同类型的线路板的加热工艺，针对线路板与元器件的连接方式，建立元器件的拆解加速度、分离位移和拆解能模型，提出面向元器件重用的废线路板拆解工艺，并分别针对以贴片元器件为主的线路板和以插装元器件为主的线路板开发相应的拆解设备。X. Zeng等[229]研究了一种新型的应用水溶性离子液体快速拆解电路板的环境友好方法，并取得了一项发明专利[230]。该方法将废CRT电路板或废主机电路板置于装有水溶性离子液体的油浴装置中，当油浴装置的温度为250℃，叶轮转速45转/min，停留时间为12min时，拆解效果最佳，约有90％的电子元器件被拆除。由于国内人工成本较低，电路板元器件拆卸目前主要以手工拆卸为主，即通过用电烙铁或热风枪加热熔化焊料，并用镊子拆除元器件，自动拆卸等新型拆解技术尚处于研发阶段，未实现工业化应用。

在金属提取方面，机械物理法是我国工业上最为常用的废电路板处理工艺，其所占市场份额远远超过了湿法和火法[231,232]。目前，我国有100多个电子废物处理企业采用机械物理法处理废电路板[233]。传统的机械物理方法一般包括破碎和分选两个主要工艺环节，为防止干法破碎过程中的二次粉尘污染，Z. Tan等[234]研究了一种新型废电路板湿法破碎技术和湿法冲击式破碎机，该项研究结果为PCBs的高效湿法破碎提供了理论依据。湿法冶金是一种传统的电子废物资源化利用技术，目前，对湿法冶金的研究热点是新型浸出液和浸出工艺的选择。J. Yang等[235]将氨浸法和溶剂萃取法相结合，从废电路板中提取铜。F. R. Xiu等[236]提出了一种采用超临界水预处理和酸浸处理结合的方式提取废电路板中的金属。该工艺先将废电路板采用两种不同的超临界水处理工艺（超临界水氧化法和超临界水降解法）进行预处理，再将分离后的固体放入盐酸溶液中浸泡，研究表明，采用超临界水氧化法（SCWO）预处理，在420℃时，废电路板中铜和铅的回收率可达到99.8％和80％；采用超临界水降解法（SCWD），预处理温度为440℃时，Sn、Zn、Cr、Cd和Mn的回收率均可超过90％。P. Zhu等[237]研究发现，将废电路板浸泡在$[EMIM^+]$ $[BF_4^-]$离子液体中，加热离子液体至240℃、30min，废电路板出现分层，当温度升高至260℃，加热10min后，废电路板上的溴化环氧树脂能够完全溶于离子液体中，废电路板上的铜箔和玻璃纤维可完全分离。M. Xing等[238]研究发现，经亚临界水和超临界水处理后，废电路板上的溴化环氧树脂溶解，铜的回收率能够达到98.11％，粒径大于2mm铜的纯度可达96.74％，粒径为0.147～2mm铜的纯度可达92.74％。生物处理方法提取贵重金属具有工艺过程简单、操作简便、二次污染较轻以及设备投资和运营成本低等方面的优势，具有良好的应用前景，但该技术方法浸取周期长，在电子废物的资源化处理方面目前尚无真正意义上的规模化应用，而且生物冶金技术对贵金属的提取具有选择性。Y. Yang等[239]

对废电路板嗜酸性氧化亚铁硫杆菌生物浸出过程中氢离子的消耗量和金属的回收率进行了研究，结果表明，废电路板（质量浓度 15 g/L）经嗜酸性氧化亚铁硫杆菌处理 72h 后，铜、锌和铝的回收率分别可达到 96.8%、83.8% 和 75.4%。G. Liang 等[240]优化了嗜酸氧化硫硫杆菌和嗜酸氧化亚铁硫杆菌混合培养的接种比例，进而实现了废电路板的处理量、铜的浸出率最大化。

在非金属材料的利用方面，我国对废电路板中非金属材料的综合利用研究主要集中在制备木塑复合材料、建筑材料、改性沥青等方面。X. Wang 等[241]研究表明，适量的非金属粉对 PVC 复合板有增韧作用，当非金属粉（平均直径为 0.08mm）添加量为 20% 时，复合板的拉伸强度和弯曲强度可分别达到 22.6 MPa 和 39.83 MPa，是纯 PVC 板的 107.2% 和 123.1%。刘鲁艳等[242]采用注塑法以废旧聚丙烯为基体，废线路板非金属粉为填料制备了复合材料，结果表明，当非金属粉填充量超过 10 phr 后，复合材料具有自熄性。清华大学李金惠等[243,244]对废印刷线路板非金属粉的再利用方法进行了多种尝试，并申请了 2 项专利：一种废印刷线路板非金属粉免烧砖及其制备方法和废印刷线路板非金属粉/ABS 树脂复合及制备方法。废线路板中非金属材料制备复合材料是研究的一种热点技术，但目前提出的各种技术方法普遍存在制品性能难以保证、潜在环境安全问题和成本高等问题，限制了非金属材料制备复合材料利用途径的发展以及其在工业上的应用。目前各种研究也均处于实验室或初步应用阶段，应用于工业化处理的实例在国内还极少。

（2）废锂离子电池处理处置关键技术　在预处理技术方面，与其他电子废物相同，废锂电池需要经过人工或机械拆解和破碎才能进行后续处理[245]。基于锂电池负极结构及其组成材料铜与碳粉的物理特性，周旭等[246]采用锤振破碎、振动筛分与气流分选组合工艺对废锂电池负极组成材料进行分离和提取。S. Zhu 等[247]还发现，经破碎筛分后，废锂电池中的铜大部分集中在粒度约为 0.59mm 的破碎料中，铜的回收率可达 93.1%；粒度为 0.177~0.590mm 的破碎料可通过流化床工艺实现铜与碳粉的有效分离，操作气流速度 1.00 m/s 时，铜的回收率达 92.3%。L. Sun 等[248]研发了一种将真空热解和湿法冶金技术相结合，从废锂电池中提取钴和锂的新型工艺。阴极材料的真空热解实验表明，在 600℃、真空 30min 和 1 kPa 的实验条件下，含 $LiCoO_2$ 和 CoO 的阴极粉末可与铝箔完全分离。利用 N-甲级吡咯烷酮（NMP）溶解[249]等方式进行预处理，促进正负极材料和铜箔、铝箔的分离，也提高了钴、锂的资源化效率。

在二段处理技术方面，对预处理分选后的电极材料进行溶解浸出是整个分离、利用技术的关键。无机酸浸出是工程实践中最常用的浸出方法，盐酸、硫酸和硝酸均可作为浸出剂。近年来，随着酸浸出的研究进展，有机酸也被用来作为废旧电极材料的浸出剂，如柠檬酸[250]、苹果酸[251]和草酸[252]等。有机酸浸出金属时，不会有 Cl_2、SO_3 和 NO_x 等有毒气体产生，而且有机酸易于回收，其废液也较易处理[253]。X. Zhang 等[254]提出了一种基于有机酸的锂离子电池三元正极废料中金属的选择性浸出工艺，该研究采用三氯乙酸和过氧化氢的混合溶液溶解镍钴锰酸锂正极废料中的金属，通过对反应体系和浸出参数的调控可以实现对浸出液中 Al^{3+} 浓度的有效控制，进而采用工业发展成熟的共沉淀法制备铝掺杂的三元正极材料前驱体，实现正极废料中金属的闭环循环。李金惠等[255]发明了一种以草酸为提取液的废锂离子电池处理方法及装置，草酸钴和草酸锂的回收率可超过 99%。水溶性离子液体如［BMIM］BF_4[256]也用作提取液。由于高效率、低成本和环境友好等优点，废锂电池生物浸出技术也逐渐受到国内外学者的关注。X. Zhang 等[257]采用高温固相法直接从锂离子电池三元正极废料中回收并制备镍钴锰酸锂，并对该材料的物理及电化学性能进行了表征，结果表明，制备的镍钴锰酸锂具有与工业制备的材料相当的首次放电容量，但其循环性能有待进一步提高。G. Zeng 等[258,259]和 Z. Niu 等[260]对生物浸出技术进行了深入研究，并发明了一种从废锂电池中提取钴和锂的生物浸出工艺。工艺选用氧化硫硫杆菌和氧化亚铁硫杆菌，加入（NH_4）$_2SO_4$、K_2HPO_4、$MgSO_4 \cdot 7H_2O$、$CaCl_2 \cdot 2H_2O$、$FeSO_4 \cdot 7H_2O$ 和硫黄，钴和锂的浸出率分别能达到 98% 和 72%。

（3）废 CRT 显示器处理处置关键技术　在废 CRT 显示器锥屏分离技术方面，目前，CRT 玻壳锥玻璃和屏玻璃分离的方法有物理法（直接破碎法、热冲击法、熔融法、加热丝法、激光处理，以及切割分离等）和化学法（硝酸、有机酸溶解法等）。卢晨光[261]研发了一种采用高频电磁波热能转换加热切割方式的 CRT 切割工艺和装备。该装备利用高频电磁波，经过特殊夹具，将自冷高频线圈以闭环形式，对感应发热切刀达到最高发热效率，经由柔性、弹性压紧装置，将感应发热切刀紧紧压贴于被切 CRT 之上，经过 500℃ 高温传递，使得 CRT 上被切割线瞬间升温达 165℃，发热夹具退出，冷却气体瞬间送达 CRT 受热线，CRT 在此温差骤变的情况下，沿切割线破裂，实现 CRT 快速切割。由于电加热丝法操作简单，成本低廉，该技术是我国 CRT 玻壳分离的首选方案和设备。近年来，基于电加热丝法，国内开发了多种 CRT 玻壳分离装置及技术[262～265]。荆门市格林美新材料有限公司[266]发明了一种 CRT 显像管锥屏玻璃同步溶解浸泡分离装置，将多个 CRT 显像管放置于溶解池内，并通过喷射管的喷射孔向 CRT 显像管的熔结玻璃的四周喷射溶解液，该溶解液很容易将低熔点的熔结玻璃融化，从而使锥玻璃和屏玻璃分离开。

在废 CRT 玻璃资源化利用技术方面，目前，消纳吸收废 CRT 玻璃最主要的方式仍是用于再生产新 CRT 玻壳。由于废 CRT 屏、锥玻璃表面均含有涂层（荧光粉、碳黑、氧化铁等），在再生产利用之前，必须去除表面涂层才能进一步进行资源化再利用，所以玻璃清洗是其利用的首要环节。李金惠等[267]发明了一种废 CRT 显示器玻璃无害化清洗设备，该设备包括玻璃提料系统、搅拌滚筒、进料口、电机、水循环系统和过滤料箱，整个清洗过程中粉尘全部浸泡在水中，显著降低了空气中的粉尘污染。开展废 CRT 锥玻璃的铅提取技术的基础理论研究对于解决我国废 CRT 锥玻璃的高效综合利用和环境无害化管理具有重要技术支撑作用。姚志通等[268～270]发明了不同的锥玻璃中提取铅的方法（湿法和机械活化法）。

（4）荧光粉资源化利用技术　随着稀土金属储量的不断减少，针对荧光粉资源化提取稀土金属的研究逐渐成为热点。李金惠等[271]发明了一种可用于多种电子废物的机械物理处理方法，该方法利用破碎系统、输送系统、磁选系统、筛分系统、风选系统、除尘系统、电选系统以及废气处理系统对富含金属类电子废物和灯管类电子废物进行机械物理处理，最终使金属和非金属进行有效分离。采用此方法可以实现荧光灯管中的荧光粉和其他物质高效无害化分离。S. G. Zhang 等[272]采用两步酸溶液浸出法从荧光粉中提取稀土元素，Y、Eu、Ce 和 Tb 的浸出率分别可以达到 99.06%、97.38%、98.22% 和 98.15%。Y. Wu 等[273]采用过氧化钠熔盐煅烧工艺对荧光粉进行处理，研究发现，当实验条件为 650℃，反应 50min，过氧化钠和荧光粉的比例为 1.5：1 时，稀土金属回收率可超过 99.9%。

7. 进口可作为原料的固体废物

胡华龙等人承担完成的财政部、科技部环保公益性科研项目"废物国际循环中的环境风险与管理模式研究（2011467036）"提出了进口废物源头风险防范技术[274,275]、进口废物分级分类管理技术指标[276~278]、废物进口可行性评估技术方法[279]、进口废物管理目录制修订原则及典型种类进口废物环境保护管理规定[280,281]；完成了典型进口废物圈区管理园区建设运行管理模式及废塑料圈区管理可行性研究[282]、废物进口综合管理技术[283~287]，完成了危险废物出口管理战略研究[288]、含稀土类废物出口管理战略研究[289~291]等。

（五）获奖成果

2010—2014 年，固废领域环境保护科学技术取得积极进展，获得的国家及环保部奖励的项目主要有以下几个。

（1）危险废物污染防治体系建设、关键技术研究与示范项目获得 2014 年环境保护科学技术二等奖，由环境保护部固体废物与化学品管理技术中心和北京金隅红树林环保技术有限责任公司等单位的胡华龙、任立明等人完成。"十二五"危险废物污染防治体系建设，推动了危险废物行业污染防治水平。危险废物污染防治公用技术平台的建设，为摸清家底、提升产废和利用处置单位危险废物污染防治水平和突发环境应急提供技术支持。水泥窑协同处置技术示范攻克了水泥窑协同处置危险废物和生活垃圾焚烧飞灰的关键技术，形成了一整套可复制可推广的工艺技术和装备。

（2）医废高温焚烧系统关键技术研究和示范工程项目获得 2012 年环境保护科学技术二等奖，由上海市固体废物处置中心等单位的邹庐泉等人完成。项目建成的 72t/d 医疗废物处置示范工程是国内首条通过欧盟 2000 标准验收的医疗废物专用焚烧炉，是国内首条医疗废物焚烧余热利用发电焚烧线，发明了医疗废物可调节恒流量进料系统、医疗废物和危险废物防玻璃结渣技术，工程的二噁英净化效率高达 99.9%，HCl 去除效率稳定高达 99.9%以上。

（3）在工业固体废物方面，由中国科学院过程工程研究所等单位完成的"工业钒铬废渣与含重金属氨氮废水资源化关键技术和应用"荣获 2013 年度国家技术发明奖二等奖。该项目的主要技术创新与发明点为：①针对钒铬化学性质相近、有效分离技术缺乏的现状，研发出钒铬高效绿色分离的萃取新体系，解决了中间层防控的理论与技术瓶颈，国内外首次实现了钒铬深度分离的关键性技术突破；②针对热敏、易乳化的富钒有机相，研发出一种半连续的反萃工艺与设备，实现钒铬萃取/反萃长期稳定生产运行；③针对高盐含重金属氨氮废水处理，研发出药剂强化热解络合精馏技术和抗结垢-高操作弹性塔内件，实现99%以上的氨和重金属循环利用，大幅度提高废水中氨氮脱除率，降低能耗，确保废水稳定达标，建成国际领先的 NH_3-N 废水处理平台；④建立了处理钒铬废渣的"无卤钠化焙烧-钒铬萃取分离-废水强化精馏脱氨与零排放"清洁工艺与集成系统，形成具有完全自主知识产权的钒铬废渣高值化清洁利用与含重金属氨氮废水资源化、无害化工艺包，完成万吨级钒铬废渣处理产业化新工程设计。

（4）在农业废物领域，"稻米深加工高效转化与副产物综合利用项目"和"有机固体废弃物资源化与能源化综合利用系列技术及应用项目"获得 2011 年国家科学技术进步二等奖；"农林剩余物多途径热解气化联产炭材料关键技术开发项目"和"农业废弃物成型燃料清洁生产技术与整套设备项目"获得 2013 年国家科学技术进步二等奖。

（5）"畜禽粪污生态处理成套技术研发及产业化应用项目"获得 2014 年环境保护科学

技术二等奖，由北京农学院等单位的刘克锋等人完成。该项目在对畜禽粪污资源化处理基础研究上，针对畜禽粪污生态处理发明并升级改造了养殖场环境全面清洁的成套设备，养殖场的固态、液态粪污和臭气得到生态治理，实现了养殖场低碳减排和可持续发展；发明了利用高温堆肥降解类固醇激素、兽药抗生素和钝化重金属的污染物控制技术，研发了针对不同类型粪污的生物发酵菌剂及配套堆肥工艺，菌剂、工艺与发明的系列设备相互匹配，提高了粪污处理效率；利用成套技术研发了利用不同类型粪污生产安全优质有机肥、园艺栽培基质和有机营养土的工艺14个，开辟了粪污资源化深度利用的新途径。

（6）生活垃圾分质资源化与二次污染控制技术、装备项目获得2013年环境保护科学技术一等奖，由中国环境科学研究院等单位的席北斗等人完成。成果依托国家"973"、"863"、科技支撑计划等课题，深入分析生活垃圾污染特征及资源化潜力，从生活垃圾处理处置系统性、整体性、全过程出发，针对生活垃圾分质收运-机械分选、生物强化资源化处理、二次污染控制、工程系统集成与管理优化四个关键环节开展技术攻关，提出生活垃圾分质资源化与二次污染控制技术、装备，系统解决我国生活垃圾处理处置重要环节相割裂，关键技术、装备、标准滞后，资源化产品品质差，二次污染控制难，管理水平低的问题。

（7）固体废弃物立式旋转热解气化焚烧技术与装置的研发及产业化应用项目获得2013年环境保护科学技术二等奖，由浙江泰来环保科技有限公司的刘玉山等人完成。本项目通过垃圾先热解气化、后富氧燃烧的二段式焚烧处理方式，无需任何辅助燃料，具有"热效率高、一燃室温度高、热灼减率低、飞灰排放量小、二噁英排放浓度低"等技术优势，为解决我国垃圾焚烧项目建设费用高、二次污染严重的难题，提供了新的思路与方法，是目前国内外最具发展潜力的新一代中、小规模垃圾焚烧处理技术，属国内首创，并于2012年获得国家首届"环境友好型技术产品"的称号。

（8）城镇污泥处理处置关键技术创新、装备产业化及区域解决方案示范项目获得2013年环境保护科学技术二等奖，由清华大学等单位的王凯军等人完成。课题组在多项国家课题和地方课题的支持下，自2008年开始，首先从污泥处理处置技术政策和技术路线顶层设计开始，根据污泥处理处置技术路线，选择国内急需的污泥干化热解处理重大装备、温室气体减排的污泥厌氧消化关键技术和解决区域性环境污染问题的污泥加钙干化建材利用等主流技术开展开发研究工作，对各种技术适用性、工艺条件控制、关键装备的创新及国产化、区域性污泥处理处置技术路线等各个方面进行了实践和探索，形成了十余个典型的示范工程。

三、固体废物利用处置管理技术研究进展

（一）标准规范

"十二五"期间，针对固体废物利用处置，发布实施了《固体废物处理处置工程技术导则》（HJ 2035—2013）、《水泥窑协同处置固体废物污染控制标准》（GB 30485—2013）、《水泥窑协同处置固体废物环境保护技术规范》（HJ 662—2013）等标准规范；针对生活垃圾处理处置，发布实施了《生活垃圾焚烧污染控制标准》（GB 18485—2014）；针对餐厨垃圾，发布实施了《餐厨垃圾处理技术规范》（CJJ 184—2012）、《餐饮业餐厨废弃物处理与

利用设备》(GB/T 28739—2012)、《生活垃圾堆肥厂评价标准》(CJJ/T 172—2011)、《餐厨垃圾车》(QC/T 935—2013) 等标准规范;针对市政污泥,发布实施了《污泥堆肥翻堆曝气发酵仓》(JB/T 11245—2012)、《链条式翻堆机》(JB/T 11247—2012)、《城镇污水处理厂污泥焚烧炉》(JB/T 11825—2014)、《城镇污水处理厂污泥焚烧处理工程技术规范》(JB/T 11826—2014)、《污泥深度脱水设备》(JB/T 11824—2014)、《污水处理厂鼓式螺压污泥浓缩设备》(JB/T 11832—2014) 等标准规范;针对危险废物,发布实施了、《废矿物油回收利用污染控制技术规范》(HJ 607—2011)、《铬渣干法解毒处理处置工程技术规范》(HJ 2017—2012)、《危险废物收集贮存运输技术规范》(HJ 2025—2012)、《含多氯联苯废物焚烧处置工程技术规范》(HJ 2037—2013)、《危险废物处置工程技术导则》(HJ 2042—2014);针对固体废物监测,发布实施了《固体废物挥发性有机物的测定　顶空/气相色谱质谱法》(HJ 643—2013)、《固体废物　六价铬的测定　碱消解火焰原子吸收分光光度法》(HJ 687—2014)、《固体废物　汞、砷、硒、铋、锑的测定　微波消解　原子荧光法》(HJ 702—2014)、《固体废物　酚类化合物的测定　气相色谱法》(HJ 711—2014)、《固体废物　总磷的测定　偏钼酸铵分光光度法》(HJ 712—2014)、《固体废物　挥发性卤代烃的测定　吹扫捕集气相色谱质谱法》(HJ 713—2014)、《固体废物　挥发性卤代烃的测定　顶空/气相色谱质谱法》(HJ 714—2014)。

(二) 科技规划

2011 年,环境保护部印发《国家环境保护"十二五"科技发展规划》,明确以固体废物污染防治为重点领域,研发一批科技含量高、应用前景广、具有核心竞争力的固体废物污染控制与处理处置关键技术,提升我国固体废物污染控制科技水平;主要任务有固体废物源头减量和再生利用技术研究,固体废物无害化、稳定化处理技术研究,危险废物污染控制与管理技术研究。

2012 年,科技部、发展改革委、工业和信息化部、环境保护部、住房城乡建设部、商业部、中国科学院等联合印发了《废物资源化科技工程"十二五"专项规划》(以下简称"规划")。《规划》提出"十二五"期间,重点选择再生资源、工业固废、垃圾与污泥等量大面广和污染严重的废物,以废物资源化全过程清洁控制为基本前提,加强废物循环利用理论研究,大力推进废物资源化全过程污染控制技术研发,发展废物预处理专用技术,加快废物资源化利用技术研发,形成 100 项左右重大核心技术,开发 100 项左右市场前景好、附加值高的废物资源化产品。选择特色鲜明的城市 (区域),推进 100 项左右示范工程建设;统筹技术研发、创新基地、创新团队、中介服务、公共平台等建设,完善技术标准规范与产品认证体系,健全有利于废物资源化技术研发、成果转化和产业发展的创新环境,加快先进适用技术的推广普及,提高科技进步对废物资源化的贡献。

四、　国内外固体废物利用与处置新兴热点问题及趋势分析

(一) 危险废物

发达国家对固体废物及其处理处置技术进行了深入研究,通过文献计量方法,研究了

国外不同固体废物处理处置技术的发展规律。危险废物一直都是研究的热点，在 2006 年后所占的比例最高，并且呈现出上升的趋势，表明危险废物受到了高度关注，如图 2 所示。社会源废物，主要是电子废物，是另外一个国内外学者比较关注的领域，发文比例保持较高的水平，但略有下降。值得关注的是农村固体废物的发文比例在 2000 年后大幅上升。一般工业固体废物虽不是研究的热点，但略呈上升的趋势，表明对一般工业固废的关注正逐步增加。生活垃圾和其他固体废物的研究热度略有下降。

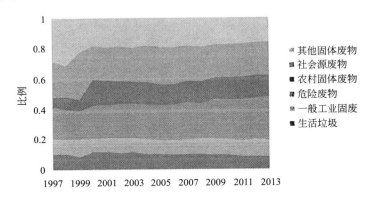

图 2 国外不同废物研究重点分布规律

在危险废物领域，采用文献计量方法，利用中国知网专利数据库、Web of Science 中国科学引文数据库、Web of Science SCI Expanded 数据库分别进行搜索，获得国内外近十几年来危险废物处理处置与资源化利用相关的论文发表情况。采用搜索的关键词主要有：危险废物 〔hazardous waste（s），industrial hazardous wastes（s），包括有机类危险废物：spent organic solvent，waste organic solvent，waste oil，used oil，distillation residue（s），dye waste（s），coating waste（s），waste organic resin；含重金属类：electroplating sludge（s），municipal solid waste incineration fly ash，MSWI fly ash，chromium slag，chromium residue，waste contain chromium，waste contain Cr，waste contain copper，waste contain Cu，waste contain zinc，waste contain Zn，waste contain cadmium，waste contain Cd，waste contain arsenic，waste contain As，waste contain Hg，waste contain mercury，waste contain Pb，waste contain lead，waste contain Ni，waste contain nickel，asbestos waste（s），smelting waste（s），smelting slag，smelting residue；医疗废物 〔medical waste（s），medical garbage，waste pharmaceutical，waste medicine〕。

可以看出危险废物中，有机类和重金属类危险废物是各国研究的重点，并且在近些年备受重视。其中有机类危险废物的综合利用技术主要大力发展提纯回用技术。而重金属类的危险废物主要是开发建材利用技术，固化稳定化的处理技术呈现下降趋势，如图 3～图 5 所示。总体而言，危险废物的综合利用越来越受重视，不断有新的综合利用技术被开发和应用。值得注意的是，以美国为代表的国外危险废物管理体系较完善的国家对危险废物的环境风险控制技术开展了大量、完善的研究工作，集中体现在危险废物豁免技术的研究上。

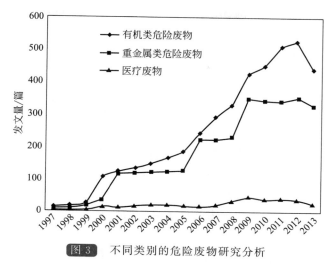

图 3　不同类别的危险废物研究分析

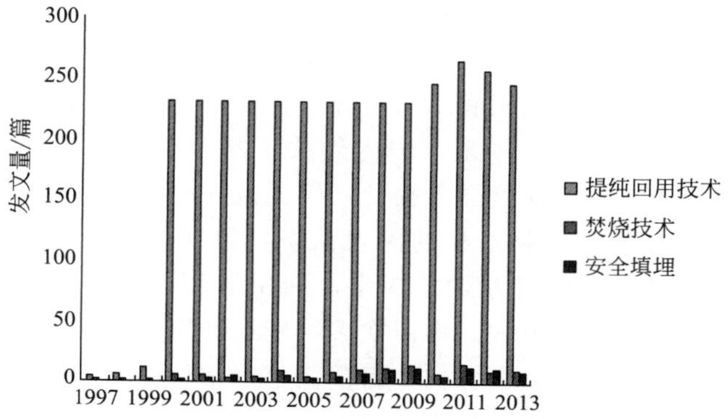

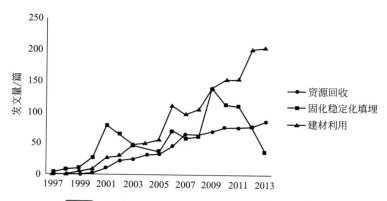

图 4　有机类危险废物处理处置技术研究分析

图 5　重金属类危险废物处理处置技术研究分析

（二）工业固体废物

在矿业固废处置利用领域，发达国家基本实现矿业固废的安全处理处置与环境风险全过程控制，主要矿产资源品位较高，清洁生产技术已经得到较大范围的应用，矿业固废总体排放量低，已经形成建工建材利用为主的有效消纳方式，近期逐步从减量化、低值化利用向高值化资源梯级提取与协同利用方式转变。例如，含多金属矿业固废排放量巨大，常规建材建工利用无法实现大规模经济消纳，通过高价值金属组分低温/加压等强化浸出，选择性分离及协同提取利用。如粉煤灰原来做建材，现在高铝粉煤灰可以制备氧化铝、活性炭、硅酸钙等产品。

从论文方面来看，世界固废资源化利用主要国家在尾矿利用方面的 SCI 的论文数最大。尾矿利用方面，美国、德国、日本的发文量及篇均被引次数较高，表明其研究水平较高，而国内研究水平相对较低。煤基固废方面，中国、美国、印度有大量的研究，但篇均被引次数以西班牙、澳大利亚最多。钙基固废方面，以美国发文量和篇均被引次数最多，表明美国在该方面的研究水平较高，中国在这方面的研究相对薄弱。冶金渣方面的 SCI 文献中国发文量最多，而篇均引用次数不高，美国在这方面进行了深入研究。因此，可以看出，在固废资源化利用技术方面，国内开展了大量的研究，但是研究水平普遍不高，与世界发达国家相比还有一定的差距。

"十二五"期间我国矿业固废与综合利用技术发展快，主要有色金属综合利用技术已达到或接近世界先进水平，部分技术和装备已处于世界领先水平，但整体水平，与国际先进水平仍有一定差距，先进技术与落后产能并存，自主创新能力不足，部分大型关键装备技术依然依赖进口，在资源综合利用和二次资源循化利用技术上差距较大。

在粉煤灰利用研究领域，近些年来，国内外关于粉煤灰的利用研究呈现迅速递增趋势，相关论文数量快速增加，关注度显著提升。研究范围涉及粉煤灰的诸多方面，主要表现在以下方面：首先是对于粉煤灰本身的深入认识，包括粉煤灰的化学成分、基本矿物相、元素迁移；其次是粉煤灰利用方式的探索，利用的领域不断拓宽，已经成为研究热点。通过开发粉煤灰不同的利用方式，多层次多级别地利用，增加其环境效益、经济附加值，同时兼顾其处理能力是重要发展方向。目前而言，常见的利用方式有地质聚合物、超细粉煤灰、泡沫陶瓷、保温材料等。特别指出的是，粉煤灰可以用于水泥行业，由于水泥行业强大的处理能力，因而相关的研究也已成为热点之一。最后是关于粉煤灰不同利用方式的基本原理、粉煤灰利用过程中基本物理化学变化规律的研究，包括质量传递、能量利用，是合理利用粉煤灰、高效利用粉煤灰的重要理论支撑。

就时间维度而言，从 2005 年到 2010 年，关于粉煤灰的研究国内外呈现递增的趋势。例如，国内文章数从 2005 年的 4373 篇增长到 2014 年的 6050 篇，而同期 SCI 文章数从 440 篇增长到 2418 篇。发表文章数的增加意味着科研投入的增多，表明该领域越来越受到科技领域和工业领域的关注。另外，如图 6 和图 7 所示，使用粉煤灰作为水泥行业的原料具有天然优势。具体而言，粉煤灰的主要成分是二氧化硅和三氧化二铝，这与水泥原料非常类似，因而可以作为水泥工业的原料。另外，考虑到水泥每年的生产量以及需求量，应用粉煤灰作为水泥工业的原料具有广阔的前景。就文章数目而言，2015 年关于粉煤灰利用在水泥行业的调研中，中国 CNKI 文章数量是 SCI 文章数量的两倍多，由此可见其受关注程度。另外，关于水泥行业的 SCI 论文数量呈现爆炸式增长，原因在于两点：一是更多的中国研究受到国际关注，发表在国际期刊上；二是国外也有关于粉煤灰用于水泥行业的研究以及应用需求。除去粉煤灰用于水泥行业的研究之外，其他领域的研究也呈现更为明显的增强趋势。关于地质聚合物、超细粉煤灰、泡沫陶瓷以及硅铝提取的研究也呈现增长趋势，共同构成粉煤灰研究的热点。

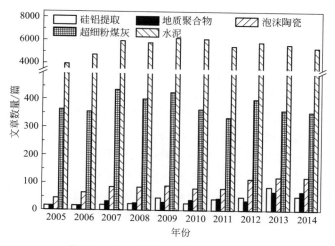

图 6　国内粉煤灰综合利用文章情况

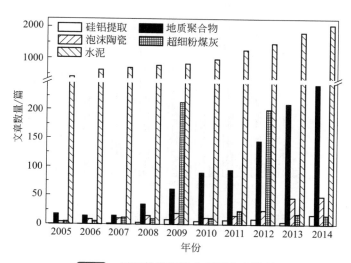

图 7　国际粉煤灰综合利用文章情况

首先是硅铝提取的研究从小到大，从无到有，逐渐增长，特别是在国内更是如此。由于富含二氧化硅以及三氧化二铝，因而粉煤灰成为硅铝提取的现实与潜在的原料。其次是关于超细粉煤灰的研究，一直以来占据研究热点的位置，特别是在国内更是如此。具体而言，超细粉煤灰因其具有很小的粒度，极大的比表面积，因而具有独特的表面性质。超细粉煤灰可以作为水泥原料，同时因其具有很好的表面性质而可以作为其他用途。再次是泡沫陶瓷的研究和开发。泡沫陶瓷因其优良的性能，近期成为国内的研究热点，利用大宗工业固废粉煤灰生产高附加值的产品成为新的研究热点，国内文章数量翻了两番。值得注意的是，关于粉煤灰利用另外一个热门领域是地质聚合物，特别是在国外更是如此。其 SCI 论文数量从 2005 年的 17 篇增长为 2014 年的 246 篇，剧烈增长的论文数量背后是其广阔的应用前景，在国内其研究也有望成为新的增长点。所有这些方法的开发以至于走向工业应用都离不开基本原理的揭示，因而相关的理论工作需要国内外同行共同探讨。

在煤矸石利用研究领域，煤矸石是与煤伴生的岩石，是在煤炭开采和洗选加工过程中被分离出来的固体废物。随着社会的发展，煤矸石已成为我国积存量和年产量最大、占用堆积场地最多的一种工业废物。目前，大量的煤矸石被堆弃而未被利用，带来了严重的社会问题、经济问题和环境问题，且违背了中国的可持续发展观。与粉煤灰类似，煤矸石中同样含有大量的 Al_2O_3、SiO_2 以及其他可以利用的矿物成分，因此在资源匮乏的当代，煤矸石又是一种可以开发利用的资源。近几年来，国内外对煤矸石做了大量的研究并取得了一定的成就。图8和图9表明了近几年来国内外对煤矸石的研究及发表论文的状况，可以看出近几年对煤矸石的研究逐年增加。据统计，2012年煤炭产量超过亿吨的前10个国家分别是中国、美国、印度、澳大利亚、印度尼西亚、俄罗斯、南非、德国、波兰和哈萨克斯坦，占全球煤炭总产量的近90%，而中国的煤炭产量占到全球产量的46.4%，同时有近40%的煤矸石产生于我国。因此，从中可以看出中国对煤矸石的研究要远超其他国家。国外对煤矸石的研究量较少可能是基于两种因素：其一，这些国家本身的煤矸石产量较小；其二，煤矸石在这些发达国家的研究以及处置方法已经较为成熟。

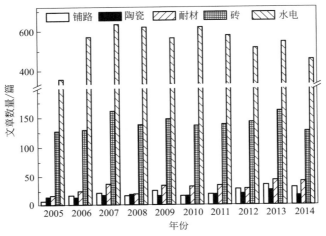

图8　中国在煤矸石利用方面发表文章情况

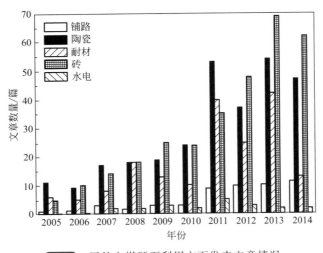

图9　国外在煤矸石利用方面发表文章情况

（三）农业固体废物

在秸秆利用研究领域，近年来，国内外关于农作物秸秆利用的研究呈现迅速递增的趋势，相关的论文数量迅速增加，受到广泛关注。利用 SCI 数据库，就"秸秆"进行搜索，获得的近 10 年秸秆相关文献发表情况如图 10 所示。从空间维度而言，各个国家对于秸秆的研究呈现不同的态势，总体呈上升趋势。就研究总量而言，目前关于秸秆利用研究热点靠前的国家有：中国、美国、印度、巴西、日本、德国、加拿大和西班牙。排前几名的这几个国家有共同的特点：①国家总人口和国家面积在世界排名靠前的几个国家，需要种植大量的粮食及其他经济作物来满足众多人口的需求，因农作物的大量种植，产生了大量的农作物秸秆，为了解决这一问题，这几个国家对秸秆利用投入了大量的研究；②像日本、德国和西拔牙等发达国家，国土面积小，通过大力发展生物质等可再生资源的研究，加强秸秆能源利用研究来缓和资源紧张的形势。另外，从科研增长趋势上来看，我国从 2005年以来增长最为迅速，2010 年以后，科研产出的文献数量超过美国，为世界最多的国家，这主要与国家对秸秆综合利用的重视息息相关，我国面临严峻的资源和环境问题，要求提高秸秆的综合利用率；而其他国家基本是持续稳定发展中。

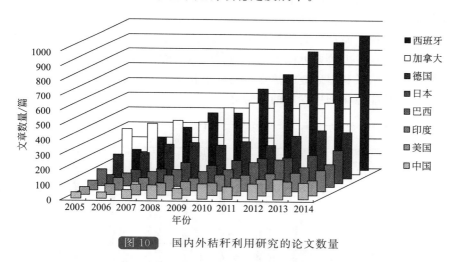

图 10　国内外秸秆利用研究的论文数量

利用 SCI 数据库和中国知网数据库，就"秸秆"相关的文献数量和国内专利数进行搜索，发表情况如图 11 所示。各个国家发表的 SCI 论文总数增长快速，从 2005 年的 2600多篇增长到 2014 年的 12000 多篇，而中国在 SCI 发表的论文数从 2005 年的 129 篇到 2014年的 920 篇，增长快速，这意味着各个国家对秸秆利用的重视，大力增加科研投入，表明该领域越来越受到科技领域和工业领域的关注。我国重视秸秆资源化利用研究，从中国知网数据库搜索到关于秸秆研究的论文数量在近 10 年内持续稳定增加。随着秸秆综合利用技术水平的不断提升、秸秆综合利用中的关键技术瓶颈的攻关，有大量论文和专利产出，尤其是专利数，在近 10 年内剧增，从 2005 年的 129 篇专利快速增长到 2014 年的 1355篇，增长速度很快。通过文献检索分析，在秸秆综合利用方面，文献主要研究热点依次是秸秆的肥料化、能源化和饲料化，专利的研究热点主要集中在能源化和饲料化。

秸秆能源化利用一直是秸秆综合利用的热点和重点，在过去几年里，秸秆能源化利用发生了质的变化，从农民低效燃烧发展到秸秆固化成型、秸秆炭化、秸秆直燃发电、秸秆

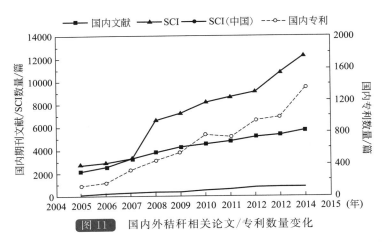

图 11 国内外秸秆相关论文/专利数量变化

生产乙醇、秸秆产沼气及秸秆热解气化等高效利用方式，是未来的发展方向。从图 12 可以看出，各种秸秆能源化利用研究论文的发表数量在近 10 年内呈持续增加的趋势，其中，沼气生产技术发展最快，在近几年里发表的相关论文数量最多；其次是生产乙醇技术和热解气化技术，两者每年论文数量持平，稳定发展；秸秆炭化技术研究在近年内处高速发展阶段，论文数量从 2005 年的 5 篇增长到 2014 年的 137 篇，是近期研究的热点；秸秆固化成型技术机理较为简单，而秸秆直燃发电技术较成熟，两者皆有所发展，相较其他技术，论文发表数量较少。从发表数量可以得出，秸秆厌氧发酵、秸秆热解气化和秸秆产乙醇可以得到清洁能源，是秸秆利用研究的热点，秸秆炭化生成的机制炭和生物炭具有良好的应用前景，是未来秸秆能源化利用发展的趋势之一。

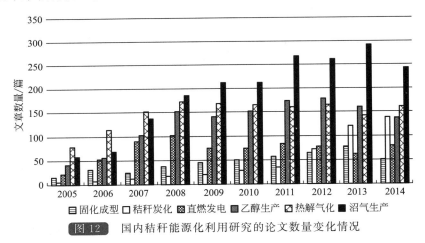

图 12 国内秸秆能源化利用研究的论文数量变化情况

专利是衡量创新能力的重要标志，可以体现一个行业优势技术领域的发展趋势。在中国知网数据库就各种秸秆能源化利用相关的专利进行搜索，数量如图 13 所示。在近 10 年内，各种秸秆能源化利用技术相关的数量呈逐渐增加的态势。秸秆热解气化有关专利数量在 2007—2010 年内快速增加，在"十二五"期间持续稳定发展；在近年内秸秆沼气生产技术是研究的热点，专利数从 2005 年的 4 篇发展到 2011 年的 112 篇，之后都保持稳定专利数量的产出；秸秆炭化技术是"十二五"期间秸秆能源化利用研究的新热点，专利数增加快速，从 2010 年 35 篇增到 2013 年的 99 篇；秸秆纤维素生产乙醇技术是目前秸秆能源化利用的高新技术之一，相关专利数量逐年增加，是近几年的研究热点，在 2014 年内，专利数量产出多于其他技术；其他技术发展趋势与论文数变化情况类似，处于稳定发展中。从秸秆能源化利用相关的论文和专利数量可以看出，两者的发展态势基本相同，最受关注的是秸秆沼气生产技术、秸秆热解气化技术和秸秆产乙醇技术，而秸秆炭化技术发展迅速，是未来研究的热点和方向。未来的研究应集中在两个方面：一是应该继续加大秸秆能源化利用方式的开发以及相关机理的基础研究，解决理论问题；二是推广秸秆能源化利用技术到工程化应用，解决实际问题。

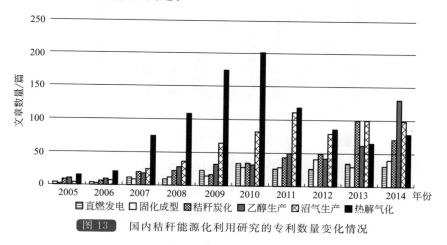

图 13　国内秸秆能源化利用研究的专利数量变化情况

通过中国知网数据库、Web of Science 数据库等分别进行搜索，获得 2005 年至 2014 年来国内外农产品加工废物利用相关论文发表情况。国内外关于农业加工废物利用的研究呈现迅速递增的趋势，相关的论文数量迅速增加，关注度迅速提升。研究的范围涉及关于农产品加工废物的很多种类，其中研究最多的几个种类如图 14 和图 15 所示。

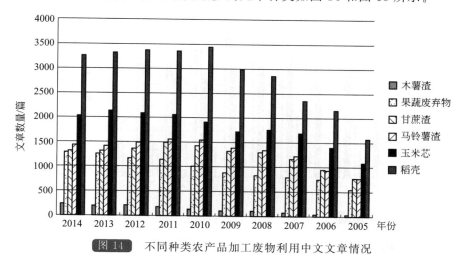

图 14　不同种类农产品加工废物利用中文文章情况

如图 14 所示，近年来，随着对农产品加工废物和其高附加值越来越重视，相关文献数量逐年上升，其中传统的农业加工废物稻壳、玉米芯等仍是研究的重点，其中稻壳种类的文章数量自 2010 年以来，每年都在 3000 篇以上，这也与我国稻壳产生数量有很大关系。果蔬废物、甘蔗渣、马铃薯渣由于其高附加值和高利用率同样成为研究的热点，近几年文章数量均在 1000 篇以上。图 15 中不同种类农产品加工废物利用英文文章情况，甘蔗渣作为新兴的生物质资源，成为了研究热点和重点，其余种类英文文章数量也在逐步上升，每种种类的 2014 年文章数量都达到了 2005 年的 5 倍以上。

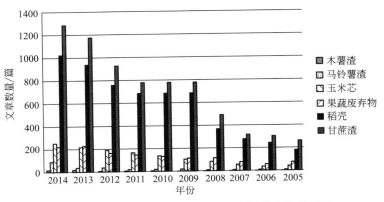

图 15　不同种类农产品加工废物利用英文文章情况

图 16 和图 17 分别为农产品加工废物不同利用技术中文和英文文章情况，可以看出不论从国内还是国际方面，生物发酵方式仍是重点解决农产品加工废物的方式之一。"十二五"以来，中文文章方面，发酵领域的文章数量是其他三种处理方式的总和，英文文章方面，发酵领域的文章数量也同样占据领先地位。分离提取农产品加工废物中的再利用物质也逐年成为国内外研究重点，中文文章 2005 年为 130 篇，到 2014 年已达到 944 篇。堆肥和热解技术文章数量也在逐年上升，均为生物质利用的重要方式途径，中文文章数量 2014年与 2005 年对比，分别增长了 2 倍和 3 倍，英文文章也增长迅速。

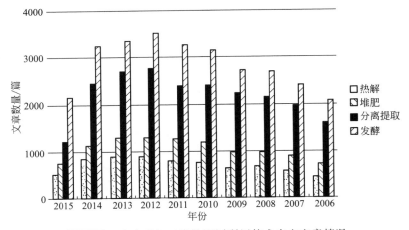

图 16　农产品加工废物不同利用技术中文文章情况

在畜禽粪污处理研究领域，自"十二五"计划以来，国际关于畜禽粪污处理的研究趋势逐年上升，关注度迅速提升。通过文献搜索发现，畜禽粪污污染分析和影响因素分析在国内论文见刊量较多，国外研究主要集中在技术研究和专利研究方面。国内文章见刊量远远高于其他国家研究，这反映了我国畜禽污染的严重性和广泛性，以及在过去的实践中并未对其进行有效处理。

在畜禽粪污处理领域，以中文主题"畜禽粪污"和英文主题"Livestock and poultry manure"为关键词，利用中国知网数据库、中国知网专利数据库、Web of Science SCI

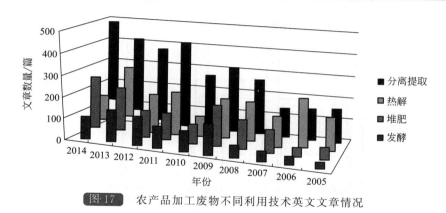

图:17 农产品加工废物不同利用技术英文文章情况

Expanded 数据库分别进行搜索，获得国内外近 15 年来畜禽粪污相关专利申请和论文发表情况，如图 18 所示。可以看出，"十二五"期间，国内外畜禽粪污处理相关研究总体呈上升趋势。就国内而言，关于畜禽粪污的研究文章从 2000 年的 53 篇增长到 2015 年的 1963 篇，发文量增加高达 36 倍，可见国内畜禽污染对环境的影响之广。而同期 SCI 收录专利数也从 2 篇增长到 81 篇。

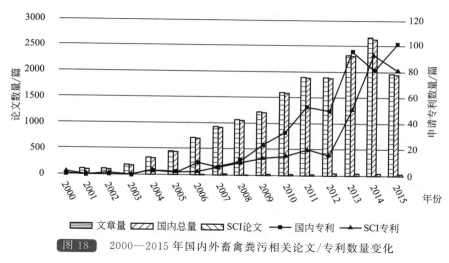

图 18 2000—2015 年国内外畜禽粪污相关论文/专利数量变化

利用中国知网硕博士学位论文全文数据库，搜索 2000—2015 年间摘要中含有"畜禽粪污"或含"畜禽粪便"一词精确配比的硕博士论文。结果发现，相关硕博士论文共有 589 篇，其中博士论文 87 篇。综合分析后得出主要研究方向为：资源化处理计 28 篇，包括堆肥化技术、热解技术及其影响因素研究等；畜禽粪污污染影响计 22 篇，包括粪污中成分含量测定、元素在污染降解过程中的转化途径、风险评价等；政府政策及财政分析计 10 篇；以地域污染分析计 20 篇；另外还有其他综合类文章计 7 篇。

"十二五"期间，在粪污综合利用方面，文献主要研究热点集中在粪污肥料化和饲料化，如图 19 所示。可见，发酵处理远远高于其他处理方法。

通过对发酵技术进一步搜索后发现，进入"十二五"计划以来，越来越多的研究人员将粪污处理发酵技术集中在厌氧研究中，并在 2013 年达到近五年内的研究顶峰，如图 20 所示。与好氧发酵相比，厌氧发酵不仅可以节约能耗，而且通过不同的手段，发酵产物更加多元化，依产物可将厌氧发酵具体分为产氢发酵、产乙酸发酵、产沼气发酵等不同类型。

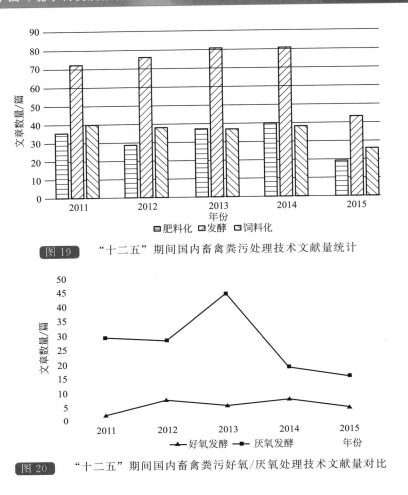

图 19 "十二五"期间国内畜禽粪污处理技术文献量统计

图 20 "十二五"期间国内畜禽粪污好氧/厌氧处理技术文献量对比

（四）城市固体废物

利用CNKI期刊数据库，搜索2005—2014年间与生活垃圾相关的论文，结果见图21。可以看出，生活垃圾相关的论文数量基本呈稳定增长的态势。具体分析各种技术可知，填埋和焚烧作为主流处理处置技术，论文数量一直占有较高的比重，且均保持了一定的增长趋势。

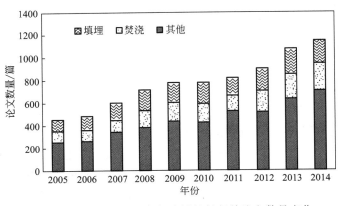

图 21 2005—2014 年间生活垃圾相关论文数量变化

"其他"类的论文中，包括堆肥、厌氧、热解气化等处理技术，还包括农村垃圾、垃圾分类等相关论文。特别值得一提的是，近年来，农村生活垃圾的处理处置受到了越来越多的关注，论文数量显著增加（图22）。

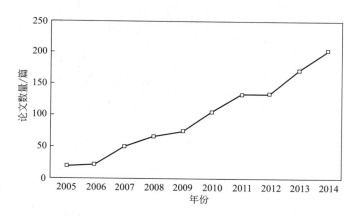

图 22　2005—2014 年间农村生活垃圾相关论文数量变化

进一步，利用中国知网中国博士学位论文全文数据库，搜索 2010—2014 年（由于并没有明显的年限变化，仅考虑近5年的结果）间，摘要中含有"生活垃圾"一词的博士论文，对相关研究内容进行深入分析。结果发现，相关博士论文共有82篇，包括2010年23篇、2011年20篇、2012年11篇、2013年18篇、2014年10篇。其中，浙江大学13篇、重庆大学8篇、华中科技大学6篇、西南交通大学5篇、华南理工大学4篇，相关单位还包括哈尔滨工业大学、清华大学、大连理工大学等。利用博士论文的搜索结果，针对处理处置方式进行分析，得出主要的研究方向包括填埋、焚烧，还包括热解气化等第三代处理技术。上述博士论文中，与填埋相关的有20篇，分析主要研究方向，可知近5年来，主要的研究方向集中在：①填埋场稳定性的研究；②填埋渗滤液处理及其污染控制；③生物反应器填埋场的研究；④非正规填埋场的治理。

"十二五"以来，受国家相关政策和规划的支持，焚烧技术得以迅速发展。上述博士论文中，与焚烧相关的有17篇，其中主要的研究方向包括：①二噁英及重金属的产生控制及处理研究；②尾气处理研究；③焚烧方式优化及焚烧炉腐蚀研究；④生活垃圾与危险废物等的协同处理等。

热解气化可以有效地实现二噁英和重金属的减排，因此，近年来国内外对此展开了许多研究。上述博士论文中，有5篇与热解气化有关，主要是针对我国生活垃圾特性进行的相关研究。

利用 CNKI 期刊数据库，搜索 2005—2014 年间市政污泥相关的论文，结果见图23。

分析可知，污泥的脱水、干化是研究的重点之一。由于我国污泥产量巨大，若能有效提高污泥脱水效率，增加泥饼含固率，可有效减少污泥处理处置成本、减少二次污染。

在污泥处理处置技术中，最受关注的是厌氧消化，其次为焚烧、堆肥和填埋。可见，尽管目前我国大部分污泥为高效脱水后填埋处置，但由于污泥蕴含了丰富的生物质能，科研领域对厌氧消化、焚烧、堆肥等能源化和资源化技术更感兴趣。在"十三五"及未来的发展中，相关技术应有更广阔的应用空间。

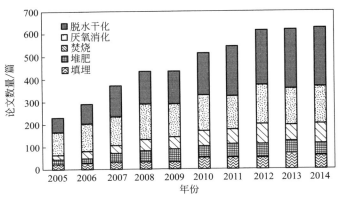

图 23　　2005—2014 年间市政污泥相关论文数量变化

　　特别是污泥的重金属污染问题是相关研究中的一个重点，图 24 为近 10 年来市政污泥处理及其中与重金属相关的论文数量变化。10 年来，重金属相关论文数量变化与整体趋势一致，始终占论文总量的 10％左右。可见，重金属污染及其控制始终是市政污泥处理处置中的一个重要问题。

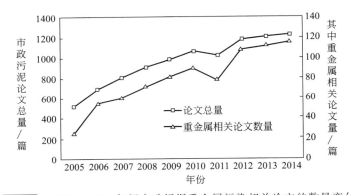

图 24　　2005—2014 年间市政污泥重金属污染相关论文的数量变化

五、发展趋势展望

（一）固体废物基础理论与方法研究

1. 固体废物风险源识别方法研究

　　在固体废物污染特性、利用与处置特性及其污染控制大数据平台研究的基础上，建立以不同处置方式（暴露方式）下的固体废物中污染物的释放评价方法及其参数；建立固体废物不同利用方式下特征污染物的暴露模式及其相应的暴露量评价方法；构建固体废物风险源识别方法体系。

2. 固体废物污染控制大数据平台研究

　　建立以工艺类型分类为基础的固体废物产生情况基础数据库；在此基础上建立固体废物特征污染物基础数据库；对各类固体废物的环境暴露、特征污染物的环境化学行为与归趋展开研究，并建立各特征污染物环境风险评估基础数据库。建立固体废物中特征污染物在不同处置利用方式中二次污染物排放数据库。

（二）危险废物污染防治

在危险废物方面，危险废物污染控制的手段已从传统技术方法向大力发展交叉学科促进科技技术创新转变，污染防治技术的研究重点也从末端治理向全过程防控转变。研究热点向危险废物的资源化利用技术及其产品环境风险控制等方面转变。"十二五"期间，我国危险废物利用与处置技术取得了显著提升，但仍存在较大的挑战，急需从以下几个方面进行加强。

1. 危险废物污染特性与处置特性研究

对我国危险废物产生情况进行全面调查，摸清危险废物的类别和提出产生系数。建立以工艺类型分类为基础的危险废物产生情况基础数据库；分门别类开展危险废物污染特性调查，识别各类危险废物特征污染物，获得特征污染物组成信息，在此基础上建立危险废物特征污染物基础数据库；对各类危险废物的环境暴露、特征污染物的归趋展开调查，并建立各特征污染物环境风险评估基础数据库。

2. 危险废物利用处置设施许可评估技术研究

根据我国现有的危险废物相关法律法规和标准规范，研究提出危险废物经营设施（企业）许可的评估技术指南和评估模型，以及自处置设施的许可制度技术建议，建立危险废物处置设施许可评估技术体系，进一步规范全国危险废物利用处置设施。

3. 危险废物综合利用产品有害物质限量标准研究

以典型危险废物为研究对象，开展其综合利用产品环境风险评估技术研究；建立危险废物综合利用产品风险评估模型；提出典型危险废物综合利用产品有害物质限量标准。

4. 危险废物资源化利用和无害化处置技术

重点开展含砷废渣、含铬废渣、含汞废物、含铅废物、含铜废物中有价金属提取技术研究，建立相关关键工艺技术参数和设备。研究重金属类废物的固化/稳定化技术，包括水泥窑协同处置技术、水泥固化技术、沥青固化技术、钙基材料固化技术等，研究不同含汞废物的最佳可行的处理处置措施与最佳污染控制技术。研发化工残渣、抗生素菌渣等有机废物的无害化处置与资源化利用技术。开展焚烧飞灰等POPs固体废物低温固相催化解毒技术、建材利用技术、建材利用环境风险控制技术研究等。

5. 重点风险源环境风险控制技术

重点研发危险废物贮存和填埋场地渗漏检测和防渗膜修补技术，突破高精度数据采集装置、场外移动式快速探测技术和设备、防渗层渗漏修补关键技术；开展危险废物利用处置设施许可评估技术研究，规范、提高危险废物利用处置设施水平，促进危险废物资源化利用和无害化处置。

6. 加强危险废物处理处置和综合利用风险控制技术

开展危险废物建材化、能源化利用过程及其产品中污染物的迁移转化规律，识别环境风险，并据此开展风险控制技术研究。

开展危险废物水泥窑协同处置的关键设备与技术研究；研究飞灰等重金属类废物包膜钝化处理等固化稳定化技术；对生活污泥处理处置技术、POPs类废物非焚烧处理处置技术开展系统研究。

针对我国大规模建设的危险废物填埋场的安全性问题，实现危险废物填埋场渗漏检测技术集成；开展危险废物鉴别及仪器分析技术和样品制备技术手段的应用研究，研制与危险废物鉴别分析方法相配套的实验设备；研发危险废物污染场地的污染探测技术与设备；开展危险废物污染场地鉴别、治理、应急预警和风险评价技术研究。

7. 新兴危险废物的处理处置技术研究

开展 POPs 固体废物低温固相催化解毒技术、POPs 固体废物建材利用技术、POPs 固体废物建材利用环境风险控制技术研究等 POPs 处置利用技术。开展含汞废物再利用和资源化处置技术研究，建立相关关键工艺技术参数；研究含汞废物的固化/稳定化技术，研究不同含汞废物的最佳可行的处理处置措施与最佳污染控制技术。突破新型电子废物中有价金属综合利用及二次污染控制技术。继续加强畜禽粪便类 EDS 废物的饲料化、燃料化和肥料化瓶颈技术研究和环境安全评估技术。

（三）工业固体废物

在工业固体废物方面，重点推进尾矿有价金属组分高效分离提取和利用，生产高附加值大宗建筑材料、充填，无害化农用和用于生态环境修复，以及尾矿综合利用。继续加强钢渣自解及稳定化技术、低能耗破碎磁选技术、钢渣微粉和钢铁渣复合微粉应用技术研发，发展钢铁渣在路面基层材料、采矿充填胶凝材料及建筑材料中的应用。继续发展先进、节能、无污染的有色冶炼渣综合利用工艺，生产消纳渣量大、附加值高的产品，重点开发铬渣以及含砷、含汞和含镉渣的无害化利用与处置新技术，以及铅锌渣、钛渣的综合利用成套技术与装备，实现有色冶炼渣清洁化高值综合利用。继续探索重金属工业废渣污染场地的固化稳定化、移动式淋洗处置等技术和示范性应用，建立大宗工业固体废物产生、综合利用及堆存状况等数据信息收集渠道和公共信息平台，加强数据监测分析，发布年度报告，逐步实现信息发布制度化。

在大宗工业固体废物利用方面，首先需要加强基础研究，从本质上看，大宗工业固体废物是采用传统工艺、利用传统技术、生产传统产品等不能经济、有效处置与生产加工的一类工业固体产物，因此，大宗工业固废利用的根本出路在于创新。然而，创新只有通过深入的基础研究以及通过对原始工艺、产品进行革命性的变化才能实现，迫切需要增加共性基础研究；其次，需要加强各种固体废物以及固体废物与天然原料以及工业原料间的耦合利用，通过耦合研发出系列高附加值且经济、环境效益显著的新产品；此外，要重视大宗工业固体废物在建筑材料等领域的规模化消纳新技术研发，从而大幅度提高大宗工业固体废物的利用率；最后，需要强化大宗工业固体废物利用过程以及产品的环境控制，重视环境监测以及产品质量标准的建立。

（四）农业固体废物

当前，我国农业污染已全面超过工业污染，尤其是养殖业畜禽粪便及秸秆露地燃烧对水体与大气的污染最为严重，而解决这一问题最有效的途径就是通过生物质能的开发实现有机污染物的无害化和资源化利用。

现代生物质能的发展方向是高效清洁利用，将生物质转换为优质能源。"十三五"期间，农业固体废物的发展着重于提高综合利用率，突破产业化瓶颈。

提高秸秆综合利用水平的关键是明确秸秆利用的主导方式。秸秆循环利用的"五料化"途径显著提升了秸秆的利用率，但五种途径发展并不均衡，一些途径存在明显的问题，阻碍了秸秆利用率的进一步提升。要加快制定农作物收获留茬标准，降低违规焚烧的可能性。同时还需提高秸秆综合利用附加值，突破秸秆生物燃气、秸秆乙醇、秸秆多糖单糖、秸秆淀粉生产等深层次技术障碍。开展关键和共性技术研发，对技术进行集成配套，加大机械设备开发力度。

突破产业化瓶颈。原料保障能力是决定产业规模的主要因素，原料收储难度大，是制约产业规模发展的关键因素之一。生物质能源产业发展必须建立从原料收集、储藏、预处理到能源规模化生产、配送和应用的整个产业链的技术体系和产业模式。做好产业培育，结合我国目前发展情况，重点培育气化合成生物燃油、糖平台转化生物油品以及生物天然气三项产业化技术与装备的系统集成。

（五）城市固体废物

1. 生活垃圾

"十二五"期间，与生活垃圾处理处置相关的一些法律、标准和规范发生了变化，对生活垃圾的处理处置提出了更为严格和具体的要求。生活垃圾处理处置设施的建设得到了快速发展，相关处理处置技术的研究也进一步深入。但是，由于我国生活垃圾管理和无害化处理处置的历程较短，许多问题仍待解决。

（1）农村生活垃圾处理处置设施的建设尚需加快　近年来，城镇生活垃圾处理处置设施的建设得以快速发展，而随着城乡一体化进程的推进和农村地区生活垃圾收运系统的建设，农村生活垃圾的处理处置也将成为研究热点。

（2）生活垃圾处理处置设施的运营管理能力仍需提升　我国生活垃圾处理处置设施的建设时间尚短，许多设施在短时间内被大量建设，而针对这些设施，尚缺乏规范化和标准化的运营、评价和监管方法体系。为此，相关的管理技术研究应尽快进行。另外，已建设或运营的非正规设施（如非正规填埋场）也需进行整治，相关整治技术的研究也亟须深入。

（3）生活垃圾污染控制与管理技术研究有待深入　生活垃圾转运及处理处置过程中产生的渗滤液、重金属、二噁英、尾气等污染物，对环境和人类健康造成了重大威胁。针对这些污染的产生机理、控制方法、削减技术等，应展开一系列的基础理论研究。

（4）生活垃圾源头分类及资源化利用体系建设有待加强　与发达国家相比，我国生活垃圾的源头分类工作主要由拾荒者进行，缺乏规范化的分类体系。这会造成生活垃圾的后续处理处置的不便。2014年，住房城乡建设部、国家发展和改革委员会、财政部、环境保护部和商务部决定在垃圾分类试点工作的基础上，组织开展生活垃圾分类示范城市（区）工作。建立适应我国国情的、切实有效的生活垃圾源头分类体系仍需要大量的投入。与此相应，我国生活垃圾资源化利用的技术标准体系也仍需完善。

2. 市政污泥

2013年，我国城市污水处理率为89.21%；而作为污水处理的产物，市政污泥的管理仍十分薄弱。"十二五"期间，多起市政污泥污染及处置不当的事件被曝光。虽然，在2012年印发的《"十二五"全国城镇污水处理及再生利用设施建设规划》中，计划在2015年直辖市、省会城市和计划单列市的污泥无害化处理处置率达到80%，其他设市城市达到70%，县城及重点镇达到30%；但目前看来，这一目标很难实现。对此，提出以下发展趋势展望和建议。

（1）加强污泥监管　目前，我国污泥产生量是依据污水处理率推算得出，缺乏直接统计数据。同时，对污泥排放、处理处置情况等也缺乏有效的监管，导致污泥偷排事件屡屡发生。加强污泥监管应成为后续相关工作的重中之重。

（2）加大污水处理厂配套污泥处理处置设施的建设　根据我国目前污水厂污泥处理设施建设现状，我国污水处理设施的建设亟须加快。同时，已建成设施的运营水平也仍待提高。

（3）推广市政污泥能源化和资源化利用技术　目前，我国市政污泥处理处置技术以深度脱水后填埋处置为主，无法将其蕴含的生物质能源再利用。污泥焚烧、污泥制建筑材料、污泥燃料化（制燃油、沼气、氢气等）、污泥制取吸附剂等能源化和资源化利用技术大有可为。

3. 报废汽车、废机电产品

"十二五"期间，我国资源综合利用技术取得了显著的提升，但是，与发达国家相比，部分废物的综合利用技术仍有较大的提升空间。同时，我国资源综合利用行业仍存在资源化效率不高、深度资源化能力不足、资源综合利用体系不完善等问题。未来我国报废汽车、废机电产品等城市矿产发展的重点方向包括：①开展报废汽车高效和无害化综合利用技术研究，包括可拆解性、可回收性设计；开发由可循环使用的材料制作的零部件及工艺；研制报废汽车绿色拆解生产线，重点研制废液安全处理设备和技术等。②推进汽车零部件和机电产品再制造试点工作，促进我国再制造行业的健康运行。③研发再生资源综合利用技术：开展废旧橡胶制品和废旧轮胎的综合利用技术研究，开发废旧塑料无水化、无溶剂化及全自动分选技术及装备等。④推动互联网＋在城市矿山开发利用中的应用，依托物联网等信息技术，建立和完善我国城市矿产等资源收集体系，提高我国资源综合利用效率。

4. 电子废物

近年来，我国针对废电路板、废锂离子电池、废CRT显示器和废荧光粉等电子废物的处理处置技术和设备开展了大量的研究，并取得了一定的成果，但与发达国家电子废物处理处置技术和装备发展现状相比，仍存在较大差距。"十三五"期间，我国电子废物处理处置学科应针对目前技术研发中存在的问题，研发适合我国国情的大型废旧家电低成本破碎与高效分选一体化成套装备、小型废旧电子产品的贵重金属和稀有物质高效清洁分离与提取技术、非金属材料高值化的再生利用及其污染控制技术，并建立一定规模的示范工程，初步形成适合我国国情的电子废物综合利用技术体系，全面推进我国电子废物高效综合利用和处理处置技术进步和产业发展。

此外，2015年发布的《废弃电器电子产品处理目录（2014版）》在旧目录"四机一脑"的基础之上新增了9类电器电子产品——吸油烟机、电热水器、燃气热水器、打印机、复印机、传真机、监视器、手机和电话单机。新版目录将自2016年3月1日起实施，旧版目录同时废止。由于新纳入目录管理产品的处理资质将重新设定，因此，"十三五"乃至未来更长一段时间内有必要将这几类电子废物的处理处置技术和污染防治技术也纳入研究重点。

（六）固体废物环境管理支撑技术

1. 固体废物分级分类环境管理技术体系

研究固体废物分级分类管理方法，建立危险废物豁免管理、优先管理的创新管理制度，从有毒有害化学物质的角度研究危险废物的鉴别及分类。

2. 危险废物综合利用环境管理技术体系

以我国主要大宗工业危险废物为研究对象，开展其资源化过程物质转化规律、污染控制技术研究；构建大宗工业危险废物资源化过程环境安全评价和风险管理方法，提出环境污染控制标准和相关的经济、技术政策。

（七）国际与区域科技合作计划

以提高产业化装备设计制造和技术装备集成能力，拓展自主研发产品海外市场为主要目标，针对废物循环利用关键技术瓶颈以及重大共性装备，依托国内、国际相关领域的优势单位和组织，积极开展与技术先进国家的双边和多边合作，有选择地组织实施一批核心技术的合作研究项目，通过引进消化吸收与再创新突破一批我国亟须的核心技术与装备，培养装备研发的创新性人才队伍；积极开展与发展中国家的合作，推广我国自主研发的技术产品的海外市场，提高我国相关技术产品的推广水平与国际竞争力，促进国际技术推广应用以及合作交流，构建废物循环利用全球科技合作网络。

六、结论

"十二五"期间，我国在危险废物、工业固体废物、农业固体废物和城市固体废物的综合利用及处置技术领域开展了大量研究工作，取得了一批创新性的基础研究及产业化技术成果。但与发达国家相比，我国在固体废物综合利用及处置技术领域仍有一定的差距，现有的技术水平还不能满足安全合理利用、处置固体废物的迫切需求。基于此，"十三五"期间，我国应针对现阶段的技术短板，加大对固体废物利用及处置技术研发的投入力度，开发出一批具有自主知识产权的固体废物综合利用及处置技术和装备，并建立相应的示范工程，全面推进我国固体废物综合利用及处置领域的技术进步，进而促进该行业的可持续发展。

参 考 文 献

[1] 中华人民共和国环境保护部. 2013 年环境统计年报，2014-11-24. http：//zls. mep. gov. cn/hjtj/nb/2013tjnb/201411/t20141124 _ 291871. htm.

[2] 郝海松，谢毅，杨林. 危险废物的处置技术及综合利用. 安全与环境工程，2009，16：36-39.

[3] 杨成良，杨红彩. 铬渣回转窑干法解毒技术. 中国建材科技，2014，2：124-127.

[4] 李理等. 生物质热解油气化制备合成气的研究. 可再生能源，2007，25：40-43.

[5] 陈果，王鑫. 浅析我国铬渣解毒技术的研究. 科技与企业，2015，6：255-256.

[6] 彭政等. 医疗废物焚烧飞灰二噁英的热处理研究. 环境科学，2010，31 (8)：1966-1972.

[7] 纪莎莎等. 关于医疗垃圾飞灰中二噁英在惰性气氛下的低温热脱附研究. 环境科学，2012，33：3999-4005.

[8] 黄凤兰. 飞灰二噁英低温热处理降解影响因素研究 [D]. 广州：暨南大学，2014.

[9] 赵金艳，王金生，郑骥. 含砷废渣的处理处置技术现状. 资源再生，2011：58-59.

[10] 肖愉，吴竞宇. 硫化砷渣的固化/稳定化处理. 环境科技，2014，(6)：46-48.

[11] 朱宏伟，等. 矿渣基胶凝材料固化硫砷渣的研究. 硅酸盐通报，2014，(4)：172-177.

[12] 阮福辉，欧阳作梁，杜冬云. 利用累托石固化含砷石灰铁盐渣的研究. 化学与生物工程，2012，29：71-74.

[13] 晁波阳，郑舒雯，王有乐. 汞污染土壤水泥固化处理方法探究. 甘肃科技，2012，23：15.

[14] 陆清萍. 重庆市某厂含铬废渣稳定化处理技术研究 [D]. 重庆：西南大学，2012.

[15] 王宏军，马明. 铬渣在酒钢烧结生产中的应用实践. 甘肃冶金，2014.

[16] 李再兴，等. 抗生素菌渣处理处置技术进展. 环境工程，2012，30：72-75.

[17] 龙红艳. 再生汞冶炼行业典型企业汞污染源解析研究. 湘潭：湘潭大学，2013.

[18] 曾华星，胡奔流，张银玲. 再生汞冶炼工艺及产污节点分析. 有色冶金设计与研究，2013：20-22.

[19] 董海刚，等. 铵盐焙烧-酸浸法从石油重整废催化剂中富集回收铂的研究. 贵金属，2014，35：23-27.

[20] 刘文，等. 从失效 Pt-V/C 催化剂中回收铂的新工艺. 贵金属，2014，(1)：6.

[21] 吴喜龙，等. 从失效醋酸乙烯催化剂中回收金和钯. 有色金属（冶炼部分），2014，(9)：11.

[22] 孙宁等. 我国医疗废物焚烧处置污染控制案例研究. 环境与可持续发展，2011：37-41.

[23] 王晓坤，王昭. 医疗废物焚烧技术及其效果. 解放军预防医学杂志，2012，30：191-193.

[24] 邓茂青. 医疗垃圾焚烧炉的选型研究. 环境科学与管理，2014，39：74-76.

[25] 魏姗姗. 医疗废物的低温热解研究［D］. 天津：天津大学，2012.

[26] 张璐. 利用热等离子体熔融处理模拟医疗废物的实验研究［D］. 杭州：浙江大学，2012.

[27] 张怀强. 医疗废物焚烧组分特性分析. 能源工程，2013，(5)：52-54.

[28] 严密. 医疗废物焚烧过程二噁英生成抑制和焚烧炉环境影响研究［D］. 杭州：浙江大学，2012.

[29] 林志东. 医疗废物焚烧烟气中酸性气体来源及形成机理. 能源与节能，2014，(9)：93-96.

[30] 卢青. 医疗废物回转窑焚烧线中二噁英的生成. 环境工程学报，2013，(7)：743-746.

[31] 彭晓春，吴彦瑜，谢莉. 广东省医疗废物焚烧厂周围土壤多环芳烃特性. 中国环境科学，2013 (S1)：110-114.

[32] 杨杰，等. 医疗废物焚烧炉运行前后 5 年周边土壤重金属对比分析研究. 环境科学学报，2014，(2)：139-144.

[33] 黄文等. 医疗废物焚烧炉周边环境介质中二噁英的浓度、同系物分布与来源分析. 环境科学，2013，34：3238-3243.

[34] 郑元格，等. 固体废物焚烧飞灰水泥窑协同处置的试验研究. 浙江大学学报：理学版，2011，38：562-569.

[35] 杨玉飞，等. 间歇浸取对废物水泥窑共处置产品中 Cr 和 As 释放的影响. 环境工程学报，2011，(5)：419-424.

[36] 丛璟，等. 水泥窑协同处置过程低温段铅和镉的吸附/冷凝动力学研究. 环境工程，2015，(4)：22.

[37] 刘娜，等. 水泥窑共处置低品质包装废物的生命周期评价. 环境科学研究，2012，25：724-730.

[38] 蔡木林，李扬，闫大海. 水泥窑协同处置 DDT 废物的工厂试验研究. 环境工程技术学报，2013，(3)：437-442.

[39] 崔敬轩，等. 水泥窑共处置过程中砷挥发特性及动力学研究. 中国环境科学，2014，34 (6)：1498-1504.

[40] 夏建萍，葛巍，徐娇霞. 新型干法水泥窑处置固体废物的技术与优势. 环境与发展，2014，(3)：26.

[41] 范兴广，等. 水泥窑共处置废物过程中重金属的流向分布. 环境工程学报，2014，(11)：57.

[42] 黎红宇. 含重金属水处理污泥的固化和浸出毒性研究. 环境，2011，(S1)：16-18.

[43] 何小松，等. 危险废物填埋优先控制污染物类别的识别与鉴定. 环境工程技术学报，2012，(2)：433-440.

[44] 李金惠，王芳. 废 LCD 显示器背光源模组拆解过程中汞的释放特征. 清华大学学报：自然科学版，2013，(4)：21.

[45] 黄启飞，等. 典型危险废物污染控制关键环节识别研究. 环境工程技术学报，2013，(3)：6-9.

[46] 杨玉飞，等. 电镀污泥填埋豁免量限值研究——以重庆市为例. 环境工程技术学报，2013，(3)：28-32.

[47] 孙绍锋，等. 危险废物高温熔渣玻璃化技术在填埋减量中的应用. 环境与可持续发展，2013，38：50-53.

[48] 周建国，等. 城市生活垃圾焚烧飞灰中重金属的固化/稳定化处理. 天津城建大学学报，2015，21：109-113.

[49] 徐亚，等. 填埋场渗漏风险评估的三级 PRA 模型及案例研究. 环境科学研究，2014 (4)：16.

[50] 徐亚，等. 基于 Landsim 的填埋场长期渗漏的污染风险评价. 中国环境科学，2014，(5)：1355-1360.

[51] 北京矿冶研究总院. 尾矿资源综合利用技术研究（建材、陶瓷）报告［R］. 北京：北京矿冶研究总院，2013.

[52] 北京矿冶研究总院. 福建马坑尾矿资源综合利用技术研究［R］. 北京：北京矿冶研究总院，2008.

[53] 北京矿冶研究总院. 金东矿业公司铅锌尾矿资源综合利用技术研究［R］. 北京：北京矿冶研究总院，2009.

[54] 王金忠，赵颖华，刘永健. 水泥熟料形成及其节能效果分析. 辽宁建材，2001 (1)：38-39.

[55] 吴振清，等. 利用铅锌尾矿代替粘土和铁粉配料生产水泥熟料的研究. 新世纪水泥导报，2006，(3)：31-32.

[56] 王海. 利用高岭土尾矿和白云石制备玻璃陶瓷. 中国陶瓷工业，2005，12 (5)：28-30.

[57] 仇小猛，等. SiC/Fe$_x$Si$_y$ 复合材料抗氧化性能研究. 硅酸盐通报，2011，30 (1)：1-5.

[58] 北京矿冶研究总院. 磷及磷化工废弃物资源化利用关键技术研究［R］. 北京：北京矿冶研究总院等，2010.

[59] 黄进，等. 烟气脱硝催化剂性能测试方法国家标准研究. 中国标准化，2014，4：70-74.

[60] 孙坚，等. 工业固体废弃物资源综合利用技术现状. 材料导报，2012，26 (6)：105-109.

［61］谢尧生，方德瑞. 《粉煤灰小型空心砌块》行业标准编制说明. 建筑砌块与砌块建筑，2001，5：40-43.

［62］付允，等. 国内外资源循环利用标准化进展. 标准科学，2013，4：6-9.

［63］高东峰等. 工业固体废物综合利用技术评价浅析. 标准科学，2013，4：16-19.

［64］张金山，刘烨，王林敏. 我国粉煤灰综合利用现状. 西部探矿工程，2008，9：215-217.

［65］张金山，彭艳荣，李志军. 粉煤灰提取氧化铝工艺方法研究. 粉煤灰综合利用，2012，1：52-54.

［66］张金山，等. 利用硅钙渣、脱硫石膏、粉煤灰等固体废弃物生产硅酸钙板的试验研究. 新型建筑材料，2014，1：54-57.

［67］孙俊民，等. 粉煤灰提铝废渣制备硅钙板的工业实验研究. 新型建筑材料，2013，11：53-55.

［68］张金山，等. 硅钙渣、脱硫石膏和粉煤灰对加气混凝土性能影响试验研究. 粉煤灰综合利用，2013，1：40-42.

［69］许春香，等. 铝硅合金晶粒细化剂 Al-Ti-C-P 的研制. 铸造技术，2007，3：363-366.

［70］曹钊，等. 高炉矿渣-粉煤灰-脱硫石膏-水泥制备硅酸钙板的协同水化机理. 硅酸盐通报，2015，1：298-302.

［71］贺志荣，王芳，周敬恩. Ni 含量和热处理对 Ti-Ni 形状记忆合金相变和形变行为的影响. 金属热处理，2006，9：17-21.

［72］蔡继峰，等. Ti-Ni 基形状记忆合金及其应用研究进展. 金属热处理，2009，5：64-69.

［73］王启，等. 退火温度和应力-应变循环对 Ti-Ni-Cr 形状记忆合金超弹性的影响. 金属学报，2010，7：800-804.

［74］王启，贺志荣，刘艳. Ni 含量和固溶时效处理对 Ti-Ni 形状记忆合金多阶段相变的影响（英文）. 稀有金属材料与工程，2011，3：395-398.

［75］侯克怡，等. 褐煤提质废水污染特征分析. 科学技术与工程，2014，24：308-311.

［76］程芳琴，等. 煤矸石中氧化铝溶出的实验研究. 环境工程学报，2007，11：99-103.

［77］崔莉，等. 煅烧温度和添加剂对提高煤矸石中氧化铝溶出率的实验研究. 环境工程学报，2009，3：539-543.

［78］杨喜，等. 煤矸石中的铝、铁在高浓度盐酸中的浸出行为. 环境工程学报，2014，8：3403-3408.

［79］燕可洲，等. 潞安矿区煤矸石用于氧化铝提取的研究. 煤炭转化，2014，4：85-90.

［80］张圆圆，杨凤玲，程芳琴. 煤矸石中高岭石的脱羟基特点及动力学研究. 煤炭转化，2015，3：78-81.

［81］Cui L，Cuo Y，Wang X，et al. Disso lution kinetics of aluminum and iron from coal mining waste by hydrochloric acid. Chinese Journal of Chemical Engineering，2015，3：590-596.

［82］段晓芳，等. 氧化铝对煤矸石提铝废渣制备水玻璃的影响. 环境工程学报，2015，5：2399-2404.

［83］Qiu G，et al. Utilization of coal gangue and copper tailings as clay for cement clinker calcinations. Journal of Wuhan University of Technology-Mater. Sci. Ed. ，2011：1205-1210.

［84］裴国华等. 煤矸石代替黏土生产水泥可行性分析. 浙江大学学报：工学版，2010，44：1003-1008.

［85］Qiu G，et al. The Physical and Chemical Properties of Fly Ash from CoalGasification and Study on its Recycling Utilization. International Conference on Digital Manufacturing ＆ Automation，2010：738-741.

［86］裴国华，等. 煤矸石代黏土煅烧水泥熟料配方优化试验研究. 浙江大学学报：工学版，2010，44：315-319.

［87］Zeng W，et al. Recycling Coal Gangue as Raw Material for Portland Cement Production in Dry Rotary Kiln. International Conference on Digital Manufacturing ＆ Automation，2010：141-144.

［88］施正伦，等. 石煤灰渣酸浸提钒后残渣作水泥混合材试验研究. 环境科学学报，2011，31：395-400.

［89］李宗耀. 寒冷地区综合利用煤矸石筑路技术研究［D］. 西安：长安大学，2008.

［90］吴成宝，等. 复合粉煤灰制备工艺参数对其白度影响的灰色关联分析. 复合粉煤灰综合利用，2010，3：3-6.

［91］李文娟，等. 赤泥/粉煤灰免烧矿物聚合物材料的制备和强度. 硅酸盐通报，2010，1：38-42.

［92］房现阁，等. 富铝煤矸石碳热还原氮化合成 Fe-Sialon 复相材料的研究. 中国非金属矿工业导刊，2011，2：28-31.

［93］赵凯，等. 高 Al_2O_3 粉煤灰在碳热还原氮化条件下的物相演变. 人工晶体学报，2009，S1：387-389.

［94］王琦，等. 用粉煤灰和菱镁矿低温制备堇青石质多孔材料. 硅酸盐学报，2012，5：745-751.

［95］谢江波，等. 尼龙 6/高岭土纳米复合材料的结晶行为. 塑料，2010，2：80-82.

［96］张弘胤，等. 尼龙 6/高岭土纳米复合材料流变性能. 现代塑料加工应用，2009，1：26-28.

［97］刘钦甫，张玉德，沙祥平. 纳米高岭土及其在橡胶中的应用［A］. 中国颗粒学会、中国科学院纳米科技中心. 2003 年中国纳微粉体制备与技术应用研讨会论文集［C］. 中国颗粒学会、中国科学院纳米科技中心：2003：6.

［98］程宏飞，等. 插层剥片对高岭土/橡胶纳米复合材料阻隔性能影响研究. 非金属矿，2014，2：12-14.

［99］刘钦甫，等. 高岭石插层-热处理剥片研究. 化工新型材料，2014，7：42-44.

[100] 刘钦甫, 等. 高岭石-烷基胺插层复合物的制备与纳米卷的形成. 硅酸盐学报, 2014, 8: 1064-1069.

[101] 张印民, 等. 高岭土与膨润土复配填充丁苯橡胶复合材料的性能. 合成橡胶工业, 2015, 2: 150-154.

[102] 王彩丽, 等. 硅酸铝-硅灰石复合粉体材料的制备及其在聚丙烯中的应用. 复合材料学报, 2009, 3: 35-39.

[103] 沈红玲, 等. 二氧化钛/煅烧高岭土复合粉体材料的紫外光透过性能. 非金属矿, 2009, 4: 8-10.

[104] 戴瑞, 等. 非金属矿物环境材料的研究进展. 中国非金属矿工业导刊, 2009, 6: 3-9.

[105] 白春华, 龚兆卓, 郑水林. 煅烧温度对 TiO_2-高岭土复合材料抗紫外性能的影响. 中国粉体技术, 2012, 1: 45-47.

[106] 宋兵, 等. 硅藻土基复合材料的研究现状和发展前景. 中国非金属矿工业导刊, 2012, 3: 1-3.

[107] 张清辉, 等. 氢氧化镁/氢氧化铝复合阻燃剂的制备及其在 EVA 材料中的应用. 北京科技大学学报, 2007, 10: 1027-1030.

[108] 蒋运运, 张玉忠, 郑水林. 复合相变材料的制备与应用研究进展. 中国非金属矿工业导刊, 2011, 3: 4-7.

[109] 徐春宏, 郑水林, 胡志波. 煅烧条件对纳米 TiO_2/膨胀珍珠岩复合材料性能的影响. 人工晶体学报, 2014, 8: 2022-2027.

[110] 孙青, 等. 氢氧化镁阻燃材料的制备与应用研究进展. 中国非金属矿工业导刊, 2013, 4: 6-8.

[111] 邢波, 李扬, 郑水林. 硅藻土/硅酸铝复合粉体材料的制备工艺研究 [A]. 《中国非金属矿工业导刊》编辑部. 2006 中国非金属矿工业大会暨第九届全国非金属矿加工应用技术交流会论文专辑 [C]. 《中国非金属矿工业导刊》编辑部: 2006: 2.

[112] 潘剑玲, 等. 秸秆还田对土壤有机质和氮素有效性影响及机制研究进展. 中国生态农业学报, 2013, 5: 526-535.

[113] 高效微生物秸秆腐熟剂技术. 中国环保产业, 2014, (8): 71-72.

[114] 赵士诚, 等. 长期秸秆还田对华北潮土肥力、氮库组分及作物产量的影响. 植物营养与肥料学报, 2014, (6): 1441-1449.

[115] 高飞, 等. 秸秆不同还田量对宁南旱区土壤水分、玉米生长及光合特性的影响. 生态学报, 2011, (3): 777-783.

[116] 李传友, 等. 秸秆还田方式对农田土壤结构及冬小麦产量的影响. 中国生态农业学报, 2015, (3): 5.

[117] 张砀生. 农作物秸秆青贮要点与方法. 养殖技术顾问, 2008, (11): 30-31.

[118] 石磊, 赵由才, 柴晓利. 我国农作物秸秆的综合利用技术进展. 中国沼气, 2005, (2): 11-14+19.

[119] 刘畅. 利用秸秆制作氨化饲料及饲养实践. 中国资源综合利用, 2010, (5): 29-31.

[120] 张健, 等. 微贮稻草饲喂育肥肉牛试验. 草业与畜牧, 2015, (1): 38-40.

[121] 程银华, 等. 玉米秸秆揉丝微贮与传统青贮饲料发酵过程中 pH 和微生物的变化. 西北农林科技大学学报: 自然科学版, 2014, (5): 17-21.

[122] 任磊, 吴淑妍. 不同饲料配方对架子牛育肥效果的影响. 养殖技术顾问, 2014, (5): 35.

[123] 王毅. 育肥肉牛用玉米秸秆型颗粒饲料的研究 [D]. 兰州: 甘肃农业大学, 2014.

[124] 于海龙, 等. 基于食用菌的固体有机废弃物利用现状及展望. 中国农学通报, 2014, 30 (14): 305-309.

[125] 《再生资源综合利用先进适用技术目录 (第二批)》(续二). 再生资源与循环经济, 2014, 7 (4): 7-8.

[126] 胡清秀, 张瑞颖. 菌业循环模式促进农业废弃物资源的高效利用. 中国农业资源与区划, 2013, 6: 113-119.

[127] 《再生资源综合利用先进适用技术目录 (第一批)》公告 (续四). 再生资源与循环经济, 2012, 5 (6): 44-45.

[128] 《再生资源综合利用先进适用技术目录 (第二批)》(续完). 再生资源与循环经济, 2014, 7 (5): 4-5.

[129] 梁佩贤. 植物秸秆全组分综合利用工艺. CN 104630308A. 2015-05-20.

[130] 山东泉林纸业有限责任公司. 秸秆清洁制浆及其废液资源化利用技术. 中国环保产业, 2014 (9): 71.

[131] 李洪峰. 泉林纸业秸秆清洁制浆及其废液资源化综合利用被列入我国首批工业循环经济重大示范工程. 纸和造纸, 2012, (5): 82.

[132] 山东泉林纸业 "秸秆清洁制浆及其废液肥料资源化利用技术" 获 2012 年度国家技术发明奖二等奖. 纸和造纸, 2013, (3): 84.

[133] 农新. 秸秆综合利用技术目录 (2014). 农机科技推广, 2014 (12): 47-53.

[134] 《再生资源综合利用先进适用技术目录 (第一批)》公告 (续四). 再生资源与循环经济, 2012, 5 (6): 44-45.

[135] 《再生资源综合利用先进适用技术目录 (第二批)》(续二). 再生资源与循环经济, 2014, 7 (4): 7-8.

[136] 李涛. 苹果渣中果胶提取工艺研究. 天津农业科学, 2015, 21 (1)：18-21＋25.

[137] 冯银霞. 微波萃取菠萝皮中果胶工艺研究. 农业工程技术·农产品加工业, 2015, (1) 30-34.

[138] 邓璀, 等. 酶-化学法提取石磨小麦麸皮不溶性膳食纤维工艺研究. 河南工业大学学报：自然科学版, 2015, (2)：17-20＋26.

[139] 范玲, 等. 微波-超声波辅助提取小麦麸皮中酚基木聚糖的研究. 河南工业大学学报：自然科学版, 2014, (6)：29-33.

[140] 黄科林. 非常规绿色介质制备甘蔗渣纤维素高附加值材料的研究 [D]. 北京：北京工业大学, 2013.

[141] 姚子鹏, 吴非. 乳酸菌发酵黄浆水富集 GABA 的研究. 食品科技, 2013, (4)：7-10.

[142] 励飞. 利用淀粉废水和木薯酒糟发酵制备饲料酵母的工艺研究 [D]. 武汉：武汉工业学院, 2011.

[143] 吴学凤, 等. 发酵法制备小麦麸皮膳食纤维. 食品科学, 2012, (17)：169-173.

[144] 余海立, 雷生姣, 黄超. 酶法降解与微生物发酵结合处理柑橘皮渣生产高蛋白饲料. 广东农业科学, 2015, (5)：74-78.

[145] 《中国农村科技》编辑部. 山东开创"三农"发展新模式 新农村能源站变废为宝. 中国农村科技, 2015, (1)：72-75.

[146] 杨鹏, 等. 果蔬废弃物处理技术研究进展. 农学学报, 2012, (2)：26-30.

[147] 杜鹏祥, 等. 我国蔬菜废弃物资源化高效利用潜力分析. 中国蔬菜, 2015, (7)：15-20.

[148] 郭珺, 庞金梅. 畜禽养殖废弃物污染防治与资源化循环利用. 山西农业科学, 2011, 39 (2)：149-151.

[149] 吴景贵, 等. 循环农业中畜禽粪便的资源化利用现状及展望. 吉林农业大学学报, 2011, (3)：237-242＋259.

[150] 袁金华, 徐仁扣. 生物质炭的性质及其对土壤环境功能影响的研究进展. 生态环境学报, 2011, 20 (4)：779-785.

[151] 区匡婷. 生物质炭对红壤水稻土有机碳分解和重金属形态的影响 [D]. 南京：南京农业大学, 2011.

[152] 张伟明, 孟军, 王嘉宇. 生物炭对水稻根系形态与生理特性及产量的影响. 作物学报, 2013, 39 (8)：1445-1451.

[153] 韩冰. 生活垃圾填埋场非甲烷有机物无组织释放特征与机制研究 [D]. 北京：清华大学, 2013.

[154] 李颖. 生活垃圾填埋场渗滤液中多溴联苯醚污染特性研究 [D]. 北京：清华大学, 2014.

[155] 段振菡. 典型生活垃圾填埋场作业面恶臭物质释放特征及源解析 [D]. 北京：清华大学, 2015.

[156] 刘建国, 等. 生活垃圾生物反应器填埋与资源能源回收技术研究与工程示范. 建设科技, 2014, 3：78-79.

[157] 李睿. 填埋垃圾原位好氧加速稳定化技术研究 [D]. 北京：清华大学, 2013.

[158] 范晓平, 等. 我国存量垃圾治理技术综述. 环境卫生工程, 2015, 23 (1)：14-17.

[159] 刘建国, 等. 卫生填埋场结构稳定性问题分析. 重庆环境科学, 2001, 23 (1)：62-66.

[160] 王耀商. 垃圾填埋场堆体沉降计算研究及程序开发与应用 [D]. 杭州：浙江大学, 2010.

[161] Fang Rong, et al. Analysis of Stability and Control in Landfill SitesExpansion. Procedia Engineering, 2011, 24：667-671.

[162] GB 18485—2014 生活垃圾焚烧污染控制标准.

[163] 郭娟. 垃圾焚烧发电厂烟气系统优化研究 [D]. 北京：清华大学, 2014.

[164] 方熙娟. SNCR-SCR 脱硝技术在 500 t/d 垃圾焚烧炉的应用研究 [D]. 北京：清华大学, 2015.

[165] 郭若军. 镇江市生活垃圾焚烧发电厂 HCl 减排技术应用研究 [D]. 北京：清华大学, 2013.

[166] 彭勇. 垃圾焚烧厂渗滤液处理工艺参数优化与综合效能评价研究 [D]. 北京：清华大学, 2015

[167] 尹可清. 焚烧飞灰中 UPOPs 低温脱氯反应途径研究 [D]. 北京：清华大学, 2014.

[168] 林昌梅. 适用 GB 16889—2008 的垃圾焚烧厂飞灰处理成本分析. 环境卫生工程, 2010, 18 (6)：50-53.

[169] 韩娟. 基于 LCA 的垃圾焚烧厂烟气处理技术评价 [D]. 北京：清华大学, 2013.

[170] 叶君. 城市生活垃圾焚烧发电的投资决策分析 [D]. 北京：清华大学, 2014.

[171] 王欢, 等. 生活垃圾主要组分在回转窑内不同热解阶段的传热特性. 化工学报, 2014, 65 (12)：4716-4725.

[172] 陈国艳, 等. 城市生活垃圾典型组分的热解特性研究. 工业炉, 2012, 34 (6)：39-45.

[173] 潘春鹏. 生活垃圾固定床热解气化的实验研究 [D]. 杭州：浙江大学, 2012.

[174] 张笑, 等. 乙醇预发酵对餐厨垃圾与酒糟混合甲烷发酵的影响. 农业工程学报, 2014, (19)：257-264.

[175] 王权, 等. NaCl 对餐厨垃圾厌氧发酵产 VFA 浓度及组分的影响. 中国环境科学, 2014, (12)：3127-3132.

[176] 郭燕锋，等. 有机负荷对厨余垃圾常温厌氧发酵产甲烷的影响. 农业工程学报，2011，（S1）：96-100.

[177] 张波，等. pH对厨余废物两相厌氧消化中水解和酸化过程的影响. 环境科学学报，2005，（5）：665-669.

[178] 张波，等. pH调节方法对厨余垃圾两相厌氧消化中水解和酸化过程的影响. 环境科学学报，2006，（1）：45-49.

[179] 任连海，等. 热处理时间对餐厨垃圾高温干式厌氧发酵的影响. 环境工程学报，2015，（2）：901-906.

[180] Ma H Z，et al. Feasibility of converting lactic acid to ethanol in food waste fermentation by immobilized lactate oxidase. Applied Energy，2014，129：89-93.

[181] Yan S B，et al. Ethanol production from concentrated food waste hydrolysates with yeast cells immobilized on corn stalk. Applied Microbiology and Biotechnology，2012，94（3）：829-838.

[182] 奚立民，等. 双菌共发酵餐厨垃圾生产燃料乙醇的新方法. 可再生能源. 2011，（05）：84-88.

[183] 刘建国，等. 餐厨垃圾乳酸发酵过程中的微生物多样性分析. 环境科学，2012，（9）：3236-3240.

[184] Li X，et al. Efficient production of optically pure l-lactic acid from food waste at ambient temperature by regulating key enzyme activity. Water Research，2015，70：148-157.

[185] 杨卫国，等. 建筑垃圾综合利用研究. 施工技术，2011，40（354）：100-102.

[186] Tam V W. Economic comparison of concrete recycling：A case study approach. Resources，Conservation and Recycling，2008，52（5）：821-828.

[187] Chen X，Geng Y，Fujita T. An overview of municipal solid waste management in China. Waste Management，2010，30（4）：716-724.

[188] 谢田. 重金属建筑废物污染特征及其环境中的迁移转化研究［D］. 上海：同济大学，2015.

[189] 李海南，等. 粉煤灰对硅酸盐水泥-铝酸盐水泥-硬石膏体系性能的影响. 砖瓦，2014，8：15-17.

[190] 缪正坤，等. 建筑垃圾作骨料生产保温砌块的研究. 新型建筑材料，2010，26-29.

[191] 赵焕起. 建筑垃圾再生骨料干粉砂浆的制备和性能研究［D］. 济南：济南大学，2014.

[192] 聂永丰. 固体废物处理工程技术手册. 北京：化学工业出版社，2012：521.

[193] 荀锐，王伟，乔玮. 水热改性污泥的水分布特征与脱水性能研究. 环境科学，2009，30（3）：851-856.

[194] 邓舟，等. 市政污泥水热干化系统的开发及工程化应用. 中国给水排水，2012，28（19）：4-7.

[195] 蒋建国，等. 调理剂和通风方式对污泥生物干化效果的影响. 环境工程学报，2010，4（5）：1167-1170.

[196] Han R，et al. Dewatering and granulation of sewage sludge by biophysical drying and thermo-degradation performance of prepared sludge particles during succedent fast pyrolysis. Bioresource Technology，2012，107：429-436.

[197] 韩融. 污泥生物-物化干化技术及其产物热解气化特性研究［D］. 北京：清华大学，2012.

[198] 王伟云. 污泥间接薄层干燥与热压力耦合脱水干燥研究［D］. 大连：大连理工大学，2012.

[199] 郭敏辉. 化学调理改善活性污泥脱水性能的研究［D］. 杭州：浙江大学，2014.

[200] 于洁. 热水解联合氯化钙改善活性污泥脱水性能［D］. 杭州：浙江大学，2013.

[201] 郝晓地，等. 剩余污泥预处理技术概览. 环境科学学报，2011，31（1）：1-12.

[202] Liu X，et al. Effect of thermal pretreatment on the physical and chemical properties of municipal biomass waste. Waste Management，2012，32（2）：249-255.

[203] Zhou Y，et al. Effect of thermal hydrolysis pre-treatment on anaerobic digestion of municipal biowaste：A pilot scale study in China. Journal of Bioscience and Bioengineering，2013，116（1）：101-105.

[204] 胡凯. 污泥预处理-厌氧消化工艺性能及预处理过程中有机物变化［D］. 哈尔滨：哈尔滨工业大学，2011.

[205] 于淑玉. 内源酶生物预处理强化污泥厌氧消化效能的研究［D］. 哈尔滨：哈尔滨工业大学，2014.

[206] 武伟男. 污水污泥热解技术研究进展. 环境保护与循环经济，2009，12：50-53.

[207] 方琳. 微波能作用下污泥脱水和高温热解的效能与机制［D］. 哈尔滨：哈尔滨工业大学，2007.

[208] 张军. 微波热解污水污泥过程中氮转化途径及调控策略［D］. 哈尔滨：哈尔滨工业大学，2014.

[209] 刘秀如. 城市污水污泥热解实验研究［D］. 北京：中国科学院工程热物理研究所，2011.

[210] 刘亮. 污泥混煤燃烧热解特性及其灰渣熔融性实验研究［D］. 长沙：中南大学，2011.

[211] 张强. 生物质与煤共气化过程中磷元素的迁移与影响［D］. 上海：华东理工大学，2012.

[212] 常风民. 城市污泥与煤混合热解特性及中试热解设备研究［D］. 北京：中国矿业大学，2013.

[213] Tian J，Chen M. Sustainable design for automotive products：Dismantling and recycling of end-of-life vehicles.

Waste Management，2014，34（2）：458-467.

[214] Li Y，Zhao S，Wang Y. Microbial desulfurization of ground tire rubber by Thiobacillus ferrooxidans. Polymer Degradation and Stability，2011，96（9）：1662-1668.

[215] 王媛. 常温常压废橡胶连续再生还原新技术通过鉴定. 橡胶科技市场，2012，10（2）：54-54.

[216] Wang H，et al. Application of dissolved air flotation on separation of waste plastics ABS and PS. Waste Management，2012，32：1297-1305.

[217] Wang H，et al. Application of dissolved air flotation on separation of waste plastics ABS and PS. Waste Management，2012，32（7）：1297-1305.

[218] Wang C，et al. Separation of polycarbonate and acrylonitrile-butadiene-styrene waste plastics by froth flotation combined with ammonia pretreatment. Waste Management，2014，34（12）：2556-2661.

[219] Wang C，Wang H，Wu B. Boiling treatment of ABS and PS plastics for flotation separation. Waste Management，2014，34（7）：1206-1210.

[220] Ruan J，Qian Y，Xu Z. Environment-friendly technology for recovering nonferrous metals from e-waste：Eddy current separation. Resources，Conservation and Recycling，2014，87：109-116.

[221] Ruan J，Li J，Xu Z. An environmental friendly recovery production line of waste toner cartridges. J Hazard Mater，2011，185（2-3）：696-702.

[222] Ruan J，Xu Z. Environmental friendly automated line for recovering the cabinet of waste refrigerator. Waste Manage，2011，31（11）：2319-2326.

[223] 周勇. IPLC 控制的有色金属回收再利用电磁分选专机设备. 汽车零部件，2010，（4）：56-58＋63.

[224] 何静，等. 一种废杂铜火法连续精炼直接生产高纯无氧铜的方法. CN 103725897A. 2014-04-16.

[225] 张深根，等. 一种废铝易拉罐绿色循环保级再利用的方法. CN 102912140A. 2013-02-06.

[226] 何毅，等. 自动拆卸电路板电子元件装置的设计. 制造业自动化，2011，17：112-115.

[227] 张明星，等. 废弃印刷电路板上电子器件拆卸新工艺及其机理. 环境工程学报，2014，7：3023-3028.

[228] 向东，等. 面向元器件重用的废弃线路板拆解关键技术. 机械工程学报，2013，13：164-173.

[229] Zeng X，et al. A novel dismantling process of waste printed circuit boards using water-soluble ionic liquid. Chemosphere，2013，93（7）：1288-1294.

[230] 李金惠，等. 一种应用［BMIM］BF$_4$溶剂快速拆解废电路板的环境友好方法. CN 103071662A. 2013-05-01.

[231] Yamane L H，et al. Recycling of WEEE：characterization of spent printed circuit boards from mobile phones and computers. Waste Management，2011，31（12）：2553-2558.

[232] Zhou L，Xu Z M. Response to waste electrical and electronic equipments in China：legislation，recycling system，and advanced integrated process. Environ. Sci. Technol.，2012，46：4713-4724.

[233] Zeng X，et al. Perspective of electronic waste management in China based on a legislation comparison between China and the EU. J. Cleaner Prod.，2013，51：80-87.

[234] Tan Z，et al. Size distribution of wet crushed waste printed circuit boards. Mining Science and Technology（China），2011，21（3）：359-363.

[235] Yang J，Wu Y，Li J. Recovery of ultrafine copper particles from metal components of waste printed circuit boards. Hydrometallurgy，2012，121：1-6.

[236] Xiu F R，Qi Y，Zhang F S. Recovery of metals from waste printed circuit boards by supercritical water pretreatment combined with acid leaching process. Waste management，2013，33（5）：1251-1257.

[237] Zhu P，et al. Treatment of waste printed circuit board by green solvent using ionic liquid. Waste management，2012，32（10）：1914-1918.

[238] Xing M，Zhang F S. Degradation of brominated epoxy resin and metal recovery from waste printed circuit boards through batch sub/supercritical water treatments. Chemical Engineering Journal，2013，219：131-136.

[239] Yang Y，et al. Bioleaching waste printed circuit boards by Acidithiobacillus ferrooxidans and its kinetics aspect. Journal of biotechnology，2014，173：24-30.

[240] Liang G，et al. Optimizing mixed culture of two acidophiles to improve copper recovery from printed circuit boards （PCBs）. Journal of hazardous materials，2013，250：238-245.

[241] Wang X, et al. PVC-based composite material containing recycled non-metallic printed circuit board（PCB）powders. Journal of environmental management, 2010, 91（12）: 2505-2510.

[242] 刘鲁艳, 等. 废旧聚丙烯/废弃印刷线路板非金属粉复合材料的制备及性能. 化工学报, 2014, 4: 1495-1502.

[243] 李金惠, 等. 一种废印刷电路板非金属粉免烧砖及其制备方法. CN 103951338A. 2014-07-30.

[244] 李金惠, 等. 废印刷电路板非金属粉/ABS树脂复合材料及制备方法. CN 103087458A. 2013-05-08.

[245] Zeng X, Li J, Singh N. Recycling of Spent Lithium-ion Battery: A Critial Review. Environmental Science and Technology, 2014, 44: 1129-1165.

[246] 周旭, 等. 废锂离子电池负极材料的机械分离与回收. 中国有色金属学报, 2011, 12: 3082-3086.

[247] Zhu S, et al. Recovering copper from spent lithium ion battery by a mechanical separation process. CORD Conference Proceedings, 2011: 1008-1012.

[248] Sun L, Qiu K. Vacuum pyrolysis and hydrometallurgical process for the recovery of valuable metals from spent lithium-ion batteries. Journal of Hazardous Materials, 2011, 194: 378-384.

[249] Li L, et al. Preparation of $LiCoO_2$ films from spent lithium-ion batteries by a combined recycling process. Hydrometallurgy, 2011, 108: 220-225.

[250] Li L, et al. Recovery of cobalt and lithium from spent lithium ion batteries using organic citric acid as leachant. J. Hazard. Mater., 2010, 176（1-3）: 288-293.

[251] Li L, et al. Environmental friendly leaching reagent for cobalt and lithium recovery from spent lithium-ion batteries. Waste Management, 2010, 30（12）: 2615-2621.

[252] Sun L, Qiu K. Organic oxalate as leachant and precipitant for the recovery of valuable metals from spent lithium ion batteries. Waste Management, 2012, 32（8）: 1575-1582.

[253] Zhang X, et al. An overview on the processes and technologies for recycling cathodic active materials from spent lithium-ion batteries. J Mater Cycles Waste Manag, 2013, 15: 420-430.

[254] Zhang X, et al. A closed-loop process for recycling $LiNi_{1/3}Co_{1/3}Mn_{1/3}O_2$ from the cathode scraps of lithium-ion batteries: Process optimization and kinetics analysis. Separation and Purification Technology, 2015, 150: 186-195.

[255] 李金惠, 等. 一种以草酸为提取液的废锂离子电池回收处理方法及装置. CN 103594754A. 2014-02-19.

[256] 李金惠, 曾现来. 用水溶性离子液体回收废锂离子电池中金属的方法及装置. CN 103311600A. 2013-09-18.

[257] Zhang X, et al. A novel process for recycling and resynthesizing $LiNi_{1/3}Co_{1/3}Mn_{1/3}O_2$ from the cathode scraps intended for lithium-ion batteries. Waste Management, 2014, 34: 1715-1724.

[258] Zeng G, et al. A copper-catalyzed bioleaching process for enhancement of cobalt dissolution from spent lithium-ion batteries. J. Hazard. Mater., 2012, 199: 164-169.

[259] Zeng G, et al. Influence of silver ions on bioleaching of cobalt from spent lithium batteries. Minerals Engineering, 2013, 49: 40-44.

[260] Niu Z, et al. Process controls for improving bioleaching performance of both Li and Co from spent lithium ion batteries at high pulp density and its thermodynamics and kinetics exploration. Chemosphere, 2014, 109: 92-98.

[261] 卢晨光. 冲破"瓶颈"的高速切割CRT拆解新工艺装备. 资源再生, 2013, 4: 56-58.

[262] 高慧琴, 叶文涛. 一种CRT玻壳屏、锥环保、快速拆解装置. CN 103466931A. 2013-12-25.

[263] 曾林余, 等. 一种CRT玻壳屏、锥热爆分离装置及分离方法. CN 102976605A. 2013-03-20.

[264] 曾林余, 等. 一种CRT玻壳屏、锥热爆分离装置. CN 202968384U. 2013-06-05.

[265] 汪晓凌. 一种CRT玻壳分解装置. CN 203794784U. 2014-08-27.

[266] 许开华. CRT显像管锥屏玻璃同步溶解浸泡分离装置. CN 201729767U. 2011-02-02.

[267] 李金惠, 等. 一种废CRT显示器玻璃无害化清洗设备. CN 202705238U. 2013-01-30.

[268] 姚志通, 等. 一种湿法提取废CRT锥玻璃中铅的方法. CN 103882232A. 2014-06-25.

[269] 姚志通, 等. 一种从废含铅玻璃中提取分离铅的方法. CN 103205577A. 2013-07-17.

[270] 姚志通, 等. 机械活化法强化碱浸取CRT锥玻璃中铅、硅的方法. CN 103215455A. 2013-07-24.

[271] 李金惠, 等. 一种可用于多种电子废物的机械物理处理方法. CN 102699008A. 2012-10-03.

[272] Zhang S G, et al. Recovery of waste rare earth fluorescent powders by two steps acid leaching. Rare Metals,

2013，32（6）：609-615.

[273] Wu Y, et al. A novel process for high efficiency recovery of rare earth metals from waste phosphors using a sodium peroxide system. RSC Advances，2014，4（16）：7912-7932.

[274] 何艺，等. 中-欧防范和打击废物非法越境转移机制研究［C］.《2013中国环境科学学会学术年会论文集（第三卷）》，2013.

[275] 郑洋，等. 加强我国废物进口环境管理防范环境风险对策研究. 环境与可持续发展，2011（6）：32-35.

[276] 吴彦瑜，等. 我国进口含铜废五金拆解利用技术现状. 广州化工，2011，39（21）：133-134＋154.

[277] Hu X, et al. Study on Index System for Graded and Classified Management of Enterprises Importing Scrap Metal. Advanced Materials Research，2014，878：879-885.

[278] 胡小英，等. 进口废五金类加工利用定点企业管理研究. 中国环境管理，2013，（1）：20-23.

[279] 何艺，等. 可用作原料的固体废物进口可行性评价指标体系探索研究. 中国环境管理，2013，（1）：11-14.

[280] 李淑媛，等. 我国进口废物分类管理目录的发展对策. 环境与可持续发展，2011，（2）：47-51.

[281] 翁建庆，等. 进口废塑料环境保护管理研究. 中国环境管理，2013，（1）：24-28.

[282] 翁建庆，等. 典型进口废物循环利用技术园区投资建设模式研究. 中国环境管理，2013，（1）：15-19.

[283] 何艺，等. 香港废物进出口管理研究. 中国环境管理，2013，（1）：42-46.

[284] 何艺，等. 生命周期评价在我国固体废物环境管理中的应用. 中国环境管理，2013，（1）：5-10.

[285] 何艺，等. 台湾地区固体废物进出口管理. 中国环境管理，2013，（1）：37-41.

[286] 张喆，等. 我国废物进口综合管理技术对策研究. 中国环境管理，2013，（1）：34-36.

[287] He Y. Import & Export Management for Waste Raw Materials between China and Japan. Advanced Materials Research，2014，878：15-22.

[288] 李霞，等. 危险废物出口管理的国际经验及对我国的启示. 中国环境管理，2013（1）：29-33.

[289] Li X, et al. Rare Earth-containing Waste Generated in Production and its Environmental Impact Analysis-Based on the Findings of Baotou Region，Inner Mongolia. Advanced Materials Research，2012，（518-523）：3436-2440.

[290] 李向前，等. 含稀土废物出口，禁止还是允许?. 环境经济，2013，（03）：35-37.

[291] 李向前. 我国稀土产品废弃物的稀土回收价值探讨. 生态经济，2013，（12）：85-88.

第十五篇　环境物理学学科发展报告

编写机构：中国环境科学学会环境物理学分会
负责人：杨军
编写人员：李晓东　户文成　蔡俊　隋富生　辜小安　葛剑敏　李志远
　　　　　翟国庆　卢力　陈克安　毛东兴　彭健新　邱小军　隋富生
　　　　　邵斌　姜根山　耿晓音　方庆川　程晓斌　杨军　杨益春
　　　　　冯涛　李志远　张国宁　刘砚华　王毅　焦风雷

摘要

　　"十二五"期间，我国环境物理学研究在保持环境噪声的法律和标准体系、有源噪声控制、微穿孔板吸声材料继续保持国际先进水平的基础上，对于声二极管、声超常材料、典型噪声源特性、噪声的主观评价等的学术进展成为同行关注的主要热点，阻尼弹簧浮置道床隔振系统、声相仪、噪声地图、高压交直流线路电磁环境等技术在国民经济和环境保护中方面得到重大应用。本文就"十二五"期间我国环境物理学科的基础理论体系、科学技术发展状况和研究能力建设等一系列进展进行了总结，并展望了我国环境物理学科发展战略需求和相关科学技术发展趋势。

一、引言

　　环境物理学是主要研究声、加速度、振动和电磁场等对人类的影响及其评价，以及消除这些影响的技术途径和控制措施的科学，目的是为人类创造一个适宜的物理环境。

　　世界卫生组织、欧盟联合研究中心及欧洲环境署的最新噪声污染暴露研究结果于2012年12月正式对外发布[1]。调查显示，公路、铁路和航空交通，以及工业生产和城市建设是主要的噪声污染源，已对欧洲公民的健康构成重大威胁；欧洲1/3的公民在白天、1/5的公民在夜晚承受着各种噪声污染的干扰。欧盟联合研究中心于2011年发布的研究报告指出，噪声污染是欧盟规模化城市居民损失100万健康生命年的"罪魁祸首"，成为继空气污染之后影响欧洲公共健康的第二大环境风险因素，呼吁各成员国、地方政府，以及工业界和交通行业，高度重视噪声污染对公共健康的现实威胁。要求各相关方在认真遵守欧盟2002年出台的环境噪声指令（END）的基础上，积极采取政策措施和行动计划，加速针对和减缓噪声新技术的研发，根据研究报告提供的基于公共健康的强有力事实依据，严格控制噪声污染。

"十二五"初期，我国在噪声污染防治方面陆续出台了一系列防治噪声污染、改善生活环境、保障人体健康、促进经济和社会发展的相关政策文件。最为重要的两个纲领性文件是环境保护部环发［2010］7号文《地面交通噪声污染防治技术政策》和环保部与发改委等十一部委联合发布的《关于加强环境噪声污染防治工作，改善城乡声环境质量的指导意见》（环发〔2010〕144号）。这两个纲领性文件的相继发布，对于推进环境噪声振动污染防治行业技术进步、加快声环境质量管理体系建设具有重要的历史意义与现实意义。

近五年，随着噪声污染防治领域技术政策和标准规范方面的不断完善，我国的声环境指令管理工作逐渐得到了社会各界的高度重视和广泛认可，科学研究和新技术、新产品研究空前活跃。当前，高速铁路、城市轨道交通、高速公路的建设以及大飞机的研制是我国新型交通系统发展的重点。为此，众多环境声学科技工作者对它们的噪声与振动产生机理、对环境的影响以及控制方法进行了大量的研究，取得了可喜的成绩；此外，噪声地图的研究也取得很大的进展。电力行业如换流站、变电站的噪声和治理也引起人们的广泛关注，有源噪声与振动控制仍然是研究热点之一，新型声学材料的研发也有新的进展；噪声与振动监测手段和新兴仪器设备的开发方面也有所突破，出现了性能更优的测量仪器产品，阵列传声器或声像仪已得到了较为广泛的应用。

此外，随着社会经济和科学技术的不断发展，伴有非电离辐射的设施和活动日益增多，如电视台、广播站、雷达站、卫星通信、微波中继站等发射或接收电磁波的设备数量不断增加。从传递和接收信息来说，这些设施发出的信号是有用信号，但同时也增加了环境中的电磁波功率密度，且影响范围较为广泛。为了既支持与非电离辐射相关设施及产业的健康发展，又保护好环境，实现可持续发展的战略目标，对非电离辐射进行科学测试、分析、评价、控制和管理，将非电离辐射的危害降至最低限度，是一项全社会都关注的事业。

我国环境物理学科的一些高水平研究工作不仅在学术领域产生了重要影响，获得了国际同行的肯定，丰富了学科内涵，而且对我国环境物理技术创新及相关管理政策修订发挥了积极作用。然而，严峻的污染现状、不断涌现的新现象和研究热点给学科发展提出了新的挑战。本文就"十二五"期间环境物理学的基础理论体系、科学技术发展状况和研究能力建设进展进行了总结，并展望了我国环境物理学科发展战略需求和相关科学技术发展趋势。

二、环境物理学基础研究进展

环境声学在与其他学科交叉融合中得以迅速发展，逐渐形成环境噪声监测技术、声学结构与材料、声学预估和计算方法研究、环境噪声的主观评价、有源噪声控制、环境噪声评价、隔振技术等学科方向和理论体系。

近几年来，结合国际的研究最新趋势，我国环境声学学科取得了长足的发展，环境声学的研究对象日益扩大，在噪声控制领域里，新的研究热点不断涌现[2~4]，诸如新型声学材料、噪声预测技术新发展、噪声地图、分布式网络声学监测技术、声学数值计算方法、声品质和声景观、全球噪声政策等。各个传统学科和新兴学科几乎无一例外地向环境领域渗透，对环境声学内容的极大丰富与发展起到了促进作用，学科内涵不断丰富，理论系统不断被完善。

（一）声学材料与结构

在声学材料与结构方面，我国具有几项位于世界前沿水平的研究工作。

1. 声学超常材料

声学超常材料研究是目前的一个研究热点，人们通过对亚波长结构单元进行设计，然后在整体大尺度上将多个结构单元按照一定规律布置，可以实现对声波传播的控制。超常材料的研究焦点，主要在于亚波长结构单元以及基于超常材料的声学器件的实现。利用转换声学方法，得到相应器件所需的参数分布，再结合超常材料单元即可实现新型器件的设计。这些新型的声学器件，在声场控制方面具有巨大的应用潜力。

空气中的声学超常材料单元已经发展得较为成熟。2011 年，L. Zigoneanu 等的研究[5]发现在流体中嵌入薄板可以在较宽的频率范围内获得具有强各向异性等效密度的超常材料。2012 年 Liang 等[6]提出了迷宫式结构单元，声波在蜷缩的空间内传播，路程的增加等效于声速的降低，从而在宽频范围内稳定地控制折射率。2013 年我国学者 Hu 等[7]进一步改良，利用穿孔板实现了折射率可控的各向异性超常材料单元，在低频条件下，根据穿孔板对等效密度的稳定控制，构建了密度各向异性的超常材料单元。将两个方向设置成不同路程，同样可以实现材料的各向异性。

2014 年 X. Jiang 等[8]首次设计出一种简单高效的声场旋转器，可在宽带范围内对声波波阵面进行有效操控，使波阵面"旋转"起来，并在实验上成功实现旋转效果。这为实现声场特殊操控提供新的可能，在生物医学成像和治疗等领域上具有潜在价值。该项声学超常材料方面的研究成果得到了国际著名机构美国物理联合会的关注[9]。

随着理论模型的发展，多种形式的坐标变换方法被提出，如圆形、方形和椭圆形的全角度隐身衣。他们的出现为更灵活地设计隐身衣带来了可能，基于超常材料的隐身结构朝实用化更加迈进一步。

另外，利用超常材料还可以实现其他的特殊功能。声透镜具有将声能聚焦的作用，同时也可以利用点源和透镜的组合，产生明显的指向性波束；超透镜则通过对倏逝波进行增强，拥有极为清晰的成像效果，打破了分辨率限制[10]；声波单向通道可以限定声波的方向，仅在特定方向上传播的声波可以通过结构继续传播，其余方向的声波则会出现全反射[11]；甚至利用各向异性超常材料，可以实现不需要吸声材料的超宽频吸声结构[12]。新型器件的发展无论在学术上还是在应用价值上都具有重大意义。它摆脱了传统的思路，从调控声场出发，将声波引导、转向、透射，实现了各种非凡的功能。其潜在应用有声学隐身、指向性声源、声聚焦、超反射器、高品质声成像、单向通道和声波超吸收等。所有这些声学功能器件在民用和军事上将会有广阔的应用前景。

总体来说，超常材料的发展和新型声学器件的出现给声场控制带来更多的选择和可能，它发展的方向主要包括四个方面，即：低——工作频率；轻——材料质量；宽——声学频带；小——结构尺寸。

2. 声二极管

2009 年，梁彬等首次提出了有效的声二极管理论模型，引起物理学界的广泛关注[13]。Physical Review Focus 和 Nature News 相继对其进行了专题评述，高度肯定该理论模型意义，认为其打破常规思维，利用医学超声造影剂微泡与超晶格结构的有机组合，成功构建了第一个结构简单却效率极高的声二极管器件，在实验中观测到的最高整流比接近 1 万倍。

近些年继续深入声二极管的效应、设计、制备与性能优化等研究工作[14~16]，对模型进行修改，分析纵波在由超晶格结构与强声学非线性媒质构成的一维声学系统中的传播问题，给出了一种简洁但行而有效的求解方法，并通过数值计算证明了该方法的有效性。这种简单有效的方法可方便得到其透射系数的解析表达式，对于声二极管的设计与制备具有一定指导意义。而由超晶格结构与强声学非线性媒质构成的声二极管理论模型的基本原理以及声二极管原理性器件的基本构造及性能，证明了声二极管尽管结构简单却可在很宽的频段内像电子二极管调控电流一样对声能流实现整流作用。该研究正在不断深入，其成果不但可应用于各种需要对声能量实现特殊控制的重要场合，更有望对医学超声治疗等关键领域产生革命性影响。

3. 微穿孔板吸声体的发展

微穿孔板吸声体是我国原创的科技成果，其基本理论和设计方法是我国声学泰斗马大猷院士于 20 世纪 70~80 年代提出的。近些年在低频应用、衍生形式以及制备方法等方面有了重要进展。

微孔各种不同的制造技术和方法也得到了发展，继激光钻孔、机械冲孔、粉末冶金、焊接啮合和电蚀刻法微孔加工方法之后，2014 年钱玉洁等[17]研究了利用微机电系统工艺制作孔径小于 0.1mm 的超微孔微穿孔板，获得了较好的效果。

至于微穿孔板衍生吸声结构，在柔性管束、微缝板、薄膜微穿孔吸声体、多层结构发展的基础上，2010 年黄立锡等[18]提出了一种多微穿孔板并联的组合吸声结构，通过将组合结构设置在不同的共振频率附近，将各个单元的吸声峰桥接起来拓宽了单层微穿孔板的吸声频带。2014 年刘碧龙等[19]计算分析了微穿孔板、空气层和多孔吸声材料的多层复合结构的吸声性能。结合阻抗匹配和赫姆霍兹共振器的吸声机理，在没有增加复合结构重量和厚度的前提下，设计出一种吸声材料位于微穿孔板之前的宽带吸声结构。复合结构低频的吸声系数主要由微穿孔板决定，中高频的吸声系数主要由多孔吸声材料决定。将主动吸声机制引入微穿孔板吸声结构中，2010 年常道庆等[20]研究了薄微穿孔板与压电分流电路耦合的吸声结构，通过将压电分流的电路调制到低频，从而拓宽了微穿孔板的低频吸声。2013 陶建成等[21]研究了微穿孔板与分流扬声器的组合吸声结构，通过调节分流电路来优化分流扬声器的低频声吸收，同时利用微穿孔板补充中高频声吸收，在较宽频率范围内实现了较好的吸声性能。

4. 机舱壁板的声学特性研究

刘碧龙等[22]围绕大型客机舱室中低频噪声，开展了飞机典型舱壁板结构在湍流激励下振动响应和噪声辐射预测研究，分析了不同湍流模型对预测结果的影响。

研究表明，在湍流边界层激励下，具有环向加强筋的大板与长度为两个相连加强筋之间的子板的声辐射相当。同时表明，在湍流边界层激励下，沿来流方向减少板的长度（或在与来流垂直的方向设置加强筋）不会影响湍流边界层激励的效率，但是显著增加了声辐射效率。而在声辐射的时候，筋的存在会影响到声辐射效率。在湍流边界层激励下测试壁板敷设和未敷设阻尼层时振动级和辐射声强的对比表明，结构阻尼对于湍流边界层激励下壁板的振动和声辐射水平非常敏感，增加壁板结构阻尼可显著降低结构的振动水平和相应的声辐射水平。这是由于占主导的结构响应源于流体动力吻合效应（即当边界层对流速度与结构轴向模态跟踪速度相等时，产生吻合效应，激励的效率极大）。因此，湍流边界层激励下结构的响应属于共振主导模式，对于结构阻尼敏感。研究者继续研究设计并制造了实尺度飞机舱段，分析了结构阻尼对声辐射系数的影响，给出了临界频率以下无限大板和有限大板声辐射系数的修正公式。结果表明，在临界频率位置处辐射系数反比于结构损耗因子的平方根，当结构损耗因子从 5% 增加到 10%，声辐射系数会增加 4~6dB。

在壁板阻尼研究中，利用模态展开法分析了扩散声场激励和湍流边界层激励下阻尼贴片对壁板噪声传递的影响。研究表明，仅当贴片的刚度和面密度远小于板的刚度和面密度时，贴片板不均匀性产生的振型交叉项对声辐射特性的影响才能忽略；在点力激励下，橡胶贴片的面积、厚度和密度对铝板辐射声能量在非共振处有较大影响，而橡胶贴片的杨氏模量则对铝板辐射声能量在整个频段内均有较大影响；在扩散声场激励和湍流边界层激励下，橡胶贴片的面积、厚度和密度对铝板隔声有较大影响，而橡胶贴片的阻尼和位置对铝板隔声几乎没有影响。贴片面积、厚度和密度增加导致隔声量增加主要是由于质量的增加，而贴片阻尼仅能控制共振处的隔声峰值，并不能在整个频段上对隔声产生较大影响。因此，受限于质量定律，轻质阻尼材料无法有效提高平板的隔声。研究中还发现，当贴片的刚度和面密度增加到与平板参数相同数量级时，扩散声场激励下贴片阻尼对隔声量的影响很小，而在湍流边界层激励下阻尼增大能够有效提高隔声量，但贴片阻尼较小时会导致部分频段隔声量下降。

同时，刘碧龙等[23]又开展了典型飞机双层壁板间控制线谱噪声传递的理论计算工作，利用传递矩阵法计算分析了双层板间加 Helmholtz 共振器的隔声性能。结果表明，共鸣器可以有效提高双层壁板在低频线谱的隔声量，双层板加共鸣器可以增加共鸣器共振频率处的隔声，但是在共振频率两侧隔声下降。采用不同频率的共鸣器混合可以增加隔声频带，增加共鸣器占中间层面积可以增大隔声量。

5. 三明治板和多孔材料的声学特性[24, 25]

获取相关动力学参数，对于三明治蜂窝结构的隔声预报至关重要。以往对于一维三明治梁动力学特性的研究大多基于理论预报，所获得的结果往往是机理性质的，缺乏工程应用价值。钱中昌等[26]基于 A. C. Nilsson 提出的三明治梁等效弯曲刚度的预测方法，提出一种针对有限大蜂窝三明治板的隔声预报公式，隔声预报所需的动力学参数可以通过简单的模态试验测出。该方法基于一系列假定，只需得到梁的前几阶共振频率，即可获得三明治蜂窝梁随频率变化的等效弯曲刚度。对于所做的一系列假定，在大多数条件下对三明治蜂窝结构是成立的。

同时，彭锋等[27]探索研究了穿孔膜对多孔吸声材料声学性能的影响，选择合适模型计算多孔材料的吸声性质，用 Atalla-Sgard 关于穿孔板的等效流体模型和基于马大猷微穿孔板理论的 Jian Kang 模型计算了微穿孔结构的吸声性能。根据实际参数计算了两层多孔材料、两层多孔材料中间含有聚合物薄膜，以及两层多孔材料中间含有聚合物微穿孔膜这三种结构的吸声系数。研究了同一种玻璃棉中加入一层无孔膜和微穿孔膜时吸声系数的变化，膜的位置以及材料各参数对吸声性能的影响；对于不同密度的玻璃棉组成的材料，分析了玻璃棉的密度和不同密度玻璃棉的放置顺序，以及不同密度玻璃棉组成的结构中各参数变化对吸声性能的影响。计算了两层多孔材料复合后的吸声性能随着材料流阻的变化，另外对于聚氨酯泡沫材料，将不同骨架类型进行了仿真研究，并和试验结果进行了比较研究，取得较好的结果。

6. 自然通风有源隔声窗

使用多层玻璃窗户，且将窗户完全关闭，可以获得 40~50dB 的降噪量。在实际情况中，常需将窗户打开以满足正常的通风需求，此时外界噪声亦可通过开着的窗户进入室内，因此降噪效果大幅降低。自然通风有源隔声窗，采用有源降噪技术，在噪声环境中产生局部安静区域，阻挡噪声但不影响空气和光线的传播，像一个无形的屏障对噪声起作用，应用于开口错置型自然通风窗户，既能够满足室内通风需求，又能够有效降低室内噪声的窗户。

邱小军等[28,29]运用耦合空间理论，先建立低频声在自然通风窗中传播的模型，然后引入有源噪声控制方法，获得了自然通风有源隔声窗的完整理论模型。并利用上述模型，数值仿真研究了等效波导管截面面积大小和模态截取数目对自然通风有源隔声窗模型计算精度的影响。在此基础上，进一步研究了次级声源位于不同位置时单通道有源降噪系统的降噪性能；分析了有源降噪的物理机理；通过实验研究了初级声源、次级声源和误差传声器的布放位置对单通道和双通道有源降噪性能的影响；分析了不同配置下，系统降噪效果存在差别的原因。通过对两种全尺寸有源降噪隔声窗户样机的降噪效果进行测量表明，窗户开口方向和地面反射对降噪效果影响不大。当窗户开口与地面平行且仅有地面反射时，有效降噪频率上限约为550Hz。当初级声源位于混响室时，此时反射复杂，初级声场包括所有方向的反射声，由于参考传声器只能接收从一定角度入射的声波，导致此时窗户降噪效果降低。

（二）典型噪声源发声机理和辐射特性研究

1. 高铁噪声特性

高速动车组车外运行噪声是一种在大尺度开放空间内高速运动、宽频、多声源耦合的复杂噪声源。因此在对复杂多声源准定量识别的基础上，通过理论分析及仿真计算，解析其车外辐射噪声产生机理、各主要声源的贡献量、主要影响因素，对高速动车组噪声源控制措施的效果进行仿真计算分析研究，以有效控制高速动车组车外辐射噪声源的影响水平。针对我国高速列车振动噪声现状和低噪声舒适性的实际需求，中科院声学所、铁道科学研究院等多家单位开展了高速列车噪声与振动特性研究。

有人[30,31]对于高速列车噪声与振动特性研究表明，通过研究外部声压级的变化与速度的关系，可以有效地识别哪些频率段是由空气动力噪声占主导地位和哪些频率段由轮轨噪声占主导地位；发现试验数据常用的预测轮轨噪声的速度指数3被2.5代替，高铁噪声的过渡速度（气动噪声和轮轨噪声贡献率相同时的速度）是315km/h，而不是文献里经常提到的300km/h。试验分析的主要结论还包括：车厢内中低频段噪声的变化远快于高频段噪声变化；在低速下，噪声频谱在630~1000Hz和2000~2500Hz范围内分别有一个明显的峰值，前一个峰值由轨道声辐射产生，后一个峰值由车轮声辐射产生；在高速下，车轮及轨道产生的噪声峰值被宽频带的气动噪声覆盖；气动噪声和轮轨噪声对车厢内噪声贡献相当的过渡速度为380~345km/h；车厢内部噪声取决于低中频段噪声成分。在高速工况下，内部噪声级的大小主要由受电弓、转向架和车厢连接处的低频气动噪声经过空气传播至车厢引起。此外，产生低频噪声的另一个途径是火车表面湍流边界层的结构激励和车轮/轨道的振动通过一级和二级悬挂装置的结构连接传入。在高速工况下，外部轮轨噪声通过空气传播途径传入车厢内，主导内部噪声的高频成分。

欧阳山等[32,33]对于京沪高速铁路先导段的试验研究结果表明：当不同类型动车组高速运行时，各车型的声源空间分布相似，主要噪声源分布于各节车的轮对和转向架位置，即轮轨区域、车头前部区域，尤其是头车的转向架位置存在强声源，受电弓位置即集电系统区域存在较强声源，在一些风挡局部区域也出现相对较强的分布声源，总体上，车体区域的声源强度相对轮轨区域和集电系统区域较弱。由 1/3 倍频程噪声源空间分布结果可见，轮轨区域噪声在各频带（400～5000Hz）都十分显著，在 400～630Hz 范围内，集电系统区域噪声较为明显，随着频率的增高，这部分噪声显得相对不明显，这主要是由于集电系统噪声源的产生机制是空气动力噪声，该声源主要集中在中低频带。

2. 高铁环境噪声影响的试验研究

2011 年京沪高速铁路开通运营前，辜小安等[34]进行了有关的环境效应试验，较为系统地研究了我国高速铁路最高运行速度达 420km/h 时的环境噪声、环境振动、电磁干扰以及高架车站候车环境噪声与振动影响状况等内容的试验研究。通过试验研究，首次得出了我国 CRH380 各高速车型整车及各节车的声源组成、空间分布位置、频率构成及各主要噪声源贡献量；掌握了 350～420km/h 动车组运行时辐射噪声源强及声场分布特性，掌握了动车组在 350～420km/h 运行时辐射噪声源强与车速、水平距离、垂向高度等的变化规律；探索了声屏障插入损失值与动车组运行速度的关系。

针对我国高速铁路站桥合一及站桥分离两种典型高架站建筑结构特征，辜小安等[35]系统探索了高架车站候车厅及站台层的噪声振动试验分析方法，初步掌握了高速铁路高架候车厅、线下候车厅、高架站台层等候车环境的噪声、振动影响状况及噪声振动传递规律。同时，首次得出 380km/h 以上高速动车组通过时干扰场强全频段频率特性及受影响信号电缆长度与感应电动势的实测规律；在综合接地测试中采用 GPS 受试方法，解决了空间相距较远的多个测点高精度时间同步的问题；得出了钢轨电位及贯通地线电位同一位置不同时刻分布规律和同一时刻不同位置分布规律。

以上研究成果为优化和完善我国高速铁路动车组、线路条件以及高架车站的优化设计，为高速列车噪声源和高架车站噪声振动控制技术、相关环境噪声、振动标准制修订以及相应的环境管理等提供了科学依据和技术支撑。

3. 风电场和特高压变电（换流）站噪声

随着城市能源告急和人类可持续发展意识的提升，风能作为除水能外技术最成熟的可再生能源，已在全世界范围内广泛利用。然而，风电机组的噪声问题已成为限制风电场选址和风电机组大规模布置的一个重要因素。同时，随着新建和扩建变电站数量的不断增加，变电站噪声扰民及投诉事件急剧增多，变电站噪声对于公众的实际影响及其控制方法备受公众和社会关注。

翟国庆[36]等通过对天台山等多个风电场风电机组进行噪声测量和分析表明，距风电机组塔基 10m 处和 45m 处的噪声特性基本相似，噪声最大声压级出现在低频段，随着1/3倍频带中心频率的增加，声压级显著下降。风电机组上、下风向测点处噪声的低频段能量均占总能量的 90% 以上，风电机组噪声具有显著的低频特性。

同时，翟国庆等[37]通过对于典型 110kV、220kV、500kV 变电站噪声的现场测量，确定了在冷却风扇开和不开两种工况下主变噪声源强（A 计权声功率级）及其频率特性，为开展变电站噪声影响预测评价提供更了重要的声学特性参数。

4. 城市高架复合道路噪声特性

近十多年来，城市道路建设取得了很大的进展，作为大运量的交通工具——轨道交通发展迅速，高架复合道路等立体交通建设里程数不断增加，但其噪声对邻近居民的影响却不容忽视。

翟国庆等[37]对此进行了系列的研究工作，研究表明，高架道路噪声对临街建筑影响较大。高架复合道路平直段与设有上下匝道段临街建筑平面噪声分布规律基本一致，即底层噪声级较小，随立面高度的增加，噪声级逐渐加大，在某一高度上达到最大值后，噪声级随高度增加而减小。其中平直路段临街建筑（距离高架复合道路中心线为 25～30m）受噪声影响最大的楼层是第 9 层和第 10 层，影响最小的为第 1 层和第 2 层；靠近上下匝道段噪声影响最大的楼层为第 6 层和第 7 层，影响最小的楼层为 11 层以上。在高架道路变设有 2.38m 高声屏障时，距离高架道路中心线约为 30m 的临街建筑 1～5 楼里面噪声比未受声屏障保护建筑立面噪声低 3～5dB，即声屏障对距离高架道路中心线约为 30m 建筑1～5 层的降噪量小于 5dB。

张纬等[38]针对 34 座典型桥梁，研究了城市桥梁噪声的现状和频谱特性，桥型包含简支梁桥、连续梁桥、拱桥、斜拉桥、悬索桥，对比了 A 计权和 Z 计权的桥梁噪声声压级，比较了不同类型桥梁的桥面、连接路面、桥底的噪声声压级和频谱，以及桥面有车辆经过和无车辆经过时的噪声频谱。结果表明：①桥面噪声由于包含较多的结构噪声成分，其低频声压比路面大，高频声压差别不大；②桥梁的结构噪声以 100 Hz 以下的低频噪声为主，其与桥梁跨径不存在确定性关系；③桥底空间较小时，由于声波的反射，桥下的低频噪声比桥面大；④有必要采用对低频噪声无衰减的 Z 计权声级来测试和评价桥梁噪声。

王一干等[39]综述了结构噪声的特性和计算方法，并以此为基础从噪声的产生、传播和衰减三个方面介绍了降低桥梁结构噪声的措施。研究表明：轨道交通桥梁结构噪声属于低频噪声，其频率主要分布在 250Hz 以内，峰值频率多以 50Hz 为主；桥梁结构噪声与列车车速之间的关系还没有定论，有待进一步研究；结构声辐射效率受边界条件、板厚和激励频率的影响；近年来声振分析都采用以车-线-桥耦合振动为前提的离散单元数值方法，精确程度与计算效率都有所提高，但仍有待进一步优化；解析法的应用还有待检验；改变轨道结构以达到减振降噪的方式是目前桥梁结构噪声控制最常用的手段，其效果在实际工程运用中得到了验证与肯定；通过改变桥梁结构的边界条件，调整结构刚度，在理论上是可以达到降低桥梁结构噪声的目的，但实际应用较少，且运用效果未见报道；对于设置加劲肋和修改截面形式的降噪措施现在还没有定论；可以通过增加阻尼层来减少桥梁结构噪声。

5. 高速铁路车站的噪声影响特性

高速铁路高架车站候车环境受高速动车组运行噪声振动影响，将直接影响旅客候车的舒适性。随着大众环保意识的普遍提高，对声环境质量的要求已大幅度提升，客站内部声环境质量控制从设计理念、控制措施、技术有效性、经济合理性等方面的主观需求与客观效果的差距日益明显。

刘培杰等[40]研究了特大型高铁车站，结果表明：特大型高铁车站空间混响时间较长，呈现中频较长（达 9.21s）、低频和高频比中频短的频率特性；在该空间中，语言传输指数与早期衰变时间（500Hz 和 1000Hz 倍频带）高度相关，而与混响时间（500Hz 和 1000Hz 倍频带）的相关性不大；增加建筑界面的吸声量，声场参数得到显著改善；A 声级与声源和接收点距离的对数值高度相关，混响时间（500Hz 和 11000Hz 倍频带）与声源和接收点的距离无关。在一定距离范围内，声场参数早期衰变时间（500Hz 和 1000Hz 倍频带）、清晰度（500Hz 和 1000Hz 倍频带）、语言传输指数与声源和接收点的距离高度相关。候车空间的分布式扬声器系统与旅客的距离需仔细设计，以满足语言清晰度的要求。

基于我国高速铁路高架车站候车厅声学环境现场试验数据，辜小安等[41]提出我国高速铁路高架车站候车厅声学环境要求的 4 项评价指标：受高速列车运行噪声影响的小时等效声级（$L_{Aeq,1h}$）、列车通过暴露声级（TEL）、候车厅内 500Hz 混响时间（$T_{60,500Hz}$）和扩声系统语言传输指数（STIPA）。每项评价指标又划分为允许限值和鼓励限值 2 个等级；其中，允许限值建立在现阶段技术可控的基础上，它对应于 $L_{Aeq,1h} \leqslant 65dB$，TEL $\leqslant 85dB$，$T_{60,500Hz} \leqslant 2.5s$，STIPA $\geqslant 0.45$；鼓励限值旨在保障旅客候车舒适性，并需通过加强候车厅声学设计、采取噪声控制措施后方可达到，它对应于 $L_{Aeq,1h} \leqslant 60dB$，TEL $\leqslant 80dB$，$T_{60,500Hz} \leqslant 2.0s$，STIPA $\geqslant 0.55$。

以上研究成果为优化和完善我国高速铁路动车组、线路条件以及高架车站的优化设计，为高速列车噪声源和高架车站噪声振动控制技术、相关环境噪声、振动标准制修订以及相应的环境管理等提供了科学依据和技术支撑。

（三）环境噪声预测与评价

1. 室内二次结构噪声评价方法及限值的讨论

（1）地铁运行引起室内结构噪声的评价指标　近年来，随着我国城市交通的发展和建设，城市地下轨道交通得到迅猛发展。地下轨道交通运行时激发隧道的振动，经过土层的传播和衰减，进而激发地面建筑物振动，形成建筑物内的二次噪声辐射，成为位于线路附近的居民投诉的最主要原因。

由于传统的噪声评价量 A 计权声级明显低估了噪声的低频成分对烦恼度的影响，其在评价由地铁振动引起的噪声辐射时，不能正确反映居民的主观烦恼度。因此，需要对地铁振动引起的低频噪声的烦恼度进行研究，并建立可以恰当反映低频噪声烦恼度的评价参量和评价体系。翟国庆等[42]通过研究获得低频噪声烦恼度与频率关系的变化曲线，并进一步提出了低频噪声评价曲线，表示为 LF 计权曲线，用于评价地铁运行引起的二次结构噪声，获得计权函数。

采用实际地铁噪声信号的主观烦恼度评价值与通过修正计权获得的计算 LF 声级进行相关分析，两者的相关系数达到 0.97。同时，文献 [42] 检验了 LF 计权曲线在评价其他类型低频噪声烦恼的有效性，结果表明，LF 计权曲线在评价其他类型低频噪声烦恼时也具有较好的适用性。

（2）室内二次结构噪声限值的讨论　我国现行结构传播固定设备室内噪声排放限值得到的评价结论经常与噪声的实际影响程度不一致，主要表现为当室内噪声未超过标准限值，如 31.5Hz 或 63Hz 倍频带声压级接近但低于限值水平时，人们抱怨噪声影响较大，或者虽然 250Hz 或 500Hz 倍频带声压级超标，但人们经常感受不到噪声影响。文献[37]提出将质量评价指数（QAI）、受结构传播噪声污染前后任何一个倍频程上声压级增量小于 5dB 同时作为排放标准限值之一，这样可有效避免符合标准限值情况下，由于室内噪声各频带能量分布严重失衡对室内声环境产生较大影响案例的发生。

辜小安等[43]认为关于城市轨道交通列车运行对次辐射噪声的原理和定义确定，即被激励产生振动的建筑构件，其固体表面振动向周围空气介质辐射的声压波，频率范围在 16～200Hz。因此，相应的执行标准应为 JGJ/T 170—2009《城市轨道交通引起建筑物振动与二次辐射噪声限值及其测量方法标准》中的限值。但评价量不宜采用该标准中规定的

1h 等效 A 声级，而应参照美国公共运输协会对建筑物二次辐射噪声的评价量，采用列车通过时的最大 A 声级作为测量量和评价量。

2. 普铁与高铁噪声评价量及限值对比研究

由于高速铁路噪声在声源特性上与普通铁路噪声有显著差异，国际上许多国家和地区针对高速铁路噪声单独制定了相关标准或限值。文献［37］通过对两种铁路噪声影响的对比研究发现，在相同 L_{Aeq} 下，高铁噪声主观烦恼度、行为干扰度分别比普铁噪声高出 13.0dB～13.2dB 和 15.6～16.0dB。在等主观烦恼度、行为干扰度水平下，普铁噪声 L_{Aeq} 比高铁噪声高出 6.3～6.4dB 和 7.5～7.7dB。若仍以 L_{Aeq} 作为铁路噪声评价量，高铁线路两侧区域环境噪声限值建议比普铁噪声严格 7dB 为宜。与 L_{Aeq} 相比，铁路噪声（包括高铁与普铁噪声）主观烦恼度及行为干扰度与单一声学参量 L_{AFmax} 或 L_{ASmax} 的决定系数更高，其中以与 L_{AFmax} 的决定系数为最高。与单一声学参数相比，组合声学参量 $L_G = 1.74L_{AFmax} + 0.008L_{AFmax}$ $(L_p - L_A)$ 更适用于评价铁路噪声，L_G 更适合作为两种类型铁路噪声的统一评价指标。对 L_{Aeq} 为 70dB（或 60dB）的普通铁路噪声与 63dB（或 53dB）的高速铁路噪声主观感受基本相同，对应的 L_G 则均为 145dB（或 126dB）。

我国《声环境质量标准》（GB 3096—2008）中规定新建铁路两侧区域昼间、夜间环境噪声 L_{Aeq} 限值为 70dB 与 60dB，该限值当初是针对普通铁路制定的。文献［42］研究表明，在等主观烦恼度与等行为干扰度条件下，普铁噪声比高铁噪声平均高出 7dB。根据中国现行普铁两侧区域环境噪声限值，在等主观烦恼度和等行为干扰度的条件下，新建高铁两侧区域环境噪声限值应比普铁高铁严格 7dB，即昼间、夜间环境噪声 L_{Aeq} 限值分别为 63dB、53dB。

（四）环境噪声的主观评价研究

1. 环境声的听觉感知与自动识别

声音最基本的主观评价量是响度。常用的响度计算模型主要有三种：Stevens 模型、Zwicker 模型和 Moore 模型。根据我国人群的主观听觉反应特点，西北工业大学陈克安等[44]以最新的标准数据和最新发表的研究结论为基础，采用最新的中耳传递函数，并改进特性响度的计算函数，对 Moore 模型进行了改进，利用新的模型重新计算了等响曲线并与原有模型的结果以及最新国际标准进行了对比。结论表明，1～8kHz 之间的计算结果有较大的修订，特别是能很好地预测 1～2kHz 之间的凸起。2011 年又对粗糙度模型进行了研究。

针对多声源条件下的噪声烦恼度评价，闫靓等[45]研究了多噪声源共同作用下的混合噪声烦恼度的评价过程与预测方法。首先，设计并完成了固定播放时长噪声样本作用下的烦恼度主观评价实验，获得了人工合成的混合噪声样本作用下的混合噪声烦恼度（亦称总烦恼度）评价数据与构成混合噪声样本的所有单一噪声样本单独作用时的烦恼度评价数据。随后，细致分析了两组评价数据之间的关系，提出了利用多元线性回归模型预测烦恼度中的取值问题。研究表明，以所提出的权值确定方法建立的多元线性回归预测模型能够较为成功地预测混合噪声样本作用下的总烦恼度评价值。

2. 环境声的自动识别

物体的材料、形状、尺寸以及激励力共同决定了其产生的声音，而如何通过声音恢复出对应声源的物理属性，这就是声源辨识问题。目前声源辨识研究主要分为两大类：一类关注于人耳辨识声源材料或尺寸的性能。另一类研究关注于寻找人耳辨识声源物理属性的声特征。

目前，随着声源辨识研究的深入，人们不只简单关注声源辨识的整体性能，而对辨识过程中涉及的感知约束、个体差异以及决策策略等进行了更深入研究。陈克安和张冰瑞等[45,46]针对声源辨识中听觉系统的决策策略，围绕声源、声信号及听觉感知三者之间的联系，以合成冲击声和主观评价实验为手段，模拟了平板、加筋板和圆柱壳等复杂结构受击振动与声辐射过程，给出了基于物理模型的时域冲击声合成方法，并研究了听觉系统辨识声源材料和尺寸的性能，以及对声信息的整合特性，最终获得描述声源物理属性的恒定声线索。陈克安和任玉凤等[47]利用辨识实验研究了个体差异，结果表明男性和女性在辨识行为中存在较大差异，但对于日常生活中人们比较熟悉的环境声，训练程度对被试者在声源辨识中的表现却基本没有影响。

另一个声学主观研究热点在于，基于听觉感知的声目标自动识别。陈克安等人将听觉感知特征用于环境声的自动分类中，针对水泥混凝土路面脱空检测[48]、数字助听器的听觉场景匹配[49]以及扬声器质量判断[50]等工程问题，提取一系列广义听觉感知特征，通过特征选择和变换降低信息冗余度，并根据样本个数、特征分布类型等因素设计合适的分类器，最终设计出了高效准确的声目标识别系统。在利用音色特征的声目标识别研究中，陈克安、王娜和王焕荣等人将音色描述符和本质音色特征用于环境声的自动识别，针对乐器、车辆、飞机和舰船噪声，利用改进的频域和时域分段特征，以及回归分析建立的本质音色模型，有效地改善了声目标识别效果[51]。

3. 教室声学特性

教室室内声学环境的好坏不但影响到师生之间的交流、学生的学习效率，而且还影响学生的行为、生理和心理健康。在声学环境不良的教室里学习的学生，其注意力更难集中，对声音的辨别能力以及对语言的理解能力都较差。教室声学已经成为当前建筑声学领域的一个研究热点，世界卫生组织（WHO）以及英国、美国等许多欧美国家都已经建立相应的教室室内声学环境方面的标准或规范。

Shield 等[53]在伦敦调查了 142 所小学室外噪声，并调查了其中的 16 所学校教室室内的噪声状况及其对学生行为的影响，结果表明：来自校外的噪声中，交通噪声的影响较为严重；而校内噪声中，邻室传来的噪声及教室学生活动噪声影响较为严重。很多研究者对学校教室声环境进行了大规模的调查和客观声学测量，得到了类似的结论，而且主观调研结果与客观声学参数之间具有一定的相关性。在我国，王季卿等[53]于 20 世纪 80 年代末 90 年代初对上海、南京两地区中小学教室进行了噪声状况调查，结果表明教室内主要噪声来源是交通噪声。姜恩明等对哈尔滨市中小学校室外噪声来源进行调查得到同样的结果。宋拥民对湖北省一所高中和山东省一所初中学校的教室室内外噪声进行了调查，指出师生活动噪声是教室室内主要噪声源。汪俊东等[54]对广州市 10 所小学学生进行了关于噪声对他们的影响的问卷调查，得到与 Shield 相同的结果。概括已有的调查研究工作，可以获得影响教室室内声学环境的主要因素：混响时间、背景噪声、语言声压级及室内语言声与干扰噪声之间的信噪比、围护结构的隔声性能等方面。

彭健新等[55,56]关于教室室内混响时间对室内语言清晰度影响的研究比较深入，而且认为信噪比比混响时间更为重要。当教室内信噪比满足要求时，混响时间在一个较宽的范围能得到较好的室内语言清晰度。对于混响时间和教室室内最高允许噪声级的优选值，一

般认为对体积小于 $200m^3$ 的教室，其混响时间优选在 $0.4 \sim 0.6s$ 范围内，相应的室内噪声级限值在 $30 \sim 40dB$（A）之间。学生年龄越小，教室室内最高允许噪声级值越低。对于信噪比的优选值，不同研究得到的结果有一定的差异，一般在 $12 \sim 25dB$ 之间。当室内噪声级增大时，会发生朗伯效应，教师会根据室内噪声级的大小调整自己的说话声级以使学生听清楚他的讲话内容。如果教室内干扰噪声级过高，教师必须大声讲课或采用扩声系统讲课，以使学生听清楚。但是，美国声学学会官方[29]建议对于典型的主流的小教室声音放大不应该作常规使用。

教室声学环境的研究进一步需要解决的问题：学校噪声地图；不同地域教室混响时间等客观参数基本数据；教师授课声级及课堂信噪比数据；教室围护结构隔声基本数据；噪声、混响等对学生学习的影响；教室扩声的作用与地位。

4. 低频噪声源声学特性数据库以及典型低频噪声效应-剂量关系

随着高铁、特高压输变电、风电场等新型噪声源的出现，我国低频噪声污染影响日益突出，污染纠纷频发，扰民投诉呈高发态势。依托环保部公益性行业科研专项，2012 年，浙江大学牵头完成了"低频噪声效应、评价方法及其环境管理技术研究"，建立了国内首个可提供典型低频噪声采样文件、声源运行工况、声场景录像、声源照片及声源特性等完整信息的低频噪声源及其声学特性数据库，使用者可以在公开的网站数据库中下载所需的声波文件（http：//ene.zju.edu.cn），并全面获取与声样本相关的完整信息；掌握了不同声环境功能区噪声、单一/混合交通噪声以及风电场、变电站等新型低频噪声剂量-效应关系（美国联邦机构噪声委员会推荐将噪声限值设置在剂量-效应曲线中人群高烦恼率为15%或更低时所对应的声级）；探索了长期高强度（我国现有标准限值下）飞机噪声、高铁噪声等暴露对受体脑电、学习记忆等行为、血浆神经递质、神经细胞超微结构、蛋白表达等的生理影响，并提出了低频噪声评价和管理建议。

5. 不同电压等级变电站噪声主观烦恼研究

目前，我国还没有专门针对变电站的噪声排放标准，变电站噪声排放执行 GB 12348—2008《工业企业厂界环境噪声标准》。由于 110kV、200kV 和 500kV 变电站噪声的低频成分丰富，更容易引起人群烦恼，往往在噪声排放值没有达到《工业企业厂界环境噪声排放标准》时，噪声暴露人群已有不适感觉。为确定变电站噪声主观烦恼度的阈值，通过主观评价试验研究发现，在满足高烦恼率≤15%和烦恼度平均值≤0.5 的情况下，220kV、500kV 主变噪声限值应为 54dB 和 57dB。考虑到同一级噪声在夜间对居民的干扰要远大于昼间，参照我国现行《工业企业厂界环境噪声排放标准》，夜间限值可在昼间限值的基础上再严格 10dB，分别为 44dB 和 47dB。

此外，由于对公众可能产生噪声影响的 110kV、220kV 和 500kV 户外变电站多建于 1 类和 2 类声环境功能区，考虑到与现行 GB 12348—2008 标准的衔接，提出了位于 1 类和 2 类功能区的变电站厂界噪声排放采用的限值。对于位于 3 类和 4 类声功能区的变电站，由于周边声环境敏感建筑较少，且所在区域背景噪声较高，建议仍执行现行标准[57]。

三、环境物理学科学技术研究进展

（一）有源降噪技术的应用

有源噪声控制技术是指通过人为引入可控次级声源和原始初级噪声源的噪声产生、辐射、传播和感知过程相互作用来降低噪声的技术。和传统噪声控制方法相比，有源噪声控制技术在解决有重量和体积约束的低频噪声控制问题时有一定优势。另外，该技术还可用在由于通风和美观等原因无法使用传统噪声控制方法的场合。有源噪声控制系统一般由传感器、控制源和控制器构成。系统一般是自适应的，由控制器通过观察传感器的信号调整控制源的输出以保证在原始噪声和控制环境发生变化时有源降噪系统的性能。

有源噪声控制的思路早在 20 世纪 30 年代就被提出，但真正的应用始于 20 世纪 70 年代末。迄今，有源噪声控制研究取得了巨大的进展。近些年在学术上体现在国内外有多本相关专著问世，参考文献中列出了较著名的 2 本专著[58,59]；在应用上体现在消费类电子、航空航天、交通、环境和军事中的多种产品，如市场中各种样式的有源降噪耳机和耳塞、Saab 340B 飞机舱内的有源降噪系统和多个厂商高端轿车上安装的车内有源降噪系统等。这里仅介绍近几年在环境噪声控制中有较大进展的两个典型应用。

第一个应用是针对大型电力变压器低频辐射噪声的虚拟声屏障技术。虚拟声屏障由若干声源和传感器构成，使用有源控制方法在噪声环境中产生安静区域，阻挡噪声但不影响空气和光线的传播，像一个无形的屏障对噪声起作用，故称为虚拟声屏障[60]。大型电力变压器的噪声以低频线谱为主，传统降噪方法如隔声、吸声等对低频噪声效果较差或成本较高，且一般要求全封闭，影响设备的通风散热和维护。采用虚拟声屏障系统可有效降低低频噪声，在误差点低频线谱的平均降噪量在 10dB 以上，正体降噪效果不差于单层封闭窗户。

第二个应用是针对城市环境噪声的自然通风隔声窗技术。在办公室和居民住宅中，窗户常是最薄弱的隔声环节。有源噪声控制技术在单层或双层封闭窗的应用已有很多研究，但由于节能和舒适的原因，很多人希望能够提供自然通风但又有较好隔声效果的窗户。交错式自然通风隔声窗就是这样一种设计，但其低频隔声性能相对较差。因此有源噪声控制技术被应用在其中以提高其整体隔声性能。现场测试表明，带有有源控制的交错式自然通风隔声窗的隔声性能不差于闭合单层窗的性能[61]。

有源噪声控制技术的基本原理和方法都已经建立，相关的教科书都已经出版，但更广泛的应用目前刚刚开始。有源噪声控制未来的发展方向分为两个方面：一个方面是更特定的应用以及和特定应用相关的传感器、控制器、控制算法和系统的研发，另外一个方面是针对更一般的系统的研究，即对超大规模多通道控制系统及其算法进行研究以提高有源噪声控制的频率和空间范围。

（二）被动噪声控制技术

1. 轨道列车减振降噪关键技术研究进展

中科院声学所联合铁道部科学技术研究院深入分析我国高速列车大量的实测数据[62]，解决了中国高铁列车不同运行工况下气动噪声和轮轨噪声的分离和识别问题；找到了两者贡献量比重变化的过渡速度点，并首次应用传递路径分析方法揭示了车厢内结构声和空气声的传递规律。应用声学设计手段对高铁车厢典型结构做了完整优化，研究了车厢内部使用的微穿孔吸声结构和高效阻尼隔声材料，与主机厂合作形成了高速列车车厢内部声学材料使用数据库，并取得了一些专利性成果。进行了 CRH380B 型动车组 EC 客车室和司机室空调噪声测试，搭建了长 25m×宽 4m×高 4m 的试验台架并完成了相关测试，该测试结果将有助于高速列车空调系统降噪的研究。针对动车振动特性分析与声学仿真预报，实现了作为一个复杂结构的高铁车厢的完备建模，使声学优化和噪声预报有了可靠的数值计算平台；提出了结构动态等效的建模思想，使复杂结构的声振传递的物理本质得到进一步的认识和理解；在此基础上，仿真精度和计算效率都得到大大提高；对转向架地板隔声效果差的缺点，定性分析了提高隔声量的途径，有助于指导新型复合隔声材料的试制。

白国锋和詹沛等[63,64]研发了一种多功能复合型声学材料。新型复合材料具备环保、阻燃、保温、吸声、隔声和减振等多项功能，并引入等效空气层解决了质量和隔声性能不能兼顾的矛盾。在高速列车受电弓实验平台中相对实车工况降噪量提高5.1dBA，同时中顶板面密度相对受电弓使用的原材料进一步下降。新型复合材料已被主机厂正式批准进行上车搭载实验，完成上车前十二项国标/轨道交通行业标准测试、受电弓区域使用产品制作工艺研究以及产品定型设计，并加工完成用于车厢受电弓区域的首批产品，形成了产品结构图。

2. 轨道交通隔振

随着国民经济的高速发展，我国城市轨道交通的建设全面展开。为解决其穿过文化区、科技区、居民稠密区和文物古迹保护区等一些敏感路段的振动和固体噪声影响，近年来各类新型轨道隔振器具已作为轨道交通建设的必备隔振降噪措施，并在全国各地各城市地铁和轻轨交通建设工程中获得了日益广泛的应用，总量直线上升，得到业界普遍认可的有阻尼弹簧浮置板轨道隔振技术，并相继开发了预制钢筋笼拼装一体化工艺和预制短板等快速施工工艺。

由北京市劳动保护科学研究所暨北京九州一轨有限公司等单位[65,66]联合开发的国产化阻尼弹簧浮置板轨道隔振技术更是实现了拥有自主知识产权的多项技术创新，填补了国内空白，打破了国外技术十余年的独家垄断，彻底改变了同类产品完全依赖进口的局面。

（三）环境噪声测试技术的新发展

1. 消声器间接测量方法

近年来，随着工业建设和市政建设的发展，工业设施和市政设施的噪声控制措施大量采用了大型并排吸声体式消声器。无论是工程设计阶段还是验证阶段，都需要对消声器的性能进行准确标定和客观评价。由于声学测量原理、测量设施和经济代价的制约，大型消声器整机进入实验室进行测量难以做到，而根据并排吸声体式消声器的结构特点和消声原理，可以确定，采用小模块进入实验室进行测量，能够得到较精确的结果。方庆川[67]提出了一种针对并排吸声体式消声器声学性能参数的间接测量方法。对于解决工业项目和市政项目噪声控制方案的设计和工程管理、验证，具有十分重大的意义。

目前国内外的既有公开的消声器测量方法，都是基于独立完整的消声器整机的测量，虽然ISO 7235/GBT 25516的附录E也介绍了取特定断面测试的间接测量方法，但是本间接测量方法，在应用范围的广泛和通用性上，有较大的拓展。

方庆川提出的方法解决了以下问题：①对于大型（尺寸）消声器设备，不需要整机进入实验室测试，利用既有的只能测试小型（尺寸）消声器设备的实验室，通过本间接方法，可以得到完整的大型（尺寸）消声器设备的性能参数，包括传声损失、气流噪声声功率级、全压损失系数；②可以准确得到，由于现场不可控因素造成的消声器设备参数（现场可测）变化，导致的消声器性能（现场测不准）的变化量。

截至2015年12月国家标准已经立项，技术报告（草稿）已经完成；国家标准文稿正在起草；部分验证实验已经完成，实验报告正在整理中。

2. 分布式噪声监测传感网相关研究

面向环境噪声和工业过程监测等应用，程晓斌等[68,69]持续多年开展分布式噪声传感网的相关研究，建立并优化了多传感器、多传输方式、多级拓扑结构的网络架构，完成了海量数据汇聚、多传感器信息融合、多子软组合等关键技术研究，解决了对象监测范围广、测点多的适应性问题；针对测量中测点分散的特点，研制成功基于 WiFi 的无线网络传感器和无线传输节点，解决了多级网络架构下的无线网络传感器管理问题，实现智能化管理，降低服务器的负担，同时实现了与原有噪声监测系统的无缝连接；研究了无线网络传感器和无线节点的稳定性问题，提出完善的通信协议，提高了数据传输的鲁棒性，采用了有效的内存管理方案，解决了内存泄露和碎片的问题，确保长期稳定运行。提出并完善了高速信号传输异步模型，即 HiDMF 模型，实现了系统中海量数据的传输，重点解决了传输稳定性和高可复用性问题。在此研究基础上，最终建立一套集有线、无线为一体的分布式数据采集系统，为后续的故障识别定位研究提供可靠的数据采集和处理平台。

3. 基于 OTPA 的设备贡献量分析方法

OTPA 方法是指在测试对象实际运行工况下时，通过测量测试对象的多个激励（输入）和所关注的响应（输出）信号，通过输入输出矩阵的一系列求解分析得到系统的激励-响应传递关系模型[70]。进一步可以定量分析系统在实际运行中存在的各个激励，或各个传递途径对系统实际响应的影响大小（贡献量），从而对系统的进一步优化等做出决策辅助作用。

"十二五"期间，隋富生、袁旻忞等[62,71]开展研究了动车组噪声与振动传递途径试验研究，通过对 CRH2H 车型 4 号车的 OTPA 试验，研究了包括 OPTA 测试和分析方法、安装有受电弓的车厢端部客室在行驶工况下噪声与振动对车内传递贡献分析。通过对多个速度工况下不同测试位置数据的分析和两种不同级别的传递关系模型的研究，发现客室内噪声的主要贡献来自于结构声，在 250km/h 速度以下，轮轨激励引起了客室内噪声在 600Hz 附近的峰值，并是高频的主要来源，受电弓是 600Hz 以下噪声的主要来源；内饰结构振动是客室噪声主要来源，天花板和侧壁在低频占主要贡献，而地板主要在 500Hz 以上贡献较多。

4. 声相仪

声相（像）仪（sound imaging instrument）又名声学照相机（acoustic camera），是中国科学院声学研究所自主研制的用眼睛"看"声音的成场成像分析系统，即"拍声音"。其典型应用是噪声源定位。传声器阵列声成像（acoustic imaging）测量是将声像图与视频图像透明叠加，直观分析噪声状态，用于测量物体发出声音的位置和声音辐射的状态，以声像图的颜色代表声音的强弱，帮助人们直观地认识声场、声波、声源，了解机器设备产生噪声的部位和原因。声成像质量的主要指标有图像的分辨率、成像速度、清晰度、成像频率范围、畸变和虚像等。

中科院声学所杨亦春等[72]研制了系列声相仪产品：第一类是 64 元平面螺旋传声器阵列，有直径 1m、2m、3m 三种规格，有多种工作模式，声像图像素 41.8 万，声像分离检测频率范围 200Hz～6kHz，成像速度 4～25fps，主要指标均超越国际同类产品；第二类是球形声相仪。声相仪阵元采用了 1/2 吋测量级驻极体电容传声器，同时配置了一款专门设计的微型前置放大器，这种组合极大限度地避免了阵元对声场的干扰，即使在最严酷的电磁环境中，阵上信号检测电路也具有良好的抗电磁干扰能力。此外，声相仪结构紧凑，操作简便。

声相仪是一种高度集成的模块化便携仪器，以精确成像分离监测机器各部位发出的声音，对多干扰声源和封闭空间等恶劣环境中的机器设备噪声源分析，进而寻找噪声治理、噪声控制的途径，以及对设备进行噪声故障诊断。针对重点位置声源，可以采用聚焦提取方法得到高信噪比的目标声音，用于机器设备故障诊断，分析噪声的频率、幅值、持续时间与设备运转规律的关系。声相仪是工业设施的机器在线故障诊断的新一代高性能声学监测设备，适用于开阔空间自由场，或者封闭空间混响环境中的多声源检测与识别问题。从声音的变化来反映机器运行性能的变化。目前，国内尚没有其他与声相仪相同的声成像测量分析产品。

声成像技术的应用对于噪声测量具有较重要的意义，对于促进工业设计和生产技术的提高具有深远的影响。

5. 噪声地图技术

以往国内主要利用国外商用软件和算法开展噪声地图的研究，2008年以来，国内以北京市劳动保护科学研究所为代表的有关科研机构对噪声地图的绘制技术进行了系统性研究，从国内实际情况出发，对国外声源模型进行了修正，提出了适合北京城市交通特点的预测方法，使得预测精度达到国际领先水平。"十二五"期间，又在上述基础上，开发了基于国内道路、铁路声源模型为基础的噪声地图绘制软件，并将噪声地图与国内管理政策相结合，开发了具有自主知识产权的"环境噪声信息管理平台"[73]。通过将先进的自动检测技术、模拟计算引擎和GIS技术进行紧密集成，平台具有可随时查看城市二维、三维空间噪声地图和进行噪声地图预测与自动监测动态修正引擎的噪声地图管理子系统，可实现城区声功能区划动态调整的声功能区管理子系统，可实现与自动监测数据动态链接，实时反应各监测数据变化情况的自动监测管理子系统，可对污染源空间分布地图、属性信息、业务数据进行简便快捷地浏览、查询、统计分析和对各类污染源进行污染量化分析和治理方案比对的声污染源管理子系统，以及投诉信息管理子系统，为城市环境噪声管理提供全方位的解决方案。该管理平台已在北京市环保局试运行，为噪声地图在国内的普及应用提供了坚实的技术基础。

目前，中国城市人口众多，居住较为集中，各种建筑形式复杂，城市化进程处于高速发展阶段，环境噪声污染严重，对噪声地图技术的研究、噪声地图的绘制，必将对噪声管理和评价产生重大影响，并提供巨大技术支持[74]。目前，噪声地图的绘制和发布还存在着诸多困难和问题，主要表现为：地理环境数据和噪声源数据收集、整理难度大，有用的现成资料不多；采用国外的预测模型软件需要手动对模型进行本地化修正；软件数据录入往往需要手工录入，效率低；时效性差，绘制噪声地图不仅费时费力，绘制完成的噪声地图往往很多年都难以得到更新。

6. 环境噪声监测与评价

在分析国内外噪声自动监测的进展、现状与动态的基础上，国家环境监测中心刘砚华等[75]系统全面地分析了城市各类功能区和道路交通噪声特性及时空变化规律，探讨了功能区和道路交通噪声监测点位的布设问题，在此基础上提出了监测点位的布设数量与布设原则。通过数据有效性分析，提出了小时、日监测的有效时间，季度、年的最少监测天数等建议。在对重点噪声源实施噪声自动监测的问题上，建议以有敏感点的建筑施工工地、有纠纷的大型工业企业厂界及大型机场为重点，并给出了"用背景曲线扣除""结合背景值直接在标准值上修正"两种背景修正方法。通过国内外噪声自动监测系统软硬件性能对比试验，掌握了系统的关键技术与环节，提出了噪声自动监测系统软硬件技术要求，研究还探讨了噪声自动监测的单点评价、综合评价、噪声地图评估等噪声评价方法。

在此基础上，结合国外前沿技术与国内监测技术现状及发展前景，根据以人为本的理念，提出了道路交通噪声监测与评价源强评价法、敏感点评价法和噪声地图评价法三个角度的评价方法。并根据条件成熟程度，针对源强评价法，编制了"城市道路交通噪声自动监测技术规定"。

"十二五"期间国家环境监测中心的"噪声自动监测系统与应用研究"项目的初步成果[76]，已经应用于北京市声环境自动监测系统的建设和运行中，目前北京市已建成并成功运行了世界上规模最大的城市噪声自动监测系统，为北京市环境保护事业、为绿色奥运做出了应有的贡献。初步成果在国内其他一些地区如上海市、广东、呼和浩特市等也得到不同程度的应用。

目前我国大部分大中城市都已建立了大气环境自动监测系统，但是环境噪声自动监测系统刚刚在北京、上海、广州、南京、苏州、杭州等地开始建立，市场前景非常好。传统的城市环境噪声在线监测系统仍将在今后很长时间内被广泛应用，因此当前首先要进一步提高传统城市环境噪声在线监测系统的技术水平和应用范围，提高与国外产品的竞争能力。

四、环境管理科技支撑研究

2011年，国家环境保护部印发了《2011年全国污染防治工作要点》，要求进一步推进噪声污染防治，深入贯彻落实环境保护部、发展改革委等11部门联合发布的《关于加强环境噪声污染防治工作改善城乡声环境质量的指导意见》，加强人员培训，组织开展重点噪声源确定和环境功能区的划定和调整工作，加大重点领域噪声污染防治力度，切实解决噪声扰民问题，由此进一步推动全国的环境噪声污染防治工作。

我国已经颁发了数十项有关噪声控制设备的测量方法、评价标准和应用规范，包括各类消声器、吸声材料、阻尼材料、隔声门窗、隔声罩等，虽然还不尽完善，但已经发挥了作用。噪声振动控制设备的专业质量检测机构也已通过国家相关部门认证，为噪声振动控制设备的质量控制和产品认证创造了条件。一些具有一定规模的噪声控制设备生产企业已取得 ISO 9000、ISO 14000 认证，建立了噪声控制设备与产品的技术和质量保证体系。以上均为噪声控制设备与产品打入国际市场创造了条件。

在标准制修订方面，《建筑施工场界环境噪声排放标准》（GB 12523—2011）于 2012年 7月 1日起实施，该标准是对《建筑施工场界噪声限值》（GB 12523—90）和《建筑施工场界噪声测量方法》（GB 12524—90）的第一次修订，对场界噪声排放限值和测量采样周期进行了修改，补充了测量条件、测点位置和测量记录要求，增加了背景噪声测量、测量结果评价等内容，标准的修订更有利于对建筑施工噪声排放的监控。此外，相继修订的国家标准和行业标准见表1。噪声污染防治领域技术政策和标准规范方面的不断完善，仍在努力推进着噪声振动控制行业的技术进步和业务拓展。

表1 "十二五"期间修订的环境噪声相关国家标准和行业标准

标准号	标准名称
GB 12523—2011	建筑施工场界环境噪声排放标准
GB/T 5111—2011	声学 轨道机车车辆发射噪声测量
GB/T 3449—2011	声学 轨道车辆内部噪声测量
GB/T 7584.3—2011	声学 护听器 第3部分:使用专用声学测试装置 测量耳罩式护听器的插入损失
GB/T 17249.3—2012	声学 低噪声工作场所设计指南 第3部分:工作间内的声传播和噪声预测
GB/T 22159.1—2012	声学与振动 弹性元件振动——声传递特性实验室测量方法 第1部分:原理与指南
GB/T 22159.2—2012	声学与振动 弹性元件振动——声传递特性实验室测量方法 第2部分:弹性支撑件平动动刚度的直接测量方法
GB/T 4214.7—2012	家用和类似用途电器噪声限值 滚筒式洗衣-干衣机的特殊要求
GB 50800—2012	消声室和半消声室技术规范
GB/T 50087—2013	工业企业噪声控制设计规范
HJ 640—2012	环境噪声监测技术规范 城市声环境常规监测
HJ 641—2012	环境质量报告书编写技术规范
HJ 2523—2012	环境保护产品技术要求 通风消声器
HJ 2034—2013	环境噪声与振动控制工程技术导则
HJ 640—2012	环境噪声监测技术规范 城市声环境常规监测
HJ 641—2012	环境质量报告书编写技术规范
CJJ/T 191—2012	浮置板轨道技术规范
JGJ/T 131—2012	体育场馆声学设计及测量规程

为进一步规范铁路建设项目环境影响评价管理,环境保护部于2012年1月下发《关于铁路建设项目变更环境影响评价有关问题的通知》,要求铁路建设项目在设计阶段和开工建设前,或在实施过程中发生变更的变更工程开工前,设计单位和建设单位应对设计和实施方案与环境影响评价文件及其批复进行对照和核查。若工程范围、工程内容以及防治污染、防止生态破坏的措施发生重大变动的,建设单位应在项目开工前或变更工程开工前,依法重新报批环境影响评价文件。

同时,地方有关标准法规也有了很大进展。为适应开展大规模地铁建设的要求,应对可能出现的地铁噪声与振动污染,北京市《地铁噪声与振动控制规范》于2012年发布,这是我国在该领域发布的首个地方标准,主要用于指导北京市地铁建设项目噪声与振动环境影响评价工作。该标准规定了地铁建设项目环境影响评价中,地铁列车运行引起的环境噪声与振动控制的原则与方法,首次提出了地铁噪声与振动控制应以保证地铁运营安全为首要前提,遵循优先距离(埋深)控制、稳定达标、经济安全的原则,优先选用产生噪声与振动小的车辆、桥梁、隧道及轨道结构等综合措施等基本要求。并根据地铁地下段振动扰民的特点,特别提出了建设单位要按照振动超标量分级选用减振措施。同时,由北京市劳动保护科学研究所起草的北京市地方标准《北京市公交车车外噪声限值及测量方法》《北京市轨道交通上盖建筑噪声与振动控制指南》和《北京市城市轨道交通(地面段)环境噪声监测和评价方法》目前正在网上公开征求意见,这些标准将为全面控制北京市道路交通噪声提供有力的技术和管理支撑。

2012 年 9 月，为改善工地周围的环境影响，北京法制办就《北京市建设工程施工现场管理办法（修订草案）》向社会公开征求意见。意见稿中明确了"绿色施工"的概念，即在噪声敏感建筑物集中区域内，夜间不得进行产生环境噪声污染的施工作业。因重点工程、生产工艺上要求连续作业，确需在 22 时至次日 6 时期间进行施工的，建设单位应当在施工前到建设工程所在地的区、县建设行政主管部门提出申请，经批准后方可进行夜间施工。进行夜间施工作业产生的噪声超过规定标准的，对影响范围内的居民由建设单位给予经济补偿。

完整的设计规范体系，作为噪声与振动控制工程设计和产品制作的指导性文件，是噪声与振动控制产业健康有序发展的重要保证。发达国家制订的设计规范涉及面广，内容翔实，工程中遇到的问题都可以在规范化设计文件中找到依据。这些指导性技术文件包括《低噪声机器设计导则》《消声器设计及在噪声控制中的应用》《隔声罩设计及在噪声控制中的应用》《隔声屏障设计规范》《低噪声工作场所设计导则》《建筑施工噪声控制导则》等。近年来，我国开始着手进行相关设计文件的制定，但与发达国家还存在较大差距，应尽快与国际接轨。

此外，全国电磁兼容标准化技术委员会研究了电磁兼容和电磁环境技术发展趋势，在对低频现象、高频现象、大功率暂态现象、电磁环境领域的标准进行梳理和完善的基础上，提出了较为科学、合理的技术标准体系，该体系目前包含 79 项国家标准和 17 项行业标准。"十二五"期间发布了相关标准（表 2）。

表 2 近几年修订的电磁环境方面国家标准和行业标准

标准号	标准名称
GB 8702—2014	电磁环境控制限值
GB 17625.1—2012	电磁兼容　限值　谐波电流发射限值(设备每相输入电流≤16A)
GB/T 17626.24—2012	电磁兼容试验和测量技术　HEMP 传导骚扰保护装置的试验方法
GB/T 17626.30—2012	电磁兼容　试验和测量技术　电能质量测量方法
GB/T 17626.34—2012	电磁兼容试验和测量技术　主电源每相电流大于 16A 的设备的电压暂降、短时中断和电压变化抗扰度试验
GB/T 17799.5—2012	电磁兼容　通用标准　室内设备高空电磁脉冲(HEMP)抗扰度
GB/T 18039.8—2012	电磁兼容　环境　高空核电磁脉冲(HEMP)环境描述　传导骚扰
DL/T 1185—2012	1000kV 输变电工程电磁环境影响评价技术规范
DL/T 1187—2012	1000kV 架空输电线路电磁环境控制值
GB 17625.1—2012	电磁兼容　限值　谐波电流发射限值(设备每相输入电流≤16A)
GB/T 28554—2012	工业机械电气设备内带供电单元的建设机械电磁兼容要求
GB/T 30031—2013	工业车辆　电磁兼容性
GB/T 17625.7—2013	电磁兼容　限值　对额定电流≤75A 且有条件接入的设备
YD/T 983—2013	通信电源设备电磁兼容性要求及测量方法
YD/T 1312.13—2013	无线通信设备电磁兼容性要求和测量方法　第 13 部分:移动通信终端适配器
GB/T 30148—2013	安全防范报警设备　电磁兼容抗扰度要求和试验方法
GB/T 21419—2013	变压器、电抗器、电源装置及其组合的安全　电磁兼容(EMC)要求
GB/Z 17624.2—2013	电磁兼容　综述　与电磁现象相关设备的电气和电子系统实现功能安全的方法

续表

标准号	标准名称
GB/T 17626.12—2013	电磁兼容试验和测量技术振铃波抗扰度试验
GB/T 18595—2014	一般照明用设备电磁兼容抗扰度要求
GB/T 30556.7—2014	电磁兼容安装和减缓导则　外壳的电磁骚扰防护等级（EM 编码）
GB/T 14598.26—2015	量度继电器和保护装置　第 26 部分：电磁兼容要求
GB/T 17625.8—2015	电磁兼容　限值　每相输入电流大于 16A 小于等于 75A 连接到公用低压系统的设备产生的谐波电流限值
GB/T 31723.405—2015	金属通信电缆试验方法　第 4～5 部分：电磁兼容　耦合或屏蔽衰减　吸收钳法
YD/T 1312.1—2015	无线通信设备电磁兼容性要求和测量方法　第 1 部分：通用要求

随着信息发射设施、电磁能利用设备、高压输变电设施的建设和应用越来越广泛，暴露的电场及电磁场是否存在潜在的健康影响，已成为公众关注的热点。为了加强电磁环境管理，保障公众健康，2014 年我国颁布了《电磁环境控制限值》（GB 8702—2014），于2015 年 1 月 1 日开始执行。随后《环境影响评价技术导则　输变电工程》也正在制定中。本标准完善了我国电磁环境保护标准体系，还将促进产生电场、磁场、电磁场相关行业的健康发展。

五、　环境物理学技术在国民经济和环境保护中的重大应用成果

（一）高铁的相关环评工作

高速铁路环境噪声预测是国际学术界和各国政府关心的一项重要研究课题。迄今为止，许多国家在铁路噪声预测方面做了大量的研究工作，尤其以欧洲发达国家、美国、日本等最为突出。目前我国铁路噪声预测主要依据原铁道部文件《关于印发〈铁路建设项目环境影响评价噪声振动源强取值和治理原则指导意见（2010 年修订稿）〉的通知》（铁计〔2010〕44 号）中提出并已纳入《环境影响评价技术导则：声环境》中的预测方法。该预测方法主要分为参考点等效声级和噪声修正项两部分的计算，与欧盟等国的噪声预测计算模式相似，但其考虑的声源主要是轮轨噪声，未针对空气动力噪声源等监理相关预测模型，且预测中有关列车运行噪声垂向指向性、不同声源特性的衰减规律等方面仍需针对性开展深入研究。目前中国铁道科学研究院已启动高速铁路环境噪声影响评价预测模式的专题研究，依据高速列车车外噪声源及其传播途径分析识别研究结果，明确高速铁路噪声源各传递路径在车外噪声中起到的作用及贡献量，建立振动噪声传递关系树，进而建立一种基于经验公式及声辐射理论为基础的车外噪声简化预测方法[77,78]。

（二）阻尼弹簧浮置道床隔振系统

由北京劳动保护科学研究所研发的"阻尼弹簧浮置道床隔振系统"，该隔振支撑结构不仅能够提供更有效的阻尼效果，而且在极端状态下能够提供应急安全措施，防止断簧事故危及列车的安全通行，大幅度提高浮置板道床的安全保障系数，显著减少了地铁列车通过时产生的振动和噪声，打破了国外技术十余年的独家垄断，彻底改变了同类产品完全依

赖进口的局面。2010 年，在北京市科委支持下，北京劳动保护科学研究所作为中关村自主创新股权激励试点单位，以"阻尼弹簧浮置道床隔振系统成套技术成果"作价 1000 万元，并吸引政府 1000 万元、社会和个人投资 3000 万元成立股权激励公司"九州一轨"，推广科研成果产业化。目前，地铁钢弹簧阻尼隔振器已在北京、哈尔滨、武汉、西安、郑州等地轨道交通工程中得到成功应用，约占全国同类产品市场份额的 37%，相关技术及产品已入选《国家先进污染防治示范技术名录》，目前已经创收超 2 亿元。

2014 年北京劳动保护科学研究所也获得了国家科学技术部颁发的"国家火炬计划产业化示范项目证书"，表明公司在自主研发与科技创新方面获得了国家科学技术部的充分肯定，这是公司在钢弹簧浮置板轨道隔振系统领域里自主创新和核心竞争力提升的重要标志。

（三）声相仪技术的应用

中科院声学所成功研发出声相仪，目前在国内尚没有与之类似的声成像测量分析产品。该仪器既可用于环境噪声监测评价，又可作为设备噪声分析的仪器，可以检测由振动或者其他原因导致的声音，可以实现非接触测量。声相仪自问世以来，先后在大亚湾核电站、福氏康、深圳华为、中兴通信、南车集团、福田汽车、南京汽车、长城汽车、上海汽车、金龙汽车、格力电器、深圳 TCL、国电公司及昌平 500kV 变电站、北京康明斯发动机公司，以及数十家大型企业开展了机电产品异常噪声源识别的实验测试，诊断了一系列机器设备的故障，特别是在某汽车发动机生产线上利用声相仪检测出异常啸叫声源，解决了该企业在一年时间内未能解决的问题。声相仪的推出使得声学故障诊断向前迈进了一大步。

（四）噪声地图技术的应用

北京市劳动保护科学研究所首先绘制完成了一张北京城区部分区域噪声地图，范围 $12.7 km^2$，并开发完成了国内首个基于噪声地图的环境噪声管理平台。目前国内其他城市也在开展一些试点工作。苏州于 2012 年绘制完成了古城区的噪声地图。杭州市完成了两个行政区的噪声地图绘制，并将噪声地图与噪声自动检测设备相结合，进行了新的环境噪声监测、管理方法的探索。上海、江西、重庆、天津、沈阳、武汉等省市地区也正在进行噪声地图的局部试点，并不断有其他城市加入到此行列。深圳市将环境噪声地图纳入《深圳经济特区环境噪声污染防治条例》，并于 2012 年 1 月 1 日起施行。该条例规定，环保部门应当加强环境噪声预测评估研究，组织绘制环境噪声地图，为环境噪声污染防治规划、环境噪声管理和公众参与提供科学依据。同时，环境噪声地图应当定期向社会公布。

（五）噪声控制技术在电力行业等的应用

近几年，在核电工业和燃气电力行业等的噪声控制工作成绩显著。国家电网和南方电网对于噪声控制的问题都非常重视，在特高压输电领域，已经基本实现了噪声控制设计从项目初可阶段同步介入，换流站噪声控制设计实现了专业化、系统化和部分标准化；在高压输电领域，重点城市的市内 110kV 及以下变电站，基本全部改为户内站形式，噪声问题得到了有效解决。目前噪声控制的重点集中 220kV 敞开式变电站，国家电网陆续展开了相关的研究课题，在变电站内的辅助降噪措施和线路的金具噪声控制研究方面都取得了进展。

在核电领域，由中国核电工程有限公司和北京绿创声学工程股份有限公司共同完成的"核电站主控室噪声控制与降噪设计"项目在岭澳二期核电站等主控室的设计中已经得到成功应用，打破了核电领域噪声控制设计完全由外方把持的局面，这是在核电噪声控制设计方面首个具有国内自主知识产权的应用[79]。

北京绿创声学工程有限公司的"燃气电厂噪声控制设计方法与控制技术研究"成果是国内环境噪声领域第一个有关噪声控制整体方法论的研究成果，并且已经在大量的实际工程实践中得到了成功应用，是工业企业环境噪声控制领域的重大进步。

在燃机电厂噪声控制中，深圳中雅机电实业公司率先采用在燃机进风口加装阵列式消声器的技术方案，成功打破了外国厂商禁止在燃机进风口消声降噪的技术禁区。空冷平台噪声治理也是近年来行业研讨热点，已有多项专题研究和不同方案的技术对策逐步赴诸工程实践。

（六）"十二五"期间噪声与振动控制污染行业状况分析

随着"十二五"规划的全面展开，在一定程度上带动了整体经济的复苏与快速增长，作为新兴战略产业之首的环保投入也获得了大幅提升。相应的，环境噪声与振动污染治理行业的经营状况虽较去年略有降幅，但也基本维持了持续高速增长的态势。

从噪声与振动污染防治的行业发展来看，主要市场增量仍集中在铁路、公路、城市轨道交通领域以及电力、冶金、化工行业的噪声控制工程与装备、隔振器产品与隔振工程、声学材料及建筑声学工程等领域。以这些领域噪声振动控制的市场需求为导向，目前我国已经形成专业比较齐全、技术较为先进、产品结构和产能较为适应我国污染治理需要的噪声振动控制产业和环保工程服务体系。装备有较为系列化和标准化的通用噪声控制设备，噪声控制设备的品种、规格和性能有了显著的改进和提高，工程设计水平和工艺技术水准都有了长足的进步。由此也导致在新的较高技术层面上和不太景气的社会背景下，噪声振动污染防治行业的市场竞争再次升级到空前白热化的状态[80]。

据初步统计，2013 年全国从事噪声振动控制相关产业和工程技术服务的专业企业总数约 500 家，从业总人数约 2 万人；噪声与振动污染防治行业总产值达到 156 亿元，其中噪声控制工程与装备约 89 亿元，技术服务收入约 10 亿元。专业从事噪声振动控制相关产业、年产值超过亿元的企业 18 家，主营业务收入超过 2000 万元的规模以上企业超过 90 家。图 1 反映了近年噪声与振动污染防治行业的年度总产值发展趋势。

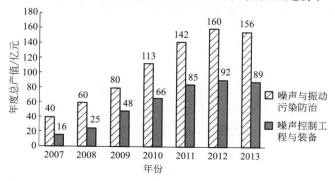

图 1　2007～2013 年噪声与振动污染防治行业的年度总产值

从噪声振动污染防治的行业发展来看：

① 我国通用噪声控制设备和产业有了较大的发展，已形成一批系列化和标准化的通用噪声控制设备，设备的工装工艺水平也有了一定的进步，特别是汽车和一些机械设备上应用的消声器、隔振器等配套噪声振动控制产品已经形成自动化和集成化生产能力，基本实现了规模化生产，产品的性能已达到国际同类产品水平，有些产品已取得国际认证。例如，有的汽车消声器企业生产能力达到年产 10 万套以上，产值数亿元。全国的汽车消声器产值已经达到十多亿元。

② 交通噪声污染治理方面，我国在公路、铁路两侧建立不同形式、不同材质、不同结构的声屏障已近千条，尤其在国家拉动内需项目的带动下，高速铁路声屏障成为本行业阶跃式发展的增量焦点，在建和拟建的声屏障总量达到数千公里。在声屏障的设计、制造、安装等方面也积累了一定的经验，目前已经颁发了 HJ/T 90《声屏障声学设计和测量规范》、TB/T 3122《铁路声屏障声学构件技术要求及测试方法》等工程技术规范，09MR603《城市道路——声屏障》国家建筑标准设计图集、《客运专线铁路路基整体式混凝土声屏障》通用参考图等专业标准图集相继出版，《公路声屏障设计与施工技术规范》也即将完成修订。这些标准化工作的推进使声屏障的设计安装有法可依、有章可循。另外，以隔声窗为重点的临街建筑噪声防护技术、产品以及降噪工程也取得较大进展。

③ 随着国民经济的高速发展，加速了我国城市轨道交通的建设，但是也给环境带来新的噪声振动污染，尤其对穿过文化区、科技区、居民稠密区和文物古迹保护区等一些敏感路段，影响更为突出。作为轨道交通建设的必备隔振降噪措施，近年来各类新型轨道隔振器伴随着我国地铁和轻轨的大规模建设应需而生，在全国各地方兴未艾的城市地铁和轻轨交通建设工程中获得了日益广泛的应用，总量直线上升；弹性支承块式无砟轨道也在西康铁路秦岭隧道和设计速度为 160km/h 的兰武线乌鞘岭特长隧道等项目中得到应用。高速铁路动车组弹性减振元件也已成为行业增长热点。

④ 我国已经颁发了数十项有关噪声控制设备的测量方法、评价标准和应用规范，包括各类消声器、吸声材料、阻尼材料、隔声门窗、隔声罩等，虽然还不尽完善，但已经发挥了作用。噪声振动控制设备的专业质量检测机构也已通过国家相关部门认证，为噪声振动控制设备的质量控制和产品认证创造了条件。一些具有一定规模的噪声控制设备生产企业已取得 ISO 9000、ISO 14000 认证，建立了噪声控制设备与产品的技术和质量保证体系。以上均为噪声控制设备与产品打入国际市场创造了条件。

六、环境声学科学技术发展趋势及展望

经过几十年的发展，我国环境物理研究取得了巨大进步，学科基础研究体系已渐趋成熟，学科队伍得到了充分锤炼，同时相关控制技术在我国的环境噪声防护和社会、经济可持续性发展中发挥了应有的作用。尽管环境噪声有关法律和标准体系、有源噪声控制、声学结构与材料等方面仍处于国际先进水平，但声学仿真计算、新型声学材料、声品质、噪声地图、分布式网络声学监测系统等方面均与国际水平有一定的差距，环境噪声污染防治方面的基础研究工作还存在许多问题，在管理方面也存在不少难点。

环境物理污染防治是一个系统工程，应以立法为主导，以规划为先行，以环境友好为导向，以执法和技术为手段，以改善城市声环境为目的。在未来的 5 年内，应及时部署和安排以下研究与开发工作。

① 加强环境噪声管理建设。一方面应开展国内外专项调研工作，抓住当前环境噪声的突出问题、热点问题，结合环境噪声管理中存在的问题和国外的先进经验，在政策、法规、标准、规划、研究等层面做好环境噪声管理顶层设计工作，从法规、规划层面推动战略、规划、建设项目环境噪声影响评价与城市总体规划中的衔接工作。继续加快做好噪声法的修订，以当前国家的环境噪声标准体系为基础，通过合理划分层次，协调相互关系，明确适用对象，增订、修订或废止一些标准，使环境噪声标准体系更加科学完善，更好地为环境噪声监督管理服务，逐步形成符合我国特点特色的基础性标准，以便在市场准入和产品竞争中争取主动。

② 制定和修订各类噪声与振动控制工程设计导则。在等效采用国际标准的基础上，根据我国国情制定有关噪声振动控制导则规范，将噪声振动治理中基本的、通用的技术要求贯穿于工程设计、施工、验收、运行的全过程。

③ 从噪声治理层面制订环境噪声整治方案，优先解决公众投诉集中区域的噪声问题，如机场、交通干线、站场及枢纽、工业企业以及施工场地周围等。

④ 环境噪声预测技术与信息化的结合是未来环境噪声影响评价工作中重点关注的问题。将噪声地图融入现行的噪声管理体系，并进一步提升噪声管理水平是这些城市开展噪声地图试点的主要思路。

⑤ 加强基础研究和具有前瞻性的创新技术等深层次研究的开发力度。在积极推动对引进技术消化吸收的基础上，坚持自主创新，大力开展自主知识产权的技术创新和新产品研发；建立我国噪声与振动污染源数据库；通过引进和合作，开发适合我国国情的噪声与振动传递规律计算软件和 CAD 优化设计软件系统；注重现代新技术（如计算机技术、数字技术、有源控制技术等）在噪声振动控制中的应用，开发出我国科技含量高、拥有自主知识产权的噪声控制产品，提高我国噪声与振动控制产品在国际市场的竞争力。

⑥ 加强低频噪声管理相关工作。结合我国实际，加快低频噪声相关标准制定或修订。同时，随着我国低频噪声投诉案件逐渐增多，应尽快研究制定低频噪声投诉案件评价处理程序和方法。结合我国主要城市噪声地图绘制工作，研究可描述低频噪声影响程度的噪声地图绘制技术及方法，服务于城市低频噪声的评价和管理。在低频噪声源及其声学特性数据库基础上，研究建立国家级噪声源数据库及交流、分析平台，有力提升全国噪声评价、监测、控制和管理水平。及时研究制定新型噪声源影响预测技术规范，自主开发切合我国噪声源实际的影响预测软件。

⑦ 在环境电磁学中，特高压直流线路的设计中导线的电晕效应将成为制约导线选型与线路参数选择的重要因素。有必要从无线电干扰和可听噪声的源头——电晕放电及电晕电流开展介观尺度的研究，从电晕电流的特性寻找其与无线电干扰和可听噪声之间的关联特性，建立反映输电线路无线电干扰和可听噪声的本质特征的计算方法，从本质上解决输电线路电磁环境效应的问题，促进输变电工程建设的环境友好性，同时也确保电力建设的经济性。同时，高海拔下直流线路的电晕特性及电磁环境是我国发展特高压亟待解决的问题。

参 考 文 献

[1] http://www.most.gov.cn/gnwkjdt/201301/t20130124_99303.htm.

［2］程明昆. 环境噪声控制研究新趋向［A］. 现代振动与噪声技术（第九卷）［C］. 2011.

［3］吴硕贤. 应当高度重视建筑环境声学的发展［J］. 科技导报，2014，（24）.

［4］康健. 声景：现状及前景［J］. 新建筑，2014，（5）：4-7.

［5］Zigoneanu L，Popa B I，Starr A F，et al. Design and measurements of a broadband two-dimensional acoustic metamaterial with anisotropic effective mass density［J］. J. Appl. Phy，2011，109（5）.

［6］Liang Z，Li J. Extreme acoustic metamaterial by coiling up space［J］. Phys. Rev. Lett.，2012，108（11）.

［7］Hu W，Fan Y，Ji P，and Yang J. An experimental acoustic cloak for generating virtual images. Journal of Applied Physics，2013，133（2）.

［8］Jiang X，Liang B，Zou X，Yin L，and Cheng J. Broadband field rotator based on acoustic metamaterials. Appl. Phys. Lett.，2014.

［9］http：//www. aip. org/publishing/journal-highlights/scientists-twist-sound-metamaterials

［10］Cheng Y，Zhou C，Wei Q，et al. Acoustic subwavelength imaging of subsurface objects with acoustic resonant metalens［J］. Appl. Phys. Lett.，2013，103（22）.

［11］Li Y，Liang B，Gu Z，et al. Unidirectional acoustic transmission through a prism with near-zero refractive index［J］. Appl. Phys. Lett.，2013，103（5）.

［12］Jiang X，Liang B，Li R，et al. Ultra-broadband absorption by acoustic metamaterials［J］. Appl. Phys. Lett.，2014，105（24）.

［13］Liang，B，Yuan，B，and Cheng，J C. Acoustic Diode：Rectification of Acoustic Energy Flux in One-Dimensional Systems. Phys. Rev. Lett. 2009，103.

［14］梁彬，程建春. 声二极管的设计与实现. 中国声学学会第九届青年学术会议，2011.

［15］顾仲明，梁彬，程建春. 声二极管模型的简化分析. 中国声学学会第九届青年学术会议，2011.

［16］阚威威，程建春. 二维声子晶体中的非传播局域化波. 中国声学学会第九届青年学术会议，2011.

［17］Qian Y J，Kong D Y，Liu Y. Improvement of sound absorption characteristics under low frequency for micro-perforated panel absorbers using super-aligned carbon nanotube arrays［J］. Applied Acoustics，2014，82（2）：23-27.

［18］Wang CQ，Huang LX. On the acoustic properties of parallel arrangement of multiple micro-perforated plate absorbers with different cavity depths. Journal of Acoustical Society of America，2010；130：208-218.

［19］Li DK，Chang DQ，Liu BL. Improving the sound absorption bandwidth of a micro-perforated panel by adding porous materials. INTER-NOISE Congress and Conference Proceedings，2014.

［20］Chang DQ，liu BL，Li XD. An electromechanical low frequency plate sound absorber. Journal of Acoustical Society of America，2010，128：639-645.

［21］Tao JC，Jing RX，Qiu XJ. Sound absorption of a finite micro-perforated plate backed by a shunted loudspeaker. Journal of Acoustical Society of America，2013，135：231-238.

［22］刘碧龙. 大型客机壁板噪声传递特性研究. 2012 全国环境声学学术会议.

［23］中国科学院噪声与振动重点实验室. 2015 年度工作报告.

［24］中国科学院噪声与振动重点实验室. 2014 年度工作报告.

［25］中国科学院噪声与振动重点实验室. 2013 年度工作报告.

［26］Qian，Zhongchang，Chang，Daoqing，Liu，Bilong，Liu. Ke. Prediction of sound transmission loss for finite sandwich panels based on a test procedure on beam elements. Journal of Vibration and Acoustics，Transactions of the ASME，2013.

［27］Peng，Feng，Liu，Yaoguang，Wang，Xiaolin. Experiments on porous liners in a flow duct at low Mach numbers. INTER-NOISE 2015- 44th International Congress and Exposition on Noise Control Engineering，2015.

［28］邱小军. 虚拟声屏障［A］. 2014 年中国声学学会全国声学学术会议论文集［C］. 2014.

［29］刘松，邹海山，邱小军. 交错结构自然通风隔声窗的声学模型［J］. 南京大学学报：自然科学，2015，（01）.

［30］Shen，Anne，Sui，Fusheng，Yuan，Minmin，He，Lin. The preliminary study of low frequency sound radiation from aluminium extrusion，part I：Experimentl study Source：17th International Congress on Sound and Vibration 2010，ICSV 2010，v 3，p 1822-1828.

[31] Yuan，Min-Min，Shen，Anne，Lu，Fan，Bai，Guo-Feng，Sui，Fu-Sheng. Operational transfer path analysis and noise sources contribution for China railway high-speed (CRH). Zhendong yu Chongji/Journal of Vibration and Shock，2013.

[32] Ouyang，Shan，Lu，Fan，Wu，Xian-Jun，Sui，Fu-Sheng. Experimental study on loss factors for train carriage body in white. Zhendong yu Chongji/Journal of Vibration and Shock，2015.

[33] Shan，Ouyang，Fan，Lu，Wu，Xian-Jun，Bai，Guo-Feng，Sui，Fu-Sheng，Yuan，Min-Min. Modal testing of high speed train carriage body in white. 21st International Congress on Sound and Vibration 2014.

[34] 辜小安. 京沪高速铁路噪声源控制技术的应用及其降噪效果［J］. 铁路节能环保与安全卫生，2013（01）.

[35] 辜小安，王澜. 高速铁路高架车站候车厅声学环境要求的研究［J］. 中国铁道科学，2012，（04）.

[36] 翟国庆，徐婧，郑玥，李争光. 风电机组噪声预测［J］. 中国环境科学，2012，（05）.

[37] 翟国庆. 低频噪声. 杭州：浙江大学出版社，2013.

[38] 张纬，金涛，丁勇，朱立烽，唐光武. 基于34座桥梁实测的城市桥梁噪声分析［J］. 城市环境与城市生态，2015，（05）.

[39] 王一干，杨宜谦，刘鹏辉. 轨道交通桥梁结构噪声研究进展［J］. 土木建筑与环境工程，2015，（S1）.

[40] 刘培杰，赵越喆，吴硕贤. 特大型高铁车站候车厅建筑声环境分析［J］. 华南理工大学学报：自然科学版，2014，（10）.

[41] 辜小安，王澜. 高速铁路高架车站候车厅声学环境要求的研究［J］. 中国铁道科学，2012，（04）.

[42] Di，Guo-Qing，Lin，Qi-Li，Zhao，Hang-Hai，Guo，Yan-Jie. Proposed revision to emission limits of structure-borne noise from fixture transmitted into room：An investigation of people's annoyance. Acta Acustica united with Acustica，v 97，n 6，p 1034-1040，November-December 2011.

[43] 辜小安，谢咏梅，刘扬. 地铁列车运行引起建筑物二次辐射噪声执行标准探讨［J］. 现代城市轨道交通. 2012，（04）.

[44] 闫靓，陈克安. 声品质与噪声影响评价［J］. 环境影响评价，2013，（06）.

[45] 闫靓，陈克安，Ruedi Stoop. 多声源共同作用下的混合声剂量值预测方法研究［J］. 物理学报，2014，（05）.

[46] 张冰瑞. 基于冲击声的声源物理属性辨识及声线索提取. 西安：西北工业大学博士学位论文，2015.

[47] 任玉凤，陈克安，张冰瑞. 声源辨识个体差异研究国外电子测量技术［J］. 国外电子测量技术，2013，31（10）：71-79.

[48] 曹淑玉. 矩形板冲击声的特征提取和分类研究. 西安：西北工业大学硕士学位论文，2013.

[49] 魏政，尹雪飞，陈克安. 可实现听觉场景匹配的智能数字助听器算法研究. 声学技术，2012，31（5）：511-516.

[50] 殷贞强，尹雪飞，陈克安. 扬器质量判别中音色特征的选择及实验研究. 声学技术，2012，31（5）：506-510.

[51] 王焕荣. 利用听觉特征识别水下目标的关键问题研究. 西安：西北工业大学硕士学位论文，2011.

[52] Shield，Bridget，Conetta，Robert，Dockrell，Julie，Connolly，Daniel，Cox，Trevor，Mydlarz，Charles. A survey of acoustic conditions and noise levels in secondary school classrooms in England. Journal of the Acoustical Society of America，2015，137：177-188.

[53] 王季卿. 中小学教室内噪声和师生反应的调查. 环境科学学报，1996，04.

[54] 汪俊东，彭健新. 关于教室语言清晰度评价的一些看法［A］. 中国声学学会第九届青年学术会议论文集［C］. 2011

[55] 彭健新，王丹，严南杰，蒋鹏，王璨. 教室内噪声和混响对儿童的言语短时记忆的影响［A］. 2014年中国声学学会全国声学学术会议论文集［C］. 2014

[56] 彭健新，汪俊东. 小学教室室内客观语言清晰度及其主观感受［A］. 2012全国环境声学学术会议论文集［C］. 2012

[57] 陈兴旺，周兵，周茜茜，翟国庆. 不同电压等级变电站噪声主观烦恼对比［A］. 2015年全国声学设计与噪声振动控制工程学术会议论文集［C］. 2015.

[58] Elliott S J. Signal Processing for Active Control. Academic Press，London，2001.

[59] Hansen，C H，Snyder，S D，Qiu，X，et al. Active Control of Noise and Vibration（2nd edition）. E&FN SPON，2013.

[60] 邱小军. 虚拟声屏障，2014年全国声学会议，2014.

[61] Qiu，X. Theory and application of active noise control in windows for noise mitigation，The Joint HKIOA-PolyU Symposium on "Research，Assessment and Development of Applying Innovative Building Design for Noise Mitigation- The Latest Trends"，Hong Kong，2013.

[62] 袁旻忞，Anne Shen，鲁帆，白国锋，隋富生. 高速列车运行工况下噪声传递路径及声源贡献量分析 [J]. 振动与冲击. 2013，(21).

[63] 白国锋，刘碧龙，隋富生，刘克，杨军. 多重散射方法研究轴对称空腔覆盖层的声学特性 [J]. 声学学报，2012，(03).

[64] 詹沛，白国锋，牛军川，隋富生. 含空气层与多孔材料的复合结构隔声特性研究 [J]. 应用声学，2014，(05).

[65] 邵斌. 轨道交通隔振技术思考与实践. 2012 全国环境声学学术会议.

[66] 邹长云，邵斌. 新型预制结构应用于地铁减振系统的分析. 2015 年中国城市科学研究会数字城市专业委员会轨道交通学组年会论文集.

[67] 方庆川. 大型并排吸声体消声器的实验室测试间接法. 2014 全国环境声学学术会议论文集.

[68] Cheng，Xiaobin，Wang，Xun，Yang，Jun，Tian，Jing. A new method for monitoring far-field noise level with a few near-field sensors. INTERNOISE 2014.

[69] 李大乾，阎兆立，马龙华，程晓斌，李晓东. 基于 Wi-Fi 的智能传感器设计 [J]. 微计算机应用，2011，(06).

[70] 伍先俊，吕亚东，隋富生. 工况传递路径分析法原理及其应用 [J]. 噪声与振动控制，2014，(01).

[71] 袁旻忞，Anne Shen，鲁帆，隋富生. 高速列车噪声与速度变化关系分析 [J]. 应用声学，2014，(02).

[72] 杨亦春. 声相（像）仪 [J]. 应用声学，2014，(05).

[73] 张斌. 中国环境噪声管理与噪声地图技术研究. 第一届国际环境噪声管理技术发展研讨会，2013.

[74] 沈琰，张奇磊. 噪声地图的绘制与应用初探研究 [J]. 环境科学与管理，2014，(07).

[75] 刘砚华. 环境噪声监测的现实与未来. 环境保护，2011，(07).

[76] 张守斌，魏峻山，胡世祥，高锋亮，秦承华，王洪燕，刘砚华. 中国环境噪声污染防治现状及建议 [J]. 中国环境监测，2015，(03).

[77] 辜小安. 城市轨道交通环境影响评价中地下线路振动源强取值存在的问题与建议 [J]. 铁路节能环保与安全卫生，2013，(05).

[78] 辜小安. 重载铁路环境影响评价中噪声源强取值的合理确定 [J]. 环境影响评价，2014，(05).

[79] 2013 年度噪声振动控制行业发展报告.

[80] 2014 年度噪声振动控制行业发展报告.

第十六篇 生态与自然保护学科发展报告

编写机构：中国环境科学学会生态与自然保护分会
负责人：高吉喜
编写人员：高吉喜 李维新 丁 晖 王 智 武建勇 张 慧 邹长新
丁程成

摘要

"十二五"以来生态与自然保护研究取得了重要进展，形成了一系列的研究热点，包括生物多样性保护、自然保护区管理、生态示范和生态文明建设、生态安全、生态红线等，表现出向着机理深化、多尺度系统监测与模拟、社会经济自然综合评价与管理对策等多维方向发展的总体趋势。在"十二五"期间，尤其是十八届三中全会提出建设生态文明的理念以来，我国生态与自然保护研究工作成绩斐然：生物多样性格局形成机制研究在多个方面取得了明显的进展；提出了适合我国国情的国家自然生态保护园区体制，建立了生态县、生态市、生态省等生态文明指标体系；全国各地生态保护红线划定工作陆续开展；出版了中国生物安全管理的指导性文件《中国国家生物安全框架》，加强了对生物安全的管理。

中国的资源环境问题已经成为经济社会发展所面临的重要挑战，对生态和自然保护提出了一系列亟待解决的科学问题。在综合分析我国生态与自然保护学科的研究现状和国际学术研究前沿领域与发展趋势的基础上，指出了我国生物多样性保护、生物安全及生态示范创建的重点需求及发展展望，未来生态与自然保护研究的优先领域和重点方向包括：生物多样性保护及生态系统功能、转基因生物安全立法、完善生态文明指标体系、生态文明制度建设等方向。

一、引言

自然和生态保护是对自然环境和自然资源的保护，其本质也是保护人类自己。在狭义上，指保留某些地区使其处于不受人为干扰的自然状态下，其目的包括供观赏、供科研及保存物种资源等。在广义上，指对一切自然资源的妥善保护和合理开发，其目的在于保证长久的人类生活质量。其中心是保护、增殖（可更新资源）和合理利用自然资源。自然保护和资源的开发利用一样，是为人类服务的。其目的在于保证自然资源的永续利用。

保护的对象主要包括以下几方面。

（1）土地资源　包括地质、土貌、气候、植被、土地、水文及人类活动等多种因素相互作用下组成的高度综合的自然经济系统。

（2）生物资源　包括动物、植物、微生物资源，包括野生和驯化的生物资源。其中优先保护的是森林、草原、野生动物、野生植物资源。

（3）矿产资源保护　包括金属矿产、能源矿产和非金属矿产等，是一种不可更新的资源。

（4）典型景观保护　景观泛指地表自然景色。按其类型可分为：草原景观、森林景观等。自然景观不仅有旅游观赏价值，而且具有历史考古与科研价值。

近几十年来，我国经济增长取得举世瞩目的成效，同时，生态环境问题日益严峻。《国家环境保护"十二五"规划》中指出：我国环境状况总体恶化的趋势尚未得到根本遏制，环境矛盾凸显，压力继续加大，农村环境污染加剧，重金属、化学品、持久性有机污染物以及土壤、地下水等污染显现。部分地区生态损害严重，生态系统功能退化，生态环境比较脆弱。环境问题已成为威胁人体健康、公共安全和社会稳定的重要因素之一。生物多样性保护等全球性环境问题的压力不断加大。

党的十八届三中全会提出建设生态文明制度体系，从源头上扭转生态环境恶化趋势，为人民创造良好生产生活环境，为全球生态安全做出贡献。我国环境保护部门开展的生态保护工作，主要集中在自然保护区管理、生物多样性保护、生态示范建设等方面。

二、生态与自然保护基础理论研究进展

（一）生物多样性格局形成机制

生物多样性分布格局及其形成机制是宏观生态学和生物地理学等领域研究的核心问题之一。

近年来，生物多样性格局形成机制研究在多个方面取得了明显的进展。主要表现如下：①类群由植物、哺乳动物、鸟类等主要类群扩展到鱼类、蕨类植物、微生物等其他类群，如 Kessler 等[1]（2011）研究了全球 1039 个样地的蕨类物种时发现气候因子是蕨类物种丰富度的主导因子而中域效应等是次要影响因素。②维度由水平梯度过渡扩展到海拔梯度，如 Guo[2]（2013）等研究了全球范围内 443 个海拔梯度上各类群物种丰富度格局，提出海拔尺度、低海拔的人为干扰、高海拔的气候梯度等可能影响以上格局。③地理范围由全球、国家尺度过渡到干旱地区、高寒地区等独特气候特征的地区，Li 等[3]（2013）研究了我国西北干旱地区物种多样性，结果支持了水-能量动态假说。④研究层次由物种水平扩展到基因水平，Yan 等[4]（2013）研究了青藏高原维管束植物的系统发育多样性，发现快速的物种分化及环境过渡是主导因素。

尽管国内外针对生物多样性格局形成机制已经开展了大量的研究，但是目前的研究结论未能达成一致。该方向的未来研究需要更加有效地利用我国现有的生态系统定位研究网络，利用 DNA 条形码、遥感影像、红外相机等更加先进的技术手段，获取更加精确的生物多样性数据及相关的地理分布、环境因素等信息，研究生物多样性分布格局形成机制。在气候变化与人为干扰的大背景下，既要重点研究大尺度范围内生物多样性格局形成机制，也要特别研究不同气候地区、不同类群、不同多样性层次等特定的生物多样性格局形成机制，为不同尺度上的生物多样性保护提供科学的理论依据。

（二）自然保护区建设和国家公园体制

1. 自然保护区体系构建

自然保护区体系构建的内涵是确定自然保护区合理布局，确定关键保护区域，提出重点建设的自然保护区和需要补建、新建保护区的区域；同时，对于生物多样性热点地区，规划相似自然生态系统或相同保护对象的"自然保护区域"。自然保护区体系构建应用较为广泛的是空缺分析法（GAP）。

"十二五"期间，我国研究人员侧重在区域尺度上研究自然保护区的保护空缺。在重要生态系统保护空缺分析方面，刘晓清等[5]（2014）在调研陕西省自然保护区建设现状基础上，从生态系统类型、生物多样性、区域布局体系等方面对陕西省自然保护区建设进行了空缺分析，提出调整现有自然保护区，新建自然保护区和自然保护小区的建设思路。王海华等[6]（2014）采用基于高保护价值森林区域的 GAP 分析方法，通过分析生物多样性"热点区域"和现有自然保护区分布范围，确定了北京市生物多样性保护空缺区域。

自然保护区物种保护空缺方面，继蒋明康等[7]（2006）在全国尺度上研究了我国自然保护区对野生动植物资源的就地保护效果后，"十二五"我国研究人员在区域尺度上进一步研究了自然保护区物种保护空缺。如郑岩岩[8]（2011）以三江平原湿地为研究区域，分析湿地易危、濒危植物物种的保护现状，提出三江平原湿地植物多样性为保护的热点地区。王晓辉和王猛[9]（2013）以安徽省自然保护区中 50 个自然保护区为背景值，把物种分布图层和保护区分布图层叠制得出旌德县的"褐林鸮、乌雕鸮"为保护空白点，也将其视为生物多样性保护热点地区。邱胜荣和丁长青[10]（2014）根据掌握的海南山鹧鸪分布资料及植被、地形数据，结合自然保护区的分布，确定其适宜栖息地分布范围内物种的调查空白地区和保护空白地区，结果表明，海南山鹧鸪保护空白地区主要分布于海南中北部山地。

2. 自然保护区有效性

自然保护区有效性是指自然保护区发挥保护物种、生态系统的作用以及实现 其保护价值的程度，一般包含管理有效性和保护有效性。其中，管理有效性侧重于管理能力的建设和管理水平的提高，而保护有效性更注重保护对象的保护，是保护对象生存状态及其生境适宜性等方面保护效果的综合体现（崔国发，2013）[11]。

"十二五"期间，自然保护区管理有效性研究主要集中在四个方面：①基于 IUCN-WCPA 框架，从背景、自然规划、投入、过程和产出结果这 5 个方面对自然保护区管理有效性进行评价（郭玉荣等[12]，2012；龚粤宁等[13]，2014）。②基于《自然保护区有效管理评价技术规范》（LY/T 1726—2008）的管理有效性评估（靳丽莹[14]，2012），从规划设计、权属、管理体系、行政执法权、管理队伍、管理制度、保护管理设施、资源保护工作、科研与监测工作、宣教工作、经费管理、社区协调性、生态旅游管理、监督与评估这13 个方面进行管理有效性评价。③依据《国家级自然保护区管理工作评估赋分表》的保护区管理有效性评估（高军等[15]，2011），指标包括机构设置与人员配置、范围界限与土地权属、基础设施建设、运行经费保障、主要保护对象变化动态、违法违规项目情况、日常管护、资源本底调查与监测、规划制定与执行情况、能力建设状况 10 项。④自然保护区管理基础现状评价模型的构建及应用（夏欣等[16]，2013；李国平[17]，2015），从客观条件、人员机构、经费与设施 3 个方面，选取范围与功能区划、保护区人口密度、保护区拥有使用权属的土地面积、管理机构类型、管理机构级别、人员编制、事业经费、生态保护区资金和基础设施 9 个代表性指标，构建自然保护区管理基础定量评价模型，该模型可有效地定量评价自然保护区管理基础状况。

3. 国家公园体制

我国各类自然生态保护园区是按生态要素建立的，分属环保、林业、农业、国土、住建、水利、海洋、科学院 8 个部门和单位管理；自然生态类旅游景区中有许多位于生态保护重点区域，由旅游部门承担管理职责。各类自然生态保护园区长期存在的人为割裂生态系统完整性、区域重叠、机构重置、职能交叉、管理混乱、权责不清、重开发轻保护等问题，亟须建立适合我国国情的国家自然生态保护园区体制。

我国已建立了各级各类自然生态保护园区，是我国保护区体系的主体，对保护我国珍贵生物多样性资源及重要生态系统、自然景观和自然遗迹发挥着重要的作用。中共中央十八届三中全会通过的《中共中央关于全面深化改革若干重大问题的决定》中明确提出了"建立国土空间开发保护制度，严格按照主体功能区定位推动发展，建立国家公园体制"，旨在规范保护与开发之间的矛盾，提高我国自然生态保护地管理水平。

（三）生态示范建设

1. 生态文明理论内涵研究进展

李文华提出生态文明是物质文明与精神文明在自然与社会生态关系上的具体体现，是人与环境和谐共处、持续生存、稳定发展的文明，是对人与自然关系历史的总结和升华，其内涵包括：人与自然和谐的文化价值观；生态系统可持续前提下的生产观和满足自身需要又不损害自然的消费观。高吉喜认为生态文明有狭义与广义之别：从狭义上讲，生态文明是指文明的一个方面，即人类在处理与自然的关系时所达到的文明程度，它是相对于物质文明、精神文明和制度文明而言的，一般仅限于经济方面，即要求实现人类与自然的和谐发展；从广义上讲，生态文明是人类文明发展的一个新的阶段，即工业文明之后的人类文明形态，囊括整个社会的各个方面，不仅要求实现人类与自然的和谐，而且要求实现人与人的和谐，是全方位的和谐。王如松提出生态文明指人类在改造、适应、保育和品味自然的实践中所创造的天人共生、局部和整体协调的物质生产和消费方式、社会组织和管理体制、价值观念和伦理道德以及资源开发和环境影响方式的总和，它的科学内涵包括认知文明、体制文明、物态文明和心态文明。建设生态文明是落实科学发展观、全面建设小康社会的内在要求，是解决资源环境问题，实现可持续发展的必然选择。潘岳认为生态文明是指人类遵循人、自然、社会和谐发展这一客观规律而取得的物质与精神成果的总和，是指人与自然、人与人、人与社会和谐共生的文化伦理形态。

从以上研究可以看出，生态文明的概念和内涵大体上可归纳为 3 类：①认为生态文明是指人与自然的和谐；②除了人与自然的和谐外，还应包括人与人的和谐；③生态文明应包括人与自然的和谐、人与人的和谐以及人与社会的和谐。也有学者进一步指出，生态文明是自然生态与人文生态和谐统一的更高层次的文明，其目标是实现人类与自然的协调发展。可见，生态文明涵盖了社会和谐及人与自然和谐的全部内容，是人类在处理与自然的关系时所达到的文明程度。总体而言，大多数专家学者认为生态文明的核心目标是人与自然的和谐，人与人的和谐、人与社会的和谐是实现人与自然和谐的必要组成部分，是生态文明在社会形态中的体现。一些学者之所以认为生态文明应包括人与人、人与社会的和谐，是从保障人与自然和谐的角度论述的，共同强调的仍是人与自然的和谐。从我国提出生态文明的背景分析，强调的也是人与自然的和谐。党的"十六大"对建设生态文明社会做了铺垫性论述，提出"可持续发展能力不断增强，促进人与自然的和谐"的目标。"十七大"提出统筹人与自然和谐发展、人与自然和谐相处的总战略，暗示了生态文明建设的总目标是实现人与自然的和谐。"十八大"更明确提出，在"资源约束、环境污染严重、生态系统退化"的趋势下，"树立尊重自然、注重自然、保护自然的生态文明理念"。可见，无论是生态文明的科学内涵，还是党和国家提出的生态文明的旨意，都凸显生态文明建设的目标是实现人与自然和谐。

2. 生态文明建设规划理论研究进展

生态文明建设规划是一个系统工程，同样生态文明建设规划理论也是涉及多学科、跨领域的理论体系（表1），包含了生态学、生态经济学、生态社会学、规划学、循环经济学等理论知识，可持续发展是生态示范区建设的最终目标，主要包括3个方面的内容：①维护生态功能的完整性，与自然和谐共处；②协调当代与后代发展要求的关系；③满足全世界生存、发展的需求，使整个人类共同得到发展。这三条已经成为生态示范区建设的基本原则。

表1　生态示范建设主要理论[74]

学科	理论	目标
生态学	生态系统学理论	形成组分多样，结构稳定，物质良性循环，能量、信息畅通流动的生态示范区
	生态环境建设理论	变被动保护为主动建设、变末端治理为源头控制
	复合生态系统理论	形成社会—经济—自然协调发展的局面
	生态承载力理论	规划建设和资源开发的底线，避免过度开发、无序开发等资源环境的破坏和浪费
	生态足迹理论	促进节能减排，实现生态盈余
	景观生态学理论	优化空间布局，保护生态格局完整性
	生物多样性理论	识别重要保护区域、物种
	生态工程理论	引导工程建设项目的生态环境友好化
生态经济学	人口资源环境经济学理论	关注人口数量、质量和生活品质
	生态系统服务功能理论	保持并促进生态系统服务功能的正常发挥
	绿色国民经济核算体系	对政府工作的生态绩效考核
	循环经济理论与清洁生产理论	相仿食物链实现资源最大化利用、优化产业结构和布局
生态社会学	生态社会学理论	实现人的思维方式和实践方式的生态化，是生态文明示范的最高境界

3. 生态文明建设指标体系研究进展

生态文明指标是在生态县、市、省、模范环境城市指标基础上发展起来的。2003年，原国家环保总局发布《生态县、生态市、生态省建设指标》，对生态县、生态市和生态省进行界定，分别制订了大体一致、略有差异的评价指标体系及详尽的指标解释。指标体系包括约束性和参考性两类，主要分为经济发展、社会进步和环境保护三大层面，其中，生态县 36 个指标，生态市 28 个指标，生态省 22 个指标。相比较而言，生态县指标更加关注农村环境保护，生态市指标突出清洁生产与绿色消费，生态省指标侧重考察环保产业比重、物种多样性及流域水质等中观层面因素。

2006 年 3 月，环境保护部出台《"十一五"国家环境保护模范城市考核指标及其实施细则》（简称创模指南）。创模指标由 30 项必考指标与 2 项参考指标组成，30 项必考指标包括 3 项基本条件与 27 项考核指标。2008 年 1 月，环保部对创模指南中一些关键性指标进行适当调整修订，整合为 26 项考核指标。其中，基本条件 3 项、社会经济 4 项、环境质量 5 项、环境建设 8 项、环境管理 6 项。新创模指标体系对地表水和空气环境质量、城市环境基础设施建设、集中式饮用水水源地、工业企业稳定达标等方面提出更高要求。

2013 年 5 月，环保部研究制定了《国家生态文明建设试点示范区指标（试行）》。具体来看，生态文明试点县建设指标共包含生态经济、生态环境、生态人居、生态制度、生态文化 5 个系统，共 29 项指标；生态文明试点市则包含生态经济、生态环境、生态人居、生态制度、生态文化 5 个系统，共 30 项指标。

2013 年 12 月，发改委发布了《国家生态文明先行示范区建设方案（试行）》，其中国家生态文明先行示范区建设目标体系提出了经济发展质量、资源能源节约利用、生态建设与环境保护、生态文化培育 4 个方面共 44 项指标。

2014 年 1 月，环保部研究制定了《国家生态文明建设示范村镇指标（试行）》，从村镇层面对农村地区开展生态文明建设示范工作提出了要求，从经济、社会、生态等方面提出要求，基本框架包括基本条件和建设指标两个方面，基本条件主要是定性描述，建设指标主要是定量数据。其中，基本条件包括基础扎实、生产发展、生态良好、生活富裕、乡风文明 5 个方面；建设指标包括生产发展、生态良好、生活富裕、乡风文明 4 个方面。

（四）生物安全风险评估与管理

生物安全是国际社会高度关注的问题之一，是关系国家安全、人民健康、经济发展和社会稳定的重大战略问题。生物安全是指现代生物技术（主要指转基因技术）的开发和应用所产生的负面影响，即对生物多样性、生态环境及人体健康可能构成的危险或潜在风险，主要包括转基因技术引起的生物安全问题和引进外来物种造成的生物入侵问题两方面。广义的生物安全包括了三个方面的内容，即人类的健康安全、人类赖以生存的农业生物安全、人类生存息息相关的生物多样性，也就是环境生物安全。

现代生物技术产物的转基因作物及其产品改变了传统的育种方式，使人类可以更容易地控制生物性状，满足人类对粮食、土地等的不同要求。但同时，转基因技术的应用也改变了生物进化的进程，对环境、人类和动物的健康造成了现实和潜在的威胁，带来了人们对其风险的关注和安全性的疑惑。尽管，目前尚没有足够确信的证据表明转基因作物对环境和人类健康的影响，但一些研究所揭示的转基因植物在研究和释放阶段可能出现的风险，已经引起人们的广泛关注和争论。因此，建立全面而可靠的生物安全风险识别方法，进行生物安全风险评估和管理是生物安全问题的重点内容。

我国实行"一部门协调、多部门主管"的管理体制。农业部负责全国农业转基因生物安全的监督管理工作；县级以上各级人民政府农业行政主管部门负责本行政区域内的农业转基因生物安全的监督管理工作，出入境检验检疫部门负责进出口转基因生物安全的监督管理工作，县级以上各级人民政府卫生行政主管部门依照《食品安全法》的有关规定，负责转基因食品卫生安全的监督管理工作，我国建立了由农业、科技、环保、教育、卫生、检验检疫等 12 个部门组成的农业转基因生物安全管理部级联席会议，负责研究、协调农业转基因生物安全管理工作中的重大问题（农业部农业转基因生物安全管理办公室，2014）。

2001 年中国国务院颁布了《农业转基因生物安全管理条例》，对农业转基因生物进行全过程安全管理，同时对其进行风险管理。2002 年以来，农业部和国家质检总局根据《农业转基因生物安全管理条例》先后制定了 5 个配套规章，即《农业转基因生物安全评价管理办法》《农业转基因生物进口安全管理办法》等。2011 年出版了中国生物安全管理的指导性文件《中国国家生物安全框架》，对转基因活动物体、基因重组药物的风险评估及风险管理进行指导。

截至 2013 年 8 月 31 日，我国共有 53 家生物安全实验室通过认可，其中 42 家三级实验室，11 家二级实验室。

（五）生态保护红线

"红线"一般是指不可逾越的界限，最早被应用于城市规划，泛称宏观规划用地范围的标志线，如高吉喜在 2001 年前后为浙江省安吉县做生态规划时，提出"红线控制"方案。此后，"红线"的概念已被管理部门广泛使用，如国土部提出的耕地红线，水利部提出的水资源开发利用控制、用水效率控制和水功能区限制纳污"三条红线"，国家林业局提出的森林、湿地、荒漠、物种四条红线等。

党的十八届三中全会、新修订的《环境保护法》都提出建立生态保护红线并实行严格保护的明确要求。2013 年 5 月 24 日，习近平总书记在中共中央政治局第六次集体学习时，进一步强调了划定并严守生态保护红线的重要意义。2014 年修订的《中华人民共和国环境保护法》第二十九条规定："国家在重点生态功能区、生态环境敏感和脆弱区等区域划定生态保护红线，实行严格保护。"

2015 年 3 月 24 日，中共中央审议《关于加快推进生态文明建设意见》时，再次强调把制度建设作为推进生态文明建设的重中之重，把划定生态保护红线作为深化生态文明体制改革的突破口。划定并严守生态保护红线是国家依法治国战略的一项重大基础性工作，是建设美丽中国，实现中华民族永续发展的重大举措。

生态保护红线包括三个层面。

① 重要生态功能区的保护红线　指的是水源涵养区，保持水土、防风固沙、调蓄洪水等。城市发展需要安全健康的水源，这是一条经济社会的生态保护安全线，是国家生态安全的底线，能够从根本上解决经济发展过程中资源开发与生态保护之间的矛盾。

② 生态脆弱区或敏感区保护红线　即重大生态屏障红线，可以为城市、城市群提供生态屏障。建立这条红线，可以减轻外界对城市生态的影响和风险。广东韶关便是珠三角地区重要的生态屏障。

③ 生物多样性保育区红线　这是我国生物多样性保护的红线，是为保护的物种提供最小生存面积。红线就是底线，如果再开发就会危及种群安全，非常紧迫。

1. 生态保护红线概念及特征

生态保护红线是指依法在重点生态功能区、生态环境敏感区和脆弱区等区域划定的严格管控空间边界，是国家和区域生态安全的底线。划定的生态保护红线区是指对维护生态安全格局、保障生态系统功能、支撑经济社会可持续发展具有重要作用的区域。根据生态保护红线的概念，其属性特征包括以下五个方面。

a. 生态保护的关键区域：生态保护红线保护极为重要的生态功能区和生态敏感区/脆弱区，是保障人居环境安全，支撑经济社会可持续发展的关键生态区域。

b. 空间不可替代性：生态保护红线具有显著的区域特定性，其保护对象和空间边界相对固定。

c. 经济社会支撑性：划定生态保护红线的最终目标是在保护重要自然生态空间的同时，实现对经济社会可持续发展的生态支撑作用。

d. 管理严格性：生态保护红线是一条不可逾越的空间保护线，应实施最为严格的环境准入制度与管理措施。

e. 生态安全格局的基础框架：生态保护红线区是保障国家和地方生态安全的基本空间要素，是构建生态安全格局的关键组分。

2. 生态保护红线工作进程及主要成果

环境保护部自 2012 年就开始启动生态保护红线划定研究工作，先后将江西、内蒙古、广西、湖北等省区市作为划定试点，开展生态保护红线划定试点研究与实践探索。在取得一定试点经验的基础上，2014 年 1 月印发《关于印发＜国家生态保护红线—生态功能红线划定技术指南（试行）＞的通知》（环发［2014］10 号），并随后开展培训，指导全国各地生态保护红线划定工作。

三、生态与自然保护技术研发进展

（一）生物多样性研究进展

伴随着气候变化、人类活动对生物多样性产生强烈的影响，国际、地区、国家尺度上的生物多样性监测组织纷纷成立，为加强对生物多样性现状及动态变化实施及时的跟踪。生物多样性监测是一项跨越多门分学科的活动，监测技术起初主要由传统的生态学、生物学等多学科的技术融合而成。近年来，由于各相关学科的飞速发展，生物多样性监测技术也随之不断更新，监测效果得以大幅度提升。常用的监测技术有用于动物监测的红外相机技术、用于各类生物体及其残体的 DNA 条形监测技术。

1. 红外相机监测技术

红外相机技术是指通过自动相机系统（如被动式/主动式红外触发相机或定时拍摄相机等）来获取野生动物图像数据（如照片和视频），并通过这些图像来分析野生动物的物种分布、种群数量、行为和生境利用等重要信息，从而为野生动物保护管理和资源利用提供参考的一项技术（肖治术等[18] 2014）。与传统手段相比，该技术具有对动物无损伤且干扰小、影像资料便于存储、能监测平常情况下难以发现的物种等特点。近年来，红外相机监测技术在全球范围内动物监测工作中广泛使用。其中，成功的案例有热带生态评价与监测网络（tropical ecology assessment and monitoring network，TEAM Network）和野生动物图片指数（the wildlife picture index，WPI）。TEAM 在全球范围内建立 16 个站点，采集热带森林动物的保护信息，研制了针对陆生脊椎动物多样性的红外相机监测规范，包含详细、标准的监测方法及数据存储方法等，并已在南美洲、非洲、亚洲等地的 16 个热带森林监测样地执行（TEAM Network[19]，2008；Ahumada 等[20]，2011）。WPI 将红外相机技术与占用分析、广义相加模型相结合，进而监测生物多样性的变化趋势。随着红外相机技术的成熟、成本的降低和普及应用，我国已将该技术应用到各类自然保护区和区域性生物多样性的监测及相关研究工作中，并取得了初步显著的进展。目前，我国已经建立起若干区域性和全国性的大尺度红外相机监测网络，包括北京大学与史密森研究院合作自 2002 年起在西南地区依托自然保护区建立起的大中型兽类监测网络，北京师范大学自 2007 年起在东北地区建立的针对大型猫科动物及其猎物的监测网络，中国科学院自 2011 年起结合中国森林生物多样性监测网络（CForBio）建立起的红外相机监测体系，国家林业局和东北林业大学合作成立的猫科动物研究中心自 2012 年起在东北虎、豹主要分布的部分林业局或保护区建立的红外相机监测平台（李晟等[21]，2014）。这些红外相机监测网络为我国生物多样性现状评估及动态监测提供了数据和信息。围绕该技术开展的相关研究也取得了较好的进展，主要表现在野生动物本底资源调查、人为干扰对生物多样性的影响研究等方面，但是目前还停留在生物多样性的基本调查和监测层次上，而基于红外相机技术探索生物多样性格局及机理、物种之间的相互作用等深层次上的研究很少。今后，需要以红外相机技术为技术着眼点，研究与生物多样性相关的生态及进化的关键问题，提高我国在生物多样性监测及保护领域研究的深度。

2. DNA 条形码监测技术

DNA 条形码是加拿大生物学家 Paul Hebert 等人于 2003 年提出的用基因组内的一段标准的、短的 DNA 片段来鉴定物种的一项分子新技术（Hebert，et al[22]．2003）。该技术具有快速、客观、准确的优点，能够弥补传统分类方法的不足，满足生物多样性监测的大规模、快速、准确的需求。因此，DNA 条形码技术近年来被用于濒危物种监测的研究及生物群落的全面监测研究中。

国际生命条形码联盟（CBOL）和国际生命条形码计划（iBOL）在全球范围内发起了条形码组织和国际条形码计划，为生物多样性监测提供了科学的数据库。目前，建立的生物条形码数据库中典型的有鱼类（Fish-BOL）、鸟类（ABBI），哺乳动物（MBL）、海洋生命（MarBOL）及昆虫类（蝴蝶、飞蛾、石蝇及蜜蜂）等。

我国是国际生命条形码联盟（CBOL）43 个成员国之一，并在 DNA 条形技术的研究方面也取得了重要的成果。近年来，我国该领域的专家将 DNA 条形码技术用于生物多样性监测，取得了显著的科研进展。Yan 等[23]（2014）研究了喜马拉雅-横断山脉生物多样性热点地区杜鹃花属的条形码，发现 ITS＋psbA-trnH＋matK 是识别该属内物种的最佳组合，为该属物种多样性监测提供科学依据。罗家聪等[24]（2007）利用 COI 和 Cyt b 条形码监测厦门文昌鱼和青岛文昌鱼，发现两者的基因变异较大，应被分为两个不同种，纠正了我国青岛和日本沿海的文昌鱼为白氏文昌鱼的一个亚种的传统研究结论。Ji 等[25]（2013）研究了采集自中国、马来西亚及英国的节肢动物及鸟类 55813 份标本，评估了宏条形码在生物多样性监测中的应用，发现与传统方法收集的生物多样性数据集相比，宏条形码方法具有系统、快速、客观及准确的特点，可成为未来生物多样性监测的关键技术手段。Yu 等[26]（2012）研究了节肢动物的宏条形码，包括大量诱捕节肢动物、COI 基本的大量 PCR 扩增、焦磷酸测序及生物信息学分析等过程，精确计算 α 多样性和 β 多样性等，对其生物多样性进行了快速评估和监测。

（二）自然保护区建设

1. 自然保护区体系构建技术

科技支撑计划项目"自然保护区体系构建技术研究"，"十二五"形成了自然保护区体系构建技术，并针对我国自然保护区空间布局提出优化方案。在"森林自然保护区体系构建技术"专项中，研究形成自然保护综合地理区划技术、自然保护区保护价值评价技术、自然保护区优先建设评价等技术。"湿地自然保护区体系构建技术"专项中，提出水鸟物种优先性保护等级测算方法、基于水鸟多样性的湿地自然保护区保护价值指数测算方法、基于水鸟栖息地重要性的湿地自然保护区保护价值指数测算方法；同时，研究形成基于水鸟群落特征的湿地自然保护区保护价值指标体系和基于主体功能的分类体系。

生物廊道在一定程度上弥补了自然保护区建设中由于生境破碎化阻断生物间信息交流的现象，是自然保护区体系研究中的一项重要内容。基于"野生动物生物廊道设计技术研究"专题研究成果，国家林业局于 2012 年发布了《陆生野生动物廊道设计技术规程》。该规程规定了陆生野生动物通道和生境廊道设计的原则与技术性要求，适用于陆生野生动物重要的栖息地和迁移扩散路线上已建和新建铁路、公路、草原围栏、水渠等建筑物和构筑物时的野生动物通道设计以及陆生野生动物重要栖息地之间、自然保护区内以及自然保护区之间的生境廊道构造和恢复设计。

2. 自然保护区保护有效性评估技术

国家通过设立保护有效性相关课题，一定程度上促进了自然保护保护成效的评估方法体系的形成。"国家级自然保护区生态环境十年变化调查与评估"项目，在评估 319 个国家级自然保护区生态系统格局、质量以及保护区人类活动强度变化状况的基础上，研究形成国家级自然保护区保护效果评价技术，综合评估我国自然保护区的保护效果，有针对性地提出国家级自然保护区生态环境管理对策。

"严格自然保护区保护成效评价与适宜规模研究"通过对内蒙古大兴安岭汗马、吉林长白山等 7 个典型的严格自然保护区的资料收集和实地调查，从景观格局、植被质量和重点保护物种三个层次上，分析保护对象时间轴（纵向）和空间轴（横向）上的动态变化。通过对典型自然保护区实地调查，集成研究不同类型国家级自然保护区保护成效评估技术与方法体系，形成并由国家林业局发布了自然保护区保护成效评价的《自然保护区保护成效评估技术导则》等系列标准，用于指导全国尺度上自然保护区保护成效评估的标准化工作。

3. 自然保护区天-地协同监测体系及业务化应用

环保部"自然保护区综合监管"项目，在综合应用卫星遥感技术、地理信息系统技术、数据库技术、生态环境监测与评价技术的基础上，通过集成与创新，系统地研究了自然保护区天-地协同监测体系，提出自然保护区天-地协同监测的关键技术，包括人类活动天-地协同监测技术、生境天-地协同监测技术、植物天-地协同监测技术。根据压力—状态—响应模型，建立了自然保护区生态系统健康评价指标体系，研发自然保护区生态系统健康综合评价指数，用于评价自然保护区的健康状态。在天地协同监测技术体系的基础上，进一步研发了具有业务化运行能力的自然保护区天-地协同监测平台，并大规模地开展了业务化运行。

（三）生态建设创建技术与研究方法

"十二五"期间，一大批科研院所充分发挥支撑服务作用，加强对生态示范创建和生态文明建设试点的技术支持，总结推广成功经验和模式，促进生态创建活动不断深化。2014 年 9 月，由环境保护部南京环境科学研究所高吉喜所长主持完成的《嘉兴市生态文明建设规划》堪称生态文明建设规划的标杆，该规划首次将党的十八大提出的生态文明建设纳入"五位一体"总布局的指导思想应用到生态文明建设规划中，构建了生态安全体系、生态产业体系、环境支撑体系、人居环境体系、生态文化体系和生态制度体系，理念上有创新；首次系统地将系统生态学理论、景观生态学理论、城市生态学理论、循环经济学理论等理论综合起来应用到生态文明建设规划中，理论上有创新；首次系统地将遥感与地理信息技术、生态足迹法、生态红线划定的技术与方法、生态安全格局构建技术与方法、污染减排技术与方法、情景分析等技术应用到生态文明建设规划中，方法上有创新。以建设国家生态文明示范区为目标，立足当地的区位优势、生态优势，构建了生态安全保障、环境质量控制、生态产业支撑、绿色人居支持、生态文化服务和生态制度约束六大体系，提出了生态文明建设的重点工程及保障措施。

以生态文明建设的会议从中国知网文献检索的结果来看，从 2005 年到 2014 年年底为止，输入"生态文明示范"为关键字可获得 351 篇文献。2012 年以来是研究成果集中时段。文献主要以报道各省、市、区县等的生态示范建设试点建设成果为主，但是对生态文明建设的理论与方法研究不够。

（四）生态红线的守护

1. 开展生态环境质量监测与评估的必要性

生态环境质量是指生态环境的优劣程度，它以生态学理论为基础，在特定的时间和空间范围内，从生态系统层次上，反映生态环境对人类生存及社会经济持续发展的适宜程度，是根据人类的具体要求对生态环境的性质及变化状态的结果进行评定，是守护生态红线的基础。

生态环境质量评价就是根据特定的目的，选择具有代表性、可比性、可操作性的评价指标和方法，对生态环境质量的优劣程度进行定性或定量的分析和判别。

近年来，我国经济社会快速发展，经济增长取得举世瞩目的成就，与此同时，生态环境问题日益严峻，特大自然灾害频发，人类活动和气候变化对自然生态环境产生双重压力。为更好满足国家发展的战略需求，构筑国家生态安全格局，维护生态安全，探索新形势下中国经济增长与环境保护新道路，迫切需要全面摸清我国生态环境现状及变化趋势，系统掌握我国近几十年来生态环境存在的问题、生态环境保护工作成效和经验，开展生态环境变化调查工作。

2. 我国生态环境质量监测与评估进程

为维护国家生态安全，促进生态文明建设，引导地方政府加强生态环境保护，提高国家重点生态功能区所在地政府基本公共服务保障能力，我国自 2009 年起启动国家重点生态功能区县域生态环境质量考核工作，同时将县域生态环境质量考核结果与生态补偿资金相结合，不断提高地方政府保护生态环境的积极性。2012 年 1 月环境保护部会同中国科学院启动了"全国生态环境十年变化（2000—2010 年）遥感调查与评估"项目（以下简称

"十年调查"），进一步调查我国生态环境质量现状与变化趋势。

3. 生态环境十年变化

"十年调查"项目是我国开展的第二次大规模生态系统状况的综合调查与评估，目的是"摸清家底，发现问题，找出原因，提出对策"。项目共设置 20 个国家级专题和 32 个省级专题，环境保护部相关直属单位、中国科学院相关研究所（中心）、各省（自治区、直辖市）环保科研技术部门、高等院校等百余家单位共同参与。项目从全国、典型区域和省域 3 个空间尺度，通过分析国产环境卫星和国外卫星遥感数据，结合实地调查与核查野外样点、样方及国家生态系统长期定位站观测数据，科学调查和评估了我国生态环境 10 年变化的基本状况、时空特征与问题原因，并取得了生态环境遥感调查与评估技术集成创新，填补了我国生态系统状况本底资料、调查评估框架、内容指标体系、技术方法体系等方面的空白，对我国生态系统、现状及变化趋势进行全面系统评估。十年调查评估成果对保护和改善我国生态环境、构建国家和区域生态安全格局、推动生态文明建设、促进经济社会可持续发展具有重要的指导意义。

4. 重点生态功能区监测与评估

自 2009 年出台《国家重点生态功能区转移支付（试点）办法》以来，财政部两次对转移支付办法进行了优化，资金分配使用更加完善，考核奖惩力度也越来越大。2011 年，财政部制定了《国家重点生态功能区转移支付办法》（财预〔2011〕428 号），环境保护部与财政部联合印发《国家重点生态功能区县域生态环境质量考核办法》（环发〔2011〕18 号），进一步推进国家重点生态功能区县域生态环境质量考核工作，不断提高重点生态功能区保护和管理水平。

5. 资源开发过程中的环境监管

2006 年，财政部、国土资源部、国家环保总局联合发布《关于逐步建立矿山环境治理和生态恢复责任机制的指导意见》（财建〔2006〕215 号），提出实施矿山环境治理恢复保证金制度，2012 年以后，环境保护部先后印发《矿山生态环境保护与恢复治理方案编制导则》（环办〔2012〕154 号）、《矿山生态环境保护与恢复治理技术规范（试行）》（HJ 651—2013）和《矿山生态环境保护与恢复治理方案（规划）编制规范（试行）》（HJ 652—2013），用于指导矿山生态环境保护与恢复治理工作。

6. 生态经济政策——生态补偿

生态补偿机制是以保护生态环境、促进人与自然和谐为目的，根据生态系统服务价值、生态保护成本、发展机会成本，综合运用行政和市场手段，调整生态环境保护和建设相关各方之间利益关系的环境经济政策。主要针对区域性生态保护和环境污染防治领域，是一项具有经济激励作用、与"污染者付费"原则并存、基于"受益者付费和破坏者付费"原则的环境经济政策。

1992 年，中共中央办公厅、国务院办公厅和国家环保局在《关于出席联合国环境与发展大会的情况及有关对策的报告》中提出资源有偿使用的原则，逐步开征资源利用补偿费，并开展对环境税的研究。2005 年 3 月，第十届全国人民代表大会第三次会议上提出"国家要建立生态环境保护和建设补偿机制"。2005 年 12 月发布的《国务院关于落实科学发展观加强环境保护的决定》，明确指出"尽快建立生态补偿机制"。2006 年 4 月，温家宝总理在第六次全国环境保护大会上指出，"按照谁开发谁保护、谁破坏谁恢复、谁受益谁补偿、谁排污谁付费的原则，完善生态补偿政策，建立生态补偿机制"。2006 年 3 月发布的《中华人民共和国国民经济和社会发展第十一个五年规划纲要》要求，"按照谁开发谁保护、谁受益谁补偿的原则，建立生态补偿机制。"2006年，国家环保总局颁布了《中国生态环境补偿费政策纲要》。2007年10月召开的中共十七大，更进一步提出要"实行有利于科学发展的财税制度，建立健全资源有偿使用制度和生态环境补偿机制"。如庄国泰等将征收生态环境补偿费的核心归为：为损害生态环境而承担费用是一种责任，这种收费的作用在于它提供一种减少对生态环境损害的经济刺激手段。2007年9月，原国家环保总局发布了《关于建立生态补偿试点工作的指导意见》。2008年6月1日实施的修订后的《水污染防治法》明确规定，国家通过财政转移支付等方式，建立健全对位于饮用水水源保护区区域和江河、湖泊、水库上游地区的水环境生态保护补偿机制。

1994年，广东省率先以立法形式对全省森林实行生态公益林、商品林分类经营管理，对生态公益林予以相应补偿措施。随后，全国各地也建立了以水资源、矿产资源等为载体的生态补偿机制，如通过对矿山开采企业征收补偿费用、退耕还林政策等。自2008年以来，中央财政建立国家重点生态功能区转移支付制度。此外，流域补偿、退耕还林（草）等制度都是生态补偿的重要形式。

（五）生物安全技术

根据国际农业生物技术服务组织（ISAAA）发布的全球生物技术作物（又称"转基因作物"）种植的最新统计数据，全球转基因作物总种植面积继续保持增长势头，2012年较2011年又增长6％，达到1.703亿公顷。

中国一直高度重视转基因技术研究与应用。20世纪80年代，我国开始进行转基因作物的研究，是国际上农业生物工程应用最早的国家之一。2011年，中国转基因作物的种植面积达到390万公顷，转基因作物包括棉花、番木瓜、杨树、马铃薯、甜椒。

目前，我国已初步建成世界上为数不多的，包括基因发掘、遗传转化、良种培育、产业开发、应用推广以及安全评价等关键环节在内的生物育种创新和产业开发体系，转基因作物自主研发的整体水平已经领先于发展中国家。我国已经拥有抗病虫、抗除草剂、优质抗逆等一批功能基因及相关核心技术的自主知识产权；棉花、玉米、水稻等农作物生物育种的基础研究和应用研究初步形成了自己的特色和比较优势；目前已经获得三系杂交抗虫棉花、饲料用植酸酶玉米、抗虫水稻、抗虫玉米、药用血清蛋白水稻等一批达到国家先进水平、具有产业发展巨大潜力、可与国外公司抗衡的创新性成果。此外，创世纪、奥瑞金、大北农、中国种子集团等一批创新型生物育种企业先后诞生与发展，成为我国生物育种自主创新能力全面提升和现代种业发展的重要标志。

四、生态与自然保护国内外研究进展比较

（一）国际上的重大问题的研究进展

1. 生物多样性的评估、监测

生物多样性是人类赖以生存的条件，是经济社会可持续发展的基础。然而，由于气候变化、人类活动干扰、自然资源的不合理利用、生境的消失和退化、环境污染及外来物种入侵等原因，生物多样性丧失的局面十分严峻。在过去几百年中人类使物种灭绝速率比地

球历史上物种自然灭绝速率增加了 1000 倍。鉴于生物多样性对于人类生存和发展的重要价值及其面临的严重威胁，国际《生物多样性公约》（以下简称《公约》）继 "2010 年生物多样性目标"之后，提出了《生物多样性战略计划》（2011—2020 年）和 "2020 年全球生物多样性目标"（即 "爱知生物多样性目标"）。因此，开展生物多样性的监测、评估及相关研究对于掌握生物多样性的现状、变化趋势和面临的威胁，分析气候变化、人类活动等对生物多样性的影响，履行《公约》义务等具有重要的意义。

（1）生物多样性评估　实施生物多样性评估，评估人类活动及其引起的环境变化对生物多样性的影响，预测全球生物多样性丧失及其对人类福祉的影响，为管理者制定相关保护政策提供科学可靠的决策信息，是当前生物多样性研究的重要方向之一。全球或区域生物多样性评估通常以概念框架为核心，其中驱动力-压力-状态-影响-响应（DPSIR）概念框架将人类活动和生物多样性变化有机结合起来为决策者提供系统信息，是最为典型的概念框架。目前已经应用到千年生态系统评估（MA）、联合国环境规划署（UNEP）的全球环境展望（GEO）项目评估、《公约》2010 年生物多样性目标评估等全球重大项目中来。2014 年 10 月，《公约》秘书处在韩国平昌发布了第四版《全球生物多样性展望》，对《2011—2020 年生物多样性战略计划》及 "2020 生物多样性爱知目标"所取得进展进行中期评估。尽管多数爱知目标的实施取得了重要进展，然而按照目前的趋势，生物多样性面临的压力将持续增加，生物多样性状况将持续恶化。

我国高度重视生物多样性评估工作，并将其列为《中国生物多样性保护战略与行动计划》（2011—2030 年）（以下简称 "行动计划"）第 11 项优先行动。2007—2012 年，环境保护部开展了全国生物多样性评估工作，在 31 个省级单元以县级行政区域为基本评估单元，以陆地和内陆水域生态系统及野生动植物为评估对象，以物种丰富度、生态系统多样性、物种特有性、外来物种入侵度和受威胁物种的丰富度为评估指标，评估试点省级单元的生物多样性现状、变化趋势和面临的威胁。在生物多样性评估的理论研究上也取得了初步进展，但研究目标有所差异。针对《公约》生物多样性目标，Xu 等[27]（2010）通过生物多样性压力指数及状态指数评估，发现我国在生物多样性保护方面取得的进步，徐海根等[28]（2012）详细剖析了 2020 年生物多样性目标的评估指标，指出现有指标远不能满足 2020 年目标评估的需要，应进一步加强生物多样性指标体系研究，开发生态系统服务功能和物种丰度等方面的指标，为我国生物多样性评估奠定科学基础；针对我国《行动计划》，李果等[29]（2011）探索我国生物多样性指标体系构建，甄选出适用于我国生物多样性评价的 26 个指标，可以从压力、现状、影响及响应等方面对遗传多样性、物种多样性以及生态系统多样性进行评价，并评估国家生物多样性战略行动目标的实施进展；针对生物多样性面临的风险，丁晖等[30]（2014）以全国 2376 个县级行政单元为研究区域，界定了生物多样性风险，构建了相应的评估指标体系，并评价了生物多样性风险；针对特殊的生物多样性类群，崔鹏等[31]（2014）基于多来源的中国脊椎动物濒危等级评估数据，采用红色名录指数（RLI）对兽类、鸟类、两栖类、爬行类和淡水鱼类的濒危状况变化趋势进行了评估。

我国生物多样性评估虽然在评估理论和方法方面开展了一些工作，但与国际水平还存在一定差距，需要在以下方面加强研究：①加强对全球生物多样性评估理论和方法总结，积极跟踪全球重大生物多样性评估项目的进展；②构建中国 2020 年生物多样性评估指标体系，努力发展一套更加全面和科学的中国 2020 年目标评估指标框架；③要加强全国生物多样性监测网络建设，为生物多样性评估提供观测数据支撑；④要加强评估模型和情景分析方法的研究，定期对全国生物多样性进行综合评估（曹铭昌等[32]，2013）。

（2）生物多样性监测　　生物物种资源监测是了解生物物种资源现状、开展生物物种资源保护与管理的基础工作和重要手段。实施生物多样性监测，及时追踪生物多样性的现状及变化，为有效评估生物多样性提供科学信息，有利于推进生物多样性保护。早在20世纪初时，北美洲和欧洲等少数发达国家较早开展了生物多样性观测活动，21世纪国际社会积极构建生物多样性观测网络。在全球尺度上，最具代表性的是全球生物多样性观测系统（GEO BON），于2008年由国际生物多样性计划（DIVERSITAS）和国际地球观测组织（GEO）宣布该组织成立，致力于在全球、区域和国家尺度范围内推动生物多样性观测资料的收集、整理和分析，为保护全球生物多样性提供数据支持；在区域尺度上，具有代表性的是欧盟生物多样性观测网络（EU-BON）、亚太生物多样性观测网络（AP BON）、东盟生物多样性观测网络（ASEAN-BON）以及北极生物多样性观测网络（The Arctic BON）；在国家尺度上，具有代表性的有瑞士生物多样性监测（BDM）和英国2010年后生物多样性框架；在省级尺度上的，具有代表性的有加拿大阿尔伯塔生物多样性监测网络（ABMI）。此外，专题性生物多样性监测网络有全球珊瑚礁监测网络（GCRMN）、英国蝴蝶监测计划（UKBMS）等。

我国生物多样性监测工作具备扎实的基础。2003年，中国森林生物多样性监测网络（CForBio）成立。通过中国科学院生物多样性委员会的组织协调，截至2015年年初，已经建立15个固定样地，包括在黑龙江大兴安岭、黑龙江丰林、黑龙江凉水、吉林长白山、北京东灵山、河南宝天曼、浙江天童山、湖南八大公山、浙江古田山、浙江百山祖、广东鼎湖山、广西弄岗、西双版纳等样地。2013年以来，环境保护部南京环境科学研究所联合多方力量在典型森林、湿地和草原荒漠地区建立了14个生物多样性监测样地，包括在福建武夷山、江苏盐城湿地、江西鄱阳湖、内蒙古达里诺尔、山东黄河三角洲、云南纳板河、安徽黄山、安徽鹞落坪、江西官山、湖北石首麋鹿、江苏宝应湖、黑龙江洪河、甘肃安西、浙江大盘山等地建立的大型样地。此外，以鸟类和两栖动物为重点观测对象开展了观测示范，建立了160余个观测样区，包括500余条样线和530余个样点。

我国在生物多样性监测方法及指标等方面的研究也取得显著进展。徐海根等[33,34]（2013a，2013b）提出监测计划的制定程序，分析了指示物种在物种资源监测中的作用与不足。讨论了监测指标的选取方法，分析现有监测计划在抽样设计方法方面存在的问题。在此基础上针对我国生物多样性的特点，进一步论述了维管植物、哺乳动物、鸟类、两栖爬行动物、鱼类、蝴蝶、土壤动物、淡水底栖大型无脊椎动物和大型真菌的监测指标与方法、抽样设计和数据处理等问题。2014年，环境保护部发布了《生物多样性观测技术导则》（HJ 710.1—710.11）11项系列标准，为我国开展生物多样性监测工作提供了标准化、规范化的方法和技术。除了在生物总体类群上的研究外，专门针对鸟类、两栖类、蝴蝶等类群的监测方法、存在的问题及对策也进行了系统的研究（崔鹏[35]，2013；吴军[36]，2013；房丽君[37]，2013）。此外，还有针对单一生态系统中生物多样性监测开展研究，如万宏伟等[38]，（2013）结合我国的草地资源和利用现状，以草地植物多样性为核心，兼顾草地生态系统健康和功能，提出了我国草地生物多样性监测与研究网络的指标体系和具体监测方案。

2. 生物安全的国际重大问题

由于生物安全的影响巨大，生物安全问题已经引起了国际社会和各国政府的高度重视。为了达到保证转基因生物技术的迅速发展和转基因产品不断投放到市场，但同时又注意避免可能引起的生物安全问题，达到趋利避害的目的，许多国家和国际组织在积极发展生物技术的同时，也正在积极进行生物安全各个领域的科学研究和监测，并制定、发布和实施了一系列的有关生物技术安全管理方面的法规、条例、指南和规定。

中国的转基因生物技术的研究和发展起步较晚，但是转基因生物技术的发展可能成为解决我国粮食问题的一个主要方法，因此，中国政府给予了密切关注、高度重视和优先资助，所以中国的现代生物技术也很快发展起来。尤其是近十几年来，我国已建成了一批国家重点实验室、工程研究中心等研究开发基地，使转基因生物技术在我国得到了突飞猛进的发展。目前正在实施的国家科技攻关计划（"863"计划）、国家重点基础研究发展计划（"973"计划），自然科学基金、火炬计划等科技及产生发展计划，均把生命科学和生物技术列为优先发展的高新技术和产业。特别是《国家科学技术中长期发展规划纲要》将开发转基因农作物和畜禽品种列为16个重点专项之一，并在2008年开始大规模实施。由于我国转基因技术的迅速发展，目前我国转基因作物的商业化生产面积已位居世界前5位。

（二）国际上的新兴热点问题、研究趋势

1. 自然保护区管理、国家公园体制的新兴热点问题、研究趋势

自然保护区领域国际上新兴热点问题主要包括3个方面。

（1）自然保护区保护有效性　由于自然保护区内及周边人口的压力、基础设施建设、资源开发、环境污染、旅游活动、气候变化、外来入侵物种等问题，自然保护区是否有效地完成其保护目标的问题广受争议（Boitani[39]，2008）。虽然系统研究自然保护区的保护效果总体上还处于初级阶段，但已有一些相关研究报道全球仅有20%～50%的自然保护区是有效的（Laurance, et al[40]；2012）。自然保护区保护有效性研究迅速发展，保护有效性研究成为国际上自然保护区研究的热点问题（Mehring, et al[41]，2011；Zheng, et al[42]，2012）。

（2）自然保护区数字化监管　保护区数字化监管一直是国际上保护区领域研究的热点问题。数字化监管为及时发现、监督和制止保护区建设和发展过程中存在的问题，提供了一个有力手段。

（3）国家公园和保护园区建设管理的国际趋势　自1872年美国建立了世界上第一座国家公园——黄石国家公园以来，国家公园理念在世界范围得到广泛而迅速的传播，其内涵不断扩展和丰富。1972年斯德哥尔摩环境大会通过《人类环境宣言》以后，各国都加快了国家公园和保护区建设的步伐，国家公园和保护区的数量迅速增加，逐步形成适合各国国情的国家公园和保护区体系与体制。据自然保护同盟（IUCN）统计，截至2012年全世界共建立各种类型的国家公园与保护区3万多个。国家公园和保护区在保护自然环境与生物多样性的同时，提供了科研、教育和旅游的机会，满足了国民的休闲需求。国家公园和保护区的建设与管理已经成为衡量一个国家可持续发展水平的重要标志。

世界自然保护联盟（IUCN）一直致力于保护区分类系统的研究和应用，1994年，IUCN发布了《保护区管理类型指南》，依据主要管理目标，将保护区划分为6种类型。

IUCN 保护区体系越来越被各国接收和借鉴，一些国家还将此分类系统纳入国家的法规之中。联合国国家公园和保护区名录（UN List）也将此体系作为统计世界各国保护区数据的标准结构。根据保护、管理和利用水平，IUCN 保护区分类体系又可分为三大类，即严格保护类、栖息地/遗址管理类和可持续利用类，其中严格保护类占保护地总数的 15.4%，占总面积的 38.3%。

全球已有 200 多个国家和地区建立了自然生态保护园区体系。大多数国家和地区主要参照 IUCN 自然生态保护园区分类体系，并结合本国或本地区生态环境特点，建立了本国自然生态保护园区体系。虽然由于历史、国情、政治经济体制的不同，目前世界各国自然生态保护园区的体系建设、设立标准、功能定位、管理要求和保护开发强度存在差异，但自然生态保护园区设立的初衷就是为了保护生态环境、生物多样性和自然资源。

2. 生物安全的损害责任和补救

生物安全的损害责任与补救是生物安全法体系中最为重要的内容之一，同时也是目前生物安全国际法体系中最为薄弱的环节之一。转基因生物研究开发、生产、运输、环境释放、贮存和销售等活动的风险性一旦转化为现实的危害，都涉及弥补受害方或者生态环境所受损害、承担相应的法律责任等问题。生物安全法上的"法律责任"，是指由于违反生物安全法律规定或者约定义务，行为人或者关系人应当承受的不利的法律后果。生物安全法上的"补救"，是指生物安全法律责任的承担及其途径或者手段。生物安全法上的"损害"，是指因转基因生物研究开发、生产、运输、环境释放、贮存和销售等活动而使他方的合法权利和利益或者生态环境遭受到不利影响。

对于生物安全的损害责任和补救问题，国际社会通过多年努力，一系列国际文书中都涉及生物安全的损害责任和补救问题，如《生物多样性公约》《〈生物多样性公约〉的卡塔赫纳生物安全议定书》（简称"《安全议定书》"）、《卡塔赫纳生物安全议定书关于赔偿责任与补救的名古屋-吉隆坡补充议定书》（简称"《补充议定书》"）。它们既充实了生物安全国际立法，又为各国生物安全的损害责任和补救问题的相关立法提供了借鉴。生物安全的损害责任和补救谈判的热点问题主要有以下几点：①赔偿责任文书的性质；②损害的定义和范围；③主要赔偿制度。

3. 国外生态补偿理论与实践探索

生态补偿（Eco-compensation）是以保护和可持续利用生态系统服务为目的，以经济手段为主调节相关者利益关系的制度安排。生态补偿机制是以保护生态环境，促进人与自然和谐发展为目的，根据生态系统服务价值、生态保护成本、发展机会成本，运用政府和市场手段，调节生态保护利益相关者之间利益关系的公共制度。从本质上看，这些生态环境保护问题的根本目标是要恢复、维护和改善生态系统的生态服务功能，与国际上流行的"生态服务付费"概念（payment for ecological service）的目标一致。

生态补偿机制概念是为解决现实中特定的问题才被提出来，并在实践操作中逐步规范。我国生态补偿工作主要原则主要有四个方面：一是生态补偿的主体和客体是提供生态产品和消费生态产品的理性经济人，以谁保护谁受偿、谁受益谁补偿、谁破坏谁恢复为原则；二是着眼于当前经济社会发展迫切需要解决的问题，科学评估维护流域生态系统功能的直接和间接成本，因地制宜、科学合理地研究制定生态补偿标准；三是政府引导，市场调控，积极引导社会各方参与；四是共建共享，双赢发展，居民为保护生态环境质量，牺牲经济利益，丧失发展机会，理应得到合理补偿。

1987年，巴西提出生态补偿条例，成为世界范围内首先制定生态补偿财政政策的国家。得益于巴西各州政府拥有相对独立的税收立法和管理权，补偿资金高达数亿美元。巴西国家银行与国际发展银行签署的贷款、技术合作协议以及环境犯罪和违反环境条例的罚款等也成为国家环境基金会资金主要来源。自1997年纽约市在实施流域水资源保护规划中首次使用生态补偿的概念，目前已有几百个生态补偿相关协议，哥斯达黎加的森林生态补偿项目（PSA）、墨西哥森林水文环境服务补偿项目（payment for hydrological environmental services）、法国东部的Vittel流域保护项目、厄瓜多尔的水源保护区补偿项目、欧盟与美国的农业环境政策、玻利维亚的鸟类栖息地和集水保护区补偿项目等。生态补偿政策已经成为保护生态环境、实现区域公平、保障生态安全的重要手段。

（三）国内外研究进展比较分析

1. 自然保护区研究进展

（1）自然保护区保护有效性　国际上，最早开展自然保护区有效性研究的是Bruner等于2001年发表在science上的一篇报道。Bruner等[43]（2001）采用问卷调查的方法收集了22个热带国家93个自然保护区的土地清理、采伐、狩猎、放牧、火、社区对保护干扰和管理行为等数据，研究证明保护区是保护生物多样性的一种有效途径。

单一自然保护区保护成效研究，多利用遥感手段对比保护区建区前后及区内外的土地利用变化来评估自然保护区保护效果。如Mehring and Stoll-Kleemann[41]（2011）分析研究了Lore Lindu生物圈保护区在1972—2007年的缓冲区对于核心区森林覆盖率的保护效果。区域尺度上，主要利用大尺度的遥感数据通过比较保护区内外土地覆被变化的方式开展研究。如Clark等[44]（2013）采用了"compare-to-everywhere"的方法，通过比较保护区内外完整的生境范围以及生境变化轨迹来研究南亚自然保护区系统对生境的保护效果。Rayn等[45]（2011）通过时间（保护区建立前后）和空间（核心区、保护区及保护区外）森林覆盖率以及森林覆盖的减少率研究了墨西哥28个自然保护区天然森林的保护效果。

我国自然保护区保护成效的研究刚刚起步，"十二五"期间自然保护区保护效果研究才成为研究的重点内容。张建亮等[46]（2014）利用遥感和实地调查数据，通过构建保护性景观质量指数和人工景观干扰指数，研究了长白山自然保护区自然景观和人类活动干扰的变化。与国外相关研究相比，该研究采用了高分辨率的遥感影像，对于小尺度的人类活动干扰景观（如居民用地、工业用地、小型水电站等）有更好的反应效果。

区域尺度上，"国家级自然保护区生态环境十年变化调查与评估"项目利用环境卫星CCD、Landsat TM和ALOS等中高分遥感影像数据，分析我国319个国家级自然保护区内生态系统分布与格局、生态系统质量、人类活动等的时空变化，揭示2000—2010年我国国家级自然保护区生态环境变化状况，评估保护效果。郑姚闽等[42]（2012）对我国湿地生态系统类型的91个国家级自然保护区保护效果进行了评估。与国际上相关研究相比，国内研究主要侧重于时间尺度上自然保护区保护对象的变化，而缺少保护区内和保护区外的空间对照。

针对保护对象的不同尺度（如景观、植被、重点保护动植物等），国家林业局先后发布了自然保护区保护成效评估技术相关标准来规范自然保护区保护成效的评估工作。我国自然保护区分为3大类别9个类型，每种生态系统类型具有各自特点，因此，根据每种生态系统类型的自然保护区具体特点，结合不同尺度上的保护对象，分别提出保护成效评估指标体系与评估方法将成为后续研究的重点内容与趋势。

（2）自然保护区数字化监管　多年来，国外在保护区管理中应用数字化技术较为成熟，在生物多样性保护中发挥了重要的作用。UNEP、IUCN 等国际组织每年对全球保护区进行统计汇总，建立庞大的全球保护区数据库，对保护区的空间数据和属性数据进行综合分析。目前有 250 多个公园在使用数字化技术，应用领域包括研究游客对公园的影响以及协助自然历史遗迹的重建等各个方面。例如，在 Santa Monica 山脉国家公园，GIS 系统和遥感技术帮助公园管理者确定面临威胁的栖息地和需要保护或恢复的食肉类动物的活动走廊。

我国从 20 世纪 80 年代初开始数字化技术研究，起步较晚但发展迅速。近年来，科研工作者和各级自然保护区管理部门大力开展自然保护区数字化技术的研究，主要分为具体自然保护区应用和保护区宏观管理两个方面。

具体自然保护区方面，许多保护区已经应用数字化技术建立了 GIS 系统并开展了不同程度的遥感分析和应用，主要集中在应急预警、保护区规划、物种及其栖息地调查监测、野生动植物保护效果评价、资源管理等方面。如西双版纳创建了包括高程、保护区边界、保护区划分区带、植被等 30 个主题层的 GIS，通过 GIS 的重叠分析发现，有一半勐养的热带雨林在保护区核心区以外。目前，在自然保护区的类似 GIS 研究已经相当普遍。

宏观管理方面，各级自然保护区主管部门积极运用数字化技术来实现自然保护区的有效管理和科学决策。如环境保护部南京环科所构建了基于 Internet 的全国自然保护区管理信息系统，汇总了全国自然保护区的基本信息。国家林业局建立了具有生物多样性信息和简单地理信息查询功能的中国生物多样性信息管理系统（CBIMS）。

尽管国家各部门、科研院所和高校已经建立了多个自然保护区信息系统和数据库系统，但是由于数据信息缺少统一标准，指标重叠、量纲不一致，统计口径不一，技术手段落后，加上自然保护区信息量大、涉及面广、数据分散等，上述研究仍然存在一定的不足，无法满足宏观、快速、准确的保护区动态监测的需要。总之，我国保护区使用数字化监管技术已有一些不错的开端，但远远谈不上真正在保护区规划、管理、决策，特别是生物多样性调查、监测、监督和管理中发挥作用。自然保护区数字化监管将是以后研究的重要内容和需要重点开展的工作。

2. 生物安全

由于人们认识到了转基因生物技术可能对人类和生态环境产生不良影响，同时目前无法确切知道这种影响到底会有多大，影响的面会有多广，而且转基因技术及其产品又与越来越多人们的生活息息相关，使得越来越多的人对生物安全问题产生巨大的关注。国际上对转基因及其产品生物安全问题的认识比较早，对生物安全重大问题讨论也较多。

对于转基因技术及产品生物安全的研究，也在国际范围内得到充分重视，一些发达国家率先对生物安全有关问题，如转基因食品安全，特别是对转基因生物技术的生态和环境安全方面作了大量的研究报道，也对有关转基因生物技术的社会、经济伦理以及公众对转基因产品的认识等方面的问题作了大量的研究。有关上述生物安全各个领域及问题的科学研究论文也在世界各著名的学术刊物上，如《自然》《科学》《生物科学》（Bioscience）等大量报道，而且，有关生物安全的专著和丛书也被不断编印了出来。有关生物安全的国际会议、研讨会等也在世界各地不断举行，积累了有关生物安全各个不同问题科学研究的大量资料。

生物安全学科作为新兴的交叉学科，国外开展研究生教育相对较早，而且覆盖范围比较广泛，而我国开展的相对较晚。在国外，西方发达国家多个院校和研究机构设立了生物安全研究生教育体系，并且开设了大量研究生课程。在国内，中科农业科学院、河北农业大学、湖南农业大学、西南大学和四川大学开展有自主设置的生物安全硕士、博士招生二级学科，其中，中国农业科学院、河北农业大学、湖南农业大学、西南大学和四川大学开设的生物安全学科全部是有关转基因生物、生物入侵、生物多样性与环境安全研究方向。

五、生态与自然保护发展趋势展望

（一）生态与自然保护重点需求分析

1. 生物多样性保护

生物多样性保护是当今社会重点关注的科学热点之一。目前，生物多样性保护已经发展成多领域、多学科交叉的综合性强的保护科学。在全球气候变化及人为干扰的背景下，生物多样性保护及生态系统功能依然是未来该领域研究的主流课题，相关学科会借助更加先进的技术手段在已有的基础上继续向前推进。具体包含以下方面：

① 全球气候变化、土地利用变化及人类活动等对生物多样性的影响；
② 生物多样性与生态系统服务功能和服务价值之间的关系；
③ 生物多样性大尺度格局及其形成、演化的机制；
④ 生物多样性丧失的现状评估、受胁机制及保护对策。

2. 生物安全

以基因工程为核心的现代生物技术的诞生仅有 30 年的历史，该技术在世界范围内已取得了突飞猛进的发展，并影响到生物学研究和应用的各个领域。许多国家都把生物技术的发展和研究列入 21 世纪经济发展最重要的领域之一，作为本国经济进一步发展和实现经济腾飞的主要关键技术。生物技术也成为未来国际竞争的重要技术和领域，在未来，谁掌握了世界一流的生物技术，谁就掌握了发展的主动权。因此，发展高新生物技术成了许多国家，特别是发达国家的重要发展战略，而且也投入大量的资金，生物技术产业在全球范围内逐渐成为一个迅速崛起的支柱产业。

从 2011 年中国科学技术部《"十二五"生物技术发展规划》可以看出，国家非常重视转基因生物技术的发展，且明确提出"推动生物产业成为国民经济支柱产业之一，使我国成为生物技术强国和生物产业大国"。转基因生物技术作为生物技术的一个重要方面，在飞速发展的同时，也面临生物安全问题。

在国内的层面上来说，我国转基因生物安全立法受到现代转基因生物技术发展的冲击，其发展速度快，受限于科技水平，风险性难以评估，客观上需要运用法律手段进行调控。

在国际层面上来说，我国已经是《生物安全议定书》的缔约方。《生物多样性公约》及其议定书毋庸置疑是国际立法中对转基因生物安全进行规制的最重要的国际法规则。《生物安全议定书》对转基因生物越境转移、标识等各个方面都有明确的要求，而我国立法滞后已经制约了我国与国际组织，各缔约国之间生物安全管理、生物技术等各个方面的交流与合作。转基因生物安全涉及的范畴不再仅限于国家内部的法律调整，而是具有国际化、全球化的特征，而这也应是未来转基因生物安全法在一体化背景下所呈现的必然趋势。中国加入《生物安全议定书》也承担了制定与之相配套的国内法的国际履约责任。

对于科学技术本身并没有倾向性，但是发展转基因技术与人们对于转基因生物安全的顾虑又是"无法缓和的矛盾体"。如何能在保障科学技术发展的同时又能平衡生态安全与人类健康之间的矛盾，是一个很重要的议题。"对相互对立的利益进行调整以及对他们的先后顺序予以安排，往往是依靠立法手段来实现的"。而目前我国转基因生物安全法立法无法满足于生物安全技术发展的需求，因此转基因生物安全立法问题对于我国有着很重要的现实意义，是我国生物安全问题的重点需求问题。

3. 生态示范创建

（1）生态文明创建趋于系统　生态文明创建趋于系统，从单一的生态示范建设区到如今的从宏观、中观、微观三个层面逐级推进：宏观层面的生态省和省级生态文明创建，中观层面的生态市（县、区）、市（县）级生态文明建设示范区，微观层面的生态工业园、生态乡镇等。

从行政区划上看，逐渐转变为城市、城市群、特色区域等多尺度多角度生态示范创建，推动跨行政区联动生态示范创建，协调经济社会发展与环境保护关系，优化不同行政区之间产业布局与结构的配置。

从地理单元上看，围绕生态文明建设任务之一的"优化国土空间开发"，围绕《全国主体功能区规划》《全国生态功能区划》和生态保护红线，根据不同的资源禀赋和生态区的功能定位、发展方向和开发管制原则开展生态示范创建，完善主体功能区定位。同时又依据湖泊、河流、海洋等地理要素，开展流域和海洋生态示范创建。

从产业上看，以生态产业为着力点，模拟自然，以生态系统承载能力为基础，运用生态经济学和资源环境系统工程方法，改变传统的生产、流通和消费方式，积极发展生态农业示范、生态工业示范和生态服务业示范，同时积极探索重点行业生态示范创建。

（2）生态文明创建指标体系更加科学　在指标体系方面，建立不同地区、不同资源禀赋、不同经济社会发展下的生态文明建设指标，量体裁衣，实施差别化的生态文明建设。生态文明创建指标体系正逐渐完善，如生态示范区环境类指标达到73%，经济社会类指标占12%；生态市建设指标中区域环境保护相关指标占34%，社会进步指标占20%；而在生态文明建设试点示范区建设指标体系中分为生态经济、生态环境、生态人居、生态制度、生态文化五个方面去设置，由单一部门主导变为跨地区、跨部门、跨行业，由多个部门、多个行政层级，以及政府、企业与公众协同推进的系统工程。

（3）生态文明规划技术方法不断创新　在技术与方法方面，目前遥感与GIS技术、生态红线划定技术、污染减排技术、生态承载力理论、大气、水环境容量计算方法、生态安全格局构建方法、大气、水污染扩散模型不断成熟与完善，将这些技术应用到生态文明规划上，可以使规划可操作、可考核、可实施。

（4）生态文明制度建设不断完善　在创建制度上，亟须完善和健全的法律法规制度的约束和引导，一方面规范建设项目的生态准入，另一方面构建生态环境负面清单。通过法律法规制度规范行政决策。执行有关生态环境保护的财政转移支付和补偿资金；加快对生态产品的核算方法研究。研究生态文明建设全过程的绩效考核制度，构建全面衡量工作开展和成效的考核指标体系，从生态文明水平、进步水平、投入水平等方面综合考量生态文明建设绩效，构建有关生态环境问题的责任追究制度。

（二）生态与自然保护研究开发发展展望

1. 生态保护红线的守护

（1）构建生态保护红线体系　　生态保护红线的实质是生态环境安全的底线，目的是建立最为严格的生态保护制度，对生态功能保障、环境质量安全和自然资源利用等方面提出更高的监管要求，从而促进人口资源环境相均衡、经济社会生态效益相统一。具体来说，生态保护红线可划分为生态功能保障基线、环境质量安全底线、自然资源利用上线。下一步，环境保护部将联合有关部委，构建生态保护红线体系，并实施严格管控。

（2）生态保护红线划定之后的监督与评估　　基于国土生态安全现状及动态分析评估，预测未来国土生态安全要素发展变化趋势及时空分布，保障生态保护红线区域功能不降低、面积不减少，逐步建立生态保护红线区域的补偿机制，探索多样化的生态补偿模式，建立不同地区间横向的生态补偿机制，保障经济社会可持续发展。有效保障生态保护红线不被逾越，确保红线落地，必须从制度、体制和机制入手，建立严格遵行生态保护红线的基础性和根本性保障，建立生态、资源和环境监督与评估、风险监测预警和防控机制。

（3）生态经济政策——生态补偿研究展望　　根据中国共产党十八届三中全会通过的《中共中央关于全面深化改革若干重大问题的决定》精神，加强生态补偿制度的顶层设计。生态补偿由单一性的要素补偿转向基于经济社会全方位影响的综合性补偿是必然趋势，这需要在不断实践的基础上加强顶层设计，以推进各单项补偿政策的综合集成和有机融合。不同地理环境的差异与经济社会发展水平的差别，不同地区对生态服务功能的需求程度不同，因此，应出台相应生态补偿办法，以协商促补偿，淡化补偿标准争议，探索多元化补偿方式，加强政策的杠杆调控作用，进一步完善生态环境保护及建设的财政政策，不断增大财政投入力度。推进国家重点生态功能区县域生态环境质量考核工作，加强评估过程公正、客观和透明，接受公众和社会监督，完善考核指标，建立补偿资金与生态保护责任同步下达、权责相配的体系和制度。科学评估生态补偿效益，及时发布评估结果，合理分配生态补偿资金。

2. 国家公园体制建设

（1）推进关于自然遗产保护地法律出台　　随着我国自然遗产保护事业快速发展，现有的自然保护区条例、风景名胜区条例等，其立法层次较低，不足以有效保护我国珍贵的自然遗产，《中华人民共和国自然保护区条例》《风景名胜区条例》等在实践中取得丰富经验，借鉴国外有关国家关于自然保护区立法的经验，由全国人大制定的相关法律，来提升我国自然遗产保护的法律层次，增强权威性。

（2）完善国家公园体制理论体系　　国家公园是一种被实践证明的保护自然资源和生态环境保护的行之有效的手段，已经被世界大多数国家广泛采用。各国也建立了各自国家公园的体系、管理体制和管理制度。下一步，应根据我国自然遗产保护实践探索，结合世界各国管理经验，完善国家公园理论体系，解决我国各类自然生态保护园区长期存在的人为割裂了生态系统完整性、区域交叉重叠严重、管理混乱、权责不清、重开发轻保护等问题，建立符合我国国情的国家公园体系和管理体制。

（3）推进国家公园体制建设实践探索 风景名胜区可以作为中国国家公园的初期探索，2008 年，国家林业局将云南省作为国家公园建设试点省份，以具备条件的自然保护区为依托，开展国家公园建设工作。同年，环保部和国家旅游局选择黑龙江省伊春市汤旺河区进行国家公园建设试点，并为汤旺河国家公园授牌。2014 年，环境保护部批准浙江开化和仙居两地作为国家公园建设试点，在国家公园管理体制、中央与地方事权划分、相关法律法规衔接等方面进行探索。

3. 完善生态示范创建体系

在指标体系方面，建立不同地区、不同资源禀赋、不同经济社会发展下的生态文明建设指标，量体裁衣，实施差别化的生态文明建设。生态文明创建指标体系正逐渐完善，如生态示范区环境类指标达到 73%，经济社会类指标占 12%；生态市建设指标中区域环境保护相关指标占 34%，社会进步指标占 20%；而在生态文明建设试点示范区建设指标体系中分为了生态经济、生态环境、生态人居、生态制度、生态文化五个方面去设置，由单一部门主导变为了跨地区、跨部门、跨行业，由多个部门、多个行政层级，以及政府、企业与公众协同推进的系统工程。

4. 生物安全

对于转基因生物可能对人体健康、动物、植物以及生态环境所带来的不利影响要有一个正确的、科学的了解。对于转基因生物及产品的使用、环境释放和商品化生产，要进一步加强生物安全的管理政策和措施的应对能力。对于随着生物技术的发展，人类对有关生物技术活动的经验和科学知识不断积累，对风险性和安全性评价产生新的认识，从而需要进一步对确保人类健康和生态环境安全以及促进生物技术发展的管理平衡点做出新的调整。要从理论上、概念上直到方法学上，进一步完善对生物安全问题的分析，尤其是在生态系统水平上，由于其自身特有的复杂性，到底应该抓住哪些主要参数还有待摸索。正如专家指出的那样，由于生物技术产品风险的出现具有长期的滞后性，转基因生物的环境安全问题需要进行长期的系统研究。我国急需将这方面的研究列入重点科研和投资项目计划，加强生物安全的研究和能力建设，提高公众的生物安全意识和我国的生物安全管理水平，以有效地保护我国生物多样性、生态环境和人体健康，促进我国生物技术健康发展。

（三）生态与自然保护基础能力建设方面的发展展望

随着经济发展的全球化，生物技术及其产品市场的国际化也成了必然的趋势。不论人们喜欢与否，生物技术的发展和转基因产品的商品化和全球化是不可阻挡的潮流。目前许多国家已不再讨论是不是要发展转基因生物技术和产品，而是在讨论如何快速发展该技术及转基因产品，如何在世界的强大竞争中让本国的转基因产品占有一席之地。美国是生物技术及其产品的最大受益者，因此，大力发展和推广转基因产品是显而易见的。其他国家如南美各国、亚洲各国（包括中国在内）、甚至一贯对转基因生物技术和产品表现比较保守的欧洲各国，也对转基因产品的控制有所放宽。可以预见，在未来的十年中，发展生物技术，争夺转基因产品的市场，将成为世界农产品进出口贸易的焦点之一。

由于对生物安全的宣传和普及教育能力建设不够，公众对转基因产品及其一系列相关的管理条例还很陌生，造成了大众对生物安全的认识程度与生物技术和转基因产品投放到市场的速度极不吻合的现象。因此，急需提高生物安全方面的能力建设，制定并实施有关转基因生物安全转运、处理和使用的公众意识、教育和参与（包括让公众获得资料）的国家方案；增加生物安全决策过程中的公众参与透明度和理解力，通过公众参与，提高公众对转基因生物及其安全性的认识，加强转基因生物管理者与当地居民的信息交流，从而获得公众对转基因工作的理解和支持。当地居民对本地环境条件和有关情况较熟悉，因而他们可以提供有利于转基因生物风险评估和管理的重要信息；建立公众参与机制，可发挥社会团体的作用，促进公众对转基因生物的了解，鼓励公众关注转基因生物的健康风险，检举和揭发各种破坏生物安全的行为。对于转基因食品的消费者，他们的广泛参与和市场监督可以大力促进转基因生物及其产品标识制度的实施；在转基因生物环境释放的地区，通过当地居民的参与，可以对转基因生物的释放试验和商业化生产的风险管理措施进行监督，当地居民还可以参与其环境影响评估，他们可以及时发现和汇报转基因生物的环境影响和危害，从而减少转基因生物的潜在风险可能带来的损失；发挥非政府环保组织的作用，采取有效措施对生物安全问题加以监督和管理。

参 考 文 献

[1] Kessler M，Kluge J，Hemp A，Ohlemüller R. A global comparative analysis of elevational species richness patterns of ferns. Global Ecology and Biogeography，2011，20：868-880.

[2] Guo Q，Kelt DA，Sun Z，Liu H，Hu L，et al. Global variation in elevational diversity patterns. Sci Rep，2013，3：3007.

[3] Li L，Wang Z，Zerbe S，Abdusalih N，Tang Z，et al. Species richness patterns and water-energy dynamics in the drylands of Northwest China. PLoS One，2013，8.

[4] Yan Y，Yang X，Tang Z. Patterns of species diversity and phylogenetic structure of vascular plants on the Qinghai-Tibetan Plateau. Ecol Evol，2013，3：4584-4595.

[5] 刘晓清，王亚萍，裴钰，等. 陕西省自然保护区建设的空缺分析 [J]. 西北大学学报. 自然科学版，2014，44（5）：777-780.

[6] 王海华，陈龙刘，春兰，等. 北京市生物多样性保护空缺区域划定方法研究 [C]. 中国环境科学学会学术年会论文集. 2014

[7] 蒋明康，王智，秦卫华，等. 我国自然保护区内国家重点保护物种保护成效评价 [J]. 生态与农村环境学报，2006，22（4）：35-38.

[8] 郑岩岩. 三江平原湿地植物的 GAP 分析 [J]. 四平：吉林师范大学，2011.

[9] 王晓辉，王猛. GAP 分析法在生物物种研究中的应用—以安徽省自然保护区为例 [J]. 环境科学管理，2013，38（1）：137-140.

[10] 邱胜荣和丁长青. 基于 GAP 分析的海南山鹧鸪保护研究 [J]. 林业资源管理，2014，（3）：105-108.

[11] 崔国发. 自然保护区学词典 [M]. 北京：中国林业出版社，2013.

[12] 郭玉荣，范丁一，李国衷，等. 七星河国家级自然保护区管理有效性评价 [J]. 东北林业大学学报，2012，40（8）：122-129.

[13] 龚粤宁，卢学理，邹发生，等. 广东南岭国家级自然保护区管理有效性与优先性研究 [J]. 广东林业科技，2014，30（4）：8-13.

[14] 靳丽莹. 广东省自然保护区有效管理评估及其发展研究 [D]. 北京：北京林业大学，2012.

[15] 高军. 内蒙古自治区国家级自然保护区的有效管理分析 [J]. 生态与农村环境学报，2011，27（2）：16-20.

[16] 夏欣，王智，徐网谷，等. 自然保护区管理基础定量评价模型建立与应用 [J]. 生态与农村环境学报，2013，29（1）：117-121.

[17] 李国平，郭勇，刘大为. 自然保护区管理有效性评价研究——以牛背梁国家级自然保护区为例 [J]. 旅游学刊，2015，30（3）：76-85.

[18] 肖治术. 我国森林动态监测样地的野生动物红外相机监测 [J]. 生物多样性，2014，22（6）：808-809.

［19］ TEAM Network. Terrestrial Vertebrate（Camera Trap）Protocol Implementation Manual，v. 3. 0. Tropical Ecology，Assessment and Monitoring Network，Center for Applied Biodiversity Science，Conservation International，Arlington，VA，USA. 2008.

［20］ Ahumada JA，Silva K，Gajapersad C，Hallam J，Hurtado E，Martin A，McWilliam B，Mugerwa T，O'Brien T，Rovero F. Community structure and diversity of tropical forest mammals，data from a global camera trap network. Philosophical Transactions of the Royal Society B. Biological Sciences，2011，366. 2703-2711.

［21］ 李晟，王大军，肖治术，等. 红外相机技术在我国野生动物研究与保护中的应用与前景［J］. 生物多样性，2014，22（6）：685-695.

［22］ Hebert PDN，Cywinska A，Ball SL，et al. Biological identifications through DNA barcodes. Proc R Soc Lond B，2003，270（1512）：313-21.

［23］ Yan L，Liu J，Moller M，Zhang L，Zhang X，et al. DNA barcoding of Rhododendron（Ericaceae），the largest Chinese plant genus in biodiversity hotspots of the Himalaya-Hengduan Mountains. Mol Ecol Resour，2014.

［24］ 罗家聪. 中国文昌鱼系统分类的线粒体 COI 和 Cytb 基因片段分析［J］. 南方水产，2007，3（2）：101-108.

［25］ Ji Y，Ashton L，Pedley SM，Edwards DP，Tang Y，et al. Reliable，verifiable and efficient monitoring of biodiversity via metabarcoding. Ecol Lett，2013，16：1245-1257.

［26］ Yu DW，Ji Y，Emerson BC，Wang X，Ye C，et al. Biodiversity soup：metabarcoding of arthropods for rapid biodiversity assessment and biomonitoring. Methods in Ecology and Evolution，2012，3：613-623.

［27］ Xu HG，Ding H，Wu J. National indicators show biodiversity progress. Science，2010，329：900.

［28］ 徐海根，丁晖，吴军，等. 2020 年全球生物多样性目标解读及其评估指标探讨［J］. 生态与农村环境学报，2012，28（1）：1-9.

［29］ 李果，吴晓莆，罗遵兰，等. 构建我国生物多样性评价的指标体系［J］. 生物多样性，2011，19（5）：497-504.

［30］ 丁晖，徐海根，吴翼，等. 生物多样性风险评估方法和案例研究［J］. 生态与农村环境学报，2014，30（1）：90-95.

［31］ 崔鹏，徐海根，吴军，等. 中国脊椎动物红色名录指数评估［J］. 生物多样性，2014，22（5）：589-595.

［32］ 曹铭昌，乐志芳，雷军成，等. 全球生物多样性评估方法及研究进展［J］. 生态与农村环境学报，2013，29（1）：8-16.

［33］ 徐海根，丁晖，吴军，等. 生物物种资源监测原则与指标及抽样设计方法［J］. 生态学报，2013，33（7）：2013-2022.

［34］ 徐海根，孙红英，陈小勇，等. 生物物种资源监测概论［M］. 北京：科学出版社，2013.

［35］ 崔鹏，徐海根，丁晖，等. 我国鸟类监测的现状、问题与对策［J］. 生态与农村环境学报，2013，29（3）：403-408.

［36］ 吴军，高逊，徐海根，等. 两栖动物监测方法和国外监测计划研究［J］. 生态与农村环境学报，2013，29（6）：784-788.

［37］ 房丽君，徐海根，关建玲. 欧洲蝴蝶监测的历史、现状与我国的发展对策［J］. 应用生态学报，2013，24（9）：2691-2698.

［38］ 万宏伟，潘庆民，白永飞. 中国草地生物多样性监测网络的指标体系及实施方案［J］. 生物多样性，2013，21（6）：639-650.

［39］ Boitani L，Cowling R M，Dublin H T，et al. Change the IUCN Protected Area Categories to Reflect Biodiversity Outcomes［J］. PLoS Biology，2008，6（3）：436-438.

［40］ Laurance，W F，et al. Averting biodiversity collapse in tropic forest protected areas［J］. Nature，2012，489：290-294.

［41］ Mehring M，Stoll-Kleemann S. How effective is the buffer zone? Linking institutional processes with satellite images from a case study in the Lore Lindu Forest Biosphere Reserve，Indonesia［J］. Ecol Soc，2011，16：3-18.

［42］ Zheng Y M，Zhang H Y，Niu Z G，et al. Protection efficacy of national wetland reserves in China［J］. Chinese Science Bulletin. 2012，57：1116-1134.

［43］ Bruner A G，Gullison R E，Rice R E，et al. Effectiveness of Parks in Protecting Tropical Biodiversity［J］. Science，2001，291：125-128.

［44］ Clark N C，Boakes E H，McGowan，P J，et al. Protected areas in South Asia have not prevented habitat loss：a study using historical models of Land-Use Change ［J］. PLoS One，2013，8（5）：e65298.

［45］ Rayn D，Sutherland W J. Impact of nature reserve establishment on deforestation：a test ［J］. Biodiversty and conservation，2011，20：1625-1633.

［46］ Zhang JL，Liu FZ，Cui GF. The Efficacy of Landscape-level Conservation in Changbai Mountain Biosphere Reserve，China. PLOS ONE，2014，9（4）：e95081.

第十七篇 持久性有机污染物防治领域发展报告

编写机构：中国环境科学学会持久性有机污染物专业委员会
负责人：王 斌 余 刚
编写人员：赵文星 王 斌 黄 俊 邓述波 王玉珏 余 刚

摘要

　　持久性有机污染物（POPs）是全球备受关注的一类有机污染物，国际社会通过履行《斯德哥尔摩公约》对其进行削减及控制，以减少对人体健康和生态环境的影响。广义的POPs有数百种之多，狭义的POPs迄今已有23种。在过去的五年里，我国的POPs研究得到了进一步发展，加大了对POPs的分析方法、环境行为、毒理效应、控制及替代技术、风险评价等方面的研究深度和广度。分析方法上除了开发新型的采样技术、前处理方法外，也加强了检测方法的研究。环境行为方面除继续关注以往POPs的迁移转化行为外，对新增的六溴环十二烷（HBCD）等物质也有相应报道。为更好地表征POPs对人体健康和环境的潜在影响，POPs类物质的毒理效应及生态风险评价的相关研究工作卓有成效。此外，为更好地实施履约工作，我国"十二五"期间不仅继续开发POPs的相应替代及控制技术，还制定了相应的法律法规。因此，本报告就"十二五"期间POPs的理论研究、技术发展、平台和人才建设等方面做一总结，希望为今后的POPs学科发展提供指导。

一、引言

　　为避免环境和人类健康受到持久性有机污染物（persistent organic pollutants，POPs）的危害，国际社会于2001年5月通过了《关于持久性有机污染物的斯德哥尔摩公约》（以下简称《斯德哥尔摩公约》），共同对抗POPs。

　　由于POPs具有持久性、生物蓄积性、长距离迁移性以及毒性，其一旦进入环境，会长时间残留，造成对人类和动物的潜在暴露；并沿着食物链浓缩，从大气、水、土壤等环境介质蓄积到生物体内，造成健康威胁；此外，长距离迁移将导致全球性的环境问题。已有大量研究表明，无论是南极到北极的各类环境介质，还是生物体内均存在POPs，POPs对人类健康及全球环境的巨大威胁已引起社会各界的广泛关注。

　　国务院于2007年批准了《中国履行斯德哥尔摩公约国家实施计划》（以下简称《国家

实施计划》），正式开启了我国全面消除 POPs 污染的行动。为深入贯彻落实《国家实施计划》，保障人民群众的身体健康，加快国家可持续发展进程，我国不断加强 POPs 的科研力量，深化研究理论体系，促进各个科研单位的密切联系。为了达到上述目标，特制定了全国主要行业持久性有机污染物污染防治"十二五"规划。尽管我国已经在 POPs 污染防治上做出了大量卓有成效的努力，当前 POPs 污染防治的形势依然十分严峻。

本报告概述了"十二五"期间我国在 POPs 基础理论方面的相关研究进展，包括分析技术、环境行为、毒理学行为及环境健康与生态风险；总结了"十二五"期间关于 POPs 的相应控制和替代技术、实施的一些重大履约项目，以及制定的相关法律法规；并对未来发展趋势作一展望。

二、我国的研究进展

持久性有机污染物由于具有毒性、难降解性、生物积累性和长距离迁移性，能够对环境及人体健康造成极大的威胁，引起国内外的广泛关注。POPs 有广义和狭义之分，广义的 POPs 是指具有上述特性的有机污染物，狭义的 POPs 则指的是被列入《斯德哥尔摩公约》控制名单的有机污染物。截至目前，狭义持久性有机污染物共有 23 种（表1），也是最受人们关注的持久性有机污染物。

表1　狭义持久性有机污染物

批准年	种类	具体物质	来源	特点
2001	12	艾氏剂(aldrin)	土壤杀虫剂,美国率先合成,我国从未生产和使用	常温下不可燃,性质很稳定,光照与微生物可将其转变为狄氏剂
		狄氏剂(dieldrin)	土壤杀虫剂的艾氏剂	不易燃,遇明火可燃,通常在实验室条件下很稳定
		异狄氏剂(endrin)	农药,我国未合成与生产	不易燃,不易生物降解和水解,对热非常敏感,受光照转化成酮或醛
		滴滴涕(dichlorodiphenyltrichloroethane, DDT)	杀虫剂的使用	易燃,紫外光照射和高温下不稳定
		六氯苯（hexachlorobenzene, HCB)	农药生产、化工污染	可燃,和强氧化剂发生猛烈反应,对湿度敏感
		氯丹(chlordane)	工业生产和杀虫剂的不合理使用	长时间暴露于明火及高温下可燃烧,受高热分解产生有毒的腐蚀性气体,不能与强氧化剂相容
		灭蚁灵(mirex)	杀虫剂的生产和使用	不可燃,可和强氧化剂反应,对太阳光敏感
		毒杀芬(toxaphene)	杀虫剂的生产和使用	不易燃,在有碱存在条件下会分解,光照和加热条件下会分解
		七氯(heptachlor)	杀虫剂的生产和使用	遇明火、高热可燃,与强氧化剂可发生反应,实验室条件下十分稳定
		多氯联苯（polychlorinated Biphenyl,PCBs)	工业生产、变压器和电容器的浸渍剂、油漆添加剂	遇明火、高热可燃,与强氧化剂可发生反应,遇紫外光可反应

批准年	种类	具体物质	来源	特点
2001	12	多氯联苯并对二噁英（dioxin，PCDDs）	化工冶金工业、垃圾焚烧、造纸以及生产杀虫剂	对热、酸、碱、氧化剂相当稳定，生物降解比较困难，具有内分泌干扰效应
		多氯联苯并呋喃（polychlorinated dibenzofurane，PCDFs）	化工冶金工业、垃圾焚烧、造纸以及生产杀虫剂	对热、酸、碱、氧化剂相当稳定，生物降解比较困难，具有内分泌干扰效应
2009	9	林丹（lindane）	杀虫剂的生产和使用	与碱性物质反应，一般认为生物降解在厌氧条件下比有氧条件下进行得更快
		α-六氯环己烷（hexachlorocyclohexane，HCH）、β-六氯环己烷	杀虫剂的生产和使用	受高热分解，放出腐蚀性、刺激性烟雾
		商用五溴联苯醚（pentabromodiphenyl ether）	溴代阻燃剂的生产使用、电子垃圾拆解区	高温状态下释放自由基，阻断燃烧反应
		商用六溴二苯（hexabromobiphenyl）	我国从未生产	属于溴代阻燃剂
		开蓬（chlordecone，kepone）	病虫害防治，我国从未生产	对中枢神经、泌尿生殖系统、内环境稳定均有影响
		商用八溴二苯醚（octabromodiphenyl ether）	从未生产，电子垃圾拆解区	高温状态下释放自由基，阻断燃烧反应
		全氟辛基磺酸及其盐类和全氟辛烷磺酸（perfluorooctane sulphonate，PFOS）	纺织品、皮革制品的生产，油漆添加剂、黏合剂、医药产品、阻燃剂、石油及矿业产品、杀虫剂	具有遗传毒性、生殖毒性、神经毒性等
		五氯苯（pentachlorobenzene）	杀虫剂的使用	常温常压下或不分解产物
2011	1	硫丹（endsulfan）	杀虫杀螨剂的生产和使用，我国产量较大	在碱性介质中不稳定
2013	1	六溴环十二烷（hexabromocyclododecanel，HBCD）	溴代阻燃剂的使用、电子垃圾拆解区	具有用量低、阻燃效果好、对材料物理性能影响小等特点。主要用于聚丙烯塑料和纤维（参考用量为2%HBCD,1%三氧化二锑）、聚苯乙烯泡沫塑料（参考用量2%）的阻燃，也可用于涤纶织物阻燃后整理和维纶涂塑双面革的阻燃。用作添加型阻燃剂，适用于聚苯乙烯、不饱和聚酯、聚碳酸酯、聚丙烯、合成橡胶等

　　2001年中国签署了《关于持久性有机污染物（POPs）的斯德哥尔摩公约》，这一举动标志着我国加入了削减和控制POPs的行列。经过10年的努力，我国在政策制定、机构建设、监督管理、研发示范、公共意识等方面都取得了显著的成效。"十二五"期间，我国继续加强对POPs的科学研究，达到削减和控制的目的。

　　随着对POPs问题认识的加深，POPs的研究领域不断发展，研究对象日益丰富。主要借助于环境化学、环境生物、环境工程等学科来研究POPs问题。持久性有机污染物的基础理论体系主要是围绕POPs的分析方法、环境存在与行为、危害效应、控制技术、修复技术、政策法规等来建立的。我国POPs研究虽然起步较晚，但是经过多年的发展，已经日渐成熟。主要包括以下技术体系。

① POPs 分析监测技术：指研究开发大气、水、底泥、土壤、废气、废水、固体废物等环境介质中低浓度 POPs 的方法，并对实际环境进行监测。

② POPs 替代技术：指为了不再使用杀虫剂类、多溴联苯醚（PBDEs）、全氟辛烷磺酸（PFOS）等具有明确功能用途的 POPs，研究开发成本低、效果好的替代化学品或替代技术。

③ POPs 减排技术：指研究开发二噁英和呋喃（PCDD/Fs）等副产物类 POPs 的源头减排和控制技术，特别是最佳可行技术和最佳环境实践（BAT/BEP）。

④ POPs 处置技术：指由于 POPs 的禁用而造成的废弃库存杀虫剂类 POPs、历史生产积存的含 POPs 生产废渣、含多氯联苯（PCBs）废旧电力设备（变压器、电容器等）、含二噁英类废渣（如焚烧炉飞灰、污泥等），都是严重威胁人类健康与生态环境的定时炸弹，研究开发能对其进行环境无害化处置的经济有效、无二次污染的安全处置技术。

⑤ POPs 相关标准及法规：为了加强对 POPs 的监管，加快制定相应的法律标准和管理政策，并推动相关项目的实施，保证我国履约进程的进行。

（一）基础理论研究进展

"十二五"期间，世界范围内围绕狭义 POPs 发表的高水平研究论文发展趋势见图1。

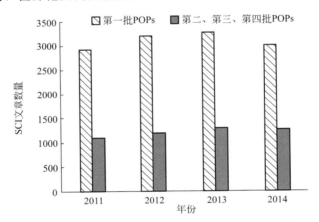

图1 "十二五"期间关于狭义 POPs 的 SCI 论文

"十二五"期间，世界范围内有关 12 种首批 POPs 的论文报道数量有小幅增加，国内相关研究的论文数量也呈现上升趋势 [图 2（a）]。在 12 种首批 POPs 中 PCBs、DDTs 和 PCDD/Fs 是近期研究的热点，2011—2014 年国内有关上述三类 POPs 论文分别占 12 种 POPs 的 38%、23% 和 22% [图 2（b）]。世界范围内，PCBs 的论文数量从 2000 篇/年（2011—2012 年）上升到 5000 篇/年（2013—2014 年），DDTs 和 PCDD/Fs 的相关 SCI 论文分别稳定在 700~800 篇/年与 1400~1600 篇/年，而我国 PCBs 的 SCI 论文基本稳定在 150 篇左右/年，DDTs 由 118 篇（2011 年）降低至 77 篇（2014 年），PCDD/Fs 的论文情况稳定在 80~100 篇/年。

"十二五"期间，我国在新 POPs 的研究方面，无论从论文发表绝对数量上，还是占世界总量的比例上，都呈现稳步增加的趋势 [图 3（a）]。2011—2014 年的总体分布说明 PBDEs 和 PFOS 是我国新 POPs 的研究热点 [图 3（b）]，从发表情况看，PBDEs 的研究稳步增加；PFOS 的研究略有下降，但两者都保持较高的研究数量；而硫丹和六溴环十二烷作为最近被列入 POPs 名单的物质，虽然文章数量相对较小，但也呈现稳步增长的态势（图 4）。

　　持久性有机污染物的基础理论研究主要从 POPs 的分析技术、环境行为、毒理学行为、环境健康与生态风险等方面进行阐述。

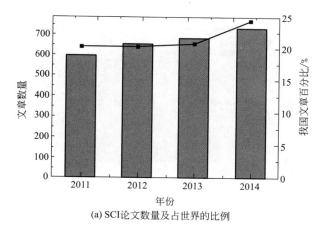

(a) SCI论文数量及占世界的比例

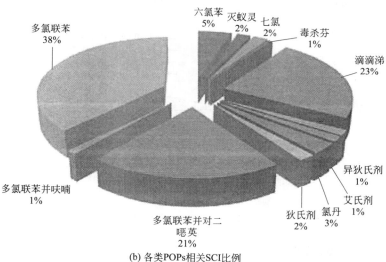

(b) 各类POPs相关SCI比例

图 2　2011—2014 年我国发表 12 种首批 POPs 相关 SCI 论文发表情况

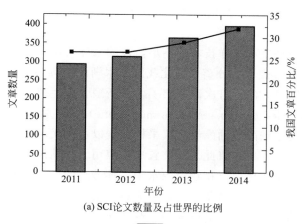

(a) SCI论文数量及占世界的比例

图 3

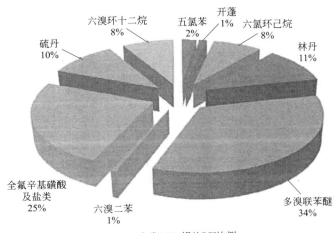

图 3　2011—2014 年我国发表新 POPs 相关 SCI 论文发表情况

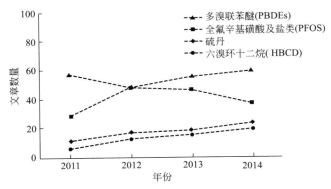

图 4　我国多溴联苯醚、全氟辛基磺酸、硫丹和六溴环十二烷相关 SCI 论文的年度发表情况

1. POPs 分析技术研究

　　环境样品中的 POPs 属痕量有机污染物，一般浓度水平较低，对分析技术要求较高。分析技术作为研究 POPs 的一个技术瓶颈，其技术有助于 POPs 的环境研究。"十二五"期间，我国相关科研人员在 POPs 的环境分析方面展开了大量研究，并取得了可喜的研究成果。

　　采样技术上，为填补主动采样技术的不足，被动采样技术有了进一步的发展。近期南京地理所陶玉强等[1]通过提取、分离、纯化我国淡水湖泊中典型沉水植物体内的脂肪，利用非对称相转化膜的制备方法，首次制备出了一种新型含水生植物脂的半透膜被动采样装置（linoleic acid embedded cellulose acetate membrane），通过与目前国际上广泛使用的化学提取方法、商业化的三油酸甘油酯半透膜采样装置以及玄武湖原位沉水植物富集结果等的比较，结合水温矫正等手段，将此采样装置成功应用于太湖沉积物孔隙水中以及南京玄武湖和月牙湖夏季及冬季水体及沉积物空隙水中多环芳烃的原位采样，并成功预测了多环芳烃在玄武湖四种沉水植物中的富集。松针作为典型的被动采样器，被尝试应用到了可挥发全氟取代烷基化合物（PFASs）的研究中。赵洋洋等[2]调查了天津市松针中 6 种可挥发PFASs，结果表明松针从一定程度上可反映大气中可挥发 PFASs 的浓度水平。Chen 等[3]

首次大规模地使用松针作为被动采样器，在中国 38 个采样点建立其与 PCDD/Fs 大气中的浓度的定量关系。

样品前处理方面，凝胶渗透色谱、加速溶剂萃取、微波辅助萃取、固相萃取等技术广泛应用其中。何松洁等人[4]基于凝胶渗透色谱去脂，建立了人体血清中新型卤系阻燃剂的 GC-MS 方法，该方法摒弃了传统的浓硫酸去脂法，适用范围更广，可同时测定结构稳定和易被浓硫酸破坏的物质。贺玉林等人[5]采用加速溶剂萃取方法，萃取液依次经复合硅胶和石墨化炭黑柱净化，由 GC-MS 测定海洋沉积物中的 PCB。李强等人[6]发展了一种基于微波辅助提取、固相萃取的样品前处理技术，采用 GC-MS/MS 测定水产品中 17 种 PCBs，该方法回收率可达到 83.1％ ～ 100.8％。

我国二噁英类物质的检测方法得到进一步提升，全国已建立 30 多家二噁英实验室。由中科院生态环境研究中心承担，分析测试中心二噁英实验室为协作单位的 2013 年环保公益性课题《超高灵敏二噁英类生物检测方法的开发与应用》顺利通过环保部答辩。此课题将重点构建具有自己知识产权的二噁英生物检测细胞，此细胞具有高灵敏度和高适用性，达到 0.01PM，超过了现存的所有的生物检测方法的灵敏度，该课题的完成将大大推进二噁英生物检测分析方法的标准化过程[7]。

相对于传统的色谱、色谱-质谱联用技术，近年来电化学分析法、荧光光谱法、表面增强拉曼光谱、酶法分析、免疫分析法等技术得到了迅速发展。荧光光谱法多用于环境样品中单一污染物的直接测定，PAHs 的共轭芳环结构具有荧光特征，该方法是测定 PAHs 的灵敏方法。杨仁杰等人[8]提出了可快速直接对土壤中 PAHs 进行荧光检测的方法，结果表明当土壤中蒽浓度在一定范围内时，其诱导产生的荧光强度和浓度呈线性关系。表面拉曼增强光谱法越来越受到关注。Du 等[9]以所制备的疏基修饰的银包裹的磁性纳米粒子为拉曼增强基底，测定 PAHs，方法最低检测限可达到 100nm。Sheng 等[10]基于一维的沉积有金纳米粒子的二氧化钛纳米管，构建了一个三维增强电磁场，能有效检测 PAHs，其对苯并芘的检测下限为 12.6nm。王鑫[11]基于间接竞争酶联免疫吸附，建立了对八氯苯乙烯（OCS）和三异三聚氰酸酯（TBC）等 POPs 的快速分析方法，前者方法检测限为 3.8nm，后者方法检测限为 6.2nm。

"十二五"期间，HBCD 已被引入了受控 POPs 清单。针对该类物质，我国已有相关研究报道，其分析技术多采用（高效）液相色谱串联三重四级杆质谱（LC-MS/MS）等[12～15]。但是，目前潜在 POPs 物质短链氯化石蜡（SCCPs）的环境的分离分析，由于难度大，只有个别单位开展了相关研究，并且仍然没有取得突破性进展。

2. POPs 环境行为研究

POPs 由于具有持久性，能够在环境中进行长距离迁移和转化，其环境行为备受人们关注。"十二五"期间，PBDEs 和 PFOS 等 POPs 仍是研究热点，新加入受控 POPs 清单的硫丹、六溴环十二烷也逐渐引起关注。

卤代阻燃剂被广泛添加于电子电器产品、纺织品以及家具等消费品中，以降低这些物品的可燃性。森林土壤是持久性有机污染物重要的"汇"和潜在二次"源"，通过分析卤代阻燃剂在我国背景点森林土壤中的环境行为可以判断卤代阻燃剂在区域/全球范围内的迁移规律和归趋。中国科学院广州地球化学研究所有机地球化学国家重点实验室研究发现由于快速凋零物周转，POPs 可在热带雨林土壤中移动使得其向底层迁移，疏水性同族元素的溶出率大于降解速率。溶出细小颗粒和溶解性有机质的协同转运是 PCB 输出的驱动者。与偏冷环境土壤较低的存储容量相比，热带雨林的土壤显示出显著不同的分布模式。这些都表明有机质降解和风化作用能够影响POPs在土壤中的环境归趋。因为热带雨林代表了60％的地球陆地生产力，这些动力学过程可能会对PCB类污染物的整体分布产生一定的影响[16]。该实验室近期对我国30个背景森林生态系统进行实地采样，分析了传统及新型卤代阻燃剂在我国森林土壤层（腐殖质层和表层土壤）中的环境行为[17]，共分析了8种多溴联苯醚同系物（PBDEs）、6种新型溴代阻燃剂（NBFRs）和2种得克隆（DP）同分异构体。研究表明，土壤层中十溴二苯乙烷（腐殖质层：25～18000pg/g；表层：5～13000pg/g）和十溴联苯醚［腐殖质层：nd（无检出）～5900pg/g；表层：nd～2400pg/g］的含量最高。阻燃剂在我国背景点森林土壤层中的空间分布主要是受污染源的控制，大多数被禁用的多溴联苯醚同系物、得克隆同分异构体和四溴邻苯二甲酸酯的空间分布与基于人口密度而提出的潜在污染源影响指数密切相关，而部分新型溴代阻燃剂和十溴联苯醚则主要受控于我国的工业区和阻燃剂生产区。研究发现，多溴联苯醚同系物与它们的替代品（新型溴代阻燃剂）之间具有显著的正相关性，这说明了它们之间具有相似的排放模式和环境行为。同时，降雨量的增加可以加速阻燃剂（特别是部分新型溴代阻燃剂）向深层土壤渗透，而这一环境行为可能会导致地下水的污染。

六溴环十二烷（HBCD）是一种高溴含量的脂环族阻燃剂。尽管HBCD具有优良的阻燃效果，但其对人类和环境会构成潜在的长期危害。HBCD属于挪威PoHS（Prohibition on Certain Hazardous Substances in Consumer Products）管控的物质，同属于欧盟REACH（Registration，Evaluation，Authorization and Restriction of Chemicals）管控物质。2013年被列入《斯德哥尔摩公约》成为新的受控POPs，目前是研究的热点目标物质。

中科院生态环境研究中心调查研究了中国七大主要流域（包括长江、黄河、珠江、辽河、海河、塔里木河和伊犁河）37个复合表面沉积物的HBCD浓度和地域分布情况[15]。HBCD的检出率为54％，浓度范围为最低检出限至206ng/g干重。整体的地域分布趋势为自上游向下游、从北部向南部HBCD浓度增加。研究表明，与世界其他区域相比较，长江流域沉积物中的HBCD平均浓度水平相对较高，其他六个流域的HBCD的平均浓度处于较低或相近水平。长江三角洲沉积物中HBCD的浓度最高，珠江三角洲HBCD的检出率最大，表明了工业和城市活动显著影响HBCD的分布情况。分析发现HBCD的非对映异构体γ-HBCD在大多数沉积物样品中占据主导地位，其次是α-HBCD和β-HBCD，这同商用的HBCD混合物是相一致的。HBCD在珠江、海河、塔里木河、黄河和长江流域沉积物中的平均浓度分别为18.3ng/cm^2、5.87ng/cm^2、3.92ng/cm^2，2.50ng/cm^{2}和1.77ng/cm^2。随后，又在北京南部地区土壤样品中检出了HBCD[14]，其存在水平介于0.17～34.5 ng/g干重，其非对映异构体组分构成分别为28％的α-HBCD、13％的β-HBCD和59％的γ-HBCD。研究表明，该地区HBCD短期增加可能是由于快速城镇化导致的。

中国科学院广州地球化学研究所在"十二五"期间也就HBCD等溴代阻燃剂展开了研究工作。Feng等[12]在中国珠江三角洲地区沉积物表面检出了HBCD和四溴双酚A（TBBPA）物质，其浓度范围分别是0.03～31.6ng/g干重和0.06～304ng/g干重。在有本地输入源的东江、珠江、北江和大堰河流域HBCD和TBBPA的浓度具有显著相关性，而无本地输入源的西江和珠江口流域则无显著相关性。HBCD以γ-HBCD为主导

（52.5％～75.0％），城市地区的沉积物中 α-HBCD 相对较高。研究发现，γ-HBCD 的对映体选择性生物转化可能不是通过污水处理单元实现的，而是在水生环境中实现的。此外，Sun 等[13]还在珠江三角洲地区的电子垃圾拆解区、城市和乡村地区的陆生雀形目鸟的肌肉和胃中检出了 HBCD 的非对映异构体和对映体。研究发现城市地区 HBCD 的浓度最高，其次是电子垃圾拆解区，表明城镇化、工业化和电子垃圾废物回收活动与 HBCD 的排放有关。在陆生食物链中发现了 α-HBCD 的营养级放大现象。异构体分析表明其优先富集 α-HBCD 和 γ-HBCD。鸟的肌肉和胃具有的相似 HBCD 异构体分数（enantiomeric fractions）表明饮食摄入可能是影响其组成的主要原因。Li 等人[15]研究了上海地区悬浮颗粒中的 HBCD，浓度范围为 $3.21\sim123$ pg/m^3。工业区的 HBCD 浓度水平是城市地区的 3 倍，其中工业区以 γ-HBCD 为主，而城市地区以 α-HBCD 为主。除了 α-HBCD、β-HBCD 和 γ-HBCD 外，在所有样品中还检出了 δ-HBCD，未检出 ε-HBCD。Zhang 等人[18~21]首次对比调查了不同用途土壤中以及海洋和湖泊生物中的 HBCD 异构体和对映体的污染特征，并且系统地调查了天津河流以及入海口的污染水平以及 HBCD 异构体组成和对映体选择性。研究发现污灌区中的 HBCD 浓度明显高于电子拆解区，前者的 HBCD 与工业品异构体类似说明其为新鲜污染，后者土壤中 α-HBCD 的比例明显升高，发生了异构体转化。沉积物样品中，海河和大沽河下游出现了最高浓度，为 634ng/g 干重，是东南亚地区首次报道的高浓度。研究发现，生物降解程度与污染历史决定着在不同采样点异构体比例的差异，γ-HBCD 的高比例可以作为有新鲜污染物输入的指示标志。对湖泊和海洋生物体内 HBCD 分析发现，栖息地和饮食习性对 HBCD 异构体的分布起着很大的作用。大部分物种对（+）-α-HBCD，（-）-β-HBCD 和（-）-γ-HBCD 呈现出明显的选择性。

3. POPs 毒理学研究

与常规有机污染物不同，POPs 由于具有难降解性、生物积累性，可通过食物链富集放大，从而对人体健康造成巨大危害。POPs 对健康的影响是多种多样的，不仅具有"三致"效应，而且对生殖系统、神经系统、免疫系统、内分泌系统等产生毒性作用。"十二五"期间，我国继续针对 POPs 的毒理效应开展了大量的研究工作，在生殖毒性方面取得了进一步的进展。有机氯农药是典型的内分泌干扰物，能够直接影响生殖系统。Liu 等人[22]使用初代培养的大鼠卵巢颗粒细胞，检测到了很低浓度的 o,p'-DDT（$10^{-12}\sim10^{-18}$ mol/L）即可抑制卵巢基因的表达和前列腺素 E2（PGE2）的生成，体内试验也证实了这一现象。受体抑制剂的研究结果表明抑制作用不取决于传统的雌激素受体（ERs）或 G 蛋白耦联受体 30（GPR30）。o,p'-DDT 改变基因表达或激素活性是通过机制蛋白激酶 A（PKA）的活性，而不是蛋白激酶 C（PKC），并进一步发现 o,p'-DDT 直接干扰 PKA 的催化亚基。这一研究证实了低浓度的 o,p'-DDT 是通过信号介体而非受体结合的形式影响基因表达和激素活性，其暴露水平对女性生殖具有一定的健康风险。也就是说有机氯农药的类雌激素作用机制并不同于天然雌激素，存在一定的 ER 非依赖途径。二噁英有很强的生殖毒性，能透过血胎屏障，影响亲代的生育能力，更影响后代的生殖功能。Huang 等人[23]将雌性小鼠暴露于 TCDD，导致体重和卵巢重量显著下降，产仔数减少。Su 等人[24]研究了二噁英和 PCBs 的子宫内暴露对 8 岁儿童生殖发育的影响，发现较高水平的 PCDD/Fs 和 PCBs 可能导致儿童体内雌二醇浓度的降低，损坏女孩生殖系统的发育功能。Shen 等人[25]在浙江地区的母乳中检出了 PCDD/Fs、PCBs 和 PBDEs，并得到了其浓度水平。Ren 等人[26]研究了部分 POPs 与患神经管畸形间的相关关系，基于 GC-MS 测定了

PAHs、有机氯农药、PCBs 和 PBDEs 在胎盘中的浓度。结果表明，PAHs、o,p'-DDT 及其代谢物、α/γ-HCH、α-硫丹的浓度显著偏高，其中 PAHs 在胎盘中的含量与患神经管畸形的风险呈正相关并存在剂量效应。PBDEs 对雌性动物具有生殖毒性，母代暴露于 PBDEs 不仅影响子代的生殖毒性，还可影响子代的内分泌系统和免疫系统。Liu 等人[27]评价了 PBDE-209 在大鼠妊娠和哺乳期间对其免疫系统的影响。研究中获取血液和器官用于进行流式细胞仪、免疫活性测定、酶联免疫吸附测定和组织学评价。研究结果表明在妊娠期和哺乳期暴露 PBDE-209 能损伤大鼠子代的免疫体统，有助于揭示 PBDE-209 对免疫功能的影响机制。

PFOS/PFOA 依然是研究热点之一。南京医科大学就 PFOS 对小鼠的血-脑屏障、血-睾屏障的影响及损伤机制进行了相关研究[28,29]。血-脑屏障是存在于脑和脊髓内的毛细血管与神经组织之间的一个调节中枢神经系统内环境的细胞屏障，能够维持脑内离子、激素和递质等的动态平衡。阐明 PFOS 对血-脑屏障的影响及其分子机制有助于全面认识 PFOS 诱导的神经损伤过程。研究表明，PFOS 能够进入脑组织内，引起神经毒性效应并对血-脑屏障造成损伤。紧密连接相关蛋白 ZO-1、Occludin、Claudin-5、Claduin-11 以及 GnRH、GnRHR、S100β、AQP4 可能是 PFOS 作用的重要靶分子。p38 MAPK 信号通路的激活可能在 PFOS 诱导的血-脑屏障结构和功能的破坏中起关键作用。血-睾屏障是广泛存在于哺乳动物睾丸中的一种特殊的"血-组织"屏障结构，对维持正常的精子发生具有重要意义。阐明 PFOS 影响血-睾屏障及其分子机制有助于全面认识 PFOS 诱导的雄性生殖损伤过程。研究表明，PFOS 具有显著的雄性生殖毒性，支持细胞很可能是 PFOS 在睾丸内毒作用的重要靶点。PFOS 可破坏血-睾屏障结构和功能，使得 PFOS 进入生精上皮，从而发挥直接的生殖毒作用。同时 PFOS 可诱导血-睾屏障连接相关蛋白 ZO-1、Claudin-11、Occludin、Connexin-43 和 p-Connexin-43 表达及定位的降低，表明这些关键蛋白很可能是 PFOS 毒作用的靶分子。PFOS 可能通过靶向支持细胞，激活 p38 MAPK 信号通路，下调血-睾屏障连接相关蛋白的表达及细胞定位，从而诱导血-睾屏障结构和功能的破坏。该机制在 PFOS 诱导的雄性生殖损伤中可能起关键作用。

此外，计算毒理学在 POPs 的毒理学研究中得到快速发展。中国科学院烟台海岸带研究所近期基于分子模拟研究了典型持久性有机污染物 $2,2',4,4'$-四溴联苯醚（BDE-47）与抑癌基因 p53 启动子区域片段（p53-DNA）的相互作用机制[30]。结果显示，BDE-47 以部分嵌插和沟槽结合的形式与 p53-DNA 相互作用。光谱实验进一步验证了分子模拟的结果，BDE-47 与 p53-DNA 发生增色效应，同时 BDE-47 的加入使 EB-p53-DNA 体系发生静态荧光猝灭，说明 BDE-47 竞争性地嵌插入 p53-DNA 的碱基对中，同时伴有沟槽结合，结合常数 K_b 为 7.24×10^3 L/mol。本研究从分子水平上阐明了 BDE-47 与 p53-DNA 间的相互作用机制，对于化学品的风险筛查和管理具有重要意义。

4. POPs 环境健康与生态风险研究

生态风险评价（ecological risk assessment，ERA）是评价暴露于一个或多个压力下而发生或可能发生不良生态效应概率的过程。生态风险评价主要评估的是环境污染物对生态系统或生物体所造成的影响。1998 年美国正式颁布了《生态风险评价指南》，提出了生态风险评价"三步法"——提出问题、分析（暴露分析和效应分析）和风险表征，被很多管理机构和科学组织广泛采用。

有机氯农药主要应用于粮食作物，蔬菜的病虫防害和控制以及城市卫生的防治，完全受人为因素影响，由于其在自然界难以降解，并能在全球范围内长距离迁移，有必要对其生态风险进行评价，定量化表征其对生态系统及生物体的潜在影响。中科院广州地球化学研究所有机地球化学国家重点实验室韦燕莉等人[31]探讨了快速城市化区域杀虫剂的分布特征，分析了 19 种杀虫剂在珠三角及其周边地区土壤样品中的浓度水平和空间分布。结果表明，其分布模式与国民生产总值和人口密度的分布相似，社会经济因素对杀虫剂分布有一定影响。该研究利用致癌因子和参考剂量来衡量污染物的致癌和非致癌风险水平，通过人体表皮暴露评估土壤中的杀虫剂对人类健康产生的风险。总体结果表明，珠三角及周边土壤中的杀虫剂对人体暴露致癌和非致癌风险不高，但人口高度密集区仍存在潜在暴露风险。华南农业大学汤嘉骏等人[32]检测了流溪河水体中的有机氯农药浓度，构建了淡水生物对有机氯农药的物种敏感性分布，并计算出各类水生生物的 HC_5（hazardous concentration for 5% the species）值，预测了不同浓度有机氯农药对生物的潜在影响比例（potential affected fraction，PAH），最后采用商值概率分布法对流溪河水体的有机氯农药进行了生态风险评价。结果表明，流溪河水体中的有机氯农药浓度在 216.41～389.70 ng/L 之间，平均值为 293.02ng/L，甲体六六六（α-BHC）的 HC_5 值最高，而硫丹硫酸酯和 p,p'-滴滴滴（p,p'-DDT）对全部物种的 HC_5 值均低于 $0.10\mu g/L$，对生态系统的影响较大；当污染物的浓度达到 $0.50\mu g/L$ 时，除甲体六六六、七氯之外，其余 9 种有机氯农药对全部物种的 PAF 值均超过 5% 的阈值；除硫丹 II 外，其余 10 种有机氯农药均具有潜在的生态风险；在假定保护 95% 物种的情况下，硫丹硫酸酯的生态风险最高。Cai 等人[33]基于美国环保局的标准方法，评价了肇源县松花江流域水体、沉积物和鱼体内的 HCH 和 DDT 生态风险。如果 o,p'-DDT 和 p,p'-DDT 的浓度低于生态风险值的最低值（ER-L，1ng/g），p,p'-DDE 的浓度小于 ER-L（2.2ng/g），那么水中的生物体是安全的。如果 o,p'-DDT 和 p,p'-DDT 的浓度大于生态风险值的上限（ER-M，7ng/g），或是 p,p'-DDE 的浓度大于 ER-M（27ng/g），则生物体可能存在风险。研究中发现所有采样点的 o,p'-DDT 和 p,p'-DDT 的浓度在可接受阈值内，p,p'-DDE 的浓度均低于 ER-L（2.2ng/g），表明 DDT 在松花江的污染对水生生物造成很小的影响。

"十二五"期间，中科院生态环境研究中心就持久性有机污染物的生态风险进行了一定的研究工作，尤其是 PFAS 类物质。Meng 等人[34]调查了淮河流域表层沉积物中 12 种 PFASs 和 9 种 OCPs 的污染情况。研究中采用预测无影响浓度（predicted no-effect concentration，PNEC）作为生态风险评价的参数指标，将 PNEC 与实验计算获得的分配系数相比较，判定其是否具有潜在的生态风险。进一步通过临界效应水平（TEL）和可能影响水平（PEL）评价其生态风险。研究表明，五种所挑选的 HCB 的浓度介于 TEL 和 PEL 之间，说明存在一定的危害，需要更进一步的研究；TEL 表明沉积物污染的浓度水平对大部分的底栖生物是允许的。Zhu 等人[35]调查研究了我国渤海南部海岸流域沉积物中 PFAS 的浓度水平和分布情况，并运用了危害商值法（hazard quotient，HQ）进行了环境危害评价。将实验测得的浓度同 PNEC 相比较，HQ > 1，即表示存在潜在危害。研究结果表明，PFOS 对弥河流域生态系统具有相对较高风险，而 PFOA 对小清河的风险较大。

针对多氯联苯、多环芳烃也有相应报道。Wang 等人[36]基于苯并 [α] 芘毒性当量（the total toxic benzol [α] pyrene equivalent，TEQ），评估了淮河流域沉积物中 PAHs 的生态风险。结果表明，淮河地区由 PAHs 造成的生态风险是可忽略的。Zhang 等人[37]调查了钦州湾、北部湾沉积物中 PCBs 的空间分布情况，并评价其生态风险，研究结果显示钦州湾沉积物中的 PCBs 对人类健康存在显著风险。此外，多篇博士论文也针对持久性有机污染物的生态风险评价进行了研究工作。胡彦兵[38]对烟台金城湾养殖区六六六（HCH）、滴滴涕（DDT）和有机锡（OT）生态风险评价进行了研究。结果表明，该海域 HCH、DDT 和 OT 残留对于水产品健康具有潜在的风险。金香琴[39]以水生藻类的大型溞等水生生物种群以及由不同种间关系组成的生物群落为研究对象，研究 PAHs 胁迫下的生态风险评价。结果表明，苯并［a］芘对斜生栅藻种群具有不可恢复的生态风险，对大型溞具有致死风险。张桂斋[40]对南四湖中两类持久性有机污染物的生态风险进行分析。结果表明，南四湖水、表层沉积物和生物样品中的六六六和七氯化合物对人类健康的危害比滴滴涕和狄氏剂类化合物低；南四湖水环境目前处于安全水平；在表层沉积物、植物和动物样品中都检出 BaA、BaP、InP、DBA 和 BghiP，表明存在潜在的风险危害。

（二）技术研发进展

1. POPs 控制技术研究进展

"十二五"期间，水泥窑协同处置技术成为 POPs 处置技术的热点。水泥窑共处置技术是指利用水泥窑设施在生产水泥的同时，利用水泥窑内的高温对废物进行焚烧的处置技术，目前水泥窑共处置技术的开发和利用主要依靠新型干法水泥生产工艺。该项技术在我国主要用于处置生活垃圾、市政污水等，对 POPs 污染物的处置还处于试验阶段。我国与挪威合作开展了"中国危险废物与工业废物水泥窑协同处置环境无害化管理项目（二期）"工作，并于 2014 年 3 月 1 日起实施《水泥窑协同处置固体废物污染控制标准（GB 30485—2013）》和《水泥窑协同处置固体废物环境保护技术规范（HJ 662—2013）》。标准规定了水泥窑协同处置固体废物的技术要求和典型污染物的排放控制标准，其中二噁英的排放限值与欧盟标准相同。该标准的发布填补了我国对水泥窑协同处置管理的空白。目前，该项技术已应用到了杀虫剂类 POPs 的废物处置中。环保部对外合作中心彭政等人[41]利用新型干法悬浮预热预分解回转窑对滴滴涕废物进行了共处置研究，研究发现在处置滴滴涕废物前后烟气中二噁英浓度无明显变化，其浓度排放远低于水泥窑废物处置要求低于 $0.1ng\sim ITEQ/Nm^3$ 的水平。北京师范大学李扬等人[42]采用了专家评估和层次分析法，对杀虫剂类 POPs 污染物的废物处置技术进行了评价研究。水泥窑共处置技术由于其较好的稳定性、可行性和广谱性，优于其他非焚烧技术。

2014 年 9 月，环保部环境保护对外合作中心与联合国开发计划署共同开发的"再生铜冶炼行业 UPOPs 减排全额示范项目"获得了全球环境基金批准[43]。该项目是我国在全球环境基金第六增资期获批的首个 POPs 项目。再生铜冶炼行业是《斯德哥尔摩公约》确定的重点二噁英控制源，该项目拟通过政策完善、监管能力提高、BAT/BEP 技术示范、宣传推广等活动，选择示范区和示范企业，以点带面，推动整个行业的技术升级，产业规模化、集群化和标准化，实现二噁英及其他有毒污染物的减排。

2. POPs 替代技术研究进展

《国家履约实施计划》中明确提出了要引进和开发 POPs 替代品/替代技术。"十二五"期间，我国重点开展了多项 POPs 替代项目。2012 年，中国白蚁防治氯丹、灭蚁灵替代示范项目完成，这也是我国履行《斯德哥尔摩公约》的首个全额履约示范项目。基于该项目，全面淘汰了氯丹和灭蚁灵的生产、流通、使用和进出口，实现了我国履约、淘汰氯丹和灭蚁灵这两种持久性有机污染物的国际履约承诺。通过该项目的进行，关闭了我国全部氯丹、灭蚁灵生产线，对所有生产场地进行了环境风险评估，开展了高风险 POPs 污染场地的清理示范工作，为我国 POPs 污染场地清理修复积累了重要经验。该项目中引进了综合虫害管理（IPM）技术，替代氯丹和灭蚁灵的使用。该技术被列入了《全国白蚁防治事业"十二五"发展规划纲要》，为白蚁防治事业提供了重要的技术支撑和保障。

　　为落实《国家实施计划》中关于三氯杀螨醇用途的滴滴涕削减和淘汰任务，我国环保部与农业部联合联合国开发计划署启动了"中国含滴滴涕三氯杀螨醇生产控制和综合虫害管理（IPM）技术替代全额示范项目"。项目主要内容是示范和推广环境友好的 IPM 螨害防控技术，逐步淘汰三氯杀螨醇的使用；关闭对环境造成严重污染的三氯杀螨醇生产设施，同时优化有限场地封闭体系三氯杀螨醇生产设施，有效降低 DDT 的环境排放。全国农业技术推广服务中心携手环保部对外合作中心在山东沾化县、陕西洛川县和湖北宜都市，对棉花、苹果和柑橘 3 种作物害螨进行防治[44~46]，已形成苹果病虫害 IMP、柑橘种植 IMP、棉花 IMP 的相关操作手册。该项目于 2013 年 10 月顺利结项，项目的成功实施推动了替代 POPs 杀虫剂，推进生态文明的履约之路。并支持编制了《全国推广计划》，为我国替代 POPs 类杀虫剂奠定了坚实的基础，对我国的履约工作具有很强的示范意义。

　　DDT 作为辅助涂料被广泛用于各类军用和民用船只。通过渔船防污漆释放的 DDT 是海洋环境介质中新累积的 DDT 的重要来源。2014 年，在北京召开了中国用于防污漆的滴滴涕生产淘汰项目完成总结大会。该项目围绕含滴滴涕防污漆替代和激励环境友好型防污漆生产和使用，建立环境友好型替代品筛选和评估程序，直接和间接激励国内防污漆企业生产和销售替代品，并积极带动企业进行替代品的生产。同时，通过公开招标选择的上海市检测中心选择了多个营养层级代表生物和典型防污漆活性物质进行毒性试验，以洋山深水港和外高桥港两个典型港口为暴露场景完成了 MAMPEC 模型参数体系的本土化构建与验证，形成了完备的对以防污漆活性物质和产品为代表的化学品进行环境风险评估的能力。Irgarol 1051 是一种常用于船舶防污漆的杀生活性物质，梁艺怀等[47]为了评估其海洋环境风险，采用评估因子法计算其预测无效应浓度（PNEC），基于质量守恒法计算其在海水中的释放率，通过 MAMPEC 模型推导洋山深水港的集装箱船区、码头、航道等暴露场景的预测环境浓度（PEC）。研究表明港口的海水相风险商值大于 1，该物质的环境风险值得关注。此外，该中心还就防污漆活性物质 DDT 替代品敌草隆的生态风险进行评估，结果表明洋山深水港港口海水相中敌草隆的风险商值介于 0.1~1，说明其对洋山深水港港口这种开阔水域其环境风险是可接受的[48]。

　　2013 年，科技部在北京主持召开了国家 863 重点项目"典型优先控制持久性有机污染物替代产品和替代技术研发"结题验收会。项目开展了溴代阻燃剂、短链氯化石蜡等新 POPs 物质的替代研究。其中，北京理工大学等研究人员开发了 3 种能有效取代十溴二苯醚的含磷高聚物阻燃剂，并建成 3 个示范工厂。大连化学化学物理研究所人员在调研国内主要氯化石蜡生产厂技术现状与主要产品市场信息的基础上，对典型氯化石蜡产品氯化石蜡-52 的工业生产技术工艺进行了深入研究，最终获得了具有自主知识产权、可制备短链氯化石蜡含量小于 0.1% 的氯化石蜡-52 产品的技术工艺，且生产效率比传统工艺提高 30%。

　　水成膜泡沫灭火剂（简称 AFFF）是扑灭油类火灾最有效的灭火剂。其灭火原理基于碳氟表面活性剂水溶液在很低浓度即可铺展于油面形成一层水膜，使油与空气隔绝。AFFF 的核心成分是碳氟表面活性剂。目前我国用于生产 AFFF 的碳氟表面活性剂主要是 PFOS，因其列入《斯德哥尔摩公约》而需要进行替代。因为 AFFF 的核心是"水成膜"，而就目前来讲，只有碳氟表面活性剂才能将水的表面张力降低到能使其在油面上铺展成膜。在现有的科学水平下，不含碳氟表面活性剂的 AFFF 我们认为是难以实现的。北京氟乐邦表面活性剂技术研究所以短链的全氟丁基（C_4F_9—）为基础合成了可用于 AFFF 的氟表面活性剂，并做出了相应的 AFFF 配方[49]。

3. POPs 重大项目、 工程

"十二五"期间，我国无论是在项目推动还是在政策制定上都有进一步提升。为促进履约工作的进行，我国开展了一系列的 POPs 科研项目（表2）。

表2 "十二五"期间我国开展的 POPs 项目

时间	实施者	项目名称	环境意义
2011 年 9 月	河北省	废弃杀虫剂类持久性有机污染物(简称 POPs)废物处置项目	完成辖区内杀虫剂废物处理处置
2013 年 10 月	环境保护部环境保护对外合作中心	中国含滴滴涕三氯杀螨醇淘汰项目总结大会	实现了每年淘汰约 2800t 滴滴涕的生产和使用，相应减少约 1000t 含滴滴涕废物，每年减少向环境排放滴滴涕约 170t，全面实现了既定的项目目标
2014 年 7 月	环境保护部环境保护对外合作中心	通过环境无害化管理减少电器电子产品持久性有机污染物和持久性有毒化学品排放全额示范项目	通过对电器电子产品的全生命周期分析,把握关键环节,开展政策标准完善、监管能力加强、生态设计、回收体系和处置技术示范等活动,推动我国电子废物环境无害化管理体系和技术标准体系的完善,以减少持久性有机污染物

"十二五"期间，我国环保部实施了 5 项新检测标准，其中关于持久性有机污染物的检测就涉及了三项，分别是《环境空气和废气气相和颗粒物中多环芳烃的测定　气相色谱-质谱法》（HJ 646—2013）、《环境空气和废气气相和颗粒物中多环芳烃的测定　高效液相色谱法》（HJ 647—2013）、《土壤、沉积物二噁英类的测定　同位素稀释/高分辨气相色谱-低分辨质谱法》（HJ 650—2013），完善了环境标准体系，加强了对 POPs 的监管。

2013 年，环保部还出台了《食品安全国家标准食品中二噁英及其类似物毒性当量的测定》（GB 5009.205—2013 代替 GB/T 5009.205—2007），增加了 WHO 于 2005 年修订后的多氯代二苯并二噁英及呋喃和二噁英样多氯联苯毒性当量因子，规定了食品中 17 种 2,3,7,8-取代的 PCDD/Fs 和 12 种二噁英样多氯联苯含量及二噁英毒性当量（TEQ）的测定方法。

为了促进二噁英等 UP-POPs 减排，"十二五"期间我国出台了一系列新标准，如《钢铁烧结、球团工业大气污染物排放标准》（GB 28662—2012）（GB 28664—2012）、《水泥窑协同处置固体废物污染控制标准》（GB 30485—2013）、《生活垃圾焚烧污染控制标准》（GB 18485—2014）和《再生有色金属工业污染物排放标准》（征求意见稿）等。其中，2014 年 5 月，环保部针对垃圾焚烧制定了新标准——《生活垃圾焚烧污染控制标准》（GB 18485—2014）中将二噁英控制限值为国际最严格，新的垃圾焚烧二噁英控制限值与欧盟标准一致，均为 0.1ngTEQ/m³。

4. POPs 管理与履约进展

"十二五"期间，我国继续加强了 POPs 的管理和履约工作。环境保护部于 2011 年起正式建立了持久性有机污染物统计报表制度，以便准确掌握我国 POPs 污染源动态变化情况，建立 POPs 污染防治长效监管机制。并积极开展持久性有机污染物统计工作基础信息平台研制的工作，采用信息化手段，支持 POPs 重点源年度统计工作，为全国持久性有机污染物防治、POPs 规划制定和落实提供技术保障和信息服务。"十二五"期间，环境保护

部组织实施了国家环境信息与统计能力建设项目，完成了覆盖环保部、全国 31 个省及新疆生产建设兵团、地市、区县四级环保部门的电子政务专网建设。同时，基于专网建立了基础软硬件设施和安全保障机制，为信息平台的建设和应用提供了基础支撑条件。该统计信息管理平台的研究及设计采用了当前成熟的、先进的网络、数据库、数据分析技术，实现全国持久性有机污染物统计信息的采集、上报、汇总、查询、统计分析、数据挖掘、综合利用和信息发布功能，为国家持久性有机污染物污染防治工作提供了可靠的技术手段和基础保障[50]。

为推动落实《中国履行＜关于持久性有机污染物的斯德哥尔摩公约＞国家实施计划》关于 POPs 监测的相关要求，切实提高我国对新增列持久性有机污染物（POPs）的环境监测能力，环境保护部对外合作中心与挪威水研究所合作开发了"中挪合作持久性有机污染物（POPs）地方履约能力建设项目"。该项目Ⅱ期工程于 2012 年 3 月正式启动，国家环境分析测试中心、清华大学、浙江省环境保护厅、湖北省环境保护厅和广东省环境保护厅 5 家项目承担单位共同实施，重点围绕 POPs 中的多溴二苯醚及全氟辛基磺酸及其盐类的监测方法学开展研究，帮助示范省建立监测方法、程序及能力，并开展综合监管理念和替代品/技术的培训和交流等工作。2013 年 3 月我国开始实施《危险化学品环境管理登记办法（试行）》，根据该文件的相关规定，国务院环境保护主管部门根据化学品的危害特性和环境风险程度等，确定重点管理的危险化学品对象，并制定、公布《重点环境管理危险化学品目录》。而该目录的化学品中就包括持久性有机污染物。2013 年 8 月 30 日第十二届全国人民代表大会常务委员会第四次会议决定批准《〈关于持久性有机污染物的斯德哥尔摩公约〉新增列九种持久性有机污染物修正案》和《〈关于持久性有机污染物的斯德哥尔摩公约〉新增列硫丹修正案》。2014 年 3 月 26 日起我国更新了《中华人民共和国关于履行持久性有机污染物的斯德哥尔摩公约国家实施计划》，全面履行新增列持久性有机污染物的义务。2015 年 5 月 8 号，《斯德哥尔摩公约》第七次缔约方大会中国边会在瑞士日内瓦举行，与会的联合国官员高度赞扬了中国政府在削减、淘汰和控制 POPs 方面的进展。

近年来，我国政府对二噁英污染防治工作的重视程度不断提高，不仅连续颁发了数项二噁英防治针对性的政策，如 2010 年发布《关于加强二噁英污染防治的指导意见》、2012年颁布《全国主要行业持久性有机污染物污染防治"十二五"规划》、2013 年出台《二噁英污染防治技术政策》（征求意见稿）；还大力推动减排工程和 BAT/BEP 示范项目开展；同时投入大量人力物力用于构建二噁英系统监测体系和动态清单系统，从而全面提升对二噁英的监测能力。这些行动都反映了我国政府对二噁英日益提高的重视程度，从而为二噁英减排与控制行动计划的更新提供了新的动力。

在全球环境基金（GEF）的资金支持下，联合国工业发展组织（UNIDO）与环境保护部环境保护对外合作中心（FECO/MEP）合作开发了中国履行斯德哥尔摩公约国家实施计划更新项目，FECO/MEP 是该项目的国内执行机构。受 FECO/MEP 委托，由中国科学院生态环境研究中心负责开展中国二噁英类排放清单更新工作，对我国二噁英类排放源进行系统的更新调查和评估。该排放清单以 2013 年为调查基准年，调查数据及相关研究包含 2013 年 12 月 31 日前的数据。调查涉及了 UNEP 发表的《鉴别及量化二噁英类排放标准工具包》（2013）中规定的全部十大类 62 个子类二噁英类的排放源。

POPs 履约工作的进行，也落实到我国各个省份，很多省市也相继出台了各自的《持久性有机污染物（POPs）"十二五"污染防治规划》，开展了卓有成效的工作。如云南省已于 2012 年基本摸清了二噁英类持久性有机污染物（POPs）污染源和排放量现状，并成立了"云南省履行斯德哥尔摩公约工作协调组"和"云南省环保厅履行斯德哥尔摩公约领导小组"，基本构建了云南省的履约工作组织体系，为履约工作奠定了基础。浙江省环境监测中心于 2014 年 11 月 27 日在杭州举行了浙江省饮用水源地水体中有机毒物及新持久性有机污染物监测技术培训研讨会，将其制定的标准操作流程在浙江省内推广，通过集中培训、跟班作业及样品比对，使杭州、台州等部分地市级监测站具备对环境介质新持久性有机污染物的监测能力。

2012 年 7 月，《全国 POPs 污染防治"十二五"规划》发布，POPs 被纳入"十二五"规划，是 POPs 防治在我国的再提速。2013 年 6 月 18 日，最高人民法院、最高人民检察院《关于办理环境污染刑事案件适用法律若干问题的解释》，明确"非法排放 POPs 等污染物超标三倍以上的"，应认定为"严重污染环境"，使得 POPs 等污染物非法排放行为的处理有了法律依据。另外，PFOS 等新 POPs 被列入重点环境管理危险化学品目录；近期还发布了含多氯联苯废物焚烧处置工程技术、水泥窑协同处置固体废物污染控制等多项标准或规范，而且还有一些标准规范正处在征求意见及送审阶段。

2013 年 8 月 30 日，人大常委会批准接受 10 种新 POPs 修正案；2014 年 3 月 26 日，10 种新 POPs 修正案对中国生效；12 个部委联合发布生效公告，明确新 POPs 管理和控制要求；2014 年 5 月 17 日，全面停止含滴滴涕的三氯杀螨醇的生产。

但是我国 POPs 履约仍然面临技术难点和挑战：①钢铁、再生有色金属、医疗废物焚烧处置等重点行业 POPs 减排压力依然巨大；②二噁英排放监测工作亟待加强；③含多氯联苯电力设备封存点清理工作进程缓慢；④POPs 污染场地存在高风险；⑤新 POPs 履约存在新挑战；⑥潜在 POPs 前瞻性研究不够；⑦缺乏对 POPs 环境风险防范与应急管理的能力与基础。

未来一段时间内，我国履约工作的重点包括：更新履行斯德哥尔摩公约国家实施计划，需要研究和制定 PFOS、硫丹、HBCD、二噁英、废物和污染场地识别、监测技术等行动战略；推动 POPs 污染防治工作纳入大气、水、土壤污染防治行动计划；继续强化二噁英和新 POPs 监测能力，开展将 POPs 纳入日常监测工作方案研究。

三、POPs 发展趋势展望

随着我国 POPs 科研队伍的不断壮大，学科理论体系日趋完善，研究方面已取得巨大进步，且 POPs 的相关技术为我国履约、消除 POPs 发挥了重要作用。

虽然，我国的高水平科研机构紧跟国际前沿，关注研究热点，也取得了不错的科研成绩。但是，我国 POPs 的整体科研水平与发达国家相比还存在一定差距，如：①新增列入斯德哥尔摩公约的新兴 POPs 基本由发达国家提出；②对于新增的 POPs 物质所涉及的一些问题发达国家大多已经解决，他们掌握更成熟的技术，且很多技术涉及专利问题；③我国 POPs 污染防治形势依然十分严峻，如二噁英排放量大而且涉及领域广泛，受控的新 POPs 数量不断增加；POPs 废物和污染场地环境隐患突出；政策法规体系不完善，监督管理能力不足；替代技术缺乏，污染控制技术水平较低；POPs 履约资金缺口大，投入不足。

因此，正是因为存在解决问题的迫切动力，促使我国在 POPs 领域快速发展。开展对这些新增化学品的研究工作，调查其使用情况，开发具有自主知识产权的科学技术，为我国在国际履约道路上变被动为主动。同时针对 POPs 污染防治，要从首批受控 POPs 为主向与新增污染物并重转变；由控制排放向降低风险转变；由专项治理向综合协同控制转变。

四、结论

本报告综合概述了 2011—2015 年我国 POPs 发展情况，以反映 POPs 的最新研究进展和发展动态。

在分析方法上，大力发展被动采样技术，广泛采用样品前处理新技术（如固相萃取、加速溶剂萃取等）。在检测方法上，除继续开发色谱-质谱连用技术外，针对不同的 POPs 发展其他与之相对应的更有效的检测技术。此外，针对潜在 POPs 物质，也展开了相应分析方法的研究。

在环境行为上，除了对以往研究热点的 PBDEs 和 PFOS 等进行研究外，加强了对新增列的硫丹和 HBCD 的关注。分析了卤代阻燃剂在我国森林土壤中的迁移转化机制，并指出降雨可加速其在土壤中的渗透，进而影响地下水。针对 HBCD 等新型 POPs，在其环境检出及分布情况等方面均有所进展。

在毒理效应上，研究对象涵盖生物个体到靶点分子；POPs 种类既包含首批 12 种的 POPs，也包含新型 POPs 等，如 PFOS/PFOA；从对靶点分子的影响到对生物体的生殖系统、神经系统等方面的损伤均有研究。此外，除了发展毒理实验外，还加强了理论模拟毒理机制方面的研究。

在风险评价方面，针对有机氯农药、多氯联苯、多环芳烃等 POPs，均展开了相应的研究工作。基于敏感性分析、商值概率分析等分析方法，定量化表征其对生态系统及生物体的影响。

我国在"十二五"期间，为进一步加强 POPs 履约工作，还制定了一系列的政策法规，并实施了一些重大项目，大力发展 POPs 的替代及控制技术，目前已有相应成效，但仍然任重道远。

参 考 文 献

[1] Tao Y Q，Xue B，Yao S C. Using Linoleic Acid Embedded Cellulose Acetate Membranes to in Situ Monitor Polycyclic Aromatic Hydrocarbons in Lakes and Predict Their Bioavailability to Submerged Macrophytes [J]. Environmental Science & Technology，2015，49（10）：6077-6084.

[2] 赵洋洋，姚义鸣，孙红文. 天津市松针中可挥发全（多）氟取代烷基化合物的分布 [J]. 环境化学，2014，（12）：2102-2108.

[3] Chen P，Mei J，Peng P A，et al. Atmospheric PCDD/F Concentrations in 38 Cities of China Monitored with Pine Needles，a Passive Biosampler [J]. Environmental Science & Technology，2012，46（24）：13334-13343.

[4] 何松洁，李明圆，金军，等. 凝胶渗透色谱柱去脂-气相色谱-质谱法测定人血清中新型卤系阻燃剂 [J]. 分析化学，2012，（10）：1519-1523.

[5] 贺玉林，刘泽伟，邹潍力，等. 加速溶剂萃取-气相色谱质谱法测定海洋沉积物中多氯联苯残留 [J]. 海洋环境科学，2012，（02）：250-253.

[6] 李强，夏静，白彦坤，等. 微波辅助提取-固相萃取净化-气相色谱三重四极杆质谱联用测定水产品中 17 种多氯联苯（PCBs）[J]. 质谱学报，2012，（05）：295-300.

[7] 仪器分析网. 我国开发出超高灵敏二噁英类生物检测方法. http：//www.instrument.com.cn/news/20120530/078619.shtml. 2012 年 5 月 30 日

[8] 杨仁杰，尚丽平，鲍振博，等. 激光诱导荧光快速直接检测土壤中多环芳烃污染物的可行性研究 [J]. 光谱学与光谱分析，2011，(08)：2148-2150.

[9] Du J J，Jing C Y. Preparation of Thiol Modified Fe₃O₄@Ag Magnetic SERS Probe for PAHs Detection and Identification [J]. Journal of Physical Chemistry C，2011，115（36）：17829-17835.

[10] Sheng P T，Wu S Y，Bao L，et al. Surface enhanced Raman scattering detecting polycyclic aromatic hydrocarbons with gold nanoparticle-modified TiO₂ nanotube arrays [J]. New Journal of Chemistry，2012，36（12）：2501-2505.

[11] 王鑫. 持久性有机污染物的荧光免疫分析 [D]. 长沙：湖南大学，2014.

[12] Feng A H，Chen S J，Chen M Y，et al. Hexabromocyclododecane（HBCD）and tetrabromobisphenol A（TBBPA）in riverine and estuarine sediments of the Pearl River Delta in southern China，with emphasis on spatial variability in diastereoisomer- and enantiomer-specific distribution of HBCD [J]. Marine Pollution Bulletin，2012，64（5）：919-925.

[13] Sun Y X，Luo X J，Mo L，et al. Hexabromocyclododecane in terrestrial passerine birds from e-waste，urban and rural locations in the Pearl River Delta，South China：Levels，biomagnification，diastereoisomer- and enantiomer-specific accumulation [J]. Environmental Pollution，2012，171：191-198.

[14] Wang T，Han S L，Ruan T，et al. Spatial distribution and inter-year variation of hexabromocyclododecane（HBCD）and tris-（2，3-dibromopropyl）isocyanurate（TBC）in farm soils at a peri-urban region [J]. Chemosphere，2013，90（2）：182-187.

[15] Li H H，Shang H T，Wang P，et al. Occurrence and distribution of hexabromocyclododecane in sediments from seven major river drainage basins in China [J]. Journal of Environmental Sciences-China，2013，25（1）：69-76.

[16] Zheng Q，Nizzetto L，Liu X，et al. Elevated Mobility of Persistent Organic Pollutants in the Soil of a Tropical Rainforest [J]. Environmental Science & Technology，2015，49（7）：4302-4309.

[17] Zheng Q，Nizzetto L，Li J，et al. Spatial Distribution of Old and Emerging Flame Retardants in Chinese Forest Soils：Sources，Trends and Processes. [J]. Environmental Science & Technology，2015，49（5）：2904-2911.

[18] Zhang Y W，Sun H W，Zhu H K，et al. Accumulation of hexabromocyclododecane diastereomers and enantiomers in two microalgae，Spirulina subsalsa and Scenedesmus obliquus [J]. Ecotoxicology and Environmental Safety，2014，104：136-142.

[19] Zhang Y W，Sun H W，Ruan Y F. Enantiomer-specific accumulation，depuration，metabolization and isomerization of hexabromocyclododecane（HBCD）diastereomers in mirror carp from water [J]. Journal of Hazardous Materials，2014，264：8-15.

[20] Zhang Y W，Sun H W，Liu F，et al. Hexabromocyclododecanes in limnic and marine organisms and terrestrial plants from Tianjin，China：Diastereomer- and enantiomer-specific profiles，biomagnification，and human exposure [J]. Chemosphere，2013，93（8）：1561-1568.

[21] Zhang Y W，Ruan Y F，Sun H W，et al. Hexabromocyclododecanes in surface sediments and a sediment core from Rivers and Harbor in the northern Chinese city of Tianjin [J]. Chemosphere，2013，90（5）：1610-1616.

[22] Liu J，Zhao M R，Zhuang S L，et al. Low Concentrations of o，p'-DDT Inhibit Gene Expression and Prostaglandin Synthesis by Estrogen Receptor-Independent Mechanism in Rat Ovarian Cells [J]. Plos One，2012，7（11）：e49916.

[23] Huang L，Huang R，Ran X R，et al. Three-generation experiment showed female C57BL/6J mice drink drainage canal water containing low level of TCDD-like activity causing high pup mortality [J]. Journal of Toxicological Sciences，2011，36（6）：713-724.

[24] Su P H，Huang P C，Lin C Y，et al. The effect of in utero exposure to dioxins and polychlorinated biphenyls on reproductive development in eight year-old children [J]. Environment International，2012，39（1）：181-187.

[25] Shen H T，Ding G Q，Wu Y N，et al. Polychlorinated dibenzo-p-dioxins/furans（PCDD/Fs），polychlorinated biphenyls（PCBs），and polybrominated diphenyl ethers（PBDEs）in breast milk from Zhejiang，China [J]. Environment International，2012，42 84-90.

[26] Ren A G，Qiu X H，Jin L，et al. Association of selected persistent organic pollutants in the placenta with the risk

of neural tube defects [J]. Proceedings of the National Academy of Sciences of the United States of America，2011，108（31）：12770-12775.

[27] Liu X B，Zhan H，Zeng X，et al. The PBDE-209 Exposure during Pregnancy and Lactation Impairs Immune Function in Rats [J]. Mediators of Inflammation，2012，

[28] 仇梁林. PFOS 对小鼠血-睾屏障的影响及机制研究 [D]. 南京：南京医科大学，2013.

[29] 张旭辉. PFOS 对小鼠血-脑屏障的损伤效应及机制研究 [D]. 南京：南京医科大学，2013.

[30] 吴惠丰，曹璐璐，李斐，等. 典型持久性有机污染物与抑癌基因相互作用的分子模拟与验证 [J]. 科学通报，2015，（19）：1804-1809.

[31] 韦燕莉，鲍恋君，巫承洲，等. 快速城市化区域表层土壤中杀虫剂的空间分布及风险评估 [J]. 环境科学，2014，（10）：3821-3829.

[32] 汤嘉骏，刘昕宇，詹志薇，等. 流溪河水体有机氯农药的生态风险评价 [J]. 环境科学学报，2014，（10）：2709-2717.

[33] Cai S R，Sun K，Dong S Y，et al. Assessment of Organochlorine Pesticide Residues in Water，Sediment，and Fish of the Songhua River，China [J]. Environmental Forensics，2014，15（4）：352-357.

[34] Meng J，Wang T Y，Wang P，et al. Perfluoroalkyl substances and organochlorine pesticides in sediments from Huaihe watershed in China [J]. Journal of Environmental Sciences-China，2014，26（11）：2198-2206.

[35] Zhu Z Y，Wang T Y，Wang P，et al. Perfluoroalkyl and polyfluoroalkyl substances in sediments from South Bohai coastal watersheds，China [J]. Marine Pollution Bulletin，2014，85（2）：619-627.

[36] Wang J Z，Chen T H，Zhu C Z，et al. Trace organic pollutants in sediments from Huaihe River，China：Evaluation of sources and ecological risk [J]. Journal of Hydrology，2014，512：463-469.

[37] Zhang J L，Li Y Y，Wang Y H，et al. Spatial distribution and ecological risk of polychlorinated biphenyls in sediments from Qinzhou Bay，Beibu Gulf of South China [J]. Marine Pollution Bulletin，2014，80（1-2）：338-343.

[38] 胡彦兵. 烟台金城湾养殖区六六六、滴滴涕、有机锡生态风险评价模型的构建与应用 [D]. 青岛：中国海洋大学，2013.

[39] 金香琴. 多环芳烃胁迫对淡水生物种群生长与种间关系的影响及其生态风险评价 [D]. 长春：东北师范大学，2014.

[40] 张桂斋. 两类持久性有机污染物和重金属在南四湖食物链中的分布和生物积累 [D]. 济南：山东大学，2014.

[41] 彭政，余立风，丁琼，等. 干法水泥回转窑共处置滴滴涕废物的示范工程 [J]. 中国环境科学，2012，（07）：1326-1331.

[42] 李扬，王琪，黄启飞. 杀虫剂类持久性有机污染物废物处置技术评价研究 [J]. 环境污染与防治，2014，（04）：43-48+64.

[43] 项目五处 全球环境基金再生铜冶炼行业 UPOPs 减排全额示范项目获批 http：//www.china-pops.org/znxw/lydt/201411/t20141119_22443.html 2014 年 9 月 17 日

[44] 刘刚. 湖北省部署开展柑橘三氯杀螨醇应用情况调查和替代技术示范推广工作 [J]. 农药市场信息，2013，（04）：48.

[45] 杨普云，丁琼，周云瑞，等. 示范推广 IPM 技术全面替代三氯杀螨醇之实践 [J]. 中国植保导刊，2012，（03）：56-57+47.

[46] 赵延生，朱晓明，王捷，等. 替代三氯杀螨醇综合虫害管理（IPM）技术应用与成效 [J]. 中国植保导刊，2013，（12）：73-76.

[47] 梁艺怀，刘敏，邓芸芸，等. 上海港区船舶防污漆中 Irgarol 1051 的环境风险评价 [J]. 生态毒理学报，2015，（01）：182-190.

[48] 邓芸芸，梁艺怀，刘敏，等. 防污漆活性物质 DDT 替代品敌草隆在典型港区的环境风险评估，2014 中国环境科学学会学术年会.

[49] 陈蔚勤，邢航，肖进新. 用于水成膜泡沫灭火剂的 PFOS 替代品的研究. 持久性有机污染物论坛 2011 暨第六届持久性有机污染物全国学术研讨会.

[50] 尚屹，胡昊，朱琦，等. 全国持久性有机污染物统计工作信息平台研究与设计. 2012 中国环境科学学会学术年会.

第十八篇　挥发性有机物污染防治学科发展报告

编写机构：中国环境科学学会挥发性有机物污染防治专业委员会
负责人：邵　敏　叶代启
编写人员：邵　敏　叶代启　吴军良　史　伟　陆思华　王　鸣　李　悦
　　　　　徐晓鑫　许伟城　冯振涛　王邦芬　陈扬达　何梦林　梁小明
　　　　　孙西勃　王　旎　陈建东　陈小方　肖海麟　李淑君

摘要

　　挥发性有机物即参与大气光化学反应的有机化合物，或者根据规定的方法测量或核算确定的有机化合物。其作为光化学反应的前体物，在 O_3 和气溶胶形成过程中扮演着重要作用。面对我国严峻的大气污染形势，即各地相继出现雾霾天气污染、$PM_{2.5}$ 超标等 VOCs 带来的环境问题，"十二五"规划、"国十条"以及新修订的环保法等与 VOCs 相关的环保政策的出台，给我国现有挥发性有机物基础理论研究和污染控制技术的开发和创新提出了新的挑战，但同时也带来了机遇。在"十二五"期间，我国挥发性有机物污染防治的研究取得了一定的进展。

　　我国挥发性有机物基础理论研究取得了重要进展，VOCs 定义从以前单纯的考察物理特性逐步迈向基于健康和环境效应的考察因素；VOCs 的研究从过去浓度研究已转向成分谱研究，典型排放源如机动车排放和溶剂使用源成分谱已初步建立并识别了主要排放源的特征 VOCs 组分；VOCs 来源研究的技术进步主要体现在我国的 VOCs 排放清单和来源解析研究，无论从数量和质量上都取得了较大的进步；VOCs 化学反应新机制有了新的发现，即大气中一些碳数较低的 VOC 组分能够在气溶胶表面吸附，并可以通过非均相或液相反应生成挥发性极低的有机物，形成 SOA；基于环境目标的 VOCs 总量控制研究也取得了一定的进展。

　　在挥发性有机物控制技术方面效果显著，源头控制技术方面，含 VOCs 环保产品（如涂料、油墨及胶黏剂等）的改性技术取得了一定的进步，采用纳米材料新型改性技术使环保产品向多功能化方向发展；在过程控制技术上，最突出的进展是石化行业的泄露与修复技术（LDAR）兴起，并被广泛应用。其他如喷涂行业的真空静电喷涂技术及印刷行业的无溶剂复合工艺及柔印也越来越被重视；末端控制技术方面，吸附法和燃烧法已经成为主流，吸附法的进展除了吸附剂改性扩大了其应用范围外，还有发展起来的氮气保护再生工艺及转轮吸附浓缩设备；燃烧法中 RTO 和 RCO 迅速发展起来并广泛应用，其中，RCO

工艺催化剂在我国的研究已经接近或达到了国外先进水平。其他末端处理技术如冷凝、低温等离子体、光催化及生物处理的研究，也取得了相应的进步：冷凝法新型冷凝剂的发展，低温等离子体法与光催化的室内污染控制，生物法新微生物菌种的发展以及组合技术中"吸附浓缩＋热脱附＋燃烧（催化燃烧）技术"和"冷凝＋吸附技术"的广泛推广等。

一、引言

挥发性有机物（volatile organic compounds，VOCs）是大气化学过程的"燃料"，进入大气的 VOCs 及其转化过程对区域大气污染和全球气候变化都具有重要作用。然而，目前对 VOCs 的来源及大气中的诸多过程机制认识不足，是导致大气污染成因和气候变化领域的研究仍存在很大不确定性的关键因素。

人们对 VOCs 在区域大气污染和气候变化中的作用的认识有了长足进展，但是目前 VOCs 的来源还很不清楚[1]。更重要的是，VOCs 在气候变化中的作用与其存在的形态有密切的关系，然而迄今研究显示，这些组分在大气中相互转化的许多关键过程，如大气 VOCs 的降解[2]、气态有机物向颗粒态有机物的转化机制[3]尚有许多争议，外场观测值与数值模拟结果之间存在着数量级的差异。

我国 $PM_{2.5}$ 浓度在全球居于高位，主要大城市和乡村地区的测量都显示，有机组分和硫酸盐所占的比例基本相当，是 $PM_{2.5}$ 中最主要的化学成分。颗粒有机物中 $17\%\sim48\%$ 是来自化学转化生成的二次有机气溶胶（secondary organic aerosols，SOA）[4]。而且，大范围的重污染的出现往往伴随着颗粒有机物浓度水平的快速增加。更加值得注意的是，我国城市大气中 VOCs 浓度与世界其他城市相比并不太高，但是 VOCs 化学活性却非常强[5]；与此同时，大气的氧化能力也不断上升[6]，有机物对我国未来大气 $PM_{2.5}$ 和 O_3 浓度的变化具有重要影响。

因此，将 VOCs 作为一个整体，弄清其排放规律、变化趋势和主控因子，识别关键 VOCs 并量化其大气化学转化过程机制，探索 VOCs 及其化学转化在大气氧化能力及颗粒物光学效应中的作用，既是国际上这一领域的学术前沿，也是我国城市群大气污染联防联控工作亟待突破的基础科学问题。

挥发性有机物是指包括烷烃、烯烃、芳香烃、醇、醛、酮、有机酸等一大类有机物的统称。作为大气中近地面臭氧和二次有机气溶胶前体物的 VOCs 在大气中主要被 OH 自由基氧化，生成 RO_2 自由基，RO_2 自由基进一步氧化 NO 生成 NO_2。NO_2 则在大气中光解生成臭氧和 NO。因此，VOCs 在大气中不断推动 OH/HO_2 和 NO/NO_2 的循环，使臭氧及 SOA 等二次氧化产物得到积累，是区域尺度的光化学污染和灰霾污染形成的核心大气化学过程。

近年来，挥发性有机物的测量手段不断丰富发展。该研究主要在两个方面拓展，一方面是尝试建立大气中 VOCs 的全分析方法。北美地区将 2002—2006 年期间 23 家科研机构采用 9 种不同测量技术获得的 VOCs 测量进行了集成，实现了 138 种 VOCs 组分的定量测量[1]，然而现有技术能够定量测量的 VOCs 物种只能够解释其质量浓度的 $55\%\sim85\%$[7]。实际上，质量浓度的全分析并不是 VOCs 研究的关键，更重要的是如何准确量化 VOCs 组分的活性，由于大气中化学活泼的组分寿命短、浓度低，目前的测量技术存在很大的困难，因此，能定量测量的 VOCs 组分的化学活性仅占实测的总活性的 50% 左右[8]，然而，这些活泼组分及其降解产物是大气化学研究的重要示踪分子，目前国际上开始注重发展连续自动测量方法，实现更多的 VOCs 物种的在线快速测量，如质子转移反应质谱（PTR-MS）可在分甚至秒量级上测量包括芳香烃、醇、醛、酮和有机酸等在内的多种化合物；基于阴离子质子转移-化学离子化质谱（NI-PI-CIMS）可测量甲酸、丙酸、丙烯酸等一系列有机酸[9]。这些研究开始探索 VOCs 经大气化学降解的中间态物种及产物的测量，但迄今还没有在外场大气条件下完整的 VOCs 演变过程的定量研究。

定量大气化学转化的不足对 VOCs 来源研究有重要影响。VOCs 来源非常复杂，主要排放源有机动车排放、溶剂使用、生物质燃烧和天然源排放。二次转化也是一些含氧挥发性有机物（oxygenated VOCs，OVOCs）物种的重要来源。虽然近年来，国内外的学者相继在 VOCs 排放清单研究方面做出了很大的努力，由于 VOCs 的排放源庞杂且多变，而且对 VOCs 源的活动水平及组成的认识不足，估算的排放量及其物种组成和时空的分布都存在很大的不确定性。为此，基于大气观测数据的受体模型方法迅速发展，并大量应用于 VOCs 的来源解析，主要有化学质量平衡（CMB）、主成分分析（PCA）和正定因子矩阵法（PMF）等方法[10]。最近的研究表明，VOCs 在大气中的化学转化对受体模型的结果有较大的影响，一些基于光化学过程的参数化方法被应用在来源解析模型的改进中，以降低化学转化对来源解析结果的影响[5]。大气中的 OVOCs 如醛、酮、醇、醚、酯和酸类等，对大气氧化过程和 SOA 的生成起着重要的作用，但是大气中 OVOCs 同时存在化学降解和二次转化生成的过程，使得大气 OVOCs 的来源研究更加困难。根据一次排放和二次产物的示踪分子，通过 OVOCs 与示踪分子进行多元线性回归的方法被用于研究 OVOCs 的来源，但是该方法的假设存在科学问题，导致一次源和二次源的区分存在较大的偏差[11]。基于大气中光化学反应过程的 VOCs 反应消耗和二次生成的研究将是改进 OVOCs 来源研究的途径。

大气中 VOCs 的化学反应机理研究正在经历深刻的变革[12]，其中一些关键 OVOCs 物种（如甲醛、乙二醛、有机酸等）是非甲烷烃类氧化的中间态物种，对大气氧化性及二次产物的生成有重要的示踪意义[9,13]。一些相对简单的分子，如异戊二烯的研究，近期取得了很大进展：异戊二烯的氧化生成甲基乙烯基酮（MVK）和甲基丙烯醛（MACR），进一步氧化生成异丁烯酰基硝酸酯（MPAN），在大气中追踪这些分子的变化，构建这一反应序列的模型，有助于量化追踪 VOCs 的大气化学过程。最新的研究使用箱模式对一些 OVOCs 物种二次生成进行模拟，研究发现，现有化学机理一般存在高估关键 OVOCs 物种浓度的问题，如甲醛、乙二醛[14]和乙酸[15]。这些研究认为，大气氧化机理的不完善、一些未被测量的 VOCs 物种的氧化、未知的去除途径（如颗粒物的动态不可逆吸附）等是造成模拟差异的主要原因。基于外场观测的数据，定量大气中有机物的化学转化是深化认识臭氧、二次有机气溶胶生成机制的关键[14]。

基于"一个大气"的思想，人们认识到需要将大气中所有的含碳组分进行全面而统一的研究。然而，含碳组分进入大气之后，虽然对光化学烟雾和灰霾的生成起着重要的作用，但相互转化规律的研究还远达不到定量的程度。近年来，测量技术的进步为外场观测研究有机物从气态向颗粒态的转化提供了可能。VOCs 在大气中的氧化主要是与 OH 自由基反应。借助于 VOCs 物种对的比值，可以计算 VOCs 在大气中的化学损耗量。研究发现，相比 VOCs 的大气测量浓度，VOCs 的消耗量更有助于解释臭氧的生成[16]。使用大气实际观测 VOCs 浓度作为箱模型输入条件，计算 VOCs 的瞬时消耗量，虽然瞬时消耗量不能完全解释 SOA 的增加，但是 VOCs 瞬时消耗量的时间序列与 SOA 的增加量高度线性相关[14]，表明 VOCs 损耗量是研究大气中总有机碳的重要参数。

从前述的分析来看，大气中 VOCs 的研究目前主要存在以下主要问题。

（1）大气中 VOCs 中的含氧挥发性有机物和半挥发性有机物的在线测量仍然十分困难，探索此类化合物的来源和大气化学过程对定量掌握大气氧化能力的变化和二次有机气溶胶（SOA）的生成机制有重要意义。

（2）大气化学转化在很大程度上导致对气态和颗粒态有机物来源研究的不确定性，排放清单和基于外场观测的受体模型结果也存在较大的差距。为提高来源研究的准确性，急需准确地量化表征关键 VOCs 的大气化学转化过程。

（3）虽然大气中 VOCs 的化学转化过程在近期取得了一定进展，但是外场观测的结果与基于实验室化学反应动力学的模拟结果之间仍存在很大的差别，如何定量地追踪有机物化学反应中间态物种的大气化学过程是一个科学难题。

我国的未来发展面临着大气环境质量恶化的严重威胁，我国东部沿海地区的京津冀、长江三角洲和珠江三角洲等超大城市群已经出现了区域性复合大气污染问题，大气臭氧[6]和细粒子污染[17]问题频发。研究大气中 VOCs 及其在大气中的演化，将有助于准确地识别各类有机物的来源，从而为制定有针对性的控制策略提供科学依据。

二、我国挥发性有机物基础理论研究进展与创新

（一）重要研究进展

1. 挥发性有机物定义的演变

我国的挥发性有机物定义趋于规范统一，并且与国际上其他机构所提出的 VOCs 定义相接轨。由于分析技术以及研究目标的不同，在我国很多的排放标准和监测方法中 VOCs 这一概念所包含的目标化合物实际上并不统一。基于吸附剂采样的监测方法中所定义的 VOCs 往往仅包含高碳烷烃（碳数≥6）、芳香烃和卤代烃等，并未包含不能被有效吸附的低碳组分；在基于氢火焰离子化检测器（FID）的监测方法中，VOCs 往往特指碳氢化合物。

从广义上来讲，能够在环境大气中以气态形式存在的有机物均可称为 VOCs。为了使研究人员和管理机构能够明确目标化合物，国内外很多机构或组织根据有机物的挥发性或沸点提出了更加量化的 VOCs 定义。在我国的环境保护技术文件《城市大气挥发性有机化合物（VOCs）监测技术指南（试行）》中，VOCs 被定义为在标准状态下饱和蒸气压较高（标准状态下大于 13.33Pa）、沸点较低、分子量小、常温状态下易挥发的有机化合物。通常可分为：包括烷烃、烯烃、芳香烃、炔烃的 C2～C12 非甲烷碳氢化合物（non-methane hydrocarbons，NMHCs）；包括醛、酮、醇、醚、酯、酚等 C1～C10 含氧有机物（OVOCs）；卤代烃；含氮化合物、含硫化合物等几大类化合物。

环境大气中 VOCs 的化学组成极其复杂，依靠目前的技术手段所检测到的 VOCs 种类已经能够达到 $10^4 \sim 10^5$。尽管国内外已经有相关机构或组织提出了较为量化的 VOCs 定义，但仍然不可能给出一份全面完整的 VOCs 组分列表。实际上，随着大气化学研究的深入和 VOCs 测量技术的进步，目标 VOCs 组分列表也将不断扩展，这也要求我们要根据其

所关注的科学问题和监测能力来确定目标 VOC 组分，并且要以发展的眼光来看待现有的 VOCs 定义，根据实际情况及时进行调整、补充和更新。

2. VOCs 研究从浓度向化学组分深化

与 SO_2 和 NO_x 等污染物不同，VOCs 包含一系列浓度水平、化学活性和来源都可能存在显著差异的化合物。大气 VOCs 的化学组成信息不仅可以用于 VOCs 排放源的追溯，而且可以指示 VOCs 在环境大气中的化学反应进程，验证其化学反应机理，另外还是评价 VOCs 生成 O_3 和 $PM_{2.5}$ 能力的基础数据。我国近年来的 VOCs 研究均逐渐认识到获取 VOCs 化学组成信息的必要性。大部分外场观测不再是只测量某一类 VOCs 的总浓度（如总碳氢、THC），而是要测定目标组分各自的浓度水平，以用于后续的来源解析研究；另外，为了满足空气质量模型的需求，排放清单研究也不再是仅仅给出 VOCs 排放总量，而是提供细化到具体组分的排放信息。

VOCs 源排放化学成分谱表征的是各排放源 VOCs 的化学组成，即各组分的质量百分数，是识别排放源示踪物和估算 VOCs 反应活性的重要信息，同时也是建立细化到组分的 VOCs 排放源清单、运行空气质量模型、风险暴露评估和污染控制策略制定等研究的重要基础。由于我国还没有建立起完整规范的官方 VOCs 源成分谱数据库，因此大部分排放清单主要使用美国和欧洲建立的源谱数据库进行物种分配。但是，考虑到经济发展水平、工业生产工艺和控制措施等对 VOCs 源成分谱的影响，将欧美等地区的源谱数据库直接应用于我国势必会造成较大的不确定性，亟须建立我国本土化的 VOCs 源谱数据库。

目前，我国 VOCs 源谱的研究仍然主要是由高校和科研机构推动，尽管缺乏政府层面的投入和指导，但还是取得了一定的成果。典型排放源成分谱已初步建立并识别了主要排放源的特征 VOCs 组分。特别是机动车排放和溶剂使用源的 VOCs 排放量大、特征变化快，近年来这些排放源成分谱的测量尤为受到关注。然而，这些源谱研究也存在较大的局限，如源谱测量方法不规范、VOCs 测量组分不统一、源谱结果差异大等，这给我国 VOCs 源排放特征源的构建带来非常大的不确定性。另外，我国对于工业过程、生物质燃烧和民用燃煤等污染源的 VOCs 排放特征研究大多独立而分散，在今后的研究中需要充分考虑这些源谱的地域性差异和影响因素，保证源谱的真实性和代表性。

3. VOCs 来源研究的技术进展

识别环境大气中 VOCs 的主要来源，并准确定量主要排放源的贡献，是对 VOCs 排放进行环境监管的基础和关键。目前，VOCs 来源研究的主要技术手段包括排放清单、受体模型来源解析和反向模式模拟等。排放清单是通过"自下而上"收集主要污染环节的活动水平和排放因子数据，计算得到各排放源的 VOCs 排放量；受体模型则是基于观测数据，结合源成分谱信息，推断 VOCs 的主要来源并估算各类源的相对贡献，是一种典型的"自上而下"的源解析方法；反向模式是将观测资料作为约束条件，运用一定的数值算法调整排放清单，使模拟结果与观测数据的吻合度提高。

近十年来，我国的 VOCs 排放清单和来源解析研究无论从数量和质量上都取得了较大的进步。针对京津冀、长三角和珠三角等重点区域的 VOCs 分组分排放清单和来源解析研究成果均已在国内外重点学术期刊上予以发表。但是，将不同机构针对同一地区的 VOCs 来源研究进行汇总和比较，可以发现不同研究结果的差异显著。由于 VOCs 来源复杂，无组织排放过程所占比重高，导致排放清单存在不可避免的不确定性。近年来，对 VOCs 排放清单的检验和校正已经成为 VOCs 来源研究的一个热点科学问题，往往需要综合应用多种技术手段对 VOCs 排放量、来源结构和时空分布规律的准确性进行评估。例如，通过 VOCs 排放清单之间的横向比较，可以帮助判断排放清单的合理性；利用受体模型来源解析，可以验证主要排放源的贡献率是否合理；利用排放比方法可以推导各 VOC 组分的排放量，用于检验 VOCs 排放量和化学组成的合理性；利用反向模型，通过设计合理的方案可以实现对 VOCs 排放量、来源结构和时空分布的多方面检验。这些验证方法和手段本身也具有很大的不确定性，因此有必要利用多方面的研究结果进行综合分析和判断，识别排放清单存在的问题，从而降低排放清单的不确定性。

（二）重要理论创新

1. VOCs 化学反应新机制的发现

VOCs 在大气中的化学反应非常复杂，其反应动力学一直是大气化学研究的重要领域。VOCs 在大气中会通过光解或者与氧化剂（如 OH 自由基、O_3 和 NO_3 自由基等）发生化学反应而不断降解生成一系列醛、酮、醇、过氧有机物、羧酸和硝酸酯类等含氧有机物。烃类有机物在大气中一般不发生光解反应，主要通过氧化过程去除，而大气中的一些含氧或含氮有机物除了发生氧化反应外，还可以通过光解反应进行降解。

VOCs 在大气中的化学转化与 SOA 的生成具有密切关系，近年来的很多研究发现基于已知 SOA 前体物及其转化机制所模拟的 SOA 浓度显著低于仪器直接测量的结果，这也使得大气化学领域的学者们重新思考我们目前对大气中 VOCs 化学反应机制认识的完整性和准确性。其中重要的一个发现是，大气中一些碳数较低的 VOC 组分能够在气溶胶表面吸附，并可以通过非均相或液相反应生成挥发性极低的有机物，形成 SOA。例如，大气中的一些 OVOC 组分（如乙二醛、甲基乙二醛）可以在颗粒物介质上与 H_2O_2 发生液相或非均相氧化反应生成一些醇类或酸类物质，对 SOA 具有重要贡献。

由于我国的大气体系复杂，一些适用于欧美等相对清洁地区的 VOCs 反应机理可能会与我国环境大气中实际的 VOCs 反应过程存在一定程度的偏差。近年来，我国在 VOCs 化学反应机理研究方面取得了显著进步，在很多大型课题中将外场观测、实验室模拟和模式计算结合运用，通过开展闭合实验研究 VOCs 在自由基化学和 SOA 化学中的作用，识别现有机制中可能缺失的反应途径。

2. 基于环境目标的 VOCs 总量控制

不同 VOC 组分在大气中的化学反应机理和反应速率各不相同，其生成臭氧和 $PM_{2.5}$ 的能力也存在显著差异。VOCs 排放与臭氧生成之间是非常复杂的非线性关系，而 VOCs 转化 SOA 贡献的准确量化也是一个世界性的难题。目前，用来衡量 VOCs 光化学反应活性的方法主要有 OH 自由基反应活性和增量反应性，在此基础上所计算的臭氧生成能力评价指标分别为 OH 消耗速率（L_{OH}）和臭氧生成潜势（OFP）；用来衡量 VOCs 生成 SOA 能力的指标则包括基于气溶胶生成系数（FAC）的颗粒物生成潜势（AFP）和基于 SOA 生成产率的参数化或模型方法。近年来，我国已经有研究在计算 VOCs 化学消耗量的基础上，利用基于观测的模型（OBM）和参数化方法分别定量分析 VOCs 在 O_3 和 $PM_{2.5}$ 二次生成中的作用。

作为大气 O_3 和 $PM_{2.5}$ 的关键前体物，对 VOCs 排放进行控制的最终目的是改善环境空气质量，有效降低二次污染物的浓度，科学实现国家和地区的环境质量目标，而不仅仅是以降低 VOCs 排放量为目标。目前，我国开展的很多 VOCs 化学转化研究正在尝试建立一套适用于我国复杂大气体系的综合考虑 VOCs 生成 O_3 和 $PM_{2.5}$ 能力的活性评价体系，用于识别关键 VOC 组分，筛选优先控制的重点排放行业，为 O_3 和 $PM_{2.5}$ 有效控制战略的制定具提供理论依据。

三、我国挥发性有机物控制技术研发进展

（一）源头控制技术

源头控制技术即在含 VOCs 产品（涂料、油墨和胶黏剂等）使用的环节，变更原材料，使用低污染的原材料取代高污染原材料。体现在鼓励符合环境标志产品技术要求的低或无有机溶剂含量、低毒、低挥发性涂料、油墨、胶黏剂等，代替传统的高 VOCs 含量的原料。源头控制可以从根本上减少 VOCs 的排放，降低过程控制和末端治理的负荷。

1. 环保型涂料

目前研究最多的环境友好型涂料主要有水性涂料、粉末涂料和水性 UV 涂料等。

（1）水性涂料　目前，我国水性涂料的使用率还不足 10%，北京、上海等发达城市也仅达到 30%。面对"国十条""十二五"规划及《挥发性有机物排污试点收费》等 VOCs 相关环保政策日趋严格，未来五年，水性涂料在我国市场的占有率或能达到 20%[18]。

水性涂料根据树脂分为水性聚氨酯涂料、水性环氧树脂涂料、水性醇酸树脂涂料及水性丙烯酸酯涂料等。

在水性聚氨酯（waterborne polyurethane，WPU）涂料方面，近几年在交通运输[19]、集装箱[20]、塑料[21]、木器家具[22]等应用行业取得了一定的进展，扩大了其在行业的应用范围。WPU 涂料的改性也取得了一定的进展，其中交联改性的研究，如内交联改性[23]、外交联改性[24]、自交联改性[22,25]等，提高了 WPU 涂料力学性能和耐化学性能；结构改性的研究，如丙烯酸酯[26]、环氧树脂改性体系[27]、有机硅[28]和纳米材料改性体系[29]，提高了涂膜的耐污、耐水、耐溶剂及力学性能。其中纳米材料改性是 WPU 涂料向多功能化方向发展的较为新颖的一种方法。目前，开发各种新型添加剂，如纳米材料、可再生植物油等制备新型 WPU 涂料，发展多种形式的改性技术是 WPU 涂料的发展方向。

在水性环氧树脂涂料方面，目前广泛应用于防腐、工业地坪、木器、混凝土防护几个领域。水性环氧树脂涂料固化膜虽具有普通环氧树脂固化膜的性能优势，但也具有性能缺陷，如脆性大、内应力大、冲击强度低，尤其是引入亲水性基团或链段后，耐水性以及耐腐蚀性下降，在防腐性能要求高的场合其应用受到限制[30]。因此，通过与其他树脂或粒子复合的方法来改善水性环氧树脂涂料的性能缺陷，是目前水性环氧树脂涂料的研究重点[31]。

在水性醇酸树脂（waterborne alkyd resin，WAR）涂料方面，我国对水性醇酸树脂涂料的研究在 20 世纪初 60 年代就已经开始了，目前研制出的水性醇酸树脂性能基本能达到同类的溶剂型醇酸树脂，但是产品性能还需进一步完善，比如硬度低、耐水性不佳等问题，使得水性醇酸树脂的推广应用还受到一定的限制。为了提高水性醇酸树脂的干燥速率、硬度、耐水性及其对 PET（polyethylene terephthalate）基材的附着力等性能，杨涛[32]对水性醇酸树脂通过环氧树脂改性和 TDI（toluene-2,4-diisocyanate，甲苯二异氰酸酯）改性的研究，提高了其耐水性及在 PET 膜上的附着力等。

在水性丙烯酸酯涂料方面，该涂料的研制及应用是从20世纪50年代开始的，以其优异的耐候性、成膜性、保色性，使用安全，被广泛应用于建筑领域。然而，目前水性纯丙烯酸涂料仍存在一些缺陷，如吸水性较高、低温韧性较差、耐溶剂性较差、"热黏冷脆"等。国内外研究人员利用环氧树脂[33]、聚氨酯[34]、有机硅[35]、有机氟[36]、纳米材料[37]等对水性丙烯酸酯涂料进行改性，并取得比较好的效果。

（2）粉末涂料　粉末涂料分为热固性粉末涂料和热塑性粉末涂料。热塑性粉末涂料主要有聚乙烯、聚丙烯、聚氯乙烯等。热固性粉末涂料主要有环氧粉末涂料、聚酯粉末涂料、丙烯酸粉末涂料。目前研究最多的主要是热固性粉末涂料。下面对热固性粉末涂料的研究与发展方向进行阐述。

① 环氧粉末涂料：粉末涂料的固化温度一般在180℃左右，其低温固化温度是大势所趋，新型固化剂的开发对于降低环氧粉末涂料固化温度意义重大。刘翰锋等[38]研究了低温固化剂及固化促进剂的选择，优选颜填料和助剂，成功制备了一种高性能低温固化环氧粉末涂料。该产品可于150℃、15min条件下实现固化，涂层物理机械性能与高温涂覆的常规熔结环氧粉末性能相当，防腐性能优异，可用于高钢级管线的防腐应用。

② 聚酯粉末涂料：填料是聚酯粉末涂料的重要组分之一，能够提高粉末涂料的力学性能，并且能够降低成本。因此，填料是聚酯粉末涂料的重要研究方向。温绍国等[39]以微米级的硫酸钙晶须作为填料制备出硫酸钙晶须聚酯粉末涂料，该涂料的使用温度高达350℃。

③ 丙烯酸粉末涂料：目前，该涂料耐冲击性不高，有待改进和提高。为了提高粉末涂料的耐冲击性，汪喜涛等[40]通过改变树脂的平均官能度、二元酸与饱和一元酸复配固化两种方法，调节涂膜的化学结构，以二甲基咪唑为交联剂加入到丙烯酸粉末涂料中，可明显提高涂膜的耐冲击性。

（3）水性UV（Ultraviolet，紫外）涂料　水性UV涂料是一种新型环保涂料，它综合了传统UV固化技术和水性涂料技术的许多优点，近年来获得广泛关注。目前，其应用领域正在不断扩大，它可用于塑料清漆、罩光清漆、印刷油墨、黏合剂、光刻胶等领域。水性光固化材料在广泛应用的同时也存在很多的不足之处：体系稳定性较差，对pH较为敏感；贮存稳定性较差，需要在体系中加入其他助剂，会导致配方复杂化；水对自由基产生阻聚作用，三维固化较难等[41]。因此，在涂料中添加功能性基团，并且建立多层固化体系，在涂料中使用超支化体系，发展大分子和可控聚合型光引发剂成为发展方向以上都是水性UV涂料未来的研究方向[41,42]。

2. 环保型油墨

从油墨未来的发展方向来看，溶剂油墨正在向醇溶性及低溶剂过渡；UV油墨目前正在致力于UV双重固化的研发；胶印油墨在我国占据了50%的市场份额，目前，仍是以无水胶印为发展方向；水性油墨目前已开始向塑料等食品行业倾斜。今后油墨的发展目标是积极开发各种环保水性油墨和UV油墨。

水性油墨在我国的发展已有一定的历史，主要针对连接料和助剂进行研究。对连接料的研究主要有改性松香水溶性树脂、聚丙烯酸水溶性树脂及乳液型水溶性树脂，对助剂的研究主要表现在科学选择助剂与合理配比，通过研究来提高油墨的稳定性，并在"十二五"前取得了一定的进展[43]。

UV油墨虽具有非常优异的性能，但仍然存在一些问题，如光引发剂的迁移性和毒性、单体的刺激性、颜料润湿性、水墨平衡性以及对特殊塑料基材的附着能力差。针对这些问题，开发了一些新的技术和产品，如混合型油墨技术、电子束（electron beam，EB）固化油墨技术、UV无水胶印油墨技术。目前，在油墨原料方面有待开发的包括：无毒、高效的光引发剂；无毒、无刺激性活性单体；多功能的预聚物树脂；阳离子引发剂固化技术。

3. 环保型胶黏剂的研究与发展

环保型胶黏剂主要有：环保型氯丁橡胶胶黏剂（vinyl acetateethylene emulsion）、乳液胶及其改性胶黏剂、热熔胶、高性能环氧树脂胶和水性聚氨酯胶。目前，最常用的三类环保型胶黏剂有：热熔型胶黏剂（热熔胶）、无溶剂型胶黏剂和水基型胶黏剂。

热熔胶是一种环保型胶黏剂，也是近年来国际上开发和应用较快的一种新型胶黏剂。国内目前有 EVA（ethylene vinyl acetate，乙烯-醋酸乙烯共聚物）类、聚酰胺类、聚酯类、SBS（styrene-butadiene triblock copolymer，苯乙烯-丁二烯-苯乙烯嵌段共聚物）、SIS（styrene-isoprene-styrene rubber）类、聚氨酯类等主要品种，且已有一定规模。热熔胶的发展方向大体可分为：通过掺混、接枝等办法对现有品种进行改性以提高热熔胶的抗氧化性、黏接强度、黏度、熔点等性能；加速开发能实现特定功能以满足各方面用途需要的新型胶；开发应用潜力巨大的高性能热熔胶，如反应型热熔胶、水分散型热熔胶、高档 PA（polyamide，聚酰胺）热熔衬胶粒以及高强度热熔压敏胶等；加快提高原材料，尤其是 EVA 树脂的国产化率[44]。

无溶剂型胶黏剂，主要适用于包装材料的无溶剂复合，研究最多的无溶剂胶黏剂是无溶剂聚氨酯胶黏剂。近几年，无溶剂聚氨酯胶黏剂的研究取得了一定的进展，王小妹等[45,46]向胶黏剂配方中引入二元酸，具有极低吸水性、低水解、高抗冲强度等特性，对 PE（polyethylene，聚乙烯）、PP（Polypropylene，聚丙烯）等难黏材料具有良好黏接、附着性。陈志国等[47]制备的双组分无溶剂 PU 胶，将羟基聚酯作为 A 组分，异氰酸酯封端 PU 预聚物作为 B 组分。该胶黏剂涂敷量低，线速快（达 300m/min），故生产效率高。无溶剂聚氨酯胶黏剂虽已经广泛应用，但仍存在不足：涂布黏度高、初黏力低、用于水性油墨的软包装印刷复合质量下降，这些是今后无溶剂胶黏剂研究的方向。

水基型胶黏剂，目前除常用的丙烯酸、醋酸乙烯和 VAE 乳液外，聚氨酯乳液的研究开发也取得了进展，并将有很好的发展前景。水基体系是最好的替代产品，其中，氯丁胶乳水基胶、水基聚氨酯胶黏剂、丙烯酸型乳液、水基环氧分散体系等水基胶黏剂研究前景广阔[48]。

（二）过程控制技术

过程控制是有机废气控制的重要部分，同类产品使用不同生产工艺、同一工艺不同的控制参数都对 VOCs 排放具有重大影响。

我国 2014 年工业源 VOCs 分行业排放情况如图 1 所示，其中建筑装饰制造、石油炼制、机械设备生产、储运和印刷行业 5 个行业年排放量超过了 100 万吨，是我国工业源 VOCs 排放量贡献最大的 5 个行业。其中，建筑装饰制造和机械设备生产属于涂装行业，石油炼制属于石化行业，储运可参考石化行业相关过程控制技术。以下分别对石化、涂装和印刷 3 个行业过程控制技术进行阐述。

1. 石化行业过程控制技术

过程控制技术主要是通过自动化控制系统和工艺装置的改进或创新来实现污染物的减排。

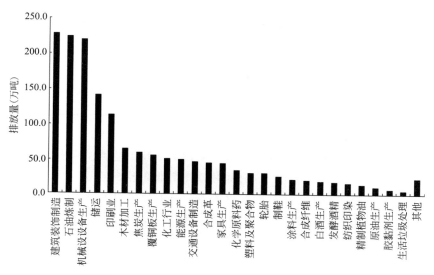

图1　2014年我国工业源VOCs分行业排放情况

（1）过程控制系统　随过程控制系统的发展，出现了DCS系统（distributed control system，分布式控制系统）、FCS系统（focus control system，集中式控制系统）。FCS与DCS将共存，因为FCS尚无统一国际标准，而DCS以其成熟的发展、完备的功能和广泛的应用而占据不可替代的地位，预计今后很长一段时间，DCS与FCS将共存及互补。

先进过程控制技术（APC）是采用多变量预测及优化技术、基于过程动态数学模型、与常规控制相结合的新型工业控制系统，充分发挥DCS和常规控制系统的潜力。目前其技术及软件产品已非常成熟，应用领域不断扩大。近几年其应用发展方向应该是以"节能减排"为主题，适用环保要求的APC应用，还需不断改进和完善，实现智能化的炼化一体化工厂。先进过程控制技术实施后不但可大幅度降低操作人员劳动强度，减少人为操作的错误，达到节能、降耗、减排的目的。

（2）工艺装置　针对石化行业的工艺和设备装置，为减少污染物的排放，目前广泛采用的一些工艺和装置如表1所示。

表1　过程控制工艺和装置

分　类	名　　称	研究进展	具有开发前景的项目
优化进出料方式	反应釜采用底部给料或使用浸入管给料，顶部添加液体采用导管贴壁给料	—	—
密闭设备	高效密封的内浮顶或外浮顶罐、顶空联通置换油气回收装置的拱顶罐；隔膜式压滤机、全密闭压滤罐、"三合一"压滤机的固液分离设备；水环泵、液环泵、无油立式机械真空泵等密闭性较好的真空输送设备；"三合一"干燥设备或双锥真空干燥机、闪蒸干燥机、喷雾干燥机等密闭干燥设备	① 目前，由于部分企业油品装卸操作仍较粗放，因此急需对装载设施和油气回收装置进行技术改造，降低此环节VOCs的排放。② 冷凝回收装置产生的热量较大，因此为了不浪费热量，目前正在对加热炉工艺运行进行改进研究。③ 为减少无组织逸散排放而需要不断改进集气装置	① 顶空联通置换油气回收装置的拱顶罐具有很好的密闭性。② 回收利用永远是一个热点课题。③ 部分石化企业乙烯裂解中间产物灌区采用的压缩冷凝循环回收技术对储罐呼吸VOCs基本能实现零排放
回收装置	油气回收装置、冷凝回收装置、冷凝装置		
VOCs回收	冷凝回收技术、压缩冷凝循环回收技术		
介质传输	气相平衡管技术、氮封技术		

续表

分　类	名　称	研究进展	具有开发前景的项目
泄漏检测与修复技术（LDAR）[49]	典型步骤：确定程序、组件检测、修复泄漏、报告闭环	是目前国际上较先进的检测技术，而我国起步较晚，尚未形成完善的标准体系和方法	不仅可应用于石化行业，对整个VOCs相关的领域均可加以改进和应用

2. 涂装行业过程控制技术

涂装工艺的改进可以减少 VOCs 的排放。采用的涂装工艺类型众多，既有涂装效率较高的静电喷涂、淋涂、辊涂、浸涂，也有涂装效率较低的空气喷涂、滚刷涂和手工涂装。目前，采用普通空气喷涂和手工涂装的数量最多。以下介绍两种发展的新技术。

真空静电喷涂是在一定的真空度环境下进行静电喷涂的一种新技术。油漆使用量相对于传统的手工喷涂节约了 60% 左右，大大提高了油漆利用率，节约了能耗。近几年有研究对真空静电喷涂的喷涂室、装备结构、生产线关键部件、管道系统和喷涂工艺参数等进行了深入探讨，对真空静电喷涂技术系统进行了优化[50~53]。

冷喷涂是近几年基于空气动力学发展起来的新型表面改性技术。冷喷涂技术在较低的温度下进行，相比热喷涂有很多优势，成为研制开发非晶纳米及其他温度敏感材料的有效手段，在工业及国防领域有着重要的应用前景和价值。目前，越来越多的研究[54,55]关注喷涂颗粒的沉积及涂层形成机理，从现有研究成果来看，其本质的结合机理依然存在争论，因此涂层形成机理的研究仍是现阶段的研究热点与重点。同时，冷喷涂技术也在不断研究和发展，主要有高压固定式与低压便携式冷喷涂系统、真空冷喷涂系统、激光辅助冷喷涂技术、脉冲气体冷喷涂技术和激波风洞冷喷涂技术[56]。

MPS（metal-powder micro plasma spraying，等离子金属微涂技术）是一种新型的等离子金属微涂技术，该技术可广泛用于中低温（100~500℃）条件下对各种底材（金属、玻璃、尼龙、纺织品等）涂覆各种厚度的金属涂层，从而取代高能耗非环保的化学镀或电镀等现存工艺。由于他有环保（不含 VOC）、自动化操作、成本低等优势而被认定为前景广阔的新兴技术。但由于其设计参数较复杂，如何保证金属粉体粒径分布均匀且稳定性高是此项技术的难点，有待进一步研究[57]。

3. 印刷行业过程控制

印刷工艺包括凸版印刷、平板印刷、凹版印刷、柔版印刷、孔印刷（丝网印刷）等。其中，VOCs 排放最多的主要是干复工艺、凹印工艺及印制铁罐领域。

软包装的复合工艺目前国内还是以干复工艺为主，在国外无溶剂复合工艺达 60%，已经成为主流工艺，而国内无溶剂复合工艺不到 5%，如果达到国外水平，VOCs 的减排量可以达到 25 万吨左右。无溶剂复合工艺在我国还属于一种新型工艺，在应用过程中还存在一些问题，如胶黏剂涂布后出现收缩现象、转移胶辊表面温度过高、胶辊表面胶液分布不均、镀铝复合膜水煮后掉铝，以及 PE 膜中爽滑剂量过多，引起复合膜剥离强度下降等问题，有待研究与发展[58]。

凹版印刷工艺 VOCs 的排放量所占比例最大。采用醇溶性油墨的柔版印刷代替传统的凹版印刷工艺，会大大降低 VOCs 的排放（定量）。目前国内对柔版印刷重要工艺参数的研究很少，目前的研究主要有以下 3 方面：网纹辊选择、柔版印刷油墨转移、柔版印刷压力。对最佳柔版印刷压力、最大柔版印刷油墨转移率的研究几乎没有，对柔印质量控制方面的研究更少。付尧建[59]通过柔版印刷关键工艺参数的研究与确定，提高了柔版印刷产品的质量，为柔版印刷工艺参数的研究提供了理论指导。

印铁产品主要应用在三片罐（罐头食品、奶粉罐、化工杂罐、气雾罐）和金属盖（皇冠盖、铝防盗盖、易开盖、旋开盖）。传统印铁涂料固体份为$40\%\sim60\%$，而 UV 涂料固体份为$97.5\%\pm2.5\%$，远高于传统印铁涂料，降低了 VOCs 的产生水平。印刷工艺中应用 UV 技术，就是利用特殊油墨在一定波长范围内的紫外线的照射下能快速形成大分子立体网状，且墨层理化性能稳定、表面亮度高的一种技术[60]。印铁最常用的金属承印材料为镀锡薄钢板（俗称"马口铁"），为防止微量有害物质对内装物的污染，通常需要在罐内壁表面涂布某种内涂料。内涂料应具有良好的耐腐蚀性、附着性和柔韧性，且无毒无味，因此对内涂料的选择及其性能的研究必不可少。

（三）末端控制技术

有机废气的末端控制技术主要包括：吸附控制技术、吸收控制技术、冷凝控制技术、燃烧控制技术、低温等离子体控制技术、光催化控制技术、生物控制技术和组合技术八类，下面分别对这八类末端控制技术的最新研究与发展进行阐述。

1. 吸附控制技术

当前，吸附技术应用于 VOCs 污染的控制具有明显的优点，设备简单，操作灵活，合理的操作具有较高的去除效率，一定的情况下可以将有机溶剂进行回收，具有一定的经济效益，因此受到用户的欢迎，是目前 VOCs 末端治理较为流行的技术之一。

（1）吸附材料　目前，研究者针对吸附剂的研究与开发主要有以下几类：

① 金属有机骨架材料。金属有机骨架材料（metal orgaic framework，MOFs）是近十几年发展起来的一类新型材料。MOFs 由于具有高的比表面积，可调节的孔尺寸和可控制的表面性质使它成为一类理想的气体吸附分离的吸附剂，目前研究的重点主要集中在基于单气体成分的吸附/脱附等温测试的选择性气体吸附，用作提供筛选吸附剂的主要依据。

MOFs 材料与传统吸附材料相比，对 VOCs 的吸附量大以及吸附速率快，且湿度对其吸附低浓度 VOCs 的影响较小[61]，在环境有害有机气体吸附方面的应用得到广泛研究。但是，现已发现的具有高表面积和孔容 MOFs 材料合成的原材料类型无法满足实际工程的需要；现有 MOFs 材料的合成方法、条件很难工业化和规模化生产；MOFs 材料的稳定性尚有待提高。

② 沸石分子筛。沸石分子筛有较大比表面积和微孔体积，对水等极性小分子有强烈的吸附能力。研究较多的分子筛吸附剂有 NaY[62]、ZSM-5[63]、SBA-15[64]、MCM-41[65]等。不同类型的分子筛对 VOCs 的吸附效果不同[66]，这就要求对分子筛进行化学修饰和改性，提高对 VOCs 的去除效果，但选择性不高仍是其主要缺陷，今后开展提高分子筛的吸附选择性研究是非常必要的。

③ 黏土基吸附剂。黏土因其比表面积较大、孔结构和成本低廉而得到广泛应用。海泡石、坡缕石等比表面积相对较大的黏土矿物可直接应用于气体吸附。膨润土是一种以蒙脱石为主要成分的黏土矿物，具有较大的比表面积和阳离子交换容量。表面活性改性后的有机膨润土吸附甲醛的性能显著提高，能够有效消除室内空气中的甲醛污染，给室内污染治理提供新的思路[67]。

④ 高分子树脂。吸附树脂作为高分子聚合物吸附剂，具有物理化学性质稳定、化学

结构和孔结构可调、容易脱附等特点，其所具有的大比表面积、特有的孔道结构和表面性质使之表现出巨大的吸附潜力。近年来，吸附树脂在去除有机废气方面的研究也有些报道。研究发现聚二乙烯基苯（PDVB）对甲苯的吸附量远高于 MCM-41 和 SBA-15 两种介孔分子筛，且 PDVB 吸附树脂基本不受水汽的影响，对甲苯的吸附量基本不变，表现出良好的疏水性[68]。刘鹏等[69]采用动态吸附实验方法研究了 NDA-201 吸附树脂和活性炭对苯蒸气的吸附行为，实验结果表明对高浓度苯蒸气吸附治理可采用 NDA-201 吸附树脂。吸附树脂具有很好的再生性能，在连续化脱附方面显示出很好的应用潜力。

⑤ 活性炭。近年出现了一些新的改性方法，为活性炭改性提供了更多的手段[70]，活性炭表面改性技术的发展将使活性炭在 VOCs 治理方面具有更广阔的应用前景。为了修饰其表面化学性质，改善其吸附 VOCs 的性能，常通过调节活性炭表面含 O、N、S 等官能团的种类及数量来调整其表面酸碱性。调节活性炭表面化学性质的方法主要有氧化处理[71]、微波处理[72]、有机物改性[73]等，在表面性质调节过程中往往也会带来孔结构的变化。活性炭通过改性可以改进其吸附性能，开发出满足特定需求和针对特定 VOCs 的专用吸附剂。改性技术进一步优化了活性炭的吸附特性，为设计高效专用吸附剂提供了思路。

（2）吸附工艺　从活性炭吸附工艺来讲，低压水蒸气脱附再生技术依然是主流技术，但是水蒸气脱附法对于高沸点物质的脱附能力较弱，其脱附周期长，易腐蚀系统设备；回收物质的含水量较高，解吸易于水解的有机溶剂时会影响回收物的品质；同时分离溶剂的过程中会产生大量的废水，造成二次污染；脱附完成后，吸附剂需要较长时间的冷却干燥才能再次投入使用。近年来发展了氮气保护再生新工艺，避免了水蒸气的使用，减轻了回收溶剂提纯费用，并提高了设备安全性，在包装印刷行业的应用最为广泛。

吸附饱和后的活性炭用热氮气脱附再生是近年来发展的技术。氮气脱附技术最大的优点是安全性好，避免了热空气再生时活性炭的着火隐患；相对于水蒸气再生，回收的溶剂中含水量低，易于分离提纯和回收利用。氮气保护再生回收技术可用于含高沸点有机废气的净化处理。

（3）吸附装置　研究者针对吸附装置的研究与开发主要有以下几方面。

近年来国外及我国台湾地区流化床吸附装置和移动床吸附装置发展较快。流化床吸附装置利用气体使吸附剂处于悬浮运动状态，能让废气和吸附剂充分接触，床层浅、压损小、能耗低，具有连续操作、低压降、传热好等优点[74]。不过流化床吸附装置相较固定床而言较为复杂、投资较高，且使用过程中对吸附剂会造成严重磨损，使得消耗量巨大。推广流化床吸附装置在工业中应用的关键是开发耐磨吸附剂及更适宜的工艺流程。

移动床吸附装置使废气连续均匀地在反应器内移动，稳定地输入和输出，可实现逆流连续操作，但是结构相对复杂。该装置在运行过程中，吸附剂使用量较少，但是磨损严重，因此通常对其耐磨性、机械强度等有较高要求[75]。

国外现在多采用转轮吸附浓缩设备，在转轮上同时完成废气的脱附和吸附剂再生过程，适用于处理大流量、低浓度的废气，早在 20 世纪 80 年代日本就有相关专利，采用陶瓷纤维纸、陶瓷颗粒、玻璃纤维、石棉等原材料制作出吸附转轮。但是该系统的研究在国内尚处于起步阶段，技术还不成熟。当前，我国转轮吸附应用工程多引进中国台湾地区、日本等技术，投资成本高，中国大陆相关文献报道亦不多，该技术的研究在国内尚处于起步阶段，技术还不成熟。近年来我国也进行了引进和开发，未来将会成为高沸点、低浓度

VOCs 治理的重要技术。该技术的核心是改性分子筛的制备和成型技术。近年来国内进行了该技术的研究开发，已基本解决了改性分子筛的制备和成型问题，可望迅速在低浓度和高沸点 VOCs 治理中得到大量应用。

2. 吸收控制技术

吸收法是将含 VOCs 的气体通过液体吸收剂，利用 VOCs 自身的理化特性而留在吸收剂中被分离的方法，常采用高沸点、低蒸汽压的油类等有机溶剂作为吸收剂分离含浓度较高、压力较高有机物的废气。

一般情况下有机废气的吸收为物理吸收，吸收剂的性能和吸收设备的结构会影响 VOCs 吸收的效果[76]，对吸收剂的选择通常满足 VOCs 在其中溶解度高、液体本身无毒、稳定性好等条件，吸收设备通常需要吸收剂与气体接触面积大，结构简单封闭，压降小，寿命长等。

(1) 吸收剂的研究与发展　通常，所采用的吸收剂主要为液体物质，早期报道的吸收液包括纯有机溶剂体系与水-表面活性剂体系，吸收效果较好的有 DEHA（二乙基羟胺）、PDMS（硅油）、Tween-81（吐温-81）、环糊精、植物油、机油等。近年来发展了微乳液型吸收液，如 Tween20（吐温-20）/正丁胺/甲苯/水的微乳体系和十六烷基三甲基溴化铵/正辛醇/甲苯/水的微乳体系等[77]。

① 植物油。具备吸收容量大、低黏度、无毒、高沸点等性质的有机溶剂都较为适合作 VOCs 的吸收剂。B. OZTURK 等以新鲜植物油，新鲜润滑油，废植物油和废润滑油作为吸收剂去除 VOCs，对苯、甲苯去除率可达到 90%，吸收饱和后可利用加热吹脱法对植物油和润滑油进行回收再生。

② 高沸点有机溶剂。F Heymes 比较了四类高沸点有机溶剂（聚乙二醇、邻苯二甲酸酯、己二酸酯和硅油）中的七种物质对甲苯的吸收效果，认为己二酸二异辛酯（DEHA）最优，吸收率在 70% 以上。另一种吸收剂 1,4-丁二醇（BDO）对甲苯废气的吸收率则达到 90%。目前常用的高沸点溶剂还有 BDPT、BUBUTRAT、23BTD、EHAC、DIBPHTAT、EPHE、BZLACTAT、EHXA、PNBUTRAT、D2EHPHAT、OCTADIPT 等[78]。

③ 水和表面活性剂体系。水是廉价易得的理想吸收剂，但部分 VOCs 难溶于水，在水中添加表面活性剂，能降低两相间的表面张力，溶液中形成胶束，增加 VOCs 在水中的溶解度，可提高吸收率。研究发现将一定量吐温-20（Tween 20）与磷酸三丁酯（TBP）、斯盘-20（Span 20）、斯盘-80（Span 80）等表面活性剂复配后。显著提高对甲苯的吸收容量[79]。另有人研究采用添加表面活性剂的填料塔来吸收治理甲苯废气，当喷淋量、入口废气中的甲苯浓度和表面活性剂添加量等因素达到最佳时，最高去除效率可以达到 90.16%。治理的甲苯废气均能达标排放。

④ 环糊精水溶液。最常见的环糊精分为 α-CDs、β-CDs、γ-CDs 三种。由于分子络合作用，CDs 可以在混合溶液中形成包合物（主客体复合物），可以显著提高低极性有机物在水中的溶解度。有研究结果显示 CDs 溶液能有效地吸收甲苯，其中 β-CDs 的吸收效果最好，其对甲苯的吸收率是水的 250 倍。吸收后的吸收剂中并未出现固体混合物，便于吸收剂的再生利用。由于温度的改变对吸收率有较大影响，可通过加热和空气吹脱实现吸收剂的再生。另有研究表明 CD 聚合物还可以直接从气相中吸收 VOCs。

⑤ 微乳液体系。田森林等选择适于甲苯增溶吸收微乳体系，研究了以甲苯为油相、以正丁醇或正辛醇为助表面活性剂分别与典型阳离子表面活性剂、阴离子表面活性剂、非

离子表面活性剂形成微乳液的相行为，发现以十六烷基三甲基溴化铵为表面活性剂、正辛醇为助表面活性剂构成的体系，微乳区面积最大（64%），可作甲苯增溶吸收微乳液。

刘恋研究了微乳液和混合表面活性剂对甲苯的增溶作用，研究结果表明：当表面活性剂浓度大于羧甲基纤维素（CMC）时胶束形成，对难溶有机物甲苯具有显著的增溶作用，溶质的表观溶解度与表面活性剂浓度呈线性关系；相同条件下，微乳液比表面活性剂溶液增溶能力更强；助表面活性剂的加入可以不同程度地提高表面活性剂体系的增溶能力；温度对表面活性剂增溶能力有很大的影响，低温条件更有利于增溶吸收甲苯有机废气。

在此基础上，刘恋与田森林进一步研究了微乳液增溶吸收甲苯传质机理，认为微乳液的吸收为液膜控制过程，吸收速率和吸收物质的量随着表面活性剂（Tween 20）浓度的增大而升高，当浓度高于临界胶束浓度时，吸收速率及吸收物质的量增加更显著。

与传统乳状液相比，微乳状液对疏水性 VOCs 具有稳定的增溶能力，为提高液体吸收法的处理效果开辟了思路。

⑥ 离子液。离子液体被称为"绿色溶剂"，其中，离子液体参与构筑的微乳液，即离子液微乳液，结合了离子液体和微乳液的优点，越来越受到关注。

离子液体作为极性相，有机溶剂作为非极性相，是目前研究报道最多的一类离子液微乳液，无论是物理、化学性质（微极性、形成机理），还是各种因素（极性物质、温度、有机溶剂）的影响，都研究得十分透彻。离子液体作为非极性相形成离子液微乳液的研究报道较少。作为一种"可设计型溶剂"，离子液体的物理化学性质可以通过阴离子、阳离子或取代基调节。因此，不同极性的离子液体可以作为极性相和非极性相来构筑微乳液，形成离子液体包离子液体型（IL/IL）微乳液，然而这方面的研究鲜见报道。此离子液微乳液的各组分没有挥发性，将在一些具有特殊要求的化学反应和材料合成中有潜在应用。具有表面活性的离子液体，其本身的聚集行为是近年来的研究热点。研究发现：长链咪唑类离子液体在水中的表面活性优于传统阳离子表面活性剂（如烷基三甲基溴化铵），表现为容易形成胶束、吸附效率和吸附效能大。离子液体同时作为溶剂和表面活性剂参与构筑的离子液微乳液也有报道。Kunz 等提供了一种调节微乳液界面膜性质的途径。

离子液体引入到微乳液，一方面有助于改善微乳液的性质、扩大其应用范围，另一方面可以拓展离子液体自身的应用领域。

（2）净化设备　经常会使用一级或者多级的气体吸收装置，以吸收有害气体。吸收装置的结构主要有填料塔与喷淋塔两种构型。

吸收法设备和技术方面，工业应用比较成熟，其改良研究进展很缓慢。

姜能座等通过对气相流量、废气浓度、液汽比、温度等实验条件进行优化，二价酸酯（DBE）＋乙酸乙酯体系的总回收率可提高到 94% 废气吸收率为 66%。该装置具有通用性，适用于甲苯等其他 VOCs 回收利用（装置见图2）[80]。

如何从表面活性剂吸收剂吸收液中高效、经济地回收有机溶剂，一直都在进行研究与探索。吸收法处

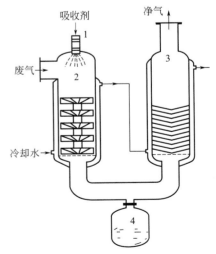

图2　旋流片＋丝网实验装置
1—雾化器；2—吸收塔；
3—表凝塔；4—回收罐

理疏水性 VOCs 很少单独使用，而是应用于两相生物反应器，其目的是增溶疏水性 VOCs，提高生物处理效益。

3. 冷凝控制技术

冷凝法是利用 VOCs 在不同温度下具有不同饱和蒸汽压这一性质，通过降低系统温度或提高系统压力，使 VOCs 物质蒸汽分压达到饱和状态，而逐步冷凝成液态的一种回收方法。冷凝法除了能去除混合气体中的挥发性有机物，还能将吸附浓缩的高浓度 VOCs 分离，得到其中有回收价值的有机物。较适用于 VOCs 体积分数大于 5% 和高沸点的 VOCs 气体混合物。

近年来，国内外相关学者对冷凝法回收技术展开了卓有成效的研究。M Aminyavari 和 B Najafi 等[81]对 NH_3/CO_2 复叠式制冷系统的系统参数进行了分析与优化，达到有效降低成本的目的。北京工业大学郑新等[82]研究冷却级蒸发温度、冷凝温度以及甲苯混合气体入口温度对该冷凝法甲苯回收系统的性能影响，并根据能量梯级利用原理，提出了冷量回收的优化方案。北京工业大学马天琦等[83]针对典型 VOCs 气体甲苯，设计了一套冷凝法回收系统，运用 AspenPlus 通用流程模拟软件，研究了甲苯回收率的影响因素，并提出了优化方案。常州大学黄维秋等[84]对冷凝和吸附集成技术进行了研究，该集成技术将冷凝法回收高浓度优势和吸附法吸收低浓度优势结合起来。

冷凝法回收 VOCs 技术简单，受外界温度、压力的影响小，也不受气液比的影响，回收效果稳定，但回收装置设备庞大，结构复杂，能耗高；改进思路包括制冷剂类型研究、冷凝器改造和冷凝工艺选择等几个方面。

（1）新型制冷剂　理想的制冷剂具有无毒、化学性质稳定、对金属及非金属无腐蚀作用、不燃烧、不爆炸、具有较高的蒸发潜热、对环境无害等特点。目前国际上制冷剂的研究主要有 2 条路线：①以美日为代表的支持开发 HFCs 类替代物；②北欧一些国家主张采用的天然工质类替代物。

葛运江等[85]研究得出 NH_3/CO_2 制冷系统优于其他常规制冷系统。Dokandari 和 Hagh[86]基于热力学第一、第二定律，研究分析了喷射式 NH_3/CO_2 复叠循环性能的影响。结果表明系统最大 COP 比传统的循环高约 7%，火用损失率相比传统的循环低约 8%。Sanz-Kock 和 Llopis 等[87]实验分析研究了用于商业制冷的 R134a（1,1,1,2-四氟乙烷）/ CO_2 复叠式制冷系统性能变化。

（2）冷凝器　冷凝器按传热面的形状和结构基本可以分为两大类：管壳式冷凝器和板面式冷凝器。宋有星[88]对各冷凝器进行比较，认为螺旋螺纹管冷凝器换热性能最好，比其他类型冷凝器换热面积减少 1/3 左右，减少设备投资；占地面积小；体积小，安装方便，安装费用降低，安装周期缩短。刘宏宇等[89]设计了外侧为热管冷凝器、内侧为制冷冷凝器的组合式平行流换热器，所设计的组合式冷凝器达到预期指标。简弃非等[90]研究蒸发式冷凝器板外水和空气侧的传热性能，并得出适合喷淋蒸发板式冷凝器的计算关联式，结果表明采用喷淋蒸发板式既能使空气具备较强的传热交换能力，保证水膜的蒸发换热效果，也能减少水的飞散损失，节约用水。

（3）冷凝工艺　由于混合气体中各烃类的熔点及沸点不相同，常规的冷凝法易出现凝固堵塞的现象，通过深入研究吸附＋冷凝的工艺，可以克服以上问题，且节约成本。为了更好地将各物质冷凝下来并且减少易凝固组分发生降温凝结，冷凝机组根据被处理物料的熔点等特性，可将机组设计为几级冷凝。

单晓雯[91]采用两级吸附＋冷凝的工艺流程成功对某石化厂液体装卸车间多种有机气体进行集中冷凝回收处理，冷凝机组通过合理设计各级制冷温度，克服混合有机气体同时回收冷凝过程中的堵塞问题。有机气体冷凝分离如图3所示。

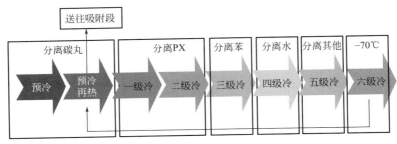

图3 混合有机气体多级制冷分离

缪志华等[92]采用多级连续冷却的方法，使油气中的混合烃类各组分的温度低于凝点从气态变为液态，除水蒸气外空气仍保持气态，实现油气与空气的分离。预冷段使混合油气降温至2~4℃，冷凝出碳氢化合物重组分和水，其后由复叠或自复叠的2~3级冷却，逐级降温至−35℃、−75℃和−110℃，使油气中不同组分混合烃类得到分离。

目前冷凝回收油气工艺多采用多阶段冷凝，前期阶段一般为预冷，目前已开发出一种冷量回用的装置，油气首先进入回收装置，温度从常温降到4℃左右，以此除去油气中的大部分水蒸气，防止油气进入零度温度后，过多的水分在换热器表面结霜导致热阻增加，使得回收装置的运行能耗也随之增加；中间冷凝段，温度一般设置在−30~−90℃之间，以减少压缩机制冷温差，可以使冷凝装置总能耗控制在最低的水平。最后阶段如将冷凝温度设计为−110℃，得以确保油气回收率达到国家规定的95％以上。

（4）冷凝回收技术应用前景 冷凝法普遍用于高浓度油气的回收，对于不同质量浓度、不同组分的VOCs，通过冷凝和吸附集成工艺的耦合，可以充分发挥各自的优点，使油气回收工艺得以优化，达到较高的回收效果。且冷凝法油气回收中的复叠式节流制冷技术，其应用已经比较成熟，逐级降温实现油气的分离和回收，具有不可逆传热损失小的优点。研发的冷凝式油气回收设备集成了多元工质双并联复叠制冷、油气收集、油水分离、凝析油输送等技术，功能配套完善，操作维护便捷。工程应用结果表明冷凝法油气回收技术具有良好的油气治理效果和显著的经济效益，应得到大力推广应用。

4. 燃烧控制技术

目前国内处理工业有机废气的方法中燃烧法占28％，居第二位，但是由于直接燃烧对空气的加热升温需要耗费大量的能源，治理设备运行费用高，故主要用于高浓度或高温排放的有机污染物的治理。"十二五"期间针对低浓度有机废气净化的蓄热式燃烧技术（regenerative thermal oxidizer，RTO）和蓄热式催化燃烧技术（regeneration catalytic oxidizer，RCO）迅速发展起来。

（1）蓄热体 当今的蓄热材料，根据使用温度的不同主要分为堇青石、莫来石、锂辉石、氧化铝、钛酸铝、碳化硅、尖晶石、硅藻土、膨胀土、沸石等多种材质，根据这些材料本身化学性质的不同用来制备不同功能的蓄热体。在众多的蓄热材料中，由于堇青石比表面积大、热膨胀系数小以及抗热震性好等优点而得到了广泛使用。虽然堇青石有很多优点，但仍然存在一些缺点，即适用温度相对较低，所以，现阶段许多研究都集中于如何提高堇青石的这一性能。有研究表明，在堇青石中增加一些其他组分，可以促进堇青石烧结、降低热膨胀系数、提高抗热震性等，通常会添加硅线石、碳化硅、氧化锆、氧化锗、碳酸锂以及氟化钙等，添加后烧结形成硅线石-堇青石、莫来石-堇青石、钛酸铝-堇青石、尖晶石-堇青石等复相材料。所以在堇青石中添加一些其他组分形成复相材料，促进烧结、降低热膨胀系数、提高耐热性等可以作为当前研究的重要方向。

结构方面，蓄热体由格子砖到陶瓷小球，接着又出现了效率更高的蜂窝陶瓷。蓄热体材料主要有陶瓷和金属两大类。由于陶瓷材料耐高温，抗氧化，耐化学腐蚀，所以目前大多选用蜂窝陶瓷材料。蜂窝陶瓷蓄热体虽然加快了换热速度，但是在使用过程中常出现蜂窝孔堵塞、蜂窝蓄热体黏渣、孔壁熔蚀、通孔破裂、蜂窝蓄热体崩塌、蓄热体错位等现象。对于这些缺陷，有学者提出了陶瓷-金属蜂窝蓄热体。这种蓄热体是用金属作为骨架，在金属表面加上蜂窝陶瓷，对于孔数相当的陶瓷-金属蜂窝蓄热体与蜂窝陶瓷，金属蜂窝的壁厚要小，开孔率大，且比热小，导热系数大。蜂窝侧壁面导热和蜂窝内表面间辐射换热是金属蜂窝内热量传递的主要方式[93]，换热效率高。陶瓷层涂敷在金属蜂窝的表面，提高了它的抗氧化性[94]。只用陶瓷做蓄热体时，则蓄热体无法承受很大的热冲击，而且本身体积不能太大，堆积不能过高，需要制作成小块，如常用的蜂窝陶瓷是 $100mm \times 100mm \times 150mm$ 或 $150mm \times 150mm \times 300mm$；如果蓄热体只用金属材料，则整个蓄热体的重量会很大，而且在使用过程中极易被氧化，蓄热体的寿命不长。采用金属+陶瓷的蜂窝结构，不但能承受较高的温度（1300℃），而且因为金属不直接暴露在空气中，不会被氧化[95]。内部的金属层起到加强传热与支撑作用，陶瓷涂层既可防止内部金属氧化，又可提高蓄热体的耐热温度，两种材料优势互补。对于陶瓷-金属蜂窝蓄热体热饱和时间、用量等的研究还应进一步深入展开。如何把陶瓷-金属蜂窝蓄热体与现有的蜂窝陶瓷蓄热体或陶瓷球蓄热合理结合，也是一个值得研究的课题。

（2）催化剂的研究与发展　相对于 RTO 技术，高性能的氧化催化剂是 RCO 技术的关键。现阶段的催化剂主要包括两类：贵金属催化剂和非贵金属催化剂。其中贵金属催化剂有 Pd、Pt、Rh、Au 等，研究则以 Pd 和 Pt 为主。杨坤[96]制备的 Pt-TiO$_2$ 催化剂，通过液相还原，可以使苯在 160℃完全转化为 CO$_2$ 和 H$_2$O。黄慧萍等[97]研究了选用不同负载型纳米 Pd/Pt-γAl$_2$O$_3$ 催化剂，对油气中苯的降解进行了研究，找到了合适的反应温度停留时间以及催化剂用量。Huang 等[98]提出 Pt/Pd 催化剂比氧化态的 Pt/Pd 表现出更好的催化性能。近年来负载 Au 催化剂也逐渐被广泛研究和应用。Wu 等[99]通过实验证明了 Au/Co$_3$O$_4$ 能够有效地催化分解甲苯和二甲苯，反应遵循 Mars-van Krevelen 机理。此外，双组分或多组分贵金属负载催化剂的研制也引起了学者们的关注，如 Guo 等[100]合成的 Pd-Au 纳米颗粒催化剂提高了催化剂活性，比单一贵金属催化剂效果更好。此外，也有学者将 Pd-Pt、V-Ti 和 Cu-Zn 双组分金属负载到 γ-Al$_2$O$_3$ 载体上获得双组分贵金属催化剂。目前对贵金属催化剂的研究多集中在反应机理、助剂修饰、失活现象及载体的选择和负载方法[101]。

由于贵金属做催化剂成本高，近年来，催化剂研制逐渐集中到非贵金属催化剂方向。针对稀土元素催化剂的研究较多，取得了比较大的进展[102]。目前国内外研究得最多的非贵金属催化剂是钙钛矿型复氧化物催化剂（ABO$_3$）。徐伟等[103]确定甲苯在钙钛矿型 La$_{0.8}$S$_{r0.2}$MnO$_3$ 催化剂下最佳催化燃烧的转化温度是 330℃。郭欣[104]将 K 和 Pd 同时掺杂入钙钛矿型复氧化物催化剂，使催化剂的比表面积增大、氧化还原性增强、表面氧物种增多催化氧化能力增强。另一研究方向是尖晶石型结构催化剂（AB_2O_4），试验表明，La、Ce 等稀土金属的掺入使得催化剂的活性增强，而 Mg、Mn 的结合使催化剂的稳定性有了进一步的提高。黄琼等[105]制备的工业级 $MnCeO_x$/堇青石催化剂对苯和二甲苯都有良好的催化去除性能。总体上，我国在氧化催化剂的制造方面已经接近或达到了国外先进水平，但仍需要进一步研究反应温度低催化活性高的催化剂，将贵金属催化剂同非贵金属催化剂结合将是未来催化剂研究的一个热点方向。

（3）工艺装置　RTO 和 RCO 装置的发展都经历了三个阶段。最初是两床式装置。由于两床式装置在切换过程中会出现系统压力、浓度的波动，影响净化效果，甚至可能影响净化设备前面生产装置的正常工作，因此发展了三床式装置，比两床式增加了一个床层，当两个床层在进气和出气的时候，第三个床层用干净空气吹扫，三个床层通过阀门轮流工作，有效解决了两床式装置的问题。但是由于增加了一个床层，使得催化剂、蓄热体、阀门、管道的数量增加，投资增大，因而又开发了旋转阀式装置，如图 4 为旋转阀式 RCO 装置示意图。

旋转阀式的蓄热催化燃烧装置是近年来的新技术，它将与两床式用量相等的蓄热体和催化剂

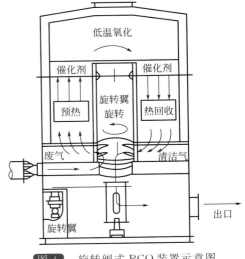

图 4　旋转阀式 RCO 装置示意图

平均到多个反应室中，通过一个旋转阀，实现每个反应室周期性的气体的连续进气和出气。与两床式装置相比，避免了浓度和压力的波动；与三床式装置相比，降低了投资费用。由于旋转阀内部的转子是连续转动的，其密封性较差，废气往往存在短路现象，使得废气排放超标。目前有发明［申请号为200810174262.4，一种旋转阀门的气密构造］设计了旋转阀包含一定子与一转子，该气密构造是环设于该转子之上，使该定子与转子之间形成气密，有效改善了旋转阀门的气密性，但是增加了加工的复杂性。另有学者研究提出用一套组合的阀门代替旋转阀，既减少了气体的短路现象，又便于加工和后续的维护。通过设置气体流向切换阀，自动而快速地实现进气和排气的切换，减少了废气泄露，有效提高有机废气催化净化装置的净化效率和热回收效率且结构简单、成本低、易加工［申请号201410418420.1，一种低泄漏率的蓄热式有机废气净化装置］。

总体来说，对于 RTO 系统蓄热体的蓄热能力和切换阀门的密封性能决定了整套系统的净化效率[106]。对于 RCO 系统，除了上述两方面之外催化剂的性能也会极大影响系统的净化效率。故在未来的燃烧技术的发展中应继续加快研究有更高级蓄热能力的蓄热体、高密封性的装置以及高效活性的催化剂。

5. 低温等离子体控制技术

低温等离子体净化技术是近年来发展起来的废气治理新技术，其主要原理是利用等离子环境中存在的大量活性物种（如电子、离子、自由基、激发态分子和原子等）与 VOCs 分子反应，可以在常温常压下将污染物迅速转化成 CO_2、H_2O 或者其他低毒性的中间产物[107~109]。

由于低温等离子体技术可以同时降解多种 VOCs 污染物，并可以同时去除室内的微生

物和颗粒污染物，因此，低温等离子体技术在室内 VOCs 净化方面应用广泛。近年来，基于低温等离子体技术的室内空气净化设备发展迅速，适合室内使用的空气净化器和空调系统的空气净化器对室内空气质量的改善效果明显。但在使用低温等离子体技术处理工业有机废气方面，虽然该技术具有反应器阻力低、装置简单、易于操作、使用方便等优点，但是该技术仍然存在能耗较高、净化效率较低等问题，大大限制了其实际应用。

　　大量的研究工作表明低温等离子体技术在处理有机废气方面具有良好的应用前景，但为实现大规模工业化，许多方面还有待于进行研究和改进：①需对等离子体降解 VOCs 的反应机理进行系统研究，目前，对于等离子体降解反应过程中的物质变化、污染物的降解过程等缺乏直接证据，只有深入了解反应机理才能更好地为技术的大规模工业化提供理论指导；②需进一步优化等离子体反应器结构，优化电源、放电形式与反应器之间的匹配，提高能量的利用效率，降低能耗；③由于目前的研究工作多数以实验室研究为主，降解目标为单一 VOCs 成分，而实际工业有机废气成分复杂，实际工况中往往难以达到最优操作条件下的处理效果，因此需研发适应实际工况的低温等离子体技术以提高降解率；④目前，有关等离子体去除 VOCs 长时间运行是否稳定还未见文献报道，所以，长时间运行操作的稳定性还有待研究。

6. 光催化技术

　　光催化技术是一种新兴高效节能现代绿色环保技术，主要是利用催化剂的光催化活性，使吸附在其表面的 VOCs 发生氧化还原反应，最终转化为 CO_2、H_2O 及无机小分子物质（图 5）。目前，国内外研究最多的光催化剂是金属氧化物及硫化物，其中，TiO_2 具有较大的禁带宽度（$E_q = 3.2eV$），氧化还原电位高，光催化反应驱

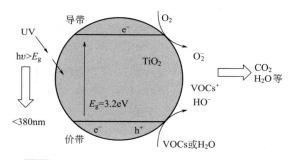

图 5　TiO_2 在 UV 下光催化降解 VOCs 原理图

动力大，光催化活性高，可使一些吸热的化学反应在被光辐射的 TiO_2 表面得到实现和加速，加之 TiO_2 无毒、成本低，所以关于 TiO_2 的光催化研究最为活跃[110~113]。

　　张浩等[114]模拟了可见光下的室内环境，将 $1mg/m^3$ 的甲醛气体通过 $Cu-TiO_2$ 纳米晶体进行光催化降解，经过 8.4 h，其浓度达到 I 类民用建筑标准要求。Sang 等[115]研究了水蒸气、分子氧和反应温度对甲苯在 TiO_2 上的光催化降解率的影响，随着水蒸气和分子氧的浓度增大甲苯的降解率变大，在温度为 45℃时达到最大。

　　理论上，光催化氧化过程能够将污染物彻底降解为 CO_2 和 H_2O 等无毒物质，但反应速率慢、光子效率低等缺点制约了其在实际中的应用。在某些条件下，对 VOCs 的降解过程中光催化氧化反应会产生醛、酮、酸和酯等中间产物，造成二次污染．同时存在催化剂失活、催化剂难以固定等缺点。为此，人们尝试采用半导体耦合、金属离子修饰、贵金属沉积等技术对光催化氧化过程进行改性强化。

　　Lin 等[116]考察了 $TiO_2/Bi_xTi_yO_z$ 光催化降解苯的性能，$TiO_2/Bi_{12}TiO_{20}$ 对苯的光催化降解率是纯 TiO_2 的 2 倍。有研究希望通过改变光催化剂的表面性能来解决这个难题，在 TiO_2 中掺杂非金属物质，如 $C^{[117]}$、$N^{[118]}$、$S^{[119]}$ 等，结果显示该方法能在可见光范围内较大程度地提高催化剂的光敏作用。对于这些掺杂有阴离子的 TiO_2 光催化剂，所掺杂的物质在 TiO_2 表面代替了氧气的作用；使带隙缩小，从而能够吸收更宽范围的可见光。

近年来，也有合成纳米结构的 TiO_2-SiO_2 颗粒对 TiO_2 进行改性的研究。Zou 等[120]在实验中发现，通过溶胶凝胶方法合成的 TiO-SiO_2 颗粒所具有的比表面积在 $274.1\sim421.1m^2/g$，而普通的 DegussaP25 TiO_2 的比表面积只有 $50m^2/g$ 左右，TiO_2-SiO_2 颗粒具有很高的吸附能力，在光催化氧化中对吸附及光催化反应起到了协同作用，提高了反应器的去除效率。吕金泽[121]为阻隔空气中的颗粒物，探索了多孔 TiO_2 外层包覆 SiO_2 绝缘纳米薄膜的制备方法，探明了优化微孔 TiO_2 结构的新方法，显著提升了微孔的稳定性和结晶度，提高了催化活性。

然而，到目前为止，对于光催化处理 VOCs 的技术大部分依然处在理论研究阶段，其主要应用于室内空气的净化处理，对工业生产大规模废气的处理技术尚不成熟。现在对光催化氧化降解 VOCs 的研究还需进一步深入：

① 发展能应用于工业生产的更加稳定和高效的光催化剂；

② 开发疏水性的光催化材料以消除水蒸气对反应的消极影响；

③ 研究和控制典型 VOCs 的中间产物或副产物；

④ 开发新型的综合光源和反应结构的光催化反应器。

7. 生物处理技术

生物法净化有机废气是在已成熟的采用微生物处理废水的基础上发展起来的技术，最早的报道见于 1975 年的美国专利，而我国在 20 世纪 80 年代末才开始有这方面的研究报道。相比于传统的废气处理技术，由于微生物的代谢速度比较慢以及有机废气不易溶于水，生物法只适合处理浓度低、流量较小的有机废气。另外，生物法处理装置的占地面积比较大、工艺运行条件仍不成熟以及对具生物毒性的物质处理效果差等不利因素都限制了生物法处理有机废气的推广应用。

（1）生物处理技术

① 填料。填料是对生物处理系统影响最大的因素，也是国内研究人员重点关注的研究课题。填料从最初的土壤、玉米芯等天然材料到新型有机填料和复合填料的出现，其总的发展趋势是弱化自然因素影响，强化人工控制过程。新型营养缓释复合填料，可以控制填料中微生物生长繁殖所需营养元素的缓慢释放，满足净化过程营养的供给，从而保证装置的长期运行。有学者通过胶膜固定、包埋等手段使低水溶性有机矿粉均匀负载到聚丙烯网状纤维表面，获得一种具有缓释功能的废气生物过滤填料，能在潮湿环境中保持良好的黏结强度，系统停运 12 天，其性能恢复时间只需 2 天[122]。

利用固定化技术，将微生物包埋到载体上是填料研发的一个新动态。这种填料直接将微生物包埋进填料中，省去了驯化和挂膜过程，可缩短启动周期，提高净化效率。朱仁成等[123,124]采用包埋固定法，将功能微生物负载至载体上，制备出新型复合填料，取得了较好的理化性质和净化性能。

② 微生物。传统的生物法处理挥发性有机物的生物膜一般以细菌为主体，近几年的研究发现细菌表面的水层会影响有机物的传质速率，导致处理效率降低，而真菌更有利于 VOCs 的吸附和传质，且真菌忍受低湿度、酸性条件的能力明显高于细菌[125]。刘建伟等[126]考察了甲苯废气在低 pH 生物滤池中的处理效果和降解过程，并对低 pH 生物滤池填料中的生物相进行了分析，发现低 pH 生物滤池中的优势菌种为真菌，当系统稳定运行时，甲苯平均去除效率在 98% 以上。

③ 生物处理工艺。生物滤塔是典型的生物法处理有机废气的工艺，传统的生物过滤

法使用的是单层填料，长期运行易造成填料压实，从而带来压降增大、处理效率降低等问题。研究人员将生物滤塔的结构分为三层填料，使气流在滤塔内分布更均匀，停留时间延长，压降降低，提高处理效率[127]。

生物滴滤池中生物量过大容易引起堵塞，利用微量臭氧强化技术可以调控生物膜相生长和分布，防止填料层堵塞。而且微量的臭氧对反应体系中的微生物代谢活性有明显强化作用，有效提高甲苯去除率[128]。

面对难溶有机废气的生物降解问题，生物法与其他技术耦合联用是解决思路之一。沙昊雷等[129]搭建了 UV-生物过滤塔联合降解反应装置，具有非常好的苯乙烯去除效果，而且在系统关停后重启至第四天即能恢复处理效率。

研究人员在生物处理技术的自动化领域也进行了探索。朱凌云等[130]设计了一种废气处理装置的监控系统，实现了对生物滴滤池循环水 pH 值的模糊自适应比例-积分-微分（proportion-integral-derivative，PID）控制，该控制系统响应速度快、超调量小，大大改善了 pH 中和过程的控制效果。

（2）生物处理技术的前景展望　废气生物处理作为一项新技术，运行费用低、无二次污染的优点使其具有良好的发展前景，它的广泛应用肯定会带来非常大的经济效益。生物法处理有机废气的研究呈以下几个方面趋势。

① 填料。理想填料应是兼具强度高、耐腐蚀、比表面积大、适宜微生物附着生长、吸附性和持水性强、自身不易分解等优点于一身的特殊材料。目前，已经开发的填料很难全面满足上述条件，多种填料组合是解决上述问题的一种途径，因此特殊材料开发及组合填料将是今后废气生物处理技术的一个重要研究方向。

② 工艺。当前比较成熟的废气生物处理技术工艺比较局限于处理低浓度、成分较单一的有机废气，因此探索能够处理较高浓度、成分复杂的有机废气的工艺是一个大有可为的研究方向。

③ 机理。由于生物反应器涉及气、液/固相传质与生化降解过程，影响因素多而复杂，有关的理论研究和实际应用还不够深入、广泛，许多问题需要进一步探讨和解决。深入研究生物法处理废气过程中的反应机制和动力学机理，不仅有助于更好地把握相关工艺参数，有效地控制、调节反应，保证系统稳定高效运行，还能进一步推动实现废气生物处理技术的自动化、智能化。

8. 组合控制技术

工业废气 VOCs 种类繁多、工况变化大的特点使单一的处理工艺很难达到要求；同时，随着我国对工业 VOCs 减排力度的不断加大，VOCs 排放企业对 VOCs 末端处理技术处理效率的要求也不断提高，以往单一的处理技术也面临被淘汰的局面。近年来，两种或多种技术组合的集成技术的发展成为工业 VOCs 处理的研究热点，并且一些集成技术如吸附浓缩＋热脱附＋燃烧（催化燃烧）技术、冷凝＋吸附技术已经在市场上得到广泛推广。此外，一些正处在研究阶段的集成技术如低温等离子体、生物技术、光催化等的集成技术也在不断发展中。

（1）吸附浓缩＋热脱附＋燃烧（催化燃烧）技术　燃烧（催化燃烧）技术适合处理高浓度、小风量的有机废气，缺点是要求气体的温度较高，为了提高废气温度，要消耗大量的燃料，所以运行费用很高。吸附法适合处理大风量、低浓度的有机废气，但该工艺流程过长，操作费用高，回收物也是溶剂和水的混合物，通常是不能重复使用的，并又产生一个液体废物处理问题。针对这些问题，近年来发展起来的"吸附浓缩＋热脱附＋燃烧（催化燃烧）技术"是将吸附技术和燃烧技术结合在一起，成为一种结构紧凑，适合处理低浓度、大风量废气的联合系统。该法适用行业有包装印刷、涂装、电子、家具等，在这些行业吸附浓缩＋热脱附＋燃烧（催化燃烧）技术正逐步取代单一的吸附技术或燃烧技术。

早期吸附浓缩＋热脱附＋燃烧（催化燃烧）技术应用较多的是固定床式活性炭基材料，由于活性炭基材料存在稳定性差、不耐高温、安全性差等问题，活性炭及材料取代问题一直是该技术研究的热点。近年来，以日本东洋纺公司为代表的国外企业，推出了沸石分子筛转轮来代替活性炭，沸石分子筛转轮技术在稳定性、寿命、耐高温等方面都优于固定床式活性炭基材料，正在逐步取代固定床式活性炭基材料。如今，国内一些企业也拥有了自主的沸石分子筛转轮技术，如广州黑马科技有限公司最早拥有自主开发分子筛转轮的技术；华世洁环保也在2014年突破分子筛转轮技术，并且将设备投入市场。

（2）冷凝＋吸附技术　冷凝法回收VOCs技术简单，受外界温度、压力影响小，回收效果稳定，可在常压下直接冷凝，工作温度皆低于VOCs的闪点，安全性好，尤其适合于处理高浓度、中流量的VOCs，但存在一次性投资较大、能耗大、运行费用高等问题。而吸附法的优势是可以将油气体积分数控制在很低的范围内，而吸附在高浓度油气时，吸附材料会很快饱和，并可能产生升温，故需综合考虑其使用周期、脱附解析和使用安全性等问题。分别对冷凝和吸附回收技术综合比较后发现，结合冷凝和吸附的回收工艺可以充分利用各自的特点，达到优势互补，因此近年来冷凝吸附组合技术得到了很大的发展和应用。

冷凝＋吸附技术主要用于各类化学品储罐区大小"呼吸气"、化学品装卸车、船等场合的油气回收。我国油气回收起步较晚，目前全国港澳口码头中安装了油气回收设施的不超过10个，且使用不甚理想。因此，冷凝＋吸附技术具有广阔的应用市场。

傅苏红等[131]采用高效冷凝与树脂吸附集成回收工艺对加油站进行油气回收，结果表明冷凝吸附油气回收装置排放的油气含量检测值低于$5g/m^3$，回收率可达到99%，同时其能耗与相同处理量的活性炭吸附式油气回收装置和压缩冷凝＋膜分离式油气回收装置相比降低了10%。某油库将三级冷凝＋吸附组合油气回收系统应用于灌油环节中回收油气，运行半年来已累计回收油品41t，取得了良好的经济效益，达到了节能环保的要求[132]。中国海油惠州炼油项目采用四级冷凝＋吸附法进行油气回收，一级冷凝压缩机自身卸荷进行能量调节，二级冷凝回收排放的尾气冷量，降低能耗，三、四级冷凝带能量调节、性能先进的活塞式半封压缩机，确保每级冷量要求的同时能根据负荷变化情况实现能量调节，最大限度地降低能耗，系统运行以来回收效果较好[133]。

冷凝＋吸附技术目前研究的重点是：制冷剂及吸附剂的筛选开发、冷凝段和吸附段的工艺及结构优化，尽可能达到回收率、设备投资、运行能耗、设备规模等技术经济综合指标最优化[134]。

（3）低温等离子体、生物技术、光催化等技术组合　利用低温等离子体、光催化以及生物技术处理VOCs等是近年来较为热门的研究方向，不过这些技术单独使用会存在较多的缺点，如低温等离子体技术会产生一氧化碳、臭氧、气溶胶颗粒等副产物，废气分解不完全，二次污染物多，而且去除效率低、能耗高，不适合工业应用。光催化技术存在处理效率不高、能量利用率低、光催化性能太低，不能处理高浓度、大流量废气。

研究者进而将低温等离子体、生物技术、光催化等技术两两组合，获得了一定程度的进展。李晶欣等[135]研究得出掺杂了 Mn^{2+} 催化剂对甲苯的降解率高达 98.77%，并提高了降解的能量效率。黄勇等[136]将生物滴滤塔和光催化一体化联用工艺应用于电子垃圾拆解现场废气处理的中试研究中，废气中各类 VOCs 去除率达到 83.4%～100%。现已有不少研究结果证明两种技术间的协同和促进作用，但具体的反应机理研究依然不够透彻，研究只停留在试验规模，要应用到实际当中则还有许多问题有待解决。

四、国内外研究进展比较

采用文献计量学方法，基于 Web of Science（WoS）数据库对 VOCs 相关研究进行文献计量分析与总结，可以了解国际上重大问题的研究进展，识别国际上新兴热点问题并预测研究趋势并对国内外研究进展进行比较分析。

图 6 给出了全球挥发性有机物领域自 1976 年 1 月 1 日至 2015 年 6 月 1 日每五年的 SCI 论文发表数以及 2011—2015 年每年间的 SCI 论文发表数。为了便于比较，2011—2015 年为计算假设的 2015 年 6 月 1 日—12 月 31 日发文量。30 年间国际上 VOCs 的相关研究数量呈增长趋势。在"十二五"期间（2011 年 1 月 1 日-2015 年 6 月 1 日，以下简称 2011-2015 年），本领域共发表 SCI 论文 3794 篇。

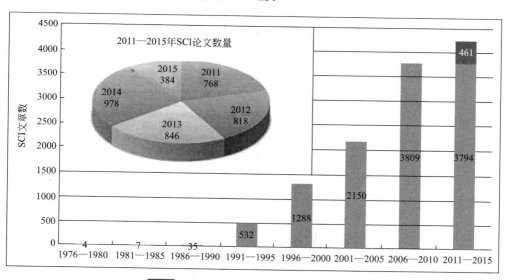

图 6　全球 VOCs 领域 SCI 论文发表数

（一）国际上重大问题的研究进展

1952 年，Hagen Smit 等[137]发现 VOCs 和氮氧化物在光照下发生反应生成的二次污染物导致了洛杉矶光化学烟雾事件，自此人们逐渐开始认识到了大气中 VOCs 的重要性。将大气中挥发性有机物作为关键词的研究报道最早出现于 1977 年：Louw 等[138]测量了城市大气中近 200 种 C_1～C_{13} 的挥发性有机物。近年来，针对 VOCs 的研究，重点关注其排放源成分谱和排放总量，掌握城市、郊区、森林、海洋等典型环境大气中 VOCs 的浓度，完善其反应转化机制，从而准确模拟与量化二次产物的生成，以准确评估并有效控制 VOCs 的负面环境效应。基于以上研究思路，目前在 VOCs 的研究中国际上关注的主要问题包括：不同地区 VOCs 的浓度水平及时空变化规律、VOCs 的来源及其来源解析、VOCs 与 NO$_x$ 在臭氧、二次有机气溶胶等二次污染物生成中的作用，VOCs 对大气氧化性的影响、VOCs 全球收支平衡、VOCs 大气化学反应机理以及 VOCs 人体健康效应等。

为了获得不同代表区域或者典型污染事件过程中的 VOCs 分物种的浓度水平及其时空变化规律，国际上开展了一系列大型外场观测。这些大型外场观测通常围绕臭氧生成、二次有机气溶胶生成，对包括 VOCs、氮氧化物在内的多种前体物和产物进行测量，同时配合测量风、温、湿等气象条件。自 1991 年，墨西哥的 MCMA 项目使用 GC-MS、HPLC 及 DOAS 等测量城市地区的 VOCs。Williams 等人在 1998 年的 LBA/CLAIRE 项目中使用 PTR-MS 测量了苏里南热带雨林中包括烯烃、二烯烃、羰基化合物、醇类、腈类等在内的 VOCs；2000 年在美国德克萨斯州休斯敦开展的 TexAQS 2000 项目测量了石化烟羽中 CH$_2$O 以及 VOCs；2002 年美国洛杉矶分别开展了 ITCI2k2 项目，此外，CalNex 2010 项目测量了洛杉矶和巴黎的 VOCs。Johnson 等人在 2003 年于英国南部针对大范围长时间的光化学污染事件，以二次有机气溶胶生成为核心开展了 TORCH 外场观测，其中测量的 VOCs 包括低碳碳氢化合物以及部分小分子含氧挥发性有机物。此外，德国、西班牙、意大利等国也均开展过相应的外场观测。我国近年来在珠三角、京津冀、香港、台湾等地区也开展了多项综合性的大型外场观测。如 2004 年、2006 年在珠江三角洲地区开展的 PRIDE-PRD 项目；2006 年、2008 年、2009 年、2013 年在华北平原开展的一系列 CAREBeijing 项目以及 2006 年在我国中东部开展的 MTX2006 项目等。通过这些外场观测，获得了大量城市、郊区、森林、海洋、背景点等地的 VOCs 及其相关污染物、同步气相条件的资料并用于模型模拟及反应机理的研究中。

随着 VOCs 大气化学行为研究的深入，一系列高时间、物种分辨率、高灵敏度的仪器被应用于 VOCs 的测量，其中测量的 VOCs 目标化合物尤其关注大气化学反应中较为活跃的反应前体物、产物以及一些不稳定的中间态物种。

近几年来 CIMS 技术由于其高灵敏度和高选择性等优势受到了关注。CIMS 检测技术通过选择合适的反应试剂能够高选择性地对大气中的某类含量很低的物种进行检测，如以碘离子为反应试剂的 CIMS 能够检测大气中过氧酰基硝酸酯和五氧化二氮；质子转移质谱能够对大气中的 VOCs 进行检测，为二次有机气溶胶等的相关研究提供前体物信息；CIMS 通过选择合适的反应试剂能够对大气中的中性分子簇进行检测，对于新粒子生成的研究具有重要意义。CIMS 能够实时测量大气中气溶胶的组分，对于研究二次有机气溶胶的生成及气溶胶的老化有重要意义；此外，时间飞行质谱（TOFMS）可测量的质量范围宽，化学电离技术与其联用（TOF-CIMS），能够选择性地对大分子量的物质进行检测。TOF-CIMS 能够检测 VOCs 经过氧化转化为二次有机气溶胶（SOA）的中间产物，为 VOCs 的氧化、SOA 的生成机理等相关研究提供强有力的技术保障。而且，CIMS 与适当的技术连用，能够对大气中的 H$_2$SO$_4$、HNO$_3$、SO$_2$、OH、HO$_2$、RO$_2$、VOCs 以及气溶胶等活性中间体进行高选择性、高时间分辨率的检测，对于了解大气污染的形成过程、污染控制策略的制定等具有重要意义。

VOCs 来源分析是 VOCs 领域研究的重要组成部分，准确的源谱及源清单是来源解析以及数值预报的基础。VOCs 来源的结果可应用 O$_3$、颗粒物控制政策的制定。

以建立准确的分物种的 VOCs 源清单为目的，VOCs 的来源研究包括各污染源源成分谱的测定、排放因子的测定、源清单自下而上的编制以及自上而下的检验等。早在 20 世纪 80 年代美国重点地区就开展了源成分谱的测验和研究，加利福尼亚州空气能源委员会（CARB）建立了包含多个排放源的源谱数据库。随后美国环保署将源谱进行总结后建立了 SPECIATE 数据库，是目前排放源类别和 VOCs 组分最全面的成分谱数据库。此外，欧洲的本地化源谱也被归纳分类，编制了欧洲 VOCs 源谱数据库，此外，在墨西哥、韩国首尔、埃及开罗等地，均相继测量了源成分谱。目前国际上已有一些较为成熟的污染源清单，如美国国家环保局的 Air Chief、NEI 和 NIF，欧盟的 CORAIR，英国的 NAEI 排放清单等。

VOCs 是臭氧和二次有机气溶胶的重要前体物，其与 NO_x 通过光化学反应生成臭氧的气态化学反应机制受到广泛关注。在这一反应体系中，烷氧基的反应机制、O_3 与烯烃的气相反应机制以及由 OH 自由基起始的芳香烃的反应机制已经研究得较为清楚，但是仍无法准确模拟城市、乡村以及区域地区的臭氧生成。RO_2 自由基与 NO、NO_3、HO_2、其他 RO_2 自由基的反应机理及反应速率常数的研究；在不同温度和压力下 RO_2 自由基与 NO 自由基反应生成含氮有机物的产率，包括分解、异构化，以及和 O_2 的反应引起的烷氧基（尤其是非烷烃和烯烃反应生成的烷氧基）的反应速率；烯烃以及包含 "$=C-C=$" 键的 VOCs 与 O_3 的反应机制；含有 "$-OH$" 官能团的芳香烃与 O_2 及 NO_2 的反应机制及产物；许多由 VOC 光化学反应生成的一代含氧产物的对流层化学反应机理；对进行气粒分配的半挥发或低挥发性有机物反应机制的定量研究可能是解决臭氧及二次有机气溶胶模拟误差的研究新方向。

（二）国际上的新兴热点问题、研究趋势

为分析"十二五"期间国际上 VOCs 领域的新兴热点问题，对 2011—2015 年发表的 3794 篇 SCI 论文进行了关键词分析，并对关键词进行分类，统计出现频率。表 2 给出了除 VOCs 或 volatile organic compound 以外出现频率最高的 30 个关键词。

表 2　VOCs 领域高频关键词（2011—2015 年）

序号	关键词	出现频率
1	Indoor air/Indoor air quality	181
2	Ozone/O_3/Ozone formation potential	160
3	Emissions/emission factor/emission inventory/emission rate	126
4	formaldehyde	99
5	benzene	75
6	toluene	75
7	Exposure/Person exposure/risk assessment/explore assessment	74
8	Photocatalysis/Photocatalytic oxidation	68
9	isoprene/monoterpene	59
10	GC/GC-MS	58
11	BTEX	56
12	PM/PM10/PM2.5	54
13	Bio(biodegradation13、biofiltration，biogenic voc)	50
14	No_x（NO_x，NO NO_2）	44

续表

序号	关键词	出现频率
15	Adsorption	43
16	Modeling(CMAQ 20)	41
17	catalytic oxidation/catalyst/catalytic combustion	39
18	Thermal desorption	31
19	Mass transfer	28
20	kinetics	25
21	Source apportionment	25
22	Oxidation	22
23	PAHs	22
24	carbonyls	21
25	Acetaldehyde	18
26	PTR-MS	17
27	acetone	14
28	Aldehydes	13
29	Ethanol	13
30	ammonia	12

结果表明，"十二五"期间，VOCs的主要监测手段为气相色谱质谱联用技术（GC-MS）以及质子转移反应飞行时间质谱（PTR-MS）。关注的主要物种包括BTEX（苯、甲苯、乙苯、二甲苯）等芳香烃，甲醛、乙醛、乙醇、丙酮等羰基化合物，以及天然源排放的异戊二烯和单萜烯。VOCs领域的热点问题包括：室内VOCs浓度水平；VOCs在臭氧及颗粒物生成中的作用；VOCs的暴露风险；VOCs的源排放（包括排放总量、污染源成分谱、排放速率、排放因子等）；VOCs的来源解析；VOCs的氧化机理（光氧化、催化氧化等）；VOCs的反应动力学；VOCs的控制技术（吸附技术、降解技术等）。

（三）国内外研究进展比较分析

以SCI论文发表数为评价指标（图7），列出了2011—2015年间VOC领域排名前十国家的发文数及其占发文总量的百分比。其中我国共发表文章813篇，占世界总发文量的21.4%，仅低于美国（发文量1106篇，占世界总发文量的29.2%）位列世界第二。此外，发表文章较多的为欧洲发达国家德国、法国、西班牙、英国、意大利，亚洲的韩国、日本，以及加拿大。

除了论文发表数量，论文质量也是评估科研水平的重要评价指标。图8给出了各主要科研国家的篇均被引频次。2011—2015年间世界发表SCI论文的篇均被引频次为5.48次。可以看出，在本领域的主要发文国家中，包括我国、韩国、日本在内的亚洲国家的篇均被引频次普遍较低，而欧美发达国家的篇均被引频次相对较高。我国的发文量高，但是篇均被引频次为5.57次，略高于世界平均水平。值得注意的是，美国、德国的发文量高，文章质量也明显较高；而英国虽然发文量略低，但篇均被引频次为7.87次，在主要发文国家中最高，科研质量较高。因此，从篇均被引频次这一评价指标来看，我国在本领域今后的发展中，在增加研究项目的同时，应该着重注意对研究品质的提升。

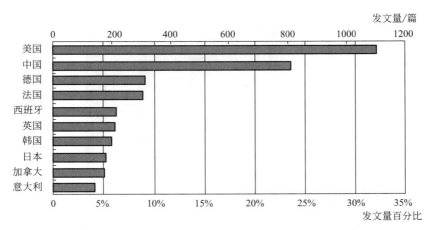

图 7　大气 VOCs 领域 SCI 论文发表的主要国家比较

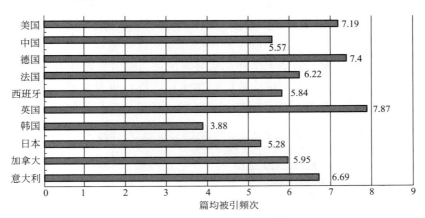

图 8　主要发文国家 VOCs 领域 SCI 论文篇均被引频次

对我国发表的 SCI 论文进行统计。我国最早以 VOC 作为关键词的研究论文发表于 1993 年。图 9 给出了 1991—2015 年每五年间我国 VOC 领域 SCI 论文发表数。可以看出，我国本领域的 SCI 论文发文量增势迅猛。图 10 给出了 2011—2015 年每年的发文数量（与世界发文量相同，为了便于比较，估算了 2015 年 6 月 1 日～12 月 31 日发文量并用红色柱状图表示）。可以看到，与历史发文量的迅猛增势不同，2011—2015 年间我国 VOC 领域的年发文数量呈波动趋势，其中 2014 年发文量最多。

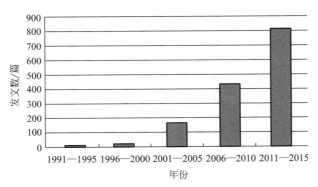

图 9　我国 VOC 领域 SCI 论文发表数

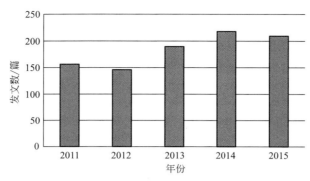

2011—2015 年我国 VOC 领域 SCI 论文发表数

对 2011—2015 年我国 VOC 领域的发文单位进行统计，发文量排名前十的单位及其发文数量如图 11 所示。"十二五"期间，本领域科研成果最多的单位依次为中国科学院、清华大学、北京大学、香港科技大学、浙江大学、中国科技大学、华南理工大学、台湾大学、香港理工大学和暨南大学。这十所科研单位的发文总量超过了我国发文总量的 60%。其中排名前三的中国科学院、清华大学和北京大学的篇均被引次数分别为 8.95 次、9.1 次和 10.31 次，显著高于我国的平均篇均被引频次（5.57 次）以及世界的平均篇均被引频次（5.48 次）。这结果表明，本领域中，我国发文量较高的科研单位的研究质量也较高。

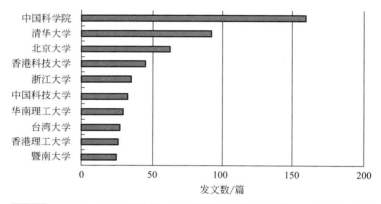

2011—2015 年我国 VOC 领域主要研究单位 SCI 论文发表数

从以上的文献调研可以看到，虽然我国的 VOCs 研究起步较晚，但近年来发展非常迅速，在我国各地开展了大量的研究工作。总体来说，我国 VOCs 的测量数据主要还是通过不锈钢采样罐测量 NMHCs 和 DNPH 衍生化测量 OVOCs 的方法获得的。这些方法时间分辨率低，不能很好地解析污染物浓度的快速变化。我国大部分 VOCs 研究的主要数据分析手段集中在浓度水平比较、OH 自由基反应性、臭氧生成潜势（OFP）分析和来源解析三个方面。主成分分析（PCA）的方法最早应用于我国浙江临安[139]和珠江三角洲[140~142]的 NMHCs 来源解析。其后，得益于我国本土化 NMHCs 源成分谱的建立[143,144]，化学质量平衡（CMB）模型被应用于北京和珠江三角洲[145]的来源解析。近年来正定矩阵因子分析法（PMF）也开始应用于 VOCs 的来源解析[146]。由于 PMF 模型要求数据量足够大，因此 PMF 更多地应用于 NMHCs 的在线测量结果中[147,148]。

总体来说，我国城市地区的 NMHCs 排放主要来自于机动车排放，贡献比例一般可达

50%以上，而某些地区的生物质燃烧和溶剂排放的贡献也较大[149]。但是，对存在一次源、二次源和天然源多种来源的 OVOCs 所进行的来源分析主要使用比较 2 种 OVOCs 的浓度比值（如甲醛/乙醛）的方法[150,151]，虽然这种方法已经被证实没有效果[152]。近年来，北京大学的 VOCs 研究小组使用多元线性回归法对北京奥运会期间的甲醛进行来源分析，发现一次排放是甲醛的主要来源[153]。另外，Liu 等[153]也尝试使用了基于光化学龄的回归方法对 7 种 OVOCs 物种进行来源分配。

在 VOCs 氧化生成 SOA 方面，吕子峰等[154]使用气溶胶生成系数（FAC）的方法估算了各 VOCs 物种的 SOA 生成潜势，结果表明芳香烃是北京大气中最重要的 SOA 前体物，占 SOA 生成潜势的 76%，天然源的 VOCs 排放的贡献为 16%。Han 等[155]首先使用三维空气质量模型，研究了我国不同地区的二次有机碳（SOC）生成，在长江流域以南地区，SOC 对有机碳（OC）的贡献在 50%以上；而长江流域以北地区，一次排放对 OC 的贡献更大。总的来说，人为源芳香烃、单萜烯和异戊二烯对 SOC 的贡献分别为 17%、48%和 35%。Jiang 等[156]则使用 WRF/Chem 模型研究了我国不同地区春、夏、秋、冬四个季节的 SOA 生成。研究结果发现，夏季 SOA 的生成主要来自于天然源的 VOCs 排放，而冬季 SOA 的生成主要受人为源排放的芳香烃主导。该研究也指出，三维模型对 SOA 生成的模拟结果可能低估了实际大气的 SOA 生成量（0~75%）。

综合而言，我国 VOCs 的测量手段主要集中在离线样品采集实验室分析的方法。虽然近年来开始出现在线 VOCs 的测量报道，但是对数据的分析仍然停留在描述阶段，在海量数据的挖掘和应用等方面与国外存在很大的差距。国际上研究热点问题如包括 NMHCs 和 OVOCs 在内的 VOCs 物种在大气中的演化过程及 VOCs 氧化对 SOA 生成的贡献还鲜有报道。

五、发展趋势展望

（一）重点需求分析

进入"十三五"，我国大气复合污染防治的现实需求，对 VOCs 的基础研究和技术创新提出了紧迫需求，主要包括以下几点。

① VOCs 化学组分的快速准确监测方法和技术设备；

② VOCs 来源的准确量化技术方法；

③ VOCs 对大气臭氧和 $PM_{2.5}$ 形成过程的影响机制；

④ 我国重点行业 VOCs 的控制技术；

⑤ 重点行业和区域 VOCs 的总量减排和监管体系。

（二）研究开发发展展望

总体来讲我国 VOCs 污染防治，起步较晚，VOCs 治理总体技术发展水平较低，因此，需在源头、过程以及末端控制技术上加大研究发展力度，提升技术水平，主要包括以下几点。

① 环保原材料在维持原料使用的表观及内部特性等符合需求的基础上，真正实现零 VOCs 的研究；

② 行业过程控制的低 VOCs 清洁生产工艺的研究，如印刷行业软包装的无溶剂复合工艺的研究；

③ 主流控制技术（吸附、吸收、冷凝、燃烧技术）功能材料、技术细节、工艺设计水平和制造水平的研究；

④ 新技术（生物技术、低温等离子体技术、光催化技术和光氧化技术）治理对象、适用范围与适用条件规律的研究；

⑤ 组合技术净化系统的优化组合设计是系统集成的关键，应进行系统集成设计的研究。

（三）基础能力建设方面的发展展望

VOCs 在国家大气污染防控的体系之中是一个突出的薄弱环节，因此，需要下大力气在基础能力建设方面取得跨越式的发展，目前亟待实施的能力建设工作主要有以下几点。

① 国家和区域层次的 VOCs 监测质量控制和质量保证能力；

② 重点源排放在线动态监控能力；

③ 重点行业 VOCs 总量控制技术和管理能力。

六、结论

"十二五"规划、"国十条"以及新修订的环保法等 VOCs 相关的环保政策的相继出台，给我国现有挥发性有机物污染控制技术的开发和创新提出了新的挑战，但同时也带来了机遇。在"十二五"期间，我国挥发性有机物基础理论和污染防治技术的研究取得了一定的新进展，主要体现在以下几方面。

（1）基础理论研究　VOCs 定义从以前单纯考察物理特性逐步迈向基于健康和环境效应的考察因素；VOCs 的研究从过去浓度研究已转向成分谱研究，典型排放源如机动车排放和溶剂使用源成分谱已初步建立并识别了主要排放源的特征 VOCs 组分；VOCs 来源研究的技术进步主要体现在，我国的 VOCs 排放清单和来源解析研究无论从数量和质量上都取得了较大的进步；VOCs 化学反应新机制有了新的发现，即大气中一些碳数较低的 VOC 组分能够在气溶胶表面吸附，并可以通过非均相或液相反应生成挥发性极低的有机物，形成 SOA；基于环境目标的 VOCs 总量控制研究也取得了一定的进展。

（2）污染防治控制技术　在源头控制技术方面，含 VOCs 环保产品（如涂料、油墨及胶黏剂等）的改性技术取得了一定的进步，采用纳米材料新型改性技术使环保产品向多功能化方向发展；在过程控制技术方面，最突出的进展是石化行业的泄漏与修复技术（LDAR）兴起，并被广泛应用，其他如喷涂行业的真空静电喷涂技术及印刷行业的无溶剂符合工艺及柔印也越来越被重视；在末端控制技术方面，吸附法和燃烧法已经成为主流，吸附法的进展除了吸附剂改性扩大了其应用范围外，还有发展起来的氮气保护再生工艺及转轮吸附浓缩设备；燃烧法中 RTO 和 RCO 迅速发展起来并广泛应用，其中，RCO 工艺催化剂在我国的研究已经接近或达到了国外先进水平。其他末端处理技术如冷凝、低温等离子体、光催化及生物处理的研究，也取得了相应的进步。组合技术中以"吸附浓缩＋热脱附＋燃烧（催化燃烧）技术"和"冷凝＋吸附技术"两项组合技术的适用范围广，应用潜力大。

我国挥发性有机物基础理论研究和污染控制技术虽取得了可喜的进展，但面对目前严峻的大气污染形式，VOCs 污染防治研究工作还有待完善，主要体现在以下几个方面。

① 排放标准体系和管理制度；

② VOCs 检测技术与方法体系；

③ VOCs 排放因子的建立与排放量核算的规范与精确化；

④ VOCs 源头与清洁生产工艺和对口行业最佳控制技术导则与末端控制技术的研发；

⑤ VOCs 治理典型工程示范与市场的规范化；

⑥ 专业人才的大力培养。

参 考 文 献

[1] Heald，C L，et al. Predicted change in global secondary organic aerosol concentrations in response to future climate，emissions，and land use change. Journal of Geophysical Research-Atmospheres，2008，113 (D5).

[2] Madronich S. Chemical evolution of gaseous air pollutants down-wind of tropical megacities：Mexico City case study. Atmospheric Environment，2006，40 (31)：6012-6018.

[3] Robinson，A L，et al. Rethinking organic aerosols：Semivolatile emissions and photochemical aging. Science，2007，**315** (5816)：1259-1262.

[4] Guo，S，et al. Primary Sources and Secondary Formation of Organic Aerosols in Beijing，China. Environmental Science & Technology，2012，46 (18)：9846-9853.

[5] Shao，M，et al. Volatile organic compounds measured in summer in Beijing and their role in ground-level ozone formation. Journal of Geophysical Research-Atmospheres，2009，114.

[6] Wang，T，et al. Strong ozone production in urban plumes from Beijing，China. Geophysical Research Letters，2006，33 (21).

[7] Chung，M Y，et al. An investigation of the relationship between total non-methane organic carbon and the sum of speciated hydrocarbons and carbonyls measured by standard GC/FID：measurements in the Los Angeles air basin. Atmospheric Environment，2003，37：S159-S170.

[8] Lou，S，et al. Atmospheric OH reactivities in the Pearl River Delta- China in summer 2006：measurement and model results. Atmospheric Chemistry and Physics，2010，10 (22)：11243-11260.

[9] Veres，P，et al. Development of negative-ion proton-transfer chemical-ionization mass spectrometry (NI-PT-CIMS) for the measurement of gas-phase organic acids in the atmosphere. International Journal of Mass Spectrometry，2008，274 (1-3)：48-55.

[10] Song，Y，Shao M，Liu Y，Lu S，Kuster W，Goldan P and Xie S. Source apportionment of ambient volatile organic compounds in Beijing. Environmental Science & Technology，2007，41 (12)：4348-4353.

[11] Parrish，D D，et al. Air quality progress in North American megacities：A review. Atmospheric Environment，2011.45 (39)：7015-7025.

[12] Paulot，F，et al. Isoprene photooxidation：new insights into the production of acids and organic nitrates. Atmospheric Chemistry and Physics，2009，9 (4)：1479-1501.

[13] Volkamer，R，et al. DOAS measurement of glyoxal as an indicator for fast VOC chemistry in urban air. Geophysical Research Letters，2005，32 (8).

[14] Volkamer，R，et al. Secondary organic aerosol formation from anthropogenic air pollution：rapid and higher than expected. Geophysical Research Letters，2006，33 (17).

[15] Sommariva，R，et al. Emissions and photochemistry of oxygenated VOCs in urban plumes in the Northeastern United States. Atmospheric Chemistry and Physics，2011，11 (14)：7081-7096.

[16] Shao，M，et al. Ground-level ozone in the Pearl River Delta and the roles of VOC and NO_x in its production. Journal of Environmental Management，2009，90 (1)：512-518.

[17] Zhang，Q，et al. Ubiquity and dominance of oxygenated species in organic aerosols in anthropogenically-influenced Northern Hemisphere midlatitudes. Geophysical Research Letters，2007，34 (13).

[18] 李键灵. 未来 5 年我国水性涂料占有率或能达 20% [J]. 建材发展导向，2015，16：107.

[19] 朱德勇，邱学科. 汽车修补漆用水性聚氨酯金属闪光底色漆的配方设计及性能 [J]. 涂料技术与文摘，2013，34 (6)：16-19.

[20] 陈中华，张鸿，高菲菲，等. 集装箱用水性聚氨酯外面漆的研制 [J]. 涂料工业，2011，41 (12)：41-43.

[21] 林晓琼，夏正斌，邢俊恒，等. ABS 塑料用水性柔感涂料的研制 [J]. 涂料工业，2013，43 (3)：46-49.

[22] 李冠来，卢嘉伟，梁绍源. 水性自交联 PCD 改性聚氨酯的研制及在高抗刮性家具涂料中的应用 [J]. 涂料技术与文摘，2013，34 (4)：15-17.

[23] Hwang H D，Kim H J. Enhanced thermal and surface properties of waterborne UV- curable polycarbonate- based polyurethane（meth）acrylate dispersion by incorporation of polydimethylsiloxane [J]. Re- active and Functional Polymers，2011，71 (6)：655-665.

[24] 王尧，杨景辉. IPDI 基水性聚氨酯弹性膜的合成与性能 [J]. 聚氨酯工业，2012，27 (1)：12-15.

[25] 宋远波，李小瑞，赖小娟，等. 室温自交联型阳离子水性聚氨酯的合成与表征 [J]. 热固性树脂，2013，(1)：37-40.

[26] 张秀娥，王平华，刘春华，等. 丙烯酸酯改性磺酸型水性聚氨酯乳液的合成及性能研究 [J]. 中国涂料，2011，26 (12)：26-31.

[27] 朱黎澜，林旭峰，钱军，等. 环氧改性水性聚氨酯的合成工艺及性能研究 [J]. 涂料工业，2012，42 (4)：36-40.

[28] 周亭亭，杨建军，吴庆云，等. 有机硅改性磺酸型聚氨酯/丙烯酸酯复合乳液的制备 [J]. 应用化学，2013，30 (2)：143-147.

[29] Hu S T，Kong X H，Yang H，et al. Anticorrosive films prepared by incorporating permanganate modified carbon nanotubes into water- borne polyurethane polymer [J]. Advanced Materials Research，2011，189：1157-1162.

[30] Kuan H C，Kuan C F，Peng H C，et al. Method of toughening epoxy resin and toughened epoxy resin composite [P]. US 12/788，333，2011-12-01.

[31] 牛凯辉，宋伟强，谢宝粘，等. 水性环氧树脂涂料研究与应用进展 [J]. 广州化工，2015，43 (13)：20-23＋49.

[32] 杨涛. 水性醇酸树脂的合成及改性研究 [D]. 广州：华南理工大学，2014.

[33] 郭文录，朱华伟，张莉. 环氧丙烯酸酯共聚物复合乳液研究 [J]. 电镀与涂饰，2011，30 (5)：59-62

[34] 杨文涛，曾庆乐，熊峰. PU 大单体改性丙烯酸酯乳液聚合技术及其应用 [J]. 中国涂料，2012，26 (12)：32-33.

[35] 王荣民，李琛，何玉凤，等. 有机硅-丙烯酸酯共聚物乳液的制备及在调湿涂料中的应用 [J]. 精细化工，2013，30 (2)：208-212.

[36] 陈美玲，许丽敏，丁凡，等. 有机氟改性丙烯酸树脂的合成及研究 [J]. 化工新型材料，2010 (10)：113-115.

[37] 倪士宝，王政，聂王焰，等. 丙烯酸酯/纳米 SiO$_2$ 复合细乳液的制备与表征 [J]. 材料工程，2012 (9)：66-69.

[38] 刘翰锋，张延奎，苏松峰，等. 低温固化环氧粉末涂料的研制 [J]. 中国涂料，2013 28 (7)：45-49.

[39] 温绍国，宋诗高，王继虎，等. 硫酸钙晶须在聚酯粉末涂料中的应用 [J]. 上海工程技术大学学报，2012，26 (4)：289-293.

[40] 汪喜涛，都魁林，刘亚康. 丙烯酸粉末涂料耐冲击性影响因素的研究 [J]. 涂料工业，2011，(2)：29-32.

[41] 姚永平，崔艳艳，董智贤，等. 水性光固化涂料研究进展 [J]. 涂料工业，2011，41 (8)：74-79.

[42] 何耀. 试析水性 UV 涂料的发展 [J]. 化工管理，2015，2：216.

[43] 娄丽丽 蒋平平 夏嘉良，等. 水性油墨研究现状 [J]. 化工新型材料，2013，41 (1)：9-11＋17.

[44] 燕来荣. 环保型胶黏剂优势凸显 [J]. 乙醛醋酸化工，2013，10：30-34.

[45] 王小妹，陈为都，何彦置. 复合膜用无溶剂聚氨酯胶黏剂：CN101503611 [P]. 2009-08-12.

[46] 王小妹. 无溶剂 MDI 型聚氨酯覆膜胶粘剂的研究 [J]. 黏结，2010：46-49.

[47] 陈志国，杨川. 一种软包装复合用胶黏剂及其制备方法：CN101544880 [P]. 2009-09-30.

[48] 王晶，赵大生，孙秀英. 我国环保胶黏剂的现状及发展趋势 [J]. 化学与粘合，2009，31 (2)：51-53.

[49] 邹斌，丁德武，朱胜杰. 石化企业泄漏检测与维修技术研究现状及进展 [J]. 安全、健康和环境，2014，14 (4)：1-5.

[50] 彭成新. 真空静电喷涂工艺分析与优化 [D]. 广州：广东工业大学，2014.

[51] 黄云翔. 环保真空静电喷涂室设计与工艺分析 [D]. 广州：广东工业大学，2013.

[52] 邱建春. 环保真空静电喷涂生产线关键部件的设计 [D]. 广州：广东工业大学，2013.

[53] 刘宽. 真空静电涂装工艺装备结构设计与工艺分析 [D]. 广州：广东工业大学，2012.

[54] Arabgol Z，Assadi H，Schmidt T，et al. Analysis of Thermal History and Residual Stress in Cold-sprayed Coatings [J]. Journal of Thermal Spray Technology，2014，23 (1/2)：84 90.

[55] King P C，Busch C，Kittel-Sherri T，et al. Interface Melding in Cold Spray Titanium Particle Impact [J]. Surface and Coating Technology，2014，239：191-199.

[56] 钟厉，王昭银，张华东. 冷喷涂沉积机理及其装备的研究进展 [J]. 表面技术，2015，44 (2)：15-22.

[57] 郝海娟. 一种新型的等离子金属微涂技术（MPS）[J]. 化工新型材料，2015，43 (7)：232-233.

[58] 李俊，林武辉. 无溶剂复合工艺常见问题集锦 [J]. 印刷技术，2015，7：45-48.

[59] 付尧建. 柔性版印刷关键工艺参数的研究与确定 [D]. 无锡：江南大学，2014.

[60] 顾翀. UV 技术在印铁工艺中的应用 [J] 印刷杂志，2011，6：29-30.

[61] 任柳芬. 金属-有机骨架材料制备及其吸附净化挥发性有机物应用 [J]. 化学工业与工程，2015.

[62] Nigar H，et al，Removal of VOCs at trace concentration levels from humid air by Microwave Swing Adsorption，kinetics and proper sorbent selection [J]. Separation and Purification Technology，2015，151：193-200.

[63] Hicham Zaitan et al.，Application of high silica zeolite ZSM-5 in a hybrid treatment process based on sequential adsorption and ozonation for VOCs elimination [J]. Journal of Environmental Sciences，2015，in press.

[64] 黄海凤，等. MCM-41 和 SBA-15 动态吸附 VOCs 特性和穿透模型 [J]. 高校化学工程学报，2011，2：219-224.

[65] 黄海凤，等. 孔径调变对 MCM-41 分子筛吸附 VOCs 性能的影响 [J]. 环境科学学报，2012，1：123-128.

[66] 陈云琳，等. 介孔分子筛在挥发性有机化合物吸附中的研究进展 [J]. 现代化工，2011，2：13-16＋18.

[67] 陈树沛. 改性膨润土的制备及其对室内污染气体甲醛吸附的研究 [D]. 南京：南京林业大学，2008.

[68] 黄海凤，等. 高分子树脂与介孔分子筛吸附-脱附 VOCs 性能对比 [J]. 中国环境科学，2012，32 (1)：62-68.

[69] LIU Peng，et al，Synthesis and application of a hydrophobic hypercrosslinked polymeric resin for removing VOCs from humid gas stream [J]. Chinese Chemical Letters，2009，20 (4)：492-495

[70] 刘志军，等. 活性炭吸附法脱除 VOCs 的研究进展 [J]. 天然气化工（C1 化学与化工），2014，2：75-79＋94.

[71] 李立清，等. 酸改性活性炭对甲苯、甲醇的吸附性能 [J]. 化工学报，2013，3：970-979.

[72] 汪昆平，等. 几种不同处理方法对活性炭表面化学性质的影响 [J]. 环境工程学报，2012，2 (6)：373-380.

[73] 周剑峰. 负载改性液活性炭吸附挥发性有机物的特性 [D]. 杭州：浙江大学，2012.

[74] Mofidi A，Asilian H，Jafari A J. Adsorption of Volatile Organic Compounds on Fluidized Activated Carbon Bed [J]. Health Scope，2013，2 (2)：84-49.

[75] 吕裕斌. 模拟移动床分离天然产物的研究 [D]. 杭州：浙江大学，2006.

[76] 李明哲，黄正宏，康飞宇. 挥发性有机物的控制技术进展 [J]. 化学工业与工程，2015，3：2-9

[77] 肖潇，晏波，傅家谟. 几种有机废气吸收液对甲苯吸收效果的对比 [J]. 环境工程学报，2013，7 (3)：1072-1078.

[78] 黄娟，赵卫伟，陈乐清，王志祥，史益强，张锋. 吸收法处理苯系 VOCs 气体的应用 [J]. 广东化工，2011，11：79-80.

[79] 张自督，刘有智，袁志国. 新型吸收剂吸收甲苯废气的实验研究 [J]. 天然气化工（C1 化学与化工），2014，01：12-15＋26.

[80] 姜能座. DBE 雾化吸收法治理乙酸乙酯废气的吸收装置研究 [J]. 环境工程，2012 (S2)：569-572.

[81] Aminyavari M，Najafi B，Shirazi A，et al. Exergetic，economic and environmental （3E） analyses，and multi-objective optimization of a CO_2/NH_3 cascade refrigeration system [J]. Applied Thermal Engineering，2014，65 (1)：42-50.

[82] 郑新，李红旗，张伟，马天琦. 冷凝法甲苯回收系统性能研究与优化 [J]. 制冷技术，2015，43 (2)：67-73.

[83] 马天琦，冷凝法甲苯回收系统设计优化 [Y]. 制冷与空调（北京），2014，10：47-51.

[84] 黄维秋，石莉，胡志伦，等，冷凝和吸附集成技术回收有机废气 [b]. 化学工程，2012，(6)：13-17.

[85] 葛运江，王芳，朱永宏，等. NH_3/CO_2 制冷系统应用分析 [J]. 制冷技术，2014，34 (3)：34-38.

[86] Dokandari DA，Hagh AS，Mahmoudi SMS. Thermodynamic investigation and optimization of novel ejector-expansion CO_2/NH_3 cascade refrigeration cycles （novel CO_2/NH_3 cycle）[J]. International Journal of Refrigeration，2014，46：26-36.

［87］Sanz-Kock C，Llopis R．Sanchez D，et al．Experimental evaluation of a R134a/CO$_2$ cascade refrigeration plant［J］．Applied Thermal Engineering，2014，73（1）：39-48．

［88］宋有星．从新版 GMP 角度谈制药工业换热设备的选择［J］．机电信息，2011，2：31-34．

［89］刘宏宇，王铁军，王飞，等．平行流冷凝器的传热计算与应用研究［J］．制冷技术，2014，42（6）：74-77．

［90］简弃非，任勤，戴晨影，等．喷淋蒸发板式冷凝器传热理论分析及实验研究［J］．华南理工大学学报，2014，42（4）：46-51．

［91］单晓雯．石化企业吸附冷凝法尾气处理装置研究与应用．环境保护与治理，2015，15（7）：30-33．

［92］缪志华，张林，王蒙，等．冷凝法油气回收技术与应用．低温与超导，2011，39（6）：48-52．

［93］李东辉，夏新林．金属蜂窝结构的稳态热性能［J］．工程热物理学报，2008，29（12）：2094-2096．

［94］Checmanowski J G，Szczygieł B．High temperature oxidation resistance of Fe Cr Al alloys covered with ceramic SiO$_2$-Al$_2$O$_3$ coatings deposited by sol-gel method［J］．Corrosion Science，2008，50（12）：3581-3589．

［95］Aquaro D，Pieve M．High temperature heat exchangers for power plants：Performance of advanced metallic recuperators［J］．Applied Thermal Engineering，2007，27（2）：389-400．

［96］杨坤．贵金属催化剂的制备及其对 VOCs 催化性能的研究［D］．北京：北京化工大学，2014．

［97］黄慧萍，张萍，刘鹏程．负载型纳米 Pd/Pt 催化剂催化降解苯的研究［A］．2011 年环境污染与大众健康学术会议，武汉，2011．

［98］Huang H B，Leung U Y C．Complete elimination of indoor formaldehyde over supported Pt catalysts with extremely low Pt content at ambient temperature［J］．Journal of Catalysis，2011，280（I）：60-67．

［99］Wu H J，Wang L D，Shen Z Y，Zhao J H．Catalytic Oxidation of Toluene and p-Xylene using Gold Supported on Co$_3$O$_4$ Catalyst Prepared by Colloidal Precipitation Method．J．Mol．Catal．A，2011，351：188-195．

［100］Guo X，Brault P，Zhi G，et al．Synergistic combination of plasma sputtered Pd-Au bimetallic nanoparticles for catalytic methane combustion［J］．The Journal of Physical Chemistry C，2011，115（22）：11240-11246．

［101］郑宽．氧化甲苯的 MnO$_x$-CeO$_2$ 粉末的表面活性物种及负载型整体式催化剂研究［D］．广州：华南理工大学，2014．

［102］曾婉昀．重污染行业有机废气来源及净化技术［D］．杭州：浙江大学，2014．

［103］徐伟，张钰靓，施延君，等．钙钛矿型催化剂去除 VOC 的性能研究［J］．广东化工，2011，38（6）：273-274．

［104］郭欣．Pd 改性的钙钛矿型或水滑石基高性能碳烟燃烧催化剂研究［D］．天津：天津大学，2013．

［105］黄琼，陈敏东，沈树宝．工业大尺寸催化剂的制备及催化燃烧 VOCs 性能研究［J］．现代化工，2015，35（3）．

［106］邹耀．浅析珠三角地区有机废气治理技术的开发应用［J］．中国环保产业，2014，（6）：54-59．

［107］Abd Allah Z，Whitehead J C，Martin P，Remediation of dichloromethane（CH$_2$Cl$_2$）using non-thermal，atmospheric pressure plasma generated in a packed-bed reactor，Environ Sci Technol，2014，48：558-565．

［108］Dou B，Bin F，Wang C，Jia Q，Li J，Discharge characteristics and abatement of volatile organic compounds using plasma reactor packed with ceramic Raschig rings．J．Electrostatics，2013，71：939-944．

［109］Jiang N，Lu N，Shang K F，Li J，Wu Y，Innovative Approach for Benzene Degradation Using Hybrid Surface/Packed-Bed Discharge Plasmas．Environ Sci Technol，2013，47：9898-9903．

［110］Ollis D，Pichat P，Serpone N．T photocatalysis-25 years［J］．Appl Catal B：Environ，2010，99（3-4）：377．

［111］Águia C，Ângelo J，Madeira L M，Mendes A．Photo-oxidation of NO using anexterior paint screening of various commercial titania in powder pressed and paint films．Journal of Environmental Management，2011，92：1724-1732．

［112］Fujishima A，Rao T N，Tryk D A．Titanium dioxide photocatalysis．Journal of Photochemistry and Photobiology C：Photochemistry Reviews，2000，1：1-21．

［113］Teh C M，Mohamed A R．Roles of titanium dioxide and ion-doped titanium dioxide on photocatalytic degradation of organic pollutants（phenolic compounds and dyes）in aqueous solutions：a review［J］．Journal of Alloys and Compounds，2011，509：1648-1660．

［114］张浩，赵江平，王志懿．Cu-TiO$_2$ 光催化降解甲醛气体的研究及应用［J］．新型建筑材料，2009，36（9）：78-81．

［115］Sang Bum Kim，Hyun Tae Hwang，Sung Chang Hong．Photocatalytic degradation of volatile organic compounds at the gas-solid interface of a TiO$_2$ photocatalyst［J］．Chemophere，2002，48（4）：437-444．

［116］ Lin Tao，Chen Yaoqiang，Wang Heyi，et al. Photocatalytic degradation of gaseous benzene over TiO$_2$/Bi$_x$Ti$_y$O$_z$：A kinetic model and degradation mechanism ［J］. Chinese Journal of Catalysis，2009，30（9）：873-878.

［117］ Asahi R，Morikawa T，Ohwaki T，et al. Visible Light Photocatalys is in Nitrogen Doped Titanium Oxides ［J］. Science，2001，293：269- 271.

［118］ Li X，Xiong R C，Wei G. S- N co- doped TiO$_2$ photocatalysts withvisible light activity prepared by sol gel method ［J］. Catal Lett，2008，125：104- 109.

［119］ Dvoranov D，Brezov V，Maz M，et al. Investigations of metal dopedtitanium dioxide photocatalysts ［J］. Appl Catal B，2002，37：91- 105.

［120］ Zou L D，Luo Y G，Hooper M，et al. Removal of VOCs by photocatalysis process using adsorption enhanced TiO$_2$- SiO$_2$ catalyst ［J］. Chemical Engineering and Processing，2006，45：959- 964.

［121］ 吕金泽. 多孔 TiO$_2$ 吸附-光催化净化室内典型 VOCs 的性能研究 ［D］. 杭州：浙江大学，2014.

［122］ 王家德. 一种缓释复合生物填料性能评价 ［J］. 中国科学 .2010，40（12）：1874-1879.

［123］ Zhu Rencheng. Evaluation of new type of synthetic filler for the removal of NO$_x$ ［J］. Asian Journal of Chemisty，2014，26（24）.

［124］ 李顺义. 一种包埋微生物复合填料的制备及性能评价 ［J］. 环境工程学报，2014，8（1）：260-265.

［125］ 段传人. 高效苯降解菌的筛选鉴定及其在生物过滤塔处理苯的填料选择 ［J］. 环境工程学报 .2012，6（7）：2388-2394.

［126］ 刘建伟. 低 pH 生物滤池处理甲苯废气 ［J］. 化工环保 .2010，30（5）：376-379.

［127］ 张华. 多层生物滤塔净化硫化氢废气研究 ［J］. 环境工程学报 .2011，5（1）：157-160.

［128］ 张超. 微量臭氧强化生物滴滤降解甲苯性能研究 ［J］. 环境科学，2013，34（12）：4669-4674.

［129］ 沙昊雷. UV-生物过滤联合降解苯乙烯废气的研究 ［J］. 环境科学，2013，34（12）：4701-4705.

［130］ 朱凌云. 废气生物处理装置的远程监控系统 ［J］. 计算机测量与控制，2010，18（11）：2558-2563.

［131］ 傅苏红，刘进立，张东生，张卫华. 加油站冷凝吸附法油气回收装置的研制 ［J］. 节能环保，2013，10：1107-1109.

［132］ 王炯. 冷凝与吸附组合油气回收技术在油库中的应用 ［J］. 节能减排，2013，16：65-57.

［133］ 丁艳栋. 冷凝吸附法油气回收处理装置在惠炼的应用 ［J］. 广东化工，2011，1：206-208.

［134］ 黄维秋，石莉，胡志伦，郑宗能. 冷凝和吸附集成技术回收有机废气 ［J］. 化学工程，2012，6：13-16.

［135］ 李晶欣，李坚，梁文俊，郑锋，金毓崟，张欣. 低温等离子体联合光催化技术降解甲苯的实验研究 ［J］. 环境污染与防治，2011，3：69-73.

［136］ 黄勇，陈江耀，李建军，廖东奇，李桂英，安太成. 生物滴滤塔耦合光催化氧化技术处理电子垃圾拆解车间排放废气的中试研究 ［J］. 生态环境学报，2014，5：817-823.

［137］ Hagen Smit A J，et al. Investigation on injury to plants from air pollution in the los-angeles area. Plant Physiology，1952，27（1）：18-34.

［138］ Louw C W，Richards J F，Faure P K. Determination of volatile organic-compounds in city air by gas-chromatography combined with standard addition，selective subtraction，ir spectrometry and mass-spectrometry. Atmospheric Environment，1977，11（8）：703-717.

［139］ Guo H，Wang T，Simpson I J，Blake D R，Yu X M，Kwok Y H and Li Y S. Source contributions to ambient VOCs and CO at a rural site in Eastern China. Atmospheric Environment，2004，38（27）：4551-4560.

［140］ Guo，H，Wang T and Louie P K K. Source apportionment of ambient non-methane hydrocarbons in Hong Kong：Application of a principal component analysis/absolute principal component scores（PCA/APCS）receptor model. Environmental Pollution，2004，129（3）：489-498.

［141］ Guo H，Wang T，Blake D R，Simpson I J，Kwok Y H and Li Y S. Regional and local contributions to ambient non-methane volatile organic compounds at a polluted rural/coastal site in Pearl River Delta，China. Atmospheric Environment，2006，40（13）：2345-2359.

［142］ 王新明，傅家谟，盛国英，闵育顺，彭平安，李顺诚，陈鲁言，陈尊裕. 广州街道空气中挥发烃类特征和来源分析 ［J］. 环境科学，1999，5：33-37.

[143] Liu Y，Shao M，Fu L，Lu S，Zeng L，Tang D Source profiles of volatile organic compounds（VOCs）measured in China：Part I. Atmospheric Environment，2008，42（25）：6247-6260.

[144] Yuan B，Shao M，Lu S，Wang B. Source profiles of volatile organic compounds associated with solvent use in Beijing，China. Atmospheric Environment，2010，44（15）：1919-1926.

[145] Liu Y，Shao M，Lu S，Liao C-c，Wang J-L，Chen G. Volatile organic compound（VOC）measurements in the pearl river delta（PRD）region，China. Atmospheric Chemistry and Physics，2008，8（6）：1531-1545.

[146] 张俊刚，王跃思，王珊，毛婷. 北京市大气中 NMHC 的来源特征研究 [J]. 环境科学与技术，2009，5：35-39.

[147] Song Y，Shao M，Liu Y，Lu S，Kuster W，Goldan P，Xie S. Source apportionment of ambient volatile organic compounds in Beijing. Environmental Science & Technology，2007，41（12）：4348-4353.

[148] Yuan Z，Lau A K H，Shao M，Louie P K K，Liu S C，Zhu T. Source analysis of volatile organic compounds by positive matrix factorization in urban and rural environments in Beijing. Journal of Geophysical Research-Atmospheres，2009：114.

[149] Liu Y，Shao M，Lu S，Chang C-C，Wang J-L，Fu L. Source apportionment of ambient volatile organic compounds in the Pearl River Delta，China：Part Ⅱ. Atmospheric Environment，2008，42（25）：6261-6274.

[150] Feng Y L，Wen S，Chen Y J，Wang X M，Lu H X，Bi X H，Sheng G Y，Fu J M. Ambient levels of carbonyl compounds and their sources in Guangzhou，China. Atmospheric Environment，2005，39（10）：1789-1800.

[151] Lu Z-F，Hao J-M，Duan J-C，Li J-H. Estimate of the formation potential of secondary organic aerosol in Beijing summertime. Huan jing ke xue= Huanjing kexue/［bian ji，Zhongguo ke xue yuan huan jing ke xue wei yuan hui “Huan jing ke xue” bian ji wei yuan hui.］30（4）：969-975.

[152] Huang J，Feng Y，Li J，Xiong B，Feng J，Wen S，Sheng G，Fu J，Wu M. Characteristics of carbonyl compounds in ambient air of Shanghai，China. Journal of Atmospheric Chemistry，2008，61（1）：1-20.

[153] Liu Y，Shao M，Kuster W C，Goldan P D，Li X，Lu S，De Gouw J A. Source Identification of Reactive Hydrocarbons and Oxygenated VOCs in the Summertime in Beijing. Environmental Science & Technology，2009，43（1）：75-81.

[154] 吕子峰，郝吉明，段菁春，李俊华. 北京市夏季二次有机气溶胶生成潜势的估算 [J]. 环境科学，2009，4：969-975.

[155] Han Z，Zhang R，Wang Q g，Wang W，Cao J，Xu J. Regional modeling of organic aerosols over China in summertime. Journal of Geophysical Research-Atmospheres，2008，113（D11）.

[156] Jiang，H-Y，Mao J-H，Fu B，Zhang X-L，Zhu Y，Cao W-R. Real-time Dynamic Thematic Map Service Generation Method Based on SOA. Computer Engineering，2012，38（19）：49-51，55.

第十九篇　重金属污染防治领域发展报告

编写机构：中国环境科学学会重金属污染防治专业委员会

负　责　人：曾庆轩

编写人员：柴立元　陈世宝　傅国伟　仇荣亮　孙　宁　田贺忠　王红梅
　　　　　辛宝平　晏乃强　杨林生　姚建华　李咏春　曾庆轩

摘要

　　本报告对"十二五"期间我国在重金属污染防治方面的研究、实践和建设进展进行总结，其中第一部分为基础理论研究进展，主要总结我国学者对重金属在水体、大气、土壤等环境介质中基本特性的相关研究进展，以及重金属污染风险评估和人体健康效应评估进展。第二部分主要介绍重金属污染防治技术的研究进展，包括重金属废水治理技术、土壤重金属污染防治技术、大气重金属污染治理技术、重金属固体废弃物治理技术、重金属污染重点行业的清洁生产技术，以及重金属污染监测技术方法。第三部分为重金属污染防治政策与管理技术进展，主要包括防治规划、政策、技术标准体系、相关质量标准和排放标准等。最后对重金属污染防治的发展趋势进行展望。

一、引言

　　重金属通常是指相对密度在 5 以上的金属。重金属广泛分布于大气圈、岩石圈、生物圈和水圈中。正常情况下，重金属自然本底浓度不会达到有害的程度。但随着大规模工业生产和排污以及大范围施用农药，有毒有害金属如铅、镉、汞、砷、铬、锑等进入大气、水体和土壤，引起环境的重金属污染。重金属环境污染通过食物链形成食源性重金属污染。重金属是在长期的矿产开采、加工以及工业化过程中累积形成的。随着我国经济社会的快速发展，人口增长、工业化和城镇化的加快推进，涉及重金属行业正保持着较强的增长势头，由此带来的重金属污染压力必将有增无减。自 2009 年以来，我国已连续发生了 30 多起特大重金属污染事件，重金属污染已影响到我们的生活环境。

　　重金属污染与其他有机化合物的污染不同。不少有机化合物可以通过自然界本身物理的、化学的或生物的净化，使有害性降低或解除。而重金属具有富集性，很难在环境中降解。如随废水排出的重金属，即使浓度小，也可在藻类和底泥中积累，被鱼和贝类体表吸附，产生食物链浓缩，从而造成公害。

重金属在人体内能和蛋白质及各种酶发生强烈的相互作用，使它们失去活性，也可能在人体的某些器官中富集，如果超过人体所能耐受的限度，会造成人体急性中毒、亚急性中毒、慢性中毒等，对人体会造成很大的危害，例如，日本发生的水俣病（汞污染）和骨痛病（镉污染）等公害病，都是由重金属污染引起的。

环境重金属污染主要关注的有毒有害重金属包括汞、镉、铅、铬、砷，其污染来源如表1所示。

表·1 环境污染重金属主要来源

重金属元素	主要来源
汞	污染灌溉、燃煤、汞冶炼厂和汞制剂厂、含汞颜料的应用、用汞做原料的工厂、含汞农药的施用
镉	镉矿、冶炼厂、镉工业废水灌溉农田
铅	汽油里添加抗爆剂烷基铅、矿山开采、金属冶炼、煤的燃烧
铬	铬电镀、制革废水、铬渣
砷	大气降尘、尾矿与含砷农药，燃煤是大气中砷的主要来源

2011年2月19日，《重金属污染综合防治"十二五"规划》（以下简称《规划》）已获国务院通过，成为我国第一个"十二五"国家规划。《规划》提出了"十二五"期间重金属污染防治的具体目标，到2015年，重点区域的重点重金属污染排放量比2007年减少15%，非重点区域的重点重金属污染排放量不超过2007年的水平，重金属污染得到有效控制。采矿、冶炼、铅蓄电池、皮革及其制品、化学原料及其制品五大行业成为重金属污染防治的重点行业。

重金属污染涉及的行业面广，问题复杂。坚持从源头预防、过程阻断、清洁生产、末端治理的全过程综合防控理念，加大资源回收力度，最大限度地利用资源，减少废物排放，仍然是未来很长时间中技术污染防治的主要工作。

二、基础理论研究进展

（一）水体重金属污染防治

1. 重金属在水环境中的迁移转化规律

由于重金属污染问题涉及物理、化学、生物等多种因素的综合作用，目前在研究水环境中重金属的迁移转化规律时仍然是以现场监测和实验室分析试验为主，辅之以数学模型。

郭振华[1]等对湘江株潭长段江水（枯水期）和沉积物汞的分布和形态进行分析时发现进入长沙段后Hg含量下降缓慢，沉积物中的汞主要以残渣态、有机结合态、水溶态和可交换态为主，能被重新活化的有机结合态Hg含量较高，容易形成再次污染。

用数学语言尽管很难精确描述各因素对重金属迁移转化的影响，但是更能从本质上解释污染迁移规律。其中神经网络就得到广泛使用。

神经网络（neural network，简写为NN）为一种黑箱数学模型能以相关的环境监测数据为驱动，通过合理地选择输入、输出因子和构建合适的网络结构建立起从输入因子到输出因子的非线性映射，模型简单且容易操作。在水环境中，NN已经被成功应用于河流、湖泊、水库以及近海等的水质、富营养化和生态系统的预测模拟中，但多以常规监测物质为主，如总氮、总磷、溶解氧、BOD、COD、叶绿素 a 等，对重金属的预测模拟还很少见到。张明等[2]以大伙房水库为例，建立一个水环境中重金属迁移的神经网络模拟模型，用神经网络模型模拟了重金属镉、铜、汞和锌在水库中的浓度迁移过程，建模时依据水环境中重金属迁移转化机理并借鉴数学建模中边值问题的解决思想，确定了模型的输入和输出因子；对实际监测中重金属浓度低于检测方法的最低检出限的情况，将其浓度以 0 计算。模型对水库中镉和铜的浓度的模拟值与实测值的最大相对误差分别为 17.5％和 17.9％，对汞和锌的浓度的模拟值与实测值的确定系数分别为 0.741 和 0.762，而对镉和铜的确定系数更是达到了 0.96 以上。对各重金属的模拟结果表明用神经网络模拟水环境中的重金属迁移是可行的，能快速得到比较准确的结果。刘鑫垚[3]以河流底泥中重金属浓度为研究对象，并以广西龙江河镉污染事故底泥重金属污染风险为例进行模拟预测，建立了流域底泥一维稳态重金属浓度预测模型：

$$q_x \frac{\partial C_M}{\partial x} = \left[\frac{K_1(\alpha + f_M - f_M\alpha) - K_M(f_M - 1) - \frac{1}{h_i}(K_0 u^m f_M - K_w u^{-n})}{f_M} \right] C_M$$

结果表明，底泥沉积态镉浓度随底泥向下游迁移逐渐升高，由污染源到下游 14 km 处的拉浪水电站底泥镉浓度升高了 55％，表明一维稳态条件下龙江河镉污染事故造成的底泥重金属污染存在较严重的风险。因此，为避免底泥沉积态镉对水体以及水生生物造成二次污染，应及时对底泥含镉沉积物进行安全处置。研究结果表明，针对突发性水污染事故，该模型可以较好地预测污染物对下游底泥造成的污染风险。

2. 水体重金属污染物的生物学效应研究

水体重金属污染物的生物学效应研究一直在进行，此方面的研究成果不断涌现。王良韬等[4]采用水生生态系统中初级生产者（斜生栅藻）、初级消费者（隆线溞）、次级消费者（斑马鱼）三级食物链关键环节代表性生物为受试生物，初级消费者（隆线溞）、次级消费者（斑马鱼）三级食物链关键环节代表性生物为受试生物，研究重金属 Cu^{2+} 对上述食物链关键环节生物在单一存在和共存条件下的毒性效应。结果表明低浓度的 Cu^{2+} 对同一系统中的隆线溞具有较强的生物毒性，隆线溞是该生态系统中食物链中最脆弱的生物。王娟等[5]以毒害下水花生愈伤组织为实验材料，通过研究 Pb 在其体内的富集、亚细胞分布、矿质元素在各亚细胞成分中的含量变化及其超微定位观察，以期系统阐明重金属的植物毒理。结果表明，水花生愈伤组织所富集的 Pb 主要分布在细胞壁中，而结合在细胞器上的较少，但对细胞器超微结构损伤明显。Pb 不但对细胞的结构造成损伤，破坏正常生命活动的结构基础，也影响了矿质元素在各亚细胞组分中的吸收，这些元素的含量变化打乱了愈伤组织体内的离子平衡，从而破坏生理生化反应，影响水花生愈伤组织的正常生命活动。苑旭洲等[6]以菲律宾蛤仔为实验生物，应用半静态双箱模型室内模拟了菲律宾蛤仔对混合暴露条件下 6 种重金属 Cu、Zn、Pb、Cd、Hg、As 的生物富集实验，通过对菲律宾蛤仔体内重金属含量变化进行非线性拟合，得到其对重金属的生物富集系数、生物富集动力学参数。结果表明，菲律宾蛤仔对这几种重金属的平均富集能力为 Pb＞Cu＞Cd＞Zn。混合暴露条件下，菲律宾蛤仔生物体内 Cu、Zn、Pb 和 Cd 最高含量随着外界水体浓度的升高而增大，Hg 的富集浓度呈先增后降趋势，而 As 在高、中、低 3 个浓度组中富集规律不明显。徐晓燕等[7]研究了不同形态的无机砷（三价砷、五价砷）对伊乐藻生理特性的影响，探讨了伊乐藻在三价砷和五价砷胁迫下的生理响应。结果表明，伊乐藻体内的砷含量随着处理天数的增加而增加，伊乐藻生命力旺盛，对砷具有一定的耐受能力，因此伊乐藻可以有效地从水体中吸收无机砷。在砷的胁迫下，随着砷浓度的升高，伊乐藻组织保护酶系 SOD、POD 和 CAT 的活性都受到了显著抑制。可见砷胁迫下，伊乐藻组织保护酶系统平衡受到破坏，影响植物的生长。研究还发现三价砷对伊乐藻保护酶活性的抑制作用要明显高于五价砷。

3. 固相物质对重金属的吸附作用

水环境中的重金属主要吸附在固相物质表面上，吸附作用是重金属迁移转化的重要环节，对研究重金属污染分布具有重要意义。天然水体中，由于对微量重金属起主要吸附富集作用的生物膜、悬浮颗粒物和沉积物等固相物质的形成条件和存在状态不同，因此对重金属的吸附规律也不同。水环境中的三种固相物质可相互影响，多相共存体系和单一固相体系中的同相物质吸附能力存在较大差异。固相物质吸附重金属的过程涉及多种影响因素，如 pH 值、温度和共存的重金属等。董会军[8]等利用生物膜、悬浮颗粒物和沉积物模拟水环境中多种固相物质共存体系（简称多相体系），研究共存金属对固相物质吸附镉和铜的影响，结果表明，各固相物质对镉的吸附均受共存金属（铜和铅）的抑制作用。当悬浮颗粒物吸附镉时，铜和铅的浓度增大，对镉吸附的抑制程度增强；当生物膜和沉积物吸附镉时，铅浓度的增加使得铅抑制镉的吸附作用增强。不同浓度的铜对镉吸附作用的抑制程度差别较小，共存铅对铜吸附有抑制作用，当铅浓度增加时，三种固相物质吸附铜所受的抑制作用均增强，而共存镉对铜的吸附影响较小，即在重金属总浓度较低时，重金属间的相互影响较小；随着重金属总浓度的增加，重金属间的相互影响增强。共存金属浓度变化对悬浮颗粒物吸附铜和镉受到的抑制程度影响较大，共存金属浓度越大，共存金属对悬浮颗粒物吸附镉和铜的抑制作用越强。马玉芹[9]利用功能化 SBA-15 纳米分子筛去除水中有机物和重金属，采用乙二胺四乙酸（EDTA）和巯基乙酸对 SBA-15 纳米分子筛表面进行改性。改性后的 SBA-15 分子筛的骨架结构及介孔孔道均保持完好，吸附水体中的 Cd^{2+}、Cr^{6+}、Pb^{2+} 和 Hg^{2+}。巯基乙酸改性 SBA-15 的分子筛可以选择性吸附 Hg^{2+}。SH-SBA-15 与 Hg（Ⅱ）强的结合能力可以选择性去徐水环境中 Hg（Ⅱ）。SBA-15 可以作为优质的光催化剂和吸附剂去除水中的污染物，将在水污染治理方面有广阔的应用前景。

刘旸[10]等对磁性纳米颗粒作为吸附剂进行分析，磁性纳米颗粒具有比表面积大、便于分离等特点，但同时也存在着易团聚、分散性差的缺点。详细分析了不同方法修饰的 Fe_3O_4 基多功能化磁性纳米颗粒在水体重金属吸附去除领域的应用，总结了功能化磁性纳米颗粒吸附去除重金属的优缺点。

尹一男[11]介绍了适用于矿区地下水重金属污染修复的原位和异位两类技术，其中，原位修复技术包括电动力修复、生物修复和渗透反应格栅修复技术，重点概述了渗透反应格栅修复技术的原理、优缺点、适用范围、研究成果及工程化应用实例；异位修复技术主要讨论了抽出技术的原理和优缺点等。进而展望了我国矿区地下水重金属污染防治技术的未来发展趋势，最后立足于法律政策、管理和监管、技术研发与推广等方面，多角度地初步探析了我国的矿区地下水重金属污染防治。

（二）大气重金属污染防治

姚琳等[12]对重金属大气污染研究进行了详细概述，中国相继发生了多起重金属污染事故。有毒重金属进入人体内的载体有水、空气和食物。在这三者中，尤以空气吸入、渗透的方式最需要引起关注，往往又最容易被忽视。一方面，空气是人类赖以生存、与人类活动最密切相关的环境介质，它无所不在、无时不在。另一方面，中国在大气环境保护标准中与重金属有关的标准制定相对薄弱和滞后，缺少重金属对人体健康的风险评估。同时在实际工作中，也未将环境空气和污染源废气中的重金属纳入常规监测和监管项目，造成现状及危害评价说不清、道不明的状况，其产生的真正危害被忽视。大气中重金属对环境和人体健康的危害在于，一方面通过干湿沉降转移累积到地表土壤和地面水体、附着于植物叶片，再经一定的生物化学作用，最终转移到动植物进而至人体内；另一方面通过人的呼吸作用直接进入人体内，颗粒物粒径的大小决定着颗粒物最终进入人体的部位，在粒径 $< 10\mu m$ 的可吸入颗粒物中粗粒子一般沉积在支气管部位，而细粒子更易于沉积在细支气管和肺泡，并可能进入血液循环。城市儿童铅中毒流行率达 51.6%，主要城市的工业区内，儿童血铅与大气铅的浓度相关系数最大，其次是土壤和灰尘[13]。

大气中重金属污染主要来源于工业生产、燃料燃烧、矿山开采、汽车尾气和汽车轮胎磨损等，并且不同的重金属元素其来源也各不相同。

中国很多城市对大气颗粒物中重金属污染展开了研究。总的说来，当前中国大气重金属污染研究可概括为以下几个方向。

（1）大气颗粒物中重金属分析检测方法的研究

张霖琳等[14]对中国大气颗粒物中重金属监测技术与方法进行了系统综述。总体上看，大气颗粒物样品的重量通常只有几十毫克，使得定量检出吸附其上的痕量元素变得困难。近年来，为满足要求，各种采集方法、样品前处理和分析技术迅速发展。粒度分级采样器、微波消解技术、表征技术（如中子活化、SEM-EDX、XPS、EPMA、TXRF 等）、各种分析技术联用（如 ICP-AAS、ICP-AES、ICP-MS 等）的发展，对颗粒物中重金属成分的含量分析和显微形貌特征观测起到非常大的促进作用，为污染源的识别和排放量相对大小的估计提供直接、明确和丰富的信息，在灵敏度上也提高了几个数量级。

（2）大气颗粒物中重金属的污染行为特征研究

卢春等[15]对城市大气颗粒物中重金属形态及分布特征研究进行了综述，李万伟等[16]对城市大气颗粒物中重金属形态及分布特征研究综述发现，总体上看，中国大气颗粒物中对人体有害的 Cu、Pb、Cd、As、Zn、Ni 等污染较严重，而 Cr、Mn、Co、Ni 等污染较轻。重金属元素在大气颗粒物中的时间分布变化显著，总体呈现冬季＞秋季＞春季＞夏季的特点。空间分布上，北方燃煤城市大于南方城市，城市内部一般工业区＞交通区＞居民区＞郊区。几乎所有的研究都显示，重金属元素（Pb、Zn、Cd、Cu、Ni、As、V等）在不同粒径颗粒物中均有不同程度的富集。重金属在颗粒物中的分布除了具有时间、空间特征外，还与颗粒物的粒径有直接关系。大气颗粒物中的金属浓度总体上表现出在细颗粒（$< 2\mu m$）中高、粗颗粒中（$> 2\mu m$）低的特点，$75\% \sim 90\%$ 的重金属富集在 PM_{10} 上，粒径越小，金属含量越高，对人类健康威胁越大。大气颗粒物中金属元素的富集程度与元素种类、区域类型、季节变化、粒径大小等有关。主要通过重金属在大气颗粒物中的含量和富集因子来评价其污染状况。

（3）大气颗粒物中重金属的化学形态分析与生物危害性研究

重金属在大气颗粒物中往往以多种化学形态存在，形态不同决定了其在环境中的行为及毒性差异。已有研究表明[12]，重金属对环境的危害首先取决于化学活性，其次才取决于含量，因此，了解颗粒物中重金属的化学形态对于评价其生物危害性起到非常重要的作用。目前，重金属的测定还偏向于颗粒物 TSP、PM_{10}、$PM_{2.5}$ 中总量的测定，虽然能在一定程度上反映其污染水平，但是不能提供化学形态方面的信息。在有关化学形态的研究中，如何进行形态的分类和提取相当重要，目前广泛采用的是 1979 年 Tessier 针对沉积物中金属元素分析提出的 Tessier 分级提取法。

（4）大气颗粒物中重金属的生物有效性研究

生物有效性是指环境中重金属元素在生物体内的吸收、积累或毒性程度。研究大气颗粒物及重金属的生物（毒性）效应的方法主要有体内动物实验或人体实验、体外模拟体液溶出试验等。目前，国内重金属生物有效性方面的研究较少，且研究对象多数为土壤、沉积物等中的重金属。在研究方法上，很少采用试验的手段，通常仅利用重金属形态分析的结果计算生物有效性系数进行简单评价。

刘玲[17]以悬铃木叶片为监测器官，对淮南市 6 种大气环境 20 个样区 Cd 等 6 种重金属的累积量进行了测量和聚类，并分析了叶片富集重金属的 EF 值，结果表明，不同样区悬铃木叶片累积的 6 种重金属含量不同，平均值大小表现为 Zn＞Cu＞Cr＞Ni＞Pb＞Cd；环境不同，叶片累积同种重金属的量也存在差异，水泥厂周边环境悬铃木叶片累积的 Cd 和矿区 Cu 以及交通主干道大气环境中 Cr、Ni、Pb 和 Zn 显著高于其他环境；除风景区、自然村 Cr 外，其他采样环境中被测重金属 EF 平均值全部超过 1，矿区、电厂、交通主干道及水泥厂周边环境中的 6 种重金属的 EF 值全部大于 3，淮南市总体大气环境重金属污染为 Cd＞Cu＞Zn＞Ni＞Pb＞Cr。

（三）土壤重金属污染防治

2014 年 4 月 17 日，国家环境保护部和国土资源部联合发布了《全国土壤污染状况调查公报》。首次全国土壤污染状况调查从 2005 年开始至 2013 年结束，历时 9 年。报告指出：全国土壤环境状况总体不容乐观，部分地区土壤污染较重，耕地土壤环境质量堪忧，工矿业废弃地土壤环境问题突出。工矿业、农业等人为活动以及土壤环境背景值高是造成土壤污染或超标的主要原因。

全国土壤总的超标率为 16.1%，其中轻微、轻度、中度和重度污染点位比例分别为 11.2%、2.3%、1.5% 和 1.1%。污染类型以无机型为主，有机型次之，复合型污染比重较小，无机污染物超标点位数占全部超标点位的 82.8%。

"从污染分布情况看，南方土壤污染重于北方；长江三角洲、珠江三角洲、东北老工业基地等部分区域土壤污染问题较为突出，西南、中南地区土壤重金属超标范围较大；镉、汞、砷、铅 4 种无机污染物含量分布呈现从西北到东南、从东北到西南方向逐渐升高的态势。"

土壤中重金属的生物活性及环境行为不仅与其总量有关，更多地取决于重金属在土壤中的化学形态。重金属的有效态含量虽然能反映一定的生物有效性，但很难反映重金属的潜在危害及不同形态之间的迁移转化特性；而重金属形态的研究却能将重金属活性进行分级，揭示土壤中重金属的存在状态、迁移转化规律、生物有效性、毒性及可能产生的环境效应，从而预测重金属的长期变化和环境风险。因此，重金属在土壤中的形态分布及其影响因素对于了解重金属的变化形式、迁移规律和对生物的毒害作用等具有十分重要的意义。

1. 土壤中重金属的赋存形态

重金属在土壤、沉积物及悬浮物中赋存形态的分析，是重金属迁移转化规律研究中的一个重要组成部分。重金属进入土壤后不能被生物所降解，形成永久性潜在危害，这种危害的程度除与土壤质地、重金属元素种类和浓度等有关外，在很大程度上取决于该元素在土壤中的化学形态。

对重金属形态的研究主要包括两个方面：重金属提取形态和重金属分子形态。

杨建军[18]首次发现了同步辐射软 X 射线在 XANES 谱采谱时间尺度上对有机含铜（Ⅱ）化合物的光还原作用，揭示了高光子通量同步辐射光源是诱导上述光还原现象的主要因素，并提出了可有效防止光还原作用的辐射剂量值；通过利用多种 X 射线吸收精细结构谱技术揭示了同步辐射软 X 射线对乙酸铜的光还原机制及具体辐射损伤过程，为同步辐射 XAFS 技术在环境学领域的应用奠定了理论基础，对于阐明 X 射线诱导的变价有机金属络合物和金属蛋白的光还原机制也具有重要借鉴意义；此外，还发现常规同步辐射 XAFS 技术（Bulk-XAFS）难以有效表征根际土壤重金属的分子形态转化过程，而顺序提取法虽然具有自身的局限性，但是在该领域仍具有较强的应用价值。

许秀琴等[19]运用连续提取的方法，对土壤中 Pb、Cd、Cu 的水溶态、交换态及碳酸盐结合态、铁锰氧化物结合态、有机物及硫化物结合态和残渣态进行测定。结果表明：残渣态所占的比例较大，最高的是残渣态 Cu，其相对含量达 74.4%。从活性态总量所占比例来看，Cd 最大，其次是 Pb，最小的是 Cu。土壤中 Cd 对蔬菜有较高的活性，对蔬菜存在较大的潜在危害。

2. 土壤重金属迁移规律

重金属在土壤中的迁移不仅取决于污染元素的化学性质、迁移系数，更取决于土壤的环境因素及其理化特性，其迁移过程是复杂的物理和化学过程。目前，土壤重金属迁移研究多集中在垂直方向上[20]，该迁移过程主要由人类耕作翻土、灌溉、重力作用下水的淋溶等导致。对于水平方向上的迁移规律研究较少，目前仅限于受河流侧向压力导致的重金属水平迁移，而在土层表面的迁移规律研究则未见报道。土壤重金属在地表水平方向上的迁移受地形、水、大气等自然因素影响较多，通过水土流失、扬尘降尘等方式使土壤重金属随土壤颗粒及水等载体产生迁移，但这种迁移难以跟踪，在技术上还有待突破。

多接收器电感耦合等离子体质谱仪（MC-ICP-MS）在同位素地球化学研究中的广泛应用，使得过渡金属元素锌和镉的同位素组成的高精度测定成为现实[21,22]。国内外较多采用单一同位素示踪环境中重金属污染物质的来源，然而污染来源具有多样性，污染过程具有复杂性，因此会面临不可避免的多解性和模糊性，采用多元同位素联合制约，如用 Pb-Sr-Nd 同位素体系，Pb-Zn 多元同位素示踪能够大大增加结论的可靠性。采用多手段、多方法、多参数的综合研究尤为重要，由于环境重金属污染物来源的多样性和复杂性，综合研究有利于从多个方面解释物质来源，能够更准确地表达研究成果，如多元统计分析与重金属元素地球化学行为的结合，重金属形态分析与 Pb、Sr 同位素示踪的结合。利用同位素完善示踪各环境（土壤、大气降尘、水系表层沉积物、生物）中重金属污染来源，对于区域内提出有效合理的防治措施具有重要意义[23]。

3. 土壤重金属生物可给性

生物可给性这一概念的提出，无论在环境学或毒理学等方面都具有非常重要的意义，标志着人类对污染物污染效应的评估从单一的总量指标或生物表观生理效应向更深、更细的方向发展。土壤中重金属的化学行为非常复杂，影响其生物可给性的因素很多，目前也存在多种重金属生物可给性的评价方法，但是对不同环境中的重金属在土壤中的化学行为的研究还不够系统、全面，对各影响因素之间的相互关系缺乏正确的评价，生物可给性的评价方法不统一，工作之间的比较性不足。

张玉涛等[24]研究发现结合重金属在土壤中的化学行为，影响土壤重金属生物可给性的因素主要包括土壤的 pH 值、氧化还原电位、土壤中有机、无机配位体及土壤胶体等。

杨建军[25]研究发现，冶炼厂污染土壤中富菲酸结合态铜、铅均具有生物可给性，并且富菲酸结合态铜是生物可给态铜的主要贡献者；而生物可给态铅则与可交换态铅、吸附态铅以及富菲酸结合态铅密切相关，进一步证实了土壤铜、铅的形态而非总量决定其环境风险。虽然冶炼厂周边污染土壤铜、铅总量低于矿区土壤，但其生物可给态含量高于后者，因此冶炼厂污染土壤较矿区土壤的环境风险更高。

土壤重金属形态很大程度上决定了土壤重金属的生物可给性，进而影响土壤重金属的环境风险大小。目前对透膜过程中重金属形态等微观领域的研究相对不足，特殊环境（如库区消落带、滨河湿地等）中的重金属生物可给性研究重视不够，土壤重金属的生物可给性尚未建立普适性的标准评价方法，造成科研工作之间的参考性不足，今后还需对植物根际微观区域中重金属的化学行为展开进一步研究，同时重金属生物可给性普适性分析方法的探索，仍然是科研人员的重要任务。

（四）重金属污染生态风险评估

重金属污染生态风险评估方法主要有地质累积指数法、富集系数法、污染负荷指数法、潜在生态风险指数法、生态学和毒理学等综合方法。它们在土壤、水体沉积物和大气沉降等介质重金属污染的定量化评价中得到了广泛的应用。其中地质累积指数法[26]、潜在生态风险指数法和污染负荷指数法较为常用[27,28]。此外，为了深入理解并评估、预测不同环境条件下重金属污染对生态环境的影响，一些具有实际物理机制、预测能力较高的风险评估实用模型得到了发展。如 BLM 模型（the biotic ligand models）和 Vink 等提出的重金属污染治理决策支持系统等[29]。有学者还在更大尺度如欧盟内部讨论了建立跨越不同区域的、统一的土壤重金属污染管理生态风险评价系统的必要性和可能性[30]。这些模型的发展或理论的探讨为构建基于重金属污染机理模型的、涵盖重金属污染全过程的生态风险管理系统奠定了基础。

1. 土壤重金属污染风险评估

（1）土壤重金属污染程度评价指标与评价方法　目前，关于土壤重金属污染评价的方法如模糊数学法、潜在生态危害指数法、神经网络法等。这些评价方法都有各自的优缺点，如模糊数学法计算过程复杂、潜在生态危害指数法的毒性加权比较主观、神经网络法也存在知识瓶颈等问题。属性区间识别模型是李群[31]在程乾生创立的属性识别理论的基础上，引入属性测度区间概念后构建的一种全新的系统评价方法，是一种基于最小代价原则、最大测度原则、置信度准则和评分准则的新型综合评价方法。针对土壤重金属污染评价方法不足的现状，将该模型应用于土壤重金属污染评价，尝试建立土壤重金属污染评价的属性区间识别模型。另外，在综合评价的过程中，评价指标的权重直接影响评价结果的精度。赵艳玲等[32]在属性区间识别理论的基础上，构建土壤重金属污染评价的属性区间识别模型：选取土壤重金属污染中普遍存在的 Hg、Cd、As、Pb、Cu、Zn 作为评价指标，采用均化系数将各评价指标的属性测度区间转化为综合属性测度；为避免主观因素，利用主成分分析法、熵权法、CRITIC法对各评价指标进行3次客观赋权；最后根据置信度准则和分级标准进行土壤重金属污染的综合评价。对3种赋权法得到的权重和评价结果进行比较，结果表明：属性识别模型在土壤重金属污染评价中适用且有利于评价结果准确性的提高；3种客观赋权法算得的权重合理，且其优异程度为主成分分析法＜熵权法＜CRITIC法。

易昊旻等[33]针对土壤重金属污染评价的不确定性，采用模糊数对其进行描述。在土壤重金属含量满足正态或对数正态分布检验基础上，构建了基于正态模糊数的区域土壤重金属污染综合评价方法。并以江苏省某市为例进行评价方法实证分析，结果表明：除As出现轻度污染外，其他重金属含量均处于清洁水平，其中Hg、Cu、Zn处于局部轻度污染状态，各重金属富集污染程度排序为：As＞Cu＞Hg＞Zn＞Ni＞Cr＞Cd＞Pb，研究区土壤重金属污染综合评价为清洁水平，As、Hg、Cu、Zn应作为相关部门污染控制的重点对象。与传统的三角模糊数方法的评价结果相比，该方法能更为精确地描述不同重金属含量的隶属度大小，评价结果所包含的信息更为全面、准确。

胡森等[34]为对湘南某矿区耕地土壤重金属污染情况作出客观实际的评价，将层次分析理论用于环境评价领域，引入重金属毒性响应系数和重金属在粮食中限量值双重准则，以确定重金属元素之间的权重，并结合加权平均法建立综合评价模型。同时，结合GIS对耕地土壤重金属空间分布、重金属富集特征及综合污染情况进行分析。对该矿区4种重金属Pb、Cd、Cu和Zn的综合污染评价结果表明，该矿区耕地土壤重金属综合污染情况严重，综合污染指数变化范围为1.25～427，属重度污染。因子分析结果表明，4种重金属的来源具有一定相似性，主要来源于矿区有色金属采选冶炼活动。空间分析表明，4种重金属的含量及综合污染的空间分布特征呈明显富集。该评价模型可用于对矿区耕地土壤重金属污染评价的研究，为土壤重金属污染评价提供了新的思路。

当前土壤重金属研究往往侧重于对土壤表层的污染研究，属于二维空间的土壤重金属分布研究。这种研究是将地表三维世界投影到二维平面上进行分析，容易忽略土壤重金属垂向的分布特征。而且与二维GIS相比，三维GIS对土壤重金属空间分布的表达更加真实、客观、形象，既能揭示土壤重金属的平面分布特征，也能描述其垂向分布特征。但是，当前部分研究工作从严格意义上讲只能属于2.5维或假三维[35]。土壤重金属无论是从成土母岩风化富集或水、风的搬运作用而迁移富集，还是由于人为因素造成的土壤重金属富集，其富集量与时间密切相关。获取某一时间点或时间段的土壤重金属富集量及其空间分布特征，往往无法反映不同时段土壤重金属富集量及积累进度等，因此，无法有效地对土壤重金属污染临界点进行预测预警。土壤重金属污染预警预测的基础是时间序列的重金属富集数据，而时间序列分析需要基于时空GIS。可以预见，时空GIS与土壤重金属研究相结合，必然会开创一个新的研究途径[36]。

（2）高风险污染土壤的识别　由于土壤的空间异质性，识别土壤重金属空间格局和污染热点是一个很大的挑战。了解区域是否存在污染热点的土壤，热点污染土壤在统计上是否显著，对区域环境管理来说至关重要。因此，高风险污染土壤的探测问题已成为环境和土壤学工作者研究的热点，是土壤健康风险评价及风险管理的基础，也是有效控制土壤污染、保障环境安全和农业可持续发展的重要前提。

根据高风险重金属污染土壤的特点[37]，在总结已有方法优缺点的基础上，可将高风险重金属污染土壤识别的难度归纳为两点：①高精度的土壤重金属插值是准确判别区域土壤重金属污染程度和范围的基础；②污染原因的识别对于分析土壤重金属污染的空间分布、迁移和转化具有重要意义。随着高精度曲面建模（high accuracy surface modeling，HASM）方法的不断完善，土壤属性的高精度曲面建模方法从精度、速度、尺度各个方面得到了长足发展。

史文娇等[38]基于多重网格（MG）解法的 HASM 方法（HASM-MG），在保证精度的基础上，同时也提高了土壤属性插值的运算速度。将高精度曲面建模与 GIS 空间分析、多元统计分析以及空间统计分析相结合是今后高风险重金属污染土壤识别方法的研究方向之一，它可以直接服务于污染土壤的诊断、管理、修复和无公害农业发展，对推动区域环境质量改善和流域污染控制等环境保护的理论和技术进步将起到重要推动作用。一方面可以为土壤和土地资源普查和污染调查提供方法和理论上的借鉴，另一方面也可直接为土壤污染现状评价和风险管理、区域环境质量改善、土地利用规划、农业和城市发展等提供科学依据。

陈思萱[39]针对开展土壤重金属污染综合防治需要了解土壤重金属污染时空分布特征及其潜在风险的实际需求，以南方某市的土壤污染状况调查数据及其相关资料为基础，在分析研究区土壤重金属浓度空间变异特征的基础上，建立了用于区内土壤重金属污染浓度空间维度预测的协同克里格空间插值模型；采用情景预测法对整个研究区土壤重金属污染浓度时间维度变化特征进行了预测；并在此基础上从土壤环境质量和人体健康风险两个角度对研究区土壤环境安全状况进行了状态预警，设计与实现了土壤重金属污染风险评估系统。

2. 水质重金属评价方法

目前，水质评价的方法很多，但各方法均有其优缺点，曹斌[40]等对各种评价方法进行了对比缝隙并指出，密切值法作为一种较新的方法，相对单项污染指数法和内梅罗综合污染指数法，能够不受个别因素的影响和控制，更客观、准确、全面地反映出各待评价水样本的质量状况，该法不需要提供参考值，即从现有指标中选优，充分利用原始数据信息，评价更为全面，原理简明，计算简便，结果直观明了，容易理解，具有实用性和通用性，但仍然存在生态意义不明确、难以直接量化污染对生物的危害程度等不足。通过结合熵权法和综合指数评价法的使用，改进传统的密切值法，可使密切值法在污染的相对严重性判断方面更客观准确。

3. 沉积物重金属污染评价

目前国内外对沉积物重金属污染的评价已不少，但这些方法在应用过程中，仍然存在一些不足，沉积物重金属风险评价系统是一个集随机性、灰性、未确知性、模糊性等多种不确定性于一体的大系统。因此，常规的确定性评价方法不能准确反映沉积物中重金属污染程度的真实情况。盲数理论是由我国学者刘开第等建立和发展起来的，它可以处理至少两种以上的不确定性信息，因此对于多种不确定性共存的复杂系统，具有较好的适用性，已有学者将其用于水质综合指数评价、地下水开采量的研究、湖泊总磷负荷模型优化等方面。唐晓娇等[41]将盲数理论引入水体沉积物重金属污染评价研究中，建立水体沉积物重金属评价模型，将盲数理论与地累积指数评价方法相结合，用盲数表示沉积物污染物浓度和地球化学背景值，得出地累积指数的可能值区间及其相应的可信度，再根据基于 BM 模型的风险程度判别模型识别出各重金属对各污染等级的隶属度，最后对污染等级进行隶属度加权来确定各重金属的污染等级。将该模型应用于洞庭湖水系沉积物重金属污染评价中，结果表明，各种重金属的富集程度由高到低排列的顺序为 Cd ＞ Cr＝Cu＝Zn＝Hg＝As ＞ Pb，Cd 是洞庭湖水系沉积物污染的主要环境污染因子，应将其作为洞庭湖水系的重点污染控制对象。

颉会芳[42]建立了土壤重金属污染预警标准与方法。以 GB 15618—1995 评价标准为基础，借用工程水文学中确定"水文特征年"的方法，提出了用"特征污染年"确定污染程度的方法，利用改进的粒子群算法优化的 BP 神经网络，实现了各指标值的预测。建立基于多 Agent 的土壤重金属污染预警系统。以 JADE 为开发平台建立了由指标处理 Agent、BP 预测 Agent、预警 Agent 等组成的多 Agent 系统，各 Agent 协调通信实现智能预警。以北京地区 2004 年的土壤重金属污染为例，实验验证了模型的合理性及预警的可靠性。

周涛[43]依据区域生态安全理论，建立了重金属污染行业生态安全评价的指标体系，筛选出"驱动力（D）—压力（P）—状态（S）—影响（I）—响应（R）"5 大类共 12 个评价指标，根据 DPSIR 模型各因子的内在关系，构建了重金属污染行业生态安全综合评价指数 ESI。以浙江省温州市瓯海电镀基地为研究对象，评价了该地区近 10 年的生态安全水平，得出该地区 ESI 从 0.62 提高到 7.50，达到较为合理的水平，其原因主要是产业园规划建设、清洁生产、污染治理和环境监管水平的提高，并从产业布局、环境监管等方面提出了重金属污染行业生态安全的管理对策。

（五）重金属与人体健康效应评估

健康风险评估是指有毒有害物质对人体健康安全的影响程度通过收集毒理学资料、人群流行病学资料、环境和暴露的因素等，直接以健康风险度为表征表示人体健康造成损害的可能性及其程度大小进行概率估计[44]。

20 世纪 60 年代，风险评估处于萌芽时期，主要采用毒物鉴定方法进行健康影响分析，以定性研究为主，尝试性开展定量方法进行低浓度暴露条件下的健康风险评估（NRC，1994）。1976 年美国国家环保局首先公布了可疑致癌物的风险评估准则，提出有毒化学品的致癌风险评估方法。1983 年美国国家科学院提出了健康风险评估的定义与框架，以及危害判断、剂量-效应关系评估、暴露评估和风险表征的风险评估四步法（NRC，1983）。1999 年欧洲环境署（EEA）也颁布了环境风险评估的技术性文件，系统介绍了健康风险评估的方法和内容（EEA，1999）。韩国和日本根据以上原理编制《韩国暴露参数手册》和《日本暴露参数手册》，并在此基础上建立起适用于本国的健康风险评估体系。

与国外相比，中国的健康风险评估起步晚，对于风险评估模型的研究比较缺乏。近年来，中国对健康风险评估的研究逐渐重视。但根据中国居民特征的健康风险评估方法仍然没有建立。目前中国的健康风险评估仍然多借用国外模型，而由于人种和地区的差异，国外的暴露参数并不能准确反映中国人群的暴露特征，因此简单套用国外模型可能导致健康风险评估结果的失真。中国重金属污染形势严峻，人们对重金属污染带来的健康效应越来越关注。因此，评述健康风险评估方法在中国重金属污染中的应用进展，总结国外常用暴露评估模型并探究其优缺点，展望其发展趋势，对于推动建立适用于中国的健康风险评估方法具有重要意义。下面介绍主要评估模型。

污染健康风险评估的方法主要分两类：一类是以定量模型为主的健康风险评估方法，另一类是以不确定性模型为主的健康风险评估方法。定量模型由于计算简单、使用方便，输出结果基本能代表研究区的基本水平。因此，在世界健康风险评估中被广泛应用，其中美国国家环保署（USEPA）提出的人体健康风险评估模型应用最多。中国利用该模型对重金属污染暴露人群的健康风险评估研究较多，从城市表层土壤（灰尘）、矿区土壤、膳食、居民饮用水及大气PM_{10}均有相关研究[45,46]。这种定量风险评估模型虽然优点显著，但由于直接引入国外的模型在原理、适用条件、算法、考虑介质和过程等方面可能与中国实际情况存在较大差异，而且美国欧盟等国家在健康风险评估方面制定和颁布了许多技术性文件，中国在此方面仍属空白。这些技术文件的程序和参数是否适用于中国国民体质仍有待商榷。

三、重金属污染防治技术研究进展

（一）重金属废水治理技术

目前国内外常见的重金属废水处理技术如化学沉淀、萃取、离子交换等技术已广泛应用于重金属废水的常规处理，但处理水质往往达不到重金属废水排放新标准（如 GB 21900—2008 等）及部分发达地区的地方标准（如江苏等），且废水处理深度较低，回用率不高，一般在 50% 以下；膜分离、蒸发浓缩等深度处理技术虽然处理效果较为理想，但投资较大，操作成本偏高，推广应用存在较大难度。

1. 以生物技术为核心的重金属废水深度净化与回用技术

随着环境科技的发展与应用，新型的生物处理技术日益受到人们的重视，一些限制生物技术的瓶颈问题不断得到突破与解决，尤其是在高浓度重金属废水（>100mg/L）处理方面。通常情况下，即使是低至 5~10mg/L 金属离子，也会对细菌的生长代谢及其生物活性产生影响。金属离子对细菌的毒害会影响生物法的处理效率。近几十年来，针对该问题，人们做了大量的工作，从游离细菌到固定化技术，从分离驯化高效菌到基因工程菌，从细胞到酶，从单一菌种到复合功能菌群。这些工作极大地拓展了生物法在重金属废水处理与回用领域的应用。

常皓[47]针对多金属复杂废水传统中和沉淀法深度净化难、出水硬度高、水力停留时间较长等问题，研究了基于微生物特异性的重金属废水深度净化新工艺。重金属废水通过水处理剂多基团的协同配合，形成稳定的重金属配合物，在 pH 3 左右便开始水解形成胶体颗粒，实现了低 pH 条件下的强化水解，pH 提高进一步诱导重金属配位体胶团长大；由于水处理剂同时兼有高效絮凝作用，当重金属配合物水解形成颗粒后很快絮凝形成胶团，实现重金属离子和钙离子同时高效净化。深度净化重金属废水的多基团复合配位体生物制剂、含汞污酸生物制剂深度处理技术、高浓度重金属废水生物制剂"多基团配合-水解-脱钙-分离"一体化新工艺和装备已成功应用于株洲冶炼集团、河南豫光金铅股份有限公司等 10 多个企业的废水处理工程。

2. 以纳米复合材料为核心的重金属废水深度处理与回用集成技术

20 世纪 80 年代以来，纳米技术快速发展，众多纳米材料因其独特的纳米尺寸效应，对重金属等污染物显示出了良好的深度处理性能。但由于纳米颗粒易自发团聚失活，且尺寸太小，难以经济高效地分离，纳米技术在环境领域的实际应用报道甚少。20 世纪末 21 世纪初，为提高纳米材料的实际应用性能，人们开始关注通过将纳米材料固定化来制备纳米复合材料，制得的纳米复合材料不仅可保留纳米颗粒小尺寸、高活性等特点，同时也可借助载体的大颗粒特性实现高效分离。

潘丙才等[48]研制成功系列专用纳米复合材料，解决了传统纳米复合材料扩散性能差、稳定性机制缺失等关键技术难题，为重金属废水的深度处理提供了基础。该材料对铅、铬、镉、铜、镍、砷、氟等重金属污染物具有吸附容量大、吸附选择性高、吸附速度快、再生性能优良等特性。以此新材料选择性分离与强化净化技术为核心，耦合化学沉淀（前处理）、活性炭吸附（有机物净化）、氧化（氨氮、有机质等的去除）、反渗透（脱盐）等处理单元，开发成功多项重金属废水的深度净化与回用技术，为矿冶、有色、电镀等典型行业清洁生产升级及废水提标排放提供技术支持。

李钰婷[49]研究了纳米零价铁（nZVI）对不同重金属离子的去除，结果发现纳米铁与水中金属离子反应速率远高于普通零价铁材料，纳米铁与水中金属离子反应快（小于30s），且吸附、处理容量是普通铁材料的 10～1000 倍。该研究团队已对纳米复合材料去除工业废水中重金属的规模化应用做了深入研究，主要包括反应器在放大过程中存在的问题、设计及优化、研究规模化应用过程中的处理效率与系统长期稳定性及评价方法。开发的纳米复合材料技术已成功应用于实际重金属工业水的处理，目前在运行的中试线包括江西某重金属废水处理中试研究、湖北某含重金属及砷废水的中试研究、湖南某有色金属集团有限公司纳米复合材料处理废水的中试研究等。

3. 高分子螯合剂在重金属废水处理中的应用

高分子螯合剂处理重金属废水是一种新型的水处理技术。它既有化学配位反应，也有物理吸附过程。其对于重金属离子的螯合作用远大于氢氧根，有很好的反应沉淀效果，可以有效解决多种金属共存的废水处理过程中同一 pH 点的重金属返溶问题。良好的高分子螯合剂不仅具有较宽的 pH 应用范围，而且可以形成良好的絮凝，有利于污泥沉降分离。结合传统的碱中和沉淀法，采用二次沉淀的方式进行处理，不仅可以使出水重金属离子含量降低至很低的程度，使企业排污总量大幅削减，还可以利用第一段的碱沉淀环节，大幅提高系统抗冲击能力。而且，由于出水的重金属离子含量比传统方法低很多，这同时也为后续的膜处理回用系统减轻了压力，使得污堵频率有所降低。王琦[50]利用高分子螯合剂，采取两段沉淀法处理电镀、有色冶炼废水取得很好的效果。

4. 离子交换纤维处理重金属废水

离子交换纤维是纤维状离子交换吸附材料，它的交换容量与树脂相当，但是由于纤维直径小，有效比表面积高，离子交换层薄，传质距离短，具有大的传质系数，吸附性能优于颗粒状离子交换剂。刘雄等在中试研究的基础上，将离子交换纤维应用到线路板一般清洗废水中，进行了工程化运行研究。

一般清洗线废水处理采用传统的化学方法要消耗大量碱、酸、混凝絮凝剂等，出水重金属很难做到达标，而采用离子交换纤维系统工艺，出水有保证，碱量主要用在 pH 调整排放方面，大大省去了药剂费用。同时洗脱下来的铜浓缩液制成氢氧化铜含量较高，经济效益可观。

赵孔银等[51]通过伽马射线、高能电子束、等离子体和紫外辐射等手段，制备接枝聚丙烯酸的离子交换纤维，此材料对镉的吸附速度较快，对 Cu^{2+}、La^{3+}、Pb^{2+} 的动态吸附选择性非常高。

覃朝科[52]采用强酸阳离子交换纤维处理铅锌矿含 Fe、Zn、Cd、Pb 等重金属废水，考察了不同预处理方法和流速下的处理效果。结果表明，经过 NaOH、Ca(OH)$_2$（石灰乳）预处理，废水中铁的去除率达 99.9% 以上。

5. EDI 技术处理重金属废水

电去离子（electrodeionization，EDI）技术是用于低浓度重金属废水处理的可行技术，徐小青[53]模拟典型的电镀漂洗含镍废水作为处理对象，考察并分析了过程操作条件及浓淡水室树脂填充模式对 EDI 性能的影响，在优化膜堆内部结构的基础上进行了 EDI 设备处理低浓度含镍废水的长期稳定性研究。在浓水室中阴阳树脂体积比例为 7∶3 时，EDI 膜堆能够得到最佳的处理效果，且与浓水室未填充树脂的膜堆运行结果相比，在考察时间内其过程相对稳定。该膜堆在处理 Ni^{2+} 浓度为 50.3mg/L、pH 为 4.5 的工况时，淡水产水和浓缩水中 Ni^{2+} 浓度分别为 0.85mg/L 和 1267mg/L，浓缩水的浓缩倍数达到 25.2，过程电流效率为 23.2%。相比于浓水室未填充树脂 EDI 膜堆的电流效率（24.2%），其过程电流利用率略有降低。还对膜堆长期运行稳定性进行了考察。对淡水室填充阳离子交换树脂，浓水室填充阴阳树脂体积比为 7∶3 的混床树脂 EDI 膜堆，正常运行的 17 天内，膜堆稳定性良好，且对浓度为 50mg/L 的 Ni^{2+} 离子原水的处理效果可达排放标准。上述研究结果表明 EDI 技术在选择合适的膜堆结构和操作条件时对低浓度重金属废水的处理可行有效，合理设计膜堆浓水室树脂填充方式可有效缓解膜堆结垢现象，提高膜堆稳定性，为 EDI 技术处理低浓度重金属废水的研究提供参考。

肖隆庚[54]对 EDI 处理重金属废水研究发现，浓缩室 Ni^{2+} 离子浓度达 667mg/L，浓缩倍数 13.3；浓缩室 Cr^{6+} 离子浓度 686mg/L，浓缩倍数 13.7。出水 Ni^{2+}、cr^{6+} 离子浓度始终低于 0.1mg/L，去除率大于 99%，没有离子交换树脂穿透现象发生。EDI 在最优操作条件下连续运行稳定，说明 EDI 能够在不需要化学再生树脂的情况下，可实现重金属的浓缩回收和废水的回用。

6. 电吸附脱盐技术

美国 Lawrence Livermore 国家试验室是国外电吸附应用方面取得研究成果最多的实验室，J. C. Farmer 等人在 1995 年开发出了一套利用炭气凝胶作为电极材料的电吸附装置，在 1997，CDT systems 公司取得了这项技术的使用权，用其制作的装置处理工业循环冷却水 TDS 为 1000 mg/L，出水 TDS 为 10 mg/L，能耗为 0.1 kWh/t，再生时可回收的能量有 50%～70%。

孙晓慰、陈兆林等[55]在这方面做了大量的工作，经过原型机的试制与试验、小型模块的制造与应用、大型模块的研制，其系列模块在饮用水深度处理、工业水处理领域取得了应用实践的成功。可以说我国电吸附技术在实践中的应用走在了世界的前列。

（二）土壤重金属污染防治技术

1. 实验室研究

（1）重金属污染土壤固化/稳定化修复技术　固化/稳定化是指向重金属污染土壤中加入一种或几种固化/稳定化的添加剂，通过物理/化学过程防止或降低土壤中重金属释放的一种技术。固化是通过添加药剂将土壤中的有毒重金属包被起来，形成相对稳定性的形态，限制土壤重金属的释放；稳定化是在土壤中添加稳定化药剂，通过对重金属的吸附、沉淀（共沉淀）、络合作用来降低重金属在土壤中的迁移性和生物有效性。固化/稳定化的效应一般统称为钝化[56]。而添加到土壤中对金属元素起钝化作用的药剂一般称为土壤钝化剂。

土壤钝化剂的施用效果常常因改良剂种类、施用量和治理的重金属、土壤类型的不同而有很大的差异[56]。因此，对于受不同重金属污染的、受污染程度不同的、不同理化性质的土壤，应有针对性地选择正确的改良剂，适当添加，才能钝化土壤中的重金属，从而降低其迁移性。

土壤钝化剂主要可以分为以下三类：无机型、有机型、复合型。一般来说，无机型钝化剂对重金属的钝化效果好、见效快，而有机型钝化剂在改良土壤理化性质上比较有优势。

章明奎等[57]进行了为期 6 年的模拟试验，研究了磷灰石、农用石灰、坡缕石、钙镁磷肥、沸石、猪粪和水稻秸秆等 7 种钝化剂对降低矿区土壤重金属溶解性的效果，研究发现：无机型钝化剂（农用石灰、钙镁磷肥、磷灰石、坡缕石和沸石）对降低矿区土壤重金属的水溶态均有良好的效果，而有机质改良剂（猪粪和水稻秸秆）的效果较差；磷灰石和沸石对稳定土壤中的重金属有较长的效果，而坡缕石、石灰和钙镁磷肥对稳定土壤中重金属的时间效果则相对较低；有机改良剂稳定土壤重金属的时间效果较差，随有机物质的降解，其稳定效果逐渐下降。

李平等[58]采用室内培养的方法，比较了石灰、钙镁磷肥、硅肥、紫云英、猪粪和泥炭等几种改良剂作用下 Cu、Cd 污染酸性水稻土中不同形态重金属的动态变化，发现添加这些改良剂降低了土壤水溶态和交换态 Cu、Cd 比例，增加了碳酸盐结合态、铁锰氧化物结合态、有机结合态和残渣态 Cu、Cd 比例。综合来看，无机材料能更好地提高土壤 pH，降低 Cu、Cd 的水溶态和交换态，铁锰氧化物结合态 Cu、Cd 含量显著增加；而对有机材料，除了有的能提高土壤 pH 之外，有机物料分解产生的高分子量有机组分结构中的羧基和酚羟基容易与土壤溶液中的 Cu^{2+}、Cd^{2+} 通过络合或螯合作用形成不溶性络合物，从而降低水溶态 Cu、Cd 含量，增加有机结合态 Cu、Cd 含量。

徐峰等[59]采用土壤盆栽实验研究海泡石、沸石、骨炭、骨炭＋海泡石、骨炭＋沸石、骨炭＋赤泥和 $Al_2(SO_4)_3$ 改性骨炭 8 种改良剂对玉米吸收和积累重金属的影响。结果表明，大多数改良剂处理均显著地提高玉米的地上部鲜重和总鲜重。添加改良剂可显著地降低土壤 Cd、Pb、Cu 和 Zn 的有效态含量。改良剂的添加对玉米吸收和积累 Cd、Pb、Cu 和 Zn 产生不同程度的影响。同样，改良剂对玉米植株 Cu 和 Zn 含量的影响也表现出相类似的规律。玉米转运重金属也受改良剂添加的影响。

无机型和有机型材料都能降低重金属的生物有效性和生态毒性。因此，在重金属污染土壤的改良修复过程中，可以根据各种改良剂的修复特点合理配比两种甚至多种改良剂进行复合改良修复，这样就能弥补各改良剂单一修复时存在的不足，从而提高改良修复的效果。

近年来，大量的改良剂被用于重金属污染土壤的治理，常见的有磷酸盐混合物、石灰材料、有机物质、金属氧化物和生物炭等。不同改良剂对重金属的固定效果不同，因此，对于不同重金属污染土壤的修复也要应用不同的改良剂。有研究表明不同改良剂的组配比单一的改良剂修复重金属复合污染土壤的效果更优[60]。

（2）淋洗修复　土壤淋洗技术具有能耗低、设备投资小、工艺简单、适用范围广、速度快和易于实现废弃物减量化等优点。20 世纪 80 年代以来，在欧美、日本等发达国家得到广泛研究，并已在有机物、重金属和放射性污染土壤修复中得到应用。第一个大规模的土壤淋洗项目是在美国新泽西州于 1992 年 10 月完成的。根据 2000 年美国环保局的报告（EPA 2000），在 600 多个政府资助的场地修复高新技术示范工程中有 4.2％的项目采用的就是土壤淋洗技术，目前针对重金属污染土壤的化学淋洗技术在国外已经有比较成熟的商业运作。我国土壤淋洗技术的研究非常有限，处在起步阶段。

高太忠等[61]通过室内土柱淋滤实验，选用北方最具代表性的褐土为供试品种，研究了垃圾渗滤液溶解性有机物（DOM）对重金属 Cu、Cd、Pb 和 Zn 在土壤中的迁移行为的影响。结果显示：DOM 对土壤中 Cd、Zn 的垂直迁移起着促进作用，而对 Cu、Pb 迁移起着一定的抑制作用；不同浓度的垃圾淋洗液 DOM 对土壤中重金属的迁移溶出效果不同，DOM 浓度越高，Cd、Zn 溶出的促进效果越明显，Cu、Pb 则恰好相反；垃圾淋洗液DOM 对土壤重金属的平均迁移量随时间的延长而减少。朱清清等[62]通过振荡分离实验研究了烷基糖苷（APG）对土壤中 Cu、Zn、Pb 和 Cd 的去除作用，结果显示：当烷基糖苷淋洗液的 pH 值为 5.2、浓度为 85 g/L 时，土壤中 Cd、Cu、Pb 和 Zn 的去除率分别达到77.7％、40.5％、24.5％和 20.0％。而且，APG 对离子交换态和碳酸盐结合态重金属的去除效果最好，说明 APG 可有效降低土壤中重金属的毒性和生物可利用性。

淋洗剂的改良和改性也有了进一步的发展。张涛等[63]在乙二胺四乙酸（EDTA）衍生物在多金属污染土壤化学修复技术中的应用机理研究中，成功合成并筛选出了两种EDTA 衍生物，证实 C_{12} HEDTA 属于同时具有表面活性和螯合功能的多功能螯合剂；PDTA 属于具有强选择性的螯合剂；兼具表面活性和螯合能力的螯合剂可同时去除多金属污染的土壤中阴阳离子型重金属，并增强对有机结合态重金属的去除。其作用机制分别为对阴离子的竞争吸附、对阳离子的螯合作用，以及同时对土壤有机物质的增溶作用；通过改变 EDTA 分子结构中 N 原子连接基团的体积、刚性和供电子能力，会产生空间位阻效应和对配位能力的改变，从而与不同性质金属离子的稳定常数产生差异，提高了淋洗剂选择性。

多种淋洗剂的复合应用可以提高淋洗剂的淋洗效果，同时可减少淋洗剂对土壤的破坏。平安等[64]以沈阳张士污灌区农田土壤为研究对象，利用振荡浸提技术筛选有机酸和表面活性剂组合，并确定了两者联合淋洗修复污染土壤的最佳配比。有机酸（酒石酸、乙酸、柠檬酸和苹果酸）中的酒石酸浓度为 0.5mol/L 和表面活性剂（SDBS、鼠李糖和皂素）中的皂素质量分数为 0.7％时，对土壤 Cd、Pb、Zn 的浸提效果较好；在酒石酸与皂素提及配比为 1：1 时，对重金属 Cd、Pb、Zn 浸提效果最好，浸提率分别为 87.62％、36.30％、20.67％；单一有机酸、表面活性剂或者有机酸与表面活性剂的混合溶液，对土壤重金属的浸提效果均为 Cd＞Pb＞Zn。虽然有机酸与表面活性剂联合浸提效果略低于酒石酸浸提，但其弱酸性对土壤性质影响较小，在原位淋洗修复工程中有较好的应用前景。郭晓芳[65]等研究了不同 pH 值混合螯合剂［柠檬酸：Na_2EDTA：KCl＝10：2：3（摩尔浓度）］对重金属的盆栽淋洗实验，表明 pH 值为 5 和 7 的混合螯合剂显著提高 Cd、Pb和 Cu 的淋出率。在化学淋洗＋植物提取联合修复技术中，Cd 和 Zn 主要靠植物提取去除，而 Pb 和 Cu 主要靠混合螯合剂淋洗去除。尹雪等[66]研究发现在螯合剂 EDTA 中加入一定量的表面活性剂 SDS 能显著提高 EDTA 对 Pb 和 Cd 的解吸量，而针对不同类型试剂与EDTA 混配洗脱重金属的研究较多，将两种螯合剂进行复配的研究较少。

淋洗法的不足主要在于投资大、易造成地下水污染及土壤养分流失、破坏土壤性质的问题，在今后的研究应多注意并加以解决此问题。

（3）植物修复　植物修复技术不仅包括对污染物的吸收和去除，也包括对污染物的原位固定和转化，即植物提取技术、植物固定技术、根系过滤技术、植物挥发技术和根际降解技术。与重金属污染土壤有关的植物修复技术主要包括植物提取、植物固定和植物挥发。植物修复过程是土壤、植物、根际微生物综合作用的效应，修复过程受植物种类、土壤理化性质、根际微生物等多种因素控制[67]。

不同的植物对重金属有不同的吸收、稳定能力，因此要根据不同重金属污染土壤来选择不同的植物来进行修复。例如，超富集植物遏蓝菜体内含有多种金属螯合物，包括金属硫蛋白（MT）、尼克烟酰胺（NA）和植物络合素（PCs）等，对多种重金属元素都有超量富集的能力[68]，它适用于通过提取的方式去除土壤中的重金属；而红麻植物由于其根系对重金属的固定作用，适于矿区重金属的稳定[69]。

另外，土壤性质也影响植物修复的效果，黄红英等[70]通过选取铜铁矿、钨矿、铅锌矿及未采矿附近土壤作为研究样地，研究了不同理化性质的土壤下斑茅的生长情况和对土壤 Cu、Zn、Pb 及 Cd 的富集作用，结果显示斑茅能在酸性土壤中正常生长并能提高土壤 pH，土壤酸性越强，斑茅对 Cu、Zn、Pb 和 Cd 的富集系数越高；斑茅对 Cu 的吸附随土壤重金属浓度的增加而增加，而对 Pb、Cd 的吸附越多，转运到地上部的 Pb、Cd 也越多；重金属污染程度高，斑茅富集作用越小，污染较轻富集系数会更高。

（4）微生物修复　微生物修复重金属污染的主要机理是微生物固定、微生物转化以及微生物代谢。微生物固定主要包括胞外络合作用、胞外沉淀作用以及胞内积累三种作用方式。利用微生物可将土壤有机质和植物根系分泌物转化为小分子物质为自身利用，同时这些小分子物质可能会对土壤中的重金属起到活化作用[71]。微生物转化的主要作用机理是微生物通过氧化、还原、甲基化和脱甲基化作用转化重金属，改变其毒性，从而形成对重金属的解毒机制。微生物代谢可以分泌释放一些有机物质和酶等物质，对土壤中重金属也有活化作用[72]。

总体上，微生物修复研究工作主要体现在筛选和驯化特异性高效降解微生物菌株，提高功能微生物在土壤中的活性、寿命和安全性，修复过程参数的优化和养分、温度、湿度等关键因子的调控等方面。微生物固定化技术因能保障功能微生物在农田土壤条件下种群与数量的稳定性和显著提高修复效率而受到青睐。通过添加菌剂和优化作用条件发展起来的场地污染土壤原位、异位微生物修复技术有生物堆沤技术、生物预制床技术、生物通风技术和生物耕作技术等。运用连续式或非连续式生物反应器、添加生物表面活性剂和优化环境条件等可提高微生物修复过程的可控性和高效性[73]。目前，正在发展微生物修复与其他现场修复工程的嫁接和移植技术，以及针对性强、高效快捷、成本低廉的微生物修复设备，以实现微生物修复技术的工程化应用。

（5）联合修复　由于任何一种单一的土壤重金属治理方法都有其优势与不足，近年来，联合修复技术逐渐成为土壤重金属污染修复领域的研究热点，也是今后重金属污染修复技术的发展方向。

对于物理方法辅助淋洗修复，薛腊梅等[74]对微波强化 EDDS 淋洗修复重金属污染土壤研究中，为了快速去除土壤中的重金属污染，采用微波强化 [S,S]-乙二胺二琥珀酸（[S,S]-EDDS，简写为 EDDS）淋洗方法，做了微波时间、功率对 Cd、Pb、Zn 去除效率影响的实验，并用 BCR 连续提取法分析了微波强化 EDDS 淋洗对土壤中重金属形态的影响。结果表明，在微波功率 900W、时间 10min 条件下，EDDS 对 Cd、Pb、Zn 的去除率分别达到 29%、89%、71%，比未引入微波时淋洗的各重金属的最高去除率分别提高 8%、26%、33%，且明显缩短了处理时间（从 6 h 缩短为 10min）。与处理前原土壤相比，土壤在微波辐射淋洗处理后，主要污染重金属的交换态和碳酸盐结合态以及铁锰氧化物结合态明显降低（其中 Cd 降低 34%，Pb 降低 90%，Zn 降低 83%），残渣态增加，从而有效降低了土壤中毒害污染重金属元素含量和重金属可利用性，减轻了污染土壤的生态风险。微波辅助淋洗修复可作为一种重金属污染场地的快速修复技术。

微生物尤其是内生菌促进植物修复重金属污染土壤近来受到广泛关注，耐重金属的内生细菌利用与植物的共生互惠关系，通过自身的抗性系统缓解重金属的毒性，促进植物对其迁移，并通过溶磷、固氮等途径改善植物营养以及分泌植物激素、铁载体、特异性酶、抗生素等作用，促进植物在逆境条件下的生长和对重金属的富集。内生菌通过生物固氮、溶磷、产生铁载体、合成特异性酶、分泌植物激素来改善植物营养和增强植物抗逆能力，促进植物的生长；另一方面，内生菌不仅表面吸附、积累重金属，降低重金属对植物的毒性，还可以分泌大量的植物生长激素类、抗生素等，诱导植物对重金属进行解毒[75]。

2. 工程应用

（1）矿山修复　随着矿山开采年份的增加，矿山周边土壤环境中的重金属不断积累，污染现象日趋严重。矿山固体废物中一般都含有大量的重金属，其中又以尾矿和废弃的低品位矿石中重金属量最高。这些固体废物露天堆放时迅速风化，并通过降雨、酸化等作用向矿区周边扩散，从而导致土壤重金属污染。矿山作为重金属污染的主要源头之一，其重金属污染问题必须引起高度关注。

中山大学环境科学与工程学院/广东省环境污染控制与修复技术重点实验室针对广东韶关大宝山矿区开展了多年修复工作。在对大宝山矿区周边重金属污染情况进行调查的基础上，开展了多金属污染矿山及周边地区污染土壤基质改良实验[68]、化学—微生物—植物联合修复室内与田间试验[76]，给出了高污染土壤植物稳定修复技术、中污染土壤植物提取修复技术、中低污染土壤植物阻隔修复技术，并集成多金属污染土壤最佳修复模式，开展基地建设，对重金属污染土壤的植物修复成套技术进行示范，为多金属污染土壤的联合修复提供了很好的范例。

（2）场地修复　重金属污染场地的环境污染已经成为国际社会广泛关注的环境问题之一，其环境危害的隐蔽性、严重性和长期性已经引起各国政府的高度重视。2014 年 4 月发布的《全国土壤污染状况调查公报》显示，全国土壤环境状况不容乐观，部分地区土壤污染较重，耕地土壤环境质量堪忧，工矿业废弃地土壤环境问题突出。工业企业用地中有高于 30% 的土壤受到污染。在调查的 690 家重污染企业用地及周边的 5846 个土壤点位中，超标点位占 36.3%；调查的 81 个工业废弃地 775 个土壤点位中，超标点位占 34.9%。

鉴于重金属污染场地污染特征的复杂性，其治理修复技术发展趋势已从单一技术应用向技术集成化和系统化应用转变。

沈阳环境科学研究院提出[77]并建立了针对不同污染程度的复合重金属污染场地的分类方法及技术指标体系，填补了我国空白；开发了复合重金属污染场地治理修复关键技术，包括重污染土壤清理、转移、安全填埋技术，中度污染土壤化学固化和物理封存技术，轻污染土壤物理/化学稳定阻隔技术、砂性土壤化学淋洗技术，同时开展了场地后期物理/生物修复技术研究，其中部分指标达到国际先进水平；开发了典型复合重金属污染场地的治理修复集成技术并进行了应用示范，包括化学固化稳定化/阻隔系列药剂及工艺、装备的研究开发，形成了一整套典型复合重金属污染场地的治理修复集成技术，并在沈阳、重庆等地典型重金属污染场地进行了应用示范，实现了场地的治理修复目标。

周旻等[78]使用自主研发的 HAS 高强耐水土壤固化剂，结合稳定剂的复合作用，对污染土壤进行固化/稳定化修复。污染场地土壤经修复后，取样实测 Pb 浸出浓度为 0.31～0.62mg/L，总 As 浸出浓度为 0.19～0.44mg/L，总 Cd 浸出浓度为 0.11～0.21mg/L，总 Cr 为 1.15～2.92mg/L，Hg 浸出浓度为 0.04～0.10mg/L，均满足美国污染场地修复评价标准——TCLP 限值浓度，同时土壤固化体 28 天强度达到 3MPa 以上，满足后续基础工程对土壤地基承载力的要求。

2015 年，由中国地质调查局地质科学院资源所承担的"EK-SS 技术联合修复多重金属复合污染场地典型示范研究"取得突破性进展。该项目以湘江流域 Cd、Hg 和 Pb 等多种重金属复合污染场地为对象，开展了复合重金属污染土壤的电动修复技术（EK-SS）研究。研制的土壤重金属活化剂能在不破坏土壤结构的前提下，使土壤重金属大量活化进入水溶液中，并将实验土壤的电阻从 15000Ω 最低降至 15Ω 左右，使重金属的去除更加容易，大大降低了修复成本，缩短了修复时间，提高了修复效率[79]。

（3）农田修复　重金属进入农田土壤后，不仅导致土壤肥力下降，而且会引起农作物产量、品质下降，最终经食物链在人体内累积，对人体健康形成危害。重金属污染引起的粮食和食品安全问题屡见不鲜。2014 年 4 月发布的《全国土壤污染状况调查公报》显示，在耕地中，土壤点位超标率为 19.4%，其中轻微、轻度、中度和重度污染点位比例分别为 13.7%、2.8%、1.8%和 1.1%，在调查的 55 个污水灌溉区中，有 39 个存在土壤污染。在 1378 个土壤点位中，超标点位占 26.4%。

粮食问题关系国计民生，我国作为世界人口大国，粮食问题在国民经济和社会发展中占有极其重要的地位。

周航等[80]在矿区附近的污染稻田中施用了 2 种组配改良剂 Ls（碳酸钙＋海泡石）和 HZ（羟基磷灰石＋沸石），研究了它们对土壤重金属的生物有效性以及水稻吸收累积重金属的影响，施用 2～8g/kg 组配改良剂 LS 和 HZ 均能使土壤 pH 值和（CEC）含量显著增加，中浓度处理（4g/kg）和高浓度处理（8g/kg）的土壤 pH 值和 CEC 含量与对照之间均存在极显著的差异。

土壤复合污染普遍，污染程度差异大，同时地球表层的土壤类型多，其组成、性质的区域差异明显，而且修复后土壤再利用的空间规划要求不同。因此，单项修复技术往往很难达到修复目标，而开发复合修复模式就成为土壤污染修复的主要研究方向。

（三）大气重金属污染治理技术

常见的大气重金属污染元素包括汞（Hg）、铅（Pb）、镉（Cd）、砷（As）、铬（Cr）等。而其中大部分（75%～90%）重金属离子包含在可吸入颗粒物（PM_{10}）中，且颗粒越小，重金属含量越高。大气中的重金属污染离子一般以气溶胶、粉尘或蒸气的形式通过呼吸作用、吞食系统以及皮肤接触等途径进入人体内，尤其是附着在 $PM_{2.5}$ 上的重金属，其极易沉积在肺泡区。一般采用吸附固化技术[81]。

1. Hg 污染大气脱除

（1）吸附法　刘烨[81]等在工业烟气重金属离子脱除方法研究进展中指出，吸附法中常用的吸附剂有飞灰、活性炭、钙基吸附剂 [CaO、Ca（OH）$_2$、$CaCO_3$、$CaSO_4 \cdot 2H_2O$]

以及沸石材料等，其中采用活性炭及改性活性炭吸附去除汞的技术研究较为深入。其中，经碘处理后的活性炭，其脱汞效率有一定程度的提高，最佳的脱汞效率达到了90%，且卤化物与汞之间的反应能防止活性炭表面的汞再次蒸发逸出。通过蒸汽活化的活性炭不具备吸附汞的能力，而通过$ZnCl_2$化学改性的活性炭显示出很强的汞吸附能力。飞灰颗粒具有良好的孔隙结构和比表面积，因此国内外众多学者也对飞灰吸附汞进行了研究。对于亚烟煤飞灰，汞的去除率为84%~86%；而对于烟煤飞灰，仅为10%，这是由于不同来源和种类的飞灰样品中含碳量的不同所造成的。钙基吸附剂也是常用的脱汞吸附剂，$Ca(OH)_2$对Hg^{2+}的吸附效率可达到85%，但对于Hg^0脱除率很低。

（2）催化氧化法　催化氧化法是利用氯化氢、水和二氧化碳等气体在紫外光的作用下均能与汞发生化学氧化反应除汞。电催化氧化联合处理工艺核心是介质阻挡放电反应器，在这类放电反应器中，烟气中的污染物（主要针对烟气中NO_x、SO_2、Hg和其他重金属）可被瞬间高度氧化，生成易溶于水或者易于脱除的产物。湖南大学李彩亭团队研究了紫外-芬顿反应系统中单质汞的氧化脱除，结果表明在最佳条件下Hg^0平均氧化脱除效率达到了94.4%[82]。该法能耗低、运营成本较少，且无二次污染，故具有较好的应用潜力。二氧化钛（TiO_2）因其高稳定性和高催化活性等特点已成为了催化氧化反应中催化剂研究的热点。袁媛等[83]采用自制（溶胶-凝胶制备法）的硅酸铝纤维-纳米TiO_2复合材料进行光催化脱汞的实验，研究结果显示光催化脱汞效率达到84%，且随着反应温度升高而降低。

2. Pb 脱除

（1）尘粒捕集　大气中的铅常以氯化铅、氧化铅和硫酸铅等形式的铅烟、铅尘存在，主要来源于燃煤燃油、固体废弃物焚烧、铅冶炼等人为活动过程。工业上控制烟气铅污染主要是选择不同的收尘工艺进行尘粒捕集，如袋式除尘、电除尘工艺等。袋式除尘器净化效率高，运行稳定，且比静电除尘器设备简单，技术要求低。对于含大量铅烟尘的尾气，采用脉冲袋式除尘器，优选滤料后除尘效率能达到99.9%。而电除尘器利用电磁力实现粒子捕集，除尘效率高。通常控制铅烟尘的温度在50℃，水分体积分数不小于10%，比电阻小于$1010\Omega\cdot cm$时，除尘效率最佳，能达到99.9%[84]。

（2）化学吸附固化　化学法则是用各种酸碱、矿物或有机螯合剂作为吸附材料对污染大气进行处理，使重金属离子从难降解或毒性大的形态转变为较稳定或无毒性（毒性小）的形态，然后可以对重金属离子进行回收再利用。目前对于铅控制研究的吸附材料主要有钙基吸附剂、硅铝基吸附剂和活性炭材料等，常见的钙基吸附剂是碳酸钙、氧化钙等，硅铝基吸附剂包括高岭土、膨润土、石英、沸石、磷石灰等。闵玉涛[85]等利用自制的载硫活性炭纤维（ACF/S）材料处理模拟烟气中的铅时发现，较未负载硫的ACF而言，ACF/S材料对烟气铅有较好的捕集效果：它在不同的烟气氛围（HCl、SO_2）中，对颗粒铅主要是简单的物理吸附，其捕集率均达到65%以上；而气态铅在通过ACF/S时会与负载的S反应生成PbS沉淀而脱除，其脱除效率均达到80%以上。

（四）重金属固体废弃物治理技术

在各类危险废物中，重金属废物占很大的比重，处置方法基本是本着"无害化、减量化、资源化"的原则进行。

近年研究表明，垃圾焚烧过程中重金属的迁徙主要受到氯、硫、焚烧温度和焚烧气氛等条件的影响。于洁等[86]以 Cd 与 Pb 为研究对象，在流化床反应器上对模拟城市生活垃圾 Al_2O_3 热处理过程中重金属的动力学挥发特性进行了研究。分析了氧化还原条件、H_2O、HCl、SO_2 及基体 Al_2O_3 对重金属的挥发特性影响。研究结果表明，Cd 具有较强的挥发性，尤其是在通入 HCl 的情况下，而 Pb 的挥发程度则较低，同时氧浓度的增加会降低重金属的挥发。Al_2O_3 颗粒中重金属的物理化学吸附以及重金属的扩散效应则同样在一定程度上抵制了重金属的释放，而 SO_2 的通入则在一定程度上促进了 Cd 与 Pb 的释放。

（1）由中南大学开发的"鼓风炉还原造锍熔炼清洁处置重金属（铅）废料新技术"[87]主要用于从含铅重金属固废中富集回收重金属及贵金属。技术原理是：各种含铅等固体废弃物中的硫是以硫酸根或单质硫或复杂硫化物存在，在密闭熔炼过程中被碳分解、还原的同时与含氧化铁等造锍剂发生还原造锍反应，物料中的硫被以锍的形式固化下来，几乎不产生二氧化硫尾气，重金属及贵金属被还原富集综合回收。关键技术为将硫以锍的形式固化技术。重庆某企业"利用含铜废弃物制备高纯亚微米超微细铜粉"技术[88]，该技术以含铜废弃物为原料，提取并制备硫酸铜或碱式碳酸铜，再采用硫酸湿法循环还原技术制备成高纯亚微米超微细铜粉。这种亚微米铜粉还具有质软、抗磨、无磁性、高分散稳定性、相容性、易合金化与铜基燃烧催化等特性，与其他辅助材料及基础润滑油按比例一起进行加工处理，开发生产亚微米铜基抗磨修复精华油系列产品，与原润滑油按比例直接混合使用，不但可以大大提升原润滑油的各项应用性能，延长原润滑油使用寿命 2 倍以上，同时可为纺织机械等工业运转设备提供世界最先进的流体自清洁、流体自修复与流体再加工技术，维护其高负荷、长周期、低成本、安全稳定运行。关键技术为超微细铜粉粒径与形状控制技术、水解晶种与钛白增白技术及铜粉的抗氧化技术。

（2）该技术通过水解方法去除铬泥中大部分与铬盐结合的有机物，再通过氧化方法去除残余的有机物，然后通过碱度和浓度调整得到具有良好鞣性的铬鞣剂，干燥后得到铬粉产品，该产品可以代替商品铬粉用于制革生产。水解产生的蛋白液经过改性后可以制成用于制革的复鞣剂，回用于制革生产。关键技术为铬泥中杂质蛋白的去除和铬盐鞣性的恢复技术。该技术已经在福建省、江苏省、山东省和浙江省近十家企业得到应用。综合利用产品为铬鞣剂和复鞣剂，该技术既节约了危废物填埋的成本，又节约化工材料，为制革厂带来良好的经济效益。

（3）"利用铬革屑生产再生纤维革技术"，采用湿法开纤方法对铬革屑进行处理得到皮革纤维绒，再使用水力解纤得到真皮纤维的水分散液，然后通过染色加脂和混胶，得到真皮纤维浆料并使用连续生产线进行持续铺网、滤水、真空脱水、挤水、微波干燥、烘干后得到再生真皮纤维革坯，革坯经过熨压、磨革、移膜和压花后得到再生真皮纤维革产品。关键技术为铬革屑的湿法开纤、水力解纤、染色加脂和成型整理技术。该技术已经投入生产近两年，在河北省已建成年处理能力 10000t 的铬革屑生产线。将铬革屑制备成为再生纤维革产品，节约了危废物填埋的成本，又具有良好的经济效益。

低品位重金属固体废物无害化处理，一直是环保领域的一大难题。目前通用的技术，只能将含锌量在 10％以上、含铅量 25％以上的固体废物进行综合利用，"低品位重金属固体废物无煤低燃值无害化处理技术"，则是将瓦斯灰、瓦斯泥、中和渣、铁渣等按合理比例混合后，经回转窑煅烧，可将固体废物中含量在 5％以下的锌、3％以下的铅实现高效回收，同时将固体废物中可能含有的铟、金、银等其他有价金属也同步回收，固体废物综合利用率实现翻番。且回转窑生产过程中，其燃料采用有色冶炼、钢铁等企业的废弃物瓦斯灰、瓦斯泥，不再消耗原煤。整个提炼过程可实现零排放，不产生二次污染，既变废为宝，又保护环境。该技术在应用中，可帮助冶炼、化工、钢铁等企业处理含重金属固体废物，节约标准煤、减少二氧化硫排放，同时回收大量锌、铅、铟、金、银等有价金属，具有较显著的社会效益和经济效益。

重金属生物淋滤技术和资源化技术是处理固体废弃物的一项重要技术。20世纪50年代美国开始利用生物淋滤法浸出铜矿。加拿大等多个国家随后采用该技术浸出铜、金、铅、锌、锡、锑、铀矿[89]。在国内南京农业大学周立祥等最先引进了重金属的生物淋滤（生物沥浸）技术，于21世纪初开始了污水污泥中重金属细菌淋滤的相关研究。他们利用源自污泥自身的氧化亚铁硫杆菌对厌氧消化污泥中的重金属Cu和Zn进行生物淋滤，8天后污泥中Cu和Zn的去除率分别达93％和85％。随后，他们以氧化亚铁硫杆菌（$Thiobacillus\ ferrooxid\ ans$）和氧化硫硫杆菌（$Thiobacillus\ th\ iooxidans$）为主要生物淋滤细菌，可将污泥中难溶性金属硫化物氧化成金属硫酸盐而溶出，再通过固液分离即可达到去除重金属的目的。他们并系统地研究了影响污泥的生物淋滤效果的因素，如温度、O_2和CO_2浓度、起始pH、污泥种类与浓度、底物种类与浓度、抑制因子、Fe^{3+}浓度，并较为详细地介绍了生物淋滤法的作用机理及高效去除污泥中重金属的操作程序。随后该课题组围绕制革污泥利用嗜酸性硫杆菌对其中的重金属铬进行了脱毒和回收研究。近五年，该课题组主要针对利用微生物沥浸技术产生的次生矿物吸附去除、回收水体中As（Ⅲ）、Cu及Zn重金属离子进行了大量研究[90~96]。研究结果表明，包括施氏矿物、黄钾铁矾在内的次生矿物对水体中重金属As吸附去除效果最好，Cu、Zn次之。

用浸矿微生物处理一些难采、难选的贫矿、废矿、表外矿，具有成本低、操作简单、环境污染小等优点，已被广泛应用[89]。唐敏等[97]利用6种浸矿细菌对赞比亚尾矿（火法冶炼渣、浮选渣和酸浸渣）进行了生物浸出试验，研究评价了铜的生物浸出效果以及揭示了浸出过程中矿物和菌群的演替规律。谭媛等[98]借助黑曲霉菌对蛇纹石尾矿（包含金属Mg、Fe、Co、Al和Ni）的生物浸出条件、效果和浸矿机理进行了探讨。其研究表明，黑曲霉菌对尾矿的浸出，当培养基的pH=6、加入蔗糖的量为10％时，浸矿效果最好；将浸矿前后的矿粉进行SEM/EDS发现，浸矿过程中菌体与矿粉相互作用形成了菌体-矿物复合体，能够有利于浸矿的进一步进行。

近五年，北京理工大学辛宝平课题组对包含电解锰渣[99,100]、低品位矿物[101]、冶炼尾渣[102]、废旧电池[103~106]、垃圾焚烧飞灰和废催化剂等在内的无机固废及危险固废的微生物浸出、回收重金属的技术和工艺的研究已取得重要了进展。这些废物中既含有有毒或剧毒重金属（准金属），如铅、铬、镉、汞和砷，又含有高价值的重金属，如金、银、钯、铂、铟、镓、钴、镍、铜、锌、锰等，堪称"二次资源"。

该课题组是利用特定微生物（如硫氧化细菌和铁氧化细菌）在一定条件下作用于成本低廉的金属硫化物黄铁矿、硫黄等得到含H^+、Fe^{3+}和Fe^{2+}离子及菌体代谢产物的淋滤液，然后将含重金属氧化物或重金属氢氧化物的电解锰渣、低品位矿物、冶炼尾渣、一次电池、二次电池、垃圾焚烧飞灰和废催化剂等无机固废或危险固废投加至该淋滤液中，可使固废中重金属元素得以最大程度的溶释，最终该危险固废因浸出毒性消失或减小而转化为一般固废的管理处置范围，而对于能达到无害化、稳定化的一般固废可以进行资源化用作建材或作最终安全填埋处置。将经过生物淋滤浸出得到的重金属离子进行了资源化处理。如利用含锰废渣淋滤浸出的重金属 Mn^{2+} 除用于电解制备电解锰外，还借助微生物技术制备具磁、光学特性的 MnS 纳米颗粒[107]；利用废旧电池淋滤出 Zn^{2+} 生物制备出高纯度 ZnS 纳米颗粒[108]；还利用一次锌锰电池淋滤出的 Zn^{2+}、Mn^{2+} 生物制备出高纯度 ZnS 纳米材料和锌锰铁氧软磁纳米颗粒[109]。

（五）清洁生产技术

2011 年 2 月，国务院正式批复《重金属污染综合防治"十二五"规划》，对污染严重的行业，仅仅靠末端治理具有很大的局限性，清洁生产作为一种全新的创造性思想，是防治重金属污染的根本出路和最佳途径。国家颁发的《工业清洁生产推行"十二五"规划》中对清洁生产推行的具体操作做出了规划，包括重金属污染物削减技术和有毒有害原料（产品）替代。

1. 电镀行业

按照生产过程污染物"减量化、无害化、资源化"的原则，从设计时段的源头污染预防到生产时段的污染防治，是电镀行业最佳可行的污染防治技术组合。蔡瑜瑄等[110]推荐的电镀工艺过程污染预防最佳可行技术包括有毒材料替代技术、清洗水减量化技术及槽边回收技术；工业水污染治理最佳可行技术包括碱性氧化法处理技术、化学还原法处理技术、化学沉淀法处理技术、化学法＋膜分离法处理技术、A2/O 生化处理技术、好氧膜及缺氧膜生物处理技术、反渗透深度处理技术；电镀工业大气污染治理最佳可行技术包括喷淋塔中和法处理技术、凝聚法回收铬雾技术、喷淋塔吸收法处理技术、袋式除尘法净化技术、湿式除尘法处理技术；电镀污泥综合利用及处理处置最佳可行技术包括熔炼法技术、氨水浸出法技术、硫酸浸出法技术。同时还提出规范计量管理是电镀行业实施重金属污染与清洁生产的保障及技术操作要点，对推动电镀行业的重金属污染预防及节能减排工作有较好的指导意义。

2. 电池行业

国家鼓励加强科技创新，推动电池行业清洁生产技术进步，针对电池生产过程中重金属污染物产生的关键工艺环节，结合清洁生产审核报告要求，采用一批先进成熟适用的技术，实施清洁生产技术改造工程。对有创新点突出、应用效果显现的技术进行产业化示范。

（1）卷绕式铅蓄电池技术与装备　该技术采用延压铅板栅、卷绕式电极结构，提升了铅蓄电池大电流放电、耐振动和高低温等性能，提高了铅蓄电池功率密度，单位功率密度耗铅量减少 1/4。卷绕式铅蓄电池可应用于普通汽车和工程车辆的启动以及电动工具等电源领域，并可作为动力电池应用于轻度混合电动汽车、轻便型电动汽车。扩展式（如拉网）板栅技术是采用冷挤压剪切扩展成型，可使板栅金属结构致密，耐腐蚀性明显提高，且板栅厚度较其他工艺薄很多，减少耗铅量和铅烟、铅渣排放量。板栅制造新技术还包括冲孔式、连铸连轧式工艺技术，目前上述工艺主要通过引进国外技术装备实现规模化生产，目前国内对同类技术与装备开始研发，已经有国产线，并有出口，具备应用前景。

（2）轨道交通车辆、工业机器人等领域用动力锂离子电池和氢镍电池技术　目前磁悬浮列车、工业机器人，以及轨道交通车辆（火车、地铁等）的电源系统通常采用镉镍电池。采用动力锂离子电池和氢镍电池替代镉镍电池，一方面减少废镉镍电池产生量（减少镉耗用总量约 3%），另一方面提高动力电源的能量密度和功率密度。动力锂离子电池和氢镍电池技术的重点是提高电池的可靠性和安全性，以及电池系统管理技术。

3. 制革业

清洁生产技术主要包括无铬或低铬清洁生产技术、铬鞣法的铬污染控制技术和"五水分流"清洁生产技术。其中，无铬或低铬清洁生产技术、铬鞣法的铬污染控制技术取得了一些进展。

（1）无铬或低铬清洁生产技术　开发新型高效的无铬类或少铬类鞣剂应当成为且已成为当前制革和环境工作者的研究热点。

无铬鞣剂要想取代铬鞣剂必须满足以下条件：鞣革耐湿热稳定性强；革性能要接近铬鞣革；对环境影响小；不引入新的有毒、有害物质；成本合理；可以满足不同风格的革制品需求等。鉴于此，目前常用的无铬鞣剂主要有植物鞣剂、合成鞣剂、树脂鞣剂、油鞣剂和醛鞣剂等。

（2）铬鞣法的铬污染控制技术　铬鞣法的铬污染控制技术，主要可以分为两个方面：一是通过提高鞣制过程中铬鞣剂的利用率来减少含铬废物排放的铬污染控制技术；二是通过适当的后期处理减少含铬废物排放的铬污染控制技术。

① 提高鞣制过程中铬鞣剂的利用率，减少含铬废物的排放　尽管现在提倡末端治理转向首端预防，一些制革厂已采取无铬鞣法、少铬鞣法、高吸收铬鞣法及非金属鞣法制革，但目前我国制革厂大规模采取无铬鞣法等技术的时机尚未成熟，因此，优化常规铬鞣技术，采用废铬鞣液循环利用技术更不失为一种简单易行的好办法。这是一种技术上合理、操作上实用的铬污染控制技术，已在英、美、日本、澳大利亚等广泛推广应用，正被国内更多企业采用。曹成波等[111]系统开展了"废铬鞣液组分及其循环利用技术的研究开发"（获国家科技进步奖），将浸酸、铬鞣与复鞣操作视为一个系统，通过物料衡算导出了该循环系统液量变化的计算公式，讨论了控制和稳定废铬液液量、含盐量和含铬量以及提高废液回收利用率的技术措施及方法，介绍了该技术的有关特点。该技术不但能大大提高废铬鞣液的利用率，而且有利于成革质量的稳定，具有良好的环境效益、社会效益及经济效益。

② 适当的后期处理减少含铬废物的排放　通过适当的后期处理减少含铬废物排放的铬污染控制技术，可减少鞣革过程中不能利用的铬向外界环境的排放，从而降低其对环境的危害，因此，从保护环境的角度考虑这是防止含铬废物向外界环境超标排放的最后一道"防线"。有研究者利用螯合剂处理铬鞣废水的新方法[10]，即先将铬鞣废水集中回收，采用一种铬离子捕集剂，将废液中的铬螯合成大分子铬而被提取出来，处理后的废水为只含中性盐的中水，可用于铬鞣前的浸酸工序；提取出的大分子铬再用于生产铬鞣剂。该项技术可以实现铬的零排放，大幅度减少废水中的铬含量，也降低了含盐量，经济效益显著，被认为是一项经济效益较高的清洁工艺技术。

4. 有色金属行业

段宁[112]等针对电解锰行业的实际需求开发了电解锰行业工业废水的全过程控制技术。通过电解后序工段连续抛沥逆洗及自动控制技术和电解锰含铬废水资源化技术两项关键技术的集成应用，对电解锰废水进行"三次减量，两次循环"，"三次减量"即通过阴极板出槽刷沥消减电解液 65%、通过钝化槽刷沥消减钝化液 65%、通过多级自动逆流清洗削减清洗废水 80%；"二次循环"即废水中的 Cr（Ⅵ）经离子交换回收循环利用到钝化工艺、经减量和除铬后的含高浓度锰、氨氮废水循环利用到生产工艺中，突破了电解锰企业废水全过程控制的两个技术关键点，真正实现电解锰生产废水零排放，不仅大幅度降低了环保处理设施的运行费用，还将废水有价资源（锰、六价铬、氨氮）几乎全部回收，从根本上解决目前电解锰废水处理存在的不能稳定达标、铬渣二次污染隐患、氨氮未有效处理和资源严重浪费的问题。该技术设计和实现了 3 次减量、2 次循环，工艺废水产生量削减80％以上，可回收 99.5％以上的铬，废水中的氨氮回用于生产过程。该技术可实现节电8％以上，削减电解车间工人 70％左右，从根本上解决污染问题的同时，也带来巨大的经济效益。此技术主要应用在电解车间的电解后序工段。以 2 万吨/年规模生产线为例，电解锰生产废水全过程控制技术可实现年减排和回收锰 200t、重铬酸钾 46t，减排铬渣 160t，减排氨氮 400t，废水中高浓度氨氮几乎全部回用。由此可见，该技术大幅度削减了电解锰生产过程中重金属、氨氮等污染物的产生和排放量，大大降低了电解锰生产过程中对生态环境的潜在危害。该技术的应用，在保证废水回用水质的基础上，对废水中的铬资源进行了高效率的选择分离和循环利用，减少了铬渣排放，有效避免二次污染的产生，同时也大大减少了废渣的处置费用，有效改善废渣堆放场的脏乱局面，在控制环境污染的同时又提高了资源的回收利用率，具有极佳的环境效益。那么如果将该技术推广应用到整个行业，按照 2010 年我国电解锰产能 220 万吨，实际产量 138.24 万吨估算，该技术将可促进整个电解锰行业年减排和回收锰约 13824t，回收重铬酸钾约 3179t，减排铬渣约 11059t，减排氨氮约 27648t，必定会为电解锰行业"十二五"污染物减排做出巨大贡献。

（六）重金属污染监测技术方法

目前，金属离子常用的检测方法根据检测原理的不同可以划分为化学法、物理法和生物检测法等。近几年，由于环境和食品安全成为全球关注的热点，中国学者开始着手研究重金属的免疫学检测方法。

1. 重金属快速免疫学检测方法

金属离子的种类繁多、含量低、样品组成复杂、具有流动性和不稳定性，根据环境中金属离子的特点，决定了重金属的分析技术和方法需要灵敏、准确、实时、快速地分析。传统的检测方法需有代表性地采集、运输样品到实验室进行分析，因此要严格保证样品的完整性，如水样通常加入保存酸，使样品 pH 低于 2，以避免容器吸附金属离子，防止金属沉淀。为了减少中间环节，测得重金属在环境中的含量和污染程度，要实时对污染物进行定量检测。目前国际上环境检测的发展方向为：在线、实时、简便、易携、灵敏度高、检出限低、选择性好，可用于复杂样品的测量，可供大批量的检测，能用于不同来源的环境样品。原子吸收光谱分析法、电感耦合等离子发射光谱法或电化学方法等检测成本高、耗时长，难以适应环境及市场产品的现场抽查及产品进出口快速通关的要求。重金属快速免疫学检测方法检测速度快、费用低、仪器简单易携，可用于重金属的现场检测，抗金属-螯合剂抗体的分离和纯化与自动化和小型化便携式传感器的研究同时进行，而传感器的研究以这些抗体作为识别元素，传感器的使用能明显降低场地监测的费用并极大地提高风险评估效果，为重金属污染物的检测提供了另一种途径。目前，重金属快速免疫学检测主要集中在环境水样和液体样本的快速检测，用于快速检测农畜产品中重金属的快速高效免疫学检测方法仍需进一步研究；另外，重金属免疫检测方法仍有许多改进途径和扩展方法。因为免疫检测的灵敏度和特异性取决于抗体的结合属性，其性能的提高可能来自具有新的结合特性的抗体的产生。近年来，重组单克隆抗体的建构技术、基因工程抗体和蛋白质工程技术为重金属特异性单克隆抗体的制备提供了新的机遇，为重金属离子的免疫学检测提供了广阔的前景。

2. 拉曼光谱技术

人们对重金属污染的关注程度也逐渐影响到了重金属离子痕量检测技术的发展。拉曼光谱技术由于能提供分子的结构信息，有较高的灵敏度，因此有望在重金属分析领域得到越来越广泛的应用。尤其是表面增强拉曼技术新型基底的制备、合成以及机理的研究，大大增强了拉曼光谱在分子领域研究中的能力，无论是混合物的定性分析，还是特征分子的定量分析，拉曼光谱技术始终都是强有力的分析工具。然而，拉曼光谱技术同样也有待改善的地方，如随着分子浓度的下降，拉曼特征峰将会被淹没，从而可能会对某些微小成分漏检；激光功率的增强在给拉曼信号带来提升的同时，为防止发生样品被灼烧、击穿等现象，也对某些被测物熔点的高低提出了要求。但是，随着表面增强、显微拉曼技术的逐渐成熟，拉曼信号的信噪比也将得到逐步提高，对低浓度样品的检测也将成为可能。此外，由于激光技术的发展，尤其是超脉冲激光技术的出现，对拉曼光谱检测如重金属离子与分子之间化合、分解的瞬态过程，提供了一种技术支持。同时随着重金属络合物研究的不断发展，结合定量分析法和化学计量学等相关理论，拉曼光谱对重金属的定量分析将会越来越完善。

3. 基于 XRF 技术的大气重金属在线分析仪

叶华俊等[113]针对大气中铅、铬、镉等重金属在线监测的应用需求，研制了基于 X 射线荧光分析技术的大气重金属在线分析仪。该仪器具有可同时监测 20 多种元素、检出限低、无损、快速、使用方便和维护成本低等优点。该分析仪监测大气中铅元素浓度结果与 ICP-MS（inductively coupled plasma mass spectrometry）分析仪结果对比，相对误差在 4% 以内。将该分析仪应用于杭州某大气监测站，连续监测大气重金属变化情况，实验结果表明该分析仪可靠性高、具有较强的现场应用能力，满足现场应用需求。

四、重金属污染防治政策与管理技术进展

（一）规划的编制与实施

重金属污染是在长期的矿产开采、加工以及工业化进程中累积形成的。我国在长期的矿产开采、加工以及工业化进程中累积形成的重金属环境污染日趋凸显。为加强重金属污染防治，有效遏制污染事件高发态势，2009 年 11 月，国务院办公厅转发环境保护部等部门《关于加强重金属污染防治工作指导意见的通知》，明确了重金属污染防治的目标任务、工作重点以及相关政策措施。2011 年 2 月，国务院批复实施《重金属污染综合防治规划（2010—2015 年）》（以下简称《规划》），成为我国第一个"十二五"专项规划。

《规划》以"治旧控新、削减存量"为基本思路，以调结构、保安全、防风险为着力点，立足于源头预防、过程阻断、清洁生产、末端治理的全过程综合防控理念，遵循以人为本、科学发展，统筹规划、突出重点，治旧控新、综合防治，政府引导、企业主体的原则，突出重点防控的污染物、区域、行业和企业（5 种重点防控元素、5 个重点防控行业、138 个重点防控区域、14 个重点防控省份、4452 家重点防控企业和 2689 个重点项目），明确了重金属污染防治目标、任务和政策措施，通过转变发展方式、优化产业结构、推进技

术进步、加强重金属污染源监管，逐步建立起比较完善的重金属污染防治体系、事故应急体系和环境与健康风险评估体系，有效防控重金属污染。《规划》提出，到 2015 年，集中解决一批危害群众健康和生态环境的突出问题，建立起比较完善的重金属污染防治体系、事故应急体系和环境与健康风险评估体系。重金属相关产业结构进一步优化，污染源综合防治水平大幅度提升，突发性重金属污染事件高发态势得到基本遏制。城镇集中式地表水饮用水水源重点污染物指标基本达标，重点企业实现稳定达标排放，重点区域重点重金属污染物排放量比 2007 年减少 15％，环境质量有所好转，湘江等流域、区域治理取得明显进展；非重点区域重点重金属污染物排放量不超过 2007 年水平，重金属污染得到有效控制。

《规划》发布后，国务院印发了《重金属污染综合防治"十二五"规划任务分工方案》，将任务分解落实至发展和改革委员会、工信部、财政部、卫生部、国土资源部、农业部、科技部、水利部、商务部、安监等相关部委。环保部组织成立了重金属污染防治工作领导小组及其办公室。大多数省政府建立《规划》实施领导小组和办公室，广东、湖南、江苏等省建立了重金属污染防治联席会议制度。2012 年，环保部印发《重金属综合防治"十二五"规划实施考核办法》及《重点重金属污染物排放量指标考核细则》（环发[2012]81 号文），从重金属排放量、环境质量、重点项目、环境管理和风险防范五个方面对各省进行考核。

《规划》实施 3 年来，各地区、各部门遵循"控新治旧、削减存量"的基本思路，以涉重行业、防控区域为重要抓手，以综合整治为主要手段，大力推动行业污染综合整治和区域重金属综合整治，阶段性成效已经显现。充分应用国家重金属规划考核体系，发挥出地方各级政府的统一组织、监督协调作用，落实企业主体责任；发挥出国家重金属污染防治专项资金的引导支持作用，积极推动重点项目实施。重点推进"等量置换""减量置换"台账管理、排放核查、责任保险等重金属环境管理制度实施；严格环境监督执法并持续保持高压态势，利用国家"环境污染罪"司法解释，建立环保、公安、司法等部门联合执法机制，对重金属环境违法行为进行严厉打击。形成了"抓手有力、组织到位、责任清晰、监管有效"的重金属防控局面。截至 2013 年年底，全国共淘汰涉重金属企业 4000 余家，淘汰铜冶炼 204 万吨、铅冶炼 296 万吨、锌冶炼 85 万吨、制革 2580 万标张、铅蓄电池 5800 万千伏安时。制修订铅锌、铜钴镍等一批涉重金属行业污染物排放标准和污染防治技术政策，铜冶炼、铅锌冶炼、铅蓄电池等行业集中度和技术水平明显提升。中央共安排 116 亿元重金属污染防治专项资金支持开展重金属污染治理，带动地方和企业投入 300 多亿元，完成重点项目 1496 个。连续 3 年将整治重金属违法排污企业作为全国环保专项行动的工作重点，共排查重金属采选及冶炼、铅酸蓄电池、电镀、皮革等企业 1 万余家，查处环境违法企业 2079 家，责令停产整治 1142 家。当前，重金属污染物排放量得到较好控制，重金属环境质量总体稳定，部分重点区域生态环境质量趋向改善，重金属环境风险防范水平明显提高，突发性重金属污染事件高发态势得到基本遏制。

（二）重金属污染防治政策进展

"十二五"期间，已发布各种类型重金属污染防治管理类文件，涉及产业政策、行业准入、管理政策、监管政策、环境经济政策、人体健康等，如表 2 所示。

表2 "十二五"期间发布的与重金属污染防治相关管理类文件

序号	名称	发布单位
行业准入条件		
1	铅锌行业准入条件	国家发展和改革委员会（发改委）
2	铅锌行业准入条件(2011 修订)	—
3	再生铅行业准入条件	工业和信息化部
4	铅蓄电池行业准入条件	工业和信息化部、环境保护部
5	电解金属锰行业准入条件(2008 年修订)	国家发展和改革委员会
6	铬盐行业环境准入条件(试行)	—
7	化工行业标准:氯乙烯合成用低汞触媒	工业和信息化部
8	关于规范铅锌行业投资行为加快结构调整　指导意见的通知	国家发展和改革委员会
9	关于促进铅酸蓄电池和再生铅产业规范发展的意见	工业和信息化部、环境保护部、商务部、国家发展和改革委员会、财政部
行业污染防治管理		
10	关于加强铅蓄电池及再生铅行业污染防治工作的通知	环境保护部
11	关于开展铅蓄电池和再生铅企业环保核查工作的通知(附:铅蓄电池和再生铅企业环保核查指南)	环境保护部
12	关于加强电石法生产聚氯乙烯及相关行业汞污染防治工作的通知	环境保护部
13	关于印发电石法聚氯乙烯行业汞污染综合防治方案的通知	工业和信息化部
14	铅酸蓄电池产品生产许可证实施细则	国家质检总局
15	工业和信息化部　环境保护部关于加强铬化合物行业管理的指导意见	工业和信息化部、环境保护部
16	关于印发尾矿库安全隐患综合治理方案的通知	国家安全生产监管总局、国家发展和改革委员会、工业和信息化部、国土资源部、环境保护部
污染防治技术管理		
17	2013 年国家先进污染防治示范技术名录	环境保护部
18	2013 年国家鼓励发展的环境保护技术目录	环境保护部
19	电解锰行业污染防治技术政策	环境保护部
20	废电池污染防治技术政策	环境保护总局
21	制革、毛皮工业污染防治技术政策	环境保护部
环境经济政策		
22	关于开展环境污染强制责任保险试点工作的指导意见	环境保护部、保监会
23	环境保护综合名录(2013 年版)	环境保护部
24	关于绿色信贷工作的意见	银监会
财税引导支持政策		
25	淘汰落后产能中央财政奖励资金管理办法	财政部、工业和信息化部、国家能源局
26	关于调整完善资源综合利用产品及劳务增值税政策的通知	财政部、国家税务总局
27	铅冶炼企业单位产品能耗消耗限额	国家质量监督检验检疫总局、国家标准化管理委员会

续表

序号	名称	发布单位
28	关于进口铅矿砂及其精矿享受黄金伴生矿税收优惠政策事宜	海关总署
29	关于调整铅锌矿矿石等税目资源税适用税额标准的通知	财政部
环境风险管理		
30	环境风险评估技术指南——粗铅冶炼企业环境风险等级划分方法	环境保护部
31	环境风险评估技术指南——硫酸企业环境风险等级划分方法(试行)	环境保护部
32	环境风险评估技术指南——氯碱企业环境风险等级划分方法	环境保护部
33	突发环境事件应急预案管理暂行办法	环境保护部
34	突发环境事件信息报告办法	环境保护部
35	突发环境事件应急处置阶段污染损害评估工作程序规定	环境保护部
36	企业突发环境事件风险评估指南(试行)	环境保护部
37	突发环境事件调查处理办法	环境保护部
环境健康		
38	重金属污染诊疗指南(试行)	卫生和计划生育委员会
39	环境重金属污染健康监测技术指南(试行)	卫生和计划生育委员会
40	环境镉污染健康危害区判定标准	环境保护部
41	中央财政清洁生产专项资金管理暂行办法	财政部
清洁生产管理		
42	铜冶炼行业清洁生产技术推行方案	工业和信息化部
43	铅锌冶炼行业清洁生产技术推行方案	工业和信息化部
44	皮革行业清洁生产技术推行方案	工业和信息化部
45	清洁生产标准　铜电解业	环境保护部
46	清洁生产标准　铜冶炼业	环境保护部
47	清洁生产标准　镍选矿行业	环境保护部
48	清洁生产标准　铅电解业	环境保护部
49	清洁生产标准　粗铅冶炼业	环境保护部
50	清洁生产标准　废铅酸蓄电池铅回收业	环境保护部
51	清洁生产标准　铅蓄电池工业	环境保护部
52	关于印发聚氯乙烯等17个重点行业清洁生产技术推行方案的通知	工业和信息化部
53	清洁生产标准　电解锰行业	环境保护部
54	清洁生产标准　制革工业(羊革)	环境保护部
55	清洁生产标准　制革工业(牛轻革)	环境保护部
56	清洁生产标准　制革行业(猪轻革)	环境保护部
57	清洁生产标准　电镀行业	环境保护部

（三）重金属污染防治技术标准体系进展

我国重金属污染防治技术管理体系处于初步建立阶段，在《"十二五"国家环境技术管理体系建设规划》发布实施后建设步伐加快。"十二五"期间已发布重金属污染防治技术导则、技术规范、最佳可行技术指南等多项技术政策，如表3所示。

表3 已发布的重金属污染防治技术政策

序号	名称	文号	发布时间
1	大气污染治理工程技术导则	HJ 2000—2010	2010.12.17
2	场地环境调查技术导则	HJ 25.1—2014	2014.2.19
3	场地环境监测技术导则	HJ 25.2—2014	2014.2.19
4	污染场地风险评估技术导则	HJ 25.3—2014	2014.2.19
5	污染场地土壤修复技术导则	HJ 25.4—2014	2014.2.19
6	污染场地术语	HJ 682—2014	2014.2.19
7	铅冶炼污染防治最佳可行技术指南(试行)	HJ-BAT-7	2012.1.17
8	铅污染场地健康风险评估技术导则	HJ 25.3—2014	2014.2.19
9	铅锌冶炼工业污染防治技术政策	公告 2012 年第 18 号	2012.3.7
10	废铅酸蓄电池处理污染控制技术规范	HJ 519—2009	2009.12.21
11	关于发布《废氯化汞触媒危险废物经营许可证审查指南》的公告	公告 2014 年第 11 号	2014.2.14
12	制革及毛皮加工废水治理工程技术规范	HJ 2003—2010	2010.12.17
13	铬渣污染治理环境保护技术规范(暂行)	HJ/T 301—2007	2007.5.1
14	铬渣干法解毒处理处置工程技术规范	HJ 2017—2012	2012.3.19
15	铬渣污染治理环境保护技术规范(暂行)	HJ/T 301—2007	2007.4.13
16	电镀废水治理工程技术规范	HJ 2002—2010	2010.12.17
17	电镀污染防治最佳可行性技术指南(试行)	HJ-BAT-11	2013.7.17

(四)涉重金属标准制定进展

我国环境质量标准针对不同级别大气、水体和土壤制定了详细的重金属限值和针对不同行业重金属排放标准,如表4所示。我国环境标准体系中,大气环境质量标准中只有一种重金属铅;水环境质量标准中涉及的重金属元素最多,共有18个(As、Ba、Cd、Co、Cr、Cr^{6+}、Cu、Fe、Hg、Mn、Mo、Ni、Pb、Sb、Se、Tl、V 和 Zn)。

表4 已发布的涉重金属的相关环境质量标准

序号	环境介质	标准名称	重金属项目	数量
1	空气	环境空气质量标准(GB 3095—1996)	铅	1
2	水	地下水质量标准(GB14848—93)	铁、锰、铜、锌、钼、钴、汞、砷、硒、镉、六价铬、铅、钡、镍	14
3		地表水环境质量标准(GB 3838—2002)	钡、钒、镉、汞、六价铬、锰、镍、铅、铁、铜、硒、锌、总钴、总砷、钼、锑、铊	17
4		海水水质标准(GB 3097—1997)	汞、镉、铅、六价铬、总铬、砷、铜、锌、硒、镍	10
5		农田灌溉水质标准(GB 5084—92)	总汞、总镉、总砷、铬(六价)、总铅、总铜、总锌、总硒	8
6		渔业水质标准(GB 11607—89)	汞、镉、铅、铬、铜、锌、镍、砷	8

序号	环境介质	标准名称	重金属项目	数量
7	土壤	土壤环境质量标准（GB 15618—1995）	镉、汞、砷、铜、铅、铬、锌、镍	8
8		展览会用地土壤环境质量评价标准(暂行)（HJ 350—2007）	锑、砷、镉、铬、铜、铅、镍、硒、银、铊、锌、汞	12
9		食用农产品产地环境质量评价标准（HJ 332—2006）	土壤：总镉、总汞、总砷、总铅、总铬、总铜、总锌、总镍；灌溉水：总汞、总镉、总砷、六价铬、总铅、总铜、总锌、总硒；环境空气：铅	土壤8项；灌溉水8项；空气1项
10		温室蔬菜产地环境质量评价标准（HJ 333—2006）	土壤：总镉、总汞、总砷、总铅、总铬、总铜、总锌、总镍；灌溉水：总汞、总镉、总砷、六价铬、总铅、总铜、总锌；环境空气：铅	土壤8项；灌溉水7项；空气1项
11		工业企业土壤环境质量风险评价基准（HJ/T 25—1999）	总锑、总砷、总钡、总镉、三价铬、六价铬、总铜、总锰、总汞、总镍、总硒、总银、总锌	13

我国涉重金属污染物的行业污染物排放标准如表 5 所示。

表5　已发布的涉重金属的相关行业排放标准

序号	文号	政策名称
1	GB 15581—95	烧碱、聚氯乙烯工业水污染排放标准
2	GB 9078—1996	工业炉窑大气污染排放标准
3	GB 18486—2001	污水海洋处置工程污染控制标准
4	GB 18918—2002	城镇污水处理厂污染物排放标准
5	GB 14470.1—2002	兵器工业水污染物排放标准　火炸药
6	GB 14470.2—2002	兵器工业水污染物排放标准　火工药剂
7	GB 20426—2006	煤炭工业污染物排放标准
8	GB 18466—2005	医疗机构水污染物排放标准
9	GB 21900—2008	电镀污染物排放标准
10	GB 21903—2008	发酵类制药工业水污染物排放标准
11	GB 21904—2008	化学合成类制药工业水污染物排放标准
12	GB 21906—2008	中药类制药工业水污染物排放标准
13	GB 25467—2010	铜、镍、钴工业污染物排放标准
14	GB 25466—2010	铅、锌工业污染物排放标准
15	GB 25464—2010	陶瓷工业污染物排放标准
16	GB 25468—2010	镁、钛工业污染物排放标准
17	GB 25463—2010	油墨工业水污染物排放标准
18	GB 15580—2011	磷肥工业水污染物排放标准
19	GB 13223—2011	火电厂大气污染物排放标准
20	GB 26451—2011	稀土工业污染物排放标准

续表

序号	文号	政策名称
21	GB 13456—2012	钢铁工业水污染物排放标准
22	GB 4287—2012	纺织染整工业水污染物排放标准
23	GB 4915—2013	水泥工业大气污染物排放标准
24	GB 29495—2013	电子玻璃工业大气污染物排放标准
25	GB 30484—2013	电池工业污染物排放标准
26	GB 30486—2013	制革及毛皮加工工业水污染物排放标准
27	GB 30770—2014	锡、锑、汞工业污染物排放标准

我国相关固体废物污染物控制标准涉及的重金属污染物的控制详见表 6。

表6 已发布的涉重金属的固体废物污染控制标准

序号	标准名称	重金属项目	数量
1	危险废物焚烧污染控制标准(GB 18484—2001)	汞及其化合物,镉及其化合物,砷、镍及其化合物,铅及其化合物,铬、锡、锑、铜、锰及其化合物(大气污染物)	10
2	危险废物填埋污染控制标准(GB 18598—2001)	有机汞、汞及其化合物(以总汞计)、铅(以总铅计)、镉(以总镉计)、总铬、六价铬、铜及其化合物(以总铜计)、锌及其化合物(以总锌计)、钡及其化合物(以总钡计)、镍及其化合物(以总镍计)、砷及其化合物(以总砷计)	9
3	生活垃圾焚烧污染控制标准(GB 18485—2001)	汞、镉、铅(大气污染物)	3
4	生活垃圾填埋场污染控制标准(GB 16889—2008)	总汞、总镉、总铬、六价铬、总砷、总铅(水污染物)	5
5	城镇垃圾农用控制标准(GB 8172—87)	总镉(以 Cd 计)、总汞(以 Hg 计)、总铅(以 Pb 计)、总铬(以 Cr 计)、总砷(以 As 计)	5
6	农用粉煤灰中污染物控制标准(GB 8173—87)	总镉(以 Cd 计)、总砷(以 As 计)、总钼(以 Mo 计)、总硒(以 Se 计)、总镍(以 Ni 计)、总铬(以 Cr 计)、总铜(以 Cu 计)、总铅(以 Pb 计)	8
7	农用污泥中污染物控制标准(GB 4284—84)	镉及其化合物(以 Cd 计)、汞及其化合物(以 Hg 计)、铅及其化合物(以 Pb 计)、铬及其化合物(以 Cr 计)、砷及其化合物(以 As 计)、铜及其化合物(以 Cu 计)、锌及其化合物(以 Zn 计)、镍及其化合物(以 Ni 计)	8

五、重金属污染防治学科发展趋势及展望

(一) 重金属污染防治政策与监管

1. 重金属污染防治学科发展趋势

由于重金属污染涉及化学、物理学、生物学、毒理学、生态学等多学科内容,而植物富集和提取重金属的过程、机理非常复杂,加上后处理技术尚不完善,未来一段时间内,重金属污染和治理研究,应重点解决以下问题。

(1) 基于重金属植物提取的生态修复 基于单体植株的重金属富集研究,将随着技术发展而逐步深入,寻找或培育具有富集能力强、生物量大的重金属提取植物,将是重金属生态修复的长期任务。在宏观尺度上,发展流域重金属植物提取的定量化衡量方法,将是

精确把握重金属污染程度、治理方向的迫切需求；而探索重金属植物提取的后处理方法与技术，将完善重金属生态修复理论，进一步促进重金属污染的治理进程。

（2）重金属元素循环迁移的尺度转换　重金属元素循环迁移过程中有分子、微粒（有机质、胶体、沉积物颗粒等）、细胞、植物（部分及植株）、河流（或湖泊或湿地）等多种承载体，涉及分子—生物组织—生物个体—生态系统—景观—流域等多种尺度和土壤（或沉积物）—水体—植物—大气等多种转换界面。搞清楚重金属元素在这些承载体之间的循环转移和生物放大、累积、致毒等作用，将是进行重金属污染治理的基础研究。当前，在分子、生物组织、生物个体、生态系统尺度和沉积物—水体、土壤—植物、植物—大气、大气—土壤等两相界面间的重金属污染问题得到了充分研究，但在景观、流域等大尺度和土壤（或沉积物）—水体—植物等三相界面间的重金属研究还相对较少。

（3）重金属污染大尺度监测　以往重金属污染监测多局限于区域单一或几种元素的点监测，时间间隔长，时空代表性受到一定限制。新兴观测手段，如航天、航空遥感和移动巡视系统等具有空间覆盖范围广、数据更新快、成本优势明显等特点，得到了飞速发展，如何将这些现代化技术应用到重金属污染治理研究中，形成大尺度、空间连续、高密度时间监测的立体监测系统，将是重金属污染治理的重要发展方向。

（4）重金属污染治理模型模拟　当前，重金属污染多采用点监测数据进行定性或定量化描述，多集中于微观尺度重金属迁移转化过程模拟，对于重金属全循环过程、重金属污染的生态响应、变化环境下的重金属元素循环迁移等的模拟模型较少。如湿地作为流域重金属释放（累积）的源（汇），其周期性的水文情势、土壤湿度和生态条件，必将对区域和流域尺度的重金属循环迁移产生重大影响，而类似的研究尚不多见。

（5）重金属污染生态风险管理系统建设　风险管理涉及风险评估、风险监测、风险源控制、应对措施及执行等一系列有机联系的问题，是控制、减轻、治理、恢复重金属污染的必要手段。在以往的研究中，重金属形态分析技术以及基于形态分析的生物有效性分析，已经得到了较为充分的发展，重金属污染的生态风险评价方法也得到了发展与完善，重金属污染植物修复技术，特别是极具发展潜力的植物提取技术，日益受到重视。然而，由于重金属污染涉及化学、物理学、生物学、毒理学、生态学等多学科内容，植物富集和提取的过程、机理非常复杂，后处理技术尚不完善。基于重金属污染防治已有研究成果，完善植物修复理论和技术，加强流域尺度河流—土壤—植被—大气系统的重金属污染宏观研究，开展重金属元素循环迁移过程研究，利用遥感和GIS等技术建设重金属污染现代化立体监测系统，构建重金属污染生态风险管理系统，将是重金属污染研究的未来发展方向。

2. 完善重金属污染防治政策与监管

《重金属污染综合防治"十二五"规划》（简称《规划》）的提出，充分体现了党中央、国务院对重金属污染防治的高度重视。环境保护部有关负责人就重金属防治的目标、措施等提出如下指示。

（1）建立三大体系、解决一批问题　《规划》遵循源头预防、过程阻断、清洁生产、末端治理的全过程综合防控理念，明确了重金属污染防治的目标：到2015年，从改善民生出发，"建立三大体系、解决一批问题"。即建立起比较完善的重金属污染防治体系、事故应急体系和环境与健康风险评估体系，解决一批损害群众健康和生态环境的突出问题。

（2）重点区域不再建立增加重金属排放的项目　《规划》对于重点监控污染物排放量

控制属于"硬性指标",要求极其严格,重点区域原则上不再建立增加重金属排放的项目。《规划》要求环境保护部会同有关部门,制定重金属污染防治的考核办法,明确地方政府和相关部门责任。要求各地要把重金属污染防治成效纳入经济社会发展综合评价体系,并作为政府领导干部综合考核评价和企业负责人业绩考核的重要内容。

(3)发生重金属污染事件要及时报告妥善处置 一是突出重点,从严惩治;二是源头防范,严格准入。三是妥善处置,维护稳定。

刘冬梅等[114]分析了排放 5 种重金属类(Pb,Hg,Cd,Cr,As 及其化合物)有毒空气污染物的重点行业,然后基于行业分析结果,提出我国重金属类有毒空气污染物的优先控制政策,为相关管理部门决策提供参考。具体建议如下:第一,优先控制 5 种重金属类有毒空气污染物;第二,制定重金属类有毒空气污染物排放标准;第三,放源分类管理;第四,多污染物协同控制;第五,提升监管能力;第六,加强宣传教育,鼓励公众监督。

(二) 风险指标与标准的界定

我国重金属的质量标准、排放标准体系尚不完备,且标准值间存在一些问题,亟待完善。比如《环境空气质量标准》对铅年均浓度、季均浓度限值高于《大气中铅及其无机化合物的卫生标准》中的值。最新国家重金属排放标准的个别指标宽松于有些省的地方老标准,且标准本身并未覆盖所有污染物,有可能存在交叉执行的问题。薛志钢则举例称,最新版《燃煤电厂大气污染物排放标准》已将汞纳入标准体系,但铅、类金属砷等其他重金属污染物尚未纳入该标准,应该引起高度重视。

(三) 清洁生产,源头控制

清洁生产可以认为是人们对环境保护认识观念上的一种转变,一次降低人类生存和环境的风险,它从源头上消除污染,提高资源利用效率,减轻对人类环境和健康的危害。应该说,清洁生产使得企业对资源的利用效率明显提高,大大减少了各种污染物质的排放,获得了很好的环境和经济效益,增强了企业在经济活动中的综合竞争力。不过应该承认的是,我国实行清洁生产的企业总数所占比例仍然很低,与欧美发达国家相比,各种技术、管理层面上的差距依然很大。受到传统生产模式的影响,多数中国企业的指导思想尚未从末端治理的观念中走出来,而且相关的政策和法规亟须进一步完善。实现长久、可持续发展的清洁生产还有相当难度。国内许多企业,尽管对清洁生产有一定的认识,并非常愿意实施清洁生产的中高费方案。但由于无法筹集资金而不得不放弃或推迟实施时间。目前,虽然有几十项国家清洁生产标准颁布,但不能满足清洁生产审核工作发展的需要,应加快制定标准的力度和审核的技术导则,使清洁生产审核人员有章可循、有据可依。"十二五"期间,国家进一步加大环境保护力度,明确了主要污染物总量减排约束性指标,并对重金属污染防治提出要求。为从源头减少污染物产生量,尽可能降低末端治理压力,促进国家"十二五"规划纲要提出的各项资源节约和环境保护指标完成。

参 考 文 献

[1] 郭振华,彭青林,刘春华,刘志华. 湘江株潭长段江水(枯水期)和沉积物中汞的分布和形态 [J]. 环境科学,2011. 1:113-119.

[2] 张明,沈永明,甄宏,冯宇,尚宏志. 水库中重金属迁移的神经网络模拟 [J]. 环境科学与技术,2012,35 (11):

63-70.

[3] 刘鑫垚，冼萍，李小明. 河流底泥沉积态重金属污染风险预测模型的建立. 广西大学学报：自然科学版，2014，3：586-590。

[4] 王良韬，吴永贵，廖芬，黄波平，申万暾，陈程. Cu^{2+}对水生食物链关键环节生物的毒性效应 [J]. 贵州农业科学，2011，39 (5)：226-230.

[5] 王娟，施国新，张乐乐，康宜宁，徐小颖，丁春霞. 水花生愈伤组织对 Pb 胁迫的响应 [J]. 湖泊科学，2011，23 (2)：281-286.

[6] 苑旭洲，崔毅，陈碧鹃，崔正国，杨凤. 菲律宾蛤仔 6 种重金属的生物富集动力学 [J]. 渔业科学进展，2012，33 (4)：49-56.

[7] 徐晓燕，刘玉升. 无机砷胁迫下伊乐藻的生理响应 [C]. "第二届重金属污染防治及风险评价研讨会"论文集. 增 749.

[8] 董会军，花修艺，贺丽，董德明，徐志璐，梁大鹏，郭志勇. 水环境中共存重金属对不同固相物质吸附镉和铜的影响 [J]. 吉林大学学报：理学版，2012，50 (4)：822-827.

[9] 马玉芹，功能化 SBA-15 纳米分子筛去除水中污染物的性能研究 [D]. 长春：东北师范大学，2012.

[10] 刘旸，赵雪松，潘学军. Fe$_3$O$_4$基多功能磁性纳米颗粒吸附重金属研究进展，水处理技术，2014，12：5-10.

[11] 尹一男，蒋训雄，王海北. 矿区地下水重金属污染防治初探. 2013 中国环境科学学会学术年会论文集（第五卷），2013，8.

[12] 姚琳，廖欣峰，张海洋，凌晨，于志勇. 中国大气重金属污染研究进展与趋势. 环境科学与管理，2012，9：41-44.

[13] 楼蔓藤，秦俊法，李增禧，李素媚，劳志华，陈伟民. 中国铅污染的调查研究. 关东微量元素科学，2012，10 (19)：15-20.

[14] 张霖琳，薛荔栋，滕恩江，吕怡兵，王业耀. 中国大气颗粒物中重金属监测技术与方法综述. 生态环境学报. 2015，24 (3)：533-538.

[15] 卢春，黄磊，易文涛，潘雯怡，陈强. 城市大气颗粒物中重金属形态及分布特征研究综述. 山东化工，2015，44 (18)：15-154.

[16] 李万伟，李晓红，徐东群. 大气颗粒物中重金属分布特征和来源的研究进展. 环境与健康杂志，2011，28 (7)：654-657.

[17] 刘玲，方炎明，王顺昌，谢影，汪承润. 基于悬铃木叶片重金属累积特性的大气污染分析和评价. 环境科学，2013，3：839-846.

[18] 杨建军. 污染土壤重金属分子形态及其根际转化机制研究 [D]. 杭州：浙江大学，2011.

[19] 许秀琴，朱勇，孙亚米，等. 土壤重金属的形态特征及其对蔬菜的影响研究 [J]. 安徽农学通报，2012，18 (9)：91-92.

[20] 刘剑锋，谷宁，张可慧. 土壤重金属空间分异及迁移研究进展与展望 [J]. 地理与地理信息科学，2012，28 (2)：99-103.

[21] Ripperger S，Rehkämper M，Porcelli D，et al. Cadmium isotope fractionation in seawater—A signature of biological activity [J]. Earth and Planetary Science Letters，2007，261：670-684.

[22] Arnold T，Schönbächler M，Rehkämper M，et al. Measurement of zinc stable isotope ratios in biogeochemical matrices by double-spike MC-IGPMS and determination of the isotope ratio pool available for plants from soil [J]. Anal Bioanal Chem，2010，398 (1/2)：3115-3125.

[23] 潘远来，练文标，徐婧喆. 同位素示踪环境中重金属污染来源研究进展. 第十四届中国科协年会第 1 分会场：水资源保护与水处理技术国际学术研讨会论文集，2012.

[24] 张玉涛，王修林，李琳，等. 土壤中重金属元素生物可给性研究进展 [J]. 中国农学通报，2011，27 (27)：39-44.

[25] 杨建军. 污染土壤重金属分子形态及其根际转化机制研究 [D]. 杭州：浙江大学，2011.

[26] 于常武，王琳，高超. 水体沉积物重金属污染地累积指数法和分级提取评价技术的差异. 辽宁工业大学学报，2015，35 (3)，196-199.

[27] 卢抒择. 辽河流域重金属污染分析及风险评价 [D]. 北京：北京交通大学，2014.

[28] 马婷, 赵大勇, 曾巾, 燕文明, 姜翠玲, 丁文浩. 南京主要湖泊表层沉积物中重金属污染潜在生态风险评价. 生态与农村环境学报, 2011, 27 (6): 37-42.

[29] 李力, 马德毅. 应用生物配体模型评价海洋沉积物重金属毒性的研究进展. 海洋环境科学, 2012, 31 (5): 758-764.

[30] 刘梅, 李发鹏, 卢善龙, 乔玉霜, 焕焕. 流域系统重金属污染研究进展. 安徽农业科学, 2011, 39 (25): 15622, 15626, 15637.

[31] 李群, 宁利. 属性区间识别理论模型研究及其应用. 数学的实践与认识, 2002, 32 (1): 50-54.

[32] 赵艳玲, 何厅厅, 李建华, 付馨, 王亚云, 曾纪勇, 侯占东. 重金属污染土壤属性区间识别模型的赋权分析 [J]. 生态环境学报, 2012, 21 (9): 1624-1629.

[33] 易昊旻, 周生路, 吴绍华, 等. 基于正态模糊数的区域土壤重金属污染综合评价 [J]. 环境科学学报, 2013, 33 (4): 1127-1134.

[34] 胡淼, 吴家强, 彭佩钦, 等. 矿区耕地土壤重金属污染评价模型与实例研究 [J]. 环境科学学报, 2014, 34 (2): 423-430.

[35] 吴立新, 史文中. Christopher G. 3DGIS 与 3DGMS 中的空间构模技术 [J]. 地理与地理信息科学, 2003, 19 (1): 5-11.

[36] 李冰茹, 王纪华, 马智宏, 等. GIS 在土壤重金属污染评价中的应用. 测绘科学, 2015, 40 (2): 119-122, 164.

[37] 史文娇, 岳天祥, 石晓丽, 等. 高风险重金属污染土壤识别研究方法综述 [J]. 土壤, 2012, 44 (2): 197-202.

[38] 史文娇, 杜正平, 宋印军, 岳天祥. 基于多重网格求解的土壤属性高精度曲面建模研究 [J]. 地理研究, 2011, 30 (5): 941-950.

[39] 陈思萱. 土壤重金属污染时空模拟与环境风险预警研究 [D]. 长沙: 中南大学, 2014.

[40] 曹斌, 夏凡, 夏建新. 水环境质量评价方法的比较与应用研究——以兰坪县通甸河为例. 中央民族大学学报: 自然科学版. 2011, 20 (3): 12-19.

[41] 唐晓娇, 黄瑾辉, 李飞, 梁婕, 祝慧娜, 谢更新, 曾光明. 基于盲数理论的水体沉积物重金属污染评价模型 [J]. 环境科学学报, 2012, 32 (5): 1104-1112.

[42] 颉会芳. 基于多 Agent 的土壤重金属污染预警模型研究 [D]. 咸阳: 西北农林科技大学, 2010.

[43] 周涛, 周传斌, 姚亮, 石禹. 典型重金属污染行业生态安全评价方法研究. 生态经济, 2014, 30 (6): 14-17.

[44] 刘蕊, 张辉, 勾昕, 罗绪强, 杨鸿雁. 健康风险评估方法在中国重金属污染中的应用及暴露评估模型的研究进展 [J]. 生态环境学报, 2014, 7: 1239-1244.

[45] 王若师, 许秋瑾, 张娴, 魏群山, 颜昌宙. 东江流域典型乡镇饮用水源地重金属污染健康风险评价. 环境科学, 2012, 9: 3083-3088.

[46] 温海威, 吕聪, 王天野, 王禹博, 张凤君. 沈阳地区农村地下饮用水中重金属健康风险评价. 中国农学通报, 2012, 23: 241-247.

[47] 常皓. 生物制剂深度净化高浓度重金属废水的研究 [D]. 长沙: 中南大学, 2007.

[48] 潘丙才, 张炜铭, 吕路, 张淑娟, 吴军. 新型纳米复合材料深度处理重金属废水及其资源化新技术 [C]. "第二届重金属污染防治及风险评价研讨会"论文集. 2014, 319-322.

[49] 李钰婷, 张亚雷, 代朝猛, 张伟贤. 纳米零价铁颗粒去除水中重金属的研究进展 [J]. 环境化学, 2012, 31 (9): 1349-1354.

[50] 王琦, 高分子螯合剂在重金属废水处理工程中的应用 [C]. "第二届重金属污染防治及风险评价研讨会"论文集. 2014, 340-346.

[51] 赵孔银, 魏俊富, 孔志云, 李永花. 聚烯烃离子交换纤维的制备及对重金属离子的吸附研究 [C]. "第二届重金属污染防治及风险评价研讨会"论文集. 2014, 482-486.

[52] 覃朝科, 李运稳, 刘静静, 易鹍. 离子交换纤维深度处理铅锌矿重金属废水试验研究. 水处理技术, 2013, 12: 99-101.

[53] 徐小青. EDI 技术处理重金属废水的研究 [D]. 杭州: 浙江大学, 2013.

[54] 肖隆庚. EDI 技术处理重金属废水的试验研究 [D]. 广州: 广东工业大学, 2014.

[55] 陈兆林, 宋存义, 孙晓慰, 郭洪飞. 电吸附除盐技术的研究与应用进展. 工业水处理, 2011, 31 (4): 11-14.

[56] 黄益宗, 郝晓伟, 雷鸣, 等. 重金属污染土壤修复技术及其修复实践 [J]. 农业环境科学学报, 2013, 32 (3):

409-417.

[57] 章明奎，唐红娟，常跃畅. 不同改良剂降低矿区土壤水溶态重金属的效果及其长效性. 水土保持学报，2012，26（5）：144-148.

[58] 李平，王兴祥，郎漫，等. 改良剂对 Cu、Cd 污染土壤重金属形态转化的影响. 中国环境科学，2012，32（7）：1241-1249.

[59] 徐峰，黄益宗，蔡立群，等. 不同改良剂处理对玉米生长和重金属累积的影响 [J]. 农业环境科学学报，2013，32（3）：463-470.

[60] 曾卉，徐超，周航，等. 几种固化剂组配修复重金属污染土壤 [J]. 环境化学，2012，31（9）：1368-1374.

[61] 高太忠，余国山，杨柳，等. 垃圾渗滤液中溶解性有机物对土壤中重金属迁移的影响. 环境工程学报，2011，5（5）：1176-1180.

[62] 朱清清，邵超英，侯书雅，等. 烷基糖苷对土壤中重金属的去除研究. 环境科学与技术，2011，34（8）：120-123.

[63] Zhang T，Liu J M，Huang X F，et al. Chelant extraction of heavy metals from contaminated soils usingnew selective EDTA derivatives [J]. Journal of Hazardous Materials，2013，262：464-471.

[64] 平安，魏忠义，李培军，等. 有机酸与表面活性剂联合作用对土壤重金属的浸提效果研究. 生态环境学报，2011，20（6）：1152-1157.

[65] 郭晓芳，卫泽斌，许田芬，等. 不同 pH 值混合螯合剂对土壤重金属淋洗剂植物提取的影响. 农业工程学报，2011，27（7）：96-100.

[66] 尹雪，陈家军，吕策. 螯合剂复配对实际重金属污染土壤洗脱效率影响及形态变化特征 [J]. 环境科学，2014，（2）：733-739.

[67] 黄益宗，郝晓伟，雷鸣，等. 重金属污染土壤修复技术及其修复实践 [J]. 农业环境科学学报，2013，32（3）：409-417.

[68] 刘戈宇，柴团耀，孙涛. 超富集植物遏蓝菜对重金属吸收、运输和累积的机制. 生物工程学报，2010，26（5）：561-568.

[69] 杨煜曦，卢欢亮，战树顺，等. 利用红麻复垦多金属污染酸化土壤. 应用生态学报，2013，24（3）：832-838.

[70] 黄红英，徐剑，白音，等. 不同土壤生境下斑茅对重金属的富集特征 [J]. 生态学杂志，2012，31（4）：961-966.

[71] 李樊，刘义，孙伟峰，等. 利用微生物治理重金属污染的几种途径 [J]. 生物技术通报，2010，（9）：48-50＋64.

[72] 邢辉，赵婷婷，许泽安，等. 分离自铜矿山尾矿区的铁还原菌 nju-T1 菌株：菌种鉴定及其还原 Fe^{3+} 的最适条件 [J]. 高校地质学报，2011，（1）：59-65.

[73] 张妍. 重金属污染对土壤微生物生态功能的影响 [J]. 生态毒理学报，2010，5（3）：305-313.

[74] 薛腊梅，刘志超，尹颖，等. 2013. 微波强化 EDDS 淋洗修复重金属污染土壤研究 [J]. 农业环境科学学报，2013，（8）：1552-1557.

[75] 马莹，骆永明，滕应，等. 内生细菌强化重金属污染土壤植物修复研究进展 [J]. 土壤学报，2013，50（1）：195-202.

[76] 陈燕玫，柏珺，杨煜曦，等. 植物根际促生菌辅助红麻修复铅污染土壤 [J]. 农业环境科学学报，2013，32（11）：2159-2167.

[77] 钱华，复合重金属污染场地分类方法在某污染场地的实践应用. 环境与发展，2015，2（1）：66-68.

[78] 周旻，侯浩波，孙琪，等. 场地重金属复合污染土壤修复治理工程实例研究 [C]. 武汉：第二届重金属污染防治技术及风险评价研讨会，2012.

[79] 中国有色金属工业网. 修复多重金属复合污染场地典型示范研究取得突破 [EB/OL]. http：//www. chinania. org. cn/html/jienengxunhuan/anquanhuanbao/2015/0305/16953. html. 2015-03-25.

[80] 周航，周歆，曾敏，等. 2 种组配改良剂对稻田土壤重金属有效性的效果. 中国环境科学，2014，（2）：437-444.

[81] 刘烨，宁平，李凯，汤立红，等. 工业烟气重金属离子脱除方法研究进展. 材料导报 A，2014，（28）9：106-109.

[82] Zhang Fuman，Li Caiting，Zeng Guangming，et al. Experimental study on oxidation of elemental mercury by UV/Fenton system [J]. Chem. ENG J，2013，232：81.

[83] 袁媛，赵永椿，张军营，等. TiO_2-硅酸铝纤维纳米复合材料光催化脱硫脱硝脱汞的实验研究 [J]. 中国电机工程

学报，2011，31（11）：79.

[84] 王广廷，胡晓波，金伟. 工业烟气中铅、锌杂质的脱除技术浅析 [J]. 科技风，2013，（10）：102.

[85] 闵玉涛，袁丽，刘阳生. 载硫活性炭纤维（ACF/S）吸附脱除模拟焚烧烟气中的铅. 北京大学学报：自然科学版，2011，48（6）：989-997.

[86] 于洁，孙路石，向军，胡松，苏胜，邱建荣. 模拟城市生活垃圾热处理过程中 Cd 与 Pb 挥发特性研究 [J]. 燃料化学学报，2012，40（8）：1019-1024.

[87] 杨声海，唐国亮，艾清萍. 一种清洁处置铅废料的鼓风炉还原造锍熔炼方法和设备，中国专利，CN201110048459.5

[88] http://www.tnc.com.cn/info/c-005003-d-3312743.html

[89] 李广泽，王洪江，吴爱祥，等. 生物浸矿技术研究现状 [J]. 湿法冶金. 2014，（02）：82-85.

[90] 李浙英，梁剑茹，柏双友，等. 生物成因与化学成因施氏矿物的合成、表征及其对 As（Ⅲ）的吸附 [J]. 环境科学学报. 2011，（03）：460-467.

[91] 柏双友，周立祥. 微生物接种密度和矿物收集时间对生物沥浸中次生铁矿物形成的影响 [J]. 微生物学通报. 2011，（04）：487-492.

[92] 李浙英，梁剑茹，柏双友，等. 生物与化学成因施氏矿物吸附去除水中 As（Ⅲ）效果的比较研究 [J]. 环境科学学报，2011，（05）：912-918.

[93] 谢越，周立祥. 生物成因次生铁矿物对酸性矿山废水中三价砷的吸附 [J]. 土壤学报. 2012，（03）：481-490.

[94] 宋永伟，刘奋武，周立祥. 微生物营养剂浓度对生物沥浸法促进城市污泥脱水性能的影响 [J]. 环境科学. 2012，（08）：2786-2792.

[95] 刘奋武，卜玉山，田国举，等. 温度与 pH 对生物合成施氏矿物在酸性环境中溶解行为及对 Cu^{2+} 吸附效果的影响 [J]. 环境科学学报，2013，（09）：2445-2451.

[96] 周俊，刘奋武，崔春红，等. 生物沥浸对城市污泥脱水及其重金属去除的影响 [J]. 中国给水排水，2014，（01）：86-89.

[97] 唐敏. 赞比亚铜选冶尾矿生物浸出的研究 [D]. 长沙：中南大学，2012.

[98] 谭媛，董发勤. 黑曲霉菌的浸矿效果研究 [J]. 矿物学报，2010，（04）.

[99] Duan N，Zhou C，Chen B，et al. Bioleaching of Mn from manganese residues by the mixed culture of Acidithiobacillus and mechanism [J]. Journal of Chemical Technology & Biotechnology，2011，86（6）：832-837.

[100] Xin B，Chen B，Duan N，et al. Extraction of manganese from electrolytic manganese residue by bioleaching [J]. Bioresour Technol，2011，102（2）：1683-1687.

[101] Xin B，Li T，Li X，et al. Reductive dissolution of manganese from manganese dioxide ore by autotrophic mixed culture under aerobic conditions [J]. Journal of Cleaner Production，2015，92：54-64.

[102] Wang J，Huang Q，Li T，et al. Bioleaching mechanism of Zn，Pb，In，Ag，Cd and As from Pb/Zn smelting slag by autotrophic bacteria [J]. Journal of Environmental Management，2015，159：11-17.

[103] Niu Z，Zou Y，Xin B，et al. Process controls for improving bioleaching performance of both Li and Co from spent lithium ion batteries at high pulp density and its thermodynamics and kinetics exploration [J]. Chemosphere，2014，109：92-98.

[104] Xin B，Jiang W，Aslam H，et al. Bioleaching of zinc and manganese from spent Zn-Mn batteries and mechanism exploration [J]. Bioresour Technol，2012，106：147-153.

[105] Xin B，Jiang W，Li X，et al. Analysis of reasons for decline of bioleaching efficiency of spent Zn-Mn batteries at high pulp densities and exploration measure for improving performance [J]. Bioresour Technol，2012，112：186-192.

[106] Xin B，Zhang D，Zhang X，et al. Bioleaching mechanism of Co and Li from spent lithium-ion battery by the mixed culture of acidophilic sulfur-oxidizing and iron-oxidizing bacteria [J]. Bioresour Technol，2009，100（24）：6163-6169.

[107] Liu X，Wang J，Yue L，et al. Biosynthesis of high-purity gamma-MnS nanoparticle by newly isolated Clostridiaceae sp. and its properties characterization [J]. Bioprocess Biosyst Eng. 2014，38（2）：219-227.

[108] Xin B，Huang Q，Chen S，et al. High-purity nano particles ZnS production by a simple coupling reaction process

of biological reduction and chemical precipitation mediated with EDTA [J]. Biotechnol Prog，2008，24（5）：1171-1177.

［109］Song Y，Huang Q，Niu Z，et al. Preparation of Zn-Mn ferrite from spent Zn-Mn batteries using a novel multi-step process of bioleaching and co-precipitation and boiling reflux [J]. Hydrometallurgy，2015，153：66-73.

［110］蔡瑜瑄，曾艳华，林志凌，田倩瑶. 电镀行业清洁生产审核技术要点的探讨，电镀与涂饰，2012. 31（3）：30-34.

［111］曹成波，马文庆，邱凯，沈新春. 制革铬污染控制技术及清洁生产技术 [C]. "第二届重金属污染防治及风险评价研讨会"论文集. 2014，744-748.

［112］段宁，但智钢，宋丹娜. 中国电解锰行业清洁生产技术发展现状和方向. 环境工程技术学报，2011，1（1）：75-81.

［113］叶华俊，郭生良，姜雪娇，夏阿林，王健. 基于 XRF 技术的大气重金属在线分析仪的研制 [J]. 仪器仪表学报，2012，33（5）：1161-1166.

［114］刘冬梅，沈庆海，陈颖. 基于重金属类有毒空气污染物重点行业分析的优先控制政策研究. 环境与可持续发展，2012，1：79-83.

第二十篇　环境监测学科发展报告

编写机构：中国环境科学学会环境监测专业委员会

负责人：李国刚

编写人员：王　光　康晓风　于　勇　李国刚　张　迪　焦聪颖

摘要

"十二五"以来，环境监测学科无论是基础研究，还是技术创新均取得了一系列进展，通过研究成果的应用发明出新的监测技术和手段，研制出新的检测设备和手段，促进了监测事业的发展，使监测工作不断地满足环境管理和决策的需要，不断地满足公众日益提高的环境质量知情权的需要，为当前环境保护工作的深入发展提供了科技支撑。环境监测科技发展也呈现出了一些新的动向。监测手段从人工采样和实验室分析为主，向自动化、智能化和网络化为主的监测方向发展；监测项目从常规污染物向微量/痕量有毒有害有机污染物的监测转变；监测分析精度向痕量乃至超痕量最分析的方向发展；监测仪器研发向高质量、多功能、集成化、自动化、系统化和智能化的方向发展；环境监测质量保证与质量控制工作将向监测全过程系统化展开。

一、引言

环境监测是监测技术规范应用于认识环境质量的过程，是环保工作的耳目，其真正魅力在于其技术性。及时、全面、准确、可靠的环境监测信息是环境管理的基础，是环境决策的重要支撑，是污染事故的应急依据。环境监测，关系到环保部门履职的威信与地位，关系到民众的生存条件和生活质量，甚至关系到社会稳定和国家的生态安全[1]。

近三年来，我国的环境监测工作取得了显著进展。2015年1月1日起，环保部正式发布空气质量新标准第三阶段所有点位的实时监测数据，全国338个地级及以上城市共设1436个监测点位，比原定目标提前1年实现了全国全覆盖，京津冀、长三角、珠三角区域也实现了空气质量预报预警业务化。2015年7月，中央深化改革领导小组审议通过《生态环境监测网络建设方案》，明确提出全面设点、全国联网、自动预警、依法追责，形成政府主导、部门协同、社会参与、公众监督的新格局。国家环境监测网络运行机制改革取得实质性进展，环保部将分三步完成国家大气、水、土壤环境质量监测事权的上收，真正实现"国家考核、国家监测"。

针对"十二五"期间环境监测学科的关注问题和发展历程，本报告主要论述学科基础研究和业务保障体系研究两大方面的研究进展和成果，从研究构建适合我国国情的环境监测技术体系为视角，对"十二五"期间我国环境监测学科的研究进展进行了梳理，以反映这一时期的总体进展。

二、环境监测基础研究主要进展

（一）环境监测发展战略研究

1. 环境监测管理的体制和监测机构运行机制研究

近年来，关于环境监测发展战略的学术研究有所涌现，学者们在深刻分析环境监测发展现状与问题的基础上，从监测管理体制改革、环境监测法制建设和信息公开等方面提出了创新环境监测机构设置模式[2~4]、优化环境监测网络功能格局[5~10]和探索建立环境监测市场化发展模式[11~13]三个解决方案。

建立"3＋X"的环境监测机构设置模式，即在巩固国家、省、市三级环境监测站设置模式的基础上，对市以下监测站的设置与管理采取灵活方式，在管理模式上，财政困难地区可实行市以下垂直管理，经济发达地区可实行属地管理[2]。

环境监测网是我国环境监测工作开展的重要依据，其规划和建设，必须坚持以满足"三个说清"（即说清楚环境质量现状及其变化趋势、说清楚污染源排放状况、说清楚潜在的环境风险）需求为目标导向，努力形成"布局科学、覆盖全面、功能齐全、指标完整、运转高效"的整体格局。理顺各级监测网络的层级关系，形成金字塔形的网络结构，避免重复建设和重复监测；构建多样化的网络功能格局，逐步建立和完善环境监测网预测预警功能，加强对潜在环境风险的分析评估，及时发现并跟踪重点污染源的环境风险隐患；建立环境监测网络资源共享机制，建设快速有效的数据传输系统和统一、安全、高效的数据共享平台[10]。

伴随着环境监测转型的深入推进，在环境监测的市场化方面已经有了一些有益探索[11]，部分地区在委托检测自动站运维等方面开展了市场化的先行先试[12]，但仍要明确环境监测市场化内涵，即包括非公共服务属性的环境监测使市场发挥决定性作用、公共服务属性的环境监测引入市场机制两层涵义[9]，为此，环境监测社会化应坚持政府主导、社会参与的总体格局，引导环保监测机构重点强化环境监测网络运行管理、技术标准研发制定、监督性或执法性监测、环境质量预报预警及污染事故应急监测、监测数据质量控制及汇总分析等职能，同时因地制宜地确定社会化区域策略，严格规范社会检测行为，确保监测市场有序开放、公平竞争、风险可控[13~15]。

2. 各环境要素的监测技术路线研究

环境监测技术路线是在一定时期内，为达到一定任务目标而采取的技术手段和途径，制定出满足环境管理需要、科学先进而又切实可行的技术路线是环境监测的首要问题。目前，我国已初步确立了空气、地表水、噪声、污染源、生态、固体废物、土壤、生物和辐射等环境要素的环境监测技术路线[16]。

开展我国污染源监测技术路线研究，以现场采样、实验室分析为基础，辅以等比例连续采样技术和自动监测相结合的技术手段，建立企业和环保部门共同开展污染源监测工作运行模式,依托现有的污染源监测网络和监测能力,不断探索新型监测技术和评价方法,拓展污染源监测领域,建立污染源监测技术体系和网络体系[17]。

开展我国土壤环境质量监测技术路线研究,以合理布点、现场采样、实验分析为技术手段,以农田土壤和工业污染土壤中有毒有害污染物为监测重点,建立以地市级环境监测站为骨干的监测网络和运行模式,开展土壤环境质量例行监测工作。不断探索新技术新方法,完善土壤环境质量监测技术体系和网络体系,逐步建立全国土壤环境质量监测预警体系[18]。

开展我国近岸海域环境监测技术路线研究,以河口和海湾的富营养化及优先控制污染物为重点,以手工采样-实验室分析为主要手段开展趋势性和压力性监测,以浮标自动监测和卫星遥感等为辅助手段开展预警性和应急性监测,依托现有环境监测网络,逐步健全近岸海域水体、生物、沉积物和生态健康监测项目,完善入海河流、直排海污染源和大气沉降监测技术,深入开展赤潮、溢油、滨海湿地变化和风险预警等专题性监测,不断探索先进的监测技术和评价方法,建立近岸海域环境监测技术体系和网络体系[19]。

开展水生态监测技术路线选择与业务化运行关键问题研究,建立有效的水生态监测技术体系和工作体系,从技术层面分析,涉及水生态监测技术路线的选择、不同生态系统类型和生态功能分区的表征和监测指标的确定、特定生态良好的基准点的确定、多参数评价指标的建立以及评价方法和评价等级划分,同时也包括水生态调查方法、标准水生生物物种的监测方法和质量控制体系等一系列技术体系的构建。从业务化运行的工作体系分析,涉及具体流域层面的监测点位布设体系方案、水生态监测业务规划,以及能力建设、人才培养、技术更新、经费投入等保障措施[20]。

(二)区域(或流域)环境污染现状调查监测研究

"十二五"期间,我国陆续开展重点区域和重点流域重金属、有毒有害污染物以及危害人体和生态环境健康的污染物污染状况调查,研究污染物的迁移转化规律及区域联防措施及机制。

1. 灰霾天气污染调查研究

开展长三角、珠三角、京津冀地区灰霾天气污染调查研究,2009年年底,广州市环境监测中心站利用拉曼米散射激光雷达对珠三角地区出现的高污染灰霾天气过程进行观测,研究表明前期轻度灰霾天气期间,颗粒物主要为人为源污染源排放,为大气复合污染提供了条件,随着污染物不断聚集,后期二次颗粒物大量生成,加剧了灰霾污染[21]。2012年年底,江苏省环境监测中心利用微脉冲激光雷达(MPL)对南京地区的一次灰霾天气进行了不间断观测,结合地面气象要素和PM_{10}、$PM_{2.5}$质量浓度资料分析了此次污染过程颗粒物质量浓度、气象要素、气溶胶垂直方向光学特性和混合层高度(MLH)日变化趋势以及相关性[22]。

2. 氮、磷污染调查研究

在海河、辽河等重点流域地区开展氮、磷污染调查研究,荣楠等[23]收集海河流域重点水功能区主要监测点2000—2011年总氮(TN)、氨氮(NH_3-N)指标的历史数据,并且实测2009年350个样点的氮素指标,探明海河流域河流氮污染特征及其演变趋势。马广文等[24]对阿什河丰水期典型时段进行采样监测,采用稳定氮同位素示踪技术,研究了阿什河氮的污染特征,解析了河水中氮的来源。陈丽娜等[25]采用源解析法对武宜运河氮磷来源结构进行分析。刘瑞霞等[26]详述了辽河流域受到的多环芳烃类、有机氯农药及其他有毒有害物的污染情况，进一步明确辽河流域具有工业源、城镇市政污水排放及农业面源混合型污染特征。

3. 重金属污染调查

在湖南等重点地区开展重金属污染调查研究，陆泗进等[27]对湖南省桂阳县黄沙坪某铅锌矿周边的农田土壤进行了监测和评价，结果表明研究区域农田土壤存在很高的生态风险。郎超等[28]选择海河南系滏阳河作为研究对象，采样富集系数（EF）和相关性探讨研究表层沉积物中6种重金属元素的含量空间分布特征，并利用地积累指数和潜在生态危害指数评价重金属生态风险。

（三）优先控制污染物筛选监测研究

我国的优先控制污染物研究工作起步较晚，1989年原国家环境保护局通过了"中国水中优先控制污染物黑名单"，其中包括68种污染物，推荐近期实施的名单中包括48种污染物。近年来，随着人们对化学品污染认识的不断深入，开展优控污染物筛选工作势在必行[29]。国内外开展优控污染物筛选研究的基础就是对污染物的环境与健康风险进行评估，目前国际上普遍采用的评价方法大致分为定量评分方法和半定量评分方法。从我国优控污染物筛选工作的发展情况来看，已从最开始的主要依靠专家评判来确定优先监测目标而逐步转化为通过客观指标的得分及其他毒性效应、事故发生频次等方面的综合得分来进行评估[30]。下一步，可以在实际监测数据的基础上首先对污染物名单进行初筛，并依据合理的指标通过组合与加权的方法对污染物进行综合评分排序，最后通过专家评判对名单进行修正[31]。

（四）环境预警监测研究

1. 环境空气质量数值预报预警

环境空气质量数值预报预警系统是一项复杂的系统工程，是当今环境监测研究的热点与难题。国际上，目前比较成熟的预报模式包括城市尺度模式（如UAM、GATOR、EKMA等）、区域尺度模式（如RADM、LOTOS、EURAD、ROM等）、全球尺度模式（如GOES-CHEM、CHASER、GEATM等）、多尺度（嵌套）模式（如CAM_X、WRF-CHEM、CMAQ、NAQPMS等）[32,33]。

近年来，数值预报模式在北京、上海、广州、济南、沈阳等许多城市蓬勃开展，实现了数值预报的业务化运行，为北京奥运会、上海世博会、广东亚运会等重大赛事提供了有力的保障。但是，目前还没有全国范围的环境空气质量数值预报预警系统，解淑艳等[34]提出建立一个全国环境空气质量数值预报预警系统，该系统以国家背景站和区域站为区域数据依托，以城市站为加密数据支持，利用数值预报、大气环流、反应模式等开发过程预报和城市空气质量指数（AQI）预报预警产品。王晓彦等[35]探讨了客观订正环境中大气扩散条件、污染源排放、物理化学过程和空气质量变化规律的分析方法及系统建立、结果确定、天气控制形势分析和信息表述等基本原则。

2. 水环境自动监测预警网络

水环境自动监测预警网络体系建设是衡量环境管理能力的重要组成部分，已在区域生态补偿、蓝藻水华预警监测、应急事故监测、重点流域水质断面考核等方面发挥重要作用，是环保部门执政能力的直接体现。顾俊强等[36]重点针对集中式饮用水源地以及城区河道水域这两个最敏感区域的预警监测网络建设进行了优化设想，并对水质自动监测站的点位论证机制、自动监测特征能力监测、信息共享机制等长效管理机制提出看法。

利用生物预警和多参数在线、在位理化参数测量来证实突发性污染事件在实践中是可行的。2002 年以来，美国开展了针对恶意投毒和事故性饮用水污染监测系统的研究，逐步形成了一套完整的三级水质监测系统，综合了毒性测试、酶联免疫等生物效应检测和化学监测技术，能快速鉴别和分析污染物的特性。在唐山投入运行的国产智能化生物监测预警系统，综合了基于水生生物鱼的生物综合毒性监测和水质常规 5 项、氨氮、叶绿素等 11 项生物和化学指标。王子健等[37]提出建立以生物毒性为触发机制的生物-化学多参数综合集成水质在线监测预警技术系统。

（五）环境应急监测技术研究

随着环境应急监测能力建设的加强，我国在环境污染事故应急监测方面取得了长足进步，《突发环境事件应急监测技术规范》（HJ 589—2010）的颁布为环境应急监测的技术路线指出了方向，规定了突发环境事件应急监测的布点与采样、监测项目与相应的现场监测和实验室监测分析方法、监测数据的处理与上报、监测的质量保证等环节的要求。但仍存在应急监测技术方法标准欠缺，应急监测仪器设备技术运用不当，各种技术和装备的准确性、适用性水平不清等问题。刀谓等[38]从应急监测技术路线、技术方法两个方面分析我国环境应急监测技术支撑体系的现状，提出建立完善的应急监测技术标准方法体系和开展应急监测技术的筛选评估等建议。徐晓力等[39]详细阐述了水环境污染应急监测系统及野战实验室的构成。

三、环境监测业务保障体系研究主要进展

（一）环境质量表征技术研究

开展环境监测数据整合、集成、传输监控技术研究。环境监管是一项综合性系统工程，涉及众多监管部门，各部门从自身业务特点需求组织监测并积累了大量的环境监测数据。随着环境监管要求多部门步调一致、形成合力，生态测、管、控一体化成为必然趋势，应研究和构建满足多部门异构生态环境数据集成与交换的公共服务平台技术。李旭文等[40]提出了面向流域水生态监控预警的水环境信息完整性管理理念，基于数据物流服务思想，设计了支持多源水环境数据接入、可灵活配置并监控的水监测数据交换平台原型系统，在太湖流域示范区开展了示范应用。温香彩等[41]以水环境监测数据可靠传输交换与集成、信息规范化处理分析、高效共享与决策支持为应用主线，对水环境监测信息集成、共享与决策支持平台的建设目标、总体架构、主要功能进行了研究，以实现涉水部门水环境信息的采集、传输、交换、存储、分析、发布、共享、展现等。温香彩等[42]提出了一种新的环境质量数据表征方法——时间轮盘图表征方法，可实现相邻时间大尺度和小尺度环境质量变化直观表达。

（二）环境综合评价技术研究

开展各环境要素环境质量评价及综合评价指标、方法、标准和模型研究。

1. 农村环境质量评价研究

在农村环境质量评价研究方面，国内学者在监测布点和评价指标体系、土壤环境质量、评价模型和农村环境质量指数等方面进行了一些研究[43]，因注重于较小尺度的评价方法研究，很难在全国范围进行推广应用。马广文等[44]以县域为农村环境质量综合评价单元，筛选了农村环境状况指数和农村生态状况指数，构建了农村环境质量综合评价方法，并在全国范围内选择了 9 个典型地区开展了案例研究和方法验证。

2. 河流水生态环境质量评价研究

河流水生态环境质量评价研究方面，目前国内的研究多利用水质理化数据和部分生物数据评估河流的水质状况，指标评价体系的构建缺乏水质理化要素、生物要素和生境要素间关联性的深入分析，对于具有指示性的水质理化和生境评价指标尚不明确。王业耀等[45]分析了国内开展河流生态质量评价研究的发展过程、阶段性研究进展和应用案例，对河流生态质量评价体系的建立及发展方向提供建议。

3. 区域环境质量综合评价研究

在区域环境质量综合评价研究方面，李茜等[46]以社会经济系统与环境系统的可持续发展为核心思想，运用层次分析法，建立以人类与环境之间压力-状态-响应关系为框架的、综合环境监测各要素的、反映区域可持续发展水平的区域环境质量综合评价体系，并运用全国 10 年的时间序列数据和 2010 年 31 个省（市、区）的截面数据进行了实证检验。

（三）环境监测质量控制技术研究

1. 环境监测质量管理模式研究

在中国环境监测事业发展进程中，各级环境监测站始终重视环境监测质量保证和质量控制工作，在建立质控技术规范和监测方法、开展监测技术研究、研发环境标准样品与质控样品、开展质量控制工作检查等方面做了大量的工作，逐步形成了以技术培训、质控考核和检查为主线的监测质量管理模式。特别是"十一五"末期，中国环境监测总站启动了以环境监测质量控制为研究方向的环保部重点实验室建设，具备对执行新空气质量标准监测项目的监测子站进行数据比对的能力。

2. 质量控制体系构建研究

陈斌等[47]提出构建国家环境监测网中任何产出数据的节点都应执行统一、全覆盖的质控体系设想。夏新[48]提出了建立监测质量控制指标体系、补充建立量值溯源基准体系等六项提升环境监测质量管理水平的体系建设思路。

3. 质量控制核心支撑技术研究

师建中等[49]以粤港珠江三角洲区域空气质量监控网络的实践为例，介绍了区域联动监测系统的组成和运行机制，重点探讨了系统质量控制/质量保证以及数据管理等核心支撑技术。

（四）环境监测新技术新方法研究及应用

当前，环境管理已进入了总量管理、流域管理、风险管理、生态管理的时代，迫切需要生物监测、遥感监测等新技术手段的支撑。

1. 生物监测

流域治理将由行政区管理向流域水生态管理发生转变，由水质达标管理向生态健康管理发生转变，水环境生物监测的重要性日益突出。阴琨等[50]提出要在以流域为单元，以各级支流为监测区段，以实现流域水环境生态完整性评价为目的的综合监测体系总体发展目标的指导下，完成构建水环境生物监测技术体系、全国水环境生物监测网络体系、数据管理与评价平台和运行保障体系4个分目标。实现中国环境管理以"污染防治"为重点到以"生态健康"为目的的转折。徐东炯等[51]提出发展生物完整性、综合毒性等监测与评价核心技术；革新现行监测方法体系，建立水环境生态健康评价及综合毒性评价指标体系、基准及分类管理标准，确立水环境质量管理的生物学目标。汪星等[52]阐述了跨界生物监测项目中的资金来源、管理办法和运行机制等，并对未来的跨界河流生物监测提出建议。

2. 遥感监测

卫星遥感监测技术具有大区域范围内连续观测的优势，能够在不同尺度上反映污染物的宏观分布趋势，并可以在一定程度上弥补地面监测手段在区域尺度上的不足。赵少华等[53]介绍了环保部利用高分一号卫星在大气环境、水环境和生态环境质量等遥感监测与评价中开展了大量应用示范工作，提高了我国环境监测天地一体化能力。徐祎凡等[54]根据实测的太湖、巢湖、滇池和三峡水库的水面光谱信息以及水质参数，构建基于环境一号卫星多光谱数据的富营养化评价模型，对太湖、巢湖、滇池和三峡库区2009年水体营养状况进行了评价分析。牛志春等[55]从霾污染遥感监测业务化流程出发，利用LM-BP人工神经网络模型算法反演区域大气颗粒物浓度，筛选出可业务化的霾污染遥感评价指标。马万栋等[56]通过分析叶绿素光谱特征选取了特征波段或波段组合，建立了叶绿素浓度反演模型。

（五）环境监测仪器设备研发与应用

近年来，随着国家及地方有关政策的落实和实施，环境监测设备行业受益匪浅，在污染源自动监测设备、环境空气自动监测设备、手工比对采样设备、实验室分析设备等方面都取得了较大的增长，同时，为了适应环境监测在仪器自动化、集成化要求提高，监测数据可靠性增强等各方面的需求，监测仪器行业在传统技术的基础上不断改进，采用最新的尖端分析技术，如顺序注射分析技术、全谱法分析技术、全加热未除湿完全抽取技术等，这些新技术的应用，使得仪表结构简单、平台通用性强、响应速度快、运营成本低。迟郢等[57~60]综述了2010—2013年我国环境监测仪器行业的总体经营及行业技术的发展状况，阐述了行业市场的特点及重要动态，提出了行业发展中存在的主要问题及对策建议。韩双来等[61]介绍国内外污染源在线监测技术的发展情况，重点介绍了三种先进的在线监测技术的分析原理及主要技术特点。赵鹏等[62]介绍水环境在线生物监测包括生物群落在线监测、生物毒理学在线监测和细菌在线监测，其技术手段主要有流式细胞术、急性毒性试验和酶底物检测法等。邓嘉辉等[63]以苯系物为代表，建立了8种苯系物的便携式GC-MS分析方法，方法的准确性和精密度都较好，方便快速，适合污染源VOCs的常规监测和监督性监测。陈斌[64]依托国家重大科学仪器开发"基于质谱技术的全组分痕量重金属分析仪器开发和应用示范"专项项目，针对制革废水中组分成分复杂、Cr浓度低等特点，将流动注射离子交换预富集与电感耦合等离子体原子发射光谱法相结合（FIA-IE-ICP-OES），应用于制革废水中微量Cr的分析检测，获得了较好的结果。黄钟霆等[65]选取4个不同品牌的铅在线监测仪器，综合评价在线测定性能，对于在线重金属铅系统技术规范的制定提供了一定的参考依据。

四、趋势和展望

"十三五"乃至更长一段时期，以新环保法实施为契机，紧紧围绕环境监管的实际技术需求，研究以环境质量综合评价、污染源监测、总量核算和应急监测为重点，全面推进环境监测基础理论、监测技术方法、评价方法、指标体系、表征技术研究；推进环境监测国家重点实验室建设；加大应用技术领域的新成果在环境监测中的应用和转化力度，促进环境监测技术"天地一体化"，力争为环境监测技术创新提供完整的科技支撑。

基于上述分析研究，本文提出环境监测学科未来 6 个重点研究领域。

（1）加强环境监测管理体制与业务运行机制研究 研究环境监测立法，明确环境监测工作的性质、地位、作用，研究环境监测管理的体制和监测机构运行机制。开展国家环境监测网资源配置与任务优化技术研究。针对"十三五"环境保护需求和重点监测任务，以需求导向性的监测指标体系为基础，深入分析监测任务来源、形式等特征，优化日常监测工作，整合监测资源，实现监测任务的最优化，保障国家环境监测网络的高效运行。开展环境监测服务社会化改革策略与管理机制研究。借鉴美国、日本等发达国家环境监测市场机制政策，开展"政府规划监管、市场分类监测"的环境监测技术服务社会化改革管理机制研究，使政府有限的环境监测资源能更加集中、有效地用于基础性、公益性的监测项目，同时通过市场化提高环境监测的工作效率。

（2）持续推动环境监测与预警技术研究 开展城市环境空气质量预报预警系统、饮用水源地预警预报系统及典型湖泊藻类水华预警预测系统的关键技术研究，研发天地一体化饮用水源地安全监控预警关键技术，基于大遥感数据的区域战略环境影响评价遥感分析综合模型，研究开发监测数据综合分析工具和预警表征发布平台，实现预测预警模拟分析的可视化表达。

（3）加大环境监测质量控制技术的研究力度 研究并建立环境空气自动监测站的量值溯源、传递与校准体系，重点开展 $PM_{2.5}$ 监测仪、臭氧分析仪等自动监测仪器的量值溯源、传递、校准方法等控制技术体系研究，开展生态、水环境监测数据质量控制及评价技术体系研究；加强对监测质控产品的研发，尽快推动质控实验室恢复或建立配制质控样品、分装样品、实施仪器校准、验证检定/校准结果或标准样品性能等功能，满足质量控制工作的需要。

（4）开展环境监测仪器研发技术体系研究 研发大气 $PM_{2.5}$ 多参数和便携式在线分析系统，实现大气 $PM_{2.5}$ 质量浓度、粒径谱、化学成分的一体化快速测量；研制适用于地表水、空气等多种环境介质以及废水等排放源，具有多元素同步监测能力、灵敏度高、性能稳定的新型重金属在线监测仪器和配套设备；研发工业废气样品采集及前处理新装置、水中 VOCs 在线监测的样品预处理技术和装置、大气 VOCs 在线监测设备、甲烷/非甲烷总烃在线分析仪、过氧乙酰硝酸酯（PAN）在线检测标定一体化仪器和多组分气体在线及便携式分析仪器等。研发土壤和地下水高精度、多功能样品采集和专用监测仪器，研制浮游植物群落的多样性和生物量快速监测设备。

（5）开展环境监测方法体系优化与整合技术研究 开展环境空气、地表水、地下水、土壤、生态、生物、海洋、噪声环境监测方法体系优化与整合技术研究，研究制定环境空气质量数值预报技术规范、污染源自动监测比对监测技术规范、环境空气颗粒物源解析监测技术方法指南、国控重点源二噁英监测质量保证与质量控制技术规范、水生生物监测技术规范等，修订火电厂建设项目竣工环境保护验收技术规范、氨氮水质自动分析仪技术要求等，分类转化 ISO 国际标准。

（6）加强环境监测科技支撑能力建设　力争在环境背景大气监测、二噁英监测、持久性有机物（POPs）分析、生物监测与预警等重点环境监测领域，形成较为完善的实验能力，积极争取建设国家环境质量监测重点实验室；充分利用国家环境监测网生态环境地面监测重点站，建设国家生态环境野外综合观察站，长期定位监测、试验和研究环境问题；建设国家土壤样品库，支撑土壤环境质量例行监测工作。

参 考 文 献

[1] 万本太. 关于环境监测学术研究的思考 [J]. 中国环境监测，2011，（02）.

[2] 王秀琴，陈传忠，赵岑. 关于加强环境监测顶层设计的思考 [J]. 中国环境监测，2014，（01）.

[3] 万本太，蒋火华. 关于"十二五"国家环境监测的思考 [J]. 中国环境监测，2011，（01）.

[4] 钱震，杨杰. 提高三、四级环境监测站监测效率的思考 [J]. 环境监控与预警，2013，（06）.

[5] 李国刚，康晓风，王光. "新环保法"对环境监测职责定位的研究思考 [J]. 中国环境监测，2014，（03）.

[6] 宋国强. 论环境监测人才发展 [J]. 中国环境监测，2012，（03）.

[7] 罗毅. 抢抓机遇 正视挑战 为探索环境保护新道路提供重要技术支撑 [J]. 中国环境监测，2012，（03）.

[8] 游大龙，胡涛，郑芳，马哲河，罗李. 环境监测体制改革探讨 [J]. 环境研究与监测，2014，（04）.

[9] 李国刚，赵岑，陈传忠. 环境监测市场化若干问题的思考 [J]. 中国环境监测，2014，（03）.

[10] 万本太. 浅谈国家环境监测网建设 [J]. 中国环境监测，2011，（06）.

[11] 左平凡. 论第三方环境监测的适用限制 [J]. 沈阳工业大学学报：社会科学版，2012，5（3）.

[12] 周雁凌，季英德. 环保部门质控考核政府购买合格数据山东空气监测站探索社会化运营 [N]. 中国环境报，2011-10-14 [1].

[13] 陈斌，陈传忠，赵岑，高锋亮，刘丽，白煜. 关于环境监测社会化的调查与思考 [J]. 中国环境监测，2015，（01）.

[14] 王帅，丁俊男，王瑞斌，解淑艳，张欣. 关于我国环境空气质量监测点位设置的思考 [J]. 环境与可持续发展，2012，（04）.

[15] 俞梁敏. 环境监测业务服务外包可行性依据的探讨 [J]. 环境科学与管理，2013，（07）.

[16] 万本太. 中国环境监测技术路线研究 [M]. 湖南：湖南科学技术出版社，2003：1-10.

[17] 陈敏敏，李莉娜，唐桂刚，王军霞，景立新. 我国污染源监测技术路线研究 [J]. 生态经济，2014，（11）

[18] 王业耀，赵晓军，何立环. 我国土壤环境质量监测技术路线研究 [J]. 中国环境监测，2012，（03）

[19] 王业耀，李俊龙，刘方. 中国近岸海域环境监测技术路线研究 [J]. 中国环境监测，2013，（05）

[20] 张咏，黄娟，徐东炯，徐恒省，牛志春. 水生态监测技术路线选择与业务化运行关键问题研究 [J]. 环境监控与预警，2012，（06）.

[21] 黄祖照，董云升，刘建国，刘文清，陆亦怀，赵雪松，张天舒，李铁. 珠三角地区一次灰霾天气过程激光雷达观测与分析 [J]. 大气与环境光学学报，2013，（02）

[22] 严国梁，韩永翔，张祥志，汤莉莉，赵天良，王瑾. 南京地区一次灰霾天气的微脉冲激光雷达观测分析 [J]. 中国环境科学，2014，（07）.

[23] 荣楠，单保庆，林超，郭勇，赵钰，朱晓磊. 海河流域河流氮污染特征及其演变趋势 [J]. 环境科学学报，2015，（02）.

[24] 马广文，王业耀，香宝，刘玉萍，胡钰，张立坤，金霞. 阿什河丰水期氮污染特征及其来源分析 [J]. 环境科学与技术，2014，（11）.

[25] 陈丽娜，凌虹，吴俊锋，任晓鸣，张宇，傅银银，张静. 武宜运河小流域平原河网地区氮磷污染来源解析 [J]. 环境科技，2014，（06）.

[26] 刘瑞霞，李斌，宋永会，曾萍. 辽河流域有毒有害物的水环境污染及来源分析 [J]. 环境工程技术学报，2014，（04）.

［27］陆泗进，何立环，王业耀. 湖南省桂阳县某铅锌矿周边农田土壤重金属污染及生态风险评价［J］. 环境化学，2015，（03）.

［28］郎超，单保庆，李思敏，赵钰，段圣辉，张淑珍. 滏阳河表层沉积物重金属污染现状分析及风险评价［J］. 环境科学学报，2015，（01）.

［29］环境保护部科技标准司. 国内外化学污染物环境与健康风险排序比较研究［M］. 北京：科学出版社，2010.

［30］王媛. 江苏水体优先控制有毒有机污染物的筛选［C］. 中国毒理学会环境与生态毒理学专业委员会第二届学术研讨会暨中国环境科学学会环境标准与基准专业委员会 2011 年学术研讨会会议论文集. 北京：中国环境科学研究院，2011：78-81.

［31］裴淑玮，周俊丽，刘征涛. 环境优控污染物筛选研究进展［J］. 环境工程技术学报，2013，（07）.

［32］罗淦，王自发. 全球环境大气输送模式（GEATM）的建立及其验证［J］. 大气科学，2006，30（3）.

［33］Schere K L，Waylandr A. EPA Regional Oxidant Model（Rom2.0）：Evaluation on 1980 NEROS Data Bases［R］. 1989.

［34］解淑艳，刘冰，李健军. 全国环境空气质量数值预报预警系统建立探析［J］. 环境监控与预警，2013，（04）.

［35］王晓彦，刘冰，李健军，丁俊男，汪巍，赵熠琳，鲁宁，许荣，朱媛媛，高愈霄，李国刚. 区域环境空气质量预报的一般方法和基本原则［J］. 中国环境监测，2015，（01）.

［36］顾俊强，吕清，顾钧. 苏州水环境自动预警监测网络体系发展思路研究［J］. 环境科学与管理，2013，（09）.

［37］王子健，饶凯锋. 突发性水源水质污染的生物监测、预警与应急决策［J］. 给水排水. 2013（10）.

［38］刀谞，滕恩江，吕怡兵，等［J］. 环境科学与管理，2013，（04）.

［39］徐晓力，徐田园. 突发事故水环境污染应急监测系统建立及运行［J］. 中国环境监测，2011，（03）.

［40］李旭文，温香彩，沈红军，茅晶晶，郇洪江. 基于数据物流服务思想的流域水环境监测数据交换与集成技术［J］. 环境监控与预警，2011，（05）.

［41］温香彩，李旭文，文小明，李国刚. 水环境监测信息集成、共享与决策支持平台构建［J］. 环境监控与预警，2012，（01）.

［42］温香彩，李旭文. 一种新型的环境质量数据表征方法——时间轮盘图. 2013 中国环境科学学会学术年会论文集（第四卷）.

［43］张铁亮，刘凤枝，李玉浸等. 农村环境质量监测与评价指标体系研究［J］. 环境监测管理与技术，2009，21（6）.

［44］马广文，何立环，王晓斐，王业耀，刘海江，董贵华. 农村环境质量综合评价方法及典型区应用［J］. 中国环境监测，2014，（05）.

［45］王业耀，阴琨，杨琦，许人骥，金小伟，吕怡兵，腾恩江. 河流水生态环境质量评价方法研究与应用进展［J］. 中国环境监测，2014，（04）.

［46］李茜，张建辉，罗海江，林兰钰，吕欣，李名升，张殷俊. 区域环境质量综合评价指标体系的构建及实证研究［J］. 中国环境监测，2013，（03）.

［47］陈斌，傅德黔. 构建覆盖国家环境监测网的质量控制体系［J］. 中国环境监测，2014，（02）.

［48］夏新. 浅谈强化环境监测质量管理体系建设［J］. 环境监测管理与技术，2012，（01）.

［49］师建中，谢敏. 粤港珠江三角洲区域空气质量联动监测系统质控技术［J］. 环境监控与预警，2012，（01）.

［50］阴琨，王业耀，许人骥，金小伟，刘允，滕恩江，吕怡兵. 中国流域水环境生物监测体系构成和发展［J］. 中国环境监测，2014，（05）.

［51］徐东炯，张咏，徐恒省，陈桥，牛志春，黄娟. 水环境生物监测的发展方向与核心技术［J］. 环境监控与预警，2013，（06）.

［52］汪星，刘录三，李黎. 生物监测在跨界河流中的应用进展［J］. 中国环境监测，2014，（02）.

［53］赵少华，王桥，杨一鹏，朱利，王中挺，江东. 高分一号卫星环境遥感监测应用示范研究［J］. 卫星应用，2015，（03）.

［54］徐祎凡，李云梅，王桥，吕恒，刘忠华，徐昕，檀静，郭宇龙，吴传庆. 基于环境一号卫星多光谱影像数据的三湖一库富营养化状态评价. 第十六届中国环境遥感应用技术论坛论文集.

［55］牛志春，姜晟，李旭文，姚凌. 江苏省霾污染遥感监测业务化运行研究［J］. 环境监控与预警，2014，（05）.

［56］马万栋，王桥，吴传庆，殷守敬，邢前国，朱利，吴迪. 基于反射峰面积的水体叶绿素遥感反演模拟研究［J］. 地球信息科学，2014，（06）.

［57］中国环境保护产业协会环境监测仪器专业委员会. 我国环境监测仪器行业 2010 年发展综述 ［J］. 中国环保产业，2011，（06）.

［58］中国环境保护产业协会环境监测仪器专业委员会. 我国环境监测仪器行业 2012 年发展综述 ［J］. 中国环保产业，2012，（06）.

［59］陈斌，迟郢，郭炜. 我国环境监测仪器行业 2012 年发展综述 ［J］. 中国环保产业，2013，（06）.

［60］迟郢，郭炜. 我国环境监测仪器行业 2013 年发展综述 ［J］. 中国环保产业，2014，（11）.

［61］韩双来，项光宏，唐小燕. 污染源排放在线监测仪器技术的发展. 浙江省环境科学学会 2014 年学术年会论文集.

［62］赵鹏，项光宏. 水环境生物在线监测技术研究进展. 浙江省环境科学学会 2014 年学术年会论文集.

［63］邓嘉辉，刘盈智，马乔，段炼，朱蓉，刘立鹏，韩双来. 便携式气质联用法检测固定污染源中挥发性有机物. 2014 中国环境科学学会学术年会.

［64］陈斌，韩双来. 在线离子交换-ICP-OES 测定水中微量六价铬 ［J］. 中国环境监测，2014，（02）.

［65］黄钟霆，罗岳平，邢宏霖，王静，彭锐，郭卉. 重金属铅在线监测仪器性能对比研究 ［J］. 环境科学与管理，2014，（08）.

第二十一篇 环境影响评价学科发展报告

编写机构：中国环境科学学会环境影响评价专业委员会

负责人：梁　鹏

编写人员：朱　源　赵晓宏　李　飒　柴西龙　关　睿　郭　森　冉丽君
　　　　　宣　昊　张　乾　刘大钧　李　佳　梁　鹏

摘要

　　"十二五"时期是我国全面建设小康社会的关键时期，也是加快转变经济发展方式的攻坚时期。作为与经济社会发展联系最为紧密的环境管理制度，环境影响评价面临着推动污染持续减排、促进环境质量改善、防范环境风险和应对全球环境问题等方面的压力。这就要求环评工作必须紧紧围绕国家发展战略与环保中心任务，更加深入地参与综合决策，更加主动地服务宏观调控，更加有效地推进污染减排，更加切实地维护群众环境权益。在新的发展阶段，环境影响评价面临着难得的发展机遇。同时，环评工作面临的挑战也十分严峻：对照加快转变经济发展方式的发展大局，环评促进经济结构战略性调整的体制机制还有待完善；对照总量削减、质量改善、风险防范与均衡发展的环保任务，环评源头防范环境污染和生态破坏的水平还有待提升；对照人民群众日益提高的环境需求，环评依法行政、切实履责的力度还有待加大；对照快速工业化、城镇化进程中日趋复杂的环境问题，环评基础能力和技术支撑体系还有待加强。

　　本报告介绍了环境影响评价的发展现状，从法规体系、制度、理论及方法三个方面阐述了十二五期间环境影响评价理论体系的建设进展，并对环境影响评价主要领域的研究进展和国外相关研究经验进行了介绍，最后对环境影响评价的发展趋势做出展望。

一、引言

（一）我国环境影响评价体系的基本构架

　　环境影响评价是从决策源头预防环境污染和生态破坏，实现决策科学化、民主化的主要制度保障。我国的环评工作起步于20世纪70年代，经过近40年的发展，环境影响评价实际上已形成了一个涉及多层次、多学科、多领域的庞杂体系。虽然很难给这一体系以一个确切的概念，但其根本内涵就是运用一系列评价技术和评价方法，按照一定的评价程序，在评估环境质量现状的基础上对人类经济活动可能对环境产生的影响从不同角度加以预测分析和评估，并提出相应的防治措施和对策，为调控经济活动决策提供依据[1]。

一个国家的环境影响评价体系是否完备决定着其有效性高低。林逢春等[2]对我国的环境影响评价体系进行了深入研究，认为一套完备而有效的环境影响评价体系应具备以下基本要素：坚实的法律基础；完备的环境影响评价技术导则；有效的管理机构；顺畅的环境影响评价工作程序；环境影响评价全过程的公众参与；高素质的参与人员；现代化的信息技术支持。我国的环境影响评价有一套较为完整的行政法规体系，主要以《中华人民共和国环境保护法》（由中华人民共和国第十二届全国人民代表大会常务委员会第八次会议于2014年4月24日修订通过，自2015年1月1日起施行）《中华人民共和国环境影响评价法》《建设项目环境保护管理条例》《规划环境影响评价条例》等作为支撑。完备的环境影响评价技术导则是环境影响评价有效性的基本保障之一。技术导则可以规范环境影响评价的内容、方法和文本，减少评价人员素质高低对环境影响评价有效性的影响。目前我国环境影响评价相关技术导则体系大体分为三个部分：规划类环评导则、建设项目类环评技术导则和建设项目竣工环保验收技术规范，目前施工期环境监理和后评价的工作处在尝试开展阶段，施工期环境监理技术导则和建设项目后评价导则煤炭开采、水利水电正在制订中，发布实施后，将填补体系中监理和后评价导则的空白。战略环评也在不断摸索和积累经验，目前已完成五大区、西部大开发等区域发展类战略环评，并在尝试开展政策类战略环评，如贸易政策的环境影响评价导则研究[3]。我国正逐步完善相关导则体系，梁鹏等[4]对导则体系进行了初步探索，提出了完善导则体系，对导则体系进行顶层设计的思路。我国已建立了一套较为完善的环境影响评价管理机构。在我国环境影响评价管理机构中，环境保护部是核心机关，环境影响评价的执行是分权的，由环境保护部和地方各级环境保护主管部门共同实施，分级管理。环境保护部环境工程评估中心作为环境保护部的主要技术支持机构，承担环境保护部负责审批项目的技术评估咨询。地方各级环境保护主管部门在业务上受环境保护部指导，主要执行国家环境法规和环境政策。我国的环境影响评价程序分为准备阶段、正式工作阶段和报告书编制阶段，最后由环保部门审批环境影响评价文件，实行全过程的公众参与。环境影响评价实行资质证书管理制度，环境影响评价人员实行资格证书制度。十二五期间建立了环境影响评价基础数据库作为信息技术支撑。以上构成了我国一个完整的环境影响评价体系。我国环境影响评价体系构成详见图1。

（二）我国环境影响评价体系现存的主要问题

我国环境影响评价体系从时空尺度上和对象内容上不断扩展，相应的任务要求也不断增加，但与之相应的方法学、基础能力和技术体系，尚存在较大制约或缺失，亟须改进、增强、完善，否则将无法适应新时期国家对环境保护工作的要求[1]。我国环境影响评价体系内部存在的一些深层次矛盾和缺陷主要体现在以下几方面[5]。

一是评价对象尚未覆盖整个决策链条。立法和政策环评还没有纳入法律制度，配套的管理制度仍以建设项目环评为主。我国现行的环境影响评价法规体系仅有"一地三域""十个专项"规划，以及对环境有影响的建设项目纳入了法定评价范围，尚未涉及国家战略、法规、政策等对资源、环境、生态影响更为深远的高层次决策，也未涵盖国民经济和社会发展规划、区域规划等在现行规划体系中居于基础性、统领性地位的规划。

二是技术标准体系不健全。由于缺乏顶层设计，我国的环境影响评价技术标准建设仍处于自发状态，全局性、系统性、均衡性不强。不仅环评法明确提出的环境影响评价指标

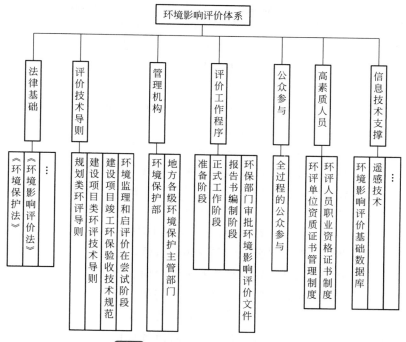

图 1 我国环境影响评价体系图

体系尚未建立，建设项目施工期环境监理、建设项目环境影响后评价、规划环境影响跟踪评价等环节也缺乏相应的技术规范。规划环评涵盖的领域和行业极多，评价重点也有别于项目环评，但至今仅出台了 3 部导则。对于更高层次的战略环评（包括政策环评），在技术规范方面则完全空白。技术标准体系不健全，对环评效率、环评质量、环境管理等均会产生不利影响。

一方面，虽然已颁布实施了《环境影响评价技术导则 大气环境》（HJ2.2—2008）、《环境影响评价技术导则 石油化工建设项目》（HJ/T89—2003）等 20 余项建设项目环境影响评价技术导则，但由于制定较早，大部分超过 5 年，有些已无法适应当前的环保要求，亟待修订。另一方面，目前暂无后评价和战略环境影响评价技术导则/规范，导致后评价和战略环评无技术规范可循；土壤环境影响评价导则等由于前期投入不足，迟迟制定不出，导致这方面环境影响评价工作因缺乏规范的技术指导而无从开展或开展的有效性大打折扣。在规划和建设项目环评导则方面，其评价指标或源强的确定、预测模型和评价方法的选取及应用、污染防治与生态保护技术、环境管理要求的研究等方面亟须尽快改进与完善。

三是环评制度的内外联动机制不完善。我国的环境影响评价体系从内容上来讲包含了战略环评、规划环评、项目环评、项目施工期环境监理、环保"三同时"、项目环境影响后评价、规划环境影响跟踪评价等众多环节。但从目前来看，上述环节在技术层面仍缺乏有效联动，工作内容还存在很大重叠，导致制度运行成本较高。从外部联动来看，不仅环评内容与发展与改革委员会、国土、水利、城建等部门的工作有较大重叠，而且环评成果能否落实也缺乏规范的监控和反馈机制。

四是技术水平难以适应环保形势要求。当前我国的环境问题比任何国家都要复杂，同时面临着控制污染物排放、改善环境质量、防范环境风险和应对全球环境问题等诸多难题。从目前来看，无论是项目环评还是规划环评，仍局限于对单个环境要素的评价。对于区域性、宏观性、复杂性问题缺乏有效的预测手段。即使是对于环境要素的预测，也主要是使用国外引进的模型，缺乏自主创新。由于模式和参数选择的不同，导致结果往往具有较大的不确定性。

五是数据支撑能力不足。环境影响评价制度，在评价要素上涉及大气、水、土壤、生物等生态系统的各方面，在评价内容上包含回顾性评价、现状评价、预测评价等多种形式，在评价尺度上往往覆盖多个自然或行政单元，在评价时间上常常跨越几十年。数据资料的系统性、即时性和准确性对于评价工作的质量和效率具有决定性影响。然而，我国迄今尚未建立统一的资源环境数据平台，各部门之间也没有实现数据共享，环境影响评价的数据支撑能力严重不足。

六是公众参与机制还不健全。在我国，《环境保护法》《环境影响评价法》及《环境影响评价公众参与暂行办法》对公民公众参与权进行保障，但是也存在着公众环境影响评价参与权内容不具体、公众参与环境影响评价对象不全面、公众参与环境影响评价缺乏必要的环境信息支持、环境影响评价的听证制度设置不完善、环境影响评价公众参与缺乏完善的法律保障制度、政府主导下的公众参与缺乏监督等问题[6]。

七是环评单位和环评人员的管理有待完善。部分环评机构从业人员无证上岗，不能满足环评技术要求；环境影响评价专业技术人员流动性大，难以保证技术水平和工作质量的稳定性；环评技术规范，国家、地方法律法规，产业政策都在不断更新、完善，从业人员学习不到位，导致环评方法的科学性、评价结论的可靠性下降。部分中介机构无环境影响评价资质，挂靠现象严重；有的环评机构为了经济利益，非法把环评业务委托给没有任何资质的单位和个人，严重扰乱环评市场正常秩序[7]。

以上这些都在一定程度上局限了环境影响评价在综合决策中的功能发挥。

（三）"十二五" 期间环境影响评价的实践进展概况

经过近 40 年的实践和探索，我国已初步建立起由法律法规、理论方法、技术标准等组成的环境影响评价体系，对于从决策源头预防和减缓不良环境影响发挥了重大作用。

回顾环评法实施 10 周年可以看出[8]，环境影响评价已经担负起加强宏观调控、提高经济发展质量和效益、为科学发展保驾护航等重要职能。我国通过积极探索规划环评、控制新增污染物排放、创新区域综合治理、维护群众环境权益等行动，拓展了环境影响评价参与国家综合决策的广度和深度。

在国家层面上[5,8]，我国正在逐步推行大区域的重点产业发展战略环评工作，并在区域规划环评的基础上，逐步在交通、土地规划等领域开展专项规划环评工作。在各省市的实践过程中，规划环评实践的展开主要集中于中部和东部沿海地区，这些地区大都属于经济相对发达的地区；规划环评开展力度较大的地区一般都出台了相应的规划环评的法规文件，可见规划环评的开展力度和强度与地区的经济发展水平和政府对环境的重视程度有关；此外，实践工作多集中于区域规划、城市建设、交通及煤炭矿区规划环评上，但其在农业、林业、畜牧业等领域的实践工作较少。我国的规划环评起步晚、发展快、涉及部门和领域较广，正逐步纳入法制轨道，成为国家整体发展战略重要组成部分[9]。

（四）本报告结构和内容逻辑安排

本报告主要介绍"十二五"期间，环境影响评价学科应用理论体系建设的进展，从战略环评、规划环评、建设项目环评、建设项目竣工环境保护验收、建设项目环境影响后评价、建设项目环境监理等方面全面地阐述环境影响评价主要领域的研究进展，展现五年中环评方法学的发展，着重介绍了十二五期间环境影响评价信息技术支撑方面的大发展。介绍国外环境影响评价的经验与启示，并展望环境影响评价学科的发展趋势。

二、环境影响评价体系建设进展

我国以《环境保护法》《环境影响评价法》《建设项目环境保护管理条例》《规划环境影响评价条例》等法律法规为支撑，建立了环境影响评价制度体系，即规划环境影响评价制度和建设项目环境影响评价制度体系。

（一）环境影响评价法规体系建设进展

2014 年 4 月 24 日，第十二届全国人大常委会第八次会议审议通过了修订后的《环境保护法》[10]（以下简称《环保法》），2015 年 1 月 1 日开始实施。《环保法》对环评制度作了多项补充、修正：一是明确国家和省级政府组织制定和实施经济、技术政策时，全面考虑对所在环境的影响；二是规定不得组织实施未依法实施环评的开发利用规划；三是对于未批先建项目，可责令停止建设，处以罚款，并可要求恢复原状；四是对于拒不执行停止建设或恢复原状决定的责任人可处以拘留[11]。别涛[12]、曹凤中[13]等对《环保法》中有关环评的规定进行了解读，别涛认为《环保法》增加了关于"政策环评"的法律规定是我国环境影响评价制度的重要发展，从适用范围、参与主体、责任主体等方面对新《环保法》关于政策环评的规定进行了全面透彻的分析。曹凤中认为《环保法》正在逐步形成一个比较完整、科学、合理的法律体系，已经成为中国环境保护和实施可持续发展的最为重要的基础和支柱，已经成为中国社会主义法律体系中新兴的、发展最为迅速的重要组成部分，而今后《环保法》的根本目标是逐步提高人民群众的健康水平。

（二）环境影响评价制度建设进展

1. 环境影响评价管理制度

为贯彻落实国务院深化行政审批制度改革的决策部署，提高建设项目环境管理效能，推进简政放权，根据国务院授权有关部门审批、核准建设项目权限的调整，环境保护部对 2009 年第 7 号公告内容进行了调整，发布了《环境保护部关于下放部分建设项目环境影响评价文件审批权限的公告》。城市快速轨道交通、扩建民用机场、抽水蓄能电站等 25 项建设项目的环评审批权限下放到地方，下放环评审批权限的项目主要是基础设施类和环境影响较小的项目，而对产能过剩项目、存在较大环境风险的项目、对生态影响突出的项目的环评审批权限环保部将继续保留审批权。环评审批权限下放后，将有利于调动地方积极性，缩短审批流程，提高审批效率，推动经济和社会发展。环境保护部根据《中华人民共和国环境影响评价法》和国务院《政府核准的投资项目目录（2014 年本）》，对环境保护部审批环境影响评价文件的建设项目目录进行了调整，发布了《环境保护部审批环境影响评价文件的建设项目目录（2015 年本）》，明确火电站、热电站、炼铁炼钢、有色冶炼、国家高速公路、汽车、大型主题公园等项目的环境影响评价文件由省级环境保护部门审批。

《建设项目环境影响评价分类管理名录》已于 2015 年 3 月 19 日修订通过，自 2015 年 6 月 1 日起施行。本次修订主要针对名录的分类表格部分。现行名录涵盖项目分为 23 个行业、195 个项目类别。修订后，23 个行业类别保持不变，项目类别合并 7 个、取消 1 个、明确 12 个，修订为 199 个项目类别。与现行名录相比，基本与现行名录环评分类保持一致的 130 个，占 65.33%；降低环评等级的 45 个，占 22.61%；提高环评等级的 12 个，占 6.03%；明确 12 个，占 6.03%。

为认真贯彻十八届中央纪委五次全会和国务院第三次廉政工作会议精神，严格落实中央第三巡视组专项巡视反馈意见要求，深入推进环评审批制度改革，推动建设项目环评技术服务市场健康发展，环境保护部制订了《全国环保系统环评机构脱钩工作方案》。

2. 环境影响评价技术要求

环境保护部开展了石化、制浆造纸、钢铁、铅锌等行业建设项目环境影响评价文件审批原则研究工作，明确环评审批中应重点从区域资源环境承载力和环境风险角度，从项目选址和环境保护措施方面关注项目建设的环境影响；此外，还开展了石化、油气管线、水泥、铅锌等行业建设项目重大变更鉴定原则的研究工作，明确了需重新报批环评文件的重大不利变更情形和需开展补充环评的非重大不利变更情形，推动环评审批行为的进一步规范。

3. 环境影响评价公众参与制度

环境影响评价公众参与制度有了进一步的发展[14~16]。环境保护部公告（2012 年第 51 号）要求，自 2012 年 9 月 1 日起，建设单位报送环境影响报告书的同时应提交简本；各级环保部门在公示项目受理情况的同时应公布报告书简本。为此，环境保护部制定了《建设项目环境影响报告书简本编制要求》，第一条明确规定，报告书简本是指环境影响报告书主要内容的摘要以及公众参与篇章全文。为了进一步加大环境影响评价信息公开力度，推进公众参与，维护公众环境权益，环境保护部于 2013 年 11 月印发了《建设项目环境影响评价政府信息公开指南（试行）》（环办〔2013〕103 号），要求各级环境保护主管部门在受理建设项目环境影响报告书、表后向社会公开受理情况，征求公众意见，并明确提出公开内容，包括环境影响报告书、表全本（除涉及国家秘密和商业秘密等内容外）。

（三）环境影响评价理论及方法建设进展

"十二五"期间，我国发布了多项环境影响评价技术导则，包括《环境影响评价技术导则　总纲》（HJ 2.1—2011）、《规划环境影响评价技术导则　总纲》（HJ 130—2014）、《环境影响评价技术导则　地下水环境》（HJ 610—2011）、《环境影响评价技术导则　生态影响》（HJ 19—2011）、《建设项目环境影响技术评估导则》（HJ 616—2011）等综合技术导则，以及《环境影响评价技术导则　制药建设项目》（HJ 611—2011）、《环境影响评价技术导则　钢铁建设项目》（HJ 708—2014）、《环境影响评价技术导则　输变电工程》（HJ 24—2014）、《环境影响评价技术导则 煤炭采选工程》（HJ 619—2011）等行业技术导则，进一步规范了环境影响评价工作[17,18]。

1. 《环境影响评价技术导则 总纲》

《环境影响评价技术导则 总纲》（HJ 2.1—2011）于 2011 年 9 月 1 日发布，2012 年 1 月 1 日实施，同时替代了 HJ/T 2.1—93（93 版总纲）。

为了体现导则的连贯性、科学性、先进性、实用性和指导性等特点，本标准在修订时遵循了以下三方面原则。第一，保持现有总纲的基本框架，在原有内容的基础上进行适当修改、增补与调整；第二，以我国现行的环境保护法律法规、政策、条例、标准的相关规定及最新环境保护要求为主要依据，如《全国主体功能区规划》《循环经济促进法》《环境影响评价法》《建设项目环境保护管理条例》《建设项目环境影响评价分类管理目录》等；第三，满足不同特点建设项目的要求，将最新的环境保护、管理理念及方法与现有总纲合理衔接，修订不适用于目前实际情况的导则内容。

HJ/T 2.1—93 存在的主要问题是，没有涉及清洁生产、总量控制、公众参与、风险评价、方案比选、环境影响经济损益分析、社会影响评价等内容；并且对生态环境影响评价的规定比较薄弱，无法全面指导现有建设项目环境影响报告书的编制。

HJ 2.1—2011 是对 HJ/T 2.1—93 的修订，与 HJ/T 2.1—93 相比，主要做了如下修改：增加了环境影响评价技术导则体系构成、环境要素、累积影响、环境敏感区、环境影响评价文件术语和定义；增加了环境影响评价原则、环境影响因素识别与评价因子筛选、环境影响评价范围的确定、建设项目合理性分析、社会环境影响评价、公众参与、环境保护措施及其经济技术论证、环境管理、方案比选、清洁生产分析和循环经济、污染物总量控制和环境影响经济损益分析、环境影响评价文件编制总体要求等内容；删除了环境影响评价大纲的编制和评价建设项目环境影响的内容；修改了环境影响评价工作程序图、工程分析、环境现状调查和评价、环境影响预测等内容；将环境影响报告书的编制调至附录中，并对其内容进行了修订。

2. 《环境影响评价技术导则 地下水环境》

《环境影响评价技术导则 地下水环境》（HJ 610—2011）（以下简称《地下水导则》）于 2011 年 2 月 11 日发布，2011 年 6 月 1 日实施。本标准为首次发布。

《地下水导则》运用了以往地下水研究成果，特别是国际、国内近年来的研究成果，水文地质勘测与实验，地下水环境影响评价等的工作经验，它的发布填补了我国现行环境影响评价技术标准体系的空白，为地下水环境影响评价工作的规范化、地下水环境保护和污染防治工作提供了技术支撑[19]标志着我国环评工作已经从关注地表以上的、可见的（或可听的）环境影响，逐渐向地下的、隐蔽的影响延伸，是环保系统构建全方位立体空间污染防范体系的又一新举措。

本标准与同类标准的水平对比分析如下。

自 1969 年美国国会通过了《国家环境政策法》以来，已有 100 多个国家建立了环境影响评价制度，并对环境影响评价的技术原则与方法进行了规定，其中有很多国家还对地下水环境影响评价给出了具体要求。美国环境保护总署（USEPA）在 1992 年制定了《全面的国家地下水保护规划实施导则》，建立一个更有效的、更一致的和更加综合的方法来保护全国地下水资源。欧盟 16 个国家于 1994 年成立欧盟污染场地公共论坛，并于 1996 年完成污染场地风险评价协商行动指南，加强欧盟国家污染场地调查和治理的理论指导和技术交流。加拿大、澳大利亚和芬兰等国基本沿用美国的评价方法，同时构建了适合本国实际的评价体系。美国环境保护总署在 1998 年制定了《生态风险评价导则》，该导则对于包括地下水污染在内的环境污染的生态风险评价提供了一般性原则及一些具体实施方法。

我国地下水环境影响评价工作与我国对其他环境要素的评价是同步开展的，但直至20世纪末，我国建设项目地下水环境影响评价基本仍处于现状监测评价和简单的定性影响分析的水平。自《固体废物污染环境防治法》《环境影响评价法》以及《危险废物贮存污染控制标准》（GB 18597—2001）、《危险废物填埋污染控制标准》（GB 18598—2001）、《一般工业固体废物贮存、处置场污染控制标准》（GB 18599—2001）等法律、法规、标准颁布以来，除开展现状监测评价和简单的定性影响分析外，已根据实际情况进行了水文地质和工程地质勘查工作，并采用解析法、黑箱模型（系统预测分析法）、经验公式预测和系统分析等方法进行了地下水影响预测，地下水环境影响评价工作有了很大的发展。但在评价范围、因子筛选、评价深度、预测模型及参数选择等方面还不统一，甚至还存在一些问题，有待于进一步规范，并与国际接轨。

《地下水导则》就是在总结国内外地下水环境影响评价经验和最新研究成果的基础上，联合了中国地质大学（北京）、吉林省地质环境监测总站等国内地下水研究和水文地质监测的专门机构共同编制完成的，编制过程中还多次征求了北京师范大学、中国水利水电科学研究院、中国矿业大学等单位的我国从事地下水环境研究的知名专家的意见和建议。在内容上和方法上，该导则以《环境影响评价技术导则—总纲》（HJ/T 2.1—93）中的要求为基础，根据建设项目对地下水环境影响的特点，对建设项目进行了分类，对每类项目的地下水环境影响评价的等级划分原则、评价的技术方法、评价的具体内容和要求进行了细化，充分强调地下水环评应兼顾建设项目对地下水水量和水质两方面的影响。并将"不同类型建设项目地下水环境影响识别""典型建设项目地下水环境影响"和"常用地下水评价预测模型"等作为资料性附件，供评价人员参考。在满足环境管理要求的前提下，不仅尽可能简化了评价程序，同时还增强了导则的针对性和可操作性。总之，该导则实现了地下水环境影响评价导则从无到有的突破，使环境影响评价技术导则体系在环境影响要素评价方面更加完备。

三、环境影响评价主要领域的研究和实践进展

（一）战略环境评价的进展

我国"十二五"期间战略环境评价的研究进展主要体现在以下几个方面。

1. 法律法规的环境评价实践进展

总体来说，法律法规的环境评价在我国开展得极少，而且难以找到完整的社会、经济和环境评价的案例。其中代表性工作是对《大气污染防治法》的修订草案进行的战略评价[20]。近年来，环境保护部在制定、修订环境标准时都有相应的成本和效益分析章节。

2. 综合政策的环境评价实践进展

主要是环境保护部推动开展的一些省、地市的国民经济和社会发展五年规划纲要环境评价试点。五年规划在社会主义市场经济的运行和管理中，仍起着重要的作用。五年规划体系纵向从国家的国民经济和社会发展规划到省、市、县乃至乡镇和村级的国民经济和社会发展规划，横向又从国民经济和社会发展规划衍生出各行业的总体规划以及细分部门的行业规划，这样一个上下贯通、左右关联的五年规划体系，对我国的经济社会综合管理起

到了政策支撑和骨架的作用。开展了"十一五"国民经济和社会发展规划环境评价的有内蒙古自治区、浙江省宁波市、山西省临汾市、新疆维吾尔自治区克拉玛依市、上海市浦东新区等，而内蒙古自治区赤峰市、四川省广元市等还开展了"十二五"国民经济和社会发展规划环境评价。国民经济和社会发展规划的环境评价试点，使得环境保护纳入综合决策源头有了抓手，使得环境保护提升到经济和社会发展同等重要的作用，对区域的可持续发展起到了一定的推动作用，也被一些地区纳入了机制化的程序。

3. 区域战略环境评价研究和实践进展

区域战略环境评价包括城市总体规划的环境评价、区域战略环境评价，而最为突出的是环境保护部陆续开展的五大区域、西部和中部区域和行业发展战略的环境评价研究。2007 年开始，环境保护部开展了大区域战略环境评价的试点，选择了在中国基础性和战略性产业布局重要、总体生态安全格局地位突出的环渤海沿海地区、海峡西岸经济区、北部湾经济区沿海、成渝经济区和黄河中上游能源化工区五大区域，针对重点产业发展的目标和定位，围绕布局、结构和规模三大核心问题，以区域资源环境承载力为约束条件，全面分析产业发展现状、趋势和关键性资源环境制约，评估了五大区域产业发展可能造成的环境影响和风险，提出了重点产业优化发展的调控建议和环境保护战略对策。五大区域重点产业发展战略环境评价成果被已成为制定国家重大区域战略的重要参考，成为编制重大规划、制定地方政策的重要支撑，成为行业准入的重要依据[21]。

在五大区域重点产业发展战略环境评价工作之后，环境保护部于 2011—2012 年组织完成了西部大开发重点区域和行业发展战略环境评价，2013—2014 年开展了中部地区发展战略环境评价，并于 2015 年启动京津冀、长三角和珠三角地区战略环境评价。这一系列大区域战略环境评价探索构建了面向全国尺度的、基于自然生态系统、流域和经济地理单元的国土空间开发资源环境承载力动态监测预警平台。

4. 战略实施后的环境评价

战略实施后的环境评价包括国民经济和社会发展规划的中期评估、国家环境保护规划的实施评估、一些法律法规的立法后评估等。这些工作基本处在起步阶段，战略实施后的评估是社会、经济和环境的综合评估，但有些后评价中，涉及环境的内容不够。但战略实施后的环境评价，如同建设项目环境影响后评价一样，将逐步受到重视。

（二）规划环境影响评价的进展

1. 我国规划环境影响评价技术标准体系的进展

2014 年 6 月 4 日，环境保护部发布 2014 年第 41 号公告国家环境保护标准——《规划环境影响评价技术导则　总纲》（HJ 130—2014）（以下简称《总纲》），自 2014 年 9 月 1 日起实施，用于替代已施行超过 10 年的《规划环境影响评价技术导则（试行）》。

《总纲》由环境保护部会同国务院有关部门组织制定，环境保护部环境工程评估中心等单位组织起草，是规划环评技术规范体系的重大突破，为提升规划环评的科学性、规范性和有效性打下了坚实基础[22]。修订后的导则规定了开展规划环境影响评价的一般性原则、内容、工作程序、方法和要求，将为专项规划环评技术导则和技术规范的编制提供技术支持和规范指导。与原标准相比，新标准细化了现状调查与评价的内容和要求，修改了环境影响预测与评价的内容、方法和要求，增加了规划开发强度分析、不同规划发展情景的预测、对生态系统完整性的影响预测与评价、资源与环境承载力评估等内容。提出了进行人群健康影响状况分析、事故性环境风险预测与评价和生态风险评价，以及清洁生产水平和循环经济分析的要求等。

新《总纲》的特点和突破：①编制程序更加严谨。《规划环境影响评价条例》提出"会同"编制要求，既体现了会同部门参与的广泛性，又兼顾了程序上的正当性和技术上的科学性。②总体思路进一步提升。一是突出环境质量导向，促进环评管理战略转型；二是强调宏观指导，实现对"一地三域十个专项"的统领；三是管理和技术要求并重，推动规划环评规范有序开展；四是突出规划环评效力要求，评价内容宜简则简宜繁则繁。③管理要求显著改进。一是改进规划环评工作流程，加强全过程互动；二是突出规划方案论证和优化调整，强化管理抓手；三是强调减缓不利环境影响，做到双管齐下；四是明确环境影响篇章或说明编制要求，增强决策支撑。④技术要求准确规范。一是明确技术层面各项要求；二是关注长期累积性影响；三是重视环境影响跟踪评价。

总纲修订有着十分重要的意义，首先，它是一项加快推进生态文明建设的重要举措，第二是它弥补了《规划环境影响评价技术导则（试行）》存在的不足，第三是它对规划环评丰富实践经验进行了很好的总结。

2. 我国规划环境影响评价实践的进展

如何加强规划环评与项目环评的联动是"十二五"期间规划环评实施的重点。规划环境影响评价与项目环评有着部分共同的评价思路、内容和方法，同时也存在一走的差异，两者不能相互取代，而是互为补充的，两者要在相互联动的基础上，才能充分发挥作用，对环境保护参与综合决策、促进社会经济可持续发展发挥重要作用。因此，做好规划环境影响评价和项目环评的联动非常重要[23~26]。规划环评与项目环评的联动主要体现在以下几个方面[9,6]：

第一，评价时间的联动。一个完整的决策链应该是战略-政策-规划-计划-项目。从理论上讲，规划环境影响评价应先行，区域与行业的规划环境影响评价次之，而建设项目环评则再次之。在实际工作中，规划环境影响评价应先于项目环评进行，以便在规划决策中充分考虑其对环境的累计的、长期的和滞后的影响，而项目环评要遵循相应的规划环境影响评价，所处地位应该是规划环境影响评价在项目层次的具体实施。环保主管部门应该严格管理，促进项目环评与规划环境影响评价的时间尺度上的联动。

第二，评价方案上的联动。对规划环境影响评价所包括的对建设项目的选址布局、生产规模、生产工艺、环保处理设施等要求，项目环评应积极、主动、严格遵循。对此方面，环保主管部门应该严格管理，实行"奖优惩劣"的制度。

第三，评价指标体系的联动。规划环境影响评价与项目环评评价指标体系的联动有助于进一步完善健全污染物排放总量前置审核的联动。规划环境影响评价中列举的指标应该是该规划中突出的、重点的指标，是该规划可能对环境产生重大影响的指标，因此规划环境影响评价中所列举的指标并不是相关项目环评中指标体系的全部，而是相关项目环评中所必须有的指标，是项目环评指标体系设计的"最低的涉及标准"的部分。

第四，评价内容的联动。在规划环境影响评价中设置"项目入区条件"和"下一层次建设项目环评建议"等章节，在项目环评中设置"规划环境影响评价符合性分析"章节，作为规划环境影响评价与项目环评联系的直接纽带，可以把规划环境影响评价的成果应用和反映到项目环评中。在规划环境影响评价的"规划协调性分析"章节中，对受评规划与相关政策、规划的协调程度、潜在冲突已进行分析，并提出相应的解决途径。

第五，后评估的联动。环评法第二章第十五条和第三章第二十七条规定了建设项目环评和规划环境影响评价都要进行后评估。

国务院发布《规划环境影响评价条例》，提出完善规划环评与项目环评联动机制后，广东省、安徽省、河北省、天津市、江苏省等先后出台文件，提出建立规划环评与建设项目环评联动机制。2011年4月，环境保护部发布《关于做好"十二五"时期规划环境影响评价工作的通知》，强化规划环评与项目环评的联动，对未进行环评的规划所包含的建设项目，不予受理；已经批准的规划在实施范围、适用期限、规模、结构和布局等方面进行重大调整或修订的，应当重新或补充进行环境影响评价；已经开展环评工作的规划，其包含的建设项目环境影响评价的内容可以适当简化。2012年5月，环境保护部和交通部联合下发《关于进一步加强公路水路交通运输规划环境影响评价工作的通知》，两部门将实行规划环评和项目环评的联动机制。

当前，规划环评及规划所包含的具体建设项目环评在执行时存在一些问题[27]：规划实施单位认识不够导致规划环评介入滞后；规划修编时未重新或补充规划环评；规划环评执行效率低；规划环评提出的简化要求在项目环评环节难以实施；规划环评早期介入难以实现。对规划环评与建设项目环评联动存在的问题，究其原因有以下几方面：第一，我国规划环评的审查程序不完善，技术评估在规划环评决策和规划行政许可中的作用没有充分发挥；第二，我国的规划根据性质、层级和所属行业等不同，分别由不同级别和不同性质的行政主管部门审批，不同行政主管部门对规划编制的介入时机和审批的要求均有差别，规划环评早期介入的原则在规划环评导则中已经确立，而实质上规划早期介入是规划环评早期介入发挥效率的基础，目前，很多规划没有实现早期介入，导致了规划环评介入滞后，很难解决规划实施后存在的环境问题；第三，当前我国规划环评的技术导则和规范体系不完善，导致同一类型规划，不同规划环评单位编制的规划环评文件内容深度不一，有的规划环评编制达到了建设项目环评的深度，有的则泛泛而谈，不利于与建设项目环评形成联动；第四，目前环评审查过程中出现"宏微倒挂"的问题，即规划环评由地方审查，规划所包含的建设项目的环评则由国家环境保护行政主管部门审查。此外，在不同层次规划环评中，也存在"宏微倒挂"问题，如轨道交通规划存在地方政府审批线网规划、国家行政主管部门审批层次较低的建设规划。

（三）建设项目环境影响评价的进展

建设项目环境影响评价在"十二五"期间一方面更加关注行业重点问题及公众环境权益，提高了对大气环境、地下水环境、环境风险、公众参与等专题的评价技术要求和评估审查力度；另一方面契合国家"简政放权""环评瘦身"等要求，更关注环境保护自身问题，简化、弱化了土地、规划、产业政策等前置条件。完善污染影响机理分析和预测等内容，优化有关污染防治对策；开展建立重金属等特殊污染物排放环境影响评价体系研究。2014年，在我国城市区域雾霾较重的形势下，采用美国联邦航空管理局（FAA）和美国空军（USAF）合作开发的EDMS模型，在北京新机场项目环境影响评价中，探索性地开展了大型枢纽机场飞机尾气影响。

十二五期间，我国环境影响评价主要在信息技术支撑方面有了较大的发展和突破，遥感技术2013年在环境影响评价中开始运用，环境影响评价基础数据库从2010年开始经过逐年建设，已经创建起环评会商系统，进而实现典型项目技术评估会商平台应用，不断把基础性环评技术数据支撑平台建设推向深入。

1. 遥感技术在环境影响评价中的应用

环境影响评价管理涵盖建设项目环评审批、建设项目"三同时"监管以及环保竣工验收多个环节。由于缺乏有效的技术手段,目前的环境影响评价管理多关注于环评审批,建设监管和竣工验收环节相对薄弱。许多建设项目获得环评批复之后,在设计、施工、试运行期间擅自变更建设地点和建设内容,严重影响了环评制度的实施效果,给项目管理、污染防控和生态保护带来诸多问题。因此,积极研究制定覆盖建设项目生命周期的监管办法,确保环评审批要求的环保措施落实到位显得十分必要。

2014年4月24日,第十二届全国人大常委会第八次会议表决通过了修订后的《中华人民共和国环境保护法》,于2015年1月1日起施行。新环保法对企业违法建设行为有了更严厉的处罚方式,并同时强调了研究和运用更多科技手段用于环境保护领域。

遥感技术作为一种新型对地观测手段,近年来发展迅速。利用遥感进行地面监测具有全天候、非接触、监测范围大、成本低的优势,目前已广泛应用于国土监测、城市规划、防灾减灾、环境保护等领域。多光谱、多时相、多角度、多极化以及高分辨率的发展趋势为遥感技术服务于精细化环境保护管理奠定了良好的基础。

《基于遥感技术的新建项目与环评批复的一致性研究》是环保部部门预算延续性项目,其总体目标是利用遥感影像实时性、宏观性、精确性的特点,在建设项目环评审批和验收阶段,定期将环境影响评价管理中的项目关键空间信息与实际工程进行比对分析,开展项目建设情况核查。依托评估中心环境影响评价基础数据库平台,在建设项目空间信息提取、遥感关键技术攻关以及业务系统研制等工作的基础上,实现利用遥感技术进行建设项目生命周期的动态监控的管理模式,为环评管理、验收和环境影响后评价业务提供科学有效的支撑。本项目自2013年开始建设延续至今,已在卫星遥感影像数据处理及解译、建设项目空间信息提取、标准规范研究与制定等领域展开了多项方法研究、示范应用及系统研发等工作,形成多项技术成果并积累了大量的基础数据。

(1)建设项目空间信息提取方法研究与应用 针对火电、钢铁、水泥、石化等大气污染减排重点行业建设项目工艺流程及主要设施分布特点,项目进行了重点行业遥感解译知识库建立,已完成主要判读方法知识、上述四大重点行业知识及影像判读知识、400余个上述行业典型目标影像切片三个方面知识的入库工作。在此基础上,进一步进行了遥感数据源选择方法及建设项目空间信息提取、违法开工重点区域确定方法研究,并对技术适应性进行评估,完成建设项目违法开工动态管理技术规程的设计。

(2)标准规范研究制定 为进一步推进遥感技术在环评领域中的业务化应用,项目以多源遥感影像及各类空间信息数据为管理对象,建立建设项目空间数据库建设标准、综合数据库建库标准、图形库建库标准等系列标准,以及示范应用专题图制作规范等多项规范,用于保障遥感技术应用于环评领域的技术流程化、规范化和项目成果产出的稳定、质量可靠。

(3)区域应用示范研究 为验证技术的实用性及技术适应性,项目开展了以京津冀地区主要城市为实验区的区域应用示范研究。研究成果主要包括:①已完成了京津冀地区火电、钢铁、水泥、石化行业普查。②完成了唐山、石家庄、邢台、邯郸四城市上述四行业400余个企业18类主要排污设施的长、宽、高、直径、面积的定量分析。18类主要排污设施为:钢铁厂的高炉、炼钢车间、轧钢车间、露天原料场、煤气柜、烟囱、轧钢车间,火电厂的锅炉间、冷却塔、露天煤场、汽机间、烟囱,水泥厂的立窑、联合贮库、露天原料场、贮料槽，炼油厂的生产装置、油罐、污水处理设施。③利用高分辨率可见光及红外卫星遥感影像数据分析判定了唐山、石家庄、邢台、邯郸四城市钢铁厂、火电厂、水泥厂共计 397 个目标的拆除和关停状态。④以重庆长寿工业园区及唐山部分地区为试验区，通过两期遥感影像变化检测，对实验区进行了变化监测。

（4）卫星影像及空间数据积累 项目目前已具有京津冀地区 2013 年、2014 年遥感八号可见光数据产品，覆盖面积月 22 万平方千米；唐山、石家庄、邢台、邯郸四城市 2014 年遥感二号可见光数据产品、遥感十四号红外数据产品，覆盖面积约 5.4 万平方千米；石家庄地区遥感二号可见光数据产品（影像获取时间为 2012 年 11 月—2013 年 3 月）；重庆长寿工业园区及唐山市局部历史影像产品，覆盖面积约 0.58 万平方千米。上述卫星遥感影像数据与项目研究成果数据的获取，为掌握京津冀地区大气污染减排重点行业企业的数量和分布，以及京津冀地区的环境评价和监察工作提供了重要的基础数据支撑。

（5）系统研发 为进一步推进遥感技术在建设项目空间信息提取领域中的应用，项目已开发了基于遥感技术的建设项目违法开工监测识别示范系统、核查终端示范系统以及综合业务管理系统，能够实现建设项目信息提取、提取信息实地核查等功能，并初步实现业务化应用的基本框架。

2. 环境影响评价基础数据库的发展

环境影响评价基础数据库在"十二五"期间主要取得了以下成果。

（1）构建业务管理系统，自动更新国家环评核心基础数据库 环评基础数据库建设项目从基础层着手，构建了由用于数据库和软件系统的标准规范，存储和管理环境影响评价、技术评估、审批等过程中使用和产生的数据资源的数据库，以及相应的数据库管理与应用软件系统三大部分构成的国家环评核心基础数据库。

国家级核心环评数据库数据资源集作为基础数据库建设核心层，主要包括业务数据、支撑数据、管理数据三大部分。通过数据库逐年建设，归纳整理了十年多来的战略环评、规划环评和项目环评业务数据，梳理了约 5000 本环境影响报告书的内容，在此基础上总结形成 16 个重点行业建设项目指标库、3000 多项技术指标数据。整合国家环境影响评价相关法律法规、污染源在线监测数据、环境敏感区涉及主体功能区划、自然保护区、国家风景名胜区、水质自动监测背景数据等环境基础数据并提供查询服务，对环境影响评价机构、从业人员和专家队伍等管理数据资源进行统一管理和维护。初步建成由环评基础支撑、环评核心业务和环评产品成果等组成的环评基础数据库体系，基本完成我国环评急需的基础数据资源和环评核心数据的整合集成工作。通过大量的数据收集及处理工作，盘活了国家投入巨资产生的国家级环境影响评价核心成果数据，夯实了国家核心数据库基础，可有效促进这些宝贵数据资源的长期保存和利用。

数据库管理应用系统是数据库建设的中枢，近年来通过建设和完善环境影响评价共享平台，实现了技术评估流程业务系统与互联网申报系统对接，打通了外网申报与专网评估。为提升数据库管理应用服务性能，通过互联网建设开发了环评相关业务的申报管理系统，包括优化环境影响评价项目电子申报管理系统、开发规划项目环境影响评价申报子系统、环境影响评价资质申报子系统。共享平台通过专网传输，实现业务数据、支撑数据的自动采集、入库，实现了对入库数据的实时查询、统计分析，通过开发数据关联检索功能，实现信息系统的自动导航，向技术评估、管理提供更为全面的数据统计、分析服务。通过管理应用系统逐年建设，在盘活存量数据资源的同时，实现了业务数据自动接入和流转，使得环评基础数据库成为即时更新维护的"活库"，将为我国环评管理提供高效、便捷的数据信息支撑。

（2）提高环评数据业务化集成水平，创建环评会商辅助决策平台　传统的环评技术审查和审批一直单一地依靠专家评审的模式，对涉及复杂环境条件和工艺的项目往往需要耗费大量人力、物力按照既有模式进行预测、验算。为向环评技术审查和审批部门提供更科学的业务集成化服务平台，通过深入环评业务逻辑分析，打造了"环评一张图"的环评会商平台，围绕环境影响评价中的工程概况、区域环境、环境影响、指标分析和公众参与等核心评价要素，开发了环评会商五大核心数据资源展示和分析评估模块。

环评基础数据库会商平台是一个创新应用平台，在国内外没有一个成功案例可以借鉴，其建设过程是一个不断对环评业务进行探索的过程。结合火电、石化、机场等多个国家级重大敏感项目的技术评估开展典型项目应用，不断通过梳理和沉淀，研究开发形成业务模型架构指导会商业务功能的开发建设。

在火电行业典型项目应用中，围绕环评会商五大功能模块开展数据的整理、功能组织和可视化展现，并实现了基于大气预测模型的在线运算和分析，实现模拟运算的技术复核。结合石化行业典型项目会商应用，开展了更加丰富的行业指标数据的资源展示，细化了组成布局、重点设施分类和空间展现能力，并结合水预测模拟结果实现了模拟方案的管理、参数上传和结果在线展示，初步预演和开展了围绕会商系统进行汇报的新的应用模式。在机场行业典型项目应用中，会商系统开展了交通行业各类资源的展现功能开发，结合噪声环境模拟预测结果，实现了模拟方案的管理、参数上传和结果在线展示。

通过会商平台在各类典型项目的应用、共性需求的提取和实现、个性需求的可配置展现，目前会商平台从基础框架到数据录入展示都具备灵活可扩展的特点，为后期全行业的接入和多种应用模式提供了基础。

（3）通过横向集成，实现试点省-地环评数据库共建共享　为更好提升国家环评基础数据库的服务能力，数据库建设开拓了省-地的环评基础数据横向集成模式。在"共建共享"思想的指导下，结合地方试点工作计划，推动地方试点单位按照规范要求搭建数据管理和共享平台，实现国-省环评数据资源的融合。

目前环评基础数据库已在云南、广西两省试点并取得了阶段性的成果。在推进地方试点项目中，针对云南、广西试点各自实际信息化建设情况，展现出两种应用模式。对于云南评估中心，在没有外部开发力量接入的情况下，利用会商平台可以实现地方业务数据的手工录入和在线会商，以及利用会商平台作为工具系统进行辅助会商分析。对于广西评估中心，在软件技术人员支持下实现了地方业务数据接口，并通过接口提供会商平台基础业务数据接入，在网络和同步机制的支持下，业务数据可以在会商平台中直接检索并加载，直接获得地方业务项目在线会商的能力。省级评估中心通过接入环保专网，为国家环评基础数据库发布省级空间数据资源服务，实现双方之间的数据互联互通，初步实现了数据共享，通过对"会商平台"的访问，实现了具体项目环评会商的应用示范。

（4）深入发掘基础数据资源，推进国家环评数据库平台建设　目前国家环评基础数据库项目已完成了国家级建设项目环评报告书业务数据资源的整理和数据库结构化，并基于环评业务逻辑结构创建了辅助环评决策的环评会商应用平台，期望建立环评"一张图"的智能化分析决策平台，逐步改变以评估会专家专业经验判断、知识积累为主的传统评估模式，更好地服务于新时期环评工作需求。

（四）建设项目竣工环境保护验收的进展

根据《建设项目竣工环境保护验收管理办法》（原国家环保总局令第 13 号），建设项目竣工环境保护验收是指建设项目竣工后，环境保护行政主管部门根据该办法规定，依据环境保护验收监测或调查结果，并通过现场检查等手段，考核该建设项目是否达到环境保护要求的活动。

建设项目竣工环境保护验收的法律依据包括《水污染防治法》《大气污染防治法》《固体废物污染环境防治法》《环境噪声污染防治法》《海洋环境保护法》《放射性污染防治法》《环境影响评价法》《建设项目环境保护管理条例》和《建设项目竣工环境保护验收管理办法》等。2009 年颁布的《环境保护部建设项目"三同时"监督检查和竣工环保验收管理规程（试行）》（环发〔2009〕150 号），明确了建设项目"三同时"监督检查工作机制，强化了项目建设期和试运行期进行现场检查的要求，根据项目环境敏感程度实施分类管理，完善了验收管理程序，实现了对建设项目的主动监管和全过程监管，提高了验收管理效率。

《建设项目竣工环境保护验收管理办法》将建设项目分为两类：主要因排放污染物对环境产生污染和危害的、主要对生态环境产生影响的，并规定这两类建设项目分别应提交环境保护验收监测报告（表）和环境保护验收调查报告（表）。环境保护验收监测报告（表）由经环境保护行政主管部门批准有相应资质的环境监测站或环境放射性监测站编制；环境保护验收调查报告（表），由建设单位委托经环境保护行政主管部门批准有相应资质的环境监测站或环境放射性监测站，或者具有相应资质的环境影响评价单位编制。环保部 2007 年第 84 号公告和 2009 年第 28 号公告，公布了环保部审批建设项目竣工环境保护验收调查推荐单位名单，共 64 家单位可编制生态影响类建设项目竣工环保验收调查报告（表）。

"十二五"期间，环保部加快制定行业竣工环保验收技术规范，在已发布的电解铝、城市轨道交通等 12 个行业验收技术规范基础上，新颁布了石油天然气开采、煤炭采选、输变电工程、纺织染整 4 个行业的验收技术规范，规范和指导上述行业建设项目竣工环境保护验收工作。多数省级环保行政主管部门成立了专门的验收管理部门，进一步细化"三同时"和验收管理职责。

石油天然气开采、煤炭采选、输变电工程、纺织染整 4 个行业建设项目竣工环境保护验收技术规范，均是针对不同行业特点的、专门的、有针对性的技术规范。这些技术规范发布之前，竣工环保验收调查工作虽然在实践中积累了一定经验，调查、监测工作仍存在一定随意性，调查报告技术质量不易控制和评价。上述 4 个建设项目竣工环境保护验收行业技术规范编制过程中，秉承了以相关法律法规为准绳、体现行业特点、科学性的原则，技术规范的发布出台起到了规范行业竣工环保验收工作、加强科学性和规范性的作用。"十二五"期间，环保部不断加快环保体制机制改革创新。2011 年，山东省环保厅印发了《关于印发〈山东省建设项目竣工环境保护验收监测社会化试点单位监督与考核办法〉和〈山东省建设项目竣工环境保护验收专家库管理办法〉的通知》（鲁环函〔2011〕808 号），在省内开展建设项目竣工环保验收监测社会化试点工作；2014 年环保部发布了《关于推进环境监测服务社会化的指导意见》（环发〔2015〕20 号），全面放开服务性监测市场。2014 年 10 月，环保部发布 17 号公告，取消了环保部审批的建设项目竣工环保验收调查推荐单位名单。2015 年 6 月，环保部发布《关于印发环评管理中部分行业建设项目重大变动清单的通知》（环办〔2015〕52 号），制定了水电等九个行业建设项目重大变动清单，文件明确：属于重大变动的应当重新报批环评文件，不属于重大变动的纳入竣工环境保护验收管理。这是加快政府环境保护职能转变、提高公共服务质量和效率的必然要求，是理顺环境保护体制机制、探索环境保护新路的现实需要。

当前，部分建设项目竣工环境保护验收仍然存在建设项目未经验收擅自投运、项目实际建设情况与环评预测情况出入较大、部分行业重大变动清单仍未出台、客观原因（不同部门之间政策调整和衔接问题等）导致项目"三同时"落实不到位等问题。需要管理部门、建设单位、验收监测/调查单位按照实事求是、适当区分责任、抓住重点、以人为本的原则，共同努力解决这些问题，营造良好的建设项目竣工环保验收新秩序。

（五）建设项目环境影响后评价的进展

环境影响后评价[28]是指对建设项目实施后的环境影响以及防范措施的有效性进行跟踪监测和验证性评价，并提出补救方案或措施，实现项目建设与环境相协调的方法与制度。环境影响后评价的概念来源于项目后评价，属于环境管理项目体系中的一部分，也是环境影响评价的延伸以及环境影响评价的验证、补充和完善。我国环境影响后评价的研究起步于 20 世纪 90 年代，主要是由于环境影响评价制度在执行实施中出现了一些问题，依据《中华人民共和国环境影响评价法》第二十七条规定，一类环境影响后评价是在项目建设、运行过程中产生不符合经审批的环境影响评价文件的情形的，建设单位应当组织环境影响的后评价，采取改进措施，并且报原环境影响评价文件审批部门和建设项目审批部门备案；另一类是原环境影响评价文件审批部门也可以责成建设单位进行环境影响的后评价，采取改进措施。环境保护部相关领导在 2012 年全国环境保护工作会议上首次提出"全面推进建设项目环境监理，继续强化环评全过程监管，制定环境影响后评价办法"，这与《国家环境保护"十二五"规划》要求一致。

郝春曦等[29]认为，开展环境影响后评价的目的主要包括以下几个方面：对在环境影响评价阶段某些难以进行准确预测或不可能进行准确预测的环境影响，通过后评价予以明确。该类型的环境影响主要是指累积性和持续变化的环境影响；对竣工环境保护验收阶段尚无法做出准确判断的环境影响以及环境保护措施的实施效果，通过后评价给出明确结论；对社会各界特别关注的环境影响或存在疑虑的建设项目，通过后评价给出更加科学的结论，向社会进行释疑。开展环境影响后评价即是要说明在环评阶段无法阐述清楚的环境影响，解决环评阶段无法解决的环境问题，所以环境影响后评价是对原环评措施的深化，而不是对原环境影响报告书进行验证或完善，更不是对项目变更后进行的补充评价。

我国环境影响后评价存在的关键问题[30]：一是内涵不明确，法律规定存在一定的交织。二是评价要求不确定。目前国内立法中的环境影响后评价仅是概括性、原则性的规定，而对如何进行后评价以及开展后评价的时间、具体程序、内容并没有做出具体的规定。三是配套管理体制、技术规范体系不健全。截至目前，水利水电、煤矿等生态类影响项目开展了环境影响后评价的研究，仅推行了《中央政府投资项目后评价管理办法（试行）》《水利建设项目后评价管理办法（试行）》《海洋石油开发工程环境影响后评价管理暂行规定》《重庆市建设项目环境影响后评价技术导则（试行）》，尚没有正式出台国家层面的环境影响后评价管理办法及其技术导则，并未形成完善的法律规范体系指导环境影响后评价的实施。四是环境影响后评价工作受重视程度低。

截至 2014 年 7 月，环保部已组织开展了 10 个项目的后评价，目前正在组织开展大亚湾石化园区的环境影响后评价。此外，环保部还在环评批复和验收批复文件中对120个项目提出了开展后评价的要求。

环境保护部环境工程评估中心在2010年启动了环境影响后评价支持技术与制度建设研究的环保公益课题，目前环境影响后评价导则总纲、水利水电和煤炭行业三个导则正在编制中，导则的出台将明确需进行后评价的项目范围，明确开展环境影响后评价的时间节点，明确环境影响后评价的管理程序，明确环境影响后评价的工作内容。

（六）建设项目环境监理的进展

建设项目环境监理是指环境监理机构受项目建设单位委托，依据环境影响评价文件及环境保护行政主管部门批复、环境监理合同，对建设项目的施工试行环境保护监督管理。环境监理作为建设项目环境保护工作的重要组成部分，是建设项目全过程环境管理中不可缺少的重要环节。开展建设项目环境监理工作，可以将根据环境保护法律法规、环境影响评价文件及批复文件要求的环保治理措施和设施贯彻落实到工程的设计和施工管理工作中，对确保环境保护"三同时"指导的有效落实，减少生态破坏和环境污染，提高环境保护工作力度，具有重要意义。

我国的环境监理工作开始于20世纪80年代[31]。1995年，黄河小浪底水利枢纽工程首次正规引入现代意义上的环境监理，拉开中国工程环境监理工作的序幕[32~34]。2002年，国家环保总局等六部委发布《关于在重大建设项目中开展工程环境监理试点的通知》，要求在青藏铁路、西气东输等13个重点项目中开展环境监理试点，是我国环境管理模式由"环节控制"向"全程控制"的重要转变。以此为契机，交通部、水利部分别于2004年和2009年出台了关于开展交通工程、水利工程环境监理工作的文件；2004—2010年，浙江、陕西、辽宁、山西、内蒙古、青海等省（自治区、直辖市）陆续出台了各省（自治区、直辖市）关于开展环境监理工作的通知、管理办法，开展了积极探索，逐步构建了环境监理管理体系。

2010年、2011年，环保部分别印发了《关于同意将辽宁省列为建设项目施工期环境监理工作试点省的复函》（环办函［2012］630号）和《关于同意将江苏省列为建设项目施工期环境监理工作试点省份的函》（环办函［2011］821号），辽宁、江苏两省率先成为中国首批开展环境监理工作的试点省份。2012年，环保部发布了《关于进一步推进建设项目环境监理试点工作的通知》（环办［2012］5号），明确了建设项目环境监理的定位、主要功能、需要开展环境监理的建设项目类型、环境监理重点关注内容；要求省级环保行政主管部门加快建设项目环境监理制度建设、建立环境监理技术规范体系以保障技术质量；并提出将河北省、山西省、内蒙古自治区、浙江省、安徽省、河南省、湖南省、陕西省、青海省、四川省、重庆市这11个省（自治区、直辖市）列为第二批建设项目环境监理试点省，开展全方位探索。2012年2月，新疆维吾尔自治区成为第14个环境监理试点省份。环办［2012］5号文的发布，统一了目前我国需要开展环境监理工作的项目类别，为各试点省份开展环境监理工作提供了有力支撑。从此，我国环境监理工作步入新的阶段。

"十二五"期间，我国在推行环境监理制度方面进行着积极探索，部分省市、行业部门已将环境监理作为环境管理体制中重要的组成部分。山西、辽宁、新疆、青海、重庆、福建、安徽、甘肃等省份陆续发布一些更为详尽的法规、管理办法和技术规范等，有力促进了省内环境监理工作的开展，强化了环境监理工作的制度建设。2011年，重庆市发布了《建设项目环境监理 技术规范（试行）》。2013 年、2014 年，陕西省、甘肃省分别发布了《建设项目环境监理规范》（DB61/T 571—2013）、《建设项目环境监理规范》（DB62/T 2444—2014）。这些标准规范文件，规定了建设项目开展环境监理工作的基本程序、内容和范围，对规范环境监理机构和人员的环境监理活动、保证环境监理的工作质量、提高建设项目环境管理水平、有效落实环境保护措施和要求、顺利实现工程建设预期环境保护目标等方面将发挥重要作用。

我国开展环境监理工作以来，在技术支持和管理方面积累了一定经验，但仍处于探索和试点阶段，且存在诸多不足制约其进一步发展：一是企业对环境监理认识不够，很多企业认为环境监理就是花钱买项目的环保验收通行证，甚至误把监理机构当做环保执法部门，不愿配合监理单位的工作。二是环境监理法律保障不足，我国现行国家层面的法律体系中，尚无关于环境监理的明确规定，导致环境监理的内涵和外延缺乏统一理解。虽然在环办［2012］5 号文中确定了环境监理的工作范围，但在法律层面上环境监理工作内容、方法、程序等缺乏有力支撑。三是工作水平参差不齐，各地出台的环境监理相关文件技术要求缺乏统一，环境监理权责不明确，管理方式、管理尺度也不尽统一。四是监理队伍能力不足，当前从事环境监理的有环评单位、工程监理单位、环保工程设计单位以及其他环境咨询单位，不同单位的技术水平差距较大、人员素质参差不齐，既拥有丰富的环保专业知识又拥有实际现场监理经验的高素质人才较为紧缺。

上述问题需要在"十三五"期间逐步解决、完善，以推动建设项目环境监理工作制度化、规范化、标准化的良性发展。

四、国外环境影响评价研究经验与启示

（一）国际上战略环境评价的研究进展

战略环境评价作为环境影响评价制度向更高层次的拓展，建设项目影响评价的程序和方法自然可以适用到战略环境（影响）评价中。欧盟委员会、英国、加拿大、联合国欧洲经济委员会等都在积极推动和开展各具特色的战略环境评价工作，其中程序最为完善的是欧盟委员会的《影响评价导则》[35]。欧盟委员会的所有立法提案，有明显社会、经济或环境影响的非立法草案，决定未来政策的白皮书、行动计划、预算项目、国际协议谈判导则等在制定时，都要进行社会、经济和环境影响评价。评价的主要步骤分为识别问题、制定政策目标、设计政策可选方案、分析政策可选方案的影响、比较政策可选方案和制定政策监测和评估框架等。对政策可选方案的影响分析，首先要按照经济、社会和环境三方面进行筛查，再定性分析影响发生的可能性、强度和性质，先定性分析出最显著的影响，再运用定量或模型方法进行预测和评价。《影响评价导则》要求公众参与贯穿评价全过程，形式可自定，但必须满足最低标准。影响评价的一个重要问题就是预测的不确定性，因为战略对环境的影响，要经过规划、项目等多个中间环节，因此其影响机理难以识别和定量表征。而《影响评价导则》在减少不确定性方面的经验值得借鉴，包括作为评价对象的战略本身要具体和标准化，要进行多战略方案比选，要强化公众参与，要弹性选用经济、环境和社会影响的评价方法。

而近年来，侧重制度建构和完善的战略环境评价理念开始兴起。经济合作和发展组织为了推动成员国之间环境政策和制度的协调，开展了 20 多年的国家环境政策评价工作，主要是通过国际专家、环境部门、相关政府部门、专家、非政府组织等的公共参与和同行评价的方式，识别成员国的环境政策体系的不足并提出改进建议，协调各国的环境制度和政策，减少不一致。而经济合作和发展组织的这套方法被世界银行用在推动发展中国家的战略环境评价工作中。世界银行的《战略环评和行业变革——概念模型与操作导则》（2011 年）一书认为，大多数发展中国家并未建立起有利于战略环境评价的体制机制，评价的技术方法不足、不确定性大、有效性不高，因此发展中国家开展战略环境评价，应侧重于制度的建构和完善。一个典型的案例是，世界银行在发展中国家的一个大都市推动战略环境评价工作时，发现该都市的规划制定部门认为战略环境评价与己无关，且规划部门在城市发展和土地开发中有经济利益，既不愿进行机构改革，也不愿意考虑环境问题。也就是说，战略环境评价无法解决导致该都市产生环境问题的根本原因，因为其根本原因是环境管理的机制不足和能力缺乏。世界银行提出的战略环境评价方法包括现状分析和利益相关者分析，通过各利益相关者的对话机制，进行广泛协商和妥协，筛选出需要优先考虑的环境问题，分析现有体制机制在处理优先环境问题方面的不足，并提出包含政策、体制、法律、管理和能力建设等方面的政策建议，以及战略实施后监测指标和环境目标等。

（二）国际上战略环评理论技术方法研究趋势

基于环境影响预测的政策环境评价是以预测拟出台战略的环境影响为基础，对环境影响进行评价并进行多方案优选。战略的环境影响预测是在项目环境影响预测的理论和方式上进行改进，使之适用于战略环境评价的，如资源环境承载力分析、环境风险分析、生态系统服务功能价值评估等。而对以环境影响预测为主的战略环境评价经验总结可发现，战略环境影响预测的不确定性仍是难以克服的顽疾，因此，尽量减少不确定性，是战略环境影响评价的重点。

从国际战略环境评价实践看，项目环评的不足和决策导向的需要是战略环评理论技术发展的主要驱动力，也形成了战略环评理论技术方法的两个主要趋势：一是基于传统项目环境影响评价的理论技术方法；二是基于战略环境评价所依靠的制度分析的理论技术方法。前者是将传统项目环评的理论技术方法应用到政策环评中，后者是将政策分析评估的理论技术方法引进到战略环境评价[36,37]。

（三）国内外研究进展比较分析

通过对比发现，我国的战略环境评价在规划环评层次开展得较多，而在政策和法律法规环境评价领域开展得较少。

从方法上来看，我国战略环境评价主要是侧重于预测和评价环境影响，虽然环境影响预测的不确定性很高。此外，战略环境评价的有效性也不令人满意，大多数战略环境评价的成果仅停留在纸面，产生实际影响的很少。而许多发达国家的战略环境评价已经机制化和法定化，评价程序和公众参与要求都很明确，而且政府也将更多的精力放在战略环评层次，因此到了项目环评层面争议较小[38]。相比较而言，我国的战略环境评价还存在一定的差距。另外，一些发达国家和国际组织，开始尝试和探索基于制度分析的战略环境评价，并确定了积极的成效。在这一方面，我国的工作基本是空白的。如果通过战略环境评价来促进和保障可持续发展的制度建设，对我国还是一个亟待补充的工作。

五、环境影响评价发展趋势与展望

（一）环境影响评价在法规、制度及理论方法的展望

未来十年，我国的环境保护法还需要进一步发展，要把政策环境影响评价纳入，从经济发展的源头进行控制。实施从经济发展的源头（环境影响评价）到末端（产品）的全过程控制[39]。

在制度上，尽快明确《环境保护法》中关于政策环境评价的评价主体、评价对象、评价结果的使用、评价流程、公众参与、战略实施后的环境影响后评价等。要对需要优先进行战略环境评价的战略进行分类和筛选，重点对具有重大资源和环境负面影响的战略进行环境评价，积累经验后再逐步扩展。在试点经验成熟的基础上，逐步出台相应的导则、规范和指南，并逐渐清晰和法定化战略环境评价的相关规定。

环评制度与排污许可制度的衔接、融合。环境影响评价和排污许可制度是我国环境保护的重要法律制度，在污染源管控方面发挥了一定的作用。但作为准入控制的环境影响评价制度和作为过程控制的排污许可制度，两者缺乏有效的衔接，在污染源管控方面没有形成合力，结果是环评要求难以有效实施、政策效果往往被架空，排污许可证制度重核发、轻监管、法律效力形同虚设。下一步亟须开展环境影响评价与排污许可证的融合研究，整合现有臃肿而且缺乏整体效能的污染源环境管理制度，以排污许可监督管理排污单位落实环评要求、优化环评制度，以环评规范和指导排污许可证制度在企业生命周期全过程的实施，提升环境准入门槛，引导产业布局调整和落后产能淘汰，促进产业转型升级，真正发挥环境影响评价与排污许可制度在污染控制体系中的支柱作用。

完善环境影响后评价制度。环境影响后评价是项目环境管理的重要环节，是对原环境影响预测性评价方法体系的重要补充和检验环评质量、提高制度有效性的必要手段，预示着环境影响评价方面发展的新动态。但是，环境影响后评价在理论方法以及实用中都需要进一步完善。尽快确立环境影响后评价制度，完善法律机制，明确环境影响后评价的内涵。开展环境影响后评价理论方法体系研究、构建完善的监测体系、提高对环境影响后评价的认识。建立和规范环境影响后评价工作方法的管理体系，在《中华人民共和国环境影响评价法》基础上进一步明确环境影响后评价的地位，制定技术准则和实施管理的办法，尤其是要明确实施的主体、适用的对象以及实施的程序，指导各级环境保护管理部门组织实施环境影响后评价工作。从全过程、全周期、全方位的角度完善环境管理制度，建立健全环境影响后评价制度，生态类项目实施对生态造成持续性破坏，通过建立后评价制度以完善对该类项目的监管；研究建立资源开发类项目闭矿后环境管理制度，我国对资源开发类项目的管理停留在施工期与运营期，尚未建立闭矿后的环境管理制度、政策及相关标准，通过完善闭矿后环境管理制度，避免"掠夺式"开发给区域生态环境带来不可恢复的影响；逐步完善资源开发类项目生态补偿机制，资源开发类项目对生态的破坏是长期的、持续的，通过建立生态补偿机制约束企业的环境行为，落实生态补偿资金，确保生态恢复目标的实现，并促进企业环境责任建设。

（二）环境影响评价在技术方法上的展望

1. 累积影响评价

累积影响评价是复杂的多学科集成的评价过程，我国的环境影响评价并未对环境累积

影响评价提出明确的要求和系统的评价框架，只提出了累积影响评价的设想。有色金属冶炼、有机合成、农药类等向环境排放重金属和难降解有机污染物的建设项目，由于污染物在环境中迁移、转化、富集的机理复杂，其在环境中不断累积的环境影响以及通过食物链对生物体和人体健康的影响等，建设项目环评中往往被忽视或者难以准确预测。随着人类环保意识水平的提高，在可持续健康发展目标的指导下，累积影响评价将会成为环境影响评价的主流。

当前累积影响评价理论研究不完善，没有标准的评价方法，实践应用不足，因此，必须大力研究和探索更具一般性的、较为完善的、适合中国国情的累积影响评价理论和方法，建立累积影响评价法律法规和评价导则，并在实践中应用和检验。按照有效识别、分析和评价影响源、影响过程、时间累积、空间累积、功能影响和结构影响，以及客观性为标准，分析地理信息系统、系统动力学、矩阵法、线性规划法、过程导则、组合评价方法在累积影响评价中的应用。利用非线性理论和协同学、突变论的原理和方法模拟累积影响的非线性过程，建立同地理信息系统相耦合的能反映影响累积过程的子模型，用多目标的线性规划、非线性规划、动态规划及土地适宜度评价等方法与模型研究累积影响评价与区域可持续发展规划的关系。

2. 环境风险评价

我国的环境风险评价刚刚起步，对于风险评价模型的研究甚少。目前，对环境风险评价研究的热点主要集中在化工项目。对于金属矿选矿、冶炼等项目的环境风险，特别是尾矿库溃坝环境风险的预测尚未见统一的、系统的方法。加拿大克拉克大学公害评定小组研究表明，尾矿坝一类坝体的危害性事故，在世界 93 种事故、公害和辐射隐患中名列第 18位，比航空失事、火灾等还要严重。

因此，正在修订的《建设项目环境风险评价技术导则》应该尽快出台，扩展适用范围，完善相关行业的环境风险最大可信事故概率，建立相关预测模型。对有色金属矿采选冶项目，应尽快开展尾矿库和重金属的环境风险评价方法研究，确定溃坝的最大可信事故概率、溃坝影响范围以及重金属防护距离、风险防范措施等。应用遥感、无人机等先进技术弥补现场踏勘的不足，通过调取多期遥感数据对比区域环境质量变化情况，使现场调查结果全面符合实际情况。

3. 战略环境评价方法体系

要积极探索适合中国国情的战略环境评价方法体系。对于我国来说，可能需要综合两种模式的优势，互为补充，即一方面要分析战略的环境影响，特别是中长期的环境风险，另一方面要进行学习型的政策公众参与和制度分析，完善战略环境评价的制度构建。

（三）科技创新平台建设

要推动政策环境评价能力建设。政策环境评价的能力建设包括建立各地各部门的交流和培训平台，建设政策环境评价的公示和公众参与平台，统筹协调各部门的政策环境评价程序和方法，制定和发布政策环境评价的导则、规范和标准，发布最佳实践案例等。

汲取我国环境影响评价实施多年以来积累的有益经验，积极与行业协会、企业、科研院所、非政府组织等联合，搭建科技创新平台，构建环境影响评价智库，开展环境准入政策、环境影响评价方法、污染防治最佳可行技术、区域污染数值模拟等领域的研究，积极开展"送服务、解难题，环保科技下基层"活动，主动为地方提供环境科学技术服务，与地方政府一起化解经济发展与环境保护存在的矛盾，为地方环境治理出谋划策，从科技、环保角度帮助地方优化发展，实现一个行业一条政策、一个区域一种政策、一个流域一类政策，为探索新形势下"环保、科技、发展"三位一体的转型思路奠定坚实基础。

建立科技创新平台，研究各行业环境保护政策、关键环评技术。研究相关环境保护制度、政策、技术规范等文件执行中存在的问题，根据环境保护要求、区域环境质量、环境敏感程度的变化情况，及时修订相关技术文件，不断推动环境保护工作的进步。开展主要环评技术的研究工作，对已实施项目开展测评与后评价工作，通过多相关措施落实及实施效果的评估，修订相关模型预测参数的设定，调整相关保护措施，将实际情况反馈至预测阶段以完善影响预测。积极研究推广节能减排、新能源、废热利用等技术，将建筑节能要求融入项目设计阶段，从源头上减少能源需求，从过程上减少能量损失，从日常行为上减少资源浪费，提高能源资源的可持续利用。

（四）环境影响评价制度在推动产业升级、人与环境和谐发展方面的展望

随着项目环境影响评价审批权的下放，大区域、长时间和政策层次的环境影响将越来越会受到重视，特别是预防重大决策造成的中长期环境风险方面。战略环境评价还将深入到决策的源头，从根本上矫正和改善不合理的战略，建立促进可持续发展的制度体系。

环境影响评价是环境保护参与经济社会发展综合决策的制度化保障，是从源头减少环境污染和生态破坏的重要抓手。在新的经济发展形势下，应正确处理经济发展和环境保护的关系，妥善应对复杂局面，科学判断经济运行态势，把握好工作方向，合理有序地推动重点项目开工建设，促进投资保持适度规模。

地方各级环境保护主管部门在环评审批权下放的形势下，要严把环境准入关，把总量控制指标作为环评审批的前置条件，严控"两高"和产能过剩行业盲目扩张，提高涉重金属行业准入门槛，加强环境风险防范，推进信息公开、促进公众参与，强化环评全过程监管，推动经济结构调整和产业升级转型，促进人与环境的和谐发展。

六、结论

我国的总体发展战略已从"以经济发展为中心"转向"全面协调可持续发展"，这一转型过程中资源环境问题首当其冲。然而，无论是发展理念、管理，还是技术；无论是经济社会部门，还是环保系统，都还囿于部门和区域分割，彼此之间缺乏协同，难以适应新时期的发展要求。环境影响评价，作为贯彻"预防为主"环保原则的主要制度与统筹发展和保护之间关系的主要平台，理应顺应我国新时期经济转型的迫切需求和世界环保科技的发展趋势，在我国追求可持续发展的进程中发挥更大作用。

面对异常复杂的国内环境问题和日趋严峻的环境外交压力，我国要在全面建成小康社会的基础上实现经济转型，就必须进一步发挥环境影响评价制度对于优化产业布局、提升产业结构、减少污染排放、改善环境质量、防范环境风险的源头控制作用。

参 考 文 献

[1] 王冬朴，马中. 浅析环境影响评价体系在环境与发展综合决策中的功能 [J]. 环境保护，2005，5：52-55.

[2] 林逢春，陆雍森. 中国环境影响评价体系评估研究 [J]. 环境科学研究，1999，2：8-11.

[3] 环境保护部. 国家环境保护标准"十二五"发展规划 [EB/OL]. （2011-06-09）. http：//www. zhb. gov. cn/gkml/hbb/bwj/201106/t20110628 _ 214154. htm.

[4] 梁鹏，戴文楠，杨常青，刘敏. 我国环境影响评价及相关导则体系初探 [J]. 环境影响评价，2014，5：10-14.

[5] 耿海清. 有重点地加强环评体系建设 [N]. 中国环境报，2014-2-21（002）.

[6] 柳雨青. 公众参与环境影响评价法律制度研究 [D]. 南昌：江西师范大学，2014.

[7] 张群. 如何规范环评机构提高行政审批效率 [J]. 环境保护与循环经济，2015，2：16-18.

[8] 徐鹤，陆文涛，王会芝. 中国规划环评理论与实践 [J]. 环境影响评价，2014，2：07-10.

[9] 傅浩. 规划环境影响评价的研究 [D]. 长春：吉林大学，2013.

[10] 中华人民共和国环境保护法 [EB/OL]. 中华人民共和国全国人民代表大会常务委员会公报，2014（3）. http：//www. gov. cn/xinwen/2014-04/25/content _ 2666328. htm

[11] 佚名. 中华人民共和国环境保护法 [N]. 人民日报，2014.

[12] 别涛. 新《环保法》政策环评法律规定解析 [J]. 环境影响评价，2014，4：4-5.

[13] 曹凤中. 且实行且发展 [J]. 中国石油石化，2014，10：40-41.

[14] 柏学凯，雷立改，刘晓超等. 对环境影响评价中公众参与的思考 [C]. 中国环境科学学会学术年会论文集，2014：3058-3061.

[15] 樊红波，张攸. 浅谈《建设项目环境影响评价政府信息公开指南》的影响 [J]. 资源节约与环保，2014，1：139.

[16] 王亚勤，方沈. 论《建设项目环境影响评价政府信息公开指南（试行）》发布的意义 [J]. 资源节约与环保，2014，4：78.

[17] 张宇，邢文利，姜华.《环境影响技术导则　总纲（HJ 2. 1—2011）》解读 [J]. 环境保护，2011，18：11-13.

[18] 陈鸿汉，梁鹏，刘明柱，王柏莉. 地下水环评实践思考与建议 [J]. 环境影响评价，2014，3：12-14.

[19] 谢巍. 地下水导则在重庆环评实施中的思考 [J]. 资源节约与环保，2014，9：159-160.

[20] 曹凤中，周国梅，任国贤等. 大气污染防治法（2000 年）战略环境影响评价研究 [C] //环境保护部环境工程评估中心.《环境影响评价法》颁布十周年文集. 北京：中国环境科学出版社，2012：145-154.

[21] 李天威，任景明，刘小丽，王占朝. 区域性战略环评推动经济发展转型探析 [J]. 环境保护，2013，10：41-43.

[22] 刘贵云，赵鑫.《规划环境影响评价技术导则　总纲》评析 [J]. 环境影响评价，2014，5：06-08.

[23] 欧阳晓光，王健，郭芬. 健全规划环评与建设项目环评联动机制的对策建议研究 [C]. 中国环境科学学会学术年会论文集（第四卷），2013：3159-3162.

[24] 廖嘉玲，彭勇，刘政，王红磊等. 基于多层面联动理念的规划环评与建设项目环评联动机制研究 [C]. 中国环境科学学会学术年会论文集（第四卷），2013：3136-3140.

[25] 刘小飞. 规划环评实施后项目环评内容简化的要点初探 [J]. 中国科技信息，2013，8：39.

[26] 赵光复. 声环境评价为城乡规划提供科学依据 [J]. 环境影响评价，2013，6：27-30.

[27] 欧阳晓光，王健，郭芬. 健全规划环评与建设项目环评联动机制的对策建议研究 [C]. 中国环境科学学会学术年会论文集，2013.

[28] 姜华，刘春红，韩振宇. 建设项目环境影响后评价研究 [J]. 环境保护，2009，2：17-19.

[29] 郝春曦，郝莹. 刍议建设项目环境影响后评价 [J]. 环境影响评价，2014，2：40-42.

[30] 梁鹏，陈凯麒，苏艺，杜蕴慧. 我国环境影响后评价现状及其发展策略 [J]. 环境保护，2013，1：35-37.

[31] 张长波，罗启仕. 我国工程环境监理的发展态势及其前景展望 [J]. 环境科学与技术，2010，33（12）：672.

[32] 谢新芳，尚宇鸣. 黄河小浪底工程环境保护实践 [M]. 郑州：黄河水利出版社，2000：315-316.

[33] 尚宇鸣，张宏安，燕子林等. 小浪底工程环境保护与环境监理 [J]. 人民黄河，2002，22（2）：38-39.

[34] 刘新星，喻文戏，李怀正. 在环境管理制度中引入环境监理的设想 [J]. 上海环境科学，2007，26（5）：225.

[35] European Commission. 2009. Impact Assessment Guidelines [S].

[36] 朱源. 开展政策环境评价的若干思考 [J]. 团结，2014，（6）：35-39.

[37] 朱源. 政策环境评价的国际经验与借鉴 [J]. 生态经济，2015，31（4）：125-128.

[38] HMG Government. 2011. Impact Assessment Guidelines [S].

[39] 徐云，曹凤中. 我国新环境保护法的突破与展望 [J]. 中国环境管理，2014，3：1-4.

第二十二篇 环境标准与基准学科发展报告

编写机构：中国环境科学学会环境基准与标准专业委员会
负 责 人：武雪芳
编写人员：周羽化　胡林林　王宗爽　王海燕　张国宁　任　宁　武雪芳

摘要

"十二五"期间，我国环境基准与标准工作取得了较大进展。在环境基准研究方面，我国环境基准的研究起步较晚，基础薄弱。近年来，我国开始逐步加强对环境基准研究工作的重视，在"973"项目、"水专项"和国家环保公益性行业科研专项项目中都设立了有关环境基准的研究项目，初步建立了我国环境基准体系研究框架；2011年10月建设成立了环保系统第一个国家重点实验室环境基准与风险评估国家重点实验室，系统开展环境基准的研究工作，取得了一系列的成果，为我国环境质量标准制修订提供科技支撑。

在环境标准研究方面，"十二五"期间，我国环境保护标准体系建设继续快速发展。截至2015年7月，共发布标准443项，现行标准达1653项。我国以环境质量标准、污染物排放（控制）标准、环境监测规范为核心的环境保护标准体系已经基本建立，国家环境标准体系基础框架已经形成。同时，环境质量标准和排放标准制修订方法学研究也取得了较大进展，规范和指导了相关标准的制定工作。

"十三五"期间，我国将进一步开展环境基准的基础研究工作，为建立我国环境基准体系提供支撑；环保标准研究则积极围绕"强化污染减排、改善环境质量、防范环境风险"的环保工作总体思路，以深化标准体系顶层设计、协调各类标准之间的关系、强化标准制修订方法和实施机制及实施效益评估方法等为重点，积极适应国家经济社会发展和环境保护工作的需要，不断推进环保标准工作。

一、引言

"环境基准"与"环境标准"两个概念密切联系但又有所区别。"环境基准"是以保护人体健康、生态系统以及相关环境功能为目的，反映了污染物在环境中最大可接受浓度的科学信息；同时，"环境基准"是自然科学的研究范畴，是在研究污染物在环境中的行为和生态毒理效应等基础上科学确定的，基准值完全是基于科学实验的客观记录和科学推论。而"环境标准"是指为保护人体健康、生态环境及社会物质财富，由法定机关对环境保护领域中需要规范的事物所作的统一的技术规定。在我国现行环境标准体系中环境标准分为五类，即环境质量标准、污染物排放（控制）标准、环境监测规范、环境基础类标准与管理规范类标准。其中，环境质量标准是整个环境标准体系的核心组成内容，也是国家环境管理核心目标的体现。根据国内外实践，环境质量标准主要依据环境基准制定，以环境暴露、毒理效应与风险评估为核心内容的环境基准体系，是环境质量评价、风险控制以及整个环境管理体系的科学基础。

本报告分析总结了"十二五"期间我国环境基准与环境标准学科发展情况，重点分析讨论了环境基准和标准理论体系建设和学科研究的最新进展及成果应用，并提出了关于学科研究发展方向的建议。

二、我国环境基准与环境质量标准理论研究进展

（一）水环境基准研究进展

1. 国外水环境基准研究主要进展

2014 年 5 月，美国环保局网站上给出了美国环保局对现行的水环境质量基准进行修订，并且给出了修订的原因及参数的变化。其中：①根据美国 1999～2006 年健康及营养调查结果，将超过 21 岁的美国人的平均体重由原来的 70kg，提高至 80kg；②根据 2003～2006 年，美国健康及营养调查结果，将饮水量由 2L/d 提高至 3L/d；③根据健康及营养调查结果，鱼摄入量由 17.5g/d 提高至 22g/d；④用生物富集因子（BAF）代替生物浓缩因子（BCF），因为 BAF 更适合于多种暴露途径的情况；⑤根据最新化学品的毒理信息更新了化合物健康风险因子；⑥根据美国环保局 2000 年《美国推导保护人体健康的水质基准的新方法》中推荐的源相对贡献率为 20%，将非致癌物质人体健康基准进行了更新。基于这六个方面的改变，有 94 种指标的基准值发生了变化，并且对发生变化的基准值进行广泛的意见征求，该项工作于 2014 年 8 月完成。

2. 我国水环境基准研究进展

近年来，我国多个科研项目对水环境基准研究进行了支持，相关工作取得了重要进展。主要表现在以下几个方面。

水质基准方法学方面，冯承莲等[1]对水质基准的概况、理论方法学以及国内外研究进展进行了系统论述，概括了水质基准研究中需要重点考虑的关键科学问题，包括物种敏感度分析、污染物毒性终点选择、基准推导的模型等。同时指出在水质基准研究中我国可以借鉴美国的基准推导方法，将急性基准和慢性基准分开研究。最后，结合我国水质基准的研究现状，指出未来我国水质基准研究中需要重点关注本地物种选择、模型的综合应用等发展方向。闫振广等[2]认为物种敏感度分布分析、"最少毒性数据需求"以及基准的修正是水质基准推算中的若干关键技术，并以氨氮水生生物基准为例，对这些关键技术进行了研究与探讨，提出在我国本土生物毒性数据缺乏的情况下可在种的水平上对水质基准进行推算。另外，可先利用全部生物的毒性数据进行物种敏感度分析，确定需重点获取的敏感生物类群的毒性数据，再用于基准推算，有望降低推算过程中对毒性数据量的需求。同时，基于中美生物物种分布的差异，借鉴美国修订国家水质基准的水效应比法，提出利用生物效应比法对美国国家水质基准进行修订以获取我国水质基准。

在受试生物方面，苏海磊等[3]综合研究美国、欧盟、加拿大、荷兰、澳大利亚和新西兰等国家和地区在推导水生生物水质基准的物种选择及其考虑因素的基础上，提出我国水生生物水质基准需要选择来自8科的水生生物，分别为鲤科鱼类、硬骨鱼纲中的另一科、两栖动物纲的一科、浮游动物中节肢动物门和轮虫动物门各一科、底栖动物中节肢动物门和环节动物门各一科及一种最敏感的大型水生植物（或浮游植物），可全面代表我国水生态系统不同的营养级和生命形式。刘婷婷等[4]从44种国内主要水生植物中筛选了浮萍、紫萍、槐叶苹、金鱼藻、穗状狐尾藻、黑藻、菹草和篦齿眼子菜8种代表性本土大型水生植物，从ECOTOX（生态毒理学数据库，美国环保局）等数据库中搜集相关毒性数据，进行了物种敏感度分布分析。王晓南等[5]筛选出我国以鲤科鱼类为主的17种本土代表性鱼类，参照美国水质基准数据筛选原则，从ECOTOX等数据库中搜集相关毒性数据，分析污染物的物种敏感度分布，有10种本土代表性鱼类对污染物敏感，上述物种可作为相应污染物水质基准研究的本土敏感受试鱼类。蔡靳等[6]搜集、筛选了12种本土代表性两栖动物的生物毒性数据，通过毒性数据分析，筛选出4属（5种）基准研究受试生物，提出这4属（5种）两栖动物可以作为相关污染物的水质基准研究的受试物种。

具体污染物的基准推导计算方面，涉及甲基汞、无机汞、铅、铜、锌、苯、乙苯、氯苯、氯仿、三氯苯、2,4-二氯酚、三氯酚等。吴丰昌等[7]采用评价因子法、毒性百分数排序法和物种敏感度分布法分别推导了我国锌的保护淡水水生生物的水质基准。张瑞卿等[8]基于中国的水生生物区系特征，筛选了包括植物、无脊椎动物和脊椎动物等90个水生生物的急性毒性数据，使用物种敏感度分布法探讨了各类物种的敏感度分布特征，推导了中国无机汞的水生生物水质基准。该基准值与其他国家使用类似统计外推法得到的基准值在同一数量级。吴丰昌等[9]以我国淡水生态系统为保护对象，收集和筛选了淡水水体中的生物物种和相应的毒性数据。用评价因子法、毒性百分数排序法和物种敏感度分布法分别推导了我国铜的淡水生物水质基准。通过比较分析，推荐采用物种敏感度分布法作为铜的基准推导的首选方法。何丽等[10]搜集筛选了重金属铅对我国淡水生物的25种急性毒性数据，采用美国水生生物基准技术对铅水生生物基准进行推算，得出保护我国淡水生物的铅急性基准值为0.131mg/L，慢性基准为0.0051mg/L。李玉爽等[11]基于中国的水生生物区系特征，筛选出了33种水生生物的37个急性毒性数据和1个慢性毒性数据，涵盖了浮游植物类、鱼类、昆虫类、软体类和甲壳类。应用物种敏感度分布曲线法推导了适合中国淡水水体的苯的淡水水质基准，并对各类别生物的敏感性进行了分析。结果表明，中国淡水中苯的基准最大浓度为3.09mg/L，基准连续浓度为0.618mg/L，水中五大类生物对苯的敏感性顺序为：鱼类＞甲壳类＞昆虫类＞软体类＞浮游植物类。张娟等[12]对甲基汞用评估因子法推算了基准值。胡林林等在跨界水体适用标准研究中，针对乙苯、氯苯、氯仿、三氯苯、2，4-二氯酚、三氯酚采用不确定因子评估、物种敏感度分布曲线对氯苯的保护水生态基准值进行了推导，并用TDI方法校核了保护健康的基准。

在毒理试验方面，严莎等[13]研究了甲苯、乙苯和二甲苯污染物对泥鳅的毒害效应，同时搜集了苯、甲苯、乙苯和二甲苯相关的毒性数据，对我国水环境苯系物的水质基准展开了尝试性研究。

在海水基准方面，何丽等[14]搜集筛选了我国海洋生物的25种氨氮急性毒性数据，采用美国水生生物基准技术对氨氮水生生物基准进行推算，得出保护我国海水生物的氨氮急性基准值为0.085mg/L，慢性基准值为0.013mg/L。

在水生态基准方面，段梦等[15]基于浮游生物群落对环境压力变化的响应，参照美国国家环境保护局颁布的生物学基准计算方法，采用综合指数法计算了我国太湖流域和辽河流域的生态学基准值。结果表明：我国太湖流域夏、冬季的生态学基准值分别为 94.7 和 86.7，辽河流域夏、冬季的生态学基准值分别为 100.0 和 96.4。通过该基准值可较好地区分 2009 年辽河流域和太湖流域夏、冬季采样点位的生境优劣，这说明基于浮游生物群落变化来计算生态学基准值的方法是可行的。

在保护人体健康基准方面，段小丽等[16]总结了暴露参数的调查研究方法以及在环境健康风险评价工作中的应用，比较了我国与国外暴露参数在调查和科研方面的差距和不足，为我国暴露参数的发展方向提出了建议。

此外，毕岑岑等[17]对环境基准向环境标准转化的机制进行了探讨。

（二）水环境质量标准研究进展

我国的地表水环境质量标准于 1983 年首次发布，历经 1988 年、1999 年和 2002 年三次修订，形成现行的《地表水环境质量标准》（GB 3838—2002）（以下简称《标准》）。各阶段的水环境质量标准较好地适应了当时社会经济发展水平及环境管理的需求，在指导环境管理工作、改善水环境质量、保护人体健康和生态环境等方面发挥了重要作用。近年来，随着我国水环境形势的变化、管理目标的改变及水环境领域科研的发展，需要对《标准》进行修订，以满足新的管理需求。标准修订将准确、客观地反映我国当前的地表水环境状况，强化地表水污染防治，有效引导地表水环境质量改善的方向，提高水环境管理的效率。

《标准》修订组提出目前标准存在的问题主要有以下几点。

① 同一类水质对应多个使用功能，标准定值时兼顾多种需要，导致对不同的保护对象出现保护不足。现行《标准》是针对不同水域不同使用功能而制定的分类水域水质标准，涉及饮用水源、渔业、农业、工业等多项使用功能，并且某一类水体至少对应两类使用功能。标准定值时需同时兼顾保护人体健康和保护水生生物等的需要。

② 美国水质基准不断修订，现行《标准》中多个项目标准值的制定依据发生变化。近年来我国的水质基准研究也取得重要进展，研究成果也应在《标准》中有所体现。

③ 集中式饮用水水源地水质标准需要加强。《生活饮用水卫生标准》（GB 5749—2006）新修订出台，水质指标大幅增加，部分指标的标准值加严。此外，近年来新型污染物大量涌现，部分污染物在我国地表水水体中也有较高的检出率，也需要在《标准》中加以控制。

④ 湖库营养状态标准需要完善。对于湖库型水体，现行《标准》没有单独提出富营养化表征和控制标准，仅规定了总氮和总磷的标准限值，缺少叶绿素 a 指标。我国地域广阔，各地地质、气候等的差异导致不同区域湖库水体的富营养化现象对营养物水平的响应差异巨大。因此，采用全国统一的氮磷控制标准，并且缺乏叶绿素 a 的标准难以真实反映我国不同区域湖库水体的营养状况。

⑤ 部分指标的管理意义减弱，需对项目的设置情况进行调整。如化学需氧量，该指标作为水中有机污染状况的综合性指示指标，其作用与生化需氧量（BOD_5）和高锰酸盐指数（COD_{Mn}）重复。其他国家不将其作为地表水体监测指标。基本项目中还有一些指标，其作用是为了保护人体健康，防止地方病，如氟化物和硒。长期的监测数据表明，这

两项指标在我国地表水体中的浓度整体较低，仅在局部存在超标。这些指标作为基本项目纳入常规监测范围，意义不大。

⑥ 水质分析方法需要改进。现行《标准》约 50％的分析方法采用的是 2001 年前的国标方法，其中有相当一部分还是 20 世纪 80 年代的国标方法；另有 50％采用的是临时分析方法。经过 10 多年的发展，分析仪器的先进性大大提升，分析方法也得到较大改进和完善，新的国标不断发布。

根据我国当前十大水系地表水环境由重度污染转变为轻度污染的阶段性特征，以及环境管理模式正在由以污染控制为目标导向向以环境质量改善为目标导向转变的阶段性需求，修订工作将以"保护人体健康、维护地表水生态系统健康、满足不同使用功能对水质的基本要求"作为《标准》的基本定位。因此，《标准》修订仍然继承地表水环境主要污染物的分级管理与控制的基本框架，重点解决饮用水源地水质保护、水生生物保护、湖库富营养化控制等主要问题，调整水质项目分类及部分项目的标准限值，提出分级分类分区的水质监测与管理要求，更新水质监测与分析方法要求等，并注重与其他涉水标准协调。协调地表水环境质量标准与水体使用功能的关系。地表水环境质量标准应满足不同使用功能水体对水质管理的基本要求，但不代替水体使用功能的标准。根据污染物的污染水平和管理需求，将水质项目进行分级分类，实施不同的控制要求和监测方案；在保证监测数据有效性和代表性的前提下，尽量减少常规监测项目。根据我国区域环境地理特征，制定不同湖区的分级分类营养评价标准和评价方法，在体现差异性的同时保证评价结果的客观性。继续推进和深化我国水质基准研究和水环境风险评估研究工作，及时将最新的研究成果纳入到标准修订工作中，使标准更能反映我国的国情，更具科学性。根据水质评价目的的不同，规定相应的水质评价方法和数据有效性处理方法，提高评价结果的准确性。将超标水体的管理措施以及良好水体的维护措施作为内容之一纳入标准中，强化标准的可操作性，最大限度地满足水污染防治工作的需求。

（三）大气环境基准与空气质量标准研究进展

1. 国外大气环境基准研究

大气污染健康效应是确定环境基准的重要依据，近年来学术界主要从实验舱研究、毒理学研究、流行病学研究几个方面开展。

（1）实验舱研究（controlled chamber experiments） 实验舱研究可以提供短期暴露的即时影响，它具有准确评估风险、不受其他污染物和敏感实验室仪器对测量的影响等优势。然而，实验舱研究其局限性也应得到承认，缺点包括：研究中采纳少量受试者；是否已经包括特别敏感的人的不确定性；采纳儿童的道德限制；身体活动范围的限制；曝光时间的限制。

（2）毒理学研究 是通过实验室平台研究污染物的机体致病机制，能为污染物健康效应提供科学上的直接证据。目前，大气细颗粒物尤其是细颗粒物、超细颗粒物对呼吸系统和心血管系统毒理学作用及其机理，大气环境致癌物特别是有关苯并芘致癌作用分子机制的研究，硫氧化物（SO_x）和氮氧化物（NO_x）基因表达的影响及内源性生理作用研究，臭氧及光化学烟雾对健康影响机制的研究是该领域的热点。但对于复杂的大气污染来说，毒理学研究认识限于具体细节，难以综合得出整体的结论，尤其是大气污染这种长时间低浓度的污染物暴露，真实条件下的健康损害难以在实验室观测获得直观明确的结论。

（3）流行病学研究　是通过系统设计的调查方案、优化的统计方法等手段，分析得出污染状况与人群疾病发生的相关性，尽量去除复杂细节因素的影响，尽管不能提供直接的科学证据，但对于环境管理和政策制定具有重要价值。大气污染对健康的影响非常复杂，对于所面临的大气污染长时间、低浓度暴露的现状，流行病学研究被认为是最能反映大气污染与人体健康关系的研究手段。目前国际上大气环境健康基准主要是基于流行病学研究证据来制定的。大气环境健康效应的流行病学研究可分为：干预研究、短期（急性）健康效应研究、长期（慢性）健康效应研究和不同来源大气污染物健康效应研究。国外较近的干预研究是在 2000 年美国亚特兰大奥运会期间，由于采取交通管制措施，美国亚特兰大哮喘引起的急性护理和住院数，随着空气污染程度一起降低。但近两年，二氧化硫、臭氧、二氧化氮和一氧化碳的环境空气质量基准研究没有明显进展，未见到最新的报道。

对于颗粒物，虽然 2000 年以来已经进行了大量受控人体临床研究，但近期的研究报告却不多。Dominici 等[18]（2006）研究发现，$PM_{2.5}$ 短期暴露会增加心血管和呼吸系统疾病的入院危险度，包括缺血性心脏病、心律失常和心力衰竭；其中关联强度最大的是心力衰竭，$PM_{2.5}$ 浓度每增高 $10\mu g/m^3$，当天的入院危险度增加 1.28%；Bell 等[19]（2008）对美国 202 个县医院心血管疾病入院资料进行分析，发现颗粒物对心血管疾病入院率的影响存在季节和地区差异，冬天的影响强度最大，$PM_{2.5}$ 浓度每增高 $10\mu g/m^3$，当天的心血管疾病入院危险度增加 1.49%。

2. 我国大气环境基准研究

Lim 等[20]在 2012 年年底在著名医学杂志《柳叶刀》发表了最新的全球疾病负担研究结果。在我国，大气细颗粒物（$PM_{2.5}$）污染是排名第 4 的健康危险因素，2010 年我国约有 124 万居民死亡与 $PM_{2.5}$ 污染相关，包括 61 万脑血管疾病患者、20 万慢性阻塞性肺疾病患者、28 万缺血性心脏病患者、14 万肺癌患者和 1 万下呼吸道感染患者。研究估计，我国约 20% 的肺癌与大气 $PM_{2.5}$ 污染有关。可见，大气污染已经给我国居民健康构成严重威胁。

回顾我国的大气污染与健康研究，国内的研究者以与国际接轨的研究方法，在不同的健康效应终点上（急性健康效应、慢性健康效应和干预效应）研究大气主要污染物与人群健康的关系，确证了大气污染对人体健康的损害，并给出了一定的定量研究结果，虽然与国外相比还有一定的差距，研究结果也存在一定的疑问。

对于急性健康效应研究，2010—2014 年以来，国内的研究者综合分析流行病学资料，刘楠媚等[21]在北京、殷永文等[22]在上海、陶燕等[23]在兰州、Y Guo 等[24]在天津、谢鹏等[25]在珠江三角洲地区等城市和地区陆续开展了大气污染对人群死亡和发病的影响，对我国大气污染对人群急性健康影响有了一个初步的定量估计，如我国 17 个城市的 CAPES 研究发现，大气中 PM_{10} 每增加 $10\mu g/m^3$，居民总死亡风险增加 0.35%，心血管疾病死亡风险增加 0.44%，呼吸系统疾病死亡风险增加 0.56%（Chen R，et al，2012[26]）。但迄今为止，流行病学研究结果还尚未把健康效应特异地归因于某一种大气污染物，亦不能明确地观察到大气污染物对人群健康产生影响作用的阈值范围。此外，研究工作还存在一定的问题：研究资料少而局限，缺少全国范围内大气污染造成的健康损失的定量资料，如臭氧暴露对人群健康效应影响的流行病学研究较少，且研究地区局限在我国香港、台湾、珠三角地区和上海；流行病学研究大多为时间序列分析和地区间比较的生态学研究，缺少精心设计的大规模人群队列研究；研究大气颗粒物污染对人群健康的影响时多考虑颗粒物的重量浓度，对空气中颗粒物表面吸附的化学、物理、生物污染物的种类考虑不足；时效性不强。

对于干预研究，我国 2008 年北京奥运会期间，北京大气 $PM_{2.5}$ 浓度从奥运会前的 $80\mu g/m^3$ 下降到奥运会期间的 $45\mu g/m^3$ 左右，期间北京市居民哮喘发病风险下降了 50% （Li Y，et al，2010[27]），各种亚临床健康指标（比如肺功能、心律变异性等）也有了明显改善（Rich DQ，et al，2012[28]）。

鉴于空气颗粒物来源广泛、组成复杂，我国目前尚未有一套基于完整科学理论和足量实测数据支持的颗粒物基准体系，导致其来源、暴露水平、健康和环境风险信息量不足，相关标准制、修订的依据不足。白志鹏、张文杰等充分分析了美国环境空气质量管理的模式，并追踪了美国基准文件的发布历程和世界卫生组织导则值的发布和修订历程，辨析了环境空气颗粒物质量基准与标准的内涵，分析了空气颗粒物质量基准研究对环境空气质量标准制修订的支撑作用。综合国外环境基准体系框架构成和已有研究成果，结合国内空气颗粒物质量基准研究现状和存在的问题，基于"污染源—环境空气浓度—暴露水平与剂量—健康/环境效应与风险"的各环节研究方法与目标，提出了"2-4-4"基准研究框架体系，即颗粒物基准研究包括空气颗粒物人体健康基准和空气颗粒物环境效应基准两部分，其中人体健康基准包括颗粒物污染特征与来源解析、个体暴露、剂量-反应关系及人体健康效应四部；环境效应基准包括颗粒物对生态系统、能见度、材料和气候的影响四部分。建议我国应开展大气污染健康影响前瞻性队列研究和对生态环境影响研究，采用多种方法，包括近期发展的暴露组学方法，系统研究 $PM_{2.5}$ 载带的有毒有害组分对公众健康的危害和风险；基于我国人群或区域调查结果，建立我国 $PM_{2.5}$ 环境质量基准体系，定期发布质量基准文件。

3. 我国空气质量标准修订研究

2012 年环境保护部发布实施《环境空气质量标准》（GB 3095—2012），该标准是我国第一个经国务院审议批准发布的标准。该标准在修订过程中，综合采用环境科学与环境管理等多种研究方法，首次在我国制定 $PM_{2.5}$ 和 O_3 的 8h 浓度限值，收紧 PM_{10}、NO_2、铅、苯并［a］芘等污染物浓度限值，首次在标准中规定 4 种重金属污染物浓度限值服务国家重金属污染防治工作；将我国环境空气功能区分为两类标准分为两级，保护人体健康，促进环境公平，与国际接轨；在吸收发达国家经验，遵循环境监测科学规律的基础上，针对我国实际情况创造性地提出具有中国特色的数据统计有效性规定；针对我国实际情况首次按照分期分区的方式实施环境质量标准；首次在标准修订中进行大规模公众参与，广泛吸取各方面的意见，该标准的发布在我国环境管理历史上具有里程碑意义，标志着我国环境质量管理战略转型，实施后对我国改善环境质量、保护人体健康、加快经济发展方式转变和社会消费模式转变等很多方面都具有深远影响，对我国生态文明和美丽中国建设具有重要的推动作用。

2011 年，环境保护部发布《乘用车内空气质量评价指南》（GB/T 27630—2011），该标准依据保护人体健康的要求，规定了车内典型的苯、甲苯、二甲苯、甲醛、乙醛、苯乙烯、丙烯醛等 8 种污染物的浓度限值，用于评价乘用车内空气质量，主要适用于销售的新生产汽车，使用中的汽车也可参照使用。该标准的发布实施对于保护车内人体健康、提高汽车车内空气质量控制、规范车用材料的使用具有重要促进作用。

（四）土壤环境基准与土壤环境质量标准研究进展

1. 国外土壤环境管理理论方法及研究进展

20 世纪 90 年代，基于不同的保护目标——为保障农田环境质量、地下水安全和城市居民身体健康等，国内外许多国家或地区均制定了土壤环境质量标准。前苏联、日本、美国、法国、德国、意大利、英国、加拿大、丹麦等国均制定了重金属在土壤中的最大允许浓度。日本在 1994 年颁布了土壤污染环境质量标准，中国台湾省在 2001 年颁布了土壤污染管制标准。自 20 世纪 90 年代起，多数欧美国家土壤环境质量标准从全国通用的标准改为基于风险的标准。这样的制定依据，是充分考虑了土壤污染物对各种受体危害的场地差别性，切合实际，具有科学性和可操作性。

美国鉴于土壤污染危害具有区域性和场地性的显著差别特点，联邦颁布统一的制定导则，1996 年美国环保局（USEPA）颁布了土壤筛选导则（旨在保护人体健康，USEPA，1996a），2002 年又颁布了超级基金场地的土壤筛选补充导则（USEPA，2002）；2003 年 USEPA 颁布了土壤生态筛选导则（旨在保护生态受体安全，USEPA，2003），由各州自行制定和颁布，依据该导则、采用基于风险的方法的土壤筛选值（王国庆、骆永明等，2005[30]）。土壤筛选值不是国家规定的清理土壤污染的标准，主要用于场地土壤的污染状况进行初步判断和识别，决定是否需要进行场地的详细调研，以及是否需要进行场地土壤的风险评估。

加拿大于 2006 更新土壤质量指导值（soil quality guidelines）（CCME，2006），制定其主要依据是保护环境（生态）原则和保护人体健康原则。保护环境：生态保护（如无脊椎动物、植物和微生物）。保护人体健康：直接土壤暴露风险（土壤摄入、皮肤接触、呼吸摄入）；间接土壤暴露风险（地下水、食物链、室内空气、离位迁移）。通过模型的计算，分别得出最终环境（生态）土壤质量指导值和最终人体健康土壤质量指导值，取其两者中的较小值作为各土地利用方式下的最终指导值。

欧洲的荷兰、德国、英国，以及澳大利亚和中国的香港、台湾，都是采用基于对人体健康风险或生态风险评价方法，在此基础上根据土地的利用性质，确定标准值。该标准值是判定土地是否需要进行进一步调查、管控或修复等的依据。

2. 我国土壤环境基准研究

我国土壤环境基准研究目前处于起步阶段，查阅的文献资料仅限于国内外土壤环境基准方法和现状的介绍如"国内外土壤环境基准值的确定方法与现状研究""我国土壤环境基准研究与展望"，局部区域的初步研究成果如"成都平原农田区土壤重金属元素环境基准值初步研究"，涉及的污染物主要是重金属类。国家级的研究课题有 2010 年立项的环保公益性行业科研专项《我国环境基准技术框架与典型案例预研究》。由此可见我国土壤环境基准的研究基础相当薄弱，国家需加大这方面研究的支持力度。

刘冰等[31] 在"国内外土壤环境基准值的确定方法与现状研究"中综述了发达国家土壤环境基准值的研究进展，探讨了土壤环境基准值的确定方法，根据我国土壤环境基准值的研究现状提出了未来的发展趋势，旨在健全我国土壤环境质量标准体系，为土壤环境管理奠定基础。建议：由于我国各地区土壤类型和性质、地区污染特点、环境背景值存在较大差异，因此应有针对性地确定区域性土壤基准；将土壤环境地球化学研究法、土壤生态效应研究法、土壤环境健康效应研究法相结合，利用生态毒理学测试、分子生物学等手段，以相关关系法等各种统计学方法为依据制定出不同土壤类型的元素基准值。

周启星、安婧等[32]在"我国土壤环境基准研究与展望"中：从环境保护和食品安全的战略意义考虑，推动我国今后在国家层面上开展土壤环境基准系统研究。本文还对土壤环境基准的概念和内涵进行了阐述和辨析，并首次提出了分类开展土壤环境基准的设想并进行尝试性分类。在此基础上，对我国土壤环境基准研究现状和动态进行了概述，提出了今后本领域的研究方向、路线和重点。文章建议：当前特别需要加强开展基于我国主要地貌类型以及地带性土壤类型的生态毒理学基础研究。

王莹、侯青叶等[33]在"成都平原农田区土壤重金属元素环境基准值初步研究"中以成都平原农田区为例，以保护地下水安全为目的，以室内模拟淋溶实验为手段，尝试性地计算了研究区不同类型土壤重金属元素的环境基准值，并得出以下结论：不同类型土壤各元素在土壤-水间的分配系数差异较大；不同土壤 Hg 和 Cd 环境基准值差异不大，As 和 Pb 环境基准值差异较大；研究区域土壤基本处于保护饮用水的安全范围之内，但黄壤中的 Pb、紫色土的 Cd 和 Pb、棕色土的 Hg 和 Pb 具有潜在影响地下水安全的生态风险。

由中国环境科学研究院主持研究的环保公益性行业科研专项《我国环境基准技术框架与典型案例预研究》中定义了土壤环境基准；在与国外土壤环境基准方法学比较的基础上，尝试性地构建了我国农田、场地和保护地下水土壤环境基准的方法学；提出了系统开展适合我国国情的土壤环境基准研究的科学思路——针对我国本土生物的生态毒理学和针对我国典型土壤类型的污染物环境行为等进行了研究；初步筛选出我国土壤优先控制污染物名录；对我国土壤环境基准模型进行推导与研究，以及模型参数选择的研究；进行农田、场地和以保护地下水为目的和土壤环境基准推导及典型案例的研究。

3. 我国土壤质量标准修订研究

我国《土壤环境质量标准》目前正在修订之中，方法原则上采用国际目前最新研究成果，同时考虑我国实际情况，其基本组成由三个标准，以及相关配套标准组成。现行标准一级标准拟由《土壤环境背景（本底）值导则》替代，各地方政府颁布其辖区的《土壤环境背景（本底）值》。现行标准二级和三级标准按土地使用情况根据风险评价的方法来制定标准，主要分为农业用地和场地系列标准。《农用地土壤环境质量标准》（暂用名）因我国在此方面的研究基础薄弱，目前采用的是生态效应法，现正在修订中。

现行《土壤环境质量标准》虽然适用性和可操作性差，但上述标准还不能完全取代其功能，还需要进行土壤生态环境风险评价系列标准的制定，由此还需大力加强土壤生态风险基准的研究。

三、我国污染物排放标准理论及相关标准研究进展

（一）我国水污染排放标准研究进展

1. 国外水污染物排放标准制修订方法学研究

为了保护水环境质量并使之达到相应的标准，欧美发达国家不断运用技术法规和标准来限定水污染物的排放，尤其是美国的《清洁水法》和欧盟的《水框架指令》的颁布与实施，作为两个具有代表性的先进体系，成为其他国家借鉴的典范。

（1）美国水污染物排放标准体系　美国于 1972 年颁布了《清洁水法》（CWA），其中

规定，所有向国家水体（包括河流、湖泊、港湾和海洋等地表水）排放污染物的工业点源必须按照《国家污染物排放削减制度》（NPDES）取得 NPDES 许可证的授权，许可证颁发机构在颁发许可证上作特别规定达到环境水质标准或目标所需要的更严格的排放标准。该法还包含四个重要原则：在同行水域内排放污染物不是一种权利；排放许可证需要利用公共资源进行废物处理和限制污染物排放量；无论受纳水体条件如何，废水必须用最好的经济可实现的处理技术进行处理；废水的排放限值必须基于处理技术的性能，但如果以这项技术为基础的限值不能阻止损坏受纳水体水质标准的行为，可运用更严格的限值。美国《清洁水法》采用以基于污染控制技术的排放标准管理为主，以基于环境水质标准管理方法为补充，主要通过制定排放许可证来实现基本策略。

在美国，工业水污染物排放标准也是联邦环境法规的重要组成部分，联邦环境法规 40CFR Chapter I Subchapter N Parts 400-471 就是针对各行业的水污染物排放标准。按照美国《清洁水法》，工业水污染物排放标准由 EPA 负责开发、颁布。至 2010 年 8 月，EPA 已颁布了 65 个工业水污染物与市政污水排放标准。EPA 制定了一套严谨的监管开发程序（regulatory development process），或称行动开发程序（the action development process），以规范、指导联邦污染物排放标准的制、修订工作。

根据《清洁水法》（CWA）Section 304（a）（4），美国将水污染物分为 3 大类，即：①常规污染物，包括生化需氧量（BOD_5）、总悬浮物（TSS）、大肠杆菌、pH 值，以及 EPA 规定的其他污染物，比如 EPA 在 1979 年 7 月的联邦公报（44FR44501）中规定的油和油脂作为其他常规污染物；②有毒污染物，目前 EPA 已经识别 65 类有毒污染物并进行了分类，其中将 126 种特殊物质作为优先污染物；③没有被列入常规或有毒污染物的其他所有污染物被视为非常规污染物。

根据工业直接排放源的污染物和处理要求，美国污染物削减技术分为最佳实际控制技术（BPT）、最佳常规污染物控制技术（BCT）、最佳经济可行技术（BAT）和现有最佳示范技术（BADT）。其中，BPT 针对对象主要为现有源常规污染物控制，是根据"现有最佳企业平均表现水平"确定的，代表了现有企业在经济上能承受的最低控制水平；BCT 的针对对象也是现有源常规污染物控制，是在综合考虑经济代价和环境效益合理性的条件下，现有的向环境中排放污染物量最少的可行技术，其排放限值严于 BPT 排放限值；BAT 的针对对象为现有源有毒污染物和非常规污染物控制，是已有实际运作、经济可行的最佳污染防控技术，与 BPT 排放限值比较，BAT 排放限值要严得多；BADT 的针对对象为新建源有毒污染物和非常规污染物控制，是经示范证实的能够最大限度地减少排放量的最佳可得控制技术，要求新建源强制执行，处理标准高于现有源。对于市政污水处理厂，要求执行基于 BCT 的排放限值。对于现有间接排放源，执行基于 BAT 的预处理排放限值；对于新建间接排放源，执行基于 BADT 的预处理排放限值。

（2）美国水污染物排放限值确定方法学　　周羽化等[34]深入研究总结了美国基于技术的水污染物排放限值确定方法。美国制定基于技术的水污染物排放限值的方法较为全面、细致和深入，无论从资料的调研，还是从污染物项目的筛选以及标准限值的确定都建立了一套科学的方法体系。

美国水污染物排放限值一般由两部分确定：一是长期平均值（LTA），反映的是工厂污水处理系统所达到的对污染物的平均控制水平；二是变异系数（VF），反映的是由于处理系统的波动，可能出现的污染物排放最大值与期望值的比值。最终的标准限值由以下公式得到：

$$标准限值＝LTA×VF$$

在制定水污染物排放限值时，美国 EPA 会在全国范围内开展污染源废水排放情况调查，收集和分析与行业污染排放相关的调研数据。美国 EPA 专门开发了"section 308 调查问卷"，问卷调查的主要内容包括三个部分：一是工厂的基本信息，以确定该工厂是否符合标准适用范围；二是工厂的详细生产信息；三是工厂的废水处理及排放情况，包括废水进出水浓度最大值、最小值、平均值，水量，以及采用的处理技术等。从调查的范围来看，基本覆盖行业中的各类企业，在此基础上，通过数据的汇总及专家评估，最终确定了部分数量企业的回复数据作为开展标准制定技术及经济分析的基础数据。

数据处理上，美国 EPA 在可用的工厂数据中，选出若干家既满足所选用的技术，又提供了包括平均排水浓度、相关生产信息在内的完整数据，对这些数据进行分析，并考虑这些数据确定是否符合所选技术所要达到的水平，再从中选取满足要求的数据用于推导长期平均值。与此同时，为推导变异系数，美国 EPA 还会进一步考察排放源数据的有效性和稳定性，筛选的条件包括：是否选在较大比例的非工艺废水稀释现象、在数据采集期间是否有停产、工艺改变等情况、废水的进出水浓度数据是否完整等。

在确定水污染物的长期平均值时一般会考虑一些影响因素，具体包括：设备或工厂的运行时间、生产工艺、污染控制措施，以及原辅材料、工厂规模、地理位置等。在此基础上，采用多元回归分析，考察各因素与水污染物排放浓度的相关情况，以判断各因素的影响程度，进而确定基于技术的长期平均值的推导模型。EPA 分别采用 95％和 99％置信概率来确定变异系数，分别与长期平均值相乘后得到标准限值，即"月平均最大值"和"任意一天最大值"。

美国工业水污染物排放标准是一套动态的、日趋严格的标准，基于污染防治技术的水污染物排放标准作为技术法规具有强制执行的法律效力。EPA 定期对这些标准进行重审，考核其实施情况，同时根据工业技术发展与行业污染防治技术的进步，以及各种技术的改进，必要时进行标准修订，从而保证标准的切实可行，并与工业先进技术和水污染防治最佳可行技术同步。

2. 我国水污染物排放标准制修订方法学研究

目前，水污染物排放标准体系已成为对水污染物排放进行控制的重要手段，各国都在制定和颁布实施，随着各国制定标准技术的发展，对完善水污染物排放标准体系的需求也将日益迫切。我国水污染物排放标准体系是国家环境保护法律体系的重要组成部分，也是执行环保法律、法规的重要技术依据，在环境保护执法和管理上发挥着不可替代的作用。环保部于 2013 年发布了《国家环境保护标准"十二五"发展规划》，对环境保护标准的制修订总体思路进行了较大调整。国家水污染物排放标准体系作为其中的重要组成部分，新制定了多个行业型水污染物排放标准。

我国《国家环境保护标准制修订工作管理办法》中规定："在污染物排放（控制）标准制修订工作中，要按照以环境保护优化经济增长的要求，妥善处理经济发展与环境保护之间的管理。应对相关行业的情况进行调查和了解，掌握国家的环保和产业发展相关政策，确定标准适用范围和控制项目，根据行业主要生产工艺、污染治理技术和排放污染物的特点，提出标准草案，并对标准中排放限值进行成本效益分析（包括实施排放限值对产品成本的影响等），预测行业的达标率。"在《加强国家污染物排放标准制修订工作的指导意见》中规定："国家级水污染物和大气污染物排放标准的排放控制要求主要应根据技术经济可行性确定，并与当前和今后一定时期内环境保护工作的总体要求相适应。"

我国国家水污染物排放标准体系现已形成了"行业＋综合"的完整体系，排放标准体系框架主要由国家级排放标准和地方级排放标准两个级别的标准组成。在制定过程中，不仅要考虑严格依据国家法律法规来制定，同时要依据目前的污染状况及所要达到的环境目标，参考国内外相关标准，遵循水污染物排放标准体系，并理顺各个标准之间的关系，并具有一定的超前性。在污染物选择方面，应遵循：重点考虑对人体健康和生态环境有重要影响的有毒物质、国家实行总量控制的污染物、毒性效应大的化学物质、污染物排放量大的污染物、国内外相关标准中列为控制因子的污染物，以及体现行业特征的污染物。污染物排放限值的确定，应遵循：与国外标准接轨，参考国内相应标准，以技术可行性为依据。总体来说，我国水污染物排放标准在制定时，常规污染物基本是基于技术而制定，有毒有害物质是基于水质而制定。

我国地方水污染物排放标准体系组成总体为三种类型：综合型、行业＋综合型、行业＋综合型＋流域。由于地方水污染物排放标准在制定时要比国家标准严格，因此制定时以区域地表水环境特点作为制定基础，目的是为实现节能减排和流域治理目标提供保证，通过体系的构建来促进产业布局和结构调整，以有利于污染集中控制，同时还考虑为当地经济发展保留一定的环境容量。

3. 我国水污染物排放标准"十二五"发展情况

在"十二五"期间，我国共发布 20 项水污染物排放标准（详见表 1）。标准类型上主要为行业型水污染物排放标准，涉及的领域为有色金属、钢铁、焦化、氮肥、印染、农副食品加工、制革七大重点行业。

表 1　"十二五"期间发布的国家水污染物排放标准

序号	标准名称	标准编号
1	稀土工业污染物排放标准	GB 26451—2011
2	钒工业污染物排放标准	GB 26452—2011
3	磷肥工业水污染物排放标准	GB 15580—2011
4	弹药装药行业水污染物排放标准	GB 14470.3—2011
5	汽车维修业水污染物排放标准	GB 26877—2011
6	发酵酒精和白酒工业水污染物排放标准	GB 27631—2011
7	橡胶制品工业污染物排放标准	GB 27632—2011
8	铁矿采选工业污染物排放标准	GB 28661—2012
9	铁合金工业污染物排放标准	GB 28666—2012
10	钢铁工业水污染物排放标准	GB 13456—2012
11	炼焦化学工业污染物排放标准	GB 16171—2012
12	纺织染整工业水污染物排放标准	GB 4287—2012
13	缫丝工业水污染物排放标准	GB 28936—2012
14	毛纺工业水污染物排放标准	GB 28937—2012
15	麻纺工业水污染物排放标准	GB 28938—2012
16	合成氨工业水污染物排放标准	GB 13458—2013

续表

序号	标准名称	标准编号
17	柠檬酸工业水污染物排放标准	GB 19430—2013
18	电池工业污染物排放标准	GB 30484—2013
19	制革及毛皮加工工业水污染物排放标准	GB 30486—2013
20	锡、锑、汞工业污染物排放标准	GB 30770—2014

"十二五"期间，我国水污染物排放标准的制定呈现了几个新特点。

① 污染物排放限值不再与环境功能区挂钩。排放限值的确定主要以可行技术为依据，并综合考虑经济成本、环境效益等因素。

② 设置了水污染物特别排放限值。为促进区域经济与环境协调发展，推动经济结构的调整和经济增长当时的转变，针对太湖流域等重点区域水污染防治的实际需求，新标准增加水污染物特别排放限值的规定。特别排放限值在国土开发密度较高，环境承载能力开始减弱，或环境能够容量较小、生态环境脆弱容易引起严重环境污染问题而需要采取特别保护措施的地区执行，而具体执行的地域范围、时间，由国务院环境保护行政主管部门或省级人民政府规定。

③ 重新规定了排水量的定义，并设置了基准排水量限值，是为防止企业稀释排放污染物而特别设定的指标。

④ 设置了间接排放限值。主要是为了考虑目前企业在园区内发展的情况比较多，园区内有污水处理设施，企业一般排向园区内的污水处理设施，针对这种情况，有必要设置间接排放限值。

随着环境执法的日益严格、环境管理的不断深入，对污染物排放标准的要求也越来越高。我国的水污染物排放标准也需在制定方法上进一步体现科学性、适用性和系统性。

① 应加强基础数据的调研与积累，探索水污染物排放的科学规律。可针对重点行业建设固定的、长期的监测站点，或开展具有针对性的科学调研，逐步积累水污染物排放数据，并运用数学与统计学的理论方法，揭示水污染物排放的一些科学规律，为水污染物排放标准制修订提供支撑。

② 针对常规污染物和有毒污染物的排放限值的确定制定不同的方法体系。因常规污染物的排放浓度和有毒污染物的排放浓度遵从不同的统计分布规律，对生态环境和人体健康的影响也不尽相同，故在制定时应建立符合不同水污染物特点的排放限值制定方法学。

（二）我国大气污染排放标准研究进展

1. 国外大气污染物排放标准制修订方法学研究

国外大气污染物排放标准制修订方法主要有三种：根据可行污染控制技术提出排放控制要求；根据环境质量标准（或环境风险评估）提出排放控制要求；根据污染物毒性（如职业卫生接触限值）提出排放控制要求，其中根据污染控制技术制订排放标准是主流方法。

美国针对常规污染物和有毒污染物分别建立了新源特性标准（NSPS）和危险空气污染物国家排放标准（NESHAP）。两者均是基于污染控制技术而制定的，但是由于污染物特性不同，选用的技术层次也不同，NSPS是基于最佳示范技术（BDT）制定，而

NESHAP 则是基于最大可达控制技术（MACT）制定，可见后者更加严格，要求新源达到同类污染源可能达到的最严格控制水平，现有源达到最佳运行的 12% 的污染源所能达到的平均控制水平。同时，美国《清洁空气法》还规定根据 MACT 制定的排放标准实施 8 年后，要进行残留风险评估，如果标准达不到保护附近居民健康要求（致癌率在 10^{-6} 以下），则应按照风险控制要求反推排放标准。由于根据健康风险制定标准过于复杂，目前仅对炼焦炉制定了这样的标准。

欧盟对综合污染预防与控制指令（96/61/EC、2008/1/EC）、大型燃烧装置指令（2001/80/EC）、废物焚烧指令（2000/76/EC）、有机溶剂使用指令（1999/13/EC）、二氧化钛指令（78/176/EEC、82/883/EEC、92/112/EEC）进行整合，发布了统一的工业排放指令（2010/75/EU）。为配合 2010/75/EU 指令以及许可证制度的实施，根据各成员国和工业部门信息交流的成果，欧盟委员会出版了很多行业的最佳可行技术（BAT）参考文件。以欧盟发布的 BAT 评估结论和建议的排放控制水平为依据，各成员国结合本国的法律传统以及工业污染控制实践，将其转化为本国的标准。可见，无论是统一的欧盟指令，还是各国的排放标准，制定依据主要是最佳可行技术（BAT）。但由于欧盟各国污染源管理是依靠许可证制度，在给企业发放许可证时还要求不得妨碍当地空气质量达标，因此许可证要求可能更加严格，此时需要考虑空气质量要求。

由于污染物种类繁多，行业排放情况复杂，全部基于污染控制技术可行性评估制定排放限值，或从环境质量标准反推排放控制要求，是不可能完成的任务。因此，欧洲一些国家，如德国、英国、荷兰等，创新性地建立了污染物排放分级控制标准，即按污染物的健康毒性（如致癌性、感官刺激性）或其他环境危害（臭氧生成潜势、温室效应）大小，实施分类分级控制，这样既提高了污染物排放标准的制定和实施效率，保证了监控体系的严密，又极大地适应了环境管理需求的不断变化。以重金属为例，德国按健康毒性大小，如职业卫生的 MAC 值（最高允许浓度）或 TWA 值（8h 时间加权平均容许浓度），将重金属分为三类，实施分级控制：第一类金属（汞、镉、铊等）高毒害，排放标准控制在 $0.2mg/m^3$；第二类金属（砷、铅、镍等）中等毒害，排放标准控制在 $1mg/m^3$；第三类金属（锡、铜、锑等）低毒害，排放标准控制在 $5mg/m^3$。其他污染物，如 VOCs、无机气态污染物、颗粒物等亦采取了同样的控制方法。

日本制定的大气污染物排放标准有两种情况。对于二氧化硫，按各个地区实行 K 值控制，同时配合燃料硫含量限制。K 值标准是基于大气扩散模式，根据 SO_2 环境质量要求、排气筒有效高度确定 SO_2 许可排放量。K 值与各个地区的自然环境条件、污染状况有关，需要划分区域确定 K 值。我国受此影响，曾在火电厂实施了 P 值法控制，在另外一些标准中规定了烟囱高度与排放速率。对于其他污染物，则是基于控制技术确定排放限值。

2. 我国大气污染物排放标准制修订方法学研究

我国排放标准制定中用到的一些思路和方法，通常有以下几种。

（1）与环境质量标准挂钩 在大气污染物排放标准制定中，与环境质量标准挂钩有两种方法：一是对有组织的排气筒排放行为，从地面浓度反推排气筒排放速率要求，其原理是大气扩散模式，保证高烟囱排放的污染物落地后浓度能符合人体健康与生态环境，即环境空气质量的要求（有些为居住区大气中有害物质最高允许浓度要求），这以《大气污染物综合排放标准》中对 33 种污染物按不同排气筒高度规定的最高允许排放速率指标为代表。另有一些标准，如《锅炉大气污染物排放标准》规定了一定生产规模下（如锅炉吨位）的排气筒高度要求也是基于同样考虑。

另外一种与环境质量标准挂钩的方法是规定厂界外监控点的污染物浓度，要求达到与环境质量标准相同或接近的限值，以保护周围生活环境。其思路源头可追溯至1979年的《工业企业设计卫生标准》（TJ 36—79），当时要求工业企业在设计时，应能保证周围生活区大气中有害物质符合规定的浓度限值（与质量标准相当），目前则主要用于对企业无组织排放的控制。我国《大气污染物综合排放标准》和《恶臭污染物排放标准》都明确规定了厂界监控点的污染物浓度限值，其他一些行业型排放标准，如无组织排放较为突出（如水泥、钢铁、有色等），也大多规定有厂界污染物浓度限值。

由于环境质量是一定区域内众多污染源共同作用的结果，而上述与环境质量标准挂钩的排放标准制定方法仅能解决单污染源的问题，因此应用受到很大限制。

（2）达标率分析　根据污染源调查，分析污染物排放的不同控制水平，从中确定一定的标准"基线"，如1/3的先进企业可以达到，但"基线"的确定往往随意性很大，且对监测数据的覆盖面、准确性要求很高。在我国目前环境监测数据普遍欠缺的情况下，其应用受到了极大限制。《大气污染物综合排放标准》中排放浓度限值的确定主要应用了这种思路方法，它以70%企业达标作为污染控制基线。

从国外情况看，美国《有害空气污染物国家排放标准》排放限值的确定也是基于这种方法，它按污染控制水平从优到劣排序，取前面12%的污染源所能达到的平均控制水平（污染源数目大于30），或最佳运行的5个污染源所能达到的平均控制水平（污染源数目小于30）作为现有源的排放控制水平。由于针对某种特定工艺，是按照污染控制最好的一家或几家企业的排放水平来控制污染物的排放，因此适用于环境风险较大的有毒污染物的排放控制，以尽可能减少其对人体健康和生态环境的损害。

（3）污染控制技术评估　针对某一工艺或排污设施，考虑污染物的产生和排放特征（如烟气量、初始浓度等），通过经济技术评估，筛选出合理可行的污染控制技术（污染预防技术、末端治理技术），以此确定排放限值，这是英、美等国排放标准制定的基本思路，即所谓的"技术强制"。它要求标准与技术的结合非常紧密，每项标准值都对应一定的污染控制技术。我国行业型大气污染物排放标准的制定，如锅炉、火电、水泥等，比较有代表性地应用了这一方法，它的主要制定依据就是控制技术可行性评价。

分析我国40多年的大气污染物排放标准制定方法变迁，虽然其间出现过一些反复，但主要还是按照污染控制技术评估思路制定的。存在的主要问题是：由于缺乏成熟的技术经济评估模型与方法，对污染控制技术的分析往往流于肤浅，特别是经济性分析往往被忽略，使得标准论证深度不够，这是我国目前与美国、欧洲等发达国家在排放标准制定上的最大差距。

（4）标准对比分析　对国内、国外的同类标准，如美国、欧盟、日本等国家和地区的标准进行比较分析，方法简单、直接，但一般只能作为补充证据。

以上标准制定方法，在我国或多或少都有应用，但没有形成方法学体系，应在合理借鉴国外排放标准理论和制定方法的基础上，进一步完善我国的排放标准制定方法体系。

3. 我国大气污排放标准"十二五"发展情况

"十二五"是我国大气污染物排放标准蓬勃发展的时期，制定发布了一大批重点行业大气污染物排放标准，现有固定源大气污染物排放标准已达42项，标准体系日益完善，以行业性排放标准为主体、综合性排放标准为补充的新型排放标准体系格局初具规模（表2）。

"十二五"期间（截至2015年6月底），新制定大气污染物排放标准19项（钢铁类标准6项、有色类标准3项、建材类标准3项、炼油石化标准3项、无机化工标准1项、橡胶制品标准1项、电池标准1项、火葬场标准1项），修订标准4项（火电、水泥、炼焦、锅炉）。"十二五"期间累计制修订标准数量（24项）约占全部固定源标准（42项）的57%。固定源标准管控的污染物项目在"十一五"末有60项，主要以颗粒物、重金属、无机物为主。进入"十二五"后，特别是为配合石化、合成树脂等行业挥发性有机物（VOCs）污染控制的需要，排放标准项目急剧扩充，新增了60多项，绝大部分是VOCs项目。

"十二五"期间（截至2015年6月底）已发布轻型汽车（中国第五阶段）、摩托车和轻便摩托车（双怠速法）、非道路移动机械（中国第三、第四阶段）、城市车辆用柴油发动机（WHTC工况法）等移动源标准4项，摩托车和轻便摩托车（中国第四、第五阶段）、三轮汽车（中国第三阶段）、混合动力汽车、船舶发动机等一批标准即将出台。

表2　"十二五"期间发布的国家大气污染物排放标准

序号	标准名称	标准编号
固定源标准		
1	铁矿采选工业污染物排放标准	GB 28661—2012
2	钢铁烧结、球团工业大气污染物排放标准	GB 28662—2012
3	炼铁工业大气污染物排放标准	GB 28663—2012
4	炼钢工业大气污染物排放标准	GB 28664—2012
5	轧钢工业大气污染物排放标准	GB 28665—2012
6	铁合金工业污染物排放标准	GB 28666—2012
7	稀土工业污染物排放标准及修改单	GB 26451—2011
8	钒工业污染物排放标准及修改单	GB 26452—2011
9	锡、锑、汞工业污染物排放标准	GB 30770—2014
10	再生铜、铝、铅、锌工业污染物排放标准	GB 31574—2015
11	平板玻璃工业大气污染物排放标准	GB 26453—2011
12	电子玻璃工业大气污染物排放标准	GB 29495—2013
13	砖瓦工业大气污染物排放标准	GB 29620—2013
14	石油炼制工业污染物排放标准	GB 31570—2015
15	石油化学工业污染物排放标准	GB 31571—2015
16	合成树脂工业污染物排放标准	GB 31572—2015
17	无机化学工业污染物排放标准	GB 31573—2015
18	橡胶制品工业污染物排放标准	GB 27632—2011
19	电池工业污染物排放标准	GB 30484—2013
20	火葬场大气污染物排放标准	GB 13801—2015
21	水泥工业大气污染物排放标准	GB 4915—2013

序号	标准名称	标准编号
22	火电厂大气污染物排放标准	GB 13223—2011
23	锅炉大气污染物排放标准	GB 13271—2014
24	炼焦化学工业污染物排放标准	GB 16171—2012
移动源标准		
1	轻型汽车污染物排放限值及测量方法（中国第五阶段）	GB 18352.5—2013
2	摩托车和轻便摩托车排气污染物排放限值及测量方法（双怠速法）	GB 14621—2011
3	非道路移动机械用柴油机排气污染物排放限值及测量方法（中国第三、四阶段）	GB 20891—2014
4	城市车辆用柴油发动机排气污染物排放限值及测量方法（WHTC 工况法）	HJ 689—2014

（三）我国土壤、固废、生态等领域排放标准及相关标准研究进展

1. 我国污染场地环境管理及相关标准研究

我国污染场地系列标准于 2014 年发布了 4 个，分别为《场地环境调查技术导则》（HJ 25.1—2014）、《场地环境监测技术导则》（HJ 25.2—2014）、《污染场地风险评估技术导则》（HJ 25.3—2014）、《污染场地土壤修复技术导则》（HJ 25.4—2014）。目前，《污染场地土壤和地下水风险筛选值》和《污染场地铅风险评估技术导则》正在制定中，发布后，污染场地针对人体健康风险评价的系列标准将趋于完善。目前还缺乏基于生态安全风险评价的系列标准，即该场地通过执行上述标准可以满足人体健康的要求，但能否满足土壤动植物、生物，土壤正常理化性状等还是个未知数，因此相关方面的研究内容还有待于继续进行。

2. 我国固废污染控制标准研究

1995 年发布，经过 2004 年和 2013 年两次修订的《中华人民共和国固体废物污染环境防治法》（以下简称"《固体法》"）是我国固体废物管理的专门性法律，是固体废物污染防治的法律基础。该法的制定和实施是以"防治固体废物污染环境，保障人体健康，维护生态安全，促进经济社会可持续发展"为基本目的，以"减少固体废物的产生量和危害性、充分合理利用固体废物和无害化处置固体废物"为基本原则，并提出以固体废物管理"促进清洁生产和循环经济发展"。在《固体法》中对固体废物污染环境防治的总则、监督管理、污染防治、法律责任和附则等进行了规定，并在"危险废物污染环境防治的特别规定"章节中确立了危险废物管理的特别法律制度，为固体废物的管理提供了法律依据。根据《固体法》，我国的固体废物管理分别由不同的管理机关负责实施。《固体法》规定："国务院环境保护行政主管部门对全国固体废物污染环境的防治工作实施统一监督管理。"环境保护管理最基本、最重要的职能就是依法进行环境监督管理，环境保护标准是实施环境监督管理的必要工具。国家污染物排放标准是各种环境污染物排放活动应遵循的行为规范，具有强制效力。从 1973 年由原国家建委、原国家计委和卫生部联合发布我国第一项环境保护标准《工业"三废"排放试行标准》（GBJ 4—73）以后，经历四十多年后，我国逐渐建立了以污染控制标准和鉴别标准为核心的固体废物环保标准体系。目前，已经发布的固体物污染控制标准有 24 项，分别涉及生活垃圾、一般工业固体废物、危险废物的处理处置以及进口可用作原料的固体废物的环境保护控制等（具体见表 3）。

表3　固体废物污染控制标准

序号	标准名称	标准编号
1	农用污泥中污染物控制标准	GB 4284—84
2	城镇垃圾农用控制标准	GB 8172—87
3	农用粉煤灰中污染物控制标准	GB 8173—87
4	生活垃圾焚烧污染控制标准	GB 18485—2001
5	生活垃圾填埋场污染控制标准	GB 16889—2008
6	一般工业固体废物贮存、处置场污染控制标准	GB 18599—2001
7	含多氯联苯废物污染控制标准	GB 13015—91
8	危险废物焚烧污染控制标准	GB 18484—2001
9	危险废物贮存污染控制标准	GB 18597—2001
10	危险废物填埋污染控制标准	GB 18598—2001
11	水泥窑协同处置固体废物污染控制标准	GB 30485—2013
12	进口可用作原料的固体废物环境保护控制标准——骨废料	GB 16487.1—2005
13	进口可用作原料的固体废物环境保护控制标准——冶炼渣	GB 16487.2—2005
14	进口可用作原料的固体废物环境保护控制标准——木、木制品废料	GB 16487.3—2005
15	进口可用作原料的固体废物环境保护控制标准——废纸或纸板	GB 16487.4—2005
16	进口可用作原料的固体废物环境保护控制标准——废纤维	GB 16487.5—2005
17	进口可用作原料的固体废物环境保护控制标准——废钢铁	GB 16487.6—2005
18	进口可用作原料的固体废物环境保护控制标准——废有色金属	GB 16487.7—2005
19	进口可用作原料的固体废物环境保护控制标准——废电机	GB 16487.8—2005
20	进口可用作原料的固体废物环境保护控制标准——废电线电缆	GB 16487.9—2005
21	进口可用作原料的固体废物环境保护控制标准——废五金电器	GB 16487.10—2005
22	进口可用作原料的固体废物环境保护控制标准——供拆卸的船舶及其他浮动结构体	GB 16487.11—2005
23	进口可用作原料的固体废物环境保护控制标准——废塑料	GB 16487.12—2005
24	进口可用作原料的固体废物环境保护控制标准——废汽车压件	GB 16487.13—2005

《固体法》确立了固体废物管理的"减量化、资源化和无害化"三原则，全面规定了固体废物环境管理制度和体系，提出对固体废物产生、收集、贮存、运输、利用和处置进行全过程管理。2013年国家发布的《国家环境保护标准"十二五"发展规划》（环发〔2013〕22号）明确提出："按照全过程管理与风险防范的原则，基于我国国情和固体废物管理规律，逐步完善固体废物收集、贮存、处理处置与资源再生全过程污染控制标准体系。"在"十二五"期间，国家不仅对已有的固体废物污染控制标准开展修订工作，还积极开展了针对水泥窑协同处置等新兴技术制定污染控制标准的工作，同时，还在积极组织制定含铬皮革废料和煤化工废渣相关的综合利用污染控制标准。一个适合我国国情、覆盖固体废物收集、贮存、处理处置与资源再生全过程的污染控制标准体系正在不断完善过程中。

3. 我国生态领域环境管理及相关标准研究

近年来，我国政府高度重视生态环境保护工作，把加强生态保护和建设作为实施可持续发展战略、构建和谐社会的重要内容，采取了一系列战略措施，一些重点地区的生态环境得到了有效保护和改善。但是，我国生态环境总体恶化的趋势仍未得到有效遏制，突出表现为：大江大河源区生态环境质量日趋下降，水源涵养等生态功能严重衰退；北方重要防风固沙区植被破坏严重，沙尘暴频发；江河洪水调蓄区生态系统退化，调蓄功能下降，旱涝灾害频繁发生；湿地面积减少、功能退化；森林质量不高，生态调节功能下降；生物多样性减少，资源开发活动对生态环境破坏严重。生态环境恶化的原因是多方面的，而生态环境保护标准体系不健全，影响到生态环境保护的有效监督管理也是其中的重要原因之一。

到目前为止，我国生态环境保护领域已发布相关标准 34 项，正在制修订的有 10 项，主要分布在 7 个生态环境保护领域，即保护区建设与管理、农村生态环境保护、生物资源保护、外来入侵物种防治、转基因生物环境安全、开发建设生态环境保护和综合领域。随着我国生态文明建设的进一步加强，势必大力推进我国生态领域相关标准的制修订工作和生态标准体系构建。

然而，由于我国生态环境管理在客观上存在管理职能部门分散和交叉的问题，导致生态环境保护标准体系和林业、农业、水利、海洋、国土资源等其他部门的标准体系之间存在交叉，同时与水环境保护标准、大气环境保护标准、土壤环境保护标准、固体废物环境标准子体系之间存在交叉。对于生态环境保护标准体系内各分体系之间的交叉部分，应明确其所属的分体系，减少重复制定。

四、我国环境监测规范研究进展

（一）我国环境监测技术规范研究

1. 水和废水环境监测技术规范

"十二五"期间，国家水和废水环境监测技术规范进一步完善。目前，共有 13 项水环境监测技术规范，涵盖水质和废水、手动和自动采样等领域范围，已较为完善。

在手动采样监测方面，"十二五"期间，环保部启动了《地表水和污水监测技术规范》（HJ 91—2002）的修订工作，将针对该标准在水环境质量监测、废水监测实际使用操作过程中的问题进行调研分析，进一步优化完善。

针对不断发展的自动在线监测管理技术要求，"十二五"期间，环保部发布或制修订了多项水质自动在线监测仪技术要求，包括《六价铬水质自动在线监测仪技术要求》（HJ 609—2011）、《砷水质在线连续监测仪技术要求和检测方法》、《镉水质在线连续监测仪技术要求和检测方法》和《铅水质在线连续监测仪技术要求和检测方法》等，进一步细化了自动在线监测仪器设备的技术要求。

2. 空气和废气环境监测技术规范

"十二五"期间，国家空气和废气环境监测技术规范进一步完善。在环境空气监测方面，在已有《环境空气质量监测规范（试行）》《环境空气质量自动监测技术规范》《环境空气质量手工监测技术规范》《室内环境空气质量监测技术规范》等标准的基础上，"十二五"为配套《环境空气质量标准》的实施，新制定了《环境空气质量监测点位布设技术规范（试行）》《环境空气半挥发性有机物采样技术导则》，以及环境空气中颗粒物（PM_{10} 和 $PM_{2.5}$）、气态污染物（SO_2、NO_2、O_3、CO）手工监测及连续自动监测系统技要求。

在固定源废气监测方面，在已有《固定源废气监测技术规范》《固定污染源排气中颗粒物测定与气态污染物采样方法》《固定污染源监测质量保证与质量控制技术规范（试行）》《固定污染源烟气排放连续监测技术规范（试行）》《固定污染源烟气排放连续监测系统技术要求及检测方法（试行）》《大气污染物无组织排放监测技术导则》的基础上，根据"十二五"VOCs污染控制的需要，新制定了《固定污染源废气挥发性有机物的采样气袋法》和《泄漏和敞开液面排放的挥发性有机物检测技术导则》。"十二五"期间发布的国家空气和废气环境监测技术规范见表4。

表 4　"十二五"期间发布的国家空气和废气环境监测技术规范

序号	标准名称	标准编号
1	环境空气质量监测点位布设技术规范(试行)	HJ 664—2013
2	环境空气半挥发性有机物采样技术导则	HJ 691—2014
3	环境空气颗粒物($PM_{2.5}$)手工监测方法(重量法)技术规范	HJ 656—2013
4	环境空气颗粒物(PM_{10}和$PM_{2.5}$)连续自动监测系统技术要求及检测方法	HJ 653—2013
5	环境空气颗粒物(PM_{10}和$PM_{2.5}$)连续自动监测系统安装和验收技术规范	HJ 655—2013
6	环境空气颗粒物(PM_{10}和$PM_{2.5}$)采样器技术要求及检测方法	HJ 93—2013
7	环境空气气态污染物(SO_2、NO_2、O_3、CO)连续自动监测系统技术要求及检测方法	HJ 654—2013
8	环境空气气态污染物(SO_2、NO_2、O_3、CO)连续自动监测系统安装验收技术规范	HJ 193—2013
9	固定污染源废气挥发性有机物的采样气袋法	HJ 732—2014
10	泄漏和敞开液面排放的挥发性有机物检测技术导则	HJ 733—2014

3. 环境监测分析方法标准制修订基础理论与方法研究

为了进一步规范国家环境监测分析方法标准的制修订工作，明确环境监测分析方法制修订的方法与要求，2010 年，环境保护部修订发布了《环境监测分析方法标准制订技术导则》（HJ 168—2010）。该标准主要是对环境监测分析方法标准的制修订工作程序、基本要求，环境监测分析方法标准的主要技术内容，以及方法验证、标准开题报告和标准编制说明的内容等重新作出了技术规定。主要内容包括：规定了监测分析方法标准制修订工作程序和基本要求；规定了监测分析方法标准的结构、主要技术内容和方法验证内容；一个规范性附录——方法特性指标确定方法；三个资料性附录——方法验证报告、开题论证报告的内容要求、编制说明的内容要求。

从监测分析方法标准制修订方法学的角度，该标准统一明确了方法检出限的确定方法，即：按照样品分析的全部步骤，重复 n（$\geqslant 7$）次空白试验，将各测定结果换算为样品中的浓度或含量，计算 n 次平行测定的标准偏差，按下列公式计算方法检出限。

$$MDL = t_{(n-1,0.99)} \times S$$

式中　MDL——方法检出限；

　　　　n——样品的平行测定次数；

　　　　t——自由度为 -1，置信度为 99% 时的分布（单侧）；

　　　　S——n 次平行测定的标准偏差。

同时，该标准还明确了方法测定下限的确定方法，即：以 4 倍检出限作为测定下限。

在方法验证方面，该标准明确了采用实验室内方法精密度和准确度的确定技术方法和要求。对于精密度验证，要求各验证实验室采用高、中、低3种不同含量水平（应包括一个在测定下限附近的浓度或含量）的统一有证标准物质/标准样品，按全程序每个样品平行测定6次，分别计算不同浓度或含量样品的平均值、标准偏差、相对标准偏差等各项参数。同时，各验证实验室应对1～3个含量水平的同类型实际样品进行分析测试，按全程序每个样品平行测定6次，分别计算不同样品的平均值、标准偏差、相对标准偏差等各项参数。对于准确度验证，要求若各验证实验室使用有证标准物质/标准样品进行分析测定确定准确度，则需对1～3个不同含量水平的有证标准物质/标准样品进行测定，按全程序每个有证标准物质/标准样品平行测定6次，分别计算不同浓度或含量水平有证标准物质/标准样品的平均值、标准偏差、相对误差等各项参数。若各验证实验室对实际样品进行加标分析测定确定准确度，则需对每个样品类型的1～3个不同含量水平的统一样品中分别加入一定量的有证标准物质/标准样品进行测定，按全程序每个加标样品平行测定6次，分别计算每个统一样品的加标回收率。

该标准修订的意义：①指导和规范近400项监测分析方法标准的制修订工作；②是监测分析方法标准体系的重要组成部分；③规范了监测分析方法标准制修订工作程序；④规范了监测分析方法标准的技术内容、开题报告、方法验证报告和编制说明的内容；⑤针对当前监测分析方法标准编制过程中存在的问题，给出了解决方案。

4. 水和废水环境监测分析方法标准

随着国家管控的污染物项目不断增多，"十二五"期间，水和废水环境监测分析方法标准进一步完善，配套环境质量标准和污染物排放标准的实施，重点增加了金属类、酚类、硝基苯类、挥发性有机物、农药类等污染物的分析方法，同时对氨氮、磷酸盐等常规污染物的监测分析方法进行了修订更新。

"十二五"期间发布的国家水和废水环境监测分析方法标准见表5。

表5 "十二五"期间发布的国家水和废水环境监测分析方法标准

序号	标准名称	标准编号
1	水质 总汞的测定 冷原子吸收分光光度法	HJ 597—2011
2	水质 梯恩梯的测定 亚硫酸钠分光光度法	HJ 598—2011
3	水质 梯恩梯的测定 N-氯代十六烷基吡啶-亚硫酸钠分光光度法	HJ 599—2011
4	水质 梯恩梯、黑索今、地恩梯的测定 气相色谱法	HJ 600—2011
5	水质 甲醛的测定 乙酰丙酮分光光度法	HJ 601—2011
6	水质 钡的测定 石墨炉原子吸收分光光度法	HJ 602—2011
7	水质 钡的测定 火焰原子吸收分光光度法	HJ 603—2011
8	水质 挥发性卤代烃的测定 顶空气相色谱法	HJ 620—2011
9	水质 氯苯类化合物的测定 气相色谱法	HJ 621—2011
10	水质 总氮的测定 碱性过硫酸钾消解紫外分光光度法	HJ 636—2012
11	水质 石油类和动植物油类的测定 红外分光光度法	HJ 637—2012
12	水质 挥发性有机物的测定 吹扫捕集/气相色谱-质谱法	HJ 639—2012
13	水质 硝基苯类化合物的测定 液液萃取/固相萃取-气相色谱法	HJ 648—2013
14	水质 氰化物等的测定 真空检测管-电子比色法	HJ 659—2013
15	水质 氨氮的测定 连续流动-水杨酸分光光度法	HJ 665—2013

序号	标准名称	标准编号
16	水质　氨氮的测定　流动注射-水杨酸分光光度法	HJ 666—2013
17	水质　总氮的测定　连续流动-盐酸萘乙二胺分光光度法	HJ 667—2013
18	水质　总氮的测定　流动注射-盐酸萘乙二胺分光光度法	HJ 668—2013
19	水质　磷酸盐的测定　离子色谱法	HJ 669—2013
20	水质　磷酸盐和总磷的测定　连续流动-钼酸铵分光光度法	HJ 670—2013
21	水质　磷酸盐和总磷的测定　流动注射-钼酸铵分光光度法	HJ 671—2013
22	水质　钒的测定　石墨炉原子吸收分光光度法	HJ 673—2013
23	水质　肼和甲基肼的测定　对二氨基苯甲醛分光光度法	HJ 674—2013
24	水质　酚类化合物的测定　液液萃取/气相色谱法	HJ 676—2013
25	水质　金属总量的消解　硝酸消解法	HJ 677—2013
26	水质　金属总量的消解　微波消解法	HJ 678—2013
27	水质　挥发性有机物的测定　吹扫捕集/气相色谱法	HJ 686—2014
28	水质　汞、砷、硒、铋和锑的测定　原子荧光法	HJ 694—2014
29	水质　松节油的测定　气相色谱法	HJ 696—2014
30	水质　丙烯酰胺的测定　气相色谱法	HJ 697—2014
31	水质　百菌清和溴氰菊酯的测定　气相色谱法	HJ 698—2014
32	水质　有机氯农药和氯苯类化合物的测定　气相色谱-质谱法	HJ 699—2014
33	水质　65 种元素的测定　电感耦合等离子体质谱法	HJ 700—2014
34	水质　黄磷的测定　气相色谱法	HJ 701—2014
35	水质　多氯联苯的测定　气相色谱-质谱法	HJ 715—2014
36	水质　硝基苯类化合物的测定　气相色谱-质谱法	HJ 716—2014
37	水质　钴的测定　5-氯-2-(吡啶偶氮)-1,3-二氨基苯分光光度法	HJ 550—2015
38	水质　酚类化合物的测定　气相色谱-质谱法	HJ 744—2015

5. 空气和废气环境监测分析方法标准

随着国家管控的污染物项目不断增多，"十二五"期间，环境空气和固定源废气分析方法标准进一步完善。关于环境空气分析方法，重点增加了酚类、醛酮类、硝基苯类、挥发性卤代烃、总烃以及挥发性有机物、多环芳烃等涉及有机污染控制的分析方法。关于固定源废气分析方法，增加制定了 SO_2、NO_x、HF、铍、铅等无机污染物，以及苯可溶物、挥发性有机物的分析方法标准。

"十二五"期间发布的国家空气和废气分析方法标准见表 6。

表 6　"十二五"期间发布的国家空气和废气分析方法标准

序号	标准名称	标准编号
环境空气		
1	环境空气　总烃的测定　气相色谱法	HJ 604—2011
2	环境空气　PM_{10} 和 $PM_{2.5}$ 的测定重量法	HJ 618—2011
3	环境空气　酚类化合物的测定　高效液相色谱法	HJ 638—2012

序号	标准名称	标准编号
4	环境空气　挥发性有机物的测定　吸附管采样-热脱附/气相色谱-质谱法	HJ 644—2013
5	环境空气　挥发性卤代烃的测定　活性炭吸附-二硫化碳解吸/气相色谱法	HJ 645—2013
6	环境空气　醛、酮类化合物的测定　高效液相色谱法	HJ 683—2014
7	环境空气　硝基苯类化合物的测定　气相色谱法	HJ 738—2015
8	环境空气　硝基苯类化合物的测定　气相色谱-质谱法	HJ 739—2015
固定源废气		
1	固定污染源废气　二氧化硫的测定　非分散红外吸收法	HJ 629—2011
2	固定污染源排气　氮氧化物的测定　酸碱滴定法	HJ 675—2013
3	固定污染源废气　氮氧化物的测定　非分散红外吸收法	HJ 692—2014
4	固定污染源废气　氮氧化物的测定　定电位电解法	HJ 693—2014
5	固定污染源废气　氟化氢的测定　离子色谱法(暂行)	HJ 688—2013
6	固定污染源废气　铍的测定　石墨炉原子吸收分光光度法	HJ 684—2014
7	固定污染源废气　铅的测定　火焰原子吸收分光光度法	HJ 685—2014
8	固定污染源废气　苯可溶物的测定　索氏提取-重量法	HJ 690—2014
9	固定污染源废气　挥发性有机物的测定　固相吸附-热脱附/气相色谱-质谱法	HJ 734—2014
空气和废气		
1	环境空气和废气　气相和颗粒物中多环芳烃的测定　气相色谱-质谱法	HJ 646—2013
2	环境空气和废气　气相和颗粒物中多环芳烃的测定　高效液相色谱法	HJ 647—2013
3	环境空气和废气　颗粒物中铅等金属元素的测定　电感耦合等离子体质谱法	HJ 657—2013

6. 土壤和固废环境监测分析方法标准

（1）土壤环境监测分析方法标准　　"十二五"以前，我国土壤环境监测分析方法标准仅有 21 项，远远滞后于环境管理的需求。"十二五"期间，我国土壤环境监测分析方法主要配套土壤环境质量标准、场地环境管理系列标准的制修订和实施，大力推动开展了相关研究及标准制定工作。截至 2015 年 6 月，"十二五"期间共发布 26 项，重点增加了土壤和沉积物中重金属、有机物、农药类以及氮、磷等营养元素的监测分析方法（表 7）。

表 7　　"十二五"期间发布的土壤环境监测分析方法标准

序号	标准名称	标准编号
1	土壤和沉积物　挥发性有机物的测定　吹扫捕集/气相色谱-质谱法	HJ 605—2011
2	土壤　干物质和水分的测定　重量法	HJ 613—2011
3	土壤　毒鼠强的测定　气相色谱法	HJ 614—2011
4	土壤　有机碳的测定　重铬酸钾氧化-分光光度法	HJ 615—2011
5	土壤　可交换酸度的测定　氯化钡提取-滴定法	HJ 631—2011
6	土壤　总磷的测定　碱熔-钼锑抗分光光度法	HJ 632—2011
7	土壤　水溶性和酸溶性硫酸盐的测定　重量法	HJ 635—2012
8	土壤　氨氮、亚硝酸盐氮、硝酸盐氮的测定　氯化钾溶液提取-分光光度法	HJ 634—2012
9	土壤和沉积物　挥发性有机物的测定　顶空/气相色谱-质谱法	HJ 642—2013

续表

序号	标准名称	标准编号
10	土壤　可交换酸度的测定　氯化钾提取-滴定法	HJ 649—2013
11	土壤、沉积物　二噁英类的测定　同位素稀释/高分辨气相色谱-低分辨质谱法	HJ 650—2013
12	土壤　有机碳的测定　燃烧氧化-滴定法	HJ 658—2013
13	土壤和沉积物　丙烯醛、丙烯腈、乙腈的测定　顶空-气相色谱法	HJ 679—2013
14	土壤和沉积物　汞、砷、硒、铋、锑的测定　微波消极/原子荧光法	HJ 680—2013
15	土壤　有机碳的测定　燃烧氧化-非分散红外法	HJ 695—2014
16	土壤和沉积物　酚类化合物的测定　气相色谱法	HJ 703—2014
17	土壤　有效磷的测定　碳酸氢钠浸提-钼锑抗分光光度法	HJ 704—2014
18	土壤质量　全氮的测定　凯氏法	HJ 717—2014
19	土壤和沉积物　挥发性卤代烃的测定　吹扫捕集/气相色谱-质谱法	HJ 735—2015
20	土壤和沉积物　挥发性卤代烃的测定　顶空/气相色谱-质谱法	HJ 736—2015
21	土壤和沉积物　铍的测定　石墨炉原子吸收分光光度法	HJ 737—2015
22	土壤和沉积物　挥发性有机物的测定　顶空/气相色谱法	HJ 741—2015
23	土壤和沉积物　挥发性芳香烃的测定　顶空/气相色谱法	HJ 742—2015
24	土壤和沉积物　多氯联苯的测定　气相色谱-质谱法	HJ 743—2015
25	土壤　氰化物和总氰化物的测定　分光光度法	HJ 745—2015
26	土壤　氧化还原电位的测定　电位法	HJ 746—2015

（2）固废环境监测分析方法标准　"十二五"以前，我国固废环境监测分析方法标准29项，远远滞后环境管理的需求。"十二五"期间，我国固废环境监测分析方法主要配套固废污染控制标准等的制修订和实施，大力推动开展了相关研究及标准制定工作。截至2015年6月，"十二五"期间共发布7项，重点增加了固废中重金属、有机物类污染物的监测分析方法（表8）。

表8　"十二五"期间发布的固废环境监测分析方法标准

序号	标准名称	标准编号
1	固体废物　挥发性有机物的测定　顶空/气相色谱-质谱法	HJ 643—2013
2	固体废物　六价铬的测定　碱消解/火焰原子吸收分光光度法	HJ 687—2014
3	固体废物　汞、砷、硒、铋、锑的测定　微波消解/原子荧光法	HJ 702—2014
4	固体废物　酚类化合物的测定　气相色谱法	HJ 711—2014
5	固体废物　总磷的测定　偏钼酸铵分光光度法	HJ 712—2014
6	固体废物　挥发性卤代烃的测定　吹扫捕集/气相色谱-质谱法	HJ 713—2014
7	固体废物　挥发性卤代烃的测定　顶空/气相色谱-质谱法	HJ 714—2014

（二）我国环境标准样品研究

"十二五"期间（截至2014年），我国共发布了132项标准样品，不断丰富完善了我国环境标准样品体系。

在水环境标样研制方面，田衍等[35]（2012）开展了松花江哈尔滨段水系沉积物中无机元素环境标准样品的研制，介绍了松花江哈尔滨段水系沉积物环境标准样品的研制方法，对其中 21 个无机元素进行定值。采集的水系沉积物样品经自然阴干、研磨、筛分、混匀、装瓶和灭菌等加工处理后，分层随机抽取 18 瓶样品，在 0.25 g 样品取样量条件下，以铜、铅、锌、砷、汞、铁和铝为代表元素进行均匀性研究，结果表明样品均匀性良好。在室温避光保存条件下，以铜、铅、锌、砷和汞为代表元素，采用线性模型进行稳定性研究，在 15 个月研制期间样品未观察到不稳定性。由 11 家协作实验室对水系沉积物标准样品中的 21 个无机元素进行定值研究，经统计检验分析评定出 20 个元素的标准值和不确定度，1 个元素给出参考值。研制成的标准样品已应用于土壤或水系沉积物样品中无机元素的监测。田衎等[36]（2013）还对淮河沉积物中 21 种无机元素环境标准样品进行研制。邢书才等[37]（2012）开展了水和废水环境监测用水质肼环境标准样品的研制研究，对水质肼环境标准样品的作用、样品的制备、均匀性测定、稳定性考察以及定值分析等方面做了较为详细的介绍。董金斌等[38]（2013）开展了芴溶液标准样品的研究。介绍了 V（甲醇）：V（二氯甲烷）＝1:1 溶剂中芴溶液标准样品的研制方法，芴溶液标准样品采用称量法制备，采用气相色谱质谱串联仪对标准样品进行均匀性和稳定性检验，以配制值为标准值，并评定其不确定度。结果表明，V（甲醇）：V（二氯甲烷）＝1:1 溶剂中芴溶液标准样品均匀性良好，在 15 个月内质量稳定，可用于环境监测分析。

在大气环境标样研制方面，刘涛等[39]（2011）采用重量法对氮气中 1,3-丁二烯气体标准样品的制备方法进行了研究。依据国际标准化组织（ISO）颁布的"6142 气体分析-校准气体混合物的制备-重量法"的标准方法，对标准气体在重量法制备过程中的定值分析、不确定度来源、不确定度估算以及不确定度合成进行了阐述。制备的 1,3-丁二烯气体标准样品量值与同类标准样品量值具有可比性，能够满足环境有机污染物监测工作的需要。李宁等[40]（2014）建立了 1μmol/mol 氮气中 5 种氯代烯气体标准样品的研制方法。这 5 种氯代烯包括氯乙烯、1,1-二氯乙烯、顺 1,2-二氯乙烯、三氯乙烯、四氯乙烯，其中氯乙烯常温下为气态，其他 4 种为液态，并且沸点低，将这几种氯代烯制备成气体标准样品存在制备精度低、气液转换不完全等困难。经研究，采用 2 步称量法制备 5 种氯代烯气体标准样品，重复制备的相对标准偏差小于 1.6%。建立了 5 种氯代烯标准气体瓶内均匀性的实验方法，并通过考察样品量值伴随样品压力的变化来评价样品的均匀性。结果显示，5 种氯代烯标准气体是均匀的，最低使用压力为 1MPa。依照 ISO 15000.3 来考察样品的时间稳定性，样品有效期为 12 个月，相对扩展不确定度为 3%（置信度为 95%）。刘涛等[41]（2014）还研究了甲醇气体标准样品的制备和定值方法，考察采用重量法制备氮气中甲醇标准气体样品的重现性、标准气体的均匀性和稳定性。试验表明，甲醇气体标准样品在气瓶内均匀性良好，在 12 个月研制期间没有不稳定趋势。摩尔分数为 149.2×10^{-6} 甲醇气体标准样品，扩展不确定度为 3%，能够满足环境污染源废气中甲醇气体监测的要求。

五、环境标准与基准发展趋势展望

（一）环境保护标准发展趋势展望

1. 环境保护标准研究发展展望

随着国家环境管理的不断深入，公众对环境保护诉求的不断提升，环保信息公开、环境严格执法等均成为了下一步环境管理的重点，这对环境保护标准工作提出了更高的要求，也急需开展更加深入的科学研究，以支持环保标准科学性、适用性的不断提升。在环境保护标准相关科学研究领域，目前急需开展的研究包括以下几种。

（1）标准达标判定与统计要求研究　随着自动在线监测技术及设备的不断发展、"互联网＋"模式的日益推广，以及环保信息公开的公众诉求不断提升，自动在线监测数据的正确有效使用成为关键。以水污染物排放标准为例，我国的水污染物排放浓度限值以"日均值"计算，但目前我国重点污染源的废水自动监测数据以"2h 均值"进行记录，该数据与排放标准限值的内涵不尽一致，不能作为监督执法判定超标的依据，而需将 24h 内的数据进行加和平均得到"日均值"，与排放标准限值进行对比。同时，由于废水的处理排放受诸多因素的影响，污染物排放浓度呈一定统计规律波动。在此情况下，应进一步研究明确浓度排放限值的内涵，并在对各个行业废水排放统计规律的研究基础上，建议提出"允许超标的天数"或其他达标判定标准，从而使我国水污染物排放标准的科学性、合理性得到进一步发展和提升。

（2）国家优先控制有毒污染物名录研究　污染物项目的筛选与设置是排放标准的主要技术内容之一，从《工业"三废"排放试行标准》开始，我国的污染物排放标准均吸取了不同时期阶段对我国环境中重点控制污染物以及行业特征污染物研究的成果。当前，我国工业生产以及居民生活中涉及的化学品不计其数，从管理可操作性及管理成本的角度出发，污染物排放标准不可能也无必要对所有物质规定排放控制要求。从美国、欧盟以及日本等发达国家的经验来看，均建立了优先物质名单，明确了管理范围，突出了管理重点，值得借鉴。因此，建议设计一定原则与方法，筛选确定我国污染物排放标准优先项目清单，确定排放标准的管理边界，使得排放标准的制定更加有的放矢。同时，应建立机制，使优先项目清单实现动态发展，反映国家环境管理需求的动态变化。

（3）污染物排放标准技术经济分析方法体系研究　研究污染控制技术可行性评估方法，建立成本-效益分析模型与方法，充分说明排放标准的社会成本、产生的环境/经济/社会效益，加强标准绩效和后评估方面的支撑需求。

（4）地方、区域、流域性环保标准发展及基础理论和方法研究　围绕富营养化、沉积物、土壤、生态、人群健康暴露，以及产业结构和布局等，识别重要的地方、区域、流域性环保重大差异性因素。开展地方、区域、流域性环保标准必要性和优先性研究，并逐一建立理论方法，涵盖环境质量标准和污染物排放标准的环境、经济和社会效益与成本评估。

（5）排污许可证制度实施支持技术支撑体系　围绕排污许可证制度，在法规、内容、机制、技术支持等方面所需的支撑问题，尤其是在技术支持方面，需确立环境容量核算、排放负荷分配等方法，实现排放总量核算核查，保障监测要求的科学性、信息公开内容的合理性等。

2. 环境保护标准基础能力建设发展展望

国家环境标准基础信息平台项目围绕环境保护标准所需的基础数据进行信息化建设。在水、气、土、固废等各领域均建立与标准相关的基础数据和信息库；针对环境保护标准优先控制的污染物，建立国家环保标准污染物数据库；污染物排放相对复杂的行业，特征污染物的排放数据逐步积累。同时包含全面、高效的国家环境保护标准信息管理系统。

① 环保标准信息资料数据库建设

a. 环保标准电子信息数据库。为进一步支持环保标准制修订及相关科研工作，将在"十二五"期间在环保标准技术管理系统平台上搭建标准电子信息数据库模块，将现行和正在制修订的国家及地方环保标准的主要技术内容电子化，包括标准的适用范围、涉及的污染物项目、标准限值及主要控制要求、发布实施时间等信息。同时，实现标准技术内容各种形式的在线查询、统计、分析等功能。

b. 国外环保标准信息数据库。为密切跟踪其他国家及国际组织环保标准的有关信息，不断完善我国环保标准制修订的理论基础和技术内容，将系统筹建国外环保标准信息数据库，收集和整理包括美国、欧盟、日本等在内的世界各国以及 WHO（World Health Organization，世界卫生组织）、OECD（Organization for Economic Co-operation and Development，经济合作与发展组织）、ISO（International Organization for Standardization，国际标准化组织）、ASTM（American Society for Testing and Materials，美国材料与试验协会）、JISC（Japanese Industrial Standards Committee，日本工业标准调查会）等国际组织的环保相关法律、技术法规、标准等文件和文献资料，进行科学组织、分类和保存，实现在线检索、查阅等功能。

② 我国行业污染物排放及控制技术数据库　为满足国家"十二五"重点污染物总量控制目标，以及国家和地方环境污染物排放（控制）标准的制修订工作，将以我国国民经济行业分类为指导，收集历年环境统计数据、污染源普查数据、各行业历年统计年鉴等资料和信息，并进行分析研究，持续积累各国民经济行业的经济运行状况和发展趋势、环境保护先进技术和工艺、污染排放量及排放特征、环境保护投资需求等信息，为相关环保标准制修订及环保标准相关科研提供基础数据和信息支持。

③ 我国环保标准优先污染物环境毒理、风险评估及基准数据库　以我国环保标准污染物优先名录的建立和完善为主线，跟踪其他国家和国际组织机构的最新研究进展和成果，研究设计名录筛选机制，积累污染物环境毒理毒性数据、环境风险特征、环境基准、环境标准等信息，实现检索、综合比对功能，为我国环保标准制修订及环境基准的研究和制定提供理论和技术支撑。

（二）环境基准发展趋势展望

由于我国环境质量标准主要参考应用国外的基准标准，在污染物限值方面，时常受到质疑考验，如硝基苯、锑、汞等。科学确定限值，在水、气、土、固废等各领域的标准均存在基础数据和信息支撑不足的问题。国家环境基准体系建设，是一项长期、艰巨的工作。在我国环境基准工作起步之时，我们应该遵循如下的总体思路。

（1）充分借鉴　将掌握和转化当前国际上环境基准基础理论、体系设置方法，对已有毒性数据进行系统评估，建立基础数据库等作为初始工作。在此基础上建立我国基准方法，逐步开展基准制定工作。

（2）反映国情　在利用国际成果时，要考虑到我国的特点，如生态系统结构的差异、人群活动特性的差异等。适情开展调查和试验工作，对现有数据进行补充和验证。

（3）注重体系设计　要综合考虑环境介质、污染物类型、保护对象以及保护时间等多项因素，统筹兼顾，科学合理地设计我国环境基准体系框架。建立起很系统的我国环境基准体系并非短期能够实现，需要逐步完善。

（4）突出重点　针对我国环境污染的主要问题、环境管理的显著需求，提出在整个体系中应优先开展的工作内容：一是不同介质和类型基准的优先顺序；二是不同污染物基准的优先顺序。

（5）规范管理　以环境保护部部门标准的形式对环境基准研究成果进行规范要求和统一发布，体现国家水平和意志。

综合考虑环境介质、污染物类型、保护对象以及保护时间等多项因素，科学合理设计我国环境基准体系框架。针对我国环境污染的主要问题、环境管理的显著需求，提出应优先开展的工作内容。经过 9 年左右的连续投入，国家环境基准可初步形成体系，约包括 50 项国家基准文件，具有较成熟的国家环境基准制定方法体系、明确的管理流程、有效的工作机制和发布机制。

六、结论

综上所述，"十二五"以来我国的环境标准与基准都得到了较大的发展。基准方面，我国于 2011 年建成了国家重点实验室环境基准与风险评估国家重点实验室。在此基础上，我国主要通过对美国水环境基准的研究和学习，在水质基准方法学、具体污染物的基准、受试生物和海水基准等各方面的研究都取得了突破性的进展。而因近年来国内雾霾爆发，我国"十二五"期间重点对大气细颗粒物（$PM_{2.5}$）污染，以及 $PM_{2.5}$ 对人体健康的影响展开了研究。土壤环境基准研究目前也开始起步阶段的研究，尝试定义我国的土壤环境基准，探讨土壤环境基准值的确定方法。

"十二五"期间，共发布国家环境保护标准 473 项，继续保持了"十一五"以来的高速增长幅度。截至"十二五"末期，我国累计发布环境保护标准 1904 项，其中现行标准 1681 项。

在质量标准方面，"十二五"期间环境保护部主要发布实施了《环境空气质量标准》（GB 3095—2012），《乘用车内空气质量评价指南》（GB/T 27630—2011）。《环境空气质量标准》（GB 3095—2012）是我国第一个经国务院审议批准发布的标准，也标志着我国环境质量管理战略转型；《乘用车内空气质量评价指南》（GB/T 27630—2011）对于保护车内人体健康、提高汽车车内空气质量控制、规范车用材料的使用具有重要促进作用。同时，也正在抓紧进行《地表水环境质量标准》（GB 3838—2002）和《土壤环境质量标准》（GB 15618—1995）的修订工作。

排放标准方面，我国国家水污染物排放标准体系现已形成了"行业＋综合"的完整体系，"十二五"期间我国共发布了 20 项水污染物排放标准，涉及有色金属、钢铁、焦化、氮肥、印染、农副食品加工、制革七大重点行业。同时，我国以与环境质量标准挂钩、达标率分析、污染控制技术评估和标准对比等为方法思路，展开了我国的大气污染物排放标准制修订工作，"十二五"期间，共发布了涉及钢铁、有色、建材、炼油石化、无机化工、橡胶制品、电池、火电、水泥、炼焦、锅炉等行业共 24 项固定源标准和以《轻型汽车污染物排放限值及测量方法（中国第五阶段）》（GB 18352.5—2013）为主的 4 项移动源标准。在土壤、固废和生态方面，我国开展了污染场地环境管理及相关标准的研究，发布了 4 项污染场地系列标准；并以《中华人民共和国固体废物污染环境防治法》为基础，开展固体废物污染物控制标准的制修订工作，并在"十二五"期间发布了《水泥窑协同处置固体废物污染控制标准》（GB 30485—2013）；为了大力推进我国生态领域相关标准的制修订工作和生态标准体系构建，我国在 7 个生态环境保护领域，正制修订 10 项相关标准，并为解决我国生态环境管理在客观上存在管理职能部门分散和交叉的问题积极探索解决方案，为加强我国生态文明建设打下了良好的基础。

　　"十二五"期间，我国的环境监测技术规范和环境监测分析方法研究也取得了较大的进展。展开了《地表水和污水监测技术规范》（HJ 91—2002）的修订工作，主要发布了《环境空气质量监测点位布设技术规范（试行）》（HJ 664—2013）、《环境空气半挥发性有机物采样技术导则》（HJ 691—2014）等技术规范。2010 年，环境保护部修订发布了《环境监测分析方法标准制订技术导则》（HJ 168—2010）。该标准主要是对环境监测分析方法标准的制修订工作程序、基本要求，环境监测分析方法标准的主要技术内容，以及方法验证、标准开题报告和标准编制说明的内容等重新作出了技术规定，对环境监测方法标准的制修订工作具有重要的指导性意义。

参 考 文 献

[1] 冯承莲，吴丰昌，赵晓丽，等. 水质基准研究与进展中国科学. 中国科学：地球科学，2012，42（5）：646-656.

[2] 闫振广，余若祯，焦聪颖，等. 水质基准方法学中若干关键技术探讨. 环境科学研究，环境科学研究，2012，25（4）：397-403.

[3] 苏海磊，吴丰昌，李会仙，等. 我国水生生物水质基准推导的物种选择. 环境科学研究，2012，25（5）：506-511.

[4] 刘婷婷，郑欣，闫振广，等. 水生态基准大型水生植物受试生物筛选. 农业环境科学学报，2014，33（11）：2204-2212.

[5] 王晓南，郑欣，闫振广，等. 水质基准鱼类受试生物筛选. 环境科学研究，2014，27（4）：341-348.

[6] 蔡靳，闫振广，何丽，等. 水质基准两栖类受试生物筛选. 环境科学研究，2014，27（4）：349-355.

[7] 吴丰昌，冯承莲，曹宇静，等. 锌对淡水生物的毒性特征与水质基准的研究. 生态毒理学报，2011，6（4）：367-382.

[8] 张瑞卿，吴丰昌，李会仙，等. 应用物种敏感度分布法研究中国无机汞的水生生物水质基准. 环境科学学报，2012，32（2）：440-449.

[9] 吴丰昌，冯承莲，曹宇静，等. 我国铜的淡水生物水质基准研究. 生态毒理学报，2011，6（6）：617-628.

[10] 何丽，蔡靳，高富，等. 铅水生生物基准研究与初步应用. 环境科学与技术，2014，37（4）：31-37.

[11] 李玉爽，吴丰昌，崔骁勇，等. 中国苯的淡水水质基准研究. 生态学杂志，2012，31（4）：908-915.

[12] 张娟，闫振广，刘征涛，等. 甲基汞水环境安全阈值研究及生态风险分析. 环境科学与技术，2015，38（1）：177-182.

[13] 严莎. 苯系物对我国典型鱼类和水生植物的毒害效应及其水质基准的研究. 天津：南开大学，2012.

[14] 何丽，闫振广，姚庆祯，等. 氨氮海水质量基准及大辽河口氨氮暴露风险初步分析. 农业环境科学学报，2013，32（9）：1855-1861.

[15] 段梦，朱琳，冯剑丰，等. 基于浮游生物群落变化的生态学基准值计算方法初探. 环境科学研究，2012，25（2）：125-132.

[16] 段小丽，黄楠，王贝贝，等. 国内外环境健康风险评价中的暴露参数比较. 环境与健康杂志，2012，29（2）：99-104.

[17] 毕岑岑，王铁宇，吕永龙，等. 环境基准向环境标准转化的机制探讨. 环境科学，2012，33（12）：4422-4427.

[18] Dominici F，Peng RD，Bell ML，et al. Fine particulate air pollution and hospital admission for cardiovascular and respiratory diseases. JAMA，2006，295（10）：1127-1134.

[19] Bell M L，Ebisu K，Peng R D. Seasonal and Regional Short-term Effects of Fine Particles on Hospital Admissions in 202 US Counties，1999-2005. Am J Epidemiol. 2008，168（11）：1301-1310.

[20] Lim SS，Vos T，Flaxman AD，Danaei G，et al. A comparative risk assessment of burden of disease and injury attributable to 67 risk factors and risk factor clusters in 21 regions，1990-2010：a systematic analysis for the Global

Burden of Disease Study 2010. Lancet，2012，380（9859）：2224-2260.

［21］ 刘楠媚，刘利群，胥美美，梁凤超，潘小川. 北京市大气二氧化氮水平与居民呼吸系统疾病死亡的关系. 环境与健康杂志，2014，（7）：565-568.

［22］ 殷永文，程金平，段玉森，魏海平. 上海市霾期间 $PM_{2.5}$、PM_{10} 污染与呼吸科、儿呼吸科门诊人数的相关分析. 环境科学，2010，（7）：1984-1989.

［23］ 陶燕，刘亚梦，米生权，郭勇涛. 大气细颗粒物的污染特征及对人体健康的影响. 环境科学学报，2014，（3）：592-597.

［24］ Guo Y，Barnett A G，Zhang Y，et al. The short-term effect of airpollution on cardiovascular mortality in Tianjin，China：comparison of time series and case-crossover analyses［J］. Science of the Total Environment，2010，409（2）：300-306.

［25］ 谢鹏，刘晓云，刘兆荣，李湉湉，钟流举，向运荣. 珠江三角洲地区大气污染对人群健康的影响［J］. 中国环境科学，2010，（7）：997-1003.

［26］ Chen R，Kan H，Chen B，Huang W. Association of particulate air pollution with daily mortality：the China Air Pollution and Health Effects Study［J］. Am J Epidemiol，2012，175：1173-1181.

［27］ Li Y，Wang W，Kan H，Xu X，Chen B，et al. Air quality and outpatient visits for asthma in adults during the 2008 Summer Olympic Games in Beijing［J］. Sci Total Environ，2010，408：1226-1227.

［28］ Rich DQ，Kipen HM，Huang W，Wang G，et al. Association between changes in air pollution levels during the Beijing Olympics and biomarkers of inflammation and thrombosis in healthy young adults［J］. JAMA，2012，307：2068-2078.

［29］ 白志鹏，张文杰，韩斌，杨文，王歆华，赵雪艳，王宗爽. 国环境空气颗粒物质量基准研究框架及研究体系的构建. 环境科学研究，2015，28（5）：667-675.

［30］ 王国庆，骆永明，宋静，等. 土壤环境质量指导值与标准研究Ⅰ. 国际动态及中国的修订考虑. 土壤学报，2005，42（4）：666-673.

［31］ 刘冰. 国内外土壤环境基准值的确定方法与现状研究. 中国环境科学学会学术年会优秀论文集，2008.

［32］ 周启星，安婧，何康信. 我国土壤环境基准研究与展望. 农业环境科学学报 2011，30（1）：1-6.

［33］ 王莹，侯青叶，杨忠芳. 成都平原农田区土壤重金属元素环境基准值初步研究. 2012，26（5）：953-961.

［34］ 周羽化，原霞，宫玥，等. 美国水污染物排放标准制订方法研究与启示［J］. 环境科学与技术，2013，36（11）：175-180.

［35］ 田衎，吴忠祥，张萍，等. 松花江哈尔滨段水系沉积物中无机元素环境标准样品的研制. 2012，31（2）：338-341.

［36］ 田衎，吴忠祥，张萍，等. 淮河沉积物中21种无机元素环境标准样品的研制. 理化检验，2013，49：870-873.

［37］ 邢书才，田衎. 肼环境标准样品的研究. 2012 中国环境科学学会学术年会论文集（第一卷）.

［38］ 董金斌，王伟，房丽萍，等. 茚溶液标准样品的研究. 化学试剂，2013，35（11）：1010-1012.

［39］ 刘涛，王倩，樊强，等. 氮气中 1,3-丁二烯气体标准样品的研制. 中国环境监测，2011，27（6）：40-45.

［40］ 李宁，范洁，王倩. 环境监测用 5 种氯代烯烃混合气体标准样品研制. 中国环境监测，2014，30（5）：101-104.

［41］ 刘涛，樊强，王帅斌. 甲醇气体标准样品的研制. 环境监测管理与技术，2014，26（2）：52-55.

第二十三篇 农业生态环境学科发展报告

编写机构：中国环境科学学会生态农业专业委员会
负 责 人：舒俭民
编写人员：舒俭民 闵庆文 尚洪磊 冯朝阳 卜元卿 韩永伟

摘要

"十二五"期间，国家进一步重视农业农村的环境保护工作。在国家大力发展生态文明建设的大背景下，农业生态环境学科也相应有了较大发展。

2014 年，《国家生态文明建设示范村镇指标（试行）》发布，这标志着农村生态文明从理论研究到实践工作的跨越。在农业生态环境保护技术学科领域，相关的研究更加注重贴近生产实际的农业化学投入品污染防控和废弃物综合利用等技术的整装集中。"十二五"期间，农业生态环境学科环境保护科技奖的奖项中，接近一半是针对"应用层"的科研项目。预防为主，源头控制依然是研究的重点。能值理论被大量应用到农业生态系统评估。随着智能科技的推进，一些新的智能化技术被应用到了农业生态环境监测中来。

而随着农业生态环境科研的发展，越来越多的研究转向古人智慧——农业文化遗产中所蕴含的农业环境保护的原理和借鉴价值。

一、引言

农业生态环境学科是一门综合、复杂的学科，从广义的角度来讲，水环境、大气环境、土壤环境、气象学等各学科同农业生态环境都有着密切的关系。农业生态环境问题是农业存在和发展的根本前提，是人类生存和发展的物质基础。农业生态环境大体经历的四个阶段，即原始农业阶段、古代农业阶段、近代农业阶段和现代农业阶段，而其整个演变趋势是一直处于不断恶化之中。目前人类所面临的农业生态环境问题主要有：水资源问题、耕地资源问题、农业气候资源问题、农业生物多样性问题、农业生产对生态环境污染问题和工业"三废"与城乡生活垃圾污染问题等。农业生态环境是研究农业领域中生态环境问题的科学，是研究农业生产体系中生物与其自然环境的相互关系及其定向调控的应用型科学，谈及农业生态环境学科，就不可能避免地涉及相关的学科，其主要覆盖二级学科，包括农业生态、农业环境、农业气象（气候灾害预测与减灾）等。

在农业生态方面重点研究由农业生物与其环境构成的农业生态系统的结构、功能及其调控。运用农业生态学的原理和方法研究农业生态系统的资源生态问题与系统优化途径、减轻生态环境的压力和降低资源成本、实现农业可持续发展的科学难题和技术途径。在农业环境方面重点研究农业领域中土壤-作物系统物质循环与安全管理、农田环境气体减排的水肥优化管理原理与技术，研究农田土壤生态环境安全、农业废物（包含作物生产和动物养殖）处理与农田循环技术、农业生产体系中环境物质排放及其对农业生态环境的影响。在农业气象方面重点研究全球气候变化与陆地地表过程、气象灾害与农业减灾，研究作物对区域气候环境变化的响应与预测、气象灾害风险评估、农业减灾技术等。近十几年，随着农业生产技术的不断进步，农业生态环境学科领域也进一步拓展。

农业生态环境学科同时又是应用性很强的一门学科。在农业生态环境问题日趋严峻的今天，它主要服务于农业生态环境保护工作。"十二五"期间，农村和农业首次纳入主要污染物总量减排控制范围。在某种意义上说，农业源污染已经成为我国环境污染的首要污染源。农业源污染能否有效控制，对"十二五"期间主要水污染物减排目标的完成影响重大。因此，"十二五"期间，农业生态环境学科围绕农业源污染减排开展了大量的研究。

二、农业生态环境领域理论及实践研究进展

（一）农村生态文明研究进展

早期的农村生态文明研究主要集中在理论研究和探索。"十二五"期间，农村生态文明研究更加侧重建设实践和政策制度。在和平与发展成为时代主题的新世纪，人类社会在谋发展、求进步的同时，也面临着越来越多的现实困惑，突出表现为生态环境和资源压力日益增大，社会发展的可持续性问题日益突出。农村生态文明是生态文明建设的重要基础与构成部分，是建设社会主义新农村、构建和谐社会的主要途径，而农民物质生活和精神生活丰富、健康、幸福，对于从根本上解决我国"三农"问题具有重要意义。因此，越来越多的学者立足于马克思主义生态观的丰富理论内涵和实践价值指向，运用文献研究、比较研究、访谈研究、理论归纳等方法，结合我国农村生态文明建设进程中存在的资源能源浪费与不足、生态环境破坏严重的现状，将马克思恩格斯人与自然理论与我国农村生态文明建设中存在的具体问题有机结合起来，深入挖掘理论内涵，明确问题的本质，逐步探索出适合我国农村生态文明建设具体实际的对策和措施。范中健等[1]研究了马克思主义生态观视角下我国农村生态文明建设。翟艳玲等[2]以河南省永城市为例研究了马克思生态观视域下的农村生态文明建设。王丽娜等[3]研究了我国农村生态文明与环境法治建设的关系，并从立法、执法、司法、守法以及法律监督五个方面提出了相应的解决对策和建议，指出应当健全农村生态文明环境保护立法、严格执行农村生态文明保护法律法规、建立健全农村环境保护司法机制、培养农村干群环境保护法律意识、加强农村环境法治工作的监督力度。2014年，环境保护部印发了《国家生态文明建设示范村镇指标（试行）》，为我国农村生态文明建设提供了依据和方向。

（二）农业文化遗产发掘与研究进展

农业生态环境保护工作并非孤注一掷地朝向高、精、尖的科技进步方向迈进。近几年，越来越多的农业环境保护工作者将视野转向了古人的智慧——农业文化遗产的挖掘和

研究工作逐渐兴起。自 2002 年联合国粮食及农业组织（FAO）在世界可持续发展高峰论坛上首次提出"全球重要农业文化遗产（globally important agricultural heritage systems，GIAHS）"概念和动态保护的理念以来，FAO 认定的 GIAHS 项目点已经从 2005 年的 6 个扩大到 31 个，涉及国家从 6 个扩大到 13 个。我国几千年的农耕文化更是为后人留下了饕餮盛宴。截至 2014 年，我国被 FAO 批准为 GIAHS 的项目点已达到 13 个，位居世界各国之首[4]。

众多科研机构和高等院校，围绕农业文化遗产的史实考证与历史演进、农业生物多样性与文化多样性特征、气候变化适应能力、生态系统服务功能与可持性评估、动态保护途径以及体制与机制建设等为基础开展了较为系统的研究。在农业文化遗产对农业生态环境保护方面，Zhu 等[5]通过对在云南红河哈尼稻作梯田系统的研究表明，水稻品种多样性混合间作与单作优质稻相比，其对稻瘟病的防效达 81.1%～98.6%，减少农药使用量 60% 以上，每公顷增产 630～1040kg，能够在实现稳产增产的基础上有效保护农业生态环境。浙江大学陈欣教授[6]的团队通过对世界农业文化遗产"浙江青田稻鱼共生系统"的研究发现，相比常规水稻单作模式，稻鱼共生系统能够降低 68% 的杀虫剂和 24% 的化肥施用。赵立军等[7]认为，农业文化遗产在保护农业生物多样性方面具有重要价值。

三、我国农业生态环境学科科学技术研究进展

（一）农业源污染防治与调控

农业源污染防治与调控近几年一直是农业生态环境学科研究的热点。研究的内容主要包括农业投入品环境污染防治、农业废弃物循环与利用等方面。

1. 农业投入品环境污染防治研究

在当前的农业生产中，农业投入品包括化学农药、化肥（氮磷等）、有机污染物、重金属等。农业活动造成的有机和无机污染、土壤颗粒沉积等都以不同的形式对大气、土壤和水体等环境造成污染，尤其是通过农田的地表径流和地下渗漏造成水域环境污染。农业投入品的污染，已成为农业面源污染的主要来源。其中，以化学农药使用对环境的污染最为严重。

（1）化学农药使用环境污染防治研究　化学农药施用后直接作用于防治对象的有效利用率很低，以喷施方式为例，杀虫剂和除草剂仅有 2% 和 5% 的药液作用于靶点，其余大部分药液或附着于植物体上，或渗入植株体内累积，或蒸发、散逸到空气中，或飘落进入土壤，或随地表径流流入河湖，或淋溶进入地下水，总之绝大部分进入环境[8]。除此之外，农药还具有残留毒性，对人体健康造成危害[9]。

① 化学农药使用对大气的污染方面。造成大气污染的化学农药的来源和途径：a. 地面或飞机喷洒农药时，漂浮于空中的药剂微粒；b. 水体、土壤表面残留农药的挥发等；c. 农药生产、加工企业排放废气中的农药漂浮物；d. 卫生用药喷雾，或农产品防蛀时等进行的熏蒸处理。种植业使用农药的面积最广、数量最多，因此成为大气中农药污染的主要来源[9,10]。进入大气的农药或被大气飘尘吸附，或以气体、气溶胶的形式悬浮在空气中，随着气流的运动使大气污染的范围不断扩大，有的甚至可以飘到很远的地方。研究显示，即使在从未使用过化学农药的珠穆朗玛峰，其积雪中也有持久性农药六六六的

检出[11~13]。

　　化学农药对大气的污染程度与范围主要取决于两个方面：一是施用农药的性质、施用量、施用方法；二是施药地区的大气环境状况（如风向、风速、温度、湿度等）[14]。

　　② 化学农药使用对土壤的污染研究方面。造成土壤污染的化学农药的来源和途径：a. 以防治地下病害为目的直接在土壤中施用的农药；b. 喷雾施用时滴落到土壤中的农药；c. 随大气沉降、灌溉或施肥等方式进入土壤中的农药。进入土壤的农药被黏土矿物或有机质吸附，其中有机质吸附的农药占土壤总吸附量的70%~90%，成为导致土壤酸化、有机质含量下降等土壤质量恶化的重要因素。据测算，我国受化学农药污染的土壤面积高达667万公顷，占可耕地面积的6.39%[15]，农田土壤中农药残留检出率较高[16~20]，如对上海地区2413个土壤样点中农药滴滴涕的检出率高达98.12%，其中176个样点的滴滴涕含量甚至超过国家土壤环境标准中的Ⅰ级标准[21]。

　　农药进入土壤后会发生物理、化学和生化等各种反应，除了土壤有机质含量、pH、湿度、温度、光照和微生物等环境因素对农药降解有影响，农药的类型、化学结构也是影响其土壤降解的重要因素[22]。

　　③ 化学农药使用对地表水和地下水的污染方面。造成地表水和地下水污染的化学农药的来源和途径：a. 大气中随降水进入水体的农药；b. 土壤残留农药随地表径流或农田排水进入地表水体，或向下淋溶进入地下水；c. 直接用于水体的农药，或在水体中清洗施药器械；d. 农药厂向水体中排放的废水。农药在水中的降解也受到环境因子（水质、水温、pH、光照和微生物等）和农药行为特性（水溶性、吸附性、水解、光解等）的综合影响[23,24]。

　　研究显示，目前我国地表水中化学农药残留状况的特征为，单一农药残留浓度较低，但残留农药品种多、检出频率高，部分水体中复合存在的残留农药已对水生生态系统产生危害[25~29]。农药在地下水中的残留状况也不容忽视，河北省卢龙县地下水农药残留状况数据显示，100个地下水样品中涕灭威（及其代谢物涕灭威砜）、甲拌磷和特丁硫磷的检出率分别达到12%、11%和4%[30]。相对地表水中的农药残留状况的研究而言，我国对地下水中农药残留的数据资料较少，然而由于地下水在我国总供水量中占到两成，特别是在北方缺水地区地下水甚至占到供水量的一半以上，因此必须高度重视农药对地下水的污染控制管理，尤其是在降水丰富、地下水层较浅的地区要避免使用水溶性强，吸附性弱，降解半衰期长的农药品种[31]。

　　④ 化学农药使用对农作物的污染方面。造成农作物污染的化学农药的来源和途径：a. 直接施用在农作物上的农药通过植株表皮吸收进入作物体内；b. 作物通过根系将残留于土壤中的农药吸收，经过体内的迁移、转化后将农药分配在整个植物体内；c. 作物植株通过呼吸作用吸收的大气中的农药；d. 大棚作物使用的农药熏蒸剂，或农产品贮存时使用的保鲜剂等。

　　我国农作物和食品中化学农药残留问题严重，农业部曾对全国50多个蔬菜品种、1293个样品进行检测，结果显示蔬菜中农药残留合格率不到80%，甚至原卫生部、农业部明文规定禁止使用的高毒农药都有相当比例的检出[32]。

　　⑤ 化学农药使用对环境生物的污染方面。化学农药对环境非靶标生物的污染和暴露途径：a. 施药过程中，通过经口或经皮途径对非靶标生物的暴露；b. 施药后污染非靶标生物栖息地，生物通过摄取受污染的食物、饮水，或接触到受污染的空气、土壤、水；

c. 生物将颗粒型农药误认为是粗沙或种子而食入等；d. 食物链的传递，难降解、生物富集性强的农药可以在不同的生物体内逐级传递、浓缩。例如，水体中小于 $0.02\mu g/L$ 的滴滴涕经吸附作用与食物链的生物富集作用，浓度在底泥中可达 $390\mu g/L$，在虎斑鱼脂肪中达到 $5000\mu g/L$，而在食物链顶端生物鳄鱼的脂肪中则可高达 $34200\mu g/L$，通过食物链传递，生活在该地区的野生生物都暴露在滴滴涕农药的危害风险之下[33]。

为使农业环境监测走向制度化、规范化和科学化，早在 1991 年农业部就曾建立农业环境监测报告制度、农业环境污染事故报告制度及农业环境监测年报制度，但这些制度未能在农药环境安全监管中充分发挥作用。

究其原因，一是农药环境监测能力不足，基层环保机构人员水平、专业设备较低，无力开展农药环境监测工作，导致我国农药环境污染整体状况不明，很难采取针对性强的农药环境污染防治措施。此外，农药残留污染监控体系依然不完善，包括农产品生产、质量检测、流通、消费等各个方面[34]。二是农药环境质量标准严重不足，农药活性成分多达700 余种，我国常用的农药活性成分也超过 200 种，但土壤环境质量标准（GB 15618—1995）、地表水环境质量标准（GB 3838—2002）中分别只规定了 2 种和 13 种农药的污染值，远远不能满足农药环境监测需求。

由于农药作为一类有毒化合物，在生产、销售、运输、使用、储存和废弃等各个环节都会对环境造成污染。污染物对环境污染的状况主要是通过理化监测和生物监测来反映[35,36]。理化监测虽能测出农药在环境中的成分与含量，但不能确切反映农药对环境的综合效应，尤其是对生物的综合效应，而应用生物监测农药对环境的污染状况，不仅可以预测农药对环境的综合效应，还可以预测农药综合效应对生物的影响[37]。

在现代农业环境中，农药的累积速率要远远高于环境介质的自净能力，为加快土壤、地下水、地表水等中的农药降解速度，消减环境中的残留农药，科研人员已开发了物理、化学、生物等不同类型的修复技术。物理修复技术包括客土法、低温热解吸法、蒸气浸提法、焚烧法等，化学修复法包括淋洗法、溶剂浸提法、脱氯法、电化学法等。物理和化学修复法能够在较短时间内有效去除介质中的污染物，但是物理和化学修复方法却普遍存在工程量大、处理成本高，处理过程可能产生二次污染，甚至对土壤结构也有一定破坏的缺陷，因此并不适用于农药面源污染的环境治理。

生物修复技术被认为是近年来最具有发展前途的面源污染治理技术，主要包括微生物修复法、植物修复法、酶修复法和堆肥修复法等。生物修复技术成本低，对土壤原有结构破坏小，不会造成环境的二次污染，适用于农药使用引起的面源污染治理。然而，生物修复技术也存在修复周期长、外界环境条件影响较大等限制因素，很多技术还处在实验室或小规模野外试验阶段，在大规模的实际应用中处理效果不稳定，仍有待深入研发。

（2）化肥使用环境污染防治研究　化肥对环境的污染问题主要体现在不合理施肥引起的水资源、土壤及大气的污染。早在 2005 年，王圣瑞等[38]就指出化肥本身并不是污染物，仅能称为污染因子，造成化肥污染的根本原因是施肥不当。因此，在化肥使用环境污染防治研究方面主要仍集中于化肥减量化的相关研究。另外，流失的化肥元素引起环境污染的生态拦截技术方面也开展了实践研究。具体技术见表1。

表1 "十二五"期间我国主要化肥使用环境污染防控技术

技术分类	技术名称	部分技术介绍
肥料及施用技术改良	按需施肥技术[39,40]	在测土配方的基础上,全程考虑土壤潜在养分供应能力、合理目标产量和流失通量确定肥料用量与配比。确定最佳分次施肥时期、施肥量
	分区限量施肥技术	结合高精度土壤空间数字模型、气象与农田多年养分平衡状况,了解养分时空变化,据此制定这一区域各种主要种植模式下分区施肥技术标准
	以碳控氮技术(土壤氮磷养分库增容技术)[41~43]	土壤"碳坝、碳通道"效应,通过外源有机肥料,增加无机氮固持、保蓄作用,缓释无机氮
	氮肥后移施用技术[44]	根据作物长势确定最佳施肥时期
	水稻控释肥育秧箱全量施肥技术	采用控释肥料,育秧时,将控释肥均匀散在水稻种子附近,插秧时包裹在水稻根系上,减少养分固定和流失等
耕作技术改进	轮作制度调整技术[45,46]	如改稻麦轮作技术为水稻-紫云英轮作、紫云英还田等技术
	间作技术[47,48]	如针对设施蔬菜,在夏季高淋洗期(接棚期),种植高效吸收的闲填作物(如甜玉米),可有效减少淋洗30%~60%;大蒜间作物定向、快速选择与间作技术
生态拦截	农田尾水生态沟渠+缓冲带[49,50]	通过种植水生经济作物增加沟渠生物量

2. 农业废弃物循环与利用

农业生产废弃物综合利用包括种植业废弃物和作物秸秆的资源化处理;养殖业的畜禽粪便和粪便污水的无害化处理;农产品加工废物和污水治理技术;新型有机生物肥料和生物制剂的研发等。目前,农作物秸秆可制取沼气和成为农用有机肥料,也是饲养牲畜的粗饲料和栏圈铺垫料。

随着农业生产方式的转变,畜禽养殖污染防治一直成为农业源污染控制研究的热点。特别是第一次全国污染源普查公告发布后,畜禽养殖业对环境的影响及解决技术更是成为"众矢之的"。"十二五"期间,畜禽养殖污染防治的研究主要集中在畜禽养殖污染物综合利用、养殖废水处理和养殖承载力三个领域。

目前,我国应用较为广泛的畜禽养殖污染防治技术模式主要有三种:一是以沼气系统为核心的能源化利用技术模式(沼气系统技术模式),该模式是指畜禽粪、尿等有机废弃物,在一定的水分、温度和厌氧条件下,通过种类繁多、数量巨大、功能不同的各类微生物的分解代谢,最终形成甲烷和二氧化碳等混合性可燃气体的复杂的生物化学过程,达到畜禽养殖废弃物综合利用的目的。沼气系统包括产气系统、沼液处理系统和沼渣堆肥处理系统。二是基于干湿分流的固体粪便发酵堆肥和污水处理的达标排放技术模式("堆肥+污水处理"技术模式),该模式是利用畜禽粪便的生物发酵原理,在适宜的碳氮比、温度、湿度、通气量和pH值等条件下,利用腐熟菌剂快速分解粪便中的有机物质,在微生物作用下,有机质氧化分解产生大量热能,高温杀灭病菌、虫卵,并在矿物化和腐殖质化过程中,释放出N、P、K和微量元素等有效养分。污水处理是畜禽养殖污水采用SBR、USR、CSTR等技术处理后达标排放。三是以生物发酵床为主的生态养殖技术模式(生物发酵床技术模式)。生物发酵床是利用自然界中的微生物,按照一定比例与锯末、谷壳、米糠等农业废弃物混合，经发酵腐熟后制成有机垫料的一类技术模式。畜禽排泄的粪、尿被垫料掩埋，其中的水分被发酵过程中产生的热蒸发，有机物质被充分分解和转化，达到无臭、无味、无害化、资源化利用的目的。生物发酵床技术可以改善畜禽养殖环境，提高饲料的吸收率，减少粪便的排泄，有效解决畜禽养殖的污染问题[51]。

目前，我国已有关于畜禽承载力相关的理论和实践研究主要集中在畜禽承载力方面，包括农田畜禽承载力和畜禽养殖环境承载力两方面。前者是以农业生态系统养分循环为理论基础，假定农田为畜禽养殖废弃物的单一承载体或主要承载体，根据畜禽废弃物养分含量和农田土壤禽粪便氮磷养分的施用标准[52]或者根据经济产量移走的营养元素[53,54]估算农田畜禽承载力。后者兼顾了畜禽养殖整个过程中的资源消耗、污染物排放等诸多因素，通过模型构建和指标筛选估算畜禽养殖环境承载力[55~59]。但前者更加注重废弃物综合利用和实现畜禽养殖"零排放"且涉及的指标较少，易于环境管理。

随着农业废弃物综合利用工作的推进，畜禽粪便中残留的重金属和抗生素对土壤环境及作物影响的研究也逐渐深入开展。潘霞等[60]研究了畜禽有机肥对典型蔬果地土壤剖面重金属与抗生素分布的影响，得出"农田土壤长期大量施用畜禽有机肥可引起重金属和抗生素的复合污染，具潜在生态风险"的结论。王飞等[61]针对华北地区畜禽粪便有机肥中重金属含量及溯源开展了分析研究，研究结果指出，按照中国有机肥行业标准，华北农产品产地商品有机肥中重金属 Pb 的超标率高达 80.56%，其他不超标；而按照德国腐熟堆肥标准，大部分超标，其中 Cu、Pb、Zn、Hg 的超标率高于 10%。影响华北农产品产地商品有机肥重金属来源的主要因素为高 Pb、高 Hg 饲料添加剂的使用。覃丽霞等[62]分析了浙江省畜禽有机肥重金属特征。鲁洪娟等[63]研究了畜禽有机肥对土壤-番茄体系作物产量和重金属平衡的影响。刘全东等[64]研究了畜禽粪便有机肥源重金属在土壤-蔬菜系统中累积、迁移规律的研究进展。张志强等[65]介绍了四环素类抗生素的基本性质及在我国畜牧业中的应用情况，畜禽粪便、土壤和蔬菜中四环素类抗生素的污染现状和残留的四环素类抗生素对生态环境和人类健康的影响。贺德春[66]研究了兽用四环素类抗生素在循环农业中的迁移累积及阻断技术。

（二）农业生态系统研究进展

生物多样性与生态系统功能是生态学的核心科学问题，本研究方向将以协调我国集约化农业生产中的高产、资源高效与环境可持续性的关系为目标，研究农田生态系统中土壤生物多样性-土壤生态系统功能的相互关系。土壤与根系界面上生物相互作用决定着土壤生产力、养分水分资源高效利用、植物健康、农田土壤系统的物质形态转化与温室效应气体排放等关键生态系统过程，重点研究土壤生态系统中植物-土壤微生物和动物之间的互作机制及其生态环境效应。

1. 农业生态系统评估

全面客观地评价和预测区域农业生态环境质量状况及发展趋势，对于维持农业可持续发展和生态平衡具有重要意义。高奇等[67]基于 2001—2010 年临汾市尧都区农业生态环境质量相关数据，从农业自然环境状况、农业生产投入和农业生态环境响应 三个方面构建农业生态环境评价指标体系，运用主成分分析法对评价指标进行了筛选，并采用灰色系统 GM（1，1）模型对临汾市尧都区未来农业生态环境状况进行预测。为区域农业可持续发展和农业生态环境建设提供一定的决策参考。对农业生态系统的评估研究，多集中在对农业生态系统服务价值的研究。谢高地等[77]通过研究，明确了农田生物多样性是农田提供多种生态系统服务的基础，并回顾了 2000 年以来国内外农田生态系统服务及其价值化领域取得的主要研究进展。通过对比不同农业生产模式对农田生态系统服务供给的影响，提出未来发展多功能农业将是实现农田对人类福祉最大化的重要方向。并指出农田生物多样性是农田提供多种生态服务的基础。

近年来，作为研究热点，能值理论被应用到农业生态系统评估。张颖聪[69]和朱玉林[70]等分别计算了四川省、湖南省的农业生态系统能值。裴雪[71]利用能值分析的方法对哈尔滨农业生态系统开展了评价研究，结果表明哈尔滨农业生态系统处于较低的水平，还需要进一步改善，需要人们高度重视和保护。但哈尔滨农业系统与一些发达国家相比，其环境承载力和可持续发展水平还有一定的比较优势，系统状态较好。杨谨等[72]以恭城县为例，基于能值理论研究了沼气农业生态系统可持续发展水平。结果显示 2009 年恭城县沼气农业生态系统的可持续指标为 0.74，接近于中国农业生态系统 2000 年的 0.77 和广东省 2003 年的 0.73。可持续发展水平的高低主要是由净能值产出率与环境负荷率决定的，尽管恭城县沼气农业生态系统环境负荷率较低，但是其能值产出率不高，严重影响其可持续发展进程。

2. 农业生态环境监测

农业生态环境对农作物健康生长以及农产品安全性的影响至关重要。近几年，随着科技发展，一些新的技术被应用到了农业生态环境监测中来。徐凯[73]、牛磊[74]和白冰[75]等分别开展了基于物联网的农业生态环境监控系统的开发研究。徐兴元等[76]研究了采用无线传感器网络（wireless sensor networks，WSN）的农业生态环境监测技术中节点信号有效传输距离的确定，研究测试了 2.4 GHz 通信频段的无线传感节点在湖泊、草地、农田以及树林四 种生态环境中的有效传输距离，分析确定了不同环境的信号衰减程度。该研究方法和模型估算获得的信号衰减系数为实际环境监测组网提供有益参考。

（三）农业生态环境学科科研成果获奖情况

1. 农业生态环境学科领域获得的环境保护科技奖

"十二五"期间，农业生态环境学科领域共获得环境保护科技奖 11 项，其中一等奖 1 项，二等奖 5 项，三等奖 5 项。按照年份，2011 年 2 项，2012 年 2 项，2013 年 3 项，2014 年 4 项，农业生态环境学科领域近几年获得的环境保护科技奖有逐年递增趋势。

按领域分，11 项获奖中有 9 项涉及农业面源污染，而这 9 项涉及农业面源污染的获奖成果中，有 5 项是和畜禽养殖污染防治有关，这与农业环境保护需求密不可分（表 2）。

表 2　农业生态环境学科获得环境保护科技奖情况统计表

年度	名单
2011 年	① 农业有机废弃物高效生物发酵资源化技术集成与装备(一等奖)； ② 畜禽粪便无公害资源化自主创新技术系统集成研究及其利用(二等奖)
2012 年	① 流域农业面源污染形成机理与防控技术研究(二等奖)； ② 沼液生物药肥开发与生态网槽处理关键技术研究(三等奖)
2013 年	① 平原河网区面源污染控制前置库技术研究及应用(二等奖)； ② 南方现代循环农业技术集成创新与示范推广(三等奖)； ③ 集约化水产养殖废水生物生态处理与循环利用成套技术(三等奖)

续表

年度	名单
2014 年	① 农药生态风险评价与风险管理技术研究（二等奖）； ② 畜禽粪污生态处理成套技术研究及产业化应用（二等奖）； ③ 种养殖废物高效生物制气关键技术设备研究及集中供气应用（三等奖）； ④ 畜禽养殖污染系统控制技术体系研究及其应用（三等奖）

2. 农业生态环境学科领域获得的国家科学技术进步奖

在国家科学技术进步奖获奖方面，农业生态环境学科领域获奖情况为 2011 年 1 项，2012 年 1 项，2013 年 3 项，2014 年 2 项（表3）。

表3　农业生态环境学科获得的国家科学技术进步奖情况统计表

年度	获奖名单
2011 年	有机固体废弃物资源化与能源化综合利用系列技术及应用
2012 年	畜禽粪便沼气处理清洁发展机制方法学和技术开发与应用
2013 年	① 主要农业入侵生物的预警与监管技术； ② 农业废弃物成型燃料清洁生产技术与整套设备； ③ 秸秆成型燃料高效清洁生产与燃烧关键技术装备
2014 年	① 青藏高原青稞与牧草害虫绿色防控技术研发及应用； ② 农村污水生态处理技术体系与集成示范

四、结论及展望

农业生态环境学科在"十二五"期间取得了一些重大成果，但由于该学科相对其他学科的研究，起步比较晚，加之农业生态环境的复杂性。该学科在未来仍面临很大的挑战，如在农业面源污染的监测，污染物排放的精准测算，种、养殖污染的机理，以及"三高一优"农业生态环保技术的开发、推广等方面都有待进一步深入研究。

"十三五"期间，农业生态环境学科将继续围绕农业环境污染防治、农业生态系统服务功能完善等方向开展深入研究。在农业化学品方面，化学农药作为一种特殊的商品，是人类有意投放到环境中的毒性物质，但也是重要的农业生产资料，为了保持粮食安全，我国农药的使用量将在今后相当长的时期内都保持较高水平。农药的科学合理使用是防治环境污染、控制生态危害发生的核心，要完成这个核心任务就必须要农药管理者、研究者、使用者、销售者等的共同努力、共同推动，从管理制度、技术研发、教育培训等各个方面完善农药环境管理体系和技术服务机制，实现农药的科学合理使用，最终到达增产保质、环境保护、生态平衡的和谐发展；在农业废弃物综合利用方面，研究将更多地关注废弃物综合利用中的环境安全以及农业废弃物商品化、产品化途径等；在农业生态系统研究方面，突出农产品供给功能的集约农业仍然是农业的主体，但追求生态服务最大化的多功能农业会逐渐发展。

农业生态环境学科的研究视野也将更加宽阔。从一味地追逐高、精、尖的科学技术，开始将眼光投向古人在农业环境保护方面的卓越智慧。把当代科技同传统文化中朴素生态思想和技艺相结合，探寻更加有利于农业可持续发展的道路将越来越受到农业生态环境领域科研工作者的关注。

参 考 文 献

[1] 范中健. 马克思主义生态观视角下我国农村生态文明建设研究 [D]. 杭州：浙江理工大学，2014.

[2] 翟艳玲. 马克思生态观视域下的农村生态文明建设研究——以河南省永城市为例 [D]. 桂林：广西师范大学，2014.

[3] 王丽娜. 我国农村生态文明与环境法治建设研究 [D]. 长春：吉林大学，2011.

[4] 李文华. 农业文化遗产的保护与发展 [J]. 农业环境科学学报，2015，34（1）：1-6.

[5] Zhu Y Y，Chen H R，Fan J H，et al. Genetic diversity anddisease control in rice [J]. Nature，2000，406（6797）：718-722.

[6] Jian Xie，Liangliang Hu，Jianjun Tang，et al. Ecological mechanisms underlying the sustainability of the agricultural heritage rice-fih coculture system. PNAS，online，doi：10.1073/pnas.1111043108/-/DC.

[7] 赵立军，徐旺生，孙业红，等. 中国农业文化遗产保护的思考与建议 [J]. 中国生态农业学报，2012，20（6）：688-692.

[8] Miller G T. Sustaining the Earth：An Integrated Approach [M]. California：Thomson/Brooks/Cole，2004：211-216.

[9] Cochran R. Risk assessment for acute exposure to pesticides [A]. In：Hayes' Handbook of Pesticide Toxicology（Third Edition）[M]. Academic Press，2010：337-355.

[10] Armstrong J L，Fenske R A，Yost M G，et al. Presence of organophosphorus pesticide oxygen analogs in air samples [J]. Atmosph. Environ.，2013，66（1）：145-150.

[11] Gai N，Pan J，Tang H，et al. Organochlorine pesticides and polychlorinated biphenyls in surface soils from Ruoergai high altitude prairie，east edge of Qinghai-Tibet Plateau [J]. Sci. Total Environ.，2014，478（15）：90-97.

[12] Xing X L，Qi S H，Zhang Y，et al. Organochlorine pesticides（OCPs）in soils along the eastern slope of the Tibetan Plateau [J]. Pedosphere，2010，20（5）：607-615.

[13] Li J，Lin T，Qi S H，et al. Evidence of local emission of organochlorine pesticides in the Tibetan plateau [J]. Atmosph. Environ.，2008，42（32）：7397-7404.

[14] 肉孜·买买提. 农药对环境的影响及其防治措施 [J]. 新疆师范大学学报，2007，26（3）：164-167.

[15] 阎文圣，肖焰恒. 中国农业技术应用的宏观取向与农户技术采用行为诱导 [J]. 中国人口·资源与环境，2002，（3）：7-31.

[16] 廖小平，张彩香，赵旭，等. 太原市污灌区有机氯农药垂直分布特征及源解析 [J]. 环境科学，2012，33（12）：4263-4269.

[17] Jiang Y F，Wang X T，Jia Y，et al. Occurrence，distribution and possible sources of organochlorine pesticides in agricultural soil of Shanghai，China [J]. J. Hazard. Mater.，2009，70（2-3）：989-997.

[18] Zhang H B，Luo Y M，Li Q B. Burden and depth distribution of organochlorine pesticides in the soil profiles of Yangtze River Delta Region，China：Implication for sources and vertical transportation [J]. Geoderma，2009，153（1-2）：69-75.

[19] Li X H，Zhu Y F，Liu X F，et al. Distribution of HCHs and DDTs in soils from Beijing City，China [J]. Archives of Environmental Contamination and Toxicology，2001，51（3）：329-336.

[20] 孟飞，张建，刘敏，等. 上海农田土壤中六六六和滴滴涕污染分布状况研究 [J]. 土壤学报，2009，46（2）：362-364.

[21] 蔡道基主编. 农药环境毒理研究 [M]. 北京：中国环境科学出版社，1998：3-18.

[22] Gao J，Zhou H F，Pan G Q，et al. Factors influencing the persistence of organochlorine pesticides in surface soil from the region around the Hongze Lake，China [J]. Sci. Total Environ.，2013，443（15）：7-13.

[23] Karpouzas D G，Pantelelis I，Menkissoglu-Spiroudi U，et al. Leaching of the organophosphorus nematicide fosthiazate [J]. Chemosphere，2007，68（7）：1359-1364.

[24] 沈烨冰，张勇，李存雄，等. 贵州百花湖水体中有机氯农药的残留及健康风险评价 [J]. 生态与农村环境学报，2013，29（3）：311-315.

［25］刘立丹，王玲，高丽荣，等.鸭儿湖表层沉积物中有机氯农药残留及其分布特征［J］.环境化学，2011，30（9）：1643-1649.

［26］杨彬，解启来，廖天，等.博斯腾湖沉积物中有机氯农药的分布特征及生态风险评价［J］.湖泊科学，2011，23（1）：29-34.

［27］Dai GH，Liu XH，Liang G，et al. Distribution of organochlorine pesticides（OCPs）and polychlorinated biphenyls（PCBs）in surface water and sediments from Baiyangdian Lake in North China［J］.Journal of Environmental Sciences，2011，23（10）：1640-1649.

［28］Hu GC，Luo XJ，Li FC，et al. Organochlorine compounds and polycyclic aromatic hydrocarbons in surface sediment from Baiyangdian Lake，North China：Concentrations，sources profiles and potential risk［J］.Journal of Environmental Sciences，2010，22（2）：176-183.

［29］孔德洋，朱忠林，石利利，等.中国北方甘薯地农药使用对地下水水质的影响［J］.农业环境科学学报，2004，23（5）：1017-1020.

［30］Ritter W F. Pesticide contamination of ground water in the United States-a review［J］.J Environ Sci Health B，1990，25（1）：1-29.

［31］吕建华，安红周，郭天松.农药残留对我国食品安全的影响及相应对策［J］.食品科技，2006，（11）：16-20.

［32］Ratcliffe D A. Decrease in eggshell weight in certain birds of prey［J］.Nature，1967，215：208-210.

［33］侯博，阳检，吴林海.农药残留对农产品安全的影响及农户对农药残留的认知与影响因素的文献综述［J］.安徽农业科学，2010，38（4）：2098-2101，2129.

［34］张秀玲.中国农产品农药残留成因与影响研究［D］.无锡：江南大学博士学位论文.2013，11-22.

［35］Chaurasia A K，Adhya T K，Apte S K. Engineering bacteria for bioremediation of persistent organochlorine pesticide lindane（γ-hexachlorocyclohexane）［J］.Bioresource Technology，2013，149：439-445.

［36］Gao Y，Truong Y B，Cacioli P，et al. Bioremediation of pesticide contaminated water using an organophosphate degrading enzyme immobilized on nonwoven polyester textiles［J］.Enzyme and Microbial Technology，2014，54（1）：38-44.

［37］Megharaj M，Ramakrishnan B，Venkateswarlu K，et al. Bioremediation approaches for organic pollutants：A critical perspective［J］.Environment International，2011，37（8）：1362-1375.

［38］王圣瑞，颜昌宙，金相灿，等.关于化肥是污染物的误解［J］.土壤通报，2005，36（5）：799-802.

［39］施泽升，续勇波，雷宝坤，等.洱海北部地区不同氮、磷处理对稻田田面水氮磷动态变化的影响［J］.农业环境科学学报2013，32（4）：838-846.

［40］施泽升，续勇波，雷宝坤，等.洱海北部地区水稻氮肥投入阈值研究［J］.2013，19（2）：462-470.

［41］杨世琦，王永生，谢晓军，等.宁夏引黄灌区猪粪还田对麦田土壤硝态氮淋失的影响［J］.应用生态学报，2014，25（6）：1759-1764.

［42］杨世琦，王永生，谢晓军，等.宁夏引黄灌区猪粪还田对稻作土壤硝态氮淋失的影响［J］.生态学报，2014，25（6）：4572-4579.

［43］惠锦卓，张爱平，刘汝亮，等.添加生物炭对灌淤土土壤养分含量和氮素淋失的影响［J］.中国农业气象，2014，35（2）：156-161.

［44］刘汝亮，李友宏，张爱平，等.氮肥后移对引黄灌区水稻产量和氮素淋溶损失的影响［J］.水土保持学报，2014，26（2）：16-20.

［45］汤秋香，任天志，雷宝坤，等.洱海北部地区不同轮作农田氮、磷流失特性研究［J］.植物营养与肥料学报，2011，17（3）：608-615.

［46］温祥影.轮作对大棚蔬菜产量及黄瓜根际土壤生态环境的影响［D］.哈尔滨：东北农业大学，2013.

［47］吴殿鸣.杨农间作系统对土壤不同形态氮素损失效应的研究［D］.南京：南京林业大学，2012.

［48］汤秋香，任天志，雷宝坤，等.基于大蒜‖蚕豆间作模式环境效益分析［J］.农业环境科学学报，2013，32（4）：816-826.

［49］何元庆，魏建兵，胡远安，等.珠三角典型稻田生态沟渠型人工湿地的非点源污染削减功能［J］.生态学杂志，2012，31（2）：394-398.

［50］余红兵.生态沟渠水生植物对农区氮磷面源污染的拦截效应研究［D］.长沙：湖南农业大学，2012.

[51] 吕文魁，王夏晖，白凯，等．我国畜禽养殖废弃物综合利用技术模式应用性评价研究——基于嵌入 AHP 理论的德尔菲法 [J]．安全与环境工程，2013，20（5）：85-89.

[52] 陈天宝，万昭军，付茂忠，等．基于氮素循环的耕地畜禽承载力评估模型建立与应用 [J]．农业工程学报，2012，28（2）：191-195.

[53] 白云峰，涂远璐，严少华，等．基于家畜单位环境承载力的农牧结合优化模型研究 [J]．农业网络信息，2011，（09）：41-46.

[54] 陈微，刘丹丽，刘继军，等．基于畜禽粪便养分含量的畜禽承载力研究 [J]．中国畜牧杂志，2009，45（1）：46-50.

[55] 张怀志，李全心，岳现录，等．区域农田畜禽承载量预测模型构建与应用：以赤峰市为例 [J]．生态与农村环境学报，2014，30（5）：576-580.

[56] 宋福忠．畜禽养殖环境系统承载力及预警研究 [D]．重庆：重庆大学资源及环境科学学院，2011.

[57] 白云峰，涂远璐，严少华，等．基于家畜单位环境承载力的农牧结合优化模型研究 [J]．农业网络信息，2011，（09）：41-46.

[58] 王洋，李翠霞．黑龙江省畜禽养殖环境承载能力分析及预测 [J]．水土保持通报，2009，29（1）：187-191.

[59] 潘雪莲，杨小毛，陈小刚，等．深圳市畜禽养殖环境承载力研究 [A]．2014 中国环境科学学会学术年会（第四章）[C]．2014.

[60] 潘霞，陈励科，卜元卿，等．畜禽有机肥对典型蔬果地土壤剖面重金属与抗生素分布的影响 [J]．生态与农村环境学报，2012，28（5）：518-525.

[61] 王飞，赵立欣，沈玉君，等．华北地区畜禽粪便有机肥中重金属含量及溯源分析 [J]．农业工程学报，2013，29（19）：202-208.

[62] 覃丽霞，马军伟，孙万春，等．浙江省畜禽有机肥重金属及养分含量特征研究 [J]．浙江农业学报，2015，27（4）：604-610.

[63] 鲁洪娟，李江遐，陈海燕，等．畜禽有机肥对土壤-番茄体系作物产量和重金属平衡的影响 [J]．水土保持学报，2014，28（4）：237-242.

[64] 刘全东，蒋代华，高利娟，等．畜禽粪便有机肥源重金属在土壤-蔬菜系统中累积、迁移规律的研究进展 [J]．土壤通报，2014，45（1）：252-256.

[65] 张志强，李春花，黄绍文，等．农田系统四环素类抗生素污染研究现状 [J]．辣椒杂志，2013（2）：1-9.

[66] 贺德春．兽用四环素类抗生素在循环农业中的迁移累积及阻断技术研究 [D]．长沙：湖南农业大学，2011.

[67] 高奇，师学义，张琛，等．县域农业生态环境质量动态评价及预测 [J]．农业工程学报，2014，30（5）：228-237.

[68] 姚成胜，朱鹤健，刘耀彬．能值理论研究中存在的几个问题探讨 [J]．生态环境，2008，（5）：2117-2122.

[69] 张颖聪，杜受祜．四川省农业生态系统能值评价及动态计量分析 [J]．应用生态学报，2012，23（3）：827-834.

[70] 朱玉林，李明杰．湖南省农业生态系统能值演变与趋势 [J]．应用生态学报，2012，23（2）：499-505.

[71] 裴雪．基于能值分析的哈尔滨农业生态系统评价 [D]．哈尔滨：东北农业大学，2013.

[72] 杨谨，陈彬，刘耕源．基于能值的沼气农业生态系统可持续发展水平综合评价——以恭城县为例 [J]．生态学报，2012，32（13）：4007-4016.

[73] 徐凯．基于物联网的农业环境监控系统研究开发 [D]．无锡：江南大学，2013.

[74] 牛磊．基于农业物联网的田间环境监控系统的设计与实现 [D]．武汉：中南民族大学，2012.

[75] 白冰．基于物联网技术的北方设施农业环境数据监测与控制系统研究 [D]．北京：中国农业科学院，2012.

[76] 徐兴元，章玥，季民河，等．农业生态环境监测中无线传感节点信号有效传输距离的确定 [J]．农业工程学报，2013，29（14）：164-170.

[77] 谢高地，肖玉．农田生态系统服务及其价值的研究进展．中国生态农业学报，2013，21（6）：645-651.

第二十四篇 核安全与辐射环境安全学科发展报告

编写机构：中国环境科学学会核安全与辐射环境安全专业委员会
负 责 人：张志刚 张天祝
编写人员：李 斌 张巧娥 樊 赟 杨丽丽 张志刚 张开祝

摘要

"十二五"期间是我国核能发展的重要阶段，由于日本福岛重大核事故的发生，经历了从快速发展到几近停滞的状态。本文重点分析梳理了福岛核事故后国际国内关于严重事故管理及核安全要求的最新动态，考虑核安全作为国家安全战略的一部分，结合我国核能发展面临"核电技术走出去"及早期建造核电机组退役或者执照延续的需要，对未来核能安全技术发展趋势和研究方向进行了综述，旨在为核安全学科发展提供一定的借鉴参考作用。

一、引言

我国为保证能源结构安全和应对环境的压力，21 世纪初确定了大力发展核电的能源规划。截至 2014 年年底，我国共有 20 台运行核电机组，28 台在建机组。总体运行安全状况良好，均未发生国际核事件分级表（INES）1 级及以上的安全事件或者事故。

核安全是指核设施、核活动、核材料和放射性物质采取必要和充分的监控、保护、预防和缓解等安全措施，防止由于任何技术原因、人为原因或自然灾害造成事故，并最大限度地减少事故情况下的放射性后果，从而使工作人员、公众和环境免受不当的辐射危害。核安全在广义上应包括核设施安全、核材料安全、辐射安全、放射性物质运输安全和放射性废物安全；在狭义上常指核设施或核电厂安全。核安全是核能发展的生命线，随着我国核工业和核能事业的快速发展，已逐渐形成由多个学科交叉且相对独立的新兴综合学科——核安全学科，该学科日趋成熟，目前已有两家一级学会成立了核安全分会。

2011 年 3 月 11 日发生的日本福岛核事故是一起由极端外部自然事件及其次生灾害叠加导致全厂断电，继而引发严重的共因多堆事故，也是迄今为止全球发生的最为严重的核事故之一，对全球核能界产生了广泛而深远的影响。福岛核事故引起了国际社会的极大关注，再一次彰显核安全的极端重要性和广泛影响性。福岛核事故的发生，促使学术界和工业界以及核安全监管部门对核安全的理念和核电厂安全设计进行重新审视和反思，进一步提高了对核安全的认识，促进了核安全学科的发展、核安全技术的进步和核安全监管能力的飞跃。

福岛核事故后，国务院 2012 年先后审议通过了《核安全和放射性污染防治"十二五"规划及 2020 年远景目标》《核电安全规划（2011—2020 年）》等，从政策上为核安全学科的发展给予了保障。

2014 年 3 月 24 日，习近平主席提出"理性、协调、并进"的中国核安全观，其内涵核心为"四个并重"，即"发展和安全并重、权利和义务并重、自主和协作并重、治标和治本并重"。2014 年 4 月 15 日，中央国家安全委员会召开第一次会议，把核安全列入国家安全体系，把核安全提升到国家安全战略高度，为我国核安全学科的创新发展指明了方向。

本文主要介绍福岛核事故后国际国内核安全要求的最新研究进展，并结合国内核能发展的现状和实际需求，对未来核电厂安全技术发展趋势和研究方向进行了综述，为核安全学科发展提供一定的借鉴参考作用。

二、我国核安全学科主要进展

（一）核能安全研究进展

1. 我国核安全法规体系日趋完善

目前，我国基本上建立了一套与国际接轨的核与辐射安全法规体系。我国的核与辐射安全法规体系由法律、行政法规、部门规章和导则 4 个层级组成。在法律层面，有《中华人民共和国放射性污染防治法》，《核安全法》也正在制定中。行政法规包括《中华人民共和国民用核设施安全监督管理条例》《核电厂核事故应急管理条例》等 7 部条例。此外，还包括 100 余项部门规章和导则。这些部门规章和导则根据监管工作内容分为通用、核动力厂、研究堆、非堆核燃料循环设施、放射性废物管理、核材料管制、民用核安全设备监督管理、放射性物品运输管理、放射性同位素和射线装置监督管理、辐射环境等 10 个系列。

近年来，国家核安全局积极开展法规制修订工作，主要是对核动力厂系列法规进行修订，对研究堆、非堆核燃料循环设施、放射性废物管理等系列法规进行补充。2012 年以来，国家核安全局陆续发布了《放射性固体废物贮存和处置许可管理办法》《核与辐射安全监督检查人员证件管理办法》等部门规章，《核动力厂人员的招聘、培训和授权》《核动力厂老化管理》《研究堆堆芯管理和燃料装卸》等导则。截至 2014 年年底，我国现行的核与辐射安全法规共 126 项，包括 1 项法律、7 项行政法规、29 项部门规章和 89 项导则，法规体系日渐完备。这些法规在核与辐射安全监管中发挥着重要作用。

2. 数字化控制和保护系统应用

目前，全数字化仪控系统已逐渐成为核电厂仪控系统首选方案。长久以来，我国核电站的高端核级仪表和数字化控制保护系统绝大部分依赖进口。近几年，我国政府积极实施核电关键设备国产化战略。

2010 年 1 月，国家能源核电站数字化仪控系统研发中心成立，归属中国广核集团，开展核电站数字化仪控系统自主研发及国产化工作。作为我国首个专门从事核电数字化仪控技术和产品研究的国家级研发中心,它旨在全力突破我国核安全级数字化仪控领域的技术瓶颈,通过自主创新填补国内空白、实现自主化。国家能源核电站数字化仪控系统研发中心的建立,进一步提升了我国数字化仪控系统的研发设计能力,短短时间里就在核电站仪控系统自主研发设计、制造和应用方面取得了突出成绩。2010年10月24日,具有自主知识产权的核安全级数字化控制平台研制成果在北京发布。该平台的设计和开发严格遵循核安全法规和标准的相关要求,各项性能指标均达到或超过了国外同类产品,填补了国内空白。该成果不仅可以直接应用于 CPR1000、AP1000 和 EPR 等压水堆的反应堆保护系统等核安全级仪控系统,而且对高温气冷对和快中子堆等的反应堆保护系统研制具有重要推动作用[1]。这是我国核电仪控发展史上具有里程碑意义的重大突破,标志着我国在核电站安全级数字化仪控系统技术领域实现自主化、国产化的道路上,已迈出了关键的一步。

3. 非能动 AP1000 安全技术首堆引进

AP1000 核电技术可以较大幅度地简化系统,缩短建造工期,减少设备数量,提高核电站的安全性和经济性。目前全球普遍采用的是第二代压水堆核电技术。与类似 M310 技术比较,AP1000 技术的最大特色是采用了"非能动安全系统"。在紧急情况下,"非能动安全系统"利用物质的重力、惯性以及流体的对流、扩散、蒸发、冷凝等物理特性,就能及时冷却反应堆厂房并带走反应堆产生的余热,而不需要泵、交流电源、柴油机等需要外界动力驱动的系统。这种先进的非能动压水堆在保证安全、可靠和高质量运行的同时,可确保提供安全、清洁和经济的能源[2]。

三门核电站是全球首座采用 AP1000 核电技术的核电站。2009年3月,国家核安全局召开核安全与环境专家委员会会议,讨论并通过了《AP1000 自主化依托项目安全审评的技术见解》,用于指导相关安全审评工作。由于我国在非能动安全技术领域基础相对薄弱,在针对 AP1000 安全审评的技术准备方面相对不足,要在短时间内完成针对三门核电厂初步安全分析报告的审评工作,必须充分借鉴美国核管制委员会(NRC)多年的审评经验和审评结论。国家核安全局认为,针对三门核电厂初步安全分析报告审评,由于其设计基本上是 NRC 认可的 AP1000 标准设计,在满足我国核与辐射安全总体要求的前提下,采用 NRC 审评 AP1000 时所采用的法规和标准,开展独立的安全审评工作。对 AP1000 最新的设计修改,由于许多方面尚未固化,在不影响基本审评结论的前提下,可在今后的核安全监管过程中加以跟踪。同月,国家核安全局完成了三门核电厂一期工程初步安全分析报告的审评工作,颁发了三门核电1、2号机组建造许可证。2012年9月,三门核电有限公司向国家核安全局提交了1、2号机组首次装料申请及相关材料,包括最终安全分析报告。最终安全分析报告的审评预计在2015年下半年完成。

三门核电一期工程是中国首个国家核电建设自主化依托项目。中国将通过三门核电站和其他项目的建设,掌握三代核电技术工程设计和设备制造技术,建立健全核电技术标准体系,最终将使中国具有实现自主设计、自主建造、自主管理、自主运营中国品牌三代技术核电站的能力,使民族核电技术水平尽快达到世界核电先进水平。

4. 燃料组件行为研究有所突破

核燃料组件是核电站的核心部件,直接影响核电站的安全性、可靠性和经济性。目前我国大型商用核电机组中使用的燃料组件设计与制造技术主要依赖国外引进,这制约了我国核电的进一步发展。为保障国家能源供应的长期安全和核电技术"走出去"战略的顺利实施,研制具有自主知识产权的先进燃料组件成为必然要求。

为确保核燃料供应安全，摆脱燃料组件核心技术受制于人的局面，我国相关核能企业和研究机构相继开展了自主品牌核燃料元件研发工作。目前，我国已拥有国际领先水平的核燃料性能分析平台、反应堆物理热工计算分析平台、燃料组件热工综合试验装置、水力性能综合试验装置、力学综合试验装置、池边检测装置等研发设施，建立了由国内外核燃料领域资深专家、各专业技术人员等组成的核燃料研发团队。

截至 2014 年 3 月底，我国已完成自主品牌的燃料组件研发，开发了高性能核级锆合金、核燃料性能分析软件包等产品，正在开展下一代事故容错燃料（ATF）的研究。这些自主知识产权研发成果可以满足自主三代核电技术"华龙一号"建设和运营的需要，为"核电走出去"提供了重要支撑，也将为内地在运在建核电机组升级换代"中国芯"提供更多的产品选择。

5. 独立校核验算能力进步显著[3]

为了加强独立校核计算软硬件建设、人才队伍培养、软件应用、统筹管理，保证独立校核计算与验证工作水平与能力，国家核安全局在核与辐射安全中心成立了独立校核计算组织机构、制定了相关制度、加强了基础设施建设。目前，我国已经初步具备了独立的校核计算和实验验证能力。

2010 年 9 月，国家核安全局全范围模拟机工程正式启动。2011 年 10 月 19 日，全范围验证模拟机供货合同签署，标志该项目建设实质性启动。全范围验证模拟机全尺寸验证模拟器工程包括两套系统：全配置仿真系统和验证仿真系统，整体工程于 2013 年 12 月 13 日通过最终验收。全范围验证模拟机具有以下功能：①培训功能。利用它可以按照核电厂操纵员的标准对核安全监管人员进行主控室设备系统及运行、核电厂基础知识、核电厂运行规程、事故规程等的培训和考核，提高监管人员的知识水平和技能。②验证功能。由于嵌入 MELCOR 安全分析软件，使全范围验证模拟机具有计算、验证和审核的功能，可以开展严重事故分析和严重事故管理规程验证、应急指挥及支持验证、核电厂运行规程安全分析验证等工作，使核安全监管部门具备独立的审评与验证能力，提高审评工作的独立性与权威性，提高我国核安全监管技术支持工作的科学性和时效性。

在计算机软件方面，国家核安全局在前期组织研发的相关专业软件为核与辐射安全监管工作打下了良好的基础。近年来，核与辐射安全相关的计算机软件发展速度大幅度提高，建立了支持国家核与辐射安全监督管理信息化的通用软件系统和专业分析与验算软件。通用软件系统包括操作系统、数据库、中间件、办公系统等。专业分析与验算软件专业细化、功能完备，按其功能分为五大区块：堆芯及事故分析工作组软件，PSA 软件，结构和力学计算工作组软件，临界安全、辐射防护、厂址、环评工作组软件，放射性后果、应急工作组软件。

6. 核应急与反恐能力持续提高

目前，国家核安全局已形成全方位的应急监管体系，在阶段上包括从民用核设施选址到退役全过程，在内容上包括应急文件审查、日常应急准备、应急演习、应急响应、应急人员培训、应急设施设备检查等，实现了对全国民用核设施应急准备与响应的有效监管。

2012 年，"环境保护部核与辐射事故应急决策技术支持系统"开发完成。该系统集成开发了包括机组实时参数采集、事故工况诊断、核电厂周边事故后果预测与评价、辐射事故后果评价、应急决策与建议等多项功能，满足了国家核安全局在核与辐射事故中的应急工作需要，提高了核与辐射事故应急准备与响应水平。具体性能提高如下：①建立多用户、多角色、功能齐全的应急准备与应急响应协作工作平台，全面提高了环境保护部核与辐射事故应急准备与响应水平；②首次建立核与辐射应急数据交换技术规范，全面提高应急数据交换水平；③建立满足业务系统数据集成需求的数据交换总线，实现系统的高效扩展；④建立了全国民用核设施应急基础数据实时更新系统，提高应急准备水平；⑤建立全国辐射环境监测数据实时采集系统，实现对辐射监测数据的在线预警及快速评价；⑥建立全国放射性废物管理系统，实现对全国放射源、核设施乏燃料及其他放射性废物基本情况的有效监控；⑦集成了国际主流辐射事故后果评价软件，实现对典型场景辐射事故的快速评价；⑧建立完整的核事故工况诊断、事故预测与后果评价链，实现核事故的快速评价。

2013年，经在各应急响应组织和专家之间广泛征求意见并讨论，环境保护部于2013年发布了新版核事故应急预案和辐射事故应急预案，将各行政单位的应急准备工作与核与辐射事故应急办的应急响应工作进行了区分和定位，明确了应急工作不同阶段的使命和任务。

此外，其他一些重要应急预案也完成相应的编制工作，包括反恐的相关工作预案和应急实施方案等。

7. 辐射监测能力得到全面提升[4]

辐射环境监测网络是我国辐射环境保护事业的基础设施之一。"十二五"期间，全国辐射环境监测国控点监测网络计划新增1325个，并加强核设施地下水的监测及铀矿冶监测。新增辐射环境监测国控点包括400个大气自动站、10个水体自动站、32个电磁环境移动监测系统、354个水体监测点、330个氡及累积γ监测点、165个土壤监测点和34个核环境安全预警监测点。完善预警点监测方案，增加生物样监测点。

2010年，环境保护部事故应急技术中心辐射环境监测实验室建成。2012年，监测实验室承担了全国核基地与核设施辐射环境现状调查与评价项目数据汇总与应用，承担了清华大学核能与新能源技术研究院、中国原子能科学研究院、中国核动力研究设计院等核设施的辐射环境调查与评价项目，并承担了田湾核电基地、秦山核电基地辐射环境现状调查与评价项目的质量保证工作。同年，核与辐射安全中心成功完成监测室航测系统首飞测试，标志着国家核安全局环境监测实验室具备了应急监测和辐射环境监测的航空巡测能力，国家应急监测网络进一步增强。

8. 信息公开和公众参与

环境保护部（国家核安全局）一直积极开展核与辐射安全信息公开和公众参与工作。2011年，为了适应核电发展形势、满足公众知情权，以便进一步推进和规范核电厂核与辐射安全信息公开，环境保护部（国家核安全局）发布了《环境保护部（国家核安全局）核与辐射安全监管信息公开方案（试行）》和《关于加强核电厂核与辐射安全信息公开的通知》。此后，陆续发布了《关于进一步做好核与辐射安全信息公开和公共宣传工作的通知》等文件。2014年，第十二届全国人民代表大会常务委员会第八次会议修订的《环境保护法》中专门设立了"信息公开和公众参与"一章。在公众参与方面，《环境影响评价公众参与暂行办法》是我国环保领域第一部公众参与的部门规章。它不仅明确了公众参与环评的权利，而且规定了参与环评的具体范围、程序、方式和期限。

在实践中，辽宁徐大堡核电厂在选址阶段成功完成了公众沟通工作。徐大堡核电项目的公众沟通工作以项目所在地政府为公众沟通的实施主体，分工合作，有计划有步骤地开展各环节沟通工作，保障了公众知情权、参与权和监督权等各项权利。通过开展科普"十进"活动，使葫芦岛 282 万人民认识了解核电，公众接受率从 2010 年全面开展沟通工作前的 60.9％上升到 2013 年的 97.5％。国家核安全局对该项目的公众沟通工作给予高度评价，并认为可以作为核电公众沟通样板示范单位。

而江门核燃料制造厂却在选址中遭到当地群众的反对。该项目只是加工制造发电用的核燃料，而核燃料生产加工不存在核爆炸的可能性，也不会出现泄漏需要市民疏散。如果当地政府能在选址过程中做好相关的公众沟通工作，让群众充分了解核与辐射安全的相关常识，就可以避免出现上述"反核"事件。

（二）福岛核事故后经验反馈

1. 综合安全检查

福岛核事故后，国家核安全局会同有关部委对运行和在建核电厂开展了综合安全检查，同时实施了对研究堆和核燃料循环设施的综合安全检查，历时 9 个多月，完成对 15 台运行核电机组、26 台在建核电机组、18 座民用研究堆和临界装置、9 座民用核燃料设施以及部分未开展主体工程施工的机组和示范机组的安全检查，完成了《关于全国民用核设施综合安全检查情况的报告》。

针对核电厂，检查结果表明：我国的核电厂具备一定的严重事故预防和缓解能力，安全风险处于受控状态，安全是有保障的。为了进一步提高我国核电厂的核安全水平，国家核安全局根据检查结果对各核电厂提出了改进要求。为了规范各核电厂共性的改进行动，国家核安全局组织编制了《福岛核事故后核电厂改进行动通用技术要求》，作为核电厂后续改进行动的指导文件。该文件从核电厂防洪能力、应急补水及相关设备、移动电源及设置、乏燃料池监测、氢气监测与控制系统、应急控制中心可居留性及其功能、辐射环境监测及应急改进、外部灾害应对等方面提出八项具体的技术改进措施。改进行动分为短期、中期、长期三种情况实施。

截至 2014 年年底，所有短期、中期安全改进项目都已完成，长期研究项目正按计划推进。

2. 制订核安全规划

2011 年 3 月 16 日，国务院针对福岛核事故召开常务会议，要求充分认识核安全的重要性和紧迫性，抓紧编制核安全规划。环境保护部会同有关部门立即开展编制工作。2012 年 9 月，国务院批复了《核安全与放射性污染防治"十二五"规划及 2020 年远景目标》（以下简称"《核安全规划》"）。

《核安全规划》是指导我国核能开发和核技术利用事业安全、健康、可持续发展的纲领性文件。它总结了我国在核安全与放射性污染防治方面所完成的工作和取得的成绩，明确了我国今后一个时期在核安全与放射性污染防治工作方面的指导思想、基本原则、工作目标等，在内容上包括了核设施安全、核技术利用装置安全、辐射环境安全、事故防御、污染治理、科技创新、应急响应、安全监管等核安全与放射性污染防治的各个领域和环节。该规划的发布对于我国核能开发与核技术利用事业的安全具有十分重要的作用。

2014 年，开展了核安全"十二五"规划中期评估活动，对核安全与放射性污染防治现状进行了详细调查，摸清了核安全规划实施情况，基本掌握了全国核安全工作总体状况。中期评估推动了核安全"十二五"规划的落实，也为"十三五"规划的制定奠定了基础。

3. 福岛核事故后法律法规行动

福岛核事故后，为了吸取相关经验教训，国际原子能结构（IAEA）针对福岛核事故经验教训与 IAEA 安全标准进行了差距分析，分 77 个专题进行了研究。为了适应形势发展需要，进一步完善我国核安全法规体系，我国对 IAEA 的上述 77 个专题研究进行了系统研究，并对福岛核事故经验教训与我国现行核安全法规进行了差距分析，同时也对我国在福岛核事故后对运行和在建核动力厂提出的改进要求与我国现行法规进行了差距分析。

（1）起草《核安全法》 目前，我国尚缺乏一部规范核安全活动的基本法，与当前我国的核电发展形势和公众要求极不相称。国家核安全局于"十一五"期间就开始了《核安全法》的立法研究工作。2012 年全国两会期间，60 位全国人大代表联名提出了制定《核安全法》的建议。2013 年，《核安全法》被列入"十二届全国人大常委会立法规划"，目前由全国人大环资委牵头起草。在核安全法立法研究中，围绕《核安全法》的基础性问题和重难点问题，国家核安全局组织开展了 17 项专题研究和论证。2013 年 11 月，国家核安全局受全国人大环资委法案室的委托，经过集中编写、专家审议、修改等程序，向法案室提交了较为成熟的《核安全法》草案。预计《核安全法》草案将于 2016 年提交全国人大常委会审议。

（2）新建核电厂安全要求 为了落实国务院常务会议确定的方针政策和《核安全规划》对新建核电项目的安全要求，国家核安全局组织开展了《"十二五"期间新建核电厂安全要求》的编制工作，以指导我国"十二五"期间新建核电厂选址、设计、建造以及相应的审评、监督等核安全有关活动。该安全要求的制定是根据我国现行的核安全相关法律法规的要求，参考国际上最先进的核安全标准；汲取了目前总结的福岛核事故的经验教训，包括我国综合核安全检查成果以及其他国家和国际原子能机构提高核电厂安全水平所提出的改进要求等；考虑了我国运行和在建核电厂已有的设计、建造和运行经验。该安全要求进一步强化了多样性设计要求以及利用最新技术和研究成果持续提高核安全的理念。相对于我国之前的核电厂法规要求，该安全要求在概率安全目标、安全分析、安全功能和安全分级、纵深防御、厂址安全、外部事件设防、严重事故预防和缓解等方面有所提升。目前，该安全要求已报批。

三、国际发展态势

（一）核安全进展[5]

历史上每次核事故都促进了核安全的进一步发展。2011 年福岛核事故也促使国际社会开展了对核安全问题的新一轮研究，IAEA 及主要核国家纷纷根据各自的实际情况提出了新的安全要求。

福岛核事故后，IAEA 及时梳理安全标准系列与福岛经验反馈的差距，共找出 77 个领域的差异项，并计划制修订相关安全标准。目前，《促进安全的政府、法律和监管框架》《核装置的厂址评价》《核动力厂安全：运行安全要求》《设施和活动的安全评定》等与核电安全相关的标准已有制修订草稿。这些修订强调了监管机构做决策时应更具独立性和权威性，强调应急准备和响应，强调信息公开和公众参与，强调厂址评价独立审查的必要性，强调定期评价抵御外部灾害设计基准的必要性，强调厂址选择时要关注厂址的适用性，强调纵深防御并考虑多堆厂址的影响。在电厂状态的分类中增加了"设计扩展工况"，并要求在设计基准中予以考虑；要求核动力厂的设计要能实际消除导致早期或者大规模释放的任何事件和序列；要求在超设计基准事故管理中考虑乏燃料水池、多堆同时发生事故的情况。

2014 年，欧盟修订了原有的《核安全法令》，提出了新的安全目标，即核设施的设计、选址、建造、调试、运行和退役符合预防事故和缓解事故后果，并避免：①出现需要采取厂外应急措施但没有足够时间执行这项措施的早期放射性释放；②出现需要采取在区域或时间上非有限的保护措施的大规模放射性释放。要求新建动力堆或研究堆的申请者应证明其设计能够将堆芯损坏的影响限制在安全壳内，即申请者应证明，安全壳外大规模的或未经批准的放射性释放是极不可能的，并且申请者也能以高的可信度证明这样的释放将不会发生。该法令强调了监管机构的独立监管，监管机构要有充分的法律授权、技术和管理能力以及人力和财政资源，并且有效独立于许可证持有者和任何其他机构。法令还强调对极端外部自然灾害及人为事件的预防和缓解，强调对纵深防御原则的贯彻执行和核安全文化的重视，强调应急准备和响应，强调信息公开，强调监管机构的自评估和同行评议，提出了"极端工况"。

美国核管会认为，福岛核事故的事故序列不太可能在美国发生，已经采取的措施可以减少堆芯损坏和大规模放射性物质释放发生的可能性，继续运行以及许可证发放活动不会立即对公众健康和安全产生风险，也不会对公共防御和安保造成危害。所以，福岛核事故后美国对核安全目标并没有提出新要求，但是在现有的法规框架下强化了核动力厂抵御外部事件的能力、超设计基准事故及严重事故的管理和事故应急等方面的要求。

福岛核事故后，日本也对监管机构的独立性以及贯彻纵深防御原则提出了更高的要求。同时，在原有法规的基础上，增加了严重事故管理，加强了抵御外部事件的能力。其安全目标要求放射性物质大量排放控制在 10^{-6} 以下，并且要求即使发生类似福岛第一核电厂的事故，铯 137 的泄漏量控制在福岛第一核电厂事故的 1% 以下。

福岛核事故后，我国发布了《核安全与放射性污染防治"十二五"规划及 2020 年远景目标》。其具体目标是：在核设施安全水平提高方面，运行核电机组安全性能指标保持在良好状态，避免发生 2 级事件，确保不发生 3 级以上事件和事故；新建核电机组具备较完善的严重事故预防和缓解措施，每堆年发生严重堆芯损坏事件的概率低于十万分之一，每堆年发生大量放射性物质释放事件的概率低于百万分之一；消除研究堆、核燃料循环设施重大安全隐患、确保安全。2020 年的远景目标是：运行和在建核设施安全水平持续提高，"十三五"及以后新建核电机组力争实现从设计上实际消除大量放射性释放的可能性。

综上，福岛核事故后 IAEA 及各重要核国家对核安全问题的研究主要集中在监管机构的独立性和权威性、极端外部自然灾害的预防和缓解以及严重事故管理、实际消除大规模放射性释放、核事故应急、信息公开等方面，各国也据此并结合本国实际提出了更为严格的安全要求。

（二）严重事故管理[6]

福岛核事故以后，严重事故管理引起了世界核工业界的高度重视。各个国际组织和主要核国家都对严重事故管理提出了新的要求。

福岛核事故后，IAEA 发布了《核安全行动计划》（NSAP）。计划包含 12 个关键行动,其中之一是"沟通",目的是加强沟通的透明度和有效性,改进信息传播。为此,成立了国际专家会议,其主要目标是分析福岛核事故相关的技术问题,总结福岛核事故的经验教训,共享经验教训。在 NSAP 框架内,IAEA 采取了一系列针对严重事故管理的行动,如评价核电厂应对厂址特定极端自然灾害的安全缺陷、召开国际会议讨论严重事故管理问题等。IAEA 还发布了一些技术文件,如 EPR 出版物(轻水堆因严重事故工况导致应急的情况下保护公众的行动);还在编制一些技术文件,如严重事故的源项评估和后果分析、核动力厂事故监测系统、可靠的安全壳冷却和排放;修订了安全导则《核动力厂严重事故管理程序》(NS-G-2.15);开发了新的严重事故管理模式——运行安全评估组(OSART)同行评议服务;开发了以状态导向为基础的事故管理工具。

福岛核事故后,欧盟开展了许多严重事故管理的研究工作,主要包括:①严重事故源项缓解的能动和非能动系统(PASSAM),该项目主要是想研发一些简单的模型或分析方法,用以加强现有和未来核动力厂的规范;②欧洲严重事故管理规范,该项目意欲改进欧洲的参考规范,趋向于使用严重事故管理分析,并求促进对福岛核事故的理解;③符合欧洲安全目标的严重事故研究项目,该项目意欲将欧洲的严重事故研究设施整合成研究严重事故管理和堆芯熔融物行为特性的欧洲实验室。

经济合作和发展组织核能机构(NEA)也对福岛核事故做出了回应。NEA 在安全壳排气、氢气的运行状况、乏燃料池、裂变产物释放途径、极端条件下人因分析等方面都开展了相应的研究工作。NEA 推崇综合的事故管理框架和相关的良好实践,来确保对严重事故的有效回应。

2012 年,世界核电运营者协会(WANO)组建了严重事故管理项目团队。该严重事故管理项目的主要成果是研究了严重事故管理的绩效目标和准则,绩效目标有三个:①严重事故管理的领导;②严重事故管理大纲;③严重事故响应。每个目标都有其相应的准则。

美国核管理委员会(NRC)认为严重事故管理导则应基于牢固的技术基础,使用状态导向的分析工具,以状态参数为基础,而不是仅以事故序列为基础,并且应该为操纵员提供一定的灵活性,以便对多种多样的可能事故情景做出反应。此外,培训和演习才是关键。严重事故管理导则的决策者需要有很强的技术和领导能力,且厂外支持能够帮助解决不确定性。

英国相信从更好的严重事故分析中得出更好的严重事故管理方法将是福岛核事故的永恒遗产。英国比较了设计基准事故分析(DBA)、概率安全分析(PSA)和严重事故分析(SAA)三种事故分析方法,认为 SAA 更适用于缓解事故。许可证持有者正在积极改进严重事故分析方法,并且通过执行这样的方法来加强严重事故管理。

加拿大则颁布了监管文件《事故管理:核反应堆的严重事故管理程序》。该文件与 IAEA 的要求一致,同时包含了应急运行规程(EOP)、应急缓解设备导则(EMEG)和严重事故管理导则(SAMG)三方面的内容,并且是许可证的一部分。加拿大还评估了 SAMG,提出了改进建议:①对于超设计基准事故,进行严重事故进场和现象的培训是必要的;②改进严重事故的模拟,不能只依靠模拟机,因为现有的模拟机不能模拟超设计基准事故;③加强仪器的可用性/精确度,避免仪器在事故期间不可读。评价了《严重事故指南》(SAG)策略,并采取了一些缓解行动。

福岛事故后,日本提出了新的监管要求,一些设计基准事故的定义发生了变化,设计规范需要满足持续的全厂断电和失去最终热阱，要求规范能满足一些涉及多重失效的超设计基准事故。新法规还要求许可证持有者验证超设计基准事故防御措施的有效性。新法规要求许可证持有者涉及和执行事故规程（AM）措施以缓解严重事故工况，在许可过程中要求严格地测试 AM 措施的有效性和可行性，应安装安全壳泄压系统以防止安全壳由于超压而失效并将放射性后果最小化。日本还提出了乏燃料池的交替冷却。日本修订了《反应堆监管法》，规定许可证持有者对安全改进负责，并要求其定期开展安全改进的自我评估。新的监管框架鼓励许可证持有者积极持续改进安全。

福岛核事故后，我国也针对严重事故管理提出了一些新的政策。《核安全与放射性污染防治"十二五"规划及 2020 年远景目标》中提出，2013 年年底前应制定并实施严重事故管理导则，在建电厂应在首次装料前制定并实施严重事故管理导则，考虑各类事故工况和多堆厂址的共因失效。《新建电厂安全要求》中也要求制定针对功率运行、低功率运行和停堆模式的严重事故管理导则（包括乏燃料池的严重事故管理导则）和其他事故程序，要求适当考虑严重事故条件下物项可用性和可达性，并确认 SAMG 的正确性和有效性。

上述研究的关注点主要集中在严重事故的源项分析、严重事故管理规范（如 SAMG、事故管理文件等）、乏燃料池冷却、培训和演习等方面。虽然各个研究项目的方向不尽相同，但本质都是为预防和缓解严重事故提供积极有效的支撑。

（三）核能发展中的安全问题

1. 核动力厂退役

核动力厂退役是指核动力厂在商业运行结束后，经过去污、拆除和解体、环境整治等若干阶段，达到厂址有限制或无限制开放和重新利用。各阶段均要对产生的放射性废物和其他有害物质进行处理和处置。目前国际上早期运行的核动力厂大部分接近执照申请时许可的寿期，都面临退役或延期运行的选择，各核电大国都在开展退役相关的研究工作。目前世界上主要有三种退役方法：①立即拆除；②延缓拆除；③直接埋葬。立即拆除可以较好地利用现有的辅助设施和设备以及熟悉设施的人员参与退役，但立即拆除可能会导致工作人员受照剂量较高，需要采用或需要发展遥控切割和拆卸机具；延缓拆除的好处首先是降低退役工作人员的受照剂量，其次，若干年后可能开发处理更先进的去污技术和拆卸技术，一般该方法用于大型反应堆的退役；直接埋葬可以大大减少去污、拆卸工程，减少废物的整备、运输、贮存和处置费用，减少工作人员的受照剂量，但直接埋葬的厂址必须具备作为最终处置厂址的条件。2009 年年底，全世界总共有 123 座反应堆停堆，其中 15 座反应堆已经完成拆除，51 座反应堆正在拆除中，48 座处于安全关闭状态，3 座已经埋葬，还有多于 6 座反应堆没有确定最终的退役策略[7]。

影响退役策略的因素包括：法律要求、国家放射性废物管理策略、国家乏燃料管理策略、厂址使用计划、放射性因素、技术及其他资源的可用性、利益相关者的考虑、退役和融资成本以及知识管理等方面。技术上，退役是一个成熟的工业。退役过程中的许多步骤类似于电厂运行寿期内的维修、贮存或运输过程。在知识管理、资金、处置厂址可用性以及重新使用退役厂址和设施的可能等方面有更大的不确定性。退役的经验也在不断积累。虽然没有两个退役项目完全相同，但大多数都可以从分享的经验或已经被证明的特定技术中获得。

目前美国还没有对任何 NRC 许可的设施采取直接埋葬的退役策略。主要采取立即拆除或长期安全关闭再拆除的策略，也可以选择两种方式的组合，即对有些设施直接拆除去污，对另外一些设施则先安全关闭再拆除。美国要求，必须在核电厂停止运行后 60 年内完成退役。美国相应的法律（10CFR20 附件 E、10CFR50.75、10CFR50.82、10CFR51.53、10CFR51.95）已对核电厂退役相关问题做出了明确的规定。如退役基金问题：一座核电厂在运行之前，许可证持有者就必须建立或获得财务机制——诸如信托基金或从公司获得担保，以确保有足够的资金用于核设施最终退役；公众参与问题等。20 世纪 90 年代，由于美国联邦政府还没有建成计划的地质处置场，美国在没有乏燃料处置的可行选项的情况下已经完成了几座核电厂的退役。因此，一旦满足 NRC 释放准则，就允许许可证持有者变卖他们的部分土地，而用于贮存乏燃料的一小部分还处于 NRC 的监管当中。这些单独的设施，称为"独立的乏燃料贮存设施"。现在新申请核电厂必须描述如何设计和运行才能减少电厂运行寿期内和设施最终退役的污染。截止到 2014 年 5 月，美国已有 26 座反应堆退役，其中 3 座采取第一种退役策略；12 座采取第二种退役策略；7 座已经退役完成，目前状态是有独立的乏燃料贮存设施；剩余 4 座处于许可证中止状态，厂内也无乏燃料[8]。

法国最初对退役的第一代反应堆采取部分拆除以及最终拆除推迟 50 年。当时，这是最具成本-效益的策略。然而，由于技术改进、极低水平放射性废物（VLLW）处置设施的可用性以及解决公众认为早期反应堆拆除的核遗留的政治利益等而减少了拆除费用。

德国，正在对 14 座已退役的反应堆采取立即拆除策略，2 座反应堆处于安全关闭延迟拆除状态。在一些厂址上，如德国东部的 Greifswald 反应堆，选择立即拆除的一个重要因素是在经济比较萧条的区域使用当地的工业和劳动力的经济利益。厂内或厂外立即可用的乏燃料和退役废物的贮存选项也会影响立即拆除的选择。许多情况下大量部件在厂内被切成小件，如在 Gundremmingen，蒸汽发生器被切成小件，然后被充满水、冻结，变成更加容易管理的小块。还有一些情况，如在 Greifswald 将大部件完整地贮存在厂内。

瑞典，当前缺少退役废物的处置设施，已经导致推迟对 Barsebäck 反应堆的拆除，直到有可用的类似设施。

对于东欧的大多数反应堆，目前计划是明显推迟主动拆除，主要是由于需要建立足够资金。直到最近，大多数东欧国家还没有关于最终退役资金的相关规定，许多反应堆的预期运行寿期已不足以积累所需资金。在许多情况下，经济和政治因素使得收集必需的退役资金变得相对困难。在建立了长期核电项目的其他国家，现有的退役资金似乎已够用，但还未完全评估 2008 年末开始的全球金融危机的长期影响。

2. 执照延续

世界上早期核电厂的设计寿命大多数是 40 年，甚至更短，目前很多核电厂都面临退役或延长运行的选择。不同的选择，将给电厂带来完全不同的经济利益。20 世纪 80 年代开始，世界核电大国不约而同地开展了核电厂老化管理和延长运行寿命的研究。

（1）美国　20 世纪 60 年代至 70 年代核电发展的黄金时期促成了美国大批商业核电厂的诞生，尤其在石油危机的 1973 年和 1974 年，共有多达 37 台机组批准建造，30 台机组投入商业运行。第一个核电厂运行执照 2009 年已经到期。截止到 2011 年年底 9 台机组已经到期（占 9%），截止到 2012 年年底 15 台机组已经到期（占 14%），截止到 2013 年年底 26 台机组已经到期（占 25%）。2 个反应堆已运行 10～19 年，37 个反应堆已运行 20～29 年，50 个反应堆已运行 30～39 年，而 15 个反应堆运行时间已经超过 40 年[9]。

美国原子能法和 NRC 相应的法规规定商业运行核电厂首次运行期限为 40 年，但允许对这些执照进行更新。事实上，核电厂 40 年运行寿期是基于经济和反垄断因素而设定的，而非源于技术限制，因而绝大部分机组在首次运行执照到期时依然具有较高安全裕量，存在执照延续的潜力，从而进一步提高经济效益。

1982 年，NRC 举办有关核电厂老化的研讨会，预期对执照延续感兴趣。因此，NRC 建立了核电厂老化研究（NPAR）的全面的项目计划。基于研究成果，技术审查组得出许多老化现象都容易管理，并且不会形成阻碍核电厂延长寿命的技术问题的结论。1986 年，NRC 发布了要求评论的政策声明，以解决与延长寿命相关的主要政策、技术和程序问题。1991 年，NRC 在 10CFR54 中发布了执照延续规定。1995 年，NRC 对执照延续规定进行了修订。该规定为核电厂执照延续建立了一般性的流程、准则和标准，并规定必须在执照到期前 20 年提出执照延续申请。为满足 10CFR54 的要求，美国核能研究所（NEI）1996 年 3 月发布了导则 NEI 95-10《用于执行 10CFR54 法规要求的工业导则——执照延续规则》。该导则细化了执照更新申请（LRA）的要求，明确了执照延续中构筑物、系统和部件的范围及其老化管理情况，并进一步限定提出 LRA 的时间为执照到期前的 5~20 年。为了更好地实施法规要求，NRC 还制定了相应的管理导则 RG 1.188《核电厂执照延续申请的内容与格式》、相应的标准审查大纲 NUREG-1800《核电厂执照延续申请的标准审查大纲》以及 NUREG-1801《核电厂通用老化经验反馈报告》（GALL 报告）。参考这些文件，以 Calvert Cliffs 为代表的 10 家电厂的 20 台机组，从 1998 年开始陆续提出了执照延续申请，并在 2001 年（含）前有 6 台被允许延寿运行 20 年。

决定进行执照延续完全是自愿的，核电厂业主（即许可证持有者）必须决定他们是否能满足 NRC 的要求以及执照延续是否具有成本-利益风险。执照延续要求对安全问题进行技术审评（10CFR54）以及对每个申请进行环境审评（10CFR51）。执照延续过程和申请主要基于两个方面：包括在扩展运行期间的监管过程，某些特定构筑物、系统和部件老化可能异常的有害影响以及可能的在扩展运行期间与安全相关的很多安全问题，必须充分保证所有运行电厂的当前设计基准能提供一个可接受的安全水平；要求每个电厂执照延续期间必须维持已经批准生效的设计基准。申请文件中包含电厂总体评价、时限老化分析、环境影响、最终安全分析报告补充等内容。

截止到 2013 年 6 月，NRC 已经批准了 73 座反应堆的执照延长。正在考虑对其他 18 个机组执照延续的申请，预期还有 7 个申请[10]。

（2）法国　法国实行核电厂长期运行，运行执照无期限。只要通过定期安全审查（PSR），确定电厂运行是安全的，那么电厂就可以十年一个循环一直运行下去。欧洲和亚洲国家核电厂的寿命管理采用国际原子能机构（IAEA）的 PSR 核安全监管模式，如法国、韩国、日本等。

IAEA 核电厂寿命管理理念是通过 PSR 每十年对电厂进行安全审查来确保电厂的运行安全。只要电厂 14 个安全因素满足 PSR 的审查要求，电厂可十年一个周期不断地循环运行。老化管理是 PSR 中的十四项安全因素之一。随着核电厂运行时间的增长，核监管当局对电厂老化安全的关注也随之增加，在电厂运行后期，老化管理审查是 PSR 审查的重点。因此，PSR 不仅涉及电厂正常的安全运行，也涉及电厂的延寿和寿命管理。

法国核电厂的设计寿命为 40 年，目前正在考虑 50~60 年的运行时间。通过提高运行性能和动态积极的方式进行老化管理。2015—2020 年，将会有 18 台机组达到 40 年的运行时间。

（3）俄罗斯 俄罗斯联邦现有 33 个核电机组在运行。这些机组的典型设计寿命是 30 年。运行 30 年后，如果经济上允许，机组的使用寿命将被延长。俄罗斯监管当局（RTN）为核电机组设计寿命内运行以及超寿期运行颁发许可证。俄罗斯监管当局（RTN）关于运行期限延寿的基础文件是 NP-017-2000《核电厂机组运行期限延长的基本需求》。核电厂延寿包含两个阶段：第一个阶段包括一系列延寿技术可行性和经济合理性的评估工作。第一阶段工作在设计寿期满前 8～10 年开始，包括机组的综合检查、机组的安全评估、为机组延寿做大量准备工作以及为机组的长期运行（LTO）做投资项目。以第一阶段工作成果为基础，基于投资项目，在设计寿期期满前至少 5 年，运营组织确定机组长期运行（LTO）的准备工作。第二阶段包括一系列为机组长期运行（LTO）而做的准备工作。第二阶段工作包括：开发机组长期运行（LTO）准备大纲；对机组系统和设备进行现代化更新；证明不可恢复和不可替代部件能够延寿运行；对核动力机组安全性进行深层评估。基于具体工作的结果做出超设计寿期运行的决定（确定机组的新运行期）。综合检查包括：对元件剩余寿命的测试评估；根据技术条件和部件剩余寿命额外增加的工作制订计划；制定由发展和改造所需部件的资源特性定义的管理大纲的清单；对元件的更换进行技术可行性评估。元件剩余寿命的测试评估是在运行历史分析、设计文件要求以及现代材料科学的基础上实施的。分析结果的报告必须表明：已确定所有测试部件的老化机理；已实施老化管理大纲（或者有实施的机会）；如果可能的话，确定缓解老化机理的方法。对不可恢复和不可替代元件进行延寿维护。

目前俄罗斯电厂总体情况：WWER 440-230 设计寿命 25 年，再延长 15 年，共计 40 年；WWER440-213 设计寿命 25 年，再延长 25 年，共计 50 年；WWER1000 设计寿命 30 年，再延长 30 年，共计 60 年。俄罗斯 2010 年首次成功开展 LTO 项目，为 Rivne NPP-1、2 机组的执照延续 20 年；2013 年为 South-Ukraine NPP-1 进行 10 年执照延续；预计在 2015—2020 年为 9 台机组开展 LTO 项目。

（4）英国 总体上为 LTO 在 PSR 框架下进行电厂寿命管理（PLiM）。英国 4 个 Magnox 堆型，设计寿命为 25 年；14 个 AGR 堆型，设计寿命为 25 年；1 个 PWR 堆型，设计寿命为 40 年。2010 年 12 月，法国电力集团（EDF）宣布将 2 个 AGR 核电厂的寿命再延长 5 年。以后可能会将其他 14 个 AGR 核电厂寿命再延长 5 年。对 Sizewell B PWR 核电厂寿命延长 20 年[11]。

（5）日本 截至 2013 年 9 月 1 日，日本在役机组数量是 50 个，即 26 个沸水堆和 24 个压水堆。其中 17 个长期运行超过 30 年，1 个沸水堆和 2 个压水堆长期运行超过 40 年。2013 年 7 月 8 日由 NRA 批准生效的导则包括役前检查导则、设施定期检查导则和定期运行检查、延长运行期的审批系统的导则、老化管理实施导则。日本核动力反应堆的运行寿命为 40 年，但是经过批准，可以延长一次，最多 20 年（运行期延长审批系统）。此外，在延长运行期的申请中决定需要的维修大纲，特别需要说明预防老化的方法。关于已经运行了 30 年或更多年的商用反应堆，依据反应堆监管法和法规（老化管理系统），已经要求十年一次的老化管理技术评价（AMTE）和编制长期维修大纲（LTMP），这是安全措施批准的要求之一（设施老化响应系统）。两个系统应用于核电厂调试完成后的整个 40 年。

每一个反应堆具体延长时间取决于 NRA 的评价结果。延长审批系统要求：①在审批延长运行期的时候，所有的构筑物、系统和部件（SSC）必须满足 NRA 法规的有效的技术标准。②特殊安全检查：特殊安全检查要求了解与安全重要相关的、未曾检查到的或被检查过的仅具有代表性位置或零件、迄今为止老化效应在维护计划中的构筑物、系统和部件的状况。这些构筑物、系统和部件的检查应使用能直接探测或观察到老化效应或指标的方法。

日本维持安全和核电厂长期运行可靠性的基本策略基于以下安全研究领域：①建立以老化管理为基础的信息；②验证老化机制的评价方法、检查技术和维修或更换技术；③巩固规范和标准；④国际合作。老化管理策略的持续修订和长期安全运行促进了安全研究活动的有效和高效完成。除了通过加强国内安全研究和国际合作来巩固规范和标准，已经建立了基于数据库和知识基础的信息系统。由于长期运行是超出了初始设计的运行，针对老化的连续安全运行的技术基础必须通过安全研究来建立。政府支持的老化安全研究始于20世纪80年代，90年代增大了比例，并与业界、研究组织和监管研究所协作，从2005—2010年的"长期运行安全的老化管理的研究和发展"，增强在"核电厂老化管理和维护国家项目"中的技术信息基础结构建设，以及从2011—2015年的"日本核电厂安全系统老化管理规划"研究。政府要求期望LTO的许可证持有者依据这些安全研究结果进行老化综合技术审查，以建立长期运行管理大纲。

（6）加拿大　加拿大目前有22个CANDU型核动力反应堆，均取得了加拿大核安全委员会（CNSC）颁发的运行许可证。这些核反应堆于1971年至1993年间开始运行。通过颁发运行许可证，CNSC要求许可证持有者遵守若干关于构筑物、系统和部件在安全及控制区域"适合服役"的在役检查标准和监管文件。当前加拿大的反应堆机组，长期运行就是运行大约30年以上。通过执行整体安全审查，评估核电厂在延长运行期间的安全运行能力是主要活动。整体安全审查是依照IAEA安全导则SSG-25（由许可证持有者）执行的整体评估。它涉及核电厂的定期安全审查。在整体安全审查的架构中，许可证持有者评估老化对核电厂安全的影响、老化管理大纲对未来运行的有效性，并将当前核电厂的状态和最新的法规及标准进行比较。基于整体安全审查的结果，许可证持有者根据必要的纠正措施、安全升级和其他补偿措施，开发一个整体实施计划（IIP）来支持长期运行[12]。

综上，目前国际上针对超过寿期的核电厂的执照延续，主要有两种方式：第一种方式是按照监管当局的要求，进行技术和环境方面的评价，通过安全监管当局的审评后，一次运行延续20年；第二种方式是为了长周期运行（LTO），每十年一次定期安全审查（PSR），并且在PSR框架下进行电厂寿命管理（PLiM）。

3. 乏燃料干式贮存

乏燃料是来自于核电厂运行和研究堆运行，这些乏燃料被贮存在专门设计的设施中并接受必要的监测，以便今后回取进行后处理或在废物最终处置库中进行最终处置。由于乏燃料战略的选择是一个非常复杂的决定，要综合考虑政策、经济、核安全和环境保护等许多因素，各国在乏燃料管理上都采用了与本国国情相符的方案。采取闭式燃料循环的国家，通常将乏燃料贮存在反应堆的贮存水池中或运到后处理厂的贮存水池中贮存。但是，随着核电厂卸出的乏燃料不断增加，增长速度超过后处理厂的处理速度，后处理厂也缺乏足够的贮存能力。

由于世界上目前还没有成熟的后处理最终处置技术，而乏燃料存量不断增加，因此IAEA各成员国都面临着对乏燃料进行长期贮存，需要有额外的贮存设施。为满足这种需求，各国采取多方面措施：一是不断增加贮存容量、扩充现有的湿式贮存设施并在反应堆场区的贮存水池中安装带中子吸收体的高密度格架,以便更高效地利用现有的贮存空间;二是通过持续开发其他的贮存工艺,如干法贮存。

早在 20 世纪 80 年代,美国的营运单位便开始在现场采用干式贮存的方法管理乏燃料。经过几年乏燃料池冷却后,燃料棒已经冷却并且放射性降低到允许将其移动。一般情况下,乏燃料在水池中冷却时间至少 5 年才会被转移到干桶中。将乏燃料移动到干桶中后,释放出的空间用于贮存反应堆中新卸出的乏燃料。一般情况下,干桶是一个包容乏燃料的密封的金属圆筒或混凝土外壳以屏蔽辐射。干桶贮存安全环保,所设计的干桶系统能够包容放射性、管理衰变热并阻止核裂变。10CFR50 中明确规定了乏燃料干桶贮存的通用许可。干桶贮存许可或者被证明为 20 年,也可能更新至 40 年。截止到 2014 年,美国共有 66 个独立的乏燃料贮存设施,其中 4 个既有一般许可证也有特定厂址许可证。2009年年底,美国商业乏燃料总量为 62683t,其中 48818t 贮存在水池中,占 78%;13856t 贮存在干桶中,占 22%;每年增加 2000~2400t[14]。截止到 2013 年年底,乏燃料总量为 71700t,其中 22000t 为厂内干桶贮存,占 31%[13]。

四、发展趋势展望与建议

(一) 核电安全要求

鉴于福岛核事故的经验教训,IAEA 以及世界主要核国家纷纷提高了核安全目标,并重新思考核电厂的工况分类。核安全目标的关注点集中在从设计上实际消除大规模放射性释放,未来的研究可能也会以此为出发点和落脚点。但就现有的研究而言,均缺乏对"实际消除大规模放射性释放"的具体量化指标,因此这也将是未来研究的重点。IAEA 和欧盟均提出了新的核电厂状态,即"设计扩展工况"和"极端工况"。以往的设计中并未考虑类似于引发福岛核事故的极端外部自然灾害,但在未来的设计中应会适当考虑。然而,这类工况发生的概率很小,应该如何考虑、考虑到何种程度以及如何取得平衡将是未来重点研究的方向。

(二) 我国核能发展亟待解决的问题

1. 建立和完善自主知识产权的核电技术标准体系

核安全是核能发展的关键因素,其基础是执行先进的安全法规和标准。我国是核能核电技术利用大国,目前的核电在建规模居世界第一。在核电"走出去"战略逐渐上升为国家战略的大背景下,知识产权是绕不开的话题,并且输出先进的核电技术需要先进的核电技术标准做支撑。以此而论,无论是从核能安全发展的角度,还是从核电"走出去"的角度,建立和完善具有自主知识产权的核电技术标准体系都势在必行。其中,最关键的是安全标准。虽然,我国已经发布了一些核安全标准,但存在着系统性不足、可操作性不强等问题,不能满足核能发展和监管的实际需求。核电安全标准与核安全法规的根本目标应是一致的,前者的内容应是对后者要求的细化和具体化,起到支撑作用。因此,未来在核电标准的制修订过程中,除要注重体系性建设外,更要针对我国多种核电堆型并存的实际情况增强标准的可操作性。

2. 退役安全要求

从世界范围来看,核电已经有了半个世纪的发展,而且已经有相当数量的早期核电厂退役。我国早期建造的核设施也面临退役或延寿的选择，包括核电厂、研究堆以及实验设施等。到目前为止，我国大型核设施退役的经验较少，缺少退役相关的法规标准和规范。考虑数十年后我国相当数量核电厂面临退役，亟须考虑核电厂退役资金、核电厂退役法规制度、核电厂退役废物处置技术等相关问题。

3. 核设施执照延续研究

我国秦山一期核电厂 1 台 30 万千瓦机组于 1991 年开始商业运行，大亚湾核电厂 2 台 90 万千瓦机组于 1994 年开始商业运行，这些机组都已安全运行 20 多年。而秦山核电厂许可运行寿期为 30 年，大亚湾核电厂许可运行寿期为 40 年。目前，秦山核电厂和大亚湾核电厂均面临执照延续的问题。

按照延寿执照基准划分，国际上目前主要有两类策略：一类是基于定期安全审查的结果进行延寿老化管理，满足最新的法规标准；另一类是对电厂进行总体评价、时限老化分析、环境影响、最终安全分析报告补充，满足已批准生效的设计基准。我国目前针对核电厂执照延续还没有相应的法规标准，若要实现执照延续，除了相关技术问题需要解决以外，核电厂寿命管理相关政策、法规和标准体系的研究也是必不可少的且需先行解决，亟须结合我国核电厂多技术路线的实际情况以及我国核电厂已有的运行及监管实践，并吸取国际先进国家有关执照延续的相关经验，建立核电厂执照延续的策略和相关法规。

4. 乏燃料干式贮存安全研究

由于我国在乏燃料战略上采取闭式燃料循环，通常将乏燃料贮存在反应堆的贮存水池中或运到中试厂的贮存水池中进行贮存。由于后处理厂的建设预计在 2025 以后才能完成，核电厂和中试厂的贮存水池容量难以满足实际需求。目前各个核电厂都配套建设具有一定贮存规模的乏燃料在堆贮存设施，以接纳一定时期内核电厂运行产生的乏燃料。此外，秦山第三核电厂建立了离堆乏燃料干式贮存设施。据统计，截至 2010 年 12 月 31 日，核电厂共产生乏燃料 3011.4t，在堆湿法贮存乏燃料 2477.8t，干式贮存乏燃料 211.0t，运出 322.6t[15]。

在抓紧建设后处理厂的同时，应积极研究开发乏燃料干式贮存设施，建设一批乏燃料干式贮存设施。同时，需尽快制定完善乏燃料干式贮存的相关法规。

5. 严重事故研究

鉴于福岛核事故的经验教训，未来的严重事故管理可能更关注在以下几个方面：①研究和开发灵活适用的事故管理策略，编制相应的严重事故管理导则。②加强人员培训，包括操纵员和决策者，使其能够清楚地理解严重事故的现象，培训场内人员能够使用响应设备。③监管机构应对许可证持有者开发的严重事故管理大纲进行审查，并应加强对严重事故缓解措施的检查和监督。④考虑在选定的严重事故工况范围内，保证监测数据的可靠性。由于监测系统在极端条件下的不确定性，应加强对操纵员的培训，以提高其综合分析判断能力。⑤研究严重事故条件下，多堆厂址的应急响应问题。⑥深入研究严重事故机理，如堆芯熔融物的堆内传热特性、维持反应堆压力容器的完整（IVR）方案的有效性、安全壳内可燃气体行为特性的研究等。

参 考 文 献

[1] 武鹏. 中国核电装备自主研发取得重大突破. 装备制造，2010，11.

[2] http://uzone.univs.cn/news2_2008_286864.html，2015 年 7 月 21 日访问.

［3］中国核与辐射安全监管 30 年（1984-2014）. 北京：中国原子能出版社，2014：297-300.

［4］中国核与辐射安全监管 30 年（1984-2014）. 北京：中国原子能出版社，2014：235-240.

［5］核与辐射安全中心. 关于欧盟核安全法令 2014 年修订案的调研报告［R］. 北京：核与辐射安全中心，2014.

［6］国际原子能机构. 国际原子能机构第 7 次国际专家组会议资料［R］. 维也纳：IAEA，2014.

［7］IAEA：decommissioning strategies：status，trends and issues.

［8］NRC：Backgrounder on Decommissioning Nuclear Power Plants.

［9］IAEA：License Renewal in the United States：Policy and Experience，John C. Brons Special Assistant to the President，Nuclear Energy Institute Before the Scientific forum 2002 on Nuclear Power-Life Cycle Management September 17，2002，Vienna，Austria.

［10］IAEA：Design Basis for PLiM Programme；Nov. 1 2013.

［11］IAEA：Design knowledge management related to LTO in Ukraine.

［12］IAEA-TECDOC-1736：Approaches to ageing management for nuclear power plants international generic ageing lessons learned（IGALL）final report.

［13］5th US National report.

［14］NRC：Spent Fuel Storage in pools and Dry Casks Key Points and Questions & Answers.

［15］联合公约-中国第二次国家报告.

附　录

附录 1

《普通高等学校本科专业目录》环境类专业更新对照表

1998 年修订版			2012 年修订版		
学科门类	专业类	专业	学科门类	专业类	专业
理学	环境科学类	环境科学 生态学 资源环境科学	工学	环境科学与工程类	环境科学与工程(基本) 环境科学(基本) 环境工程(基本) 环境生态工程(基本) 环境设备工程(特设) 资源环境科学(特设) 水质科学与技术(特设)
工学	环境与安全类	环境工程 环境科学与工程 环境监察			
农学	环境生态类	农业资源与环境 水土保持与荒漠化防治 园林	农学	自然保护与环境生态类	农业资源与环境(特设) 水土保持与荒漠化防治(特设) 野生动物与自然保护区管理(特设)
经济学	经济学类	环境资源与发展经济学	经济学	经济学类	资源与环境经济学(特设)
理学	地理科学类	资源环境与城乡规划管理	理学	地理科学类	自然地理与资源环境(基本)
理学	海洋科学类	海洋生物资源与环境	理学	海洋科学类	海洋资源与环境(特设)
工学	能源动力类	能源与环境系统工程	工学	能源动力类	能源与环境系统工程(特设)
工学	土建类	建筑环境与设备工程	工学	土木类	建筑环境与能源应用工程(基本)
工学	农业工程类	农业建筑环境与能源工程	工学	农业工程类	农业建筑环境与能源工程(特设)

　　注：在 2012 年修订版专业目录中将专业划分为基本专业和特设专业两大类。其中，基本专业是学科基础比较成熟、社会需求相对稳定、布点数量相对较多、继承性较好的专业；特设专业是针对不同高校办学特色，或适应近年来人才培养特殊需求设置的专业。

附录 2

2011—2015 年间国家环境保护重点实验室建设情况

所处阶段	重点实验室名称	依托单位	批准时间
通过验收	国家环境保护卫星遥感重点实验室	中国科学院遥感应用研究所、 环境保护部卫星环境应用中心	2011 年 9 月 20 日

所处阶段	重点实验室名称	依托单位	批准时间
通过验收	国家环境保护环境光学监测技术重点实验室	中国科学院合肥物质科学研究院	2011年10月28日
通过验收	国家环境保护化工过程环境风险评价与控制重点实验室	华东理工大学	2012年3月29日
通过验收	国家环境保护河口与海岸带环境重点实验室	中国环境科学研究院	2012年3月29日
通过验收	国家环境保护区域生态过程与功能评估重点实验室	中国环境科学研究院	2012年04月28日
通过验收	国家环境保护环境微生物利用与安全控制重点实验室	清华大学	2013年12月27日
通过验收	国家环境保护饮用水水源地管理技术重点实验室	深圳市环境科学研究院	2015年8月28日
通过验收	国家环境保护辐射环境监测重点实验室	浙江省辐射环境监测站	2015年9月14日
批准建设	环境微生物利用与安全控制重点实验室	清华大学	2011年3月9日
批准建设	饮用水水源地管理技术重点实验室	深圳市环境科学研究院	2011年4月12日
批准建设	饮用水水源地保护重点实验室	中国环境科学研究院	2011年4月12日
批准建设	煤炭废弃物资源化高效利用技术重点实验室	山西大学	2011年10月28日
批准建设	国家环境保护环境规划与政策模拟重点实验室	环境保护部环境规划院	2012年3月28日
批准建设	国家环境保护区域空气质量监测重点实验室	广东省环境监测中心	2012年5月29日
批准建设	国家环境保护重金属污染监测重点实验室	湖南省环境监测中心站	2012年9月12日
批准建设	国家环境保护辐射环境监测重点实验室	浙江省辐射环境监测站	2012年10月15日
批准建设	国家环境保护环境影响评价数值模拟重点实验室	环境保护部环境工程评估中心	2012年12月7日
批准建设	国家环境保护环境监测质量控制重点实验室	中国环境监测总站	2013年1月10日
批准建设	国家环境保护环境监测质量控制重点实验室	中国环境监测总站	2013年1月10日
批准建设	国家环境保护大气复合污染来源与控制重点实验室	清华大学	2013年2月16日
批准建设	国家环境保护大气物理模拟与污染控制重点实验室	国电环境保护研究院	2013年9月3日
批准建设	国家环境保护机动车污染控制与模拟重点实验室	中国环境科学研究院	2013年12月6日
批准建设	国家环境保护城市大气复合污染成因与防治重点实验室	上海市环境科学研究院	2014年2月19日
批准建设	国家环境保护污染物计量和标准样品研究重点实验室	中日友好环境保护中心	2014年3月14日
批准建设	国家环境保护城市生态环境模拟与保护重点实验室	环境保护部华南环境科学研究所	2014年12月18日
批准建设	国家环境保护地下水污染模拟与控制重点实验室	中国环境科学研究院	2015年3月9日

附录 3

2011—2015年间国家环境保护工程技术中心建设情况

所处阶段	工程技术中心名称	依托单位	批准时间
通过验收	城市噪声与振动控制工程技术中心	北京市劳动保护科学研究所	2011年9月8日
通过验收	有机化工废水处理与资源化工程技术中心	江苏南大金山环保科技有限公司	2012年5月2日
通过验收	道路交通噪声控制工程技术中心	交通运输部公路科学研究院	2014年1月15日
通过验收	工业污染源监控工程技术中心	太原罗克佳华工业有限公司	2015年1月12日
通过验收	危险废物处置工程技术(天津)中心	国环危险废物处置工程技术(天津)有限公司	2015年1月12日

续表

所处阶段	工程技术中心名称	依托单位	批准时间
通过验收	污泥处理处置与资源化工程技术中心	北京机电院高技术股份有限公司	2015 年 2 月 16 日
通过验收	废弃电器电子产品回收信息化与处置工程技术中心	上海金桥(集团)有限公司	2015 年 2 月 16 日
批准建设	监测仪器工程技术中心	聚光科技(杭州)股份有限公司	2011 年 2 月 12 日
批准建设	村镇生活污水处理与资源化工程技术中心	辽宁省环境科学研究院	2011 年 2 月 16 日
批准建设	垃圾焚烧处理与资源化工程技术中心	重庆钢铁集团环保投资有限公司	2011 年 3 月 2 日
批准建设	纺织工业污染防治工程技术中心	东华大学	2011 年 8 月 19 日
批准建设	膜生物反应器与污水资源化工程技术中心	北京碧水源科技股份有限公司	2011 年 10 月 31 日
批准建设	燃煤工业锅炉节能与污染控制工程技术中心	山西蓝天环保设备有限公司	2011 年 11 月 28 日
批准建设	特种膜工程技术中心	江苏金山环保科技有限公司	2012 年 4 月 26 日
批准建设	城市土壤污染控制与修复工程技术中心	上海市环境科学研究院	2013 年 3 月 12 日
批准建设	工业炉窑烟气脱硝工程技术中心	江苏科行环保科技有限公司	2013 年 4 月 19 日
批准建设	畜禽养殖污染防治工程技术中心	青岛天人环境股份有限公司	2013 年 4 月 19 日
批准建设	工业污染场地及地下水修复工程技术中心	中国节能环保集团公司	2013 年 8 月 23 日
批准建设	国家环境保护汞污染防治工程技术中心	中国科学院高能物理研究所	2014 年 2 月 25 日
批准建设	物联网技术研究应用(无锡)工程技术中心	无锡高科物联网科技发展有限公司	2014 年 7 月 4 日
批准建设	工业副产石膏资源化利用工程技术中心	江苏一夫科技股份有限公司	2014 年 10 月 23 日
批准建设	创面生态修复工程技术中心	路域生态工程有限公司	2014 年 10 月 23 日
批准建设	石油化工和煤化工废水处理与资源化工程技术中心	新疆德蓝股份有限公司	2015 年 1 月 26 日
批准建设	铅酸蓄电池生产和回收再生污染防治工程技术中心	超威电源有限公司	2015 年 4 月 21 日

附录 4

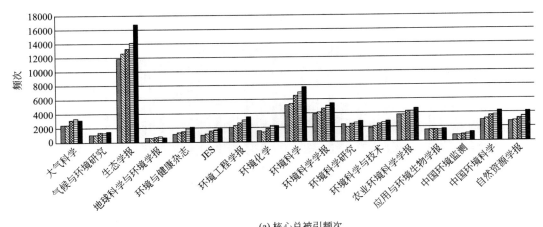

(a) 核心总被引频次

附图 1

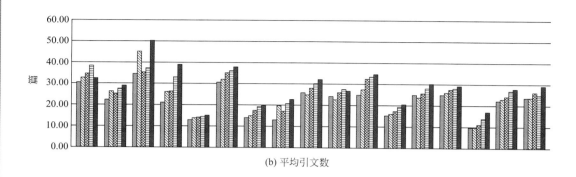

(b) 平均引文数

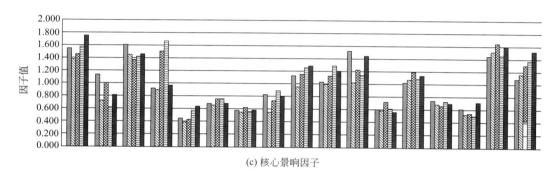

(c) 核心景响因子

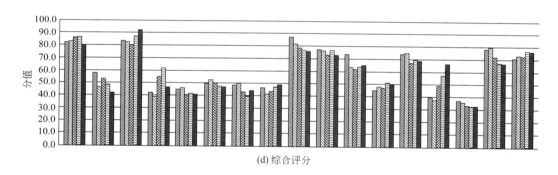

(d) 综合评分

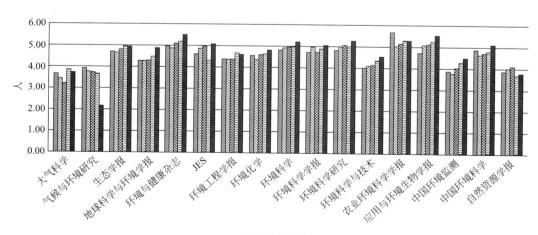

(e) 平均作者数

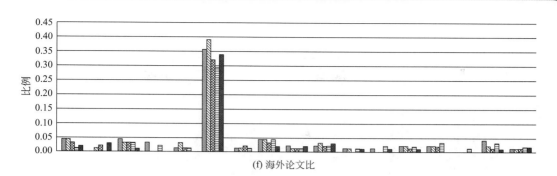

(f) 海外论文比

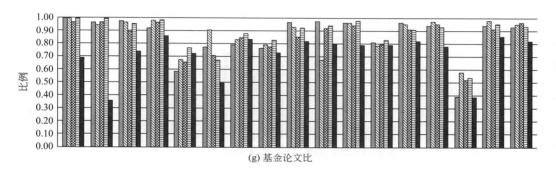

(g) 基金论文比

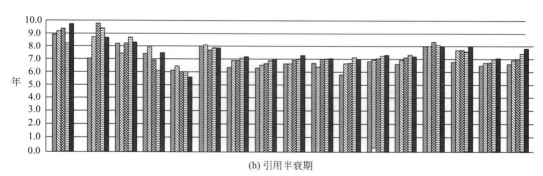

(h) 引用半衰期

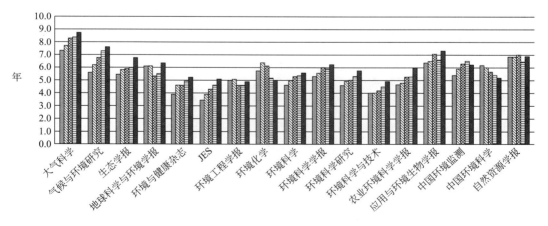

(i) 核心被引半衰期

附图1

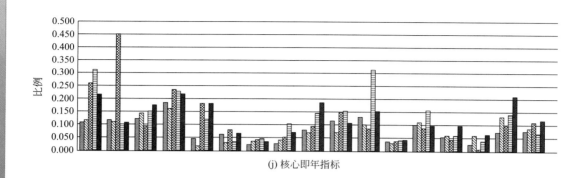

(j) 核心即年指标

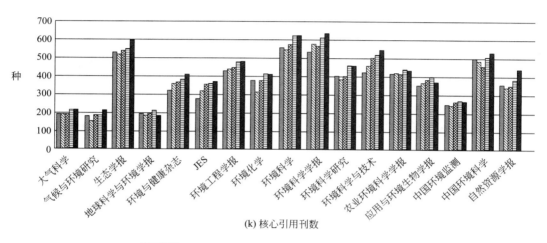

(k) 核心引用刊数

附图1 2010—2014 年间 17 种期刊评价指标变化

核心总被引频次:指该期刊自创刊以来所登载的全部论文在统计当年被引用的总次数。可以显示该期刊被使用和受重视的程度,以及在科学交流中的作用和地位。

核心影响因子:表示评价前 2 年期刊平均每篇论文被引用的次数(该刊前两年发表论文在统计当年被引用的总次数除以该刊前两年发表论文总数)。通常,期刊影响因子越大,它的学术影响力和作用也越大。

来源文献量:指符合统计来源论文选取原则(报道科学发现和技术创新成果的学术技术类文献)的文献的数量。

平均引文数:指来源期刊每一篇论文平均引用的参考文献数。

综合评分:根据科学计量学原理,系统性地综合考虑被评价期刊的各影响力指标在其所在学科中的相对位置,并按照一定的权重系数将这些指标进行综合集成。该指标屏蔽了各个学科之间总体指标背景值的差异,可以进行跨学科比较。

平均作者数:指来源期刊每一篇论文平均拥有的作者数。

海外论文比:指来源期刊中海外作者发表论文占全部论文的比例,用以衡量期刊国际交流程度。

基金论文比:指来源期刊中,国家、省部级以上及其他各类重要基金资助的论文占全部论文的比例,用以衡量期刊论文学术质量的重要指标。

核心被引半衰期:指该期刊在统计当年被引用的全部次数中,较新一半是在多长一段时间内发表的。

引用半衰期:指该期刊引用的全部参考文献中,较新一半是在多长一段时间内发表的,可以反映作者利用文献的新颖度。

核心即年指标:表征期刊即时反映速率的指标(该期刊当年发表论文的被引用次数除以该期刊当年发表论文总数),主要描述期刊当年发表的论文在当年被引用的情况。

核心引用刊数:引用被评价期刊的期刊数,反映被评价期刊被使用的范围。

附录 5

2011—2015 年环境科学技术所获国家最高科技奖励

奖项	年份	第一完成人及完成单位	题目	等级
国家自然科学奖	2011	江桂斌（中国科学院生态环境研究中心）	典型持久性有毒污染物的分析方法与生成转化机制研究	二等奖
	2011	王晓蓉（南京大学）	典型污染物环境化学行为、毒理效应及生态风险早期诊断方法	二等奖
	2011	全燮（大连理工大学）	提高光催化环境污染控制过程能量效率的方法及应用基础研究	二等奖
	2012	张俐娜（武汉大学）	基于天然高分子的环境友好功能材料构建及其构效关系	二等奖
	2012	安芷生（中国科学院地球环境研究所）	黄土和粉尘等气溶胶的理化特征、形成过程与气候环境变化	二等奖
	2012	庄国顺（复旦大学）	中国大气污染物气溶胶的形成机制及其对城市空气质量的影响	二等奖
	2013	朱利中（浙江大学）	典型有机污染物多介质界面行为与调控原理	二等奖
	2014	俞汉青（中国科学技术大学）	废水处理系统中微生物聚集体的形成过程、作用机制及调控原理	二等奖
	2015	焦念志（厦门大学）	微型生物在海洋碳储库及气候变化中的作用	二等奖
	2015	胡建英（北京大学）	典型内分泌干扰物质的环境行为与生态毒理效应	二等奖
	2015	夏星辉（北京师范大学）	流域水沙条件对水质的影响过程及机理	二等奖
国家技术发明奖	2011	杨为民（中国石化上海石油化工研究院）	适应原料多样性的乙苯清洁生产催化技术及工业应用	二等奖
	2011	何凤姣（湖南大学）	高耐磨性、高耐蚀性、环保型钨合金电镀技术研发及应用	二等奖
	2011	贺泓（中国科学院生态环境研究中心）	室温催化氧化甲醛和催化杀菌技术及其室内空气净化设备	二等奖
	2011	曲音波（山东大学）	玉米芯废渣制备纤维素乙醇技术与应用	二等奖
	2012	曲久辉（中国科学院生态环境研究中心）	复极感应电化学水处理技术	二等奖
	2012	王超（河海大学）	多功能复合的河流综合治理与水质改善技术及其应用	二等奖
	2012	李洪法（山东泉林纸业有限责任公司）	秸秆清洁制浆及其废液肥料资源化利用新技术	二等奖
	2012	张宏伟（天津工业大学）	高性能聚偏氟乙烯中空纤维膜制备及在污水资源化应用中的关键技术	二等奖
	2013	张亚雷（同济大学）	厌氧-微藻联合资源化处理高浓度有机废水新工艺	二等奖

续表

奖项	年份	第一完成人及完成单位	题目	等级
国家技术发明奖	2013	曹宏斌(中国科学院过程工程研究所)	工业钒铬废渣与含重金属氨氮废水资源化关键技术和应用	二等奖
	2013	倪晋仁(北京大学)	高效微生物及其固定化脱氮技术	二等奖
	2013	任洪强(南京大学)	污染物微生物净化增强技术新方法及应用	二等奖
	2013	郭蓉(中国石油化工股份有限公司抚顺石油化工研究院)	含空间位阻的大分子硫化物脱除关键技术及相关催化材料创制	二等奖
	2014	席北斗(中国环境科学研究院)	有机废物生物强化腐殖化及腐殖酸高效提取循环利用技术	二等奖
	2014	汪华林(华东理工大学)	重大化工装置中细颗粒污染物过程减排新技术研发与应用	二等奖
	2014	宁平(昆明理工大学)	黄磷尾气催化净化技术与应用	二等奖
	2015	李俊华(清华大学)	燃煤烟气选择性催化脱硝关键技术研发及应用	二等奖
	2015	潘丙才(南京大学)	基于纳米复合材料的重金属废水深度处理与资源回用新技术	二等奖
	2015	石碧(四川大学)	基于酶作用的制革污染物源头控制技术及关键酶制剂创制	二等奖
	2015	邱学青(华南理工大学)	碱木质素的改性及造纸黑液的资源化高效利用	二等奖
国家科学技术进步奖	2011	沈福昌(江苏福昌环保科技集团有限公司)	免助燃有机化工废渣焚烧处理技术及应用	二等奖
	2011	杨安国(河南豫光金铅股份有限公司)	铅高效清洁冶金及资源循环利用关键技术与产业化	二等奖
	2011	冯伟忠(上海外高桥第三发电有限责任公司)	百万千瓦超超临界机组系统优化与节能减排关键技术	二等奖
	2011	郝吉明(清华大学)	我国二氧化硫减排理论与关键技术	二等奖
	2011	于贵瑞(中国科学院地理科学与资源研究所)	陆地生态系统变化观测的关键技术及其系统应用	二等奖
	2011	刘文清(中国科学院合肥物质科学研究院)	大气环境综合立体监测技术研发、系统应用及设备产业化	二等奖
	2011	王桥(环境保护部卫星环境应用中心)	环境一号卫星环境应用系统工程	二等奖
	2011	陈亚宁(中国科学院新疆生态与地理研究所)	干旱荒漠区土地生产力培植与生态安全保障技术	二等奖
	2011	徐世法(北京建筑工程学院)	固体废弃物循环利用新技术及其在公路工程中的应用	二等奖
	2011	汪传生(济南友邦恒誉科技开发有限公司)	工业连续化废橡胶废塑料低温裂解资源化利用成套技术及装备	二等奖
	2011	陈勇(中国科学院广州能源研究所)	有机固体废弃物资源化与能源化综合利用系列技术及应用	二等奖
	2011	常宏岗(中国石油天然气股份有限公司西南油气田分公司)	大型高含硫气田安全开采及硫黄回收技术	二等奖

奖项	年份	第一完成人及完成单位	题目	等级
国家科学技术进步奖	2011	刘有智(中北大学)	化工废气超重力净化技术的研发与工业应用	二等奖
	2011	王双明(西安科技大学)	鄂尔多斯盆地生态脆弱区煤炭开采与生态环境保护关键技术	二等奖
	2012	孙鸿烈(中国科学院地理科学与资源研究所)	中国生态系统研究网络的创建及其观测研究和试验示范	一等奖
	2012	黄险波(金发科技股份有限公司)	汽车用高性能环保聚丙烯材料关键技术的开发与应用	二等奖
	2012	杨景玲(中冶建筑研究总院有限公司)	熔融钢渣热闷处理及金属回收技术与应用	二等奖
	2012	严大洲(中国恩菲工程技术有限公司)	多晶硅高效节能环保生产新技术、装备与产业化	二等奖
	2012	沈捷(广西玉柴机器股份有限公司)	节能环保型柴油机关键技术及产业化	二等奖
	2012	高翔(浙江大学)	湿法高效脱硫及硝汞控制一体化关键技术与应用	二等奖
	2012	陈云敏(浙江大学)	城市固体废弃物填埋场环境土力学机理与灾害防控关键技术及应用	二等奖
	2012	彭永臻(北京工业大学)	低 C/N 比城市污水连续流脱氮除磷工艺与过程控制技术及应用	二等奖
	2012	杨志峰(北京师范大学)	城市及区域生态过程模拟与安全调控技术体系创建和应用	二等奖
	2012	欧阳志云(中国科学院生态环境研究中心)	全国生态功能区划	二等奖
	2012	董红敏(中国农业科学院农业环境与可持续发展研究所)	畜禽粪便沼气处理清洁发展机制方法学和技术开发与应用	二等奖
	2012	张喜武(神华集团有限责任公司)	千万吨矿井群资源与环境协调开发技术	二等奖
	2013	肖长发(苏州大学)	能吸附纤维的制备及其在工业有机废水处置中的关键技术	二等奖
	2013	白照广(航天东方红卫星有限公司)	环境与灾害监测预报小卫星星座 A、B 卫星	二等奖
	2013	沙爱民(长安大学)	环保型路面建造技术与工程应用	二等奖
	2013	吴丰昌(中国环境科学研究院)	湖泊底泥污染控制理论技术与应用	二等奖
	2013	赵由才(同济大学)	生活垃圾能源化与资源化关键技术及应用	二等奖
	2013	雷廷宙(河南省科学院能源研究所有限公司)	农业废弃物成型燃料清洁生产技术与整套设备	二等奖
	2013	赵立欣(农业部规划设计研究院)	秸秆成型燃料高效清洁生产与燃烧关键技术装备	二等奖
	2013	潘德炉(国家海洋局第二海洋研究所)	近海复杂水体环境的卫星遥感关键技术研究及应用	二等奖
	2014	柴立元(中南大学)	有色冶炼含砷固废治理与清洁利用技术	二等奖

奖项	年份	第一完成人及完成单位	题目	等级
国家科学技术进步奖	2014	贺泓(中国科学院生态环境研究中心)	重型柴油车污染排放控制高效 SCR 技术研发及产业化	二等奖
	2014	严建华(浙江大学)	污泥搅动型间接热干化和复合循环流化床清洁焚烧集成技术	二等奖
	2014	黄炜(福建龙净环保股份有限公司)	电袋复合除尘技术及产业化	二等奖
	2014	王晓昌(西安建筑科技大学)	水与废水强化处理的造粒混凝技术研发及其在西北缺水地区的应用	二等奖
	2014	徐祖信(同济大学)	农村污水生态处理技术体系与集成示范	二等奖
	2014	张统(总装备部工程设计研究总院)	基于磁絮凝磁分离技术的超高速水质净化系统及规模化应用	二等奖
	2014	郭兰萍(中国中医科学院中药研究所)	中药材生产立地条件与土壤微生态环境修复技术的研究与应用	二等奖
	2014	顾大钊(神华集团有限责任公司)	生态脆弱区煤炭现代开采地下水和地表生态保护关键技术	二等奖
	2015	戴厚良(中国石油化工股份有限公司石油化工科学研究院)	高效环保芳烃成套技术开发及应用	特等奖
	2015	张国清(愉悦家纺有限公司)	高精度圆网印花及清洁生产关键技术研发与产业化	二等奖
	2015	蔺爱国(中国石油天然气股份有限公司)	满足国家第四阶段汽车排放标准的清洁汽油生产成套技术开发与应用	二等奖
	2015	李高鹏(郑州宇通客车股份有限公司)	节能与新能源客车关键技术研发及产业化	二等奖
	2015	刘建国(中国科学院合肥物质科学研究院)	大气细颗粒物在线监测关键技术及产业化	二等奖
	2015	贺克斌(清华大学)	区域大气污染源高分辨率排放清单关键技术与应用	二等奖
	2015	高吉喜(环境保护部南京环境科学研究所)	中国生态交错带生态价值评估与恢复治理关键技术	二等奖
	2015	王心如(南京医科大学)	环境与遗传因素对男性生殖功能影响的基础研究与应用	二等奖
	2015	陈冠益(天津大学)	农林废弃物清洁热解气化多联产关键技术与装备	二等奖